地形の辞典

日本地形学連合 [編]

鈴木隆介・砂村継夫・松倉公憲 [責任編集]

朝倉書店

Chikei no Jiten
(Dictionary of Landforms)

Edited by
Japanese Geomorphological Union

Published by
Asakura Publishing Co., Ltd.
Tokyo, Japan

2017

まえがき

　地形すなわち地球表面の起伏形態（凹凸）とそれに制約される水陸の配置は，古来，人類の生活・生産活動にさまざまな影響を与えてきた．とりわけ日本では地形に強く制約された自然災害がきわめて多い．そのため，地形は，地形学はもとより，地学（とくに地質学，地球物理学，水文学），工学（とくに土木工学，地盤工学，防災工学），農学（とくに砂防学，林学），地理学，生態学，環境科学など広範な科学・技術分野で研究されてきた．しかし，研究分野が異なると，同じ概念でも異なった用語が使用されたり，逆に同一の用語が別の概念で使用されたりしていた．その背景には分野間の学際的な交流が遅々としていたことがあった．

　そのような事情に鑑み，1979年に地形とその関連現象に関心のある科学者・技術者らが研究発表および意見交換をする場として，日本地形学連合（Japanese Geomorphological Union：略称JGU）が結成された．JGUは，英国地形学会（British Society for Geomorphology）に次いで，世界で2番目に結成された地形に関する専門的学会で，1981年に結成された国際地形学会（International Association of Geomorphologists：略称IAG）の有力学会の1つである．また，JGU機関誌『地形』は地形学の専門誌として，IAGから地形学専門誌と認定されている．

　ところが，地形に関連する科学・技術分野があまりにも広範なため，JGUの研究発表会や論文で使用される用語が多種多様で，互いに用語の概念や読み方がわからないため，誤読などを含む誤解や誤用もしばしばあり，地形に関連する用語を整理・共有する必要があった．

　そこで，JGUはその創立35周年記念事業の1つとして，本書『地形の辞典』の出版を企画した．本書は，地形とそれに関連する諸事象を日常語も含めて広く収録し，専門家，研究者のみならず，マスメディアを含む一般の方々にも広く地形の理解を深めていただくことを念頭において編集された．そのため，書名も「地形学辞典」ではなく『地形の辞典』とした．

　地形学の用語は多すぎるという声もしばしば聞こえた．しかし，現在使用されている地形学用語はせいぜい3,000個にすぎないが，体系的に整理されていなかったため，用語に系統性がなく，1つの用語だけでは何のことか見当もつかない用語が少なくなかった．

　その根源は，少なくとも地形学関連の日本語で出版された教科書や辞典類では，収録された用語のほとんどが明治・大正時代に輸入された外来語の訳語であって，日本人による独創的研究で定義された用語はきわめて少なかった．同様に，地形の概念図も外国書のコピーが多かった．しかも，1つの外来語に対して複数の訳語（まれに誤訳）があって，同義異名の用語が多すぎた（例：蛇行・曲流，穿入蛇行・嵌入蛇行，外的営力・外因的営力・外営力・外力）．また，外来語の解釈の違いによって同一の用語がまったく異なった意味で未だに使用される基本的用語（例：営力・作用）もある．また，個々の地形の典型的に発達する地域・地区の地名にちなんだ用語（例：リアス式海岸，カルスト）も少なからずあり，地形の形態的特徴（例：傾斜変換線）や任意地点の地形的な相対位置（例：前面段丘崖と後面段丘崖）を客観的に示す記載用語がきわめて少なかった．まして，地形の本質的理解のために不可欠な系統的分類体系に基づく成因用語（例：河成堆積低地，海成侵食段

まえがき

丘）も少なかった．それらのことが，学会での議論を混乱させてきた．

そのような'混乱'を解消するため，本書では，現代において，もっとも一般的に使用されている用語を「本項目」とした．それらの同義語，類似語，誤読語，誤訳語などを「見よ項目」として区別し，参照すべき「本項目」を示した．

さらに，廃語とすべき用語も明記して，用語の整理に役立てようとした．ただし，現在ではほとんど役割を終えた古い概念で，それが提唱された国の研究者さえ正確には知らない古文書的用語（例：ケルンコル，ホマーテ）も，後進が古い文献を読むときに役立つように，使用されなくなった背景を含めて，少し詳しく解説した．

逆に，日本での研究成果として創造された新概念の用語を積極的に採録した．本書の執筆者が提唱した新造語も，明確に概念規定され，定義・公表されたものであれば，採録した．

地形に関連の深い専門的辞典類で，見出し語が多く，日本で広く流布してきた既刊書として次のものがある（刊行年順）．

渡邊 貫 編輯（1935）「地學辞典」，古今書院，2,026p.（長年，日本語の地質・地形などの地学用語に関する基本的辞典であったが，さすがに内容は古い）．

Fairbridge, R. W., ed. (1968) *The Encyclopedia of Geomorphology*. Reinhold Book Corp., 1,295p. （地形学の諸概念が包括的かつ詳細に解説されているが，その内容は古典的な場合が多い）．

町田 貞・井口正男・貝塚爽平・佐藤 正・榧根 勇・小野有五 編（1981）「地形学辞典」．二宮書店，767p.（日本で最初の地形学の専門的辞典であるが，「見出し語」に「ふりがな読み」がない）．

地学団体研究会・新版地学事典編集委員会 編（1996）「新版 地学事典」．平凡社，1,443p.（地形学の関連用語も多く採録されているが，基本用語に限定されている）．

Goudie, A. S., ed. (2004) *Encyclopedia of Geomorphology*. Routledge. 2 vols., 1,156p.（IAGの企画で世界の専門家による大項目形式の事典であり，最新知識が集約されているが，見出し語の数は限られている）．

1970年代以降の日本における地形学の進歩は著しく，とくにJGUでの研究発表は古典的な地形学の枠組みを超えて，種々の視点から多種多様な研究成果を上げてきた．

以上の事情を踏まえて，本書で採録した「見出し語」は計8,626項目であり，地形に関連する事象を可能なかぎり網羅するように努めた．

本書の見出し語は次のような分野から採録されている．

① 地球一般：惑星科学，固体地球物理，プレートテクトニクス，地殻変動，地震，変動地形，火山地形

② 大気圏と水圏：気象，気候，陸水（河川，地下水，湖沼），海洋，海水準変化

③ 地表構成物質：土壌，地質，鉱物・岩石，岩石物性，風化

④ 地形一般：地形過程（地形プロセス），地形分類，低地，段丘，山地・丘陵，海底・海岸地形，河川地形，湖沼・泥炭地，サンゴ礁，寒冷地形（氷河・周氷河地形），乾燥地形，砂丘，カルスト，斜面，マスムーブメント（落石，崩落，地すべり，土石流，陥没など），地形計測法，理論地形学，地形発達史，地形学史

⑤ 地図と空中写真：測量，地図，GIS，DEM

⑥ 編年学：年代学，同位体，考古学

⑦ 工学：土木・地盤・砂防・防災工学，応用地質学，地下探査法

⑧ 自然環境：植生，自然災害，防災科学

⑨　科学一般：数学，物理学，化学，生物学
⑩　その他：日常語，地方用語，観光・登山・釣り用語，重要な地形学者や関連学会など

　これら諸分野の地形関連用語を古語も含めて幅広く収録し，小〜大項目に分類して辞典の形で示した．ただし，主要な項目に関しては，単なる定義だけでなく，その概念の背景もわかるような記述に努め，関連文献も示した．

　また，高校の地学・地理の教科書にある地形関連用語はすべて採録した．とくにマスメディアで汎用される地形関連用語には正確な定義を明記した．一方，各地域の地形的特徴と地名（例：地形面の名称）は，近年，貝塚爽平ほか 編（2001〜2006）「日本の地形」，全7巻，東京大学出版会，および貝塚爽平 編（1997）「世界の地形」，東京大学出版会，に総括されているので，屋上屋の愚を避けるため原則として「見出し項目」としては割愛した．

　本書の執筆者はJGU会員から選任したが，採録項目が多分野にわたったため，いくつかの分野については非会員の方々のご協力を得た．そのため，編集委員が52名，執筆者は242名に及んだ．JGU創立35周年記念事業委員会から本辞典の責任編集を委嘱された私ども3名は，JGU創立以来，機関紙『地形』の編集主幹を長年にわたり務めさせていただいた．その経験を背景に，多分野の読者の観点から執筆者に原稿修正をお願いしたが，再三の修正依頼にも快く対応されたすべての執筆者，とりわけJGU非会員の各位に深甚の敬意と謝意を申し上げる．また，数回の原稿修正にも辛抱強く対応され，本書の出版に尽力して下さった朝倉書店に深く御礼申し上げる．

　最後に，本書が地形学とその関連分野の発展に役立ち，一般社会における地形に対する関心の高まりと正しい理解が増すことへの一助となることを切望する．

2017年1月

日本地形学連合 編『地形の辞典』
責任編集　鈴 木 隆 介
　　　　　砂 村 継 夫
　　　　　松 倉 公 憲

責任編集者・執筆者一覧

責任編集者
鈴木　隆介　中央大学名誉教授
砂村　継夫　大阪大学名誉教授
松倉　公憲　筑波大学名誉教授

執筆者［五十音順，＊は編集委員］

相原　修	アジア航測（株）	
青木　賢人	金沢大学	
青木　久	東京学芸大学	
青田　容明	立命館大学	
阿子島　功	山形大学名誉教授	
朝日　克彦	信州大学	
天野　一男	茨城大学名誉教授	
有村　誠	金沢大学	
安間　了	筑波大学	
飯田　智之	防災科学技術研究所	
池田　敦	筑波大学	
池田　安隆	東京大学	
池田　隆司＊	北海道大学名誉教授	
石井　孝行＊	京都造形芸術大学	
石川　裕彦	京都大学	
石川　守	北海道大学	
石田　志朗	前山口大学	
石田　良二	（株）ジェイアール総研エンジニアリング	
石山　達也	東京大学	
井上　公夫	砂防フロンティア整備推進機構	
井上　源喜	大妻女子大学	
井上　弦	神奈川県農業技術センター	
今泉　俊文	東北大学	
井龍　康文	東北大学	
岩崎　正吾	筑波技術大学	
岩田　修二＊	東京都立大学名誉教授	
岩橋　純子	国土地理院	
岩淵　洋＊	海上保安庁	
宇井　忠英	北海道大学名誉教授	
上野　将司＊	応用地質（株）	
宇多　高明＊	（一財）土木研究センター	
宇津川　徹＊	カテナ研究所	
宇根　寛	国土地理院	
海津　正倫＊	奈良大学	
梅田　康弘	京都大学名誉教授	
浦野　愼一	北海道大学名誉教授	
漆原　和子＊	前法政大学	
江﨑　洋一	大阪市立大学	
遠藤　修一	滋賀大学	
遠藤　徳孝	金沢大学	
大澤　雅彦	雲南大学	
太田　岳洋＊	山口大学	
大森　博雄＊	東京大学名誉教授	
岡　秀一	専修大学	
岡田　篤正＊	京都大学名誉教授	
岡村　行信	産業技術総合研究所	
沖村　孝＊	神戸大学名誉教授	

責任編集者・執筆者一覧

小口　　　高*	東京大学
小口　千明	埼玉大学
奥野　淳一	国立極地研究所
押上　祥子	工学院大学
小田巻　実	前三重大学
乙藤　洋一郎	神戸大学名誉教授
小花和　宏之	(株)ビジョンテック
笠井　美青	北海道大学
鹿島　　　薫*	九州大学
柏谷　健二*	金沢大学名誉教授
勝部　圭一	朝日航洋(株)
加藤　　　護	京都大学
加藤　茂弘	兵庫県立人と自然の博物館
加藤　正司	神戸大学
加藤　碵一	産業技術総合研究所
門村　　　浩	東京都立大学名誉教授
金森　晶作	公立はこだて未来大学
金子　真司	森林総合研究所
金田　平太郎	千葉大学
狩野　謙一	静岡大学名誉教授
茅根　　　創*	東京大学
苅谷　愛彦	専修大学
河端　俊典	神戸大学
河村　和夫	アジア航測(株)
菅　　浩伸	九州大学
木村　一郎	北海道大学
木村　　　淳	大阪大学
久家　慶子	京都大学
朽津　信明*	東京文化財研究所
久保　純子*	早稲田大学
熊井　久雄	大阪市立大学名誉教授
熊谷　道夫	立命館大学
熊木　洋太*	専修大学
隈元　　　崇	岡山大学
倉茂　好匡*	滋賀県立大学
小泉　武栄	東京学芸大学名誉教授
小岩　直人	弘前大学
小玉　芳敬	鳥取大学
小西　健二	金沢大学名誉教授
小松　吾郎*	Università d'Annunzio
小松　陽介	立正大学
小松原　　　琢*	産業技術総合研究所
駒村　正治	東京農業大学名誉教授
小森　長生	惑星地質研究会
近藤　昭彦	千葉大学
紺屋　恵子	海洋研究開発機構
斉藤　享治*	埼玉大学
斎藤　秀樹	応用地質(株)
斎藤　　　庸	日本工営(株)
斎藤　文紀*	産業技術総合研究所・鳥取大学
酒井　哲弥	島根大学
酒井　治孝	京都大学
佐倉　保夫*	千葉大学
佐々木　　　晶	大阪大学
佐瀬　　　隆	北方ファイトリス研究室
佐竹　健治*	東京大学
里口　保文	滋賀県立琵琶湖博物館
澤柿　教伸	法政大学
澤口　晋一	新潟国際情報大学
澤田　結基	福山市立大学
島津　　　弘*	立正大学
清水　久芳	東京大学
白岩　孝行	北海道大学
白尾　元理	惑星地質研究会
杉田　精司	東京大学
杉原　　　薫	国立環境研究所
杉山　　　慎	北海道大学
鈴木　隆介*	中央大学名誉教授
鈴木　毅彦	首都大学東京
鈴木　康弘	名古屋大学
砂田　憲吾*	山梨大学
砂村　継夫*	大阪大学名誉教授

諏訪　　　浩*	東京大学	
関口　智寛	筑波大学	
関根　　　清	岐阜大学名誉教授	
瀬野　徹三	東京大学名誉教授	
曽根　敏雄	北海道大学	
園田　美恵子	同志社大学	
高岡　貞夫	専修大学	
高田　陽一郎	北海道大学	
高橋　昭子	前東京大学	
田上　高広	京都大学	
竹内　　　章	富山大学名誉教授	
武田　一郎	京都教育大学	
田力　正好	地震予知総合研究振興会	
田近　　　淳	前北海道立総合研究機構	
田中　和広	山口大学	
田中　里志	京都教育大学	
田中　眞吾	神戸大学名誉教授	
田中　治夫	東京農工大学	
田中　　　靖	駒澤大学	
田中　幸哉	Kyunghee University	
田村　憲司	筑波大学	
田村　俊和*	東北大学名誉教授	
知北　和久*	北海道大学	
千木良　雅弘	京都大学	
趙　　　哲済	大阪文化財研究所	
塚腰　　　実	大阪市立自然史博物館	
辻本　英和	大阪教育大学	
堤　　浩之*	京都大学	
鶴飼　貴昭	前中央大学	
寺薗　淳也	会津大学	
東郷　正美	法政大学名誉教授	
徳永　英二*	中央大学名誉教授	
戸田　真夏	青山学院大学	
泊　　　次郎	前朝日新聞編集委員	
豊島　正幸	岩手県立大学	
鳥居　宣之	神戸市立工業高等専門学校	

中井　達郎	国士舘大学	
長瀬　敏郎	東北大学	
中田　　　高*	広島大学名誉教授	
中田　正夫	九州大学	
中津川　　誠	室蘭工業大学	
中西　　　晃	基礎地盤コンサルタンツ（株）	
中村　太士*	北海道大学	
中山　恵介	神戸大学	
奈良間　千之	新潟大学	
成瀬　敏郎*	兵庫教育大学名誉教授	
南部　光広	応用地質（株）	
西田　泰典*	北海道大学名誉教授	
西山　賢一	徳島大学	
野上　道男*	東京都立大学名誉教授	
野崎　京三	応用地質（株）	
長谷川　裕彦	明治大学	
羽田　麻美	日本大学	
八戸　昭一	埼玉県環境科学国際センター	
八反地　　剛	筑波大学	
早川　和秀	滋賀県琵琶湖環境科学研究センター	
早川　裕弌	東京大学	
林　　　正久	島根大学名誉教授	
波利井　佐紀	琉球大学	
東　　　照雄	筑波大学名誉教授	
平川　一臣*	北海道大学名誉教授	
平野　昌繁	大阪市立大学名誉教授	
福井　幸太郎	富山県立立山カルデラ砂防博物館	
福田　健二	東京大学	
福本　　　紘	梅花女子大学名誉教授	
藤田　　　崇	大阪工業大学名誉教授	
古屋　正人	北海道大学	
日置　幸介	北海道大学	
細野　　　衛	東京自然史研究機構	
堀　　　和明	名古屋大学	
本郷　宙軌	琉球大学	
本郷　美佐緒	（有）アルプス調査所	

前島 勇治	農業環境技術研究所	
前杢 英明	法政大学	
牧野 泰彦	茨城大学名誉教授	
正岡 佳典	アジア航測（株）	
増田 富士雄*	同志社大学	
町田 洋*	東京都立大学名誉教授	
松岡 憲知*	筑波大学	
松倉 公憲*	筑波大学名誉教授	
松四 雄騎	京都大学	
松元 高峰	新潟大学	
三浦 英樹	国立極地研究所	
三田村 宗樹*	大阪市立大学	
宮内 崇裕	千葉大学	
三宅 紀治*	前清水建設（株）	
宮越 昭暢	産業技術総合研究所	
宮下 由香里	産業技術総合研究所	
宮原 育子	宮城学院女子大学	
宮本 英昭	東京大学	
向山 栄	国際航業（株）	
村越 直美	信州大学	
目代 邦康	日本ジオサービス（株）	
本山 功	山形大学	
森 文明	アジア航測（株）	
森島 済*	日本大学	
八尾 昭	大阪市立大学名誉教授	
八木 浩司	山形大学	
八島 邦夫	（一財）日本水路協会	
安田 浩保	新潟大学	
柳田 誠	（株）阪神コンサルタンツ	
山下 脩二*	東京学芸大学名誉教授	
山田 周二	大阪教育大学	
山野 博哉	国立環境研究所	
山本 博	農業・食品産業技術総合研究機構	
横川 美和	大阪工業大学	
横田 修一郎	島根大学名誉教授	
横山 俊治	高知大学名誉教授	
横山 勝三*	熊本大学名誉教授	
吉川 真	宇宙航空研究開発機構	
吉田 信之	神戸大学	
吉田 英嗣	明治大学	
吉永 秀一郎	森林総合研究所	
吉山 昭	大阪学院大学	
林 舟	Zhejiang University	
若月 強	防災科学技術研究所	
若松 伸彦	横浜国立大学	
脇田 浩二	山口大学	
渡辺 悌二	北海道大学	
渡部 直喜	新潟大学	
渡邊 眞紀子	首都大学東京	
渡邊 康玄	北見工業大学	
藁谷 哲也	日本大学	

項目選定協力者

高木 信行　駿河台学園

凡　　例

1. **項　目**
　(1)「本項目」と「見よ項目」の2つを見出し語とした．
　(2) 見出し語の配列は，次の基準によった．①現代仮名遣いによる「ひらがな」の五十音順とした．②日本語は平仮名，外国語・外来語・英語略号は片仮名を用いた．例：ジーピーエス　GPS．③長音を示す「ー」は，直前の母音が繰り返すものとして，その位置に配列した．例：ビーチ＝ビィイチ．④同じ仮名の配列は，清音，濁音，半濁音の順にした．例：ハース，バース，パース．
　(3)「本項目」は最も一般的で基本的な用語（学術用語だけではない）とし，その記述は，①用語の読み，②用語，③用語の外国語，④解説本文，⑤参照項目（必要に応じて参照すべき本項目），⑥執筆者名，⑦文献（必要と思われるもののみ），の順とした．
　(4)「見よ項目」は，(a)「本項目」の亜種を示す用語や (b) 同義の複数の用語で，現在はほとんど使用されない古い用語（とくに欧米語の和訳語に多い）などとし，「見よ項目」の記述は，①用語の読み，②用語，③用語の外国語，④参照すべき本項目（「⇨本項目名」の形で示す），の順とし，解説本文，執筆者名および文献は省略した．
　　(a) の例：せんじょうさんかくす　尖状三角州　cuspate delta　⇨三角州
　　(b) の例：アスピーテ　Aspite　⇨シュナイダーの火山分類；うすじょうかざん　臼状火山　mortar volcano　⇨シュナイダーの火山分類

2. **用語の読み**
　学術用語の見出し語の場合は，慣用の読みを「本項目」としたが，しばしば誤読される用語や異なる読み方（別読み）をされる用語も含めた．見出し語の読みが同じで複数の意味をもつ項目名については，次のように括弧書きで区別した．例：湖沼の分類【栄養状態による】，湖沼の分類【塩分濃度による】；条溝【断層の】，条溝【氷河の】；体積含水率【岩石の】，体積含水率【土の】．

3. **用　語**
　見出し語では原則として常用漢字で示したが，読みと同じ'ひらがな，カタカナ'の場合は省略した．用語の中には，次に例示するように，本来の意味を示す旧漢字の使用をやめ常用漢字に改めたものもある．例：'本来の漢字（または誤用字）' → 「本辞典での漢字」：'侵蝕（浸食）' → 「侵食」；'熔岩' → 「溶岩」；'沙漠' → 「砂漠」．

4. **用語の外国語**
　(1) 学術用語の場合には汎用度の高い英用語（ほとんどが米語であるが，以下，英語という）を付した．英語以外の欧州語が一般的な場合は，ドイツ語（独），フランス語（仏）などとして原語を示した．欧米語はローマンとし，ラテン語（学名など）のみをイタリックで示した．
　(2) 用語に複数の英用語があっても，「見よ項目」には原則として1語だけを示した．本項目で示される英

凡　　例

用語のうち，英国で汎用されている用語については，その語のあとに（英）を付した．例：浜堤　beach ridge, full（英）．

(3) 日本人の独創による学術用語については，その概念がわかるように英訳し，ローマンで示した．

(4) 日常語，不動産用語，地形用語の方言，登山用語，釣り用語などの日本語用語で，説明的英語（一般に数語以上）を付さないと理解できないような項目（責任編集者が判断）には英語を付けずに，項目名のローマ字読みをイタリックで示した．例：あぜみち　畦道　*azemichi*；あきさめぜんせん　秋雨前線　*akisame* front．なお，中国語の場合は，その読みをローマ字（イタリック）で示した．例：ふうすい　風水　*feng shui*．

5. 解説本文

(1) 用語の定義，別称，定義の学史的背景，亜種名，地形学的意義などを平易に解説することに努めた．

(2) 本文を理解する上で，必要に応じて参照すべき「本項目」（参照項目）を「⇨○○」の形で文中または文末に示した．

(3) 参照項目とは別に，本文の理解を深める上で有益であろうと思われる用語（関連項目）に＊印を付し，これが「本項目」として収録されていることを示した．本文の読みやすさを考えて＊印の数を限定した．

(4) 本文中の年号は原則として西暦で示し，とくに重要な和暦は，1923（大正12）年，の形で示した．

(5) 文中の人名で，アルファベットで表記される外国人の場合は，姓・イニシャルの順とした．文献にある場合にはイニシャルを省略した．周知の研究者の場合はイニシャルなしのカタカナで表記した．

(6) 地質時代の表記法．「第三紀」（Tertiary）は国際地質科学連合により「古第三紀」（Paleogene）と「新第三紀」（Neogene）に分割され，「第三紀」（Tertiary）は廃語とされたが，本辞典では従前どおりの「第三紀」（Tertiary）を使用した場合もある．なお，本文中での地質時代の年代数値は統一していない．巻末付録に現時点での地質年代表を掲載したが，年代数値はしばしば改訂されるので，International Stratigraphic Chart や，それに準じた日本地質学会の「地質系統・年代の日本語記述ガイドライン」を参照されたい．

(7) 岩石名・鉱物名の表記法．研究分野により相違がある用語の場合には本辞典では統一していない．例：かんらん石，カンラン石．

6. 文　献

(1) 用語の提唱者，研究者，総説者の著書，論文などで，用語の理解を深める文献を原則として1本示した．複数の文献が不可欠の場合は，文献間を／で区切った．

(2) 文献の連名著者については2名までは両者を，3名以上の場合は「筆頭者名ほか」として，他の著者名を割愛した．

(3) 単行本（編集本を含む）の書名は，和書では「書名」の形で，外国書ではイタリックで示し，出版社を付記したが，総ページ数と出版場所は省略した．

(4) 外国書の訳書では，'原典（訳者名，「訳書名」，出版社名）'の形で示した．

(5) 論文については，通算巻号のある学会誌，研究機関紀要などに掲載されたものは，学会誌名や紀要名を読者が探索できる範囲の慣用形で簡略化したが，各項目間で必ずしも統一されていない．

7. 図　表

(1) 用語の概念や亜種などの理解に有益な図表を原則として「本項目」と同じページに掲載し，その図表の出典を「本項目」の文献に記した．

(2) 図表は地形に直接に関わるものを重視し，関連分野のものは原則として割愛した．

(3) 外国語文献から引用した図表中の文字は原則として和訳した．

8. 度量衡の単位

国際単位系（略称 SI）を原則としたが，慣用的な CGS 単位系および重力単位系も併用されている．地形学でしばしば使用される単位については，巻末付録に SI 換算表を示した．単位の表記は研究分野の慣例に従い，統一していない．

例：秒，sec，s；kgf，N．

9. 地　名

本書は地名辞典ではないので，地名そのものは採録していないが，国内外の地名のうち，地形学的に重要な特徴をもつ特定の地学現象（活断層名や地震名など）については「地名付きの見出し語」とした（例：根尾谷断層，福井地震）．

10. 人　名

地形に関する特筆すべき概念・法則・研究法を構築した内外の研究者で，故人のみを厳選した．

11. 巻末付録

多くの項目に関連する図表や 1 ページ大のもの，あるいはそれより大きいものは巻末にまとめて示した．

12. 索　引

本書の索引は，日本人が英語の書籍や論文を読むときに役立つように，学術用語を中心とした「英和語彙辞典」的性格をもつものである．したがって次のような本文中の見出し語は載録していない．①日常的な地形用語（丘，坂，平地など），②日本の地層名，地形名，地質構造名，氷期名，災害名など，③内外の研究者名，学会名や学会誌名，④説明的英語が付されている用語．索引は略語索引，英語索引の順に示す．略語索引は「英略語，フルスペル，本項目名，掲載ページ」とし，略語とその訳語が本項目名と一致しない場合は括弧書きで訳語を示した．英語索引の表示は「英語，本項目名，掲載ページ」とした．

あ

アージライト argillite ⇨泥質岩

アースハンモック earth hummock 構造土*の一種で，密な草本に覆われた直径数十 cm～1 m 強，高さ数十 cm の土饅頭形(どまんじゅう)の高まり．内部は火山灰など凍上性の物質からなる．密集して分布することが多いが，散在することも珍しくない．構造土の中では最も分布範囲が広い．十勝坊主*・凍結坊主ともいうが，植生の高まりである谷地坊主とは異なる． 〈澤口晋一〉

アースフロー earthflow, soil flow 段丘，丘陵斜面，堤防および道路・鉄道の法面などを構成する粘土質あるいは泥質を主体とする非固結物質が豪雨，融雪水などにより飽和し，剪断抵抗が減少して崩れて流動する現象．土流とも．地表面での流動だけではなく栓流のかたちで流動することがある．この流動現象の特徴は斜面など面的な地形場で生じることで，この点は泥流（mud flow）と異なる．規模・流動速度は多様で，堆積物は長さに比べて幅が広い場合もあり，先端部では土石流堆積物やソリフラクションロウブ（solifluction lobe）でみられるような舌状地形や圧縮による縞状の高まりがみられることがある．アースフローはスランプ（slump）の先端部から発生することもある． 〈石井孝行〉

[文献] Bennett, M. H. (1939) *Soil Coservation*, McGraw-Hill./Sharpe, C. F. S. and Dosch. E. F. (1942) Relation of soil-creep to earthflow in the Appalachian Plateaus : Journal of Geomorphology, **5**, 1-63.

アーチ arch 海山*や海洋島の基底の周縁凹地*の外側をとりまく微高地．アウターアーチともよばれる．ハワイ島の周縁凹地の周囲に幅 100 km，周縁凹地からの比高 200 m 程度のアーチが認められる．ホットスポット*におけるマントル上昇流によるものと考えられている． ⇨周縁凹地 〈岩淵 洋〉

[文献] Wilson, J. T. (1963) A possible origin of the Hawaiian Islands : Canadian Jour. Phys., **41**, 863-870.

アーテジアンいど アーテジアン井戸 artesian well ⇨被圧地下水

アーパでいたんち アーパ泥炭地 aapa moor, aapa fen 高位泥炭地表面の侵食によって生じた，一種の退行泥炭地．フィンランドのような北方地域では，雪は初夏に急に解け，しかも地面はまだ凍結しているために，南の地方よりも多量の水が流出し，泥炭地では夏中，湛水状態になる場所が出現する．このような状態はミズゴケの生育には不利で，その多くは枯れてしまう．その結果，泥炭がほとんど露出し，ブルテ*の高い部分やシュトラングの一部だけが島状に残る．このような状態になった泥炭地をアーパ泥炭地とよぶ（アーパはフィンランド語）．島状になった高まりの上には降水栄養性の植生が分布する．また全体の形態は平坦ないしやや凹んでおり，縁辺部には環状に高位泥炭地ができることが多いので，環状高位泥炭地ともよばれる．アーパ泥炭地は，究極的には樹木のないミズゴケ泥炭地か，リンピとシュトラングのある Braunmoor（主にコケ類が卓越する泥炭地）に移行するという．アーパ泥炭地は針葉樹林帯の中部と北部に分布し，フェノスカンジア地域でもっともよく知られている． 〈小泉武栄〉

[文献] 阪口 豊（1974）「泥炭地の地学」，東京大学出版会.

アーマーげんしょう アーマー現象 armoring 河床材料が混合粒径砂礫で構成されている河川において，その河床表面が大きな粒径の粒子のみで覆われている現象．狭義には，粒径範囲の大きな堆積物が河床に堆積したのち，細粒物質のみが洗い流されて大きな粒径の粒子のみが取り残され，これが河床表面を覆うようになる現象のこと．しかし，混合粒径砂礫が集合運搬された場合，その運搬過程で大きな粒径の粒子が上層に，また小さな粒径の粒子が下層に集まる逆級現象が生じ，この結果として大きな粒径の粒子が河床表面を覆うようになる．したがって広義には，いかなるプロセスであれ，河床表面が大きな粒径の粒子のみで覆われる現象のことをいう． ⇨アーマーコート，級化 〈倉茂好匡〉

アーマーコート armor coat 河床表面でアーマー現象*が生じ，河床表面が大きな粒径の粒子のみで覆われるようになったとき，その大粒径粒子のみで構成されている層のこと．なお，河床表面でアーマー現象が生じている状態のことをアーマーコート状態と称することもしばしばある．〈倉茂好匡〉

アアようがん アア溶岩 aa lava 玄武岩質溶岩流の表面形態の特徴に基づく名称で，表面がとげとげしいコークス状の岩塊で覆われ，小さな起伏（凹凸）に富む溶岩または溶岩流．aa（アア）はハワイの現地語．溶岩流の厚さは一般に数m～10m程度．日本の玄武岩質溶岩流では一般的．これと対照的なものはパホイホイ溶岩．⇨パホイホイ溶岩 〈横山勝三〉

アールエムエス RMS rock mass strength Selby（1980）によって定義された岩盤強度の一指標．シュミットハンマー*のR値，風化程度，節理の幅，節理の長さ（連続性），節理の方向，節理間の間隔，地下水の流出の程度という7種類の特性を各5段階にランク付けすることにより合計35のマトリックスができあがるが，それぞれのマトリックスに個々の評価点を与え，評価点を積算することによって特定地点の岩盤の強度が評価される．Selbyは，RMSの総合評価点と岩石露出斜面の勾配との間には強い相関があること主張し，そのような斜面を強度平衡斜面（strength-equilibrium slope）とよんでいる．この指標の有効性はいくつかの研究によって認められているものの，風化のランク付けが主観的判断に頼らざるをえないことや，それぞれの特性へのポイントの与え方に対する根拠が希薄であるなどの弱点をもっている．〈松倉公憲〉

［文献］Selby, M. J.（1980）A rock-mass strength classification for geomorphic purpose : with tests from Antarctica and New Zealand : Zeitschrift für Geomorphologie, N. F. **24**, 31-51.

アールキューディー RQD rock quality designation 岩盤の亀裂や割れ目の状態を表す指標の一つ．ボーリングコアから長さ60インチ（約1.5m）の区間を指定し，その中から長さ4インチ（約10cm）以上のコアだけを選び出して，その長さを積算する．この積算値が区間の長さ60インチに対して占める百分率がRQDとなる．⇨岩盤等級 〈松倉公憲〉

アールそう R層 R horizon ⇨土壌層位

アールチャネル Rチャネル R-channel 氷河底部の氷体中に形成されたトンネル状の水路．氷河底の融氷水流が氷河を融かして形成する．氷河底部の静氷圧と水圧とのバランスで形状が決まるため，恒常的に存在する水路ではない．最初に記載したHans Röthlisbergerにちなんで命名された．〈白岩孝行〉

アールティーケー・ジーエヌエスエスそくりょう RTK-GNSS測量 RTK-GNSS surveying ⇨GNSS測量

アイエイジー IAG The International Association of Geomorphologists ⇨国際地形学会

アイガメ aigame 富山湾の溺れ谷のこと．周囲より急に深くなる魚場として，富山の漁師がよんでいる．富山地方の方言．〈岩淵洋〉

あいかわそうぐん 愛川層群 Aikawa group 丹沢山地の北西方から北方を経て東方に分布する中部中新統．凝灰岩と凝灰角礫岩を主体し，泥岩・砂岩・礫岩を含む．丹沢山地の前山を構成している．〈鈴木隆介〉

アイス-アルベド・フィードバック ice-albedo feedback 氷は土壌や岩石，海水面などに比べてアルベド（短波放射（日射）の反射率）が大きい．地球表面の氷の被覆面積が拡大するとアルベドが高い場所の面積が広くなり，そのため地球表面の日射吸収量が減り寒冷化し，寒冷化による降雪のために表面のアルベドは高くなるというように，現象の繰り返しにより強まる過程．過去の地球の寒冷化はこの過程によって進んだと考えられている．逆の過程についても使われる．近年では北極域の海氷域減少の影響について言及される際にもこの用語が使われている．〈紺屋恵子〉

アイスィング icing, aufeis 冬季に地表面において凍結した，地表水または地中水起源の，シート状で層構造をもつ氷体．永久凍土帯の湧水地点や，結氷によって閉塞された河川水の溢流地点に生じる．〈池田敦〉

アイスウェッジ ice wedge ⇨氷楔（ひょうせつ）

アイスウェッジカスト ice-wedge cast ⇨氷楔（ひょうせつ）

アイスウェッジポリゴン ice-wedge polygon ⇨多角形土

アイスコンプレックス ice-complex ⇨集塊氷（しゅうかいひょう）

アイスフォール ice fall, ice cascade 氷河の中で傾斜が著しく急な部分．氷瀑とも．多数のクレバス*やセラック（氷塔*）が発生する．〈金森晶作〉

アイスランドがたたてじょうかざん アイスランド型盾状火山 shield volcano of Iceland type アイスランドのSkjaldbreiðurを代表とする比較的小型

の盾状火山．ハワイ型盾状火山の対語．単成火山で高さ1,000 m以下，基底径は10 km程度以内で，ハワイ型盾状火山に比べると，小型で山腹の傾斜も急である．　⇨盾状火山，ハワイ型盾状火山

〈横山勝三〉

アイスランドしきふんか　アイスランド式噴火　Iceland-type eruption　アイスランドのLakagigar（英語ではLaki）の噴火（1783年）でみられたような，長大な割れ目からの玄武岩質溶岩の噴出を特徴とする噴火様式．Lakagigarの噴火の際の割れ目は長さ25 km．洪水噴火とほぼ同じ．この噴火の繰り返しで玄武岩台地が形成されると考えられる．　⇨洪水噴火

〈横山勝三〉

アイスレンズ　ice lens　断面が凸レンズ状の氷で，通常は土壌凍結により地中に析出してできたものを指す．厚さ1 mm以下から数cm程度のレンズが何層にも重なり，凍上*の原因となる．シルト質土で形成されやすい．

〈曽根敏雄〉

アイソスタシー　isostasy　地殻はマントルよりも密度が低く，さらにアセノスフェアは流体的に振る舞う．そこで，地表地形（または氷床）に伴う荷重は流体的なアセノスフェアによる浮力に支えられていると考えることができる．この概念をアイソスタシーまたは地殻均衡とよび，地形荷重と浮力が釣り合った状態を「アイソスタシーが成立している」とよぶ（図）．アイソスタシーが成立していれば，ある深度で必ず静水圧平衡が成立しており，その等深度面を補償面とよぶ．アイソスタシーという考えの原型は19世紀中ごろにインドで行われた重力の鉛直線偏差を説明するために生まれた．当初この結果を説明するモデルとしてエアリー説（G. B. Airy, 1855）とプラット説（J. H. Pratt, 1859）が提唱された．前者では厚さは異なるが一様な密度の地殻を仮定し，後者では水平方向に密度が非一様だが底面の深さが一様な地殻を仮定した．後者ではモホ面と補償面が一致する．現在では地震波速度構造の解析などから，大局的には前者が支配的であることが知られている．しかし全く一様な密度の地殻は仮想的なものであり，密度の水平不均質の効果も重要な場合がある．

アイソスタシーは地球内部のダイナミクスを考える上で重要な概念である．リソスフェアの厚さに比べて十分に短い波長の地形（例：数km幅の丘陵など）はリソスフェアの弾性により支えられているが，より長い波長の地形（例：ヒマラヤ山脈）についてもアイソスタシーが成立していないことは，そ

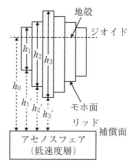

図　アイソスタシーのモデル（井田，1978を改変）
地形および地殻の厚さとは無関係に補償面の圧力は一定．

の地形荷重を支えるために浮力以外の力（例えばプレート間の力学的相互作用に伴うテクトニック応力）が働いていることを意味する．なお，たとえアイソスタシーが成立していても，補償面以浅では静水圧平衡状態にはないので，地形は変形し続け得ることは注意に値する（例えば，山地は破壊と流動を通して勾配を減じる）．アイソスタシーの名はDutton (1889) によって与えられた．　⇨アイソスタティック運動

〈高田陽一郎〉

[文献] Dutton, C. E. (1889) On Some of the Greater Problems of Physical Geology : Bull. Phil. Soc. Wash., **11**, 51-64. ／井田喜明（1978）アイソスタシーと地球のレオロジー：岩波講座「地球科学」，10巻，243-288.

アイソスタシーいじょう　アイソスタシー異常　isostatic anomaly　測定点の高度に見合うアイソスタシーが成立していると仮定して地下の仮想的補償質量による影響も考慮して補正を行ったものと標準重力の差をアイソスタシー異常（均衡異常）とよぶ．これは，測定点でアイソスタシーがどの程度成立しているかを示す目安である．例えば，山地においてその地形荷重を相殺する程度に地殻が厚ければアイソスタシーが成立し，その場合にはアイソスタシー異常はゼロとなる．フリーエア異常と異なり，アイソスタシー異常は地下構造モデルへの依存性が強いため，特定の場所に対する標準値は確立され難い．

〈高田陽一郎〉

アイソスタティックうんどう　アイソスタティック運動　isostatic movement　上部マントル内の静水圧平衡（アイソスタシー）が失われた後に，それを回復するために起こる地殻変動のこと．氷河性地殻均衡とも．巨視的には地殻・マントルシステムは地震波のように短い時間スケールで加わる応力に対しては弾性体として振る舞い，およそ100年より長い時間スケールで加わる応力に対しては粘性流体と

して振る舞う粘弾性体である．この性質は氷期-間氷期サイクルに伴う氷床の消長に対する応答に顕著に現れる．氷期に発達した氷河の荷重は地表面を数万年かけて押し下げるが，氷床がなくなっても地殻・マントルシステムはそれに追随するほど速やかに変形できず，長い時間をかけて静水圧平衡を回復するまでゆっくりと隆起を続ける（氷河性アイソスタシー）．この運動の代表的な例はスカンジナビア半島の隆起で，最終氷期終了以降，ボスニア湾を中心とする半径約1,000 kmの範囲で100年間に1m弱の速度で隆起運動を続けている．北米大陸の五大湖地方，グリーンランド，ニューファンドランドなども他の例である．氷河以外にも，かつてユタ州に存在したボンヌビル（Bonneville）湖の枯渇も隆起を引き起こしている．

また，このような隆起運動の測定値から上部マントルの粘性率を推定する研究が続けられてきた．空間スケールの大きな荷重ほど，より深いマントル物質の変形を伴うことから，様々な空間スケールの地表荷重に対する隆起運動をもとに，粘性率の深さ方向の分布や，弾性的リソスフェアの実効的な厚さを推定することができる．また，これらの値の地域差も議論されてきた．測定された隆起速度から粘性率を求める際には理論モデルが必要であり，それが異なる場合には推定値も当然，異なる．レオロジーの面では，リソスフェアの弾性，アセノスフェアの非線形流動則の考慮があげられる．地殻・マントル構造のモデル化の面では，一様な半無限媒質と層構造媒質では結果に大きな違いが生じることがある．また，地表荷重の空間スケールが大きい場合（例：北米大陸にあったローレンタイド氷床など）には，地球の曲率を考慮したモデルが必要である．
〈高田陽一郎〉

アイソパックマップ isopach map 等層厚線図*ともいう．対象とする地層の厚さが同じになる地点を等値線で結んで描いた地図（例：一つの砂岩層や降下軽石層の等層厚線図）をいう．〈酒井哲弥〉

アインシュタインのそうりゅうりろん　アインシュタインの掃流理論 Einstein's theory for bed load transportation　H. A. Einstein（1942）によって提案された掃流土砂*の移動モデル．個々の掃流土砂（掃流砂）の運動を rest period（休止時間）と step length（一回の運動により移動する距離）から構成されると仮定し，いずれも変動する確率変数で表せるとしているため，「確率モデル」あるいは「確率過程モデル」ともよばれている．Euler型の運動観測法に基づくモデル（平衡流砂量式ともよばれ，Kalinske モデル，芦田・道上モデル，Meyer-Peter & Müller モデルなどがある）と異なり，Lagrange型の運動観測法に基づくモデルである．〈木村一郎〉
[文献] 土木学会（1999）「水理公式集」，土木学会．

アウターアーチ outer arch ⇨アーチ

アウターバー outer bar 複数列の沿岸砂州*（バー）が発達している海浜において最も岸側のバー（インナーバー*）を除いたバーで，恒常的に存在する海底砂州をいう．このバーは波浪条件により岸沖方向に移動はするが，陸上に乗り上げることはない．外洋に面する砂質海岸の浅海域によく発達し，礫浜や内湾性の海浜にはみられない．二列（段）あるいはそれ以上のアウターバーが発達する海岸を多段バー海岸*という．〈武田一郎〉

アウターハイ outer high ⇨アウターリッジ

アウターライズ outer rise ⇨海溝周縁隆起帯

アウターリッジ outer ridge 海溝*陸側斜面の前弧海盆*の外縁をなす高まり．アウターハイ，外縁隆起帯ともいう．海段（deep sea terrace）の外縁も，高まりが顕著な場合はアウターリッジとよばれる．プレート沈み込みに伴い，海溝陸側斜面に海溝と平行な走向の逆断層や背斜により高まりが形成されたもの．紀伊半島沖の南海トラフ陸側斜面や，沖縄県八重山列島沖の南西諸島海溝陸側斜面で明瞭に認められる．⇨海段〈岩淵 洋〉

アウトウォッシュ outwash ⇨フルビオグレイシャル堆積物

アウトウォッシュたいせきぶつ　アウトウォッシュ堆積物 outwash deposit ⇨フルビオグレイシャル堆積物

アウトウォッシュプレーン outwash plain 融氷水流による堆積作用で形成された氷河前面の地形．典型例がみられるアイスランドのアイスキャップ周縁では，アイスランド語でサンダー（sandur）とよばれ，この語も一般的に用いられる．狭い谷を埋めるものはバリートレイン*（valley train）とよばれることもある．扇状地状あるいは複合扇状地状の平面形態を呈し，網状流が発達する．氷河末端やターミナルモレーンに近いところでは，デッドアイスの融解に伴ってケトルが形成されることもある．構成物質は，氷河侵食物質を起源とすることから，氷河の物質生産と融解水の運搬能力との関係で粒度が決まる．このため氷体の近傍や融氷水流が弱い所ほど礫質になり，広大な堆積平坦面を形成するよう

な所では一般にシルト～砂質となる．北ヨーロッパ平原や北米中北部の平原は，いずれも，氷期に氷床が拡大した際にその下流域にできたアウトウォッシュプレーンを含む．スカンジナビア氷床の南端であった中央ヨーロッパ北部では，古い谷を意味するウァシュトロームタールとよばれる平原が，かつての氷縁に沿うように伸びている． 〈澤柿教伸〉

あえんれき　亜円礫　subrounded gravel 円礫*よりも丸みの少ない礫（Krumbein の円形度階級で 0.5～0.6）．⇨円形度階級の視察図　〈横川美和〉

あおきそう　青木層　Aoki formation 長野県の北部フォッサマグナ地域に分布する海成の砂岩泥岩互層・砂岩層・泥岩層からなる中部中新統．層厚は 850～1,300 m．下位の別所層（中部中新統）および上位の小川層（上部中新統）とはそれぞれ整合関係．本層の泥質岩分布地域で地すべりが多発している． 〈三田村宗樹〉

あおばやまそう　青葉山層　Aobayama formation 宮城県仙台市青葉山および同市の北西の丘陵地域に分布する中部更新統．青葉山礫層とも．仙台層群を不整合で覆い，青葉山段丘を構成．下部は泥炭層を挟在する河成礫からなり，上部は礫層から漸移する火山灰質粘土層と風化火山灰層からなる．層厚は 20～25 m． 〈天野一男〉

あかくれき　亜角礫　subangular gravel 角礫*よりは角の取れた状態の礫（Krumbein の円形度階級で 0.3～0.4）．⇨円形度階級の視察図　〈横川美和〉

アガシーこ　アガシー湖　Agassiz Lake ⇨ローレンタイド氷床

あかしお　赤潮　red tide 珪藻類や渦鞭毛藻類など主に植物プランクトンの異常増殖で海水が変色する現象をいう．通常，黄褐色か赤褐色を呈するのでこの名が付く．富栄養化した内湾や内海で夏季に発生しやすく，漁業被害をもたらすことが多い． 〈砂村継夫〉

あかしまそう　赤島層　Akashima formation 秋田県男鹿半島北西端の入道崎付近に分布する始新統．下位から赤島溶岩部層，入道崎火成岩部層に分けられる．層厚は 200 m． 〈松倉公憲〉

あかつち　赤土　akatsuchi 関東ローム*のように茶褐～赤褐色でローム質を呈する無層理の風化火山灰層の俗称．武蔵野台地にはこの赤土にからむ地名があり，たとえば下赤塚，赤坂，赤羽などは赤土の切り通しや崖線に由来する．また，茨城地方には淡黒色の火山灰土壌である"赤ノッポ"がみとめられ，特にこれを赤土とよぶ場合がある．一方，成帯性土壌の赤色土*（ラトソル*）に対し赤土と俗称するときがある． 〈細野 衛〉

あかねんど　赤粘土　red clay 陸地から遠く離れた深海底に堆積した粘土で，赤茶色または明るい褐色を呈する．遠洋性粘土，赤色粘土，褐色粘土ともいう．炭酸カルシウム補償深度（CCD：石灰質堆積物の堆積速度を溶解速度が上回る深度）以深に分布．風成塵，宇宙塵，火山灰，マンガンノジュールなどを含む．褐色粘土（brown clay）は同義．⇨遠洋性堆積物 〈横川美和〉

アカホヤ　akahoya 主として南九州一帯に分布する約 7,300 年前に鬼界カルデラ（現，薩摩硫黄島付近）から噴出した幸屋火砕流（K-Ky と略記）に伴う火山灰（co-ignimbrite ash）．わが国の代表的な広域指標テフラ*の一つであり輝石デイサイト質のガラス質火山灰である．噴出源名を前に付して鬼界アカホヤ火山灰（K-Ah）とも．九州，四国などの陸地においては特徴的な黄橙色を呈する．宮崎県，鹿児島県ではアカホヤ，熊本県人吉地方ではイモゴ（芋子），四国地方ではオンジ（音地あるいは音土）などの俗称でよばれる．アカホヤの語源は，一般に"アカ"はその土色から，"ホヤ"は多孔質で"ほやほや"とした特殊な物理性による．イモゴの語源は，"忌む子（いむご）"から来ており，「子を忌む」つまり生産力のない土地の意に由来するとの説がある．また，イモゴは，1962 年に日本で発見された新鉱物"イモゴライト*"の語源にもなっている．オンジは，腐植をほとんど含まない黄橙色～明橙色のものを赤音地，腐植含量が多い黒色のものを黒音地（撹乱により土壌と混合されたもの）としてさらに区分される．これらの各地におけるアカホヤの俗称は，いずれもアカホヤが植物根の進入を困難にする特殊な構造をもち，植物の生育を著しく阻害する生産力の低い土地であったことに端を発する． 〈井上 弦〉

[文献] 町田 洋・新井房夫（2003）「新編 火山灰アトラス[日本列島とその周辺]」，東京大学出版会．

あかり　明かり　akari 鉄道，道路，鉱山などのトンネル工事における現場用語で，トンネル坑外の明るい区間をいう．明かりでの両切のような掘削は「明かり掘削（excavation）」と総称される． 〈鈴木隆介〉

あかんそうぐん　阿寒層群　Akan group 北海道の白糠丘陵東縁部に分布する鮮新統．十勝地方の十勝層群に対比される． 〈松倉公憲〉

あかんたいこ　亜寒帯湖　subarctic lake ⇨湖沼の分類[気候帯による]

あかんたいりん　亜寒帯林　subarctic forest　⇨北方針葉樹林

あかんぴょうき　亜間氷期　interstadial, interstade　氷期の年代層序区分で，氷期のなかで氷河が縮小した時期．海洋底コアと氷床コアの記録によると，最終氷期には，多くの短い温暖期があることがわかっており亜間氷期を明確に区別するのは難しい．海洋酸素同位体ステージ（MIS）3, 5a, 5c などが比較的明瞭な亜間氷期といえよう．　〈岩田修二〉

あきうそうぐん　秋保層群　Akiu group　仙台市西方に分布する上部中新統の陸成層．下位から湯元層（凝灰角礫岩，凝灰質砂岩からなり，石材の秋保石となる），梨野層，三滝層，白沢層に区分される．本層群に貫入した複数の「しそ輝石安山岩」の岩体が火山岩頸*状に突出している．　〈松倉公憲〉

あき　こういち　安藝皎一　Aki, Koichi（1902-1985）　東京帝国大学土木工学科卒業．東京大学教授．資源調査会初代事務局長，同副会長を歴任し，日本河川開発調査会会長，国連アジア極東経済委員会水資源開発局長などをつとめた河川工学者．河川を流域特性との関連で総合的にとらえるという視点から，水資源問題と地理学，河川工学と地形学を結びつけ，資源調査会において同世代の多田文男や谷津栄寿を初めとする若い自然地理学者に研究の場を提供し，戦後の自然地理学の発展に貢献した．地理学・地形学に影響を与えた著書に「河相論」（1944），「水害の日本」（1952），「日本の資源問題」（1952）がある．　〈野上道男〉

あきさめぜんせん　秋雨前線　akisame front　成因的には北上した梅雨前線*が秋になって南下してきた前線をいう．秋霖前線とも．台風が日本に接近する季節でもあるので，前線が刺激されると降水量が多くなる．引きつづき台風による強雨がくると降雨災害の原因となりやすい．　〈野上道男〉

あきょくそう　亜極相　subclimax　気候的極相概念の中で，気候的要因以外の野火，放牧，刈り払いなどの要因により極相*に達する前の植生状態で遷移*が阻止され，見かけ上安定な群落を形成している植物群落．植物遷移は進行とともに速度が遅くなるため，亜極相植生は長時間存在し準安定相ともよばれる．しかし亜極相と極相の識別は概念的なものであって，実際に亜極相と極相の区分は困難なことが多い．そのため区分自体の意味も不明なことが多く，気候的極相概念にもとづく議論上以外ではあまり使用されない．極相に至らずに停滞する要因としては，噴火，山火事，人為撹乱が挙げられる．人為撹乱としては，ぼた山や埋立地などが長期間経過し，草本期が持続するとススキ草原などが亜極相的とみられる．これらの撹乱要因を除去すると遷移は進行するため，妨害極相とよぶこともある．なお前極相は，撹乱*以外の要因により遷移が気候的極相の前段階に留まることを指す．　〈若松伸彦〉

あきょくちいき　亜極地域　subarctic region, subpolar region　亜寒帯と同義語．北半球では亜寒帯針葉樹林帯，南半球では南極海の島々とパタゴニア南部，フェゴ島が含まれる．一部にはツンドラや永久凍土帯が含まれる．山岳地域は山岳氷河に覆われる．　〈岩田修二〉

あきょくひょうが　亜極氷河　subpolar glacier　極地氷河*のうち，夏の涵養域で融解が起こりうる氷河．複合温度氷河*と同じ意味で使われることもある．　〈杉山 慎〉

あくち　悪地　badland　徒歩での通過の困難な，大小の複雑な起伏のある土地をいう．悪地地形あるいはバッドランドともいい，①植被がごく少なく，②崩れやすい岩石が露出し，③尖塔状あるいは痩せた尾根，④雨裂の細かな谷ひだが切り込んだ急傾斜な斜面，⑤狭い谷（欠床谷*）の密な発達，などで特徴づけられる．北米中西部のサウスダコタ州南西部のバッドランズ国立公園や西部のグランドキャニオンの北西のユタ州のブライスキャニオン国立公園に代表され，フランス人猟師によって通過困難な土地，ラコタ族の現地語では同じ意味の mako sica とよばれていたことに由来する．バッドランズ国立公園は面積約 976 km^2，高度 800 m 前後の台地の間に，高度差は数十 m であるが奥行きが約 15 km の起伏地が延長約 70 km 以上にわたって広がっている．悪地は半乾燥地に多く発達し，中国西部の黄土（レス）地帯にも分布している．わが国では徳島県阿波市の"阿波の土柱"が悪地の例とされ，断層崖下の崖錐性砂礫層（第四紀前期の'土柱層'）を開析する谷（県天然記念物指定地は高度差約 50 m，奥行き 90 m）の谷壁にみられる雨裂の間の稜が土柱（earth pillar）とよばれている．　⇨黄土，レス，雨裂，土柱　〈阿子島 功・小口 高〉

［文献］Schumm, S. A.（1956）Evolution of drainage systems and slopes in badlands at Perth Amboy：New Jersey. Bull. Geol. Soc. Am., **67**, 597-646.

あくちちけい　悪地地形　badland　⇨悪地

アクティブテクトニクス　active tectonics　⇨活構造

アグラデーション　aggradation　河川や海，風

などによる堆積物の堆積が，地表面（海底面を含む）を高めるプロセス．増均作用・加積作用・累重作用ともいう．層序学においては，地層の累重様式の一つで，同一の堆積物が上方へ累重していくことをいう．堆積物供給速度が堆積空間の形成速度とほぼ同じ場合に生じやすい．⇨減均作用
〈堀　和明・斎藤文紀〉

アグルチネート agglutinate 主に粗粒の火山岩塊や火山礫，火山弾等で構成され，それらが溶結している火砕岩．古くは岩滓集塊岩・スコリア集塊岩などとよばれた．スコリア丘の構成物やストロンボリ式噴火で火口近傍に堆積したスコリア質の堆積物などによくみられる．
〈横山勝三〉

アクレ aklé 横列砂丘状に配列するバルカノイド砂丘群が，上空から眺めると魚鱗状にみえるものをいい，サハラ砂漠で使われる用語．〈成瀬敏郎〉

あげしお　上げ潮 flood tide, rising tide, flow 潮位の低いとき（低潮）から高いとき（高潮）に移行する間の潮の状態．満ち潮は一般語．⇨潮汐
〈砂村継夫〉

あこうざんたい　亜高山帯 subalpine zone 植物の垂直分布帯のうち，山地帯＊の上部，高山帯＊の下部に位置する植生帯で，温量指数＊（暖かさの指数）（WI）の15〜45の範囲内にある．本州ではオオシラビソ，シラビソが，北海道ではトドマツ，エゾマツなどの針葉樹種が優占する森林帯地域を指すことが一般的．ただし欧米では森林帯上方において樹木種の樹高，ないしは個体密度が低下した森林限界移行帯を subalpine zone とすることから，日本の針葉樹種優占地域は山地帯上部，亜高山帯はハイマツ帯やダケカンバ優占帯を指すとする意見もある．
〈若松伸彦〉

[文献] Ellenberg, H. (1963) *Vegetation Mitteleuropas mit den Alpen*. 5th. Auflage Eugen Ulmer.

アコースティック・エミッション acoustic emission 岩石・岩盤が外力を受けて変形や破壊を生じる過程で，岩石内の微小クラックの発生などによって発生する破壊音．AE（エイイー）と略称されることも．AE の時間変化を追うことにより破壊の前兆を把握したり，AE 源の特定から破壊箇所の特定ができる．例えば，大谷石採掘跡地（栃木県）の地盤陥没での調査事例などがある．〈松倉公憲〉

あさいど　浅井戸 shallow well ⇨井戸

あさがおだに　アサガオ谷 funnel-shaped valley ⇨河谷横断形の類型（図）

あさぎり　朝霧 early morning fog 早朝に出現する霧をいう．一般に放射冷却＊に起因して発生する放射霧＊である．よく晴れた風の弱い夜間から早朝にかけて出現するので，「朝霧は晴れ」という天気俚諺になる．太陽放射で霧粒は蒸発し，日の出後1〜3時間で消失する．〈山下脩二〉

あさせ　浅瀬 shoal 海や河川の浅い所にあり，航行上危険な地形．砂礫などの非固結物質からなるなだらかな突起部．岩盤からなる場合は暗礁とよばれる．〈砂村継夫〉

あさだに　浅谷 shallow valley ⇨河谷横断形の類型（図）

あしおたい　足尾帯 Ashio belt 古生代後期〜三畳紀の遠洋性堆積物（頁岩・砂岩・チャート・石灰岩など）を異地性岩体として取り込んだジュラ紀の付加体＊．関東地方北部の足尾山地から北方に日本海まで続き，その東限は棚倉構造線である．岩相・地質時代の類似した西南日本の美濃-丹波帯に続くものとされ，全体として美濃-丹波-足尾帯ともよばれる．〈松倉公憲〉

あしがらそうぐん　足柄層群 Ashigara group 神奈川県・静岡県の県境付近に分布する鮮新統〜下部更新統の海成層．主に砂岩・泥岩および礫岩よりなり，火砕岩や溶岩を挟む．層厚は 5,000 m 以上．分布地の北限はフィリピン海プレートと大陸プレートの接する神縄逆断層である．なお，神縄（丹沢湖の南の小集落）は，地学界では「かんなわ」と読まれているが，地元では古来「かみなわ」と発音している．この誤読の根源は Kuno (1950) の箱根火山地質図の英文表記にあると思われるが，定かではない．〈鈴木隆介〉

[文献] Kuno, H. (1950) Geology of Hakone volcano and its adjacent areas, Part 1: Jour. Fac. Sci., Univ. Tokyo, Sec. II, 257-279.

あしやそうぐん　芦屋層群 Ashiya group 筑豊炭田北東部に分布する漸新統の海成層．砂岩を主とし，一部は泥岩または砂岩泥岩互層からなり海緑石・骨石を挟む．層厚 650 m．〈松倉公憲〉

アスピーテ Aspite ⇨シュナイダーの火山分類

アスファルト asphalt 原油中の炭化水素の中で最も重質な成分であり，天然アスファルトと石油精製により生成される人工アスファルトがある．接着材，防水材として，道路舗装用のアスファルトやビル・マンションの屋上防水などによく用いられている．〈石田良二〉

アスペリティ asperity 元来は岩石摩擦すべり実験において二つのブロックが直接に接しているよ

うな「突起」を意味するが，地震学では1980年代から断層面やプレート境界上の強度が強い部分を指すようになってきた．地震の際には，アスペリティでは周囲よりもすべり量が大きくなり，放射される地震波の振幅も大きくなる．東北地方沖などで繰り返すプレート間の大地震の解析から，アスペリティの場所や大きさはあらかじめ決まっていることや，地震によってすべる組み合わせが異なることがわかってきた．すなわち，アスペリティの性質は地震の発生や強震動の予測にとって重要な役割を果たす．⇨強震動予測 〈佐竹健治〉

あぜ　畦　aze, ridge between rice fields　水田の水漏れを防止するために，一筆ごとの水田の低所側に盛土した土堤（幅約30 cm，水田面からの高さ約15 cm）．その側端に大豆などを植えることもある．地方によって呼称（例：クロ）が多様である．
〈鈴木隆介〉

あぜいし　畦石　rimstone　⇨石灰華段丘

アセノスフェア　asthenosphere　固いリソスフェア（プレート）の下に分布する柔らかく，比較的流動性に富んだ層．地震波の低速度層とほとんど同義に用いられ，海洋部では深さ約70〜250 kmに及ぶ．この層の存在により，固いプレートが比較的スムースに移動ができると考えられている．地震波の速度の他に，密度や粘性率がリソスフェアより小さく，地震波の減衰，電気伝導度が高いことも考え合わせて，数％程度部分溶融している状態にあるという考えが広く受け入れられている．しかし，地震波が低速度になる原因は部分溶融以外にも考えられるので，必ずしも原因について決着がついているわけではない．⇨低速度層，プレート 〈西田泰典〉

あぜみち　畦道　raised footpath between rice fields　畦＊の亀裂や破壊による水田の水漏れを点検・修理や水稲の生育状態を点検するために通る畦の上の道．〈鈴木隆介〉

あそようがん　阿蘇溶岩　Aso lava　阿蘇火砕流堆積物の古い呼称．火砕流の一般的な概念がまだなかった20世紀初頭から使われていた．阿蘇カルデラ周辺に広く分布する様々な岩相の火砕流堆積物（非溶結の堆積物，溶結凝灰岩）を一括総称して"阿蘇溶岩"とよび，また，灰石，泥溶岩（mud lava）などの用語も使われた．阿蘇火砕流堆積物は，阿蘇-1（約27万年前），阿蘇-2（約14万年前），阿蘇-3（約12万年前），阿蘇-4（約9万年前）の四つの火砕流堆積物に分けられる．特に最後の阿蘇-4火砕流堆積物の規模が最大で，主にこの堆積物が阿蘇カルデラ周辺に広大な火砕流台地や丘陵をつくるほか，中〜北部九州の広域に分布し，さらに，山口県秋吉台地域にまで分布が知られている．中〜北部九州の風土の重要な要素をなし，古くから石材などに利用され，人間生活と火砕流堆積物との多様な関わり"火砕流文化"が認められる． 〈横山勝三〉
［文献］横山勝三（2003）「シラス学」．古今書院．

あたたかさのしすう　暖かさの指数　warmth index　⇨温量指数

あたま　頭　peak　⇨山頂

あち　窪地　sunken place, basin, depression lower than sea level　海面より低い陸地（凹地）．'くぼち'と読まない．海面より低い土地でも，干拓地などの人工的な凹地，地盤沈下によるゼロメートル地帯や一時的に生じる凹地（例：三角州の後背低地）は含めない．陸地の最低点は死海（Dead Sea）沿岸で約−400 m．乾燥地域に多く，塩湖をもつものもある．日本に窪地(くぼち)はない．⇨窪地，ゼロメートル地帯 〈鈴木隆介〉

あっさいがん　圧砕岩　cataclasite　⇨カタクラサイト

あっさいさいせつがん　圧砕砕屑岩　autoclastic rock　圧砕や動力変成作用などによってできた岩石．断層角礫や氷河による破砕礫などを含む．
〈松倉公憲〉

あっさいたい　圧砕帯　crush zone, shear zone　⇨破砕帯

あっさつわれめ　圧擦割れ目　friction crack　⇨衝撃痕

あっしゅくおね　圧縮尾根　pressure ridge　この用語には次の二つの意味がある．①主に横ずれ断層に沿って圧縮によって非固結の地層や破砕された岩盤が盛り上がって形成された細長い丘状の地形．横ずれ断層型活断層の走向のわずかな変化によって，局地的に圧縮場や引張り場が形成され，断層線に沿って細長い高まりや凹地が交互に形成されることがある．好例は，糸魚川-静岡構造線活断層帯の茅野市付近に発達する圧縮尾根などがこれにあたる．世界の長大な横ずれ断層では長さ1 km以上，高さ数十 mに達する顕著なものがみられる．②大きな湖など凍結した氷面に冷却と加熱の繰り返しにより生じる亀裂に沿った高まり．諏訪湖の御神渡(おみわたり)＊がこれにあたる． 〈中田 高〉

あっしゅくきょうど　圧縮強度　compressive strength　岩石・土のもつ強度の一つで，圧縮力に

抵抗する強さ．圧縮試験によって供試体が破壊したときの荷重を供試体の断面積で割って求められる応力の値（単位：MPa）．同じ岩石や土であっても，供試体の大きさや形状，水分量，異方性などによって異なる強度が得られることに注意が必要である．
〈松倉公憲〉

あっしゅくしけん　圧縮試験　compression test　土や岩石からなる供試体の軸方向に荷重をかけて圧縮することにより，試料の圧縮強度や変形特性を求める試験．供試体は一般に円柱あるいは角柱に整形したものを用いる．⇨一軸圧縮試験・三軸圧縮試験
〈八反地 剛〉

あっしゅくテクトニクス　圧縮テクトニクス　compression(al) tectonics　圧縮応力下で生じる地球表層部（主として地殻と上部マントル）の変動，およびその結果として生成された構造やその進化を研究する学問分野．日本語文献中では，圧縮応力下で生じる変動そのものに対する呼称として用いられることもある．⇨伸張テクトニクス
〈池田安隆〉

アッシュクラウドサージ　ash-cloud surge　火砕流の上部に伴う噴煙（"灰かぐら"）の基部で生じる火砕サージの一種で，より密度の大きい火砕流の主体部とは分離して進行し堆積することもある．堆積物（アッシュクラウドサージ堆積物）は一般に細粒火砕物質の薄層で，火砕流堆積物主部の上位に分布する．⇨火砕サージ，グラウンドサージ，ベースサージ
〈横山勝三〉

[文献] Cas, R. A. F. and Wright, J. V. (1987) *Volcanic Successions: Modern and Ancient*, Allen & Unwin.

あっしゅくりつ　圧縮率　compressibility　圧縮係数ともいう．物質の圧縮しやすさの指標．体積弾性率*の逆数．
〈飯田智之〉

あっしゅくリッジ　圧縮リッジ【地すべりの】　pressure ridge (of landslide)　⇨地すべり地形（図）

アッターベルグげんかい　アッターベルグ限界　Atterberg limits　⇨コンシステンシー限界

あつないそう　厚内層　Atsunai formation　北海道十勝平野の東方の白糠丘陵西部の浦幌付近から東部の雄別付近まで分布する上部中新統から下部更新統．層厚は450 m．主にシルト岩・凝灰質シルト岩・軽石質砂岩・凝灰岩よりなる．岩石強度は中程度であるが，低透水性のため，地形的には中程度の起伏と高い谷密度の丘陵を構成する．
〈松倉公憲〉

アッパーマントル　upper mantle　⇨マントル

アッパーレジーム　upper regime, upper flow regime　小規模河床形（⇨河床形態）のうち平坦床や反砂堆が形成されるような流水の出現領域．高流領域ともよばれる．フルード数*が1以上の流れ．
〈砂村継夫〉

あつみつ　圧密　consolidation, compaction　土が荷重を受けて間隙水（土の内部間隙に存在する水）が排出され土の体積が減少していく現象をいう．この現象は，礫質土や砂質土などの粒径の大きな土の場合や不飽和状態の土の場合は短時間に終了するので，圧縮とよばれることもあり，途中経過は問題にしない．圧密は，土の応力状態の変化や地下水位の変化により地盤に対する応力（全応力）に変化が生じて間隙水圧分布が変化すると開始され，定常水圧分布に達した段階で停止する．飽和状態での圧密による変形過程は，テルツァーギ（K. Terzaghi）により理論的に明らかにされており，この理論を基礎として圧密試験が行われている．飽和状態の地盤より試料を採取して試験を行い，圧密終了の時期や沈下量の一次的な予測が行われている．実際には，この理論により予測できない二次圧密とよばれるクリープ変形が生じるので，この理論による沈下量予測は過小となる場合がある．⇨クリープ
〈加藤正司・三宅紀治〉

あつりょくすいとう　圧力水頭　pressure head　水流がもつ単位重量あたりの圧力のエネルギーを長さの次元で表したもの．圧力をp，水の密度をρ，重力の加速度をgとすると，$p/\rho g$．
〈宇多高明〉

あつりょくていこう　圧力抵抗　pressure drag　粘性*のある流体の中を運動する物体に働く抵抗のうち，物体表面に垂直に働く圧力の合力．物体の形状に大きく依存するため，形の抵抗あるいは形状抵抗（form resistance, form drag）ともよばれる．⇨抗力
〈宇多高明〉

あつりょくゆうかい　圧力融解　pressure melting　圧力が加わることによって氷が融解する現象．氷の融解温度が圧力に対して負の依存性をもつことに起因する．融解温度の圧力依存性は0℃近傍で約-0.07℃ MPa^{-1}．
〈杉山 慎〉

あつれつひっぱりきょうど　圧裂引張り強度　tensile strength from Brazilian test　⇨圧裂引張り試験

あつれつひっぱりしけん　圧裂引張り試験　Brazilian test, radial compression test　岩石の円柱供試体の直径方向に荷重を加えて破壊させることにより，供試体の引張り強度を求める試験．あるいはブラジリアンテストともよばれる．岩石の場合，供試体を軸方向に引っ張って強度を直接測定する試験

あてざい

が困難なため，この圧裂引張り試験が広く使われる．この試験で得られた値を圧裂引張り強度という． 〈八反地 剛〉

あてざい　あて材　compression wood, tension wood　樹木年輪にみられる異常に発達した幅広い晩材の名称．圧縮あてと引張りあてがある．針葉樹は傾倒した幹の下側に圧縮あてが形成される．樹木の傾倒を伴う地すべり土塊の移動年代を推定する際に使われる． 〈中村太士〉

あとかいがん　後海岸　backshore　後浜*のこと．現在はほとんど使用されない． 〈砂村継夫〉

あとち　跡地【地形変化の】　remnant of former landform, abandoned site (area)　周囲の地形変化に伴い，何らかの地形種を形成していた地形過程が断絶され，その地形種がその地形過程から放棄された後も，その地形種の過去の形態および性状（構成物質・地下水など）の一部が残存している土地をいう．流路跡地（例：旧流路，旧河道，三日月湖など），湖沼跡地（例：潟湖跡地など），地すべり跡地（地すべり堆の除去された低所）などがその例である．⇨流路跡地 〈鈴木隆介〉

あとはま　後浜　backshore　砂浜海岸において静穏波浪の遡上限界地点より陸側で，最大級の暴浪の遡上限界地点（通常，砂丘や浜堤の海側端や植生分布の海側端）までの領域をいう．⇨砂浜海岸域の区分（図） 〈砂村継夫〉

あとはまカスプ　後浜カスプ　backshore cusps　以前襲来した高波浪によって形成されて残存している不活性化（inactive）したビーチカスプ．後浜*でみられる．異なる高さに複数列のカスプが観察されることもあるが，一般に上段のものほど大きな波長をもつ．また，後浜上限がカスプ状に周期的に屈曲することもあるが，これも後浜カスプである．⇨ビーチカスプ 〈武田一郎〉

あとはまじょうげんこうど　後浜上限高度　height of upper limit of backshore　後浜内で最も高い地点の，海面からの高度．多くの場合，海岸砂丘や海浜植物群落の海側端あるいは海食崖*の基部などの後浜の陸側限界地点の高さにあたり，前浜をも含む海浜の最高地点の高度になるが，礫浜ではバームの頂部が後浜の陸側限界地点よりも高くなることもある．この高度は暴浪時の波の遡上限界高度に一致し，外洋性海浜では海浜堆積物の粒径と海底砂州の段数によって決まり，内湾や瀬戸内海沿岸などの非外洋性の海浜では海域の暴浪規模や潮位差に左右され，湾頭の浜では湾の閉塞度に支配される．

〈武田一郎〉
[文献] Takeda, I. (2003) Stability and height of the landward limit of the backshore at Japanese beaches: Jour. Coastal Research, 19, 1082-1093.

あとみちはま　後徑浜　backshore berm　⇨バーム

アトランティクき　アトランティク期　Atlantic time　⇨後氷期

あねったいこ　亜熱帯湖　subtropical lake　⇨湖沼の分類［気候帯による］

あねったいこうあつたい　亜熱帯高圧帯　subtropical high pressure belt　⇨大気大循環

あねったいさばく　亜熱帯砂漠　subtropical desert　北緯・南緯20〜30°にある砂漠．大陸西部および中央部の高気圧団からの乾燥した下降気流地帯に存在する．降水はほとんどなく，昼夜の寒暖差が大きい．サハラ砂漠，アラビア砂漠，カラハリ砂漠そしてオーストラリア砂漠などがこのタイプ． 〈松倉公憲〉

あねったいせいどじょう　亜熱帯性土壌　subtropical soil　ケッペンの気候区分には亜熱帯という区分はないが，吉良竜夫（1945）による生態気候区分によると，暖かさの指数（⇨温量指数）180〜240℃・月で暖温帯と熱帯の中間に区分されている．地理的には北回帰線と南回帰線（それぞれ北緯・南緯23.5°）付近の緯度が20〜30°の地域を指すことが多い．これらの地域には長期の土壌生成作用を受けたラテライト性土壌や赤黄色土*が広く分布し，一部の排水良好かつ砂質な地域にはポドゾル*も出現することがある．また，塩基に富んだ母材上には膨潤性粘土鉱物を多く含むバーティソル*，河口付近には酸性硫酸塩土壌，デルタ地帯には水田土壌が分布する． 〈前島勇治〉
[文献] E. M. ブリッジズ著，永塚鎮男・漆原和子 訳（1990）「世界の土壌」，古今書院．

アネロイドがたきあつけい　アネロイド型気圧計　aneroid barometer　⇨気圧計

アバット　abut　不整合の一形式で，上位の地層の層理面が，その基盤の侵食面（すなわち不整合面）に急角度で斜交し，ぶつかっているような状態をいう． 〈松倉公憲〉

アバランチ・シュート　avalanche chute　⇨雪崩地形

アバランチ・ボールダータン　avalanche boulder tongue　⇨雪崩地形

あひょうき　亜氷期　stadial, stade　氷期の年代

層序区分で，氷期のなかで氷河が拡大した時期．地質・地形学的な証拠による従来の亜氷期にあたるのは，海洋底コアと氷床コアの記録によると，海洋酸素同位体ステージ（MIS）2（25〜15 ka）とステージ4（58〜75 ka）であり，両者が最終氷期の亜氷期といえよう． 〈岩田修二〉

あふどういき　亜不動域【地すべりの】 sub-unmoving area（outside of landslide）⇨地すべり地形（図）

アブトラーグング Abtragung（独），denudation　削剝とほぼ同義で，現在ではほとんど使用されない．⇨削剝 〈鈴木隆介〉

アフトンかんぴょうき　アフトン間氷期 Aftonian interglacial ⇨ローレンタイド氷床

アプライト aplite　普通の花崗岩*より著しく細粒で等粒状の他形組織（大部分の鉱物が他形をなしている組織）をしている岩石．これに対して粗粒なものはペグマタイト*とよばれる． 〈松倉公憲〉

アフリカだいちこうたい　アフリカ大地溝帯 Great Rift Valley　アフリカ大陸東部を南北に貫く幅35〜100 km，総延長7,000 kmにわたる長大な地溝帯．並行する複数の正断層により断裂し，落差100 mを超える断層崖により階段状地形が発達．地溝帯は大きく分けて，エチオピアからケニアを通ってタンザニアに至る東リフトバレー，ウガンダからルワンダを通り，タンガニーカ湖に至る西リフトバレーの2系統がある．東リフトバレーは北に延びて紅海からシナイ半島，アカバ湾，ヨルダン渓谷を通り，死海へと連なる．アフリカ大地溝帯はアフリカプレートを分裂させ，中央海嶺が新しく誕生しようとしている場所で，地溝帯内は強い負の重力異常が観測され，キリマンジャロなど多くの活火山が地溝帯の両側に分布する． 〈前杢英明〉

アブレーション ablation ⇨消耗【氷河の】
アブレーションティル ablation till ⇨ティル
アブレーションモレーン ablation moraine ⇨モレーン

アミノさんへんねん　アミノ酸編年 amino-acid geochronology　化学変化が特定条件下では一定速度で進行するので，その変化量から経過年代を求めるいくつかの方法がある．そのうちアミノ酸編年は，生体を形成していた蛋白質のアミノ酸が化石化の後，時間とともにラセミ化とよばれる化学変化を起こす過程を利用する．

アミノ酸にはL体とD体という光学異性体があり，生物が生きているときにはL体をなすが，死滅すると環境に応じて一定速度でラセミ化反応が起こりL体アミノ酸からL体とD体のアミノ酸が生成される．このラセミ化，すなわちD/L比は時間とともに増加することから，試料のD/L比を測定し年代を推定することができる．化石には炭酸塩や珪酸塩などの殻をもつものが多いが，それらの少なくとも一部は蛋白質（アミノ酸の集合）からつくられる．アミノ酸のD/L比と経過時間との関係は温度にほぼ正比例する．このほか貝，骨の浸透能やもとのアミノ酸の組成が関係する．そこでアミノ酸のラセミ化から年代を推定する場合は，同じ試料について別な方法で数値年代を求め，各地域ごとに回帰線を作成する．

古環境や考古・人類研究では，古くから使われてきた手法である．そのほか中・低緯度の海成層に含まれる単体サンゴについてのラセミ化の程度と，部分的に測定されたウラン系列年代との回帰関係や酸素同位体変動との関係に基づいて，欧米各地の中・後期更新世海成段丘の対比・編年についての研究例が多い． 〈町田 洋〉

あめ　雨 rain　大気中の水蒸気が凝結して，水滴となり，重力によって地上に落下するもの．粒径が0.5 mm以上のものを雨とよび，それ未満の場合には霧雨とよぶ． 〈森島 済〉

アメダス AMeDAS　気象庁が全国に展開している気象観測網で，地域気象観測網あるいは地域気象観測システムとよばれる．集中豪雨や雷雨，局地前線などの時・空間的に小スケールの現象把握を目的に1975年頃から運用されているシステムである．

降水量の観測所は全国に約1,300カ所，約17 km間隔で配置されている．そのうち，風向・風速，気温，日照時間も加えた4要素を観測しているのが約850カ所ある．観測やデータ送信はすべて自動化されており，当初は毎正時の1時間値が，1994年からは10分毎の値が収録されている．2008年以降，気温や風速を10秒毎に測定できる新型アメダスが導入されている． 〈山下脩二〉

あゆかわそう　鮎川層 Ayukawa formation　宮城県牡鹿半島南東部とその付属島に分布する，下部白亜系の，主に砂岩と頁岩であり，4つの部層に区分されており，層厚は約1,900 m．硬岩のため，分布はかなり急傾斜の丘陵であり，海岸には波食棚も海成段丘も発達していない． 〈鈴木隆介〉

アラス alas ⇨サーモカルスト
あらせ　荒瀬 *arase* ⇨瀬
あられ　霰 snow pellet ⇨降雹

あられいし　霰石　aragonite　$CaCO_3$ からなる炭酸塩鉱物の一種．アラゴナイトとも．〈松倉公憲〉

アリダード　alidade　長さ約 25 cm，厚さ約 1.5 cm，幅約 4 cm の木製または金属製で，定規・水準器・前視準板・後視準板などから構成された平板測量*用の機器．材質にもよるがおおむね 150 g から 200 g と軽量であり，平板の上で地物を測定し，地形図を作成する．前視準板には中央に視準糸があり，視準糸の両側に前・後視準板間隔の 1/100 を 1 目盛りとした目盛りが刻まれていて，この関係を利用して高低差の計測や測距を行う．簡便である一方，これを利用して作成される地形図の品質は必ずしも高くない．電子観測機器の発展により使用されることは極めて少なくなっている．
〈正岡佳典・河村和夫〉

アリづか　アリ塚　termite mound　⇨シロアリ塚

アリットかさよう　アリット化作用　allitization　亜熱帯〜熱帯の湿潤もしくはモンスーン気候条件下で優勢となる基礎的な土壌生成作用．土壌中において一次鉱物が分解されて，新たにアルミノ珪酸塩質の結晶性粘土鉱物や非晶質粘土鉱物が生成され，さらに母岩の風化が進んで珪酸の溶脱（脱珪酸）が進み，シリカ・アルミナ比が小さくなりカオリン鉱物や鉄やアルミナ酸化物などのヘマタイト，ゲータイト，ギブサイトが生成される過程を指す．一方，小雨下では珪酸の溶脱が弱くシリカ・アルミナ比が大きくなりシアリット化作用が進む．⇨赤黄色土，ラトソル　〈前島勇治〉

アルカリえいようこ　アルカリ栄養湖　alkalinetrophic lake　非調和型湖沼の一種で pH が 9 程度以上の湖沼で，アルカリ湖（alkaline lake）ともよばれる．大陸の石灰岩地帯には pH が 9 程度の弱アルカリ性を示す湖沼がしばしばみられる．東部アフリカ地溝帯や北アメリカの乾燥地域や半乾燥地域には，炭酸ナトリウムを多く含むため pH が 11 にも達する強アルカリ性湖が分布する．アフリカ大地溝帯*のトルカナ湖，ナトロン湖やマニャラ湖などの湖は特異な炭酸ナトリウム性の火山噴出物の影響で強アルカリ性を示すと考えられている．日本にはこれに相当する湖沼はない．〈井上源喜・知北和久〉

アルカリがん　アルカリ岩　alkali rock　⇨火成岩

アルカリこ　アルカリ湖　alkaline lake　⇨アルカリ栄養湖

アルカリせいどじょう　アルカリ性土壌　alkaline soil　土壌 pH がアルカリ側にある土壌をアルカリ性土壌という．アルカリ性の起源としては，土壌の陽イオン交換基に保持されたカルシウム，マグネシウム，カリウムおよびナトリウムといった交換性陽イオンであり，これらが加水分解によって土壌溶液中に水酸化物イオンを放出することによって土壌はアルカリ性を示すようになる．また，これら陽イオンを含む炭酸塩のうち，炭酸カルシウムは水に対する溶解度が低く，他の塩類が高くなければ，炭酸カルシウムを含む土壌では pH が 8.5 以上になることは少ない．一方，炭酸ナトリウムの場合，水に易溶であるため，加水分解して，土壌 pH は 8.5 以上の強アルカリ性を呈するようになる（図）．⇨アルカリ土壌　〈前島勇治〉

[文献] Brady, N. C. and Weil, R. R.（2004）*Elements of the Nature and Properties of Soils*, Prentice Hall.

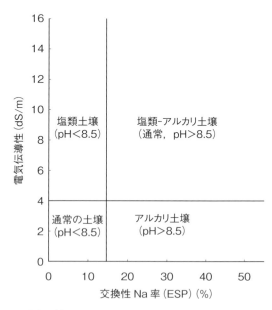

図　塩類土壌，塩類-アルカリ土壌，アルカリ土壌の関係図（Brady and Weil, 2004 を一部改訂）

アルカリどじょう　アルカリ土壌　alkali soil　土壌 pH が 8.5 以上の強アルカリ性を呈し，交換性ナトリウムイオンが土壌の陽イオン交換容量（CEC）に占める割合が 15% 以上の土壌．ソロネッツとよばれることがある．米国では，アルカリ土壌を他の塩類土壌と区別するため，土壌溶液の電気伝導度と交換性ナトリウム率（ESP）を用いて類別している．⇨アルカリ性土壌　〈前島勇治〉

アルカリへいたんめん　アルカリ平坦面　alkali flat　⇨プラヤ

アルカリマグマ　alkali magma　地表に噴出して固結すればアルカリ岩をつくる組成をもつマグマで，NaとKの含有量の多いマグマ．上部マントルでの部分融解によるマグマ生成深度が深い場合や，モホ面付近でのマグマ生成深度が深い場合に生じる．⇨マグマ生成　　　　　　　　　　　〈宇井忠英〉

アルコース　arkose　⇨砂岩

アルゴン-アルゴンほう　^{40}Ar-^{39}Ar法　^{40}Ar-^{39}Ar dating method, argon-argon age method　K-Ar法とよく似ているが，^{40}Kを定量する代わりに試料を原子炉内で速中性子照射を行って放射化し^{39}Arを生み出す．この^{39}Arの量は^{39}Kしたがって^{40}Kの存在比に比例することを利用して求める．この方法は，KとArを別々の操作と機器で分析するK-Ar法と違って，Arの同位体比を単一の質量分析計で測定するので，少量の試料（例えばテフラ10 g以下）で^{40}Ar/^{40}Kの高精度の値が得られる．また，温度を変えて試料中の異なった場所から脱ガスさせる方法（段階加熱法）を採用することによってArの損失や濃集の判定ができ，信頼性の高い年代が得られる．火山噴出物の年代決定に用いられている．また最近単一またはごく少量の結晶粒についてレーザーで溶解してArを精密定量することが可能となった（single crystal laser fusion-^{40}Ar-^{39}Ar method）．

原子炉内での速中性子照射はごく限られた研究機関でしか行われないこと，標準試料の^{40}Ar/^{39}Arと比較して年代が求められるため，標準試料のK-Ar年代が正確に求められていなければならないこと，原子炉内の速中性子照射でできるAr同位体の補正などが複雑といった問題点がある．　〈町田 洋〉

アルタン　altan　斜面傾斜の一つの表示法の単位で，angle log tangentの略．定義は，1 altan＝10 log(tan θ＋3)＝10 log(1,000 tan θ)，ここにθは傾斜角（例：1.82°＝15 altan）．傾斜角の微小な変化を対象とする斜面地形研究で使用されるが，あまり普及していない．⇨斜面傾斜（表），傾斜角［斜面の］　　　　　　　　　　　　　　〈鶴飼貴昭〉

アルティプラネーション　altiplanation　⇨クリオプラネーション

アルティプラネーションテラス　altiplanation terrace　⇨クリオプラネーション

アルパインだんそう　アルパイン断層　Alpine fault　ニュージーランド南島西側に沿って北東-南西方向に伸びる大規模な活断層であり，延長は1,000 kmを越える．サザンアルプスの西麓では，比高の高い断層崖麓を走り，雨林や氷河作用で詳細位置が不明な場所も多い．中・北部では第四紀後期に形成された河成段丘面を明瞭に変位し，右ずれの活断層である．北東部では数本の断層に分岐し，北島南部のウェリントン断層に続く．基盤岩の地質は総変位量が400 km以上に達し，累積変位量は極めて大きい．プレートテクトニクス説では，太平洋プレートとオーストラリアプレートとの境界をなすトランスフォーム断層とされ，平均変位速度は年1 cm程度である．　　　　　　　　　　　〈岡田篤正〉

アルフィソル　Alfisols　米国の土壌分類（Soil Taxonomy, 1999）に設定されている土壌目の一つ．淡い色の表層とレシベ作用により表層から移動した粘土の集積層をもち，塩基飽和度が35％以上の土壌．乾期がある湿潤な暖温帯から冷温帯の森林または草原植生下の安定な地表面で生成する．A/Bt/Bk/CやA/Bt/Cなどの層位配列を示す．養分に富み，肥沃度が高い．主に，中央〜西ヨーロッパ，地中海周辺，北米に分布している．名前は赤色の鉄アルミナ土壌であるpedalferに由来する．世界土壌照合基準（WRB, 2007）のLuvisolsやテラロッサ*，暗赤色土*の一部に相当する．⇨土壌分類　　　　　　　　　　　　　　〈田中治夫〉

アルプスのひょうがさよう　アルプスの氷河作用　Alpine glaciation　第四紀の氷期にアルプス山脈のほとんどを覆って発達した氷河とそれによる地形・地質の形成過程および形成史ならびにそれらに基づく氷期の編年．氷期の氷河は氷原（アイスフィールド）をなし，ローヌ氷河，ライン氷河，イン氷河などの多くの氷流網（アイスストリームネット）となっていた．現在7 kmのローヌ氷河はローヌ河谷を300 kmも流れ，リヨン付近に達した．山麓に達したアイスストリームは広がって山麓氷河となり，アウトウォッシュプレーン*，ターミナルモレーンやドラムリン*，エスカー*，ケイム段丘，氷食湖など一連の氷河地形*をともなう舌状盆地を残した．イタリア側山麓のコモ湖，ガルダ湖など，アルプス北麓のボーデン湖，ミュンヘン〜ザルツブルク周辺の湖は，ほぼ氷期のアルプスの氷河の最大前進位置を示す．多くの深い湖は700 m近い氷河の過下刻による．1882年にA.ペンクはアルプス北麓の氷河末端付近の地形と地層によって第四紀の氷期編年を初めて提唱した．それらがヴュルム（ビュルム）氷期，リス氷期，ミンデル氷期，ギュンツ氷期で，そ

れぞれを分けるリス−ビュルム間氷期，ミンデル−リス間氷期，ギュンツ−ミンデル間氷期が置かれた．以後，ギュンツ−ミンデル氷期間にハスラハ (Haslach) 氷期，ギュンツ以前にドナウ氷期，ビーバー氷期が加えられた．氷期の命名は河川名により，アルファベット（各氷期のイニシャル）の末尾が最新の氷期である．ターミナルモレーンとアウトウォッシュプレーンの地形があるのはミンデル氷期（イン氷河末端にのみギュンツ氷期）までで，古い氷期は二層の礫層（新期被覆礫層あるいは新期シート礫層・jüngere Deckenschotter と古期被覆礫層あるいは古期シート礫層・ältere Deckenschotter）に基づく．A. ペンクと E. ブリュックナーはこれら二つの礫層によってミンデル氷期，ギュンツ氷期を定義した．最拡大したリス氷期は先行する二つの氷河堆積物をともなう．編年の見直しの原因はここにある．海洋酸素同位体ステージ（MIS）との対応については，ヴュルム（ビュルム）氷期が MIS5d〜MIS2，リス氷期が MIS6 と MIS8，ミンデル氷期が MIS10，ハスラハ氷期が MIS12 で，ギュンツ氷期には MIS14〜22 の 5 氷期が含まれるという．ドナウ氷期，ビーバー氷期はそれぞれ前期更新世の複数の氷期・間氷期からなる時期．ギュンツ氷期中にブリュンヌ (Bruhnes)/松山 (Matuyama) 境界（78 万年前）がある．　　　　　　　　　　　　〈平川一臣〉

[文献] Penck, A. und Bruckner, E. (1901〜09) *Die Alpen im Eiszeitalter*, Tauchnitz./ Lietdke, H. und Marcineck, J. (Hrsg) (1995) *Physische Geographie Deutschland*, Klett-Perthes.

アルベド albedo 入射した放射量に対する反射した放射量の比．％単位で表現することが多い．地球の大気上端におけるアルベドをプラネタリー（惑星）アルベド，地表面上でのアルベドを地表アルベドなどと区別して用いられる．反射率（reflectivity）が狭領域の波長帯に対して使用されることが多いのに対し，アルベドは全波長領域や短波長領域といった広い波長帯に対し用いられることが多い．
〈森島　済〉

アレート arête 隣り合うカール壁の後退で生じた急峻な山稜．氷食山稜・鋸歯状山稜，櫛形山稜とも．氷河による侵食地形（氷食地形）の一種．
〈岩崎正吾〉

あれかわ　荒れ川 wild river 土砂の流出が激しい河川．野渓*，荒廃渓流，荒廃河川とも．平水時の流路幅にくらべて，河床（川原）の幅が数十倍も広く，河床が礫（主に角礫〜亜角礫）で覆われ，河道や流路の位置が洪水のたびに移動することが多い．流域に森林地帯を含む河川では河床には数多くの流木もみられる．山地河川や沖積錐，扇状地にしばしばみられる．　　　　　　　　　〈島津　弘〉

あれち　荒地 barren land, wasteland 樹木が少なく，耕作にも適さない土地で，裸地，裸岩地，砂礫地，雑草地，湿地をいう．日本の地形図では荒地記号で描示されている．新しい河原，砂浜，土石流原，崖錐，高山の風衝砂礫地，活火山の火口周辺の斜面や，過去約 100 年間に形成された溶岩流原・火砕流原，ならびに石灰岩台地には荒地が多い．⇨はげ山　　　　　　　　　　　　〈鈴木隆介〉

アレナイト arenite ⇨砂岩

アレレードき　アレレード期 Allerød (Allerød) interstadial ⇨晩氷期

アロフェン allophane 火山ガラスの風化生成物として火山灰土壌中に含まれる非晶質粘土鉱物．結晶化が進むとイモゴライト*，ハロイサイトに変化する．火山灰土壌中における特異な水の動きや，風乾または練り返しによる液性限界*・塑性限界*の著しい減少等の特性は，このアロフェンに負うところが大きい．　　　　　　　　　〈松倉公憲〉

アロヨ arroyo 台地や扇状地を掘り込んで形成された急な側壁をもつ谷で，米国西部の乾燥地域に分布するものをいう．小さな川を意味するスペイン語の単語に由来．降雨時以外は流水をもたないワジの一種．成因は気候変化や人為による植生の除去．⇨間欠河川　　　　　　　　　　〈小口　高〉

あわだちせん　泡立ち線 foam line ⇨離岸流

あんがん　暗岩 sunken rock ⇨岩礁

あんきょはいすい　暗渠排水 under drain 盛土*の内部や自然地盤（地山*）に設置される排水施設．盛土内や地山の地下水（浸透水）を速やかに排水する目的をもつ．管路で自由水面をもった排水路を明渠，砕石等の礫でつくられた排水路を暗渠という場合もある．近年では，砂や礫の代わりに，人工的な繊維が地下排水に使われることもある．
〈沖村　孝〉

アンキルスこき　アンキルス湖期 Ancylus stage ⇨スカンジナビア氷床

あんざんがん　安山岩 andesite 全岩 SiO_2 量が 52〜63 wt% あるいは 53〜63 wt% の非アルカリ岩質の火山岩．全岩の K_2O 量により，low-K, medium-K, high-K に分けられる．一般に斑状を呈し，斑晶は斜長石が普遍的で，直方（斜方）輝石，単斜輝石，ホルンブレンド，磁鉄鉱を含むことが多い．そのほかにかんらん石や石英を含むこともあ

る．日本のような成熟した島弧や陸弧に広く分布する．安山岩あるいは安山岩質マグマの成因は多様で，結晶分化作用，マグマ混合，混染作用，地殻の部分溶融などが考えられる．andesite の語源はアンデスの斑状の火山岩に由来する． 〈太田岳洋〉

[文献] Gill, J. B. (1981) *Orogenic Andesites and Plate Tectonics*, Springer-Verlag.

あんざんがんしつマグマ　安山岩質マグマ　andesitic magma　地表に噴出して固結すれば安山岩をつくる組成をもつマグマ．安山岩質マグマの大部分は玄武岩質マグマとデイサイト質マグマの混合によって生ずると最近は考えられている．噴出温度は 950～1,200℃ である． ⇨安山岩　〈宇井忠英〉

あんざんがんせん　安山岩線　andesite line　玄武岩からなる大洋地域と花崗岩からなる大陸地域を分ける線上の地域には安山岩が分布し，安山岩線とよばれる．この線は大きな島や島弧に沿っている．⇨環太平洋火山帯　〈松倉公憲〉

あんしょう　暗礁　rocks　⇨岩礁

あんしょくたい　暗色帯　black band　更新世ローム層中に認められる腐植集積層のことで上下の褐色ロームに比較し暗褐～暗黒色を呈する．暗色帯は黒色帯ともよばれ，その腐植は A 型腐植酸で特徴づけられることから古黒ボク土層と考えられる．時系列でみると立川ローム層（相当層）から顕著になり，例えば，武蔵野台地では BB0，BBⅠ，BBⅡ，相模野台地では B0，B1，B2，B3，B4，B5，また，愛鷹山麓では BB0，BBⅠ，BBⅡ，BBⅢ，BBⅣ，BBⅤ，BBⅥ，BBⅦ の暗色帯が認められる．このうち，始良 Tn テフラ（AT）層準より下位に明瞭かつ広域に分布する暗色帯（例えば武蔵野台地の BBⅡ）は「立川ローム層下部古黒ボク土層帯」と呼称される．また，愛鷹山麓の BBⅦ（炭素年代 ca. 32,060 yr. BP）は確実に認定できる最古の黒ボク土層で，日本列島最古の旧石器出土層準でもある．暗色帯が立川ローム層期以降顕著になることには日本列島における人類史の曙が立川ローム層最下部に記されていることと無関係ではない．なお，暗色帯は東北地方北部以北で認められることは稀である．これは北日本における最終氷期の気候条件が黒ボク土層の生成に必要な温量条件を満たしていなかったことを示唆する． ⇨腐植集積作用　〈佐瀬 隆〉

[文献] 細野 衛・佐瀬 隆（2003）関東ローム層中のいわゆる「黒色帯」生成における人為の役割（試論）―旧石器文化 3 万年問題と関連して―：軽石学雑誌，9，67-87．

あんせきしょくど　暗赤色土　dark red soil　日本の亜熱帯地域（沖縄・小笠原）から温帯地域（本州，九州など）に局所的に分布する成帯性土壌*．B 層の土色は暗赤色（色相 5YR～10R，明度 3～4，彩度 4～6）を呈し，赤色土の B 層の色相（5YR～10R）に類似するが，土壌母材* に起因して明度（≧5），彩度（≧7）（4/8 赤を含む）ともに低い．母材，生成と性質の違いにより以下のように区分される．①カルシウム塩基飽和度の高い暗赤色土は，石灰岩に由来するもので，B 層の粘土含量が高く，土壌構造の発達が顕著である．ヨーロッパの地中海沿岸の「テラロッサ*」に似ていることから「テラロッサ様土」ともよばれている．沖縄・小笠原における石灰岩地帯にも分布する．②マグネシウム塩基飽和度の高い暗赤色土は，超塩基性岩のかんらん岩や蛇紋岩に由来する土壌である．とくに蛇紋岩由来の土壌はカルシウムもまた多く，さらに重金属も多い．五色台（香川県）はこの蛇紋岩由来の暗赤色土である．③火山系暗赤色土は，林野土壌分類によると「赤褐色ないし暗赤褐色の B 層をもつ暗赤色土壌群のうち，火山の熱作用を受けて赤色化した母材から生成された土壌」とされる．火山泥流・溶岩流など火山性の地層に伴って分布し，また，上場台地（佐賀県）や島原半島（長崎県）のようなメサ地形の玄武岩地帯にも認められる． 〈宇津川 徹〉

あんぜんようすいりょう　安全揚水量　safe yield　⇨地下水管理

あんぜんりつ　安全率　safety factor　地盤を対象としてトンネルやダムなどの構造物を施工したり，あるいは斜面の安定を論じる場合，安全であるか否かの判断を行う場合に使われる用語．斜面安定の場合を例にとれば，極限平衡法をよばれる考え方では，移動すべり土塊や地山は，変形を起こさない剛体と仮定され，想定すべり面のみに着目して，すべろうとする力（あるいはモーメント）を分母に，抵抗しようとする力（あるいはモーメント）を分子にとって，その比を安全率と称する．安全率が 1.0 以上であれば斜面は安定（安全）であるが，1.0 以下ならば斜面は不安定（危険）で，例えばすべりが発生する．しかし，人工的な斜面の場合，設計安全率は平時で 1.2，地震時で 1.0 が採用されることが多い． 〈沖村 孝〉

あんそくかく　安息角　angle of repose　斜面に砂や礫などの粘着力のない物質がつくる最も急な傾斜角．砂礫の形や粒径分布によって多少異なるが，28～34° である．実験的には低い高さから少しずつ砂をまきこぼして斜面をつくってその角度を測った

り（注入法）．容器中に乾燥砂の斜面をつくっておいてその傾きを増していき，崩れを生じる直前，または崩れがおこって静止した直後の角度を測って（傾斜法）安息角とする．傾斜法による崩れる直前の角度を限界安息角（critical angle of repose），崩れた直後の角度を停止安息角（repose angle after avalanche）とよぶ．安息角に関係した地形としては，崖錐斜面，風成や水成のデューンやリップルのすべり面（slip face），デルタの前置層斜面，火山の砕屑丘斜面などがある．　　　　　　　　　〈松倉公憲〉

［文献］松倉公憲・恩田裕一（1989）安息角：定義と測定法にまつわる諸問題．筑波大学水理実験センター報告，13, 27-35. ／松倉公憲（2008）「地形変化の科学―風化と侵食―」，朝倉書店．

あんていかいせき　安定解析　stability analysis　⇨斜面安定解析

アンティセテイックだんそう　アンティセテイック断層　antithetic fault　主断層の変位のセンスと逆向きの変位のセンスを示す副次的な断層．一般的には，正断層の上盤側でその主断層と反対方向に傾斜する小規模な断層に対して使われる．　〈堤　浩之〉

あんていたいりく　安定大陸　stable continental mass　⇨安定地塊

あんていちかい　安定地塊　craton, stable landmass　先カンブリア代にすでに主要な造構運動が終了し，その後現在まで長期間にわたって安定している地塊．クラトン，安定陸塊とも．地形的には低平な楯状地，もしくはテーブル状の卓状地であることが多い．なお，大陸のすべての部分が安定地塊とは限らないので，'安定大陸'という用語は使用しない．⇨変動帯　　　　　　　　〈前杢英明〉

アンティデューン　antidune　一方向の水流により生ずる波状の砂床形*．デューン*に類似した形状を呈するが，デューンが下流に移動するのに対して，波状地形が上流に移動することからこの名がついた．日本語では反砂堆という．従来の定義には上流移動ということが包含されていたが，この地形が射流*によって形成されるということが定義に含まれるようになり，移動方向は問わなくなった．移動方向は，流れの条件と土砂輸送量などから複雑に決まり，上流移動，下流移動およびほとんど移動しない，のいずれの場合もある．発生時は，ある程度の周期性をもって複数が列をなすことが多い．アンティデューンは，常流*でできる砂床形態（リップルやデューン）に比べて安定な地形ではなく，地層にも残りにくいが皆無ではない．　　〈遠藤徳孝〉

あんていど　安定度【湖水の】　stability (of lake water)　海洋や湖沼において，水体の密度が水深方向に増加するとき，この増加の度合を安定度という．水の密度は，水温・水圧や水に含まれる溶存物質濃度・懸濁物質濃度によって変化するので，外気の温度が変化したり外部から異なる性質の水塊が進入する場合，密度が安定する方向に流動が生じる．懸濁物質が土砂など水よりも密度が大きな物質が盛んに進入する場合，その重力沈降によって一時的に密度不安定な層が現れる．安定度の代表的な指標として，ブラント・バイサラ振動数（Brunt-Väisälä frequency, N）があり，

$$N^2 = -\frac{g}{\rho}\frac{d\rho}{dz}$$

で表される．ここで，重力加速度 g（m/s^2），水の密度 ρ（kg/m^3），水面から鉛直方向の高さ z（m）（水面から鉛直下向きは負になる）である．ここでの密度 ρ は，ある水深（z）の温度での純水の密度を基準とした溶存物質濃度・懸濁物質濃度の関数となる．ブラント・バイサラ振動数は，例えば下の重い水粒子が周りと混合せずに持ち上げられたとき，成層を維持するため鉛直下向きに復元力が働き，結果としてその水粒子が単振動する場合の振動数を表す．なお，N^2 が負の場合は密度的に不安定であることを意味する．　　　　　　　　　〈知北和久〉

［文献］Chikita, K. A.（2007）Topographic effects on the thermal structure of Himalayan glacial lakes: Observations and numerical simulation of wind：Journal of Asian Earth Sciences, 30, 344-352.

あんていどういたい　安定同位体　stable isotope　放射線を出さずに常に安定している同位体をいう．安定同位体である重水素 D と重酸素 ^{18}O は，それぞれ HD^{16}O, H$_2^{18}$O として水分子を構成し河川水や地下水中に含まれている．安定同位体の含有量は，同位体比（isotopic ratio, D/H, ^{18}O/^{16}O）で測定し，世界共通の標準海水（SMOW）の同位体比からの千分偏差（δD, δ^{18}O, 単位は‰）で表す．D と ^{18}O を含む水分子の重要な特徴は，H と ^{16}O からなる一般的な水分子と比べて重いことで，このため，降水の δD・δ^{18}O の空間的な分布にはさまざまなスケールで差異が生じる．緯度効果，温度効果，高度効果，内陸効果などがその主要なものとして知られている．これらの同位体分子は，化学的にはすべて同一の挙動をし，周辺物質との化学反応を起こさないため水循環系における地下水の流動の理想的なトレーサーとなる．⇨トレーサー　　〈斎藤　庸〉

[文献] 林 武司（2006）地下水中の安定同位体—環境汚染・水質変動への適用—：地下水技術，48 (5)，17-27.

あんていどういたいへんねん　安定同位体編年【氷床コアの】　stable isotope chronology (using ice core)　氷床・氷河の氷には水素と酸素の安定同位体（$^{18}O/^{16}O$；D/H）が含まれている．これらの同位体比は氷床上面の大気温度や氷をつくった水蒸気の同位体比を反映するので，季節変化や気候変化の指標となる．氷の年代は季節変化の数（年層）を数えること，氷の中に時代のわかっている事件の指標をみつけること，氷床の流動モデルから計算すること，海洋同位体比の変動と対比すること，などによって求められる．特に詳しい研究はグリーンランド氷床と南極氷床で長大な試錐を行ったコアについて行われている．その結果，海洋同位体層序と傾向は似ているが，氷床コアの方が堆積速度が速いため，より詳細な気候変化を明らかにすることができる．著名なのはグリーンランドで GRIP コア，NGRIP コア，GISP2 コア，南極で Vostok コア，EPICA dome コア，Fuji dome コアなど．グリーンランドでは約10万〜11万年間の，また南極ではより長期にわたる（ほぼ中期更新世初め以降の）気候変化が報告され，同時に気候変化の仕組みが考察されている．氷床コアの研究では氷中に閉じ込められた大気ガスの組成などもその対象になっている．　〈町田　洋〉

あんていりくかい　安定陸塊　craton　⇨安定地塊

アンドソル　Andosols　⇨黒ボク土

あんぶ　鞍部　saddle, col　尾根の縦断形における低所で，二方に高く，それに直交方向の二方に低くなる地点（馬の鞍を載せる背中のような地形点）．横断道路があれば峠（pass）とも．少数の鞍部が散在する場合（普通の山地・丘陵），少数が群在（例：溶岩円頂丘の頂部），多数が群在（例：石灰岩台地，地すべり地形，溶岩流原，火山岩屑流原），数個が直線的に配列（変動地形や差別侵食地形の鞍部列）など，鞍部の分布は地形的特徴の一つである．　⇨地形界線，地形点，鞍部列，峠，断層鞍部　〈鈴木隆介〉
[文献] 鈴木隆介（2004）「建設技術者のための地形図読図入門」，第4巻，古今書院．

あんぶれつ　鞍部列　row of saddles　多数の鞍部が直線的あるいは緩い弧状に配列している状態で，リニアメント*の一つ．しばしば各鞍部の両側に直線谷（接頭直線谷*）があって，直線谷列，鞍部列および尾根遷緩点列が一本の線状に連なっていることが多い．断層谷，断層線谷，尾根群を横断する横ずれ断層，成層岩の差別削剥地形（例：ケスタの列）などに伴って発達する．　⇨鞍部，尾根遷緩点列
〈鈴木隆介〉

イーエスアールほう　ESR 法　electron spin resonance dating　⇨電子スピン共鳴法

イーピーエムエイ　EPMA　electron probe micro analyzer　⇨電子線マイクロアナライザー

いおうぜんそう　医王山層　Iozen formation　石川・富山県境，金沢市と南砺市（福光町）にまたがる医王山山塊をつくる，前期中新世の流紋岩質・デイサイト質火砕岩類．層厚 1,300‑1,800 m．1,600 万年前の海進堆積物．砂子坂層に覆われる．北へ張り出した半ドーム状構造をなし，東西を南北性の断層で周辺の丘陵地から突き出した山塊をつくる．
〈石田志朗〉

イオンか　イオン化　ionization　塩類や鉱物の結晶など電荷からみて中性の物質が水などの溶液中で陽イオンと陰イオンに分かれること．〈松倉公憲〉

いきがいえいきゅうとうど　域外永久凍土　extrazonal permafrost　永久凍土帯の気候的な分布限界よりも温暖な領域に分布する永久凍土*．非成帯永久凍土とよばれることもある．洞穴や崖錐など，冷気の移流や密度成層によって凍結状態が維持されやすい地形に生じるものと，過去の寒冷期に形成された永久凍土が残存した化石永久凍土が含まれる．点在的永久凍土は気候的な分布限界の内側に分布する点において域外永久凍土と異なる．　〈澤田結基〉

いきち　閾値　threshold　広義には，ある現象がある量によって制御されているとき，その値を境にして現象の発現状態が変化するような値のこと．しきい値ともいう．物理学的には，ある現象を起こさせるためにその系に加えなくてはならない物理量の最小値のこと．　〈倉茂好匡〉

いきないかせん　域内河川　domestic river　特定の地形種（例：段丘，砂丘帯，火山体，地すべり堆，石灰岩台地）の内部から発源する河川．それらの地形種の外から流下して，その地形種を横断する河川つまり外来河川（exotic river）の対語として鈴木（2000）が新称．外来河川はその沿岸の地形を顕著に変化（例：峡谷の形成，堰止湖の形成）させるのに対し，域内河川は一般に普通の侵食谷を形成するだけである．　⇨外来河川　〈鈴木隆介〉

［文献］鈴木隆介（2000）『建設技術者のための地形図読図入門』，第 3 巻，古今書院．

イグニンブライト　ignimbrite　Marshall（1935）がニュージーランド北島に分布する溶結凝灰岩を ignimbrite とよんだのが最初であるが，近年では，溶結，非溶結を問わず，広く火砕流堆積物のなかでも特に軽石流堆積物を指す語として使われる（Cas and Wright, 1987）．従来，火山灰流・軽石流堆積物などとよばれ，国内外の大規模なカルデラに関係した火砕流堆積物はこれに該当する．　〈横山勝三〉

［文献］Marshall, P. (1935) Acid rocks of the Taupo-Rotorua volcanic district : Trans. Roy. Soc. N. Z. **64**, 323-366. ／Cas, R. A. F. and Wright, J. V. (1987) *Volcanic Successions : Modern and Ancient.* Allen & Unwin.

いけ　池　pond　一般的には，湖沼より表面積が小さく水深が 5 m 以下の湛水域をいう．しかし，湖，沼，池の間に表面積や水深による明確な区別はない．呼称としての池は，人工的には庭池から貯水池（現在は，主に生態学分野でダム湖と呼称している）まで，さらに四国のため池である満濃池など幅広く用いられている．自然状態では，上高地の大正池（淡水）や鹿児島県甑島列島にある海跡湖の海鼠池（汽水），貝池（汽水），鍬崎池（淡水）など，面積や水深ばかりでなく水質も多種多様である．⇨湖沼，湖　〈知北和久〉

いけじき　池敷（き）　reservoir lot　貯水池やため池の敷地．ダム（堰）の敷地は含めない．
〈砂村継夫〉

いこう　遺構　structural remain　過去の人類活動を反映した痕跡が残されている場所のうち，動かすことができないもの．すなわち，遺跡の概念のうち，遺跡に備え付けられた人工のもの（例：用水路，排水路）．　〈朽津信明・有村誠〉

いし　石　stone　岩石の塊で砂より大きいものを指す日常（一般）用語．学術用語の「礫」に相当

する場合が多い．「岩石」や「鉱物」としばしば混同されることがある．⇨岩石，礫　　　　〈松倉公憲〉

いしかりそうぐん　石狩層群　Ishikari group　北海道石狩炭田に分布する始新統．主に砂岩とシルト岩の互層からなる淡水成層で，一部に汽水〜浅海成層を挟む．夕張炭田での層厚は810 m，空知炭田での層厚は2,400 m．斜面では地すべり地形が多い．　　　　〈松倉公憲〉

いしきりば　石切場　quarry　⇨採石場

いしだたみ　石畳　stone pavement　ほぼ平坦に玉石や板石を敷き詰めた道路や庭．神社仏閣の参道に多い．類似の地形は自然界では周氷河地域で広くみられ，ボウルダーペイブメントと命名されている．⇨岩畳　　　　〈鈴木隆介〉

いしつぶっしつ　異質物質【火山噴出物の】　accidental material　火山砕屑物を構成する岩片のうち，その砕屑物を生じた噴火をひき起こしたマグマとは無関係の基盤岩の岩石破片の総称．例えば火山砕屑物に含まれる堆積岩，変成岩，深成岩などの岩片のほか，その火山とは無関係の別の古い火山の火山岩片などは異質物質．⇨本質物質，類質物質　　　　〈横山勝三〉

いしづみこう　石積工　masonry works　石材を積み上げて築造する工法で，堰堤や護岸，擁壁などの建設に使われる．積石の間隙をモルタルあるいはコンクリートで充填した練石積みと何も充填しない空石積みがある．　　　　〈中村太士〉

いしめ　石目　rift　岩体を破砕するときの割れやすい面．例えば花崗岩には微細なクラックや鉱物の配列に方向性があり，これを石目という．一般の人が見ても見分けがつかないが，石工職人はこの石目を見ることができ，その技を使うことにより，採石場で少ない火薬量で効率的に採掘することができる．　　　　〈八戸昭一〉

いじょうこうあつちょりゅうそう　異常高圧貯留層　geopressured reservoir, geopressurized reservoir　異常高圧貯留層は，メキシコ湾岸の油田開発で認識された．厚い堆積盆地に発達し，難透水性で熱伝導率の低い地層（泥岩など）に挟まれた透水性の高い地層（砂岩・礫岩など）からなる．堆積時に閉じ込められた被圧地下水が存在し，その圧力は静水圧を大きく上回り，静岩圧に近づいている．水温は深度によって異なるが，50〜150℃を示す．地下水の起源は化石海水であり，大量のメタンガスを伴う．日本では1960年代に新潟堆積盆における石油探査で異常高圧貯留層の存在が認識された．　　　　〈渡部直喜〉

いじょうさきゅう　囲繞砂丘　wrap-around dune　⇨囲み砂丘

いじょうしんいき　異常震域　zone of abnormal seismic intensity　震源域から遠い地点において近い地点よりも大きな震度を観測する現象．震度分布は震源域を中心とする同心円状になるのが一般的である．日本では，関東・東北地方の東側から太平洋プレートが日本列島下に沈み込んでいるが，プレート内の地震波の伝播効率が周囲のマントルよりも高いために，震度分布がプレートに沿った方向に歪む．具体例としては，伊豆・小笠原諸島や日本海に震央をもつ深発地震が東北地方の太平洋側で有感となることがある．また，東北北海道の太平洋側の浅発地震で，そのオホーツク海側や日本海側よりも，より遠い関東地方の太平洋側で大きな揺れが観測されることがある．⇨震度　　　　〈加藤　護〉

いしわりざくら　石割桜　ishiwari-zakura　径数mの巨大岩塊の開口節理*に生育している桜の巨木で，桜がその岩塊を割っているようにみえるので，この名称がある．同様に，石割松などの名称も各地にある．しかし，「いしわり」と発音すると，樹木の生長で岩塊がしだいに割れていったように思えるが，樹根の成長圧で重量数トンの巨大岩塊が割れ，広がっていくとは考えられないので，元々存在した開口節理に樹木が生長したと思われ，「いしわれ」と発音すべきであろう．その証拠の一つに，開口節理内の樹根は極めて扁平な断面形をしている．　　　　〈鈴木隆介〉

いず・おがさわらかいこう　伊豆・小笠原海溝　Izu-Ogasawara Trench, Izu-Bonin Trench　千葉県犬吠埼東方150 kmの第一鹿島海山*の南麓から，小笠原諸島母島の東方約120 kmの小笠原海台北麓までの約850 kmにわたる海溝*．最深部は伊豆鳥島の東南東約250 km付近にあって水深9,780 m．かつて伊豆鳥島東方に水深10,680 mの海淵*（ラマポ海淵）が報告されていたが，現在では9,780 mを越える深海は存在しないことが確認されている．フィリピン海プレートに太平洋プレートが沈み込む境界付近に形成．海溝海側斜面には，沈み込む太平洋プレートの折れ曲がりによって生じた引張力で形成された正断層群がみられる．

〈岩淵　洋・前杢英明〉

［文献］瀬田英憲ほか（1991）ナローマルチビーム測深機による伊豆・小笠原海溝の海底地形：水路部研究報告，**27**, 173-180．

いず・おがさわらこ　伊豆・小笠原弧 Izu-Ogasawara arc　伊豆半島から硫黄島の南まで延びる長さ約1,100 km，海底の高まりは幅400 kmに及ぶ島弧．その北端は頂点に富士山と伊豆半島がある八の字形のトラフ（東の相模トラフと西の駿河トラフ-南海トラフ）で限られ，南端は小笠原海台を挟んでマリアナ弧につながる．フィリピン海プレートに太平洋プレートが沈み込んで形成された伊豆・小笠原海溝の西側に沿って延びる．東から小笠原海嶺，七島・硫黄島海嶺，西七島海嶺の3列の海嶺とその間の海盆が帯状に配列する．外弧の小笠原海嶺は比較的なだらかな地形を示し，内弧の七島・硫黄島海嶺は火山フロントに沿う20個を超える活動的な火山よりなる．⇨島弧　　　　　　　　　　〈前杢英明〉

いずみ　泉 spring　⇨湧泉

いずみそう　和泉層 Izumi formation　福島県会津盆地の四周を囲む丘陵の基盤岩で，第四系に部分的に被覆される．鮮新統で，主に砂岩・泥岩からなり，礫岩・亜炭をともなう．層厚200～400 m. 〈松倉公憲〉

いせき　遺跡 site　過去の人類活動を反映した痕跡が残されている場所で，そこに残されている遺物までをも含めた，空間全体を表す概念．すなわち，遺構と遺物の両方をあわせた概念が，遺跡に相当する．ただし現実には，たまたま遺物が落ちていただけの場所が遺跡と認識されることは稀で，遺構を伴っていることが多分に遺跡と認定する条件のようになっており，逆に遺物を伴わない遺構でも遺跡と認識される．考古学の研究対象としての価値を持つ遺跡を，特に考古学的遺跡とよぶ場合がある．建造物などの構築物では，当初の築造目的が失われている場合には，遺跡の概念に含められることがある．　　　　　　　　　　〈朽津信明・有村　誠〉

いせわんたいふう　伊勢湾台風 Typhoon Ise-Bay　1959年9月26日に紀伊半島の潮岬に上陸（中心気圧930 hPa），伊勢湾の西側を時速約70 kmで北北東に移動し，日本海に抜けた超大型の台風．伊勢湾沿岸に甚大な高潮災害*をもたらしたため，後にこの名が付けられた．経路に近い和歌山，奈良，三重，愛知，岐阜などの各県で，死者・行方不明5,098人の犠牲者を出した．自然災害としては大正関東地震*（1923年9月1日，死者・行方不明10.5万余），東北地方太平洋沖地震*（2011年3月11日，死者・行方不明者1.9万人超），兵庫県南部地震*（1995年1月17日，死者6,434人）に次ぐ規模であった．対GDP被害額は阪神淡路大震災の数倍，関東大震災とほぼ同じとされている．この被害を機に災害対策基本法が定められた．室戸台風*（1934），枕崎台風*（1945）と合わせて昭和の3大台風といわれる．⇨台風　　　　　　〈野上道男〉

いせん　緯線 parallel　緯度の等しい地点を地図上に表示した線．地球上の等緯度の地点を連ねた線を緯線という場合もある．⇨経緯度　〈宇根　寛〉

いそ　磯 rocky coast, rocky shore　①岩石が露出している海岸の総称．②海面上に露出している岩礁．学術用語ではない．　　　　　　〈砂村継夫〉

いそうてきにランダムなすいろもうモデル　位相的にランダムな水路網モデル random topology model of channel network　水路網の位相幾何学的性質に着目してつくられたランダムグラフモデルの一種（図）．水路網や流域は，長さ・面積などの地形量で把握される特性のほかに，位相幾何学で把握される特性をあわせもつ．位相幾何学でいう同一性とは，連続的に変形しても不変な性質をいう．したがって，図Aに描かれた水路網はすべて位相同型とみなされる．一方1次の水路が4本ならば，図Bのように，連続的な変形では得られない5つの型を描くことができる．これらは，位相的に異なる水路網とよばれている．1次の水路が同数の場合，すべての位相的に異なる水路網が同じ確率で取り出せる母集団を，「位相的にランダムな水路網の母集団」とよぶ．その母集団には，地形・地質・岩石などの条件が均質で，それらの制約を受けない地域に発生する水路網の母集団が対応すると考えられている．ランダムグラフモデルに位相幾何学の考え方をシュリーブ（R.L. Shreve）が採り入れたことにより，従来の酔歩モデルでは不可能であったこと，すなわち1次の水路の数などの変数の値を指定したうえで，ランダムな水路網の集団の分岐比の平均値等を求めることが可能となった．1次の水路の数が無限大な水路網で，それを構成する部分水路網（subnetwork）が位相的にランダムなものを位相的にランダムな無限大の水路網とよんでいる．このような水路網からランダムに取り出した部分水路網で，次数が無限大の

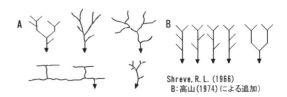

図　位相同型な水路網と位相的に異なる水路網
（高山，1974）

ものの分岐比の期待値は4になる．⇨ランダムグラフモデル 〈徳永英二・山本　博〉

[文献] Shreve, R. L. (1966) Statistical law of stream numbers : J. Geol., **74**, 17-37. /Shreve, R. L. (1969) Stream lengths and basin areas in topologically random channel networks : J. Geol., **77**, 397-414. /高山茂美 (1974)「河川地形学」，共立出版．

いそなみ　磯波　surf　かつては砕波*（砕け波）の総称として用いられていたが，現在，学術用語としては使われない． 〈砂村継夫〉

いそなみしんしょくきじゅんめん　磯波侵食基準面　surf base　砕波帯において海底基盤が侵食される限界の水深を指す語として用いられたが，現在では使用されない．⇨サーフベース 〈砂村継夫〉

いそなみたい　磯波帯　surf zone　かつては明確な定義なしに漠然と砕波帯を指す語として用いられていたが，現在では学術用語としてはほとんど使用されていない． 〈砂村継夫〉

いたたたきほう　板たたき法　plank hammering method　弾性波探査の際に人工的に横波を発生させる手法．地面に厚板（長さ約4m，幅約40cm，厚さ約5cm）を約500kgf以上の荷重で押さえ，ハンマーで板の端を強打して剪断力を与えて，地表面に横波を発生させる． 〈飯田智之〉

[文献] 小林直太 (1959)：SH波をつかって地下構造をきめる一方法：地震 2, **12**, 19-24．

いたびし　板干瀬　beachrock　⇨ビーチロック

いちじかいがん　一次海岸　primary coast　陸上で形成された地形が沈水し，海食などの海の営力をあまり受けていない状態の海岸地形．河食・氷食などの侵食地形，河成・氷成・風成などの堆積地形，断層・褶曲などの変動地形，火山地形などが直接に海岸地形となったもの．⇨二次海岸 〈福本　紘〉

[文献] Shepard, F. P. (1963) *Submarine Geology*, Harper & Row.

いちじかせん　一時河川　temporary stream　⇨間欠河川

いちじくあっしゅくきょうど　一軸圧縮強度　uniaxial compressive strength, unconfined compressive strength　一軸圧縮試験によって求められる強度．q_u ないし英語の頭文字から UCS と表される．⇨圧縮強度 〈松倉公憲〉

いちじくあっしゅくしけん　一軸圧縮試験　unconfined compression test, uniaxial compression test　岩石や粘性土の供試体の側方を拘束しない状態で，軸方向に荷重を加えて行う圧縮試験*．破壊時の圧縮応力を一軸圧縮強度（unconfined compressive strength）とよぶ． 〈八反地　剛〉

いちじクリープ　1次クリープ　primary creep　⇨クリープ

いちじこく　1次谷　first order valley　⇨1次の水路

いちじてききょくちてきしんしょくきじゅんめん　一時的局地的侵食基準面　temporary and local base level of erosion　短期間で侵食基準面*としての役割を終える局地的侵食基準面を指す．河谷に形成された堰止湖や断層池などの速やかに埋積が行われる小さな湖や盆地，河川を横断して露出する小規模な硬岩などを指す．現在では，"上流側の河床の低下速度に比べて停滞ないしは緩慢な低下速度をもつために，上流側の侵食作用の一時的な基準になる場所" という意味で用いられ，支流にとっての本流の谷底などを指す場合も多い．⇨侵食基準面（図），局地的侵食基準面 〈大森博雄〉

[文献] 井上修次ほか (1940)「自然地理学」，下巻，地人書館．/Thornbury, W. D. (1954) *Principles of Geomorphology*, John Wiley & Sons.

いちじてきしんしょくきじゅんめん　一時的侵食基準面　temporary base level of erosion　海水面以外の侵食基準面*で，一時的に（しばらくの間は）流域の侵食の基準となる高さ．局地的侵食基準面とほぼ同義．たとえば，下刻に抵抗する硬岩からなる河床，湖水面，支流流域にとっての本流の河床など．⇨侵食基準面（図），一時的局地的侵食基準面 〈松倉公憲〉

いちじのすいりゅう　1次の水流　first order stream　⇨1次の水路

いちじのすいろ　1次の水路　first order stream　河谷を対象とする場合は等高線の屈曲から水路網を図化し，ホートン・ストレーラー法によって水路区間を等級化した場合に，上流の先端にあって，支流をもたない水路区間を1次の水路という．1次の水流，または1次の流路というよび方もある．この1次の水路区間では，定常的な水流は必ずしも存在しないが，出水時には集中流があり，水流により基岩や崩落物質の侵食と輸送の生じる最先端の区間である．この1次の水路の下流方向へは，1次水路と1次水路とが合流して2次水路が，さらに2次水路同士の合流で3次水路が形成される．河谷を対象とした場合，1次の水路の存在する河谷を1次谷とよぶが，河谷と水路はほぼ同義なので，1次水路と1次谷はほぼ同義語である．このような区分はリルなどにも適用される．⇨水路次数，次数区分

〈徳永英二・山本　博〉

[文献] 高山茂美（1974）「河川地形」，共立出版．

いちすいとう　位置水頭　elevation head, potential head　水流がもつ単位重量あたりの位置のエネルギーを長さの次元で表したもの．高度水頭ともいう．基準面から測った高さをzとすると，位置水頭はzとなる．〈宇多高明〉

いちだんバーかいがん　一段バー海岸　one-bar beach, one-bar coast　沿岸砂州*（バー）のうち，恒常的に存在するアウターバー*の段数が一列（段）のみである海岸．恒常的なバーの他に，一時的にインナーバー*が形成される場合もあるので注意が必要．わが国では太平洋沿岸やオホーツク海沿岸に多い．〈武田一郎〉

いちにちいっかいちょう　1日1回潮　diurnal tide　満潮と干潮が1日に1回ずつある海面の昇降現象．⇨潮汐〈砂村継夫〉

いちにちにかいちょう　1日2回潮　semi-diurnal tide　満潮と干潮が1日に2回ずつあるような海面の昇降現象．⇨潮汐〈砂村継夫〉

いちほうこうとうけつ　一方向凍結　one-sided freezing, unidirectional freezing　⇨凍上

いちまいいわ　一枚岩　monolith, large slab of rock　大規模に岩盤が露出している部分の俗称であり，岩盤の大きさに比べて表面の凹凸が相対的に少ない部分．谷壁斜面の岩壁，造瀑層の絶壁，孤立した岩山，モナドノック*（例：オーストラリアのエアーズロック），岩島（例：オーストラリアのロードハウ諸島），などの露岩をいう．英用語のmonolithは本来，建築・彫刻用の巨大な岩塊，石柱，記念碑などを指したが，転じて自然の岩体や岩壁を指すようになった．岩石は1種1枚とは限らず，互層*の場合もある．〈鈴木隆介〉

いちまんぶんのいちちけいず　1万分の1地形図　1:10,000 topographic map　⇨地形図

いちめんせんだんしけん　一面剪断試験　box shear test　上下二段に分けられる剪断箱の中に土や岩石の試料を詰め，一定の垂直応力を与えた状態で剪断力を加えて，その試料の剪断強度（剪断抵抗角と粘着力）を求める試験．直接剪断試験の一種である．⇨剪断試験〈八反地　剛〉

いちりんねかざん　一輪廻火山　monocyclic volcano　一輪廻の噴火だけで形成された火山のことをさす（例：マール，火山砕屑丘，溶岩円頂丘，アイスランド型盾状火山）．単輪廻火山とも．単成火山と同義．⇨噴火輪廻，単成単式火山，単成複式火山〈鈴木隆介〉

いちりんねのふんか　一輪廻の噴火　monocyclic eruption　⇨噴火輪廻

いっさんがたかいひん　逸散型海浜　dissipative beach　緩勾配のため多重砕波が生じ，それによる波浪エネルギーの逸散が激しい砂浜．複数列の沿岸砂州*が発達していることが多い．〈砂村継夫〉

[文献] Wright, L. D. et al. (1979) Morphodynamics of reflective and dissipative beach and inshore systems, Southeastern Australia：Marine Geology, 32, 105-140.

いっしゅつてきふんか　溢出的噴火　effusive eruption　⇨非爆発的噴火

いっちようかい　一致溶解　congruent dissolution　鉱物が溶解する際に，新たな固相（鉱物）を生成することなく溶解が進むこと．石英や方解石の溶解がその例．不一致溶解の対語でコングリュエント溶解とも．⇨不一致溶解〈松倉公憲〉

いつりゅうてい　溢流堤　overflow dike　洪水調節の目的で，堤防の一部を他の箇所よりも低くした堤防．越流堤ともよばれる．溢流堤の高さを超える洪水が生じると，洪水の一部は調節池や遊水池などに流れ込むような構造となっている．溢流堤の表面は流れの作用で破壊されないよう，コンクリートなどで被覆されている．〈木村一郎〉

いつりゅうひょうが　溢流氷河　outlet glacier　氷床や氷帽内部から流動した氷がその縁辺部分で放射状に山地低所を選んで流下する氷河．形態による二次オーダーの氷河区分の名称．氷流とともに氷床から排出される氷の大部分を占める．西南極氷床における溢流氷河や氷流の流動速度の速さの要因は，氷河底面に変形可能な堆積物が存在するためと考えられている．〈三浦英樹〉

[文献] Benn, D. I. and Evans, D. J. A. (1998) *Glaciers and Glaciation*, Arnold.

いど　緯度　latitude　⇨経緯度

いど　井戸　well　地下水，温泉，石油，天然ガスなどを汲み上げるために地面を深く掘った穴の総称．単に井戸といった場合は地下水*を汲み上げるための施設である場合が多く，その他の汲み上げ目的の井戸は，温泉井戸，油井（ゆせい），ガス井（ガスせい）などとよんでいる．普通，井戸は，岩石または土壌の間隙から地下水，温泉*，石油，ガスなどを採る目的で設置することから生産井（production well）ともよばれるが，地下水位や水質などを観測する目的で設置した井戸を特に観測井（obser-

vation well）とよんで区別する．また，汲み上げとは逆に，地盤沈下抑止などの目的で井戸に水を注入する場合には，注入井（injection well）あるいは涵養井（recharge well）とよんでいる．特殊な形状の井戸として 横井戸* もある．深度，不圧・被圧，構造などに着目すると，以下のような井戸の分類となる．①深度を基準にした場合，浅井戸（shallow well）と深井戸（deep well）の区分になる．不圧地下水* を取水対象にするのが浅井戸，被圧地下水* を対象にするのが深井戸であることが一般的であるが，これに当てはまらない場合もある．また，井戸の浅深を分ける具体的な深度も決まっていない．②不圧・被圧に着目すると，被圧地下水を採取する井戸の別名として自噴井（flowing well），掘抜井戸（artesian well）などの呼称がよく使われる．井戸の構造に着目すると，まいまい井戸（あるいは，まいまいず井戸），管井戸（casing well），集水井（collector well）などがある．普通，管井戸は深井戸の別名である．集水井には，集水井戸，放射状井戸（radial well），あるいは満州井戸の別名がある．③地下水の汲み上げには，つるべと桶を使う場合もあるが，多くはポンプを使う．ポンプには，手押しポンプ，電動ポンプがある．また深井戸の場合，竪穴掘削後に井戸管（well casing）を挿入するのが普通である．井戸管の一部には，地下水を井戸管内部に取り入れることができるように加工したスクリーン（screen）を設置する．井戸管挿入後，スクリーンと竪穴（裸孔）の隙間に砂利を充填し，帯水層を構成する地層が井戸内に流入し目詰まりが生じないようにする．なお，スクリーンはストレーナーとよばれることもある．④井戸の施工法としては，手掘り，打ち込み，打ち抜き，ボーリングあるいは機械掘がある．手掘り・打ち込み・打ち抜き工法は浅井戸の施工に用いることが多く，ボーリング・機械掘は深井戸を対象にすることが多い．日本古来の井戸掘削方法としては 上総掘り* が有名である．阪神大震災を契機にして，東京都や埼玉県をはじめとした地方自治体では，非常災害時にライフラインが絶たれた場合の対策の一つとして井戸の災害時利用を図る試みが進められている．これは，災害時にも機能する既存の井戸を非常災害用井戸として指定し，非常時の生活用水を確保しようというものである．
〈斎藤 庸〉

いといがわ-しずおかこうぞうせん　糸魚川-静岡構造線 Itoigawa-Shizuoka tectonic line　フォッサマグナ西縁を限り，糸魚川から静岡に至る全長250kmの大断層で，本州弧を東北日本弧と西南日本弧とに分ける地体構造上で最も重要な断層（帯）．矢部長克が1918年に命名．糸静線とも略記される．主に中新世に活動した複数の地質断層により構成されるが，長野県白馬から大町・松本・岡谷・茅野・富士見・山梨県白州・韮崎を経て鰍沢に至る範囲は，第四紀後期以降も活動を継続する活断層である．活断層としての糸静線はこの範囲をいう．活断層としての変動様式には地域差があり，北部（概ね松本以北）では東方に傾斜する逆断層運動が，中部（おおむね松本〜白州）では左横ずれ運動が，南部（白州〜鰍沢）では西方に傾斜する逆断層運動がそれぞれ卓越する．諏訪湖周辺では正断層運動が顕著である．国の地震調査研究推進本部は1998年に糸静線の長期評価結果として，「今後数百年間以内にM8程度の規模の地震が発生する可能性が高い」と結論づけ，その後，今後30年間の地震発生確率は14%であるとして公表した．
〈鈴木康弘〉
［文献］矢部長克（1918）糸魚川静岡地構線：現代之科学，6, 1-4.

いどういき　移動域 moving area (of landslide)　1回の地すべりで移動する地区の総称で，亜不動域，削剥域（狭義の移動域）および押出域に大別される．⇨地すべり地形（図）
〈鈴木隆介〉

いどうげんかいすいしん　移動限界水深 critical water depth for sediment motion　海底の堆積物が波の作用によって動かされる最大の水深をいう．砂移動限界水深とも．算定には多くの式が提案されているが，いずれも波浪条件（波高・波長あるいは周期）と底質粒径とによって決定されることを示している．海底面のいくつかの粒子が動きだす限界（初期移動限界），海底面の第1層の多くが動き出す限界（表層移動限界），第1層のすべてが動き出す限界（全面移動限界），海底面の状態が大きく変化するような顕著な動きを示す限界（完全移動限界）がある．このような運動形式により，移動限界水深の値は異なる．
〈砂村継夫〉
［文献］堀川清司（1991）「新編海岸工学」，東京大学出版会.

いどうさきゅう　移動砂丘 mobile dune　風によって移動する砂丘で，その原因には気候変動，砂の供給増加，砂丘地の耕地化といった人為的な影響などがあげられる．近年，世界各地の砂漠でみられる砂漠化現象の一つである．海岸砂丘でも植生破壊などの人為的な影響によって砂丘が移動することが各地で報告されている．
〈成瀬敏郎〉

いどうしょう　**移動床**　movable bed　非固結で移動可能な粒状物質（砂，礫，ガラスビーズ，ガラス粉など）で構成されている実験水路や風洞の底面のこと．このような底面条件で行われる実験を移動床実験（movable bed experiment）とよぶ．これには沖積河川における砂床形状や砂浜海岸の地形変化の実験や風による飛砂の実験などがある．これに対して，実験装置の底面がモルタルやコンクリートあるいは金属などの固結した物質でできている場合を固定床といい，これによる実験を固定床実験（fixed bed experiment）とよぶ．　　　　　　　〈砂村継夫〉

いどうせいこうきあつ　**移動性高気圧**　migratory anticyclone　上空の偏西風*に流されて移動する高気圧．日本では春，秋に多く観測される．偏西風波動の中で温帯低気圧とともに現れる高気圧であり，中心より東側では下降気流が強く，乾燥した晴天をもたらすが，後面にあたる西側では，曇りがちな天気となる．　　　　　　　　　〈森島　済〉

いどうせいていきあつ　**移動性低気圧**　migratory cyclone　一般的な用語としては，移動性高気圧に対する用語として用いられ，上空の偏西風に流されて移動する温帯低気圧を指す．しかし熱帯低気圧*を移動性低気圧とよぶことは少ない．停滞性の低気圧には，熱的低気圧や地形性低気圧がある．
　　　　　　　　　　　　　　　　〈森島　済〉

いどうは　**移動波**　translatory wave, wave of translation　波が通過するときに水粒子が波の進行方向に大きく移動して元の場所には戻らないような特性をもつ波．実際の波では段波*がこれに近い．通常の波における水粒子の運動とは全く異なる．
　　　　　　　　　　　　　　　　〈砂村継夫〉

いのうず　**伊能図**　Ino's map of Japan　江戸時代後期に伊能忠敬（いのうただたか）が中心となって作成した日本地図．1821年に幕府に提出された「大日本沿海輿地全図」は，縮尺36,000分の1の大図（214面），216,000分の1の中図（8面），432,000分の1の小図（3面）からなり，それを複写したものや中間段階で作成されたものなどが残存する．高精度な測量により海岸線が正確に描かれていることが特徴で，堆積・侵食作用による海岸線の移動の研究に用いられることがある．　　　　　　　　　　　〈熊木洋太〉
［文献］星埜由尚（2010）「伊能忠敬」，山川出版社．

いぶつ　**遺物**　artifact　過去の人類活動の結果を反映して残された物体のうちで，動かせる状態にあるもの．人工遺物と自然遺物とがあり，前者には石器や土器などが該当し，後者には動物骨や植物遺体などが該当する．　　　　　　〈朽津信明・有村　誠〉

いぶつちけい　**遺物地形**　remnant, relict landform, restform　周辺より侵食が遅れて取り残されている地形，および，過去につくられた地形の一部が残っている地形を指す．remnant, restform は，'周辺より侵食が遅れている地形，あるいは，取り残されている過去の地形の残骸' という広い意味で使われ，erosion remnant（残丘）や peneplain remnant（準平原遺物）のように使われる．relict landform は '過去につくられた地形の一部がそのままの形で残っている地形' という意味で使われ，残存地形（残遺地形，遺跡地形，地形遺物，レリック地形）を指す．日本語の '遺物地形' はこれらの総称として用いられることが多い．　⇨残存地形，残丘
　　　　　　　　　　　　　　　　〈大森博雄〉
［文献］渡辺　光（1975）「新版地形学」，古今書院．

いほうせい　**異方性**　anisotropy　物質の力学的性質や物理的性質が方向によって異なることで，等方性に対する語．砂岩，頁岩，粘板岩，千枚岩，片麻岩，片岩などの岩石には，層理・葉理，葉状構造，片理，劈開などが存在し，そのため強度，変形，透水性などの性質において異方性を示す．たとえば，層理面等の弱面が加圧方向となす角度が40°くらいの場合に一軸圧縮強度は最小となり，層理面に対し加圧方向が直交する場合に一軸圧縮強度は最大になる．このような強度異方性を示す岩石において，強度の最大値と最小値の比は異方性係数（anisotropy ratio）とよばれる．　　　　　〈松倉公憲〉
［文献］松倉公憲（2001）異方性岩石の一軸圧縮強度特性：応用地質，42，308-313．

いほうせいがん　**異方性岩**　anisotropic rock　異方性の（異方的）性質をもつ岩石．流理や溶結面をもつ火成岩，葉理や薄理をもつ堆積岩，片理や劈開面，縞状模様をもつ変成岩など．　⇨異方性
　　　　　　　　　　　　　　　　〈松倉公憲〉

イモゴ　芋子　imogo　⇨アカホヤ

イモゴライト　imogolite　火山灰土壌中に見られるゼリー状（電子顕微鏡で繊維状）の準結晶性粘土鉱物．排水良好な環境下でアロフェン*（非晶質）から結晶性粘土鉱物に向かう中間産物．人吉盆地の火山灰土壌の俗称であるイモゴが語源．
　　　　　　　　　　　　　　　　〈松倉公憲〉

イライト　illite　アルミニウム質の雲母粘土鉱物の一般名．化学組成は白雲母に類似するが，白雲母

よりはカリウムの量が少なく水分に富む．従来イライトとよばれていたものの多くは混合層鉱物であり，この名称を使用しない立場の研究者が多い．日本では熱水変質でできた絹雲母や加水雲母も含めて用いることがある． 〈松倉公憲〉

いりえ　入江　cove　⇨湾

いりえかいがんへいや　入江海岸平野　embayed coastal plain　海底堆積面などの平坦な地形が離水し侵食され，再び沈水した結果，樹枝状の入江が数多く存在する海岸平野．アメリカ合衆国のPamlico Soundに面した平野がその例．⇨海岸平野
〈福本　紘〉

［文献］Johnson, D. W. (1919) *Shore Processes and Shoreline Development*, Columbia University Press (Facsimile ed., Hafner, 1965).

いりおもてそう　西表層　Iriomote formation　八重山層群のうち西表島とその周辺の小浜島，鳩間島などに分布する下部中新統．層厚は700 mを超え，砂岩を主体として礫岩・泥岩・石炭を伴う．下位の古第三系の野底層を不整合に覆う．断層による変位を受けているものの，全体に西へゆるく傾斜した非褶曲層であり，西表島を特徴付ける高原状の地形をつくりだしている．中部の斜交層理の発達する砂岩層は造瀑層*となって多数の滝をつくっている． 〈本山　功〉

イリノイひょうき　イリノイ氷期　Illinoian glaciation　⇨ローレンタイド氷床

いりゅう　移流　advection　流体の運動によって圧力・温度・密度・運動量などが運搬される過程．一般的には，水平方向の水や大気の流れによって生じる場合にこの語を用い，鉛直方向の現象には対流という語をあてる． 〈倉茂好匡〉

いろしすう　色指数【岩石の】　color index　火山岩の分類基準の一つで，岩石に含まれる有色鉱物の量を百分率で表した値．色指数0〜30を優白質，30〜60を中色質，60〜100を優黒質とよぶ．
〈太田岳洋〉

いわ　岩　rock　岩石の日常語．岩石や岩盤，その破片（岩塊という）と，それらの固結した破片，ならびに岩石が露出している場所〈露岩*，磯*，岩場*など〉をいう． 〈鈴木隆介〉

いわいねそう　岩稲層　Iwaine formation　富山県南部の安山岩質火山岩類を主とした下部中新統．層厚500〜1,000 m．富山県婦負郡細入村岩稲が模式地．いわゆるグリーンタフで，西方石川県地域では医王山層の下位であることから，現在の知識では漸新統と思われる．飛騨高地の基盤岩山地の北側に，北傾斜で重なって中山地をつくる．〈石田志朗〉

いわがけ　岩崖　rock cliff　固結した硬い岩石が露出している崖．日本の地形図では，「がけ（岩）」とか「岩がけ」という記号で描かれている．それを岩崖と通称する．ただし，比高約10 m以下の岩崖が地形図では「がけ土」の記号で表現されている場合もある． 〈鈴木隆介〉

いわだたみ　岩畳　rocky platform　ほぼ平坦な広い岩場*．海岸の波食棚*（例：青森県千畳敷），谷底の岩床（例：長野県寝覚の床）などにみられる．
〈鈴木隆介〉

いわだな　岩棚　ledge, terrace, band　岩壁の壁面から水平方向に突出している棚状の微地形．地層階段の造崖層（強抵抗性岩）が，その下方の弱抵抗性岩が差別削剥で凹んだために，突出した部分であり，その下面が反斜面*（オーバーハング）である．ほぼ水平の堆積岩の互層で構成される岩壁に，櫛歯のように数段の岩棚が発達することもある．小規模な例は福島県下郷町の「塔のへつり」．登山用語としては，急斜面の岩場の途中にある緩傾斜ないし平坦な棚状の地形．最も広いのがテラス，足場になるのがやっとという狭く，しかし長く続くのがバンド，その中間の腰を下ろせるくらいの広さのものがレッジである．⇨オーバーハング，地層階段
〈鈴木隆介・岩田修二〉

いわて・みやぎないりくじしん　岩手・宮城内陸地震　2008 Iwate-Miyagi Nairiku earthquake　2008年6月14日08時43分頃に岩手県南西部の深さ約10 kmで発生したM$_j$7.2の大地震．岩手県奥州市と宮城県栗原市で最大震度6強が観測され，大きな災害が引き起こされた．人的な被害は，死者13名，行方不明者10名，負傷者448名であり，その多くは土砂崩れや土石流などの地盤災害による．建物被害は全壊23棟，建物半壊65棟であり，地震規模の割に建物被害は相対的に少ない．気象庁は平成20（2008）年岩手・宮城内陸地震と命名した．発震機構は西北西-東南東方向に圧力軸をもつ逆断層型であり，余震の大部分は北北東-南南西方向に伸びる長さ約45 km，幅約15 kmの領域で発生し，大局的には西傾斜の分布が認められた．GPS*およびSAR（合成開口レーダ*）観測によっても同様な地殻変動が得られている．地質学的に認められていた餅転-細倉構造線沿いに北北東-南南西方向の地震断層（逆断層）が断続的に地表に現れたが，上下変位量は最大0.5 m程度である．また，荒砥沢ダム北

方では，東北東-西南西走向で右ずれ4～7mに及ぶ地震断層が長さ0.7kmの区間に現われたが，これは大規模な山体地すべりに起因するとみなす研究者もおり，こうした大きな変位量をもつ明瞭な断層が震源断層に関連するかどうか検討されている．さらにダム南西方へ続く逆断層も出現した．荒砥沢ダム北方に現れた巨大（径1km強）な地すべりや，数多くの斜面崩壊（地盤災害）がこの地震の特徴といえる．〈岡田篤正〉

いわなだれ　岩なだれ　rock avalanche　山体の一部が崩れ，岩体が破砕しながら，一団となって斜面を高速でなだれ下る現象．stürzstromと称されることもある．規模が大きな落石ないし崩落，あるいは岩盤すべりで起こる．移動経路沿い斜面の表土や樹木を多量に巻き込みながら駆け下る場合には，岩屑なだれと称されることもある．規模が大きい場合には，たとえ緩斜面であっても，遠くまで到達する．水が関与することなく到達距離が伸びる原因として，岩屑粒子の剪断に伴う分散，振動，空気連行など様々なメカニズムが提案されている（Davies, 1982）．岩なだれの典型例として，スイスのElmで1881年に起きたものやカナダ・アルバータ州のFrankで1903年に起きたものがよく知られている（Voight, 1978）．〈諏訪　浩〉

［文献］Voight, B. ed.（1978）*Rockslide and Avalanches*, Vol.1, Elsevier Scientific Publishing Co. /Davies, T. R. H.（1982）Spreading of rock avalanche debris by mechanical fluidization : Rock Mechanics, 15, 9-24.

いわなだれ　岩なだれ【火山の】　debris avalanche　火山体爆裂型の火山岩屑流の英語（debris avalanche）の訳語．岩屑なだれ，乾燥岩屑流とも．火砕物の流れであるが，マグマに直接に由来する"高温の"火砕流に含めると火砕流の概念が不明確になる．また，岩屑の雪崩状の流れは，非火山地域で大規模に崩落した多量の岩屑が直ちに土石流に転化した場合にも発生するので，'岩なだれ'とか'岩屑なだれ'を火山現象だけに特定する用語とするのは適切ではないから，「火山」を付すのが好ましい．⇨火山岩屑流，火山体爆裂型の火山岩屑流，火砕流〈鈴木隆介〉

［文献］早川由紀夫（2008）火砕物の流れ：下鶴大輔ほか編「火山の事典（第2版）」，朝倉書店．

いわば　岩場　rocky tract, craggy place　岩石が広く露出している場所（例：海岸の磯，岩畳，河谷の岩床，山頂・山腹の岩盤露出部，岩壁）の日常語．〈鈴木隆介〉

いわみざわそう　岩見沢層　Iwamizawa formation　北海道夕張地方に分布する上部中新統の海成層．主に板状の硬質頁岩よりなり，シルト岩・砂岩・凝灰岩を挟む．層厚は100～500m．〈松倉公憲〉

いわやま　岩山　rocky mountain　山頂から山腹斜面までのほとんどが露岩*の山．硬岩で構成され，急傾斜な岩壁，岩峰，掘れ溝，峡谷が多く，景勝地として著名な山も多い（例：北アルプスの劒岳周辺，米国のロッキー山脈の各地，朝鮮半島の金剛山）．〈鈴木隆介〉

いんえいず　陰影図　shaded relief map　地形に斜め上から光を照射したときに，光の当たる部分を明るく，光の当たらない陰の部分を暗く表現することで，立体感を得られるようにした地図．地形表現法の一つで，直感的に地形を理解できる図として使われる．人間の目の特性として，前上方から（北を上にした地図ではありえない太陽方向から）光が当たるようにしたとき最もよい立体感が得られ，逆の方向では凹凸感が逆になることがある．今日ではDEM*を用いてコンピュータで作図するのが一般的．これは物体の三次元グラフィックス表現（立体視のことではない）として映像関係の業界で普通に使用されている技術のサブセットであり，数学的に定義される斜面（格子点標高を用いた三角形など）の法線ベクトルと光源からの光線ベクトルがなす角の余弦を斜面の輝度と対応させる方法が用いられる．景観シミュレーションなどのためにDEMとカラー空中写真・衛星画像・土地利用図などを組み合わせて図示する場合にも，地形に応じた陰影をさらに重ね合わせるとリアリティが増す．

〈熊木洋太・野上道男〉

いんけんがん　隠顕岩　rock which covers and uncovers　⇨岩礁

インコングリュエントようかい　インコングリュエント溶解　incongruent dissolution　⇨不一致溶解

いんじゅ　陰樹　shade (bearing) tree　幼時の耐陰性が特に強く，生育するために最低限必要な光合成量が陽樹*に比べて少ないため，比較的暗い場所でもよく発芽し，林床でゆるやかではあるが健全な生育を示す樹種．ある程度生長した後は，明るいほど生長がよい．遷移*の段階においては，陽樹の陰に陰樹が侵入すると，陰樹の幼植物が育ち，やがて陰樹が優占する林となる．その意味で遷移の極相を作るのは，陰樹の森林であり，原始林の優占種もおおむね陰樹である．サワラ，ヒノキ，オオシラビ

ソ，コメツガ，ブナ，カシノキ，クスノキなどが代表的． 〈宮原育子〉

いんせきこ　隕石湖　impact crater lake　隕石が地表に形成した凹地に水がたまった湖で，ロシア・シベリアのエルジジトジン湖（El'gygytgyn Lake），カナダ・ケベックのクレーター湖やガーナのボスンツウィ湖などがその例であるが，それらの形成年代は100万年から数百万年前といわれている． 〈柏谷健二〉
［文献］Glushkova, O. Yu. and Smirnov, V. N. (2007) Pliocene to Holocene geomorphic evolution and paleogeography of the El'gygytgyn Lake region, NE Russia : J. Paleolimnology, 37, 37-47.

いんせきこう　隕石孔　meteorite crater　惑星の表面に隕石が衝突して形成する掘削孔を隕石孔とよぶ．衝突クレーターと基本的には同義である．しかし，衝突する小惑星などの小天体の大きさがキロメートル・スケールにもなりうるし，また氷の比率が高い彗星ということもありうるので，隕石という言葉はあまり適当ではない．よって，隕石孔という言葉は最近ではあまり使われなくなってきている．⇨衝突クレーター，隕石衝突 〈小松吾郎〉

いんせきしょうとつ　隕石衝突　meteorite collision　隕石が地球表面に落下・衝突する現象で，独立営力*の一つ．大きな隕石が衝突すると，地表に隕石孔*，隕石クレーターまたは衝突クレーター*（impact crater）とよばれる円形の凹地とそれを囲む飛散物質の堆積で生じた環状丘（偽火山地形*）が生じる．衝撃圧・高温に起因する衝撃変成作用によって，衝撃角礫やコーサイト（coesite），スティショバイト（stishovite），ダイアモンドなどの特殊な鉱物が生成し，それの存在が隕石衝突の証拠の一つになる．小規模ながら地形的に明瞭な好例の一つは北米アリゾナ州のBarringer crater（直径約1.2〜1.7 km，深さ約170 m）である．日本には隕石クレーターと確認されたものとして長野県飯田市東郷に御池山（おいけやま）クレーターがあるが，地形的には明瞭ではない．なお，約6,550万年前に落下したメキシコのチクシュルブ・クレーターまたは同時代のインド・ムンバイ西海底のシバ・クレーターの形成に伴う地球全体を覆うような大量の飛散物質および想像を絶する大規模な津波の発生が白亜紀末における動植物の絶滅の原因という説が有力である． 〈鈴木隆介〉

インゼルベルク　inselberg　⇨島山（しまやま）

インタクトロック　intact rock　亀裂やクラックなどを含まない"無傷"な岩石や岩石試料をいう． 〈松倉公憲〉

インナーバー　inner bar　複数列の沿岸砂州（バー）が発達している海浜において最も岸側に位置するバー．暴浪によって海浜から侵食された砂礫が浅海域に運搬され，そこに堆積して形成される．このバーは静穏波浪時にバーの形態を保ちながら徐々に岸方向に移動し，ついには陸上に乗り上げてバームとなる．したがって，このバーは恒常的なものではない．しかし頻繁に暴浪が襲来する海浜では陸上に乗り上げることはまれで，ほとんど常に浅海域に存在する．一方，礫浜や侵入波浪の規模が小さい内湾の浜などではインナーバーのない場合が多い．インナーバーが存在する海浜（場合）を暴風海浜あるいは冬型海浜，バーが陸上に乗り上げている海浜（場合）を正常海浜あるいは夏型海浜とよぶ．⇨砂浜（さひん）の縦断形 〈武田一郎〉

インバージョンテクトニクス　inversion tectonics　古い断層が，形成時とは逆方向にすべることによって生じる構造運動．通常は伸張応力場で形成された正断層が，圧縮応力場で逆断層として再活動する場合を指す（positive inversion）．それによって過去の堆積盆地（リフト）が隆起して背斜構造を形成するので，隆起域にはその周辺より厚い堆積物が分布することが特徴である．古い逆断層が後に正断層として再活動することもある（negative inversion）．応力場の変化によって古い断層が逆方向に再活動することは広く知られており，例えば，東日本に分布する活断層は逆断層であるが，その多くはかつての正断層の再活動によるものである． 〈岡村行信〉

インブリケーション　imbrication　海浜や河床において，波や流れによって礫や砂の粒子が長軸・中軸を含む面を上流側に傾けて堆積した構造．重ねた瓦を傾けて立てかけたような構造から覆瓦（ふくが）構造ともいわれる．堆積物にもこの構造が残り，しばしば古流向の判定に使用される． 〈横川美和〉

いんぺいぶっしつ　隠蔽物質　covering material　⇨地形物質の隠蔽物質

インボリューション　involution　堆積後に発生した地層のちぎれ，ねじれなどの変形構造で，ある程度の規則性をもつものを指すが，特にクリオタベーション*により形成された周氷河インボリューションを指すことが多い．化石インボリューションとして北日本の氷期の火山灰層中によく観察される．小規模なものは季節凍土と，大規模なものは永久凍土と結びついて形成されたと推定される場合もあ

る．しかし，土壌凍結とは無関係に，ロードカストや液状化などにより同様の構造が形成されることもあるので，認定や解釈には十分な検討が必要である． ⇨化石周氷河現象 〈曽根敏雄〉

［文献］French, H. M.（2007）*The Periglacial Environment*, John Wiley & Sons.

イン・サイチュー in situ ラテン語で「本来の場所にて（in its original place）」を意味し，広く様々な学問分野において使用されている「その場」を表す用語．イタリック表記（*in situ*）も多い．たとえば，in situ investigation（原位置調査）や in situ test（原位置試験），in situ observation（その場観察）などといった使い方がある．また，風化現象の定義にも，in situ の概念が含まれる．すなわち，「風化現象は岩石が地表でその位置を変えることなく（in situ）地表からの影響により変質すること」などと説明される． 〈小口千明〉

う

ヴァイクセルひょうき　ヴァイクセル氷期
Weichsel glaciation　⇨スカンジナビア氷床

ウァシュトロームタール　urstromtal　⇨アウトウォッシュプレーン

ヴァルダイひょうき　ヴァルダイ氷期　Valdai glaciation　⇨スカンジナビア氷床

ウィーヘルト・グーテンベルグふれんぞくめん　ウィーヘルト・グーテンベルグ不連続面　Wiechert-Gutenberg discontinuity　マントルと地球中心核の境界を指す．E. Wiechert (1897) が中心核の存在を予測し，B. Gutenberg (1913) が地震の屈折波からその深さを 2,900 km と求めたことに由来するが，一般的に使われることは少ない．　⇨地球の内部構造　　　　　　　　　　　　　　　　〈西田泰典〉

ウイスコンシンひょうき　ウイスコンシン氷期　Wisconsin glaciation　⇨ローレンタイド氷床

ウィルソンサイクル　Wilson cycle　ジュラ紀に始まった超大陸パンゲアの分裂以降，大西洋中央海嶺の活動により大西洋が拡大し，一方，太平洋は東西両縁部での沈み込みによって縮小している．この状態が続けば，将来，太平洋は消滅し，その両岸にあった大陸が再び衝突・合体して超大陸を形成する．大陸プレートはアセノスフェアより軽いので，後者の下方に沈み込めないから，その結果として大西洋の拡大は終息するであろう．再び超大陸の分裂が始まると，新たな沈み込み帯は大西洋の海陸境界に生じ，最終的に大西洋が消滅するまで続くであろう．ウィルソン (Wilson, 1966) が提唱した，このような海洋底の生成・消滅のサイクルをウィルソンサイクルとよぶ．　⇨大陸移動説　　　　〈池田安隆〉

[文献] Wilson, J. T. (1966) Did the Atlantic close and then re-open? : Nature, 211, 676-681.

ういんさばく　雨陰砂漠　rain-shadow desert　⇨降雨遮断砂漠

ウインドアブレージョン　wind abrasion　⇨風磨

ウインドギャップ　wind gap　断層運動や河川

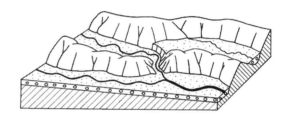

図　ウインドギャップ（風隙）（鈴木，2000 を一部変更）

争奪により上流部を失った河谷の最上流端に残る幅広い鞍部状の地形（図）．過去の上流側には急崖があり，下流側には広い谷幅に比べて流水の少ない過小河川*がある．鞍部の地下には過去の河床堆積物が存在する．風のみ通過することから命名され，風隙（ふうげき）と訳される．　⇨河川争奪，風隙　〈金田平太郎〉

[文献] 鈴木隆介 (2000)「建設技術者のための地形図読図入門」，第 3 巻，古今書院．

ウインドリフトさきゅう　ウインドリフト砂丘　windrift dune　砂丘が風食を受け，風で飛ばされた砂丘砂が風下斜面に再堆積して形成された直線状の砂丘．　　　　　　　　　　　　　〈成瀬敏郎〉

ウーチェンこうど　午城黄土　Wucheng loess　⇨黄土

ウェイブ（ウェーブ）ベース　wave base　海底の地形あるいは堆積物が波浪の影響を受ける最大（限界）の水深をいう．波浪作用限界水深，波浪侵食基準面ともよばれる．大別して二つの定義がある．①波浪によって海底堆積物が動かされる最大の水深（⇨移動限界水深），②波浪による海底基盤の侵食が起こる限界の水深，すなわち海面下の岩盤に作用する波浪の侵食基準面（岩盤侵食基準面，波浪基準面ともいう）．特に波浪作用が激しい砕波帯に限定した海底基盤の侵食基準面をサーフベースという．このほかにウェイブベースという術語は，波が深海波から浅海波に移行する限界の水深，すなわち深海における波長の半分に等しい水深を意味することもある（波浪限界とよばれる）．
　　　　　　　　　　　　　　　　〈砂村継夫〉

[文献] Sunamura, T. (1992) *Geomorphology of Rocky Coasts*, John Wiley & Sons.

ウェイブ（ウェーブ）ロック wave rock ⇨フレアード・スロープ

ウェゲナー Wegener, Alfred L.（1880-1930） ドイツの地球物理学者．気象学の専門家であるが，天気図を作成中に大西洋両岸の海岸線の並行性に気付き，その着想から当時の世界中の地質資料を調べて，パンゲア*と命名した一つの巨大大陸が分裂・分散し，現在の大陸配置になった，という大陸移動説*（大陸漂移説とも）を1912年に発表し，1915年に *Die Entstehung der Kontinente und Ozeane* を出版して，当時の地球科学界に衝撃を与えた．しかし，大陸移動の原因の説明がないとして，当時の地質学者などから反論されたが，いずれ解明されるであろう，と返答し，自説を証明するためのグリーンランド調査中に行方不明となった．彼の説は現在ではプレートテクトニクス*として復活した．なお，義父は気候区分で著名なケッペン（W. Köppen）である． 〈鈴木隆介〉

[文献] Wegener, A. (1929) *Die Entstehung der Kontinente und Ozeane* (4th ed.), Friedrich Vieweg & Sohn（都城秋穂・紫藤文子 訳（1981）「大陸と海洋の起源」，岩波書店）．

ウェントウォースのりゅうど（けい）くぶん ウェントウォースの粒度（径）区分 Wentworth's grade scale ⇨粒径区分

ウォーターギャップ water gap ⇨水隙

ウォッシュオーバーファン washover fan 暴浪時にバリア島*を遡上する波が，その頂部を乗り越えて陸側に流れ下る水流（オーバーウォッシュ）が作る扇状あるいは三角状，主に砂からなる地形．バリア島背後のラグーンや低湿地に形成される． 〈砂村継夫〉

ウォッシュロード wash load 河川水中を浮遊する土砂のうち，その河川流域の斜面や河岸などの地表面から供給されたもの．すなわち，河床を起源としない浮流土砂のこと．「ロード（荷重）」の語が付いているため，本来はその荷重を表すべきであるが，実際には流域斜面起源の土砂そのものを指す語として使われることが多い．河川の浮流土砂には現実には河床起源のものと流域斜面起源のものが混在しており，これを水理条件などからウォッシュロードとそれ以外に区別することは困難である．河床堆積物にはシルト以下の粒子（粒径0.062 mm以下）がほとんど含まれていないことから，便宜的に浮流土砂のうちシルト以下のものをウォッシュロードとすることが多い．しかし，河床起源のシルト以下の粒子が浮流土砂を形成している場合もあるので注意が必要である． 〈倉茂好匡〉

うおぬまそうぐん 魚沼層群 Uonuma group 新潟県の魚沼丘陵と東頸城丘陵に分布する鮮新統～中部更新統．非固結の砂・沈泥・粘土・礫層からなる．活褶曲で変形し，多くのケスタ列が発達しており，流れ盤地すべりが多発する． 〈松倉公憲〉

ウォルトニアンひょうき ウォルトニアン氷期 Wolstonian glaciation ⇨ブリティッシュ氷床

うがん 右岸 right bank 河川の下流方向を向いて右側の岸や土地． 〈島津 弘〉

うき 雨季（期） rainy season ⇨季節

うきいし 浮石 loose stone, wobbly stone 急崖の露岩や急斜面に不安定な状態で散在する転石．普通には数十cm以上の大きな岩塊をいう．落石する可能性が高い．また，トンネルや岩盤切取法面でも掘削直後に浮石が生じるので，取り除かないと危険である．なお，軽石*を浮石*ともいうが，同字でも発音・意味がともに異なる． ⇨落石，転石 〈鈴木隆介〉

うきしま 浮島 floating island 沼沢地の中で局所的に泥炭層が厚く堆積した場所には，特有の植物群落が形成され，その部分だけ島のように孤立し，浮いているものもある．これを浮島という．和歌山県新宮市にあるものが有名で，ここの植物群落は新宮藺沢浮島植物群落として国の天然記念物に指定されている． ⇨沼沢地 〈知北和久〉

うきしょう 浮秤 areometer, hydrometer 液体に浮かべて沈んだ体積から液体の密度・濃度・比重などを知る計器．水質測定などの際に用いる． 〈安田浩保〉

うけばん 受け盤 anaclinal 地層面などの地質的不連続面が自然斜面や人為的掘削面（切羽を含む）の傾斜方向と逆の方向に傾斜している状態をいう．流れ盤の対語で，相対的に安定している．差し目*とも． ⇨受け盤斜面 〈鈴木隆介〉

うけばんしゃめん 受け盤斜面 anaclinal dip slope 地層が斜面と逆方向に（斜面の内部に向かって）傾斜している状態の岩盤を受け盤（infacing dip）とよび，その斜面を受け盤斜面という．流れ盤斜面*の対語．地層面のほかに断層面，節理面，不整合面，流理構造などについても適用される．受け盤斜面は流れ盤斜面に比べて相対的に安定性が高い． ⇨斜面分類［斜面傾斜と地層傾斜の組み合わせによる］（図），ケスタ 〈中西 晃〉

[文献] 鈴木隆介（2000）「建設技術者のための地形図読図入門」, 第3巻, 古今書院.

うこう　雨溝　rill　⇨リル

うさそうぐん　宇佐層群　Usa group　大分県北部，宇佐低地の南方の丘陵に広く分布する中新統の変質安山岩類で，角閃安山岩質の溶岩類と火砕岩を主体とし，凝灰質砂岩・礫岩をともない，層厚500 m以下．熱水変質を受け，多くは変朽安山岩化しているが，溶岩が丘陵から突出したいくつかの孤立した山地を構成する．　〈松倉公憲〉

ウジマ　*ujima*　島尻層群最上部の砂岩層（ニービ）に由来する層位分化未発達の土壌．大部分が細砂からなる．沖縄本島南部の小禄や中部の東海岸沿いに局地的に分布する．日本の統一的土壌分類体系―第二次案（2002）―では，主に未熟土に該当する．
〈井上 弦〉

うしょく　雨食　rainwash　雨水の運動により地表物質が削剥される侵食作用．雨洗またはレインウォッシュ（rainwash）ともいう．この作用は雨滴が地表面に落下衝突して土壌粒子を削剥する雨滴侵食＊と，布状洪水＊による侵食やリル＊（細溝）をつくるリル侵食とからなる．雨滴は地表物質に衝撃を与え変形させるとともに，小水球となって飛散し浸透する．浸透は表土の撥水性のため一様に進むわけではないが，浸透速度より降雨強度が大きければ布状洪水はホートン型地表流として地表面を流下する．地表流は表土の薄層を削剥し，掃流物質，懸濁物質を増加させる．このとき凹部に集中した地表流は小さな溝状のリル水路を形成し，地表面をリル網により削剥するリル侵食＊を生じる．浸透能＊の低い表土が露出した乾燥地や裸地などでは，この雨食が発生しやすいため，雨滴侵食やリルによる流水侵食が重要な斜面形成営力となる．湿潤気候下で表土が高い浸透能をもつ場合には，浸透した雨水による地中での侵食が主となり，雨食は活発ではない．リル水路の幅・深さが増大すると地中水の動きも加わったガリー（雨裂）侵食になるが，これは雨食には通常は含めない．　⇨ホートン型地表流
〈山本 博〉

[文献] Schumm, S. A. (1956) The role of creep and rainwash on the retreat of badland slopes: Am. J. Sci., **254**, 693-706.

うずかくさんけいすう　渦拡散係数　eddy diffusion coefficient　⇨渦動拡散係数

うずしお　渦潮　whirlpool　限られた半径をもって渦を巻いて流れる水塊．対向する流れが出会うところや複雑な地形でできているような海峡などでしばしば発生する（例：鳴門海峡の渦潮）．
〈砂村継夫〉

うすじょうかざん　臼状火山　mortar volcano
⇨シュナイダーの火山分類

うずどうねんせいけいすう　渦動粘性係数　eddy kinematic viscosity　⇨渦動粘性係数

うせん　雨洗　rainwash　⇨雨食

うちあげは　打ち上げ波　uprush　⇨溯上波

うちがわしょうげん　内側礁原　inner reef flat　⇨礁原

うちがわリンク　内側リンク　interior link　⇨シュリーブのリンクマグニチュード，シュリーブ法

うちむらそう　内村層　Uchimura formation　長野県の北部フォッサマグナ地域に分布する下部～中部中新統で，デイサイト質の火砕岩および海成の黒色泥岩層からなり，火砕岩類の層厚は4,000 m，非火山性堆積岩層の厚さは2,700 mに達する．
〈三田村宗樹〉

うちゅうそくち　宇宙測地　space geodesy　地球の形や重力や自転，それらの時間変化や計測技術を研究する測地学は，地球科学で最も古い分野の一つである．測地学は従来地上観測（三角測量，三辺測量，水準測量，重力計測，位置天文観測等）を基本としていたが，1980年代から宇宙技術を用いた新しい測地手法が次々と実用化された．それらを宇宙測地技術と総称する．超長基線電波干渉法（very long baseline interferometry, VLBI）は，地球上の複数の電波望遠鏡で受信した準星の雑音電波を比較して，それらを結ぶ基線の長さ変化や地球自転に伴う方向変化を計測する技術である．衛星レーザー測距（satellite laser ranging, SLR）は，反射鏡を備えた人工衛星に向けて地上追跡局から発射したレーザーパルスの往復時間を計って，衛星の軌道や追跡局の位置を決定する技術である．1980年代に米国航空宇宙局（NASA）の主導によってVLBIとSLRを用いた観測が国際的に行われ，年間数cmのプレート運動を初めて実測した．

米国が打ち上げた全地球測位システム（global positioning system, GPS＊）衛星からくる電波の位相を専用の受信機で測定すれば自分の位置を知ることができる．1990年代に入りGPS衛星の軌道精度が向上してVLBIなみの測位精度が実現されるようになると，GPS受信機は地殻変動研究者に急速に普及し，機動性を生かした移動観測が頻繁に行われるようになった．日本では国土地理院が全国展開した連続GPS観測局のデータが研究者に公開され，地震

に伴う地殻変動の観測から断層の諸元の素早い推定が可能になった．また地震動を伴わないゆっくり地震などの新現象も明らかにされた．同じ頃，衛星に搭載された合成開口レーダーの位相データを比較することによって地殻変動を面的にとらえるInSAR (interferometric synthetic aperture radar) 技術が実用化され，時間的に密なGPSと空間的に密なInSARは相補的な情報をもたらす宇宙測地技術として地殻変動研究の最も重要な観測手法となった．

21世紀に入ると，軌道変化から地球の重力場を精密に求めるための人工衛星が打ち上げられるようになった．なかでも2002年に米独が打ち上げたGRACE (gravity recovery and climate experiment) 衛星は，双子衛星間の距離を計測することによって，グローバルな重力場を1カ月の時間分解能で推定することを可能にした．その結果土壌水分の季節変動，温暖化に伴う雪氷の減少，アイソスタシー回復に伴う地殻の隆起等を重力変化として宇宙からとらえられるようになった．

月や火星では衛星の軌道追跡による重力場の決定や衛星に搭載された高度計による地形の計測がしばしば行われる．わが国初の月探査計画でも主衛星「かぐや」に搭載されたレーザー高度計によって月の精密な地形図が得られ，同時にリレー衛星「おきな」を用いてグローバルに求められた月の重力場との比較から様々な研究が行われている．　⇨地球の大きさ　　　　　　　　　　　　　　　〈日置幸介〉

うてき　雨滴　raindrop　大気中を落下する液体の水滴で，粒径が0.5 mm以上のもの．　⇨雨
〈森島 済〉

うてきしんしょく　雨滴侵食　raindrop erosion　雨食の一種で，落下する雨滴によって地表面をつくる土壌・岩屑粒子が削剥される侵食作用．降雨は種々の大きさの雨滴から構成されるが，最大の雨滴の直径は5 mm程度の大きさをもつ．落下する雨滴の最終速度は7〜9 m/sに達するため，その衝撃により地表面は変形を受けて，小さなくぼみを生じ，土壌・岩屑粒子は雨水とともに飛散する．雨滴による地表面へのこの衝撃に加えて，地表流出水への擾乱の増大により地表を構成する粒子が削剥される．一般にはこの場合の侵食量は斜面勾配にほぼ比例することが知られている．草本植生や表土の腐植層は，通常の降雨による雨滴侵食を防ぐことができるが，腐植の分解が早いために，土壌腐植層の薄い熱帯雨林や，林床に草本の少ないヒノキ林の地表面では，高木の葉先から落下する水滴による侵食が著し

くなる．　⇨雨食　　　　　　　　　　　〈山本 博〉
［文献］M. ホリー著，岡村俊一・春山元寿訳 (1983)「侵食—理論と環境対策—」，森北出版．

ウナカ　unaka　連続的に連なっている不規則な輪郭の残丘群を指す．アメリカ・ノースカロライナ州のアパラチア山脈南部のMt. Unakaが硬岩層からなる不規則な輪郭で連続した従順山地として周辺より突出した山稜を示すことから，こうした地形に対して Hayes and Campbell (1894), C. W. Hayes (1899) が提唱した地形名．　〈大森博雄〉
［文献］辻村太郎 (1932)「新考地形学」，第1巻，古今書院．/Hayes, C. W. and Campbell, M. R. (1894) Geomorphology of the southern Appalachians : Nat. Geogr. Mag., **6**, 63-125.

うねり　swell　風によってつくられた波（風波*）がその形成域，すなわち風が吹いている領域（風域）の外に出て進行する波．無風でも存在する．波形勾配*が小さく頂部は丸みを帯びており，波峰の連続性がよく，周期が長い（普通20秒程度）のが特徴．夏の土用の頃，太平洋沿岸でみられる土用波はこの例．　　　　　　　　　　〈砂村継夫〉

うねりがたかいひん　うねり型海浜　swell beach　⇨砂浜の縦断形

うねりじょうさんりょう　うねり状山稜　undulating ridge line　稜線に鞍部や小突起はないが，スカイラインがうねっている尾根．尾根の横断方向にのびる走向をもつ成層岩で構成され，強抵抗性岩が急傾斜部を構成する．受け盤斜面に発達する小規模な尾根群の場合が多い．　⇨尾根の縦断形（図）
〈鈴木隆介〉

ウバーレ　uvala　隣接するドリーネが，溶食の進行に伴って地下水の流路部の陥没などにより凹地部を拡大し，連合することにより形成されたかなり大きな不定形の凹地形．語源はセルボ・クロアート語（セルビア・クロアチア語）．連合擂鉢穴と訳されたこともある．複数のドリーネ*が連なったものであるため，ウバーレの底部には，かつてのドリーネの側壁面に相対する凸地形が存在し，底部に吸込み穴が複数存在するなど，単一のドリーネとは違う特色を有する．　　　　　　　　　　　　〈漆原和子〉

うま　馬【鉱山用語】　horse　⇨馬石

うまいし　馬石　horse, horse stone　鉱山・土木用語で，幅の大きい破砕帯*の中に含まれる巨大な岩塊（径数十m）であり，その内部構造が破砕帯の外側の健岩*の構造をもつため，健岩と誤認されることがある．現場では単に馬または中石ともよばれ，鉱山やトンネル工事で問題となりやすい．原語

の horse は米国の鉱山で使用されている．露頭での断層調査で，2本の断層に挟まれた基盤岩と誤解されることがある． 〈鈴木隆介〉

うみ 海 sea, ocean 地球上の陸地以外の部分で塩水をたたえている場所．海洋．地球表面積の約70％を占め，その形状から大洋*と付属海*に分類される． 〈砂村継夫〉

うみかぜ 海風 sea breeze ⇨海風(かいふう)

うみのきほんず 海の基本図 Basic Map of the Sea 海洋の利用開発，環境保全，学術研究など種々の目的に使用されることを目的として海上保安庁海洋情報部が刊行する海の地図シリーズ名．海の利用の多様化，高度化に対応するため，航海用海図とは調査方法や記載内容が異なる地図として1976年から作成されている．沿岸域を対象とする「沿岸の海の基本図」と200海里の排他的経済水域などを対象とする「大陸棚の海の基本図」があり，前者は縮尺1/1万または1/5万で，海底地形図，海底地質構造図の2図からなる．後者は，縮尺1/20万，1/50万または1/100万で，海底地形図，海底地質構造図，地磁気異常図，重力異常図の4図からなる．それぞれ，海底地形，地質，地球物理学の研究に貴重な資料を提供する． 〈八島邦夫〉

うみのめいしょう 海の名称 name of the sea 海には，太平洋，大西洋のような各国にまたがる国際的な大きな海から各国沿岸の内海，内湾などの小さな海までさまざまである．各国沿岸の小さな海については，各国が独自に名称を付与することができ，日本では海上保安庁海洋情報部が現地調査等を行い内海，湾，海峡，灘の名称を決め海図に記載している．しかし，日本では地名について決定権限を有する機関はなく，海図上の名称と異なる名称が用いられることも少なくない．これは何かと不便であり，国土地理院と海上保安庁海洋情報部は，海の名称を含む日本沿岸の地図上の地名の統一を図るため「地名等の統一に関する連絡協議会」を設けて，精力的に作業を行っている．各国にまたがる国際的な海の名称については，IHO（国際水路機関）は，世界の主要な大洋（Ocean），海（Sea）の名称やその境界を記載した特殊刊行物 S-23"大洋と海の境界"を刊行し，現在，第3版（1953年）の改訂作業中である．この刊行物は海図作製上の便宜のためのものであり，何らの政治的意味もないことが強調されているが，この他に国際的に海の名称を決めるメカニズムが存在しないこともあり，きわめて政治的に機微な問題が持ち込まれることもある． 〈八島邦夫〉

[文献] 八島邦夫（2008）海の名称：道田 豊ほか編「海のなんでも小事典」，講談社．

うめたてち 埋立地 reclaimed land 海や川，湖などの水域に土砂などを搬入して陸地化し利用可能にした土地． 〈吉田信之〉

ヴュルムひょうき ヴュルム氷期 Würm glaciation ⇨アルプスの氷河作用

うら 浦 cove ⇨湾

ウランけいれつほう ウラン系列法 uranium series dating ウラン238・ウラン235（アクチニウム）・トリウム232は α 線や β 線などを放出して次々に娘元素を形成，壊変し，最終的に鉛206, 207, 208になる．この過程で，次のような数万年から数十万年の半減期をもつ壊変があり，それを利用する年代測定法がある．

^{234}U → ^{230}Th〈248 ky〉，^{230}Th → ^{226}Ra〈75.2 ky〉，^{231}Pa → ^{227}Ac〈34.2 ky〉 〈 〉内は半減期．

これらのウラン系列の元素の中で，U は高溶解性であるのに対して，他の中間核種，特に ^{230}Th や ^{231}Pa はすぐに生物に吸収され沈殿しやすいので，生物の骨格をなす炭酸塩と水底の沈殿物あるいはマグマと晶出鉱物との間で，これら元素の分離，分別が起こり，放射平衡からのずれが生じる．例えば炭酸塩の化石は U に富み，^{230}Th や ^{231}Pa が欠乏するため，時間とともにそれら中間核種が増加する．また水底の沈殿物は逆に ^{230}Th や ^{231}Pa に富むため，時間とともにそれらの核種は壊変して平衡をとり戻そうとする．これを利用し化石，堆積物，斑晶鉱物などについて各核種の存在比を測定し，平衡のずれが生じた時点からの年代を測定する方法が，まとめてウラン系列（非平衡）年代測定法とよばれる．

これらの中で第四紀の研究に適した方法は多数あるが，上記の半減期に基づくと次の3法があり，それぞれ試料も異なる．

① 成長法（^{230}Th/^{234}U，^{231}Pa/^{235}U）：それぞれ5〜350 ka と200 ka まで．石灰洞沈殿物，貝・サンゴ化石，骨化石などに適用できる．

② 減衰法（^{231}Pa/^{230}Th，^{234}U/^{238}U 法など）：^{231}Pa/^{230}Th 法は250 ka まで，広く海底堆積物に適用できる．^{234}U/^{238}U 法：海水中では ^{234}U は ^{238}U に対して約14％過剰に存在しているが，それがサンゴ骨格などに取り入れられた後 ^{234}U/^{238}U が永続平衡（比が1）に向けて減衰する．この過程で ^{234}U/^{238}U 法が使われる．約1 Ma を越える年代試料の測定も可能である．

③ 上の①と②の両方を取り入れた方法（^{230}Th/

^{232}Th・^{238}U/^{232}Th法）：マグマ中で鉱物が晶出してからどの程度時間が経過したか．同一岩石に含まれる鉱物中の^{230}Th/^{232}Thと^{238}U/^{232}Thを測定し，それぞれ縦軸と横軸にプロットし，アイソクロンの勾配から年代が，縦軸の切片から^{230}Th/^{232}Thの初生比が求められる．半減期7.52万年の^{230}Thを利用することから約50万年前までの年代測定に有効である．その場合，元々のマグマ中の^{234}U/^{238}Uの比が1で，^{230}Th/^{232}Thの比が一様であったこと，短期間に3種類以上の鉱物が晶出し，その後は閉鎖形が保たれていることなどが条件である． 〈町田 洋〉

うりょう　雨量 rainfall amount ⇨降水量

うりょういんし　雨量因子 rain factor　気候条件と土壌のタイプの分布を関連づけるためにR. Lang（1915）によって考案された乾湿度を表す気候指数の一種．雨量因子（RF）は，年降水量（P）と0℃以上となる月平均気温の積算値を12で割った値（T）との比で表される（RF＝P/T）． 〈森島 済〉

うりょうきょうど　雨量強度 rainfall intensity ⇨降水強度

うりょうけい　雨量計 rain gauge　降水の量を測定する機器．一般的なものとしては，口径20 cmの円筒形の受水器で降水を受け止めて，転倒マスにて計測する転倒マス型雨量計がある． 〈森島 済〉

うりょうけいすう　雨量係数 rainfall coefficient　乾湿の程度を表すために考案された指数の一つ．対象とする期間における月降水量の合計を月平均気温の合計で除することで求めることができる．
〈森島 済〉

うりょうこうりつ　雨量効率 precipitation effectiveness　総降水量に対して植物が必要あるいは利用可能な水量を意味する指数．降水効率，降水効果度ともいう．気温や蒸発量に対する依存性とともに様々な方法が考案されてきた．ケッペンが砂漠気候を定義する際に用いた式やマルトンヌの乾燥指数，ラングの雨量因子*などもこれに該当する．ソーンスウェイト（C. W. Thornthwaite）が1931年に考案した気候区分では，雨量効率を月降水量（P）と月蒸発量（E）の比（P/E ratio）として表し，この年合計値をP-E指数（P/E index）として植生との対応関係から気候区分を行っている．実際には世界のほとんどで月蒸発量のデータが得られないため，月降水量と月平均気温からP-E指数を表現する計算式を考案した． 〈森島 済〉

うりょくたい　雨緑帯 rain green zone　熱帯や亜熱帯の降雨林のうち乾季が明瞭に現れる地帯で，植物は乾季に落葉し，雨季に展葉する．アフリカの雨緑帯は熱帯収束帯の季節的移動によって生じ，乾季に落葉する樹林は雨緑林ないし季節降雨林とよばれ，さらに乾季が長くなると サバンナ* 林になる．同様の相観は東南アジアのモンスーン地帯にも広く発達し，モンスーン林とよばれる．熱帯降雨林よりも樹冠が低く，優占種がはっきりしている．チーク林などがその例である． 〈岡 秀一〉
[文献] 石塚和雄編（1977）『群落の分布と環境』，朝倉書店．

うるしくぼそう　漆窪層 Urushikubo formation　会津盆地の北西縁を除く広い範囲に分布する中部中新統〜上部中新統．下部は砂岩・泥岩・凝灰岩などからなる互層，上部は硬質黒色頁岩からなる．層厚は約100 m． 〈松倉公憲〉

ウルティソル Ultisols　米国の土壌分類体系で，非常に長期にわたる土壌生成作用を経て，粘土の集積したアルジリック層または低活性粘土（主にカオリン鉱物）からなるカンディック層を有する．塩基不飽和な土壌．温帯から熱帯の乾燥帯から湿潤帯まで広く分布し，塩基溶脱作用を激しく受けているため，強酸性を示す．粘土鉱物組成はカオリン鉱物，緑泥石・バーミキュライト中間体を主成分とし，ヘマタイト，ゲータイト，ギブサイトをかなり含む．塩基の欠乏と強酸性反応のため，その肥沃度は極めて低い．米国旧土壌分類の赤黄色ポドゾル性土，わが国の 赤黄色土* にほぼ相当する． ⇨土壌分類
〈前島勇治〉

うれつ　雨裂 gully, ravine　布状洪水や地中流の集中により地表に掘り込まれた急な側壁をもつ溝状の水路地形で，ガリーともいう．火山の裾野，花崗岩の風化地帯，レスの堆積地などによくみられる．農業的には耕運などにより修復が困難な規模に達した地形をいう． ⇨ガリー 〈山本 博〉

うろこじょうさす　うろこ状砂州 multiple bar ⇨複列砂州

うわいけ　上池 upper pond ⇨揚水発電

うわばん　上盤 hanging wall　傾斜する断層面の上側の岩盤（図）．上下方向の運動とは無関係で，隆起側とは限らない． ⇨下盤，断層 〈石山達也〉
[文献] Groshong, R. H. Jr. (2006) *3-D Structural Geology* (2nd ed.), Springer-Verlag.

うわばんがわプレート　上盤側プレート upper plate　収束境界である沈み込み帯や衝突帯において，潜り込まれる側のプレート．沈み込み帯ではこのプレートの中で島弧火成活動や内陸地震などが起こる．衝突帯では山脈の形成や，帯に直交方向に数

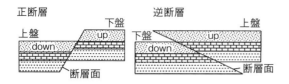

図 断層面と上盤・下盤の関係を示す鉛直断面図
(Groshong, 2006 を改変)
左図は正断層，右図は逆断層の場合を示す．同じ模様の地層は断層が動く前には連続していた単一の地層．

百 km から千 km の幅の領域にわたる活断層運動などが起こる． ⇨沈み込み帯，衝突帯 〈瀬野徹三〉

うんが 運河 canal 舟運のために陸地を掘削して建設した人工水路．大規模なものは地峡*を横断するスエズ運河やパナマ運河，中規模なものは半島の基部を横断するノルトオストゼー運河（ドイツ北部），小規模なものは河川間や河川と湖海を結ぶものでヨーロッパ，北アメリカ，中国に多い．水面は水平であり，高所を横断する運河では閘門を設置している（例：スウェーデンに多い）．日本では，北上運河・貞山堀（宮城県），利根運河（千葉県）などがある．埋立地の人工島間の海面水路も運河とよばれる（例：東京湾の京浜運河，東雲運河など）．運河は用排水路と並んで，水陸配置の人工改変であり，古代から建設されてきた． 〈鈴木隆介〉

うんせきど 運積土 transported soil 風化砕屑物が重力・風・水・氷河などの運搬営力によって他の場所に運ばれ堆積したものが母材として形成された土壌．そのため運積土では土壌と基岩との間の風化関係が不連続であり，下層に新鮮な岩石の転石を含む場合がある．花崗岩斜面の表層に風化土層のマサが形成されるが，そこには斜面上方から匍行で運搬される運積土が混在し，これらが表層崩壊の予備物質となる． ⇨残積土 〈松倉公憲〉

うんぱんげんてい 運搬限定 transport-limited 岩盤の風化速度（R_w）よりも風化物質の除去可能速度（potential rates of removal, R_r）の方が小さい場合には，斜面表層部が風化物質で構成され，植生に覆われた被覆斜面*となっている．ただし，R_r は外的営力の性質とともに風化物質の岩石物性（粒径，割れ目密度，粘着性，透水性など）によって制約されるので，運搬限定と風化限定だけで斜面の形成過程を簡単に説明できるわけではない．運搬制約とも． ⇨風化限定（図） 〈鈴木隆介〉

［文献］鈴木隆介 (2000)「建設技術者のための地形図読図入門」，第3巻．古今書院．

うんぱんさよう 運搬作用 transportation 砕屑物や浮遊物，溶解物質などが，風，流水（布状洪水，湧水，河流など），湖・海の波と流れ，氷河などによって移動させられる現象をいう．漂流する氷山に含まれた岩屑の移動も含まれる．重力のみによるマスムーブメント*のうち，土石流による物質移動を運搬作用に含めることもあるが，クリープ，落石，崩落，地すべり，陥没などによる物質移動は，重力のみで生じるから，普通には運搬作用に含めない．
〈鈴木隆介〉

うんぱんさよう 運搬作用【風の】 transportation (by wind) 風による砂の吹送は浮遊（suspension），跳躍（saltation），匍行（creep）の三つの様式に区分され，匍行はさらに転動（rolling）と滑動（sliding）に分けられる．これらは河流による岩屑の移動様式と似ているが，空気は水より密度が小さいため，粗粒分を移動させる力は弱い．運搬様式は風速と地表からの高さ，砂の粒径によって異なり，径 0.1 mm 以下の粒は浮遊，径 0.5～0.1 mm では跳躍，径 2.0～0.5 mm では匍行の様式で運ばれることが多い．このような運搬様式の違いにより，砂は粒径に応じて選別淘汰される．浮遊によって移動する微細な粒子は対流圏上方まで舞い上がり，風成塵*として，はるか遠方まで運ばれる．地表面近くを跳躍・匍行で運搬されるものは飛砂*とよばれ，多くは地表面から数十 cm より低いところを移動する．飛砂の8割は跳躍，2割が匍行の様式で生じ，砂丘の移動・成長に大きく関与する．竜巻や暴風のように強い風が吹く場合には，砂嵐や砂塵が生じ，粗粒な砂も空中に巻き上げられて遠くまで運ばれる． ⇨風送作用 〈林 正久〉

［文献］鈴木隆介 (1998)「建設技術者のための地形図読図入門 (2) 低地」，古今書院．

うんぱんさよう 運搬作用【河川の】 transportation (of river) 侵食，堆積とともに河川の作用のうちの一つ．侵食によって河床，河岸から除去された物質は河川水の化学的作用と物理的あるいは機械的作用により運搬される．崩壊や土石流などすでに運動エネルギーをもった状態で河川に流入した物質や湧出した水に含まれた溶解物質が河道内に堆積することなく引き続き運搬されて下流へ移動する場合もある．物理的作用として固体粒子が河床や河岸と接しながら運搬される掃流*，河川水中に浮いた状態で運搬される浮流*，化学的作用として溶食によって河川水に供給された溶解物質が運搬される溶流*の3種類に区分される．掃流はさらに粒子の

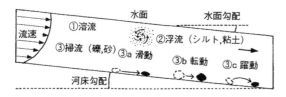

図　河流による岩屑の運搬様式（鈴木, 1998）

運動の仕方により河床をすべる滑動, 河床に沿って転がる転動, 河床から水中に跳ね上がりながら移動する躍動の三つの様式に分けられる（図）. 粒子が浮流で運搬される場合には河川水の流速とほぼ等速で移動するのに対し, 掃流で運搬される場合は一般に流速より遅い. 粒子の運搬の様式は河床に働く剪断力である掃流力と水中における重量（同一の物質からなる粒子の場合は粒径）に依存する. 同一の掃流力で粒子が運搬される場合, 運搬の様式は粒径が大きくなるにしたがい, 浮流, 躍動, 転動, 滑動と異なることとなる. 一般に平水時では移動可能の粒子の大きさは小さく, 河床に分布する一定以上の大きさの粒子は洪水時のみ運搬される. 礫は多くの場合掃流で運搬され, 砂やシルトは水理量によって掃流から浮流のいずれかの様式で運搬される. 一方, 粘土は浮流によって運搬され, 流水中で堆積することはなく, 一度動き出した粒子は河口まで運搬される. このような粒子をウォッシュロード*ともよぶ.
〈島津　弘〉

[文献] 鈴木隆介（1998）「建設技術者のための地形図読図入門」, 第2巻, 古今書院.

うんぱんせいやく　運搬制約 transport-limited ⇨運搬限定

うんぱんそく　運搬則 transport law　⇨プロセス・レスポンスモデル

うんむりん　雲霧林 cloud forest　山地の斜面では上昇気流が発達することもあって, 絶えず雲がかかるような高度帯が現れる. これは雲霧帯とよばれるが, 熱帯山地では1,000～2,000 m付近に形成され, 蘚苔類が多く, 着生植物や木性シダが繁茂する樹林が成立する. これを雲霧林という. コケ林, 蘚苔林（mossy forest）とよばれることもある. アンデスの東斜面に発達する雲霧林はセハ（ceja）とよばれている. 中国の雲南でも顕著な雲霧林が発達し, その上部ではゴムやチャの栽培が盛んである.
〈岡　秀一〉

[文献] 吉野正敏編（1993）「雲南フィールドノート」, 古今書院.

うんも　雲母 mica　鉱物の族名の一つで, フィロ珪酸塩鉱物に属する. 一般式は $X_2 Y_{4-6}(Al, Si)_8 O_{20}(OH, F)_4$；$(X=K, Na, Ca, Y=Mg, Fe, Li, Al)$. 多くは単斜晶系で, 板状結晶, モース硬度2.5～4, 底面に平行に完全な劈開. 薄くはがれたものは弾性的な特徴をもつ. 真珠光沢, 無色～白・紫褐・黄・緑・黒色. 火成岩や変成岩の主要造岩鉱物. この族の鉱物は白雲母, 黒雲母, リシア雲母, 金雲母, チンワルド雲母, パラゴナイトなど.
〈長瀬敏郎〉

うんもへんがん　雲母片岩 mica schist　⇨片岩

え

え　江 cove　海や湖の一部が陸地に入り込んでいるところ．入江．　〈砂村継夫〉

エアガン　air gun　⇨音波探査

エアリーのなみ　エアリーの波　Airy wave　⇨微小振幅波理論

エアロゾル　aerosol　大気中に浮遊している液体・固体状の微粒子のこと．　〈森島　済〉

エイイー　AE　acoustic emission　⇨アコースティック・エミッション

エイエスエル　asl, ASL　above sea level　⇨amsl

エイエムエスエル　amsl, AMSL　above mean sea level　「平均海面上」を意味する頭字語（略語）で，通常，高さを示す数字の後に付けて用いられる．例：10 m amsl（平均海面上10 mの高さ）．単に「海面上」を指す asl（above sea level）という語もあるが，あまり使用されていない．　⇨平均海（水）面　〈砂村継夫〉

えいかくごうりゅう　鋭角合流　acute-angled confluence　⇨合流形態（図），合流角度

えいきゅうかせん　永久河川　perennial stream　⇨恒常河川

えいきゅうとうど　永久凍土　permafrost　2年間以上，連続して0℃以下にある地盤．1年中凍っている土層を指すことが多いが，温度条件さえ満たせば，地中水の融点降下によって凍結していない土層や，水分を含まない岩盤なども，永久凍土に含まれる．そのため，氷の存在を含意する凍土（frozen ground）とは，用法に違いがある．通常，夏季に地表付近の地温が融点を上回るため，永久凍土層の上には，季節的に融解する層（活動層*）が存在する．永久凍土層の上端面を永久凍土面という．永久凍土の水平・垂直分布は，第一に気温に支配されるが，それ以外に，地表付近の微気象，水文（特に積雪），地形，土質，植生条件の影響を受けるので，同一気温条件下でも永久凍土の分布状況は大きく異なる．そのため，永久凍土環境を表す指標値として，地表

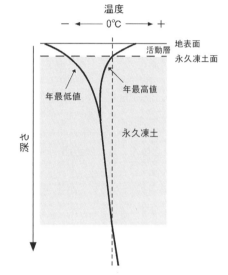

図　永久凍土の地温断面（池田原図）

面温度や永久凍土面温度の年平均値がよく用いられる．また，永久凍土帯において，温度・水分条件が局地的に非定常となるために生じる未凍結層をタリク*という．永久凍土は，特にシベリア，アラスカとカナダ北部，チベット高原を中心に広く分布し，北半球では陸地面積の約23%（2,340万 km^2）に存在すると見積もられている．永久凍土の水平分布が，地表面積の90%以上にわたる地域を連続的永久凍土帯，50～90%を占める地域を不連続的永久凍土帯，10～50%を占める地域を点在的永久凍土帯という．永久凍土層は，点在的永久凍土帯から連続的永久凍土帯に向かって厚くなり，その厚さは数mのものから1,000 m以上に達するものまでが知られている．また，海底に分布する永久凍土を海底永久凍土，山岳地域に分布している永久凍土を山岳永久凍土*とよぶ．過去の寒冷期に形成され，現在の気候条件では長期的に維持しえない永久凍土を化石永久凍土とよぶ．寒冷かつ乾燥した地域においては，永久凍土の存在が活動層を湿潤に保つことで，その地域の生態系を支える．さらに永久凍土帯で

は，多年生の氷層が数十m深まで発達し，アイスウェッジポリゴン，ピンゴ*，岩石氷河*などの，季節凍土帯には生じない比較的規模の大きな周氷河地形が生じる．永久凍土帯特有の地形プロセスを示す地形あるいは堆積構造が，中緯度でも広く認められており，特に欧州では重要な古環境指標の一つとなっている．火星にも同種の地形が認められ，その地表環境を解明するのに役立っている．〈池田 敦〉

[文献] French, H. M. (2007) *The Periglacial Environment*, 3rd ed., John Wiley & Sons.

えいきゅうとうど　永久凍土【火星の】 Martian permafrost ⇨火星の永久凍土

えいきゅうとうどクリープ　永久凍土クリープ permafrost creep　マスムーブメントの一つで，氷を多く含む永久凍土層が自重によって斜面下方へ変形する現象．その変形は，氷の変形と同様に塑性的な流動則で記述される．⇨岩石氷河　〈池田 敦〉

えいきゅうとうどめん　永久凍土面 permafrost table ⇨永久凍土

えいきゅうとうどめんおんど　永久凍土面温度 temperature at the top of permafrost（TTOP）⇨永久凍土

えいせいしゃしん　衛星写真 satellite photograph　人工衛星から地球を撮影した写真．光学カメラで撮影されたもののほか，リモートセンシング*用のセンサーで得られたデータを処理して写真状に表現した衛星画像（satellite image）も衛星写真とよぶことが一般的．航空写真*に匹敵する高解像度のものや，実体視*可能なものもある．〈熊木洋太〉

エイそう　A層 A horizon ⇨土壌層位，土壌（母材）の堆積様式

エイチアールティダイアグラム　HRTダイアグラム HRT diagram　横軸（x軸）に山頂高度，縦軸（y軸）に起伏量*をとり，山地の起伏状態をx-y平面上で，視覚的に表現したものが起伏量図で，多田（1934）によって山地の侵食状態を示すために用いられた．起伏量図はその後，原面高度と侵食基準面*の高度差に対する谷底高度，山頂高度，起伏量の相対比を用いて三角ダイアグラムで表現できるように平野（1971）によって改良された．これがHRTダイアグラムであるが，原面*がまだ明瞭に残っている段丘面*などの侵食段階を定量的に示すのに適している．HRTダイアグラムにおいては，山地の起伏状態を示す点から底辺におろした垂線の位置が相対的ステージを示す．〈平野昌繁〉

[文献] 多田文男（1934）山頂の高度と起伏量との関係並びに之より見たる山地の開析度に就いて：地理学評論，10，939-967．／平野昌繁（1971）HRT（起伏量）ダイアグラムによる侵触度の量的表現：地理学評論，44，628-637．

エイチシーエス　HCS hummocky cross-stratification ⇨ハンモック状斜交層理

エイチそう　H層 H layer ⇨土壌層位

エイピー　A.P. Arakawa Peil ⇨基準面

えいびんひ　鋭敏比 sensitivity　粘性土の不撹乱試料の一軸圧縮強度と練り返した試料の一軸圧縮強度の比．鋭敏比が高く液状化しやすい粘土はクイッククレイ*とよばれる．〈松倉公憲〉

えいようせいせいそう　栄養生成層 trophogenic layer　海洋や湖沼において，緑色植物や植物プランクトンによる1日当たりの光合成量が呼吸量を上回る層で，水面から補償深度までの有光層（または生産層）をいう．逆に，1日当たりの光合成量が呼吸量を下回る層を栄養分解層といい，補償深度より下の短波放射量の弱い層をいう．⇨補償深度[湖沼の]　〈知北和久〉

えいようぶんかいそう　栄養分解層 tropholytic layer ⇨栄養生成層

えいりょく　営力 geomorphic agent ⇨地形営力

エームかんぴょうき　エーム間氷期 Eemian interglacial ⇨スカンジナビア氷床

えきじょうか　液状化【砂地盤の】 liquefaction　非固結の砂質地盤が地下水で飽和している状態において，一時的に液体状になる過程をいう．液状化現象とも．液状化は，主として地震の強い震動によって繰り返し剪断応力（cyclic shear stress）が働くために，砂質地盤中の間隙水圧*（pore water pressure）が上昇し，土の有効拘束圧（effective confining pressure）がなくなり，砂層が液体のように振る舞う現象である．液状化の結果として，①液状化により上昇した間隙水圧が比較的浅い位置で上向きのポテンシャルをもち，砂混じりの液体が地表面から噴出する噴砂（sand boil），②地盤内の浮力の増加によりマンホールや浄化槽などの構造物が浮き上がり，③地盤の沈下およびそれに伴う建物などの沈下・傾斜，④砂層の上に低透水性の粘土層がある場合（互層の場合を含む）には，その基底に水膜が形成され，その上の地層や構造物は水に浮いた状態になり，傾斜地（例：堤防，護岸，岸壁の背後地）では顕著な側方流動が生じたりする．地形学的観点では，液状化の発生しやすい地形種は，細粒分の少な

い緩い砂地盤で構成される地形種であり，完新世に形成された蛇行原や三角州の旧河道や河川敷，砂丘間低地，自然堤防の堤内地側，などである．ただし，蛇行原における蛇行流路の転流により放棄された古い流路沿いの相対的に低い自然堤防でも液状化が発生することがある．また，人工地形では，浚渫土砂の埋立地（特に後氷期に沈水した浅海底の溺れ谷の埋立地），主として砂による盛土堤（堤防や交通路），堤間低地の盛土地，などである．一方，完新世の低地でも，液状化がほとんど発生しない地形種は，主として泥質や泥炭質の地盤で構成される地形種であり，蛇行原や三角州の後背低地（特に後背湿地），支谷閉塞低地，堤列低地の堤間湿地，潟湖跡地などである．砂地盤でも，河床からの比高の高い自然堤防や海岸砂丘では，地下水位が低いので，液状化は稀であるが，それらの末端部では液状化の起こった例もある．なお，特殊な地形・地盤構成の土地では局所的に礫を多く含む砂礫層が液状化した事例もある．　⇨旧河道，蛇行原，埋立地，側方流動

〈隈元　崇・三宅　紀治〉

[文献] 若松加寿江（1983）地震災害と地形分類図．大矢雅彦編「地形分類の手法と展開」，古今書院．／若松加寿江（1991）「日本の地盤液状化履歴図」，東京大学出版会．

エキスデーション　exsudation, exudation　塩類風化＊に関わる破砕作用とされたが，現在では使用されない廃語．稀に，岩石やコンクリートなどからの塩類の浸出として用いられる．植物学では溢泌作用，医学では滲出作用を指し，葉や血管などからの液体のしみ出しをいう．

〈藁谷哲也〉

えきせいげんかい　液性限界　liquid limit　細粒土のコンシステンシー限界＊の一つで，液体状態にある土の最小の含水比，あるいは塑性体の状態にある土の最大の含水比をいう．w_L（式中）あるいはLL（文中）と表記する．土の液性限界・塑性限界試験方法（JIS A1205）により求める．液性限界の値は土中の粘土鉱物の種類と量に左右され，一般に粘土分含有量が多い土の液性限界は大きい．また，有機物含有率の増加に伴って増大する．粘土分含有率が少ない土では，液性限界が求められない場合がある．このような土は非塑性といい，NP（nonplastic）と略記する．　⇨コンシステンシー

〈加藤正司〉

えきそう　液相　liquid phase　⇨三相

エギーユ　aiguille　⇨針峰

エクスフォリエーション　exfoliation　⇨剥脱作用

エクマンがたさいすいき　エクマン型採水器　Ekman water bottle　浅海や湖沼などで任意の水深から水試料を採取する装置．エクマン式転倒採水器ともよばれる．採水筒の上下のふたを開いたまま任意の水深まで下ろしてからメッセンジャーを落下させて筒を転倒させ，同時に上下のふたを閉じて採水する．採水と同時に水温測定も可能．

〈砂村継夫〉

エクマンすいそうりゅう　エクマン吹送流　Ekman drift current　風の摩擦応力によって起こされる海洋表層の海流．北半球の大洋では風下に対し右（南半球では左）45°を向くような流れをいう．ノルウェーのF. Nansenが Fram 号で北極海を漂流中，風で起こされた海流が風下に対して30°ないし40°右偏することを実測．これをスウェーデンの海洋学者V. W. Ekman が，地球の自転によるコリオリの力と海水の鉛直摩擦とを考えて理論的に説明したことにより，その名が付く．エクマン吹送流のベクトルは，海面から下層にいくに従って流速が漸減するとともに流向が右回りに回転，いわゆるエクマンらせんを描く．吹送流が実際に大きいのは，数m〜数十m程度の摩擦境界層に限られ，それより下層では海上風の直接的な影響はない．摩擦境界層で鉛直積分した海水輸送は，地球自転の影響で風下に対し直角右方向になる．

〈小田巻　実〉

エクマン・バージさいでいき　エクマン・バージ採泥器　Ekman-Birge grab sampler　底質＊をつかみ上げるように採取する装置（grab sampler）の一つ．浅海や湖沼などで広く用いられている．　⇨採泥器

〈砂村継夫〉

エクマン・メルツりゅうそくけい　エクマン・メルツ流速計　Ekman-Mertz current meter　古くから広く海洋で用いられているプロペラ式の流速計．流向も同時に測定できる．　⇨流速計

〈砂村継夫〉

エクマンらせん　Ekman spiral　大気の流れに対する地表面摩擦の影響が及ぶ範囲は地上1,000 mくらいで，一般に境界層とよばれている．境界層内での水平流の速度ベクトルは高さによって変化する．速度ベクトルのホドグラフ（その始点を固定して，重ね合わせて先端を結んで得られる曲線）がらせん状となり，この名前がついた．元来は海洋における吹送流の深度分布についてV. W. Ekman が発見したものに由来する．　⇨エクマン吹送流

〈山下脩二〉

エクロジャイト　eclogite　高温高圧下でできる粒状の広域変成岩．ざくろ石と輝石からなることより，榴輝岩とも．

〈松倉公憲〉

エゴ　ego　渓流の水底にみられる窪み．釣り用

エコーさきゅう　エコー砂丘　echo dune　⇨エコーデューン

エコーチップ　Equotip hardness tester　金属材料の非破壊検査用として開発された，反発硬度を計測するポータブル試験器．野外の岩石・岩盤調査や岩石供試体を用いた室内実験に対しても利用価値が高く，岩石の一軸圧縮強度への換算式が提案されている．打撃エネルギーがシュミットロックハンマーの200分の1と小さく測定範囲が広いため，新鮮な岩石だけでなく，脆弱な風化岩石の硬度計測にも適用可能な機器として期待されている．　⇨シュミットハンマー　　　　　　　　　　　〈青木　久〉

[文献] Aoki, H. and Matsukura, Y. (2007) A new technique for non-destructive field measurement of rock-surface strength: An application of the Equotip hardness tester to weathering studies: Earth Surface Processes and Landforms, 32, 1759-1769.

エコーデューン　echo dune　風が岩山や人工物などの障害物の手前で弱まり，乱流が発生する．そのために障害物の手前で飛砂が落下・堆積し，砂丘を形成する．エコー砂丘とも．　⇨障害物砂丘
〈成瀬敏郎〉

エコトープ　ecotope　生物因子（動植物）と非生物因子（地形，土壌，気候など）によって特徴づけられる，形態的・機能的に同質な空間単位．生態系と類似した用語であるが，ある構造や機能を持つ空間について，エネルギーの流れや物質循環，食物網に着目した場合にそれを生態系とよび，それが地球表面上に具体的に占める領域をエコトープとよぶ．
〈高岡貞夫〉

エコトーン　ecotone　異なる生態系が隣り合って存在する場合，その境界部分には両者の特性が混合した領域が認められることがあり，双方の生態系を構成する動植物が混在したり，境界部分に特徴的な種が生息・生育する．この領域をエコトーンとよび，移行帯，推移帯と訳される．　〈中村太士〉

エスアイたんい　SI単位　International System of Units　⇨国際単位系

エスエイチジー　SHG　sedihydrogram　ある河川で継続的に流量と浮流量を測定したとき，横軸に月平均流量を，縦軸に月平均浮流量をとり，毎月の値をプロットし，それらを月順に線で結んだグラフ．2つ以上の河川を比較する場合，それらの流域面積が異なることから，横軸には月平均比流量を，縦軸には月平均比浮流量を取る．また流量および浮流量の変化範囲が大きい場合には，縦軸・横軸とも

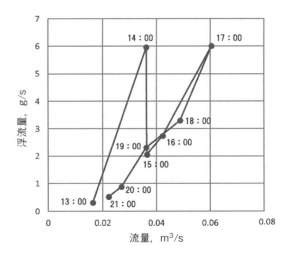

図　SHGの一例　（倉茂原図）

に対数軸を用いることが多い．なお，月平均値以外でも，例えば毎時の測定値について流量と浮流量の関係を知るために作成した同様のグラフも広義にはSHGである．　〈倉茂好匡〉

エスカー　esker　氷河底のトンネル状流路内に堆積した砂礫が，氷河の消失後に堤防状を示す堆積地形．ティルに比べ円磨され分級のよい砂礫から構成されている．語源はアイルランド語の"eiscir"．北ヨーロッパやカナダなどの大陸氷床の分布範囲に典型的にみられ，エスカーの延長方向は大局的には氷河の流動方向と一致している．　〈青木賢人〉

[文献] 貝塚爽平編（1997）『世界の地形』，東京大学出版会．

エスチュアリー　estuary　緩やかに傾斜した浅い谷底が沈水したラッパ状の入江．三角江ともいう．セントローレンス湾，チェサピーク湾，ラプラタ川河口，セーヌ川河口などがその例．沿岸にはシルト等の堆積が顕著で塩性湿地（salt marsh）が存在する．潮汐の状況が，水位・水温・塩分濃度・流速など湾内の環境に大きな関係をもつ．　〈福本　紘〉

[文献] Furley, P. and Newey, W. (1983) *Geography of the Biosphere*, Butterworth.

エスフォーム　Sフォーム　S-form　⇨Pフォーム

エスプラネード　esplanade　⇨地層階段

えぞ（るい）そうぐん　蝦夷（累）層群　Yezo group (supergroup)　北海道日高山脈の一部（空知-エゾ帯）を構成する白亜系の一つ．主に，陸源砕屑物からなる砂岩泥岩互層を主としてアンモナイト・三角貝を含む．全層厚3,400～8,000 mに達する．上部蝦夷層群の分布地域は地すべりが比較的多く発

生している. 〈三田村宗樹〉

えだだに　枝谷　tributary valley　地形学でいう支谷*の土木現場用語. 本流の堆積物で枝谷の出口が閉塞されると, 支谷閉塞低地*となり, 軟弱地盤が形成されている場合がある. 〈鈴木隆介〉

エダホロジー　edaphology　⇨土壌学

エックかい　エック階　eckfloor　⇨エック床

エックしょう　エック床　eckfloor　2本の山地河川の合流点付近の河間の尾根上に断片的に発達する小面積の平坦面ないし緩傾斜面をいう. 数段のエック床が階段状に尾根上に発達する場合には, それらをエック階という. エック床は過去に大きな合流角度であった2本の河川の合流点が下流に移動して, 小さな合流角度に変化するとき, 合流点付近での両河川の側刻で形成された平坦地つまり河成侵食段丘面であると考えられているが, それに対比しうる段丘面が合流点の下流および両河川の上流に連続的に発達していない場合に, 特にエック床とよばれる. ただし, そこに段丘堆積物に相当する河床堆積物がない場合には, その成因を証明しがたいので, 近年ではエック床という用語はほとんど使用されない. ⇨合流角度, 生育蛇行段丘　〈鈴木隆介〉

エックスアールエフぶんせき　XRF分析　X-ray fluorescence analysis　⇨蛍光X線分析

エックスアールディー　XRD　X-ray diffraction　本来は「X線が結晶格子で回折を示す現象」を指すが, 「X線回折を用いて鉱物の同定を行う方法（X線回折分析）」を指すこともある. ⇨X線回折分析　〈松倉公憲〉

エックスせんかいせつぶんせき　X線回折分析　X-ray diffraction analysis　X線回折計（X-ray diffractometer）を用いて鉱物の同定を行う手法. 造岩鉱物の同定には配向性のない粉末試料からの回折を行う不定方位法がとられるが, 粘土鉱物の場合, 底面反射が強く記録される定方位法によって調べられることが多い. 定方位試料は, 通常やや濃い目の粘土懸濁液の少量をスライドガラスに広げ, 水平に静置し自然乾燥して得られる. 〈松倉公憲〉

エッジこうか　エッジ効果　edge effect　平面部分に比較して, 角張った（エッジ）部分が特に風化・侵食量が大きくなるような形状効果のこと. 例えば, 青島弥生橋の橋脚は四角錐台の形状をしており, その稜線部に位置する石（砂岩の間知石）は, 隣り合う2面（または天端の水平面を含めた3面）からの塩類風化作用と波の侵食作用とを受けるので, 両面から成長する窪みが合体して窪み深さが大きくなる. 〈松倉公憲〉
[文献] 高橋健一ほか（1993）海水飛沫帯における砂岩の侵食速度：日南海岸・青島の弥生橋橋脚の侵食状況：地形, 14, 143-164.

エッジは　エッジ波　edge wave　海岸線に直交する波峰をもちながら沿岸方向に伝播する波. 海岸線の両端に岬や突堤などがある場合には定常波—重複エッジ波（standing edge wave）—を形成する. 振幅は汀線で最大で沖に向かうにつれて指数関数的に減衰する. 種々の減衰のモードがある. エッジ波はビーチカスプ*や三日月型砂州*など砂浜海岸でみられるリズミックな地形の形成に関与すると考えられている. 〈砂村継夫〉
[文献] Hughes, M. and Tarner, I. (1999) The beachface : In Short, A. D. Handbook of Beach and Shoreface Morphodynamics, John Wiley & Sons, 119-144.

エッジワース・カイパーベルトてんたい　エッジワース・カイパーベルト天体　Edgeworth-Kuiper belt object　海王星軌道付近よりも遠いところを公転している小天体のことをいう. このような天体の存在を予想したアイルランドの天文学者エッジワース（K. E. Edgeworth）とアメリカの天文学者カイパー（G. P. Kuiper）にちなんで, この名称が使われている. 別名を「太陽系外縁天体」ともいう. 1992年に最初の天体である1992 QB1が発見された後, 次々と発見され2014年にはその数は1,650個ほどになっている. 発見が進むにつれて冥王星よりも大きな天体が見つかるようになり, このことをきっかけに冥王星が惑星の定義から除外されることになった. まだ直接探査が行われていないので, 表面の地形はわかっていない. ⇨太陽系外縁天体, 冥王星, 氷衛星, 彗星　〈吉川　真〉

エッチプレーン　etchplain　深層風化によって形成された非固結被覆層（レゴリス：regolith）が水食や風食によって取り除かれて露出した基盤岩からなる平坦な削剥面を指す. エッチサーフェス（etch surface）ともいう. E. J. Wayland（1934）が, アフリカ・ウガンダの白亜紀の準平原を刻む谷底の平坦面を etched plain（食刻平原）とよんだのが始まりとされる. かつては, 風化作用の活発な熱帯気候下で深層風化した軟岩部が削剥によって侵食基準面まで低下した平坦面と考えられ, 硬岩が島山として分布する部分的準平原とされた. 現在では, 岩体基部において差別風化と差別削剥によって風化層が除去されて露出した比較的狭い平坦面をも指すことが多く, また, 気候帯や侵食輪廻（侵食基準面）とは無

関係に形成される地形とされる．なお，気候地形学者でエッチプレーン研究の第一人者として知られるBüdel（1977）は，熱帯モンスーン・サバナ地域の二輪廻性の侵食平坦面をRumpffläche（胴体面）とよんだ．しかし，ビューデルのRumpfflächeはpeneplain（準平原）と英訳されるRumpfflächeとは異質であり，エッチプレーンに相当するとして，英訳本（Fischer and Busche, 1982）ではetchplainと訳されている．〈大森博雄〉

[文献] Büdel, J.（1977）*Klima-Geomorphologie*, Gebrüder Borntrager.（translated in English by Fischer, L. and Busche, D. 1982, *Climatic Geomorphology*, Princeton Univ. Press）

エッチング etching ⇒食刻

えつねんせいせっけい 越年性雪渓 perennial snow patch ⇒万年雪

えつりゅう 越流 overflow 洪水時に河川の堤防を越えるような流水や河道内に設置された床止めなどを越えるような流れの総称．流量測定のために堰を設置して越流を起こさせることもある．⇒堰測法 〈中山恵介〉

えつりゅうたいせきぶつ 越流堆積物 overflow deposit, over bank deposit, flood water deposit 洪水時に河川水が流路（低水敷）から溢れて高水敷さらに堤内地に越流すると河川の掃流力が急激に減衰し，運搬してきた物質が堆積して越流堆積物となる．河道に沿う部分では比較的粗粒の堆積物が堆積し，氾濫原（蛇行原*）では砂質堆積物からなる自然堤防*が形成され，その背後にはシルト・粘土などの泥質堆積物からなる後背低地*が形成される．〈海津正倫〉

[文献] 鈴木隆介（1998）「建設技術者のための地形図読図入門」，第2巻，古今書院．

えぬえすけいすう NS係数 NS-quotient 年降水量と年平均飽差との比によって表されるマイヤーの提唱した湿潤指数．

$$\text{NS係数} = \frac{\text{年降水量(mm)}S}{\text{年平均飽差(mmHg)}N}$$

飽差とは，ある気温での飽和水蒸気圧と同気温での実際の水蒸気圧との差をいう．年平均相対湿度をHとしたときに，次式が成り立つ．

平均飽差N＝（年平均気温に対する飽和水蒸気圧）
$$\times \frac{100-H}{10}$$

このNS係数と，年平均降雨量と年平均気温との比である雨量係数とを組み合わせることにより，気候因子による土壌分布を表現することができる．ポドゾル性土では，600〜1,000，褐色森林土（黄褐色森林土を含む）では，400〜950，赤黄色土では350〜700の値を示す．〈田村憲司〉

[文献] 大羽 裕・永塚鎭男（1988）「土壌生成分類学」，養賢堂．

エヌち N値 N-value 一般的には，標準貫入試験*におけるサンプラーの貫入深度30 cmあたりの打撃回数をいう．表層崩壊地の土層深調査に使われる土研式簡易貫入試験や丸東式簡易貫入試験の貫入深度10 cmあたりの打撃回数を指すこともある．〈松倉公憲〉

エヌチャネル Nチャネル N-channel 氷河底の基盤岩が融氷水流によって侵食されて形成された水路．ナイチャネルとも．氷河底の高い水圧と融氷水中の溶存・懸濁物質が水路の形成を促進すると考えられている．John F. Nyeの記載にちなんで名付けられた．〈白岩孝行〉

エネルギー energy 物体はその位置や速度などに応じ仕事をすることができる．エネルギーとは，この仕事をする能力のこと．力学的エネルギー，熱エネルギー，電気エネルギーなどさまざまな形態がある．単位はジュール［J］だが，cgs単位系列のエルグ［erg］が用いられることもある．〈倉茂好匡〉

エネルギーこうばい エネルギー勾配 energy gradient 流れの方向に全水頭（圧力水頭*，速度水頭*，位置水頭*の和）の高さを結んだ線（エネルギー線，energy line）の勾配．エネルギー勾配$I_e = h_l/l$，ここにh_lは区間lにおける摩擦や渦によるエネルギー損失の合計（損失水頭）．開水路*の等流*では，エネルギー勾配は底面勾配ならびに水面勾配と等しい．〈宇多高明〉

エバポライト evaporite ⇒蒸発岩

エピソード【侵食輪廻の】 episode（in cycle of erosion）⇒挿話的輪廻

エフそう F層 F layer ⇒土壌層位

エフディーエム FDM flow direction matrix ⇒流入線マトリックス

エフティーほう FT法 fission-track dating method ⇒フィッション・トラック法

エプロンしゃめん エプロン斜面 apron slope, archipelagic apron 急な海底斜面の基部にみられる主に堆積物よりなるなだらかな斜面．群島や海山群*の周辺にみられるものはarchipelagic apronとよばれる．〈岩淵 洋〉

エプロンしょう エプロン礁 apron reef ⇒裾礁

エムアイエス　MIS　marine isotope stage　⇨海洋酸素同位体ステージ

エムエイ　Ma　mega-annum　「100万年」を示すmega-annumの略語で，1959年から遡った時間を100万年単位で示す記号である．例えば，地形や地層の形成年代が，500万年前なら5 Maと書く．また，1,000年単位で示す記号としてはka（ケイエイ*，kilo-annum）が使用される．なお，特定の地形や地層の形成に要した時間を表すエムワイ*（My）とケイワイ*（ky）との混同に注意．　⇨数値年代，巻末付録　　　　　　　　　〈鈴木隆介〉

エムディファイ　Mdφ　phi mean diameter　ファイスケール*で表現された砕屑物粒子の中央粒径をいう．　⇨粒度分布　　　　　　　　〈遠藤徳孝〉

エムワイ　My　mega-year　現象の経過時間を「百万年」で示すmega-yearの略語．例えば，ある地形種の形成時間が200万年間であれば，2 Myと書く．　⇨数値年代　　　　　　　　〈鈴木隆介〉

エメリーかんほう　エメリー管法　Emery settling tube method　⇨沈降法

エラトステネス　Eratosthenes（BC 285-BC 205：諸説ある）　ギリシャで生まれ，アレキサンドリアなどで天文，地理，数学などを学び，後にアレキサンドリアの図書館長．「地理学（geographica），全3巻」（断片が現存）を著し，これがgeography（地理学）の語源となった．地球の大きさを初めて次のように計測し，測地学*の祖といわれる．夏至にナイル川上流のシエネ（Syene）の町の深井戸の底に太陽が映る（垂直線になる）ので，夏至にアレキサンドリアに立てた棒の影の長さから両地点の緯度差が7.2°（＝地球円周の1/50）と求め，その間の距離を商人の移動日数から当時の尺度で5,000スタディア（≒925 km）とし，地球を球体と仮定して地球の円周を46,250 kmとした．現在の値（約40,000 km）より大きいが，論理的には正しい．　⇨地球の大きさ　　　　　　　　〈鈴木隆介〉

エルグ【砂漠の】　erg　⇨砂砂漠

エルグ【物理の】　erg　⇨エネルギー

エルゴディックかてい　エルゴディック仮定　ergodic assumption　⇨空間-時間置換の仮定

エルザマップ　ELSAMAP　elevation and slope angle map　数値標高データより色相に割り当てた標高値とグレイスケールに割り当てた傾斜量値を透過合成した立体地形情報図であり，国際航業（株）が開発した地形可視化手法による地形画像で同社の特許技術である．任意の地点における標高と傾斜の情報が同時にかつ独立して表示されるため，①尾根・谷の反転や高低の錯誤がなく，②一目で地形の起伏が判別でき，③色相と濃淡の表示を調整することによって目的に応じた起伏表現が可能である，という特徴がある．　⇨数値地図，赤色立体地図
〈向山　栄〉

［文献］向山　栄・佐々木　寿（2007）新しい地形情報図ELSAMAP：地図，45, 47-56. ／佐々木　寿・向山　栄（2007）地形判読を支援するELSAMAPの開発：先端測量技術，95, 8-16.

エルジーエム　LGM　last glacial maximum　⇨最終氷期最寒冷期

エルスターひょうき　エルスター氷期　Elster stage　⇨スカンジナビア氷床

エルそう　L層　L layer　⇨土壌層位

えんかい　沿海　littoral　⇨沿岸

えんがい　円崖　bluff　後退している海食崖（active cliff）は通常，急傾斜で基盤が露出しているが，これとは異なり，崖の表面が植生や風化物で覆われ，円みを帯びた縦断形を呈する崖．相対的に海面が低下した結果，基部での海食作用がなくなった崖（abandoned cliff, dead cliff）に多くみられる．
〈砂村継夫〉

えんかい　縁海　marginal sea, epicontinental sea　島弧*の背後の小さな海で，活動縁辺域の島弧系に伴って存在し，成因的に沈み込み作用に関連し，背弧海盆*ともいわれる．日本海，オホーツク海，東シナ海などがその例で，日本海は日本列島背後の縁海で，平均水深1,350 m，最深水深3,700 mで4つの海峡（水深130～140 m以浅）を出入り口とする閉じた盆状の地形をなす．今から2,800～1,800万年前の古第三紀末～中新世前期に海底拡大により日本列島がユーラシア大陸から引き裂かれて形成されたと考えられている．　　　〈八島邦夫〉

［文献］玉木賢策（1992）日本海の形成機構：科学，62, 720-729.

えんかいぼん　縁海盆　marginal basin　大洋の周囲の縁海*の中で，海盆となっているところ．日本海やセレベス海は縁海のほぼ全域が縁海盆となっているのに対し，東シナ海やオホーツク海，ベーリング海などは縁海の相当部分を陸棚が占め，縁海盆は一部にすぎない．　⇨海盆　　〈岩淵　洋〉

えんかくざんきゅう　遠隔残丘　mosor　⇨源地残丘

えんがせん　沿河泉　spring aside of river　⇨湧泉の地場場による類型（図）

えんがん　沿岸　littoral　①潮間帯，すなわち高

潮線と低潮線に挟まれた海岸域．②暴浪が陸上へ遡上する限界の地点から海底堆積物の移動限界水深を与える地点までの領域．③海岸線から水深200mまでの海域．学術用語としての定義にはこのように大きな差異があるが，一般語としては，海岸線や湖岸線に沿った陸域あるいは水域を漠然と指している．沿海と同じ． 〈砂村継夫〉

えんがんいき　沿岸域 littoral zone, nearshore zone　岸沿いの海域．通常，砂浜海岸に対して用いられる．狭義の砕波帯（遡上波帯を含まない）を指すことが多いが，広義の砕波帯（遡上波帯を含む）とその少し沖までの領域をいう場合もある．沿岸帯ともよばれる． 〈砂村継夫〉

えんがんかいいきちけいず　沿岸海域地形図 topographic map of coastal area　沿岸域の開発，保全，防災を海陸一体として進めることを目的として国土地理院が作成した地図．陸域は2万5,000分の1地形図，沿岸海域については陸域と同じ東京湾平均海面を基準面とした等深線が表示されている．
〈宇根　寛〉

えんがんかいいきとちじょうけんず　沿岸海域土地条件図 Land Condition Map of Coastal Area ⇨土地条件図

えんがんがいす　沿岸外州 barrier ⇨沿岸州

えんがんこう　沿岸溝 longshore trough ⇨沿岸トラフ

えんがんさす　沿岸砂州 longshore bar　海浜の浅海域に発達し海岸線にほぼ平行に走る細長い，砂礫の高まり．砂で構成されているものが多い．波浪の作用で形成される．通常，バーとよばれる．沿岸低州とよばれることもある．バーのすぐ陸側には沿岸トラフ*とよばれる溝状の凹地が並走する．かつては顕著な凹地を伴う沿岸砂州を"low and ball"と呼称したことがあるが，現在ではこの語は使われない．沿岸砂州には，常に水面下にあって動きの大きくない恒常的なバーと，動きが大きく水面上に現れ消失するような非恒常的なバーとがある．恒常的なバーを海底州あるいは海底砂州（submarine bar）とよんでいる．非恒常的なバーは，暴浪が岸から沖に運搬した海浜物質の一時的な貯蔵庫としての高まりで，静穏波浪時には岸方向へ徐々に移動し，前浜に付着し，最終的にはそこに乗り上げて消失する．このようなバーの平面形状は経時変化をし，バーの位置，水深，そのときの波浪条件などによって直線型，三日月型，不連続型，屈曲型などの特徴的地形が出現する．かつては沿岸砂州を意味する英語として"offshore bar"が用いられていたが，この英語は沿岸州（常に海面上にある）も意味するため，混乱をきたすのでこの語の使用は望ましくないとされている． ⇨沿岸州，砂浜の縦断形，砂浜の地形変化モデル
〈砂村継夫〉

えんがんす　沿岸州 barrier　海岸から離れた沖を，海岸線とほぼ平行する細長い微高地で，砂礫からなり常に水面上に露出する地形．波浪と流れの作用で形成される．最近ではバリアとよばれることが多い．沿岸外州，沖州，海岸外州，堤州などの呼称がある．沿岸砂州と混同されやすいので注意を要する．沿岸州の陸側にはラグーン（潟湖）あるいは入江とよばれる水域があり，これらと外海とをつなぐ水路（潮流口*）で分断されて島状になった沿岸州を バリア島* とよぶ． 〈砂村継夫〉

えんがんすとう　沿岸州島 barrier island ⇨バリア島

えんがんたい　沿岸帯 nearshore zone ⇨沿岸域

えんがんたいせきかんきょう　沿岸堆積環境 littoral sedimentary environment　潮間帯*または沿岸域*に相当する堆積環境．波浪が卓越する海浜や，潮汐が卓越する干潟が含まれる． ⇨海浜堆積環境 〈村越直美〉

えんがんていす　沿岸底州 longshore bar ⇨沿岸砂州

えんがんていち　沿岸低地 coastal lowland ⇨海岸低地

えんがんトラフ　沿岸トラフ longshore trough　沿岸砂州のすぐ陸側にあり，それと並走する溝状の凹地．沿岸溝ともよばれる．トラフの水深は沿岸砂州の頂部水深の1.4〜1.6倍程度である海岸が多い． ⇨沿岸砂州 〈砂村継夫〉

えんがんひょうさ　沿岸漂砂 littoral transport　海岸に波が斜めに入射するときに発生する沿岸方向の流れ（沿岸流）によって，遡上波帯*を含む砕波帯*の土砂が流れの下流方向に運搬される現象．運搬される土砂を指す場合もある． ⇨漂砂
〈砂村継夫〉

えんがんひょうりゅう　沿岸漂流 longshore current ⇨沿岸流

えんがんゆうしょう　沿岸湧昇 coastal upwelling ⇨湧昇

えんがんりゅう　沿岸流 longshore current　海岸線に沿う，砕波帯内の流れ．沿汀流，沿岸漂流，海浜漂流ともよばれたことがあるが，現在これらの

用語は使われない．通常，海岸に斜めに入射した波が砕けると発生する．沿岸流速は砕波波高と砕波角度が大きいほど増大する．離岸流が発生している海岸では，波が直角に入射する場合でも沿岸流は生起する．　⇨離岸流　　　　　　　　〈砂村継夫〉

えんきせいがん　塩基性岩 basic rock　⇨火成岩

えんきほうわど　塩基飽和度 base saturation percentage　土壌の陽イオン交換容量*に対する交換性陽イオン*のCa^{2+}, Mg^{2+}, K^+, Na^+の合計当量数の百分率．塩基飽和度が高い土壌は，塩基を土壌に供給しうる能力が高く，土壌の緩衝能も高い．また，土壌 pH も高い．土壌の国際分類（Soil Taxonomy や WRB）における分類基準に用いられる．　⇨土壌緩衝能　　　　　　　〈田村憲司〉

えんきゃく-えんこうけい　縁脚-縁溝系 spur-and-groove system　礁斜面*の上部で，砕波帯から水深 20 m 前後までの領域に発達する，海岸線と直交する櫛の歯状のリッジ列が海側に傾斜して分布する地形．その外洋側は，急傾斜の斜面を形成している場合が多い．　⇨サンゴ礁地形分帯構成（図）
〈茅根　創〉

えんけいど　円形土 sorted circle, stone ring ⇨構造土

えんけいど　円形度【砂礫の】 roundness　堆積物の形状指標の一つで丸さを表すもの．球形度*とは異なる．しばしば円磨度とよばれるが，磨耗*による丸さを表現する場合を除いて円形度の方が望ましい．H. A. Wadell（1932）による本来の定義は，「粒子のすべての稜角に内接する球の径の平均値を最大内接球の径で除したもの」であるが，実用上は W. C. Krumbein（1941）の印象図により視覚的に求める．　⇨円形度階級の視察図　　　〈遠藤徳孝〉

えんけいど　円形度【流域の】 circularity ratio (of basin)　流域面積（A_b）と，流域縁辺長（P_b）と同じ辺長をもつ円の面積との比（R_c）であり，$R_c=4\pi A_b/P_b^2$ で求められる．円状率とも．流域の平面形が円とは異なるほど R_c が小さくなる．Miller（1953）が定義．流域の流出率と円形度は高い相関関係にある．　⇨流域の基本地形量，伸長率　　〈小口　高〉

［文献］Miller, V. C.（1953）*A Quantitative Geomorphic Study of Drainage Basin Characteristics in the Clinch Mountain Area, Virginia and Tennessee*, Office of Naval Research, Geography Branch, Project no. 389-042, Tech Report no. 3.

えんけいどかいきゅうのしさつず　円形度階級の視察図 chart for visual determination of round-

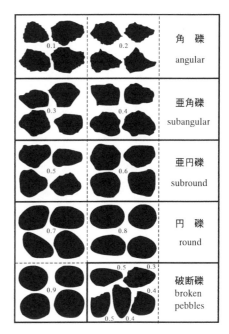

図　礫の円形度階級の視察図
（Krumbein, 1941 を改変・加筆）

ness　堆積物粒子の円形度（丸みの程度）を視覚的に求めるための図．円形度ダイアグラムともよばれる．厳密な幾何学的定義からの算出は実用的でないため，Krumbein（1941）の図がよく用いられる．0 から 1 までの値を 5 階級に区分し，0.1〜0.2 を角礫，0.3〜0.4 を亜角礫，0.5〜0.6 を亜円礫，0.7〜0.8 を円礫，0.9 を超円礫とよぶ．角礫を二分して 0.1 を超角礫，0.2 を角礫とする 6 階級に区分する場合もある．　　　　　　　　　〈遠藤徳孝〉

［文献］Krumbein, W. C.（1941）Measurement and geologic significance of shape and roundness of sedimentary particles: Journal of Sedimentary Petrology, **11**, 64-72.

えんけいどダイアグラム　円形度ダイアグラム roundness diagram　⇨円形度階級の視察図

えんこ　塩湖 salt lake, saline lake　湖水がおおよそ 0.5 g/L あるいは 0.5 psu（実用塩分単位）以上の総塩分をもつ湖沼をいい，塩水湖，鹹水湖または単に鹹湖ともいう．主に大陸の内陸乾燥地帯に分布し，中央アジアにあるカスピ海やアラル海，小アジアにある死海，米国西部のグレートソルト湖，チベット高原のナム湖などがある．塩湖の成因は様々で，①湖水の蒸発によるもの，②湖底にある岩塩からのイオン溶出によるもの，③海水の残留によるもの，などがある．わが国の沿岸内陸部に分布する汽水湖は，③に対応した塩湖にあたる．　⇨湖沼の分

類［塩類濃度による］　　　　　　　〈知北和久〉

えんこう　縁溝　marginal furrow, marginal groove　サンゴ礁*の外縁に幅数 m から十数 m，比高数 m で沖側に伸びる溝状の地形．サンゴが成長してできた高まり（縁脚）の間の溝地形で，両者をあわせ，平面としてみると礁縁から外に向かって櫛の歯状に広がる地形（⇨縁脚-縁溝系）をなす．
〈岩淵 洋〉

［文献］米倉伸之（1997）中部太平洋の完新世サンゴ礁：貝塚爽平（編）「世界の地形」，東京大学出版会．

えんこじょうさんかくす　円弧状三角州　arcuate delta　河川によって運ばれた土砂の堆積と堆積域の海の営力がつり合って平面形態が円弧状となった三角州．ナイル川の三角州が典型的なものとして知られている．わが国では東京湾に注ぐ小櫃川の三角州や，埋立地ができる前の多摩川三角州などが代表的なものとして知られている．⇨三角州の分類
〈海津正倫〉

えんこすべり　円弧すべり　rotational landslide　地すべりの一形態で，斜面土塊が円弧状のすべり面を形成しながら崩落する現象．土塊材料の均質性が高い斜面に発生するといわれる．⇨回転すべり
〈中村太士〉

えんじょうりつ　円状率【流域の】　circularity ratio　⇨円形度［流域の］

えんすい　塩水　salt water　0.5 g/L 以上の塩分を含む水．代表的な塩水は海水*であるが，岩塩地帯の塩分を含んだ水や乾燥地の陸水にも塩水は存在する．鹹水（かんすい）ともいう（ただし，鹹水は海水より塩分濃度が高いもののみに限定して使用する場合がある）．⇨塩湖，汽水
〈松倉公憲〉

えんすいかざん　円錐火山　volcanic cone　外形が円錐形の火山．古くはコニーデとか火山錐といわれたこともあるが，今ではほとんど使われない．⇨シュナイダーの火山分類
〈横山勝三〉

えんすいカルスト　円錐カルスト　cone karst　円錐カルストはコーンカルストともいう．石灰岩の溶食が進んで，円錐形の残丘に囲まれた深い凹地が，不規則な星型をなすとき，その凹地をコックピットとよぶ．特にジャマイカのコックピット・カントリーにはこの典型がある．円錐形の凸地に目をむけた場合は円錐カルストとよぶ．一般に高温多湿な気候で石灰岩が岩質的に溶食されやすく，かつ，隆起傾向にある場合，円錐カルストがよく発達する．ジャマイカ，プエルトリコ，インドネシア，パプアニューギニアなどに分布する．また，華南から雲貴高原にかけて，種々の高度に円錐カルストが分布す．モンテネグロでは，平坦面に孤立した円錐の残丘が多数分布する．これはフム（hum）とよばれる．桂林でみられるように凸形の残丘が塔状に数十 m の比高で孤立してそそり立つときには，タワーカルスト（tower karst）として区分する．日本では沖縄本島山里に円錐カルストが分布する．温帯南部や，亜熱帯地域に現在分布する円錐カルストは，現在と同じ気候下で形成されているものか，または湿潤熱帯的な古気候下で形成されたものなのか，かなり議論のあるところである．⇨コーンカルスト
〈漆原和子〉

えんすいくさび　塩水くさび　salt wedge　海水が河川水の下に潜り込み，くさび状の形状をなして河道を遡上する現象．多くの場合，河口周辺においてみられる．一般的に海水が淡水よりも密度が大きいことに起因して発生する．河川流量や潮汐振幅の大きさにより河口からの侵入距離や形状が変化する．図に示すように三種類の混合形態がある．
〈中山恵介〉

［文献］土木学会（1999）水理公式集，土木学会．

えんすいこ　塩水湖　salt lake　⇨塩湖

えんすいしんにゅう　塩水侵入　salt-water intrusion　塩水は淡水より密度が大きいためこれが淡水域に侵入したときの現象をいい，海岸付近では海水侵入（seawater intrusion）がみられる．静的状態のもとでは，海水面上の淡水厚さと海水面下の淡水厚さの比率は海水と淡水の密度の違いが原因でおよそ 1 対 40 になる．この状態はガイベン・ヘルツベルグの法則とよばれる．
〈三宅紀治〉

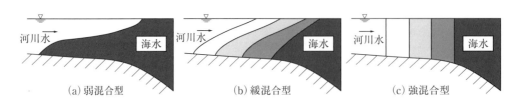

図　河口密度の混合形態（土木学会，1999）（⇨塩水侵入）

えんせい　延性　ductility　"岩石が破壊することなく流動する性質"であり，岩石の変形を扱う分野で用いられる用語．ductility は延性度と訳されることもある．岩石の三軸圧縮試験においては，温度，封圧が増大するほど，また低歪み速度であるほど，弾性限界を超えた後に永久歪みの増大が大きくなり，延性度が高くなる．したがって，温度と封圧が増大していく地下の深部ほど，岩石の延性的性質が強くなる．永久歪みを生じ始める点（すなわち弾性限界の点）を降伏点（yield point）といい，このような永久歪みを生じたあとに破壊する現象を延性破壊という．　〈松倉公憲〉

えんせいしょうたく　塩性沼沢　saline swamp　海洋の沿岸部や河口域，および内陸の乾燥地域などに分布する塩分の高い水体からなる沼沢をいう．海跡湖や塩湖が堆積作用を受けて沼から沼沢地・湿原へと変遷する過程で，塩水が残留するか高塩分の陸水の流入を受ける場合にみられる．⇨ラグーン，塩湖　〈知北和久〉

えんせいしょくぶつ　塩生植物　halophilous plant, halophyte　塩分の富む立地に生える植物．海浜，海岸，砂丘，内陸の塩地などに生える陸上高等植物を指す．海浜や海岸の潮間帯，干潟や河口の汽水域など，水分が多い立地に生育する植物は，湿塩性植物とよばれ，マングローブ，アッケシソウ，ハママツナなどがある．また，内陸の塩湖や砂漠，塩害の発生した耕作地などで生育する植物は，乾塩性植物とよばれ，アカザ科のハマアカザやホウキギなどがある．塩生植物は，細胞液中に高濃度の塩分を含み，乾地の塩生植物は水分の乏しい土壌からも吸水できる．⇨マングローブ，マングローブ土，乾生植物　〈宮原育子〉

えんちつなみ　遠地津波　distant tsunami　遠方で発生した津波．わが国では，沿岸より 600 km 以遠の海域で発生した津波と定義されている．近地津波*の対語．日本に被害をもたらした遠地津波には，1877 年のチリ地震津波，1952 年のカムチャツカ地震津波や 1960 年のチリ地震津波*などがある．⇨津波　〈砂村継夫〉

えんちょうカルスト　円頂カルスト　cupola karst　ドイツのシュヴァーベン・アルプでは，円頂丘のあるカルスト地形が広く分布する．クッペンカルストは円頂丘を指すが，この地域には，涸れ谷やドリーネも多く存在する．フランケンドロマイト地域にも円頂丘や塔カルスト*が分布する．円頂丘の直径は高度の約 1/10 である．円頂丘の形態は石灰岩，白雲岩，塊状石灰岩によって異なる．クッペンアルプの円頂カルストの分布限界は，中新世後期のモラッセ海の限界と一致するとされている．　〈漆原和子〉

えんちょうがわ　延長川　extended stream　海岸などで新たに離水*した土地に，河川の下流部が延伸した部分．北海道オホーツク海沿岸の海岸段丘を刻む河川がその好例とされている．⇨海岸平野　〈久保純子〉

えんちょうきゅうようがん　円頂丘溶岩　dome lava　溶岩円頂丘を形成した粘性の大きい溶岩を特定し，溶岩流と区別するための用語．ドームラバとも．岩石学的には，玄武岩，安山岩，デイサイト，流紋岩のいずれもある．⇨溶岩円頂丘　〈鈴木隆介〉

えんちょうさよう　延長作用【谷の】　valley elongation　⇨水系網の発達

えんちょうじょうさんりょう　円頂状山稜　round-top ridge　山稜の両側の斜面が凸形斜面で，稜線部が丸みをもち，尾根線が不明瞭な尾根．老年期的な山地や高透水性岩で構成される尾根に多い．⇨尾根の横断形（図）　〈鈴木隆介〉

えんちょくしゃしん　鉛直写真　nadir photograph　⇨空中写真

えんちょくせんへんさ　鉛直線偏差　deflection of the plumb line　鉛直線（plumb line）とは各地点での重力加速度の向きを指す線で，その地点での重力ポテンシャル面に直交する．一方，地球楕円体面に直交する正規重力の加速度の向きを垂直線（vertical line）とよぶ．現実の重力ポテンシャル面は不規則な起伏をもち複雑な形状であるため，鉛直線の方向は一般に垂直線の方向と一致しない．そこで，ある地点における重力の方向（鉛直線）とその地点の準拠楕円体*の法線（垂直線）との差（角度のずれ）を鉛直線偏差とよぶ．地下の密度分布が地理的に不均一であるほど鉛直線偏差は大きい（例：広い平野と山地の境界地区）．東京における鉛直線偏差が大きいことが，日本測地系と世界測地系の差の一因となっている．⇨標準重力　〈宇根　寛・古屋正人〉

えんてい　堰堤　dam, weir　河川を横断して築造し，流水を貯水・取水し，あるいは土砂の流下防止などを目的とする構造物．ダムともよばれることもあるが，いわゆるダムには厳密な定義（堤高 15 m 以上で砂防ダム以外のものをいう）がある．⇨ダム　〈砂田憲吾〉

エンティソル　Entisols　米国の土壌分類（Soil Taxonomy, 1999）に設定されている土壌目の一つ．

土壌層位の分化が未発達で特異な特徴層位をもたない非成帯性土壌．急傾斜地などで母材がしばしば供給される場所や，石英などの鉱物が主体の砂地などでは層位分化が進まず，この土壌が生成する．また沖積土では，グライ土*や灰色低地土の多くはこの土壌に分類される．名前は"最近"を意味する recent に由来．世界土壌照合基準（WRB, 2007）の Leptosols や Regosols, Arenosols, Fluvisols に相当する．
⇨土壌分類　　　　　　　　　　　　　〈田中治夫〉

えんていりゅう　沿汀流　longshore current　⇨沿岸流

エンドモレーン　end moraine　⇨モレーン

エントロピー　entropy　物や物体の拡散の程度を表すパラメーター．ある物質のとる状態の数を Ω としたとき，エントロピー S は $S=k\ln\Omega$（k は定数）で定義される．情報分野などでこの式にあてはめると都合のよい量が発見されたことを受け，現在では熱力学や統計力学以外の分野でもエントロピーを用いて議論されることがある．〈倉茂好匡〉

えんぶん　塩分　salinity　海水に溶けている種々の成分をまとめて一つの溶質とみなしたもの，もしくはその濃度．海水の塩辛さのもとと考えられている．塩分の主要成分（重量比）は，85.7% が塩化ナトリウムの塩素イオンとナトリウムイオンで，硫酸，マグネシウム，カルシウム，カリウム，炭酸，臭素などのイオンが続き，上位の 8 成分で 99.95% を占める．塩分濃度（絶対塩分）は，海水 1 kg 中の塩分の量 g（パーミル‰）で表されるが，近年では塩分の測定に便利なように電気伝導度比で定義される実用塩分が用いられる．塩分には，電気伝導度比には反映されない成分もあり，実用塩分は重量比に換算できないため，‰ のような単位は付けない．最近では，海水の状態方程式の見直しに伴い，絶対塩分に対応・換算する改訂塩分も提案されている．実用塩分は，絶対塩分との違いは小数点以下 2 桁以下程度であり，‰ のような単位を付けない．大洋の海水の実用塩分は 33～36 ぐらいである．〈小田巻　実〉

えんぶんのうど　塩分濃度　salinity　⇨塩分

えんぺんかい　縁辺海　marginal sea　北極海より狭く，外洋との海水の交換が地形的に制限されている海．ヨーロッパの地中海を含める場合と含めない場合がある．定義には成因を含まないが，背弧海盆，大陸の分裂直後や大陸衝突前などのプレート運動が原因で，大陸や島弧に囲まれた海が形成されることが多い．西太平洋では島弧間や島弧とユーラシア大陸との間に広がる背弧海盆として形成された海を marginal basin とよぶことがある．⇨背弧，背弧海盆　　　　　　　　　　　〈岡村行信〉

えんぺんじゅんへいげん　縁辺準平原　marginal peneplain　山地の縁辺部や山麓部に形成された準平原を指す．曲隆*した山地において新たに始まった侵食輪廻では，河川下流部がより早く平衡に達し，活発な側刻を行うため，高度の低い縁辺部が早期に準平原化する．この山地縁辺部に形成される準平原を縁辺準平原という．M. K. Campbell（1897）によると，maginal peneplain（縁辺準平原）の用語は，デービスが海岸地域の地形を説明するときにしばしば用いていたという．一方，ペンク*（W. Penck, 1924）は，山麓の準平原を山麓面（Piedmontfläche）とよんだ．ペンクの山麓面は継続的な隆起運動中に原初準平原として形成され，デービスの侵食基準面の安定期に終末準平原として形成される縁辺準平原とは異なる．現在では，縁辺準平原と山麓面は同義語として，'山麓部に分布する広く，かつ，谷沿いに山地内部にまで湾入する侵食小起伏面'を指す用語として使われることが多い．なお，Sölch（1922, 1924）はアルプス東部において，縁辺準平原に相当する地形を Trugrumpf（擬準平原）とよんだが，この名称は普及しなかったとされる．
⇨山麓面　　　　　　　　　　　　　〈大森博雄〉

［文献］井上修次ほか（1940）「自然地理学」，下巻，地人書館．/Davis, W. M.（1912）*Die erklärende Beschreibung der Landformen*, B. G. Teubner（水山高幸・守田　優訳（1969）「地形の説明的記載」，大明堂）．

えんぺんだいち　縁辺台地　marginal plateau　大陸斜面の途中にある階段状の平坦な地形を指し，'大陸地殻の縁辺に位置する台地'を意味する．海段（deep sea terrace, bench），海台（plateau）ともよばれる．大陸棚より深い大陸斜面や深海底の調査が進んだ 1940 年代以降に注目されるようになった大陸斜面上の地形．海洋プレートが大陸地殻の下に潜り込むときの大陸地殻の変形を起源とし，古第三紀以前の基盤地質の平坦面や，大陸斜面上に形成された地溝や褶曲の向斜部などの凹地に古第三紀以降に堆積した古第三系の堆積面などからなる平坦な地形のこと．アメリカ南東部の水深 500～900 m の Blake Plateau（ブレーク海台）が有名であるが，日本近海では，田山利三郎（1950）が名づけた四国沖の水深約 800～1,000 m の土佐海段や 1,600～1,800 m の日向海段が古典的で有名．〈大森博雄〉

［文献］茂木昭夫・佐藤任弘（1990）海底地形：佐藤　久・町田　洋編「地形学」，朝倉書店．183-202./Heezen, B. C. and Menard, H. W.（1963）Topography of the deep-sea floor：*In*

Hill, M. N. (ed.) *The Sea*, Vol.3, Interscience.

えんまど　円磨度【砂礫の】 roundness ⇨円形度［砂礫の］

えんよう　遠洋 open sea, ocean　陸地から遠く離れた海域を漠然と指す語. 〈砂村継夫〉

えんようせいたいせきぶつ　遠洋性堆積物 pelagic sediment　陸地から遠く離れた深海底の堆積物の総称. 堆積の場が水深そのものよりも陸地からの距離に規定される. 堆積速度が極めて遅い. 主要な構成要素は, 種々の起源をもつ粘土鉱物, 生物起源の炭酸カルシウム（有孔虫殻, コッコリスなど）, 生物起源のシリカ（放散虫殻, 珪藻殻など）など. ⇨深海堆積物 〈横川美和〉

えんようせいねんど　遠洋性粘土 pelagic clay ⇨赤粘土

えんるいしゅうせき　塩類集積 salt accumulation ⇨塩類土壌

えんるいどじょう　塩類土壌 saline soil　少なくとも年間の一時期あるいはそれ以上の期間で, 蒸発散量が降水量を大きく上回り, 塩類を多く含んだ土壌水や地下水が土壌中の細孔隙を毛管上昇により土壌表面へと上方に移動する塩類化作用によって, 土壌の全体あるいは下層に塩類集積が認められる土壌の総称. 塩類を多量に含んだ地下水の水位が比較的浅い場所, 表面流去水や浸透水が集まりやすい低地（凹地）に広く分布する. 塩類土壌は, 乾燥ないし半乾燥気候下に卓越する自然土壌（塩成土壌）で, 土壌表面に塩類の白い被膜や沈殿物（塩類皮殻）が認められる典型的な塩類土壌もある. しばしば, 塩類が人為的に多量に投入され, 溶脱作用*が制限されるような農業活動などによっても生じる（例えば, 地下水灌漑, 施肥, 温室栽培など）. 最近の土壌分類*では, 塩成土壌は, 断面形態の特徴とともに, 土壌に集積した塩類の量と種類を重視している. すなわち, サリック層（可溶性塩類の量が1%以上で, 年間のある時期の水飽和溶液の電気伝導度が15 dS m^{-1}以上, あるいは水飽和溶液のpHが8.5以上の場合は8 dS m^{-1}以上）をもち, 土壌pHが8.5より低い土壌を塩類土壌（ソロンチャク*）, 一方, ナトリック層（粘土集積層で, 交換性ナトリウムイオンがCECの15%以上を占める）をもち, pHが8.5より高い土壌をアルカリ土壌*（ソロネッツ*）, そして降水量の増加などによって土壌水の下方浸透が卓越し, 脱塩類化作用を受け, ナトリウムイオンが洗脱されたアルジリック層（粘土集積層）をもち, 電気伝導度とpHが共に低い土壌をソーロチ*として概略的に分けてきた. 〈東　照雄〉

［文献］大羽　裕・永塚鎮男（1988）「土壌生成分類学」, 養賢堂.

えんるいはさい　塩類破砕 salt fretting ⇨塩類風化

えんるいふうか　塩類風化 salt weathering, salt fretting　岩石の間隙を満たす塩類の結晶成長, 塩結晶の水和作用および熱膨張などによる応力の複合に起因する風化. なかでも, 岩石の塩類破砕には結晶成長が効果的で, 破砕力は硫酸ナトリウム（ミラビライト, テナルダイトなど）や硫酸マグネシウム（エプソマイトなど）に大きく, 硫酸カルシウム（石膏など）や塩化ナトリウム（岩塩）に小さい. テナルダイトでは結晶成長による圧力は約200 MPaに達する. 一方, 水和作用による炭酸ナトリウムや硫酸ナトリウムの体積変化は300%を超え, 岩塩の熱膨張は20〜100℃の範囲で約0.9%に達する. 乾燥地域や海岸域などにみられるタフォニやパンのような微地形の形成, 火山砕屑物からなる斜面や石造文化財の破壊に関わる. 〈藁谷哲也〉

［文献］Goudie, A. and Viles, H. (1997) *Salt Weathering Hazards*, John Wiley & Sons. / 松倉公憲（2008）「地形変化の科学―風化と侵食―」, 朝倉書店.

えんれき　円礫 rounded gravel　丸みを帯びた礫の総称. 円形の程度により超円礫, 円礫, 亜円礫に細分した場合, 円礫はKrumbeinの円形度階級で0.7〜0.8と判断される礫. ⇨円形度階級の視察図 〈横川美和〉

オアシス oasis 砂漠地域の中で，地下水が湧出し一年中動植物の生活が維持できる場所．土壌は発達不十分で塩分に富む． 〈松倉公憲〉

おいわけそう 追分層 Oiwake formation 北海道夕張地方に分布する上部中新統の海成層．塊状の砂質泥岩が主で，砂岩泥岩互層・細礫岩を挟む．層厚は 900 m． 〈松倉公憲〉

おうがしゅうきょく 横臥褶曲 recumbent fold ⇨褶曲構造の分類（図）

おうがたしゃめん 凹形斜面 concave slope 凹形斜面の誤読． 〈鈴木隆介〉

おうかっしょくしんりんど 黄褐色森林土 yellow-brown forest soil 湿潤暖温帯の照葉樹林地帯に分布する成帯性土壌．典型的な褐色森林土＊に比べて A 層の有機物含量が少なく B 層の黄褐色で明るい特徴がある．B 層の土色は遊離鉄の結晶化が典型的な褐色森林土よりも進んでいることに由来する．この土壌は日本の統一的土壌分類体系—第二次案—（日本ペドロジー学会，2002）では黄褐色土壌群に相当する．林野土壌分類（1975）では，北海道から九州まで分布する褐色森林土について暖温帯気候に対応する土壌を特に区別していない．なお林野土壌分類（1975）では黄色系褐色森林土という土壌亜群が存在するが，この土壌は古土壌である黄色土を母材に生成した褐色森林土を意味し，黄褐色森林土とは別の土壌である．黄褐色森林土は土壌分類（WRB）のカンビソル（Cambisols），土壌分類（Soil Taxonomy）のインセプティソル（Inceptisols）に相当する． 〈金子真司〉

［文献］永塚鎮男（1975）西南日本の黄褐色森林土および赤色土の生成と分類に関する研究：農技研報，**B26**, 133-257．

おうかんち 凹陥地 enclosed depression ⇨凹地

おうけいおねがたしゃめん 凹形尾根型斜面 concave divergent slope ⇨斜面型（図）

おうけいさんりょう 凹形山稜 concave ridge line 尾根線が低所に至るほど緩傾斜になるもので，老年期的な侵食階梯の山地・丘陵に普通にみられる． ⇨尾根の縦断形（図） 〈鈴木隆介〉

おうけいしゃめん 凹形斜面 concave slope, concave element 縦断形が下に凸形であり，高所から低所に向かうほど傾斜角が減少する斜面．谷頭斜面や谷壁斜面の脚部に形成されていることが多く，この斜面上では崩土など非固結物質の堆積と雨洗，リル，ガリーによる侵食が主要な斜面プロセスとされる．成層火山，沖積錐，カール，U字谷などにも長い凹形斜面が存在する． ⇨斜面型（図） 〈若月 強〉

おうけいたにがたしゃめん 凹形谷型斜面 concave convergent slope ⇨斜面型（図）

おうけいちょくせんしゃめん 凹形直線斜面 concave straight slope ⇨斜面型（図）

おうけいモール 凹型モール concave bog ⇨丘モール

おうけつ 甌穴 pothole ⇨ポットホール

おうこく 横谷 transverse valley 山脈の走向とほぼ直交して川が深い峡谷をつくって，山脈を横断している部分．ヒマラヤを横切るブラマプトラ（ツァンポ）川の谷や，奥羽山地の最上川や阿賀野川，中国山地の江の川，四国山地の吉野川（大歩危・小歩危付近）などがそれぞれの山地を横断する谷が好例である．山脈の隆起速度より河川の下刻速度が大きいと，周囲の山脈は高度を増し，谷は深くなる．このような谷を先行谷という． ⇨対接峰面異常，縦谷，先行谷，横断河川 〈久保純子〉

おうだんかせん 横断河川 transverse stream 接峰面＊の示す尾根を横断している河川で，横断河流とも．その谷を横谷とよぶ．一般に先行性河川＊であるが，表成河川＊の場合もある． ⇨対接峰面異常（図），横谷，表成谷 〈鈴木隆介〉

おうだんけいしゃ 横断傾斜【河成段丘面の】 traversal incline（of river terrace） 河成段丘面の，大局的な低下方向（下流方向＝縦断方向）と直交する横断方向の傾斜．河成段丘面は横断方向ではほぼ

平坦であるが，必ずしも水平ではなく，特に侵食段丘では横断方向に1‰程度の傾斜で前面段丘崖に向かって低下していることがある．さらに段丘面の横断傾斜は，背後からの沖積錐や崖錐の被覆により増加したり，地殻変動により変化したりする．
〈柳田 誠〉

おうだんだんそう　横断断層 transverse fault ⇨断層の分類法（図）

おうだんひょうが　横断氷河 transection glacier, mountain ice sheet　⇨氷河

おうち　凹地 depression, hollow, basin　四周より低い土地．地形図用語では'おう地'（古くは'凹陥地'）とよばれ，櫛歯記号を付けた等高線または小さな凹地には等高線に向けた矢印で表現されている．⇨盆地，小凹地，窪地，窪地
〈鈴木隆介〉

おうち　おう地【地形図用語】 depression　おう地（周囲より窪んでいる場所）は，地形図では閉曲線の等高線で示されるが，それだけでは突出地との区別が困難なため，大きいものは内側方向に短線を一定間隔でつけた閉曲線を用いることで表現され，小さいものは閉曲線と直交して最低所に向かう矢印によって表現される．　⇨閉曲線，等高線，凹地
〈熊木洋太〉

おうちせん　凹地泉 depression spring　⇨湧泉の地形場による類型（図）

おうてっこう　黄鉄鉱 pyrite　FeS_2．立方晶系．淡真鍮黄色の金属光沢を有する不透明な正六面体，五画十二面体〜正八面体結晶．熱水鉱床生成の際の熱水変質作用により生成されるほか，海成の堆積物中，特に泥質堆積物中にフランボイダル（キイチゴ状）の形態で含有される．酸化環境下で水に容易に溶解し，化学的な風化作用の過程で重要な役割を示す．
〈太田岳洋〉
［文献］千木良雅弘（1988）泥岩の化学的風化—新潟県更新統灰爪層の例—：地質学雑誌，94, 419-431.

おうてん　凹点【地形の】 lowest point (in depression)　凹地の中の最低点．⇨地形点，凹地
〈鈴木隆介〉

おうど　黄土 loess　⇨黄土

おうようちけいがく　応用地形学 applied geomorphology　地形学の一分野で，地形過程の明らかな地形種*（単数または複数）の空間的・時間的変化を論拠に（要するに地形を使って），地形以外の事象の空間的・時間的変化および特質を説明・推論・遡知*・後知*・予知することを主眼とする．その方法を地形学的方法*という．諸現象の地形学的編年，地殻変動論，海水準変動論，古環境論，空中写真地質学，水文環境論，地盤判別論，自然災害予測論などで地形学的方法が広く活用されている．⇨地形学の諸分野，日本応用地質学会，応用地形判読士
〈鈴木隆介〉
［文献］鈴木隆介（1997）「建設技術者のための地形図読図入門」，第1巻，古今書院．

おうようちけいはんどくし　応用地形判読士 engineering geomorphologist registered　社会基盤整備や自然災害防災対策など地形に密接な関係をもつ事業においては，その計画段階で，地形図読図，空中写真判読，現地踏査などによる地形学的方法*を駆使した土地条件調査が必須であるが，従来，その調査は主として応用地質技術者が担ってきた．しかし，彼らのほとんどは広義の地質学科の卒業生であり，地形学を系統的に教育されてこなかった．そのため，彼らによる地形調査結果（例：活断層，地すべり，土石流，軟弱地盤，地形分類図など）には著しい精粗がみられた．そこで，地形調査結果の品質向上のため，全国地質調査業協会連合会（全地連）では，「応用地形判読士資格検定制度」を2012年度から発足した．毎年，全国の試験会場で，地形学，一般地質学，地形図読図，空中写真判読，地形分類などに関する一般試験（一次試験）と実技試験（二次試験）により，高度の能力をもつ応用地形判読士を認定し，それによって発注者・受注者の双方の資質を高め，既往の技術士と同様に，公的事業の応札に活用することを目指してきたが，2016年から国土交通省の登録資格に認定された．受験資格は特にない．⇨応用地形学，地形工学
〈鈴木隆介〉

おうようちしつがく　応用地質学 engineering geology, geotechnics　⇨地質工学

おうりょく　応力 stress　物体に外力（荷重）が作用するとき，物体の内部にその荷重に抵抗して平衡条件を満足するように生じる力で，任意の断面に作用する単位断面積あたりの内力．応力は単位面積あたりの力（力/面積）として定義され，$[ML^{-1}T^{-2}]$の次元をもつ．断面に垂直な成分を垂直応力（normal stress），面内の成分を剪断応力（shear stress）という．垂直応力には，引張応力（tensile stress）と圧縮応力（compressive stress）があり，通常，引張応力が正の垂直応力となるように力の正の向きを定義するが，土質力学では圧縮を正とする．剪断応力は接線応力ともいわれ，面に沿って両側の部分を相互にすべり動かそうとする剪断（shear）作用をもつ．剪断応力がゼロになるような

位置での垂直応力を主応力とよび，主応力の作用する面を主応力面，主応力の作用する軸を主応力軸とよぶ．主応力軸は互いに直交する．主応力は大きい順から$\sigma_1, \sigma_2, \sigma_3$と表し，それぞれを最大主応力，中間主応力，最小主応力とよぶ．地球規模ではプレートの押しなどによって広域応力場が形成されるが，これらの主応力の方向と大きさの違いによって，正断層か逆断層か横ずれ断層かが決まることになる．
〈鳥居宣之〉

おうりょくえん　応力円　stress circle ⇨モールの応力円

おうりょくかいせき　応力解析　stress analysis　物体に作用する外力や体積力により物体内部に生じた力のかかり具合，すなわち応力の種類と大きさと方向の分布状況を究明すること．解析的解法は一般に困難とされ，モデル実験や数値実験によるアプローチが多い．地球科学分野では，岩層内にある残留歪み（褶曲，変形した化石など）や破壊面の分布（断層・節理・脈など）から古応力解析のほか，応力解放法・水圧破砕法などによる応力直接測定，地震波による震源断層面解析，宇宙技術による測地観測などの解析が行われている．
〈竹内　章〉

[文献] Means, W. D. (1976) *Stress and Strain*, Springer-Verlag.

おうりょくかいほうせつり　応力解放節理　stress release joint　地下深部で形成された岩石が隆起と削剥によって地表付近に位置するようになり，内部の応力が解放されることに伴って形成される節理．低角度で岩盤を薄いシート状に分離することから，シーティング節理ともよばれる．この場合，単に上載圧が除かれるだけでなく，水平方向の圧縮があることが必要であるとの考えもある．花崗岩類に典型的に見られる．応力解放節理は地表面に大略沿うように形成されるため，シートの斜面下部が切断されると，上方に残った部分がすべりおちることがある．花崗岩類の中には，応力解放節理が数mmから1〜2cm程度の間隔に発達することがあり，これは，マイクロシーティング*，あるいはラミネーションシーティングとよばれる．マイクロシーティングが発達する岩石としない岩石とがある理由はわかっていない．マイクロシーティングは，わが国では，広島や山口の山陽帯の花崗岩類に発達し，1999年広島豪雨や2009年山口豪雨の際の表層崩壊多発の素因となった．⇨地形性節理　〈千木良雅弘〉

[文献] Chigira, M. (2001) Micro-sheeting of granite and its relationship with landsliding specifically after the heavy rainstorm in June 1999, Hiroshima Prefecture, Japan : Engineering Geology. 59, 219-231.

おうりょくかんわ　応力緩和　stress relaxation　岩石も長時間にわたる応力を受ける場合には粘弾性*の性質をもつが，このような粘弾性体において，歪みを一定に保つときの応力は時間とともに指数関数的に減少し，無限時間のあとにはなくなってしまう現象．たとえば，一般にシーティング*は残留応力の解放をともなう除荷作用*によって形成されると説明されているが，侵食速度が緩慢（したがって，上載荷重の軽減速度も緩やか）な場合には，岩石のもつ応力緩和の性質によってシーティングが形成されるほどの応力が岩石に負荷しないという考えもある．
〈松倉公憲〉

[文献] Yatsu, E. (1988) *The Nature of Weathering : An Introduction*, Sozosha.

おうりょくば　応力場　stress field　一定の応力分布によってある構造が形成される場．応力テンソル場とも．応力分布の解析として，断層変位や鉱脈・岩脈・節理など断裂系の解析，地殻応力場の原位置直接測定・室内試験のほか，地震波初動解析や地殻変動データによるシミュレーションが行われている．地殻応力場は鉛直1軸と水平2軸の3主応力で記述され，引張場・圧縮場・中立などに区別できる．変動帯では，静水圧状態や弾性論的な応力場とは異なるテクトニックな広域応力場が一定の長期間存続し，地形区や断層区の成立に関与する．
〈竹内　章〉

おうりょくふしょく　応力腐食　stress corrosion　一般には材料工学で使用される用語で，応力が常にかかっている状態が長期間続くことによる腐食現象を指す．たとえば，腐食状態にある部材が常に引張り応力を受けていると，通常の破壊応力より低い状況で破壊することを応力腐食割れ破壊という．腐食を風化に置き換え，たとえば，ナマ*の成因を応力腐食と解釈する説もある．
〈松倉公憲〉

[文献] Yatsu, E. (1988) *The Nature of Weathering : An Introduction*, Sozosha.

おうれつさきゅう　横列砂丘　transverse dune　卓越風に対して直角の方向，すなわち横に細長く配列する砂丘．横列砂丘の高さは10mほどで，砂丘間隔は50〜200m．風上斜面が凸形で緩く，風下斜面が凹形で急傾斜のすべり面をなす．砂漠では横列砂丘→バルカノイド砂丘*→バルハン*に変化するか，あるいはその逆の場合がある．海岸砂丘では植生に捕捉された砂が海岸線に平行な横列砂丘を形成

するが，人為的な影響によって風食を受け，砂が吹き払われて風食凹地砂丘*や放物線型砂丘*に変化する. 〈成瀬敏郎〉

おおあめけいほう　大雨警報　heavy rain warning　気象庁が大雨による重大な浸水災害や土砂災害が発生するおそれがあると予想したときに発表する警報. 〈中村太士〉

おおあらさわそう　大荒沢層　Oarasawa formation　秋田・岩手県境JR北上線周辺の奥羽山脈地域に分布する下部中新統．熱水変質を被り暗緑色を呈する安山岩溶岩，同質火山砕屑岩類を主体とし，玄武岩溶岩，礫岩，砂岩，泥岩が挟在．層厚は100〜800 m．奥羽山脈において，グリーンタフ*の最下部を占め相当層が先新第三系を不整合に覆って分布. 〈天野一男〉

おおいがわそうぐん　大井川層群　Oigawa group　静岡県大井川下流地域の藤枝，島田，榛原(はいばら)付近の丘陵に分布する下部中新統．下位の瀬戸川層群，上位の倉真(くらみ)層群などと不整合．下部は砂岩・泥岩・石灰岩よりなり層厚は300 m，上部は凝灰質砂岩・砂岩泥岩互層よりなり，層厚は450 m. 〈松倉公憲〉

おおいしそう　大石層　Oishi formation　秋田・岩手県境JR北上線周辺の奥羽山脈地域に分布する下部〜中部中新統．熱水変質を被り淡緑色を呈する酸性火山礫凝灰岩，酸性凝灰岩，泥岩を主体とし，流紋岩溶岩，安山岩火山砕屑岩類が挟在．層厚は最大1,200〜1,500 m. 〈天野一男〉

おおいたそうぐん　大分層群　Oita group　大分市北方の台地，鶴崎台地北部，丹生(にゅう)台地に分布する更新統．層厚は最大で約20 mで，東方ほど薄い．大部分は非海成の亜角礫から角礫，砂，シルトからなり，一部海成のシルト層を挟む．下位から，滝尾(たきお)層，鶴崎(つるさき)層に区分されている．本層群下部には約87万年前とされる猪牟田(ししむた)アズキテフラに対比される曲(まがり)火砕流堆積物を挟み，上部に約62万年前とされる誓願寺栂(せいがんじとが)テフラに対比される粒径1〜2 mmの軽石およびガラス質火山灰からなる誓願寺軽石層を挟む．鶴崎層からはトウヨウゾウ(*Stegodon orientalis*)が産出していることから，本層群の形成年代は前期〜中期更新世と考えられている. 〈里口保文〉

オーギブ　ogive　⇨オージャイブ

おおさかそうぐん　大阪層群　Osaka group　京阪神地域とその周辺の丘陵地に主として露出する上部鮮新〜中部更新統．周辺の平野域・大阪湾海底下にもその相当層が分布．模式地は大阪府北部千里丘陵および大阪府南部泉南〜泉北丘陵．下半部は河川・湖沼成の砂礫および泥層からなり，上半部は海成粘土層と河川・湖沼成の砂礫および泥層が交互に重なる．全体の厚さは丘陵部で300 m前後，平野・大阪湾下で1,500 m以上．50層以上の火山灰層を挟み，その中には恵比須峠福田，猪牟田アズキ，猪牟田ピンクなどの広域指標テフラが含まれる．側方連続のよい海成粘土層が主なもので12層（下位からMa-1, Ma0, Ma1, …, Ma10）挟まれる．神戸層群・二上層群や，中・古生層，花崗岩類などの基盤岩類を不整合に覆い，段丘構成層・沖積層に不整合で覆われる．日本の第四紀層の標準層序の一つとされる. 〈三田村宗樹〉

おおしお　大潮　spring tide　新月（朔）や満月（望）の頃の潮差の大きい潮汐．⇨潮汐 〈砂村継夫〉

おおしおへいきんこうちょうい（めん）　大潮平均高潮位（面）　Mean High Water Springs, MHWS　毎月の新月（朔）や満月（望）の頃の高潮時の潮位（高潮位）をそれぞれ長期間にわたって平均した海面の高さ. 〈砂村継夫〉

おおしおへいきんていちょうい（めん）　大潮平均低潮位（面）　Mean Low Water Springs, MLWS　毎月の新月（朔）や満月（望）の頃の低潮時の潮位（低潮位）をそれぞれ長期間にわたって平均した海面の高さ. 〈砂村継夫〉

オージャイブ　ogive　氷河のアイスフォール下流表面にみられる縞模様．下流向きに凸の弧が連続する．オーギブともいう. 〈金森晶作〉

オーそう　O層　O horizon　⇨堆積有機物層，土壌層位

おおつか　やのすけ　大塚弥之助　Ohtsuka, Yanosuke（1903-1950）　東京帝国大学卒．東京文理科大学・東京大学地震研究所および理学部教授を兼務．地質学全般・古生物学・堆積学など広い分野にわたって活動したが，新生代の地殻運動を明らかにするために地形の研究を取り入れ，地理学評論にも論文を書き，同世代の多田文男，当時学生・院生であった吉川虎雄・中野尊正・貝塚爽平らに大きな影響を与えた．その結果として地形学に層位学的手法が導入されることになり，発達史地形学が確立した．また地形に興味をもつ地質学者（杉村　新・松田時彦・鎮西清高など）が輩出し，地形学研究者との交流が盛んとなった．このような意味で大塚は日本の第四紀学の父であるともいえよう．また大塚は野外調査を重要視したが，研究の着眼点は先進的であった．プレートテクトニクス*の場において，

日本島の地形が新生代後半からどのように形成されてきたか，という現在もホットな地形学の課題はまさに大塚が目指していたものである．また東京文理科大学時代には現在学的な意味で地質学研究を行う必要性を説き，地形学の学徒（谷津榮壽など）に影響を与え，プロセス地形学の発端を開いた．主な著書に，「地質構造とその研究」(1951)．「日本島の生ひたち」(1954) などがある． 〈野上道男〉

おおつじそうぐん　大辻層群 Otsuji group　筑豊炭田に分布する漸新統の汽水〜海成層．上部は砂岩・砂岩泥岩互層・礫岩．下部は砂岩・泥岩で炭層を挟む．層厚 1,100 m．下位の直方層群と不整合．上位の芦屋層群*と整合． 〈松倉公憲〉

オーバーウォッシュ overwash　①荒天時や高潮時に沿岸州*や砂嘴*の低い部分を越波して背後（陸側）に流下する水．②這い上がり波ともよばれ，バームクレスト*を越えて陸側に流下する遡上波の一部． 〈砂村継夫〉

オーバーハング overhang　水平面に対して 90°以上の傾斜を示し，下向きの斜面．懸崖，反斜面とも．例：地下空洞，洞穴やノッチの天井部分など．⇨傾斜角，反斜面，斜面分類［傾斜角による］ 〈石井孝行〉

オーバーバンクシルト overbank silt　氾濫原*の河道以外の場所に堆積したシルトならびに極細粒な堆積物の総称．氾濫水中の浮遊物質が，河川水の減水に伴って平常時の河道以外の場所に自然堤防*などを乗り越えて堆積したもの． 〈田中里志〉

オーバーレイかいせき　オーバーレイ解析 overlay analysis　GIS の基本的な解析機能の一つで，空間的に同じ位置に存在する複数の現象を個別にデジタル化したデータを重ね合わせ，それぞれに含まれる情報を一つのデータに出力する処理を指す．例えば，河川の氾濫原を示すデータと建物のデータをオーバーレイし，氾濫原と建物の双方の形状と，氾濫原の属する河川名と建物名の双方の文字情報を持つ一つのデータを出力する．この結果から，特定の河川の増水などで影響を受ける可能性のある建物名を特定することができる． 〈高橋昭子〉

オーピー　O.P. Osaka Peil ⇨基準面

おおまたそう　大又層 Omata formation　秋田県中部の太平山付近の花崗岩の周囲に分布する漸新統の陸成層．主に輝石安山岩の溶岩・火砕岩よりなり，著しく変質している．層厚は 300〜700 m．地すべり地形が多い． 〈松倉公憲〉

オーマップ　O-map ⇨オリエンテーリング用地図

おおもりそう　大森層 Omori formation　島根県宍道湖および中海の南方に分布する中部中新統．各種の火山岩を主とし，一部に礫岩・砂岩・硬質泥岩の互層・泥岩・軽石質凝灰岩などを挟む．火山岩は周囲より突出した高い丘陵を形成している． 〈松倉公憲〉

おおやいし　大谷石 Oya-ishi, Oya stone　栃木県宇都宮市大谷町一帯で産する石材．新第三紀の海成軽石凝灰岩（デイサイトまたは流紋岩質）で，石材としては軟岩で加工しやすく，地下で大規模に採掘されてきた．耐火性・耐震性に優れ，石垣，石壁，倉庫壁などに広く使われている． 〈横山勝三〉

オールドハットがたベンチ　オールドハット型ベンチ "Old Hat" type bench　内湾に形成される波食棚に，Bartrum (1926) が付けた名称．もとは J. D. Dana (1849) が，ニュージーランドの内湾の島の周りに全方位にわたり発達している波食棚が昔の帽子の形に似ていたことから，'Old Hat' としたことによる．波は風化生成物を除去する程度の働きしかもたないという波食棚風化説の根拠になっている．
⇨波食棚 〈辻本英和〉
［文献］Bartrum, J. A. (1926)'Abnormal' shore platforms : Jour. Geology, 34, 793-806./Kennedy, D. M. et al. (2011) Subaerial weathering versus wave processes in shore platform development; reappraising the Old Hat Island evidence : Earth Surface Processes and Landforms, 36, 686-694.

おか　丘，岡 hill　周囲より小高い所または孤立した島状の低い山の日常語．⇨島状丘 〈鈴木隆介〉

おがさそうぐん　小笠層群 Ogasa group　静岡県西部，掛川西方（袋井北方）の可睡丘陵，その南東の小笠丘陵と南山丘陵をつくる，中・下部更新統．主に大井川の礫からなる厚い中〜巨礫層と，淡水・内湾成の泥層との互層．層厚 400 m 以上．〈石田志朗〉

おがさわらかいれい　小笠原海嶺 Ogasawara Ridge　小笠原諸島の聟島列島，父島列島，母島列島を載せる延長約 400 km の高まり．古第三紀の火山岩類からなる． 〈岩淵洋〉

おがさわらトラフ　小笠原トラフ Ogasawara Trough　小笠原舟状海盆ともよぶ．小笠原海嶺と七島・硫黄島海嶺に挟まれた延長 700 km，幅 70 km の海盆*．中軸部の水深は父島の西方では水深 4,000 m 程度であるが，伊豆鳥島の南東では 3,000 m 程度と南に緩く傾いている． 〈岩淵洋〉

おがさわらのどじょう　小笠原の土壌 soil of

Bonin (Ogasawara) Islands　東京の南約 1,000 km の太平洋上に父島・母島などからなる小笠原（2011 年 6 月，世界自然遺産登録）は亜熱帯湿潤気候下にある．両島における土壌は，赤色土，黄褐色土，暗色土，リソゾルの各土壌群に大別される．赤色土壌群は土壌層位の B 層の色相（5YR~10R）であるが，明彩度でさらに，帯暗赤色土，暗赤色土，赤色土の 3 亜群に区分される．そのうち，帯暗赤色土と暗赤色土は小笠原特有の土壌とされ，前者の分布域は父島で最も広く，後者が母島で広く分布し，赤色土はわずかにすぎない．両島の精査土壌図（1：5,000）がある（環境省，2013）．⇒暗赤色土，赤色土
〈宇津川　徹〉

［文献］宇津川　徹（2012）小笠原諸島の地形・地質と土壌：ペドロジスト，56（2），83-90．

おかモール　丘モール　raised bog, high moor　泥炭地の分類の一つ．H. Osvald は泥炭地を bog と fen に分け，bog をさらに丘モール（raised bog, high moor），平モール（plain bog, flat bog），凹型モール（concave bog）に分けた．丘モールは盛り上がった高位泥炭地で，平モールと凹型モールは降水栄養性泥炭地*であるが，空中湿度が高く，きわめて湿潤な場所に生じる．平モールは時計皿状の盛り上がりを欠く泥炭地で，中間泥炭地と似ているが，植生は高位泥炭地に特有の貧栄養性植物で構成されている点が異なる．凹型モールは泥炭地周辺の斜面と泥炭地の表面が連続したもので，表面はくぼんだ形になる．これが極端になると，泥炭層がくぼみだけでなく，突出部も覆って，起伏をそのまま反映した泥炭地ができる．これをブランケット（型）泥炭地*とよんでいる．
〈小泉武栄〉

［文献］阪口　豊（1974）泥炭地の地学．東京大学出版会．

おがわ　小川　brook　平坦地または緩傾斜地を流れる水面幅数 m 以下の小さな川で，両岸に自然植生があり，護岸工がほとんどなく，自然河川またはそれに近い河川．
〈鈴木隆介〉

おがわそう　小川層　Ogawa formation　長野県中・北西部に分布する中新統の海成層．下部は砂岩質，上部は砂岩・泥岩互層で，礫岩・凝灰岩を挟む．長野市西方で，下部に厚い裾花凝灰岩がある．層厚は 2,000 m．地すべりが多発する．
〈松倉公憲〉

おき　沖　offshore　海岸や湖岸から遠く離れた水域．砕波帯から大陸棚外縁までを指すこともある．
〈砂村継夫〉

おきいそ　沖磯　oki-iso　沖にある岩礁*で常に海面上に露出しているもの．釣り用語として使われる．
〈砂村継夫〉

オキシソル　Oxisols　米国の土壌分類体系で，陽イオン交換容量がきわめて低く（16 cmol(+)/kg 粘土以下），易風化鉱物含量の低い（50~200 µm 画分で 10% 以下）オキシック層またはプリンサイト*を有する，塩基不飽和な土壌．年間を通じて高温・多湿な熱帯雨林気候帯ないし熱帯モンスーン気候帯に広く分布し，古く安定な地形面上で強い風化を受けて生成する．粘土鉱物はカオリン鉱物*に限られ，粘土の機械的移動は認められない．酸化鉄（主にヘマタイトやゲータイト）やアルミニウムの酸化物（主にギブサイト）を多量に含む．
〈前島勇治〉

おきす　沖州　barrier　⇒沿岸州

おきなみ　沖波　offshore wave　⇒深海波

おきなみはけいこうばい　沖波波形勾配　deep-water wave steepness　⇒波形勾配

おきなみはこう　沖波波高　deep-water wave height, offshore wave height　水深が波長の 1/2 よりも深い場所での波を沖波（あるいは深水波）といい，その高さ（波高）をいう．通常，H_o で表す．添字の o は沖波（深海波）を表す慣用記号である．
〈砂村継夫〉

おきなみはちょう　沖波波長　deep-water wavelength, offshore wavelength　水深が波長の 1/2 よりも深い場所での波（沖波）の長さ（波長）．通常，L_o で表す．添字の o は沖波（深海波）を表す慣用記号．沖波波長は周期 T のみで決まる（$L_o = gT^2/2\pi$，g は重力の加速度）．
〈砂村継夫〉

おきなわトラフ　沖縄トラフ　Okinawa Trough　沖縄舟状海盆ともよぶ．南西諸島弧の西ないし北側に併走する背弧海盆*．九州西方，宇治群島の南から台湾島の北東にかけて幅約 200 km，延長 1,000 km にわたる．北部では中軸部の水深は 1,000 m 以浅だが，南西に向かうにつれて深くなり，最深部は石垣島の北方 770 km の水深 2,292 m．沖縄島の北西沖約 100 km の伊是名海穴では海底熱水鉱床が発見されている．
〈岩淵　洋〉

おきはま　沖浜　offshore　⇒砂浜海岸域の区分

オグルド　oghurd　北アフリカ，アルジェリアの砂漠で発達する巨大ピラミッド砂丘のことで，グールドあるいはルールドともいう．ピラミッドの名のごとく角錐状の大規模砂丘．縦列砂丘*上や網状砂丘*の結節点に数方向からの風で形成された砂丘は高さ 80~150 m，幅 1~2 km にもなる．⇒ピラミッド砂丘
〈成瀬敏郎〉

おさえもりど　押え盛土　counterweight fill　地すべり土塊の末端部に盛土を行うことにより，土塊の滑動力に抵抗させ安定化を図る工法.〈中村太士〉

おしかぶせこうぞう　押しかぶせ構造　nappe structure　⇨ナップ

おしかぶせだんそう　押しかぶせ断層　overthrust　⇨断層の分類法（表）

おしこみこうどしけん　押し込み硬度試験　indentation hardness test　金属，岩石，鉱物などの表面に，小さな鋼球やダイヤモンド角錐などの圧子を押し込んで永久変形（窪み）を生じさせ，その変形量と押し込む荷重から試料の硬度を評価する試験. ブリネル（Brinell）硬度試験，ビッカース（Vickers）硬度試験*，ヌープ（Knoop）硬度試験などがある.〈若月　強〉

おしだし　押し出し【溶岩の】　lava apron　⇨溶岩舞台

おしだしいき　押出域【地すべりの】　pressed area（of landslide）　⇨地すべり地形（図）

おしだしちけい　押し出し地形　flat-topped landslip lobe　斜面崩壊・山地崩壊によって崩壊物質が押し出されて形成される地形. この地形は，扁平状の形態をもつことが多く，扇状地面より急で，沖積錐より平坦地を広くもち，末端は両地形と同様に急傾斜をなして終わるので，崩落堆*に類似している. 構成物質は粒径数mに及ぶ角礫ないし角礫を含む砂礫からなる. 長野県伊那谷の扇状地の扇頂付近にみられる「押し出し地形」を三野（1951）は原地形と命名したが，元の地形を意味する原地形と混同されるので，この用語は以後，使用されなかった.〈石井孝行〉
［文献］三野與吉（1951）伊那谷の地形―断層の原地形・地形面の対比―：地理学評論, 24, 215-230.

おしだしりゅう　押し出し流　translatory flow　土壌中に降下浸透した降雨が，降雨以前に土壌内に貯留されていた土壌水をピストン流的に押し出すことによって直接流出が形成される場合，このような流れをいう.〈松倉公憲〉

おしなみ　押し波　swash　⇨遡上波

オシぬまされきそう　オシ沼砂礫層　Oshinuma gravel formation　川崎市登戸南方のオシ沼を模式地とし，浅海性の礫を交える淘汰のよい砂からなる，ときに斜交葉理をもつ本層は模式地周辺の生田から横浜市市ヶ尾付近に分布する層厚10m程度の中部更新統. 本層上面は多摩II面を構成し，ゴマシオ軽石層（GoP1）以上の風成多摩IIローム層に覆われる.〈熊井久雄〉

オゾンそう　オゾン層　ozone layer　大気中のオゾンの量が集中してみられる層で，高度10〜50kmに分布する. オゾン量の極大は高度25km付近に存在する.〈森島　済〉

おちあい　落合　confluence, junction　山地河川において，ほぼ同規模の河川の合流点. 出合とも. 合流点にある小集落の地名になっている例も多い. ⇨合流形態（図）〈鈴木隆介〉

おちこみ　落ち込み　ochikomi　渓流の水底にある巨礫などが集積してできた段差のため，水流が激しく落下し白泡がたっているような場所. 落下地点の底面は洗掘されて窪みが形成されていることが多い. 釣り用語.〈德永英二〉

おっぽり　押堀　oppori, bankside hollowed cavity after inundation　洪水時における自然・人口堤防の破堤に伴って，激しい流水の侵食によって形成された河岸の凹地. 自然堤防の堤内地の側基部付近に形成されることが多く，その先には破堤堆積物が堆積する. 規模の小さい押堀は堤防の修復の際に埋め戻されることが多いが，比較的規模の大きな押堀はそのまま放置され，池として残るものもある. 落堀と書くこともある. 小貝川の氾濫によって形成された茨城県竜ヶ崎市の中沼や長良川の決壊によって形成された岐阜県海津市平田町勝賀の押堀などが知られる. ⇨破堤堆積物，蛇行痕跡（図）〈海津正倫〉

おでい　汚泥　sludge　廃棄物の一種で，泥状を呈することから汚泥とよばれるが，明確な定義はない. セメント工業，窯業，建設業などから排出される無機性汚泥と，都市下水や畜産，製紙，染色業などの産業廃水を処理する施設などから排出される有機性汚泥とに区分される. 有機性汚泥は堆肥化によって農業・緑化分野で利用され，汚泥焼却灰はセメントや舗装資材の原料としてリサイクルされる. 有機性汚泥中には窒素，リン酸，カリウムなどの肥料成分が多量に含まれることから，その活用は環境保全型循環農業を進める上で重要であるが，作物の生理障害，土壌病害の助長や土壌・地下水汚染の観点から農業利用には制約がある.〈渡邊眞紀子〉

おとがわそう　音川層　Otogawa formation　富山県八尾地域に分布する中新統-鮮新統. 基底礫岩をもって下位の中部中新統東別所層と不整合に重なる. 本層は，本層中で認識される不整合を境に，下部音川層と上部音川層に区分される. 下部音川層は凝灰岩を挟有する砂岩礫岩で，上部音川層は砂岩，泥岩よりなる. 層厚は下部400m，上部600m.

おとなしがわそうぐん　音無川層群　Otonashi-gawa group　紀伊半島南西部の印南町から東方に分布する海成の始新統．砂岩と泥岩を主体とし，東西方向の走向をもつ褶曲・断層が発達するが，大規模な崩落や地すべりは発生していない．〈鈴木隆介〉

おとべつそうぐん　音別層群　Otobetsu group　北海道白糠丘陵に分布する上部始新統〜漸新統の海成層．層厚は 600 m．〈松倉公憲〉

おにのせんたくいた　鬼の洗濯板　washboard-like relief　⇨洗濯板状起伏

おにマサ　鬼マサ　oni-masa　花崗岩の風化形態を表す用語で，マサ*と硬岩（新鮮岩）との中間物質．色調や見掛けの構造は新鮮岩と大差がなく，固結しているようにみえるが，強度は低く，手で容易に押しつぶせる．〈松倉公憲〉

おぬかちけい　小奴可地形　Onuka landform　三野（1942）は，中国準平原上の広島県庄原市東城町小奴可付近の山地・山麓地形を小奴可地形とよび，日本的岩石床（rock floor）とした．その特徴は，①平滑な山地急斜面とその下方の平坦面（実際は緩傾斜面）よりなり，一続きの凹形断面を示す，②岩石は主として花崗岩系で，③山腹斜面は基岩よりなり，顕著な必従谷はなく，④平坦面は極めて薄い岩屑によって点在的に覆われている，などという．彼は準平原の形成を岩石床説によって論じ，小奴可地形は山地の解体・縮小過程における第4階梯の地形とした．しかし，①原著の定義が曖昧で，②模式地（白滝山・飯山付近）の山腹斜面は斑れい岩や蛇紋岩（しばしば高透水性）で構成され，山麓の緩傾斜部は花崗閃緑岩類で構成されているので，凹形縦断形は岩石制約に起因する可能性もあり，③'平坦面'を鉄穴流しによる人工地形とする見解もあって，④'小奴可地形'を独立の地形種と認定すべきかについては疑義が残る．⇨ペディメント，岩石床，麓屑面〈田中眞吾・鈴木隆介〉

［文献］三野與吉（1942）「地形原論—岩石床説より見たる準平原論」，古今書院．

おね　尾根　ridge　地表の起伏を特徴づける地形線*のうち，一つの線を境にその両側に低くなる斜面で構成される高まり．山稜またはリッジとも．両側の斜面の交線（凸線）を尾根線または稜線とよぶ．尾根線は平面的にも縦断面的にも多少の屈曲をもつ場合が多い．ただし，尾根の頂部に前輪廻地形*としての小起伏面*（緩傾斜面や平坦面）が存在することもある．⇨尾根線，地形線，分水界，尾根の横断形（図），尾根の縦断形（図）〈鈴木隆介〉

おねいどうがたじすべり　尾根移動型地すべり　landslide of ridge-moved type　斜面上方の尾根の反対側斜面に地すべり面が達している地すべり．元の斜面が尾根ごとすべった地形で，顕著な側方滑落崖と過去の尾根が突起となって残存する（例：長野県の大峰の北方地区）．⇨地すべり地形の形態的分類（図）〈鈴木隆介〉

［文献］鈴木隆介（2000）「建設技術者のための地形図読図入門」，第3巻，古今書院．

おねがたしゃめん　尾根型斜面　divergent slope　尾根状の単位斜面で，発散斜面，散水斜面ともいう．⇨斜面型（図）〈鈴木隆介〉

おねすじ　尾根筋　ridge line　尾根*の稜線のこと．山稜とも．主に登山者や林業家が用いる．尾根どうしなどの語もある．沢筋*の対語．⇨稜線〈岩田修二〉

おねせん　尾根線　ridge line　尾根*の稜線を追跡した線で，地表面が両側に低くなる地形線（凸線で，落水線の発散線）であり，分水界（流域界）である．⇨地形線，分水界〈鈴木隆介〉

おねせんかんてんれつ　尾根遷緩点列　row of concave knickpoints on ridge　山腹斜面に発達する複数の尾根（支尾根）において，尾根の稜線に存在する遷緩点*がほぼ直線状または弧状に並んで，リニアメント*になっている状態をいう．鞍部列や接頭直線谷*に連なり，断層地形または差別侵食地形として地質境界線に重なる場合が多い．鈴木（2004）が新称．⇨鞍部，ケスタ，断層鞍部〈鈴木隆介〉

［文献］鈴木隆介（2004）「建設技術者のための地形図読図入門」，第4巻，古今書院．

おねせんきゅうてんれつ　尾根遷急点列　row of convex knickpoints on ridge　山腹斜面に発達する複数の尾根（支尾根）において，尾根の稜線に存在する遷急点*ないし山脚*がほぼ直線状または弧状に並んでいる状態をいう．尾根の下方に強抵抗性岩*が，上方に弱抵抗性岩*がそれぞれ分布する場合の差別侵食で生じ，地質境界線と重なる場合が多く，尾根遷緩点列とおおまかに並走する場合がある．鈴木（2004）が新称．⇨地層階段，尾根遷緩点列〈鈴木隆介〉

［文献］鈴木隆介（2004）「建設技術者のための地形図読図入門」，第4巻，古今書院．

おねのおうだんけい　尾根の横断形　cross profile of ridge　尾根の横断形の中腹以上の部分の形状

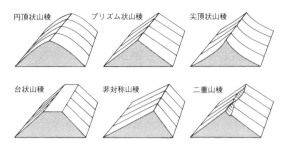

図　尾根頂部の横断形の基本的な類型（鈴木，2000）

で，円頂状山稜*，プリズム状山稜*，尖頂状山稜*，台状山稜*，非対称山稜*，二重山稜*の6種程度に類型化される（図）．地質構造，侵食階梯および削剥過程を反映している．⇨尾根の縦断形（図）

〈鈴木隆介〉

［文献］鈴木隆介（2000）『建設技術者のための地形図読図入門』，第3巻，古今書院．

おねのじゅうだんけい　尾根の縦断形　ridge line, longitudinal profile of ridge　尾根線の縦断形の形状で，凸形山稜*，直線状山稜*，凹形山稜*，鋸歯状山稜*，階段状山稜*，うねり状山稜*の6種程度に類型化される（図）．山地の侵食階梯や地質構造を反映している場合が多い．⇨尾根の横断形（図）

〈鈴木隆介〉

［文献］鈴木隆介（2000）『建設技術者のための地形図読図入門』，第3巻，古今書院．

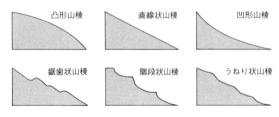

図　尾根の縦断形の基本的な類型（鈴木，2000）

おねむきしょうがい　尾根向き小崖　uphill-facing scarp　⇨山向き小崖

おびこう　帯工　streambed sill　局所洗掘を防止し，河床高を固定するために施工される砂防施設の一つ．天端高を計画河床高と同一とした横工（堰堤）で，落差はほとんどない．　〈中村太士〉

おびじょうかいがんへいや　帯状海岸平野　belted coastal plain　海岸線にほぼ並行に，緩やかなケスタ地形となっていて，高地（ケスタ）と低地とが帯状に交互に広がる海岸平野．アメリカ合衆国アラバマ州からミシシッピー州にかけての Gulf Coastal Plain がその例．⇨海岸平野，ケスタ

〈福本　紘〉

［文献］Strahler, A. H. and Strahler, A.（2006）*Introducing Physical Geography*, John Wiley & Sons.

おびじょうしゅうらく　帯状集落　linear settlement　家屋が帯状に直線的または蛇行状に細長く伸びて分布する集落で，その近傍に他の集落のないもの．地形学的には，自然堤防や浜堤に立地し，古い街道と社寺を伴う．小規模な洪水や津波によって冠水することがなく，相対的に災害に強い集落であるが，それの立地する地形種*を成長させるような大規模な洪水や津波で冠水することがある．ただし，著名な古い社寺の門前集落として発達した帯状集落は地形とは一義的な関係はない．　〈鈴木隆介〉

オフィオライト　ophiolite　岩石名ではなく，過去の海洋地殻を示す一連の地層ユニットのこと．下位から，超塩基性岩（ハルツバージャイト，かんらん石，輝石），塩基性の火成岩である斑れい岩，粗粒玄武岩の岩脈群，枕状構造を示す玄武岩溶岩，そして最上位にチャートを含む堆積物の順で累重している．陸上でオフィオライト層序が確認されれば，かつての海洋地殻が陸上に乗り上げた証拠となる．

〈松倉公憲〉

オブシディアン　obsidian　⇨黒曜石

オフセット　offset　断層のずれ量を測定する場合に，水平面内において，地層の走向に対して直交方向に測った地層間の距離であり，正隔離と訳す．⇨隔離，断層変位，オフセットストリーム

〈岡田篤正〉

オフセットストリーム　offset stream　横ずれが卓越した活断層沿いでは，河の流路が屈曲して，横ずれ方向に屈曲する（図）．こうした河流の横ずれを変位河流（offset stream, offset drainage, deflected drainage）とよぶ．起伏のある丘陵や山地内では，河流だけでなく，河谷地形全体も同じ方向に横ずれしている場合が多く，横ずれ谷ともいう．河間の尾根も同様に動き，横ずれ尾根が生じる．断層の動き方や横ずれ量を測定する上で重要な指標となる．世界の長大な活断層沿いで数多く認定されるが，阿寺断層・根尾谷断層・中央構造線などの活断層でも多くの事例が認められ，横ずれ方向や変位量を知る上で重要な地形である．⇨オフセット，横ずれ断層

〈岡田篤正〉

［文献］活断層研究会編（1992）『日本の活断層―地図と解説』，東京大学出版会．

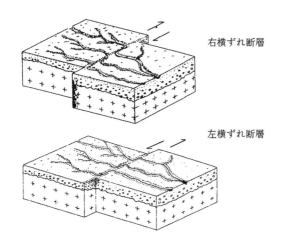

図 横ずれ活断層（地表地震断層）によるオフセットの模式図
（岡田，1979を，活断層研究会，1992が改訂）

オフラップ offlap 水域で堆積した地層のうち，海（または湖）側に傾斜した水底で，地層が覆瓦状に次々と重なって堆積している状態をいう．海退時にできた地層によくみられる． 〈酒井哲弥〉

オホーツクプレート Okhotsk plate オホーツク海のほぼ全域と東北日本・樺太（サハリン）・カムチャツカ半島・東シベリア南部などを構成するプレート＊（図）．北アメリカプレートの一部と考えられてきたが，その北西部を独立させた説であり，プレート境界沿いで起こる地震のすべり方向（スリップベクトル）や地震の分布から提唱された．この東縁は千島（・カムチャツカ）海溝で太平洋プレートと潜り込み型の境界として接し，巨大地震の多発域となっている．西縁は日本海東部の変動帯から樺太の西側を北上し，1983年日本海中部地震や1995年ネフチェゴルスク地震などの大地震が発生している．北縁はシベリア東部の南側に位置し，北アメリカプレートと接する．これに沿って地震分布やトランスフォーム断層も認められるものの，明瞭さに欠ける．さらに，オホーツクプレートの南西端部を北日本マイクロプレートとして区別する考え方もあるが，未確定である． ⇨プレート境界，北アメリカプレート 〈岡田篤正〉

［文献］瀬野徹三（1995）「プレートテクトニクスの基礎」，朝倉書店．

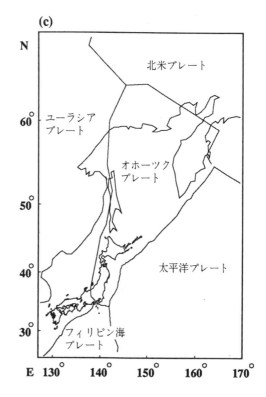

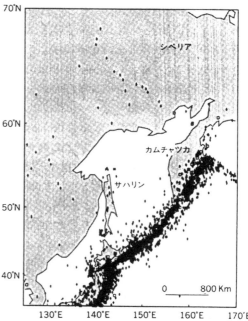

図 オホーツクプレート（上）とその近傍の地震活動（下）（瀬野，1995）

おぼれだに 溺れ谷 drowned valley 陸上で形成された谷（河谷，氷食谷など）が，地殻変動やアイソスタシーによる海岸付近の地殻の沈降または後氷期の海面上昇によって，海面下に沈水したものである．現在は最終氷期の海面最低下期後の高海面期であるので，このような地形は多い．地形学では過去の谷の形成過程によって，リアス式海岸（河谷の沈水した湾）のほかに，フィヨルド，エスチャリー

などと沈水前の地形種で区別されるが，日本の土木関係分野では，一括して溺れ谷とよばれる場合が多い．溺れ谷は，河成堆積低地やラグーン（潟湖）の形成に伴う海湖成の低地の発達で埋積されるが，埋積物の性質は溺れ谷の流域の特性（流域面積，河川規模，地質など）に制約される．特に，氷期の海面低下期に海成段丘を刻んで発達した谷に起源をもつ溺れ谷には，粗粒堆積物が少ないので，軟弱地盤が発達する場合が多く，地震災害が顕著になる（例：関東平野南部や北海道東部の谷底堆積低地）．⇨軟弱地盤 〈鈴木隆介・野上道男〉

おぼれだにていち 溺れ谷低地 drowned valley plain 台地や丘陵を刻む谷底に形成された細長い低地のうち，海進や地盤の沈降によって溺れ谷*となったことのある低地．特に，後氷期の海進に伴って溺れ谷となったところを指す場合が多い（例：神奈川県柏尾川低地，静岡県松崎低地）．海進に伴って形成された入江の底に堆積した海成層からなる軟弱な地層が厚く堆積しているため地盤が軟弱で，地震時には被害が大きく出る傾向がある．泥炭地や荒れ地として放棄されていたところが多いが，都市域などで水田化されたのち，都市化に伴って家屋の密集する場所に変化している．⇨溺れ谷 〈海津正倫〉

おみわたり 御神渡 omiwatari, thermal ice ridge of lake ice ⇨湖氷

おやこせんじょうち 親子扇状地 composite fan ⇨合成扇状地（図）

おやしお 親潮 Oyashio 北西太平洋を千島列島沿いに北海道から三陸沖にまで南下する寒流．千島海流ともいう．⇨海流 〈小田巻 実〉

オリエンテーション orientation ⇨ファブリック

オリエンテーリングようちず オリエンテーリング用地図 orienteering map オリエンテーリング競技用に作成された地図．オーマップ（O-map）ともよばれる．通常縮尺は1万分の1または1万5,000分の1で，等高線間隔は5mである．道，建物，等高線，水系，植生（土地利用）など一般の地形図に描かれる地形，地物のほか，林などを走って通行する場合の通りやすさが3〜4段階に区分され示されている．日本では2,500分の1地形図などを基図として簡易測量調査によって作成される．ヨーロッパでは空中写真の図化により基図を作成する場合もある．描かれる地形，地物は国際オリエンテーリング連盟（IOF）が定めた基準に基づくが，地域による特殊な記号も認められている．小凹地，穴，こぶ，湧水点，ガリー，岩石地など微地形が記号化されているほか，小さな尾根や谷が等高線で表現されているため，地形学的にも有用な場合がある． 〈島津 弘〉

オリストストローム olistostrome 異種・異質の岩塊と泥とが雑然と混合した堆積物．未固結堆積物が海底地すべり*やスランプ*などによって半流動化して形成される．地質図上に表現できる広がりで，レンズ状に分布し，一般の地層のような層状構造を示さない．オリストストロームに含まれる岩塊（ブロック）は，オリストリス（olistolith）とよばれる．オリストリスにはセンチメートルからキロメートル・オーダーのものがある．オリストリスとして層状構造をもった地層が取り込まれたり，下位の地層からだけでなく，異地性のものも含まれる．
〈増田富士雄〉

オリストリス olistolith ⇨オリストストローム

オルソコーツァイト orthoquartzite ⇨砂岩

オルソフォト orthophoto ⇨正射写真

オルドバイ・イベント Olduvai event 松山逆磁極期のなかで，194万〜179万年前の正磁極期をオルドバイ・イベント（オルドバイ・サブクロン）という．タンザニアのオルドバイ渓谷から，Grommé and Hay（1963）によってはじめて報告された．C2n chronに相当する．このオルドバイ渓谷から，ジンジャントロプス・ボイセイ（*Australopithecus-Zinjanthropus boisei*）と名づけられた人骨化石が発見され，人骨の出現した地層の年代決定のためにオルドバイ・クロンの年代学の研究が大幅に進んだ．
〈乙藤洋一郎〉

［文献］Grommé, C. S. and Hay, R. L.（1963）Magnetization of basalt of Bed I, Olduvai Gorge, Tanganyika: Nature, 200, 560-561.

オルドビスき オルドビス紀 Ordovician (Period) 古生代*を六分した第2番目の地質年代で，485.4 Maから443.8 Maまでの4,160万年間である．年代名は英国ウェールズ地方に住んでいたオルドビス族に由来する．イアペトゥス海をはじめとした海域で筆石化石を含んだ黒色頁岩が広域的に堆積した．オルドビス紀を通してイアペトゥス海は縮小し，ゴンドワナ大陸とバルティカ・シベリア大陸の間に新しくパレオテチス海が生まれた．オルドビス紀末には地球規模で寒冷期となり，ゴンドワナ大陸の高−中緯度域は広域的に氷床で覆われた．
〈八尾 昭〉

おんきょうそうかいき　音響掃海機　multi-beam echo sounder　多素子音響測深機の通称で，港湾や航路などで未測幅の区域がないようにするため，船の両舷に長いブーム（竿）を伸ばし，このブームに音響測深機の送受波機を複数配置して，同時に作動させ，ある幅の測深を同時に行うことができる装置．現在は浅海用のマルチビーム測深機の登場によりこれにとって代わられつつある．⇨音響測深機，マルチビーム測深機　　　〈八島邦夫〉

おんきょうそくしん　音響測深　echo sounding　超音波を利用して水深を測定することで，船底等に取り付けた送波器から音響パルスを発信し，その音波が海底で反射され受波器に到達するまでの時間差から水深を測定する．水深は海底で反射されて戻ってくるまでの時間×海水中の音速度×1/2 で求められる．一般的に海中で音波が伝わる速さは秒速 1,500 m といわれるが，音速度は海水の水温，塩分等により変化するので，音速度の補正を行い，実際の水深を求める必要がある．これを音速度の補正という．測量を行うたびに音速度の補正のため水温，塩分等の観測を行うことは作業効率が悪いため，海水の物理的条件が同じような海域ごとに区分し，測量された水深から実際の水深が得られるよう日本の桑原表や英国のカーター表が編集されている．船の航行中に連続的に音響測深を行うことにより航跡に沿った水深が連続的に得られるようになり，それまでの錘測による点の測量から線の測量に変わり，水深値は著しく増大し，海底の知見は急速に増大した．⇨音響測深機　　　〈八島邦夫〉

おんきょうそくしんき　音響測深機　echo sounder　音響測深を行う装置．電気エネルギーを発生する送信器，これを音響エネルギーに変換する送波器，海底で反射され受信された音波を再び電気信号に変換する受波器（ハイドロフォン），この信号を増幅する受信器，送信から受信までの時間差を計測して記録する記録器で構成される．音響測深機には，港湾用の浅海専用から深海用まで多種あり，音波の周波数が選択できる．浅海用で 75〜450 kHz 位の周波数の音波を用い，水深 100 m 程度まで測深できる．深海用は 10〜20 kHz 位の周波数の音波を用い，水深 13,000 m まで測定できる．水中音波の音速度は水温，塩分により変わるので音速度の補正を要する．浅海ではワイヤーに反射板を付けて降下して実測し，ワイヤー長と測得値との差を補正し，深海では音速度計や CTD，XBT 観測により音速度を求めて補正する．音響測深では，音波の指向性があり，これは音響パルスの周波数，送受波器の種類と大きさ，反射機の有無により決まるが，記録された断面は，音波指向性ゆえに必ずしも地形断面そのものではない．近年ではマルチビーム測深機の発展・普及が目覚ましく，浅海用から深海用まで，最新の測量船にはほとんどこの方式の測深機が搭載されている．⇨音響測深，マルチビーム測深機　　　〈八島邦夫〉

おんきょうそっきょ　音響測距　acoustic ranging　海中の距離を対象物間の音波の往復時間から求める手法．音波の往復時間を距離に換算するためには水中の音速構造を知る必要があり，水温，塩分等の観測を行って音速度の補正を行う．海上保安庁等はこの音響測距とキネマティック GPS 法による船の測位を組み合わせた海底地殻変動観測システムを開発し，海底基準点の位置を数 cm の精度で求めることを可能にした．海上保安庁海洋情報部は，2001 年からこの手法による反復観測を実施し，宮城沖で年間約 8 cm/年，東海沖で約 3 cm/年の移動量を検出し，プレート運動に伴う海底の地殻変動を定量的にとらえている．　　　〈八島邦夫〉

[文献] 藤田雅之 (2006) 海底地殻変動観測の現状と成果：水路新技術講演集，20，日本水路協会．

オンジ　音地　onji　⇨アカホヤ

おんじゃく　onjaku　佐賀県北西部の上場台地を形成する玄武岩の風化土の地方名．赤色，紫色，灰色などを呈し，特に玄武岩と花崗岩の接触点付近に多く存在する．音弱あるいは温石とも書く．　　　〈松倉公憲〉

おんすいカルスト　温水カルスト　hydrothermal karst　温泉が近くにある石灰岩地域では，地下水に温水が混入すると，温度が高まり，温泉の化学物質が混入して特殊な二次生成物ができる．また水温が高まった状態でのカルスト化作用が行われる．これを温水カルストという．地下の洞窟（洞穴）形成は，石灰岩地域のそれと基本的に同じであるが，温水の対流によって，特殊なチェンバーができることがある．ハンガリーのヘーヴィズ湖や，イタリア南東部の海岸で温水カルストの典型例をみることができる．温泉を伴うトルコのパムッカレは，早い速度で溶解したカルシウムが早い速度で結晶化し，まっ白な石灰華*のリムストーンとリムストーンプールをつくることで知られている．多種の化学物質が混じる暖かいカルスト水を治療に用いたり，鍾乳洞内の堆積物に温泉の化学物質が混入した温い泥を身体にぬる治療がある．日本では，北海道今金町

のピリカ温泉の温水カルストが報告されている（日下ほか，1993）． 〈漆原和子〉

[文献] 日下　哉ほか（1993）北海道今金町美利河で発見された温泉カルスト．その1, 地形・地質：日本洞窟学会第19回大会講演要旨3.

おんせん　温泉　hot spring, thermal spring　温泉とは本来，その地域の年平均気温より十分高い水温を有する地下水が湧出する現象またはその場所を指す．日本では温泉法（昭和23年7月10日交付）により，「地中からゆう出する温水，鉱水及び水蒸気その他のガス（炭化水素を主成分とする天然ガスを除く）で，別表に掲げる温度又は物質を有するものをいう」と定義され，別表において水温25℃以上，19種の指定物質と含有量が示されている．温泉は形成要因から，火山活動に関連して形成された火山性温泉と，火山地域とは離れて分布し，地下水が地温勾配により増温した非火山性温泉に分けられる．一般に，地下温度は深さ20〜30 mまでは気温の日変化や季節変化の影響を受け変動するが，さらに深くなるとこれらの影響がほとんどなくなり，深度が増すほど高くなる．その温度勾配（地温勾配）は，火山地域よりも非火山地域のほうが低く，非火山性地域では1〜3℃/100 m程度である．したがって，十分に深い場所の地下水は，温泉といえる温度を有することとなる．実際に，関東平野や濃尾平野，大阪平野など日本の平野部には，非火山性温泉が広く分布している． 〈佐倉保夫・宮越昭暢〉

おんせんじすべり　温泉地すべり　solfataric landslide　温泉地帯，特に噴気孔*周辺では，熱水変質作用*により岩石が軟弱となり（温泉余土*という），しばしば地すべりが発生する（例：箱根火山大涌谷・早雲山）．それを温泉地すべりと総称する．⇨地すべり 〈鈴木隆介〉

おんせんちんでんぶつ　温泉沈殿物　sinter　温泉水に含まれる物質が，温泉湧出による温度・圧力低下やpHの変化に伴ってそれらの溶解度が減少して沈殿したもので，温泉華や湯ノ花と総称される．沈殿物の主成分によって石灰華（炭酸カルシウム），珪華（珪酸）などとよばれ，ほかに明礬，石膏，水酸化鉄，硫黄などの沈殿物がある．北投石（秋田県玉川温泉産）は，硫酸塩と硫酸バリウムの混合鉱物で，放射能を有する温泉沈殿物である． 〈鈴木隆介〉

おんせんよど　温泉余土　Onsen-yodo, solfataric soil　主に火山地域で，温泉または噴気孔の周囲で，岩石が化学的に変質して，赤，緑，白，黄，褐色などに変色し，粘土化した物質をいい，日本での土木用語である．吸水膨張しやすく，温泉地すべり*の素因となり，また，トンネル掘削でこれに遭遇すると切羽が急激に崩壊したことがある（例：東海道本線の湯河原・熱海間の旧泉越トンネル）．⇨熱水変質作用 〈鈴木隆介〉

おんたいこ　温帯湖　temperate lake　⇨湖沼の分類[気候帯による], 水温

おんたいていきあつ　温帯低気圧　extratropical cyclone　広くは熱帯域以外で発生する低気圧を指すが，一般的には中高緯度の偏西風帯における前線を伴った低気圧として用いられる用語である．進行方向の前面（東側）に温暖前線*，後面（西側）に寒冷前線*を伴い，閉塞前線*が形成されるようになると温帯低気圧の発達は弱まる．低緯度側にある温暖な気団と高緯度側の寒冷な気団を交換するように発達し，極方向への熱輸送を行っている． 〈森島　済〉

おんだんぜんせん　温暖前線　warm front　前線は異なる気団の境界に形成されるが，温暖前線は暖気側から寒気側に移動するものを指す．一般に，温暖前線は温帯低気圧に伴って形成され，低気圧の前面に形成される．温暖前線が近づくと，気圧が急降下し，その後緩やかな下降から一定となる．前線通過後は，気温や露点温度が上昇し，降水が止むか弱まる．温暖前線通過時には北半球では時計回りに風向が変化する． 〈森島　済〉

おんだんひょうが　温暖氷河　temperate glacier　その全域で氷体が圧力融解温度にある氷河．ただし，表層部が季節的に融解温度以下となる氷河も含まれる．ヨーロッパアルプスや北米の低緯度域などに存在する．⇨寒冷氷河, 複合温度氷河 〈杉山　慎〉

おんどけい　温度計　thermometer　気象観測等で使用される温度計には，ガラス製温度計（棒状温度計），金属製温度計（バイメタル式温度計），電気式温度計（サーミスタ温度計など）があり，それぞれ温度変化に伴う液柱の伸縮，金属の変形，電気抵抗の変化を読み取る方式（二次温度計）となっている．電気式温度計は，データロガー（自記記録計）の併用が容易であり，遠隔地における観測や自動観測に適していることから，主流となっている温度計である．日本の気象庁で採用されている電気式温度計は，温度と抵抗の関係において優れた直線性をもつ白金を測温体として用いたものである． 〈森島　済〉

おんどせいそう　温度成層　thermal stratification (of lake)　⇨水温

おんどやくそう　温度躍層　metalimnion　⇨水温

おんながわそう　女川層　Onnagawa formation　秋田地域に分布する海成中新統．主に層理のよく発達した硬い珪質頁岩．最下部に海緑石砂岩を伴う．下部にはレンズ状白雲母岩質泥灰岩を，上部には球状泥灰岩を挟む．凝灰岩薄層が挟在．上位の船川層に漸移．層厚は 100～800 m.　〈天野一男〉

おんぱたんさ　音波探査　acoustic survey　広義には水域で実施される反射法地震探査を指すが，普通は簡便な音波探査機（サイズミックプロファイラー）を用いた探査法を指すことが多い．水中ではP波（縦波）は伝播するがS波（横波）は伝播しない．また気体や液体中を伝播するP波は一般に音波とよばれるため，水域での地震探査は音波探査とよばれる．水面下浅部に音波発振源を曳航しながら一定間隔で人工的に音波を発生させる．水中を伝播した音波は水底から地下へ伝播し，地下の地層境界など音波伝播特性（音波速度）の変化面で反射して，水底へそして再び水中を伝播して水面付近に曳航される受振器にて受振される．この反射音波波形を，曳航した航跡の鉛直断面に並べて表示することにより，反射波の連続から地層境界など音波特性の変化面を推定する．音源には，出力が小さい磁歪振動子などが使われるほか，大きな出力が必要な場合には，スパーカーやエアガンなどが使用される．受振にはハイドロフォンとよばれる音圧センサーが使用される．底質を音響画像として描くサイドルッキングソナーなどとは異なり，地下構造を探査するものである．　〈斎藤秀樹〉

おんぱたんさき　音波探査機　seismic profiler　⇨音波探査

オンラインちけいひょうじツール　オンライン地形表示ツール　online tool for topographic representation　インターネットを介して地形データを読み込み，2次元的または3次元的に地形を表現するツール．例えば国土地理院が提供している地理院地図では，デジタル化された地形図などを閲覧可能であり，ウェブブラウザなどで2次元または3次元での等高線図の表示，標高の抽出などができる．地形を3次元的に表示できるフリーソフトウェアには，カシミール 3D，Google Earth，ArcGIS Explorer などがあり，パソコンやタブレット端末などで動作する．これらのツールによって各種地理情報を重ね合わせることもでき，簡易 GIS として使われることもある．　⇨GIS　〈早川裕弌〉

おんりょうしすう　温量指数　warmth index　植生分布を説明するために用いる温度の指数（WI）．植生の地理的分布は温度と降水量の分布によって規定されるが，日本などを含む東アジア地域では降水量が十分にあるため，植物の地理的分布は主に温度によって規定される．植物の生育には月平均気温 5℃ 以上が必要とされることから，吉良(1945)は月平均気温が 5℃ を超える月の平均気温と 5℃ との差を累積し，温量指数として植生帯分布を説明した．しかし，この温量指数では 照葉樹林* 帯と 中間温帯林* の境界を説明できないことから，後に寒さの指数を提唱した．寒さの指数は各月の平均気温のうち，5℃ を超えなかった月の平均気温と 5℃ との差を累積したものである．そのため吉良による指数が暖かさの指数とよばれるようになった．温量指数は暖かさの指数（単位）と寒さの指数（単位）の二つを指す場合もあるが，一般的には温量指数は暖かさの指数のことをいう．なお，1/km^2 解像度のデジタルデータである緑の国勢調査（環境省植生図）と月平均気温（気象庁）を用いて日本全国の暖かさの指数と植生分布を統計的に再計算した例がある（野上・大場，1991）．　〈若松伸彦〉

[文献] 吉良竜夫 (1971)「生態学からみた自然」河出書房新社 / 野上道男・大場秀章 (1991) 暖かさの指数からみた日本の植生：科学, **61** (1), 36-49.

か

か, が　河　(The Yellow) river　河川の中国語の分類名称の一つで，もとは黄河を指した．転じて大きな川に用いる．〈久保純子〉

かあつそう　加圧層　confining bed　⇨帯水層

カーテン　curtain　⇨石灰幕，鍾乳石

カービング　calving　⇨氷山分離

かあつみつねんど　過圧密粘土　overconsolidated clay　大きな上載荷重のために強い圧縮を受けた粘土層が，後に上部が侵食されたことからこの圧力から解放され，膨張したものをいう．London Clay がその代表例であり，日本の第三紀層の泥岩も一種の過圧密粘土であり，これらの粘土は地すべりを起こしやすい．⇨正規圧密粘土　〈松倉公憲〉

カール　cirque, corrie（英），Kar（独）　山岳氷河の侵食作用によって形成された，山頂直下・稜線付近に発達する馬蹄形の凹地．日本の氷河研究はドイツに留学した研究者によって始められたため，英語よりも独語が定着した．日本語の学術用語は圏谷だが，古くはその形状から「窪(くぼ)」とよばれていた．典型的なカールは平坦なカール底（圏谷底）と三方を取り囲む急峻なカール壁（圏谷壁）からなり，端部に堆石堤があることも多い．氷河の流動に伴う氷体の回転運動によって岩盤が下刻され，末端部に向けてわずかに逆傾斜した凹地を形成する．この凹地が湛水するとカール湖（圏谷湖）になるが，日本では解氷後のカール壁の解体が著しくカール底が岩屑に埋積されているため，典型的なカール湖はみられない．また，氷体から露出したカール壁上部では凍結破砕作用が急峻な岩壁の形成に寄与している．しかし，カールの形状は氷河発達以前の前地形に強く規定され，急峻な斜面に発達したカールではカール底が不明瞭な場合も少なくない．日本では，冬季季節風の風背側で氷河が発達しやすい稜線東側に典型的なカールが発達し，西（風衝）側では不明瞭な場合が多い．〈青木賢人〉

［文献］藤井理行・小野有五編（1997）「基礎雪氷学講座Ⅳ　氷河」，古今書院．

カールこ　カール湖　cirque lake　⇨カール

カールてい　カール底　cirque floor　⇨カール

カールひょうが　カール氷河　cirque glacier　カールの内部に発達する小規模な氷河．圏谷氷河ともよぶ．カール氷河の分布や形状はカールそのものに強く規定されるとともに，稜線を吹き超える雪の移流に伴う積雪の不均質性などの影響を受けている．〈青木賢人〉

カールへき　カール壁　cirque wall　⇨カール

かい　界　erathem　地質年代単元*の「代」の間に形成された地層や岩体全体のこと．古生代，中生代，新生代にそれぞれ対応する界は，古生界，中生界，新生界である．〈天野一男〉

かい　階　stage　地質年代単元*の「期」の間に形成された地層・岩体のこと．年代層序単元の最もランクの低い単元．〈天野一男〉

ガイア　Gaia　地球は生命体および非生命体と密接な結びつきをもった自己制御機構をもったある種の「巨大な生命体」であるとする仮説．ガイア仮説あるいはガイア理論とも．〈松倉公憲〉

がいいんてきえいりょく　外因的営力　exogenetic agent　⇨外的営力

がいいんてきさよう　外因的作用　exogenetic process　外的営力の作用・仕事（work）つまり外的営力による地形物質の移動をいう．外的作用・外作用・外因的地質作用も同義．風，雨，表面流，河流，積雪，雪崩，氷河，氷床，海水・湖水の波と流れ，津波などによる侵食・岩屑運搬・岩屑堆積などと重力に起因する集動がその例である．営力ごとの作用を，例えば河流では河川侵食（河食），河川運搬，河川堆積などという．なお，風化は外因的作用の一種であり，岩石物性を変化（一般に劣化）させるが，風化だけで地形が変化するわけではないので，風化は'削剥に対する岩石の準備過程'と解される．⇨地形営力，風化．〈鈴木隆介〉

［文献］鈴木隆介（1984）「地形営力」および"Geomorphic Processes"の多様な用語法：地形，**5**，29-45．

がいいんてきちしつさよう　外因的地質作用　exogenetic geological process　外的営力の働きによる地質現象の生成過程（風化・侵食・運搬・堆積・集動など）の総称で，地形を変化させる外因的作用を含む．⇨外因的作用　〈鈴木隆介〉

がいえいりょく　外営力　exogenetic agent　⇨外的営力

かいえん　海淵　deep　海底の中で著しく深い場所．世界最深部はマリアナ海溝の中のチャレンジャー海淵（10,920 m）．　〈岩淵 洋〉

がいえんきゅう　外縁丘　outlier　⇨外縁丘陵

がいえんきゅうりょう　外縁丘陵　outlier　硬岩・軟岩の水平互層からなる台地（構造台地）が縁辺部から侵食されていく過程で，台地の一部が無従谷によって台地本体から隔離され，台地縁辺の外側で孤立丘・孤立山地となった地形を指す．外縁丘，外縁山地，残存丘陵，残存山地，証跡丘陵（Zeugenberg）ともよばれる．原面が残っている場合は relict hill ともいい，メサやビュートの総称として使われることが多い．丘陵の外側に向かって下位の古い地層が分布することになるので，層序的には 外座層*（outlier）となるが，褶曲山地でみられる向斜山稜（向斜軸が山稜となった地形）の外座層とは異なる．⇨メサ，ビュート，褶曲山地　〈大森博雄〉

[文献] 井上修次ほか（1940）「自然地理学」，下巻，地人書館．

がいえんりゅうきたい　外縁隆起帯　outer ridge　⇨アウターリッジ

かいおうせいけい　海王星系　Neptunian system　海王星は13個の衛星をもち，そのうちトリトンは半径が1,353 kmと抜きん出て大きい．トリトンの表面には衝突クレーターがほとんどなく，山脈や峡谷がマスクメロンのような網目状の模様を描く地域や，極めて平坦で起伏に乏しい地域で占められている．一部の地域では山から液体窒素や液体メタンが噴出しているのが確認されており，地球における溶岩性の火山と対比して氷火山とよばれている．この活動は，海王星との潮汐作用やトリトンが受ける太陽エネルギーの季節変化が原因と考えられている．他の衛星には，大きな楕円軌道を描くものや海王星の自転方向と逆向きに公転するものが多く，また半径が200 km以下で非球形形状であることから，ある時期に海王星に捕獲された太陽系外縁天体だと考えられている．⇨氷衛星，エッジワース・カイパーベルト天体，太陽系外縁天体　〈木村 淳〉

かいがい　階崖　cuesta scarp　⇨ケスタ

かいがい　海崖　sea cliff　⇨海食崖

がいかいりゅういき　外海流域　external drainage　外海に流入する河川の流域．外洋流域とも．内陸流域との対で用いられる．⇨内陸流域　〈田村俊和〉

がいかくないたいりゅう　外核内対流　convection of the outer core, core convection　流体鉄を主成分とする外核は，地球の冷却に伴う対流をしており，この対流によるダイナモ作用が地球磁場を生成・維持している．外核には二つの異なる原因による対流が存在すると考えられている．一つは熱対流であり，核内部の温度勾配が断熱勾配よりも急な場合，すなわち断熱勾配と比べて深部が熱く，浅部が冷たい場合に可能となる．鉄は熱伝導性がよいため，熱対流を起こしにくい物質といえるが，核内に放射性物質が存在するため，熱対流も可能であると考えられている．もう一つの対流は温度による密度差ではなく，物質の密度差を駆動力とする組成対流（物質対流）とよばれる対流である．地球の冷却に伴って核の冷却も進行し，内核が成長する．外核には鉄の他に酸素，硫黄等，鉄より密度の小さい物質が存在する．内核が成長する，すなわち，外核物質が内核表面において固化するときは，相図に従い，主に鉄が固化する．したがって，流体には鉄より軽い物質が多く残されることになり，組成対流の原因となる浮力を生ずる．核内の熱対流と組成対流では，浮力の拡散係数と浮力源分布が大きく異なる．特に，浮力源分布は熱対流の場合は核全体に均等に浮力源が分布するのに対し，組成対流では，内核表面，すなわち外核の最下部のみに浮力源が存在することになる．外核における流れは地球の回転（自転）の影響を非常に強く受ける．回転の影響（コリオリの力*の影響）が強い場合，流れは回転軸方向にほとんど同一の構造をとる（テイラー・プラウドマンの定理）．外核における対流も同様であり，自転軸方向に伸びた渦が存在すると考えられている．また，磁場もローレンツ力を通して流れに影響を与える．このため，外核内の対流は時間，空間共に様々なスケールの現象が可能であり，この多様性，複雑さが外核内対流の特徴といえる．⇨中心核　〈清水久芳〉

[文献] 鳥海光弘ほか編（1997）岩波講座「地球惑星科学」，10巻，岩波書店．

かいがん　海岸　coast, shore　陸と海とが接する地帯で，暴風時の波（暴浪）の作用が海底に及ぶ

海側の限界から，暴浪が遡上する陸側の限界までの領域．岩石など固結した物質で構成されている場合を岩石海岸，礫，砂や泥など非固結物質が堆積している場合を海浜（あるいは砂浜海岸），サンゴ虫など造礁生物がつくる地形で縁取られている場合をサンゴ礁海岸とよぶ．⇨岩石海岸，砂浜海岸，サンゴ礁海岸　　　　　　　　　　　〈砂村継夫〉

かいがんがいす　海岸外州 barrier ⇨沿岸州

かいがんかてい　海岸過程 shore process, coastal process　狭義には，海岸における波や流れによる地形構成物質の移動（侵食・堆積を含む）の過程をいい，広義には，物質移動の結果生じる地形変化の過程をも包含する．非固結な物質で構成されている砂浜海岸では物質移動が絶えず行われており，物質の流入・流出のない閉じた系の場合には，サイクリックな物質移動となり，その結果生じる地形の変化過程は可逆的となる．この変化過程の中で種々の特徴的な地形が形成される．物質の流入が流出を上回る（あるいはその逆の）ような開いた系の場合には地形は堆積（あるいは侵食）し続けるといった一方向の変化を呈し，もはや可逆的な変化はみられない．一方，固結した物質で構成されている岩石海岸では，物質の除去のみによって地形の変化が生じるので，その変化過程は非可逆的である．地形変化は波の侵食力が構成物質の抵抗力に勝るときのみに生じる．侵食力と抵抗力はそれぞれ時間的にも空間的にも変化するので岩石海岸に特有の地形が発達する．⇨砂浜海岸，岩石海岸　　　　　　〈砂村継夫〉

［文献］Masselink, G. and Hughes, M. G. (2003) *Introduction to Coastal Processes & Geomorphology*, Arnold.

かいがんこうがく　海岸工学 coastal engineering　沿岸*に生起する自然現象を工学的見地から調査・研究し，あわせて海岸災害*の軽減・防止対策，海岸や港湾構造物の設計・施工・維持管理および海岸環境の保全などを研究対象とする学問分野．土木工学の一分野である．特に，浅海域における波浪・流れ，長周期波，波力，漂砂などに関する研究成果は海岸地形の研究に裨益するところが多い．
　　　　　　　　　　　　　　　〈砂村継夫〉

かいがんこうぞうぶつ　海岸構造物 coastal structure　海岸の利用・保全を目的として施工された構造物．防波堤*，導流堤*，突堤*，海岸護岸*，離岸堤*など．　　　　　　　　　　　〈砂村継夫〉

かいがんごがん　海岸護岸 seawall　海岸を波浪，高潮，津波などによる海水の進入から防ぐために，汀線より陸側の現地盤を被覆するようなかたちで建設された海岸沿いの構造物．⇨海岸堤防
　　　　　　　　　　　　　　　〈砂村継夫〉

かいがんさいがい　海岸災害 coastal disaster　海岸域で生起する自然災害．高潮や津波による災害や海岸侵食などが代表的．これ以外に，沿岸漂砂による港湾の埋没や河口閉塞*，暴浪時の越波による道路や鉄道の冠水などがある．高潮災害は，台風や強力な低気圧の上陸時に発生する異常な海面の高まりが陸上に流入して引き起こす災害で，わが国においては，南に湾口を開いた遠浅海岸の湾奥部にしばしば甚大な被害を生じさせている（⇨高潮災害）．津波災害は，海水の擾乱を直接の原因とする周期の長い波（数分〜1時間程度）が海岸に襲来することによって惹起される災害で，広範な沿岸域に壊滅的な被害をもたらす．侵入する津波は海底地形や海岸形状に大きな影響を受け，上陸時の津波の高さが基本的には災害の大小を決定づける（⇨津波災害）．どちらの場合も沿岸地形の特性が人的・物的損害の規模と密接に関係する．海岸侵食*は，波浪や流れといった海の作用で海岸の構成物質が除去され，海岸線（汀線）が陸側に移動する現象をいう．海岸は岩石海岸と砂浜海岸に大別される．前者は固結した物質で構成されており，いったん侵食されると元の状態には戻らない非可逆性の地形変化プロセスで特徴づけられる．一方，後者の砂浜海岸は非固結物質からなり，暴浪時には一時的に侵食されるが，その後の波浪条件や周辺地域の土砂収支との関連で汀線の回復が可能となる可逆性の地形変化過程をもつ．しかし長期間にわたり供給土砂量が不足しているような海岸では汀線は後退し続ける．
　　　　　　　　　　　　　　　〈砂村継夫〉

かいがんさきゅう　海岸砂丘 coastal sand dune　前浜に打ち上げられた砂が風や波によって後浜に運ばれ，ここからさらに内陸側に風で運ばれた砂の高まり．砂丘は後浜後部の植生が繁茂する場所に形成された前砂丘*，その内陸側に植生に被覆された砂丘が形成され，複数列をなすことが多い．海岸砂丘には横列砂丘が多くみられるが，砂丘植生が人為的な破壊を受けると飛砂が発生し，横列砂丘*から放物線型砂丘*や風食凹地砂丘*へ変化する．海岸砂丘地帯では海岸線に沿って新旧複数の砂丘列が並走しており，砂丘の列と列の間あるいは砂丘と浜堤の間に低平な丘間凹地が存在する．海岸砂丘はその形成時期によって古砂丘*，旧砂丘*，新砂丘*に分類される．海岸砂丘の発達要因の一つに砂の供給量の増減や，気候変動に伴う海面下降期の砂浜拡大

などがあげられ，海岸砂丘の発達過程は古環境変動の一指標になる．新砂丘の形成には人為的な影響が大きく，例えばたたら製鉄による排出土砂の増加が山陰海岸の新砂丘の大規模化をもたらし，鹿児島県吹上浜砂丘地や志布志砂丘地では近世以降のシラス台地開発が新砂丘発達の主要因となった．砂丘地の飛砂防止対策として近世以来，防砂林造成が進められている． 〈成瀬敏郎〉

かいがんさきゅうのしょくせいたい　海岸砂丘の植生帯 vegetation belt of coastal sand dune　海岸の後浜から砂丘にかけて波浪や風，気候の影響で，海岸線に平行な植生の成帯構造がみられる．汀線から内陸に向かって先駆帯 Z_1，草本帯 Z_2，矮低木帯 Z_3，低木帯 Z_4 の4帯である．各植生帯の主要な植物種は気候を反映して地域的に異なる．また海浜～砂丘帯の地形断面形に対する植生帯の位置も気候を反映して地域的に異なる．Z_2 帯は飛砂の堆積フロントである．そこでは飛砂の堆積量に応じて植生が成長し，それによって飛砂がさらに堆積するので，飛砂の多いほど Z_2 帯が高くなる．よって Z_2 帯の高さと相対位置によって海岸砂丘は頂部型，前斜面型，中間型，平滑斜面型に4類型化される．
〈成瀬敏郎〉

［文献］成瀬敏郎ほか（1992）日本の海浜にみられる植生帯と地形断面形および堆積物の関係：地形，13，203-216．

かいがんさばく　海岸砂漠 coastal desert　大陸の沿岸域に位置し，外洋からの冷たい湧昇流の影響を強く受ける地域に発達する砂漠．緯度10～20°の大陸西岸に分布することから熱帯砂漠ともよばれる．チリのアタカマ砂漠，ナミビアのナミブ砂漠などがこれに相当する．アタカマ砂漠は海岸砂漠であると同時に降雨遮断砂漠でもある．東側のアンデス山脈が東からの風を遮り，山脈を越えたときには湿気を失う．また，西側の太平洋側からの空気は寒流であるフンボルト海流により冷やされ最乾燥地となる． 〈松倉公憲〉

かいがんさぼう　海岸砂防 control strategy for wind-blown sand　飛砂*による①砂浜海岸の侵食や海岸砂丘*の移動，②河口閉塞*や港湾の埋没，③内陸部の生活・農地環境の悪化，などを防止すること，およびそれらの防止策を施す工事をいう．飛砂の防止工としては植栽，サンドフェンス（堆砂垣）の設置，土塁や人工砂丘の構築，海岸林の造成や，これらを組み合わせたものがある． 〈砂村継夫〉

かいがんさんみゃく　海岸山脈 coastal range　島弧や大陸の縁にあって，海岸に並行している山脈．山脈の形成が海岸線の輪郭を規定している．島弧-海溝系では海溝に面する外弧が海岸山脈を形成することが多く，例として日本の北上山地，阿武隈山地，台湾の海岸山脈などがあげられる．大陸縁辺隆起帯にあるものとして，オーストラリア北東部のCoast Range などがある． 〈前杢英明〉

かいがんじゅうだんけい　海岸縦断形 coastal profile　海岸線に直交する面で切った海岸の形状．固結した物質で構成されている岩石海岸*と非固結物質から成る砂浜海岸*とでは，それらの縦断形状は大きく異なる．⇨岩石海岸の縦断形，砂浜の縦断形． 〈砂村継夫〉

かいがんしょくせい　海岸植生 coastal vegetation　海岸や海岸砂丘*などの沿岸地帯を主な生育地とする植物の集団．海岸植物はほかの植物と同様に気候の影響を受けるので，植物集団の種構成は地域によって異なる（次頁の表）．また，同一地域であっても，地形環境によって種構成が異なり，海浜（砂浜）植物，塩生（塩湿地）植物，海岸崖地（岩石海岸）植物，海岸林植物などに分けられる．さらに海岸は，塩分・遡上波・波の飛沫・飛砂・夏の高温・水分不足など植物にとっての環境圧が大きいので，植物はそれに適応して生育している．したがって，海岸植生のあり方は，海岸環境の地域的な相違の指標であるとともに，ある地点における海岸環境や地形特性を表す指標でもある．環境圧は汀線から内陸に向かって低下するので，海岸植生はそれに対応して種構成が変化する成帯構造（zonation）を呈する．堆積海岸*（堆積物海岸）における模式的な成帯構造を表に示す．草本帯や矮低木帯の海岸植生を構成する主要植物は，西南日本では匍匐型（グンバイヒルガオ，コウボウムギ，ハマゴウなど），東北日本では根茎型（ハマニンニク，ハマナスなど）であることが多い．ただし，実際には地域によって，あるいは堆積物の粒径や地形（浜*，海岸砂丘・天堤*，岩礁など）などによって異なる．海浜植物は，飛砂の発生を抑制するとともに，飛砂を捕捉し堆積させる効果があるため，地形と植生帯にはかなりの関係がある．また，例えば根茎型の好砂性植物は飛砂に埋積されることによって根茎を伸ばし，春に新しい茎を伸ばすので，1年あたりの飛砂量を推定する指標として利用できる．さらに，埋積された植生はその後の経過にもよるが，泥炭*・腐植・クロスナ*などとなって，地形発達史や古環境の研究に利用される．岩石海岸*にあっては，岩石の節理や窪地に植物が生育し，環境圧に対応しつつ，飛沫帯から崖上

表 海浜植生の成帯構造と主要植物の地域的相違 (福本, 2003を修正)

植生帯	打ち上げ帯(先駆帯)	草本帯		矮低木帯		海岸林(灌木帯)
地形	浜	砂丘				
安定性	非安定	不安定		半安定		安定
北海道	オカヒジキ	ハマニンニク		ハマナス		モンゴリナラ カシワ
本州 東北・北陸・山陰	オカヒジキ	コウボウムギ	ハマニンニク ケカモノハシ	(ハイネズ) ハマゴウ		クロマツ マサキ・トベラ
九州		コウボウムギ・ケカモノハシ				
南西諸島	ソナレシバ類	グンバイヒルガオ	ツキイゲ	キダチハマグルマ ハマゴウ	クサトベラ モンパノキ	アダン モクマオウ

群落までの植生帯が形成される．主にハマギクやイソギクなどのキク科の植物が群落をつくる．定着した植物の根は，岩石の風化や破壊などに関与することが知られている．海岸植生は，海岸の環境を知るほか，海岸地形の特性や地域性および形成過程の理解に有用である．　〈福本　紘・宮原育子〉

[文献] 福本　紘 (2003)「CDブック日本の海浜地形」，海青社．／中西弘樹 (2008)「海から来た植物」，八坂書房．

かいがんしんしょく　海岸侵食 beach erosion, coastal erosion　汀線*の付近にある地形構成物質が波浪や流れといった海の作用で除去された結果，海岸線（汀線）が陸側に移動する現象．岩石海岸*と砂浜海岸*とでは侵食様式が異なる．前者においては，波のもつ圧縮，引張り，剪断，磨耗などの諸作用がほぼ同時に働いて岩石が侵食され，海食崖*を伴いつつ海岸線が後退する．節理*や断層*などの岩石の不連続部分の存在が侵食を助長する．襲来波浪の規模や構成岩石の硬軟などにより後退の速さは異なる．わが国の外洋に面した，脆弱な岩石からなる崖海岸は年平均 $0.5〜2\,\mathrm{m/y}$ の速さで後退していたが，現在ではその大部分に侵食防止工が設置されている．砂浜海岸においては，侵食現象は岸沖方向と沿岸方向の漂砂*が関与する．岸沖漂砂では，暴風時の波浪（特に波形勾配*の大きい波）によって遡上波帯の砂礫が浮遊あるいは掃流状態で極浅海〜浅海域に運搬される結果，汀線が後退する．十分に土砂の供給がある海岸では，極浅海域の砂礫は静穏時の波浪作用で再び岸に運搬されて，汀線はほぼ元の状態に戻る．しかし，ダム建設や砂利採取によって河川からの砂礫の供給量が減少しているような海岸や，沿岸漂砂の卓越する海岸で，漂砂の上流側に築造された海岸構造物が砂礫の運搬を阻止しているようなところでは，極浅海域の砂礫の量が不足するため，静穏波浪による汀線の前進は十分ではない．その結果，暴浪が襲来するたびごとに汀線は徐々に後退していく．沿岸漂砂が一方向に卓越する海岸においては，ある地点の侵食を防止する目的で離岸堤*や突堤*などの対策工を施すと，それら構造物の，漂砂上流側の区間ではそこに土砂が堆積して侵食は防止されるが，漂砂下流側には土砂が供給されなくなるため，侵食が生じるようになる．そこでその箇所にも侵食対策を施すと，さらにその下流の地点に侵食が移る，という沿岸漂砂の下流方向へ "侵食域" が伝播していく．千葉県九十九里海岸の飯岡付近における伝播速度はかつては $1.6\,\mathrm{km/y}$ であったが，現在では離岸堤群による侵食対策が施されている．　〈砂村継夫〉

かいがんす　海岸州 barrier, longshore bar　海岸に発達している細長い微高地の総称．常に海面上にある沿岸州*と通常海面下にある沿岸砂州*に大別される．　〈砂村継夫〉

かいがんせん　海岸線 shoreline, coastline　陸と海の境界．水際線(みずぎわせん)とも．また，地図に表示された陸部と海水面の境界線．海水の到達する範囲は短期的には一波ごとに，中期的には潮汐や気象条件により，長期的には侵食や堆積，さらには海水準変化により常に変化しているため，厳密には特定できない．このため時間のスケールを意識した定義が必要である．満潮の暴浪時に波の届く限界線を沿岸線（coastline）とよぶが，これを海岸線とすることもある．波浪の影響を無視し，満潮時の潮位を基準にした海岸線を高潮海岸線（high-water shoreline），低潮時の潮位を基準にした海岸線を低潮海岸線（low-water shoreline）とよぶ．汀線という用語も海岸線と同義であり，定義なく用いることはできない．国土地理院の地形図では満潮時における海陸境界を表示することとされ，また，海図では海岸線を岸線と称し，略最高高潮位面(ほぼさいこうこうちょういめん)における水陸の境界線を示す

とされている．地図に表示された海岸線は縮尺に応じた単純化が行われていることに注意する必要がある． ⇨汀線 〈宇根 寛〉

[文献] Johnson, D. W. (1919) *Shore Processes and Shoreline Development*, Hafner.

かいがんたいせきぶつ　海岸堆積物 coastal deposits　河川から排出された土砂や岩石海岸の侵食によって生産された岩屑，あるいはサンゴや貝殻などの破片が波や沿岸流などによって運搬されて海岸に堆積したもの．海浜堆積物ともいう．砂質の場合が多いが，閉塞性の高い海岸では泥質，急流河川の河口付近や海食崖に近い海浜では礫質になる傾向にある．通常，堆積物の供給源から遠ざかるほど，また水深が増すほど細かくなる．同一地点であっても鉛直方向にかなりの粒度の違いが認められる場合もある．常に波によって動かされ，またその分級作用*を受けるために円形度*と淘汰度（分級度*）が高い． 〈武田一郎〉

かいがんだんきゅう　海岸段丘 coastal terrace　海岸沿いに発達するという地形場で分類した段丘*の総称．そのほとんどは海成段丘*であるが，海面下降期に海岸部で発達した扇状地などの河成面が隆起し，その前後に発達した海成段丘とともに海岸段丘群をなすこともある． ⇨段丘の分類，河岸段丘 〈八木浩司〉

かいがんちけい　海岸地形 coastal topography, coastal morphology　波や流れによって形成される海岸の地形．海成地形ともよばれる．海岸は構成物質の性状により，岩石海岸，砂浜海岸，サンゴ礁海岸に大別される．わが国の海岸線の総延長約 34,000 km（理科年表による）の約 60% は岩石海岸で，残りの大半を砂浜海岸が占め（巻末付図），サンゴ礁海岸の分布は南西諸島や小笠原諸島などに限られる．岩石海岸は構成物質の強度の大小にかかわらず固結した物質からなる海岸を指し，多くは山地や台地が海と接するような所に海食崖を伴って発達する．岩石海岸にみられる主要な地形は海食台*，波食棚*とプランジング崖*である．地形変化は侵食のみで，決して元の状態には戻らない非可逆的（irreversible）なものである．砂浜海岸は，泥，砂，礫や貝殻片などの非固結物質（あるいは，これらが混合したもの）からなる海岸の総称である．海浜ともよばれる．地形変化は同一場所において，あるときには堆積が生じたり，他のときには侵食が起こったり，あるいは，この逆が生じたりする可逆的（reversible）なものである．主要な構成物質の種類により，泥浜，砂浜，礫浜に分類される．特に，泥や砂で構成される海浜で，干潮時に著しく広くて平らな地形を干潟*という．砂浜の浅海底には，砂礫が堆積してできた細長い高まり（沿岸砂州*，バー）が海岸線にほぼ平行して定常的に発達している所が多い．海岸線の形状が示す典型的な地形にはトンボロ*，尖角州*や砂嘴*などがある．サンゴ礁海岸（リーフ海岸）は，浅海に生育する造礁サンゴが集積・固結してできた石灰岩で構成されている海岸である．サンゴ礁は裾礁，堡礁および環礁という主要な地形があるが，わが国に発達しているもののほとんどは裾礁である． ⇨岩石海岸，砂浜海岸，サンゴ礁海岸 〈砂村継夫〉

[文献] 砂村継夫 (2001) 海岸地形：米倉伸之ほか編『日本の地形 1 総説』，東京大学出版会，251-253.

かいがんちけいがく　海岸地形学 coastal geomorphology　海岸に作用する地形営力*（主に波と流れ）が関与する地形を調査・研究対象にする学問分野．海岸に生じる地形の成因や形成・変化の過程を探究する．海岸は，これを構成する物質の性状により岩石海岸と砂浜海岸とに大別され，それぞれの地形形成プロセスならびに営力に対する地形の応答時間が異なる．これらの地形以外で海に発達するものとしてサンゴ礁があるが，主要な形成過程がサンゴの生育という有機的なものであるので，海岸地形学の対象には含めない．また，過去の海（あるいは海面）が関与して形成された地形（海岸段丘や沈水段丘）も通常これに含めない．しかし，湖岸に発達する地形（湖岸地形*）の研究は，湖の規模（明確な定義はない）にもよるが，海岸地形学に含めることがある． 〈砂村継夫〉

かいがんていち　海岸低地 coastal lowland　海岸に沿って広がる平坦な低地帯．海成低地・沿岸低地と同義．沿岸州，浜堤，砂丘，砂堤列などの比較的高い地形を含むほか，潮汐低地，後背湿地，沖積低地などの低位の平坦な地形が比較的多くを占める． ⇨海岸平野 〈福本 紘〉

かいがんていぼう　海岸堤防 coastal dike, seawall　高波浪や高潮・津波などによる海水の浸入から海岸を防御するとともに土砂流失による海岸の侵食を防止するために設ける構造物．通常，海岸線に平行に設置される．構造物前面の勾配が 1 割以上ある直立型と 1 割より小さい傾斜型の海岸堤防がある． 〈吉田信之〉

かいがんのぶんるい　海岸の分類 shore classification, coastal classification　海岸の理解を容易に

かいがんへ

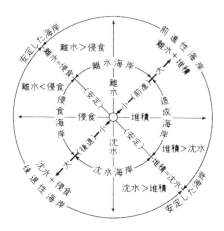

図 バレンチンによる海岸の分類 (Valentin, 1952 に加筆)

するため類型化したもの．目的によって様々な分類がある．身近なものとして，海岸を構成している物質に基づいた「岩石海岸（いわゆる磯）と堆積物海岸（いわゆる浜）」という分類や，海岸防災を念頭に置いた「侵食海岸と堆積海岸」という分類がある．ジョンソン*（D. W. Johnson, 1919）の地形発達を中心においた分類では，離水海岸線*・沈水海岸線*・中性海岸線*に分けている．最近の教科書（例えば A. N. Strahler and A. Strahler, 2006）でよく用いられるのが，A. N. Strahler（1960）による海岸の成因と形態を中心として分類したものである．F. P. Shepard（1963）は，陸上と海の営力の影響の受け方によって，一次海岸*・二次海岸*に分けている．Valentin（1952）は，隆起・沈降・侵食・堆積の要素を組み合わせて図のように分類した．このほか，C. A. M. King（1972）は，海岸線の形態を中心として急斜屈曲海岸（steep indented coast）と堆積性海岸（depositional coast）とに大別し，堆積地形を浜*，砂嘴*，沿岸州*，トンボロ*などに分けた．Davies（1980）は，海岸にとっての環境としての海岸過程*によって3つの海岸過程地帯（high-, mid- and low-shore process zone）に分けた．このほか Inman and Nordstrom（1971）のプレートテクトニクスと関連づけた分類がある．⇨前進性海岸，後退性海岸　　　　　　　　　　　〈福本　絋〉

[文献] Valentin, H.（1952）*Die Küsten der Erde*, JP Gotha. / Inman, D. and Nordstrom, C.（1971）On the tectonic and morphologic classification of coasts: Jour. Geol., **79**, 1-21. / Davies, J. L.（1980）*Geographical Variation in Coastal Development*, Longman.

かいがんへいや　海岸平野　coastal plain　地層が水平もしくは緩やかに海方に傾く，海に面した低平で広い平野．海面の相対的な低下で現れた海底が平野化したものや，現在海岸線が前進して広がったものをいう．アメリカ合衆国南東部のニュージャージー州からテキサス州にかけての平野がその例．また，沿岸地帯で堆積作用によって形成され，海方に緩やかに傾いた海岸低地も含まれる．後者の例は北イタリアのアドリア海に面した海岸地帯である．ほかに一般的な使い方として，海岸に面した平野をいうことがある．⇨海岸低地　　　　　　　　〈福本　絋〉

[文献] Strahler, A. H. and Strahler, A.（2006）*Introducing Physical Geography*, John Wiley & Sons.

かいがんへいやがたふくせいていち　海岸平野型複成低地　compound plain (lowland) of coastal plain type　形成過程の異なる複数の複式低地によって構成される複合低地がいくつか共存している海岸域の低地（例：九十九里平野，天塩平野）．海岸平野とも．海成の潟湖跡地，堤列低地，風成の砂丘などのほか波食棚，さらにサンゴ礁も構成要素として含まれる．⇨低地，複成低地　　　　　　〈海津正倫〉

[文献] 鈴木隆介（1998）「建設技術者のための地形図読図入門」，第2巻，古今書院．

かいがんりゅう　海岸流　coastal current　砕波帯より沖で卓越する，海岸線とほぼ平行した海水の流れ．数十 km 程度沖合までの領域でみられる．波浪の作用ではなく潮汐や風などによって惹起される．　　　　　　　　　　　　　　　　〈砂村継夫〉

かいきゃく　海脚　spur　海台や島の基盤のように，より規模の大きな地形から突き出ている地形．特定の方向に細長く連続するものを特に海嶺*とよぶ．　　　　　　　　　　　　　　　〈岩淵　洋〉

かいきゅう　海丘　hill, knoll　海底の孤立した，または群がっている高まりのうち，比高 1,000 m を越えないもの．英語では丸い輪郭をもつ高まりを knoll，不定形の高まりを hill と区別している．
　　　　　　　　　　　　　　　　〈岩淵　洋〉

かいきょ　海渠　furrow　大陸棚*上に形成された海岸線にやや直角に走る溝地形をいうが，この用語は現在では使用されない．　　　　〈岩淵　洋〉

かいきょう　海峡　strait, channel　両側の陸地により細長く狭められた海域．瀬戸，水道ともよばれる．海峡，瀬戸，水道は，それぞれの間に本質的な差や大きさの概念も基本的にはなく，多分に慣習的な呼称であるが，水道には航路の意味を含むことがある．それぞれ，津軽海峡，鳴門海峡，速吸瀬戸，早鞆瀬戸，伊良湖水道，豊後水道がその例で，いず

れも潮流の流速が大きく，海峡最狭部付近には，海底が侵食され海釜地形が形成されていることが多い．　　　　　　　　　　　　　　　〈八島邦夫〉
[文献] 八島邦夫 (1994) 瀬戸内海の海釜地形に関する研究：水路部研究報告, 30, 237-328.

かいげき　海隙　gap　⇨海裂

がいこ　外弧　outer arc　二重弧*において海溝に近い方の弧を指す．大陸側の弧を内弧という．外弧は堆積岩からなることが多く，火山を伴わず，火山列によって特徴づけられる内弧との間に中央低地帯がある．外弧は島列，山地・山脈などの高まり．小笠原諸島（内弧は火山列島），北上山地・阿武隈山地（内弧は奥羽山脈・出羽丘陵），南米大陸の海岸山脈（内弧はアンデス山脈）などに代表される．また，外弧では一般に正の重力異常値を示し，地殻熱流量は低い．　⇨弧状列島，島弧，中央低地帯，非火山性外弧　　　　　　　　　　　　　〈今泉俊文〉

かいこう　海溝　trench　水深6,000 mを越える溝地形．非対称な断面を呈する．プレートテクトニクスの浸透に伴い，海溝はプレート収束境界であると理解されているが，本来は成因に関係なく地形として命名されたものなので，ソロモン諸島西方のビチャージ海溝（Vitaz Trench）のように，プレート収束境界ではないものもある．模式図ではV字の溝として描かれることもあるが，実際の傾斜は海溝海側斜面上部では数度，下部でも十数度程度である．堆積物の供給が多いところでは海溝軸部は平坦な海盆となっている（例：千島・カムチャッカ海溝南西端，伊豆・小笠原海溝北部，南西諸島海溝西端など）．海溝海側斜面には，地塁・地溝がしばしば発達する．地塁・地溝は海溝軸と平行なものが多いが，斜交する方向となっているところもある．海溝に沈み込む海洋底の地磁気縞異常の走行と海溝が大きく斜交する場合には，地塁・地溝は海溝軸と平行に発達し，小さい角度で斜交する場合には，地塁・地溝は海洋底の地磁気縞異常の走行と平行に発達する．　　　　　　　　　　　　　　〈岩淵　洋〉
[文献] Masson, D. G. (1991) Fault patterns at outer trench walls : Marine Geophys. Res., 13, 209-225.

かいごう　会合　meeting, junction　複数の弧状列島*や弧状山脈*が接している状態をいう．その接し方によって，対曲（例：東北日本弧と伊豆・小笠原弧），連鎖（例：アリューシャン弧がカムチャッカ弧の横に接している），分岐，湾曲などに分類される．　　　　　　　　　　　　　〈鈴木隆介〉

かいこうしゅうえんりゅうきたい　海溝周縁隆起帯　outer rise　海溝海側近傍にある海洋プレートがなす緩やかな高まり．アウターライズ，トレンチスウェル，マージナルスウェルともよばれる．幅は数百km，比高は数十〜数百m．海洋プレートが剛性を有しているため，海溝近傍で下方に撓むときに，その手前に緩やかな上に凸の地形をつくる．例として千島・カムチャッカ海溝南縁や北西太平洋海盆北西縁の北海道海膨など．　　　〈岩淵　洋〉

かいこうじわれ　開口地割れ　ground fissure　開口を伴う引張り性の地表変状．開口割れ目とも．地すべり，火山活動，正断層等に伴って典型的に生じるほか，横ずれ断層や逆断層沿いにも形成される．　⇨割れ目帯　　　　　　　　　〈金田平太郎〉

かいこうせつり　開口節理　open joint, fissure　岩盤中の平滑な割れ目（節理*）のうち，面が開口しているものをいう．重力変形による岩盤のゆるみや地表近くの風化作用に伴って生ずることが多く，開口によって節理面に沿った透水性が高まるとともに，岩盤強度が低下する．このため，落石，崩落，地すべりなどの素因となるので，開口幅（aperture）は岩盤評価の重要な指標となっている．
　　　　　　　　　　　　　　　〈横田修一郎〉

かいこうわれめ　開口割れ目　ground fissure　⇨開口地割れ

かいこく　海谷　submarine valley, sea valley　陸棚外縁や大陸斜面*を下刻する谷のうち，比較的浅く小規模なもの．海底谷と同義語として，深い谷も含めて用いられている例もある．　⇨海底谷
　　　　　　　　　　　　　　　〈岩淵　洋〉
[文献] 田山利三郎 (1948) 紀伊水道水深図を読む（主として溺れ谷について）：水路要報, 10, 103-107.

がいこしゃめん　外弧斜面　outer arc slope　活動的縁辺域での大陸斜面とほぼ同義語．島弧の場合に限定して大陸斜面を記述するときに用いることがある．外弧斜面はなめらかな斜面ではなく，海盆，隆起帯，海底谷，海段など起伏に富む複雑な地形を呈する．　　　　　　　　　　　　　〈前杢英明〉

がいこつかざん　骸骨火山　volcanic skeleton　火山体が開析され，構成物の大半が消失し，火山体の中心部や下部を構成していた火山岩頸・放射状岩脈・堅固な溶岩などが残存している状態の古い火山体の残骸．火山に含められないこともある（例：秋田県高松岳）．　⇨火山体の開析　　〈横山勝三〉

がいこりゅうきたい　外弧隆起帯　outer arc uplift zone　海溝と内弧に挟まれた高まり．海洋プレートの沈み込みに伴って，陸のプレートが押し上げ

られて高まった隆起帯．西南日本弧では紀伊山地や四国山地，東北日本弧では北上山地や阿武隈山地とその沖の海底の高まりが外弧隆起帯である．これらは山地規模で全体として盾状に隆起し，火山（活動）を随伴しない．　⇨内弧隆起帯　　　〈今泉俊文〉

かいさく　開削　excavation, open cut　何らかの目的のために地表を溝状または盆地状に広く掘り下げること．両切*とほぼ同義である．〈鈴木隆介〉

がいざそう　外座層　outlier　地質図を描いたとき，周囲を古い岩体に囲まれて分布している新しい岩体をいう．埼玉県秩父盆地の中に分布する新第三系が好例．内座層*の対語．〈鈴木隆介〉

がいさよう　外作用　exogenetic process　⇨外因的作用

かいざん　海山　seamount　海底の孤立した，または群がっている高まりのうち比高1,000 m以上のもの．〈岩淵　洋〉

かいざんぐん　海山群　seamount group, seamounts　海山が集団をなしたもの．特定の方向はもたない．例として南大東島の南東に点在する長寿海山群，南鳥島からウェーク島，ジョンストン島に至るマーカス・ネッカー海山群など．〈岩淵　洋〉

かいざんれつ　海山列　seamount chain　海山が特定の方向に並んでいるもの．個々の海山の基部は離れている．例としてミッドウェーから北西に続く天皇海山列，本州東岸沖の常磐海山列，本州南岸沖の紀南海山列など．〈岩淵　洋〉

かいしゅん　回春【河川の】　rejuvenation, revival　衰退していた河川の下刻力が顕著に強化・増大することを指す．侵食復活，'若返り'ともいう．Davis（1905）は，"下刻が衰え，側刻が主になっていた壮年期や老年期あるいは準平原化した土地が隆起して侵食基準面が低下すると，新な輪廻（部分的輪廻）が始まり，河川の下刻作用が再び増大する"としたが，この現象が後に回春とよばれるようになった．Davis（1912）はNeubelebung（若返り・更新）を使っており，Wiederbelebung, Verjüngung, rejuvenation（回春・復活）は，J. K. Mortensen（1930）やF. Jaeger（1909）がつけたとされる．下刻作用の復活した河川は回春河川とよばれ，回春した下流側と上流側の間には遷急点（早瀬や滝）が生ずることが多い．現在では回春は，①陸地の隆起・傾動・撓曲などの地殻変動による動力学的回春，②侵食基準面の低下による基準面的回春，および③河川の荷重（運搬物質）の相対的減少によって生ずる静的回春などに分けて説明されることが多い．動力学的回春は地殻変動による河川勾配の増加に起因する回春を指す．基準面的回春は海面の低下や下刻の停滞原因となっていた局地的侵食基準面の除去による河川勾配の増加によって生ずる回春を指し，海水準的回春ともいう．荷重の減少を引き起こす原因としては，火山活動の休止や，気候の温暖化による植被率の増大や周氷河作用の減衰などによる河川への供給荷重の減少，あるいは，湿潤化や河川争奪による流量の増加による相対的荷重の減少などがあげられる．なお回春は，'山地の若返り（新しい輪廻の開始）'を指すこともある．　⇨部分的輪廻，輪廻の中絶

〈大森博雄〉

[文献] 井上修次ほか（1940）『自然地理学』，下巻，地人書館．/Davis, W. M.（1912）*Die erklärende Beschreibung der Landformen*, B. G. Teubner（水山高幸・守田　優訳（1969）『地形の説明的記載』，大明堂）．

かいしょう　海嘯　tidal bore, tsunami　⇨タイダルボアー，津波

かいじょうかざん　塊状火山　massive volcano　溶岩円頂丘の古い呼称で，今ではほとんど使われない．⇨溶岩円頂丘　　〈横山勝三〉

かいじょうがん　塊状岩　massive rock　堆積岩のうち，層厚数十cm〜数mの単層*で，葉理*，節理*などの不連続面がみられず，野外観察ではほぼ一様な粒径の粒子で構成され，異方性のない均質な岩石とみなせる地層（特に砂岩と泥岩）を，日本では'マッシブな地層である'と通称しているが，厳密な定義はない．〈鈴木隆介〉

かいじょうじゅんへいげん　階状準平原　stepped peneplain　⇨階段準平原

かいじょうど　階状土　terrace, step　斜面（傾斜6〜30°）に発達する構造土*の一種．高さ数十cm程度の階段状を呈するので階段状構造土ともよばれる．段の上面には植生を欠き，前面の急斜面に植生を伴う植被階状土が一般的．土壌の移動，植生，風の相互作用が関与すると考えられているが，詳細なプロセスは不明．〈松岡憲知〉

かいじょうようがん　塊状溶岩　block lava　表層部が岩塊の累積で構成されている溶岩（流）．安山岩質溶岩流や厚い玄武岩質溶岩流などに普通．岩塊は，流動中に冷却で生じた溶岩流表面の皮殻が，内部の溶岩の流動に伴い破壊されることで生じ，比較的なめらかな湾曲した面で囲まれた多角形をなし，大きさは直径数m以上に及ぶものもある．桜島の有史時代の溶岩流や浅間山の鬼押し出し溶岩流などは代表例．〈横山勝三〉

かいしょく　海食　marine erosion　⇨海食作用

かいしょくアーチ　海食アーチ　sea arch　岩石海岸にみられるアーチ状の波食地形で，海食橋ともよばれる．岬を構成する岩盤に節理・断層などの弱線や岩質の異なる脆弱部分があると，波がその部分を集中的に侵食し，岬の一方あるいは両方から海食洞＊が形成され始め，これが伸長して両側に開口した地形をいう．開口幅に比べて奥行きは小さい．奥行が大きい場合は海食トンネル（sea tunnel）とよばれる．海食アーチは，これ以外に岩石海岸に稀に発達する小規模な入江の入口にみられることがある．この種の地形は海食洞奥部の天井が崩落した結果，入口部分がアーチ状に残されて形成されたものである．　⇨海食洞，岩石海岸（図）　　〈青木　久〉

かいしょくおうけつ　海食甌穴　marine pothole　⇨ポットホール[海岸の]

かいしょくがい　海食崖　sea cliff, coastal cliff　山地や台地が海に面するところに発達している急崖．波食崖，海崖ともよばれる．海食によって形成される．海食作用＊は水面付近に限られるため，崖の基部は侵食され急勾配となったり，ノッチ＊とよばれるオーバーハングした窪みが形成されたりするため，崖全体が不安定になり上部斜面の崩壊が起こる．このような一連の過程をたどって海食崖は侵食後退する．ほとんど後退していないプランジング崖＊も広義の海食崖に含めるのが一般的である．　⇨岩石海岸（図）　　〈辻本英和〉

かいしょくがいこうたいそくど　海食崖後退速度　recession rate of sea cliff　波の作用で海岸の崖（海食崖＊）が侵食され後退する速度．海食崖の基部が侵食されると，崖は急勾配になったり，ノッチが形成されたりして不安定になり，崖上部が崩れ落ちる．このようなプロセスを経て海食崖は後退する．海食崖は暴浪時の波食で後退するので，後退速度は暴浪の出現頻度に左右されるが，長期間にわたり平均した後退速度は，概して海食崖構成岩盤の強度に支配されている．世界の諸地域において後退速度が計測されているが，およその速度は花崗岩類や石灰岩で $10^{-3}\sim 10^{-2}$ m/y，古〜新第三紀の堆積岩で $10^{-1}\sim 10^{0}$ m/y，第四紀の堆積物で $10^{0}\sim 10^{1}$ m/y 程度である．　　〈辻本英和〉

[文献] Sunamura, T. (1992) *Geomorphology of Rocky Coasts*, John Wiley & Sons.

かいしょくきょう　海食橋　sea arch　⇨海食アーチ

かいしょくくぼ　海食窪　notch　⇨ノッチ

かいしょくこう　海食溝　groove　⇨波食溝

かいしょくこく　海食谷　marine erosive valley　海食で生じた溝状の広義の谷．海食溝，波食溝などの総称．　⇨谷，波食棚（はしょくだな）　　〈鈴木隆介〉

かいしょくさよう　海食作用　marine erosion　海岸における侵食作用．海食とも．主として波によって起こされる物理的な現象（波食作用＊とよばれる）と海水や雨水による化学的な現象に分けられる．波は直接的には砕波によって大きな侵食力を及ぼすが，海水とともに研磨剤として作用する砂や礫の働きも大きい．潮汐や降雨，波しぶきによって生じる乾湿の繰り返しによる物理的な風化は，構成岩石の強度低下や細片化を促し，波による侵食を促進する．海水の化学的な作用としては石灰岩など炭酸塩を主とする岩石の溶出が知られ，石灰岩における波食棚の形成高度が他の岩石より低く，低潮位に一致することはこのためだとされる．他の岩石において化学的作用がどの程度の影響を及ぼしているかは不明である．　　〈辻本英和〉

[文献] Davies, J. L. (1972) *Geographical Variation in Coastal Development*, Oliver & Boyd.

かいしょくじゅんへいげん　海食準平原　marine peneplain　海食輪廻＊の最終段階の地形．河川の侵食を対象とした侵食準平原の概念を海食に適用したもの．海成準平原とよばれることもある．河成侵食の基準面が海水面であるのに対して，海食の基準面は海水面下のある深さにまで及ぶ．　⇨ウェイブベース　　〈辻本英和〉

[文献] Johnson, J. W. (1919) *Shore Processes and Shoreline Development*, Columbia Univ. Press（Facsimile ed., Hafner, 1965）.

かいしょくだい　海食台　abrasion platform　海食崖＊の基部から海側に緩やかな傾斜で広がる，岩盤よりなる平坦面．傾斜波食面（sloping shore platform）ともよばれる．波浪による侵食で海食崖が後退するとその前面に形成される．英語では abrasion（砂礫による磨耗）という岩盤低下プロセスを指す語が用いられているが，必ずしも磨耗のみで形成されるのではない．波食棚＊（はしょくだな）と混同される場合があるが，波食棚とは異なり，海側に傾斜不連続点（急崖）はみられず，緩やかな傾斜のまま浅海底に続く．Bird（1969）はこのタイプの波食棚を inter-tidal shore platform（潮間帯波食棚，潮間帯ベンチ）とよんでいるが，潮間帯に限定された地形ではない．　⇨岩石海岸（図）　　〈辻本英和〉

[文献] Bird, E. C. F. (1969) *Coasts*, MIT Press.

かいしょくだいち　海食台地　wave-cut terrace　海岸が海食により後退した結果，その前面に形成される岩盤からなる地形面の総称．波食棚*や海食台*を含む．かつては堆積物からなる海底堆積台*の対語として使用されることが多かったが，現在では両語ともほとんど使用されない．　〈辻本英和〉

かいしょくだな（ほう）　海食棚　wave-cut platform　⇨波食棚

かいしょくちけい　海食地形　wave-cut topography　⇨岩石海岸

かいしょくどう　海食洞　sea cave, cave　海食崖基部にみられる洞穴で，奥行と高さに比べて開口幅の小さいものをいう．海食洞門ともよばれる．崖を構成する岩盤に節理・断層・断層破砕帯などの弱線や周囲と比較して強度の低い単層などがあると，その部分だけが著しく侵食される．その結果，天井部分がアーチ状となる洞穴が形成される．洞穴の海側前方は波食溝につながることが多い．⇨波食溝，岩石海岸（図）　〈青木　久〉

かいしょくどうもん　海食洞門　sea cave　⇨海食洞

かいしょくトンネル　海食トンネル　sea tunnel　⇨海食アーチ

かいしょく（へいたん）めん　海食（平坦）面　marine abrasion surface　主に波浪の作用により海底基盤が侵食された結果できた平らな面．この平坦化作用は，基盤上に接する堆積物が波浪によって動かされることによって生じる，いわゆる磨耗作用が主である．　〈砂村継夫〉

かいしょくりんね　海食輪廻　marine cycle of erosion　海岸地形の相違や発達を説明するためになされる仮想的概念．地形輪廻の一つとしてデービス*（W. M. Davis, 1899）が提唱した概念で，ジョンソン*（D. M. Johnson）が発展させた．河食輪廻と同様に，原初期，幼年期，壮年期，老年期，終末期を想定する．沈水海岸の場合，リアス海岸状を呈する急傾斜の屈曲した海岸（steep indented coast）から始まり，砂嘴*や沿岸州*など様々な堆積地形を伴いながら，海食によって次第に直線状の海岸線になるという説明をする．離水海岸の場合，沿岸州や海底州が発達し，次第に陸側に移動し平滑な海岸線になるという．いずれも第四紀の氷河性海面変動*などが考慮されておらず，現実の海岸地形を説明するには乖離がある．*Glossary of Geology*（5th ed.）では廃語と記されている．　〈福本　紘〉

[文献] Johnson, D. W. (1919) *Shore Processes and Shoreline Development*, Columbia University Press (Facsimile ed., Hafner, 1965). /Neuendorf, K. K. E. et al. (2005) *Glossary of Geology* (5th ed), American Geol. Inst.

かいしん　海震　sea shock, seaquake　地震動が海底から海に伝わり，船舶上の乗組員などが感じる振動．上下動が主であると考えられている．　〈久家慶子〉

かいしん　海進　transgression　海岸線が陸側へ移動する現象やその過程，または海が陸地に広がる現象をいう．海進は，海水準の上昇や陸地の沈降などにより相対的海水準が上昇する場合や沿岸域における砕屑物の供給が波浪や潮汐による侵食を下回る場合にみられる．海退と対をなす．海進や海退はそれぞれユースタティックな海水準上昇，海水準低下と同義のように使用されることがあるが，海水準が上昇している場合でも海退は生じうるので，誤解や混乱を招かないように注意する必要がある．　〈堀　和明・斎藤文紀〉

かいず　海図　chart, nautical chart　航海に使用されることを目的として必要な情報を記載した海の地図．海部には水深，底質，航海上危険な暗礁，浅瀬，沈船，漁礁，潮流の流速・方向，陸部には山頂，顕著な構造物，灯台，ブイ（浮標）などの航海の目標物が記される．ふつうは航海用海図を単に海図とよぶが，広義には底質図，潮流図などの特殊図および海の基本図等を含む．また，最近は海図情報をディスプレイ上に表示する電子海図も開発され急速に普及している．水深の基準面は最低水面で，全国共通ではなく地域ごとに決められる．これは潮汐が地域により異なり，航海の安全のためには各地の潮の干満に合わせた方がよいためである．海図の特色として船舶への備え付け義務などの法的性格，海図情報の最新維持，国際的に共通な記号・略語，図法はメルカトル図法などがある．海図では見やすさを考慮し，十分密な測深成果からその付近の代表的な浅い水深を選んで記載し，等深線も航海の安全を考慮して描画することがあるので，海底地形の研究等に用いる際は，この点に留意しなければならない．　〈八島邦夫〉

かいすい　海水　sea water　海の水．$1 m^3$中に約 35 kg の塩分を含む．陸水の対語．⇨塩分，海水密度　〈砂村継夫〉

がいすい　崖錐　talus cone, talus slope　急崖または急斜面から何回もの落石や小規模な崩落で落下した岩屑が下方の緩傾斜面または平坦地に順に堆積して生じた斜面をいう（図）．落石の堆積し始める

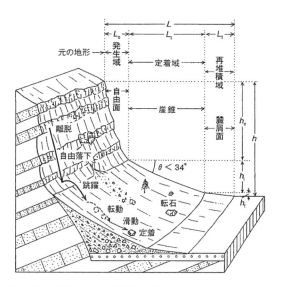

図　落石と崖錐ならびに麓屑面（鈴木，2000）

地点が，ガリーの底のような点的であれば半円錐状（talus cone），側方に伸びていれば平滑な斜面（talus slope）となる．縦断形は小規模な場合（斜面長数十 m）には直線斜面であるが，大規模なものは凹形斜面となる．斜面長が 1km を越えることは稀である．縦断傾斜は岩屑の 安息角*で，一般に 34°以下である．崖錐堆積物*（talus）は主に角礫と粗砂で，おおまかに成層し，斜面の上方より末端部で粗粒であり，径数 m の巨岩塊が散在することもある．崖錐は透水性が高いので，そこから地下水や土石流で流失した細粒物質が崖錐の先端に緩傾斜な斜面（麓屑面*）を形成していることもある．なお，英語の talus は崖錐を構成する堆積物であり，地形ではないから，talus deposit というのは間違いである．その混乱の原因は，古典的な加藤武夫監修（1935）「地学辞典」で，talus を地形の意味で崖錐と訳したり，崖錐堆積物に talus deposit と英語で注記したり，また関連用語の英訳にも混乱があったため，崖錐とテーラスの用法には多年にわたり混同があった．⇨落石　　　〈石井孝行・鈴木隆介〉

［文献］鈴木隆介（2000）「建設技術者のための地形図読図入門」，第3巻，古今書院．／松倉公憲（2008）「地形変化の科学—風化と侵食—」，朝倉書店．

がいすい　外水　river water　⇨内水

がいすいい　外水位　outside water level, riverside water level　堤外地*の河川の 水位*をいう．堤内地の 内水位*に対する用語である．〈鈴木隆介〉

かいすいおん　海水温　sea water temperature　海水の温度をいう．海水温は，海面から加熱されると，密度が軽くなるため，表層で高く，下層にいくほど低くなって水温躍層が形成される．海面から冷却されると，対流によって鉛直混合が起こり，表層に等温層が形成される．海水の密度は水温だけでなく塩分にも依存するので（⇨海水密度），異なる水塊が接する海域では，上層に低水温・低塩分，下層に高水温・高塩分の海水が分布することもあり，この場合，下層にいくほど水温が高くなる水温逆転層が生じることになる．東京湾などの沿岸域でも，冬季には，下層に高温・高塩分の外洋水，表層に低温・低塩分の沿岸水が分布する水温逆転層がみられる．

〈小田巻　実〉

かいすいじゅんへんか　海水準変化　sea-level change　海水準の昇降変化．海水準変動，海面変動，海面変化ともいう．海水準つまり海面の高さは，海水の体積変化，海底の地形変化，固体地球の変形，海水の移動によって変動する．海水の体積変化には，海洋形成以来の海水総量の変動から，中生代から新生代への温室期から氷室期，第四紀の氷期・間氷期サイクルなどに伴う陸域での氷床の拡大・縮小による海水量の変動，地下水や湖水と海水との交換量の変化，海水温変化による体積変化などがある．海底の地形変化には，プレート運動に伴う海洋底拡大速度の変化や氷床や海水量の変動などによるアイソスタシーによるものなどがある．固体地球の変形には，地球の質量分布の変化（ジオイドの変化）がある．海水の移動には潮汐，海流，波浪，気圧，風などの影響が挙げられる．なお，全地球的な海水準の変動はユースタシー*とよばれ，地域的な相対的海水準変動とは区別される．

〈堀　和明・斎藤文紀〉

がいすいぜんえんてい　崖錐前縁堤　protalus rampart, winter talus ridge, nivation ridge　斜面上に緩い逆傾斜をもつ土塁状や堤防状などの岩屑丘からなる地形．雪田の背後の岩壁で生産された凍結破砕岩屑が雪面上を滑落して，その基部に堆積して生じた地形で，C. H. Behre（1933）はこの地形を nivation ridge としたが，K. Bryan（1934）は protalus rampart とした．今村学郎（1940）は薬師岳金作沢（薬師岳北圏谷）の堤防状の岩屑丘を雪食堆石堤とした．従来，日本アルプスには氷堆石（モレーン）とされてきた多くの岩屑丘が存在するが，これらの岩屑丘はモレーンではなく，①凍結破砕作用によって生産された岩屑が雪面上を滑落・堆積して形成された岩塊からなる プロテーラスランパート*

（protalus rampart）および②主に初夏から盛夏の融雪水や台風などの集中豪雨に伴って岩壁直下の岩屑急斜面で発生した土石流（湿潤岩屑流）によって残雪斜面上に堆積形成された粗粒・細粒からなるプロテーラスランパートである，ことが関根（1973）によって明らかにされた． 〈関根　清〉

［文献］Behre. C. H. (1934) Geomorphic processes at high altitudes : Geographical Review, 24, 655-656./関根　清 (1973) 内蔵助圏谷の Protalus Rampart の形成について：地理学評論，46, 264-274.

がいすいたいせきぶつ　崖錐堆積物　talus　崖錐*を構成する堆積物．テーラス*とも．崖錐（talus cone または talus slope）は地形を指し，英語の talus は堆積物を指すから，崖錐堆積物を talus deposit と英訳するのは誤り．急斜面から主として落石*で落下した角礫と細粒物質の堆積物で，その堆積構造は乱雑で，層理は不明瞭であり，粒径は崖錐上部から末端部に向けて増加し，透水性は一般に高い．乾燥岩屑流や小規模な土石流により細粒物質が再移動し，崖錐末端の前方に麓屑面*を形成することも多い． 〈小花和宏之〉

［文献］小花和宏之ほか (2002) 磐梯山カルデラ壁の崖錐斜面上を流下する土石流の到達距離：地形，23, 433-447.

かいすいのひよう　海水の比容　sea water specific volume　海水の単位質量あたりの体積（m^3/kg）をいう． 〈小田巻　実〉

がいすいはんらん　外水氾濫　inundation outside levee　本流の河川水が堤外地*（河川敷*）から溢れ，自然堤防*または人工堤防を越流または破堤して，堤内地*に流入すること．⇨氾濫，内水氾濫 〈鈴木隆介〉

［文献］土木学会 (1989)「土木工学ハンドブック（第4版）」，土木学会．

かいすいひょうめんおんど　海水表面温度　sea surface temperature　海水表面の温度．あらゆる物体と同じく海水の表面からもその水温に応じて長波放射が起きている．表面温度は昔からバケツなどを使って採水し水温計で測定することが行われているが，最近では，人工衛星に搭載した赤外センサーなどを使って海面の放射温度が遠隔測定できるようになり，いろいろな研究機関から海水表面温度分布画像がインターネット上に提供されている． 〈小田巻　実〉

がいすいほこう　崖錐匍行　talus creep　⇨匍行

かいすいみつど　海水密度　sea water density　海水の単位体積あたりの質量（kg/m^3）．塩分*（実用塩分）35 の海水の場合，1気圧，15℃で 1,023 kg/m^3 程度である．海水密度は，膨張して体積が大きくなれば小さく，圧縮されて小さくなれば大きくなり，塩分が高くなれば増大する．淡水は水温が下がると収縮して密度が増大し，4℃で最大密度となるが，海水の最大密度となる温度は塩分のために低下し，塩分35の海水では −1.9℃で最大密度となる．結氷温度も低下し，塩分24.6以上では最大密度温度よりも低くなる．塩分32.5のオホーツク海の海水では −1.78℃，塩分35の太平洋では −1.92℃で結氷する．したがって海面から冷却しても，海水は −1.8℃ぐらいになるまでは密度が大きくなって鉛直循環が続き，全層が −1.8℃以下になってようやく結氷が始まる．湖水が凍りやすく，海水が凍りにくいのは，塩分の存在による． 〈小田巻　実〉

かいすいみつどのアノマリー　海水密度のアノマリー　sea water density anomaly　海水密度 ρ（kg/m^3）は水温・塩分・圧力で変化するが，その変化量は小さいので，実際の密度から基準となる密度，$1,000\ kg/m^3$，を差し引いた値をいい，σ_t で表す．$\sigma_t = \rho - 1,000$．⇨海水密度 〈小田巻　実〉

かいすいろ　開水路　open channel　自由表面をもつ水の流れる水路．大小を問わず河川や谷はすべて開水路である． 〈宇多高明〉

かいせいしんしょくだんきゅう　海成侵食段丘　marine erosion terrace　海成侵食面が段丘化した地形種． 〈鈴木隆介〉

かいせいしんしょくちけい　海成侵食地形　marine erosion landform　主に波浪やそれに起因する流れが浅海域を含めた岩石海岸*に作用したときに形成される地形の総称．海食崖*，波食棚*や海食台*が主要な地形． 〈砂村継夫〉

かいせいしんしょくめん　海成侵食面　marine erosion surface　海岸あるいは浅海底を構成する基盤が主に波浪の作用で侵食されてできた，ある程度の広がりをもった平滑な地形面の総称．波食棚*や海食台*が示す地形面が代表的．⇨海食（平坦）面 〈砂村継夫〉

かいせいそう　海成層　marine sediment　海底で堆積した地層．堆積した場によって，大きく，陸源性と太洋性とに分けられる．前者は陸から供給された泥，砂，礫からなる．後者は軟泥や石灰岩などからなる．地層中には，海水中の硫酸イオンが還元して鉄と結合した黄鉄鉱が一般的に含まれる．海成層が地表に露出すると，黄鉄鉱が酸化して硫酸を形

成し，それが岩石と反応したり，カルシウムなどの陽イオンと結合して塩類を析出して風化を促進することがある． 〈千木良雅弘〉

[文献] 千木良雅弘（1988）泥岩の化学的風化-新潟県更新統灰爪層の例-：地質学雑誌，94, 419-431.

かいせいたいせきだんきゅう　海成堆積段丘
marine accumulation terrace　海成堆積低地が段丘化した地形種． 〈鈴木隆介〉

かいせいたいせきていち　海成堆積低地
marine depositional plain（lowland）　低所に砂礫，砂，泥などの地形物質が堆積して形成された低地のうち，海成の堤列低地，堤間湿地，水底三角州などの複式地形種や，沿岸底州，浜堤，砂嘴などの単式地形種などからなる低地．⇨低地 〈海津正倫〉

[文献] 鈴木隆介（1998）「建設技術者のための地形図読図入門」，第2巻，古今書院．

かいせいたいせきぶつ　海成堆積物　marine sediment　⇨海底堆積物

かいせいだんきゅう　海成段丘　marine terrace　海岸線付近に広がる浅海底が離水して，海岸線より陸側に階段状になった地形（図）．海成の段丘面（過去の海底面）と段丘崖（過去または現在の海食崖）からなる．従来は海岸段丘とよぶこともあったが，海成作用によるプロセスを重視して，海成段丘とよぶのがよい．相対的な海面の安定期の海岸線付近には，海食によるほぼ平坦な岩石海岸地形（波食棚*・海食台*など）や堆積作用による一連の砂浜海岸地形（浜堤・後浜・前浜・沖浜など）が広く形成される．これらが後の海面低下や地殻の隆起によって陸化し，その海側に新しい海食崖がつくられると浅海底の離水が完了する．この状態になった地形を海成段丘という．以上の過程が繰り返すと，数段の海成段丘が階段状に発達する．海面の安定期が短くても海成段丘はできるが，その場合には，段丘面の幅は狭く，後の侵食で除去されやすい．気候変化に起因する第四紀のサイクリックな海水準変動のなかでは，地殻の隆起速度が海面上昇を上回り，かつ浅海底ができたときの海面の位置が高いほど，海成段丘は保存されやすくなる．つまり，低海面期（氷期）よりも高海面期（間氷期）に形成された海成段丘面（一般に堆積段丘面）の方が残りやすい．第四紀後期の間氷期における高海面の位置は現在とほとんど変わらなかったので，地殻の隆起が継続的であれば，海成段丘の形成年代は標高の高いものほど古くなる．これらの性質を利用して，海成段丘の年代と標高の解析から，逆問題として局地的な地殻変動

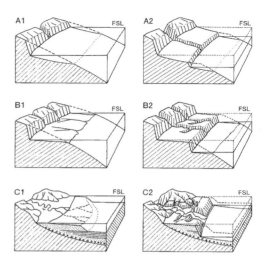

図　3種の主要な海成段丘の模式図（鈴木，2000）
A：傾斜波食面起源の海成侵食段丘
B：波食棚起源の海成侵食段丘
C：河成・海成堆積低地起源の海成堆積段丘
1：離水前の地形，2：離水後の段丘，破線：それぞれの時代の旧地形の断面，FSL：離水前の海水準，C2の一点破線：海成堆積段丘面上の旧汀線．

（例えば地震性地殻変動やアイソスタティックな隆起）を解くこともできる．⇨海岸平野，段丘
〈宮内崇裕〉

[文献] 貝塚爽平ほか編（1985）「写真と図でみる地形学」，東京大学出版会．／鈴木隆介（2000）「建設技術者のための地形図読図入門」，第3巻，古今書院．

かいせいちけい　海成地形　coastal landform　⇨海岸地形

かいせいていち　海成低地　coastal lowland　⇨海岸低地

かいせき　開析【地形の】　dissection（of landform）　個々の地形種（例：段丘面，火山原面，断層崖，地すべり滑落崖，地すべり堆，モレーン）の原形が，河川侵食谷の発達によって刻まれ，しだいに失われる現象をいう．開析の程度は開析度とよばれ，他の条件（地形場，地形営力，地形物質）が一様であれば，時間の関数となるから，例えば段丘面，火山や地すべり堆の新旧の判別に役立つ．⇨開析度［地形種の］，侵食速度 〈鈴木隆介〉

かいせきうりょう　解析雨量　radar precipitation　およそ1 km×1 kmの空間解像度の30分ごとの（前1時間累積）降水量データ．国土交通省が気象レーダーの反射強度と気象庁のアメダスなど（ほかに同省河川局・道路局などの）観測降水量との

相関を解析して降水量を推定しているもの．ほぼリアルタイムに近いデータであるので，山崩れ・洪水などの地形災害の防止・軽減に極めて有効である．過去のレーダーアメダス降水量は気象庁のアメダスとレーダーだけを用いていたが（1988年から2001年3月までは解像度約5 km，以後は約2.5 km），2006年1月からは現在の発展版となっている．過去の気象災害の解析にも使える． 〈野上道男〉

かいせきかいがんへいや　開析海岸平野 dissected coastal plain　海岸平野が相対的な海水準の低下や地殻の隆起によって離水すると，平野を流れていた河川や海岸から新たに発生した河川は上流へ伸長し，下方侵食と谷頭侵食によって平野を開析*する．このような状態を開析海岸平野とよぶ．第四紀後期に隆起傾向にある日本の主な海岸平野は，形成期の異なる開析海岸平野から構成される．関東平野の一部をなし，隣接する下総台地と九十九里平野はその代表例であり，前者が更新世後期の開析海岸平野，後者は完新世の開析海岸平野である．⇨海岸平野，開析 〈宮内崇裕〉

[文献] 米倉伸之ほか編（2001）「日本の地形」，第1巻，東京大学出版会．

かいせきかざん　開析火山 dissected volcano ⇨火山体の開析

かいせきこ　海跡湖 lagoon ⇨ラグーン

かいせきこく　開析谷 dissected valley　段丘面*や火山原面*のように，初期の形態が明瞭な地形面が河川侵食によって刻まれることを開析といい，それによって生じた谷を開析谷という（例：段丘開析谷*）．普通の山地や丘陵を刻む侵食谷を開析谷とはいわない．⇨開析 〈鈴木隆介〉

かいせきさんかくす　開析三角州 dissected delta　地盤の隆起や海水準の低下などに伴う侵食基準面の低下によって侵食作用が復活し，三角州の原面が開析された三角州．河川の回春*に伴って形成された谷壁には頂置層・前置層・底置層の区別が明瞭に認められる場合がある．日本では顕著な開析三角州は認められないが，米国西部では第四紀の多雨期に形成され，拡大していたボンネビル湖の湖岸に形成された三角州がその後の乾燥化に伴う水位の低下によって開析されており，ギルバート*によって三角州の内部構造が研究された． 〈海津正倫〉

[文献] Gilbert, G. K. (1890) *Lake Bonneville* : U. S. Geological Survey, Monograph 1.

かいせきせんじょうち　開析扇状地 dissected fan　段丘化した扇状地．地盤の隆起，河川の流量増加，流送土砂量の減少，海面などの侵食基準面の低下が発生すると，下方侵食が進み，扇状地面全体が段丘化するため，扇状地面に土砂が堆積しなくなった扇状地を開析扇状地という．なお，扇頂付近では下刻によって扇頂溝が発達するが，下刻の程度が下流方向に小さくなり，扇央から扇端にかけてのある点（インターセクションポイントという）で下刻がみられなくなり，それより下流では土砂が堆積する扇状地は，成長過程にあるので，開析扇状地とはいわない．しかし，現実には，両者の区分は難しい．⇨扇状地の交叉現象 〈斉藤享治〉

かいせきぜんせん　開析前線 dissection front line　山地・丘陵・台地の斜面の侵食過程を表す地形学図において，斜面上部の緩傾斜の斜面と下部の急傾斜の斜面との間の傾斜変換線（遷急線）をいう．その遷急線は，開析谷をつくる河川の侵食作用が下流側から上流側に向かって進行した最前線と認識され，1974年に羽田野誠一*は侵食前線とよんだ．さらに気候地形学的解釈として，羽田野（1979）は，上部の緩斜面は氷期の面的な斜面形成作用の名残であり，下部の開析谷をつくる斜面は後氷期の降水量の多い条件下での線的な侵食作用を表すと認識して，後氷期開析地形とよんだ．⇨侵食前線，後氷期開析前線 〈阿子島 功〉

[文献] 羽田野誠一（1979）後氷期開析地形分類図の作成と地くずれ発生箇所の予察法．昭和54年度砂防学会講演概要集．

かいせきだいち　開析台地 dissected upland　谷に刻まれた台地*．主に洪積台地*が離水に引き続いて始まった流水による侵食で生じた谷によって刻まれ（開析*という），離水当時の原面がかなりの程度失われたもの．開析の程度（段丘の開析度*）は，離水後の時間経過が長く，台地構成層の透水性が低い地区，例えば，粘土質層（例：宮城県鬼首カルデラ内の高位段丘），マトリックスの風化が進んだ火砕流堆積物（例：宮城県鳴子カルデラ周辺の玉造丘陵）で構成される台地ほど高い． 〈八木浩司〉

かいせきど　開析度【地すべり地形の】 dissection ratio (of landslide landform) ⇨地すべり地形の開析度

かいせきど　開析度【地形種の】 dissection degree (of geomorphic species)　原形の復旧がほぼ可能な地形種（例：火山体，段丘，地すべり地形，断層崖など）が河谷の発達で刻まれて（開析されて）いる程度．元の体積または面積に対して残存している体積または面積の比（例：%）で無次元表示する．定量的または定性的な開析度は同種の地形種の新旧

の判別に利用される．開析度の時間的変化（開析速度）は侵食速度と同義である．⇨開析，段丘の開析度，侵食速度，地すべり地形の開析度，火山体の開折 〈鈴木隆介〉

[文献] 柳田　誠・長谷川修一（1993）地すべり地形の開析度と形成年代との関係：地すべり機構と対策に関するシンポジウム論文集，土質工学会四国支部，9-16．

かいせきへいや　開析平野　dissected plain　平野の過半部が開析台地*になっているもの（例：関東平野）． 〈八木浩司〉

[文献] 鈴木隆介（1969）日本における成層火山体の侵食速度：火山，14，133-147．

かいせつ　回折　wave diffraction　⇨波の回折

かいせつ　海雪　marine snow　⇨マリンスノー

がいせつ　外節　exterior link　シュリーブ（R. L. Shreve）の定義による「外側リンク」の別訳．⇨シュリーブのリンクマグニチュード 〈徳永英二〉

かいせつけいすう　回折係数　diffraction coefficient　⇨波の回折

がいせん　崖線　scarp line　側方に線状に長く，ほぼ同じ高さで続いている崖をいう．段丘崖*に固有名詞（例：東京都の国分寺崖線）が与えられている場合もある．断層崖や断層線崖も崖線をなす場合が多いが，崖線という形容名詞は付加されず，岐阜県の養老断層崖のように，崖そのものに固有名が与えられている．⇨ハケ 〈鈴木隆介〉

かいそうくぶん　階層区分【地形種の】　hierachic classification (of geomorphic species)　⇨地形種の階層区分（表）

かいそうせい　階層性【地形種の】　hierachic nature (of geomorphic species)　⇨地形種の階層性

かいそうだに　階層谷　canyon　⇨河谷横断形の類型（図）

かいたい　海退　regression　海岸線が海側へ移動する現象やその過程，または陸地が広がる現象をいう．海退は，海水準の低下や陸地の隆起などにより相対的海水準が低下する場合や沿岸域における砕屑物の供給が波浪や潮汐による侵食を上回る場合にみられる．海進と対をなす． 〈堀　和明・斎藤文紀〉

かいだい　海台　plateau　海底の高まりのうち，かなりの広さを有する平坦な頂部を有する地形で，一方またはそれ以上の側面で急に深くなっているもの．例：小笠原海台，奄美海台など． 〈岩淵　洋〉

がいたい　外帯　Japan outer belt, Outer zone　西南日本弧*を中央構造線*で分けたうち，それより南の太平洋側をいう．三波川帯・秩父帯・四万十帯からなる帯状構造が発達する．⇨日本の地質構造，内帯 〈松倉公憲〉

かいたいかてい　解体過程【山地の】　destructional process (of mountain)　山地の原形が破壊されて，低くなる過程．侵食，マスムーブメントおよび溶食による削剥過程のほかに，火山活動による火山体の爆裂・陥没過程，断層運動による変形過程もある．⇨削剥，マスムーブメント，断層運動，火山活動 〈鈴木隆介〉

[文献] 鈴木隆介（2000）「建設技術者のための地形図読図入門」，第3巻，古今書院．

がいたいさんち　外帯山地　outer arc mountain　西南日本において中央構造線より太平洋側にある山地（東から赤石山地・紀伊山地・四国山地・九州山地）．それらの間の伊勢湾，紀伊水道，豊後水道によって隔てられ，いずれの山地も中央構造線と平行な帯状構造をもつ三波川帯，秩父帯，四万十帯（付加帯）の岩石で構成される．第四紀の東西圧縮応力場において，紀伊半島・紀伊水道・四国山地のように波長の大きな波状の変形を受けていると考えられている．⇨外弧 〈今泉俊文〉

かいだん　海段　deep-sea terrace, bench　海溝陸側斜面に海溝*と並行に細長く発達する平坦面で，深海平坦面ともよばれる．特に幅が広いものは前弧海盆*という．三陸沖日本海溝や静岡県御前埼沖南海トラフなどで明瞭に認められる．⇨海底段丘 〈岩淵　洋〉

かいだんがたじすべり　階段型地すべり　landslide of terraced mound type　地すべり堆の頂部に階段状の平坦地をいくつか伴う地すべり地形（例：キャップロック型地すべり）⇨地すべり地形の形態的分類（図） 〈鈴木隆介〉

[文献] 鈴木隆介（2000）「建設技術者のための地形図読図入門」，第3巻，古今書院．

かいだんじゅんへいげん　階段準平原　stepped peneplain　階段状に分布する準平原群を指す．階状準平原，層階準平原ともいう．多輪廻地形としての山麓階と岩石制約*によって形成される狭義の層階準平原との総称として使われ，階段侵食面（multiple erosional surface, stepped erosional surface）や侵食階段（plate-forme d'erosion）とよぶことも多い．多輪廻地形としての階段準平原は，W. M. Davis（1905）が何回もの部分的輪廻によって形成されると考えた多輪廻地形（multicycle landscape, polycyclic landscape），および，W. Penck（1924）が原初準平原としての山麓面が次々に形成

されたものと考えた山麓階（Piedmonttreppe, piedmont benchland）などの複数段の隆起準平原群を指す．岩石制約的な階段準平原は，Penck（1924）が緩く傾斜した硬軟の互層からなる山地において，軟岩層が削剥され硬岩層の地層面が広く露出した小起伏面につけた Stufenrumpfflächen（層階準平原）を指す．ペンクの層階準平原（狭義の層階準平原）は，Davis（1912）が論じたケスタ（cuesta）における硬岩層の地層面がつくる層階面（dip slope）群に相当する．階段準平原は古くから世界各地で知られ（E. de Martonne, 1911 など），日本においても，中国山地の道後山面，吉備高原面，瀬戸内面などのように，隆起準平原山地では普通にみられる．なお，侵食性の階段地形の中には，上記の多輪廻性のものや差別侵食*によるもののほか，同一形成期の準平原がその後の地殻変動によって差別変位して階段状になったものがあることも指摘されている．現在，'階段準平原'とよばれているこれらの階段状地形には，真の準平原，組織地形，変動地形が含まれている．誤解をさけ，理解を深めるには，成因別に分けて，呼称するのが望ましい．⇨山麓階，層階準平原

〈大森博雄〉

［文献］Davis, W. M.（1912）*Die erklärende Beschreibung der Landformen*, B. G. Teubner（水山高幸・守田 優訳（1969）『地形の説明的記載』，大明堂）．/Penck, W.（1924）*Die morphologesche Analyse*, Ver. J. Engelhorns Nach（町田 貞訳（1972）『地形分析』，古今書院）．

かいだんじょうこうぞうど　階段状構造土　terrace, step　⇨階状土

かいだんじょうさんりょう　階段状山稜　stepped ridge line　稜線に鞍部や小突起はないが，緩傾斜部と急傾斜部が交互に存在する尾根で，緩傾斜な互層構造の差別削剥で生じ，強抵抗性岩が急傾斜部を構成する．地層階段の前面の支尾根群，成層火山の放射谷やカルデラ壁に発達する支尾根にみられる．⇨尾根の縦断形（図）　〈鈴木隆介〉

がいたんしんしょくこく　崖端侵食谷　erosional valley developed by headward erosion from terrace scarp　段丘や台地の内部に発源する侵食谷（域内河川*の段丘開析谷）に対して東木（1928）が命名．段丘崖の崖端泉や段丘面上の浅い谷からの流水による谷頭侵食で上流に伸長した谷である（例：武蔵野段丘の井の頭池に発源する神田川の谷）．⇨東木龍七

〈鈴木隆介〉

［文献］東木竜七（1928）東京山の手地域における名残川侵食谷および崖端侵食谷の分布と地形発達史：地理学評論，4, 120-123.

がいたんせん　崖端泉　spring at criff-base　⇨湧泉の地形場による類型（図）

がいちょうせん　崖頂線　scarp-top（convex）line　段丘崖，断層崖，地すべり滑落崖などの急崖の頂線をなす遷急線*をいう．その形成当初の位置と平面形はその後の斜面発達などで変化している場合が多い．⇨段丘崖　〈鈴木隆介〉

かいづか　貝塚　shell midden　過去の人類が消費した貝殻や魚・海獣の骨などが堆積してできた遺跡．海産資源を利用する人々が居住していた海や湖などの水辺に形成されることが多く，日本でも縄文時代の貝塚が，東京湾周辺に数多く残されており，その分布から当時の海岸線が復元されている．

〈朽津信明・有村　誠〉

かいづか　そうへい　貝塚爽平　Kaizuka, Sohei（1926-1998）　東京大学地理学科卒業．東京都立大学教授．地理学評論に掲載された「関東平野の地形発達史」はその後の地形発達史研究の原型となるなど，戦後日本の第四紀研究の指導者であった．またプレートテクトニクスをいちはやく取り入れ，日本の大地形：変動地形と活断層の研究を進めた．卓抜なアイディアによる図表を取り入れた「東京の自然史」（1976），「日本の地形」（1977），「富士山はなぜそこにあるのか」（1990），「平野と海岸を読む」（1992）などによって地形学を社会に普及させた．後年は地形学教科書などの編著者として活躍し，「写真と図で見る地形学」（1985），「世界の地形」（1997）などを出版した．また「日本の活断層」（1980）・「新編日本の活断層」（1991）を企画編集した．さらに「日本の地形：全7巻」（2000-2006）を企画したが完成を見ず，「発達史地形学」（1998）を残して逝去した．　〈野上道男〉

かいてい　海底　seafloor, sea bottom　海水で覆われた地面．地球表面の70%を占め，平均水深は約3,800 m．水深200 mまでが海底全体の7.6%を，水深200～2,000 mまでが海底全体の8.5%を，水深2,000～6,000 mまでが海底全体の82.7%をそれぞれ占める．水深6,000 m以深の海底は，1.6%にすぎない．　〈岩淵　洋〉

かいてい　階梯【侵食輪廻の】　stage　⇨時階

がいでい　骸泥　gyttja　⇨ギッチャ

かいていえいきゅうとうど　海底永久凍土　offshore permafrost　⇨永久凍土

かいていがい　海底崖　submarine escarpment, sea scarp　海底に認められる直線的で規模の大きな急崖．侵食作用が働きにくい海底では，過去から

の変動の累積が地形として保存されているところがあり，しばしば規模の大きな崖地形がみられる．例として，三陸沖日本海溝陸側斜面下部に 170 km にわたってつづく三陸海底崖（比高 1,100 m），四国海盆の東側を伊豆・小笠原弧に沿って約 500 km にわたってつづく紀南海底崖（比高 800 m）など．

〈岩淵 洋〉

[文献] 沖野郷子・藤岡換太郎（1994）紀南海底崖の地形と地質：JAMSTEC 深海研究，10，63-74．

かいていかざん　海底火山　submarine volcano 山体全体が海面下にある火山，および過去に海面下で形成され，現在は海面上にある古い火山．海洋中には浅海から深海底まで多数の火山の存在が知られており，それぞれ噴火様式・噴出物の特徴・火山地形などが陸上火山と異なる．山体が海面上にまで生長したものは火山島．⇨火山島　〈横山勝三〉

かいていかつだんそう　海底活断層　submarine active fault 海底に発達する活断層．プレート境界に位置する大逆断層（メガスラスト）から大陸棚に位置する陸域活断層の延長部の活断層など様々なものがあり，海底地形の判読と音波探査などで得られる地質構造断面の解析から認定．海底で発生する大地震は津波を伴うことがあり，海底活断層は津波発生源としても重要．また，沿岸地域の大地震では，海底活断層の活動に関連する地震性地殻変動に伴って海岸線の隆起沈降が発生する．沿岸の浅い海底で堆積速度が活断層の変位速度を上回る場合は，過去の断層活動が堆積物の変位として記録される．しかし，深海や潮流の速い海域では若い堆積層が薄い場所もあり，音波探査記録の解析のみで活断層の有無を判定することは困難な場合が多い．〈中田 高〉

かいていカルデラ　海底カルデラ　submarine caldera カルデラを構成する地形のすべてまたはほとんどが海面下にあるもの．海中カルデラとも．スンダ海峡にあるクラカトア火山のカルデラ，伊豆諸島南方にあるベヨネーズ列岩をカルデラ縁の一部とし，明神礁を後カルデラ火山とするカルデラや薩摩半島と屋久島間の海底にある鬼界カルデラなどが例．⇨カルデラ　〈横山勝三〉

かいていきょうこく　海底峡谷　submarine canyon ⇨海底谷

かいていこく　海底谷　submarine canyon, submarine valley, seavalley 陸棚外縁や大陸斜面*に発達する比較的狭くて深い溝地形で，両側は急な斜面をなす．海底峡谷とも．特に規模の大きいものは洋谷とよばれることもある．一般に谷底は下流方向に連続的に深くなっている．蛇行したり，末端に扇状地を形成する場合もある．英語では溝の深さが比較的浅いものを submarine valley または sea valley とよぶが，日本ではほとんどの場合 submarine canyon と submarine valley, sea valley とは区別されていない．〈岩淵 洋〉

[文献] 田山利三郎（1948）紀伊水道水深図を読む（主として溺れ谷について）：水路要報，10，103-107．

かいていさす　海底砂州　submarine bar 低潮時においても海面下にあり，上に凸の形状を呈する砂の堆積体．沿岸砂州*のうちで恒常的に海面下にあるものをいう．海底州とも．通常，砂質海岸の浅海域で波浪によって形成される地形を指すが，潮流の作用が卓越するような海底につくられる砂礫の堆積体（デューン*）をいうこともある．〈砂村継夫〉

かいていじすべり　海底地すべり　submarine sliding, submarine landslide, subaqueous gliding 海底を構成する堆積物や岩石が，重力によって斜面をすべり落ちる現象．堆積物の急速な供給，ガスの放出や地震などによって引き起こされる．北大西洋岸における海底地すべりが生じる傾斜の最頻は 3〜5°であり，1 割程度が 2°以下の緩斜面で生じている．含水量が少ない地層ではゆっくりとした動きで層間異常層などをつくり，含水量が多い場合には非常に速い動きとなって海底土石流や混濁流（⇨乱泥流）を生じる．〈岩淵 洋〉

[文献] Hühnerbach, V. and Masson, D. G. (2004) Landslides in the North Atlantic and its adjacent seas: an analysis of their morphology, setting and behaviour: Marine Geol., 213, 343-362.

かいていしぜんていぼう　海底自然堤防　submarine levee 海底谷*の末端は，海底扇状地*や海盆*で浅い溝地形（チャネル）を形成することがあり，その両側ないし片側に形成された微高地．海底自然堤防を伴うチャネルは自由蛇行を呈することが多い．例として富山深海長谷*の下部など．

〈岩淵 洋〉

かいていしんしょく　海底侵食　submarine erosion 海底で生じる侵食作用のうち波浪以外によるもの．海流，潮流，混濁流（⇨乱泥流），底層流*などによって生じる．〈岩淵 洋〉

かいていす　海底州　submarine bar ⇨海底砂州

かいていせん　海底泉　submarine spring 海底に湧出する泉．帯水層が海底に露出しているとき，被圧されていると湧水となる．沈水した鍾乳洞や溶

岩流地域などにみられる. 〈岩淵 洋〉

かいていせんじょうち　海底扇状地　submarine fan　海底谷の下部, 傾斜の変換点付近に形成される堆積地形. 深海扇状地ともいう. 大規模な海底谷の末端にしばしば認められる. 房総海底谷の下部には水深 6,500 m 付近で扇長約 18 km の房総海底扇状地をなしたのち, 水深約 8,400 m の伊豆・小笠原海溝北部に茂木深海扇状地（扇長約 20 km）を形成している. 〈岩淵 洋〉

かいていたいせきだい　海底堆積台　wave-built terrace　海食台*前面の波食の及ばないやや深い海底に, 波食起源の堆積物がつくる平坦面ないし高まり. 単に堆積台ともいう. R. S. Dietz (1963) により提唱された概念的地形. 実際の海底で海食台を形成するような高波浪が作用するところでは必然的に沿岸流も強く, 波食起源の堆積物が前面に堆積しにくいため, この地形は形成されないと考えられる. 日本周辺では海底堆積台に相当する地形はみつかっていない. 〈岩淵 洋〉

[文献] Dietz, R. S. (1963) Wave-base, marine profile of equilibrium, and wave-built terraces: a critical appraisal : Geol. Soc. Amer. Bull., 74, 971-990.

かいていたいせきぶつ　海底堆積物　marine sediment　海底に堆積した物質. 海成堆積物と同義. 大きく陸源性（terreginous）と大洋性（oceanic）に分けられる. 前者は陸域表層で侵食・運搬され浅海に堆積したもので, 泥, 砂, 礫からなる. 後者は生物起源の軟泥*や遠洋性粘土（pelagic clay）からなり, 大陸から離れた大洋底に堆積したものを指す. 浅海で堆積した物質の中には礁石灰岩*や蒸発岩*もある. 大陸縁辺深海底では陸源砕屑物からなるタービダイト*が重要. 〈横川美和〉

かいていだんきゅう　海底段丘　submarine terrace　海底の斜面における階段状の地形. 陸棚上, プレート収束域における大陸斜面*（海溝陸側斜面）や海盆底にみられる. 陸棚上には, 現在の海水準下で形成されたと考えられる水深 20 m までの平坦面のほか, 氷期の海水準停滞期を反映する水深 50〜60 m の平坦面がみられるところもある. 陸棚外縁も大きくみれば海底段丘といえる. 大陸斜面には海段*や前弧海盆*などの平坦面があるが, これらも海底段丘とよばれる. また, 海底谷はしばしば海盆底を下刻して段丘をつくる. 相模湾の中軸には 2〜3 段, 比高数十 m の段丘が認められる. 〈岩淵 洋〉

かいてい（たいせきぶつ）コア　海底（堆積物）コア　oceanic sediment core　海底面に垂直に押し込まれたコアラーあるいはコアサンプラーによって得られた, 通常直径 10 cm 程度の円柱状の堆積物のサンプル. 海底堆積物を研究するために重要. 手動で得られる簡便で短尺なものから, 重力によるグラビティーコアラー, 機械的なピストンコアラーなど専用の掘削船により採取される長尺のものまでさまざまな種類がある. 〈横川美和〉

かいていちけい　海底地形　submarine topography　海水に覆われた地球表面の形状のこと. 山, 谷, 平野や扇状地など陸上でみられる地形と同様のものが存在するほか, 大陸棚*, 海溝*, 平頂海山*など, 海底だけに特有の地形もある. ⇒海底地形学 〈岩淵 洋〉

かいていちけいがく　海底地形学　submarine geomorphology　海底の地形を理解し, 解析する海洋地質学の一分野. 海洋地質学とも. かつては限られた点または線の水深値しか得られなかったため, 海底地質学*の知識をもとに, 地形発達過程を考察しつつ海底の地形を三次元的に推定して面的な等深線図（⇒海底地形図）を作成することが第一歩であった. 近年, マルチビーム測深の普及, 人工衛星による世界的水深データセットの登場と電子計算機技術の発達により, 特段の考察をしなくても海底地形図ができるようになり, 種々の地形表現手法も開発され, 地形の成因や発達過程をより詳細に考察することが可能となってきている. 〈岩淵 洋〉

かいていちけいず　海底地形図　bathymetric chart　海底の地形の起伏を等深線等によって表現した図. 海上保安庁からは縮尺 1/5万, 1/20万, 1/50万, 1/100万, 1/300万の海底地形図が刊行されている. 近年はデジタル水深データセットから電子計算機によって海底地形図を比較的容易に作成できるようになったばかりか, 地形の表現も等深線や段彩だけでなく, 陰影や立体視, 斜め投影など種々の方法で表現されるようになるなど, 海底地形図も変化に富むものとなっている. 〈岩淵 洋〉

かいていちけいぶんるいず　海底地形分類図　submarine geomorphological classification map　海底地形*の理解を進めるために作成される図の一種. 海底を一定の傾斜範囲ごとに区分して表現すると, その地域の海底地形概要が把握しやすい. 〈岩淵 洋〉

かいていちしつがく　海底地質学　submarine geology, marine geology, geological oceanography

地質学の一分野．海洋地質学とも．地球表面の70％を占める海洋の底および海底下の底質・地質を研究対象とする．かつては調査手法もドレッジなどに限られていたが，マルチビーム測深による高分解能の海底地形調査，地震波探査（音波探査），コアサンプリング，深海掘削，潜水船調査などの新しい手法が導入され，地質学のみならず，地球物理学や生物学などの分野とも関連をもつ総合科学となっている．プレートテクトニクス*の理解には海底地質学が大きな貢献をなしたが，陸上の地質を理解する上でも，シークェンス層序学*など海底地質学の貢献は大きい． 〈岩淵　洋〉

かいていどせきりゅう　海底土石流 subaqueous mudflow, submarine debris flow　海底地すべりにおいて，堆積物や岩石が海水や間隙水と混じって斜面をすべり落ちる流れ．海水や間隙水の割合が比較的低い場合には，流動は比較的短距離となって末端が盛り上がった地形 (toe) をつくる．海水の割合が高い場合には混濁流（turbidity current）となって遠方まで流下し，下流部に海底扇状地*や海底自然堤防*をつくる．⇨海底地すべり　〈岩淵　洋〉

かいていトンネル　海底トンネル undersea tunnel　海底もしくは海底下に建設するトンネル．施工にはシールド工法，ケーソン工法や沈埋工法などを用いる．青函トンネルや関門トンネルは海底トンネルの代表例である．　〈吉田信之〉

かいていのちめい　海底の地名 undersea feature name　海底調査が進むにつれ，海底には陸上をしのぐ多様な地形の存在が明らかになってきた．これらの地形に対する固有名の命名原則の概要は以下のとおり．まず簡潔かつ明瞭な名称が好ましく，①第一優先は地理的名称，②発見した船や研究所の名称を付与することもできる，③人名も命名できるが，生存者の場合は海洋科学に顕著な功績があった人物に限定される，④似かよった地形の集まりに対し，星座，鳥の名前など特定のカテゴリーの名称を集合的に命名することもできる，などである．③の例としては海底地形学の発展に貢献した水路部の佐藤任弘博士，茂木昭夫博士に因む任弘（にんこう）海山，茂木海山，④の例としては海上保安庁の大陸棚調査で発見された春の七草海山群やハワイ諸島北西方から北に延びる天皇海山列（神武，仁徳などの日本の天皇の名前が並ぶ）などが知られる．歴史的には発見者等が地名を適宜命名し，慣習的に使用されてきたが，現在では国内では海上保安庁海洋情報部に設置された「海底地形の名称に関する検討会」，国際的には「GEBCO海底地形名小委員会」が地名の統一作業にあたっている．　〈八島邦夫〉
[文献] 八島邦夫 (2014) 海底地形名の命名・統一に関する国内外の取り組みとその意義：地図, 51 (4), 11-18.

かいていはしょくくぼ　海底波食窪 submarine notch　つねに海面下にある波食窪をいう．波食棚の海側外縁の急崖の基部や海食台上の離れ岩の基部などにみられる窪みで，奥行よりも幅の大きいもの．海底にある砂礫の移動を引き起こす波浪作用の衝撃・磨耗作用により，形成されると考えられている．⇨ノッチ　〈青木　久〉

かいていふうか　海底風化 submarine weathering　海底に露出する岩石や堆積物が，長い時間の間に，酸化や溶解することにより変質する現象．海緑石，燐灰石，沸石，重晶石などの二次鉱物の形成，炭酸塩の溶解などがみられる．堆積速度の遅い深海で著しいことから，深海風化ともよばれる．　〈岩淵　洋〉

かいていふしょく　海底腐植 submarine humus　海底に集積する動植物遺骸の微生物による分解残渣の総称．瀝青物質，腐植酸，フルボ酸等からなる．　〈岩淵　洋〉

かいていふんか　海底噴火 submarine eruption　海底で起こる噴火．噴火の場所が浅海か深海かで，噴火の特徴ひいては噴出物さらには地形にも差異を生じる．浅海底での噴火の場合，玄武岩質〜流紋岩質などのマグマの種類の差異にかかわらず，マグマ水蒸気噴火をひき起こし，火山砕屑物が生産される．深海底での噴火では，高い水圧のため爆発は起きず，玄武岩質マグマが海底に静かに流出して枕状溶岩をつくる．⇨マグマ水蒸気噴火，枕状溶岩　〈横山勝三〉

かいていぼんち　海底盆地 submarine basin ⇨海盆

がいてきえいりょく　外的営力 exogenetic agent, exogenic agent, external agency　地形営力のうち，そのエネルギー源が固体地球の外にあるものおよび重力のみに由来するものをいう．外因的営力，外営力または外力とも．外的営力は，太陽熱，月引力，コリオリ効果，隕石衝突および重力の5種の独立営力，ならびにこれらによる大気，水，地表構成物質の運動および生物の生育に起因して連鎖的に発生する諸種の従属営力である．その従属営力は，移動物質によって①大気の移動に起因するもの（風，雨，降雪，積雪など），②水圏の移動に起因するもの（表面流，河流，海水・湖水の波と流れ，津

波，雪崩，氷河，氷床など），③地表構成物質の移動に起因する集動（匍行，落石，崩落，地すべり，土石流，落盤，陥没，地盤沈下，砂の液状化など），④地中水の移動・状態変化によるもの（地下水流，霜柱，氷晶分離，凍結融解など），⑤生物の生育に起因するもの（サンゴ虫生育，樹根成長など）に大別される．⇨地形営力，地形営力の連鎖系　〈鈴木隆介〉
[文献] 鈴木隆介 (1984)「地形営力」および"Geomorphic Processes"の多様な用語法：地形，5, 29-45.

がいてきさよう　外的作用　exogenetic process　⇨外因的作用

かいてんすべり　回転すべり　rotational slide　マスムーブメントを fall, topple, slide, spread, flow に分類したときの slide の中の一つのタイプ．すべり面は上に凹の曲面（円弧）を描き，運動が回転成分をもつもの．円弧すべりあるいはスランプ*とほぼ同義．⇨地すべり　〈松倉公憲〉

かいてんとうえいだんめんず　回転投影断面図　rotated and projected profile　火山やビュート*のような，同心円的等高線で表される点対称的形態をもつ山地について，その中心点から 8〜16 方位の方向の縦断曲線を描き，中心点を原点としてそれらを重ねて描いた図．例えば成層火山を主山体とする火山島の方位による縦断形の差異（非対称性など）を表現するために作図される．　〈鈴木隆介〉

かいばつこうど　海抜高度　height above sea level　⇨標高

かいひょう　海氷　sea ice　海水が凍結して形成された氷．海水は塩分を含んでいるため淡水よりも凍りにくく，結氷温度は塩分*が高いほど低下し，塩分33で約−1.8℃程度である．海面上に浮遊している海氷を浮氷，浮遊しながら流されているものを流氷，陸近くに定着しているものを定着氷，海底に固着しているものを底氷あるいは錨氷という．海氷の成長と融解は，海洋混合層上部の塩分濃度や太陽放射エネルギーの反射を変化させることから，地球の気候システムの重要な要素の一つと考えられている．　〈小田巻　実・三浦英樹〉

かいひょう　解氷　ice melting, deglaciation　一般に，「結氷」の対語として，はりつめていた氷がゆるむことを指す．観察可能な時間スケールでは，河川・湖沼・海洋などの水が，寒冷な季節や時期に凍結して氷や霜となり，それらが一定の範囲を占める密集体となっていた状態から，温暖な季節や時期になるにつれて分割されたり部分融解したりしていく変化をいう．長期的には，氷河や氷床の衰退に伴って地表面や開水面が露出していく変化に対しても用いられる．消耗域での融解や短期的あるいは季節的な「氷のゆるみ」は，氷河・氷床環境では常であるが，長期的な用法では，それらのことは意味しないのが一般的．このように，固体から液体への状態変化を指す「融解」に比して，より博物学的な記述として用いられることが多い．　〈澤柿教伸〉

かいひん　海浜　clastic beach　礫，砂，泥（シルトや粘土）や貝殻片などの非固結物質（あるいはこれらが混合したもの）が堆積している海岸．ビーチともよばれる．堆積物の種類とは無関係に，岩石海岸の対語として，砂浜海岸*とよばれることが多い．単に浜*ともよばれる．主要な堆積物の種類によって礫浜，砂浜，泥浜，砂礫浜などに分類される．海浜の空間的（岸沖方向の）広がりは，暴浪による堆積物の移動（あるいは地形変化）が生じる最深の沖側地点（移動限界水深*）から暴浪が到達しうる陸上の限界（後浜上限高度*）まで，とするのが一般的である．　〈砂村継夫〉

かいひんがた　海浜型　beach type　⇨砂浜の縦断形，茂木の海浜型

かいひんじゅうだんけい　海浜縦断形　longitudinal profile of clastic beach　海岸線に直交する面で切った海浜の形状．海浜は堆積物の粒径により礫浜，砂浜，泥浜に分類され，いずれも上に凹の縦断形を示すことが多い．縦断形全体の傾斜は礫浜が最も急で，砂浜，泥浜の順に緩くなる．礫浜では通常バーム*の発達がよく，その背後には海食崖*もしくは浜堤*の発達がみられることが多い．前浜*は急勾配のままで浅海底に接しているため，急深な形状を呈する．砂浜では，汀線より陸側に浜堤や砂丘，あるいは海食崖が発達しているのが一般的である．この領域の縦断形はほとんど変化しないが，汀線近傍から隣接する極浅海域では波浪の作用状況により，縦断形は大きく異なる．静穏波浪が継続するとバームやビーチステップ*が形成されるが，暴浪時にはこれらの地形が侵食されて浜崖やバーが出現する．このバーの沖側には，アウターバー*とよばれる経時変化の小さいバーが恒常的に発達する砂浜も多い．泥浜は波の弱い湾奥や半島などで遮蔽された水域で潮差の大きい場所に多く分布し，緩い海底勾配のため遠浅の縦断形を示す．潮位差の大きい海岸では潮間帯に複数列の凹凸の地形（intertidal bar）がみられることが多い．陸上部には特徴的な地形は発達しない．　〈砂村継夫〉

かいひんたいせきかんきょう　海浜堆積環境

beach sedimentary environment　海浜で形成される堆積環境．非固結の砂礫や貝殻などからなる沿岸域で，最も浅い堆積環境の一つ．波・潮汐・沿岸流などが卓越する沿岸に発達する．海側の暴浪時波浪限界（⇨移動限界水深）から暴浪が到達できる陸側の限界までの範囲．一般に，堆積物粒子はよく円磨され，淘汰（⇨淘汰作用）がよい．堆積物の主要な構成粒子によって，砂浜，礫浜，泥浜と区別してよぶことがある．平均低潮位から波の遡上限界までの前浜（foreshore），それより高くて陸側の後浜（backshore），低潮位よりも低く海側の外浜（shoreface）に細分される．狭義の海浜（beach）は平均低潮位から砂丘・崖・安定した植生域等までの狭い範囲を指すが，これに対して地形や堆積物に強く影響する砂礫が活発に動く範囲である外浜も含めた包括的な語として海浜堆積環境が用いられることが多い．　⇨砂浜海岸域の区分　　　〈村越直美〉

かいひんたいせきぶつ　海浜堆積物　beach deposit　⇨海岸堆積物

かいひんひょうさ　海浜漂砂　beach drifting　⇨漂砂

かいひんひょうりゅう　海浜漂流　longshore current　⇨沿岸流

かいひんへいや　海浜平野　beach plain　波浪の作用で打ち上げられた海浜堆積物で構成されている平坦な低地．浜堤列が形成されていることもある（浜堤列平野*）．複合砂嘴や尖角州の基部によく発達する．　　　〈砂村継夫〉

かいひんりゅう　海浜流　nearshore current, littoral current　波浪の作用により沿岸域で発生する海水の流れ．波による岸向きの質量輸送*，砕波帯内を汀線沿いに流れる沿岸流*，特定の場所から集中して沖へ流出する離岸流*がある．これらの流れの間に形成されている循環系は，海浜流系（nearshore current system）とよばれており，海浜堆積物の移動やその結果生じる地形変化に重要な役割を果たすとともに，地形の変化が流れの循環に影響を与え，それがまた堆積物移動・地形変化に影響を及ぼすというフィードバック系を形成している．　　　〈砂村継夫〉

かいひんりゅうけい　海浜流系　nearshore current system　⇨海浜流

かいひんれき　海浜礫　shingle　海浜を構成している礫．通常，波によって磨滅された礫をいう．表面がスムースで球形または扁平な中礫，大礫，時に小巨礫が分布することが多く，一般的なサイズは直径20〜200 mmである．粒径の異なる礫からなる海浜では上部ほど礫径が大きくなる傾向がある．shingleという用語はイギリスで主に用いられる．　　　〈横川美和〉

かいふ　海釜　caldron　狭水道の近傍に形成された凹地．狭水道では潮流の流速が増し，海底が侵食されることにより形成される．狭水道の両側に形成される場合（双子型）と片側のみに形成される場合（単成型）がある．四国〜九州間の速吸瀬戸には双子型海釜があり，北側の海釜は最深部465 m（周囲の海底からの深さ390 m）で，瀬戸内海の最深となっている．狭水道から遠ざかるにつれて潮流は遅くなるため，海釜の周囲にはデューン*がしばしば認められる．　　　〈岩淵　洋〉
[文献] 八島邦夫（1992）沿岸の海の基本図資料等からみた瀬戸内海の海釜地形：水路部研究報告，28, 139-230.

かいふう　海風　sea breeze　「うみかぜ」ともよばれ，一般風が弱く晴天の場合に，海岸地方に吹く風．日中内陸部が熱せられ，相対的に低温の海から陸に向かって吹く．到達距離は数十 km，高さは1,000 m 以下．夕方海風が弱まることを夕凪という．内陸部では海風のなかで，海からの空気が到着すると気温がわずかだが低下する．　　　〈野上道男〉

がいぶおうち　外部凹地　outside depression　⇨側部凹地

ガイベン・ヘルツベルグのほうそく　ガイベン・ヘルツベルグの法則　Ghyben-Herzberg principle　⇨塩水侵入

かいほう　海峰　sea peak　海山*や海丘*の頂部に位置する高まり．海山や海丘の頂部に複数の高まりが存在するときに，個々の高まりを記述するときに用いられる．　　　〈岩淵　洋〉

かいぼう　海膨　rise　海底から緩やかに，全体としてなだらかに盛り上がっている幅広い高まり．海溝周縁隆起帯*にあるもの（例：北海道海膨）や大洋中央海嶺にあるもの（例：東太平洋海膨），大規模海底火山活動によるもの（例：シャツキー海膨）など，規模や成因は様々である．　　　〈岩淵　洋〉

かいほうけい　開放系　open system　外界との間で，エネルギーと物質の両者を交換するような物質系．これに対し，外界との間でエネルギーは交換するが物質は交換しない物質系を閉鎖系，外界との間でエネルギー・物質の両者とも交換しない物質系を孤立系という．　　　〈倉茂好匡〉

かいほうけいピンゴ　開放系ピンゴ　open-system pingo　⇨ピンゴ

かいほうこ　開放湖　open lake　流出河川をもつ湖沼をいう．この場合，流出口（湖口）は湖面を含む流域表面の最も低い位置にあるので，流出河川は必ず一つしか存在しない．なお，河川流出のない湖沼を閉塞湖（closed lake）といい，俱多楽湖(くったらこ)のようなカルデラ湖にこの例がみられる．閉塞湖の場合，表面流出はないが地下水による流出が卓越するものを浸透湖あるいは地下水流出型閉塞湖（seepage lake）という．ただし，この場合の地下水流出は被圧地下水として流出する場合が多く，被圧地下水流出は物理的にはseepageというよりもleakageである．　〈知北和久〉

かいぼん　海盆　submarine basin, ocean basin　海底盆地のこと．数km程度のもの（例：黒島海盆）から数千kmのもの（例：北西太平洋海盆）まで，規模も成因も様々である．　〈岩淵　洋〉

かいめんこうせい　海面更正　reduction to mean sea level　高度の異なる観測点における気圧を比較するために，現地で観測された気圧を海面における気圧（海面気圧）に換算すること．海面より高い標高において観測された気圧は，標高差に相当する大気の重さだけ気圧が低く観測されているため，この分を加算することが海面更正を行うことになる．標準大気を仮定して，気圧と高度の関係式である測高公式から計算されることが多いが，標高差が大きくなるにしたがって，この仮定を用いることによる歪みが大きくなる．このような事情もあり，日本の気象庁では高度800 m以上の観測点における海面気圧は計算されない．　〈森島　済〉

かいめんへんか　海面変化　sea-level change ⇨海水準変化

かいめんへんかきょくせん　海面変化曲線　sea-level curve　海面の昇降を時間軸に対して描いた図．海面変動曲線・海水準変動曲線ともいう．現在の海水準を0 mにして描かれることが多い．検潮記録を基に描かれる現在のもの，地層や地形の解析から得られる第四紀のもの，また，地層解析や音響層序学に基づいて求められた顕生代のものなどがある．最終氷期最盛期以降については，放射性炭素年代測定法（⇨放射年代測定）の開発により，陸域の泥炭や浅海域の貝化石などの年代と高度に基づいて，世界各地で海面変化曲線が描かれてきた．近年では，バルバドスやヒュオン半島，タヒチなどのサンゴ礁から多数の放射性炭素年代とウラン系列年代が得られており，従来よりも精度の高い海面変化曲線が描かれるようになった．氷床の融解史を求める際にも，これらの値が利用されている．過去30万年間については，隆起サンゴ礁のウラン系列年代や海成段丘のテフロクロノロジー*に基づいて，主として間氷期の海面変化が議論されている．また，酸素同位体比による氷床量の変化（海面変化曲線）については，約500万年前まで詳細な曲線が描かれている．顕生代以降の海面変化曲線としては，シークェンス層序学*的な考え方により作成されたハック曲線*が知られている．　〈堀　和明・斎藤文紀〉

かいめんへんどう　海面変動　sea-level change ⇨海水準変化

かいよう　海洋　ocean　⇨海

かいようがく　海洋学　oceanography　海洋を研究対象とする学問．航海術の発達に伴って，海洋に関する地理学・博物学として発展したが，今日では，海洋を対象として物理学・化学・生物学・地形学・地質学等から研究する総合的な自然科学の分野となっている．　〈小田巻　実〉

かいようさんそどういたいステージ　海洋酸素同位体ステージ　marine isotope stage（MIS）　深海底コアの有孔虫殻にみられる酸素同位体比の変動は，氷期・間氷期編年の基礎とされる．図には，海底コアについて，2 Ma以後のδ^{18}Oカーブが示されている．図中の数字が酸素同位体比ステージで，MIS（marine isotope stage），OIS（oxygen isotope stage）ともよばれている（ここでは簡略のためにMISを用いる）．MISは新しい方から，氷期には偶数が，間氷期には奇数が付けられて，特定期間・年代を示すとされる．さらに細かい亜氷期や亜間氷期のピークの数字には，期間を示す場合新しい方から順にアルファベット（例えばMIS5e），またピークのイベントを示すときには小数点以下の数字を付ける（MIS5.5など）．なお各氷期や間氷期のピークのレベルには相違がある．ことにMIS3は最終氷期中の亜間氷期のレベルにある時期と考えられている．　〈町田　洋〉

[文献] Tiedermann, R. et al. (1994) Astronomic timescale for the Pliocene Atlantic and dust flux records of ocean Drilling Program site 659 : Paleoceanography, **9**, 619-658.

かいようさんそどういたいそうじょ　海洋酸素同位体層序　marine oxygen isotope stratigraphy　海洋酸素同位体層序は気候変化を主とした地球古環境変遷史の有力な方法である．連続的な堆積物である海底コアには，炭酸カルシウム$CaCO_3$の殻をもつ有孔虫化石が豊富に含まれる．有孔虫が殻を形成するとき，その$CaCO_3$の酸素同位体比δ^{18}Oは周囲の

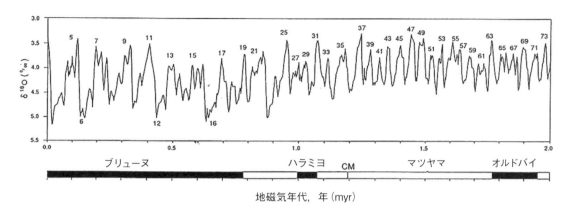

図　海洋酸素同位体ステージ（Tiedermann et al., 1994）

海水のそれと水温で決定される．すなわち海水の$\delta^{18}O$が大きければ殻の$\delta^{18}O$は大きく，水温が低ければ^{18}Oが殻により多く（約23‰/℃の割合で）入る．

　有孔虫のうち浅海に生息する浮遊性有孔虫の殻の$\delta^{18}O$の周期的変化の原因の一つは，過去の氷期・間氷期に対応する海洋表面の水温変化と考えられる．これに対し水温変化がごく小さな深海底に生息する底生有孔虫の殻の$\delta^{18}O$にも，浮遊性のものと同様な周期の変化が報告されて，その原因は氷期・間氷期に対応する海水の^{18}O変化によると考えられている．すなわち氷期には海水が蒸発する際，軽い^{16}Oが^{18}Oより多く蒸発して雪として降り，大陸に氷床として固定されるため，海水全体の$\delta^{18}O$と，そこで形成された底生有孔虫の殻の$\delta^{18}O$が大きくなる．したがって有孔虫殻の$\delta^{18}O$が大きい時代が氷期で，小さい時代が間氷期に相当する．このような変化は，気候が寒冷になって大陸氷床が発達し，海水面が低下するほど大きくなるので，底生有孔虫の殻の$\delta^{18}O$は，過去の気候変化，大陸氷床量の変化すなわち海水準の相対的変化をモニターしていることになる．浮遊性有孔虫の殻の$\delta^{18}O$も，大陸氷床量の変化と水温変化の相乗効果によって氷期に大，間氷期に小となるので，やはり気候変化の指標として用いられるが，地域性がある．　　　　〈町田　洋〉

　かいようじょうほうぶ　海洋情報部　Hydrographic and Oceanographic Department　海上保安庁に所属するわが国の中核的海洋調査・海洋情報機関で，約800版の海図を刊行する世界有数の海図作製機関でもある．5隻の大・中型測量船と7隻の小型測量船を所有し，海図作製やわが国の海洋権益を確保するための大陸棚調査や海洋情報の管理・提供などの業務を実施している．1871年（明治4年）に兵部省海軍部に水路局（後に水路部に改名）として発足した（同様の機関としては世界で7番目）．戦前は海軍，戦後は海上保安庁に所属し，2002年（平成14年）に水路部から海洋情報部に改名した．日本周辺を中心とする北西太平洋海域の海底調査を実施し，わが国の海底地形学の発展に多大の貢献をしている．　　　　〈八島邦夫〉

　がいようたいせきぶつ　外洋堆積物　oceanic sediment　大水深の海底における堆積物．分野により定義が異なる．海洋学・古海洋学では，遠洋性堆積物*（pelagic sediment）と同義に用いられる場合と内湾に対する外洋の堆積物という意味で用いられる場合とがある．堆積学ではこの用語はあまり用いられずに，大陸から離れた深い場所における堆積物の総称として深海堆積物*（deep-sea deposit）の方が多く用いられる．　　　　〈横川美和〉

　かいようちかく　海洋地殻　oceanic crust　⇨地殻

　かいようちしつがく　海洋地質学　marine geology　⇨海底地質学

　かいようてい　海洋底　ocean floor　海洋の主体をなす水深4,000〜6,000 mの平坦な海底．大洋底とも．上から順に，遠洋性堆積物（海洋地殻第1層），玄武岩および火山砕屑岩（海洋地殻第2層），斑れい岩（海洋地殻第3層）からなる．海洋底拡大により大洋中央海嶺（プレート拡大軸）において形成された．大洋中央海嶺に近いところでは水深は4,000 m程度で，堆積物は少なく深海海丘が多数みられる．遠ざかるにつれて堆積物で覆われ平坦な地

形となるが水深は増していく．海洋底の年代と水深には $h=h_0+k\sqrt{t}$（h：水深，h_0：大洋中央海嶺の水深，t：海洋底の年代（百万年），k：定数）の関係がある． 〈岩淵 洋〉

かいようていかくだいせつ　海洋底拡大説 seafloor spreading hypothesis　大陸が分裂して離れていく空隙を埋めるようにマントル（アセノスフェア）が上昇して，新たな海洋底が生産され拡大していくという説．プレートテクトニクスが学問として成立する以前，Hess（1962）や Dietz（1961）らが唱えた．Vine and Matthews（1963）が，海洋底に残された地磁気異常の縞模様が地磁気の極性の反転を記録していることを用いて，実際に海洋底が拡大していることを示し，この説は実証された．プレート境界の発散境界でこれは起こっている．⇨プレートテクトニクス，発散境界 〈瀬野徹三〉

［文献］Hess, H. H.（1962）History of ocean basins: *In* Engel, A. et al. eds., *Petrological Studies; A Volume in Honor of A. F. Buddington*, GSA. /Dietz, R. S.（1961）Continent and ocean basin evolution by spreading of the sea floor; Nature, **190**, 854-857. /Vine, F. J. and Matthews, D. H.（1963）Magnetic anomalies over oceanic ridges: Nature, **199**, 947-949.

かいようひょうしょう　海洋氷床 marine ice sheet　⇨氷床

かいようプレート　海洋プレート oceanic plate　中央海嶺で形成されるプレート．海洋性地殻と上部マントルからなり，基底はマントル中の低速度層とするのが一般的．形成時には高温であるが，時間の経過とともに冷却し，比重が大きくなり，厚みも増す．海溝から再び地下に沈み込むため，断片的に大陸性地殻に取り込まれた部分を除き，1.8億年より古いものは地表付近にほとんど存在しない．⇨大陸プレート 〈岡村行信〉

がいようりゅういき　外洋流域 external drainage　⇨外海流域

がいらいかせん　外来河川 allogenic river, exotic river　河川が存在しにくい環境にあるにもかかわらず，環境が異なる上流域から多量の水が供給されるために，恒常的に流下している河川．例えばナイル川，インダス川，ティグリス・ユーフラテス川は，乾燥した砂漠を流れる部分が多いにもかかわらず，上流部が湿潤な山地に位置するために海まで達している．また，東欧のネレトバ川は，多孔質の石灰岩地域を流下するため地下への浸透水が多いがアドリア海に達している．外来河川の流量は下流ほど減少することがある．また，海や湖に達しない末無川の下流部も外来河川とみなされる．⇨末無川，域内河川 〈小口 高〉

がいらいれき　外来礫 exotic gravel, exotic boulder　礫層を構成する礫のうち，堆積盆地外の地層から供給された礫を指す．堆積盆地を取り囲む陸域の情報を提供する情報源として重要である．一般に火成岩起源の礫は均質で壊れにくく円磨度（円形度）が高いため，しばしば外来礫になりやすい．また，海浜堆積物の中で，その海浜に供給可能な領域には存在しないような礫をいう．この場合，英語では foreign gravel ともいう． 〈牧野泰彦〉

かいりくこんごうたいせきかんきょう　海陸混合堆積環境 transitional sedimentary environment, mixed sedimentary environment　陸の営力（河川流）と海の営力（波・沿岸流・潮流など）とが共存するような場での堆積環境の総称．このような堆積環境は，土砂の供給方向や量とその場の各種営力との相互作用によって変化し，河川流のみで形成される堆積環境（⇨河川堆積環境）や波・流れがつくる堆積環境（⇨海浜堆積環境）とは大きく異なる．一般に，河川流により河口から海へ排出される土砂量が，波浪や沿岸流によって運搬・除去される量よりも多いような河口域では三角州が発達し，特有の堆積環境（⇨三角州堆積環境）が形成され，そこでは浜堤*，砂州*，砂嘴*，ラグーン*といった地形が発達することがある．波や流れが弱い内湾などの閉塞した海域で，潮汐の作用が卓越するような場においては，しばしば潮汐低地（⇨干潟）が形成される． 〈村越直美〉

［文献］Reading, H. G. and Collinson, J. D.（1996）Clastic coasts: *In* Reading, H. G. ed. *Sedimentary Environments: Processes, Facies and Stratigraphy*, Wiley-Blackwell, 154-231

かいりゅう　海流 ocean current　海洋中において，長期に継続する，系統的な一連の海水の流れ．潮流や吹送流は，系統的であっても潮汐や風で変化するので海流とはいわない．日本近海の海流では，東シナ海から九州・四国・本州南岸を流れる黒潮，千島列島沿いに三陸・常磐沖まで南下する親潮，対馬海峡から日本海沿岸を北上する対馬海流（対馬暖流）ならびにその続きで津軽海峡を太平洋に抜ける津軽暖流や宗谷海峡を抜けてオホーツク沿岸を流れる宗谷暖流などが知られている．世界の表層の海流分布は，ほぼ風系に対応していくつかの循環で構成されている．北太平洋亜熱帯域では，西向きの貿易風が吹いている北緯10〜20°付近で北赤道海流が流れ，東向きの偏西風が吹いている北緯30〜40°付近で北太平洋海流が流れ，両者は大きな時計回りの

循環（亜熱帯循環）をつくっている．亜熱帯循環の西端は黒潮，東端はカリフォルニア海流が流れている．北大西洋亜熱帯域でも同様に，貿易風帯を北赤道海流，偏西風帯を北大西洋海流が流れ，西端は湾流（Gulf Stream），東端はカナリー海流として亜熱帯循環ができている．赤道を対称軸として，南半球でも反時計回りの亜熱帯循環ができ，西向きの貿易風帯を南赤道海流，東向きの偏西風帯を南極環流が流れている．南極海は緯度方向を遮る大陸がなく一周できることから，南極環流は，大西洋・インド洋・太平洋を貫く輸送量の大きい海流となっている．北太平洋の亜寒帯域には，西向きに流れる海流があり，東向きの北太平洋海流の北側とで亜寒帯循環をなしている．親潮は，この亜寒帯循環の西端にあたる．同様に，北大西洋にも亜寒帯循環があり，その西端は，カナダ・ニューファンドランド沖に至るラブラドル海流となっている．太平洋と大西洋の低緯度域には，赤道付近の弱風域に対応して，南北赤道海流の間を西から東に向かう赤道反流がある．赤道直下には，赤道潜流とよばれて中層に中心域があり，西から東に流れる，赤道特有の海流がある．インド洋では，南半球側の亜熱帯循環はみられるものの，北半球側は，インド大陸で遮られて狭く恒常的な亜熱帯循環はみられず，季節風によって変化する海流系となっている．夏は，南西季節風によって東向流となるが，冬は，逆に北東季節風によって西向流となる． 〈小田巻 実〉

［文献］国立天文台編（2014）『理科年表』，丸善．

かいりゅうばん 海流板 drift plate drogue 目印をつけて海洋中に投入し，その移動から海流を測定する板．現在は，人工衛星追跡の漂流ブイなどがあるので，ほとんど使われない． 〈小田巻 実〉

かいりゅうびん 海流びん drifting bottle 海流観測用の漂流びん．ハガキなどを入れて海洋に投入し，海岸に漂着したり漁網に掛かったりしたびんの中のハガキなどを回収して，海流を調査する．現在では，人工衛星で追跡する漂流ブイなどがあるため，学習や啓蒙行事などを除き，ほとんど使われない． 〈小田巻 実〉

がいりょく 外力 exogenetic agent ⇨外的営力

がいりんざん 外輪山 somma ①火口が2重以上に複合している場合の外側の山体．ベスビオ火山（イタリア）の Monte Somma がこの例で，somma の語はこれに由来．②カルデラを取り巻く山地で，カルデラに面する内側の急斜面（カルデラ壁）とカルデラの外側の緩斜面（外輪山斜面）とに分けられる．両者の境界に相当する山稜がカルデラ縁で，その平面形は一般に環状．外輪山は，カルデラ形成に関与した火砕流堆積物とカルデラ形成前に存在した火山とで主に構成される場合（例：十和田・箱根古期・阿蘇カルデラ）が多いが，火砕流堆積物以外は非火山岩で構成される場合（例：肘折・三瓶カルデラ）もある．⇨カルデラ，カルデラ壁，カルデラ縁，外輪山斜面 〈横山勝三〉

がいりんざんしゃめん 外輪山斜面 outer slope of somma カルデラ縁の外側周辺の斜面．カルデラを取り囲む外輪山は，カルデラ縁を境にカルデラに面した内側の急斜面（カルデラ壁）とそれを取り囲みカルデラの外側へ緩傾斜した外輪山斜面とに区分される．外輪山斜面は，先カルデラの岩石やカルデラ形成に関与した火砕流堆積物などで構成される．支笏・洞爺・十和田・阿蘇・姶良カルデラなどの主要なカルデラ周辺では，広大で緩やかな斜面（火砕流台地や火砕流丘陵）が広がる．ただし，外輪山斜面の外縁の範囲設定は一般に困難．⇨カルデラ，カルデラ壁 〈横山勝三〉

かいれい 海嶺 submarine ridge 海底の高まりのうち，基部が連続して特定の方向に連なったもの．十数 km 程度（例：伊平屋小海嶺）から，地球規模のもの（例：大西洋中央海嶺）まで，規模は様々である．なお，個々の高まりの基底が連続していない場合は海山列とよばれる． 〈岩淵 洋〉

かいれつ 海裂 gap 海嶺*や海膨*にみられる鞍部．海隙ともいう． 〈岩淵 洋〉

がいろくせん 崖麓線 scarp-foot（concave）line 段丘崖，断層崖，地すべり滑落崖などの急崖の麓の遷緩線*をいう．その形成当初の遷緩線（例：旧汀線）はしばしば崖錐で被覆されており，不明瞭なことがある．⇨段丘崖 〈鈴木隆介〉

かいわん 海湾 gulf ⇨湾

ガウスせいじきょくき ガウス正磁極期 Gauss normal chron 360万〜258万年前までの地磁気の極性は現在と同じ極性であり，この正磁極期をガウス正磁極期とよぶ．C2An polarity chron に相当する．地磁気逆転史の研究の初期には，磁極期に人名をつけることが提案され，地球磁場の観測・解析に大きく貢献したドイツの数学者・物理学者である J. C. F. Gauss（Gauß：1777-1855）にちなんで名づけられた． 〈乙藤洋一郎〉

［文献］Gradstein, F.（2004）*A Geologic Time Scale*, Cam-

かえいようこ　過栄養湖　hypertrophic lake　環境基準では湖をさらに詳しく分類することが必要なことがあり，富栄養湖のうち特に植物プランクトンなどの多い湖に用いられる．OECDの基準では年平均値が，全リン濃度100 mg/m^{3}以上，クロロフィルa濃度25 mg/m^{3}以上（最大値75 mg/m^{3}以上），透明度1.5 m以下（最低値0.7 m以下）が用いられている．霞ヶ浦，手賀沼，印旛沼などが該当する．
〈井上源喜〉

[文献] OECD（1982）*Eutrophication of Waters: Monitoring, Assessment and Control*, OECD Pub. Inform. Center.

カエナイベント　Kaena Event　ガウス正磁極期のなかで，312万〜303万年前の逆磁極期をカエナイベント（カエナクロン）という．C2An.1r chronに相当する．ハワイのオアフ島の西部を3.8から2.9 Maの年代をもつガウス正磁極期のWaianae volcano serieseの火山岩が分布している．その火山岩の分布する地域のなかでも，最西部の岬のKaena point周辺から，逆帯磁の岩石が発見されたので，カエナの名がイベントに与えられた．
〈乙藤洋一郎〉

[文献] Gradstein, F.（2004）*A Geologic Time Scale*, Cambridge University Press.

かえりみず　帰り水　kaeri-mizu　カルスト地域において，地下流路の上部が陥没してできた窪地をカルストの窓*とよぶ．そこでは地下水流が一方から湧出し，他方の吸い込み孔から地下に流入するが，このような水流を秋吉台や平尾台では帰り水とよぶ．
〈松倉公憲〉

がえろめねんど　蛙目粘土　gaerome clay　花崗岩類が風化した土で陶土*の一つ．カオリン質粘土に径1〜3 mm大の石英粒子が入っており，これが雨水によって洗われるとカエルの目のように見えることから名づけられた．水簸（すいひ）*選別によって石英粒（蛙目珪砂）と粘土に分けられる．愛知県瀬戸地方を中心に岐阜県，三重県に分布する．　〈松倉公憲〉

カオリナイト　kaolinite　雲母，長石，火山ガラス等が風化作用を受けたり，火山岩や堆積岩が熱水作用や温泉作用を受けて形成される粘土鉱物．
〈松倉公憲〉

カオリン　kaolin　カオリン鉱物*の一種以上を主成分鉱物として含む粘土．花崗岩や凝灰岩が風化作用を受けて形成されたり，石英粗面岩や石英斑岩などが熱水作用や温泉作用を受けて形成される．
〈松倉公憲〉

カオリンこうぶつ　カオリン鉱物　kaolin mineral　カオリナイト，ナクライト，ディッカイト，ハロイサイト，メタハロイサイトの総称．アノキサイト，アロフェンを含める場合もある．　〈松倉公憲〉

かがくざんりゅうじか　化学残留磁化　chemical remanent magnetization　磁性粒子が，自発磁化が減衰しない十分大きな緩和時間をもつ大きさまで，化学的に成長したときに獲得する磁化．水中には粘土鉱物が含まれ，これから2価，3価の鉄イオンが放出され，水中で動きやすくなると，$HFeO_2$（ゲーサイト），$FeO(OH)$（鱗鉄鉱），$FeO \cdot OH \cdot nH_2O$（褐鉄鉱），などができる．その後，S_2，O_2の雰囲気によって，Fe_2O_3（赤鉄鉱）や$Fe_{1-x}S$（磁硫鉄鉱）が生成する．粒子の生成初期は，体積が小さく磁化の緩和時間が短く，磁化が保持されないが，結晶の成長が進み，体積が大きくなると緩和時間が長くなり，十分長く保持される残留磁化となる．磁硫鉄鉱が化学残留磁化を獲得する時間は20〜500年，赤鉄鉱（ヘマタイト，hematite）は数百万年かかるといわれている．
〈乙藤洋一郎〉

[文献] Dunlop, D. J. and Özdemir, Ö.（1997）*Rock Magnetism: Fundamentals and Frontiers*, Cambridge University Press.

かがくてきさくはく　化学的削剝　chemical denudation　化学的な風化侵食作用を受けて地表面低下が起こること．化学的風化作用*には，いくつかの作用があるが，それらのうち特に溶解の作用を意図して用いられることが多い．すなわち，岩盤構成物質が溶解され，間隙水中や表流水中に取り込まれ，これが地下水や河川として系外に流出することで，長い年月のうちに岩盤表面が低下していく．単一鉱物かつ風化生成物を形成しにくい石灰岩が分布する地域での研究例が多い．ある流域における流出量と溶存物質の濃度から，流域全体における化学的溶解量を求め，これを岩盤除去量に換算して地表からの低下量を求める．この作用が継続した時間を考慮すれば，化学的削剝速度としても求められる．
〈小口千明〉

かがくてきたいせきぶつ　化学的堆積物　chemical sediment　水溶液から化学的に沈殿してできた堆積物の総称．それらが固結したものが化学的堆積岩．生物の生活作用が関連して，生物そのものがもつ化学成分が濃集して形成される堆積物などもある．岩塩や石膏は最も一般的な例で，水溶液中の塩化ナトリウム（$NaCl$）が晶出して沈殿し固結した堆積物が岩塩で，水和した硫酸カルシウム（$CaSO_4 \cdot 2H_2O$）が晶出したものが石膏である．これらは蒸発岩（evaporite）とよばれている．このほかに，鉄

やマンガンの沈殿堆積物，石灰岩，ドロマイト，チャート，リン酸塩堆積物なども化学的堆積物である． 〈田中里志〉

かがくてきふうか　化学的風化　chemical weathering　地表および地表近くの岩石・鉱物が大気または水，あるいは両者の共同作用によって化学的に変質することをいう．水・酸素・炭酸ガス・空電によって生成した窒素酸化物などの水溶液が岩石・鉱物に接触し，溶解*・加水分解*・水和・酸化*・イオン交換などの化学的風化作用によって風化が進行する．風化に対する鉱物の抵抗性はマグマからの晶出温度が高いものほど小さく，有色鉱物では黒雲母・角閃石・かんらん石の順に小さくなる．風化によって生成した可溶性物質は水によって溶脱され，残留成分は二次鉱物などになる．風化は環境条件によって違った進行をする．一般に乾燥地域では水が不足するため化学的風化はわずかしか進行せず，日射風化など物理的風化が卓越する．高緯度では低温のため反応速度が遅く，結氷していればほとんど化学的風化は起こらない．温帯湿潤気候下ではアルカリ等が溶脱し，アルミニウム珪酸塩（粘土）が残留する珪酸塩風化（silicate weathering）が卓越する．熱帯湿潤気候下では温帯よりも溶脱が激しく，風化は絶えずアルカリ性下で行われ，珪酸すら溶脱されて酸化鉄やアルミナの水和物が残留するラテライト化作用が卓越する．また，寒冷帯など，蒸発が降水を下回って腐植酸が生成しやすい環境下では，鉄・アルミナが溶脱されて珪酸が残留し，ポドゾル*を生成する風化型式が卓越する．　〈小口千明〉
［文献］松倉公憲（2008）「地形変化の科学—風化と侵食—」，朝倉書店．

かがくてきふうかさよう　化学的風化作用　chemical weathering process　岩石や鉱物が化学的に分解・変化し，粘土鉱物等の二次鉱物を生成する過程．大気，地表水の化学組成，pH，Eh，温度，溶液（水）と固体（岩石）の比などが主要な規制条件となり，風化程度の大きさや速度を左右する．次の諸作用が挙げられる．①溶解*（dissolution），②酸化と還元*（oxidation and reduction），③水和（hydration），④加水分解*（hydrolysis）．加水分解するとき，水は生成物にはHとOHとに分割して取り込まれる．例えば，正長石が加水分解することによりカオリナイトという粘土鉱物が生成される．なお，炭酸塩化（carbonitization）は，炭酸塩が他の物質と交代する作用であり，堆積物中の間隙水や地下深部からくる熱水に含まれる炭酸イオンが岩石中の鉱物を置換して空隙中に炭酸塩鉱物を沈殿させる反応である．交代作用の意味合いが強いので，狭義の化学的風化作用には含めない方がよい．キレート化（chelation）については生物風化の項目を参照．　〈小口千明〉
［文献］松倉公憲（2008）「地形変化の科学—風化と侵食—」，朝倉書店．

かがくてきぶんかい　化学的分解　chemical decomposition　化合物が化学的な作用でより小さな単位の物質に壊れる反応．化合の逆反応ともいえる．岩石や鉱物の場合，化学的風化とほぼ同義である．例えば，化学的風化作用の一つである加水分解は，化学的分解の一形態であるといえる．化学的風化を単にdecompositionということもある．　〈小口千明〉

かがくやくそう　化学躍層　chemocline　海洋や湖沼において化学的酸化層と還元層のような化学的性質や化学物質の濃度が急激に変化する境界または境界領域である．化学躍層は水温躍層*と一致することもある．部分循環湖の上層は酸化的で好気性生物が分布するが，下層は還元的になり嫌気性生物が棲息し，有光層では紅色硫黄細菌や緑色硫黄細菌のような光合成細菌が分布する．黒海には世界最大の酸化層と還元層の境界が存在し，その境界水深は一定ではなく変動することが知られている．一方，カメルーンのニオス湖*は，二酸化炭素の噴出事故で多数の犠牲者を出したことで知られているが，湖底から噴出する火山性ガスにより顕著な化学躍層が形成されている．　〈井上源喜〉

かかこく　過下刻　overdeepening　⇨氷食

かかつどう　過滑動　oversliding　地すべり面が一時的局地的侵食基準面*である谷底より下方に及ぶ場合の地すべりの移動様式を指す．鈴木（2000）は，末端隆起型地すべりのうち，曲率の大きな円弧形すべり面が谷底の地下を経て反対側の斜面に連続する地すべりの'滑りの様式'を，侵食が侵食基準面より下方にまで及ぶことから，'過滑動'とよんだ．海岸部の氷河が侵食基準面である海面より下方をも侵食する'過侵食（overdeepening）'に類似した'地すべりによる侵食基準面より下方に及ぶ侵食様式'を意味する．　⇨末端隆起型地すべり　〈大森博雄〉
［文献］鈴木隆介（2000）「建設技術者のための地形図読図入門　第」，3．古今書院．

かがみはだ　鏡肌　slickenside　断層面が光沢のある平滑面になっている状態をいう．一般に均質な硬岩（例：花崗岩）の断層面*特に断層粘土*の裏

側の岩盤にみられる．しかし，手ざわりでわかる微小な凹凸（例：条溝）があり，その凹凸から変位の実際の方向を知ることができる．稀に「きょうき」と読まれることもある． 〈鈴木隆介〉

かがんせん　河岸線　riverside line　⇨水涯線

かがんだんきゅう　河岸段丘　river terrace　河川沿いに発達するという地形場で分類した段丘*の総称．そのほとんどは河成段丘*であるが，例外的に湖成段丘*や海進が内湾部奥深く及んだ際に発達した海成段丘*も含まれることがある（図）．⇨段丘の分類（表），海岸段丘　〈八木浩司〉
[文献] 鈴木隆介（2000）「建設技術者のための地形図読図入門」．第3巻．古今書院．

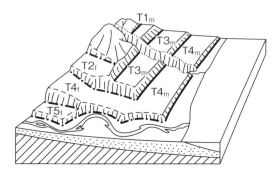

図　河成および海成の段丘面と段丘崖（鈴木，2000）
太実線と一点破線はそれぞれ海食崖と河川側刻崖および段丘崖麓線を示す．細実線，破線および点線はそれぞれ海食崖，河川側刻崖および段丘開析谷斜面の崖頂線である．T1～T5は段丘面の名称で，数字が大きいものほど新しい．添字のmとfはそれぞれ海成段丘面と河成段丘面を示す．段丘面とその後面段丘崖の形成時代は同じである．

かかんち　河間地　interfluve　谷と谷の間の地区．その面積的な規模は谷次数*の大小で様々である．広義の山地では一般に尾根であるが，段丘や低地では平坦地を含む．　⇨流域間地　〈鈴木隆介〉

かがんちょりゅう　河岸貯留　bank storage　洪水時などの高水位時に，河川・湖・貯水池などの浸透性の高い水底や側岸に吸収・保水され，水位が下降したときにそこから滲み出してくる水あるいはその水量．　〈安田浩保〉

かがんまんすいりゅうりょう　河岸満水流量　bankfull discharge　河川の水位が河岸の高さと同一になったときの流量．沖積河川の地形変化特性と密接な関係をもつ物理量の一つ．　〈安田浩保〉
[文献] Mosley, M. P. and McKerchar, A. I. (1995) Streamflow: In Maidment, D. R. ed. *Handbook of Hydrology*, McGraw-Hill.

かぎじょうさし　鉤状砂嘴　recurved spit, hooked spit　先端部が湾内に曲がっている砂嘴．例として，伊豆半島西岸の戸田の御浜崎や天草諸島の下島北部にある曲崎などが挙げられる．⇨砂嘴，砂浜海岸（図）　〈武田一郎〉

かぎそう　鍵層　key bed　他の地層と容易に区別できるような特徴的な岩相*をもち，広域にわたって同一時代に堆積したことを示す地層（群）．離れた地点の地層の区分や対比（同時性の確認）を行うために，成因が特定できる火山噴出物（軽石や凝灰岩など）や特定の化石や元素などを含む地層が鍵層として用いられる．　⇨対比　〈牧野泰彦・酒井哲弥〉

かきょうけいすう　河況係数　coefficient of river regime　河川における年間の最大流量を最小流量で割った値をいう．この値が大きい河川ほど流量の変動幅が大きく安定した利水が困難であることを意味する．河況係数が小さな河川の一例としては石狩川（北海道）や淀川（関西），大きな河川としては荒川（関東），吉野川（四国）などが挙げられる．　〈安田浩保〉

かく　核【地球の】　core　⇨中心核

かくがん　核岩　core-stone　⇨コアストーン

かくせんがん　角閃岩　amphibolite　大部分が角閃石と斜長石からなる変成岩．粒状で角閃石が部分的に集合した組織を示す．　〈松倉公憲〉

かくせんがんそう　角閃岩相　amphibolite facies　⇨変成相

かくせんせき　角閃石　amphibole　鉱物の族名の一つで，イノ珪酸塩鉱物に属する．一般式は $A_{2-3}B_5(Si, Al)_8O_{22}(OH, F)_2$；（$A=Mg, Fe^{+2}, Ca, Na$, $B=Mg, Fe^{+2}, Fe^{+3}, Al$）．柱状もしくは繊維状の形態で，二つの方向に明瞭な劈開をもち，互いに約56°で交わる．多くは単斜晶系であるが，直閃石やゼードル閃石などは斜方晶系．無～黒色．変成岩や珪長質の火成岩の主要造岩鉱物．これに属する鉱物は普通角閃石，直閃石，カミングトン閃石，アクチノ閃石，透角閃石など．　〈長瀬敏郎〉

かくせんせきがん　角閃石岩　hornblendite　ほとんどが角閃石からなる優黒質火成岩．斑れい岩，角閃石かんらん岩等に伴って産する．　〈松倉公憲〉

かくちょうさよう　拡張作用【谷の】　valley expansion　⇨水系網の発達

かくとうそうぐん　加久藤層群　Kakuto group　宮崎県えびの市の加久藤盆地に分布し，泥・砂・凝灰質砂などよりなる上部更新統の淡水湖堆積層で，数段の段丘を構成している．火山噴出物を多く含

む. 〈松倉公憲〉

かくらん　撹乱【環境における】 disturbance　生態系が一過性の要因によって大きく変化することを撹乱という．撹乱を起こす要因には，火山の噴火や台風，土石流などの自然撹乱要因と，伐採などの人為撹乱要因とがある．撹乱の規模が大きい場合は植生が破壊されて一次遷移または二次遷移が開始するが，小規模な撹乱では，林冠（森林の上部を覆う葉群の層）にギャップ（gap）が生じて下層に光が届くようになり，周囲の上層木や，下層の稚樹，新たな芽生えなどの生長が促進される．こうした撹乱によって，さまざまな生育段階の林分が混在する「パッチモザイク構造」が形成される．洪水などの河川撹乱によって更新する河原の先駆植物や，定期的な伐採に適応してきた里山の林床植物には，ダム建設や農林業衰退によって撹乱が起こらなくなったために絶滅が危惧されているものがある．また（頻度，規模が）中規模な撹乱によって，先駆種と極相種が共存し，群落の生物多様性が最も高くなるという説（中規模撹乱仮説）も提唱されている．〈福田健二〉

[文献] 井上　真ほか編（2003）「森林の百科」，朝倉書店．/大澤雅彦編（2001）「生態学から見た身近な植物群落の保護」，講談社．

かくらん　撹乱【生態系における】 disturbance　植物生態学における撹乱とは，生態系の構造を破壊し，資源量もしくは物理的環境を急変させる現象を指す．地震，火山噴火，台風，マスムーブメント，山火事などによる自然的撹乱は，生物の繁殖や更新，さらに多様な生物群集の維持機構に重要な役割を果たしている．地形地質環境が植生に与える影響には，風，気温，積雪分布といった微気候，栄養塩や水環境を通じてもたらされる間接的な影響（形態的規制経路）に加えて，地形形成プロセスによる物質の移動が植物に撹乱を及ぼす直接的な影響（撹乱規制経路）がある．地形は，斜面方位や標高の違いによって，生態系の撹乱体制（disturbance regime）に間接的影響を与えるばかりでなく，地形形成プロセスである地すべり，崩壊，土石流，なだれ，洪水などによって，生物群集に直接的影響を与える．特に，後氷期開析前線*より下方では，撹乱がより高頻度で発生するため，後氷期開析前線を挟んで植生が大きく異なる場合がみられる．個体サイズの小さい草本種は，後氷期開析前線の上位と下位とでその影響が大きく違うため，種組成が大きく異なることが多い．また，渓畔域や氾濫原などの水辺域は，洪水や土石流などの撹乱の頻度や強度に沿って，様々な植生がモザイク状に分布している．生物種のなかには，こうした撹乱に依存しながら生存してきた種類も多い．〈中村太士・若松伸彦〉

[文献] 中村太士ほか（2006）地形変化に伴う生物生息場形成と生活史戦略：地形，27，41-64./若松伸彦・川西基博（2008）植物生態学のための地形の扱い方，植生情報：12，73-78.

かくり　隔離 separation　断層運動の変位ベクトルを一方向に投影して求めた，見掛けの変位量．断層の走向方向に投影したものは，正隔離（オフセット）または走向隔離，傾斜方向に投影したものは傾斜隔離，上下方向に投影したものは上下（鉛直）隔離．隔離は実の移動方向や変位量（ネットスリップ）がわからない場合でも，断層両側における同一基準面の位置がわかれば求められるため頻繁に用いられる．なお，本来隔離と表記すべき量を，（上下・水平）変位量などと表記している例もある．⇒断層変位，オフセット 〈小松原 琢〉

かくれき　角礫 angular gravel　角のある礫の総称．礫の丸みの程度で角礫と亜角礫とに細分した場合，Krumbeinの円形度階級で0.1〜0.2と判断される礫．⇒円形度階級の視察図 〈横川美和〉

かくれきがん　角礫岩 breccia　角礫からなる礫岩．角礫の多い火山砕屑岩を火山角礫岩という． 〈松倉公憲〉

かくれきしょうかせん　角礫床河川 angular gravel bed river（channel）　河床堆積物の多くが角礫や亜角礫で，局所的に岩盤が露出する場所もある河川．山地河川の源流部や上流部，支流の沖積錐上にみられ，河床勾配は大きく，一般的に0.1程度以上である．土石流の発生する渓流のほとんどは角礫床河川である．山地河川の源流付近の急勾配の渓流や沖積錐上の河川では直線状流路となるが，それ以外では網状流路である．間欠川，水無川といった普段は水が流れていない河川や沖積錐上で水が伏流する末無川の場合も多い．⇒流路形態，河床堆積物，沖積錐 〈島津 弘〉

[文献] 鈴木隆介（1998）「建設技術者のための地形図読図入門」．第2巻．古今書院．

かくれきそう　角礫層 angular gravel bed　角礫*からなる礫層*．山地や盆地の土石流，崩壊，崖錐などの堆積物に多い．火山地域でみられる火山岩からなる角礫層を火山角礫層，断層に伴った角礫層を断層角礫層とよぶ．固結したものは角礫岩層．〈増田富士雄〉

カクレね　カクレ根 kakurene　海面上に露出していない岩礁．釣り用語． 〈砂村継夫〉

がけ　崖　cliff, scarp, bluff, precipice　急傾斜な地表面．普通には60°以上の急傾斜面を指すが，上下に平坦地がある場合（例：段丘崖）には，高さ数m以下，傾斜30°以下でも崖とよぶことがある．植生の有無は問わない．地形学では，相対的・慣用的な地形相による呼称として，平坦面ないし相対的な緩傾斜面に挟まれた相対的に急傾斜で幅の狭い斜面を，傾斜45°以下でも，崖ということがある（例：段丘崖，撓曲崖）．日常語としての崖もほぼ同様である．傾斜70°以上の崖（precipice）や傾斜90°以上のオーバーハング（overhanging slope）では岩盤が露出している場合が多い．⇨斜面分類［傾斜角による］（図），オーバーハング，ハケ　〈鈴木隆介〉

かけあがり　駆け上がり　kakeagari　砂浜海岸の水面下にみられるステップ状の形態をもつ砂礫堆積体の海側傾斜部分．渓流河床においては瀬の下流側の斜面をいう．釣り用語．〈砂村継夫〉

かけい　河系　river system　⇨水系

かけいいじょう　河系異常　fluvial system anomaly　河谷の性状（平面形・縦断形など）が局所的に何らかの点で一般的性質から逸脱した状態を河系異常と総称する（鈴木，2000）．河系のもつ一般的性質としては，①接峰面に対して大局的には必従河川*であること，②山地河川は穿入蛇行しているが，その蛇行帯軸は急には転向しないこと，③地質条件がほぼ一様な流域では河谷の性状はほぼ一様であること，また，上流から下流への変化として，④流域の横断幅は下流ほど減少するが，谷底幅は増大すること，⑤河床縦断勾配は下流ほど指数関数的に減少することなどがある．これらの一般的性質と局所的に顕著に異なることを河系異常と認識して，河系の対接峰面異常*，転向異常*，屈曲度異常*，谷底幅異常*，流路幅異常，河床縦断形異常などが認識されている．これらの異常はしばしば相互に共存・関連する．〈吉山　昭〉

［文献］鈴木隆介（2000）「建設技術者のための地形図読図入門」，第3巻，古今書院．

かけいず　河系図　map of drainage net　⇨水系図

かけいもよう　河系模様　drainage pattern　ある程度の範囲における河川の流路・水系の示す，ほぼ一定の幾何学特性をもった平面形態のこと．水系型，水系模様，水系パターン，排水系とも．国内外の地形学・自然地理学に関するテキストでは，視覚的もしくは経験的な判断に基づき，数種類の典型的な河系模様が例示されている（図）．すなわち，樹枝

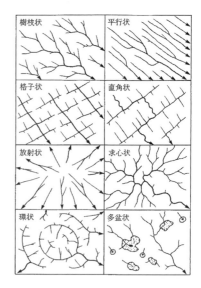

図　山地における主要な河系模様（鈴木，2000）

状河系，平行状河系，格子状河系（ナシ棚状河系とも），直角状河系（直角状排水系とも），放射状河系，求心状河系，環状河系，多盆状河系など，呼称も多種多様である．しかし，河系模様は地形相*であるから，模様の名称も多様で，位相幾何学的に同相の場合もあり，その定量的研究はほとんどない．そのため，いわゆる典型的な河系模様でさえ，合流形態・分岐比・水流長に基づいて図形認識させると，複数の河系模様が混在していて，判別の論拠が曖昧であることが報告されている（Ichoku and Chorowicz, 1994）．しかし，流域の平面形状や河系模様によって，河川の出水時におけるハイドログラフ*が異なる場合や，地質や地質構造の違いを示唆する場合も多く（表），写真地質学の論拠にもなるので，河系模様の定量的研究が切望される．〈小松陽介〉

［文献］Ichoku, C. and Chorowicz, J. (1994) A numerical approach to the analysis and classification of channel network patterns : Water Resources Research, 30, 161-174. ／鈴木隆介（2000）「建設技術者のための地形図読図入門」，第3巻，古今書院．

かけいもよう　河系模様【地すべり地形の】　drainage pattern (of landslide landform)　⇨地すべり地形の河系模様（図）

かけがわそうぐん　掛川層群　Kakegawa group　静岡県西部，大井川〜天竜川間の丘陵をつくる海成中・上部鮮新統．東側はフリッシュ型砂・シルト互層を主とし，層厚2,000 m以上（堀之内相），西側は砂層・シルト層を主とする陸棚堆積物で，層厚600

m 以下（掛川相）．大きくは東西走向，南傾斜，東の牧ノ原地域は駿河湾岸方向（NNE-SSW）の走向で西北西傾斜． 〈石田志朗〉

がけくずれ　崖崩れ　landslip ⇨崩落

かげすな　蔭砂　sand shadow　樹木，崖，岩塊などが風の障壁となって風が弱まるために風下側に飛砂が堆積し，小規模な砂丘を形成する．砂影あるいはサンドシャドウとも． 〈成瀬敏郎〉

かこう　火口　crater　火山の噴火活動が行われている，または過去に噴火が起きた，一般には輪郭がほぼ円形の皿状〜擂り鉢状〜ロート状の凹地．噴火口ともいう．地形的には，火口縁，火口壁，火口底の三つの地形要素で構成される．通常，火口縁の輪郭の直径を指標にして火口の規模とする．火口の形状（火口の輪郭・規模・深さ・傾斜・火口底の状態など）は，火口の成因，噴火活動の規模，新旧などにより多様であるが，直径は通常1km程度以下で，一般にこれより大きいものをカルデラとよんでいる．火口は，火山体の山頂にあるもの（山頂火口）のほか，山腹斜面上にみられるもの（側火口）も多く，また，複数の火口が直線上に並んでいるもの（火口列）や，二重・三重に重なりあっているもの（巣状火口）もある．英語のcraterは，火山の噴火口だけでなく，隕石孔*（衝突クレーター）などの噴火口類似の凹地に対しても使われる．一方，溶岩流の噴出口（付近）に対しては，そこが必ずしも凹地でない場合でも"火口（火孔）"と表現することがあるが，割れ目噴火を起こした割れ目は，通常は火口とよばない． 〈横山勝三〉

［文献］鈴木隆介（2004）「建設技術者のための地形図読図入門」，第4巻．古今書院．

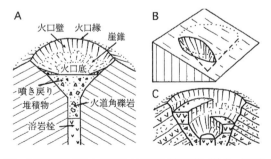

図　火口各部の名称と各種の火口の模式的形態（鈴木，2004）
A：火口各部の名称，B：火山斜面に生じた火口の立体形，C：複数回の噴火で生じる火口内のステップ

かこう　河口　river mouth, estuary　河川が海や湖に流入する部分．海や湖の水域の存在のために

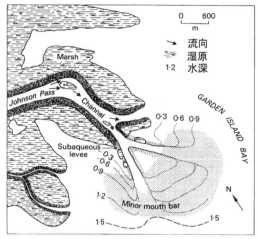

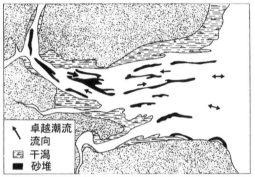

図　三角州（上図）とエスチュアリー（下図）の河口部（Reading, 1967）

河川の流れが急激に弱まることによって河道延長方向への流速が急激に減衰し，河川運搬物質が堆積する．河口部の土砂堆積が進むと河道の分岐が起こり，更なる土砂の堆積によって三角州が形成されることが多い．また，海や湖の波浪，沿岸流が卓越するような場所では海岸線・湖岸線方向への物質移動が起こり，砂州の形成によって河口付近の河道が沿岸漂砂の卓越方向に大きく屈曲し，河口偏倚*を示すこともある．さらに，河川運搬物質が多く，河川流量の季節変化がみられるような場合には渇水期に河口閉塞*がみられることもある．また，潮汐の影響が強い場合には顕著な干潟が発達し，エスチュアリー*とよばれる地形が形成されやすい．一方，河川が海域に注ぐ部分では淡水の河川水と塩水の海水との混合の問題が存在する．相対的に河川流量が多い場合や潮差が小さい場合には河口付近における河川水と海水との混合の程度は低く，弱混合型がみられる．これに対し，河川流量が相対的に少ない場合や潮差が大きい場合には河川水と海水との混合は顕

著にみられ，緩混合型や強混合型を示す．⇨潮入河川，感潮限界
〈海津正倫〉

[文献] Reading, H. ed. (1967) *Sedimentary Environment and Facies*, Blackwell Scientific Publications.

かこうえん　火口縁　crater rim　火口を取り囲む稜線（火口壁の最上部）．平面的輪郭は一般に円形または楕円形であるが，一部が欠損したものもある．一般に火口縁下の火口側（火口壁）は急傾斜で，外側斜面は緩傾斜な非対称の横断形を示す．⇨火口
〈横山勝三〉

かこうかせん　可航河川　navigable river　水深・幅員・水量などが一定以上あり，船舶の航行が可能な河川．相対的に規模の大きな河川で，特に，ある程度の積載量をもつ大型の船舶が航行可能な河川をいう．ヨーロッパや中国では人工的に開削された運河によって結ばれているものも多い．日本でも江戸時代～明治時代には小さな川舟による舟運が全国で盛んであったが，鉄道の発達とともに衰退した．
〈海津正倫〉

かこうかん　過高感　vertical exaggeration　実体鏡*によって空中写真を実体視*すると，地形が垂直方向に誇張されて高くみえる感じのこと．このため地形上の微細な凹凸を比較的容易に読みとることができる．
〈松倉公憲〉

かこうがん　花崗岩　granite　珪長質で粗粒完晶質な火成岩．カリ長石，石英，斜長石および有色鉱物からなる．有色鉱物は黒雲母，角閃石，白雲母などである．狭義にはIUGS火成岩分類委員会の提案による石英，カリ長石，斜長石の三成分モード比において，石英を20～60％含み，斜長石/(斜長石＋カリ長石)比が10～60％の深成岩である．これは流紋岩とほぼ同じ化学組成を有する．広義には石英を含む深成岩類を意味し，花崗岩類あるいは花崗岩質岩石として用いる．花崗岩は大陸に広く分布し，大陸地殻を構成する．花崗岩類を構成する鉱物は一般に風化されにくい鉱物であるが，節理の発達した岩体では長い時間をかけて節理面に沿った水の浸透により地下深部まで風化作用を被ることがある．風化した花崗岩はその場に残存することが多く，岩石組織が残っているものは「マサ」とよばれる．
〈太田岳洋〉

[文献] Chappell, B. W. and White, A. J. R. (1974) Two contrasting granitic types: Pacific Geol., 8, 173-174.

かこうがんさんち　花崗岩山地　granitic mountain　花崗岩からなる山地．北上山地，阿武隈山地，中国山地の大部分はそれぞれ花崗岩からなるが，地形的には隆起準平原とされている．花崗岩は隆起の過程で除荷作用によるシーティング節理が入りやすい．このような節理が密に入るところではマサ化が進み，削剥が速く，低平化されるが，逆に節理が疎なところは削剥されずに残ることから，その部分は地形の規模に応じて残丘*や花崗岩ドーム*，トア*などになる．また，花崗岩は風化物質が砂質のマサ*になるため，そのような風化物が覆う花崗岩山地の斜面では，厚さ1mほどにマサの土層が発達すると，豪雨や地震によってその部分が一気に崩落する，いわゆる表層崩壊*が発生する．このような表層崩壊の再現周期は数百年と考えられている．
〈松倉公憲〉

かこうがんドーム　花崗岩ドーム　granite dome　平坦地にみられる花崗岩からなるドーム状の地形．乾燥地域に多く分布するが，湿潤地域にもみられる．成因としては，以下の3つがある．①シーティング節理が剥脱したもので，このタイプは剥脱ドームともよばれる．②節理密度の小さい部分が風化され残り，節理の密な部分が深層風化し侵食されることにより掘り出されたもの（二輪廻地形でトア*ともよばれる）．③現在の乾燥気候下で，ペディプレーンの形成の過程で出現するインゼルベルクの中でドーム状のもの（トアまたはドーム状インゼルベルクとも）．ボルンハルトと同義語として使用されている．
〈太田岳洋〉

かこうがんポーフィリー　花崗岩ポーフィリー　granite porphyry　⇨花崗斑岩

かこうげん　火口原　atrio, atrium, crater floor　比較的広く平原状の火口底．火口壁からの崩落物質や火口壁の侵食に伴い運び出された岩屑などで火口底が埋積されて生じた平地．阿蘇火山の草千里ケ浜が好例．古くは，カルデラ内の平地（例：阿蘇カルデラ内の阿蘇谷や南郷谷）に対して使われてきたが，まぎらわしいので火口原は使わずに，カルデラ床*というべきである．⇨火口底
〈横山勝三〉

かこうげんこ　火口原湖　atrio lake　火口原の一部を占める湖（例：阿蘇草千里ケ浜，霧島火山甑岳火口原の沼沢地）であるが，極めて少ない．古くはカルデラ床にある堰止湖を火口原湖とよんだ例（箱根火山芦ノ湖）もあるが，まぎらわしいので火口原湖という用語は使わない方がよい．⇨火口原，カルデラ湖
〈横山勝三〉

かこうこ　火口湖　crater lake　火口内にある湖．火口底の一部を占めるものから全部を占めるも

のまで，また，輪郭や深さなどの形状や水質なども多様（例：蔵王火山お釜，草津白根火山湯釜，霧島火山大浪池）．⇨火口，火口原湖，火山湖，カルデラ湖
〈横山勝三〉

かこうこいっすいがたのかざんがんせつりゅう　火口湖溢水型の火山岩屑流　volcanic debris-flow triggered by overflow from crater lake　火山活動によって火口湖の湖水が溢れて生じた火山岩屑流（例：インドネシアのKelut火山1919年噴火）．狭義のラハール．⇨火山岩屑流
〈鈴木隆介〉

かこうさきゅう　下降砂丘　falling dune　障害物砂丘*の一種．強風の吹く地域で，台地・丘陵などの風下側斜面を砂が吹き降ろされてできる砂丘．25〜34°の傾斜をもち，小石を混える砂丘は主にチリ北部や西シナイの海岸砂漠や海岸砂丘で多くみられ，内陸砂漠ではモハーベ砂漠にみられる．
〈成瀬敏郎〉

かこう（さ）す　河口（砂）州　river-mouth bar　河口を横切るように伸びる砂州．沿岸漂砂が卓越する海岸に発達する．この砂州が成長すると河口偏倚*が生じ，対岸まで到達すると河口閉塞*が起こる．⇨砂浜海岸（図）
〈武田一郎〉

かこうしょう　火口床　crater floor　⇨火口底

かこうすいりょう　可降水量　precipitable water　地上から上空に至る，単位面積あたりの気柱に含まれるすべての水蒸気が凝結して雨となったとしたときの降水量．
〈森島　済〉

かこうせ　火口瀬　barranco　従来，火口やカルデラから流れ出す川が火口縁や外輪山を横切って形成した峡谷を火口瀬（英語のbarrancoは峡谷の意）とよんでいたが，火口から流出する河川が形成した顕著な峡谷の例はほとんどない．一方，カルデラから流出する河川が外輪山を横断する部分で峡谷を生じている例は多い（例：阿蘇カルデラ西方の立野峡谷，十和田カルデラの奥入瀬峡谷）．そこで，火口瀬を廃語とし，新たに「カルデラ瀬」を提唱する．⇨カルデラ瀬，流出河川
〈鈴木隆介・横山勝三〉

かこうせき　河口堰　river-mouth weir　感潮河川*の河口付近に設置される堰．河口部から下流部にかけての海水の侵入を抑制し，上水道，農業，工業などにおける水利用の向上を図ることを主な目的としている．
〈安田浩保〉

かこうせんりょくがん　花崗閃緑岩　granodiorite　花崗岩と閃緑岩の中間の組成を有する深成岩．石英，斜長石，カリ長石，黒雲母，角閃石を含む完晶質で粗粒の岩石．日本で花崗岩と称される岩石は，この花崗閃緑岩であることが多い．
〈太田岳洋〉

かこうてい　火口底　crater bottom　火口内の最下部．擂り鉢の底状の比較的狭いものから，浅い皿状の平地が卓越するものなど形状は多様で，平地状の場合は火口原ともよび，火口底に池があれば火口湖とよぶ．なお，火口内の最下部を"火口底"，火口内の平坦部を"火口床"とよび，火口底を細分化した例もあるが，実質的にはほとんど使われない．⇨火口，火口湖
〈横山勝三〉

かこうてきはったつ　下降的発達【斜面の】　waning development, absteigende Entwicklung（独）　斜面基部の高度が安定していると，斜面発達のペンクモデル*では平行後退する岩石斜面（重力斜面とよばれた）の基部に岩屑の堆積による緩斜面（ハルデンハングとよばれた）が形成され，斜面全体は凹型形状をとりつつ最終的にはその比高を減ずる．斜面のこのような発達過程をW.ペンクは下降的発達とよび，安定地域にみられる特徴としたが，乾燥地域における露岩とその基部の岩屑斜面の発達にむしろ当てはまる．岩屑からなる緩斜面の発達については，その後さらに数理的解析が加えられた（レーマンの方程式*）．
〈平野昌繁〉

[文献] Penck, W. (1924) *Die morphologische Analyse*, J. Engelhorns. Nachf（町田　貞訳（1972）「地形分析」，古今書院）．

かこうはんがん　花崗斑岩　granite porphyry　花崗岩と同様の鉱物組合せ，化学組成を有する斑状の岩石．花崗岩ポーフィリーとも．斑晶としては主に石英，カリ長石が含まれ，少量の黒雲母や角閃石などを含み，微量の斜長石も含まれる．浅所に貫入した花崗岩体の周辺相または独立した岩脈として分布する．
〈太田岳洋〉

かこうへいそく　河口閉塞　river-mouth blocking　発達した河口州や浜堤によって河口が閉じられる現象．多くの場合，沿岸漂砂*が関与する．河口が閉塞されると河川の排水や舟の航行に支障をきたすので，それらを防ぐために導流堤*が建設されている場合も多い．
〈武田一郎〉

かこうへき　火口壁　crater wall　火口を取り巻く内向きの斜面．その頂上の稜線（火口縁）と下部（火口底）との間の部分．上部には火口形成に関係する火山噴出物（溶岩や火山砕屑物の累積）がみられることが多く，下部はそれらの崩落物（崖錐堆積物）で覆われることが多い．⇨火口
〈横山勝三〉

かこうへんい　河口偏倚　river-mouth deviation　河川の河口部が河口州の発達によって沿岸漂砂の流

下方向に曲げられる現象．この地形的特徴によって，沿岸漂砂の卓越する方向を知ることができる．⇨漂砂の卓越方向　〈武田一郎〉

かこうれつ　火口列　crater row　新旧・複数の火口が直線的に並んでいる分布状態をいう（例：伊豆大島，三宅島，阿蘇山）．直線状に並ぶ火山砕屑丘や溶岩円頂丘などの側火山列も火口列である．火口列は割れ目状の火道の存在，つまり広域応力場の最大水平圧縮主応力軸の方向を示唆する．⇨火山帯　〈鈴木隆介〉

[文献] 中村一明 (1978)「火山の話」，岩波書店．

かこく　下刻　deepening, downward erosion　⇨下方侵食

かこく　河谷　river valley　河流の侵食で生じた谷．河川侵食谷または流水侵食谷の簡略語であり，誤解される可能性のない場合には，単に谷とも．表面流の落水線*がわずかな低所に集中して1本にまとまると，降雨のたびにそこに表面流が集中するから，リル（雨溝）が生じ，それが発達してガリー（雨裂）となる．降雨ごとの流水による下方侵食（下刻）によってガリーの底が低くなり，地下水面に達すると，恒常的な流水が発生する．そのため，下刻が急速に進み，河谷が生じる．河流は谷底を下刻で低下させ，側刻で拡幅する．谷の横断面積の拡大は，谷壁斜面での斜面崩壊（落石，崩落，地すべり）に起因し，谷底に堆積した崩落物質が河流によって下流に運搬・除去される．つまり，河流による谷底の下刻と側刻，谷壁斜面の崩壊，崩壊物質の河流による除去という過程が繰り返されて河谷が拡大する．斜面崩壊地ではガリーが発達し，そこに新しい河谷が生じて支谷となる．ガリーの成長が続くと，谷頭が上方に移動する（谷頭侵食）．かくして，河谷は谷頭侵食と支谷の発達によって拡大し，隣り合う河谷が側刻で合体すると，一挙に大きな河谷となる．⇨谷，河谷地形，河谷の発達過程　〈鈴木隆介〉

[文献] 鈴木隆介 (2000)「建設技術者のための地形図読図入門」，第3巻，古今書院．

かこくおうだんけいのるいけい　河谷横断形の類型　type of cross-sectional form of valley　河谷の横断形においてほぼ同じ形状をもつ区間の横断形はいくつかに類型化される．この類型化の基準は，必ずしも地形量や成因によるものではなく，経験的であり，地形相による記載用語であるが，河谷の形成過程，地形発達，地質構造などを反映している場合が多い．⇨谷の横断形　〈鈴木隆介〉

横断形	名称	特徴
	ぶいじこく V字谷 V-shaped valley	両岸の谷壁斜面がほぼ直線斜面であり，下刻の盛んな壮年期以前の河谷で，一般に欠床谷である．
	はこじょうこく 箱状谷 Kastental	側刻の進行しつつある河谷（床谷）または河成段丘や火砕流台地を刻む河谷の埋積谷に多い．
	ひらぞこだに 平底谷 flat-floored v.	両岸に急傾斜の谷壁斜面をもつが，谷幅に比べて著しく浅い河谷で，幅広い平坦な谷底低地をもつ．
	あさだに 浅谷 shallow v.	谷壁が緩傾斜の凸形斜面（上部）と凹形斜面（下部）で構成され，谷底が丸い．盆状谷(Muldental), デレ(Delle)ともいう．
	ゆうじこく U字谷 U-shaped v.	谷氷河の侵蝕によって形成される氷蝕谷である．ただし，谷壁基部の緩傾斜面は崖錐の場合が多い．
	あさがおだに アサガオ谷 funnel-shaped v.	両岸の谷壁斜面が凸形斜面であり，透水係数の高い軟岩を刻む幼年谷にしばしばみられる．
	ひたいしょうこく 非対称谷 asymmetrical v.	両岸の谷壁斜面の斜面長と傾斜が著しく異なる河谷であり，谷底が流域の中心線から著しく偏った非対称流域に多い．
	きょうこく 峡谷 gorge	谷幅に比べて谷が深く，谷壁斜面は約60度以上の急崖である．早壮年谷，先行谷，表成谷，横谷などにみられる．
	かいそうだに 階層谷 canyon	谷壁斜面に地層階段が発達し，厚い単層の水平互層の差別侵食で生じる．グランドキャニオンが好例．
	のこびきだに 鋸挽谷 saw-cut v.	谷壁に板状突出(ledge)やオーバーハングを伴い，薄い単層の水平互層の差別削剥で小規模なものが生じる．
	さけめだに 裂目谷 gash	両岸斜面の接近する小規模な深い谷で，断層や節理などにそう差別侵食谷．痩せ谷(slot)，隙間谷(Klamm)ともいう．
	ひにっしょうこく 非日照谷 sunless v.	谷底から天空の見えない谷であり，穿入蛇行しつつ急速に下刻したガリーや溶蝕谷にみられる．
	こくちゅうこく 谷中谷 valley-in-valley	幅広い谷をさらに刻む深い急峻な谷で，河川の侵蝕復活で生じ，明瞭な侵蝕前線を伴う．

図　河谷横断形の類型（鈴木，2000）

[文献] 鈴木隆介 (2000)「建設技術者のための地形図読図入門」，第3巻，古今書院．

かこくきょくりゅう　下刻曲流　incised meander　⇨穿入蛇行

かこくさよう　下刻作用　down cutting　⇨下方侵食

かこくだこう　河谷蛇行　valley meander, incised meander　河谷が蛇行している状態であり，その谷を穿入蛇行谷という．⇨蛇行，穿入蛇行　〈鈴木隆介〉

かこくちけい　河谷地形　river-valley landform　河谷は谷*という地形の一種で，その谷底を流れる

河流（stream）によって形成された地形種（侵食谷*）である．河流は下方侵食および側方侵食の一方または両者によって，河谷を拡大する．その拡大の過程を'河谷の発達'とよぶ．河谷の発達に関連して生じた種々の地形を総称して河谷地形とよぶ．すなわち，河流の侵食によって直接に形成される谷底（谷床），滝，谷壁などのほか，谷底の低下に起因して不安定になった谷壁で生じる集動*（落石，崩落，地すべりなど）で拡大する谷壁斜面，その谷壁斜面に新たに生じる支谷群，それらと本流の合流点などの総称である．河谷地形は，湿潤地帯に位置する日本における最も基本的な地形種であるが，その形態的諸特徴は河谷の発達過程およびそれを制約する諸変数の地理的・歴史的差異によって極めて多種多様である．なお，河谷には一般に流水（河流）があるから，河谷地形を扱うときは，河谷または谷（valley）といっても河流（stream）といっても同義である．ゆえに，誤解の恐れがない場合には，河谷，河流および河川という用語を混用することがある．例えば，谷と谷の合する地点を'谷合点'といわずに'合流点'とよぶ．⇨河谷，河谷の発達過程，水系網の発達，地形種　　　　　　　　　〈鈴木隆介〉

かこくのはったつかてい　河谷の発達過程　development of river valley　河谷*の諸特徴例えば河系（水系）の河系模様*（平面的配置）や支谷の本数・合流形態*などが時間の経過とともに変化していく過程を指す．河谷の全くない斜面例えば地殻変動による低地や段丘面の傾動による初生的斜面，断層崖，火山斜面などに，河谷（河川侵食谷）がどのように発達するかという過程である．野外観察による古典的研究，空間−時間置換の仮定*による地形計測および散水侵食実験*の成果などによると，均質な物質から構成される等斉直線斜面における，降雨と流水の作用による谷の発達は次の経過をたどると考えられている．①リル*の発達，②ガリー*の成長，③1次谷*の形成と谷頭侵食*による谷の伸長・深化，④支谷の発達，⑤主谷の深化（谷の起伏量の増加），⑥谷の生存競争*，⑦地形場に対応した谷の等間隔性の成立，⑧谷の起伏量の減少，⑨小起伏多短谷*の形成，⑩準平原*の発達による浅い谷の形成．しかし，地殻変動や海面変動などによる侵食基準面の変化，あるいは断層運動や差別侵食などに起因して，谷の発達が全流域および局所的に急変することがある．⇨水系網の発達，侵食輪廻説，回春　　　　　　　　　　　　　〈鈴木隆介〉

かこみさきゅう　囲み砂丘　wrap-around dune　砂浜や砂床に突出した障害物の前面に障害物を囲むように生ずる小規模な砂丘．障害物が風を弱めるために障害物の周りにすべり面が生ずる．囲繞砂丘（いじょう）とも．⇨障害物砂丘　　　　　　　〈成瀬敏郎〉

かさいがん　火砕岩　pyroclastic rock　⇨火山砕屑岩

かさいがんだいち　火砕岩台地　pyroclastic plateau　⇨火山砕屑岩台地

かさいきゅう　火砕丘　pyroclastic cone　⇨火山砕屑丘

かさいサージ　火砕サージ　pyroclastic surge　火砕物と気体で構成される希薄な粉体流．火砕物を含む粉体流という点では火砕流の一種であるが，通常の火砕流に比べると火砕物の濃度がきわめて低い点が特徴．火砕流本体の前縁（基部）に生じるグラウンドサージ（ground surge），上部に生じるアッシュクラウドサージ（ash-cloud surge），マグマ水蒸気噴火で生じる低温のベースサージ（base surge）などに区分される．堆積物は，多数の薄層の累重体で構成され，水平層や波状層などのほか，斜層理やアンティデューン構造など，種々の堆積構造を示す．⇨火砕サージ堆積物　　　　〈横山勝三〉

かさいサージたいせきぶつ　火砕サージ堆積物　pyroclastic-surge deposit　火砕サージの堆積物．火砕物で構成される多数の薄層（フローユニット）の累重したもので，断面では水平な層（plane beds），波状の層（wavy beds），斜層理やアンティデューン構造などの堆積構造が認められるが，一般に同一層の横方向への連続性はよくない．特に火砕流に伴うグラウンドサージやアッシュクラウドサージの堆積物は，層位的に火砕流堆積物本体のそれぞれ下位および上位に位置し，また，火砕流堆積物本体の分布域外にまで分布する点が特徴である．⇨火砕サージ，ベースサージ，ベースサージ堆積物　　　　　　　　　　　　　　〈横山勝三〉

かさいたいせきぶつ　火砕堆積物　pyroclastic deposit　火山砕屑物の堆積物で，固結していないもの．固結したものは火山砕屑岩，または略して火砕岩という．⇨火山砕屑物，火山砕屑岩　〈鈴木隆介〉

かさいど　花綵土　garland　⇨構造土

かさいぶつ　火砕物　pyroclastic material　⇨火山砕屑物

かさいぶっしつ　火砕物質　pyroclastic material　⇨火山砕屑物

かさいぶつだいち　火砕物台地　pyroclastic plateau　⇨火山砕屑岩台地

かさいりゅう　火砕流 pyroclastic flow　マグマの破片と気体（火山ガスや空気）が様々な割合で混じり合って，重力を原動力として地表を移動する現象．一般には，高温（数百〜1,000℃以上）のマグマの破片と気体との混合体（粉体）が，火山体斜面上や火山周辺の地表を高速（〜50 m/秒ないしそれ以上）で流下・移動する現象を指す．火砕流は，構成物の差異などにより，火山灰流，軽石流，スコリア流，ブロックアンドアッシュフロー，熱雲，火砕サージなどに分類される．広義にはベースサージなどの低温の火砕サージも火砕流に含める．最も危険な噴火様式で，火砕流で多数の人命が奪われた例は多い．特に 1902 年のプレー（Pelée）火山（西インド諸島，マルチニーク島）の火砕流では，約 2 万 8,000 人もの人命が奪われる大災害が生じた．火砕流の発生機構としては，プレー（Pelée）型，スフリエール（Soufriere）型，メラピ（Merapi）型など，いくつかのタイプがある．火砕流は，発生源からの到達距離では 1 km 以下から数百 km，堆積物量では 10^{-3} km^3 以下の小規模のものから数百 km^3 以上に及ぶ大規模のものまで，極めて広範囲にわたる規模のものがある．特に大規模のものは巨大火砕流とよばれ，その移動の過程で発生源から数十 km 離れた場所でも数百〜1,000 m 以上もの高さの山地をも乗り越えて進む勢力がある．火砕流の発生頻度は規模の大きいものほど低い．火砕流は通常，基盤地形の低所を埋積して堆積し，全体として極めて緩傾斜で平滑な上面（堆積面：火砕流原とよぶ）をもつ堆積地形をつくる．なお，"火砕流"は，元来，運動状態に対する用語であり，"火砕流堆積物"とは区別されるべきものであるが，従来，火砕流堆積物に対しても"火砕流"と表現された場合も少なくない．しかし，"火砕流"と一口にいっても，上述の諸分類のように発生機構・規模・構成物質などの諸点で極めて多種多様である．よって具体的な堆積物については可能な限り細分された用語で記述すべきである．⇨火砕流堆積物，プレー型火砕流，スフリエール型火砕流，メラピ型火砕流　〈横山勝三〉

[文献] Macdonald, G. A. (1972) *Volcanoes*. Prentice-Hall. /Cas, R. A. F. and Wright, J. V. (1987) *Volcanic Successions Modern and Ancient*. Allen & Unwin. /鈴木隆介 (2004)「建設技術者のための地形図読図入門」．第 4 巻，古今書院．

かさいりゅうおうち　火砕流凹地 hollow on ignimbrite-plateau surface　火砕流台地面上にみられる凹地の総称．輪郭は円形〜楕円形のものが多いが，複雑な輪郭のものもあり，大きさや深さなども多様．主に非溶結の火砕流堆積物の基底部を流れる地下水流で細粒物質が選択的に運び出され，そのため火砕流堆積物内に空洞が生じて生長し，陥没して形成されたものが多い．シラス台地地域にみられるものの多くは，従来，シラスドリーネとよばれ，直径は 200 m 程度以下，深さは 10 m 程度以内である．シラス地域には，シラスドリーネが連合した"シラスウバーレ"とよばれたものや，さらにこれが伸長拡大して通常の侵食谷とほとんど区別できない形状のものもある．⇨火山地域の凹地と湖沼，シラス台地　〈横山勝三〉

[文献] 横山勝三 (2003)「シラス学」．古今書院

かさいりゅうきゅうりょう　火砕流丘陵 pyroclastic-flow hill, ignimbrite hill　⇨火砕流台地

表　4 種の火砕流と類似現象の一般的特徴の比較（鈴木，2004）*1

分類名称		本質物質	マグマの性質	温度	発泡度	流下速度 (m/s)	噴出量 (km^3)	到達距離 (km)	堆積物の厚さ (m)	溶結部	先行する噴出物	形成または随伴する地形種
火砕流	火山灰流	火山灰	流紋岩質	高温	高い	200?<	< 10^3	100 <	< 200	伴う	降下火山灰	火山灰流原*2，カルデラ
	軽石流	軽石	流紋岩質，デイサイト質，安山岩質	高温	高い〜中位	10〜200	< 10^2	1〜200	< 200	伴う	降下軽石	軽石流原*2，カルデラ
	スコリア流	スコリア	安山岩質，玄武岩質	高温	中位	10〜40	< 10^0	1〜5	< 数十	伴う	降下火山灰，降下スコリア	スコリア流原
	熱雲	石質岩片	各種	高温	低い〜非発泡	5〜100	< 10^0	1〜10	< 数十	伴う〜ない	溶岩	熱雲原，溶岩円頂丘，厚い溶岩流原
ベースサージ		各種	各種	低温	低い	数十	< 10^{-3}	0.5〜5	< 100	ない	火山ガス	ベースサージ丘
火山岩屑流*3		ない	各種	低温	非発泡	40〜100	< 10^0	1〜50	< 300	ない	火山ガス	火山岩屑流原

*1：表中の数値はおよその値である（注：1 km^3 = 10^9 m^3 = 10 億 m^3）．*2：大規模な火山灰流原や軽石流原は火砕流台地になっている場合が多い．*3：爆発カルデラの形成に伴う火山体爆裂型の場合を例示する．

かさいりゅうげん　火砕流原　primary pyroclastic-flow landform　火砕流堆積物で生じた火山原面の総称．⇨火砕流　〈鈴木隆介〉

かさいりゅうじょうこう　火砕流条溝　pyroclastic-flow furrow　中小規模の火砕流の流下中に生じた条線状の溝で，流下方向に伸長している（例：渡島駒ケ岳1929年噴火で西麓に形成）．⇨火砕流原　〈鈴木隆介〉
［文献］守屋以智雄（1983）「日本の火山地形」，東京大学出版会．

かさいりゅうたいせきぶつ　火砕流堆積物　pyroclastic-flow deposit, ignimbrite　火砕流の堆積物．火砕流は，構成物の差異などで，火山灰流，スコリア流，軽石流，ブロックアンドアッシュフロー，火砕サージなどに区分され，それぞれの堆積物の性状も異なる．層理構造の顕著な火砕サージ堆積物を除けば，一つの火砕流堆積物は，一般に無層理，無淘汰であるが，一つの堆積物でも上下方向へも横方向へも（給源に近い場所か，末端部か，堆積物の上部か下部かなどで）粒度組成などの層相の変化が認められる．火砕流は，主に基盤地形の低所にまとまって堆積し，その堆積面は一般に極めて平坦である．火砕流の規模（一つの火砕流堆積物の量：体積）は，10万m^3（10^{-4} km^3）程度の小規模のものから数百 km^3 にも及ぶ巨大なものまで極めて多岐にわたる．このうち特に規模の巨大なものはほとんどが珪長質の火山灰流であり，噴出源付近にはカルデラや火山構造性陥没地を伴い，その周辺に広大な火砕流台地が分布している．火砕流堆積物は，地名などを付して"○○火砕流"と略称されることが少なくないが，本来，火砕流は運動状態を指す言葉であり，"火砕流堆積物"と"火砕流"とは区別して表現するべきである．⇨火砕流　〈横山勝三〉
［文献］横山勝三（2003）「シラス学」，古今書院．

かさいりゅうたいせきめん　火砕流堆積面　depositional surface of ignimbrite（pyroclastic-flow deposit）　火砕流が堆積して生じた堆積物の上面（地表面）．火砕流原とも．一般に基盤地形の全体的な高度分布（傾斜）に沿って緩やか（3°程度以内）に傾斜した平滑面であるが，ほぼ平坦にみえる場所も多く，特に規模の大きな火砕流の場合は極めて広大で平坦性が著しい．基盤地形の高度分布や傾斜方向は場所ごとに多様に変化するため，火砕流堆積面の高度分布や傾斜方向も地域的に変化し，逆傾斜面が発達する場所もある．溶結部を伴う火砕流堆積物の場合，溶結前と溶結後とで堆積面の高度に差異が生じるので，厳密には両者を区別する必要がある（原堆積面と溶結後堆積面）．特に巨大火砕流の堆積面は，瞬時に形成される広大な平坦面である点で，その後の地形変化の出発点となる理想的な原地形といえる．この原地形が開析されて生じるのが火砕流台地で，火砕流台地面は火砕流堆積面に相当する．軽石流原，火砕流原，火山灰流原などは類語．⇨火砕流原，原堆積面，溶結後堆積面，原地形，逆傾斜　〈横山勝三〉
［文献］横山勝三（2003）「シラス学」，古今書院．

かさいりゅうだいち　火砕流台地　ignimbrite plateau, pyroclastic-flow plateau　火砕流堆積物で構成される台地．台地面と台地崖で構成される．台地面は平坦で，台地崖は急斜面をなすのが特徴で，比高は数十〜100 m以上に達する．火砕流堆積物の原地形（火砕流原）が開析されて生じる．火砕流の堆積直後の短期間で急速に生じると考えられる．九州南部のシラス台地は典型例．支笏・洞爺・十和田・阿蘇カルデラなどをはじめ，クラカトア型カルデラの周辺には，そのカルデラ生成に関与した火砕流堆積物で構成される火砕流台地が広く発達している．火砕流台地の削剥が進むと，台地面はしだいに縮小し，遂には消失して丸みをおびた尾根をもつ火砕流丘陵となる．⇨シラス台地　〈横山勝三〉
［文献］横山勝三（2003）「シラス学」，古今書院．

かさいりゅうだいちのだいちがい　火砕流台地の台地崖　scarp（escarpment）of ignimbrite plateau　火砕流台地縁辺の急斜面で谷壁斜面でもある．火砕流台地は台地面と台地崖の二つの地形要素で構成され，台地面がほぼ平坦であるのに対して，台地崖は急傾斜面で，しばしば崖をなす．単一傾斜の単式斜面ではなく，火砕流のフローユニットや溶結作用の程度等を反映して，いくつかの傾斜の複式斜面で構成される．台地崖の主要部は火砕流堆積物で構成されるが，下部は基盤岩で構成されることもある．典型的な火砕流台地である九州南部のシラス台地の台地崖の傾斜は，50°程度から部分的には垂直に近い崖の場合もある．高さは数十m〜百数十m程度．⇨火砕流台地　〈横山勝三〉

かさいりゅうちけい　火砕流地形　pyroclastic-flow landform　火砕流で生じた地形の総称で，火砕流原，火砕流台地を含む．⇨火砕流　〈鈴木隆介〉
［文献］横山勝三（2003）「シラス学」，古今書院．

かさいりゅうづか　火砕流塚　pyroclastic-flow

mound　中小規模の火砕流の流動中に，内部の物質が表面に噴き出して二次的に生じた小丘で，底径100〜200 m，比高約 10 m（例：渡島駒ヶ岳 1929年噴火で西麓に形成）．　　　　　　　〈鈴木隆介〉

［文献］守屋以智雄（1983）「日本の火山地形」，東京大学出版会．

かさいりゅうていぼう　火砕流堤防　pyroclastic-flow levee　中小規模の火砕流の流下中にその側方に生じる堤防状の尾根（例：渡島駒ヶ岳 1929年噴火で西麓に形成）．⇨溶岩堤防　〈鈴木隆介〉

［文献］守屋以智雄（1983）「日本の火山地形」，東京大学出版会．

かさいりゅうへんしつがたのかざんがんせつりゅう　火砕流変質型の火山岩屑流　volcanic debris-flow metamorphosed from pyroclastic flow　火砕流が河谷に流入し，河川水と混合して生じた火山岩屑流で，泥流化する場合が多い．例えば，浅間火山1783年噴火の鎌原火砕流は火山麓をへて吾妻川の河谷を岩屑流となって時速 30〜40 km の高速で流下し，次第に泥流化して，その末端は浅間火山から130 km 以上も離れた群馬県東部に達し，泥水は東京湾にまで達した．⇨火山岩屑流　〈鈴木隆介〉

［文献］早田　勉（1990）群馬県の自然と風土，群馬県史編さん委員会編「群馬県通史編」，1，37-129．

かざかみしゃめん　風上斜面　windward face　砂丘の風上側にあたる斜面で，バルハン砂丘では10〜15°の緩やかな凸型斜面をなす．これとは対照的に風食凹地砂丘は風上斜面が20〜34°の急斜面をなす．なお，砂丘とは無関係であるが，中緯度（例：日本列島）の高山においては，周氷河地形が偏西風や季節風に対する風上斜面（西面斜面：風衝砂礫地の緩傾斜面）と風下斜面*（東面斜面：残雪砂礫地の急斜面）で非対称になることが知られている．⇨風下斜面，周氷河斜面　〈成瀬敏郎〉

かざしもさきゅう　風下砂丘　lee dune　丘陵や台地の風下斜面において風が収斂する場所では，風下側に長さ 5 km にもなる大規模な縦列砂丘が形成される．　　　　　　　〈成瀬敏郎〉

かざしもしゃめん　風下斜面　lee slope　砂丘の風下側の斜面をさす．たとえばバルハン砂丘では，砂丘の頂部より風下側の brink point と谷部の toe point との間の直線的な安息角*斜面（すべり面，あるいはスリップフェイスとよばれる）がその主要部をなす．風の剥離域に相当し，強風時に brink を飛び出した砂が落下堆積する場所であり，その堆積量は上部ほど多量である．この堆積量がある程度多くなり斜面上部でささえきれなくなると avalanche を起こす．このような繰り返しによって，砂丘は風下側に徐々に移動する．なお，砂丘とは無関係であるが，中緯度（例：日本列島）の高山においては，周氷河地形が偏西風や季節風に対する風上斜面*（西面斜面：風衝砂礫地の緩傾斜面）と風下斜面（東面斜面：残雪砂礫地の急斜面）で非対称になることが知られている．⇨風上斜面，すべり面［砂丘の］，周氷河斜面　〈松倉公憲〉

かざなみ　風波　wind wave　水面上に風が作用しているときに生じている波．「ふうは」ともいう．風波の発達は風の吹送時間*・吹送距離*・風速という3つの物理量で決まる．風波の波高と周期は時間的に変動し，波形は不規則で急勾配であり，波峰の連続性が悪い．わが国沿岸での風波の周期は数〜15秒程度のものが多く，波高は 10 m を超えこともあり，室戸岬沖では 26 m の波高が実測されている．風域（風が吹いて波が発生・発達している領域）から外に出た波を うねり* という．　〈砂村継夫〉

かざなみのよほうきょくせん　風波の予報曲線　wind wave forecasting curve　深海における風波の推定法として知られる SMB 法により波高・周期を求めるためのグラフをいう．これを用いて推算するには，風の吹送距離*，吹送時間*，平均風速が必要となる．波の発達は吹送距離または吹送時間のどちらかに制限されるので，①風速と吹送距離，②風速と吹送時間のそれぞれの組み合わせから求めた2組の波高・周期を比較して小さい方を用いる．⇨波浪推算　　　　　〈砂村継夫〉

［文献］土木学会（1999）「水理公式集」，土木学会．

かざん　火山　volcano　マグマの噴火活動で生じた地形の総称．普通にはマグマの地表での固化で生じた地形であるが，稀に地下浅所でのマグマの固化に伴って生じた地形（潜在火山*）もある．英語の volcano はローマ神話の Vulcan（火と鍛冶の神）に由来し，元来は山という意味はない．マグマが地表に噴出すると，既存の地表への噴出物（溶岩，火山砕屑物）の定着・堆積によって，噴出口（火口）周辺に特定の形態とそれに調和した内部構造をもつ高まりが生じる．そのような高まりを「正の火山地形」とよび，特に地形を強調する場合は，火山体という．一方，多量の水蒸気の爆発で既存の火山が吹き飛ばされて生じる凹所（爆発カルデラ）や多量の溶岩や火砕流の噴出に伴って既存の地表（火山体を含む）が陥没して生じる凹所（陥没カルデラ）もあ

る．それらの凹所を「負の火山地形」という．火山は孤立して存在することもあるが，多くの火山が列状や帯状に配列して分布する場合が多い．⇨マグマ，火山学，火山地形，火山の分布　〈鈴木隆介〉

［文献］Sigurdsson, H. ed.（2000）*Encyclopedia of Volcanoes*. Academic Press. ／下鶴大輔ほか編（2008）「火山の事典（第2版）」，朝倉書店．

かざんえんすいきゅう　火山円錐丘　volcanic cone　⇨シュナイダーの火山分類

かざんえんれきがん　火山円礫岩　volcanic conglomerate　火山岩が水磨されて生じた円礫で主に構成される礫岩．上流に火山がある河川の下流の氾濫原堆積物や河岸段丘堆積物，火山麓扇状地堆積物などには火山岩の円礫が含まれるが，これらは通常は固結しておらず，火山円礫層または火山円礫堆積物とよぶべきものである．⇨火山麓扇状地
〈横山勝三〉

かざんかいがんせん　火山海岸線　volcanic shoreline, volcanic coastline　火山体が海に接するか，溶岩流や火砕流などが海と接することにより形成された海岸線．カルデラやマールに海水が入った場合もある．〈福本紘〉

かざんかいがんのさくはくかてい　火山海岸の削剥過程　denudational process on volcanic coast　火山海岸は一般に岩石海岸で海食崖となっており，しばしばプランジング崖である．海食崖の比高は，古い火山海岸ほど高く，火山島では波の卓越方向に直面する側で高い（例：伊豆諸島の火山島）．非固結の火山砕屑物で構成される火山砕屑丘の海岸は急速に波力で侵食されるので，形成直後の数年で消失することもある（例：小笠原諸島の西ノ島新島，三宅島南部）．成層火山の海岸では，火山砕屑物と溶岩の互層が流れ盤斜面を構成する場合が多く，汀線付近での火山砕屑岩の急速な侵食によって，その上位の溶岩がしばしば大規模な地すべりで崩落するため，高い海食崖が生じる．溶岩は力学的抵抗性が高いので，侵食されにくく，岩壁をなす．火山岩頸は海中に高い岩塔として長期に残存する（例：伊豆諸島の嬬婦岩）．⇨火山島，火山海岸線，火山体の開析，プランジング崖　〈鈴木隆介〉

かざんがく　火山学　volcanology　火山*で起こる地学的な自然現象を研究する学問分野．火山の研究手法は多様で，多くの専門分野が関与する．地震計やGPSなどの観測計器を設置して物理学的なシグナルを捉え，マグマ*の動きや噴火機構を解き明かそうと試みる．火山から放出される火山ガス*を採取し分析することで新たなマグマの上昇の可能性を探る．火山噴出物の分布や地形を調べ，噴出物の組成分析を行うことにより過去の噴火履歴や噴火の経過シナリオを解き明かす．火山学の研究成果に基づいて火山ハザードマップを作成して火山災害の軽減に寄与している．また，火山灰層の年代測定結果は地形学や考古学における編年に利用されている．〈宇井忠英〉

［文献］Sigurdsson, H. ed.（2000）*Encyclopedia of Volcanoes*. Academic Press. ／下鶴大輔ほか編（2008）「火山の事典（第2版）」，朝倉書店．

かざんかくれきがん　火山角礫岩　volcanic breccia　主に火山岩塊で構成される火砕岩．降下火砕堆積物，火砕流堆積物，火山岩屑流堆積物，土石流堆積物など種々の成因によるものがある．⇨火山砕屑岩　〈横山勝三〉

かざんガス　火山ガス　volcanic gas　噴火時にマグマなどの噴出物とともに，また，非噴火時でも火口や噴気孔*，温泉湧出孔などから噴出している主にマグマ起源の揮発性成分．特に，非噴火時に湯気状・煙状をなして放出される火山ガスは噴気とよばれる（噴気は，一般では"噴煙"と誤用されることが少なくないので注意を要する）．火山性ガスとも．主成分は水（H_2O）で，一般に90％余に及び，高温（800℃程度）の場合はその大半がマグマに由来するが，低温の場合は地下水などの混入の割合が増大する．水以外の主な成分としては，HF, CO_2, SO_2, HS, HCl, N, H, Ar, He, COなどがあり，さらにこれ以外の成分も含まれ，それらの含有量は温度条件などによっても変化する．SO_2, H_2Sなどは有毒で，また，CO_2やHClなどと同様，大気よりも重いためこれらは凹地などに溜まりやすく，そこでは窒息の恐れもあるので注意を要する．有毒な火山ガスの濃度が高い噴出孔周辺は，植物の生育が妨げられるため，荒涼とした砂漠状の荒地が生じ（例：阿蘇火山砂千里ケ浜），また，岩石表面には火山ガスの影響で生じた赤褐色の風化殻が生じることもある．硫黄のようにガスから析出し，固化するものもあるが，火山ガスのほとんどは空中へ拡散するため，地形の形成には関与しない．しかし，火山ガスが火山体内部に大量に蓄積すると，爆発をひき起こし，火山体を崩壊させることがある．⇨硫気孔　〈横山勝三〉

かざんがた　火山型　volcano type　かざんけい（火山型）の誤読．〈鈴木隆介〉

かざんかつどう　火山活動　volcanic activity, volcanism　マグマや火山ガスが地表ないしは地表

付近に達したときに起こる種々の地学現象を総称して火山活動，あるいは火山現象という．地形学的には地形形成過程の一種として火山過程ということもある．噴火*の前兆として，地下でマグマの上昇に伴って火山性の地震が発生する．地盤の隆起，傾動，断層，圧縮変形などの多様な地殻変動が徐々に進行する．また，噴火の前兆としてマグマから分離した火山ガスが火口や岩盤の割れ目から活発に放出され始めることがある．これらの火山活動があっても噴火には至らないこともある．噴火終息後も地下に残ったマグマを熱源として火口から水蒸気を主体とする噴気活動が長期間つづくことがある．火山灰や溶岩，火砕流などを火口から噴出し，火山噴出物として堆積し，その結果火山の地形が変わっていくことも火山活動の一環といえる．　〈宇井忠英〉

かざんかてい　火山過程　volcanic process　⇨火山活動．

かざんガラス　火山ガラス　volcanic glass　マグマが急激に冷却することで結晶化が起きることなく固結したもの（天然のガラス）．単にガラスとも．火山ガラスは，黒曜岩（黒曜石），松脂岩などの火山岩の主な構成物であり，また，溶岩流や岩脈などの火成岩の石基や火山灰などの構成物としても見いだされる．　⇨黒曜石，松脂岩　〈横山勝三〉

かざんがん　火山岩　volcanic rock　地表あるいは地下の浅いところでマグマが冷却固結してできた岩石．噴出岩（effusive rock）とも．火山岩はマグマの化学組成も噴火様式も多様なため便宜的に細分された名称が付けられている．火口から連続した流体として陸上に噴出した溶岩は，流れやすさの違いによって，パホイホイ，アア，塊状溶岩，ドーム溶岩という名称が使い分けられる．噴火に伴ってマグマが破砕されて放出されたものは，火山砕屑物と総称される．火山灰，火山礫，火山岩塊，火山弾，軽石，スコリアなどの個々の粒子に付けられる名称と凝灰岩，火山礫凝灰岩，火山角礫岩などの堆積物に付けられる名称とがある．溶岩や火山砕屑物の粒子はその化学組成によって玄武岩，安山岩，デイサイト，流紋岩などに分類される．　〈宇井忠英〉

[文献] 下鶴大輔ほか編（2008）「火山の事典（第2版）」，朝倉書店．

かざんがんかい　火山岩塊　volcanic block　粒子の大きさが64 mm以上の粗粒の火山砕屑物．岩質は問わず，また，本質・類質・異質物質の場合がありうる．　⇨火山礫，火山灰，火山砕屑物　〈横山勝三〉

かざんがんけい　火山岩頸　volcanic neck　火山体の大部分が侵食された後にも，火道を満たしていた溶岩や固結した火山砕屑岩が強抵抗性岩*として塔状に残存している差別侵食地形．ネックとも．溶岩で構成されているものは特に火山岩栓とよばれる（例：伊豆七島の孀婦岩）．米国アリゾナ州のShip Rockが著名．箱根火山の冠岳は火山岩頸の例とされていたが，約3 kaに生じた溶岩円頂丘であることがわかった．　⇨火山岩尖　〈鈴木隆介〉

[文献] 小林 淳ほか（2006）箱根火山大涌谷テフラ群—最新マグマ噴火後の水蒸気爆発堆積物：火山，第2集，51，245-256．

かざんがんせつりゅう　火山岩屑流　volcanic debris-flow　既存の火山体が何らかの原因で，急激かつ大規模に破壊され，その岩屑・岩塊がほぼ常温（キュリー温度の約770℃以下）の集団となって重力によって低所沿いに高速で流下し，火山麓およびその周辺に定着する現象の総称（鈴木，2004）．火山体破壊の原因によって，次の7種に類型化される（表）：①火山体爆裂型，②雪氷融解型，③火口湖溢水型，④火砕流変質型，⑤地震型，⑥地すべり型，⑦豪雨型．①〜④はマグマ活動に直結するマグマ成であり，⑤〜⑦は非マグマ成である．マグマ成の火山岩屑流は，かつては火山泥流（volcanic mud-flow）とよばれていた．しかし，(A) 多量の水に岩屑と泥質物質が含まれた混合流体で火山泥流とよぶに相応しい湿潤岩屑流（wet avalanche）もあるが（例：上記の②，③，④および⑦），(B) 水をほとんど含まずに巨大岩塊（径300 mに及ぶ火山体の断片もある）と地下水で多少は濡れた岩屑の混合物がなだれのように一団となって流れる乾燥岩屑流（dry avalanche）もあるから（例：上記の①，⑤および⑥），すべての火山岩屑流に対して火山泥流という言葉は馴染まない．国際的に知られたインドネシア語のラハール（lahar）は火山岩屑流（元来は③）とほぼ同義である．近年，①について米国で debris avalanche という語が用いられ，日本語では「岩なだれ」と訳されている．しかし，同様の物質移動形態は非火山地域の大規模崩落が土石流に転化した場合にも生じるから，それらと区別するために火山体の破壊に起因するものには「火山」を付し，かつ巨大岩塊も含み，なだれより遠距離を流下するから「岩屑流」として火山岩屑流とよぶのが相応しいであろう．火山岩屑流は，低温の砂ボコリを上げて流れるが，高温の噴煙を大量には伴わないから，火砕流に包含するのは好ましくない．　⇨火山泥流，岩

表　火山岩屑流の類型と諸特徴の比較（鈴木，2004）

大分類	マグマ成の火山岩屑流				非マグマ成の火山岩屑流		
小分類	火山体爆裂型	雪氷融解型	火口湖溢水型	火砕流変質型	地震型	地すべり型	豪雨型
小分類の別称（対応する英語）	岩屑なだれ debris avalanche	火山泥流 lahar, volcanic mudflow	ラハール lahar, volcanic mudflow	火山泥流 lahar, volcanic mudflow	山津波 debris flow	地すべり・崩落 landslide, slump	土石流・泥流 debris flow
マグマの噴出	ない/ある	ある	ある	ある	ない	ない	ない
誘因	水蒸気・マグマ水蒸気爆発	高温の火山噴出物の被覆	噴火，火口壁の崩壊	火砕流の河川への流下	地震動による大規模な崩落	豪雨による間隙水圧の上昇	土石流と同じ
水の起源	火山体の地下水	積雪，氷河	湖水	河川水	火山体の地下水	火山体の地下水	雨水・河川水
水の量*1	少ない	多い	多い	多い	中〜少ない	少ない	多い
流下時の温度	やや高温	やや高温→常温	やや高温→常温	やや高温→常温	常温	常温	常温
流下速度の実測例	100 m/s (St. Helens 1980)	60 km/h (十勝岳1926)	数十 km/h	10〜20 km/h (浅間山1783)	23 m/s (御嶽山1984)		
体積の例 (km³)	1.5 (磐梯山1888) 2.5 (St. Helens)	0.003 (十勝岳1926)			0.34 (雲仙1792)		
流下距離 (km)	数十 km	〜数十 km	数 km	〜数十 km	数十 km	数百 m	数 km
地形場　発生源	火山体の中腹以上の部分	雪氷に被覆された火口周辺	火口湖	域内河川と外来河川	火山斜面，放射谷壁	噴気地帯	放射谷底，火山原面
地形場　流下域	火山斜面	火山斜面，放射谷	火山斜面，放射谷	河谷	放射谷	放射谷，火山斜面	放射谷，火山原面
地形場　定着域	火山麓およびそれ以遠	放射谷の谷口から火山麓	火山麓	谷底低地および低い段丘	放射谷底，火山麓	火山麓の緩傾斜面	放射谷底，谷口から下流
発生域に生じる地形種	爆発カルデラ	顕著な地形変化はない	新しい火口	顕著な地形変化はない	崩落崖	滑落崖	崩落地
定着地形　平面形	大規模な崩落堆に類似	扇状地や沖積錐に類似	扇状地に類似	扇状地に類似	崩落堆に類似	地すべり地形と同じ	土石流堆と同じ
定着地形　流れ山	大きく，多い	ない	ない	小さく，少ない	大〜小，多い	ない	ない
定着地形　内部凹地	多い	ない	ない	ない	少ない	ない	ない
定着地形　外部凹地	多い	稀	稀	ない	稀	稀	稀
発生例　歴史時代*2	磐梯山1888, St. Helens 1980	十勝岳1926, Nevado del Ruiz 1985	日本では未知 Kelut 1919	浅間山1783	雲仙1792, 根府川1923, 御嶽山1984	箱根早雲山1953	有珠，桜島などで噴火後に頻発
発生例　古い大規模なもの	北海道駒ヶ岳大沼，鳥海山北西麓，韮崎丘陵	堆積物からその発生原因を特定するのが困難なため，日本では未知				八幡平の周囲ほか，多数	火山麓扇状地をもつ火山

*1 岩屑との相対的な量比で，'多い' は水がジャブジャブ含まれている状態を示す．少ない型でも，発生時に豪雨があれば水は多い．
*2 火山名および河川名の後の数字は発生年を示す．

なだれ，火山岩屑流原，火山岩屑流堆積物，泥流，ラハール，火山体爆裂型の火山岩屑流　　〈鈴木隆介〉

［文献］鈴木隆介（2004）「建設技術者のための地形図読図入門」，第4巻，古今書院．

かざんがんせつりゅうきゅうりょう　火山岩屑流丘陵　volcanic debris-flow hill　火山岩屑流原が開析されて生じた丘陵．普通の丘陵に比べて，丘陵頂部（背面）が火山から離れる方向に緩傾斜した小起伏面で，流れ山起源の小突起群と稀に凹地（しばしば湿地）を伴う場合もある．供給源の火山から数十 km も離れた地域に分布することもある（例：山梨県韮崎丘陵，山形県象潟丘陵）．⇨火山岩屑流

〈鈴木隆介〉

かざんがんせつりゅうげん　火山岩屑流原　primary volcanic debris-flow landform　火山岩屑流の定着で生じた緩傾斜面で，火山麓からその外周に広がっていることもある（例：磐梯火山北麓・南西麓，羊蹄火山南西麓，有珠火山南西麓）．火山岩屑

流の型によって分布範囲や表面の微地形が異なる．大規模な火山体爆裂型では大小多数の流れ山のほか，凹地や流下方向に伸びる細長い尾根状の高まり（泥流堤とも）と谷を伴うこともある．　⇨火山岩屑流，火山岩屑流丘陵　　〈鈴木隆介〉
[文献] 守屋以智雄（1983）「日本の火山地形」，東京大学出版会．

かざんがんせつりゅうたいせきぶつ　火山岩屑流堆積物　volcanic debris-flow deposit, lahar deposit　火山岩屑流の堆積物．既存火山体に由来する類質物質*の岩屑の集合体であるが，少量の本質物質*を含むこともある．火山体爆裂型の火山岩屑流堆積物は，巨大岩塊（径数十m〜約500m，溶岩と火砕岩の成層構造が残存し，流れ山を構成）と大小の岩塊および細粒物質の混在した，無層理で乱雑な堆積物である．高速で流下する火山岩屑流は流下中に既存地表を侵食して取り込んだ物質（樹木，土壌，河床円礫など）を含む場合もある．山梨県韮崎丘陵の釜無川側刻崖で広く観察される．火山体爆裂型以外の型の火山岩屑流堆積物は巨大岩塊を含まない．かつては火山泥流堆積物とよばれた．　⇨火山岩屑流，泥流堆積物　　〈鈴木隆介〉
[文献] 守屋以智雄（1983）「日本の火山地形」，東京大学出版会．／鈴木隆介（1966）いわゆる韮崎泥流について（予報）：地理学評論，39，363．

かざんがんせつりゅうだんきゅう　火山岩屑流段丘　volcanic debris-flow terrace　火山岩屑流原が開析されて河岸段丘状になったもの（例：山梨県韮崎丘陵の一部）．　⇨火山成段丘，火山岩屑流丘陵　　〈鈴木隆介〉

かざんがんせつりゅうちけい　火山岩屑流地形　volcanic debris-flow landform　火山岩屑流の定着で生じた地形の総称．火山岩屑流原，その上の流れ山，凹地，火山岩屑流丘陵を包含する．　⇨火山岩屑流，流れ山　　〈鈴木隆介〉

かざんがんせん　火山岩尖　volcanic spine　粘性の高いマグマが，ほぼ固結または固結した状態で地下から押し出され，地表（火口上）に塔状に突出した岩体．火山岩塔，溶岩尖，溶岩塔，塔状火山，ベロニーテ等ともよばれたことがある．1902年にプレー火山（Pelée，西インド諸島）で生じた高さ約300m，径100〜170mの塔状岩体が最も有名．日本では1945年に生じた昭和新山や雲仙普賢岳の噴火（1990〜1995年）で生じた平成新山山頂の岩塔などが例．　⇨火山岩頸　　〈横山勝三〉

かざんがんせん　火山岩栓　volcanic neck　⇨火山岩頸

かざんがんとう　火山岩塔　volcanic spine　⇨火山岩尖

かざんきけんよそくず　火山危険予測図　volcanic hazard map　⇨火山ハザードマップ

かざんぐん　火山群　volcanic cluster, volcano group　新旧・複数の火山が互いに接し，部分的に重なって塊になっている分布状態をいう（例：霧島火山群）．それらの火山はマグマの性質が類縁関係にあると考えられる．その内部に複数の火口列が雁行配列していることもある．　⇨火山帯　　〈鈴木隆介〉

かざんけい　火山型　volcano type　個々の火山（ほとんどは複式火山）の主火山体の種類とそれに重なる火山の種類および形成順序（例：箱根火山では，成層火山→カルデラ→盾状火山→カルデラ→後カルデラ火山群〈成層火山・溶岩円頂丘〉）を基準にして火山を57種に類型化したものをいう．鈴木（1977）はそれらを主山体の単式火山の種類とカルデラの有無によって6群の火山系列（成層火山，成層火山カルデラ，カルデラ火山，盾状火山，盾状火山カルデラ，単成火山群の6系列）に大別し，世界の地帯構造的な地域区分ごとに，砕屑物の多い前3系列の火山の全火山に対する個数百分率を求め，火山の'地形的爆発指数'とよんだ．地域ごとの地形的爆発指数は，過去約400年間における火山噴出物の総量に占める砕屑物の量比から求めた地域的な爆発指数（Rittmann, 1962）とよく一致する．これは，火山活動の様式が第四紀末期から現在まで地域ごとには異なるが，各地域ではほぼ一様であったことを示唆する．　⇨火山の地域的爆発指数，爆発指数　　〈鈴木隆介〉

[文献] 鈴木隆介（1977）火山型とその地域別個数比：火山，第2集，22，27-40．／Rittmann, A.（1962）*Volcanoes and their Activity*, John Wiley & Sons.

かざんげんしょう　火山現象　volcanic phenomena　⇨火山活動

かざんげんめん　火山原面　primary (original) volcanic surface　火山噴出物の堆積または定着で形成されたままの原形を示す火山斜面．その原形は形成直後から侵食されて変形するが，ほぼ原形を残している部分（例：成層火山の放射谷の河間地*に残る平滑な斜面）は火山原面とよばれ，地形面として扱われる．　⇨火山体の開析，地形面　　〈鈴木隆介〉
[文献] 鈴木隆介（2004）「建設技術者のための地形図読図入門」，第4巻，古今書院．

かざんこ　火山弧　volcanic arc　弧-海溝系の帯

状構造を示す大地形のうち，海溝側に凸な弧状の細長い高まり（山脈，列島または海底山脈）で火山を伴うものをいう．幅の広い島弧（例：東北日本弧，インドネシア弧）と大山脈（例：アンデス山脈）は一般に二重弧であり，海溝側から大陸側に向かって，火山を伴わない非火山弧-中央低地帯-火山弧が並走する（例：北上・阿武隈非火山弧-北上・阿武隈低地帯-奥羽火山弧）．幅の狭い島弧（例：伊豆七島弧，小アンティル諸島）では非火山弧と中央低地帯が欠如している．両者の中間的な幅の島弧（例：千島弧，琉球弧）では，非火山弧または火山弧が部分的に欠如している．火山弧の海溝側の縁を連ねた線が火山フロントである． ⇨弧状列島，火山帯，火山フロント 〈鈴木隆介〉

[文献] 杉村 新（1978）島弧の大地形・火山・地震，笠原慶一・杉村 新編「変動する地球Ⅰ」．岩波地球科学講座，10巻，岩波書店．

かざんこ　火山湖　volcanic lake　火山活動で形成された湖沼の総称．火口湖*（例：蔵王火山御釜，マール*内の男鹿半島目潟），カルデラ湖*（例：摩周湖，十和田湖）のように噴出口の凹地に溜水したもの以外に，火山体（例：中禅寺湖，富士五湖，奥日光切込湖），溶岩流（例：群馬県丸沼・菅沼），火山岩屑流*（例：裏磐梯三湖）などによる堰止湖*，火山噴出物の表面の初生的な凹地の湖沼として溶岩ドーム*の頂部（例：神津島千代池）溶岩流原*（例：志賀高原琵琶沼），火山岩屑流原*（例：裏磐梯五色沼）がある．最大級の火山湖として，火山構造性陥没地*のトバ湖（スマトラ島）がある．火砕流台地*（例：シラス台地）にも浅い凹地があるが，火砕流堆積物の透水性が高いので，溜水せず湖沼はない．なお，箱根芦ノ湖はカルデラ湖とか火口原湖*とよばれたこともあるが，実際には火山岩屑流による堰止湖である． 〈鈴木隆介〉

かざんこうぞうせいかんぼつち　火山構造性陥没地　volcano-tectonic depression　大量の珪長質マグマによる大規模な火砕流の噴火とそれに伴う陥没（カルデラの形成）がその地域の大規模な地質構造と密接に関係した大規模な火山性陥没地（凹地）．火山構造性凹地とも．全体として地溝状で，周辺地域には広大な火砕流台地が発達．Toba湖地域（スマトラ島），Taupo-Rotorua地域（ニュージーランド北島），鹿児島湾〜霧島火山地域などが例． 〈横山勝三〉

かざんさ　火山砂　volcanic sand　火山岩粒子からなる非固結の砂．成因や起源とは関係なく，構成物が火山岩粒子の砂（粒径は2〜1/16 mm）の場合に使うが，火山砕屑物の記述には火山灰などの語を使用し，「火山砂」を通常は使わない． ⇨火山砕屑物，火山灰 〈横山勝三〉

かざんさいがい　火山災害　volcanic disaster　火山活動に伴って生じる自然災害．噴火災害とも．降灰，噴石の飛来，溶岩流，火砕流，泥流などの流下，火山体の崩壊，火山性津波の発生，火山ガスの放出，断層の形成や地盤の傾動など火山活動に直接起因して人々が死傷したり，建物・ライフライン・農地や山林などに損害が発生したりすることを指す．また，降雨によって火山噴出物が流されて発生する降雨型泥流など二次的に発生する火山災害もある．日本における史上最大の火山災害は1792年の雲仙眉山の崩壊とそれに伴う津波の発生で約1万5,000名の犠牲者が出た．2000年の三宅島噴火では山頂部でカルデラが陥没後，長期にわたり二酸化硫黄ガスの放出が続き全島避難を余儀なくされた． ⇨自然災害 〈宇井忠英〉

かざんさいせつがん　火山砕屑岩　pyroclastic rock　火山砕屑物が固結した岩石．火砕岩とも．凝灰岩，火山礫凝灰岩，凝灰角礫岩，火山角礫岩，集塊岩，溶結凝灰岩などの総称である． ⇨火山砕屑物 〈横山勝三〉

かざんさいせつがんだいち　火山砕屑岩台地　pyroclastic plateau　火山砕屑物で構成される台地で，火砕物台地や火砕岩台地，テフラ台地，火山灰台地とも．実質的には火砕流台地に対して使われた用語で，現在はほとんど使われない． ⇨火砕流台地 〈横山勝三〉

かざんさいせつきゅう　火山砕屑丘　pyroclastic cone　爆発的な噴火で生じた火山砕屑物（火砕物）が火口周辺に堆積して生じた円錐形の火山体．火砕丘，砕屑丘とも．一般に小型で，単成火山であることが多い．構成物の種類や性状により，火山灰丘，凝灰岩丘，スコリア丘，噴石丘，軽石丘，スパターコーンなどに区分される．従来，臼状火山，ホマーテなどとよばれた火山もこれに含まれ，火口径が大きいのが特徴（例：伊豆新島の大峯火砕丘）． 〈横山勝三〉

かざんさいせつぶつ　火山砕屑物　pyroclastic material, volcaniclastic material　破片状火山噴出物の総称．火砕物や火砕物質と略称することもある．堆積物としてとらえる場合には火砕堆積物と表現．破片の大きさ（粒径）によって火山岩塊，火山礫，火山灰等に区分（次頁の表）．破片の生成は，噴火・

表 火山砕屑物（個々の破片）および火山砕屑岩（集合体）の分類（鈴木, 2004）

火山砕屑物（火砕物）pyroclastic material					火山砕屑岩（火砕岩）[*1] pyroclastic rock		
個々の破片の性質					集合物の記載的な岩石名	噴出・移動・定着様式による分類	
分類名称	粒径（mm）	外形	色	内部構造		降下火砕堆積物[*2]	火砕流堆積物[*3]
火山岩塊 volcanic block	64 <	不定形	黒色〜灰色であるが，白色，黄色，赤褐色，紫灰色など多様	外形とは無関係	火山角礫岩[*5] volcanic breccia 凝灰角礫岩[*5] tuff breccia	弾道降下堆積物 ballistic fall deposit	熱雲堆積物 nuée ardente deposit または石質火砕流堆積物 lithic flow deposit: block and ash flow deposit
火山礫 lapilli	2〜64				火山礫凝灰岩 lapilli tuff	降下火山礫層 lapilli fall deposit	
火山灰 ash	< 2				凝灰岩 tuff	降下火山灰層 ash fall deposit	火山灰流堆積物 ash flow deposit
火山弾 bomb	放出時には塑性的で，粒径とは無関係	紡錘型，卵型，パン皮状	黒〜灰色	外形に調和した同心的縞状組織	凝灰集塊岩 agglomerate アグルチネート agglutinate	弾道降下堆積物 ballistic fall deposit	存在しない
溶岩餅[*4] driblet		ほぼ円形の薄い板状	黒色				
軽石 pumice	粒径とは無関係	不定形	白色〜黄色	外形とは無関係で，多孔質	軽石凝灰岩 pumice tuff	降下軽石層 pumice fall deposit	軽石流堆積物 pumice flow deposit
スコリア scoria			黒色〜灰色		スコリア凝灰岩 scoria tuff	降下スコリア層 scoria fall deposit	スコリア流堆積物 scoria flow deposit

*1：岩石の固結と非固結を問わない．少量の類質物質および異質物質を含むことがある．*2：ほかに，火砕サージ堆積物がある．*3：ほかに，火山体の破壊に伴って二次的に生じた火山岩屑流堆積物や河成堆積物（例：火山円礫岩）などの火砕岩もある．*4：スパター（spatter）も溶岩餅と本質的には同じである．玄武岩質マグマではペレーの毛（Pele's hair）やペレーの涙（Pele's tear）とよばれるガラス質の破片および繊維状物質が放出されることがある．*5：火山岩塊が全体の50％以上を占めるものが火山角礫岩であり，それ以下のものは凝灰角礫岩とよぶ．

噴出時はもとより，火砕流，溶岩流，火山岩屑流などの運動中のほか運動停止（定着）後にも行われることがあり，それぞれの成因を反映した特徴を示す堆積物を生じる．火山砕屑物の構成岩片は，その火山砕屑物を生じた噴火活動との関係に基づいて，本質物質*・類質物質*・異質物質*に区別することがある．

〈横山勝三〉

［文献］鈴木隆介（2004）「建設技術者のための地形図読図入門」，第4巻，古今書院．

かざんさぼう　火山砂防　erosion control in volcanic area　⇨砂防事業

かざんさんろくせんじょうち　火山山麓扇状地　alluvial fan at volcanic foot　⇨火山麓扇状地

かざんじへん　火山事変　volcanic accident (in erosion cycle)　侵食輪廻*における一連の地形変化過程が火山活動により乱されること．侵食輪廻が進行している山地において，火山体の形成や大量の溶岩・火砕流・火山灰などの噴出，水蒸気爆発などに伴う大規模な火山体崩壊が起こると，河谷は埋積され，湖が形成されたり，旧地形が被覆されて水系が一変したりすることがある．このような大規模な火山活動による侵食輪廻の進行の阻害や変更を火山事変という．なお，火山においては，噴火活動と直接関係しない大規模な地すべり的崩壊などによっても流域の一部において，輪廻の進行が変更されることがある．河川地形の形成過程や火山の生成・消滅過程においては，'事変'として扱われることもあるが，火山体を含む広域的な山地の生成・発展・消滅過程を論ずる侵食輪廻においては，大規模火山体崩壊に比べると'影響が小さい'ため，地すべり的崩壊などは'事変'とすることは少ない．⇨事変，気候事変

〈吉田英嗣〉

［文献］井上修次ほか（1940）「自然地理学」，下巻，地人書館．/Davis, W. M.（1912）Die erklärende Beschreibung der Landformen, B. G. Teubner（水山高幸・守田　優訳（1969）「地形の説明的記載」，大明堂）．

かざんしょうかぶつ　火山昇華物　volcanic sublimate　火山ガスの成分として地表に到達した物質が，常温常圧の地表環境下で昇華したり，空気や岩石・鉱物等との化学反応で析出したりして生じた各種の鉱物で，噴気孔や火口周辺などで主にみられるほか，溶岩流の表面や火山灰などに付着して見い出されることもある．遊離硫黄・硫化物・塩化物などをはじめ，金属酸化物・硫酸塩・炭酸塩，その他にも多種類の鉱物が認められている．通常は，特に目立つ地形をつくらないが，硫黄分を多く含む火山ガ

スの噴気孔周辺では，遊離硫黄が集積して塔状の微地形がみられることがある．⇨噴泉塔　〈横山勝三〉

かざんしょくせい　火山植生　volcanic vegetation　火山活動が原因となって生じる植物群落の総称．火山が噴火し，溶岩流や火砕流，泥流が流れ出すと，それに覆われた地域は一木一草もない荒れ地と化してしまう．また火口から噴き出した火山灰や火山砂，火山礫が厚く堆積した場合も，同様に植被は破壊される．硫気孔から噴き出す火山ガスが植物の生育を阻害する場合もある．しかしそうした荒れ地にも，数年，数十年と時間がたつうちに，地衣類や蘚苔類，イタドリ，ススキ，アカマツ，シラカバ，高山ではコメススキ，ガンコウラン，ミネズオウ，ミナヤナギ，カラマツなどが入り込み，植物の種類も次第に増えて，600年から1000年ほど経過すると，そこの気候に対応した森林が成立する．わが国にはここ数百年以内に噴火した活動的な火山が多いため，全国各地で火山植生を観察することができる．⇨極相，遷移　〈小泉武栄〉
[文献] 石塚和雄編（1977）「群落の分布と環境」，朝倉書店．

かざんじん　火山塵　volcanic dust　細粒の火山灰．通常の火山灰の記述では，この語はほとんど使われない．⇨火山砕屑物，火山砂　〈横山勝三〉

かざんすい　火山錐　volcanic cone　成層火山や火砕丘などの円錐形の火山に対して使われた古い用語で，最近では使われない．⇨シュナイダーの火山分類　〈横山勝三〉

かざんせいガス　火山性ガス　volcanic gas　⇨火山ガス

かざんせいこく　火山成谷　initial valley formed by volcanic activity　火山活動に起因して生じた初生谷の総称であり，①隣接する火山体と火山体の谷，②火山体形成によって周囲の基盤山地の間に生じた谷や裾合谷，③溶岩流原，火砕流原，火山岩屑流原の内部に初生的に生じた非侵食成の谷に大別される．⇨初生谷，火山地形　〈鈴木隆介〉

かざんせいじしん　火山性地震　volcanic earthquake　火山体の中や近傍に発生する地震．火山体内部でのマグマや水蒸気の移動および火山噴火に関連して起こる．一般に群発地震として起こり，普通の地震（非火山性地震）と同様な地震（A型地震）に加え，P波やS波の立ち上がりが不明瞭で，長周期の地震波が卓越するなどの特徴的な地震（B型地震）が起こることが知られている．　〈久家慶子〉

かざんせいだいち　火山性台地　volcanic plateau　火山噴出物で構成される広い台地の総称．広大な火砕流台地（例：シラス台地）や溶岩台地（例：北米のコロンビア川台地）をはじめ，厚い降下火砕堆積物や火山麓扇状地で構成される広大かつ緩傾斜な火山麓が開析されたもの（例：富士火山東麓の小山町付近）などで，火山体とよぶには平坦すぎる台地をいうが，あまり使用されない．⇨火山成段丘　〈鈴木隆介〉

かざんせいだんきゅう　火山成段丘　river terrace of volcanic origin　河谷に流下した溶岩流，火砕流および火山岩屑流の定着面や堆積面が河流による下刻によって生じた河岸段丘．火山成段丘は①段丘面の整形物質が河川堆積物ではなく，流下した火山噴出物で構成されており，②土地の隆起や海面低下などによる河川の回春がなくても必然的に段丘化した点で河成段丘（fluvial terrace）とは異なり，③また，しばしば裾合谷*を伴う点で土石流段丘に類似している．大起伏山地の上に形成された成層火山の周囲の深い河谷沿いに多くみられる（例：富士火山猿橋溶岩流段丘，御嶽火山西方の濁河川溶岩流段丘，福島県沼沢沼から下流の只見川・阿賀野川沿岸の火砕流段丘，八ヶ岳韮崎火山岩屑流丘陵）．ただし，大規模な火砕流台地は火山成段丘とはいわず，火山性台地と総称され，また海岸に生じた溶岩扇状地と溶岩流三角州も火山成段丘とよばない．⇨火山性台地，河成段丘，溶岩流段丘　〈鈴木隆介〉
[文献] 鈴木隆介（2004）「建設技術者のための地形図読図入門」，第4巻，古今書院．

かざんせいちかくへんどう　火山性地殻変動　crustal deformation due to volcanic activity　地下浅所でのマグマの活動による地表の変位変形．マグマ性変動とも．マグマ溜まりの圧力増大による噴火前の隆起と噴火直後の圧力低下による沈降（例：桜島1914年噴火），マグマの地下浅所への貫入による既往の割れ目の開口・拡幅（例：伊豆大島1986年噴火）や地下浅所での潜在円頂丘の形成（例：北海道の有珠山四十三山）などがある．なお，陥没カルデラの形成は地殻変動とはいわない．⇨潜在火山　〈鈴木隆介〉

かざんせいちこう　火山性地溝　volcanic graben　火山活動に関係して火山体（山頂や山腹）に生じた地溝．たとえばハワイ型盾状火山で形成されるリフトゾーンが典型例．ハワイのキラウエア火山のものは，幅1〜2km，長さ数km，深さ1〜15m程度．⇨地溝，ハワイ型盾状火山，リフト　〈横山勝三〉

かざんせいつなみ　火山性津波　tsunami triggered by volcanic activity　海底噴火または火山島や臨海火山の噴火活動や大規模な火山体崩壊に起因する津波．インドネシア・クラカタウ火山1883年爆発では，数回の津波（最大遡上高：約40m）が発生し，死者・行方不明者36,000人以上．雲仙火山眉山の大崩壊（1792年）では火山岩屑流が有明海に突入し，遡上高10m以上の津波を発生し，対岸を含めて死者約15,000人の被害を出して「島原大変肥後迷惑*」の言葉を残した．〈鈴木隆介〉

かざんせいないこ　火山性内弧　inner volcanic arc　弧-海溝系の大地形における二重弧において，大洋側（外側）の非火山弧に並走して，大陸側（内側）にある火山弧．〈鈴木隆介〉

かざんぜんせん　火山前線　volcanic front　⇒火山フロント

かざんそくせん　火山側線　volcanic profile　単一の火山体の縦断面形（スカイライン*）をいう（図）．火山側線は成層火山では下に凸の懸垂曲線のようにみえるが，溶岩円頂丘では上に凸の曲線である．高度を対数目盛の縦軸とする片対数グラフで火山側線を描くと，一般に小型の成層火山，火山砕屑丘および単成盾状火山では1本の直線（対数曲線）で近似される．一方，大型の成層火山（例：富士山，浅間山）では明瞭な傾斜変換点を境に2～4本の折線（直線区間：セグメント）に分かれ（図B），山頂部（傾斜：0.48～0.70），山腹部（0.39～1.05），山麓部（0.06～0.34）および外周部（0.00～0.05）と低所ほど緩傾斜になり，それぞれの区間で構成物質が異なる（図C）．〈鈴木隆介〉

[文献] 鈴木隆介（1975）火山地形論：火山，第2集，20，241-246．

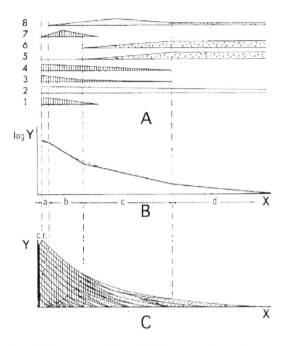

図　成層火山の火山側線と内部構造の模式的断面図（鈴木，1975）
A：各種の噴出物や堆積物の模式的な分布範囲．1：弾道降下物質，2：風成降下堆積物，3：溶岩流溶岩，4：低発泡度の火砕流堆積物，5：高発泡度の火砕流堆積物，6：火山岩屑流堆積物，7：崖錐堆積物，8：河成・土石流堆積物．
B：成層火山の実際の火山側線の片対数グラフの模式図．火山体の山頂部（a），中腹部（b），山麓部（c）および外周部（d）
C：火山体の山頂から外周部までの位置によって主要な構成物質が異なることを示す模式断面図．

かざんたい　火山体　volcanic body, volcanic edifice　火山噴出物が積み重なって生じた火山地形のうち，特に凸状に高まった地形（例：成層火山，溶岩円頂丘）．火山の周囲に広がる緩傾斜の火山地形（例：火砕流台地，火山岩屑流原）を火山体とはいわない．また，断片的に火山原面が残存していても，その中心火口の位置を推定できない程度に著しく開析された山（例：群馬県荒船山）は火山体とよばれない．火山（volcano）を日本語でも英語でも普通には火山体の意味で用いることが多いが，英語では火山体をvolcanic edificeと表現することもあり，円錐状の火山（例：成層火山，火山砕屑丘）をvolcanic coneともいう．〈鈴木隆介〉

かざんたい　火山帯　volcanic belt, volcanic zone　ほぼ同じ地質時代の多数の火山が，数十～数百kmの長さにわたって帯状に分布する地帯．弧-海溝系の火山帯は弧状列島や弧状山脈と重なり，二重弧の場合には大陸側の火山性内弧と一致する．最も大規模なものは環太平洋火山帯であるが，その内部に火山が存在しない地域があり，それを境として小規模な火山帯（例：東日本・西日本火山帯）が区分される．個々の小規模な火山帯の内部にも火山が存在しない地域があり，いくつかの火山列（例：妙高火山列，八ヶ岳火山列）や火山群（例：蔵王火山群，霧島火山群）が認定される．火山帯には以下の特徴がある．①火山帯の海溝側の縁を連ねた線を火山フロントとよぶが，大陸側の縁は火山の個数が少なく，不明瞭である．②大陸側から火山フロントに近づくほど，火山の個数および噴出物の総量が多くなり，また火山岩も珪酸に富みアルカリに乏しいものにな

る．③火山帯のおよその幅は，大きな島で構成される大規模な弧状列島（例：東北日本）や弧状山脈（例：アンデス山脈）で大きく，小さな島の弧状列島（例：千島列島）では小さく，火山が一列にならんで火山列（例：伊豆諸島南部）となっている．その幅は，和達-ベニオフゾーン（深発地震帯）の傾斜が緩やかなほど大きく，マグマの発生原因・深度を示唆する．④火山帯は他の地学現象（大地形，地質構造，地震，地殻熱流量，重力異常）の帯状分布と並走しており，弧-海溝系（プレート沈み込み帯）の形成過程を解くための重要な鍵になる．かつて火山脈とよばれたこともあるが，現在では使用されない．なお，日本では古くから千島・那須・鳥海・富士・乗鞍・大山（白山）・霧島（琉球）の7個の火山帯が設定されていたが，それらの分帯基準が不明確であり，地学的意味も明瞭ではないので，現在では使用されず，代わりに東日本火山帯と西日本火山帯の2帯に大区分されている． ⇨火山フロント，火山の分布，火山列，東日本火山帯，西日本火山帯

〈鈴木隆介〉

［文献］杉村 新（1978）島弧の大地形・火山・地震，笠原慶一・杉村 新編「変動する地球Ⅰ」，岩波地球科学講座，10巻，岩波書店．

かざんたいのかいせき　火山体の開析 dissection of volcano　陸上の火山は，その形成直後から風雨，流水あるいは氷河などによって侵食され始め，谷の発達とともに落石，崩落，地すべり，土石流などのマスムーブメントが加わり，原形がしだいに失われていく．このような侵食およびマスムーブメントによる火山体の原形の解体・消失過程を火山体の開析とよび，火山体の削剥または解体ともいう．開析の様式と速さは火山体の形態・内部構造や火山体の地形的・気候的位置によって多様である．

日本に多い成層火山の開析を例に，形成後に顕著な噴火活動がない場合をみると，初期には火山体の中腹から火山麓に向かって伸びる多数のガリーが生じ，それらが豪雨時の流水によって拡大すると，平水時にも流水をもつ河谷になる．それらの河谷は山頂部からみて放射方向に配置するので，放射谷とよばれる．個々の放射谷がしだいに拡大すると，谷の生存競争によって隣り合う放射谷の統合が進み，放射谷間の火山原面が縮小する．ついには火山原面がほとんど失われた状態を開析火山という（例：群馬県子持山・小野子山）．さらに，放射谷と放射尾根の配置から過去の噴出中心のおよその位置を推定できるに過ぎなくなる状態を骸骨火山とよぶ（例：長野

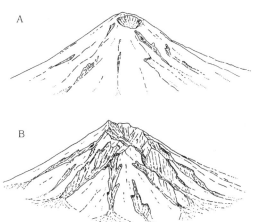

図　成層火山の削剥過程の概念図（平野，1983）
経時的にA→B→Cのように変化する．

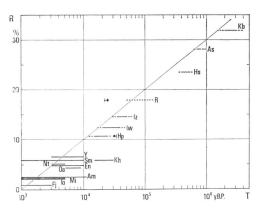

図　日本における成層火山の活動末期の年代（T）と削剥比（R）の関係（鈴木，1969）
水平の太線は各火山の活動末期の絶対年代（範囲）を示す．火山名の略号．Fj：富士，Io：伊豆大島，Mi：三宅島，Am：浅間，Oa：雄阿寒，En：恵庭，Nt：男体，Sm：桜島南岳，Kh：黒姫，Y：羊蹄，Hp：風布死，Iw：岩木，Iz：飯綱，R：利尻，Hs：箱根古期外輪山，As：愛鷹山，Kb：昆布岳．

県斑尾山）．火山体の原形の体積に対する侵食量の割合（侵食比）は噴火終息後の1万年では約10%，10万年で約20%，100万年で約30%であり，火山体は長期的に残存する．しかし，単純な成層火山の火

山原面は，その90％以上が噴火の完全な終息後の約10万年間で失われる．　⇨谷の生存競争　〈鈴木隆介〉

［文献］鈴木隆介（1969）日本における成層火山体の侵蝕速度：火山，14, 133-147．／平野昌繁（1983）地形発達史と土砂移動，小橋澄治編「山地保全学」，文永堂出版，7-46．

かざんたいのかいたい　火山体の解体　destruction of volcano　⇨火山体の開析

かざんたいのかじゅうちんか　火山体の荷重沈下
settlement of volcanic body　相対的に地耐力の低い基盤の上にのった物体がその自重（荷重）で沈降することを荷重沈下とよぶが，比高約400 m以上の火山体（例：長野県飯縄火山），火山島（例：ハワイ諸島）および海底火山（ギョー）はその自重（荷重）によって緩慢に沈下し，その山麓に火山体を環状に囲む低所帯とその外側の背斜尾根状の隆起帯を生じることがある．陸上火山の場合には，低所帯に放射谷の逆傾斜で生じた舟底状の凹地（湿地または湖沼）が生じ，隆起帯には逆傾斜した裾野（火山原面や火山麓扇状地），先行谷および谷中分水界をもつ天秤谷*が発達する（例：長野県飯縄火山）．基盤岩石が硬岩の場合には，背斜尾根状の隆起帯の代わりに，火山体側が沈降した環状断層崖が生じる（例：青森県岩木火山）．　⇨荷重沈下　〈鈴木隆介〉

［文献］鈴木隆介（1968）火山体の荷重沈下：火山，第2集，13, 95-108．

かざんたいのきほんけい　火山体の基本型
basic type of volcano　比較的単純な（外部）形態とそれに調和した内部構造をもつ火山つまり単式火山を火山体の基本型という（図）．その分類法には諸説があるが，普通には7種の単成単式火山（マール，火山砕屑丘，溶岩流原，アイスランド型盾状火山，溶岩円頂丘，火山岩尖，潜在火山）および3種の複成単式火山（成層火山，ハワイ型盾状火山，溶岩原〈溶岩台地〉）を基本型とする．水底火山と氷底火山（卓状火山）を加えることもある．それらの基本型と噴火輪廻による大分類（単成火山と複成火山）とを組み合わせると，一塊の火山体は4種に大別される（表）．　⇨火山の分類，単式火山，複式火山，噴火輪廻　〈鈴木隆介〉

［文献］鈴木隆介（2004）「建設技術者のための地形図読図入門」．第4巻，古今書院．

表　噴火輪廻による火山の分類体系（鈴木，2004）

		火山体の基本型（例）	
		単式火山	複式火山
噴火輪廻	単成火山（一輪廻火山）	単成単式火山（火山砕屑丘，溶岩円頂丘）	単成複式火山（溶岩流原を伴う火山砕屑丘）
	複成火山（多輪廻火山）	複成単式火山（成層火山，ハワイ型盾状火山，カルデラをもつ火山）	複成複式火山（カルデラと後カルデラ丘をもつ火山）

かざんたいのさくはく　火山体の削剝　denudation of volcano　⇨火山体の開析

かざんたいのへんどうへんい　火山体の変動変位
tectonic deformation of volcano　火山体は，火山性の地殻変動（噴火前後の隆起・沈降など）のほかに，非火山性の広域的な地殻変動によって変位変形する．後者によって火山体内部に張力割れ目が生じ，それに沿って割れ目や側火口列が生じる（例：伊豆大島）．また，火山体の顕著な変位変形をもたらす活断層は火山原面の変位で容易に認定される（例：雲仙火山，大分県崩平山付近）．大型の火山体ではその荷重沈下もある．　⇨火山性地殻変動，火口列，火山体の荷重沈下　〈鈴木隆介〉

［文献］鈴木隆介（1968）火山のテクトニクス：第四紀研究，7, 217-224．

かざんたいばくれつがたのかざんがんせつりゅう　火山体爆裂型の火山岩屑流　volcanic debris-flow of explosion type　噴火特にマグマ水蒸気爆発によって既存の火山体が爆裂・破壊して生じた大規模な火山岩屑流（例：磐梯火山1888年噴火）．旧火山体

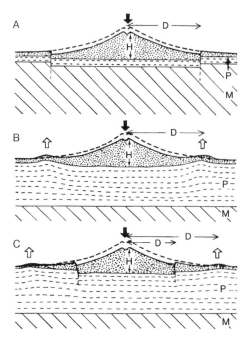

図　火山体の荷重沈下の3類型（鈴木，1968）
A：断層型，B：撓曲型，C：複合型

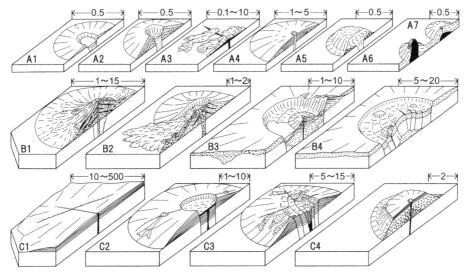

図 火山体の形態と内部構造からみた火山の基本的分類 (鈴木, 2004)
図中の数値はおよその距離 (km) を示す.
上段（単成単式火山），A1：マール，A2：火山砕屑丘，A3：溶岩流原，A4：アイスランド式盾状火山（単成盾状火山），A5：溶岩円頂丘，A6：火山岩尖，A7：潜在火山.
中段（各種の複成火山），B1：成層火山，B2：爆発カルデラをもつ成層火山，B3：クラカタウ型カルデラと軽石流原（火砕流凹地），B4：再生カルデラと火山灰流原.
下段（玄武岩質の複成火山），C1：溶岩原，C2：キラウェア型カルデラをもつハワイ式盾状火山，C3：ガラパゴス型カルデラをもつハワイ式盾状火山，C4：卓状火山（水底・氷底火山）.

の一部の構造を残す巨大岩塊（径数 m〜500 m 内外）を多く含み，それらが大小多数の流れ山を形成する．火山体の破壊した部分は馬蹄形カルデラを生じることがある．岩屑なだれ，岩なだれ，デブリ・アバランシュ，ドライ・アバランシュ，山体崩壊岩屑流とも．⇨火山岩屑流，流れ山　　〈鈴木隆介〉
［文献］守屋以智雄（1983）「日本の火山地形」，東京大学出版会．／鈴木隆介（1966）いわゆる韮崎泥流について（予報）：地理学評論, 39, 363．

かざんだん　火山弾　volcanic bomb　マグマの破片が可塑性を保った状態で火口から放出され，空中飛行中および落下（着地）直後までの間に，特有の外形や内部構造を生じたもの．表面の模様や外形の特徴などから，リボン（状）火山弾，牛糞（状）火山弾，紡錘状（紡錘形）火山弾，パン皮（状）火山弾などに区分される．これらはマグマの粘性に関係し，前3者は玄武岩質マグマの噴火に多くみられるのに対して，後者は安山岩質のマグマで普通．通常，火口から1〜2 km の範囲にみられる．直径数 m に及ぶ巨大なものもある．⇨火山放出物
〈横山勝三〉

かざんちいきのおうちとこしょう　火山地域の凹地と湖沼　depression and lake in volcanic area　火山地域には次のように成因の異なる各種の凹地があり，湖沼（括弧内に例示）をもつものもある．火口（蔵王お釜），マール（一の目潟），カルデラ（摩周湖），火山体による堰止め凹地（中禅寺湖），溶岩流堰め止凹地（富士五湖），火山岩屑流堰止め凹地（裏磐梯桧原湖），溶岩流原凹地（志賀高原琵琶沼），溶岩円頂丘頂部凹地（神津島千代池），火砕流凹地（シラス台地に多いが，水を湛えるものはない），火山岩屑流原凹地（裏磐梯五色沼），火山体の荷重沈下に起因して逆流した放射谷底の舟底状凹地*（長野県飯縄火山一の倉池）．⇨湖沼の分類［湖沼の起源による］　　〈鈴木隆介〉

かざんちけい　火山地形　volcanic landform　火山活動に直接的に起因して生じた地形（狭義）．広義では，火山形成後における火山体の削剥や変動変位などで生じた地形を含める．火山地形は様々に分類されているが，広義の火山地形は，基本的な形態とその形成過程を分類基準にして，①正の火山地形（凸状〈山状〉の地形の総称）と②負の火山地形（凹状〈盆状〉の地形の総称）および③非火山性の地形に三大別される．正の火山地形は，噴出物の定着・堆積で生じた高まりの地形であり，単成火山地形（火山砕屑丘，溶岩流原，溶岩円頂丘，火砕流原，潜

表　マグマの性質と噴火様式，噴出物および火山地形との一般的関係（鈴木, 2004）（⇨火山地形）

	マグマの名称	玄武岩質マグマ		安山岩質マグマ		デイサイト質・流紋岩質マグマ		(火山ガス)
マグマ	SiO_2含有量（wt%）	45	52	57	63	69〜77		(おもにH_2O)
	相当する火山岩	台地玄武岩	玄武岩	玄武岩質安山岩	安山岩	デイサイト	流紋岩	
	火山ガスの圧力・量	小		中		大	極大	極大
噴火様式	起こりやすい噴火様式	溶岩洪水式	ハワイ式	ストロンボリ式	ブルカノ式	プレー式	プリニー式	水蒸気爆発
	爆発指数（%）*1	弱 (3)	(40)	(70)		(95)		(100) 強
	主要噴出物の量比ないし噴出頻度比（上下の幅を1とする）	溶岩		降下火砕物質		火砕流堆積物		火山岩屑流堆積物
	地震・空振	小		中		大		極大
	地殻変動	小		中		大	極大	
火山噴出物の特徴	噴出物の色	黒色	灰黒色	灰黒色	灰色	灰白色	白色	各色
	放出高さ（km）	<0.1	0.1〜1	1〜5	3〜15	10〜25	25<	
火山放出物	噴出量（km³）*2	少				多		
	多孔質物質	スコリア				軽石		
	火山弾の形態	リボン状		紡錘状		パン皮状		
	火山ガラス	ペレーの毛・涙				黒曜石		
	ベースサージ堆積物	少				多		
火砕流	火砕流の小分類名称	スコリア流		熱雲		軽石流 / 火山灰流		
	発泡度（比重）	小（約2）		中（約1.5）		大（約1.0）		
	噴出時の温度（℃）	約1,000		約1,000		約950〜約1,000		
溶岩	粘性（ポアズ）	10^3〜10^5		10^5〜10^7		10^9〜10^{11}		
	溶岩流原の表面形態	パホイホイ　アア		塊状		大起伏		
	溶岩の厚さ（m）	10^0〜10^1		10^1〜10^2		10^1〜10^2		
	縦横比	<0.01		0.02〜0.5		0.02〜0.7		
	溶岩流原の傾斜（度）	<35		<45		<70		
主な火山地形	ベースサージ地形	マール		環状丘		火山灰丘		
単成単式火山	火山砕屑丘	スコリア丘		噴石丘		軽石丘		
	火砕流原	スコリア流原		熱雲原		軽石流原 / 火山灰流原		火山体爆裂型 / 火山岩屑流原
	溶岩地形	薄い溶岩流原		厚い溶岩流原 / 溶岩平頂丘		火山岩尖 / 溶岩円頂丘		
	複成単式火山	溶岩原	盾状火山	成層火山				
	カルデラ	キラウェア型				クラカタウ型	バイアス型	爆発型
	典型的な噴火があった日本の活火山の例	伊豆大島 / 富士山		阿蘇山 / 秋田駒ヶ岳	浅間山 / 桜島	有珠岳 / 雲仙平成新山	新島 / 神津島	磐梯山

*1：一輪廻の噴火の全噴出量に占める火山砕屑物の総量の百分率．　*2：一輪廻の噴火における噴出量．
*3：数値はおよその値を示す．

在火山など），複成火山地形（成層火山，盾状火山，溶岩台地など）および火山性昇華物地形（噴泉塔など）に分類される．負の火山地形は火山活動によって既存の地表（火山体を含む）が破壊されて生じた地形であり，火口，カルデラ，火山性構造盆地などに分類される．なお，正と負の地形がほぼ同時に生じる地形として火山岩屑流地形*がある．非火山性の地形は，火山体の削剥に伴う地形（放射谷，火

山麓扇状地，崖錐，崩落地形，地すべり地形，土石流地形，湖成地形など），変位地形（荷重沈下地形），および非火山性変動地形（断層崖）に大別される．ほかに偽火山地形*（泥火山など）もある．⇨火山の分類，火山体の基本型（図） 〈鈴木隆介〉

［文献］Green, J. and Short, N. M.（1971）*Volcanic Landforms and Surface Features — A Photographic Atlas and Glossary*, Springer-Verlag. ／守屋以智雄（2012）「世界の火山地形」，東京大学出版会. ／鈴木隆介（2004）「建設技術者のための地形図読図入門」. 第4巻, 古今書院.

かざんちけいがく　火山地形学　volcanic geomorphology　地形学および火山学の一分野であり，新旧の火山について，①個々の火山噴出物の噴出・移動・定着（堆積）の様式とそれの形成する地形，②個々の火山体の形成過程・発達史，③火山体の開析過程，④火山体の変位，⑤火山の分布と周囲の地形および地質構造との関係，⑥火山災害，⑦火山と水文・人文・社会現象の関係，などを野外・室内で研究する．なお，地球の陸上・海底の火山はもとより，月や火星などの他の天体の火山も研究対象に含まれる．⇨火山，火山学，火山地形 〈鈴木隆介〉

［文献］鈴木隆介（2004）「建設技術者のための地形図読図入門」，第4巻，古今書院.

かざんちけいのしんきゅうのはんべつほう　火山地形の新旧の判別法　distinction between old and new volcanic landform　隣接または離れた複数の火山地形（例：複数の火山体，二つの溶岩流原）の形成時期の新旧は，基本的にはそれぞれの火山の噴出物の層序で判別される．概略的には，以下のような地形学的な判別法もある．その判別基準は，地形面の対比法とほぼ同様であり，「新地形＞旧地形」の形で示すと，①開析程度の「低い地形＞高い地形」，②「侵食地形を囲む（または一部を埋めた）火砕流原・溶岩流原＞その侵食地形」，③二つの溶岩流原や火砕流原が接しているとき，その境界線が「その噴出物に固有の形（自形）のもの＞その外縁が他の噴出物の自形に制約されているもの」，④二つの火砕丘が接するとき火口を「埋めている火山＞埋められている火山」，⑤火口縁が「シャープなもの＞丸みをもつもの」，など．⇨火山体の開析 〈鈴木隆介〉

［文献］守屋以智雄（1983）「日本の火山地形」，東京大学出版会.

かざんでいりゅう　火山泥流　volcanic mudflow, lahar　火山岩屑流の古い用語であるが，近年ではあまり使用されなくなった．⇨泥流，ラハール 〈鈴木隆介〉

かざんでいりゅうたいせきぶつ　火山泥流堆積物　volcanic mudflow deposit, lahar deposit　火山泥流の堆積物で，火山岩屑流堆積物と同義．単に泥流堆積物とも．近年ではあまり使用されない．⇨火山岩屑流堆積物 〈鈴木隆介〉

かざんとう　火山島　volcanic island　島の全部または大部分が地形的に明瞭な火山体によって構成されている島（例：伊豆諸島，トカラ列島，韓国の済州島，ハワイ諸島の島）．周囲を海食崖に囲まれている場合が多い．新旧の火山岩だけで構成されていても，火山に特有の地形が残っていない島は火山島とはいわない．⇨海底噴火，火山海岸の削剥過程 〈鈴木隆介〉

かざんとちじょうけんず　火山土地条件図　Land Condition Map of Volcano　⇨土地条件図

かざんのかつどうど　火山の活動度　volcanic activity level　現時点での火山活動の危険性の違いを示す尺度．噴火の規模ではなく防災対応の違いを表す尺度として定義され，数段階の数字か色で表示される．気象庁では2007年12月から活火山の活動度を噴火警戒レベルとして5段階で発表することとし，順次実施を進めている．レベル1は平常状態，レベル2は火口周辺に影響のある噴火が発生したかその可能性のある状態，レベル3は居住地域の近くまで重大な影響を及ぼす噴火が発生したか発生が予想される状態，レベル4は居住地域に重大な被害を及ぼす噴火が発生すると予想される状態，レベル5は居住地域に重大な被害を及ぼす噴火が発生したか

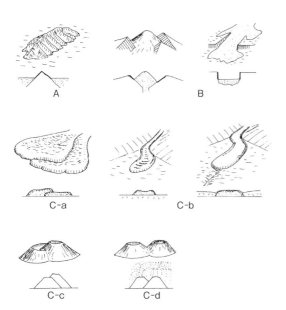

図　相接する火山地形種の新旧の地形的判別法（守屋, 1983）

切迫している状態を指す．⇨爆発指数　〈宇井忠英〉
[文献] 下鶴大輔ほか編（2008）「火山の事典（第2版）」，朝倉書店．

かざんのけいせいじかん　火山の形成時間　formative time of volcano　個々の火山体の形成に要する時間．単成火山（例：溶岩円頂丘や火山砕屑丘）では数時間～数年で，複成単式火山（例：成層火山）では数百年～数万年，複成複式火山（例：カルデラを伴う二重式火山）では数万年～数十万年である．しかし，複成複式火山や火山群の場合に，どこまでを一つの火山と認定するかは難しいので，火山の形成時間は特定しがたい．⇨火山の寿命
〈鈴木隆介〉
[文献] 守屋以智雄（1983）「日本の火山地形」，東京大学出版会．

かざんのじゅみょう　火山の寿命　lifetime of volcano　火山が誕生してから噴火しなくなるまでの期間の長さ．噴火を繰り返してしだいにその形を変えていく火山を複成火山という．富士山に代表される成層火山は複成火山の一種である．複成火山の寿命は1,000年余りから10万年を超える火山まで多様である．一方，噴火が1回限りで終わり，繰り返さない単成火山もある．東伊豆地域のように長期間にわたって単成火山が相次いで誕生する単成火山群もある．〈宇井忠英〉

かざんのちいきてきばくはつしすう　火山の地域的爆発指数　regional explosion index of volcano　地帯構造別に区分した地域ごとに，火山の爆発性を示した指数．Rittmann（1962）は1500～1914年間の噴出物について爆発指数（E＝〈火山砕屑物総量/噴出物総量〉×100）を求めた．鈴木（1977）は火山砕屑物の多い火山系列の火山個数の全火山個数に対する百分率を地形的爆発指数（MEI, morphologic explosion index）とよんだ．MEI（括弧内はEの%）は，弧状列島97%（95～97），アルプス造山帯77%（41～83），大陸内部82%（データなし），大洋内部41%（41），リフト・海嶺系38%（39～40），世界平均85%（84）であり，MEIとEは地域ごとにほぼ一致する．これは，火山地形の残っている時代における火山の爆発性は地域ごとにほぼ一様であったことを示唆する．なお，個々の噴火の激しさを示す爆発指数も提唱されている．⇨火山型，爆発指数
〈鈴木隆介〉
[文献] Rittmann, A. (1962) *Volcanoes and their Activity*, John Wiley & Sons./鈴木隆介（1977）火山型とその地域別個数比：火山，第2集，**22**，27-40．

かざんのないぶこうぞう　火山の内部構造　internal structure of volcano　火山（厳密には火山体）の内部構造（噴出物の重なり方）は，単式火山ではその形態とおおむね調和しているが，複式火山ではかなり複雑である．単式火山では，①マグマの性質，②火口の形状，③同一火口からの噴火の継続性，④火口位置の経時的な固定性・移動性，⑤噴出物の種類の多様性，⑥噴出量などによって多様になる．複式火山では，長い活動休止期（侵食期）や火山体の大規模な破壊期（例：カルデラ形成）を挟んで形成されるので，個々の活動期における単式火山の内部構造を反映して複雑になる．ゆえに，最新期の噴出物で全体が被覆された大型の火山（例：富士山）の内部構造は現状では'正確には不明'というべきである．⇨単式火山，火山体の基本型（図），複式火山
〈鈴木隆介〉

かざんのぶんぷ　火山の分布　distribution of volcano　火山は地球上に一様に分布しているのではなく，地質時代によっても分布地域が異なる．世界における鮮新世-第四紀の火山は約3,800個で，そのうち活火山は約830個である．第四紀火山の分布状態（図）は，地帯構造別に区分すると，①島弧-海溝系の火山帯（例：環太平洋，インドネシア，小アンティル），②アルプス造山帯の火山帯（例：カスケード山脈，イタリア，コーカサス），③リフト・海嶺の火山列（例：中央大西洋，紅海，アフリカ東部，東南太平洋），④大洋内部のホットスポット（例：ハワイ，カナリア諸島），⑤大陸内部のホットスポット（例：白頭山）の5地域に大別される．第四紀火山の約72%は①に，次いで約12%が③に分布している．地域によって火山の爆発指数*（全噴出物に占める火山砕屑物の百分率）が異なり，①では約96%，③では約39%，④では約3～16%である．火山の分布状態は，大規模なものから順に火山帯，火山列（火山群），火口列と階層的に区分され，前者に後者が含まれる．⇨火山帯，火山列
〈鈴木隆介〉
[文献] 横山　泉ほか編（1979）「火山」，岩波地球科学講座，7巻，岩波書店．/守屋以智雄（2012）「世界の火山地形」，東京大学出版会．

かざんのぶんるい　火山の分類　classification of volcano　火山は次のような分類基準によって様々に分類される．①噴出口の地形場（陸上火山，水中火山〈海底火山と湖底火山〉，氷底火山），②最近の活動状況（活火山〈日本では活火山を3ランクに区分〉と非活火山，合わせて第四紀火山），③噴火輪廻（単成火山と複成火山），④火山体の形態と内部構造

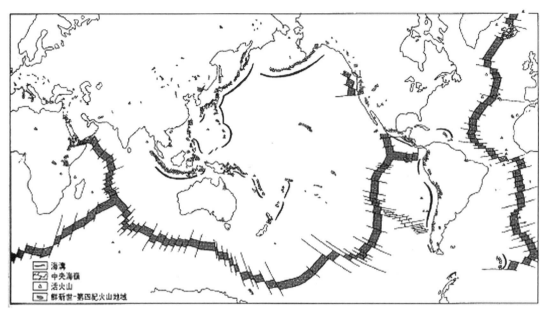

図 世界の火山分布（IAVCEI「活火山カタログ」横山ほか, 1979）

の組み合わせ（単式火山〈火山体の基本型で10種内外〉と複式火山），⑤火口の配置・形態（中心噴火火山，割れ目噴火火山），⑥断面形の形状（正の火山地形，負の火山地形）⑦複成火山の発達史との関連（主火山体，側火山，先カルデラ火山，後カルデラ火山，中央丘など），⑧火山体の体積（小型火山〈体積数km^3以下〉と大型火山〈体積数km^3以上〉），⑨主な火山岩（玄武岩質火山，安山岩質火山，デイサイト質火山，流紋岩質火山の4種）など．ほかに火山各部の分類名称がある．⇨活火山，火山体の基本型（図），火山型，シュナイダーの火山分類

〈鈴木隆介〉

[文献] Green, J. and Short, N. M. (1971) *Volcanic Landforms and Surface Features-A Photographic Atlas and Glossary*, Springer-Verlag. ／守屋以智雄 (2012)「世界の火山地形」，東京大学出版会．／鈴木隆介 (2004)「建設技術者のための地形図読図入門」，第4巻，古今書院．

かざんのりよう　火山の利用　utilization of volcano　活火山は噴火災害をもたらすが，一方で新旧の火山はさまざまな恩恵をもたらし，次のように利用されている．①地熱資源（地熱発電），②観光資源（火口・噴気孔・溶岩流原などの火山地形，雄大で滑らかな山容・高原・植生〈森林・草原・湿原〉，温泉，湖沼，渓谷，滝，風穴などがあり，日本の国立公園のほとんどは火山を含む），③森林資源，④農牧業（主に火砕流原や火山麓で畑作や放牧，採草地，火山麓扇状地の一部で稲作），⑤鉱産資源（石材，温泉華，硫黄），⑥工業（豊富な火山麓の湧水を利用した用水型工業〈製紙，フィルムなど〉），⑦その他（別荘地，ゴルフ場，スキー場，空港，軍事演習地）．

〈鈴木隆介〉

[文献] 鈴木隆介 (2004)「建設技術者のための地形図読図入門」，第4巻，古今書院．

かざんばい　火山灰　volcanic ash　粒子の大きさが2mm以下の細粒の火山砕屑物．形状や岩質は問わず，また，本質・類質・異質物質の場合がありうる．⇨火山岩塊，火山礫，火山砕屑物（表）

〈横山勝三〉

かざんばいきゅう　火山灰丘　ash cone　主に火山灰で構成される小火山体．火山砕屑丘（火砕丘）の一種．山体は円錐形で高度が低く，火口の直径が大きいのが特徴．ハワイ諸島では，マグマが海水や地下水などと接触して起こる爆発的噴火で生じた火山灰丘が小型の側火山として低位置に存在する．構成物は，爆発的噴火に伴う火山灰層が多数累重成層した堆積物（ベースサージ堆積物も含む）で特徴づけられる．構成物が全体的に固結している場合，凝灰岩丘とよばれる．⇨火山砕屑丘，凝灰岩丘

〈横山勝三〉

かざんばいそう　火山灰層　volcanic ash layer　狭義では，火山灰*で構成される非固結の地層．しかし，普通には，スコリアや火山礫などの地層も火

山灰層という．軽石層は火山灰層と区別されることが多い．広義には，細粒の降下火砕物質の地層およびそれらの風化層（例：関東ローム*層）も含める．広義の火山灰層の固結した岩石が凝灰岩*である．　　　　　　　　　　　　　　　〈鈴木隆介〉

かざんばいだいち　火山灰台地　pyroclastic plateau　⇨火山砕屑岩台地

かざんばいち　火山灰地　land covered with pyroclastic-fall deposit　降下火砕堆積物（火山灰・スコリア・軽石層）もしくはその風化物質（例：関東ローム層）で地表が構成されている平坦地の俗称．地形的には成層火山の東方の裾野や段丘面などの場合が多く，透水性が高いために，客土や灌漑しない限り水田化は困難であるから，一般に森林や畑地になっている．　　　　　　　　　　　〈鈴木隆介〉

かざんばいどじょう　火山灰土壌　volcanic ash soil　火山活動により噴出した火山礫・砂・灰，スコリアや軽石などのテフラ物質を母材にしてできた土壌を"火山灰土壌"とよんでいる．そのうち黒ボク土*が日本で広く分布しているので火山灰土壌は黒ボク土と同義語としてみなされる場合がある．火山灰土壌の共通した性状はテフラの風化により生成した活性アルミニウムに富むことであろう．この母材のもと，冷温から温暖・湿潤の気候下でススキやササ類の草原が成立し継続すると黒ボク土が生成する．従来，黒ボク土はテフラの分布域に認められることから成帯内性土壌*とされていた．しかし，テフラに規制されながらも，温暖・湿潤な気候下でも必要な条件であるので成帯性土壌としての属性も有している．典型的な成帯性の火山灰土壌にはポドゾル*（性）土，褐色森林土そして赤色土などがある．亜寒帯湿潤気候の針葉樹林下ではポドゾル（性）土を，冷温湿潤の落葉広葉樹林下では褐色森林土を形成する．いずれも活性アルミニウムに富みテフラ母材の影響が反映されており，他方腐植酸の形態では前者がP型を，後者がB型を示し，それぞれの気候や植生を反映している．赤色土*（ラトソル）は亜熱帯・熱帯降雨林の激しい洗脱・溶脱作用をうけてテフラとしての性状を消失している．それ以外として非成帯性土壌の火山放出物未熟土がある．風化・洗脱・溶脱作用が進行していないため塩基類が多く弱酸性から中性を示し，活性アルミニウムも少ない．硫化物を含む場合は強酸性を示す．他方，テフラの二次堆積を主とした褐色無層理のいわゆる"ローム層"は台地に広く厚く覆われている．ローム台地での水田化が始まったとき，ローム層は孔隙が著しく発達し漏水が激しく，水田には不向きであった．そのため「破砕転圧工法」とよばれる方法でローム層を砕耕し転圧して耕盤層をつくり水田を造成する．この人工造成土も火山灰土壌の一つである．
　　　　　　　　　　　　　　　　〈細野　衛〉

［文献］日本ペドロジスト学会編（2007）「土壌を愛し，土壌を守る―日本の土壌，ペドロジー学会50年の集大成―」，博友社．

かざんばいへんねんがく　火山灰編年学　tephrochronology　⇨テフロクロノロジー

かざんばいりゅう　火山灰流　ash flow　火山灰（径2mm以下の火砕物）の量が過半を占める火砕流．Smith（1960）が定義（ただし，彼の定義による火山灰は径4mm以下）．この定義によれば，軽石流や大規模な珪長質の火砕流などが代表的な火山灰流．様々な規模のものがあり，大規模なものは噴出物量が数十～数百km^3のオーダーに及び，噴出源付近には通常，巨大な陥没カルデラ（クラカトア型カルデラ）を伴う．火山灰流の堆積物も単に火山灰流と略称することが多い．　⇨火砕流　〈横山勝三〉

［文献］Smith, R.L.（1960）Ash flows: Bull. Geol. Soc. America, **71**, 795-842.

かざんばいりゅうげん　火山灰流原　primary ash-flow landform　火山灰流の定着で生じた火山原面で，きわめて広大な緩傾斜の平滑面．　⇨火山灰流　　　　　　　　　　　　　　　〈鈴木隆介〉

［文献］横山勝三（2003）「シラス学」，古今書院．

かざんばくはつしすう　火山爆発指数　volcanic explosivity index　一連1回の噴火における噴出物総量を，$10^4 m^3$以下から$10^{12} m^3$以上までの範囲について0から8までの9段階に分けた指数（VEIと略称）で，国際的に使用されている．これと噴煙柱の高度を組み合わせて，噴火の規模や爆発の激しさを階級区分している（表）．ただし，過去の噴火では噴煙柱の高さが推定できないので，その場合には噴出物総量の常用対数から4を引いて，VEIと等価とみなしている．VEIが大きいほど噴火の発生回数は指数関数的に減少する．　⇨爆発指数　〈鈴木隆介〉

［文献］Newhall, C.G. and Self, S.（1982）The volcanic explosivity index（VEI）: an estimate of explosive magnitude for historical volcanism: Jour. Geophys. Res.,: Oceans, **87C2**, 1231-1238./小屋口剛博（2008）噴火の規模：下鶴大輔ほか編「火山の事典（第2版）」，朝倉書店．

かざんハザードマップ　火山ハザードマップ　volcanic hazard map　火山の噴火によって災害が発生する可能性のある範囲を地図上に示したもの．火山危険予測図とも．ハザードマップ上で災害が発

表 火山爆発指数 (Newhall and Self, 1982；小屋口, 2008)

VEI	0	1	2	3	4	5	6	7	8
記述（日本語）	非爆発	小爆発	中爆発	中〜大爆発	大爆発	巨大爆発			
記述（英語）	non-explosive	small	moderate	mod-large	large	very large			
噴出量 (m^3)	$<10^4$	$10^4\sim10^6$	$10^6\sim10^7$	$10^7\sim10^8$	$10^8\sim10^9$	$10^9\sim10^{10}$	$10^{10}\sim10^{11}$	$10^{11}\sim10^{12}$	$>10^{12}$
噴煙柱の高度 (km)	<0.1	$0.1\sim1$	$1\sim5$	$3\sim15$	$10\sim25$	>25			
定性的記述（英語）	gentle	effusive	explosive	cataclysmic severe	paroxysmal violent	colossal terrific			
分類	←ハワイ式→	←ストロンボリ式→	←ブルカノ式→		←プリニー式→			←超プリニー式→	

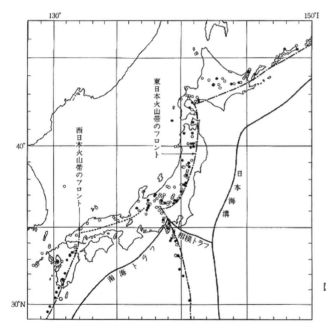

図 日本の火山分布，火山フロントおよびプレート境界
（杉村, 1978）
●：活火山，○：その他の第四紀火山．

生する可能性のある範囲の線引きは，歴史時代に起こった噴火の実績や火山噴出物の地質調査によって明らかにされた過去の噴火での降灰，溶岩流，火砕流，泥流，噴石などの分布に基づいて判断する．多くの火山では噴火の様式や規模が噴火ごとに極端に異なるため，火山ハザードマップでは現実の防災対策上妥当な噴火の様式や規模を判断する必要がある．線引きのための補助的な手段として噴出物の流動拡散に関する数値シミュレーションを実施することがある．日本で住民に配布される火山ハザードマップには地図だけでなく，噴火現象や噴火履歴と噴火シナリオの解説，気象庁による火山情報の種類，避難の仕方などが付加されている．　〈宇井忠英〉

かざんフロント　火山フロント　volcanic front
弧−海溝系*における火山帯*の，海溝側の縁を連ねた線をいう（杉村, 1959）(図)．火山前線とも．東日本火山帯のように幅の広い火山帯の内部では，大陸側から火山フロントに近づくほど，火山の個数・噴出物総量が増加し，また火山岩も珪酸に富みアルカリに乏しいものになる．火山フロントから海溝側には火山が全くない．火山フロントは弧−海溝系における大地形（海溝，非火山弧，火山弧），地殻

構造, 地震, 重力異常, 地殻熱流量の帯状配列と並走する. 海溝から火山フロントまでの距離は海洋プレートの沈み込みによる深発地震の発生する剪断帯の傾斜によって異なり, その剪断面と深さ約 120 km の面との交線と海溝との間の水平距離にほぼ一致する. これは弧-海溝系においては, 深度約 120 km から約 300 km の剪断帯付近でマグマが発生することを示唆する. ⇨火山の分布 〈鈴木隆介〉

[文献] 杉村 新 (1959) 火山岩の θ 値の地理的分布：火山, 第 2 集, 4, 77-103. /杉村 新 (1978) 島弧の大地形・火山・地震：笠原慶一・杉村 新編「変動する地球 I」, 岩波地球科学講座, 10 巻, 岩波書店.

かざんふんか 火山噴火 volcanic eruption ⇨噴火

かざんふんかよちけいかく 火山噴火予知計画 national project for prediction of volcanic eruption 火山噴火予知の実用化を目指す日本の国家プロジェクト. 火山観測による火山活動の現状の把握, 噴火の仕組みや火山の地下構造の解明などを測地学審議会の建議に基づいて 1974 年以来継続してきた. 参加機関は国立大学の火山観測施設と国立の火山関係の観測研究機関である. 〈宇井忠英〉

かざんふんしゅつぶつ 火山噴出物 volcanic product 火山活動によって地表に噴出する物質の総称で, 噴出物と略称することもある. 噴出の時点では気体（火山ガス）, 液体（溶岩や温泉水）, 固体（火山砕屑物）に分けられる. 3 者の割合は, 噴火様式によって多様. 特に地形を理解する上では溶岩および火山砕屑物の性状に対する理解が重要である. ⇨噴火様式 〈横山勝三〉

かざんぶんぷず 火山分布図 map showing the distribution of volcano 火山の分布を示した地図. 普通には, 火山の位置を活火山, 第四紀火山, 第三紀火山, 大規模な火山地形（例：カルデラ）などの分類記号で示し, 火山名を図中または別表に記す. 他の地学現象（例：大地形, 地質構造, 地震, 地殻熱流量, 重力異常, プレート）の分布図と対照して, それぞれの現象の原因の考察に役立てられる. 日本では火山位置の分布図（勝井, 1979）, 火山岩の岩質別の分布図（小野ほか, 1978）が代表的であり, 世界の活火山分布図（Katsui, 1971）もあるが, いずれにも海底火山はほとんど示されていない. ⇨火山の分布 〈鈴木隆介〉

[文献] 横山 泉ほか編 (1979)「火山」, 岩波地球科学講座, 7 巻, 岩波書店. /小野晃司ほか (1981) 1/200 万 地質編集図, no.11「日本の火山」, 第 2 版, 地質調査所. /Katsui, Y. (1971) *List of the World Active Volcanoes with Map*, Bulletin of Volcanic Eruptions, Special Issue, IAVCEI./守屋以智雄 (2012)「世界の火山地形」, 東京大学出版会.

かざんほうしゅつぶつ 火山放出物 volcanic ejecta, ejectamenta 噴火で, 火口からいったん空中へ噴き上げられた溶岩などの破片（火山砕屑物）. 破片の大きさ（粒径）ならびに形態は様々. 粒径の大きいもの（火山弾や岩塊など）は火口周辺に落下堆積するが, 小さいもの（火山灰など）は, 噴煙として上空へ噴き上げられ, 風で風下側に吹き流されて広域に広がり堆積する. ⇨噴石, 降下火砕堆積物, 火山砕屑物 〈横山勝三〉

かざんまめいし 火山豆石 accretionary lapilli, pisolite 固結した火山灰の小球で, 通常は直径数 mm 以下, 大きいものでは数 cm に及ぶ. 火山灰の雹(ひょう)にたとえられる. 単に豆石, ピソライトということもある. 断面でみると同心円状の構造が認められ, 外皮（殻）は内部よりも細粒の火山灰で構成されていることが多く, 中心部に粗粒物質の核が認められることがある. 降下火山灰層中によくみられるほか, 火砕サージや火砕流堆積物に含まれていることもある. 噴煙中で雨滴を核に火山灰が凝集して生成するものや, 火山灰層に落下した雨滴で凝集した火山灰塊が転動して生成するものなど, いくつかの成因が考えられているが, 明確でない点も多い. 〈横山勝三〉

かざんみゃく 火山脈 volcanic chain 火山帯や火山列とほぼ同義であるが, 列状に並ぶ複数の火山のマグマ溜まりが地下で脈状に連なっているという観念を与える用語なので, 現在では使用されなくなった. ⇨火山帯, 火山列 〈鈴木隆介〉

かざんもう 火山毛 Pele's hair ⇨ペレーの毛
かざんるい 火山涙 Pele's tear ⇨ペレーの涙
かざんれき 火山礫 lapilli 粒子の大きさが 2〜64 mm の火山砕屑物. ラピリとも. 岩質は問わず, また, 本質・類質・異質物質の場合がありうる. ⇨火山岩塊, 火山灰, 火山砕屑物 〈横山勝三〉

かざんれきぎょうかいがん 火山礫凝灰岩 lapilli tuff 主に火山礫で構成される火砕岩. 降下火砕堆積物, 火砕流堆積物, 火山岩屑流堆積物, 土石流堆積物など種々の成因によるものがある. ⇨火山礫, 火山砕屑岩 〈横山勝三〉

かざんれつ 火山列 volcanic row 複数の火山が近接または部分的に重なって, ほぼ直線的に並んでいる分布状態（例：八ヶ岳火山列）で, 火山帯より小規模な場合をいう. しばしば, 新旧の火山が一方向に順に並ぶ（例：浅間火山列, 岩手火山列）. 複

数の火山列が雁行配列し，火山帯の一部を構成する場合もある（例：北海道東部，伊豆諸島北部）．⇨火山帯　〈鈴木隆介〉

[文献] 鈴木隆介 (1968) 火山のテクトニクス：第四紀研究, 7, 217-224. ／杉村 新 (1978) 島弧の大地形・火山・地震, 笠原慶一・杉村 新編「変動する地球Ⅰ」. 岩波地球科学講座, 10巻, 岩波書店.

かざんろくせん　火山麓泉　spring at volcanic foot　⇨湧泉の地形場による類型（図）

かざんろくせんじょうち　火山麓扇状地　alluvial fan at volcanic foot　火山体を刻む放射谷の谷口を扇頂として火山麓に広がる扇状地．火山山麓扇状地，裾野扇状地とも．基本的には構成物質は河成扇状地と同じであるが，火山岩の亜角礫・亜円礫を主体とする砂礫層で，大まかな層理のある河成堆積物のほかに，土石流堆積物を多く挟み，火砕流堆積物や降下火砕堆積物，溶岩流を挟むことがある点で，普通の山地河川による河成扇状地とは異なるので，特に火山麓扇状地とよぶ．火山岩屑流原と異なり，流れ山を伴わない．壮年的に開析された成層火山の火山麓に広く発達し，火山体よりも広面積の場合もある（例：利尻・岩木・赤城・富士・雲仙火山）．大型の火山麓扇状地は，①成層火山の火山原面よりも緩傾斜で，②扇頂部が放射谷の谷底に入り組み，放射谷内の河成段丘や土石流段丘に連続し，③火山原面とは滑らかに接続せず，④顕著な扇頂溝が発達する場合には新旧の火山麓扇状地が合成扇状地型の交叉現象を示し，⑤火山原面より農地開発が進んでいる，という特徴がある．⇨扇状地，合成扇状地，復旧図　〈鈴木隆介〉

[文献] 守屋以智雄 (1983)「日本の火山地形」, 東京大学出版会.

かじゅう　荷重【河川の】　load　河川が一定時間に運搬する物質の量のこと．$kg\ s^{-1}$, $ton\ day^{-1}$などの単位で表される．一般に，河川中を運搬される物質の濃度がC, 河川流量がQのとき，その物質の荷重はCQである．もし深さ方向や横断方向で濃度が異なるときは，その区間の流量とそこでの代表的な濃度との積をとり，これを河川の横断面内で積分すればよい．河川は土砂等の固体のみならず河川水に溶解している物質も運搬するので，運搬される固体の荷重を固体荷重，溶解物質の荷重を溶流荷重とよぶ．また運搬される固体は河床表面を転動・滑動・跳躍して運搬される掃流物質と河川水中を浮遊して運搬される浮流物質（懸濁物質）に分けられるので，前者の荷重を掃流荷重（掃流量とも称す），後者のものを浮流荷重（浮流量）のようによぶ．なお，分析化学の世界では荷重を負荷量と称すことが多い．　〈倉茂好匡〉

かじゅう　荷重【力学の】　load　物体に作用する外力を指す．特に土質力学，岩石力学では，圧縮試験で土や岩石の供試体に加える力のことを意味する．　〈八反地 剛〉

かしゅうきょく　過褶曲　recumbent fold　⇨褶曲構造の分類

かじゅうこん　荷重痕　load cast　未固結の泥層の上に砂層が重なったとき，密度がより大きい砂層の一部が，密度の小さい下位の泥層に沈み込んでできる球根状構造．地層の上下判定に使用される．⇨ロードカスト　〈横川美和〉

かじゅうちんか　荷重沈下　settlement　既存の地表に載った重量物体がその自重（荷重）によって緩慢に沈下する現象で，沈下域を囲む隆起帯を伴うことがある．自然界では比高約400 m以上の火山体や海山（ギョー）の荷重沈下，人造物体では軟弱地盤上の重量構造物（例：ダム堤体，盛土，橋梁，建築物，ピサの斜塔）の沈下がある．なお，地盤沈下は荷重と無関係で，沈下域の周囲に隆起帯が生じない点で荷重沈下と異なる．⇨荷重沈下地形，地盤沈下，火山体の荷重沈下　〈鈴木隆介〉

[文献] 鈴木隆介 (1968) 火山体の荷重沈下：火山, 第2集, 13, 95-108.

かじゅうちんかちけい　荷重沈下地形　settlement landform　荷重沈下で生じた地形の総称．沈下体を囲む環状の低地帯とその外側の環状の背斜尾根的な隆起帯または環状断層がある．自然界では火山体やギョーの沈下，人工物体では軟弱地盤上の重量構造物の沈下がある．⇨火山体の荷重沈下，地盤沈下　〈鈴木隆介〉

[文献] 鈴木隆介 (1968) 火山体の荷重沈下：火山, 第2集, 13, 95-108.

かしょう　河床　riverbed　河道*のうち河岸に挟まれた底面のこと．その中で，ほぼ年間を通じて流水のある低所を狭義の河道，小規模な出水時に流水のある部分を低水敷，高水時のみ水が流れる河原と中州の部分を高水敷*とよび，一括して河川敷*という．人工堤防に挟まれた河川においては堤防間の低所の底面をいう．河床は以下に例示するように，種々の基準で分類される．①河床はその構成物質の形態や粒径によって岩床，角礫床，礫床，砂床，泥床に区分される．②河床の安定性によって，河床と河岸が土砂の移動によって変形する移動床*

と，長期間には侵食を受け変形するが，短期間ではほとんど変形しない固定床に分けられる．自然河川における岩床と泥床，人工固定床が固定床とみなされる．③河床は河川の横断方向でも縦断方向でも平滑であることは稀で，さまざまな形態と規模の凹凸がみられる．例えば，瀬淵河床*は，縦断方向に早瀬，平瀬，淵が組み合わさった河床形態で，水生生物の生態に強く影響する．④超微地形では，中規模河床形態の交互砂礫堆や複列砂礫堆，小規模河床形態の砂漣，砂堆，反砂堆などに細分される．⇨河床堆積物　　　　　　　　　　　　　　〈島津　弘〉

[文献] 鈴木隆介（1998）「建設技術者のための地形図読図入門」．第2巻，古今書院．

かしょういどうぶっしつ　河床移動物質　bed load sediment　河流により運搬される岩屑のうち，河床近傍を移動する掃流物質*のことで，一般には粗砂より粗い岩屑に相当する．その運搬様式には，滑動*，転動*，躍動*がある．浮流（浮遊）物質および溶流物質と並列の用語である．掃流物質の移動速度は，周囲の流体よりも沈降速度分以上に遅い．　　　　　　　　　　　　　　〈小玉芳敬〉

かしょうかせん　過小河川　underfit river　谷の大きさ（横断幅，断面幅）に比べて流量が著しく小さく，過小な侵食・運搬能力しかもたない河川である．過小川とも．無能河川*と同義．河川争奪や変動変位などによる流域変更によって，大きな河谷での流量が急減した場合にみられる．⇨河川争奪，流域変更，分水界移動　　　　　　　〈田中眞吾〉

かしょうがわ　過小川　underfit river　⇨過小河川

かじょうかんげきすいあつ　過剰間隙水圧　excess pore water pressure　⇨間隙水圧

かしょうけい　河床形　riverbed form　⇨河床形態

かしょうけいたい　河床形態　riverbed form　河川の水底を構成している砂や礫が流水の作用を受けて形成する周期的または局所的な形状をいう．河床形とも．特に波状の紋様を呈するものを河床波と

表　河床形態の分類（土木学会水理委員会，1973）

名称		形状・流れのパターン		移動方向	備考
		縦断図	平面図		
小規模河床形態	砂漣			下流	波長・波高が砂粒径と関係する
	砂堆			下流	波長・波高が水深と関係する（河床波と逆位相の水面波）
	遷移河床				砂漣・砂堆・平坦河床が混在する
	平坦河床				
	反砂堆			上流 停止 下流	水面波と強い相互干渉作用をもつ（河床波と同位相の水面波）
中規模河床形態	砂州			停止 下流	波長が水路幅と関係する
	交互砂州			下流	
	うろこ状砂州			下流	

総称する．水底に働く掃流力が限界掃流力＊より大きくなることにより生じる．空間的スケールによって小規模河床形態と中規模河床形態の2種類に大別される（表）．前者には凹凸の明瞭な砂漣＊や砂堆（⇨デューン），形状が不明瞭な遷移河床や凹凸のない平坦河床，非常に不安定な形状を呈する反砂堆（⇨アンティデューン）が含まれる．後者の中規模河床形態は川幅スケールの凹凸の地形で特徴づけられ，形状により交互砂州＊や複列砂州＊（うろこ状砂州）がある． 〈中山恵介・安田浩保〉

[文献] 土木学会水理委員会（1973）移動床流れにおける河床形態と粗度：土木学会論文報告集，210, 65-91.

かしょうじかん　可照時間　possible duration of sunshine　太陽の中心が水平線上から現れてから沈むまでの時間． 〈森島　済〉

かしょうじゅうだんけい　河床縦断形　longitudinal profile of river　⇨河床縦断面形

かしょうじゅうだんめん　河床縦断面　longitudinal profile of riverbed　河川に沿って流下方向に向かって描かれた河川の断面．すなわち，河床高度の上流から下流への流下距離に対する変化を表している．逆に，河口から源流へ向かって表す場合もある．地形図，数値標高データ，縦断測量結果などから描かれる．河床縦断面は考察対象の空間スケールでその特徴が異なる．精密な測量結果から作成した河床縦断面は，河床形＊や河床の凹凸といった河床の微細な地形がわかるため，河床縦断面は凹凸のくり返しとなり，下流へ向かって一様に低くならない．特に河床高度の下流方向への低下量に比べて水深が深い河川の下流部では，下流側が高くなる部分も数多く出てくる．一方，河川全体あるいはある程度長い区間を表した河床縦断面では，河床高度は下流へ向けて低くなる曲線で表される． ⇨河床縦断面形，河床縦断面形の区間的変化 〈島津　弘〉

[文献] Richards, K.（1982）*Rivers : Form and Process in Alluvial Channels*, Methuen.

かしょうじゅうだんめんけい　河床縦断面形　longitudinal profile of river　河床縦断面の形状．河床縦断形とも．一般的には曲線で表され，特に，上に凹の曲線となることが多い．すなわち，河床勾配が下流方向へ減少していく．河川の縦断面形が指数関数になることが古くから注目されてきた．Sternberg（1875）は礫の摩耗のしかたを仮定し，それからの演繹によって縦断面形が指数関数で表されることを示した．その後，平衡河川の視点からの実証的な研究において指数関数との関係が議論されるとともに，直線，指数関数，対数関数，べき関数といったさまざまな関数形と実際の河川の縦断面形との適合や縦断面形の曲率の違いの原因について検討されてきた．縦断面形がこのような単純な関数によって記述される形態をなしているのは，下流方向への河床堆積物の粒径や供給岩屑量の減少，流量の増加が要因となっていると考えられる．一方，山地河川のみならず沖積河川においても，実際の河川ではさまざまな縦断面形がみられる．いくつかの指数曲線がつながったものや，上に凸の縦断面形やほぼ直線となるなど，さまざまな形が存在するとともに，場所によって形が異なるため，単純な関数では表現できない場合がある．特に岩床河川における河床の岩盤の力学的性質や山地河川における河川に供給される土砂の粒径や量，河川を通しての河床堆積物の粒径の変化様式が影響していると考えられる．⇨ステルンベルグの法則，河床縦断面形の区間的変化 〈島津　弘〉

[文献] Sternberg, H.（1875）Untersuchen über Längen- und Querprofil Geschiebeführende Flüsse : Zeitschrift für Bauwesen, 25, 483-506.

かしょうじゅうだんめんけいのくかんてきへんか　河床縦断面形の区間的変化　local change in longitudinal profile of river　大起伏山地に発源する大河川で，顕著な堆積盆地を流れず，谷口から海まで広い河成堆積低地を流れる河川は大局的には下に凸の河床縦断面形を示す．少し詳細にみると，河床縦断形は不連続ないくつかの区間に分けられ，上流から下流へ次のように変化する．日本の河川の場合（例：木曽川）には，上流の山地内では，大小の滝や早瀬があって縦断形は階段状であり，大きな支流が合流すると河床勾配が減少し，中流から谷口までは瀬と淵をもつ滑らかな凹凸のある縦断形を示す．谷口から扇状地では指数関数的に勾配が減少するが，扇状地末端で不連続的に河床勾配が減少して，蛇行原では勾配10^{-3}程度となり，三角州に至ると勾配が10^{-4}に近づく．その変化に対応して流路形態も変化している．谷口から下流における河床縦断形の不連続性は，Yatsu（1959）によって，河床堆積物の粒径の不連続的変化の結果である，と証明されている（次頁の図）．河床縦断面形は，河川の規模，地形場，流域の地質・気候および地形発達史の差異によって多様であり，それらの影響を考察するのに有力な形態的特徴である． 〈鈴木隆介〉

[文献] Yatsu, E.（1959）On the discontinuity of grainsize frequency distribution of fluvial deposits and its geomorpho-

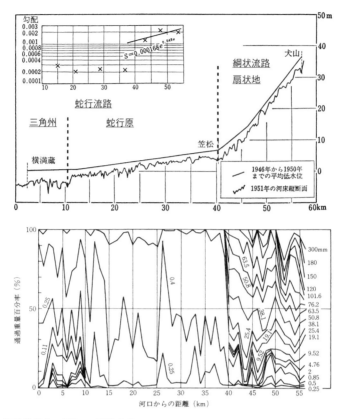

図 河床縦断面形および河床堆積物の粒径の区間的変化の例
木曽川の谷口（犬山）から下流の河床縦断面（上図：Yatsu, 1959）と同区間における河床堆積物の粒径分布の変化（下図：山本，1994）．上図内に下線付文字を追加（鈴木, 1998）．

logical significance : Proceedings of IGU Regional Conference in Japan, 1957, Science Council of Japan, 224-237./山本晃一 (1994)「沖積河川学—堆積環境の視点から」，山海堂．

かしょうそど　河床粗度　bed roughness 河床における凹凸の程度．河床を構成する砂礫の粒径や，これらの砂礫が流水の作用より動かされて形成される河床形態*は河川の流れに対して抵抗となり，流量や流砂量に大きく影響する．〈安田浩保〉

かしょうたいせきぶつ　河床堆積物　riverbed sediment 現成の河床に堆積している堆積物の総称．主として角礫，礫，砂，シルトまたは粘土であるが，局所的に泥炭が存在することもある．河床堆積物の大部分を占める物質の粒径などによって，河川は岩床河川，角礫床河川，礫床河川，砂床河川，泥床河川，人工固定床河川に分類される（表）．⇨河床物質　〈鈴木隆介〉
［文献］鈴木隆介 (1998)「建設技術者のための地形図読図入門」，第2巻，古今書院．

かしょうちけい　河床地形　riverbed form 河床形とも．普通には，堆積物で構成される河床の微地形（砂漣，砂堆，州など）をいうが，岩床河川の河床の微地形（掘れ溝，甌穴，ノッチなど）も含まれる．⇨河床形態，岩床河川　〈鈴木隆介〉

かしょうていか　河床低下　degradation of riverbed 河道を流下する土砂量が供給土砂量を上回る河川で生じる河床（水底部分）の低下現象をいう．通常の河川では，土砂の生産源から供給される土砂量と，平常時および洪水時の流水により河道内を流下する土砂量がおおむね等しくなる平衡状態を維持しているため，河床は長期的にはほぼ一定の高さを呈する．これに対し，砂利採取やダム堆砂などによる流下土砂量の減少が起こると平衡状態が崩れ，河床低下が発生する．〈安田浩保〉

かしょうは　河床波　wavy riverbed ⇨河床形態

かしょうぶっしつ　河床物質　riverbed material 河床に堆積している河成の砕屑堆積物．河床堆積物とも．礫床河川の場合は礫およびその充填物質（マ

表 河床堆積物による河川の分類と若干の特徴（鈴木，1998）（⇨河床堆積物）

	岩床河川 bedrock channel	角礫床河川 angular gravel bed c.	礫床河川 gravel bed c.	砂床河川 sand bed c.	泥床河川 mud bed c.	人工固定床河川 artificial bed c.
定義[1] （河床堆積物）	河床の大部分に岩盤が露出し，局所的に礫堆がある	約75%以上が角礫〜亜角礫で，局所的に岩盤が露出	約75%以上が円礫	約75%以上が砂	約75%以上が泥（シルト，粘土）	三面張り河道では河床堆積物はほとんどない
物質流送様式[2]	掃流，土石流	掃流	掃流	掃流〜浮流	浮流〜溶流	各種
流路形態	穿入蛇行流路，直線状流路	網状流路，直線状流路，穿入蛇行流路	網状流路，穿入蛇行流路	自由蛇行流路	自由蛇行・分岐・網状分岐流路	直線状流路が多い
河川敷の極微地形類	滑床，滝，甌穴，侵食溝（ガター）	瀬，淵，早瀬	瀬，淵，早瀬，礫堆，交互州	瀬，淵，砂堆，交互州，砂漣	泥堆，交互州，横列州，泥漣	各種の州
河床勾配	$>10^{-1}$	$>10^{-1}$	10^{-1}〜10^{-3}	10^{-2}〜10^{-4}	$<10^{-4}$	多様
生じうる河川の特異性	間欠川	間欠川，末無川，水無川	末無川，水無川，天井川	湧泉川，天井川，稀に感潮河川	湧泉川，感潮河川，天井川	多様
河岸に発達する地形種の例	山地の侵食谷，谷底侵食低地，侵食段丘面，ダム下流の河床にしばしば出現	山地の小渓流，沖積錐・土石流堆・崖錐を刻むガリー，角礫質の谷底堆積低地・河成侵食低地	扇状地，礫質自然堤防，礫質の谷底堆積低地・谷底侵食低地	蛇行原，三角州，砂質の谷底堆積低地，砂質自然堤防，後背低地，支谷閉塞低地	三角州，泥質の自然堤防，後背湿地，潟湖跡地，支谷閉塞低地，堤間湿地	多種多様
過去の舟運[3]	なし	なし	筏（下りのみ）	あり	活発	運河で活発
河川敷における建設工事上の留意事項	異常高水位，小渓流では土石流・鉄砲水	土石流，異常高水位，鉄砲水，河床変動，基礎洗掘・磨滅	河床変動，流心移動，基礎洗掘・磨滅，破堤	側刻，破堤，砂の液状化	基礎沈下，高潮	環境との調和，地形場によって異なる

注：1) 中間型の河川は，角礫を含む礫床河川，砂礫床河川，砂泥床河川などとよぶ．2) その地点での最も粗粒な物質の流送様式を示す．3) 日本の，主として明治時代までの大河川と中河川における場合を示す．

トリックス）からなり，砂床河川では砂，泥床河川ではシルト，粘土を主とする物質からなる．岩床河川においても局所的に礫あるいは砂が堆積している．礫床河川においても部分的にマトリックスを欠く礫のみの堆積物もみられる．また，洗掘が進行している河床ではマトリックスが流失して粗粒な礫のみが河床表面を覆うアーマーコート*がみられる．樹林地域を流域にもつ河川の河床には河床物質のほかに河畔，斜面に生える樹木起源の流木（large woody debris）がみられ，河床の微地形，土砂流動や河川に生息する水生生物の生育環境に大きく影響する．⇨流路形態，河床堆積物 〈島津 弘〉

かしょうへんどう 河床変動 riverbed variation 水底が砂や礫で構成されている河川や人工水路でみられる河道の縦断面形や横断面形の時間的変化．このような河床では，平常時や洪水時の流れの作用により砂礫が絶えず流送されて河床面は洗掘されたり堆積したりしている．このプロセスにより，河床表面に周期的な紋様（河床波）が現れることがある．⇨河床形態 〈安田浩保〉

かしょうれき 河床礫 riverbed gravel 河床にみられる粒径2mm以上の礫のこと．礫床河川と岩床河川や角礫床河川の一部にみられる．礫の円形度は，礫の磨滅*によって，上流から下流に増加する（次頁の図）．一般に礫と礫の間は砂以下の粒子からなる充填物質で満されているが，マトリックスをもたず礫のみが集合した堆積物や洗掘が進行している河床ではマトリックスが流失して粗粒な礫のみが河床表面を覆うアーマーコート*がみられる．河床に分布する河床礫あるいは河床堆積物の粒径の縦断変化については古くから研究が行われてきた．岩石の磨耗や破壊によって運搬途上で大きさが変化することに原因を求める考え方とその地点まで運ばれうる礫の大きさが河川の掃流力によって決まるとする考え方に大別できる．しかし，実際の河川においては洪水時の掃流力以上の大きさの礫は存在しないし，山地河川においては支流や河川沿いの斜面から供給される礫も河床礫の大きさに大きく影響する．また，天然ダムの決壊など破壊的洪水を経験した河川では巨大岩塊が河床に散在する．稀に，大量の浮流物質を含む河川では河床勾配がかなり緩く，掃流力が小さい地域においても大きな礫が分布している．⇨アーマー現象 〈島津 弘〉

[文献] 高瀬康生ほか（2002）崖錐，沖積錐および扇状地の縦断勾配と構成礫の円形度との関係：地形，23，101-110．

かしょく 河食 fluvial erosion 河川（流水）に

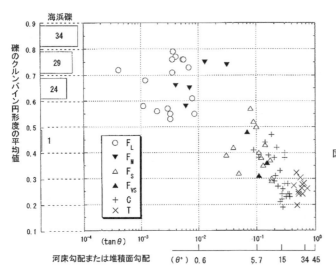

図 河床礫の円形度と河床勾配または堆積面勾配との関係（高瀬ほか，2002）
河床の $1\,m^2$ 内にある大きな礫の，上位から 20 個の円形度の平均値を示す．T：崖錐，C：沖積錐，F_{VS}：超小型扇状地，F_S：小型扇状地，F_M：中型扇状地，F_L：大型扇状地．海浜礫は富士海岸に実験的に投入されたデイサイト岩塊（約 40 cm 大）の 364 日後に発見された 88 個の礫の円形度別の個数を示す．

よる侵食作用，すなわち河川侵食の略語．河食は化学的侵食（河床物質を河川水が溶解する溶食*（corrosion））と物理的侵食とに分けられるが，その侵食量の大部分は後者による．最も一般的な物理的侵食は磨食または削磨*（abrasion, corrasion）とよばれ，流水が運ぶ岩屑粒子の衝突あるいは磨耗によって河床や河岸を削りとる作用である．これに対して研磨物質を含まず，流水の衝撃のみの侵食を hydraulicking あるいは hydraulic wedging という．また，水流が渦を巻く作用（evorsion）による河床の侵食（例：ポットホールの形成），砂礫質堆積物からなる河床を侵食する 洗掘*（scouring）なども河食作用である．このような作用による分類のほかに，河食が及ぶ位置・方向によって，河床を削る下刻（下方侵食*とも），河岸や谷壁を削る側刻（側方侵食*とも），谷頭方向への谷を伸張させる谷頭侵食*（頭部侵食とも）とに分けられる．⇒磨耗と磨滅 〈松倉公憲〉

かしょくちけい　河食地形 fluvially erosioned landform　河川の侵食作用（河食*）によって形成される地形の総称．日本のような湿潤地域の河谷とその流域の地形のほとんどは河食地形である．主谷，支谷，穿入蛇行谷，蛇行切断地形，峡谷，谷床平坦面，谷壁斜面，河成侵食低地などの小地形類・微地形類のほか，極微地形類の滝，淵，超微地形類の甌穴，侵食溝，など種々の地形種が形成される．他に谷頭侵食に起因する河川争奪なども河食地形である．⇒河食平野 〈松倉公憲〉

かしょくへいや　河食平野 fluvial erosion plain　河川の側方侵食によって形成された平野．河成侵食低地（谷底侵食低地*および侵食扇状地*）とそれらの離水した段丘面（河成侵食段丘面）の総称であるが，河食平野という用語は少なくとも日本では流布していない．侵食に対する弱抵抗性岩の分布する丘陵に発達しやすいが，河成堆積低地*に比べて一般に河川の横断方向の幅が狭い．河食平野の初生的な平坦さを整形した堆積物は厚さ数 m 以下の河成礫層である．⇒側方侵食，平野 〈鈴木隆介〉

かしょくりんね　河食輪廻 cycle of fluvial erosion　河川（流水）の侵食作用（すなわち河食）によって生ずる一連の地形変化．デービス*が提唱した地理学的輪廻*（地形輪廻あるいは侵食輪廻）の一つ．湿潤気候下では，他の侵食作用（たとえば，氷河や風，波などの侵食作用）に比較して河食が普遍的に行われるとの考えから正規輪廻*ともよばれる．デービスは，多くの野外観察と事例をもとに，山地の生成・発展・消滅過程について，"山地地形は急速に隆起した原地形から出発し，その後河食により，幼年期，壮年期，老年期を経て終地形である準平原に至り，その後この準平原は新たな造山運動によって再び隆起し新たな輪廻が始まる"という地形の標準的変化モデルを導き出した． 〈松倉公憲〉

かしら　頭 peak　⇒山頂

かしんしょく　過侵食 overdeepening　⇒過滑動

かすいとうせい　河水統制 river water control　戦前（昭和 12 年）に開始された河川の総合開発事業の名前．現在ではこの言葉はほとんど使用されていない．国が水利用を総合的かつ円滑に行う目的で実施してきたもの．戦後，この事業は河川総合開発事

業と名を改め現在に至っている． 〈安田浩保〉

かすいぶんかい　加水分解 hydrolysis 化学的風化作用の一つで，岩石中の鉱物と水が反応することにより鉱物中のアルカリ元素が水中に溶け出し，鉱物そのものが分解されていくこと（結果的に水が鉱物中に取り込まれ，しばしば粘土鉱物に変化する）．加水分解の進行度は，一般的には溶解度（solubility）で示される．鉱物の溶解度は水中における分離した H^+ と OH^- の存在（すなわち pH：pH 7 は 10^{-7} mol/l の H^+ が存在することを示している）が関係している．H^+ イオンは小さく，比較的大きな電荷をもつため，鉱物を構成する分子の格子の間を抜けて OH^- イオンと結合している陽イオンを置き換え，溶脱溶液をつくる．K^+，Na^+，Ca^{2+}，Mg^{2+} イオンは置換されやすく，それらの溶解度は pH の値に大きくコントロールされる（pH が小さいほど，すなわち酸性の強い水ほど一般に鉱物の溶解度は大きくなるが，石英のみは pH が大きいアルカリ水で溶解度が大きくなる）．⇨pH（ピーエイチ）
〈松倉公憲〉

かすいぶんかいたいせきぶつ　加水分解堆積物 hydrolysates ⇨水解岩

かずさそうぐん　上総層群 Kazusa group 本層群はわが国を代表する鮮新・更新統海成堆積物の模式的層序を示すものとして重要である．分布は千葉県房総半島中央部を覆い尽くし，その連続は東京湾対岸の三浦半島から関東平野の地下まで広範囲に及ぶ．模式的に分布する上総丘陵中・東部では，下位から黒滝層，勝浦層，浪花層，大原層，黄和田層，大田代層，梅ヶ瀬層，国本層，柿ノ木台層，長南層，万田野層，笠森層に区分される．堆積環境は，そこに含まれる化石から基底部から黄和田層にかけて大陸斜面下部まで深化した後，浅化して国本層で大陸棚になり，その後しだいに浅海化したとされる．
〈熊井久雄〉

かずさぼり　上総掘り Kazusa well-boring system 江戸時代の後半に，関東地方を中心に普及した井戸掘り工法．地上で先端に鉄製管を付した節抜竹管（径 5～10 cm，長さ数 m）を鉛直に突きつつ掘進し，排土は液状泥土（泥水）と共に節抜竹管内を通して上方に排除するもので，自噴する水圧のある被圧帯水層（confined aquifer）まで掘られた．それ以前の井戸掘りのように人が手掘りで掘削土を井外へ運び出して砕石やレンガを積みながら掘る工法ではなく，基本原理は今日でも十分に通用する画期的な井戸掘り技術であったといえる．上総掘りの用具が重要有形民俗文化財に，上総掘りの技術は重要無形民俗文化財に指定されている．⇨帯水層
〈斎藤　庸〉

ガスハイドレート gas hydrate 水分子が作る籠（かご）構造の中にメタン，エタン，二酸化炭素などのゲスト分子が取り込まれた化合物である．籠構造はゲスト分子の種類により，S ケージ，M ケージ，L ケージの 3 つの構造に分類される．ゲスト分子はメタンの場合が多く，メタンハイドレートとよばれ，白色でシャーベット状を呈し，青白い炎を出して燃える．陸上では永久凍土地域，海底では水深 500 m 以深の海底下に分布し，有望なエネルギー資源として研究されている．〈田中和広〉

［文献］松本　良 (2009) 総説：メタンハイドレート —海底下に氷状巨大炭素リザバー発見のインパクト—：地学雑誌，118, 7-42.

カスプ cusps ⇨ビーチカスプ

カスプじょうさんかくす　カスプ状三角州 cuspate delta 河川から排出された土砂が海や湖に向けて堆積し，尖状に突出した平面形態をもつ三角州．尖角状三角州ともいう．イタリアのティベル川三角州が典型的な例として知られている．⇨三角州の分類（図）
〈海津正倫〉

カスペートフォアランド cuspate foreland ⇨尖角岬（せんかくみさき）

かすみてい　霞堤 open dike 河川堤防のある区間に開口部をつくり，その下流側の堤防を堤内に延長して，副堤のように開口部上流側の堤防と二重になるように築造した不連続な堤防．急流河川で多く使われる．洪水時には開口部より水が逆流して堤内地が冠水し，洪水後は堤内地の氾濫水が開口部を通じて本川河道に戻ることにより洪水流量を減少させる効果をもつ．また，上流本堤が破堤した場合などにも氾濫水が不連続部を通じて本川河道に戻る機能も期待される．⇨副堤
〈砂田憲吾〉

かぜ　風 wind 大気*の運動のこと．太陽からの放射エネルギーの受け取る量は，地形や海陸の分布，さらには地球が球体であることにより場所により違いがある．そのため，気圧差が生じて風が吹くことになる．〈森島　済〉

かせい　火星 Mars 火星は半径 3,397 km（地球の 0.53 倍）の岩石質の惑星である．太陽からの平均距離は地球の 1.5 倍であるため現在の火星は寒冷で平均気温は -55℃ である．薄い大気（0.006 気圧）の主成分は二酸化炭素である．極域には主に水の氷でできた極冠が存在する．火星表面は，衝突ク

レーターの数・分布（クレーター年代）から，火山や堆積物が多くて表面が新しい北半球と，年代が古くて（衝突クレーターが多い）標高の高い南半球に大別される．赤道域には幅5,000 kmに近い巨大な火山性のタルシス台地があり，中央にマリネリス峡谷という長さ3,000 km，最大幅200 km，深さ8 kmの大地溝帯，西側には山頂にカルデラをもつ火山が三つ連なっている．その北西には高さ25 kmの太陽系最大の火山，オリンポス山があり，溶岩流のクレーター年代から少なくとも数千万年前まで活動を継続していたことがわかっている．

火星表面には，約30億年前に大規模な水の流出で形成された，アウトフローチャンネルとよばれる大洪水地形がある．マリネリス峡谷付近から北方へ流れたカセイ谷は幅数百 km，深さ2 km，長さ2,000 kmで，地球の洪水地形よりもはるかに大規模である．アウトフローチャンネルは地下の氷が大規模に火山活動などで融解して流出することで形成されたと考えられている．一方，南半球の40億年程度の年代の広い地域には，過去の温暖な気候を反映するバレーネットワークとよばれる樹枝状谷や屈曲谷のある幅数kmの河川地形や，河川が流れ込んだ湖の跡の地形がみられる．NASAのマーズ・ローバーはこのような地域で，水成の堆積岩の存在を確認している．

現在の火星では，極冠以外には氷が表面に存在している場所は少ない．しかし，花弁状の放出物地形をもつクレーターの存在や，長波長の地形の緩和状態から，地下には氷を含む凍土層が存在していると考えられる．また，エスカーなどの周氷河地形も確認されている．NASAのフェニックス着陸機は極域の浅い地下の氷の存在を確認した．火星の中高緯度の急斜面にはガリー（gully）とよばれる幅数百 mから数 km，長さ10 kmほどの新しい溝地形が確認されていて，地下水の流出や降雪が融けて流れたために形成されたと考えられている．表面の明るさの変化が確認され，現在も塩分濃度の高い地下水が流出していると考えられるガリーもある．さらに，季節により出現したり，長さが変化したりする，RSL（recurring slope lineae）とよばれる幅1〜5 m程度の黒い筋も，地下水流出の証拠と考えられている．

火星表面には，風向を反映した筋（ストリーク）や砂丘地形が多く存在する．火星表面は細かい塵で覆われているため，高分解能の写真では竜巻によって塵が巻き上げられた跡が確認できる．風による侵食活動が場所によっては大きく，堆積物の地層が削られて露出している地域がある．　⇨惑星，地球型惑星，クレーター年代　〈佐々木 晶〉

かせいかつどう　火成活動　igneous activity
マグマが地表に噴出したり，地下の浅い部分に上昇したりして，冷却する過程を火成活動あるいは火成作用という．火成活動の結果，マグマが冷却し固結してできた岩石を火成岩という．マグマが地表または極く浅いところで急冷してできたガラス質を含む岩石を火山岩（例：安山岩，玄武岩）とよぶのに対して，地下で徐々に冷却した結晶質の岩石を深成岩という．日本列島で産出する代表的な深成岩は花崗岩である．　〈宇井忠英〉

かせいがん　火成岩　igneous rock　地球内部に由来する高温の珪酸塩溶融体（マグマ）が固結して形成された岩石．地下深所に貫入し固結したもの，地下浅所に貫入し固結したもの（貫入岩），地表に噴出して固結したもの（噴出岩）があり，それぞれマグマが固結するときの冷却速度が異なるため，それを反映した組織を呈する．地下深所ではマグマは徐冷されるため，粗粒の結晶の等粒状集合体となる．このような岩石は 深成岩* とよばれる．地下浅所に貫入したマグマや噴出したマグマは急冷されるため，細粒の結晶あるいはガラス（これらを総称して石基という）が形成される．このような岩石は 火山岩* とよばれる．火山岩でも地下深所で結晶成長したと考えられる粗粒の結晶を斑晶として含む斑状組織を呈することが多い．しかし，等粒状組織を有する火成岩が必ずしも地下深所で形成されるとも限らないし，火山から噴出した岩石がすべて斑状組織を呈するとはいえない．したがって，深成岩と火山岩は記載岩石学的には火成岩の組織による分類である．マグマは地下深所で形成されてから結晶分化作用などにより化学組成が変化する．火成岩の性質はSiO_2含有量の変化に応じてある程度規則正しく変化し，その含有量の低い方から，超塩基性岩（SiO_2：45 wt%以下），塩基性岩（SiO_2：45〜52 wt%），中性岩（SiO_2：52〜66 wt%），酸性岩（SiO_2：66%以上）と分類される．塩基性のかわりに苦鉄質（マフィック：mafic），酸性のかわりに珪長質（フェルシック：felsic）とよぶことがある．アルカリ元素に富み，準長石など特徴的な鉱物を含む岩石をアルカリ岩とよぶことがある．また，化学組成により鉱物の組合せが異なるが，マグマの化学組成はある系列に則って変化するため，あまり特殊な組成を示さない．したがって，火成岩の構成鉱物も少数に限られ，かんらん石，輝石，角閃石，雲母，斜長石，ア

ルカリ長石，石英などである． 〈太田岳洋〉

[文献] 都城秋穂・久城育夫 (1975)「岩石学Ⅱ．岩石の性質と分類」，共立出版．

かせいがんたい　火成岩体　igneous body　一回の噴出（噴出岩）や一回の貫入（貫入岩）でつくられた火成岩の塊をいう．内部の岩質は比較的類似の組成をもつ． 〈松倉公憲〉

かせいがんのさんじょう　火成岩の産状　mode of occurrence of igneous rock　火成岩の産状は，マグマが地表で固結した噴出岩と地下で固結した貫入岩に大別される．噴出岩は溶岩と火山砕屑岩に，貫入岩は周辺の岩石の構造に対して調和的な岩体と非調和的な岩体に分けられる．噴出岩のうち，溶岩は溶岩台地 (lava plateau)，溶岩流 (lava flow)，溶岩ドーム (lava dome)，火山岩尖（スパイン，spines）などの産状を呈する．これらの産状は噴出するマグマの粘性により，溶岩流は比較的粘性が小さく，火山岩尖は非常に粘性が大きい．火山砕屑岩は火山砕屑丘 (pyroclastic cone)，火砕流台地 (pyroclastic flow plateau) などの産状を呈する．調和的な貫入岩体の産状には，地層面に沿って貫入しほぼ水平に定置したシル（板状貫入岩体：sill），水平に近い地層間に貫入して上盤の地層を押し上げたラコリス（餅盤，laccolith），下方にくぼんだ皿状のロポリス (lopolith)，地質構造的な力の作用の影響下で貫入したファコリス（phacolith：褶曲した地層の向斜部や背斜部に貫入したレンズ状貫入岩体）などがある．非調和的な貫入岩体としては，地層面などを切って貫入した厚い板状の岩体である岩脈 (dike) や地殻変動でできた空隙にマグマが注入されてできたコノリス (chonolith) などがある． 〈太田岳洋〉

かせいこ　河成湖　fluvial lake　河川の侵食作用や堆積作用に起因して形成されるもので，氾濫原（蛇行原*），デルタおよび支谷閉塞低地*にみられ，氾濫原湖 (floodplain lake) や河跡湖（三日月湖*：oxbow lake）などとよばれる．氾濫原湖は河川の水位の上下に対応して湖の水域の拡大・縮小あるいは河川からの流入・流出が発生する（例：長江流域の洞庭湖・番陽湖・太湖，カンボジアのトレンサップ湖，淀川上流にあたる宇治川流域の旧巨椋(おぐら)池(いけ)）．河跡湖（三日月湖）は自由蛇行河川の蛇行切断によって取り残された旧流路が湖沼化したものである（例：石狩川沿岸の袋(ふくろ)地(じ)沼(ぬま)・新沼・ピラ沼）．大規模な支谷閉塞低地には支谷閉塞低地湖が生じる（例：千葉県印旛(いんば)沼(ぬま)，茨城県霞ヶ浦・北浦）．

〈柏谷健二〉

かせいさよう　火成作用　igneous activity　地下深部で生成されたマグマが地表に噴出したり，地殻内に貫入したりすること．火成活動ともいう．火山活動 (volcanism) と深成活動 (plutonism) に大別される． ⇨火山活動 〈太田岳洋〉

かせいしんしょくだんきゅう　河成侵食段丘　fluvial erosion terrace　⇨河成段丘

かせいしんしょくていち　河成侵食低地　fluvial erosional plain　⇨河成低地

かせいせつ　火成説　plutonism　火成岩は地下が高温であることによって溶けた物質が固まってできたという説．火成論とも．水成説に対して，18世紀後半にハットン* (J. Hutton) を中心としたグループが提唱した．⇨火成論者 〈松倉公憲〉

かせいたいせきだんきゅう　河成堆積段丘　fluvial accumulation terrace　⇨河成段丘

かせいたいせきていち　河成堆積低地　fluvial depositional plain (lowland)　低所に砂礫，砂，泥などの地形物質が堆積して形成された低地のうち，河成の扇状地*，蛇行原*，三角州*，谷底堆積低地*などの複式地形種や河川敷*，自然堤防*，後背低地*などの単式地形種などからなる低地．泥炭地*や支谷閉塞低地*なども含む．⇨河成低地（図）

〈海津正倫〉

[文献] 鈴木隆介 (1998)「建設技術者のための地形図読図入門」，第2巻，古今書院．

かせいたいせきぶつ　河成堆積物　fluvial sediment　河川の作用によって形成された堆積物．河道内の河床堆積物と河道外の氾濫堆積物の総称であり，沖積堆積物ともいう．⇨氾濫堆積物，河床堆積物 〈島津弘〉

[文献] Bridge, J. S. (2003) *Rivers and Floodplains*, Blackwell.

かせいだんきゅう　河成段丘　fluvial terrace, river terrace　河川の侵食作用または堆積作用で段丘面が形成された段丘（次頁の図）．前者を河成侵食段丘，後者を河成堆積段丘とよぶ．河成段丘の段丘面の成因と段丘化（離水）の要因には，海水準変動，地殻変動，気候変化，火山活動などがあげられる．中部日本以北に分布する河成段丘は，第四紀の氷期–間氷期サイクルの気候変化が大きく関わったものが多いと考えられている．すなわち，河川の中・上流部では，氷期の相対的な土砂供給量の増大により河谷の埋積が進行し，その後の間氷期には，相対的に河川の運搬力が上回り，下刻が活発とな

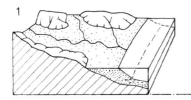

図 段丘の形成過程（臨海の河成堆積段丘の場合）（鈴木, 2000）
1：河成堆積低地の形成期：打点域が低地であり，自然条件下では100年に1回くらいの頻度で冠水する．
2：段丘の形成初期：①段丘化の根源的原因の発生（例えば矢印の長さに相当する地盤の隆起）と②それに起因する低地の離水，沖合へ移動した新河口（M）までの延長川の形成，河川の下方侵食と頭方侵食の復活（Kは滝や早瀬の遷急点）ならびに③海岸侵食の復活（＝段丘崖の形成＝旧低地面の離水＝旧低地の段丘面化）．打点域はまだ段丘化していない低地．
3：段丘の縮小期：新しい谷底侵食低地と海成侵食低地（打点域）の形成に伴う段丘崖の後退と段丘面の縮小ならびに段丘開析谷の発達による段丘面の分断．

る．隆起地域では，第四紀中期以降に繰り返される氷期‐間氷期の気候変化に対応して，複数の気候変化のサイクルを記録している河成段丘が発達している．　⇨段丘，段丘の内部構造（図，表）　〈小岩直人〉
［文献］鈴木隆介（2000）『建設技術者のための地形図読図入門』．第3巻，古今書院．

かせいだんきゅうのしゅうれん　河成段丘の収斂 terrace convergence　河成段丘面*を川の縦断形に投影したときに，形成期が異なる段丘面の比高が上流または下流方向に減少して，一つに収斂する現象を河成段丘の収斂とよび，それらの段丘面群を収斂段丘という．反対に比高が増加し，離れていくことを河成段丘の発散とよび，それらの段丘面群を発散段丘という．上流方向への河成段丘の収斂は，下流から上流に向かって進む下刻の前線である遷急点において多くみられる（例：北海道沙流川流域）．下流方向への河成段丘の収斂は，流域全体として下流方向に傾く傾動*によって形成される．氷期に形成された段丘面が沖積面に収斂するようにみえることが多くの平野（例：東京都多摩川流域）で知られているが，実際には段丘面は沖積層の下面に存在する埋没段丘面や沖積層の基底礫層堆積面に連続しており，交差している．河成段丘の発散（例：長野県烏川流域）は，地殻変動による隆起により形成される．　⇨段丘面の連続性（図）　〈吉永秀一郎〉

かせいだんきゅうのはっさん　河成段丘の発散 terrace divergence　⇨河成段丘の収斂

かせいだんきゅうめん　河成段丘面 fluvial terrace surface　河成段丘を構成する急崖や斜面に縁取られた平坦面ないしは緩斜面．かつての河床を含めた谷底低地の残片で，岩石段丘面と砂礫段丘面に大別される．　⇨段丘の内部構造（図，表）　〈吉永秀一郎〉

かせいちけい　河成地形 fluvial landform　河流の侵食・運搬・堆積作用によってつくられる地形の総称で，雪氷が覆う寒冷地域を除いて，地球上で最も普遍的にみられる地形．山地や丘陵に刻まれた河谷*に伴う多様な形態と規模の河食地形*（例：滝，瀬淵河床，V字谷）とその集合で構成される水系網*が侵食地形の代表例である．サハラ砂漠など極乾燥地にも，過去の湿潤気候期の遺物地形*として存在する．堆積地形には，河川の谷口から下流へと配列する沖積扇状地→氾濫原（蛇行原*）→三角州*と，それらの表面に微起伏をつくる砂礫堆や自然堤防*，後背湿地*，流路跡地などがある．広義では，降雨時にのみ流水のあるリル*やガリー*（雨裂）も河成地形に含める．　⇨河川システム
〈門村　浩〉

［文献］Schumm, S. A. (2005) *River Variability and Complexity*, Cambridge Univ. Press.

かせいていち　河成低地 fluvial plain　河川の作用によって形成された低地で，河川の侵食作用によるものを河成侵食低地，また堆積作用によるものを河成堆積低地とそれぞれよぶ．1）河成侵食低地は谷底侵食低地と侵食扇状地に大別される．これらは湿潤地域では一般に河岸に沿って露出する岩盤よりなる幅の狭い低地で，堆積物は極めて薄い．河床の部分には礫堆または砂礫堆がみられるが，滑床のように堆積物のほとんどみられない岩石河床も存在する．また，乾燥地域では布状洪水による面的な侵食によって形成されたペディメントがみられ，広大な広がりをもつものもある．2）河成堆積低地は，河川敷，自然堤防および後背低地の3種の河成単式堆積地形種の組み合わせにより，①谷口より上流に分

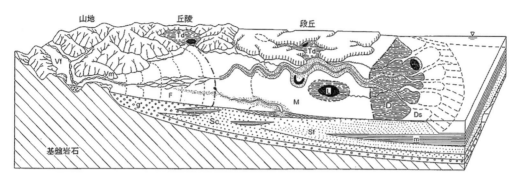

図　河成堆積低地の模式図（鈴木，1998）
Vf：谷底堆積低地，Vm：谷口，F：扇状地，M：蛇行原，D：三角州（Ds：水底三角州），L：湖沼，Td：支谷閉塞低地，g：礫層，Sc：粗粒・中粒砂層，Sf：細粒砂層，m：泥層（シルト・粘土層）．一点太破線は，扇状地，蛇行原および三角州の境界線である．

布する谷底堆積低地，②谷口から下流の地域に発達する扇状地，③河口付近に発達する三角州，④扇状地と三角州との間に発達する蛇行原（氾濫原とも），⑤静水域の推定に存在する水底三角州，⑥支谷の谷口より上流に分布する支谷閉塞低地などの河成複式堆積低地に細分される（図）．一つの河川流域ではその一部が欠落することがあるが，全体としては谷底堆積低地，扇状地，蛇行原，三角州が上流域から下流域に向けて順に配列し，その配列順序が乱れることはない．　　　　　　　　　　　〈海津正倫〉
［文献］鈴木隆介（1998）「建設技術者のための地形図読図入門」，第2巻，古今書院．

かせいのえいきゅうとうど　火星の永久凍土　Martian permafrost　1970年代のバイキング探査機時代から，火星の地表面には永久凍土の存在を示唆する氷楔多角形土に類似した割れ目地形が存在することが知られていた．2008年5月に火星の北極付近に着陸したNASAの無人探査機「フェニックス」は氷楔多角形土に類似した地形周辺をロボットアームで掘り，氷と考えられる白い物質を確認した．また，高解像度の衛星画像により，岩石氷河*に似たロウブ地形が多数存在することや，ピンゴ状の半球形の丘の存在が指摘されている．⇨多角形土　　　　　　　　　　　〈福井幸太郎〉
［文献］澤柿教伸ほか（2005）地球の地形から火星を読み解く―巨大洪水地形と氷河地形―：雪氷，67，163-178．

かせいふくしきたいせきていち　河成複式堆積低地　fluvial depositional compound plain　⇨河成低地

かせいろんしゃ　火成論者　plutonist　地球内部が高温であることに地質現象の根源を求めた火成説*をとる研究者をいう．その代表にイギリスのハットン*（J. Hutton）がいる．彼は花崗岩が他の岩石を貫く事実を発見し地下の高温溶融体の存在を考えた．火成論者は火の働きを重視するが，堆積岩形成に及ぼす水の役割も重視する．　〈松倉公憲〉

かせきインボリューション　化石インボリューション　fossil involution　⇨インボリューション

かせきえいきゅうとうど　化石永久凍土　relict permafrost　⇨永久凍土

かせきカルスト　化石カルスト　fossil karst, relict karst, paleokarst　現在はカルスト化作用（溶食作用）を休止した状態になっているカルスト地形をいう．化石カルストは，かつて形成されたカルスト地形が，その後の環境の大きな変化によって，そのままの形で封じ込められて残っている場合をいう．中生代の石灰岩の中にカルスト地形がとじ込められているとき，例えばスロベニアでは洞窟（洞穴）内に形成された鐘乳石*が埋没したまま石灰岩中にとり残されたり，化石のドリーネ*の形がそのまま石灰岩中に残る例がある．日本では，南大東島のレインボーストーンが化石カルストに相当する．サンゴ礁がいったん陸化して，その後形成されたカルスト地形の一部に，赤色土壌を混じえたまま再結晶した後，島が若干の沈降を起こして，再びサンゴ石灰岩がその上を覆って堆積した地層の断面をみることができる．これに対してレリックカルストは，かつてのカルスト地形を保ちながら現在のカルスト化作用を受けている場合をいう．桂林のタワーカルストは，熱帯の環境下で形成されたとする意見に従うなら，現在はその形態を維持しているレリックカルストであるといえる．しかし，熱帯カルストがかつて形成された地形であり，現在の桂林の気候や水文環境下では熱帯カルストを形成するようなカルスト化

は行われていないという立場をとるならば，古カルスト（paleokarst）として，区分しなければならない． 〈漆原和子〉

かせきがんせきひょうが　化石岩石氷河　relict rock glacier ⇨岩石氷河

かせききょくせん　加積曲線【粒度の】 cumulative curve ⇨粒度累積曲線

かせきぐんしゅう　化石群集　fossil assemblage 地層の同じ層準から発見される化石個体の集合．生息していた場所でそのまま化石化した群集（原地性），生息していた場所から他の場所へ運搬され形成された群集（異地性）がある．産出する化石の種，産出頻度，環境や時代の指標となる種の有無で特徴づけられる．原地性であっても，化石化の過程で消失した分類群があり，過去の生物群集がそのまま保存されているわけではない．異地性の場合いくつかの群集が混合することがある． 〈塚腰　実〉

かせきこ　化石湖　fossil lake 地質時代に湖沼が形成されていたものの，現在は消失しているもの．湖沼形成時の湖沼堆積物などから当時の湖沼環境を復元することができる．第四紀更新世に形成された栃木県の塩原湖（塩原化石湖）などがその例．
 〈鹿島　薫〉

かせきこ　河跡湖　river-bed lake ⇨河成湖

かせきこうぞうど　化石構造土　fossil patterned ground ⇨構造土

かせきこく　化石谷　fossil valley 新しい時代の堆積物によって覆われて堆積物中に埋没した過去の谷．埋没谷*ともいう．段丘などの露頭の堆積物中に不整合で谷の断面形がみられるような小規模なものや，沖積低地の地下に埋没する最終氷期の低海水準期に形成された大規模なものなど様々な規模・時代のものがある．わが国の沖積低地の地下に発達する最終氷期に形成された化石谷は現在の沖積低地の地下のみならず，東京湾底や大阪湾底などの内湾や浅海底へと延びている．同様の氷期の低海面期に形成された谷地形は，ヨーロッパの北海海底や，マレー半島の南東側に広がるスンダ陸棚などにも認められる． 〈海津正倫〉

かせきさきゅう　化石砂丘　fossilized dune 過去に形成された砂丘の総称で，古砂丘*や旧砂丘*がこれにあたる．砂漠では氷期に形成された化石砂丘や完新世前半に形成された旧砂丘が埋没している．オーストラリア大砂漠では南緯17〜20°と32〜36°に植生で被われた化石砂丘が広がり，乾燥気候下で形成された砂丘の斜交層理が過去の風向を記録している． 〈成瀬敏郎〉

かせきしゅうひょうがげんしょう　化石周氷河現象　fossil periglacial phenomenon 過去の寒冷期に形成された構造土*・氷楔*・ソイルウェッジ*・インボリューション*などの現象で，現在の気候条件下では形成を停止しているものを指す．露頭に断面形態として観察されることが多い．化石周氷河現象の出現する層準が明確であれば示準化石として利用できる．氷楔のように形成環境が明確な現象については，その化石形である化石氷楔がみつかれば，過去の永久凍土環境が高い精度で推定されるなど，示相化石としての価値も高い． 〈澤口晋一〉
[文献] 小疇 尚ほか（1974）ひがし北海道の化石周氷河現象とその古気候学的意義：第四紀研究, 12, 177-191. / 三浦英樹・平川一臣（1995）北海道北・東部における化石凍結割れ目構造の起源：地学雑誌, 104, 189-224.

かせきしゅうひょうがしゃめん　化石周氷河斜面　fossil periglacial slope ⇨周氷河斜面

かせきじんるい　化石人類　fossil men 化石種として扱われる人類．人類の定義をどこまでにするかが問題になるので，この用語に対する明確な定義はない．狭義に扱う場合には *Homo erectus* など化石 *Homo* 属に適用するが，新石器時代以前のものをいう．一般的には広義の hominid（ヒト科）に適用して，最古の化石である約700万年前の *Sahelanthropus tchadensis* までさかのぼる． 〈熊井久雄〉

かせきそう　化石相　biofacies 地層のもつ様々な特徴のうち，産出する化石に基づいた特徴．地層を構成する岩石に基づいた特徴による岩相に対応する． 〈塚腰　実〉

かせきそう　化石層　fossil bed 地層の中で化石が成層状または寄せ集められた状態で多産する層．含まれる化石の種類により，貝化石層，植物化石層などとよばれる． 〈塚腰　実〉

かせきそういがく　化石層位学　biostratigraphy ⇨生層序学

かせきちけい　化石地形　exhumed fossil landscape, resurrected fossil relief ①堆積物に被覆されている古い地形（埋没地形*）と②その堆積物が削剥されて埋没地形が地表に再現した地形（発掘地形*）の両者の総称．差別削剥に起因する暴露地形*とは異なる． 〈鈴木隆介〉

かせきどじょう　化石土壌　fossil soil ⇨古土壌

かせきひょうせつ　化石氷楔　ice-wedge cast ⇨氷楔

かせきピンゴ　化石ピンゴ　pingo scar ⇨ピン

ゴ

かせきめん　化石面　fossil surface　化石地形*の一種で，過去の侵食面*が新しい堆積物に被覆されている場合に，その地下に存在する古い地表面つまり埋没地形の表面を指し，地質学的には不整合面*に相当する．　〈鈴木隆介〉

かぜつなみ　風津波　storm surge　⇨高潮

かぜのうんぱんさよう　風の運搬作用　transportation by wind　⇨運搬作用［風の］

かぜのたいせきさよう　風の堆積作用　deposition by wind　⇨堆積作用［風の］

かせん　河川　river　水が地表面の低所に沿って線状に流れている状態を河流（stream）とよび，河流の流れる溝状の低所を流路（channel）または河道（river course, channel），わずかな出水時に冠水する河原を低水敷，数年に一度程度の高水時にのみ冠水する部分を高水敷（flood channel, high water channel）とそれぞれよび，流路，低水敷，高水敷をまとめて河川敷または河床（river bed）とよぶ．河流（＝水流）と河床（＝地形）を一括して河川または川とよぶ．ただし，恒常的に河流のない河川もある（例：間欠河川，水無川，末無川）．河川は流路形態（例：網状・蛇行・分岐・直線河川），河床堆積物（例：岩床・礫床・砂床・泥床河川），地形場*（例：山地・低地河川），河川規模（例：大・中・小河川），その他（例：幹川，支川，派川）によって様々に分類される．表面流，氷河，地下水流，湖沼は普通には河川とはよばないが，広義では湖沼は河川に含められる．河川名は日本ではすべて○○川であるが，諸外国では河川規模に対応して呼称が異なる（例：中国では，江，河，渓，川の順に小規模の河川名）．　⇨河川地形学，河成地形　〈鈴木隆介〉

［文献］野満隆治（瀬野錦蔵訂補）（1959）「新河川学」，地人書館．

かせんかいしゅう　河川改修　river improvement　計画高水流量を安全に流下させるための河道断面と平面形状を確保するために行う工事．河川改修計画では，河川の縦断形状，平面形状，横断形状が可能な限り安定な形に近づいていくよう考慮される必要がある．わが国では，低水量と高水量との大きな差に対応するため複断面形式の採用や，護岸・水制による河道の改修もなされている．近年では，河川の生態系にも配慮したより自然な河道のあり方についても，様々な視点からの試みがなされている．　⇨計画高水流量　〈砂田憲吾〉

かせんがく　河川学　potamology　理学的な立場から河川を研究する学問で，湖沼学・地下水学・氷河学・雪氷学・陸水生物学などとともに陸水学を構成する．また，地球上の水の循環に果たす河川の役割に注目した場合，水文学の一部とみなされる．河川の人為的制御・工作などを研究目的とする河川工学や河川生物学は密接に関連するが，河川学そのものには含まれない．研究対象および内容は，①水路内の水の流動の実態と流動によって生じる侵食と堆積の機構．②水および水中の物質を運搬する機能の研究．すなわち，河川水の量，水中物質の動態，流出解析，蒸発散，地下水および湖海との関係などを対象とする．③流域と水路網，扇状地，三角州，河床形態など様々なレベルの河成地形の形成と発達．④生物の生息域や人類にとっての環境としての河川の実態など．河川学の研究には，物理学（水理学を含む），化学，統計学，生物学などの知識と研究法が関係する．さらには地形学の分野で確立された種々の定義と概念が用いられる．河川学は，多分野の研究が相互に関係しあいながら発達する総合科学である．　⇨河川，河川地形学，水文学，河川工学　〈徳永英二〉

［文献］野満隆治（瀬野錦蔵訂補）（1959）「新河川学」，地人書館．

かせんくっきょくりつ　河川屈曲率　river sinuosity　⇨屈曲度［河川の］

かせんこうがく　河川工学　river engineering　河川形態，流れの性状や砂礫の移動などを工学的観点から調査・研究し，洪水災害の防止を図るとともに河川利用の促進，水資源の開発，流域環境の保全，河川構造物の設計・施工などを研究対象にする学問．土木工学の一分野．特に，河川流と砂礫移動現象に関する研究成果は河川地形の形成プロセスを理解する上で有益である．　〈砂村継夫〉

かせんさいがい　河川災害　river disaster　河川の増水などによって引き起こされる災害．越流・破堤などによって外水氾濫がひき起こされるほか，河岸侵食などが発生することもある．広義には山間部の渓谷や谷底平野における土砂災害も含まれる．河川災害が発生した際には迅速な復旧工事が重要であり，水害に備えて堤防のかさあげ・強化や河床浚渫，高水敷の整備や砂防ダムの復旧・建設などが進められる．　⇨水害　〈海津正倫〉

かせんしき（じき）　河川敷　river area　堤防の川裏の法尻（堤内側にある堤防先端）から対岸のその部分までの区域で，堤防が占める堤防敷，出水時にのみ水が流れる高水敷，平常時に水が流れる低水

敷の三区域を合わせていう．広くは，河川としての役割を担う土地全体を指すが，高水敷*のみをいうこともある．　　　　　　　　　　　〈木村一郎〉

かせんシステム　河川システム　fluvial system　シャム*（S. A. Schumm）が提唱した概念であり，河川系（fluvial system）の構成要素を3帯に大区分し，上流の第1帯の流域（drainage basins）では主として物質生産（production），第2帯の河道（channels）では物質輸送（transfer）および第3帯の扇状地（alluvial fans），谷埋め堆積物（valley-fills：氾濫原）および三角州（deltas）では堆積（deposition）で，それぞれ特徴づけられるとして，河川の作用とそれによって形成される地形との関係を定量的に論じた．それらの制約要因としては，上流域ほど気候，地殻変動および土地利用，下流域ほど海水準と地殻変動がそれぞれ重要であると要約し，河川地形を系統的・統一的に理解できるとした．
〈鈴木隆介〉

［文献］Schumm, S. A.（1977）*The Fluvial System*, John Wiley & Sons.

かせんじゅうだんけいいじょう　河川縦断形異常　anomaly in river longitudinal profile　河川縦断面形において河床勾配が特定の地点または区間で不連続に急変する現象．河川の縦断面形は通常，なめらかな下に凸の曲線となる傾向があるが，侵食基準面の変化に伴う河川の回春や河床構成物質の地区別の差異，地すべり移動体や火山噴出物の定着，活断層の変位などに起因して，縦断面形が勾配の異なるいくつかのセグメント（区間）に分断されることがある．⇨遷移点，遷急点，遷緩点，河系異常，セグメンテーション，河床縦断面形の区間的変化，　〈早川裕弌〉

［文献］鈴木隆介（2000）「建設技術者のための地形図読図入門」，第3巻．古今書院．

かせんじゅうだんめんけい　河川縦断面形　longitudinal river profile　用語で河川縦断形とすることも多い．横軸に距離，縦軸に河床高（または水面高など）をとってプロットした図．同じ断面図上にかつての河床高であるとして段丘面の高度をプロットすることも河成段丘地形の研究ではよく行われる．河川縦断形は一般に上に凹形をなすなめらかな曲線となるが，遷急点*（例：下流に向かって急になる点，滝など）や遷緩点*（例：急な扇状地が沖積平野で終わる点）のような勾配の急変する特異点もある．いくつかの遷急点に区切られる区間をもつ河川もある．河川縦断形に対して指数曲線・放物線・双曲線などの数式を当てはめることが行われたが，それによって河川縦断形の研究が理論的に進展することが必要である．有力な指数関数説は，礫径が指数関数的に減少すること（ステルンベルグの法則*），礫径と勾配が比例することに由来している．
⇨河床縦断面形の区間的変化　　　　〈野上道男〉

［文献］Yatsu, E.（1955）On the longitudinal profile of the graded river : Transactions, American Geophysical Union, 36, 655-663.／野上道男（2008）河川縦断形発達の拡散モデルについて：地理評, 81, 121-126.

かせんしんしょくこく　河川侵食谷　fluvial erosion valley　⇨河谷

かせんすい　河川水　river water　河道内において存在する水を指し，瀬や淵，洪水時における高水敷を流れる水などの総称．河口付近の感潮域では，この用語の使用に注意を要する．　〈中山恵介〉

かせんすいい　河川水位　water level in river　ある地点において基準面から測った河川水面の標高をいう．単に水位ともいう．基準面としては，隅田川河口の霊岸島量水標で図った水位の平均で与えられる東京湾中等潮位（T.P.）（⇨東京湾平均海面）をとっている．この他にそれぞれの河川独自の基準面*がある．水位の時間変化がより重要なために，実務上の扱いでは観測所ごとに基準標高を基にした簡潔な数値で表示されることが多い．　〈砂田憲吾〉

かせんそうだつ　河川争奪　river capture, stream piracy　隣接する河川流域は分水界を境にして競合関係にある．何らかの理由で一方の河川の侵食が激しい場合には，その本流または支流の谷頭が分水界をこえて侵食力の小さい河川の側に移動し，その上流側の水流を奪う現象が起こる．これを河川の争奪（パイラシーともいう）といい，奪った河川を争奪河川*とよび，奪われた河川を斬首・截頭河川*あるいは被奪河川という．争奪の行われた場所を争奪の肘という（図）．この部分で，河川は被奪河川の方向に対して直角または鋭角に流向を変え，あたかも肘のように折れ曲がった形となる．争奪河川は流量が増大して過大な能力をもつ過大河川*となり，争奪の肘の部分では，下刻作用が急速に進行する．一方，被奪河川側では，谷の大きさに比べて水量の少ない過小河川*となり，無能河川ともよばれる．被奪河川の河谷底は，争奪河川に対して相対的高所に風隙または谷中分水界*として残る．なお，蛇行河川では，自由蛇行でも穿入蛇行でも，蛇行切断*によって一つの河川のなかだけの流路短絡（一種の争奪）が起こる．これを自動争奪とよぶ．
⇨風隙，無能河川　　　　　　　　　〈田中眞吾〉

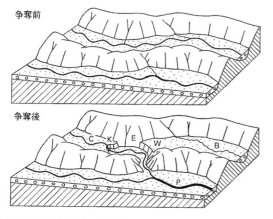

図　河川争奪（鈴木，2000）
B：斬首河川，C：被奪河川，E：争奪の肘，K：遷急点，P：争奪河川，W：風隙（ウインドギャップ）．

[文献] 鈴木隆介（2000）「建設技術者のための地形図読図入門」，第3巻，古今書院．

かせんそっこくそくど　河川側刻速度　rate of lateral erosion (planation) by river　河川の側方侵食*（側刻）の長期間における平均側刻速度（dW/dT）をいう．任意地点では，$dW/dT = d[\kappa\{(\gamma PA\tan\theta)/(T_r S_c I_d)\}1/2T]/dT$，という経験式が提唱されている．ここに，$W$：側刻幅，$T$：側刻継続時間，$\gamma$：洪水流の単位体積重量，$P$：流域平均年降水量，$A$：流域面積，$\tan\theta$：河床勾配，$T_r$：大規模洪水の再現期間，$S_c$：基盤岩石の一軸圧縮強度，$I_d$：基盤岩石の不連続示数，$\kappa$：無次元比例係数，である．つまり，大流域で，雨量が多く，河床勾配が急で，基盤岩石が弱抵抗性岩であるほど，平均側刻速度は大きい．　　　　　　　　　〈鈴木隆介〉

[文献] 鈴木隆介ほか（1982）日本における河川の側刻速度：地形，4，33-47．

かせんたいせきかんきょう　河川堆積環境　fluvial depositional environment　河川に伴ってできる堆積環境．分布域によって，上流の扇状地性河川，中流部から平野部の沖積河川*，河口域の三角州河川に，流路形態によって，網状河川（⇨網状流路），蛇行河川（⇨蛇行流路），分岐河川（⇨分岐流路）に，河床物質によって，岩盤河川，礫質河川，砂質河川，泥質河川などに分けられる．河川は，気候や気象によっても多様化する．一般には，河川は，水が流下する流路が分布する河道（fluvial channel），流路にそって細長く発達する微高地の自然堤防*，さらに流路の周辺に広がる低地の氾濫原*などの地形からなる．河道内には流路や砂州が広がる．河川水は静穏時には低水路を，増水時には高水敷を含めた河道全体を流れる．蛇行河川では蛇行の内側にポイントバーとよばれる砂州（⇨蛇行州）が発達する．網状河川では縦列州と横断州がみられる．洪水で破堤すると，破堤堆積物がローブ状の地形（crevasse-splay lobe）を，さらに氾濫流が氾濫原上を流れて氾濫流路（crevasse-spray channel）をつくる．こうした河川地形は，それぞれ特徴的な堆積構造や重なりなどの堆積相を示す．地層ではこうした堆積相から河川の詳細な堆積環境を識別することができる．河川性の地層は上方細粒化・上方薄層化サクセッションを示す．それは上方細粒化を示す流路堆積物の砂層や砂礫層の上に，氾濫原堆積物の泥層が重なることでできる．〈増田富士雄〉

かせんちけい　河川地形　river landform, fluvial landform　広義には河川の形成した河成地形*を指すが，狭義には河川そのものの地形，すなわち河道（排水路，流路）の平面形（流路形態）・縦断形・横断形，河床形，流域地形，水系（河系，排水網）などを指す総称語．⇨河川地形学，河成地形
〈鈴木隆介〉

[文献] 高山茂美（1974）「河川地形」，共立出版．

かせんちけいがく　河川地形学　fluvial geomorphology　地表を流れる水は，その侵食・運搬・堆積作用によって，小はリルやガリーから大は巨大流域といった規模にわたって，様々な特徴をもった地形（河成地形）を形成する．河川地形学は，河成地形を対象として，その形成の過程やメカニズムなどを研究する科学である．研究の進め方は，水理学による理論・実験研究，実測・観測・野外実験，編年による発達史研究，統計処理，シミュレーション，モデリングなどと多様である．環境変化や河川に対する人為的作用が河成地形に及ぼす影響や，河成地形およびそれをつくる物質とそこに発生する災害との関係なども河川地形学の対象である．⇨河川地形，河川
〈徳永英二〉

[文献] Stott, T. (2010) Fluvial geomorphology : Progress in Physical Geography, 34, 221-245.

かせんちょう　河川長　river length　河川の長さ．一般に，名称の付いた河川（例：利根川）の河川長は，本流の源流*（≒流域の最遠点）から河口（支流では本流との合流点）までの長さをいう．河川長が数十km以上の大河川では，網状流路，蛇行流路や分岐流路を含み，特に多島状三角州*（例：アマゾン川）をもつ大河川では河口位置の決定も困難なので，その河川長の全長を10km以下の精度で

計測することは困難かつ無意味である．一方，大縮尺地形図を用いて水系密度などを求める場合に用いる河川長は，個々の支流の源頭から本流の合流点までの長さである．⇨流域の基本地形量，最遠点高度［流域の］　　　　　　　　　　　〈小松陽介〉

かせんちょうのたんしゅく　河川長の短縮　river-length shrink　河川長が自然的原因または人工的掘削で短縮すること．自然的には，①蛇行切断：自由蛇行および穿入蛇行の，蛇行頸状部*がその上流側と下流側の両側からの側方侵食によってしだいに幅狭くなり，ついには切断されて河道の短絡が起こり，環流丘陵*が生じる．②早瀬切断*：全体として蛇行している網状流路では滑走部側の急勾配の枝水路が早く下刻されて，そこに河流が集中するため，攻撃部側の枝水路に流水がなくなり，放棄され，河道の短絡が生じる．③河川争奪*：山地で近接した2本の河川のうち，一方の側方侵食あるいは支流の谷頭侵食によって他方の河流が奪われ，奪われた河川の下流部が放棄されて貫通丘陵*が生じる．人工的には，①自由蛇行の捷水路*や放水路*，②穿入蛇行の捷水トンネルの建設や川廻し*で河道の短絡が生じる．　　　　　　　　　〈鈴木隆介〉

［文献］鈴木隆介（1998）「建設技術者のための地形図読図入門」，第2巻，古今書院．

かせんていぼう　河川堤防　river levee, river dike, embankment　河川の流水が人の住む堤内側に流出することを防止する目的で設置される構造物．計画高水位以下の水位の流水に対して安全な構造となるように設計される．盛土*によって築造する土堤防であることを原則としている．土堤防は，工費が比較的低廉であること，構造物としての劣化現象が起きにくいこと，嵩上げ，拡幅，補修といった工事が容易であること，基礎地盤と一体となってなじみやすいこと等優れた点をもっている反面，長時間の浸透水により強度が低下すること，流水によって洗掘されやすいこと，越水に対して弱いこと等の欠点を有する．⇨自然堤防　　　　〈砂田憲吾〉

かせんのきぼ　河川の規模　size of river　河川の規模は，流域面積，本流長および流量などによって分類されるが，どの基準を用いても国ごとに実用的にはその意義が異なるから，世界的に統一的な分類はない．例えば，河口から源頭までの本流長の長さの決定は極めて困難であるため，ギネスブックにも世界一の河川は記録されていない．しかし，地形学的観点では，流域面積，本流長および流量の相互間，さらには流量と水面幅，平均水深および平均流速の間に，広範囲において，一定の関係があることが知られている．そこで，河川規模の記述のために，比較的に計測の容易な本流長（河口または合流点から上流）によって，例えば日本の河川については，5種程度に分類される（表）．ただし，国際地形学会（IAG）では，本流長約1,000 km以上をlarge riverとよんでいる．⇨河川長　〈鈴木隆介〉

表　本流長による河川規模の分類（鈴木，1998）

分類名称	本流長*(L, km)	備考
巨大河川	$L >$ 約500	大陸の河川で，日本にはない．最長河川：ナイル川（6,430 km）
大河川	約500 $> L >$ 約50	県内で最大級〜5位級の河川．日本最長：信濃川（367 km）
中河川	約50 $> L >$ 約10	5万分の1地形図の数枚にわたる本流をもつ河川
小河川	約10 $> L >$ 約1	5万分の1地形図の1枚の範囲内を流れる程度の河川
小渓流	約1 $> L$	2.5万分の1地形図上で約4 cm以下の本流長で，河川名の注記は稀．多くの場合，水系次数は3次以下

* 日本の場合を示す．

［文献］鈴木隆介（1998）「建設技術者のための地形図読図入門」，第2巻，古今書院．

かせんのへんせい　河川の変成　river metamorphosis　低地河川の全体または一部区間の流路形態あるいはその特徴が経時的に大きく変化すること．気候変化や地殻変動あるいは顕著な人工的河川改修などによって，流量，流送土砂量，流送土砂の粒径などの変化が生じ，そのために流路形態（例：蛇行帯幅，蛇行波長）の変化や直線状流路，蛇行流路，網状流路の境界位置の移動が生じる．⇨流路形態の変換（図）　　　　　　　　　〈島津　弘〉

［文献］鈴木隆介（1998）「建設技術者のための地形図読図入門」，第2巻，古今書院．

かせんのりゅうしゅつがた　河川の流出型　type of river runoff　降雨の流出過程の形式として，降雨後の河川流出水はその経路によって，まず，①表面流出，直接流出，②中間流出，③地下水流出に分けられる．河川増水の形式として，雨の強さと継続時間によって極めて特徴あるパターンを，①雨が弱く地面の浸透能に及ばないが，相当時間降り続いて雨量は地湿不足より多い場合の増水型，②強雨が極めて短時間降る場合の増水型，③強雨が相当時間続く場合の増水型に分けられるとする．　〈砂田憲吾〉

［文献］野満隆治（瀬野錦蔵訂補）（1959）「新河川学」，地人書館．

かせんのレジメン　河川のレジメン　stream regimen　個々の河流を特徴づけるための指標．流速，流量，土砂輸送量や河道形状など．単にレジメンまたはレジームとも．〈中山恵介〉

かせんひんど　河川頻度　river frequency　⇨水路頻度

かせんへのきょうきゅうどしゃ　河川への供給土砂　sediment supply to river　主に降雨に起因する山腹崩壊，山崩れ・地すべり，斜面侵食，流路侵食，剥落などのプロセスにより生産された土砂が河道に流入すること．輸送過程には流れによる掃流・浮遊輸送など流水の作用以外のものとして，土石流，土砂流，溶岩流や火砕流などがある．〈砂田憲吾〉

かせんみつど　河川密度　river density　⇨谷密度

かせんりゅうりょう　河川流量　stream flow, flow discharge, discharge　ある地点の横断面を単位時間に通過する河川水の体積．通常は m³/sec で表す．器械観測や浮子観測などによって流速を知り，さらに流積（通水断面積）を掛けて求める．〈砂田憲吾〉

かせんれんぞくたいせつ　河川連続帯説　river continuum concept　山地から扇状地そして沖積低地などの地形変化にしたがい，様々な河川形態が形成され，森林からの有機物供給，河川・湿地内の一次生産量も変化する．この変化に応じて河川動物群集の構造と機能が変化するとした仮説．〈中村太士〉

かそくしんしょく　加速侵食　accelerated erosion　ある地域での一般的な侵食速度が，人為的原因（例：過放牧，広範囲の森林伐採）や自然的原因（山火事，気候変化，火山噴火による植生の枯死など）によって一時的，局所的に急増すること．侵食速度の加速といえば済む現象．〈鈴木隆介〉

かそせい　可塑性　plasticity　⇨塑性

かそてきへんけい　可塑的変形　plastic deformation　⇨塑性変形

かた　肩【氷食谷の】　shoulder　氷食谷壁の上方にみられる段丘状の緩斜面．氷食谷と肩の全体を覆った谷氷河によって前輪廻の地形を踏襲するという見解と，氷食谷を流れる氷河の厚さすなわち侵食力の相違によるという見解がある．⇨氷食山地（図）〈平川一臣〉

かた　潟　lagoon　⇨ラグーン

かだいかせん　過大河川　overfit river　谷の大きさ（横断幅，断面幅）に比べて流量が著しく大きく，過大な侵食・運搬能力をもつ河川である．過大川とも．河川争奪や変動変位などによる流域変更によって，小さな河谷での流量が急増した場合にみられる．⇨河川争奪，流域変更〈田中眞吾〉

かだいがわ　過大川　overfit river　⇨過大河川

かたぎり　片切　one side cutting　道路や鉄道などの線状構造物において，構造物のどちらか片方だけが切土法面となっているところを指す．一般的には，残りの片方が盛土法面となっているところが多く，このようなところは片切片盛（cutting and embankment）とよばれている．線状構造物においてのみならず，造成宅地においてもしばしばみられる．〈南部光広〉

かたぎりかたもり　片切片盛　katagiri-katamori　斜面の土地造成において，一方を切土し，その掘削土砂を他方に盛土して，平坦地を造成することをいう．⇨両切〈鈴木隆介〉

カタクラサイト　cataclasite　断層岩の一種で，基質と岩片が固結しているもの．再結晶作用をほとんど受けていない岩石．カタクレーサイトともいう．圧砕岩と同義．破砕作用がさらに著しくなり再結晶を伴う断層岩はマイロナイトとよばれる．〈松倉公憲〉

かたこ　潟湖　lagoon　せきこ（潟湖）の誤読．⇨ラグーン〈武田一郎〉

カタストロフィズム　catastrophism　⇨天変地異説

かたいすうグラフだんめんず　片対数グラフ断面図　semilogarithmic profile　⇨地形断面図

かたいせきかんきょう　潟堆積環境　lagoonal depositional environment　潟（⇨ラグーン）に伴ってできる堆積環境．海岸や湖岸付近に発達する浅く長い潟は，浅海や湖の一部が砂嘴*や砂州*によって隔離されてできる．潟の中央部は浅い湖底堆積物で，有機物に富んだ閉塞的環境の泥質物が堆積する．潟の周辺は植生が繁茂する湿地や海岸（湖岸）などの堆積物がみられる．河川からの洪水流や沖からの津波が潟に流入する場合には，それらの堆積物が潟堆積物に挟在される．閉鎖が完全でない場合は，海や湖に通じる水路を通して水の交換が起こるので，その影響が堆積物にみられる．特に，海の場合，潮汐三角州（tidal delta），潮流口（tidal inlet），塩水湿地（salt marsh），潮汐低地（tidal flat）などが潟に発達する．〈増田富士雄〉

かたちのかがくかい　形の科学会　Society for Science on Form, Japan　形は科学研究の様々な局面に登場する．研究の対象として，あるいは研究上

の思考を支える手段として，またあるときは研究の内容を説明するためのイラストとして．形の科学会は，学問分野の枠を超えて様々な方向から形を研究することを目的として，1985年に結成された．その結成をリードした源流の一つは「ステレオロジー」を研究するグループ，もう一つは1980年の京都大学での研究会から活動が始まった「形の物理学」を研究するグループであった．この二つの流れの合流と新たな研究者の参加を得て，会が結成された．現在，年2回のシンポジウム（このうち2年に1回は国際シンポジウムとなる），年3回の「形の科学会誌」（和文）と「FORMA（英文誌：電子版として一般公開）」を出版している．さらには「シューレ」と称しての少人数での泊まり込みの集まりももたれている．この会は「科学会」と称してはいるが，芸術関係者などの参加・研究発表もある． 〈徳永英二〉

かたちのていこう　形の抵抗　form resistance
⇨圧力抵抗

かたにしそう　潟西層　Katanishi formation　秋田県の旧八郎潟を日本海から隔てる潟西段丘を構成する上部更新統の海成層．砂・砂礫・泥からなる．層厚は30 m． 〈松倉公憲〉

カタバふう　カタバ風　katabatic wind　夜間の冷却などによる斜面上下部での密度差によって斜面を降下する局地風．斜面下降流，下降流，滑降流とも．暖かい風であればフェーン，冷たい風であればボラとよぶ．南極大陸の雪面上を吹き降りるカタバ風は発生頻度も高く，風速も大きい． 〈松倉公憲〉

かつかざん　活火山　active volcano　過去約1万年以内に噴火した火山および現在活発な噴気活動のある火山で，今後も噴火する可能性のある火山．かつて，火山は活火山（過去100年以内に噴火した火山），休火山（活火山ではないが，過去の噴火について古文書などの歴史記録のある火山）および死火山（歴史記録もない火山）の3種に分類されたことがあるが，現在では後二者の用語は使用されず，活火山も上述のように再定義されている．日本の活火山は，その100年活動度指数（過去100年間の顕著な噴火の回数）および1万年活動度指数（過去1万年間における，地層に残るような規模の大きな噴火の回数）の組み合わせによって，次の3ランクに分類されている（表）．ランクA：100年活動度指数（5を超える）あるいは1万年活動度指数（10を超える）が特に高い火山．ランクB：100年活動度指数（1を超える）あるいは1万年活動度指数（7を超える）が高い火山（ランクAを除く）．ランクC：100年活動度指数および1万年活動度指数が低い火山（ランクAとBを除く）．ただし，海底火山と北方領土の火山は分類対象にしていない．⇨第四紀火山，休火山，死火山 〈鈴木隆介〉
［文献］下鶴大輔ほか編（2008）「火山の事典（第2版）」，朝倉書店．

かつこうしゃこく　活向斜谷　active synclinal valley　低地，段丘面や火山麓などが活背斜運動と

表　日本の活火山のランク（火山噴火予知連絡会，2003，日本の活火山のランク）

地方名	ランクA	ランクB	ランクC
北海道	十勝岳，樽前岳，有珠山，北海道駒ヶ岳	知床硫黄山，羅臼岳，摩周，雌阿寒岳，恵山，渡島小島	アトサヌプリ，丸山，大雪山，恵庭岳，倶多楽，利尻山，羊蹄山，ニセコ
東北		岩木山，十和田，秋田焼山，岩手山，秋田駒ヶ岳，鳥海山，栗駒山，蔵王山，吾妻山，安達太良山，磐梯山	恐山，八甲田山，肘折，八幡平，鳴子，燧ヶ岳，沼沢
関東	浅間山	那須岳，榛名山，草津白根山，箱根山	高原山，日光白根山，赤城山
伊豆・小笠原	伊豆大島，三宅島，伊豆鳥島	伊豆東部火山群，新島，神津島，西之島，硫黄島	八丈島，青ヶ島，利島，御蔵島
中部		新潟焼山，富士山，焼岳，御嶽山	妙高山，弥陀ヶ原，横岳，乗鞍岳，アカンダナ山，白山
中国			三瓶山，阿武火山群
九州	阿蘇山，雲仙岳，桜島	鶴見岳・伽藍岳，九重山，霧島山	由布岳，福江火山群，開聞岳，米丸・住吉池，池田・山川
南西諸島	薩摩硫黄島，諏訪瀬島	口永良部島，中之島，硫黄鳥島	口之島
計	13	36	36

対象外の海底火山：ベヨネース列岩，須美寿島，孀婦岩，海形海山，海徳海山，噴火浅根，北福徳堆，福徳岡ノ場，南日吉海山，日光海山（以上，伊豆小笠原），若尊，西表北北東海底火山（以上，九州・南西諸島）．
対象外の北方領土の火山：茂世路岳，散布岳，指臼岳，小田萌山，択捉焼山，択捉阿登佐岳，ベルタルベ山，ルルイ岳，爺爺岳，羅臼山，泊山．
空欄は活火山がないことを示す．

並走して同時に起こる活向斜運動によって相対的に沈降し，向斜軸方向に伸びる谷になった部分をいう．活背斜軸および活向斜軸を横断する方向に河川がある場合には，活向斜軸沿いに堆積が進み，谷底堆積低地が形成される．運搬物質の多い河川が存在しない場合には池沼が生じる．なお，火山体の荷重沈下＊に伴って火山体を囲む環状の低所帯が生じることもある（例：長野県飯縄火山の東麓・南麓）．
〈鈴木隆介〉

かつこうしゃちけい　活向斜地形　active syncline topography　褶曲変位地形のうち，活向斜運動によって形成される凹型の相対的な低所帯．多くの場合，活背斜地形と対をなす．⇨褶曲地形，褶曲変位地形，活背斜地形
〈小松原 琢〉

かつこうぞう　活構造　active structure, active tectonics　現在の応力場のもとで活動を継続している断層や褶曲などに関連する広義の地殻構造．活構造に関して明確な定義や時代範囲はない．具体的には，活断層や活褶曲および広域的な隆起沈降運動により形成された構造がこれにあたるが，プレート運動に関連する大きな構造から活断層近傍の小さな構造までその規模は様々である．広域的なものでは，第四紀地殻変動に関連する関東造盆地運動や近畿三角帯などが活構造の代表的なもの．活構造図とよばれる活断層や活褶曲軸など強調した地質図も数多く刊行されている．⇨活断層，活褶曲
〈中田 高〉

かっこううんぱん　各個運搬【岩屑の】　sediment transport by individual particle　⇨集合運搬

かっこく　割谷　strath　幅広い侵食性の浅い谷．もともとスコットランド地方にみられる侵食性の幅広い谷底平野に用いられた．侵食低地起源のため段丘堆積物の薄い段丘はストラステラス＊とよばれる．その語源となった地形である．しかし，この日本用語は語意が難解なので，日本ではほとんど使用されていない．
〈斉藤享治〉

[文献] Howard, A. D. (1959) Numerical system of terrace nomenclature : Jour. Geology, **67**, 239-243.

かつしゅうきょく　活褶曲　active fold　第四紀初頭頃から現在までの地質時代に成長を続けている褶曲．主として地形学および地質学的な手法により認定されるが，測地学的な観測により検知されることもある（例：新潟県中越沖地震に関連して成長した小木城背斜）．かつては慢性的な地殻変動により成長すると考えられていたが，断層関連褶曲が認識されるようになった現在では，地震性地殻変動により成長するものが多いと考えられている．⇨褶曲運動，褶曲変位地形，断層関連褶曲
〈石山達也・小松原 琢〉

かっしょくしんりんど　褐色森林土　brown forest soil　湿潤冷温帯気候下のブナなどの森林地帯に分布する成帯性土壌＊．ヨーロッパでは褐色土ともよばれるが，訳語としては褐色森林土が一般的．土壌断面は有機物に富んだA層と褐色のB層からなり，溶脱層や集積層などの特徴のある土壌層位＊は存在せず，有機物量は下層へ向かって漸減しA層とB層の層界ははっきりしない．B層の褐色は湿潤冷温気候下で生成した褐鉄鉱などの水酸化鉄によるもので，本土壌名の褐色はこれに由来する．褐色森林土はナラやブナ林下に発達する土壌としてヨーロッパで最初に記載された．欧米の褐色森林土は最終氷期以降のレスなどの堆積物を起源としており，中性ないし弱酸性の土壌で，表層はムル型の腐植＊物質をもつことが多い．わが国では北海道から九州まで広範囲に分布する主要な森林土壌であり，斜面系列で断面形態や理化学性が異なる．斜面上部に貧栄養で強酸性の乾性褐色森林土が分布し，下部に養分に富んだ弱酸性の湿性褐色森林土が分布し，斜面中腹には両者の中間の性質を示す適潤性褐色森林土が広範に分布する．これらの区分と樹木の生育の関係が認められており，造林樹種の選定に利用されている．褐色森林土は土壌分類（WRB）のカンビソル（Cambisols），米国の土壌分類（Soil Taxonomy, 1999）のインセプティソル（Inceptisols）に相当する．林野土壌分類（1975）では米国の土壌分類のフルビューダンド（Fluvudands）に相当する火山灰由来の土壌も褐色森林土に分類される．
〈金子真司〉

かっしょくていちど　褐色低地土　brown lowland soil　沖積地の土壌で，次表層は地下水の影響を受けず年間を通じて酸化状態にあるため褐色を呈する土壌．一般にA/Bw/Cの層位配列を示す．沖積地の微高地である自然堤防や扇状地などの地下水位が低い地帯に分布する．一般に塩基に富み排水がよく，肥沃な土壌である．世界土壌照合基準（WRB, 2007）ではFluvisolsやCambisolsに，米国の土壌分類（Soil Taxonomy, 1999）ではInceptsolsのUdeptsやEntisolsのPsammentsやFluvents, Ochreptsに相当する．⇨土壌分類，沖積土
〈田中治夫〉

かっしょくど　褐色土　brown soil　温帯から亜熱帯の砂漠ステップに分布する成帯性土壌．土壌の発達程度は弱く，腐植含量が少ない暗褐色の表層と，断面中部にはナトリウムで飽和した角塊状ない

しは柱状構造が発達した褐色または黄褐色の層．下層には炭酸塩集積層，硫酸塩集積層がある．A/AB/Bk/By/Cなどの層位配列を示す．全層を通じて炭酸塩含量が高い．肥沃度は低く，主として放牧地として利用される．米国の土壌分類（Soil Taxonomy, 1999）ではAridisolsに相当する．褐色森林土や褐色低地土とは本質的に異なる土壌である．
〈田中治夫〉

かっしょくねんど　褐色粘土　brown clay　⇨赤粘土

かっすいい　渇水位　droughty water level　河川水位の観測資料に基づいて求められた，1年のうち355日はこれより下がらない水位をいい，これに対応する流量を渇水量という．
〈砂田憲吾〉

かっすいい　渇水量　droughty water discharge　⇨渇水位

かっせいおでい　活性汚泥　activated sludge　下水中の汚濁物質である浮遊物や沈殿物を物理的に分離した一次処理水に空気を送り込むことによって酸素の存在のもとで有機物を分解しながら繁殖する好気性の細菌，真菌，原生生物などの微生物群集が形成する300〜1,000μm程度の大きさの凝集体（フロック）．活性汚泥は沈殿槽で老化により沈殿する微生物を取り除いたのち，必要に応じて化学的沈殿によりリンと窒素を分離したのち，二次（三次）処理水として環境に戻される．活性汚泥法は，生物学的排水処理の代表的な技術である．
〈渡邊眞紀子〉

［文献］田中修三（2003）「基礎環境学　循環型社会をめざして」，共立出版．

かっせいど　活性度　activity　土が他の物質を吸着したり，物理的あるいは化学的に結合する傾向の強さを「活性」といい，それを定量的に表す指標が「活性度」である．活性度は，A. W. Skempton (1953)によって，土の塑性指数I_p（％）をその土に含まれる2μm以下の粘土粒子の含有量（％）で除した値として定義された．土の塑性は主としてその中に含まれる粘土鉱物に支配されるため，この値から土中に含まれる粘土分の種類や性質などが推測できる．カオリナイト，イライト，ハロイサイトなどは活性度が低く，モンモリロナイトは活性度が高い．⇨塑性指数
〈松倉公憲〉

かっせき　滑石　talc　モース硬度1と極めて軟らかく，油脂状光沢をもつ白色の鉱物．タルクとも．超塩基性岩の熱水変質による生成物やドロマイトやマグネサイトの高温変成生成物として産する．
〈松倉公憲〉

かっそうしゃめん　滑走斜面【蛇行河川の】　slipoff slope (of meander)　下刻と側刻をしながら振幅を増大する生育蛇行河川の内側に形成される緩斜面．その部分を滑走部ともいう．かつての河床である生育蛇行段丘*が数段みられることもある．滑走斜面基部には蛇行州が発達していることも多い．⇨蛇行，穿入蛇行
〈島津弘〉

かっそうぶ　滑走部　slipoff slope　⇨滑走斜面［蛇行河川の］

かつだんそう　活断層　active fault　最新の地質時代である第四紀（約260万年前以降）に活動し，将来も活動する可能性があると予想される断層．活断層研究会編（1991）の「新編 日本の活断層」では，安全率も考慮して活断層を第四紀に活動した断層とした．しかし，国土地理院から刊行されている「都市圏活断層図」，池田ほか編（2002）「逆断層アトラス」，中田・今泉編（2003）「活断層詳細デジタルマップ」などでは過去数十万年内に繰り返し活動した断層としている．また，発電用原子力施設の耐震指針改訂版（2006）では，最終間氷期（十数万年前）以降に活動した断層を地震動の評価に取り入れることとしている．このように，出版物や評価法によって，活断層の時代的な定義は異なる．また，各国によって地体構造が異なるので，活断層の時代範囲の定義は相違する．ある地域が現在も受けている力（応力場）で動いた断層であれば，それは今後も活動する可能性が高く，活きている断層（＝活断層）とみなされる．こうした応力場はやや大きな地震が起こればわかるので，地域ごとの地震のメカニズム（発震機構）に注目する必要がある．運動様式は，一般の断層と同様に，主に上下方向に動く縦ずれ断層（逆断層と正断層）と水平（横）方向に動く横ずれ断層（右横ずれと左横ずれ断層）に分けられる．⇨断層
〈岡田篤正〉

［文献］活断層研究会編（1991）「新編 日本の活断層」，東京大学出版会．／池田安隆ほか編（2002）「逆断層アトラス」，東京大学出版会．／中田 高・今泉俊文編（2003）「活断層詳細デジタルマップ」，東京大学出版会．

かつだんそうがい　活断層崖　active fault scarp　⇨断層崖

かつだんそうず　活断層図　active fault map　活断層の位置を示した主題図．20万分の1地勢図を基図として全国の活断層を網羅的に示した「日本の活断層」（活断層研究会編, 1980, 1991）が代表的．地方単位では5万分の1地形図を用いた「九州の活構造」や「近畿の活断層」などがある．これらは断

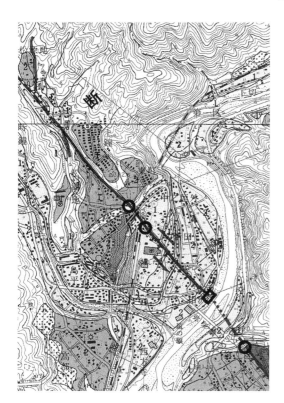

図 活断層図の例（国土地理院都市圏活断層図「坂下」，2006 の一部）

層線を確実度と変位様式を図示したもので，活断層の長さや形態などを一覧表にまとめている．最近では，「都市圏活断層図」（図）や「活断層詳細デジタルマップ」など2万5,000分の1地形図に断層線の断層位置や出現状態を詳細に示したものもある．これらの図は，研究のほかに土地利用計画や地震予測の基礎資料として利用される．政府が日本列島全域の詳細な活断層図を整備する計画もあり，防災上の重要度が増している．　　　　　　　〈中田　高〉

かつだんそうとじしんのきぼ　活断層と地震の規模　active fault and earthquake size　活断層とそこから発生する地震の規模の関係については，国内外で数多くの経験式が提案され，将来発生する地震の規模予測に用いられている．それらの経験式の多くは，実際の地震に伴って出現した地表地震断層の長さや最大変位量，平均変位量と地震の規模（マグニチュード）を関連させるが，かなりのばらつきを伴うのが普通である．日本では松田（1975）によるもの，国際的にはWells and Coppersmith (1994) によるものが広く用いられてきた．こうした経験式を用いることなく，断層の長さ，断層の深さ方向の幅，1回の地震時の変位量（単位変位量）および地殻の剛性率から地震モーメントおよびモーメントマグニチュードを直接計算する方法もある．ただし，実際の地震の際には，複数の活断層が同時に活動する場合や活断層の一部区間が活動する場合があり，こうした現象をどのように評価，予測するのかが大きな課題となっている．　⇨地震のマグニチュード，断層セグメント　　　　　　　　　　　〈金田平太郎〉

[文献] 松田時彦（1975）活断層から発生する地震の規模と周期について：地震Ⅱ，28，269-283．/Wells, D. L. and Coppersmith, K. J. (1994) New empirical relationships among magnitude, rupture length, rupture width, rupture area, and surface displacement : Bull. Seis. Soc. Amer., 84, 974-1002.

かつだんそうのかつどうど　活断層の活動度　activity of active fault　活断層運動の活発さの程度．松田（1975）は，日本の活断層を平均変位速度（S）の大きさによってAA級（$S>10$ m/千年），A級（10 m/千年$>S>1$ m/千年），B級（1 m/千年$>S>0.1$ m/千年），C級（0.1 m/千年$>S>0.01$ m/千年）に分けている．日本ではAA級に該当する活断層は陸域には存在していない．活動度の高い活断層は明瞭な断層変位地形をもつため，B級以上の活断層は認定しやすい．しかし，活動度の低いC級活断層には不明瞭な地形や地質表現が多いため，未発見の活断層も数多くあると考えられる．活動度は，断層の1回のずれの大きさ（地震の規模）や活動間隔（地震の発生間隔）に密接に関連するため，地震発生予測にとって重要な指標となる．しかしながら，活動度区分の基準となる変位速度がわからない断層も多く，C級と考えられていた活断層がトレンチ調査などによって歴史時代に活動したB級と認定された例も少なくない．このため，活動度が低い活断層の地震危険度を軽視することはできない．⇨変位速度　　　　　　　　　　　〈中田　高〉

[文献] 松田時彦（1975）活断層から発生する地震の規模と周期について：地震Ⅱ，28，269-283．

かつだんそうほう　活断層法　active fault law　活断層直上の土地利用を規制する法律（条例）．アメリカ・カリフォルニア州の州法「地震断層帯法」（Alquist-Priolo Earthquake Fault Zoning Act）は，1971年サンフェルナンド地震で，活断層の直上（活断層の地表トレース上）の建造物に多大な被害が発生したことを受けて，これを防ぐ目的で1972年制定．活断層を挟む幅約300 mの地帯内に住宅などを建築予定のときは，事前に地質調査を実施し活断層がないことを確認する必要がある．活断層が発見された場合，断層から15 m以上離れた場所に建設

かってっこう　褐鉄鉱　limonite　針鉄鉱*（ゲータイト）または針鉄鉱と燐鉄鉱との集合体をいう．鉱物名としては使用されていないが，針鉄鉱と燐鉄鉱は産出状態も共生関係も全く同様で相まって産出することから，両者の判定が困難な場合にしばしば褐鉄鉱の名が使われる．リモナイトとも．磁鉄鉱・黄鉄鉱・菱鉄鉱などの風化生成物として産出され，土壌を赤くする．　〈松倉公憲〉

かつどう　滑動【落石の】　sliding, gliding　⇨落石，崖錐（図）

かつどう　滑動【流体による】　sliding　風，河流，波浪などの流体運動による地表面（水底を含む）上の物質移動様式の一つ．物質が転動せずに地表面を引きずられながら移動すること．　⇨転動，躍動　〈小玉芳敬〉

かつどうこうぞう　活動構造　active structure　⇨活構造

かつどうこうぞうろん　滑動構造論　gliding tectonics　⇨グライディングテクトニクス

かつどうそう　活動層　active layer　永久凍土層上で，夏季に融解し，冬季に凍結する層．その厚さ（活動層厚）はおおむね数十cmから数mである．季節的に0℃を上回る層がほぼ活動層に相当する．ただし，活動層は水の相で定義されるため，溶存物質などにより地中水の融点が0℃を下回る地盤では，両者の位置関係が異なる．　⇨永久凍土　〈池田　敦〉

かつどうそうこう　活動層厚　active-layer thickness　⇨活動層

かつどうそうソイルウェッジ　活動層ソイルウェッジ　active-layer soil wedge　⇨ソイルウェッジ

かつどうそうほうかい　活動層崩壊　active-layer failure, active-layer detachment slide　永久凍土帯の土質斜面において，夏季に融解した活動層が起こす崩壊．永久凍土面がすべり面となり，厚さ1m以内の表層が崩壊する例が多い．北極地域の粘土質土壌で発生しやすい．　〈松岡憲知〉

かつどうてきえんぺんぶ　活動的縁辺部　active margin　大陸縁辺部は，厚くて密度の小さい大陸地殻と薄くて密度の大きい海洋地殻との境界をなす．この境界で海洋プレートの大陸プレート下への沈み込みが起こっている地域を活動的縁辺部とよぶ．沈み込み境界には海溝やトラフが発達し，その陸側には山脈が形成される．またプレートの沈み込みに起因する活発な火山活動・地震活動が一般的である．活動的縁辺部には島弧や陸弧が形成されることが多い．環太平洋地域のほとんどは活動的縁辺部である．　⇨非活動的縁辺部，島弧，陸弧　〈堤　浩之〉

かつはいしゃおね　活背斜尾根　active anticlinal ridge　低地，段丘面や火山麓などが活背斜運動によって隆起し，背斜軸方向に伸びる尾根になった部分．活背斜運動の開始前に背斜軸を横断する方向の河川が存在していれば，流域の大きな河川は侵食力が大きいので，土地の隆起に打ち勝って先行谷*を形成する．それよりも侵食力の小さい河川は隆起部を初期には下方侵食して谷を形成するが，下方侵食速度より隆起速度が大きい場合には隆起軸より上流側は逆流し，谷中分水界をもつ天秤谷*が生じる．さらに侵食力の小さい河川は背斜運動に負けて逆流し，隣接の河川に流入する．これらの河川の河間地*は上に凸形に変形した局所的な段丘面になり，そこに過去の河床堆積物が存在する．それらの地形的特徴が活背斜であることの証拠となる．活背斜尾根は東北日本や北海道にいくつも発達している．なお，火山体の荷重沈下*に伴って火山体を囲む環状の活背斜尾根が生じることもある（例：長野県飯綱火山東麓）．　〈鈴木隆介〉

かつはいしゃちけい　活背斜地形　active anticline topography　褶曲変位地形のうち，活背斜運動によって形成される凸型の尾根状の相対的高所．多くの場合，活向斜地形と対をなす．越後平野南西縁の鳥越断層沿いの活背斜地形は変位速度が大きい活背斜地形として世界的に知られている．　⇨褶曲地形，褶曲変位地形，活向斜地形　〈小松原　琢〉

[文献] Ota, Y. (1969) Crustal movements in the Quaternary considered from the deformed terrace plains in the Northeastern Japan : Jpn. Jour. Geol. Geogr., **40**, 41-61.

かつらくがい　滑落崖　landslide scarp　地すべり面が地表に露出している崖．平面形は馬蹄形，弧状などが多いが，元の地形（地形場）によって多様であり，傾斜は数°〜80°と多様である．　⇨主滑落崖，地すべり地形（図）　〈鈴木隆介〉

かつらくしゃめん　滑落斜面　slip slope　地すべり面が地表に露出している斜面．急傾斜の場合は滑落崖という．流れ盤の層面地すべりで，かつ末端凹凸型や尾根移動型地すべり*では，その移動域に，ほぼ平面の滑落斜面が広く形成される．大規模な崩落の移動域の斜面も滑落斜面とよぶことがある．　〈鈴木隆介〉

かていちけい　河底地形　river-floor form　低水時はもとより高水時の河流にも被覆される地表（河底）の微地形で，滝，瀬，淵，流路洲，中洲などの総称である．⇨河床形，岩床河川　〈鈴木隆介〉

カテナ　catena　G. Milne (1935) は，アフリカの土壌調査の結果，一定の地形配列に対応して異なる土壌が規則的に出現することを見出し，この地形と土壌配列との密接な対応関係をカテナと命名した．カテナは"鎖"の意味をもつラテン語に由来する．とくに地形と対応する土壌分布を地形カテナとよぶ．この概念（方式）は土壌図作成の際に地形を単位として土壌分布を描くことができる利点をもつ．同一の母岩から構成され地形が異なるときに，地形の違いにより侵食や運搬営力が変異し，土壌物質の侵食量・再堆積量が変化する．さらに地形に対応し地下水位，排水状況の違い，異なった土壌が地形単位ごとに配列し分布する．一方，地形とともに母岩が異なる事例として，ナイジェリアにおける地質学的年代を経て生成した硬質ラテライト皮殻地帯があげられる．皮殻の分布域は侵食を防いで小丘を形成して岩屑土を，その被覆のない所の軟質部分は侵食されて礫質砂壌土や礫質ローム土を形成する．T. M. Bushnell (1947) はこのカテナの概念を地形以外にも拡張し，植生カテナ（floracatena）（一定地域内の植生の違いによる土壌分布）・気候カテナ（climocatena）（気候の違いによる土壌分布）・年代カテナ（chronocatena）（土壌生成に要した時間の違いによる土壌分布）・水分カテナ*（hydrocatena）（地形と水分条件の違いによる土壌分布）とに活用した．イギリス・ドイツ・フランスなどでは，カテナの概念を土壌の分布様式だけでなく，地形にコントロールされた，岩石・土壌・水文・植生などの領域まで拡張して，その総合関係を明らかにし，自然立地単位を図化する．その分布性をさぐる研究分野が発展し専門学術雑誌「Catena」（創刊時はドイツ）が出版されている．　〈宇津川　徹〉

[文献] Gerrard, J. (1992) *Soil Geomorphology*, Chapman & Hall.

かどう　火道　vent, volcanic conduit　地下から地表へ通じるマグマや火山噴出物の通路．その地表への出口は火口（vent は地表部・火口までを含む用語）．円筒状，割れ目（板状），不規則形など種々の形態をなす．溶岩や火砕岩（火道角礫岩）で充填されている．　〈横山勝三〉

かどう　河道　river channel　河川の水が流下する土地空間．堤防または河岸と河床で囲まれた部分を指し，流水がなくても流水があるときと同様な状況にあれば河道という．河道の状況は，河床勾配，河床材料，流量およびその変化，気象条件，生態系とその分布などと深く関わりをもつ．全くの自然状態でも河道は存在するが，河川が人間社会に組み込まれる場合には，河道は管理の対象として重要な意味をもつ．社会的な観点からは，例えば，河道は計画高水量を流下させるのに必要な断面と平面形状を有するものでなければならないし，流水に伴って土砂その他の物質は管理のもとに流下させる必要がある．河道は河川の計画と管理にとって極めて重要である．　〈砂田憲吾〉

かどうかくさんけいすう　渦動拡散係数　eddy diffusion coefficient, turbulent-diffusion coefficient　乱流*運動による物質の輸送量が物質の濃度勾配に比例するとしたときの係数．渦拡散係数・乱流拡散係数ともよばれる．乱流による物質拡散現象を記載するために分子運動による物質輸送の式（フィックの方程式）を拡張する過程の中で導入されたもの．　〈宇多高明〉

[文献] 日野幹雄 (1992)「流体力学」，朝倉書店．

かどうかくれきがん　火道角礫岩　vent breccia　火道を充填している火山角礫岩や凝灰角礫岩．⇨火道　〈横山勝三〉

かどうけいじょう　河道形状　channel form　河道の形状または形態のことをいう．流路の横断形状，縦断形状，平面形状は洪水による侵食または流砂の堆積により，時間的・空間的に変化する．　〈砂田憲吾〉

かどうけいじょうしすう　河道形状指数　channel-form index　河床形態*を区分する無次元量の指数．$I \cdot B/H$ で与えられる（I は水面勾配，B は水面幅，H は水深）．無次元掃流力と組み合わせて，単列，複列などの砂州のパターンなどの河床形態の区分を行うときに用いられる．　〈砂田憲吾〉

かどうけつ　渦動穴　eddy hole　流水が渦を巻く作用により，岩床河川の河床などに形成された凹地形のこと．形成に際して砂礫などの研磨剤はなく，流水の剪断力あるいは衝撃力のみによるものに限定する場合もある．　〈戸田真夏〉

かどうし　河道跡　former channel　⇨旧河道

かどうちょうせつどしゃりょう　河道調節土砂量　sediment storage on riverbed　砂防計画において，上流域から生産される土砂のうち，氾濫原などに貯留される土砂量を指す．　〈中村太士〉

かどうちょりゅう　河道貯留　channel storage　河道の中に水が溜まっている状態．一般に洪水中には水深が増加し，ある河道区間において川幅と区間距離と水深に対応する水量が貯留され，その水量の時間変化率は上下流区間での流量の差を示し，流量変化の平滑化，時間遅れが生ずる．河道が蛇行していたり，高水敷が広い，また河道内に樹林が多い河川では洪水時の河道貯留量が多くなる．〈砂田憲吾〉

かどうねんせいけいすう　渦動粘性係数　eddy kinematic viscosity　乱流*中の流体粒子運動の不規則性に起因する摩擦応力 τ が速度勾配 du/dz に比例するとした関係式 $\tau=\rho\varepsilon(du/dz)$ 中の係数 ε をいう．ここに ρ は流体の密度．ε の値は流体粒子の不規則な運動に依存するので，一定ではなく乱流の状態によって異なる．渦粘性係数ともよばれる．
〈宇多高明〉

かどうのたんらく　河道の短絡　short-cut of river channel　河道の一部が短絡して，河川の流路長*が短縮すること．その原因は，①自由蛇行*および穿入蛇行の蛇行切断*，②貫通丘陵*の形成，③早瀬切断*，④蛇行の縮小*，④人為的な捷水路*の建設，などである．⇨河川長の短縮　〈鈴木隆介〉

かどうへいそく　河道閉塞　river-channel blockage　谷壁斜面の物質が急激に移動して，河道が堰き止められ，背後に河川水が貯留する現象で，天然ダムと同義語である．2004年の新潟県中越地震により，多くの谷壁斜面で土砂移動が発生して，天然ダム（地すべりダム・土砂崩れダムとも）が形成された．その後，決壊による災害を防ぐために，様々な対策が実施され，それが報道された．しかし，'天然という言葉はよいイメージにつながる'という新聞投書の指摘から，公共機関や報道機関では'河道閉塞'という言葉に言い換えられるようになった．しかし，社会では天然ダムなどさまざまな用語が通用している．⇨天然ダム　〈井上公夫〉
［文献］井上公夫（2005）河道閉塞による湛水（天然ダム）の表現の変遷，地理，50 (2), 8-13.

かどけいしゃしゅうきょく　過度傾斜褶曲　overfold　⇨褶曲構造の分類（図）

カナート　qanat　⇨横井戸

カニク　kaniku　ジャーガル*の再堆積物を除いた沖積土の総称．カニク（砂地の意）は沖縄県の土壌面積の9.3%を占める．沖縄本島にはカニクに由来すると思われる兼久の地名が多くある．日本の統一的土壌分類体系—第二次案（2002）—では主に沖積土に該当する．〈井上　弦〉

かぬまかるいしそう　鹿沼軽石層　Kanuma pumice bed　関東平野北西部に位置する赤城火山を起源とする粗粒，黄色，発泡度の高い降下軽石（略称KP）で宝木（中部）ローム層中に挟在し，赤城-鹿沼テフラ（Ag-KP）ともいう．鹿沼軽石はプリニー式（プリニアン）噴火に伴い火山の東方域の群馬，栃木，茨城さらに太平洋沿岸域まで広く扇形状に分布し，模式地の鹿沼で層厚1.4mを超え，全体積は25 km^{3}とされ，噴火規模は大きい部類に属する．軽石の岩石学的特徴は繊維状に発泡した火山ガラスを主体に，斑晶として角閃石，斜方輝石，単斜輝石および磁鉄鉱を含む流紋岩質系である．噴火年代は赤城火山カルデラ形成後，かつ中央火口丘形成以前の3.1万～3.2万年前で，更新世後期の海洋酸素同位体ステージ（MIS）-3に比定され，また後期旧石器時代の初頭層準に相当し，地質層序，段丘対比や考古層序の編年を組みたてる重要な時間指標テフラである．なお，プリニー式噴火は軽石を噴出し堆積後，その二次テフラの物質はしばらくの間移動・拡散しその後再堆積して，いわゆる"ローム層"の母材となる．鹿沼軽石は園芸分野で"鹿沼土"と別称され挿木の培土や土壌改良材として使われる．粗粒軽石にもかかわらず微細な孔隙も発達し，同時に火山ガラスの風化にともないアロフェンやイモゴライトなども共存して通気性，保水性が良好で，しかも酸性が弱く雑菌が少ないなどの特徴を有する．
〈細野　衛〉

かぬまつち　鹿沼土　kanuma-tsuchi　⇨鹿沼軽石層

かのうさいだいこうすいりょう　可能最大降水量　probable maximum precipitation　ある時間スケール，季節，地域において，物理的に可能な，理論的に最大となる降水量．基本的には豪雨記録に基づいて推定され，湿度の最大化などを通じて決定する．治水計画の策定などに供される．〈森島　済〉

かのうじょうはっさんりょう　可能蒸発散量　potential evapotranspiration　地表面が十分に水分で満たされ，乾燥が生じないことを仮定した場合に生ずる最大の蒸発散量．蒸発散位ともいう．1948年にソーンスウェイト（C. W. Thornthwaite）により提唱された概念である．蒸発散位計などによりこの量を直接観測することもできるが，気温との経験式からこの量を算出することも可能である．
〈森島　済〉

カバーサンド　coversand　レスよりも粗粒（0.06～1.0 mm）な風成砂層で，主として氷期に氷

床周囲の周氷河環境下で堆積したものを指す．ヨーロッパ北部や北米内陸部に広く分布．デューン，風食礫，分級度の高い粒度分布などの風成堆積物の特徴を示すと同時に，インボリューション*や化石氷楔などの化石周氷河現象を含む．寒冷環境の示相化石を含むことがある．　⇨レス，化石周氷河現象
〈平川一臣・松岡憲知〉

かはんさきゅう　河畔砂丘　river bank dune　河畔に形成された砂丘．日本では冬に乾燥し，川の水量が減少するため，広くなった河川敷で北西風による飛砂が生じ，東側の河畔に砂丘が形成されることがあり，利根川や木曽川中流部にその例がある．インド・デカン高原を流れるコーベリ川中流域の蛇行部には，8世紀に高原の開発が進んで流出土砂が急増したために比高10 mを超す大規模な河畔砂丘が発達したことからもわかるように，河川上流域の開発に伴う土砂排出量増加が河畔砂丘の形成要因になることが多い．
〈成瀬敏郎〉

かはんりん　河畔林　riparian forest　河川や渓流沿いに分布する森林植生を総括して水辺林とよび，そのうち河畔林は河川中・下流域の氾濫原に成立するヤナギ類などの森林や，河川上流域のV字谷に土砂が堆積した広い氾濫原に成立するハルニレやヤナギ類などの森林を指す．河畔林は河川の増水，撹乱による水分環境や土性の違いに影響して分布する．近年，治水工事の影響でこれまでの撹乱様式が変化し，撹乱依存的性質の強い河畔林の生息適地が急速に奪われつつある．長野県梓川上流の上高地（特に明神～徳沢間）は，ケショウヤナギやエゾヤナギなどのヤナギ類が広い範囲で成立する日本でも貴重な場所である．しかし観光化に伴う治水工事が進み従来の河川撹乱様式が変化し，これら貴重な山地河畔林が存続の危機にある．また多くの河畔林ではハリエンジュ（ニセアカシア）やキササゲなどの外来樹種が分布域を拡大し，ヤナギ林などの在来樹種の生息地が奪われており，問題視されている．⇨撹乱
〈若松伸彦〉

［文献］Sakio, H. and Tamura, T. eds.（2008）*Ecology of Riparian Forests in Japan : Disturbance, Life History, and Regeneration*, Springer.

かぶさそう　下部砂層　lower sand bed　⇨沖積層

かぶマントル　下部マントル　lower mantle　⇨マントル

ガブロ　gabbro　⇨斑れい岩

かふんたい　花粉帯　pollen zone　地層に含まれる花粉・胞子化石に基づいて，定義または特徴づけられる地層の単位．生層序単元（biostratigraphic unit）における化石帯の一種．分帯は基本的に他の生物化石と同様に複数ある．第四系の花粉帯の分帯では，分類群の組み合わせで特徴づけられる群集帯（assemblage zone）を用いるのが一般的．⇨生層序
〈本郷美佐緒〉

［文献］Fægri, K. and Iversen, J.（1964）*Textbook of Pollen Analysis*, Munksgaard.

かふんダイアグラム　花粉ダイアグラム　pollen diagram　地層に含まれる花粉・胞子化石の種類と量を示した図．花粉分析図や花粉分布図ともいう．膨大で煩雑な原記録（同定結果）を統計処理によって単純化した結果を表示するだけでなく，化石群集の時代的変遷を視覚的に理解しやすくするための工夫が施される．縦軸には，試料の採取層準（深度）や年代値等を記し，地質柱状図を添えることが多い．各試料から産出した花粉・胞子の量は，試料の採取層準に対応させて水平方向に並べて表示する．量の表現形式として，累積図（cumulative diagram），合成図（composite diagram），分解図（resolved diagram）などがよく用いられる．⇨花粉分析
〈本郷美佐緒〉

［文献］Fægri, K. et al.（1989）*Textbook of Pollen Analysis*（4th ed.）, Wiley.

かふんぶんせき　花粉分析　pollen analysis　地層から花粉・胞子化石を取り出し，化石の種類を同定した後，産出量を定量的に調べる方法．1900年代初頭，スウェーデンのラーゲルハイムやフォンポストによる第四系泥炭層の分析に始まり，過去の植生や気候などを研究するための手法として多用されている．広義には，混合物から花粉粒を取り出し，花粉粒の種類や量，混合物の性状を調べる方法として，蜂蜜の品位判定などにも広く応用されている．
〈本郷美佐緒〉

［文献］中村　純（1967）「花粉分析」，古今書院．/ Fægri, K. and Iversen, J.（1964）*Textbook of Pollen Analysis*, Munksgaard.

かべ　壁　wall　登山用語で急な岩壁をいう．⇨フェイス
〈岩田修二〉

かほうしんしょく　下方侵食　down cutting, downward erosion　河流が河床を低下させるように侵食すること．下刻，下刻作用とも．一般に谷口より上流の河谷，特に幼年期から壮年期の侵食階梯にある河谷で顕著に生じ，河谷を深める．生育蛇行では側方侵食と同時に進行する．⇨側方侵食，生

育蛇行 〈鈴木隆介〉

かほうぼく　過放牧　overgrazing　植生を維持することが困難になるような家畜の放牧を行うこと．放牧する家畜の密度が高すぎたり，十分な植生回復を待たずに放牧が繰り返されたりすると，光合成産物の蓄積が減少して植被率が低下する．また，家畜が好まない種や踏圧に対する耐性の高い種の優占度が相対的に高まって，草原の質も変化する．植被率が低下すると，家畜の踏圧による土壌の硬化や雨水浸透能の低下，土壌侵食などが連鎖的に発生することがあるので，過放牧は砂漠化の原因の一つとして挙げられる． 〈高岡貞夫〉

かま，がま　釜　pool　岩床河川において岩床*が，水流によってえぐられて生じた丸い淵．水流が円形に淀み，水深が大きい．滝壺*やポットホール*を指す場合もある．山梨県の西沢渓谷七ツ釜や愛媛県の八釜の甌穴などが有名．⇒瀞 〈戸田真夏〉

がま　vug　鉱床または岩石中の小さな空洞で，中には周囲の岩石とは異なる組成の鉱物が形成されている．⇒晶洞 〈松倉公憲〉

かまおね　鎌尾根　knife ridge　痩せた岩稜．両側が岩盤の露出した急傾斜面で，稜線が尖っている山稜．飛騨山脈槍ヶ岳の北鎌尾根や西鎌尾根が典型．これらは氷河侵食とその後のガリー侵食，周氷河作用によって痩せ細った． 〈岩田修二〉

かまじょうかんぼつ　釜状陥没　cauldron subsidence　⇒コールドロン陥没

かみなり　雷　thunder　発達した積乱雲の中で多量の正負の電荷が発生し，分離されて，雲と雲の間や雲と地表面の間で起こる放電現象をいう．雲と地表面の間での放電が落雷（thunderbolt）である．放電による発光現象を電光（稲光ともいう，lightning），それに伴う鋭い音を雷鳴（thunder），電光がみえて雷鳴が聞こえる放電現象を雷電（thunder）という．雷は激しい上昇気流の中で発生するので，上昇気流の原因によって熱雷（地面が日射で熱せられて発生する雷），界雷（主として寒冷前線に沿って発生する雷），渦雷（台風や低気圧に伴って発生する雷）に分類される．しかし，複合して発生する場合も多く，熱雷と界雷が複合した場合は熱界雷という．「雷3日」というのは夏季の熱雷に用いられる天気俚諺である．雷電を伴った激しい対流性の降水を雷雨（thunderstorm）といい，気象災害の原因ともなる雹や竜巻，ダウンバーストなどを伴うこともしばしばある．雷は大規模火災や火山噴火によっても発生する．落雷による気象災害を雷害（落雷害）といい，人体や建物・樹木，交通機関，通信設備などに対する被害を引き起こしている．⇒落雷［地形営力としての］ 〈山下脩二〉

かめあな　かめ穴　pothole　⇒ポットホール

カメニツァ　kamenitza, solution pan, solution basin　セルボクロアート語（セルビア・クロアチア語）のkamenicaに由来する．土壌や植生被覆のない炭酸塩岩表面に形成される溶食凹地で，皿状の底部の縁は垂直である．ディナルアルプスやダルマチアの石灰岩地域では，小規模な溶食凹地で底部が垂直に立つ形態をカメニツァとよんできた．水平な岩石表面に形成されることが多く，直径は数cmから1〜2m程度で，深さは50cmよりも浅い．平面形状は，円形〜楕円形をなす．海岸部では，主に海水飛沫によりカメニツァの原型となる微小凹地が形成され，内陸では降水により形成される．その底部は平坦で，底に溜まった水や腐植，藻類などにより溶食作用が加速し，大きさを増していく．平坦な底部に対し壁面は急傾斜に切り立つが，溶食が進行すると，壁面には二次的な溶食地形であるカレン*が形成され凹凸を増し，側壁がオーバーハングすることもある．南西諸島の喜界島には，完新世の隆起サンゴ礁段丘上に大きさの異なるカメニツァが多く形成されている．⇒溶食凹地 〈羽田麻美〉

ガラ　garaa　⇒プラヤ

からいしづみ　空石積み　dry masonry　⇒石積工

からさわひょうき　涸沢氷期　Karasawa glaciation　⇒日本の氷期

からだに　空谷　dry valley　融雪期や豪雨時を除いて谷底に流水を欠く谷で，ドライバレーや乾谷ともよばれる．イングランド南部のチョーク地域の空谷は，氷期に周氷河環境下でチョークの割れ目が氷で塞がれ（凍土が形成され）透水性が低下し，降水や表流水が地表流となり谷が生成されたものが，後氷期になって地中の氷が融解しチョークが高透水となり谷から地表水が消えてできたものである．空谷の成因にはこれ以外にも多様なものがある．⇒ドライバレー［カルストの］，乾谷［カルストの］，デレ 〈松倉公憲〉

ガラパゴスがたカルデラ　ガラパゴス型カルデラ　caldera of Galapagos type, Galapagos-type caldera　巨大なハワイ型盾状火山の成長後期に陥没で生じた陥没カルデラであるが，陥没は中心噴火によらず，主に玄武岩質マグマのシル（板状の岩体）の注入および山頂部近傍の環状割れ目群からの溶岩の噴出に

起因する．ガラパゴス諸島にみられる．⇨火山帯の基本型（図） 〈鈴木隆介〉

[文献] Macdonald, G. A. (1972) *Volcanoes*, Prentice-Hall.

ガリー gully 布状洪水や地中流が集中することにより，地表に掘り込まれた急な側壁をもつ溝状の水路地形．ガリと短くよぶこともあり，雨裂，地隙，または涸れ谷ともいう．火山斜面，特にその裾野や，レスの堆積地には深さ100 mの規模のガリーが形成される．農地の表面に形成された水路地形に対して，補修可能な小規模なものをリル，補修が困難な大規模なものをガリーとよんで区別することがある．⇨雨裂，リル 〈山本 博〉

ガリーしんしょく ガリー侵食 gully erosion 地表流や地中流などの働きにより地表面を深く掘り込む溝状のガリー水路を形成して土壌・岩屑粒子が削剥される侵食作用．ガリ侵食と短くよぶこともあり，地隙（雨裂）侵食ともいう．ガリーの谷底は通常は地下水面まで達していないので，降雨時のみ流水をみる．このことから，ガリーは涸れ谷ともよばれる．ガリーの発達は，植物被覆の少ない未固結の岩石からなる土地や，河川上流部の谷頭などにおいて集中的な降雨時に著しい．地表流によるガリー水路の形成について，ホートン型地表流による侵食モデルが提案されている（R. E. Horton, 1945）．また他にガリーの形成に影響する作用として，地中流のパイピング流出，ガリー側壁の崩壊，水路の分岐などがあげられている．農耕などによる人為や気候変動により植被の減少や退化が起きると，ガリー侵食は急速に進み侵食が加速化する．⇨リル侵食，ホートン型地表流，パイピング 〈山本 博〉

[文献] Bull, L. J. and Kirkby, M. J. (1997) Gully processes and modelling : Progress in Physical Geography, 21, 354-374.

カリーチ caliche 蒸発量が降水量を上回る乾燥地域では，地下水や土壌溶液中に溶けていた塩類が毛管上昇し，地表近くでカルシウムやマグネシウムの炭酸塩として析出することがある．これによって膠結した皮殻を含む固結した層で，lime-pan や calcrete, petrocalcic horizon とよばれる．壁状またはノジュール状，白色や灰白色，ピンク色の数mmから数cmの厚さをもつ石質化した層が重なった板状で存在する．特に，地表にできた皮殻は塩類皮殻とよぶ．⇨塩類土壌 〈田中治夫〉

カリウム-アルゴンほう ^{40}K-^{40}Ar 法 ^{40}K-^{40}Ar dating method, potassium-argon age method 自然界のK（カリウム）は^{39}K, ^{40}K, ^{41}Kの3同位体からなる．このうち^{40}Kの約10.5%は電子を捕獲して，約12.5億年という長い半減期をもって^{40}Ar（アルゴン）に壊変し，マグマが冷却すると^{40}Arは結晶の格子中に貯えられ時間とともに増加する．これを利用する年代測定法は，従来から古い地質時代の火成岩・変成岩の年代決定に適用されてきた．地形に関係する第四紀の年代測定に適用するには，微量な放射起源^{40}Arの高精度・高分解能の定量が必要である．希ガス用質量分析計を用い，^{38}Arをトレーサーとした同位体希釈法で測定する．また^{40}Kの定量はKを炎光分光分析や原子吸光分析により定量し，これに^{40}Kの存在比を乗じて求める．さらに^{38}Arスパイクを使わない感度法によるK-Ar法でも，数万年オーダーの年代が小誤差（1σ 5～25%程度）で求められる．

Kは火成岩や変成岩中に普遍的に存在する（Kが重量で0.1%以上含まれれば分析試料になる）ので，この方法が適用できる試料の種類（鉱物や岩石）は多い．火山岩の地磁気変動史，生層序の年代尺度，また東南アフリカなどの人類の化石や遺物の年代決定にも貢献した．その他にも活用されている．

問題点は，岩石・鉱物の冷却時に，放射起源の^{40}Arが0であり，その後系は外部に対して閉じているという前提条件があることである．気体のArは試料が熱的擾乱を受けると逃散や濃集，混入などが起こる可能性がある．若い試料では大気Arの混入率が年代測定の精度に大きく影響する．またAr損失は岩石の変質や風化によって起こることが多い．さらにAr同位体比算出に当たって初期Ar同位体比（現実には0ではない）を大気のそれと平衡にあるとする仮定が若い火山岩では成立しない場合がある． 〈町田 洋〉

かりひじゅう 仮比重 apparent specific gravity 一定体積（V_t）の土壌あるいは岩石中の固体部分の質量と，これと同体積（V_t）で4℃の水の質量との比をいう．見掛け比重と同義で，真比重に対する語．慣用的に密度の単位を与えて，乾燥密度と同義に用いられることもあるが，その場合は乾燥密度の語を用いるべきである． 〈松四雄騎〉

かりゅう 河流 stream 水が陸上の表面の低いところに沿って線状に流れている状態．地形学的には，周囲の地表面の最大傾斜方向に流れる河流を必従河流，それとは反対方向に流れる河流を逆従河流，地質構造に適応した方向へ流れる河流を適従河流*，周囲の地表面の一般的な傾斜方向や地質構造とは関係ない方向へ流れる河流を無従河

流などに分類される．⇨水流，河系異常

〈島津　弘〉

かりゅうだこう　河流蛇行 stream meander　河流が蛇行していることをいう．河流以外にも，海流やジェットストリームなども蛇行していることに注意．⇨蛇行　〈鈴木隆介〉

かりゅうのせいぞんきょうそう　河流の生存競争 struggle for existence of stream　隣り合うガリー*や河谷の成長過程における河流の競合をいう．コットン*（C. A. Cotton）が提唱した概念．谷の生存競争とも．平面を斜めにした斜面では，多数のリル*が最大傾斜方向に並行して発生し，ガリーに成長する（図）．ガリーが深くなると蛇行するようになり支ガリーが発生する．その支ガリーが頭方侵食で伸長すると隣のガリーの流域に侵入し，ついには隣のガリーの上流部を奪う．これは並走する河川間の河川争奪*であるから，主流の数が減少する．このような併合は，1次谷*から4次谷程度の河谷の間で多く発生する．単純な地形場では，河川の生存競争の最終的段階において主流の谷口間隔は流域長に漸近するが，それより長くなることはない．⇨谷の等間隔性，谷の生存競争　〈斉藤享治〉

[文献] Suzuki, T. (2008) Critical spacing between mouths of adjacent master valleys due to strungle for existence : Trans. Japan. Geomorph. Union, 29, 51-68.

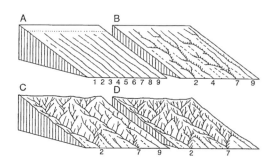

図　河流（侵食谷）の生存競争による谷の併合（Suzuki, 2008）A〜Dは時間の経過を示す．Aの1〜9は最初のガリーまたは一次谷であるが，隣接河川の併合により，主谷（主分水界に源流をもつ谷）の数が減少し，Dでは2本のみが生存している．

かりゅうのへいごう　河流の併合 abstraction of stream　ガリー*や河谷の成長過程で発生する隣のガリーや河谷の上流部を奪い合うこと．これにより主流の数が減少する．⇨河流の生存競争

〈斉藤享治〉

ガル gull　マスムーブメント*に伴って形成される引張り割れ目（地割れ）のこと．たとえば，バレーバルジング*（キャンバリング）に伴い，キャップロックが側方に移動する（すべる）際に，引張り破壊によってブロック化しブロック間に割れ目ができる．このような割れ目を指す．⇨地割れ

〈松倉公憲〉

かるいし　軽石 pumice　発泡して多孔質で主に白っぽい色を呈する火山砕屑岩．パミスとも．"けいせき"は誤読．主にデイサイト〜流紋岩などの珪長質マグマが発泡して生じる．空隙に富み，密度が小さい（$1.0\,g/cm^3$ 以上のものもあるが，多くは $0.3〜1.0\,g/cm^3$ 程度以下）ため水に浮くものが多く，古くは浮石(ふせき)ともよばれた．激しい爆発的噴火の産物である降下軽石堆積物や珪長質の火砕流堆積物（火山灰流堆積物や軽石流堆積物）などの主要な構成物である．⇨火山砕屑岩，浮石　〈横山勝三〉

かるいしきゅう　軽石丘 pumice cone　主に軽石（塊）や軽石質砕屑物で構成される小火山体．火山砕屑丘（火砕丘）の一種．基底直径に対して火口直径が大きいのが特徴．桜島火山の南東麓にある鍋山が例．⇨軽石，火山砕屑丘　〈横山勝三〉

かるいしぎょうかいがん　軽石凝灰岩 pumice tuff　軽石を含む凝灰岩や火山礫凝灰岩．軽石凝灰岩の岩相を示すものとしては，軽石丘の構成物（堆積物），降下軽石堆積物，軽石流堆積物などがある．⇨軽石，凝灰岩　〈横山勝三〉

かるいしはへん　軽石破片 pumice fragment　火山礫（直径2〜64 mm）程度以上の大きさの軽石の破片を指していう．単に軽石ということもあり，また，直径数 cm 程度以上のものは軽石塊ともよぶ．特に軽石流堆積物に含まれるものをいう場合が多い．⇨軽石，軽石流堆積物　〈横山勝三〉

かるいしりゅう　軽石流 pumice flow　軽石（塊）を多く含む火砕流．デイサイト〜流紋岩質のものが多く，中〜大規模の火砕流であることが多い．従来，軽石流（堆積物）とよばれてきたものの多くは，火山灰の量からみて火山灰流（堆積物）に該当する．軽石流の堆積物も単に軽石流と略称することが多い．⇨火砕流，火山灰流　〈横山勝三〉

かるいしりゅうげん　軽石流原 primary pumice-flow landform　軽石流の堆積で生じた火山原面．カルデラの周囲に発達する大規模な軽石流原（例：鹿児島県のシラス台地の台地面）は半径数十 km に達し，緩傾斜（3°以下）で平滑である．軽石流が周囲の山地に乗りあがった場所では噴出源に向かって逆傾斜*することもあり，浅い凹地を伴うこと

もある．中小規模のもの（例：渡島駒ヶ岳1929年噴火で西麓に形成）は微起伏（火砕流堤防，火砕流条溝，火砕流塚，分岐流）をもつ．⇨軽石流，火砕流原
〈鈴木隆介〉

［文献］守屋以智雄（1983）『日本の火山地形』，東京大学出版会．／横山勝三（2003）『シラス学』，古今書院．

かるいしりゅうたいせきぶつ　軽石流堆積物　pumice-flow deposit　構成物の中に軽石が多く含まれる火砕流堆積物．イグニンブライトとほぼ同義語．デイサイト～流紋岩質のものが多く，軽石ならびに軽石質物質は本質物質．支笏・洞爺・十和田・阿蘇・姶良・阿多カルデラなどの国内の主要カルデラならびに海外の大カルデラの形成に関与した，従来，火山灰流（ash flow）堆積物とよばれた大規模の火砕流堆積物のほとんどが軽石流堆積物でもあり，カルデラ周辺地域に火砕流台地をつくっている．近年は，軽石流の表現はあまり使われず，火砕流の表現に一括される傾向にある．
〈横山勝三〉

かるいしりゅうだいち　軽石流台地　pumice-flow plateau　軽石流原が開析されて生じた台地（例：鹿児島県シラス台地）．近年では火砕流台地とよばれる場合が多いが，総称しすぎると，火砕流の種類を特定しがたいので，明白であれば軽石流台地のように特定すべきである．⇨軽石流原，火砕流台地
〈鈴木隆介〉

［文献］横山勝三（2003）『シラス学』，古今書院．

カルクレート　calcrete　⇨デュリクラスト

カルジン　Kanerjing　⇨横井戸

カルスト　karst　カルストの用語はスロベニアの北西部クラス（Kras）地方の地方名に由来する．クロアチア語ではクルシュ（Krš）という．これを19世紀にウィーン学派がドイツ語でカルスト（Karst）と紹介したことから，石灰岩地域ないしは溶食地形を指す用語として用いられるようになった．この地方名はもともと岩石を意味するKarraから名付けられた．この地方は中生代の石灰岩からなる400～800mの台地からなるが，ギリシャ・ローマ時代以来の植生破壊と土壌侵食によって石灰岩が露出する裸出カルスト*となった．第二次世界大戦後は，ヤギの放牧をやめて成長の早いマツの植林をすすめ，植生回復に成功した．しかし，主要な農地は今もドリーネ底の土壌の厚い場所に限られ，岩石が露出する台地の多くはヒツジの放牧や牧草地として利用されている．世界的には，カルスト化作用の卓越する炭酸塩岩の地域は，地表面の面積で陸地の約12%と推定されている．炭酸塩岩は，古生代末から中生代にかけてのテチス海に堆積したものか，その後の造山運動に伴って変成した大理石（地中海沿岸からトルコ，華南にかけての地域に分布）などが広い面積を占める．このほか，古・新第三紀の石灰岩がカリブ諸国，東南アジアに広く分布する．低緯度地帯に分布する第四紀の隆起サンゴ礁地域においては，地殻変動や海水準の変動に応じて溶食*の基準面が変動するために，それに応じたカルスト化作用が観察できる．このほかに石膏*が広く分布する地域でも，地表と地下水系を包括するシステムとしてのカルスト化作用が起こる．イタリアのボローニャは石膏の分布地域として有名であり，石膏が建築材料として用いられているので，12～13世紀以来の溶食作用による建物のいたみが激しい．

　降雨が短時間で地下に流入するカルスト地域においては，地表でどのようにして生活用水や灌漑用水を確保するかが大きな問題となる．世界的には，屋根の水を集めたり，タンクに貯水したり，斜面にコンクリートでキャッチメントを造り集水したりする．また，洞窟（洞穴）の水をポンプアップしたり，カルスト湧水の水を利用するなどの方法が用いられ，カルスト地域特有の生活様式を生み出している．近年，世界各地で洞窟水を大量にポンプアップし，広域に給水することが試みられつつある．カルスト地域においては，地表面では溶食作用の局地性によって生じた凹凸のある地形がつくられ，地下では地層の層理面や断層面に沿って地下水が浸透しやすい場所に，より溶解が進行した空間がつくられる．人間が入ることのできる空間は鍾乳洞*，洞窟（洞穴）とよばれる．また，地下の空間が広くなると，洞内の圧力の変化に応じてカルシウムの再結晶が起こる．これを鍾乳石*とよぶ．このようなカルスト地域の地形はカルスト地形*と総称される．一般に，洞内の水は基準面に向かって流下する．地殻変動や海水準の変動が発生した場合は，それに連動して地表面も地下水系も一定の系として変化する．
〈漆原和子〉

［文献］漆原和子編（1996）『カルスト―その環境と人びとのかかわり』，大明堂．

カルスト・ウィンドウ　karst window　⇨カルストの窓

カルストえんとつ　カルスト煙突　karst schlote　地下水が垂直に近い方向に溶食を行い，垂直方向の洞窟（洞穴）を形成して，現在形成中の水平洞に到達する場合がある．この垂直に近い部分をカルスト

煙突という．人間が入洞可能な空間の場合は垂直洞とよんでいる．地下水が流入しないときは洞窟内の空気の流入，流出が行われる．夏季には外気の温度が洞内よりも高いために，洞内から空気が流出し，反対に冬季には洞内の温度が高いため，外気が効果的に流入する．これを気象学では煙突効果とよぶ．地表に必ずしも大きな洞口で開いていなくても，岩石の割れ目の間から空気の流出や流入があることによって洞窟（洞穴）が発見されることがある．

〈漆原和子〉

カルストかいろう　カルスト回廊 karst corridor　炭酸塩岩地域の地表下2～3mで溶食が進行し，洞窟が形成された結果，空洞の天井が陥落して細長くつづいた深い凹地が形成され，回廊のようにつづく地形をいう．西欧の中世の都市の細長く，曲がりくねった路地を印象づけることから，カルスト回廊とよばれる．溶食回廊ともいう．石灰岩や石膏からなる地域によく発達した節理や，割れ目に沿って，直線状または鍵型の幅のせまい洞窟が密に形成される．洞窟の天井の厚さが十分にない場合には，不安定になった天井が陥落をして，洞窟床に落ち，洞窟壁面が回廊のように地表の凹地として出現する．北ドイツ，ハルツ山地の石膏地域には，幅1m深さ2mで鍵型につづくカルスト回廊が密に分布する．日本では喜界島に深さ3m幅約1mのカルスト回廊の例がある．

〈漆原和子〉

カルストきじゅんめん　カルスト基準面 karst base level　溶食を伴うカルスト化作用は，地下水面を基準に循環帯（vadose zone）で行われる．しかし，緩慢な水の動きは飽和帯（phreatic zone）でも起こるため，循環帯とは違った溶食地形がみられる．一般に，カルスト基準面は，循環帯の地下水面を指し，溶食基準面ともいう．地下水面より上の循環帯は地表からの二酸化炭素を混入した水の浸透によって溶解が起こり，空隙を大きくし，洞窟（洞穴）が発達する．洞窟（洞穴）内には炭酸カルシウムの二次生成物が形成され，鐘乳石＊となる．地下水系の最終的な基準面は海水面であるため，石灰岩中で圧力をうけた被圧に応じて海水面よりも若干低い位置を基準面とする．したがって，海水準が長期にわたって安定しているときは，地下水系が比較的緩やかな傾斜をもつ水平洞を形成する．海水準の急激な低下が起こると，地下水系の変化に応じて新たに形成された水平洞を急傾斜な垂直洞でつなぐ．数段の水平洞が存在するときは，急激な海水準の変動か地殻変動が起因していると考えられる．地表のカルスト地形形成に対しても地下水位の変動は影響を及ぼし，地下水位の低下は効率のよい下方への水の移動をうながすため，起伏の大きいカルスト地形を形成する．一方海水準の変動に伴うカルスト基準面の上昇が起こると，ドリーネ底に水がたまった沈水カルスト＊や，デルタ堆積物に埋没したフム＊が分布することがある．また海面下に水平洞が複数存在することがある．カルスト基準面より下方，すなわち飽和帯では，二酸化炭素が混入する水が，きわめて緩慢に動く．このことによって円い溶食面をもった地形が形成される．したがって地下水面以下でも緩慢であるが溶食は行われており，隆起をし循環帯になったとき，かつて飽和帯であったときの特異な溶食形態を観察することができる．

〈漆原和子〉

カルストこ　カルスト湖 karst lake, karst pond, solution lake　溶食作用によってできた凹地に排水しきれない水がたまって湖となったもの．ポリエ＊の底に湖ができる場合，ドリーネやウバーレ底に水がたまり，湖となる場合がある．ドリーネの底に常時水がたまった場合は，ドリーネ湖とよぶ．カルスト湖には，常時水をたたえている場合と，雨季に1週間から1カ月ないし2カ月間，湖となる場合がある．常時水をたたえている場合は，①周囲からの集水が豊富なため，吸込み穴から排水できる能力を上回って供給されている場合，②ポノール＊や吸込み穴が堆積物で埋められ，排水能力が十分でなくなった場合，③基準となる地下水面または海水準が上昇したために凹地の底が常に冠水する場合がある．上記に示した①の典型例はスロベニアのツェルクニシュコ・ポリエのツェルクニシュコ・イエゼロである．ウバーレに短期間湖が生じるものに秋吉台の帰り水がある．③の典型例はマケドニアのオホリッド湖や南大東島のハグ下の湖沼群（ドリーネ湖）がある．

〈漆原和子〉

カルストこく（だに）　カルスト谷 karst valley　カルスト谷の形成は，非石灰岩の地域における河川水の谷底の侵食作用，谷壁斜面の侵食作用と全く異なる．石灰岩をはじめとする炭酸塩岩は，透水性がよく，溶解により垂直の吸込み穴が形成される．このため，非石灰岩地域で普通にみられる地表を流れる河川の作用は，石灰岩地域においては，むしろ稀に見られる現象である．ホロカルスト（完全なカルスト地域）においては，通常の河川は存在しない．ポリエの底を地表流として流下する川は，ポノールとなって地下へ流入する．ポノールの流入口では急崖をなし，水が吸い込まれる．これをブラインドバ

レー*（閉谷）という．また，台地から平地へカルスト湧泉として流出する谷頭では，丸く台地に入り込んだ急崖からなる袋谷（袋小路谷）を形成する．このほかに，古気候の変化や古環境の変化に伴って，非石灰岩地域から石灰岩地域に大量の地表水（アロジェニック・バレー：allogenic valley, 他生の谷）が流入していたことがある場合には，谷幅はそれほど広がらず，深く切り込んだ峡谷をなすのが普通である．こうした峡谷はNicodによってkalkklamn（石灰岩峡谷）とよばれている．今日もなお，アロジェニック・バレーをなしている例は，ダルマチア地方のシベニック（Sibenik）を流れるクルカ（Krka）川である．ダルマチア地方の海岸の多くの谷では，今日すでに水量がわずかになってしまい，ドライバレー*（乾谷）となり，深い峡谷のみが残る．また熱帯カルストでは石灰岩峡谷はよくみられ，ジャマイカのリオ コブレ（Rio Cobre）峡谷や，キューバのビニャレス（Viñales）には多くの峡谷がある．また，秋吉台の中央部を横切る厚東川は，非石灰岩地域にその源を発する他生の谷である．⇨乾谷［カルストの］，溶食谷　　　　　　　　　　〈漆原和子〉

カルストじゅんへいげん　カルスト準平原
karst peneplain　炭酸塩岩の地域では，溶食作用はカルスト基準面*に向かって行われる．したがって，地殻変動もなく，海水準が安定している時代が長く続けば，溶食が進行し，カルスト地形が進化する．溶食地形が進化すると考えたカルスト輪廻*のモデルは20世紀初めに，ボスニア・ヘルツェゴビナを訪れたデービスによって発表され，その後，A. Grund（1914）やCvijič（1924）によって明らかにされた．カルスト輪廻のうち最も溶食が進んだ段階では，平原にフムが残丘としてそそり立つと考えた．この場合，溶食し残されたフムは頂上の高度も大きさもほぼそろっていると考えた．この状態をカルスト地形の老年期と考え，フムは次第に低下し，最終的には起伏の小さい，溶食基準面に近い準平原をつくるとされている．　　　　　　　　　〈漆原和子〉

［文献］Cvijič, J. (1924) The evolution of lapiés: a study in Karst physiography : Geogr. J., 14, 26-49.

カルストしんしょく　カルスト侵食　karst erosion　炭酸塩岩の地域では二酸化炭素を含む水によって溶解作用が卓越する．しかし，溶解作用が進行する一方で，水による侵食もわずかではあるが進行する．大量の地表水が流入し，炭酸塩岩の地域を流れるときには，溶解も行われると同時に，河川水による側方と下方への侵食も行われる．過去において水量が豊かなとき，侵食作用が卓越し，幅の広い谷を形成し，その跡がドライバレー（乾谷）として残されているのをみることができる．イギリスのヨークシャーや，イストリア半島，インドネシアのジャワ島などに大規模なドライバレーがある．一方，鐘乳洞で豊かな水量をもつ地下川中へ硬い岩質の非石灰岩の礫が流入するとき，礫の助けをかりて効果的に河床で侵食が行われて，ポットホール*がつくられることがある．わが国では福島県入水洞に，直径30 cm前後のポットホールが多数形成されている．　　　　　　　　　　　　　　　　〈漆原和子〉

カルストだいち　カルスト台地　karst plateau　スロベニアのクラス地方でみられる石灰岩の台地を指す言葉であるが，現在ではこの地域に限定せず，広く石灰岩台地*を指す用語として用いられている．スロベニアのクラス地方では石ころだらけの地方を意味し，イタリアとの国境を接する地域である．400〜800 mの標高をもつこのクラス地方はかつてハプスブルグ家の支配するオーストリア・ハンガリー帝国であった．ウィーン学派がクラスをカルストと発表したことから，国際的にカルストの用語が一般化し，カルスト地方，カルスト地形などとよばれるようになった．カルスト台地では，ハプスブルグ家が鉄道を敷き，蒸気機関車を走らせようと計画したとき，この台地上は水補給をする水源がないため，深い垂直洞の底の豊かな地下水をくみあげることを計画した．しかし，台地の末端にあたる現在のイタリア側では，海岸にそって被圧をうけた地下水がカルスト湧泉として豊かに湧き出ていることがわかり，この水を利用することとした．炭酸塩岩が厚い地層として存在する場合は，地表の降水は地下に浸透し，地下水面にそって地下川を形成する．このため炭酸塩岩の地域は台地としてそそり立つ．台地の上ではドリーネやウバーレが形成されるが，基本的に地表では水不足となる．スロベニアのカルスト台地では，かつてヒツジやヤギの移牧を行ったために草地化し，土壌流失を招いた．この台地の上ではドリーネ底のみが耕地として利用可能な唯一の場所である．　　　　　　　　　　　　　〈漆原和子〉

カルストちいき　カルスト地域　karst region, karst land　カルストの用語の発生は，pre-Indoeuropean（インド・ヨーロッパ祖語）にさかのぼるとされている．Karraは礫，岩石を意味したが，スロベニア北西部のイタリアとの国境付近では，時代とともにKarraからKrasへと変化し，露岩の意味で使われていた．それが地方名となった．しか

し，この地方はオーストリア・ハンガリー帝国の支配を受けたため，ウィーンでは19世紀半ばに，この地方名 Kras を Karst として引用し，ウィーン学派は地形や地質学の用語として使用し始めた．その後カルストの用語が国際的に用いられるようになり，溶食による地表と地下の地形と水文学的に特徴のある現象を含めて，これをカルストとよぶようになった．今日では石灰岩やドロマイトなどの炭酸岩塩のほかに，蒸発岩（石膏や岩塩）の地域でもよく似た溶食作用を受けることから，石膏の地域を含めて溶食作用が卓越して行われる地域をカルスト地域としている．世界的に地表に露出している炭酸岩塩の面積は陸地の約12%（Ford and Williams, 1989），地下の蒸発岩は陸地面積の約25%（M. T. Kozary et al. 1968）と推定されている．このほかにカルシウムを多く含む中国の黄土地域では疑似カルスト（プソイドカルスト）現象がみられるが，一般にプソイドカルストの地域はカルスト地域には含めない．カルスト地域の地表には，溶食作用によりドリーネ*，ウバーレ*，ポリエ*，コックピット*などの凹地形が形成される一方で，著しい溶食作用の結果，残丘状に溶食し残された円錐状，タワー状，そしてピナクル*などの凸地形が形成される．世界的に広いカルスト地形は，ヨーロッパ各地から中近東，中国の桂林にいたるテチス海の堆積物からなる地域と，米国ケンタッキー州やメキシコに広く分布する．この他主として古・新第三紀の石灰岩からなるジャマイカ，キューバや東南アジアのジャワ島，ボルネオ島などにも広く分布し，特異なカルスト地形がみられる．石膏からなるカルスト地域は北ドイツ，北イタリア，ウクライナなどに広く分布する．日本では山口県の秋吉台，福岡県の平尾台などのカルスト地域と，琉球列島にみられる離水サンゴ礁からなるカルスト地域がある．しかし日本のカルスト地域は全国土面積の0.5%に満たない．〈漆原和子〉

[文献] Ford, D. C. and Williams, P. W. (1989) *Karst Geomorphology and Hydrology*, Chapman and Hall.

カルストちけい　カルスト地形　karst landform, karst topography, karst scenery, karst terrain　炭酸塩岩の分布する地域においては，気候，地質構造，岩質の差があり，かつ二酸化炭素の加わった雨水や土壌水によって溶食された地形が，地表および地下にみられる（図）．その形態は主として気候や岩質に支配され，世界的に地域差を有する．一般に低緯度地域には凹凸の大きな地形が形成され，温帯では凹地形が顕著である．しかし高緯度地域では，溶食作用は緩慢でかつての氷河作用によって物理的に氷食作用を受けた地形が形成される．地表では降水が集水する凹地で，より速く溶食作用が進行する．このため地表では溶食作用が進行した凹地形と，溶食作用がわずかしか進まない凸地形とができる．しかし，地表の凹地にたまった水は吸込み穴やポノール*をとおして地下に排出される．十分に二酸化炭素が混入した土壌中を浸透した水は酸性になり，より速く，多くの石灰岩を溶解することができる．石灰岩からなる地形では石灰岩中の地層の小節理や地層の層理面や断層にそって，地下の洞窟（洞穴）が形成される．これらの一連の地表と地下のシステムをカルスト化作用とよぶ．地表では凹地形としてカメニツァ*，各種のカレン*，ドリーネ*，ウバーレ*，ポリエ*などが発達し，凸地形としてピナクル群のあるカレンフェルト*，円錐カルスト*，モゴーテ*，石灰岩堤*（ライムストーンウォール），フム*，塔カルスト*などがみられる．地表の水は

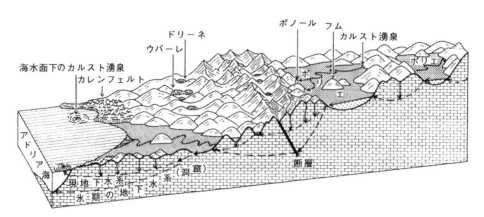

図　アドリア海岸からディナルアルプスまでの地域でみられるカルスト地形（漆原，1996）

吸込み穴やポノールを通して地下水系に流入し，洞窟を形成する．ポリエではカルスト湧泉から地下水が地表に現れ，地表水として流下し，ポリエの末端でポノール（吸込み穴）に流入する．特に熱帯多雨地域では溶食が速い速度で進み，不定形の深い凹地であるコックピット*が形成され，凸地が突出するようになる．溶食作用が進むと，孤立する巨大なピナクル*やモゴーテが形成され，典型的な熱帯のカルストや，タワーカルストが形成される．⇨溶食地形 〈漆原和子〉

[文献] 漆原和子編（1996）「カルスト―その環境と人びとのかかわり」，大明堂．

カルストのまど　カルストの窓　karst window　地表から数 m 以上の深さに形成された洞窟を地下川が流れている場合，垂直洞の発達や，ドリーネの発達に伴って天井の一部が不安定になり，崩落する．落下物が地下川によって流出してしまうと，地表には大きな陥没凹地ができる．その底には地下川の一部が流れているのがみえる．多くの場合，側壁は切り立っていて，地表からは地下川の一部がみえる．地下川や洞窟の側からみれば，天窓が開いたようにみえる．これをカルストの窓（カルスト・ウィンドウ）という．小規模なカルストの窓は多数例がある．大規模なものは，米国のマンモスケーブの近くのカルストの窓や，スロベニア西部のシュコツヤン（Škocjan）洞（凹地の底の地下川は長さ約 400 m）が有名である．日本では秋吉台の帰り水がこれに相当する． 〈漆原和子〉

カルストゆうせん　カルスト湧泉　karst spring, karst resurgence, karst emergence, karst rise　カルスト地域でみられる地下水の湧出地の総称．カルスト地域では降水の多くが地下へ浸透し，地下水系を通って再び地表に湧出するため，湧泉が多い．カルスト湧泉が集中して分布する位置は，被圧地下水の圧力が急に減ずるような場所である．すなわち，断層線に沿った位置で地下水系が急変するときや，ポリエの縁に達して急に厚い石灰岩の被圧から解放されるとき，また地下水系の最終基準面である海水面に達したときに地下水が湧泉となる．海岸付近では，一般的に被圧をうけているため，海面下で淡水が湧き出るか，または干潮時に海岸線に沿って淡水が湧き出るのをみることができる．地上でカルスト湧泉が常時湧き出る位置では，袋のように崖線が食い込んだ型を形成することが多い．これを袋谷という．一方，いったん地表水として流下したカルスト水が吸い込まれて，ポリエの縁で地表下へ流入するとき，ポノールという．またカルスト水が淡水でない場合もあり，ハンガリー北部や，イタリア南部，トルコのパムッカレはカルスト水に温泉水が混入して湧出する． 〈漆原和子〉

カルストりんね　カルスト輪廻　karst cycle　20 世紀はじめにボスニア・ヘルツェゴビナのカルスト地域を訪れたデービスがカルスト輪廻を発表したことに始まり，J. Cvijič, A. Penck, A. Grund らによってカルスト地域の輪廻がまとめられた．侵食ばかりでなく溶食が起こること，通常の地下水系のほかにカルスト水系がカルスト地形形成の主要な要因であるとして，カルストの地形輪廻を Cvijič（1924）は次のようにまとめた．湿潤な温帯では，カルスト地形の発達にサイクルがあり，4 段階に分けられる．第 1 段階（幼年期）は，石灰岩の地表面に多くのドリーネを形成するが，広い原面が残る．第 2 段階（壮年期）はドリーネ，ウバーレ，ポリエが発達し，地下水系もよく発達する．第 3 段階（晩年期）は，地表に原面が全く残らず，大型のドリーネ，ウバーレができはじめ，円錐型の残丘がそそりたつ．第 4 段階（老年期）は，溶食や侵食の結果できた平原上に孤立した残丘フムのみが残る．Cvijič は特にこの輪廻は石灰岩の基盤に他の岩石があった場合，それが石灰岩地形形成の基準であると考え，海水準が基準になるとは考えなかった．Cvijič の理論の構築の場であったアドリア海沿岸には，どの段階のカルスト地形も同じ地域に存在する．今日では，カルスト化作用の初期段階を決めるものは石灰岩の割れ目や節理であり，カルスト化作用の速度を決めているものは，気候，植生，岩質であり，カルスト地形の地域特性を決めるものは炭酸カルシウムの溶解作用と水文状況と時間の長さであると考えられている．ボスニア・ヘルツェゴビナのフムは湿潤熱帯的気候下で形成された化石カルストであるとの意見もある．
〈漆原和子〉

[文献] Cvijič, J. (1924) The evolution of lapiés: a study in Karst physiography: Geogr. J., 14, 26-49.

カルデラ　caldera　火山性の火口状凹地で，直径が 2 km 程度以上のもの．大鍋（釜）を意味する caldeira というポルトガル語が語源．通常の（爆裂）火口は，直径 1 km 程度以内．したがって，カルデラは一般には爆裂以外の成因が考えられる．一方，直径 2 km 以下の火口状凹地でも，陥没で生じるものがある（例：陥没火口）．地形的には，凹地底（カルデラ床）とそれを取り囲む外輪山（その内側斜面をカルデラ壁とよぶ）およびその外側に広がる外

輪山斜面で構成される．一般にカルデラの外形（輪郭）はほぼ円形であるが，中心や直径が異なる複数のカルデラが複合して一つの大型カルデラを生じたと思われるものも多い．通常は大型のカルデラでも直径は数十 km 以内．カルデラ壁は通常，高さ 1,000 m 以下の急斜面をなし，なだらかな外輪山斜面とは対照的．一般にカルデラ内には，カルデラ形成後に生じた複数の火山体（火山群）が存在する．それらは後カルデラ火山とよばれるが，中央火口丘とか中央丘ともよばれる．カルデラの形態・規模・構造などの特色は，成因と密接に関係があり，成因に基づいて陥没カルデラ・爆発カルデラ・侵食カルデラなどに大別される．特に陥没カルデラは，カルデラのほとんどを占め，また，大型のものまでを含み，岩質・噴火様式・地質構造等の差異から，キラウエア型カルデラ，クラカトア型カルデラ，再生カ

ルデラ，火山構造性陥没地などに細分される．一方，爆発カルデラおよび侵食カルデラは，例が少なく規模も小さい．屈斜路・支笏・洞爺・十和田・阿蘇・姶良・阿多カルデラなど直径 10 km 以上にも及

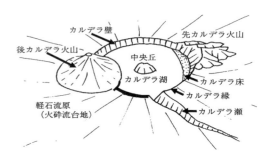

図　カルデラ（クラカトア型）およびそれに関連する各部の名称（鈴木，2004）

表　カルデラの基本的な類型とその特徴（鈴木，2004）

分類名称	キラウエア型カルデラ Kilauean type	クラカトア型カルデラ* Krakatau type	再生カルデラ resurgent caldera	爆発カルデラ explosion caldera	侵食カルデラ erosion caldera
形成過程	多量の玄武岩質溶岩流の噴出後の，環状割れ目に沿うピストン状の陥没	多量の火砕流の噴出に起因するロート状の爆裂と破砕部の陥没	多量の火砕流の噴出後の，環状割れ目に沿うピストン状の陥没とその後のカルデラ床の隆起	水蒸気爆発またはマグマ水蒸気爆発による火山体の大規模な爆裂・破壊	古い火口の侵食による拡大
カルデラの平面形	円形〜楕円形	円形	円形	馬蹄形	馬蹄形〜不定形
カルデラの直径	2〜5 km	2〜20 km	15〜20 km	1〜3 km	1〜3 km
初生的カルデラ壁	垂直に近い，環状の正断層崖	ロート状の爆裂壁	急角度の，環状の正断層崖	急角度の崩落崖	不定形の侵食崖
カルデラの深さ	約 100 m 以下	約 200〜700 m	数百 m	数百 m	数百 m
カルデラ湖	ない	深い湖があることが多い	存在することもある	ない	ない
カルデラ床の構成物質	ピストン状の陥没岩体（主に溶岩）	陥没岩体はない．噴き戻りの火砕物	ピストン状の陥没岩体（火砕流堆積物）	旧火山体の構成物質と崩落物質	旧火山体の構成物質
カルデラ形成に関連したマグマの性質	玄武岩質	流紋岩質，デイサイト質，安山岩質	流紋岩質	安山岩質，デイサイト質の場合が多い	無関係
カルデラ形成に関連する噴出物など	多量の溶岩流	10 km³ 以上の軽石流，火山灰流	100 km³ 以上の軽石流，火山灰流	火山体爆裂型の火山岩屑流	ない
カルデラとともに生じる火山地形	広大な溶岩流原	広大な火砕流台地	広大な火砕流台地	火山麓から周囲に伸びる火山岩屑流丘陵	ない
先カルデラ火山	ハワイ型盾状火山，成層火山	成層火山，大型火山のない場合もある．	成層火山，火山群	成層火山の場合が多い	成層火山，ハワイ型盾状火山
後カルデラ火山	溶岩流原，スコリア丘，ピットクレーター	成層火山，溶岩円頂丘，火山砕屑丘	溶岩円頂丘，火山砕屑丘	成層火山，溶岩円頂丘，火山砕屑丘	温泉活動のみ
局所的な重力のブーゲー異常	正（数 mgal）	負（mgal〜数十 mgal）	負の場合が多い	ない	ない
日本の例	伊豆大島，三宅島	摩周，十和田，阿蘇	ない	磐梯山	葉山（山形）
外国（米国）の例	キラウェア（ハワイ州）	クレーターレイク（オレゴン州）	バイアス（ニューメキシコ州）	セントヘレンズ（ワシントン州）	ハレアカラ（ハワイ州）

*この型の，特に大規模（延長数十 km）で基盤の地質構造に制約されて伸張しているものを火山構造性陥没地という．

ぶ大型のカルデラのほとんどは島弧に特有なクラカトア型である．⇨カルデラ床，カルデラ壁，カルデラ縁，外輪山，外輪山斜面，中央火口丘，陥没カルデラ，再生カルデラ，爆発カルデラ，侵食カルデラ，火山体の基本型（図）　　　　　　　〈横山勝三〉

[文献] Williams, H. (1941) Calderas and their origin: Bull. Dept. Geol. Sci. Univ. Calif. Publ., 25. 239-346. ／Macdonald, G. A. (1972) *Volcanoes.* Prentice-Hall.／鈴木隆介 (2004)「建設技術者のための地形図読図入門」．第4巻，古今書院．

カルデラえん　カルデラ縁　caldera rim　カルデラを取り囲む外輪山の山稜（線）．この内側はカルデラ壁で，外側は外輪山斜面．先カルデラの火山噴出物（しばしばカルデラの生成に関与した火砕流堆積物）や基盤岩等で構成される．一つのカルデラにおけるカルデラ縁は，地形的に不明瞭な部分があるため断続的な場合が多く（例：姶良カルデラ，阿多カルデラ），明瞭なカルデラ縁とカルデラ壁がカルデラの全周を連続的に取り囲むことは少ないが，通常，カルデラ縁を連ねた線をカルデラの輪郭とする．⇨カルデラ（図），カルデラ壁，外輪山斜面　　　　　　　　　　　　　　〈横山勝三〉

カルデラかざん　カルデラ火山　caldera volcano　守屋 (1979) は「カルデラ（一般にクラカトア型）とそれを囲む広大な火砕流台地のみが目立ち，先カルデラ火山を特定できず，相対的に小型の後カルデラ火山を伴う火山」を'カルデラ火山'と定義し，阿蘇，屈斜路，支笏，洞爺，十和田，姶良などのほか，濁川，肘折，沼沢沼などの小型カルデラを例示した．一方，鎌田 (2008) は「直径約2 km 以上の陥没地形であるカルデラをもつ火山をカルデラ火山とよぶ」とし，キラウエア，三宅島，榛名などの先カルデラ火山の性状が明瞭な火山も含めた．このように，'カルデラ火山'は定義も概念も混乱し，現状ではカルデラと火口の成因・規模による区別さえ明確ではなく，しかも陥没カルデラ*以外に爆発カルデラ*もある．この用語は，日本では明確な定義なしに古くから稀に使用されてきたが，近年，かなりの使用例がある．しかし，海外の文献では'caldera volcano'は全くといえるほど使用されてない．よって，'カルデラ火山'は，火山現象の本質的理解と記述に必ずしも有用とは思われず，用語使用の可否も含めて慎重な検討を要する．⇨カルデラ　　　　　　　　　　　　　　　　〈鈴木隆介〉

[文献] 守屋以智雄 (1979) 日本の第四紀火山の地形発達と分類：地理学評論, 52, 479-501.／鎌田桂子 (2008) 大規模カルデラ火山と小規模カルデラ火山：下鶴大輔ほか編 (2008)「火山の事典（第2版）」，朝倉書店，pp. 61-67．

カルデラこ　カルデラ湖　caldera lake　カルデラ床の大半または全部を占める湖．外形は通常，円形～楕円形．大きさや深さはカルデラの性状に応じて多様．生成年代が比較的新しいクラカトア型カルデラに例が多い（例：米国のクレーターレイク (Crater Lake)，摩周湖，支笏湖，洞爺湖，倶多楽湖，十和田湖，池田湖）．カルデラ内部に存在しても，後カルデラ火山とカルデラ壁の間に生じた堰止湖（例：雄阿寒岳東麓のパンケトーとペンケトー）や湖盆の形成がカルデラ形成ではなく後の堰き止めなどの場合（例：箱根火山の芦ノ湖）にはカルデラ湖とはよばない．　　　　　　　〈横山勝三〉

カルデラしょう　カルデラ床　caldera moat, caldera floor　カルデラ内に広がる低地．低地が広い場合，かつては火口原とよばれた．後カルデラ火山の噴出物やカルデラ壁の侵食に伴う河川堆積物などで構成される．阿蘇カルデラ北部の阿蘇谷や南部の南郷谷が例．なお，形成当初のカルデラの底を"カルデラ底"と定義し，カルデラ床と区別した例もあるが，判別が困難であるからほとんど使用されない．⇨カルデラ（図）　　　　〈横山勝三〉

カルデラせ　カルデラ瀬　caldera barranco　カルデラ内からカルデラ外へ流出する河川が外輪山を横断する部分に形成した深い峡谷．十和田カルデラから流出する奥入瀬川の"奥入瀬渓流"，阿蘇カルデラ・白川の"立野峡谷"が好例．日本では従来，それらにも「火口瀬」という用語が一般に使われてきたが，本来の意味の「火口瀬」ではないので，本書で「カルデラ瀬」と改称する．英語の barranco は本来，北アメリカ南西部の深い急な峡谷を指す用語で，また，火山体を刻む急な谷壁斜面をもつ深い侵食谷に対しても使われる．そこでカルデラ瀬を caldera barranco と英訳することを提唱する．⇨火口瀬，カルデラ（図）　　〈横山勝三〉

カルデラてい　カルデラ底　caldera floor　⇨カルデラ床

カルデラへき　カルデラ壁　caldera wall　カルデラを取り囲む外輪山のうち，カルデラ縁よりも内側のカルデラに面した急斜面．基盤岩やその上位の先カルデラ火山噴出物（しばしばカルデラの生成に関与した火砕流堆積物）で構成される．カルデラの生成（多くは陥没）によって生じた正断層崖の初生的形態がその後の侵食で変化したものが多い．カルデラ壁はカルデラ縁と同様，かならずしもカルデラ全体を取り巻いて連続して発達しているとは限らず，断続的な場合も少なくない．カルデラ壁の高さ

（カルデラ縁とカルデラ床との比高）や傾斜の分布状態などの地形的な特徴は，カルデラの新旧を示唆する．すなわち，カルデラ壁が急斜面（"壁状"）のものは一般に新しいカルデラであり（例：摩周カルデラ），カルデラ壁の基部からカルデラ床との間に崖錐や沖積錐が発達するもの（例：阿蘇カルデラ），カルデラ壁というよりも全体が緩傾斜で一般の山地斜面のように必従谷の発達が顕著で，カルデラ壁の基部には沖積錐や扇状地が発達するもの（例：八甲田カルデラ）の順に古いカルデラである．⇨カルデラ（図），外輪山斜面，カルデラ縁　〈横山勝三〉

ガルフストリーム　Gulf Stream　⇨湾流

カルマンうず　カルマン渦　Karman vortex　静止した流体の中で円柱や角柱などの物体を直線的に動かしたとき，あるいは一方向の流れの中にこのような物体を置いたときに，物体の背後に現れる規則的に配列する渦をいう．物体を通る流れ（相対的な）の中心軸の左右に交互に現れ，互いに逆方向に回転しながら流下する．カルマンの渦列（Karman vortex street）ともいう．流れのレイノルズ数*（$Re=UD/\nu$；U：相対流速，D：物体の直径，ν：流体の動粘性係数*）が約50以上で形成されることが知られている．　〈砂村継夫〉

カルマンじょう（てい）すう　カルマン常（定）数　Karman constant　乱流混合が生じる際の上下方向の渦の大きさ（混合距離）は，高度（z）に比例して大きくなると見なされ，比例定数（k）を用いてkzで表される．この比例定数をカルマン定数とよび，平均0.4とされている．　〈森島　済〉

ガレ　gare, landslide scar, rubble slope, scree-covered slope　山腹の崩壊跡地や崖錐，谷頭部の谷底で，崩壊や落石によって生産された岩屑*（主に角礫）に覆われ，植生のほとんどない急斜面をさす．直登するときに落石が起こりやすい．転じて登山者は，崖錐，岩屑斜面などの岩礫地全般を指すようになった．ガレ場ともいう．崩れることを指す場合もあり，「崩れる→ガレる」に由来する日常語．　〈岩田修二・戸田真夏〉

カレーズ　kārez　⇨横井戸

かれがわ　涸れ川　dry river, dry channel　流水のみられない状態の河川を指す．漢字では'涸川'とも書き，空沢，水無川*ともいう．また，dry valley（涸谷・空谷・水無谷）と同じ意味で使われることも多い．涸れ川は，①かつて流水が流れていた河川が，河川争奪，気候変化，地下水位の低下などが原因で長期に流水がみられなくなった川（河谷）を指す場合と，②間欠河川の流水のない時期の川（河谷）を指す場合とがある．①の例としては，截頭河川*，氷河の消滅した氷食谷，石灰岩地域の盲谷（水無川）などがあり，②の例としては，日本における小型の扇状地の水無川，乾燥地域のワジ*やガリー*などがある．　〈大森博雄〉

［文献］渡辺　光（1975）『新版地形学』，古今書院．/Strahler, A. N. (1969) *Physical Geography* (3rd ed.), John Wiley & Sons.

かれだに　涸れ谷　gully　⇨ガリー，ガリー侵食

ガレば　ガレ場　gareba, scree-covered slope　⇨ガレ

カレン　karren　カレンは独語由来であり，「車の轍」を意味し，常に複数形で用いる．したがって，本来溶食によって生じた溝状の凹地を意味する用語である．溶化溝とも表す．しかし，次第にカレンを広義に用い，種々の溶食凹地を表す用語として形容詞をつけて使用するようになった．A. Bögli (1960)は，溶食凹地を形態や大きさによって分類し，カレンに形容語をつけてリレンカレン，リネンカレン，ルンドカレン，スピッツェカレンなどのように用いた．その後，J. N. Jenning (1971)やM. M. Sweeting (1972), Ford and Williams (1989)らもカレンを溶食凹地を表す用語として用い，形態やサイズによって形容詞をつけてカレンという用語を用いた．この点ではA. Bögliと同じである．露出した石灰岩のピナクル表面の角度，岩質，降雨の強度，降雨の季節などにより，炭酸塩岩の表面には種々の形態が生ずる．また地表下では，土壌中の濃い二酸化炭素の混入する水による溶食作用が岩石表面の全面に及ぶため，面的にスムーズになるようなルンドカレンが形成される．かつて日本の文献ではカレンが多く形成されたピナクルが広く広がるカレンフェルトを石塔原と誤訳した例がある．ドイツ語の本来の意味は，カレンフェルトは溝状のカレンが広く分布する原野を意味する．　⇨カレンフェルト，ラピエ

〈漆原和子〉

［文献］Ford, D. C. and Williams, P. W. (1989) *Karst Geomorphology and Hydrology*, Chapman & Hall.

カレントリップル　current ripple　⇨リップルマーク

カレンフェルト　karrenfeld　カルスト地域では，炭酸塩岩の露出したピナクル*の表面にカレン*とよばれる溶食凹地形が形成される．カレンフェルトとは，カレンが形成されたピナクル群が広がる地形で，溝状のカレンが多数うがたれた原野の意味である．これまで日本では，ピナクルが羊の群れ

のように広がる地形をカレンフェルト（石塔原）と表記することがあったが，これは誤訳である．カレンフェルトを構成するピナクルは，地質構造や断層の影響を受けるので，地質構造が規則的な場合は，その支配を受けて分布する．カレンフェルトの地域は，人為的な植生破壊により土壌が流出した裸出カルスト地域である場合が多い．日本では，秋吉台や平尾台に典型的なカレンフェルトが広がる．
〈羽田麻美〉

カロライナベイ Carolina Bay ⇨並列湖

かわ 川 river もとは流れる水を示す象形文字 ⇨河川
〈久保純子〉

かわなかじま 川中島 island ⇨中州

かわばたそう 川端層 Kawabata formation 北海道夕張地方に分布する上部中新統の海成層．礫岩・砂岩・砂岩泥岩互層・泥岩を一輪廻とする周期的堆積物で，層厚は4,000mに達する．
〈松倉公憲〉

かわまわし 川廻し *kawamawashi*, artificial short-cut of river channel 穿入曲流した蛇行河川の頸部を人工的に開削あるいはトンネルで結んで直線化し，蛇行部分を水田化した新田開発の方法．千葉県の夷隅川，養老川，小櫃川の本流および支流など房総半島の南部に多くみられる．
〈海津正倫〉

かわら 河原 dry riverbed 低水時に水面上に現れる河床や平水時に現れている州（高水敷や水無川の河床を含む）のことを指す．一般に川原とも書く．日本の河川の河原は礫州である場合が多いが，砂州も存在する．交互州が発達するところでは左右交互に河原が現れ，蛇行区間では蛇行の滑走斜面側に広い河原が形成される．河原は洪水時の土砂移動により，樹木がなく植生に乏しいが，日本ではダムの洪水調節機能などの影響で洪水が減少し，河原に樹木を含む密な植生が侵入した場所も多い．なお，英語では，乾期における季節的河川や水無川の河床や枯山水のことも dry riverbed という．⇨河川敷
〈島津 弘〉

かわら 川原 dry riverbed ⇨河原

かんいかんにゅうしけんき 簡易貫入試験機 simplified (dynamic) cone penetrometer 動的貫入試験機の一種で，斜面調査用簡易貫入試験機・簡易動的コーン貫入試験機・筑波丸東製簡易貫入試験機ともよぶ．5kgの重錘を50cmの高さから自由落下させたときの衝撃で直径2.5cmの円錐コーンを貫入させることによって，土層の硬度（強度）の深度分布を計測する．試験による結果は，円錐コーンが10cm貫入するのに要する打撃回数で表すこ

とが多い．⇨貫入試験
〈若月 強〉

かんいじったいきょう 簡易実体鏡 pocket stereoscope ⇨実体鏡

かんいど 管井戸 casing well ⇨井戸

がんえん 岩塩 halite, rock salt NaClの立方体結晶．蒸発岩*の一つ．海水飛沫を取り込んだ岩石が乾燥すると岩塩が析出し塩類風化*を惹起させる．海水が蒸発してできる岩塩には厚さが数百mにおよぶものもある．とくにゴンドワナ大陸時代のペルム紀～三畳紀には大量の岩塩が堆積した．
〈松倉公憲〉

がんえんせん 岩塩栓 salt plug 岩塩ドーム*と同様の機構で流動注入した柱状の岩塩体であり，径1kmを超える例もある．
〈鈴木隆介〉

がんえんドーム 岩塩ドーム salt dome 岩塩*は比重2.168で，周囲の地層より一般に小さい．そのため厚さ数kmの地層の下にあった厚い岩塩層はその浮力で塑性流動して上位の地層を持ち上げて（流動注入という），ドーム構造*を形成し，岩塩ドームという円頂状の凸地形を形成する．ソルト・ドームとも．岩塩ドームは，それを囲むドーム状の背斜構造中の石灰岩や石膏層に石油・天然ガスが貯留されている場合があるから，それらの発見に役立つ．一方，岩塩層自体の透水性はゼロであるから，その下位に有害物質の貯留場が建設されることもある．日本には岩塩層はない．⇨ダイアピル
〈鈴木隆介〉

かんがい 灌漑 irrigation 作物を栽培するにあたって必要な水を圃場に人工的に供給すること．さらに土地の農業生産力を高めるために水を耕地に組織的に導き，管理の下に地域的に配分することをいう．これには作物自身の生育に必要な水だけでなく，稲作における代かき・土壌中の有害物質の洗浄・凍霜害防止・冷害防止など作物の生育環境を整えるために必要な水や定植・施肥・防除などの栽培管理に使用する水を含む．
〈河端俊典〉

がんかい 岩海 block field, Felsenmeer（独）主として周氷河地域にみられる，地表が細粒物を欠く角礫層で構成される平坦地．フェールゼンメールとも．成因は現在または氷期の周氷河作用に帰せられることが多いが，異論もある．⇨岩塊地形
〈松岡憲知〉

がんかいしゃめん 岩塊斜面 block slope ⇨岩塊地形

がんかいちけい 岩塊地形 blocky landform 角張った巨礫からなる大量の岩塊が累々と積み重な

ってできた地形のことで，線状～帯状をなすものを岩塊流，面状に広がっているものを岩塊斜面とよぶ．また，平らな面を上に向けた巨礫が集合し，敷石のような状態を呈するものをボウルダーペイブメントとよぶ． 〈福井幸太郎〉

がんかいりゅう　岩塊流　block stream, stone run　⇨岩塊地形

がんかいりゅうほこう　岩塊流匍行　rock glacier creep　⇨匍行

がんがんせつていめんごおり　含岩屑底面氷　debris-rich basal ice　⇨ティル

かんき　乾季（期）　dry season　⇨季節

かんきょう　環境　environment　主体に影響を与える空間や場の機能や条件を指す．環境は，'主体を取り巻く空間や場の単なる状態'ではなく，'主体に対する影響や作用'を内包し，'主体の生存や生活を支え，規定する上で発現する空間や場の機能や条件'を指す．'立地条件: location condition'と同じ意味で使われることも多く，'メダカの生息環境'，'ブナの生育環境'，あるいは，'氷河の形成環境（氷河が形成される上での気候や地形などの条件）'などと表現される．単に'環境'といった場合には，主体は人類（人間）で，環境は'人類の生存や生活に影響を与える空間や場の機能や条件'を意味することが多い．環境は，地圏・気圏・水圏・生物圏を構成する多数の地物や生物，あるいは，原子・分子単位の化学物質の集合体として人類を取り巻いて存在し，物質やエネルギーが循環する'生態系*：ecosystem'として存在する．それぞれの環境要素は，この物質やエネルギーの循環過程で，人類に直接影響・作用することもあれば，回りまわって間接的に影響することも多い．環境の概念には，'主体に対する影響・作用'が内包されるので，主体の生存や生活に'好ましい影響を及ぼすか，好ましくない影響を及ぼすか'という'影響に関する評価'も内包される．なお，環境は視点によって様々に類型化され，人間集団・非人間集団という視点からは社会環境（social environment）と自然環境（natural envir., physical envir.）に，人造物・非人造物の視点からは人造物を主とする人工環境（artificial envir., built envir.）と人手の加わっていない自然環境に，人造物や芸術，宗教をも含めた人間的事象と非人間的事象という視点からは文化環境（caltural envir.）と自然環境に分類され，また，生物・無生物の視点からは生物環境（biotic envir., biological envir.）と無機環境（abiotic envir., inorganic envir.），などに分類される．生物分野では，ハビタット*と同じ意味で使うことも多い．また，'環境の範囲（環境として人が認識する空間の大きさ）'は時代とともに変化し，人類の空間的拡大や科学・文化の発展に伴って'環境の範囲'は拡大してきたとされる． 〈大森博雄〉

[文献] 大森博雄ほか編（2005）「自然環境の評価と育成」，東京大学出版会．

かんきょういんし　環境因子　environmental factor　⇨環境要素，立地条件，立地要因

かんきょうけいど　環境傾度　environmental gradient　生物種は，ある特定の環境に生育・生息し，生物群集を構成する種は，その環境の変化に対応して最適な環境に分布する．この生息場所を規定する環境の変化を環境傾度とよび，その分析方法を環境傾度分析とよぶ．尾根や沢地形，標高差のみならず，地すべり，土石流，火山活動など地形変化はさまざまな環境変化を生み，地形傾度や撹乱頻度に沿って特徴的な生物群集が形成されることが多い．

〈中村太士〉

[文献] Whittaker, R. H. (1970) *Communities and Ecosystems*, MacMillan.

かんきょうじきがく　環境磁気学　environmental magnetism　岩石磁気学の研究手法を，深海底堆積物，湖沼堆積物，レス，土壌に適用し，気圏，水圏，固体地球圏の環境のもとで，磁性粒子の運搬・堆積・変成がどのような影響を受けるかを探る学問である．「環境」のもとで磁性粒子が変遷してゆくさまを調べることを強調するために，環境磁気学の名前が与えられた．磁性鉱物は，堆積物に普遍的に含まれているうえ，少量の含有量からも測定可能な信号を取り出すことができるので，様々な気圏・水圏・固体地球圏の環境変動を簡単に感知できる．環境磁気学の研究は，全地球の環境変化，気候変動，そして人間のまわりの環境に対して，重要なデータを提供する．さらに人間による鉄の利用によって，自然界には自然起源だけでなく人間起源の磁性粒子も分布するので，人間が作り出した環境変化をも探ることができる．大気・水などの汚染の時間的変遷をも知ることが可能なので，社会の要請に合致した社会性の高い学問ともいえる． 〈乙藤洋一郎〉

[文献] 鳥居雅之（2005）環境磁気学―レビュー：地学雑誌，114，284-295．

かんきょうちきゅうかがく　環境地球化学　environmental geochemistry　人体および環境*に作用し，人類の生存や生活に影響を与える地殻，水，大気および生物体内に存在する化学物質（放射能を

含む）とその作用を指す．狭義には，人体に直接作用し，健康に影響を与える化学物質とその作用を指し，広義には，土壌，水，大気，植物，動物などの環境要素に作用し，環境を変化・変質させる化学物質とその作用を指す．現在は，広義の意味で使われることが多い．すなわち重金属やカドミウムなどの水中の化学物質，ダイオキシンやホルムアルデヒドなどの大気化学物質，内分泌撹乱化学物質（環境ホルモン），あるいは，放射能（放射線）など直接人体に影響を与える化学物質とその作用ばかりでなく，陸上の野生動植物や海洋生物および農業や牧畜などに影響を与える土壌や降雨および海中の化学物質，オゾン層を破壊するフロンガスや気候に影響を与える温暖化ガスなどの'環境化学物質：environmental chemicals'とその作用をも指す．研究分野としての環境地球化学は，環境中に存在し，人々の健康や環境そのものに影響を与える化学物質の性質，分布，循環，生体や環境への作用過程などを研究対象とし，'環境問題を化学的視点から研究する学問'という意味で使われることが多い． 〈大森博雄〉

[文献] Eby, G. N.(2004) *Principles of Environmental Geochemistry*, Brooks/Cole.

かんきょうどういたい　環境同位体 environmental isotope 自然界に存在する環境物質としての同位体の総称．同位体とは，おなじ原子番号をもつ元素の原子でありながら原子核の中性子数（質量数）が異なるものをいう．三重水素（トリチウム，^3H）などの放射性同位体（radio isotope），あるいは重水素（^2H あるいは D）や重酸素（^{18}O）などの安定同位体＊があり，地下水流動系の調査ではトレーサーとして広く利用されている．⇒地下水流動系，トリチウム，トレーサー 〈斎藤庸〉

[文献] 林 武司(2005) 酸素・水素安定同位体比を用いた地下水調査：地下水技術，**47**(8), 27-38.

かんきょうどじょうがく　環境土壌学 environmental soil science 土壌学（土壌科学）は，土壌を主体として，それを取り囲む環境要素（主に人為を含む土壌生成因子）と土壌との相互関係を研究対象とするのに対して，環境土壌学は，人間を主体とする立場から，人間の存在に大きな影響を及ぼす環境要素としての土壌について研究する土壌学である．つまり，土壌と人間の関わりのあり方を研究対象とする土壌学の一分野で，最近では，特に地球環境問題などの深刻化に伴い，生態系モニタリング，農耕地の土壌管理，人為による土壌荒廃進行地域の土壌管理などに大きく貢献することが期待される．

〈東　照雄〉

[文献] 松井 健・岡崎正規(1993)「環境土壌学」，朝倉書店．

かんきょうようそ　環境要素 environmental element 環境＊を構成する基本単位となる地物や事象を指す．環境要素は，与える側，すなわち周辺地物・事象からみた場合と，受け手側，すなわち影響や作用の種類からみた場合とで異なるが，'環境要素'は前者を指すことが多く，後者は'環境因子：environmental factor'とよばれることが多い．一般には，地圏・気圏・水圏・生物圏を構成する原子・分子単位の化学物質，それらの集合体である地物や生物，さらに，個体の集合体である岩体や山地，河谷，台地，低地などの地形や土壌，雲や雨，植物群落や動物群集，あるいは，緯度や隔海度などの地理的要素を指し，'立地要因＊・立地因子'と同じ意味で使われることが多い．すなわち，主体の生活や生存，形成や存在に影響・作用する地盤の安定度，気温や水分量，光や音，通過時間，圧力，栄養素などの作用（環境因子）の質や量を規定する地物や事象を指す．また，広くは，人間個人や社会，道路や通信などの生活基盤施設や，慣習や芸術などの文化的要素を指すこともある．なお，例えば，"一つの山（環境要素）が，気温や降水量，日射量，あるいは，通過時間などの多くの環境因子に影響を与える"ように，環境要素は環境因子と一対一に対応するのではなく，多くの環境因子を規定することが多い．

〈大森博雄〉

[文献] 大森博雄ほか編(2005)「自然環境の評価と育成」，東京大学出版会．

かんきょうようりょう　環境容量 environmental capacity ある環境が支えられる生物量（通常は個体数）を指標にした生育地や環境の生態的ポテンシャルをいう．個体群の成長はロジスティック曲線で表現されるが，その上限値（asymptote）として K 値とよばれる．環境収容力（carrying capacity）ともいう． 〈大澤雅彦〉

かんきょくせん　間曲線【地形図の】 auxiliary contour, supplementary contour 地形を等高線で表現するとき，その特徴を的確に表現するために描かれる補助曲線で，隣り合う主曲線間の中間の高さを示すもの．例えば主曲線だけだとほぼ一定の傾斜の斜面と同じような表現になってしまう階段状の地形を示す場合などに用いられる．主曲線と間曲線の間にさらにその中間の高さの補助曲線（助曲線）が描かれる場合もある．⇒補助曲線，等高線

〈熊木洋太〉

がんけい　岩型　rock type　岩石の記載分類的名称（岩名）のこと．岩種*あるいは岩種名とほぼ同義．　〈松倉公憲〉

かんげきけい　間隙径　pore diameter, pore size　多孔質媒体中の間隙の寸法．細孔径とも．土壌や岩石の間隙径は，10^{-2} m から 10^{-9} m オーダーの範囲に及ぶ．間隙径は，ポロシメータによって水銀を段階的に圧入することで推定される．間隙を毛管と仮定した場合，その内径は，$D=4\sigma|\cos\theta|/P$ で与えられる．ここで，D は仮想的な毛管の内径（みかけの間隙径），σ は水銀の表面張力，θ は水銀の接触角，P は水銀の圧入圧．⇨間隙径分布　〈松四雄騎〉

かんげきけいぶんぷ　間隙径分布　pore-size distribution　任意の径をもつ間隙の出現頻度分布を，容積累加曲線やヒストグラムで表したもの．間隙径分布は固体部分を構成する粒子の形や粒径，配列によって決まる．土壌では，団粒間に～100 μm 以上の径をもつ粗孔隙（macropore）が，団粒内部には～50 μm 以下の細孔隙（micropore）が存在し，それぞれ水の移動，水の保持に重要な役割を果たす．岩石の間隙径分布は，透水性や含水容量，力学的強度といった物理的性質および，風化に伴うそれらの時間変化に関わる基本的物性の一つとして極めて重要である．　〈松四雄騎〉

[文献] Suzuki, T. et al.（2002）Pore-size distribution of rock and its geomorphological significance: Trans. Japan. Geomorph. Union, 23, 257-286.

かんげきすい　間隙水　pore water　土壌中の土粒子と土粒子に囲まれた空隙（間隙）に存在する水．孔隙水とも．地層の割れ目や，岩石の亀裂を満たしている水をいう場合もある．水と土粒子との結合の強さにより，自由水と結合水*に分類される．さらに，自由水は毛管水*と重力の作用で土粒子間を移動する重力水に分類され，結合水は電気化学的に付着して移動しにくい強結合水と吸着水とからなる．また，被圧帯水層のように，地層に圧力が加わると間隙水にも圧力が働き，これを間隙水圧という．間隙水圧が静水圧より大きくなると過剰間隙水圧となり，地層の圧密現象（compaction, consolidation），液状化現象（liquefaction），断層のすべり等の地学的現象にかかわる重要な要因となる．　⇨重力水

〈池田隆司〉

かんげきすいあつ　間隙水圧　pore-water pressure, pore pressure　地中の水がもつ圧力で，水の流れがないときは重力のみによる圧力をもち，静水圧*を示す．過剰間隙水圧あるいは過剰水圧は，液状化や圧密沈下などの過程で一時的に発生する静水圧など定常状態の間隙水圧より大きな水圧をいう．

〈三宅紀治〉

かんげきひ　間隙比【岩石の】　void ratio　一定体積の岩石において，間隙部分の容積（V_e）と，固体部分の体積（V_s）との比（V_e/V_s）．間隙比 e と間隙率 p との関係は，$e=p/(1-p)$ である．⇨間隙率　〈松四雄騎〉

かんげきひ　間隙比【土の】　void ratio　土の中で液体ならびに気体が占める部分を間隙といい，土に含まれる間隙の割合を示した指標の1つ．土中の間隙の体積に対する土粒子部分の体積の比で表される．他の表現方法として，土中の間隙の体積に対する土全体の体積の比を百分率で表した間隙率もあるが，地盤工学の分野では間隙比が多く使われている．　〈鳥居宣之〉

かんげきりつ　間隙率【岩石の】　porosity　一定体積（V_t）の岩石の中で間隙が占める容積（V_e）の割合（V_e/V_t）．空隙率あるいは孔隙率ともよばれる．間隙率 p と間隙比 e との関係は，$p=e/(1+e)$ である．⇨間隙比［岩石の］　〈松四雄騎〉

かんけつかせん　間欠河川　intermittent stream, intermittent river　一年の内，流水があったり，なかったりする河川を指す．間欠河流ともいう．河川を恒常河川（perennial stream）と間欠河川に大別したときの一つ．間欠河川はさらに，一時河川（temporary stream）と季節河川・季節河流（seasonal stream）に分けられ，それぞれ以下の特徴をもつ．

1）一時河川は短命河川・短命河流（ephemeral stream），挿話的河川（episodic stream）ともよばれ，降雨後短期間だけ流水がみられる河川などを指す．例えば，①降雨時にのみ出水する砂漠のワジ*，②浸透能の低い斜面で豪雨時に地下へ浸透する間もなく発生するホートン型地表流*，③火山の砂礫斜面で雨後，一時的に流れる河川，④夏の高山の雪渓において昼間だけ流れる河川，⑤間欠泉*による河川などがある．一般に，雨後，数時間～数日で流水が消失することが多いが，Meinzer（1923）は目処として，「流水が雨後，一月以上は続かない河川」としている．河川の水面は，河川周辺の地下水面より常に高い位置にあり，主として表面流出によって涵養され，地下水からは涵養されない河川が多い．日本では，火山体の砂礫斜面を刻む河川でみられ，雨後，数時間～数日で流水が消滅することが多

く，また，夏季の高山において，雪渓の融雪水に涵養され，日中だけ流水がみられる小河川もある．

2) 季節河川は，毎年ほぼ決まった季節に流水がみられる河川を指し，①雨季に流水がみられるもの（例：半乾燥地の河川），②融雪季に流水がみられるもの（例：極地方や高山の河川），③冬季に流水がみられるもの（例：冬季に地下水面が上昇して河川水が涵養されるイギリス南部の winter-bourne（冬季河川））などがある．Meinzer（1923）は季節河川の目処として，'流水が少なくとも一月以上はみられる川'としている．英語では，stream を perennial, intermittent, ephemeral の3種に分類することが多く，この場合，intermittent stream は季節河川を指す．なお日本のような湿潤地域では，河川の最上流部は表面流出による一時河川，その下流側に間欠湧泉（intermittent spring）に涵養される季節河川，さらにその下流側に，恒常湧泉（perennial spring）に涵養される恒常河川が配列することが多い．⇨恒常河川　〈大森博雄〉

[文献] Meinzer, O. E. (1923) Outline of ground-water hydrology, with definitions : U. S. Geol. Surv. Water-Supply Paper, 494, 1-71.

かんけつかりゅう　間欠河流 intermittent stream　⇨間欠河川

かんけつせん　間欠泉 geyser, periodic spring, intermittent spring　周期的に熱湯を空中に吹き上げる温泉．地下深部から上昇する熱水と地下水とが浅所で混合しておこる．英用語の geyser はアイスランドの原語（Geysir）に由来．北米のイエローストーン，ニュージーランドのロトルアなどのものが有名で，わが国では，宮城県鬼首（おにこうべ）に小規模のものがある．　〈松倉公憲〉

かんげん　還元 reduction　⇨酸化と還元

かんこ　鹹湖 salt lake, saline lake　⇨塩湖

がんこう　岸高 shore height　崖などが河川や湖沼の水部に面している場合において，平水時の水面と崖等の頂部との高さの差．地形図では下線を引いた数字（m：メートル）で表示．　〈宇根寛〉

がんこうきれつ　雁行亀裂 en echelon cracks　岩石中や地表に雁行状に配列した亀裂が，一群となって斜めの一定方向へ並んでいるもの．雁行割れ目（en echelon fissures）と同義．全体の配列方向に対して，個々の亀裂は約45°の角度をもつことが多い．通常，亀裂は開口し，後からの充填物で埋められる．ｿ型に並ぶ場合は左雁行（杉型配列），ミ型に並ぶ場合は右雁行（ミ型配列）という．地震断層が地表に現れた際には，水田や畑などの沖積低地でよく観察される．このような土地は初めて断層変位を受け，粘土実験のような初出の構造とみなされる．変位が繰り返されると，主な亀裂に変位が集中して，明瞭なすべりを伴う断層に変化する．⇨雁行配列　〈岡田篤正〉

がんこうさきゅう　雁行砂丘 oblique dune　海岸線に斜交し，雁行配列する砂丘．海岸線に平行な前砂丘*の砂が，内陸部に運ばれるときに卓越風向に直角になるように堆積するとき，変形して雁行砂丘を形成することがある．日本では遠州灘に面する浜岡砂丘地や鳥取砂丘地に見られる．　〈成瀬敏郎〉

がんこうさんみゃく　雁行山脈 en echelon mountains　大規模な地塊の横ずれや縦ずれに伴って，雁行状に配列する山脈群．ずれの様式の違いによって右雁行（ミ型配列，例：伊吹山地，養老山地，鈴鹿山脈）と左雁行（杉型配列，例：北・中央・南アルプス）がある．⇨雁行配列　〈今泉俊文〉

がんこうしゅうきょく　雁行褶曲 en echelon folds　複数本の相対的に短い褶曲軸が雁行配列*している地質構造をいう．　〈鈴木隆介〉

がんこうだんそう　雁行断層 en echelon faults　⇨断層の分類法（図，表）

がんこうはいれつ　雁行配列 en echelon arrangement　雁が列をなして飛ぶ姿に似せて，複数の断層や山地や島列の方向が，それらの全体的な

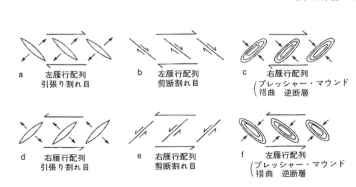

図　横ずれ断層による雁行配列（小出ほか，1979）
a〜c 右ずれ断層，d〜f 左ずれ断層．

並びの方向に斜交して配置する形状．配列により右雁行（ミ型配列）と左雁行（杉型配列）がある（前頁の図）．⇨雁行山脈 〈今泉俊文〉
[文献] 小出 仁ほか (1979)「地震と活断層の本」, 国際地学協会．

がんこうわれめ　雁行割れ目 en echelon fissures ⇨雁行亀裂

かんこく　乾谷【河谷の】 dell ⇨デレ

かんこく　乾谷【カルストの】 dry valley, dead valley 炭酸塩岩の地域でみられる，かつて地表水が流れていた谷の跡．ドライバレー*ともいう．イギリス・ヨークシャーには，最終氷期の氷河が後退していく際に形成された大型のドライバレーが存在する．かつての河川は流量が大であったことを示す．また，イストリア半島には，第三紀の河川が形成した巨大なドライバレーがある．インドネシア，ジャワ島では，更新世に構造線に沿って地表水が侵食した谷が今は乾谷となっている．乾谷底に形成されたドリーネの底の吸い込み穴からの排水は地下水系を経て流出し，海面下で湧出している．一般的に乾谷は，地下水面の急激な低下や，古環境の乾湿の変遷を経たことによる水量の急激な減少が起きたときに形成される．⇨空谷（からだに） 〈漆原和子〉

かんこん　乾痕 mud crack ⇨乾裂

がんさい　岩滓 scoria ⇨スコリア

がんさいしゅうかいがん　岩滓集塊岩 agglutinate ⇨アグルチネート

カンザスひょうき　カンザス氷期 Kansan glaciation ⇨ローレンタイド氷床

がんしつ　岩質 lithology, rock quality 主に肉眼で観察される岩石の特徴．①地質学的には岩石の構成鉱物や岩石の種類，②応用地質学的には岩石の劣化の程度などの物理的特性をいう． 〈田中和広〉

かんしつけい　乾湿計 psychrometer 乾球温度計と湿球温度計による温度の差から湿度を測定する機器．アスマン通風乾湿計が代表的で，これでは，2本の同型温度計の一方を乾球温度計，もう一方にはガーゼ等を巻いて湿球温度計としている．観測の際には，通風（電動あるいはゼンマイ式）を行い，湿球温度計のガーゼを水で湿らせて測定を行う． 〈森島 済〉

かんしつはさい　乾湿破砕 shattering by wetting and drying ⇨乾湿風化

かんしつふうか　乾湿風化 wetting and drying weathering, slaking 吸水膨張と乾燥収縮の繰り返しによって，岩石が破砕し細片化する風化．物理的風化の一種で乾湿破砕，スレーキングとも．膨潤性粘土鉱物を多く含む軟岩では，吸水膨張・乾燥収縮量がともに大きいため，乾湿風化を受けやすい．潮間帯に位置する波食棚では，岩石の乾湿交替が日周期で生じるため，乾湿風化しやすい岩石が相対的に凹部を形成して洗濯板状起伏を形成することがある． 〈藁谷哲也〉
[文献] 鈴木隆介ほか (1970) 三浦半島荒崎海岸の波蝕棚にみられる洗濯板状起伏の形成について：地理学評論, 43, 211-222. ／松倉公憲 (2008)「地形変化の科学—風化と侵食—」, 朝倉書店．

かんしゃかいがん　緩斜海岸 gentle slope beach ⇨茂木の海浜型

かんしゃめん　緩斜面 gentle slope ⇨斜面傾斜の相対的呼称

がんしゅ　岩株 stock ⇨底盤

がんしゅ　岩種 rock type 岩石の種類．一般に，花崗岩・安山岩や砂岩・礫岩などのような，岩石の成因的分類による名称が使われる．固結度は考慮されておらず，地質工学分野，特に岩盤ボーリングコアの記載などでは，非固結*の堆積物の名称も岩種名として使用される． 〈田近 淳〉

かんしゅつがん　干出岩 rock which covers and uncovers ⇨岩礁

かんしょう　環礁 atoll サンゴ礁の大地形区分の一つ．サンゴ礁*がリング状につらなり，その内側に水深数十 m の礁湖*（ラグーン）を取り巻く地形．リングをつくるサンゴ礁の幅は数百 m から 2 km ほどで，リングの径は数 km から，最大 40 km に達する．外洋側の斜面は急で，大洋島（⇨洋島）の環礁では水深数千 m の海洋底から急に立ち上がる．サンゴ礁上には，サンゴ片や有孔虫殻が打ち上げられてつくられた標高数 m のサンゴ州島*が分布する．日本にはこの型のサンゴ礁はみられないが，南北大東島は環礁が隆起したものである．⇨サンゴ礁地形の成因 〈茅根 創〉

がんしょう　岩礁 rock(s), reef 海面付近あるいは海面下の浅いところにある岩石からなる海底の突起物．海図用語や釣り用語では根という．低潮時にも水面上に露出しない岩礁を暗岩（あんがん）(sunken rock)，暗岩のうち，特に航海上危険な岩礁を暗礁 (rocks, dangers) とよぶ．頂部が低潮面付近にあり海水に洗われるものを洗岩（せんがん）(rock awash)，低潮時には露出するが高潮時には水没するものを干出岩（かんしゅつがん）あるいは隠顕岩（いんけんがん）(rock which covers and uncovers)，高潮時においても常に海面上にあるものを

水上岩（rock above water）という． 〈砂村継夫〉

がんしょう　岩床　sheet　⇨シート

がんしょう　岩漿　magma　⇨マグマ，マグマの分化作用

かんじょうかけい　環状河系　annular drainage pattern, concentric drainage pattern　⇨河系模様（図）

がんしょうかせん　岩床河川　bedrock river (channel)　河床の大部分に岩盤が露出し，局所的に礫堆がある河川．岩盤河川ともいう．河床勾配は一般的に急である．土石流が流下する岩床河川では，その河床勾配が 0.1 を越え，河床がナメ（滑滝*）となっている場合もある．一方，山地河川の中流部に現れる場合もあり，河床勾配は 0.01～0.1 程度である．岩床河川の河川敷には，部分的に岩盤を深く掘り込んで流路が形成されている場合や岩盤が河床から突出している場合も多く，岩盤には甌穴（ポットホール*）や侵食溝*などの超微地形がしばしばみられる．　⇨流路形態，河床，河床堆積物 〈島津　弘〉

［文献］鈴木隆介（1998）「建設技術者のための地形図読図入門」，第2巻，古今書院．

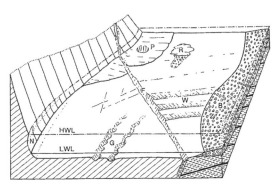

図　岩床河川の河川敷の超微地形類（鈴木，1998）
　R：岩島，W：洗濯板状起伏，F：掘れ溝，P：甌穴，G：侵食溝，B：礫州，N：ノッチ

かんじょうがんみゃく　環状岩脈　ring dike　⇨岩脈

かんじょうきゅう　環状丘　tuff ring　⇨タフリング

かんしょうごうせいかいこうレーダ　干渉合成開口レーダ　synthetic aperture rader　⇨干渉 SAR

かんしょうサー　干渉 SAR　interferometric SAR　衛星や航空機に搭載された干渉合成開口レーダから同一の地点の観測を2回行い，地表からの反射波の位相のずれを干渉画像として捉える技術．2回の観測の間に地表が変化しないとすれば地形の三次元的形状が，また地形の影響を既存の標高データにより除去すれば観測の間に生じた地表面の変動が，それぞれ縞模様の干渉画像として表れるが，特に後者の方法により地震や火山活動に伴う地殻変動の面的な把握や地盤沈下の検出などに顕著な成果をあげつつある．干渉 SAR に用いられるマイクロ波には X バンド（波長約 3 cm），C バンド（約 6 cm），L バンド（約 24 cm）があり，波長が長いほど解像度は低いが良好な干渉画像が得られる．　⇨合成開口レーダ 〈宇根　寛〉

かんじょうさす　環状砂州　looped bar　沖合にある島の背後（岸側）で水体を抱くように環状に堆積した砂礫の高まり．波食を受けた島から生産された砂礫が島の両端から背後に向かって砂州を形成しつつ運搬され，砂州の先端が結合したもの．　⇨砂浜海岸（図） 〈武田一郎〉

かんしょうしつ　完晶質　holocrystalline　岩石の結晶度を表し，岩石全部が結晶からなりガラスを含まない状態．　⇨結晶度 〈松倉公憲〉

かんじょうど　環状土　sorted circle　⇨構造土

かんしんせい　完新世　Holocene　第四紀*のうち更新世に続く地質年代区分の最新の時代で，現在を含む．古くは沖積世（Alluvium）・現世（Recent）とよばれた．完新世の始まりは寒冷期である新ドリアス期（晩氷期）の終わりとされる．グリーンランド氷床で掘削された NGRIP2 アイスコアの 1,492.45 m 深での過剰 δD 値（deuterium excess value：急激な蒸発作用などに伴う動的同位体効果で変化）の明瞭な変化およびそれに随伴する $\delta^{18}O$・ダスト量・年縞の変化からその境界が設定され，11,700 年前とされる．この時代の地層・岩体を完新統（Holocene series）とよぶ．この時代は，急激に温暖化が進み大陸氷床が縮小，海面が上昇し（海進が起こって）現在とほぼ同様な環境になった現在までの期間（MIS1，後氷期）である．融解した大氷床周辺以外の地域のうち海岸や平野では，氷期の谷が沖積層で埋められ，低地が形成された．数万年前に現れたホモ・サピエンスが世界各地に進出した．日本ではほぼ縄文早期以後にあたる．なお「沖積世」は同義であるが，現在は使用されない．ただし，「沖積層」は使われている．　〈町田　洋・三田村宗樹〉

［文献］Ogg, J. G. et al.（2008）*The Concise Geologic Time Scale*, Cambridge. ／町田　洋ほか編（2003）「第四紀学」，朝倉書店．

かんしんせいかいしんき　完新世海進期

Holocene transgression ⇨後氷期海進(こうひょうきかいしん)

かんしんせいかいせいだんきゅう　完新世海成段丘　Holocene marine terrace　完新世に形成された海成段丘*．完新世の最高海面期以降，地殻変動や気候変化による相対的海面変化によって離水したもので，沿岸部での地震に伴って小刻みな隆起を繰り返す地域では数段が発達する（例：房総半島南端部）． 〈八木浩司〉

かんしんせいきていれきそう　完新世基底礫層　Holocene basal gravel　⇨沖積層基底礫層

かんしんせいサンゴしょう　完新世サンゴ礁　Holocene coral reef　1万1,700年前以降の完新世に形成されたサンゴ礁*．現海水準下にある現成サンゴ礁と，完新世中期から後期に離水した離水サンゴ礁*がある．地形・地質構造は形成時・堆積時の状態を維持している場合が多く，礁構造中にみられる造礁サンゴ骨格の多くは未変質のアラゴナイトよりなる．約2万6,000～1万9,000年前の最終氷期最盛期以降の海面上昇過程からサンゴ礁形成が連続する場合，あるいは海面上昇過程に形成を停止して沈水したサンゴ礁には，後氷期サンゴ礁（post-glacial coral reef）を用いた方がよい． 〈菅 浩伸〉

かんしんせいそうたいてきかいめんへんどうきょくせん　完新世相対的海面変動曲線　Holocene relative sea-level curve　現在の海水準（現海面）を基準として描いた，完新世*における海面昇降の経時変化を表す図（巻末付図）．この時期には，最終氷期*に発達した氷床*の融解による海面上昇が地球規模で生起する（氷河性海面上昇）一方で，固体地球の物理的性質に起因するグレイシオハイドロアイソスタシー*により①氷床荷重の除去の結果生じる，氷床域やその近傍での大陸地殻の上昇，②この上昇に起因する，これらの場所から少し離れた地域での大陸地殻の下降，③海水荷重の増大が引き起こす海洋地殻の下降，さらに④この下降がもたらす大陸縁辺部での地殻の上昇，が起こっている．①～④の程度が地域により異なるため，海面変動曲線のパターンは氷床の発達地域（付図の地図上の斜線部分）からの距離によってⅠ～Ⅲの3地域に大きく区分される．Ⅰの「氷床域とその近傍」では，氷河性海面上昇の速さよりも①の速さの方がはるかに大きいため，海面は相対的に低下し，Ⅰのグラフの挿図（模式図）にあるような変化パターンを示す．Ⅱは「Ⅰの周辺域」を示し，そこでは，氷河性海面上昇に②～④が影響を及ぼし，海面は相対的に上昇し続け，現在が最も高い位置にある（Ⅱの挿図）．Ⅲの「氷床域から十分離れた地域」では，③，④が支配的であるためⅡの変化とは異なり数千年前～5,000年前頃が最高海面期となり，その後海面は低下して現海面に一致する（Ⅲの挿図）．このように完新世海面変動の地域性はグレイシオハイドロアイソスタシーでおおむね説明できるが，地震などによる局地的な地殻変動が活発な場所での海面変動曲線のパターンは多種多様である． 〈砂村継夫〉

かんしんせいだんきゅう　完新世段丘　Holocene terrace　⇨沖積段丘

かんしんとう　完新統　Holocene series　⇨完新世，湛水

かんすい　冠水　submergence　降雨，河川氾濫，高潮，津波などにより市街地，道路，田畑や農作物などが水につかること．⇨外水氾濫，内水氾濫 〈砂村継夫〉

かんすい　鹹水　salt water　⇨塩水

かんすいこ　鹹水湖　salt lake　⇨塩湖

がんすいひ　含水比【岩石の】　water content (of rock)　一定体積の岩石に含まれる水の質量（m_w）と，乾燥時の固体部分の質量（m_s）との比（m_w/m_s）．含水比 w と体積含水率 θ との関係は，$w = \theta \times (\rho_w/\rho_d)$ である．ここで，ρ_w は水の密度，ρ_d は岩石の乾燥密度*．⇨体積含水率［岩石の］ 〈松四雄騎〉

がんすいひ　含水比【土の】　water content (of soil), moisture content　土に含まれる水分の割合を示した指標の1つ．質量を基準として表され，土に含まれる水分の質量に対する土粒子部分の質量の比で，一般に百分率で表される．他の表現方法として，土に含まれる水分の質量に対する土全体の質量の比で表される含水率もあるが，地盤工学の分野では含水比が多く使われている． 〈鳥居宣之〉

がんすいりつ　含水率【岩石の】　volumetric water content (of rock)　⇨体積含水率

がんすいりょう　含水量　water content　土壌あるいは岩石の間隙中に保持されている水の量．含水比，体積含水率，飽和度などによって定量的に表される． 〈松四雄騎〉

かんせいしょくぶつ　乾生植物　xerophyte　蒸散を防いだり水を貯蔵したりする能力を高めるための形態や組織を発達させることによって，水が利用しにくい環境で生活することに適応した植物．砂漠などの乾燥地域のほかに，土壌凍結によって水の得にくい極域や高山，土壌中の塩濃度が高い海岸付近などに生育する．クチクラ層の発達した葉，葉針

（棘），厚い樹皮，深く伸長する根などの特徴を有する．乾燥地域にみられるサボテン科やアカシア属の植物，塩性地に生育するアッケシソウなどがこれにあたる．⇒塩生植物　　　　　　　　　　〈高岡貞夫〉

がんせき　岩石　rock　地球上層部（地殻および上部マントル）を構成する物質で，天然起源の鉱物や化学物質の集合体．岩石は鉱物の集合体であるため，鉱物のような決まった組成や構造は有さず，構成する鉱物の組合せ，比率，粒径などにより性質が変化する．岩石は，マグマが冷却固化した火成岩*，既存の岩石の風化・侵食により削剥された物質が運搬され堆積した堆積岩*，既存の岩石が地下に埋没して温度・圧力などにより源岩とは異なった鉱物組成・化学組成・組織構造を呈するようになった変成岩*に大きく分類される．しかし，明瞭に区分できない岩石もある．地表には堆積岩が多く露出するが，地殻全体でみると火成岩が圧倒的に多く95％以上といわれている．鉱石は有用な金属元素を多量に含有する特殊な岩石であり，石炭や岩塩なども特殊な岩石にあたる．　　　　　　〈太田岳洋〉

がんせきかいがん　岩石海岸　rock coast, rocky coast　構成物質の強度にかかわらず固結した物質からなる海岸をいう．多くは山地や台地が海と接するようなところに海食崖*を伴って発達する．波の侵食による地形であるので，波食地形あるいは海食地形とよばれる．主要な地形は海食崖，海食台*，波食棚*とプランジング崖*である（図）．地形変化は侵食のみで，決して元の状態には戻らない非可逆的（irreversible）なものである．海食崖は水面付近における波食作用の結果，一般に急勾配で安定性を欠き，上部が崩れ落ちることによって後退する．後退した海食崖の前面には海食台や波食棚という平坦面が形成される．海食台と波食棚の違いは，前者が海食崖の基部（多くは潮間帯にある）から緩傾斜で浅海底に連続するのに対して，後者は海食崖の基部からほぼ水平に海に向かって突き出た地形で，その海側端にある急崖（ニップ*あるいは波食棚前面崖*）で海底面に接している．プランジング崖は，高角度の海食崖がそのままの角度で海中深く突っ込んでいるような単純な形状をもつ．海食崖の構成岩石に強度の小さな部分（断層などの弱線）があるとしばしば海食洞*や海食アーチ*が発達する．海食台や波食棚上にはポットホール*，離れ岩*，波食溝*などの地形がみられる．〈辻本英和〉

［文献］Trenhaile, A. S.（1987）*The Geomorphology of Rock Coasts*. Clarendon. ／ Sunamura, T.（1992）*Geomorphology of Rocky Coasts*, John Wiley & Sons.

がんせきかいがんのじゅうだんけい　岩石海岸の縦断形　longitudinal profile of rocky coast　海岸線に直交する面で切った岩石海岸の形状．岩石海岸の地形はプランジング崖*，波食棚*，海食台*の3種類に大別される．プランジング崖は，高角度の海食崖がそのままの角度で海中深く突っ込んで海底面と接しているような，単純な形状をもつ．波食棚の

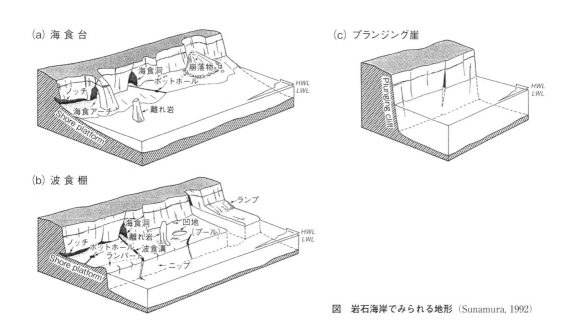

図　岩石海岸でみられる地形（Sunamura, 1992）

縦断形は，海食崖の基部（多くは潮間帯に位置する）からほぼ水平に海に向かって突き出ている棚状の地形が海側端の急崖の基部で海底面に接している．海食台は，海食崖の基部（潮間帯にある）から緩傾斜で浅海底に連続するような縦断形状を呈する．海食台が発達するような海岸では波浪作用による海食崖の後退がみられ，時間とともに幅広い海底平坦面が形成されるので，この上で多くの波浪エネルギーが消費される．その結果，最終的には海食崖の後退が止み，上に凹状の緩い曲線を示す平衡状態の地形が出現すると考えられている． 〈辻本英和〉

がんせきがく　岩石学　petrology　あらゆる手法を用いて岩石の成因を研究する学問の総称．岩石の特徴を記載・分類する記載岩石学（petrography）と岩石の成因を考察する岩石成因論（petrogenesis）を含む． 〈太田岳洋〉

がんせきぎせい　岩石規制　rock control　⇨岩石制約

がんせきけいれつ　岩石系列　rock series　同質のマグマから，類似した分化過程の様々な段階で形成された各種の岩型の火成岩からなる系列．ある地域のある時代に形成された各種の火成岩は相互に類似した性質を有し，他の地域・時代の火成岩と区別されるという考えから提唱されたが，現在では時代的，地理的にも異なる地域に同一系列の岩石が分布することがわかり，時間と空間の概念を含めずに使用している．一つの岩石系列の火成岩について，化学組成上の何かのパラメータを横軸に取って図化すると，各成分がそれぞれ一つの線の近くにプロットされる．例えば，SiO_2-FeO/MgO 図上では，ソレアイト系列（tholeiitic series）とカルクアルカリ系列（calc-alkalic series）は異なった線を描き，分化過程における残液への濃集元素の相違を反映している．また，石基輝石の種類によりピジョン輝石質岩系（pigeonitic rock series）とハイパーシン質岩系（hypersthenic rock series）に分類される． 〈太田岳洋〉

[文献] Kuno, H. (1966) Lateral variation of basalt magma type across continental margins and island arcs : Bull. Volcanol., 29, 195-222.

がんせきけん　岩石圏　lithosphere　リソスフェア*．もともと地球の固体部分を指したが，現在は上部マントルの流動的な層（アセノスフェア*）の上を覆う固い層を指す．広義では，惑星としての地球を気圏，水圏，岩石圏と区分して，固体地球を岩石圏とよぶことがある． 〈太田岳洋〉

がんせきさばく　岩石砂漠　rock desert　狭義には，岩石（岩盤）が露出している砂漠．また広義には，礫砂漠を含めた砂砂漠以外の砂漠を指す． 〈松倉公憲〉

がんせきじきがく　岩石磁気学　rock magnetism　微弱な磁化をもった岩石が，帯磁する理由を考える学問である．強磁場下での磁性体の振る舞いは，物理学の物性学の分野や磁気工学において活発に研究されている．しかし，微弱な磁化，特に微弱な残留磁化の研究は，人間生活に有用でないとの理由で，少数の研究者が研究を行っている分野である．磁気の基本は，電子のスピンである．電子と原子核が原子をつくるときスピン・軌道相互作用によって原子の磁化の大きさが決まる．原子が結晶をつくるとき，原子間で電子の交換相互作用・超交換相互作用が起こり，その結果，結晶は，フェロ，フェリ，アンチフェロ，キャント磁性などとよばれる異なった磁性をもつようになる．結晶が大きくなると，複数の磁区をもつようになり，磁区構造の様子で磁性粒子は磁化をもつ．磁性粒子が集まって岩石となり，岩石の磁化獲得過程の結果，岩石の磁化が発生する．各階層における磁性の研究を通して，岩石の磁化の発生をより詳しく理解できる．岩石磁気学では特に，磁区の問題と岩石の磁化獲得過程の問題に力が注がれている．例えば，磁性鉱物の磁区構造，安定な残留磁気を保持する磁区の大きさの決定方法，熱残留磁化における SD（単磁区），PSD（擬単磁区），MD（多磁区）の影響，2次的に獲得される磁化獲得機構，堆積物の磁化獲得機構の解明など． 〈乙藤洋一郎〉

[文献] Dunlop, D. J. and Özdemir, Ö. (1997) *Rock Magnetism: Fundamentals and Frontiers*, Cambridge Univ. Press.

がんせきしょう　岩石床　rock floor　デービス（W. M. Davis）の侵食輪廻説*において，準平原に至る直前に残存するインゼルベルク*（島状丘：inselberg）の周囲に広がる小面積の緩傾斜面ないし平坦面をいう．ロックフロアとも．ペディメント*やロックファン，ペディプレーン*などのほぼ同義の地形の総称として，三野與吉*（1942）が岩石床という日本用語を造語した．岩石床を被覆する砕屑物はほとんどなく，岩盤が露出している場合が多い．しかし，定義がやや曖昧なので，岩石床の語は現在ではほとんど使用されていない． 〈鈴木隆介〉

[文献] 三野與吉（1942）「地形原論―岩石床説より観たる準平原論―」，古今書院．

がんせきしんしょくだんきゅう　岩石侵食段丘

bedrock terrace　⇨ストラス段丘

がんせきすべり　岩石すべり　rockslide　山崩・地すべりなどすべり面上を移動する崩壊現象のうち，比較的平板状を示す層理や断層などの不連続面をすべり面として多くの小ブロックに分かれて岩石ないし岩盤が斜面下方へ移動する現象．移動速度が高速になると岩石なだれ，土石流など他のタイプの移動様式に移行する場合がある．岩盤すべり（rock slab slide, rock brock slide）とは移動する岩盤が比較的大きなブロックのまま移動するか小ブロックに分かれて移動するかで区分される．大規模な例としてカナダ，アルバータ州のタートル山（Turtle Mountain）の崩壊，ペルーのアンデス山脈で生じたワスカラン（Huascarán）の崩壊などが有名．
〈石井孝行〉

［文献］Varnes, D. J.（1958）Landslide types and processes : Highway Research Board, Special Report, 29, 20-47. /Voight, B. and Pariseau, W. G.（1978）*Rockslides and Avalanche* : Au Introduction, Elsevier.

がんせきせいやく　岩石制約　rock control　地形物質*のあらゆる性質，すなわち岩相*，鉱物組成*，地質構造*および岩石物性*の差異が地形の形成過程（地形プロセス）を制約し，広義の岩石の違いによってそれの構成する地形が異なっていることをいう．日本語でロックコントロールとか岩石規制とも書かれ，外国でも rock control という用語は周知されている．普通には，差別侵食地形*や差別削剥地形*が岩石制約による地形として例示されるが，堆積地形*の傾斜（例：扇状地，蛇行原，三角州の縦断勾配）を制約する堆積物の粒径の影響や変動地形*における地盤性状の影響（例：活断層崖と撓曲崖の差異）なども岩石制約として認識される．⇨岩石制約論
〈鈴木隆介〉

［文献］Suzuki, T.（2004）Rock control : In Goudie, A. S. ed. *Encyclopedia of Geomorphology*, Vol. 2, Routledge. 873-876.

がんせきせいやくろん　岩石制約論　rock control theory　谷津（1965）が主張した地形思想*であり，地形の理解には地形物質の地質学的性質のみならず岩石物性の定量的把握が不可欠であり，岩石物性の役割はそれに加わる時点・地点での地形プロセスとの関係において理解すべきであると強調された．その考え方は，後に landform material science に発展し，現在のプロセス地形学*ではごく一般的な考え方となっている．岩石制約論的研究では日本が世界の最先端を進んでいる．
〈鈴木隆介〉

［文献］谷津榮壽（1965）岩石制約論の研究法について：地理学評論, 38, 43-45. /Yatsu, E.（1966）*Rock Control in Geo-morphology*, Sozosha. /Suzuki, T.（2002）Rock control in geomorphological processes : Reseach history in Japan and perspective : Trans. Japan. Geomorph. Union, 23, 161-199.

がんせきせんいてん　岩石遷移点　lithologic knick point　流路を横断する強抵抗性岩*（例：溶岩，溶結凝灰岩，岩脈，固結度の高い砂岩層・礫岩層・凝灰岩層）と弱抵抗性岩*（例：泥岩などの堆積岩）との差別侵食で生じた遷移点をいう．一般に，遷急点（例：滝頭）と遷緩点（例：滝の基部）が明瞭である（例：大阪府箕面大滝）．⇨遷移点，滝，造瀑層
〈鈴木隆介〉

がんせきせんじょうち　岩石扇状地　rock fan　乾燥地域にみられる，横断形が上に凸で平面形が扇状地に類似した，侵食された基盤岩（薄い被覆層を載せる）からなる地形．ロックファンとも．しばしばペディメントと同義で用いられることがあるが，D. Johnson（1932）によれば，ペディメントの成長・進化は岩石扇状地の拡大・合体によるとされている．
〈松倉公憲〉

がんせきだんきゅう　岩石段丘　bedrock terrace, rock-cut terrace　段丘面の平坦さの形成過程により分類される段丘の一つで，侵食段丘である．段丘堆積物は薄く（一般に約3m以下），段丘内部および段丘崖の大部分が基盤岩石（固結岩のほか，古い非固結堆積物や火山砕屑物も含む）で構成される．流水や波浪などによる側方侵食がほぼ同じ水準（高度）で長期間繰り返されて平坦面（後の段丘面）が形成された後，河川の侵食作用が側方侵食から下方侵食へ移行して生じる．下方侵食の原因として，地殻変動による地盤の隆起あるいは増傾斜，氷河性海面変動による海水準（侵食基準面）の低下，気候変化に伴う供給土砂量の減少と河川流量の増加などによる河川侵食力の増加がある．⇨段丘の内部構造，ストラス段丘
〈豊島正幸〉

がんせきドラムリン　岩石ドラムリン　rock drumlin　⇨ドラムリン

がんせきひょうが　岩石氷河　rock glacier　寒冷環境下の急傾斜地に発達する，角礫層に覆われた長さ数十mから数km，厚さ数十mの舌状地形（次頁の図）．ロックグレイシャーともよばれた．形態は，氷河よりもむしろ安山岩質の溶岩流に類似し，溶岩じわに似た微地形をしばしば伴う．現成の岩石氷河は，年間数cm〜数mの地表面速度をもって斜面下方へ流動する．その成因として，崖錐中に生じた永久凍土*の変形（永久凍土クリープ*）をあげる研究が，1990年代以降は主流になるが，氷体を含む氷河

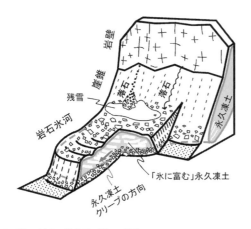

図　岩石氷河の模式図（池田原図）

堆積物の変形で形成される例もある．岩屑被覆氷河*の特殊な一形態を岩石氷河とよび，永久凍土クリープ起源の同種の地形をプロテーラスロウブとよんで区別すべきとの少数意見もある．温暖化によって氷を失った岩石氷河を化石岩石氷河とよび，過去の山岳永久凍土*分布の指標地形になる．〈池田　敦〉

[文献] Haeberli, W. et al. (2006) Permafrost creep and rock glacier dynamics : Permafrost and Periglacial Processes, 17, 189-214.

がんせきぶっせい　岩石物性　rock property
岩石に固有の性質．地形学では強度などの力学的性質，弾性波速度や間隙率などの物理学的性質，各種の化学組成などの化学的性質そして鉱物学的性質を指すことが多い．岩石の岩石学的種類とは一義的な関係はない．地形学では谷津栄寿によって提唱された岩石制約論*（rock control theory, landform material science）により，地形を定量的に研究することを目的とした岩石物性計測の重要性が示されている．このような考え方は，日本地形学連合が中心となり研究が進められてきた分野であり，近年徐々に世界に広まってきている．〈八戸昭一〉

[文献] Suzuki, T. (2002) Rock control in geomorphological processes: Research history in Japan and perspective : Trans. Japan. Geomorph. Union, 23, 161-199.

がんせきぶっせいさんしゅつしき　岩石物性算出式　equation showing relation between rock properties　岩石物性つまり岩石の諸種の物理的性質の相互の間には，物理学的な意味をもつ多数の関係式が知られている．それらのうち，地形学，特にプロセス地形学における岩石物性の算出にしばしば使用される式を，田中（1984）の整理した一覧表を巻末付録に掲載．⇨巻末付表　〈鈴木隆介〉

[文献] 田中　威（編著）(1984)「現場技術者のための地質工学—その調査への指針—」，理工図書．

がんせきほごだんきゅう　岩石保護段丘　rock-defended terrace　⇨保護段丘

がんせきらっか　岩石落下　rockfall　⇨落下

がんせきりきがく　岩石力学　rock mechanics
岩石の力学的性質とその応用に関する学問．土木の分野では岩盤力学とよばれる．岩石学，地質学，地球物理学，鉱山学，土木工学，建築学，化学工学などの工学と理学の境界領域の学問として発展してきた．地形形成メカニズムの理解にも岩石力学の知識は有用である．〈松倉公憲〉

[文献] 山口梅太郎・西松裕一（1991）「岩石力学入門（第3版）」，東京大学出版会．

がんせつ　岩屑　debris, detritus, rock waste　物理的・化学的作用によって岩盤から生産される岩片や，それらが磨耗した粒子で，非固結なもの．デブリともいう．粒径（粒度）や形，密度により，岩屑粒子が動き始める速度（初動速度）や沈降速度，安息角，透水性が異なる．また，ウェントウォースの区分（⇨粒径区分）では，粒径2 mm以上の岩屑粒子を礫，1/16 mm以上2 mm未満を砂，1/16 mm未満を泥（うち1/256 mm以上をシルト，1/256 mm未満を粘土）とする．ただし岩屑の区分は，研究分野や国により異なるため注意が必要．例えば土質工学の日本統一分類*ではコンシステンシーをもとにシルトと粘土を区分する．⇨砕屑物，堆積物

〈関口智寛〉

がんせつすべり　岩屑すべり　debris slide, rockslide　非固結の岩屑を移動体とする地すべりで，段丘化した沖積錐や崖錐，土石流段丘の段丘崖，火山岩屑流原の末端，などで発生する．比較的に小規模で，その地すべり堆は少凹凸型である．⇨地すべり地形の形態的分類　〈鈴木隆介〉

がんせつなだれ　岩屑なだれ　debris avalanche
山体の一部が崩れ，風化した基岩あるいは非固結の地層，岩屑などからなる崩壊物質が破砕しつつ一団となって斜面を高速でなだれ下る現象．岩盤すべりで崩れた岩体が破砕しつつ，かつ移動経路沿いの土層や樹木を巻き込みながらなだれ下るものは，rockslide-debris avalancheとよばれることもある．移動岩屑の総体積は，おおむね$10^5 \sim 10^{10}$ m³である．移動岩体は破砕して，様々な大きさの岩屑の集合体を形成する．その中には大きさが数mから数百mの岩塊が含まれることもある．それらが，堆積物表面で起伏のある地形をなす場合，流れ山*と

いう．岩屑なだれは規模が大きいほど，より遠くまで到達する．岩屑なだれは水を多く含むこともあるが，全層で飽和するほどではない．しかし，底層は剪断のため液状化しているとみられる．このような場合には，岩屑なだれの後に，土石流*が繰り返すなど，現象は複合的な様相を呈する．岩屑なだれの到達距離が伸びることについては諸説あるが，この底層液状化の寄与は大きいと考えられる．土石流は谷筋に沿って流れ下るのに対し，岩屑なだれは谷筋にとらわれずになだれ下ることもある．流量が谷の疎通能力を上回ってあふれたり，移動速度が大きくて慣性の効果で本来の谷筋から離れたりするためである．岩屑なだれの典型例として，1970年のペルー地震の際，ワスカラン（Huascarán）山で起きたものや，1980年のセントヘレンズ（St. Helens）山の地すべり，1984年の長野県西部地震で起きた御嶽崩壊によるものがあげられる．⇨岩なだれ，火山岩屑流，流れ山，等価摩擦係数　　　　　〈諏訪　浩〉

[文献] Varnes, D. J (1978) Slope movement and types and processes: Transportation Research Board, Special Report, **176**, 11-31. ／諏訪　浩（2002）地すべり移動体の運動像とその特性：藤田　崇編「地すべりと地質学」，古今書院．

がんせつなだれ　岩屑なだれ【火山の】 debris avalanche　⇨岩なだれ

がんせつひふくひょうが　岩屑被覆氷河 debris-covered glacier, debris-mantled glacier　下流域の表面が岩屑に覆われた氷河．氷河の下流域では消耗が卓越するため，氷体内に取り込まれていた岩屑は氷から解放され，氷河表面に露出することによって形成される．起伏に富む山地の谷氷河*に顕著にみられる．源頭部は急峻な岩壁に囲まれていることが多いが，岩壁から崩落した岩屑が単純に氷河表面を覆っているというものではない．岩屑の断熱効果によって氷の消耗が抑制されるため，裸氷の氷河に比べ氷体が維持されやすい．　〈朝日克彦〉

がんせつほこう　岩屑匍行 debris creep　⇨匍行

がんせつらっか　岩屑落下 debris fall　⇨落下

がんせつりゅう　岩屑流 debris flow　岩屑が斜面上を流れるように移動する現象．水をほとんど含まないものを乾燥岩屑流*，水が媒体であるものを湿潤岩屑流という．湿潤岩屑流は土石流*と同義語である．土石流という用語はよく用いられるのに対し，湿潤岩屑流という用語はあまり用いられない．英語のdebris flowは，もっぱら土石流のことを指す．岩なだれや岩屑なだれ*が岩屑流と称されることがある．しかし，"流れ"は流体力学では"その内部のあらゆる場所で不可逆的な剪断変形が生じている状態"を指すが，岩屑なだれでは，このような剪断変形が全層に広がっているとはいい難い．したがって移動様式に関して，なだれ（avalanche）と流れ（flow）を区別する場合には，岩なだれや岩屑なだれを岩屑流とはいわない．⇨土石流，岩屑なだれ，岩なだれ，火山岩屑流　　〈諏訪　浩〉

[文献] Varnes, D. J. (1958) Landslides types and processes: Highway Research Board, Special Report, **29**, 20-47. ／渡部　真（1994）岩屑の流動勾配に及ぼす砂礫と水の混合比の影響に関する実験的研究：地形，**15**, 349-369.

かんせん　幹川 trunk river, main river　1本の川には，一般に多数の川が次々に集まってくるが，水量，河道の長さ，流域の広さなど水理学的に最も有力なものを幹川あるいは本川とよぶ．河口デルタ地帯の派川においても同様に，幹川あるいは本川とよばれる．　　　　　　　　　　　〈砂田憲吾〉

がんせん　岸線 coastline　略最高高潮面（Nearly Highest High Water）における水陸の境界線．海図用語．　　　　　　　　　　〈砂村継夫〉

かんぜんりゅうたい　完全流体 perfect fluid, ideal fluid　実在の流体には必ず粘性*があるが，粘性を無視した仮想的な流体をいう．理想流体とも．完全流体の運動には摩擦などのエネルギー損失がなく，オイラーの運動方程式で記載される．　　　　　　　　　　　　　　〈宇多高明〉

がんそう　岩相 lithofacies, rock facies　地層の性質を岩石学的に捉えた特徴．地層の総合的な特徴を層相（facies）といい，そのうちの岩石の性質（鉱物組成，化学組成，粒度など）によって捉えた特徴を指す．時間的・空間的に広がりを有する点で岩質とは区別される．砂泥互層相のように岩相を一つの岩質に限定する必要はない．　　〈太田岳洋〉

かんそうがんせつりゅう　乾燥岩屑流 dry debris flow, dry rock fragment flow　斜面上での，乾燥した岩屑の流動現象であり，乾燥流（dry avalanching）とも．水を含まない点で土石流*と異なる．主として斜面崩壊（崩落・山崩れ）に伴って生じるが，テーラス*（崖錐堆積物）の再移動でも生じる．移動した走路跡には浅い溝とその両側に自然堤防が，停止域には薄くて細長い舌状のロウブ（lobe）が形成される．移動する岩屑の粒ぞろいが悪いときには，流動中に逆分級が生じ，グレーズリテに類似した層状の堆積構造を示す場合がある．⇨崖錐　　〈石井孝行〉

かんそうし

[文献] Varnes, D. J. (1958) Landslides types and processes : Highway Research Board, Special Report, **176**.

かんそうしゅうしゅく　乾燥収縮　contraction by drying　岩石や土が乾燥脱水によってその間隙を縮小させ，収縮すること．　〈藁谷哲也〉

かんそうじゅうりょう　乾燥重量　dry weight　土壌あるいは岩石のうち，有機物および無機鉱物からなる固体部分の重量．通常，105℃あるいは110℃で一定重量になるまで恒温乾燥したのち，乾燥剤を入れたデシケータ内で室温になるまで冷却したときの重さをいう．　〈松四雄騎〉

かんそうせんじょうち　乾燥扇状地　dry fan, arid fan　土石流扇状地の別称．乾燥・半乾燥地域には土石流扇状地が多く，Schumm (1977) がそれらを乾燥扇状地と名づけた．しかし，土石流扇状地の堆積相をもつ地層は乾燥気候以外の環境下でも堆積し，また土石流の発生は乾燥気候下に限らないので，誤解をさけるため乾燥扇状地は使用しない方がよい．⇒湿潤扇状地　〈斉藤享治〉

[文献] Schumm, S. A. (1977) *The Fluvial System*, John Wiley & Sons. ／斉藤享治 (2006)「世界の扇状地」，古今書院.

がんそうそうじょ　岩相層序　lithostratigraphy　地層の層序区分は色，粒度，組成，分級度などの地域的な岩相の違いに基づいて行われ，命名される．その形成時代や成因については，地層の堆積構造，化石，テフラあるいは地層が形成する地形などの情報を加えて解釈される．ただし同時期に形成された地層は地域により堆積環境が違うと岩相が移り変わるし連続的でもない．このように岩相で区分・命名された地層は同時期に形成されたとは限らない．

地層は，単層，部層，累層，層群に区分される．これらが示す時間の長さは時代および地域により変わることが多い．また水底堆積物と火山噴出物とでは各区分単位の時間が異なることがある．上記の諸単位は地層を形成した現象の時空的な連続性，意義，および層序を明らかにするために設定される．

こうした岩相で区分された地層について等時間面を明らかにし時間層序を設定するためには，地層中にイベントが形成した鍵層（示準層）を搜す必要がある．これらには瞬時に形成されしかも個性をもつテフラの類から，変化がかなり短期間に起こったと考えられる地磁気極性変化や，特定生物種の出現・絶滅，特定の土壌，海進堆積物，氷河性堆積物などにも含まれる．これらは対比・編年に重要である．
〈町田　洋〉

がんそうそうじょくぶん　岩相層序区分　lithostratigraphic classification　主に岩相の特徴による地層区分（表）．岩相は地層を構成する物質の物理的な性質によるもので，地層の基本的な性質である．区分単位は1枚の地層である単層（bed）から始まり，より大きな単位の部層（member），累層（formation），層群（group）となる．累層と層群の間に亜層群を，2つ以上の層群を合わせて累層群とよぶこともある．岩相層序区分の基本単位は累層で，次の条件を満たしている必要がある：2万5千分の1程度の地形図上で表現できるほどの大きさ（厚さや広さ）の地層群であること，模式地において累層を認定できて，かつ周辺地域に追跡可能であること．　〈牧野泰彦〉

かんそうだんねつげんりつ　乾燥断熱減率　dry adiabatic lapse rate　未飽和の空気塊，換言すれば相対湿度が100％に達しておらず，水蒸気が液体もしくは固体に相変化を起こしていない状況にある空気塊が断熱的に上昇をしていく場合に生じる温度変化率をいう．9.767℃/kmとなる．周りから熱のやりとりを行わない状況にあるので，空気塊の温度変化は，気圧低下とともに生じる空気塊の膨張が外部に行った仕事により失われる内部エネルギーに相当している．逆に空気塊が沈降していく場合には，周りより仕事を受けるために内部エネルギーは上昇する．　〈森島　済〉

かんそうちけい　乾燥地形　arid landform, arid

表　岩相層序区分

名称	特徴	具体例
累層群（complex）	二つ以上の層群の集まりで，一つの堆積盆地の中の堆積層	
層群（group）	二つ以上の累層の集まりで，普通は上限と下限に不整合がある	三浦層群
累層（formation）	二つ以上の部層の集まり	三崎累層
部層（member）	二つ以上の単層の集まりで，多い方の単層の名前を付す	砂岩部層や泥岩部層
単層（bed, stratum）	地層区分の最小単位で，上下を層理面で境されている	泥岩層や砂岩層

landscape 乾燥地域に発達する地形．塩類風化*や日射風化などの物理的風化と風の作用が卓越し，稀に降る雨による侵食も無視できない．一般に山地斜面は急勾配であり，ペディメント*とよばれる侵食緩斜面に囲まれている．侵食が進むと，山地はあたかも海上に浮かぶ島のようなインゼルベルク*へと縮小し，最後には広大で平坦なペディプレーンとなる．風の作用は侵食作用と堆積作用に分けられ，それぞれ侵食地形と堆積地形とを形成する．風の侵食作用（風食）としては，飛砂が基盤を削剥する風磨と風が細粒物を吹き飛ばすデフレーションとがある．風食の結果，ヤルダン*や風食凹地，デザートペイブメント，三稜石*などが形成される．風の堆積作用によって形成される地形の代表は砂丘*地形であり，供給される砂の量，風向・風速，障害物や植生の有無などにより，その形態や規模は多様となる． 〈松倉公憲〉

かんそうぼんち　乾燥盆地　arid basin, bolson 乾燥・半乾燥地域に発達する盆地を指す．砂漠盆地と同義であり，北米ではボルソン*とも．盆地外へ排水口をもたず，周辺の山地から流入する河川は盆地内部で尻無川となって消えたり，湛水して塩湖をつくることが多い．盆地の最も低いところはプラヤ*とよばれ，乾燥により地表は塩に覆われる．
〈松倉公憲〉

かんそうみつど　乾燥密度　dry bulk density 土壌あるいは岩石の，単位体積あたりの固体部分の質量．すなわち乾燥密度 ρ_d は，$\rho_d = m_s/V_t$ によって与えられる．ここで，m_s は試料の固相質量，V_t は試料の総体積．湿潤密度 ρ_t と含水比 w から，$\rho_d = \rho_t/(1+w)$ とも表される． 〈松四雄騎〉

かんそうりんね　乾燥輪廻　arid cycle　デービスの山地の侵食輪廻を乾燥地形にあてはめた説．彼は，乾燥地では正規（湿潤）輪廻とは異なった地形輪廻がみられるとし，地殻変動で形成された内陸盆地を侵食基準面とした地形輪廻を説いた．その内容は，各盆地底が周縁山地からの大扇状地によって埋められた状態の幼年期から，相隣る盆地が互いに山頂の鞍部で連結した状態の壮年期を経て，風食などにより砂などの砕屑物が運搬し去られ盆地床は岩石床だけとなり，もとの周縁山地はインゼルベルクとして所々に残るだけの老年期に至るというものである．しかし，内陸盆地は乾燥地域の一部にすぎないことから，その後はデービスの説に替わる乾燥輪廻の説が提唱されている． 〈松倉公憲〉

かんそくきょうかちいき　観測強化地域【地震の】　area of intensified observation (of earthquake)　地震予知の実用化を促進するため，国土地理院長の私的諮問機関として設けられた地震予知連絡会が，重点的に観測を強化し，異常が発見された場合には，さらに観測を強化して異常を確かめることを定めた地域．1970 年に南関東地域，また 1974 年に東海地域が指定された．しかし，その後の全国的な地震観測網の整備を受けて，2008 年に観測地域はその指定の取り消しが決められた．　〈隈元　崇〉

かんそくせい　観測井　observation well　⇨揚水試験

かんそくせんだんしけん　緩速剪断試験　slow shear test　⇨剪断試験

がんたい　岩体　body, rock body　一連の生成過程を経て形成するなど，共通の特徴をもって他と区別される岩石の集合体を岩体という．岩体は不連続面をもって周囲の岩体と分離される．広域変成帯のように幅数十 km に及ぶものから，貫入岩体 (intrusion) のように幅数 km〜数 cm のもの，さらに厚さ数 mm オーダーの堆積物まで，様々な規模をもつ．堆積岩*の場合の単層・部層・累層・層群のように，いくつかの階層の岩体が集合すると，より大きな単元の岩体となる．なお，花崗岩体などの大規模な岩体には地層名のように固有の名称がつけられる．地殻やリソスフェアはこのような岩体の集合体である．　〈田近　淳〉

かんたいこ　寒帯湖　polar lake　⇨湖沼の分類［気候帯による］

かんたいぜんせん（たい）　寒帯前線（帯）　polar front (zone)　偏西風帯*の中で前線通過の頻度が高いところをいう．その位置は一般に夏に北上，冬に南下する（北半球の場合）．地球規模でみた場合，2〜4 波程度の波動を示しながら極を取り囲んでいる．この波動は東進するが，大陸と海洋の分布の影響を受け，谷になりやすいところと尾根になりやすいところが生じている．波動の幅は北半球で大きく，南半球で小さい．南半球ではさらに季節的南北移動の幅も狭く 1,000 km 程度である．北太平洋・北大西洋でこの波動は最も極に近づき，ここに比較的温暖な気候をもたらしている．冬季には雪に覆われるユーラシア大陸・北米大陸部分で寒帯前線は最も南下する．日本付近では大陸の融雪が終わってもオホーツク海が依然として低温である時期に，前線帯が北上できず，日本付近に停滞する（梅雨前線*）．なおまぎらわしい用語に極前線*（arctic front）がある．　〈野上道男〉

かんたいへいようかざんたい　環太平洋火山帯
circum-Pacific volcanic belt　太平洋をほぼ取り巻いて細長く分布する第四紀火山の火山帯．アルゼンチン南東のサンドウィッチ諸島から，アンデス山脈，中央アメリカ，カスケード山脈，アラスカ，アリューシャン列島，カムチャッカ半島，千島列島，日本列島，南西諸島，フィリピン諸島，マレー諸島，ニューギニア東部，ソロモン諸島，トンガ・ケルマディック諸島，ニュージーランド北島をへて西南極に至るほか，伊豆・マリアナ諸島に重なる火山列が含まれ，世界の火山の半数以上（数百個）が分布する．上記の地域の間では火山列が途切れている地区もある．主に安山岩質マグマが噴出し，成層火山やクラカトア型カルデラを形成し，単成火山をともなう複式火山が多い．この火山帯より内側の太平洋内部では安山岩が存在しないので，その火山フロントは安山岩線とよばれる．火山帯の幅は地域的に異なり，大規模な弧状列島（例：東北日本弧）や弧状山脈では幅が広いが，小さな島のみの弧状列島（例：アリューシャン弧）ならびにカスケード山脈では一列に火山の並ぶ火山列になっている．⇨火山帯，火山の分布，安山岩線　　　　　〈鈴木隆介〉

［文献］杉村　新（1978）島弧の大地形・火山・地震．笠原慶一・杉村　新編「変動する地球Ⅰ」．岩波地球科学講座．10巻．岩波書店．

かんたいへいようじしんたい　環太平洋地震帯
circum-Pacific seismic belt　太平洋を取り巻く大陸や島弧の縁に沿って帯状に分布する地震活動の顕著な地帯を，環太平洋地震帯とよぶ．この地震活動は，大陸や島弧などの陸側プレートの下に，太平洋プレートなどの海洋プレートが沈み込み，相互作用することが原因である．地震活動は，プレート境界，沈み込むスラブ内，上盤側プレート内で起こるものに大別される．⇨沈み込み帯，弧状列島，スラブ，上盤側プレート　　　　　〈瀬野徹三〉

かんたいへいようぞうざんたい　環太平洋造山帯
circum-Pacific orogenic zone　太平洋を取り囲んで配列する造山帯の総称．アンデス山脈から反時計回りに，中央アメリカをへて，北米大陸西岸のロッキー山脈，アリューシャン・千島・日本の弧状列島，さらにフィリピン，ニューギニア，トンガ，ケルマディック，ニュージーランドの諸列島に環状に続く造山帯である．古くから造山運動が繰り返され，特に古第三紀から現在にかけて活発な構造運動が起こり，現在も地殻変動が盛んに進行中で，世界の一大火山帯・地震帯でもある．世界の火山の半数以上がこの地帯に含まれる．　　　　　〈松倉公憲〉

がんたいほこう　岩体匍行　rock creep　⇨匍行

かんたくち　干拓地　polder　海岸や湖岸などの水域を堤防で仕切り排水して，干上がらせた陸地．農地などの開発を目的として行われる．日本での代表的な海岸干拓地としては有明海沿岸や瀬戸内海の児島湾，伊勢湾の鍋田干拓地，湖岸干拓地では八郎潟，巨椋池（おぐらいけ），霞ヶ浦などを挙げることができる．
　　　　　〈沖村　孝〉

かんちょう　干潮　low tide, low water　潮位の低い状態．低潮とも．⇨潮汐　　　　　〈砂村継夫〉

かんちょう　冠頂　crown　⇨地すべり地形（図）

がんちょう　岩頂　rock peak　⇨岩峰（がんぼう）

かんちょうかせん　感潮河川　tidal river　河川の水位および流速が潮汐の影響を受ける河川をいい，影響を受ける区間を感潮区間という（図）．河口近くでは海水が侵入して密度流現象を起こしている．河口の水位が満潮位と干潮位の間で変動すると，河道にはほぼ同じ周期の波が上流に向かって伝播するが，水面の変動は上流に向かって減衰する．感潮区間は河川自身の流量の大きい河川ほど短く，河口潮差の大きい河川ほど大きい．　　　　　〈砂田憲吾〉

かんちょうげんかい　感潮限界　upstream limit of tidal river　感潮河川の上流限界で，海水の干満に伴う水位変化の限界を感潮限界とよび，塩水クサビの進入による塩分濃度変化の限界を潮入限界とよぶ（図）．感潮限界から下流の流路を潮入川または潮入河川という．第二次世界大戦以前に発行された日本の地形図には感潮限界が記号で示されていたが，現在の地形図では示されていない．⇨感潮河川　　　　　〈鈴木隆介〉

［文献］原　昭宏（1967）東京湾沿岸諸河川における海水遡上

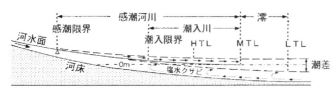

図　**感潮限界と潮入限界**（鈴木，1998）
HTL，MTLおよびLTLはそれぞれ高潮位，平均潮位および低潮位のときの汀線の位置を示す．実線の矢印は河川水，点線の矢印は海水のそれぞれ高潮位における流れの流向を示す．

限界：地理学評論, 40, 251-260. / 鈴木隆介（1998）「建設技術者のための地形図読図入門」, 第2巻, 古今書院.

かんつうきゅうりょう 貫通丘陵 chord 穿入蛇行*している支流と本流が近接して流れているとき, 一方または両方の蛇行振幅が増大すると, 側刻によって本支流を隔てる尾根が切断され（河川争奪*の一種）, 支流が本流に流れ込む. 新たな合流点は上流に移動し, 新旧合流点の間の支流の流路は放棄される. かくして本支流を隔てていた尾根は本流と放棄された支流の流路に挟まれて島状に取り残される. この島状の部分を貫通丘陵という（例：飛驒川の金山付近）. 一般に合流点から同距離の上流では, 支流の河床が本流のそれより高いため, 貫通丘陵の形成後に本流が支流に流れ込むことは極めて稀である. ⇨環流丘陵　〈島津　弘〉

[文献] 鈴木隆介（2000）「建設技術者のための地形図読図入門」, 第3巻, 古今書院.

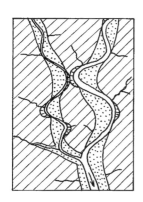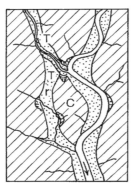

図　貫通丘陵（鈴木, 2000）
左：短絡前, 右：短絡後. C：貫通丘陵, r：流路跡地, T：段丘.

カンテ Kante（独） ほぼ鉛直に切り立った柱状の岩稜のこと. 穂高岳滝谷第四尾根のカンテ, 剱岳チンネの左方カンテなど. 〈岩田修二〉

がんていめんごおりがんせつ 含底面氷岩屑 basal debris ⇨ティル

かんでん 乾田 dry rice field ⇨湿田

がんとう 岩島 rock island 岩床河川において, ほぼなめらかな岩盤河床に, 海の岩礁状に突出した凸所として残存している微地形のこと. ⇨岩床河川（図）　〈戸田真夏〉

がんとう 岩塔 tor ⇨トア

かんとう（おお）じしん 関東（大）地震 1923 Kanto earthquake ⇨大正関東地震

かんとうぞうぼんちうんどう 関東造盆地運動 Kanto basin-forming movement 関東平野の地下における新第三系上部から第四系までの厚さ4 kmの堆積構造が関東平野の中心に向かって傾斜し, また周辺の第四紀後期の地形面や沖積層の傾斜方向と同調することから, 矢部・青木（1927）が提唱した関東造盆地（Kanto tectonic basin）をつくる運動を指す. そのような堆積盆はもともと日本海拡大時の半地溝*構造に由来する本州弧の前弧海盆*の一つでもある. この堆積盆地を現在まで埋め立ててできたのが関東平野である. 〈宮内崇裕〉

[文献] 矢部長克・青木謙二郎（1927）関東造盆地周辺山地に沿える段丘の地質時代：地理学評論, 3, 79-87.

かんとうローム 関東ローム Kanto loam 関東およびその周辺の台地・丘陵あるいは一部の山地斜面を被覆する火山性物質主体の風成堆積物*を指す. 爆発的火山噴火に起源をもつ軽石・スコリアなどの火山礫や火山灰などが風により運ばれ, 植生に覆われた乾陸上に降下堆積したものを含む. 噴火規模が大きく火山噴出物が厚く堆積した場合は, 降下軽石層などの明瞭な層となって保存される. 降下量が少なく細粒の場合は層状の堆積物として残らないが, それらは累重することにより塊状の地層となる. この塊状の地層は関東ロームを構成する一部で, 火山灰土, 褐色風化火山灰土, 赤土, ロームなどとよばれる. 火山灰土には, 一次的に堆積した火山噴出物以外に, 大陸起源の風成塵（レス*）, 近傍の裸地から風により運ばれた細粒物質などが含まれる. 関東ロームの構成物質の多くは富士火山の噴出物で, これに箱根や浅間など他の第四紀火山の噴出物が含まれる. ほとんどが中期更新世以降に堆積し, 堆積年代や堆積環境により風化度が異なる. なお, 関東以外の日本各地にも同様な風成堆積物が分布し, 北海道・東北・中部・九州の第四紀火山の偏西風風下側で顕著に分布する. 関東ロームは, 1950年代以降に精力的に調査された南関東の地形面*（段丘面）への被覆状態に基づいて, 下位層から上位層へと多摩ローム, 下末吉ローム, 武蔵野ローム, 立川ロームに4大別され, さらに細分されて, 被覆テフラの層序に基づく地形発達史研究の著しい発展に重要な役割をはたした. ⇨テフロクロノロジー, 地形発達史, 多摩面, 下末吉面, 武蔵野面, 立川面 〈鈴木毅彦〉

[文献] 関東ローム研究グループ（1965）関東ローム—その起源と性状—, 築地書館. /早川由紀夫ほか（1995）特集：堆積物による火山噴火史研究：火山, 40, 117-221.

かんながし 鉄穴流し Kanna-nagashi 主に

風化花崗岩（マサ*）を掘削して，崩した土砂を流水で流し，何段かの池を流下させて洗うという比重選鉱法で，砂鉄を採鉱する事業をいう．江戸時代から風化花崗岩の多い山陰地方（特に斐伊川や神戸川流域）で農閑期に多く行われてきた．風化花崗岩の採掘された斜面は緩傾斜で，被覆物質が少ないので，岩石床*あるいはペディメント*に類似した緩傾斜面となり，小奴可地形*とよばれたこともある．また，棚田に利用されている地区もある．鉄穴流しによって比較的容易に良質の砂鉄を得られるが，砂鉄以外の土砂が下流に流送され，河床上昇や灌漑用水路を埋めるなどの悪影響の一方で，海岸での堆積低地の拡大に寄与するという良影響をもたらした．
〈鈴木隆介〉

［文献］貞方 昇（1996）「中国地方における鉄穴流しによる地形環境変貌」，渓水社．

かんにゅう　貫入　intrusion　マグマが地下の岩盤中に入り込む過程．貫入したマグマが固結した岩石を貫入岩（体）とよび，その形状（規模や形態）は多様．⇨マグマ貫入，岩脈，底盤　〈横山勝三〉

かんにゅうがん　貫入岩　intrusive rock　⇨火成岩

かんにゅうがんたい　貫入岩体　intrusive body　マグマが地下深所から地殻内に上昇して固結した火成岩体*．迸入岩体とも．⇨火成岩の産状
〈松倉公憲〉

かんにゅうきょくりゅう　嵌入曲流　incised meander　⇨穿入蛇行

かんにゅうしけん　貫入試験　penetration test　円錐コーンやスクリューポイントなどをロッドを介して貫入させることによって，土層の硬度（強度）の深度分布を計測する試験．重錘を落下させるなど衝撃によって貫入させる動的貫入試験には，標準貫入試験*，簡易貫入試験，土研式貫入試験などがある．一方，荷重やロッドの回転によって貫入させる静的貫入試験としては，スウェーデン式貫入試験*やコーンペネトロメーターによる試験（ポータブルコーン貫入試験）が代表的なものである．
〈若月　強〉

かんにゅうだこう　嵌入蛇行　incised meander　⇨穿入蛇行

かんばらそうぐん　蒲原層群　Kanbara group　新潟市周辺に分布する中部～上部更新統．礫・砂・泥の互層からなる．砂層・礫層の厚い部分は，天然ガスの産出層準として5層が識別されている．層厚は最大約1,000 m．
〈松倉公憲〉

がんばん　岩盤　bedrock, solid rock, rock bed　固結した岩石が一定量の範囲に連続している状態．節理や断層などの不連続面や破砕帯を含めた岩体を指す．⇨地盤
〈八戸昭一〉

がんばんおんど　岩盤温度　rock temperature　裸岩の岩盤の表面および表層部の温度．地温*と同義であるが，観測例は土壌中および地下深部の場合に比べて少ない．日射量の日変化・季節変化により岩盤温度が変化し，乾湿風化*や熱風化*に若干の影響を与える．その観点からの，三浦半島荒崎海岸の波食棚上の洗濯板状起伏（70°以上の急傾斜で互層をなす凝灰岩と泥岩の差別侵食地形）における岩盤温度の，晴天日における精密観測によると，①最高温度（℃）は，夏：47.3，秋：29.5，冬：34.7，②最低温度（℃）は，夏：25.3，秋：12.4，冬：0.7，③最大日較差（deg）は，夏：21.6，秋：17.1，冬：31.2，④0.1 deg以上の日変化の最大深度（cm）は50～80，⑤凝灰岩と泥岩では，前者が後者よりも，日変化が大きく，日変化の深度および日交換熱量が小さく，空隙率が大きいことを反映している．
〈鈴木隆介〉

［文献］高橋健一・鈴木隆介（1971）三浦半島荒崎海岸における岩盤温度：中央大学理工学部紀要，14，285-310．

がんばんかせん　岩盤河川　bedrock channel　⇨岩床河川

がんばんくぶん　岩盤区分　rock classification　⇨岩盤分類

がんばんクリープ　岩盤クリープ　mass rock creep, rock creep　岩盤が重力によって徐々に変形する現象．連続的なすべり面をもたないことで地すべり*と区別される．しかし，このことは斜面内部を調べないとわからないため，連続的なすべり面の存在が不明確な場合には重力斜面変形や山体重力変形とよばれることもある．面構造をもつ岩盤の場合，曲げ，座屈，すべりなどの様式をもつことが知られている．また，しだいに変形が進んだ結果として深層崩壊に至る場合も知られている．⇨深層崩壊
〈千木良雅弘〉

がんばんしけん　岩盤試験　in-situ rock test　岩盤の物性を知るために原位置で行う試験の総称．岩盤変形試験（平板載荷試験またはジャッキ試験・ボーリング孔内載荷試験），岩盤強度試験（岩盤剪断試験，ブロック剪断試験，岩盤三軸圧縮試験，岩盤引き抜き剪断試験），岩盤透水試験（ルジオンテスト*）などがある．
〈松倉公憲〉

がんばんしけんち　岩盤試験値　in-situ test

value ⇨現場試験値

がんばんしゃめん　岩盤斜面　rock slope　露岩がつくる斜面．構成岩盤の強度に見合った勾配をもつ．Selby（1980）は，岩盤強度の指標であるRMS*（Rock Mass Strength）と岩盤斜面の勾配とに強い相関関係を見出し，そのような斜面を強度平衡斜面（strength-equilibrium slope）とよんだ．
〈松倉公憲〉

［文献］Selby, M. J.（1980）A rock mass strength classification for geomorphic purposes: with tests from Antarctic and New Zealand : Zeitschrift für Geomorphologie, N. F. **24**, 31-51.

がんばんしんしょくきじゅんめん　岩盤侵食基準面　wave base　⇨ウェイブベース

がんばんすべり　岩盤すべり　rockslide　岩盤が下底にすべり面をもってすべる現象．岩石すべり，基岩すべりとも．一般的には，突然的に発生するのではなく，長い間の岩盤の重力変形（岩盤クリープ*）を経て発生する．天然現象として発生するだけでなく，ダムに湛水した影響により，貯水池周辺で発生することもある．すべりの進行とともに，岩盤の塊としての一体性は失われていくことが多い．
〈千木良雅弘〉

がんばんとうきゅう　岩盤等級　rock mass rating　岩盤の耐荷性（強度）や変形性・透水性などの岩盤の工学的性状を区分したもの．定性的なものとしては，電研式岩盤分類が広く使用されており，この区分では極めて新鮮なAから風化して軟質なDまで（C級はC_H, C_M, C_Lに細分）の6つに等級化されている．定量的なものとしては，ボーリングコアの単位区間長（通常1m）に対する10cm以上の長さのコアの累計長の割合（％）であるRQD*を用いる等級区分の方法もある．　⇨岩盤分類　〈松倉公憲〉

がんばんとうじょう　岩盤凍上　bedrock heave　⇨凍上

がんばんふれんぞくしすう　岩盤不連続示数　index of rock discontinuity　⇨亀裂係数

がんばんぶんるい　岩盤分類　rock classification　岩盤の耐荷性（強度）や変形性・透水性などの岩盤の工学的性状を把握する目的でつくられた区分．岩盤区分，岩盤等級区分とも．日本で広く使用されているのは電研式岩盤分類（田中治雄の考案）であり，その区分の基本は，風化の程度（鉱物の変色・変質で判断），岩石の硬さ（ハンマーの打撃音と破壊の程度で判断），節理の性状（ハンマーの打撃や肉眼観察で，開口性・節理間粘着力・剥離面沿いの粘土物質の有無などで判断）の三要素から成っている．岩盤を定性的に6段階に区分したもので，わかりやすいが，個人差が生じやすい問題点もある．　⇨岩盤等級
〈松倉公憲〉

がんばんほうらく　岩盤崩落　rockfall　崩落の一種で，急崖において，風化などの作用を受けて緩んだ部分が岩盤から破壊・分離して崩落する現象．不安定化の原因としては，急崖の背後に割れ目が開口するとか，急崖の基部にノッチが形成されることなどがある．1996年の北海道豊浜トンネルの岩盤崩落がその例である．
〈松倉公憲〉

がんばんりきがく　岩盤力学　rock mechanics　岩盤の力学的性質の解明と挙動の予測を主要な課題とする応用力学の一部門．岩盤斜面の地形学的理解には，岩盤力学や岩石力学の知識は不可欠となる．
〈松倉公憲〉

かんぴょうき　間氷期　Interglacial, interglacial stage, interglacial period　地球上の限定された範囲（陸地面積の1/10）だけしか氷河に覆われない時期．第四紀の過去260万年間には4万年周期と10万年周期の多数回の間氷期があった．現在の間氷期（完新世）では氷河は南極とグリーンランドに限定される．氷河時代中の氷河縮小期，温暖期といえる．最後の間氷期を最終間氷期（135〜120 ka）という．
〈岩田修二〉

カンブリアき　カンブリア紀　Cambrian (Period)　古生代*を六分した最初の地質年代で，541.0 Maから485.4 Maまでの5,560万年間である．年代名は英国ウェールズ地方北部の旧地名カンブリアに由来する．南半球の高緯度域にゴンドワナ大陸が形成され，低緯度ー中緯度域にはローレンシア，バルティカ，シベリアの小大陸が散在した．小大陸の縁辺域は広く浅海で覆われ，ローレンシア大陸とバルティカ大陸の間にはイアペトゥス海が存在した．北半球を中心とした広大な地域にはパンタラッサ海が広がっていた．
〈八尾　昭〉

がんぷん　岩紛　rock flour, glacial meal　⇨磨耗

がんぺき　岩壁　rock wall, face　⇨フェイス

がんぺん　岩片　rock fragment　岩石が風化や侵食に伴い細かく砕かれて破片になったもので，源岩の特徴をそのまま残している砕屑粒子．砂岩などの砕屑岩に含まれる岩片は，後背地を推定する上で有効な手がかりとなる．
〈田中里志〉

がんぽう　岩峰　rock peak　岩盤の露出した山頂．岩頂とも．極地域や高山帯の山頂は特殊なものを除いて岩峰である．植物が生育しないし，侵食に

抗することができない非固結物質は速やかに失われるからである．温帯や熱帯，亜高山帯以下の植生帯では，植生が被覆できない乾燥地域にできる．湿潤地域でも，節理がなく植物が侵入できない一枚岩*の場合には岩峰が形成される． 〈岩田修二〉

かんぼつ　陥没　collapse, sink　地下空洞の天井部分の地盤が重力によって急激に落下し，地表に凹地が生じる現象．大規模な場合（例：陥没カルデラ）は collapse，小規模な場合（例：溶岩トンネル陥没，石灰洞陥没，鉱山陥没，道路・鉄道の路盤陥没）は sink とよばれる．地表に凹地を生じるに至らない空洞天井部の落下は落盤（cave-in）とよび，陥没と区別される．⇨落盤 〈鈴木隆介〉
［文献］松倉公憲（2008）「地形変化の科学—風化と侵食—」，朝倉書店．

かんぼつおうち　陥没凹地　collapse depression
⇨陥没地形

かんぼつかこう　陥没火口　pit crater　ハワイやアイスランドなどの盾状火山の山頂付近や山腹に特徴的にみられる陥没で生じた孔．ピットクレーターとも．輪郭は円形〜楕円形（径：10 m〜1.6 km 程度），深さは 10〜300 m 程度，孔壁は垂直で，全体としての形状は円筒形．陥没は，マグマの移動（後退）に伴う上部岩盤の崩落によると考えられ，小型の陥没孔（溶岩陥没孔）は，溶岩トンネルの天井の崩落で生じることもある．⇨盾状火山，火口，溶岩トンネル 〈横山勝三〉

かんぼつカルデラ　陥没カルデラ　collapse caldera　陥没によって生じたカルデラ．カルデラの中では最も一般的で，世界の主なカルデラのほとんどは陥没カルデラ．岩質・噴火様式，地質構造等の差異によって，陥没の機構・様式，カルデラの性状は異なり，キラウエア型カルデラ，クラカトア型カルデラ，火山構造性陥没地などに区別される．また，重力の特徴からは，高重力異常型カルデラと低重力異常型カルデラとに分けられる．⇨カルデラ，キラウエア型カルデラ，クラカトア型カルデラ，火山構造性陥没地，高重力異常型カルデラ，低重力異常型カルデラ 〈横山勝三〉

かんぼつこ　陥没湖　collapse lake　⇨構造湖

かんぼつちけい　陥没地形　collapse landform　諸種の地形過程による地表の急激な陥没で生じた地形の総称であり，一般に凹地であるから陥没凹地ともいう．大規模なものは陥没カルデラ，火山構造性盆地，断層陥没凹地など，また小規模なものはドリーネ，溶岩陥没孔，地すべり陥没凹地，空洞天井部

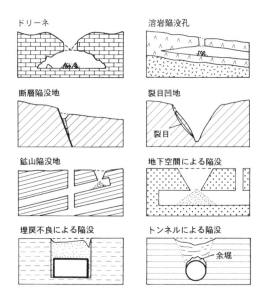

図　小規模な陥没地形（鈴木，2000）

地盤の陥没による陥没凹地などである．⇨陥没，表層変位 〈鈴木隆介〉
［文献］鈴木隆介（2000）「建設技術者のための地形図読図入門」，第3巻，古今書院．

ガンボティル　gumbotil　米国で，俗称としてプラウにへばり付き，耕作しにくい重粘な土壌に対してよぶ．語源はオクラの粘りのある莢のガンボに由来．G.F.Kay（1920）が米国五大湖周辺地域の氷河性成堆積物に挟在する灰色で斑紋のある重粘な化石土壌に命名してから，古土壌に対して広く用いられている． 〈細野 衛〉

がんみゃく　岩脈　dike, dyke　火成岩の産状のうちの非調和的な貫入岩体の代表的な産状．地層面などを切って貫入したもの．多数の岩脈が平行に並んだり（平行岩脈群：parallel dike swarm），放射状に分布したり（放射状岩脈群：radial dike）することがある．また，円周状の形態を示すものをリングダイク（環状岩脈：ring dike）という． 〈太田岳洋〉

がんみゃくおね　岩脈尾根　dike (dyke) ridge
⇨岩脈山稜

がんみゃくこう　岩脈溝　dike (dyke) gutter　砕屑岩脈（砂岩岩脈，泥岩岩脈など）や方解石，沸石のベイン（薄い岩脈）が周囲より早く侵食され，深く掘れた溝．幅と深さは数 mm〜数十 cm で，長さ数 m 程度の超微地形で，裸岩盤の表面で観察される． 〈鈴木隆介〉

がんみゃくさんりょう　岩脈山稜　dike (dyke)

ridge　岩脈で構成され，衝立状または城塞状にそそり立つ尾根で，頂部と側面に露岩が多い．幅と比高は数十cm〜数十m，長さは数十m〜数百m．岩脈尾根とも．玄武岩，安山岩，石英斑岩，アプライトなどの火成岩の岩脈は一般に周囲の岩石より強抵抗性岩であるから，差別侵食で残存して尾根になる．直線状（例：和歌山県橋杭岩），環状（例：宮崎県行縢山(むかばきやま)）あるいは数列が放射状（例：山梨県黒富士）に分布することもあり，周囲の地質構造に平行でない場合が多い．岩脈の急冷周縁相の部分が特に高いこともある．超微地形として，石英やアプライトなどの脈（vein）が幅数mm〜数cm，高さ数mm，長さ数mの直線状の高まりで岩盤に突出していることがある．砕屑岩脈（砂岩岩脈や泥岩岩脈）で顕著な岩脈山稜は日本では知られていない．⇨岩脈　　　　　　　　　　　　　　〈鈴木隆介〉

かんもんそうぐん　関門層群　Kanmon group　福岡県北部および山口県西部に分布する白亜系．下位から脇野亜層群と下関亜層群に区分される．脇野亜層群は大部分が湖成層で，基底礫岩・頁岩・砂岩からなる．層厚は1,000m．下関亜層群は，礫岩・火山岩質の角礫岩・凝灰岩・安山岩・石英安山岩・流紋岩などからなり，礫岩は基底部・上部に，溶岩・火砕岩は中部・最上部に発達する．層厚は2,000m．小規模な地すべり地形が散在している．　　　　　　　　　　　　〈松倉公憲〉

かんよう　涵養【氷河の】　accumulation, alimentation　⇨質量収支

かんよういき　涵養域【地下水の】　recharge area　地下水が涵養される地域．流出域の対義語．涵養域では，地下水の流れは下向きの成分を有する．涵養域は地形の高まりに存在するが，標高の高い場所であっても相対的に周囲よりも低ければ流出域となる．一般に涵養域における地下水面は，地表面の直下ではなく，ある一定の深度に位置しており，地下水位は降雨や融雪などの涵養条件により大きく変動する．⇨流出域　　〈佐倉保夫・宮越昭暢〉

かんよういき　涵養域【氷河の】　accumulation area　氷河のうち，年間の涵養量（積雪量や移流，雪崩など）が消耗量（流出，融解，昇華など）を上回り雪が蓄積される領域．蓄積域とも．涵養域を厳密に決定するためには年間の質量収支の面的な調査が不可欠だが，近似的には涵養期に入る直前に積雪が残っている範囲が涵養域を示す．一般的な氷河では上流側が涵養域となり下流側が消耗域となるが，雪崩涵養型氷河などでは氷河上にパッチ状に涵養域が生じる場合もある．　　　　　　　　　〈青木賢人〉

かんよういきひ　涵養域比　accumulation area ratio（AAR）　氷河面積に対する涵養域面積の比．0.6程度を示す氷河が多いが，雪崩涵養氷河では小さくカービング氷河では大きくなる．涵養域比を用いると氷河地形から復元した氷河の平衡線高度を算出できる．　　　　　　　　　　　　　〈青木賢人〉

かんらんがん　かんらん（橄欖）岩　peridotite　かんらん石，輝石を主成分鉱物とする完晶質の超塩基性深成岩．かんらん石と輝石の割合，輝石の種類によって，ダナイト（dunite），ハルツバージャイト（harzburgite），ウェールライト（wehrlite），レールゾライト（lherzolite）に分類される．　〈太田岳洋〉

かんらんせき　かんらん（橄欖）石　olivin　独立したSiO_4四面体の間にMg，Feなどの陽イオンが入った鉱物．特定の方向の劈開はなく，オリーブ色〜若草色や橙茶色で，短柱状のコロコロした形をしている．結合力が弱く，陽イオンは化学的風化*によって容易に溶脱される．　　　〈松倉公憲〉

カンランせき-スピネルそうてんい　カンラン石-スピネル相転移　olivine-spinel phase transition　深さ410km付近の地震波速度の不連続ジャンプは，高温高圧実験から，マントルの主要鉱物であるカンラン石（Mg_2SiO_4）がより緻密なスピネル構造へ転移したことで説明される．また実験結果から，その深さの温度は約1,480℃と推定される．⇨マントル　　　　　　　　　　　　　　〈西田泰典〉

かんりゅう　寒流　cold current　主に高緯度の冷水域から低緯度の暖水域の方向に流れる海流．周囲よりも水温の低い海水を伴う．⇨海流
　　　　　　　　　　　　　　　　　〈小田巻　実〉

がんりゅう　岩瘤　boss　⇨底盤

かんりゅうきゅうりょう　環流丘陵　detached meander core, cutoff spur　生育蛇行*が成長して蛇行の頸状部（首）が上流側と下流側の両方から側方侵食されて上下流の河川がつながり，短絡する．この蛇行切断*によって形成された旧河谷と新河谷に囲まれた島状の山のこと（次頁の図）．蛇行核*，繞谷(とうこく)丘陵ともいうが，後者は全く使用されない．日本では大井川，熊野川などに多数の例がある．なお，人工的な蛇行切断の「川廻し*」でも環流丘陵が生じる．⇨蛇行切断，貫通丘陵　〈島津　弘〉

[文献] 鈴木隆介（2000）『建設技術者のための地形図読図入門』，第3巻，古今書院．

かんれいぜんせん　寒冷前線　cold front　前線は異なる気団の境界に形成されるが，寒冷前線は寒

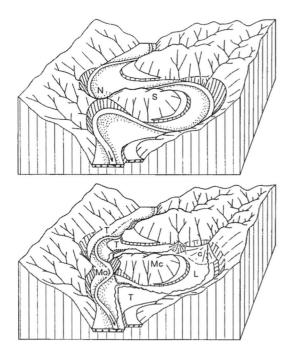

図　環流丘陵（鈴木，2000）
S：蛇行袂状部，N：蛇行頸状部，Mc：環流丘陵（蛇行核），Mo：蛇行切断部，T：蛇行切断に伴う本流沿いの段丘面，L：蛇行流路の跡地，c：沖積錐ないし扇状地．

気側から暖気側に移動するものを指す．一般に，寒冷前線は温帯低気圧に伴って形成され，低気圧の後面に形成される．寒冷前線通過後は，気温や露点温度が下降する．前線通過時には北半球では時計回りに風向が急激に変化し，激しい降水・降雹・突風・落雷などが発生する場合がある．　　　　〈森島　済〉

かんれいちけい　寒冷地形　cold region geomorphology　気候地形学の対象の一つで，地球の寒冷圏に特徴的な地形の総称．氷河地形＊・周氷河地形＊のほか，周氷河環境にみられる河川・海岸・風成地形なども含まれる．ある種の寒冷地形は，気候指標として古環境の復元に利用される．　〈松岡憲知〉

かんれいひょうが　寒冷氷河　cold glacier　その全域で氷体が圧力融解温度未満にある氷河．北極圏カナダなどの高緯度域に存在する．⇨温暖氷河，複合温度氷河　　　　　　　　　　〈杉山　慎〉

かんれいペディメント　寒冷ペディメント　cryopediment　周氷河作用による削剥（凍結削剥作用）によって，山麓部または谷壁下部に形成される緩傾斜かつ平滑な斜面．クリオペディメントとも．
　　　　　　　　　　　　　　　　　　〈澤口晋一〉

かんれつ　乾裂　sun crack, shrinkage crack　乾燥収縮によって泥質堆積物の表面に形成された割れ目．氾濫原，沼沢地，干潟，プラヤなどで発達．乾燥裂罅あるいは乾痕（mud crack）ともいう．
　　　　　　　　　　　　　　　　　　〈藁谷哲也〉

き　紀　period　⇨地質年代単元
き　期　age　⇨地質年代単元
ぎアスピーテ　偽アスピーテ　Pseudoaspite　⇨シュナイダーの火山分類
きあつ　気圧　atmospheric pressure　大気の圧力．ある地点の気圧は，その上にある空気柱の単位面積あたりの重さに等しい．空気の平均密度を ρ，重力の加速度を g，高さを h とすれば，ρgh で表される（1 cm^2 あたり約 1 kg，相当する水銀柱で 760 mm，水柱で 10 m）．空気柱の高さが同じであれば（例えば海面では）その気圧は温度に依存する密度によって変わる．気球（ゾンデ）観測では高さのセンサーが搭載されていないので，気圧ごとに他の要素（気温・湿度など）を測定する．気圧面の高さは密度解析によって高さに換算される．気圧の単位は相当する水銀柱の高さ mmHg で測られていたが（760 mmHg が 1 気圧），その後 CGS 系のミリバール（mb）（1,013 mb が 1 気圧）が使われ，現在では 1992 年制定の国際単位系のヘクトパスカル（hPa）が用いられている．数値的には mb に等しい．
〈野上道男〉

きあつけい　気圧計　barometer　気圧を測定する機器．フォルタン水銀気圧計に代表される液柱型水銀気圧計やアネロイド型気圧計，電気式気圧計などがある．アネロイド型気圧計は，内部を真空にした円筒型金属容器の気圧変化に伴う変形を利用して気圧を測定するものであり，気圧値の読み取りが容易であるが，精度は水銀気圧計に劣るとされる．
〈森島　済〉

きあつけいど　気圧傾度　pressure gradient　気圧の勾配のこと．これによって生じる力を気圧傾度力という．等圧線の間隔に反比例する．摩擦が大きい下層風の風向は気圧傾度方向となり，傾度が大きいほど風速も大きくなる．⇨地衡風　〈野上道男〉

きあつのおね　気圧の尾根　pressure ridge, ridge　地上気圧の等圧線もしくは高層天気図の等高度線が，高圧側から低圧側に向かって凸状に伸張する領域．高気圧あるいは高圧部の伸張する領域ととらえることができ，地上天気図（天気図*）においては相対的に安定した天気となる領域に対応する．
〈森島　済〉

きあつのたに　気圧の谷　pressure trough, trough　地上気圧の等圧線もしくは高層天気図の等高度線が，低圧側から高圧側に向かって凸状に広がる領域．低気圧あるいは低圧部の伸張する領域ととらえることができ，地上天気図（天気図*）では前線の伸張方向に広がる．相対的に不安定な天気となる領域に対応する．
〈森島　済〉

きおん　気温　air temperature　大気の温度であり，摂氏（℃），華氏（°F），絶対温度（K）といった単位で表される．熱収支の結果としての状態量であるので，周囲や地表面の熱的特性や温度移流，時刻，高度によって変化する．したがって，複数地点間における気温の比較を行うなどにおいては，目的により一定の条件下で観測を行う必要がある．
〈森島　済〉

きおんげんりつ　気温減率　temperature lapse rate　高度とともに変化する気温の割合．通常気温の鉛直プロファイルに対して使用されることが多いが，乾燥断熱減率，湿潤断熱減率などの言葉と同様に空気塊に対して使われる場合もある．前者として用いる場合，対流圏内での気温減率のことを指す場合が多く，その値は気候帯，海陸，気団などによっても変化する．国際標準大気（地球大気の圧力，温度などの物理量が高度によりどのように変化するかを実際の状態に近いような形で表したモデル）において，対流圏の気温減率は 6.5 ℃/km としている．誤解を避けるために，英語では environmental lapse rate として表現されている場合がある．〈森島　済〉

きおんのにちかくさ　気温の日較差　diurnal range of temperature　⇨日較差
きおんのねんかくさ　気温の年較差　annual range of temperature　⇨年較差
ぎかいがん　凝灰岩　tuff　ぎょうかいがん（凝

灰岩）の誤読. 〈鈴木隆介〉

きかいてきふうかさよう　機械的風化作用　mechanical weathering　⇨物理的風化

ぎかざんちけい　偽火山地形　pseudo-volcanic feature　火山活動以外の地形過程によって生じた地形のうち火山地形に類似したもの．泥火山*，砂火山*，隕石孔*，カロライナベイ（円形の浅い凹地），ピンゴ*（溶岩円頂丘に類似），ぼた山，地下核爆発による爆裂口，爆弾落下穴，鉱山爆発口，空洞陥没口などがある．差別侵食による偽火山地形としては，成層火山に似たビュート*（例：讃岐富士），溶岩台地に似たメサ*（例：群馬県三峰山）がある．また，一方向からみると富士山に似ていても，火山ではないのに○○富士（例：伊那富士）とよばれる山は日本に数百個もある． 〈鈴木隆介〉

ぎカルスト　偽カルスト　pseudokarst　疑似カルスト，プソイドカルストともいう．カルスト地形によく似た地形の形態を示す用語．母材が炭酸塩岩ではなかったり，その地形を作る主たる要因が溶食作用ではないが，カルスト地形に似た洞窟（洞穴）や，凹地形を作る場合がある．岩塩の地層の中にできた空洞や，中国のレスの厚い層の中に含まれている炭酸カルシウムが溶解し，地中に隙間ができて地表が陥落してしまい，凹地形を形成した場合をレスカルストとよんでいる．これらが疑似カルストである．⇨溶食地形 〈漆原和子〉

きがん　輝岩　pyroxenite　輝石を主成分とする完晶質粗粒の超苦鉄質火成岩．輝石岩，パイロキシナイトとも． 〈松倉公憲〉

きがん　基岩　bedrock　風化物質のもととなる新鮮な岩石の呼称．土壌に対する母岩*（土壌母材*）と同義． 〈松倉公憲〉

ぎがん　擬岩　artificial rock, fake rock　自然の岩肌を再現することを目的として，セメントやモルタルにアクリル繊維などを混ぜたものでつくった人工岩石．造景岩とも．高知県桂浜の龍王岬や茨城県五浦海岸のものが有名． 〈松倉公憲〉

きがんかいせき　奇岩怪石　*kigan kaiseki*　珍しい形の大岩（奇岩）や形のかわった石（怪石）．人間や動物の形に似た岩や石に，それぞれにふさわしい名前をつけて観光の呼びものにしている場合が多い． 〈岩田修二〉

きがんすべり　基岩すべり　rockslide　⇨岩盤すべり

きけん　気圏　atmosphere　地球を取り巻く大気の存在範囲．大気圏ともよばれる．温度構造により対流圏（地上から高度約8～18 kmまで），成層圏（その上方約50～60 kmまで），中間圏（その上方約80 kmまで）と熱圏（それ以上，明瞭な上限はない）の4層に分類される．また，これら層間の境界を圏界面といい，下から対流圏界面，成層圏界面，中間圏界面とよぶ．対流圏では地表面付近の下層大気の加熱，上層での放射冷却により，気温減率*が大きくなるが，対流によって調節が行われる．また，成層圏下層は等温層となっているが，上層に向かってオゾンによる太陽放射の吸収による加熱で気温が高度とともに上昇している． 〈森島　済〉

きこう　気候　climate　その場所または地域で出現確率の最も大きい大気*の正常な状態．1年を周期として繰り返される大気の総合的な状態を気候という． 〈山下脩二〉

きこういんし　気候因子　climatic factor　さまざまなスケールで気候およびその分布に影響を与える原因・要因の総称．例えば，緯度，海陸・水陸の分布，海洋あるいは大陸の東岸西岸（卓越する偏西風・偏東風に対して），海からの距離，標高，山脈の高度や方向，地形の凹凸の程度，山頂，斜面，盆地，谷底などなど．雪氷や植生・土地利用などの地表状態も気候に大きな影響を与えるが，それらは同時に気候の影響を受けているので，独立した気候因子ではない． 〈野上道男〉

きこうがく　気候学　climatology　地表に固定した座標からみた大気の平均的あるいは統計的状態を気候といい，それに関する研究分野を気候学という．大気の状態を気候要素*の平均値で表現する場合を平均値気候学*という．これは古典的気候学であり，今でも地形学や他の分野にとって有効である．また大気の状態を天気*の積み重ね（統計）でとらえると，総観気候学*となる．第二次世界大戦後に大きく発達した分野である．対象とする範囲（スケール）は天気図*の範囲以内，例えば極東アジア程度のことが多い． 〈野上道男〉

ぎこうざんたい　偽高山帯　pseudo-alpine zone　日本海側地域を中心とした中部から東北地方の一部山岳では，亜高山性針葉樹林が発達すべき温度領域にもかかわらず針葉樹林帯が形成されていない地域がある．これらの地域にはナナカマド，ミネカエデやミヤマナラなどの落葉低木林やササ原が広がり，このような景観を偽高山帯とよぶ．

偽高山帯の成立要因については，半世紀以上の間，気候，生態や植生史など様々な分野からの研究アプローチがなされてきた．その成果として，過去

の気候変動に伴う植生変化が深く関係することが明らかになりつつある．最終氷期に日本にみられた亜寒帯性針葉樹林はバラモミ類，カラマツ類が中心であり，現在の亜高山性針葉樹林の樹種構成とは異なっていたとされる．現在の亜高山性針葉樹林の主要構成樹種であるオオシラビソやシラビソなどのモミ属樹種は，後氷期に新たに亜高山域で勢力を拡大したとされる．東北地方ではこのようなモミ属樹種の拡大開始時期は山岳地域によって異なっているとされ，現在亜高山性針葉樹林がみられる八甲田山や蔵王連峰では約3,000年前，南八幡平地域では約1,000年前とされる．それに対し，亜高山性針葉樹林を欠き，偽高山帯景観が広がっている山岳は，今なおオオシラビソの分布拡大が遅れている地域であるとされる．しかし，これらモミ属樹種の分布拡大のきっかけや，山岳地域によって拡大開始時期が異なる原因については，いまなお不明である．

〈若松伸彦〉

[文献] 若松伸彦・菊池多賀夫 (2006) 奥羽山脈栗駒山に断片的にみられるオオシラビソ林の立地環境について：森林立地, 48 (1), 33-41.

きこうじへん　気候事変【輪廻の】 climatic accident (in erosion cycle)　侵食輪廻*における一連の地形変化過程が気候変化により乱されること．降水量や気温の変化，氷河の消長などは，風化作用やマスムーブメント*，河川の侵食・運搬・堆積作用を変化させ，一時的に新しい地形変化系列を出現させる．このような気候変化による侵食輪廻の進行の阻害や変更を気候事変という．すなわち，気候事変は，気候変化に伴う外的営力の種類や作用の変化によってひき起こされる輪廻の変更を指す．なお，Davis (1912) は，輪廻が進行するなかでの山地の高度変化に伴う地形性降雨の変化は正規的気候変化として，気候事変には含めず，気候事変における気候変化は，氷期-間氷期や当時考えられていた雨期・乾期などの第四紀の気候変化を指す．また，十数万年ごとに繰り返される氷河性海面変動*は，周期的で，かつ周期が短いことから，山地の生成・発展・消滅過程を論ずる侵食輪廻においては，'侵食基準面の新たな出現あるいは変化'とはみなさないことが多い．ただし，氷期-間氷期の海面変動とこの間の地殻変動との組み合わせによって生ずる'実質的な侵食基準面の変化'を'輪廻の中絶'とみなし，その過程で形成された段丘群（1960年代までは，間欠的隆起によって形成されたと考えられていたものが多い）を多輪廻地形*とよぶことがある．⇨事変，火山事変

〈吉田英嗣〉

[文献] 井上修次ほか (1940)「自然地理学」，下巻，地人書館. / Davis, W. M. (1912) Die erklärende Beschreibung der Landformen, B. G. Teubner (水山高幸・守田 優訳 (1969)「地形の説明的記載」，大明堂).

きこうそうじょ　気候層序 climato-stratigraphy　第四紀の大規模な気候変化は地表の諸現象に大きな影響を与える．大陸と海洋との間で水（氷河氷と海水）の大移動を発生させ，海面の上下運動（海面変化）を起こす．気候変化は地層，地形，土壌，化石，酸素同位体比などから読みとれるので，それらの層序から設定される区分単位が地質的気候層序である．その層序区分単位は時間数値ではなく，気候変化を示す指標となる地層や化石帯である．実用的には気候層序区分と時代区分とは同一に扱われることが多い．それは各種の層序区分の境界面が各地で必ずしも同一時代でないのに対し，気候は広域でほぼ同時に変化するからである．

気候層序・編年区分では氷期*・間氷期*の術語が多用される．これは本来氷食を受けた地域における氷河の進出・後退を示す証拠に基づいた概念である．このため氷河に覆われなかった地域では，寒冷期・温暖期・多雨期・乾燥期といった気候指標名を使うべきであるという主張もある．しかし氷期・間氷期の語が地球上どの地域でも共通する気候変化史の時代名として用いられている理由は，氷河の形成・融解がグローバルにほぼ同時に発現し影響したことがわかってきたためである．第四紀に多数回の氷期・間氷期が反覆したことが明らかとなった現在，海洋酸素同位体層序*が基準になる．ただしこれら気候変化の開始，終了時期には厳密には地域により多少の差がある．

〈町田 洋〉

きこうだんきゅう　気候段丘 climatic terrace　更新世における氷期・間氷期の気候変動が原因となって河川の運搬力と河川へ供給される荷重*のバランスが変化し，侵食と堆積が繰り返されて形成された主に河川中・上流域に発達する河成段丘である．氷河周辺地域では，氷河の前進・後退に伴って融氷河成段丘*が形成されるが，これも気候段丘の一例である．氷河に覆われなかった中緯度の温帯地域では，氷期には周氷河地域が拡大して岩屑供給量が増大する一方，前線帯の活動低下，台風など熱帯性低気圧の発生・襲来の減少により河川の洪水頻度・強度が減少した．このため河川の相対的荷重が増大して中・上流域を中心に谷の埋積が進んだ．現在のような間氷期には，岩屑供給量の減少，洪水の

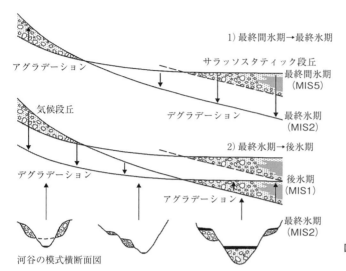

図 気候変化と海面変化による河床縦断形と河谷横断形の変化（Dury, 1959 の図を改変）

頻度・強度の増大により河川中・上流域で下刻が卓越し，顕著な 谷埋め堆積物* からなる堆積段丘が形成された．気候段丘面は下流部では低海水準期の河成段丘面に連続することが多いので，当時の河床縦断面形は直線的であり，現在や間氷期のような高海水準期に形成されたサラッソスタティック段丘とは斜交関係にある（図）．半乾燥地域では気候段丘の形成過程は，より複雑であり，その形成には，洪水の強度と頻度，降水量変動に伴う流域および流路の植生被覆の増減などが関与している．　⇨段丘面の連続性（図）　　　　　　　　　　〈加藤茂弘〉

[文献] Dury, G. H. (1959) *The Face of the Earth*, Penguin Books. ／小野有五・平川一臣（1975）ヴュルム氷期における日高山脈周辺の地形形成環境：地理学評論，48，1-26.

きこうちけい　気候地形 climate-controlled landform　気候条件に支配されている地形をいう．地形を変化させる外作用にはすべて気候が関与している．温度は水の相変化を支配し，ほぼ0℃で水は氷に変わる．この温度は塩分を含む海水ではやや低く，吸着されている水（土壌水など）でも低い．降雨・降雪，積雪・融雪，積雪の氷化・氷河氷の流動，土壌水の凍結融解（体積変化）などは直接温度に依存する．温度は無機的化学反応の速度や酵素の活性度を通じて生物活動を支配する．温度は化学的風化・生物学的風化の速度を決める．そして水とともに土壌層の生成を支配する．溶融物質から粗粒物質までを運ぶ流水の流量や流速は絶えず変化しているが，その強さと強度は降水量の量と頻度に依存する．デービス輪廻説の対象を（流水による）正規地形とし，それ以外の氷河地形，周氷河地形，（半）乾燥地形，熱帯多雨地形を総称して気候地形とすることがある．これは輪廻説が対象を正規地形以外に広げる過程で生まれた分類であるが，総称する意義は薄れている．　　　　　　　　　　　　　　　〈野上道男〉

きこうちけいがく　気候地形学 climatic geomorohology　気候の観点から地形分布を説明しようとする地形学の分野．気候地形学の考えは，ヨーロッパ諸国の植民地主義・探検に関わって，地球上の様々な地形景観に遭遇した19世紀末に端緒がある．湿潤・温帯の地形変化サイクル以外を"アクシデント"（例えば，乾燥地形サイクル）と規定したW. M. デービスこそが気候地形学の創始者だと見なすこともあるが，1940〜60年代にドイツ，フランスで盛んで，J. ビューデルやJ. トリカルらが主導した．地形構成物質に加えて植生が違うと，侵食速度は10〜1,000倍も異なるので，地球規模の地形形成環境として気候−植生が重要である．しかし，地形の発達に要する時間はおよそ10^7〜10^3年（さらに短期間）で，地形の規模によって長短が著しい．第四紀だけでなく新・古第三紀さらにそれ以前の地質時代の気候や植生を地形形成環境として理解することも容易ではない．気候地形学の体系が気候地形（climatic geomorphology）と気候発生論的地形（climato-genetic geomorphology）から構成されるのはこのためである．地形に対する気候の影響と地形構成物質（地質構造と岩質）の関係については，スケール（地形地域）で説明可能である．すなわち，10^6〜10^7 km^2 では気候の違いが，10^4〜10^3 km^2（日本列島規模ないしそれより小範囲）では地形構成物質の違いが地形を最もよく説明する．10^2 km^2 以下

の狭い範囲では，働いているプロセスが主な要因である．1960年代から70年代にかけて地形プロセスの速さと強さ，気候示標の不適切性，地史上の気候変動など多くの問題・疑問が出され，20世紀後半には，湿潤熱帯や周氷河環境地域の研究を除けば，気候地形学は勢いを失う傾向があった．近年は，地球温暖化問題と関わって，気候-地形の関係に新たな関心が向けられるようになってきた．　〈平川一臣〉
[文献] Büdel, J. (1977) *Klima-Geomorphologie*, Borntraeger (平川一臣訳 (1984)「気候地形学」, 古今書院).

きこうちけいたい　気候地形帯 morphoclimatic zone　気候地形学*における重要な概念の一つで，地形形成営力の種類やその強さがほぼ一様である地域を指す．地形形成地域 (morphogenetic region) とほぼ同義．気候帯，土壌帯と同様に，ほぼ緯度に沿う帯状分布をすると考えられている．　〈松倉公憲〉

きこうデータ　気候データ climatic data　降水量，風向・風速，気温，日照時間，積雪深などの観測データの総称．日本ではアメダス (Automated Meteorological Data Acquisition System) による観測データの蓄積が平年値を算定する30年分を越えた (1974年11月開始)．この観測データは気象庁・気象協会などからCDで，またはWebから直接入手可能であるので，加工して必要なデータとすることができる．それ以外の印刷物気候表なども上記機関などから入手できる．元は印刷物データであってもデジタル化されているものも多い．全国で千数百のアメダス観測値などをもとに統一した外挿方法で，解像度1kmの気候値メッシュマップ（各月ごとの平均・最高・最低気温，降水量，積雪深など）が作られている．⇨解析雨量　〈野上道男〉

きこうてききょくそう　気候的極相 climatic climax　ある気候条件のもとで遷移*を重ね，十分に発達し安定状態に達した植物群落．同じ植物区系で同じ大気候のもとにある限り，気候的極相群落は場所が違っていても相観や構造，種組成において原則的に共通する．したがって，この群落を基準にすることによって，広域にわたる植生の比較が可能になる．暖温帯の照葉樹林*，冷温帯の落葉広葉樹林，さらに北側のタイガとよばれる北方針葉樹林*など相観的に均質な群落は群系とよばれるが，これらは大気候の秩序の中で進行した遷移の結果としての極相*（極相林）と見なすことができる．同一の大気候のもとでも地質や地形などで終局相が異なり，地域的な極相が形成されるが，長い年数を考慮すると終局的には気候要因によって支配される場合が多い．　〈岡　秀一〉
[文献] 沼田　真編 (1977)「群落の遷移とその機構」, 朝倉書店.

きこうてきせっせん　気候的雪線 climatic snowline　⇨雪線

きこうのスケール　気候のスケール spatial scale of climate　地球上の大気現象に特有な空間的大きさ．さまざまな規模のものがある．最も大きなものは地球規模の大気大循環で，対応する時間スケールとしては季節変化である．高気圧・低気圧・前線などの状態はほぼ天気図の範囲で表され，数百から数千kmの広がりをみせる．対応する時間は数日ないし1カ月程度である．気候は大気の平均的状態であるが，このスケールまでの大気の状態に関連する気候を大気候という．一方で，大気の状態は大きな地形などの影響を受け，盆地の気温逆転，沿岸地域の海陸風，山岳の雨陰効果などが生じる．空間スケールは10～100km程度で，天気には影響するが天気図には表現されない．対応する時間スケールは日変化程度である．その積み重ねとして認識される気候を中気候という．アメダスデータ（日本全土で千数百点，平均17km×17kmに1点）で把握できる最小スケールの気候であるともいえる．さらに狭い範囲（数十km以下）については，定常観測のアメダスデータでは把握できない．そこで実地観測やリモートセンシング，気候景観の調査（変形樹など）が必要となる．土地利用・植生（森林・畑・水田・都市域），地形（水面，標高，斜面方位）などが関連する．このスケールの気候を小気候という．気象観測は普通地上1.5mの値が用いられるが，地表付近の大気（接地層）の状態は地表の性質の影響を強く受ける．状態の垂直分布が問題となるようなスケールの気候を微気候という．　〈野上道男〉

きこうようそ　気候要素 climatic element　気圧，気温・湿度，風向・風速，降水量など業務的に気象観測所で測定されている物理量．平均値，時間平均値，期間内最大・最小値，全期間極値などの統計量で表現される．地形学にとっては気温と降水（降雪を含む）に関するものが特に重要である．蒸発は観測が少ないが他の要素から推定する．流出量は河川流量として気象庁とは別の機関（国土交通省河川局）が行っている．気圧，風向・風速，湿度，日射量・日照時間などは地形学とは直接関係がない．　〈野上道男〉

きし　岸 shore　陸域と水域とが接するところの陸地縁辺部の総称．海の場合は海岸 (sea shore),

湖の場合は湖岸（lake shore），河の場合は河岸（river bank）とよばれる． 〈砂村継夫〉

きしおきひょうさ　岸沖漂砂　on-offshore transport　⇨漂砂

ぎじカルスト　疑似カルスト　⇨偽カルスト

ぎじグライど　疑似グライ土　pseudogley soil　湿潤冷温な気候下で重粘なシルト〜粘土層を覆う台地や丘陵地に分布する成帯内性の水成土．下位の重粘な不透水層のため，融雪や一時的な長雨のため水が停滞し還元化が進み灰色化する．夏季には乾燥化して亀裂が生じ，酸化して黄褐色の斑紋の生成を周期的に繰り返す．透水性が悪いため還元化した鉄は下位へ溶脱されず，その場で酸化されやすく，灰色と黄褐色のモザイク紋様として発達し特徴的な"疑似グライ層"を形成する．A/(Btg)/(Bwg)/Cg/Cなどの層位配列を示す．北海道北部，オホーツク沿岸の台地には重粘土（じゅうねんど）とよぶ疑似グライ土が広く分布し，以前，当粘土層は間氷期の湖に堆積したシルトや粘土層が氷期に台地化したものと考えられていたが，最近の研究によると氷期に大陸から飛来した風成塵*とされ，もともと微細な粒子の累積した土層とされた．この地域に火山は少なく，また，その規模も小さく，テフラ物質より大陸風成塵の影響が土層の母材付加に強く反映される．重粘土は排水不良で湿害を起こし，さらに湿潤時はプラウに粘りつき，乾燥時は硬化して石のごとくになり農地としては不毛な土壌である．そのため暗渠排水や砂客土などで地下水位を下げ透水性をよくし，重粘性を下げることが必要とされる．世界土壌照合基準（WRB, 2007）のGleysolsやPlanosols，米国の土壌分類（Soil Taxonomy, 1999）のAqueptsやAqualtsに相当する．　⇨土壌分類　〈田中治夫・細野　衛〉
［文献］松井　健（1989）「土壌地理学特論」，築地書館．

ぎじたんせいたてじょうかざん　擬似単成盾状火山　pseudo-monogenetic shield volcano　盾状火山に類似した火山であるが，実際には多輪廻噴火で生じた薄い溶岩の多い成層火山の火山原面の残片が緩傾斜で盾状火山の一部に類似した形態をもつものをいう．高い基盤山地の上に生じた成層火山の中心部が侵食または爆裂で破壊されて，山腹や山麓部に残存する溶岩流原の残片を指す場合が多い．山形県月山，長野県霧ヶ峰などがその例．　⇨単成盾状火山，アイスランド型盾状火山　〈鈴木隆介〉

きしつ　基質　matrix　岩石中で径の大きい構成粒子の間隙に，それらよりはるかに小さい粒子によって埋められているとき，後者のいわば素地の部分を基質という．マトリックスとも．たとえば礫岩の礫を埋める砂泥や，砂岩の砂粒を膠結する泥（シルト・粘土）の部分など．火成岩の基質を特に石基という． 〈松倉公憲〉

きじゅんかさよう　基準化作用　base-levelling　侵食基準面*に河川が到達しようとする侵食作用をいう．この作用によって侵食基準面と一致した地表面を基準化面という． 〈松倉公憲〉

きじゅんちけい　基準地形　reference landform　⇨変位基準

きじゅんてん　基準点【測量の】　control point　測量の基準となる点．狭義には平面的な位置（平面座標値）の基準となる点．広義では，水準点も含む．標石・金属標識などで現地に表示している．国内では，基本基準点・公共基準点・電子基準点*などが整備されている．　〈正岡佳典・河村和夫〉

きじゅんてんそくりょう　基準点測量　control point surveying　狭義には，すでに設置された基準点*を基に測量機器を使用して，新点の座標値（平面位置，標高）を求める測量．主な工程に，選点・埋標・観測・計算整理などがある．広義では水準測量*も含む．　⇨基準点　〈正岡佳典・河村和夫〉

きじゅんめん　基準面【測量の】　datum　高さや深さを測る基準となる面．日本の地形図等の基準面は一般に東京湾平均海面（T.P.）であるが，離島では局地的な平均海面が基準面とされている場合もある．ほかに，主要な河川では河川ごとにその地方の最低水位に近いものが独自の基準面として工事などで用いられており，T.P.との関係はA.P.（荒川，多摩川の基準面）がT.P. -1.1344 m，Y.P.（利根川，江戸川の基準面）がT.P. -0.8402 m，O.P.（淀川の基準面）がT.P. -1.2000 mなどとなっている．なお，T.P.はTokyo Peilの略号であり，Peilはオランダ語で水準面の意味である． 〈宇根　寛〉
［文献］測地部・箱岩英一（2002）河川・水路・港湾の基準面について：国土地理院時報，No. 99, 9-19.

きしょう　気象　meteorological phenomena　地球規模での大気*の状態から天気*に関係する大気の状態までのすべての現象を広く指す．　⇨天気図　〈野上道男〉

きしょうえいせい　気象衛星　meteorological satellite　衛星軌道から気象を観測する人工衛星．広域にわたり均質なデータが短時間に得られる．センサーは，雲を観察する可視光線および夜間観測用の赤外線カメラ，赤外線吸収による水蒸気観測用カ

メラや水滴・雪片の密度を観測するマイクロ波散乱計などで構成されている．軌道の高さから，静止気象衛星*・太陽同期軌道衛星などに分けられる．世界気象機関*（WMO）の協定に基づくもの以外にも独自の観測（研究）目的をもつものもある．
〈野上道男〉

きしょうがく　気象学　meteorology　地球や惑星の気象を研究する学問．大気中に生起する様々な諸現象を研究する自然科学の一分野で，近年はより広くとらえて大気科学ともよぶ．狭義には気候学*は除くと考えられていたが，境界領域を超えた両分野の発達は目覚ましく，気候学と重なる部分も多い．
〈山下脩二〉

きしょうさいがい　気象災害　meteorological disaster　気象現象を主因・誘因とする災害の総称．気象庁では気象災害を，9区分（風害，雨害，雪害，気温異常害，湿度・日照異常害，現象異常害，海象害，その他），46種類に分類している．この分類のなかで雨害区分に分類されている山崩れ害，土石流害，崖崩れ害，地すべり害などが，地形に直接関係する気象災害といえる．また，強風害，乾風害，雪崩害なども局地的な地形の影響を受けて発生する場合があるため，広い意味で地形と関係した気象災害といえる．⇨自然災害
〈石川裕彦〉

［文献］京都大学防災研究所編（2001）「防災学ハンドブック」，朝倉書店．

きしょうちょうげっぽう　気象庁月報　Monthly Report of JMA　日射観測資料・放射観測資料を含む気象台・測候所などで観測された地上気象観測資料，アメダス観測資料と高層気象観測資料をいう．気象庁から2009年12月まで毎月刊行されていたが，2010年1月以降は上記資料のCD-ROMが（財）気象業務支援センターより「気象観測月報」として刊行されている．
〈森島　済〉

きしょうちょうねんぽう　気象庁年報　Annual Report of JMA　気象官署約150カ所における地上気象観測原簿に基づく資料であり，気圧/気温/湿度/降水量/風/日照/日射量といった気象要素のデータが，地点・時刻・日・旬・月別，年集計値として取りまとめられている．
〈森島　済〉

きしょうつうほう　気象通報　meteorological message　気象業務法，大気汚染防止法，消防法といった法律上の規定に則って通報を行うもので，漁業気象通報，漁業無線気象通報，鉄道気象通報，電力気象通報，大気汚染気象通報，火災気象通報，農業気象通報がある．NHKのラジオ第2放送を通じて1日3回行われているのは漁業気象通報であり，主に日本近海で操業する漁船に対する気象通報である．
〈森島　済〉

きしょうデータ　気象データ【ウェブ上の】meteorological data（on web site）　インターネットを通して入手可能な気象データ．気象庁のウェブサイトでは，レーダー・降水ナウキャスト，解析雨量・降水短時間予報，アメダスデータ，気象衛星，天気図などが利用でき，さらに過去の気象データの参照も可能となっている．利用したいデータの量が多い場合には，（財）気象業務支援センターから購入することもできる．海外では，大学や政府機関が気象データを編集し，公開しているサイトも多く存在し，例えばアメリカの国立気候データセンター（National Climatic Data Center: NCDC）のサイトでは，アメリカ合衆国だけでなく，世界中の気象機関から収集された観測データが編集されて公開されている．
〈森島　済〉

きしょうようらん　気象要覧　Geophysical Review　1900年1月から全国の気象官署の観測データ，情報を月ごとにまとめて刊行されてきたものであり，気象要素だけでなく，擾乱の経路なども含めた気象，地象，水象記録が掲載されている．2002年の廃刊に至るまでの100年を越える長期的資料として利用価値の高い資料の一つである．
〈森島　済〉

きしんりょく　起震力　earthquake-generating stress　地震が発生したときの，震源およびその周辺での応力状態を指す．火山地域を除く日本列島とその周辺の浅い領域で発生する地震の場合には，沈み込むプレートにより応力の主圧縮軸は水平に近く，断層の走向との関係で逆断層運動や横ずれ断層運動が生ずると考えられ，活断層および地震の観測データと調和している．ただし，大地震の発生後にはその周辺域で起震力の変化が観測されることもある．2011年3月11日の東北地方太平洋沖地震の後には，東日本の広い範囲で地盤の東西伸張の歪みが観測され，その起震力に対応した正断層運動を伴う地震活動がみられた．
〈隈元　崇〉

きず　基図　base map　ある地図をもとにして別種の地図を作成する場合に，そのもととなった地図．地形学図などの主題図*の場合は，地形図などの既存の一般図に主題に関する情報を重ねて表示したものが多いが，その場合は基礎となった一般図のことを指す．
〈熊木洋太〉

きすい　汽水　brackish water　海水と淡水が混合した状態の水．海と水の出入りのある潟湖（汽水

湖）や感潮河川*の河口域でみられる．塩分が0.5～30‰，塩素イオン濃度が280～16,700 ppmの水をいうが，海の干満による日変化や流入する淡水量の変化に応じた季節変化もある．⇨湖沼の分類［塩類濃度による］ 〈鈴木隆介〉

きすいこ　汽水湖 brackish lake ⇨湖沼の分類［塩類濃度による］

ギスプ GISP ⇨グリーンランド氷床

きせいかこう　寄生火口 parasitic crater ⇨側火口

きせいかざん　寄生火山 parasitic volcano 成層火山や盾状火山などの複成火山の山腹斜面に生じた小型の火山体．側火山と同義．古くから使われてきた用語であるが，近年ではほとんど使われず，代わって側火山という用語が使われている．⇨側火山 〈横山勝三〉

きせいさいせつがん　気成砕屑岩 atmoclastic rock 堆積岩の一種で，陸上（大気下）で風化により生産された岩屑が堆積固化したもの．ほとんど運搬されることなくその位置で堆積固結したものは原地気成砕屑岩といい，ボーキサイトなどがこれにあたる．これに対し，マスムーブメントなどで移動したものが堆積固化したものは流転気成砕屑岩とよばれ，崖錐堆積物などがその例である． 〈松倉公憲〉

きせいさよう　気成作用 pneumatolysis マグマの固結過程の末期に，マグマから放出される高温ガスからの鉱物の晶出またはそれによる母岩の交代変質作用． 〈松倉公憲〉

きせいずすうちか　既成図数値化 map digitizing デジタイザーやスキャナーを用いて既存のアナログ地図の内容をベクタ型のデジタルデータにすること． 〈森　文明・河村和夫〉

きせき　輝石 pyroxene 造岩鉱物のうちの有色鉱物で，輝石族の総称．結晶系により直方（斜方）輝石と単斜輝石に分けられる．一般化学組成式は$(A, B)_2 X_2 O_6$で，A, BはMg, Fe, CaであリⅩはSi, Alである． 〈太田岳洋〉

きせつ　季節 season 類似の天候現象が継続する期間．ほぼ1年を周期とする．地球の公転面の軸と自転軸が斜交（23.5°）しているために生じる．太陽光の入射角度は連続的に変化しているが，その付近の気候の分布に境があると季節は不連続的に変化する．赤道周辺ではITCZ（赤道収束帯）（⇨赤道低圧帯）の接近（太陽高度とほぼ同期）によって雨季となり，遠ざかると乾季となる．つまり年に2回の雨季と2回の乾季がみられることが多い．それぞれの季節は相同ではない．中緯度高圧帯の北側の寒帯前線帯ではPF（寒帯前線）の接近（北半球では南下）によって雨季（冬）となり，遠ざかると乾季（夏）となる．これは大陸の西岸で顕著な季節変化である．大陸の東岸は海洋上の高気圧の縁を回るように気流が極方向に向かう場であるので，大気中に水蒸気量が多い夏がむしろ雨季となる．さらに東岸では，夏に大陸が熱せられて低圧部となり，洋上では高圧部となるので，南からの気流をよび込む．冬ではこの逆となる．これをモンスーンという．ユーラシア大陸の南東端部ではこの現象が顕著であり，季節の変わり目を際立たせている．日本付近ではシベリアの寒気の影響を強く受ける厳冬季，小笠原高気圧の影響下に入る盛夏季を両端として，その他の季節は低気圧を伴って東進する前線が次々にやってくる季節となっている．また盛夏季の前後には日本付近に停滞しやすい前線（梅雨・秋霖）があり，台風の来襲もこの季節なので，比較的明瞭な雨季となっている． 〈野上道男〉

きせつかせん（かりゅう）　季節河川（河流） seasonal stream ⇨間欠河川

きせつとうど　季節凍土 seasonal frost 冬季の数カ月間，地表が氷点下の温度に維持される（凍結期間）ために起こる地盤の凍結．冬季の凍結面の地中への進行によって出現し，夏季の融解面の進行に伴って消滅する．融解指数*が凍結指数*を超え，永久凍土層が形成されない地域でも，最大で厚さ1～2mの季節凍土層が発達する場合があり，そのような地域を季節凍土帯とよぶ．永久凍土帯で夏季に融解する活動層*も季節凍土の一種である．季節凍土帯では，永久凍土*の存在を前提とする地形はみられないが，土の凍上，ソリフラクション，クリオタベーション，岩石の凍結破砕等の周氷河作用の働きによって様々な周氷河地形が形成される． 〈松岡憲知〉

きせつふう　季節風 monsoon 卓越風向が夏季と冬季でほぼ逆転する風のこと．モンスーン*ともいう．日本の本州の大部分においては，冬季には北西，夏季には南東風が卓越する． 〈森島　済〉

きせん　基線【測量の】 base line ①三角測量*において三角網の長さのスケールを与えるために長さを直接測定した線．日本では5km程度の基線が全国に15カ所設けられ，伸縮の非常に少ない材質でつくられた基線尺で精密に測定された．②GPS測量*やVLBI*観測などで二つの観測点の間隔のこと．③実体視*ができるように撮影された

空中写真上で，主点（写真の中心点）と隣接する写真の主点を移写した点を結んだ線．正確な実体視を行うためには隣り合う写真の基線を一直線上に合わせる必要がある． 〈宇根 寛〉

きそ　基礎　foundation　構造物の土台．上載荷重を地盤に伝え，構造物を安定に保つために設ける構造物の最下部分．構造物の基礎には，上載荷重を地盤の浅いところで直に支持する直接基礎，支持層が深い場合に杭を用いる杭基礎，橋梁などの重量構造物を支えるために用いる剛性の大きいケーソン基礎などがある． 〈吉田信之〉

きそう　気相　gaseous phase　⇨三相

ぎそう　偽層　false bedding　斜交層理（⇨層理）に対する古語．現在ではほとんど使われない． 〈横川美和〉

きそくは　規則波　regular wave　波高と周期が時間的に変動せずに一定な波．実際の海では存在しない．実験水路で発生させることができる． 〈砂村継夫〉

きそちけいだんわかい　基礎地形談話会　Forum of basic geomorphology　東京付近に在住の若手地形学者（主に1920年代生れで大学助手クラス）が大学間や専門分野間の垣根を破り，地形に関する学際的な切磋琢磨と後進（主に1930年代生れの国公私立大の院生・学生）の育成を図るために結集した非公式の談話会（世話人は随時交代）．活動期間は1955〜1959年の短期間であったが，月例会と月例日曜巡検を開催し，ガリ版刷の「基礎地形（基礎地形談話会連絡誌：Nos.1-8）」を発行した．室内外における活発な議論と報文の中に，後に発展した地形発達史論，テフロクロノロジー，海面変動論，変動地形論やプロセス地形学の萌芽がみられ，輸入学的傾向から脱皮した意味で，日本の地形学史的に重要な活動であった． 〈鈴木隆介〉

きそぶっしつ　基礎物質　basal material　⇨地形物質の基礎物質

きたアナトリアだんそう　北アナトリア断層　North Anatoria fault　ユーラシアプレートとアナトリアプレートのずれる境界に位置する長さ約1,000 kmの断層帯．トルコ北部を東西に貫く．この断層を境に，北側のユーラシアプレートが東へ，南側のアナトリアプレートが西へ移動する右横ずれを示す活断層（帯）であるが，サンアンドレアス断層と同様にトランスフォーム断層に分類される．この断層に沿っては，活動区間が移動しながら頻繁に大地震が発生する．イスタンブールなどこの断層近傍にある都市では，これまでたびたび地震災害を経験した．⇨横ずれ境界，活断層 〈今泉俊文〉

きたアメリカプレート　北アメリカプレート　North American plate　北アメリカ大陸のほぼ全域と周辺海域を構成する大陸プレート*である．東縁は大西洋中央海嶺，南縁はカリブプレート北辺に当たる．さらに西縁は東西両方向へ約9 cm/年で拡大している東太平洋海嶺（海膨）北端にあたるカリフォルニア湾を経て，右横ずれのサンアンドレアス断層*へと連なる．さらにその北方ではカナダ西方沖からアリューシャン海溝を経て千島・カムチャツカ海溝*，日本海溝*北部に連なり，フィリピン海プレート*やユーラシアプレート*と北日本の周辺で接する．北日本とオホーツク海の西縁は，ユーラシアプレートに接するが，この境界はシベリア東部から北極海を経て，大西洋中央海嶺へと連なるとされる．日本海東縁部では，歪み集中帯をなし，逆断層性の活断層群が集中的に連続するが，シベリアから北極海では，どのように接触しているかは，まだ明確には判明していない．また，オホーツク海とその周辺の一部がオホーツクプレートとして独立する説もある．⇨プレート境界，オホーツクプレート 〈岡田篤正〉

きたうらそう　北浦層　Kitaura formation　秋田県男鹿(おが)半島東部の低い丘陵に分布する上部鮮新世〜下部更新統の海成層．砂岩と泥岩の互層で，凝灰岩を挟む．層厚は900〜1,200 m. 〈松倉公憲〉

きたがわしゃめん　北側斜面　northern slope　⇨斜面の向き

きだん　気団　air mass　気温，湿度，大気安定度が均質と見なしうる空気塊であり，水平スケールとしては数百から数千kmに及ぶものを指す．形成条件として，空気塊が一様な性質をもつ地表面に長期間滞留することが挙げられ，通年あるいは季節的に存在する高気圧領域が主な発源域となる．主に気温の特徴を与える緯度帯によって北極気団（A）・南極気団（AA）・寒帯気団（P）・熱帯気団（T）・赤道気団（E）に，湿度の差異を大きくする海陸分布によって大陸性気団（c）・海洋性気団（m）に分類される．これらの分類の組み合わせで気団を表現する（例えば，mTは海洋性熱帯気団）．気団は発現域を離れて移動すると変質する．日本の天候に影響を与える気団には小笠原気団，オホーツク海気団，シベリア気団，揚子江気団といった固有の名称が付けられている． 〈森島 済〉

きちょうりょく　起潮力　tide-generating force

潮汐を引き起こす力．潮汐力とも．　⇨潮汐
〈砂村継夫〉

きっこうど　亀甲土　polygon　⇨多角形土

ギッチャ　gyttja, gyttia　プランクトンや水生植物由来の有機物を多く含む暗色〜黒色の泥．ユッチャとも発音され，日本語では「骸泥」と表記する．高塩分で密度が大きい深層水と河川の流入などによる低塩分の表層水とで季節を通じて塩分躍層（holocline）が形成され，上下の水の混合が止まり，表層からの酸素の供給が不足することから還元的な底層水環境がつくられ，有機物の酸化分解が抑制されることにより形成される．汽水湖などでは湖水中に塩分躍層が形成されて湖水の上下混合が起こりにくく，貧酸素の状態になるためよくみられる．
〈田中里志〉

きていりゅうしゅつ　基底流出　base runoff　流域内に降った雨が地下に浸透して地下水面まで到達し，地下水として比較的長い時間貯留された後，徐々に河川に流出する流出成分．河川流出は，降水時の流量の急激な増加から最大流量形成までの表面流出，その後の流量低減部分の中間流出，そして基底流出の三成分で形成される．表面流出と中間流出は合わせて直接流出に分類され，降水後，比較的短時間で流出するが，基底流出は主に地下水流出＊で構成されており，直接流出よりも流出量の時間変化が小さく安定している．基底流出は，河川流量の基底部を維持しており，自然河川においては無降水期間の自然流量に相当する．また，無降水期間の河川流量は指数関数的に減少するが，これを自然逓減曲線とよぶ．これは基底流出の流量変化の状況を示すものであり，流域ごとに固有の変化を示す．なお，基底流出には湖沼やダム湖などで安定化された流出成分も含まれる場合があり，地下水流出と同義ではない．　⇨直接流出
〈佐倉保夫・宮越昭暢〉

きていりゅうりょう　基底流量　base flow, base runoff　無降雨時（低水量時）における低水量時の河川流量のこと．無降雨が続いても流れている流量は，かつて地表面土壌・地層・基盤岩に浸透した雨水が長時間かけて流出する地下水が供給源である．
〈砂田憲吾〉

きていれきがん　基底礫岩　basal conglomerate　侵食を受けた面（不整合面）のすぐ上に堆積した一連の堆積物のなかの最下部にみられる礫からなる岩相．非固結の場合は基底礫岩層という．　〈松倉公憲〉

きなんかいざんれつ　紀南海山列　Kinan Seamount Chain　本州南岸沖の四国海盆にある海山列．膠州海山，第1紀南海山，第2紀南海山，太地海山，古座海山，白鳳海山などからなり，延長500kmにわたる．
〈岩淵　洋〉

きのこいし（いわ）　きのこ石（岩）　mushroom rock　きのこ状に上方が大きくなっている岩石．乾燥した内陸や岩石海岸にみられる．成因としては2つある．一つは，乾燥地において飛砂（通常は25cm程度までの高さが多い）が，岩塔状の岩石の下の部分のみを削ることによって形成されるものである．もう一つは，上部の物理的風化（乾湿風化あるいは塩類風化）されにくい岩石（キャップロック）の下に，風化されやすい岩石がある2層構造の場合，下部だけが風化し痩せ細るために形成されるものである．後者の例として，カナダのアルバータ州Drumhellerに発達する「フードー」や，福島県郡山市浄土松公園の「きのこ岩」などがある　⇨マッシュルームロック
〈松倉公憲・田中幸哉〉

[文献] Tanaka, Y. et al. (1996) The influence of slaking susceptibility of rocks on the formation of hoodoos in Drumheller Badlands, Alberta, Canada: Transactions of the Japanese Geomorphological Union, **17**, 107-121. ／松倉公憲(2008)「地形変化の科学—風化と侵食—」，朝倉書店．

きばん　基盤【地質の】　basement　⇨基盤岩

きばんがん　基盤岩　basement rock, bedrock　対象としている地層に対して下位の地層あるいは岩体．単に基盤とも．何をもって基盤岩とするかは，対象としている地層に対して相対的である．一般に，対象としている地層に比べて明瞭に異なる岩相や物性（間隙率や密度など）をもつ．　〈安間　了〉

きばんがんせき　基盤岩石【段丘堆積物の】　basement rock（of terrace deposit）, bedrock　段丘面の基本的形態をつくっている段丘堆積物にとって基盤とみなされる岩石．一般的には半固結〜固結の岩石からなるが，第四紀の非固結の堆積物であっても，段丘堆積物によって不整合で覆われている場合には基盤岩石とみなす．　⇨段丘の内部構造
〈小岩直人〉

きばんがんだんきゅう　基盤岩段丘　bedrock terrace, rock-cut terrace　⇨岩石段丘

きばんちけい　基盤地形【火山の】　basement, basal topography（of volcano）　火山体や火山噴出物の土台の地形で，火山体の形成時や火山噴出物の堆積時の既存地形であり，古い火山地形もあれば，火山でない山地・丘陵・平野・海底もある．単に基盤とも．その起伏状態は，火山噴出物の分布や火山地形に大きく影響を及ぼす．特に溶岩流や火砕流な

どの低所に流下する火山噴出物の場合，その流動・堆積する場所は基本的には基盤地形の形状で規制される．例えば，基盤地形が平坦または小起伏であれば，その上に重なる火山はその固有の形態になるが，大起伏地に生じた小さな火山は非対称形になったり，溶岩流や火砕流が基盤地形の特定の低所に分布したりする．基盤地形の起伏が大きい場合，基盤地形は新たな火山噴出物よりも高い周辺の山地や丘陵を構成する場合が多く，また，火山噴出物に囲まれた島状の山地や丘陵をなす場合もある．厚い火山噴出物の下の基盤地形は，野外では断片的にしか観察できないことが多い． 〈横山勝三〉

きばんちずじょうほう　基盤地図情報　fundamental geospatial data　2007年に制定された地理空間情報活用推進基本法により，電子地図上で位置の基準を与えるための骨格的な地理空間情報として位置づけられた情報．測量の基準点，海岸線，公共施設の境界線，建築物の外周，行政界，標高点等が含まれる．誰もが使えるGISの共通の白地図として，国と地方公共団体が連携して整備・更新すること，国は保有する基盤地図情報をインターネットで無償で提供することなどが義務づけられており，国土地理院がベクタ型データ（都市計画区域内は縮尺2,500分の1相当，区域外は縮尺2万5,000分の1相当）と5m間隔（一部は10m間隔）の標高データを整備し，提供している．さらに，国土地理院は，基盤地図情報に地形や植生，構造物等の地理情報を統合した電子国土基本図*を従来の2万5,000分の1地形図に替わる国の基本図と位置づけ，2009年から整備している． 〈宇根　寛〉

きばんほうらく　基盤崩落　bedrock slide　⇨崩落，岩盤崩落

きぶおうけいぶ　基部凹形部【斜面の】　basal concave segment　1単元の自然斜面の縦断形を斜面型で3区間に区分した場合の，縦断形の基部に位置する凹形の区間．崖錐や麓屑面のほか岩盤斜面もある．　⇨斜面要素の分類，斜面の寸法　〈鶴飼貴昭〉

[文献] Suzuki, T. and Nakanishi, A. (1990) Rates of decline of fluvial terrace scarps in the Chichibu basin, Japan : Trans. Japan. Geomorph. Union, **11**, 117-149.

キプカ　kipuka　⇨ステップトウ

きふく　起伏　relief　地表面の高さ方向の凹凸をいう．起伏の三次元的形態とその規模の場所的変化は複雑であるが，一般に等高線を用いた地形図やDEM*を用いて種々の地形量*や地形相*で記述される．普通には，①単位面積内の最高点と最低点の高度差，②範囲を特定せずに尾根と谷底とのおよその高度差，③山麓と山頂との高度差，などの地形量を起伏とよび，大起伏山地，小起伏山地*，小起伏面*などと定性的な地形相で表現することもある．具体的には，①の場合に一定面積の範囲内（普通には地形図に描いた500mまたは1kmの方眼）の最高点と最低点の高度差を起伏量とよび，広範囲の起伏量図を描く．　⇨起伏量，起伏量図，肢節

〈鈴木隆介・野上道男〉

きふくけい　起伏型　relief type　大きさや形態に基づいて分類した起伏の類型を指す．Penck (1924) は，起伏を勾配によって，flach Relief（緩起伏），mittel Relief（中起伏），steil Relief（急起伏）に分類し，また，それらに対応させて尾根の地形を，Rückenberg（山背山形：マルヤマ），Kammberg（山稜山形：ムネヤマ），Schneidenberg（切截山形：タチヤマ）に分類した．辻村 (1923, 1933, 1952) は山頂と山麓の高度差で表した起伏を，小起伏（low relief：300m前後以下），中起伏（moderate relief：1,000m前後），大起伏（strong relief：2,000m前後以上）に分類し，また起伏の大きさと勾配を合わせて，小起伏で勾配は大きくても20°前後以下の山地を岡阜地（丘陵地），中起伏で勾配20°前後の山地を中連山地（中山），大起伏で勾配30°以上の山地を高連山地（高山）としている．なお，起伏型は山稜の横断形を基準として，台形（trapezoid relief），切截形（triangle relief），従順形（subdued relief）などに分けることもある．　⇨起伏　〈大森博雄〉

[文献] 辻村太郎 (1923)「地形学」，古今書院．/辻村太郎 (1952)「地形の話」，古今書院．/Penck, W. (1924) *Die morphologesche Analyse*, Ver. J. Engelhorns Nachf.

きふくひ　起伏比　relief ratio　流域の最大比高（相対起伏）を流域最大辺長で割った値．地形図上で簡単に計測できるため，かつては流域全体の大局的な傾斜を示す指標として多用された．Schumm (1956) が定義し，流域の侵食速度とのよい対応を指摘した．現在ではDEMやGISにより流域の面的な傾斜の算出が容易なため，使用頻度が減っている．　⇨流域の基本地形量　〈小口　高〉

[文献] Schumm, S. A. (1956) Evolution of drainage systems and slopes in badlands at Perth Amboy, New Jersey : Bull. Geol. Soc. Am., **67**, 597-646

きふくりょう　起伏量　relief energy, relative relief, local relief, available relief　地表面の凹凸（起伏*）の程度を表す地形量．種々の定義があるが，普通には単位面積内の最高点と最低点の高度差（＝

比高*）を指す．つまり，起伏量はいわば勾配の代替量であり，山地斜面などにおける物質移動（侵食・マスムーブメント）の起こりやすさ（山の険しさ*）の目安を与える地形量であるから，英語でもrelief energy という．単位面積の決定法には成長曲線による方法があるが，その論理的根拠が必ずしも明白でなく，成長曲線の作成も面倒であり，起伏量の地理的変化を示す起伏量図の解釈も普遍的なものではない．

したがって，普通には，地形図に一定面積の方眼（例：一辺 0.5 km または 1 km）をかけ，その方眼内の最高点と最低点を読んで，その高度差を起伏量とする．方眼の交点を中心とする円を単位面積とする場合もあるが，面倒であり，結果も方眼法と大差はない．近年では地形図を用いずに DEM* で計測する場合が多い．ほかに，尾根と谷底との高度差，段丘崖の比高などを起伏量とよぶ場合がある． ⇨成長曲線，起伏量図 〈鈴木隆介〉

きふくりょうず　起伏量図　relief diagram　⇨ HRT ダイアグラム

きふくりょうず　起伏量図【DEM による】　relief map (using DEM)　5×5 とか 11×11 のようなある一定の大きさの範囲内（一般に窓とよばれる）の最高点と最低点の差（比高＝起伏量という）の値を窓の中心点の値とする 2 次元配列に格納される．一般に窓が大きくなるとこの値も大きくなる．そこで，この値の増え方が著しくなくなる適当な広さ（方形では長さ）が採られる．しかし，起伏量図の作成目的ならびに起伏量分布の解釈においては，一定の範囲の面積を細密に決めてもあまり意味はないので，対象地域の範囲によって，500 m 方眼とか 1 km 方眼などの計測範囲が使用される．起伏量図は統計的には窓内の標高の値域幅を示している．格子間隔が粗いため斜面勾配を計算するに不十分な時代には，起伏量図が平均的な勾配分布図の代替として用いられた．標高値（あるいは高度）のばらつきの程度を示すには標準偏差（高度分散量とよばれることもある）の方が優れている．いずれも勾配の代替指標で，これらの統計値に物理的な意味はない．いっぽう勾配は地形変化に関わる物理量であるので，細密な DEM によって勾配が計算できるのであれば，地形学的には勾配を用いるべきである．　⇨起伏量，成長曲線　〈野上道男〉

きふくりょうひ　起伏量比　relief ratio　⇨流域起伏量の法則

きふくりょうひいっていのほうそく　起伏量比一定の法則　law of basin relief　⇨流域起伏量の法則

ギブサイト　gibbsite　$Al(OH)_3$ という化学組成をもつ水酸化鉱物．マサ土の風化最終生成物などに多く含まれる．熱帯においてはボーキサイト* の主成分として，またラテライト土壌などに産出する．　〈松倉公憲〉

きぶしねんど　木節粘土　kibushi clay　花崗岩の風化物からカオリン粘土が選択運搬され堆積したもので，陶土* の一つ．炭化した木片を含むという特徴からこの名がある．蛙目粘土* に比較して粒子が細かいので，可塑性に富み陶器づくりには最適とされる．愛知県瀬戸地方を中心に岐阜県，三重県に分布する．　〈松倉公憲〉

きぶひようけつぶ　基部非溶結部　basal non-welded zone　溶結部を伴う火砕流堆積物の最下部に認められる非溶結の部分．火砕流の堆積時に最下部の堆積物は常温の基盤に接するため，溶結作用が起こらない．厚さは個々の火砕流堆積物ごとに，また，一つの火砕流堆積物でも場所ごとに多様に変化する．　⇨溶結部，上部非溶結部　〈横山勝三〉
[文献] 横山勝三 (2003)「シラス学」．古今書院．

きほんず　基本図　basic map　国や公的機関の施策として体系的に作成され，他の多くの地図の基本となる地図．日本の国土全体については，国土地理院が整備している 2 万 5,000 分の 1 地形図が長い間基本図であったが，2009 年度からはウェブで公開される電子国土基本図（地図情報）が国土の基本図と位置づけられている．　⇨電子国土基本図　〈熊木洋太〉

きほんすいじゅんめん　基本水準面【海図の】　chart datum　⇨水深の基準面

きめ【流域の】　drainage texture　⇨水系組織

ギャオ　gjá　大西洋中央海嶺上に位置するアイスランドで，東西に引き裂く力により形成された，ほぼ南北方向に並ぶ地表の地割れ．幅は広いもので 100 m 以上，長さは長いもので数十 km に達する．アイスランドは大西洋中央海嶺上に位置し，地下に巨大なマグマ溜まりを伴う特異な場所であり，ギャオにマグマが貫入し，広域割れ目噴火を起こす．アイスランド語でギャオ（gjá）とよぶ．　〈前杢英明〉

ぎゃくきゅうか　逆級化　reverse grading, inverse grading　⇨級化

ぎゃくけいしゃ　逆傾斜【地形面の】　reversely inclining (of geomorphic surface)　地形面が一般的ないし標準的と思われる傾斜方向と逆方向に傾斜し

ていること．例えば，河成段丘面がそれをつくった河川の上流側に傾斜（例：山形県小国川沿いの段丘面），海成段丘面が陸側に傾斜（例：北海道上サロベツ原野西方），溶岩流原*や火砕流原*が噴出源から遠ざかるほど高くなっている（例：長野県飯縄火山東麓・南麓）などの場合を逆傾斜という．その原因は，地盤運動（特に活断層と活褶曲）による変位のほか，形成当初から逆傾斜している場合もある．例えば，高速の火砕流の基盤山地への乗り上げや堆積物の溶結作用による収縮（例：鹿児島県姶良カルデラ北部のシラス台地面），地すべり堆の被覆による凹凸や末端部の盛り上がり（各地）などがある．

〈柳田 誠・横山勝三〉

[文献] 杉村 新 (1952) 褶曲運動による地形の変形について：地震研究所彙報, 30, 163-178. ／横山勝三 (2000)「シラス学」，古今書院．

ぎゃくこうたいせき　逆行堆積　divergent deposition　河川の下流側の地形変化の影響を受けて堆積の場が上流側に移動していく現象．例えば，下流側が堰き止め（例：自然・人工ダムの形成）られると，最初，堰き止め部分で堆積が進行する．この堆積により上流側の河床勾配が小さくなり，上流側で堆積が進行するようになる．このようにして堆積の場がしだいに上流側に移動することを逆行堆積という．

〈斉藤享治〉

ぎゃくごうりゅう　逆合流　obtuse-angled confluence　⇨合流形態

ぎゃくさんかくす　逆三角州　reverse delta　支谷閉塞低地*の上流に向かって，本流の堆積物で形成される三角州．支谷に湖沼があり，洪水時に本流から支流に逆流し湖沼に流れ込むと，湖沼の下流側から支谷の上流に向かって三角州ができる．例えば，千葉県印旛沼北部から流出する長戸川は北流しているが，付近の地形は，本流の利根川からの逆流*によってできた南側に伸びた逆三角州となっている．

〈斉藤享治〉

ぎゃくじゅうかせん　逆従河川　obsequent river　地表の一般的な傾斜と逆行する河川．逆従河流とも．逆従河川の形成した河谷を逆従谷という．ケスタ崖や断層崖を刻む谷の谷頭侵食によって，谷頭が過去の分水界の反対側の流域に達した場合などに局所的に発達する．⇨対接峰面異常（図），必従河川，適従河流（図）

〈久保純子〉

ぎゃくじゅうかりゅう　逆従河流　obsequent stream　⇨逆従河川

ぎゃくじゅうこく　逆従谷　obsequent valley　⇨逆従河川

ぎゃくせんじょうち　逆扇状地　reverse fan　支谷の上流方向に標高を低下させる扇状地．支流と本流の合流点において本流の越流が支谷の方に逆流*として流れ込む際に，支谷の上流に向かってできる扇状地である．例えば，松本盆地北端にある鹿島川扇状地の一部（仁科郷付近）は，木崎湖のある谷を堰き止めるようにしてできた逆扇状地である．⇨逆三角州，支谷閉塞低地

〈斉藤享治〉

[文献] 鈴木隆介 (1998)「建設技術者のための地形図読図入門」，第2巻，古今書院．

ぎゃくだこうげん　逆蛇行原　reverse meander plain　支谷閉塞低地*の上流方向に本流の越流が逆流*として，支谷の上流に向かって生じた蛇行原*である．

〈斉藤享治〉

[文献] 鈴木隆介 (1998)「建設技術者のための地形図読図入門」，第2巻，古今書院．

ぎゃくだんそう　逆断層　reverse fault　断層面の上盤が下盤に対して相対的に上方にせり上がる断層．重力の方向に逆らってのし上がり，正断層と対をなす．一般に断層面の傾斜が高角のものを逆断層，低角のものを衝上断層とよぶ．⇨上盤，下盤，断層，正断層，衝上断層

〈石山達也〉

ぎゃくだんそうちけい　逆断層地形　reverse fault topography　逆断層（運動）によって形成された変動地形の総称であり，山地斜面（断層崖）規模の大きな地形から低断層崖のような小規模な地形まである．大規模な逆断層地形の山麓沿いには副次的な逆断層が伴われ，小規模な高まり地形や地塁が伴われることも多い．例えば，ヒマラヤ南麓や奥羽山脈西麓の活断層沿いには，小規模な丘や丘陵などが列状に連なり，それらの低下側に逆断層が認められる．⇨逆断層，変動地形，断層崖，低断層崖

〈岡田篤正・中田 高〉

ぎゃくだんそうちこう　逆断層地溝　ramp valley　⇨ランプバレー

ぎゃくてんちけい　逆転地形　inverted landform　⇨地形の逆転

ぎゃくのり　逆法　gyakunori　雛壇型の宅地造成地において，片切片盛*の宅地より低い位置にある法面をいう．逆に高い方の法面を順法*という．

〈鈴木隆介〉

きゃくぶ　脚部【地すべりの】　landslide foot　⇨地すべり地形（図）

ぎゃくむきていだんそうがい　逆向き低断層崖　reverse-facing fault scarplet　山地斜面や古い扇状

地，海成段丘面などにおいて，その地形の本来の傾斜方向とは逆向きに形成された断層崖．斜面の下方が相対的に隆起することによって生じる．地溝帯に発達する正断層や山地斜面を横切る横ずれ断層に沿ってしばしばみられるほか，逆断層の上盤側に生じる副次的な断層によっても形成される．一般的に比高は数～十数m程度で小さい． 〈堤 浩之〉

ぎゃくりゅう 逆流 reverse flow 河川の上流方向に水が流れる現象．例えば，支流と本流との合流点において，大規模な出水時に，本流の水位が支流より高くなり，その越流が支谷の方に流れ込むことがある．そのため支谷の谷底が広く冠水する．その冠水災害を防止するため，合流点を本流の下流に移動するための導流堤が建設される．このような逆流により逆扇状地*，逆蛇行原*，逆三角州*ができ，その堆積物で支谷の出口が閉塞されると支谷閉塞低地*ができる． 〈斉藤享治〉
[文献] 鈴木隆介（1998）「建設技術者のための地形図読図入門」，第2巻，古今書院．

ぎゃくりゅうかせん 逆流河川 obsequent stream 接峰面*の最大傾斜方向ではなく，それに対して大局的には逆方向に流れている河川で，その谷を逆流谷とよぶ．カルデラ壁*や断層崖などを刻む必従谷*の源流部が谷頭侵食によって，接峰面の示す尾根の反対側に達している場合に生じるが，一般に短い（例：養老山地東面の断層崖を刻む谷）．⇒対接峰面異常（図） 〈鈴木隆介〉

キャサグランデのぶんるい キャサグランデの分類 Casagrande's classification キャサグランデ（A.Casagrande）によって提案された細粒土の工学的分類方法．土の液性限界*を横軸に，塑性指数*を縦軸にとった塑性図を用い，対象とする土についてプロットされた点の位置によって，その土を分類する．この分類に基づき，その圧縮性，透水性，塑性限界*付近における硬さの程度，乾燥強さなどを相対的に評価できる． 〈加藤正司〉

キャップロック cap rock ⇒キャップロック型地すべり

キャップロックがたじすべり キャップロック型地すべり landslide of cap-rock type 地すべり地形の一種で，溶岩・溶結凝灰岩などの節理の多い硬岩が軟岩（例：古・新第三系泥岩）の上位に水平ないし緩傾斜で重なる山地の斜面で地すべりが発生するとき，硬岩をキャップロック（cap rock：帽岩とも）とよび，それの含有する多量の地下水が地すべりの引き金になっている場合にキャップロック型地すべりという．メサや地層階段の急崖に生じる階段型地すべり（例：九州西部の北松型地すべり）がその好例である．⇒地すべり地形の形態的分類
〈鈴木隆介〉
[文献] 羽田野誠一ほか（1974）北松地域において過去に形成された大規模地すべり地形の一覧表：防災科学技術総合研究報告，32，7-23．

ギャップ【森林の】 gap 撹乱によって生じる大小さまざまな森林林冠の隙間（穴）を指す．林床の暗い森林にギャップが形成されることにより光環境が改善し，下層に生育する稚幼樹は生長できる．
〈中村太士〉

キャビテーション cavitation 圧力の低いところで形成された流水中の気泡が，圧力の高いところに運ばれてきたため瞬時に弾けて大きな衝撃力を発生する現象をいう．水が高速で物体の表面を流れると，流体の圧力は飽和水蒸気圧以下になり，流体中の気体は溶存できなくなって気泡が発生する．この気泡が流体とともに圧力の高いところに運ばれてくると瞬時に崩壊し，周囲に大きな破壊力をもたらす．コンクリート製の余水吐（ダムや堰の余剰の水を放流するための水路）では流速が15 m/s程度になるとこの現象がみられるようになり，コンクリートの表面にキャビテーション・ピットとよばれる穴ができ，コンクリートが劣化する．岩石海岸や岩盤河床でも起こるといわれているが，実証されていない．⇒空洞現象 〈砂村継夫〉

キャンドルアイス candle ice ⇒湖氷

キャンバリング cambering ⇒バレーバルジング

きゅうか 級化 grading 単層内で構成粒子の粒径（一般に平均粒径，ときに最大粒径，モード径）が上位へと変化すること．グレーディングともいう．上位に向かって細粒化する正級化（normal grading）と，粗粒化する逆級化（reverse grading）に区分される．単に級化という場合，一般に前者を指す．堆積物を運搬する流れの時間的・空間的変化，粒子間相互作用による分級作用，堆積物粒子の沈降速度を反映する．流速が時間的に減少する場においては，その空間変化によらず正級化層が形成される．これに対し，流速が時間的に増加し，かつ空間的に減少する場では逆級化層が形成される．また，土石流など堆積物粒子が高濃度で運搬される場合，衝突などの粒子間相互作用により粗粒粒子が上方に集積し，逆級化をなすことがある．沈降による分級が起こる場合，一般には正級化となるが，粗粒

粒子がパミスなどで低密度な場合には逆級化となることがある．⇨級化層理 〈関口智寛〉

[文献] Hiscott, R. N.（2003）Grading, graded bedding : In Middleton, G. V. ed. *Encyclopedia of Sediments and Sedimentary Rocks*, Springer, 333-335.

きゅうがい　急崖 steep cliff　⇨フリーフェイス

きゅうがいしゃめん　急崖斜面 steep cliff　急崖と同じ．⇨斜面要素の分類，フリーフェイス
〈鈴木隆介〉

ぎゅうかくこ　牛角湖 oxbow lake　⇨三日月湖

きゅうかげつすいい　9カ月水位 low water level　⇨低水位

きゅうかざん　休火山 dormant volcano, inactive volcano　かつて日本では，現在は噴火していないが，噴火の歴史記録（古文書など）のある火山（例：富士火山）を休火山とよんだ．しかし，文字をもつ人が住んでいない地域では噴火記録が残されないので，この定義は無意義であるから，現在では休火山という用語は使用されない．⇨活火山
〈鈴木隆介〉

きゅうかそうり　級化層理 graded-bedding　単層内部で基底から上方へ向かって粒径が次第に小さくなる層理．一般に，流速が減少する過程で堆積すると考えられている．混濁流堆積物や河川堆積物によくみられるほか，浅海堆積物やストーム堆積物にもみられる．また，火山灰などの風成堆積物において重い粒子が先に降下することによって形成されることもある．細粒化が単層内の粒子の最も粗い部分（1～5パーセンタイル）にのみ起いている場合をcoarse-tail grading，粒径全体に起きている場合をdistribution gradingとよぶ．⇨層理　〈横川美和〉

きゅうかどう　旧河道 abandoned river channel　河川が流路を変更することによって取り残された以前の河道跡．流路跡地*ともいう．自由蛇行の旧河道は，過去の流れによって形成された自然堤防*に挟まれて帯状に連続することが多く，河道跡にわずかな流水（名残川*）がみられる場合もあるが，本来の流路から放棄されて湿地化したものもある．その堆積物はシルトや粘土などの泥質物を主とし，しばしば泥炭が形成されている．一方，①穿入蛇行*の蛇行切断*で生じた旧河道や②早瀬切断*および扇状地の流路跡地は一般に礫～砂礫（①では稀に岩盤）で構成され，必ずしも軟弱な堆積物地盤とは限らない．また，稲作地域では水田として利用されていることも多く，都市化したところでは居住域に変化しているが，軟弱地盤かつ排水不良のために地震災害や水害を受けやすい．顕著な蛇行部において捷水路の建設によって人工的に本川から切り離されて形成されたものもある．⇨流路の転移，瀬替
〈海津正倫〉

きゅうかんおうち　丘間凹地 interdune hollow　砂丘の波状の峰と峰の間にみられる帯状の低地や窪地を指す．砂丘間凹地とも．日本の海岸砂丘地帯では海岸線に沿って新旧複数列の砂丘が並走しており，砂丘の列と列の間あるいは砂丘と浜堤の間に低平な丘間凹地が存在する．凹地の表層は砂泥から構成されているため，排水が悪く，低湿地や池沼が形成されることが多い．これらはそれぞれ丘間湿地（または堤間湿地）と丘間池沼とよばれる．砂漠地域でも一定の降水があってまばらな植生が育つような環境下では，風食によって生じた風食凹地砂丘や風食窪に起因する丘間凹地がみられる．窪地が存在すると空気の乱流が発生し，凹地の縁を取り囲むように砂の高まりができて放物線型砂丘となる．時間とともに砂丘の峰が風下方向へと引き伸ばされていき，凹地の部分も細長く広がる．こうした凹地に雨水や湧水が溜まると丘間池沼ができる．乾燥が進むと池沼は縮小し，塩分を含んだ丘間湿地となる．湿地が干上がると湖底に貯まった粘土などの細粒物が風で運ばれて粘土砂丘をつくることがある．
〈林　正久〉

きゅうかんしっち　丘間湿地 interdune swamp　⇨丘間凹地

きゅうかんちしょう　丘間池沼 interdune swamp　⇨丘間凹地

きゅうけいど　球形度【砂礫の】 sphericity　礫や砂粒子が真球にどれほど近いかを示す指標．球形率ともよばれる．粒子がもつ稜角の丸みの指標である円形度*とは異なる．H. A. Wadell（1932）による本来の定義は「粒子の表面積を同体積の球の表面積で除した値の平方根」．定義通りの測定は実用的でないため，「粒子の体積を粒子に外接する球の体積で除した値の立方根」や「最大投影面に外接する円の径を最大投影面と同面積の円の径で除した値」などの便宜的な測定を用いる．より簡便な方法として，Rittenhouse（1943）の印象図表などとの比較による方法もある．　〈遠藤徳孝〉

[文献] Rittenhouse, G.（1943）A visual method of estimating two dimensional sphericity : Journal of Sedimentary Petrology, 13, 79-81.

きゅうけいりつ　球形率【砂礫の】 sphericity ⇨球形度

きゅうざか　急坂 steep slope　交通路，特に道路が急勾配の斜面をほぼ最大傾斜方向に通っている区間（例：自転車で一気に上れない程度の傾斜と高さの坂または階段の必要な坂）．⇨坂　〈鈴木隆介〉

きゅうさきゅう　旧砂丘 old dune　完新世前半に形成された砂丘で，上部はクロスナ（縄文中期，4,500年前頃）に覆われる．完新世中期の高海面期以後に形成された．　〈成瀬敏郎〉

［文献］遠藤邦彦（1969）日本における沖積世の砂丘の形成について：地理学評論，42，159-163．

きゅうしゃかいがん　急斜海岸 steep slope beach　⇨茂木の海浜型

きゅうしゃめん　急斜面 steep slope　⇨斜面分類［傾斜角による］（図）

きゅうしゅう・パラオかいれい　九州・パラオ海嶺 Kyushu-Palau Ridge　宮崎県都井岬の南東95 kmの都井海丘からパラオ諸島まで2,450 kmにわたる高まり．古第三紀の島弧の中軸部において，新第三紀に背弧拡大が始まり，四国海盆とパレス・ベラ海盆（沖ノ鳥島海盆）が形成され，背弧側に残された古島弧の一部が九州・パラオ海嶺であると考えられている．北部では海嶺の上にさらに高まりがあって海山をなしているが，南部では全体に水深が深く，海嶺上の高まりも小さい．　〈岩淵　洋〉

きゅうじょうかざん　臼状火山 mortar volcano　うすじょうかざん（臼状火山）の別読み　⇨シュナイダーの火山分類　〈鈴木隆介〉

きゅうじょうふうか　球状風化 spheroidal weathering, onion weathering　節理に囲まれた岩石が薄い皮殻（shells）を伴って同心球状に風化すること．この構造を玉葱状構造*（onion structure）とよぶ．岩石の膨張や加水分解などに起因し，レゴリス（regolith）にしばしばみられる核岩（corestone）の形成に関わる．　〈藁谷哲也〉

［文献］Ollier, C. (1971) Causes of spheroidal weathering : Earth-Science Reviews, 7, 127-141.

きゅうしんじょうかけい　求心状河系 centripetal drainage pattern　⇨河系模様（図）

きゅうすいぼうちょう　吸水膨張 expansion by water absorption　岩石や土がその間隙に水を吸着し，膨張すること．岩石や土の固体実質部分の体積増加によるものではない．この意味で膨潤*とは異なるが，粘土鉱物を含む泥質岩では，吸水膨張と膨潤の区別は困難．　〈藁谷哲也〉

［文献］高橋健一（1975）日南海岸青島の「波状岩」の形成機構：地理学評論，48，43-62．

きゅうせっきじだい　旧石器時代 paleolithic period　人類によって石器が使用されるようになって以後，農耕が開始されるより以前の年代を指す．打製石器が主要な道具として使われた時代で，磨製石器の使用で特徴づけられる新石器時代に先んじる時代とされる．最古の石器として，アフリカで原人段階の人類が用いたおよそ250万年前頃のものが知られることから，旧石器時代は，この年代以後，農耕が始まる紀元前1万年頃までとされる．この期間は，ほぼ地質時代の更新世に相当する．一般に旧石器時代は，主として活躍した人類の種類により，前期・中期・後期の3つに区分される．

〈朽津信明・有村　誠〉

きゅうちゃくそう　吸着層 adsorbed layer　⇨土壌水分吸着作用

きゅうちょうかんしゃめん　丘頂緩斜面 hilltop gentle slope　丘陵を構成する小地形の単位の一つで，稜線部に広がる相対的に緩傾斜の部分を指す．しばしば，丘陵地形の背面*を復元する際の根拠とされる．断面形は緩い凸型で，下端を遷急線で区切られ，丘腹斜面に接するのがふつう．堆積面起源の丘陵の場合は，その堆積物（日本列島の多くの地域で中期更新世の堆積物であるが，火砕流堆積面起源などの場合は後期更新世のこともある）が残っていて，高位段丘*の段丘面とされる．削剥面起源の丘陵にも，堆積物を欠くかなり明瞭な丘頂緩斜面が発達しているところがある．このように，丘陵のうちでは比較的安定した地表面が広がり，一部に残積成の土層の存在も期待できる一方，侵食が進んでやせ尾根状になり，地図の縮尺によっては面として図示できないほど狭くなっていることも少なくない．

〈田村俊和〉

［文献］田村俊和（2001）丘陵地形：米倉伸之ほか編「日本の地形」，1巻（総説），東京大学出版会，210-222．

きゅうていせん　旧汀線 ancient strand line, former shoreline　地殻変動や海水準変動の影響を受けて，現在の海水準とは異なる位置や高度に存在する過去の海岸線．旧汀線の認定には，岩石海岸にみられるノッチ*や海食洞*などの侵食地形，砂浜海岸にみられる前浜堆積物，海水準付近に棲息していた貝化石や生痕化石などが利用される．また，海成段丘では，海食崖と段丘面とが交わる汀線アングルにより，旧汀線の認定が行われてきた．一般に，古い段丘ほど，汀線を示す地形は不明瞭になる．

旧汀線は過去の海水準の指標になることから，第四紀の氷河性海水準変動や地殻変動を復元する際に利用されてきた． 〈堀　和明・斎藤文紀〉

きゅうふくしゃめん　丘腹斜面　hillside (slope)　丘陵を構成する小地形の単位の一つで，横断面でみれば，丘頂緩斜面と丘麓緩斜面，段丘面，谷底面などとの間に位置し，それらの地表面より傾斜が急な部分を指す．丘陵の中で最も広い面積を占め，一般に，その断面形の途中に1本～数本の遷急線があり，最急部では傾斜がしばしば35°を超える．丘陵地形の原形の完成後，それが侵食により解体される過程の様々な段階で多様なプロセスにより作り出された斜面が，いろいろな程度に残存し，あるいはさらに修飾されて，現在の丘腹斜面を構成している．比較的不安定な地表面で，特に遷急線付近では表層崩壊などが起きやすいので，土層はふつう薄く，基岩が露出しているところも少なくないが，平面形が凹型の部分などには匍行・崩積成の土層が厚いところがある． 〈田村俊和〉

［文献］田村俊和（2001）丘陵地形：米倉伸之ほか編「日本の地形」，1巻，東京大学出版会，210-222．

きゅうりゅう　急流　rapid　河川の流れが速い状態およびその区間．山地河川あるいは渓流といった急勾配の河川の流れを表現する定性的な一般用語． 〈島津　弘〉

きゅうりょう　丘陵　hill　日常用語としては，山地とよぶほどではない，低い山なみを指す．英語では多くの場合 hills と複数形で表し，完全に孤立した小さな丘は hillock とよぶ．日本列島では一般に次の①～④の特徴を合わせもつ地形を丘陵とよぶことが，少なくとも20世紀後半の地形学では定着してきた．①低地・台地からなる狭義の平野の周囲，山地の前面に，高度急変帯を隔てて位置することが多い．②小さな谷がたくさん入り込み，複雑な斜面の集合であるが，遠望すると定高性*のある稜線が目につく．谷底面から主要な尾根頂までの比高はふつう150 m程度以下で，大きくても300 m程度．③新第三紀ないし前期更新世の半固結堆積岩（土木用語の軟岩）からなることが多いが，それら堆積岩に硬い火山岩や火砕岩が挟まれていることもある．ほかに古第三紀や中・古生代の固結岩，花崗岩（しばしば深層風化）などからなる丘陵も点在する．④それら基岩を不整合に覆う中期更新世（稀に後期更新世）の堆積物が定高性の稜線をつくっている堆積面起源の丘陵（しばしば高位段丘とよばれる）と，そのような堆積物を欠く削剥面（侵食平坦面）起源の丘陵とがある．1960年ころから日本各地の丘陵で盛んになった大規模な地形改変は，上記①～④の特徴のいくつかを利用したものである．ひとまとまりの丘陵地域（例：北上山地北縁の九戸丘陵，関東地方の多摩丘陵，淡路島の津名丘陵）は，どのような起源・地質構成をもつ丘陵でも，丘頂緩斜面，丘腹斜面，丘麓緩斜面，段丘面，谷底面などいくつかの小地形の単位で構成される．つまり，丘陵は中地形の単位であり，平野や山地などの大地形を構成する要素である．東北日本の日本海沿いなどの活褶曲地帯では，隆起の速い部分に鮮新世や前～中期更新世の半固結堆積岩ないし非固結堆積物からなる丘陵が断続するが，それら基岩の侵食抵抗性が小さいので，河川侵食と地すべりも含むマスムーブメントで速やかに剥削されるため，起伏の大きな山地に成長する可能性は低いと考えられる．台湾やヒマラヤ南縁のシワリク帯など隆起が活発な地帯にはこれと類似の丘陵がみられる．一方，安定大陸では，中・古生代や先カンブリア時代の基岩の岩質・地質構造などに支配された差別削剥地形（組織地形）としての丘陵や，より高位の侵食平坦面の遺物としての丘陵（残丘，インゼルベルクなど）が平坦面から突出していることも多い． ⇨地形の5大区分　〈田村俊和〉

［文献］田村俊和（2001）丘陵地形：米倉伸之ほか編「日本の地形」，1巻（総説），東京大学出版会，210-222．／松井健ほか編（1990）「丘陵地の自然環境」，古今書院．

きゅうりょうたい　丘陵帯　hill zone　植生の垂直分布帯上において，山地帯の下に来る植生帯．山麓帯とよぶこともある．日本では水平分布の暖温帯常緑広葉樹林（照葉樹林*）帯に対応しており，スダジイやタブノキ，ウラジロガシ，アカガシ，アラカシなどが優占する．関東地方では低地から海抜600～800 m付近までが丘陵帯に属する．太平洋側の山地では，丘陵帯の上限付近にモミ，ツガを優占種とする針葉樹林が分布することが多い．この森は中間温帯林*とよばれ，夏の温度条件からは常緑広葉樹の分布可能な領域に入るが，冬の寒さが厳しいために，常緑広葉樹が生育できなくなった場所に成立する森林だと考えられている．なお日本より高緯度にあり，冷涼な西ヨーロッパでは，暖温帯常緑広葉樹林は存在しないため，ブナやミズナラからなる落葉広葉樹林帯を丘陵帯とよぶ研究者が多い．この点，注意が必要である． 〈小泉武栄〉

［文献］大場秀章（1991）「森を読む」，岩波書店

きゅうりょうち　丘陵地　hill　丘陵と同義．一般人特にマスコミ関係者が使用することがあるが，

地形学では「丘陵地」とはいわず，単に丘陵という．学術用語として，山地，台地（＝段丘），低地とはいうが，火山地，段丘地といわないことと同じである．⇨丘陵　　　　　　　　　　　　　　　〈鈴木隆介〉

きゅうれいしゅうへんそう　急冷周辺相　chilled margin　貫入岩体や溶岩などの火成岩体で，中心部に比べて急速に冷却固化し，ガラス質あるいは細粒になった部分．　　　　　　　　　　〈太田岳洋〉

きゅうろくかんしゃめん　丘麓緩斜面　hillfoot gentle slope, colluvial footslope　丘陵を構成する小地形の単位の一つで，丘腹斜面の下方に遷緩線を挟んで位置し，さらに下方には段丘面や谷底面に漸移することが多い．多くの場合，背後の丘腹斜面などから崩れ落ちてきたもの，あるいは小支谷から押し出してきたものなどが堆積した崖錐または沖積錐，もしくは薄い匍行成土層がのった斜面などからなる．これらの特徴から，土砂災害を比較的受けやすいことがわかる．この斜面をつくる堆積物の下位には，かつての谷底面や段丘面が埋没しているのがふつうであるが，削剥成で，基岩が浅い位置に出現するところもある．数度から20°程度の傾斜を示すことが多いが，稜線から谷底までのどの横断面にも必ず出現するわけではない．　　　　〈田村俊和〉

［文献］田村俊和（2001）丘陵地形：米倉伸之ほか編「日本の地形」，1巻，東京大学出版会，210-222.

キュリーおんど　キュリー温度　Curie temperature　フェロ磁性やフェリ磁性をもつ強磁性物質が自発磁化あるいは飽和磁化を失う温度．キュリー点とも．T_Cあるいはθ_Cと書く．この温度より高いと強磁性物質が強磁性を失うことを発見したフランスの科学者のPierre Curieにちなんでいる．キュリー温度以上では，強磁性物質でも常磁性となり，温度（$T-T_C$）に反比例する磁化をもつ．これは，高温では熱運動のために自発磁化の秩序を保持できなくなることが原因である．強磁性鉱物に固有のキュリー温度があり，磁鉄鉱は580℃，マグヘマイトは590～675℃である．反強磁性に分類されながら強磁性を示す物質も，自発磁化を失う温度があり，ネール（Néel）温度（T_N）とよばれる．これ以上の温度では反強磁性の秩序が保てなくなる温度である．赤鉄鉱では675℃，ピロータイト（Fe_7S_8）では約320℃，ゲーサイトでは120℃である．〈乙藤洋一郎〉

［文献］Dunlop, D. J. and Ozdemir, O. (1997) *Rock Magnetism: Fundamentals and Frontiers*, Cambridge Univ. Press.

キュリーてんしんど　キュリー点深度　Curie temperature depth　一般に地殻内温度は深さとともに上昇するので，ある深さに到達すると地殻はキュリー温度＊（点）に達しその磁性を失う．その深度をキュリー点深度とよぶ．岩石中の主たる強磁性鉱物であるチタン磁鉄鉱では約580℃以下である．測定された磁気異常分布のスペクトル解析から磁性体の下面深度を求めるのが，キュリー点深度解析である．チタノマグネタイト系列ではチタンの含有比が高いほどキュリー点が低下することから，磁気異常解析から推定されたキュリー点深度の温度をより正しく推定するには，その地域の地殻物質の同定が大切になる．また岩石の熱磁化曲線はキュリー点に達する前の温度から磁化の減少が始まることなどを考え合わせると，一般的にはキュリー点深度解析から得られる深度の地温は大略400～500℃程度と考えられる．磁気測量結果から地下の磁気構造を推定する場合，一般的に磁化物質の上面深度と比べて下面深度の推定はかなり不確実性を伴うので，キュリー点深度解析結果の解釈にはこの点も留意する必要がある．　　　　　　　　　　　　　　〈西田泰典〉

［文献］大久保泰邦（1998）地殻内温度構造解析：物理探査学会編「物理探査ハンドブック―手法編―」．

ギュンツひょうき　ギュンツ氷期　Günz glaciation　⇨アルプスの氷河作用

ギュンツ-ミンデルかんぴょうき　ギュンツ-ミンデル間氷期　Günz-Mindel interglacial　⇨アルプスの氷河作用

ギョー　guyot　⇨平頂海山

きよいき　寄与域【流出の】　contributing area (for runoff)　降雨時に，地表のある地点での流出に現実に寄与している範囲を，その地点のそのときの流出にとっての寄与域という．流域内であっても寄与域以外の地表にもたらされた降水は，ほとんど土層中にとどまり，そのときの流出には寄与しない．寄与域の位置や形状は，降雨の強度や継続時間，先行降雨および土層厚や空隙率などに規定される土壌水分の空間的分布（斜面形状と密接に関連する）によって変化し，流域に占める寄与域の割合はほとんど0から数十％まで変動する．⇨流域，分水界，流出　　　　　　　　　　　　　　〈田村俊和〉

［文献］Betson, R. P. (1964) What is watershed runoff?: Journal of Geophysical Research, 69, 1541-1552. / Dunne, T. and Black, R. D. (1970) Partial area contributions to storm runoff in a small New England watershed: Water Resources Research, 6, 1296-1311.

ぎょうかいかくれきがん　凝灰角礫岩　tuff breccia　噴火中心からの放出時に固結していた径32 mm以上の火山岩塊と火山灰の細粒基地とから

なる火山砕屑岩. 〈太田岳洋〉

ぎょうかいがん　凝灰岩　tuff　主に火山灰で構成される火砕岩. タフとも. ⇨火山灰, 火山砕屑岩 〈横山勝三〉

ぎょうかいがんきゅう　凝灰岩丘　tuff cone　凝灰岩で構成される火山砕屑丘. 火山灰丘のうち, 特に構成物が固結しているもの（例：ハワイ島のダイヤモンドヘッド）. タフコーンとも. ⇨火山灰丘 〈横山勝三〉

ぎょうかいしゅうかいがん　凝灰集塊岩　agglomerate　火山灰の基地の中に火山弾や本質火山岩塊を多く含む火砕岩. アグロメレートとも. 一般には, 火口内や火口近傍に分布が限られる. agglomerate は, もともと 1831 年にライエル*（C. Lyell）によって"粗粒の角張った火砕物質の混然とした堆積物"に対して使われた用語であるとされるが, 火山学の用語としては上記の意味で使われる. なお, 凝灰集塊岩は類語の集塊岩と同じ意味とされるなど, 従来, 用語の定義や使用に曖昧さや混乱が認められ, 注意を要する. ⇨集塊岩 〈横山勝三〉

きょうかいそう　境界層　boundary layer　粘性流体の中に置かれた物体の表面に沿って発達する, 速度勾配の大きい薄い層. 一様な流れに平行に置かれた平板では, その先端から発達する境界層の内部は層流である. これを層流境界層（laminar boundary layer）とよぶ. 平板の先端から遠ざかるにつれて境界層は厚さを増すとともに乱れが徐々に発達しはじめ, 遷移域を経て境界層内全体が完全に乱れた流れになる. これを乱流境界層（turbulent boundary layer）という. 乱流境界層への移行は, 平板の先端からの距離 l を用いたレイノルズ数 $Re=Ul/\nu=3.5\sim5\times10^6$ で生じる. ここに U は流速, ν は動粘性係数. ⇨層流, 乱流 〈宇多高明〉
[文献] 日野幹雄（1992）「流体力学」, 朝倉書店.

きょうき　鏡肌　slickenside　かがみはだ（鏡肌）の別読み 〈鈴木隆介〉

きょうきゅうげんち　供給源地　provenance　堆積岩, 堆積物を構成する物質が供給された場所をいう. 一般的には礫種や砂岩の鉱物組成, 化学組成, 古流向などの情報をもとに推定をする. 〈酒井哲弥〉

ぎょうけつ　凝結　condensation　飽和蒸気の温度を下げたり, 温度を一定に保ったまま圧縮したりしたときに蒸気の一部が液体に変化する現象. 気象学では, 水蒸気が液体の水に相変化することをいう. 〈森島　済〉

ぎょうけつこうど　凝結高度　condensation level　凝結*が始まる高度. 露点温度に達する高度とほぼ等しいが, 凝結核となる粒子が極めて少ない場合など, 過飽和状態となっても凝結が生じない場合もあり, 高度に差が生じる. 〈森島　済〉

きょうこう　峡江　fiord　⇨フィヨルド

きょうこく　峡谷　gorge, canyon　幅に比べて著しく深い谷. ゴルジュ（gorge）とも. 幼年谷*の代表的な形態で, 横断面形はV字形を呈することが多い. 谷壁や谷底に岩盤が露出したり, 谷底に粗粒の岩塊が点在したりすることがある. 滝や早瀬などの遷急点や淵もみられるので, 階段状の縦断面形を呈することも多い. 河川が抵抗性のある岩石を下刻する場合や先行谷*として山地を横切る場合などに発達する. 黒部川の黒部峡谷, 石狩川の層雲峡, 熊野川の瀞八丁などが有名. 英語では大規模なものを canyon（例：コロラド川やヤルンツァンポ川のグランドキャニオンなど）とよぶことがあるが, ゴルジュ（gorge）との区別は明確でない. 〈戸田真夏〉

きょうさく　狭窄　gorge　⇨狭窄部

きょうさくぶ　狭窄部　gorge　谷底幅が局所的に極端に狭まっている部分. 単に狭窄とも. 狭窄部は両岸に急傾斜の谷壁が迫ってV字谷*または箱状谷*をなし, 一般に硬岩で構成されている. 成因は, 河川争奪などによる侵食復活型, 差別侵食型（例：表成谷*）, 地すべりなどによる閉塞型, 変動変位型（例：先行谷*）などがある. ⇨河川争奪, 谷底幅異常 〈田中眞吾〉

きょうしたい　供試体　test piece, test specimen　岩塊から一定の寸法や形状をもつように整形した材料. 岩石の強度試験には円柱状や角柱状のものが多い. 試験片, 試験体などともいう. 〈八戸昭一〉

きょうしたいしけんち　供試体試験値　test value using test piece　供試体を用いた試験結果. 代表的な例としては一軸圧縮強度などがあげられる. ⇨供試体, 現場試験値 〈八戸昭一〉

ぎょうしゅう　凝集　flocculation　懸濁水中の微粒子が塊状に集合する現象. 例えば淡水中に懸濁する粘土粒子が海水中に入ると, 表面電荷による反発が弱まり, 凝集して沈降する. 〈千木良雅弘〉

ぎょうしゅく　凝縮　condensation　⇨凝結

ぎょうしんせい　暁新世　Paleocene（Epoch）　Paleogene を三分した最初の Epoch（世）. 6,550万年前から5,580万年前まで. 白亜紀-古第三紀境界

（K-Pg boundary）は地球外物質衝突ダスト による，イリジウムに富む地層の基底に設定された．日本では，北海道の根室層群が海成層である．その他の地域には花崗岩類の広域貫入（迸入）があり，日本列島は大陸縁辺部で，太平洋側には付加体の形成があった． 〈石田志朗〉

きょうしんどうよそく　強震動予測　strong ground motion prediction　将来の地震によって生じる強い地震動（強震動）を予測すること．最大加速度や最大速度の予測も強震動予測の一種であるが，より詳細な情報を含む地震動の時刻歴波形を予測することを特に指す場合が多い．地震動は，震源の特性，伝播経路の特性および地盤の特性によって決まるが，活断層についての地形・地質学的な情報が震源特性の設定に利用されるほか，地盤特性の評価に地形分類図が活用される場合がある．⇨断層パラメータ，地震波 〈金田平太郎〉

ぎょうせいかい　行政界　administrative boundary　都道府県，市町村などの行政区域の境界を示す地図用語．行政区界とも．河川や分水界が行政界になっている場合が多い．国土地理院の地形図では，境界が確定されていない場合は表示されない．また，河川，道路などの記号と重ならないよう，ずらして表示する場合があることに注意が必要である． 〈熊木洋太〉

きょうせいがんすいじょうたい　強制含水状態　saturated state　土壌あるいは岩石を，長時間，水に浸すなどして，外部と連続した間隙が飽和するまで吸水させた状態．強制湿潤状態とも． 〈松四雄騎〉

ぎょうせいくかい　行政区界　administrative boundary　⇨行政界

きょうていこうせいがん　強抵抗性岩　resistant rock　差別削剥・侵食に対する岩石の抵抗性は，その岩石物性の絶対値（例：強度，透水係数）ではなく，隣接する岩石間においてのみ適用される相対的な表現であり，岩石の成因的分類名（岩質）とは一義的な関係はない．ゆえに，ある地域で相対的に削剥の進んでない高い地区を構成する岩石を強抵抗性岩，逆に低い地区の岩石を弱抵抗性岩と便宜的によぶ．⇨弱抵抗性岩，差別削剥，差別侵食，積極的抵抗性 〈鈴木隆介〉

きょうど　強度【岩石の】　strength　地形構成物質（岩石や土）の強さ．一般的には単位面積あたりの力で表す．主なものに，圧縮強度，引張り強度，剪断強度などがある．ある地形にある大きさの圧縮・引張り・剪断などの応力が作用したときに，その応力が地形構成物質のもつ圧縮・引張り・剪断などの強度より大きい場合に，地形構成物質の破壊（地形変化）が起きる．たとえば，斜面上で働く剪断応力が斜面物質の剪断強度より大きくなったときに，山崩れや地すべりが発生する．このように，強度は地形変化を力学的に解析する場合に重要となる． 〈松倉公憲〉

きょうどうこう　共同溝　common duct　上下水道やガス，電気，電信などの日常生活に欠かせないライフラインをまとめて収容する地下の施設．通常，車道の下に設ける場合が多い． 〈吉田信之〉

きょうどへいこうしゃめん　強度平衡斜面　strength-equilibrium slope　⇨RMS

きょうねつげんりょう　強熱減量　ignition loss　風化土や土壌などを強熱した場合の重量の減少率．土壌の場合は有機物*の含有量の指標となる．地盤工学会の土壌を対象とした試験法では，乾燥試料をマッフル炉などで700〜800℃で1時間加熱して減少した値を用いて計算される． 〈松倉公憲〉

きょうふうされきち　強風砂礫地　wind-beaten bare ground　⇨周氷河斜面

きょうへき　胸壁　buttress　⇨バットレス

きょうやくせつり　共役節理　conjugate joint　方向の異なる2系統の節理系*のなす斜交節理は，圧縮応力下で生じ，個々の節理系は主圧縮応力軸に30〜45°で斜交する．これらの一組の節理系を共役節理または共役節理系という．⇨共役断層 〈鈴木隆介〉

きょうやくだんそう　共役断層　conjugate fault　一対の交差する断層で，それらのすべりが反対方向であるもの（例：右横ずれ断層と左横ずれ断層）．このほか，地質学的な時間スケール（数万年以内）でほぼ同時に形成され，破砕面の同質性が露頭で識別する鍵となる．クーロンの破壊基準に従うと，共役断層を用いて断層形成時の主応力配置を求めることができる（図）． 〈石山達也〉

[文献] Groshong, R. H. (2006) *3-D Structural Geology* (2nd ed.), Springer-Verlag.

きょうようけつ　強溶結　dense welding, densely welded　⇨溶結

きょうわてきごうりゅう　協和的合流　accordant junction　2本の河川の合流点付近の河床勾配がほぼ同じ場合をいう．流域面積・流量がほぼ同規模の山地河川の合流や低地河川（特に蛇行原と三角州の河川）の合流で普通にみられる．⇨合流形態（図），プレイフェアーの法則 〈鈴木隆介〉

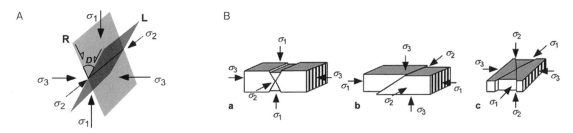

図　共役断層（Groshong, 2006 を改変）
A：主応力場の方向と共役断層面の関係：σ_1, σ_2, σ_3 はそれぞれ最大・中間・最小主応力を示す．R は右横ずれ断層，L は左横ずれ断層である．B：アンダーソン理論に基づく地表における断層の方向：a は正断層，b は逆断層，c は横ずれ断層の場合．

きょうわん　峡湾　fiord　⇨フィヨルド

きょくかんさばく　極寒砂漠　subpolar region cold desert　ごくかん（極寒）砂漠の誤読　⇨極地
〈岩田修二〉

きょくかんさばくど　極寒砂漠土　cold desert soil　南極大陸縁辺の山地や流出氷河の間に見られる海岸の露岩地帯（南極全体の2% 以下）などの無氷床地域に分布する土壌．土壌形態的には極地砂漠土*に類似する．土壌生成の発達が微弱ではあるが，成帯性土壌である．植生が希薄のため A 層の発達はなく，乾燥化が進行して塩類に富み，炭酸塩や石膏の集積層をもつ．
〈宇津川　徹〉

きょくこう　曲降　down-warping　曲動*のうち，広範囲（半径数十km以上）が浅い皿状に沈降する運動をいう．曲隆*の対語．地質構造および地形面の変形から証明される．関東平野や東京湾北部などが第四紀を通じて継続した曲降で生じた地形であり，前者の曲降は関東造盆地運動*とよばれる．曲降で生じた盆地を曲降盆地という．
〈鈴木隆介〉

きょくこうぼんち　曲降盆地　down-warped basin　⇨曲降

きょくさばく　極砂漠　polar desert　万年雪，少降水量そして厳しい寒さで特徴づけられる砂漠．南極大陸の凍結しない乾燥谷がこれに相当する．南極大陸やグリーンランド内陸は非常に乾燥しており，たとえ真水が存在したとしても氷に化している．
〈松倉公憲〉

きょくぜんせん　極前線　arctic front　極地方から流れ出す風と偏西風が収束する前線（帯）をいう．成因的に寒帯前線*とは全く別なものである．
〈野上道男〉

きょくそう　極相【植生の】　climax　遷移*の結果，その場所で最終的に成立する植物群落．極相では，種構成や群落構造の変化が相対的に小さく，平衡状態に達しているか，それに近い状態にある．実際には極相と認識できる群落でも均一とは限らず，斜面崩壊や台風などの撹乱などにより，一時的に林冠木が欠如し，林内の光や水分環境などが不均一になることで，部分的に種の入れ替わりが起こり，様々なスケールでのパッチ状の群落配置がみられる．

F. E. Clements（1916）は極相の概念の基礎である一つの気候には一つの極相しか存在しないとする単極相説を唱えた．それに対し A. G. Tansley（1935）は気候極相以外にも土壌極相，地形極相，生物極相なども存在するとする多極相説を主張した．さらに，そもそも対象とする空間やタイムスケール，時間経過によって環境条件は変動するため，明確な極相を定義することには無理があるとする極相パターン説を Whittaker（1975）が提唱した．例えば三宅島では溶岩地にスダジイが極相をなすものの，スコリア堆積地はスダジイの定着が困難なため，タブノキが極相林となり，極相はその場の地質や土壌環境などに応じて極相植生も異なる．このように極相はあくまでも概念的なものであり，定義づけすることが難しい事象といえる．　⇨石灰岩植物，蛇紋岩植物
〈若松伸彦〉

［文献］Whittaker, R. H. (1975) *Communities and Ecosystems*, (2nd ed.), Macmillan.

きょくそうりん　極相林　climax forest　⇨極相，気候的極相

きょくち　極地　polar region　天文学的には南北 66°33′以上の緯度範囲．気象学的には北極気団と南極気団に支配される領域．気候学的には雪氷気候やツンドラ気候の範囲．北極地域（Arctic region）は北極海とその周辺の陸上の森林限界より北側の地域，南極地域（Antarctic region）は南極海の南極収束線より南側と南極大陸の地域．政治的な南

きょくちさ

極地域は，南極条約が適用される南緯60°以南を指す．地形学的には周氷河作用と氷河作用が卓越する場所である．地表景観は，氷床*と山岳氷河*，寒冷荒原（極寒砂漠・極地砂漠），ツンドラ*（極地ツンドラ）などから構成される．極地にも険しい山岳地帯があり岩壁や崖錐などの集合体がある．緩傾斜や平坦な場所には構造土*をはじめ，多くの周氷河現象や周氷河地形*が認められる．地下には永久凍土*が広く分布するため北極地域では夏には排水が悪く多くの湖沼がみられる．森林を欠くにもかかわらずアイスランドは極地には含まれない．永久凍土は存在するが，東シベリアやカナダ極北の亜寒帯針葉樹林帯は極地には含めない．同様に，氷河や寒冷荒原が存在するが，アラスカ南東部やパタゴニアは極地には含めない．ヒマラヤ山脈が第三の極地とよばれることもある． 〈岩田修二〉

きょくちさばく 極地砂漠 polar desert ⇨極地

きょくちさばくど 極地砂漠土 polar desert soil 極地に面したカナダ北部の北極海諸島・エルズミーア島，グリーンランドの北部のペアリーランド，ノルウェーのスバールバル諸島，ロシアのゼムリャフランツァヨシファ諸島やセーベルナヤゼムリャ諸島などの極地砂漠帯（北緯80°付近）の排水良好な砂礫地に認められる土壌．極地砂漠土の生成環境は低温と乾燥状態のため，植生の生育環境は劣悪であるが北方地域特有の植生である地衣類・珪藻類・藻類などが散在し土壌有機物の供給源となり，表層には数％程度の有機物層が認められる．全層がアルカリ性を示し，炭酸塩の集積がみられる成帯性土壌である．⇨極寒砂漠土 〈宇津川徹〉

きょくちツンドラ 極地ツンドラ Arctic tundra ⇨極地

きょくちてきじゅんへいげん 局地的準平原 local peneplain 局地的侵食基準面に応じて形成された準平原を指す．局部準平原ともいう．湖，盆地，河川を横切る大規模な硬岩などの局地的侵食基準面に対応して形成された準平原．石灰岩の分布域では，地下水面を局地的侵食基準面とした準平原が形成されることもある．なお，海面を侵食基準面とする部分的輪廻によって形成された部分的準平原と概念的には異なるが，部分的準平原と同じ意味で用いられることも多い．⇨一時的局地的侵食基準面，部分的輪廻 〈大森博雄〉

[文献] Thornbury, W. D. (1954) *Principles of Geomorphology*, John Wiley & Sons.

きょくちてきしんしょくきじゅんめん 局地的侵食基準面 local base level of erosion 山体の一部，あるいは流域の一部を準平原化させるようにはたらく侵食基準面を指す．局部的侵食基準面，地方的侵食基準面，局部基準面ともいう．山体全体の侵食基準面である一般的侵食基準面（general base level：海面）に対する言葉で，多くは対象地域内の湖，盆地，河川を横断して露出する大規模な硬岩などを指す．また，石灰岩の分布域では，幾段かに分かれるそれぞれの地下水面が局地的侵食基準面となる．現在では，上流側で準平原が形成されることを想定しない場合でも用いられ，"上流側の低下速度に比べて停滞とみなせるため，上流側の侵食作用の基準になる場所"という意味で使われる一時的局地的侵食基準面と同じ意味で使われることが多く，支流に対する本流の谷底などを指す場合も多い．⇨一時的局地的侵食基準面，侵食基準面（図） 〈大森博雄〉

[文献] 井上修次ほか (1940)「自然地理学」，下巻，地人書館．/Thornbury, W. D. (1954) *Principles of Geomorphology*, John Wiley & Sons.

きょくちひょうが 極地氷河 polar glacier 年間を通して氷体の融解が無視できるほど少ない氷河．寒冷氷河*と同じ意味で使われることも多い． 〈杉山慎〉

きょくちふう 局地風 local wind 天気図では表現されない規模の局地的な事情による局地的な風（風向や風速）をいう．一般風が強い場合に現れるもの（フェーン，おろし，峡谷あるいは地峡風，山岳波など），弱い場合のもの（谷あるいは斜面からの冷気流出，熱的理由による海陸風，都心に向かう風）など様々なものがある．その地方の生活と関係していることが多いので独特の名称が与えられていることが多い． 〈野上道男〉

きょくちりゅうどうけい 局地流動系 local (groundwater) flow system 局地的な地形面の高低に支配され，地形の高まりを涵養域*とし，隣接する低地を流出域*とする地下水の流れ．地下水流動系の概念において，規模に基づく区分のうち最も小さいものである．⇨地下水流動系 〈佐倉保夫・宮越昭暢〉

きょくどう 曲動 warping 広範囲の地表の，傾斜が緩やかで波長の大きな（数十km以上）上下変位を伴う地殻変動の様式．波状変位・波曲ともいう．大塚(1942)によれば，側方短縮による地層や岩石の顕著な変形（褶曲・断層）を伴わない地殻の上下運動に由来するもので，この運動によって2点

間の距離がほとんど減少しないものをいう．したがって，距離の短縮が起こる褶曲（fold）や地層が局所的に曲がる撓曲（flexure）とは区別される．曲動によって，相対的に隆起する場合は曲隆（up-warping），沈降する場合を曲降（down-warping）とよぶ．曲動は，アイソスタシー（地殻均衡），地殻変動を主とする内的作用，それらの複合的要因によって起こると考えられている．アイソスタシーによる曲動は，地球表面に存在する氷河の消長とそれに伴う海水の質的・量的変動（グレイシオハイドロアイソスタシー*）によって起こる．外部からの荷重に対する固体地球のゴム鞠状の非弾性的な変形現象である．例えば，最終氷期末から完新世初頭にかけて氷床が融解したスカンジナビア半島では，氷河の荷重から解放された地殻が急速に隆起してきたことが曲隆の好例として知られている．一方，氷河荷重の影響が直接ない遠地では，氷河の融解に伴う海水量の増加によって海水の荷重が増え，地表（海底）が沈降する現象（曲降）が起きている．その中間域にあたる氷河縁辺部おいても，その影響は皆無ではなく，氷期には隆起し，間氷期には沈降する．つまり，曲動は，地殻がアイソスタシーを回復する現象であり，大規模な湖水の消失や大河川の三角州における堆積作用などでも荷重の変化に伴い，曲動は起こる．一方，地殻変動による曲動について，仕組みはよくわかっていないことが多いが，関東造盆地運動にみられる曲降や造山運動後のヨーロッパアルプスの曲隆などが知られている．⇨褶曲，曲隆，曲降，撓曲，アイソスタシー　〈宮内崇裕〉

[文献] 大塚弥之助（1942）「日本の地質構造」，同文書院．

きょくびしょうちけい　極微小地形 minimal-landform ⇨地形種の分類（表）

きょくふう　極風 arctic wind ⇨偏東風

きょくぶてきしんしょくきじゅんめん　局部的侵食基準面 local base level of erosion ⇨局地的侵食基準面

きょくへんとうふう　極偏東風 arctic easterlies ⇨偏東風

きょくりゅう　曲隆 up-warping　曲動によって地表（地殻）が上方へ湾曲する現象．地質構造のほかに地形面・侵食小起伏面の変形や測地学的資料により知ることができる．曲隆が単独で発生することは稀で，曲降とともに出現することが多い．この運動によって形成される地形に曲隆山地がある．接峰面や水準測量から知られる上下変動からみると，日本列島の主要山地の多くは，断層隆起による成分以外に曲隆による隆起によって造られてきたと考えられており，北上高地・阿武隈高地・四国山地・紀伊山地などは曲隆成分が大きな曲隆山地の例とされる．ヨーロッパアルプスが最終的に現在のような高度にまで上昇したのは，褶曲や断層などの断層構造が造られた後に，それらとは異なる極めて大きな波長の曲隆が生じたからである．日本では，東北地方において海成段丘の高度分布が示す波長20～30 kmほどの波状変位を曲隆とする見方もあるが，地震性地殻変動の様式や逆断層による波状変位の説明ができる場合には，活褶曲*（断層関連褶曲）と考えるべきであり，曲隆とよぶべきではない．⇨曲降，曲動
　〈宮内崇裕〉

[文献] Research Group for Quaternary Tectonic Map (1973) *Quaternary Tectonic Map of Japan*. National Research Center of Disaster Prevention Science and Technology Agency.

きょくりゅう　曲流 meander ⇨蛇行

きょくりゅうたい　曲流帯 meander belt ⇨蛇行帯

きょくりゅうちたい　曲流地帯 meander zone ⇨自然堤防帯

きょしじょうさんりょう　鋸歯状山稜 jagged crest, serrated crest　稜線沿いに多数の鞍部と小突起があり，鋸歯状の縦断形をもつ尾根．"のこぎりじょうさんりょう"とも読む．尾根の横断方向の走向と数十度の傾斜をもつ成層岩（堆積岩，変成岩，火山岩）あるいは節理や断層破砕帯の差別侵食で生じる．鋸歯状尾根が並走する大規模な山腹斜面は受け盤斜面と流れ盤斜面の両方の場合がある．⇨尾根の縦断形（図）　〈鈴木隆介〉

きょしょう　裾礁 fringing reef　サンゴ礁*の大地形区分の一つ．礁原*（サンゴ礁頂部の平坦部）が陸地に接して沿岸方向に連続するサンゴ礁．礁原の幅は数百mから数kmに達するものもある．礁原上には，特徴的な微地形が帯状に配列する（⇨サンゴ礁地形分帯構成）．礁原が断続的に分布するものをエプロン礁という場合もある．日本のサンゴ礁は，ほとんどが裾礁である．⇨サンゴ礁地形の成因　〈茅根　創〉

きょだいかさいりゅう　巨大火砕流 large-scale pyroclastic flow　極めて大規模な火砕流で，大規模火砕流，大型火砕流ともいう．規模の明確な規準はないが，目安としては噴出源からの到達距離が50 km程度以上（～200 km程度），噴出物量が数十km^3以上（～数百km^3）に及ぶもので，国内では阿

蘇・姶良・阿多・支笏・屈斜路カルデラなどを噴出源とする珪長質火砕流が代表例．これらの火砕流堆積物は，カルデラ周辺の広大な地域に分布し，各地に火砕流台地を形成している．巨大火砕流は，噴出源から数十 km 離れた位置にある高さ数百〜1,000 m 以上もの高い山地を越えて進む勢いがある．⇨火砕流，珪長質火砕流，クラカトア型カルデラ，火砕流台地　〈横山勝三〉

[文献] 横山勝三 (2003)「シラス学」．古今書院．

きょだいカスプ　巨大カスプ　giant cusps　⇨メガカスプ

きょだいかせん　巨大河川　giant(-sized) river　⇨河川の規模（表）

きょだいがんかい　巨大岩塊　large boulder, outsized clast　斜面崩壊や土石流やオリストストローム*など大規模マスムーブメントに伴う巨大な岩塊　〈増田富士雄〉

きょだいこうずい　巨大洪水　cataclysmic flooding　洪水のなかでも特に大規模な現象．地球上で起きる巨大洪水はその流量が一般に 10^5〜10^7 m^3/s と推定され，これらの値は大雨に由来する洪水や最大級の河川であるアマゾン川の河口での流量（約 10^5 m^3/s）よりも大きい．このような巨大洪水は氷河湖の崩壊が原因であり，そのほとんどが氷河時代に起きている．巨大洪水が起きた証拠として有名な例は米国ワシントン州東部のチャンネルド-スカブランド（Channeled Scabland）とよばれる地域で，大規模な侵食地形や堆積物が広範囲に存在する．推定される最大流量は約 10^7 m^3/s である．巨大洪水は火星でも発生したと考えられていて，その証拠にアウトフローチャネル（outflow channel）とよばれる巨大な侵食地形があげられる．推定されている火星の巨大洪水の最大流量は約 10^6〜10^9 m^3/s である．火星の巨大洪水は地下から大量の水が流失して起きた可能性が強いがその具体的なメカニズムははっきりしていない．⇨火星　〈小松吾郎〉

[文献] Baker, V. R. (1982) *The Channels of Mars*, University of Texas Press.

きょだいさきゅう　巨大砂丘　giant dune　⇨ドゥラ

きょだいじしん　巨大地震　great earthquake　規模が非常に大きな地震．明確な定義はなく，漠然と非常に大きな地震を指す．普通にはマグニチュード 8 前後より大きい地震をいう．プレート境界とくに環太平洋域のプレート沈み込み帯で起き，過去最大の地震といわれる 1960 年チリ地震（マグニチュード 9.5）などが含まれる．日本周辺では，2011 年に東北地方太平洋沖地震（マグニチュード 9）が発生し，津波により甚大な被害を生じた．南海トラフや北海道東方沖で巨大地震が繰り返すことも知られている．⇨東北地方太平洋沖地震　〈久家慶子〉

きょだいつなみ　巨大津波　giant tsunami, mega-tsunami　波高が非常に大きい津波．明確な定義が与えられていないので，多くの出版物では漠然と大津波を意味する語として使用されてきているが，阿部 (1998) によると津波マグニチュード* M_t が 9.0 以上のものを巨大津波としている．これにもとづけば，わが国に襲来した近地津波*の中で巨大津波とよべるものは 2011 年（平成 23）東北地方太平洋沖地震津波（M_t 9.1）だけである．過去に外国の太平洋沿岸で発生した巨大津波は 9 個あり，そのうち最大のものは 1960 年チリ地震津波（M_t 9.4）である．なお，英語の mega-tsunami は，隕石衝突*によって発生する巨大な津波の場合に用いられることが多い．　〈砂村継夫〉

[文献] 阿部勝征 (1998) 津波災害：鳥海光弘ほか 岩波講座「地球惑星科学講座」14，岩波書店．

きょだいほうかい　巨大崩壊　giant landslide, gigantic landslide　崩壊のうち，特に規模が大きいもの．広く流通するような基準があるわけではないが，移動岩屑の総体積が 10^7 m^3 オーダー以上の規模のものを指すことが多い．このような規模で岩屑が移動すると，崩壊地形と堆積地形にそれぞれ特有の形態が出現する．⇨岩なだれ，岩屑なだれ，流れ山　〈諏訪 浩〉

[文献] 町田 洋 (1984) 巨大崩壊，岩屑流と河床変動：地形, 5, 155-178.

きょちけい　巨地形　mega-landform　⇨地形種の分類（表）

きょようようすいりょう　許容揚水量　permissible yield　⇨地下水管理

きょり　距離　distance　一般に 2 点間の最短距離をいうが，地形計測では水平面に投影された地形図上の 2 点間の距離である．大縮尺の地図で正距の場合は，x 座標の差の 2 乗と y 座標の差の 2 乗の和の平方根である．DEM ではその性質上，距離は離散的な値となる．緯度経度法の DEM（国土地理院，通称 10 m-，50 m-，250 m-DEM）では格子間隔が南北方向と東西方向で異なるので，それぞれの実距離を求めた上で距離を計算する．小縮尺地図の場合は東西方向の格子間隔が緯度によって変わることを

無視できないので，地球を球体（あるいは楕円体）と見なした計測を行う必要がある．距離は面積や勾配などを計算するときにも用いられ，地形計測の基本的な値である．⇨DEM 〈野上道男〉

きょりけい　距離計 distance meter　非接触で2点間の距離を計測する機器．長距離の精密な計測には測点に反射プリズムを置いて光波測量を行う光波測距儀，簡易な計測には2本の望遠鏡の視差を利用して計測する光学式の距離計が用いられたが，最近はプリズムを必要としない小型のレーザ距離計が安価で入手できるようになり，また経緯儀と距離計を組み合わせて瞬時に座標計測ができるトータルステーション*も普及している． 〈宇根 寛〉

きょれき　巨礫 boulder　⇨粒径区分（表）

キラウエアがたカルデラ　キラウエア型カルデラ caldera of Kilauean type, Kilauea-type caldera　玄武岩質の盾状火山に特徴的にみられる陥没カルデラ．火山体中央部付近が環状のほぼ垂直な割れ目に沿って陥没して生じる．輪郭は一般に直径数km以内の円～長円形で，カルデラ壁はほぼ垂直，カルデラ床は平坦で，高重力異常を示すのが特徴．側火口（リフトゾーン）からの多量のマグマの流出やマグマの貫入など，山体直下にあったマグマの側方移動が陥没の原因と考えられる．ハワイのマウナロア（Mauna Loa）やキラウエア（Kilauea）火山のものが典型例．日本では伊豆大島のカルデラが唯一の例．なお，類似の成因で生じる小規模なものが陥没火口．⇨陥没カルデラ，高重力異常型カルデラ 〈横山勝三〉

きり　霧 fog　微小な水滴または氷晶が大気中に浮遊していることが原因で，地表面付近の水平視程が1km未満のものをいう．1km以上のものは靄（もや）とよばれる． 〈山下脩二〉

きりぎし　切り岸 very steep cliff, steep bank　段丘崖*，海食崖のほか，山城の曲輪（くるわ）背後の急傾斜な切取法面*などのように，平坦地に接する急崖・断崖・絶壁を指す古い日常語であるが，現在も文学では使われている． 〈鈴木隆介〉

きりさめ　霧雨 drizzle　雨*より小さな水滴（一般には粒径0.2～0.5mm）からなる降水のことで，層雲（最も低い所に浮かんでいる層状の雲）からもたらされることが多い． 〈森島 済〉

きりど　切土 cut　自然斜面や人工斜面*を切り取る行為，あるいは切り取った土砂をいう．⇨切取 〈南部光広〉

きりどおし　切通 cut through　丘陵や台地（段丘）を横断する交通路（道路，鉄道）において勾配を減少させるために両切した部分をいう．後にトンネルに改修された場合（例：神奈川県鎌倉市大仏切通）もある．⇨両切 〈鈴木隆介〉

きりどのりめん　切土法面 excavation slope　自然斜面を人工的に切土*することによって発生する斜面部分を指す．道路や鉄道の建設，宅地造成などの際にみられる．⇨切取法面 〈南部光広〉

きりとり　切取 cut　自然斜面の基部や中腹を片切*または両切*で掘削*すること．切土*と同義．交通路や平坦地の造成のための土工事である．⇨片切片盛 〈鈴木隆介〉

きりとりのりめん　切取法面 excavation slope　自然斜面の切取*で生じた人工斜面で，切土法面*とほぼ同義．元の自然斜面より急傾斜であるから，成層岩，特に新生代の地層の切取では，受け盤斜面*より流れ盤斜面*が不安定である．よって，元の自然斜面が受け盤斜面であっても，交通路のように両切*で切り取ると，片側の法面は必ず流れ盤斜面になるから，そこが柾目盤斜面*にならないような法面勾配にする必要がある． 〈鈴木隆介〉

きりょくがん　輝緑岩 diabase　玄武岩相当の成分（塩基性斜長石と輝石が主成分）からなり，オフィティック組織をもつ火成岩．英国ではこの語（diabase）を用いずにドレライト*を使用している．一方米国では，この語を斑れい岩と同じ鉱物組成をもつオフィティック組織の貫入岩としており，ドレライトの語は不用とする傾向が強い． 〈松倉公憲〉

ギルガイ gilgai　亜熱帯・熱帯のバーティソル*（熱帯黒色土*で，地域によりレグール，ブラックアースなどとよぶ）の分布域に認められる凹凸に富んだ微地形．バーティソルは膨潤性粘土鉱物であるスメクタイト*（モンモリロナイト）に富み，乾期に乾燥し収縮して亀裂が生じ，表層は細かく硬い粒子ができ，その一部は亀裂の中に落ち込む．雨期に水を吸着し体積が増加し，亀裂をふさぎ，下方から圧力が働き下層の物質が上方へ持ち上がり（puff），その際に割れ目の表面に鏡肌が生じる．それらの収縮，膨張およびそれに伴う物質移動が毎年繰り返されギルガイが形成される． 〈宇津川 徹〉

ギルバート Gilbert, Grove K.（1843-1918）　米国の地質学者・地形学者．1874年のパウエル*（J. W. Powell）によるロッキー山脈の探検隊に参加し，Henry山地の地質調査報告書（1877）の中で多くの地形学的所見特に侵食・堆積地形，地形発達史などを詳細に記述し，斜面の削剥過程における風化限

ギルバート

定*と運搬限定*などの重要な概念を提唱して，米国地形学の先駆者となり，デービスの侵食輪廻説*への基礎資料を与えた．さらに，過去のBonneville湖の存在・消失を証明し，月のクレーターが火山活動ではなく隕石衝突によることを論証し，1906年のサンフランシスコ地震の被害およびサンアンドレアス断層を調査するなど，現代的な地形学の祖の一人である．　　　　　　　　　　　　　〈鈴木隆介〉

[文献] Gilbert, G. K. (1877) *Geology of the Henry Mountains* : U. S. Geogr. Geol. Survey of the Rocky Mts. Region, U. S. Gov. Printing Office, Washington D. C.

ギルバートぎゃくじきょくき　ギルバート逆磁極期 Gilbert reversed chron　524万〜360万年前までの地磁気の極性は現在と逆の極性であり，この逆磁極期をギルバート逆磁極期とよぶ．polarity chronでは，C3rからC2Arの期間に相当する．地磁気逆転史の研究の初期には，磁極期に人名をつけることが提案され，地球は巨大な磁石であることを著書にあらわしたイギリスのエリザベスⅠ世の侍医であったW. Gilbert (1540-1603) にちなんで名づけられた．　　　　　　　　　　　　　〈乙藤洋一郎〉

[文献] Gradstein, F. (2004) *A Geologic Time Scale*. Cambridge University Press.

キルビメータ curvimeter　⇨地形計測[地形図による]

きれつ erosion gully　オリエンテーリング用地図*に描かれている斜面上にみられる深さ1m以上のガリーまたは溝．オリエンテーリング用語．
　　　　　　　　　　　　　　　　〈島津　弘〉

きれつけいすう　亀裂係数 coefficient of fissure　岩盤内の亀裂の多寡を見積もるために導入された指数で，割れ目が多くなると岩盤内を伝播する弾性波速度が低下することを利用している．野外で計測された弾性波速度をV_fとし，岩盤から採取したインタクトロック*の弾性波速度をV_Lとすると，$(V_f/V_L)^2$が亀裂係数としてよく用いられる．2乗しない係数である「岩盤（基盤岩石の）不連続示数」も亀裂係数の一種である．岩盤強度の実測は難しいので，これらの係数値をインタクトロックの強度に乗ずることにより，岩盤強度が見積もられる．
　　　　　　　　　　　　　　　　〈松倉公憲〉

[文献] 池田和彦 (1979) 割れ目岩盤の性状および強度：応用地質，**20**, 158-170. / Suzuki, T. (1982) Rate of lateral planation by Iwaki River, Japan: Transactions of the Japanese Geomorphological Union, **3**, 1-24.

きれっと　切戸 saddle, col　両側からの侵食・削剥によって，山地の主要な山稜が大きく低まった部分（鞍部）で，特に痩せ尾根（横断形の尖った尾根）の鞍部をいう．信州で使われる語．越中（富山県）では窓という．穂高岳の大（おお）きれっと，後立山連峰鹿島槍ヶ岳の八峰キレットなどがあり，キレットとも書く．⇨鞍部，窓　　〈岩田修二〉

キレット saddle　⇨切戸

きんきさんかくたい　近畿三角帯 Kinki traiangle　南を中央構造線，東を敦賀〜伊勢湾の線，西を敦賀〜淡路島の線で囲まれた三角形状の地域を指す．多方向の活断層が発達している．
　　　　　　　　　　　　　　　　〈松倉公憲〉

きんこういじょう　均衡異常 isostatic anomaly　⇨アイソスタシー異常

きんこうせん　均衡線 equilibrium line　⇨平衡線

きんしつ　均質 homogeneous　地形構成物質のどの部分をとっても，鉱物学的，物理的，力学的，化学的性質などが同じ場合，その物質は均質であるという．不均質*に対する語．　〈松倉公憲〉

きんせい　金星 Venus　太陽に2番目に近い惑星．金星の平均半径は6,052 km，平均密度は5.20 g/cm^{3}である．金星のグローバルな地形データは主に1989年に打ち上げられたNASAの探査機マゼラン（Magellan）がもたらした．金星の地形は衝突クレーターも含め，全球にはほぼ一様に分布している．金星表面には新旧の区別があまりなく，衝突クレーター分布から推定される金星表面の年齢は5億年前後である．金星ではおよそ5億年前，一斉に膨大な洪水玄武岩が噴出し，現在の火成平原を形成したとする大規模一斉更新説が有力である．金星の代表的な火成地形には，楯状火山原（shield field），中・大規模火山（intermediate/large volcano），コロナ（corona），火成平原（volcanic plain）などがある．楯状火山原は直径20 km以下の楯状火山の密集地域である．直径20〜100 kmの火山を中規模火山，直径100 km以上の火山を大規模火山とよぶ．金星の大規模火山は標高・体積ともに地球の大規模火山に比べて小さい．コロナは金星に特有の地形で，円環状（場合によっては放射状）の峰・断裂と内部の火山活動に特徴がある．内部が周囲に比べて隆起していることも陥没していることもある．金星表面の最も多くの面積を占めるのが火成平原であり，その大部分で皺状峰（wrinkle ridges）とよばれる圧縮性の峰が形成されている．金星のチャンネル（channel）あるいは谷（valley）地形は多種多様で，地球河川に似た特徴（蛇行，分岐，三日月湖など）

を示すものも存在する．チャンネルや谷の多くは溶岩流の作用により形成したと考えられている．金星の構造地形の多くは単純な峰や断裂の集合体ではなく，その複合体である．金星で最も複雑な構造地形がテッセラ（tessera）である．テッセラの内部には圧縮性峰，断裂，地溝が縦横無尽に走り，その前後関係を特定することは困難である．また，非常に激しい変動の痕跡を残しているにもかかわらず，変形を受けたクレーターが少ない．テッセラは火成平原形成以前の金星の火成活動，構造運動を示す重要な地形である．アフロダイテテラ（Aphrodite Terra）は金星最大の高地地帯であり，テッセラをはじめ，急勾配の外縁をもつ地殻台地（crustal plateau），圧縮性峰の集合体である峰状ベルト（ridge belts）などを含む．イシュタールテラ（Ishtar Terra）は山脈（mountain belt）に取り囲まれた高原（planum）と，その外側に接するテッセラなどからなる代表的な高地地帯である．また，金星には風成作用を示唆する風紋（wind streak），砂丘，あるいはヤルダン（yardang）が見つかっているほか，地溝や火山には地すべりもみられる．　⇨惑星，地球型惑星

〈押上祥子〉

[文献] 小松吾郎・松井孝典（1997）惑星と衛星の地質，内部構造：住　明正ほか編「岩波講座地球惑星科学」，12巻，岩波書店．/Bougher, S. W. et al.（1997）*Venus II*, Univ. Arizona Press.

きんせいがたふくせいていち　均整型複成低地　compound plain（lowland）of balanced type　複式地形種の複合性が均整的である複成低地．扇状地，蛇行原，三角州からなる河成堆積低地，潟湖跡地，堤列平野などの海成堆積低地，その他の砂丘などによって構成される複式地形種がほぼそろっている低地（例：石狩平野，津軽平野，新潟平野）．⇨低地，複成低地

〈海津正倫〉

[文献] 鈴木隆介（1998）「建設技術者のための地形図読図入門」，第2巻，古今書院．

きんちつなみ　近地津波　local tsunami　近い海域で発生した津波．わが国では，沿岸より 600 km 以内の海域でのものをいう．600 km 以上離れた海域で発生した津波は遠地津波*とよばれる．⇨津波

〈砂村継夫〉

きんとうけいすう　均等係数　uniformity coefficient　土質工学分野で用いられる，土粒子のそろい方の程度を表す指標で，$U_c = d_{60}/d_{10}$ で定義される．d_{10} と d_{60} はそれぞれ粒径の小さい方から積算して描かれた頻度曲線上で10%と60%に相当する粒径（mm）．土質工学で粒度分布のよい土とは，粒径の異なる粒子が混合しているような土（締め固めたときに密度が大きくなる）をいい，一般に U_c の値が10以上のものをいう．

〈砂村継夫〉

く

グアノ guano 海鳥の排泄物が降雨の少ない海洋中の離島や海岸付近に堆積し固結したリン鉱床．リン灰土（phosphorite）またはリン酸塩岩（phosphate rock または rock phosphate）と同義語．南米のチリやペルーに分布するものは世界的にも大きく，層厚が数十 m に達するものもある．海鳥由来のグアノとは別に，洞窟内に生息するコウモリの糞・体毛，洞窟内の生物の死骸が堆積して化石化したものを洞窟グアノ（バットグアノ）という．
〈田中里志〉

クイッククレイ quick clay 撹乱状態の強度が不撹乱状態の強度よりも著しく小さい粘土．極端な場合には，不撹乱状態では固体の状態であっても，練り返すと粘性流体のようになってしまうものもある．新生代に氷河に覆われた北アメリカとスカンジナビアなどに認められている．1964 年のアラスカ地震のときには，この粘土層にすべり面が形成されて，地層が水平方向に拡大するような 地すべり* が多発した．
〈千木良雅弘〉

クイックサンド quicksand 粘着力のない砂で構成されている 地盤* の内部で，間隙水により生じた上向きの浸透力が砂粒子の水中重量よりも大きくなると，砂粒子は見掛け上，無重力状態となり，水の中に浮遊し液体状になる．この状態をクイックサンドとよぶ．クイックサンドが発生すると地盤は支持力を喪失し，砂が地表面に噴き上がるボイリングとよばれる現象がしばしば発生する．〈加藤正司〉

くうかんかいぞうど 空間解像度【地図の】 spatial resolution（of map） 地図やデジタル形式の地理情報がどのような細かさで空間を表現しているかの程度．紙の地形図や地形図を基図とする主題図* では，一般に縮尺が大きいほど空間解像度が高いといえる．デジタル形式の地理情報の場合は，空間解像度が同程度の地図の縮尺の分母（縮尺レベル）によって空間解像度を示すことがある．グリッド DEM やメッシュ形式の地理情報の場合は，グリッド間隔・メッシュの大きさが空間解像度に対応する．⇨縮尺
〈熊木洋太〉

くうかん-じかんちかんのかてい 空間-時間置換の仮定 space-time substitution, space-time transformation, ergodic assumption 同種の 地形種* の形態的特徴の空間的差異を時間的変化によるものとして，時系列的に整理できる，とする仮定．空間-時間変換の仮定，エルゴディック仮定とも．デービス* の 侵食輪廻説* はまさにこの仮定に基づいている．例えば，段丘崖の縦断形の時間的変化を認識するとき，段丘崖の離水した絶対時間がわからない場合には，地形学的方法で定性的に新旧を判別して（例：同じ地区の上位・中位・下位の段丘崖），それらを時系列に置き換えて，時間的変化が調べられるという仮定である．この仮定による地形変化論は定性的で，定量的な地形変化速度論は構築できない．それに対して，個々の地形種（例：各地の成層火山，段丘崖）の形成した絶対年代（誤差を含む）がわかっていれば，この仮定は不要で，絶対時間を導入した地形変化速度論が展開できる．⇨侵食速度，段丘崖の減傾斜速度，滝の後退速度 〈鈴木隆介〉
[文献] Chorley, R. J. et al.（1984）*Geomorphology*, Methuen & Co.（大内俊二訳（1995）「現代地形学」，古今書院）．

くうかんてきふきんしつせい 空間的不均質性【生態系の】 spatial heterogeneity 景観（landscape）を構成するさまざまな生態系のモザイク構造の複雑性を表す．一般的に自然撹乱は，空間的不均質性を高める方向に働き，生物多様性の維持にも貢献するが，人為的開発は単純化する方向に働く．
〈中村太士〉

くうげきりつ 空隙率 porosity ⇨間隙率

くうちゅうさんかくそくりょう 空中三角測量 aerial triangulation 空中写真を用いた写真測量において，連続する空中写真や隣接コース間の相対的な位置関係や地上との位置関係を求め，外部標定要素（撮影時のカメラの空間位置）を定める測量．解析法や機械法があり，わが国では解析法が主流である．近年では航空カメラに GPS・IMU 装置* を搭

載したシステムで直接に外部標定要素を算出する方法もある．⇨写真測量　　　　　〈森　文明・河村和夫〉

くうちゅうしゃしん　空中写真　aerial photograph, aerophoto, air-photo　飛行機・ヘリコプター・クレーン・人工衛星などを用いて空中から地表を撮影した写真の総称．航空機から撮影されたものは特に航空写真という．通常は地表面に対して垂直方向（傾き5°以内）に撮影されたものをいい，完全に垂直（傾き0°）に撮られたものは特に鉛直写真という．また，5°以上の傾きをもった写真は斜め写真とよんでいる．写真測量用の空中写真は，航空機などの進行方向に60％のオーバーラップ，隣接する撮影コースどうしで30％のサイドラップをもって撮影される．撮影位置（写真の主点：中心点）は標定図に示される．わが国の空中写真は1877年に気球から撮影されたのが初めてとされている．撮影機関は，国土地理院・林野庁・地方公共団体・民間航測会社などである．1936年頃からのスポット空中写真は国土地理院で保管されている．また戦後になり1947〜1948年に米軍が初めて国土全域を撮影（縮尺1/40,000）した．その後，主として山地部は1952年から林野庁が撮影（縮尺1/16,000〜1/20,000）し，主として平野部は1960年から国土地理院が撮影（縮尺1/20,000〜1/25,000）している．それぞれ5〜10年周期で今日まで撮影を継続している．これらの空中写真の存在は標定図から知ることができ，林野庁または（財）日本地図センターなどで購入できる．なお，民間航測会社も独自で様々な撮影をしており，特に大きな自然災害時には，緊急撮影していることが多い．　　　　　〈森　文明・河村和夫〉

くうちゅうしゃしんはんどく　空中写真判読　aerial photo interpretation　第一次世界大戦から偵察用の軍事技術として急速に発達してきた．地形や地質を対象にする場合，空中写真の立体視により得られる情報は，砂丘，自然堤防，後背低地，扇状地，段丘面，地すべり地形，断層崖，断層谷，および各種の差別侵食地形（例：ケスタ*），火山地形などの地形種の位置や広がり，地形種相互の関係と地形発達史，植生分布，地質とその構造などである．また，広範囲の災害（例：洪水，地すべり，津波，広域火災）による被災範囲（例：津波浸水範囲）や構造物の特定．土地分類図や地形分類図*は空中写真判読の顕著な成果の例である．⇨写真地質学，写真判読　　　　　　　　　　　　　　　〈上野将司〉

［文献］日本応用地質学会応用地形研究小委員会（2006）「応用地形セミナー——空中写真判読演習」，古今書院．

グーテンベルグ・リヒターしき　グーテンベルグ・リヒター式　Gutenberg and Richter formula　小さな地震ほどその発生頻度が高い．一定の時間・領域で発生するマグニチュードがM以上の地震の数をNとすると，$\log N = A - bM$なる関係が成り立つ．マグニチュード$M \sim M+dM$の地震の個数（n）についてもMの係数（b）は同じである．この式をグーテンベルグ・リヒター式（GR式と省略することもある）とよび，Aは地震活動の高さを，bは地震の分布を表す．特にb値の時空間的分布は応力状態を反映するとされることもある．⇨地震のマグニチュード　　　　　　　　　　〈佐竹健治〉

くうどうげんしょう　空洞現象　cavitation　管水路などにおいて，高速水流に伴って局所的な圧力が大気圧より低くなったときに流れの中に空洞が発生する現象をいう．この空洞が圧し潰されるときに衝撃波を発生し，トンネル水路壁やポンプ・水車の羽根などに破損をもたらす．自然河川ではほとんどで起こらない．⇨キャビテーション　　〈砂田憲吾〉

クーリングユニット　cooling unit　ある場所に一つの火砕流が単独で堆積した場合や複数の（フローユニットの）火砕流が特に冷却期間をおかずに相次いで累重した場合，それらの堆積物は全体が一団となって常温まで冷却する．このように冷却過程が同一系と考えられる堆積物の認定単位をクーリングユニットという．単独で堆積した一つの（フローユニットの）堆積物やほぼ同じ温度の複数の火砕流が相次いで累重した場合などは，堆積物全体が単純に冷却する．このようにひとまとまりの堆積物の冷却過程が単純とみなせる場合 simple cooling unit とよび，そうでないものを compound cooling unit とよぶ．例えば，温度が著しく異なる火砕流が相次いで累重した場合や，先行した火砕流堆積物がかなり冷却した時点で後続の火砕流が累重した場合などは，compound cooling unit となる．⇨フローユニット　　　　　　　　　　　　　　〈横山勝三〉

［文献］Smith, R. L. (1960) Ash flows : Bull. Geol. Soc. America 71, 795-842.

グールド　ghourd　⇨オグルド

クーロンどあつ　クーロン土圧　Coulomb's earth pressure　擁壁*などで支えられている斜面構成物質が平面すべり面に沿ってクサビ状に破壊すると仮定し，極限釣り合い条件の下で計算から得られる，壁面が受ける土圧*をいう．すべり面は，必ずしも平面とは限らないので，すべり面の一部を対数ら線とする計算法（対数ら線法）や円弧を用いる

摩擦円法が用いられることがある. 〈加藤正司〉

クーロンのしき　クーロンの式　Coulomb's equation　⇨剪断強度

くかいがん　苦灰岩　dolomite　⇨ドロマイト

くかいせき　苦灰石　dolomite　⇨ドロマイト

くきながそうぐん　茎永層群　Kukinaga group　琉球列島北部の種子島の中・南部に分布する中期中新世から後期中新世初期にかけての海成層であり，主に下部は礫岩，中部は泥岩，上部は砂岩と砂泥互層からなり，全層厚は1,500mに及ぶ．断層による変位を伴うが，全体に東に20～30°傾斜した同斜構造を示す. 〈本山　功〉

くさびさよう　くさび作用　wedge action　海食崖に働く波食作用の一つ．節理や断層などの割れ目のある海食崖に波が作用すると，割れ目の中の空気は圧縮され，波が引くときに急激に膨張して割れ目を押し広げるため，割れ目で仕切られた岩石がブロック状に剥離する，いわゆるプラッキング（plucking, quarrying）を助長する．⇨波食作用
〈砂村継夫〉

くさびはかい　くさび破壊　wedge failure　たとえば2本の節理が岩盤斜面の肩を切って交差する場合，それらの二つの節理面を破壊面とする三角錐状の崩落がおこることがある．これをくさび破壊とよぶ．この破壊の力学的解析は E. Hoek and J. W. Bray (1974) によって詳述されている． 〈松倉公憲〉

[文献] フック・ブレイ著, 小野寺透・吉中龍之進訳 (1979)「岩盤斜面工学」，朝倉書店

くさりれき　腐り礫　weathered gravel　第四系など非固結の礫層中の礫が風化によって軟質となり，指圧などで容易に破壊できるようになったもの. 〈西山賢一〉

くさりれきそう　腐り礫層　weathered-gravel bed　風化によって軟質となった腐り礫を多く含む地層であり，第四系の段丘堆積物のうち，いわゆる高位段丘堆積物に多く認められる. 〈西山賢一〉

くしがたさんりょう　櫛形山稜　knife ridge　⇨アレート

くしろそうぐん　釧路層群　Kushiro group　北海道東部の釧路原野周辺の丘陵地（鴨居丘陵：高度80～250m）に分布する下部更新統．主に砂礫層・砂層・泥層でクロスラミナが発達し岩相変化が激しい．阿寒・屈斜路カルデラ形成に関わった火砕流堆積物に広く被覆されている. 〈松倉公憲〉

くずれなみ　崩れ波　spilling breaker　⇨砕波型式

くだけなみ　砕け波　breaking wave　⇨砕波

くだけよせなみ　砕け寄せ波　collapsing breaker　⇨砕波型式

クチャ　kucha　⇨ジャーガル

くっきょくさす　屈曲砂州　sinuous bar　海浜が侵食過程にあるときに出現する屈曲する海底砂州．屈曲の形成には強い離岸流の存在が関与すると考えられるが，荒天時の調査が困難であるため不明な点が多い地形である．堆積過程で出現する三日月型砂州＊に比べて屈曲の規則性が低い．⇨砂浜の地形変化モデル 〈武田一郎〉

くっきょくど　屈曲度【河川の】　sinuosity (of river)　蛇行河川の屈曲の程度を示す指標で，河川屈曲率（P），流路屈曲率（度）とも（図）．自由蛇行・穿入蛇行を問わず，河川の流路をその流路方向の顕著な転向点を境に，大局的な直線区間に区分し，その区間の谷長または流路中心線の長さ（L）でその区間の実際の流路の長さ（流路長 l）を除した

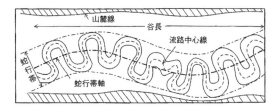

図　屈曲度の計測のための定義図（鈴木, 1998）

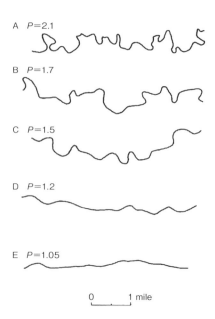

図　河川屈曲率（P）の実測例（Schumm, 1963）

値（$P=l/L$）である．自由蛇行の屈曲度は 1～2.1 程度で 3 を越えることは稀であるが，穿入蛇行では 3 を越えることもある（例：山梨県雨畑川の雨畑南方）．屈曲度は河床勾配・流体力・荷重などと密接な関係があり，河川の重要な地形量である．なお，不規則な屈曲を示す流路を屈曲流路（sinuous river channel），ある程度規則的に屈曲し，かつ $P>1.5$ の流路を蛇行流路（meandering river channel）とよぶこともある．⇨流域の基本地形量，蛇行
〈小松陽介〉

［文献］Schumm, S. A.（1963）Sinuosity of alluvial rivers on the Great Plains：Geol. Soc. Amer. Bull., 74, 1089-1100./ Schumm, S. A. and Khan, H. R.（1972）Experimental study of channel pattern：Geol. Soc. Amer., Bull. 83, 1755-1770./ Clowes, A. and Comfort, P.（1987）*Process and Landform— Conceptual Frameworks in Geography*（2nd ed.），Oliver & Boyd.

くっきょくど　屈曲度【斜面縦断形の】 slope sinuosity　斜面長*を見通し斜面長*で除した値で，斜面の屈曲の度合を表す．⇨斜面の寸法（表）
〈鶴飼貴昭〉

くっきょくどいじょう　屈曲度異常【河川の】 sinuosity anomaly（of river）　穿入蛇行*の波長，振幅，蛇行帯の幅は一般に下流ほど大きくなるが，それらが局所的に極端な増大・減少を示すこと．屈曲度異常の原因として，侵食復活型，差別侵食型，堆積・定着型，先行谷型がある（図）．侵食復活型では，遷急点が後退している区間の河床勾配を一定に保つために屈曲度を急増させる．差別侵食型では，強抵抗性岩のところで屈曲度が小さい．堆積・定着型では，支流からの土石流や地すべりが定着・堆積し，河川が偏流するため屈曲度が小さくなる．先行谷型では，先行谷の上流側・下流側よりも先行谷で屈曲度が大きい．⇨屈曲度［河川の］，河系異常，差別侵食，先行谷
〈斉藤享治〉

［文献］鈴木隆介（2000）「建設技術者のための地形図読図入門」，第 3 巻，古今書院．

くっさく　掘削 digging, excavation　土地を掘ること．開削*とほぼ同義であるが，交通路や水路のように細長い溝状に土地を掘り下げたり，トンネルを穿ったりすることをいう場合が多い．〈鈴木隆介〉

くっさくかがく　掘削科学 drilling science　⇨地球掘削科学

くっさくだこう　掘削蛇行 intrenched meander　地盤の隆起または海面低下などによって侵食の復活が起こり，平地部を蛇行していた自由蛇行がその流路をそのまま受け継いで，下刻のみが行われた結果として生じる峡谷中の蛇行流路．嵌入曲流，穿入蛇行，掘削曲流，定置下刻曲流などともいう．下刻が卓越して側刻が弱いため，侵食が進んでも蛇行の振幅や波長は変化しない．このため，谷壁は左右両岸ではほぼ対称形をなす．岩盤が硬いか，荷重が少ない場合に生ずるとされているが，長い区間にわたって掘削蛇行となっている実例は少なく，生育蛇行と共存して穿入蛇行区間のうちの一部をなす場合が多い．⇨蛇行，穿入蛇行
〈島津　弘〉

くっさくちょうさ　掘削調査 excavation survey　⇨トレンチ調査

くっせつ　屈折 refraction　⇨波の屈折

くっせつけいすう　屈折係数 refraction coefficient　⇨波の屈折

くっせつず　屈折図 refraction diagram　⇨波の屈折図

くっせつりつ　屈折率 refractive index　異なる物質の境目で，斜めに入ってきた光が曲がる割合をあらわしたもの．鉱物がそれぞれに固有の屈折率をもつことを利用して鉱物や火山ガラス*が同定される．
〈松倉公憲〉

クッターこうしき　クッター公式 Kutter's formula　R. Kutter（1869）による水流の平均流速を求める公式．ガンギレー・クッター（Ganguillet-Kutter）公式ともいう．平均流速 v を与えるシェジー（Chezy）公式（$v=C\sqrt{RI}$（m/sec））の係数 C が潤辺*の粗度 n，径深* R，水面勾配 I によって変化することを多くの観測結果から見いだし，次のように表示した．

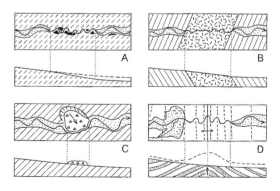

図　屈曲度異常の主要な 4 類型（鈴木, 2000）
A：侵食復活型，B：差別侵食型，C：堆積・定着型，D：先行谷型（変動変位型）．各型の基本的特徴を平面図（上段）と投影断面図（下段）で示す．ただし，D の平面図の破線は接峰面図の等高線を示し，断面図の破線は接峰面図の断面を示す．平面図の打点部と横破線部は河成低地，黒色部は段丘面，三角印部は地すべり堆または崩落堆をそれぞれ示す．

$$C=f(n,R)=\frac{23+\frac{1}{n}+\frac{0.00155}{I}}{1+\left(23+\frac{0.00155}{I}\right)\frac{n}{\sqrt{R}}}$$

⇨マニング公式，シェジー公式　　　〈砂田憲吾〉

くてつしつ　苦鉄質　mafic　⇨火成岩

くてつしつこうぶつ　苦鉄質鉱物　mafic mineral　マグネシウム・鉄に富む鉱物の総称で，有色鉱物と同義．かんらん石，輝石，角閃石，黒雲母など．マフィック鉱物ともいい珪長質（フェルシック）鉱物の対語．　　　〈松倉公憲〉

グナマ　gnamma　⇨ナマ

くにがみマージ　国頭マージ　kunigami mahji　沖縄県に分布し，琉球石灰岩などの石灰岩地域以外に発達する鮮やかな赤黄色を呈する土壌．沖縄本島では，中北部の国頭郡一帯の古生層粘板岩・砂岩よりなる中性または微酸性を示すものと，国頭礫層の台地上に発達し強酸性を示すものとがある．八重山地域にも広く分布．沖縄県の土壌面積の55％を占める．近年，国頭マージ地帯では，人為的な各種開発によって不安定となった地表面が強い降雨時に土壌流出を発生させ，大規模な土壌侵食，すなわち赤土流出が問題になっている．日本の統一的土壌分類体系—第二次案（2002）—では，主に赤黄色土に該当する．　　　〈井上　弦〉

くの　ひさし　久野　久　Kuno, Hisashi（1910-1969）　火山岩岩石学を主題とした地質学者であり，火山学者でもある．東京帝国大学理学部地質学科を卒業し，東京大学理学部教授．輝石および火山岩の系統的分類で国際的に知られる．地形学的にも，箱根火山の精力的な地質学的岩石学的研究によって1個の大型火山の精細な地質図と形成史を示す地形発達断面図を最初にまとめ，個々の火山の地質・地形研究の先駆者となった．東海道本線の丹那トンネル建設に関連して丹那盆地周辺の地形・地質調査により，丹那断層を現代の変動地形学的意味での活断層*と認定し，活断層研究の端緒を与えた．アポロ11号の月面着陸時に病床を脱してTVで解説したが，その直後に病気のため現職で逝去．　⇨火山学
　　　〈鈴木隆介〉

[文献] 久野　久（1954）「火山及び火山岩」，岩波書店．

クノイドは　クノイド波　cnoidal wave　砕波直前にみられるような，平らな谷と尖った峰をもつ長波性で周期的な波．D. J. Korteweg and G. de Vries（1895）によって理論的に研究され，結果がヤコビの楕円関数cnを用いて表されることからこの名がつく．クノイド波の表示は数学的にむずかしいので，深海条件では微小振幅波理論*あるいはストークスの波*の理論などを用いる．浅海の条件ではクノイド波理論を用いなければならないが，周期が十分に長く峰が尖っているような波ならば孤立波*理論を適用することができる．　　　〈砂村継夫〉

[文献] 堀川清司（1991）「新編海岸工学」，東京大学出版会．

くびなしがわ　首無川　beheaded stream　⇨截頭河川（せっとう）

くぼそう　久保層　Kubo formation　岩手・青森の県境付近に分布する上部中新統〜下部鮮新統．主に凝灰岩・砂岩よりなる．層厚250〜300 m．
　　　〈松倉公憲〉

くぼち　窪地　depression, hollow　四周より低い土地（凹地）．小規模なものは面積数 m^2 であるが，世界最大の窪地はカスピ海沿岸で，海面より低い部分だけでもその面積は73,600 km^2 に及ぶ．海面より低い「窪地」は「あち」と読む．⇨窪地（あち）
　　　〈鈴木隆介〉

くまそうぐん　久万層群　Kuma group　愛媛県松山市の南東方の，皿ヶ嶺付近から石鎚山付近に続く四国山脈主稜の山麓部に分布する中部〜上部始新統．礫岩を主とする堆積岩類よりなる．層厚700 m．　　　〈松倉公憲〉

くまのそうぐん　熊野層群　Kumano group　紀伊半島南東部海成中新統．泥岩に砂岩を挟み，礫岩もわずかに挟む．層厚1,500〜4,000 m．串本から北北東の尾鷲まで約80 km，東西約20 kmの地域であるが，上に熊野酸性岩がのり，北部では高度1,000 mを超す山をつくる．熊野層群は南部で厚く，中・下部はタービダイトで半深海成，上部は砂層が多く，浅海成層．北部は浅海成層を主とし炭層を伴う．南部は東西方向の褶曲で波打つが，中・北部は北北東-南南西方向の向斜構造をしている．
　　　〈石田志朗〉

くも　雲　cloud　大気中に浮かぶ水滴や氷晶（氷の粒）の集合体．一般に白色に見える．大気中の水蒸気が上昇流などによって凝結・昇華して形成される．雲を形成している一つ一つの粒は雲粒とよばれ，一般的に粒径が1〜400 μm である．地面に接地しているものは霧とよばれる．
　　　〈森島　済〉

グラーベン　graben　⇨地溝

グライかさよう　グライ化作用　gleyzation　土壌が湛水状態になると，空気が遮断され酸素の供給が抑制されるが，一方で土壌微生物が有機物の分解

過程で酸素を消費するため，酸化還元電位（Eh）が低下し，還元状態が発達する．この還元作用の結果，Fe^{3+}がFe^{2+}へと変化し，青灰色や緑灰色を呈するグライ層が発達する．この過程をグライ化作用という．土壌の断面が年間にわたって水の影響でグライ化作用を受けている程度をグライ化度といい，50 cm以内にグライ層のないものを弱，全層または作土直下からグライ層のあるものを強とする．⇨グライ土，水田土壌　　　　　　　　〈田中治夫〉

グライク　grike, gryke　クリント*と対をなす用語で，ペイブメント・カルスト*表面にみられる微地形．石灰岩の節理にそって溶食が進んで形成される直線状の'溝'で，石灰岩の構造にそって格子状に配列する．イギリス・ヨークシャーの氷食谷の谷壁に階段状に発達するペイブメント・カルストの表面に分布する．"gric"に由来する垂直の水路や割れ目を指す語である．イギリスに発達するペイブメント・カルストは最終氷期に氷食を受けて表面が平坦になり，その後，後氷期にはいったん泥炭に覆われた．しかし，鉄の精製のための森林の伐採とその後の家畜の放牧のため土壌の流失が進み，石灰岩が再び地表に露出した．グライクの平均幅は20 cm，深さは1 mを越える．しかし，深さが1.5 m以上に及ぶ場合もあり，幅が広い場合は，グライクの中に灌木が生育している．これは，グライクの底に土壌が残存していることを示す．　　　　　　〈漆原和子〉

グライディングテクトニクス　gliding tectonics　地殻表層部の比較的広範囲の岩層が，斜面での重力滑動によって横臥褶曲や衝上断層等の地質構造や変動地形を形成したとする概念．滑動構造論とも．重力ポテンシャルにより生じた横方向の運動に注目する重力テクトニクスの根幹をなし，アルプスなど新期造山帯*の大規模構造に適用された．地層や岩石が特定の面に沿って移動し運搬される滑動面と異常間隙圧など滑動メカニズムの特定が重要．オリストストロームなど大規模な海底地すべりはノンテクトニックな重力滑動として区別される．⇨重力滑動　　　　　　　　　　　　　　〈竹内　章〉

グライド　glide　⇨マスムーブメント

グライど　グライ土　gley soil, gleysol　ほぼ年間を通じて水に飽和されている排水不良な土壌．グライ化作用により青灰色を呈し，α-α'ジピリジル試験による赤変反応が即時鮮明なグライ層が断面の大部分を占める．沼沢地や低湿地，後背低地，山間の凹地などに分布する．Ag/(Cg)/CrやA/(Bg)/(Cg)/Cr/Cgなどの層位配列を示す．グライの由来はロシア語の俗語 gley（ぬかるみの土塊）から．世界土壌照合基準（WRB, 2007）ではFluvisolsに，米国の土壌分類（Soil Taxonomy, 1999）ではHydraquentsまたはFluvaquentsに相当する．⇨土壌分類，グライ化作用　　　　　　　　〈田中治夫〉

クライマティック・オプティマム　climatic optimum　⇨ヒプシサーマル

グラウンドサージ　ground surge　火砕流の最先端で生じる火砕サージの一種で，より密度の大きい火砕流の主体部に先行して"露払い"的に進行し堆積する．堆積物（グラウンドサージ堆積物）は一般に細粒火砕物質の薄層で，火砕流堆積物主部の下位に分布する．⇨火砕サージ，アッシュクラウドサージ，ベースサージ　　　　　　　〈横山勝三〉

［文献］Cas, R. A. F. and Wright, J. V.（1987）*Volcanic Successions: Modern and Ancient*. Allen & Unwin.

グラウンドモレーン　ground moraine　⇨モレーン

クラカトア（クラカタウ）がたカルデラ　クラカトア（クラカタウ）型カルデラ　caldera of Krakatoa (Krakatau) type, Krakatoa-type caldera　主に珪長質マグマの大規模な火砕流の噴出に伴って生ずる陥没カルデラで，低重力異常を示す．Krakatoa（またはKrakatau）火山（インドネシア）の1883年の活動で生じたカルデラにちなんでWilliams（1941）が提唱（ただし，"Krakatau type"と表現）．北アメリカのCrater Lakeがこの型のカルデラの一典型例であることから，クレーターレーク型カルデラともよばれる．日本の主なカルデラのほとんどはこの型．直径20 km以上の大型のものが少なくない．カルデラ周辺には火砕流台地*が広く発達する．⇨陥没カルデラ，低重力異常型カルデラ　　　　　　　　　　　　　　〈横山勝三〉

［文献］Williams, H.（1941）Calderas and their origin: Bull. Dept. Geol. Sci. Univ. Calif. Publ., **25**, 239-346.

クラスト（そう）　クラスト（層）　crust　⇨土壌クラスト

クラッグアンドテイルちけい　クラッグアンドテイル地形　crag and tail　地表に突出した基盤岩や巨礫（crag）を起点として，堆積物や基盤岩からなる尻尾状の尾根（tail）が，ある一方向に伸びている様．流体がcrag部を通過する際に，その下流側に淀みや空間を形成することがあり，その効果によって生まれる堆積場，あるいは侵食力が低下した場にtailが形成されると考えられている．ドラムリン*や羊背岩*などの氷河侵食地形に多くみられ，その

場合の尻尾が伸びる方向は氷河の流動方向の下流方向を指す． 〈澤柿教伸〉

グラデーション gradation 外因的作用＊によって，地表面の凹凸が減少し，緩傾斜面ないし平坦化する過程であり，減均作用＊と増均作用＊の両者の総称語であるが，その概念が曖昧であるから，現在ではほとんど使用されない古い用語である．
〈鈴木隆介〉

グラニュール granule 細礫に同じ．⇨粒径区分（表） 〈遠藤徳孝〉

グラニュール・リップル granule ripple 砂と小礫が混在する砂床でみられる風成砂床形＊の一形態．砂だけで形成される砂漣（sand ripple）の波長が 10〜15 cm，波高が 0.5〜1 cm であるのに対し，グラニュール・リップルの波長は 1〜2 m，波高は 20 cm を超えるものもある．小礫が峰部の表面に集積し，砂が谷部を構成する．⇨砂漣［風による］ 〈松倉公憲〉

グラニュライト glanulite 石英・長石・輝石・ざくろ石などの粒状の鉱物が等粒に成長した斑状組織の変成岩．白粒岩とも． 〈松倉公憲〉

グラニュライトそう **グラニュライト相** glanulite facies ⇨変成相

くらぶ **鞍部** saddle あんぶ（鞍部）の誤読．
〈鈴木隆介〉

グランド・トゥルース ground truth リモートセンシング＊用語で，地上での実測値による検証データのこと． 〈松倉公憲〉

クリーク creek 本来の意味は小川や小さい入江であるが，三角州や海岸平野などの低湿地に舟運や灌漑・排水などを目的として人工的につくられた水路．その掘削土を盛り上げて耕地が造成される．長江デルタ，メコンデルタ，チャオプラヤデルタなどに顕著に分布している．日本では佐賀平野のクリークがよく知られている．⇨人工河川 〈海津正倫〉

クリープ creep (1) レオロジー＊の分野では，"一定応力のもとでの歪みの増大"という意味をもつ．たとえば，土の供試体にある重さのおもりを載せて放置しておくと，時間の経過とともに徐々に縮む（歪みが増大する）．1) 載せるおもりの重量が比較的小さい場合は，徐々に増加した歪みはある値に漸近する（図の①）．すなわち歪み速度が徐々に減少するタイプであり，減速クリープあるいは1次クリープという．2) 載せるおもりの重量をある程度大きくした場合には，歪み速度が徐々に減少しつつ歪みが増加し，ある時間経過したあとは歪み速度が

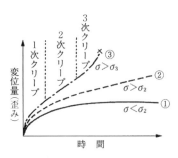

図 クリープ曲線の三つのタイプ

一定のまま歪みが増大する（図の②）．この歪み速度一定の部分を定常クリープあるいは2次クリープという．3) さらに重いおもりを載せた場合には，上記2)の場合とおなじ挙動を示したあと，歪み速度が加速度的に増加して，最終的には供試体は破壊に至る（（図の③）．歪み速度が加速する部分を加速クリープあるいは3次クリープという．図のような歪み–時間の関係はクリープ曲線という．地すべりの動きが，このクリープ曲線と類似していることから，3次クリープに至るような移動プロセスをもつ"地すべり性崩壊"に対しては，クリープ曲線を利用した崩壊発生時間の予測が可能とされる．(2) 地形学（地球科学）の分野では，匍行＊（ほこう）を指す．斜面上あるいは氷河上の土壌や岩屑が，重力のもとで徐々に斜面下方へ移動する現象．代表的なものに，土壌匍行＊（soil creep），岩屑匍行（debris creep），崖錐匍行（talus creep）などがある．土壌匍行は，凍結時の凍上（垂直膨張）と融解時の収縮（鉛直沈下）によって，地表面近くの土壌が斜面下方へ移動することによって起こり，フロストクリープ（frost creep）ともよばれる．岩屑匍行は，岩屑の斜面上の移動である．岩屑が傾斜した地層面あるいは節理面上にあると，加熱・冷却による岩石の膨張・収縮のために熱による匍行が起こる．崖錐匍行は，崖錐表面の砕屑物が移動・再配置する現象．この移動は霜の作用，温度変化などによって起こると考えられている．⇨斜面崩壊発生時期の予知 〈松倉公憲〉

［文献］斎藤迪孝（1968）斜面崩壊発生時期の予知に関する研究：鉄道技術研究報告，**626**, 1-53./Kirkby, M. J.（1963）Measurement and theory of soil creep：Journal of Geology, **75**, 359-378.

クリープしけん **クリープ試験** creep test 金属，岩石，地すべり粘土などに対して，一定の応力下において時間とともに変形する（歪みが増加する）クリープ現象を計測する試験．応力の種類は，

圧縮, 引張, せん断, 曲げ, ねじりなどがある. 載荷時間は試料により異なるが, 地すべり粘土では数分から数カ月, 金属や岩石の場合は数時間から数十年間も続けることがある. 〈若月 強〉

クリープせいだんそう　クリープ性断層 creeping fault　活断層のうち地震を伴わない定常的な変位が進行している断層. 平均変位速度の大きな活断層の一部区間で認められることが多い. サンアンドレアス断層中部やその分岐断層であるカラベラス断層の事例がよく知られ, 年間数 mm から最大 30 mm 近いクリープ速度が観測されている. 台湾やトルコの北アナトリア断層などの報告もあるが, 国内では確実な事例は知られていない. 成因については, 蛇紋岩や熱水活動との関連が着目されている.
〈金田平太郎〉

くりいろど　栗色土 chestnut soil　短茎草本ステップやプレーリーなどの, より乾燥した地域に分布し, 炭酸カルシウム集積層の上に角柱状構造をもつ B 層, さらに砕易な暗褐色の A 層からなる土壌. 1938 年のアメリカ合衆国の土壌分類では土壌タイプの一つとして採用されたが, 現行の米国の土壌分類 Soil Taxonomy では"Chestnut soil"の土壌名は採用されていない. しかしながら, Soil Taxonomy の亜目レベル（suborder）では, Xerolls, Ustolls が"Chestnut soil"に該当する. ⇨土壌分類　〈井上 弦〉
[文献] Soil Survey Staff (2010) *Keys to Soil Taxonomy* (11th ed.): United States Department of Agriculture, Natural Resources Conservation Service.

グリーンタフ green tuff　緑色凝灰岩とも. 主として東北日本脊梁山脈以西に分布する漸新統〜中部中新統. 熱水変質を被り緑色を呈する塩基性〜酸性の火山岩・火山砕屑岩類が主体. 多くは水中火山起源. 西南日本の日本海沿岸地域, 北海道渡島半島周辺, 北海道北見周辺, 南部フォッサマグナ地域にも分布し, これらの地域はグリーンタフ地域とよばれる. 女川層相当層より下位の火山岩類が卓越する地層全体を総称して使われることもある. グリーンタフ地域には黒鉱鉱床が分布する.　〈天野一男〉

グリーンタフぞうざんうんどう　グリーンタフ造山運動 Green Tuff orogenic movement　東北日本の新第三系の中には緑色凝灰岩（グリーンタフ）を含む地層がよく発達し, これらの地域はグリーンタフ地域とよばれる. グリーンタフ地域は, 中新世に著しい海底火山活動を伴った沈降帯で地向斜とみる考えがある. この地向斜堆積物が著しい褶曲運動を受け, 深成岩の貫入や一部に変成作用を生じるような運動があったと考え, これがグリーンタフ造山運動とされた. しかしグリーンタフ地域の多くは陥没盆地であり, その後の地殻変動も造山運動とよぶような性質のものではなく, グリーンタフ変動とよぶべきという見解もある.　〈松倉公憲〉

グリーンランドひょうしょう　グリーンランド氷床 Greenland ice sheet　北極圏に位置する世界最大の島, デンマーク領グリーンランドのおおよそ 80% を覆う氷床. 北緯 60°から 83°に至る南北約 3,000 km, 東西は最大 1,200 km という南北に長い鏡餅状の地形をなす. 平均標高 2,132 m, 平均氷厚 1,730 m, 面積 171 万 km^2, 体積 285 万 km^3 と, 南極氷床に次ぐ規模をもつ. これは地球上に存在する淡水の 10% に相当し, グリーンランド氷床の氷が全部融解すると全世界の海面を 7.2 m 上昇させる. 最高部は北緯 72°35′, 西経 37°38′に位置する標高 3,200 m のドームであり, サミットとよばれる. グリーンランド氷床からは多くの氷流が海に流出しており, 中央部から西部に向けてバフィン湾に流出するヤコブスハーブン氷流は, 地球上の氷河で最速の 8,360 m/年という流動速度をもつ.

寒冷で融雪の生じないグリーンランド氷床の内陸部では, 古気候・古環境復元を目的とした氷床コア掘削が行われてきた. 1966 年にキャンプセンチュリー（北緯 77°10′, 西経 61°8′）で底部に達する 1,387 m の氷床コアが掘削された. このコアの酸素同位体比の分析結果は, 過去 15 万年間におよぶ気温変動の詳細な記録を示し, 後の氷床コアを用いた研究の嚆矢となった. グリーンランド氷床南部のダイスリー（北緯 65°11′, 西経 43°49′）で掘削された Dye 3 氷床コアを用いた研究では, 世界で初めて「空気の化石」であるクラスレート・ハイドレイトが庄子仁らによって発見され, 後の氷床コアを用いた過去の大気成分研究に対し, 大きな道を拓いた.

1989 年から 1994 年にかけては, サミットにおいてヨーロッパ連合と米国がそれぞれ Greenland Ice Core Project（GRIP）, Greenland Ice Sheet Project Two（GISP2）とよばれる氷床コア掘削プロジェクトを実施した. 約 3,000 m に達する GRIP と GISP2 の氷床コアは, 様々な分析に利用され, 氷床コアを用いた古気候・古環境研究の新たな道を開拓した. なかでも, 氷期中において, 数百年から数千年周期で大きく気候が変動する現象が発見され, 後にダンスガード・オシュガー・サイクル（Dansgaard-Oeschger cycle）と命名された. GRIP や GISP2 では, 底部における擾乱のため, 最終間氷期の記録が

乱されていた．このため，電波探査によって氷床底部が乱されていないと考えられた北緯75°6′，西経42°18′に位置する分氷界において1996年から2004年にかけて North Greenland Ice Core Project (NGRIP) が行われ，氷床底部に至る3,085 mの氷床コア掘削が行われた．当初の予想に反し，底部の氷が圧力融解点に達していたため，最深部の氷は12.3万年と，最終間氷期を包含することができなかった．2008年から2011年にかけて，さらに北方の北緯77°45′，西経51°06′において新たな氷床コア掘削プロジェクトである North Eemian Ice Core Project (NEEM) が日本を含む国際プロジェクトとして行われた． 〈白岩孝行〉

[文献] Shoji, H. and Langway, C. C. Jr. (1982) Air hydrate inclusions in fresh ice core : Nature, 298, 548-550.

クリオタベーション cryoturbation 凍結融解による地中での土壌移動の総称で，融凍撹拌ともいう．凍上や融解沈下に伴って，粒度や密度の異なる土粒子や土層が差別的に移動して，淘汰構造土やインボリューション*などの構造が生じる．〈松岡憲知〉

クリオプラネーション cryoplanation 周氷河環境下で生じる地形の平坦化作用のこと．アルティプラネーションともいう．凍結破砕*，ソリフラクション*やニベーション*などの凍結削剥作用によって，斜面上にはクリオプラネーションテラスあるいはアルティプラネーションテラスといった階段状の地形（凍結破砕階段）が形成され，やがてこれらの地形も侵食されることで斜面全体が次第に減傾斜化し，最終的に平坦に近い地形が生じるとされる．なおこの途上で，もともと谷だった所はソリフラクション堆積物で埋積された周氷河皿状地（単に皿状地ともいう）とよばれる浅い谷が形成されることもある． 〈澤口晋一〉

クリオプラネーションテラス cryoplanation terrace ⇨クリオプラネーション

クリオペディメント cryopediment ⇨寒冷ペディメント

クリオペドロジー cryopedology 寒冷地域を対象にした土壌生成・分類・地理学の一分野．国際連合食糧農業機関（FAO）の土壌分類では，深さ1 m以内に一層以上の凍土層があり，その下に永久凍土*をもつ鉱質土層をクリオソル（cryosols）とよび，主要な研究対象となる．カナダ，アラスカ，ロシア，中国，北極圏，南極大陸，山岳高山地域に分布し，面積は約17億haに及ぶ．有機物分解が非常に遅く，活動層内の凍結融解作用や氷の析出によって層位の分断・変形・堅密化・粒径淘汰などが生じる． 〈三浦英樹〉

[文献] (社)国際食糧農業協会編（2002）「世界の土壌資源―入門＆アトラス―」，古今書院．

クリッター clitter ⇨テーラス

グリップ GRIP ⇨グリーンランド氷床

クリッペ klippe ナップの異地性岩体が侵食から取り残されて孤立して残存する岩体をいう．その地形を「根なし地塊」という．四国西部に多い．⇨ナップ 〈鈴木隆介〉

クリノメーター clinometer, geological compass 本来は傾斜測定器具の意味で，斜面やボーリング孔壁などの傾斜をはかる傾斜測定器（inclinometer）も含む．日本では，層理面*・片理面・断層面*などの地質的不連続面*の走向と傾斜*を測るための携帯用器具（geological compass）をクリノメーターとよぶ．コンパスに水準器および振り子（傾斜儀）を組み合わせたものが基本的な形で，長方形の一辺はコンパスの南北軸の目盛りに平行な直線になっている．その一辺を測定する地層面などに当ててクリノメーターを水準器に合わせて水平にすると，辺の方向が走向なので，その方位を磁針から読み取る．傾斜は走向に直角な方向にクリノメーターを面に当てておいて振り子から読み取る．簡易測量に使うため照準や鏡のついたものなど様々なタイプがあり，最近ではデジタルクリノメーターもある．なお，米国などでは，クリノメーターとはいわず地質コンパスというのが一般的である． ⇨走向（図） 〈田近 淳〉

クリンカー clinker 溶岩流の上部・下部・側部などにみられる微小な凹凸に富む破砕岩片．冷却固結して形成された溶岩流の表面皮殻が内部の溶融溶岩の動きで破壊されることなどで生じる．アア溶岩はこの例．クリンカーは，元来は石炭の燃焼生成物（焼塊）を指すが，これに似た形状の火山岩にも使われるようになった． ⇨アア溶岩 〈横山勝三〉

クリント clint グライクと対をなす用語で，ペイブメント・カルスト*の表面にみられる微地形．石灰岩の節理にそって溶食が進んで形成される直線状の'溝'をグライク*という．グライクとグライクの間の平坦な凸地形をクリントという．イギリス北西部の氷食谷の谷壁に，階段状に発達するペイブメント・カルストの表面に，規則的に分布する．スカンジナビアに由来する露出岩の表面を指す語である．イギリスのヨークシャーに発達するペイブメント・カルストは，最終氷期に氷食を受けて表面が平

坦になり，後氷期にはいったん泥炭や疎林に覆われた．その後，製鉄のための森林の伐採と，放牧のため土壌流出が進み，石灰岩が再び露出した．このため，石灰岩表面に発達する節理は溶食されてグライクとなり，溶食がそれほど進行しなかった部分はクリントとなった．グライクの平均幅と深さが，20 cm と 107 cm，クリントの大きさは約 150 cm × 約 340 cm と報告されている．クリントの上に氷河の運んだティル*が残存する．形成過程を同一にするペイブメント・カルスト上のクリント，グライクはアイルランドの西海岸にも広く分布する．

〈漆原和子〉

グレイシオハイドロアイソスタシー glacio-hydro isostasy 氷床や海水の荷重に対する固体地球のレスポンスを表す概念．氷床が発達する氷期には，氷床直下や周辺の大陸地殻は氷床の荷重を受けて下降するが，氷床が融解する間氷期には荷重が除去される結果，大陸地殻は上昇する．この現象はグレイシオ（氷河性）アイソスタシーとよばれる．海洋地殻にも同様のレスポンスが生じる．すなわち海水量（海水荷重）が増大する間氷期には海洋地殻は下降するが，海水荷重が減少する氷期には上昇する．これはハイドロアイソスタシーとよばれる．グレイシオハイドロアイソスタシーはこれら2種類のアイソスタシーの効果を含んでいる．第四紀の氷河性海面変動*の大きさは，氷床域ではグレイシオアイソスタシーに，氷床域から十分離れた地域ではハイドロアイソスタシーに強く支配されている．

〈中田正夫・奥野淳一〉

[文献] 中田正夫・奥野淳一（2011）グレイシオハイドロアイソスタシー（用語解説）：地形，**32**, 327-331.

グレイシャーミルク glacier milk 温暖氷河から流出する融氷水は，氷河底で生産される細粒の浮流土砂を多量に含むために，流域の地質に応じて白～淡褐色に濁っている．その白濁した外観に注目した融氷水の呼び名で，氷河乳ともよばれる．

〈松元高峰〉

クレイプラグ clay plug ⇨粘土栓
グレイワッケ graywacke ⇨砂岩
グレーズリテ grèze litée 斜面表層部を構成する堆積物であり，主として小礫からなるが，表面付近で粗粒，内部で細粒を示し，大まかな層理を示す．従来，周氷河地域での氷楔作用，布状流（sheet flow），リル，匍行，ジェリフラクション（gelifluction），融雪水，雪食作用（nivation）などのプロセスで形成されると考えられてきた．他方，周氷河地域以外でも落石および湿潤岩屑流によって形成されるという考えもある．いずれも異なる二つのプロセスによって形成されるといわれているが，テーラス斜面などで発生する分級の悪い物質からなる乾燥岩屑流の場合には，流動中の篩い分け作用によって単一プロセスでもグレーズリテに類似した層理をもつ堆積物が形成される．　⇨周氷河作用，乾燥岩屑流

〈石井孝行〉

[文献] van Steijn, H. et al.（1984）Stratified slope deposits of the grèze-litée type in Ardèche region in the south of France : Geografiska Annaler, **66A**, 295-305.

クレーターねんだい　クレーター年代 crater age 衝突クレーターは，同一惑星なら通常どの場所でも形成確率が同じであるため，クレーター数密度と表面更新年代の間には，1対1の関係が成り立つ．そのため，面積あたりの個数から各場所の相対年代を推定することができる．この原理に基づいて，クレーターの個数計測から求めた惑星の表面年代をクレーター年代とよぶ．また，月のように数カ所の土地の絶対年代が計測されている惑星については，クレーター数密度から，絶対年代の推定も可能である．惑星の物質試料の入手は一般に非常に困難であるので，地球地質学で標準的に行われる放射年代決定法は，惑星表面の更新年代の推定に用いることが難しい．その点，クレーター年代は，画像あるいは地形のデータがあれば計測可能であり，適応範囲が非常に広い．そのため，月のごく一部の地域を除くすべての惑星や衛星の表面年代は，クレーター年代計測法によって推定されているのが現状である．しかし，クレーター年代計測は，間接的な方法であるので，適用に際しては，注意が必要である．注意点は，2次クレーターによる見かけクレーター年代の上昇，惑星表面物質の力学的強度の違いによるクレーター形成効率の変化，クレーター個数密度が非常に多い場合や少ない場合の年代決定精度の劣化などである．　⇨衝突クレーター，惑星地質解析

〈杉田精司〉

クレーターレークがたカルデラ　クレーターレーク型カルデラ caldera of Crater-lake type ⇨クラカトア型カルデラ

グレーディング grading ⇨級化
グレード grade ⇨平衡
クレバス【火山の】 crevasse 溶岩流原の表面に生じた裂け目．⇨溶岩裂け目　〈鈴木隆介〉
クレバス【氷河の】 crevasse 氷河の表面付近にできる割れ目．氷河に作用する引張り応力が，氷

の破壊強度を上回る場所に形成される．谷氷河の側岸近くや，表面の傾斜が変化する場所に多い．
〈杉山　慎〉

クレバススプレー　crevasse splay deposit　⇨破堤堆積物

グレンコーがたカルデラ　グレンコー型カルデラ　caldera of Glen Coe type, Glen-Coe-type caldera　ほぼ鉛直な環状割れ目の内側の円筒状地塊が陥没して生じたカルデラで，陥没の原因や機構等はキラウエア型カルデラと本質的に同じ．Williams（1941）が例示したスコットランドの Glen Coe（または Glencoe）や Western Isles のもの，ニューハンプシャーの Ossipee Mountain やコロラドの Silverton 地方のものなどは，いずれも地表のカルデラ地形そのものではなく，侵食されて地表に露出したカルデラの地下構造（cauldron subsidence）である．
〈横山勝三〉

［文献］Williams, H. (1941) Calderas and their origin: Bull. Dept. Geol. Sci. Univ. Calif. Publ., 25, 239-346.

グレンのりゅうどうそく　グレンの流動則　Glen's flow law　⇨氷の流動則

くろうんも　黒雲母　biotite　⇨雲母

クローマーき　クローマー期　Cromerian interglacial　⇨スカンジナビア氷床

くろさわそう　黒沢層　Kurosawa formation　秋田・岩手の県境付近に分布する中新統の海成層．主に砂岩・シルト岩よりなる．層厚 200～500 m．地すべり地形が多い．
〈松倉公憲〉

くろしお　黒潮　Kuroshio　フィリピン東方沖から台湾，東シナ海を抜けて日本の九州，四国，本州の南岸を通り，伊豆諸島海域を抜け，犬吠埼沖から太平洋の東方に流れる海流．日本海流とよばれることもあったが，現在では国際的にも Kuroshio として認知されている．主流の速さは 3～4 ノット．本州南岸では，接岸して直進流路をとる場合と，離岸して潮岬沖から南に蛇行する場合がある．黒潮は，強流域の幅が約 50～60 km，深さ 300～400 m もあり，北大西洋の湾流（ガルフストリーム）とともに世界の二大海流とよばれている．　⇨海流
〈小田巻　実〉

クロスナ　black sand　海浜において，波や水流の作用で重鉱物の濃集した局部的な堆積物．磁鉄鉱・チタン鉄鉱のほか，ルチル・ざくろ石・輝石・角閃石などを伴い，まれに砂鉄鉱床を形成する．また，砂丘中に挟まれるか，砂丘上を覆う形で暗褐色～黒色の砂質腐植層があり，「黒い砂」の意味でクロスナとよばれている（黒砂と書かれることもある）．黒い色は有機物中の炭素の色で，植物起源のプラントオパールなどの報告もある．これはかつて，砂丘が植生によって覆われ固定されていたことを示す古土壌で，これらをクロスナ層（black humus sand）という．
〈田中里志〉

クロスナそう　クロスナ層　black humus sand　⇨クロスナ

くろせだにそう　黒瀬谷層　Kurosedani formation　富山県婦負郡八尾町南部（旧黒瀬谷村）に模式的に分布する砂岩・泥岩を主とする海成中新統で，1,650～1,600 万年前の海進堆積物．石川県金沢市の砂小坂層に連なる．
〈石田志朗〉

くろつち　黒土　*kurotsuchi*　⇨黒ボク土，チェルノーゼム

グロフ　GLOF　glacial lake outburst flood　⇨氷河湖決壊洪水

くろぼくさそう　黒ボク砂層　*kuroboku* sand　海岸域の砂丘にしばしば腐植質で黒色のクロスナ層が挟在し砂丘堆積休止（固定）期の指標として利用され，さらに砂丘の分層区分にも利用される．クロスナ層のうち黒ボク土層の土壌的性状を有するものを黒ボク砂層とよぶ．当層は黒ボク土層*としての属性である活性アルミニウムに富む（NaF≧9.5）という Andic 層の条件を満たし，さらに土色がマンセル 2/2 以下で腐植化度が高い（MI≦1.7）という Melanic 層の条件も満たし，一方で砂画分が多いために黒ボク砂層と命名された．北海道の江差砂丘や青森の尻屋崎砂丘などには典型的な黒ボク砂層が挟在する．両者とも海食崖に接し，その基盤は活性アルミニウムに富む ローム層* から構成されており，それが風食され飛来して母材として付加され，そしてイネ科草本植生のもとで黒ボク砂層が生成した．
〈細野　衛〉

［文献］谷野喜久子ほか（2003）渡島半島，江差砂丘の構成粒子からみた理化学的性状：第四紀研究，42, 231-245.

くろボクど　黒ボク土　*kuroboku* soil　火山砕屑物（テフラ）を母材の中心概念とする土壌で，火山灰土とほぼ同義．黒ぼく土とも表記する．世界土壌照合基準（WRB）（世界土壌科学会議ほか，2000）の Andosols，米国の Soil Taxonomy（Soil Survey Staff, 1999）の Andisols（アンドソル）に対応する土壌分類名．火山灰土壌* はボクボクと砕けやすく柔らかい黒色の表層を有することが多く，それが黒ボク土と呼称される根拠となっている．なお，Andosols, Andisols の接頭辞 "And" は日本語の「暗土(あんど)」に

基づく．テフラの風化により生じるアロフェンなどの非晶質成分は活性アルミニウム・鉄に富み，これがリン酸の吸着固定という黒ボク土に特異な性質の土層（Andic層・黒ボク層）を発現させ，また多量の腐植集積の原因となる．したがって，黒ボク土は母材の性質が強く反映した成帯内性土壌*として一般的に位置づけられる．また，黒ボク土は代表的な運積成土で，母材であるテフラ物質の供給速度と土壌化の速度の関係から様々な層相を呈する．間欠的な母材の堆積により埋没土が生成する周知の事実の他に，土壌生成と母材の緩慢な付加が並行する場合は表土層（A層）の上方への成長が起きる特徴があり，このことは黒土層の生成問題として学際的に議論されてきた．なお，次表層（BC層，Bw層）として通常記載される土層も考古遺物が包含されること，独自の植生履歴を有することなどから緩慢に上方成長した表土層と考えた方が妥当である場合が多い．表土層の上方成長には，非火山性の黄砂（レス*）や河床からの風塵も母材として関わり黒ボク土の理化学性に変化を与える．アロフェンより結晶性粘土鉱物を主とする非アロフェン質黒ボク土や火山ガラスなどのテフラ物質に乏しい準黒ボク土はこのような非火山性風塵の影響を強く受けている可能性が高い．また，多量の腐植が集積しても必ずしも黒色表層が生成するわけではなく，このことには植生環境と集積する腐植の性質が関係する．草原的環境ではA型腐植酸で特徴づけられる黒色の腐植層（Melanic層・多腐植質黒ボク層）が生成するが，森林環境では褐色の腐植層（Fulvic層・森林黒ボク層）となる．　　　　　　　　　　〈佐瀬　隆〉

［文献］世界土壌科学会議ほか（2000）「世界の土壌資源—照合基準—WRB」．国際食糧農業協会．

くろボクどそう　黒ボク土層 kurobokudo layer　世界土壌照合基準（世界土壌科学会議ほか，2000）で定義されるMelanic層・多腐植質黒ボク層とほぼ同義．したがって，黒ボク土断面のうち表層のA層に対応し，腐植化度の高いA型腐植酸で特徴づけられるムル状黒色腐植物質に富む土壌層として定義されるが，層厚についての制限を設けず，また，緩慢な母材の堆積と腐植物質の供給が並行して上方成長することを重視した土壌層名である．黒ボク土層は湿潤かつ冷温から温暖気候（年平均気温 >0℃，温量指数 WI>30℃・月，ケッペン指数 KI>18）の気候のもとテフラを主要な母材として生成し，人為的作用によって生じた草原的環境がその重要な生成要因として考えられている．このことは，東北地方北部，北海道では完新世になってから黒ボク土層の生成が開始する層位学的情報，極相林下では黒ボク土層の生成が認められないという植生と土壌層相の対応関係，また，黒ボク土層の植物珪酸体群集や花粉群集が草原的環境に対応すること，さらに，人の活動に連動して黒ボク土層が生成を開始することなどが裏付けとなる．日本の台地，丘陵における完新世火山灰土壌層が黒ボク土層であることが多いのは，縄文時代以来の人の活動によりもたらされる草原的環境が関わっていると考えられる．⇨土壌分類，腐植，黒ボク土　　　　　　　〈佐瀬　隆〉

［文献］細野　衛・佐瀬　隆（1997）黒ボク土生成試論：第四紀，29，1-9．

くろまつないそう　黒松内層 Kuromatsunai formation　北海道南西部黒松内低地帯に分布する上部中新〜鮮新統．主に海成の凝灰質シルト岩，砂岩からなり，水中火砕岩・凝灰岩なども伴う．層厚400m以上で下位の八雲層を不整合に覆う．津軽海峡中軸部海底下にその相当層が分布し，青函トンネル北海道側主要部および中央部が通過する．⇨八雲層（やくも）　　　　　　　　　　　　　〈三田村宗樹〉

クロライト chlorite　⇨緑泥石

クロン chron　古地磁気研究の結果，100〜1,000 kyといった長期にわたりほぼ安定して同一極性を保つ時代は磁極期とよばれ，それより短い10〜100 kyに完全に逆転した帯磁方向をもつ時代を地磁気イベント，さらにそれと重なる1〜100 kyの間に磁極の方向が平均より45°以上偏った時代は地磁気エクスカーションとよばれた．これらは他の地史年代尺度区分と重複することや，時間間隔を必ずしも示さない用語を含むので，最近の国際的な用語法では，年代単位としてはまとめてクロン，層序単位としてはクロノゾーン chronozoneが用いられている．　　　　　　　　　　〈町田　洋〉

ぐんしゅう　群集 association, community　生態学における，ある一定の空間の中にともに出現する生物種群の集まり．植物生態学では群落*ともいう．一方，植物社会学*における群集は，種類組成を重んじた分類体系に基づき，特定の群集と強く結びついた標徴種（群集を特徴づける種）によって定義される．群集の記載は国際植物社会学命名規約に準拠し，優占種，標徴種と命名者名の組み合わせで決定される．生物種名と同様に普遍的なものとされる．しかし実際には同じ種組成の植物群落に対しても，分類や名称が異なる（標徴種と優占種のどちらを先に記すかなど）など不透明な部分が多く存在

する．例えば林床を広葉草本が覆うブナ林は，オオモミジガサ-ブナ群集とする分類体系がある一方，ヤマボウシ-ブナ群集ヤマタイミンガサ亜群集とする分類体系もあるように，分類体系の見直し確立が今後必要とされる． 〈若松伸彦〉

[文献] 沖津　進（2008）植物社会学の群集名の変遷と正式名の選定：植生情報，12. 1-7.

ぐんそくど　群速度 group velocity　異なる高さと周期をもつ多くの波がつくる一団を群波（wave group）というが，これが進行する速度．波のエネルギー*は群速度で輸送される．深海波の群速度は，群波を構成する個々の波の伝播速度（波速）の半分であるが，長波（極浅海波）では群速度と個々の波の波速は等しい． 〈砂村継夫〉

ぐんとう　群島 archipelago　一帯の海域に点在する一群の島々．群島，諸島，列島の間に，明確な区分はないが，やや列をなしている島を列島，列をなしていない一群の島を諸島，群島という．小笠原群島，歯舞群島が例．⇨諸島，列島　〈八島邦夫〉

くんぬいそう　訓縫層 Kunnui formation　北海道南西部地域に分布する上部中新統の海成層．いわゆる上部グリーンタフ層で，沈降型地域では緑色凝灰岩・角礫岩を主とし泥岩・砂岩・礫岩・溶岩を伴い，層厚は 2,000 m 以上．非沈降部では細礫岩〜砂岩が主で火砕岩が少ない．地すべり地形が多い． 〈松倉公憲〉

ぐんぱ　群波 wave group　⇨群速度

ぐんぱつじしん　群発地震 earthquake swarm　本震といえるほど際立って大きな地震を伴わず，時空間的に群をなして起こる多数の地震．震源はごく浅いことが多い．前震-本震-余震という地震の起こり方と異なる．火山地帯で起こることが多い（例：伊豆諸島）．火山性地震も群発地震として起こる．火山地帯以外にも起こることがあり，1965 年から数年続いた長野県松代地震などがある．⇨火山性地震 〈久家慶子〉

[文献] 宇津徳治（1999）「地震活動総説」，東京大学出版会.

ぐんらく　群落 community　同じ場所に一緒に生育しているひとまとまりの植物群．植生はある空間に連続性をもって広がるものであるため，植生の分布状況の記載にはある一定の規則性が求められる．その際に群落は植生の構成単位となる．同じような立地にはよく似た植物群落がみられることから，立地条件，種の組成，群落全体の形状などにより類型化される．植物群集の記載は国際植物社会学命名規約に準拠しなくてはいけないのに対し，植物群落は記載者により，優占種や景観に応じてブナ林，ダケカンバ林，雪田植物群落などと名称を決定し用いることが可能である．また近年，植物生態学において群落を指す場合でも群集*を使用するケースが存在し，混乱が生じやすい． 〈若松伸彦〉

け

けい　系　system　地質年代単元*の「紀」の間に形成された地層や岩体全体のこと．例えば，ジュラ紀に形成された地層・岩体はジュラ系という．
〈天野一男〉

けい　渓　river　日本では山地の比較的に小規模で，谷幅が狭く，急勾配で，両岸が急傾斜の斜面となっている河川を指し，その谷を渓谷，流水を渓流*とよぶ．一方，台湾では顕著な扇状地を形成している礫床で急流の網状河川を渓とよんでいる（例：濁水渓）　⇨渓谷　〈島津 弘・鈴木隆介〉

けいいど　経緯度　geographic coordinate　地球上の位置を準拠楕円体面に投影して示す座標の一つ．緯度と経度をその順で表示する．地理経緯度，測地経緯度，天文経緯度，地心経緯度などの区別があり，緯度についてはそれぞれ定義が異なるが，経度の定義は実用上同じである．単に経緯度という場合は地理経緯度を指す．緯度は地球上に立てた垂線が地球の赤道面と交わる角度であり，垂線の立て方で次の4種の緯度が定義される．①準拠楕円体に垂線を立てる場合が測地緯度，②ジオイド面の垂線（鉛直線）を用いる場合が天文緯度，③地球を球体とみなしてその地点と地球中心を結ぶ線を用いる場合が地心緯度である．④地理緯度は測地緯度とほぼ同義であるが，地心緯度を含む場合もある．北半球の緯度を北緯，南半球の緯度を南緯といい，赤道上を0°，極を90°とする．経度は，その地点を通る子午面（子午線*と地軸を含む面）と基準とする子午面とが地軸においてなす角度で，英国の旧グリニッジ天文台の子午環中心を通る子午線を基準とする経度が世界的に用いられている．基準となる子午線から東まわりの経度を東経，西まわりの経度を西経といい，それぞれ0°から180°までの値をとる．測量法および水路業務法では，位置は地理学的経緯度で表示することと定められているが，ここでいう地理学的経緯度とは世界測地系に基づく測地経緯度である．
〈宇根 寛〉

けいいどげんてん　経緯度原点　geodetic datum origin　統一した測量が行われる区域（1国や数カ国）の経緯度の基準となる点．日本では測量法施行令により東京都港区麻布台2丁目の日本経緯度原点の金属標の十字の交点を北緯35°39′29.1572″，東経139°44′28.8869″としている．この値は，2011年の東北地方太平洋沖地震*の影響による地殻変動が観測されたため，2011年10月21日に改定されたもので，それ以前は世界測地系*に移行するために2001年に改定された数値が用いられていた．　〈宇根 寛〉

ケイエイ　ka　kilo-annum　「1,000年」を示すkilo-annumの略語で，1950年から遡った時間を1,000年単位で示す記号である．例えば，地形面や地層の形成年代が5,500年前なら5.5 kaと書く．また，100万年単位で示す記号としてはMa（エムエイ*，mega-annum）がある．なお，特定の地形や地層の形成に要した時間を表すエムワイ*（My）とケイワイ*（ky）との混同に注意．⇨数値年代，巻末付録　〈鈴木隆介〉

けいか　珪化　silicification　珪酸に富む熱水溶液の作用で，緻密堅固な珪質岩のできる作用．
〈松倉公憲〉

けいか　珪華　siliceous sinter　鉱泉の化学的沈殿物でSiO_2よりなるもの．シンター（湯の花（華）と俗称されるもの）の一つで，$CaCO_3$よりなるものは石灰華*とよばれる．
〈松倉公憲〉

けいかくこうすいりゅうりょう　計画高水流量　design high water discharge　洪水による河川の氾濫を防ぐ工事を高水工事といい，高水工事の計画の基準となる流量を計画高水流量という．降水や流量などの流域水文資料の統計的処理や流出解析および治水の水準を基に，まず基本高水とよばれる想定流量を求める．その基本高水流量をもとに，上流ダム貯水池や遊水地の貯留施設によるピーク流量低減効果，河道貯留効果，流下時間，分水路計画などの高水計画を検討し，安全性，経済性および環境面などを考慮して水系全体として計画高水流量を決める．

〈砂田憲吾〉

けいかぼく　珪化木 petrified wood, silicified wood　植物化石の一形態．地中に埋没した樹木の細胞や細胞間に，外部から珪酸に富む地下水が入り込むことによって，樹木の原型を変えずに二酸化珪素（シリカ）に変化することで，石英や水晶などと同様に固くなり化石化したもの．〈松倉公憲〉

けいかん　景観 landscape　ある地域の地物や生物の構成とそれらがつくる起伏形態とを含めた地表の三次元構造を指す．地学分野では，地形景観*の同義語として使われ，英語で単に'landscape'と表現すると地形景観を指し，狭義の'地勢'に相当する．地域の地表形態は山地・河谷・台地・低地，あるいは，尾根・谷壁斜面・扇状地・自然堤防などの様々な地形群から成り立っているが，これらの地形群の構成とそれらがつくる地表の三次元構造を指す．かつては，'一地点から見える地表の三次元構造'を指し，視点が移動すると，"景観は変わる"と表現されたが，現在では，'ある地点からの見え方'は重視されなくなった．同一の性格をもった地表形態が広がる地域（領域）である景観地域・景観区：landscape division は，通常，地形地域・地形区：physiographic division, morphologic region, geomorphic province とよばれる．気候分野では，'気候景観：climatic landscape'が使われ，主として気候を反映した地物や生物，人工物などが作り出す景観を指す．氷食地形などの気候地形，植生，屋敷林，扁形樹や風倒木，家屋形態などに着目した景観を指すことが多い．また，気候および気候景観の特徴によって区分された地域（領域）は，'気候地域・気候区：clmatic division, climatic region, climatic province'とよぶ．生態学分野では，生態系の上位の単位，すなわち複数の生態系が複合している地域を意味する．特に景観生態学というときは人間活動を生態系の属性を決めている重要な要因の一つとみなし，それを含めて地域をとらえようとする立場を指す．地理学における'景観'は，人文・社会事象をも含めた地表の三次元構造を意味し，景観学（Landshaftskunde：landscape study）・景観地理学は，景観の形態構造や景観要素の構成の特徴，景観の形成要因や形成過程，ある地域に同一景観が成り立つ理由や経緯などを研究する学問とされる．なお，'同一の性格をもった景観が広がる地域（領域）'という意味で'景観'の言葉が使われることもある．しかし，'地形（ある地域の地殻物質がつくる地表の三次元構造）'の言葉が"地域規定をもたない一般概念"であるのと同様に，'景観'も"地域規定をもたない一般概念"として使われることが多い．景観地球化学や景観生態学などのように'地域'を内包させた修飾語として使用する場合は別として，'景観に基づく地域（領域）'は，単に'景観'ではなく，'景観地域・景観区：landscape division'，あるいは，'景域'とよぶ方が誤解を生じにくい．⇨地形景観，植生景観　〈大森博雄・大澤雅彦〉

［文献］Sauer, C. O. (1925) The morphology of landscape: Univ. California Publications in Geography, 2 (2), 19-54. /Forman, R. T. T. and Godron, M. (1986) *Landscape Ecology*, John Wiley & Sons.

けいがん　珪岩 quartzite　①石英質砂岩を起源とする接触変成岩．②砂岩が続成作用の過程で珪化作用を受け，粒間が石英でセメントされて固く緻密になった岩石．〈松倉公憲〉

けいかんせいたいがく　景観生態学 landscape ecology　かつて生物と環境の関係は，森林や湖沼など，一つの生態系のなかで克明に調べられてきたが，多くの生態系は，一つ一つ独立して維持されているのではなくて，周辺の生態系と，植物や動物，そして栄養塩や有機物など物質の移動を通じてつながっていることが明らかになった．このような様々な生態系の集まりを景観（landscape）とよび，その構造と機能，変化を解析する分野が景観生態学である．例えば谷津田のある里山*の風景を考えてみよう．そこには水田があり，農家と畑があり，水路がある．水路を上流に向かってたどると，その先には溜池があって，さらに奥の湧水に続く．谷津田の周囲の丘陵地は雑木林やスギ林になっている．このように，ここにはさまざまの生態系がモザイク状に分布しているが，景観生態学では，その配置に法則性を見出し，その原因を探り，あわせて景観要素間の関わりを調べようとする．1939年に地理学者Carl Troll によって名づけられた．日本では近年，地理学だけでなく，応用生態学，農村計画，都市計画，建築学，GIS などの分野で広く使われるようになっている．〈小泉武栄・中村太士〉

［文献］Forman, R.T.T. and Godron, M. (1986) *Landscape Ecology*, John Wiley & Sons.

けいかんちきゅうかがく　景観地球化学 landscape geochemistry　地形景観を構成する地形ごとの土層や土壌水などの化学的性状を指す．ある地域の景観は地形の集合体として展開するが，地形ごとに，表層物質や水の化学的性質は異なる．それゆえ，ある地域について，'地形とその構成体'である'地形景観*'に対応させて，'化学的性質の種類とそ

の構成体'としての'地球化学景観：geochemical landscape'を想定できる．こうした視点からみた'地形ごとの化学的性状'を'景観地球化学'という．研究分野としての景観地球化学は，旧ソ連の B. B. Polynov（Полынов, Б. Б., 1877-1952）が1940年代に提唱し，発展したとされ，各種の地形の化学組成，それに由来する化学物理的性質，およびそれらの地域的展開，さらに，地形の形成・変化に伴う化学的性質の形成・変化や化学物質の循環過程などを研究対象とする学問とされる．なお現在では，地形景観ばかりでなく，植生景観や農地などの土地利用を主とする人文景観をも対象にし，それぞれの景観要素に対応した化学的性状や環境学的作用などが検討対象とされ，'環境地球化学*'とほぼ同じ意味で使われることも多い．〈大森博雄〉

[文献] Polynov, B. B. (1944) Modern objects of weathering study (Sovremennye zadachi ucheniya o vyvetrivanii): Izv. Acad. Nauk SSSR, Ser. Geol., 2, 3-14.

けいがんほうかい　渓岸崩壊 slope failure due to bank erosion　渓流の攻撃部（水衝部*）が侵食されることにより，渓岸の谷壁斜面*が不安定化して崩壊すること．主に砂防関係の災害報告で使用される用語で，地形学では河川の側方侵食*に伴う斜面崩壊とよばれることが多い．〈松倉公憲〉

けいかんようそ　景観要素 landscape element　景観*を構成する基本単位となる地物や事象を指す．対象とする地域の大きさや視点によって取り上げる景観要素は異なるが，地学分野では，山地，河谷，台地，低地，あるいは，崩壊地，扇状地，三角州，砂州，砂丘などの各種の地形種，河川，湖沼，氷河などの水体を指し，雲や霧などの各種の大気状態を指すこともある．また，気候景観においては氷食地形，屋敷林，扁形樹や風倒木などの樹木，家屋形態などが景観要素となる．生物分野では，各種の森林や草原，農耕地や放牧地，果樹園などの各種の農業的土地利用，住宅地や工業用地，商業用地などの各種の経済・社会的土地利用などの面的要素，道路，水路，鉄道などの線的要素を指す．地理分野では，上記の諸要素のほかに，文化景観などにおいて，寺社仏閣や旧跡・史跡などを含むことも多い．一般に，具象的な景観要素は地勢図や地形図などの一般図や，地形分類図や植生図などの主題図で用いられる表現事項（凡例）に相当するといえる．

〈大森博雄・大澤雅彦〉

[文献] 大矢雅彦編（1983）「地形分類の手法と展開」, 古今書院./Forman, R.T.T. (1995) *Land Mosaics : The Ecology of Landscapes and Regions*, Cambridge Univ. Press.

けいきょくせん　計曲線【地形図の】 index contour, principal contour　⇨等高線

けいこう　渓口 valley mouth　⇨谷口（たにぐち）

けいこうエックスせんぶんせき　蛍光X線分析 X-ray fluorescence (XRF) analysis　岩石・鉱物などの試料へのX線照射によって発生する蛍光X線を捉えることにより，試料に含まれている化学元素の種類や濃度を計測する方法．XRF分析と略称される．〈松倉公憲〉

けいこうさ　蛍光砂 fluorescent sand　蛍光塗料を塗した砂．海岸・海底における砂の移動状況を調べる際のトレーサーとして用いられる．ある地点に蛍光砂を投入して，一定時間経過後に周辺の底質を採取し，それに含まれる蛍光砂の数を紫外線灯火（ブラックライト）の下で調べて，砂移動状況を推定する．〈砂村継夫〉

[文献] 日本港湾協会（1987）「港湾調査指針」（改訂版）．

けいこうしゅうらく　渓口集落 valley-mouth settlement　⇨谷口集落

けいこく　渓谷 ravine, glen, dale, gorge, valley　地表に発達する細長い溝状の地形を指す言葉で，地形学用語ではなく，また必ずしも河谷ではない．日本の地形を対象としたときは山地を流れる渓流河川がつくる谷を指す．谷，峡谷，山の渓流，沢などと，厳密な意味で用法の違いはあまりないが，峡谷より規模の小さな河谷を指すことが多い．地名としては千葉県の養老渓谷，山梨県の西沢渓谷などがある．海外の地名でも渓流河川がつくる谷を指すことは多いが，氷食谷であるアメリカのヨセミテ渓谷（Yosemite Valley），イタリアの丘陵地帯に広がるオルチア渓谷（Val d'Orcia または Valdorcia）など，河谷以外にも用いられる．⇨峡谷　〈戸田真夏〉

けいさ　珪砂 silica sand　石英粒からなる砂．「けいしゃ」とも読む．花崗岩などの風化により形成される．ガラスの原料や鋳物砂などに用いる．豊浦（標準）砂や相馬（標準）砂などの標準砂*も珪砂である．〈松倉公憲〉

ケイサイクルのがいねん　Kサイクルの概念 K-cycle concept　B. E. Butler (1959) は，オーストラリアの第四紀後期の気候変化と共に土壌層の侵食，運搬，生成が認められる概念を示して，土壌生成発達史を組み立てた．すなわち，気候が乾燥期においては既存の土壌の侵食と新たな土壌母材の堆積が起こり新しい地形面（地表面）が形成され（不安

定期, Ku サイクル), さらに続いて湿潤期においては地形面の安定が進み, 土壌化が進行する (安定期, Ks サイクル) とした. このように Ku サイクルと Ks サイクルを一期間として K サイクルという. K サイクルは現在からさかのぼり $K_0, K_1, K_2, K_3, \cdots$ とよぶ. ⇨古土壌　　　　　　　　　〈宇津川　徹〉

[文献] Walker, P. H. (1962) Soil layers on hillslope: a study at Nowra, New South Wales, Australia : Journal of Soil Science, 13, 167–177.

けいさんえんこうぶつ　珪酸塩鉱物　silicate mineral　化学組成による鉱物分類の一つで, 珪酸塩からなる鉱物. 地殻を構成するおもな造岩鉱物の大部分が含まれる. SiO_4 四面体が結晶構造の基本となっており, その結合様式により以下のように分類される. ①ネソ珪酸塩 (独立の四面体 : たとえばかんらん石など), ②ソロ珪酸塩 (二つの四面体が結合), ③サイクロ珪酸塩 (四面体がリング状に結合), ④イノ珪酸塩 (四面体が鎖状に結合 : たとえば輝石, 角閃石など), ⑤フィロ珪酸塩 (四面体が層状に結合 : たとえば雲母や粘土鉱物など), ⑥テクト珪酸塩 (四面体が3次元的に結合 : たとえば石英, 長石など).　　　　　　　　　　　　　〈松倉公憲〉

けいしゃ　傾斜【地質構造の】　dip (of geologic structure)　層理面*や断層面*などの面構造と水平面とのなす角度 (最大角度) および面が傾き下がっている方位をいう. クリノメーター*などを使って面構造の走向と共に測定される. ⇨走向　　　　　　　　　　　　　　　〈横山俊治〉

けいしゃ　傾斜【地表の】　slope (of earth surface)　地表面 (海底面を含む) の傾斜をいう (図). ⇨斜面傾斜, 勾配　　　　　　　　　〈鈴木隆介〉

けいしゃ　珪砂　silica sand　⇨珪砂

けいしゃかく　傾斜角【斜面の】　angle (of slope)　斜面傾斜の最も一般的な表示法で, 単位斜面 (landform unit) の縦断形の微小変化を平面と仮定した際に, その斜面と水平面とのなす最大角度 (図). 単位は度 (°), 分 (′), 秒 (″). 単に斜面傾斜ともいう. ⇨斜面傾斜 (図, 表)　〈鶴飼貴昭〉

[文献] 鈴木隆介 (1997) 「建設技術者のための地形図読図入門」, 第1巻, 古今書院.

けいしゃかくきゅうへんせん　傾斜角急変線　break of slope angle　⇨傾斜角変換線

けいしゃかくへんかんせん　傾斜角変換線　break of slope angle　地表面の傾斜角の急変線. 傾斜角急変線とも. 遷急線 (例 : 段丘崖の崖頂線) と遷緩線 (例 : 段丘崖の崖麓線) の2種がある. 傾斜方向変換線*と重なることもある. ⇨地形界線, 傾斜変換線, 遷急線, 遷緩線　　〈鈴木隆介〉

けいしゃ・きょくりつかいせき　傾斜・曲率解析【GIS による】　analysis of slope and curvature　⇨フィルター・移動窓演算

けいしゃけい　傾斜計　inclinometer　⇨地中変位計

けいしゃしゃめん　傾斜斜面　dip slope, backslope　比較的緩傾斜 (20°〜50°) の互層した地層が差別削剥を受けて形成され, 抵抗の大きい地層からなり, 層理面にほぼ一致した傾斜をもつ斜面. ディップ・スロープとも. 平行盤斜面*と同じ. ケスタの背面, 層面地すべりの滑落崖がその例であるが, 傾斜していない斜面はないので, この用語は日本語としては違和感があるためほとんど使用されない. ⇨ケスタ, 平行盤斜面, 差別削剥地形　　〈石井孝行〉

[文献] Lahee, F. H. (1952) *Field Geology* (5th ed.), McGraw-Hill.

けいしゃしゅうきょく　傾斜褶曲　inclined fold　⇨褶曲構造の分類 (図)

けいしゃせんぶんりつ　傾斜千分率【斜面の】　permillage of slope angle　傾斜比*の千分率による表示法. 単位はパーミル (‰). $X(‰)=1{,}000\tan\theta$. ここに, θ は傾斜角. 緩勾配の河床, 鉄道, 道路などの緩勾配の表示に常用される. なお, 英語のパーミル (permill) は'千分の'という副詞である. ⇨斜面傾斜 (表)　　　　　　　　　　　　〈鶴飼貴昭〉

けいしゃだんそう　傾斜断層　dip fault　⇨断層の分類法 (表)

けいしゃのへんかん　傾斜の変換　break of slope　斜面や河川の傾斜 (または勾配) が急変する地点を遷移点とよび, 高所より低所が急傾斜になる地点を遷急点 (例 : 滝頭), 逆に緩傾斜になる地点を遷緩点 (例 : 滝壷) とそれぞれよぶ. 斜面上の遷急点を側方に連ねた線を遷急線 (例 : 段丘崖頂線, 侵食前線), 遷緩点を連ねた線を遷緩線 (例 : 段丘崖麓線) とそれぞれよび, 合わせて傾斜変換線という. 斜面は傾斜変換線によって, いくつかの単純な形態の部分 (斜面型) に区分される. ⇨遷移点, 傾斜変換線　　　　　　　　　　　　　　　　　〈山田周二〉

けいしゃはしょくめん　傾斜波食面　sloping shore platform　⇨海食台

けいしゃひ　傾斜比【斜面の】　angle ratio (of slope), gradient ratio　地表傾斜の表示法の一つで, 2点間の比高 (h) を水平距離 (D) で除した値 (x). $x=h/D=\tan\theta$, と定義し, x を小数点で表すが, 桁

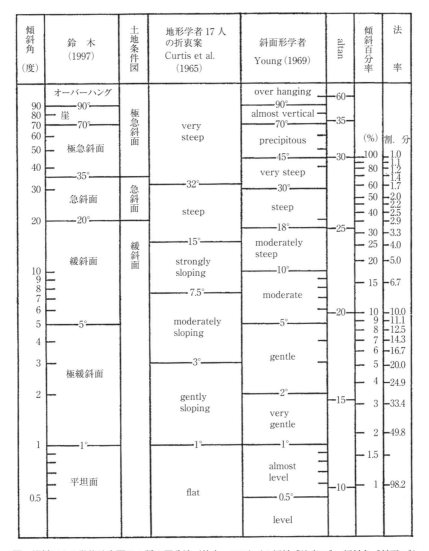

図 傾斜による単位地表面の4種の区分法（鈴木，1997）（⇨傾斜［地表の］，傾斜角［斜面の］）

の形で表示されることもある（例：$x=0.017=1.7\times10^{-2}$）．低地，河床，海底などの緩傾斜な地表の傾斜表示に常用される．単に傾斜または勾配ともいう．⇨斜面傾斜（表） 〈鶴飼貴昭〉

けいしゃひゃくぶんりつ　傾斜百分率【斜面の】 percentage of slope angle　傾斜比*の百分率による表示法．単位はパーセント（％）．$X(\%)=100\tan\theta$．ここに，θ は傾斜角．⇨斜面傾斜（表） 〈鶴飼貴昭〉

けいしゃふせいごう　傾斜不整合 angular unconformity, clino-unconformity　広義には，不整合面*より上位層の層面の傾きと下位層の傾きが異なる不整合を指す．斜交不整合とも．上下の層が堆積岩で構成されている場合を狭義の傾斜不整合，下位が深成岩や変成岩で，その上に堆積岩が重なる場合を狭義の無整合あるいはノンコンフォーミティとよぶ． 〈松倉公憲〉

けいしゃぶんきゅうず　傾斜分級図 slope class map, slope map　地形の傾斜の程度によって土地を分類し，表示した地図．傾斜区分図ともいう．また，傾斜の程度を連続的な色調の変化で表した場合は傾斜量図という． 〈熊木洋太〉

けいしゃぶんすう　傾斜分数【斜面の】 fractional expression (of slope)　傾斜比を単位分数で表示して斜面の傾きを示す値．斜面高*を h，斜面の水平長*を D としたとき，$h/D=1/x$ の形で表現

けいしゃへ

する．（例：1/2.5）．建設工事現場で常用される．
⇨斜面傾斜（表），傾斜比，法率（のりりつ）　　　〈鶴飼貴昭〉

けいしゃへんかんせん　傾斜変換線 break of slope angle and orientation (direction)　地表面の傾斜方向 (direction, orientation) と傾斜角 (angle) の両者または一方の急変する地点を結んだ線．傾斜方向変換線*と傾斜角変換線*の2種に区別されるが，両者はしばしば重なるので，一括して単に傾斜変換線とよぶ場合が多い．地形線と同義．しかし，地形線は広義に過ぎるので，具体的なイメージのわく傾斜変換線が明解であろう．⇨地形界線，傾斜変換線の類型（図）　　　〈鈴木隆介〉

［文献］Selby, M. J. (1993) *Hillslope Materials and Processes* (2nd ed.), Oxford Univ. Press.

けいしゃへんかんせんのるいけい　傾斜変換線の類型 genetic types of the break of slope angle and orientation　傾斜変換線（遷急線*と遷緩線*）は地形の境界線として最も重要であり，種々の地形過程で生じるので，その特徴は多種多様である．日本に多いものを成因的にみるといくつかに類型化される（図）．世界の乾燥地域や寒冷地域では，地形過程が日本とは異なるので，これらとは別の種々の傾斜変換線もある．⇨傾斜変換線　　　〈鈴木隆介〉

［文献］鈴木隆介（1997）「建設技術者のための地形図読図入門」，第1巻，古今書院．

けいしゃほうこうきゅうへんせん　傾斜方向急変線 break of slope orientation　⇨傾斜方向変換線

けいしゃほうこうへんかんせん　傾斜方向変換線 break of slope orientation　地表面の傾斜方向の急変線．傾斜方向急変線とも．傾斜角変換線*と重なる場合が多い．傾斜方向が反対になる尾根線と谷線のほかに，遷急線や遷緩線の両側でも傾斜方向が急変する場合がある（例：段丘崖の崖頂線・崖麓線）．⇨地形界線，傾斜変換線　　　〈鈴木隆介〉

けいしゃりゅう　傾斜流 slope current, gradient current　河川のように高い所から低い所に，重力によって傾斜に従って流れ下る流れをいう．海流の場合は，重力以外に流れに直角にコリオリの力*が働くので，必ずしも傾斜に従わず，北半球では水位の高い所を右に，南半球では左にみて流れる．　　　〈小田巻　実〉

けいしゃりょうず　傾斜量図 slope map　⇨傾斜分級図

けいじょうけいすう　形状係数【流域の】 form factor (of basin)　⇨流域の基本地形量，流域形状係数

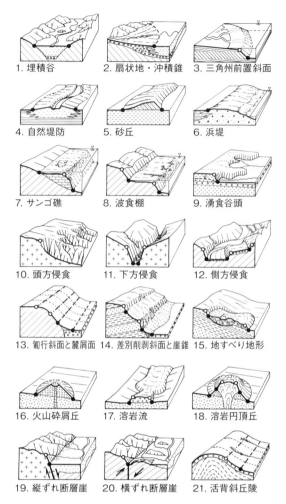

図　日本に多い傾斜変換線の諸類型（鈴木，1997）
白丸（○）と黒丸（●）はそれぞれ遷急点と遷緩点であり，その延長上の傾斜角急変線がそれぞれ遷急線と遷緩線である．

けいじょうていこう　形状抵抗 form resistance, form drag　⇨圧力抵抗

けいじょうぶ　頸状部【蛇行の】 meander neck　⇨蛇行頸状部

けいしん　径深 hydraulic radius　流れの断面積をA，潤辺*（水に接している面）の長さをSとしたとき，A/Sをいう．動水半径ともよばれる．川幅が水深に比して十分大きい場合には水深で代用されることが多い．　　　〈渡邊康玄〉

けいせいえいりょく　形成営力【地形の】 formative agent (of landform)　何らかの地形（普通には地形種）を形成した地形営力をいう．地形の形成には一般に複数の地形営力が関与するが，地形

種の基本的な形態的特徴を形成した主要な地形営力をいう．例えば，河成岩石段丘面の形成営力は河流である．　⇨地形営力，地形過程　〈鈴木隆介〉

けいせいかてい　形成過程【地形の】 formative process (of landform)　特定の地形（地形種）を生じた地形過程をその地形種の形成過程という．例えば，「河成岩石段丘面の形成過程は河川の側刻（側方侵食）である」という．　⇨地形過程　〈鈴木隆介〉

けいせいき　形成期【地形の】 age (of landform)　特定の地形種（地形面など）の形成した時期（相対的時代）をいう．例えば，下末吉面*という特定の段丘面の形成した地質時代を下末吉面の形成期，略して下末吉期という．期（age）は地質年代単元の最小単位で，年代層序単元の階（stage）に対応する．　⇨形成時代　〈鈴木隆介〉

けいせいじかん　形成時間【地形の】 formative time (of landform)　特定の地形（地形種）の形成に要した経過時間（絶対時間）．例えば，成層火山や段丘面の形成に要した時間をいう．経過時間の単位としては，秒（sec, s），分（min），時（hr），日（day），月（month），年（year）のほかに，省略単位として，ky＝千年（kiloyear），My＝百万年（megayear）が慣用的に使用される．例えば，一つの地形種の形成の始まりから終わりまでの経過時間が12,000年であれば，12 kyとか，1.2×10^4 y と表現される．　⇨ky　〈鈴木隆介〉

けいせいじだい　形成時代【地形の】 geological age (of landform)　地形種（例：何らかの地形面）の形成期の相対年代の地質時代をいう．現存する地形種のほとんどは第四紀に形成されたものであるから，それを細分した名称，例えば更新世前期，更新世後期，最終氷期，完新世，後氷期，歴史時代などの地質時代名を使用する．　⇨形成期，地質時代　〈鈴木隆介〉

けいせいねんだい　形成年代【地形の】 age (of landform)　現在から個々の地形種の形成時代まで遡った年数（絶対時間）をいう．例えば，23,000年前に形成された地形種や地形面ならば，その形成年代を23,000 yBP（years before present）と表現する．　⇨数値年代決定，yBP　〈鈴木隆介〉

けいせき　軽石 pumice　かるいし（軽石）の誤読．　〈鈴木隆介〉

けいせん　経線 meridian　地図上に表示した子午線．子午線そのものを経線という場合もある．　⇨子午線　〈宇根　寛〉

けいそうがん　珪藻岩 diatomite　⇨珪藻土

けいそうど　珪藻土 diatomaceous earth, diatomite　珪藻の殻からなる岩石（珪藻岩とも）または土壌．白色〜クリーム色，軟質，多孔質（空隙率が70〜90％）できわめて軽い．ろ過剤，吸収剤，研磨材として利用される．　〈松倉公憲〉

けいちょうがん　珪長岩 felsite　大部分が隠微晶質の珪長鉱物（主に石英とアルカリ長石）からなる緻密な火成岩．フェルサイトとも．　〈松倉公憲〉

けいちょうしつ　珪長質 felsic　⇨火成岩

けいちょうしつかさいりゅう　珪長質火砕流 felsic pyroclastic flow　珪長質マグマ（酸性マグマ）の活動で生じるデイサイト質や流紋岩質の火砕流．噴出物量が数十 km^3 以上に及ぶ大規模な火砕流はそのほとんどが珪長質火砕流であり，通常，噴出源付近にはクラカトア型カルデラが形成される．火砕流堆積物は，カルデラ周辺に広く分布し，火砕流台地をつくるのが特徴．日本の主要なカルデラおよび火砕流台地は，ほとんどが珪長質火砕流に関係したものである．　⇨火砕流，軽石流，火山灰流　〈横山勝三〉

けいちょうしつこうぶつ　珪長質鉱物 felsic mineral　SiO$_2$成分に富んだ無色・白色ないし淡色の珪酸塩鉱物の総称．代表例は石英，長石類，白雲母など．フェルシック鉱物ともいい，苦鉄質（マフィック）鉱物の対語．　〈松倉公憲〉

けいちょうひ　珪長比 quartz/feldspar ratio　海浜や河床の砂質堆積物に含まれる石英と長石類の個数比（石英/長石類）．劈開のある長石類はそのない石英に比べて磨滅しやすいから，堆積物の供給源（例：河口）から遠ざかるほど，珪長比は増加するので，例えば海岸漂砂の卓越方向や砂質堆積岩の熟成度の指標になる．　〈鈴木隆介〉

[文献] 荒巻　孚・鈴木隆介 (1962) 海浜堆積物の分布傾向からみた相模湾の漂砂について：地理学評論, 35, 17-34.

けいど　経度 longitude　⇨経緯度

けいどう　傾動 tilting　断層運動によって上盤*の地表面がある特定の方向に傾斜した状態を傾動という．正断層の場合には上盤地塊が回転を伴うようにすべり，また逆断層の場合には上盤地塊が膨らみ，上盤の地表面が示差的な変形を受けることで起こる．そのように傾く地塊を傾動地塊，傾動山地などとよぶ．その典型例は，中規模の変動地形では濃尾傾動地塊，養老山地，能登半島，六甲山地．小規模の変動地形では，逆断層の上盤の短縮変形において，地形面が特定の方向に急斜する状態を傾動と表現し，断層近傍の撓曲とは区別する．　⇨傾動地

塊，撓曲　　　　　　　　　　〈宮内崇裕〉

けいどうちかい　傾動地塊 tilted block　水平方向に軸をもつ回転運動（傾動運動）で生じた1単元の非対称的横断面をもつ地塊であり，様々な規模と形態のものがある．片側（または両側）に断層を伴うものが多く，それらは傾動断層地塊（tilted fault block）とよばれる．成因が明確でなくても，地形的に非対称な横断形をもつ山塊（例：栃木県足尾山地）や丘陵・台地（例：能登半島南部の邑知潟地溝以北）も傾動地塊または傾動山地と通称されることがある．⇨断層地塊　〈小松原琢〉

けいどふう　傾度風 gradient wind　曲率をもった等圧線*もしくは等圧面の等高度線に沿って吹く風であり，遠心力を考慮した地衡風*のこと．
〈森島済〉

げいはいがん　鯨背岩 whaleback　⇨氷食地形

げいはいさきゅう　鯨背砂丘 whaleback dune　エジプトの砂漠などにみられる幅1〜3 km，高さ50 m，長さ300 km にも及ぶ巨大な鯨の背に似た砂丘．ホエールバックとも．縦列砂丘が長期間にわたって堆積を繰り返してできたものである．⇨縦列砂丘
〈成瀬敏郎〉

けいはん　畔畔 scarp　耕地や用地の内外の急傾斜地（例：段々畑や棚田の一筆を分ける傾斜地）で，経済的な有効利用の困難な斜面．畔畔地，ママ*とも．斜面の宅地造成地に多い．〈鈴木隆介〉

けいばんひ　珪礬比 silica-alumina ratio　風化指標の一つで，岩石や鉱物のシリカ（SiO_2）とアルミナ（Al_2O_3）の分子比（SiO_2/Al_2O_3）をいう．通常はモル比で示す．Harrassowitz（1926）の ki 値，Marbut（1935）の sa 値に相当する．この値は岩石・鉱物の風化程度や粘土鉱物などの分解生成物の組成を反映しており，風化過程や土壌生成過程，粘土鉱物の組成の推定などに使用される．珪礬比が極めて低いところではギブサイトが卓越していることが多い．カオリン鉱物やハロイサイトは2程度である．火山灰起源の土壌であるアロフェンの場合は1〜2を示し，2:1型粘土鉱物では3〜4，モンモリロナイトやイライトでは5程度，ベントナイトや酸性白土では6〜8を示す．粘土鉱物の場合，一般に珪礬比が高いほど多量の吸着水をもち，膨潤性が強い．〈小口千明〉

［文献］Marbut, C. F. (1935) *Soils of the United States, Part III Atlas of American Agriculture*, U. S. Dept. Agriculture.

けいぶせつだん　頸部切断 meander cutoff　⇨蛇行切断

けいほくそう　恵北層 Keihoku formation　北海道北部のサロベツ原野周辺の台地（例：豊徳台地）に分布する下部更新統．主に粘土層・砂礫層・泥炭層からなる．下位の更別層との関係は傾斜不整合．
〈松倉公憲〉

ケイム（ケーム） kame　クレバスなどの氷河の割れ目，および氷河縁辺の谷壁やモレーンと氷体との間に堆積した土砂（主として融氷流水堆積物）によって形成された堆積地形の総称（図）．モレーン状の形態を呈するものをケイム堆石，ケイムモレーン，段丘状の形態を呈するものをケイム段丘とよぶほか，ケイム丘（kame hill, kame cone），ケイム台地（kame plateau）などの分類名称がある．形成の途上で周囲や下位に存在する氷体の融解を伴うため，ハンモック状の不規則な形態を呈したり，ケトルホール*を伴う場合が多い．〈長谷川裕彦〉

［文献］Flint, R. F. (1971) *Glacial and Quaternary Geology*, John Wiley & Sons.

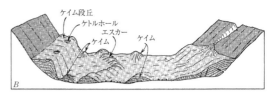

図　停滞氷河に接して形成される氷接水流堆積物（A）と解氷後の堆積地形（B）（長谷川原図）

ケイムたいせき　ケイム堆石 kame moraine ⇨ケイム

ケイムだんきゅう　ケイム段丘 kame terrace ⇨ケイム

ケイムモレーン kame moraine　⇨ケイム

けいりゅう　渓流 mountain stream　山地を流れる河川のこと．一般に急勾配で河床堆積物の粒径が大きい．砂防学では山地河川と同義で用いることもある．また，扇状地より上流の河川を指す場合や土石流が典型的な土砂移動現象であるような河川をいう場合もあり，定義は一定していない．⇨山地河川　〈島津弘・中村太士〉

［文献］砂防学会 監修（1991）「砂防学講座」，第4巻．山海堂．

ケイワイ ky kilo-year 現象の経過時間を「1,000年」単位で示す"kilo-year"の略語．例えば，ある地学現象の始まりと終わりの経過時間（例：段丘面の形成時間）が2,000年間であれば，2kyと書く．⇨数値年代 〈鈴木隆介〉

ケウィール kewir ⇨プラヤ

ゲーサイト goethite ⇨針鉄鉱

ケースハードニング case hardening 凝灰岩や砂岩・礫岩などの間隙の多い岩石の表面における硬化作用あるいは硬化した薄層をいう．岩石表面における溶解作用によるセメント物質の集積や砂漠ワニス*（デザートバーニッシュ）起源のものなど形成プロセスは多様． 〈松倉公憲〉

ゲータイト goethite ⇨針鉄鉱

ゲオトープ geotope エコトープを形成する様々な地因子のうち，地形，土壌，気候といった非生物因子によって特徴づけられる，形態的・機能的に同質な空間単位．ジオトープとも．H. Leser (1984) はゲオトープを対象とする専門領域を地生態学 (Geoökologie) とよび，C. Troll (1939, 1966) による地生態学と用法が異なる． 〈高岡貞夫〉

げきへんせつ 激変説 catastrophism ⇨天変地異説

げこく 下刻 down cutting かこく（下刻）の誤読 ⇨下方侵食 〈鈴木隆介〉

ケスタ cuesta 走向山稜の一種で，傾斜20°以下の同斜構造をもつ互層の差別侵食で生じた非対称山稜．cuestaの語源はスペイン語の丘や斜面である．ケスタは地形種*の名称であるから，「ケスタ地形」とはいわない．その緩傾斜側の斜面をケスタ背面（back slope, dip slope：傾斜斜面*という訳は不明解なので避ける），急傾斜側をケスタ崖（cuesta scarp, front slope：階崖，層崖の訳もあるが，不明解なので避ける）という．ケスタ崖の頂部からケスタ背面は相対的な強抵抗性岩層（例：石灰岩，砂岩，礫岩，凝灰角礫岩，溶結凝灰岩などの硬岩または高透水性岩）で構成され，その下位に弱抵抗性岩層（例：泥岩，頁岩などの軟岩または低透水性岩）がある．ケスタ背面は必従河川または再従河川に開析され，ケスタ崖には逆従河川*が発達することがある．しばしば複数のケスタが並列する（例：新潟県頸城丘陵・東山丘陵）．ケスタ列の間の谷は適従河川*の侵食谷である．ケスタ背面は流れ盤斜面*であり，その基部の下刻によって柾目盤斜面*になることが多いので地すべりや崩落が発生しやすい．ケスタ崖では崩落と落石が多く，その基部に崖錐や小規模な沖積錐が発達することがある．なお，ケスタに類似した非対称山稜*のうち，傾斜20〜45°の地層の走向山稜*は同斜山稜*，傾斜45°以上の場合はホッグバック*という．しかし，日本では，傾斜45°以下の非対称山稜をケスタと総称している場合が多い．また，日本では，英語のhomocline（同斜*）とmonocline（単斜*）の混同のために，'ケスタは単斜構造の差別侵食地形である'と誤記されることがある．⇨走向山稜 〈鈴木隆介〉

ケスタちけい ケスタ地形 cuesta ⇨ケスタ

けっかく 結核【堆積物の】 concretion 堆積物中に自生鉱物*が沈殿・濃集して形成される団塊状・不規則状の塊の総称．炭酸塩鉱物，黄鉄鉱，燐灰石，酸化鉄，もしくは二酸化珪素などにより形成される．母岩の粒子間に鉱物が沈殿して粒子を膠結するか，沈殿により形成される塊が母岩と置き換わることで発達する．前者の場合，圧密などを受ける前の初成的な堆積構造を保存していることがある．また，生物遺骸を核として発達することがあり，保存状態が良好な化石を産出する．マンガンノジュール，マンガンクラストは鉱物資源としても注目される． 〈関口智寛〉

けっかく 結核【土壌の】 concretion 土壌や母材中の成分が溶出し，再び晶出し沈積して固結（硬化）した二次生成物．管状斑鉄の「高師小僧」，同心円状の鉄・マンガン結核，風化火山灰土の下層に認められるマンガン質の芯をもつ白色の球殻体などがある．また，ポドゾルの鉄集積層に硬化したオルトシュタインもある．湿潤熱帯の土壌にはピソライト・鉄石などが，乾燥〜半乾燥気候のレス地帯では炭酸カルシウム結核であるレス人形，レス小僧などが産状する． 〈宇津川 徹〉

けつがん 頁岩 shale 堆積面（葉理・層理面）に沿って剥がれやすい（乾湿風化する）泥岩．頁岩がさらに硬くなり，かつ剥離性の増したものは粘板岩（スレート）とよばれる． 〈松倉公憲〉

けつごうすい 結合水 bound water, combined water 土粒子や土壌コロイドなどの表面に化学的に結合している水．水分子が数分子層の厚さで強く結合している強結合水と，その外側に弱く結合している弱結合水（吸着水）とからなり，粒子間を自由に移動することはできない． 〈池田隆司〉

けっしょう 結晶 crystal 均質な単体もしくは化合物であり，原子の規則正しい周期配列をもつ．その結果，結晶は規則正しい平面で囲まれた形態をもつ．結晶に対し，周期的な配列をもたない物

質を**非晶質***（ガラス）という．結晶には対称要素があり，結晶形態は32の晶族（点群），結晶構造は230の空間群に分類される．これらは，座標軸（結晶軸）の取り方により七つの結晶系にわけられる．原子配列の方位がそろっている部分だけからなるものを単結晶，二つの結晶が規則的な関係で接しているのを双晶，方位がでたらめな無数の細かい結晶が集合しているものを多結晶という．〈長瀬敏郎〉

けっしょうがく　結晶学　crystallography　鉱物学の一分野で，結晶の形態や内部の原子配列（結晶構造），化学的性質などを研究する学問．
〈松倉公憲〉

けっしょうこく　欠床谷　Kerbtal（独）　谷底部の横断形において，谷底幅が平水時の水面幅とほぼ同じで，常にまたは小規模な出水時にも谷底全体が冠水するような谷をいう．先行谷*の欠床谷では上流域での集中豪雨に伴って，水位が急激に上昇する（例：山形県小国川赤芝峡）．一般に急勾配の岩床河川で，小渓流では土石流が発生することもある．⇨**谷床**（図），**床谷**　〈鈴木隆介〉
［文献］鈴木隆介（2000）「建設技術者のための地形図読図入門」，第3巻．古今書院．

けっしょうど　結晶度　crystallinity　火成岩の結晶作用の程度．ガラスのみからなるガラス質，ガラスおよび結晶からなる半晶質，結晶のみからなる完晶質に区分される．⇨**火成岩**　〈松倉公憲〉

けっしょうへんがん　結晶片岩　crystalline schist　⇨**片岩**

けっせつてん　結節点【流路の】　node　⇨**網状度**

けっせつてんもうじょうど　結節点網状度　braiding index in number of node　⇨**網状度**

けっぴょうとうたさよう　結氷淘汰作用　frost sorting　⇨**構造土**

ケトルホール　kettle hole　氷成堆積物や氷接水流堆積物の堆積過程で，堆積物中に取り残された氷体が融解することによって形成された凹地．ケトル（kettle）ともいう．直径数kmにおよぶものも知られるが，一般的には直径数m〜数十m，深さ数m程度の円形の凹地で，池となっている場合も多い．ケイム*に付随して分布する場合が多く，特にケトルホールが密集する場合には，kame and kettle topographyとよばれる．氷河洪水によって生じたサンダーにも分布し，岩屑を多く含む氷河氷を起源とする場合には，ケトルホールの周囲に堤防状の高まりが生じることもある（rimmed kettle）．
〈長谷川裕彦〉
［文献］Benn, D. I. and Evans, J. A.（1998）*Glaciers and Glaciation*, Arnold.

けば【地図の】　hachures (of map)　地形を直感的に表現するために地図に表示された短線の集合．短線の向きで最大傾斜の方向を示し，太さを変えて濃淡をつけることにより傾斜の程度を示す．
〈宇根　寛〉

けものみち　獣道　animal trail　ウサギ以上の大型動物がしばしば通行して雑草が倒れ，踏み固められた不連続的な道．途中で無数に枝分かれや途切れる場合が多いので，不慣れなハイカーが間違えることがある．⇨**踏み跡**　〈鈴木隆介〉

けらまかいれつ　慶良間海裂　Kerama Gap　沖縄県沖縄島と宮古島のほぼ中間にある最深部水深1,900 m程度の南西諸島弧の鞍部．慶良間海裂の南西縁は比高1,300 mの直線的な急崖となっている．
〈岩淵　洋〉

ゲルストナーのなみ　ゲルストナーの波　Gerstner wave　F. Gerstner（1802）が理論的に研究した波で，有限な波高をもつ周期波に対する最初の理論である．水面形がトロコイド曲線で表されることからトロコイド波理論とよばれる．この理論では①**質量輸送***を説明できない，②流速場が渦ありである，などの理由で現在ではほとんど用いられていない．〈砂村継夫〉
［文献］堀川清司（1991）「新編海岸工学」，東京大学出版会．

ケルミ　embankment-like hummock, peat bank　高位泥炭地にできる微地形の一つ．ドイツ語のKermiがもと．ゆるく傾いた高位泥炭地では，細長く伸びた浅い池とそれに並行する堤防状の高まりが等高線に沿うように何列も続き，全体として棚田のような階段状の微地形ができる．この帯状の高まりをケルミ，水たまりの方をシュレンケ*，両者を併せてケルミ・シュレンケ複合体とよぶ．ケルミの高さは15〜35 cm，幅は1〜数mだが，長さは数mから数十mに達する．ケルミの上にブルテ*が載ることもある．ケルミ・シュレンケ複合体は北欧の泥炭地に広く分布し，日本では尾瀬ヶ原や大雪山に顕著なものがみられる．〈小泉武栄〉
［文献］阪口　豊（1974）「泥炭地の地学」，東京大学出版会．

ケルンコル　kerncol　断層線沿いにみられる鞍部地形で，断層鞍部（fault notch, fault saddle）が適切な用語．Lawson（1904）がシエラネヴァダ山脈南方のカーン（Kern）谷の活断層沿いの鞍部地形に命

名．この地形は断層運動に起因する場合と，断層破砕帯の差別侵食作用に基づく場合とがある．欧米ではほとんど使われないし，日本でも使用されなくなったので，廃語とすべきである．⇨断層鞍部，断層階，ケルンバット，鞍部列　　　　　〈岡田篤正〉

[文献] Lawson, A. C. (1904) The geomorphogeny of the Upper Kern Basin : Publ. Univ. Calif. Dept. Geol., **3**, 291-386.

ケルンバット　kernbut　断層線沿いに近接してみられる凸状地形で，断層突起（fault bench）が適切な用語．Lawson (1904)がシエラネヴァダ山脈南方のカーン（Kern）谷の活断層沿いの突起に，断層鞍部のケルンコルとともに，命名したが，現在は世界的に使用されることはほとんどないので，日本でも廃語とすべきである．⇨断層鞍部，ケルンコル
〈岡田篤正〉

けわしさのしひょう　険しさの指標　index of steepness　⇨流域体積

げんいちちゅうせんせいせいほうしゃせいかくしゅねんだいそくていほう　原位置宇宙線生成放射性核種年代測定法　terrestrial in situ cosmogenic nuclide (TCN) dating　略してTCN年代法ともよばれる．地球表層岩石と宇宙線が反応することによって生成される原位置宇宙線生成放射性核種を利用して，岩盤表面の露出時間を求めたり侵食速度を求めたりする方法．堆積物の年代測定にも使える．現在地形学において主に利用されている核種には，^{10}Be（半減期が150万年），^{26}Al（半減期が71万年），^{36}Cl（半減期が30万年）などがある．同一試料において半減期の異なる二つの核種を計測することにより，侵食速度の見積もりが可能になることもある．したがって，従来見積もりが難しかった各種の地形の諸問題（たとえば，花崗岩のトア*の形成年代，基岩や斜面の削剥・侵食速度，氷食岩盤の露出時間，氷河の消長，侵食段丘の年代，土壌の生成速度など）に，近年この手法が盛んに適用されはじめており，今後この方法を用いた地形研究が爆発的に増加することが予想される．⇨^{10}Be法〈松倉公憲〉

[文献] 兼岡一郎（1998）「年代測定概論」東京大学出版会／松倉公憲（2008）「地形変化の科学―風化と侵食―」朝倉書店．

けんがい　懸崖　overhanging cliff　⇨オーバーハング

げんかいあんそくかく　限界安息角　critical angle of repose　⇨安息角

げんかいこうばい　限界勾配　critical slope　一定の流量が流れている等流水路の勾配を大きくしていくと流速は大きくなり，水深は小さくなって，つ

いには限界水深*（フルード数*が1のときの水深）に等しくなる．このときの水路床の勾配を限界勾配という．限界勾配より急なときの流れを射流*，緩いときの流れを常流*という．　〈渡邊康玄〉

げんかいじりつたかさ　限界自立高さ　critical height of slope　峡谷などの谷壁が垂直な，あるいは急勾配な斜面を保てるのは，谷壁物質が粘着力をもっているからであるが，その谷壁が（たとえば擁壁などの構造物の支持がないような）自然な状態で斜面を維持できる高さには上限があり，その高さをいう．この高さは谷壁物質の強度に依存する（強度が大きいほど高くなる）が，同じ物質であれば，勾配が急なほど小さく，緩勾配斜面ほど大きくなる．限界斜面高さとも．斜面物質の物性（単位体積重量や剪断強度定数など）が得られれば，C. Culmannによる斜面安定解析からこの値を計算で求めることができる．　〈松倉公憲〉

[文献] Carson, M. A. (1971) *Mechanics of Erosion*: Methuen.

げんかいしんしょくりゅうそく　限界侵食流速【土壌の】　critical velocity for erosion (of soil)　土壌表面に流れが作用した場合，土粒子の除去が生じ始めるときの流れの速度をいう．　〈渡邊康玄〉

げんかいすいしん　限界水深　critical depth　開水路に一定流量を流すときに比エネルギー*が最小となる水深で，流れの状態を規定する量．この水深よりも大きい場合の流れを常流*，小さい場合を射流*という．　〈宇多高明〉

げんかいそうりゅうりょく　限界掃流力　critical tractive force　砂礫床上に流れが存在する場合，砂礫床面には剪断応力*が働き，砂粒子を下流へ移動させようとする．この剪断応力を掃流力とよぶ．実際に砂粒子が移動するためには，ある値以上の掃流力が必要となるが，この砂粒子が移動を始める掃流力を限界掃流力とよぶ．限界掃流力は様々な式が提案されているが，実用上利用しやすい形で整理されているものに，岩垣の式がある．限界掃流力は，一般に粒径が大きいほど大きくなるため，粒径の小さな粒子の方が移動しやすい．しかし，粒度構成が広い場合，細かい粒子は大きな粒子の陰にかくれるため，移動しにくくなる．実際の河川では，河床が粒径範囲の広い混合砂礫で構成されているため，粗粒の遮蔽効果が大きく理論上は移動可能な粒径であっても移動しないことがある．混合砂の限界掃流力については，Egiazaroffの式などがある．〈渡邊康玄〉

[文献] 河村三郎（1982）土砂水理学1，森北出版．

げんかいてきおうたんいち　限界適応単位地
adjustable unit area in final stage of degradation of mountain　隆起準平原が河川網によってこれ以上は細分されない程度に多数の丘陵状山地に分割されたときの河間山地を指す．三野與吉*（1942）は，山体は'適応単位地'とよばれる時階ごとに固有の大きさの河間山地に解体されていくとし，初期適応単位地，中間適応単位地，限界適応単位地という河間山地の大きさの変化によって，山地地形の変化を説明した．限界適応単位地は，中間適応単位地（直径約2～5 kmの河間山地）が支谷の発達によってさらに細分化され，これ以下には分割されない小山塊になったときの個々の河間山地を指す．谷や水系の新たな形成はみられず，直径数百 m以下ではほぼ同じ高度を示す丘陵群となり，丘陵は雨洗や匍行によって削剥低下する．丘陵群の所々には，解体の遅れた中間適応単位地が残丘として散在し，輪廻的には老年期の地貌を示す．なお，限界適応単位地の削剥・低下がさらに進むと，分割されていた丘陵群は極めてなだらかな斜面からなり，初期適応単位地とほぼ同じ大きさの一つ小起伏地に統合するとされる．⇨初期適応単位地，中間適応単位地　　〈大森博雄〉

げんかいフルードすう　限界フルード数　critical Froude number　開水路*における流れの状態の限界を表すフルード数* Fc で，$Fc=V/\sqrt{gh}=1$，ここに V は流速，h は水深，g は重力の加速度．$Fc>1$ の流れを射流*，$Fc<1$ を常流*という．　　〈宇多高明〉

げんかいまさつそくど　限界摩擦速度　critical friction velocity　限界掃流力*を流水の密度で除したもの．速度の次元をもつ．掃流力*を流水の密度で除して速度の次元で表したものは摩擦速度*とよばれる．　　〈渡邊康玄〉

げんかいめん　圏界面　tropopause　⇨気圏

げんかいりゅうそく　限界流速　critical velocity　開水路においてフルード数*が1のときの流速．このときの水深を h とすると限界流速 $v=\sqrt{gh}$ で与えられ，この水深における長波*の波速である（g は重力の加速度）．　　〈渡邊康玄〉

げんかいレイノルズすう　限界レイノルズ数　critical Reynolds number　流れにおける層流*と乱流*とを区分するレイノルズ数*．臨界レイノルズ数ともいう．流れの中の初期擾乱の大小によりかなり幅広い範囲の値をとる．限界レイノルズ数は円管路の流れでは約2,000，開水路*では約500といわれているが，これらの値はこれ以下では常に層流となる限界値を示している．擾乱の大きさにかかわらず粘性により乱れが消失するためである．これ以上の値になると直ちに乱流になるわけではなく遷移状態が存在し，円管路では約4,000，開水路では約1,000で乱流となる．　　〈宇多高明〉

けんがん　健岩　bedrock　土木用語で，破砕帯*の両側の非破砕状態の岩盤や風化帯*の下方の未風化の岩盤をいう．堅岩とも．トンネルやダムの建設では，健岩の認定や馬石*（うまいし）の判別は岩盤評価の重要事項である．　　〈鈴木隆介〉

げんきんさよう　減均作用　degradation　外的営力による侵食とマスムーブメント*によって，地表面の凹凸が均され，緩傾斜化ないし平坦化し，ある一定の水準の高さまで高度低下をもたらす地形過程．デグラデーションとも．削剥*とほぼ同義であるが，一定の水準とは何かという問題もあり，定義が曖昧であるから，現在ではほとんど使用されない．逆に凹凸を増加させる増均作用*（aggradation）の対語であり，両者を一括してグラデーション（gradation）というが，現在ではほとんど使用されない古い用語である．　　〈鈴木隆介〉

げんけいしゃうんどう　減傾斜運動　genkeisha-undo　⇨増傾斜運動

げんけいしゃこうたい　減傾斜後退【斜面の】　slope decline　⇨斜面発達

げんけいしゃそくど　減傾斜速度【段丘崖の】　rate of decline（of terrace scarp）　⇨段丘崖の減傾斜速度

げんこうしゅぎ　現行主義　uniformitarianism　⇨斉一説（せいいつせつ）

けんこく　懸谷　hanging valley　合流点またはそれに至近の地点で，支流が本流に滝となって合流している谷．ハンギングバレーとも．不協和的合流*の極端な場合である．本流の下刻速度が大きく，それに支流の下刻速度が追いつかない場合に侵食前線*の下方で生じる（例：南アルプスを刻む早川沿いの支流に多数）．侵食前線を刻む支流をはじめ，河岸段丘の開析谷や山岳氷河の氷食谷でしばしばみられる．特に，谷氷河*の合流点では氷河表面高度が等しくなるため，侵食力の大きな谷氷河に支谷の谷氷河が合流すると，氷食谷底が段違いになり，解氷後に懸谷（氷河懸谷あるいは氷食懸谷）が生じる．　　〈鈴木隆介・長谷川裕彦〉

けんこく　圏谷　cirque　⇨カール

けんこくこ　圏谷湖　cirque lake　⇨カール

けんこくてい　圏谷底　cirque floor　⇨カール

けんこくひょうが　圏谷氷河　cirque glacier　⇨カール氷河

けんこくへき　圏谷壁　cirque wall　⇨カール

げんざいしゅぎ　現在主義　uniformitarianism　⇨斉一説

げんしゃめん　弦斜面　waning slope　⇨斜面要素の分類

げんしょじゅんへいげん　原初準平原　primary peneplain　隆起運動の始めから，隆起と侵食とが釣り合って形成される侵食小起伏面（準平原）を指す．ペンク*（W. Penck）は，山地の地形形成に関して，"隆起運動と侵食作用が同時に行われ，山地の高度は隆起速度と侵食速度との差で決まる"，すなわち"短期間の高度の変化＝隆起速度－侵食速度"という考えを最初に定式化した．この考えに基づき，Penck（1920, 1924）は，"隆起運動の当初から隆起した分が侵食されてしまえば，侵食輪廻の始めから準平原が形成される"として，この準平原を原初準平原（Primärrumpf, primary peneplain）と名づけた．また，W. M. Davis（1899）の終地形として形成される準平原を終末準平原（Endrumpf, endpeneplain）とよぶとともに，"最初に隆起だけがあり，その後は侵食だけで山地地形が形成される"というデービスの侵食輪廻モデルは極端で特殊な例であると批判した．ペンクは原初準平原をデービスの侵食輪廻に対するアンチテーゼ（正反対の説）として提示したが，同時に，造山運動における原地形から準平原に至る山地の高度変化に関して，"すべての山地が，デービスの侵食輪廻とペンクの原初準平原という両極端の地形変化系列の間を通過する"ことを'ペンクのダイアグラム'で示した．なお，隆起速度や侵食速度と地形との関係の研究から，①準平原は小起伏であるため侵食速度はきわめて小さいので，準平原が造山運動によって隆起した場合は，隆起速度が侵食速度を上回り，山は高くなってしまうこと．②逆に，準平原がその低い高度を保ち続けるには，隆起速度は侵食速度に見合った0.05 mm/年程度以下でなければならず，この隆起速度では侵食がない場合でも，100万年で山地は50 mほどの高さにしかなれず，山地が形成されないので，'造山運動による地形変化'を論じたことにはならないこと．③準平原（低平な侵食小起伏面）があるとすれば，それは隆起に見合う侵食によって形成された新たな準平原ではなく，長期の侵食によって形成された準平原である，ことなどが指摘されている（Ohmori, 1978, 2003; 吉川虎雄, 1984, 1985; T. Yoshikawa, 1985）．すなわち，ペンクのいうような低い位置にある侵食小起伏面（原初準平原）があるとすれば，それは終末準平原として形成されたものであり，結局，アンチテーゼとして提示された原初準平原は終末準平原と同じものを指していること，などが指摘されている．　⇨準平原，終末準平原　〈大森博雄〉

[文献] Penck, W. (1924) *Die morphologesche Analyse*, Ver. J. Engelhorns Nachf.（町田　貞訳 (1972)「地形分析」，古今書院）．／Ohmori, H (2003) The paradox of equivalence of the Davisian end-peneplain and Penckian primary peneplain : *In* Evans, I. S. et al. eds., *Concepts and Modelling in Geomorphology*, TERAPUB, 3-32.

げんすいきょくせん　減水曲線　depletion curve, recession curve　降雨終了後，河川流域からの流出量が時間の経過とともに減少していく状態を図に表したもの．減水曲線は一般的に，時刻 t の流出高を $q(t)$，ピーク時の流出高を q_p とすると，$q(t)=q_p \exp(-\lambda t)$ で表現される．ここで，λ は減衰係数とよばれ，基底流出成分（地下水流出成分）を規定する河川固有の値といわれている．　〈渡邊康玄〉

げんすいしん　減水深　water requirement in depth　水田において，1日に失われる水の量をいい，稲からの蒸散と田面からの蒸発，および土壌中への浸透量の和となる．浸透量は土壌の透水性に依存するので地域によって大きな差がある．単位は，通常 mm・d^{-1} を用いる．　〈池田隆司〉

けんすいすい　懸垂水　suspended water　⇨毛管水

けんすいひょうが　懸垂氷河　hanging glacier　急峻な山腹斜面や岩壁に垂れ下った形態の小氷河である．氷河表面にはクレバスや割れ目がみられる．急斜面上の氷河の末端部は不安定な状態であり，氷河雪崩（ice avalanche）を発生させることがある．ロシアのコーカサス地方のコルカ氷河の末端部は2002年9月に崩落し，岩屑なだれ・土石流によって120人以上の犠牲者がでた．　〈奈良間千之〉

げんせい　現世【地質時代の】　Recent　⇨完新世

げんせいさきゅう　現成砂丘　active dune　飛砂によって現在（過去100年間）も移動・形成・成長しつつある砂丘．一般には植生にほとんど被覆されず裸地となっており，移動砂丘*あるいは裸出砂丘*ともよばれる．日本の海岸砂丘ではまばらな植生に覆われていることが多い．　⇨固定砂丘，被覆砂丘　〈林　正久〉

げんせいの　現成の　contemporary　地形学では，'現成の'という形容詞がしばしば使用される

(例：'現成の'自然堤防，浜堤，砂丘，扇状地，沖積錐，河川攻撃斜面，海食崖)．'現成の'とは「現在，形成されつつある」という意味である．この場合の'現在'は，「もし人工構造物（例：堤防，砂防堰堤，海岸護岸，擁壁）で保護されていなければ，その地形の形成に関与した地形営力が加わったときに，地形変化が起こりうる」という意味である．例えば，海岸に平行な数列の浜堤*がある場合に，最も海岸に近いものが'現成の'浜堤であり，内陸側のものは古い浜堤という．また，現在の河川に接する自然堤防*は'現成の'であり，流路の転流*で放棄された旧河川沿いの自然堤防は古いものなので，'現成の'とはいわない． 〈鈴木隆介〉

けんせいるいだい　顕生累代　Phanerozoic (Eon)　約5億4,000万年前から現在までの地質時代で，古い方から，古生代，中生代，新生代に区分される．その間に，海生・陸生生物群の多様化や衰退が繰り返し生じた．とりわけ，古生代最初のカンブリア紀に，海生動物群の質的な多様化（カンブリア紀爆発）が，引き続くオルドビス紀に，量的な多様化（オルドビス紀大放散）が顕著であった．一方，古生代のオルドビス紀末期，デボン紀後期，ペルム紀末期，中生代の三畳紀末期，白亜紀末期に生物の大規模な絶滅現象（5大生物絶滅事変）が生じている．地球上の大陸は離合集散を繰り返し，集合時には，ゴンドワナ超大陸やパンゲア超大陸の他，大規模な造山帯が形成された．地球全体が温暖な温室期と，寒冷な氷室期が繰り返し，地球の表層環境は大きな影響を受けた．顕生累代以前の地質時代は，先カンブリア時代*（または隠生累代）とよばれる．
〈江崎洋一〉

けんせつけいかく　建設計画　construction scheme　建設事業の開始から完了までの段階的な建設手順と期間を包括的に示したもの．土地造成の場合であれば，造成地の供用開始時期や関連・周辺施設の整備計画などと相互に調整しながら，整地工事，擁壁工事，道路・舗装工事，上・下水道工事，給排水，外溝工事など様々な工事の実施時期や規模などを段階的に示すことになる． 〈吉田信之〉

けんせつちけい　建設地形　constructional landform　造山運動，造陸運動，火山活動などの内作用によって直接つくられた地形を指す．地形変化は"古い地形が破壊され，新しい地形が建設されること"といわれるように，"すべての地形が破壊地形であり，同時に建設地形でもある"ともされるが，Davis（1894）は，隆起（uplift）を建設作用（constructional forces），それによってつくられる新しい地塊（new mass）を建設地形（constructional form）とし，地塊を損耗する作用（wasting）を破壊作用（destructional forces），それによってつくられる地形を破壊地形（destructional form）とした．侵食輪廻においては，原地形が建設地形，次地形が破壊地形となる．辻村太郎*（1932）は，constructional form を構成形態と訳し，構造地形を対応させ，destructional form を育成形態と訳し，侵食地形を対応させている．建設地形は侵食作用を受けていない段階の変動地形（曲隆・断層・褶曲山地）や火山地形を指し，Davis（1894）は原地形上の水系も建設地形としている．すなわち建設地形は，侵食輪廻や内作用・外作用の対比でみた場合の内作用によって直接つくられた地形を指す．なお，侵食作用・堆積作用によってつくられる地形を対象にする場合には，建設地形は扇状地，三角州，砂丘などの堆積地形を指す．しかし，建設地形という用語は現在ではほとんど使われない．　⇒破壊地形　〈大森博雄〉
［文献］渡辺　光（1975）「新版地形学」，古今書院．/Davis, W. M.（1894）Physical geography in the university : Jour. Geol., 2, 66-100.

げんぞんどじょう　現存土壌　current soil　⇒潜在自然土壌

げんぞんりょう　現存量　biomass　ある領域に存在するすべての生きている生物の量を指す．生物現存量，生物体量，バイオマスともいう．地球上のさまざまな生態系の単位面積あたりの現存量は，熱帯多雨林で最も大きく，砂漠や極地，外洋等では小さい．地球上の現存量の合計は乾燥重量にして約1,800 Gtで，その90％以上は森林に存在している．一般に植物群落の発達，植生遷移の過程で現存量は増加するが，これは，群落の発達とともに大気中の二酸化炭素が生物体として固定され貯留されていくことを示す．　⇒群落　〈福田健二〉
［文献］太田猛彦ほか編（1996）「森林の百科事典」，丸善．/Whittakker, R. H.（1970）Communities and Ecosystems, Macmillan（宝月欣二訳（1974）「生態学概説」，培風館）．

げんたいせきめん　原堆積面【火砕流の】　original depositional surface (of ignimbrite), depositional surface of ignimbrite before welding　火砕流が静止・定置した直後の堆積物の上面（地表面）．特に溶結している火砕流堆積物の場合，溶結圧密収縮のため溶結後には堆積面の高度が低下する．このため溶結作用に伴う地形変化を議論する際には，溶結作用が起こる前後の堆積面を区別する必要があり，

溶結前（火砕流の定着直後）の堆積面を原堆積面，溶結作用で低下した堆積面を溶結後堆積面とよぶ．⇨溶結圧密収縮，火砕流堆積面　　　　　　〈横山勝三〉
[文献] 横山勝三（2003）「シラス学」，古今書院．

けんだく　懸濁　suspension　⇨浮流

けんだくぶっしつ　懸濁物質　suspended matter　流体中を浮流の状態で運搬される物質のこと．浮流物質，浮遊物質ともいう．　〈倉茂好匡〉

けんちいし　間知石　kenchi-ishi　四角錐状に整形した石材で，石垣などの石積みに用い，横に6個並べると尺貫法の1間（≒180 cm）になるので，この名称がついた．角錐の底面は四角に近い長方形（短辺：約30 cm）であるが，石積みの上辺用の5角形もある．先細りの角錐の間に砕石（割石，グリとも）を入れて突き固め，土圧の分散と排水を図っており，丸石積みより頑丈である．底面を水平に積む布積みと斜めに重ねる矢羽積みがある．古来，花崗岩や安山岩など異方性の低い岩石が加工されたが，近年では型枠のコンクリート製が多用されている．
〈鈴木隆介〉

げんちけい　原地形　initial landform, original landform　地形変化における出発点となる地形を指す．侵食輪廻説*における原地形は，地殻変動によって新たな水準にセットされた地形を指し，新たな侵食が始まる直前の地形を意味する．通常，海面から隆起した土地や前輪廻の準平原が隆起した土地（隆起準平原）を指し，小起伏平坦地形を意味しているが，輪廻の中絶があった場合は，中絶時の地形が新たな輪廻（部分的輪廻）の原地形となる．原地形は輪廻開始の最初の河川（必従河川・必従谷）の位置や緩急を規定するなどその後の地形変化に大きな影響を与える．現在では侵食輪廻にかかわらず，開析される前の台地の地形や新しい火山体など，地形変化の検討において，検討対象とする地形の'出発点となる地形'を指すことが多い．⇨侵食輪廻
〈大森博雄〉

[文献] 井上修次ほか（1940）「自然地理学」，下巻，地人書館．/Davis, W. M.（1912）*Die erklärende Beschreibung der Landformen*, B. G. Teubner（水山高幸・守田　優訳（1969）「地形の説明的記載」，大明堂）．

げんちけいめん　原地形面　surface of initial landform　⇨原面

げんちざんきゅう　源地残丘　mosor, watershed monadnock　河川の最上流部である水源地域（分水界）にあるために侵食が遅れて高まりとなった残丘を指す．複数形はmosoreと書く．遠隔残丘，モゾール，フェルンリンク（Fernling：遠く離れたもの）ともいう．モゾール（Mosor, mosor）は，A. Penck（1900）が"残丘の中には分水界に存在するために侵食が遅れて形成された（源地）残丘がある"との考えから，クロアチアのダルマチア地方・モゾール山地（Mosor mountains）にちなんで提唱した地形名．この'源地残丘'の提案によって，侵食に対する抵抗性が強い岩石（硬岩）からなる'硬岩残丘'があらためて認識されるようになった．源地残丘は，石灰岩地域のカルスト残丘（残留丘陵，フム：hum）や乾燥地域の残丘（島山：inselberg）では明瞭な高まりとして現れるが，湿潤地域では不明瞭といわれる．ただし源地残丘は，準平原が隆起したとき，再び分水界となるため，地形上は重要な役割をもつとされる．⇨残丘，硬岩残丘　　　〈大森博雄〉

[文献] 井上修次ほか（1940）「自然地理学」，下巻，地人書館．/Davis, W. M.（1912）*Die erklärende Beschreibung der Landformen*, B. G. Teubner（水山高幸・守田　優訳（1969）「地形の説明的記載」，大明堂）．

げんちひょうめん　原地表面　former ground surface　相対的に狭い範囲における急速な地形変化（例：崩落，地すべり）の発生前の地表面．旧地表面，旧地形とも．その地形変化のプロセスの解明に重要である．侵食輪廻説*でいうような，河川侵食などのよる山地や火山の開析前の広域的な地形は原地形*とよばれる．　〈鈴木隆介〉

けんちょう　験（検）潮　tidal observation　⇨潮汐観測

けんちょうぎ　験潮儀　tide recorder　潮位を計測・記録する器械．験潮器ともいう．最も簡単な験潮儀は，目盛りを打った標識を垂直に立て，一定時間ごとに潮位を読み取る験潮竿（tide pole）である．常設の験潮所では，験潮井戸のフロートの昇降を記録する自記式験潮儀が使われている．臨時の験潮所では，水圧式験潮器や超音波式験潮器が使われることもある．最近では，験潮儀の測定機構のみを残してデジタル化・テレメータ化し，インターネット上で即時公開することも行われている．⇨潮汐観測
〈小田巻　実〉

けんちょうきろく　験潮記録　tide record　⇨潮汐観測

けんちょうじょう　験潮場　tide station　験潮儀を設置して潮汐の観測を行う施設．国土地理院のものは験潮場，海上保安庁のものは験潮所，気象庁のものは検潮所と名づけられている．⇨験潮儀，潮汐観測
〈熊木洋太〉

げんとう　源頭【谷の】　valley head　谷線*の上流端で，分水界上の地点．谷頭とも．河谷の上流部は0次谷*の場合が多いが，その下方の1次谷の流向を上流に伸ばし，分水界*に達した地点を源頭とする．普通には登山で沢を遡行していくと，分水界の尾根の鞍部に到達し，その鞍部を源頭とよぶ．しかし，源頭は鞍部ばかりでなく，その沢の分水界の最高点の場合もある．なお，類似語の源流は恒常流の上流端であり，源頭より低い位置にある．⇨源流　　　　　　　　　　　　〈鈴木隆介〉

けんどじょう　検土杖　boring stick, soil auger　土壌調査試掘用の野外用具で，長さ1mないし1.5mの鋼鉄の棒状で，先端から20〜30cmまで縦方向に溝が切ってある．地面に垂直に立て，調査者が荷重をかけることによって，あるいはハンマーで叩くことによって，溝の深さまで穿入させ，一回転させた後，引き上げて溝の土を採取し調べる．これを数回繰り返して，土壌層の土性，土色，腐植，根や土壌生成物などの性状を記載・判定する．調査地域の代表地点選定の予備調査や露頭断面や試坑の下位の土層を調査する際に，検土杖で補うことができる．また，土壌分布域や土壌層深度の境界確定などに用いる．　　　　　　　　　　　　　〈宇津川　徹〉

げんどじょう　原土壌　natural soil　⇨潜在自然土壌

けんねつ　顕熱　sensible heat　物質の相変化が生じない状況の中で，温度変化を生じさせるために使われる熱．潜熱*の対語．　　　　〈森島　済〉

げんばしけんち　現場試験値　in-situ test value　現場（野外）で測定される地形構成物質の物性試験値．弾性波速度試験，貫入強度試験，反発硬度試験，剪断試験や透水試験などがあげられる．供試体試験値に対する語．岩石物性に関する現場試験値と供試体試験値を比較すると，一般に地質的不連続面の少ない土や軟岩の場合には両者はほぼ一致するが，硬岩になると地質的不連続面の影響を強く反映し，現場試験値は供試体試験値*よりも一桁ぐらい小さい．　　　　　　　　　　　　　〈八戸昭一〉

げんぶがん　玄武岩　basalt　苦鉄質火山岩の総称．SiO_2含有量は45〜52 wt%であり，MgO, FeO, CaOに富む．岩石系列により化学組成が異なり，特にアルカリ岩系列の玄武岩は特徴的な多様な鉱物を含む．よく噴出岩体（火山体）を形成するが，岩脈や貫入岩体の急冷周辺相としてもみられる．玄武岩マグマは概ね粘性が低いため，爆発的な噴火は少なく，溶岩流として噴出することが多い．また，大洋底，大洋島，大陸の玄武岩台地などに大規模に産出する．多くの玄武岩は石基と斑晶の区別が明瞭な斑状組織を呈する．石基はガラス質から完晶質まで多様である．　　　　　　　　　　　　〈太田岳洋〉

げんぶがんしつマグマ　玄武岩質マグマ　basaltic magma　地表に噴出して固結すれば玄武岩をつくる組成をもつマグマ．マントル上部の岩石が部分融解してできる．その噴出温度はおおよそ1,000〜1,200℃で，粘性は低い．⇨玄武岩　〈宇井忠英〉

げんぶがんだいち　玄武岩台地　basalt plateau　⇨溶岩台地

けんまめん　研磨面　glacial polish(ing), polished surface　⇨氷河擦痕

げんめん　原面　initial surface, original surface　地形変化において出発点となる原地形の表面を指す．原地形面，原表面ともいう．また，原地形と同じ意味で使うことも多い．侵食輪廻における原地形は，通常は海面から隆起した土地や前輪廻の準平原を指すので原面は小起伏平坦面となるが，輪廻の中絶があった場合は，中絶時の地形が新たな輪廻（部分的輪廻）の原地形となるので，原面は凹凸に富むこともある．原地形は輪廻開始の最初の河川（必従河川と必従谷）の位置や緩急を規定するなどその後の地形変化に大きな影響を与える．なお現在では，侵食輪廻にかかわらず，地形変化の検討において，対象とする地形の'出発点となる地形の表面'，あるいは'開析される前の地形の表面'を指す言葉として使われることが多く，準平原遺物や段丘面などの残存地形の地表面やそれらをもとに復元した地形面，あるいは，谷埋め図や接（切）峰面を指すことが多い．⇨原地形，接峰面　　　　　　〈大森博雄〉

［文献］井上修次ほか(1940)『自然地理学』，下巻，地人書館．/Davis, W. M. (1912) *Die erklärende Beschreibung der Landformen*, B. G. Teubner（水山高幸・守田　優訳(1969)『地形の説明的記載』，大明堂）．

げんめんきょくせん　原面曲線　contour line of initial surface, contour line of original surface　原面の等高線を指す．エオヒプス（eohypse, エオヒプセン：Eohypsen：'原等高線'の意）ともいう．原面の高度分布を等高線で表したもので，隆起準平原面や火山の堆積面などを等高線で表したものを指し，侵食輪廻における原面の等高線図を指すことが多い．現在では，侵食輪廻にかかわらず，段丘地形などをも含めて，対象とする地形の'開析される前の地表面'の等高線を指し，侵食量や地殻変動による変形量の検討などにおいて用いられる．実際的には，谷

埋め等高線図（restored contour map）や接（切）峰面図（summit level map）を指し，S. De Geer（1923）がスピッツベルゲンで作成したのが最初とされる．⇨原面，復旧図　　　　　　　　　　〈大森博雄〉

［文献］辻村太郎（1932）「新考地形学」，第1巻，古今書院．

げんめんのふくげんず　原面の復元図　restored map of initial landform　開析谷に刻まれた台地や丘陵の現在の地形からそれ以前の原地形を復元した図．⇨谷埋図，接峰面図，復旧図　　　〈野上道男〉

げんや　原野　*genya*　農牧業的土地利用のほとんど行われていない広い平坦地や小起伏面を示す日常語・地名用語（例：根釧原野）．原，野原とも．
〈鈴木隆介〉

げんりゅう　源流【河川の】　source (of river)　河流の上流端．普通には年間を通じて恒常流の発生源となる地点であり，一般に1次谷の谷底の谷頭泉である．谷の源頭*より低い地点にある．⇨湧泉の地形場による類型（図）　　　　〈鈴木隆介〉

けんろうざんきゅう　堅牢残丘　monadnock　⇨硬岩残丘

こ

こ-かいこうけい　弧-海溝系　arc-trench system　弧とは島弧と陸弧を指し，弧の前面をほぼ並走する海溝と組み合わせて，特有の地学的な配列が認められる．これらは対をなすとみなされ，弧-海溝系とよばれる．狭まる変動帯に伴われて形成されている．海洋プレートが沈み込む海溝軸にほぼ並行して，弧状山脈や火山帯，この海溝側の火山前線は約200 kmの間隔を保って走る．海溝側に凸状に湾曲した弧を描くので，海溝側が外弧，その反対側が内弧とよばれる．海溝付近に起こる地震は弧の真下に向かって徐々に深くなり，深発地震帯が認められるが，比較的浅い部分で巨大地震が引き起こされる．一方，やや深い部分では深発低周波地震が発生している．活火山は弧状山脈に沿って帯状に分布し，その海溝側に大型の火山が連なるが，内弧側に小型となり，火山岩の性質も異なる．火山帯の大洋側の境界線は火山フロントとよばれ，これが海溝軸と平行に配列するが，これより海溝側には火山は分布しない．どの弧-海溝系も，①海溝軸，②弧状山脈，③地殻の厚さ，④重力の異常帯，⑤浅発地震および深発地震帯，などの配列が同じ順序で並ぶ．太平洋の西側にみられるアリューシャン，千島，日本，伊豆・小笠原，南西諸島・トンガ，インドネシアなどは島弧-海溝系，太平洋の東側に配列する中米-南米（アンデス）などは陸弧（大陸縁弧）-海溝系で，弧-海溝系が典型的に発達した場所．⇨火山帯，火山フロント　〈岡田篤正〉

コアサンプラー　core sampler　コアラーともよばれ，円筒状の試料の採取に用いられる機器の総称である．採取対象は土壌，堆積物，岩石，雪氷，樹木などであるが，樹木の試料採取に用いられる小さな手動のサンプラーから，数千 mの超深層掘削に使用される大型のサンプラーもあり，多種多様である．　〈柏谷健二〉

コアストーン　core-stone　花崗岩のような，比較的等方かつ塊状の岩石において，節理面に沿った風化が進行した結果，風化を受けていない新鮮な部分が球形をなして残存したもの．核岩とも．節理面に沿った風化部は削剥されやすいため，コアストーンのみが残存したトア*をなすこともある．　〈西山賢一〉

こう　江　（Yangtze）river, inlet　河川の中国語の分類名称の一つで，もとは長江を指した．中国南部や北部（例：黒竜江，鴨緑江），朝鮮半島の大河（例：漢江，洛東江）にも用いる．日本では入江（湾）の意味で用い（例：錦江湾），河川名には用いられていない．ただし，江の川や江東区などの地名はある．　〈久保純子〉

こういきおうりょくば　広域応力場　regional stress field　地殻表層部の広域的な応力状態をいう．一般に主応力軸はほぼ定常的な方向であるが，圧縮型と展張型があり，大規模な地質構造の形成過程に対応している．⇨応力場　〈鈴木隆介〉

こういきしひょうテフラ　広域指標テフラ　widespread marker tephra　一般に火山の大規模な爆発的噴火は高い噴煙柱を形成し，噴煙中のテフラ*は風で送られて広域的に飛散・堆積する．また大規模な火砕流も広域に広がって，大量の細粒テフラ（火山灰）を空中に飛散させ，これも風送される（co-ignimbrite ashという）．テフラは基本的に広域分布をする性質があるが，噴火が大規模でかつ多量のガスも噴出し，テフラ粒子の見掛けの比重が軽いほど遠方にまで運ばれる．この中でいくつかの堆積盆地に共通して堆積し，よく保存されて特徴の明瞭な指標層となっているテフラを，特に広域テフラとよぶ．遠距離運搬されてきたものは，一般に細粒で火山ガラスに富む（重い鉱物や石片などの粒子はごく微量）特徴をもつ．厚さは堆積場（保存）条件で異なる．特徴や年代を詳しく調べ，層序編年を編む場合の基準とする．大型のカルデラ火山からはK-Ah，AT，Aso-4など，日本列島と周辺海域を覆う広域テフラが多数知られている．世界の火山地域でも同様である．⇨巻末付録　〈町田洋〉

こういきてきせっせん　広域的雪線　regional

snowline　⇨雪線

こういきふんか　広域噴火　areal eruption　多数地点からほぼ同時期にまたはマグマ溜りのde-roofing（屋根抜け）によって噴火するという仮説について過去に使用された用語であるが，実証された例がないことから，現在では使用されない用語である．　　〈鈴木隆介〉

こういきへんせいがん　広域変成岩　regional metamorphic rock　源岩が地下深部において高温高圧下にさらされて形成された変成岩．接触変成作用より広範囲でおこる変成作用という意味合いで名付けられた．縞状構造*や線構造*をもつ．温度・圧力条件によって，圧力（深さ）のわりに温度の高い高温低圧型（単に低圧型とも）と，圧力のわりに温度が低い低温高圧型（単に高圧型とも）に分類される．　　〈松倉公憲〉

こういきへんせいさよう　広域変成作用　regional metamorphism　⇨変成作用

こういきへんせいたい　広域変成帯　regional metamorphic belt　広域変成岩やそれに伴う花崗岩質岩石が広く帯状に分布する地帯．略して変成帯という．その規模は数百km以上も続くことが普通．高温低圧型変成帯と低温高圧型変成帯がしばしば対をなして出現することが知られている．〈松倉公憲〉

こういだんきゅう　高位段丘　higher terrace　ある地域に，海成・河成・湖成を問わず複数段の段丘が分布する場合，高位置にある，すなわちより古い時期に形成された段丘を指す．上位段丘（upper terrace）というよび方もあるが，層位的な上位・下位と段丘地形の上下の配列とでは新旧の順が逆になるので，混乱を生じるおそれがある．日本では1950年代以降，各地の段丘地形・堆積物の対比・編年の研究が進んだ結果，1960年代には，編年的位置づけを示すため，低位段丘（lower terrace，ほとんどが河成，例えば南関東では立川面を中心とするもの）は最終氷期に，中位段丘（middle terrace，南関東では下末吉面）は最終間氷期に，高位段丘（higher terrace，南関東では多摩面群）は中期更新世に，それぞれ形成されたものを指すという用語法が広まった．その場合の高位段丘面はかなり開析され従順化して丘頂緩斜面となり，高位段丘堆積物は風化が進んで，礫層は「くさり礫」化し，古赤色土が発達していることも少なくない．しかし，河成段丘の場合は縦断方向での交差，海成段丘の場合は地域的な隆起速度の差異があって，形成時期と比高との関係は一様ではなく，一方で1980年ころから地形面・堆積物の時期表示に海洋酸素同位体ステージ*（MIS）を用いることが普及したので，特定の時期の意味をもたせて高位・中位・低位段丘という名称を用いることは少なくなってきた．　⇨段丘，段丘面区分
〈田村俊和〉

こういでいたん　高位泥炭　high moor　⇨高層湿原

こういでいたんち　高位泥炭地　upland bog, high moor, raised bog　泥炭地*を，その地表面と地下水面との高低関係によって分類した場合の呼称の一つ．地表面が地下水面よりも高い位置にまで盛り上がったもので，その中央が高まり，全体が時計皿を伏せたような形になったものを指す．その盛り上がりは貧栄養性環境を好むミズゴケの生育で形成される．高位泥炭地には池塘*をはじめ種々の泥炭地に特有な微地形類が発達する．　⇨中間泥炭地，低位泥炭地　　〈小泉武栄〉
［文献］阪口 豊（1974）「泥炭地の地学」，東京大学出版会．

こういどどじょう　高緯度土壌　soil of high latitude　北半球の高緯度土壌には，北極海周辺にツンドラ植生が，その南方にタイガ林が広がる．この地域では氷河に覆われなかった中央シベリアから東シベリアにかけて永久凍土層が連続して広がり，北米大陸にも非連続の永久凍土層が分布する．永久凍土層をもつ土壌は，凍結融解作用の影響を強く受けており，土壌分類（WRB）ではクリオソル（Cryosols），土壌分類（Soil Taxonomy）ではジェリソル（Gelisols）とよばれる．かつて氷河に覆われていたスカンジナビア半島やカナダなどではポドゾル*が広く分布する．高緯度地域には湖沼や沼沢地も広いが，その周辺では泥炭土壌やグライソル（Gleysols）とよばれる湿性土壌が発達している．降雨緯度地域は地球温暖化による温度上昇が最も大きいと予測されている地域であり，永久凍土層の分布縮小による影響が懸念されている．　　〈金子真司〉

こうう　降雨　rainfall　雨*が降ること，または降る雨のことをいう．　⇨降水　　〈山下脩二〉

ごうう　豪雨　heavy rain　平年に比べて大量な降水量を伴う雨で，特に災害が発生するほどの大雨を豪雨とよぶ．大雨・豪雨の定義は気象学上ではなされていないが，防災の観点から気象庁では大雨の基準を地域に即した値で設定している．　〈森島 済〉

ごううがたのかざんがんせつりゅう　豪雨型の火山岩屑流　volcanic debris-flow caused by heavy rain　噴火期およびその直後に豪雨があると，火山

斜面に堆積していた火山砕屑物が大量に流下し，谷に集まって大規模な火山泥流を生じる．基本的には普通の土石流と同じであるが，噴火直後に河谷沿いばかりでなく斜面でも多発するので，火山岩屑流に包括される（例：桜島・有珠火山などで頻発）．⇨火山岩屑流（表） 〈鈴木隆介〉

こううきょうど　降雨強度　rainfall intensity 降水の強さ（降水強度）のこと．単位時間あたりの降水量で表す．特に降水が雨のみの場合には降雨強度（雨量強度）という．1時間あたりの降水量で表すことが多い． 〈森島　済〉

こううじかん　降雨時間　rainfall duration ⇨降水時間

こううしゃだんさばく　降雨遮断砂漠　rain-shadow desert 海洋からの湿った空気を遮断する山地の背後に発達する砂漠．雨陰砂漠とも．陸に向かって移動する湿った海上の空気は，山脈にぶつかり上昇する．その際，気温が低下し，雲が形成されやがて降雨や降雪をもたらす．山脈を越えたときには，大半の湿気は失われて乾燥状態となり，砂漠の条件をつくりだす．米国西部のシエラネヴァダ山脈を乗り越えた先にあるモハーベ砂漠とグレートベースンはこの砂漠の例である． 〈松倉公憲〉

こうえん　公園　park, public park 一般市民が利用できるように管理された園地・自然地．公園には，遊園地，街区公園，児童遊園，都市公園，動・植物園など，主に都市にある都市公園，農業公園など都市以外にあるもの，山地や海岸など自然のなかに設置された自然公園がある．景観や動植物，地形などを保護するために指定された自然公園として，国立公園*，国定公園，ジオパーク*などがある．世界自然遺産地域は，主目的が自然の保護であるが利用も否定していないので自然公園の一種とみなすことができる． 〈岩田修二〉

こうおんそう　恒温層　isothermal layer ⇨地温勾配

こうおんそうしんど　恒温層深度　depth of isothermal layer 地表から恒温層までの深さで，地熱地帯を除けば，一般に高緯度・高山地帯ほど浅く，日本では10～20 mである．恒温層面における温度も，同様に一般に高緯度・高山地帯ほど低く，日本では10～18℃程度である．⇨地温勾配 〈鈴木隆介〉
［文献］山本荘毅（1983）「新版地下水調査法」，古今書院．

こうおんていあつがたへんせいたい　高温低圧型変成帯　high-temperature and low-pressure type metamorphic belt ⇨広域変成帯

こうかい　公海　high sea いずれの国の内水，領海，排他的経済水域，群島水域にも含まれない海で，すべての国に開放され，共通に使用しうる海．⇨領海 〈八島邦夫〉

こうかいぞうどこうすいナウキャスト　高解像度降水ナウキャスト　high-resolution precipitation nowcasting ⇨降水ナウキャスト

こうかいぶ　広開部【谷底の】　wide valley-floor 河谷の谷底幅は一般に下流ほどしだいに大きくなるが，局所的に顕著に広くなっているところ．広開部は，侵食に対する弱抵抗性岩や断層破砕帯の差別侵食*，本流の谷底に達した大規模な地すべり移動体の侵食（例：宮城県名取川沿岸の茂庭付近）などに起因し，著しく側方侵食された結果として生じる．⇨谷底幅異常 〈斉藤享治〉

こうかいめんき　高海面期　high sea-level period 海水準が現在と同程度あるいは現在よりも高い時期のこと．第四紀においては温暖な間氷期に海水準が繰り返し上昇した．日本では完新世中期の海水準が現海水準よりも2～3 m程度高い位置に確認されることが多い．しかし，これはハイドロアイソスタシーによる陸地の隆起によって説明される．したがって，この時期における海水の量が現在よりも多かった，つまり氷床が現在よりも縮小していたわけではない． 〈堀　和明・斎藤文紀〉

こうかかさいたいせきぶつ　降下火砕堆積物　air-fall pyroclastics, pyroclastic-fall deposit, (subaerial) fallen deposit 噴火で火口から放出され，空中を飛行して地上に落下堆積した火山砕屑物．降下テフラとも．噴石・火山弾・降下火山灰・降下軽石・降下スコリアなど．弾道降下堆積物と風成降下火砕堆積物とに区別される．⇨弾道降下堆積物 〈横山勝三〉

こうかかるいしたいせきぶつ　降下軽石堆積物　pumice-fall deposit プリニー式噴火などの爆発的噴火で，火口から上空へ噴き上げられ，地上に落下堆積した軽石の集合体．空中飛行中に淘汰作用を受けて一地点には粒径が比較的に揃った軽石塊が落下堆積するため，堆積物は全体として粒子間に隙間が多いことが特徴．"降下軽石"と略して表現することも多く，地層としての認定に重点を置く場合には"降下軽石層"と表現．⇨軽石，プリニー式噴火 〈横山勝三〉

こうかく　岬角　headland ⇨岬

こうかくだんそう　高角断層　high-angle fault

⇨断層の分類法（表） 〈横山勝三〉

こうかざんかてい　後火山過程　post-volcanic process　火山の顕著な活動期の終息後にも，噴気活動や熱水の流出が続き，それらによって火山岩や基盤岩の変質や温泉湧出が起こる現象の総称．それに派生して地すべりが発生することもある．⇨噴気活動　〈鈴木隆介〉

こうかしんとう　降下浸透　percolation　降雨などで供給された土壌中の水が，重力によって地表面から地下水面まで下方に流れる過程のこと．透過とも．その水量を降下浸透量という．土壌内を飽和状態で流れる場合もあるし，間隙の一部を不飽和状態で流れる場合もある．　〈池田隆司〉

こうかしんとうりょう　降下浸透量　quantity of percolation　⇨降下浸透

こうかスコリアたいせきぶつ　降下スコリア堆積物　scoria-fall deposit　爆発的噴火で，火口から上空へ噴き上げられ，地上に落下堆積したスコリアの集合体．空中飛行中に淘汰作用を受けて一地点には粒径が比較的揃ったスコリア塊が落下堆積するため，堆積物は全体として粒子間に隙間が多いことが特徴．"降下スコリア"と略して表現することも多く，地層としての認定に重点を置く場合には"降下スコリア層"と表現．⇨スコリア　〈横山勝三〉

こうかせき　抗火石　koka-seki　伊豆諸島の新島，式根島，神津島などに分布する溶岩円頂丘*を構成する多孔質流紋岩の石材用語．「こうがせき」とも読まれ，「コーガ石」とも表記される．軽量で耐火性に富むことから，建築用石材や焼却炉用資材，耐火モルタルの細骨材などに使用される．渋谷駅に設置されている「モヤイ像」は新島産の抗火石でつくられている．⇨流紋岩　〈松倉公憲〉

こうかテフラ　降下テフラ　air-fall tephra　⇨降下火砕堆積物

こうカルデラかざん　後カルデラ火山　post-caldera volcano, post-caldera cone　カルデラの形成後，カルデラ内部に生じた火山．カルデラ形成後にその外縁部に生じた火山も含めることがある．後カルデラ（火口）丘とも．中央（火口）丘とも．陥没カルデラに形成されることが多い．火山の数，種類，規模，カルデラ内における位置などは多様で，火山群をなす場合も多い．支笏カルデラの樽前山・風不死岳・恵庭岳，洞爺カルデラの有珠山・中島，十和田カルデラの御倉山・中湖，箱根カルデラの神山・駒ヶ岳・二子山，阿蘇カルデラの高岳・中岳，姶良カルデラの桜島などが例．⇨二重式火山

こうがん　硬岩　hard rock　地質学上の岩石名だけでは適確に表現できないような岩盤の工学的性質を簡潔に言い表すための用語で，一軸圧縮強度*で20〜50 MPa（200〜500 kgf/cm^2）以上の硬質の岩石．地盤工学会基準では25 MPa（250 kgf/cm^2）以上を硬岩系岩盤と定義．岩盤挙動は，主に節理などの不連続面によって支配される場合が多い．⇨軟岩　〈吉田信之〉

こうがんざんきゅう　硬岩残丘　monadnock, strong residual　侵食に対する抵抗性が強い岩石（硬岩）であるために周辺よりも侵食が遅れて高まりとなった残丘を指す．堅牢残丘，モナドノック*，ヘルトリンク（Härtling）ともいう．monadnockは典型的な残丘地形であるアメリカ・ニューハンプシャー州のMt. MonadnockにちなんでW. M. Davis（1895）が命名した地形名で，アメリカで使われる．ドイツ語圏では，H. Spethmann（1908）によってmonadnockのドイツ語訳として提案されたHärtling（ヘルトリンク：硬いもの）が使われる．デービスがモナドノックの地形名を提案した当時は，周辺よりも侵食が遅れて高まりとなる地形は硬岩のためと考えられていたので，特に'硬岩残丘'という認識はなかったが，後にA. Penck（1900）によって'源地残丘（mosor）'が提案されて，岩石物性に起因する'硬岩残丘'が明確に意識されるようになり，monadnockは硬岩残丘を指すようになった．なおmonadnockは，特にアメリカでは現在でも残丘の総称として使われることが多い．⇨残丘，源地残丘　〈大森博雄〉

［文献］井上修次ほか（1940）「自然地理学」，下巻, 地人書館. ／Davis, W. M.（1912）Die erklärende Beschreibung der Landformen, B. G. Teubner（水山高幸・守田　優 訳（1969）「地形の説明的記載」，大明堂）．

こうかんせいようイオン　交換性陽イオン　exchangeable cation　土壌に吸着されている陽イオンの中で，塩類溶液を添加したときに添加した塩類イオンと交換することができる陽イオンのこと．一般的には，Ca^{2+}，Mg^{2+}，K^+，Na^+ および Al^{3+} をいう．前者の三つは1M酢酸アンモニウム溶液を，Al^{3+} は1M塩化カリウム溶液を用いて抽出する．交換性ナトリウム量の陽イオン交換容量*（CEC）に占める割合（ナトリウム飽和度）が15％を超えると強度のアルカリ性を示す土壌になる．　〈田村憲司〉

こうかんへいや　洪涵平野　floodplain　⇨氾濫原

こうきあつ　高気圧　high pressure　周囲に比べて気圧が高いところを指す．上空で力学的理由から低温（高密度）の大気が下降しているところでは高気圧となる．下層に逆転があり低温層が存在する場合も同様である．高気圧には低気圧と違って高気圧を維持する機能はない．⇨低気圧　〈野上道男〉

こうきかくていぼう　高規格堤防　high-standard levee　⇨スーパー堤防

こうききゅうせっきじだい　後期旧石器時代　upper paleolithic period　旧石器時代における最後の段階で，クロマニヨン人などの新人が活躍した時代とされる．年代的には，5万年前頃から1万年前頃までの期間に相当する．現代につながる文化要素が生まれた時代であり，日本でも人類活動の痕跡が確認される．　〈朽津信明・有村　誠〉

こうきこうしんせい　後期更新世　Late Pleistocene　層序学的に正確を期すれば更新世後期または後期更新期というが，わが国では慣用的に用いられる．更新世を細分した場合の最後の時期．地層を表現するときは上部更新統とよぶが，これも慣用句で，本来は上部更新階という．上部更新階下底の模式候補地は従来オランダのアムステルダム駅地下にあり，湖成層から始まり浅海成層を経て河成層にいたるエーム層の下底近くに設定されている．この年代は海洋酸素同位体ステージ*（MIS）の5eの始まりとされている．ただし，2006年の国際第四紀学連合オーストラリア大会以降，この模式地が国際層序ガイドの模式地選定条件に合わないことを理由にイタリアなど他の模式地を模索している．この時期の上限は完新世の下限であり，模式候補地はグリーンランド氷床NGRIP2コアの中に設定されている．年代的にはAD 2000年から1万1,700年前とされる．　〈熊井久雄〉

[文献] Ogg, J. G. et al.（2008）*The Concise Geologic Time Scale*, Cambridge Univ. Press.

こうくうカメラ　航空カメラ　aerial camera　測量用の空中写真を撮影するために航空機に搭載されるカメラ．機械的なフィルムによるアナログ航空カメラ（Zeiss社製のRMKシリーズ，Wild社製のRCシリーズなど）と複数のCCDなどの組み合わせによるデジタル航空カメラ（ZI Imaging社製のDMC，LH Systems社製のADS40など）があり，IT技術の革新によりデジタル航空カメラが主流になりつつある．　〈森　文明・河村和夫〉

こうくうしゃしん　航空写真　aerial photograph　空中写真のうち，航空機から撮影された写真．⇨空中写真　〈森　文明・河村和夫〉

こうくうレーザスキャナ　航空レーザスキャナ　airborne laser scanner　航空機に搭載された地上調査用のレーザ測距装置．⇨航空レーザ測量　〈熊木洋太〉

こうくうレーザそくりょう　航空レーザ測量　light detection and ranging, LIDAR　航空機（飛行機またはヘリコプター）に搭載したレーザ測距装置により航空機と地表面の距離を測定することにより，地表面の三次元点群座標を取得する測量技術．ライダー（LIDAR）ともよばれる．航空レーザ装置にはGPS・IMU装置*が同装されており，レーザ光の照射位置と照射方向が取得される．これら三つのセンサーにより取得される距離・照射位置・照射方向データを解析することで，レーザ光が地表面で反射した地点の三次元座標（平面座標，標高値）が求められる．三次元点群データには地形以外の地物（建物や樹木など）が含まれているため，地形データを得るためには地物分離処理（フィルタリング処理）が必要となる．得られる地形データは，等高線図（航空レーザ等高線図）・立体地図の作成，地形解析データとして利用される．航空レーザ計測装置は欧米を中心に開発が進み1995年頃日本に導入された．広範囲を短時間でかつ面的に地形データが取得できることから測量だけでなく，河川・道路・砂防・防災・環境・災害復旧などに幅広く利用されている．この計測方法の特徴は，従来の航空写真測量に比べ，計測が天候に左右されにくいこと，光量が少ない状況でも計測が可能なこと，樹林下の地形を直接レーザ光で計測できること，精度は機械誤差のみで人為的誤差が入らないこと（機械精度は高さ方向で15 cm程度）である．　〈相原　修・河村和夫〉

こうくうレーザとうこうせんず　航空レーザ等高線図　LIDAR contour map　⇨航空レーザ測量

こうけいそうげん　高茎草原　tall herb meadow　キンポウゲ科やセリ科などの，背丈がおよそ50 cmを超えるような草本からなる草原．広葉草原ともいう．山地帯・亜高山帯において雪崩が頻発して森林が成立しない場所や，高山帯のうちカール内部のように風衝を受けず水分や養分の条件のよい場所に成立する．低標高域の氾濫原などに成立するヨシやオギからなる草原に対しても用いられる．⇨乾生植物　〈高岡貞夫〉

[文献] 福田正己ほか編（1984）「寒冷地域の自然環境」，北海道大学図書刊行会．

こうげきしゃめん　攻撃斜面【河川の】　undercut slope　生育蛇行または自由蛇行の河道における外側（凹側の河岸）に形成される急斜面または急崖．その部分を攻撃部というが，工学分野では水衝部*（すいしょうぶ）という．生育蛇行では攻撃斜面の基部に流路が接し，その基部に岩盤が露出し，淵をつくる．その基部での側方侵食によりノッチが形成され，その上方の斜面が崩壊して，蛇行振幅が拡大していく．自由蛇行においても谷線*（たにせん）（talweg）が流路中心より攻撃斜面側に偏在し，攻撃斜面基部には淵が形成される．また，河岸物質の侵食，崩落によって生産された土砂が攻撃斜面基部に一時的に堆積している場合もある．⇒蛇行，穿入蛇行　　　　　〈島津　弘〉

こうげきすい　孔隙水　pore water　⇒間隙水

こうげきぶ　攻撃部【蛇行の】　undercut slope　⇒攻撃斜面，直走部

こうげきりつ　孔隙率　porosity　⇒間隙率

こうけつさきゅう　こう（膠）結砂丘　lithified dune　サンゴ礁で生産された有孔虫などの死骸やサンゴ破砕物が海浜に打ち上げられ，風で吹き上げられた石灰質砂（eolianite）がつくる砂丘．砂丘形成後，降雨によってカルシウムが溶け出し，砂をこう（膠）結する．こう結砂丘の形成期はバミューダ島で典型的なように間氷期や完新世の高海水準期であるが，南西諸島のように氷期に形成されたものもある．喜界島の水天宮砂丘は最終氷期に形成され，こう結砂丘の間に何層ものレスを挟む．こう結砂丘の北限はサンゴ礁の北限とほぼ一致するが，地中海沿岸のように北緯35°以北の地域でも石灰岩が分布する地域では内陸から供給されたカルシウム分がこう結砂丘を形成する．　　　　　〈成瀬敏郎〉

こうげん　高原　plateau, tableland　比較的に平坦ないし小起伏の頂面をもち，周囲より高い広大な山地や丘陵を漠然という用語．チベット高原，デカン高原，ブラジル高原，美濃三河高原，吉備高原，妙高高原などのように，高原とよばれる地域の規模・形態および成因は多種多様であり，地形学的に明確な定義はなく，日常用語である．　〈鈴木隆介〉

こうげんひょうが　高原氷河　plateau glacier　⇒山岳氷河

こうがく　考古学　archaeology　人類が地球上に登場して以降，現代に至るまでの人類活動の歴史を，遺跡や遺物などの物的痕跡に基づいて解明する学問．学史的には遺物そのものを対象とした古物研究に始まるが，現在はそれらに基づく人類の歴史や文化の解明に主眼が置かれており，特に過去の社会が残した物質文化を研究する人文科学の一分野として捉えられる．文字資料がないまたは少ない時代の人類の歴史を解明する際に特に有力な手段となるが，その一方で歴史時代においても，文字情報のみから構築される考察を考古学的検証が補完できる場合があり，考古学の対象は必ずしも古い時代には限られない．近年，遺跡（岩石構造物）の風化・劣化（とその防止）に関する研究などで，地形学との接点が増えつつある．　〈朽津信明・有村　誠〉

［文献］泉　拓良・上原真人編著（2009）『考古学—その方法と現状—』，放送大学教育振興会．

こうこがくてきいせき　考古学的遺跡　archaeological site　⇒遺跡

こうこがくてきけいしきへんねんほう　考古学的型式編年法　archaeological chronology by typology　土器や石器といった各遺物において定義された型式群を年代順に配列することでつくられた相対編年の一つ．遺跡群や遺物群を比較する際の時間的な物差しとして利用される．　〈朽津信明・有村　誠〉

こうごごうりゅう　交互合流　alternate confluence　本流の蛇行に対して，左右からの支流が本流の攻撃部に交互に合流する状態をいう．本流が5次以上の河谷に4次以下の支流が合流する場合はほとんど交互合流を示すが，1次または2次の支流は本流に直交するように合流する場合が多く，交互合流を示さないことが多い．⇒合流形態（図）
　　　　　　　　　　　　　　〈鈴木隆介〉

こうごさす　交互砂州　alternate bar, alternating bar　河川の左右岸に交互に形成される砂州（砂礫の堆積体がつくる地形的高まり）のこと．礫分を含む場合は交互砂礫堆ともよばれる．一般に，河川の横断方向に，相対的に高い部分と低い部分が1組形成されている単列砂州を指し，2組以上形成される場合を複列砂州*とよんで区別している．これらは中規模河床形態に分類され（⇒河床形態），そのスケールは川幅によって規定される．
　　　　　　　　　　〈木村一郎・渡邊康玄〉

こうごされきたい　交互砂礫堆　alternate bar　⇒交互砂州

こうこじきがく　考古磁気学　archeomagnetism　古地磁気学のなかでも，特に考古学の対象となる過去1万年間の地球磁場を研究する分野をよぶ．湖の堆積物や，人工物である遺跡の'かまど跡'，焼け土，土器片などを研究対象とし，研究する例が多い．かまどや焼け土は，焼成中に土壌中の鉄鉱物が酸化して赤鉄鉱に変わるとき，その当時の地球磁場の方向に熱残留磁化を獲得する．'かまど'や焼け土ができ

るときの炭化物があれば，それらが形成された時代も放射性炭素年代法（^{14}C 法）で求めることができ，地球磁場の時間変化を明らかできる．日本では7世紀以降の土器では，土器技術の変遷を木簡や文書で，10年単位で押さえられているので，土器編年からかまど跡の精度の高い形成時期を求めることができる．土器片からは，地球磁場方向は求めることは難しいが，テリエ法を用いて地球磁場強度を求める研究が行われている．日干し煉瓦から地球磁場強度を求める試みもある．　　　　　　　　〈乙藤洋一郎〉

［文献］Tarling, D. H.（1985）Archaeomagnetism: *In* Rapp, G. and Gifford J. A.（eds.）*Archaeological Geology*, Yale Univ. Press.

こうこどじょうがく　考古土壌学　archaeopedology　考古学は遺物や遺構などの"考古遺跡"を対象にして当時の社会の様相や人類史を研究する歴史学である．一方，土壌学は"土壌"の性状や生成を研究する基礎科学と同時に食糧や森林資源の生産を支援する応用科学でもある．考古遺跡は通常土層に埋積して，遺物などの研究対象はその下位の土層に挟在しているために，考古研究は土壌層を媒介にして行う．したがって遺物の発見や遺構の形態だけの調査でなく，土壌層本体の性状，生成などを土壌学の原理，調査，実験そして土壌学的表現を活用することにより，考古学的情報を豊かにし，さらに遺跡周辺域も含めた立地環境を総合的に把握することができる．このように土壌学的なさまざまな知見，実践力を総動員して考古遺跡の復元に努める分野を考古土壌学とよぶ．　　　　　　〈細野　衛・佐瀬　隆〉

［文献］松井　健（1989）「土壌地理学特論」，築地書館．

こうこへんねん　考古編年　archeological chronology　考古学が対象とする，遺物や遺跡などの事物を年代順に配列すること．相対編年法と絶対編年法とがあり，相対編年法の中で，土器や石器などの型式に基づいて編年を行う方法が，考古学的型式編年法*とよばれる．また，それぞれ用いられる遺物により土器編年，石器編年とよばれる．一方，絶対編年法には，製作年代のわかる文字情報をもった遺物を利用したり，自然科学的手法を利用する方法などがある．考古編年とは，これらの方法を合理的に組み合わせて正確に年代順に配列することを意味し，必ずしも考古学的方法論のみを指すわけではない．　　　　　　　　　　〈朽津信明・有村　誠〉

こうさ　黄砂　yellow sand　中国北西部のオルドスやゴビ砂漠などの乾燥地の砂が，砂嵐で舞い上がり，偏西風や上空のジェット気流に乗って韓国・日本へ飛んでくるものを指す．3〜5月に多い．黄砂の粒径は 0.003〜0.03 mm のシルトであり，「砂」よりはるかに細粒である．そのため風成塵*ともよばれる．鉱物としては石英が多く，雲母や長石などからなる．　　　　　　　　〈松倉公憲〉

こうさじゅんへいげん　交差（叉）準平原　intersecting peneplain, intersected peneplain　準平原面の傾斜が異なるために，交差する新旧の準平原を指す．交叉準平原とも書く．多輪廻山地（階段準平原）の形成において，古い準平原が曲隆や傾動隆起した場合，新しく形成される準平原は，山地縁辺部で古い準平原と斜交する形で形成される．地形の断面を描くと準平原面が交差するので二つの準平原を交差準平原とよぶが，交差している個々の準平原を指すことも多い．交差を生ずる地殻変動には曲隆や傾動があり，交差関係が発生する間の地史も様々であるので，交差の様式は多様であるが，旧準平原は海側で埋没準平原（地層に覆われた準平原）となることが多い．古典的で典型的な交差準平原は，W. M. Davis（1889）が指摘し，後に D. W. Johnson（1931）によって形成過程が修訂正・再説明され，最近では F. J. Pazzaglia and T. W. Gardner（2000）によって地形学的・層序学的に再検討されたアメリカ東岸・アパラチア山脈の東側山麓の交差準平原である．そこではペルム紀〜ジュラ紀形成のフォールゾーン（Fall zone）準平原と白亜紀後期〜古第三紀初期形成のスクーリー（Schooley）準平原が交差している．交差部では，埋没していたフォールゾーン準平原が山麓に沿って帯状に剥離・露出し，モーバン（morvan）となっている．モーバンを横切る河川は瀑布（滝や急流）となることが多いため，モーバンに沿って，水力を利用した滝線都市が発達した．なお，E. Scheu（1921）は，交差準平原群において，新しい準平原が古い準平原の一部（剥離部分）と一体化してしまうような交差準平原を polygenetische Festebene（多生的準平原・複成準平原）とよび，新しい準平原が古い準平原（群）を裁断し一体化していない場合は，monogenetische Festebene（単成準平原）とよんだ．　⇨準平原，モーバン　〈大森博雄〉

［文献］Chorley, R. J. et al.（1984）*Geomorphology*, Methuen（大内俊二訳（1995）「現代地形学」, 古今書院）．

こうさだんきゅう　交差段丘　intersected terrace　河成段丘面*を川の縦断形に投影したときに，形成期が異なる段丘面の縦断形が互いに交差するような河成段丘．斜交段丘ともいう．下流域の平野における氷期に形成された段丘と沖積段丘との交

差が一般的である（例：多摩川沿いの立川段丘面と沖積段丘面）．⇨河成段丘の収斂，段丘面の連続性（図）〈吉永秀一郎〉

こうざん　鉱山　mine　資源として有用な鉱物を採掘・選鉱・製錬し，主として工業用の原料として供給する事業所のこと．鉱床や鉱床群は必ずしも規則的な形態を示さず，規則的に分布するわけでもない．一方，鉱山は地表に人為的に定めた一定の区画（鉱区）内で作業を行うので，一つの鉱床あるいは一群の鉱床が2つ以上の鉱区によって分割されることがある．そのため，一つの鉱床，鉱床群が必ずしも一つの鉱山に対応しないことがある．〈太田岳洋〉

こうざん　高山　high mountain　山頂の海抜高度が欧米・日本などでは2,000 m以上の山地を指す．一方，中国では3,500 m以上で，山麓と山頂，あるいは，谷底と山頂との比高が2,000 m内外以上の大起伏を示し，森林限界上に突出した鋸歯状山稜をもつ山地を指す．高山性山地ともいう．ヨーロッパではA. Penck（1894）がアルプスを想定し，山頂が雪線以上に突出し，氷河が現存したり，氷食地形，周氷河地形，露岩地などが広がり，氷食を受けた鋸歯状山稜（アレート）が卓越する山地とした．日本では辻村太郎（1923）がペンクの高山に相当するものとして，2,000 m内外の起伏をもつ山地を高連山地（高山）としている．高山の高高度部分だけを指す場合は高山地域や高山帯ということが多い．高山の中腹部は上方からの影響があるので，高度的に同じでも，中山と同じ地形になるとは限らない．なお，ヨーロッパでは，高山はアルプス造山運動（中生代中期以降）によって形成された山地，中山はヘルシニア造山運動（古生代から中生代中期の間）によって形成された山地が長期間削剥された後，アルプス造山運動時に再び隆起した山地，丘陵は中山の開析が進んだものとされることも多い．高度に基づく山地の分類に，これらの山地の履歴が含蓄されていることもあるが，地球規模でみた場合は，'高山'などの高度表現だけでは，起伏状態や山地の履歴を表現するのは困難なことが多い．⇨高山地形
〈大森博雄〉

こうざんがたさんち　高山型山地　high mountain　⇨高山地形

こうざんけい　高山形　Alpine landform, Hochgebirgesform（独）　ヨーロッパの地形学では，アルプス型の高山地形のことをいう．氷河と万年雪に覆われ，岩壁と岩屑（岩礫）に覆われた斜面からなる森林限界以上の山地地形である．氷河地形*と周氷河地形*からなる山地．世界的にみると，氷河地形の発達が悪い高山も含まれる．乾燥地域の高山で山地全体が周氷河性の砂礫斜面からなる山地も高山地形で，high-mountain landformといわれることが多い．〈岩田修二〉

[文献] Slaymaker, O.（1971）Mountain geomorphology: A theoretical framework for measurement programmes. Catena, 18, 427-437.

こうざんこうげん　高山荒原　alpine desert　⇨高山帯

こうざんそうげん　高山草原　alpine meadow　高山帯にある風衝草原や高茎広葉草原，雪田周辺のイネ科の草本からなる湿性草原などの草原の総称．かつてはしばしば高山草原（乾性型），高山草原（湿性型）というように，カッコ付で用いられたが，現在ではそれぞれの群落について名称がつけられたため，高山草原という用語はほとんど用いられなくなった．〈小泉武栄〉

[文献] 武田久吉・田辺和雄（1962）「日本高山植物図鑑」，北隆館

こうざんたい　高山帯　alpine zone, alpine belt　一般には，山地における森林限界あるいは樹木限界よりも高所の垂直分布帯を指し，亜高山帯と雪氷帯の間に位置する．日本では森林限界上方のハイマツ帯を含めた高度帯を高山帯とよぶことが広く受け入れられているが，世界的には樹木限界あるいは高木限界よりも高所の垂直分布帯を指すことが多く，日本と世界の定義には食い違いがみられる．亜寒帯以北では高山帯とツンドラ帯との区別が不明瞭になる．高山帯の下限高度は，極域から緯度20〜30°付近までは徐々に高くなるが，赤道付近では若干低くなる．同緯度では乾燥した山岳域で数百m以上高くなる．低温，低圧，強風，変化の激しい紫外線などに加え，卓越した周氷河作用の存在も重要である．中緯度地域では降水量が多いという特徴ももつ．植被率がきわめて低い砂礫からなる地表面を高山荒原とよぶが，これは高山帯景観を特徴づける要素の一つである．特に強風の吹く山岳では，矮低木群落や高山草原（いわゆるお花畑や高山風衝草原），裸地，越年雪渓などがパッチ状に複雑に分布する．動物ではライチョウやカヤクグリなどの鳥類，タカネヒカゲなどの高山蝶が生息している．日本海側の2,000 m級の稜線付近には，針葉樹林を欠く高山帯に類似した景観がみられるが，垂直分布の高度としては高山帯に達しておらず，偽高山帯とよばれる．高山帯は気候変化や人為的圧力に対して脆弱であ

り，温暖化による高山帯の縮小がもたらす生物多様性への影響が世界各地で懸念されるようになっている． 〈小泉武栄・渡辺悌二〉

こうざんちけい　高山地形　high mountain landform　森林限界以上に突出した山域で，氷河が現存したり，氷食地形，周氷河地形，露岩地などが広がり，氷食による鋸歯状山稜（アレート）が卓越する地形を指す．高山型（形）地形（alpine topography）ともいう．Penck（1894）は，ヨーロッパの高山であるアルプスの山頂部の地形の特徴を高山の特徴とし，Davis（1912）は満壮年期の山地を高山の特徴としている．高山地形は，これらの中緯度の高山の山頂部でみられる地形，あるいは，それと類似の地形であることを表現する場合に用いることが多い．かつて氷食作用を受け，高山に特有の地形を遺物地形としてもつ中・低山を高山型山地と表現する場合もある．なお，Davis（1912）は，中・高緯度の高い山地は氷食を受けている場合が多いので，真の正規的壮年期の特徴を示す高山地形は熱帯でしかみられないとし，また高緯度では低い山地でも同様の地形がみられると指摘し，氷食地形のみられる山地に対して，中緯度でも高緯度でも共通して通用する氷食山地（vergletscherte Gebirge, glaciated mountain）の名称を提案している．⇨高山 〈大森博雄〉
［文献］辻村太郎（1923）「地形学」，古今書院．/ Penck, A.（1894）*Morphologie der Erdoberfläche*, I, Ver. J. Engelhorn. / Davis, W. M.（1912）*Die erklärende Beschreibung der Landformen*, B. G. Teubner（水山高幸・守田 優訳（1969）「地形の説明的記載」，大明堂）．

こうじえいりょく　高次営力　geomorphic agent of higher level　地形営力の連鎖系において低次の営力からさらに連鎖的に発生する後期のものを概略的に総称する．高次の営力ほど多数の低次の営力から発生する．例えば，土石流は，降雨，地震，崩落，地すべりなどに起因して発生するが，例えば地震は断層運動という一つの営力から発源する．⇨地形営力，地形営力の連鎖系 〈鈴木隆介〉

こうしじょうかけい　格子状河系　trellis drainage pattern　⇨河系模様（図）

こうしじょうデム　格子状DEM　square grid DEM　縦横一定間隔ごとに標高を取得した数値標高モデル（DEM）．地形を数値化する方法には複数あるが，一般的に単にDEMと表現する場合には格子状DEMである．⇨DEM 〈田中 靖〉

こうしつけつがんそう　硬質頁岩層　hard shale formation　日本海側油田地帯の硬質頁岩を主とする新第三紀層．珪質頁岩層，女川硬質頁岩層ともよばれる．秋田では女川層，山形では草薙層，新潟では七谷層がこれに相当する． 〈松倉公憲〉

こうしゃ　向斜　syncline　⇨褶曲（図）

こうしゃおね　向斜尾根　synclinal ridge　⇨向斜山稜

こうしゃこうぞう　向斜構造　synclinal structure　⇨褶曲（図）

こうしゃこく　向斜谷　synclinal valley　向斜軸に沿って発達している走向谷．活向斜の軸部に広く変位した段丘面が発達する場合に生じるが，褶曲山地*における差別侵食による場合もある．⇨褶曲構造の削剝地形（図），走向谷，向斜山稜，活向斜地形 〈小松原琢・鈴木隆介〉

こうしゃさんりょう　向斜山稜　synclinal ridge　褶曲の向斜軸に沿って伸長する走向山稜であり，褶曲削剝地形の一種である．向斜尾根とも．山稜部は細長い小起伏地で，その両側に強抵抗性岩*で構成される急崖があり，その下方に弱抵抗性岩で構成される相対的な緩斜面がある．波長の短い褶曲構造をもつ丘陵・山地が河川侵食される過程で，弱抵抗性岩の部分が早く侵食され，強抵抗性岩が残存するために生じる差別侵食地形である（例：千葉県鋸山）．⇨褶曲構造の削剝地形（図），褶曲山地，走向山稜 〈小松原琢・鈴木隆介〉

こうしゃじく　向斜軸　axis of syncline　⇨褶曲（図）

こうじゅうりょくいじょうがたカルデラ　高重力異常型カルデラ　caldera of high gravity anomaly type　正の重力異常（質量過剰）を伴うカルデラ．カルデラの地下に，カルデラの周囲よりも密度の大きい物質（玄武岩質溶岩）が多量に存在しているためと考えられる．伊豆大島三原山やハワイのキラウエアカルデラなどキラウエア型（ないしはグレンコー型）カルデラに特徴的．一般に，カルデラの中心部ほどより大きな正の重力異常値を示す．ハワイのオアフ島やカウアイ島では，カルデラが開析されて，カルデラ内に堆積した溶岩層（caldera fill：一般に玄武岩層）が露出している．⇨低重力異常型カルデラ 〈横山勝三〉
［文献］Yokoyama, I.（1963）Structure of caldera and gravity anomaly : Bull. Volcanol., **26**, 67-72.

こうしょう　鉱床　ore deposit, mineral deposit　地殻中で特定の鉱物が濃集した部分．その中の特定の鉱物の濃集程度が経済的利益を伴って活用できるものを有用鉱床という． 〈太田岳洋〉

こうじょうかせん　恒常河川　perennial stream, perennial river, permanent river　一年を通して上流から下流にかけて常に流水のみられる河川を指す．永久河川とも．河川を恒常河川と間欠河川＊に大別したときの一つで，河川水は，周辺の地下水位より常に低い位置にある．湧水などによって涵養され，降雨の有無や，季節によって流量は変動するが，一年中涸れることのない河川．湿潤地域の湧泉に涵養される河川や乾燥地のオアシスに涵養される河川などが相当する．なお，英語の stream は，流水（running water）や河流・水流（stream）を指す場合や，河道・流路（channel）や河川（river）を指す場合，および，これらのすべてを一括して指す場合がある．また，河川の地形（河谷地形）そのものは変化しなくても，河谷中の流水分布の空間的・時間的変化などによって河川を分類することも多い．
⇨間欠河川　　　　　　　　　　　　〈大森博雄〉

[文献] 渡辺　光（1975）「新版地形学」，古今書院．/Strahler, A. N（1969）*Physical Geography*（3rd ed.）, John Wiley & Sons.

こうじょうしゃめん　恒常斜面　constant slope, debris slope　⇨斜面要素の分類

こうしんせい　更新世　Pleistocene　地質時代の最新の第四紀のうち，最初の世の名称である．もともとこの年代の定義は人類が出現した時期以降の世として検討され，その最初の年代としては，1960年代に最古の人類化石を産出したケニアのオルドバイ渓谷の人類化石出土層の最下部の基底にある玄武岩溶岩の年代が一つの目安とされた．その後，国際層序ガイドに定められる連続した海成層中という条件に当てはまるイタリア南部のカラブリア層中に設定された．さらに，更新世下底の境界模式は古地磁気層序＊のうちマツヤマ・クロン中のオルドバイ・サブクロンの終了時期に近い e 腐泥層の上面に設定され，その年代は約 1.8 Ma とされた．しかし 2009年に，国際地質科学連合（IUGS）は，①地球規模の寒冷化，②南北両極における氷床拡大の開始時期，③地磁気逆転などを基準として更新世（第四紀）の下限を 2.588 Ma と決定した．更新世の上限は完新世との境界で，1.17 ka（AD 2000 年基準）である．最新世は更新世の異訳であるが，ほとんど使用されない．更新世は前期・中期・後期に細分され，前・中期境界はブリュンヌ・マツヤマ地磁気境界（780 ka）に，中・後期境界は最終間氷期＊（酸素同位体ステージ 5e, 126 ka）の始期に置かれる．また，更新世に形成された地層・岩体を更新統（Pleistocene series）とよぶ．更新世は，大陸氷床が数万〜10 万年周期で形成・融解を繰り返した氷河時代＊で特徴づけられ，全体として新しくなるにつれて氷床は大規模となった．氷床が拡大し海面が低下した時代を氷期＊，逆の時代を間氷期＊という．更新世のうち約 9 割の期間は氷期であった．日本列島の山地や盆地は前期更新世に形成され始めたものが多く，台地・丘陵の大半は中期〜後期更新世に生じた．日本では沖積平野よりも高い台地は洪積台地と慣用的によばれてきたが，洪積世（Diluvium）は更新世の古い用語で現在は使われないので，更新世台地とよぶべきである．
⇨第四紀，完新世，洪積台地
〈苅谷愛彦・熊井久雄・町田　洋〉

[文献] 町田　洋ほか編（2003）「第四紀学」，朝倉書店．/日本第四紀学会「デジタルブック最新第四紀学」，日本第四紀学会．

こうしんせいかいせいだんきゅう　更新世海成段丘　Pleistocene marine terrace　更新世に形成された海成段丘＊．地殻変動の活発な地域では中〜後期更新世の数段の海成段丘群が発達する．特に後期更新世最高海面期（MIS 5e）の段丘面は広域に分布するので，その旧汀線＊の高度は，地域的地殻変動量復元のための重要な指標となる．　〈八木浩司〉

こうしんせいだんきゅう　更新世段丘　Pleistocene terrace　⇨洪積台地

こうしんとう　更新統　Pleistocene（series）　⇨更新世

こうすい　硬水　hard water　水に含まれるミネラル成分のうち，カルシウムとマグネシウムの量を炭酸カルシウム量に換算したものを硬度といい，水 1 リットル中にそれらが 120 mg 以上含まれるものを硬水，それ以下のものを軟水という．石灰岩（カルスト地形）の分布地域の地下水は硬水であることが多い．　〈松倉公憲〉

こうすい　降水　precipitation　大気中の水滴あるいは氷片が落下して地表に達する現象．上空では雪であっても落下中に溶けて雨となることも多い．地上気温の 2℃ が雪と雨の閾値．ただしこの温度は地域と季節によって異なる（±1℃ 程度）．連続して水蒸気の供給があり，水滴や氷片が成長しやすい上昇気流のあるところで，降水現象が起きやすい．逆に下降気流のある高気圧では降水現象は起きない．
〈野上道男〉

こうずい　洪水　flood　流域における多量の降雨により，河川水位の通常にはない上昇状況もしくは堤防を越流し堤内地に氾濫するような出水状況をいう．河川には洪水か洪水でないかという明確な基

準はないが，各河川基準地点では流況に応じた呼称の水位（例えば，水防団待機水位，氾濫危険水位など）が設定され，実際上の水防対応のための目安が設けられている． 〈砂田憲吾〉

こうすいい　高水位 high water level　河川水位の観測資料に基づいて，平均水位*より高い水位を総称していう． 〈砂田憲吾〉

こうずいい　洪水位 flood stage, flood water level　稀に生ずる出水に対応する水位を河川管理のために総称する水位．慣例では，数年に1回起こる程度の洪水時の水位をいう． 〈砂田憲吾〉

こうすいいプラットホーム　高水位プラットホーム high water platform　⇒波食棚（はしょくだな）

こうすいえいようせいでいたんち　降水栄養性泥炭地 ombrotrophic peatland　泥炭地*の分類の一つで，雨水のみによって栄養分が供給される貧栄養の泥炭地をいう．降水涵養性泥炭地ともいう．高位泥炭地*・中間泥炭地*に相当する．ブランケット泥炭地*，丘モール*，平モール*，凹形モールなどに分類される．⇒泥炭地 〈小泉武栄〉

こうすいきょうど　降水強度 precipitation intensity　降水（雨や雪など）の強さを単位時間あたりの降水量*で表した指標．単位時間として1分，10分，1時間などが使われるが，通常1時間あたり（mm/hr）が多い．雨のみの場合，雨量強度または降雨強度ともいう． 〈山下脩二〉

こうすいこうじ　高水工事 flood protection works　洪水による河川の氾濫を防ぐための工事をいう．土砂流出による被害を防ぐために行う工事も含める．洪水の安全な流下を図るものと，洪水を貯留するものとがあり，それぞれ単独にまたは組み合わせて計画され，施工される． 〈砂田憲吾〉

こうずいこうばい　洪水勾配 flood water surface slope　河川における洪水時の水面の勾配．洪水は非定常現象であり，波動としての特徴も示す．同じ水位・水深でも，流量増加時には水面勾配は河床の勾配より大きく，同じ水深の等流*の場合より流速・流量とも多い．流量減水時には水面勾配は河床勾配より小さく，流量はより少ない．その結果，水位-流量の関係はループを描く． 〈砂田憲吾〉

こうすいこうりつ　降水効率 precipitation efficiency　⇒雨量効率

こうすいじかん　降水時間 precipitation duration　雨や雪などの降り始めから降り終わるまでの時間．ただし，雨のみの場合，降雨時間ともいう． 〈森島　済〉

こうすいじき　高水敷 high water channel　河川堤防の間（堤外地*）にあって，常に水が流れている箇所（低水敷）より一段高い部分の敷地のこと．出水時には浸水することもある．平水時には公園や運動施設などに利用されることが多い．河川敷*とよばれることもある． 〈木村一郎〉

こうずいせいぎょ　洪水制御 flood control　洪水による災害を抑える対策で洪水防御ともいわれる．治水対策として行われる洪水防御の手段には，ダムや遊水地などの土木施設による，いわゆるハードな対策と，規則・制度の運用によるソフトな対策とがある．実際にはこれらの2つの対策の補完的な実施・運用が必要である． 〈砂田憲吾〉

こうずいついせき　洪水追跡 flood routing　洪水が河道を流下する状況を定量的に解析すること．河道沿いにある上流側の1地点における流量時間曲線*（ハイドログラフ）から，その洪水が下流側のある地点に到達した場合，その地点の流量時間曲線を推定する作業をいう． 〈砂田憲吾〉

こうすいナウキャスト　降水ナウキャスト precipitation nowcasting　天気予報の一種にナウキャストと短時間予報という局地気象を対象にした時間的・空間的にきめの細かい予報がある．ナウ（今）とキャスト（予報：フォーキャスト）を組み合わせた造語で，強雨など降水現象の直近の予報を降水ナウキャストという．降水ナウキャストは，1 kmメッシュの10分間降水量を1時間降水強度（mm/hr）で表して，5分ごとに1時間先までの予測をし，都市域の豪雨（いわゆるゲリラ豪雨）などに対応している．他に雷や竜巻に対するナウキャストもある．短時間予報は，寿命時間が6～12時間の中規模現象に対応する降水量を予測するもので，具体的には6時間先までの1時間降水量を30分ごとに提供している．近年，気象ドップラーレーダーなどの気象技術の急速な発達で，さらにきめの細かい高解像度の降水短時間予報が可能となっている．それは降水域の内部構造を立体的に解析・把握し，250 mの解像度で30分先までの降水分布を予測するもので，高解像度降水ナウキャストという． 〈山下脩二〉

こうずいは　洪水波 flood wave　洪水時の水面の波．河川沿いに上流から下流に多くの地点で水位の時間的変化を求め，それから各地点での同時刻の水位の図をつくると，水面は川沿いに波状を呈する．波長は高さに比べ極めて長く，多くは川の全長にわたり唯一つの波頂があるにすぎない． 〈砂田憲吾〉

[文献] 野満隆治（1959）「新河川学」，地人書館．

こうずいふんか　洪水噴火　flood eruption　長さ数 km におよぶ長大な割れ目から短時間に多量の玄武岩溶岩の何回もの噴出を伴う噴火．溶岩の粘性が低く，広域に広がり，全体としては厚さ数百 m もの水平層をなして堆積し，広大な溶岩原を生じる．インドのデカン高原や北アメリカのコロンビア川台地のような広大な溶岩原や溶岩台地を構成する玄武岩溶岩（洪水玄武岩・洪水溶岩ともいう）は洪水噴火によると考えられている．〈横山勝三〉

こうずいりゅう　洪水流　flood flow　洪水時における河道内の強い非定常の流れ．砂床河川* においては大規模な ボイル* や並列する らせん流* といった 3 次元の乱流構造に特徴づけられる．河床形態* や河道形状* の変化をもたらし，大量の土砂輸送を伴う．実測が困難なため流れの性状に関しては不明な点が多い．〈砂村継夫〉

こうずいりゅうりょう　洪水流量　flood discharge　洪水時の最大流量をいい，過去の記録を参照したり，今後の災害に備える目安としたりする流況（流量）の総称．〈砂田憲吾〉

こうすいりょう　降水量　precipitation　大気から地表面に落下した固体および液体の水の量．雨量計* によって観測し，水の深さ（mm）で量を表現する．特に雨のみの場合には雨量または降雨量という．雪や霰など固形降水のときには溶かした水の深さを計測する．〈森島　済〉

こうずいりょう　洪水量　flood discharge　数年に 1 回という程度の洪水時の水位に対応する河川の流量．〈砂田憲吾〉

ごうせいかいがんせん　合成海岸線　compound shoreline　海岸線の原型が沈水・離水・フィヨルド・火山等々の成因を二つ以上複合的にもっている海岸線．複合海岸線ともいう．例えば，後氷期の沈水後に地殻変動によって離水した場合，沈水海岸線と離水海岸線との性格を複合的にもつことになる．現実の海岸は，過去に様々な過程を経ているので，すべてが合成海岸線といえよう．〈福本　紘〉

ごうせいかいこうレーダ　合成開口レーダ　synthetic aperture radar, SAR　衛星や航空機に搭載され，マイクロ波を地表に発射してその反射波を受信するレーダ装置で，移動しながら受信した電波を合成することにより，大開口のアンテナによる観測と同じような高解像度の観測を実現するもの．SAR と略される．昼夜を問わず雲の影響を受けずに地表の観測ができる．⇨干渉 SAR　〈宇根　寛〉

ごうせいさきゅう　合成砂丘　compound dune　同じタイプの砂丘が二つ以上重なったもの．タイプの異なる砂丘が二つ以上重なった 複合砂丘* に比較して規模は小さい．〈松倉公憲〉

ごうせいせんじょうち　合成扇状地　composite fan　新旧の扇状地が上流側から下流側に順に配列した扇状地．扇頂での河床の上昇・低下，および扇状地面の傾斜の状態により，次の 4 種に類型化される（図）．①旧扇状地の扇頂が下刻され（扇頂での河床が低下し），新扇状地面の傾斜が同じあるいは急な場合であり，新扇状地が旧扇状地の谷中に形成される．②旧扇状地の扇頂が下刻され，新扇状地面の傾斜が緩い場合であり，新扇状地が旧扇状地の開析谷の下流側に新たに形成される（親子扇状地ともいう）．③旧扇状地の扇頂で堆積が進行し（扇頂での河床が上昇し），新扇状地面の傾斜が急な場合であり，新扇状地が扇頂側では旧扇状地の上に重なり，扇端側では旧扇状地が下刻を受ける．②と③では，扇状地面の縦断面形が折線のようになるので，折線化（segmentation）という．隆起・沈降や海面変動による侵食基準面の変化，気候変化や火山活動による土砂供給量の増減などによって，折線化が発生し，合成扇状地が形成される．このように，一つの河川による新旧二つ以上の扇状地が上流から下流に接している場合を，複成扇状地とか親子扇状地とよんだこともあるが，現在では両者は使用されていない．なお，④旧扇状地の扇頂で堆積が進行し，新扇状地面の傾斜が同じあるいは緩い場合であり，旧扇状地の上に新扇状地が完全に重なる．これを重合扇状地（superimposed fan）といい，見かけ上は一つの扇状地なので合成扇状地とはいわない．⇨合流

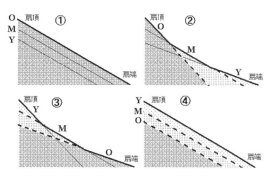

図　4 種の合成扇状地の重なり方の縦断面（Bull, 1964, 斉藤，1988, 鈴木，2000 をもとに簡略化）
O：古期扇状地面，M：中期扇状地面，Y：新期扇状地面．太実線は地表でみられる扇状地面，細実線は谷中にある扇状地面，破線は埋没した扇状地面．扇状地の縦断面形は一般に湾曲しているが，直線で簡略化してある．

扇状地 〈斉藤享治〉

[文献] 斉藤享治 (1988)「日本の扇状地」, 古今書院.

ごうせいりつ　剛性率 modulus of rigidity　矩形を平行四辺形に変形させるような，物質の面に平行な剪断（ずり）応力を与えた場合の剪断しにくさの指標．剪断応力に対する剪断歪みの比である．
〈飯田智之〉

こうせき　鉱石 ore mineral　ある特定の元素や鉱物が濃集し，それを抽出しても採算がとれる価値をもった岩石．
〈松倉公憲〉

こうせきせい　洪積世 Diluvium　⇨更新世

こうせきそう　洪積層 Diluvium　ヨーロッパにおいて氷河時代の堆積物に対して使われた．現在では，これと同等の用語として更新統＊を使う．⇨洪積世，更新世
〈天野一男〉

こうせきだいち　洪積台地 diluvial upland　更新世（洪積世）に当時の海水準あるいは内陸水面およびそれらに流入する河川に対応して発達した侵食成あるいは堆積成の平坦な地形面（＝低地）が，その後の地域的隆起や海水準変化に伴う侵食基準面の低下によって離水し，現河床や海面から相対的に高い位置に分布するようになった台地＊．現在では，洪積世の語が使用されず，更新世とよばれるので，更新世段丘とよぶのが正しい．更新世に形成された海成段丘（例：下総台地），河成段丘（例：武蔵野台地）がその好例で，一般に平野（例：関東平野）には，更新世海成段丘＊が広く分布し，かつては洪積台地とよばれていた．⇨更新世
〈八木浩司〉

こうせつ　降雪 snow fall　上空の結晶化した雪片またはその塊が地上まで溶けずに落下すること．空気の抵抗を受けてゆっくり落下するので，風の影響を受けやすく，斜めに落下することが多い．そのため雨量計での捕捉率は低い．特に年降水量の半分以上を降雪の形で受ける日本海側の山岳地帯では冬季降水量が小さく計測されている．
〈野上道男〉

ごうせつ　豪雪 heavy snow, heavy snowfall　平年に比べて大量の降雪があり，特に災害が発生するほどの大雪を豪雪という．気象学的に定義されている用語ではないが，報道用語また防災上の観点から大雪の基準を地域ごとに設定している．なお，顕著な災害を引き起こした豪雪としては，三八豪雪（1963（昭和38）年1月，），五六豪雪（1980年12月〜1981（昭和56）年2月），五九豪雪（1983年12月〜1984（昭和59）年2月）が知られている．
〈山下脩二〉

こうせん　鉱泉 mineral spring　⇨湧泉

こうぞう　構造【岩石の】 structure, texture　岩石における鉱物集合体の組合せの幾何学的特徴．structure は肉眼的スケールでの鉱物集合体の配列状態を指す．texture は顕微鏡スケールでの岩石中の鉱物の形状や相互関係を示す「組織」にあたる．しかし，岩石の構造と組織は厳密に区別されているわけではなく，あいまいなこともある．〈太田岳洋〉

こうぞう　構造【侵食輪廻の】 structure (in cycle of erosion)　侵食輪廻における原地形の地質構造や表面形態を指す．'組織'と訳すことが多い．W. M. Davis (1899) が地形の性格や特徴を決めると考えた三つの地形因子，すなわち，structure（組織：地質構造や原地形の形態；構造），process（作用），time（時間・時期）の structure を指し，侵食輪廻において，原地形をつくる地塊の地質構造（地質的性質）や原地形の表面形態（最初の河川の位置などを決定する原窪地など）を指す．structure は'組織'と訳されることが多いが，structural landform を構造地形（1960年代頃までは，現在の tectonic landform（変動地形）と structural landform（組織地形）の双方を総称した言葉として使用されていた）といい，また，stractural plateau を構造台地とよぶのと同様に，structure を'構造'と表現することも少なくない．なお'構造'は，大小様々な大きさの起伏によって構成される山地地形の'起伏の重なり具合'を意味する起伏構造（relief structure）や，地形の配列や構成を意味する地形構造などのような構造（constitutional structure）の使われ方をすることも多い．⇨デービス地形学，侵食輪廻説，構造地形，変動地形
〈大森博雄〉

[文献] 井上修次ほか (1940)「自然地理学」, 下巻, 地人書館. / Davis, W. M. (1912) *Die erklärende Beschreibung der Landformen*, B. G. Teubner (水山高幸・守田優訳 (1969)「地形の説明的記載」, 大明堂).

こうぞううんどう　構造運動 tectonic movement　地殻を構成する地層や岩石を，変形（褶曲など）・破壊（断層）させる原因となる運動および過程の総称．類語に造山運動＊がある．〈安間了〉

こうぞうがんせきがく　構造岩石学 structural petrology, petrofabrics　岩石の変形史を明らかにするために岩石の組織を考究する地球科学の一分野．マイクロテクトニクスともよばれる．岩石を構成する鉱物の集合組織，形態・格子配列を扱うが，広義にはそれらを形成するに至る変形のメカニズム（deformation mechanism）や流動学を包含する．

こうぞうく　構造区　tectonic province, structural province　隣り合う他の地域と異なる独自の構造発達史をもつ地域．一定の物質的組成および構造をもつ岩石によって特徴づけられる．〈安間　了〉

こうぞうこ　構造湖　tectonic lake　断層運動やゆるやかな地殻の昇降などの地殻変動により形成された窪地にできた湖沼．日本では琵琶湖や諏訪湖がその例である．シベリアのバイカル湖やアフリカ東部のタンガニーカ湖など，世界最大級の湖沼，最古の湖沼の多くはリフト系に属する構造湖（地溝帯湖）である．モンゴルのフブスグル湖，キルギスのイシククル湖，アフリカ東部のトルカナ湖，マラウィ湖もリフト系構造湖である．海床や陸地の一部の隆起により形成された構造湖としては，アフリカのチャド湖・ビクトリア湖，アラル海，チチカカ湖などがあげられる．断層によって形成されたものは断層湖（陥没湖）とよばれることもある．ネス湖は断層湖の例であるが，氷河による侵食もその形成に関係している．〈柏谷健二・井上源喜〉

［文献］Meybeck, M.（1995）Global distribution of lakes : In Lerman, A. et al. ed. *Physics and Chemistry of Lakes*, Springer. ／Horne, A. J. and Goldman, C. R.（1994）*Limnology*, McGraw-Hill.

こうぞうこく　構造谷　tectonic valley, structural valley　地殻変動に規制されて生じた谷地形．地殻変動が今なお進行中で，地表の変位・変形により形成位置・形態が支配されて生じた谷地形．また，古い地質構造の差別侵食で生じた谷地形も構造谷として扱うことがある．前者の変動地形としての谷地形いわば変動谷（tectonic valley）には，活褶曲による向斜谷や活断層に沿う断層谷，地溝等がある．後者の組織地形（侵食地形）としての谷地形（structural valley）には，背斜谷，二輪廻性の向斜谷，断層線谷，適従谷等が該当する．〈東郷正美〉

こうそうしつげん　高層湿原　high moor　ミズゴケ類に覆われた湿地．地下水面以上でミズゴケ類の植物遺体に由来する泥炭（高位泥炭）が堆積するのが高位泥炭地で，高層湿原はその表層に発達する植生を指す（図）．地下水面以下で泥炭の堆積が行われるのが低位泥炭地で，その上に発達する植生が低層湿原，これらの中間のものが中間湿原である．したがって，高層湿原への水分供給は地下水ではなく降水に依存する．一般に高層湿原はレンズ状に盛り上がった地形となっており，その表面は小凸地と小円状の小凹地がモザイク状に交錯する．小凸地は

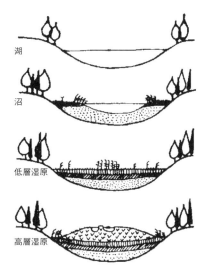

図　湿原の発達（宮脇，1967を一部改変）

ブルテ*とよばれ，高い保水力をもつミズゴケ泥炭が水位を引き上げるために，周囲よりも高い立地となって形成される．ブルテとブルテの間がシュレンケ*とよばれる小凹地である．⇨湿原，高層湿原土〈岡　秀一〉

［文献］辻井達一（1987）「湿原　成長する大地」，中央公論社．／宮脇　昭（1967）「原色現代科学大辞典，3 植物」，学習研究社．

こうそうしつげんど　高層湿原土　bog soil, peat-soil　寒冷多湿の山岳地域や高緯度地方には，ミズゴケやヒメシャクナゲ，ツルコケモモ，ヤチヤナギなどが生育する高層湿原*ができやすい．そこでは枯死した植物の分解は進まず，植物遺体は泥炭*となって蓄積し，全体が凸型に盛り上がる．泥炭とその下に生じた黒泥土を含めた，地下水型の有機質土壌を高層湿原土という．〈小泉武栄〉

こうぞうず　構造図　tectonic map　⇨テクトニックマップ

こうぞうせいかいめんへんか　構造性海面変化　tectono-eustasy　プレート運動*にともなう地殻変動や火山活動によって海盆の容積は変化する．この変化によって生じる世界的な海面変動を指す．ユースタティックな海面変動（⇨ユースタシー）をもたらす要因の一つである．〈堀　和明・斎藤文紀〉

こうぞうせん　構造線　tectonic line, geotectonic line, structural line　構造単元を区画する大規模な断層あるいは断層群のこと．地質構造線とも．大規模な変位を伴い，その活動期間も長期にわたっていると考えられる．⇨構造帯〈安間　了〉

こうぞうたい　構造帯　tectonic zone, tectonic belt, structural zone　隣り合う他の地域と異なる独自の構造発達史をもつ帯状の地域あるいは地帯．構造区とほぼ同義．ある特徴的な構造形態の発達で区分されることもある．変動帯においては，構造帯は構造線*で区画されることが多い．〈安間　了〉

こうぞうだいち　構造台地　structural plateau　水平な地層の侵食平坦面からなる台地を指す．stripped structural plateau ともいう．水平に堆積した地層からなる高地が地層面に沿って削剝され，平坦化した後，水平構造を保つ形で隆起した台地（高原）である．W. M. Davis（1885）が定義した plateau はこの台地に相当する．また，A. Penck（1894）が台地を胴体台地（Rumpftafelland：褶曲した地層が裁断されて平坦面が形成された後，隆起した侵食台地で，後の隆起準平原に相当）と地層台地（Schichttafelland：水平ないし緩斜層が隆起した台地）とに大別したときの地層台地に相当する．アメリカのコロラド高原が典型例．コロラド高原の現在の台地面は，上位の中生代の地層が新生代に削剝されたために露出した古生代末期のカイバブ石灰岩とよばれる硬岩層の平坦面（strutum plain：層階面）で，カイバブ高原ともよばれる．また，この台地は硬岩層を何枚も挟むことから，台地を刻む河谷には硬軟の地層を反映したエスプラネード（地層階段*，地段）が発達する．なお，構造台地は，開析が進むと台地面の面積は縮小し，高度も低下するが，硬岩層に当たるたびに頂面が平坦な卓状台地（table plateau：メサ*やビュート*）となり，その部分は長期間維持される．それらの平坦面も消失すると，老年台地（old plateau）とよばれる丘陵地形になる．⇨台地，高原，メサ　〈大森博雄〉

［文献］辻村太郎（1933）「新考地形学」，第2巻，古今書院．/ Strahler, A. N.（1969）*Physical Geography*（3rd ed.），John Wiley & Sons.

こうぞうだんきゅう　構造段丘　tectonic terrace　地殻変動による地表の変位・変形がその変動域で侵食の復活を促すことによって生じた段丘．変動地形の一種で，曲動の曲隆部や活褶曲の背斜部，活断層の隆起側などで局所的にしばしば認められる．また，水平に近い硬軟互層の差別侵食により階段状地形ができることがある．このような地形は組織段丘（structural terrace）とよばれ，構造段丘とよぶことがある．このような侵食地形と区別するために，最近では，変動による段丘を構造段丘とよばずに，変動段丘とかテクトニック段丘とよぶことが多い．〈東郷正美〉

こうぞうちけい　構造地形　tectonic landform, structural landform　地質構造*を反映した地形が原義であるが，現在では①活断層などの地殻運動に直接に起因して生じた変動地形*と②地殻運動とは無関係に地質構造や岩石物性*特に侵食に対する抵抗性の異なる岩石間の差別侵食地形*（組織地形*ともいう）の2種に大別されている．しかし，近年，①の変動地形という用語が普及したので，②のうちの地質構造を強く反映した地形（例：ケスタ，メサ）だけを構造地形といい，岩石物性を反映した地形を差別侵食地形（または組織地形）とよぶようにもなった．〈鈴木隆介〉

こうぞうちしつがく　構造地質学　structural geology　地質現象の幾何・形態や配列，すなわち地質構造と，その分布や相互関係を扱う地質学の一分野．地殻あるいはリソスフェア*に発達する大規模・広域的な構造・変形を扱う場合，テクトニクス*とよばれる．

広義には，内因的な応力によって地殻に発生した運動や変形（破壊と流動）などの力学的過程や，それらを支配する法則と原動力の解明を目的とするジオダイナミクス（地球動力学*）も構造地質学の一部として扱われる．近年では，天体衝突などの外因的な応力や，マントルやほかの惑星を対象とする構造地質学的研究も進んでいる．〈安間　了〉

こうぞうど　構造土　patterned ground　地表面にみられる円形，楕円形，線状，多角形，階段状，舌状などの形態を示す，小規模（一般に直径または間隔が0.1～5 m）で規則的・不規則的な模様．周氷河環境*に遍在するが，中・低緯度の乾燥地域でも認められる．粗粒物（礫）と細粒物（土）が分級された淘汰（とうた）構造土と，粒径による分級のない不淘汰構造土に大別される．淘汰構造土は植被を欠き，礫質構造土ともよばれ，平坦地から傾斜地に向かって円形土（あるいは環状土または網状土），花綵土（傾斜方向に長軸をもつ楕円形を呈する：「はなづな」とも読む），条線土（粗粒部と細粒部が傾斜方向に縞状に伸びる）の順に変化する．淘汰構造土では，中心部での土の凍上と礫の凍結上昇，中心部から周縁部への物質移動と礫の集積によって淘汰が起こる（結氷淘汰作用）ことが観測されている．物質移動の原因としては，上下方向の土の密度差による対流や，粒径分布の不均一性に伴う差別凍上が提唱されている．ストーンランとよばれる巨大な条線土の成因には，周氷河地形と複成地形の異なる見解があ

る．不淘汰構造土には，平坦地に多い多角形土，アースハンモック，マッドボイル（ハンモックの頂部に植生を欠くもの），傾斜地にみられる階状土やロウブがあり，全面ないし一部に植被をもつものが多い．多角形土には幅50 mに達するものがある．多角形土は熱収縮や乾燥収縮による縦割れに起因する．アースハンモックやマッドボイルには土の凍上*やクリオタベーション*の関与が指摘されているが，メカニズムの詳細については未解決な点が多い．温暖化や乾燥化により活動が停止した化石構造土は，過去の気候指標として利用される．

〈松岡憲知〉

[文献] Washburn, A.L（1979）*Geocryology*. Edward Arnold. / 小疇 尚（1999）「大地に見える奇妙な模様」，岩波書店．

こうぞうはったつし　構造発達史　tectonic history　地殻上部の地質構造の発達過程を年代順にあらわしたもの，あるいは構造発達過程を考究する地質学の一分野． 〈安間 了〉

こうそうふうか　厚層風化　deep weathering　⇨深層風化

こうぞうぶっしつ　構造物質　structural material　⇨地形物質の構造物質

こうぞうへいや　構造平野　structural plain　ほぼ水平な地層群で構成される地域が，差別侵食*による弱抵抗性岩*の剝削・除去によって，ほぼ平坦になった広大な土地で，強抵抗性岩*が表層に存在する．構造平原ともいう．平野といっても海抜高度が低いとは限らない．ロシア平原や北アメリカのプレーリーおよびコロラド台地面などがその例である．メサ*は構造平野と同様のプロセスで形成されるが，一般に径数km以下と小規模であるから，構造平野とはいわない． 〈鈴木隆介〉

こうぞうぼんち　構造盆地　tectonic basin, structural basin　通常は地殻変動により形成された盆地，すなわち変動地形としての変動盆地（tectonic basin）を意味するが，差別侵食で生じた侵食地形としての侵食盆地（basin of erosion）を指して用いられることもある．成因を異にする両者に同じ語を当てるのは好ましくないので，構造盆地は廃語とすべきであろう．変動盆地としては，曲降盆地，断層盆地，断層角盆地，地溝などがある．フランスのパリ盆地や秩父盆地は侵食盆地の例として知られる．⇨侵食盆地 〈東郷正美〉

こうたいいどう　後退移動　retrograde movement　⇨ソリフラクション

こうたいかいがんせん　後退海岸線　retrograding shoreline　陸地が後退するようなリトログラデーション*を受けている海岸線．海食を受け海食台の傾斜が平衡縦断面に達するようになるまでの海岸線．⇨後退性海岸 〈福本 紘〉

こうたいきモレーン　後退期モレーン　recessional moraine　⇨リセッショナルモレーン

こうたいしんしょく　後退侵食　headward erosion　⇨谷頭侵食

こうたいせいかいがん　後退性海岸　retreating coast　Valentin（1952）による分類で，前進性海岸*に対比して用いられる語．海岸において①沈水と侵食が合わさる，②沈水が堆積を上回る，③侵食が離水を上回るときには，いずれも海岸線が陸方へ後退する．このように海岸線が後退している海岸をいう．⇨海岸の分類（図） 〈福本 紘〉

[文献] Valentin, H.（1952）*Die Küsten der Erde*, Justus Perthes Gotha.

こうたいへいこうさよう　後退平衡作用　retrogradation　⇨リトログラデーション

こうたにみつど　高谷密度　high drainage density　⇨谷密度（図）

こうち　高地　highland　ほぼ同じ高さで，滑らかな山稜をもつ山地が続いて広がっている地域であり（例：北上高地，阿武隈高地，飛騨高地），山脈とは異なり細長くない．地形学では，北上・阿武隈・飛騨山地のように山地とよばれているが，国土地理院の「日本国勢地図帳」では高地と命名された．中生代以前の古い岩石で構成されており，地形発達史的観点では古い山地であり，その中央部には前輪廻地形の山頂小起伏面が広く発達している．それらの小起伏地は隆起準平原とよばれてきたが，その呼称の妥当性については定説がない． 〈鈴木隆介〉

こうち　後知【地形学における】　postdiction　地すべりや土石流といった顕著な地形変化の発生後に，その発生機構を解明する作業．⇨遡知，自然災害の予知 〈鈴木隆介〉

こうちょう　高潮　high tide, high water　潮位の高い状態．満潮とも．⇨潮汐 〈砂村継夫〉

こうちょうい　高潮位　high tide level　⇨大潮平均高潮位，小潮平均高潮位

こうちょう（い）ていせん　高潮（位）汀線　high-water shoreline　⇨汀線

こうちょういベンチ　高潮位ベンチ　high tide platform　⇨波食棚

こうちょうかいがんせん　高潮海岸線　high water shoreline　⇨海岸線

[文献] 鈴木隆介 (1997)「建設技術者のための地形図読図入門」，第1巻，古今書院．

こうていさ　高低差　relative height　2地点間の高度（標高）の差で，単に高さ*ともいう（例：崖や滝の高さ）．地形学では比高*または高度差という． 〈鈴木隆介〉

こうど　高度　height, altitude　ある基準からの高さ．標高と同義に用いられることもあるが，標高の基準がジオイド面（日本では東京湾平均海面）として明確に定義されるのに対し，高度はジオイド面以外を基準としたり，地形図の等高線間の地点の高さを読図で推定したり，段丘崖の比高（比較高度），接峰面の急変地区の高度差，'登山で高度を稼ぐ'など，精度が十分でない場合や基準の定義があいまいな場合にも用いられる．空中写真の撮影高度は一般に撮影地域の平均的な地表の標高（撮影基準面）に対する高度（対地高度）で示される．なお，地形学における普通の調査・研究では，山地の断面形，河床縦断形，投影断面図などの作成において，m単位で標高が調べられるので，標高よりも高度という用語が一般に用いられている． ⇨標高 〈宇根寛・鈴木隆介〉

こうど　黄土　loess　広義には風成の陸上堆積物であるレス*と同義であるが，狭義には黄土高原に堆積したものに限定される．「黄土」は「こうど」または「おうど」と読まれる．黄土高原の黄土は240万年前から現在までに堆積したもので最大層厚は300mほどである．その堆積速度は0.1～1 mm/yと見積もられる（たとえば西安郊外の「兵馬俑」は2,200年後の発見時には1～2mもの黄土によって埋められていた）が，その速度は等速ではない．堆積時期により午城（ウーチェン：Wucheng）黄土（240万～120万年前に堆積），離石（リーシー：Lishi）黄土（120万～10万年前に堆積），馬蘭（マーラン：Malan）黄土（10万～1.2万年前に堆積）に分けられる．黄土は数%の砂分と70～80%のシルト分，10～20%の粘土分からなるが，細かくみると黄土高原の北西部から南東部に向かい（供給源から遠くなるほど），その平均粒径は徐々に細粒になる．黄土は乾燥状態でも強度が小さく（山中式土壌硬度計による計測で4～42 MPa），スコップで容易に掘削できる．また多孔質なため透水性がよい． ⇨風成塵 〈松倉公憲〉

こうど　硬度　hardness　①岩石・鉱物・土壌などの硬さ．試験方法によって反発硬度，貫入硬度，押し込み硬度などに分類される．②水質を表す指標の一つ．水に含まれるミネラル成分のうち，カルシウムとマグネシウムの量を炭酸カルシウム量に換算した値．この値の大きいものを硬水*，小さいものを軟水という． ⇨硬度試験，シュミットハンマー，ビッカース硬度試験，モース硬度計 〈松倉公憲〉

こうど　紅土　laterite　⇨ラテライト

こうとうすいせいがん　高透水性岩　highly permeable rock　透水性の高い岩石．その透水係数は一般に10^{-3} cm/s以上である．割れ目や空隙の多い石灰岩，火砕岩，礫岩，砕屑岩などが相当し，カルスト地形，低い谷密度をもつ丘陵や山地などを形成する． 〈松倉公憲〉

こうどかんぼつ　黄土陥没　loess doline　⇨シラスドリーネ

こうどけい　高度計　altimeter　基準面からの高度を計測するための機器．航空機などから電波を発射して計測する高度計もあるが，登山等で高度を簡単に計測したい場合には，気圧が高度とともに減少することを利用した気圧高度計が用いられる．使用中の気圧の変化による計測誤差を回避するため，計測開始前と計測終了後に海抜高度がわかっている地点で高度計測値との差を求め，その間を内挿することによって誤差を補正することが望ましい． 〈宇根寛〉

こうどさ　高度差　relative height　⇨高低差

こうどしけん　硬度試験　hardness test　岩石や土の硬度を評価する試験．岩盤・岩石の場合はシュミットハンマー*やエコーチップ*，針貫入試験器（軟岩ペネトロ計），土層や土壌の場合には山中式貫入硬度計*など，対象とする物質の硬度によって試験器が使い分けられる． ⇨針貫入試験 〈松倉公憲〉

こうどすいとう　高度水頭　elevation head　⇨位置水頭

こうどたいず　高度帯図　contour-layered map　等高線で表現された地図を用いて，一定の，または適宜の高度差の高度帯ごとに，高所を暗色に低所を淡色に色やハッチ記号をつけた図．地形の立体感を示すので，地域の地形概要を表現するために作成される． ⇨段彩，段彩図 〈鈴木隆介〉

こうどちけい　黄土地形　loess topography, loess landform　黄土の堆積地域でみられる，主として侵食地形の地形景観を指す．黄土地貌ともいう．黄土（loess）が厚く堆積した中国の黄土高原にみられる地形を指すことが多い．黄土の平らな堆積面である黄土台地（塬：yuán：loess flat upland），黄土丘陵（黄土円頂丘）（峁：mǎo：loess subdued dome），直線状に伸びるやや丸みを帯びた平頂尾根の黄土山稜（梁：liáng：loess flat-topped ridge），黄土細溝群（loess rills：高密度なリル群），黄土深溝群（loess gullies：並列するガリー群），黄土陥穴（loess kettle depression：円形の凹地），黄土地すべり（loess slide），黄土橋（loess natural bridge），黄土柱（loess pillar）などからなる地形景観を指す．あるいは，上記の個々の地形を指すこともある．最近では，"石灰分の多い黄土が地すべりやガリー侵食，リル侵食，あるいは潜食*や溶食*，およびそれらから突出した地形となっている黄土柱や黄土橋などによって示される激しく削剥されている黄土地域の地形景観"という意図で使われることが多い．レス（loess；Löss；非固結の粗土層（loose soil）の意）は世界各地に分布するが，中国の黄土はゴビ砂漠をはじめとする北西の砂漠地帯（干湖：dry lake も含む）から飛来したシルト〜細砂質の新第三紀末以降に堆積した風成層で，黄河流域および長江下流域に分布する．黄土高原では，層厚は平均30 m 前後であるが，200 m に達することもある．河岸段丘上では水成の二次堆積物も含む．孔隙率は40％内外．炭酸カルシウム（$CaCO_3$）の含有率が15％前後と高い未固結の石灰質層（lime layer）であるため，河食のほかマスムーブメントや溶食，潜食も盛んに行われ，'ミニカルスト地形'とよばれる地形景観を示す場所もある．また，広く平坦な黄土台地は急峻な深い谷に刻まれ，'アジアのグランドキャニオン'といわれる景観を呈する場所もある．なお黄土高原を刻む河川は，現在では下位の中生代の地層にまで切り込んでいることが多い．⇨レス　　　　　　　〈大森博雄〉

[文献] 貝塚爽平（1997）黄土高原の黄土と地形：貝塚爽平 編「世界の地形」，東京大学出版会，309-320. ／Ohmori, H. et al. (1995) Desertification processes and rehabilitation treatment in the Loess Plateau, China：Bull. Dept. Geogr., Univ. Tokyo, 27, 23-44.

こうどドリーネ　黄土ドリーネ　loess doline　⇨シラスドリーネ

こうどにんぎょう　黄土人形　loess doll　黄土*（レス）中に含まれている炭酸カルシウムが二次的に空隙などに再沈殿してできた灰白色の結核．大きさは数 cm で人形のような形をしたものが多いのでこうよばれる．黄土小僧とも．〈松倉公憲〉

こうどひんどぶんぷ　高度頻度分布　altitude-area distribution　対象地域（区画や流域など）の高度帯ごとの（上下の高度の間の）標高値の出現頻度（格子点の数）をいう．この頻度に単位面積を乗ずれば面積となるので，標高帯ごとの面積分布でもある．地形の高度分布を直感的に理解するのに役立つ．また，ある高度と，その値以上の高さをもつ面積（格子点の数）を対応させた分布（累積高度頻度分布）は一種の地形断面でもある．海底の深度にも適用できる．なお，頻度分布や累積頻度分布という統計的な内容に対して，統計学の用語を用いず，また頻度に単位面積を乗ずれば面積であるのに，地形学独自の用語を使用したため，英・日の用語は混乱している．さらに地形学では縦軸に高度を取るのが自然であるので，横軸に頻度（面積）が取られることが多い．地形学用語にとらわれることなく，統計学的な意味から内容を理解する必要がある．面積高度，高度頻度とか，hypsographic, hypsometric, integral などの用語が使われている．⇨ヒプソメトリック分析〈野上道男〉

こうどぶんさんりょう　高度分散量　dispersion of altitude　⇨起伏量図

こうないけいしゃけい　坑内傾斜計　borehole inclinometer　⇨地中変位計

こうばい　勾配【地形の】　gradient, slope　傾斜（地表の）*と同義であるが，普通には河床勾配，海底勾配や火山側線*の勾配のように線状の地形またその縦断面の傾斜を勾配といい，斜面については傾斜という．DEMでは格子間隔だけでなく，標高値も離散的である（1 m 単位か 0.1 m 単位のことが多い）ので，勾配の計測値はとびとびの値となる．緯度経度法のDEMでは格子間隔が南北方向と東西方向で異なるので，注意が必要である．勾配は微分値であるので，分母（距離）の誤差によって値がバラツキやすい．方形のDEMでは東西南北4方向や斜めを加えた8方向の勾配が計算できる．フラックス（地形問題では水またはセディメント）が勾配に比例しているという現象は自然界に多い．⇨最大勾配，落水線勾配　　〈鈴木隆介・野上道男〉

こうはいかせん　荒廃河川　wild river　⇨荒れ川

こうはいきれつ　後背亀裂　lunar crack　⇨地すべり地形（図）

こうはいこしょう　後背湖沼　floodbasin lake　蛇行原において，河川の氾濫によって河岸に発達する自然堤防を越流した泥水が泥土を堆積して形成された後背低地のうち，湖沼をなす水域部分．〈海津正倫〉

[文献] 鈴木隆介（1998）「建設技術者のための地形図読図入門」，第2巻，古今書院．

こうはいしっち　後背湿地　back marsh, backswamp, back-land, flood basin　氾濫原*において，洪水流の運搬物質が堆積して形成された地形のうち，自然堤防の背後のシルトや粘土などの泥質層からなる低湿な地形を後背湿地とよぶ．バックマーシュ法とも．堆積物中には泥炭がみられることもある．わが国では後背湿地において古くから稲作が行われてきたこともあって，氾濫原における自然堤防の背後の地形としてこの用語が広く使われてきた．〈海津正倫〉

こうはいしっちたいせきぶつ　後背湿地堆積物　backswamp deposit　河川の自然堤防背後の低平地（後背湿地*，氾濫原*）に堆積した泥質な堆積物．主にシルト，粘土からなり，ときに泥炭を含む．平行葉理を示し，葉理にしばしば逆級化構造がみられる．後背湿地では排水性が悪いため，洪水時に自然堤防を越流した氾濫水が長期間にわたり滞水する．その間に氾濫水中の浮遊物質（シルト，粘土）が沈積し，後背湿地堆積物を形成する．〈関口智寛〉

こうはいしょうたくち　後背沼沢地　backswamp　蛇行原*において，河川の氾濫によって河岸に発達する自然堤防を越流した泥水が泥土を堆積して形成された後背低地のうち，特に沼沢状になっている部分．表層には泥炭質堆積物が発達することが多い．〈海津正倫〉

[文献] 鈴木隆介（1998）『建設技術者のための地形図読図入門』，第2巻，古今書院．

こうはいすいみつど　高排水密度　high drainage density　⇨谷密度

こうはいていち　後背低地　back lowland　氾濫原において，河川の氾濫によって河岸に発達する自然堤防を越流した泥水が泥土を堆積して形成された地形．河道から離れた低い部分ではシルトや粘土を含む氾濫水の湛水によって泥層が堆積し，自然堤防の部分に比べて低く平坦な地形をなす．特に低湿な部分を後背湿地*，沼沢状の後背沼沢地*，後背湖沼*などを区別する場合や，本来的に湿地林がみられる場所をバックスワンプ，樹木のみられない湿地の部分をバックマーシュとして区別することもある．全体として排水不良であり，表層にはシルトや粘土等の泥質層が形成されるほか，泥炭が形成される場合も多い．日本をはじめとする東アジアや東南アジア・南アジアでは古くから稲作地として利用されてきたが，大都市近郊などでは都市域の拡大に伴って宅地化が進んでいる．自然堤防との比高は1〜2m程度のことが多く，都市化した地域では自然堤防と区別することが困難であることが多いが，洪水・氾濫の際にはわずかな土地の高さの違いが浸水・湛水深の違いをひき起こし，後背低地では被害が大きくなる．⇨蛇行原（図）〈海津正倫〉

こうはそくりょう　光波測量　electro-optical distance measurement　光波測距儀からレーザ光を発射して測点に置いた反射プリズムからの反射光を受信するまでの時間により距離を計測する測量方式．最近は長距離の精密な測量にはGPS測量*が用いられるようになったことから，短距離の簡易な測量に用いられており，また光波測量と同時に角観測を行い瞬時に座標計算を行うトータルステーション*も普及している．〈宇根　寛〉

こうはそっきょぎ　光波測距儀　electro-optical distance meter　光波を利用して距離を測定する機器．測定原理は，光波測距儀の光源から発射された光波が測点に設置した反射鏡（プリズム）で反射され，再び戻ってくるまでの往復時間を測定し，その1/2の時間に光速を乗じて測定距離を得るものである．光波の出力や光源，反射鏡の種類にもよるが，測定可能距離は，数十cmから約60km，測距精度は5mm＋1ppm程度が一般的である．反射鏡が不要なノンプリズム型の光波測距儀もある．〈正岡佳典・河村和夫〉

こうばんそう　硬盤層　hard pan, indurated horizon　圧密化や，粗粒質な粒子に膠着物質が沈積してできた硬い土壌層（盤層）のこと．ポドゾルの鉄の集積層（鉄盤*層）や珪酸の固結層（デュリ盤：デュリクラスト*），粘土の集積した粘土盤，フラジ盤，炭酸カルシウムの二次的集積層（カリーチ*）などがある．〈田村憲司〉

こうばんそう　耕盤層　plough pan　作土層の下に位置する機械による耕作時の圧密によってできた硬い層（盤層）のこと．水田では，耕盤層の性状によって，減水深や地下への田面水の浸透量などが左右される．⇨水田土壌　〈田村憲司〉

こうひょう　降雹　hailfall　積乱雲の中での激しい上昇気流のもとでできる氷晶が結合して氷粒となり，さらに氷粒どうしが結合して大粒の氷塊に成長した氷の粒子が雹粒（hailstone）で，落下してきたものが降雹であるが，単に雹ともいう．成因は別にして，氷径の直径が平均して5mm未満を霰（あられ），それ以上を雹という．雹は数分から10分程度の短時間に，帯状に降ることが多い．世界的には中緯度の内陸部で多いが，日本では北関東などの本州内陸部や北海道内陸部の他に，東北・北海道の日本海沿岸で

も比較的頻繁に発生する．下層に暖気団，上層に寒気団という条件下では上昇気流が発生しやすく，春や秋の寒冷前線通過時や夏の積雲・積乱雲形成時，冬第一級の寒波の侵入時など1年を通じて発生する． 〈山下脩二〉

こうひょうき　後氷期 postglacial　約11,700年前（暦年）の新ドリアス期＊終了後の温暖化を始期とし，現在に至る第四紀の時代区分．完新世＊とほぼ同義に使われることが多い．北欧の古典的な花粉帯区分ではプレボレアル期，ボレアル期，アトランティク期，サブボレアル期，サブアトランティク期からなる．後氷期は気候が比較的安定した時代と考えられてきたが，様々な代理指標を用いた近年の研究ではRCC（rapid climate change）とよばれる急で短い気候変動の存在も知られている．中世温暖期や小氷期も完新世後期の短い温暖期と冷涼期である．ヒトが各地に拡散し，地球の自然環境に様々な干渉を始めた時代． 〈苅谷愛彦〉

[文献] Mayewski, P. A. et al. (2004) Holocene climate variability: Quaternary Research, 62, 243-255.

こうひょうきかいしん　後氷期海進 postglacial transgression　最終氷期最寒冷期（約21,000年前）以降，北アメリカや北ヨーロッパの氷床が大規模に融解し，海水準が上昇し始めた（この時期を完新世海進期という）．この海水準上昇は後氷期，すなわち約11,700年前以降の完新世に入っても続いた．この後氷期の海水準上昇に伴って生じた海進＊をいう．世界各地の沿岸域で海成層の堆積がみられ，海進が最大になった時期の海岸線は現在の海岸線よりも内陸に位置する．日本では縄文海進や（後期）有楽町海進，ヨーロッパではフランドル海進などとよばれている． 〈堀　和明・斎藤文紀〉

こうひょうきかいせきぜんせん　後氷期開析前線 postglacial dissection front　山地や丘陵の谷壁にほぼ連続的にみられる顕著な遷急線の一種．この線より下方の斜面は後氷期＊に主に崩壊により開析され，上方の斜面は後氷期以前に主に周氷河作用で形成されたが，この線が一時的局地的侵食基準面＊の役割を果たしているので，その後の開析を免れているとする概念に基づいて羽田野誠一＊（1979）が提唱した用語．斜面地形学や植物生態学などに影響を与えた．日本では後氷期に極前線帯の北上に伴って豪雨が増加し，それに伴う河川流量の増加によって，氷期に土砂の堆積によって河床の上昇していた山地河川の下刻が進み，局地的侵食基準面＊が低下したため，後氷期開析前線の下方の斜面で崩壊や流

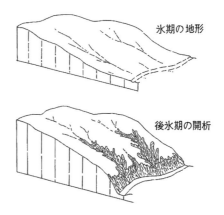

図　後氷期開析地形の発達（平野，1993）

水による侵食が活発になった．この侵食は現在も進行中で，後氷期開析前線は崩壊などによってさらに後退しつつある．したがって，後氷期開析前線の把握は防災的にも重要である．ただし，谷壁斜面にほぼ連続的に続く遷急線のすべてが後氷期開析前線であるとは限らず，差別削剥による地層階段＊や段丘化と同様の侵食復活による谷中谷の場合もある．
⇒開析前線，谷壁斜面，一時的局地的侵食基準面，谷中谷 〈小口　高・苅谷愛彦〉

[文献] 羽田野誠一（1979）後氷期開析地形分類図の作成と地くずれ発生箇所の予察法．第28回砂防学会研究発表会概要集．／平野昌繁（1993）地形発達史と土砂移動，小橋澄治編「山地保全学」，文永堂，7-46．

こうふく　降伏 yield　岩石・岩盤などの材料が弾性限界（応力と歪みの関係が直線をとる最大値）以上の応力を受けると，応力の増加に対して歪みが急に大きくなり塑性状態になる．このように弾性を失い塑性状態に入ることを降伏という．また，限界点を降伏点とよび，降伏点に対応する応力と歪みをそれぞれ降伏応力と降伏歪みとよぶ． 〈松倉公憲〉

こうぶつ　鉱物 mineral　天然に産する無機物の単体もしくは化合物で，均一な結晶構造とほぼ一定の化学組成をもつ．多くは結晶であるが，オパールや自然水銀は非晶質な鉱物の例である．また，多くの鉱物は複雑な固溶体＊をなしている．岩石の構成単位の一つでもあり，鉱物の量比で岩石の組成を表したものを鉱物組成という． 〈長瀬敏郎〉

こうぶつがく　鉱物学 mineralogy　鉱物の成因・物理的性質・化学的性質・産状などを研究する科学．その成果は地球科学の各分野・鉱業・窯業のみならず冶金・電子工業・材料科学などの各方面で広く利用されている．地形学との接点としては，岩

こうぶつし

石の化学的風化による鉱物の変質過程や，風化物質中の粘土の物性（たとえば，地すべりに与える粘土鉱物の影響や乾湿風化におけるスメクタイトの役割）などがある．〈松倉公憲〉

こうぶつしつえいようせいでいたんち　鉱物質栄養性泥炭地 minerotrophic peatland　泥炭地*の分類の一つで，地表水や地下水によって栄養分が供給される泥炭地をいう．降水栄養性に比較して，鉱物質に富む．斜面（傾斜地）泥炭地*，湧水泥炭地*，パルサ泥炭地*，アーパ泥炭地*などに分類される．〈小泉武栄〉

こうぶつそせい　鉱物組成 mineral composition　岩石を構成する鉱物の組成とその量比をいう．モードともいう．岩石薄片を顕微鏡下で鉱物ごとの量（容量比）をポイントカウンターで計測して求めるか，鉱物を分離して各鉱物種の重量比を求める．岩石の化学組成から，定められた計算方法から標準鉱物（ノルム鉱物）の重量百分率に換算して得られるノルム*とは意味が異なる．〈松倉公憲〉

こうぶつのぶんるい　鉱物の分類 classification of mineral　現在，国際鉱物連合で認定された鉱物の数は約4,700種類であり，これらの分類には化学組成に基づいた方法が用いられている．鉱物に含まれる陰イオングループにより，元素鉱物，硫化鉱物，酸化鉱物，水酸化鉱物*，ハロゲン化鉱物，炭酸塩鉱物*，硫酸塩鉱物*，燐酸塩鉱物*，珪酸塩鉱物*などの級（class）に大別される．珪酸塩鉱物はSiO_4四面体の結合様式によってさらに，ネソ，ソロ，サイクロ，イノ，フィロ，テクト珪酸塩鉱物などの亜級（subclass）に分けられる．これらの亜級は構造的あるいは化学的な類似性をもとにさらに科（family），上族（supergroup），族（group），亜族（subgroup）または系（series）に分けられる．〈長瀬敏郎〉

こうべそうぐん　神戸層群 Kobe group　淡路島北部・神戸市西部・三田盆地に分布する中新統．礫岩・砂岩・泥岩からなり，多量の凝灰岩を挟む．層厚500m．全体はケスタをつくり，礫岩部分は急峻な山稜部分を構成するが，泥岩・凝灰岩のつくる背面は平滑で緩傾斜な流れ盤斜面となるため地すべりが多発する．〈松倉公憲〉

こうめんだんきゅうがい　後面段丘崖 back scarp of terrace　一つの段丘面に接し，段丘面の背後に位置する段丘崖．鈴木（2000）が定義．波食台が離水して形成された海成段丘の場合には後面段丘崖がその当時の海食崖である．河成の侵食段丘の場合には，後面段丘崖がその当時の河川側刻崖である．このように後面段丘崖は段丘面と同時代に形成された地形である．ただし，堆積段丘の場合には後面段丘崖が明瞭でなく，山腹斜面のことがある．⇨段丘（図），前面段丘崖　〈柳田誠〉
［文献］鈴木隆介（2000）「建設技術者のための地形図読図入門」．第3巻，古今書院．

こうりゅう　後流 wake　流れの中に置かれた物体の背後に発生する渦で満たされた流れ．物体の前面にできる淀み点から壁面に沿って発達してきた境界層*が物体形状の急激な変化に追従できず物体表面から剥離してできる．後流が発達している領域を後流部という．〈宇多高明〉

こうりゅう　恒流 residual current　周期的に流向・流速が変化する潮流*の影響を取り除いた流れ．恒流は常に一定方向に流れるため低流速でも物質移動を考える際には重要となる．〈砂村継夫〉

ごうりゅう　合流 confluence　いくつかの流れまたは河川が集まること，またはその流れ．合流により，本流の流量や運搬土砂量が増加し，川幅が広がる．一般に河川の本流と支流はその大きさに応じた谷を形成し，支流は本流に対して高すぎも低すぎもしない位置で調和的な勾配で合流するというプレイフェアーの法則*がある．ただし，本流と支流の谷の形成プロセスの違い，河川の流域面積の違い，侵食力の違い，河川争奪，地殻変動などのさまざまな要因によって，懸谷*の形成や河床勾配の急変などが起こり，不協和的に合流する場合もある．⇨合流形態（図）〈島津弘〉

ごうりゅういち　合流位置 location of confluence　本流に支流が合流する地点（合流点）の位置をいう．⇨合流形態（図）〈鈴木隆介〉

ごうりゅうかくど　合流角度 angle of confluence　本流への支流の合流角度であり，本流の上流側と支流のなす角度（ω）をとる．その角度によって，合流形態は鋭角合流（$\omega < 90°$），直角合流（$\omega \fallingdotseq 90°$），鈍角合流（$\omega > 90°$：逆合流ともいう）に3大別されるが，鋭角合流が一般的である．なお，鋭角合流は，①下刻速度の大きい地区では，下刻に伴って合流点が本流の下流方に移動する場合（引きずり合流）と②本流からの土石流などによる土砂供給が顕著な場合に支流が側方に偏流して，合流点が本流の下流方に移動する場合（押し合流）がある．⇨合流形態（図）〈鈴木隆介〉

ごうりゅうけいたい　合流形態 form of confluence　河川が合流するときの平面的または縦断的

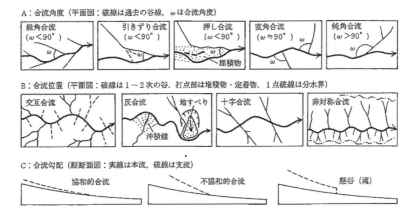

図 河川の合流形態の諸相（鈴木, 2000）

な形態をいう（図）．平面的な合流角度，合流位置，河床勾配などで分類される．山間部における河川の合流角度は一般的に30°〜40°のことが多く，合流前後の流向は類似している．基盤岩石の節理や堆積土砂などの影響を受けた場合，直角合流（合流角度が約90°），鈍角（逆）合流（同90°以上）となることがある．穿入蛇行では，本流の攻撃斜面側に支流が合流するので，本流に対して支流が左右両岸から交互に合流する（交互合流）．しかし，地すべり堆や沖積錐などの堆積物が本流を片方の岸に偏流させている場合には，滑走斜面側に支流が流入する（反合流）．稀に両岸から同規模の支流が本流の一地点で合流（十字合流）し，それらが峡谷になっていると，十字峡とよばれることがある．一般に，合流点において標高および勾配が等しくなるように支流が本流へ調和的に合流する（プレイフェアーの法則*）．しかし，地形形成プロセスの種類や下刻速度の異なる河川が合流する場合には，合流点付近の河床勾配が顕著に異なる不協和的合流が生じたり，支流が滝となって合流する懸谷が形成されたりする．⇨合流

〈小松陽介〉

［文献］鈴木隆介（2000）『建設技術者のための地形図読図入門』，第3巻，古今書院．

ごうりゅうせんじょうち　合流扇状地 coalescing alluvial fan, confluent fan, compound fan　隣接する河川により形成された扇状地が山麓で側方に連なった扇状地群．山地と平地との境界が断層崖となっている場合には，多数の扇状地が側方に連続的に発達し，しばしば合流扇状地ができる．松本盆地西部，甲府盆地南東部，横手盆地東部には合流扇状地がよく発達する．なお，confluent fan, compound fan の使用例は現在ではほとんどない．⇨合成扇状地

〈斉藤享治〉

ごうりゅうてん　合流点 junction, position of confluence　いくつかの流れまたは河川が集まる地点．一般に，それぞれの河川は合流点付近においてほぼ同じ高さで調和的に合流するが，支流に対して本流の下刻が激しいとき，あるいはそれぞれの谷の侵食作用や地形発達史が異なる場合など，支流が合流点付近で急勾配になっている場合や滝になって合流している場合など，不協和的に合流することもある．⇨プレイフェアーの法則，合流形態

〈島津　弘〉

こうりゅうりょういき　高流領域 upper flow regime　⇨アッパーレジーム

こうりょく　抗力 drag　流体中を運動する物体が運動方向とは逆向きに受ける抵抗をいう．圧力抵抗*と粘性抵抗*とからなる．前者は物体表面に垂直に作用する圧力の合力で，後者は物体表面に平行に作用する粘性力の合力である．　〈宇多高明〉

こうりょくけいすう　抗力係数 drag coefficient　流体中の物体に働く抵抗（抗力*）を無次元表示したもの．通常C_Dで表され，$C_D=D/(1/2)\rho U^2 A$．ここにDは抗力，Uは流速，Aは流れ方向に投影した物体の面積，ρは流体の密度．抗力係数はレイノルズ数*によって変化するが，乱流域では一定値となる．　〈宇多高明〉

ごうろ scree-covered slope　ゴロゴロと転がっている大小の角礫が堆積している場所．地形学的には周氷河環境の岩海や，崩壊による角礫の堆積域（現成の土石流原，崖錐*や谷底）である．ごろう，ごうら，がわら，ゴーロなどとも．飛騨山脈の野口

五郎岳,黒部五郎岳,箱根火山の強羅(ごうら)など.
〈岩田修二〉

こえ　越 mountain pass ⇨峠

こえといそう　声問層 Koetoi formation 北海道宗谷地方の,幌延(ほろのべ)断層の西側地域に分布する上部中新統〜下部・中部鮮新統.主に無層理の珪質泥岩からなる.岩石強度は中程度であるが低透水性のため,これの構成する丘陵は,中程度の起伏と高い谷密度をもつ.⇨稚内層
〈松倉公憲〉

こおりえいせい　氷衛星 icy satellite 木星型惑星に存在する多数の衛星のうち,比較的小型(多くは半径数百km以下)で,平均密度が $1.0\,g/cm^3$ に近い衛星は,岩石よりも氷の占める割合のほうが大きく,氷衛星とよばれる.これら氷衛星はその性質が太陽系外縁天体と似たものも多い.木星型惑星の周辺領域で形成されたか,あるいは太陽系外縁天体が木星型惑星に捕らえられたものもあると考えられる.氷衛星を構成する氷には,水(H_2O)の氷のほかに,メタン(CH_4)の氷,アンモニア(NH_3)の氷もある.衛星内部では,水分子がメタン分子を包みこんだクラスレートの形で存在していると考えられる.低温の氷衛星にも,内部活動の痕跡がいろいろと認められる.土星の衛星エンセラダスのように,気化した氷が間欠泉的に噴出する現象も観測されている.⇨木星系,土星系,天王星系,海王星系,エッジワース・カイパーベルト天体,太陽系外縁天体
〈小森長生〉

こおりのりゅうどうそく　氷の流動則 flow law of ice 氷に加わる応力とその変形量の関係を表す数式.氷河流動*のように比較的長い時間スケールを考える場合,歪み速度が応力のべき乗に比例する形で表される.べき数を3とすることが多いが,応力の範囲によって変化するとの説もある.比例係数は氷の温度,結晶の粒径や異方性,不純物の量などによって変化する.この関係はGlen(1955)によって初めて実験的に導かれ,Nye, J. F.(1957)によって複雑な応力状態を考慮した形に一般化された.グレンの流動則ともよばれる.
〈杉山　慎〉

[文献] Glen, J. W. (1955) The creep of polycrystalline ice: Proc. Royal Soc. London, Ser. A, **228**, 519-538.

コールドロンかんぼつ　コールドロン陥没 cauldron subsidence 火山性陥没構造の総称で,地表の陥没地形から地下の陥没構造までを包含する.鍋(または釜)状陥没とも.陥没は一般に環状割れ目に沿って起こり,マグマ溜まりの天井が円筒状に陥落すると思われている.このような陥没構造ないしはそれを生ずる運動も cauldron subsidence という.
〈横山勝三〉

[文献] Smith, R. L. and Bailey, R. A. (1968) Resurgent cauldrons. Studies in volcanology: Mem. G. S. A., **116**, 613-662.

ゴーロ gouro ⇨ごうろ

コーンカルスト cone karst 円錐カルスト*ともいう.熱帯でよく発達する円錐丘(コーン)が多数分布するカルスト地形.ジャワ島のグヌンセブー(千の山々)が好例である.
〈漆原和子〉

コーンかんにゅうしけん　コーン貫入試験 cone penetration test 広義には,円錐コーンをロッドを介して土層に貫入させて,その硬度(強度)の深度分布を計測する貫入試験の一種.コーンを衝撃によって貫入させる動的コーン貫入試験には,簡易貫入試験,土研式貫入試験などがある.荷重やロッドの回転によって貫入させる静的コーン貫入試験としては,コーンペネトロメーターによる試験(ポータブルコーン貫入試験)や電気式静的コーン貫入試験*などがある.狭義には,電気式静的コーン貫入試験のことで,種々の計測器を搭載したコーンを貫入させることにより,先端抵抗・間隙水圧・周面摩擦抵抗・電気伝導度・弾性波などを測定する.⇨貫入試験
〈若月　強〉

こかいめんこうど　古海面高度 paleo sea level 過去の海水準のこと.多くの場合,現在の海水準(0m)を基準として,過去の海水準の値が報告されている.完新世の場合は,過去の海水準の指標となる地形や堆積物の高度から,テクトニックな隆起・沈降の影響,人為的要因による地層の収縮,さらにハイドロアイソスタシーやグレイシオアイソスタシーなどの影響を差し引いて求められる.更新世の場合は,テクトニックな隆起・沈降以外の影響を考慮することが困難なので,テクトニックな影響のみを差し引いて海面高度を求めるのが普通である.
〈堀　和明・斎藤文紀〉

こがたカルデラ　小型カルデラ small caldera 火山体上にみられる径約2km程度の凹地で,その形成に関与した噴出物が特定できないため,火口ともカルデラとも判別しがたいものであるが,中央丘を伴う場合に小型カルデラと通称する(例:岩手山,秋田駒ヶ岳,榛名山,赤城山).普通のカルデラと区別する明確な基準がなく,正式な学術用語ではない.⇨カルデラ
〈鈴木隆介〉

ごがん　護岸 revetment 流水,波浪,雨水などの作用から河岸や海岸,あるいはそこに築造されている堤防*などを保護するために設けるもの.

石やコンクリートブロックを積んだり，布団かごや蛇かごを置いたものなどがある． ⇨海岸堤防，河川堤防 〈吉田信之〉

こがんさきゅう　湖岸砂丘　lake side dune　湖畔に形成された砂丘で比較的大きな湖の湖岸にみられる．湖畔砂丘とも．湖岸の波打ち際にある砂堆や浜堤の砂が吹き上げられてできる．ただし，日本の海岸に多くみられる汽水湖の湖岸のものは海岸砂丘*に相当する．また，陸側から移動してきた砂丘が湖と接している場合も湖岸砂丘には加えないほうがよい． 〈林　正久〉

こがんせん　湖岸線　lake shoreline　⇨水涯線

こがんだんきゅう　湖岸段丘　lacustrine terrace　湖の湖岸に沿って帯状に分布するように形成された段丘．湖成段丘ともいう． ⇨湖成段丘，沈水段丘 〈鹿島　薫〉

こがんちけい　湖岸地形　lacustrine morphology　湖岸で形成される地形．主に波と湖岸に沿う流れが関与する．湖は吹送距離*が有限なため湖岸には風波*が作用する．湖岸域が非固結の砂礫堆積物で構成されている場所では，砂浜海岸でみられるような地形（規模は異なる），すなわち，陸上では堆積地形としてバーム*やビーチカスプ*が，侵食地形としては浜崖*が発達する．湖岸線近くの湖底には，複数列のバー（沿岸砂州*）がみられることが多い．固結物質で構成されている湖岸域では，陸上部にある崖の基部から湖底に向かう緩傾斜の棚状の地形（lacustrine shore platform）が水面下に形成されていることがある． 〈砂村継夫〉

こがんへいや　湖岸平野　lacustrine lowland　湖岸に沿って形成された平野．湖に流入する河川の堆積作用によって三角州平野が形成されたもの（例：網走湖など），排水の不良によって湖岸に泥炭地が形成されたもの（例：サロマ湖西岸域など），乾季の湖水低下によって湖底が陸化したもの（例：ヨルダン・アルジャフル湖など）などがある． 〈鹿島　薫〉

こがんりゅう　湖岸流　lacustrine-longshore current　湖岸域において，波浪が原因で発生した湖岸とほぼ平行な流れ．波が湖岸に対して垂直ではなく，ある角度で連続的に入射した場合，水深が浅くなるに伴い波は砕波し，湖岸域で局所的な水面上昇が生じる．その結果，波の向きに応じて湖岸にほぼ平行な流れが形成される．また，砕波によって巻き上げられた湖底の泥や砂が，湖岸流によって岸沿いに輸送される．湖岸流による土砂の輸送は，湖岸地形の再形成に重要な役割を果たしている． 〈青田容明〉

こきぞうざんたい　古期造山帯　old orogenic belt　先カンブリア時代の結晶質変成岩を基盤とする楯状地・卓状地を取巻く古生代前期カレドニア造山運動により形成された褶曲山脈をいう．古生代以降，顕著な地殻変動がなく長期の侵食を受け続け，準平原化作用を経過した地塊山地が多く，古期山地ともいう．古大陸パンゲア時代における造山運動の名残と説明され，炭田地帯と一致している場合が多い．主な地域は，アパラチア山脈，スカンジナビア半島，ヘルシニア褶曲山地，グレートディバイディング山脈，ウラル山脈，アルタイ山系などである．⇨新期造山帯 〈竹内　章〉

コキナ　coquina　弱〜中程度にセメントされた貝殻片堆積物．岩石化したものはコキナイト（coquinite）とよばれ，その中でも，砕屑粒子が細かいものはチョークとよんで区別される． 〈松倉公憲〉

こきゃく　湖脚　lake margin, outlet from lake　湖の末端部であり，そこから湖水が外部へ流出する地点．湖口，湖尻とも． ⇨湖尻 〈鹿島　薫〉

ごくかんさばく　極寒砂漠　subpolar region cold desert　⇨極地

ごくかんしゃめん　極緩斜面　very gentle slope　⇨傾斜角

ごくきゅうしゃめん　極急斜面　very steep slope, precipitous slope　⇨傾斜角（図）

こくさいえいきゅうとうどがっかい　国際永久凍土学会　International Permafrost Association（IPA）　凍土に関する地球科学，生物学，工学等の学問分野の研究振興を目的とする学際的な国際学会．1983年設立．4年に一度（2008年以前は5年に一度）の全体会議と不定期な地域会議を開催する． 〈松岡憲知〉

こくさいせっぴょうがっかい　国際雪氷学会　International Glaciological Society　雪氷に関する科学・工学的研究の振興を目的とする国際学会組織．1936年設立．ケンブリッジ（英）に本部を置く．年に数回の特定テーマに関する国際シンポジウムを主催し，年6回の雪氷学雑誌（Journal of Glaciology）とシンポジウム論文集（Annals of Glaciology）を刊行する． 〈白岩孝行〉

こくさいたんいけい　国際単位系　International System of Units　計量法の改正によって1999年9月30日以降に使用することが定められた新しい国際単位系．略称のSI単位は仏語のLe Système International d'Unitès に由来. 従来, 計量単位には, メートル系, ヤード・ポンド系など, いろいろな単位があり, しかも質量と重量や荷重などの表記があまり明確でない場合があったため, このような不都合を解消するために導入された. 最近, 地形学を含む自然科学関連の学術誌の多くは, 論文中で国際単位系を使用することを義務付けている. たとえば, 従来の単位では「質量 1.0 kg の錘は, 荷重 1.0 kgf」と表記されるが, 国際単位系では「質量 1.0 kg の錘は, 荷重 9.8 N ($=1.0$ kg$\times 9.8$ m/s^2 $=9.8$ kg・m/s^2)」となる. ⇨巻末付表　　　　　　　　　　〈松倉公憲〉

こくさいちけいがっかい　国際地形学会 The International Association of Geomorphologists（略称：IAG）　1985 年に British Geomorphological Research Group（BGRG）が主導して, 英国の Manchester で単発の国際地形学会議が開催され, その成功を背景に 1989 年にドイツの Frankfurt で開催された第 2 回国際地形学会議の際に, 世界の地形学者の交流の場として IAG の創設が決議され, 1985 年を創設年とした. その名称は各国の言語で翻訳し, 加盟会員は各国・地域の代表的な一つの学会としたので, 日本地形学連合*（JGU）は, 国内の地形学関連学会の了承を得て, IAG を国際地形学会とよび, 加盟団体となった. 加盟費は 4 段階に区分され, 概ね各国・地域の経済事情によって自己申請し, 区分されている. 4 年ごとの国際地形学会議（International Conference on Geomorphology, ICG）は次の諸都市で開催されてきた. ① Manchester（UK, 1985）, ② Frankfurt（Germany, 1989）, ③ Hamilton（Canada, 1993）, ④ Bologna（Italy, 1997）, ⑤ Tokyo（Japan, 2001）, ⑥ Zaragoza（Spain, 2005）, ⑦ Melbourne（Australia, 2009）, ⑧ Paris（France, 2013）である. また, これらの中間年には地域会議（Regional Conference on Geomorphology, RCG）が種々の国・地域で開催されてきた. 2001 年の第 5 回国際地形学会議は日本地形学連合の組織によって東京で開催され, 53 カ国・地域から 644 名が参加し, 好評を得た. IAG の本部は 4 年ごとに改選される会長の所属機関である. IAG は年 4～6 回の IAG Newsletter を発行して, 各国・地域の学会誌等に転載されるが, 独自の学会誌を発行せず, いくつかの国の地形学専門誌を Journal recognized by the International Association of Geomorphologists（IAG）と認定している. 日本地形学連合の会誌「地形」はその一つ. IAG は国際地質科学連合（IUGS）と国際地理学連合（IGU）に加盟し, それらを通じて国際学術連合会議（ICSU）に加盟している. ⇨地形学史［世界の］　　　　　　　　　〈鈴木隆介〉

［文献］Organizing Committee of the 5th. ICG（2002）Summary of Proceedings of the Fifth International Conference on Geomorphology : Trans. Japan. Geomorph. Union, 23. 1-100.

ごくさいりゅうさ　極細粒砂　very fine sand ⇨粒径区分（表）

こくさく　谷柵　riegel　⇨氷食地形

こくしょう　谷床　valley floor　河谷地形* のうち, 河道とその側方の平坦な谷底の部分をいう. 谷床の全体が平水時でも冠水している河谷を欠床谷* とよび, 平水時には冠水していないが高水時に冠水する谷床（高水敷*）をもつ河谷を床谷* という. それが局所的に段丘化したものを含む場合もある. 谷床の境界は谷壁の基部の遷緩線である. 床谷の谷床のうち, 高水敷よりやや高く（数 m 程度）比較的に幅広く, 数十年に一度程度の大規模な出水時にのみ冠水する谷床は谷底低地, 谷床平野あるいは谷底平野* とよばれる. 谷床の平坦さは, 主に河川の側方侵食作用または堆積作用により形成されるが, 高緯度地方や高山では氷河作用の影響も受ける. 侵食性の谷床は, 基盤岩石が露出するが, 河成堆積物が薄く覆う場合もある. この谷床は主に河川の側刻作用により形成され, 基盤岩石は, 河道の高さで平坦化している. そのため, このような谷床のことを 谷床平坦面* とよぶことがある. 主に山地河川の谷床に多い. 一方, 堆積性の谷床は, 過去の谷が厚い河成堆積物（谷中埋積物* とも）の堆積によって形成され, そのような河谷を 埋積谷* とよぶこともある. なお, 土石流や溶岩流などが谷底に堆積すると, その横断形の中央が高くなり, その両側の谷壁斜面の基部に谷が生じることがある. そのような谷を 裾合谷* とよぶ.　〈日代邦康〉

［文献］鈴木隆介（2000）「建設技術者のための地形図読図入門」, 第 3 巻, 古今書院.

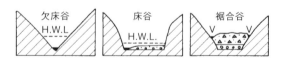

図　3 種の谷床（谷底）の横断形（鈴木, 2000）
　谷底の黒色部：平水時の流路断面, H.W.L：高水時の水面. V：裾合谷の両側の流路.

こくしょうへいたんめん　谷床平坦面　valley flat　基盤岩石が河川の側刻作用により平坦化して

生じた侵食性の平坦な谷床のこと．⇨谷床
〈日代邦康〉

こくしょくけつがんそう　黒色頁岩層　black shale formation　日本海側油田地帯の黒色頁岩を主とする新第三紀層．下の硬質頁岩層，上の灰色頁岩層と整合．秋田では船川層，山形では古口層，新潟では寺泊層がこれに相当する．
〈松倉公憲〉

こくしょくたい　黒色帯　black band　⇨暗色帯

こくしょくど　黒色土　black soil　日本の森林土壌分類体系（林野土壌の分類（1975））で用いられる土壌群および亜群の名称の一つであり，黒色ないし黒褐色のA層をもち，A層からB層への推移が明瞭な土壌．火山山麓や準平原などの緩傾斜地に広く分布し，火山灰を母材とすることが多い．一般に細孔隙に富み容積重は小さく炭素の蓄積量が大きい．同一の火山灰母材から，ススキなどのイネ科草本植生下では黒色土（メラニューダント，Melanudands）が生成し，森林植生下では褐色森林土（フルビューダント，Fulvudands）が生成することが花粉分析や植物珪酸体分析により明らかにされている．
〈金子真司〉

こくせん　谷線　valley line　たにせん（谷線）の誤読．
〈鈴木隆介〉

ごくせんかいは　極浅海波　very shallow-water wave　⇨長波

こくそくせきさい　谷側積載　valley-side superposition　谷底堆積低地を形成した河川が侵食復活してその低地を段丘化する際に，河川が谷壁斜面に近い位置で下刻し，その谷底が堆積物の基底に達し，さらに基盤岩石をその位置で下刻すると谷側積載段丘*が生じる．その場合に過去の谷壁斜面側に堆積物が残存している状態を谷側積載という．堆積物の堆積面が段丘面として残存している場合もあれば，残存せずに堆積物が谷壁斜面を被覆しているにすぎない場合もある．⇨段丘の内部構造（図）
〈鈴木隆介〉

こくそくせきさいだんきゅう　谷側積載段丘　valley-side superposition terrace　砂礫段丘の一種（亜種）．流水，波浪，土石流などによる谷中埋積物*の堆積面が形成された後，流水による下方侵食が埋積谷底の外側にまで及ぶと，埋没していた過去の谷壁斜面に新たな侵食谷が掘り込まれた段丘地形が形成される．それを谷側積載段丘という．その前面段丘崖は大部分が基盤岩石で構成されるため，一見すると，段丘堆積物の薄い岩石段丘のようにみえるが，段丘内部にはかつての谷地形を埋めた厚い谷中埋積物が隠れている．⇨段丘の内部構造（図），砂礫段丘，岩石段丘，前面段丘崖
〈豊島正幸〉

ごくそりゅうさ　極粗粒砂　very coarse sand　⇨粒径区分（表）

こくちゅうかいだん　谷中階段　ledge, berm　谷壁斜面上に階段状に分布する小規模な平坦面．谷壁階段とほぼ同義．現在の谷底やその周囲に分布する段丘面よりはるか高位に位置し，断片的であるが水平方向にほぼ連続的に分布しているようにみえるため，より古い時代の河川の侵食作用により形成された平坦面が残存しているものと考えられることが多い．しかし，差別削剥地形やマスムーブメント地形の可能性もある．⇨エック床
〈日代邦康〉

こくちゅうこく　谷中谷　valley-in-valley　河川の側方侵食で掘り広げられた谷床（谷底侵食低地）や堆積物で埋められた谷床（谷底堆積低地）の一部が，河川の下方侵食の復活によってさらに深く掘り込まれてできた新しい谷．両岸の谷壁斜面に顕著な遷急線（侵食前線）がみられる．あまり重要な意義をもつ用語ではない．⇨侵食復活，侵食前線，河谷横断形の類型（図）
〈戸田真夏〉

こくちゅうぶんすいかい　谷中分水界　divide in valley　谷の中にある分水界．河谷の一部で，局部的な隆起・傾動・衝上・火山活動などの地変が起こり，ある地点を分水界として，その両側を流れる川が異なる方向へ流れるようになったとき，あるいは河川争奪により河川の上流部が他の河系に取り込まれて，以前の河流と異なる方向へ流れるようになったときなどに形成される．また，断層線谷では低い鞍部が谷中分水界をなす場合もある．そのほか，二つの湖・海を結ぶ凹地が隆起し，両岸から遡る河川の上流部の低地上などに生じる．中国山地には，地形形成の古さを反映し，多様な谷中分水界がある

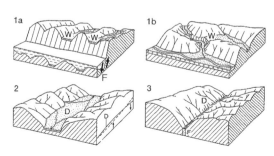

図　谷中分水界の類型（鈴木，2000）
1：切断型〈1a：断層による切断，1b：河川争奪による切断〉，2：逆流型，3：差別侵食型，D：谷中分水界，F：断層，W：風隙（ウインドギャップ）．

（例：兵庫県石生にある加古川・由良川間の本州島最低高度 94.45 m の谷中分水界）．⇨河川争奪，接頭直線谷，天秤谷（てんびんだに），風隙

〈田中眞吾〉

［文献］鈴木隆介（2000）「建設技術者のための地形図読図入門」，第3巻，古今書院．

こくちゅうまいせきぶつ　谷中埋積物　valley fill　谷を埋める厚い堆積物を指す．谷中埋積物が生じる原因として，侵食基準面＊としての海面の上昇や，自然現象に伴う堰き止めなどによる局所的侵食基準面の上昇のほかに，火山活動，巨大崩壊などに伴う過剰な砂礫供給や，気候変動に起因する岩屑生産量の増大と河川流量の減少に伴う河川荷重の相対的な増加などがある．最終氷期に周氷河気候下におかれた流域では，凍結破砕作用により岩屑生産量が増大する一方で，乾燥化によって河川流量が減少したため厚い谷中埋積物が生じた．⇨谷底堆積物

〈豊島正幸〉

こくてい　谷底　valley bottom　谷地形の最低所に位置する底の部位．谷床＊とほぼ同義．日常語では「たにそこ」・「たにぞこ」という．〈目代邦康〉

こくていこうえん　国定公園　semi-national park　⇨国立公園

こくていしんしょくていち　谷底侵食低地　erosional valley-bottom plain, erosional valley floor　谷口より上流の谷底に細長く発達する河成侵食低地．流入土砂量と流出土砂量が釣り合い，下方侵食も堆積も進行しなくなった河床において，河川が側方侵食をするようになり，谷幅を広げることによって欠床谷＊から床谷＊に，さらに拡幅してできた低地である（図）．河床に基盤岩石（主に弱抵抗性岩＊）が露出している場合が多い．堆積物は砂礫が主で，その厚さは数 m 以下である．山麓線は緩く蛇行した平面形を示し，谷底堆積低地と異なって，支流の谷底に連続しないのが特徴である．日本では谷底堆積低地に比べ個々の面積も発達地も少ない．⇨谷底低地，河川側刻速度

〈斉藤享治〉

［文献］鈴木隆介（1998）「建設技術者のための地形図読図入門」，第2巻，古今書院．

こくていたいせきていち　谷底堆積低地　depositional valley-bottom plain, valley-fill plain　谷口より上流の谷底に細長く発達する河成堆積低地．谷底低地＊や欠床谷＊が河川の流送土砂の堆積によって埋め立てられてできた低地である（図）．堆積物は場所により礫，砂，泥と大きく異なる．その厚さは数 m〜数十 m である．平面的には，支流の谷底に樹枝状に入り込むのが特徴である．日本では谷底侵食低地よりも多く発達する．⇨支谷閉塞低地，床谷

〈斉藤享治〉

［文献］鈴木隆介（1998）「建設技術者のための地形図読図入門」，第2巻，古今書院．

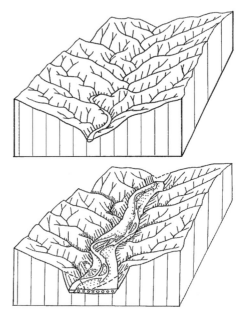

図　欠床谷と谷底侵食低地の形成過程（鈴木，1998）
欠床谷（上図）の谷底が河川の側方侵食によって拡幅され，なめらかな山麓線をもつ谷底侵食低地（下図）が形成される．

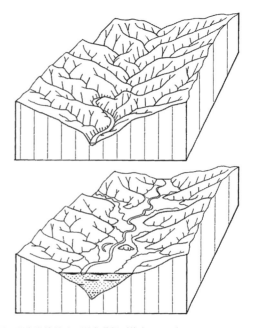

図　谷底堆積低地の形成過程（鈴木，1998）
欠床谷（上図）に砂礫が堆積して，山麓線の入り組んだ谷底堆積低地（下図）が形成される．

こくていたいせきぶつ　谷底堆積物　valley-floor deposit　谷底低地*を構成する堆積物．谷底堆積低地では，堆積物の性状（層厚，粒径など）は場所により大きく異なり，その厚さは数m～数十mである．谷底侵食低地では，河床に基盤岩石が露出している場合（岩床河川*）が多いが，堆積物は砂礫が主で，その厚さは数m以下である．〈斉藤享治〉

こくていていち　谷底低地　valley-bottom plain　山地，火山，丘陵，段丘の谷底にある細長い低地．現河床と同じような高さにあり，人工堤防がなければ，大規模洪水が発生したときに冠水する低地である．堆積過程でできた谷底堆積低地*と側方侵食によりできた谷底侵食低地*に区分される．⇨床谷　〈斉藤享治〉

こくていはばいじょう　谷底幅異常　valley-floor width anomaly　下流ほど一般に大きくなる谷底幅のなかで，局所的で顕著な谷底幅の急変．極端に狭まった狭窄部*の原因として，河川争奪などによる侵食復活型，表成谷*などによる差別侵食型，地すべりなどによる集団移動型，溶岩流などによる火山活動型，断層などによる変動変位型がある（図）．一般に狭窄部は強抵抗性岩から，谷底幅の広い広開部は弱抵抗性岩からなる．⇨河系異常　〈斉藤享治〉

図　谷底幅異常の諸類型（鈴木，2000）

［文献］鈴木隆介（2000）「建設技術者のための地形図読図入門」，第3巻，古今書院．

こくていへいや　谷底平野　valley-bottom plain, valley-floor plain　谷床部や河谷底に形成された細長く幅の狭い低地．主として河川の側方侵食によって形成された平地と，谷底に堆積物が堆積してつくられた平地とがある．前者は河谷を流れる河川の側方侵食によって形成された河谷底の平坦面で，河床堆積物を薄くのせる．外国では氾濫原のような比較的規模の大きなものを指すこともあるが，わが国では幅1～2km以下の比較的幅の狭い小規模なものを指すことが多い．とくに，周囲の地質が第三紀層や第四紀層などの比較的軟らかい地層からなる丘陵や台地を刻む谷の谷底に顕著に発達する．山間地では砂礫質の堆積物からなることが多いが，丘陵や台地を刻んで形成された谷底平野堆積物は一般に砂泥質であることが多く，特に，後氷期の海進にともなって溺れ谷*となった部分では軟弱な泥層が厚く発達する．表層部に泥炭が形成されていることもあり，谷頭部では湧水がみられるところもある．台地や丘陵が良好に発達する関東地方などでは古くから谷津・谷戸・谷地などとよばれてきた．〈海津正倫〉

こくていめん　谷底面　valley-bottom surface　谷地形の横断方向の最低所に位置する一定の幅をもって広がるほぼ平坦な部位．そこには，恒常的あるいは間欠的に水流が発生する．谷床*とほぼ同義．〈日代邦康〉

こくとう　谷頭　valley head　侵食谷の最上流端であり，谷頭部ともいう．段丘（台地），火山原面，周氷河性平滑斜面などを開析する谷頭部の場合には，明瞭な遷急線に囲まれて，その上方の緩傾斜面に接する．表流水や地下水の集中部に相当し，かつ谷頭部が一般に急斜面であるため，谷の側方よりも上流側に侵食が進行しやすい．それを谷頭侵食という．なお氷食作用などによる地形にもこの語を用いる．⇨谷頭部，谷頭侵食　〈小松陽介〉

こくとう　谷頭【DEMによる】　valley head (from DEM)　一般に，降雨の程度によるが，流水がみられる最初の点を谷頭という．この位置はその付近の流線が集中するなどの地形的特徴から推定される．ただし谷頭の位置の推定には作業者の主観が入りやすい．DEMで谷頭を決定するには，流域面積図を用いて，設定した閾値面積を初めて越える点に設定するのが最も容易な方法である．谷頭地形が自動判別可能であれば，それと流域面積を組み合わせた決定法が望ましい．〈野上道男〉

こくとういじょう　谷頭異常　valley-head anomaly　谷頭*が一般的な位置（例：尾根付近，段丘崖の頂部）にないこと．谷頭は普通には明瞭な分水界（尾根）を境に反対側の流域に接している．しかし，谷底に谷中分水界*があり，谷頭が不明瞭になっていることがある．⇨河系異常，河川争奪，谷中分水界 〈斉藤享治〉

こくとうしんしょく　谷頭侵食　headward erosion　流路やガリーの最上部に位置する谷頭で生じる侵食．頭方侵食・頭部侵食・後退侵食ともよばれる．地表流による表層物質の除去や崩壊が主な原因．谷頭の急斜面の基部で生じるパイプ流が崩壊を促進することもある．新たに生じた流路やガリーは谷頭侵食によって上流方向に伸張するが，上流側ほど流量が減少して侵食が生じにくくなるため，やがて谷頭（源流）の位置がほぼ固定される．ただし日本の山地のように急傾斜で豪雨による崩壊が頻発する地域には，谷頭が尾根に到達することも稀ではない．このような場合には谷頭侵食が流域界の移動や河川争奪を引き起こすことがある．⇨頭方争奪，分水界移動，崖端侵食谷 〈小口 高〉

こくとうせん　谷頭泉　spring at valley head　⇨湧泉の地形場による類型（図）

こくとうぶ　谷頭部　valley head　谷の最上流部で，恒常流をもつ河川のない地区であり，0次谷ともよばれる．谷頭部は地形変化が活発に生じる地形の一つである．斜面上部からの土壌匍行，豪雨に伴う表層崩壊の発生，湧水による斜面後退，谷頭凹地や谷底面への土砂の堆積および運搬作用が発生する．遷急線や遷緩線により，頂部斜面，上部谷壁斜面，谷頭凹地，下部谷壁斜面，谷底などの微地形に細分される．⇨谷頭部の微地形，0次谷 〈小松陽介〉

こくとうぶのびちけい　谷頭部の微地形　valley-head micro-landform　山地・丘陵地・台地を開析する谷の最奥部を微細にみると，水路が始まる地点（水路頭）より上流側に，明瞭な水路を欠く凹型の緩斜面（谷頭凹地）を取り巻いて，遷急線や遷緩線で区切られたいろいろな斜面が，ほぼ規則的に配列していることがわかる（図）．この規則的配列は，適度な起伏のある丘陵地で最もわかりやすく，起伏や岩質などによって各微地形の規模・傾斜等が異なる．これら微地形は，水流の伸長・掘り込みと斜面の崩壊・埋積との繰り返しで形成されてきた．やや強い降雨時には，浅い地中水が各微地形を通って谷頭凹地に集中する結果，谷頭凹地下端部で，しばしば地中のパイプを経て，地表の水流が発生し，その侵食で水路頭ができる．ソイルクリープも，各微地形の位置や形態，地中水の集まり方に応じて，異なる頻度・強度で起きている．大雨時には，水路頭付近，下部谷壁斜面，谷頭急斜面（起伏量が小さい谷頭では欠けることもある）などで表層崩壊が発生しやすい．これら微地形の特徴は土壌や植生の分布にもあらわれている．谷頭凹地には崩積成の土層が堆積し，また地中水が集まりやすいので，そこでの掘削工事は，水路頭に相当する微地形を人工的に作り

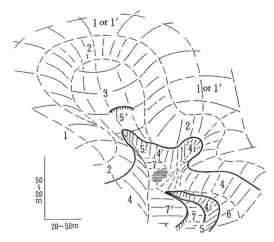

図　丘陵の谷頭部を構成する微地形の分類と配置の模式図（田村，1990）

1 or 1′：頂部斜面，2：谷頭急斜面および上部谷壁斜面，3：谷頭凹地，4：下部谷壁斜面，5：水路頭，6：小段丘面，7′：谷底面．

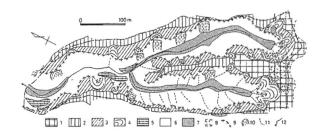

図　多摩丘陵長沼地区の微地形スケールの地形学図（Tamura and Takeuchi, 1980）

1：頂部斜面（極緩斜面），2：頂部平坦面，3：上部谷壁斜面，4：谷頭凹地，5：小段丘，6：下部谷壁斜面，7：谷底面，8：人工平坦化（切土）地，9：明瞭な遷急線，10：新期表層崩壊，11：水路，12：水路（恒常的水流を伴う）

出すことになり，ときに侵食・崩壊を誘発する．
〈田村俊和〉

[文献] 田村俊和（1990）微地形：松井　健ほか編「丘陵地の自然環境―その特性と保全―」，古今書院／Tamura, T. and Takeuchi, K. (1980) Land characteristics of the hills and their modification by man : with special reference to a few cases in the Tama Hills, west of Tokyo : Geogr. Rep. Tokyo Metropol. Univ. 14/15, 49-94.／田村俊和（2001）丘陵地形：米倉伸之ほか編「日本の地形」，I巻，東京大学出版会．

こくどきほんず　国土基本図　National Large Scale Map　国土地理院が作成する5,000分の1および2,500分の1の地形図．平野部の一部について刊行されているが，作成年代は古いものが多い．一方，2,500分の1国土基本図とほぼ同じ仕様の地形図が全国の市町村により都市計画区域を対象に作成されている．⇨地形図
〈熊木洋太〉

こくどすうちじょうほう　国土数値情報　Digital National Land Information　国土計画行政での使用を主目的として，国土庁（現在は国土交通省）や国土地理院などによって作成されたデジタルな地理情報．国土の自然，土地利用，行政上の各種の区域，公的施設，地価などの内容は多岐にわたり，国土交通省のウェブサイトからダウンロードできる．
〈熊木洋太〉

こくどちたい　黒土地帯　black earth region　⇨チェルノーゼム

こくどちりいん　国土地理院　Geospatial Information Authority of Japan（旧称：Geographical Survey Institute）　測量・地理空間情報に関する施策をつかさどる日本の国家機関．行政組織上は国土交通省の特別の機関．測量・地理空間情報に関する政策の企画および関係機関の調整，国の基準点の整備，地形図の刊行，これらや電子国土基本図，基盤地図情報などの基盤的な地理空間情報の提供，防災のための観測・調査，関連した研究開発や国際活動等を総合的に実施する．起源は1869年に民部省に設置された庶務司戸籍地図掛で，その後，参謀本部陸地測量部，内務省地理調査所等を経て，1960年に国土地理院となった．茨城県つくば市の本院のほか，全国10カ所に地方測量部などがある．常勤職員約680人（2016年）．
〈宇根　寛〉

ごくひんえいようこ　極貧栄養湖　ultra-oligotrophic lake　環境基準では湖をさらに詳しく分類することが必要なことがあり，貧栄養湖のうち特に植物プランクトンなどの少ない湖に用いられる（例：摩周湖，支笏湖）．OECDの基準では年平均値が，全リン濃度 $4.0\ mg/m^3$ 以下，クロロフィルa濃度 $1.0\ mg/m^3$ 以下（最大値 $2.5\ mg/m^3$ 以下），透明度12 m以上（最小値6.0 m以上）が用いられている．
〈井上源喜〉

[文献] OECD (1982) *Eutrophication of Waters: Monitoring, Assessment and Control*, OECD Pub. Inform. Center.

こくへき　谷壁　valley-side slope, valley wall　尾根と谷底との間に広がる斜面のうち，比較的に急傾斜な部位で，普通にはその斜面の下方の，特に侵食前線*をなす遷急線*より下方の急斜面を指す．谷壁斜面*とも．谷底とともに，河谷の規模の大小にかかわらず，河谷の形態区分をおおまかにするときに用いられる．
〈日代邦康〉

こくへきかいだん　谷壁階段　valley-side bench, valley-side step　谷壁斜面上に分布する，階段状の小面積の平坦面．谷中階段*とほぼ同義であるが，言語としては谷壁階段の方が明解であろう．⇨エック階
〈日代邦康〉

こくへきしゃめん　谷壁斜面　valley-side slope　尾根の稜線から河谷の谷底までの斜面（広義の山腹斜面）のうち，斜面下部の比較的に急傾斜な部分で，遷急線（例：後氷期開析前線*）の下方の斜面をいう．その遷急線より上方の斜面は山腹斜面とよばれる．谷壁*とほぼ同義．
〈日代邦康〉

こくへきせん　谷壁泉　spring at valley-side slope　⇨湧泉の地形場による諸類型（図）

こくようせき　黒曜石　obsidian　暗黒～灰黒色を呈し，ガラス光沢を有するデイサイト～流紋岩質のガラス質火山岩．オブシディアン，黒曜岩ともいう．破断面は貝殻状を呈する．通常，溶結凝灰岩や溶岩として産する．石器時代には石器の材料として広く用いられた．
〈太田岳洋〉

こくりつこうえん　国立公園　national park　国立公園とは，景観や動植物，地形などを保護するために国が指定し，保護・管理を行う自然公園である．日本では，1931年（昭和6年）に公布された旧国立公園法によって始まった．現在は，自然公園法（1957年，昭和32年制定）に基づいて，日本を代表する自然の風景地を保護し利用の促進を図る目的で環境大臣が指定する．北海道から沖縄県まで31の国立公園が存在する．アメリカ合衆国やニュージーランドの国立公園はすべて国有地であるのに対して，日本の国立公園では，国有地は総面積の約60％にすぎず，国有地以外では，土地利用の制限，一定行為の禁止または制限などの地域指定によって国立公園としての管理・運営が行われている．国立公園内のゾーニング（区域分け）では特別保護地区でも

っとも厳しい規制が行われている．しかし，日本では，国立公園の管理が環境省に一元化されていないこと，自然公園法の目的が，景観の保護（その後，生物の多様性の確保に寄与することも目的に加えられた）と利用の促進という矛盾するものであることのために，国立公園内での自然の保護は十分とはいえない場合が多い．諸外国の多くでは，国立公園局などの単一の機関がすべての管理を行っている．環境省が管理する国立公園に対して，国定公園は，都道府県に管理が委託される．ほかに都道府県が指定し管理する都道府県立自然公園も存在する．
〈岩田修二〉

こけつ　固結　solidification, lithification　脱水作用（dehydration），圧密作用（compaction），置換作用（replacement）を伴い，非固結の堆積物粒子が続成作用によって硬くなり，さらに緻密な堆積岩として変化する際に行われる諸作用のうちの主要な作用をいう．現在の海岸にみられるビーチロック*（浜岩）は炭酸カルシウムなどが介在して固結している例である．
〈田中里志〉

こけつがん　固結岩　consolidated rock　土粒子など構成する物質が結合して堅固な状態にあり，個々の粒子の分離が困難な状態の岩石．⇨半固結岩，非固結
〈八戸昭一〉

こけつがんせつど　固結岩屑土　lithosol　裸岩露出地で，固結岩上にわずかに発達した腐植層をもつ土壌．一般的に，山地（高山）や丘陵地などに分布する．国土調査（1：50万土壌図）では，土壌分類の土壌群（岩屑土），土壌亜群（高山性岩屑土・岩屑土）に区分されている．標準断面構成は，土壌断面記号で（A）/Rとなる．⇨未熟土　〈宇津川　徹〉
［文献］日本ペドロジー学会（1997）「土壌調査ハンドブック」，博友社．

こさきゅう　古砂丘　paleodune　更新世に形成された砂丘．最終間氷期の高海面期MIS5eや，同5dや5bの海水準がやや低下した時期に海岸線付近に形成されたものが多い．最終氷期中にも古砂丘が発達し，古砂丘砂層中に数枚のレスを挟む．多くは日本海沿岸に分布しており，特に北九州海岸や鳥取砂丘が有名である．ほかに島根県に分布する江津層群には鮮新世〜前期更新世の古砂丘層が認められる．古砂丘砂層は固結し，砂丘特有の斜交層理が明瞭なものもあるが，多くの場合，風成砂か水成砂であるかを判断するのが困難である．古砂丘は世界各地の海岸にも広く分布しており，イスラエル海岸ではこう結古砂丘砂層の間に何層ものレスが埋没している．このレスは氷期にサハラ砂漠から飛来・堆積したもので，古砂丘は間氷期に形成されたものである．
〈成瀬敏郎〉

こし　越　mountain pass　⇨峠

こしお　小潮　neap tide　上弦や下弦の頃に起こる潮差の小さい潮汐．小潮(しょうちょう)とも．⇨潮汐
〈砂村継夫〉

こしおへいきんこうちょうい（めん）　小潮平均高潮位（面）　Mean High Water Neaps, MHWN　毎月の上弦や下弦の頃の高潮時の潮位（高潮位）をそれぞれ長期間にわたって平均したもの．〈砂村継夫〉

こしおへいきんていちょうい（めん）　小潮平均低潮位（面）　Mean Low Water Neaps, MLWN　毎月の上弦や下弦の頃の低潮時の潮位（低潮位）をそれぞれ長期間にわたって平均したもの．〈砂村継夫〉

こじしん　古地震　paleoearthquake　広義には過去に発生した地震全般を指す．特に機器観測や文書による記録のない歴史時代や先史時代の地震に限定して使われることが多い．古地震は主に断層のトレンチ調査による地層のずれや地震時の地表変位・海岸隆起などを示す地形・地質学的証拠によって発見される．最近では遺跡の断面に残された液状化痕跡や遺構の崩壊痕跡などの考古学的証拠によって発見されることもある．⇨歴史地震　〈前杢英明〉

ごじゅうまんぶんのいちちほうず　50万分の1地方図　1：500,000 district map　⇨小縮尺図

こしょう　湖沼　lake, pond　海洋の沿岸域を含む陸域に存在する長さ100 mオーダー以上の湛水域を湖沼といい，これを総合的に研究する分野を湖沼学*という．湖沼学の歴史は比較的古く，スイスのフォーレル（F. A. Forel, 1841-1912）がその先駆者といえる．また，わが国で初めて，湖沼を一つの総合科学として扱った科学者は吉村信吉*（1907-1947）である．⇨湖(みずうみ)，フォーレルの標準水色
〈知北和久〉
［文献］吉村信吉（1976）「湖沼学（増補版）」，生産技術センター．

こしょうがく　湖沼学　limnology　湖沼全般に関する総合科学であり，物理学，生物学，化学，地球科学，地理学等の多様な手法を用いて，その全体像を明らかにしようとする学問分野である．limnologyという言葉は湖沼学から出発しているが，現在は陸域の水を対象とする陸水学を意味することが多い．
〈柏谷健二〉
［文献］日本陸水学会（2006）「陸水の事典」，講談社．

こしょうがた　湖沼型　origin of lake　⇨湖沼の分類［栄養状態による］

こじょうさんみゃく　弧状山脈　arcuate mountain　弧状列島*（島弧）に代表されるように弓形の平面形をもつ山系・山脈．弧－海溝系の場合には，海溝と平行するように，山地の平面形の凸の部分が海溝側に面している．弧－海溝系に属さないヒマラヤ山脈，アルプス山脈，カルパチア山脈などにもみられ，外側には大陸が続く．弧状になる理由については，プレートの形状や移動方向・速度の違いに起因する，という考えや，内側（縁海）の拡大などの考えがあり，定説はない．⇨島弧，弧－海溝系
〈今泉俊文〉

こしょうず　湖沼図　lake chart　湖沼を対象とした地図の総称．国土地理院や湖沼を管理する機関などが作成している．国土地理院の湖沼図は湖底地形（等深線），底質，水中植物，各種施設などが縮尺1万分の1で表示されており，2016年までに日本の主要な78湖沼について刊行されている．〈宇根　寛〉

こしょうたいせきぶつ　湖沼堆積物　lacustrine deposit, lake deposit, lacustrine sediment, lake sediment　湖沼に関連した，あるいは湖沼で形成した堆積物全般を指す．湖成層，湖成堆積物，湖沼成層にほぼ同じ．一般に湖底に整合的に堆積し，波浪などの水理エネルギーの沖方向への減衰にともなって，岸付近では粗粒（砂礫質），水深が深くなると細粒（泥質）となる．泥質な堆積物には，地震で発生した重力流や洪水流が湖に流入して発生したハイパーピクナル流（流れの密度が大きいため周囲の流体と混合せずに，湖水の下を流れる）等によって運ばれた，砂質堆積物がしばしば挟在する．一般的にみられる砕屑性湖沼堆積物と，乾燥域に多い化学的湖沼堆積物に大別される．陸源の堆積物に湖内で生産された有機物が加わって堆積するため，沿岸域では無機成分を，深底部では有機成分を多く含む．湖沼が含まれる流域の環境と密接に関連する．湖沼堆積物は次のような特徴をもつ．①連続的に堆積し続成作用も少ないため，長期にわたる記録が得られる．②流入した堆積物がトラップされるため，湖沼や流域での出来事が記録される．③湖沼堆積物中には年周期（年縞*）がみられるものもあり，高分解能での年代決定や古環境復元ができる．⇨湖底堆積物
〈村越直美〉

こしょうのぶんるい　湖沼の分類　classification of lake type　湖沼の分類法には以下のものがあげられる．①起源（origin）による分類，②気候帯（climatic zone）による分類，③栄養状態（trophic state）または湖沼型（lake type）による分類，④循環様式（circulation and stagnation）による分類，⑤塩類濃度（または塩分）（salinity）による分類等である．分類基準によって，例えば北海道の洞爺湖や支笏湖は，①によれば火山性の陥没型カルデラ湖，②によれば温帯湖，③によれば貧栄養湖，④によれば2回循環湖，⑤によれば淡水湖，に分類される．④の分類法は，表面水温の季節変化に応じた熱的循環に視点を置いているので，②の分類法と密接に関係する．
〈柏谷健二・知北和久〉

こしょうのぶんるい　湖沼の分類【栄養状態による】　classification of lake type（by trophic state）　チンネマン（A. Thienemann, 1921）とナウマン（E. Naumann, 1922）が湖沼をその総合的性質に基づいて，1) 調和型湖沼（harmonic type lake）と2) 非調和型湖沼（disharmonic type lake）に分類した．

1) の調和型湖沼は生物群集の構成や生産活動が特定の生物に偏ることなく，窒素やリンなどの栄養塩に支配される湖で，調和湖ともよばれ，栄養段階により①貧栄養湖（oligotrophic lake），②中栄養湖（mesotrophic lake）および③富栄養湖（eutrophic lake）に分類される．さらに貧栄養湖は栄養レベルが著しく低い極貧栄養湖（ultra-oligotrophic lake），富栄養湖は栄養レベルが著しく高い過栄養湖（hypertrophic lake）に分類されることがある．

2) の非調和型湖沼は特定の化学物質により生物群集の構成や生産活動が支配される湖で，①腐植栄養湖（dystrophic lake），②酸栄養湖（acidtrophic lake），③アルカリ栄養湖（alkalinetrophic lake）に分類される．さらに鉄栄養湖（siderotrophic lake）や石灰栄養湖（gypsotrophic lake）を加えることがある．この分類法を湖沼型ともいう．　〈井上源喜〉

こしょうのぶんるい　湖沼の分類【塩類濃度による】　classification of lake type（by salinity）　塩類（Na^+，K^+，Ca^{2+}，Mg^{2+}，SO_4^{2-}，Cl^-，HCO_3^-等）の濃度が0.5 g/Lあるいは0.5 psu（実用塩分単位）より高い湖沼を塩水湖（塩湖）（salt lake, saline lake），それより低いものを淡水湖（freshwater lake）とする．塩水湖をさらに汽水湖（brackish water lake：0.5～30 g/L），塩湖（saline water lake：30～50 g/L），高塩湖（brine lake：50 g/L以上）と細分することもある．汽水湖は湖盆に海水の流入がある湖沼を示し，淡水と海水が混交した塩水であり，海跡湖の多くが汽水湖である．塩分濃度による分類ともいう．
〈柏谷健二・熊谷道夫・知北和久〉

[文献] Hutchinson, G. E. (1957) *A Treatise on Limnology*, vol. 1, Wiley. ／吉村信吉 (1976)「湖沼学（増補版）」，生産技術センター．

こしょうのぶんるい　湖沼の分類【気候帯による】　classification of lake type（by climatic zone）気候帯による分類では，①熱帯湖（tropical lake）；水深20～30 m までの水温の年変化が少なく，表層水温が常に4℃以上で湖水は年間を通じて循環する（多循環湖），②亜熱帯湖（subtropical lake）；水温の年変化が比較的大きく，表面水温が常に4℃以上で，年1回の循環がある（1回循環湖），③温帯湖（temperate lake）；表面水温が年1回は4℃以下になり，1年間に2回循環する（2回循環湖），④亜寒帯湖（subpolar lake）；表面水温が夏季の短時間だけ4℃以上になり，1年間に2回は全層が4℃の等温になり循環する（2回循環湖），⑤寒帯湖（polar lake）；表面水温が常に4℃以下で，全層が等温状態になる夏のみ循環する（1回循環湖），となる．日本では，北海道や東北・中部・北陸地方にある湖沼の大部分は温帯湖に属し，その南は亜熱帯湖に属する．

〈知北和久・柏谷健二〉

こしょうのぶんるい　湖沼の分類【湖沼の起源による】　classification of lake type（by origin）起源（凹地の成因）による分類は G. E. Hutchinson (1957) が区別した76の型が出発点となっているが，その後いくつかの修正・変更が行われているが基本形は踏襲されてきた（表）．M. Meybeck (1995) に基づく大きな分類としては，①構造湖*（tectonic lake）；地溝帯湖，断層湖など，②氷河湖*（glacial lake）；モレーン湖（moraine-dammed lake），ケトル湖（kettle lake），氷河堰止湖（ice-dammed lake）など，③河成湖*（fluvial lake）；氾濫湖（floodplain lake），河跡湖（三日月湖：oxbow lake）など，④火山湖*（volcanic lake）；火口湖（crater lake），カル

表　形成過程（起源）による湖沼（凹地）の分類（鈴木，1998）

湖盆（凹地）の形成過程			湖盆・凹地（主として日本の例）：これらの凹地のすべてに湛水しているとは限らない．現在では埋立・干拓で縮小・消滅したものもある．
大分類	中・小分類		
除去過程	侵食	河成侵食	押堀（落堀），甌穴
		海成侵食	海食凹地，溶食凹地，甌穴，海釜（鳴門海峡）など
		風成侵食	砂丘間に風食凹地は生じるが，高透水性砂地盤のため，湛水しない
		氷河侵食	氷河湖，カール底湖（日高山地の七ツ沼）
		地下水侵食	湧泉湖（東京都井の頭池）
	溶食		溶食湖（ハンガリーのベーレン湖），カルスト凹地（秋吉台に多い）
付加過程	堆積	河成堆積	後背湖沼（岩木川沿岸），三日月湖（石狩川沿岸），支谷閉塞湖（千葉県印旛沼）
		海成堆積	潟湖（サロマ湖），堤間凹地帯（新潟県島屋野潟）
		風成堆積	砂丘閉塞湖（男鹿半島蓮沼），丘間凹地帯（青森県つがる市平滝沼）
		氷河成堆積	氷河堰止湖，モレーン湖，氷河前縁湖，ケトル湖
	噴砂・噴泥		噴砂・噴泥穴（短命な小凹地・小池）
	沈殿・蒸発		石灰華段丘上の皿池（秋吉台百枚皿）
集動	崩落		多いが，小規模で短命
	地すべり		堰止湖（長野県青木湖），凹地湖（青森県十二湖），二重山稜凹地（北アルプス烏帽子岳付近）
	土石流		土石流堰止湖（現在の上高地大正池，1984年長野県御嶽土石流による堰止湖）
周氷河過程	凍結融解過程		サーモカルスト湖
	雪蝕・雪崩侵食		雪窪・残雪凹地
有機的過程			サンゴ礁湖（大東諸島），池塘（高山の泥炭地に多数），ビーバーダム（アメリカ），蟻地獄
隕石衝突			隕石穴（スウェーデンのシリアン湖，米国のメテオライトクレーター）
表層変位	地盤沈下		ゼロメートル地帯の湖沼
	荷重沈下		逆流湖（長野県飯縄火山麓一の倉池）
	陥没・落盤		炭坑地帯や地下採石場などで，小規模なものが短期的に形成される．
火山過程	噴火・定着・爆裂		火口湖（蔵王御釜），マール（男鹿半島の目潟），カルデラ湖（摩周湖），噴気孔 火山体・火山噴出物による堰止湖：火山体（富士五湖），溶岩流（群馬県丸沼，菅沼），溶岩円頂丘（栃木県切込湖），火砕流，火山岩屑流堰止湖（裏磐梯三湖） 火山噴出物定着地形の表面の初生的凹地：溶岩流（志賀高原琵琶池），溶岩円頂丘頂部（神津島千代池），火砕流（シラス凹地），火山岩屑流（裏磐梯五色沼）
	火山性変位		火山構造性陥没湖（スマトラのトバ湖）
変動変位	断層変位		断層湖（琵琶湖，諏訪湖），断層角盆地帯（滋賀県余呉湖），断層凹地
	褶曲変位		活褶曲運動で形成されるが，変位が緩慢・微小なのですぐに埋積される．
	隆起・沈降		氷河融解に伴うアイソスタシーで，氷河周縁部の沈降地域に氷河前縁湖が生じる．
成因不明			台地上のダイダラボッチ（浅い皿状凹地で武蔵野・下総・常総台地などに多数）

デラ湖（caldera lake）など，⑤海岸湖沼（coastal lake）；海跡湖（coastal lagoon）；礁湖（reef lagoon）など，⑥その他の湖沼：風成湖（aeolian lake），溶食湖（solution lake）など，と6種の型があげられる．
〈柏谷健二〉

［文献］Horne, A. J. and Goldman, C. R.（1994）*Limnology*, McGraw-Hill. ／鈴木隆介（1998）「建設技術者のための地形図読図入門」，第2巻，古今書院.

こしょうのぶんるい　湖沼の分類【湖水の循環様式による】 classification of lake type（by water circulation）　湖水の鉛直循環の様式による分類には多循環湖（polymictic lake），1回循環湖（monomictic lake），2回循環湖（dimictic lake）があげられる．多くの湖沼は全層が循環する全循環湖（holomictic lake）であるが，低層に密度の大きい水が停滞している部分循環湖（meromictic lake；停滞湖，stagnant lake）もある．
〈柏谷健二〉

こしょうひ　湖沼比 limnic ratio　ある調査対象面積に占める湖沼面積の割合であり，百分率で表す．この値は，フランスやアメリカの氷河作用を受けなかった地域では0.1％よりも小さく，サスカチュワンやスカンジナビアのような融氷する楯状地では10％を超えるところもある．
〈柏谷健二〉

［文献］Meybeck, M.（1995）Global distribution of lakes：*In* Lerman, A. et al. ed. *Physics and Chemistry of Lakes*, Springer.

こしょうみつど　湖沼密度 lake density　調査対象面積内のある範囲の大きさの湖沼数．一般に百万km^2あたりの湖沼数で表現されることが多く，100,000 km^2あたりを超える湖沼では0.01/百万km^2より小さく，0.01〜0.1 km^2の湖沼に対しては100,000/百万km^2より大きい．
〈柏谷健二〉

［文献］Meybeck, M.（1995）Global distribution of lakes：*In* Lerman, A. et al. ed. *Physics and Chemistry of Lakes*, Springer.

こじょうれっとう　弧状列島 island arc　長さ数百 kmにもわたり弧状に続く列島．島弧ともいう．沈み込み帯で，アウターライズ，海溝，負のフリーエア重力異常，火山を伴わない島列（非火山弧，前弧），火山をもつ島列（火山弧），背弧海盆，などが海側から陸側に向かって顕著な帯状配列を示す．非火山弧と火山弧が並走する二重弧が多いが，後者だけの一重弧もある．地形や重力などの並びが弧状になるのは，地球が球体なので，プレートの沈み込み口の幾何学的形状が弧状になるためと考えられる．環太平洋に分布する島弧列，例えば千島弧，東北日本弧，伊豆・小笠原弧，琉球弧は典型的な弧状列島．弧状列島の下に沈み込んだ海洋プレート（ス

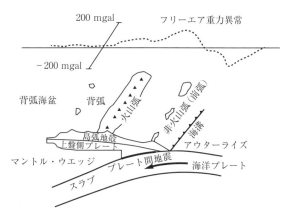

図　弧状列島の概念図（瀬野原図）

ラブ）から脱水した水は，スラブの上のマントル・ウエッジ＊に運ばれ部分溶融を引き起こし，上盤側プレート内に火成活動を生じさせる．この火成活動によって安山岩や花崗岩の島弧地殻が形成され，海面から上に顔を出した島列が発達するようになる．一方，アンデス山脈のような場合は，地殻が70 kmと厚く，火山弧，非火山弧が連続的に海面上に顔を出し，陸弧とよばれる．⇨島弧，陸弧，弧-海溝系，収束境界，沈み込み帯，マントル・ウエッジ，スラブ，上盤側プレート，背弧海盆
〈瀬野徹三〉

［文献］上田誠也・杉村　新（1970）「弧状列島」，岩波書店.

こしょくぶつがく　古植物学 paleobotany, paleophytology　古生物学の一分野で，植物化石を用いて植物の系統と進化を研究したり，過去の植物相の復元を行ったりする．木材組織，葉，果実，種子，花粉，植物珪酸体，珪藻などが研究対象となる．
〈高岡貞夫〉

こじり　湖尻 outlet from lake　湖沼から河川が流出する排水口の地形種名であり，地名としては数種がある（例：十和田湖の子ノ口，神奈川県芦ノ湖の湖尻，山梨県山中湖の梁尻）．湖口，湖脚＊ともいう．
〈鈴木隆介〉

こじりがわ　湖尻川 lake-tail river　湖沼から流出する河川のうち，湖尻＊から大きな支流または本流との合流点までの河川区間．湖尻川では，湖沼底に大部分の流送物質が堆積するために，同規模の河川に比べて，流送物質が少なく，細粒であることから，自然堤防＊が形成されにくい（例：松江市の大橋川や天神川）．
〈斉藤享治〉

［文献］鈴木隆介（1998）「建設技術者のための地形図読図入門」，第2巻，古今書院.

こすい　湖水 lake water　海洋の沿岸部を含む

陸域に存在する湖沼の水体を指す．湖水は，結氷期以外は常に流動しており，風の応力が湖面に働いて起こる傾斜流*（slope current）や吹送流*（wind-driven current），外気の温度変化によって生じる熱対流（thermal convection）やこれに伴う鉛直循環（vertical circulation），河川が湖沼に流入することで生じる密度流（density current），河川が流出することで流出口（湖口，湖尻，湖脚ともいう）付近で生じる循環流（circulative current）などが"湖水の流れ"として存在する．また，風浪や内部のセイシュ*など波の発生によって，湖内では"水粒子"が運動する．なお，湖水の密度は，水温・水圧や水に含まれる溶存物質濃度・懸濁物質濃度によって変化する．

こすいおん　古水温　paleotemperature　主に湖沼において推定される過去の水温のこと．湖水の温度変化は，湖面における熱収支によるので大気の温度変化を強く受ける．生物は水温に応じた生態をとることから，堆積物中に記録されているこれらの変化から水温を読み取り，過去の水温ひいては気温を推定する．　〈池田隆司〉

こすいもんがく　古水文学　paleohydrology　⇨古陸水学

こせいかい　古生界　Paleozoic（erathem）　⇨古生代

こせいそう　湖成層　lacustrine sediment　⇨湖沼堆積物

こせいそう　古生層　Paleozoic strata　古生代（約5億4,000万〜2億5,000万年前の期間）に形成された地層．古生代の期間中に形成された地層および岩体をまとめて古生界とよぶが，地層だけに限定した用語である．　〈牧野泰彦〉

こせいだい　古生代　Paleozoic（Era）　顕生累代最初の，約5億4,000万年前から2億5,000万年前までの約3億年間に相当する地質時代で，先カンブリア時代と中生代の間に位置する．古い時代から，カンブリア紀，オルドビス紀，シルル紀，デボン紀，石炭紀，ペルム紀に区分される．古生代最後のペルム紀の末に，顕生累代で最大規模の絶滅現象（ペルム紀末の生物絶滅事変）が生じ，古生代を特徴づけていた多くの生物群が絶滅・大衰退した．古生代に形成された地層を一括して古生界と総称する．　〈江﨑洋一〉

こせいたいがく　古生態学　paleoecology　古生物とその生活環境の相互関係を研究する学問分野．古生物が示す生物学的な環境と地層から明らかにされる堆積環境を独立に求め，過去の古生物の生息環境，生活様式を復元する．堆積相の解明，現生生物の生態との比較が重要である．　〈塚腰　実〉

こせいたいせきぶつ　湖成堆積物　lacustrine sediment　⇨湖沼堆積物

こせいだんきゅう　湖成段丘　lacustrine terrace　段丘面が湖沼の堆積作用や侵食作用によって形成された平坦面であり，湖底の堆積面や侵食面がその後の湖面低下によって水面上に露出したもの．湖面低下は，気候変化および湖尻川*の下刻とそれに寄与した海水準変動，地殻変動，火山活動，氷河活動などに起因する．米国ユタ州に存在したボンネビル湖の周囲には数段の広い湖成段丘が発達し，日本では北海道屈斜路湖の湖成段丘が有名．　⇨湖岸段丘，沈水段丘　〈鹿島　薫〉

こせいでいたん　湖成泥炭　limnetic peat　水面上で浮遊しながら，または水中で深く根付いた植物により形成された泥炭．　〈松倉公憲〉

こせいていち　湖成低地　lacustrine lowland　湖沼は，外部から供給された土砂の堆積や植物プランクトン・沈水植物など内生的な有機物（endogenetic organism）の堆積によって埋積作用を受ける．河川流域の下流部に湖沼があると，流入河川からの土砂の堆積でその河口部では埋積作用が著しく，低地が発達する．これが湖成低地である．　〈知北和久〉

こせいぶつ　古生物　paleobios　⇨古生物学

こせいぶつがく　古生物学　paleontology　地質時代に生存していた生物（古生物：paleobios）を研究し，それらが生きていた当時の生活様式や生息環境，分類学的な位置や系統関係を取り扱う歴史科学の一分野．その研究には，現生生物学（neontology）の知識が不可欠であるが，絶滅した生物に固有の生態や，地質時代に特有の環境条件が認められる場合があり，注意が必要である．生物と地球が相互に関係・発展しながら現在に至っているという観点も重要である．古生物学は，化石を用いた地層の年代決定や地層間の対比，地層が形成された環境や地史を復元する際の基礎をなす学問分野である．その知見は，石油などの天然資源の開発や，古気候，古海況，海陸分布の変遷を明らかにする場合にも重要である．生物進化の具体的な証拠を提供し，進化の概念の構築に果たす役割も大きい．　⇨地質学　〈江﨑洋一〉

こせいぶつがくてきへんねんほう　古生物学的編年法　biochronology　生層序*とほぼ同義である

が，相対年代*を決めるだけではなく，今から何年前という数値年代を求める意味合いを含む．化石自体は数量的な時間の情報を有していないため，まず，化石を含む地層と古地磁気層序や火山岩などの放射年代あるいは天文年代学的データとを比較することにより，化石帯や古生物事件の数値年代を明らかにする．このようにして，化石帯や古生物事件を数値年代に読み替えることが可能になる．〈本山 功〉

こせきしょくど　古赤色土　paleo red soil　わが国の西南日本以北の丘陵地帯や更新世段丘上に広く分布する赤黄色土*は，かつては現在の生物-気候条件下で生成された成帯性土壌であると考えられていた．大政正隆ほか（1955）は，新潟県下で赤色のB層（色相5YRまたは5YRより赤い）をもつ赤色土*を見出し，更新世の温暖期に高温な気候の影響を受け，鉄アルミナ富化作用*によって生成した古土壌の残存物（レリック）であることを明らかにした．その後，松井健・加藤芳朗（1962）も同様の見解を示し，現在では西南日本以北の赤色土は古土壌*であると考えられるようになった．

その産状には2つのタイプがあり，1つは，古赤色土が火山噴出物で覆われているタイプ（埋没古赤色土）であり，もう1つは火山灰のような被覆層を欠き，古赤色土が地表に露出しているタイプ（レリック赤色土）である．しかし，その生成時期には諸説があり，例えば，およそ12万〜13万年前を最盛期とする最終間氷期または最終間氷期内の亜間氷期（松井，1974），さらに，34万年前以前から9.5万年前以前の範囲にまたがる（赤木ほか，2002）など，定説は得られておらず，古赤色土の生成年代や生成環境に関する今後の研究の展開が期待される．
〈前島勇治〉

こそう　固相　solid phase　⇨三相

ごそう　互層　alternation　異なる岩相*の層が交互に重なることでできた地層のこと．例えば，砂岩と泥岩の繰り返しからなる地層は砂岩・泥岩互層という．さらに「○○質」，「○○勝ち」，「等量」といった言葉を使って，どの岩層が優勢か（例：泥岩勝ち砂岩・泥岩互層）を表現することがある．
〈酒井哲弥〉

こだいさんき　古第三紀　Paleogene（Period）　新生代第三紀を二分した古い方の時代．暁新世・始新世・漸新世からなり，6,550万年前から2,303万年前まで．第三紀（Tertiary）という地質時代区分をやめて，新生代（Cenozoic Era）は古い方からPaleogene, Neogene, Quaternary Periodとすることに，国際地質科学連合で決められた．Tertiaryを使わないで，Paleogene Periodを古第三紀とよぶのはふさわしくないとして，旧成紀・古成紀の訳語がある．一方，日本地質学会は古第三紀を使うように，と提唱している．また，古第三紀に形成された堆積岩と火成岩を古第三系と総称する．⇨第三紀
〈石田志朗〉

［文献］日本地質学会（2013）「地層命名指針：地質系統・年代の日本語記述ガイドライン」（2013年1月改訂版）

こだいさんけい　古第三系　Paleogene（system）　⇨古第三紀

ごたいない　御胎内　gotainai　⇨溶岩トンネル

こたきぐん　小滝群　cascade, group of small waterfalls　河川の急勾配な区間に連続する滝群．その区間全体を一つの滝とみなすこともある．岩床河川*の著しく急勾配な区間においては，跳水*など水理的な作用が定間隔に生じ，それが長期的にはたらくことで形成されたり（例：山梨県神蛇滝），地質構造に起因して形成されたりする．また，巨礫が集積することで形成されることもある．⇨多段滝，遷急点
〈早川裕弌〉

こちじきえいねんへんか　古地磁気永年変化　paleosecular variation　地磁気の変動には様々な周期がある．数千年から数万年の期間で，仮想的古地磁気極の動きが地軸から15°程度離れる変動幅をもつ地磁気変動を永年変化とよんでいる．堆積物の古地磁気データから推測される変化を，paleosecular variation（PSV），火山岩のデータから推測される変化を paleosecular variation from lavas（PSVL）と分ける場合もある．古地磁気永年変化の研究から，①地磁気双極子振動，②地磁気双極子の大きさの時間的変化，③地磁気非双極子成分の強度・方向の変動などの，地球磁場の性質が明らかにされている．PSVLからは地磁気仮想磁極の角度分散に緯度依存性があることがみつかっている．この現象は地磁気変動の重要な性質の一つであり，1964年以降連綿として研究が続けられている．⇨地磁気永年変化
〈乙藤洋一郎〉

［文献］Butler, R. F.（1992）*Paleomagnetism*, Blackwell Scientific Publications.

こちじきがく　古地磁気学　paleomagnetism　岩石に残されている残留磁化から，過去の地球磁場の様子を調べる学問．観測所による地球磁場の性質が知られるようになったのは，16世紀の少し前にロンドンに観測所が開設されてからである．地球が誕生して46億年の歴史のなかで，地球磁場の観測は

ほんの500年間にすぎない．そこで西暦1600年以前の地球磁場の性質を知ることが要請される．これを実行する方法が古地磁気学である．火成岩，堆積岩や未固結の堆積物などが生成するときに，磁化強度は$10 \sim 10^{-4}$ A/mと弱いものの，地球磁場の強度に比例し磁場方向に平行な残留磁化を獲得する．野外で岩石に方位付けして採取し，実験室で岩石の残留磁化をスピナー磁力計や超伝導磁力計により測定し，岩石の磁化方向，磁化強度を求める．岩石は，生成時に初生磁化を獲得した後もあらたに2次的な磁化を獲得するので，熱消磁，交流消磁，化学消磁によって2次的に生じた磁化を消磁し，初生磁化を取り出し，生成当時の地球磁場を推測する．

古地磁気による地球磁場推定値は，観測所で観測する地球磁場の測定精度に比べて，角度や磁場強度の精度が低いので，磁場方向・地球磁場強度の大きな変動を観察することに主眼がおかれている．地球磁場の逆転，地磁気エクスカーション*などの発見がそれである．しかしながら観測所において観測できない，長い時間の地球磁場変動の発見には絶大な力を発揮する．岩石や未凝固の堆積物の年代決定と組み合わせて，500年を超える地球磁場永年変化，2億年にわたる地磁気極性年代史，30億〜10億年の地球磁場強度の変化史などが明らかにされている．古い地球磁場の様子を明らかにする学問なので，これを古地球磁場学（paleogeomagnetic study）ともよぶ．古地磁気学は，古地球磁場学をとおして，地磁気が発生する地球の核の知見を追求する学問でもある．

岩石が地球磁場と平行な残留磁化を獲得したあと，岩石を含む地質ブロックが運動すると，岩石の残留磁化方向は岩石生成時期の地球磁場方向から離れる．偏角の値から，地質ブロックの運動のうち回転の大きさを，伏角の値から，地質ブロックの南北移動の大きさに関する情報を知ることができる．古地磁気学は，地質ブロックの変動について定量的な情報を与え，テクトニクスの解明の大きな研究方法である．地質ブロックの変動は，ブロック間の地殻運動の結果やブロックの下のマントルの動きの反映でもあるので，古地磁気学は，マントル・地殻の性質に迫る学問でもある． 〈乙藤洋一郎〉

［文献］Butler, R. F.（1992）*Paleomagnetism*, Blackwell Scientific Publications.

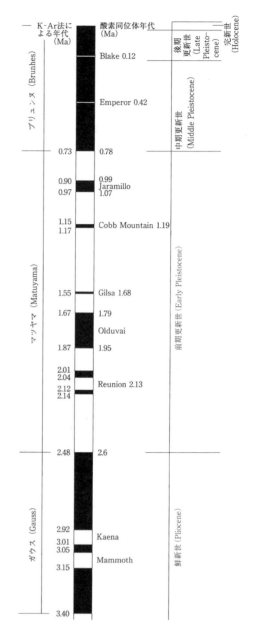

図　過去約340万年間の古地磁気境界の年代と第四紀の区分
（町田ほか編著，2003を修正）

数値年代は，コラムの左側がK-Ar法によるもの（E. A. Mankinen and G. B. Dalrymple, 1979）（Ma：百万年の単位），右側が酸素同位体変動に基づく（SPECMAP）年代（N. J. Shackletone et al., 1990；D. M. Funnell, 1995）．現在は右側の値が用いられている．

こちじきそうじょ　古地磁気層序　geomagnetic stratigraphy　地磁気の変動*は全球的に短時間に，かつ同時に起こることから，その変動史を基準にした層序・編年が成り立つ．

現在とは反対の方向に帯磁した火山岩があることは20世紀始めから発見され，その後各地の火山岩

の熱残留磁気TRMと^{40}K-^{40}Ar年代が測定され，同一年代の火山岩は同一方向に帯磁していることが明瞭となった．同時に中央海嶺の両側の海底の火山岩に地磁気異常が対称的に帯状に分布することが見出された（海洋底拡大説そしてプレートテクトニクス発展の契機）．この海底地磁気縞模様から地磁気変化の年代尺度が提唱された．また海底に連続的に堆積した地層の試錐コアの堆積残留磁気DRM測定も，TRMと同様な古地磁気の変化パターンが海底堆積物にあることを明らかにした．

現在と同じ向きの地磁気極性は正帯磁（normal polarity），逆は逆帯磁（reversed polarity）とよばれ，柱状断面などにそれぞれ黒と白の縞模様で示される．これまでに過去1億6,500万年という長期間の地磁気極性変動が知られており，年代尺度として役立っている．なお約530万年前以降（鮮新世と第四紀）のクロン*の名称は地磁気学に貢献した研究者名（ブリュンヌ Brunhes，マツヤマ（松山基範）Matuyama，ガウス Gauss，ギルバート Gilbert），サブクロンの名称は最初に測定した岩石・地層のある地域名が付けられている．一方より長期間まで覆う極性変動区分単位には新しい方からC1n, C1r, C2n, …と番号が付けられている（CはChron, nは正帯磁，rは逆帯磁期）．

図には第四紀の地磁気極性変動，各クロンと主要サブクロン（磁極期，エクスカーション，イベント）の名称と地磁気境界の年代尺度が示されている．海洋酸素同位体変動・層序から求められたミランコビッチ年代（地球軌道要素編年*）は多数の資料が重ねあわされており，誤差が小さく，かつ天文力学的運動の結果であるため，年代が計算で求められ，主要な地磁気境界の数値年代とされている．新第三紀と第四紀の境界は，約260万年前とされるガウス/マツヤマ境界に置かれ，前期/中期更新世境界はマツヤマ/ブリュンヌ境界（約180万年前）に置かれる．さらに細かな地磁気極性変動層序に年代尺度を入れるには，^{14}C法やテフロクロノロジーなど時代と地域に応じて最も適当な方法が採用され，さらにクロスチェックをして真に近い年代が追求される．これは生層序など，他の層序・編年法と共通する．

〈町田 洋〉

[文献] 町田 洋ほか編著（2003）「第四紀学」朝倉書店．

こちりず　古地理図 paleogeographic map　ある地質時代の海陸の分布図．もっと詳しく，礫を供給するような高い山地，浅海ないし陸成層が分布するような海岸付近，深海堆積の場である海，火山，主要な構造線，暖流・寒流などが記入されることもある．完新世に形成された地形としては，海岸線，砂丘列，湿地，湖沼，自然堤防，旧流路など平野の微地形区分が示される．⇒地形発達史　〈野上道男〉

コックピット cockpit　飛行機の操縦席（コックピット）のようなくぼみになった溶食凹地をいう．熱帯の円錐カルスト地域では，効果的に石灰岩の溶食が進行し，深い溶食凹地と，溶食のあまり進まない円錐形の丘（円錐カルストまたはコーンカルスト）とができる．とりわけ，円錐の丘の間に挟まれた星型の形をした深い凹地で，底が平坦ではないものをコックピットという．コックピットには土壌や有機物におおわれた吸込み穴が存在する．ジャマイカ北西部における新第三紀の白色石灰岩地域では，円錐丘が80～100 mの比高で密に形成され，そのため凹地も密に深く形成されている地域がある．この地域をコックピット・カントリーとよんでいる．⇒コックピット・カルスト　〈漆原和子〉

コックピット・カルスト cockpit karst, polygonal karst　ジャマイカのコックピット・カントリーに由来する語で，コックピットとは，ニワトリの掘った擂鉢状の穴や飛行機の操縦席を意味する．湿潤な熱帯にみられる深い溶食凹地と円錐形の凸地が多数分布する地域に，多角形の深い凹地が多数分布する地形を指す．凹地の輪郭は温帯地方にみられる円～楕円形とは異なり，不定形で角ばった星型を呈し，底は擂鉢状である．熱帯気候下では凹地に土壌が集積して水分を長時間蓄え，地中温度が高く，有機物の分解等による二酸化炭素の濃度が高いため，土壌深が厚いと溶食が速い速度で進み，深い凹地が形成される．一方，土壌深が薄く，よりわずかな溶食しか起こらない部分が円錐形の凸地形として現れたものである．特に土壌や植被による水分状態の違いや，求心的な排水が溶食の差を著しくした結果であるとされている．この地形はジャマイカやプエルトリコに分布している．一般に，円錐カルストの凹地はコックピットの形をなしていない．低地部の底は平坦で，十分な土壌におおわれているが，吸込み穴は有する．湿潤熱帯ではスコールのあと，円錐カルストの凹地は一時的に冠水する．⇒コックピット　〈漆原和子〉

コットン Cotton, Charles A.（1885-1970）　ニュージーランドの地形学者．高校生時代に友人のいたずらで左眼の視力を失ったため立体視不能であったが，地質学，岩石学，鉱山学を学び，その後，

Wellington 近傍の野外踏査から地形学に深い興味をもった．米国のパウエル*（J. W. Powell），ギルバート*（G. K. Gilbert），デービス*（W. M. Davis）の記述から多くの示唆を受けたが，野外観察で得た事実に基づいて，批判精神に富んだ論文を多数発表し，長期間の地殻変動と侵食地形を研究し，正規侵食，気候事変，火山地形に関する独自の著書を出版した．研究成果は実在の地形についての精密かつ客観的な記述と彼に独特の精細な線画で明解に説明された． 〈鈴木隆介〉

[文献] Stevens, R. G. (2010) Cotton, Charles Andrew : In The Dictionary of New Zealand Biography, Te Ara- the Encyclopedia of New Zealand.

こてい　湖底　lake bottom　湖水で浸潤されている凹地面をいう．湖岸周辺での地すべりや河川の流入などで土砂が供給されるとその堆積によって固有の湖底地形が形成される．河川による土砂流入の場合は河口部での堆積によってデルタ（三角州*）が形成され，頂置層，前置層，底置層からなる三角州堆積物が発達する．⇒三角州堆積物　〈知北和久〉

こていこく　湖底谷　sublacustrine valley　地殻変動や海水準の変動により，河谷が湖面下に沈水したもの．琵琶湖では，北岸の葛籠尾崎沖に水深40〜60 m に湖底谷が形成されている．また，氷河からの懸濁水や塩水など，湖水より密度の大きい流水が湖内に流入することにより，湖底を流下侵食し谷状の地形を形成することがある（例：浜名湖）．⇒湖底地形　〈鹿島　薫〉

[文献] 池田　碩（2007）琵琶湖の湖底地形：琵琶湖ハンドブック編集委員会編「琵琶湖ハンドブック」，滋賀県，52-53.

こていさきゅう　固定砂丘　fixed dune, stabilized dune　自然植生に被覆されて砂の移動が起こらなくなった砂丘．被覆砂丘とも．人工林や飛砂防止柵で固定された砂丘も含める．石灰岩地域やサンゴ礁地域では炭酸カルシウムによる膠結作用で固結した砂丘を指し，移動を繰り返す現成砂丘*とは異なる． 〈成瀬敏郎〉

こていしょう　固定床　fixed bed　⇒移動床

こていたいせきぶつ　湖底堆積物　lacustrine sediment, lake (bottom) sediment　湖底に堆積した物質の総称で，陸域起源のものが河川や風送によってもたらされた外来堆積物（allochthonous sediment, deposit）と湖内で生産された現地堆積物（autochthonous sediment, deposit）で構成される． 〈柏谷健二〉

こていちけい　湖底地形　lake bottom topography　湖沼における水面下の地形．湖棚*，湖棚崖*，湖底平原*，湖底段丘，湖底谷*などからなる．国土地理院では，第四次基本測量長期計画に基づき，日本の面積 $1 km^2$ 以上の約 100 湖沼を対象に湖底地形について調査を進め，湖沼図（湖盆図）を作成している．⇒湖盆図 〈鹿島　薫〉

[文献] 谷岡誠一（1990）湖底地形調査の現状と課題 国土地理院の湖沼調査を例に：地質学論集，36，243-262.

こていへいげん　湖底平原　lake bottom plain　湖底において中央部付近で最も水深が大きく平坦な部分を指す．周囲を湖棚*と湖棚崖*によって囲まれている場合が多い．湖底平原は，生物遺骸や細粒物質の堆積場となり，泥質堆積物が厚く堆積していることが多い．⇒湖盆図 〈鹿島　薫〉

ごてんとうげれきそう　御殿峠礫層　Gotentoge gravel bed　八王子市南の御殿峠を模式地とし，層厚 15 m 程度の扇状地性くさり礫層で，上総層群を不整合に覆い，多摩 I ローム層に整合に覆われる中部更新統．模式地付近の標高 220 m 付近から東方の稲城市付近の標高 120 m までの丘陵頂部に分布． 〈熊井久雄〉

ことう　孤島　isolated island　⇒離島

ことう　ぶんじろう　小藤文次郎　Koto, Bunjiro（1856-1935）東京帝国大学地質学科最初の卒業生．ミュンヘン大学などドイツ留学後，東京帝国大学教授．地質学・岩石学・火山学・地震学など幅広く関心をもち，日本におけるその分野のその後の研究に大きな影響を残した．門下生に山崎直方*・小川琢治がいるので，日本における地理学の祖ともいえる．1891 年の濃尾地震についての論文（1893）は掲載された根尾谷断層の写真とともに断層地震説の確証として広く引用された．デービス*の侵食輪廻説を日本で最初に取り入れて，中国地方の地形が侵食と堆積の繰り返しの輪廻によって形成されたとする論文「中国筋の地貌式」（1909）は現在に連なる地形発達研究の最初といえよう．なお輪廻観は当時進化思想（ダーウィン：種の起源，1859）としてとらえられ，古生物学のみならず，地質構造論・火成岩論など地質学全般に浸透しつつあった．地形についても例外でないことをこの論文が示している． 〈野上道男〉

こどじょう　古土壌　paleosol　厳密には地質時代（更新世以前）の土壌を意味するが，完新世を含め現在とは異なる環境条件下で生成した土壌一般を指す場合もある．古土壌のうち新しい堆積物が被覆されたことにより現在の環境から遮断され土壌生成

作用が停止した土壌を化石土壌（埋没土壌），地表に露出し現在の環境条件下における土壌生成作用が重複する土壌をレリック土壌（多元土壌）という．また，生成環境が単一のものを単元土壌，生成環境の履歴を複数有するものを多元土壌という．古土壌は過去の植生，気候などの地表環境を記録しているので示相化石的性格を有し，また層位学的鍵層として地層や地形の対比に使われる．このことは，レスやテフラなどを母材とする運積土（堆積土）において，土壌層の上方成長に伴い過去の地表環境がさほど重複することなく連続して記録されるので特に有用である．例えば，氷礫土，レス（周氷河風成層）が堆積する地域では，これらに介在して間氷期に生成した顕著な古土壌（北アメリカ大陸のサンガモン土壌など）が認められ第四紀編年の指標となっている．また，ローム層*（テフラ累層）に認められる暗色帯（古黒ボク土層）は草原的植生および湿潤かつ温暖から冷温な気候を示唆する．なお，日本各地の高位段丘に見出される赤色土*は間氷期に生成されたレリック土壌，化石土壌と考えられてきたが，間氷期の気候が現在より明らかに温暖であったと断定されないことから，過去の高温多湿気候の産物ではなく地形面の古さ（土壌生成作用継続時間の長さ）に対応するものとの見方が有力になってきている．

〈佐瀬　隆〉

[文献] 松井　健（2003）「土壌地理学特論」，築地書館．

ゴトランドき　ゴトランド紀　Gotlandian ⇨シルル紀

こドリアスき　古ドリアス期　Older Dryas time ⇨晩氷期

コニーデ　Konide ⇨シュナイダーの火山分類

コノリス　chonolith ⇨火成岩の産状

こはんさきゅう　湖畔砂丘　lake side dune ⇨湖岸砂丘

こひょう　湖氷　lake ice　冬季に湖面に形成される氷体をいう．成因は，大きく分けて2通りある．一つは，風のない穏やかな状態で氷殻（ice crust）ができ，これが下方に成長して表面につやのある透明氷が形成される．他の一つは，湖面に多量の降雪がある場合，潜熱が奪われて不透明な雪氷（snow ice）ができる．両者とも，冬期間には下方向に透明なキャンドル・アイス（candle ice）を成長させる．雪氷ができる初期状態として，雪と湖水が混合して粘性の高い雪泥（slush）が形成される．雪氷は日射に対する反射能（アルベド*，albedo）が高く，同じ気象条件では透明氷に比べキャンドル・アイスの成長速度が早い．キャンドル・アイスが成長して10 cm程度以上の厚さになると，夜間の放射冷却での収縮によって断裂が生じ，その隙間には新たに透明氷が作られる．この状態で，次の日中の気温上昇による膨張があると，湖氷は衝上運動を起こし，いわゆる御神渡の現象がみられる．この現象の比較的規模の大きなものは，長野県の諏訪湖，北海道の屈斜路湖や倶多楽湖で認められている．

〈知北和久〉

[文献] 吉村信吉（1976）「湖沼学（増補版）」，生産技術センター．/Aihara, M. et al.（2010）A physical study on the thermal ice ridge in a closed deep lake: Lake Kuttara, Hokkaido, Japan : Limnology, 11, 125-132.

こびわこそうぐん　古琵琶湖層群　Kobiwako group　滋賀県の近江盆地〜三重県の伊賀盆地周辺の丘陵地を構成する鮮新統〜更新統で，陸水成の泥，砂，礫からなる．また，多数の火山灰層を挟み，他地域との広域対比も行われている．丘陵部の古琵琶湖層群と現在の琵琶湖湖底堆積物までは，ほぼ連続的に堆積した地層であるが，湖底の均質で厚い泥層を琵琶湖累層として本層群とは分ける提案がある．層群の分布と層序との関係は，南部ほど下位で北部ほど上位層であることから，堆積場が時代とともに北へ移動してきたと考えられている．さらに，岩相や層厚から，各時代の堆積環境変遷とともに，琵琶湖東部の鈴鹿山系や琵琶湖西部の比良山系の隆起が活発化した時期などとの関係が論じられている．

〈里口保文〉

こひん　湖浜　lake beach　砂や礫などの非固結堆積物で構成されている湖岸（lake shore）．

〈砂村継夫〉

こぶ【オリエンテーリング用語】　small knoll　オリエンテーリング用地図*に描かれている小さな塚状の微地形．直径1〜5 m．斜面中腹や0次谷*や低次の谷底にみられる．

〈島津　弘〉

こぶ　瘤【山稜の】　knot (of ridge line)　尾根の稜線沿いに点在する小さな突起部で，基盤岩石で構成されている．地形図には1〜2本の閉曲線で示される規模の場合もある．⇨鋸歯状山稜

〈鈴木隆介〉

こふん　古墳　tumulus　一般には，古代の埋葬施設で，土や石を用いて築かれた塚全般のこと．日本では，特に3世紀中頃から7世紀頃に造られた首長の墳丘墓のことを指す．平面形に，前方後円墳，前方後方墳，円墳，方墳などが知られる．

〈朽津信明・有村　誠〉

こふんじだい　**古墳時代**　Kofun period　日本の考古学時代区分の一つで，首長の墓として古墳が造営されたことで特徴づけられる時代．年代的には3世紀中頃から7世紀頃までの期間であり，以後は歴史時代になる．日本における古代国家の成立期でもある．⇒歴史時代　　〈朽津信明・有村　誠〉

こべついどう　**個別移動**　particle movement　マスムーブメント*（集動*）とは違って，岩屑が流体力を受けて転動，滑動，躍動しながら移動する現象をいう．また，各個運搬とも．⇒集合運搬
〈鈴木隆介〉

こほう　**湖棚**　lake littoral shelf　湖において湖岸に沿うように形成された水深2～5m程度の棚状の湖底地形．霞ヶ浦など日本の沿岸汽水湖沼では顕著に発達している．完新世における低海水準期に形成された湖成段丘ないし湖岸平野であるという説と，波食によって水面下に形成された侵食面であるという説がある．宍道湖など多くの湖沼では湖棚に貝など多くの動物や水生植物が繁茂し，湖沼の生態系を維持するための場となっている．⇒湖棚崖，湖底平原　　〈鹿島　薫〉

[文献] 平井幸弘（1989）日本における海跡湖の地形的特徴と地形発達：地理学評論，62，145-159．

こほうがい　**湖棚崖**　lake stepoff cliff　湖棚と湖底平原を隔てる急傾斜部分．⇒湖棚，湖底平原
〈鹿島　薫〉

こぼん　**湖盆**　lake basin　湖沼を形成する凹地の凹型底面をいい，その形状は湖沼の成因によって特有の湖盆形態を示す場合が多い．例えば，U字谷凹地に形成された氷河湖の形態は，谷に沿って長軸をもち横断形状はU字に近い．　　〈知北和久〉

こぼんず　**湖盆図**　lake bathymetric map　等深線で示した湖底地形，礫，砂，泥などの底質*，水中植物などの自然的性質のほか，漁業，その他の関連施設を総合的に表示した湖底地形図．日本では湖沼図として，主要な湖沼とその沿岸を縮尺1万分1で表示した湖沼図が国土地理院によって作成されている．⇒湖底地形，湖沼図　　〈鹿島　薫〉

ごまんぶんのいちちけいず　**5万分の1地形図**　1:50,000 topographic map　⇒地形図

こめんていか　**湖面低下**　lowering of lake level　湖面の水位が低下すること．その原因は，①流出河川*の下方侵食に伴う湖水の流出，②気候変化に伴う湖への降水量と流入水量の減少（例：米国のボンヌビル湖*），③流入河川*の上流での転流による湖沼への流入水量の減少，などである．湖面低下により一時的局地的侵食基準面*が低下するので，流入河川の若返り*により下方侵食が始まり，また湖底が離水して湖岸段丘*が形成される．標高の低い乾燥地域で大規模な湖面低下が起こると，湖面が海水準より低くなり，窪地*になる．　〈鈴木隆介〉

こゆうとうかど　**固有透過度**　intrinsic permeability　あるポテンシャル勾配のもとで流体を流す多孔質媒体の能力を表すもので，固有透過度kは透水係数K，流体の粘性係数μ，流体の密度ρ，重力加速度gを用いて$k=K\mu/\rho g$と表される．
〈三宅紀治〉

こようたい　**固溶体**　solid solution　結晶の構造はそのままで，その中の原子のあるものが別の原子に置き換わっているもの．たとえば，長石はK（カリ長石），Na（曹長石），Ca（灰長石）を端成分とする固溶体である．
〈松倉公憲〉

コラ　kora　鹿児島県薩摩半島南部の頴娃町，知覧町，山川町，指宿市周辺に分布する固い盤層をなす開聞岳起源のテフラ層．コラは噴出年代と産状によって，黄ゴラ（Km1と略記，4,000～3,700年前噴出），灰ゴラ（Km4，3,100年前噴出），暗紫ゴラ（Km9，2,000年前），青ゴラ（Km11，1,600年前噴出），紫ゴラ（Km12，西暦874年噴出）などに区分される（年代はいずれも未較正^{14}C年代値）．産状によりさらにドップイコラ，ヒゴラ，粟飯ゴラ，礫ゴラなどの区分もある．コラとは，この地方の俗語で，亀の甲羅のように固いもの，あるいは"塊"という意味とされ，その固さゆえに透水性が悪く作物の根の生育を阻害することから，農業利用上は極めて生産力が低い．また，大分県飯田高原などにおいても九重火山起源の類似のテフラ層がコラ層とよばれる．　　〈井上　弦〉

コラプシング（がた）さいは　**コラプシング（型）砕波**　collapsing breaker　砕け寄せ波のこと．⇒砕波型式　　〈砂村継夫〉

コラム　column　⇒石柱

コリオリのちから　**コリオリの力**　Coriolis force　慣性系に対して加速度をもつ座標系では物体に見掛けの力が生じる．例えば上昇を始めたエレベーターでは重力に加えて下向きの慣性力が働くため体が重くなる．回転する座標系で働く見掛けの力が遠心力とコリオリの力（転向力）である．コリオリの力は運動する物体にのみ働き，その大きさは速度に比例する．向きは，反時計まわりに回転する系では，運動方向に直角で右向きである．地球は自転しているので地球上を動く物体にはコリオリの力が働き，そ

の向きは運動方向に対して北半球では右向き，南半球では逆になる．地球上の大規模な大気や海水の流れはコリオリの力の影響を大きく受けている．⇨台風　　　　　　　　　　　　　　〈日置幸介〉

こりくすいがく　古陸水学　paleolimnology　湖沼や湿原などの陸水域が，どのように形成され現在に至ったのか，気候条件，地質学的条件，水理，水質，生態系などの時間的変遷を解明する研究分野．古水文学ともよばれる．研究に用いられる手法は幅広く，考古学的資料や古地図なども使われる．時間的・歴史的変化を追うのに有効な手法の一つとして，掘削（ドリリング）を用いる方法がある．掘削によって湖底堆積物の連続的な柱状試料を採取し，堆積物の年代測定，微化石分析，粒度測定，化学成分分析，安定同位体比の測定などを行い，堆積環境や湖水の起源，生態系の食物連鎖，気候変動などが総合的に推定される．最近では，国際協力のもとで陸上科学掘削計画を推進し，世界各地の特徴ある湖（バイカル湖，チチカカ湖，ボスニワ湖等）で深さ500〜2,000 m クラスの掘削を行い数百万年〜数十万年前まで遡った歴史や気候変動の解読も行われている．日本では琵琶湖において，深さ1,400 m までの試料を採取し過去500万年くらいまで明らかにした例がある．　　　　　　　　　〈池田隆司〉

こりつは　孤立波　solitary wave　ただ一つの峰を有する移動波*をいう．J. Scott Russell (1834) によって最初に研究された波で，スコット・ラッセルの波とよばれることがある．波の周期あるいは波長は存在しない．①理論結果が比較的簡単な数式で表現されること，②実際の浅海域での波形が孤立波の形に近いこと，などの理由で浅海域の波にこの理論が適用されることがある．〈砂村継夫〉

[文献] 堀川清司 (1991)「新編海岸工学」，東京大学出版会．

コリドー　corridor　分断化された生態系をつなぎ，野生生物の移動を可能にする景観要素の一つ．回廊と訳され，広域を移動する野生生物の保全策として導入された．国際・国・地方レベルなど，さまざまなスケールの生態系ネットワークの構築が必要である．　　　　　　　　　　　　　〈中村太士〉

こりゅう　湖流　lake current　湖沼でみられる流れの総称．湖流は，駆動要因となる風の応力，水面傾斜，水の密度差に応じて，それぞれ，吹送流，傾斜流，密度流とよばれる．琵琶湖など比較的に大きい湖では，表層の流れがコリオリの力*の影響を受けて水平方向の循環流となる場合があり，こうした流れを地衡流とよぶ．また，潮汐や波動に起因する周期的な流れ（潮流やラングミュア循環流など）が生じる場合もある．湖流は，水温変動や物質の移動拡散を支配する物理要素であり，水質や生態系に大きな影響を及ぼす環境因子である．〈青田容明〉

コル　col　ラテン系の言語に起源をもち，英語に取り入れられた鞍部の同義語．登山家が，氷河の源頭にある急峻な鞍部をコルとよぶことが多い．イギリスの登山隊が，チョモランマ（エベレスト）山頂直下の北と南の鞍部をそれぞれノースコル，サウスコルと名づけたことで一般にも知られるようになった．日本の地形学で多用されたケルンコル（断層鞍部）のコルも同源であるが，ケルンコルという用語は断層地形としては今では使用されない．⇨ケルンコル　　　　　　　　　　　〈岩田修二〉

ゴルジュ　gorge　⇨峡谷

コルディレラひょうしょう　コルディレラ氷床　Cordilleran ice sheet　第四紀の氷期に北米大陸西岸に発達した氷床．これまでにローレンタイド氷床と同様の4回の拡大期が認定されている．最新の拡大期はウィスコンシン氷期に対比され，それ以前の拡大期はローカル名で Salmon Springs 氷期，Stuck 氷期，Orting 氷期と命名されている．このうち最終氷期では，約15 ^{14}C ka BP 頃に最も拡大し，コルディレラ山脈の高山域を中心として南北に伸び，北はアラスカ半島に沿って発達し，南はプジェットサウンド湾地域を経てワシントン州シアトル付近まで達した．アラスカ内陸部へは極度の乾燥のために拡大できなかったとされている．コルディレラ氷床が発達したいずれの氷期にも，その東方には常にローレンタイド氷床があって，北米大陸分水界付近で互いに接していた時期もある．最終氷期の低海面期に出現したベリンジアを伝って北米に渡ってきたモンゴロイドは，氷床に阻まれて南下できずにいたが，氷期が終焉に向かって温暖化したおよそ12,000 年前に両氷床が分離して無氷回廊が出現し，南下を再開したといわれる．最終氷期には，低地に沿っていくつもの氷舌が南下しており，その中のいくつかは，氷床周縁部で融氷水を堰止めて氷河ダムを形成していた．融氷期に氷舌が後退したり崩壊したりすることによって氷河ダムが決壊し，繰り返し大洪水が発生していたことがわかっている．北米大陸西岸におけるテクトニックな変動は，コルディレラ氷床周縁部で顕著であり，コルディレラ氷床の消滅に伴うアイソスタティック変動が今日も続いていると考えられている．　　　　　　　　　　　　　〈澤柿教伸〉

[文献] Booth, D. B. et al. (2003) The Cordilleran ice sheet :

Developments in Quaternary Science, 1, 17-43.

コルビアルしゃめん　コルビアル斜面 colluvial slope ⇨麓屑斜面

ころいどはくだつ　コロイド剝奪 colloid plucking　土壌コロイドが，それに接する岩石の表面から鉱物粒子を引き離す作用．風化作用の一形式としてReiche（1950）が提唱した．　〈小口千明〉
[文献] Reiche, P.（1950）*A Survey of Weathering Processes and Products*, Univ. New Mexico Press.

ゴロタはま　ゴロタ浜 gorotahama　波打ち際に中〜巨礫のある海岸．釣り用語．　〈砂村継夫〉

コングリュエントようかい　コングリュエント溶解 congruent dissolution　⇨一致溶解

こんごうきょり　混合距離 mixing length　乱流*の中では水粒子は上下に混じり合って流れるため，ある点の流速変動はこの点の流速とは異なる水粒子が鉛直方向に移動してきたことにより引き起こされる．この移動距離を混合距離という．流速の変動分は混合距離と2点間の平均速度の勾配に比例する．　〈宇多高明〉
[文献] 日野幹雄（1992）「流体力学」，朝倉書店．

こんごうそうこうぶつ　混合層鉱物 mixed-layer mineral, interstratified mineral　2種またはそれ以上の粘土鉱物が，層面を平行にして繰り返して積み重なってできている粘土鉱物．風化や熱水など，あらゆる産状で見いだされる．雲母-モンモリロナイト混合層鉱物や緑泥石-モンモリロナイト混合層鉱物は膨潤性をもち，地すべり粘土となる．　〈松倉公憲〉

こんごうふんか　混合噴火 mixed eruption　爆発的な噴火（火砕物の放出）と溶岩の流出が同時に起こる噴火．　〈横山勝三〉

こんごうようかい　混合溶解 mixing corrosion　炭酸カルシウムの溶解度と空気中のCO_2濃度（分圧）との関係（すなわち，炭酸カルシウムの飽和平衡曲線）が線形でないことから生じる石灰岩（カルサイト）の溶解特性の一つで，それぞれ炭酸カルシウムで飽和した2つの水が混合するとき，CO_2濃度が両者で異なる限り，混合水は炭酸カルシウム濃度に対して再び不飽和になり，さらに石灰岩を溶かす能力が生まれる現象．　⇨冷却溶解　〈松倉公憲〉

コンシステンシー consistency　細粒土の含水量による状態の変化をいう．含水量が十分に高いと細粒土は液体と同様な性質を示し，含水量を減らしていくと塑性体となり半固体の状態を経て，それ以上体積の減少を生じない固体状態になる．このような液体→塑性体→半固体→固体という状態の変化（漸次的）をコンシステンシーとよぶ．液体と塑性体の境界における含水比を液性限界*，塑性体と半固体との境界での含水比を塑性限界*，半固体と固体状態の境界の含水比を収縮限界*とよんでいる．　〈加藤正司〉

コンシステンシーげんかい　コンシステンシー限界 consistency limits　細粒土のコンシステンシー*の変移点（液性限界，塑性限界，収縮限界）の総称．アッターベルグが提唱した方法に準じて求めることから，アッターベルグ限界ともよばれる．土の工学的性質は，粗粒土が主に粒度組成に大きく依存しているのに対し，細粒土はコンシステンシー限界やこれらを用いて求められる指標（コンシステンシー指数*，塑性指数*など）に大きく依存する．　〈鳥居宣之〉

コンシステンシーしすう　コンシステンシー指数 consistency index　細粒土の自然含水状態における相対的な硬さを表す指標であり，液性限界*（w_L）から自然含水比（w_n）を引いた値を塑性指数*（I_p）で割って得られる指数（$I_c=(w_L-w_n)/I_p$）．この値が大きいほど粘性土が硬くて安定していることを示す．　〈鳥居宣之〉

こんせいこうげき　根成孔隙 root form pore　⇨土壌の軟X線写真

こんそうりゅう　混相流 multiphase flow　物質は，固相，液相，気相の3つの状態を示すが，複数の相が混じり合って流動する現象を混相流とよぶ．土石流は土石を固相，水を液相とする固液二相流，火砕流は火山砕屑物を固相，火山ガスと流下中に取り込まれる空気を気相とする固気二相流として扱うことができる．　〈中村太士〉

コンター　【地形図の】 contour　⇨等高線

コンターダイアグラム contour diagram　ステレオ投影網上に等密度線を用いてデータの密度分布を表現したもの．たとえば構造地質学では，ある地域の特定の構造（たとえば層理面や褶曲軸）が，どの方位に集中するかを知るために用いられるが，地形学では斜面堆積物としての礫のファブリック解析などに使用される．　〈松倉公憲〉

こんだくりゅう　混濁流 turbidity current　⇨乱泥流

コンタリング contouring　斜面を等高度で移動する技術．オリエンテーリング用語．　〈島津　弘〉

コンチネンタルライズ continental rise 海洋底*と大陸斜面*の間の緩やかな斜面．傾斜は1：100〜1：700程度である．コンチネンタルライズでは陸棚斜面を下刻する海底谷が扇状地を形成したり，海底自然堤防を伴っている場所がしばしばみられる．なお，国連海洋法条約では，沿岸国が海底および海底下の資源に関する主権的権利を有する法的大陸棚を構成する大陸縁辺部（continental margin）の一部として定義されている． 〈岩淵 洋〉

コンラッドふれんぞくめん　コンラッド不連続面 Conrad discontinuity 地震記象のうちP波初動の後続に新たな相をV. Conrad（1928）が見い出して以来，大陸地殻を上部の花崗岩質層と下部の玄武岩質層に分ける境界を通ってきた波群と認識されていた．しかし現在では，大陸地殻はそれほど単純な2層構造ではないことがわかってきた． ⇨地殻
〈西田泰典〉

ざ　座【山の】 summit, independent mountain　山を数えるときに用いる語．「座」は，すわる場所，転じて，ものを据え置く場所・位置．また祭神・仏像などを数えるときに用いられる．山は，神の宿る場所，あるいは神そのものと考えられるから，座が用いられる．「ヒマラヤの 8,000 m 峰は全部で 14 座ある」，「山の名称や位置を確認することを山座同定という」のように用いる．　　　　　　〈岩田修二〉

サー　SAR synthetic aperture radar　⇨合成開口レーダ

サージ glacier surge　⇨氷河サージ

サージング(がた)さいは　サージング(型)砕波 surging breaker　寄せ波のこと．⇨砕波型式
　　　　　　　　　　　　　　　　〈砂村継夫〉

サーセン　sarsen　英国南部に分布するチョーク層の上に散在する灰色の砂岩の巨礫．始新世の熱帯環境下で形成されたシルクレートが，寒冷期に凍結融解作用で分割したもの．サーセン（サルセン）石とも．ソリフラクション*によって移動し，空谷に集積し岩塊流を形成していることもある．ストーンサークルの石として使われている．〈松倉公憲〉

サーバーふれんぞく　サーバー不連続 Thurber discontinuity　現成サンゴ礁の掘削で見いだされた，完新統と更新統の境界にあたる溶解不整合．エネウェタックとビキニ環礁の掘削後，放射年代測定で確認した D. Thurber の名前に由来する．⇨サンゴ礁，環礁　　　　　　　　　　　　〈小西健二〉

サーフゾーン　surf zone　砕波および砕波後の波が生起している浅海域で遡上帯を包含する．⇨砂浜海岸域の区分　　　　　　　　〈砂村継夫〉

サーフビート　surf beat　風波の不規則性（波群性）に起因して砕波帯近傍で生じる長周期の平均水面の変動．周期は 30 秒〜数分程度．〈砂村継夫〉

サーフベース　surf base　砕波帯において海底基盤が侵食される限界の水深をいう．波食基準面ともいう．ほぼ 10 m といわれているが，基盤の硬軟や卓越襲来波浪の大小などの要因により一義的には決められない．⇨ウェイブベース　　　〈砂村継夫〉

サーフベンチ　surf bench　亜熱帯〜熱帯の外洋に面した石灰岩海岸の海面付近に発達する，幅数 m 以内の棚状の地形．表面には生物の作用による固化した被覆層がある．まれに，ストームベンチ（潮間帯*より高い位置にある）と混同して，地震隆起などにより海面上に位置するものに対して用いられる場合がある．⇨波食棚　　　　　　　〈辻本英和〉

［文献］Trenhaile, A. S. (1987) *The Geomorphology of Rock Coasts*, Clarendon.

サーモカルスト　thermokarst　永久凍土地域特有の現象であり，地中氷の融解が引き起こす地形変化過程の総称を指す．平坦な地形では氷に富んでいた箇所が選択的に沈下し，凹地を形成する．このような凹地（サーモカルスト凹地）はシベリアではアラスとよばれ，ここに水がたまり融解湖となっているものが多い．サーモカルストには永久凍土の融解に伴い河岸，海岸，斜面などが侵食される過程も含まれる（thermal erosion）．　　　　〈石川 守〉

［文献］French, H.M. (2007) *The Periglacial Environment*, 3rd ed, John Wiley & Sons.

サーモカルストおうち　サーモカルスト凹地 thermokarst depression　⇨サーモカルスト

サーモカルストこ　サーモカルスト湖 thermokarst lake　永久凍土が局所的に融けた窪地に，凍土融解水がたまってできた浅い湖沼をいう．融解湖（thaw lake）あるいはツンドラ湖（tundra lake）ともいう．湖面の水平距離は数 m〜数百 m，水深はせいぜい数 m 程度で，主に北極圏に広がる永久凍土地帯にみられる．凍土の融解でできる地形には"アラス（alas）"とよばれる窪地があり，これに湛水したものもサーモカルスト湖という．サーモカルスト*という語は，永久凍土地帯では，凍土の融解と再凍結を繰り返すうちに地面が不規則な凹凸地形をもち，これが石灰岩地帯のカルスト地形に似ていることに由来する．　　　　　　　　〈知北和久〉

サーモクライン　thermocline　⇨水温躍層

ザーレひょうき　ザーレ氷期　Sallian glaciation　⇨スカンジナビア氷床

さいえんてんこうど　最遠点高度【流域の】　altitude of the farthest point from valley-mouth (in drainage basin)　流域の谷口または合流点から主分水界上の最も遠い地点の海抜高度（標高）を指す．最遠点とは限らない．　⇨流域の基本地形量
〈田中　靖〉

さいがい　災害　disaster　自然現象あるいは人間の過失や故意によって，人命および財産にとって好ましくない状態，すなわち被害が生じること．自然災害*と人災*に大別される．災害に対する人間社会または環境の脆弱性を災害の素因という．これに対し，災害を直接的に引き起こす原因を災害の誘因という．自然災害は，自然現象を誘因とする災害であり，気象災害，地震災害，火山災害などに大別されるが，個別的な災害，例えば地すべりや崩落，土石流，氾濫などで起きる土砂災害は，気象災害，地震災害あるいは火山災害の一部分としても位置づけられれる．人災は人間の過失・故意による災害である．　⇨素因，誘因，未必災
〈諏訪　浩〉
［文献］京都大学防災研究所 編 (2001)『防災学ハンドブック』，朝倉書店．

さいがいいんし　災害因子　hazard factor　自然災害の直接的な原因となった個々の誘因*すなわち災害営力*が発生したとき，それがどの程度の被害をもたらす可能性があるかは，災害営力の諸性質によって異なる．災害営力の諸性質のうち，災害の性状を制約する素因的な性質を災害因子という．災害因子には，（自然災害の）予知可能性*・発生頻度*・予報の時間的余裕*・影響範囲*・襲来速度*・継続時間*・制御可能性*・破壊の潜在力*・避難の難易度*・復旧の難易度*などが含まれる．　⇨自然災害，自然災害の危険性
〈鈴木隆介〉

さいがいえいりょく　災害営力　geomorphic agent causing natural disaster　自然災害をもたらす地形営力*をいう．地形営力のすべてが災害営力になるとは限らないが，顕著な自然災害，特に地形災害は潜在的破壊力の大きい地形営力に起因する．　⇨自然災害，地形災害，地形営力の連鎖系，自然災害の破壊的潜在力
〈鈴木隆介〉

さいがいちけい　災害地形　disaster-related landform　地形災害*の起こりやすい地形種を総称する俗語．地形災害は地形種*の性状だけに制約されるわけではなく，災害を発生させる地形営力すなわち災害営力*が発生し，かつその影響を受ける地形場*によって災害発生の有無は明白に異なるから，災害地形の定義は不可能である．また誤解を招きやすいので，災害地形という用語は，学術的にはもとより，一般用語としても使用すべきではない．
〈鈴木隆介〉

さいがいよそくず　災害予測図　hazard map for natural disaster　⇨ハザードマップ

さいかつどうさきゅう　再活動砂丘　remobilized dune　⇨砂丘の再活動

サイクロセム　cyclothem　岩相*が周期的に繰り返す地層．米国の内陸部に分布するペンシルバニア系（上部石炭系）から見いだされた．典型的なサイクロセムは上・下部に二分され，最下部の非海成層の砂岩層から始まり下盤粘土層，石炭層を挟み，上部では海成の頁岩・石灰岩を経て最上部は海成頁岩層または非海成層で終わる．サイクロセムの内容は地域的に変化が認められる．　⇨堆積輪廻
〈牧野泰彦〉

さいこうけい　細孔径　pore diameter　⇨間隙径

さいこうしんしょく　細溝侵食　rill erosion　⇨リル侵食

さいこうてん　最高点【地形の】　highest point　ある範囲の地表で最も高い地点（例：山頂）．日本の最高点は富士山（標高 3,776 m）で，地球上の最高点はヒマラヤ山脈の Everest 山（エベレスト，チョモランマ，サガルマータともよぶ）で，標高 8,848 m である．
〈鈴木隆介〉

さいこうてんきょり　最高点距離【流域の】　length between valley-mouth and highest-point (in drainage basin)　谷口からその流域の最高点までの水平距離．最高点は一般に主分水界に位置するが，流域の内部に存在する場合もある．　⇨流域の基本地形量
〈田中　靖〉

さいこうてんこうど　最高点高度【流域の】　maximum elevation (in drainage basin)　流域内における，最も海抜高度の高い地点の海抜高度を指す．最高点は，普通には主分水界にあるが，大きな流域では主分水界より内側の流域内に存在することもある．　⇨流域の基本地形量
〈田中　靖〉

さいこうは　最高波　maximum wave　10分ないし20分間の連続した波浪記録の中で最大の波高を示す波．この波の波高を最高波高といい，通常 H_{max} と表示し，周期を最高波周期といい，T_{max} で表す．　⇨有義波
〈砂村継夫〉

さいこドリアスき　最古ドリアス期　Oldest

Dryas time ⇨晩氷期

さいさ　細砂　fine sand　細粒砂に同じ．⇨粒径区分（表） 〈遠藤徳孝〉

さいじゅうかせん　再従河川　resequent river　最初は適従河川として流れていた河川の侵食がすすんだ結果，下位の地質構造（地層の傾斜）に従って流れるようになったもの．ケスタ*の背面の必従河川が下位の地層に対しても必従となった河川など．再従河流ともいい，その谷を再従谷というが，いずれの用語も現在では使われない．⇨必従河川，適従河流（図），無従河川 〈久保純子〉

さいじゅうかりゅう　再従河流　resequent stream　⇨再従河川

さいしゅうかんぴょうき　最終間氷期　last interglacial　第四紀の最も新しい間氷期．完新世は後氷期とよばれてきた．アルプスのリス・ヴュルム間氷期，北〜西欧のエーム間氷期，北米のサンガモン間氷期など．海洋酸素同位体比ステージ（MIS）ではMIS5e（5.5）に当たる約13万〜12万年前．エーム間氷期の陸成層はMIS5全体で，最終間氷期を対応させること（カナダ）もある．現在よりかなり温暖で，海水準は数m高く，日本では下末吉海成段丘が発達した．小原台海成段丘はMIS5cに，三崎海成段丘は5aに対比される． 〈平川一臣〉

［文献］Lowe, J. J. and Walker, M. J. C. (1997) *Reconstructing Quaternary Environments*, 2nd. ed., Longman.

さいじゅうこく　再従谷　resequent valley　⇨再従河川

さいしゅうひょうき　最終氷期　last glacial stage, last glaciation　第四紀の最も新しい氷期で，前期，中期，後期に細分される地域が多い．最新氷期と日本語表記すべきとの見解もある．アルプスのヴュルム氷期，イギリス諸島のディベンジアン氷期，中〜北欧のヴァイクセル氷期，ロシアのヴァルダイ氷期，北米のウィスコンシン氷期など．海洋酸素同位体比ステージ（MIS）ではMIS5d（5.4）以降4，3，2に当たる．MIS5dには，スカンジナビア氷床やローレンタイド氷床の形成が始まった．約2万年前の最終氷期最寒冷期（LGM）を含むMIS2にはスカンジナビア氷床やウィスコンシン氷床は最も拡大し，海水準は120mほど低下した．日本アルプスや日高山脈でも小規模な谷氷河が生じ，北海道北部〜東部では永久凍土環境になった． 〈平川一臣〉

［文献］Lowe, J. J. and Walker, M. J. C. (1997) *Reconstructing Quaternary Environments*, 2nd. ed., Longman.

さいしゅうひょうききょくそうき　最終氷期極相期　last glacial maximum　⇨最終氷期最寒冷期

さいしゅうひょうきさいかんれいき　最終氷期最寒冷期　last glacial maximum　第四紀に周期的に繰り返された氷期－間氷期サイクルの中で最近の氷期における最も寒冷な時代．最終氷期極相期ともいい，LGMと略記される．大陸氷床の発達や山岳氷河の前進で特徴付けられるが，必ずしもそれらの最大拡大時期は地域ごとに一致しない．そのため近年は，陸上の氷床体積が最大になり，海水準が最も低下した時期が最終氷期最寒冷期であるとして，低海水準を示すサンゴ試料などの放射性炭素年代の暦年補正値3万〜1万9,000年前ころを指すことが多い． 〈三浦英樹〉

さいしょうしゅおうりょく　最小主応力　minimum principal stress　主応力面（principal stress plane）に作用する3つの主応力（principal stress）のうち，最小のものをいい，σ_3と表記する．中間のものを中間主応力σ_2，最大のものを最大主応力σ_1という． 〈鳥居宣之〉

さいしょうすいそうきょり　最小吹送距離　minimum fetch　⇨吹送距離

さいしょうすいそうじかん　最小吹送時間　minimum duration　⇨吹送時間

さいしんせい　最新世　Pleistocene（Epoch）⇨更新世

さいしんてん　最深点【地形の】　deepest point　海や湖沼などで最も深い水底の地点．海ではマリアナ海溝の水深10,920m，日本の湖沼では秋田県田沢湖の水深423.4mである．⇨最低点 〈鈴木隆介〉

さいしんひょうき　最新氷期　last glacial stage　⇨最終氷期

さいすいき　採水器　water sampler, water bottle　水の分析のためには，現場での水の採取が必要である．海や湖沼での採水では，直接採水びんを使う簡単な方法から，採水量や採水深度に応じて開発された種々の採水器が用いられる．代表的な採水器は，筒の上下の蓋を開放した状態で所定の位置に沈め，メッセンジャー（錘）を落下させてその衝撃で蓋を閉めて所定の深さの水を取り込むしくみになっている．井戸水を所定の深さで採水するには井戸の口径の制約を受ける．水中の所定の深度で採水できること，採水後の水の変質を起こさないこと，分析に十分な量が採水できること，取扱いが簡便であることなどが採水器の条件となる．バンドーン採水器，ニスキン採水器，深さを代えて連続的に採水するロゼット型採水器などがある． 〈池田隆司〉

サイスミックゾーニングマップ seismic zoning map 世界全体や日本全国など広い領域を対象に，その内部を地震地体構造区として細分し，構造区ごとに異なる地震の危険度を図示した地図．歴史地震や観測地震のデータにより過去に発生した地震のマグニチュードを記載した簡便なもの，また，活断層や地震活動のデータを収集して地震統計のモデルをもとにして，ある再現期間を対象に，任意に設定する確率で発生が予測される震度，最大水平速度，最大水平加速度など地震動の分布を示すものや，任意に設定する地震動が発生する確率を図化した確率論的地震動予測地図が一般的である．⇨サイスモテクトニクス 〈隈元 崇〉

サイス（ズ）ミックプロファイラー seismic profiler ⇨音波探査

サイスモテクトニクス seismotectonics 地震の発生様式において共通の性質をもつと考えられる地体構造であり，地震地体構造とも訳される．過去に発生した大地震の位置や規模，観測地震の発震機構や発生頻度，また測地学的手法により推定された起震力の状態，活断層の分布状況やずれのタイプなどの諸元，さらに地形・地質学的および地球物理学的調査手法により取得された地下構造のデータなどを総合的に解釈して設定される．これにより区分された地域は，サイスミックゾーニングマップにおいて，将来発生する大地震の規模を過去の地震の記録から推定する際や，グーテンベルク・リヒターの関係に代表される地震統計解析手法を用いて，地震の規模別頻度分布をモデル化する際の対象領域の設定に用いられる． 〈隈元 崇〉

さいせいカルデラ　再生カルデラ resurgent caldera クラカトア型カルデラまたは火山構造性陥没地の形成後，マグマ溜まりの内圧の増大によって，カルデラ形成時の陥没体（カルデラ床）が押し上げられ，ドーム状に隆起したもの．その隆起体を再生ドーム（resurgent dome）という．バイアス型カルデラ（caldera of Valles type）とも．Valles カルデラを初め北アメリカに例が多く，一般に大型である．Valles カルデラでは，カルデラの生成は環状割れ目に沿って起こり，陥没体の破壊・変形はほとんどなかったと思われている．陥没体の上昇時およびそれ以降には，マグマが環状割れ目へ貫入し，また，地表へも噴出した．世界最大のカルデラであるスマトラ島北部の Toba 湖（長径約 100 km，幅約 30 km）は，火山構造性の再生カルデラで，湖の中のサモシール島は再生ドームと考えられている．日本では宮城県鬼首カルデラがその可能性をもつとされている．⇨火山構造性陥没地 〈横山勝三〉

さいせいさんち　再生山地 exhumed mountain かつて陸上で形成され，その後，堆積物に覆われた山地（埋没地形）が，隆起後，上位の堆積物が削剥されたため，再び山地として表面に露出した地形を指す．発掘山地，剥離山地，蘇生山地，再生山脈，復活山地ともいう．発掘（剥離）地形の一つで，同時に化石地形の一つでもある．古生山地（古期岩体）が，いったん海進によって新しい堆積物に被覆された後，隆起して，被覆層が侵食されたために露出・突出するようになった古期岩体がつくる山地を指すことが多く，露出した地形が丘陵状の場合には，メンディップ（mendip）とよばれる．古期岩体を取り巻いて，周辺に新しい堆積物の被覆層が広がっているので，層序的には内座層*となる．⇨メンディップ，発掘地形 〈大森博雄〉
[文献] 渡辺 光（1975）「新版地形学」，古今書院.

さいせいさんみゃく　再生山脈 exhumed mountain ⇨再生山地

さいせいじゅんへいげん　再生準平原 rejuvenated paneplain ⇨剥離準平原

さいせいちけい　再生地形 exhumed landscape ⇨発掘地形

さいせいドーム　再生ドーム resurgent dome ⇨再生カルデラ

さいせいひょうが　再生氷河 regenerated glacier 急峻な山腹斜面から崩落した氷河と，なだれ，飛雪，吹き溜まりなどの二次堆積による涵養で谷底や岩壁下に再び形成される氷河である．氷河の末端位置は，気候条件で決まる氷河の末端位置よりも低い場所にあることが多い． 〈奈良間千之〉

さいせきじょう　採石場 quarry 土木・建築工事や墓碑などに用いる石材や砕石を採取する場所．大型の採石を行う場所は石切場ともよばれる．採石場は採石法によって権利の取得が認められ，採取できる岩石として，花崗岩，閃緑岩，安山岩，玄武岩，礫岩，砂岩等，全部で24種類が定められている．土木・建設関係では，河川の砂礫の採取が禁止されているところが多いため，砕石が多く使われている．効率的な採石をめざすため，採石場は急斜面となりやすく，安全や景観の面で悪影響を与える場合がある． 〈沖村 孝〉

さいせつがん　砕屑岩 clastic rock ⇨堆積岩

さいせつがんみゃく　砕屑岩脈 clastic dike 液

状化現象によって砕屑物が流動し，上位の地層に注入してできた板状のものをいう．砂岩脈が多い．地層に平行なものは砕屑岩シルという．⇨マッドダイアピル 〈松倉公憲〉

さいせつきゅう　砕屑丘　pyroclastic cone　⇨火山砕屑丘

さいせつこうぶつりゅうし　砕屑鉱物粒子　detrital mineral grain　⇨砕屑物

さいせつひ　砕屑比　clastic ratio　岩相解析の一手段で，地質断面における砕屑堆積物の厚さと非砕屑堆積物の厚さの比．値が大きいほど沿岸に近い堆積環境を示す．〈松倉公憲〉

さいせつぶつ　砕屑物　clastics　岩石の風化により生じた砕屑粒子（clast）が機械的に運搬され堆積したもの．粒子の大きさによって礫・砂・シルト・粘土に分類される．風化によって生成された砕屑物のうち，造岩鉱物粒子が分離したものを砕屑鉱物粒子という．〈松倉公憲〉

さいせつぶつかいひん　砕屑物海浜　clastic beach　機械的風化を受けて既存の岩盤から生成された岩石破砕片が，流れや波浪などにより生成された場所から運搬されてきて堆積したものを砕屑性堆積物（clastic sediment）とよぶが，このような堆積物で構成されている海浜をいう．多くの海浜がこれに相当する．主要な堆積物の粒径により，礫浜*，砂浜，泥浜*などに分類される．〈砂村継夫〉

さいせつぶつのせいじゅくど　砕屑物の成熟度　maturity of clastics　砕屑物が，源岩の風化・侵食・運搬・堆積の過程で，分級・円磨・溶解・変質などを経て次第にその組成を変化させる程度．例えば，石英粒子のみで構成される砂岩は，他の多くの鉱物（例：長石類，輝石）を含む砂岩より成熟度が高いという．〈松倉公憲〉

さいだいきふく　最大起伏【流域の】　maximum relief (of drainage basin)　流域内における最高点高度と最低点高度（一般に谷口高度）の差（相対高度）．⇨流域の基本地形量，起伏量，流域起伏，谷口高度 〈田中　靖〉

さいだいけいしゃ　最大傾斜【斜面の】　maximum angle (of slope)　自然斜面の縦断形を形態的に複数区間（例：複式斜面では頂部凸形部・中部直線部・基部凹形部）に分割した場合，最大傾斜の区間（普通は中部直線部）の傾斜をいう．真傾斜とも．⇨斜面の寸法 〈鶴飼貴昭〉

さいだいこうばい　最大勾配　maximum gradient　斜面や河川の縦断曲線における勾配の最大値をいう．数学的な最大勾配の大きさは，x方向に向かうベクトルとy方向に向かうベクトルの合成ベクトルの絶対値である．そして最大勾配の方向は両ベクトルのなす角度である．しかし，DEMで計測する場合には，斜面上で物質や水が動く場合，その行き先がDEMの格子点である必要があるので，数学的な最大勾配は地形問題の場合には適切ではなく，落水線方向や落水線勾配*が用いられる．〈野上道男〉

さいだいしゅおうりょく　最大主応力　maximum principal stress　主応力面（principal stress plane）に作用する3つの主応力（principal stress）のうち，最大のものをいい，σ_1と表記する．中間のものを中間主応力σ_2，最小のものを最小主応力σ_3という．〈鳥居宣之〉

さいだいは　最大波　highest wave　⇨1/10最大波，有義波

さいたすいい　最多水位　most frequent water level　ある期間中に（同一階級境界に属す）観測回数が最も多かった水位．〈砂田憲吾〉

さいちょうりつ　細長率【流域の】　elongation ratio　⇨伸長率

さいていかいすいじゅん　最低海水準　lowest sea level　海水準が最も低下した時期を指す．最終氷期最盛期には，海水準を現在よりも140 m程度下げられるぐらいの氷床量が陸上にあったと考えられている．なお，その後の氷床融解に伴うグレイシオアイソスタシーやハイドロアイソスタシーの影響により，その当時の旧汀線高度は場所によって大きな差がある．〈堀　和明・斎藤文紀〉

さいでいき　採泥器　bottom sampler　海洋・湖沼調査で底質（堆積物，岩盤など）を採取するための装置．採泥器は試料の採り方によって基本的に次の3種類に分けられる．①海底面に沿ってある距離を移動することによってこの区間の試料を採取するドレッジ（dredge），②海底面の1定点を中心としてその周辺の底質をつかみ取るグラブサンプラー（grab sampler），③海底に垂直方向の試料をある長さのチューブの中に柱状に採取するコアラー（corer）またはコアサンプラー（core sampler）．〈横川美和〉

さいていてん　最低点【地形の】　lowest point　ある範囲の地表で最も低い地点．その高さは，陸上では標高（または高度），水底では深度という．地球上の最低点は，陸地では死海（Dead Sea）周辺で，その高度は約−400 mであるが，その湖底の最深点

の高度は-826m（湖沼深度：426m）である．海の最低点（最深点）はマリアナ海溝の深度10,920mの地点（位置：北緯11°22′，東経142°36′）である．⇨最深点　〈鈴木隆介〉

ザイテングラート　Seitengrade（独）　岩壁の側面にある岩稜のこと．穂高岳涸沢から奥穂高岳へのルートのものが有名で固有名詞となっている．
〈岩田修二〉

さいとうかせん　**截頭河川**　beheaded stream　せっとうかせん（截頭河川）の誤読．　〈田中真吾〉

サイドスキャンソナー　side scan sonar　水中音波を用いて海底の画像を映し出す機器で，サイドルッキングソナーともよばれる．船の船尾から曳航された曳航体から，扇形ビームの超音波を左右両側に発射し，海底から反射された受信信号の強度を記録紙上に記録，解析することにより海底地形・底質，沈船等の水中障害物を広域的に調査することができる．曳航ケーブルの長さや装置にもよるが水深50〜150mくらいの海底が最も効率よく調査できる．海洋情報部保有の「あんこう」や東大・大気海洋研究所保有の「いざなぎ」のような深海調査用もあり，最近は精度の向上により，画像に加え等深線を描画できるタイプも出現している．　〈八島邦夫〉

サイドタフォニ　side tafoni　⇨タフォニ

サイドルッキングソナー　side-looking sonar　⇨音波探査

さいは　**砕波**　wave breaking, breaking wave, breaker　①波が砕けること（wave breaking）．②砕ける波（砕け波）のこと（breaking wave, breaker）．波が浅海域に進行してくると波長は短くなり，波高は増大するので，波形が尖ってきてついには，ある水深で砕けるようになる（この水深を砕波水深*という）．砕け方には，崩れ波，巻き波，砕け寄せ波，寄せ波の4種類があり，これらの型式は沖波波形勾配と海底勾配で決まる．　⇨砕波型式
〈砂村継夫〉

さいはいき　**砕波域**　breaker zone　波浪は一波ごとに波高・周期が異なる不規則波であるため，砕波は空間的な幅をもって生ずる．このような幅のある砕波領域をいう．固定床の実験水路における規則波の砕波は砕波線（breaker line）を形成する．
〈砂村継夫〉

さいはけいしき　**砕波型式**　breaker type　波が砕けるときの波形のタイプ．崩れ波（spilling breaker），巻き波（plunging breaker），砕け寄せ波（collapsing breaker），寄せ波（surging breaker）の

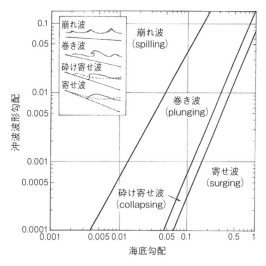

図　4種類の砕波型式の出現条件（Okazaki and Sunamura, 1991を改変）

4種類がある．崩れ波は，尖った波頂から気泡を発生させながら波形が徐々に崩れていく波で，波形勾配の大きい暴浪の砕波にみられる．巻き波は，空気を巻き込むように波頂が前傾する波で，波形勾配の小さいうねり性の波が砕けるときに出現する．砕け寄せ波は，前傾しはじめた波形が一気に崩れて岸に打ち寄せる波で，静穏波浪に特徴的に出現する．寄せ波は，前傾しながら岸にはい上がる波の先端のみがわずかに砕け気泡が発生するような波で，非常に静穏なときにのみみられる．これらの砕波型式は図に示されるように沖波の波形勾配と海底勾配で決まり，その出現は砂浜海岸の地形と密接に関係する．
〈砂村継夫〉

［文献］Okazaki, S. and Sunamura, T. (1991) Re-examination of breaker-type classification on uniformly inclined laboratory beaches : Jour. Coastal Res., **7**, 559-564.

さいはごのなみ　**砕波後の波**　broken wave, wave after breaking　砕波した後に，乱れた水塊を伴って進行する波．多くは段波状の波形を呈する．波の高さは砕波点からの距離とともにほぼ指数関数的に減少する．　〈砂村継夫〉

さいはすいしん　**砕波水深**　breaker depth, breaking depth　浅海で波が砕ける地点での水深．その水深には沖波波形勾配と海底勾配が関係する．
〈砂村継夫〉

［文献］土木学会（1999）「水理公式集」，土木学会．

さいはたい　**砕波帯**　surf zone, breaker zone　砕波および砕波後の波が生起している浅海域．乱れ

た水塊で特徴づけられる．遡上波帯を包含する場合を広義の砕波帯，含まない場合を狭義の砕波帯という．広義の砕波帯はサーフゾーンともよばれる．英語の breaker zone は砕波域*を指すこともある．⇨砂浜海岸域の区分　　　　　　　　　〈砂村継夫〉

さいはてん　砕波点 breaker point, breaking point　波が砕ける地点．〈砂村継夫〉

さいははこう　砕波波高 breaker height, breaking wave height　浅海で波が砕けるときの高さ．通常，沖波波高*よりも大きくなる．入射する沖波の波形勾配*が小さいほど，また海底の勾配が大きいほど相対砕波波高（沖波波高との比）は大きくなる．〈砂村継夫〉

[文献] 土木学会（1999）「水理公式集」，土木学会．

さいらいかんかく　再来間隔 recurrence interval　地震や津波，洪水などの事象が繰り返し発生する間隔．多くの場合，地質学や考古学・歴史学的手法によって過去の事象の発生時期を複数回で推定し，その時系列から推定する場合が多い．複数の再来間隔の平均値を平均活動間隔（averaged recurrence interval）とよぶ．〈石山達也〉

さいりゅうこん　細流痕 rill mark　流水が地表面につくる微地形．リルマークともいう．樹枝状の微小な流路で，流系網に類似したパターンを示す．上流に枝分かれしており，合流を重ねるほど流路が大きくなる．前浜*や潮汐低地（干潟*）などで，非固結の堆積物上を微量の水が流れて形成される．特に，潮間帯では，引き潮時に帯水層から水が流出するため，細流痕が形成されやすい．〈関口智寛〉

さいれき　細礫 granule　⇨粒径区分（表）

サウパセルカモレーン Salpausselka moraine　⇨スカンジナビア氷床

サウンディング sounding　試料採取を伴わない地盤調査方法を指す用語．貫入試験*やベーン試験などがある．深さ方向に抵抗値を記録することにより，原位置における土の相対的な強さ，密度の深度分布を直接測定できる．⇨コーン貫入試験，簡易貫入試験機，スウェーデン式貫入試験〈松倉公憲〉

さえい　砂影 sand shadow　⇨蔭砂

さか　坂 slope, hill　斜面の日常語であるが，普通には道路が急勾配になっている区間を指し，石段の場合もある（例：東京都の日本坂，三宅坂，男坂，女坂）．急傾斜地の少ない波状の丘陵（例：熊本県田原坂）や住宅地区の傾斜地も坂ということがある．〈鈴木隆介〉

さかがわ　逆川 tributary joining at obtuse-angle to main river　本流の上流に向かって鈍角合流する支流はしばしば逆川とよばれる．断層線や弱抵抗性岩の差別侵食に起因し，稀に地すべりや溶岩流の定着によっても生じる．⇨合流形態（図），合流角度〈鈴木隆介〉

さがみトラフ　相模トラフ Sagami Trough　相模湾の中央から房総半島南東沖の茂木海底扇状地に至る地形．命名された1970年代には相模湾中軸部から千葉県野島崎南方沖までの延長約 80 km の海盆を指していたが，相模トラフがフィリピン海プレート北縁のプレート収束境界であるという認識が広まるにつれて，地形としてはトラフではないものの，千葉県房総半島南東沖の房総沖海溝三重点までを相模トラフとよぶようになっている．⇨房総沖海溝三重点〈岩淵　洋〉

さかめばん　逆目盤 underdip cataclinal　⇨斜面分類［斜面傾斜と地層傾斜の組み合わせによる］（図）

さかめばんしゃめん　逆目盤斜面 underdip cataclinal slope　斜面の傾斜方向における地層の相対傾斜が斜面傾斜より急傾斜な場合の斜面．⇨斜面分類［斜面傾斜と地層傾斜の組み合わせによる］〈中西　晃〉

さがらそうぐん　相良層群 Sagara group　静岡県掛川地域に分布する海成中部中新統上部～下部鮮新統．下部は砂岩・泥岩互層，上部は砂岩・泥岩互層とシルト岩．最下部に細礫岩を伴う．瀬戸川層群，大井川層群を不整合で覆う．層厚 1,800 m．背斜部に石油，天然ガスを胚胎．〈天野一男〉

さがん　左岸 left bank　河川の下流方向を向いて左側の岸や土地．〈島津　弘〉

さがん　砂岩 sandstone　砂粒が膠結されてできた堆積岩．砂岩は砂粒の粒径と鉱物組成，膠結物質の組織と組成などにより分類される．泥質基質量が 15％ 以下の砂岩をアレナイト，それ以上の砂岩をワッケとして二大別する．ほとんどが石英粒だけからなる珪質のものはオルソコーツァイトとよばれる．また，花崗岩や片麻岩の機械的風化物が固化した石英・長石を多量に含む砂岩はアルコースとよばれ，泥質基質を多く（15％以上）含み，淘汰の悪い堅硬な砂岩はグレイワッケとよばれる．〈松倉公憲〉

さがん-けつがんひ　砂岩-頁岩比 sand-shale ratio　ある地層群において，砂岩・礫岩層の厚さと頁岩層の厚さの比．砂泥比とも．堆積盆地の中で供給源から離れるほど，この値は小さくなる．砕屑

比*と組み合わせて堆積盆地の古地理復元に使う．
〈松倉公憲〉

さき　崎, 埼 cape ⇨岬

さきゅう　砂丘 sand dune　砂を動かす強さの風によって形成された砂の高まりで，砂漠，海岸，河畔，湖畔，火山斜面などに形成される．デューンとも．その大きさは，波長3～600 m，巨大なもので1 km以上，波高0.1～150 mほどである．砂丘の形態は風の強さ，砂粒の大きさ，砂の供給量，砂床の広さなどの違いによって決まる．Cooke et al. (1993) は砂丘の基本的な形態として横列砂丘*，縦列砂丘*，星状砂丘*があり，副次的な砂丘として雁行砂丘*，砂床*，ジバール*をあげている．砂丘の発達過程には単一砂丘*→横列砂丘*→複合砂丘*→長大な峰をもつ縦列砂丘*→平坦な砂床に遷移するという砂丘輪廻*の考えがある．砂丘の材質は石灰質物質，岩石砕屑物，火山噴出物など多種の砂からなり，例は少ないが粘土からできているものもある．砂丘は更新世の古砂丘*，完新世の旧砂丘*，新砂丘*に区分されており，このうち新砂丘は中国山地などで行われた鉄穴流し*や南九州のシラス台地の開発によって砂が大量に河川に排出されたために，海に流出した砂が海岸砂丘を大規模化した例からもわかるように人為的な影響を受けている．
〈成瀬敏郎〉

[文献] Cooke, R. et al. (1993) Desert Geomorphology, UCL Press.

さきゅうがた　砂丘型 dune type　砂丘*は単一砂丘*と複合砂丘*に区分される．単一砂丘は1～2方向の風のベクトルにしたがって形成される．単一砂丘は三日月砂丘・バルハン*砂丘，縦列砂丘*，横列砂丘*，網状砂丘*からなる．複合砂丘は単一砂丘が合成されたもので，幅が数百 m，長さが数 kmほどの大規模な砂丘からなり，サハラ砂漠ではドゥラ*とよばれる．複合砂丘の形態はバルカノイド型，横列型，縦列型，ピーク型に分類される．これらの砂丘型は風の方向や強さ，砂の供給量の多寡などによって決まる．このほか障害物によって乱流が発生して形成される障害物砂丘*がある．
〈成瀬敏郎〉

さきゅうがたふくせいていち　砂丘型複成低地 compound plain (lowland) of sand-dune type　低地を構成する地形種が砂丘を主とし，潟湖跡地，堤列低地，海岸平野などを伴うことがある複成低地で（例：鳥取県浜村低地）．⇨低地　〈海津正倫〉

[文献] 鈴木隆介 (1998) 「建設技術者のための地形図読図入門」，第2巻，古今書院．

さきゅうかんおうち　砂丘間凹地 interdune hollow ⇨丘間凹地

さきゅうかんこ　砂丘間湖 dune-swale lake　砂丘列と砂丘列に挟まれた凹地（丘間凹地*）では地下水位が浅いため，溜水して形成された湖沼（例：青森県七里長浜砂丘帯）．
〈鹿島薫〉

さきゅうさ　砂丘砂 dune sand　石英などの岩石砕屑砂や，サンゴ礁地帯では石灰質砂，シラス台地に近い海岸ではシラス起源のガラスや軽石が多い砂，火山地帯では火山起源の砂など，砂丘を構成する砂は給源域の地質を反映する．色も多様で，米国ニューメキシコ州のホワイトサンズ砂漠の石膏からなる白い砂や，火山斜面のように黒色砂からなるものがある．砂の大きさは風の強さによって異なるが，世界の砂丘砂の粒径の平均値は0.1～1.51 mmで，0.25 mm前後が多い．
〈成瀬敏郎〉

さきゅうしょくせい　砂丘植生 dune vegetation　コウボウムギ，ハマヒルガオ，ハマボウフウなどを優占種とする，砂丘に発達する植生．一般に砂丘では水分や養分が欠乏し，風による砂の移動が起き，さらに海岸部の砂丘では塩分を含む風にさらされる．このような環境下で森林植生の成立が妨げられ，かわりに，地下茎や匍匐茎を発達させたり，多肉質の葉をもつなどの特徴をもつ，草本を中心とする植物が地表を覆う．場所によって異なる，砂の移動のしやすさに応じて優占種が変化し，砂の安定性が高まるにつれて木本や背丈の高い草本が生育するようになる．
〈高岡貞夫〉

さきゅうたい　砂丘帯 dune belt　砂漠では砂丘が集中的に分布する地帯を指し，砂漠砂丘の占める面積はオーストラリア50%，サハラ15%，北米2%である．海岸砂丘では複数列の砂丘が並走または斜交して分布する地帯をいう．新旧の砂丘列間に丘間凹地，湿地になっていれば丘間湿地，池沼になっていれば丘間池沼とよぶ．
〈成瀬敏郎〉

さきゅうのこてい　砂丘の固定 stabilization of sand dune　砂丘は風の力によって移動するが，人為的に固定されたり，自然環境の変化によって移動が止んだりすることがある．砂浜海岸や砂漠地域では耕地や家屋を飛砂の被害から守るため，人工的な構築物や草地・林地が造成されている．日本の海岸部では江戸時代以降，海側に生垣を連ね，その内側に防砂林がつくられてきた．塩害に強く，砂の表面に落ちた葉が風で飛ばされにくいという利点から樹

種はクロマツが一般的であるが，北海道ではカラマツが多い．現在は防砂林の多くが飛砂防備保安林に指定されている．住宅の風上側に設置される板垣や竹垣は防砂垣とよばれる．中国西部では砂の移動を防ぐため，砂丘の表面に稲や麦ワラを碁盤の目状に埋める「草方格」をつくり，砂の移動を防いでいる．アラビアではナツメヤシの枝葉が防砂垣に利用されている．一方，障害物の存在や気候・植生の変化で砂丘が自然に固定することがある．移動しなくなった砂丘は定着砂丘（anchored dune）あるいは固定砂丘*とよばれる．定着砂丘とは砂丘そのものは移動も成長もせず形も変わらないが，砂丘表面を経由して飛砂だけが移送されるもので，岩峰や丘陵，建築物が風の障壁となる場合と植生が障壁になる場合の二つの型がある．前者には上昇砂丘*，エコーデューン*，蔭砂*などがある．後者には，樹木を取り巻くネブカ*や植被の隙間が吹き飛ばされて凹地状となった風食凹地砂丘*がある．固定砂丘は移動も成長もせず飛砂の移送もみられなくなったもので，風の衰退や降水量の増加など気候変化に起因する．砂丘の表面が火山灰や腐植層で覆われたり，炭酸塩による砂粒子の膠着や石膏などの風化殻が形成されると，砂丘表面の砂の移動が妨げられ砂丘は固定される．これらは被覆砂丘あるいは化石砂丘*と呼ばれる． ⇨固定砂丘　　〈林　正久〉

さきゅうのさいかつどう　砂丘の再活動　dune remobilization　固定砂丘が再び動き出すことを指す．再活動した砂丘は，'再活動砂丘：remobilized dune, reactivated dune'とよばれる．多くの場合，'砂漠化'における砂丘の再活動を指し，風によって砂が飛ぶこと自体は'飛砂*：sand drifting'という．世界の現在の半乾燥地は，最終氷期（最寒冷期は約18,000年前）の頃には現在よりも乾燥し，砂漠となっていたところが多い．例えばサハラ砂漠やオーストラリア砂漠では，氷期の砂漠は現在の砂漠の南縁より約500 km南にまで広がっていて，これらの多くの場所で砂丘が形成された．最終氷期の最寒冷期以降温暖・湿潤化し，約1万年前には現在とほぼ同じ気候になった．その後も温暖・湿潤化が続き，7,000〜4,000年前に，'ヒプシサーマル*期'とよばれる現在よりも高温で，湿潤な気候になり，砂丘は植生に覆われて固定砂丘となった．このような固定砂丘が分布する現在の半乾燥地域で，開墾や燃料採取のため樹木が伐採されると，砂層の地表面は乾燥し，同時に風が地表に直接当たることになり，砂丘の再活動が発生する．砂丘の風上側は風食により土地が侵食され，風下側では砂が広い範囲に堆積する．特に発芽時の飛砂の発生は，広域にわたって甚大な農業被害を発生させる． ⇨砂漠化　〈大森博雄〉

[文献] 大森博雄（1990）人間がひきおこす砂漠化：斎藤　功ほか編『環境と生態』，古今書院．／大森博雄ほか編（2005）『自然環境の評価と育成』，東京大学出版会．

さきゅうりんね　砂丘輪廻　dune cycle　砂丘が時間の経過とともに一定の方向へと変化していくという概念．砂丘の生成から成長・発達過程を経て消滅していくまでが一輪廻と考えられている．風による侵食・運搬・堆積作用が基本的な営力である．氷河性アウトウォッシュプレーンや砂浜，河床の未固結堆積物が砂丘砂の起源で，植生が乏しい場所では飛砂となって地表近くを運搬され，風下側に堆積して砂丘となる．Cooke et al（1993）は砂丘の規模と形成時間から，短周期の砂丘（日，季節周期の風による），メソ砂丘（年周期の風），メガ砂丘（長周期の風）に三分し，それぞれの周期の風の向きや強さに応じた平衡状態の砂丘ができると考えている．初期の段階にはバルハン型，ドーム型など小型の単一砂丘*が生成され，安定した風と十分な砂の供給があると個々の砂丘が連結されて横列砂丘*が形成される．星状砂丘*や縦列砂丘*は砂層も厚く，砂丘としてはかなり発達した段階である．砂丘の起伏に影響されて乱流など副次的な流れが発生すると雁行砂丘*が形成され，季節的，長期的に風向きが変わるような複数の風の流れが存在すると星状砂丘や縦列砂丘のような複合砂丘*が形成される．こうして砂の供給量や風速に影響されながら砂丘は変化していく．さらに時間が経つと長大な峰と幅広い谷をもつ大型の縦列砂丘*が発達し，砂床*も拡大する．その後，砂丘の波長は非常に大きくなり，峰は低くなっていくため，全体として起伏が乏しくなだらかな地形になっていく．この時期の地表には細かい砂分が失われ，粗い砂粒の割合が高くなる．さらに，その後，薄くて粗い砂層に覆われた平坦な砂床となり，最終的には砂が分散し砂床が消滅して一つの砂丘輪廻が終結する．しかし，このような生成・発達・消滅という輪廻が完遂されることは稀で，長い時間軸でみていくと，風向の変化や降水量の増加など気候変化によって，砂の移動が止み，砂丘が固定され土壌や植生に覆われたり，流水によって砂が流失してしまう場合の方が一般的である．同じ場所で再び砂丘形成が始まると新たな砂丘輪廻が始まったことになり，砂丘の形成・発達期が中断期を挟んで複数の砂丘輪廻が繰り返されたことになる．

⇨運搬作用［風の］，堆積作用［風の］　〈林　正久〉
［文献］Cooke, R. et al.（1993）*Desert Geomorphology*, UCL Press.

サギング sagging　山体全体が変形するような大規模なクリープ現象を指す．サッキング（suck-ung）とも．たとえば，重力（山体の自重）によって山体斜面が周辺にはらみだすように変形し，これに伴い山体の頂上付近に正断層が生じ，その結果，二重山稜＊（あるいは多重山稜）や線状凹地＊あるいは山向き小崖＊が形成される．　〈松倉公憲〉

ざくつ 座屈 buckling　①材料力学的には，細長い物体を圧縮した場合に材料本来の強度よりもはるかに小さい力で折れてしまう現象を指す．②地形学的には，岩盤崩落の一つで，節理や層理がほぼ垂直に発達している岩盤において，それらによって分離した板状または柱状の岩体が自重によって亀裂や劣化したところで座屈し，岩体が折れ曲がるように破壊する現象．バックリングとも．⇨崩落　〈松倉公憲〉

ざくつしゅうきょく 座屈褶曲 buckle fold　褶曲の主要な形成作用としてバックリング（buckling：座屈）とベンディング（bending：横曲げ）が知られている．座屈とは，地層に対して平行に圧縮したときに地層がたわむような褶曲を形成する作用であり，それによって形成された褶曲を座屈褶曲とよぶ．⇨フレクシュラルスリップ断層　〈堤　浩之〉
［文献］Suppe, J.（1985）*Principles of Structural Geology*, Prentice Hall. ／狩野謙一・村田明広（1998）『構造地質学』，朝倉書店．

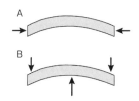

図　主な褶曲形成作用（Suppe, 1985 を改変）
A：バックリング（座屈），B：ベンディング（横曲げ）．矢印は力の向きと大きさを表す．

さくはく 削剝 denudation　陸地が外的営力の作用によって低下する地形過程（削剝過程）の総称．削剝作用とも．流体力による侵食，主として重力によるマスムーブメント（集動），化学的な溶食の3過程を含む．本来の意味は「地表部から風化物質を剝ぎ取り（denude），岩盤を露出させる作用（削剝作用）」である．広義の侵食は削剝と同義に使用され，例えば'山地の侵食速度'というが，正しくは'山地の削剝速度'というべきである．風化を削剝過程に含めることもあるが，風化だけでは地形変化は起こらないので，含めるべきではない．⇨侵食，マスムーブメント，溶食，平坦化作用，風化　〈鈴木隆介〉

さくはくいき 削剝域【地すべりの】 denuded area (by landslide)　⇨地すべり地形（図）

さくはくかてい 削剝過程 denudational process　⇨削剝

さくはくきじゅんめん 削剝基準面 base level of denudation　削剝が下方に及ばない限界の高さをいう．河食・波食，氷食などの侵食基準面のほか，マスムーブメントでは斜面の下限線（谷底や山麓線），化学的溶食では地下水面がそれぞれ削剝基準面である．また，一時的局地的侵食基準面＊もある．⇨削剝，侵食基準面　〈鈴木隆介〉

さくはくこうげん 削剝高原 denudation plateau, stripped plateau　ほぼ水平の成層岩互層で構成される山地が削剝され，準平原化する際に，弱抵抗性岩層が除去されて，強抵抗性岩層が準平原の頂部に残存する．その後，河川の若返り＊でその準平原が下刻されて，開析準平原または隆起準平原とよばれる広大な台地状になった場合に，その台地面に相当する小起伏面を削剝高原という．米国のグランドキャニオンの両側の高原がその好例である．日本に適例はないが，溶結凝灰岩で頂部を構成されている古い火砕流台地が削剝高原に類似している（例：大分県耶馬渓町耶馬渓溶結凝灰岩分布地）．⇨ケスタ，地層階段，メサ　〈鈴木隆介〉

さくはくさよう 削剝作用 denudation　⇨削剝．

さくはくしゃめん 削剝斜面 denudation slope　段丘崖＊や断層崖＊のような単純な斜面の場合，その頂部は，斜面構成物質の風化に伴って削剝＊され，しだいに滑らかな凸形の縦断形を示す．そのような一連の斜面の頂部をいう．しかし，あまりにも普通にみられる斜面なので，この用語はほとんど使用されない．⇨複式斜面，段丘崖の減傾斜速度　〈鈴木隆介〉

さくはくしょうきふくめん 削剝小起伏面 denudational low-relief surface, denuded low-relief surface　削剝作用によって形成された広域的で小起伏な地表面を指す．侵食小起伏面と同じ意味で使われることが多いが，地表面の形成に風化やマスムーブメントの働きをも内包させたいときに使われることが多い．乾燥地域のペディプレーンや寒冷地域

のクリオペディメントなどをも含めた広義の準平原の形態の記述などに用いられる．　⇨侵食小起伏面
〈大森博雄〉

[文献] 渡辺　光（1975）「新版地形学」，古今書院．/Twidale, C. D. and Campbell, E. M.（1993）*Australian Landforms: Structure, Process and Time*, Gleneagles Pub.

さくはくそくど　削剥速度　rate of denudation　⇨侵食速度

さくはくめん　削剥面　denudation surface, plain of denudation　削剥作用によって形成された地表面を指す．削剥は，"上を覆っていたものを取り除き，下のものを露出させること"を指す．侵食と同じ意味で使われることが多いが，狭義の侵食作用が風化過程を含まず，主として河食・風食・氷食・海食・溶食などのような，流体の外的営力による物質の除去作用を指すのに対して，削剥作用は風化やマスムーブメント（mass movement：自らの重さによって動く重力移動）をも含んだ物質の破壊と移動による地表面の低下作用を指す．堆積面を除けば，地表面はほとんどが削剥面であるともいえる．しかし，削剥面といったときには，対象とする地表面が，原面*（original surface）の形態とはかかわりなく，削剥によって生じた新たな地表面であることを意味し，多くの場合，削剥小起伏面や削剥平坦面と同じ意味で使われる．　⇨削剥小起伏面
〈大森博雄〉

[文献] 渡辺　光（1975）「新版地形学」，古今書院．

さくぼうへいきんかんちょうい（めん）　朔望平均干潮位（面）　Mean Monthly-Lowest Water Level, LWL　新月（朔）や満月（望）の日から5日以内に観測された，各月の最低干潮面の高さを1年以上にわたって平均して求めた海面の高さ．海岸工学用語．大潮平均低潮位*とほぼ同じ．　〈砂村継夫〉

さくぼうへいきんまんちょうい（めん）　朔望平均満潮位（面）　Mean Monthly-Highest Water Level, HWL　新月（朔）や満月（望）の日から5日以内に観測された，各月の最高満潮面の高さを1年以上にわたって平均して求めた海面の高さ．海岸工学用語．大潮平均高潮位*とほぼ同じ．　〈砂村継夫〉

さくま　削磨　abrasion, corrasion　重力や流水・風・氷河のような外的営力によって移動・運搬されている岩屑が岩盤をすり減らす作用（削磨作用という）．英語では abrasion が広く用いられる．corrasion を流水の作用に限定して使うこともあるが，同義語として扱うことが多い．飛砂*や氷河による岩盤の研磨は削磨の一形態である．運搬されている岩屑がすり減る磨滅*と区別される．　⇨磨耗と磨滅
〈戸田真夏〉

さくまこく　削磨谷　corrasion valley　ペンク*W. Penck（1924）が提唱した用語であるが，定義が曖昧であるから，現在では使用されていない．
〈戸田真夏〉

さくまさよう　削磨作用　abrasion　⇨削磨

ざくろいし　ざくろ（柘榴）石　garnet　変成岩に広く分布する立方晶系の珪酸塩鉱物（ネソ珪酸塩鉱物）．ガーネットとも．モース硬度が7〜7.5と大きい．風化に対する抵抗性も高い．　〈松倉公憲〉

さげしお　下げ潮　ebb tide, falling tide　潮位の高いとき（高潮）から低いとき（低潮）に移行する間の潮の状態．引き潮は一般語．　⇨潮汐
〈砂村継夫〉

さけだんそう　裂け断層　tear fault　衝上断層上盤側の地塊において，地塊内の歪みを解消する形で生じた，主断層と高角度で斜交ないし直交し横ずれ成分が卓越する副次断層．高角であることが多い．主要構造に高角度で斜交ないし直交する副次断層一般を指すこともある．　⇨副（次）断層
〈小松原 琢〉

さけめだに　裂目谷　gash　⇨河谷横断形の類型（図）

さこく　砂谷　passageway　サハラ砂漠にみられる巨大砂丘（ドゥラ*）の間の廊下状の細長い凹地．廊下，砂窪とも．　〈松倉公憲〉

さし　砂嘴　spit, bar　岬の先端部のように海岸線の方向が急激に変化する地点から沿岸漂砂の流下方向に細長く伸びる砂礫の州．スピットともよばれる．鳥の嘴のように突出していることから命名された．文字通り砂のみで構成されることもあるが，砂と礫の両方，あるいは礫（場所により巨礫の場合も）のみで構成されることが多い．礫が主要な構成物質である場合は「礫嘴」とよぶべきであるが，一般には，これらをも含めて「砂嘴」とよんでいる．平面形態の違いから，直線状に伸びる単純砂嘴*，先端が陸側に曲がっている鉤状砂嘴*，複数の鉤状砂嘴が重なり合った複合砂嘴*（分岐砂嘴ともよばれる），湾口を限る両端の岬から会合するように延びる2本で1セットの二重砂嘴*などに分類される．　⇨砂浜海岸（図）　〈武田一郎〉

[文献] Zenkovich, V. P.（1967）*Processes of Coastal Development*, Oliver & Boyd.

さしつかいがん　砂質海岸　sandy beach　砂（粒径0.0625〜2 mm）が主要な構成物質の海岸をいう．　〈砂村継夫〉

さしつそう　砂質層　sandy bed　⇨砂層

さしつていち　砂質低地　sandy plain (lowland)　主として砂層によって構成された低地．堆積物中には少量の細礫やシルト・粘土を含む．自然堤防や後背湿地のうち砂質のものや河床の砂堆・砂床等からなる低地（例：蛇行原*），あるいはそれらの複合したものや谷底堆積低地などの砂質の河成堆積低地のほか，浜堤列や砂嘴，トンボロなどの海成の砂質低地や砂丘や砂丘帯などからなる風成の砂質堆積物からなる低地も含む．⇨低地，河床堆積物　〈海津正倫〉
［文献］鈴木隆介（1998）「建設技術者のための地形図読図入門」，第2巻，古今書院．

さしつど　砂質土　sandy soil　砂分が多い土で，粘性土*に対する語．マサ土やシラスなどが相当する．剪断強度としては粘着力成分より剪断抵抗角（内部摩擦角）成分の影響が大きく，脆性破壊しやすい．このため，砂質土からなる斜面で生起するマスムーブメント*は瞬時に滑落する崩壊*（山崩れ）となる．⇨日本統一分類　〈松倉公憲〉

さしめ　差し目　anaclinal　斜面傾斜と地層傾斜の組み合わせの区分における受け盤・垂直盤・逆目盤を一括して表す土木・鉱山の現場用語．流れ目*の対語．⇨受け盤，斜面分類［斜面傾斜と地層傾斜の組み合わせによる］（図）　〈中西 晃〉

さしょう　砂床　sand sheet　砂漣以外には起伏のみられない，あるいは砂漣もみられない平坦な砂の平原．　〈松倉公憲〉

さしょうかせん　砂床河川　sand bed river (channel)　河床堆積物の多くが砂の河川．日本では低地でみられるが，大陸では山地を流れる区間でも砂床河川となっている場合もある．河床勾配は0.01〜0.0001程度である．低地では自然状態では自由蛇行流路であった場合が多い．州が発達しないこともあるが，緩やかに屈曲する流路では交互州，蛇行流路では滑走斜面側に蛇行州が発達する．砂州ではクイックサンド現象（液状化）が生じることもしばしばあるので，歩行には注意を要する．河川の両岸に沿って自然堤防が形成される場合も多い．可航河川である場合が多い．⇨流路形態（図），河床，河床堆積物　〈島津 弘〉
［文献］鈴木隆介（1998）「建設技術者のための地形図読図入門」，第2巻，古今書院．

さしょうけい　砂床形　bedform　固結していない砕屑物で構成されている水底または大気底にみられる表面形態．ベッドフォームとも．すなわち，固結していない砂粒子などに水や空気の流れが作用することで生じる微地形．砂床形は流れによりつくられるが，逆に流れも砂床形の影響を受け，底面に働く抵抗力の一要素となる．一方向の水流で形成される砂床形の例として，リップルマーク（リップル）*，デューン*，プレーンベッド*，アンティデューン*などがある．通常，流れの条件が一定の間，砂床形はその形態を保つが，個々の粒子自体の移動速度より相対的に遅い速度で移動する．砂床形の形状的特徴や移動速度は水理条件と底面粒子の特性に依存する．リップルとデューンはともに常流*で生じ，波状である点が共通しているが，1波長の長さが60 cmを境に，小さいものをリップル，大きいものをデューンとするのが慣習である．ただし，これは形成メカニズムに基づく区別ではない．水流による砂床形のうち水面の影響を受けないものがリップルで，受けるのがデューンという考え方もあり，1波長が60 cmを超えるリップルをメガリップル*とよぶこともある．　〈遠藤徳孝〉

さじんあらし　砂塵嵐　sand and dust storm　⇨砂嵐，塵嵐

さす　砂州　bar, barrier, ridge　海の作用で堆積した非固結物質からなる細長い微高地の総称．必ずしも砂だけで構成されているわけではない．浜堤*のように陸上部に発達している微高地や，沿岸州*や砂嘴*のように海岸で常に水面上に露出しているもの，さらに沿岸砂州*のように浅海域にありながら水面上に出現することがあるもの，海底砂州*のように絶えず水面下にある地形も意味するので，非常に曖昧な用語である．単独で使用する場合には注意を要する．　〈砂村継夫〉

さすはま　砂州浜　barrier beach　⇨バリアビーチ

させぼそうぐん　佐世保層群　Sasebo group　佐世保市やその北側に隣接する北松浦郡一帯に広く分布する漸新統．おもに砂岩および砂岩・泥岩互層からなり，数十枚の炭層・凝灰岩を挟む．層厚1,200 m．10〜15°で西〜北西に傾斜していることと地層中の凝灰岩は風化による粘土化が進みスメクタイトが形成されていることから，この凝灰岩層中にすべり面をもつ地すべりが多発する．それらの地すべりは「北松型地すべり*」と総称され，その中でも「鷲尾岳地すべり」が代表例．地すべりは石炭層と凝灰質粘土層の境にすべり面をもつものもあるが，この場合には，石炭層の直下に存在する「下盤粘土」が不透水層の役割を果たしてすべりやすくしている．佐世保層群の上にのる松浦玄武岩*は，地形的に不安定な，斜面崩壊を起こしやすい急斜面をもつ

帽岩として存在する．⇨キャップロック型地すべり　　　　　　　　　　　　　　　　　　　〈松倉公憲〉

さそう　砂層　sand bed, sand layer　砂*からなる単層，あるいは砂が卓越した地層（砂質層）．構成する砂の粒径や厚さ，色調や含有化石などの特徴によって記載される．砂層が固結したものを砂岩層とよぶ．　　　　　　　　　　　　　　　〈増田富士雄〉

さたい　砂堆　sand dune　⇨デューン

サッカング　sackung　⇨サギング

さっこん　擦痕　glacial striae　⇨氷河擦痕

さっこんれき　擦痕礫　striated debris　⇨氷食礫

ザッテル　Sattel（独）　鞍部のこと．登山者が岩場の地形名称として使用した．谷川岳一ノ倉沢にはザッテル越えというルートがある．⇨鞍部
　　　　　　　　　　　　　　　　　　〈岩田修二〉

サッピング　sapping　渓岸や崖の基部にある弱い層が地下水流などによって侵食される現象．上部岩層の崩落や斜面の崩壊を引き起こす要因ともなりうる．　　　　　　　　　　　　　　　〈松倉公憲〉

さてい　砂堤　sand ridge　⇨浜堤(列)平野

さていれつへいや　砂堤列平野　sand ridge plain　⇨浜堤(列)平野

さとちさとやま　里地里山　satochi satoyama　一般には，農村地域で薪炭や刈敷に用いられていた二次林を里山という．それに加えて溜池，水田，畑地，集落を含む領域を里地とよぶこともある．それらの定義は必ずしも確定しておらず，それらを包括する概念として，環境省は里地里山という語を多用する．すなわち，それは人間の様々な働きかけを通じて環境が形成されてきた地域であり，集落を取り囲む二次林と，それらと混在する農地，溜池，草原等で構成される．研究者によっては，これを里山とよぶ場合もある．里山の語は単に里に近い山という意味で江戸期にすでに用いられているが，1960年代に農用林としての意味が付加され，農村景観そのものを指し示す語としても認知されている．今日では生物多様性保全の戦略上からも重要視され，里山保全を通じた国際社会での日本のイニシアティブが期待されている．　⇨雑木林，景観生態学　〈岡　秀一〉

[文献] 環境省（2010）「生物多様性国家戦略2010」http://env.go.jp/nature/biodic/nbsap2010/attach/01_mainbody.pdf

さとやま　里山　satoyama　集落に近接し，雑木林に覆われた低い山なみを指すことが多い．奥山との対照で1950年代半ばに森林生態学者の四手井綱英が提唱したというが，すでに18世紀の尾張徳川藩文書に，村落に近い山を指す語としての用例があるという．この場合の「山」とは広く林地とみるのが妥当で，平地林も含む．燃料・肥料・飼料等を得るために大量の落葉落枝や生の枝葉を集め，草を刈り，薪・炭の生産等のため，ほぼ定期的に伐採するというような利用が続いた結果，萌芽再生力の強いコナラなど落葉広葉樹あるいは先駆種であるアカマツなどを主体とし，草地も含む，遷移途中の概して明るい林が維持されてきた．そのための場を，集落に近いがそのままでは田畑として利用しにくい，丘陵地・低山地の斜面や台地の崖縁，火山麓や広い台地面の一部などが提供していたことになる．1950年代後半に急速に進んだ燃料革命と化学肥料の普及で従来の利用が途絶え，やや遅れて始まった高度経済成長に伴う住宅用地やゴルフ場等の造成で，都市近郊ではこのような二次林の多くが消滅し，残ったものも放置されて林相が荒れた．それが目立ってきた1970年代に至り，住宅地の近くにある半自然の緑地として評価されるようになった．さらに1980年ころからはその保全・再生が各地で叫ばれて，この語が広まると同時に，著しく多義化し，類語・派生語が続出した．⇨里地里山，雑木林，景観生態学
　　　　　　　　　　　　　　　　　　〈田村俊和〉

サヌカイト　sanukite　主に四国の讃岐地方に産する黒色緻密で非顕晶質な古銅輝石安山岩．讃岐岩とも．岩石分類上は安山岩～デイサイトである．叩くと金属音を発することから，「カンカン石」とよばれる．⇨安山岩　　　　　　　　　　　〈太田岳洋〉

さぬきがん　讃岐岩　sanukite　⇨サヌカイト

さは　砂波　dune　⇨サンドウェーブ

さばく　砂漠　desert　可能蒸発量が降水量を上回り，著しく乾燥して植生がほとんどなく，岩石や砂に覆われている地域．「沙漠」とも表記される．世界的には亜熱帯高気圧が優勢な中緯度（サハラ砂漠，オーストラリア砂漠など），海洋から隔絶された内陸部（タクラマカン砂漠，ゴビ砂漠など），大山脈の風下側（パタゴニア砂漠など）などに分布する．砂漠では雨がほとんど降らないが，まれに大雨に見舞われることもあり，そのときに形成されたワジ*（涸れ川）が刻まれているところも多い．可能蒸発量の大きい砂漠で水を確保することは至難の業ではあるが，カナートなどとよばれる地下水を誘導する地下水路の敷設や露塚とよばれる低温時に結露を促して水を得る石組の敷設など様々な工夫が昔から行われている．アタカマ砂漠やナミブ砂漠などは大陸西岸に広がるが，基本的には亜熱帯高気圧下にあ

り，沿岸を流れる湧昇流を伴う寒流がその性格を特異なものにしている．これらの砂漠では低日期に霧が発生し，それを拠りどころに草本類が季節的に繁茂することで知られる．　⇨砂漠土，塩生植物，砂砂漠，礫砂漠，岩石砂漠　　　　　〈岡　秀一〉
[文献] 堀 信行・菊地俊夫（2007）「世界の砂漠—その自然・文化・人間—」，二宮書店．

さばくうるし　砂漠ウルシ　desert varnish　⇨砂漠ワニス

さばくか　砂（沙）漠化　desertification　人為的インパクトによって土地が劣化し，生物生産性が低下していく過程を指す．'沙漠化'が本字．デザーティフィケーションとも．自然（生態系）は，外部からの作用に対して機能を一定に保つような弾力性をもっているが，弾力性の限界（閾値）を超えるインパクトが加わると，土地は劣化し，植生は退行し，動物相も貧弱になり，生物生産性が低下する．この過程を'砂漠化'といい，現実には，現在よりも乾燥した土地にみられる動植物相に変化することが多い．結果として農牧業の生産性を低下させ，人々の生活の破壊や質の低下をひき起こす．人為的インパクトとしては，開墾や伐採，農耕や放牧，鉱業開発や道路建設，乾燥地の都市での下水道の漏水などの直接的なインパクトのほか，不用意に導入された外来動植物（例えば，オーストラリアにおけるヨーロッパアナウサギなど）の間接的なインパクトも含まれる．砂漠化の地学的過程（地表現象）としては，土地の退行（land degradation：土壌の喪失や肥沃度の低下），生物の退行（biological degradation：動植物の量や質の低下），水質悪化（water deterioration）などがある．土壌や河川水の塩性化（salinization），土壌侵食（soil erosion），飛砂（sand drifting：砂丘の再活動）は，砂漠化の三大現象とよばれる．砂漠化はいったん発生すると，砂漠化の程度（ひどさ）が自乗的に進行し，同時に次々と荒廃した土地が拡大する．放置した場合，元の状態に戻らないことが多いことから，'生態系の不可逆的変化'ともいわれる．砂漠化が発生すると，食糧・飼料問題や水問題，燃料問題などが発生し，人や家畜の餓死，農牧生産者の生活破壊（離村），都市への人口集中や越境問題が生じ，社会問題，治安問題，環境難民，戦争（国際問題）をひき起こす．人文・社会科学分野では，この一連の過程を'砂漠化'とよぶこともある．通常，自然の気候変化による砂漠の拡大は'砂漠化'とはいわないが，現今の気候変化には人為的影響が含まれていると考えられることから，"気候変化による砂漠化"が生じているともいわれる．この場合は，水（雨）不足による野生動植物の死や野火（山火事）の発生，旱魃（農作物の不作）などを指し，豪雨などによる洪水災害や土砂災害などは含めないことが多い．なお，降水量の減少は，生物生産性を低めるが，それ自体は塩性化や土壌侵食，飛砂などの地表現象を直接ひき起こすことは少なく，農産物生産量の低下に伴ってひき起こされる過耕作・過放牧・過灌漑が，砂漠化の地表現象を発生させることが多い．　⇨生態系　　〈大森博雄〉
[文献] 高村弘毅ほか（1987）「砂漠化」の地理学—1986年度秋季学術大会シンポジウムI—：地理学評論，60（Ser. A），93-108．

さばくかく　砂漠殻　patina　⇨パティナ

さばくかっちゅう　砂漠甲冑　desert pavement　⇨デザートペイブメント

さばくたいせきかんきょう　砂漠堆積環境　desert sedimentary environment　砂漠に関係した堆積環境．乾燥地に特有の地形のうち，バハダ*や一部のプラヤ*が主な堆積域である．砂漠のイメージとして知られる，砂を主体とする砂砂漠の面積は，砂漠全体からすると小さく，最も砂の多いアラビア半島で30%，他は1〜20%以下であり，砂漠でも砂の堆積が生じる場所は限られる．山地に続く緩やかな斜面であるペディメント*は侵食地形であり，ほとんど基盤が露出しているか，ごく薄く砂礫で覆われているにすぎず，これも通常は残留物質のラグ堆積物である．ペディメントに続く下方側斜面のバハダでは，山地で生産された砂礫が堆積する．砂礫量が多い場合には，ペディメントの下方部でも堆積が生じる．砂漠の内陸盆地底にあたるプラヤでも，地下水位が低く地表近くでの塩分が少なければ風食抵抗が高くなり，シルトや粘土が堆積する．砂礫を運搬する営力は，砂嵐などの風力がほとんどで，量的には小さいが集中的な降雨による表層水もある．砂礫の生産は，露岩に働く物理的風化作用が主である．砂漠の大部分は岩石砂漠であり，そこでは局所的にバルハン*などの孤立砂丘として砂が堆積する．孤立砂丘は一旦生じると，風上側は侵食域となるが，風下側は風が弱まり堆積域となるため，砂の溜まり場として比較的安定し，条件によっては風上から砂の供給を受けて砂丘が成長する．　〈遠藤徳孝〉

さばくど　砂漠土　desert soil　乾燥気候下に分布する土壌．主に温帯から熱帯域に分布する．極めて少ない降水量のため，土壌生成作用が進まず，未

熟な土壌である．表層には炭酸カルシウム・石膏・珪酸などの皮殻（パティナ*）が発達する．世界土壌照合基準（WRB）では，砂質の砂漠土はアレノソルに属する． 〈田村憲司〉

さばくほせき　砂漠舗石　desert pavement ⇨デザートペイブメント

さばくぼんち　砂漠盆地　desert basin 砂漠にみられる盆地．デフレーションによる小規模な凹地と，比較的大規模な構造性の地溝または凹地とがある．とくに米国西部にみられる後者のものはボルソンとよばれ，厚い堆積物からなる盆地群がみられる．盆地の中心にはプラヤ*が存在する． 〈松倉公憲〉

さばくワニス　砂漠ワニス　desert varnish 砂漠などの乾燥地に露出した岩石の表面に付着した褐色や黒色の光沢のある薄い（厚さ数μm）皮膜．デザートバーニッシュあるいは砂漠ウルシとも．酸化鉄や酸化マンガンからなり，その成因としては，岩石表面の風化と岩石外側からの風成物の付着とが考えられている．年代測定に利用されることがある． 〈松倉公憲〉

[文献] Whalley, W. B. (1983) Desert varnish : *In* Goudie, A. S. and Pye, K. eds., *Chemical Sediments and Geomorphology*. Academic Press

サバナ　savanna ⇨サバンナ

サバンナ　savanna 熱帯・亜熱帯の乾燥しがちな地域に成立する草原や樹木の混じる草原．サバナともいう．サバンナとよばれる植生の実態は非常に幅広く，樹木が高密度に生えてかなり連続的な林冠が形成されるものから，オープンな林冠が形成されるもの，樹木が孤立的に散生するもの，さらには樹木をともなわないものまである．降水量の多寡にかかわらず数カ月の明瞭な乾季のある地域に卓越するが，土壌中の養分・水分の状態を左右する土地的要因や火入れによる撹乱もまた，サバンナの形成にとって重要な因子である． 〈高岡貞夫〉

[文献] Cole, M. M. (1986) *The Savannas: Biogeography and Geobotany*, Academic Press.

さひょう　砂漂　sand drift ⇨サンドドリフト

さひんかいがん　砂浜海岸　beach 通常，主に砂（粒径0.0625〜2 mm）で構成される海岸をいうが，岩石海岸の対語として用いられる場合は砂だけではなく礫あるいは泥や貝殻片などの非固結物質（あるいはこれらが混合したもの）で構成される海岸も指す．海浜と同義．暴浪によって海底の堆積物が移動する沖側限界の地点から，暴浪時の波が遡上する陸側限界の地点（後浜上限）までの範囲をいう．砂浜海岸では波や沿岸流や海浜流や潮流による侵食・運搬・堆積作用が絶え間なく進行しており，岩石海岸に比べると地形変化の速度や程度が大きい．堆積物は岸沖方向にも沿岸方向にも移動するが，岸

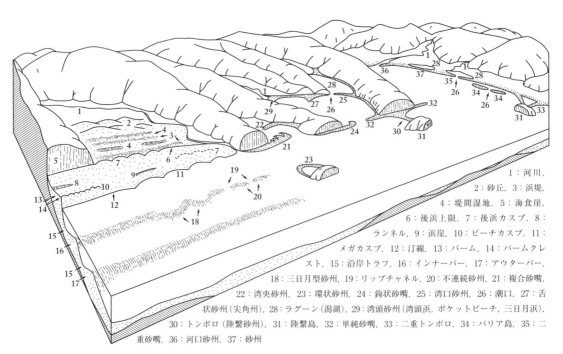

図　砂浜海岸にみられる地形（武田原図）

1：河川，2：砂丘，3：浜堤，4：堤間湿地，5：海食崖，6：後浜上限，7：後浜カスプ，8：ランネル，9：浜崖，10：ビーチカスプ，11：メガカスプ，12：汀線，13：バーム，14：バームクレスト，15：沿岸トラフ，16：インナーバー，17：アウターバー，18：三日月型砂州，19：リップチャネル，20：不連続砂州，21：複合砂嘴，22：湾央砂州，23：環状砂嘴，24：鉤状砂嘴，25：湾口砂州，26：潮口，27：舌状砂州（尖角州），28：ラグーン（潟湖），29：湾頭砂州（湾頭浜，ポケットビーチ，三日浜），30：トンボロ（陸繋砂州），31：陸繋島，32：単純砂嘴，33：二重トンボロ，34：バリア島，35：二重砂嘴，36：河口砂州，37：砂州

沖方向の砂移動による地形変化は可逆的であり，沿岸方向の砂移動（沿岸漂砂）によるそれは非可逆的で長期的には一方向に卓越する．岸沖方向の砂移動は主に波の作用によるが，それによって形成される地形には恒常的なものと非恒常的なものとがある．恒常的な地形としては浅海部に発達する沿岸砂州の一種である アウターバー* や後浜上限より陸側の微高地である 浜堤* が挙げられる．両者ともに海岸線に平行に伸びる帯状の地形で一列の場合もあれば数列の場合もある．アウターバーが存在するバー海岸はその段数によって一段バー海岸と多段バー海岸に分類される．バーと汀線の間および隣り合うバーとの間の深みを 沿岸トラフ* という．短期間で形成と消滅を繰り返す非恒常的な地形は，堆積時の海浜でみられるものと侵食時の海浜に発達するものとに分けられる．前者の典型的な地形には陸上部の高まりである バーム* と，そのバームの前面に発達する沿岸方向に規則性をもつ ビーチカスプ*（汀線は直線的）がある．一方，後者にはバームが削られて生じた 浜崖*，沿岸砂州の一種である インナーバー*，不規則に屈曲する汀線形状を呈する ストームカスプ* がある．暴浪後の静穏波浪によりインナーバーは岸方向へ移動するが，その途中で屈曲して 三日月型砂州* になるか，強い離岸流に分断されて不連続砂州となる．いずれの場合もこれらのバーの沿岸方向の周期性に対応して汀線が規則的に屈曲する メガカスプ* が現れる．波浪状況の時間的変化に対応する海浜状態の変化を ビーチサイクル* という（⇨砂浜の地形変化モデル）．岸沖方向の砂移動によってもたらされる各種の地形は規模が小さいために，または海面下に形成されるために，あるいは恒常的に存在しないために地形図には表現されないものがほとんどである．それに対し，地形図で読み取ることのできる相対的に規模が大きい海面上の恒常的な堆積地形がある．主陸地から海側に伸びる地形として各種の砂州（湾口砂州*・湾央砂州*・舌状砂州*・トンボロ（陸繋砂州）・環状砂州*・河口州）や砂嘴（単純砂嘴*・鉤状砂嘴*・複合砂嘴*・二重砂嘴*）であり，これらの地形のほとんどは主に沿岸漂砂によるものである．主陸地と離れて主海岸線と平行に伸長する地形に バリア島* があるが，その形成要因は地域により異なり，沿岸漂砂，岸沖漂砂あるいは後氷期の海面上昇などが関与するといわれている．ポケットビーチ*，湾頭浜，三日月浜* などは小規模な堆積地形である．　　　　〈武田一郎〉

さひんかいがんいきのくぶん　砂浜海岸域の区分
zonation of beach　砂浜海岸でみられる波浪の状態を基準とした2次元の海浜領域区分．波は浅い所に進入すると砕波し，砕波後の波は最終的に 遡上波* となって岸に乗り上げる．波浪は波高・周期とも不規則であるため，砕波は空間的な幅をもった領域，すなわち，砕波域で起こる．砕波域より海側の領域で暴風時の波の作用が海底に及ぶ最大の水深（移動限界水深）を与える地点までを沖浜とよぶことが多いが，海側の限界地点を大陸棚外縁までとしたり，あるいはそれを明確に示さないで沖浜という語を用いる場合もある．砕波域の海側端より岸側で遡上波の到達限界点までの領域を広義の砕波帯，あるいはサーフゾーンとよぶのに対し，遡上波の開始点までを狭義の砕波帯とよび，この地点から遡上限界

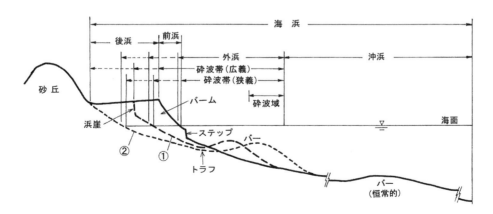

図　砂浜海岸域の区分と地形のプロファイル（砂村，2000 を修正・加筆）
区分は，砕波域の位置不変，潮位一定という条件で描かれている．プロファイルの実線は静穏時の地形を，破線①は暴浪作用時の，②は最大級の暴浪作用後の地形を示す．

点までを遡上波帯とよんでいる．砕波域の海側端より汀線近傍までの領域は外浜とよばれ，狭義の砕波帯にほぼ等しい．砕波域や遡上波帯の位置や幅は波浪や潮汐，浅海域の地形の条件により大きく変化するので，沖浜の岸側水深や砕波帯（広義・狭義にかかわらず）の幅などを厳密に決定することは難しい．陸上部分は前浜と後浜とに区分される．前浜とは，静穏時の遡上波が作用する部分で低潮時の波の遡上開始地点から高潮時の遡上限界地点までの領域をいう．後浜とは，前浜の陸側限界地点から最大級の暴浪の遡上到達限界までをいい，通常，砂丘や浜堤の海側端，海食崖の基部，あるいは植生分布の海側端までがそれにあたる（前頁の図）．堆積学でいうショアフェイス*は，低潮時の前浜下部から水深 5～20 m 以浅で，砂礫の動きが活発な領域をいい，波浪の状態に基づく区分ではない． 〈砂村継夫〉

[文献] 砂村継夫 (2000) 海岸地形：土木学会編『海岸施設設計便覧』，土木学会．

さひんのじゅうだんけい　砂浜の縦断形　beach profile　海岸線に対し直角に切った砂浜海岸の形状．静穏波浪（静浪）作用後と暴浪時とでは，その形状が大きく異なる．静浪時の陸上部にはバーム*とよばれる小高い高まりが形成されることが多く，その頂部（バームクレスト）の陸側が凹地となっている場合にはランネルとよばれる水溜まりがみられることがある．汀線直近の海面下にはしばしばビーチステップあるいはステップとよばれる階段状の地形が発達する（⇨砂浜海岸域の区分（図））．このような砂浜に暴浪が作用すると，バームは侵食され，時には陸上部に浜崖を作りながら汀線は後退する．侵食された砂は沖方向へ運搬され，暴浪がつくるバー（沿岸砂州*）の中に一時的に貯蔵される．バーの岸側の凹地は沿岸トラフ（あるいはトロフ）とよばれる．静穏時になるとバーはトラフを埋めながら岸方向へ移動し，静浪の作用時間が長いと最終的には岸に乗り上げてバームを形成する．砂浜は暴浪襲来前に似た状態に戻る（⇨砂浜の地形変化モデル）．このように大きく可動するバーは，その沖に経時変化の小さい恒常的なバー（アウターバー*）がある場合には，これと区別するためインナーバー*とよばれることがある．極浅海域にバーが存在するような砂浜の縦断形をバー型海浜，バーがないような縦断形をバーム型海浜とよぶことが多い．両極端の海浜型を表現するものとして種々の用語が使用されてきている．バーのある海浜・バーのない海浜をそれぞれ指すものとして，冬型・夏型，暴風型・正常型，バー型・ステップ型，暴風型・静穏型，暴風型・うねり型，バー型・バーなし型，逸散型・反射型など．暴浪時に形成されたバーは，岸方向に移動する途中で3次元性の強い三日月型砂州*（弧の部分が沖側にせり出したような形状）となることがある．このようなバーの両端部（あるいは片方）が岸に付着すると，そこでは幅広い棚状の地形が極浅海域に出現する．ここでの縦断形にはバーの形状はなく棚状の地形が示されるが，中央部（弧の部分）での縦断形にはバーの形状がまだ示される．このように砂浜の縦断形は，いつ，どこで描いたかによって大きく異なることがある． 〈砂村継夫〉

さひんのちけいへんかモデル　砂浜の地形変化モデル　beach change model　岸沖漂砂の卓越する砂浜海岸において，暴浪と静穏波浪とがサイクリックに作用したときに生起する地形変化をモデル化したもの．波浪特性に呼応して変化する砂浜地形の研究は1960年代の後半から多く行われてきており，いくつかのモデルが提示されている．図はこれらをとりまとめたものである．外洋に面し，主に砂で構成されている海浜（潮差：2 m 以下）での短期間（1日から 10^2 日のオーダー）の地形変化を示す．図中のステージ1,9には，暴浪時に侵食されて沖に運ばれた汀線堆積物が取り込まれているバー（沿岸砂州*）が示されている．波浪が静穏になりはじめると，バーはその形態を変形させながら砂礫の集合体として岸方向へ移動する（ステージ2→4）．ステージ3では屈曲した三日月型砂州や分断した不連続砂州が出現し，これとほぼ同時に汀線はメガカスプ*の形状を呈する．バーはさらに移動し岸に接して付着砂州を形成（ステージ4），最終的には岸に乗り上げて消滅する（ステージ5）．このステージで陸上にはバーム*が，水面下にはビーチステップ*が，それぞれ形成される．波浪と堆積物粒径との条件が整えば前浜にはビーチカスプ*が出現する．ステージ2で出現するビーチカスプは短命であるが，ステージ5のものは安定しており，波浪条件が変化しない限りカスプ地形が持続する．この後，暴浪が襲来すると，前浜は侵食され，時には陸上部に浜崖をつくりながら汀線は後退する．侵食された砂は沖方向へ運搬され，岸近くにつくられたバーに取り込まれる（ステージ6）．バーは，暴浪の継続とともに成長し，沖へ移動し続ける（ステージ7,8,9）．この過程の途中（ステージ7）で屈曲砂州が出現し，これに対応した汀線形状（ストームカスプ*）が形成される．暴浪の作用で沖に移動したバー（汀線堆積物の

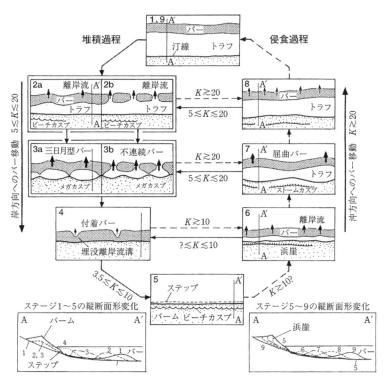

図　短期間の地形変化モデル（Sunamura, 1989 を一部修正）
$K = H_b^2 / gT^2D$；H_b：砕波波高，T：波の周期，D：底質粒径，g：重力の加速度

貯蔵庫）は静穏波浪で再び岸に戻り，砂浜はほぼ暴浪襲来前の状態になる．　　　　〈砂村継夫〉

[文献] Sunamura, T. (1989) Sandy beach geomorphology elucidated by laboratory modeling : *In* Lakhan, V. C. and Trenhaile, A. S. eds. *Applications in Coastal Modeling*, Elsevier, 159-213. ／ Short , A. D. (1999) Wave-dominate beaches : *In* Short, A. D. ed. *Handbook of Beach and Shoreface Morphodynamics*, John Wiley & Sons.

サーフ　surf　①砕波*の総称．②砕波帯*でみられる波．　　　　〈砂村継夫〉

サブアトランティクき　サブアトランティク期　Sub-Atlantic time　⇨後氷期

サブカ　sabkha（sebkha）　特に海岸地域にみられる塩類殻からなる凹地または平坦地．セブカとも．　⇨プラヤ　　　　〈松倉公憲〉

サブグレイシャル　subglacial　'氷河の下にある―'または'氷河の下で生じる―'の意の接頭語．'氷河下―'，'氷河底―'，'氷底―'などと訳され，以下のような地形や堆積物，環境，作用を表す語に冠される．氷河の底面と基盤との間にある氷底湖，氷河下での噴火で生じた氷底火山（subglacial volcano），氷河による侵食地形（氷食地形）および氷河による堆積地形（両者を総称して氷河地形）のうち氷河底で生じるカール，氷食谷（またはU字谷），羊群岩（または羊背岩），ドラムリン，氷底流路（サブグレイシャルチャネル：subglacial channel），エスカーなどの氷（河）底地形（subglacial landform），融氷水による侵食作用で生じる融氷水流路のうち，氷河底面と基盤との間にある氷底流路，氷河による侵食作用（氷食作用）のうち氷河底で生じる磨耗作用（abrasion），プラッキング（plucking），融氷水侵食などの氷底侵食（subglacial erosion），氷河による堆積作用のうち氷河底で生じるロッジメント，メルトアウト，重力による氷底堆積（subglacial deposition），氷河底で生じる地層の変形作用である氷河底（層）変形．⇨地表面の絶対的分類（表）　　　　〈岩崎正吾〉

[文献] Benn, D. I. and Evans, D. J. A. (1998) *Glaciers and Glaciations*, Arnold.

サブグレイシャルチャネル　subglacial channel ⇨サブグレイシャル

サブグレイシャルティル　subglacial till　⇨ティル

サブボレアルき　サブボレアル期　Sub-Boreal time　⇨後氷期

サプロペル　sapropel　海底面や湖底面近くに浮

遊・懸濁していて還元的な環境下で堆積した有機物に富む黒色の未固結堆積物．特に地中海の深海底に広く分布する有機物に富んだ堆積物に用いられてきた．その成因は高塩分で密度が大きい深層水と河川の流入などによる低塩分の表層水とで季節を通じて顕著な塩分躍層（holocline）が形成され，上下の水の混合が止まり，表層からの酸素の供給が不足することから還元的な底層水環境がつくられ，有機物の酸化分解が抑制されることによる．一方で，海洋表層における高い生物生産性が主原因とする考え方もある．堆積物が形成される場所は貧酸素であるためほとんどの底生生物は死滅し堆積物の生物擾乱は起こり難いと考えられる．日本語での適訳はないが「腐泥」と訳して使われている． 〈田中里志〉

サプロライト saprolite 地表付近の岩石が，化学的風化作用を受けた結果形成された岩石の風化物質であり，原位置に残留し，もとの岩石の組織を残している．一般に軟質で粘土分を多く含み，赤色～褐色を呈することが多い． 〈西山賢一〉

さべつさくはく　差別削剥 differential denudation 削剥（侵食と集動）に対する抵抗性の異なる複数の岩石（例：硬岩と軟岩）が隣接する地域においては，岩石間に削剥の様式と速度に差異が生じ，それぞれの岩石分布地区ごとに異なった形態的特徴（例：高度，傾斜，谷密度，集動地形）を生じる．そのような削剥を差別削剥という．選択侵食＊もほぼ同義である．差別削剥は，岩石の成因的名称（地質学的岩石名：砂岩，泥岩など）の違いとは一義的な関係はなく，その岩石物性の差異，特に岩石間の積極的抵抗性（例：強度）と消極的抵抗性（例：透水係数）の組み合わせの差異に制約される（図）．ただし，同種の組み合わせの岩石の差別削剥も地形場（≒地形営力の差異）によって，相互の削剥速度が逆転することがある．　⇨差別侵食，岩石制約，積極的抵抗性，消極的抵抗性　　　　〈鈴木隆介〉

［文献］鈴木隆介（2000）「建設技術者のための地形図読図入門」．第3巻，古今書院．

さべつさくはくちけい　差別削剥地形 differentially denudated landform 岩石間の差別削剥で生じた地形をいう．高度，傾斜，谷密度，構成する地形種の種類などが岩石間で異なる（例：ケスタ，石灰岩台地，蛇紋岩山地，地すべり地形などの谷密度）．　⇨差別削剥　　　〈鈴木隆介〉

［文献］鈴木隆介（2000）「建設技術者のための地形図読図入門」．第3巻，古今書院．

さべつしんしょく　差別侵食 differential erosion 差別削剥の一つの様式で，侵食に対する抵抗性の異なる複数の岩石（例：硬岩と軟岩，高透水性岩と低透水性岩，風化しやすい岩石と風化しにくい岩石）が隣接する地域（例：山地，河谷，岩石海岸）においては，岩石間に侵食の様式と速度に差異が生じ，それぞれの岩石分布地区ごとに異なった形態的特徴（例：高度，傾斜，谷密度，河床勾配，谷底幅）を生じる．その地形過程を差別侵食という．差別侵食は，岩石の成因的名称とは一義的な関係はなく，岩石間の積極的抵抗性（例：強度）と消極的抵抗性（例：透水係数）の組み合わせに制約され，それらの差が大きい岩石の組み合わせほど顕著な差別侵食地形が生じる．　⇨差別削剥，差別侵食地形，岩石制約　　　〈鈴木隆介〉

［文献］鈴木隆介ほか（1970）三浦半島荒崎海岸の波蝕棚にみられる洗濯板状の起伏の形成について：地理学評論，43，211-222．

さべつしんしょくちけい　差別侵食地形 differentially eroded landform 岩石間の差別侵食で生じた地形をいう．例：ケスタ，岩脈尾根，石灰岩台地，火山岩頸，波食棚上の洗濯板状の微起伏，断層線谷，断層線崖．　⇨差別侵食　　〈鈴木隆介〉

さべつとうじょう　差別凍上 differential frost heave ⇨凍上

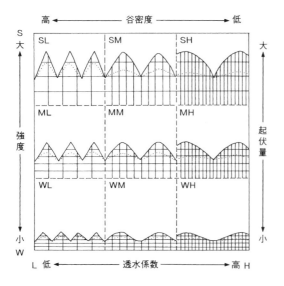

図　岩石の強度（積極的抵抗性）と透水係数（消極的抵抗性）の組み合わせからみた丘陵の削剥地形（起伏量と谷密度の組み合わせの区分）の概念図（鈴木，2000）
9種は漸移的であるから境界を破線で示す．断面図の横線は強度（大間隔ほど大きい），また縦線は透水係数（大間隔ほど低い）にそれぞれ関与する岩体の性質，例えば節理間隔をイメージして描かれている．点線は地下水位．

さべつふうか　差別風化　differential weathering　風化に対する抵抗性に差異のある2種以上の岩石物質が並存するとき，それらの間で生起する風化の様式または風化速度が異なること．たとえば，堆積岩では，砂岩，泥岩，凝灰岩などの間でしばしば差別風化が起こるが，その生起は 地形場* によって異なる．差別風化が起こるとその後に 差別侵食* が起こり，その結果，岩石物質の配列・構造を反映した 組織地形* が形成されることがある．
〈松倉公憲〉

さぼう　砂防　sabo, erosion control　山地の土砂災害を防ぐこと．最近は，土砂災害のみならず，その危機管理や山地流域・河川（渓流）における環境問題や海岸まで含んだ土砂流出過程の管理が課題となっている．なお，saboは学術用語として広く各国で使用されている．
〈松倉公憲〉

さぼうえんてい　砂防堰堤　check dam　土石流，流出土砂の貯留および調節，渓岸や河床にある不安定土砂の再移動抑止を目的に，渓流に設置されるダム構造物．土砂の堆積によって，ダムポケットが満砂しても，河床勾配の緩和により，砂防堰堤による土砂調節機能は維持される．　⇨砂防ダム
〈中村太士〉

さぼうがく　砂防学　erosion control engineering　⇨砂防工学

さぼうこうがく　砂防工学　erosion control engineering　表面侵食，崩壊，地すべり，土石流などの斜面や渓流の土砂災害，飛砂や海岸侵食，さらに雪崩や落石などによって起こる自然災害* を防ぐための理論，技術体系である．砂防学ともいう．
〈中村太士〉

［文献］塚本良則・小橋澄治 (2002)「新砂防工学」，朝倉書店．

さぼうじぎょう　砂防事業　erosion control works　「砂防法」に準拠して，崩壊や土石流に伴う土砂災害，下流河川の河床上昇に伴う洪水氾濫などから，人命・財産を守るために，緑化工事や砂防堰堤などの防災施設を設置する事業を指す．流域全体を視野に，土砂流出の制御を検討する水系砂防，火山活動に起因する災害を防ぐ火山砂防，山間地や谷の出口に位置する居住地等を守る地先砂防などに分けることができる．
〈中村太士〉

さぼうダム　砂防ダム　debris dam, check dam　土石流をはじめとする土砂災害防止を主目的として急流河川や渓流などに設置される施設の一つ．通常貯水機能はない．砂防法に基づき整備されるため，一般のダムとは異なり，土砂災害の防止に特化したものを指す．また近年ではダムとの区別化を図るために，砂防堰堤* とよばれる場合が多い．〈河端俊典〉

さぼうりん　砂防林　conservation forest protecting from sediment disaster　土砂災害から人命・財産を守るために指定もしくは造成された林帯．河床の不安定土砂の再移動防止，土石流などの減勢，土砂堆積促進を目的に指定される林帯を指す場合が多いが，海岸の飛砂防備林を指す場合もある．
〈中村太士〉

さむさのしすう　寒さの指数　coldness index　⇨温量指数

さよう　作用【侵食輪廻の】　process (in cycle of erosion)　破壊作用（侵食作用・削剥作用）を指す．過程ともいう．W. M. Davis (1899) が地形の性格や特徴を決めると考えた三つの地形因子，すなわち，structure（組織：地質構造や原地形の形態；構造），process（作用），time（時間・時期）の process を指し，侵食輪廻において原地形以降の次地形を形成する破壊作用（侵食・削剥作用），あるいは，破壊過程を指す．破壊作用としては，正規侵食（河食），氷食，風食，溶食，海食があげられている．なお岡山俊雄 (1940) は，デービスが strucure（組織）に含めていた'原地形の地表形態'は'内作用がつくるもの'として'組織'から分離し，地形因子を，内作用（endogenic process），侵食営力（erosional agency），時期（stage）および地質構造や岩石の種類に限定した組織（structure）の4因子に分けている．この場合デービスのいう'作用'は'侵食営力（どのような侵食営力によって当該地形がつくられてきたかということ）'に相当する．　⇨デービス地形学，地形因子
〈大森博雄〉

［文献］井上修次ほか (1940)「自然地理学」，下巻，地人書館．/Davis, W. M. (1912) *Die erklärende Beschreibung der Landformen*, D. G. Teubner（水山高幸・守田 優訳 (1969)「地形の説明的記載」，大明堂）．

サラール　salar　⇨プラヤ

さらいけ　皿池　sara-ike　⇨ため池

さらいし　皿石　sara-ishi　主に阿蘇火山中岳火口の南側に隣接する皿山に産し，表面が付着物で覆われ，特に縁辺部が盛り上がり，お盆や灰皿のような形状の岩片．付着物は，火山灰の微粒子が中岳火口底の湯溜まり内で生じた"膠状珪酸"で膠着したものが何層かの薄層をなして岩石表面を被覆しているもので，縁辺部の盛り上がりは付着物が（野外の環境で）垂れ下がるように生長したものと考えられて

いる（南葉, 1962）. 〈横山勝三〉

[文献] 南葉宗利 (1962) 阿蘇の珍石皿石：中村治四郎監修「阿蘇山」，中村英数学園．

さらじょうち　皿状地　dell　⇨クリオプラネーション

さらち　更地　sarachi　建物のない地所．平地とも．⇨地所
〈鈴木隆介〉

サラッソスタティックだんきゅう　サラッソスタティック段丘　thalassostatic terrace　更新世における間氷期の高海水準期のアグラデーション*により形成された河川下流部の河成段丘を，Zeuner (1945) はサラッソスタティック段丘とよんだ．間氷期には河川下流部の入江が急速な海面上昇で沈水し，しだいに埋積されて入江に三角州が形成される．続く高海面期にはそこからアグラデーションが上流側へと波及し，顕著な谷埋め堆積物*からなる堆積面が形成される．この堆積面が，氷期の低海水準期に下刻されて段丘化し，サラッソスタティック段丘となる．サラッソスタティック段丘は氷河性海面変動段丘*の一例で，氷期に形成された河成段丘とは顕著な斜交関係を示す．また，海岸部の隆起などで次の間氷期の海水準が相対的に低下すると，新たに形成される堆積面より高位置に残存する．⇨段丘面の連続性
〈加藤茂弘〉

[文献] Zeuner, F. E. (1945) The Pleistocene period, its climate, chronology and faunal successions: Royal Soc. London, Monograph. 130, 1-322.

さらべつそう　更別層　Sarabetsu formation　北海道のサロベツ原野，天塩海岸，ウブシ原野，雄信内川流域に分布する上部鮮新統〜中部更新統．層厚は 1,000 m．砂礫層と中〜粗粒砂の互層などの頻海成〜内湾・潟成堆積物よりなる．岩石強度が小さく高透水性のため，これの構成する丘陵は小起伏で低谷密度である．⇨稚内層
〈松倉公憲〉

サリーナ　salina　⇨プラヤ

さりゅう　砂流　sand run, sand avalanche　安息角*に近い角度をもち，非固結で乾燥した砂からなる斜面で発生する小規模な砂の流れ．例えば，砂丘の風下側の急斜面，砂山の斜面などで崩れによって砂流が発生する．砂流が発生した跡には乾燥岩屑流と同様の微地形がみられる．乾燥岩屑流*と砂流の相違は前者が砂より大きな粒子からなる点である．湿潤状態での砂の流れはサンドフロー（sand flow）とも． 〈石井孝行〉

[文献] Varnes, D. J. (1958) Landslide types and processes: Highway Research Board, Special Report, 29, 20-47. /Bagnold, R. A. (1965) The Physics of Blown Sand and Desert Dunes, Methuen.

さるまるそう　猿丸層　Sarumaru formation　長野県北西部に分布する上部更新統〜下部更新統の海成〜陸成層．おもに砂岩・礫岩よりなり，酸性凝灰岩が挟まれる．層厚は 1,600 m 以上．地すべりが多発している． 〈松倉公憲〉

ざれ（ザレ）　landslide scar, rubble slope　山腹の崩壊跡地．山梨地方でのよび方という説がある．登山者は「がれ（ガレ）」のなかで比較的細粒の礫からなる場所をいう．ざれ（ザレ）場ともいう．
〈岩田修二〉

されき　砂礫　sand and gravel　砂と礫の混合物に対する一般名称．日本統一分類*では，礫（2〜75 mm）を主体とし，石分（粒径 75 mm 以上）の含有率が 0%，砂分（0.075〜2 mm）と細粒分（0.075 mm 未満）がそれぞれ 15% 以下の岩屑を指す．砂と礫の混合物がつくる地層を砂礫層という．
〈関口智寛〉

されきしんしょくだんきゅう　砂礫侵食段丘　fillstrath terrace　⇨フィルストラス段丘

されきそう　砂礫層　sand and gravel bed　⇨砂礫

されきたい　砂礫堆　bar　砂礫からなる河川でみられる河床形態*の一つで，砂州ともよばれ，中規模河床形態に分類される．砂礫床河川の河原が右岸・左岸と交互に配置するのは，河床に生じる交互砂礫堆（交互砂州*）の一部が水面上に現れたためである．その波長は河道幅の数倍から十数倍に達する．交互砂礫堆（単列砂礫堆ともよばれる）を例にみると，まず流れが集中する河岸で洗掘を生じ（淵），そこから生産された土砂が砂礫堆の背面を発散しながら対岸に向けて流れる．砂礫堆の前縁斜面（瀬）を境にして，新たな流れの集中が生じ，同じことが繰り返される．単列砂礫堆を線対称状に広げることで複列砂礫堆（低水流が網状流となる）の成り立ちが理解される．黒木・岸 (1984) は理論的に求められた指標を用いて広範な実験結果を整理し砂礫堆の形成条件を図示している．⇨河道形状指数
〈小玉芳敬〉

[文献] 黒木幹男・岸　力 (1984) 中規模河床形態の領域区分に関する理論的研究：土木学会論文報告集，342, 87-96.

されきだんきゅう　砂礫段丘　sediment terrace, fill terrace　段丘堆積物の厚さにより分類される段丘の一つ．一般に 5 m 以上（しばしば数十 m）の厚い段丘堆積物で構成されている段丘を指す．段丘堆

積物は非固結で，礫層，砂層，泥層またはそれらの互層からなる．砂礫段丘は段丘面の形成過程の点から，フィルトップ段丘およびフィルストラス段丘に細分される．砂礫段丘の例として，最終氷期から後氷期への気候変化によって形成された段丘（気候段丘）があり，わが国でも広く確認されている．⇒段丘の内部構造（図），谷側<ruby>堆載<rt>こくそくせきさい</rt></ruby>段丘　〈豊島正幸〉

［文献］豊島正幸（1994）わが国における最終氷期後半の広域的な侵食段丘の形成：季刊地理学，46, 217-232.

されきはま　砂礫浜　mixed sand and shingle beach　砂と礫とが混在している海浜．前浜勾配*は，礫混合の程度が増すにつれて単一粒径からなる海浜の勾配よりも小さくなる．英語では mixed sand and gravel beach ともいう．　〈砂村継夫〉

されきぶんせき　砂礫分析　sediment analysis　堆積物に関する分析の総称．主に，構成する物質の物性に関する分析をいい，例えば，粒度分析や粒子形状の解析，鉱物・化学組成分析などを指す．加えて，堆積時の粒子配向の解析（オリエンテーションおよびインブリケーション），堆積構造（層理・葉理の2次元および3次元的な重なり方）の解析なども含まれる．さらに，分析手法としてのソフトX線分析や重液分離を指す場合もある．　〈遠藤徳孝〉

ざれば　ざれ場　rubble slope　⇒ざれ

されん　砂漣【風による】　wind ripple　砂丘や砂浜など植被のない砂床の表面に，風によって形成される小規模な波状，あるいはうろこ状の模様．風漣または風紋とも（ただし，風紋は日常語ないし文学用語なので，学術的には一般には使用しない）．河床や海底にみられる水流によって形成される砂漣とよく似ている．砂漣にみられる波状の高まりは風向と直交あるいは斜交方向に伸び，その波長は数 cm〜数 m，波高は数 mm〜数 cm である．波長が飛砂の跳躍距離にコントロールされるものを impact ripple，それ以外のものを，砂丘*やドゥラ*と同じメカニズムで形成される aero-dynamic ripple と区分されることがある．一般に，波長は風速に比例して大きくなる．また砂粒が大きく風が強いほど波状の峰の屈曲が大きくなる．風による淘汰作用を受け，相対的に粗い砂粒が峰部を，細かい砂粒が谷部を構成している．風が吹いている間は刻々とその姿を変え，生成と消滅を繰り返す．風の流れが強くなると波の数が減り，やがては消滅して砂丘へと移行する．⇒運搬作用［風の］　〈林　正久〉

［文献］Cooke, R. et al.（1993）*Desert Geomorphology*, UCL Press.

されん　砂漣【水流による】　sand ripple, ripple mark　河川などの一方向流や波浪などの振動流によって砂が移動するとき，ある条件下で砂面に形成される規則性の高い波状の微地形．<ruby>漣痕<rt>れんこん</rt></ruby>と同一のものであるが，漣痕が地層中に残された化石砂漣にも用いられるのに対し，砂漣は現成の砂床形のみを指す．川の流れによって形成されるものを水流砂漣（current ripple），波によって海底・湖沼底などに形成されるものを波成砂漣（wave ripple）という．流体の性質，流れの強度，砂粒の大きさなどによって様々な規模・形態を呈する．⇒リップルマーク　〈武田一郎〉

［文献］Allen, J. R. L.（1982）*Sedimentary Structures: Their Character and Physical Basis*, Elsevier.

さろう　砂浪　dune　⇒サンドウェーブ

さわ　沢　mountain stream　東日本では山間の河谷をよぶときに普通に使う．⇒渓谷　〈久保純子〉

さわすじ　沢筋　valley line　谷底またはそれを連ねた<ruby>谷線<rt>たにせん</rt></ruby>*の日常用語．谷筋とも．尾根筋の対語．⇒尾根筋　〈鈴木隆介〉

さわちけい　沢地形　convergent slope　土木現場用語で地形学用語ではない．谷型斜面や0次谷（または短い1次谷）をいう．集水地形*とも．路線が斜面に接している場合に，豪雨・融雪などで沢地形からの落石や土砂流入で被災する場合に素因として記述される．　〈鈴木隆介〉

サンアンドレアスだんそう　サンアンドレアス断層　San Andreas fault　米国西部のカリフォルニア州を南北方向に縦走する活断層であり，陸上部だけで長さ1,300 km に達する．単一の活断層が伸びる部分と，複数の活断層が並走したり，分岐したりする部分があり，断層帯を構成する．これらは右ずれの横ずれ断層であり，平均的な変位速度は年に3〜4 cm程度と見積もられている．横ずれが卓越する活断層で，断層を横切る河谷（河流）に明瞭な変位河流（オフセットストリーム）がみられるが，明瞭な断層崖地形はあまり認められない．プレートテクトニクス説では，太平洋プレートと北アメリカプレートとの境界をなすトランスフォーム断層*とみなされる．この断層沿いでは，①M8級の大地震が発生した場所，②数十年の間隔で中規模地震を起こしてきた場所，③微小地震を伴って徐々にずれている（クリープ性運動）場所があり，いくつかの活動区（セグメント）に分けられる．⇒断層帯，活断層

〈岡田篤正〉

ざんいちけい　残遺地形　relict landform　⇒残

さんえいようこ　酸栄養湖 acidtrophic lake　活火山地域に多く火山性の硫酸や塩酸が含まれpHは5より低く，草津白根山の湯釜のように1程度の場合もある．硫黄コロイドにより白濁しているものや特殊な色をしている湖もある．生物生産は低く，硫黄細菌や藻類などが生息する．腐植酸を含むため酸性を示す湖もあるが，これは通常腐植栄養湖（dystrophic lake）に含められる．〈井上源喜〉

さんか　酸化 oxidation　物質に酸素が化合する反応，あるいは物質から水素（電子）が奪われる反応．鉄・マンガンなどがしばしばこの作用を受ける．二価鉄は酸化されて三価鉄に変わり（例えば，マグネタイト（Fe_3O_4）→ヘマタイト（$\alpha\text{-}Fe_2O_3$）），特徴的な赤褐色を呈する．硫化物は酸化により硫酸塩となる．〈小口千明〉

さんかい　山塊 mountain　細長い山地（山脈）とは異なり，円形または四角形のように，一つの塊になっている山地（例：神奈川県丹沢山塊）．登山者が山塊という語を愛用したが，地形学的には，単に山地（例：丹沢山地）とよび，山塊は使用されない．〈鈴木隆介〉

さんがく　山岳 high mountain　山と同義．地球表面の周囲より著しく高い部分．最近の用法では，一般的な語「山」に対して，「山岳」には険しい山，高山という意味が付加されている場合が多く，その意味で使われる場合は，英語ではalpineという形容詞がつく．〈岩田修二〉

さんがくえいきゅうとうど　山岳永久凍土 mountain permafrost　広義には山地にある永久凍土*を指すが，より限定的に，低地には永久凍土が存在しない地域において，低温な高所に形成された永久凍土を指す場合が多い．⇒岩石氷河，積雪底温度　〈池田　敦〉

さんかくこう　三角江 estuary　⇒エスチュアリー

さんかくす　三角州 delta　陸域からの河川運搬物質が水域に向けて堆積することによって形成された地形種．三角州の形成は陸と海との相互作用によるものである．三角州の堆積構造をみると，①最上部の極めて薄い沖積陸成層，②その下位の上部砂層とよばれるやや厚い砂層，③さらにその下位の底置層（bottomset bed）とよばれる海成の軟弱な泥層に3区分されることが多い．三角州の水域に面した部分では河口から排出された河川運搬物質が一定の安息角をもって堆積して前置層（foreset bed）を形成しており，これが上部砂層に相当する．前置層の堆積前面には前置面あるいは前置斜面（foreset slope）とよばれるやや傾斜のある斜面が形成されている．前置斜面のさらに沖合側の湾底あるいは湖底には細粒の泥質堆積物からなる底置層が極めて緩傾斜な底置面あるいは底置斜面（bottomset slope）を形成している．地形的には，三角州の陸上部分では河川によって運搬された沖積陸成層（頂置層という）が上部砂層を薄く覆って三角州平野面（頂置面という）をなし，河道沿いには自然堤防*がみられるほか，河道に挟まれた部分には排水不良の後背低地*がみられる．三角州では河口から水域に向けて排出された河川運搬物質が河口前方に堆積するため河道の分岐が起こり，派川（分岐流路*）が形成される．これらの派川と海岸線によって区切られた土地がギリシャ文字の⊿（デルタ）の形をなすことか

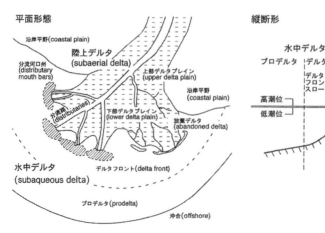

図　三角州の平面形態と縦断形（堀，2012）

ら，このような地形をなす三角州はヘロドトスによってデルタと名づけられた．三角州の平面形は，陸域からの物質供給と水域における堆積環境および波と流れの強さとそれらの卓越方向によって様々な形態をなし，鳥趾状三角州*，多島状三角州*，分岐三角州*，円弧状三角州*，尖角状三角州*（尖状三角州），直線状三角州*，湾入状三角州* などのように様々な亜種に分類される．⇨三角州の分類（図），感潮限界 〈海津正倫〉

[文献] 鈴木隆介（1998）「建設技術者のための地形図読図入門」，第2巻，古今書院．／堀 和明（2012）世界のデルタ：海津正倫編「沖積低地の地形環境学」，古今書院，71-78．

さんかくすかいがんせん　三角州海岸線 delta shoreline　三角州（デルタ）と海とが接する海岸線．三角州は河川堆積物によって前方に成長するので，海岸線も前進する傾向が強い．この海岸線は，河川の供給物質やその供給量，沿岸の波浪や潮流による沿岸漂砂の状態によって様々な形態をとる．例えばナイルデルタのような円弧状，イタリアのテヴェレ川（Tevere）デルタのような尖角（カスプ）状，ミシシッピデルタのような鳥趾状の海岸線となる．⇨三角州 〈福本 紘〉

さんかくすがたふくせいていち　三角州型複成低地 compound plain (lowland) of delta type　低地を構成する地形種が上流から扇状地，蛇行原および三角州からなる河成堆積低地を主とし，海成堆積低地の複式地形種を伴うことがある均整型複成低地（例：濃尾平野）．⇨低地 〈海津正倫〉

[文献] 鈴木隆介（1998）「建設技術者のための地形図読図入門」，第2巻，古今書院．

さんかくすせんじょうち　三角州扇状地 delta-like fan　海岸に直接に面する扇状地．臨海扇状地ともいう．一般に海底勾配が急な海岸に流入する大河川の河口部に形成され，黒部川，富士川，大井川などの扇状地が典型例．⇨ファンデルタ 〈斉藤享治〉

さんかくすたいせきかんきょう　三角州堆積環境 delta depositional environment　三角州*に伴ってできる堆積環境．河川が海や湖に注ぐところにできる三角州（デルタ）は，頂置面，前置面，底置面からなる．各地形における堆積物を頂置層，前置層，底置層とよぶ．それぞれの堆積物の特徴は，三角州の形態（円弧状・鳥趾状三角州），主要構成物質（礫質・砂質・泥質三角州），営力（波浪卓越型・潮汐卓越型・河川卓越型三角州）などによって異なる．一般的には，頂置層は河川，氾濫原，自然堤防，海岸（湖岸），浜堤，潟，潮汐低地などの堆積物からなる．前置層は外浜などの斜面堆積物で，波浪や潮汐あるいは洪水流（水中重力流）などの堆積構造がみられ，斜面崩壊（滑動，スランプ）堆積物を含む．沿岸での砂や礫の分布は波浪限界水深で規定されるが，三角州前置面では，洪水流に伴うハイパーピクナル流（hyperpycnal flow）などの水中重力流によってより深いところにまで砂や礫が広がる．底置層は泥質堆積物からなり，その起源は洪水流の浮遊泥から沈積したものである．臨海扇状地などの礫質デルタでは，水中土石流，水中重力流，水中地すべりなどによって，より深いところにまで粗粒な堆積物が運搬される．三角州が前進して形成された地層は，底置層の上に，前置層と頂置層が重なるため，一般には上方粗粒化のサクセッションを示す．地層では，三角州の地形は堆積物から，営力は堆積構造などから，形態は分布や重なりから識別することができる． 〈増田富士雄〉

さんかくすたいせきぶつ　三角州堆積物 deltaic deposit　三角州の形成は陸と海との相互作用によるものであり，陸域からの河川運搬物質が水中堆積することによって特徴ある堆積構造がつくられる．特に，河川によって砂やシルトなどの比較的粗粒な堆積物が供給された三角州では，それらが河口から水域に向けて前進平衡的に堆積し，三角州の前面に顕著な砂層を形成する．水域の部分がある程度の深さをもっている場合にはそれらの堆積物は河口前面に一定の安息角をもって堆積するため，やや急傾斜の斜交層理をなす砂層あるいは砂泥層が形成される．この堆積物は前置層あるいはデルタフロント堆積物とよばれ，三角州の構成層としては上部砂層とよばれる．前置層の堆積前面には前置斜面が形成され，また，より細粒の泥質堆積物は前置斜面のさらに沖合側の湾底あるいは湖底にほぼ水平に堆積し，底置層あるいはプロデルタ堆積物とよばれる軟弱な泥層を形成する．また，表層には泥炭や熱帯域ではマングローブ起源の木片などを混入することが多く，デルタの内陸側の部分では河成の氾濫原堆積物を薄くのせており，頂置層とよばれる．このような三角州の内部構造は北アメリカ大陸西部にかつて広がっていたボンネビル湖の堆積物を詳しく調べたギルバート*によって明らかにされたことから，ギルバートタイプの三角州の構造として知られる．これに対して，細粒のシルトあるいは粘土層よりなる大デルタではこのような構造はあまり明瞭ではなく，一般に，プロデルタ堆積物に相当する海成の泥

層を覆ってシルト層などよりなる潮間帯の堆積物が堆積している．また，ミシシッピ川デルタのような鳥趾状デルタでは河道や旧河道の部分に沿ってやや粗粒な堆積物が棒状に堆積していることがある．

〈海津正倫〉

さんかくすのこうぞう　三角州の構造　structure of delta　⇨三角州堆積物

さんかくすのぶんるい　三角州の分類　classification of delta　三角州は，その形成位置により，陸上三角州と水底三角州に大別される．また，三角州の海岸線の平面形状および形成河川の分岐状態などにより，鳥趾状三角州*，円弧状三角州*，尖角状三角州*など数種の亜種に分類され，それぞれ付属する微地形種や海岸の特性が異なる（図）．

〈海津正倫・鈴木隆介〉

［文献］鈴木隆介（1998）「建設技術者のための地形図読図入門」，第2巻，古今書院．

さんかくすへいや　三角州平野　delta（deltaic）plain　現在の河川最下流部に発達する現成の三角州およびその隣接域や形成を休止した過去の三角州などからなる平野．現在の潮汐の影響を受け，人工堤防がなければ満潮時に海面下になる干潟の部分やそれらがわずかに離水した下位三角州面（lower delta plain）とそれより内陸側の氾濫原堆積物が薄く覆う上位三角州面（upper delta plain）を区別することもある．下位三角州面には澪筋の顕著な潮汐平野が広い面積を占めることもあり，熱帯域ではマングローブ林が分布することも多い．上位三角州面は薄い河成堆積物に覆われ，河道に沿って自然堤防がみられるほか，派川の分流間には泥質の河成堆積物が薄く堆積して後背低地の性格をもつ．また，海岸線が内陸側にあったときに形成された浜堤や砂堆，砂丘などが分布することもある．多くの三角州では，河川の転流に伴って河川運搬物質の堆積域が変化し，三角州は形を変えてきた．例えば，ガンジスデルタではデルタ南東部において顕著な堆積や地形変化が進行しており，現在でも河口州や水路の地形が大きく変化しつつある．これに対して中央部や西部における地形変化はほぼ停止して安定した状態となっており，臨海部には大規模なマングローブ林の森が発達している．これら両地域を含めた東西約350 km 南北約300 km におよぶ範囲が三角州平野に相当し，ガンジスデルタとよばれている．ミシシッピデルタでも流路および堆積域の移動により三角

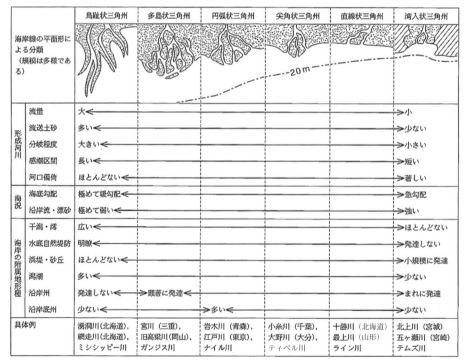

図　三角州の亜種とその特徴（鈴木, 1998）
　　図中の20 m 等深線の位置はイメージである．

州が堆積場を変えて発達しており，これらの三角州平野全体をミシシッピデルタとしている．日本でも完新世中期以降三角州の堆積域が変化してきたが，多くの平野では三角州の拡大に伴って古い三角州面は氾濫原堆積物に覆われて氾濫原の地形に変化してきたため，三角州平野は比較的新しい臨海域の派川がみられる地域に限られている． ⇒三角州

〈海津正倫〉

[文献] Schwarts, M. L. ed. (1982) *Encyclopedia of Beaches and Coastal Environment*, Hutchinson and Ross Publishing Co. /Umitsu，M. (1993) Late Quaternary sedimentary environments and landforms in the Ganges Delta : Sedimentary Geology, 83, 177-186.

さんかくすへいやたいせきぶつ　三角州平野堆積物 deltaic plain deposit　三角州平野を構成する三角州の陸上部分では河川によって運搬された陸成の堆積物が水域を埋めながら堆積した上部砂層を覆って薄く堆積する．これは頂置層とよばれ，その堆積面である頂置面の内陸側では陸成の河川氾濫堆積物が堆積する．三角州では河川の分流に伴う派川がみられるが，河道に沿う部分では砂質の堆積物からなる自然堤防が形成され，分流の間の部分には泥質の極めて低平な地下水位の浅い土地が広がる．これらは後背低地あるいは干潟を起源としており，腐植物や泥炭を混入していることが多い．なお，世界の大デルタでは河口付近まで運ばれる堆積物が主として泥質堆積物となるため，顕著な上部砂層が発達せず，泥質の海成層の上に潮間帯起源のシルト質の堆積物がのる場合が多い．また，ミシシッピ川デルタのように分流間に大小の水域が分布している三角州も多くみられる．

〈海津正倫〉

さんかくぜき　三角堰 triangular weir　河川や水路を横断し，流れをせき止めて越流させる構造物（堰）の一種で，せき板の頂部が鋭くとがった刃形堰のうち，越流部の断面形が三角形のもの．流量測定や水位調節に用いられる．流量が少ない場合に用いられる．

〈宇多高明〉

さんかくそくりょう　三角測量 triangulation　基準点測量の一つで，座標値が既知の2基準点と未知の新点を結ぶ三角形の内角を測定することにより，新点の座標値を求める測量．全国の三角点*の測地経緯度は，当初は，原点において天文観測により経度・緯度・方位角を決め，基線の長さを測定した後，三角網を構成する三角形で三角測量を行うことにより求められた．その後，光波測量が実用化されると三角網の測量では三辺測量*が主体になり，さらにGNSS測量*により高精度な相対位置の計測ができるようになったことなどから，現在では三角測量はほとんど行われていない．

〈熊木洋太・宇根　寛〉

さんかくダイアグラム　三角ダイアグラム triangular diagram　一つの事象を構成する3成分（X, Y, Z）の比率を正三角グラフの中の1点で示すダイアグラム．3辺のそれぞれに100％の目盛りがあり，X, Y, Zの構成比率の点からそれぞれの辺に垂直線を引くと，3本の垂直線の交点（点P）の位置によって，3成分の相対的な割合（組成データ）を知ることができる．三角座標とも．たとえば，堆積物や地盤材料の粒径分布を砂・シルト・粘土の3成分で表現したりする．

〈松倉公憲〉

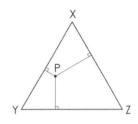

図　三角ダイアグラム

さんかくてん　三角点 triangulation station　測地測量により測地経緯度が正確に決定され，標識が設置されている点．わが国では国が設置した三角点の標識は四角柱の石柱と盤石からなり，ともに中心に十字が刻まれている．ほかにコンクリートに金属標を埋め込んで標識としている三角点もある．国土地理院が管理する国の三角点は約11万点あり，一等〜四等の区別があるが，一等から三等までの三角点は三角網設置の段階の違いであり，位置精度に差はない．三角点では経度・緯度・方位角のほかに標高が計測されているが，通常は角度と距離による間接的な測量により求められた標高値であり，水準点*の標高値より精度は劣る．

〈宇根　寛〉

さんがくど　山岳土 mountain soil　過酷な自然環境の山岳地帯に分布する石礫質の土壌．大角・熊田（1971）によれば高山帯の土壌は高山ポドゾル，高山草原土，高山湿草地土，岩屑土に区分される．高山ポドゾルはハイマツ植生下に分布する土壌で厚い堆積有機物層をもつ強酸性土壌である．高山草原土は草原地帯に分布し腐植に富むA層をもつ．高山湿草地土は泥炭質の厚いA層をもち，溶岩台地

や凸状緩斜面に分布する．岩屑土は高山の全域に分布するが分布面積はそれほど大きくない．以上の高山帯の土壌の多くは石礫の含量が高く細土の割合が低いことから土壌分類（WRB）のレプトソル（Leptosols）に相当する．　⇨ポドゾル，泥炭土

〈金子真司〉

［文献］大角泰夫・熊田恭一（1971）高山土壌に関する研究（第2報）：高山土壌の分布と分布を規定する要因：日本土壌肥料学雑誌，42, 183-188.

さんかくなみ（は）　三角波　chop, chopping wave　2方向から進行する波が高角度で交わるときにできる波．四角錐あるいは三角錐状の波峰をもつ．通常，波形勾配*が極めて大きい．〈砂村継夫〉

さんがくひょうが　山岳氷河　alpine glacier, mountain glacier　氷河分類の一類型．大陸氷床と対をなす．狭義では山岳地域に発達する氷河を指すが，標高の高い場所での降雪が自重により氷化し，重力によって斜面を流動して標高の低い場所で消耗するという特徴を有するため，斜面に発達する氷河の総称ととらえることもある．山岳地域では，山腹氷河，谷氷河*，カール氷河などの典型的な山岳氷河のほか，極めて規模の小さいニッチ氷河もみられる．山岳氷河と大陸氷床の中間型である，台地氷河，規模の大きな氷帽による高原氷河も存在する．

〈朝日克彦〉

さんかくまったんめん　三角末端面　triangular terminal facet　尾根の末端部がプリズムを切断したような三角形の急傾斜面で終わる部分を指す．活断層崖の下部に伴われることが多いが（好例：中央構造線に沿う新居浜市南部における四国山脈北側斜面の一部），並走する氷食谷や河食谷の河間尾根の先端部がそれらに直交する本谷で侵食されても，同様の地形が形成される．山脚末端面（spur end facet），末端切面（terminal facet）ともよばれる．⇨断層崖，低断層崖　〈岡田篤正〉

さんかくもう　三角網　triangulation net　三角点*を結んだ三角形が網状に多数連なった図形．三角点の測量がどの三角形により行われたかを示す．

〈宇根　寛〉

さんかげつすいい　3カ月水位　high water level　⇨豊水位

さんかとかんげん　酸化と還元【岩石の】　oxidation and reduction　反応物から生成物が生ずる過程において，原子やイオンあるいは化合物間で電子の授受がある反応のこと．水素と酸素の濃度と分圧により反応が支配され，水溶液中ではEhとpHが鉱物の安定性を決める因子として用いられる．複数電荷をとる鉄，マンガン，硫黄などは特に重要な系とされ，熱力学的データをもとに作成されたEh-pH図により鉱物の安定性や元素の易動度が論じられている．例えば，鉄は還元的条件で鉄二価イオンとして溶存し移動するが，酸化的条件では鉄三価の化合物（$Fe(OH)_3$など）が安定で移動しにくい．風化土中の酸素が除去されるような状態が起こると，鉄やマンガンは土中で還元されることもある．

〈小口千明〉

サンガモンかんぴょうき　サンガモン間氷期　Sangamonian interglacial　⇨ローレンタイド氷床

さんかんぼんち　山間盆地　intermontane basin, intradeep　外国語の訳語であるが，盆地は山に囲まれているのは当然であり，また次のように概念の異なる二つの意味をもち，曖昧な用語であるから，地形学では使用しない方がよい．①地盤の曲降*で生じた曲降盆地と同義で，山地間盆地とも．②地向斜*の概念の地質学用語で，造山帯の内部に生じ，モラッセ*が堆積した盆地（intradeep）である．

〈鈴木隆介〉

さんきゃく　山脚　spur　一方向に低下する主尾根が，中腹または先端部で，二つまたは三つの互いにほぼ同規模の支尾根に分岐し，突出して見える地点．山肩（shoulder）とも．主尾根の先端部が断層運動，侵食，崩落，地すべりなどによって切断されて生じる．山脚の前面がプリズムを斜めに切断したような三角形の斜面になっている場合には三角末端面または切断山脚という．断層崖や大規模な河谷の谷壁に発達する支尾根群には，山脚が多くみられる．⇨地形界線，三角末端面，切断山脚

〈鈴木隆介〉

ざんきゅう　残丘　monadnock, residual hill　周辺よりも侵食が遅れたために準平原上に突出している高まりを指す．モナドノック，遺物地形ともいう．成因的には，硬岩であるために侵食が遅れた硬岩残丘（monadnock）と河川の水源地域（分水界）にあるために侵食が遅れた源地残丘（mosor）に分けられる．Davis（1895）が最初にmonadnockの用語を使用したときには，源地残丘は認識されておらず，モナドノックは単に'（硬岩のために）準平原上に突出している高まり'という意味で使われた．後に，A. Penck（1900）が源地残丘（Mosor）を提案し，残丘には硬岩残丘と源地残丘の2種類があると考えられるようになり，モナドノックは典型的な硬岩残丘であると認識されるようになった．したがっ

て，monadnock は残丘の総称としても使われ，また硬岩残丘を指す場合もある．日本語で単に残丘というときは2種類の残丘を包括するが，硬岩残丘か源地残丘かを問題としないときには，英語では，residual hill を用いる方が誤解を招かない．なお侵食輪廻における広義の残丘は，乾燥輪廻の島山（インゼルベルク）やカルスト輪廻の残留丘陵（フムなど），氷食輪廻のヌナタクなどを含むこともある．⇨源地残丘，硬岩残丘，島山（しまやま）　〈大森博雄〉

[文献] 井上修次ほか（1940）「自然地理学」，下巻，地人書館./Davis, W. M. (1912) *Die erklärende Beschreibung der Landformen*, B. G. Teubner（水山高幸・守田　優訳（1969）「地形の説明的記載」，大明堂）．

さんぐんたい　三郡帯 Sangun belt　九州北部から中国地方をへて中部地方にまで西南日本内帯に細長く点在的に分布する低温高圧型の変成帯．高圧条件のもとで形成された変成岩類および非変成岩からなる古生代ペルム紀（二畳紀）の付加体とされる．三郡変成帯とも．非火山性外弧の地下 25～30 km で形成されたものと考えられている．三郡変成帯の中には，ペルム紀末期の付加体で，海山玄武岩とその上に堆積した大規模な石灰岩体（平尾台，秋吉台，帝釈台）を伴う秋吉帯を挟んでいる．〈松倉公憲〉

さんけい　山系 mountain system　世界的規模の大規模な山脈とほぼ同義であるが，並走する大山脈とその間に存在する盆地列ないし低所帯も一括して山系とよぶ（例：ロッキー山系，アパラチア山系）．近年では，山系の語はあまり使用されない．なお，広い山地を登山者が山系と俗称することもある（例：丹沢山系）．〈鈴木隆介〉

さんけん　山肩 shoulder　⇨山脚

サンゴ coral　⇨造礁サンゴ

サンゴしょう　サンゴ礁 coral reef　造礁サンゴ*などの石灰質骨格とその破片が海底から海面近くにまで積み重なってつくる平坦な地形．サンゴ礁地形は，サンゴ礁の海洋で最も多様な生物群集が生息する場を提供している．南北両緯度30°以内の熱帯・亜熱帯の海岸に分布する．陸地とサンゴ礁が接した裾礁，陸地とサンゴ礁の間に深さ数十 m の礁湖*をもつ堡礁，サンゴ礁だけがリング状につながった環礁に大別される（図）．これらの地形の成因は，C. Darwin (1842) の沈降説によって説明される（⇨サンゴ礁地形の成因）．裾礁*・堡礁*・環礁*には，共通して海岸と平行した微地形の帯状配列が認められる．⇨サンゴ礁地形分帯構成　〈茅根　創〉

サンゴしょうかいがん　サンゴ礁海岸 coral

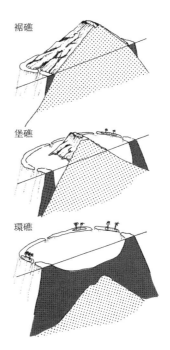

図　サンゴ礁の地形　（茅根原図）

reef coast　サンゴ礁*で縁取られた海岸線をいう．内陸方にはサンゴ石灰岩からなる波食平坦面や海食崖を伴うことが多い．海浜では，サンゴ破片・有孔虫遺骸・石灰藻などの生物遺骸が堆積している．外洋の高波浪はサンゴ礁の外縁で砕波し，エネルギー逸散が大きいため，これらの堆積物は波浪から保護されていることが多い．また，サンゴの生育は最低低潮面以下に限られ，かつ高度がそろうため海水準変動の研究には好都合である．〈福本　紘〉

[文献] 高橋達郎（1988）「サンゴ礁」，古今書院．

サンゴしょうがたふくせいていち　サンゴ礁型複成低地 compound plain (lowland) of coral-reef type　低地を構成する地形種がサンゴ礁および潟湖跡地などを伴う海成堆積低地の複式地形種からなる複成低地（例：南西諸島のサンゴ礁からなる島々の海岸低地）．⇨低地　〈海津正倫〉

[文献] 鈴木隆介（1998）「建設技術者のための地形図読図入門」，第 2 巻，古今書院．

サンゴしょうだんきゅう　サンゴ礁段丘 coral reef terrace　平坦なサンゴ礁の礁原*が地盤の隆起や氷河性海面低下などにより離水して形成された台地．すなわち，サンゴ礁石灰岩で構成された海岸段丘*をいう．サンゴ礁の離水によって礁原が段丘面に，礁斜面*が段丘前面の海崖となる．離水後，

海崖は侵食され後退すると同時に海面付近では新たにサンゴ礁（裾礁）の形成が始まり，時間とともにその幅が沖方向に広がる．このような離水と新たなサンゴ礁の形成・発達とが繰り返し起こることにより，階段状の地形がつくられる．サンゴ礁段丘はパプアニューギニアのヒュオン半島や喜界島をはじめとする日本の南西諸島など隆起運動の活発な熱帯～亜熱帯の海岸によく発達する．サンゴ礁段丘の段丘面の高さは，かつての海水準の高度を示しており，それらの地域的分布は地殻変動の研究に利用される．段丘面は主として畑や林地となっており，わが国ではサトウキビ畑が多い． 〈青木 久〉

サンゴしょうちけいのせいいん　サンゴ礁地形の成因 genesis of coral reef landform　サンゴ礁地形の大区分である裾礁*，堡礁*，環礁*の地形の成因は，C. Darwin (1842) の沈降説によって説明される．火山島ができると，その周囲にサンゴ礁が取り囲んで裾礁がつくられる．その後，火山島が徐々に沈降するとサンゴ礁は海面に向かって成長して，島とサンゴ礁の間に礁湖*がつくられて堡礁に，そして島が完全に水没するとサンゴ礁だけがリング状につらなる環礁になる，という仮説である．1950年代に行われた環礁の深層掘削調査によって，火山岩の上に厚さ1,000 m以上のサンゴ礁石灰岩が堆積しているという環礁の地質構造が明らかとなり，大洋島のサンゴ礁地形の成因はこの仮説によって説明される．一方，サンゴ礁地形分帯構成などより小さな地形区分は，主として第四紀，特に最近1万年間の後氷期の海面上昇が関与してつくられた（R. A. Daly, 1910 の氷河制約説）． 〈茅根 創〉

サンゴしょうちけいぶんたいこうせい　サンゴ礁地形分帯構成 zonation of coral reef landform　サンゴ礁の特徴的な地形の配列．海側から陸側に海岸線と平行して，礁斜面*，礁縁*，礁原*の順に配列する．裾礁，堡礁，環礁など，サンゴ礁地形の大区分にかかわらず共通して認められる．後氷期の上昇後安定した海面に，サンゴ礁の上方への成長が追いついて，過去数千年間につくられた地形である．裾礁（図）では，礁原は海側の高まりである礁嶺*と，陸側の凹地である礁池*（浅礁湖）に分けられる場合がある． 〈茅根 創・杉原 薫・菅 浩伸・本郷宙軌〉

サンゴすとう　サンゴ州島 reef island　サンゴ礁*の礁原上に，造礁サンゴ*や有孔虫などの遺骸片が堆積してできた高まり．大きくmotuとcayに分けられる．motuはインド洋や太平洋の環礁に多くみられ，外洋側はサンゴ礫で形成されたストーム

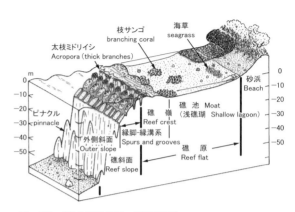

図　サンゴ礁の地形分帯　（茅根原図）

リッジ*，礁湖*のある側は砂質のサンゴや有孔虫などの遺骸片から形成されたビーチリッジからなる．中央部は湿地性の凹地である場合があり，タロイモが栽培される．cay は台礁*・卓礁*上や環礁*・堡礁*の端に多くみられ，波の回折によりサンゴや有孔虫などの遺骸片が堆積して形成される．いずれの場合も最大の標高は数mである場合がほとんどである． 〈山野博哉〉

さんじくあっしゅくしけん　三軸圧縮試験 triaxial compression test　土や岩石の円柱状の供試体の側方に一定の圧力をかけた状態で軸方向に荷重を加えて，供試体の強度や変形特性を調べる試験．間接剪断試験に分類される．供試体を不透水性のゴム膜で覆い，その側方から一定の液体圧をかけて側圧を与える．通常側圧の異なる試験を複数回実施し，それぞれ破壊時の圧縮応力を測定する．その結果をもとに複数のモールの応力円とその共通接線（破壊包絡線）を描くことで，試料の剪断抵抗角と粘着力を求めることができる． ⇨圧縮試験，剪断試験 〈八反地 剛〉

さんじクリープ　3次クリープ tertiary creep ⇨クリープ

さんじこく　3次谷 third order valley ⇨3次の水路

さんじのすいろ　3次の水路 third order stream　2次と2次の水路が合流した水路であり，途中で別の何本かの1次および2次の水路が合流しても，3次の水路という．それのつくる谷を3次谷という． ⇨1次の水路，次数区分 〈山本 博〉

さんじゅうかいごうてん　三重会合点 triple junction　三つのプレートが会合する点．二つのプレートの境界は，相対運動の方向の違いによって，

収束（衝突）型境界，発散型境界，ずれ型境界の3種類に分けられるが，三重会合点は，これらの三つの境界の接点でもある．境界型の組み合わせにより，いろいろなタイプに分けられ，安定なものと不安定なものがある．日本海溝，伊豆・小笠原海溝，相模トラフが交わる房総沖はその一つ． 〈今泉俊文〉

[文献] 上田誠也（1978）「プレートテクトニクス」，岩波書店．

さんじゅうしきかざん　三重式火山　triple volcano　複式火山の一種で，普通には二重のカルデラ内に後カルデラ火山を伴うもの（例：十和田火山，箱根火山）をいう．⇒複式火山 〈鈴木隆介〉

ざんしゅかせん　斬首河川　beheaded stream ⇒截頭河川

ざんしゅかりゅう　斬首河流　beheaded stream　河川争奪*や河流の生存競争*により隣の河川に上流部を奪われて，首が斬られたように流路が短くなった河流．截頭・首無・首切れ河流ともいう．斬首河流では，争奪以前に比べて流量が減少するため，争奪以前にできた河谷や谷底幅に比べて河流の水面幅が狭い．その谷を斬首谷という． 〈斉藤享治〉

さんじょう　産状【岩石の】　occurrence (of rock)　岩石の産出状態の略語．元来は金属鉱山分野で通称されていた用語で，鉱脈や岩体が岩脈，岩床，岩株などのうち，どの状態で存在するかを述べるときに用いた．現在ではあまり使用されないようである． 〈鈴木隆介〉

さんじょうおうち　山上凹地　ridge-top depression　山頂部や尾根の頂部に存在する凹地を示す記載用語で，①二重山稜*や多重山稜，②石灰岩尾根*，③尾根移動型地すべり*，④火口列*などに関連して生じ，種々の成因・規模・形態のものがあり，曖昧であるから，汎用しない方がよい．

〈鈴木隆介〉

さんじょうき　三畳紀　Triassic (Period)　中生代*を三分した最初の地質年代で，252.2 Maから201.3 Maまでの5,090万年間である．年代名はドイツのBuntsandstein, Muschelkalk, Keuperの三層（Trias）に由来する．「トリアス紀」とも表記される．パンゲア*超大陸は，古生代後期から引き続いてパンサ（タ）ラッサ海に取り囲まれて存在し，低緯度域では東から西へテチス海が入り込んでいた．テチス海とパンサ（タ）ラッサ海の境界付近に存在した北中国地塊，南中国地塊などは北上し，パンゲア超大陸に合体した．三畳紀末頃からパンゲア超大陸は分裂を開始した． 〈八尾　昭〉

さんすいしゃめん　散水斜面　divergent slope ⇒尾根型斜面

さんすいしんしょくじっけん　散水侵食実験　rainfall-erosion experiment　斜面での水系網の発達過程を実験的に検証するために，人工的な斜面を作り，その上方の人工的な降雨装置から散水して，水系の発達状態の経時的変化を調べる実験．最初の系統的実験はParker（1977）によって，コロラド州立大学の野外実験室で，長さ14 m，幅9 m，傾斜3.2%の斜面にシルト混じりの砂層を敷き，その上に数カ所の上向きのノズル（如雨露〈ジョーロ〉を上向きにするのがコツ）から散水して，その斜面でのリルからガリー，1次谷〜4次谷までの水系網の発達状態が記録された．この種の実験は侵食谷の発達ばかりでなく，斜面崩壊，土石流の発生機構の解明を目的にその後も多くなされているが，実験結果と実際の自然的変化との照合が不可欠である．

〈鈴木隆介〉

[文献] Parker, R. S. (1977) Experimental study of drainage basin evolution and its hydrologic implications: Hydrology Papers-Colorado State University (USA), no. 90.

さんせいう　酸性雨　acid precipitation　化石燃料の燃焼や火山爆発などにより大気中に放出された窒素酸化物（NOx），硫黄酸化物（SOx）や塩化水素（HCl）などが雨に溶け込み，pHが通常の雨よりも低いものを指す．自然の雨も二酸化炭素が溶けている場合は，pHが5.6程度と弱酸性であるが，酸性雨はさらに低いpHを示す． 〈森島　済〉

さんせいがん　酸性岩　acidic rock ⇒火成岩

さんせいこ　酸性湖　acid lake　湖水中のpHが酸性を呈する湖沼．従来は湿原等にみられる，腐食質による有機性の酸性湖沼や無機性の火山性酸性湖沼を意味していたが，近年は酸性雨等の酸性降下物により酸性化した湖沼を意味することが多く，環境汚染の一つとして取り上げられている．例えば，ニューヨーク州アディロンダック湖沼群の酸性化は五大湖における工業の展開と関係付けられて研究が進められている． 〈柏谷健二〉

[文献] Cumming, B. F. et al. (1994) When did acid-sensitive Adirondack Lakes (New York, USA) begin to acidify and are they still acidifying? : Can. J. Fish. Aquat. Sci., 51, 1550-1568.

さんせいどじょう　酸性土壌　acid soil　土壌溶液のpHが7より低い土壌のこと．アルカリ性土壌*（pHが7より高い）や中性土壌（pH 7）との対比語．土壌溶液を土壌から分離して，そのpHを測定することは実験操作的に煩雑なので，一般的に

は，土壌に蒸留水を加えて（土壌10gに25mlの蒸留水の割合），撹拌後の上澄みのpHを測定する．年間の降水量が蒸発散量をはるかに上回る日本のような湿潤地域に分布する土壌は，酸性土壌となる場合が多い．例えば，日本のポドゾル性土，褐色森林土，赤黄色土などは酸性土壌の代表例である．逆に，蒸発散量が降水量をはるかに上回る乾燥地域や場所では，アルカリ性土壌が多い． 〈東 照雄〉

さんせいはくど 酸性白土 acid clay モンモリロナイト*を主成分とする強い吸着性をもつ白色の粘土．新第三系の火山灰や流紋岩の変質により形成．新潟県，群馬県，山形県などに分布．同じモンモリロナイトを主成分とするベントナイト*とは，懸濁液のpH（酸性白土は弱酸性，ベントナイトは中性〜弱アルカリ性）と膨潤性（酸性白土は膨潤しない）によって区別される．外国では酸性白土に相当する名称はなく，ベントナイトに含めるが，英国などでは膨潤性が低く吸着能の高いCaベントナイトをフラー土（fuller's earth：織布業者（fuller）が漂白にこの土を用いたことから）とよぶ． 〈松倉公憲〉

さんせいりゅうさんえんど 酸性硫酸塩土 acid sulfate soil 海岸，河口，潟湖などのシルトや粘土からなる細粒堆積層（グライ層）の干拓による干陸化にともなう表土化により，硫酸が生成して強酸性になる土壌をいう．これらの堆積層は還元環境下のもとで硫酸還元菌の作用により硫酸イオンが硫化水素となり，さらに亜酸化鉄と結合し結晶性の硫化鉄（FeS_2 パイライト pyrite）として蓄積される．この状態において酸性化は示さず，硫化鉄を含む堆積物は潜硫酸性物質（sulfidic soil material）とよぶ．堆積層は干陸し表土化されると，硫化鉄が酸化して硫酸（H_2SO_4）を形成し強酸性を呈する（pH(H_2O)<3.5〜4.0）．この表土を硫酸酸性層（sulfuric horizon）とよぶ．酸化帯の生成にともない黄〜橙色した鉄明礬石（ジャロサイト jarosite $KFe_3(SO_4)_2(OH)_6$）は亀裂などに斑紋*として形成されるので硫酸酸性層の判定のよい指標となる．したがって，酸性硫酸塩土は干拓などの人為によってできた人工（造成）土壌といえる．干拓地以外でも丘陵や台地などの大規模農地，宅地，公園造成地において硫酸酸性層化が発生し大きな課題になる．新第三紀や第四紀の海成層で硫化物を含むシルトや泥岩の場合，工事に伴い地下にあったこれらの地層が露出し，また盛土に転用され表土扱いされて，硫化物は酸性化を進行させる．さらに火山活動による硫化物を含む火山泥流地帯においても同様の現象が起きる．⇨酸性土壌，グライ化作用，アルカリ土壌，人工改変土壌 〈細野 衛〉

[文献] 佐々木信夫 (1978) 新第三系に由来する酸性硫酸塩土壌 I．その特性：ペドロジスト, 22, 2-11.

ざんせきど 残積土 residual soil 同一地点（原位置）で移動することなく風化を受けた母岩が母材となり，その母材から同一面（同一地点）で生成し下位に向かって土層分化した土壌の総称．日本では山頂部に分布する未熟土などが残積土に類別される．また，残積土に対する堆積様式に基づく用語は"運積土"であるがあまり用いられていない．一方，近来，テフラ（再堆積物を含む）や黄砂などの風成塵の緩慢な累積で上方へ成長する土壌は，累積土壌*と呼ばれる． 〈井上 弦〉

ざんせつ 残雪 late-lying snow, snow cover 融雪期に残っている積雪．山岳地の残雪は雪渓あるいはスノーパッチとよぶ．また，雪渓のうちで，比較的平坦な場所にあるものは雪田ともいう． 〈金森晶作〉

ざんせつおうち 残雪凹地 nivation hollow ⇨ニベーション

ざんせつされきち 残雪砂礫地 snow-patch bare ground ⇨周氷河斜面

ざんせつしゃめん 残雪斜面 snow-drift slope ⇨周氷河斜面

さんそう 三相 three phases (of soil) 土は固相（solid phase），液相（liquid phase），気相（gaseous phase）から構成され，これらを土の三相という．それぞれの体積割合を三相分布という．固相は有機物（動植物やその遺体，腐植など）と無機物（岩石片や砂，粘土）からなる．液相としては土壌水（重力水＋毛管水＋吸着水）があり，各種の電解質や養分が溶けている．そして，間隙中の空気などの気体部分を気相という．一般に土は気相の有無によって不飽和土と飽和土*に分類される． 〈松倉公憲〉

さんそどういたいひ 酸素同位体比 oxygen isotope ratio 自然界における同位体の存在比は，同位体を含む物質の状態（気体・液体・固体などの相や化合物）によってわずかに異なる．例えば酸素原子には質量数16のもの（^{16}O）と，量的にはごく少ないが質量数18のもの^{18}Oがある．^{18}Oからなる水（$H_2^{18}O$ 質量数20）は^{16}Oからなる水（$H_2^{16}O$ 質量数18）より重いために蒸発しにくいので，海水と陸水を比べると海水の方に^{18}Oが多く含まれる．一般に同位体の存在比は，ある標準物質の同位体比に対して試料の同位体比がどの程度違うかを示す指標とし

て，次のように‰単位で表される．酸素同位体比（$^{18}O/^{16}O$）の場合，平均的な海水（standard mean ocean water, SMOW）の酸素同位体比からの偏差（δ値）として求められる．

$$\delta^{18}O(‰)=\frac{(^{18}O/^{16}O)_{\text{sample}}}{(^{18}O/^{16}O)_{\text{SMOW}}}\times 1,000$$

〈町田　洋〉

ざんぞんきゅうりょう　残存丘陵　outlier　硬軟互層からなる台地やケスタの縁辺に，台地・ケスタの本体からやや離れて位置し，それらと一連の地質構造をもった小丘．残存山地とも．台地・ケスタの縁辺の崖の侵食後退の進行が不均等なために生じたもので，強抵抗性岩*の岩層が頂部にある（キャップブロックがある）ことが多い．　〈田村俊和〉

ざんぞんさんち　残存山地　outlier　⇨外縁丘陵

ざんそんちけい　残存地形　relict landform　過去に形成された地形の一部が形態をほとんど変えずに現在まで残っている地形を指す．残遺地形，レリック地形，遺跡地形，地形遺物ともいう．通常，遺物地形（remnant）よりも原面（original surface）の保存度がよい地形を指すが，遺物地形ということもある．残存地形は，河成段丘や海成段丘，あるいは氷河が消滅した氷河地形などのように，現在と環境や営力が異なった条件下で形成され，その後の侵食による変形が小さいため形成当時の環境や営力を推定できる地形を意味し，地形分類を行う場合や地形発達史を編む上で有用な手がかりを与える．狭義の化石地形（fossil landform：埋没地形や発掘地形）とは異なるが，広い意味では'化石地形'ともいい，森林に覆われた周氷河斜面は化石周氷河斜面，植生で固定された砂丘は化石砂丘などとよばれる．元の地表が残っている準平原遺物（peneplain remnant）や外縁丘陵（relict hill）なども残存地形に含めることが多い．なお，ある区域において現成の地形と残存地形とが共存している場合は，その区域の地形群を総称して，複合地形（compound landscape），あるいは多生的地形（polygenetic landscape）とよぶことがある．　⇨遺物地形，化石地形　〈大森博雄〉
［文献］大矢雅彦 編（1983）「地形分類の手法と展開」，古今書院．

サンダー　sandur, sander, sandar（複）　⇨アウトウォッシュプレーン

さんたいしゃめん　山体斜面　mountain slope　山地・丘陵の斜面全体の一般的呼称．崩落崖や地すべり末端崖などの特別の斜面と区別するときに使用．　⇨斜面　〈鶴飼貴昭〉

さんたいほうかいがんせつりゅう　山体崩壊岩屑流【火山の】　volcanic debris flow of explosion type　⇨火山体爆裂型の火山岩屑流

さんち　山地　mountain　周囲より高く，大部分が尾根と河谷で構成される地区・地域をいう．広義の山地は，山地（狭義），丘陵*および火山*の総称であり，平野*の対語である．以下，狭義の山地について解説する．個々の山地は，その平面形状，高度，起伏形態（傾斜，起伏量）などによって，山脈（例：日高山脈，ヒマラヤ山脈），山地（例：関東山地），高地（例：阿武隈高地），高原（例：吉備高原）などとよばれ，おおむねこの順序で高度と起伏量が小さくなっている．山地の頂部に広い小起伏地や平坦地をもつ山地は台地とよばれることもある（例：秋吉台）．ただし，これらの呼称用語は厳密に定義されているわけではなく（外国でも同様），例えば四国山地を四国山脈，笠置山地を大和高原とよぶこともある．日本の山地は，新第三系以前の古い堆積岩，火成岩および変成岩で構成され，地殻変動による隆起によって周囲より高くなり，主として河川の侵食やそれに続く谷壁斜面の崩壊（崩落，地すべりなど）によって，起伏量が増加し，急傾斜地になっている．過去に氷河によっても侵食された山地もある（例：日高山脈，北・中央・南アルプス）．広い山地の内部にも，小規模な盆地*や河谷*沿いに平野（段丘と低地）が発達する場合もある．　⇨地形の5大区分（表）　〈鈴木隆介〉
［文献］鈴木隆介（2000）「建設技術者のための地形図読図入門」，第3巻，古今書院．

さんちかせん　山地河川　mountain river　山地，丘陵など起伏のある地域を流れる河川の総称．火山，段丘面を開析*する河川も含める場合もある．低地を流れる低地河川とは異なり，山地河川では大小の支流や山腹斜面から砂礫や水が供給され，河床堆積物や地形がその影響を受ける．一般に山地河川の流れる谷は侵食によって形成され，多くの山地河川は侵食傾向にあり，穿入蛇行*しており，岩床あるいは河床堆積物の厚さが薄い砂礫床のところが多い．　〈島津　弘〉

さんちさいがい　山地災害　disaster in and around mountainous region　山地でおこる土砂災害*の総称．集中豪雨や台風時の大雨や大地震等によって山崩れ，地すべり，土石流，洪水などが発生し，広域にわたって山地が荒廃する災害をいう．　〈松倉公憲〉

さんちたい　山地帯　mountain zone　植生の垂

直分布帯上において，亜高山帯*と丘陵帯*の間にできる植生帯．日本の本州中部ではおおよそ800 mから1,600 mの高度を占める．ブナやミズナラ，イヌブナ，カエデ類などからなる冷温落葉広葉樹林（夏緑林）が優占し，谷筋にはカツラ，トチノキ，サワグルミ，シオジなどが現れる．岩の露出した尾根筋にはネズコ，ヒノキ，ヒメコマツ，キタゴヨウなどの針葉樹が生育することが多い．山火事の跡や風倒木が生じたところにはシラカバが現れる．温量指数*（暖かさの指数）45から85の間が山地帯にあたる．西ヨーロッパではブナ，ミズナラなどからなる落葉広葉樹林帯を丘陵帯とし，落葉広葉樹と針葉樹の混じった混合林を山地帯とする研究者が多いので，注意が必要である． 〈小泉武栄〉

[文献] 山中二男（1979）「日本の森林帯」，築地書館．

さんちのかいせき　山地の開析 dissection of mountain　広義の山地が河川や氷河による侵食によって刻まれ，谷が発達し，原形が失われていくこと．谷の拡大にはマスムーブメント*も関与する．⇨開析，解体過程，火山体の開析，侵食輪廻 〈鈴木隆介〉

さんちのせいちょう　山地の成長 mountain building　山地は，海成堆積岩，地下の深部で生成した火成岩および変成岩で構成されているが，それらが海面よりはるかに高い山地を生じるためには，土地の隆起が不可欠である．しかし，土地が隆起しただけでは平坦な段丘面や小起伏の丘陵や高原が生じるだけで，急峻な尾根や深い谷で特徴づけられる山地は生じない．したがって，山地の成長には土地の隆起（増高過程*）と河川や氷河などによる侵食と斜面崩壊による開析（解体過程*）の両者が不可欠である． 〈鈴木隆介〉

さんちょう　山頂 summit, mountaintop, peak　山脈や山地，あるいはその一部の，まわりより特に高い場所のこと．山の頂上とも．地形学的には尾根線（稜線）が収束する地点にあたり，その四周が低くなっている地点で，すべての落水線が発散する地点である．急峻な山岳では露岩*からなる岩頂もあるが，砂礫層などの堆積物から構成される山頂，火山灰や風送砂などに覆われた山頂，雪や氷からなる山頂もある．形も様々で尖峰から鈍頂，円頂まである．日本の古くからの言葉では，てっぺん，いただき，あたま，かしら，さんてん（山顛）なども用いられる．あたま（頭）は，谷頭*の山頂や尾根の分岐点の山頂などで主峰にはならない山頂のこと（例：谷川岳オジカ沢の頭）．かしら（頭）の例には，赤石山脈，駒ヶ岳・鋸岳付近の三ツ頭（2,589 m）がある．山全体を意味する峯，峰，嶺なども山頂を示すことが多い．最近の登山者はピークという語を好む．⇨落水線 〈岩田修二〉

さんちょうかこう　山頂火口 summit crater　火山体の山頂にある火口．成層火山や盾状火山の山頂には通常存在する．山頂以外の場所（山腹）にある火口は側火口とよばれる．⇨側火口 〈横山勝三〉

さんちょうしょうきふくめん　山頂小起伏面 summit low-relief surface　⇨小起伏面

さんちょうふんか　山頂噴火 summit eruption　火山体の山頂における噴火．中心噴火とほぼ同意．対語は側噴火．⇨中心噴火，山頂火口，側火口 〈横山勝三〉

さんちょうへいたんめん　山頂平坦面 summit flat surface　⇨小起伏面

さんちょうほう　山頂法 summit method　広域的雪線高度の算出方法の一つ．氷食を受けた山体と受けていない山体の山頂高度の間に広域的雪線高度が位置するとするもの． 〈青木賢人〉

サンドウェーブ　sand wave　広義には非固結堆積物粒子で構成される波状地形の総称であるが，狭義には河流，潮流，海流などによって形成された数～数百m程度の波長をもつ砂礫の堆積体をいう．下流側が急勾配の非対称な波状地形を呈する．砂波や砂浪ともよばれる．河流の場合は長い波長の砂漣*やデューン*，中規模河床形態である砂州（⇨河床形態）を指すことがある．潮流が卓越する瀬戸内海では大規模な砂堆の斜面などにサンドウェーブ（波長：200～300 m，波高：20～30 m）の形成がみられる．海流により陸棚以深にも形成されており，波長数百mになるものもある． 〈遠藤徳孝〉

サンドウェッジ　sand wedge　乾燥寒冷地域において，熱収縮破壊*で生じた多角形の割れ目に，風成の細かい砂粒子が入り込み，年々成長してつくられる楔状構造．活動層ソイルウェッジと異なり，永久凍土層中まで達することも多い． 〈松岡憲知〉

サンドシャドウ　sand shadow　⇨蔭砂

サンドストリーマー　sand streamer　強い潮流や海流によって海底につくられる砂床形*の一つで，流れの方向に細く伸長している縞模様を示す． 〈砂村継夫〉

サンドドリフト　sand drift　飛砂が2つの障壁の隙間を通り抜けて風下側に堆積した砂およびそれがつくる地形の両方を指す．砂漂，漂移砂とも．風

が間隙を通過するときはその速度を増すが，通過すると空気の流れは拡散し速度が遅くなるため飛砂を運びきれなくなって堆積し，小さな高まりをもつ細長い半円錐状の地形が形成される．これに似た現象は樹木や崖，岩塊などが風の障壁となって発生するが，それらの風下側に砂が堆積したものは蔭砂(かげすな)*とよばれる．このように風背斜面に堆積した砂粒は安息角*を超えると重力によってすべり落ちていく．落ちた砂粒が風障外に移動すると，再び強い風によって風下方向へ運び去られる．そのためサンドドリフトや蔭砂は安定した形と大きさを保つことになる．サンドドリフトや蔭砂が別の風の流れの影響をうけて風下側に細長く引き伸ばされたり峰がつくられたりしたものは風下砂丘*とよばれる． ⇨堆積作用〔風の〕　　　　　　　　　　〈林　正久〉

サンドバイパスこうほう　サンドバイパス工法　sand bypassing　沿岸漂砂*の上流側に堆積した土砂を下流側で侵食されている場所に人工的に輸送する方法．　　　　　　　　　　　　　　　〈砂村継夫〉

サンドパイルモデル【地形学における】　sand-pile model（in geomorphology）　1987年にP. Bak, C. Tangおよび K. Wiesenfeldは，このモデルを発展させることによって，現在，物理学，地球科学，生物学等の様々な分野で応用されている自己組織化臨界の概念を提案した．テーブルの上につくられた砂山が崩れる状況とこのモデルの挙動が似ていることからこのような名がつけられた．このモデルではセルオートマトンとしてのシミュレーションのアルゴリズムは簡明である．最も単純なものを以下に示す．まずは基盤となる正方形の中に縦横 $n \times n$ の枡目よりなる格子を想定する．次々と枡目をランダムに選び，その中に粒子を一つずつ落とす．やがて3個の粒子が存在する枡目が現れる．その中にもう一つの粒子が加えられた場合，その枡目は不安定となり，その中の粒子は枠線を越えて四方へ一粒ずつ移動して，当の枡目は空になる．隣接する枡目の中の粒子数は一つだけ増加する．基盤である正方形の縁辺では，ある枠線を越えた粒子は全体から失われたことになる．このような現象を"なだれ"（avalanche）とよぶ．このなだれの後，隣接するすべての枡目の中の粒子数が3以下になった場合，基盤は準平衡状態に戻ったと解釈される．ある枡目が隣から粒子を得たためその粒子数が4となると，そこからまた粒子は四方に移動する．このようなことが次々と発生し，大きななだれとなる場合もある．大きななだれが発生した後，その周囲のすべての枡目の中の粒子数が3以下となれば基盤は再び準平衡状態になる．枡目によっては粒子の再分布に2度以上加わることもある．一つの粒子を基盤内の枡目に落とすことを1時間ステップとし，1回のなだれとして粒子の再分布に加わった枡目の数をなだれの面積 A_L とする．十分な時間ステップを踏んだ後，面積 A_L が発生した回数を N_L とすると，$N_L \sim A_L^{-\alpha}$ が得られる（～は比例を表す）．すなわち，頻度と大きさに関するべき乗則が導かれる．地形およびその形成に関係する量としては，地すべりや乱泥流の頻度と面積，タービダイトの頻度と層厚，地震の頻度とその地震による破壊区域の面積の間などにこのような関係がみられる．サンドパイルモデルに関して，より複雑なシミュレーションも考えられている．この例では基盤と構成要素がともに正方形であるが，これらも六角形など様々な形をとりうる．また，円形のテーブル上に実物の砂盛をつくっての実験も行われている． ⇨自己組織化臨界，セルオートマトンモデル　　　　　　　　　　　　　　　〈徳永英二〉

［文献］Turcotte, D. L.（1999）Self-organized criticality : Rep. Prog. Phys., **62**, 1377-1429.

サンドリッジ　sand ridge　浅海底にみられる砂礫で構成されている高まりの総称であるが，通常，浅海域や陸棚上で規則的に複数列発達する直線状の堆積体を指す．その比高は水深の20%以上，長さは5～120 km，幅は0.5～8 kmで，非対称な断面を呈する．海岸線と斜交するように発達していることが多い．構成物質は細～粗砂で，礫の場合もある．成因には海水準の上昇が深く関係するとされ，世界各地でみられるが，好例は暴浪が卓越する場か潮流が卓越する場に発達している．前者には，北アメリカの東海岸やヨーロッパの北部海岸など，後者には英国周辺の北海の海域や韓国の西海岸などがある．わが国では暴浪が卓越する場の例として鹿島灘や仙台湾の陸棚上でのサンドリッジを挙げることができる．　　　　　　　　　　　　　　〈砂村継夫〉

［文献］McBride, R. A.（2005）Offshore sand banks and linear sand ridges : *In* Schwartz, M. L. ed. *Encyclopedia of Coastal Science,* Springer.

サンドリボン　sand ribbon　強い潮流や海流によって海底（水深：20～100 m）につくられる砂床形*で，底面流速の低下にともない出現するリボン状の縞模様．　　　　　　　　　　　〈砂村継夫〉

［文献］Kenyon, N. H.（1970）Sand ribbons of European tidal seas : Marine Geology, **9**, 25-39.

さんばがわたい　三波川帯　Sanbagawa belt

関東山地から中央構造線の南側（内帯）に接して赤石山脈西部・紀伊半島・四国をへて九州佐賀関半島まで，15～20 km の幅で帯状に分布する．地下深部で変成作用を受けた高圧型の変成岩類（緑色片岩，黒色片岩など）からなり，それらの岩石が脆弱であることと微褶曲構造をもつことから，南の秩父帯とともに，有数の地すべり多発地帯として知られている．吉野川支流の祖谷川中流部にある善徳（ぜんとく）地すべりが代表例．なお，模式地の三波川は群馬県南部の神流川（かんながわ）の支流である．巨礫は「三波石」という著名な庭石になる． 〈松倉公憲〉

さんぷく　山腹　mountainside, hillside　山地や丘陵の尾根線と谷線の間の地区，特にその中間部の斜面をいうが，厳密には定義できない． 〈鈴木隆介〉

さんぷくきゅうしゃめん　山腹急斜面　steep mountainside slope　山地を構成する斜面の基本類型として羽田野誠一（1986）は 7 種の斜面，すなわち山稜緩斜面，山腹急斜面，渓流急斜面，開析緩麓面，緩麓面，段丘面，谷底面を提示した．このうち山腹急斜面は，山頂または山稜と渓岸の急斜面との間に位置する急斜面であり，山地斜面の大部分を占める．この急斜面は地すべり斜面（上部の滑落急斜面と下部の相対的に緩傾斜の移動土塊の斜面よりなる），崩壊斜面，雪崩斜面などの様々な作用によって形成されたものに分類できるが，基本的には重力によって物質移動がなされている．侵食によって岩盤が露出する部分は gravity slope, rockwall などともよばれる． 〈阿子島 功〉

さんぷくしゃめん　山腹斜面　mountainside slope, hillslope, hillside slope　丘陵・山地などの尾根から谷底や山麓線までの斜面全体をいう．山の規模によって，山地斜面（mountainside slope）と丘陵斜面（hillslope）によび分けることもある．山腹斜面の中腹だけを指す場合もある． 〈石井孝行〉
[文献] 鈴木隆介（2000）「建設技術者のための地形図読図入門」，第 3 巻，古今書院．

さんぷくしょうきふくめん　山腹小起伏面　mountainside low-relief surface　⇨小起伏面

さんぷくりょっかこう　山腹緑化工　hillslope revegetation works　崩壊地もしくははげ山＊などに，階段工や筋工などを施し，木本や草本植物によって早期に緑化して斜面侵食を防ぐ工事．
〈中村太士〉

さんぶんのいちさいだいは　1/3 最大波　one-third highest wave　⇨有義波

さんぺんそくりょう　三辺測量　trilateration　基準点測量の一つで，座標値が既知の 2 基準点と未知の新点を結んでできる三角形の辺長を光波測量で測定することにより，新点の座標値を求める測量．光波測距儀＊の発達に伴い，一時期，三角測量＊に代わって行われたが，最近ではトータルステーション＊による多角測量＊や GNSS 測量＊に代わられ，三辺測量はあまり行われていない．
〈熊木洋太・宇根 寛〉

さんみゃく　山脈　mountain range, mountain chain　細長く伸びる山地＊．普通には長さ数十 km 以上の細長い山地を山脈とよぶが（例：日高山脈，奥羽山脈，木曽山脈），山地とよばれるものもある（例：天塩山地，中国山地）．数千 km も伸長している大規模な山脈はプレートの衝突する境界に形成され，火山を伴う弧-海溝系＊の山脈（例：アンデス山脈）と火山を伴わない陸弧型の山脈（例：ヒマラヤ山脈）がある．山脈にはその伸長方向の褶曲構造や断層列が発達し，それらに並走する方向の縦谷＊と横断方向の横谷＊があり，後者には先行谷＊が発達する場合も多い． 〈鈴木隆介〉

ざんりゅうきょうど　残留強度　residual strength　⇨ピーク強度

ざんりゅうじき　残留磁気　remanent magnetism　火山岩の熱残留磁気 TRM（thermoremanent magnetism）は，強磁性鉱物がキュリー温度以下に冷えたときに当時の地磁気の方向に格子状に配列して獲得する．一方，水底堆積物のもつ堆積残留磁気 DRM（detrital remanent magnetism）は，水中または水に飽和されている状態で外部の磁場に支配されて強磁性鉱物が配列することにより獲得する．ただしこれより遅れて堆積後まだ軟泥状態にあり，その後圧密を受けると分磁性粒子が非磁性粒子の間で当時の地球磁場の方向に配列して獲得することも多い（PDRM：post depositional detrital remanent magnetism）．PDRM は脱水・固化した時期を示すことになる．このほか岩石・地層がこうした自然残留磁気を獲得した後，その後の磁場の変動や強磁性鉱物の結晶化などの際に，二次的に付け加わった磁気特性がある．これは初生的なものに比べ不安定なので，残留磁気測定にあたっては消磁する必要がある． 〈町田 洋〉

さんりょう　山稜　ridge　⇨尾根

さんりょうせき　三稜石　dreikanter, Dreikanter（独）　乾燥地域で長時間一定方向の風が吹く所では，風で吹き飛ばされた砂粒が研磨剤のように礫の表面を風磨し，礫の風上側に鑿で削ったような平

滑面をつくる．こうした平滑面をもつものを 風食礫* とよぶ．卓越風の季節的変化や気候変化によって風の向きが変わったり，礫が転倒して向きが変わると，もう一つの新たな平滑面が形成され，面と面の境界には稜線が生ずる．このような平滑面と稜線をもつものを風稜石（facetted pebble）といい，三つの平滑面と三つの稜をもつ三角錐状のものを三稜石（ドライカンター），四角錐のようにピラミッド状のものを四稜石とよぶ．砂漠地域のほか海岸の砂浜，周氷河地域でもみられる．寒冷地域では砂だけでなく吹き飛ばされた雪の粒も研磨剤として働く．砂粒が平滑面を形成するためには 10～数百年（Embleton and Thornes 1979），あるいは数千年（赤木，1990）の期間が必要といわれている． ⇨風食速度 〈林 正久〉

［文献］赤木祥彦（1990）乾燥地域の地形：佐藤 久・町田 洋編「地形学」，朝倉書店，125-152. / Embleton, C. and Thornes, J.（1979）*Process in Geomorphology*, Edward Arnold.

さんろく　山麓 piedmont　山地を山頂・山腹・山麓に分けたときの，平地（低地）と接する山地の最下部の高度帯を指す．裾野ともいう．英語では foot of a mountain, foothill ということも多い．厳密な定義があるわけではなく，凸形斜面からなる尾根，比較的急傾斜の等斉斜面からなる山腹に対して，その下方に位置する凹形の緩斜面の部分を指す．山地下部の基盤岩からなる部分を意味することが多く，山麓面やペディメント，あるいは，基盤岩石とほぼ平行する表面傾斜をもつ扇状地は山麓に含める．ただし，基盤岩石の地形とは無関係な地表形態を示す断層盆地縁辺の扇状地などは平地（低地）とすることが多い．実際には，山地の下部と平地の周縁部の双方を含めた地域（境界部）を指す言葉として使われることも多い．英語の Piedmont はアメリカ・ニュージャージー州からアラバマ州にかけてのアパラチア山脈の東側に広がる高原地域を指すが，北イタリアのアルプス山麓の地域名 Piemonte に由来し，これが一般用語の piedmont（山麓）として使用されるようになったとされる． 〈大森博雄〉

［文献］渡辺 光（1975）新版地形学，古今書院．

さんろくおうち　山麓凹地 piedmont depression　岩石扇状地*の扇側にある凹地．ペディメント*の形成過程を説明した側方侵食説では，下方侵食が卓越する山地域と堆積が卓越する平地域との間に側方侵食が卓越する地帯があり，その側方侵食により岩石扇状地ができ，岩石扇状地が連なることで侵食緩斜面であるペディメントができるとする．この岩石扇状地と山地斜面基部との間では，流水が集まりやすく，侵食を受けやすい．この下方侵食の結果できた凹地のことであるが，側方侵食説の支持が弱くなるとともに，山麓凹地の使用もなくなった． 〈斉藤享治〉

さんろくかい　山麓階 piedmont benchland, piedmont stairway　山体において階段状に分布する侵食小起伏面群を指す．階段準平原（stepped peneplain），階段侵食面（multiple erosional surface, stepped erosional surface）ともいう．Davis（1905）は，小起伏山地が間欠的に隆起すると，速やかに平衡に達した河川下流部は側刻が優勢となり，高度の低い縁辺部が内陸側よりも早く準平原化するため，何段もの縁辺準平原が形成され，階段準平原が形成されると考えた．これに対して，Penck（1924, 1925）は，連続的かつ加速的な隆起によって，原初準平原としての山麓面（Piedmontfläche）が次々に形成されるとし，こうして形成される階段状の原初準平原群を山麓階（Piedmonttreppe）とよんだ．Davis（1932）はペンクの山麓階を piedmont benchland とよび，山麓階は連続的隆起では形成されず，間欠的隆起によって形成されることを論じた．現在は，山麓階と階段準平原はともに階段侵食面と同じ意味で使われることが多く，世界各地でみられる．日本でも，中国山地，北上山地，紀伊山地，北海道渡島山地などの各地に分布する．なお，山麓階とされる階段状地形（stepped topography）の中には，差別侵食によるものや同一の準平原がその後の地殻変動の差別変位によって階段状になったものもあるとされる． ⇨縁辺準平原，山麓面 〈大森博雄〉

［文献］Penck, W.（1924）*Die morphologesche Analyse*, Ver. J. Engelhorns Nach（町田 貞訳（1972）「地形分析」，古今書院）. /Davis, W. M.（1932）Piedmont benchlands and Primärrumpfe : Bull. Geol. Soc. Amer., **43**, 399-440.

さんろくかんしゃめん　山麓緩斜面 piedmont gentle slope　山麓に発達する緩斜面．乾燥気候下でできる山地前面の ペディメント* と ペリペディメント* を合わせた斜面をいう．山地前面とペディメントの間に急傾斜の岩屑斜面ができる場合もある．山麓緩斜面とペディメントとが同義に使用されたこともあるが，侵食緩斜面であるペディメントは山麓緩斜面に含まれる地形である．日本では，山麓緩斜面のほとんどが 崖錐* や 麓屑面* であるため，この用語はほとんど使用されない． 〈斉藤享治〉

［文献］赤木祥彦（1970）Pediment 地形の諸問題：地理科学，

さんろくせん　山麓線　piedmont line　急傾斜の山腹と緩傾斜の山麓との境界を結ぶ線、あるいは緩傾斜の山麓と平坦な低地との境界を結ぶ線を指す。一般には、山地と平地という性格の異なった地形の境界を示す線とされるが、現実には山地から平地にかけての断面において、傾斜が急に緩くなる地点（傾斜の遷緩点）を結んだ線を指す。急傾斜の山腹と緩傾斜の山麓との境界（山麓の上端）を結ぶ線に相当する場合と、緩傾斜の山麓と平坦な低地との境界（山麓の下端）を結ぶ線に相当する場合とがある。また侵食地形と堆積地形との境界を結ぶ線を指すこともある。山地や平地（平野や盆地）の概形（輪郭）を検討する場合、山地の開析状態（肢節*や山脚の平面形態）を検討する場合、山麓の緩傾斜面（ペディメントや扇状地など）の発達状態を検討する場合などの目的によって、山麓線の位置や認定基準、精度は異なる。 ⇨山麓　〈大森博雄〉

さんろくせんじょうち　山麓扇状地　piedmont fan　扇状地群が山麓で連なった合流扇状地*。ヒマラヤ山脈山麓の大規模な河成扇状地に用いられたり、甲府盆地南東部の扇状地群に用いられたりしたが、山麓から離れた位置に扇状地は存在しないので、特に必要な用語ではない。類似の不要な用語として山麓沖積平野がある。　〈斉藤享治〉

さんろくだい　山麓台　piedmont platform　侵食平坦面が開析を受け、台地状になった地形。侵食緩斜面であるペディメント*と同義で用いられたこともあるが、現在では使用されることはほとんどない。　〈斉藤享治〉

さんろくちゅうせきへいや　山麓沖積平野　piedmont alluvial plain, alluvial slope, alluvial apron　山麓に形成される沖積平野。山麓沖積面ともいう。隣接する河川により形成された扇状地群が山麓で連なった合流扇状地のうち、扇状地勾配が緩くなると、扇状地間の境界が不明瞭になり、山麓沖積平野をつくる。米国南西部の乾燥・半乾燥地域でよくみられる。ニュージーランド南島のカンタベリー平野もこの例とされる。 ⇨合流扇状地　〈斉藤享治〉

［文献］Cotton, C. A. (1942) *Geomorphology*, Whitcombe and Tombs.

さんろくちゅうせきめん　山麓沖積面　piedmont alluvial plain　⇨山麓沖積平野

さんろくひょうが　山麓氷河　piedmont glacier　氷床や氷原から流れ下る溢流氷河が山麓の低地に達し広がった氷河を指す。氷河は平坦地まで達すると扇状に広がった氷舌の形態になり、この形態は山麓氷舌と呼ばれる。代表的な山麓氷河としてアラスカのマラスピア氷舌がある。　〈奈良間千之〉

さんろくめん　山麓面　piedmont flat, piedmont step, piedmont lowland, piedmont surface　山麓に形成される侵食小起伏面を指す。地塊（山地）がドーム状に曲隆すると、山麓および新たに陸化した部分を流れる河川下流部は速やかに平衡に達し、側刻が優勢となり、山地縁辺部や山麓部は中央部に比べ、より速やかに小起伏地形になる。W. Penck (1924) はこの山麓部に形成される侵食小起伏面を山麓面（Piedmontfläche）と名づけ、隆起運動が継続する中で、隆起に見合った侵食によって形成される原初準平原とした。Davis (1905) の部分的輪廻によって形成される縁辺準平原に相当するとされるが、デービスの縁辺準平原は、隆起の休止期間中に終末準平原として形成される。現在では、山麓面と縁辺準平原は同義語として、ともに'山麓部に広く分布し、かつ谷に沿って山地内部にまで湾入する侵食小起伏面'を指すことが多い。 ⇨縁辺準平原　〈大森博雄〉

［文献］Penck, W. (1924) *Die morphologesche Analyse*, Ver. J. Engelhorns Nach（町田　貞訳 (1972)「地形分析」、古今書院）.

し

シアリットかさよう　シアリット化作用　siallitization　⇨アリット化作用

シアル　sial　SiやAlに富む大陸性地殻上部を構成する岩石の総称として用いられてきたが，岩石学，地球物理学の進歩により詳細な地殻像が得られている今日，あまり用いられなくなった．⇨シマ
〈西田泰典〉

ジーアイエス　GIS　geographic information system　地理情報システムのこと．地表面付近で観測される現象をその位置とともに，コンピュータに保存，データベース化，解析，視覚化を可能とする一連のシステムを指す．位置情報と現象とを統合的に取り扱うことによって，現象のみを記述した情報からだけではわかりにくい，現象間の空間的な因果関係やその分布の特徴の把握を可能とする．GISは，森林情報管理や都市基盤管理，ハザードマップの作成，マーケティングの基礎資料作成などに広く用いられている．地形学では等高線や水準点の情報を基にしてTIN*（triangulated irregular network）やDEM*（digital elevation model）とよばれる地表面形状を示すデータを作成し解析に利用する．TINは空間的に不規則に取得された標高の位置を頂点とする三角形により地表面形状を示す．DEMは空間的に不規則に取得された標高値を補間するなどして，一定の間隔で標高値を推定したデータである．これらのデータを用いて，GISでは傾斜角や斜面の向きの計算，斜面に沿った距離・面積や体積といった空間的数量の計算，流域・水系や河川網の自動抽出などが可能である．このような地表面形状のデータ作成や解析に特化した地形解析ソフトウェアも存在する．さらに，TINやDEMを地質や土地利用などのデータとともに用い，地形と他の主題との因果関係を解析する際にも利用される．
〈高橋昭子〉

［文献］Longley, P.A. et al.（2010）*Geographic Information Systems and Science*（3rd ed.）, John Willey & Sons.

シーアイピーダブリューぶんるいほう　CIPW分類法　CIPW classification　化学組成による火成岩の定量的分類法の一種．ノルム分類とも．鉱物の化学組成を標準鉱物組成（ノルム）に換算し，鉱物群・鉱物・酸化物に種類と量比により分類する．⇨ノルム
〈松倉公憲〉

シーイーシー　CEC　cation exchange capacity　⇨交換性陽イオン

ジーイービーシーオー　GEBCO　General Bathymetric Chart of the Oceans　IHO（国際水路機関）とIOC（ユネスコ政府間海洋学委員会）の共同事業として作成される世界で最も権威ある海底地形図シリーズ（大洋水深総図）．ジェブコの愛称で親しまれ，縮尺1,000万分の1の地図を中心に全19図で全世界をカバーし，各国のアトラス等に引用されている．モナコ公国のアルベール1世により創設され，第1版は1904年に完成した．現行版は第5版で1984年に完成し，その後デジタル版であるGEBCOデジタルアトラスも作成されている．地図作成全般の指導・監督は，10名の委員から構成されるIHO/IOCGEBCO合同指導委員会が行い，委員はIHO, IOCからそれぞれ5名ずつ選出される．
〈八島邦夫〉

［文献］八島邦夫（2014）大洋水深総図（GEBCO）の思い出〈その1〉〈その2〉：水路，168, 16-23；169. 2-8.

ジーエヌエスエス　GNSS　global navigation satellite system　汎地球航法衛星システムのこと．測位を目的とした人工衛星システムで，2015年3月現在，米国のGPSのほか，ロシアのGLONASS，中国の北斗/Compassが稼働中，欧州連合のGalileoがシステム構築中．また，GPSの補完・補強を目的とした日本の準天頂衛星システムの初号機「みちびき」が打ち上げ済み．⇨GNSS測量，GPS
〈熊木洋太・近藤昭彦〉

ジーエヌエスエスそくりょう　GNSS測量　GNSS surveying　GNSSを用いた基準点測量*．GNSSのうちGPSのみを用いる場合はGPS測量とよばれる．衛星から発信される信号電波の搬送波の

位相を計測すること，位置の座標値が既知の基準点と未知の新点の両方で同時に信号電波を受信して共通の誤差を除去すること（相対測位），精密な衛星の軌道情報を用いることなど，様々な手法の組み合わせにより水平位置について誤差1 cm 程度以内の測量が可能である．長時間（10 分～数時間）の受信観測を行うスタティック法，受信機で信号電波を受信しながら新点間を移動し，各新点では短時間の観測で測位を行うキネマティック法，電子基準点等の既知の基準点での固定観測データから計算・送信された補正用の情報を利用することにより即時に測位ができるネットワーク型 RTK（リアルタイム・キネマティック）-GNSS 法などがある．観測点間の視通を必要としないこと，天候に左右されないこと等の利点があり，現在では広域を対象とする基準点測量の多くが GNSS 測量で行われている．4 機（方法により 5 機）以上の衛星からの電波が直接受信機に到達する必要があるので，高いビルなどがあって電波がさえぎられる場合は適用できないのが欠点である．
⇨ GNSS，GPS 測量　　〈熊木洋太〉
［文献］土屋　淳・辻　宏道（2008）「GNSS 測量の基礎」，日本測量協会．

シーエヌひ　C/N 比　C/N ratio　土壌中の有機炭素量と全窒素量との比のこと．炭素率ともいう．土壌の平均 C/N 比は 10 ぐらいであり，水田土壌作土では 8～12，黒ボク土では 12～28 である．C/N 比は，土壌中の有機物の分解程度の指標となる．植物遺体が未分解である泥炭土では，15～80 以上になる場合がある．また，C/N 比が高い有機物を施用すると窒素飢餓に陥ることがある．　⇨ 硝化作用
〈田村憲司〉

シークェンスそうじょがく　シークェンス層序学　sequence stratigraphy　地層区分を堆積シークェンス（depositional sequence）とよぶ単位で行う層序学＊．シークェンス層序学，束層序学と同じ．1970年代に発達した音響層序学（震探層序学：seismic stratigraphy）が，1980 年代後半にさらに発展し，陸域から深海までの地層の累重様式が相対的海水準変動のもとに理論化されたのがシークェンス層序学である．確立したのは P. Vail を代表とする石油会社 Exxon グループの研究者達であった．基本となる区分単位であるひとつの堆積シークェンスは，海退から海進，さらに引き続く海退という 1 回の海水準変動で形成された地層である．相対的な海水準変動の低下速度が大きいときに形成された不整合とそれに連続する整合面をシークェンス境界（sequence boundary：SB）とし，明瞭な海進が起こったときの面を海進面（transgressive surface：ts）に，海水域が最も広がったときの海底面を最大海氾濫面（maximum flooding surface：mfs）とした．そして，下位のシークェンス境界から海進面までの地層を低海水準期（低海面期）堆積体（lowstand systems tract：LST），海進面から最大海氾濫面までを海進期堆積体（transgressive systems tract：TST），最大海氾濫面から上位のシークェンス境界までを高海水準期（高海面期）堆積体（highstand systems tract：HST）とした．地層は，海進期堆積体では下位のシークェンス境界にオンラップ（onlap）して発達し，高海水準期堆積体では最大海氾濫面にダウンラップしながら沖側に前進して形成される．相対的な海水準低下期には，陸棚は陸化し，陸棚以深の深海底の海底扇状地での堆積が活発化する．海進が進行するにつれ深くなった沖側では堆積が減少し，最大海氾濫面では沖合への物質供給が激減し，堆積速度が著しく低いコンデンスセクション（condenced section：cs）や無堆積状態のハイエイタス（hiatus）が形成される．海水準上昇が止んで安定すると陸側に向かって動いていた海岸線が，今度は海側に向かって前進し，陸側から三角州や海岸の堆積体が沖に向かって発達する．海水準の低下が早くなると，堆積体の沖側への前進は加速され，ついには河川が下刻を始め，不整合が形成される．急激な海退に伴って形成される特異な構造をもつ部分を低下期堆積体

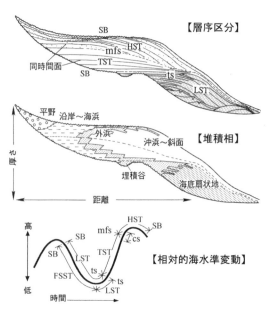

図　堆積シークェンスモデル　（増田原図）

(falling-stage systems tract : FSST) とする考えもある．堆積シークェンス形成に最も重要である相対的海水準は，汎世界的な海水準変動（ユースタシー：eustasy），テクトニクスが引き起こす地盤の昇降，さらに堆積物供給量（sediment flux）によって変動する．地層学の新しいパラダイムとして登場したこのシークェンス層序学は，その後，地層学の発展に寄与し，人々の地層に対する理解を深め，関連する多くの研究分野に影響を与えた． 〈増田富士雄〉

[文献] Vail, P. R. et al. (1991) The stratigraphic signatures of tectonics, eustasy and sedimentology — an overview: In Einsele, G. et al., eds. Cycles and Events in Stratigraphy, Springer, 617-659.

じいそ　地磯 ji-iso　海岸と地続きになっている岩礁．釣り用語． 〈砂村継夫〉

シーそう　C層 C horizon　⇨土壌層位

シーティング sheeting　岩体がその表面形とほぼ平行するシーティング節理によって薄板（sheets）状に分離すること，および薄板の層状構造．薄板の厚さは一般に数十 cm 以上だが，10 m 以上に達することもある．除荷作用*（unloading）に起因するとされ，花崗岩類からなるトア（tor）やボルンハルト（bornhardt）などのドーム状地形でよく発達する．花崗岩体では，鉱物粒の形態定向性を反映した冷却時の初生的節理*による場合も考えられる． 〈藁谷哲也〉

[文献] 松倉公憲 (2008)「地形変化の科学—風化と侵食—」，朝倉書店.

シーティングせつり　シーティング節理 sheeting joint　⇨シーティング，地形性節理

シート sheet　傾斜した層状貫入岩体の総称．岩床とも．シルとほぼ同義であるが，シルが地層面にほぼ平行なものを指すが，シートは地層面との関係を問題としない．特に地層を切っていることを強調するときは斜交岩床という． ⇨シル　〈松倉公憲〉

シートウォッシュ sheet wash　⇨布状洪水
シートエロージョン sheet erosion　⇨布状侵食
シートフラッド sheet flood　⇨布状洪水
シートフロー sheet flow　砂質堆積物で構成されている海底面の直上で生じる非常に高濃度の堆積物の振動流れ．高濃度のため海底面との境界が不鮮明になる．海底面に作用する波浪の底面流速が，ある限界を超えたときに発生する．英語の sheet flow は飽和地表流*（saturated overland flow）や布状洪水*（sheet flood, sheet wash）と同義で用いられることもあるので，注意を要する． 〈砂村継夫〉

[文献] Horikawa, K. et al. (1982) Sediment transport under sheet flow condition : Proc. 18th Coastal Engineering Conference, 1335-1352.

ジーピーエス　GPS global positioning system　汎（全）地球測位システムのこと．GNSS の一つで，米国が開発した人工衛星による測位のシステム．24 機以上の GPS 衛星が高度約 2 万 km で地球を周囲して常時信号電波を発信しており，地上で同時に 4 機以上の衛星からの電波を受信し，各衛星から受信機まで電波が到達する時間を計測することで，受信機の位置を計測できる．測位方法は複数あるが，単独測位法と相対測位法に大別される．単独測位法では小型の受信機 1 台で測位をリアルタイムで行うことができるため，カーナビゲーションや携帯電話など多様な用途に利用されているが，測位精度では水平位置について 20 m 程度以内の誤差をもつという限界がある．相対測位法は 2 台以上の受信機を用い，一つの受信点を既知として他の受信点の相対位置を求めることにより精度を高める方法で，簡便に水平位置の誤差数 m 以下の測位ができる DGPS という方法から，水平位置の誤差 1 cm 程度以内の高精度の測量で用いられる方法まである．高さの精度は一般に水平位置の精度より劣る．GPS は米国が本来軍事用に打ち上げた衛星を利用しており，民生用には測位精度を制限する措置が加えられていたこともあったが，現在は開放されている．　⇨GNSS, GPS 測量　〈熊木洋太・近藤昭彦〉

ジーピーエス・アイエムユーそうち　GPS・IMU 装置 global positioning system and inertial measurement unit　移動体の位置と 3 軸の傾き（姿勢）を計測する装置．航空写真カメラ・航空レーザ測量装置などの各センサーの位置決め装置として使用されている．高精度な位置計測が可能であるが，測定間隔が長く（1〜2 Hz）姿勢計測もできない GPS 装置と，加速時計およびジャイロ（角速度計）により相対位置および姿勢を高頻度（60〜200 Hz）に計測できるが時間とともに誤差が累積する IMU（慣性航法装置）とを組み合わせることで，高精度な位置と姿勢のデータを高頻度で取得できる．
〈相原　修・河村和夫〉

ジーピーエスそくりょう　GPS 測量 GPS surveying　GPS のみを用いた GNSS 測量．GPS と GLONASS を併用するなど，GPS 以外の GNSS を測量で用いる方法が普及したので，現在では測位衛星を用いた測量全般を指す場合は GNSS 測量という語を用いる．　⇨GNSS 測量，GPS　〈熊木洋太〉

シーページ・エロージョン seepage erosion パイピング*や湧水などの浸透水の流出によって生じる侵食現象の総称．ヒービング*，パイピングおよび内部侵食（地下侵食ともいう）に区分される．浸出水侵食と訳されることも． 〈松倉公憲〉

しいやそう 椎谷層 Shiiya formation 新潟地方に分布する上部中新統．中粒砂岩と泥岩の互層よりなり頻繁に粗粒砂岩を挟む．北北東〜南南西にのびたいくつかの褶曲帯が認められる．層厚は沈降帯で1,000〜1,500m，非沈降帯で250m．下位の寺泊層を整合に覆うが，新潟油田地域の東縁部では不整合関係にある．寺泊層と同様に，泥質軟岩である黒色泥岩を含み，新潟県内でも多数の地すべりが発生している地層である． 〈松倉公憲〉

シールズかんすう シールズ関数 Shields function 無次元表示された限界掃流力*が粒子レイノルズ数の関数で系統的に表されることを見いだしたA. Shields (1936) に敬意を表し，この関数をシールズ関数とよび，これが示されている図をシールズダイアグラムとよんでいる．無次元限界掃流力τ_c^*は$\tau_c^* = u_c^{*2}/RgD$（u_c^*は限界摩擦速度*，Dは砂粒子の粒径，$R=\rho_s/\rho-1$，gは重力の加速度，ρ_sは砂粒子の密度，ρは水の密度），粒子レイノルズ数はu_c^*D/ν（νは水の動粘性係数）で与えられる．Shieldsの研究がその後の限界掃流力に関する理論的解析の端緒となった． 〈渡邊康玄〉

［文献］関根正人（2005）「移動床流れの水理学」，共立出版．

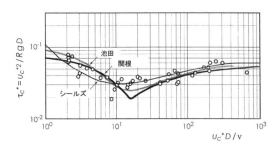

図　シールズダイアグラム（関根，2005）

ジェイジーユー JGU The Japanese Geomorphological Union ⇨日本地形学連合

シェジーこうしき シェジー公式 Chezy's formula A. Chezy (1769) による流れの平均流速を求める公式．開水路において乱流状態の等流の断面平均流速vは$v=C\sqrt{RI}$（m/sec）で与えられる（R: 径深*，I: エネルギー勾配，C: シェジーの係数）．マニング公式より先に提案されたが，今ではマニング公式の方が広く使われている． ⇨マニング公式 〈砂田憲吾〉

ジェットきりゅう ジェット気流 jet stream 偏西風*のうち，特に風速が大きいものをジェット気流とよぶ．一般に，対流圏上部から成層圏下部の狭い領域にみられる． 〈森島済〉

シェニア chenier ⇨チェニア

ジェブコ GEBCO General Bathemetric Chart of the Oceans ⇨GEBCO

ジェリフラクション gelifluction ⇨ソリフラクション

ジオイド geoid 地球の引力と遠心力からなる地球の重力場における等ポテンシャル面（位置エネルギー，つまりジオポテンシャルの等しい点の集合）のうち，広い海洋の平均海水面に一致するものをジオイドとよぶ．陸地については，細い溝を掘って海水を導いた場合を想定し，それにより平均海水面を陸地に延長した面に例えられる．ジオイド面は全体としては回転楕円体に近いが，遠心力が最も強い赤道部分では，数十km外側に張り出している．さらに地球内部の密度の不均一を反映した比較的長波長で不規則な凹凸があり，インド洋でのへこみは最大百m（高度差＝ジオイド面－地球楕円体面）に達する．さらにアイソスタシー*を達成していない地形の凹凸を反映した波長の短い凹凸があり，例えば日本列島の東にある日本海溝に沿ってジオイドは周囲より20mほどへこんでいる．緯度経度は，ジオイドに最も近い回転楕円体（地球楕円体）の面上で定義され，陸地の標高はその地点のジオイドを基準とした高さと定義される． ⇨標準重力，地球楕円体，準拠楕円体 〈宇根　寛・日置幸介〉

［文献］日本測地学会編（2004）CD-ROMテキスト「測地学」，日本測地学会．

ジオイドこう ジオイド高 geoidal height 地球楕円体面を基準面としたジオイドの高さ．地球全体では最大約±100mに達する．GPS等で計測した楕円体高からその地点のジオイド高を引くことで標高を求めることができる．日本では国土地理院が日本のジオイド2011を提供している． ⇨ジオイド 〈宇根　寛〉

しおいりかせん 潮入河川 tidal river ⇨感潮限界

しおいりがわ 潮入川 tidal river ⇨潮入河川，感潮限界

しおいりげんかい 潮入限界 upstream limit of tidal river ⇨感潮限界（図）

しおくち　潮口　tidal inlet　⇨潮流口

しおざかい　潮境　oceanic front　海洋中で水温や塩分などの性質がほぼ等しい海水が水塊となって分布し，それらが接する所で，水塊間に大きな水温や塩分などの変化がみられる場所をいう．英語では気象の前線*になぞらえて海洋前線（oceanic front）という．日本語の潮境は，親潮や黒潮など大きな勢力をもつ水系と水系の境にあたる場所で，前線よりも広い領域全体（ocean boundary）を指すことが多い．　　　　　　　　　　　〈小田巻　実〉

ジオスライサー　geoslicer　非固結の地層をボーリングのように円柱状ではなく，板状に抜き取る装置．ボーリングと異なり，定方位の地層断面を乱さずに採取でき，堆積構造やその変形を直接観察することが可能．河床や浅海底でも試料採取が可能で，活断層や津波堆積物の調査に広く利用される．
〈中田　高〉

ジオダイナミクス　geodynamics　⇨地球動力学

しおつなみ　潮津波　tidal bore　河口に侵入した潮汐波*が壁のようになって河川を遡る現象．干満の差が大きく河床勾配の小さい河口付近でみられる．潮汐波の進行速度は水深の平方根に比例するため，深さが浅いほど小さくなる．水深に比べて潮差が大きいところでは一つの波の中でも山と谷とでは速度が異なり，山のほうが速くなる結果，波の進行に伴い波形の前面が切り立って壁のようになる．
⇨タイダルボアー　　　　　　　　　　　〈砂田憲吾〉
［文献］高橋　裕ほか編（1997）「水の百科事典」，丸善．

ジオトープ　geotope　⇨ゲオトープ

しおなみ　潮波　current wave　強い潮流によってできる海面の波．　　　　　　　　　　〈小田巻　実〉

ジオネット　GEONET　GNSS earth observation network system　国土地理院が運用しているGNSS連続監視システムのこと．全国の電子基準点やその他のGPS連続観測点などにおけるGNSS受信データを即時に茨城県つくば市の国土地理院にある解析処理装置に送信し，各観測点の座標値を算出して地殻変動を把握する．測地測量の座標系の管理のためのデータの提供，プレート運動に起因する日本列島の歪みの進行状況や大地震の震源断層モデルの把握，火山噴火の予測などに用いられている．
⇨電子基準点　　　　　　　　　　　　　〈熊木洋太〉
［文献］国土地理院GEONETグループ（2004）GPS連続観測システム"GEONET"とその展望：測地学会誌，50，53-65．

ジオパーク　geopark　ジオパークとは，科学的にも，人類の遺産としても価値がある地球科学的あるいは地域的な現象や，もの，場所を含む自然公園の一種．ジオパークには「大地の公園」という訳語があてられている．そこでは，大地の現象を保護・保全し，地球科学・地理学の普及・教育をはかり，さらに大地を観光の対象とするジオツーリズムを通じて地域社会の活性化を目指す．2001年6月以来，ユネスコの支援の下にジオパーク運動が世界各国で推進されている．2004年には世界ジオパークネットワークが設立され，2013年9月現在では100地域のジオパークが参加基準を満たす世界ジオパークとして登録されている．日本からも洞爺湖有珠山，糸魚川，島原半島，山陰海岸，室戸，隠岐，阿蘇，アポイ岳が世界ジオパークに登録された．それに対して日本ジオパークは，日本ジオパークネットワークに登録された国内版のジオパークで，上記5地域を含む南アルプス（中央構造線エリア），恐竜渓谷ふくい勝山，天草御所浦，霧島，伊豆大島，白滝など39地域（2015年9月現在）が認められている．
〈岩田修二〉

しおふきあな　潮吹き穴　blow hole, cannon hole　間欠的に海水飛沫を吹き上げるような海食洞*の天井部分の小孔．海食洞の天井部分に節理や断層などの弱線があると，波食や自重崩落により小孔がつくられる．このような小孔をもつ海食洞では，押し寄せる波が内部の空気を圧縮し，飛沫を吹き上げる．　　　　　　　　　　　　　　　　〈青木　久〉

ジオポテンシャル　geopotential　⇨ジオイド

しおめ　潮目　current rip　流れや海水の性質などが変化する場所でみられる収束線のことで，浮遊物や泡沫の筋状の集積がみられることが多い．
〈小田巻　実〉

しおれがんすいりょう　しおれ含水量　wilting water content　土壌水分が減少し，作物が吸収できず，枯死または萎れ現象が開始し，または生長が阻害されるときの含水量を"しおれ含水量"とよぶ．しおれ含水量に対応する土壌水分恒数（しおれ係数）として，永久しおれ点，初期しおれ点および生長阻害水分点がある．①永久しおれ点は，作物が永久に枯死してしまう土壌水分量で，その水分量は作物ごとにそれほど差異はなく，ほぼ一定でpF 4.2の水分量または15気圧水分量に相当する．②初期しおれ点は，作物がしおれ始める土壌水分量で，永久しおれ点より少し高い水分量で，pF 3.6程度に相当する．③生長阻害水分点は，作物の生長が阻害される水分量で，作物によって若干異なるが，ほぼ

pF 3.0 である．また，毛管連絡切断含水量，塑性限界水分量および水分当量がこの値に近似している．わが国での畑地灌漑計画において生長有効水分の下限であり，灌漑を開始する水分量（灌水点）とされている．⇨含水量，pF値，土壌水分　〈駒村正治〉

[文献] 駒村正治（2004）「土と水と植物の環境」，理工図書．

しおれけいすう　しおれ係数　wilting point　⇨しおれ含水量

しおれてん　しおれ点　wilting point　⇨pF値，有効水分

じかい　時階【侵食輪廻の】　stage (in cycle of erosion)　侵食輪廻において，地形の発達段階を区切ったそれぞれの時期および期間を指す．侵食階梯，階梯，時期，ステージともいう．W. M. Davis (1899) が地形の性格や特徴を決めると考えた三つの地形因子，すなわち，structure（組織：地質構造や原地形の形態），process（作用），time（時間・時期）の time を指す．侵食輪廻（地理学的輪廻）における time は，幼年期，壮年期，老年期，終末期に分けられ，後に stage（時階）とよばれるようになった．したがって侵食輪廻における stage は'作用が働いた経過時間'という時間の概念を内包する．すなわち各時階の地形は，"作用が働いた経過時間が過ぎた時点で現れるその時期の固有の 地形相*"を意味し，単に現象を区切る'stage：相（例えば，氷期：glacial stage，間氷期：interglacial stage の区切りなど）'とは異なる．現在では，時階は侵食輪廻とは関係なく，'時間の経過に伴って変化する地形の発達段階の区切り'という意味で使われることが多い．⇨侵食輪廻説　〈大森博雄〉

[文献] 井上修次ほか（1940）「自然地理学」，下巻，地人書館．/Yoshikawa, T. et al. (1981) *The Landforms of Japan*, Univ. Tokyo Press.

しかくぜき　四角堰　rectangular weir, rectangular notch　河川や水路を横断し，流れをせき止めて越流させる構造物（堰）の一種で，せき板の頂部が鋭くとがった刃形堰のうち，越流部の断面形が四角形のもの．流量測定や水位調節に用いられる．　〈宇多高明〉

しかざん　死火山　extinct volcano, dead volcano　地形学的・地質学的に火山と認められるが，噴火の歴史記録がなく，著しく侵食されていて，今後も噴火する可能性のない火山（例：静岡県愛鷹山）をかつて死火山とよんだ．しかし，そのように侵食の進んだ火山でも噴火が再開する可能性があるから，現在では死火山という用語は使用されない．古い火山とよぶしかない．⇨活火山　〈鈴木隆介〉

じかた　地方　jikata　海に対して陸地をいう．釣り用語．　〈砂村継夫〉

じがた　地形　jigata, shape of ground plan　人為的に区画された一定範囲の土地（例：宅地）の平面形．地形とは無関係．地形ともいう．〈鈴木隆介〉

しがらみそう　柵層　Shigarami formation　長野県北西部に分布する上部中新統〜鮮新統．主に砂質泥岩と安山岩類からなる．地すべりが多発する．　〈松倉公憲〉

じかりつ　磁化率　magnetic susceptibility　⇨帯磁率

しかん　弛緩【岩石の】　release　⇨風化

じかん　時間【侵食輪廻の】　time (in cycle of erosion)　作用が働いた経過時間，あるいは，'作用が働いた経過時間が過ぎた時点'である時期，および，侵食輪廻においては時階（stage）を指す．W. M. Davis (1899) は地形の性格や特徴は，structure（組織：地質構造や原地形の形態），process（作用）および time（経過時間・時期）によって決まるとし，侵食輪廻（地理学的輪廻）における time として幼年期，壮年期，老年期，終末期を設定した．侵食輪廻における time はその後 stage（時階・ステージ・階梯）とよばれるようになった．⇨デービス地形学，時階　〈大森博雄〉

[文献] 井上修次ほか（1940）「自然地理学」，下巻，地人書館．/Davis, W. M. (1912) *Die erklärende Beschreibung der Landformen*, B. G. Teubner（水山高幸・守田　優訳（1969）「地形の説明的記載」，大明堂）．

じき　時期【侵食輪廻の】　stage　⇨時階

じきいじょう　磁気異常　magnetic anomaly　測定された地磁気の値とその場所を含む領域の標準値との差を磁気異常という．地磁気異常とも．日本の全国規模の標準値は，国土地理院（陸域）や水路部（海域）が作成した磁気図をもとに緯度，経度の2次式として表現されている．また全地球規模の標準値は，International Geomagnetic Reference Field (IGRF) が International Association of Geomagnetism and Aeronomy (IAGA) によって5年ごとに提出されている．ただし対象とする領域が狭い場合，必ずしも IGRF モデルなどが標準値として適当であるとは限らないので，領域内の全測定値の平均値を標準値として用いたりする．磁気異常はその原因となる物体からの距離の3〜2乗に逆比例して急激に減衰するため，比較的近い（浅い）ところの構造に強く影響される．磁気異常の原因として，構成岩石

の磁化強度の不均一（一般的な磁化強度：玄武岩＞安山岩＞堆積岩），熱水変質などによる帯磁の減少，マグマや高温ガスによる熱消磁，地形の凹凸などがあげられる． 〈西田泰典〉

しきいち　しきい値　threshold　⇨閾値

しきさいけい　色彩計　colorimeter　岩石・土壌・堆積物などの色彩を計測する機器の総称．その一つに可視域（波長400～700 nm）の分光反射スペクトルを測定できるタイプ（分光測色計，spectrophotometer）があり，L*a*b*表色法に加えて，鉄鉱物（ゲータイトとヘマタイト）や顔料鉱物の同定が可能なことから，風化や考古学の研究に利用される．土壌学分野では「土色計*」とよばれている．⇨土色計，土色 〈松倉公憲〉

［文献］黒木紀子（1996）岩石・鉱物の分光側色法：月刊地球，18-4, 212-216.

じきず　磁気図　magnetic chart, isomagnetic chart　世界各地で測定された偏角，伏角，水平分力，鉛直分力，全磁力などの地球磁場成分を地図に示したもの．地球全体規模の世界磁気図や自分の国だけをカバーするものなどがある． 〈西田泰典〉

シキソトロピー　thixotropy　一般には，等温可逆的なゾル・ゲルの変換現象でチキソトロピーともいわれる．撹拌や振蕩などの機械的外力による物体の軟化，硬化現象をいう．例えば，粘土を練返すと強度が低下し軟化するが，含水量を不変のまま静置すると時間の経過とともに強度の一部が回復し硬化するといった現象． 〈鳥居宣之〉

じきたんさ　磁気探査　magnetic survey　地下の強磁性物質の分布状況や岩石磁性の差に着目して地下構造の解明を目的として行われる物理探査手法の一つである．磁力探査とも．古くは誘導コイルなどによる成分測定のフラックスゲート磁力計が用いられてきたが，近年，陽子の自由歳差運動を利用したプロトン磁力計やCs原子の光ポンピングを利用したセシウム磁力計が利用されており，全磁力測定が非常に簡便かつ高精度で行えるようになった．そのため磁力計を航空機・船舶などの移動体に搭載して移動しながらの測定法が大きく発展した．リングコア型の三成分フラックスゲート磁力計も船上磁力計として開発され利用されている．探査に際しては，通常，調査区域近傍の定点にて連続観測を行い，移動観測データとの差をとって磁気の広域的な経時変化を補正し，磁気異常分布を抽出する．金属鉱床探査・石油天然ガス探査・火山地帯の地質構造調査などに利用される．特に土木分野においては，誘導コイルを用いた磁気傾度計による探査が地下の不発爆弾探査を目的として広く活用されている．掘削孔の中で実施する磁気探査は磁気検層という． 〈野崎京三〉

しきち　敷地　site, lot　宅地などのように，建築物を立てる土地．用地*とほぼ同義． 〈鈴木隆介〉

じぎょう　地形　jigyo, shape of ground plan　⇨地形．

じきょく　磁極　magnetic pole　地表で磁場ベクトルの水平成分が0，伏角*が90°となる点．北半球にあるものを北磁極，南半球にあるものを南磁極という．磁極の位置は年々大きく移動しており，それに伴い偏角*も毎年変化する．2016年の北磁極はカナダの北の北極海に，南磁極は南極大陸の北の南氷洋（オーストラリアの南）に位置している．⇨地磁気永年変化 〈宇根　寛〉

じきょくき　磁極期　chron　地磁気の極性変化があっても，ほとんどの時間同じ極性が維持される地質時間のなかで，10^6～10^7年の期間を磁極期（chron）とよぶ．時間の長さで，呼び名が次のようにつけられている．短いほうから，cryptochron（＜3×10^4年），subchron（10^5～10^6年），chron（10^6～10^7年），superchron（10^7～10^8年），megachron（10^8～10^9年）とよぶ．地球磁場逆転史は，研究の初期においてはCox（1973）とMcDougall（1979）らにより，火山岩のK-Ar年代と残留磁化の測定からつくられた．データが少なかった当時，同じ極性が維持される時間は約1 Ma程度と見積もられた．この時間程度の極性の期間をepoch（エポック）とよび，より短い期間はevent（イベント）とよんだ．その後，地球磁場逆転史が海洋底の地磁気縞状異常から組み立て始められると，地磁気逆転の配列のうち，一組の正磁極期と逆磁極期に，磁気異常番号が与えられるようになり，それ以降それぞれ正・逆の磁極期をchronとよぶようになった． 〈乙藤洋一郎〉

［文献］Butler, R. F.（1992）*Paleomagnetism*, Blackwell Scientific Publications.

ジグザグさんりょう　ジグザグ山稜　zigzag ridge　ほぼ並走する褶曲軸をもつ褶曲構造で，かつヒンジが傾いている場合に，その差別削剥によって走向山稜*がジグザグに発達している場合をいう．アパラチア山脈に多くみられるが，特に必要な学術用語ではない．⇨褶曲山地 〈鈴木隆介〉

しくつこう　試掘坑　test pit, adit　大規模な土木構造物の建設（例：ダム）や鉱山開発などに関わる地質調査のために山腹斜面や地下に掘削した小規

模な坑道をいう．調査坑ともよばれ，横坑と竪坑がある．調査者が坑内に入って天井や側面に現れた岩石や地質構造，岩盤状態を記録し，その結果は展開図等に表現される．坑内では様々な試験や測定が行われることもある．　⇨地質調査　〈横田修一郎〉

じくめん　軸面【褶曲の】 fold axial surface　⇨褶曲（図）

しけ　時化 rough sea　強風のため波が高くなり海が荒れること．気象庁の波浪表によると，波高が4〜6 mの海況を「しけ」，6〜9 mの状態を「大しけ」，それ以上を「猛烈なしけ」とよんでいる．凪*の対語．　⇨風波（かぜなみ）　〈砂村継夫〉

じけい　自形 idiomorphic　鉱物独自の結晶面にほぼそった外形をもつもの．他形（たけい）に対する語．⇨他形　〈松倉公憲〉

しげみさきゅう　茂み砂丘 coppice dune　植生によって飛砂が捕獲されて形成された砂丘で，小規模なものが多い．⇨障害物砂丘　〈成瀬敏郎〉

じけん　事件【侵食輪廻の】 accident (in erosion cycle)　⇨事変

しげんえいせい　資源衛星 earth resources satellite　資源探査を目的として，リモートセンシング*により，地球規模でのデータを取得するために，合成開口レーダ*（SAR）や光学センサーを搭載した人工衛星で，岩石や鉱物の識別，土地利用，海や湖沼の水資源などの情報が得られる．日本では，地球資源衛星（ふよう1号：JERS-1）が1992年に打ち上げられ，国内外のユーザーに観測データを提供したが，1998年に運用を終了した．しかし，その後も中国などから同種の資源衛星が打ち上げられている．　〈上野将司〉

じげんかいせき　次元解析 dimensional analysis　物理的に意味をもつ諸量の間の関係（未知の法則の関係）を，それらの量の単位をもとに大づかみに知る方法．　⇨パイ定理　〈倉茂好匡〉

しけんりゅういき　試験流域 experimental basin, instrumented watershed　狭義には，国際水文学10年計画（IHD）の提案による，水収支の基礎的研究のために設定された，土壌・植生等が比較的均一で自然的特性が単一な面積$4 km^2$程度以下の流域を指す．広義には，水文学・地形学等の研究（しばしば比較研究）を行うために，流量をはじめ各種の観測が継続的に行われている流域にも用いられる．　⇨流域　〈田村俊和〉

じこアフィンフラクタル　自己アフィンフラクタル【地形学における】 self-affine fractal (in geomorphology)　自己アフィンフラクタルは自己相似フラクタルから拡張された概念である．ある図形の一部を取り出し，それをある方向にs倍，それと直角な方向に$s'=s^H$倍拡大したとき，それが元の図形と同じような形になる場合，これらの図形は自己アフィンフラクタルであるという．この場合Hをハースト指数という．指数曲線はスムースな自己アフィンフラクタルである．凹凸のある形は，自己相似フラクタルの場合と同様に，拡大によってそれまで粗視化されていた凹凸を可視化して，拡大の前後を比較する．F. Ahnert (1984) は，河食を受けた山地の垂直断面のプロフィールが総体としてこのような性質を有することを，数多くの計測値によって示した．日本では，山地の垂直断面の自己アフィン性が，八溝山系で確かめられている（Matsushita, M. and Ouchi, S., 1989）．流域の場合，水路勾配の法則が，水路の縦断面形の自己アフィン性に関係する．この法則が河食を受けた山地総体の自己アフィン性に積極的に寄与していることは，十分に考えられる．　⇨フラクタル，スケーリング則，自己相似フラクタル，ハースト現象，水路勾配の法則　〈徳永英二〉
［文献］Turcotte, D. L. (1997) *Fratals and Chaos in Geology and Geophysics* (2nd ed.), Cambridge Univ. Press.

しこう　試坑 trial pit　地下の地質の状態を知るために掘られる坑道．試掘坑*とも．鉱床の探査・トンネル掘削，ダム基礎岩盤などの予備的調査でしばしば掘られるが，単に探査のみならず作業用坑道・排水坑として利用されることもある．試坑を掘削することを試掘という．　〈松倉公憲〉

しこうかんけい　指交関係 interfingering　一つの岩相からなる地層が，同じ層準にある別の岩相の地層と，手の指を交差させたようにジグザクに入り組んで接している関係をいう．　〈酒井哲弥〉

しこく　支谷 tributary valley　支流の流れる谷．本流の流れる谷は主谷または本谷*（ほんだに）とよばれる．　⇨主谷　〈鈴木隆介〉

じごく　地獄【火山の】 *jigoku*, hell, solfatara　⇨硫気孔

しこくかいぼん　四国海盆 Shikoku Basin　四国〜東海の南岸沖，北緯28°付近まで，東西575 km，南北510 kmの深海底盆．新第三紀にかつての島弧の中軸から背弧海盆*の形成が始まり，九州・パラオ海嶺と伊豆・小笠原弧に分離して，その間が四国海盆となったと考えられている．四国海盆底の中西部の水深は4,000 m程度で北北西〜南南東走向の深海海丘があって起伏に富んでおり，地形と整合的

な海洋底拡大に伴う地磁気の縞異常が認められている．海盆の東部は伊豆・小笠原弧に由来する堆積物に覆われ水深も浅くなっている．　　　〈岩淵 洋〉

[文献] Okino, K. et al. (1994) Evolution of the Shikoku Basin: Jour. Geomag. Geoelectr., 46, 463-479.

じごくだに　地獄谷【火山の】 *jigokudani*, solfatara ⇨硫気孔

しこくへいそくこ　支谷閉塞湖 dammed-up tributary lake　支谷の本谷への出口が本流の堆積物（地形的には自然堤防や扇状地）によって閉塞され，支流の出口付近に一時的にできる湖沼．支流の排水が困難になって湖沼ができるが，いずれ本流からの越流堆積物*や支流の流送土砂あるいは泥炭によってしだいに埋積が進み，支谷閉塞低地*となる．利根川本流の堆積物により支谷が閉塞されてできた霞ヶ浦，北浦，印旛沼，手賀沼などが支谷閉塞湖である．⇨逆三角州　　〈斉藤享治〉

[文献] 鈴木隆介 (1998)「建設技術者のための地形図読図入門」，第2巻，古今書院．

しこくへいそくていち　支谷閉塞低地 dammed-up tributary floor　本流の堆積物により支谷の本谷への出口が閉塞され，支谷の出口より上流に形成された谷底堆積低地*（図）．そこでは支流の排水が困難になって支谷閉塞湖*や湿地が形成される．これらの湖や湿地は，支流の流送土砂あるいは泥炭によってしだいに埋積が進む．このようにして支谷にできた谷底堆積低地を支谷閉塞低地という．平野部での支谷閉塞低地は，普通の谷底堆積低地に比べて，細粒堆積物や泥炭からなり，地盤条件も悪く，種々の自然災害（例：内水氾濫*）が多発する．台地の開析谷の下流部に多い．〈斉藤享治〉

[文献] 鈴木隆介 (1998)「建設技術者のための地形図読図入門」，第2巻，古今書院．

しごせん　子午線 meridian　地軸を含む平面が地球表面と交わる線．地理学上の北極と南極を通る．地球楕円体を切った場合には楕円形，地球を球体とみなした場合には大円となる．子午線を地図上に表示した線を経線*という．　　〈宇根 寛〉

じこそうじなすいろもう　自己相似な水路網 self-similar channel network　自己相似性とは，ある図形の一部分を拡大した場合，その形がその部分を含むより大きな部分，あるいは図形全体と同じような形になる性質をいう．このような性質が海岸線にあることを初めて発見したのは，気象学者のL.F. Richardsonであった．自己相似な水路網では以下のような関係が満たされる．すなわち，Ω次水路網より1次の水路をすべて切り取った水路網は，元の水路網内の(Ω−1)次の水路網に似ている．(Ω−1)次の水路網と(Ω−2)次の水路網，(Ω−2)次の水路網と(Ω−3)次の水路網，…，の間にも同じ関係が成立する．似ているとは，水路の分岐の仕方が似ているということである．水路網の自己相似性は徳永の法則によって厳密に定義される．まず，T_{ij}をj次の水路1本に合流するi次の側枝水路の数とする．T_{ij}は，$(j-i)$が同じ値をとる場合，jとiの値そのものには無関係に同一の値をとると仮定する．この仮定

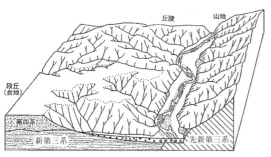

① 下刻による本谷と支谷の形成

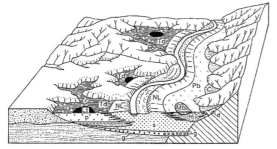

② 本流の堆積物による支谷出口の閉塞

図　支谷閉塞低地の形成過程（鈴木，1998）
NL：自然堤防，Pb：後背低地，Mb：後背湿地，Td：支谷閉塞低地，Lt：支谷閉塞湖，c：沖積錐，g：旧河床礫層，s：砂礫層，m：泥層，p：泥炭層，d：土石流堆積物（角礫層）．

図　自己相似な水路網の例（徳永原図）

じこそうじ

から，もう一つのパラメータ T_k を $T_k=T_{ij}(k=j-i)$ と定義する．ある次数の水路1本に流入するそれより1次だけ低次な側枝水路の数は，$T_{j-1j}=T_{j-2j-1}=\cdots=T_1$ であり，同様に2次だけ低次な側枝水路の数は，$T_{j-2j}=T_{j-3j-1}=\cdots=T_2$ となる．これらのパラメータの間に，$T_1=a$（一定），$T_2/T_1=T_3/T_2=\cdots=T_{j-1}/T_{j-i-1}=c$（一定）なる関係を設定すると，それが自己相似な水路網の定義となる．水路網のほか，葉脈，血管など様々な分岐系を意識する場合は，自己相似な木（self-similar tree: SST）という用語が用いられる．前頁の図は $a=1$，$c=2$ とする決定論的自己相似な水路網である．図中の数値は水路の次数を示す．自然の流域を対象とした場合，このような関係を統計的に満足する水路網を自己相似な水路網という．その場合，a および c が1および2よりそれぞれ0.1～0.5程度大きい値をとるものが多い． ⇨徳永の法則，ホートンの法則，側枝水路，自己相似フラクタル　〈徳永英二・山本　博〉

[文献] Peckham, S. D. (1995) New results for self-similar trees with applications to river networks : Water Resour. Res., 31, 1023-1029.

じこそうじフラクタル　自己相似フラクタル【地形学における】 self-similar fractal（in geomorphology）　事物や図形の中には，それに相似な部分が集まってつくられ，それらの部分が，またそれに相似な部分によってつくられ，しかもこのような関係が次々と維持されるパターンがある．このような関係を自己相似性とよび，自己相似なパターンを自己相似フラクタルという．自己相似フラクタルに関しては1次元，2次元，3次元などの空間内で展開する様々な自己相似フラクタルモデルが提案されている（例：カントール集合，コッホ曲線，ペアノ流域，シェルピンスキーのスポンジなど）．地形を含めて自然界には数多くの自己相似フラクタルが存在する．2次元平面に投影された1本の曲線の場合，その一部を取り出して，元の曲線と同じくらいの大きさに拡大したときに，元のと同じような形が得られたとき，それらの曲線は自己相似であるという．地形との関係では，離水性海岸の海岸線や山地の等高線がこれに該当する．分岐系の場合，分岐の仕方で自己相似性を定義する．2次元平面に投影された水路網（河川網），流域，分水線網は自己相似であると考えられている．これらの地形は，ランダム性が関係するので，モデルと異なり自己相似の条件は緩やかに適用され，統計的自己相似フラクタルとよばれている．フラクタル図形では，次元は非整数の範囲まで拡張される．そのことが，長さとは何か，面積・体積とは何か，を改めて問いかける． ⇨フラクタル，フラクタル次元，リチャードソンの法則，徳永の法則，分水線セグメント・システムの構成法則　〈徳永英二〉

[文献] Turcotte, D. L. and Newman, W. I. (1996) Symmetries in geology and geophysics : Proc. Natl. Acad. Sci. USA, 93, 14295-14300.

じこそしきかふくざつけい　自己組織化複雑系【地形学における】 self-organized complexity（in geomorphology）　自己組織化とは，ある組織の構造やパターンが，外部からの特定の規制的影響や内部の中心的な一つの力によるのではなく，自主的にできあがっていく過程をいう．この用語は，様々な分野で科学のパラダイムシフトを意味すべく用いられている．複雑系とは，自己組織化を通じて，互いに共同しながら新しい質をつくり上げる能力をもった部分の集合をいう．地形の中には自己組織化によってつくられた構造やパターンが数多く存在する．しかも，それらのなかには，明確に定義され，他の分野にも適用される法則で記述されるものもある．山地の等高線や海岸線の屈曲，排水網の構造は自己相似フラクタルであり，それにスケーリング則が適用される．山地の垂直断面形は自己アフィンフラクタルであり，これに対応する物理現象がブラウン歩行である．斜面の形は，ランジュバン方程式や斜面発達に関する平野昌繁（1975）の複合式を通じて熱伝導の式に結びつけられる．一つの山地の表面形態もいくつもの法則が互いに入り組みながらつくり上げられている．自己組織化された複雑系という概念は，地形学を物理学など他の分野の学問に結びつける上でも重要な役割を果たす． ⇨フラクタル，自己組織化臨界，徳永の法則，複合モデル　〈徳永英二〉

[文献] Turcotte, D. L. (2007) Self-organized complexity in geomorphology : Observations and models : Geomorphology, 91, 302-310. / Hirano, M. (1975) Simulation of developmental process of interfluvial slopes with reference to graded form : Jour. Geol. 83, 113-123.

じこそしきかりんかい　自己組織化臨界【地形システムにおける】 self-organized criticality（in geomorphic system）　自己組織化臨界はSOCと略記される．物理学では外界とエネルギーと物質の交換が行われる非平衡開放系において，その系の特性そのものによって秩序ある組織が形成されることを自己組織化（self-organization）という．臨界現象（critical phenomenon）とは超電導転移や磁気転移などで例示される二次相転移の転移点近傍でゆらぎ

（物理学で定義された）が異常に大きくなる現象をいう．この二つが結びついた自己組織化臨界（性）という概念は，現在，物理学のみならず地球科学，生物学，社会科学など様々な分野で応用されている．その概念は，セルオートマトンモデルを説明するために，1987年にP. BakやC. Tang, K. Wiesenfeldによって導入された．現在ではこの概念を説明するために様々なモデルが提案されているが，主なるものは以下の3種に分類される．①サンドパイルモデル（sandpile model），②スライダーブロックモデル（slider block model），③森林火災モデル（forest-fire model）である．①はテーブル上につくられた砂山が崩れる状況と似ていることから名づけられたモデルであるが，正方形の枡目よりなる盤面上で行う簡単な数値シミュレーションのアルゴリズムが開発されている．このモデルは地すべりや乱泥流堆積物の頻度と面積，地震の数とその地震によって破壊される区域の面積などの関係の考察に用いられている．②の代表的なものは，水平面に置かれた質量一定のブロックを"つるまきばね"と板ばねで結び，さらにそれらの上部に板ばねで連結された板を一定の速度で動かす際に水平面との摩擦によって生じるブロックの間欠的な動きを測定するものである．このモデルは，断層の動きや地震の発生の解釈に用いられる．③は①と同様の枡目よりなる盤面を想定し，一つの枡目に1本の木を植えたり，マッチを落として火事を起こしたりする．火事は隣接する枡目の木のみに延焼する．そこに木がなければ延焼はしない．このモデルは，森林火災や野火の考察・対策，地震発生の統計的分析などに用いられる．これら3種モデルは，頻度と規模（面積など）の関係がべき乗則で表されるということと，定常なインプットに対して"なだれ状"のアウトプットが間欠的に出現するということに共通性を有する．すなわち，いずれもSOCの仕組みを理解するためのモデルである．また，頻度と規模の関係のべき乗則は小さなクラスターが集まって次々と大きなクラスターを形成することを示したものであり，自己相似な流域も，クラスターの形成という点では，概念的にはSOCと共通するところがあると考えられている．⇨サンドパイルモデル，セルオートマトンモデル，自己組織化複雑系，自己相似な水路網　〈徳永英二〉

[文献] Yakovlev, G. et al. (2005) An inverse cascade model for self-organized complexity and natural hazards : Geophys. J. Int., **163**, 433-442.

しごと　仕事　work　質点に力Fが作用してdrだけ変位したとき，この両者の内積（スカラー積）$F \cdot dr$のこと．エネルギーの単位をもつ．
〈倉茂好匡〉

しさねつぶんせき　示差熱分析　differential thermal analysis, DTA　試料および基準物質の温度を一定のプログラムによって変化させることで，その試料と基準物質との温度差を検出する方法．試料に脱水，転移などの熱的変化を生ずると温度差が表れ，吸熱または発熱反応として記録される（これをDTA曲線という）．粘土鉱物やセメントの水和反応の研究に広く用いられているが，他の硫化物，酸化物，各種塩類の研究にも利用されている．
〈小口千明〉

じしゃくいし　磁石石　lodestone　⇨ロードストーン

しじゅんかせき　示準化石　index fossil, leading fossil　標準化石ともいう．ある特定の時代を示す化石．海流によって地球上に広く分布する浮遊性の生物の化石，進化速度が速く，分類群の生存期間が短く，局地的な環境要因に限定されない生物が適している．分類単位が大きいほど示す時代の長さは長くなる．三葉虫（古生代），アンモナイト（中生代）など．
〈塚腰　実〉

じしょ　地所　jisho, real estate　特定の所有者のいる一定範囲の土地を指す不動産用語である．地形，面積，平面形状，使用目的とは無関係である．⇨用地，敷地
〈鈴木隆介〉

じしん　磁針　magnetic needle　地磁気の方向を求めるため，自由に回転できるようにした磁石．帯磁させた軽い鋼針を針に乗せ，重りで伏角*を調整して水平回転できるようにしたものが一般的．磁針のN極は真北ではなく磁北を示すため，真方位を求めるためには磁針で計測した方位（磁針方位）をその地点の偏角*で補正しなければならない．⇨方位
〈宇根　寛〉

じしん　地震　earthquake, shock　一般には，地面の振動そのものとその地面の振動を発生する源（原因）の二つの意味で使われ，学問的には後者の意味で用いる．前者を後者と区別して地震動とよぶ．通常の地震はプレート運動や火山活動などにより地中内に蓄積された歪みが，プレートの境界やプレート内部の弱面での急激な断層運動*によって解放される現象である．この断層運動によって，地表が変形したり，地震波が放射されたりする．断層運動の起こる領域（震源域*）とずれの大きさは，地震のマグニチュード*（M）が大きくなると，増大す

る．火薬の爆発や核爆発など，人為的に起こした地震と似た現象は人工地震とよび，自然に起こる自然地震と区別する． 〈久家慶子〉

じしんがく　地震学　seismology　広く地震に関係する学問．地震の物理や発生する仕組みなどの地震そのものに関する問題だけでなく，地震により起こる現象，地震波の特性や理論，地震波を用いた地球内部構造の解明などの地震に関係する問題を幅広く扱う．具体的には，地震発生機構・物理，地震活動，地殻変動，地震予測・予知，岩石破壊，岩石特性，地震動，地震災害，地球内部構造，サイスモテクトニクス*，津波などが，観測，実験，データ解析，数値シミュレーションなどの幅広い手法から研究されている． 〈久家慶子〉
［文献］宇津徳治（2001）「地震学（第3版）」，共立出版．

じしんがたのかざんがんせつりゅう　地震型の火山岩屑流　volcanic debris-flow induced by earthquake　地震によって火山体が大規模に破壊して生じた火山岩屑流（例：雲仙眉山1792年）．なお，火山体（特に成層火山）は全体としては非固結の火山噴出物で，かつ流れ盤斜面で構成され，しばしば内部に埋没谷をもつので（例：1984年長野県西部地震による御嶽崩れ），非火山性山地に比べて破壊しやすい．⇨火山岩屑流 〈鈴木隆介〉

じしんかつどう　地震活動　seismic activity, seismicity　地震が発生することを広く意味する．地震活動の度合（地震活動度）は，地震の発生する頻度，発生する地震の規模，空間分布の特徴などをもとに表される．地震の発生は，地震計からなる地震観測網で検知される．地震の震源の位置は，地震計に記録された地震波の到達時刻から，地震の規模（地震のマグニチュード*）は，地震波の振幅や振動継続時間から決定される．日本では，これらの情報を気象庁が提供する．世界の地震については，米国地質調査所（USGS）や国際地震センター（ISC）などが情報を提供している．地震観測網がなかった時期の地震活動は，主に歴史資料，津波や液状化などの痕跡，トレンチ調査*などから推測される． 〈久家慶子〉

じしんがん　地震岩　seismite　⇨地震性堆積物

じしんきろく　地震記録　seismogram, seismic record　地震計で観測された地面の動きの時系列記録．地震波形，地震記象などともよぶ．現在ではデジタルデータとして収録されることが多い．地震記録から実際の地震動を復元するには，地震計の特性（伝達関数）の影響を取り除く補正をする必要がある． 〈加藤 護〉

じしんけい　地震計　seismometer, seismograph　地面の動きを計測・収録する計器の総称．振り子などを用いて慣性の法則を利用した空間的な不動点をつくり，地面に固定された地震計とその不動点間の相対運動を測定することで地震動を測定する．強震計や震度計は有感地震にも対応する地震計の一種である． 〈加藤 護〉

じしんこうこがく　地震考古学　seismoarchaeology, archaeo-seismology, seismo-archaeology　考古遺跡に残された様々な地震の痕跡に基づき，過去の地震を研究する分野．この研究により検出された地震に伴う液状化や地割れなど地盤変状の証拠は，古地震による地震動の大きさや地震発生時期，震動や被害の程度などに関する高精度な情報を提供．⇨古地震 〈小松原 琢〉
［文献］寒川 旭（1992）「地震考古学」，中公新書．

じしんさいがい　地震災害　earthquake disaster　地震による強い揺れや断層のずれによる地殻変動，津波などによって人間社会が被害を受けること．強い揺れにより家屋や橋梁など構造物の倒壊のほか山崩れや崖崩れ，地すべりなど地表の変形が発生する．水分を含んだ砂地では噴砂や液状化をひき起こすことがある．断層のずれとそれに起因する地殻変動は土地を隆起・沈降させ，海岸や湖岸では沈降による水没被害が発生する（例：2011年の東北地方太平洋沖地震）．強い揺れや地殻変動による被害は震源近傍で大きいが，津波は近海の地震のみならず，1960年チリ地震のように遠方の地震によっても大きな被害が発生することがある．いずれの場合も多くは火災などを誘起し，人的・物的被害を拡大させる．物的被害は建築物の倒壊やダム・堤防など土木施設の被害に加え，生活の基盤となる電力・水道・ガスなどの供給施設，鉄道・道路・港湾・空港などの交通施設，放送・電話・インターネットなどの情報通信施設など広範囲にわたる．⇨東北地方太平洋沖地震，液状化 〈梅田康弘〉
［文献］工藤一嘉ほか（1987）地震による地盤の振動と地震災害：宇津徳治ほか編「地震の事典」，朝倉書店．

ししんせい　始新世　Eocene（Epoch）　古第三紀（Paleogene）を三分した真中のEpoch（世）．5,580万年前から3,390万年前まで．日本では，北海道，北九州・宇部の挟炭層や太平洋側の海成層の堆積が顕著． 〈石田志朗〉

じしんせいたいせきぶつ　地震性堆積物　seismite　地震の振動により変形を受けた堆積物の総称．固結したものは地震岩とよばれる．変形を受ける堆積層の性質（含水率，石化の程度，粒度分布，層厚，傾斜など）とその周囲の状況（難透水層による被覆や，クラックの有無など），振動の性質を反映し，多様な構造がつくられる．例えば未固結で含水率が高いシルト質・砂質堆積層では，振動により液状化が起こり，脱水構造や噴砂が形成される．また，堆積物の石化がある程度進んでいる場合，振動により堆積物が破損，角礫化し，その間隙に堆積岩脈が生じることがある．　　　　　　〈関口智寛〉

じしんせいちかくへんどう　地震性地殻変動　coseismic crustal movement　地殻変動のなかで地震活動に由来あるいは関連していると判断されるもの．概念としては，今村（1929）が記した紀伊半島の測地学的検討から南海トラフで起こる地震に伴う「急性的地殻変動」が最初．端的に本用語を初めて用いたのは吉川（1968）で，断層崖や撓曲崖を伴う地表地震断層は直接的に地殻変動を示す顕著な事例であり，海岸の隆起や沈降もその一例．同じ場所で同じタイプの地震が繰り返されると，同じような変動が累積し，断層崖の成長や海成段丘の多段化・高度上昇という現象で検出されることが多い．地震前後での測地測量成果の比較からもその変動の様子は明らかとなる．地震の発生サイクルを知る上で必要な情報を多くもつ変動様式で，南海トラフや相模トラフ沖で起こる巨大地震の繰り返し発生モデル（タイムプレディクタブルモデル）の基礎ともなる．⇨東北地方太平洋沖地震　　　　〈宮内崇裕〉

[文献] 今村明恒（1929）宝永四年の南海道沖大地震に伴える地形変動に就いて：地震, 2, 81-88. ／吉川虎雄（1968）西南日本外帯の地形と地震性地殻変動：第四紀研究, 7, 157-170.

じしんせんこうげんしょう　地震先行現象　recursor phenomenon　特に大地震の発生前に，震源域とその近傍で観測されることのある，地殻変動，地震活動，電磁気データ，地下水データ，生物行動などにおける通常とは異なる現象．水準測量で認められた1944年東南海地震に先行した地殻変動などを事例として，観測される現象を震源域での破壊直前の準備過程や先行すべりに起因すると考えて，地震予知のなかで直前予知あるいは短期予知に利用する研究も行われているが，定量的な評価が不十分な報告も多いことは課題である．　⇨地震予知
〈隈元　崇〉

じしんたい　地震帯　earthquake belt, earthquake zone　地震が発生した地点を地図上に図化した震央分布図において，地震が集中的に発生している帯状の領域．世界の震央分布図では，およそプレートの境界部と一致し，特に被害地震発生域の連なりとして，太平洋を取り巻く環太平洋地震帯や，東南アジアから中近東を経て地中海に至るユーラシア地震帯が顕著．　　　　　〈隈元　崇〉

じしんたいせき　地震体積　earthquake volume, source volume　地殻に蓄えられた歪みエネルギーが限界値に達したときに運動エネルギーに変換されて地震が発生するという考え（地震体積説）に基づくと，地震の規模はエネルギーを蓄える体積で規定され，これを地震体積とよぶ．この考えでは，歪み量や単位体積当りのエネルギーは地震の規模とは関係しない．　　　　　　　　〈隈元　崇〉

[文献] 坪井忠二（1967）「新・地震の話」，岩波新書．

じしんたんさ　地震探査　seismic exploration, seismic prospecting　人工地震を用いて地下構造を調べる物理探査の一手法．弾性波探査ともよばれる．地震波が地下を伝播する速度は，地質や岩種，亀裂の多少，含水状態，応力状態，風化・変質の程度など，地下の様々な状態の影響を受けて異なる値を示す．そこで，弾性波速度やその境界面形状を調べることにより，地下の構造や状態を解明するのが地震探査である．地震探査には使用する弾性波の種類によって，反射法地震探査，屈折法地震探査，表面波探査などの種類がある．反射法地震探査は，地層境界からの反射波を観測することによって反射面の形状を描き出すものであり，例えば活断層調査など，地層の連続性を評価する目的でよく利用されている．屈折法地震探査は，地下の地層境界を伝播して地表に戻ってくる屈折波を観測して弾性波速度を求める手法で，トンネルやダムの建設など土木分野で発展し，調査地の地質とその弾性波速度に基づき設計が行われる．表面波探査は，地表付近を伝播するレイリー波などの表面波を観測し，地下浅部の弾性波（S波）速度分布を求める手法で，最近実用化された探査法である．このように，調査の目的や対象，調査地の条件によって適切な探査法が選択される．　　　　　　　　　　　〈斎藤秀樹〉

じしんだんそう　地震断層　earthquake fault　内陸浅部の地震の際に地表に現れた断層．地表地震断層と同義．一方，地震波を発生した深部の断層を震源断層とよぶ．地震断層には，震源断層の一部が地表に到達した明瞭なものから，震源断層との関連

が不明なものまで多様であり，地すべりなどの重力性の地表変状との区別が困難な場合もある．しかし，地震断層は震源断層を推定する重要な手がかりでもあることから，震源断層の活動による直接的な地表変位を重視する必要があり，こうしたもののみを地震断層とよぶべきであるという考えもある．また，その目的においては，狭義の断層のみでなく撓曲も同様に重要であり，地震断層の一部として扱うべきである．⇨震源断層　　　　　　　　〈鈴木康弘〉

じしんちしつがく　地震地質学 seismogeology, earthquake geology　地震と断層との関係および地震に伴う様々な地質現象を研究する学問分野．断層を研究対象の一つとしている構造地質学や第四紀層を研究対象としている第四紀地質学とも密接に関係している．欧米では，変動地形学*や古地震学も地震地質学の範疇に含めることが多い．　〈堤　浩之〉

[文献] 狩野謙一・村田明広 (1998)『構造地質学』，朝倉書店．

じしんちたいこうぞう　地震地体構造 seismotectonics ⇨サイスモテクトニクス

じしんちょうさけんきゅうすいしんほんぶ　地震調査研究推進本部 The Headquarters for Earthquake Research Promotion　1995年に発生した兵庫県南部地震（阪神・淡路大震災）を受けて，全国にわたる総合的な地震防災対策を推進するために制定された地震防災対策特別措置法をもとに，行政施策に直結すべき地震に関する調査研究の責任体制を明らかにし，これを政府として一元的に推進するために設置された政府の機関である．　〈隈元　崇〉

じしんのちょうきよそく　地震の長期予測 long-term forecast of large earthquake　比較的近い将来起こりえる地震を具体的にリストアップし，震源の位置，地震規模，断層のずれ方，および発生確率などを推定すること．地震観測結果・歴史地震資料・活断層調査結果・各種物理探査結果などに基づいて検討される．1995年の阪神・淡路大震災をきっかけに，国の特別機関である地震調査研究推進本部において公的な取り組みが始まり，地震によるハザードを取りまとめ，国民に情報提供され，被害想定やいわゆるリスク評価の基礎となっている．2005年3月に同本部により公表された「全国を概観した地震動予測地図」は，すべての地震ハザードを総合し，場所ごとに近い将来に強い揺れが起きる確率などを示している．今後も個別の地震の長期評価が修正された場合には，予測地図が改訂される．なお，2011年の東北地方太平洋沖地震の発生予測については不十分な点が多く，地震防災の観点からも改善の必要性が迫られている．　〈鈴木康弘〉

じしんのマグニチュード　地震のマグニチュード magnitude of earthquake, earthquake magnitude　地震の規模を示す指標の一つで，震源からどの程度大きな振幅の地震波が放出されたかの目安となる数値．1935年にリヒターが地震計で観測される最大振幅を用いて，マグニチュードを求める方法を初めて提案した．米語圏ではリヒタースケール（Richter scale）ともよばれる．波形の振幅は地震計の特性に影響されること，地震記録の様相は震央距離によって大きく異なること，などにより振幅の計測は必ずしも容易ではない．このため，様々な用途に応じたマグニチュードが定義されており，一つの地震に対して複数の値が求まる．例えば，テレビ等の地震情報で使われる気象庁マグニチュード（M_{jma}）は地震波形の振幅と，震源の深さと震央距離に応じた補正項とから求められる．世界的な大地震の場合，周期20秒程度の表面波の振幅から求まる表面波マグニチュード（M_s）がよく用いられるが，巨大地震については過小評価となることが知られている．地震の規模を物理的に正確に表現するのは，震源での断層運動を記述する三つの要素（剛性率，断層面積，平均すべり量）の積で表される地震モーメント（M_0）である．金森博雄 (Kanamori, 1977) によって提案されたモーメントマグニチュード（M_w）は M_0 から換算して定義される．⇨巨大地震，地震モーメント，震度　　　　　　　　　　　〈加藤　護〉

[文献] Kanamori, H. (1977) The energy release in great earthquakes : J. Geophy. Res., 82, 2981-2987.

じしんは　地震波 seismic wave　自然地震や人工地震によって励起され，地球を伝播する弾性波．弾性とは固体物質の物理的性質の一種で，加えられた力に比例した一時的な変形を行い，力を抜くと元の形に戻る性質である．地震波は実体波と表面波に大別される．実体波は地球内部を伝播する弾性波で，P波とS波の2種類が存在する．P波（または粗密波）は波の進行方向と粒子振動方向が一致し，粒子振動が体積変形を伴う．これに対してS波（または剪断波）は進行方向と粒子振動方向が直交し，粒子振動が体積変形を伴わない．進行方向と振動方向の関係からP波を縦波，S波を横波とよぶこともある．P波の伝播速度はS波の伝播速度より大きい．他方，表面波は地表に沿って伝わる弾性波で，ラブ波とレイリー波の2種類が存在する．表面波は地表（自由表面）とP波やS波の波動場との干渉で

生じる．表面波は地表で非常に大きな振幅をもち，実体波に比べて波の振幅の伝播距離に対する減衰率が小さい．ラブ波は波の進行方向と振動方向が直交し，S波的な性質をもつ表面波である．レイリー波は進行方向と直交な方向および平行な方向に振動し，P波とS波を混合した性質をもつ表面波である．ラブ波の伝播速度はレイリー波の伝播速度より大きい． 〈加藤 護〉

［文献］Aki, K. and Richards, P. G.（2002）*Quantitative Seismology*（2nd ed.）, University Science Book.

じしんはっせいそう　地震発生層　seismogenic layer　地殻内では深さ5〜15 km程度，プレート境界では深さ15〜50 km程度で微小地震が多く発生するとともに，大地震の震源域となる．これらの深さでは岩石の脆性破壊が可能であることから，地震発生層とよぶ．⇒浅発地震 〈佐竹健治〉

じしんはていそくどいき　地震波低速度域　low velocity region　低速度層は，それを挟む上下と比べて相対的に地震波の速度が遅い層を指し，一般にアセノスフェアと同義に用いられる．一方，低速度域は周辺と相対的に地震波の速度が遅い局所的領域を指しており，基盤岩などの固い層と比べて柔らかい堆積層や，マグマ溜まり，部分溶融域などの存在に起因する．⇒低速度層 〈西田泰典〉

じしんはトモグラフィー　地震波トモグラフィー seismic tomography　地球内部を伝播する地震波の速度に関する3次元構造を地震波の観測データから調べる手法．地震トモグラフィーとも．1980年代に開発され，90年代に精度のよい結果が得られるようになった．地震波速度の違いが地球内部物質の温度を反映していると考え，マントルの移動速度や粘性係数の地域的相違の推定などに用いられている． 〈砂村継夫〉

じしんほうい　磁針方位　magnetic bearing　⇒方位

じしんモーメント　地震モーメント　seismic moment　震源での運動をある点に働く力として表す際，断層運動と等価な力系は二つの偶力の重ね合わせ（ダブルカップル）であり，そのモーメント（トルク）を地震モーメントとよぶ．矩形断層モデルを用いて，断層の長さ，幅，すべり（変位）量ならびに断層周辺の剛性率の積としても表すことができる．安芸敬一によって1964年新潟地震について導入されて以来，震源の大きさを物理的に表すパラメータとして使われている．地震モーメント（M_0）の単位がN·mであるとき，$M_w=(\log M_0-9.1)/1.5$によって，モーメントマグニチュード（M_w）に変換できる．⇒地震のマグニチュード 〈佐竹健治〉

じしんよち　地震予知　earthquake prediction, earthquake forecast　地震の発生について，その日時，場所，規模の三つの要素を，特に大地震の発生前に予め知ること．対象とする期間により，直前予知あるいは短期予知と長期予測に大分される場合もある．直前予知あるいは短期予知においては，大地震の震源域とその近傍での地震先行現象を根拠とする議論が多いが，観測された現象と地震予知の3要素との関連性が明確化されておらず，現象の報告が地震後である例が多いなど，現状ではその精度や確実性から実用に資するとは言いがたい．一方，長期予測は，歴史地震活動や変動地形学的調査による地震の繰り返しを統計的にモデル化した確率論的地震動予測地図として，日本やアメリカなどで公の結果が報告されている．ただし，地震予知の3要素の観点から用いたモデルの妥当性の検証など多くの課題も残っている．⇒地震先行現象 〈隈元 崇〉

しすい　試錐　drilling, boring　地下の地質状況を調査するために，地盤に掘られた孔または孔を掘る作業．採取されたコア試料を用いて岩質，地質構造などを明らかとするとともに，孔を利用して物理探査や地下水調査などを実施し，地下の地質，地下水特性を明らかとする．⇒ボーリング 〈田中和広〉

じすう　次数【谷の】　order（of valley）　⇒谷次数，水路次数，次数区分

じすうくぶん　次数区分【水路の】　ordering（of stream）　地形を構成する線，面等の大きさに注目し，それらを等級化して区分することを指す．最初に定義と方法が確立されたのは流域内の水路に対してである．すなわち，流域内のすべての水路を追跡し，水系図を作成した場合に，水路の規模を水路次数により区分することを指す．水路次数は，その地点から上流に存在する支流の合流状態によって等級化される．等級化の方法として，これまでに数種が提案されている．世界的に汎用されている等級化法は'ホートン・ストレーラー法'である．それによる次数区分の方法は，支流のない水路区間を1次の水路（first order stream）とよび，1次と1次が合流した水路区間を2次の水路（second order stream）とよぶ．以下，ω次とω次の合流した水路区間を（$\omega+1$）次とよび，次数を上げる．ただし，ω次の水路に（$\omega-1$）次以下の水路が側方より合流しても次数は上げない．河谷地形を扱う場合には，ω次の水路の存在する河谷をω次谷という．流域の次数は，

その流域内の水路の最高次数で与える．さらには，流域の次数区分を利用して，流域を囲む分水線をセグメントに区分し，それらセグメントの次数も定義されている．⇨水路次数，ホートンの法則，分水線セグメントの次数 〈山本　博・徳永英二〉

[文献] Tokunaga, E. (1984) Ordering of divide segments and law of divide segment numbers : Trans. Japan. Geomorph. Union, 5, 71-77.

じすべり　地すべり　landslide　狭義には，斜面内部に連続的なすべり面（地すべり面*）があり，そこから上の地塊がすべる現象．それに起因する災害を地すべり災害と総称する．移動する部分を地すべり移動体*とよぶ．広義には，地すべりだけでなく崩壊*，落石*，崩落*，土石流*，すべてのマスムーブメント*の総称として用いられることもある．特に英語圏ではlandslideの用語は広義に用いられることが多く，狭義に用いられることの多いわが国との間で，議論の混乱が生じることがある．新第三紀層，温泉変質地域，結晶片岩地域に多い．地すべりには，地下水の変動に伴って緩慢に動くものが多いが，近年では，地震によって急激に動く地すべりも多発している．古い地すべり移動体が再度滑動するものを再活動型の地すべり，初めて周辺から分離してすべるものを初生地すべり*ということがある．すべり面が平面的で移動体の回転を伴わないすべりを並進すべり，移動体が後方回転するものを回転すべり，あるいはスランプ*とよぶ．回転すべりの場合には，最上部に平面的にみて馬蹄形をした滑落崖*，側部に側方崖*が形成される．滑落崖の上縁が冠頂*である．並進すべりの場合には，移動体の最上部に陥没帯が形成されるのが普通．移動体の下部には圧縮リッジ*が形成されることも多い（図）．⇨地すべり地形（図） 〈千木良雅弘〉

[文献] 大八木規夫 (2004) 分類/地すべり現象の定義と分類．日本地すべり学会地すべりに関する地形地質用語委員会編「地すべり―地形地質的認識と用語―」，3-15./今村遼平 (2012)「地形工学入門」，鹿島出版会．

じすべりいどうたい　地すべり移動体　landslide mass, slide block　地すべりで移動した岩石物質の全体をいう．地すべり土塊という場合もある．全体が分裂せずにほぼ一体の場合もあれば，副次滑落崖によって多数に分解している場合もある．その分解状態・移動方向の多様性によって，地すべり移動体の形態と内部構造は多様になる．⇨地すべり地形の形態的分類（図） 〈鈴木隆介〉

じすべりがたのかざんがんせつりゅう　地すべり型の火山岩屑流　volcanic debris-flow induced by landslide　熱水変質した火山岩の地すべり（例：箱根早雲山地すべり1953年）．大規模なものとしては，起伏に富む基盤山地に重なる火山で，火山活動との関係を問わず，熱水変質した基盤岩の内部に生じたすべり面をもつ地すべりによって火山体（特に成層火山や擬似盾状火山）が大規模に破壊し，全体

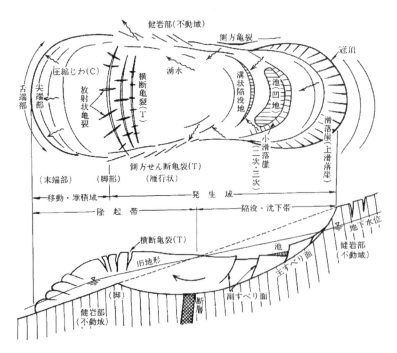

図　地すべり地の一般的な形態
（今村，2012）

凹凸型ないし階段型の地すべり地形を生じ，火山岩屑流と類似した地形を生じることもある．それらの地形は地熱資源の指示者となる（例：八幡平周辺）．⇨火山岩屑流　　　　　　　　　　　　〈鈴木隆介〉

じすべりさいがい　地すべり災害　damage caused by landslide　⇨地すべり

じすべりせいほうかい　地すべり性崩壊　slide-type slope failure　⇨崩壊性地すべり

じすべりせんたんぶ　地すべり尖端部　landslide toe　⇨地すべり地形（図）

じすべりたい　地すべり堆　landslide mound　地すべりで移動した地形物質の定着で生じた高まりの総称．地すべり移動体*ともいうが，①物質の移動状態（地すべり：landslide），②移動・定着した物質（地すべり堆積物：landslide deposit），および③その物質を地形物質とする地形種（地すべり堆）の3つを明確に区別するために提唱された地形学的成因用語．地すべりの発生機構を反映して多種多様な起伏形態・規模を示す．⇨地すべり地形，地すべり地形の形態的分類　　　　　　　　　　〈鈴木隆介〉

［文献］鈴木隆介（2000）「建設技術者のための地形図読図入門」，第3巻，古今書院．

じすべりダム　地すべりダム　landslide dam　地すべりや崩壊，土石流による移動岩屑が河谷を堰き止めたもの．天然ダムとよばれることもある．地すべりダムは，氷河湖を作る端堆石*あるいはビーバーダム*などと同様，天然ダム*の一つである．地すべりダムができると，湛水して湖を成すことが多い．地すべりダムは稀にはそのまま残ることもあるが，多くは形成後，数時間ないし数十日という比較的短時間のうちに決壊することが多い．決壊すると，河谷が急傾斜な場合には土石流となり，緩傾斜な場合には洪水段波が下流に及び，二次的な災害の原因となる．1847年の善光寺地震の際に，岩倉山の崩壊でできた地すべりダムは20日後に，1953年の有田川水害の際に金剛寺で起きた崩壊による地すべりダムは67日後に決壊して，それぞれ洪水による大規模な二次災害を引き起こした．⇨地すべり　　　　　　　　　　〈諏訪 浩〉

［文献］田畑茂清ほか（2002）「天然ダムと災害」，古今書院．

じすべりち　地すべり地　landslide area　地すべりで変形している土地．⇨地すべり地形　　　　　　　　　　　　〈鈴木隆介〉

じすべりちけい　地すべり地形　landslide landform, landslide topography　地すべり*によって形成される地形の総称（図）．一般に馬蹄形状の滑落崖*と地すべり移動体*との組み合わせを指すことが多い．地すべり地形は，大きくは地すべり地区

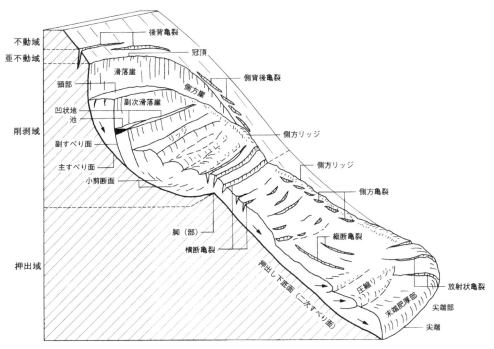

図　地すべりに伴って生じる各種の微地形種の一覧的模式図（大八木，1982を一部改変）
注意：個々の地すべりで全ての微地形種が揃って生じるわけではない．

じすべりち

の上方および周辺の不動域と，地すべり本体である削剥域（移動域），下部斜面の押出し域（定着域）とに分けられる．地すべりによる変形構造に関わる細かい名称は大八木（1982）によって定義された．landslide landformは和製英語であり，英語圏では「地すべり地形」という用語自体ほとんど使用されていない．わが国では，独立行政法人防災科学技術研究所が1982年から「地すべり地形分布図」を刊行し，2009年度にはほぼ全土がカバーされた．⇨地すべり地形の形態的分類（図）　〈千木良雅弘〉

[文献] 大八木則夫（1982）地すべりの構造：アーバンクボタ，20, 42-46

じすべりちけいのかいせきど　地すべり地形の開析度　dissection ratio of landslide landform　地すべり堆の初期面積に対する開析谷の面積の百分率（D, %）．日本の大規模な岩盤すべりの場合には，地すべり堆の形成年代（T, 年）との間に，$D=0.02T^{0.6}$，の関係があり，地すべり地形の新旧の判別に役立つ．⇨開析度[地形種の]　〈鈴木隆介〉

[文献] 柳田　誠・長谷川修一（1993）地すべり地形の開析度と形成年代との関係，地すべりの機構と対策に関するシンポジウム論文集，土質工学会四国支部，9-16.

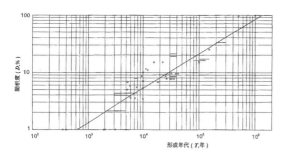

図　地すべり地形の形成年代（T）と開析度（D）との関係（柳田・長谷川, 1993）

じすべりちけいのかけいもよう　地すべり地形の河系模様　drainage pattern of landslide landform　地すべり地形の内部では，その周囲の不動域（一般に必従谷の発達する斜面）に比べて，次のような特異な河系模様や河系異常がみられる（図）．①谷線の中断・不連続，②中縮尺地形図（1/2.5万）では低谷密度にみえるが，大縮尺地形図（1/2,500～1/500）では高谷密度の場合もある，③特異な河系模様（湾曲状河系，多盆状河系，並流谷，斜流谷），④対接峰面異常，⑤外来河川の切断・閉塞・転流．⇨対接峰面異常　〈鈴木隆介〉

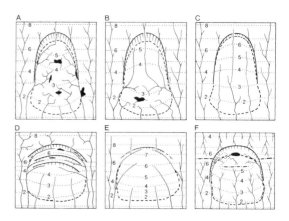

図　地すべり地形の内部における河系の主な類型（鈴木, 2000）
A：腕曲状河系および多盆状河系，B：地すべり堆上部での平行河系と基部の湾曲状河系および多盆状河系，C：平行状河系，D：並流谷，E：斜流谷，F：旧地形の樹枝状水系の残存．点線は概念的（接峰面的）な復旧等高線で，数字は50mないし100m単位の高度階級．櫛歯線は滑落崖，破線は地すべり堆の範囲，黒色部は凹地または池沼，1点破線は主分水界，をそれぞれ示す．

[文献] 鈴木隆介（2000）「建設技術者のための地形図読図入門」, 第3巻, 古今書院.

じすべりちけいのけいたいてきぶんるい　地すべり地形の形態的分類　morphologic classification of landslide form　地すべり堆の形態的特徴（例：縦断形・微地形配置・水系分布）を基準にして地すべり地形を大別した分類であり，全体凹凸型，頂部凹凸型，階段型，末端凹凸型，少凹凸型，膨出型，尾根移動型，末端隆起型の8種に形態的に分類したものである（図）．個々の類型の規模，平面形，全体傾斜などの3次元的形態は多様である．この分類は現状では流布していないが，地すべり地形の読図や空中写真判読の際に，着眼点の目安を与える．一つの地すべり地帯では，同種の型が密集している場合が多いが，古い地すべり堆から二次的に発生した地すべりでは別の型に変換していることも多い．個々の地すべり地形の形態的特徴は，地すべりの発生した地区の地形場，地質構造，移動物質の岩相ならびに地すべりの移動機構（地震による突発的崩落型や降雨・融雪などによる長期的な滑動型）を反映していると予想され，それらの移動機構と地すべり堆の形態的特徴との関係について今後の研究が望まれる．⇨地すべり地形（図）　〈鈴木隆介〉

[文献] 鈴木隆介（2000）「建設技術者のための地形図読図入門」, 第3巻, 古今書院.

じすべりちけいのたいひ　地すべり地形の対比

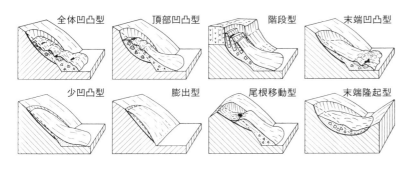

図　地すべり堆の形態で分類した地すべり地形の類型（鈴木, 2000）

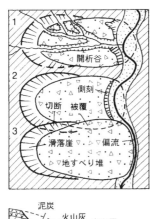

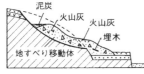

図　地すべり地形の新旧の判別（鈴木, 2000）
1（滑落崖も地すべり堆も開析されている）が最も古く，2（滑落崖が切断され，地すべり堆が被覆され，末端が本流で側刻されている），3（本流を偏流させている）の順に新しい地すべり地形である．下図は絶対年代測定試料の存在状態を示す．

correlation of landslide form　個々の地すべり地形の新旧を判別し，広域に分布する複数の地すべり地形が同時期に形成されたもの，と認定する作業をいう（図）．対比の基準は，基本的には地形面の対比と同様であるが，①接しあう複数の地すべり地形あるいは段丘面との切断と被覆関係，②地すべり堆および主滑落崖の開析度，③形成時代（古文書などの歴史記録や地すべりによる埋没木・埋没土壌・凹地内の泥炭層などの^{14}C年代測定値），④火山灰層序学的対比法である．　⇨地形面の対比，地すべり地形の開析度　　　　　　　　　　　　　〈鈴木隆介〉

［文献］鈴木隆介（2000）「建設技術者のための地形図読図入門」，第3巻，古今書院．

じすべりどかい　地すべり土塊　landslide mass　⇨地すべり移動体

じすべりねんど　地すべり粘土　landslide clay　緩慢な移動をする地すべりのすべり面において，すべりによって形成される粘性の大きい粘土　⇨地すべり面　　　　　　　　　　　　　　　　〈松倉公憲〉

［文献］松倉公憲（2008）「地形変化の科学―風化と侵食―」，朝倉書店．

じすべりぶんぷかいせき　地すべり分布解析　analysis of landslide distribution　地すべりの空間分布の特徴を定量的に求めること．もしくは地すべりの分布と地形，地質といった土地条件との関係を検討すること．近年，GIS*（地理情報システム）の普及によって，地すべりなどのポリゴンデータとDEM・地質図など他の主題データを容易にオーバーレイできるようになり，地すべりの個数，特定条件下の斜面における面積比，地すべりの規模の分布などが容易に求められるようになった．日本では，（独）防災科学技術研究所が全国の地すべりのGISデータを整備しており，地すべりの分布解析に有用な情報として活用されている．　　〈岩橋純子〉

じすべりめん　地すべり面　sliding surface, slip surface　地すべり移動体*の下底をなす剪断面．地すべり面は実際には剪断変形した粘土を伴うことが一般的で，これは地すべり粘土*とよばれる．⇨地すべり地形（図），すべり面［地すべりの］　　　　　　　　　　　　　　　　〈千木良雅弘〉

じすべりゆらいのちめい　地すべり由来の地名　Japanese place name derived from landslide　日本の地すべり地区には地すべりにちなんだ地名が以下の例示のように多い．①地すべり発生にちなむもの：崩，抜，すべり，ずり，ぞうり，欠，押，落，切，割，巻，はね，飛，吹，動，離，反，濁などの語をそのまま，または形容詞として山，沢，谷，原，平，田，畑，石，土，などに付すものが多い．例えば，崩山，大崩，崩畑，抜山，押田，押出，石動，離山，反田．逆に長期的な不動域を不動山とよぶ．②地すべり地形の特徴：成，平，窪，久保，溝，段，

岩，石，砂などを形容詞とした成田，梨平，水窪，大久保，溝尾，団地，石原田，郷路沢など．③水田・畑の特徴：赤田，青田，狭田，棚田，千枚田，障子田，坪田，坪野，一反田〜五反田，横畑など．④植生（特に湿生植物）：曲松，枯木，芹，菅，吉（よし），菖蒲，蓮，蓬，萱など．⑤その他：論田，論地，論平，平家落人集落（古屋敷，寺屋敷など）．ただし，上例と類似した地名でも地すべりと直結していない場合もあるので注意を要する． 〈鈴木隆介〉
[文献] 古谷尊彦 (1982) 地すべりに由来する地名の解釈について：地すべり，19 (2)，25-28．

しずみこみたい　沈み込み帯　subduction zone
プレート収束境界のうち，海洋プレートが上盤側（陸側）プレートの下に潜り込むものを沈み込み帯とよぶ．プレートの沈み込み口は一般に地表の小円の一部をなす．したがって，沈み込み帯に付随する地形・地質・地球物理学的特徴は弧状の連なりをなし，弧とよばれる．沈み込まれる側が薄い地殻をもつ場合に島弧，厚い地殻をもつ場合に陸弧ができる．沈み込み帯の構造は，それに直交する方向に，海側からアウターライズ，海溝軸，前弧隆起帯（非火山弧），火山弧，背弧，背弧海盆の順に帯状に並び，それに伴って地形・重力・地表熱流量・地震活動・火成活動・地殻変動などが変化する．地震活動は，プレート境界で起こるもの，沈み込む海洋プレート内で起こるもの，上盤側プレート内で起こるものに分けられる．地表熱流量は前弧隆起帯で小さく，火山弧・背弧で大きくなる．沈み込む海洋プレート（スラブ）の地殻やマントル部分に含まれる含水鉱物によって，プレート境界断層やマントル・ウエッジ，上盤側プレート内に運ばれる水が，沈み込み帯の地震活動，火成活動を引き起こしている．⇨プレート境界，弧状列島，収束境界，スラブ，上盤側プレート，マントル・ウエッジ 〈瀬野徹三〉

じせいこうぶつ　自生鉱物　authigenic mineral
化学的および生化学的作用によって堆積物の固化の過程で新たに形成される鉱物．たとえば，炭酸塩岩の初期続成作用にともない，アパタイトや緑泥石，黄鉄鉱などが自生鉱物として晶出する． 〈松倉公憲〉

じせいこうぶつ　磁性鉱物　magnetic mineral
磁性をもつ鉱物の総称で，磁鉄鉱*と赤鉄鉱（hematite）がその主な例．河床や海浜でみられる砂鉄のほとんどは，火山岩や花崗岩などの風化物質に由来する磁鉄鉱である．磁鉄鉱は主要造岩鉱物の晶出過程の後期に晶出し，風化に強く，劈開のある雲母，角閃石，輝石，斜長石類などに比べて磨滅にも強い．そのため，たとえば海浜砂の供給源（例：河口）から遠ざかるほど，海浜砂中の砂鉄の含有個数比が増加するので，珪長比*とともに，海岸漂砂の卓越方向の指示物となる． 〈鈴木隆介〉
[文献] 荒巻 孚・鈴木隆介 (1962) 海浜堆積物の分布傾向からみた相模湾の漂砂について：地理学評論，35，17-34．

じせいでいたん　自生泥炭　autochtonous peat
湿原植物がその場で枯死して堆積したもの．⇨他生泥炭 〈小泉武栄〉

しせつ　肢節【山地の】　texture (of mountain)
山地の形態的特徴のうち，水平方向の凹凸つまり尾根と谷の出入りを水平的肢節とよび，垂直方向の凹凸つまり尾根と谷の比高あるいは接峰面*と接谷面*の高度差を垂直的肢節とよぶ．しかし，肢節は，地形量でも地形相でも客観的に表現することが難しく，その意義も説明し難いので，現在では使用されることのない古い用語である． 〈鈴木隆介〉

しせん　支川　tributary
本川に注ぐ河川で，支流ともいう．地理的には，二つの河川の合流に際し，河川流量，河川長，流域面積が大きい方，あるいは政治，経済的により強力な地域を流れる方の河川を本川，他方を支川（支流）とよぶ．支川に合流するものを小支川，以下同様に，小をつけ，小々支川などと区別する． 〈砂田憲吾〉

しせんおおじしん/ぶんせんじしん　四川大地震/汶川地震　2008 Wenchuan, China, earthquake
中華人民共和国中西部の四川省で発生した大地震であり，現地時間では2008年5月12日14時28分である．中国地震局は震央を汶川県（北緯31°01′5″，東経103°36′5″）として，汶川（Wenchuan）地震とよぶが，四川汶川8.0級地震，512大地震ともいわれる．震源の深さは19 kmで，逆断層型とされ，マグニチュードはM_s 8.0（中国地震局），M_w 7.9（USGS）と求められており，陸のプレート内で起きる直下型地震としては世界最大級とされる．地震発生域はチベット高原東部が四川盆地と接する大きな地形境界部であり，北東-南西走向で西傾斜の龍門山（衝上）断層帯が認められていたが，この主要部が活動した．現地調査で明瞭な大きな変位量をもつ地表地震断層が確認された．走向は北東-南西方向，断層面は北西傾斜で，その変位様式はほぼ純粋な逆断層運動であり，上下方向の変位量は最大約5 mとされる．さらに大きな変位量や右横ずれ変位の報告もある．死者数は約9万人を越え，避難した人は1,515万人に及ぶ．山地域では斜面崩壊が数多く発生し，河谷に堰止湖が生じて，下流域での大規模な

避難が行われた． 〈岡田篤正〉

しぜんかせん　自然河川 natural river　本来は，人為的作用が全く加わらない自然のままの河川をいう．堤防などによる人為的な河道の固定や付け替え，床固工などの人工的な構造物の設置，ダムや取水堰による人為的な流量の調節や変化が全く行われていない河川であり，河川の自然的な作用すなわち地形変化，土砂移動，氾濫などが生じる状態が保全され，その環境に応じた生態系の保存されている河川．しかし，日本はもとより世界的にも人間の活動地域（居住・生産・行動域）では，真の自然河川は存在しない．なお，ドイツで発祥した近自然河川工法とは，人工化された河川生態系を自然河川に近い状態に戻す復元工法であり，それを真似て日本で導入された多自然型河川工法とは異なる．⇨人工河川 〈島津　弘〉

しぜんかんきょう　自然環境 natural environment, physical environment　人類の生存や生活に影響を与える上で発現する自然の機能や条件を指す．環境*を自然環境とそれ以外の環境（例えば，社会環境や文化環境など）に大別したときの一つで，地形・気候・水・土壌・植物・動物などの自然要素が人類（人間）の生存や生活に与える影響や条件を指す．個々の自然要素が'環境'において果たす機能や役割には軽重はないが，水や土壌，動植物の性状や分布は，地形・地質や気候に規定されることが多いことから，自然環境の検討においては，地形・地質や気候を重視することが多い．また，環境の概念には，'主体に対する影響・作用'が内包されるので，自然環境の検討では，自然要素の実態把握だけでなく，人類の生存や生活に対する'善し・悪し'の影響の評価，あるいは，生活・産業・文化との関係が吟味されることが多い．なお，'環境の範囲'は人類の空間的拡大や文化の発展に伴って拡大してきた．特に自然環境は，科学技術の進歩に伴って未知なる自然が既知なる自然に繰り込まれ，近年その外縁は急速に拡大した．社会・文化・人工環境などの他の環境は，自然環境を人類社会に同化しながら作り上げてきたものと考えられ，概念上は，自然環境は他の環境の基底に存在し，かつ，外側に位置する環境とされる． 〈大森博雄〉
[文献] 大森博雄ほか編（2005）「自然環境の評価と育成」，東京大学出版会．

しぜんがんすいじょうたい　自然含水状態 natural water state　土壌あるいは岩石の供試体が，自然に産する場所（原位置）から採取された，その時点の含水状態． 〈松四雄騎〉

しぜんけいかん　自然景観 natural landscape, physical landscape　自然要素が作り出す地表の3次元構造を指す．自然を構成する地殻（地形・地質など），水（河川・湖沼・海洋など），大気（雲や霧など），生物（植生や動物相など）が地表の三次元空間に作り出す模様（ありさま）で，人為的な構造物などを捨象した景観を指す．景観*を自然景観と人為的な景観（人文・社会景観や文化景観など）に大別したときの一つで，'人間活動を反映した景観'と対比・差別するための'自然の性格や特質を反映した景観'を指し，'自然環境を作り出している地物や生物の分布や構成状態'という意味合いで使われる．多くの場合，地形景観や植生景観を指すが，熱帯半乾燥地域でみられるアリ塚群のように，動物が形成した地物などが主要な景観要素となることもある．⇨地形景観，植生景観 〈大森博雄〉
[文献] Davis, W. M. (1912) *Die erklärende Beschreibung der Landformen*, B. G. Teubner（水山高幸・守田　優訳（1969）「地形の説明的記載」，大明堂）．

しぜんさいがい　自然災害 natural disaster, natural hazard　災害*のうち，時間的および空間的に集中して発生する自然現象によって，その社会が厳しい危険にさらされ，人命および財産の損害を被り，その結果として社会構造が破壊され，社会の本質的な機能のすべてか，またはその一部を満たすことができなくなること，と国連で定義されている（下鶴，1995）．つまり，顕著な自然現象が発生しても，それによって社会が被災しなければ自然災害とはいわない（例：深山幽谷*での大規模な落石，土石流，地すべり，河川水位上昇）．⇨天災，未必災，人災 〈鈴木隆介〉
[文献] 京都大学防災研究所編（2001）「防災学ハンドブック」，朝倉書店．/下鶴大輔（1995）自然災害，ハザード：下鶴大輔ほか編「火山の事典」，朝倉書店．

しぜんさいがいからのひなんのなんいど　自然災害からの避難の難易度 difficulty in evacuation from natural disaster　災害営力の直撃による人命の直接的損傷を回避するための避難の難易度であり，避難の困難な自然災害つまり襲来速度の大きい災害営力ほど危険度が高いと評価されよう．例えば，災害営力の直撃地点にいた人が，避難不可能（例：火山爆発）→避難困難（例：土石流）→稀に避難可能（例：津波）→避難可能（例：溶岩流）→避難不要（例：濃霧）の順に難易度は低下する．この難易度は災害営力の種類・規模によって変動する

が，地形学的位置（地形場）を考慮した上で，ハザードマップの作成に採用すべき概念であろう．⇨自然災害の危険性，自然災害の襲来速度，ハザードマップ　　　　　　　　　　　　　　　　〈鈴木隆介〉

しぜんさいがいによるそんしつど　自然災害による損失度 vulnerability due to natural disaster　⇨自然災害の危険性

しぜんさいがいのえいきょうはんい　自然災害の影響範囲 scope of impact of natural disaster　一連1回の災害営力の及ぶ範囲について，その面積の円半径を想定し，広範囲であるほど危険度は高いと評価される．影響範囲は，例えば，大規模な地震，台風，火山噴火などが大きく，落石や噴砂などは小さい．⇨自然災害の危険性　　　　〈鈴木隆介〉

しぜんさいがいのきけんせい　自然災害の危険性 risk of natural disaster　自然災害の危険性（risk）は，国連の総括（下鶴，1995）によると，次式で評価される．危険性（risk）＝価値（value）×損失度（vulnerability）×災害発生確率（natural hazard）．ここに，価値とは，危険にさらされる人口，家屋や土地などの不動産あるいは工場，農地，発電所などの生産的機能や交通施設を指す．損失度とは，所与の規模の自然現象の発生に起因する価値の損失程度であり，危険度ともいう．災害発生確率とは，所与の地域で特定の期間内に，災害を起こす可能性のある自然現象の発生する確率である．しかし，一定の仮定の下に評価するとしても，これら3変数の定量的予測・評価は容易ではない．⇨自然災害
　　　　　　　　　　　　　　　　〈鈴木隆介〉

［文献］下鶴大輔（1995）自然災害，ハザード：下鶴大輔ほか編「火山の事典」，朝倉書店．

しぜんさいがいのきけんど　自然災害の危険度 risk of natural disaster　⇨自然災害の危険性

しぜんさいがいのけいぞくじかん　自然災害の継続時間 duration of natural disaster　一連1回の自然現象の継続時間であり，長時間であるほど，影響が長期に及ぶので，危険度は高いと評価される．例えば，台風災害は長く，落石，崩落，土石流は短い．⇨自然災害の危険性　　　　　〈鈴木隆介〉

しぜんさいがいのしゅうらいそくど　自然災害の襲来速度 speed of onset of natural disaster　災害営力による物質の最大移動速度であり，高速の災害営力ほど発生時の避難が困難であるから，危険度は高いと評価されよう．例えば，地震，火山爆発，落石，崩落などが高く，厚い溶岩流，地すべり，地盤沈下などが低い．⇨自然災害の危険性　〈鈴木隆介〉

しぜんさいがいのせいぎょかのうせい　自然災害の制御可能性 controllability of natural disaster　災害営力の発生・軽減に対する防災工の有効性が高ければ，危険度は低いと評価される．例えば，強風は防災工（防風林）でかなり制御できるが，地震（＋津波）や火山噴火を制御する手段はない．⇨自然災害の危険性　　　　　　　　　〈鈴木隆介〉

しぜんさいがいのはかいてきせんざいりょく　自然災害の破壊的潜在力 destructive potential of natural disaster　一連1回の自然災害を起こした素因（災害営力）の潜在的な破壊力を意味し，防災対策的観点では重要な概念であるが，その定量的評価（例えば，総エネルギーの算出）は極めて困難である．しかし，被災後の災害復旧難易度が大きいほど破壊的潜在力は高いと評価できよう．そこで，例えば，鉄道災害の場合には，路線の復旧難易度∝鉄道運休時間∝構造物復旧に要する日数∝災害復旧経費∝運休による運賃収入の減少，という考え方が実用的であろう．これらの指標は，自然災害の素因の種類・規模はもとより，被災した鉄道の路線の地形学的位置（地形場），構造物の種類（例：トンネル，橋梁，盛土，高架構造），列車運行密度などによって著しく変動する．結局，最も簡明な評価指標は鉄道運休時間であろう．⇨自然災害の危険性〈鈴木隆介〉

しぜんさいがいのはっせいひんど　自然災害の発生頻度 frequency of natural disaster　一地区・地域での災害営力の発生頻度（再現期間）であり，頻度の高い災害営力ほど危険度が高いと評価される．⇨自然災害の危険性　　　　　　　　　〈鈴木隆介〉

しぜんさいがいのふっきゅうのなんいど　自然災害の復旧の難易度 difficulty in restoration of natural disaster　⇨自然災害の破壊的潜在力

しぜんさいがいのよち　自然災害の予知 prediction of natural disaster　自然災害の発生を事前に知ることをいう．'予測'とほぼ同義．予知は災害の個々の誘因（例：地震）について，少なくとも発生する①場所（place），②規模（magnitude）および③時間（time）の3要素を事前に知ることが不可欠であり，一つの要素でも欠けていれば予知とはいえない．さらに，①では広域的（例：数県）から局所的（例：数市町村）な範囲，②では災害の様相（例．土地・構造物の変状，洪水，津波などの種類と規模），③では年・月・日・時間および災害継続時間などの詳細な情報を含むことが望ましい．自然災害のうち，気象や海象の変化という太陽熱系列の災害営力を誘因とする災害については観測技術の進歩お

よび発生機構の解明により，かなり高精度の予知が可能である（例：天気予報，海況予報）．一方，地球内部系列の災害営力による災害については，地球内部，特に地殻内部の状況（物理的性質，不連続性などの場所的差異・時間的変化）を現状では高精度で観測できないから，予知は極めて困難ないし不可能である．ただし，火山災害については噴火の予兆がかなり観測できるし，噴火が始まれば噴火の様相も定性的には予測できるので，人命損傷を避ける程度の予知は可能になってきた．一方，地震およびそれに起因する津波については，遠地で発生した場合を除き，不可能に近いのが現状である．〈鈴木隆介〉

しぜんさいがいのよちかのうせい　自然災害の予知可能性 predictability of natural disaster　観測や目視によって予知が可能であれば，危険度は低いと評価されるが，災害の誘因によって予知可能性は著しく異なる．⇒自然災害の予知　〈鈴木隆介〉

しぜんさいがいのよほうのじかんてきよゆう　自然災害の予報の時間的余裕 length of possible forewarning of natural disaster　災害発生の直前予報の最小時間であり，その時間が短いほど，危険度は高いと評価される．例えば，地震（津波）が最も短く，台風は数日前から予報される．⇒自然災害の危険性　〈鈴木隆介〉

しぜんさいがいよそくず　自然災害予測図 hazard map for natural disaster　⇒ハザードマップ

しぜんざんりゅうじか　自然残留磁化 natural remanent magnetization　自然界にも，$10\sim10^{-4}$ A/mと弱いながらも磁化を保持する物質がある．人工的に帯磁されていない磁化を自然残留磁化という．自然残留磁化をもつ物質の発見は，測定装置の開発で増加してきた．最初の測定装置は，人間の目であった．人類は最初に縞状鉄層の鉄の酸化物を豊富に有した層を取り出し，物質が引き合ったり・反発する様子を観察し，磁気をもった物質であるマグネタイトをみつけたのだろう．そして小さな磁石を糸でつるして，岩石の磁気を測定し始めると，マグネタイトを含む火山岩溶岩も磁化をもつことがわかった．溶岩からは逆帯磁の磁化がみつかり，地球磁場逆転史の研究が始まった．感度のよい無定位磁力計*が開発されるや，マグネタイトを含む凝灰岩・堆積物・花崗岩，ヘマタイトを含む赤色砂岩，ピロータイトを含む変成岩なども自然残留磁化をもつことがわかった．深海底の堆積物から逆帯磁の磁化が発見され，地球磁場の逆転が実証された．1970年代に入るや，超伝導磁力計の導入で，鍾乳石・火山ガラスも安定した自然残留磁化をもつことがわかった．さらに近年，塵にまみれた街路樹や野草も磁化をもつことがわかり，これらの測定成果から，環境磁気学という分野の発展にはずみがついた．

〈乙藤洋一郎〉

[文献] Butler, R. F. (1992) *Paleomagnetism*, Blackwell Scientific Publications.

しぜんしゃめん　自然斜面 natural slope　人工的に整形されていない自然状態の斜面．人工斜面（切取面や盛土法面）の対語．⇒人工斜面

〈鶴飼貴昭〉

しぜんちりがく　自然地理学 physical geography　地理学*の2大分野の一つで，人文地理学*と並列する．古語の 地文学*とほぼ同義．宇宙における地球の位置をはじめ，地球全体の形態，大気圏，水圏，気候，土壌，植生，地形など，人間活動の舞台としての地表付近の諸事象の，主として空間的差異を研究対象とする．しかし，現代では，それぞれの事象ごとに独立の科学（例：地形学）が進歩したため，教育面で自然地理という用語が使用されるが，一つの独立科学として自然地理学という名称が使用されることは稀になった．〈鈴木隆介〉

[文献] Strahler, A. H. and Strahler, A. (1992) *Modern Physical Geography* (4th ed.), John Wiley & Sons.

しぜんていぼう　自然堤防 natural levee　氾濫原（蛇行原）などでは河川が氾濫する際に，河道の外側（堤内地側）で洪水流の水深が急に減少し，掃流力の減少に伴って粗粒の砂質堆積物が堆積する．その結果，河道に沿って連続する微高地が形成され，この微高地を自然堤防とよぶ（次頁の図）．自然堤防は現在の流路のみならず，転流によって放棄された旧流路に沿う場所にもみられる．また，新しい洪水氾濫堆積物によって埋積された過去の自然堤防もあり，遺跡の発掘などでしばしば確認される．自然堤防の幅は最大$1\sim2$ kmにも達するものもあるが，多くは数百m以内であり，背後の後背湿地との比高は$1\sim2$ m程度であることが多い．ただし，盆地尻や狭窄部およびその直下流では洪水・氾濫時の水深が特に深い地区などでは10 mにも及ぶ比高をもつ自然堤防がみられることもある．自然堤防は河川の小規模な洪水・氾濫時に相対的に水没を免れやすく，比較的早く離水するため古くから居住の場所として選択され，土壌が砂質であるために畑地や果樹園として利用されてきた．しかし，自然堤防は本来，河川の氾濫で形成された地形種であるから，大規模に冠水することもある（例：京都府由良川1965

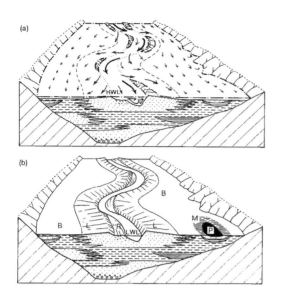

図 自然堤防と後背低地の形成過程(鈴木, 1998)
日本における蛇行原的な谷底堆積低地の場合を示す.
 (a) 洪水時における氾濫水の流れ
  大小の矢印は相対的流速と流向を示す. HWL：高水位の水面.
 (b) 低水位にみられる地形
  R：河川敷, L：自然堤防, B：後背低地, M：後背湿地, P：後背沼沢地・湖沼, LWL：低水位の水面.

年水害). ⇨水中自然堤防, 蛇行原　〈海津正倫〉

[文献] 鈴木隆介(1998)「建設技術者のための地形図読図入門」, 第2巻, 古今書院.

しぜんていぼうたい　自然堤防帯 floodplain
河成平野を構成する扇状地と三角州との間の部分. 氾濫原・洪函平野・自然堤防地帯・曲流地帯・中間帯ともよばれてきたが, それらの命名法に対して鈴木(1998)は疑義を唱え, 蛇行原*(meander plain)とよぶのが妥当であると主張した. 一方, 海津(1994)は欧米の地形学や堆積学教科書に従って沖積平野の扇状地と三角州の間の部分を氾濫原(flood plain)とするのが妥当であるとしている. 顕著な蛇行河川と自然堤防の存在と網状流路や分岐流路の欠落などによって特徴づけられる. ⇨自然堤防
〈海津正倫〉

[文献] 貝塚爽平ほか(1963)「日本地形論(上)」, 地学団体研究会. /海津正倫(1994)「沖積低地の古環境学」, 古今書院. /鈴木隆介(1998)「建設技術者のための地形図読図入門」, 第2巻, 古今書院.

しぜんていぼうたいせきぶつ　自然堤防堆積物 natural levee deposit 自然堤防*を構成する堆積物の総称. 沖積平野で河道に沿って発達した微高地である自然堤防は, 洪水のたびに河道から氾濫原に溢流した水に含まれる浮遊土砂が堆積して発達した地形である. 高さは洪水時の最大水位にほぼ一致し, 後背湿地から1〜2mでせいぜい5mまで, 幅は利根川で最大3km, 長さは木曽川で22kmに達する. 大陸の河川では自然堤防の幅と長さがさらに大きいが, 高さは同程度である. 河床勾配が小さく, 浮流荷重が多い河川の, 蛇行部の外側でよく発達する. 洪水時には, 河道に近い部分は流速が速いので砂など相対的に粗粒な粒子が堆積するが, 河道から遠いほど流速が遅くなるので, 堆積物はシルト・粘土など細粒になり厚さが薄くなる. 洪水が減衰するにつれ細粒な泥が堆積し, 干上がると表面に乾裂や雨滴痕が発達する. 1回の洪水に対応して, 砂質な層(数cmから数十cmの厚さ)とそれを覆う泥質な層(数cmの厚さ)がセットになる. 河道に近い場所では, リップル葉理・クライミングリップル葉理・平行葉理(⇨葉理)などの堆積構造がみられ, これらはポイントバー(⇨蛇行州)上部のそれと似ているが, 堆積物はポイントバーよりも若干細粒である. 平常時には生物活動による生物擾乱を受け, 表層は植生が生え土壌化し, 有機質になる. 洪水が繰り返し起こることで, 自然堤防堆積物は砂泥互層となり, 河道から離れるにしたがって薄くなる. また, 洪水が短時間で, ウォッシュロード*の流出が流量のピークに先行する日本の多くの砂床河川では, 逆級化(⇨級化)構造が特徴的にみられる.
〈村越直美〉

しぜんでんい　自然電位 self-potential 大地に自然に発現した電位の総称. SPと略称される. 原因として, イオンの拡散や酸化還元作用などによる電気化学的効果(electrochemical effect), 温度勾配による熱起電力効果(thermoelectric effect), 界面動電効果(electrokinetic effect)などがあげられる. かつてSPは鉱床探査などを目的に測定されていたが, 地震, 重力, 電磁などの探査法の発達とともに, ほぼその役目を終えた. 一方, 1970年代から新たに火山地熱探査への応用が活発になった. ハワイ島キラウエア, レユニオン島ピトン・ドゥ・ラ・フルネーズ, 有珠山, 三宅島など多くの火山の火口や高地温域でしばしば100mV以上, ときには1,000mVにのぼる正の自然電位異常が観測される. その主たる原因は, 熱水対流に伴う界面動電位(または流動電位：streaming potential)にあると考えられている. これは固体と液体(岩石とその孔隙を埋める液体)の界面に生ずる電気二重層のため液体内のイオ

ンの分布に偏りが生じ，地下の圧力勾配に比例して岩石中の水が流動するとき，水の流れにカップルして電流が流れ，電位差が発生する現象をいう．多くの場合，熱水の上昇域に正の電位が発生する．
〈西田泰典〉

[文献] Zlotnicki, J. and Nishida, Y. (2003) Review on morphological insights of self-potential anomalies on volcanoes : Surv. Geophys., **24**, 291-338.

しぜんどじょう　自然土壌 natural soil ⇨潜在自然土壌

しぜんはいすい　自然排水 gravity drainage, natural drainage　ポンプなどの機械によらずに堤内側の氾濫水を重力の効果で自然に排水させる方法．洪水による本川水位の上昇時には，住宅や田畑のある堤内側への逆流入を避けるために堤内河川の排水樋門を閉じるが，洪水終了後に本川水位が十分低下した時点で樋門を開けて行う．
〈砂田憲吾〉

しそうかせき　示相化石 facies fossil　化石が産出する地層が堆積した時の環境を示す化石．例えば，造礁サンゴの化石は温暖で浅海の環境を示すと考えられる．すべての生物はある環境に適応しているため示相性をもっているので示相化石といえるが，適応環境が狭い生物の方が限定された環境を示すので重要である．しかし，生物は時代とともに生育環境を変化させている場合があるので，他の生物や他の方法で求められた環境指標（堆積環境，古気温，古水温など）によるクロスチェックが必要である．
〈塚腰　実〉

したいけ　下池 lower pond ⇨揚水発電

したざきそう　舌崎層 Shitazaki formation　岩手県二戸市から青森県南部町周辺に分布する上部中新統．主にシルト岩からなり軽石凝灰岩の薄層を挟む．層厚は150～200 m.
〈松倉公憲〉

したばん　下盤 footwall　傾斜する断層面の下側の岩盤．上下方向の運動とは無関係であり，沈降側の岩盤とは限らない．⇨上盤，断層（図）
〈石山達也〉

じちけい　次地形 sequential form, following landform　侵食輪廻における地形変化のうち，原地形以降に形成されるすべての個々の地形を指す．Davis(1899)の侵食輪廻における地形変化は，原地形→次地形→終地形で表され，原地形以降，終地形に至る間に形成される各時階の地形を次地形（sequential form）という．部分的に残存している原地形だけを指す場合は，準平原遺物などのように遺物（remnant）とよぶが，それらを含めて，原地形が開析されていく過程で作られる地形全体を次地形とよぶ．なお現在では，'次地形'の用語は，"前地形（previous landform）の影響を受けて次の地形が形成される"という一連の地形変化の中で，'次に形成される地形：following landform, next landform'という意味で使われることが多い．
〈大森博雄〉

[文献] Davis, W. M. (1899) The geographical cycle : Geogr. Jour., **14**, 481-504. /Davis, W. M. (1912) *Die erklärende Beschreibung der Landformen*, B. G. Teubner（水山高幸・守田優訳（1969）「地形の説明的記載」，大明堂）．

しちとう・いおうとうかいれい　七島・硫黄島海嶺 Shichito-Ioto Ridge　伊豆半島から南硫黄島までの1,150 kmにわたる海嶺*．伊豆・小笠原弧の中軸（火山フロント）をなし，海嶺の頂部は伊豆七島や硫黄島などの火山島となっている．
〈岩淵　洋〉

しつげん　湿原 moorland, moor, bog　低温過湿のために植物の枯死体が十分分解されず堆積して泥炭となり，その上に発達する草原．群落の種類組成，泥炭の構成植物・生態条件などから低層湿原（eutrophic moor），中間湿原（medotrophic moor），高層湿原*（oligotrophicmoor）に分けられ，また栄養塩類含有量から富栄養湿原，中栄養湿原，貧栄養湿原に分けられる．低層湿原は湖沼や河川沿いに見られ，地下水などで無機塩類が供給されるので中性の泥炭を生じ，ヨシ，スゲ類，ガマ，イグサ科，ヤナギ類などが優先する．北海道の低層湿原では，湿原に成育するカブスゲ群落が凍結，凍上のために株ごと盛り上がり，谷地坊主とよばれる地形が見られる．高層湿原は，塩類の供給の乏しい低温・過湿の地に発達する湿原で，主にミズゴケによって形成され，雨水だけで涵養される．貧栄養，強酸性のミズゴケ泥炭上にはヒメシャクナゲ，ツルコケモモなどの矮低木やヤチスゲ，ホロムイソウなどの草本が生える．日本の中部地方では，1,200 m以上に分布し，北にいくほど標高が下がる．八島ヶ原（霧ヶ峰），尾瀬ヶ原，戦場ヶ原（日光），八甲田山などに湿原がある．湿原は長い時間の中で泥炭*の堆積とともに地下水面から離れ，やがて低層湿原から高層湿原を経て，山地草原，森林へと遷移していく場合がある．これを湿性遷移という．湿原の泥炭層中の花粉は花粉分析の対象となり，過去の植生やその環境の復元の手がかりとなる．
〈小泉武栄・宮原育子〉

じっこううりょう　実効雨量 effective precipitation　降雨による土砂災害の発生を予測するために，前期降雨の影響も考慮した累加雨量で，影響の度合いは時間差が大きくなるほど減少すること

じっしつこ

から，半減期を考慮した係数で時間雨量を補正する． 〈中村太士〉

じっしつこうど　実質高度【地形面の】 real altitude (of geomorphic surface)　地形面*（例：海成段丘面）が被覆物質（例：火山灰，砂丘砂，崖錐堆積物，沖積錐堆積物）に覆われている場合に，被覆物質の下位の，その地形面の初生的な形態を形成した整形物質（例：段丘堆積物）の堆積面の高度．地形面の変位を吟味する場合には，この実質高度が有意義である．⇨名目高度，地形物質の整形物質，段丘の随伴地形（図）　〈柳田 誠〉

[文献] 鈴木隆介 (2000)「建設技術者のための地形図読図入門」，第3巻，古今書院．

しつじゅんがんせつりゅう　湿潤岩屑流 wet debris flow　⇨岩屑流

しつじゅんせんじょうち　湿潤扇状地 wet fan, humid fan　網状流路*をもつ扇状地の別称．網状流路をもつ融氷河流扇状地が Schumm (1977) に湿潤扇状地と名づけられた．その後，網状流路をもつ扇状地一般について湿潤扇状地とされ，さらに網状流路の堆積相をもつ地層は湿潤気候下で堆積したと単純に解釈する研究者も出た．しかし，網状流路は湿潤気候下に限らないので，誤解をさけるため湿潤扇状地という用語は使用しない方がよい．⇨乾燥扇状地　〈斉藤享治〉

[文献] Schumm, S. A. (1977) *The Fluvial System*, John Wiley & Sons. / 斉藤享治 (2006)「世界の扇状地」，古今書院．

しつじゅんだんねつげんりつ　湿潤断熱減率 wet adiabatic lapse rate　飽和断熱減率 (saturated adiabatic lapse rate) ともいう．飽和水蒸気圧に達した空気塊が断熱的に上昇する際の気温低下率．余分な水蒸気の凝結*が生じる結果，潜熱*による気温上昇が同時に生じるため，乾燥断熱減率*に比較して小さな値をとる．　〈森島 済〉

しつじゅんねつ　湿潤熱 wetting heat, heat of wetting　乾燥した土壌や軟岩が吸水するときに微量の熱量が発生するが，その熱をいう．カロリーメータで計測する．　〈松倉公憲〉

しつじゅんへんどうたい　湿潤変動帯 tectonically active and intensely denuded region　地殻変動と削剥作用がともに活発に行われる湿潤地域に位置する変動帯を指す．吉川虎雄 (1984) が日本のような地殻変動が活発で，かつ湿潤地域に位置するために削剥作用も活発な地域の地形形成環境を表現するために用いた用語．'intensely denuded' の中に '湿潤' の意味が含まれている．変動帯は高山があるため，安定地域に比べて地形性降雨が発生しやすく，降水量が多く，削剥速度も大きい．こうした変動帯のなかでも，寒帯前線帯や熱帯収束帯に位置する日本や台湾，ヒマラヤ山脈，ニューギニアやニュージーランドなどの湿潤気候帯に位置する変動帯は前線性降雨も多く，世界で最も大きな削剥速度を示す．すなわち，'湿潤変動帯' では隆起と削剥がともに大きく，地形変化が速やかで，かつ水食により細かくて深い山ひだが形成される．そこでは隆起速度の異なる山地間の地形の違いが顕著に現れ，乾燥地域で顕著な地質構造や岩質を反映した組織地形は小規模で局所的なものになる．したがって湿潤変動帯では，造山運動による山地地形の形成過程をもっぱら地殻変動と削剥作用の両者に着目して考察できる．吉川は，湿潤変動帯をこうした特徴をもつ地域として位置づけるとともに，'湿潤変動帯の地形学' の言葉も使用し，湿潤変動帯の上記の地形および地形形成作用の特徴と，それを反映した地形研究の優位性を表象した．なお同様の趣旨で，'very wet, tectonically active area' (Soons, J. M. and Selby, M. J., 1992) と表現されることもある．　〈大森博雄〉

[文献] 吉川虎雄 (1984) 湿潤変動帯の地形学：地理学評論，**57A**，691-702．/吉川虎雄 (1985)「湿潤変動帯の地形学」，東京大学出版会．

しつじゅんみつど　湿潤密度 wet density　水分を含む土壌あるいは岩石の，単位体積あたりの質量．すなわち湿潤密度 ρ_t は，$\rho_t = m_t / V_t$ によって与えられる．ここで，m_t は試料に含まれる液体および固体部分の合計質量，V_t は試料の総体積．乾燥密度 ρ_d と含水比 w から，$\rho_t = \rho_d \times (1+w)$ とも表される．　〈松四雄騎〉

しつじゅんりんね　湿潤輪廻 humid cycle　⇨正規輪廻

しっすいかせん　失水河川 losing stream　河川水が河床や河岸から地下に浸透し，周辺の地下水を涵養する河川またはその区間．失水河川では，流量は流下するにつれて減少する．地下水からみて，流入河川 (influent stream) ともいう．乾燥地域のワジのように，河川水面が周辺の地下水面よりも高く，河床の浸透性のよい場所に形成される．湿潤地域では，流下するにつれ流量が増加する得水河川*が一般的であるが，扇状地などでは天井川や水無川のような失水河川がみられる．失水河川では，河川水による涵養のため地下水面が流路に沿って局所的に高くなり，地下水嶺が形成される．⇨地下水嶺，ワジ　〈佐倉保夫・宮越昭暢〉

しっすいかりゅう　失水河流　losing stream, influent stream　流下とともに流量を減少する河流区間．伏没涵養河流ともいう．扇状地域のように地下水面が河川の水面よりも低いところでは，地下水へ流出することにより流量が減少する．〈斉藤享治〉

しっせいしょくぶつ　湿生植物　hygrophyte　池や沼，湿地などのつねに十分な水分の供給がある水辺に生育している植物．陸上植物に区分されるが，水分環境への様々な適応の形態をもつものもあり，水の中，水ぎわなどの立地に耐え，セリ，ミゾソバ，チゴザサなどの植物がある．ふつうヨシ，ガマ類やイなどの水生植物（hydrophyte）とは区別する．高山帯では，小型草本のイワイチョウなどが知られており，風下側で積雪が多く，初夏に豊富な融雪水の供給を受ける場所や，水が集まりやすい閉塞凹地などの湿った環境に生育している．〈宮原育子〉

しっせいせんい　湿性遷移　hydrarch succession　⇨湿原

しっせいたいせきかんきょう　湿性堆積環境　paludal environment　湿地（marsh）の堆積環境．排水が悪く，草本植生が発達するような（泥炭化しない程度の）湿地で，海岸あるいは湖岸の低地，沖積平野の氾濫原，せき止めにともなう湿性環境などにみられる．主に泥質堆積物が発達し，湿原に生育した植物の遺体が堆積物として混じるため，有機物に富む．〈村越直美〉

じったいきょう　実体鏡　stereoscope　空中写真などの画像を平行法で実体視するための道具．肉眼での実体視では，両眼の視線方向は遠くの物体を見るようにしながら近くの画像を見なければならないが，実体鏡はこの状況を緩和して楽に実体視ができるようにする．大別して簡易実体鏡と反射式実体鏡がある．簡易実体鏡は凸レンズを用いたもので，小型軽量であるが，実体視できる視野が狭く，また周辺部で像が歪む．反射式実体鏡は鏡やプリズムを用いたもので，広い視野を得ることができ，像の歪みも小さい．室内用の大型のものと小型軽量のものがあり，大型のものでは拡大鏡などの付属装置が組み込まれているものが多い．⇨実体視　〈熊木洋太〉

じったいし　実体視　stereoscopy　わずかに異なる二つの場所から一つの立体的な物体を見た姿を示す二つの画像があるとき，左右それぞれの目で同時にこの画像を一つずつ見ることによって，その物体の立体像を虚像として再現すること．立体視ともいう．左側から見た画像を向かって左側に，右側から見た画像を向かって右側に置いて，右目で右側の画像を，左目で左側の画像を見る場合を平行法，画像の置き方を逆にして右目で左側に置いた画像を，左目で右側に見た画像を見る場合を交差法という．肉眼でも可能であるが，実体鏡を用いれば実体視は容易である．また，左右の画像をそれぞれ赤・青の単色とし，それをわずかにずらして合成した画像を，片目は青，別の片目は赤のフィルターを介して見ることにより実体視する方法（余色実体視，アナグリフ）も普及している．特殊なディスプレイと眼鏡を用いてディスプレイ上の画像を実体視する方法もある．写真測量*は写真の実体視によって行われる．地形の調査・研究の分野では，空中写真や衛星画像を実体視して判読することが基本的な技術の一つになっている．また，DEM*を用いて，実体視できる地形の画像や地図を作成することも行われている．⇨実体鏡，空中写真判読　〈熊木洋太〉

しっち　湿地　marsh, swamp　河川沿いや湖沼の周辺，海岸の近く，あるいは湧水の下方などにできる水気の多いジメジメした土地のこと．低湿地とも．地下水位が地表近くにあり，排水不良のため，つねに湛水しているか，洪水時に湛水しやすい．このため泥炭*が堆積しているところが少なくない．日本の低地にある湿地は，湖や沼が周囲から流入する土砂や泥炭に埋め立てられていく過程でできやすく，たとえば蛇行河川の旧流路である三日月湖の周囲に典型的な湿地が生じている．海岸沿いの砂丘や砂州に囲まれたラグーンの周辺にもみられる．川沿いにある自然堤防の背後の凹地に生じた後背湿地も代表的な湿地である．湿地は洪水によって川沿いの土地が削り取られてできた窪みにできることも多い．新潟平野や関東平野のような広い沖積平野の一部には，かつて人の背の立たないほど深い湿地があり，低湿地とよばれてきた．湿地は湛水する部分が広くなると，沼沢とよばれるようになるが，湿地や湖沼との厳密な区分は困難である．

アメリカでは草本植物に覆われた湿地を marsh（マーシュ），樹木に覆われた湿地を swamp（スワンプ）とよんでいる．イギリスではツツジ科のエリカ属（*Erica*）の灌木に覆われた湿地を moor または heath とよんでいる．

湿地は近年，生物多様性の面から注目されており，環境省は2001年，ラムサール条約登録湿地の選定や湿地保全の基礎資料とするために，「日本の重要湿地500」を選定した．世界にはスーダン南部に広大な面積を占めるスッド湿地やボツワナのオカバンゴ湿地帯，ポーランドのピエジャ・ナクレ湿地帯，

フロリダ半島のエバーグレーズ湿地帯など，大規模な湿地がある．　　　　　　　　　　〈小泉武栄〉

しっちかいせん　湿地界線　swamp boundary　⇨水涯線

しっちりん　湿地林　swamp forest, bog forest　湿原，湿地，谷地のように地下水位が高く地表に水が停滞している環境に発達する林．湿林．代表的なものとしてハンノキやヤチダモ林がある．ハンノキ林は，過湿な立地に先駆的に出現し，生長が早くしばしば純林を形成する．スマトラやボルネオ，ニューギニアの沿岸部では，後氷期の海面上昇で生じた広大な湿地に泥炭を形成する熱帯多雨林が発達し（泥炭湿地林とよばれる），その泥炭を熱帯泥炭ともいう．近年の開発による泥炭湿地林の破壊と泥炭地の火災は，大量の二酸化炭素を排出し，地球温暖化を加速させる原因といわれている．　　〈宮原育子〉

しつでん　湿田　ill-drained paddy field　耕作土や下層土が非耕作期間も含めて水分過剰で軟弱な，ふつう生産性の低い水田．地下水位が地表直近まで達していたり，細粒の難透水層や泥炭層が浅い位置にあることなどがその直接の原因なので，河成・湖成・海成低地の後背湿地，台地・丘陵地の開析谷を閉塞した湿地（例：支谷閉塞低地*），地すべり移動体の凹部などに形成されやすい．特に低湿な沼田では，かつては耕作者が土中に沈むのを防ぐため田下駄や舟を用いるような地区もあったが，排水路や客土による乾田化が図られてきた．陸軍参謀本部陸地測量部が地形図をつくっていた時代に，「田」を乾田（戦車が通過可能），水田または湿田（歩兵が通過可能，戦車は通過不可能），沼田（歩兵も通過困難）に細分した図式（例：大正6年式）を用いたことがあり，これは，重量の異なる物体の通過の難易度（いわば地盤の地耐力）の可視的指標を土地利用に求めたものである．⇨水田，図式　〈田村俊和〉

しつどけい　湿度計　hygrometer　大気の湿度を測定する機器．電気的センサーなどを用いて直接測定するものと，気温と水蒸気圧との関係式から間接的に測定するものが存在する．　〈森島　済〉

しつないじっけん　室内実験　laboratory experiment　地形プロセス解明のために条件をコントロールして室内で行う実験．たとえば乾燥湿潤や凍結融解の繰り返しのストレスを与える風化実験，風洞を使った飛砂や砂丘に関する実験，降雨装置を用いた斜面崩壊の実験，水路や造波水槽を用いた流水や波の作用や河川地形・海岸地形に関する実験など．このような地形学における室内実験は，1970年代以降に急激に増加・発展した．⇨野外実験　〈松倉公憲〉

しつないちょうさ　室内調査【地形学の】　laboratory work（in geomorphology）　室内実験室における読図，地形計測，空中写真判読，地形面区分図などの主題図の作成，GIS作業，岩石・鉱物分析，岩石物性試験，水質試験，模型実験，シミュレーション，各種の相関図作成，理論的考察，既存資料・文献調査，論文・報告書の作成などの作業の総称である．　〈鈴木隆介〉

しつりょうしゅうし　質量収支【氷河の】　mass balance, mass budget　氷河における質量の増加量（涵養量）と減少量（消耗量）の和．水当量または質量などで表す．氷河の涵養は主に降雪によるが，融解水の再凍結，水蒸気の凝結，雪崩などによっても起きる．氷河の消耗においては氷の融解が重要であるほか，特に南極やグリーンランド氷床においては氷山分離*が大きな役割を果たす．氷河上で年間の質量収支が正となる地域を涵養域，負となる地域を消耗域，その境界すなわち質量収支がゼロとなる標高を平衡線高度*とよぶ．氷河全体の質量収支は，氷河上の複数点における涵養・消耗量の測定，表面高度の比較による氷河体積変化の測定，流域における降水・昇華量と流出水量を用いた計算などによって求められる．　　　　　　　　〈杉山　慎〉

[文献] Cogley, J. G. et al.（2011）*Glossary of Glacier Mass Balance and Related Terms*, UNESCO/IHP.

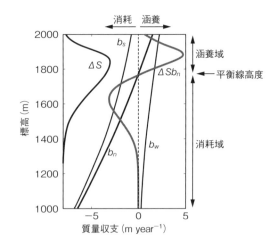

図　質量収支の高度分布の例（杉山原図）
夏および冬の間の質量収支を示す夏季収支（b_s）と冬季収支（b_w）の和が実質収支（b_n）．氷河面積の高度分布（ΔS）と実質収支の積（ΔSb_n）を標高で積分したものが氷河全体の実質収支，すなわち氷河の質量変化量を表す．

しつりょうゆそう　質量輸送【波の】 mass transport　波の運動により水の実質部分が波の進行方向に運ばれる現象．運搬される平均の速度を質量輸送速度 (mass transport velocity) という．ストークス波理論 (⇨ストークスの波) によると，無限の長さの水域では，この速度は水面から水底まで波の進行方向に向いており，水面で最大で水深とともに減少し，水底で最小になる．有限の長さをもつ実際の海域や実験水路などでは，岸方向に輸送された水の量を補償する沖向きの流れ（戻り流れ）が発生する．海岸でしばしばみられる離岸流*には戻り流れが関係している．実験水路では，波浪特性にもよるが中層から上層にかけて沖向きの流れが現れる． 〈砂村継夫〉

じてっこう　磁鉄鉱 magnetite　磁性の強い黒色不透明の等軸晶系の結晶で，しばしば八面体の形態をなす．火成岩や変成岩に普遍的に含まれる副成分鉱物．硬度は6と硬い． 〈松倉公憲〉

シデロメレン sideromelane　玄武岩質の火山ガラス．⇨火山ガラス 〈横山勝三〉

じどうそうだつ　自動争奪 auto-capture, self-capture　⇨河川争奪

じどうちけいぶんるい　自動地形分類 automated landform classification　人間の主観によらず，コンピュータ上で定量的に地形を分類すること．定量的な地形計測は，等高線地図（例：地形図）の普及とともに，紙地図上で斜面傾斜などの地形量が手計測され始めたことから始まった．その後，コンピュータの利用が広がり，標高データを用いて様々な地形量を自動的に計算する手法が次々と開発され (Hengl and Reuter, 2008)，1990年代以降，自動地形分類が試みられるようになった．自動地形分類の手法は，標高データとしてはグリッドDEMを用い，フィルター・移動窓演算*によって地形量を求め，領域は閾値によって分けるかクラスタリングなどのリモートセンシング*の手法を用いて地形を分けるのが一般的である．しかし，等高線データも一部用いられ，また，標高データと他の主題図データを組み合わせて行う例もある．目的に応じてデータの解像度や地形量の組み合わせを変える．実際には斜面災害対策への利用を考慮した開発例が多いことから，斜面傾斜，標高，曲率，斜面方位，Wetness Index などを組み合わせることが多い．⇨DEM 〈岩橋純子〉

［文献］Hengl, T. and Reuter, H.I. (2008) *Geomorphometry: Concepts, Software, Applications*, Elsevier.

しどうふうそく　始動風速 drag velocity　風によって砂などの細粒物質が動き始めるときの速度．始動風速は風のみで動き始める流動開始風速 (fluid threshold) と，風上側から跳躍してきた砂粒の衝突によって玉突き状に移動する衝突移動開始速度 (impact threshold) とでは異なる．粒子が大きいほど摩擦抵抗が大きくなり，砂の始動には大きな風速を必要とする．一方，粘土など微細な粒子は砂より粘着性が強く，水分を吸着しやすいことから，やはりその始動には大きな風速が必要となる．そのため粒径0.1 mm前後で始動風速が最小（1.5 m/秒）となり，これより大きくても小さくても大きな風速が必要となる（図）．衝突移動開始速度は流動開始風速より小さい．日本の海岸砂丘地では風速4 m/秒を超えると飛砂が生ずることが多い． 〈林　正久〉

［文献］Bagnold, R. A. (1941) *The Physics of Blown Sand and Desert Dunes*, Muthuen（金崎　肇訳 (1963)「飛砂と砂丘の理論」，創造社）．

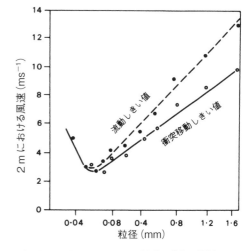

図　砂の粒径と高さ2 mにおける始動風速との関係
(Bagnold, 1941)

じどうレベル　自動レベル【測量の】 auto level　⇨水準儀

じなり　地鳴り subterranean rumbling　近距離で発生する地震の前・中・後に，岩盤の共振で生じる音響をいう．地響き*もほぼ同義である． 〈鈴木隆介〉

じねつ　地熱 geothermy　ちねつ（地熱）の別読み．⇒地熱，地熱活動，地熱探査，地熱地帯，地熱発電 〈松倉公憲〉

ジバール zibar　アラビア半島，ルブアリハー

リー砂漠には大砂丘群が発達し，その間に廊下状低地が挟まる．その廊下状低地に形成された低平な横列砂丘群をいう．砂丘は粗砂からなり，波長の長い緩やかな起伏をもつジバールには顕著なすべり面がみられない．　　　　　　　　　　　　　〈成瀬敏郎〉

じはさいようがん　自破砕溶岩　autobrecciated lava, autobreccia, flow breccia　一つの溶岩流のなかで，固結した部分が他の部分の流動に伴い破砕され，角礫岩状になったもの．隣接する個々の角礫は，互いに同質の岩石で破砕後の変位・変形は少ないと判断される．水中を流れた溶岩流によくみられる．⇨水中自破砕溶岩，水中溶岩流　〈横山勝三〉

じばん　地盤　ground　人工構造物の設置や，土木工事の実施の際に対象となる地球表層部分．
〈砂村継夫〉

じばんうんどう　地盤運動　crustal movement
⇨地殻運動

じばんかいりょう　地盤改良　soil improvement　軟弱な地盤を良質な地盤に改良することをいう．地盤上に構造物や盛土*を築造する際，所定の支持力や地盤の安定が得られない場合や有害な地盤沈下が発生する場合に改良が行われる．地震時に液状化*を起こすような地盤に対して行われる地盤改良も含まれる．主として粘性土を対象として行われる地盤改良手法としては，①バーチカルドレーンを設置して地盤の圧密を促進させる工法，②締固めた砂杭などを軟弱な地盤中に強制的に設置する工法，③セメントなどで固化する工法などがある．緩い砂地盤やレキ地盤，盛土地盤などに対する工法としては，①振動や衝撃などによって地盤の密度を高める工法，②地盤の透水性を高めるレキ杭などを設けて地震時に発生する過剰間隙水圧を抑え，液状化を防止する工法などがある．改良対象深度が浅い場合には，バックホウなどで軟弱層を取り除き，良質土で置換する工法なども採用される．　〈南部光広〉

じばんこうがくかい　地盤工学会　The Japanese Geotechnical Society　1949年に国際土質基礎工学会の日本支部に相当する「日本土質基礎工学委員会」として発足した．その後「土質工学会」「地盤工学会」と名称を変更し，現在は公益社団法人地盤工学会．会員数は約8,700（2010年現在）．機関誌として「地盤工学会誌」「Soils and Foundations」「地盤工学ジャーナル」が発刊されている．会員の研究分野は，地盤力学の基礎から調査・設計・施工，そして防災・環境保全など広い分野にわたっている．そのなかで，岩石・岩盤の風化やマスムーブメントなどの地形プロセスの問題なども研究対象となっており，その意味で地形学との接点は密接である．
〈松倉公憲〉

じばんさいがい　地盤災害　ground disaster　地盤にかかわる災害の総称．斜面（傾斜地）における災害と低平地における災害に分けられる．前者には地すべり災害，落石災害，崩落災害，土石流災害などが含まれ，それらは総称して斜面災害*あるいは土砂災害*とよばれている．後者には地盤沈下*や液状化*などが含まれる．広義の地盤災害として，建設工事に伴う地盤崩壊現象や地盤環境（例：地下水，土層）の汚染などの地盤環境災害も含めることもある．　〈松倉公憲〉

じばんしゃめん　地盤斜面　earth slope　非固結岩あるいは非固結堆積物を整形物質とする自然斜面で，角礫質，礫質，砂質，泥質，火砕岩質などで構成される斜面に細分される．⇨岩盤斜面，地形物質の整形物質　〈鶴飼貴昭〉

じばんず　地盤図　subground map　ある地域の地形・地質，地盤の工学的性質や振動特性などの地盤状況を表現した図面の総称．地質図に土質工学的情報を加えた地質工学図や大都市の土層構成と土質工学的情報を合わせて図化した都市地盤図などがある（例：大阪地盤図や東京地盤図など）．〈吉田信之〉

じばんぞうふく　地盤増幅　ground amplification　地震動は，震源，地球内部の伝播経路，そして地盤の影響を受けて，その振幅や周波数特性が規定される．このうち，地盤における増幅特性は，地震波速度，密度，層厚，減衰定数，形状などの地盤情報を知ることにより，理論的に計算することができる．また，強震計などに記録された自然地震の記録や常時微動の観測記録から，地盤特性を推定することもできる．全国の地震動予測地図などでは，同一基準で求めることを前提に，国土数値情報や地質図の分類に基づいて地盤特性を仮定している．
〈佐竹健治〉

じばんちんか　地盤沈下　ground subsidence　地表面が沈下する現象．一般的には，載荷重以外の原因によって地表面が比較的広範囲わたって沈下する現象を指す．原因として地殻変動や自然発生的あるいは人為的行為（例えば地下水の過剰な汲み上げ）に起因した地表層の圧縮が挙げられる．
〈吉田信之〉

じばんちんかちけい　地盤沈下地形　land-subsidence landform　特定の地形を生じない場合もあるが，三角州や蛇行原では地盤沈下*によって浅い皿

状の凹地が生じることもある（例：東京下町，新潟市鳥屋野潟付近）．地盤沈下は，荷重沈下と異なり，沈下域の周囲に隆起帯を生じない．⇨ゼロメートル地帯，荷重沈下

［文献］鈴木隆介（2000）「建設技術者のための地形図読図入門」，第3巻，古今書院．

じひびき　地響き ground rumbling　地震，噴火，大規模な土石流，崩落などに伴って，地盤が振動したり，岩塊が衝突したりして生じる音をいう．音の種類・強弱は多様である．　〈鈴木隆介〉

シフ sief　⇨セイフ

じふんせい　自噴井 flowing well　⇨井戸

じふんせん　自噴泉 artesian spring　被圧地下水*が地表面よりも高い水頭圧をもつとき，人為によらずに地表に湧出する泉．火山麓や扇状地の末端部で難透水層に挟まれている礫層中の地下水，同斜構造あるいは盆地状構造をもつ帯水層中の地下水は，しばしば被圧地下水であり，その水頭圧が大きいときに生じる．オーストラリアの大鑽井盆地（Great Artesian Basin）が有名．　⇨湧泉　〈鈴木隆介〉

シベリアひょうしょう　シベリア氷床 Siberian ice sheet　氷期にユーラシア大陸のウラル山脈以東に発達した大規模な氷河．この地域に果たして氷床とよべるような巨大な氷河が発達したかは議論があるが，山岳地帯を中心とした大規模な氷河が発達したことは多くの研究者に受け入れられている．
〈白岩孝行〉

［文献］Grosswald, M. G. and Hughes, T. J. (1995) Paleoglaciologys grand unsolved problem : J. Glaciology, 41, 313-332.

じへん　事変【侵食輪廻の】 accident (in erosion cycle)　侵食輪廻*において，侵食基準面*の変化以外の原因で生ずる侵食輪廻の進行の変更や乱れを指す．擾乱，事件ともいう．Davis（1912）は，長期の侵食過程において，侵食基準面の変化ではない原因によってひき起こされる侵食過程の変更・変化を事変とよび，気候変化によるものを気候事変*，火山活動によるものを火山事変*とし，'輪廻の一時的変更'と位置づけた．事変が終わると，時間的な促進・遅延があるとしても，元の輪廻（元の侵食基準面に対応した地形変化）に戻るとされる．なお，河川の転向・争奪は，流域の一部の輪廻の変更をひき起こす．河川地形分野では'事変'とすることもあるが，山地の生成・発展・消滅過程を論ずる侵食輪廻においては，侵食輪廻の幼年期によくみられる河食過程の一つとされ，'事変'とすることは少ない．また，十数万年ごとに繰り返される氷河性海面変動*は，周期的で，かつ周期が短いことから，侵食輪廻においては，'侵食基準面の新たな出現あるいは変化'とはみなさないことが多い．ただし，氷期-間氷期の海面変動とこの間の地殻変動*との組み合わせによって生ずる'実質的な侵食基準面の変化'を'輪廻の中絶'とみなし，その過程で形成された段丘群（1960年代までは，間欠的な隆起による形成と考えられていたものが多い）を多輪廻地形*とよぶことがある．　⇨気候事変，火山事変，輪廻の中絶
〈吉田英嗣・大森博雄〉

［文献］井上修次ほか（1940）「自然地理学」，下巻，地人書館．／Davis, W. M.（1912）*Die erklärende Beschreibung der Landformen*, B. G. Teubner（水山高幸・守田 優訳（1969）「地形の説明的記載」，大明堂）．

じほうい　磁方位 magnetic bearing　⇨方位

じほく　磁北 magnetic north　⇨方位

しま　島 island　周囲を水面で囲まれた，大陸*よりも小さい陸地．世界最大の島はグリーンランドである．わが国では北海道，本州，四国，九州を主島，それ以外の陸地を島とよんでいる．
〈砂村継夫〉

シマ sima　SiやMgに富む大陸性地殻下部や海洋性地殻を構成する岩石の総称として用いられてきたが，今日ではシアル同様，あまり用いられなくなった．　⇨シアル　〈西田泰典〉

しまかげがたせんかくす　島影型尖角州 cuspate spit behind island　⇨尖角州

しまがれげんしょう　縞枯れ現象 wave regeneration　亜高山帯におけるモミ属針葉樹林に特有の更新タイプのこと．白く立ち枯れた樹木が斜面に縞状に配列するのでこの名がある．斜面上方に向かって枯死木，成木，稚樹の順で並び，鋸歯状の構造が明瞭となり，枯死木帯の林床にはモミ属の後継個体が準備され，更新が進んで針葉樹林が維持される．この結果，枯死木帯があたかも波のように斜面を進行し，その特徴から北米アパラチア山脈ではwave regenerationとよばれる．日本では北八ヶ岳に顕著で，八甲田山から紀伊山地大峰山系までシラビソ・オオシラビソの森林に広く発現する．枯死木帯の発生は日射や風などを介した乾燥の助長と関連付けられてきたが，発現斜面が岩塊によって構成され土壌が貧弱なことも重要な点である．ギャップ更新の一形態であると考えられるが，なぜギャップが斜面に横一線で発現するのか不明なところも多い．
〈岡 秀一〉

［文献］木村 允（1977）亜高山帯の遷移：沼田 真編「群落の

遷移とその機構』, 朝倉書店, 21-30.

しまじょうきゅう　島状丘　isolated hill　四周を低地, 段丘面, 小起伏面などの平坦地に囲まれて, 島のように孤立して存在する丘. 平面形や比高は問わない. 平坦地の形成（堆積・侵食）から取り残された高まりで, 周囲が堆積面の場合には'埋め残された丘陵', 侵食平坦地では残丘ともいう. 山地・丘陵に接近し, それらとほぼ同じ地質で構成されている島状丘は分離丘陵ともよび, 環流丘陵, 貫通丘陵のほか, 河川争奪や断層変位に起因する場合が多い. 乾燥地域で平坦地から島状に突出した山はインゼルベルクという.「とうじょうきゅう」と読むこともある. ⇨小丘, 分離丘陵, 残丘, 島山　〈鈴木隆介〉

しまじょうこうぞう　縞状構造　banded structure　変成岩にみられる構造の一つで, 鉱物組成あるいは構造・組織の異なった集合体が板状に互層状になったもの. 縞状組織とも. たとえば, 泥質片岩において, 石英・斜長石を主とする薄層と白雲母・炭質物を主とする薄層が数 mm 程度の厚さで繰り返す白黒の縞模様.　〈松倉公憲〉

しまじょうそしき　縞状組織　banded structure　⇨縞状構造

しまじりそうぐん　島尻層群　Shimajiri group　北は喜界島から南は波照間島にかけて琉球列島中・南部に広く分布する後期中新世から更新世初期にかけての海成層. 沖縄島では層厚 2,000 m に達し, 主に泥岩からなり, 砂岩・凝灰岩を挟む. しばしばスランプ褶曲が認められる. 久米島や宮古島には斜交層理砂岩の発達もみられる. 沖縄島では全体に南東にゆるく傾斜した同斜構造をなす. 固結度は弱く, 泥岩はクチャとよばれ, 透水性が低い. 沖縄トラフ発達前のアジア大陸縁辺の陸棚ないし大陸斜面域に堆積した地層と考えられている.　〈本山　功〉

しまじりマージ　島尻マージ　shimajiri mahji　沖縄本島の島尻, 中頭や宮古島の主として琉球石灰岩の台地や丘陵地上に発達する褐色ないし暗褐色を呈する中性ないし弱アルカリ性の土壌. 沖縄県の土壌面積の 27% を占める. 日本の統一的土壌分類体系―第二次案（2002）―では, 主に暗赤色土*に該当する.　〈井上　弦〉

しまだな　島棚　island shelf, insular shelf　島の周囲をとりまく浅い平坦な海底. 水深百数十～数百 m まで続くものは, 氷期の海水準低下期に波食によって形成されたもの. 内海や火山島の周囲では海岸から水深 20 m 付近まで続く島棚が認められるが, これらは現世の海水準に対応した波食によって形成されたものと考えられる. 安定した大陸に比べて地殻変動が大きい島の周囲では, 島棚の外縁水深が多様となる傾向がある. ⇨大陸棚　〈岩淵　洋〉

しまばらたいへん・ひごめいわく　島原大変・肥後迷惑　Shimabara taihen Higo meiwaku　1792 年 5 月 21 日 20 時頃（寛政 4 年 4 月 1 日酉の刻), 雲仙普賢岳の噴火およびその後の地震による眉山の山体崩壊とそれに起因する有明海沿岸に起きた津波災害. 津波は島原対岸の肥後（熊本県）にも大きな被害を与えた. 眉山崩壊による死者は約 5,000 人, 津波が襲った対岸の肥後や反射した津波が襲った島原での津波による死者は約 10,000 人. すべり面の南北の幅は約 1 km, すべった地塊の東西の径は約 3 km に達する. この大規模な山体崩壊によって有明海に流れ込んだ岩塊は約 870 m も沖に海岸線を前進させ, 現在も島原市街前面の浅海に多数の流れ山*として残り, 九十九島とよばれる.　〈前杢英明〉

しまやま　島山　inselberg　乾燥地の平原上に突出した硬岩からなる高まりを指す. インゼルベルク, 島状丘（島状丘陵）ともいう. 乾燥地の平原上に突出して,'島（Inselberg, island mountain）'のように見えることから W. Bornhardt（1900）が命名した地形名. 当初は,'乾燥地の侵食輪廻（乾燥輪廻）の残丘'という意味で用いられていた. 乾燥地（降雨はある）における平坦化は, 主として深層風化と削剥作用によって行われるとされ, 風化により細粒化した土層が洗食（wash）されて地表面が低下すると同時に, 風化層の底面も地中内で低下する二重平坦化（double planation）が行われることが多い. この過程で, 岩質や節理の違いに起因する差別風化により, 深層風化が進む部分と遅れる部分（硬岩部）とが生じる. 島山は, 二重平坦化を主とする乾燥地の削剥平坦化作用（pedimentation）の過程において, 周辺の深層風化層が取り除かれたために硬岩部が露出し, 高まりとなった地形とされ, かつては比較的大型で, 分水界付近にみられるものを指し, 残丘とされていた. 現在では, 真の残丘（残丘島山）のほか, 形や大小を問わず, 乾燥地において平原から突出した孤立丘の総称として用いられることが多い. なお, 深層風化が進む時期と風化層が削剥される時期とが同時の'一輪廻性'のものと, 時期が異なる'二輪廻性'のものがあるとされる. 二輪廻性（second cycle）の地形は, 最近では, 二段階形成（two stage formation）の地形とよばれ, これによる島山が多いと考えられている. また, 島山には島山連脈（小起

伏の基盤岩の高まりの連なり：inselberg range)，ドーム状丘陵（基盤岩石のドーム状の高まり：domical form, bornhardt），岩塊被覆小丘（岩塊が載っている基盤岩石の高まり：block-strewn nubbin, knoll），岩塊丘（岩塊の積み重なった高まり：small angular castle koppie) などの形態があり，硬岩部が地表に露出した後も風化・侵食によって島山の形は様々に変化すると考えられている．⇨残丘
〈大森博雄〉

[文献] 井上修次ほか (1940)「自然地理学」，下巻, 地人書館. / Mensching, H. (1978) Inselberge, Pedimente und Rumpfflächen im Sudan (Republik). Ein Beitrag zur morphogenetischen Sequenz in den ariden Subtropen und Tropen Afrikas: Zeit. Geomorph., Suppl. Band, 30, 1-19.

しまんとるいそうぐん　四万十累層群　Shimanto group　関東山地から赤石山地・紀伊半島・四国南部をへて九州南部まで，西南日本の太平洋側（外帯*）の，四万十帯に分布する中生界～古第三系．北側の秩父帯との境をなす仏像構造線に接する北部が古く（白亜系），南ほど新しい年代となる．大部分は砂岩泥岩互層からなり，そのなかに枕状溶岩やチャートや頁岩が混在する．
〈松倉公憲〉

しめきりてい　締切堤　closing levee　流水が存在する場で工事などを行う場合に，その水を取り除いたり水の流れを止めたりする目的で設けられる堤防．河道の付替えで旧川を河道から切り離す場合にも用いられる．
〈渡邊康玄〉

じめん　地面　land surface, land, ground　地形学的には地表面*と同義．日常語としては，土地*や地所*を指し，その表面をいう．
〈鈴木隆介〉

じめん　時面　time-plane　⇨同時代面，地形面

しも　霜　frost　大気中の水蒸気が昇華して地表面に生じる氷の結晶．霜柱*は霜とは異なり，土壌中の水分が凍って柱状に成長したものである．
〈森島　済〉

しもすえよしかいしん　下末吉海進　Shimosueyoshi transgression　横浜市北部の下末吉台地を構成する海成の上部更新統の下末吉層を堆積させた海進．海洋酸素同位体ステージ*（MIS）では，6から5eの海水準上昇期に当たる．この地層は汽水生～内湾生の貝化石を多産する泥層や砂層からなり，下位の谷地形や海食台を覆っている．下末吉層に対比される海成層や下末吉面相当の海成段丘は日本各地で認められる．こうした海成層の堆積や海成面の形成を引き起こした海進が下末吉海進である．この海進の時期は，後氷期の一つ前の温暖期である最終間氷期と推定されていたが，段丘面を覆う降下軽石層から12万～13万年前の年代が得られたことでより確実になった．また，北欧のエーム（Eemian）間氷期の海進に対比されている．なお，有孔虫の酸素同位体比や太平洋の安定地域に位置するサンゴ化石の年代・高度から，最終間氷期の12.5万年前頃の海水準は現在より5～7m程度高かったと考えられている．
〈堀　和明・斎藤文紀〉

しもすえよしそう　下末吉層　Shimosueyoshi formation　横浜市北部の下末吉台地に分布する海成の上部更新統で，下部の泥層（層厚15m以下）と上部の砂層（層厚5m以下）に区分される．上部の堆積面が下末吉面*である．下位の上総層群を不整合に被覆する．
〈鈴木隆介〉

しもすえよしめん　下末吉面　Shimosueyoshi surface　関東平野に広く分布する海成段丘面で，最終間氷期（酸素同位体ステージ〈MIS〉の6～5e：約12万年前）の下末吉海進*で浅海底に堆積した下末吉層*の堆積面を段丘面とするフィルトップ段丘*であり，下末吉ローム以新の関東ローム*に被覆されている．その形成期を下末吉期とよび，日本全体の段丘面の対比における重要な基準とされている．関東造盆地運動*や東京湾造盆地運動などで変位しているが，局所的には極めて平坦かつ水平に近いので，多くの段丘開析谷は直角状河系を示す．
〈鈴木隆介〉

[文献] 貝塚爽平ほか編 (2000)「日本の地形, 4, 関東・伊豆小笠原」，東京大学出版会．

しもばしら　霜柱　needle ice, ice pillar, ice filament　地表面に垂直に延びる針状の氷晶．夜間，地表面温度が0℃をわずかに下回ったときに地表付近で凍上*が起こり，地表の土粒子や礫を持ち上げる．関東ローム層などシルト質の土壌で起こりやすい．
〈松岡憲知〉

しもばしらクリープ　霜柱クリープ　needle-ice creep　⇨フロストクリープ

しもふさそうぐん　下総層群　Shimofusa group　房総半島北部を中心として分布する上部更新統．成田層群あるいは「しもうさそうぐん」ともよばれる．下位より地蔵堂層，藪層，上泉層，清川層，上岩橋層，木下（成田）層，姉ヶ崎層と龍ヶ崎砂層，常総粘土層に分けられる．上総丘陵南部の上総層群*の境界付近では北東～南西の走向で約10°北西に傾斜するが，傾きは上位に向かって次第に緩やかとなり，北部の下総台地ではほとんど水平になる．
〈松倉公憲〉

シモリ *shimori* 海面上に露出していない岩礁．関西地方で主に用いられる．カクレ根と同義．釣り用語． 〈砂村継夫〉

ジャーガル *jahgaru* 沖縄本島中南部の丘陵地帯に分布するクチャとよばれる新第三系島尻層群泥岩が風化して生じる灰色および近似色を呈する中性〜弱アルカリ性の重粘な土壌．ジャーガルは沖縄県の土壌面積の8.7%を占める．ジャーガルの語源は定かではないが，沖縄県内には謝苅（じゃーがる）という地名が存在することや，一方，「ちやかる」「きやかる」という沖縄の方言"輝かしい"に起因する説もある．これは，重粘なため膨潤と収縮を繰り返して亀裂が生じ，光沢（鏡肌）をもつためとされる．日本の統一的土壌分類体系—第二次案（2002）—では，主に未熟土*に該当する． 〈井上 弦〉

シャイデガーモデル【斜面発達の】 Scheidegger's model (of slope development) 風化と侵食作用は岩盤表面に直角に内部へ向かって進行するものとし，ペンクモデル*に対してこの点の改良を加えた斜面発達モデルで，シャイデガーによって議論された．その結果，実際の斜面発達過程に対する適合性の高いものとして，

$$\frac{\partial h}{\partial t}=-b\frac{\partial h}{\partial x}\sqrt{1+\left(\frac{\partial h}{\partial x}\right)^2} \quad \left(\frac{\partial h}{\partial x}>0\right)$$

が提示されている．これは非線形の1階偏微分方程式で，差分近似に対する電子計算機を用いた数値積分によって解が求められているが，稜角部と凹部が少し丸みを帯びることを除けば結果はペンクモデルと類似している．風化限定*という条件のもとでの斜面発達に当たると考えられる． ⇨斜面発達モデル 〈平野昌繁〉

［文献］Scheidegger, A. E. (1961) Mathematical models of slope development : Geol. Soc. Amer., Bull. **72**, 37-50.

じゃかいがん 蛇灰岩 ophicalcite 蛇紋石を含む結晶質石灰岩や方解石をかなり多量に含む蛇紋岩．装飾石材として利用される． 〈松倉公憲〉

じゃかご 蛇籠（篭） gabion, wire cylinder 金網製のかご状構造物の中に玉石や割石を充填したもの．形態により「円筒形蛇籠」「ふとん籠（角形蛇籠）」「異型蛇籠」などに分類される．護岸や水制などの目的で河川で多く使われるが，地すべりなどの斜面災害対策工としても広く用いられている． 〈松倉公憲〉

じゃくけつごうすい 弱結合水 loosely bound water ⇨結合水

じゃくていこうせいがん 弱抵抗性岩 less-resistant rock 複数の岩石の分布地区において，相対的に削剥の進んでいる低い地区を構成する岩石をいう． ⇨強抵抗性岩，差別削剥，差別侵食，岩石制約，消極的抵抗性 〈鈴木隆介〉

じゃくようけつ 弱溶結 partial welding, partially welded ⇨溶結

しゃこうせいそう 斜交成層 cross bedding ⇨層理

しゃこうせつり 斜交節理 diagonal joint ⇨節理系（図）

しゃこうそうり 斜交層理 cross bedding ⇨層理

しゃこうだんきゅう 斜交段丘 crossing terrace ⇨交差段丘

しゃこうだんそう 斜交断層 oblique (diagonal) fault ⇨断層の分類法（図，表）

しゃこうふせいごう 斜交不整合 angular unconformity, clino-unconformity ⇨傾斜不整合

しゃしんけいそく 写真計測 photographic measurement 対象物の形状や比高・面積などを写真を用いて測定すること．空中写真の場合は，反射式実体鏡や視差測定桿などを用いた簡易な測定方法から，図化機などを用いた精密な測定方法までがある．近年では，デジタルカメラや電子機器の発展に伴い，従来，難しかったトンネルやビル壁面の構造物や岩盤の変形・亀裂，船舶・航空機の寸法・形状などの局所的な測定もコンピュータ解析によって可能となっている． 〈森 文明・河村和夫〉

しゃしんず 写真図 photomap ⇨写真地図

しゃしんそくりょう 写真測量 photogrammetry 地形や地物などの対象物を測量用カメラで撮影し，その写真を用いて対象物を判読したり，位置・高さや形を測定して地形図などを作成したりすること．一般的に写真測量といえば空中から撮影した写真を用いて行う空中写真測量を指すが，地上で撮影した写真を用いて行う地上写真測量や，人工衛星画像やX線写真を用いたり，建物・彫刻・人の顔などを計測したりする応用写真測量も含まれる．国土地理院が刊行する1/25,000の地形図*は空中写真測量で作成されている．また，今日の1/500, 1/1,000, 1/2,500などの大縮尺地形図も空中写真測量によることが多い．地形図を作成する空中写真測量の工程には，撮影・空中三角測量*・現地調査・図化・編集・補測・補測編集・原図作成などがあり，地物を測定するのに図化機を用いて三次元（位置・高さ）で道路・鉄道などの線状物や建物，等高線な

どの測定を行う．測定精度は撮影高度の約 1/5,000 である．全域がほぼ均一な精度となる，地上で測定できない箇所も測定できる，範囲が広域になると地上測量よりも安価で短時間で実行できる，などの利点があるが，樹木や陰などで覆われている地表面や建物の裏側の写真死角部分は測量できない，天候に左右される，などの欠点もある．⇒図化機
〈森　文明・河村和夫〉

しゃしんちしつがく　写真地質学 photogeology　空中写真＊や衛星写真＊を判読して地質やその構造を考察する調査研究分野．空中写真や衛星写真から直接あるいは立体視により，露出する地質の層相や構造の直接的な判別・把握，火山地形，扇状地，自然堤防，砂丘，段丘面，地すべり地形などの地形種の抽出と構成地質の想定，あるいは差別侵食地形（例：ケスタ＊），リニアメント＊（線状地形模様），水系模様，谷密度，植生分布などを論拠に地質やその構造を判読することが調査研究の主目的である．その成果を確認するため，地形と地質および地質構造の関係などについて野外でも調査研究を行う．⇒空中写真判読　〈上野将司〉
［文献］松野久也（1965）「写真地質」，実業公報社．

しゃしんちず　写真地図 photomap　空中写真を地図として使用できるように形を整えたもの．写真図とも．通常複数の写真が接合され，地名の注記や一定の記号が描き加えられている．今日一般的となった正射写真を用いたものは，歪みがなく同縮尺の地形図とほぼ同様の精度をもつ．⇒正射写真
〈熊木洋太〉

しゃしんはんどく　写真判読 photo interpretation　写真から，特定の目的のために意味のある情報を読み取ること．その目的に関する分野の専門的知識が必要である．地形に関しては，空中写真を実体視して行うことが多い．⇒空中写真判読，実体視
〈熊木洋太〉

しゃそうだんそう　斜走断層 oblique (diagonal) fault　⇒断層の分類法（図，表）

しゃそうり　斜層理 cross bedding　⇒層理

しゃだん　遮断 interception　上空から地表へ落下する降雨の一部が，地表に到達せず，植物体や構造物に付着して保留される過程を遮断という．またその量を遮断量（または遮断雨量）という．森林では面積の大きな葉や幹によって降雨が遮断（樹冠遮断）されるため，遮断量が多い．遮断された雨水の一部は，葉から落下したり，葉から幹を伝わって流下したりして，直達雨より遅れて地表に到達する．残りは葉や幹に留まり，最終的には蒸発して水蒸気となり，大気中に拡散する．樹冠に遮断され，最終的に蒸発によって失われる遮断量のことを，樹幹遮断量または遮断蒸発量という．
〈浦野愼一〉

しゃちょうがん　斜長岩 anorthosite　斜長石からなる顕晶質深成岩．斑れい岩の特殊岩相．筑波山の斑れい岩体のものが知られている．〈松倉公憲〉

しゃちょうせき　斜長石 plagioclase　⇒長石

シャッターリッジ shutter ridge　閉塞丘ともよぶ．主として横ずれ断層変位によって切断された尾根が，断層線に沿って谷筋に移動し，谷の出口を塞ぐように位置する小丘．完全に閉塞された場合は，谷の上流部に断層池が形成される．⇒閉塞丘
〈中田　高〉

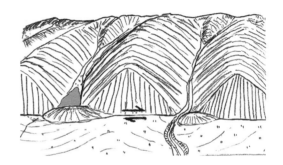

図　シャッターリッジ（閉塞丘）の鳥瞰図〈中田原図〉

しゃどず　斜度図 slope angle map　白沢ほか（1997）により提唱された斜度を表現した地図．格子状のDEMを用い，45°ずつ異なる4方位のそれぞれについて，着目点とその両側に隣接する各2点の標高値から着目点の勾配（度）を計算し，その最大値あるいは平均値をその点の斜度とする．斜度図は，尾根・谷線の表現には弱いが，細かな斜度変化をとらえることができる．〈相原　修・河村和夫〉
［文献］白沢道生ほか（1997）Akima法に基づく斜度と傾斜方位の計算アルゴリズム：地理情報システム学会講演論文集，6, 221-224.

じゃぬけ　蛇抜 januke　⇒山津波

じゃやま　地山 natural ground　人工的に乱されていない，自然状態の地盤・岩盤（例：切取法面やトンネルの掘削以前の，自然の地盤または岩盤）を指す．建設・鉱業などの現場用語で在来地盤ともいう．盛土・埋立地の地盤や人工地盤を地山とはいわない．地形・地質調査では地山の構成物質を調べ

シャム Schumm, Stanley A. (1927-2011) 米国の地形学者．コロンビア大学地質学科卒業．同大学でストレーラー*学派とよばれる新進気鋭の地形学者達の一人で，その博士論文（Evolution of drainage systems and slopes in badlands. at Perth Amboy, New Jersey : Bull. Geol. Soc. Am. **67**, 597-646, 1956）は精密地形図での地形計測を基礎に，流域や斜面の地形量とその制約する変数との関係を定量的に示し，地形量の相関について多くの法則を確立し，その後の 河川地形学* の発展の基礎を与えた．米国地質調査所勤務を経て，コロラド州立大学教授として30年以上にわたり，河川および斜面に関する野外調査結果を，室内模型実験，散水侵食実験*などで精力的に確認するという研究方法で，多くの定量的成果を発表した．さらに地形一般に関する深い洞察によって，地形のもつ本質的な特性とその認識における諸問題を提示した．米国地質学会のホートン賞を皮切りに地形学関係の国内外の賞を総なめにし，3回来日し，日本地形学連合の「地形」にも投稿し，その名誉会員になった．温厚な人柄でも知られ，日本を含む諸外国からの留学生や訪問研究者を暖かく迎えた．　　　　　　　　　　〈鈴木隆介〉

[文献] Schumm, S. A. (1977) *The Fluvial System*, John Wiley & Sons. /Slaymaker, O. (2002) Stanley A. Schumm : Trans. Japan. Geomorph. Union, **23**, 32-35.

しゃめん　斜面　slope, hillslope　傾いた地表面はすべて斜面であり，地球の表面のほとんどは斜面から構成されている．大陸斜面のように長さが数百kmに及ぶ斜面もあれば，低断層崖のように長さ数m程度のものまである．斜面を研究対象の中心とする斜面地形学では，山地や丘陵地の尾根から谷底までの斜面のような長さが数百m程度の範囲や，段丘崖や低断層崖のような長さが数m～数十mの範囲を一つの斜面として取り扱うことが多い．斜面はその形態や構成物質および斜面の形成過程（斜面過程）などによって様々に分類される．　⇒斜面型，斜面物質，斜面過程，斜面発達，斜面分類［傾斜角による］，斜面分類［斜面傾斜と地層傾斜の組み合わせによる］　　　　　　　　　　　　　　〈山田周二〉

[文献] 鈴木隆介 (2000)「建設技術者のための地形図読図入門」，第3巻，古今書院．

しゃめんあんていかいせき　斜面安定解析　slope stability analysis　地すべり，山崩れなどの斜面崩壊に対する安全性（危険性）を計算に基づいて検討すること．単に安定解析とも．一般には，すべり面や崩壊面を仮定し，すべり（崩壊）土塊に働く剪断力と斜面物質の剪断抵抗力との力の釣り合いから 安全率* を計算する．すべり面（崩壊面）を直線と仮定する 無限長斜面* の安定解析や，円弧と仮定する摩擦円法，スウェーデン法（フェレニウス法），ビショップ法，テーラーの図解法などがある．
　　　　　　　　　　〈松倉公憲〉

[文献] 松倉公憲 (2008)「地形変化の科学―風化と侵食―」，朝倉書店．

しゃめんおうとつど　斜面凹凸度　slope roughness　斜面長を，斜面縦断曲線が上下に方向変換する点の個数で除した値で，斜面縦断形の粗度を表す．　⇒斜面の寸法　　　　　　　　　〈鵜飼貴昭〉

しゃめんかてい　斜面過程　slope process　斜面の形状や位置の変化（例：斜面型・傾斜の変化，斜面頂部の後退，斜面基部の後退・前進）をもたらす地形過程の総称であり，斜面プロセスとも．普通には削剥による過程を指し，堆積過程，火山噴出物の堆積，変動変位を含めない．また，風化を含める場合もあるが，風化だけでは地形変化は起こらないので，普通は除外する．斜面の削剥は，風・雨滴・表流水・中間流・地下水・雪崩，周氷河現象，氷河などによる侵食とマスムーブメント（匍行・落石・崩落・地すべり・土石流など）である．斜面過程の種類・強度・頻度は気候，斜面の傾斜と斜面長，斜面物質の物理的・力学的・化学的性質などの因子の影響を受ける．　⇒斜面型，斜面発達　〈石井孝行〉

[文献] Carson, M. A. and Kirkby, M. J. (1972) *Hillslope Form and Process*, Cambridge Univ. Press. / 松倉公憲 (2008)「地形変化の科学―風化と侵食―」，朝倉書店．

しゃめんけい　斜面型　slope type　斜面をある一定の形態が連続する範囲としての 単位斜面* に区分し，個々の単位斜面の形態を表すのが斜面型である．水平断面形と垂直断面形（縦断面形）を，それぞれ尾根，直線，谷および凸，等斉，凹に分類し，それらを組み合わせて9つの斜面型に分類する方法が最も基本的なものである（図）．図のなかで，谷型斜面は集水斜面または収斂斜面，尾根型斜面は散水斜面または発散斜面，直線斜面は平行斜面とよばれることがある．山地や丘陵地でこのような分類を行う場合は，1/2,500以上の大縮尺の等高線図が用いられることが多い．近年では，数値標高データを用いて自動分類する方法も開発されている．　⇒斜面形，DEM　　　　　　　　　　　　　　〈山田周二〉

[文献] 鈴木隆介 (1997)「建設技術者のための地形図読図入門」，第1巻，古今書院．

意味	最大傾斜の方向（落水線の方向）の変化状態		
分類基準	水平断面形（等高線の平面形）による斜面分類		
分類	尾根型斜面 (r)	直線斜面 (s)	谷型斜面 (v)
凸形斜面 (X)	凸形尾根型斜面 (Xr)	凸形直線斜面 (Xs)	凸形谷型斜面 (Xv)
等斉斜面 (R)	等斉尾根斜面 (Rr)	等斉直線斜面 (Rs)	等斉谷型斜面 (Rv)
凹形斜面 (V)	凹形尾根型斜面 (Vr)	凹形直線斜面 (Vs)	凹形谷型斜面 (Vv)

（最大傾斜の大きさ（≒等高線距離）の変化状態／垂直断面形による斜面分類）

図　垂直断面形と水平断面形の組み合わせによる斜面型の基本的分類（鈴木, 1997）

しゃめんけい　斜面形　slope form　各種の斜面の一般的形態を指す．水平方向や鉛直方向の断面形をそれぞれ区別してみる場合とそれらを組み合わせた3次元でみる場合がある．斜面を一様な形態をもつ単位斜面＊に区分して，その形態を9種に分類した斜面型は，斜面形を3次元で表した最も基本的な例である．対象とする地形や目的に応じて9種の基本的斜面型の3次元的な組み合わせに着目した分類も考えられている．斜面の発達を論じる場合などは，全体の形態だけでなく，斜面各部の成因や構成物質などと組み合わせて分類が行われることもある．斜面形から土壌水分や土砂移動を予測したりする場合は，集水面積や傾斜などが組み合わせて用いられることもある．斜面形と斜面型は同じ発音であるが，斜面全体の形態を論じるときは前者を，それを分解した単位斜面の形態を扱うときは後者を用いる．⇒斜面型　〈山田周二〉

しゃめんけいしゃ　斜面傾斜　angle of slope, slope angle　斜面の傾く角度（図）で，傾斜角，傾斜比，傾斜百分率，法率などで表示する（次頁の表）．⇒斜面の寸法，傾斜角　〈鶴飼貴昭〉

［文献］鈴木隆介（1997）「建設技術者のための地形図読図入門」，第1巻，古今書院．

しゃめんけいしゃのそうたいてきこしょう　斜面

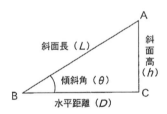

図　斜面の寸法と傾斜角の定義（鈴木, 1997）

傾斜の相対的呼称　colloquial expression of slope with various angle　複合斜面＊において，斜面の一部を，その傾斜の絶対値ではなく，周囲の斜面との相対的な緩急によって，緩斜面，急斜面，崖（急崖）のように慣用的によぶことがある（次頁の図）．例えば，傾斜20°以下でも段丘崖とよび，傾斜70°以上の崖の中腹に20°以下の緩斜面があるときそれを平坦面とよぶことがある．⇒傾斜角　〈石井孝行〉

［文献］鈴木隆介（1997）「建設技術者のための地形図読図入門」，第1巻，古今書院．

しゃめんけいとう　斜面系統　formsystem, slope unit　Penck（1924）によって用いられた用語で，斜面が傾斜の変換によって，いくつかの斜面あるいは斜面単位（slope unit）に区分される場合，各斜面単位がそれぞれの下端に位置する傾斜変換線を

表 斜面傾斜の各種表示法（鈴木，1997）

傾斜の表示名	単位	定義	表示例	備考
傾斜角	度，分，秒（°，′，″）	$\theta=\angle ABC$ $\tan\theta=h/D$ $1°=60′=3,600″$	$32°24′$ $(=32.4°)$	1. 最も一般的に使用.
傾斜分数	ない	$h/D=1/x$	$x=2.5$のとき，$1/2.5$と表示	1. 土木工事の現場で常用. 2. 野外で一定傾斜を設定するのに便利. 3. 法面のような，$20°〜60°$の範囲の表示に便利.
法率（法面勾配）	割，分	$h/D=1/x$のときのxの整数を割，小数第1位を分とよぶ	$x=2.5$のとき，2割5分という	
傾斜比	ない	$\tan\theta=h/D=x$	$x=2.5$のとき2.5，$x=0.025$のとき2.5×10^{-2}，$x=0.0025$のとき2.5×10^{-3}，などと表示	1. 地形図上での計測結果の表示が容易. 2. 傾斜比の有効数字とその桁数を表示する場合が多い. 3. $x/100$，$x/1,000$と表示することもある. 4. 微小角度の表示に便利なので，低地の傾斜や河床勾配などに常用.
傾斜百分率	パーセント（％）	$(h/D)\times100=x\%$ $x\%=100\tan\theta$	$x=2.5$のとき，25%	1. 傾斜比と同じ意味をもつが，％や‰を書き忘れると混同する. 2. $2.5\times10^{-2}\%$などという表示は傾斜比と混同するので不適切.
傾斜千分率	パーミル（‰）	$(h/D)\times1,000=x‰$ $x‰=1,000\tan\theta$	$x=2.5$のとき，$2.5‰$	
アルタン	アルタン（altan）	1 altan $=10(\log\tan\theta+3)$ $=10\log(1,000\tan\theta)$	$0°=0.0$ altan $1.82°=15$ altan $45°=30$ altan	1. angle log tangent の略. 2. 傾斜角の微小変化は一般に小さな角度の地表ほど重要になるので，斜面地形研究で使用される.

定義の記号は前頁の定義図と同じ．

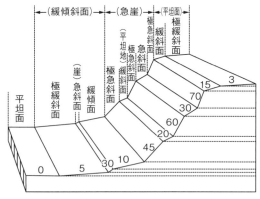

図 斜面の相対的・慣用的な呼称（鈴木，1997）
図中の数値は傾斜角（度）を示す．カッコ内の用語は相対的・慣用的な呼称であり，それらの以外の用語は実際の傾斜角（度）で区分した呼称である．

削剥基準面として個別に発達するという考え方による用語である．〈石井孝行〉

［文献］Penck, W.（1924）*Die Morphologishe Analyse*, J. Engelhorns Nachf（町田 貞訳（1972）「地形分析」．古今書院）．

しゃめんこうたい　斜面交代 slope replacement　斜面発達モデル*の一つで，一定の比高をもつ垂直の斜面（例：現成の*河成段丘崖や海食崖）が離水して，斜面が削剥によって減傾斜していく過程において，斜面上部は垂直のまま後退していくが，その下方の斜面はしだいに減傾斜する．そのため削剥時間の経過とともに上部の垂直斜面は小さくなり（比高が減じ），下方の緩傾斜面がしだいに長く，緩傾斜となって，最終的には上に凹形の斜面に置き換わるという理論である．⇨同形発達，ペンクモデル　〈鈴木隆介〉

しゃめんさいがい　斜面災害 landslide hazard, slope movement hazard　斜面で発生するマスムーブメントによる災害の総称．なお，近年，表層崩壊*や深層崩壊*などという用語も斜面災害に使用されているが，いずれも総称に過ぎるので，地形学では，落石災害，崩落災害，地すべり災害のように具体的に記述することが望ましい．〈千木良雅弘〉

しゃめんじゅうだんきょくせん　斜面縦断曲線 slope profile　横軸に水平距離，縦軸に高さをとった斜面断面図の縦断曲線．普通は水平距離と高さを普通目盛の同縮尺でプロットするが，目的によって高さを数倍（例：緩傾斜面）または対数（例：火山側線の片対数グラフ）にとる場合もある．⇨地形断面図，垂直誇張率　〈鶴飼貴昭〉

しゃめんじゅうだんけい　斜面縦断形 profile form of slope　斜面の一般的な傾斜方向の断面形．斜面を鉛直方向の断面からみた形態で，凸形，直線，凹形の三つに分類されることが多い．凸と凹は，いずれも鉛直上向きにみた場合の形態で，斜面の最上部では上方に凸で，中部では直線，最下部（例：谷

底付近）では凹になっている場合が多い．ただし，それらの一つまたは二つが存在しない場合も少なくない．各部における斜面過程（物質移動過程）は異なる．⇨斜面型，斜面過程，斜面発達　〈山田周二〉

しゃめんそくりょうき　斜面測量器　slope profiler　斜面長が数十mの緩急の斜面の縦断形を野外で実測するためのコンパスのような器械．不等辺直角三角形（△ABC）に固定した2本のアルミ製角棒の両脚（ABとBC）の先端（AとC）の間の間隔が2mまたは1mで，その先端線（AC）に平行な横棒（DE）が両脚の中間に固定され，その横棒の中央に傾斜計（360°，0.5°読みで，傾斜針は重錘で自動的に鉛直になる）が固定されている．AとCを斜面に接地させ，傾斜計を読めば，その2点間の傾斜がわかる．∵∠ABC＝90°，AC∥DE．∴傾斜θ＝∠CAP．ここに，PはCを通る鉛直線とAを通る水平線の交点．斜面測量器を尺取り虫のように測量線に沿って移動して測量すれば，各区間の水平距離と傾斜が得られるので，斜面縦断形を容易に描ける．市販されている．　〈鈴木隆介〉

[文献] Suzuki, T. and Nakanishi, A. (1990) Rates of decline of fluvial terrace scarps in the Chichibu basin, Japan: Trans. Japan. Geomorph. Union, **11**, 117-149.

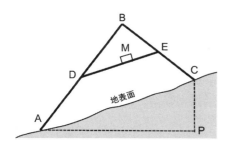

図　斜面測量器の構造（鈴木原図）
太線はアルミニウム製角柱であり，図のように固定して使用する（分解可能）．∠ABC＝90°，$\overline{AC}\parallel\overline{DE}$，$\overline{AC}$＝2m（または1m），M＝傾斜計（0.5°読み），∠CAP＝θ（$\overline{AC}$間の地表平均傾斜）．

しゃめんだか　斜面高　slope height　斜面の基部から頂部までの鉛直高さ（比高）．人工斜面では法高（のりだか）という．⇨斜面の寸法（図）　〈鶴飼貴昭〉

しゃめんちょう　斜面長　slope length　斜面の基部から頂部までの縦断曲線の実際の長さ．⇨斜面の寸法（図）　〈鶴飼貴昭〉

しゃめんでいたんち　斜面泥炭地　sloping fen　傾斜地に立地するが，地形の起伏を超えてひろがることのない高位泥炭地．傾斜地泥炭地，hanging bogとも．湿潤な地域に多く，丘陵や火山原面などにみられる．　〈松倉公憲〉

しゃめんのかいそうてきぶんるい　斜面の階層的分類　hierarchic classification of hillslope　山地・丘陵・谷壁の斜面は，その頂部（尾根）から基部（山麓または谷底）の間で，形態的特徴（斜面型とその構成比），斜面過程，斜面発達史の諸点で，単純から複雑なものまで多種多様である．その多様性によって自然斜面は単式斜面・複式斜面および複合斜面に階層的に分類される．⇨単式斜面，複式斜面，複合斜面　〈鶴飼貴昭〉

[文献] 鈴木隆介（2000）「建設技術者のための地形図読図入門」，第3巻，古今書院．

しゃめんのげんけいしゃそくど　斜面の減傾斜速度　rate of slope-decline　⇨デービスモデル，段丘崖の減傾斜速度

しゃめんのすいへいちょう　斜面の水平長　horizontal length of slope　正射投影した一つの斜面の基部から頂部までの水平距離．⇨斜面の寸法　〈鶴飼貴昭〉

しゃめんのすんぽう　斜面の寸法　dimension of slope　斜面の地形量である．斜面の規模（斜面高，

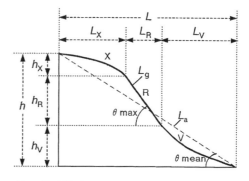

図　斜面（複式斜面）の地形量の定義図（鈴木，1997）
X：頂部凸形部，R：中部直線部，V：基部凹形部．他の記号は下の表「斜面の主な地形量」を参照．

表　斜面の主な地形量（鈴木，1997）

地形量	記号	定義
斜面高（relative height）	h	
水平距離（horizontal length）	L	
斜面長（ground-surface length）	L_g	
見通し斜面長（air length）	L_a	
見通し平均傾斜（air mean-angle）	θ_{mean}	$\tan\theta_{mean}=h/L$
名目平均傾斜（nominal mean-angle）	θ_s	$\sin\theta_s=h/L_g$
最大傾斜（maximum angle）	θ_{max}	
曲率方向の変換数（number of changes of direction of curvature）	N_c	
斜面縦断形屈曲度（slope sinuosity）	P_s	$P_s=L_g/L_a$
斜面縦断形凹凸度（slope roughness）	R	$R=L_g/N_c$

水平距離, 斜面長), 縦断形の屈曲度, 傾斜, 粗度など各種の地形量で示される (前頁の図と表). ⇨斜面傾斜, 斜面長, 傾斜角, 斜面型　〈鶴飼貴昭〉

[文献] 鈴木隆介 (1997)「建設技術者のための地形図読図入門」, 第1巻, 古今書院.

しゃめんのむき　斜面の向き orientation of slope, aspect of slope　斜面の傾き下がる最大傾斜方向の方位. 斜面方位とも. 4方位, 8方位, 16方位などに大別されるが, 定量的には北から時計回りに360°で表す. 例えば, 南東方向に25°の傾斜角で傾き下がる斜面は「135°→25°」と表示する. なお, 例えば, 東西方向で東に流れる河川の北側の斜面は「左岸斜面」であるが, その向きを明示する場合は「○○川左岸の南向き斜面」または「南面斜面」とよぶ. その対岸の斜面は「北向き斜面」である. 単に「北側斜面」とよぶと, どこに対して北側なのか, が曖昧になるためである. ⇨斜面方位　〈鶴飼貴昭〉

しゃめんはったつ　斜面発達 slope development　山地をつくる単元である斜面が, 主に侵食作用により時間の経過とともにその形状を変化させる過程を, 包括的に斜面発達とよぶ. 主に気候に対応した外的営力*の種類や, 地殻変動の特性などによって, 斜面発達過程とそれによって生じる斜面の形態には多様性が生じる. 湿潤地域では斜面は一般にデービス*(W. M. Davis)のいうように傾斜を減じつつ後退 (減傾斜後退) してなめらかな形態つまり従順形に至り, 乾燥地域ではペンク*(W. Penck)のいうように勾配を保ったまま後退 (平行後退) する, とされている. さらに, 斜面を作る物質の透水性*が大きい場合は減傾斜後退が, 難透水性である場合には平行後退が, それぞれ生じることが知られている. ⇨デービスモデル, ペンクモデル　〈平野昌繁〉

しゃめんはったつモデル　斜面発達モデル model of slope development　斜面形の時間的な変化を与えるモデルは, 一般に斜面発達モデルとよばれ, 当初は概念的色彩の強いものとして図示されたり議論されたりしたが, 後に数式 (数学的モデル) によって表現されるようになった. 斜面発達モデルは, 数学的には一般に偏微分方程式となる. 代表的なものは, 平行後退を示すペンクモデル*やそれを改良したシャイデガーモデル*, 減傾斜後退と従順化を示すデービスモデル*, それらを総合した複合モデル*, などである. ペンクモデルにおける山麓の岩屑堆積物の下にある基盤岩の表面の形状は, 常微分方程式 (レーマンの方程式*) の解によって表される. これらのモデルは当初, 斜面形態の時間的変化を説明するため, もっぱら数学的に設定されたが, 物質移動に対するその後の物理的あるいは地形学的意義づけにより, その多くはプロセス・レスポンスモデル*として説明されるようになった. 線形近似を前提とすると, 輸送項 (移流項) をもつ拡散方程式 (複合モデル) が斜面形の変化過程でみられる多くの特徴を体系的に説明できる. 〈平野昌繁〉

しゃめんひこうこうせいひ　斜面比高構成比 height-ratio of slope segment　1単元の自然斜面 (例:侵食前線から下方の斜面) の縦断形を一般に頂部凸形部, 中部直線部および基部凹形部の3区間で分割した場合, 各区間の比高が斜面全体の比高に占める割合. ⇨斜面の寸法, 頂部凸形部, 中部直線部, 基部凹形部, 段丘崖の減傾斜速度　〈鶴飼貴昭〉

[文献] Suzuki, T. et al. (1991) A quantitative empirical model of slope evolution through geologic time, inferred from changes in height-ratios and angles of segments of fluvial terrace scarps in the Chichibu basin, Japan : Trans. Japan. Geomorph. Union, 12, 319-334.

しゃめんぶっしつ　斜面物質 hillslope material　斜面の表層部を構成する物質. 斜面構成物質とも. 岩盤, 風化物質, 運積土, 崩積土, 土壌, 降下火山灰, 黄土などがある. 斜面物質のうち非固結物質だけをレゴリス (regolith, rhegolith) とよぶことがある. 斜面物質の種類によって斜面過程が異なる場合が多いが, レゴリスとともに定義の曖昧な用語なので使用には注意を要する. ⇨レゴリス　〈石井孝行〉

[文献] Olliver, C. and Pain, C. (1996) *Regolith, Soils and Landforms*, John Wiley & Sons.

しゃめんぶんせき　斜面分析 slope analysis　斜面縦断形あるいは平面形を使用して斜面の性状を分析・研究すること. 斜面分析には斜面がどのように発達 (斜面全体の後退・減傾斜・断面形変化) するかを, (1) 理論的・演繹的および (2) 経験的・帰納的に, それぞれ斜面変化モデルを構築しようとする二つの方法がある. (1)の理論的・演繹的方法にはさらに①数学的に表現する方法と②記述的に表現する方法がある. W. Penck (1924) の地形分析 (Morphologische Analyse) は記述的方法に含まれる. (2)の経験的・帰納的方法には, ① W. M. Davisのように地形の場所的変化の観察に基づき時系列のなかで斜面変化モデルを定性的に構築する方法, ② A. Rappのように斜面プロセスの観測に基づき斜面変化モデルを構築する方法, ③ S. A. Schumm (1956) のようにバッドランドなど地形変化が速い小規模な地形で得られた斜面プロセスの観測結果か

ら規模の大きい岩盤からなる山地の斜面後退モデルを推定する方法，④ Suzuki, et al. のように離水年代の異なる斜面（例：海食崖・段丘崖）の空間-時間置換の仮定＊によって，斜面縦断形の変化を定量的に帰納する方法，などがある．これらの斜面後退モデルには，初期条件および境界条件に何らかの仮定が含まれている場合がある．一方，斜面分析という用語は，崩壊ほか他の現象と地形との対応関係を求めるときに DEM などの地形情報を用いて，斜面要素（傾斜角，方位など）を処理する場合にも使用される．なお，用語の使用例は少ないが，斜面の特性を特に数値的に表して分析することを quantitative slope analysis とよんだ例がある．斜面特性の分析一般という意味では，地形分析と同じ意味になる場合もある ⇨斜面発達，悪地，段丘崖の減傾斜速度

〈石井孝行・平野昌繁〉

[文献] Strahler, A. N.（1968）Slope analysis ; *In* Fairbridge, R. W. ed. *The Encyclopedia of Geomorphology*, Dowden, Hutchinson & Ross, 998-1002.／Finlayson, B. and Statham, I.（1980）*Hillslope Analysis*, Butterworths.

しゃめんぶんるい　斜面分類【傾斜角による】 classification of slope（according to angle） 斜面の水平面に対する傾き（傾斜角）・勾配による分類．傾斜角は運輸，耕作，土砂災害など人間活動に影響を与えるだけではなく，地形学的には斜面の要素の一つで，削剝・侵食の速度と種類，堆積などに影響を与える．傾斜角による地表面ないし斜面の分類は，表示のように，分類目的の違いによって，いくつかの分類と名称が試みられている．ある特定の気候，岩石の条件のもとで，形態的にみて最も頻度が高く出現する傾斜角は特性勾配（characteristic angle），例えば崖ないしフリーフェイスおよびテーラス斜面，ペディメントなど斜面要素の傾斜角，山崩が発生する頻度が高い傾斜角，岩屑の安息角など特定の地形が出現するか特定の斜面過程が作用する傾斜角は限界勾配（threshold slope angle, limiting angle）とよばれる．斜面において傾斜角が急に変化する線（点）は傾斜変換線＊（点）とよばれ，異なる岩質・形成年代・形成過程の地形などの境界を示す重要な指標になる．⇨傾斜角，傾斜の変換，斜面傾斜，斜面要素の分類

〈石井孝行〉

[文献] Schumm, S. A. and Mosley M. P. eds.（1973）*Slope Morphology*, Dowden, Hutchnson & Rosss.／鈴木隆介（1997）「建設技術者のための地形図読図入門」，第1巻，古今書院．／松倉公憲（2008）「地形変化の科学―風化と侵食―」，朝倉書店．

しゃめんぶんるい　斜面分類【斜面傾斜と地層傾斜の組み合わせによる】 classification of slope（by the combination of angle of slope and relative dip of strata） 斜面の安定性は一般に受け盤＊より流れ盤＊で低いが，流れ盤のなかでも斜面の傾斜（θ）と斜面の傾斜方向における地層の見掛けの傾斜（γ）との組み合わせによって安定性は著しく異なる．そこで，鈴木（2000）は，その組み合わせを，θ の絶対値

	H	D	P	N	V	I
普通斜面 common slope ($0°\leq\theta\leq90°$)						
用　語	水平盤 horizontal dip	柾目盤 overdip cataclinal	平行盤 parallel dip	逆目盤 underdip cataclinal	垂直盤 vertical dip	受け盤 anaclinal
		流れ盤 cataclinal				
定　義	$\gamma=0°$	$0°<\gamma<\theta$	$\gamma=\theta$	$\theta<\gamma<90°$	$\gamma=90°$	$90°<\gamma\leq180°$
斜面の安定性	安定	極めて不安定	安定⇒不安定	安定	安定〜やや不安定	安定
反斜面（小規模）overhang ($90°<\theta\leq180°$)	Ha	Da	Va	Na	Pa	Ia
用　語	反水平盤 anti-horizontal dip	反柾目盤 anti-overdip cataclinal	反垂直盤 anti-vertical dip	反逆目盤 anti-underdip cataclinal	反平行盤 anti-parallel dip	反受け盤 anti-anaclinal
定　義	$\gamma=0°$	$0°<\gamma<\theta$	$\gamma=90°$	$90°<\gamma<\theta$	$90°<\gamma=\theta$	$\theta<\gamma\leq180°$
斜面の長期的存在	稀に存在する	存在しない	存在しない	存在しない	稀に存在する	存在する

図　地表面傾斜（θ）と地質的不連続面（地層面）の相対傾斜（γ）の組み合わせによる斜面の分類（鈴木，2000 の英語を修正）

とは無関係に，①水平盤（$\gamma=0$ の場合），②柾目盤（$\gamma<\theta$），③平行盤（$\gamma=\theta$），④逆目盤（$\gamma>\theta$），⑤垂直盤（$\gamma=90°$），⑥受け盤（$90°<\gamma<180°$）の6種に区分した（前頁の図）．これらの分類用語に接尾語として'斜面'を付けると斜面分類用語になる（例：柾目盤斜面）．オーバーハング（反斜面）も同様に分類される．実在の斜面をみると，第三系の軟岩層で構成される岩石段丘崖（例：埼玉県秩父盆地の段丘崖）では，柾目盤斜面のうち，三角形 ABC の領域（A：$\theta=90°$ で $\gamma=0°$，B：$\theta=45°$ で $\gamma=45°$，C：$\theta=90°$ で $\gamma=90°$）の斜面は短期的にしか存在しない．しかし，硬岩層の斜面は上記の三角形 ABC の領域にも存在する．一方，平行盤・逆目盤・受け盤斜面は相対的に安定しているが，斜面基部が侵食や切取によって除去されて生じた新しい斜面は柾目盤斜面になるので，崩落しやすい．なお，鈴木（2000）の原図中の英用語は仮造語であったが，Cruden（1989）に従って，流れ盤（cataclinal），柾目盤（overdip cataclinal），逆目盤（underdip cataclinal）および受け盤（anaclinal）に関しては本書で，カッコ内の英用語に修正した．⇨見掛けの傾斜［地層面の］　〈中西　晃〉

［文献］鈴木隆介（2000）「建設技術者のための地形図読図入門」，第3巻，古今書院．／Cruden, D. M.（1989）Limits to common toppling: Canadian Geotechnical Journal, 26, 4. 737-742.

しゃめんほうい　斜面方位　orientation of slope　尾根などの高所から見下ろしたときの斜面の最大傾斜の方向の方位．斜面の向きとも．誤解されない表現法が求められる．⇨斜面の向き　〈石井孝行〉

［文献］鈴木隆介（2000）「建設技術者のための地形図読図入門」，第3巻，古今書院．

しゃめんほうい　斜面方位【GISでの】　slope aspect　⇨フィルター・移動窓演算

しゃめんほうかい　斜面崩壊　slope failure　⇨崩壊

しゃめんほうかいはっせいじきのよち　斜面崩壊発生時期の予知　forecast of slope failure　地すべりのようなクリープ性の斜面崩壊の発生時期を，クリープの累積歪みと経過時間との関係から，クリープ破壊時間を予知する方法で，旧日本国有鉄道・鉄道技術研究所の斉藤迪孝が1968年に室内実験と野外観測のデータに基づいて提唱した（図）．図式解法と経験式法がある．2次クリープの定常歪み速度からクリープ破壊時間の予知精度が経過時間とともにしだいに向上し，実例では10分内外の精度で破壊時間が予知された．この方法により多くの鉄道沿線の崩壊の発生時間が高精度で予知され，少なくとも人的災害を予防できた（例：飯山線の高場山トンネルの地すべり崩壊）．以後，地すべりなどの破壊時間の直前予測に活用されている．　〈鈴木隆介〉

［文献］斎藤迪孝（1968）斜面崩壊発生時期の予知に関する研究：鉄道技術研究所報告，626, 1-58.／斎藤迪孝（1969）斜面崩壊発生時期の予知：土と基礎，17（2），29-38.

しゃめんほうかいはっせいどモデル　斜面崩壊発生度モデル　landslide susceptibility model　ある

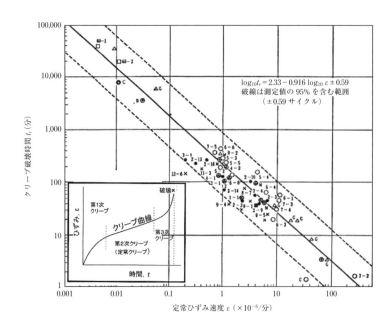

図　クリープ破壊時間判定図（斎藤，1969）

地域における斜面崩壊の起きやすさの分布を，地形，地質，植生などの土地条件に基づいて予測するモデル．崩壊の規定要因の分析や，危険域の予測に有用である．通常，DEMを地形の基本データとして用い，過去に発生した崩壊の分布に関するデータなどとともにGISに入力し，データ分析に使用する．最も普及している方法は，崩壊の有無を従属変数，各種の土地条件を説明変数として判別分析やロジスティック回帰を行ってモデルを作成し，そのモデルを用いて，対象地域のすべての地点における崩壊の生じやすさを評価する．他に，決定木（decision tree）や人工ニューラルネットワークなどを用いてモデルを作成する場合もある．実際の崩壊の発生を予測する際には，豪雨や地震といった誘因の発生周期が重要であるが，斜面崩壊発生度モデルでは，誘因のデータは通常使用せず，崩壊の時間的な発生確率ではなく空間的な発生しやすさの分布を素因に基づいて評価する．モデルの当てはまりのよさは的中率によって評価され，より厳密なモデルの検証は，モデルの作成には使用しなかった崩壊分布のデータを用いて実行する． 〈小口 高〉

しゃめんようそのぶんるい　斜面要素の分類
classification of slope element　斜面要素の分類は二つの意味で用いられる．第一は，縦断形と等高線の湾曲を組み合わせて斜面全体を，あるいは斜面形態が複雑な場合には分割された斜面部分（斜面部）を，傾向面の数式を用いて表現するもので，縦断形および等高線の湾曲の凸形，凹形の組み合わせを用いて四つの基本的な斜面型に分類して地形を3次元で表現することができる．このような分類は提唱者（F. R. Troeh, 1965）の名を冠して「トローエの斜面要素の分類」とよばれる．第二は，斜面後退，斜面プロセスを考慮に入れた斜面の部位の分類である．このような斜面要素の分類はA. Wood (1942), T. J. D. Fair (1947, 1948) によって試みられたが，L. C. King (1962) によってなされた分類が一つのモデルとして用いられている．この分類では，十分に発達した斜面では，①斜面上部から凸形の尾根部（crest；満斜面（waxing slope），頂部凸形部とも），②崖（フリーフェイス），③直線状の岩屑斜面（debris slope；テーラス斜面，恒常斜面：constant slope, rectilinear slopeともいわれる），そして④凹形のペディメント（pediment；弦斜面：waning slope, 基部凹形部とも）に分けられる．日本のような環境ではペディメントに代わり斜面上方からの崩土・沖積物からなる基部凹形部になることが多い．Kingの斜面要素モデルとは別に，Dalrymple et al. (1968) による尾根から斜面基部の谷底までの斜面を9つの単位に分けた分類がある．　⇒斜面，斜面型　〈石井孝行〉
[文献] Dalrymple, J. B., et al. (1968) A hypothetical nine-unit landsurface model : Zeitschrift für Geomorphologie, N. F., 12, 60-76.

じゃもんがん　蛇紋岩　serpentinite　主に蛇紋石からなる岩石で，かんらん岩類が熱水による変質作用や広域変成作用を受け，源岩中のかんらん石・輝石が水と反応して生成される．これらのかんらん石や輝石が残存していることもある． 〈太田岳洋〉

じゃもんがんさんち　蛇紋岩山地　serpentinite mountain　蛇紋岩で構成される山地の略称．周囲の非蛇紋岩山地に比べて，大規模な蛇紋岩体（単体の露出面積＞約10 km²）の場合には，一般に①高度が高く，②斜面は緩傾斜で滑らかであり，③尾根頂部は丸く，④谷密度は低く，⑤谷とガリーは浅く，⑥クリープや浅い地すべりが多発しているが，⑦露岩，落石，崩落および土石流は少ない，という特徴を示す（例：京都府大江山の杉山）．これらの特徴のうち，②，③および⑥は風化帯の岩石物性（塑性的な粘土質）の影響であり，④と⑤は蛇紋岩体の残留応力の解放に伴って生じた'緩み帯（深部まで節理が多く，高透水性）'の存在のためである．①の周囲よ

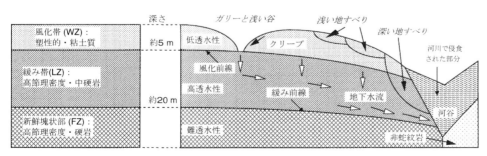

図　蛇紋岩山地の形成過程に関与する岩石物性と削剥過程を示す模式図（Suzuki, 2006）

り高いという特徴は，緩み帯の存在によって深い谷が発達しないために，山地全体の削剥速度が小さいことに起因すると解される．一方，小規模な岩体の場合には，このような特徴は必ずしもみられず，周囲の非蛇紋岩山地より低いことも多い．それは風化帯での浅い地すべりの多発と緩み帯が薄いために削剥が進行することに起因するのかもしれない．⇨蛇紋岩　　　　　　　　　　　　　　　　〈鈴木隆介〉

[文献] Suzuki, T.（2006）Formative processes of specific features of serpentinite mountains : Trans. Japan. Geomorph. Union, 27, 417-460.

じゃもんがんじすべり　蛇紋岩すべり　serpentinite landslide　蛇紋岩斜面で発生する地すべり．蛇紋岩山地においては，岩石中に含まれる滑石*がすべりやすい性質をもつこと，あるいは構成鉱物が風化によって粘土化しやすいことから地すべりが起こりやすい．　　　　　　　　〈松倉公憲〉

じゃもんがんしょくぶつ　蛇紋岩植物　serpentine vegetation　蛇紋岩*は超塩基性岩で植物の生長を阻害するマグネシウムを含むため，その条件に適応した植物だけが生育している．これらを総称して蛇紋岩植物とよぶ．わが国では，北海道のアポイ岳，岩手県早池峰山，尾瀬の至仏山の高山植物群が有名で，ヒダカソウ，サマニユキワリ，ハヤチネウスユキソウ，ナンブトラノオ，オゼソウ，ホソバヒナウスユキソウなど，その山固有の貴重な植物として天然記念物などに指定されている．蛇紋岩地は一般に土壌の発達が悪く，低地では，生育の悪いアカマツ林やツツジ科の低木群落などがみられる．⇨極相　　　　　　　　　　　　　　　　〈宮原育子〉

じゃもんせき　蛇紋石　serpentine　鉱物の族名の一つで，$Mg_3Si_2O_5(OH)_4$の組成をもつ．クリソタイル，リザルダイト，アンチゴライトの3種類の同質異像（多形）が属する．油脂〜絹糸状光沢で，緑・黄緑・緑灰色．クリソタイルは繊維状で石綿として用いられた．火成岩や変成岩中のかんらん石などのマグネシウムに富む珪酸塩鉱物が水と反応して生成する．　　　　　　　　　　　　〈長瀬敏郎〉

じゃり　砂利　gravel　砂や礫などの非固結の砕屑性堆積物を指す一般的用語．日本経済の高度成長期，昭和40年代まで河川堆積物が川砂利として採取されてコンクリート骨材などに利用されていた．現在は川砂利の採取が禁止され，それに代わって中・古生層の砂岩や硬い火山岩類を砕いて利用することが多い．　　　　　　　　　　　　　　　〈牧野泰彦〉

しゃりゅう　射流　shooting flow, supercritical flow　フルード数*が1より大きい開水路の流れ．流速が大きいため，水位変化や水面変動が上流に伝播しない．常流*の対語．　　　　　　　〈宇多高明〉

しゃりゅうかせん　斜流河川　oblique stream　接峰面*の最大傾斜方向ではなく，それに対して大局的には斜めに流れている河川．その谷を斜流谷とよぶ．一般に地殻変動を反映している．⇨対接峰面異常（図）　　　　　　　　　　〈鈴木隆介〉

[文献] 鈴木隆介（1971）箱根火山の地形：日本火山学会編「箱根火山」，創造社．

ジャンダルム　gendarme（仏）　主峰の前に立ちはだかる前衛峰のこと．一般に岩峰．奥穂高岳西側の岩峰が有名．剱岳チンネにもジャンダルムがある．⇨岩峰　　　　　　　　　　　　　〈岩田修二〉

しゅうえんおうち　周縁凹地　moat　海山*，海丘*や島の脚部をとりまくように周辺の平坦な海底との間にみられる浅い凹地．モートともよばれる．海山や大洋島の周辺では，それらの質量を支える分だけ海洋プレートの上部が沈み込むため，そこに凹地が形成される．浅海域では，島などの高まりの周囲で海潮流が速くなるため，海底が洗掘され，その後堆積が生じずに凹地となっている．瀬戸内海の島々の周囲などでしばしばみられる．両者は規模も成因も異なるが，ともに周縁凹地とよばれる．⇨荷重沈下　　　　　　　　　　　　　〈岩淵　洋〉

しゅうかいがん　集塊岩　agglomerate　①主に粗粒物で構成される火砕岩の総称の意味や，②凝灰集塊岩と同じ意味で使われたりするなど，従来，用語の定義や使用に曖昧さや混乱が認められ，現在ではほとんど使われない．⇨凝灰集塊岩　　〈横山勝三〉

しゅうかいごおり　集塊氷　massive ice　含氷率が非常に高く，水平方向に広がる厚い（数十m）地下氷の総称．氷の析出（segregation）や貫入（intrusion）によって発達する場合と，氷河氷や湖氷などの埋没によって生じる場合がある．かつての氷床に起源をもつものは，アイスコンプレックスとも呼ばれる．　　　　　　　　　　　　〈池田　敦〉

しゅうかいひょう　集塊氷　massive ice　しゅうかいごおり（集塊氷）の別読み．　〈池田　敦〉

しゅうきせいだんきゅう　周期性段丘　cyclic terrace　⇨輪廻性段丘

しゅうきょく　褶曲　fold　地質学では，海底で堆積した地層は堆積初期には水平の板状であったと仮定し，それを公理としている（地層水平堆積の法則*）．地層に限らず，成層岩*が水平でなく波状に何度も繰り返し曲がっている状態を褶曲という．昔

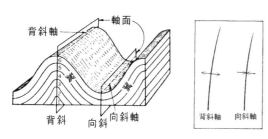

図 褶曲の各部の名称（左）および背斜軸と向斜軸の，地質図上での記号（右）
1が最も古く，6が最も新しい地層である．

は皺曲とも書いた．褶曲は，成層岩が側方向から緩慢に圧縮され，非可逆的に塑性変形して生じた地質構造である．褶曲の各部は次のような名称でよばれする．波頭（尾根）に相当する部分を背斜とよび谷を向斜とよぶ．それぞれの地層の曲率の最大の部分をヒンジ，それを連ねた線をヒンジ線とよぶ．背斜と向斜のヒンジ線をそれぞれ背斜軸と向斜軸とよび，それぞれを上下に連ねた面を褶曲軸面（単に軸面とも）といい，背斜軸面および向斜軸面と区別する．軸面は平面とは限らない．背斜軸と向斜軸の間の部分を翼または脚（limb）とよぶ．褶曲している地質構造を全体として褶曲構造とよび，背斜構造と向斜構造に大別されるが，普通は褶曲軸面の傾斜で分類される．褶曲の波長は数mmから数kmと広範囲に変動するが，一般に地下深部の高封圧下で生じた褶曲は短波長で，地下浅部では長波長である．褶曲構造は，古い時代に地下深部で形成されたものがその後の地殻隆起で陸上に露出し，硬軟互層の差別侵食により種々の褶曲差別削剥地形を生じている．ただし，褶曲山地*は褶曲運動で形成されたものという意味ではなく，褶曲構造をもつ地質で構成されている山地を指す．なお，第四紀に変位したものを活褶曲*という．⇒褶曲構造の分類（図），褶曲構造の削剥地形（図） 〈鈴木隆介〉

［文献］鈴木隆介（2004）「建設技術者のための地形図読図入門」，第4巻，古今書院．

しゅうきょくうんどう 褶曲運動 folding 地層や岩石における褶曲*の形成過程を指し，褶曲作用とも．褶曲は地層や岩石の層構造が曲面をもって曲がることで連続的に波状変形する様式である．これら褶曲をつくる原動力は横方向からだけでなく，鉛直方向からの応力によっても褶曲作用は発生する．褶曲の形成メカニズムと形態に基づいて，座屈褶曲作用，キンク褶曲作用，受動的褶曲作用，横曲げ褶曲作用，断層関連褶曲作用などが知られている．⇒褶曲構造の分類（図） 〈宮内崇裕〉

［文献］狩野謙一・村田明広（1998）「構造地質学」，朝倉書店．

しゅうきょくこうぞう 褶曲構造 fold structure ⇒褶曲（図）

しゅうきょくこうぞうのさくはくちけい 褶曲構造の削剥地形 denudational feature of fold structure 侵食に対する抵抗性の異なる強抵抗性岩*（例：砂岩層）と弱抵抗性岩*（例：泥岩層）の互層で構成される褶曲構造をもつ山地（褶曲山地）が長期間にわたって侵食されると，地質構造の背斜構造と向斜構造がそれぞれ地形的な尾根部と谷部になるとは限らず，逆になる場合もある（図）．そのために，山地では，受け盤斜面*と流れ盤斜面*が多様に分布し，地質構造に調和したり，逆になったりする種々の地形種（例：適従谷，逆従谷，ケスタ，向斜尾根，背斜谷）を生じる． 〈鈴木隆介〉

［文献］Martonne, E. de（1927）*A Shorter Physical Geography*（English ed.），Christopers.

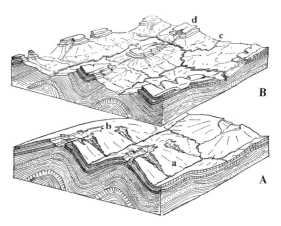

図 褶曲構造の差別削剥地形（Martonne, 1927）
下図（A）より上図（B）が侵食階梯の進んだ地形である．
a：向斜谷，b：背斜山稜，c：背斜谷，d：向斜山稜．

しゅうきょくこうぞうのぶんるい 褶曲構造の分類 classification of fold structure 褶曲構造は様々に分類されるが，地形学的には断面形と平面形による分類が有意義である．断面形では，褶曲軸面の傾斜によって，直立褶曲・傾斜褶曲・等斜褶曲・過度傾斜褶曲・横臥褶曲（横倒し褶曲・横ぶせ褶曲・過褶曲とも）に分類され，撓曲*を含めることもある（図）．平面形では，褶曲軸の平面的配置によって，ほぼ同じ長さの，多数の褶曲軸が平行している平行

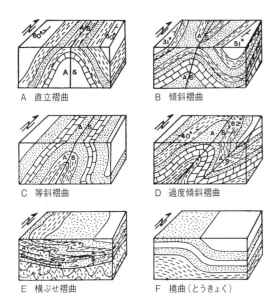

図　褶曲構造の形態的分類

褶曲と相対的に短い褶曲軸が「ミ」字のように雁行している雁行褶曲とに大別される．⇨褶曲，雁行配列　〈鈴木隆介〉

しゅうきょくさよう　褶曲作用 folding　⇨褶曲運動

しゅうきょくさんち　褶曲山地 fold mountain, folded mountain　褶曲構造をもつ地質からなる山地を指す．褶曲山脈ともいう．山地の地質構造に基づいて褶曲山地と地塊山地（block mountain）に分類したときの一つ．現在みられる大山脈（例：アルプス，ヒマラヤ山脈）は褶曲山地であるが，'褶曲山地'というときには，ヨーロッパのジュラ山脈を典型例とするように，背斜山稜や向斜山稜が並列する多列山地（連脈）などの組織地形が顕著な山地を指すことが多い．かつては褶曲運動によって多列山地が形成されると考えられたが，造山運動において，沈降運動と堆積作用が活発な地向斜期，火成活動や褶曲運動が活発な造構造期，隆起運動により山地が形成される造地形期などの時階が認識されるようになり，地層の褶曲構造が形成される時期と地形としての山地が形成される時期とは異なることが明らかにされ，地向斜堆積物が造構運動によって褶曲した後，隆起運動によって山地になったものとされる．'褶曲山地'に特徴的な多列山地などの組織地形は，地質構造および硬軟の地層の配列を反映した長期間の差別侵食により形成されたと考えられている．つまり，褶曲山地は褶曲構造を生じた褶曲運動で高く

なった山地とは限らず，断層山地と同様に，曖昧ないし誤解されやすい用語なので，使用には注意を要する．⇨地塊山地，断層褶曲山地，褶曲構造の削剥地形（図）　〈大森博雄〉

［文献］井上修次ほか（1940）「自然地理学」，下巻，地人書館．/Martonne, E. de（1927）*A Shorter Physical Geography*（English edition），Christophers.

しゅうきょくじく　褶曲軸 fold axis　⇨褶曲（図）

しゅうきょくじくめん　褶曲軸面 fold axial surface, axial hinge surface　⇨褶曲（図）

しゅうきょくしょうじょうだんそうたい　褶曲衝上断層帯 fold-and-thrust belt　造山帯の縁辺部に主にみられ，衝上断層および褶曲によって主に構成される地帯．褶曲は主に衝上断層の上盤に発達し，複数の衝上断層により切断・変形された地層が繰り返し出現する．その結果，地層は変形前に比べてかなりの程度で水平短縮を受けている．アパラチア造山帯など過去の造山帯のみならず，ヒマラヤ造山帯など現在活動的なプレート収束帯でもよくみられる．⇨順序外スラスト　〈石山達也〉

しゅうきょくたい　褶曲帯 fold zone　ある時代に堆積した地層群の褶曲構造をもつ帯状の地域．地形学的にみると，古い時代の褶曲帯（例：三波川帯，秩父帯）は侵食されて独自の褶曲帯としての地形的特徴がみられるが，新生代の褶曲帯（例：フォッサマグナ褶曲帯，大井川褶曲帯）も地形的特徴（例：山地の形態，地すべりの分布）を見出すことができる．しかし，日本の褶曲帯の地形を総括した最近の研究例はない．　〈鈴木隆介〉

しゅうきょくちけい　褶曲地形 fold landform, fold topography　褶曲に関連して形成された地形（図）．褶曲運動によって形成された変位地形（褶曲変位地形）と，地層の褶曲構造を反映した差別侵食による組織地形（褶曲削剥地形）の二つの意味で用いられる．アパラチア地形は後者の典型例．褶曲変位地形には活背斜地形と活向斜地形，褶曲削剥地形には背斜山稜，向斜山稜，背斜谷，向斜谷がある．⇨褶曲変位地形，褶曲構造の削剥地形（図），褶曲山地　〈小松原琢〉

しゅうきょくど　褶曲度 degree of folding　褶曲の程度を表す量．例えば，Otsuka（1933）は平行褶曲の断面図において，特定の地層（復元部を含む）の長さを F，断面の長さを L とし，$(F-L)/F$ の値を褶曲度とした．他に，2振幅/波長，あるいは地層の高さ Z の水平方向の変化量 ΔZ の絶対値の積算値

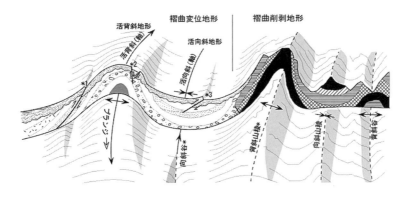

図　褶曲地形と活褶曲に関連する副次的な断層地形（小松原原図）
＊背斜山稜・向斜谷という用語は褶曲変位地形としても褶曲削剥地形としても用いられる．

褶曲に伴う　｛＊1 フレキシュラルスリップ断層
副次断層　　＊2 局所的な引張り歪みに伴うベンディングモーメント断層
　　　　　　＊3 局所的な圧縮歪みに伴うベンディングモーメント断層｝

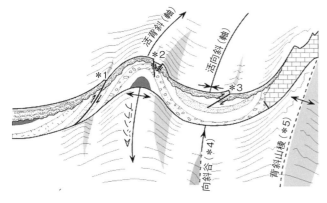

図　各種の褶曲変位地形の概念図（小松原原図）

褶曲に伴う　｛＊1 層面すべり断層
副次断層　　　（フレキシュラルスリップ断層）
　　　　　　＊2 局所的な引張り歪みに伴う副次断層
　　　　　　＊3 局所的な圧縮歪みに伴う副次断層｝
褶曲に関連する　｛＊4 向斜谷
組織地形の例　　＊5 背斜山稜｝

から，$(\Sigma|\Delta Z|)/L$，とした指標も提唱されている．しかし，褶曲帯の褶曲度と地形的特徴の関係についての研究例はない．⇨褶曲構造の分類　〈鈴木隆介〉
[文献] Otsuka, Y. (1933) Contraction of the Japanese Islands since the Middle Neogene: Bull. Earthquake Res. Inst. 11, 724-731.

しゅうきょくへんいちけい　褶曲変位地形 fold landform　褶曲地形のうち活褶曲運動によってつくられた変位地形（図）．段丘面のような平坦が変形してつくられた地形に対して用いられ，初生形態が平坦でない斜面では変位を認識することが難しいため通常は用いられない．活背斜地形と活向斜地形に大別される．⇨活褶曲，活背斜地形，活向斜地形，褶曲地形，変動地形　〈小松原 琢〉

じゅうきょくりゅう　自由曲流 free meander ⇨自由蛇行

しゅうごううんぱん　集合運搬【岩屑の】 mass transport (of sediment)　土石流のように，土砂礫と水の混合物が，渾然一体となって流れる現象を指し，重力による影響を強く受ける．これに対して，砂礫が流体力を受けて転動＊，滑動＊，躍動＊しながら流れる現象を 各個運搬＊ とよぶ．⇨マスムーブメント　〈中村太士〉

じゅうごうだんきゅう　重合段丘 complex terrace　複数の段丘面形成過程をもつ段丘群，例えば氷河性海面変動と広域的隆起運動の合成で形成された段丘群について鈴木（2000）が命名．ただし，この概念には3個の仮定，すなわち①氷河性海面変動量が一定，②堆積低地の形成期の仮定，③長期間における平均隆起速度一定の仮定，が含まれている．これらの仮定が成り立てば，間氷期に形成された堆積低地は氷期に向かっての海面低下のため段丘化し，その間にも段丘面は隆起運動によって上昇する．ゆえに，その段丘面は次の間氷期の海面上昇でも水没しない．かくして，間氷期に対応する海成堆積段丘面は古いものほど高所に位置する．この考え

方は，四国の土佐湾北東岸に発達する海岸段丘群の研究で発想され（吉川ほか，1964），段丘形成における海面変動と地殻変動の役割を識別する契機を与えた点で重要である．⇨段丘　〈鈴木隆介〉

［文献］吉川虎雄ほか（1964）土佐湾北東岸の海岸段丘と地殻変動：地理学評論，37，627-648．／鈴木隆介（2000）「建設技術者のための地形図読図入門」，第3巻，古今書院．

じゅうごうちけい　重合地形　compound landform　⇨地形種の階層区分（表）

じゅうこうぶつ　重鉱物　heavy mineral　堆積岩の重鉱物分析では，2.85（ブロムホルムの比重）より大きな比重をもつ砕屑鉱物を重鉱物とよぶ．磁鉄鉱やチタン鉄鉱，ジルコン，ルチル，ざくろ石，黒雲母，電気石などがある．これらの重鉱物の総量は通常1％にも満たない．岩石学では比重2.9以上の主要造岩鉱物に対して用いる．　〈長瀬敏郎〉

じゅうこうぶつぶんせき　重鉱物分析　heavy mineral analysis　堆積物中の重鉱物組成を分析する手法．適量（20g程度）の試料を分散し，細砂だけを篩い分けしたものを，ブロモホルム，ツーレ液などの重液を用いて軽鉱物と分離したのち，粒子あるいは薄片として，その一定数を鏡下で鑑定し組成を百分率で表示する．テフラの対比手段として用いられる．　〈松倉公憲〉

じゅうこく　縦谷　longitudinal valley　ほぼ並走する2本の山脈の走向と平行にその間を，川がほぼ直線状の河谷をつくる部分．縦谷を縦走する河川を縦走河川，縦流河川または縦走河流という（例：中央構造線沿いの吉野川や紀ノ川）．⇨対接峰面異常，横谷　〈久保純子〉

じゅうじきょう　十字峡　cross-shaped gorge　山地河川の本流の1地点に両岸からほぼ同規模の支流がほぼ直角に合流し，それらの下方侵食により合流点付近に十字形に形成された峡谷をいう．支流が本流に対してほぼ直角に横断する断層谷＊や節理谷＊である場合に生じる．黒部川の十字峡や新潟県魚野川支流の三国川の十字峡などが有名．〈小松陽介〉

じゅうじごうりゅう　十字合流　cross-shaped confluence　本流の一地点に，両岸からほぼ同規模の支流が本流に合流する状態をいう．本流への合流角度がほぼ直角の場合と斜交の場合があるが，いずれも本流を横断する断層や弱抵抗性岩に沿う差別侵食で形成される．十字合流のみられる地点は本流も峡谷をなしている場合が多いので，十字峡とよばれる．⇨合流形態（図），十字峡　〈鈴木隆介〉

しゅうしゅくげんかい　収縮限界　shrinkage limit　細粒土のコンシステンシー限界＊の一つ．土を乾燥していったとき，含水比がある限度以下に減じてもその土の体積が減少しなくなるような状態の含水比をいう．収縮限界は土中の粘土分，粘土鉱物の種類や有機物含有度などによって異なる．通常，土の収縮定数試験方法（JIS A 1209）により求められる．⇨コンシステンシー　〈加藤正司〉

じゅうじゅんか　従順化　subduing　山地が削剥によって全体としてしだいに低下すると，尖った尾根や深い谷が減少し，最終的にはなだらかで，滑らかな尾根と斜面で構成された形態をもつ山地，すなわち従順山地になる．そのように，山地がなだらかになる削剥過程を従順化という．従順山地は，デービスの侵食輪廻説＊では終末期＊ないし準平原化の直前に生じるとされているが，現在の日本列島のような湿潤変動帯では，従順化が容易には進まない．一方，氷床の侵食作用や周氷河作用＊では，地表が面的削剥を受けるので，従順化が進行しやすい．したがって，日本でみられる従順山地は，前輪廻地形の山頂小起伏面や北海道北部の丘陵にみられるにすぎない．ただし，高透水性の弱抵抗性岩＊で構成される丘陵が従順化していることもある（例：北海道宗谷丘陵の一部）．　〈鈴木隆介〉

じゅうじゅんさんけい　従順山形　subdued mountain-form　⇨従順地形

じゅうじゅんさんち　従順山地　subdued mountain　⇨従順地形

じゅうじゅんちけい　従順地形　subdued landform　山稜も山麓も丸みを帯びた，なだらかな斜面からなる侵食地形を指す．従順山形，従順山地ともいう．デービスの侵食輪廻説においては，晩壮年期以降に卓越する風化やマスムーブメントによって形成された風化物や砕屑物で覆われた緩斜面の卓越する小起伏地形を指す．丘陵地形と同じ意味で用いられることもあるが，従順地形は，隆起準平原山地の尾根のように高高度でみられる場合も多い．現在では，水の凍結・融解による地形形成作用（周氷河作用）によって形成された緩傾斜地形や，軟岩に起因する小起伏地形をも含めて，'なだらかな侵食地形'の総称として用いられる．なお，類似の用語として波状地形（rolling topography）があるが，波状地形は従順地形などの侵食地形のほか砂丘地形などの堆積地形をも含めて，丸みを帯びた斜面からなる小起伏の地形群（丘陵群）の総称として用いられることが多い．⇨小起伏地形　〈大森博雄〉

［文献］井上修次ほか（1940）「自然地理学」，下巻，地人書館．

/Davis, W. M. (1912) *Die erklärende Beschreibung der Landformen*, B. G. Teubner（水山高幸・守田 優 訳（1969）「地形の説明的記載」，大明堂）．

しゅうじょうかいぼん 舟状海盆 trough ⇨トラフ

しゅうすい（く）いき 集水（区）域 catchment area, catchment basin 地表のある一点に地表の水が集まってくることができる範囲を指し，流域と同義である．水文学や水資源関係の文脈で用いられることが多い． ⇨流域 〈田村俊和〉

しゅうすいいど 集水井戸 collector well ⇨井戸

しゅうすいこう 集水工 drainage works 地すべり地において，土塊の移動を抑えるために，地表水および表層地下水を集め，地域外へ排水する工法． 〈中村太士〉

しゅうすいしゃめん 集水斜面 convergent slope ⇨谷型斜面，集水地形

しゅうすいせい 集水井 collector well ⇨井戸

しゅうすいちけい 集水地形 *shusui-chikei*, convergent slope 構造物に隣接した谷型斜面（例：集水斜面，収斂斜面，0次谷）や1次谷を指す土木現場用語であり，地形学用語ではない．斜面崩壊（例：土砂流出，崖くずれ，土砂くずれ）や土石流出の素因の一つとしてしばしば記述される．2次以上の流域を集水地形とはいわない． ⇨0次谷 〈鈴木隆介〉

しゅうせきさよう 集積作用 illuviation 土壌構成物質が，土壌中を浸透する溶液によって表層から移動し，下層に沈殿して富化する作用であり，その層のことを集積層（illuvial horizon）とよぶ．一般に洗脱作用（elluviation）に対応する用語として用いられる．現行の米国の土壌分類体系 Soil Taxonomy では，集積層として，鉄，アルミニウムの酸化物あるいは腐植物質の集積層（spodic horizon），層状珪酸塩粘土の集積層（argillic horizon），その中でも交換性ナトリウム含量が高い集積層（nitric horizon），石膏よりも冷水に溶けやすい塩類が二次的に移動した集積層（salic horizon），炭酸カルシウムあるいは炭酸カルシウムとマグネシウムの集積層（calcic horizon）などの集積層の区分がある． ⇨土壌層位，B層 〈井上 弦〉

［文献］Soil Survey Staff（2010）*Keys to Soil Taxonomy*（11th ed.）: United States Department of Agriculture, Natural Resources Conservation Service.

しゅうせきそう 集積層 illuviation horizon ⇨集積作用

じゅうそうかりゅう 縦走河流 longitudinal stream ⇨縦谷

じゅうそうだんそう 縦走断層 longitudinal fault ⇨断層の分類法（図，表）

じゅうぞくえいりょく 従属営力 dependent agent 地形営力のうち，惑星地球の4圏を構成する物質（大気，水，岩石，生物）が独立営力＊によって動かされて連鎖的に発生するものの総称．そのような物質の存在しない地域では，独立営力に起因する従属営力が発生しない場合もある（例：砂漠の内部では潮汐も津波も発生しない） ⇨地形営力，地形営力の連鎖系 〈鈴木隆介〉

しゅうそくきょうかい 収束境界【プレートの】 convergent boundary プレートとプレートが互いに近づくような境界．狭まる境界とも．海洋プレートが陸側プレートの下に潜り込む沈み込み帯と，大陸プレートが陸側プレートの下に潜り込む衝突帯に分けられる．沈み込み帯では弧状列島（島弧）や陸弧が出現し，衝突帯では，ヒマラヤやアルプスのような山脈が出現する．プレートが近づくことを反映して，収束境界で起こる地震は逆断層型となる．⇨プレート境界，沈み込み帯，弧状列島，衝突帯 〈瀬野徹三〉

じゅうたいき 自由大気 free atmosphere 地表面から受ける影響を無視できる高度に存在する大気＊のこと．山岳などが存在する場合には自由大気となる高度も高くなる．これに対し，地表面からの影響を受ける層を大気境界層とよんでいる． 〈森島 済〉

しゅうたいせき（てい）終堆石（堤） terminal moraine, end moraine ⇨モレーン

じゅうだこう 自由蛇行 free meander 氾濫原（沖積低地）において基盤岩などの障害物のないところでみられる蛇行．自由曲流とも．攻撃斜面＊（カーブの外側）の侵食と滑走斜面＊（内側）の堆積により流路の移動がみられる．⇨穿入蛇行，蛇行流路 〈久保純子〉

［文献］鈴木隆介（1998）「建設技術者のための地形図読図入門」，第2巻，古今書院．

しゅうだんいどう 集団移動 mass movement マスムーブメント＊の和訳語の一つ（鈴木，2000）．カタカナ用語は長いので，図表の作成時などに不便であるから，簡単な用語に訳したものの一つ．重力のみによる地形物質の移動様式であり，その移動機構によって匍行＊，落石＊，崩落＊，地すべり＊，土石流＊，地盤沈下，荷重沈下，陥没，落盤などに大別

される．マスムーブメントを'集団移動'よりもっと簡略化して'集動'と訳すのが適切であろう．⇨集動，マスムーブメントの分類（図）　〈鈴木隆介〉

[文献] 鈴木隆介（2000）「建設技術者のための地形図読図入門」．第3巻．古今書院．

しゅうだんいどうせいこく　集団移動成谷　initial valley formed by mass movement　⇨集動成谷

しゅうだんいどうちけい　集団移動地形　mass-movement landform　集団移動*で形成される各種の地形種の総称．匍行地形，落石地形，崩落地形，地すべり地形，土石流地形，陥没地形，地盤沈下地形，荷重沈下地形が主な類型である．集動地形と略称するのがよいであろう．⇨マスムーブメントの分類（図），集動，集動地形　〈鈴木隆介〉

[文献] 鈴木隆介（2000）「建設技術者のための地形図読図入門」．第3巻．古今書院．

しゅうだんいどうていちゃくかいがん　集団移動定着海岸　mass-movement coast　地すべりや崩壊などの集団移動*によって海に押し出された土砂のつくる地形がその後の海岸過程*によって大きな変形を受けていないような海岸をいう．　〈砂村継夫〉

[文献] 鈴木隆介（1998）「建設技術者のための地形図読図入門」．第2巻．古今書院．

じゅうだんけいしゃ　縦断傾斜【段丘面の】　longitudinal incline (of terrace surface)　河成段丘において，段丘面*が河谷の下流方向へ傾く傾斜を縦断傾斜（縦断勾配）という．必ずしも最大傾斜ではない．河成段丘面はほぼ平坦であるが水平ではなく，下流方向に1～10‰程度，横断方向に1‰程度で傾斜している．海成段丘面の場合には旧汀線*（後面段丘崖*の崖麓線）と直交する方向の傾斜である．堆積段丘ではほぼ水平であるが，侵食段丘では海側に傾斜している．段丘面の縦断傾斜は，背後からの沖積錐や崖錐の被覆や地殻変動などによって修飾されることがある．　〈柳田　誠〉

しゅうたんそくど　終端速度　terminal velocity　空気中を自由落下する物体が最終的に到達する落下速度のこと．自加速を行うが，落下速度が増すにつれて，空気の抵抗力が増加し，やがて重力と空気の抵抗力が釣り合う．その際の落下速度が終端速度である．雨滴の場合には直径1 mmで4 m/s，5 mmで9 m/s程度である．雪片の場合には0.5～1.5 m/s程度である．　〈森島　済〉

じゅうちかすい　自由地下水　free groundwater　⇨不圧地下水

じゅうちかすいめん　自由地下水面　free water table　⇨不圧地下水

しゅうちけい　終地形　end form, ultimate form　侵食輪廻において'最終的に形成される地形'という意味で用いられ，現実的には，準平原を指す．Davis（1899a）の侵食輪廻における地形変化は，原地形から出発し，次地形を経て終地形で終わるが，Davis（1899b）は，侵食輪廻において完全な平原になる前の時期を'準終末期（penultimate；最後から二番目）'とし，この時の地形（penultimate form：最後から二番目の地形：準終末地形）をpeneplain（準平原）とした．準終末期の準平原には残丘がみられるが，終地形ではこれらの残丘も平坦化するとされる．しかし，準終末期と終末期は概念上の区分であり，現実には準終末期と終末期の間の地形の境界は識別できない．準終末期と終末期が広義の終末期で，準平原は終地形として取り扱うことが多い．⇨終末期，侵食輪廻　〈大森博雄〉

[文献] Davis, W. M.（1899a）The geographical cycle : Geogr. Jour., 14, 481-504. / Davis, W. M.（1899b）The peneplain : Amer. Geologist, 23, 207-239.

しゅうちゅうごうう　集中豪雨　local severe rain storm　厳密な定義は存在していないが，狭い地域で発生する豪雨*のこと．もともとはマスコミ用語であったが，短時間に狭い範囲にもたらされる大雨の特徴をよく表していることから定着した．集中豪雨は短時間に大量の雨が降るため，土石流*・がけ崩れ（崩落*）・洪水*などの甚大な災害を引き起こす．　〈森島　済〉

しゅうていじょうおうち　舟底状凹地　ship's bottom-like depression　線状凹地の特別の場合の記載用語で，競技用カヌーの形をした細長い凹地をいうが，成因や規模は多様である．「ふなぞこじょうおうち」ともいうが，'湯桶読み'で好ましくない．⇨線状凹地　〈鈴木隆介〉

しゅうどう　集動　mass movement　鈴木（1997～2004）を書評した中田（2004）は，マスムーブメントの和訳語の一つの'集団移動'を'集動'とさらに簡略することを提案した．確かに集動地形のように活用すれば，侵食地形，堆積地形，変動地形などと対の地形学用語として簡明であるから，全面的に賛同し，今後は集団移動地形*を集動地形*とよぶことを本書で提案する．⇨集団移動，マスムーブメントの和訳語　〈鈴木隆介〉

[文献] 中田　高（2004）書評：鈴木隆介著（1997～2004）「建設技術者のための地形図読図入門，全4巻」：地理科学，59, 222-223.

しゅうどうせいこく　集動成谷 initial valley formed by mass movement　集動（マスムーブメント）で生じた広義の谷の総称．元は集団移動成谷と称したが，集動成谷と略称する．崩落，地すべり，土石流で低くなった溝状の広義の谷，地すべり堆の内部の谷，崩落堆，地すべり堆，土石流堆とそれらの側方の既存斜面の間に生じた裾合谷などに分類される．⇨谷，マスムーブメント，集動，裾合谷
〈鈴木隆介〉

しゅうどうちけい　集動地形 mass-movement landform　マスムーブメントで生じた地形種の総称で，集団移動地形とよばれたが，それを略した用語として本書で提案する．⇨集動，集団移動地形
〈鈴木隆介〉

じゅうねんど　重粘土 heavy clay soil　⇨疑似グライ土

じゆうは　自由波 free wave　波を起こす力が作用しなくなっても存在し続けるような波．これに対して絶えず力が働いて進行している波を強制波（forced wave）という．風域*内の波（風波）は強制波であるが，風域から出た波（うねり*）や海底の断層運動などに起因する津波*は自由波である．
〈砂村継夫〉

しゅうひょうがインボリューション　周氷河インボリューション periglacial involution　⇨インボリューション

しゅうひょうがかてい　周氷河過程 periglacial process　⇨周氷河作用

しゅうひょうがかんきょう　周氷河環境 periglacial environment　高緯度や高山などの寒冷圏にあり，氷河に覆われていない陸域．周氷河帯，周氷河地域も同義．地球の陸地のおよそ1/3を占める．凍結融解作用*の働きや，永久凍土*や季節凍土*の存在に関連する周氷河地形*や堆積物が広範囲に分布するが，南極内陸部のように砂漠景観が卓越する例もある．
〈松岡憲知〉

しゅうひょうががんせつしゃめん　周氷河岩屑斜面 periglacial debris slope　⇨周氷河斜面

しゅうひょうがげんしょう　周氷河現象 periglacial phenomenon　周氷河作用*によって形成される地形や地下構造の総称．気候の温暖化に伴って活動が停止したものは化石周氷河現象とよばれ，過去の周氷河環境の指標となる．
〈松岡憲知〉

しゅうひょうがさよう　周氷河作用 periglaciation, periglacial process　周氷河地形*をつくる地形プロセスの総称（次頁の表）．周氷河プロセスあ

るいは周氷河過程ともよばれる．周氷河作用には以下が含まれる．日周期または年周期の凍結融解作用*に起因する岩石の凍結破砕*，土や礫の凍上*・ソリフラクション*・クリオタベーション*，永久凍土の熱収縮破壊や塑性変形（永久凍土クリープ），永久凍土層下面での継続的な凍上（ピンゴ*の形成），永久凍土の発達に伴う凍上（パルサ*や集塊氷*の形成），永久凍土の融解で起こるサーモカルスト作用．広義には，積雪が引き起こすニベーション*や雪崩侵食，凍結融解作用と河川・波・風の作用との組み合わせで生じる侵食・堆積現象も含まれる．
〈松岡憲知〉

しゅうひょうがさらじょうち　周氷河皿状地 periglacial dell　⇨クリオプラネーション

しゅうひょうがしゃめん　周氷河斜面 periglacial slope　周氷河地域に発達する斜面．凍結破砕*やソリフラクション*といった作用が複合して形成される．French（1996）は典型的な周氷河斜面を6つのタイプに分類したが，景観上最も特徴的なのは，頂部がなめらかな凸型で，下方に続く斜面は縦断・横断方向ともに凹凸に乏しい断面形をもつ周氷河性平滑斜面とよばれるタイプである．表面にはソリフラクションロウブや階状土*，条線土といった微地形が形成されることが多い．現成の周氷河斜面のほとんどは岩屑に覆われていることから周氷河岩屑斜面ということもある．日本の高山では，現成の岩屑斜面は山頂西側で強風にさらされるような場所に出現することが多いことから，そのような場所に発達する岩屑斜面を特に強風砂礫地あるいは風衝砂礫地とよぶ．逆に，強風砂礫地背後の斜面には雪渓が形成されることも多いが，晩夏以降まで積雪から解放されない場所（残雪斜面）には植生が生育できず，残雪砂礫地とよばれる砂礫地が形成される．なお，岩屑斜面あるいは岩塊斜面が気候の温暖化などによって活動が停止したり，植生に覆われたりしたものを化石周氷河斜面とよぶ．
〈澤口晋一〉

［文献］French, H. M.（2007）*The Periglacial Environment*, John Wiley & Sons.

しゅうひょうがソリフラクション　周氷河ソリフラクション periglacial solifluction　⇨ソリフラクション

しゅうひょうがたい　周氷河帯 periglacial belt, periglacial zone　⇨周氷河環境

しゅうひょうがちいき　周氷河地域 periglacial region　⇨周氷河環境

しゅうひょうがちけい　周氷河地形 periglacial

表　周氷河プロセスと地形 （松岡作成）

地形プロセス	形成される地形・地下構造・地形変化様式の例
表層の凍結融解作用	
凍結風化	岩海，岩壁後退，落石，崖錐，破砕礫，湖岸ベンチ
凍上	季節凍結丘
クリオタベーション	円形土，アースハンモック，インボリューション
ソリフラクション	ロウブ，シート，平滑斜面
活動層崩壊	浅い崩壊地
永久凍土の運動	
永久凍土の凍上	ピンゴ，パルサ
熱収縮破壊	多角形土，楔状構造
凍土クリープ	岩石氷河，斜面下部の膨らみ
永久凍土の融解	サーモカルスト凹地，岩盤崩落，化石氷楔
積雪の作用	
融雪水	残雪凹地
全層雪崩	アバランシュ・シュート，筋状地形
複合プロセス	非対称谷，ストランドフラット，階状土

landform　寒冷圏の非氷河性陸域に形成される地形の総称（表）．「周氷河」の概念は，20世紀初め，ポーランドのW. Lozinski (1909) により，カルパチア山脈における砂岩の物理的風化と岩塊地形の説明に関して導入された．20世紀前半には，極地・高山地域での探検や登山の隆盛とともに，周氷河地形の認定や記載が進んだ．20世紀後半，周氷河地形学はビューデルやトリカルにより気候地形学の一分野として体系化され，世界各地での周氷河作用の観測や実験的研究により急速に進展した．

地形学や自然地理学の教科書における周氷河地形の章では，凍結融解作用*や永久凍土*の存在が直接関与する地形が主に扱われるが，広義の周氷河地形には，積雪に関連する地形や斜面・河川・海岸・風成作用が関与する地形も含まれる．例えば，周氷河環境での河岸侵食は土壌の凍結融解と河川の側方侵食の相互作用によって進む例が多く，落石・崩壊・地すべりなどのマスムーブメントも地盤の季節的融解に伴って発生する場合が多い．

周氷河環境に特有な地形を形成する働きは周氷河作用*とよばれ，主として次のプロセスが含まれる．①水が凍結する際に，密度の変化と未凍結部からの吸水によって体積を増加させて起こる岩石の凍結風化や土の凍上．②融解時に，土や岩石の空隙中の氷が体積を減じ，また融解水が排出するために起こる地表の沈下．③真冬の急速な冷却時に，凍結した地盤が水平方向に収縮するために発生する熱収縮破壊．④永久凍土斜面における，上載圧による地下の凍土の斜面下方への変形（クリープ）．これらのプロセスによって，様々な形態の構造土，凍結丘，平滑斜面，岩石氷河などの地形，インボリューションや氷楔などの地下構造が生じる．各周氷河地形の分布や規模は温度や水分条件の影響を受けるので，化石化した周氷河地形や地下構造は過去の寒冷期の気候指標として利用される．〈松岡憲知〉

[文献] Ballantyne, C. K. and Harris, C. (1994) *The Periglaciation of Great Britain.* Cambridge Univ. Press.

しゅうひょうがひたいしょうこく　周氷河非対称谷 periglacial asymmetrical valley　高緯度地方にあって永久凍土や凍結融解作用と関係して形成される非対称谷．成因はさまざまだが，南向き斜面で起こる融解によるクリープが水流を南側に押しつけ，河川侵食によって北向き斜面の脚部が侵食されるプロセスが代表的．〈岩田修二〉

しゅうひょうがプロセス　周氷河プロセス periglacial process　⇨周氷河作用

しゅうひょうがりんね　周氷河輪廻 periglacial cycle　侵食輪廻学説の影響で提唱された周氷河地形成環境下で起こるとされた地形侵食輪廻．周氷河クリープと凍結破砕による岩壁後退が合わさった地形変化が中心．〈岩田修二〉

じゅうふくは　重複波 clapotis　⇨重複波

じゅうぶんのいちさいだいは　1/10最大波 one-tenth highest wave　10分ないし20分間の連続した波浪記録を用い，波高の大きいものから全体の波数の1/10の数までを選び出し，これらの波高およびそれに対応する周期の平均値に等しい波高と周期をもつ波．それぞれを $H_{1/10}$, $T_{1/10}$ で表す．⇨有義波〈砂村継夫〉

しゅうまつき　終末期【侵食輪廻の】 ultimate

stage（in cycle of erosion） 侵食輪廻における最後の時階を指す．Davis（1899a）は，侵食輪廻における地形変化は原地形から出発し，次地形を経て終地形で終わるとし，地形の発達段階を幼年期，壮年期，老年期，終末期の時階に分けた．終末期は山地全体が平衡状態に達し，地形変化が顕著でなく，侵食基準面に近い高度の小起伏地形（終地形：準平原）が広がっている時期を指す．なお Davis（1899b）では，侵食輪廻において完全な平原になる前の時期を準終末期（penultimate；最後から2番目）とし，このときの地形（penultimate form：最後から2番目の地形；準終末地形）に peneplain の名称を与えた．そのため peneplain の pene は penultimate を意味し，peneplain は the next-to-last plain（最後から2番目の平原）を意味するともいわれる．準終末期と終末期は概念上の区分であり，これらの間の地形の境界は識別できない．準終末期と終末期が広義の終末期で，準平原は終地形として取り扱われることが多い． ⇨侵食輪廻，終地形，準平原 〈大森博雄〉

［文献］井上修次ほか（1940）「自然地理学」，下巻，地人書館．/Davis, W. M.（1899a）The geographical cycle: Geogr. Jour., 14, 481-504./ Davis, W. M.（1899b）The peneplain: Amer. Geologist, 23, 207-239.

しゅうまつじゅんへいげん 終末準平原 end-peneplain 侵食輪廻の終地形として形成される準平原を指す．W. M. Davis（1899）の"山地地形は急速に隆起した原地形から出発し，その後，河食により開析され，次地形を経て終地形である準平原に至る"という侵食輪廻の終地形として形成される準平原で，長期の侵食作用によって形成される侵食小起伏面を指す．ペンク*（Penck, 1924）が，自ら提案した原初準平原（Primärrumpf, primary peneplain）と区別するために，デービスの準平原を終末準平原（Endrumpf, end-peneplain）とよんだのが始まり．単に準平原というときには終末準平原を指すことが多い． ⇨準平原，原初準平原 〈大森博雄〉

［文献］Penck, W.（1924）*Die morphologesche Analyse*, Ver. J. Engelhorns Nachf（町田 貞訳（1972）「地形分析」，古今書院）．

しゅうまつちんこうそくど 終末沈降速度 terminal fall velocity 等速度で流体中を落下する粒子の速度．粒子に働く重力と抵抗力とが釣り合った結果生じる．通常は，単に沈降速度とよばれる．ストークス（G. G. Stokes）によって理論的に導かれたことから，ストークスの沈降速度ともよばれる．シルト以下の微細な粒子の沈降速度は粒径の2乗に比例する． ⇨ストークスの抵抗則 〈宇多高明〉

じゆうめん 自由面【斜面の】 free face ⇨フリーフェイス

じゆうらっか 自由落下 free fall ⇨落石（図）

じゅうりゅうかせん 縦流河川 longitudinal river ⇨縦谷

じゅうりょく 重力 gravity 重力とは，地球上や地球周辺の物体にはたらく地球全体の質量による万有引力と自転に伴う遠心力を合成したものである．重力の大きさ g を式で表すと
$$g = \frac{GM}{r^2} - \omega^2 r \cos^2 \phi$$
である．r が地球重心から見た動径ベクトルの大きさ，G は万有引力定数，M は全質量，ω は自転角速度，ϕ は緯度を表す．数学的には，万有引力ポテンシャルと遠心力ポテンシャルの和（重力ポテンシャル）の勾配として得られるベクトルで，重力ポテンシャル面と直交する．重力値は加速度の次元をもつが，通常はガリレオ（Galileo）に因んで 1 cm/s^2 を 1 gal とよぶ．地球上の重力値は平均的には 980 gal であるが，極では約 983 gal，赤道では約 978 gal となる．これは遠心力の効果が低緯度ほど大きいためである．任意の地点の実際の重力値は，緯度以外にも，測定地点の高さ，周囲の地形，地下の異常密度分布のほか，測定時の気圧や地下水分布の影響なども受けている． 〈古屋正人〉

じゅうりょくいじょう 重力異常 gravity anomaly ある場所における重力の特異性や他の地点との比較をするために示される量で，地表で得られた重力測定値に種々の補正をして得られる．地表での重力測定値と正規重力値の差をとれば，緯度変化による寄与が補正される．さらに測定点の高度をジオイド面に統一するため，高度補正（フリーエア補正）を行う．地表近傍の自由空間（岩石の密度は考慮していない）での重力の鉛直勾配の値 0.3086 mgal/m を重力測定点での標高に基づいて補正してジオイド面での重力値を得たうえで，このジオイド面での重力値と正規重力値の差として得られるのがフリーエア異常である．測定点とジオイド面の間の地殻物質の万有引力も考慮するのがブーゲー補正であり，補正後の重力値と正規重力値の差をブーゲー異常とよび，ジオイド面以深の地下の質量異常分布の目安を与える．単に重力異常とよぶ場合は，ブーゲー異常のことを指す場合が多く，正（負）の重力異常といえば，周囲に比べて地下に密度の大きな（小さな）物質があることを示唆している場合が多い．なお，ブーゲー補正では地殻物質が水平に無限

に広がる板状の物体（ブーゲー板）が想定されるため，測定点付近が急峻な地形をもつ場合などは誤差が生ずることがあり，地形補正と称して，局所的な地形効果を考慮することもある．一般的に重力異常の大きさは，mgal のオーダーである．　⇨ジオイド，正規重力，フリーエア異常，ブーゲー異常
〈古屋正人〉

じゅうりょくかつどう　重力滑動　gravity gliding, gravitational gliding　重力の作用により地層や岩石が地表もしくは地中の特定の面に沿うすべりによって下方移動すること．狭義の地すべりも含めてよい．すべりを生じる際，岩屑粒子や岩塊・地層等が等しく重力の作用を受ける条件下では，薄板状の岩層は長距離を移動する．移動量が大きく広い平板状のすべり面をデコルマとよぶ．　〈竹内　章〉

じゅうりょくすい　重力水　gravitational water　地層中を重力の作用で自由に移動できる水のことで，自由水ともいう．雨水が不飽和層内を浸透していく水は重力水であるが，土粒子表面の結合水や不飽和帯に形成される毛管水は含まれない．飽和地層中を流れる地下水は重力水であり，水の動く間隙の割合は有効間隙率とよばれ地層全体の間隙率と区別される．　⇨結合水　〈池田隆司〉

じゅうりょくすいとう　重力水頭　potential head　地中水の流れにおける 位置水頭* をいう．地下水学用語．　〈宇多高明〉

じゅうりょくせいほこう　重力性匍行　gravitational spreading　重力の作用で断層破砕帯が低下側に徐々にすべり，地下でほぼ垂直に近い断層面が低角度化した事例．サンアンドレアス断層やアルパイン断層はほぼ垂直の断層面をもつが，大比高の断層崖麓の一部では，幅広い断層破砕帯が地表に向かって低角度化して，新期の堆積物を覆っている．こうした現象は重力の作用を受けて，徐々に匍行して形成されると解釈されている．なお，山地や列島規模でその両側の断層が山地側から低地側へと低角度化する現象は，重力滑動やグライディングテクトニクス（gravitational gliding, gliding tectonics）で説明される．　⇨重力滑動，グライディングテクトニクス
〈岡田篤正〉

[文献] Allen, C. R. (1965) Transcurrent faults in continental areas : Royal Soc. London Phil. Trans., Ser. A, 258, 82-89.

じゅうりょくそくてい　重力測定　gravity measurement　重力加速度の測定．地上での測定は，重力加速度の絶対値を測定する絶対重力測定とある地点からの相対値を測定する相対重力測定に大別できる．現在の絶対重力測定は可搬型の絶対重力計で行われ，真空容器中の試験質量の自由落下の距離と時刻を高精度に追跡することによって得られる．測定精度は 1〜2 μgal である．相対重力測定は，バネの伸縮を利用した可搬型の相対重力計で行われ，測定精度は 10〜20 μgal である．また，極低温で実現される超伝導を利用した超伝導重力計は，絶対重力値の測定はできないが，ある固定点での重力値の時間変化をバネ式の重力計をはるかに凌ぐ ngal レベルで検出する感度をもつ．船上，航空機あるいは人工衛星を利用した重力測定では，地球の重力加速度以外に船や飛翔体が受ける風などによる動揺による加速度の寄与をいかに補正するかが課題となる．　〈古屋正人〉

じゅうりょくたんさ　重力探査　gravity survey　地球表面付近で測定した重力加速度の分布から地下構造を推定する物理探査手法の一つである．通常は，地下構造以外に起因する重力の変化に対する各種重力補正（フリーエア補正，地形補正，ブーゲー補正など）を施した重力異常（ブーゲー異常）分布が用いられる．①地球物理学分野や石油・鉱床など地下資源を主に対象とした広域重力探査と②地下の空洞や緩みなど土木分野での極浅部を主に対象とした精密重力探査（マイクログラビティ探査）に大別される．通常は，ラコスト重力計やシントレックス重力計などのスプリング式相対重力計が用いられる．一方，火山防災分野などでの重力モニタリングでは，相対重力測定に落体を用いた絶対重力計による計測を組み合わせたハイブリッド重力測定が行われている．調査する地域に応じて，陸上・地中・船上・海底・空中などで計測が可能な各種重力計が使用される．近年，GPS や GNSS といった衛星測位システムの登場に伴う測位精度の向上によって，船上・空中での移動しながらの測定によっても広域調査には十分な精度の探査が可能となっている．
〈野崎京三〉

じゅうりょくだんそう　重力断層　gravity fault　正断層* とほぼ同義で，上盤が下盤に対して相対的にずり落ちている断層．地殻の水平方向の引張りによる伸張と重力の作用で生じる．　〈鈴木隆介〉

じゅうりょくは　重力波　gravity wave　重力が波の運動の復元力として働くような波をいう．波の周期がほぼ 0.1 秒より長い波は重力波である．これに対して，これ以下の周期の波は，復元力として表面張力が働くので表面張力波* とよばれる．重力波は水深と波長の比によって，深海波*，浅海波*

および長波*に分類される．重力波の理論には微小振幅波理論*と有限振幅波理論*とがある．
〈砂村継夫〉

じゅうりょくはいすい　重力排水　gravitational drainage　雨水や灌漑水が地下に浸透し，重力の作用で地下水面や不透水層上面まで降下すること．
〈池田隆司〉

じゅうりんねちけい　重輪廻地形　multicycle landform, polycyclic landform　⇨多輪廻地形

ジュール　joule　⇨エネルギー

じゅうれつさきゅう　縦列砂丘　longitudinal dune　卓越風の方向に沿う直線状の砂丘．縦型砂丘とも．90°以内に収まる2方向の風が交互に交わる方向へ直線的に縦列砂丘が伸びる．砂丘の比高は30〜200 m，長さは5〜300 km，砂丘間隔は500〜1,000 mである．
〈成瀬敏郎〉

しゅうれんしゃめん　収斂斜面　convergent slope　⇨斜面型

しゅうれんだんきゅう　収斂段丘　convergent terrace　⇨河成段丘の収斂

しゅおうりょく　主応力　principal stress　応力はテンソル量であり，座標系によってその成分は変化する．剪断応力（shear stress）がなく垂直応力のみが作用している座標系を設定した場合の垂直応力を主応力といい，主応力が作用している面を主応力面（principal stress plane）とよぶ．
〈鳥居宣之〉

シュガーローフ　sugarloaf　節理の少ないシュガーローフ型（棒砂糖に似た形：円錐形や釣鐘形）の岩体が周辺の侵食面上に突出した地形を指す．島山（ドーム状島山）やボルンハルト*と同じ意味で使われることも多く，また花崗岩質岩石のものは花崗岩ドーム*（granite dome）とよばれることが多い．乾燥地（降雨がある）の差別風化が進む土中において，上面がシーティング節理に沿ってドーム状に風化し，側面が板状節理（地形性節理*）に沿って垂直に風化した硬岩が，周辺の風化層が侵食されて，露出して形成された地形とされる．深層風化が進む時期と風化層が削剥される時期とが同時の'一輪廻性'のものと時期が異なる'二輪廻性'のものがあるとされるが，後者によるものが多いとされる．ブラジル・リオデジャネイロのコルコバードの丘やシュガーローフ山（Sugarloaf Mt.：海抜396 mの変成岩ドーム）やアメリカ・ジョージア州のストーン山（Stone Mt.：周辺から193 m突出した花崗岩ドーム）が有名．形態から命名された地形名であるので，乾燥地以外でみられることも多く，カリフォルニア・ヨセミテ公園のドーム（North, Basket, Half Domes：いずれも氷食を受けた花崗岩の剥離ドーム：exfoliation dome）やアンデスのマチュピチュ山（Machu Picchu, 海抜2,057 m）や背後のワイナピチュ山（Wayna Picchu, 海抜2,720 m）（ともに細粒花崗岩のドーム）などもシュガーローフとよぶことができる．⇨島山
〈大森博雄〉

[文献] Twidale, C. D. and Campbell, E. M. (1993) *Australian Landforms: Structure, Process and Time*, Gleneagles Pub.

しゅかつらくがい　主滑落崖　main scarp　地すべり滑落崖のうち，最上方に生じた滑落崖をいう．⇨滑落崖，地すべり地形（図）
〈鈴木隆介〉

じゅかん　樹冠　crown　樹木の葉と枝が光合成を受けるために上部に集まり形成した一定の厚さの葉層．樹種により枝張りや分岐の形が異なるため，半円球，円錐型など様々な樹冠形が存在する．樹冠は高木層において連続性をもち林冠（canopy）を形成し，光合成や物質生産が盛んに行われる．
〈若松伸彦〉

じゅかんつうかうりょう　樹冠通過雨量　through fall　樹冠等のキャノピーを通過し地表面に達した降水．植生に覆われた場所において，地表面に達する正味の降水量は，樹冠通過雨と幹や枝の表面を流れ落ちる樹幹流の合計として表される．
〈森島　済〉

しゅきょくせん　主曲線【地形図の】　principal contour　⇨等高線

しゅくしゃく　縮尺【地図の】　scale (of map)　地図が，実際の長さをどの程度縮小して表現しているかの程度．スケールともいう．分子を1とする分数（例：2万5,000分の1，1/25,000）か，前項を1とする比（例：1：25,000）の形で表すのが普通．縮尺の大小は，分数で表現した場合の大小を意味する．すなわち，分母が大きいほど縮尺は小さい．大縮尺図，小縮尺図などという分類は相対的なもので明確な規準はないが，国土地理院では1万分の1以上のものを大縮尺図，10万分の1以下のものを小縮尺図，両者の間のものを中縮尺図とよんでいる．電子地図の場合は自由に拡大・縮小して出力することができるため縮尺の概念を当てはめることができないが，空間解像度*が紙の地図のどの縮尺に対応しているかをその縮尺の分母（縮尺レベル）で示す場合がある．
〈熊木洋太〉

しゅこく　主谷　main valley　河川の本流が流れる谷のこと．地形学では，支流の流れる支谷に対して本谷ともいう．一般的に本流は支流より長く，

流域面積が広く，流量が多い．そのため本谷は支谷よりも，侵食力が大きく，深く，谷底幅が広く，河床勾配が小さいことが多い．しかし侵食に対する岩石の抵抗性の違いやはたらいた営力の違い（例：流水と氷河）などによって支谷との関係が逆になることもある．⇨本谷　　　　　　　　　〈戸田真夏〉

しゅさんたい　主山体【火山の】 main body (of composite volcano)　複成複式火山において，火山の主部を構成する主要な火山体をいう．例えば，成層火山に小さなカルデラや側火山*が付随している場合には，その成層火山をいう．〈鈴木隆介〉

じゅしじょうかけい　樹枝状河系 dendritic drainage pattern　河系模様の一つの類型であるが，樹種によって枝の配置（枝ぶり）は多様であるから，どの樹木に似ているか特定しがたい．普通にはスギのような針葉樹の枝をイメージし，支流が本流の攻撃部に左右から交互に合流する状態をいう．⇨河系模様（図）　　　　　　　　　〈鈴木隆介〉

じゅしょくせい　受食性 erodibility　岩石の侵食されやすさ．これは岩石制約*で問題となる岩石の性質であるが，地質学的に同種の岩石であっても，それのもつ複数種の岩石物性（例：強度，透水性，粒径，化学成分），とその侵食プロセス（例：侵食営力と地形場*の相対的関係）との組み合わせによって極めて多様になるから，個々の岩石の受食性を一概には定義できない．⇨岩石制約，差別侵食，差別侵食地形　　　　　　　　　〈鈴木隆介〉

しゅすべりめん　主すべり面 main sliding surface　⇨地すべり地形（図）

しゅせん　主扇 main fan　⇨扇状地（図）

しゅだいず　主題図 thematic map　特定の主題を表現した地図．汎用性を特徴とする一般図に対する語．特定事象の存在・位置を示すもの，地表空間を覆う特定事象の分類とそれによる地表空間の区分（土地分類）を示すもの，地理的な統計値を視覚的に表現するものなどがある．新たな調査を行って作成されたり，既存資料の編集により作成されたりする．地形学図*，地質図*，土壌図*，植生図，航海用の海図*などはいずれも主題図として代表的なもの．〈熊木洋太〉

しゅだいちけいがくず　主題地形学図 thematic geomorphological map　特定の地形種のみに注目して図示した地形学図．地形面区分図，地すべり地形分布図，活断層図などがその例．⇨地形学図　　　　　　　　　〈熊木洋太〉

しゅだんそう　主断層 master fault, major fault　断層帯を構成する複数の断層の中で本質的に重要な断層．特に広域的な構造場を反映したテクトニックな断層を副（次）断層と区別して記載するときに用いられることが多い．しかし，視点の違いによって本質的とみなす属性が変わるので，曖昧な根拠で主断層が認定される例もあるため，この用語の使用には注意を要する．⇨副（次）断層　　〈小松原琢〉

しゅどうどあつ　主働土圧 active earth pressure　擁壁*が前方（土から遠ざかる方向）に移動するときのように，土が水平方向に緩むように変形していくと水平方向の土圧*は次第に減少し最終的に一定値に落ち着いた状態となる．このとき擁壁が受ける力を主働土圧とよぶ．土圧を求める理論として，代表的なものにランキンおよびクーロンの土圧論がある．　　　　　　　　　〈加藤正司〉

じゅどうどあつ　受働土圧 passive earth pressure　擁壁*が後方（背面に押し込まれる方向）に移動するときのように，土が水平方向に圧縮されていくと水平方向の土圧*は次第に増加し最終的に一定値に落ち着いた状態となる．このとき擁壁が受ける力を受働土圧とよぶ．土圧を求める理論として，代表的なものにランキンおよびクーロンの土圧論がある．　　　　　　　　　〈加藤正司〉

シュトラング string　⇨ストリングボグ

シュナイダーのかざんぶんるい　シュナイダーの火山分類 Schneider's classification of volcano　ドイツのSchneider（1911）が提唱した火山分類．その分類基準は火山体を構成する溶岩と火山砕屑岩の量比，火山体の断面形，火山の新旧などであり，基本型として次の8種に分類した．ただし，カタカナ用語に続く丸カッコ内はドイツ語の原語，〈ほぼ相当する現在の用語〉および［現在では使用されない過去の訳語］を示す．①ペディオニーテ（Pedionite〈溶岩台地〉［台状火山］），②アスピーテ（Aspite〈盾状火山〉［楯状火山］），③トロイデ（Tholoide〈溶岩円頂丘〉［鐘状火山，火山円頂丘，塊状火山，乳房山］），④ベロニーテ（Belonite〈火山岩尖〉［溶岩塔，塔状火山，栓状溶岩丘，溶岩栓］），⑤擬アスピーテ（Pseudoaspite〈溶岩の多い成層火山〉），⑥コニーデ（Konide〈成層火山・火山砕屑丘〉［円錐火山，火山錐，火山円錐丘，錐状火山］），⑦ホマーテ（Homate〈火山砕屑丘，環状丘，凝灰岩丘〉［臼状火山（「うすじょうかざん」または「きゅうじょうかざん」と読んだ）］），⑧マール（maar〈マール〉）である．さらに，その組み合わせで複式火山の発達史を表現した（例：Aspi-Konide, Koni-Homate, Koni-Tholoide).

しかし, シュナイダーの分類には以下の欠点がある. ①火山発達史を示すには複雑に過ぎる (例:ベスビオ火山は Homa-Tholo-Koni-Pseudoaspite, 箱根火山では少なくとも 10 個の組み合わせ), ②カルデラとマールの混同, ③基本型に水底火山, 氷底火山, 火砕流台地の欠如, ④単成火山と複成火山の一括, など火山の形成過程 (内部構造) と形態に関する諸類型が包含・整理されていない. よって, 現在では, 世界の火山学者・地形学者は, マールを除き, これらの用語を使用しない (ドイツの地形学者も知らない). ところが, 日本ではシュナイダーの分類名称 (カタカナ用語) と同一用語に対する [多様な訳語] が, 第 2 次世界大戦以前から中等教育の地理・地学教科書に記述されていたので, 地理学・地学の教育・研究者でも混同・混乱し, さらに観光地の案内板 (例:八幡平のアスピーテライン) にも書かれるほど広く流布した. しかし, マールを除き, 国際的には全く通用しないので, 日本でも廃語とすべきである. ⇨火山の分類, 火山型 〈鈴木隆介〉

[文献] Schneider, K. (1911) *Die Vulkanischen Erscheinungen der Erde*, Berlin./Rittmann, A. (1962) *Volcanoes and Their Activity*, John Wiley & Sons.

しゅぶんすいかい 主分水界 main divide 分水界の重要度に等級をつけた言葉であるが, 何をもって, あるいは線セグメントのどこまでをもって, 主・副を分けるかの一般的な概念規定はない. 分水界*の合理的な等級付けは, 流域と水路の等級付けとは異なり, 研究例が少ない. しかし, 普通には, 一定の大きさの流域全体の分水界を主分水界とよび, その流域を支流ごとに細分した場合の 2 次的, 3 次的な小流域の分水界を副分水界という. ⇨流域 〈吉山 昭〉

[文献] Tokunaga, E. (1984) Ordering of divide segments and law of divide segment numbers: Trans. Japan. Geomorph. Union, 5, 71-77.

シュミットハンマー Schmidt hammer ハンマーによる打撃の反発を利用して岩石硬度を計測する機器. 打撃エネルギーの大きさによって, N 型と L 型がある. N 型のプランジャー先端に直径 30 mm のアタッチメントをつけた改良型を特にシュミットロックハンマー (Schmidt rock hammer) とよぶ. シュミットハンマーの原理は, ハンマーの先端を岩石・岩盤表面に押しつけたときに, バネのついた鋼鉄のかたまり (ハンマー) が自動的に解放されて先端のプランジャーに打撃されることによる. バネの解放がもたらすエネルギーの一部を岩石の弾性変形が吸収するが, その結果, バネの残留弾性エネルギーはハンマーの反発をもたらす. 得られる値はシュミットハンマー反発度 (Schmidt hammer rebound number) とよばれ, R 値と表現される. この値は打撃距離に対する反発距離をパーセントで表したものである. R 値は 0 から 100 まで変化する. 「硬い」ものほどバネの反発が大きくなり, R 値が大きくなる. R 値は, 一般的には % を省略し, 数値のみで表すことが多い. 計測法としては, 同じ打点を複数回打撃する連打法と, 打撃を 1 回のみにし打点を変える単打法とがある. 得られた反発値は一軸圧縮強度に換算することができる. 最近では, 反発度を打撃速度に対する反発速度のパーセントで求めるシルバーシュミット (Silver Schmidt) とよばれる新型ハンマーが登場している. 〈青木 久〉

[文献] 松倉公憲・青木 久 (2004) シュミットハンマー:地形学における使用例と使用法にまつわる諸問題:地形, 25, 175-196.

シュミットハンマーはんぱつど シュミットハンマー反発度 Schmidt hammer rebound number ⇨シュミットハンマー

シュミットロックハンマー Schmidt rock hammer ⇨シュミットハンマー

じゅもくきこうがく 樹木気候学 dendroclimatology 樹木は樹皮のすぐ直下の形成層における細胞分裂を通じて肥大成長するが, それより内側はほとんどが死んだ細胞からなっていて年輪が形成されている. 形成層でつくり出される細胞は, 生育期の前半には大きくて細胞壁の薄い細胞, 後半には小さくて厚い細胞壁をもつ細胞となり, その組み合わせが年輪となる. 前者は早材, 後者は晩材という. 年による年輪幅の違い, すなわち細胞の成長の度合いは日照, 気温, 土壌中の水分や栄養塩などの状況に大きく規制される. この樹木年輪から気候変動に関する情報を読み取り, 気候を復元しようとする研究領域を樹木気候学といい, 年輪気候学ともよぶ. 年輪幅だけでなく, 材の密度や年輪内の化学成分なども解析されるようになり, 気候復元の精度が向上した. 〈岡 秀一〉

[文献] 深澤和三編 (1990)「樹木の年輪が持つ情報」, 北海道大学農学部.

じゅもくげんかい 樹木限界 tree line, tree limit 樹木が種として生育できる限界をいう. 森林は連続的な高木林分からなるが, 生育制限条件が厳しくなるに従って樹高を減じ, 島状の群落を呈し

たり，孤立したりするようになる．さらに条件が厳しくなると種としての生育限界，すなわち樹木限界に達する．この樹木限界と森林限界＊との間を荒原と森林の移行帯として扱い，闘争帯などとよぶ場合もある．樹木限界を構成する樹木は樹形が極端に偏形するだけでなく，繁殖戦略も変えて伏状更新といった栄養繁殖に切り替えることもある．樹木限界の位置や移行帯の幅と環境変動との係わりも様々な地域で注目され，議論がなされている．〈岡　秀一〉

[文献] Troll, C. (1973) The upper timberline in different climatic zones: Arct. Alp. Res., **5**, 3-18.

ジュラがたちけい　ジュラ型地形　Jurassic landform　中央ヨーロッパのジュラ山脈を構成する褶曲構造の差別削剥地形の総称であり，向斜尾根や背斜谷が発達するなどが特徴である．特に必要な学術用語ではない．〈鈴木隆介〉

ジュラき　ジュラ紀　Jurassic（Period）　中生代＊を三分した第2番目の地質年代で，201.3 Maから145.0 Maまでの5,630万年間である．年代名はフランスとスイスの国境付近に位置するジュラ山脈に由来する．ジュラ紀は海域でのアンモナイト類やプランクトン類（放散虫など），陸域での恐竜の繁栄で特徴付けられる．ジュラ紀のはじめにはパンゲア超大陸が北半球のローラシア大陸と南半球のゴンドワナ大陸に分裂した．ジュラ紀の後期には北アメリカとアフリカが分離して中央大西洋が生じた．
〈八尾　昭〉

シュリーブのとうきゅうかほうしき　シュリーブの等級化方式　Shreve's system　⇨シュリーブ法

シュリーブのリンクマグニチュード　Shreve's link magnitude　水路網にグラフ理論の考え方を適用すると，それは，1次水路の先端と分岐点，分岐点と末端の点（流出口），および分岐点どうしを互いに結ぶ辺の集合とみなすことができる．水路網では，これらの点や辺には，上流と下流の区別がある．さらには，点と線の結びつき方には，ループをつくらないなどといった規則がある．水路網とは方向性をもったグラフである．シュリーブ（R. L. Shreve）は1次水路の先端を源点（source），分岐点をフォーク（fork），点を結ぶ辺をリンク（link）とよび，1次水路に相当するリンクを外側リンク（exterior link），それ以外を内側リンク（interior link）と称した．さらに，リンクにそのリンクより上流に存在する源点の数を与え，それをもってリンクマグニチュードとした（図）．水路網を2分木（すべての分岐点で水路は常に2本に分かれる）のシステムとすると，一つ

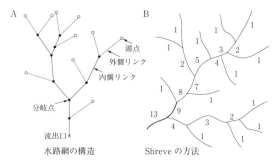

図　シュリーブのリンクマグニチュード（徳永原図）

の水路網の中の源点の数 N と分岐点の数 N_f とリンクの数 N_l との間には $N_f=N-1$ および $N_l=2N-1$ なる関係が，外側のリンクの数 N_e と内側のリンクの数 N_i の間には $N_e=N_i+1$ なる関係が存在する．これらはグラフ理論の基本的な法則である．シュリーブはリンクマグニチュードという量を定義することによって，位相的にランダムな水路網に関する確率論的考察を行った．⇨位相的にランダムな水路網モデル
〈徳永英二・山本　博〉

[文献] Mark, D. M. (1988) Network models in geomorphology: *In* Anderson M. G. ed., *Modelling Geomorphological Systems*, John Wiley & Sons, 73-97.

シュリーブほう　シュリーブ法　Shreve's system　シュリーブ（Shreve, 1966）による水路次数区分の方法．これは，まず水路網の構造を源点と合流点，および合流点と合流点とを結ぶリンクに分け，リンクを源点と合流点を結ぶ外側リンクと，合流点どうしおよび合流点と流出口を結ぶ内側リンクに区分する．ついでこれらのリンクに対して，マグニチュードという量を用いて等級（リンク等級）づけを行う（等級化方式という）．まず外側リンクのマグニチュードをすべて1とする．次に内側のリンクのマグニチュードをそのリンクの上流に存在する源点の数で与える．したがって，マグニチュード μ_1 のリンクとマグニチュード μ_2 のリンクが合流した場合，その合流点から次の合流点に至るまでのリンクのマグニチュードは，$\mu_1+\mu_2$ となる．リンクマグニチュードの定義とともに，位相的に異なる水路網および位相的にランダムな水路網のモデルが提案された．これらのモデルも含め一括してシュリーブ法とよばれる場合もある．⇨位相的にランダムな水路網モデル
〈山本　博・徳永英二〉

[文献] Shreve, R. L. (1966) Statistical law of stream numbers: Jour. Geol., **74**, 17-37.

しゅりゅう　主流　main stream　⇨本流

シュレンケ　hollow　ブルテあるいはケルミの間の浅い凹地をドイツ語でシュレンケ（Schlenke）という．シュレンケの多くは水深10cm程度の水を湛え，等高線に平行に配列する．小さいものでは幅1〜2m，長さ2〜4mだが，長さ3〜8m程度のものが多く，稀に30〜40mに達する．〈小泉武栄〉

じゅんきょだえんたい　準拠楕円体　reference ellipsoid　地球上の緯度経度はジオイドを近似した地球楕円体上で定義されるため，採用する楕円体の違いによってそれらの値がわずかに変化する．ある国や地域で測地測量の基準として使用することが取り決められた特定の地球楕円体を準拠楕円体とよぶ．日本ではかつてベッセル楕円体が採用されていたが，現在では測量法および水路業務法により測地基準系1980（GRS80）が準拠楕円体と定められている．⇨地球楕円体　〈宇根　寛・日置幸介〉

じゅんしゅう　潤周　wetted perimeter　⇨潤辺

じゅんしゅうまつき　準終末期　penultimate stage　⇨終末期

じゅんじょがいスラスト　順序外スラスト　out-of-sequence thrust　褶曲衝上断層帯*（fold-and-thrust belt）や付加体*（accretionary prism）などにおいて，順次一定方向にほぼ一定の傾斜で形成されていくスラスト群（in-sequence thrust）に対して，その順序とは関係なく，後背地側から前縁地側に衝上していくスラストのこと．地層やスラスト群の傾斜に対して，より低角に傾斜し，それらを切断変位させていく場合が多い．　〈狩野謙一〉

じゅんすい　純水　pure water　濾過・蒸留あるいは遠心沈殿・イオン交換などによって浮遊物や不純物を取り除いた水．蒸留水（deionized water）は純水の一種．岩石・鉱物の化学的風化（溶出）実験などに使われる．　〈松倉公憲〉

じゅんすいちけいがく　純粋地形学　pure geomorphology　地形学の一分野で，地形の地理的・歴史的・物理的側面（属性）のすべてを解明することを主眼とする．これら3側面に対応して，純粋地形学は地形誌論*，地形発達史論*（発達史地形学）および地形過程論*（プロセス地形学）に大別されるが，それらは相補的関係にある．これらとは別の観点からの分類として，①地形の属性別（地形形態論，地形場論，地形営力論〈再定義〉，地形物質論，風化論，地形年代論など），②地形種ないし地形過程別（山地地形学，斜面地形学，低地地形学，河川地形学，海岸地形学，海底地形学，カルスト地形学，サンゴ礁地形学，氷河地形学，周氷河地形学，乾燥地形学，火山地形学，変動地形学，生物地形学など），③認識手段別（野外観察地形学，空中写真地形学，衛星写真地形学，野外実験地形学，室内実験地形学，理論地形学，数値地形学，GIS地形学など），④認識段階（2属性相関論〜5属性相関論），など多種多様な研究分野ごとの名称が使用されている．⇨地形学の諸分野（表），地形の認識レベル（表）　〈鈴木隆介〉

［文献］鈴木隆介（1990）実体論的地形学の課題：地形，11, 217-232.

じゅんせいごう　準整合　paraconformity　⇨平行不整合

じゅんトンボロ　準トンボロ　semi-tombolo　⇨トンボロ

じゅんのり　順法　jyun-nori　雛壇型の宅地造成地において，片切片盛の宅地より高い位置にある法面をいう．逆に低い方の法面を逆法（ぎゃくのり）という．交通路でも同様．⇨逆法　〈鈴木隆介〉

［文献］土木学会（2001）『土木工学ハンドブック（第4版）』，p.2040.

じゅんへいげん　準平原　peneplain, peneplane　地形変化を原地形→幼年期→壮年期→老年期→終地形（準平原）という一連の変化系列で説明する侵食輪廻説*において，終地形（正確には，準終末地形）として形成される侵食基準面に近い高度の侵食小起伏面を指す．ペネプレーン，基準化面（base-levelled plain）ともいう．ドイツ語ではFastebene, Rumpf, Rumpfflächeと表記される．英語のpeneplainの'pene'はラテン語のpaeneに由来し，'almost（ほとんど）'を，独語のFastebeneのFastも'ほとんど'の意味で，日本語の準も'准'を意味し，準平原は'ほとんど平原（ほとんど平坦な土地）'を意味する．peneplainは，デービス*（W. M. Davis, 1889）によって当初，陸上の長期の削剝作用によって海面（侵食基準面）に近い位置に形成された低平な地形を指す用語として導入され，Davis（1898, 1902, 1926）の'Elementary Physical Geography'などの教科書では，peneplainsは削磨山地（worn-down mountains: 削磨されて低平化した山地）と同義語的に使われている．その後，Davis（1899a）は造山運動によって形成される山地地形の生成・発展・消滅過程を，急激な隆起とそれに続く長期間の河食による地形変化系列（地理学的輪廻；geographycal cycle：侵食輪廻）として定式化し，この中で，ultimate form（終地形）に近い侵食小起伏面をpeneplain（準平原）とよぶことにした．なお，Davis（1899b）では，

penultimate form（最後から2番目の地形：準終末地形）にpeneplainの名称を与えており，侵食輪廻上は，peneはpenultimateを意味し，peneplainはthe next-to-last plain（最後から2番目の平原）を意味するといわれる．デービスの準平原は後にペンク*（W. Penck, 1924）により，ペンク自身が提案した原初準平原（Primärrumpf, primary peneplain）と区別するために，終末準平原（Endrumpf, end-peneplain）と名づけられた．ただし，単に準平原といった場合は終末準平原を指すことが多い．

デービスの準平原の概念は，パウエル*（J. W. Powell, 1875）の侵食基準面の概念に啓発されたといわれる（デービスによれば，最初に侵食基準面を認識したのはアメリカの地質学者 A. R. Marvine (1874) であるという）．Powell (1875) は海面を侵食基準面（base-level）とする河川の削剥作用を基準化作用（base leveling）と名づけ，それによって形成された削剥面を基準化面（base-levelled plain）とよんだ．パウエルが導入した侵食基準面，基準化作用，基準化面（この基準化面が，後にデービスによって準平原とよばれる）の概念により，陸上削剥（subaerial denudation）による侵食平坦面の形成が強く意識されるようになり，Davis (1896) はそれまでヨーロッパの研究者に広く受け入れられていた削剥平原（後の隆起準平原）の起源に関するA. C. Ramsay (1846) やF. von Richthofen (1886) などの海成起源説を検証し，これらの削剥平原は陸上削剥の準平原であるとの考えに至り，Davis (1899a) において，削剥作用による地形変化を地理学的輪廻（侵食輪廻）として定式化した．英語の'peneplane'はD. W. Johnson (1916) が，"Davis (1889) が最初にpeneplainを提案したときは，文字通りの'almost a plain（ほとんど平原：ほぼ水平な地質構造をもった低平な地域）'は意味せず，'almost a flat surface（ほぼ平坦な面）'を意味していたので，'peneplane（準平面）'と表現した方がよい"として提案した言葉であるが，多くの支持を受けなかったといわれている．なお辻村太郎 (1932) は，「"平原は堆積物で構成された平野を意味するので，'peneplain（準平原）'の言葉で侵食地形を表現するのは不合理であり，'peneplane（準平面）'の方が適切な表現である"としてJohnsonが提案した」と説明している．地理学的輪廻が発表されて以降，営力ごとに侵食輪廻が考え出され，それに応じて氷食準平原，乾燥準平原，海食準平原，カルスト準平原が提案されている．単に準平原といった場合は地理学的輪廻（河食輪廻・正規輪廻）の準平原を指し，海面を侵食基準面として長期にわたる河食を中心とした陸上侵食（ただしここでは，風化，マスムーブメント，水食などを包括する削剥作用を意味する）によって形成された広域的な侵食小起伏面を指す．

河食輪廻（正規輪廻）の準平原は，①地質構造（褶曲構造など）の如何にかかわらず，多種・多様な地層を水平に斬って広がる平滑な地形面，②地形面上に旧流路跡や河成堆積物，厚い風化残留物が残存している場所がある，③地形面上に表層海成堆積物はみられないなどの特徴をもつことが多いとされる．①の特徴は準平原が造構運動によって形成されたのではなく，削剥作用によって形成されたことを示す．②と③の特徴は準平原が陸上で形成された地形であることを示し，海成起源説を否定する根拠となっている．日本の準平原は，小藤文次郎*（1908）が中国山地の吉備高原を隆起準平原として記載したのが最初とされる．その後，阿武隈山地，北上山地をはじめ，各地に隆起準平原が報告されているが，準平原とされている山稜上の平坦面には上部削剥面（A. Penck, 1894）や周氷河性平滑斜面なども含まれている可能性があるので，検証が必要とされている． ⇨終末準平原，原初準平原，侵食小起伏面

〈大森博雄〉

［文献］井上修次ほか（1940）「自然地理学」，下巻，地人書館．/Davis, W. M. (1899a) The geographical cycle: Geogr. Jour., 14, 481-504./ Davis, W. M. (1899b) The peneplain: Amer. Geologist, 23, 207-239.

じゅんへいげんいぶつ　準平原遺物 peneplain remnant　河間山稜の平頂峰の頂面などに残存している準平原の残存地形を指す．1900年代初期，古削剥面（paläische Fläche）や平頂峰（flat-topped range）などとよばれていた小起伏平坦面が，1910年代頃から，'準平原の残存地形である'との意味をもたせて準平原遺物（pénéplaine réliquat, peneplain remnant；J. G. Granö, 1917-1919 など）とよばれるようになった地形．準平原遺物は，対象としている山地が隆起準平原を原地形としていることの証拠として用いられることが多く，残存状態がよい場合は，前輪廻の浅い谷や陸成堆積物，深層風化物などが観察される．しかし，開析が進むにしたがって，山稜上の平坦面が真の準平原遺物であることを証明する地質的証拠は得にくくなり，現実には，広域に分布する山稜上の平坦面が定高性を示すことなどを根拠に，当該平坦面を準平原遺物と認定することも多い．なお，準平原遺物とされている山稜上の

平坦面には，上部削剥面（A. Penck, 1894）や周氷河性平滑斜面なども含まれている可能性があるので検証が必要であるとされる． ⇨隆起準平原，平頂峰
〈大森博雄〉

［文献］須貝俊彦（1990）赤石山地・三河高原南部の侵食小起伏面の性質と起源：地理学評論，63A，793-813．

じゅんへいげんか　準平原化 peneplanation　地表面を侵食基準面に向かって低下させ，起伏を減少させて準平原をつくり出す削剥作用・平坦化作用を指す．ペネプラネーション，基準化作用ともいう．"海面を侵食基準面とした河食輪廻（正規輪廻）の晩壮年期以降の，起伏を低下させて低平な侵食小起伏面を形成するマスムーブメントや平衡河川の運搬作用を中心とした緩速度の削剥過程"が本来の準平原化である．現在では様々な営力と地形についての侵食輪廻が提示されていて，それぞれの輪廻において準平原化が行われるとされる．すなわち営力ごとに侵食基準面に向けての低平化が行われ，乾燥地のペディプラネーションや寒冷地のクリオプラネーションを含めて，広域で行われる平坦化作用を準平原化とよぶことが多い．なお，パウエル*（J. W. Powell, 1975）は，海面を侵食基準面とする削剥作用を基準化作用（base leveling）と名づけ，それによって形成された削剥面を基準化面（base-levelled plain）とよんだ．地域全体が基準化面の状態になった地形がW. M. Davis（1899）の準平原に相当するので，基準化作用は準平原化と同義語として使われる．⇨準平原
〈大森博雄〉

［文献］Davis, W. M.（1912）*Die erklärende Beschreibung der Landformen*, B. G. Teubner（水山高幸・守田優訳（1969）「地形の説明的記載」，大明堂）．

じゅんぺん　潤辺 wetted perimeter　河川などの開水路や管水路の流れにおける通水断面内の流水と接する辺の長さ．潤周ともいう．
〈砂田憲吾〉

じゅんへんまがん　準片麻岩 paragneiss　堆積岩起源の片麻岩．
〈松倉公憲〉

ショアこうどしけん　ショア硬度試験 Shore hardness test　1906年にA. F. Shoreが考案したショア硬度計（Shore scleroscope）による反発硬度試験．先端にダイヤモンド球を埋め込んだ2.5 g（C形）または36 g（D形）のハンマーを，254 mm（C形）または19 mm（D形）の高さから岩石や金属などの試料面の上に落下させ，はね上がった高さから，試料の硬さを評価する．
〈若月強〉

ショアフェイス shoreface　海岸から沖に向かう浅海域で地形勾配が急になる領域の地形．この領域を堆積学では外浜とよんでいる（海岸地形学でいう外浜*とは定義が異なる）．前浜*の下部（低潮位線）以深で水深5〜20 m以浅の海岸線に平行に発達した斜面地形．波浪が卓越する砂礫質の海岸の沖に発達することが多い．外浜は，沿岸砂州*（longshore bars）の発達する上部外浜（upper shoreface）と，それ以深の下部外浜（lower shoreface）に区別される．その境界は水深5〜8 mで，波浪の大きさ，底質の違い，沖側の陸棚の勾配などによって変化する．上部外浜堆積物はトラフ型や低角くさび状の斜交層理の中〜粗粒砂で，下部外浜堆積物はハンモック状斜交層理*の細粒砂からなることが多い．ショアフェイスを欠く海岸も存在する．
〈増田富士雄〉

ショアプラットホーム shore platform　⇨波食棚

しょう　礁 reef　海面付近あるいは海面下の浅いところにある岩盤やサンゴなどの固結物質あるいは砂や礫などの非固結物質からなる海底の突起部．
〈砂村継夫〉

じょうえつたい　上越帯 Joetsu belt　群馬県から新潟県にかけての地域に広がる広域変成帯．上越変成帯とも．片岩や角閃岩・かんらん岩を特徴とする．地質学的には三郡帯*，飛驒外縁構造帯の結晶片岩類の延長で，さらに佐渡にのびると考えられている．
〈松倉公憲〉

しょうえん　礁縁 reef edge　サンゴ礁礁原の外洋側の縁の，礁斜面との変換点または帯状のゾーン．砕波帯になっていることが多い．⇨サンゴ礁地形分帯構成（図）
〈茅根創〉

しょうおうち　小凹地【オリエンテーリング用語】 small depression　オリエンテーリング用地図*に描かれている小さく浅いくぼみ．直径2 m以上，深さ1 m以上のもの．
〈島津弘〉

しょうおうち　小おう地【地形図の】 small depression (of topographic map)　地形図において，閉曲線の等高線と直交して最低所に向かう矢印によって表現されている小さなおう地のことを示す古い用語．⇨凹地，閉曲線
〈熊木洋太〉

しょうおうち　小凹地【地形点】 small depression, minor depression　特に小さな凹地であり，地形図では'小おう地'とよばれ，櫛歯記号を付けた等高線で表現できないほど小規模（面積）であるから，閉曲線の外側から内側に掛けた矢印（⤺）を付けて表現されている．石灰岩台地，新しい溶岩流原，地すべり地形，砂丘帯などに密集している．⇨凹地，小おう地
〈鈴木隆介〉

しょうおうとつがたじすべり　少凹凸型地すべり　landslide of less-rugged mound type　地すべり堆の表面が平滑な地すべり地形．緩傾斜の軟岩層の地すべりに多い．　⇨地すべり地形の形態的分類（図）
〈鈴木隆介〉

［文献］鈴木隆介（2000）「建設技術者のための地形図読図入門」，第3巻，古今書院．

しょうがいぶつさきゅう　障害物砂丘　dune related to obstacle　飛砂は障害物があると，その前面や後面に乱流が生じるので堆積し，砂丘が形成される．障害物砂丘には，上昇（這い上がり）砂丘，下降（這い下がり）砂丘，囲み砂丘，茂み砂丘，エコーデューンがある．
〈成瀬敏郎〉

しょうかさよう　硝化作用　nitrification　アンモニア態窒素 NH_4^+ が亜硝化細菌，硝化細菌によって酸化され亜硝酸 NO_2 そして硝酸 HNO_3 になる過程．酸素の多い畑地のように，地下水位の低く気相部分の多い土壌において硝化作用は進行する．

$$2NH_3 + 3O_2 \rightarrow 2HNO_2 + 2H_2O$$
$$2HNO_2 + O_2 \rightarrow 2HNO_3$$

硝酸は NO_3^-（硝酸態窒素）のため，通常マイナスに荷電する土粒子に吸着されない．窒素肥料を過剰施肥すると，植物に吸収されない窒素は水の下方移動のたびに溶脱され，地下水へ，そして川，湖などへ流れていき硝酸態窒素で汚染される（富栄養化）．それにともない水道水の汚染，水生植物の異常繁殖，魚類など生態系全体に影響を与える．その対策として脱窒作用による窒素のガス化（放出）がある．
⇨脱窒作用，富栄養化
〈細野　衛〉

しょうかせん　小河川　small(-sized) river　⇨河川の規模（表）

しょうきこう　小気候　local climate　⇨気候のスケール

しょうきふくさんち　小起伏山地　low-relief mountain　山頂と山麓の高度差が300m前後以下の山地を指す．低山，低山性山地に相当し，丘陵（丘陵地）とよぶことが多い．辻村（1923）は山頂と山麓の高度差で表した起伏を，小起伏（low relief：300m前後以下），中起伏（moderate relief：1,000m前後），大起伏（high relief：2,000m前後以上）に分け，ペンク*（A. Penck, 1894）の Hügelland（丘陵地），Mittelgebirge（中山），Hochgebirge（高山）に対応させて，小起伏山地を岡阜地（丘陵地），中起伏山地を中連山地（中山），大起伏山地を高連山地（高山）とした．一方，ペンク*（W. Penck, 1924）は起伏を勾配に基づいて，flach Relief（緩起伏），mittel Relief（中起伏），steil Relief（急起伏）に分け，それらに対応させて山地を，Rückenberg（山背山形：マルヤマ），Kammberg（山稜山形：ムネヤマ），Schneidenberg（切裁山形：タチヤマ）に分類した．起伏の大きさ（高低差）と勾配とは一対一に対応するとは限らないが，対応することも多い．そこで，辻村（1933, 1952）は両者を合わせて，小起伏で勾配が20°前後以下の山地を岡阜地，中起伏で勾配20°前後の山地を中連山地（中山），大起伏で勾配30°以上の山地を高連山地（高山）としている．　⇨低山
〈大森博雄〉

［文献］辻村太郎（1923）「地形学」，古今書院．/ Penck, A. (1894) *Morphologie der Erdoberfläche*, I, II, Ver. J. Engelhorn.

しょうきふくたたんこく　小起伏多短谷　shokifuku ta-tankoku　山地が侵食されて小起伏になると，起伏量が減少し，短い谷が多くなり，谷密度が増加するという概念である．デービス*の侵食輪廻説*には含まれていなかった概念で，三野與吉*（1936）が阿武隈山地に関する地形計測結果を論拠に提唱した．
〈鈴木隆介〉

［文献］三野與吉（1936）福島県小野新町付近における谷長と起伏量との関係：地理学，4, 1340-1347.

しょうきふくち　小起伏地　low-relief land　主要な尾根と谷の比高が数十m以下の，起伏の小さな土地をいう記載用語．成因は多種多様である．⇨小起伏面
〈鈴木隆介〉

しょうきふくちけい　小起伏地形　low-relief landform　起伏がほぼ300m前後以下の地形を指す．起伏の大きさは厳密に決められているわけではないが，山頂と山麓の高度差や尾根と谷底の高度差が300m以下の地形を小起伏地形とすることが多い．侵食輪廻説*における晩壮年期以降の侵食小起伏地形や従順地形と同じ意味で使われることが多いが，現在では，海抜高度にかかわらず，また堆積地形をも含めて，単に起伏の小さな地形を指すことが多い．　⇨小起伏山地
〈大森博雄〉

［文献］辻村太郎（1923）「地形学」，古今書院．/Davis, W. M. (1912) *Die erklärende Beschreibung der Landformen*, B. G. Teubner（水山高幸・守田　優訳（1969）「地形の説明的記載」，大明堂）.

しょうきふくめん　小起伏面　low-relief surface　大きな起伏*をもつ山地や丘陵において，局所的に発達する起伏の小さな地区をいう記載用語．普通には，例えば1km方眼内の最高点と最低点との高度差（＝起伏量*）が約100m以下で，尾根頂が丸みをもち，山腹は緩傾斜で，浅い谷が発達する地区を

小起伏面または小起伏地という．その発達する位置（地形場）によって山頂小起伏面（山頂平坦面とも）とか山腹小起伏面とよばれ，特に平坦な場合は山頂平坦面ともよばれる．その成因は，①前輪廻地形*の小起伏地の残存，②差別削剥による削剥高原*，地層階段*，メサ*の頂部，③石灰岩台地*の頂部，④火砕流台地*の頂部，⑤古い段丘面，など多様である．

例えば，堆積地形起源の台地が開析の進行につれて，丘陵を経て小起伏地形が形成される場合がある．MIS5（約12万年前）の地形ではまだ堆積面が残っているが，それより古くなると尾根だけが連続して残る程度となり，さらにそれが失われても，累積隆起量が小さければ小起伏地形として存続する．この種の小起伏面の形成期間は100万年より短いと考えられる．一般に，小起伏面の周囲は遷急線*に囲まれ，その下方には深い河谷が発達し，大起伏地となっていることが多い．周囲の大起伏地に比べて，物質移動は活発ではないので，風化物質が厚いが，緩傾斜なため地形変化速度が小さく，匍行*を除きマスムーブメント*はほとんど発生しない．隆起速度が小さく谷密度が大きいと小起伏になりやすい．したがって小起伏面は隆起速度の小さな地域の古い山地（例：吉備高原，三河高原）に広く分布する．小起伏面が幅数km以上に広がっている地域は，隆起準平原とよばれることもある（例：阿武隈山地）． 〈鈴木隆介・野上道男〉

しょうきぼかしょうけいたい　小規模河床形態 small-scale bedform ⇨河床形態

しょうきゅう　小丘 small mound, hill 四周より高く，独立した小さな丘（山）．小突起とも．普通には比高数m〜数十mで，平面形が円形ないし楕円形の丘をいう．カルスト台地，溶岩流原，地すべり堆，火山体爆裂型の火山岩屑流原に群在する．⇨小突起，火山体爆裂型の火山岩屑流　〈鈴木隆介〉

しょうきょくてきていこうせい　消極的抵抗性【地形物質の】 negative resistance (of landform material) 地形営力に対する岩石の抵抗性のうち外力を吸収・軽減して，その影響をいわば'柳に風'と受け流す性質であり，水に対する透水性や地殻変動に対する塑性変形性はその例である．積極的抵抗性の対語．例えば，高透水性岩（例：砂礫層，節理密度の高い岩石）で構成される山地では，雨水が浸透しやすく，布状洪水やリル侵食が進まず，谷密度が低い．ただし，透水性は飽和含水状態下で起こる河川侵食や海食に対しては無意味である．⇨積極的抵抗性，差別削剥，岩石制約　〈鈴木隆介・八戸昭一〉
[文献] Suzuki, T. et al. (1985) Effects of rock strength and permeability on hill morphology: Trans. Japan. Geomorph. Union, 6, 101-130.

しょうけいりゅう　小渓流 torrent ⇨河川の規模（表）

しょうげきこん　衝撃痕 chatter mark 底面すべりが間欠的に起こるときの衝撃や摩擦によって，基盤岩に形成されるへこみや傷のこと．チャターマークとも．三日月型のへこみ (crescentic gouge) や貝殻状のへこみ，圧擦割れ目 (friction crack) などがある．底部氷に含まれる礫が基盤岩へ強い衝撃や摩擦を加えることによって，氷河の流動方向に直交して形成される．氷河による基盤岩の研磨面上に形成された場合に明瞭である．継続的な磨耗によって流動方向に平行に形成される氷河擦痕*とは区別される． 〈奈良間千之〉

しょうげん　礁原 reef flat サンゴ礁*の海面近くまで達した平坦面．その表面には，特徴的な地形の分帯構成がみられる．外洋側は，低潮位付近まで達する高まりになっていることが多く，その高まりを礁嶺*，その内側の凹地を礁池*（浅礁湖）とよぶ（⇨サンゴ礁地形分帯構成（図））．外洋側の高まりの部分だけを礁原とよぶ場合，この部分を外側礁原とよび，礁池を内側礁原とよぶこともある． 〈茅根　創〉

しょうこ　礁湖 lagoon 堡礁*の礁原*と陸地の間や，環礁*の礁原に取り囲まれた，水深10〜数十m程度の浅い海．英語のlagoonには，サンゴ礁以外の地形にみられる潟湖（⇨ラグーン）も含まれる． 〈茅根　創〉

じょうこう　条溝【断層の】 striae, striation (of fault) 断層面に刻まれた細い溝で，対面する断層面の硬い粒子の引っかき傷である．固い岩片を含む砕屑岩を切る断層沿いに多くみられる．その溝が深くなる方向から，断層変位の実移動の方向が知られる．しかし，その方向は断層変位が起きた時点のものであり，また繰り返された変位でも生じるから，現在の地理学的座標軸での方向とは限らない．⇨断層変位，鏡肌　〈鈴木隆介〉

じょうこう　条溝【氷河の】 groove 氷河擦痕が一般的に幅や深さが数ミリメートル程度のものを指すのに対して，さらに深く広くなったものを氷河溝 (glacial groove)，あるいは氷食溝とよび，Pフォーム*などの流線形侵食痕がより直線的に伸びたものを指す場合もある．成因としては，氷体による直

接的な侵食作用と氷底水流による侵食作用によるものがある．一定の方向に直線的に伸びている場合が多く，それを形成した当時の氷河や氷底水流の流動方向を復元する手段として用いられる．〈澤柿教伸〉

しょうこく　小谷　small valley　流域面積が小さくて，幅が狭く，深くて急峻な側壁をもつ谷．雨裂より大きいが普通の谷より小さいもの．普通には1次谷〜2次谷である．〈戸田真夏〉

しょうこく　床谷　Sohlental（独）　谷底部の横断形において，谷底がほぼ平坦で川原（寄洲）を伴い，谷底幅は平水時の流路幅（水面幅）より広いが，毎年一度程度の出水時に高水敷を含む谷底全体が冠水する谷をいう．ただし，数十年に一度の出水で全体が冠水する程度の幅の広い低地は谷底低地*とよばれ，それを伴う谷の全体を床谷とはよばない．⇨欠床谷，谷床　〈鈴木隆介〉

じょうこん　条痕　crescentic gouge　⇨氷河擦痕

じょうさん　蒸散　transpiration　植物において主に葉から体内の水分を大気中へ放出する現象．植物を通して生起する土壌中の水分の蒸発をいう．〈森島　済〉

しょうしがん　松脂岩　pitchstone　⇨ピッチストーン

じょうじびどう　常時微動　microtremor　地震の有無にかかわらず，常時観測される地表の微小な振動．波浪などの自然の原因や，交通機関などの人間の活動によってひき起こされる．常時微動の調査は，地震動の特性や浅部の地下構造・物性を調べるために用いられる．〈久家慶子〉

しょうしゃめん　礁斜面　reef slope　サンゴ礁*の外洋側に発達する急な斜面．大陸棚や島棚の緩斜面で終わる．⇨サンゴ礁地形分帯構成（図）〈茅根　創〉

しょうしゅくしゃくず　小縮尺図　small-scale map　小縮尺の地図．国土地理院では20万分の1地勢図，50万分の1地方図，100万分の1日本，などを小縮尺に分類している．⇨縮尺　〈熊木洋太〉

しょうじょうかざん　鐘状火山　dome volcano　⇨溶岩円頂丘

しょうじょうがんたい　衝上岩体　overthrust mass　衝上断層によって移動した上盤側の地塊．〈安間　了〉

じょうしょうさきゅう　上昇砂丘　climbing dune　障害物砂丘*の一つで，強風によって砂が丘陵・山地斜面に吹き上げられてできたもの．砂丘の傾斜は10〜15°で粗粒砂からなる．チリ北部や西シナイの海岸砂漠や海岸砂丘で多くみられる．〈成瀬敏郎〉

しょうじょうだんそう　衝上断層　thrust, thrust fault　中〜低角度の逆断層．稀に高角の逆断層に対して用いられる例もあるが，正しくは傾斜45°未満で，逆断層成分が卓越するものに限定して用いる．⇨断層，逆断層　〈小松原　琢〉

じょうしょうてきはったつ　上昇的発達【斜面の】　waxing development, aufsteigende Entwicklung（独）　斜面発達におけるペンクモデル*において，斜面基部の高度が加速的に低下すると，斜面は比高を増しつつ上に凸な形状を取る．斜面のこのような発達過程をW.ペンク*は上昇的発達とよんだ．地域が加速的隆起を行う場合にこのような斜面形が生じるとペンクは考えたが，現在では必ずしもそうとはいえないと考えられている．〈平野昌繁〉
[文献] Penck, W.（1924）*Die morphologische Analyse*, J. Engelhorns. Nachf（町田　貞訳（1972）「地形分析」，古今書院）．

しょうすいろ　捷水路　artificial cutoff channel　蛇行河川において流路を短絡化するために，蛇行頸状部*を人為的に掘削して建設された水路．主として洪水時の河川の流れをスムーズにし，河川の流下能力を増加させることを目的として建設される．わが国では石狩川の例がよく知られており，明治26年に364 kmあった流路長が捷水路の建設によって現在では268 kmと約100 kmも短縮された．⇨人工河川　〈海津正倫〉
[文献] 小疇　尚ほか編（2003）「日本の地形・北海道」，東京大学出版会．

しょうせっかいがん　礁石灰岩　reef limestone　炭酸カルシウムを分泌し，波に抗しうる強固な骨格をもった造礁生物の遺骸が集積・固結した石灰岩．造礁サンゴ*や石灰藻*，有孔虫などの生物骨格とその砕屑物を主体とする．堆積時の構造が保存されているものと，再結晶化作用などにより結晶質石灰岩になったものがある．前者は造礁生物が堅固な枠組みを構築したり堆積物を被覆結合してつくる原地性礁石灰岩と，様々な粒径の炭酸塩生物骨格・殻起源の砕屑物が主体となる異地性礁石灰岩とに区分される．礁石灰岩を構成する生物遺骸は孔隙が多く，膠結作用によるセメントでの初生孔隙の充填や，溶解作用による新たな孔隙の生成がみられる．〈菅　浩伸〉

じょうせんど　条線土　sorted stripe　⇨構造

しょうたく　沼沢　swamp　一般に水深5m以下の浅い水域で，ガマ，マコモ，ヨシなどの抽水植物が，湖沼中央部においても繁茂している．湿地や湿原に比べると水面の占める部分が広く，常に水に覆われている．スワンプ，マーシュまたは沼沢地*とも．海岸沿岸部や潟湖においては海水の流入に伴い塩性沼沢*が形成される．塩性沼沢にはマングローブなど塩性環境に適した特殊な生態系が形成されている．⇨湖（表），沼地，湿地　〈鹿島 薫〉

しょうたくかがたでいたんち　沼沢化型泥炭地　telmisch peatland　乾いた土地や斜面が，多量の水の供給（氾濫，融雪水，湧水など）のために，沼沢地化して形成された泥炭地．　〈松倉公憲〉

しょうたくち　沼沢地　marshland, bogland, fenland, swamp　湖での埋積作用や海退に伴う陸域からの土砂の堆積よって形成された沼沢の多い平地部をいう．沼沢地は湿原*の一つであり，地表面が地下水面より高い高層湿原（higher moor）や地表面が地下水面より低い低層湿原（lower moor）に比べ，泥炭が少ないのが特徴である．⇨湖（表），湖沼，泥炭地　〈知北和久〉

しょうたくでいたん　沼沢泥炭　telmatic peat　定期的氾濫条件下で生育する植物による水面付近で形成された泥炭．　〈松倉公憲〉

しょうち　礁池　moat　裾礁*の礁原陸側に見られる水深数mの凹地．礁原*の外洋側の礁嶺*が相対的に高いために，浅い池状の地形を呈する．海外では，礁池（moat）は礁原上の小規模なタイドプールを指す場合が多いため，浅礁湖（shallow lagoon）とか後礁池（back-reef moat）とよばれることがある．⇨サンゴ礁地形分帯構成（図）　〈茅根　創〉

しょうち　沼地　bog, swamp　水深1mまたはそれ以下の水域を伴う湿地．「ぬまち」とも読む．ハンノキなど湿性林が繁茂している場合がある．泥炭地や湿原との厳密な区分は難しい．⇨泥炭地，湿原　〈鹿島 薫〉

しょうちけい　小地形　mini-landform　⇨地形種の分類（表）

しょうちょう　小潮　neap tide　⇨小潮（こしお）

しょうちょうさ　小潮差　neap tidal range　上弦や下弦の頃の高潮と低潮の潮位*をそれぞれ長期間にわたって平均した海面の高さの差．　〈砂村継夫〉

しょうちょうしょう　小潮升　neap rise　小潮時に海面が上昇する高さ．　〈砂村継夫〉

しょうでん　沼田　marshy paddy field　⇨湿田

しょうど　照度　light intensity　⇨水中照度

しょうどう　晶洞　druse　岩石や鉱脈内に生じた空洞や隙間．一般的な大きさは数十cmのものから数cmほどのものまで．空洞の壁に沿って鉱物が配列し，同心球状の殻が形成されたり，脈石鉱物，鉱石鉱物の自形性の大きな結晶が成長している．石英脈の中の空洞に水晶の自形結晶が成長する場合などが好例．鉱山用語では「がま*」とも．〈松倉公憲〉

しょうとっき　小突起　small mound　小丘と同義であるが，山地や丘陵において岩塔をなすものや，尾根上のラクダの瘤のような高まりを特に小突起という場合が多い．地形図では閉曲線やがけ（岩）記号で示されている．⇨小丘　〈鈴木隆介〉

しょうとつクレーター　衝突クレーター　impact crater　惑星の表面に小天体が衝突して形成する掘削孔を衝突クレーターとよぶ．隕石孔（meteoritic crater）ともよばれる．また，直径300km以上の巨大なものは衝突盆地とよぶことが多い．火山性クレーターなどとの区別が難しい場合も多く，同定には注意を要する．地球上の衝突クレーターについては，高圧形成鉱物（coesiteやstishoviteなど），平面変形構造（planer deformation feature（PDF）），シャッターコーン（shatter cone）など強い衝撃波の痕跡や，イリジウムなど隕石に特有に含まれる元素の濃集が，同定の指標として使われる．その形態は，衝突天体の大きさ，惑星重力，惑星表面物質の物性によって様々に変化する．一般に，最も小さいものは，おわん型をした掘削孔と周囲に放出物の堆積層をまとった単純クレーター（simple crater）とよばれる形態を取る．しかし，直径が大きくなると，底部が平面的になった平底クレーターが多くみられるようになる．さらに大きなクレーターでは，底部の中央部に小孔あるいは中央丘や環状丘をもった様々な形態がみられるようになる．非常に大きいクレーターでは多重環状構造をもつことが多い．単純クレーター以外の様々な形態のクレーターを総称して複雑クレーター（complex crater）とよぶ．複雑クレーターの多様な形態は，天体衝突後に比較的ゆっくり起きる変形過程を反映していると考えられている．一方，衝突クレーターが形成する際には高速の放出物が生ずるが，これが惑星表面への落下に伴う衝撃によって2次クレーター（secondary crater）が生ずる．これに対して，惑星外に由来する物体の衝突で形成される通常のクレーターは1次クレーター（primary crater）とよん

で区別される．地球上で地形としてよく保存されている衝突クレーターの例として，アリゾナ州のバリンジャー（あるいはメテオ）・クレーター，ドイツのリース・クレーター，インドのロナ・クレーターなどがあげられる．⇨天体衝突プロセス，クレーター年代，隕石孔 〈杉田精司〉

しょうとつたい　衝突帯【プレートの】 collision zone (of plate)　プレート収束境界のうち，大陸プレートが上盤側（陸側）プレートの下に潜り込むものを衝突帯とよぶ．衝突帯では，潜り込む大陸地殻の一部の引き剥がしが起こり，上盤側プレートに付加され積み重なり，逆断層によって圧縮短縮され，高い山脈が形成される（例：ヒマラヤ山脈）．衝突帯では，前縁スラスト帯から傾き下がる逆断層がプレート境界となる．地震活動や活断層はプレート境界のみならず上盤側プレート内の広汎な領域に分布する．また，スラブ内地震活動や上盤側の火成活動はほとんどなくなる．このような衝突帯に特有の地震活動や火成活動は，沈み込む大陸プレートが海洋プレートと比べて低密度であるため，アセノスフェアの中に容易に潜り込んでいけないためであると従来考えられてきた．しかし大陸地殻が 100 km 以深にまで沈み込んで，また上昇してくる超高圧変成岩の存在が 1980 年代から衝突帯の各所で知られるようになり，潜り込む大陸プレートによって水が運び込まれないためであるとする説が最近唱えられている．⇨プレート境界，収束境界，上盤側プレート，マントル・ウエッジ 〈瀬野徹三〉

しょうにゅうせき　鍾乳石 speleothem　スペレオゼムともいう．広義には炭酸塩岩の洞窟（洞穴）内において，水溶液中で飽和に達したカルシウムが再結晶して形成される二次生成物全体を指す．鍾乳石の大部分は，炭酸カルシウムが結晶したカルサイト（方解石）からなる．洞内の天井から滴下する水溶液がつくる天井から垂れ下がる型をしたものを狭義の鍾乳石（stalactite）といい，つらら石ともいう．つらら石は中心に鍾乳管を有する．これに対して洞床に滴下した水が飽和に達して結晶物が累積し，筍状の型をつくるものを石筍（せきじゅん）*（stalagmite）という．これには鍾乳管はない．この他に壁面を流下しながら再結晶したものを流れ石またはフローストン（flowstone）という．洞内の壁面の割れ目などにそって流下した際，うすいカーテンのように結晶する場合はカーテン（石幕）とよぶ．とりわけ土壌などの不純物が周期的に流下し，あたかもベーコンのように縞目をつくる場合はベーコンとよんでいる．この他にカルシウムを豊富に溶かした地下水が洞床を流下する際，リムストーン（畦石）をつくる．静かな洞床のたまり水の中には洞窟（洞穴）真珠が形成される．また空気の乱れがほとんどないドロマイトの洞内にはヘリクタイト（曲がり石）が形成される．また飽和に近いカルシウムを含んだ水滴が壁面に付着し，ケイブコーラル（洞穴サンゴ）を形成する場合もある．鍾乳石の年代測定には，ウラン系列法*が有効である．世界各地で鍾乳石の年代測定値を用いて洞窟（洞穴）の形成史が編まれている．また鍾乳石の年輪状に発達した方解石の結晶の粗密と年代測定を組み合わせて，古環境の変遷を解明する研究もなされている． 〈漆原和子〉

しょうにゅうどう　鍾乳洞 cave, calcareous cave　鍾は集める，乳は乳石を意味する．したがって，洞窟（洞穴）の中でも岩塩や溶岩中ではなく，炭酸塩岩中に形成されたものをいう．鍾乳洞の洞内には乳石ともよばれる，炭酸カルシウムの再結晶した鍾乳石が形成される．稀に溶岩や，砂岩であっても炭酸カルシウムが含まれているときは，洞窟（洞穴）内に鍾乳石が形成されていることがある． 〈漆原和子〉

じょうはつ　蒸発 evaporation　水あるいは氷が水蒸気に変わる現象，あるいはその量．温度 T（℃）の 1 g の水が蒸発するのには $Q=597-0.56T$ (cal) の熱量が必要である．逆の場合も同量であり，この熱を潜熱という．⇨蒸発散 〈野上道男〉

じょうはつがん　蒸発岩 evaporite　飽和溶液から蒸発作用により可溶性成分が晶出沈殿した塩類からなる岩石．エバポライトとも．晶出のときの結晶圧が岩石を破壊する（塩類風化*）．硫酸塩類（石膏，六水石，硫曹鉱など），塩化物（岩塩），炭酸塩類，硼酸塩類など多数の鉱物種が知られている． 〈松倉公憲〉

じょうはつけい　蒸発計 evaporimeter, atmometer　蒸発量を測定する機器．蒸発皿に入れた水の減少量から蒸発量を測定する蒸発皿蒸発計（パン蒸発計）が代表的なものである．日本の気象官署では 1965 年前後まで小型蒸発計（皿の直径 20 cm）が使用されていた．その後，大型蒸発計（直径 120 cm，WMO Class A パン）による観測に移行したが，多くの地点で観測が廃止され，2002 年 3 月に終了している．設置場所，設置方法や蒸発皿の直径などによって蒸発量に差が生じることが知られている． 〈森島　済〉

じょうはつざらじょうはつけい　蒸発皿蒸発計

pan evaporimeter ⇨蒸発計

じょうはっさん　蒸発散 evapotranspiration
広域にわたる地表の土壌・水面や植物体などから大気に水蒸気が供給され拡散する現象，あるいはその量をいう．降水量と同じように時間（日・月・季節・年など）について，単位面積あたりの深さ（mm）で表される．水蒸気への相変化には熱エネルギーが使われるので，蒸発散量は気候要素・気象状態に依存する．そのほかもちろん地表の状態の影響が大きい．自然の状態で測定することはできない量である（⇨蒸発散量推定）．日本の平野部では約500～1,000 mmを越える程度と推定され，地域差は小さい．この量は降水の年平均値の日本の面積平均約1,800 mmより少なく，その差が河川への流出となっている． 〈野上道男〉

じょうはっさんい　蒸発散位 potential evapotranspiration ⇨可能蒸発散量

じょうはっさんりょうすいてい　蒸発散量推定 estimation of evapotranspiration　植物の主として気孔からの蒸散と土壌表面などからの蒸発を合わせた量を蒸発散量といい，これを推定すること．特殊な条件ではあるが基準化された蒸発皿（口径120 cm，深さ25 cmの円筒容器）を使う方法で地域的な差を知ることができる．この値は水面からの蒸発であるが，実際の湖や海洋からの蒸発量とは異なる．植物を植えた土壌を容器に入れ，重量変化を秤で量るとか，容器の中で地下水の挙動を計測する（蒸発散計：ライシメータ*）などの方法が用いられている．一つの流域を対象として，地下水との出入りをゼロとすれば，降水＝流出＋蒸発散＋貯留量の変化，であるので，貯留量の変化を無視できる年値の場合，降水（例えばレーダーアメダス解析雨量）と流出（河川流量あるいはダムの放水量と水位変化）のデータがあれば年蒸発散量が求められる．このような方法を流域水収支法という．月値あるいは日値などを得ようとする場合は土壌貯留量の変化を考慮した流出モデル（例えば菅原方式のタンクモデル*など）が必要とされる．経験式による方法としては，月平均気温だけから月可能蒸発散量を求めるソーンスウェイト法*がよく用いられる．渦を伴って乱流している大気中の水蒸気拡散量を観測で捉えようという方法が渦相関法である．熱収支のための放射量観測などを行い蒸発散に用いられる潜熱を推定しようとする熱収支法は現象の原理に即した方法であるが，放射以外の大気中・土壌中の熱の移動については観測できない項目があり，結局どこかで経験式を用いることになるなど，それぞれの方式には一長一短がある．なかでもよく用いられるのは組み合わせ法ともいうべきペンマン法*である．
〈野上道男〉

しょうはブロック　消波ブロック concrete armor block　波のエネルギー減殺を目的として海岸に設置されるコンクリート製のブロック．多くの種類があり，それぞれ特徴的な形状をしている．越波防止や反射波軽減のために防波堤*や海岸堤防*（あるいは護岸）の前面に設置されることが多いが，消波ブロックのみで突堤*や離岸堤*などが構築されることもある．　〈砂村継夫〉

しょうひょうが　小氷河 glacieret ⇨氷河

しょうひょうき　小氷期 Little Ice Age　中世温暖期以後の気候冷涼・寒冷期．小氷河時代とも．始期・終期や気温低下量は各地で異なるが，ほぼ14～19世紀に相当．グリーンランド氷床GISP2コアでは1,350ADないし1,450～1,900ADに兆候がある．欧州では大河川が凍り，飢饉も深刻化．アンデスやヒマラヤでは顕著な氷河前進が生じた．日本でも古日記や湖沼堆積物の解析から気温低下や雨量の増加が推定される．要因として太陽活動の衰えや火山噴火に伴うガスやダストの大気への注入による日射量の減少が挙げられるが，未解明な点もある．現在の温暖化の一部は小氷期の終焉による自然要素の気温上昇とする考えもある． 〈苅谷愛彦〉

［文献］Bradley, R. S. and Jones, P. D. eds.（1995）*Climate since AD 1500*, Routledge.

じょうぶさそう　上部砂層 upper sand bed ⇨沖積層

じょうぶひようけつぶ　上部非溶結部 upper non-welded zone　火砕流堆積物が溶結する場合，通常，溶結作用は堆積物全体の中～下部寄りの部分で起こるが，冷却しやすい（最）上部および最下部では起こらない．この上部の溶結していない部分を指す．溶結した部分（溶結部）と上下部の非溶結部の厚さの割合は個々の火砕流堆積物で，また，一つの火砕流堆積物でも場所ごとに多様に変化する．⇨溶結部，基部非溶結部　〈横山勝三〉
［文献］横山勝三（2003）「シラス学」，古今書院．

じょうぶマントル　上部マントル upper mantle ⇨マントル

しょうみほうしゃ　正味放射 net radiation　地表面やある特定の層における全放射の下向きフラックスと上向きフラックスの差．　〈森島済〉

しょうもう

しょうもう　消耗【氷河の】 ablation　氷河・氷床・雪渓などから雪や氷が消失する現象．アブレーションとも．涵養とは反対の現象を指す．具体的には，融解・昇華といった熱交換過程の結果としてみられる現象と，吹雪による雪の移動・カービングなど物質移動の結果としてみられる現象がある．
〈紺屋恵子〉

しょうもういき　消耗域 ablation area　氷河の上で，年間の消耗量が涵養量より大きい領域．質量収支がマイナスの領域．多くの氷河の場合は下流域が消耗域となる．消耗域と涵養域とは平衡線*で分けられる．
〈紺屋恵子〉

じょうもんかいしん　縄文海進 Jomon transgression　縄文時代にみられる海進*をいう．後氷期海進や(後期)有楽町海進と同義．関東平野では，現在の海岸線よりも内陸に入った台地縁辺に，先史時代の貝塚が多数分布し，海生の貝化石が確認されていた．東木龍七*(1926)は，これをもとに旧海岸線を描き，海の広がりを復元した．海が内陸に侵入した時期が縄文時代であったことから，この名称が使用されるようになった．海進のピークは約6,000年前頃とされ，海水準も現在より約2～3m高い位置にあったと考えられている．また，その後，海水準の微変動があり，現在に至ったと考えられている．海進最盛期の高海面は，ハイドロアイソスタシーによる陸地の隆起によって説明されるようになった．一方で，微変動をもたらすとされる氷床量の変動についても更なる調査研究が必要とされている．
〈堀　和明・斎藤文紀〉

じょうもんじだい　縄文時代 Jomon Period　日本の考古学時代区分の一つで，縄文式土器とよばれる土器によって特徴づけられる時代．年代的には紀元前1万3,000年頃から紀元前1,000年頃までの期間である．地質年代では，更新世末期から完新世にかけての時代に相当する．　〈朽津信明・有村　誠〉

じょうもんちゅうきのしょうかいたい　縄文中期の小海退 small regression during the middle Jomon Period　5,000～4,000年前頃に起こったと考えられている若干の海面低下．温暖期（climatic optimum）後の寒冷化との関連性が指摘されている．
〈堀　和明・斎藤文紀〉

しょうようじゅりん　照葉樹林 laurel forest　常緑性のブナ科コナラ属のアカガシ亜属やシイノキ属，クスノキ科，ツバキ科などからなる温帯の降雨林，暖温帯林ともいう．日本列島では西日本を中心に広く分布する．スダジイ林とウラジロガシ林がその主体をなし，沿岸の低地や台地周辺斜面にはタブ林を優占種とする群落が発達する．海岸の急傾斜地などに生育するウバメガシはブナ科コナラ属コナラ亜属である．吉良(1949)の温量指数*(暖かさの指数)では85～180℃・月，寒さの指数 -10℃・月以上の範囲となり，夏暖かくとも冬寒すぎると生育しない．このような群系は，中国中南部を経て中央ヒマラヤにかけて広がる．いずれの樹種も葉は厚くてクチクラ層が発達し，光沢をもつ．植物社会学上からはヤブツバキクラス域とよばれる．関東以西の日本の原植生といわれるが，低地では人為的な開発により伐採が進み，寺社林にその面影を残すのみとなっている．　⇒常緑広葉樹林，丘陵帯
〈岡　秀一・宮原育子〉

[文献] 石塚和雄編(1977)「群落の分布と環境」，朝倉書店．

じょうりゅう　常流 ordinary flow, subcritical flow　フルード数*が1より小さい開水路の流れ．流速が小さいため，水位変化や水面変動が上流に伝播する．射流*の対語．〈宇多高明〉

じょうりょくこうようじゅりん　常緑広葉樹林 evergreen broad-leaved forest　常緑広葉樹からなる群系．西日本から中国中南部を経て，中央ヒマラヤに広がる暖温帯の雨量の多い地域には，照葉樹林*が成立し，同様の温度帯にありながら大陸の西側の地中海気候地域では，夏の乾燥のため，小型で乾燥に強い葉をもつオリーブやコルクガシなどの硬葉樹林が生育する．これらの樹林を構成する樹木はいずれもクチクラ層を発達させた厚い葉をもつが，硬葉樹の葉は照葉樹に比べると小型で厚く，鋸歯の先端がとげになっていることが多い．これらの常緑広葉樹林帯の低緯度側に目を転じると，大陸東岸域では温暖湿潤の環境下でさらに亜熱帯性常緑広葉樹林が続くのに対し，大陸西岸域では乾燥が際立ち，非対称性が明瞭となる．　〈岡　秀一〉

[文献] 大沢雅彦(1995)熱帯と温帯のはざまで―世界の照葉樹林と硬葉樹林：週刊朝日百科 植物の世界，59，130-133．

しょうれい　礁嶺 reef crest　サンゴ礁*の礁原*外洋側の，ほぼ低潮位まで達する高まり．サンゴ礁の風上側でよく発達し，風下側では発達が悪い．後氷期の上昇後安定した海面に向かって，ミドリイシなどの造礁サンゴ*が積み重なって成長し，最初に海面に追いついてつくられた地形である．礁嶺が形成されたことによって帯状に配列する地形がつくられた．　⇒サンゴ礁地形分帯構成（図）

〈茅根　創〉

しょうれき　小礫　granule　細礫に同じ．⇨粒径区分（表）　〈遠藤徳孝〉

しょうわくせい　小惑星　asteroid, minor body　太陽系にある惑星や衛星以外の比較的小さな天体（小天体）の中で，塵や隕石よりは大きく，揮発性成分が主な構成物でないもの．太陽系外縁天体とは別に分類される場合が多い．彗星との区別が困難な場合があるが，一般に塵やガスの流出を伴わないもの小惑星とよぶ．太陽系に無数に存在し，小さなものまで含めると，数百万個は存在するものと考えられているが，特に火星と木星の間の小惑星帯（アステロイド・ベルト）とよばれるところに多く集まっている．小惑星の起源はよくわかっていないが，太陽系形成初期の段階で，微惑星が集積することで形成されたものもあれば，その後の衝突破壊や再集積，熱変成といった様々な進化過程を経たものもあると考えられている．小惑星は軌道がわかっていても，組成や密度，表面状態などについては，未知であるものが圧倒的に多い．反射スペクトルが取得されているものは，炭素質のC型，岩石質のS型などといった分類がされている．恒星食や望遠鏡，レーダー測定などにより，小惑星には不規則な形状をもつものが多いことが知られている．探査機が訪れたことのある小惑星は，ガスプラやアイダ，エロス，マチルド，イトカワなど数例に限られているが，それらの表面は常にレゴリスとよばれる土砂で覆われていた．また，クレーターや溝地形，地すべり地形，堆積構造などといった様々な地形もみつかっている．⇨彗星，エッジワース・カイパーベルト天体，太陽系外縁天体　〈宮本英昭〉

しょうわさんりくじしんつなみ　昭和三陸地震津波　Showa Sanriku earthquake tsunami　1933年（昭和8）3月3日午前2時31分釜石の東方約220 km沖で発生したM8.1の地震により引き起こされた津波．昭和三陸津波ともよばれる．日本海溝周辺の太平洋プレート内で生じた断層運動が原因とされる．津波マグニチュード* M_t は8.3．地震後約30分で津波の第1波が三陸沿岸に到達．最初の数波の波高が大きく，最大の津波高さ（遡上高）は岩手県綾里湾奥の白浜で28.7 mであった．津波の周期は場所により異なるが，平均すると15分．被害状況は三陸や北海道沿岸において死亡・行方不明者約4,200人，家屋の流出・全壊約6,000戸という大きなものであった．⇨津波災害　〈砂村継夫〉

ショーレンドーム　Schollendom（独）⇨テュムラス

じょかさよう　除荷作用　unloading, offloading　地下深部の岩体や氷期に大陸氷床で覆われた地表面が，その後の侵食や融氷によって上載荷重が取り去られること．物理的風化の一種で，シーティング*の形成に関わる．　〈藁谷哲也〉

しょきてきおうたんいち　初期適応単位地　adjustable unit area in early stage of degradation of mountain　隆起準平原山地が主要河川によっていくつかの河間山地に分割されたときのそれぞれの河間山地を指す．三野與吉*（1942）は，山体が開析されていく過程を解体過程ととらえ，山体は'適応単位地'とよばれる時階ごとに固有の大きさの河間山地に解体されていくとし，初期適応単位地，中間適応単位地，限界適応単位地という河間山地の大きさの変化によって，山地地形の変化を説明した．隆起準平原山地の開析過程を論じたもので，隆起準平原が壮年期的に開析された段階になると，主要河川の谷頭が接するようになり，山体はいくつかの河間山地に解体される．初期適応単位地は，この主要河川あるいは地質構造線によって直径約20〜30 kmの山塊に分割された河間山地を指し，この時期には原地形に由来する山頂の定高性が保持されている．⇨中間適応単位地，限界適応単位地　〈大森博雄〉

［文献］三野與吉（1942）「地形原論—岩石床説より観たる準平原論」，古今書院．

しょきびどう　初期微動　preliminary tremor　近地地震の地震記録で，初動のP波が到着してから主要動のS波が到着するまでの部分．P波とS波の到着時間差は震源と観測点間の距離（震源距離）に比例し，これを初期微動継続時間ともよぶ．揺れが継続するのは，震源から連続的に地震波が放出されているからではなく，地震波が経路途中で散乱されるなどの伝播の効果である．⇨初動，震源距離　〈加藤　護〉

じょきょかてい　除去過程【地形物質の】　removal process（of landform material）　地形過程のうち，諸種の外的営力によって，地形物質の表層部がバラバラの岩屑，大小の岩塊または溶解物質となって，既存の地表（海底を含む）から離脱し，取り除かれ，別の場所（一般に低所）に運搬されるために，地表が低下する過程であり，侵食と溶食による地表低下の総称である．マスムーブメントは地形物質の除去と付加が同時に発生するので，除去過程に含めない．削剥とほぼ同義であるが，削剥は海底での除去過程を含まない．⇨地形過程の大分類（表）　〈鈴木隆介〉

じょきょか　386

[文献] 鈴木隆介（1997）「建設技術者のための地形図読図入門」，第1巻，古今書院．

じょきょかのうそくど　除去可能速度　potential rate of removal　風化物質を除去することができる速度．裸岩斜面などのように，風化速度よりも除去可能速度のほうが大きい場合には，削剝速度は風化速度に支配される． 〈八戸昭一〉

[文献] 鈴木隆介（2000）「建設技術者のための地形図読図入門」，第3巻，古今書院．

しょくせい　植生　vegetation　植物を個々の種や個体で考えるのではなく，ある地域を全体として覆っている集団をとらえようとするとき，植生と表現する．その具体的な姿が群落である．植生の配列は，大きくは気候要因に支配され，緯度に応じて変化する温度要因と，湿潤から乾燥へと変化する乾湿度の組み合わせによって決まる．例えば，熱帯域では乾湿の傾度に応じ，熱帯雨林，熱帯季節林，サバンナ，トゲ低木林，砂漠といった配列が出現する．このような配列は垂直的な広がりの中でも適応される．さらに植物が生育する土壌は，母材となる岩石と気候およびそれによって規定される植生の相互作用によってつくられるが，植生それ自身の分布も土壌によって規定される．⇨植生帯，成帯的植生帯，垂直分布帯，極相 〈岡 秀一〉

[文献] 林 一六（1990）「植生地理学」，大明堂．

しょくせい　植生【地形図の】　vegetation（on map）　地形図において，陸地で道路・建物などのない場所に表示される地表面の植物の種類と状態．かつては地類あるいは土地の利用景という用語が使われた．国土地理院の地形図では，既耕地では田，畑，果樹園，桑畑，茶畑，その他の樹木畑，未耕地では広葉樹林，針葉樹林，竹林，ヤシ科樹林，ハイマツ地，笹地，荒地に分類され，同一の植生の区域にそれぞれの記号を散布することで表示される．2013年10月以前に刊行された地形図では，境界（植生界）も標示されているが，地図上で河川，道路などと重なる場合は省略され，また未耕地間の各植生の境界は原則として表示されない．上記の分類は時代により変化があり，田が乾田（冬季には水がない），水田（または湿田，一年中水がある），沼田（深い泥の田）に区分されていたこともある．ほぼ田として利用されている低地のなかでも，自然堤防のような微高地では畑や集落になっていることが多いこと，山地の斜面にある田は地すべり地形に対応することが考えられることなど，地形の読図*に参考になる．⇨湿田 〈熊木洋太〉

しょくせいけいかん　植生景観　vegetation landscape　景観のうち特に植生部分に着目して地域特性を把握しようとするときに用いる．構成する植物群落とその配置，モザイク構造などによってその特性を把握できる．⇨自然景観，地形景観 〈大澤雅彦〉

しょくせいたい　植生帯　vegetation zone　植生は主に気候条件などによって配列を規定され，その分布は環境傾度に従って帯状構造をなす．これが植生帯である．例えば，日本は乾湿からみるとほぼ一様に湿潤気候になるが，温度からみると南北に長いので北から順に亜寒帯気候，冷温帯気候，暖温帯気候，亜熱帯気候が配列し，それに対応するように常緑針葉樹林帯，落葉広葉樹林帯，常緑広葉樹林帯，亜熱帯広葉樹林帯が分布する．しかし，実際に我々が目にするのはそれらの遷移途中相であることが多い．また，気候条件に支配されつつも土壌条件に強く影響を受け，蛇紋岩地域，石灰岩地域，火山硫気孔域などでは独特な植生を構成する場合がある．⇨成帯的植生帯，垂直分布帯，火山植生，石灰岩植物，蛇紋岩植物 〈岡 秀一〉

[文献] 沼田 真・岩瀬 徹（1975）「図説 日本の植生」，朝倉書店．／吉岡邦二（1973）「植物地理学」，共立出版．

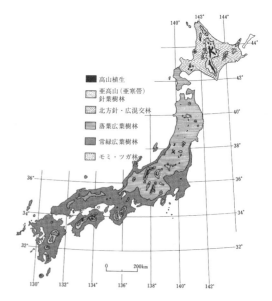

図　日本の植生図（吉岡，1973を一部改変）

しょくせいのたいこう　植生の退行　vegetation degradation, vegetation retrogression　森林の伐採や家畜の放牧，頻繁な山火事などの撹乱によって，

本来の遷移の方向とは逆に，遷移段階の低い群落へと移り変わることを植生の退行あるいは退行遷移という．日本では，森林伐採後にササが繁茂し樹木の更新を妨げるために，長期間ササ藪として安定した群落になってしまう場合や，放牧やシカの個体数増加によって樹木の実生が食害されて，森林が成立しうる気候条件のもとであるのに，草原植生が長期間維持されるような例がある．⇒撹乱［環境における］ 〈福田健二〉

［文献］井上　真ほか編（2003）「森林の百科」，朝倉書店．／沼田　真編（1983）「生態学辞典」，築地書館．

しょくせいはかい　植生破壊 vegetation destruction　火山の噴火や地すべり，土石流，台風などの自然災害や，森林伐採，焼畑などの人為によって，植生がなくなったり現存量*が大幅に減少したりすることを植生破壊という．火山の噴火や地すべりなどにより土壌が完全に失われた場所では植生の回復は遅く，地衣類やコケ類から草本植物群落を経て，やがてもとの森林などの極相群落へと数百年以上をかけて植生が回復する（一次遷移）．一方，森林伐採や山火事などでは，すべての個体や土壌中の種子（埋土種子）が死滅するわけではなく，風で運ばれた種子が発芽生長するのに適した土壌条件も整っている．したがって，植生の回復は早く，その過程は一次遷移とは異なる（二次遷移）．　〈福田健二〉

［文献］太田猛彦ほか編（1996）「森林の百科事典」，丸善．／Whittaker, R. H.（1970）*Communities and Ecosystems*, Macmillan（宝月欣二訳（1974）「生態学概説」，培風館．

しょくせいぶんぷ-ちけいモデル　植生分布-地形モデル predictive vegetation mapping from topography　地形は地表でのエネルギーと水分の分布を規定し，植生構造に影響を与えることを踏まえて，地形変数の空間分布から植生構造の地理的分布を推定するモデル．数値標高モデル（DEM）の解析から求められる勾配・標高・斜面方位などの地形変数，実際の地形変数と植生構造との関係，および空間統計手法を組み合わせてモデルを構築する．地形変数の他に，土壌，地質，気候に関連する環境変数が組み込まれることも多い．モデルは資源保護計画のための植生分布の把握や，環境変化が植生分布に与える影響の推定等に用いられる．　〈笠井美青〉

しょくひかいじょうど　植被階状土 turf-banked terrace　⇒階状土

しょくひりつ　植被率 vegetation cover ratio (percentage)　単位面積当たり植物が覆っている投影面積の割合（％）．被植度ともいう．　〈大澤雅彦〉

しょくぶつくけい　植物区系 floristic region　植物の分布を調べると，類似した分布域をもつ植物が多数みられる反面，海峡や低地などを挟んで植物相が一変することがある．このような線を分布境界線といい，分布境界線で囲まれた区域を植物区系とよぶ．ユーラシア大陸東部の植物区系において，日本列島の大部分は日華（または東アジア）植物区系に属するが，トカラ列島以南の南西諸島は東南アジア区系に入る．シュミット線，宮部線は日華植物区系の北の限界，渡瀬線は南の限界を示す線である．一方，日本列島の内部についてもブラキストン線，黒松内低地帯，牧野線などいくつかの分布限界線が提唱されており，それによって区分される範囲を植物地理区または単に「区」とよぶ．日本列島は南樺太・北海道区，日本温帯区，日鮮暖帯区，小笠原地区，琉球地区の5つに分けられる．植物区系より大きい分布域を，植物界とよび，全北植物界，旧熱帯植物界，新熱帯植物界，ケープ植物界，オーストラリア植物界，周南極植物界の5つが識別されている．植物地理区の設定はいくつか提唱されているが，違いが大きく一致した見解は得られていない．なお，分布限界線がなぜ生じたかを明らかにするためには，現在の気候条件に加え，過去の海陸分布など，自然史的な条件を考慮する必要がある．

〈小泉武栄〉

［文献］Good, R.（1974）*The Geography of Flowering Plants*, Longman. ／河野昭一（1977）日本のフローラ：その自然的背景（5）日本列島の自然植生と区系区：植物と自然，1，11-13.

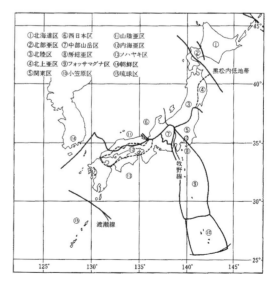

図　日本の植物区系（河野，1977）

しょくぶつぐんらく　植物群落　plant community　⇨群落

しょくぶつけいさんたい　植物珪酸体　opal phytolith　植物の細胞や組織空隙に含水珪酸（$SiO_2 \cdot nH_2O$）が沈積してできる珪酸質の非晶質微粒子のこと．その光学的特性がオパール（蛋白石）とほぼ同じであるのでオパールファイトリス（opal phytolith：phytolithは植物起源の石の意味），プラントオパール（plant opal），植物蛋白石などともよばれる．植物珪酸体は花粉化石，大型植物化石などの有機質の化石が保存されにくい乾性の酸化的土壌，また陸生貝類化石などの石灰質の化石が保存されにくい酸性土壌でもよく保存されているので，それらの土壌の堆積，形成環境について貴重な情報を提供する示相化石として活用される．たとえば，ススキやササ類などのイネ科植物起源の植物珪酸体が腐植量と正の相関を示して多量に含まれる多腐植質黒ボク土層の生成には草原的植生が深く関わっていることが明らかにされた．植物珪酸体は，花粉のようにあらゆる高等植物で生産されるわけではないので，包括的な古植生の推定には必ずしも向かない．しかし，花粉に比べて風送などにより拡散される程度が低いことから局所的な植生の復元に優れている．また，日本の植生の重要な構成要素であるササ類や照葉樹林の主要構成要素であるクスノキ科の地史的動態の解明に植物珪酸体は大変役立つ．それは開花が稀であるササ類や，花粉が非常に分解されやすいクスノキ科の花粉情報は極めて乏しいのに対して，これらの植物が特徴的な珪酸体を土壌に残すことによる．　⇨黒ボク土，動物珪酸体　〈佐瀬　隆〉

[文献] 近藤錬三（2010）「プラントオパール図譜・走査型電子顕微鏡写真による植物ケイ酸体学入門」，北海道大学出版会．

しょくぶつしゃかいがく　植物社会学　phytosociology　Braun-Blanquet（1964）によって体系化された植物群落に関する学問．Ellenberg（1963）などによって，植物群落の立地環境を総合的に明らかにすることを目的とする学問としてヨーロッパで発展した．植物群落はそれぞれ特徴的に出現する種群をもち，各群落の境界は明瞭であるとする単位説に基づく．そのため移行域（ecotone）の存在はほぼ認められず，また相観（景観）以上に種組成を重んじる．上位から順にクラス，オーダー，群団，群集*，亜群集，変群集，ファシスと階層分類される．研究方法としては植物種群が均一に出現する空間に一定の調査区を設定し，調査区内に出現した全植物種の被度と群度を記載し，群集に特徴的に出現する標徴種や区分種に基づいて群落の抽出を行う．現在，植物社会学の群落分類は広く世の中に浸透しており，様々な分野で使用されている．　〈若松伸彦〉

[文献] Braun-Blanquet, J. (1964) *Pflanzensoziologie*, 3, Aufl. Wein. /Ellenberg, H. (1963) *Vegetation Mitteleuropas mit den Alpen*, 5, Auflage Eugen Ulmer.

しょくぶつそう　植物相　flora　⇨フロラ

しょくぶつぶんぷのはいふくせい　植物分布の背腹性　dorsoventrality of plant distribution　類似した植物種にもかかわらず，日本海側と太平洋側での分布の棲み分けがみられるケースがある．例えば，日本海側ではヒメアオキ，ハイイヌガヤ，マルバマンサク，スミレサイシンが分布するのに対し，太平洋側ではこれらの近縁種のアオキ，イヌガヤ，マンサク，ナガバノスミレサイシンが出現する．森林の林床にみられるササ属の種は日本海側ではチシマザサやチマキザサであるのに対し，太平洋側ではスズタケとミヤコザサがみられる．また同じブナであっても，太平洋側でみられるブナは日本海側のブナと比べて，小型で肉厚の葉をつける．このような現象がみられる理由として，日本海側と太平洋側で積雪量の違いとそれに伴う種分化の影響が挙げられる．　〈若松伸彦〉

しょせいこうぶつ　初生鉱物　primary mineral　造岩作用または鉱化作用によりマグマや熱水から最初にできた鉱物であり，一次鉱物ともいう．これらの鉱物が後に何らかの作用により生じた二次鉱物と区別して用いられる．マグマが冷却されて生じた火成岩，溶液から沈殿してできた化学的堆積岩（チャート・石灰岩など），二次的作用を受けていない鉱床中の鉱物のことを示すが，厳密にはそれらの中間的なものも存在する．　〈石田良二〉

しょせいこく　初生谷　initial valley　侵食以外の原因で原形が生じた溝状の地形で広義の谷（例：変動成谷，火山成谷）　⇨谷，裾合谷　〈鈴木隆介〉

しょせいじすべり　初生地すべり　initial landslide　それまで地すべり発生の履歴をもたない斜面で発生した最初の地すべり*．それに対して，過去の地すべり地で再活動したものは，二次地すべりとか再発地すべりなどとよばれる．　〈松倉公憲〉

しょせいてきせつり　初生的節理　primary joint　厳密な定義はないが，火成岩の冷却過程で生じた冷却節理*のほか，造構力や堆積物の埋没石化過程における上載荷圧が原因で生じた節理を指す．　⇨節理　〈横山俊治〉

しょっこく　食刻　etching　広義には侵食，狭

義には差別的な風化作用やマスムーブメントなどを表す古い用語であり，その定義・概念が曖昧であるから，現在の地形学ではほとんど使用されない．ただし，その英語のエッチングは鉱物学では結晶面の化学的腐食実験，古生物学では岩石研磨面を腐食させて化石を浮き上がらせる作業を指す． ⇨エッチプレーン 〈鈴木隆介〉

しょとう　諸島 archipelago, islands 一帯の海域に点在する一群の島々．群島，諸島，列島の間に，明確な区分はないが，諸島はやや列をなしていない場合に用いられる（例：隠岐諸島，ハワイ諸島）．
〈八島邦夫〉

しょどう　初動 first arrival, first motion, initial motion ある地震観測点で震源から到着する地震波の最初の揺れ．最も早く観測点に到達するのはP波であり，このP波初動の揺れ方が震源から離れる方向（押し）か，近づく方向である（引き）かは，震源と観測点の位置関係と発震機構とで決まる．⇨発震機構 〈加藤　護〉

ジョンソン Johnson, Douglas W.（1874〜1944）米国の地形学者．コロンビア大学教授．ハーバード大学で W. M. Davis の影響を受ける．特に海岸地形の研究において顕著な業績を残す．相対的海面変化に基づく海岸の分類は有名．代表的著作の Shore Processes and Shoreline Development（1919）は海岸地形学の古典． ⇨デービス 〈砂村継夫〉
［文献］Chorley, R. J.（1976）Johnson, Douglas Wilson: In C. C. Gillispie, ed., Dictionary of Scientific Biography, C. Scribner.

しらかわいし　白河石 Shirakawa-ishi, Shirakawa-stone 福島県白河地方で古くから土木・建築用などの石材として利用されてきた溶結凝灰岩（白河火砕流堆積物）． 〈横山勝三〉

シラス Shirasu, Shirasu ignimbrite 本来は白色砂質の固結度の低い堆積物を総称する用語であるが，通常は，鹿児島県を中心に宮崎県・熊本県南部などの九州南部に広く分布する白っぽい砂質・軽石質の堆積物（主に火山噴出物）の総称．その主体は，姶良カルデラを噴出源とする巨大な火砕流堆積物の非溶結部で，様々な大きさの白色軽石塊と石質岩片およびそれらの細粒物質などで構成される．厚さは最大約150 mに達し，九州南部各地でシラス台地をつくる．固結度が極めて低く，特に水を含むと強度が著しく低下し，シラス台地崖では雨が降ると崖崩れを起こしやすく，また，流水による侵食も受けやすい．各種建設用土などのほか，種々の工業用品の原料など資源としての利用も行われている． ⇨シラス台地 〈横山勝三〉
［文献］横山勝三（2003）「シラス学」，古今書院．

シラスだいち　シラス台地 Shirasu-ignimbrite plateau シラスで構成される火砕流台地．シラスは元来，白い砂を意味する日常語であるが，通常は鹿児島県を主とする九州南部に広く分布するシラス（その主体は火砕流堆積物）を指す固有名詞として使われることが多い．大隅の笠野原や鹿児島空港が立地する十三塚原などをはじめ，九州南部で○○原とよばれる極めて平坦な台地面をもつ台地のほとんどはシラス台地で，火砕流台地である．シラス台地の台地崖は，高さ数十〜百m以上に及び，傾斜が50°程度以上の急斜面ないし部分的には垂直に近い急崖をなす場合も少なくない．台地表面は一般に厚さ数mの火山灰層で覆われ，主に畑地として利用されている．台地崖は一般に林地で，豪雨時にはしばしば崖崩れを生じ，災害をひき起こすことも少なくない． ⇨火砕流台地，シラス 〈横山勝三〉
［文献］横山勝三（2003）「シラス学」，古今書院．

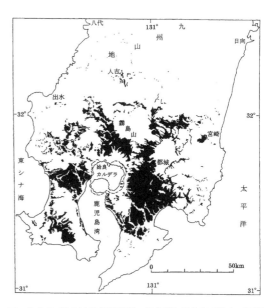

図　シラス（入戸火砕流堆積物：黒色部）の分布（横山，2003）

シラスドリーネ Shirasu doline シラス台地上にみられる，円形ないし楕円形の輪郭をもつすり鉢状の凹地．大きいものでは，直径約200 m，深さ10 mほどのものがある．カルスト地形のドリーネとの形態の類似性から名づけられた．これと類似の地形は中国の黄土地帯にもみられ，黄土陥没あるいは黄土ドリーネとよばれている．これらの地形は，シ

ラスや黄土の基盤地形に沿って流れる地下水流によって，堆積物中の細粒分が運び出されることで，水脈沿いに発生・成長した空洞（パイプ）の天井が陥没してできたと考えられている． 〈松倉公憲〉

[文献] 横山勝三（2003）「シラス学」，古今書院．

しらぬかそう　白糠層 Shiranuka formation　北海道十勝平野の東方の白糠丘陵の周辺部から厚内～白糠海岸に分布する上部中新統～更新統．層厚は750 m．主にシルト岩・凝灰質シルト岩よりなる．岩石強度は中程度であるが，低透水性のため，地形的には中程度の起伏と高い谷密度の丘陵を構成するが，地すべり地形も多い． 〈松倉公憲〉

しらみずそうぐん　白水層群 Shiramizu group　常磐炭田付近に分布する始新統～漸新統．下位より石城層，浅貝層，白坂層に区分される．石城層は石炭層を挟む砂岩・礫岩層で陸水～汽水成．浅貝層は細粒～中粒砂岩の浅海成．白坂層は泥質の地層で海進極大時の堆積層． 〈松倉公憲〉

シリウスそう　シリウス層 Sirius group　⇨南極氷床

しりなしがわ　尻無川【カルストの】 lost river　炭酸塩岩の地域では，地表を長距離にわたって地表水として流下することはポリエの底部をのぞいて，きわめて稀である．地表水は地下水流と連動しているために，短距離地表を流下して，ドリーネやウバーレ底の吸込み穴から地下に流入する．また，水量の豊かな季節はポリエ底部では地表水がポノールとして流入する．流量が少ない季節にはポノールも干上がり，水中に生息していた魚が乾燥してしまい，吸込み口が見えることがある．スロベニアのツェルクニシュコ・ポリエが好例である．　⇨ポノール 〈漆原和子〉

しりなしだに　尻無谷【乾燥地の】 tailless valley　乾燥地域の山麓部や丘陵部にみられる浅い谷の出口が砂丘などで埋積されたもの．谷が途切れ下流部がなくなったかのようにみえるためにこのようによぶ．湿潤地域であれば堰止め湖が形成され，やがては湖水が溢れて谷が連結してしまうが，乾燥地域では降水量が少なく流量が乏しいこと，砂の透水性が高く水は溢れることなく浸透していくことから，安定して存続する． 〈林　正久〉

しりゅう　支流 tributary　本流に合流する河流または河川．長さ，流量，流域面積などの点で本流より小さい．同規模の河川が合流する場合，特に源流*付近の場合の合流点では，いずれの河川が本流であるかを決めがたい場合もある．支流の流れる谷を支谷とよぶ．　⇨本流，支谷 〈島津　弘〉

しりょう　試料 sample　調査や実験等によってある性質について知ろうとしているとき，実際の調査や実験計測の対象となるものの集まりのこと．標本ともいう．例えば，河川の一定区間に存在する礫の粒径を知りたいとき，実際に調査対象とした礫の全量のことを試料とよぶ． 〈倉茂好匡〉

しりょうぶんさん　試料分散 sample variance　母集団からランダムにn個の試料を得て，個々のデータをx_i，それらのデータの平均値を$\bar{x}$で表したとき，次式で得られた値s^2のこと．

$$s^2 = \frac{1}{n}\sum_{i=1}^{n}(x_i - \bar{x})^2$$

この値は，いま対象としている試料が，その平均値のまわりにばらつく度合いを示したものであり，母集団の分散の推定には用いられない．母集団の分散の推定には不偏分散*が用いられる． 〈倉茂好匡〉

じりんね　次輪廻 subcycle　⇨部分的輪廻

シル sill　板状の貫入火成岩体（多くは玄武岩）で地層面に平行か低角度で交わるもの．板状貫入岩体とも．イングランド北部のシルは，走向がほぼ東西で北面する急崖と南に低角で落ちるケスタ*をつくっている．そのケスタ崖の頂部を利用してローマ時代にハドリアヌスの長城がつくられた．　⇨火成岩の産状 〈松倉公憲〉

シルクレート silcrete　⇨デュリクラスト

シルト silt　粒径 $3.9 \sim 62.5\,\mu m$ の微細な岩屑粒子およびそれらで構成される堆積物．沈泥ともよばれる．シルト岩*の構成物．　⇨粒径区分（表） 〈遠藤徳孝〉

シルトがん　シルト岩 siltstone　シルトからなる堆積岩．無層理のものが多い． 〈松倉公憲〉

シルトそう　シルト層 silt bed, silt layer　シルト*からなる単層，あるいはシルトが卓越した地層． 〈増田富士雄〉

シルトりゅう　シルト流 silt flow　流動現象の一種で，Varnes（1958）によって分類された水とシルトとの混合体の流動．乾燥したシルト質の流れはレスフロー（loess flow）とも． 〈石井孝行〉

[文献] Varnes, D. J. (1958) Landslide types and processes : Highway Research Board, Special Report, 29, 20-47.

シルルき　シルル紀 Silurian (Period)　古生代中期の約 4 億 4,500 万年前から 4 億 2,000 万年前までに相当する地質時代．当時の温暖な浅海域では，層孔虫，床板サンゴ，四射サンゴが大繁栄し，生物

礁を形成した．海成層からは，三葉虫，コノドント，筆石，腕足類，棘皮動物などの化石が多産する．陸成層からは，最古の維管束植物の化石が発見されている．スウェーデンのゴトランド島に，海生動物群化石を豊富に含むシルル系が広域的に分布し，シルル紀はゴトランド紀（Gotlandian）とよばれたこともある．時代名は，英国ウェールズ地方にかつて住んでいた民族の名前に由来する． 〈江崎洋一〉

シロアリづか　シロアリ塚　termite mound, termite hill　熱帯雨林から亜砂漠地域において，シロアリがつくる高さ数 m の微高地．単にアリ（蟻）塚ともいう．大きなものは高さ 10 m，体積が 1,000 m^3 に達する．アリ塚の形成・破壊による物質移動の平均速度は熱帯の河間地*における地表物質の移動速度に匹敵するとの試算がある． 〈高岡貞夫〉

[文献] 田村俊和（1991）熱帯の地形・表層物質形成におけるシロアリの役割：地形，12, 203-218．

しろとうきゅう　枝路等級　link magnitude　シュリーブ（R. L. Shreve）が，水路網において link magnitude という量を定義した．その訳語の一つ． ⇨シュリーブのリンクマグニチュード 〈徳永英二〉

じわれ　地割れ　crack　地表面が引張り応力を受けて割れ，刀で引き裂いたような幅の狭い溝状の割れ目が生じること．その割れ目を地割れとも亀裂ともいう．地割れの原因は，幅数 cm〜数十 cm で長さ数 m〜数百 m の小規模なものでは①地震による浅い地盤の波曲変位に伴う引張り，②地すべり*による地盤の引張り，③水田や沼地などの地盤の乾燥収縮による乾裂*，などがあり，幅数十 m〜数百 m で長さ数 km〜数十 km の大規模なものは④プレート運動に伴う裂動*による引張りである．1 本の割れ目の平面形は，直線状または弧状で，いくつかの地割れが雁行配列*して同時に生じることもあり，乾裂では三角形〜六角形になる． 〈鈴木隆介〉

しんおう　震央　epicenter　震源を鉛直に地表に投影した地表の点．一般に緯度と経度で表される．気象庁によって発表される震源地とは，行政区分などを考慮して定められた震央に対応した地名（震央地名）である． ⇨震源 〈加藤　護〉

しんおうきょり　震央距離　epicentral distance　震央から観測点までの距離．通例として，数百 km 以内については長さ（km）で，それより遠方のものについては震央と観測点間を地球の中心からみたときの弧の角度（°）で表す． ⇨震央，震源，震源距離 〈加藤　護〉

しんかい　深海　deep sea　深海について厳密な定義はないが，水深 200 m 以深の地形学上の大陸棚以深とするのが一般的．陸岸に接し棚状の大陸棚の海側には，大陸斜面が分布し，この部分は地殻構造上，陸と海の境界をなす．大陸斜面の急斜面をこえると深海底が分布し，中央海嶺*で生まれ海溝に沈み込むプレート表面が，構造運動，火山活動，堆積作用を受けて海山*，海台*，深海平原*などの多様な海底地形を形成する．なお，世界の海の最深部は，マリアナ海溝のチャレンジャー海淵にあり，その水深は 10,920 m±10 m である． 〈八島邦夫〉

しんかいかいきゅう　深海海丘　abyssal hill　大洋中央海嶺における海洋底拡大により形成された，直線性の高い伸長した高まり．深海丘ともよばれる．大洋中央海嶺の走向と平行に伸張する．特に集団をなして伸張しているものを深海丘群という． 〈岩淵　洋〉

しんかいきゅう　深海丘　abyssal hill　⇨深海海丘

しんかいきゅうぐん　深海丘群　abyssal hills　⇨深海海丘

しんかいせいそう　深海成層　abyssal sediment　地層の生成環境に基づく地層分類の一つで，深海底（定義により 1,000〜3,000 m 以深）に堆積した層の総称．陸源堆積物や生物源堆積物，化学的堆積物からなる．ただし，炭酸塩補償深度以深では炭酸塩鉱物は堆積しない． ⇨深海堆積物 〈関口智寛〉

しんかいせんじょうち　深海扇状地　deep-sea fan　⇨海底扇状地

しんかいたい　深海帯　abyssal zone　海洋学で用いられている海の深さの区分の一つ．水深約 1,000 m 以上の深い領域を指す． 〈砂村継夫〉

しんかいたいせきかんきょう　深海堆積環境　abyssal sedimentary environment　水深 2,000〜6,000 m の深海における堆積環境．通常，陸域から遠く，強い流れも発生しないため，堆積物は生物遺骸や風成塵などの細粒物質からなる．遠洋性生物遺体が沈降堆積した石灰質軟泥・珪質軟泥，および豊富な酸素を含む海水によって酸化された赤粘土などからなる．また，地形や海洋条件により，混濁流，等深流，底層流によって細粒な砂や粗粒シルトを含む掃流堆積物が発達することがある． 〈村越直美〉

しんかいたいせきぶつ　深海堆積物　deep-sea deposit, deep-sea sediment　深海底（一般に 3,000 m 以深）でみられる堆積物の総称．遠洋性堆積物*，半遠洋性堆積物*，化学的堆積物*からなる．遠洋性堆積物は軟泥*や遠洋性粘土（赤粘土*），

半遠洋性堆積物は泥（ほとんどシルトまたは粘土），化学的堆積物は海水からの自生または続成鉱物から構成される．これらの分布は①大陸からの距離，②水深，③海洋生産性による．面積的にも体積的にも，現在の海底を覆う堆積物としては，石灰質軟泥と遠洋性粘土が卓越している．すなわち，およそ50％が石灰質軟泥，37％が遠洋性粘土，12％が珪質の堆積物である． 〈横川美和〉

[文献] Douglas, R. G. (2003) Oceanic sediments : In Middleton, G. V. ed. Encyclopedia of Sediments and Sedimentary Rocks, Springer, 481-492.

しんかいちょうこく　深海長谷　deep-sea channel　大陸棚*斜面脚部から深海底盆*に至る浅く長い谷．長谷（sea channel）ともよばれる．深海長谷の周囲には海底自然堤防がしばしばみられ，蛇行することも多い．アマゾン川やガンジス川など大河の河口沖合の海底扇状地末端などで発達する．日本周辺では，富山湾から大和海盆に至る富山深海長谷*（延長750 km，比高2,900 m）の例がある． 〈岩淵　洋〉

[文献] 岡村行信ほか（2002）富山深海海底谷最下流部の海底地形：歴史地震, 18, 221-225.

しんかいてい　深海底　deep-sea floor　広義には深海の海底．狭義には深海底盆（deep-sea basin），深海平原（abyssal plain）や海洋底（ocean floor）を意味する． 〈岩淵　洋〉

しんかいていぼん　深海底盆　deep-sea basin　海洋底をなす海盆．ocean basinともよばれる．⇨深海平原，海洋底 〈岩淵　洋〉

しんかいは　深海波　deep-water wave, offshore wave　波長 L が水深 h の2倍よりも小さい波（$h/L≧1/2$）をいう．深水波，沖波ともよばれる．深海波の波長と波速は周期のみで決まる．水粒子の運動は円軌道を描き，その円の径は水深とともに指数関数的に減少する．水の運動は水底まで到達しない． 〈砂村継夫〉

しんかいへいげん　深海平原　abyssal plain　深海における広大かつ平坦な地域．緩やかに傾斜するかほとんど水平．深海底盆（deep sea basin），海洋底（ocean floor）と同じ意味で用いられる． 〈岩淵　洋〉

しんかいへいたんめん　深海平坦面　deep-sea terrace　⇨海段

しんかさよう　深化作用【谷の】　valley deepening　⇨水系網の発達

しんきぞうざんたい　新期造山帯　young orogenic belt　中生代や新生代に造山運動が起こった地質帯を指す．急峻な大規模山脈や弧状列島をなし，安定大陸のなだらかな古期造山帯とは対照的である．造山運動とは，地球史の特定の時期に造山帯とよばれる特定の地域において，褶曲や断層など地殻運動により山地帯が形成される造地形運動*の過程をいう．造山帯の用語は変動帯と同義で，その成立過程は，堆積盆の形成，火成作用，変成作用，変形作用の時相を含む．プレートテクトニクスの理論体系では，造山帯の成立は大陸地塊・島弧系・海洋地殻の相互作用（Dewy and Bird, 1970）で説明され，ときにプレート境界の新規形成や癒着により，プレート配置の再編が起きる．新期造山帯は，山脈形成の時期・位置・様式に注目して環太平洋造山帯とアルプス・ヒマラヤ造山帯に二分され，それぞれ海洋地殻の沈み込み作用と大陸地塊どうしの衝突作用に対比される．造山運動が継続中の地帯では地震・地殻変動・火山活動が活発で，それらによる自然災害が頻発する一方，金属鉱床や石油・天然ガスなど豊富な地下資源による恩恵もある．⇨古期造山帯 〈竹内　章〉

[文献] Dewy, J. F. and Bird, J. M. (1970) Mountain belts and the new global tectonics : Jour. Geophys. Res. 75, 2625-2647.

しんきんさよう　進均作用　progradation　⇨プログラデーション

シンクホール　sinkhole　シンクホールは米国ではドリーネを意味する．英国では，すり鉢状の凹地を伴うドリーネ*と，わずかな地表の凹地から水が吸込まれて入るシンクホールを区別して用いている．シンクホールはポノール*とは異なる．⇨吸込み穴 〈漆原和子〉

シンクホール・プレーン　sinkhole plain　炭酸塩岩の層位が水平に近い状態で広がる平原では，降雨の後排水が集中する微凹地で，他の地域よりも溶食が進行し，密度の高い吸込み穴やドリーネ*が形成される．米国のケンタッキー州，マンモスケイブ付近では，石灰岩の層位が水平に近い平原に，多数のドリーネがあり，その底にシンクホール（吸込み穴）が集中して分布している．米国ではドリーネをシンクホールとよぶ．したがって，ドリーネが密度高く分布するこの地域をシンクホール・プレーンとよんでいる．かつて，このシンクホール・プレーンでは油を満載したタンクローリーが転倒したが，急遽多数のボーリングをして，地下水の動態を調べ，油による水汚染の人的被害を最小限にくい止めたことが知られている． 〈漆原和子〉

しんけいしゃ　真傾斜【斜面の】 true angle (of slope) ⇨最大傾斜

しんげん　震源 hypocenter, focus, earthquake source, seismic source　震源断層上の一点で，断層のすべりが開始した点．この点からP波やS波の放出が最初に起こる．観測点におけるP波初動やS波初動の到達時刻から求められるのは震源の点としての位置であるが，実際には震源断層は有限の面積をもつことに注意する必要がある．⇨震源断層
〈加藤　護〉

しんげんいき　震源域 hypocentral region　地震発生に直接関与したと考えられる地下の空間的領域．震源断層を含む領域であり，地震学では震源断層とほぼ同義で使われる．強震動や被害予測の分野などでは，震源断層の近傍の地表域という意味で使われることもある．⇨震源断層　〈加藤　護〉

しんげんきょり　震源距離 hypocentral distance　震源から観測点までの距離．近地地震ではP波とS波の到着時間差（初期微動継続期間）と震源距離は比例関係にあり，これを大森公式とよぶ．⇨震央，震源，初期微動　〈加藤　護〉

しんげんだんそう　震源断層 earthquake source fault　地震をひき起こした地下の断層．震源断層（面）の一部が地表に現れたものを地震断層とよぶ．地表に現れない場合でも，反射法地震探査や余震分布などから，震源断層面を推測できる場合がある．地下も含めて，地震を発生した断層を「地震断層」とよぶ場合があるが，「地震断層」は元来地震の際に地表に現れたものを指すので，震源断層とよぶのが適当である．⇨地震断層　〈佐竹健治〉

じんこうかいひん　人工海浜 artificial beach　人工的に供給された土砂で造成された海浜．わが国においては，千葉県鴨川前浜海岸，和歌山県白浜海岸，兵庫県東播海岸などが有名．　〈砂村継夫〉

じんこうかいへんどじょう　人工改変土壌 anthropogenic soil, man-made soil　人工改変土壌は，人為により自然状態とは異なった断面形態をもつ土壌である．大きく人工変性土壌と造成土壌に大別される．前者には，芝土を長期間施用して生成したプラッゲン土や長期にわたる園芸農業の過程で生成した園地土，深耕による混層土，水田灌漑により生成した水田土壌などがある．後者には，切土や盛土などを行った造成土と，浚渫や廃棄物の埋立土などがある．　〈田中治夫〉

じんこうかせん　人工河川 artificial river　人工的につくられた河川．自然河川の対語．自然地形からは流路となりえなかった丘陵地帯などに開削された新川や，自然河川において下流の通水能力が低い場合に洪水の一部を安全に流下させるために掘削された放水路など．⇨自然河川　〈砂田憲吾〉

じんこうかんよう　人工涵養 artificial recharge　地表から帯水層*に人工的に水を注入して地下水量を増加させること．地下水量の減少（地下水位低下）対策，沿岸海水の地下侵入の防止，地下水の水質改善，地盤沈下の防止などのために行われる．涵養方法としては，わが国では雨水等を集約して地下へ浸透させる雨水浸透枡法，井戸を用いる井戸涵養法，大規模な池を用いる浸透池法，非灌漑期の水田を浸水池として活用する水田法などが実施されている．
〈砂田憲吾・宮越昭暢〉

じんこうこ　人工湖 artificial lake　河川上流域でのダム貯水池，中間・低平地での遊水地，流況調整などのために人工構造物によってせき止められた水域などの総称．⇨人造湖　〈砂田憲吾〉

じんこうこていしょうかせん　人工固定床河川 artificial bed river (channel)　河床および河岸が人工的にコンクリートや敷石などの構造物で固定された河川．河床堆積物はほとんどみられず，あっても砂礫が散在する程度である．日本の都市域の中小河川で多くみられ，自然状態に比べ直線化されている場合が多い（例：東京都多摩丘陵大栗川）．⇨流路形態，河床，人工河川，河床堆積物　〈島津　弘〉
[文献] 鈴木隆介 (1998)「建設技術者のための地形図読図入門」，第2巻，古今書院．

しんこうこんこうりん　針広混交林 mixed conifer-broadleaved forest　針葉樹と広葉樹が混生している森林．林学では施業の一つの形態を指す．自然林としての針広混交林は，北海道においてミズナラなどの落葉樹林帯とエゾマツとトドマツの針葉樹林帯の間に広くみられるトドマツとミズナラの混交林である．極東アジアの中で，ロシア沿海州から樺太南部，中国東北地方や北海道などは植物の種組成，森林景観が類似している．これら地域は冷温帯落葉広葉樹林帯と北方針葉樹林帯間の汎針広混交林帯に分類されるが，同じ汎針広混交林の沿海州では，チョウセンゴヨウが高頻度で出現するのに対し，北海道ではチョウセンゴヨウの分布がなく，そのかわりにトドマツの分布量が比較的多い．このように大陸部と北海道の汎針広混交林の内容は異なっており，北海道の針広混交林は冷温帯落葉広葉樹林帯と針葉樹林帯との間に現れる，両植生帯の樹種が混交する移行帯的性格が強い森林と見なせる．⇨

冷温帯林 〈若松伸彦〉
[文献] 沖津 進（2002）『北方植生の生態学』，古今書院．

じんこうさきゅう　人工砂丘　artificial sand dune　人工的な構築物がきっかけとなってできた砂丘．砂丘地に隣接して建物や壁が存在すると自然の岩峰や岩壁と同じように砂丘の障害となり，上昇砂丘*，エコーデューン*，蔭砂*などの人工的な障害物砂丘が生じる．また，かなり古い時代に築かれた防砂柵や護岸堤には前面だけでなく背面にも飛砂が厚く堆積しているため，あたかも構築物を核とする砂丘のようになってしまったものもある．風洞実験でも人工的な砂丘をつくれるが，幅2.5～6 mより小さいものは単独では安定性がなく刻々と形を変える．⇒砂丘の固定　固定砂丘　〈林　正久〉
[文献] Cooke, R. et al. (1993) *Desert Geomorphology*, Univ. Collage London Press.

じんこうじしん　人工地震　artificial earthquake　⇒地震探査

じんこうしゃめん　人工斜面　man-made slope　自然地形を人工的に切り取って造った斜面や盛土したところの斜面をいう．前者を切土法面，後者を盛土法面とよび，通常，自然斜面に対して用いられる．道路建設や宅地造成の際に使われることが多い．河川やため池*などの堤体の斜面部分も盛土法面に属するが，一般的には人工斜面とはいわずに，堤防法面，堤法面とよぶことが多い．　〈南部光広〉

じんこうちけいかいへん　人工地形改変　man-made landform transformation　農作業，鉱物採取や防災構造物の構築などの人間活動による地形営力の変化がもたらした結果として出現した地形や，宅地造成や埋め立てなどによる人為的作業でつくられた地形を人工地形とよび，特に後者の地形が出現する過程を人工地形改変とよぶ．前者の地形としては，扇状地で河床を固定した結果として出現する人為的な扇状地や天井川などがある．後者では，わが国では特に1960年頃から都市への人口の集中による海岸線に沿った埋立地や，都市周辺の丘陵地における宅地が挙げられる．神戸では，1960年以降，丘陵地の宅地造成に伴う土砂を，埋め立てに活用して内陸部と海岸線に沿って同時並行的に人工地形改変が進行した．この背景には，土木工事における土取り，運搬等の機械化が大きな役割を果たした．人工地形は，都市部周辺に顕著で，地形分類図でも凡例の一つに採用されている．人工地形が抱える大きな課題は，丘陵宅地では豪雨による斜面崩壊（⇒崩壊）に加えて，近年では地震による谷埋め盛土の変状や，沿岸部の埋立地では液状化*など災害が出現しやすいことである．　〈沖村　孝〉
[文献] 田中眞吾ほか（1983）神戸市域における都市的開発に伴う地形改変—宅地造成と海面埋め立てと—：地理学評論, 56, 262-281. / Okimura, T. (1989) Man-made landform transformation : Trans. Japan. Geomorph. Union, 10-A, 139-145.

じんこうちのう　人工知能　artificial intelligence　コンピュータを用いて人間の脳が行うような複雑な思考を再現する試み．従来は人の経験的な判断に依存していた内容を，定量的かつ再現性を持つ客観的な方法で扱うことを目的とする．作業の対象は，事物の類型化やデータの回帰分析などであり，その最適化を数学的に実現する．使用する具体的なアルゴリズムには，人工ニューラルネットワーク，SVM（サポートベクターマシン），遺伝的アルゴリズム，ベイズ分類などがある．複雑かつ多量の計算を可能とするコンピュータの発展と密接に結びついているため，原理は比較的古くから知られていたが，諸分野への適用は20世紀末以降に活発となった．近年，地形学でも人工知能の活用が試みられている．例えば古典的な地形学では，経験的な基準と写真判読のような視覚的な手法を用いて地形分類を行ってきたが，それを自動化した自動地形分類*を行う際に，人工知能のパターン認識を活用することがある．同様に，斜面崩壊発生度モデル*の作成時に，崩壊の発生に関与する多数の複雑な要素の選択とその関与の仕方を最適化するために，人工知能が用いられている．　〈小口　高〉

じんこうていぼう　人工堤防　artificial levee　自然河川の氾濫で形成された自然堤防*に対して，洪水時の水流をその流路内に制限して氾濫を防ぐことを目的として築造された構造物．今日の多くの堤防は人工堤防である．　〈砂田憲吾〉

じんこうとう　人工島　man-made island　人工的につくられた島．一般的には沿岸部の埋立地を指す．陸地と埋立部との間が海水で分離されている．中部国際空港，関西国際空港，神戸空港，北九州空港などは人工島に建設され，連絡橋で交通路が確保されている．　〈沖村　孝〉

しんこうは　進行波　progressive wave　波形が前進する波．これに対して，水面が上下に運動するだけで波形が進行しない波を定常波という．　〈砂村継夫〉

しんこせいさんち　新古生山地　Neo-Paläiden　⇒ネオパレイデン

じんさい　人災　man-made disaster　災害*のうち，不適切な構造物の計画・建設・維持・管理に根源をもつ自然災害をいう（例：不完全な土地造成地の崩落や地すべり，不適切な海岸構造物による海岸侵食）．また，自然災害の発生する可能性の極めて高い土地であるのを承知していたにもかかわらず，十分な対策を講じない構造物の自然災害も人災である（例：現成の沖積錐*世の上の老人ホームの被災，地盤の液状化の発生しやすい土地での盛土造成・構造物建設，建設工事の瑕疵）．なお，自然現象とは無関係な薬害，放射線災害，電波障害，騒音・悪臭障害，故意のテロ・交通妨害・放火・窃盗なども人災である．⇨天災，未必災　〈鈴木隆介〉

しんさいのおび　震災の帯　earthquake-damaged zone　1995（平成7）年兵庫県南部地震の際，主に神戸市から西宮市にかけて，長さ約20 km，幅約1 kmの範囲において震度7の強震動が発生し，甚大な被害が生じた．この被害集中域（震災の帯）は山麓線と海岸線のほぼ中間の位置にあり，表層地質の特性だけでは説明できないことから，その成因に注目が集まった．当時判明していた活断層は六甲山地の山麓に沿うもののみであったため，活断層から離れた場所に形成されていることも議論の焦点となった．平野部では大阪層群などの非固結な堆積物が厚く，山麓に位置する活断層を境に地盤条件が大きく異なるため，地震動の増幅が山麓部からやや離れた平野部内に生じた「地盤効果説」が成因論として有力であるが，平野部内にも活断層が分布することが後に見出されたことから，その関与が未解明との考えもある．しかし，同様の現象が今後も生じる可能性がある．⇨兵庫県南部地震　〈鈴木康弘〉

しんさいよぼうちょうさかい　震災予防調査会　Imperial Earthquake Investigation Committee　1891年の濃尾地震の発生を受けて，翌年，文部省内に地震学や耐震工学を進める目的で設立された機関．1923年9月の関東地震（関東大震災）を受けて1925年に設立された東京大学地震研究所に引き継がれるまでの約30年間，『震災予防調査会報告』や『調査会欧文紀要』の発行などを通じて国内外の地震研究の進展に寄与した．〈隈元　崇〉

しんさきゅう　新砂丘　new dune　完新世の後半，縄文中期（4,500年前頃）の旧期クロスナよりも新しい時期に形成された砂丘．新砂丘はさらに新クロスナ層（弥生時代から古墳時代約2,000年前）までのものとそれ以後の砂丘に区分されている．新砂丘上部は人為的な影響を強く受けてできた砂丘からなる．〈成瀬敏郎〉

しんざんゆうこく　深山幽谷　shinzan yukoku　人里から離れた奥深い山と奥深い谷，あるいは起伏が大きくて静かな山と深い谷を一括して表す日常語．〈岩田修二〉

しんしゅくけい　伸縮計　extensometer　地すべりの移動量や移動速度を計測するための装置．地すべり地の滑落崖より上方の不動域上と，地すべり土塊上の2点間に，温度伸縮の少ない金属線（インバー線）を，地すべりの移動方向と平行に張り，その金属線の伸び（すなわち2点間の距離の変化）を測定するもの．金属線の伸び（移動量）はギヤ機構によって増幅され，その精度は0.2 mmほどである．〈松倉公憲〉

しんしゅつすいしんしょく　浸出水侵食　seepage erosion　⇨シーページ・エロージョン

しんじゅん　浸潤　infiltration　⇨浸透

しんじゅんぜんせん　浸潤前線　wetting front　⇨ぬれ前線

しんじゅんのう　浸潤能　seepage capacity　⇨浸透

しんしょく　侵食　erosion　流体の運動（風，河流，氷河，波など）によって地形物質が物理的・化学的・生物学的に除去され，地表が下方または側方に少しずつ食まれる（虫が葉をむしばむように）地形過程の総称．侵'蝕'が本来の意味を示す文字であるが，最近では侵'食'が流通している．また，'浸食'の文字は，風食のように，水を介さない侵食を排する文字であるから，侵食の本来の意味を示すのに不適当である．侵食は，流体の種類によって，風食*，表面侵食，河食（河川侵食），地下水侵食，雪食，氷食，海食（波食），溶食*などに区別される．侵食によって物理的には岩屑が，化学的には溶解物質が生産される．流体を移動媒体としていても，流体の運動によらず，重力のみによって地形物質が除去される現象（例：落石，崩落，地すべり，土石流など）はマスムーブメント（集動*）と総称され，侵食に含められない．侵食と集動による陸地の低下を一括して削剥（さくはく）と総称する．広義では侵食を削剥と同義に用いることもあるが（例：山地の侵食過程），厳密には上述のように区別される．⇨削剥　〈鈴木隆介〉

[文献] 鈴木隆介（1997）「建設技術者のための地形図読図入門」，第1巻，古今書院．

しんしょくかいてい　侵食階梯　stage　⇨時階

しんしょくカルデラ　侵食カルデラ　erosion caldera　火山の火口や侵食谷などが，侵食によって通

常の火口よりも大きくなった火口状凹地．火山体の通常の侵食谷と侵食カルデラとの規模や形状による区分の明確な基準はない．侵食以外の成因によるカルデラは，実際にかなり侵食されたものでも侵食カルデラとはよばない．Williams (1941) は，侵食カルデラの例としてタヒチ島主峰中央部，ニュージーランド南島 Banks 半島の Lyttleton 湾，Akaroa 湾などをあげた．山形県の葉山には，この例と思われるものがある．　　　　　　　　　　　〈横山勝三〉

[文献] Williams, H. (1941): Calderas and their origin: Bull. Dept. Geol. Sci. Univ. Calif. Publ., **25**, 239-346.

しんしょくきじゅんめん　侵食基準面　base level (baselevel) of erosion　諸種の侵食作用が下方に及ばない限界の高さを想定した仮想面であり，一般侵食基準面と一時的局地的侵食基準面の2群に大別される．前者の高さは侵食を起こす営力によって異なり，河食（山地地形）では海面，氷食（氷河地形）では雪線，溶食（カルスト地形）では地下水面，海食（浅海底地形）では海面下の波浪作用の及ぶ限界深度（波浪侵食基準面：wave base），風食（乾燥地形）では乾燥盆地の盆地底（海面下になることもある）がそれぞれの一般侵食基準面である．高緯度の海岸では厚い氷床や氷河がその荷重によって海面下まで下刻することがあり，過下刻 (overdeepening) とよばれる．これに対し，一時的局地的侵食基準面 (temporary and local base level of erosion) は，河食では湖沼，谷底堆積低地，滝頭，前輪廻地形を囲む侵食前線*であり，支流に対しては本流の河床が基準面となる．ただし，これらは長期的には河川の下刻で消滅または位置的に移動する．逆に，火山活動，地殻変動あるいは地すべりなどのマスムーブメントによる河道閉塞*によって，新たな一時的局地的基準面が生じることもある．なお，侵食によって地表面は侵食基準面に向かって低下するが，終末期の河川のように，侵食および堆積作用が行われない状態（定常状態）の河川は，海面から緩い勾配で内陸に高度を増すので，内陸部の河床は海面高度までは低下しない．このように侵食基準面と高度が同一でなくても，もはや侵食による低下が進まなくなった地表面が侵食輪廻説*の準平原となる　⇨削剥基準面　　　　　　　　〈大森博雄・鈴木隆介〉

[文献] 鈴木隆介 (2000)「建設技術者のための地形図読図入門」．第3巻，古今書院．

しんしょくこう　侵食溝　gutter　岩床河川のなめらかな河床岩盤で，甌穴が上流から下流へ蛇行しながら連続しているような溝状の微地形．軟岩と硬岩のどちらの岩床にもみられる．　⇨岩床河川（図）
　　　　　　　　　　　　　　　　　　　〈戸田真夏〉

しんしょくこく　侵食谷　erosional valley　流水や氷河などの侵食作用によって形成された谷を指し，地溝などのような内的営力によって形成された構造谷*と区別される．温暖湿潤地域における山地では，ガリー侵食などの表流水が卓越する一部の斜面を除くと，ほとんどの谷は流水による河川侵食谷（河谷*）であるが，その発達の発端には斜面で発生する崩落などのマスムーブメントが強く関与している場合が多い．　⇨谷　　　　　　〈小松陽介〉

しんしょくさきゅう　侵食砂丘　erosional dune　既存の砂丘が風食を受けたものをいい，風食凹地砂丘*や放物線型砂丘*がそれにあたる．風食凹地砂丘は鹿児島県吹上浜砂丘の前砂丘*などにみられ，放物線型砂丘は稚内の天塩海岸砂丘地や青森県屏風山砂丘などにみられ，いずれも人為的な植生破壊が原因で横列砂丘が侵食されてできたものである．　　　　　　　　　　　　　　　〈成瀬敏郎〉

しんしょくさんち　侵食山地　erosion mountain　侵食によってつくられた形態を念頭においた山地を指す．開析山地 (dissected range) ともいう．山体全体の高まり（概形）に関して，建設地形としての曲隆山地や断層山地などに対して，破壊作用である侵食によって形成された尾根や谷，山脚などからなる山地の概形を念頭において山地をよぶ場合に用いる．すなわち，内作用・外作用の対比でみた場合，外作用である侵食によって原地形から変形された山地の地表形態を念頭においた山地を侵食山地といい，侵食作用に水食が卓越する場合は水食山地，氷食が卓越する場合は氷食山地などとよぶ．なお，地殻変動による高まりではなく，周辺部がより速く侵食されたために高まりとなった山地，例えば，壮年期以降の河間山地や残丘，島山，アレート，外縁丘陵，あるいは差別侵食によって形成されたケスタやホッグバックなどの高まりを指す場合もある．ま

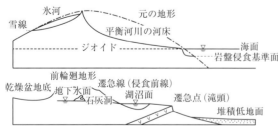

図　一般的な侵食基準面（上）と一時的局地的侵食基準面（下）の概念図（鈴木, 2000）

た，かつて陸上で形成され，その後，堆積物に覆われた山地が，上位の堆積物が削剥されたため，再び表面に露出した再生山地を指すこともある．⇨侵食地形 〈大森博雄〉

[文献] 渡辺 光（1975）「新版地形学」，古今書院．

しんしょくしょうきふくめん　侵食小起伏面　erosion low-relief surface　明確な定義はないが，小起伏面*とほぼ同義である．この用語はほとんど使用されない． 〈鈴木隆介〉

しんしょくせんじょうち　侵食扇状地　erosional fan　側方侵食により平坦化された扇状地状の地形．基盤の平坦面には数 m 以下の薄い砂礫層がのる（図）．岩石扇状地*と同義であるが，基盤が非固結なことの多い日本では，この名称が適当とされた．堆積過程によってできる扇状地（正式には沖積扇状地）とは異なると一般に考えられている．ただし，堆積過程主体の沖積扇状地と側方侵食主体の侵食扇状地とを両極として，すべての扇状地はその間に位置するとの指摘もある．武蔵野台地，那須野台地，磐田原台地などが沖積扇状地か侵食扇状地かという議論の対象となっている． 〈斉藤享治〉

[文献] 斉藤享治（2006）「世界の扇状地」，古今書院．／鈴木隆介（1998）「建設技術者のための地形図読図入門」，第2巻，古今書院．

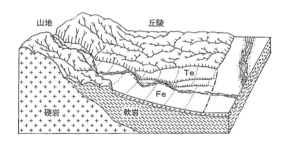

図　侵食扇状地の模式図（鈴木，1998）
侵食扇状地は，沖積扇状地に形態的には類似しているが，堆積物（礫層）が著しく薄い．Fe：侵食扇状地，Te：河成侵食段丘面

しんしょくぜんせん　侵食前線　erosion front line　山地・丘陵・台地の斜面の侵食過程を表す地形学図において，いくつかの型の傾斜変換線を図示することができ，上流から下流をみて傾斜が急になる点を連ねた遷急線は谷の若返りやロックコントロールによって形成されると考えられる．羽田野（1974）は上部の緩い斜面と下部の急な凹型斜面との間の遷急線が，谷の若返りによる谷頭侵食によって形成されているならば，それは下流側から上流側におよぶ侵食作用の最前線を示すと考えて侵食前線とよんだ．数段の侵食前線が図示されることがある．また羽田野（1979）は後氷期開析前線として谷の若返りが気候変化に伴う地形形成作用の変化によることを想定した．遷急線は見かけ上，崩壊・地すべりの頭部付近と一致することが多いため，崩壊発生位置の予測という防災・応用的意義があることから，崩壊発生機構と土層構造や地下水との関係が検討されている．⇨開析前線，後氷期開析前線，若返り 〈阿子島 功〉

[文献] 羽田野誠一（1974）最近の地形学，8．崩壊性地形（その2）：土と基礎，22, 201-209．／羽田野誠一（1986）地形分類図と傾斜変換線：東北地理，38, 264-265．

しんしょくそくど　侵食速度　rate of erosion, erosion rate　侵食によって地表が低下する速度．広義には侵食を削剥と同義として，削剥速度を侵食速度という場合もある．侵食される前の地表・地形の不明の場合が多いから，対象地域，地形場または地形種によって，以下に例示するように，様々な定義・方法・資料・単位で求められている．①広域（大陸・島・山地・流域など）の平均的侵食（削剥）速度：海湾・湖沼・盆地などの閉じた堆積域における一定年代の堆積物を基準にする（堆積物総量/侵食域面積/堆積年数〈≒ 侵食年数〉，$cm/km^2/year$），②元の地形（原地形*）がほぼ復元できる場合（例：火山体の削剥速度：削剥量/火山体の元の体積（または元の面積）/削剥年数．③斜面の減傾斜速度（方法：空間-時間変換の仮定により，斜面傾斜/初期斜面の形成年代），④海食崖の後退速度（資料：過去の汀線），⑤河川の側刻速度（側刻幅/側刻時間），⑥河床の低下速度（資料：過去の河床縦断形），⑦滝の後退速度（資料：過去の滝の位置）など．どの場合でも，侵食継続時間の推測が困難である．⇨河川側刻速度，海食崖後退速度，段丘崖の減傾斜速度，滝の後退速度，火山体の開析，開析度［地形種の］ 〈鈴木隆介〉

しんしょくだに　侵食谷　erosional valley　しんしょくこく（侵食谷）の誤読． 〈鈴木隆介〉

しんしょくだんきゅう　侵食段丘　erosional terrace　段丘面が侵食作用によって形成された段丘．侵食段丘は，基盤岩を侵食した岩石侵食段丘（ストラス段丘または基盤岩段丘）と，厚い堆積物を侵食した砂礫侵食段丘（フィルストラス段丘）に区分される．前者は基盤岩石が軟岩または中硬岩の分布地域に発達するが，硬岩地域では少ない．河成の侵食段丘は河川の側方侵食（側刻）によって形成され，

段丘堆積物は厚さ数 m 以内の礫層（ベニア）である．海成侵食段丘は，波浪の侵食作用で形成された波食棚または傾斜波食面が起源であることが多く，基盤岩は薄い砂礫層に覆われるか，またはほとんど砂礫層が認められない．⇨段丘の内部構造，ストラス段丘，フィルストラス段丘，沖積薄層

〈小岩直人〉

しんしょくちけい　侵食地形 erosional form, erosion landform　侵食によってつくられた地形を指す．侵食輪廻説*において，地殻変動や火山活動によって直接つくられる原地形に対して，侵食によって形成される次地形を指し，河食地形（マスムーブメントなどを含む），氷河地形（氷食地形），乾燥地形（風食地形），カルスト地形（溶食地形），海食地形などを指す．また，侵食地形は，断層や褶曲あるいは傾動などによってつくられる変動地形（tectonic landform）の対語として使われることも多い．すなわち内作用・外作用の関係で使う場合には，侵食地形は外作用である侵食によってつくられる地形を指し，侵食された物質が堆積してつくる堆積地形を含むこともある．なお，侵食作用・堆積作用によってつくられる地形を対象にする場合には，谷や峰，谷壁斜面などの山地の基盤岩からなる地形，あるいは崩壊地，地すべり跡地，海食崖，波食棚などの侵食地形を指す．⇨変動地形，堆積地形

〈大森博雄〉

［文献］渡辺　光（1975）「新版地形学」，古今書院．/Davis, W. M. (1912) *Die erklärende Beschreibung der Landformen*, B. G. Teubner（水山高幸・守田　優訳（1969）「地形の説明的記載」，大明堂）．

しんしょくていち　侵食低地 erosional plain (lowland)　土地が侵食によって削られたり溶かされたりして低平化して形成された低地．侵食によって形成された低地には河川によって侵食され平坦化された谷底侵食低地*や侵食扇状地*，布状洪水によって形成されたペディメント，風食によって形成されたデザートペイブメント*，氷河によって侵食された氷食谷階段*，氷食岩石盆地などがあり，波の作用によって形成されてわずかに離水した傾斜波食面と波食棚*を含む．また，溶食によって低平化された溶食低地としては石灰岩地域に形成されたカルスト低地がある．

〈海津正倫〉

［文献］鈴木隆介（1998）「建設技術者のための地形図読図入門」，第2巻，古今書院．

しんしょくふっかつ　侵食復活 rejuvenation　⇨回春

しんしょくへいたんめん　侵食平坦面 erosion surface, planation surface　侵食・削剥によってほぼ平坦になった地表面で，山地や丘陵に発達するものをいう．単に平坦面とも．準平原とほぼ同義．しかし，侵食段丘面を侵食平坦面とはよばないように，侵食平坦面の明確な定義はないので，あまり使用されない．

〈鈴木隆介〉

しんしょくぼんち　侵食盆地 basin formed by erosion　周囲の山地を構成する岩石よりも著しく弱抵抗性の岩石で構成されている地区が主として河川の差別侵食によって周囲より低くなるように削剥されて生じた盆地（例：秩父盆地）．盆地底の大部分は低い丘陵，侵食段丘群または侵食低地であり，堆積低地はほとんど発達していない．局所的な侵食盆地状の地形として，河川に接する大規模な地すべり堆が側刻されて，その上流・下流の谷底よりも，谷幅の不連続的に拡大した谷底侵食低地がある（例：宮城県茂庭地区）．⇨盆地，弱抵抗性岩〈鈴木隆介〉

しんしょくめん　侵食面 erosion surface　侵食によってほぼ平坦になった地形面*．堆積面*の対語．河川の側方侵食や海食などによって形成された地形面（例：谷底侵食低地，波食棚）に限定して使用すべき用語である．しかし，デービス地形学*のような古典的地形学では，準平原またはその遺物と解される山地内の小起伏面*を侵食面あるいは侵食平坦面*という．ただし，背面*は含めない．

〈鈴木隆介〉

しんしょくりんね　侵食輪廻 cycle of erosion, erosion cycle　"地形は高所に持ち上げられた原地形*から出発し，その後，侵食により開析され，侵食基準面に向かって高度が低下するとともに起伏が変化し，この過程で原面の広く残る幼年期，原面が消失し，鋸歯状山稜が卓越する壮年期，緩傾斜で丸みを帯びた丘陵と広い谷底が広がる老年期，という時階ごとの次地形を経て，終地形として小起伏の準平原が形成される．この準平原は再び隆起して新たな原地形となり，同様の地形変化が繰り返される"という一連の地形変化系列を指す．地形輪廻（geomorphic cycle）ともいう．W. M. Davis (1899)が造山運動によって形成される山地地形の生成・発展・消滅に関して提示した地理学的輪廻（geographical cycle：正規輪廻・河食輪廻）が最初の侵食輪廻の思想である．後に，火山の輪廻（Davis, 1912），氷食輪廻（Davis, 1900；W. H. Hobbs, 1910），乾燥輪廻（Davis, 1905），海食輪廻（Davis, 1909），カルスト輪廻（A. Grund, 1914；J. Cvijic, 1918；E. M.

Sanders, 1921)，周氷河輪廻（C. Troll, 1948；L. C. Peltier, 1950）など，様々な営力と地形についての侵食輪廻が提示された．

地形の標準的変化系列として提示された侵食輪廻は，それまで無秩序で羅列的にしか記載できなかった様々な形態を示す地形を系統的に理解・記載するための一つの基準となっている．日本語で'輪廻'と訳されている'cycle: Zyklus'は'（一定の間隔をもつ）周期'を意味するということから，主としてドイツの研究者から，'Kreislauf (circulation：循環)'が適当であるとの意見も出されたが，デービスは言葉そのものに固守するつもりはなく，'繰り返し'の意味で'cycle'を用いるとしている．輪廻（cycle）は当初，同じ土地で同様の地形変化系列が繰り返されることを内包し，侵食輪廻には隆起過程が含まれていた（デービスはしばしば"モデルとして最も単純な隆起過程を選んだ"と述べている）が，やがて正規輪廻以外の輪廻の議論でみられるように，侵食過程のみが対象とされ，侵食輪廻の議論は主として営力の違いによる削剥作用や平坦化作用の実態についての議論に変質していった．今日では，同じ土地で同様の輪廻が何回も繰り返されることを必ずしも内包せず，輪廻1回分の地形の変化系列（a cycle of erosion），すなわち与えられた原地形が，幼年期，壮年期，老年期を経て準平原へと変化する一連の地形変化系列を指す言葉として用いられることが多い．　⇨正規輪廻，侵食輪廻説，デービス地形学　〈大森博雄〉

［文献］井上修次ほか（1940）「自然地理学」，下巻，地人書館．/ Davis, W. M. (1912) *Die erklärende Beschreibung der Landformen*, B. G. Teubner（水山高幸・守田　優訳（1969）「地形の説明的記載」，大明堂．

しんしょくりんねせつ　侵食輪廻説　theory of cycle of erosion　デービス地形学*の基本的な考え方であり，地形の変化は，"高所に持ち上げられた原地形*から出発し，その後，それが侵食により開析され，幼年期，壮年期，老年期を経て終地形である準平原に至り，この終地形は隆起により新たな原地形となり，再び新たな輪廻が始まる"という'侵食輪廻の考え（地形形式・モデル・仮説）'を指す．デービス*（W. M. Davis, 1850～1934）は地理学としての地形学においては，個々の地域に現実にみられる現在の地形の性格や特徴を理解することが肝要で，地質構造の記載や地形の形態的変化や地質過程を時間系列に並べるという地質的記載は現在の地形の理解に必要な場合に言及される事項であるとした．同時に，地形の性格や特徴は structure（地質構造や原地形の形態をも含めた組織），process（作用）および time（経過時間・時期：のちに stage とよばれるようになった）によって規定されていると考えた．そして，現在の地形の性格や特徴，類似や相違を理解するには，それまでの地理学で行われてきた羅列的記載ではなく，法則や仮説から演繹して特殊な事実が発生したり存在したりする理由や原因を明らかにするための説明的記載，すなわち，"対象としている地形の原地形はどのようなものであったか，どのような種類の侵食作用によって形成されたか，またどのような発達段階にあるか"を記載することが重要であると考えた．

このような説明的記載を行うには，思考の基軸となる地形変化の一般法則（地形形式）の構築が必要であるとし，多くの野外観察と事例をもとに，造山運動による山地の生成・発展・消滅過程について，"山地地形は急速に隆起した原地形から出発し，その後，河食により，幼年期，壮年期，老年期という時階（次地形）を経て終地形である準平原に至り，この準平原は新たな造山運動によって再び隆起して新たな輪廻が始まる"という地形の標準的変化系列（モデル）を導き出した（次頁の図）．この地形の変化系列が最初に発表された侵食輪廻（地理学的輪廻）で，後に，火山の輪廻（Davis, 1912），氷食輪廻（Davis, 1900；W. H. Hobbs, 1910），乾燥輪廻（Davis, 1905），海食輪廻（Davis, 1909；D. W. Johnson, 1919），カルスト輪廻（A. Grund, 1914；J. Cvijic, 1918；E. M. Sanders, 1921），周氷河輪廻（C. Troll, 1948；L. C. Peltier, 1950）など，様々な営力と地形についての侵食輪廻が提示された．輪廻（cycle）は当初，同じ土地で同じ地形変化系列が繰り返されることを内包していたが，今日では輪廻1回分の地形の変化系列を指す言葉として用いられることが多い．地形の標準的変化系列として提示された侵食輪廻は，それまで無秩序で羅列的にしか記載できなかった様々な形態を示す地形を系統的に理解し，記載するためのより所を与えたもので，現在みられる個々の地形を理解する上での基軸の役割を果たす．'思考の基軸となる一つの考え方・見方・概念'という意味で侵食輪廻'説'といわれ，デービスのモデル（Davisian model），デービスのスキーム（Davisian scheme），または文学的にデービスの王国（Davisian realm：デービスの理想世界）ともいう．

デービスが侵食輪廻の構想をいだいた19世紀後半は，'中世の暗黒時代'から解放された自然科学が近代科学へと脱皮する時代であった．産業革命に後

押しされた地質学分野におけるハットン＊（J. Hutton, 1788），プレイフェアー＊（J. Playfair, 1802），ライエル＊（C. Lyell, 1830）などによる地質構造や造山運動に関する知見の集積と研究の高揚，デービスも関心を寄せていたサンゴ礁の裾礁・堡礁・環礁の違いについてのC. Darwin（1842）の沈降説による発生論的説明やC. Darwin（1859）の進化論的思考の普及，パウエル＊（J. W. Powell, 1875）やギルバート＊（G. K. Gilbert, 1877）らによる河川作用の理論の展開および侵食基準面や平衡の概念の誕生，などがみられた．こうした科学的環境がデービスに発生論的地形学である侵食輪廻を啓発したといわれている．デービスの侵食輪廻モデルは表現の利便性と形式のわかりやすさから急速に世界に普及し，1900年代前半には多数の輪廻的用語が創出され，スケールの大小を問わず，段丘地形までも輪廻的表現で記述されたことがあった．

同時に，侵食輪廻モデルに対しては事実認識の是非を含めて多くの批判がなされた．しかし，それらは，デービスの真意を理解しなかったり，真意とは離れたところに向けられていたりするものも多い．すなわち，人間の誕生・成長・老衰における生理生態の変化を論じているときに，"老衰で死ぬ人より，病気や事故で死ぬ人の方が多いから，誕生・幼年・壮年・老年の理想的な生理生態の変化は成り立たない"と批判することに類似した批判に属する．また，隆起・侵食による造山過程に乾燥気候がどのようにかかわるかを示さないまま，"乾燥地の平坦化作用は河食による平坦化作用と異なる"ことをもって，造山過程の輪廻説を否定する的外れな批判もあった．あるいは，気候変動が造山運動による山地の生成・発展・消滅に本質的・量的にどのように影響を及ぼすかを示さないまま，"長期にわたる輪廻中には外作用の変化があるので侵食輪廻は観念論"といった観念的批判などである．しかし批判を招いた最も大きな責任は輪廻的表現や位置づけを安易に適用した'後の地形学者'であるといわれる．すなわち，デービスはくどいほど時階の認定基準の説明を行うとともに，認定作業の習熟の大切さを繰り返し訴えている．にもかかわらず，後の地形学者の中には安易に輪廻的表現で地形を記載し，地形形成上の事実との不一致を引き起こした．例えば，山腹斜面にみられる広い小起伏面を安易に'準平原遺物'とすることがある．しかしそれらは，輪廻の発達段階とは無関係に形成された組織地形である地層階段などであったことも多い．また，地表形態が類似している地形に対して安易に同じ名称を与え，当初，当該地形が意味していた形成過程や形成環境などを捨象させてしまったことも多い．すなわち，形成過程や形成環境が曖昧化されたために，同一名称をもつ地形からは形成過程や形成環境が特定できなくなってしまった地形の名称が多数つくられた（例：山麓階，エッチプレーン）．輪廻的表現や形態に基づく形式論的名称の付与は簡便であるが，適用を間違えれば大きな誤解をも引き起こす．

デービスが侵食輪廻を強調し固守したのは，侵食輪廻の地形変化が事実認識として正しいということを主張したかったからというよりも，侵食輪廻を思考の基軸とすることによって初めて，現在みられる個々の地形を系統的により深く理解することができると考え，こうした'考え方'を発展させたかったからであったとされる．現在では，造山過程における山地の地形変化はデービスの侵食輪廻モデルとは異なっていることなどがわかってきているが，'個々の地形を変化系列の中で理解する'という視点は，今日の地形学の基本的な視点の一つとなっている．⇨

A：幼年期の地形，曲隆した準平原を示す．鎖線は隆起軸で，それを横切る深い谷は先行谷

B：壮年期の地形，けわしく開析された高山と山麓の沖積地を示す

C：老年期の従順山地，開析扇状地や段丘の発達がみられる

D：若干のモナドノックのある準平原

図　侵食輪廻説を示す概念図（Davis, 1912）

侵食輪廻　〈大森博雄〉

[文献] 井上修次ほか (1940)「自然地理学」, 下巻, 地人書館./Davis, W. M. (1912) *Die erklärende Beschreibung der Landformen*, B. G. Teubner (水山高幸・守田　優訳 (1969)「地形の説明的記載」, 大明堂).

しんすいそう　深水層 hypolimnion ⇨水温躍層

しんすいは　深水波 deep-water wave ⇨深海波

しんせいかい　新生界 Cenozoic (erathem) ⇨新生代

しんせいがん　深成岩 plutonic rock 概念的にはマグマが地下深所でゆっくりと冷却され固結した岩石. 記載岩石学的には粗粒で等粒状組織を呈する火成岩である. 代表的な深成岩は, 花崗岩, 閃緑岩, 斑れい岩. 〈太田岳洋〉

しんせいこ　震生湖 Lake Shinsei 神奈川県の秦野市と中井町にまたがる天然ダム*による堰止湖*で, 1923年9月に起こった関東大震災の際に丘陵斜面が崩落して沢筋を堰き止めて形成された. 湖畔には1930年に調査した寺田寅彦の句碑がある. 湖水面積 $0.013\,km^2$, 平均水深4mで流出河川をもたない閉塞湖である. ⇨開放湖　〈知北和久〉

しんせいだい　新生代 Cenozoic (Era) 地質年代区分のうち現在を含む最新の時代. 通称, 哺乳類の時代とよばれる. この前の時代である中生代との境界はメキシコ湾への巨大隕石の落下によって恐竜類など大量絶滅があったとされる. 新生代の地層は新生界とよばれ, その基底の境界模式地はオランダのDanian層の下底に設定されているが, これとは別に, 現在, 世界各地で巨大隕石の落下に伴う顕著なイリジウムの濃縮層が認められ, これを一つの目安にしている. この境界の年代は放射年代でおよそ6,600万年前といわれている. 新生代は古い方からPaleogene, Neogene, Quaternary に3区分される. 従来, 日本では第三紀, 第四紀と区分され, 第三紀が古第三紀と新第三紀に区分されていた. しかし, 国際層序委員会 (International Commission on Stratigraphy, 2013) の決議によって, おおもとの第三紀が「紀」としての名称を否定されてしまった. そこで, 訳称としては不十分であるが, 日本地質学会 (2013) は古第三紀, 新第三紀と第四紀に3区分した (⇨巻末付表). ⇨第三紀, 第四紀　〈熊井久雄〉

[文献] Quaternary Task Group (2005) *Definition and Geochronologic/ Chronostratigraphic Rank of the Term Quaternary*. Quaternary Task Group.

しんせっきじだい　新石器時代 neolithic period 石器時代の後半で, 農耕や牧畜を基盤とし, 食料生産をはじめた人々の時代. もともと, 磨製石器の出現を特徴とする石器時代の新しい段階とされたが, 今日では農業が始まった時代と定義することが一般的である.　〈朽津信明・有村　誠〉

じんぞうこ　人造湖 artificial lake, man-made lake, reservoir 治水や利水のために人為的に河川の一部をダム*で堰き止めた湖. ダム湖とも. 例: エジプトのアスワン・ハイ・ダムのナセル湖, 中国の三峡ダム湖, 東京の奥多摩湖, 北海道の朱鞠内湖. ほかに, 採石場跡地であるアフリカ・キンバリーのビッグホールや大規模な造成地にみられる調整池のように人為的な掘削により凹地に水がたまったものなどがある. 小規模なものはため池・貯水池とよばれる. ⇨人工湖　〈柏谷健二・井上源喜〉

しんそうふうか　深層風化 deep weathering 風化が地下数百mの深部にまで達するような現象. 一般に熱帯地方でみられるが, わが国では花崗岩地域や侵食が活発でない小起伏面の下にみられることが知られている. この語は, 地下深部だけが風化しているように誤解されやすいので,「厚層風化」とよぶべきという主張もある.　〈八戸昭一〉

しんそうふうかたい　深層風化帯 deep-weathering zone 風化作用が地下深部にまで達して形成された風化帯. 例として花崗岩の深部まで達した応力解放の割れ目に沿った風化により形成された「マサ*土」がある.　〈八戸昭一〉

しんそうほうかい　深層崩壊 deep-seated landslide 表層の風化物や崩積土だけでなく, 深い岩盤までもが崩れる現象. 一般に, 地質構造に素因*をもつ. 崩壊の深さや規模に明確な閾値*があるわけではないが, 一般に深さ10m以上, 体積10万m^3程度以上の場合をいう. 深層崩壊は崩壊を断面的にみた用語で, 大規模崩壊や巨大崩壊は平面的にみた用語である. 2010年8月の台風モラコットによる台湾の小林村の崩壊で一つの村が壊滅し, 400名以上が亡くなったことで注目された. また, 2011年9月には紀伊山地で多数発生した. 降雨が止んでから発生することも多い.　〈千木良雅弘〉

しんだいさんき　新第三紀 Neogene (Period) 新生代第三紀を二分した新しい方の時代. 中新世と鮮新世からなり, 2,303万年前から258.8万年前まで. 第三紀 (Tertiary) という地質時代区分をやめて, 新生代 (Cenozoic Era) は古い方からPaleogene, Neogene, Quaternary Periodとすることに, 国際地質科学連合で決められた. Tertiary を使わ

ないで，Neogene Period を新第三紀とよぶのはふさわしくないとし，近成紀・新成紀の訳語がある．しかし，日本地質学会は新第三紀を使うように，としている．この時代に形成された堆積岩と火成岩を総称して新第三系という． ⇨第三紀，第四紀
〈石田志朗〉

［文献］日本地質学会（2013）「地層命名指針：地質系統・年代の日本語記述ガイドライン」（2013年1月改訂版）

しんだいさんけい　新第三系 Neogene（system） ⇨新第三紀

しんちょうがわ　伸長川 elongated river　静水域の水底面に新しい堆積物が付加することによって，そこが陸地となり，その陸地面が拡大したために，河口が静水域の方向に移動して，河川が伸長した河川区間．静水域は内湾性で浅く，流送物質は砂や泥であり，水底自然堤防*とそれが陸上に成長した自然堤防および後背湿地を形成しながら伸長する．十勝平野の長節川がその例である．　〈斉藤享治〉

［文献］鈴木隆介（1998）「建設技術者のための地形図読図入門」，第2巻，古今書院．

しんちょうせつり　伸張節理 tension joint, extension joint　引張り応力で生じる割れ目で，岩盤の膨らみや曲げで生じる．前者は地形性節理，タマネギ状節理，風化節理，乾痕や円頂丘溶岩の内部割れ目などであり，後者は褶曲面の凸側に発達する．
〈鈴木隆介〉

しんちょうテクトニクス　伸張テクトニクス extension tectonics　地殻が水平方向に拡張する様式の造構作用がはたらくこと，またはその産物．伸張応力場で種々の正断層が発達し，プレートテクトニクスでは発散境界の形成と挙動を担う．　⇨圧縮テクトニクス　〈竹内　章〉

しんちょうりつ　伸長率【流域の】 elongation ratio（of basin）　流域と同じ面積をもつ円の直径と流域最大辺長の比．細長率とも．流域が細長いほど値が小さくなる．Schumm（1956）が定義．　⇨流域の基本地形量　〈小口　高〉

［文献］Schumm, S. A.（1956）Evolution of drainage systems and slopes in badlands at Perth Amboy, New Jersey：Geol. Soc. Am. Bull. **67**, 597-646.

しんてっこう　針鉄鉱 goethite　黄鉄鉱や菱鉄鉱などの鉄鉱物が酸化することによる風化生成物（化学組成は$FeO(OH)$）で水酸化鉱物の一種．黄褐・赤褐・黒褐色を呈し，モース硬度は5～6．高師小僧は植物の根に吸着した針鉄鉱の集合体である．燐鉄鉱（レピドクロサイト）とともに，いわゆる「褐鉄鉱」の主成分をなす．ゲータイトあるいはゲーサイトともよばれるが，この名称はドイツの文豪ゲーテに由来する．　〈松倉公憲〉

しんど　震度 seismic intensity　ある地点における地震動の大きさを示す指標の一つ．日本における気象庁震度階は歴史的には揺れの体感や建物の被害などを基準としていたが，平成8（1996）年4月以降は地震計の波形を自動処理して求められる計測震度が用いられる．海外では改正メルカリ震度階が広く用いられる．　〈加藤　護〉

しんど　心土 subsoil　農耕地で作土（耕作土層）と対になって使われ，作土の下の層をいう．下層土は表土と対に使われる用語で，表土より下の層で，B層を指すことが多い．心土は，作土の下の層を指すので，A層が厚い場合はA層を指す場合もあり，A層が薄い場合にはB層やC層を指すこともある．心土は作物の養分や水分を貯蔵する場所として，作土に次いで重要である．　〈田中治夫〉

しんとう　浸透 infiltration, percolation, seepage　水が地表面から土壌へ侵入し，地下水面まで降下していく現象をいう．水文学ではこの過程を浸透というが，土壌物理学では，この一連の過程の前半部分，すなわち水が地表面から土壌中へ侵入する過程を浸潤（infiltration）とよび，また地下水学では，後半部分，すなわち水が土壌中を地下水面まで鉛直方向に降下する現象を，降下浸透*とよんでいる．水文学でいう浸透には，浸潤，降下浸透のほかに，水が土壌中を斜面の傾斜に沿って側方へ流れる側方浸透流や地下水が流出する浸漏（seepage）も含まれる．浸透による水の流れを浸透流，その速度を浸透流速という．浸透には，水が飽和土壌中を流れる飽和浸透と不飽和土壌中を流れる不飽和浸透がある．また，土壌が地表面の水を浸透させることができる量（能力）のことを浸透能*（または浸透力，浸潤能）という．浸透能は土壌の物理的構造，初期水分量等で異なり，時間的にも変化する．一般に，浸透能より降水量が大きいときに表面流出が生じると考えられている．浸透能の計測には浸透計が用いられる．　〈浦野愼一〉

しんとうけい　浸透計 infiltration meter　⇨浸透

しんとうこ　浸透湖 seepage lake　⇨開放湖

しんとうのう　浸透能 infiltration capacity　雨水や灌漑水が十分に供給されている状態で，地表面が吸収することのできる（地中へと浸透させうる）最大浸入強度のこと．浸透能は給水の初期に大きな

値（初期浸透能）を示すが，指数関数的に減少し，やがて一定値（最終浸透能）となる．浸透能の時間変化を表すために，種々の回帰モデル（例えばホートンの式）や理論的近似式（例えば Philip の式）が提案されているほか，近年では数値解析も盛んに行われている．一般的な温帯湿潤域の森林斜面では，最終浸透能は 200 mm/h 以上の値を示し，豪雨時においてもホートン型地表流は発生しないことが明らかとなっている．⇨ホートン型地表流　〈松四雄騎〉

[文献] 日本地下水学会編（2001）「雨水浸透・地下水涵養」，理工図書

しんとうりゅう　浸透流　infiltration flow　⇨浸透

しんとうりゅうそく　浸透流速　infiltration flow rate　⇨浸透

しんとうりょく　浸透力　infiltration force　⇨浸透

しんドリアスき　新ドリアス期　Younger Dryas stadial　晩氷期最末期，約 12,900〜11,700 年前（暦年）の急で短い寒冷期．ヤンガードリアス期あるいはヤンガードライアス期とも．北欧の堆積物中でチョウノスケソウ（*Dryas octopetala*）花粉の急増により認知されたことに由来．その終焉をもって完新世となる．寒冷化の要因は北大西洋深層水や熱塩循環の変化とみられる．南極では寒冷化が約 1,000 年先行していたとされる．　〈苅谷愛彦〉

[文献] Broecker, W. S. et al. (1988) The chronology of the last deglaciation: implications to the cause of the Younger Dryas event : Paleoceanography, 3, 1-19. / Walker, M. et al. (2009) Formal definition and dating of the GSSP (Global Stratotype Section and Point) for the base of the Holocene using the Greenland NGRIP ice core, and selected auxiliary records: Journal of Quaternary Science, 24, 3-17.

しんぱつじしん　深発地震　deep(-focus)earthquake　深いところで発生する地震．深さの範囲について統一的な定義はないが，通常，60〜70 km よりも深い地震を指す．世界では環太平洋域などに多く起こる．沈み込むプレートの中で発生し，海溝から島弧の下に斜めに傾く面状の震源分布を示す．深発地震には異常震域が現れる．地震の数は深さとともに減少し，深さ 300〜400 km で少なく，それ以深で増える．深さが 700 km を超えるような地震はない．深さ 300〜400 km より浅い地震を稍深発地震と分けてよぶことがある．高圧高温の地球深部で地震が起こる仕組みはよくわかっていない．余震の数は浅発地震に比べて非常に少なく，余震のない深発地震も多い．マグニチュード 8 を超えるような深発地震は稀である．⇨和達-ベニオフゾーン，異常震域　〈久家慶子〉

しんひじゅう　真比重　specific gravity　土壌あるいは岩石の実質を構成する固体部分の平均比重をいう．仮比重に対する語．固相の大部分が無機鉱物である岩石や砕屑物の場合は 2.5〜2.8，有機物を多く含む土壌や泥炭などの場合は 1.5〜2.0 程度の値を示すものが多い．　〈松四雄騎〉

しんぶぶっしつ　深部物質　deep zone material　⇨地形物質の深部物質

じんぶんちりがく　人文地理学　human geography　地理学*の 2 大分野の一つで，自然地理学*と並列する．'じんもんちりがく' ということもある．地球上の人間活動の諸事象の，主として空間的差異を研究対象とし，経済地理学，人口地理学，集落地理学，農業地理学，政治地理学，歴史地理学などに細分される．　〈鈴木隆介〉

[文献] 日本地誌研究所編（1973）「地理学辞典」，二宮書店．

しんぽう　針峰　needle, spine, aiguille　針状の鋭い岩峰．アルプスにはエギーユという名前がついた多くの岩峰がある．多くの針峰が群をつくることが多い．氷河侵食を受けた岩峰が縦方向に形成された節理に沿って周氷河作用を受け，開析された結果である．　〈岩田修二〉

しんほうい　真方位　true bearing　⇨方位

しんぽく　真北　true north　まきた（真北）の誤読．　〈鈴木隆介〉

しんようじゅりん　針葉樹林　coniferous forest　針葉樹は広葉樹と比べて，生態的適応範囲が広いため，様々な立地に生育可能である．そのため針葉樹が優占林を形成する場所は温度，水分環境が厳しく，広葉樹種が生育しにくい立地が多い．特に低温下にあるシベリアや北アメリカ北部では，タイガとよばれる広大な北方針葉樹林が卓越する．日本に分布するスギ，ヒノキ，カラマツやクロベなどの多くの針葉樹種は冷温帯〜暖温帯までと生息可能な気候幅は広い．天然の針葉樹林が広くみられるのは亜高山帯域（山地帯上部域）で，本州中部山岳ではシラビソ，オオシラビソやコメツガが優占林を形成する．また，ブナ帯よりも低標高域の尾根筋などの乾燥立地には，しばしばモミやツガがパッチ状にみられる．また日本は国土面積の約 68% が森林で覆われており，そのうち人工林は約 44% を占める（国土面積の約 28%）．これら人工林のうち約 97%（国土面積の約 27%）は成長の早いスギ，ヒノキやカラマ

ツなどの針葉樹種であり，天然の針葉樹林（国土面積の約7%）と比べても圧倒的に広い面積を占めている．　⇨北方針葉樹林，冷温帯林　　〈若松伸彦〉

［文献］林野庁（2007）平成19年度森林・林業白書.

しんりんげんかい　森林限界　forest line, forest limit, timber line　高木（樹高およそ2〜3m以上）の連続的な林分，すなわち森林の分布限界をいう．森林分布は水平的な広がりと垂直的な広がりの中で理解されるが，その基本的な制限要因はいずれも温度と水分である．したがって，北半球でみれば，温度的には北方森林限界，上方森林限界，水分的には南方森林限界，下方森林限界の設定が可能である．森林限界の上方には樹木が匍匐するゾーンが形成されることがあり，樹木限界はこのゾーンの上限．森林限界と樹木限界がほぼ同義である地域も多く，さらにニュージーランドのように，森林限界，高木限界，樹木限界の3者がほぼ一致する地域もある．ケッペンの気候区分が樹木の有無によって大分類されたように，森林限界と気候パラメータとの関係も古くから議論されてきた．最暖月平均気温10℃，温量指数（暖かさの指数）15℃・月などがその一例である．一方で，森林限界は気候的，生態的に均質かどうかといった議論もあり，対比のためには，森林限界を扱うレベルやスケールの了解が重要である．

⇨樹木限界　　〈岡　秀一・渡辺悌二〉

［文献］Holtmeier, F-K.（2003）*Mountain Timberlines*. Kluwer.

しんりんステップ　森ステップ　forest steppe　ステップ*とその北に位置する森林帯との移行部に出現する植生．草原と樹林地が混在するが，降水量が少ない地域ほど草原の割合が高くなる．地形と対応した分布が観察されることがあり，平坦地を刻む谷の谷壁斜面や平坦地内の浅い谷の中に樹林が形成される．木本の優占種はヨーロッパ東部からシベリア東部にかけて変化するが，コナラ属，カバノキ属，ハコヤナギ属などの落葉広葉樹であることが多い．

〈高岡貞夫〉

［文献］Breckle, S.-W.（2002）*Walter's Vegetation of the Earth: The Ecological Systems of the Geo-Biosphere*, Springer.

しんりんでいたん　森林泥炭　forest peat　泥炭は湿原に生育する草本の遺体が集積してできるのが普通だが，稀にハンノキやカンバ類，マツなどの樹木の遺体が堆積して泥炭ができる場合があり，それをとくに森林泥炭とよぶ．　〈小泉武栄〉

じんるいき　人類紀　Anthropogene　第四紀*の俗称．人類時代（age of man）とも．　〈松倉公憲〉

しんろう　浸漏　seepage　⇨浸透

す

す　州【海岸の】　bar　沿岸の波や流れの作用で堆積した土砂が作る微高地．多くは細長い形状を呈する．海面上に現れているものを指すことが多いが，海面下の浅い所にある場合もいう．主要な堆積物の大きさにより，粒径2mm以上（礫）からなる微高地を礫州（shingle bar），0.0625～2mm（砂）のものを砂州（sand bar），0.0625mm以下（泥）の場合を泥州（mud bar）とよんでいる．　〈砂村継夫〉

す　州【河川の】　channel bar　⇨流路州

すい　水位　water level　海，河川，湖沼，貯水池，水路などの水面の位置を基準面*から測定した高さ．　〈砂村継夫〉

すいいかんそく　水位観測　observation of water level　河川・湖沼・地下水などの水面の高さを基準面から観測すること．水文観測の基本．一般に水位標や自記水位計によって行われる．読み取り単位はメートルであり，最小の単位は1cmとするよう定められている．基準面の高さは水位の値が負になることを避けるため，通常は最渇水位以下にとられる．　〈砂田憲吾〉

すいいきょくせん　水位曲線　water stage hydrograph　⇨水位時間曲線

すいいけい　水位計　water level gauge, water gauge　河川などの水位を計測する機器．水路の水につながった筒状の部屋にフロートを浮かべ，フロートの上下動を検出するリシャール型，ロール型，その改良型などがある．フロートによらず水圧を測る圧力型，リードスイッチ型などの方式もある．　〈砂田憲吾〉

すいいけいぞくきょくせん　水位継続曲線　stage-duration curve　一定期間内における水位と日数累計の関係を表す曲線．ある水位を縦軸に，最高水位からその水位までにある日数累計を横軸にプロットして求める．曲線上で横軸の中点に対する水位が，平水位*となる．　〈砂田憲吾〉

すいいこうか　水位降下　drawdown　広くは湖，河川，海などの水面が降下（低下）することであるが，特に地下水資源や温泉の開発に関連して人工的な揚水にともない地下水面（井水面）が降下（低下）することをいう．水位低下とも．地下水を井戸から揚水すると，井戸周辺の水位が降下し，井戸の周りに井戸を頂点とした逆円錐状の地下水面が出現する．これを水位降下円錐という．最近では世界中の多くの地域で都市開発や灌漑にともない多量の地下水が使われ，過剰揚水したために著しく水位が降下し資源として利用できなくなるなどの枯渇問題が発生している．　〈池田隆司〉

すいいこうかえんすい　水位降下円錐　cone of depression　⇨水位降下

すいいじかんきょくせん　水位時間曲線　water stage hydrograph, stage-time curve　河川のある一地点での水位の時間的変化を連続的にグラフに示したもの．水位曲線ともよばれる．洪水現象の時間経過が得られる基本的情報となる．何らかの方法で，水位が流量に換算されれば，流量時間曲線*が得られる．　〈砂田憲吾〉

すいいひょう　水位標　staff gauge　河川や湖沼などの水位の観測のために，水中に立てた柱または橋台や橋脚に設けられた目盛板（標識）．量水標ともよばれる．護岸の階段に沿った斜面に目盛を取り付けることもある．水位標の目盛の0は観測地点の基準高にあわせるのが普通である．　〈砂田憲吾〉

すいいひんどきょくせん　水位頻度曲線　stage-frequency curve　河川のある地点の水位とその頻度の関係を表す曲線．1年間の観測水位のうち，最高水位から最低水位までを適当な水位間隔（例えば10cm）ごとに階級区分して，これに応ずる日数を数え，その水位を縦軸に，日数を横軸にとって図示する．　〈砂田憲吾〉

すいいりゅうりょうきょくせん　水位流量曲線　rating curve, stage-discharge curve　河川の同一地点における水位と流量の関係を表す曲線．流量曲線ともよばれる．水位を縦軸に，流量を横軸とする座標上で，観測された水位，流量のすべての値をプロ

ットする．その値を最小二乗法等によって求められた近似曲線を水位流量曲線という．水位（H）と流量（Q）との関係を表すことから「H-Qカーブ」とも略称される．曲線が得られた後は，毎日の水位記録から曲線によって流量を読み取ることができるが，高い水位では流量推定の精度は低下する．洪水などで河床の変化を受けた場合はあらためて近似曲線を作成する必要がある． 〈砂田憲吾〉

すいおん　水温 water temperature 言葉の意味は水の温度であるが，地球科学では一般に，湖沼，河川，地下水等の水の温度のことをいう．浅い湖沼など地表面近くに貯留されている水の水温は，地表面（水面）の熱収支*で変化する．特に，地表面熱収支が平衡に達したときの水温を平衡水温（equilibrium water temperature）という．平衡水温は，水中への熱伝導量をゼロとおいた熱収支式にペンマン式を組み込んだ次式から求められる．

$$T_* = T_a + \frac{(R_n/h) - 1.5E_a}{1 + 1.5\varDelta}$$

ここで，T_*：平衡水温（℃），T_a：気温（℃），R_n：正味放射量（W・m^{-2}），$\varDelta$：気温T_aにおける飽和水蒸気圧の勾配（hPa・℃$^{-1}$），E_a：気温の観測高度における飽差（hPa），h：顕熱伝達係数（W・m^{-2}・℃$^{-1}$）．一方，深い湖では，地表面の熱収支の影響を受ける表水層（epilimnion）と影響を受けない深水層（hypolimnion）で水温が異なり，表水層と深水層の間には，水温が急激に変化する温度躍層（水温躍層*）（metalimnion, thermocline）が形成される．深い湖ではこれら各層の水温によって湖水の鉛直循環が生じる．また，各層の水温変化は地域よって異なり，湖はその1年間の変化のパターンによって，熱帯湖（tropical lake），温帯湖（temperate lake），寒帯湖（polar lake）等に分類される．温帯湖は表水層の水温が少なくとも年に1回4℃以下になり，湖水の鉛直循環が年に2回生じる湖をいう．河川の水温も地表面（水面）の熱収支によって変化する．このため水温は，一般に，気温が低い山岳部の上流から平野部の下流へいくにつれて高くなる．河川水は流下する過程で上下の混合が生じているため，特に深くて流れの遅い河川でない限り，鉛直方向の水温は等温である．また，地下水流入の影響で，平衡水温に対して春・夏は低く，秋・冬は高くなるのがふつうである．地下水は地層と熱的平衡状態にあるため，その水温は地層温度と等しい．地層温度は，地表から約60cmまでの活動層では地表面の熱収支の影響を受けて日変化（時間変化）するが，それ以深の層では日変化がほとんどなくなり，緩やかな変化，年変化（季節変化）を示す．地温の年変化がなくなる10m付近の恒温層以深では，地下増温率（geothermal gradient）にしたがって地温が上昇する．地下水温はその地下水が存在する地層温度と同じ変化を示すが，地下水は流動しているため，地域的にみると異なる水温になる．例えば恒温層以深にある深層地下水の水温は，深い層ほど温度が高いため，涵養域では低く，流出域では高くなる．

〈浦野慎一〉

すいおんせいそう　水温成層 thermal stratification 湖水が，温度のみによって層状に維持されている状態を指す．温度成層とも．純水は，1気圧では，水温が3.98℃のとき密度が最大となる．実際の湖沼には様々な成分が溶けているので，最大密度を与える水温は3.98℃よりも低い．また，水圧の増加によっても最大密度を与える水温は低下し，世界で最も深いバイカル湖の湖底1,700mでは，最大密度を与える水温は2.3℃になる．水温を非常に細かく計測すると，レイヤー（layer）とよばれる不安定な層と，シート（sheet）とよばれる安定な層が交互に重なり合っていることがわかっている．温帯湖では，表面水温が4℃を超える夏季には，表面で最大水温となり，水深方向に低温となる正列成層（direct stratification），表面水温が4℃以下になる冬季では水深方向に水温が増加する逆列成層（inverse stratification）の状態になる．　⇨安定度

〈熊谷道夫・知北和久〉

すいおんやくそう　水温躍層 thermocline 湖沼や海洋において，深さ方向に水温が急激に変化する領域を水温躍層（サーモクライン）とよぶ．歴史的には，水深の変化1mに対して1℃以上の温度変化を伴う領域を水温躍層と定義しているが，熱帯地方などの温かい水域や冬季の結氷下では必ずしも当てはまらない．水中には様々な温度勾配をもつ複数の水温躍層が形成されるが，勾配が最も大きなものを水温主躍層（parent thermocline）とよぶ．これは多くの場合，夏季に形成され，変水層の中に存在する．水温躍層付近では，上下混合が起こりにくいので，この層を境にして流れや水質が大きく異なり，物質の鉛直輸送にも影響を与える．日本では夏季に水深20m以上の温帯湖で典型的にみられ，この場合の水温構造は，ほぼ等温な表水層（epilimnion），温度変化の大きな変水層（または変温層）（metalimnion），低温で重い水からなる深水層（hypolimnion）の三層に分けられる．この場合，水

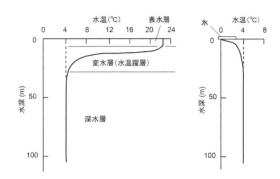

図 温帯湖の典型的な水温分布 (知北・熊谷原図)
左，夏季；右，冬季結氷期

温躍層は変水層と同義に使われることが多い．温帯湖では冬季に湖面が結氷したり風が弱い場合，水温は水深方向に高くなる逆列成層 (inverse stratification) の状態になる．このときも，水面下には水温躍層が存在する． ⇨水温成層 〈知北和久・熊谷道夫〉

[文献] 小関迪子・吉田順五 (1971) 支笏湖・倶多楽湖の水温鉛直分布：低温科学，物理編，29，1-14．/Bertram, B. et al. (2009) Deep water stratification in deep caldera lakes Ikeda, Towada, Tazawa, Kuttara, Toya and Shikotsu : Limnology, 10, 17-24.

すいがい　水害　flood damage　河川の氾濫や高潮・異常潮位などによってひき起こされる災害．一般に，河川による水害は，河川水が増水して越流したり破堤したりすることによってひき起こされる外水氾濫*と堤内地の水が排水できなくなって滞水する内水氾濫*に区別される．後者は特に都市域で活発化しているため都市水害としても注目されている．河川水の増水の原因としては低気圧や前線の活動などに伴う大雨などのほか，豪雪地域では融雪に伴う河川水の増水もみられる．海岸域では台風をはじめとする低気圧の接近に伴って発生する高潮・高波のほか異常潮位によってひき起こされる浸水・氾濫もみられる．広義には土石流災害や津波被害も含まれるが，これらは建物の破壊が顕著であるという点でやや性格を異にする．第二次世界大戦後の大規模な水害としては，利根川の決壊によって埼玉県から東京湾に至る広大な地域が被害を受けた 1947 年のカスリン台風による水害や，濃尾平野南部一帯を高潮によって水没させた 1959 年の伊勢湾台風の水害をあげることができる．水害を軽減するために古来，様々な治水事業が行われてきたが，濃尾平野の輪中も水害との戦いの結果生まれたものであり，戦後は総合的な治水が行われてきたほか，近年は洪水時の地下貯留なども積極的に進められている． ⇨ゼロメートル地帯 〈海津正倫〉

すいかいがん　水解岩　hydrolysate, hydrolyzate　岩石が加水分解などの風化を受けた際に風化されずに残留した堆積物の総称．加水分解堆積物とも．熱帯で岩石が化学的風化を受けたために形成されるアルミニウムや鉄だけの残留物（ボーキサイト鉱床）が好例． 〈松倉公憲〉

すいがいせん　水涯線　shoreline　地図に表示された陸部と水部との境界線．水際線と同義．海岸線，湖岸線，河岸線，湿地界線などが含まれる．地形図では，海岸線は満潮時における海陸境界を表示することとされ，補助的に干潮時に海面上に現れる範囲を干潟として示す場合がある．また，河岸線，湖岸線は河川，湖沼の平水時の位置を示すこととされている．海図では海岸線を岸線と称し，略最高高潮面(ほぼさいこうこうちょうめん)における水陸の境界線を示すとされている． ⇨潮汐基準面 〈宇根　寛〉

すいけい　水系　drainage net, river system, drainage system　河川の源流から河口までの本流（本川・幹川）および支流（支川）の総称であり，河系，排水系もほぼ同義である．流域外から接続する人工河川などを除けば，基本的には流域界で囲まれた地域の河川が含まれる．日本の河川管理においては，利根川水系，石狩川水系のように河口までの集合体として扱われる．一方で，河川という用語と同義で用いられることも多い．分流する河川（派川）や，流域内に存在する湖沼も水系に含む．恒常的水流のみられる河川のみならず，山地の谷線をつなぐことで水系図*（河系図）を作成し，種々の地形解析や水文現象の解明に役立てられる．ホートン*（R. E. Horton）によって提唱された水流の次数区分に関する解析を通じて，河川のもつ様々な階層構造が明らかにされ，地形学や水文学のみならず，フラクタルなどの複雑系科学の礎となった． ⇨水系網の発達 〈小松陽介〉

すいけいいじょう　水系異常　anomalous drainage　河系異常*のうち，転向異常*，屈曲度異常*などを水系異常とよぶことがあるが，本質的には河系異常と同義である．'異常でない河系'をどのように認識するか，またその異常の原因は何か，の探求が純粋地形学*および応用地形学*の観点からも重要である． ⇨河系異常 〈鈴木隆介〉

すいけいがた　水系型　drainage pattern　 ⇨河系模様

すいけいさぼう　水系砂防　erosion control on

watershed scale　⇨砂防事業

すいけいず　水系図　map of drainage net, map of drainage system, map of channel stream system　地形図などから水系を抽出した図．河系図とも．水系網は上流から下流まで連続する流路中心線を描画しかつ，特別の場合（カルスト河川など）を除き，途中で途切れることはない．水系図は水域を描画するために，湖沼や幅のある河川においては1本の線にならない．また，扇状地上の水無川（伏流河川），低地に山地小河川が流出する地点，地すべりブロック上で谷線が不明瞭になる地点などでは，水系が途切れることもある．水系図を読むことで，その地域の岩石物性や地質構造，地形発達過程や斜面プロセスについても，ある程度推測することが可能である．　〈小松陽介〉

すいけいそしき　水系組織　drainage texture　水系網の空間特性を表す用語．流域の「きめ」ともいう．水系図を描画することで定性的に判断できるが，水系密度や水系頻度などを測定することで定量化される．水系組織は気候環境，気候変動，河系の発達段階，基盤岩の地質や岩石物性，地殻変動，起伏などに影響を受ける．古くから年降水量が多い地域において水系密度が高く，すなわち「きめ」が細かいことが知られており，豪雨の頻度との関係も指摘されてきた．その後，岩石制約*の観点から基盤岩石の透水係数や力学的強度が水系組織に間接的な影響を与えることがわかってきた．一方，斜面崩壊が繰り返し発生することで谷が発達することが指摘されて以降，山崩れの発生メカニズムを解明する研究や，山地における降雨流出過程を扱う水文地形学的研究のなかで，地形プロセスと水系組織の関係が明らかにされつつある．　〈小松陽介〉

すいけいパターン　水系パターン　drainage pattern　⇨河系模様

すいけいみつど　水系密度　drainage density　⇨排水密度，谷密度

すいけいもう　水系網　drainage network, channel network　地形図上に描かれた河川と等高線から認定される谷線を結んで作成した図のこと．河川の幅や湖岸線までを抽出する水系図とは異なり，水域の中心線を描画した図．地形図に記載されている河川記号（青線の流路）のみを水系とする'blue line method'では，必ずしもすべての恒常流路を表していないので，流域の地形解析では，一般にさらに上流の谷線*を水系と認定する．近年ではPCを用いてDEM*から疑似水系網を作成する技術も利用されているが，水系網とは定義が異なるその成果の解釈には注意が必要である．　⇨排水網，水路網　〈小松陽介〉

すいけいもうのかくちょうき　水系網の拡張期　extension stage of drainage network　⇨水系網の発達

すいけいもうのシミュレーション　水系網のシミュレーション　drainage network simulation　水系の発生，合流，拡大などの一連の地形発達は確率論的側面を含んでおり，これらの現象を解明するために行われたアナログ実験や数値実験などのことを指す．人工散水によって模型侵食させるアナログ実験的研究や，コンピュータを用いたデジタルシミュレーションなど数多くの研究例がある．Leopold and Langbein（1962）はランダムウォーク理論に基づいた水系網の発達過程を再現した．Tucker and Bras（1998）はソイルクリープ卓越斜面，表層崩壊発生斜面，飽和地表流による谷頭侵食発生斜面などの地形発達プロセスに基づいた確率論的な三次元地形シミュレーションを行っており，水系網と山地斜面の両者を組み合わせた地形発達シミュレーションへと発展している．　⇨排水網，ランダムグラフモデル　〈小松陽介〉

［文献］Leopold, L. B. and Langbein, W. B.（1962）The concept of entropy in landscape evolution : USGS Prof. Paper, **500A**, 1-20./Tucker, G. E. and Bras, R. L.（1998）Hillslope processes, drainage density, and landscape morphology : Water Resour. Res., **34**, 2751-2764.

すいけいもうのはったつ　水系網の発達　evolution of drainage network, development of drainage system　水系網の平面的配置と合流形態が時間の経過とともに変化していく過程をいう．水系網は河系または排水網ともいう．Glock（1931）などの古典的研究や，Parker（1977）らの散水侵食実験*などの研究の成果によると，水系網は次のような過程で発達する．均質な物質から構成される等斉直線斜面では，降雨に伴う流水の侵食作用により，①初期段階にはごく浅い直線状のリルやガリーが平行かつ等間隔に形成され，最初の谷が形成され（初期：initiation），②谷頭は谷の延長作用によってしだいに上流方向に延びていき（伸長期：elongation），③谷の本数が増加し（増殖期：elaboration），④隣接するリル，ガリーおよび小さな谷が拡張作用によって併合し樹枝状河系*を形成し，水流頻度*は最大となる（最大期：maximum extension）．①～④を水系網の拡張期ともいう．その後，下刻作用に伴い，⑤

複数の水系が併合されると（河流の 生存競争*），各水系の流域面積に差が生じ，相互の水系の侵食力の差を生じるので，谷の深化作用に差が生じ，上流部を争奪された水系は地下水流出量の減少などによりしだいに消失し，⑥水系が複合して（統合期：integration），残存した水系が拡大する．⑤と⑥を水系網の複合期ともいう．以上のような一連の水系網の発達過程はランダムウォークモデルなどを用いたシミュレーションの分野でも研究されてきた．以上の見解は，降下火山灰が堆積した直後のほぼ平滑な斜面や，離水直後の海成段丘面などの地形面に適用されよう．しかし，勾配が極めて小さい地形面では自由蛇行河川が発生し，また透水性が高く地下水流出が卓越する斜面では浸出水侵食（地下水流出に伴う侵食，seepage erosion）が起こるなど，流域の諸条件により水系網の発達過程は大きく異なると予察され，今後の研究が期待される．⇨河谷の発達過程，河流の生存競争　　　　　　　　〈小松陽介〉

[文献] Glock, W. S.（1931）The development of drainage systems: a synoptic view : Geographical Review, 21, 475-482. /Parker, R. S.（1977）Experimental study of drainage basin evolution and its hydrologic implications : Colorado State University Hydrology Paper 90.

すいけいもうのふくごうき　水系網の複合期 compound stage of drainage network　⇨水系網の発達

すいけいもよう　水系模様 drainage pattern ⇨河系模様

すいけい・りゅういきのじどうちゅうしゅつ　水系・流域の自動抽出 delineation of stream net and watershed　地形は，「水は低きに流れる」の原則に基づいて，地表の水の流れ方を決定する．したがって，数値標高モデル（DEM）を解析することにより，水系と流域を自動的に抽出し，その特徴を定量的に評価することができる．一般的な抽出の手順は，まず，グリッド形式の数値標高モデルに含まれる見かけ上の窪地を埋め（fill sinks），次に各グリッドの流向（flow direction）を求める．その結果をもとに，各グリッドの上流域を抽出し，そこに含まれるグリッドの数を累積流量（flow accumulation）とする．次に閾値を決め，それ以上の累積流量を持つグリッドを水系と見なす．ただしこの方法では，水系の始点を流域面積のみで決めることになる．そこで，傾斜なども考慮して場所ごとに多様な閾値を適用する試みも行われている．また，日本の急峻な山地や 悪地*（バッドランド）のように，開析が進み谷頭が尾根にまで達している場合には，すべてのグリッドを水系の一部と見なして水系の抽出を行い，一定の次数以上の流路を水系と見なす場合もある．さらに，曲率などに基づいて谷や尾根を地表の形態から認定し，水系の分布を求める方法もある．曲率水系の自動抽出は，手作業に比べて高速で客観性が高いという利点がある．　　　　　　　〈林　舟〉

すいげき　水隙 water gap　細長い山地を横断する先行性河川の形成した 峡谷* で，その上流および下流の谷底幅が広い地形を指す．ウォーターギャップとも．風隙* の並列語としての訳語であるが，成因の異なる 先行谷* と 表成谷* を一括した曖昧な概念・用語なので，日本ではほとんど使用されない．⇨谷底幅異常　　　　　　〈久保純子・鈴木隆介〉

すいけん　水圏 hydrosphere　⇨地球の三圏

すいごう　水郷 suigou　三角州や河川最下流部の低湿地にみられる景観．河川の水位と土地の高さの差があまりなく，舟運や灌漑・排水などを目的とした運河が発達するところを指すことが多い．オランダの干拓地や中国の長江デルタの江南地方，利根川下流の潮来付近や筑後川下流の三角州における低湿地などが知られている．　　　　　　〈海津正倫〉

すいこみあな　吸込み穴 sinkhole, doline, ponor, swallet　吸込み穴は，日本では二つの意味に用いられている．すなわち シンクホール* と ポノール* である．英語のシンクホールに相当する吸込み穴は，雨水の排水を凹地で行う場合に地下へ水が浸透する口があいているものをいう．降雨が強いと，一時的に凹地に水が溜まり，その水を排水する垂直洞につながる吸込み穴が形成される．平坦な平野のようにみえる場所でも吸込み穴があいていることがあり，南オーストラリアの炭酸塩岩の地域では，牧場で突然ウシが地下に落下した記録もある．凹地が大きくなり ドリーネ* となった場合も，ドリーネ底に必ず吸込み穴がある．このため，米国ではドリーネの地形も，シンクホールとよぶ．ポノールの意味で吸込み穴を用いる場合は，地表を流れてきた地表水が吸込み穴から流入し，地下系へ流下するというシステムをもっている．ポノールの場合は地表水は涸れることはなく，常に水が流入しているのが普通である．日本ではポノールも吸込み穴とよぶことがあるが，「吸込み穴」はポノールの意味では用いない方がよいと考える．　　　　　　〈漆原和子〉

すいさんかこうぶつ　水酸化鉱物 hydrooxide mineral　化学組成による鉱物分類の一つで，水酸化物からなる鉱物．ギブス石など．酸化鉱物に含め

る場合もある． 〈松倉公憲〉

すいじゅんぎ　水準儀　level　水準測量に用いる計測機器．観測用望遠鏡の視準線を正確に水平に維持したままで水平面上を回転するように調整される．レベルとも．望遠鏡と平行に取り付けられた気泡管を見ながら手動で水平を調整するものと，重力により自動的に望遠鏡の水平が確保されるもの（自動レベル）がある．また，観測者が目視で標尺の目盛りを読みとるもののほか，最近では標尺に取り付けられたバーコードを自動的に認識することにより高さを読みとる電子レベルが用いられるようになった． 〈宇根 寛〉

すいじゅんげんてん　水準原点　vertical datum origin　統一した測量が行われる区域（1国や数カ国）の標高の基準となる点．日本では測量法施行令により東京都千代田区永田町1丁目の日本水準原点の水晶板の零目盛りの中点で，東京湾平均海面上24.3900 m と定められている．この値は，2011年の東北地方太平洋沖地震*の影響による地殻変動が観測されたため，2011年10月21日に改定されたもので，それ以前は1923年の関東大地震後に改定された24.4140 m が用いられていた． 〈宇根 寛〉

すいじゅんスフェロイド　水準スフェロイド　niveau spheroid　重力の等ポテンシャル面を近似した回転楕円体．重力のフリーエア異常を高精度に求める場合などで用いられる． 〈宇根 寛〉

すいじゅんそくりょう　水準測量　leveling　2地点に鉛直に立てた標尺の中間に水準儀を水平に設置して標尺の目盛りを読みとり，その差から2地点間の高さの差を求める操作を繰り返し行って，出発点に対する到達点の比高を求める測量作業．国が設置する水準点の標高はすべて日本水準原点を基準とした水準測量により決定されている．原理は単純であるが精度はきわめて高く，国土地理院の一等水準測量では100 km 程度の距離の測量を行っても誤差は通常 mm オーダーである．全国の主な一等水準路線では明治以降これまでに7～8回の水準測量が行われており，その結果得られた水準点の上下変動が「一等水準点検測成果収録」として国土地理院から公表されている．これは測地学的な地殻変動の認定に活用されている． ⇨水準点 〈宇根 寛〉

すいじゅんてん　水準点　bench mark　水準測量により標高が正確に決定され，標識が設置されている点．国が設置した水準点の標識には普通，花崗岩の石柱が用いられ，頂面にある突起の頂部が標高に相当する．このほか，金属標が標識となっている水準点もある．国の水準点は全国に約1万9,000点あり，主に主要な幹線国道に設定されている水準路線に沿って約2 km 間隔で設置されている．高さの基準を与えるとともに，繰り返し測量を行うことにより上下方向の地殻変動や地盤沈下の監視に用いられている．経緯度の測定は行われず，位置は地形図上に表示されるだけだったが，基盤地図情報の項目の一つとされたことから，国土地理院では位置の計測を行っている． ⇨水準測量 〈宇根 寛〉

すいじゅんめん　水準面　datum level　水深の基準面*のこと． 〈砂村継夫〉

すいじゅんろせん　水準路線　leveling route　水準測量を実施する路線．水準測量に伴う観測誤差をできるだけ小さくするため，水準路線は通常閉合環となるように設置される． ⇨水準測量，水準点 〈宇根 寛〉

すいじょうかざん　錐状火山　volcanic cone　⇨シュナイダーの火山分類

すいじょうがん　水上岩　rock above water　⇨岩礁

すいじょうきこう　水蒸気孔　steam fumarole　⇨噴気孔

すいじょうきばくはつ　水蒸気爆発　phreatic explosion　⇨水蒸気噴火

すいじょうきふんか　水蒸気噴火　steam eruption, phreatic eruption　高温高圧の水蒸気の急激な噴出を伴う爆発的な噴火．水蒸気爆発（phreatic explosion）とも．マグマによって地下水が熱せられて生じた水蒸気や，マグマから分離した水蒸気などが地下や火山体内部に溜まり，これが爆発的に噴出するもので，火道沿いの岩体や火山体の破壊などをひき起こす．水蒸気噴火により生産される火山砕屑物は，類質物質か異質物質であり，本質物質は含まれない． ⇨本質物質，類質物質，異質物質 〈横山勝三〉

すいじょうきふんきこう　水蒸気噴気孔　steam fumarole　⇨噴気孔

すいしょうぶ　水衝部　water colliding front　河川において洪水時に護岸や堤防に流水が特に強く作用する箇所をいう．河川工学用語．河川湾曲部で河道の外側にあたるところに多くみられる． ⇨攻撃斜面 〈安田浩保〉

すいしょくさんち　水食山地　water erosion mountain　水食によってつくられた形態を念頭においた山地を指す．侵食によって形成された形態を念頭において，山地を水食山地と氷食山地（glaciated mountain) などに分けたときの一つで，侵食作用に水食（主として河食）が卓越する場合に水食山地とよぶ．水食によって形成された形態（尾根と谷からなる凹凸）を念頭において山地をよぶ場合に用いることが多いが，周辺部がより速く水食されたために高まりとなった壮年期以降の河間山地や残丘，外縁丘陵，あるいは差別侵食によって形成されたケスタ地形のホッグバッグなどの高まりを指す場合もある．また，かつて陸上で形成され，その後，堆積物に覆われた後に隆起した山地が，上位の堆積物が削剥されたため再び表面に露出した再生山地を指すこともある．⇨侵食山地 〈大森博雄〉

すいしん　水深　water depth 海や湖沼，河川などの深さ．海の場合は最低水面からの深さで表される．水深の測定は古くは投鉛により錘が海底等に着底するまでのロープやワイヤーの長さから測定されたが，現在は音波により測定される．海中の音速度は海水の水温，塩分等により変化するため，正確な水深の測定には音速度の補正が重要な作業となる． 〈八島邦夫〉

すいしんず　水深図　smooth sheet, fair chart 多数の水深値を適当な間隔で記載することによって海底や湖底の地形を表現し，海図編集の基にする図面で，測量原図ともいう．水深が浅く地形的な高まりの区域では水深は密に記載し，水深が深く平坦な地形のところでは水深は粗く記載される．水深値のほか低潮線，海岸線，底質なども記載される．⇨海図 〈八島邦夫〉

[文献] 八島邦夫 (2005) 海の地図：地図中心, 395, 3-6.

すいしんのきじゅんめん　水深の基準面　datum level for sounding 海の水深をこの面からの深さで表す．海図では船舶が底触しないようにするため，めったにそれ以下に下がることはない低潮面とする必要がある．日本では最低水面，すなわち潮汐観測資料から調和分解によって潮汐調和定数を求め，このうちの主要な四分潮の振幅の和だけ平均水面から下げた面で基本水準面ともいう．略最低低潮面（⇨潮汐基準面）が採用されている． 〈八島邦夫〉

すいせい　水制　groin, spur dike 河川の流水を積極的に制御するために設置される構造物．河岸からある角度で河川の中心部に向かって突き出したり，河岸に平行に設置したりして流心を河川中央部に向かわせ，堤防に作用する洪水の外力を軽減して，堤防を間接的に保護する． 〈砂田憲吾〉

すいせい　水星　Mercury 太陽系のいちばん内側をまわる惑星．太陽からの平均距離は 0.39 天文単位（5,800 万 km）であるが，軌道離心率が 0.206 と大きいので，近日点距離は 4,600 万 km，遠日点距離は 7,000 万 km と両者に大きな違いがある．水星の公転周期は約 88 日，自転周期は約 59 日で，その比はちょうど 3：2 の関係になる．この関係から水星の一昼夜は 176 日となる．水星の赤道半径は 2,440 km，体積は地球の 0.055 倍で月よりもやや大きな天体である．平均密度は $5.43\ g/cm^3$ で太陽系では地球（平均密度 $5.52\ g/cm^3$）に次いで大きく，内部には全質量の 75% を占める大きな金属核があると推定される．地球からみると水星は太陽からの最大離角が 18〜28° 以内で，常に太陽の近くにあるために観測が困難であった．しかし 1974〜75 年の探査機マリナー 10 号（米国）の 3 回の接近によって水星表面の約半分が数 km 程度の分解能でわかるようになった．2011 年には探査機メッセンジャー（米国）が水星周回軌道からの観測をはじめ，全表面を 250 m 以上の分解能でステレオ撮像するなどの観測成果をあげている．水星表面には多数の衝突クレーターがあり，月面によく似ている．しかし月に比べて水星は表面重力が大きいため，衝突クレーターの放出物はその近傍に限られる．クレーター間には火山起源と推定される平原（intercrater plains）があるが，月の高地と海のような顕著な二分性はない．水星表面には長さ数百 km，高さ数 km の崖が発達する．これは水星全体の冷却・収縮によってできた逆断層だと考えられている．⇨惑星，地球型惑星 〈白尾元理〉

すいせい　彗星　comet 彗星は，太陽の周りを公転している小天体であるが，表面から塵やガスが放出されて「コマ（coma）」とよばれる大気状のものが確認されると彗星と定義されることになる．コマが確認されない場合には，分類上は小惑星である．彗星の本体は核とよばれているが，核の表面には揮発性の物質があり，太陽の熱によって熱せられると蒸発してコマを形成するのである．その主な成分は，水，一酸化炭素，二酸化炭素，メタン，アンモニアなどであり，これらの氷に岩石質や有機質の塵が含まれていると考えられている．太陽光の輻射圧と太陽風により，コマのガスや塵は太陽と反対方向に流されて尾を形成する．尾には，ダストテイルとよばれる塵の尾と，イオンテイルとよばれるイオン化されたガスの尾がある．公転周期が 200 年という値を区切りにして，それより短いものを短周期彗星，長いものを長周期彗星とよんでいる．短周期彗

星はエッジワース・カイパーベルトに，また長周期彗星はオールトの雲にその起源があると考えられている．探査機がこれまでに訪れた彗星としては，ハレー彗星，ボレリー彗星，ビルト第2彗星，テンペル第1彗星，ハートレー第2彗星がある．表面にはクレーターのような穴がみられ，そこから揮発した物質が吹き出しているものと推定されている．⇨小惑星，エッジワース・カイパーベルト天体，太陽系外縁天体 〈吉川　真〉

すいせいがん　水成岩 aqueous rock ⇨堆積岩

すいせいシラス　水成シラス reworked Shirasu 流水で運ばれて再堆積したシラス．二次シラスとも．九州南部のシラス地域では，シラス台地や河岸段丘の表層部，沖積地などに広く分布する．ほぼ水平な層理が発達し，斜層理もしばしば認められ，流水による運搬中の磨耗作用で角が取れた軽石（円〜亜円礫）が含まれるなどの特徴がある．⇨シラス，シラス台地 〈横山勝三〉

［文献］横山勝三（2003）「シラス学」．古今書院．

すいせいせつ　水成説 neptunism ドイツの著名な鉱物学者 A. G. Werner によって提唱され，18世紀末から19世紀初期に広まった地球の起源に関する論説である．水成論とも．玄武岩や花崗岩などの火成岩，さらに結晶質の変成岩までも地殻に含まれていた物質が溶かし込んで全世界を覆っていた原始海洋から結晶化して生成されたとする説である．その後，海面低下によって陸地化して侵食を受けて堆積岩がそれらの上にできたという．火山の爆発も火口下で石炭が燃えるためで，溶けた溶岩が冷えてもガラスのように固化するだけであらゆる結晶は水溶液からだけ生成されるという偏見であった．
〈加藤碵一〉

すいせいどじょう　水成土壌 hydromorphic soil, hydrogenic soil 排水の悪い条件で土壌が還元作用を受けて生成する土壌．一時的な還元作用を受けて生成する疑似グライ土*や灰色低地土，常時還元作用を受けて生成する停滞水グライ土やグライ土*，また逆グライ化（灌漑水によって表土のみが季節的に還元作用を受けてグライ化する）で生成する表面水型水田土壌がある．泥炭土の成因は水成であるが，母材が特殊なため，水成土壌に含まないことが多い． 〈田中治夫〉

すいせいろん　水成論 neptunism ⇨水成説

すいせきど　水積土 aqueous soil 水の影響によって運搬された母材から生成した土壌を水積土という．母材は堆積様式により，残積成，運積成，集積成に分けられ，運積成はさらに重力成，水成，氷河成，風成に分けられる．水成母材の堆積様式には，海成（海底の堆積物が陸化したもの：海岸平野，砂州，砂嘴，低地，干拓地等），湖沼成（湖沼底の堆積物が陸化したもの），沼沢成（湿地性で泥炭や黒泥），河成がある．河成はさらに氾濫原成（河床，自然堤防，低湿地など），扇状地成，三角州成，段丘成（台地を含む）に分けられる． 〈田中治夫〉

すいそうきょり　吹送距離 fetch ある地点の風波*の発達を考える際に必要な物理量の一つで，その地点から風上側の風域*の端までの距離をいう．フェッチともよばれる．湖や海湾のように風上側の風域に陸地がある場合には，そこまでの距離をいう．対岸距離ともよばれる．一定風速の風が風向を変えずにある時間作用するとき，波がその時間内で定常状態になるまで発達するには最小限の水域の長さが必要となる．これを最小吹送距離（minimum fetch）という．一定風速の風に対する波の発達状態は，吹送距離か吹送時間*のどちらかで決定される． 〈砂村継夫〉

すいそうじかん　吹送時間 duration 波を発達させるような風が吹き続けている時間をいう．一定風速の風が一様に吹いた場合，ある地点で波が十分に発達するためには，ある時間以上風が吹き続けることが必要となる．この時間を最小吹送時間（minimum duration）という．一定風速の風に対する波の発達状態は，吹送時間か吹送距離*のどちらかで決定される． 〈砂村継夫〉

すいそうりゅう　吹送流 drift current 海洋や湖の表面に作用する風の摩擦力によって引き起こされる表層の流れ．⇨エクマン吹送流 〈砂村継夫〉

すいたいひょうが　衰退氷河 degrading glacier 末端の後退，厚さの減少など，年間の質量収支がマイナスである氷河．近年は世界の多くの氷河が衰退している． 〈紺屋恵子〉

すいちゅうかさいりゅう　水中火砕流 subaqueous pyroclastic flow 水中を流れる火砕流．高温のガスを媒体とする陸上の一般的な火砕流が水中に突入した場合，水を媒体とする環境下でどのように変化・変質するかについては詳細にわかっていない．したがって陸上の火砕流のイメージを前提とする限り，"水中火砕流"という概念や名称にも問題点がある．水中火砕流堆積物や水中で生じた溶結凝灰岩と解釈されているものがいくつか報告されているが，問題点も多く，特に後者（水中における溶結凝

灰岩の生成）についてはまだ認定されるに至っていない． 〈横山勝三〉

[文献] Cas, R. A. F. and Wright, J. V. (1987) *Volcanic Successions, Modern and Ancient.* Allen & Unwin.

すいちゅうじはさいようがん　水中自破砕溶岩　subaqueous autobrecciated lava　溶岩流が水中を流れ，その一部または大半が急冷により収縮破砕されて生じた火砕岩（角礫岩）．構成岩片は大小の角礫および細粒物質で，全体が同質であることが特徴．安山岩〜デイサイト質の水中溶岩流によくみられる．⇨自破砕溶岩，水中溶岩流　〈横山勝三〉

すいちゅうしょうど　水中照度　light intensity　水中での明るさ（ルクス）．照度とも．太陽などの光源や透明度（transparency），濁度（turbidity）などによって変化する．湖水や海洋の状態をみるには，水面の太陽放射照度と各深度の水中照度との相対比率（減衰率）を測定する．透明度が高ければ，深いところまで光が届き，減衰率は小さい．光の波長によっても減衰率が異なり，水中では赤い光は青い光よりも早く減衰する．　〈小田巻　実〉

すいちゅうようがんりゅう　水中溶岩流　subaqueous lava (flow)　水中を流れた溶岩（流）．溶岩流全体の形状は，陸上の場合と同様，溶岩の粘性の大小で多様であるが，水中溶岩の顕著な特徴は特に末端部に認められる．すなわち，玄武岩質の水中溶岩（流）の末端部では，枕状溶岩や破砕岩片が形成され，珪長質溶岩の場合には変形した枕状溶岩状の塊状構造や多くの破砕岩片（角礫）を生じる．枕状溶岩の皮殻部は水冷に伴い角礫化し，内部には放射状の割れ目（節理）が発達する．⇨枕状溶岩
〈横山勝三〉

[文献] 山岸宏光（1994）「水中火山岩」．北海道大学図書刊行会．

すいちょくこちょうりつ　垂直誇張率【地形断面図の】　vertical exaggeration (of topographic profile)　地形断面図を描く場合に，水平距離の縮尺（水平縮尺）に対する高度の縮尺（垂直縮尺）の拡大率（垂直縮尺/水平縮尺＝nのときのn）を垂直誇張率という．地形断面図にはその垂直誇張率を，2.5倍（×2.5とも書く），5倍のように必ず示す．大起伏の山地では，垂直誇張率は1倍でよいが，小起伏の丘陵や段丘あるいは低地，砂丘などでは，2.5倍，5倍，10倍などとし，地形の特徴が最も理解しやすいように（実際の風景のように）誇張する．⇨地形断面図　〈鈴木隆介〉

[文献] 鈴木隆介（1997）「建設技術者のための地形図読図入門」．第1巻．古今書院．

すいちょくしゅくしゃく　垂直縮尺　vertical scale　⇨垂直誇張率

すいちょくせんへんさ　垂直線偏差　deflection of the vertical　鉛直線偏差と同義であるが，垂直線偏差とは鉛直線を基準にした垂直線のずれで，鉛直線偏差とは垂直線を基準にした鉛直線のずれのことである．両者は基準が違うだけで，量的には同じとみなしてよい．鉛直線偏差と逆符号とする場合がありまぎらわしい．⇨鉛直線偏差
〈宇根　寛・古屋正人〉

すいちょくだんそう　垂直断層　vertical fault　⇨断層の分類法（図，表）

すいちょくだんめんけい　垂直断面形【斜面の】　longitudinal profile (of slope)　⇨斜面型（図）

すいちょくばん　垂直盤　vertical dip　⇨斜面分類［斜面傾斜と地層傾斜の組み合わせによる］（図）

すいちょくばんしゃめん　垂直盤斜面　vertical dip slope　斜面の傾斜方向における地層の相対傾斜が垂直の地盤で構成される斜面．⇨斜面分類［斜面傾斜と地層傾斜の組み合わせによる］（図），相対傾斜（図）　〈中西　晃〉

すいちょくぶんぷたい　垂直分布帯　vertical distributional zone　高度に伴う植物・動物・温度などの分布帯をいうが，植物の分布帯で代表させることが多い．中部日本付近では下から常緑広葉樹林の丘陵帯，落葉広葉樹林の山地帯，常緑針葉樹林の亜高山帯，高山植生の高山帯が配列する．亜高山帯上部に出現するダケカンバ林やハイマツ林の位置づけには議論がある．高度の増加とともに気温が逓減するが，その割合（逓減率）は場所や季節によって変動し，全世界の平均は0.55℃/100m，日本のそれは0.61℃/100m程度であるという．吉良竜夫は，

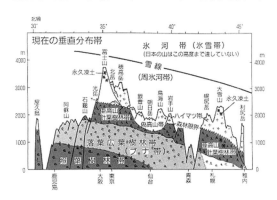

図　垂直分布帯（小泉・清水，1992）

0.55℃/100mの値と低地の観測所の月平均気温のデータを用い，温量指数*（warmth index）の等指数面の高度を求めた．この結果では，垂直分布帯のそれぞれの境界は85℃・月，45℃・月，15℃・月の等指数面とほぼ一致し，垂直分布帯は基本的には温度環境に従属的である．ただし，東北日本日本海側の多雪山地を中心に亜高山帯の常緑針葉樹林が欠落するなど，垂直分布帯の破綻も認められる．

〈岡 秀一〉

［文献］石塚和雄編（1977）「群落の分布と環境」，朝倉書店．／小泉武栄・清水長生編（1992）「山の自然学入門」，古今書院．

すいちょくへんどうりょう　垂直変動量　vertical displacement　地殻変動による変動量の垂直成分．2011年3月11日の東北地方太平洋沖地震*では，宮城県牡鹿半島で最大約1.2mの沈降量が記録され，三陸地方から阿武隈地方にかけての広範囲で太平洋側で大きな垂直変動があった．　〈鈴木隆介〉

すいていさんかくす　水底三角州　subaqueous delta　三角州のうち常に満潮位より低い頂置面，前置面，底置面の部分を水底三角州として区別することがある．このうち頂置面の部分は下位三角州面に相当する．また，底置面をなす底置層の厚さは沖合ほど薄くなるので，底置面外縁の厳密な認定は困難である．⇨三角州　〈海津正倫〉

［文献］鈴木隆介（1998）「建設技術者のための地形図読図入門」，第2巻，古今書院．

すいていしぜんていぼう　水底自然堤防　subaqueous natural levee　水面下に形成された自然堤防*．デルタの先端の干潟を流れる水路では干潮時に陸域起源の運搬物質が水路両岸に堆積してわずかな高まりをなして自然堤防状の微高地を形成することがある．これらは満潮時には水面下となるため，水底自然堤防とよばれる．堆積が進行し，比高が大きくなると満潮時にも水面上に頂部を出したままの状態になり，河道を挟む突堤状の自然堤防となるが，デルタ先端部の離水初期にはそれぞれの自然堤防に囲まれた凹地の部分が水域のまま残っている．鳥趾状三角州で発達しやすく，ミシシッピデルタの先端部において顕著に認められる．　〈海津正倫〉

すいていちけい　水底地形　subaqueous topography　水に被覆される地表面（水底）の地形（海底地形，湖底地形，河底地形）の総称．⇨地表面の絶対的分類　〈鈴木隆介〉

すいていふんか　水底噴火　subaqueous eruption　海底，湖底，河床，氷河底など，水中で起きる噴火．陸上噴火の対語．水底噴火では，マグマは水圧の高い深海底に噴出したり，水と接触して急冷されたりするため，陸上噴火の場合とは噴火様式が異なる．深海底にマグマ（玄武岩質溶岩）が噴出する場合，高い水圧のため爆発的な噴火を伴わず，枕状溶岩が生じる．水深の浅い場所における噴火の場合，岩質に関わらず，通常，激しいマグマ水蒸気爆発を起こす．⇨海底噴火　〈横山勝三〉

すいてきせき　水滴石　dripstone　⇨滴石

すいでん　水田　paddy field　畦で囲まれた湛水できる農地．畦で囲まれた区画と，そこに水を導く用水路と水を排水する排水路がある．畦で囲まれた区画には用水を入れるための水口と排水するための水尻があり，これらの開閉によって水管理を行う．水田の立地によっては用排水路を兼用したり，水路がない場合には区画から区画へ直接水を流す田越し灌漑となる．いずれにしても，毎年定期的に耕うんして湛水し，代掻きをして排水するという作業が繰り返される水田は，イネにとっての生育立地ではあるが，植物一般の生育にとっては特異な環境条件となる．これに適合するのがイヌビエ，タネツケバナ，スズメノテッポウ，アカウキクサなどの水田雑草である．近年は放棄水田が目立っており，放棄後数年でそこにはヨシやススキ，さらにはセイタカアワダチソウがはびこるようになる．水田は，旧版地形図では「乾田・田・沼田」の3種の記号で表現されていたが，現在の地形図ではこれらはすべて「田」の記号で示されている．⇨水田土壌，湿田

〈岡 秀一〉

［文献］田渕俊雄（1999）「世界の水田 日本の水田」，農山漁村文化協会．

すいでんどじょう　水田土壌　paddy soil, rice soil　主に水稲を栽培するために造成された土壌の総称．平坦化，畦立て，床締め，客土などの水田造成を行い，耕起，湛水，代掻き，施肥，中耕，除草，中干し，落水，収穫などの水稲栽培作業を行うために，土壌の性質は開田前とは大きく異なる．湛水後の還元に伴う化学変化が特に重要で，逆グライ化や疑似グライ化，還元溶脱集積作用，塩基の再編成などの水田土壌化作用が起こる．水田土壌は非灌漑期の土壌の水分状態によって大きく乾田と湿田に分けることができる．乾田では地下水位が低いため，灌漑期には作土に水分を保つ必要がある．湛水し代掻きを行い，すき床層とよばれる不透水層をつくる．乾田には，Ap(g)/Cgなどの層位配列を示す灰色低地土，Ap/Bw/Cなどの層位配列を示す褐色低地土，Ap/Bwgなどの層位配列を示す多湿黒ボク土，

Ap/Bg/Bt などの層位配列を示す黄色土などがある．また，灌漑水の影響を強く受けた場合には，Apg/Bgs/C や Apg/Eg/Bgs/C など集積層をもつ層位配列や，Apg/Eg/Bg/Cg など漂白化層をもつ層位配列を示すことがある．湿田は地下水が高く，Ap(g)/Cg(Cr) などの層位配列を示すグライ土，(Ap)/H などの層位配列を示す泥炭土や黒泥土，Ap(g)/Bg などの層位配列を示す黒ボクグライ土などがある． 〈田中治夫〉

すいとう　水頭　hydraulic head　水は常に力学的エネルギーの高い地点から低い地点へと流れる．この力学的エネルギーはベルヌーイの式：$E=PV+mgz+(1/2)mv^2$ で表される．ここで，E は質量 m の水の力学的エネルギー，P は圧力，V は体積，g は重力加速度，z は高さ，v は流速である．すなわち E は，質量 m の水がある任意の標準状態（上式では，$P=z=v=0$）から与えられた状態に変化するのに要する仕事量を意味する．単位質量あたりのエネルギーを流体ポテンシャルとして表すと，$\Phi=E/m=(P/\rho_w)+gz+(1/2)v^2$ となり，これをヒューバート・ポテンシャル（Hubbert's potential）という．ここで，ρ_w は水の密度．さらに，地下水の流動解析に便利なパラメータとして単位重量あたりのエネルギー（$h=E/mg$）を考え，これを（全）水頭という．すなわち，水頭とは地層中のある点における水圧を基準面からの高度で表したもので，位置水頭（elevation head），圧力水頭（pressure head），および速度水頭（velocity head）の和となる．通常地下水の流速は非常に遅いので速度水頭は無視できる．飽和帯の流体の流れは，流体ポテンシャルに支配され，等ポテンシャル面と直交する方向へ流れる． 〈池田隆司〉

すいどう　水道　strait　⇨海峡

すいとうかくさんりつ　水頭拡散率　hydraulic diffusivity　ある地点における水頭 h の変化は周辺の水頭にも影響を及ぼすが，水頭拡散率 D はその変化がどれくらい速く伝播するかを表し，透水量係数 T と貯留係数 S の比：$D=T/S$ で定義される．地下水の運動方程式は，2次元の場合，$\partial h/\partial t = D(\partial^2 h/\partial x^2+\partial^2 h/\partial y^2)$ で表され，拡散方程式と同じ形になる．D の次元も拡散係数と同じ $[L^2 T^{-1}]$ で，3次元の場合は $D=K/S_s$ となる．ここで，K は水理伝導率，S_s は比貯留率．⇨透水量係数，貯留係数 〈池田隆司〉

すいとうそんしつ　水頭損失　water head loss　水が流路に沿って流れる過程で，内部の粘性による摩擦の影響で力学的エネルギーが失われる．これを全水頭（位置水頭，圧力水頭，速度水頭の和）の損失として表したものをいう．このエネルギーは摩擦によって熱に変わるが，他の地質学的な熱源によるものと比べて極めて小さい． 〈池田隆司〉

すいとうめん　水頭面　potentiometric surface　⇨帯水層

すいねん　水年　water year, hydrologic year　降水量，河川流量など水文現象は季節変化し，急激に変化する時期と穏やかに変化する時期がある．したがって年単位で水文現象を考える場合，暦年とは異なる1年間を考えた方が，より正確に現象を把握できる場合がある．このような考えから，ある水文現象を考えるために特別に設定した1年間の区切りを水年という．日本では，水収支法で流域の年間蒸発散量を求める場合など，流域貯留量が安定している秋を区切りとした方が便利であるため，11月末日を水年の区切りとする場合が多い． 〈浦野慎一〉

すいはんきゅう　水半球　water hemisphere　球体としての地球の表面のうち，海の占める面積が最大になる大円によって区分された地球の半球である．海洋面積の約64％を含み，その大部分は太平洋とインド洋である．水半球の中心はニュージーランドの南東の南緯47°13′，東経178°28′にある．その反対側を 陸半球（りくはんきゅう）* という．⇨水陸分布 〈鈴木隆介〉

ずいはんちけい　随伴地形【段丘の】　landform accompanying terrace　⇨段丘の随伴地形（図）

すいひ　水簸　hydraulic elutriation　粘土の分散懸濁液を一定時間静置した後，粒径による沈降速度の差を利用して所定の粒径以下の粒子を採取する試料調製法．たとえば，水温20℃であれば，撹拌静置の3時間54分後に5cmの深さから上の部分をサイフォンを用いて採取すれば2μm以下の粒子の懸濁液が得られる．水簸された懸濁液を遠心分離器にかけて集められた粒子が粘土試料としてX線回折分析* などにかけられる．⇨ビーカー法 〈松倉公憲〉

すいぶんカテナ　水分カテナ　hydrocatena　地形の違いに対応して，土層内の水分環境に違いが生じて生成される土壌．沖積低地では，自然堤防・後背低地（湿地）・沼沢地（低湿地）などの微地形の高低の差に対応して，褐色低地（沖積）土，灰色低地（沖積）土，グライ土の土壌が発達する．河道に沿う微高地の自然堤防の褐色低地土は地下水位が低く，

グライ斑（Bg層）の発達が弱くしかも下位層準に認められる．沼沢地では通年湛水状態のためグライ化作用が進行しグライ層（G層）が地表面に出現しグライ土となる．後背低地では地下水位が高いほど，グライ層が顕著に高層準に，低いほどグライ層が低層準に出て，グライ斑が出現する．このように地形の変化に対応して水分条件の違いが生じて，グライ層の出現位置，強度が異なる．一方，北海道のオホーツク沿岸の台地では，重粘土からなる母材であるが微地形の違いに対応して水分状況の違う土壌が生成する．高所では排水良好なため，全層が酸化条件下にあり，鉄分が酸化して，当地域の気候と植生に対応した成帯性土壌の褐色森林土*を生成する．斜面上部では雨季に降水が停滞して還元化し晴天時に酸化が起こり疑似グライ土*を生成する．さらに斜面下部においては，常時，地下水で飽和されるためグライ化し，地表には泥炭が堆積して泥炭質グライ土が，凹地では泥炭が厚く堆積して泥炭土が生成される．⇨カテナ 〈宇津川 徹〉

すいへいしゅくしゃく　水平縮尺 horizontal scale　⇨垂直誇張率

すいへいたんしゅくひずみ　水平短縮歪み horizontal shortening　水平圧縮応力によって岩石や地層が短縮変形する度合を示した単位長さ当りの変位．断層や褶曲によって短縮した地層を堆積時の状態に復元して推定する． 〈今泉俊文〉

すいへいだんめんけい　水平断面形【斜面の】 plan form (of slope)　斜面の水平方向にみた断面形態，すなわち等高線の形態は，凸，直線，凹の三つに分類されることが多い．凸と凹は，いずれも等高線をより標高が高い位置からみた場合の形態で，それぞれ尾根と谷に相当する．水平断面形は水や土砂の集中，拡散に大きく影響し，凸の斜面ではそれらが拡散し，凹の斜面では集中する．このため，土壌水分や土壌生成などに直接影響し，また，それらを通して植生の分布や土砂の移動にも影響する． 〈山田周二〉

すいへいばん　水平盤 horizontal dip　⇨斜面分類［斜面傾斜と地層傾斜の組み合わせによる］（図）

すいへいばんしゃめん　水平盤斜面 horizontal dip slope　斜面の傾斜とは無関係に，斜面の傾斜方向における地層の相対傾斜（見掛け傾斜）が水平の地盤で構成される斜面．⇨斜面分類［斜面傾斜と地層傾斜の組み合わせによる］（図），相対傾斜（図） 〈中西 晃〉

すいへいひずみそくど　水平歪み速度 horizontal strain rate　水平方向の土地の短縮・伸びの速さ．一定期間・一定区間の土地の水平歪みは，三角測量やGNSS測量で計測する．地層や岩石の変形からも長期間の歪み速度を推定できる． 〈今泉俊文〉

すいへいへんどうりょう　水平変動量 horizontal displacement　地殻変動による変動量の水平成分．2011年3月11日の東北地方太平洋沖地震*では，宮城県牡鹿半島先端部で東南東方向に最大約5.3mの水平変動があり，その地点を中心として東北地方の太平洋沿岸地域が広範囲にわたり同心円的な等変動量をもって水平移動した． 〈鈴木隆介〉

すいほう　水法 water law　わが国の河川法など，水の利用や河川の管理に関する法律・規則の総称．現行の他の法律との相互関係，関与の範囲は多様である．同時に，技術の向上や社会生活・国民意識の変化に応じて，改定・変更されることになる．外国では，各国の気候的背景，歴史的な経緯や社会条件により法体系も異なっている． 〈砂田憲吾〉

すいめんこうばい　水面勾配 water surface slope　河川などの開水路の上下流2点における水面の高さの差をその区間の水平距離で割った値．流速や土砂の流送の大きさなど河川の流況を簡潔に示す基本的な水理学的指標である． 〈砂田憲吾〉

すいもんがく　水文学 hydrology　地球における水循環*を中心概念とし，陸地の水のありかた，循環，分布，物理的ならびに化学的特性，およびそれらを基礎とした水収支，物質収支等を取り扱う学問分野．狭義には，これらのことを自然科学的に研究する学問分野を意味するが，広義には，水資源開発，水の利用・管理，水環境とその保全など，人間と水との相互関係に関する社会学的研究を含む総合科学のことをいう．天文学，地文学，水文学という呼称からもわかるように，歴史的には科学が始まった当初から存在した学問分野であるが，上記のように陸地の水循環を取り扱う分野としての理解と定義が明確になったのは，20世紀になってからである．水循環とは，水が地球の大気圏，地圏（岩石圏），水圏を通じて循環する過程をいい，この循環のことを特に水文循環（hydrological cycle）とよんでいる．したがって水文学は，上記水文循環にかかわるすべての事象，例えば蒸発散*，降水，降雪，流出*，浸透*，地下水流動などの現象解明と定量化，河川，湖沼，地下水など陸地水体の水質，賦存量の把握と利用・管理，などを取り扱うため，対象とする研究範囲が広く，他の分野との共通点も多い．したがっ

て，水文学は上述の狭義，広義とは別に，取り扱う対象あるいは他分野との組み合わせにより，農業水文学，森林水文学，都市水文学，河川水文学，湖沼水文学，地下水水文学，氷河水文学，社会経済水文学などに分類されている． 〈浦野愼一〉

すいもんきしょうがく　水文気象学 hydrometeorology　気象学で取り扱う現象や項目について，特に水循環*と密接にかかわる部分に焦点を当てて気象と水文現象の関係を研究する学問分野．例えば，地表面の大気現象や熱収支*と蒸発散*の関係，気象（降水量）とダムの貯水量や河川流量との関係などを取り扱う．したがって，基礎学としては蒸発散など地表面近くの気象と水の関係が研究対象となる場合が多く，応用面では，降水量推定にもとづくダムや水利施設の建設・管理などが対象となる． 〈浦野愼一〉

すいもんし　水文誌 hydrogeography　陸地の水に関するある特定の事象について，その地域的分布や地域的情報を記載したもの．ヨーロッパでは水文学は自然地理学の一分野とされ，水文現象の地域的記載が行われており，それを水文誌とよんでいる． 〈浦野愼一〉

すいもんじゅんかん　水文循環 hydrological cycle　⇨水文学

すいもんちけいがく　水文地形学 hydrogeomorphology　主に山地や丘陵における水循環と地形の相互作用の解明を目的とした，地形学の分野の一つ．特に浸透・流出過程を通して，水循環がどのように風化・侵食・運搬・堆積を促進し，地形を変化させるかを研究テーマとしている． 〈飯田智之〉

[文献] 奥西一夫（1996）水文地形学事始：恩田裕一ほか「水文地形学—山地の水循環と地形変化の相互作用—」，古今書院．

すいもんちしつがく　水文地質学 hydrogeology　地質学の中で，水循環*に関係する内容を含む学問分野．地球上の水循環全般を領域とするのが水文学（hydrology）であるが，そのうち，地下水の発生と，涵養から流出までの過程を支配する地層の諸特性に関係する学問分野が水文地質学である．地層の透水性や貯留性，帯水層の分布や連続性，地下水盆*の構造に関する検討だけではなく，地下水の流動や化学性状と地質との関係なども含まれており，水循環の場としての地層と，そこに胚胎する地下水の定量的評価など，内容は広範囲に及ぶ．水理学（hydraulics）は水の流れに関する力学的諸問題を扱う学問分野であり水文学とは異なるが，従来，水理地質学と水文地質学は同義で用いられている．
〈佐倉保夫・宮越昭暢〉

すいもんちしつず　水文地質図 hydrogeological map　⇨水理地質図

すいもんちず　水文地図 hydrological map　水文学の対象となる河川水，地下水，湖沼，土壌水，雪氷など陸上の水に関連する諸現象，および水循環の要素である降水分布，蒸発散量などの特性や分布などを地図化したもの．水文地図の種類は多種多様であるが，水理地質図はその代表的なもの．⇨水理地質図 〈池田隆司〉

すいりがく　水理学 hydraulics　流体運動を扱う学問を総称して流体力学とよぶが，そのなかで水の運動について扱うのが水理学であって，特に土木工学に応用するために体系付けられた学問．機械工学では水力学とよぶ． 〈宇多高明〉

すいりきか　水理幾何 hydraulic geometry　水文学的に均質な流域内の沖積河川おける流路幅，平均水深，平均流速がそれぞれ流量のベキ関数で表せる関係をいう．1953年に L. B. Leopold and T. Maddock, Jr.が初めて提示した．その後，各地でこれらの関係が調べられた結果，式中のベキ数の値はそれぞれ流域の気候・地質条件や測定地点などにより異なることがわかっている．水理幾何の理論的考察も多数行われている． 〈砂村継夫〉

[文献] Singh, V. P.（2003）On the theories of hydraulic geometry：International Journal of Sediment Research, 18, 196-218.

すいりきがく　水力学 hydraulics　流体力学のうち水の運動について扱い，特に機械工学に応用するために体系付けられた学問．土木工学では水理学とよぶ． 〈宇多高明〉

すいりくぶんぷ　水陸分布【地球上の】 global distribution of water and land　地球上の水陸の分布は単純な幾何学的模様ではなく，不規則な模様を示す．それは過去に存在した一つの巨大大陸（パンゲア*とよばれた）が不定形に分裂して，それぞれの大陸塊が相互に離れていったためと考えられている．そのことを初めて提唱したのは，ウェゲナー*（A. L. Wegener）であり，その説は大陸移動説*とよばれている．ドイツの地理学者ペンク*（A. Penck）は地球表面のうち陸地の占める割合が最も大きい半球を陸半球*とよび，その反対側を水半球*と名付けた．地球の全体的な水陸分布は大気や海水の大循環に強い影響を与える点で重要である． 〈鈴木隆介〉

すいりすいとう　水理水頭 hydraulic head　表

面下のある地点（例えば海水面）から上方の水面までの水体の高さ．ある下流側地点とある上流側地点における水位差．井戸の場合，水理水頭は基準面から井戸内の水面までの高さであり，水圧で表される．単に水頭ともいう． 〈三宅紀治〉

すいりちしつがく　水理地質学　hydrogeology　⇨水文地質学

すいりちしつず　水理地質図　hydrogeological map　水理学，水文学的な現象や情報と地質との関係を示した図のことで，水文地質図ともいう．一般の地質図は主として地表の地質・岩石分布，基盤の地質と構造を平面図として描いているが，水文地質図は各地層の透水性に重点を置いている．また，地下水の水質や河川流量との関係，さらには地盤沈下や地すべりなどの地質現象との関係など，自然状態のみならず，水資源の開発・保全や土地利用上不可欠な情報が盛り込まれている．　⇨水文地図 〈池田隆司〉

すいりでんどうりつ　水理伝導率　hydraulic conductivity　⇨透水係数

すいりゅう　水流　stream　水が地表面を重力にしたがって低いところへ向かって流れる状態．普通には谷や水路の中を流れるものをいうが，降雨の際に斜面やリル*・ガリー*を流れるものも含める．降水のうち蒸発散によって大気に戻るものを除いた残りの部分（雪や氷として地表に蓄積され，それらが融け出した水も含む）が表面流出*，中間流出*，地下水流出*として地表面に現れた水を起源とする．これらの小さな水流が集まって河谷を流れる水流が河流*であり，斜面上を降雨中に流れる水流は地表流とよばれる．　⇨河流，ホートン型地表流 〈島津　弘〉

すいりゅうじすう　水流次数　stream order　⇨水路次数

すいりゅうすうのほうそく　水流数の法則　law of stream number　⇨水路数の法則

すいりゅうちょう　水流長　stream length　⇨水路長の法則，水路次数

すいりゅうひんど　水流頻度　stream frequency　⇨水路頻度

すいりゅうみつど　水流密度　stream density　⇨排水密度，谷密度

すいれいはさいがん　水冷破砕岩　hyaloclastite　⇨ハイアロクラスタイト

すいろかいきゅう　水路階級　stream order　⇨水路次数

すいろこうばいのほうそく　水路勾配の法則　law of stream slope　ホートンの第3法則ともよばれる．$\bar{S}_1$を1次の水路の勾配の平均値，$\bar{S}_\omega$をω次の水路の勾配の平均値とすると，この法則は$\bar{S}_\omega = \bar{S}_1 R_s^{-(\omega-1)}$なる式で表される．$R_s$は水路の勾配比（stream slope ratio）とよばれ，同一流域内では一定である．ホートン（R. E. Horton）によって経験則として導かれた．当時は水路の次数区分はホートンの方法によっていたが，その後，ホートン・ストレーラー法によって次数区分された水路にも適用されることが判明している．水路長の法則と水路落差の法則とをともに満足する水路網では，この法則は必然的に成立することになる．地形をフラクタル幾何学の観点で考察する際，この法則が地形の自己アフィン性に関係するであろうと考えられている．⇨自己アフィンフラクタル，ホートンの法則，水路落差の法則 〈徳永英二〉

[文献] Morisawa, M. E. (1962) Quantitative geomorphology of some watersheds in the Appalachian Plateau : Geol. Soc. Am., Bull. **73**, 1025-1046.

すいろじすう　水路次数　stream order　水路階級，水流次数ともよばれる．谷次数*とほぼ同義である．一つの流域内の水路網は，最下端の流出口から分水界近くの最先端まで様々なレベルの水路によって構成される．これらの水路のレベルは，数値を用いて分類することができる．その際の数値を水路次数という．H. Gravelius は，河川網を対象に本流を1次，それに直接流入する支流を2次，さらに2次の支流に直接流入する支流を3次と，上流に向かって次数を増加させる方法で，河川の等級区分を行った．約30年後，ホートン（R. E. Horton）は一度はすべての最先端の支流を1次水路とし，1次水路2本が合流することによって2次の水路が形成されるが，合流する2本の水路のうちでより本流的とみなされる方は，先端まで2次と改めて次数付けをし直す．2次の水路2本が合流することによって3次の水路が形成されるが，合流する2本の水路のうちでより本流的とみなされる方は先端まで3次と改めて次数付けをし直す．このようなことを一つの流域を構成するすべての水路に対して行う．ここでいう"より本流的"ということは流入する水路に近い方向を有することである．方向のみで判断できない場合は，長い方を本流的とみなす．その後，ストレーラー（A. N. Strahler）は，本流的とみなす際の主観性を排除して，先端から合流点，合流点から同次水路の合流点，同次水路の合流点から流出口までと，区

図 水路の次数区分法（高山, 1974）

間ごとに次数付けをする方法を提案した．この方法はホートン方式の改良型とみなされ，'ホートン・ストレーラー法'とよばれている．この次数区分の方法は数式で厳密に定義することができる．すなわち，ω_1次の水路とω_2次の水路の合流点より下流の水路の次数をω_3とすると，$\omega_3=\max(\omega_1,\omega_2)+\delta_{\omega_1,\omega_2}$，ただし$\delta_{\omega_1,\omega_2}$はクロネッカーのデルタとする．次数区分の方法は，他にシャイデッガー（A. E. Scheidegger）の論理的次数区分法などいくつかあるが，現在はホートン・ストレーラー法が最も広く採用されている．河川網に対して次数付けを行う場合は，地形図の等高線の形から谷地形を判読して作成された水系図に対してなされるが，数値標高モデルから水系図を作成すると同時に，水路の次数区分，さらには水路数の法則等のパラメータの値を計算するソフトも開発されている．ホートン・ストレーラー法は，河川網以外に地形ではリル網などにも適用される．さらには，葉脈，血管，海綿などの分岐状態を記述するのに用いられている．また，フラクタル性を有する分岐現象に対しては，最低の次数を変数で与えておく方がよいとの考えもある．⇨ホートンの法則，徳永の法則　　　〈徳永英二〉

[文献] 高山茂美（1974）「河川地形」．共立出版．/Rodriguez-Iturbe, I. and Rinaldo, A. (1997) *Fractal River Basin, Chance and Self-Organization*, Cambridge Univ. Press.

すいろす　水路州　channel bar　⇨流路州

すいろすうのほうそく　水路数の法則　law of stream number　一つの流域内で水路網を構成する水路をホートン・ストレーラー法で次数区分する．その水路網内のω次の水路の数をN_ωとする．現実の流域から得たデータでは，ωと$\log_{10}N_\omega$の関係が直線で近似されることから，水路の最高次数をΩとし，永年，$N_\omega=R_b^{\Omega-\omega}$なる式をもって水路数の法則としてきた（$N_\Omega=1$，$R_b$は分岐比とよばれる）．ホートン（R. E. Horton）が彼自身の方法によって次数付けした水路網で発見したため，ホートン・ストレーラー法と次数区分の方法が変わった現在でも，ホートンの水路数の法則，もしくはホートンの第1法則

とよばれている．水流数の法則とも．現実の流域から得たデータは，高次な部分で上記の数列式から系統的にはずれる傾向があることが従来から指摘されていた．近年フラクタル幾何学が地形学に適用され，水路網の自己相似性が定義されるに至った．その結果，上記の数列式では定義された水路の自己相似な水路網を表現できないことも明らかとなった．最近では，自己相似な水路網を表現する法則として，徳永の法則が取り上げられるようになってきている．他方，ホートンの水路数の法則やパラメータとしての分岐比も水路網の特性を記述するのに用いられている．徳永の法則を満足する水路網では，$N_\omega/N_{\omega+1}=R_b$の値は，$\omega$の値が小さくなるにしたがって，一定値に漸近する．このような漸近関係を通して，ホートンの水路数の法則と徳永の法則とを結びつけることができる．⇨ホートンの法則，自己相似フラクタル，徳永の法則　　〈徳永英二〉

[文献] Turcotte, D. L. (1997) *Fractals and Chaos in Geology and Geophysics* (2nd ed.), Cambridge Univ. Press.

すいろちょう　水路長　stream length　⇨水路長の法則，水路次数

すいろちょうのほうそく　水路長の法則　law of stream length　ホートンの第2法則ともよばれる．水路網を構成する水路をホートン・ストレーラー法で次数区分する．1次水路の平均長を$\overline{L}_1$，ω次水路の平均長を$\overline{L}_\omega$とすると，$\overline{L}_\omega$は$\overline{L}_\omega=\overline{L}_1 R_L^{(\omega-1)}$（$\omega=1,2,\cdots,\Omega$）で与えられる．ただし，$\Omega$は水路網によって構成される流域の次数とする．この式を水路長の法則という．水路長は水流長ともよばれる．式中のR_Lは，流路長比または水路長比（stream length ratio）とよばれる．この法則は地形図上に描かれた水系図から得た計測値によく適合する．しかしながら，2次元，3次元空間でランダム性を伴って屈曲する曲線の長さとは何かという従来からの根本問題は，未解決のままである．水平面に投影され水路の形が自己相似曲線であると仮定した場合，$R_L=R_A^{D_s/2}$となる．この場合，R_Aは流域面積の法則の中で流域面積比とよばれるパラメータであり，D_sは水路に相当する自己相似曲線のフラクタル次元である．これまでに実測された地質構造などの影響のない流域においては，流路長比は1.5〜2.5と，2.0前後のほぼ一定の値をとる場合が多い．このことを水路長比一定の法則という．⇨水路次数，ホートンの法則，流域面積の法則，自己相似フラクタル　　〈徳永英二・山本　博〉

[文献] Tokunaga, E. (2000) Dimension of a channel network

and space-filling properties of its basin: Trans. Japan. Geomorph. Union, 21, 431-449.

すいろちょうひ　水路長比　stream-length ratio　⇨水路長の法則，ホートンの法則

すいろちょうひいっていのほうそく　水路長比一定の法則　Horton's law of stream length　⇨水路長の法則

すいろひんど　水路頻度　stream frequency, channel frequency　単位面積当たりの水路の数を表す．流域を単位として，その中の水路をホートン・ストレーラー法でセグメントに分けて等級化した場合，次数ごとに数えた水路の数の総値を流域面積で割った値を水路頻度という．河川頻度，水流頻度とも．すなわち，ω次の水路の数をN_ω，流域の水路の最高次数をΩ，Ω次の流域の面積をA_Ωとした場合，水路頻度F_sは$\sum_{\omega=1}^{\Omega} N_\omega / A_\Omega$で与えられる．シュリーブ法では，流域内のリンクの総数をN_t，流域面積をAとした場合，F_sはN_t/Aで与えられる．水路頻度は地形の開析の程度を表す定義の一つで，排水密度とともに水路網の発達を量的に表す指標である．⇨排水密度，谷密度，メルトンの法則，シュリーブ法　〈山本　博・徳永英二〉

［文献］高山茂美（1974）「河川地形」，共立出版．

すいろぶ　水路部　Hydrographic Department　⇨海洋情報部

すいろマグニチュードにたいするホートンそく　水路マグニチュードに対するホートン則　Horton's law for stream magnitude　排水網内の水路を'ホートン・ストレーラー法'で次数区分し，さらにすべての水路をリンクに分け，それらにシュリーブのリンクマグニチュードを与える．ある流域内のω次の水路のマグニチュードM_ωをその水路の最下端のリンクのマグニチュードで与える．T_kをある次数(j)の水路1本に流入するその水路よりk次だけ低次な側枝水路（次数$i: i=j-k$）の数とすると，自己相似な水路網では，$T_k=ac^{k-1}$となる（ただし，aおよびcはそれぞれ一定）．自己相似な水路網のM_ωは$M_\omega=2M_{\omega-1}+\sum_{k=1}^{\omega-1}T_k M_{\omega-k}$で与えられる．この式を，水路次数の提案者ホートンの名に因んで，水路マグニチュードに対するホートン則とよんでいる．⇨水路数の法則，シュリーブのリンクマグニチュード，側枝水路，自己相似な水路網，徳永の法則　〈徳永英二〉

［文献］McConnell, M. and Gupta, V. K. (2008) A proof of the Horton law of stream numbers for the Tokunaga model of river networks: Fractals, **16**, 227-233.

すいろみつど　水路密度　stream density　⇨排水密度，谷密度

すいろもう　水路網　channel network　自然の流域を対象とした場合の水路の配置．水系網，排水網（drainage network）とほぼ同義．用水路や排水路などの人工水路に対しても用いられる．⇨排水網　〈小松陽介〉

すいろもうず　水路網図【DEMによる】　drainage network map (using DEM)　谷頭から始まり，海または範囲の縁に達するまでの河川の経路を示す図．樹枝状となり，数学的には有向木構造と総称されるグラフの一種である．3川以上の合流は稀であるので，2分木であるとしてモデル化されることが多い．六角形DEMでは2分木しか存在しないが，4連結方形DEMでは3川合流までを表現できる．数値化された水路網の巡回は，水路網状の物質（水・堆積物）移動のモデル化や流域地形計測（例えば流域面積図作成など）では必須の手続きである．⇨排水網　〈野上道男〉

すいろらくさのほうそく　水路落差の法則　law of average stream fall　ホートン・ストレーラー法で水路網内の水路を次数区分する．次数ごとに水路の最上端と最下端の高度差（水路の落差）を平均する．得られた平均値は一つの流域内では次数によらず一定であるとの傾向を示すことを法則とみなしたものである．ある次数の水路の落差の平均値に対するそれより1次高次な水路の落差の平均値の比（水路落差比：stream fall ratio）が1であると表現することもできる．この法則は，C. T. Yangによって提唱され，経験則としては多くの裏付けデータを有する．水路長の法則が成り立つ流域では，この法則は主流の縦断面形が指数関数で示されることと合致する．また，この法則が成り立つ流域では，水路内の流水のポテンシャルエネルギーの消費が最も確からしい状態にあるとする研究も発表されている．⇨水路長の法則　〈徳永英二〉

［文献］Tokunaga, E. (2003) Tiling properties of drainage basins and their physical bases: In Evans, I. S. et al. eds. *Concepts and Modelling in Geomorphology*. TERRAPUB, Tokyo, 147-166.

すいろらくさひ　水路落差比　stream fall ratio　⇨水路落差の法則

すいわ　水和　hydration　⇨水和作用

すいわさよう　水和作用　hydration　ある化学種に水が付加する現象．水を溶媒とするときの溶媒和と，共有結合により水分子が化合物と結合する場

合とがある．イオンの水和は電荷の大きさと符号，イオンの大きさにより変化する．固体結晶として安定な水和した水を結晶水とよび，水分子が他の分子と結合して生成した分子化合物を水和物（例えば，$MgSO_4 \cdot 6H_2O$ など），OH^- として結晶中に取り込まれた水を構造水とよぶ．粘土鉱物の多くはこの構造水を多く含み，酸化鉄は水と反応して加水酸化鉄（$FeO(OH)$）や水酸化鉄（$Fe(OH)_3$）に変わる．水和は発熱反応であり，鉱物や火山ガラスが水和した場合，しばしば体積膨張を起こし，水和部分に歪みが生じ，薄層（すなわち水和層）として認識されることが多い． 〈小口千明〉

すいわそう　水和層　hydrated layer, hydration layer　水和作用＊により形成された薄層のこと．一般に，水和層は内部より屈折率が高く不透明であり，水は，構造水（OH）として入っている．黒曜石などのガラス質の岩石や火山ガラスに形成される．水和層の発達速度と経過時間との間には規則性が見出されており，年代測定に水和層が利用される（黒曜石水和層年代測定）こともある． 〈小口千明〉

スウェイル　swale　蛇行の湾曲部の凸岸に蛇行の発達による流路の移動にともなって蛇行州が形成される．この蛇行州の中にみられる河川の縦断方向に細長くのびた円弧状の凹地のこと．堤防状に盛り上がったスクロールバーとセットで複数列がみられる場合が一般的である．スウェイルは凹地であるから湿地あるいは池沼となっていることが多く，湿性植物が生育する．スウェイルとスクロールバーの比高は日本の河川では数十cmと低いが，外国の大河川では数mにおよぶ場合がある．⇨蛇行州，蛇行痕跡，蛇行帯堆積物（図） 〈島津　弘〉

［文献］鈴木隆介（1998）「建設技術者のための地形図読図入門」．第2巻．古今書院．

スウェーデンしきかんにゅうしけん　スウェーデン式貫入試験　Swedish weight sounding test　静的貫入試験の一種で，土層の硬度（強度）の深度分布を計測する試験．スウェーデン式サウンディング試験ともいう．この試験機は，円錐形のスクリューポイント・ロッド・載荷装置・回転装置で構成されており，スクリューポイントをロッドを介して載荷・回転させる．試験による結果は，荷重 1,000 N 以下では，貫入に必要な荷重（W_{sw} と表記），荷重 1,000 N で貫入が止まった後は，貫入量1mあたりのロッドの半回転数（N_{sw}）で表す．⇨貫入試験 〈若月　強〉

［文献］日本規格協会（2002）日本工業規格 JIS A 1221「スウェーデン式サウンディング試験方法」．

スウォッシュマーク　swash mark　⇨波痕

すうちず　数値地図　digital map　国土地理院が作成しているデジタル形式の地理情報．当初はフロッピーディスクで刊行されていたが，現在はCD-ROMやDVDで刊行されているほか，一部はインターネットを通じたダウンロードでの購入も可能である．地形図や地勢図をラスタ画像の情報としたもの，主に既製図の数値化により作成された行政界，海岸線，河川，道路，地名などの情報，土地条件図をデジタル情報化したもの，大都市圏の土地利用の情報などは，元になった地図の縮尺の分母（縮尺レベル）を併記して，「数値地図25000（行政界・海岸線）」のように命名されている．また，地形図の等高線をもとに作成されたり，航空レーザ測量＊により作成されたりした一定間隔の標高データについては，その間隔の概数を併記して「数値地図 50 m メッシュ（標高）」などと命名されている． 〈熊木洋太〉

すうちねんだい　数値年代　numerical age, geochronologic age　かつて年代値は「絶対年代」とよばれたことがあったが，さまざまな年代測定法があって，年代数値はその方法の改良や新方法の開発などで常に改訂されるものなので，使用されなくなった．単に年代値あるいは年代推定値とよぶ．年 date と年代 age とは違う．年は特定の現象・事件が起こった年をいい，年代はある幅をもつ期間である．年は特定の時点で，例えば歴史文書などから特定される地震や火山噴火といった瞬間的な事件などの発生年である．数値年代の表記については，研究者によってまちまちで混乱をきたすことが多いため，現在 North American Commission on Stratigraphic Nomenclature（1983）の提案が使われている．記載単位は次のようである．ka：kilo anné 千年（前）Ma：million anné 百万年（前）：いずれも簡略化のため before present を含む．また非公式的な単位では，yr（年），ky（千年），My（百万年）も使われるが，これらは特定時間の長さの単位の略号で before present という意味はもたないとされている．最近の論文では多くの場合，年代は ka；Ma と表記し，時間の長さは ky；My と記している．またできる限り測定法も並記する．

なお放射年代のうち最も多用される放射性炭素年代（^{14}C 年代で暦年換算しない値）の表記については，y BP（またはピリオドをつける）を用い，

AD1950年から何年前かを示す．計算に用いた半減期は特に 5570 年（Libby's half year）とする．

最近，^{14}C 年代値から暦年代として AD1950 年から何年前かに換算した場合は，普通 cal. y B. P. と表記される．これに対して，年輪・年層（年縞）などの測定から得られた暦年代（古さ）は cal. y とし，いつから何年前かがわかるように注記する．歴史文書などで得られた年や年代は西暦年に AD, BC をつける．なお最近氷床コアでは AD2000 年から何年前という表記をする場合が増えてきた．これは数値の後に 2 kbp と記している．

ka：千年単位で現在（1950 年）から遡った時間を示す記号．

ky：千年単位で時間の長さを示す記号

Ma：百万年単位で現在（1950 年）から遡った時間を示す記号

My：百万年単位で時間の長さを示す記号

〈町田　洋〉

［文献］町田　洋ほか（2003）「第四紀学」，朝倉書店．

すうちねんだいけってい　数値年代決定　numerical age determination　一般に年代測定法をその原理から分類すると次のようになる．
① 特定の時間指標による編年：古地磁気層序*，酸素同位体変動層序（地球軌道要素年代），生層序*
② 数値年代測定
 a　放射年代測定法
 b　年層年代：樹木年輪や年縞をもつ湖成層あるいは氷縞の年層など，季節的に変化する現象を計測する年代測定法
 c　歴史文書や考古学層序・編年による年代決定法
③ 相対年代決定法：アミノ酸ラセミ化，黒曜石の水和など
〈町田　洋〉

すうちひょうこうモデル　数値標高モデル　digital elevation model　⇨DEM

すうちひょうそうモデル　数値表層モデル　digital surface model　⇨DSM

スーパーていぼう　スーパー堤防　super levee, high-standard levee　普通の堤防よりはるかに緩やかな幅広の裏法部をもつ盛土構造を基本とする堤防．高規格堤防とも．超過洪水（計画の規模を上回る洪水）の発生時に作用すると予想される越流水による洗掘・浸透に対して堤体が破壊されにくいという特徴をもつ．
〈松倉公憲〉

すえなしがわ　末無川　lost river　流水が途中で消失し，湖や海に達しない河川．乾燥地域では水の蒸発が原因となる．湿潤地域であっても砂礫からなる扇状地や沖積錐，新しい火山砕屑物の堆積面などでは，水が地下に伏流して一時的に地表流がなくなることがある．洪水時には一時的に流水が遠方の下流まで到達する．日本でも，中小規模の扇状地をつくる河川が扇頂部に至ると，減水期に一時的に末無川になることもある（例：滋賀県百瀬川）．⇨断続河川，湧泉川
〈小口　高〉

スカープ　scarp　⇨浜崖

スカイライン　skyline　地形，特に山々が連なって空に描く輪郭線．山地の真の断面形ではなく，遠方からみるほど，いくつかの山稜が重なり合っているので，ほぼ平坦にみえる（例：神奈川県丹沢山地からみた南アルプスのスカイライン）．一方，孤立峰の富士山は，ほぼ円錐形で山麓に至るほど緩傾斜になる山形をもつので，そのスカイラインは，遠くからみるほど真の傾斜に近く緩傾斜であるが，近づくほど急傾斜にみえる．⇨定高性，背面，火山側線
〈鈴木隆介〉

［文献］鈴木隆介（2004）富士山の火山側線：第 3 回富士学会シンポジウム報告書，2-12.

ずかき　図化機　stereo plotter　写真測量により地形図などの図化作業を行うための装置．写真撮影時の航空機などの空中姿勢を擬似的に再現した上で，一対の空中写真の重複（60%）範囲を実体視し，左右の視野にあるメスマーク（浮標）を測定したい地物に合わせることで，その位置を測定し記録する．等高線は，メスマークを一定の高さに合わせ，その高さの地表面を追い描くことで測定できる．アナログ図化機（ウィルド社製オートグラフ A7 やカールツァイス社製ステレオプラニググラフ C8 など），解析図化機（カールツァイス社製プラニコンプ C100 やライカ社製 DSR-15 など），デジタルステレオ図化機（アジア航測製図化名人や dat/Em systems International 製 Summit Evolution）などがある．近年はコンピュータの発展に伴い，デジタルステレオ図化機が主流になってきている．⇨写真測量
〈森　文明・河村和夫〉

スカラップ　scallop　石灰岩洞窟（洞穴）の天井，洞壁，洞床にみられる，連続的に形成された鱗状の凹地形である．スカラップは，流水による溶食と侵食作用の結果生じたもので，その配列は流水の方向に支配される．形状は上流側で深く，下流側で緩やかな凹地をなす．R. L. Curl（1974）によれば，スカラップの長さ（l）を

$$\text{Sauter mean } L_{32} = \Sigma l_i^2 / \Sigma l_i^3$$

であらわした場合，この値と形成された場所の流速の間には，逆相関関係が成立する．つまり，スカラップの長さ（長径）が小さいほど，流速が速い環境下で形成されたことを示す．現在離水しているスカラップの形状からは，形成当時の洞内の古流水の方向や，古流速を推定することができる．日本では，阿武隈の入水鍾乳洞（いりみず）によく発達したスカラップが観察される（漆原ほか，1997）．この他に秋吉台の景清洞や，北九州平尾台の青竜洞にもスカラップが発達した例をみることができる．

〈羽田麻美〉

［文献］漆原和子ほか（1997）福島県入水鍾乳洞におけるスカラップの形成環境：洞窟学雑誌，22, 71-80.

スカルン skarn 石灰岩や苦灰岩などの炭酸塩岩中に花崗岩などのマグマが貫入してきた際に，その接触部近傍にできる鉱物の集合体．主なスカルン鉱物としては，ざくろ石，ベスブ石，緑れん石，透輝石，珪灰石などがある．

〈松倉公憲〉

スカンジナビアひょうしょう　スカンジナビア氷床 Scandinavian ice sheet 第四紀の氷期にスカンジナビア山脈から拡大した氷床．フェノスカンジアン氷床とも．ボスニア湾付近に中心があり南はデンマーク～ドイツ～ポーランド，バルト諸国まで達したが，以東では南限はやや不明確．西のブリティッシュ氷床および北のバレンツ海氷床とは直接ないしは棚氷を介して接続した．ノルウェー海では大陸棚に着底し，アウトレット氷河，アイスストリームをなした．厚さ3,000 m近くにまで発達した．氷床南縁の氷河地形に基づいて最終氷期のヴァイクセル（バイクセル，ロシア平原ではヴァルダイ）氷期，ザーレ氷期，エルスター氷期が区分され，北欧の氷河編年として知られる．氷期の命名法はアルプス北麓に倣って河川名とアルファベット順を採用．ヴァイクセル氷期とザーレ氷期を分けるのがエーム間氷期，ザーレ氷期とエルスター氷期を分けるのがホルスタイン間氷期．海洋酸素同位体ステージ＊（MIS）ではザーレ氷期はMIS6（従来は亜氷期区分のヴァルテ氷期）とMIS8（同ドレンテ氷期），エルスター氷期はMIS12（エルスター2氷期），MIS14（エルスター1氷期）に相当とされる．ホルスタイン間氷期に先立つクローマー期などは複数の氷期と間氷期を含む前期更新世の堆積物によっており，氷河地形は分布しない．最大拡大したエルスター氷床は，現在のライン川を越え，オランダの最高標高点であるプッシュモレーンの丘を形成した．最終氷期最寒冷期＊には氷床末端はベルリン付近にあり，縮小過程（ブランデンブルク期，フランクフルト期，ポメラニアン期）がターミナルモレーン列で明確．新ドリアス期には再前進し，フィンランドからノルウェーに至る長大なサウパセルカモレーン，中部スウェーデンモレーン，ラモレーンを形成した．氷床から解放されたバルト海は，氷河性アイソスタシー隆起と海水準上昇とのせめぎ合いのなかで，バルト氷湖期（10,300 BP），ヨルディア海期（10,000 BP），アンキルス湖期（9,300～9,200 BP），リットリナ海期（7,500～7,000 BP）の海と淡水湖の変遷を経た．この氷床に関わるアイソスタティック隆起は最大800 mに達するという．

〈平川一臣〉

［文献］Benn, D. I. and Evans, D. J.A. (1998) *Glaciers and Glaciation*, Arnold. / Siegert, M. J. (2001) *Ice Sheet and Late Quaternary Environmental Change*, John Wiley & Sons. / Lowe, J. J. and Walker, M. J. C. (1997) *Reconstructing Quaternary Environments* (2nd ed.), Longman.

スクイーズアップ squeeze-up 玄武岩質の溶岩流や溶岩湖の内部の溶融溶岩が，固結した表面皮殻を破って皮殻上面へ押し出されてつくる微小な地形．形態は半球状，球根状，線状など多様で，高さは数cm～1 m程度以下．"しぼりだし"ともいう．

〈横山勝三〉

すくもそうぐん　宿毛層群 Sukumo group 高知県西部の四万十帯の海成漸新統．下から平田層・竜ヶ迫層（たつがさこそう）・三崎層に区分される．平田層は基底礫岩や厚い砂岩を挟む泥岩よりなり，層厚は3,000 m．竜ヶ迫層は，砂岩泥岩互層よりなり，層厚は900 m．三崎層は上記2層とは離れ，周囲を断層で切られて分布する．砂岩泥岩互層で，砂岩が厚く，基底にときに礫岩を伴う．層厚2,300 m．中程度の強度をもち，中程度の谷密度の丘陵を構成しており，地すべりはほとんど発生していない．

〈松倉公憲〉

スクリー scree ⇨テーラス

スクロールバー scroll bar ⇨蛇行州

スケーリングそく　スケーリング則【地形学における】 scaling law (in geomorphology) ある量をある尺度で測ることを，その尺度でスケールするという．スケーリング則の定義は，これらの日常的用語を基礎になされる．いま大きさ1の尺度で測ったある量を$Q(1)$，尺度を変えてそれをεとして測った量を$Q(\varepsilon)$とする．$Q(\varepsilon)=\varepsilon^{-d}Q(1)$が成り立つとき，この関係をスケーリング則，$d$をスケーリング指数という．直線や円周の長さに関しては$d=1$，正方形や三角形，円の面積に関しては$d=2$となるのは

自明のことである．フラクタル図形では，dが非整数値をとってもかまわない．その場合dはフラクタル次元となる．スケーリング則が成り立つことは，長さ，温度，磁場の強さなどを適当に変換しても自由エネルギーや状態方程式の形が不変に保てることを意味する．海岸線の屈曲，排水網の構成など地形にはこの一般則を満たすものが多い．ある尺度で量を測るということは，それより細かい構造を無視するということである．このような作業は，地形学では定性的ではあるが常に行われている．このようなフラクタル性は頻度が規模の指数関数であるという関係一般に適用される．地震統計学のグーテンベルグ・リヒターの法則はGRスケーリングともよばれている．⇨フラクタル，リチャードソンの法則，徳永の法則 〈徳永英二〉

[文献] Turcotte, D. L. (1997) *Fractals and Chaos in Geology and Geophysics* (2nd ed.), Cambridge Univ. Press. / Culling, W. E. H. (1986) On Hurst phenomena in the landscape : Trans. Japan. Geomorph. Union, 7, 221-243.

スケール【地図の】 scale (of map) ⇨縮尺 [地図の]

スケールプロトラクター scale-protractor 透明なプラスチックの長方形の薄板（普通は幅4〜5 cm，長さ15〜20 cm）に角度目盛（半分度器状の1°目盛）と縮尺目盛（1/200, 1/500）を刻んだ定規の一種で，1 mm方眼を含むものもあり，地質調査用具専門店で市販されている．詳細なルートマップ*の作成や地質図学での偏角補正に不可欠の文房具である． 〈鈴木隆介〉

スコット・ラッセルのなみ　スコット・ラッセルの波 Scott Russell wave ⇨孤立波

スコリア scoria 発泡して多孔質で主に黒っぽい色の火山砕屑物．岩滓(がんさい)とも．主に玄武岩〜安山岩などの塩基性マグマが発泡して生じる．空隙に富み，密度が小さい． ⇨火山砕屑物 〈横山勝三〉

スコリアきゅう　スコリア丘 scoria cone 主にスコリアで構成される小火山体．火砕丘の一種．岩滓丘・噴石丘とも（ただし，噴石は日本では通常，スコリアに対して使われる言葉ではないので，適切な用語ではない）．多くは単成火山．十分に成長した新しい（侵食が進んでいない）山体の斜面は平滑で裾野をひかず，傾斜は30数度の安息角をなすのが特徴．国内の例は阿蘇山の米塚，伊豆の大室山，富士山大室山，吾妻小富士など．ハワイの火山では，山腹に側火山として多数みられる． ⇨スコリア，火山砕屑丘 〈横山勝三〉

スコリアぎょうかいがん　スコリア凝灰岩 scoria tuff 火山灰などの細粒基地の中にスコリアを含む凝灰岩．かつては岩滓(がんさい)凝灰岩とも． ⇨スコリア，凝灰岩 〈横山勝三〉

スコリアりゅう　スコリア流 scoria flow スコリアおよびその細粒物質で主に構成される火砕流．岩滓流とも．主に安山岩質マグマの噴火に関係して生じ，珪長質マグマの火砕流でよくみられるような大規模なものは少ない．スコリア流の堆積物も単にスコリア流と略称することが多い． ⇨スコリア 〈横山勝三〉

スコリアりゅうげん　スコリア流原 primary scoria-flow landform スコリア流の堆積面であるが，小規模のため，スコリア流の特徴を示す顕著な地形としての好例は日本では知られていない． ⇨スコリア流 〈鈴木隆介〉

スコリアりゅうたいせきぶつ　スコリア流堆積物 scoria-flow deposit スコリア流の堆積物．スコリアおよびその細粒物質で主に構成される． ⇨スコリア流 〈横山勝三〉

ずこんてん　図根点 topographic control point 測量機器を設置し，地形測量*を直接行うために設置した基準点*．現地に標石・金属標を埋設することは少なく，木杭や金属鋲で表示することが多い．広義には，通常の基準点・水準点*も含む． 〈正岡佳典・河村和夫〉

ずしき　図式【地図の】 cartographic specification 地図に何をどのように表示するかを定めた決まり．記号や注記によって表示されるものだけでなく，地図の区画や図郭外に表示される表題や凡例など，紙面に表示されるあらゆる事項が含まれる．最近では，紙の地図に出力するための電子ファイルのフォーマットも図式の一部となっている．一つの機関が同一名称で発行する地図でも図式は改定されることがあるので，例えば「平成14年2万5千分1地形図図式」のように制定年を付して区別する．図式が異なると地図上の表現が異なる場合があるので，読図*の際は注意が必要である． 〈熊木洋太〉

すじじょうちけい　筋状地形 avalanche chute ⇨雪崩(なだれ)地形

すそあいだに　裾合谷 suso-ai-dani 河谷に大規模な土石流や溶岩流が流下し，谷底を埋めると，谷底部の横断形は平底谷のようになるが，その横断形の中央部が高くなり，両側の谷壁斜面の基部（裾）に初生的な谷が生じたために，2本の河流が並流する谷をいう．地形の逆転*を生じていることもあ

る．日本の地形学者で俗称される用語であるが，命名者は不明．岐阜県濁河川沿いに溶岩流で生じた顕著な裾合谷がある．　⇨欠床谷，谷床　〈鈴木隆介〉

すその　裾野【火山の】 volcanic skirt　火山体の山麓に広がる緩傾斜（傾斜：0.1～0.3）の斜面で，火山麓扇状地*を含む．降下火砕堆積物や火砕流堆積物のほかに，火山体の開析で二次的に供給された土石流堆積物や河成堆積物で構成されるが，玄武岩質溶岩流を挟むこともある（例：富士火山）．大型で開析の進んだ成層火山ほど裾野（ほとんどが火山麓扇状地で構成される）が広く，傾斜0.4以上の火山体より広い面積をもつ（例：利尻火山）．裾野の外側の広大な火砕流原（例：シラス台地）や火山岩屑流原*（例：磐梯火山北麓）は普通には裾野に含めない．　⇨成層火山　〈鈴木隆介〉

すそのせんじょうち　裾野扇状地 alluvial fan at volcanic foot　⇨火山麓扇状地

スタグナントスラブ stagnant slab　⇨メガリス

スタック stack　⇨離れ岩

スタディア stadia　スタディア測量のこと．トランシット（またはセオドライト），レベルなどの望遠鏡の焦点板に刻まれた2本のスタディア線で前方に垂直に立てた標尺の値（目盛り）を望遠鏡の視野において読定し，光学的・間接的に2点間の距離を測定する手法．二つの読み取り値の差にスタディア定数を乗じ，スタディア加数を加えることで距離が求められる．測距儀・巻尺などの直接的に距離測定する機器を用いず，簡便に測距できるため，簡単な地形図を作成する場合に用いる手法である．
〈正岡佳典・河村和夫〉

ステージ stage　⇨時階

ステップ steppe　黒海の北岸地域周辺から中国北東部にかけて分布する，イネ科のハネガヤ属やウシノケグサ属の草本が優占する短草草原．約2億5,000万ヘクタールの面積を占める．ロシア語を起源とする用語で，元来はこのユーラシア大陸の草原のみを指し，W.P. Köppenの気候区分によるステップ気候区の分布とは必ずしも一致しない．広義には北アメリカ中部のプレーリーやアルゼンチン中部のパンパなどの温帯草原，さらには熱帯地域の草原も含めて，ステップとよぶことがある．　〈高岡貞夫〉

[文献] Archibold, O. W. (1995) *Ecology of World Vegetation*, Chapman & Hall.

ステップ【砂質海岸の】 step　⇨ビーチステップ

ステップがたかいひん　ステップ型海浜 step beach　⇨砂浜の縦断形

ステップトウ steptoe　周囲を溶岩流に取り囲まれ（溶岩流に被覆されずに），島状に突出した古い土地．これをハワイ（語）では kipuka，エトナ火山（イタリア）地方では dagala とそれぞれよぶ．
〈横山勝三〉

ステップどじょう　ステップ土壌 steppe soil　ステップ（温帯草原）下に分布する土壌のこと．草原土壌とも．代表的な土壌としてチェルノーゼム，栗色土（カスタノーゼム）がある．　〈田村憲司〉

ステルンベルグのほうそく　ステルンベルグの法則 Sternberg's law　河床礫の大きさが流下距離に応じて指数曲線的に減少することを，礫の摩耗作用の観点から Sternberg（1875）が究明した法則．ただし礫の破砕作用は考慮されていない．任意の地点における河床礫の重量を W として，その礫が微小距離 dL だけ流下する間に自重に見合った摩耗作用をうけて dW だけ重量が減少したとすると，それらは $dW = -\alpha W\,dL$ と表現される．ここで α は摩耗係数とよばれ，礫の下流方向への重量減少率を示す指標となる．上式を積分し，$L=0$ における $W=W_0$ とすると，$W = W_0 e^{-\alpha L}$ となる．これをステルンベルグの公式という．　〈小玉芳敬〉

[文献] Sternberg, H. (1875) Untersuchungen über Längen- und Querprofil geschiebeführender Flüsse: Zeitschrift für Bauwesen, **25**, 483-506.

ステレオずほう　ステレオ図法 stereographic projection　球の表面を平面上に表現する方法の一つ．球面に接する平面を想定し，接点の反対側の球面上の点から球面（接点側の半球面）を透視して，この接面に投影する．地図投影法としては平射図法（平射方位図法）という．球面上の図形の角度が正しく表現される特徴があり，構造地質学や鉱物学などにおいても面構造の分析に用いられる．　⇨地図投影法　〈熊木洋太〉

ストークスのていこう（ほう）そく　ストークスの抵抗（法）則 Stokes' law of resistance　遅い流れの中に置かれた物体，あるいは静止している流体中をごく小さい速度で移動する物体に加わる力に関する抵抗則．半径 a の球に働く力 D は $D = 6\pi\mu aU$ で表される．ここに μ は粘性係数*，U は流速である．この式を抗力係数* C_D で表すと，$C_D = 24/Re$ となる．ここに Re はレイノルズ数*で，$Re(=2aU/\nu) < 1$ の場合にこの法則は成立する．
〈宇多高明・倉茂好匡〉

ストークスのなみ　ストークスの波 Stokes wave　基本的には微小振幅波理論*と同じである

が，理論展開の中で波高の2乗あるいはそれ以上の項を考慮して得られた波の理論をいう．最初に理論解（第2次近似解）を求めたG.G.Stokes（1847）に因んでその名がつく．水深にかかわらず，有限の高さをもった波に適用できる．この理論では，水粒子の軌道は閉じずにわずかに波の進行方向に前進する，いわゆる波の質量輸送*を説明できる．
〈砂村継夫〉

[文献] 堀川清司（1991）「新編海岸工学」，東京大学出版会．

ストームかいひん　ストーム海浜　storm beach　暴風型海浜と同義．⇨砂浜の縦断形　〈砂村継夫〉

ストームカスプ　storm cusps　海浜の侵食過程で出現する周期的に屈曲する汀線形状をいう．屈曲砂州に調和して形成されるものと，波が汀線に対して斜めの方向から侵入するときに生ずる海浜流のパターンに対応して形成されるものとがある．堆積過程中に出現するメガカスプ*（巨大カスプ）よりも屈曲の規則性は低い．⇨砂浜の地形変化モデル
〈武田一郎〉

ストームベンチ　storm bench　⇨波食棚

ストームリッジ　storm ridge　台風時や暴浪時に礁原*や礁斜面*からサンゴ礫が運ばれて積み重なって形成された高まり．インド洋や太平洋の環礁上の多くのmotu（⇨サンゴ州島）では，外洋側にこの高まりがみられる．⇨環礁　〈山野博哉〉

ストーンペイブメント　stone pavement　⇨デザートペイブメント

ストーンラン　stone runs　⇨構造土

ストスアンドリーちけい　ストスアンドリー地形　stoss-and-lee form　地表に突起した地形が流体によって攻撃を受ける面（通常は上流側斜面）をstoss-sideといい，その反対側の面をlee-sideという．通常，stoss-sideはlee-sideに比べて短く急な斜面や尾根となり，lee-sideには比較的細く連続する斜面や尾根ができる．これらの組み合わせをストスアンドリー地形とよぶ．氷河底の侵食作用で形成された地形はこの形態を示すことが多く，ドラムリン*はその典型的な例である．　〈澤柿教伸〉

ストック　stock　⇨底盤

ストラスだんきゅう　ストラス段丘　strath terrace　岩石侵食面段丘．ストラステラスともいう．基盤岩石の侵食過程の中で，流水や波浪などによる側方侵食がほぼ同水準（高度）で長期間継続すると，基盤岩石を削って，薄い礫層（ベニア）を伴う侵食面が形成される．これが下方侵食を受けて段丘面となったものがストラス段丘である．⇨段丘の内部構造（図），岩石段丘　〈豊島正幸〉

ストラステラス　strath terrace　⇨ストラス段丘

ストランドフラット　standflat　西ノルウェーを中心とした高緯度地方の海岸に発達する，岩盤からなる平坦な地形．南シェットランド諸島，アラスカ，および西スコットランドなどにもみられる．波食棚と似た地形だが，幅ははるかに広く，数kmから数十kmにも及ぶ．ストランドフラットの成因については，氷期に凍結破砕によって形成された平坦面がのちの波食によって修飾（modify）されたものだと考えられている．⇨波食棚　〈辻本英和〉

[文献] Larsen, E. and Holtedahl, H. (1985) The Norwegian strandflat : A reconsideration of its age and origin : Norsk Geologisk Tidsskrift, 4, 247-254.

ストリームパワー　stream power　河流の単位時間あたりのエネルギー損失量．種々の表示法がある．河流の単位長さあたりのストリームパワーは$\rho g Q S$（ρ：水の密度，g：重力の加速度，Q：流量，S：河床勾配），単位面積あたりのものはτu（τ：掃流力*，u：平均流速），単位重量あたりのものはuSで与えられる．　〈砂村継夫〉

[文献] Rhoads, B. L. (1987) Stream power terminology: Professional Geographer, 39, 189-195.

ストリングボグ　string bog　永久凍土地帯の南寄りから北方森林限界付近にかけてのツンドラ地帯にみられる泥炭地の一種．シュトラング泥炭地とも．ドイツ語のシュトラングモール（Strangmoor）のこと．主にアーパ泥炭地にみられる微地形の一つで，細長くのびた高まりと細長い水たまりが，棚田を上からみたときの畔のように分岐したり，集まったりして交互に配列し，複雑なパターンをつくる．うねうねと延びる高まりをドイツ語でシュトラング（ひも）とよび，高まりがひものようにみえることから名づけられた．等高線に平行なものが多いが，不規則なリング状のもの，網状のものなどもある．高まりは幅1～5m，高さ1m程度で，表面は低い灌木に覆われ，内部に氷のレンズのあることが多い．凹地には水たまりができ，ミズゴケが生育する．この凹地をフィンランド語でリンピ（rimpi），スウェーデン語でフラルク*（flark）とよぶ．

成因については，永久凍土の融解とそれに伴う小地すべり，不等凍上，ソリフラクションによるしわの形成，初期の地形条件の差に起因する植物の生育の差，など諸説がある．　〈小泉武栄〉

[文献] 阪口　豊（1974）「泥炭地の地学」，東京大学出版会．

ストレーラー　Strahler, Arthur. N.（1918-2002）コロンビア大学地球科学の教授．20世紀中頃，ホートン*（R. E. Horton）の論文に触発されて，それまでは定性的記載的であった，また彼自身そのような論文を書いていた地形学から脱却し，プロセスに注目した定量的な地形学（プロセス地形学*）を目指すことになった．この方向性はチョーレイ*（R. J. Chorley），シャム*（S. A. Schumm）をはじめ世界の多くの地形研究者に影響を与えた．また著書 *Physical Geography*（副題省略）は息子 Alan との共著となりながら版を重ね，世界で最も使われた地形学の教科書となった．日本では合流する支流の階層に基づく，河川の大きさを表す次数付けで有名．
〈野上道男〉

[文献] Strahler, A. N. (1952) Dynamic basis of geomorphology : Bulletin, Geological Society of America, 63, 923-938. /Strahler, A. N. (1952) Hypsometric (area-altitude) analysis of erosional topography : Bulletin, Geological Society of America, 63, 1117-1142.

ストローハルすう　ストローハル数　Strouhal number　流れの中に置かれた物体が，その背後に発生する剥離渦（カルマン渦*）のため，流れと直角方向に振動するときの周波数を無次元表示したもの．ストローハル数 $S=fl/U$，ここに f は周波数，l は物体の代表長さ，U は流速．
〈宇多高明〉

ストロマトライト　stromatolite　浅い暖かい海や，淡水に生育する藍藻類は，先カンブリア時代から古生代に世界各地に生育したとされている．最古のストロマトライトの化石は27億年前とされている．先カンブリア時代に生息していた藍藻類はシアノバクテリアともよばれる真正細菌であり，光合成によって酸素を生み出す．地上に大量の酸素を提供したとされているこのシアノバクテリアは，コロニーのつくる独特のラミナ状の構造をもち，ドーム状の形を示す．現在でもオーストラリア北西部の浅海にコロニーを作る．ストロマトライトはこの藻類のまわりに膠結部を残すラミナ状の構造を指す場合と，化石としてこれらの構造を示す石灰岩を指す場合がある．20世紀初めには化石の縞状のラミナをもつ炭酸塩岩を指すとされていたが，1950年代にオーストラリアで現生のストロマトライトが発見され，現生のシアノバクテリアの死骸と泥や堆積物が縞目になり，ドーム状に成長しているものがあることがわかった．西オーストラリアのシャーク湾（ハメリンプール）やセティ湖，メキシコのクアトロ・シエネガスにも存在する．
〈漆原和子〉

ストロンボリしきふんか　ストロンボリ式噴火　Strombolian (-type) eruption　粘性の低い，通常は玄武岩質マグマの噴火で，マグマの破片・火山弾などが周期的に放出される比較的穏やかな爆発的噴火．地中海のストロンボリ火山（イタリア）で歴史時代を通じて継続している噴火にちなむ．噴出物は，火口周辺にまとまって堆積し，スパターコーン*，スコリア丘*などが形成される．日本では，伊豆大島，阿蘇中岳などでこの型の噴火例がある．
〈横山勝三〉

すな　砂　sand　礫*より小さくシルト*より大きい．粒径62.5μm〜2mmの岩屑粒子およびそれらで構成される堆積物．粒径により極細粒砂，細粒砂，中粒砂，粗粒砂，極粗粒砂などに細分される．砂粒子は石英，長石，重鉱物などからなる．砂およびその堆積物は大陸棚を含む海岸域や河川・砂丘・砂漠などの陸域の多くの場所に分布する．非固結あるいは未固結の砂の堆積物は砂層，固結したものは砂岩とよばれる．⇒粒径区分（表）
〈遠藤徳孝〉

すなあらし　砂嵐　sand storm　強い風によって地上の砂が巻き上げられる現象のこと．砂嵐に伴って視程が悪化すると，天気の砂塵嵐となる．⇒塵嵐（ちりあらし）
〈森島　済〉

すないどうげんかいすいしん　砂移動限界水深　critical water depth for sediment motion　⇒移動限界水深

すなかざん　砂火山　sand volcano　⇒堆積岩脈，偽火山地形

すなこぶちそう　砂子淵層　Sunakobuchi formation　秋田市東方の大平山の西方および南方に分布する中新統．火山岩類と泥岩・砂岩・礫岩などの互層で，層厚は300〜1,400 m．
〈鈴木隆介〉

すなさばく　砂砂漠　sandy desert　地表面が砂に覆われている砂漠．岩石砂漠*・礫砂漠*に並立する語であり，砂床*と砂丘*からなる．サハラではエルグという．
〈松倉公憲〉

すなちかんほう　砂置換法　sand replacement method　地盤（土）の体積を知るために行う野外（現場）試験法．現場地盤に試験孔を掘り，掘った孔をあらかじめ密度が既知である砂（ゆる詰め状態の密度をもつ砂）で置き換える．置き換えた砂の重量を計測し，その密度で除することにより体積が求まる．また，掘り出した土の重量を，この得られた体積の値で割ると自然含水比状態のその土の単位体積重量*が求まることになる．
〈松倉公憲〉

すなはま　砂浜　sand beach　⇨浜
スノーパッチ　snow patch　⇨残雪
スノーパッチしんしょく　スノーパッチ侵食　snow-patch erosion　⇨ニベーション
スパーカー　sparker　⇨音波探査
スパイラクル　spiracle　溶岩流が湿地など水分の多い場所に流下した場合などに，溶岩の熱で生じて溶岩の基底部に閉じこめられた水蒸気が爆発を起こし，溶岩が破壊されて生じた空洞．通常，直径は1m程度，高さは5m以内であるが，大型のものでは直径10m程度にも及ぶものがあり，また，爆発が溶岩の表面までを破壊し，溶岩全体を貫通した縦孔状のものもある．空洞壁には爆発で飛散した基盤の泥などがへばりついていることもある．なお，溶岩内に閉じ込められたのみで爆発にまで至らなかった水蒸気の気泡群の痕跡が溶岩内に残されている場合があり，これらはvesicle cylinderとかvesicle pipeなどとよばれ，いずれもその上部が溶岩流の流下方向に曲がっているのが特徴である．国内では，富士山麓の溶岩流や，神津島の溶岩などに例がある．　〈横山勝三〉

スパター　spatter　粘性の低い玄武岩質マグマなどの弱い爆発的噴火で放出され，放出時には可塑性を保っている溶岩片（火山礫より大きいもの）．溶岩滴(ようがんてき)とも．溶岩餅(ようがんべい)とほぼ同義．火口近傍に堆積し，スパターコーン，スパターランパートなどの堆積地形をつくる．　〈横山勝三〉

スパターきゅう　スパター丘　spatter cone　⇨スパターコーン

スパターコーン　spatter cone　火口周辺に堆積したスパター・溶岩餅(ようがんべい)で構成される円錐状の高まり．スパター丘・溶岩滴丘とも．高さは一般に十数m以内．スパターは全体として溶結し，外側斜面・内側斜面（火口内壁）ともに安息角以上で急傾斜のことが多い．外形的にはスパターランパートとの間に，構成物の上からはスコリア丘（噴石丘）との間に漸移型がある．ハワイやアイスランドなどの玄武岩質マグマの火山で特徴的にみられる．割れ目（火口）上にできることもある．⇨スパター，スパターランパート，スコリア丘　〈横山勝三〉

スパターランパート　spatter rampart　割れ目噴火で噴出し，割れ目の両側に堆積したスパター*による細長い堤防状の高まり．ハワイやアイスランドなどの盾状火山で特徴的にみられる．高さは一般に数m以下，長さは数kmに及ぶものもある．形状はスパターコーン*（溶岩滴丘）と異なるが，構成物は類似する．　〈横山勝三〉

スピット　spit　⇨砂嘴(さし)

スピネル-ペロブスカイトそうてんい　スピネル-ペロブスカイト相転移　spinel-perovskite phase transition　深さ670km付近での地震波速度の不連続ジャンプは，高温高圧実験をもとに，マントル遷移層のスピネル構造がより緻密なペロブスカイト(Mg_2SiO_3)とマグネシオウスタイト(MgO)へ分解反応したためと考えられている．圧力（深さ）条件から，この面の温度は約1,600℃と推定される．深発地震の震源の下限とほぼ一致することから，この相変化は沈み込むプレートの挙動を含む地球のダイナミクスに重要な影響を与えていると考えられる．⇨マントル，メガリス　〈西田泰典〉

スピリング（がた）さいは　スピリング（型）砕波　spilling breaker　崩れ波のこと．⇨砕波型式　〈砂村継夫〉

スフリエールがたかさいりゅう　スフリエール型火砕流　Soufriere-type pyroclastic flow　爆発的な噴火で火口から上空へ噴き上げられた火砕物質が，火口周辺の斜面上に落下し，これが転化して生じる火砕流．スフリエール火山（西インド諸島，セントビンセント島）の1902年の噴火などで生じた火砕流の発生機構が名称の由来．セントビンセント型とも．⇨火砕流　〈横山勝三〉

スプレッド　spread　マスムーブメントをfall, topple, slide, spread, flowに分類したときの一つのタイプ．緩斜面の粘土層からなる斜面が下位の含水層や砂・シルト層に沿って幅広く，長距離にわたってすべるものをいう．運動の主要な特徴は剪断や引張り破砕に伴った前方への伸張運動であり，下部構成物質の液状化や塑性流動に関連して起こる．キャップロック型地すべり*で起こりやすい．前展と訳されることもある．側方への運動なので，lateral spread（ラテラル・スプレッド）とも．　〈松倉公憲〉

スペックマップねんだいしゃくど　SPECMAP年代尺度　mapping spectral variablility in global climate project (SPECMAP) time scale　⇨地球軌道要素編年

すべりそくど　すべり速度【地すべりの】　velocity (of landslide)　地すべりは緩慢な運動をするので，その速度は一般的には$0.01～10$ mm/dayと小さいが，地すべり地によって大きな変動幅をもつ．地すべり速度を制約するものは，地すべりの規模，活動のステージ，地すべりの土の性質，斜面勾配，地すべり面の形状，降雨条件（地下水面の上昇

程度）など多様である． 〈松倉公憲〉

すべりめ　すべり目 cataclinal ⇨流れ目

すべりめん　すべり面【砂丘の】 slip face, steep face　砂丘の風下斜面*に形成される急な斜面．スリップフェイスとも．風上部分は跳躍・匍行によって運ばれた飛砂が堆積し，その量は砂丘頂部のやや風下側で最大となる．風下斜面では飛砂の堆積が減り，風下斜面の麓でゼロになる．頂部のやや風下側に最大堆積した砂は粘着力が弱いために風下斜面をなだれのように落下する．すべり面のなす角度は安息角とよばれ，その角度は粒子の大きさや湿度によって左右され，粗粒砂や湿度の高い条件下ではより角度が大きく，30～34°である． 〈成瀬敏郎〉

すべりめん　すべり面【地すべりの】 sliding surface　地すべり移動体の下面をなす活動面（剪断面）をさす．地すべり面*とも．同一岩質（土質）中に形成される場合と，異質岩石間に形成される場合とがある．すべり面が複数の場合，最大で主要なものを主すべり面，副次的な小さなものを副すべり面という．すべり面を知る方法としては，ストレインゲージを応用した地中内部ひずみ計が使われる．⇨地すべり地形，地すべり粘土 〈松倉公憲〉

スペレオゼム speleothem ⇨鍾乳石

ずほう　図法【地図の】 map projection ⇨地図投影法

スマトラとうおきじしん　スマトラ島沖地震 2004 Sumatra-Andaman earthquake　2004年12月26日に発生したスマトラ島沖地震は，モーメントマグニチュード（M_w）9.0～9.3と世界最大級であり，震源域の長さは約1,300 kmにも達した．この地震に伴う津波は，インドネシアをはじめとするインド洋周辺諸国で約23万人の死者を出し，史上最悪の津波被害となった． 〈佐竹健治〉

スメクタイト smectite　代表的な粘土鉱物の族名の一つ．1960年前後までは一般にモンモリロナイト族とよばれていたが，種名のモンモリロナイトとまぎらわしいため，族名にはこのスメクタイトの名が用いられるようになった．モンモリロナイト，バイデライト，ノントロナイト，サポナイト，ヘクトライト，スチーブンサイトなどを含む．顕著な膨潤性を示すほかに層間イオンは交換性を示す．岩石の風化過程で各種の造岩鉱物や火山ガラス片などを置換して生成する．ときにはベントナイト鉱床をつくる． 〈松倉公憲〉

スラッシュフロー slushflow　大量の水を含んだ雪が谷状地形を流れ下る現象．雪泥流*ともよ
ばれる．融雪期にざらめ雪が発達し，ここに多量の降雨がもたらされると，雪粒子間の結合が弱くなり，極めて流動しやすくなる．通常の雪崩発生よりも小さな角度の斜面でも発生する特徴がある．富士山で春先に起こる雪代もスラッシュフローである． 〈白岩孝行〉

スラブ slab　アセノスフェア中あるいはそれ以深に沈み込んだ，ある程度の広がりをもつプレート部分．まわりのアセノスフェアよりも温度が低いために，地震波高速度域や低減衰域として現れる．深発地震が付随する場合を地震性スラブという．⇨弧状列島，マントル・ウエッジ 〈瀬野徹三〉

スランプ slump　①水底の斜面において非固結*ないし半固結堆積物が重力作用によってすべり落ちる現象のうち，すべり面に沿った回転運動を伴うもの．スライド（slide）などと同様の水底の再堆積プロセスの一つ．スランピング（slumping）ともいう．広い意味での水底（海底）地すべりやその堆積物を指す用語としても使われることがある．②斜面の土や，岩屑，岩盤の一部が一つまたはブロックごとに後方回転して下方にすべり落ちる現象．地すべり*の運動形態の一つで，回転すべり（rotational slide）に相当する． 〈田近淳〉

スランプこうぞう　スランプ構造 slump structure　すべり面をもって堆積物が斜面をすべり落ちる再堆積作用のうち，内部構造の変形をともなうものをスランピング（slumping）とよび，これによって未固結～半固結堆積物が変形を受けて形成される二次的堆積構造をスランプ構造とよぶ．スランプ層は塑性変形，延性・脆性破壊による褶曲，腸詰構造，断層，偽礫など多様な変形構造を示すとともに，ラミナ，層理といった初成的堆積構造を多く残す． 〈関口智寛〉

ずり zuri ⇨ぼた

スリットダム slit dam　砂防ダムの一種で，洪水時あるいは土石流流下時に巨礫や流木を捕捉し，一方平常時や洪水時の流水や細粒土砂は流下させるようなスリット（細長い隙間）をもつコンクリート製ダムおよび鋼製ダム． 〈松倉公憲〉

スリップフェイス slip face ⇨すべり面［砂丘の］，風下斜面

すりへりしけん　すりへり試験 abrasion test, wear test　さまざまな試料のすりへり（磨耗）に対する抵抗性を計測する試験．磨耗試験ともいう．板状試料の表面を磨耗させる試験と粒状試料を磨耗・破砕させる試験に分かれる．試験による結果は，前

者の場合は磨耗硬度，後者はすりへり減量として表すことが多い． 〈若月 強〉

するがトラフ　駿河トラフ　Suruga Trough　駿河舟状海盆ともよぶ．駿河湾中軸部の海盆（延長83 km，幅13 km）．南海トラフと一連のプレート収束境界であるが，御前埼南東沖の狭窄部をもって南海トラフとは区分される．⇨トラフ 〈岩淵 洋〉

スレーキング　slaking　⇨乾湿風化

スレート　slate　⇨頁岩(けつがん)

スローアースクェイク　slow earthquake　すべり速度や破壊伝播速度が小さい（立ち上がり時間や破壊継続時間が長い）と，地震波の励起が小さくなる．このような地震をゆっくり（スロー）地震とよぶ．地震波に比べて津波が相対的に大きくなり，津波地震となる場合もある．⇨津波地震 〈佐竹健治〉

スワンプ　swamp　⇨湿地，沼沢

スンドボリ　Sundborg, Åke（1921-2007）　スウェーデンの地形学者，地理学者．ウプサラ大学名誉教授．下記に文献として紹介した大著は，もともとウプサラ大学へ提出された博士論文である．彼が研究対象としたクラレルヴェン川は，スウェーデンでは，自然地理学，地質学の立場からの最も多くの研究成果があげられた川の一つであり，そこでの研究の歴史は古い．スンドボリはその川を対象に，河川地形，物質の削剥・運搬・堆積の研究を行った．一連の研究の中で現在も引用される普遍的一般則はユルストローム・スンドボリ図である．これはユルストローム図の改良であるが，この図によってシルト・粘土に相当する部分での，粘着力の評価が組み込まれた．彼は上記の研究に先だって，1950年には都市気候に関するパイオニア的研究を発表している．また，後年の1970年代には水力発電所の環境への影響に関する研究で業績を残している．1977年に来日し，日本各地の研究者との交流を深めた． 〈徳永英二〉

［文献］Sundborg, Å. (1956) The River Klarälven : A study of fluvial processes : Gografiska Annalar, 38, 127-316.

すんぽうこうか　寸法効果　size effect　岩盤は節理や層理面などの地質的分離面に加えて，鉱物の劈開面など多様な不連続面（割れ目）をもっている．したがって，一般的に強度試験の供試体サイズを大きくするほど，微小な割れ目から肉眼で観察できる大きな割れ目までが取り込まれる確率が大きくなることから，強度が低下することになる．このことを強度の寸法効果という．たとえば，圧縮強度S_cと試験片の稜の長さaとの間には

$$S_c = a^{-\beta}$$

の関係が得られている．ここで，βは岩盤ごとの定数であり，多くの場合0.17〜0.32の値をとる． 〈松倉公憲〉

［文献］山口梅太郎・西松裕一（1991）『岩石力学入門（第3版）』．東京大学出版会.

せ

せ　瀬【海岸の】 shoal　海岸や湖において相対的に水深の小さいところにある，なだらかな傾斜をもつ凸状の地形．通常，砂などの非固結物質で構成されている．⇨浅瀬　〈砂村継夫〉

せ　瀬【河川の】 shoal　⇨瀬淵河床

せ　瀬【釣り用語】 se　渓流や川において水面に白波が立ち，流れが速い場所．早瀬ともいう．一般に河床は粗粒の堆積物からなり，水深が小さく，河床縦断形は低角度の凸部となっており，隣接する上・下流部と比べて水面勾配が大きく流速も大きい．流れの状態は射流*となっていることが多い．これに対して上・下流部は凹部（釣り用語では淵とよぶ）となっており水深が大きく水面勾配は小さく流速も小さい．河川地形学においてもこのような特徴的な地形は「瀬」および「淵」とよばれており，英語ではそれぞれ riffle と pool と表記される．これらは元来，鱒釣り人の用語が地形学に取り込まれて定着したものである（Leopold et al., 1964）．特に流速が大きく白波を激しく立てているような瀬は荒瀬とよばれており，しばしば渓流でみられる．これ以外にザラ瀬，平瀬，チャラ瀬などがあるが，水面の様相，流速や堆積物の粒径などを念頭に分類されているものの，このような細分類名には，釣魚に関する解説書にも，説明の相違がみられることがある．⇨瀬淵河床　〈徳永英二〉

[文献] Leopold, L. B. et al.（1964）*Fluvial Processes in Geomorphology*, Freeman & Company.

せい　世 epoch　⇨地質年代単元

せいあつ　静圧 static pressure　一様な流れの中に物体を置くと流速が0となる点（淀み点）ができる．この点における圧力をいう．淀み点では動圧が0となるので，淀み点での圧力は流れの総圧に等しい．⇨ベルヌーイの定理　〈宇多高明〉

せいいくき　生育期【植物の】 growing period　気温が高く植物が生育できる期間．普通月数あるいは日数で数える．降水が植物の生育を支配している乾燥地では，この用語は用いない．経験的に，また慣習的に閾値の温度として，月平均気温では5℃，日平均気温では10℃が用いられる．常緑樹では顕著な変化はみられないが，春に気温がこの程度になると，萌芽・発芽・開葉が始まる植物が多く，秋には紅葉・落葉・枯死する．クロロフィルが近赤外領域で強い反射を示すことを利用しているリモートセンシングによって，このような植物の季節変化（フェノロジー）を広域にわたって観測することができる．　〈野上道男〉

せいいくだこう　生育蛇行 ingrown meander　穿入蛇行*のうち，河川が下方侵食とともに側方侵食しながら流路を下方と側方に移動させ，河谷の深さと蛇行振幅ならびに両岸の谷壁斜面の非対称性を増大させる蛇行をいう．穿入蛇行のほとんどは生育蛇行であるから，それを単に穿入蛇行という場合が多い．掘削蛇行*の対語である．　〈鈴木隆介〉

せいいくだこうこく　生育蛇行谷 ingrown meandering valley　生育蛇行で生じた河谷をいう．　〈鈴木隆介〉

せいいくだこうだんきゅう　生育蛇行段丘 ingrown meander terrace　生育蛇行*の成長に伴い，河道の側方移動と低下に起因して，その滑走部に段丘面相互の比高の小さな段丘が数段も局所的に発達した段丘群の総称として鈴木（2000）が造語．穿入蛇行谷の各所の滑走斜面に発達するが，生育蛇行の発達程度が場所によって異なっているから，それぞ

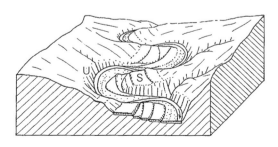

図　**生育蛇行段丘**（鈴木，2000）
U：攻撃部，S：滑走部

れの段丘面の広域的対比は困難な場合が多い．段丘面は一般に軟岩で構成される岩石段丘*（侵食段丘*）で，段丘礫層は数m以下と薄い．長野県犀川沿いに多数の例がある． ⇨穿入蛇行，蛇行切断段丘，エック床　　　　　　　　　〈鹿島　薫〉
[文献] 鈴木隆介（2000）「建設技術者のための地形図読図入門，第3巻，古今書院．

せいいくちかんきょう　生育地環境　natural habitat　⇨ハビタット

せいいつかん　斉一観　uniformitarianism　⇨斉一説

せいいつせつ　斉一説　uniformitarianism　「現在は過去の鍵である」に代表される考え方．斉一観，ユニフォーミタリアニズム，現行主義，現在主義，同一過程説とも．現在進行中の自然現象と同じ作用が過去においても生じていたという主張．19世紀にライエル*（C. Lyell）により確立され，近代地質学成立の基礎となった．　　　〈天野一男〉

ぜいうんも　脆雲母　brittle mica　雲母の層間の陽イオンをCaで置換した鉱物．外観は雲母に似るが，それより脆弱で劈開片が弾性に乏しいので，この名がある．　　　　　　　　　　〈松倉公憲〉

せいおんがたかいひん　静穏型海浜　post-storm beach　⇨砂浜の縦断形

せいかくり　正隔離　offset　⇨オフセット，隔離

せいかつがた　生活型　life form　生物を種や科で分ける系統的な分類に対して，生物の生活様式と適応方法など生態的な立場から類型化し，分類をしたもの．植物は，同一種でも環境により別の生活型を示すことがあり，逆に全く系統的に異なった種でも似た生活型をもつことがある．例として，タンポポやオオバコは葉が放射状に地中から直接出ているロゼット植物として分類される．生活型の分類記載で最も普及しているのは，C. Raunkiaer（1905）のもので，これは，植物の休眠芽の位置やその保護状態に着目したものである．　　　　　　〈宮原育子〉

せいかつし　生活史　life history　生物が生まれて成長し，死ぬまでの過程．それぞれの種は，種特有の生活史をもっており，その特性は，生活史段階ごとに異なる．さまざまな地形発達過程によって，生物種が各生活史段階で必要となる生育・生息場を提供する．　　　　　　　　　　　〈中村太士〉

せいきあつみつねんど　正規圧密粘土　normally consolidated clay　過圧密粘土*に対する語で，過去に強い圧縮を受けたことのない粘土．〈松倉公憲〉

せいきじゅうりょく　正規重力　normal gravity　⇨標準重力

せいきしんしょく　正規侵食　normal erosion　河食を中心とした流水による侵食を指す．正常侵食ともいう．正確には，W. M. Davis（1899）が造山運動による山地の侵食過程を論じた地理学的輪廻*（後の正規輪廻・河食輪廻）において想定した温帯湿潤地域で最も普通にみられる河食を中心とする水食，風化，マスムーブメントを包括する削剥作用を指す．デービスは，'正規'と訳されることが多い'normal'という言葉を二つの意味，すなわち一つは'正常な'という意味で，他の一つは'ごく普通の'という意味で使っている．前者は，例えば"幼年期の河谷においては，本流に対して協和的に合流する支流は'abnormal（異常）'であり，不協和的に合流する支流が'normal（正常）'である"というように，発達段階に応じた'正常な'状態を指す場合などに用いている．後者は，温帯湿潤地域で"ごく普通にみられる陸上侵食（normal subaerial erosion）"のように使われ，河食（デービスは，河食や一般的侵食を，風化やマスムーブメントを含めた削剥の同義語として使用するとしている）を'nomal erosion'とよんだが，これが'正規侵食'と訳されている．すなわち正規侵食は，デービスが地形の破壊作用（侵食・削剥作用）を5分類（正規，氷食，風食，溶食，海食）したうちの一つで，温暖湿潤地域で卓越する河食を指し，他の営力による侵食と区別するために使われた．しかし，それぞれの気候に応じてnormal（正常）な侵食があるなどの批判があり，normal（ごく普通の）という言葉はあまり使われなくなった．現在では，normal erosion（正規侵食）はfluvial erosion（河食）と言い換えられることが多い．この場合，河食は字義通りの河川だけの侵食を指すのではなく，河川侵食を中心とした水食やマスムーブメント，風化などを包括した侵食を指す．なお最近では，nomarl erosion は，'人為的な侵食：human-induced erosion, accelerated erosion'などに対して，自然状態で行われている侵食を指す言葉としても使われる．⇨正規輪廻，協和的合流，不協和的合流　〈大森博雄〉
[文献] Davis, W. M.（1912）Die erklärende Beschreibung der Landformen, B. G. Teubner（水山高幸・守田　優 訳（1969）「地形の説明的記載」，大明堂）

せいぎゅう　聖牛　seigyu　急流の礫床河川で用いられる伝統的な水制工（牛枠水制の一種）で，種々の形態・規模があり，現在でも活用されている．基本的には，流路内に太い丸太を細長い三角錐状に

組み立て，内部に設置した中段に巨礫を詰めた蛇籠を敷き詰めて重しとし，水勢を弱める．三角錐の底面の頂点を上流に向けて設置し，その前面が洗掘されると自然にその底面が沈んで安定する．柳などが生え，魚が住み着き，自然環境の保持にも役立つ．日本では武田信玄の率いた甲州流河川工法といわれたが，中国では紀元前から使用されてきた（例：四川省都江堰の建設時）．〈鈴木隆介〉

せいきゅうか　正級化　normal grading　⇨級化

せいきりんね　正規輪廻　normal cycle of erosion　造山運動による山地の生成・発展・消滅における地形変化系列を指す．河食輪廻（fluvial cycle），湿潤輪廻（humid cycle）ともいう．デービスは，この地形変化系列である地理学的輪廻＊（geographical cycle）を説明するにあたって，温帯湿潤地域でごく普通にみられる陸上侵食（normal subaerial erosion）である河食（デービスは，河食や一般的侵食を，風化やマスムーブメントを含めた削剥の同義語として使用するとしている）を念頭に置き，河食を nomal erosion（正規侵食）とよび，河食による侵食輪廻を正規輪廻とした．正規輪廻においては，急激な隆起によって高所に達した平坦な地形（原地形＊）が，隆起運動の終了後，河食により開析され，海面を侵食基準面として高度が低下するとともに起伏が変化し，幼年期，壮年期，老年期という次地形（時階）を経て，終地形の準平原に至る．デービスの侵食輪廻（Davisian cycle of erosion）といえば，通常，正規輪廻を指し，その後に提示された諸輪廻の模範となっている．正規輪廻の発達段階を示す時階（stage）は，明確で量的な基準が設定されているわけではなく，また，尾根，谷壁斜面（山腹斜面），河谷とでは同一時期でも発達段階が異なることがあるなど厳密に定義できるわけではないが，各時階はおよそ以下のようになる．原面が広く残り，河川による下刻が盛んに行われている状態を幼年期＊，多くの河川が平衡に達した状態を壮年期＊という．壮年期はさらに，①主要河川のみが平衡に達し，河間山稜の一部は鋸歯状山稜になるが，いまだ河間地に原面が残る平頂峰が多数みられる早壮年期，②多くの河川が平衡に達し，下刻が衰え，側刻が盛んで，ほとんどの山稜から原面が消失し，谷壁も急勾配な平衡斜面となり，起伏の大きな鋸歯状山稜が卓越し，山麓には沖積地が広がる満壮年期，③側刻による広い谷底とマスムーブメントによる尾根の低下，丸みを帯びた山稜によって特徴づけられる晩壮年期に分けられる．平衡状態になった河川はその後もデグラデーション（degradation：削平衡作用・減均作用）によって高度と勾配を減じ，やがて谷頭侵食による水系網の発達も終わり，厚い風化層とマスムーブメントによる従順化された丘陵地が卓越した老年期＊となる．その後，山地全体がほぼ平衡状態に達して地形変化が顕著でなくなった侵食小起伏面である準平原＊が形成される．正規輪廻の地形変化は以下のような特徴をもつ．①急激な隆起によって原地形が形成される．したがって山が最も高くなるのは原地形や幼年期で，その後は，高度は低下するだけである．②発達段階が進むにつれて原面は開析され，壮年期に向けて起伏は増加し，満壮年期で最大となる．満壮年期を過ぎると，平衡状態になった谷底の低下速度より尾根の低下速度の方が大きくなるので，起伏は小さくなる．③やがて平衡状態が全域的に卓越し，従順化＊した小起伏の準平原が形成される．④起伏が最も大きくなる時期は満壮年期であるが，この時期は山頂が最も高い時期とは限らず，また，起伏は減少段階に入っている．⑤'河川の侵食・運搬・堆積における平衡状態'は出現するが，'隆起と侵食との間の平衡状態'は出現しない．以上の特徴をもつので，例えば，"あの山は壮年期である"という表現は，"あの山は，起伏は大きいが，河川は平衡状態で，山頂高度も起伏も低下傾向にあり，山はもはや高くならない"ことを意味する．現在も隆起している山地が多い日本の山地地形を外国人あるいはデービスの侵食輪廻を理解している人に説明するときは注意を要する．今日，起伏状態のみから山地地形を'デービスの輪廻的表現'で記述することが多いが，山地地形の理解に誤解を招くこともある．なお，辻村（1923）は，"原面の総面積が谷の総面積より少なくなったときを幼年期と早壮年期の境界とする"としている．原面の残存状態は河間山地の発達段階の指標の一つとなるが，残存率5割は，河川にとっても河間山地にとっても平衡状態との関係がともに不明である．一般に，主要河川が平衡に達するのは，互いに谷頭を接して鋸歯状山稜が形成され始める時期であり，かつ鋸歯状山稜の出現は河間山地や谷壁の平衡状態が出現し始めたことを示す．したがって幼年期と早壮年期の境界は，主要河川が互いに谷頭を接し，主要分水界が鋸歯状山稜を示すようになった時期とする方が本来の定義からみて適切と思われる．　⇨正規侵食，侵食輪廻

〈大森博雄〉

［文献］辻村太郎（1923）「地形学」，古今書院．／Davis, W. M. (1912) *Die erklärende Beschreibung der Landformen*, B. G.

Teubner（水山高幸・守田　優訳（1969）「地形の説明的記載」，大明堂）．

せいけいぶっしつ　整形物質 landform-shaping material　⇨地形物質の整形物質

せいごう　整合 conformity　相重なる地層間に著しい堆積の間隙がなく，両者が連続して堆積している状態．不整合*の対語．　〈松倉公憲〉

せいこんかせき　生痕化石 trace fossil　地層に残された過去の生物の生活痕の化石．行動に関するもの（足跡，這い痕，巣穴など），生理に関するもの（排泄物）がある．生痕化石を作った生物は保存されておらず，不明な場合が多い．形，分岐の有無，模様などをもとに，二名法により，生痕属（ichnogenus）と生痕種（ichnospecies）が命名されている．科以上の分類群単位は設定されていない．生痕化石からは，生物の遺骸の化石からは知ることができない古生物の習性や生活様式を知ることができる．恐竜の足跡化石群から推定される恐竜の走行速度や群れの形成，恐竜の糞化石から推定される食性はその例．　〈塚腰　実〉

せいさ　星砂 star sand　⇨星砂（ほしずな）

せいしきしょうえいせい　静止気象衛星 geostationary weather satellite　赤道上空の円軌道を地球自転と同じ角速度で公転している気象衛星*．地上からは一定点に静止するようにみえる．世界気象機関*（WMO）の協定により5つの衛星で地球をカバーする．日本は東経140°の衛星を受け持っている（ひまわり8号）．　〈野上道男〉

せいしゃしゃしん　正射写真 orthophotograph, orthophoto　空中から撮影した写真を中心投影から地形図と同じ正射投影に幾何補正処理をした写真．正射画像・オルソフォトともいう．地形図と重ね合わせることができるため，GISで使われたり，三次元的な鳥瞰図や景観図の作成などに利用されたりする．地名などを加えて地図としても利用できるものは写真地図*ともよばれる．ステレオペア写真からデジタルステレオ図化機などにより作成する．幾何補正に必要な標高データとしてDTM*だけを用いる場合とDSM*も利用する場合があり，後者は建物の倒れなどを修正できるので，より厳密な正射画像が得られる．　〈森　文明・河村和夫〉

セイシュ seiche　⇨静振［海岸の］，静振［湖沼の］

せいじゅくど　成熟土 mature soil　土壌生成過程で時間の経過とともに十分に発達した土壌層位をもち，現在の環境下で定常状態にある土壌．成熟土になるまでの時間（土壌生成速度）は土壌の種類や地形，気候，植生などによっても異なり，例えば，ポドゾル*性土壌では数百から数千年，チェルノーゼム*の厚い腐植層*の発達速度は数千年オーダー，フェラルソル（Ferralsols）では数十万年かかるといわれている．黒ボク土*では土壌層位が十分に発達した土壌の発達速度は1,500年以上との報告がある．一方，土壌層位がほとんど発達していないものを未熟土とよぶ．⇨未熟土　〈井上　弦〉

せいじゅくど　成熟度【堆積岩の】 maturity (of sedimentary rock)　⇨砕屑物の成熟度

せいじょうがたかいひん　正常型海浜 normal beach　⇨砂浜の縦断形

せいじょうさきゅう　星状砂丘 star dune　砂漠に発達する星型の大砂丘で，比高150 mにもなる．四方から吹く風によって吹き上げられた砂が星型形状をなす．星型砂丘とも．砂の供給が多く，季節によって風向が変わる場所に形成される．　〈成瀬敏郎〉

せいしん　静振【海岸の】 seiche　湾，入江，港などの閉じた水域に起こる水面の固有振動．セイシュともよばれる．津波*・高潮*・突風などの外乱によって水面が一時的に強制振動させられた結果，長波*が発生し，これが海岸や岸壁で反射を繰り返すうちに閉塞域固有の水面の振動を引き起こす．一般に静振の周期は数分から数十分程度である．　〈砂村継夫〉

せいしん　静振【湖沼の】 seiche (of lake)　湖沼や湾などの閉鎖的な水域において，風が吹いた後に水面で生ずる固有振動．seicheの音読に従ってセイシュもしくはセイシともよばれる．水域内部で上下に異なる密度層をもつ場合の境界面においてもこうした振動が生ずるが，これを内部静振とよび，水面での静振を表面静振とよんで区別することもある．矩形で水深一定の水域を仮定した場合，表面静振の周期はメリアンの式，$2L/\{n\sqrt{(gH)}\}$で近似的に表される．ただし，Lは湖の長さ，gは重力加速度，Hは湖の平均水深であり，$n=1, 2, 3, \cdots$は，それぞれ基本振動，倍振動，3倍振動を示す．　〈青田容明〉

せいすい　静水 still water　静止した水面もしくは水中の状態．重力のみが作用しているので，静（止）水面は，重力に垂直な水平面となる．静水圧（static pressure）は，静止した水中の圧力で，その上にある水の重力の積算．　〈小田巻　実〉

せいすいあつ　静水圧 hydrostatic pressure,

static pressure 静止している流体中の任意の面に垂直に作用する圧力．流体の密度を ρ，重力の加速度を g とすると，水深 h にある面に働く静水圧は ρgh である． 〈宇多高明〉

せいすいめん 静水面 still water level, potentiometric surface ①静止した水が作る自由表面（still water level），②地下水において位置水頭と圧力水頭の和を表す仮想的な水面（potentiometric surface, piezometric surface）． 〈宇多高明〉

ぜいせい 脆性 brittle 脆い性質をいう．材料力学的には，物体に外力を加えていったとき，弾性限界を超えてすぐに破壊をおこす性質をいう．岩石を一軸圧縮試験した場合，岩石は脆性的にふるまう． ⇨脆性度 〈松倉公憲〉

ぜいせい-えんせいきょうかい 脆性-延性境界 brittle-ductile transition 地殻の強度プロファイルにおいて，上部は脆性的な性質を示し，徐々に地下深部に向かって延性的な性質に移っていくが，それら両者の間には地殻の最大強度をもつ脆性-延性境界（脆性-延性転移領域ともいう）が存在する． 〈松倉公憲〉

ぜいせいど 脆性度 brittleness index 岩石の"もろさ"の指標で，圧縮強度と引張り強度の比で表す．岩石の脆性度は10〜20程度のことが多い．⇨脆性 〈松倉公憲〉

せいそうかざん 成層火山 stratovolcano 火山砕屑物と溶岩とが重なりあって，山体が構成される火山．火砕物を放出する噴火や溶岩流を噴出する活動が繰り返されて生じる複成火山．溶岩と火砕物の量比（山体全体に占める割合）は火山ごとに多様で，山体の大きさも多様．富士山を初め日本の主な火山，島弧の火山の多くは成層火山．通常，山頂には火口があり，山体の外形は全体としては円錐形（山頂部の斜面傾斜は約40°）であるが，山体の低所ほどより緩やかな傾斜であり，上に凹の斜面縦断形（火山側線）をもつ．この斜面傾斜の差異は山体各部の構成物の差異を反映しており，山体上部（山体中央部）は降下火砕物や溶岩などで主に構成されているのに対して，山麓部では降下火砕物や溶岩（流）の他に火砕流や火山岩屑流堆積物，さらに山体上部の開析に伴う火山麓扇状地堆積物なども加わる．成層火山の活動期間（寿命）は数千年から数十万年に及び，この間，種々の活動が間欠的に繰り返され，また，山体の破壊や開析も進行する．成層火山は，単一の単純な単式火山として存在するものはほとんどなく，通常，山頂部や山腹にカルデラや側火山などを伴う複式火山である．古くはコニーデ，円錐火山，錐状火山などともよばれた．⇨複成火山，単式火山，複式火山，火山側線 〈横山勝三〉

せいそうがん 成層岩 stratified rock 板状の岩体が重なって成層している岩石の総称．堆積岩，火山砕屑岩，薄い溶岩，およびそれらを源岩とする結晶片岩類などの変成岩がこれにあたる．稀に，層状火成岩をこのようによぶこともある． 〈田近 淳〉

せいそうけん 成層圏 stratosphere ⇨気圏

せいそうしゃめんたいせきぶつ 成層斜面堆積物 stratified slope deposit 傾斜10〜30°の斜面で，1枚の厚さが10 cm程度の細礫層と細粒土層が互層をなす堆積物．グレーズリテ*ともよばれる．凍結融解作用が卓越する環境で認められる．ソリフラクション*と斜面ウォッシュの組み合わせで説明されてきたが，異論も多い． 〈松岡憲知〉

せいそうじょ 生層序 biostratigraphy 生物の進化や生態に基づく生層序研究では，生層序帯（biozone）が基礎になる．化石種の出現〜絶滅と種の組み合わせで定義され，その後生存期間帯，アクメ帯，群集帯などを組み合わせて用いられる．

先第四紀の場合，生層序は一般に生物の進化に基づくので，主に上記の生存期間帯やアクメ帯により反覆することのない層序区分が可能で，対比の基準となる．他の地質時代に比べて短い第四紀では生物の進化は一般に顕著ではなく，下記のような例を除けば，生存期間帯やアクメ帯は一般的な層序区分に利用できない．そのため第四紀の生層序は多くの場合群集帯（花粉帯，珪藻帯など）を設定して組み立てられる．これは主に気候や海洋などの環境変化に対する生態系の反応によるものなので，逆転や反覆が起こりうる．また群集帯の境界は同一時間を示すとは限らず，場合によっては別の群集帯と交差することも起こる．さらに高分解能が必要な場合には，群集帯の変化に要する時間が必ずしも短くないことが問題となる．

有孔虫，放散虫，珪藻，石灰質ナンノプランクトンなどの海洋や陸上の微生物には，哺乳類と同様，第四紀においても分類単位（taxon）が出現・絶滅する層準が認められる．この種の層準は示準面をなし，海成層や陸成層の層序・対比・編年に有効である． 〈町田 洋〉

せいそうじょがく 生層序学 biostratigraphy 生層序に基づき，離れた地域の地層を対比や相対年代を研究する学問分野．化石層位学とも．示準化石や化石帯によって対比が行われる．⇨生層序，生

層序帯，示準化石　　　　　　　　〈塚腰　実〉

せいそうじょたい　生層序帯　biostratigraphic zone, biozone　地層に含まれる化石の種類，形態の特徴や群集の組成をもとに，地層の範囲に設定される生層序の基本単位．生帯（biozone），化石帯（fossil zone）ともいう．群集帯（化石群集によって特徴づけられ，個々の化石の生存期間とは関係がない），生存期帯（一つの種の生存期間により設定），アクメ帯（一つの種の最盛期で設定）などがある．⇨化石群集，生層序学　　　　　　　　〈塚腰　実〉

せいそくちかんきょう　生息地環境　natural habitat　⇨ハビタット

せいぞんきょうそう　生存競争【河流の】　struggle for existence　⇨河流の生存競争

せいたいけい　生態系　ecosystem　動物，植物，微生物などの生物と，その生活にかかわる大気や水，土壌，岩石といった自然環境とをまとめて一つの系とみなし，これを生態系とよぶ．1935年にA. G. Tansleyによって提唱された用語．生物間の相互関係だけでなく，非生物的要素との関係も合わせて考えないと系が成り立たないという点が強調された．地球全体を一つの生態系と考えたり，森林生態系，河川生態系などと分けて考えたり，さらには小さな池一つを生態系と認識するなど，生態系は着目する構造や機能に応じて様々なサイズや種類でとらえられる．　　　　　　　　　　　〈高岡貞夫〉

[文献] Tansley, A. G. (1935) The use and abuse of vegetational concepts and terms : Ecology **16**, 284-307.

せいたいけいかんそうごさよう　生態系間相互作用　interaction between ecosystems　一つの生態系が周辺生態系のつながりのなかで滋養され，互いに影響を与えていることを指す．例えば森林生態系は，有機物供給などを通じて河川生態系の物質循環に大きな影響を与える一方，河川で生息する動植物も陸域の生物に利用される．　　　　〈中村太士〉

せいたいせいどじょう　成帯性土壌　zonal soil　気候帯や植生帯に対応した特徴をもち，気候や植生の影響を強く反映した土壌で，日本の統一的土壌分類体系―第二次案（2002）―では，ポドゾル性土，褐色森林土，赤黄色土が該当する．　⇨土壌の成帯性
　　　　　　　　　　　　　　　　〈井上　弦〉

せいたいてきしょくせいたい　成帯的植生帯　zonal vegetation zone　植生帯は基本的には気候条件によって規定され，緯度と高度に沿って規則的な帯状配列を示す．緯度に沿った変化をユーラシア大陸東部で北から順に追ってみると，ツンドラ，北方針葉樹林（タイガ），夏緑広葉樹林，常緑広葉樹林，モンスーン林，熱帯多雨林といった配列になるが，大陸全体でみると，南にいくにつれ，乾湿度の違いによって帯状性は不規則になる．森林生態系の広域的比較の際の重要な目安となる．⇨垂直分布帯
　　　　　　　　　　　　　　　　〈岡　秀一〉

[文献] 林　一六（1990）「植生地理学」，大明堂．

せいたいないせいどじょう　成帯内性土壌　intrazonal soil　母材，地形などの局所的因子の影響を強く反映する一方，将来は成帯性土壌へ進化していくとした概念に基づいた土壌で，日本の統一的土壌分類体系―第二次案（2002）―では，黒ボク土，停滞水成土，沖積土，泥炭土，暗赤色土が該当する．間帯性土壌ともいう．　　　　　　　〈井上　弦〉

せいだんそう　正断層　normal fault　断層面の上盤側が下盤側に対して相対的に下方にすべる断層．逆断層と対をなす．重力が作用する方向にずれ動くので正断層とよばれ，地殻が発散する境界（広がる境界）付近には大規模な正断層が多く発達．⇨上盤，下盤，断層，逆断層，発散境界　〈岡田篤正〉

せいだんそうちけい　正断層地形　normal fault topography　正断層（運動）によって形成された変動地形の総称で，山地斜面（断層崖）のような大規模な地形から低断層崖のような小規模のものまで含まれる．正断層地形の山麓沿いには副次的な正断層が派生し，小規模な地塁・地溝が伴われることも多い．例えば，アメリカ西部ベイスン・アンド・レンジ地区では，正断層（運動）で形成された山地・盆地が幾重にもみられ，その麓に規模の小さい地塁・地溝が随伴する．日本では，九州中央部に地溝を伴う正断層地形が東西方向に数多く配列する．⇨正断層，変動地形，断層崖，低断層崖　　〈今泉俊文〉

せいちょうきょくせん　成長曲線【山地の】　seichokyokusen　方眼法による起伏量*の計測において，その方眼の大きさを'客観的に'決めるために描く曲線のこと．高度成長曲線ともいう．起伏量の計測範囲内の最高点を中心として種々の半径の同心円を描き，その各円内の最低点と最高点の高度差を縦軸に，円の面積を横軸にとると（この曲線が成長曲線），円の面積が大きくなるほど，この曲線はほぼ水平に（すなわち飽和漸近線的に）なる．そこで，その勾配の変曲点の面積に相当する方眼を起伏量計測（あるいは接峰面図*作成）の単位方眼とする．しかし，その変曲点の客観的選定は困難であり，面積は端数になるし，また成長曲線を描くのが煩雑であり，離れた地域の起伏量の比較にも不便である．

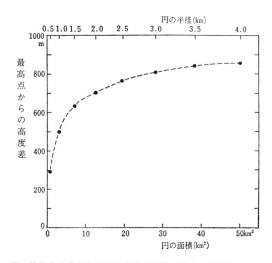

図　養老山を中心とする高度成長曲線〈鈴木,1997〉

ゆえに，成長曲線による方法はほとんど使用されず，実際には一辺が500 mとか1 kmの方眼で起伏量が計測されている．　　　　〈鈴木隆介・野上道男〉

[文献] 鈴木隆介 (1997)「建設技術者のための地形図読図入門」，第1巻，古今書院．

せいちょうせき　**正長石**　orthoclase　⇨長石

せいちょうゆうこうすいぶん　**生長有効水分**　readily available water　⇨有効水分

せいてきだんせいけいすう　**静的弾性係数**　static elastic modulus　圧縮試験，引張り試験など，静的試験の結果から得られた応力-歪み関係により求めた弾性係数．　⇨弾性率　　　　　〈飯田智之〉

せいどうきじだい　**青銅器時代**　bronze age　利器（鋭い刃物）による三時代法における中間の時代で，銅と錫の合金である青銅器が主に利器として用いられた時代．最も早い地域では，西アジアで紀元前3,000年頃から始まり，日本では弥生時代に青銅器が確認される．　　　　〈朽津信明・有村　誠〉

せいなんにほんこ　**西南日本弧**　Southwest Japan arc　中部日本を縦断するフォッサマグナ以西から九州に至る地帯で，概して東北東-西南西方向に伸びる．西南日本を構成する地質は帯状に配列し，北西側から南東側にいくにつれて，形成年代の新しい地層へと移り変わる．ほぼ中央部を中央構造線とよばれる大きな地質構造線があり，この北西側が内帯，南東側が外帯といわれ，地質が大きく異なる．また，大規模な地形の分布にも帯状の配列が認められる．北側から，①飛騨山脈から中国山地・北九州北部の山地，②濃尾平野・琵琶湖・大阪平野・瀬戸内海，③赤石山脈・紀伊山地・四国山地・九州山地の列があり，それぞれ内弧隆起帯，中央低地帯，外弧隆起帯にあたる．さらに南東側には，大陸棚・大陸斜面を経て，南海トラフへと移行するが，このトラフ底付近からフィリピン海プレートが北西方向に向かって低角度で潜り込むとされ，歴史時代に何回も大規模地震や津波が起こされてきた．　⇨フォッサマグナ，中央構造線，中央低地帯，外弧，南海トラフ，フィリピン海プレート，本州弧　〈岡田篤正〉

せいのかざんちけい　**正の火山地形**　positive volcanic landform　⇨火山地形

せいのじゅうりょくいじょう　**正の重力異常**　positive gravity anomaly　⇨ブーゲー異常

セイフ　seif　サハラ砂漠やアラビア半島の砂漠に発達する大型砂丘．縦列砂丘*の一種で，比高が100 m近くもある巨大砂丘である．シフとも．セイフとは半月刀の刃という意味で，縦列砂丘の両側から吹き上げられた砂がするどい刃のような非対称で規則正しく連続するセイフリッジを形成する．
〈成瀬敏郎〉

せいぶつかがくじゅんかん　**生物化学循環**　biochemical cycle　土壌中の無機化学物質が植物に吸収され，植物体（有機物・高分子化合物）となり，食物連鎖を通して，植物（生産者）から動物（消費者）に移動し，動物の死後，微生物（分解者）により分解され，再び，土壌中の無機化学物質に戻るという経路の物質循環を指す．生物学的循環（biological cycle）ともいう．生物体は風化により，直接に無機化学物質（原子や低分子化合物）に分解されることもあり，また，分解された無機化学物質は川や海に流され，岩石の一部になることもある．生物化学循環と生物地球化学循環は，概念としては区分されるが，個々の物質においては，明確に区分できるものではない．なお，単に'物質循環'という場合は，生物地球化学循環や生物化学循環を指すことが多い．　　　　〈大森博雄〉

[文献] 大森博雄ほか編 (2005)「自然環境の評価と育成」，東京大学出版会．

せいぶつがくてきふうか　**生物学的風化**　biological weathering　⇨生物風化

せいぶつがん　**生物岩**　biogenetic rock, organic rock　有機岩ともいう．岩石または堆積物が主として生物の遺体からなるもの，または生物の生理作用の結果生じたもの．石灰岩やチョーク，珪質岩，石炭，石油などが含まれる．　　　　〈松倉公憲〉

せいぶつかんきょう　**生物環境**　biotic environment, biological environment, bio-environment　植

物や動物，および微生物や細菌などの生物的要素が，人類の生存や生活に影響を与える上で発現する機能や条件を指す．環境*を'生物環境'と'無機環境*'に大別したときの一つで，生物の要素それ自体，および生物的要素が'地形，日射や降水量，水量や水質，土壌構造や土壌化学成分などの無機的要素に与える影響をも含めて，人類の生存や生活に与える影響や条件'を指す．環境の概念には，'主体の生存や生活に好ましい影響を及ぼすか，好ましくない影響を及ぼすか'という'影響に関する評価'も内包され，生物環境の検討においては，生物的要素の実態把握だけでなく，人類の生存や生活に対する影響の評価，あるいは，生活・産業・文化との関係の吟味が含まれることが多い．なお，生物環境は，生物圏における共生・競合（競争）において，'当該生物の生存や生活に対して他の生物的要素が与える条件'などを指すことも多い．この場合にも必然的に，'当該生物の生存や生活，あるいは，形成に好ましい影響を及ぼすか，好ましくない影響を及ぼすか'の評価が含まれている．また，人工環境や文化環境などをさらに生物環境と無機環境に分けた場合などには，公園緑地や街路樹などの人工緑地などが生物環境として扱われる．⇨自然環境 〈大森博雄〉

[文献] 大森博雄ほか編（2005）「自然環境の評価と育成」，東京大学出版会．

せいぶつげんぞんりょう 生物現存量 biomass ⇨現存量

せいぶつせいさんせい 生物生産性 bioproductivity 一定面積の植物群落の一次生産能力（または純光合成量，純生産量，NPP）を生物生産性という．生物生産性は，年間の総光合成量と植物の呼吸消費量との差である．生物生産性の大小は現存量*（バイオマス）の大小とは一致せず，森林の生長過程では若齢林で最大となり老齢林では低下する．また，熱帯林やC4植物であるトウモロコシ畑などで高いほか，浅海のサンゴ礁や藻場でも高い値を示す．また，一次生産量から捕食者や分解者による呼吸消費量を差し引いたものは，生態系純生産量（NEP）とよばれ，生態系全体の炭素収支を表す． 〈福田健二〉

[文献] 太田猛彦ほか編（1996）「森林の百科事典」，丸善．/Whittaker, R. H.（1970）*Communities and Ecosystems*, Macmillan（宝月欣二訳（1974）「生態学概説」，培風館）．

せいぶつちかがくじゅんかん 生物地化学循環 biogeochemical cycle ⇨生物地球化学循環

せいぶつちきゅうかがくじゅんかん 生物地球化学循環 biogeochemical cycle 生物体をつくる有機物（高分子化合物）が分解して，C, Ca, O, N, P などの低分子の無機化学物質（主として生物体を作る生化学物質の分子や原子）となり，水中や大気中，あるいは，地中に飛散・浮遊した後，光合成（炭酸同化作用）や地中・水中からの栄養塩として生体内に吸収されることによって，再び生物体（有機物）に戻るという様式で行われる生物圏・地圏・気圏・水圏における化学物質の循環を指す．生物地化学循環ともいう．生物地球化学循環においては，サンゴによる石灰岩の形成（$CaCO_3$：炭素 C，あるいは，炭酸ガス CO_2 の固定）や珪藻によるチャートの形成（SiO_2 に富む珪質岩：珪酸の固定），石炭，石油，泥炭，腐植の形成（いずれも炭素 C の固定）など，広い意味での'生物岩：biogenetic rocks'の形成や分解により，化学物質が長期にわたって固定されたり，循環に戻ったりする．なお，単に'物質循環'という場合は，生物地球化学循環や生物化学循環*を指すことが多い．⇨地球化学循環 〈大森博雄〉

[文献] 大森博雄ほか編（2005）「自然環境の評価と育成」，東京大学出版会．

せいぶつちりがく 生物地理学 biogeography 生物分布の特徴とその成因について研究する学問分野．なぜ地球にこれほど多様な生物が存在し，地域によって異なる分布がみられるのかを解明する．最初は種の分布域を調べ，それをもとに植物区系*や動物区系を設定する区系生物地理学から始まったが，その後，分布を気候や地形など現在の環境条件から考察する生態学的生物地理学と，地史や自然史を基礎として生物が進化発展してきた道筋をたどる系統的生物地理学の2つに大きく分かれ，発展してきた．近年，DNA 分析などを用いた新たな研究が進展しつつある．研究対象によって植物地理学，動物地理学，昆虫地理学，魚類地理学などに分けることがある． 〈小泉武栄・高岡貞夫〉

[文献] Cox, C. B. and Moore, P. D.（2005）*Biogeography: An Ecological and Evolutionary Approach*（7th ed.）, Blackwell.

せいぶつふうか 生物風化 biological weathering, biotic weathering 植物，動物，微生物がもたらす風化作用．生物学的風化とも．①物理的な作用と，②化学的な作用に分けられる．①の代表的なものとして植物の根の作用（岩石の割れ目に根を伸ばし，その肥大に伴う根圧で岩石を崩壊させる）や動物による穴掘りや土壌撹乱（通気・透水性を変化させ，風化を促進させる）がある．②は，生命活動に伴う呼吸により生産された二酸化炭素，植物根の

分泌物や微生物の代謝産物からの各種有機酸やキレート化合物，硝化菌や硫黄酸化菌による硝酸や硫酸の生成などにより，土壌や岩盤中の間隙水の性質が変化することにより風化を促進するような作用である．キレート化（chelation）とは本来，複数の配位座を持つ配位子による金属イオンへの結合を指すが，生物化学的な風化作用においては，金属イオンと有機物とが反応して環状構造物をつくり，系から金属イオンを除去していく作用をいう．例えば，方解石粉にEDTA（キレート剤）を加え，pHを10〜11に保っても Ca がキレート化して方解石が溶解する．また，水田や湖沼における微生物の活動は土壌の還元化を引き起こす．還元に伴って生成したFe^{2+}は陽イオン交換反応によりCa^{2+}と置換し，土壌の乾燥に伴うFe^{2+}の再酸化は粘土鉱物の部分的な崩壊（フェロリシス ferrolysis：水成環境下での還元と酸化の繰り返しによって行われる粘土の破壊過程）を引き起こす．化学合成細菌（例えば，屈化性バクテリア：chemotrophic bacteria）にも，硫黄・鉄などの鉱物を酸化させる働きをもつものがある．

〈小口千明〉

セイヨウチョウノスケソウ *Dryas octopetala*
⇨ドリアス植物群

ゼオライト zeolite ⇨沸石

せかいきしょうかんしけいかく **世界気象監視計画** World Weather Watch, WWW 世界気象機関*の下で行われている 1963 年に開始されたプロジェクトの一つで，気象情報の収集，解析，配布のための国際共同システムである．地上・海上・航空・衛星からの観測システムを整備する全球監視システム（global observing system），観測データを効率的に世界に配信する全球通信システム（global telecommunication system），全球データ処理・予報システム（global data processing and forecasting system）などを含む．

〈森島 済〉

せかいきしょうきかん **世界気象機関** World Meteorological Organization, WMO 気象情報・資料の世界的共有と利用を図るために設置された国際連合の専門機関であり，データの標準化，各国間のデータ交換，気象業務活動の推進，研究計画の調整などを行っている．1950 年に設立された．前身は 1873 年に創設された国際気象機関（International Meteorological Organization）．現在 19 に及ぶプロジェクトを推進しており，WWW（世界気象監視計画*）もその中の一つである．WMO は本部をスイスのジュネーブに置き，2012 年 5 月現在で 183 の国と 6 の地域が参加している．日本は 1953 年に加盟．

〈森島 済〉

せかいしぜんいさん **世界自然遺産** World Natural Heritage 1972 年のユネスコ総会で採択された世界遺産条約（世界の文化遺産及び自然遺産の保護に関する条約）に基づいて，世界遺産リストに登録された自然遺産．後世に残すべき顕著な価値をもつ地形や生物，景観などの地域のこと．登録には，人類が共有すべき顕著な普遍的価値をもつことが強調される．地域の担当政府機関が候補地の推薦・暫定リストを提出し，国際自然保護連合（IUCN）が現地調査によって報告し，ユネスコ世界遺産センターが登録推薦を判定し，世界遺産委員会での最終審議をへて正式登録となる．登録済みの世界自然遺産は以下のカテゴリーに分けられている（括弧内は場所の例）．Ia：厳正保護地域（イギリス領のゴフ島野生生物保護区），Ib：原生自然地域（日本の白神山地），II：国立公園（アメリカ合衆国のイエローストーン），III：天然記念物（中国の黄龍の景観と歴史地域），IV：種と生息地管理地域（イタリアのエオリア諸島），V：景観保護地域（オーストラリアのグレートバリアリーフ），VI：資源保護地域（タンザニアのンゴロンゴロ保全地域），ほかにカテゴリーに割り当てられていない地物（ハンガリーのアグテレクのカルストとスロバキアのカルストの洞窟群）などがある．

〈岩田修二〉

せかいそくちけい **世界測地系** ① world geodetic system, ② Japanese geodetic datum 2000
①広義には地球重心と地球楕円体の値に世界共通のものを用いて国際的に用いられる測地測量の基準（world geodetic system）．GPS 衛星は WRS84 とよばれる世界測地系に準拠している．②狭義には日本において 2001 年の測量法および水路業務法の改正により採用された測量の基準（Japanese geodetic datum 2000）をいう．日本座標系 2000 ともいい，座標系として国際地球基準座標系 ITRF94 を，準拠楕円体として測地基準系 1980（GRS80）を採用している．GRS80 は厳密には WRS84 とは異なるが，実用上は同一とみなして差し支えない．日本測地系に準拠した座標値を世界測地系に変換するプログラム（TKY2JGD）が国土地理院から提供されている．⇨日本測地系

〈宇根 寛〉

せがえ **瀬替** *segae*, artificial avulsion of channel 河川治水のための人工的な流路変更を指す古来の用語．日本では江戸時代の利根川と荒川の大規模な瀬替が有名．⇨流路形態の変換（図）

〈鈴木隆介〉

[文献] 大熊　孝 (1981)「利根川治水の変遷と水害」, 東京大学出版会.

せき　堰　weir　灌漑，上水道，工業用水，水力発電などの用水の取り入れ，舟運，および洪水調節などのために水路中で流れをせき止め，越流させるための構造物．河口部において塩害防止，高潮防御などのために設けられたり，河川の分派点において必要な流量配分を行ったりするためにも用いられる．農業用施設の場合は頭首工*と称される．
〈砂田憲吾〉

せきあげはいすい　堰上げ背水　back water　河川や開水路の常流（緩やかな流れ）の途中に堰や障害物があると，そこで生じた水深の上昇が上流にまで及ぶ現象．これに対して，途中に落差工などの段落ちや急降下部があるとその位置で水面が低下し，その影響で上流の水面も低下する．これを低下背水とよんでいる．
〈砂田憲吾〉

せきえい　石英　quartz　SiO_2 の組成，三方晶系の構造をもつシリカ鉱物．透明な六角柱状の結晶（水晶）や結晶集合体，または隠微質な結晶集合体（瑪瑙）としても産する．多くは無〜白色であるがときに紅・紫・黒・黄色，ガラス〜脂肪光沢．鉱床の主要脈石鉱物や，砂岩の主要構成鉱物でもあり，火成岩，変成岩，堆積岩すべてに広く分布する．劈開はなく，モース硬度7．同質異像（多形）にはクリストバライト，トリディマイトなど多数ある．
〈長瀬敏郎〉

せきえいせんりょくがん　石英閃緑岩　quartz diorite　斜長石，石英，角閃石，単斜輝石を主成分鉱物として含む完晶質粗粒の深成岩．カリ長石，黒雲母，斜方輝石を含むこともある．
〈太田岳洋〉

せきえいそめんがん　石英粗面岩　liparite　以前には流紋岩と同義に使用されていたが，現在はほとんど使用されていない．
〈松倉公憲〉

せきえいはんがん　石英斑岩　quartz porphyry　完晶質で斑状の酸性火成岩．斑晶として石英，斜長石，カリ長石および少量の黒雲母，角閃石を含む．石基は微晶質〜隠微晶質．石基が微花崗岩組織を呈するものは花崗斑岩とよばれる．
〈太田岳洋〉

せきおうしょくど　赤黄色土　red-yellow soil　湿潤亜熱帯気候地域の常緑広葉樹林下に発達する成帯性土壌．一般に A-B-C の層位配列を示し，O 層（堆積腐植層）はほとんどみられない．A 層（腐植層）は発達が悪く，土色は暗褐色または赤褐色を呈し，有機物含量が極めて少ない．B 層は厚く（数十cm），赤褐色，橙色，黄色を呈し，粘土含量が高く，構造面に粘土皮膜が認められることが多い．B 層の色の違いによって赤色土と黄色土に区別される．この土色の差は，母岩の鉄鉱物の量的質的差異や風化および土壌生成過程における排水状態の良否に起因する．遊離酸化鉄の結晶化が褐色森林土や黄褐色森林土よりはるかに進んでいる．粘土鉱物はカオリン鉱物や緑泥石・バーミキュライト中間体を主体とし，ヘマタイト，ゲータイト，ギブサイトをかなり含む．赤黄色土の母材は化学的風化作用を強く受けており，スコップで削れる程度まで腐朽した「腐り礫*」となっている場合が多い．塩基溶脱作用を激しく受けており，交換性塩基に乏しく，土壌 pH は 4.5〜5.5 の強酸性を示す．また，有機物含量は低く，粘土含量が高く，ち密なため，有機物の補給，酸性矯正，排水対策などが必要である．⇨土壌分類，赤色土，ウルティソル
〈前島勇治〉

せきか　石化　lithification　未固結の堆積物が硬い岩石（堆積岩）に変化すること．石化は脱水作用，セメント化作用，圧密作用，脱珪酸（脱シリカ）作用，結晶作用などで起こる．その変化には堆積物への加重，加熱，粒子間での流体移動などが重要である．石化の過程を石化作用とよぶ．
〈増田富士雄〉

せきがいせんすいぶんけい　赤外線水分計　infrared optical moisture meter　異なった3種類の波長の近赤外線を物質に照射し，その反射量を計測することによって物質の水分量を計測する機器．赤外線吸光度計あるいは単に吸光度計とも．もともとはタバコの葉の水分を計測するために開発されたものであるが，Matsukura and Takahashi (1999) によって，岩石表面の含水比計測に応用できることが示された．とくにハンディータイプのものは軽量で，非破壊で迅速に計測が可能なので，野外において，露岩，風化岩石，石造文化財などの岩石表面の含水比の経時的変化を追う場合などに有効となる．
〈松倉公憲〉

[文献] Matsukura, Y. and Takahashi, K. (1999) A new technique for rapid and nondestructive measurement of rock-surface moisture content: preliminary application to weathering studies of sandstone blocks: Engineering Geology, 55, 77-89.

せきがいほうしゃ　赤外放射　infrared radiation　低温の物体から放出される電磁波で $0.7\mu m$〜$1mm$ $(1,000\mu m)$ の波長をもつ．近赤外 $(0.7〜4\mu m)$ と遠赤外 $(4〜1,000\mu m)$ に区分される．地球放射（地表面や大気からの放射）は，大部分が遠赤外の領域で行われている．
〈森島　済〉

せきかさよう　石化作用　lithification　⇨石化

せきこ　潟湖　lagoon　⇨ラグーン

せきこあとち　潟湖跡地　abandoned lagoon　砂州や砂嘴で閉じられたラグーン（潟湖・潟）が，流入河川や暴浪時の越波あるいは飛砂によってもたらされた土砂で埋積され陸地化した低地．一般に埋積前の潟湖の面積が小さい場合に用いられるが，石狩平野や新潟平野や河内平野などの日本の海岸平野の多くは大規模な潟湖が埋積された潟湖跡地である．
⇨ラグーン　〈武田一郎〉

せきこがたふくせいていち　潟湖型複成低地　compound plain (lowland) of lagoon-type　低地を構成する地形種が砂州背後の潟湖跡地などからなる海成堆積低地の複式地形種によって構成される複成低地（例：釧路平野や霧多布低地）．　⇨低地
〈海津正倫〉

［文献］鈴木隆介（1998）「建設技術者のための地形図読図入門」，第2巻, 古今書院．

せきざい　石材　stone　土木・建築材料として岩盤から切り出された岩石．岩種，形状，硬さなどによって分けられる．たとえば，形状としては角石，板石，間知石*，割り石などがある．産地名を付して，根府川石，大谷石などと固有名でよばれることもある．　〈松倉公憲〉

せきさいかせん　積載河川　superposed river
⇨積載谷

せきさいこく　積載谷　superposed valley, superimposed valley　接峰面*の示す尾根を横断している横谷*の一種で，表成谷*と同義である．隆起運動に起因する先行谷*と形態的には類似しているが，準平原ないし老年期的な山地・丘陵において河川の侵食復活における差別侵食によって形成された峡谷である．積載谷を生じた河川を積載河川という．その地形発達史によって剥離型と再従型の2種に大別される（図）．①剥離型は，凹凸の大きい不整合面を境に下位の強抵抗性岩を被覆していた弱抵抗性岩（段丘礫層などの被覆層）の堆積面を流れていた必従河川が，侵食復活の際にその流路位置をほとんど変えずに（居座って）不整合面より低い位置まで下刻すると，不整合面の高い地区では強抵抗性岩の存在のために下刻のみで側刻が進まないから峡谷を形成する．一方，不整合面の低い地区では弱抵抗性岩が容易に侵食されるので谷幅の大きな河谷が生じる．堆積段丘を刻む河谷では，段丘堆積物を下刻する地区では幅広い谷底侵食低地が生じるのに対し，基盤岩石を下刻する地区では峡谷を生じる．後者の地区の段丘は谷側積載段丘*とよばれる．②再従型は被覆層を伴わないもので，侵食に対する抵抗が顕著に異なる岩石で構成されている地域が準平原のような小起伏地となり，それが河川の侵食復活によって下刻されるときに，弱抵抗性岩の地区は幅の広い河谷や谷底侵食低地になるのに対し，強抵抗性岩の地区は侵食力の大きな本流のみによって下刻され，幅の狭い峡谷を形成し，その両側は弱抵抗性岩の地区よりも相対的に高い尾根状の高所になる．また，特殊な場合として，岩脈，溶岩，石灰岩などの強抵抗性の暴露効果でも再従型の積載谷が形成される．なお，形態的に類似している先行谷は，地質構造とは直接に関係なしに，隆起部だけに峡谷の生じたものである．　⇨対接峰面異常［河系の］，

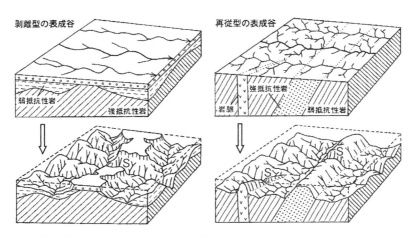

図　2種の積載谷または表成谷（S）の形成過程（鈴木, 2000）
左：剥離型，右：再従型

段丘の内部構造　　　　　　　　　　　〈鈴木隆介〉

[文献] 鈴木隆介 (2000)「建設技術者のための地形図読図入門」, 第3巻, 古今書院.

せきさいせいせんこうこく　積載性先行谷　anteposed valley　先行谷*の一種であり, 先行谷の形成前の地形が堆積物に被覆されており, その地域が地殻変動によって隆起し, 先行谷になった谷である. 積載谷*の分類 (前頁の図) では剥離型に分類される. アメリカのグランドキャニオンがその例とされているが, 日本での明確な例は知られていない.　　　　　　　　　　　　　　　　〈鈴木隆介〉

せきさんかんど　積算寒度　freezing degree-days　⇨凍結指数

せきさんきょくせん　積算曲線【粒径の】　cumulative curve　⇨粒度累積曲線

せきさんだんど　積算暖度　thawing degree-days　⇨融解指数

せきしつはへん　石質破片　lithic fragment　火砕流堆積物や降下火砕堆積物などの火山砕屑物に含まれる本質物質以外 (類質, 異質) の緻密な岩石の破片. 石質岩片ともいう. 特に軽石流堆積物に含まれるものをいう場合が多い. ⇨軽石破片, 軽石流堆積物　　　　　　　　　　　　　　　〈横山勝三〉

せきしゅつひょう　析出氷　segregated ice　⇨凍上

せきじゅん　石筍　stalagmite　鍾乳石* (スペレオゼム) の一つ. 天井から滴下する溶解した水が炭酸カルシウムを飽和に近い状態で洞床に滴下して, 飛沫を生じた際, 圧力の減少に伴って, 溶解しきれなくなった炭酸カルシウムが結晶化する. 天井から滴下する水によってできる鍾乳石は一般に鍾乳管を伴う. 次第に同一地点に滴下する水によって, 炭酸カルシウムの結晶が筍のように成長する. 一般に, 直上には狭義の鍾乳石, すなわちつらら石が存在する. つらら石と石筍が成長するとやがて両者が結合し, 石柱をつくる. 石筍は白い方解石の結晶からなり, 中心部に鍾乳管は形成されないが, 年輪状に成長するのが普通である. 鍾乳洞内に泥質の堆積物が多く存在するとき, 泥筍をつくる.　〈漆原和子〉

せきしょくど　赤色土　red soil　湿潤亜熱帯・熱帯気候地域の常緑広葉樹林下に発達する成帯性土壌*. 一般にA-Bt-Cの層位配列を示し, 植物遺体は多量に供給されるが分解されて, O層 (堆積腐植層) の発達は貧弱である. A層 (腐植層) は薄く (10 cm以内), 土色は暗褐色または赤褐色を呈し, 有機物含量が極めて少ない. B層は厚く (数十cm), 赤褐色 (一般に5YR4/6より赤みが強い) を呈し, 塩基類や珪酸の溶脱が進行し, pHは4.5～5.5の強酸性反応を示す. また, 鉄やアルミニウムの酸化物, 主にヘマタイト, ゲータイトおよびギブサイトなどが残留して相対的に富化している (鉄アルミナ富化作用*). さらに, 粘土の洗脱も進行し, 粘土の集積が起こり (粘土集積), 構造面に粘土皮膜*が認められることが多い. 米国の土壌分類体系ではウルティソル目 (Ultisols), 世界土壌照合基準 (WRB) ではアクリソル (Acrisols) にほぼ相当する. ⇨土壌分類, 古赤色土　　　　〈前島勇治〉

せきしょくねんど　赤色粘土　red clay　⇨赤粘土

せきしょくふうかかく　赤色風化殻　red weathering crust　岩石が風化した部分の総称である風化殻のうち, 特に赤色を呈するものをいう. 日本では, 腐り礫*を含む高位段丘堆積物や, 侵食小起伏面を構成する風化した岩盤の表層部にみられる. なお, 以前は, 段丘堆積物中の礫の表面部に生じた風化皮膜と同義でも使われていたが, 最近ではあまり用いられない.　　　　　　　　　　　〈西山賢一〉

せきしょくりったいちず　赤色立体地図　red relief image map　アジア航測㈱の千葉達朗が開発した地形可視化手法で同社の特許技術. メッシュ化した標高データより, 地上開度*・地下開度*・斜度を解析し, 傾斜が急なところほどより赤く, 尾根ほどより明るく, 谷ほど暗くなるよう色調整した画像. 一枚で立体感が得られ, 微地形表現に優れた地形表現手法.　　　　　　　　　　〈相原 修・河村和夫〉

[文献] 千葉達朗ほか (2007) 地形表現手法の諸問題と赤色立体図: 地図, 45, 27-36.

せきせつ　積雪　snow cover　積もった雪の総称. 降雪後1年を経過した積雪はフィルンとよぶ. 雪の積もりはじめから雪解けまで継続して存在する雪を根雪という. 風による吹き飛ばしがなければ, 上から層状に堆積する. 断面では縞模様がみられるが, これは降雪時の結晶の違いのほか, 積雪後の気温・日射などの影響を受け, しだいに表面が (条件によっては下層も) ザラメ雪化したり氷盤化したりするからである. 比重もそれによって変化する. したがって積雪を水等量に直すには, 各層の比重を測定するなどのスノーサーベイを行うか電磁波などを用いた計器で測定する必要がある. 積雪の再移動は吹き飛ばしと雪崩である. 吹き飛ばしの強いところ (風障斜面) では凍結融解で物質が移動し, 植生も貧弱となる. 再移動で積雪の多いところ (雪庇となだ

れ堆積）では夏まで持ち越し雪渓となる．日本では越年する雪渓もある．積雪は大量の空気を含んでいるので断熱材として機能し，土壌の凍結（周氷河現象の発現）を妨げ，積雪下の植物を寒さから保護したり，逆に生育期間を短くさせるなどの働きがある．　　　　　　　　　　　　〈金森晶作・野上道男〉

せきせつき　積雪期　snow season　気温が低いため融雪*が進まず，降雪が地上に堆積している期間または季節．夏以後最初の降雪を初雪という．これは消雪することが多い．持続して積雪が残る期間を根雪期間という．気温からみた厳冬期が積雪期に含まれる場合には，積雪の断熱効果のため土壌が深くまで凍結する周氷河現象*は生じにくい．〈野上道男〉

せきせつていおんど　積雪底温度　basal temperature of snow（BTS）　厚い積雪下では，地表面の温度（積雪底温度）は，永久凍土*が存在しない場合には融点に近づき，永久凍土が存在する場合には永久凍土面温度に近づく傾向がある．そこで，多地点で計測された積雪底温度値に基づいて，山岳永久凍土*の分布が推定される．〈池田 敦〉

せきそくほう　堰測法　hydrometry with weir　河川や水路に横断し流れをせき止めて越流させ，越流水深を測定することにより，実験等から求めた越流公式を用いて流量を求める方法．三角堰*や四角堰*が用いられる場合が多いが，流量が小さい場合には越流水深が小さくなるため三角堰が用いられる．　　　　　　　　　　　　　　　〈渡邊康玄〉

せきたん　石炭　coal　植物が水中に堆積して埋没続成作用を受け変質して生成された，成層した可燃性の岩石．日本工業規格（JIS M 1002）では発熱量，燃料比，粘結性などにより，褐炭，亜瀝青炭，瀝青炭，無煙炭に分類されている．〈太田岳洋〉

せきたんき　石炭紀　Carboniferous（Period）　古生代後期の約3億6,000万年前から3億年前までに相当する地質時代．海生動物群化石を豊富に含む海成層の発達が良好，北西ヨーロッパやロシア（モスクワ盆地やウラル山脈など）で，岩相・生層序学的な研究が盛んに行われている．特に後期に，バリスカン（ヘルシニア）造山運動で代表される地質構造の大変革が生じた．特に石炭紀の後半には，南半球に発達したゴンドワナ氷床で示される寒冷な気候が支配していた．シダ植物や裸子植物が繁茂し，植物の遺骸は，その後，大炭田の形成の起源となった．大森林のなかで，節足動物や脊椎動物（両生類）が大発展を遂げた．原始的な爬虫類が出現した．海洋では，紡錘虫（フズリナ）のほか，四射サンゴ，床板サンゴ，腕足類，コケムシ，石灰藻などが繁栄した．　　　　　　　　　　　　　　〈江﨑洋一〉

せきちゅう　石柱　column, stalactostalagmite　コラムともいう．石灰岩洞窟の中で形成された鍾乳石*が洞窟の天井から床までつながり，柱状になったものをいう．石柱は，つらら石と石筍が成長し，最終的に両者がつながり，その後も滴下水の供給があれば，さらに太く成長していく．よく似た形状を示すものにピラーがあるが，ピラーは石灰岩柱*と訳し，石灰岩が溶食し残され，洞窟（洞穴）内に石灰岩が柱状に残存したものを指す．近年，鍾乳石の年代測定が進み，石柱などの成長の過程をたどり，古環境の推定をする試みがされるようになってきた．秋芳洞には黄金柱（直径約1.5m）がある．黄金柱はフローストーンで表面が覆われたものであり，一部が断層によってずれたものとされている．しかし，自重によってずれたとする説もある．鹿島（1993）は，南大東島の複数の石柱が断層によって一定方向にずれていることを報告している．〈漆原和子〉

[文献] 鹿島愛彦（1993）沖縄県南大東島星野の穴の鍾乳石の破断：日本洞窟学会誌，**18**，33-41.

せきてっこう　赤鉄鉱　hematite, haematite（英）　土壌の風化作用によって形成される二次鉱物．色は黒から銀灰色，茶色から赤茶色ないし赤色であるが，条痕は赤錆色．化学組成は Fe_2O_3（酸化鉄（Ⅲ））．ヘマタイトとも．風化の進んだ土壌が赤色を呈する原因物質．〈松倉公憲〉

せきどうていあつたい　赤道低圧帯　equatorial trough　両半球の偏東風が収束する地帯（間熱帯収束帯 ITCZ ともいう）であり，大気の対流活動が活発で雷雨による降水量が多い．赤道無風帯とほぼ同じ．⇨大気大循環　　　　　　　〈野上道男〉

せきどうむふうたい　赤道無風帯　equatorial doldrums　⇨赤道低圧帯

せきとめこ　堰止湖　dammed lake　地震や豪雨などによる土砂移動や火山噴出物が川や谷を堰き止めて形成した湖沼．ダム湖は比較的大きな人工の堰止湖の意味で用いられることが多い．また，自然の堰止湖を表すために天然ダム*という言葉が使用されることがあるが，ダム自体は堤体を示す言葉であるので天然ダム湖というべきであるが，これは堰止湖そのものである．〈柏谷健二〉

せきゆ　石油　petroleum　精製油（refined oil）に対して天然産の石油を原油（crude oil）とよぶ．原油は地表条件では液状を呈する炭化水素類の混合体で，少量の S, N, O の化合物を含む．石油は気体

（天然ガス）または固体・半固体（アスファルト，パラフィン）として存在する．原油は，比重により特重質，重質，中質，軽質に分類され，含有炭化水素の種類によりパラフィン基，ナフテン基，中間基原油に分類される． 〈太田岳洋〉

せきり　石理　texture ⇨組織

せきりょうさんみゃく　脊梁山脈　backbone range ある地域，特に細長い島や半島において，その背骨のように細長く伸びる山脈であり，その地域の主分水界をなす山地．奥羽山脈は，長さ約800kmにも及び，日本海側と太平洋側の大きな分水嶺である．スマトラ島のバリサン山脈，イタリア半島のアペニン山地も好例． 〈今泉俊文〉

セグメンテーション　segmentation 地形学においては，線状の地形相（例：河川縦断曲線，火山側線）を何らかの基準で複数の区間に分ける作業．⇨河川縦断面形，火山側線，断層セグメント． 〈鈴木隆介〉

せたなそう　瀬棚層　Setana formation 北海道渡島（おしま）半島の基部にある黒松内（くろまつない）低地帯に分布する下部更新統で低い丘陵を構成する．固結度の低い礫岩，砂岩および砂岩泥岩互層からなる． 〈松倉公憲〉

せつ　節【水路網内の】　link（in channel network） シュリーブ（R.L.Shreve）の定義によるリンクに対して「節」との和訳もある．⇨シュリーブのリンクマグニチュード 〈徳永英二〉

せっかいか　石灰華　tufa, travertine 日本で石灰華と訳しているものは，トゥファ*とトラバーチン*の両方を含む．炭酸塩岩の地域では，いったん雨水や地下水などによって溶解された炭酸カルシウムは，圧力や温度の変化によって過飽和に達し，再結晶をする．炭酸カルシウムの再結晶にシアノバクテリアや水中の水草などが関与する場合は，結晶した石灰華は孔隙性に富む．この場合をトゥファとよぶ．世界的にクロアチアのプリティビツェ（Plitvice）や，中国の黄竜などに大規模な石灰華段丘*と多数の湖をみることができる．プリティビツェでは石灰華の堰き止めた120余りの湖が形成されている．しかし，洞窟（洞穴）内で，シアノバクテリアなどの生物活動が少ない環境で炭酸カルシウムが再結晶した場合は，傾斜の急変によって圧力に変化が生じ，緻密で硬い炭酸カルシウムの結晶した形態ができあがる．これをトラバーチンとよぶ．洞窟（洞穴）内ではトラバーチンの作る形態に応じてリムストーンを畔石（あぜいし），リムストーンプールを百枚皿などとよぶ． 〈漆原和子〉

せっかいかだん　石灰華段　travertine terrace ⇨石灰華段丘

せっかいかだんきゅう　石灰華段丘　travertine terrace 石灰岩地域を流れる地表水や地下水に飽和に近い状態でカルシウムが溶存している場合，急傾斜な場所などで流水が飛沫となり圧力の変化を起こすと，カルシウムが過飽和な状態になり，沈殿する．急傾斜な流れに沈殿した炭酸カルシウムが累積し，石灰華*の段をつくる．石灰華段ともいう．リムストーン（畔石（あぜいし））が高さを異にして何段にも鱗状に並んだ地形を呈する．リムストーンの内側にはリムストーンプールをつくる．石灰華段丘を形成する石灰華は，緻密で硬質なものをトラバーチン*（travertine），多孔質で軟らかいものをトゥファ*（tufa）という．地上ではトラバーチンもトゥファも石灰華をつくる．しかし，洞窟（洞穴）内ではトラバーチンが石灰華を形成する．日本では鍾乳洞内に石灰華段丘がよく発達する．山口県秋芳洞の百枚皿や沖縄島の玉泉洞などがよく知られている．米国イエローストンのマンモス温泉地域のミネルバ段丘やクロアチアのプリティビツェ国立公園内の石灰華段丘，トルコのパムッツカレのまっ白な石灰華段丘は，世界的に規模の大きいものとして有名である．中国の黄尤では，黄色の石灰華段丘が形成されている．この黄色の炭酸カルシウムの結晶の形成にはバクテリアが関与しているといわれている． 〈漆原和子〉

せっかいがん　石灰岩　limestone $CaCO_3$を主成分とする堆積岩．水に溶解しやすくカルスト地形*をつくる． 〈松倉公憲〉

せっかいがんおね　石灰岩尾根　limestone ridge 層厚数十mの厚い石灰岩層が急傾斜している場合に，差別侵食によって周囲より突出している尾根をいう．山稜部に幅の狭い小起伏面，小凹地，小突起，露岩を伴い，山腹斜面で谷密度が低く，山麓に石灰洞を伴う場合もあり，幅の狭い石灰岩台地とみてもよい．北上山地や四国山脈の石灰岩層の分布地に多い．⇨石灰岩台地 〈鈴木隆介〉

せっかいがんしょくぶつ　石灰岩植物　limestone flora 石灰岩*は露岩地をつくりやすく，また石灰岩起源の土壌層は一般に薄く比較的乾燥しており，カルシウム過多のためアルカリ性に傾きやすく，貧栄養である．このような性質は多くの植物にとってはいずれも悪条件であり，そのため石灰岩地域に生育できる植物は，その種類が限定される．このような石灰岩地に生育できる植物群を，まとめて

好石灰岩植物とよび，反対に石灰岩地に生じないものを嫌石灰岩植物と読んでいる．好石灰岩植物には，イチョウシダ，チチブミネバリ，ヒメフウロなど石灰岩地に分布が限られる種のほか，イワシモツケやヒロハノヘブノボラズのような石灰岩地に多い種，石灰岩地に多いが非石灰岩地にもみられる種も含まれる．石灰岩地域が特異な植物相をもつことはヨーロッパでは19世紀半ばから知られてきた．たとえばヨーロッパブナの分布は中欧以北ではほとんど石灰岩地域に限られている．　⇨蛇紋岩植物

〈小泉武栄〉

[文献] 石塚和雄編 (1977)「群落の分布と環境」，朝倉書店

せっかいがんだいち　石灰岩台地　karst plateau
炭酸塩岩の厚い地層からなる台地は独特の排水系を有し，地表には一般に河川は発達しない．石灰岩は風化に対する特異な特性をもつため，他の岩石の地域と境界を有し，台地状になる場合が多い．カルストの名称の発祥地であるスロベニアのクラス（Kras）地方は標高400〜800 mのカルスト台地*をなす．石灰岩は他の堆積岩に比べると物理的風化には強いが，二酸化炭素の混じる水が供給されれば溶解する．したがって石灰岩台地の排水は透水性のよい石灰岩の中を洞窟系を形成しながら行われる．しかし，透水性の異なる他の岩石の地域と接する場合は，地表水による排水が行われ，再び石灰岩台地に接すると，地下の排水系に流入する．結果的に，炭酸塩岩の岩魂が周辺の非炭酸塩岩よりも比高が高い台地となる．台地の地表では，ドリーネ底の吸込み穴を通じて地下水系に排水する．ポリエの低地部を地表流として流下した川はポノールとして地下水系へ再び流下するが，石灰岩中の圧力を受け，カルスト湧泉として台地下方の地表に再び流出するか，または，海水中にカルスト湧泉として淡水が湧き出る．人間活動にとって，カルスト台地上では生活用水の確保が最も困難である．また森林伐採を行い，土壌侵食が発生すると，土壌生成作用が極めて緩慢なために，短期間に植生が回復することが難しい地域でもある．

〈漆原和子〉

せっかいがんちゅう　石灰岩柱　limestone pillar
洞窟（洞穴）内でみられる地形で，溶食の結果，石灰岩そのものが残存して柱状に残ったものをいう．地下水面が何らかの理由で低下したとき，洞窟（洞穴）のあとを地表でみることができる場合，地上で石灰岩柱を目にすることができる．炭酸カルシウムの結晶した鍾乳石が柱状に連なったものは石柱*（limestone column）とよぶ．石灰石柱も石灰岩柱と同じ意味で用いられる．ただし，ピナクル*を石灰石柱と訳した例があるが，これは訳語としてふさわしくない．　⇨石灰石柱

〈漆原和子〉

せっかいがんてい　石灰岩堤　limestone wall
石灰岩の堤防状の高まりが続くとき，石灰岩堤とよぶ．ライムストーン・ウォールとも．ただし，その表面は炭酸カルシウムの膠結作用（case-hardening）によって形成されるため，硬質で緻密である．したがって，膠結をした部分は膠結していない場所に比較して遅い溶解作用しか進行しない．結果的に，周囲よりもそそり立った地形となる．J. E. Hoffmeister and H. S. Ladd (1945) によって石灰岩堤の形成が報告されていたが，Flint et al. (1953) は沖縄本島で，その存在を報告している．

〈漆原和子〉

[文献] Flint, D. E. et al. (1953) Limestone walls of Okinawa: Bulletin of Geological Society of America, **64**, 1247-1260.

せっかいしつどじょう　石灰質土壌　calcimorphic soil, calomorphic soil
炭酸カルシウム（$CaCO_3$）や炭酸マグネシウム（$MgCO_3$）に富む土壌の総称．希塩酸（10%）による発泡の程度により識別可能．レンジナ*のように石灰岩という母岩に直接由来する土壌，チェルノーゼム*のようにレス母材をもとに石灰集積作用の結果できた土壌，あるいはカルシウムに富む地下水の毛管水上昇，蒸発による濃縮・沈積による土壌などが知られている．カルシウムは腐植と結合しやすく難分解性のカルシウム-腐植複合体を形成し腐植集積作用に寄与するため，概して腐植に富み黒色を有する土壌が多い．

〈宇津川　徹〉

[文献] 松井　健・近藤鳴雄 (1992)「土の地理学：世界の土・日本の土」，朝倉書店.

せっかいしつなんでい　石灰質軟泥　calcareous ooze
遠洋性堆積物*の一種で，粒度に関係なくプランクトンなど生物源粒子（微小生物の遺骸や骨格など）が50%（あるいは30%）以上を占めるものを軟泥（ooze）というが，そのなかで，有孔虫*，コッコリス，翼足類などの炭酸カルシウム骨格を主成分とし，その炭酸塩量が80%以上のものを石灰質軟泥とよぶ．炭酸カルシウム骨格の種類により，有孔虫軟泥，コッコリス軟泥，翼足類軟泥などに細分される．石灰質軟泥は未固結状態で堆積しているが，これらが固結したものをチョーク*，さらに岩石化したものをミクライト質石灰岩とよぶ．

〈田中里志〉

せっかいしゅうせきさよう　石灰集積作用　calcification
大陸温帯気候の乾燥〜半乾燥気候の地域

で生じる土壌生成作用の一つであるが，非洗浄型の水分移動であると同時に，雨季に母材中にもともと含まれる炭酸カルシウム（$CaCO_3$）や炭酸マグネシウム（$MgCO_3$）は，溶解性が低いために，あまり洗脱されず土壌層全体に選択的に再集積される（石灰層）．希塩酸（10％）による発泡の程度により識別可能．チェルノーゼムなどに典型的に認められる．
〈宇津川 徹〉

せっかいせき　石灰石　calcite　⇨方解石

せっかいせきちゅう　石灰石柱　limestone pillar　溶食が進行して石灰岩に空洞が生じ，洞窟（洞穴）をつくる．その結果，空洞と空洞の間に石灰岩そのものがあたかも柱のように残ったものを石灰石柱または石灰岩柱という．石灰石柱は，天井と床の間に連続して柱部分が残っていることが必要である．大規模な空洞の形成は鐘乳洞内で行われることが多く，一般に鍾乳洞内で観察される．英語では石灰岩そのものからなる石灰石柱を limestone pillar という（D. Gillieson による）．ただし，二次生物からなる鐘乳石が柱状になったものは石柱*（せきちゅう）（limestone column）という．日本ではピナクルを石灰石柱とよんだ例があるが，訳語としてふさわしくない ⇨石灰岩柱.
〈漆原和子〉

せっかいそう　石灰藻　calcareous algae　藻類の中で，藻体の内外に炭酸カルシウムを沈着するものの総称．分類学的用語ではない．炭酸カルシウムを沈着するシアノバクテリア（藍藻）も，石灰藻に含められる場合が多い．新生代以降の海洋で卓越する石灰藻は，無節サンゴモ（紅色植物門サンゴモ亜綱）である．
〈井龍康文〉

せっかいそうれい　石灰藻嶺　algal ridge, algal rim, liothothamnion ridge　中部太平洋やカリブ海のサンゴ礁*が発達している地域において，風上礁側の礁原*の縁辺部にみられる，主に石灰紅藻である無節サンゴモ（紅色植物門サンゴモ亜綱）からなる地形的な高まりで，低潮時には干出する．
〈井龍康文〉

せっかいどう　石灰洞　calcareous cave, limestone cave（cavern）　洞窟（洞穴）の形成過程の如何を問わず，炭酸塩岩の中の飽和水帯にできる洞窟（洞穴）と，循環水帯にできる洞窟（洞穴）の溶食形態は異なる．循環水帯の洞窟には空気が入る空隙にカルシウムが飽和に達した水が滴下する際生ずる鐘乳石が形成されるが，飽和水帯では再結晶作用は起こらないため，鐘乳石は生じない．洞窟（洞穴）中を流下する地下水面付近には，水平洞が形成される．地下水の流速に応じて，サイズを異にするスカラップ*が溶食作用によって形成される．基準面が急激に変化することによって，複数段の水平洞が形成され，水平洞と水平洞の間を垂直に近い洞穴でつなぐ．石灰岩の構造に支配された複雑な構造をもつ洞窟もある．ヨーロッパアルプスには，800 m をこえる垂直洞も報告されている．
〈漆原和子〉

せっかいばん　石灰盤　limepan, lime pan　土層中のある層位に，下層または上層から溶脱した化学成分が集積・固化した盤（盤層）のうち，炭酸カルシウムや炭酸マグネシウムからなるもの．石灰硬盤あるいはカリーチとも．
〈松倉公憲〉

せっかいまく　石灰幕　travertine curtain　炭酸塩岩の洞窟（洞穴）内で，天井から側壁にかけて，滴下水が流下し，その際溶解しきれなくなった炭酸カルシウムの結晶ができる．その結晶した形状がカーテンによく似ている場合，石灰幕（カーテン）（curtain）とよぶ．ただし，厚手のひだのついたカーテンのような形状になっているとき，ドラペリー（draperie）とよぶ．一方，洞内に地表から赤色の土壌や，鉄分が多く混入して滴下水に混じると，光を当ててみたとき，縞目になり，まるでベーコンのように見えることがある．このときは，ベーコンとよぶ．しかしこれらの名称は，見かけで決められていることが多く，厳密な定義があるわけではない．
〈漆原和子〉

せっき　石器　stone tool　石を加工して道具としたもの（例：石斧）．石を打ち欠いた打製石器と，磨いて仕上げられた磨製石器とに大別される．
〈朽津信明・有村 誠〉

せっき　石基　groundmass　⇨火成岩

せっきじだい　石器時代　stone age　利器（鋭い刃物）による三時代区分法の最も古い時代で，石器が主要な道具として用いられた時代．地質年代では，更新世から完新世にかけての時代に相当する．
〈朽津信明・有村 誠〉

せっきへんねん　石器編年　stone-tool chronology　⇨考古編年

せっきょくてきていこうせい　積極的抵抗性【地形物質の】　positive resistance（of landform material）　地形営力に対する岩石の抵抗性のうち，外力に立ち向かう性質であり，破壊強度，硬度，非変形性，岩屑の粒径・重量，化学的安定性などがその例であり，硬岩と軟岩はこの性質に基づいて区別したもの．消極的抵抗性の対語．積極的抵抗性と消極的抵抗性の両者が高い岩石（例：石灰岩）は侵食に対

して強いので，周囲より一段と高い山地（例：石灰岩台地，石灰岩尾根）を構成している．　⇨消極的抵抗性，差別削剥，岩石制約　〈鈴木隆介・八戸昭一〉
［文献］Suzuki, T. et al. (1985) Effects of rock strength and permeability on hill morphology: Trans. Japan. Geomorph. Union, **6**, 101-130.

せっけい　雪渓　snow patch　⇨残雪

せっこう　石膏　gypsum　$CaSO_4 \cdot 2H_2O$ の組成，単斜晶系の構造をもつ硫酸塩鉱物．塊状（雪花石膏）や繊維状（繊維石膏），板状結晶として産する．多くは無色～白色，稀に黄・赤・青・灰・褐色．モース硬度2．蒸発岩＊中に岩塩や硬石膏を伴って産するほか，石灰岩や頁岩，火山変質帯の粘土中などにも産する．　〈長瀬敏郎〉

せっこくめん　接(切)谷面　valley level　5×5とか11×11のようなある一定の大きさの範囲（窓）内の最低点の値を探索する．窓を移動させることで，最低点の接谷面DEMが容易につくられる．凸部（尾根）が除去された谷底の凸包面であるので，山地斜面の侵食基準面（谷底）の高度分布の概略をとらえるのに適している．つまり，接峰面の逆の仮想面である．しかし，その解釈が難しいので，接(切)峰面図に比べると，接(切)谷面図はほとんど作成されない．2次元配列で接峰面マイナス接谷面を計算すれば起伏量図となる．　⇨接峰面図，起伏量図　〈野上道男〉

せっこくめんず　接谷面図　valley-level map　⇨接(切)谷面

せつさいほう　切載峰　horn　⇨ホルン

ぜつじょうさす　舌状砂州　salient　陸地近くにある島や岩礁などに向かって突き出たように発達する砂州で先端部が舌状のものをいう．　⇨尖角州　〈武田一郎〉

せっしょうせき　殺生石　*sesshoseki*, solfatara　⇨硫気孔

ぜつじょうそう　舌状層　tongue, lobate bed　三次元的に舌状に広がる地層のこと．舌状のかわりにローブ状という言葉が使われることもある．陸上，水中でできた地層のどちらにも認められる．土石流堆積物や河川の堤防が決壊し，そこから流れ出た水によって運搬，堆積した堆積物（クレバススプレー堆積物）などが舌状層の一例である．〈酒井哲弥〉

せっしょく　雪食　nivation　⇨ニベーション

せっしょくおうち　雪食凹地　nivation hollow　⇨ニベーション

せっしょくカール　雪食カール　nivation cirque　⇨ニベーション

せっしょくさよう　雪食作用　nivation　⇨ニベーション

せっしょくせん　接触泉　contact spring　⇨湧泉

せっしょくちけい　雪食地形　nivation landform　⇨ニベーション

せっしょくへんせいがん　接触変成岩　contact metamorphic rock　火成岩の貫入に伴って，その熱が周囲の岩石を変成させてできる変成岩．熱変成岩とも．地殻の比較的浅い部分で形成されるので，圧力の低い条件下で安定な鉱物からなる．ホルンフェルス，大理石，珪岩など．　〈松倉公憲〉

せっしょくへんせいさよう　接触変成作用　contact metamorphism　⇨変成作用

せっせん　雪線　snowline　現存しない氷河の平衡線の平均的な位置・高度を示す仮想的な概念．まれに，越年雪の下限線（万年雪下限線）であるフィルン線を指すこともあり，山岳地域の季節積雪の下限線を指すこともある．氷河の平衡線が質量収支の観測によって決定できるのに対し，過去の氷河の平衡線を便宜的に代用するために雪線という概念は利

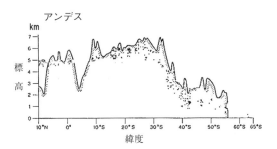

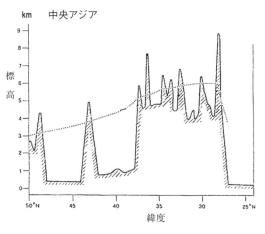

図　アンデスと中央アジアの現在の平衡線（雪線）高度分布
（Ohmura et al., 1992）

用されてきた．しかし，その決定方法が研究者によって異なっているため，混乱を招く用語でもある．個々の氷河の平衡線の平均的位置をあらわす意味としての地形的雪線と，より広域の平均的な地形的雪線を意味する気候的雪線や広域的雪線が存在する．利用方法としては，復元された氷期の雪線と現在の雪線を比較することで，気候変化の度合を論じたりする．いずれの定義を用いるにしろ，決定方法を明確に記載することで混乱を避ける必要がある．

〈白岩孝行〉

[文献] 野上道男（1972）雪線の定義とその決定法：第四紀研究，9, 7-16. / Ohmura, A. et al.（1992）Climate at the equilibrium line of glaciers：J. Glaciology, 38, 397-411.

せっせんこうど　雪線高度　snowline altitude　「雪線」には多様な用法が存在するため注意を要する．本来の雪線は平衡線の長期的な平均（地形的雪線：orographic snowline）を指す．地形的雪線は個々の氷河の地形・微気候の条件に強く影響を受けるため，こうした局所的な条件を排除し，ある地域の雪線高度の代表値として広域的雪線（regional snowline）を用いることもある．広域的雪線はその地域の気温と降水量によって決定されるため，気候的雪線（climatic snowline）ともよばれる．山地における積雪域の下限線に対しても雪線の語が用いられることがあり，季節的雪線（seasonal snowline）とよばれる．

〈青木賢人〉

ぜったいいち　絶対位置【地形学的】　absolute location　任意地点の地球表面における三次元的位置で，緯度，経度，高度（または海面下の深度）の3要素で表される．⇨相対位置，地形場　〈鈴木隆介〉

ぜったいじかん　絶対時間　absolute time, geologic time　地質学的時間であり，地形種の新旧（地形発達史）をはじめ，風化時間，侵食時間，変位累積時間など地形過程全般を支配する．また，絶対時間の経過とともに，地形場＊が変化し，地形営力の種類・強弱が変化し，地形物質の性質も風化・変質・変形によって変化する．絶対時間は地形の形成時代（相対年代＊）および形成年代（絶対年代＊）で表現される．⇨地質年代，形成時代，形成年代

〈鈴木隆介〉

ぜったいねんだい　絶対年代　absolute age　地形学的・地質学的変化のイベントの年代が数量的な時間で得られる場合，この年代を絶対年代という．相対年代の対語．⇨相対年代　〈松倉公憲〉

せつだんきょくりゅう　切断曲流　meander cutoff　蛇行切断と同義であり，意味が不明確な用語なので，全くといってよいほど使用されない．⇨蛇行切断　〈鈴木隆介〉

せつだんさんきゃく　切断山脚　trancated spur　断層運動あるいは氷河作用によって直線的に切断された山脚．切断面（断層崖あるいは氷食谷壁）は三角末端面を呈する．　〈長谷川裕彦〉

せっちぎゃくてん　接地逆転　ground inversion　地表面の放射冷却に伴って，地表面付近の大気が冷却され，気温の逆転が生じる現象．これが生じている層を接地逆転層とよぶ．秋から春にかけての期間の静穏で雲がない夜間に生じやすい．　〈森島　済〉

せっちきょうかいそう　接地境界層　surface boundary layer　地表面を覆う厚さ50～100 m程度の大気層．この層内における風速の鉛直分布の大部分は，気温の鉛直分布，地表面起伏・粗度によって規定される．　〈森島　済〉

せっちせん　接地線　grounding line　氷河の底面が陸地に着底している部分と浮き始めて棚氷となる部分との境界となる線，または着底している部分が海に面して垂直な氷崖として終わる場所．前者のうち氷河起源の棚氷表面では，浮いている棚氷の下では剪断応力がゼロになることを反映して断面の傾斜が急に減少するため，接地線の位置を容易に認定することができる．　〈三浦英樹〉

[文献] Benn, D. I. and Evans, D. J. A.（1998）*Glaciers and Glaciation*, Arnold.

せつでい　雪泥　slush　⇨湖氷（こひょう）

せっていちけい　雪底地形　nivation landform　万年雪の下の地形　⇨ニベーション　〈鈴木隆介〉

せつでいりゅう　雪泥流　slushflow, slush avalanche, snow water flow　多量の雪と水と土砂の混合流（泥流）であり，土石流のように渓流を高速で流下し，緩傾斜地や平地に広がり，土石流よりも広範囲（谷口から1 km以上）に堆積して洪水と同様の災害を起こすことがある．富士山では雪代または雪代水（ゆきしろ）とよばれる．他にスラッシュ雪崩，土雪流，泥雪流などとも．東北，北陸，信越，北海道などの多雪地域の山地や火山で，雪崩，雪崩ダム決壊，温度上昇による急激な融雪，雪捨てによる河道閉塞などによって発生し，古来数十回の記録がある．1945年3月22日，青森県西部の赤石川では2集落が流され，死者88名に及んだ．しかし，日本では雪泥流の地形学的研究は知られていない．⇨泥流，スラッシュフロー　〈鈴木隆介〉

[文献] 小林俊一（1993）なだれ研究の問題点：月刊地球，15, 459-465.

せつでん　雪田　snow patch, snow bed　⇨残雪

せつでんしょくせい　雪田植生　snow-patch vegetation　高山帯の残雪が消えた跡地に成立する植物群落．雪田植物群落ともいう．消雪後，乾燥するところにはアオノツガザクラやチングルマなどの常緑の矮低木からなる群落が成立するが，融雪水の供給が続くところにはイワイチョウ，ハクサンコザクラ，コバイケイソウなどからなる湿性草原ができ，その下には泥炭が堆積していることが多い．残雪は雪が吹き溜まる稜線の東側の風下斜面にできやすいので，雪田植生の分布も稜線の東側に偏っている．　　　　　　　　　　　　　〈小泉武栄〉

［文献］工藤　学（2000）「大雪山のお花畑が語ること」，京都大学学術出版会

せっとうかせん　截頭河川　beheaded stream, decapitated stream　河川争奪*によって下刻力の強い隣の川に上流部を奪われた川．斬首河川，斬首河流*，截頭川，截頭谷，首無川，被奪河川ともいう．争奪地点（争奪の肘）から上流部は，争奪河川の谷頭侵食によって，下刻が急速に進んで深い谷になる．截頭河川の最上流端は崖となって新しい谷に臨み，谷底でありながら二つの河谷の分水界（谷中分水界）となり，また風隙となる．截頭河川はもとの上流部からの流水が絶たれ，流量が急減して下刻力が衰え，不相応に広い谷底に細流が続く無能河川になる．　⇨谷中分水界，風隙，無能河川
　　　　　　　　　　　　　　　〈田中眞吾〉

せっとうがわ　截頭川　beheaded stream　⇨截頭河川

せっとうこく　截頭谷　beheaded valley　⇨截頭河川

せっとうちょくせんこく　接頭直線谷　contrapositive linear valley　直線谷*はしばしば，1本の河川だけでなく，その支流，さらにはその延長線上の隣の流域の本流または支流の直線谷に，低い鞍部列または谷中分水界*を挟んで谷頭を接し，直線状ないし緩い弧状に連続している（例：長野県中央構造線沿い，広島県西部に多数）．そのような一連の2本以上の直線谷を一括して接頭直線谷とよぶ（鈴木，2000）．対頂谷*ともいうが，頂の意味がわかりにくい．横ずれ活断層に沿う断層谷*や古い断層線谷*，あるいは弱抵抗性岩に沿う差別侵食谷である場合が多い．　⇨適従河流　　　　　〈鈴木隆介〉

［文献］鈴木隆介（2000）「建設技術者のための地形図読図入門」，第3巻，古今書院．

せっぴょう　「雪氷」　Seppyo, Journal of the Japanese Society of Snow and Ice　公益社団法人・日本雪氷学会が隔月で発行する学術誌．1939年に設立された日本雪氷協会機関誌「日本雪氷協会月報」の第3巻から「雪氷」という名称の学術誌となった．　　　　　　　　　　　　　〈白岩孝行〉

せっぴょうがく　雪氷学　glaciology　雪と氷を対象とする科学の一分野．水H_2Oは，0℃において固体と液体と気体が共存できる極めて特異な物質であり，人間を取り巻く自然界において容易に相変化する．雪氷学は，このうち，固体のH_2Oを中心に，液体と気体の相変化を含めた現象をその研究対象とする．雪や氷の物理化学的な性質を調べる中谷宇吉郎以来の伝統的な研究がある一方，雪や氷の集合体である降雪，積雪，氷河，河川や湖沼の氷，海氷，凍土を対象とした地球科学・地球化学的な研究も盛んである．また，雪や氷は寒冷圏に住む人々の生活に密接に関係しているため，除雪，着雪，雪崩，地吹雪，道路雪氷などを研究し，人々の生活をより快適にするための応用分野への展開も盛んである．近年，宇宙空間にも普遍的に雪と氷が存在することが発見され，雪氷学の研究対象と領域は飛躍的に増加しつつある．日本では，学際的な学問分野として発展してきた経緯があり，（公社）日本雪氷学会の会員の出身分野は，物理学，化学，生物学，気象学，水文学，地質学，地理学，工学など多岐にわたっている．　　　　　　　　　　　　　　　〈白岩孝行〉

せっぴょうがくざっし　「雪氷学雑誌」　Journal of Glaciology　国際雪氷学会が年6回発行する学術誌．1947年の創刊以来，氷河学・雪氷学の最先端の学術論文を掲載してきた．　　　〈白岩孝行〉

せっぴょうけん　雪氷圏　cryosphere　地球上で水が固体（雪や氷）として存在する地域．雪氷圏の構成要素としては，積雪，氷河，氷床，凍土，海氷，湖氷，河川氷などがある．同じような意味で寒冷圏，固体水圏という単語も用いられる．水が固体として比較的長く陸上に保持されるため，雪氷圏の水循環プロセスは特徴的なものになる．また雪や氷の表面は日射の反射率が高いため，地球規模の熱収支にも重要な役割を果たす．　　　〈杉山　慎〉

せっぴょうせん　雪氷線　snow and ice boundary　氷河や万年雪に覆われたところと地表面が露出しているところの境界線．国土地理院の地形図では，万年雪は9月の状態の位置に描かれる．長期的には，気候変化などの要因により大きく移動することがある．　　　　　　　　　　　〈熊木洋太〉

せっぴょうゆうかいがたのかざんがんせつりゅう

雪氷融解型の火山岩屑流 volcanic debris-flow induced by melt of snow or glacier　火山体を被覆していた積雪や氷河が火山活動によって大規模に融解して生じた火山岩屑流である（例：十勝火山 1926 年噴火，コロンビアのネバドデルルイス火山 1985 年噴火）．多量の水を含み，高速（例：60 km/h）で遠方まで流れるが，大きな 流れ山* を生じない．⇒火山岩屑流　　　　　　　　　　　　　〈鈴木隆介〉

ぜっぺき　絶壁 cliff　高さ数十 m 以上の，ほぼ垂直で，幅の広い岩壁の俗称．岩石海岸，峡谷や滝の周囲に多い．⇒フェイス　　　〈鈴木隆介〉

せっぽうめん　接（切）峰面 summit level　一定の大きさの範囲（窓）内の最高点を抽出し，窓を移動させて最高点の値を次々に求め，これらに接するようにつくられる凸包面．範囲の大きさは成長曲線で求められる．凹所（谷）が埋められるので，地形の概略をとらえるのに適している．DEM を用いる場合は，窓の大きさを 5×5 とか 11×11 など一定の大きさとすることで，範囲内の最大値（最高点）の値をとる接峰面 DEM が簡単に作成できる．⇒接峰面図，成長曲線　　　　　　　　〈野上道男〉

せっぽうめんず　接峰面図 summit level map　複雑な起伏のある山地の大局的な高度分布や形態を把握するために，小規模な谷を消去して描かれる仮想的な等高線図であり，その形態を接峰面（切峰面とも書く）とよぶ．その作成法は①方眼法，②埋積法（谷埋法とも），③復旧法に大別される．①の方眼法では，地形図に一定の大きさの方眼を掛け，各方眼内の最高点だけの高度を地図に示し，その高度分布から内挿法によって，一定の高度間隔（例：50 m や 100 m ごと）で等高線を描く．方眼を大きくするほど大まかな形態がわかるので，目的によって方眼の大きさを決める．ある程度の客観性をもつ方眼の大きさの決め方として 成長曲線* による方法がある．しかし，厳密に方眼の大きさを決めても，接峰面の作成目的からみて解釈に大差は生じないので，普通には 500 m 方眼とか 1 km 方眼を使用する．②の谷埋法は，地形図上で，一定の谷幅（基準幅）以下の谷を埋めたと仮定して描いた等高線図である．方眼法と区別して埋積接峰面図（谷埋接峰面図とも）とよぶ．例えば，50 m または 100 m ごとの計曲線について谷の両側の尾根の間を基準幅（例：500 m，1 km）の直線で結ぶ．③の復旧法は火山や段丘など元の地形が残っている 地形種* の場合に，それらを刻む開析谷がないものと仮定して 火山原面* や段丘面の等高線を結ぶ．ただし，元の地形の仮想

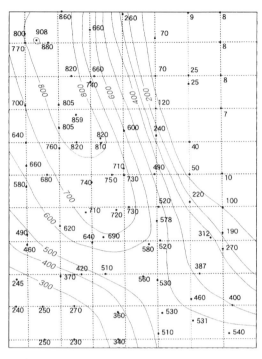

図　接峰面図の例（鈴木，1997）
　方眼法（1.5 km 方眼）による養老山地南部の例．

的復元に主観が入るので，開析谷が狭い場合にのみ有意義な図が描ける．どの方法による接峰面図であっても，その解釈は大局的になされるべきで，細部にとらわれてはいけない．⇒復旧図　　〈鈴木隆介〉
［文献］鈴木隆介（1997）「建設技術者のための地形図読図入門」，第 1 巻，古今書院．

せつり　節理 joint　岩盤* の中の割れ目のうち，その両側の岩盤の相対的な変位（ズレ）がないか，あっても微小（数 mm 以下）なものをいう．変位のある割れ目は断層である．一続きの節理の長さ（見かけの長さ）は数 cm〜100 m 以上と多様である．節理は単独に存在することはほとんどなく，複数の節理がほぼ平行で一定方向に伸びる節理群をなし，また方向の異なる複数の節理群が交差して，種々の三次元的形態をもつ節理系（joint system）を示す．節理の表面（割れ目の面）を節理面（joint surface, joint face, joint wall）とよぶ．節理面は一般に滑らかな面で，三次元的には平面であるが，曲面（例：地形性節理，玉葱状節理）や波面の場合もある．節理面の滑らかさを詳細にみると，平滑な平面，羽毛状の線をもつ曲面（例：冷却節理），条線をもつ場合（例：造構節理）など多様である．節理面は密着している場合が多いが，相対する節理面が幅

数 mm～数 cm と離れていて，その間に粘土や小岩片が詰まっている場合（開口節理という）やドレライト，沸石などの岩脈で充填されている場合もある．主要な節理面の走向・傾斜が斜面に対して受け盤*か流れ盤*であるかによって斜面の安定性が異なる．複数方向の節理面に囲まれた岩塊（岩盤の一部）を節理塊（joint block）とよぶ．その大きさは長径数 mm～10 m 以上で，形態も多様である．節理塊の大きさは落石*の大きさに反映する．長い開口節理沿いにはガリーが発達し，その差別侵食によってリニアメントを形成していることもある．
⇨節理系，断層，リニアメント　〈鈴木隆介〉

せつりかい　節理塊　joint block　⇨節理

せつりかんかく　節理間隔　joint spacing, joint interval　ほぼ平行する節理面の間の平均的な間隔をいう．一般に数 mm～数 m である．節理間隔は新鮮な深成岩体や厚い溶岩ではほぼ一様であるが，地形性節理*や風化節理*では地表に近いほど小さくなる．ただし，蛇紋岩のような特殊な岩石では，節理間隔（≒節理密度）のバラツキが深部までおよぶ．⇨節理密度，蛇紋岩山地　〈鈴木隆介〉

せつりけい　節理系　joint system　一方向または複数の方向に伸びる節理群のうち，ある方向のものを一括して節理系とよぶ．複数の節理系のうち，それらの伸長方向・交差角・節理間隔などの特徴が系統的に異なる節理系は系統節理と総称され，その特徴の違いによって板状節理，柱状節理，方状節理，斜交節理に大別される（図）．それらの特徴のみら

分類名称	形状	特徴	主に出現する岩石	成因
系統節理 板状節理 platy joint		岩体表面に平行に発達．薄板状の岩片を生じる	安山岩質溶岩（例：鉄平石）	冷却・固化時の収縮による引張り
柱状節理 columnar joint		冷却面に垂直で，六角柱状．板状節理を伴うこともある	玄武岩質溶岩（例：兵庫県玄武洞），溶結凝灰岩（例：層雲峡）	冷却時の収縮による引張り
方状節理 cubic joint		岩石を直方体状に分離する3系統の節理系	花崗岩（例：長野県寝覚の床），砂岩	深部での緩慢な冷却収縮による引張り
斜交節理 diagonal joint		顕著な構造方向に菱形状に斜交する2系統の節理系	各種岩石	変動変形で生じる剪断
非系統節理 地形性節理 topographic joint, sheeting		岩体の主要な構造と無関係に，地表面にほぼ平行な割れ目で，地表付近ほど密	U字谷や急な谷壁に露出する花崗岩，砂岩などの均質な硬岩で顕著	氷河融解や侵食に伴う応力解放による引張り
玉葱状節理 onion structure		玉葱のように同心球状の薄殻として剝がれる割れ目	泥岩，細粒砂岩，花崗岩，安山岩，玄武岩	乾湿風化による引張りなど
放射状節理 radial joint		中心から放射状に伸びる車輪のハブ状の割れ目	枕状溶岩の内部に発達し，玉葱状節理を随伴	冷却・固化時の引張り
風化節理 weathering joint		形態は不規則で不連続的．地表や系統節理に近いほど密	各種岩石の風化帯	各種の物理的風化過程（とくに乾湿風化）
乾痕 mud crack, sun crack		多角～亀甲形で，地面に平行な剝離面を伴うこともある	湖沼底や潮間帯の泥質堆積物	泥質堆積物の乾燥収縮による引張り

図　節理系の分類例（鈴木，1997）

れない節理系は非系統節理と総称され，地形性節理，玉葱状節理，放射状節理，風化節理，乾痕などに分類される．それらは，個々の形態的特徴，主に出現する岩石および成因で異なる．⇨節理間隔
〈鈴木隆介〉

[文献] 鈴木隆介 (1997)「建設技術者のための地形図読図入門」. 第1巻, 古今書院.

せつりこく　節理谷　joint valley 顕著な節理に沿う差別侵食で生じた直線的な小谷．テクトニック節理に沿い，数列がほぼ平行しており，リニアメントと認定されることが多い．比較的に急峻で，強抵抗性岩で構成される山腹斜面に，ガリー状に発達し，降雨時以外には流水のない場合が多い．⇨節理
〈鈴木隆介〉

せつりせん　節理泉　joint spring ⇨湧泉

せつりみつど　節理密度　joint density 岩盤の一定の範囲内の節理群の本数の密度であり，系統節理における平均的な節理間隔*とほぼ同じ意義をもつ．節理密度は，野外の露頭で岩盤上に一定の長さ（例：2 m）の棒尺や半径（例：1〜2 m）の円尺を置き，それを横断する節理の本数を数えて求める．節理密度は岩盤の透水性を制約し，侵食地形の特徴（例：谷密度，斜面の安定性）に反映していることがある．
〈鈴木隆介〉

せつりめん　節理面　joint surface ⇨節理

セディメンタリーテクトニクス　sedimentary tectonics 地向斜の沈降と地層の座屈によって，地向斜堆積盆地内の地層が褶曲・変形すること．プレートテクトニクスの出現により，この言葉はほとんど使われなくなっている．
〈酒井治孝〉

セディメントハイドログラフ　sediment hydrograph 洪水時などにおいて，河川のある地点を通過する土砂量の時間変化を表したもの．
〈渡邊康玄〉

せと　瀬戸　strait ⇨海峡

せとがわそうぐん　瀬戸川層群　Setogawa group 赤石山脈の東部，静岡・山梨県内で，安部川流域から藤枝市付近に広く分布する始新統〜中新統．四万十累層群の最上部をなす．砂岩および砂岩粘板岩互層からなる北側の権現山層と，粘板岩および粘板岩砂岩互層からなる南側の瀬戸層に区分されている．北東〜南西，北北東〜南南西の走向をもち，大部分は北西〜西北西へ40〜80°傾斜する．瀬戸川層群の分布域は瀬戸川帯ともよばれ，南北約100 km，東西の最大幅12 kmの東に張りだした弧状の地帯である．
〈松倉公憲〉

ゼノリス　xenolith ⇨捕獲岩

セハ　ceja ⇨雲霧林

セブカ　sebkha (sabkha) ⇨サブカ，プラヤ

せぶちかしょう　瀬淵河床　riffle and pool 流路単位である瀬（浅いところ）と淵（深いところ）が交互に連続する構造を指し，一般的には交互砂州*の形成が影響する．瀬淵河川ともいう．交互砂州が形成される際には，水流が蛇行しながら拡散と集中を繰り返し，瀬と淵は交互に形成される．一方の岸から他方の岸に流れが拡散しながら移る砂州の前縁部では瀬が生じ，水流が対岸にぶつかるように流れ落ちる水衝部では淵が形成される．瀬については，淵から移行する部分を平瀬*，淵に流れ落ちる部分を早瀬*に分類することも多い．河道が大きく蛇行している場合，寄州の対岸側，さらに水流が岩石で構成される河岸にぶつかるような場所（水衝部*・攻撃部）では，移動しない安定した淵が形成される．⇨ファルグの法則
〈中村太士〉

[文献] 鈴木隆介 (1998)「建設技術者のための地形図読図入門」. 第2巻, 古今書院.

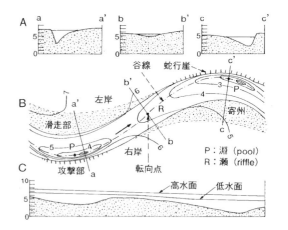

図　瀬と淵の概念図（鈴木，1998）
A：横断面図，B：平面図（図中の数値は，深度ではなく，相対的な高度の例示．単位：10 cm程度），C：縦断面図

セム　SEM　scanning electron microscope ⇨電子顕微鏡

セメンテーション【砕屑物の】　cementation (of clastics) 非固結の土や岩屑が，それらの間隙水に含まれていた物質の沈殿によって化学的に結合・固結すること．結合物質は，シリカ，鉄，アルミニウムの水酸化物のほか，有機物，炭酸塩がある．続成作用*の一過程でもある．
〈鈴木隆介〉

セルオートマトンモデル【地形学に関する】　cellular automata model (in geomorphology) 英語

では，見出し表記でもしばしばオートマトンはautomataと複数形で書かれる．セル構造をもった自動機械という意味合いでセルオートマトンという用語が用いられている．CAと略記される．CAは空間，時間，状態を表す量のすべてが離散的に与えられる一種の力学系である．連続する時間はステップ化，空間は枡目に区切るなどすれば，離散量として扱うことができる．CAの応用範囲は広く，多様な非線形現象を分析するため，流体力学，情報科学，数理生物学，地球科学などの分野で様々なモデルが考案されている．地形学に関するものとしては，地震，地すべり，乱泥流などの頻度と規模の関係の分析とこれらの事象の発生過程をシミュレートするためのサンドパイルモデルや，断層の動きとそれに伴う地震の発生を考察するためのスライダーブロックモデルなどがある． ⇨サンドパイルモデル，自己組織化臨界 〈徳永英二〉

[文献] Maramud, B. D. and Turcotte, D. L. (2006) An inverse cascade explanation for the power-law frequency-area statistics of earthquakes, landslides and wildfires: *In* Cello, G. and Malamud, B. D. eds. *Fractal Analysis for Natural Hazard*: Geol. Soc., London, Special Publication, 261, 1-9.

ゼロカーテン zero curtain 土壌の凍結融解面にて地温がほぼ0℃で一定する期間．土壌潜熱フラックスの向きは熱伝導フラックスと逆になり，両者が平衡を保つ場合にみられる．湿潤な細粒土では，ゼロカーテンが比較的長期におよび，凍結面に土壌水が吸い上げられアイスレンズが生じる．〈石川 守〉

ゼロじこく　0次谷 zero-order valley ホートン・ストレーラー法により区分された1次谷流域のうち，明瞭な1次水路の上流端から上方の谷型斜面を指す．この用語は塚本良則（1973）により提唱された．0次谷は一般に，上部が凸形谷型斜面で，下部が凹形谷型斜面であることから斜面を構成する風化物質・土壌は雨食や匍行などによって斜面の下方へ移動している．また表面流出は，下方に至るほど収斂して降雨時には表面流出が布状洪水から集中流に変化して，リルおよびガリーの発達を促す．地下水も0次谷とその周辺では，下方に至るほど集中し，パイプ（pipe）とよばれる地中流路を形成する．こうしたことから0次谷の概念は，山地・丘陵地の地形や森林保全を考察するのに重要な意義をもっている． ⇨パイピング 〈山本 博〉

[文献] 塚本良則（1998）「森林・水・土の保全—湿潤変動帯の水文地形学—」，朝倉書店．

ゼロじこくりゅういき　0次谷流域 zero-order drainage basin 塚本良則（1973）によって提唱された0次谷からなる流域のことを指す．豪雨に起因する崩落（山崩れ）の発生場所は，80％以上が0次谷流域であり，直線斜面と尾根型斜面ではともに10％以下であることから，地下水のパイプ流出などを通して0次谷流域が発達することで河谷が発生すると考えられている． ⇨0次谷 〈山本 博〉

ゼロメートルちたい　ゼロメートル地帯 area of zero-metric elevation 三角州や海岸平野などにおいて海抜0m以下の土地が広がる地域．三角州は本来的には陸から運ばれた堆積物が浅い海底に堆積して形成されたものであり，地形的には堆積頂面の干潟の部分が薄い陸成堆積物によって覆われて離水した土地であるため，地表面は著しく低平である．また，干潟の末端部に人工的に堤防を築いてつくられた干拓地も広く分布しており，新田開発による水田が広く分布する臨海部では本来的に平均海面より低い土地も分布する．これらの自然状態でも平均海面下である土地や地下水の汲み上げや堆積物の圧密などによる地盤沈下によって平均海面下になった地域がゼロメートル地帯とよばれる．東京・大阪・名古屋などの主要都市の臨海部では1960年代まで顕著な地盤沈下が進行したため，ゼロメートル地帯が広く分布している．また，新潟平野では天然ガスとともに地下水が汲み上げられ，広域にゼロメートル地帯が出現した．ゼロメートル地帯では，軟弱地盤に起因する震災をはじめ，高潮や津波の災害に対しても極めて脆弱である．例えば，濃尾平野南部では1959年の伊勢湾台風によって極めて大きな冠水被害を受けた． 〈海津正倫〉

せわりてい　瀬割堤 separation dike 二つの河川の境界に築造する堤防で，背割堤ともいう．二つの河川の流速などの流況がほぼ同様になるまで堤防を延長して，合流点を下流に下げる目的でつくられる． 〈砂田憲吾〉

せんい　遷移【植生の】 succession 植生の構造や種組成が時間とともに変化すること．1916年にF. E. Clementsによって提唱された．植物が地表を覆うと，その場の土壌，微気候，光環境などが変化し，先駆種が優占する植生から極相種が優占する植生に変化していく．溶岩流出や氷河後退によってできた裸地から始まる一次遷移と，風倒跡地や山火事跡地などの多少なりとも土壌や植物器官が残った状態から始まる二次遷移とがある．一般的に遷移は進行すると植生構造が複雑化するため，進行遷移（前進的遷移）とよばれる．逆に，過放牧などによって植生が単純化することを退行遷移（後進的遷移）と

いう．ミシガン湖岸で新旧の砂丘上の植生発達を比較して，遷移のアイディアの原型を示した植物学者Cowles（1899）は，当時シカゴ大学で地形学を学ぶ学生であった． 〈高岡貞夫・若松伸彦〉

[文献] Cowles, H. C.（1899）The ecological relations of the vegetation on the sand dunes of Lake Michigan : Botanical Gazette **27**, 95-117; 167-202; 281-308; 361-391.

せんいてん　遷移点　knickpoint, knick point 地表の縦断形における傾斜の急変点．広義では傾斜変換線の1地点であるが，一般には河床縦断形のような地形の断面形状について用いられる．一般に河床勾配は上流から下流へ連続的に減少する傾向があるが，不連続に急増あるいは急減する地点をそれぞれ遷急点（例：滝頭(たきがしら)）および遷緩点（例：滝壺*）とよび，両者を併せて遷移点とよぶ．ただし，従来は主に遷急点のみを遷移点とよび，遷緩点という用語はあまり使用されていなかった．しかし，遷急点と遷緩点のそれぞれ両側では何らかの点で地形過程が異なるので，両者は明確に区別されるべきであろう．なお，遷急線および遷緩線の上の各地点もそれぞれ遷急点および遷緩点である．⇨傾斜変換線，遷急点，遷緩点 〈早川裕弌・鈴木隆介〉

ぜんえんぼんち　前縁盆地　foredeep 島弧前縁の海底や造山帯の前面に形成された細長く深い凹地．海底ではトラフや海溝（トレンチ）にあたる．ヒマラヤ山脈の前面のヒンドスタン平原のように厚い地層が堆積した盆地などを指す． 〈今泉俊文〉

せんおう　扇央　midfan 扇状地の中流部つまり中央部をいう．砂礫からなる扇状地では河川水が浸透しやすく，扇央ではしばしば伏流し，水無川となっている．このため，水が得にくく，水田としての利用は客土や灌漑用水路を引かないと難しい．⇨流水客土，扇状地（図） 〈斉藤享治〉

せんおうひこうほう　扇央比高法　method for estimating thickness of midfan-deposit 扇状地堆積物*の最小層厚を推定する方法（鈴木，1998）．扇央部を通る数本の円弧状の等高線を選び，それぞれの扇側の両端を弦のように直線で結ぶ．その弦の上の最も高い地点の地表高度を読み，弦を引いた円弧状の等高線との高度差を求める．扇央における扇状地堆積物の層厚は，この高度差よりも必ず厚い．逆にその高度差よりも扇状地堆積物が薄ければ，侵食扇状地*の可能性が高い． 〈斉藤享治〉

[文献] 鈴木隆介（1998）「建設技術者のための地形図読図入門」，第2巻，古今書院．

せんかい　浅海　shallow water 浅海について厳密な定義はないが，200 m以浅の地形学上の大陸棚*以浅とするのが一般的．地球表面の高度を示したヒストグラムによると海の平均深度は3,800 mであり，水深0〜200 m，200〜2,000 m，2,000〜6,000 mの部分に大きく分けられる．水深0〜200 mの部分は，おおむね大陸や島の周りを縁取る大陸棚の部分に当たり，全海底の7.6%を占める．棚の部分は海面下にあるが地殻構造的には陸上の延長であり，大陸棚の地形は，第四紀の海水準変化を通じて形成されたと考えられている．大陸棚には直接外洋に面する大陸棚と内海・内湾域のように陸地に囲まれる大陸棚があり，波浪，潮流など地形に作用する力の違いにより，それぞれ特色ある地形が発達する．つまり，前者では波の営力は水深30〜40 m以浅に限られるが，後者では潮流の営力は海底近くまで及ぶ． 〈八島邦夫〉

せんかいたい　浅海帯　neritic zone 低潮線から水深約200 mまでの領域，あるいは低潮線から大陸棚外縁までの領域を指す．主に海洋学で用いられる用語． 〈砂村継夫〉

せんかいたいせきかんきょう　浅海堆積環境　neritic sedimentary environment 浅海に発達する堆積環境．浅海は，亜沿岸帯（neritic zone, sublittoral zone）ともよばれ，低潮線から水深約200 mまたは陸棚外縁までをいう．浅海では波浪・潮流・沿岸流・海流などが強く作用して物質移動が起こる．波浪による移動限界水深*より浅い領域は外浜とよばれ，そこでは波の作用によって常に漂砂や流砂が移動・堆積する．外浜より沖側の平坦な陸棚域（平均傾斜0.07°）の内側陸棚では，通常は泥質な堆積物が沈積し，暴浪時には細粒な砂が堆積する．外側陸棚はさらに沖合で，沖になるほど砂は届かなくなり生物活動によって堆積物は擾乱を受ける．浅海堆積環境は卓越する営力をもとに，波浪卓越型，混合型，潮汐卓越型などに区分されたり，堆積システムによってデルタ（三角州*），浜堤(ひんてい)*，沿岸州*などに区分される． 〈村越直美〉

せんかいは　浅海波　shallow-water wave ①波長Lに対する水深hの比が1/2より小さく1/20より大きい波（$1/20 \leq h/L \leq 1/2$）をいう場合と，②この比が1/20より小さい波（$h/L \leq 1/20$）をいう場合とがあり，用語法が混乱している．①の定義による浅海波（浅水波，中間水深波ともよばれる）では，その波長，波速ともに周期と水深に関係する．水粒子の運動は楕円軌道を描き，水深とともにその大きさを減じながら扁平になり，水底では往復運動とな

る．②の定義による浅海波（長波*，極浅海波ともよばれる）の波長は周期と水深で決まり，波速は水深のみで決まる．水粒子は水面では楕円を描いて運動するが，水深とともに楕円の長径は変化しないが，短径は減少し，水底での水粒子は往復運動をする． 〈砂村継夫〉

せんかくさし　尖角砂嘴　cuspate spit　⇨尖角州

せんかくじょうさんかくす　尖角状三角州　cuspate delta　海岸線が二等辺三角形のように尖っている三角州（例：イタリアのティベル川，東京湾小糸川や大分県大野川の埋立て前の三角州）．カスプ状三角州，まれに尖状三角州とも．⇨三角州の分類（図），三角州 〈海津正倫〉

せんかくす　尖角州　salient, cuspate spit　陸地から島・岩礁・暗礁・離岸堤などに向かって突き出した半島状の砂州．特に先端部が舌状の砂州を舌状砂州（salient），尖角状のものを尖角砂嘴あるいは島影型尖角州（cuspate spit）とよんでいる．島や岩礁などの背後（陸側）の水域はその周囲に比べると波高が小さいために砂礫が堆積しやすく，その結果，陸地側の汀線が半島状に前進して発達する．成長して島にまで到達するとトンボロ*となる．⇨砂浜海岸（図） 〈武田一郎〉

せんかくみさき　尖角岬　cuspate foreland　異なる方向からの二つの沿岸漂砂が出会う場所に形成される陸地から舌状に伸びる砂州．カスペートフォアランドともよばれる．平面形態が尖角州*に似ているために無島型尖角州とよばれることもあるが，尖角州が島や岩礁などの影響で形成されるのに対し，尖角岬は二つの相異なる方向に卓越する沿岸流の会合によって生ずるものなので，尖角岬を尖角州の一種と考えることは適当ではない．互いにある角度をもって会合した二重砂嘴として成長したものもあり，その場合は，二つの砂嘴で囲まれる部分は潟湖(せきこ)あるいは潟湖跡地(せきこあとち)になっている．代表的かつ大規模な尖角岬はドーバー海峡に面した英国のDungenessにみられる．⇨砂浜海岸（図） 〈武田一郎〉

せんカルデラかざん　先カルデラ火山　pre-caldera volcano　カルデラおよびその周辺地域にカルデラの形成以前に形成されていた火山．陥没や爆発などに伴うカルデラの形成で消失したものや，消失を免れて外輪山として残存しているものもある．有史前に形成されたカルデラの場合，消失した先カルデラ火山やカルデラ形成前の既存地形の形状を推定・復元するのは一般に困難である．⇨外輪山 〈横山勝三〉

せんがん　洗岩　rock awash　⇨岩礁

せんかんせん　遷緩線　concave break of slope angle　傾斜角変換線のうち，その高所側より低所側が緩傾斜なもの（例：山麓線，段丘崖の崖麓線*）．漸移的な（シャープでない）遷緩線はconcave change of slope angleという．⇨傾斜角変換線，傾斜変換線の類型（図） 〈鈴木隆介〉

せんかんてん　遷緩点　concave knick point　地表の縦断形が高所から低所に急激に緩傾斜になる地点（例：滝壺，早瀬の下流端，段丘崖麓，扇状地の末端）．谷底では遷急点の下流に存在するが，遷急点よりも不明瞭な場合が多い．尾根上の遷緩点は岩石境界線や断層線における差別侵食で生じたものが多い．ただし，従来は谷底の遷緩点だけを指した．⇨傾斜変換線，遷移点，遷急点，滝，早瀬 〈鈴木隆介〉

せんカンブリアじだい　先カンブリア時代　Precambrian（Eon）　地球が誕生した約46億年前から顕生累代が始まる約5億4,000万年前までのおよそ40億年間に相当する地質時代．プレカンブリアンとも．隠生累代（Cryptozoic）とよばれることもある．古い方から，冥王代（Hadean, 46億～40億年前），太古代（Archean）または始生代（Archeozoic, 40億～25億年前），原生代（Proterozoic, 25億～5億4,000万年前）に区分される．その間，地球システムを構成する，固体地球圏（核，マントル，地殻），流体圏（海洋，大気），磁気圏というサブシステム（成層構造）が形成された．原始海洋の形成は，生命の誕生のみならず，大陸の形成や大気組成の変遷に大きな影響を及ぼした．世界各地の大陸中に，楯状地や卓状地などの安定地塊が形成された．最古の岩石は，約40億年前に形成された片麻岩で，カナダから発見されている．生命は約40億年前に海水中で誕生し，原核生物，光合成生物，真核生物，多細胞生物が出現した．25億年前後の海底で，シアノバクテリアの光合成活動に由来する酸素によって，縞状鉄鉱層が大量に形成された．10億～15億年前の海底では，微生物類の代謝活動が深く関与した微生物岩（主としてストロマトライト）が大量に形成された．多細胞の無脊椎動物として，約6億年前のエディアカラ動物群が有名である．先カンブリア時代に，地球全体が凍りついた全球凍結現象が数回生じたことが知られている． 〈江崎洋一〉

ぜんがんぶんせき　全岩分析　whole-rock

analysis 岩石中に含まれる元素の割合を調べる方法．全岩組成分析とも．以前は，岩石を酸などで分解した後，重量法，滴定法，原子吸光光度計およびプラズマ発光分光分析装置などで元素量を測定するという手間のかかる湿式分析が行われていたが，最近は蛍光X線分析＊などによる簡便な機器分析が主流になっている． 〈松倉公憲〉

ぜんききゅうせっきじだい　前期旧石器時代 lower paleolithic period 旧石器時代における最初の段階で，原人が活躍した時代とされる．年代的には，250万年前頃から10万年前頃までの間に相当する．日本では，この時代の人類活動を示す確実な証拠は今のところ確認されていない． 〈朽津信明・有村　誠〉

ぜんきこうしんせい　前期更新世 Early Pleistocene 慣用的に用いられる用語で，正しくは更新世前期または前期更新期．この年代の地層である下部更新階の下底境界模式はイタリア南部カラブリア地方のブリカ地域に分布するカラブリア層中の腐泥層e上面に設定．年代はおよそ260万年前．上限はまだ未確定で，1969年国際第四紀学連合パリ大会でこの境界を古地磁気層序のブリュンヌ・松山境界付近とするという勧告が出されている． ⇨更新世，後期更新世 〈熊井久雄〉

[文献] Ogg, J. G. et al. (2008) *The Concise Geologic Time Scale*, Cambridge Univ. Press.

ぜんきゅうきこうモデル　全球気候モデル global climate model ⇨地球気候モデル

せんきゅうせん　遷急線 convex break of slope angle 傾斜角変換線のうち，その高所側より低所側が急傾斜なもの（例：段丘崖の崖頂線）．漸移的な（シャープでない）遷急線はconvex change of slope angle という．遷急線の形成過程は，①侵食復活型（例：侵食前線，下刻・側刻の復活に伴う谷壁斜面の基部の後退，海食崖の後退，崩落・地すべりの崩落崖・滑落崖の形成），②差別侵食型（例：強抵抗性岩の露岩の頂部），③定着型（例：地すべり堆や溶岩流原の末端・側端崖の崖頂線），④変動変位型（例：活断層崖の崖頂線）などに大別される．ただし，地形面と異なり，遷急線の同時性の認定は困難である．⇨傾斜変換線の類型（図），侵食前線 〈鈴木隆介〉

せんきゅうてん　遷急点 knickpoint, convex knickpoint 河床勾配が上流から下流へ不連続に急増する地点（例：滝頭，早瀬の上流端）．遷移点あるいはニックポイントとも．また遷急点の下流に続く急勾配区間および遷緩点を含めて遷急点とよぶ場合もあり，この場合は遷急区間（knickzone）ともいう．岩床河川＊における遷移点は滝とほぼ同義である．遷急点の多くは侵食地形であり，成因には①侵食復活型（下刻の上流端，段丘崖頂，懸谷），②差別侵食型（河床を横切る弱抵抗性岩に挟まれた強抵抗性岩の上流端：岩石遷移点ともいう），③堰き止め型（崩落，地すべり，溶岩流などによる堰き止め地点），④変動変位型（活断層変位で生じた急勾配部）などがある．遷急点の地形変化は，侵食によって上流に移動（後退）するもの，位置を変えずその場に留まるもの，堆積等により下流に移動（前進）するもの，に大別される．遷急点が後退する場合，その後退速度は比較的大きいため，侵食基準面の低下等による河川の下刻が上流へ波及する際の最先端部となり，河川縦断面形が新たな動的平衡状態へ移行する際の先駆的な地形変化となる．換言すれば，遷急点の存在は，その河川が新旧の平衡状態の過渡期（非平衡状態，遷移状態）にあることを示唆することがある．⇨遷移点，滝，懸谷，岩石遷移点，回春，遷急線 〈早川裕弌〉

せんくしょくぶつ　先駆植物 pioneer species 遷移＊初期の無植生状態の場所に最初に侵入，生育する植物．遷移初期段階の裸地は気温の変動が激しく，貧栄養な乾燥立地ないしは極端な湿性立地であるため，ほとんどの植物種は生育が困難であるが，先駆植物はこのような極端な環境への侵入，定着が可能な種特性を有している．特に，種子散布や発芽特性が重要であり，火山活動の影響などによる一次遷移初期の場合，長距離の種子散布が可能な風散布種子特性が，二次遷移の初期段階では風散布ないしは埋土種子特性をもっていることが必要条件である．また先駆植物は共通して初期生長が早く，寿命が短い傾向にある．

遷移初期段階は土壌中の窒素が極端に少ない状態にあるため，ハンノキ属，ヤマモモ属やグミ属などの先駆樹種は，*Flankia*属などの根瘤菌と共生し窒素固定によって窒素を吸収することで生育する．先駆植物群落は，遷移の進行とともにより耐陰性のある遷移後期種優占の群落へと移行する． 〈若松伸彦〉

[文献] Larcher, W. 著，佐伯敏郎・舘野正樹訳（2004）『植物生態生理学』，シュプリンガー・フェアラーク東京．

せんくつ　洗掘 scour(ing) 侵食作用の一つで，河流，波，氷河，風などが直接または運搬物質を介して地表構成物質を機械的に削り取る作用．特に非固結物質が河流や海水によって侵食されることを指す場合が多い．しかしscour(ing)は岩盤に対

する作用を指す語としても広く用いられている．　　　〈戸田真夏〉

せんけいはりろん　線型波理論　linear wave theory　⇨微小振幅波理論

せんこうかせん　先行河川　antecedent river　⇨先行谷

せんこうがわ　先行川　antecedent stream　⇨先行谷

せんこうこく　先行谷　antecedent valley　接峰面*の尾根を横断する横谷*の一種であり，流域の一部が局所的に隆起し，そこを横断する河川が当初の流下方向を維持して下刻した結果として形成された谷．隆起速度より河川の下刻速度が大きい場合に形成される．逆の場合には，河川は転流し，天秤谷*を形成する．先行谷を流れる河川を先行性河川または先行川，先行河川などとよぶが，先行性河川が一般的な用語である．差別侵食*によって形成される積載谷と形態的に類似しているが，先行谷との識別が困難な場合もある．　⇨対接峰面異常，積載谷　　　　　　　　　　　　　　　　〈久保純子〉

[文献] 鈴木隆介 (2000)「建設技術者のための地形図読図入門」，第3巻，古今書院．

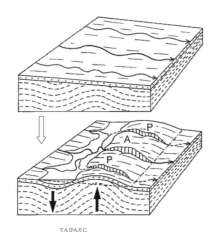

図　先行谷（A）と天秤谷（P）（鈴木，2000）

せんこうせいかせん　先行性河川　antecedent river　⇨先行谷

せんこうぞう　線構造　lineation　変成岩にみられる岩石の構造の一つで以下の2種類がある．一つは，結晶片岩に著しい構造で，針状～棒状の鉱物が一定の方向に並んだもの．もう一つは細かい褶曲などのために剥離面上に筋ができたもの．線状構造，リニエーションとも．　　　　　　　〈松倉公憲〉

せんこうだに　先行谷　antecedent valley　せんこうこく（先行谷）の誤読．　　　　　〈鈴木隆介〉

せんこうふう　旋衡風　cyclostrophic wind　大きな曲率をもった大気*の流れで，代表的なものに竜巻*に伴う風がある．遠心力と気圧傾度力が釣り合って吹く風である．　⇨気圧傾度　〈森島 済〉

せんこうふうか　穿孔風化　cavernous weathering　⇨タフォニ

ぜんこかいぼん　前弧海盆　forearc basin　海溝*の陸側斜面に，海溝と併走するように分布する海底の盆地（海盆*）．水深 1,000～2,000 m のところに幅 100 km 程度の階段状をなす平坦部が細長く分布し，海溝側にアウターリッジ*（外縁隆起帯）または前弧（fore arc）とよばれる高まりを伴う．南海トラフ沿いの前弧海盆は数珠状あるいは雁行状に配列し，陸側からの堆積物をせき止めて，中新世以降の厚い堆積層が凹地状の断面を呈する．アウターリッジは逆断層群と北落ちの正断層を伴い，海岸線にほぼ平行に分布する．これら断層は新しい堆積層および大陸棚上面の侵食面を切り，一部は最終氷期以降の活動を示し，フィリピン海プレートの潜り込みに関与するとみなされる．また，移動してきた海山と推定される凸地形が南海トラフ軸に認められ，この沈み込みによる上盤側の隆起でアウターリッジや海盆が形成されたとみられる場所もある．
　　　　　　　　　　　〈岩淵 洋・岡田篤正〉

せんざいえんちょうきゅう　潜在円頂丘　cryptodome　粘性の大きなマグマが地下浅所まで貫入・上昇したため，地表が隆起して生じたドーム状の山体．潜在溶岩円頂丘や屋根山とも．従来，有珠山北麓の明治新山（1910 年）や北東麓の東丸山などが例とされてきたが，横山（2002）は，これらは潜在円頂丘ではないとしている．　⇨潜在火山　　　　　　　　　　　　　　　　〈横山勝三〉

[文献] 横山 泉 (2002) 潜在溶岩円頂丘とは，特に有珠火山に関連して：火山，47-3, 151-160．

せんざいかざん　潜在火山　cryptovolcano　地表近くまで上昇してきた粘性の大きなマグマで地盤が押し上げられて生じた地表部の盛り上がり（丘状地）で，マグマそのものは地表に達せず，特に噴火することなく火山活動が終止したもの．潜在円頂丘とほぼ同義であるが，円頂丘にならない高まりも生じうるので，潜在円頂丘よりも一般的な用語である．　⇨潜在円頂丘　　　　　　　　　〈横山勝三〉

せんざいかざんせいこうぞう　潜在火山性構造　cryptovolcanic structure　①元来は，火山活動の証拠は特に見い出されないものの，火山爆発で生じた

せんざいし

と想定される著しく変形破砕された岩石による円形構造を指す用語で，Steinheim Basin（ドイツ）がこの例と考えられたが，これは隕石衝突によるものであることがわかっている．②隕石衝突などの証拠はなく，関連の火成岩なども地表ではみられないものの，地下での火成活動の結果生じたと思われる地表の円形構造．Richat構造（モーリタニア）は好例．
〈横山勝三〉

せんざいしぜんしょくせい　潜在自然植生　potential natural vegetation　現在のその土地の自然環境において，人為的影響を排除した場合に理論的に成立すると考えられる植生．現在の植生を取り巻く様々な環境のうち，人為的要因を排除した状態で仮想される植生が潜在自然植生である．なお，人間活動が自然環境に影響を与える前の植生を原植生，現在実際に分布している植生を現存植生と呼ぶ．なお関東平野の潜在自然植生の多くはシラカシ群集であるとされる．宮脇（1977）により，その理念が世の中に広まり植林活動などに活用されている．
〈若松伸彦〉
［文献］宮脇　昭編（1977）『日本の植生』，学習研究社．

せんざいしぜんどじょう　潜在自然土壌　potential natural soil　現在その地域の自然環境において，人為の影響がないときに，理論的に生成する自然土壌のことで，植生分野における潜在自然植生に対応する．たとえば，寒冷北方針樹林ではポドゾル，冷温落葉広葉樹林では褐色森林土，暖温常緑広葉樹林では黄褐色森林土といった土壌を生成する潜在的能力が存在する．なお，人間活動が自然環境に影響を与える前の土壌を原土壌，現在実際に存在している土壌を現存土壌とよぶ場合がある．また，ある地域の潜在自然土壌の分布を予測し図化したものを潜在自然土壌図とよぶ．
〈宇津川　徹〉

せんざいほうかいめん　潜在崩壊面　potential failure plane　崩壊や地すべりの安定解析の場合に，斜面の破壊が起こるとしたら，この面で起こる可能性が高いと推定される仮想面のこと．
〈松倉公憲〉

ぜんじゅんかんこ　全循環湖　holomictic lake　淡水湖の多くでは夏季に水温の成層が発達し，水温躍層を境として表層と深層の水はほとんど混合しない状況となる．秋から冬にかけて湖面冷却が進むと表層の水温が低下し，鉛直循環によってしだいに表層と深層の水の混合が生じ，やがて全層の水が一様な水温構造となる．このような全層循環が生じる湖を全循環湖という．全循環湖には，水温が常に4℃以上で冬季のみに全循環する「1回循環湖（温暖型）」と，春と秋に約4℃で全層循環する「2回循環湖」がある．湖の気候帯による分類によれば，1回循環湖は亜熱帯湖に，2回循環湖は温帯湖に相当する．⇨湖沼の分類［気候帯による］
〈遠藤修一〉

せんしょう　尖礁　pinnacle　⇨ピナクル［サンゴ礁の］

せんじょうおうち　線状凹地　linear depression　細長く伸びた凹地の地形相*を示す記載用語で，舟状凹地とか舟底状凹地*などとも．その成因，規模，形状は多種多様である（例：二重山稜，（砂）丘間凹地，地すべり凹地）．なお，読みの発音が「扇状地」と紛らわしいことから，この語は使用すべきではないという意見もある．
〈鈴木隆介〉

せんしょうこ　浅礁湖　shallow lagoon　⇨礁池

せんじょうこう　扇状溝【火山の】　sector graben　火山性地溝のうち，特に火山体の山頂を中心に放射方向にのびる断層の間に生じた地溝．類似の地形は，流水による火山体の侵食（放射谷の成長発達）や火山体の一部の地すべり，側噴火による山体斜面の崩壊など別の成因でも生じることがあるので注意を要する．⇨火山性地溝
〈横山勝三〉
［文献］Macdonald, G. A.（1972）*Volcanoes*. Prentice-Hall.

せんじょうこうぞう　線状構造　lineation　⇨線構造

せんじょうさきゅう　線状砂丘　linear dune　直線的に発達する砂丘．横列砂丘*や縦列砂丘*を指す．
〈成瀬敏郎〉

せんじょうさんかくす　尖状三角州　cuspate delta　⇨尖角状三角州

せんじょうじき　千畳敷　*senjyojiki*　幅数百m程度と広くて，平坦ないし緩傾斜で，植生の少ない土地の通称である．波食棚（例：青森県大戸瀬崎），山頂小起伏面の草原（例：山口県長門市），カール底の草原（例：木曽山脈宝剣岳南方）など，日本の各地に千畳敷の地名がある．
〈鈴木隆介〉

せんしょうしつ　潜晶質　cryptocrystalline　岩石全体あるいは石基が結晶の集合体から形成されているが，個々の結晶が細かくて薄片を顕微鏡で観察しても十字ニコルでのみ結晶の存在が識別されるような組織をいう．
〈松倉公憲〉

せんじょうしんしょく　線状侵食　linear erosion　河流や谷氷河などによる地表の線状の下方侵食をいう．布状洪水，風や氷床による布状侵食に対立する用語であるが，あまり使用されない．⇨布状侵食

せんじょうち　扇状地　alluvial fan　河川や土石流*によって形成された，谷口を扇頂（fan apex）として平地に向かって扇形に発達する半円錐形状の堆積低地．正式名称は沖積扇状地であるが，ふつう単に扇状地とよばれる．沖積扇も同義であるが，沖積扇という用語は古語で，ほとんど使用されない．また，土石流によって形成される小さな扇状地状の緩傾斜地（長さ1 km 以下，傾斜5～15°程度）は，沖積錐*とよばれ，扇状地と区別される．しかし，土石流と河川の両者が関与してできた同様の小規模な扇状地も多数あり，沖積錐と小規模扇状地との区別は実際には難しい．河川がつくる大規模で緩傾斜な扇状地の代表例として，黒部川扇状地（長さ12 km，傾斜0.6°）や木曽川扇状地（長さ14 km，傾斜0.14°）がある．このような大規模な扇状地で谷口付近の河床勾配をみると，谷口から上流よりも下流の扇状地側の方がしばしば急となっている．このため，大規模扇状地での砂礫の主な堆積原因は，河床勾配の急減によるものではなく，流路が急に広くなることに伴う水深の減少により，流速が遅くなり，運搬力（掃流力）が低下するためと考えられている．砂礫の堆積で河道付近が高くなると，その次の洪水時の河流はその河道から溢れて，外側の低い方向へ移動する．かくして谷口を中心として河道が何回も左右に振り子のように移動するから半円錐形状の扇状地が形成される．

扇状地は，半円錐形なので，谷口を中心とする同心円状の等高線で示される．谷口が山地側に入り込んでいる場合，谷口を中心とする同心円状の等高線と，平地の出口を新たな中心とする同心円状の等高線を示すことがある（図）．前者は主扇状地（main fan：主扇とも），後者は副扇状地（flank fan：副扇・側扇とも）とよばれる．この主扇・副扇の両側方は，扇側（fan margin）とよばれる．扇状地は，上流側から下流側にかけて扇頂（apex, proximal fan），扇央（midfan），扇端（distal fan, toe）と区分される．扇状地上の河川は，一般に網状流路*をなし，洪水時以外には流路は分かれている．扇頂付近で水流があっても扇央で伏流し，水無川*になり，扇端で湧水するものも多い．それらの湧水は1本の河川にまとまって，下流では蛇行流路に変わり，扇状地の末端に接する蛇行原*を流下する．

扇頂付近では下方侵食（下刻）によってできた扇頂溝*とよばれる侵食谷がよくみられる．そこで侵食された砂礫はふつう扇端付近に留まる．この段

〈鈴木隆介〉

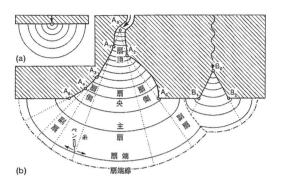

図　扇状地の等高線群の模式図と扇状地各部の名称（鈴木, 1998）
（a）直線的山麓線上に扇頂のある扇状地，（b）山地に入り組んだ谷底に扇頂のある扇状地．A_0にピンで止めた糸の長さを変えずに，その先端にペンを結び，A_1～A_6のような障害点で糸が折れるままに，ペンを動かすと，主扇と副扇の等高線が描ける．

階は，まだ扇状地の成長過程にある．扇状地の表面（扇面：fan surface という）より低下した河道が全体的に下方侵食を受け，侵食された砂礫が元の扇面に堆積しなくなると，元の扇面の成長過程が終えたことになる．このような扇面をもつ扇状地を開析扇状地*という．1本の河川に沿って，数段の開析扇状地が形成されることもある．この扇状地の成長過程を左右する原因としては，土砂の供給・堆積条件に影響を与える上流での地形変化（例：河川争奪，湖沼形成）や気候変化をはじめ，海面変動，地殻変動，火山活動などがある．⇨合成扇状地，扇状地堆積物，扇状地の交叉現象　〈斉藤享治〉

[文献] 斉藤享治（2006）「世界の扇状地」，古今書院．／鈴木隆介（1998）「建設技術者のための地形図読図入門」，第2巻，古今書院．

せんじょうちかいがん　扇状地海岸　alluvial fan coast　扇状地の先端（扇端）が直接海に接している海岸．扇状地堆積物は非固結であるため，波の作用で容易に除去される結果，しばしば激しい海岸線の後退が生じる．黒部川の扇状地は有名．　〈砂村継夫〉

[文献] 鈴木隆介（1998）「建設技術者のための地形図読図入門」，第2巻，古今書院．

せんじょうちかいがんせん　扇状地海岸線　fan-made shoreline　扇状地と海とが接してできる海岸線*．扇状地が半円錐状の地形であることから，急傾斜の扇状地では円弧状の海岸線となる．海底勾配と水深が大きく，海岸漂砂が顕著で，三角州や蛇行原が発達しない地域に発達する（例：富山県黒部川扇状地）．さらに海岸漂砂が顕著な海岸では，

せんじょう

扇状地の末端が侵食されて直線状海岸になる場合（例：手取川扇状地）もある．〈斉藤享治〉

せんじょうちがたふくせいていち　扇状地型複成低地　compound plain (lowland) of alluvial-fan type　低地を構成する地形種が主として扇状地からなり，蛇行原と三角州の欠ける河成堆積低地によって構成される複成低地で，海岸漂砂の顕著な海岸に発達する．海岸域に堤列低地や砂丘などを伴うことがある（例：黒部川低地，手取川低地，大井川低地）．ファンデルタ*とほぼ同義．⇨低地　〈海津正倫〉
[文献] 鈴木隆介（1998）「建設技術者のための地形図読図入門」，第2巻，古今書院．

せんじょうちじょうさんかくす　扇状地状三角州　fan-like delta　⇨ファンデルタ

せんじょうちたいせきかんきょう　扇状地堆積環境　alluvial fan depositional environment　扇状地*に伴ってできる堆積環境．扇状地は集水域と扇状地がひとつの堆積システムをつくる．扇状地には，土石流ローブ（debris-flow lobe）（⇨土石流堆），土石流自然堤防（debris-flow levee），河川流路（stream-flow channel），旧流路（old channel），シーブ・ローブ（sieve lobe：小規模なローブ状地形）などの地形がみられる．これらの地形は，気候・気象条件，集水域の地質，地形勾配などによって多様化する．一般的な岩相を述べると，土石流堆積物は淘汰の悪い泥質の角礫岩で，上方粗粒化を示し上部に巨礫（outsized clast）を含み内部に剪断面がみられる．流路堆積物は浅いチャネル状やシート状の分布を示し，淘汰がよく粘土分を含まない斜交層理などの堆積構造がみられる礫〜砂層からなり，基底に大きな礫がラグ堆積物としてみられる．シーブ・ローブ堆積物は淘汰がよく，基質が空洞（open-framework）の透かし角礫層が特徴である．扇状地にはこの他にも，地すべり堆積物や崖錐堆積物などがみられることも多い．〈増田富士雄〉

せんじょうちたいせきぶつ　扇状地堆積物　alluvial fan sediment, fan deposit　扇状地を構成する堆積物．規模の小さい扇状地では，重力によって土砂が移動する集合流によりもたらされた堆積物が主体を占めるのに対し，規模の大きい扇状地では水流によりもたらされた堆積物が主体を占める．扇状地を形成する集合流のなかでは土石流*が主体である．土石流堆積物は，泥などの基質（マトリックス）が間に入り，礫どうしが直接触れない状態で，角張った岩塊の存在，淘汰が悪く成層していない．一方，扇状地を形成する水流のなかでは河流が主体である．よく淘汰され，成層した堆積物からなる．また，土石流と河流の中間的な流れとして布状洪水流があり，その堆積物の特徴は成層せず礫どうしが接する礫層とされる．⇨ファングロメレート，布状洪水　〈斉藤享治〉
[文献] 斉藤享治（2006）「世界の扇状地」，古今書院．

せんじょうちのこうさげんしょう　扇状地の交叉現象　segmentation of alluvial fan　合成扇状地*における新旧の扇状地面群の縦断的・平面的な配置様式であり，合成扇状地型，収斂交叉型，断層変位型，発散交叉型の4型に大別される（図）．①合成扇状地型：旧扇状地面が本流で下刻され，その扇央ないし扇端付近に扇頂をもつ緩傾斜な新扇状地が発達した合成扇状地である．種々の原因により河川の運搬力が増加すると，河床勾配が一般に緩くなるので，相対的に急傾斜の旧扇状地面を扇頂付近で削り込んで，その扇央付近から下流で堆積が生じて，緩傾斜な新扇状地が生じる．②収斂交叉型：新旧の扇状地面のうち新期のものほど緩傾斜であるが，新旧扇状地の扇頂がほぼ同じ位置にある型である．山地側で隆起速度の大きな増傾斜運動*のほか，海面低下後の海面上昇などに起因して生じる．③断層変位型：山地側の隆起と低地側の沈降を伴う活断層が扇状地を横断し，かつその活断層運動が繰り返されると，断層より上流側では旧扇状地が段丘化するが，下流側で旧扇状地面が新扇状地堆積物に被覆され，扇状地面の傾斜は変化しない．④発散交叉型：谷口に新しい急傾斜の扇状地が発達し，その扇央付近から下流に，段丘化した緩傾斜の旧扇状地面が位置する型である．気候変化による土砂供給量の増加時，海面低下時や，山地側の隆起量が小さい減傾斜運動（または，谷口から離れた下流地域での隆起運動）によって生じることがある．〈斉藤享治〉
[文献] 鈴木隆介（2000）「建設技術者のための地形図読図入門」，第3巻，古今書院．

せんじょうちれきがん　扇状地礫岩　fanglomerate　⇨ファングロメレート

せんしょく　潜食　subsurface erosion　浅層地下水流や中間流によって浅い地表下で行われる侵食を指す．地表下侵食ともいう．未固結の表層土層が堆積している土地では豪雨時に浅層地下水流（shallow groundwater flow）や，地表と地下水面との間の土層中の水流（中間流：subsurface flow, interflow, throughflow）が発生し，地表流（overland flow）による表面侵食がみられない場所でも，地中

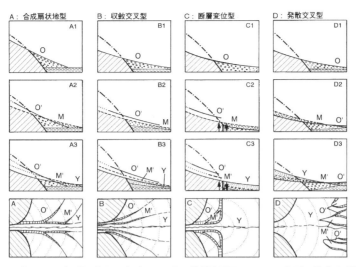

図　同じ河川が形成した扇状地および扇状地起源の段丘の平面的・縦断的配置における4類型の模式図（鈴木，2000）
上の3段（1〜3）は，古期（太実線）・中期（破線）・新期（細実線）の扇伏地の形成期の投影縦断面図である．O・M・Y：古期・中期・新期の扇状地，O'・M'：O・Mの段丘化した部分．一点鎖線は山地の接峰面の縦断面を示す．それぞれの時代の扇状地堆積物のみが描かれ，その時代の段丘堆積物は省略されている．太矢印の向きは断層運動の変位方向を示す．最下段は現在の平面的配置を示す．各時代の扇頂の位置が類型ごとに異なることに注意．

での侵食が行われることがある．こうした地表には現れない浅い地中で行われる侵食を'潜食'という．表層堆積物が砂礫層や石灰質粘土層の土地でよくみられ，潜食が進むと，土層が崩落し，ガリー（深溝）などに発展することが多い．砂漠化*の地表現象の一つである土壌侵食の内の'ガリー侵食'の重要な原因の一つとされる．　　　　　　　　　〈大森博雄〉

[文献] 大森博雄（1990）人間がひきおこす砂漠化：斎藤 功ほか編「環境と生態」，古今書院．

せんしょくしゃめん　洗食斜面 wash slope　斜面を頂部から下方に向かって要素に分類した場合の一つで，岩壁の基部で，崖錐よりも下方に位置する斜面要素を指す．この斜面要素では構成する風化岩屑物質のうち細粒物質が雨食により輸送されるため，縦断形は凹形を示す．Meyerhoff（1940）により用いられた用語で，弦斜面（waning slope）または基底斜面（haldenhang）と同義語である．雨洗斜面（rainwash slope）ともいう．⇨基部凹形部
〈山本　博〉

[文献] Meyerhoff, H. A. (1940) Migration of erosional surfaces : Ann. Ass. Am. Geogr., 30, 247-254.

ぜんしん　前震 foreshock, preshock　大きな地震（本震）の前に，本震の震源域で起こる地震．起こる場合と起こらない場合がある．1983年日本海中部地震や1995年兵庫県南部地震では震源付近で前震があったことが，本震の発生後にみつけられた．2011年東北地方太平洋沖地震では，2日前に，震源の北東約40 kmでマグニチュード7.3の地震が発生していた．　　　　　　　　〈久家慶子〉

[文献] 宇津徳治（1999）「地震活動総説」，東京大学出版会．

ぜんしんかいがんせん　前進海岸線 prograding shoreline　陸地が前進するようなプログラデーション*を受けている海岸線．海水準の低下や陸地の隆起があった場合や，堆積物の供給量が増加した場合などに，それぞれの環境に適応した海岸地形となるように変化している海岸線．⇨後退海岸線，前進性海岸　　　　　　　　　〈福本　紘〉

せんしんせい　鮮新世 Pliocene (Epoch)　新生代 Neogene（新第三紀）最後の世．模式地はイタリアのシシリー島アグリジェントの海岸部に露出する Zanclean stage の Trubi 層中に設定されている．この境界の年代は約533万年前で，古地磁気層序ではガウス・クロン中の C2An.3 上面付近である．2007年の国際第四紀学連合の層序委員会はこの世の一番新しい階である Gelasian までを第四紀に含めるという案を提案した．この階の始まりが古地磁気層序のガウス・松山境界に近い約259万年前で，気候変化の振幅が大きくなったことや北半球に氷床が形成されるようになったことなどがその根拠としてあげられている．この時代の堆積岩と火成岩を一括して鮮新統とよぶ．　　　　　　　　〈熊井久雄〉

[文献] Ogg J. G. et al.（2008）*The Concise Geologic Time Scale*, Cambridge Univ. Press.

ぜんしんせい　漸新世　Oligocene（Epoch）　古第三紀（Paleogene）を三分した最後のEpoch（世）．3,390万年前から2,303万年前まで．動植物化石と酸素同位体比とから，グローバルな冷温化が知られる．日本では，北海道，北九州の挾炭層や太平洋側の海成層が堆積，瀬戸内にも海成・淡水成層があり，日本海側の安山岩質火山岩類（グリーンタフ＊）が顕著．この時代の堆積岩と火成岩を一括して漸新統とよぶ． 〈石田志朗〉

ぜんしんせいかいがん　前進性海岸　advancing coast　Valentin（1952）による分類で，後退性海岸＊に対比して用いられる語．海岸において（1）離水と堆積が合わさる，（2）離水が侵食を上回る，（3）堆積が沈水を上回るときには，いずれも海岸線が海方へ前進する．このように海岸線が前進している海岸をいう．⇨海岸の分類（図）　〈福本紘〉

[文献] Valentin, H.（1952）*Die Küsten der Erde*, Justus Perthes Gotha.

せんしんとう　鮮新統　Pliocene（series）　⇨鮮新世

ぜんしんとう　漸新統　Oligocene（series）　⇨漸新世

ぜんしんへいこうさよう　前進平衡作用　progradation　⇨プログラデーション

センス【断層変位の】　sense（of fault displacement）　断層の実移動の方向（displacement sense）．縦ずれ変位あるいは横ずれ変位が断層変位様式であるのに対して，断層面上の真のずれ（net slip）の方向を指す．一般には，縦ずれ断層変位の場合には正断層センスあるいは逆断層センス，横ずれ断層の場合には右横ずれセンスあるいは左横ずれセンスがある．しかしながら，実際の断層変位は縦ずれと横ずれが合わさったずれの方向をもつので，右横ずれセンスを伴う逆断層などと言い表すことが多い．⇨断層変位　〈中田高〉

ぜんすいとう　全水頭　total head　水流がもつ運動エネルギー，圧力エネルギー，位置エネルギーの大きさをそれぞれ水柱の高さ（長さの次元）で表した速度水頭（$v^2/2g$），圧力水頭（$p/\rho g$），位置水頭（z）の三つを加えたもの．ここにvは流速，pは圧力，zは基準面から測った高さ，ρは水の密度，gは重力の加速度．完全流体＊では全水頭は一定である．地下水の場合は，速度水頭は小さいので無視でき，通常は圧力水頭と位置水頭を合わせたものをいう．〈宇多高明・三宅紀治〉

せんすいは　浅水波　shallow-water wave　⇨浅海波

せんすいばし　潜水橋　*sensui-bashi*　⇨沈下橋

せんすいへんけい　浅水変形　shoaling　波が水深の大きいところから浅いところへ進行するにつれて，波高，波長，波速が変化する過程．浅くなるにつれて，波高は（深海での値に比べて）一時的にわずかに減少するが，水深がさらに小さくなると増大するようになる．波長と波速は水深の減少とともに減少する．この結果，浅くなると波高が増大するが波長が減少するので，波形勾配＊が大きくなり波は不安定となる．〈砂村継夫〉

ぜんせん　前線　front　等質と見なされる大気のかたまり（気団）の境をいう．一般に低気圧に流れ込む北方の寒冷な気団と南方の温暖な気団の境が前線であるので，熱帯や亜熱帯では前線はないか不明瞭である．相対的に寒冷な大気が温暖な大気の下に潜り込むようにして移動する前線を寒冷前線＊といい，その通過に伴って短い強い雨の後に急速に天気は回復する．また寒冷な大気の上に温暖な大気が乗り上げるような温暖前線＊では，弱いが長く続く雨が特徴的である．〈野上道男〉

ぜんせんせいこうう　前線性降雨　frontal precipitation　前線＊に伴う降雨（水）．温暖前線では前方に雨域が広がり，弱く持続的な降水がみられる．梅雨前線＊等の停滞前線による降雨は特に持続する．寒冷前線では狭い範囲で強い雨がみられ，前線通過後は天候は急速に回復する．前線上では上昇気流がみられ，低気圧が発生しやすい．〈野上道男〉

ぜんそうなだれ　全層雪崩　full-scale avalanche　⇨雪崩

せんそく　扇側　fan margin　⇨扇状地（図）

ぜんたいおうとつがたじすべり　全体凹凸型地すべり　landslide of markedly rugged mound type　地すべり堆の全体に顕著な凹凸の多い地すべり地形．厚い硬岩の多い斜面の急速な地すべりで生じる場合が多い（例：青森県十二湖地すべり）．⇨地すべり地形の形態的分類（図）　〈鈴木隆介〉

[文献] 鈴木隆介（2000）「建設技術者のための地形図読図入門」，第3巻．古今書院．

せんだいさんけい　先第三系　pre-Tertiary（system）　⇨第三紀

せんだいそうぐん　仙台層群　Sendai group　仙台付近の丘陵に分布する上部中新統〜鮮新統の海成〜陸成層．下位から亀岡層（陸成層），竜の口層（海

成層），向山層（陸成層），大年寺層（海成層）に区分される． 〈松倉公憲〉

せんだいよんけい　先第四系　pre-Quaternary (system)　第四紀より古い時代に形成された堆積岩と火成岩の総称である．⇨第四紀　〈鈴木隆介〉

せんたくいたじょうきふく　洗濯板状起伏【岩石海岸の】　washboard-like relief　海食台*や波食棚*の表面にみられるケスタ状（凹部と凸部が交互に連続する）の微地形．波状岩ともよばれる．傾斜している互層（例：泥岩層と砂岩層または凝灰岩層の互層）からなる海食台や波食棚が潮間帯に位置するような場所でよく発達する．波食に対する地層間の抵抗力の差異や風化速度の差異などを反映した差別侵食地形であるとされている．日南海岸青島の波食棚上の地形は「鬼の洗濯板」とよばれて有名． 〈青木　久〉

[文献] 高橋健一（1975）日南海岸青島の「波状岩」の形成機構：地理学評論，48，43-62．

せんたくいたじょうきふく　洗濯板状起伏【岩床河川の】　washboard-like relief　岩盤河床にみられる．洗濯板のような尾根状部と溝状部が交互に連続する微地形．侵食に対する抵抗性の異なる地層（例：砂岩と泥岩の互層）が急傾斜で露出する場合における差別侵食で形成される．岩石海岸でみられる洗濯板状起伏に比べて一般に岩床河川のものは起伏が小さい（数cm～十数cm程度）． 〈戸田真夏〉

せんたくうんぱん　選択運搬　selective transport　流水や風などの地形営力が砕屑物を運搬するとき，その場所における運搬力によって運搬可能な大きさの粒子を選択的に運搬すること．選択運搬の過程で一定以上の粒径の粒子は運ばれず，かつ一定以下の粒径の粒子はさらに運び去られることによって，粒径に幅（バラツキ）の広い粒子集団から粒径の幅の狭い堆積物が形成される．これを分級作用またはふるい分け作用（sorting）という．河床堆積物の粒径が下流方向へ減少していくことは，下流方向へ掃流力が減少することによって生じる選択運搬の結果であるという考え方がある． 〈島津　弘〉

せんたくしんしょく　選択侵食　selective erosion　侵食に対する弱抵抗性岩の部分が強抵抗性岩の部分よりも相対的に早く侵食されること．差別侵食とほぼ同義．しかし，岩石の侵食に対する相対的な抵抗性は，一対の地層（例：泥岩層と砂岩層）の間でも侵食過程，風化過程，地形場によって異なるから，狭い範囲でも選択侵食される岩石が入れ替わることがある．⇨差別侵食　〈鈴木隆介〉

せんだつさよう　洗脱作用　eluviation　土壌中を水が移動する過程で，土壌中の物質が表層から下層に移動する作用のことで，水に溶解して移動する（溶脱作用）場合，粗粒質物質が懸濁液として浸透する（懸濁浸透）場合，コロイド溶液として浸透する（コロイド浸透）場合および有機-無機錯体として浸透する（分子浸透）場合に細分される．この洗脱作用を受けた層を洗脱層という． 〈田村憲司〉

せんだつそう　洗脱層　leached horizon　⇨洗脱作用

せんたん　尖端【地すべりの】　landslide tip　⇨地すべり地形（図）

せんたん　扇端　fan toe, distal fan　扇状地*の末端（toe）あるいは扇状地の下流部（distal fan）．河川は扇状地で砂礫を堆積させ，それより下流では砂泥の堆積になるので，扇端でしばしば河床勾配が急減し，遷緩点*となる．この遷緩点は，乾燥地域では湿潤地域より明瞭であり，湿潤地域のなかで日本は明瞭な方である．日本では扇央で伏流していた水が，扇端の各所で湧水し，扇端湧水帯とよばれ，集落（扇端集落*）がよく発達する． 〈斉藤享治〉

[文献] Yatsu, E.（1955）On the longitudinal profile of the graded river：Trans. Amer. Geophysical Union, 36, 655-663.

せんだんおうりょく　剪断応力　shear stress　物体内のある面に沿って働く応力成分で，ずり応力ともいう．山地斜面においては，斜面を構成する土塊の重さ（力）が鉛直方向に作用している．この力の斜面方向の分力が，斜面をすべり落ちようとする力（剪断力）をもたらすが，その力を単位面積あたりに換算したものが剪断応力となる．この剪断応力が，斜面構成物質の剪断強度より相対的に大きくなると剪断破壊（地すべりや山崩れ）が起こることになる． 〈松倉公憲〉

せんだんきょうど　剪断強度　shear strength　山地斜面の崩壊面上やすべり面上に働く剪断力に対し，斜面物質が発揮する剪断抵抗の力を剪断抵抗力といい，その抵抗力の最大値を応力で表したものを剪断強度（剪断強さともいう）という．地すべりや山崩れの多くは斜面構成物質の剪断破壊によって起こるので，斜面物質の剪断強度を知ることは重要である．土の剪断強度（τ）はクーロンの式で表される：$\tau = c + \sigma \tan\phi$（ここで$c$は粘着力，$\sigma$は垂直応力，$\phi$は剪断抵抗角あるいは内部摩擦角）．すなわち土の強度は垂直応力に依存しない粘着力成分と，垂直応力に依存する剪断抵抗角の二つの成分（これらをあわせて強度定数とよぶ）からなる．岩石や土

の剪断強度を求めるには，直接剪断試験，三軸圧縮試験などを行う．同じ地形材料であっても，含水比の違い，密度の違い，剪断速度の違いなどによって強度定数が異なることがある．　⇨一面剪断試験，三軸圧縮試験　　　　　　　　　　　〈松倉公憲〉

せんだんしけん　剪断試験 shear test　土や岩石の試料を剪断力によって破壊させることにより，剪断強度（剪断抵抗角および粘着力）を測定する試験．斜面の安定・不安定性を検討する上で重要な試験である．試験法として，試料の軸方向に対して垂直な面に直接剪断力を与える直接剪断試験（一面剪断試験，リング剪断試験，ベーン剪断試験など）と，試料に垂直に荷重をかけて間接的に剪断応力を与える間接剪断試験（三軸圧縮試験など）がある．また，圧密・排水条件によって，非圧密非排水（UU），圧密非排水（CU），圧密排水（CD）の3種類に分類され，試料や用途に応じて使い分けられている．圧密排水剪断試験は比較的遅い速度で試料を剪断破壊させるため，緩速剪断試験ともよばれる．　〈八反地 剛〉

せんたんしゅうらく　扇端集落 fan-toe settlement　扇端*に発達した集落．扇端湧水帯では豊富な地下水が得られるため，水田耕作も可能で，集落が古くから発達した．福井市のような大都市もある．　　　　　　　　　　　　〈斉藤享治〉

せんだんせつり　剪断節理 shear joint　節理面の両側がわずかに（数 mm）ずれている節理であり，共役節理*として剪断破壊で生じた斜交節理にみられる．　　　　　　　　　　　　〈鈴木隆介〉

せんたんせん　扇端泉 spring at fan toe　⇨湧泉の地形場による類型（図）

せんだんたい　剪断帯 shear zone　⇨断層破砕帯

せんだんつよさ　剪断強さ shear strength　⇨剪断強度

せんだんていこう　剪断抵抗 shear resistance　⇨剪断強度

せんだんていこうかく　剪断抵抗角 angle of shear resistance　⇨内部摩擦角

ぜんちしゃめん　前置斜面 foreset slope　⇨三角州

ぜんちそう　前置層 foreset bed　⇨三角州堆積物

せんちょう　扇頂 fan apex, proximal fan　扇状地*の最上流点（apex）あるいは扇状地上流部（proximal fan）であり，谷口に接する場合が多い．扇頂溝*を伴うことがある．　　〈斉藤享治〉

せんちょうかこく　扇頂下刻 fan-head trenching　⇨扇頂溝

せんちょうがん　閃長岩 syenite　アルカリ長石と有色鉱物（とくに角閃石）を主とする完晶質粗粒の深成岩．石英を含む場合は石英閃長岩といい，斜長石の量が多いものはモンゾニ岩*という．　　　　　　　　　　　　〈松倉公憲〉

せんちょうこう　扇頂溝 fan-head trench　扇状地*の扇頂付近にできた侵食谷．流送物質の減少あるいは流量の増加により，扇頂付近が下方侵食（下刻）され，侵食された物質が扇端に堆積している状況下で形成される．短期的には，1回の大規模出水の増水期に堆積が，減水期に侵食が生じ，小規模な扇頂溝が生じることもある．扇状地面と扇頂溝の河床との高度差（比高）は，扇頂で最も大きく，扇央に近づくにつれ小さくなる．比高がゼロになったところが扇頂溝の末端であり，その部分は平衡交差点・インターセクションポイント（intersection point）とよばれる．扇頂溝を形成する下刻を，扇頂下刻（fan-head trenching）とよぶ．　〈斉藤享治〉
[文献] 斉藤享治（2006）「世界の扇状地」，古今書院．

せんちょうじょうさんりょう　尖頂状山稜 knife ridge　尾根の両側斜面の頂部が急傾斜な凹形斜面または直線斜面で，尾根が尖っている．壮年期的な侵食階梯の，硬岩で構成された山地または悪地*にみられる．　⇨尾根の横断形　〈鈴木隆介〉

せんちょうほう　尖頂峰 pinnacle　⇨尖峰（せんぽう）

せんてい　潜堤 submerged breakwater　天端（頂部）が常に海面下にあるような離岸堤*．　　　　　　　　　　　　〈砂村継夫〉

せんてきさべつひょうしょく　線的差別氷食 selective linear erosion　⇨氷食

せんでんがん　閃電岩 fulgurite　⇨フルグライト

せんど　尖度 kurtosis　⇨粒度分布

せんどきじだい　先土器時代 pre-ceramic period　土器製作の始まりを重視した時代区分で，人類がまだ土器を用いずに生活を行っていた時代のこと．日本では，縄文時代に先んじる時代がこれに相当し，旧石器時代とほぼ同義となる．　　　　　　　　　〈朽津信明・有村 誠〉

せんにゅうきょくりゅう　穿（尖）入曲流 incised meander　⇨穿入蛇行

せんにゅうこく　穿入谷 incised valley　相対的に海面が低下したことにより，侵食基準面*が低下

したため河流の下刻が促進されて形成された谷．相対的海面の低下速度の大きいときに下刻力が増大して形成される，と考えられている．谷の平面・断面形状については問わない．シークェンス層序学*用語．類似した用語に穿入蛇行谷があるが，これは地形学用語で，2種類の蛇行形態（掘削蛇行*と生育蛇行*）が定義されている． 〈砂村継夫〉

せんにゅうだこう　穿入蛇行　incised meander 河谷を流れる河川の蛇行である．穿入曲流，嵌入曲流とも．穿入蛇行の形成した河谷を穿入蛇行谷（蛇行谷または穿入谷とも）という．低地の自由蛇行*の対語である．穿入蛇行は，穿入蛇行谷の横断形の対称性つまり両岸の谷壁斜面の傾斜の対称性によって，①対称的な 掘削蛇行*と②非対称的な 生育蛇行*に二大別される（図）．実際には前者は稀にしか存在しないので，普通には穿入蛇行といえば生育蛇行を指す． 〈鈴木隆介〉

[文献] 鈴木隆介（2000）「建設技術者のための地形図読図入門」，第3巻，古今書院．

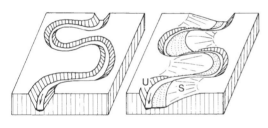

図　2種の穿入蛇行（鈴木，2000）
掘削蛇行（左図）と生育蛇行（右図）．
U：攻撃斜面，S：滑走斜面

せんにゅうだこうこく　穿入蛇行谷　incised-meandering valley ⇨穿入蛇行

せんねつ　潜熱　latent heat 物質の相変化に伴い吸収・解放される熱．気象学においては水の相変化に伴う場合を指し，液体と固体，液体と気体，固体と気体間の相変化に伴う潜熱を，それぞれ融解熱，気化熱，昇華熱とよぶ．これらの熱は極めて大きいため，相変化の有無は気象現象の諸過程において重要なものとなる．顕熱*の対語． 〈森島 済〉

せんぱつじしん　浅発地震　shallow (-focus) earthquake 浅いところで発生する地震．深さの範囲について統一的な定義はないが，通常，60〜70 kmよりも浅い地震．世界で起こる地震の約7割が浅発地震である．その多くはプレートの境界付近で起こる．割合は少ないが，プレート内部で発生する地震もある． 〈久家慶子〉

せんぽう　尖峰　pinnacle, horn とがった峰（尖頂峰）のこと．ピナクルは一般的な語で大きさや構成物（岩・土・氷など）に関係なく使われる．ホーン（ホルン）は氷河侵食およびそれと関連した周氷河作用によって形成されたピラミッド状の岩峰． 〈岩田修二〉

せんまいがん　千枚岩　phyllite 泥質岩起源の変成岩で，粘板岩と結晶片岩の中間の変成度のもの．細粒で片理がよく発達しているので薄板上に割れやすいことからこの名がある． 〈松倉公憲〉

せんまいだ　千枚田　senmaida, terraced paddy (rice)-field ⇨棚田

せんめつ　尖滅　thin out, wedge out, pinch out ある岩相*の地層が側方に薄くなって消滅すること．この状態には，堆積時に形成されたものと，堆積後に上位が削られたものがある． 〈増田富士雄〉

せんめん　扇面　fan surface ⇨扇状地

ぜんめんいどう　全面移動　general movement of nearshore sediment 波による振動流の作用により海底堆積物の表面（第1層）を構成する粒子のすべてが動くこと．全面移動が生じる水深は，波浪条件と堆積物の粒径とから求められる．佐藤・岸や堀川・渡辺の式が提案されている． ⇨移動限界水深 〈砂村継夫〉

[文献] 堀川清司（1991）「新編海岸工学」，東京大学出版会．

ぜんめんだんきゅうがい　前面段丘崖　fore scarp of terrace 段丘面の前面に位置する段丘崖．鈴木（2000）が定義．段丘は形態的には段丘面とその前面に接する前面段丘崖とをセットとした地形種であるが，前面段丘崖はその段丘面と同時に形成された地形ではなく，その段丘化の際に形成された地形であることに注意しなければならない．2段以上の段丘が接している場合には，どの段丘面を基準にするかで，同じ段丘崖が前面段丘崖にも後面段丘崖にもなる．段丘面での自然災害では前面・後面段丘崖の両方または一方に起因する場合がある． ⇨段丘（図），後面段丘崖 〈柳田 誠〉

[文献] 鈴木隆介（2000）「建設技術者のための地形図読図入門」，第3巻，古今書院．

せんりょくがん　閃緑岩　diorite 斜長石，角閃石，単斜輝石を主成分鉱物として含む完晶質粗粒の中性深成岩．黒雲母，斜方輝石を含むことがある．石英をほとんど含まず，長石のうち斜長石が90%以上を占める．酸性岩に比べて自形性の強い結晶が多く含まれる． 〈太田岳洋〉

ぜんりんねちけい　前輪廻地形　topography of previous cycle　2回以上の侵食輪廻の地形が共存している地形のうち，対象としている輪廻より一つ前の輪廻の地形を指す．一つの輪廻においては一つの侵食基準面に対応して地形がつくられるが，その侵食基準面からの侵食がいまだ及んでいない一つ前の侵食基準面に対応して形成された地形をいう．また，準平原遺物や以前の侵食基準面に対応して形成された遷急点より上流側の河谷地形なども含まれる．なお，①間欠的隆起（侵食基準面の変化）によって形成されたと考えられる段丘群を多輪廻性地形，②現河床より一段上の段丘を前輪廻地形とよんだり，また③乾燥地域の島山やボルンハルトなどの形成を二輪廻性とし，④現在のエッチプレーン上に侵食から取り残されたレゴリスや基盤岩の高まりを前輪廻地形とよぶこともある．　⇨侵食輪廻

〈大森博雄〉

［文献］井上修次ほか（1940）「自然地理学」，下巻，地人書館．/Davis, W. M.（1912）*Die erklärende Beschreibung der Landformen*, B. G. Teubner（水山高幸・守田　優訳（1969）「地形の説明的記載」，大明堂）．

ソイルウェッジ soil wedge 熱収縮破壊によって形成された多角形土*の凍結割れ目に土壌が集積した楔状構造．主として凍結割れ目が永久凍土層に達しない場合に生じる活動層ソイルウェッジを指すが，乾燥寒冷地域に発達するサンドウェッジ*や氷楔*が融けて生じる化石氷楔も含まれる．〈松岡憲知〉

そいん　素因【自然災害の】 primary cause (of natural disaster) 災害の誘因が発生した場合に，それによる被災の可能性は自然的および社会的な土地条件によって著しく異なる．その土地条件を災害の素因という．自然災害の素因としては，気象災害では地形に制約された局所的気象変化（例：フェーン現象，台風進路に対する相対位置），土砂災害（例：落石，崩落，地すべり，土石流）では流域や斜面の性質（地形および地質），河川災害では流域特性や河川に対する地形場，海岸災害では海岸特性（例：海岸の平面形・縦断形，構成物質，フェッチ）とその地形場，地震災害では地形・地盤条件（例：砂の液状化しやすい地形種・地盤），火山災害では噴火口に対する地形・距離などが素因となる．一方，人災に対しては社会条件（例：土地利用，社会構造，社会の安定度）などが素因となる．⇨誘因［自然災害の］　〈鈴木隆介〉

そいん　素因【マスムーブメントの】 primary cause (of mass movement) マスムーブメント*を起こす原因となる，その土地がもともと有している脆弱性のこと．例えば，地すべりや崩壊などの素因となるのは，山体や斜面の地質，地形，植生，あるいは気候変化などに関する脆弱性の事象である．これに対し，マスムーブメントを引き起こす直接の原因を誘因という．降雨流出や地下水変化，氷雪の融解，それらによる土層や岩体荷重の増大，地震動，噴火活動などに関する事象がそれにあたる．一方，災害の素因とは，災害の原因となるハザードに対して人間社会が有する脆弱性のこと．それに対して，災害発生に直接的に寄与する事象を誘因という．〈諏訪　浩〉

そう　相【岩石の】 facies 岩石学では変成相（metamorphic facies）を指す．変成作用の要因としては熱（温度），動力（圧力），交代作用（化学ポテンシャル）があげられる．変成相は，このうちの温度と圧力だけで単純化して変成作用を表現したもの．化学組成が一定であれば，ある温度-圧力範囲で形成された岩石は同じ鉱物組合せになると考えられることから，この一定の温度-圧力範囲を相とよぶ．〈太田岳洋〉

そうあつ　層厚 thickness 風化層や土層の厚さ．たとえば，表層崩壊が発生しそうな斜面における潜在崩壊層の厚さなどに用いる．「そうこう」とも読む．⇨等層厚線図　〈松倉公憲〉

そうい　層位 horizon ⇨層準

そういがく　層位学 stratigraphy ⇨層序学

そうかいじゅんへいげん　層階準平原 stepped peneplain 山地において硬軟の互層に起因する階段状に分布する準平原群を指すが，現在では階段準平原，階状準平原と同じ意味で使われ，階段状に分布する準平原群を指すことが多い．Penck（1924）は，緩く傾斜した硬軟の互層からなる山地において，軟岩層が削剥され硬岩層の地層面が広く露出した小起伏面を Stufenrumpfflächen（層階準平原）とよび，隆起運動が継続するなかで原初準平原群として形成されるとした．しかし，この階段状の地形は，Davis（1912）がすでに Schichtstufe（地層階段，層階，地段）や cuesta（ケスタ）の形成に関して論じたシュバルツバルト地域（ドナウ川源流部）の地形である．一方，ペンクが層階準平原とよんだ地形は，デービスが"侵食輪廻上，中程度に侵食されたときに顕著に現れる組織地形"とした'造ケスタ層（Cuestabildner）の地層面がつくる緩傾斜の層階面（Stufenfläche; dip slope）'に相当する．現在では，岩石制約的に形成される'ペンクの層階準平原'は，'狭義の層階準平原'といい，地層がほぼ水平な場合は，esplanade（エスプラネード），地層が傾いている場合は，dip slope（back slope：ケスタの背面）とよば

れることが多い．⇨階段準平原，ケスタ

〈大森博雄〉

[文献] Penck, W.（1924）*Die morphologesche Analyse*, Ver. J. Engelhorns Nach（町田 貞訳（1972）「地形分析」，古今書院）．/Davis, W. M.（1912）*Die erklärende Beschreibung der Landformen*, B. G. Teubner（水山高幸・守田 優訳（1969）「地形の説明的記載」，大明堂）．

ぞうがいそう　造崖層 cliff maker　差別削剥で形成されるメサ*や地層階段を縁取る急崖やケスタ崖などの急崖を構成する強抵抗性岩．積極的抵抗性の大きい溶岩，溶結凝灰岩，石灰岩，チャート，固結した凝灰岩・凝灰角礫岩・砂岩・礫岩などの場合が多く，しばしば露岩をなす．滝を構成する場合には造瀑層（fall maker）とよばれる．⇨強抵抗性岩，積極的抵抗性，造瀑層，岩石遷移点〈鈴木隆介〉

ぞうかせき　ゾウ化石 elephant fossil　⇨長鼻類化石

そうかんきこうがく　総観気候学 synoptic climatology　第二次世界大戦中に開発された方法から発展した近代気候学の一分野．気候を日々の天気*の集積として天気図をもとに主要な天気型に分類して気候資料を整理し，地域の中気候特性を解析し，天気を予測する方法．近年では，大気の循環型（気流や気圧配置，気団など）を分類して気候要素を有機的に関連づけるなど大気候特性の解析も行われている．

〈山下脩二〉

そうかんきしょうがく　総観気象学 synoptic meteorology　地上観測や高層気象観測などを用いて，地球上に生じている天気を研究する気象学の一分野．亜熱帯高気圧，移動性高気圧，温帯低気圧，前線，台風，気団などの動きや発達・消滅といった諸過程を解析し，明らかにし，予測することを目的とする．水平距離にして 1,000～10,000 km 程度を総観規模（スケール）とよび，この空間スケールをもつ気象現象を対象とした気象学ということもできる．ただし，空間スケールの数値的定義は厳密にされているわけではない．

〈森島 済〉

ぞうがんこうぶつ　造岩鉱物 rock forming mineral　主な火成岩，変成岩，堆積岩を構成する鉱物．主要造岩鉱物と副成分鉱物に分けられる．主要造岩鉱物は石英，長石，かんらん石，輝石，角閃石，雲母であり，副成分鉱物としては準長石，石英以外のシリカ鉱物，ざくろ石，ジルコン，緑れん石，スピネル，Fe-Ti 酸化鉱物，蛇紋石，沸石，炭酸塩鉱物，黄鉄鉱などがある．

〈太田岳洋〉

そうかんしゅうきょく　層間褶曲 intraformational fold　⇨層内褶曲

ぞうきばやし　雑木林 copse, coppice（英）　かつて焼畑農耕，あるいは薪炭や刈敷採集の場として，人間の働きかけによって維持されてきた林分．現在の気候条件下では常緑広葉樹林になるべきところがコナラやクヌギなどを中心にした落葉広葉樹林に置き換わり，里山林として日本独自の農村風景を形成してきた．常緑広葉樹林への遷移が進行しないため，それ以前に落葉広葉樹林に覆われていた時代の生き残り（遺存種）であるカタクリ，カンアオイやギフチョウなどの動植物の生活の場ともなってきた．しかし，多くの雑木林は，特に高度経済成長期以降の農業の変容，農村の衰退の中で放置され，また都市化・開発の対象となり，緑地保全，生物多様性の保全という見地からも危惧されている．⇨里山，二次林

〈岡 秀一〉

[文献] 守山 弘（1988）「自然を守るとはどういうことか」，農山漁村文化協会．

そうきょくしじば　双極子磁場 magnetic dipole　磁気モーメントを一定に保ちながらN極とS極を無限に近づけた微小な磁石のつくる磁場．半径の極めて小さい円電流のつくる磁場と等価．磁場の強さは磁石からの距離の3乗に逆比例して減衰する．

〈西田泰典〉

ぞうきんさよう　増均作用 aggradation　堆積によって地形を平衡状態にしようとする作用を指す．積平衡作用ともいう．河川に供給される物質が河川の運搬力を上回ると，河川勾配が大きくなるような堆積が生じ，その結果，河川の運搬力が増加し，より多くの物質を運搬するようになる．このような様式で平衡状態（ある場所における流入土砂量と流出土砂量が等しい状態）を生成・維持しようとする堆積作用を増均作用という．"外作用は地形が平衡に達するように作用する"という考えから，現在では，堆積作用（堆積による地形形成作用）とほぼ同じ意味で使われることが多い．地球の表面の凹凸は削剥と堆積とによって平坦化される（平滑な球面になる）という考えは古くからあった（例えば，Leonardo da Vinci：1452-1519）が，この考えは19世紀になって，gradation（グラデーション）として定式化された．グラデーションは削剥と堆積とによって地表面がある水準に向かって平坦化される過程を指し，削剥による過程は degradation（デグラデーション），堆積による過程は aggradation（アグラデーション），グラデーションが行われた地形が地殻変動や海面変動によって変位し，新たな水準に対

して再びグラデーションが起こる過程は regradation（リグラデーション）とよばれた．しかし，G. K. Gilbert（1876）や W. M. Davis（1894）によって導入された grade（平衡）の考えが普及すると，gradation や grading は削剥および堆積によって平衡状態を生成・維持しようとする作用（均衡作用）を指し，degradation は平衡状態を生成・維持しようとする侵食作用（減均作用・削平衡作用）を，aggradation は平衡状態を生成・維持しようとする堆積作用（増均作用・積平衡作用）を指す言葉として使われるようになった．増均作用は減均作用＊の対語であるが，共に概念が曖昧であり，両語の必要性は低いので，地形学分野では，現在ではほとんど使用されない．なお，gradation と類似した用語に planation（平坦化作用・均平作用）があるが，一般に，planation は削剥作用による平坦化を指し，堆積作用は含まないものとされる． ⇨動的平衡状態
〈大森博雄〉

［文献］井上修次ほか（1940）「自然地理学」，下巻，地人書館．/ Thornbury, W. D.（1954）*Principles of Geomorphology*, John Wiley & Sons.

そうぐん　層群　group ⇨地層

ぞうけいがん　造景岩　landscaping fake rock ⇨擬岩（ぎがん）

ぞうけいしゃうんどう　増傾斜運動　zokeishaundo　地形面＊（例：段丘面）を急傾斜にするような地殻運動＊であり，逆に緩傾斜にするような場合を減傾斜運動という．どちらも傾動＊であるが，地形面の元の傾斜の遡知＊が一般に困難であるから，増傾斜・減傾斜運動の確認が難しく，両語は現在ではほとんど使用されない（英用語もない）．ただし，過去には，合成扇状地＊で上位の扇面ほど急傾斜な場合（例：富山県片貝川扇状地群）を増傾斜運動に起因すると解釈した例があるが，必ずしも地殻運動の結果とは断定できない．
〈鈴木隆介〉

そうげん　草原　grassland　イネ科やカヤツリグサ科などの草本植物が優占し，木本植物を全くあるいはほとんど含まない植生．自然草原と二次草原（半自然草原）があり，自然草原は低温，乾燥，過湿，風衝，遅い消雪，土壌未発達などの理由で木本植物が生育できない地域や場所に成立する．温暖・湿潤で本来は森林植生が成立する地域においても，人為的干渉によって二次草原が成立・維持されることがある．日本では火入れや放牧などが継続的に行われてきたところに，ススキ，シバ，ササなどの優占する二次草原が成立している．
〈高岡貞夫〉

そうげんどじょう　草原土壌　grassland soil ⇨ステップ土壌

そうこう　走向　strike　地層面，断層面，節理面などの地質学的な面と水平面との交わる直線（水平線）の北からの方位（方向）をいう．両者の面のなす最大の角度は傾斜という．走向の測定は，クリノメーター＊の長辺を層理面・断層面にあてながら水平方向を求め，磁針により水平線の方位を北から東西方向へのずれる角度として読む（図）．たとえば，東に30°ずれていれば「N30°E」，西に46°ずれていれば「N46°W」と記載する．地層の走向・傾斜の測定は地質調査の基礎作業である． ⇨傾斜［地質構造の］
〈松倉公憲〉

［文献］前田四郎編（1977）「千葉県地学のガイド」，コロナ社．

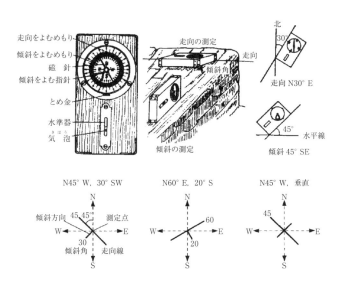

図　地層の走向と傾斜の測定法（前田，1977）

そうこう

そうこう　層厚　thickness ⇨層厚

ぞうこううんどう　造構運動　tectonic movement, tectogenesis　地殻の一部を変位・変形させる運動をいう．tectogenesis（造構造運動と訳されることが多い）は，かつて造山論の中で，山脈がもつ複雑な変形・断裂構造の形成に関与した地殻変動とその地帯を高まらせて山脈地形をつくった変動（造地形運動）とを区別して扱う必要性が生じて，前者を特定するために使い始められ，狭義の造山運動と同じ意味をもたせて用いられたこともあったが，古典的造山論の退潮で，このような用法は姿を消した．現在では，造構運動・造構造運動・構造運動はいずれも地殻を構成する地層・岩石を変位・変形させて新たな地質構造をつくる地殻変動を指し，同義語である． 〈東郷正美〉

そうこうおね　走向尾根　strike ridge ⇨走向山稜

ぞうこうかてい　増高過程【山地の】　upheaval process（of mountain）　土地が隆起し，高度が増していく過程を指す．鈴木（2000）は，山地や丘陵の地形形成過程を，'土地が隆起し，高度が増していく過程'と'侵食により尾根や谷の起伏が形成されていく過程'に分類し，隆起により高度が増していく過程を増高過程（隆起運動），侵食により尾根や谷が形成されていく過程を解体過程（開析）とよんだ． 〈大森博雄〉

［文献］鈴木隆介（2000）「建設技術者のための地形図読図入門」，第3巻，古今書院．

そうこうこく　走向谷　strike valley　褶曲山地において地層の走向とほぼ同じ方向に伸長する河谷で，弱抵抗性岩に沿う適従谷であり，走向山稜と並走する．同斜構造で構成される丘陵（例：房総丘陵）に多くみられる． ⇨褶曲山地，走向山稜，向斜谷，背斜谷 〈鈴木隆介〉

そうこうさんりょう　走向山稜　strike ridge　褶曲山地において地層の走向とほぼ同じ方向に伸長する山稜（例：ホッグバック，同斜山稜，ケスタ，背斜山稜および向斜山稜）．走向尾根とも．相対的な強抵抗性岩で構成され，それと互層する弱抵抗性岩に沿う走向谷（適従谷）と並走する場合が多い（図）．⇨褶曲山地，走向谷，適従谷 〈鈴木隆介〉

［文献］鈴木隆介（2000）「建設技術者のための地形図読図入門」，第3巻，古今書院．

ぞうこうせつり　造構節理　tectonic joint　地域的な造構造運動（例：圧縮・引張り・曲げなどの変位）に起因して生じた節理の総称（例：斜交節理，共役

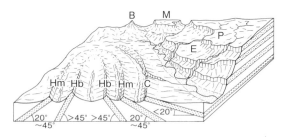

図　成層岩の傾斜を反映した差別削剥地形の基本型
（鈴木，2000）
Hb：ホッグバック，Hm：同斜山稜，C：ケスタ，P：削剥高原，E：地層階段，M：メサ，B：ビュート．地質断面の白色部は弱抵抗性岩，その他は強抵抗性岩を示す．傾斜角は地層の真の傾斜を示す．

節理*，剪断節理，伸長節理）であり，節理系の大分類では系統節理とよばれる．造構的節理とも．⇨節理系 〈鈴木隆介〉

ぞうこうぞううんどう　造構造運動　tectonic movement ⇨造構運動

そうこうだんそう　走向断層　strike fault ⇨断層の分類法（図）

そうさがたでんしけんびきょう　走査型電子顕微鏡　scanning electron microscope, SEM ⇨電子顕微鏡

ぞうざんうんどう　造山運動　orogenesis, orogenic movement, mountain building　古典的な構造地質学において，造山帯の構造運動全体を示した用語．山脈は通常激しく複雑に変位・変形した地質構造をもつ．この事実が明らかになった19世紀中頃から，そのような地質構造をつくる運動が起こることで著しい地形的高まり帯としての山脈が生じたとみなし，このような山脈をつくる変動を造山運動とよぶようになった．その後，山脈をつくった土地の隆起運動とその山脈がもつ構造の形成に関与した地殻運動（造構造運動）とは必ずしも一致せず，両者が時間的にも空間的にも異なる事例が知られるようになった．その結果，造山運動の語を造地形運動の側面に限定して用いる用法が提唱されるが，徹底しなかった．20世紀に入ると，山脈の構造地質学的研究の成果は，造山輪廻説に集約されていく．造山輪廻説では，地向斜の形成→褶曲運動→広域変成作用→火成活動→大規模な隆起運動，という一連の過程を経て山脈は形成されるとし，この全過程に対して造山運動の語が用いられた．1960年代以降，プレートテクトニクスの登場により，山脈形成論の本質が革新され，それまで支配的であった造山輪廻説は退潮した．造山運動は，地球上では，限られた地

域，それも帯状の地帯に比較的短期間に進行する激しい現象であるとして，広域にわたって一様かつ穏やかに進行する造陸運動に対照させて用いられることも多かった．また，山脈をつくる地殻運動の主体を褶曲運動と考え，これを造山運動の同義語として使用することもあった．このように定義が変遷し，曖昧なので，最近の地形学では造山運動の用語はほとんど使用されない．⇨造地形運動 〈東郷正美〉

[文献] 木村敏雄ほか (1973) 造山運動：「新版 地学事典」，第3巻，古今書院．331-332．

ぞうざんき　造山期 orogenic stage ⇨造山輪廻

ぞうざんたい　造山帯 orogenic belt, orogen(e) 造山運動*により，断層や褶曲などの変形を受けた帯状の地域． 〈安間 了〉

ぞうざんりんね　造山輪廻 orogenic cycle 活動的縁辺が造山帯を形成する祭に経験する，堆積期（前造山期）→造山期→侵食期（後造山期）のサイクルを造山輪廻とよぶ．地向斜造山論では，堆積期には地向斜に陸地から供給された砂や泥などの堆積物が厚く堆積する．地向斜では，堆積物の重みで沈降していき，浅い海と深い海で堆積した堆積物が複雑に重なり合って，層厚1万mにも達する地層群が形成される．造山期では，地球の自転や冷却収縮による水平応力，地向斜深部で発生したマグマの浮力などによって，地向斜堆積物が隆起し，褶曲山脈が形成される．侵食期では隆起山脈は侵食を受け，最終的には平坦に近い準平原*を形成する．地向斜造山論で考えられた地向斜堆積物や山脈形成の駆動力は，現在のプレートテクトニクス*の枠組みの中で，海溝のような深い堆積盆堆積物やプレートの水平運動などとして説明される． 〈安間 了〉

そうじきょくせん　走時曲線 travel-time curve 走時とは地震波の各相が震源から観測点まで伝播するのに要した時間であり，走時を距離の関数としてグラフに表現したものを走時曲線とよぶ．一般に，横軸に震央距離を，縦軸に走時をとる．走時は伝播経路に沿って速度の逆数（スローネス）を積分したものと定義できる．地震波速度が一定の半無限構造では，震源が地表にある場合，走時曲線は原点を通る直線になる．地震波速度が深さとともに単調に増加するとき，走時曲線は上に凸となる．物理探査*では地下の地震波速度分布を求める際に用いられる． 〈加藤 護〉

そうじそく　相似則 law of similarity, similitude 模型実験を実施する際，模型上の水の運動と実際の水の運動との間に成立させねばならない力学的相似性を規定する法則のこと．水理現象や水理構造物の計画・設計において数学的な解析ができない場合，模型実験による解析が行われるが，①物の大きさなどの形状が幾何学的に相似であること，②流れの速さなど運動の状態が相似であること，③作用する外力が相似であること，の3条件が満たされる必要がある． 〈宇多高明〉

そうじゅん　層準 horizon, geologic horizon 地質断面や層序の中で，ごく狭い（薄い）範囲あるいは位置をいう．層位とも．ある特徴的な層準は，特定の岩相や化石，あるいは古地磁気や同位体比の特性，年代値などで決められる． 〈増田富士雄〉

そうじょ　層序 stratigraphic sequence, succession 地層の重なりの順序．下位の古い地層から上位の新しい地層の順序．岩相層序*，化石層序，年代層序*，古地磁気層序*，同位体層序などがある．層位ともいう．層序を明らかにする学問分野が層序学*（層位学）である． 〈増田富士雄〉

そうじょうかこう　巣状火口 nested crater 隣接して生じた複数の火口群や火口内にさらに小型の火口があるもの．連結火口とも．阿蘇火山の中岳火口や杵島岳の東麓火口（大鉢）などが例． 〈横山勝三〉

そうじょうこく　槽状谷 trough valley 横断形が浴槽や舟底のような形の谷で，U字谷とほぼ同義．ほとんど使用されない用語である． 〈鈴木隆介〉

ぞうしょうサンゴ　造礁サンゴ hermatypic coral, reef-building coral 褐虫藻とよばれる渦鞭毛藻類の一種（*Symbiodinium* spp.）と細胞内共生しているサンゴの総称で，その多くは刺胞動物門花虫綱六放サンゴ亜綱に属する．造礁サンゴは熱帯～亜熱帯の浅海に優占して分布する．サンゴは褐虫藻により生産された光合成産物を栄養源の一部として利用し，褐虫藻はサンゴから排出される二酸化炭素を光合成に，栄養塩類を細胞増殖に使用している．サンゴは，褐虫藻の光合成により炭酸カルシウムで構成される骨格の成長が速く，サンゴ礁*の形成に貢献している．サンゴは有性生殖によって海中に放卵放精またはプラヌラとよばれる浮遊幼生を放出し，海底に定着させ固着生活に入る．その後，無性生殖によって分裂や出芽等を繰り返し，骨格を形成しながら成長する．日本では約400種類が知られており，高緯度になるにつれ種数は減少し千葉県館山湾では約25種類が報告されている． 〈波利井佐紀〉

そうじょがく　層序学 stratigraphy 地質（地層や岩石）の分布・産状・岩質・岩相・順序関係な

どを総合的に調べ，その生成年代や事象の新旧関係を明らかにすることを目的とした地質学の基礎的な研究分野の一つ．層位学ともいう．国際的な年代層序単元*との対比を行うことも重要視されるが，これは空間的に離れた地域との層序関係を理解する意味でも重要．岩相による岩相層序，化石による生層序，過去の地磁気方位による古地磁気層序などがある．対象とする地質体の層序を理解するために，岩相，化石，地磁気方位などの尺度に沿った体系的な区分である層序区分（stratigraphic classification）が行われる．また，ある地域の層序を図示する場合には，ある特定の地層面を水平におき，断層や褶曲などの構造運動の影響を補正して，その層序を模式的に示した層序断面図（stratigraphic profile）が有効である．さらに，分布の狭い地層が互いに部分的に重なり合っているなど，層序の理解が複雑な場合には，地域の空間配置を横軸に層序関係を縦軸にしてその分布と層序を表現する層序図（stratigraphic chart）が有効である．〈里口保文〉

そうしょく 霜食 needle-ice creep ⇨霜柱，フロストクリープ

そうじょくぶん 層序区分 stratigraphic classification ⇨層序学

そうじょけんきゅう 層序研究 stratigraphy ある地点（またはある地域）で解読された地質の諸記録を時間に沿って正しく順序付ける研究．層序が良好に保存されているところは，陸上では湖底，石灰洞，厚いテフラやレスの分布地域など，また深海底や大陸氷床などである．これらも記録の長さや分解能はまちまちである．一般に陸上の記録は侵食されることが多く断片的にしか残されていない．そこで，各地に残る記録の断片をつぎはぎして，広い地域に共通する長期間の層序記録をまとめる必要がある．その場合，条件が最もよく，信頼性の高い結果が得られる地域または地点の地層断面や地形面を模式（地）type locality; stratotype とし，普通そこの地名などを地層・地形面・遺物形式などに冠してよぶ．模式断面はいつでも追試でき，対比の基準となる必要がある．一般に層序研究の対象には地域性が強いものが多いので，同時に形成されたものでもはじめは多数の地域で異なった名称で記載されることが多い．なるべく共通する尺度を用い，整理・単純化する．その尺度とは，最近では広域に共通する海底や氷床コアの研究に基づく気候層序（海洋酸素同位体比など）であることが多い．層序研究の対象は多様で，地質・地形・土壌・テフラ・考古学遺物などのほか，化石・地磁気・海洋酸素同位体・氷床コアの試指標の層序・放射年代などを含む．⇨古地磁気層序，岩相層序，生層序，地形層序，気候層序，年代層序 〈町田 洋〉

［文献］町田 洋ほか（2003）「第四紀学」，朝倉書店．

そうじょず 層序図 stratigraphic chart ⇨層序学

そうじょだんめんず 層序断面図 stratigraphic profile ⇨層序学

そうそう 層相 facies いろいろな性質から総合的にとらえた地層の特徴．地層は，構成物質，岩質，堆積構造，組織，物性，生物作用，色調，重なり様式などによって特徴的な様子，すなわち層相を示す．相，堆積相，岩相（lithofacies）とほぼ同じ．岩質に注目した層相が岩相で，含有化石や生物擾乱に注目した層相が生物相である．例えば，赤色砂岩相，黒色頁岩相，サンゴ石灰岩相など．層相を地質図や地質断面図に書き入れたものを層相図（facies map）という．堆積相解析*で用いられる堆積相（sedimentary facies, depositional facies）は，ある堆積環境で，あるいは一連の堆積作用で形成された堆積物を指す．したがってこの場合の堆積相は，成因的な意味をもち，厚さや分布をもつ地層区分のユニットとなる．この例は，風成砂丘相，沖合泥相，河川洪水氾濫相など．〈増田富士雄〉

そうそうず 層相図 facies map ⇨層相

そうそうねんき 早壮年期【侵食輪廻の】 early mature stage (in cycle of erosion) 侵食輪廻における壮年期を早期，満期，晩期の三期に分けたときの早期を指し，主要河川が平衡に達し，一部に鋸歯状山稜がみられるが，いまだ原面が広く残る状態の時期を指す．正規輪廻以外の輪廻においては，河川との関係や平衡状態との関係が認定できないので，原面の残り具合や山稜の形態などから，上記に準じて判断することが多い．なお辻村（1923）は，"原面の総面積が谷の総面積より少なくなった時点を幼年期と早壮年期の境界とする"としている．原面の残存状態は河間山地の発達段階の指標の一つとなるが，残存率5割は，河川にとっても山地にとっても平衡状態との関係がともに不明である．一般に，主要河川が平衡に達するのは，互いに谷頭を接して，鋸歯状山稜が形成され始める時期であり，逆に，鋸歯状山稜の出現は河間山地の斜面の平衡状態が出現し始めたことを示す．したがって，幼年期と早壮年期の境界は，主要河川が互いに谷頭を接し，主要分水界

が鋸歯状山稜を示すようになった時期とする方が本来の定義からみて適切と思われる．早壮年期の状態にある山地を早壮年山地または早壮年期山地とよぶ．⇨侵食輪廻，壮年期　　　　　　〈大森博雄〉

[文献] 辻村太郎（1923）「地形学」，古今書院．/Davis, W. M. (1912) *Die erklärende Beschreibung der Landformen*, B. G. Teubner（水山高幸・守田　優訳（1969）「地形の説明的記載」，大明堂）．

そうそうねん（き）さんち　早壮年（期）山地 early mature mountain　⇨早壮年期

そうたいいち　相対位置【地形学的】 relative location　任意地点の，絶対位置（緯度・経度・高度）ではなく，地形場*における相対的な位置であり，何らかの地形界線*（例：海岸線，山麓線，遷急線）あるいは特定の地形種*（例：火口，地すべり滑落崖）からの距離，比高または方位という地形量*または地形相*（例：斜面の上部・中部・下部・基部）で表現される．⇨絶対位置　　　　〈鈴木隆介〉

そうたいきふく　相対起伏【流域の】 relative relief　特定の計測範囲内における最高点と最低点との比高．計測範囲が流域の場合には流域起伏とよばれることもある．一定の大きさをもつメッシュを計測範囲とすることもある．ある地点と侵食基準面（＝海面）との比高としての絶対起伏と対になる概念である．⇨流域の基本地形量　　　〈小口　高〉

そうたいけいしゃ　相対傾斜【地層の】 relative dip（of strata）　斜面の最大傾斜方向の鉛直断面における，地層面の見掛け傾斜の表現法の一つ．相対傾斜（γ）はつねに斜面の外側に想定した水平面からその下方を回って地層面に至るまでの角度であり，次式で定義される（図）．①流れ盤の場合：$\tan\gamma = \tan\alpha\cos\eta$，（∴$\gamma = \beta$），②受け盤の場合：$\tan\gamma = -\tan\alpha\cos\eta$，（∴$\gamma = 180° - \beta$）．ここに，$\alpha$は地層の真の傾斜，$\eta$は地層の傾斜方向と斜面の傾斜方向とのなす水平角度，βは斜面の傾斜方向における地層の見掛けの傾斜である．相対傾斜は斜面発達における地層傾斜の影響を評価する数式に導入するために考案された表現法である．相対傾斜は地層以外の地質的不連続面（例：断層面）にも適用されよう．⇨斜面分類［斜面傾斜と地層傾斜の組み合わせによる］（図），地質的不連続面　　　　〈中西　晃〉

[文献] 鈴木隆介（2000）「建設技術者のための地形図読図入門」，第3巻，古今書院．

そうたいしつど　相対湿度 relative humidity　飽和水蒸気圧*に対する実際に含まれる水蒸気圧の比．通常百分率で表現する．　　　　〈森島　済〉

そうたいねんだい　相対年代 relative age　数値年代（絶対年代）によらず，古生物，地層，岩石などの地質事象の生成順序をもとにして地質時代を区分したもの．時代区分の大きい方から代，紀，世，期という単位が用いられ，化石帯も相対年代の単位の一つである．例えば，古生代・中生代・新生代は古生物群の大規模な変化により区分されたものであり，ピアセンジアンやメッシニアンといった期の多くはヨーロッパなどの模式的な地層を基準にして区分されたものである．⇨絶対年代，古生物学的編年法　　　　　　　　　　　　〈本山　功〉

そうたいみつど　相対密度 relative density　砂質土の密度（詰まり方あるいは締まり方）を表す指数で百分率で表す．ある間隙比eに対して，

$$D_r = \frac{e_{\max} - e}{e_{\max} - e_{\min}}$$

で定義される．ここで，$e_{\max}$は最大間隙比（maximum void ratio），$e_{\min}$は最小間隙比（minimum void ratio）．D_rが0〜30%程度はゆるい状態，30〜70%が普通，70〜100%程度は密な状態とされる．同じ砂でも，密な状態ほど剪断強度*は大きくなる．　　　　　　　　　　　〈松倉公憲〉

そうだつ　争奪【河川の】 river capture　⇨河川争奪

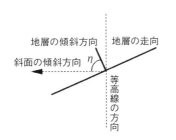 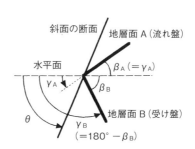

図　**地層の見掛けの傾斜（β）と相対傾斜（γ）**（鈴木，2000）
断面図（右図）は，平面図（左図）における斜面の傾斜方向の断面である．

そうだつかせん　争奪河川　predatory stream, captor　河川争奪*において隣の河川の上流部を争奪した河川．争奪河川は，河谷の規模に比べ過大な流量を得るため，急速に下方侵食を進め，狭窄部*を形成する．　〈斉藤享治〉

そうだつのひじ　争奪の肘　elbow of capture　⇨河川争奪

ぞうちけいうんどう　造地形運動　morphogenesis, morphogenic movement　既存の地表を変位させて新たな地形を形成した地殻運動．著しい褶曲・断層構造の発達した地帯が地形的高まりをなすことは多い．しかし，その中には，そのような地質構造をつくった地殻運動（造構造運動とよぶ）が必ずしもその地帯を高まらせた変動に当たらない場合（例：ヨーロッパアルプスやテンシャン山脈）も認められるので，両者を分離し，後者を造地形運動として独立的に取り扱う必要性が生ずる．　⇨造構運動　〈東郷正美〉

そうないしゅうきょく　層内褶曲　intraformational fold　互層*の中で，上下に褶曲していない地層に挟まれた特定の地層だけに発達する小波長（例：数cm〜数十cm）の褶曲．普通の褶曲を生じる造構運動*とは無関係で，その地層の堆積時（未固結状態）における海底地すべりなどに起因する横圧力で形成されたと考えられている．上下の地層面にすべり面が存在する場合は特に層間褶曲とよばれる．　〈鈴木隆介〉

そうないれきがん　層内礫岩　intraformational conglomerate　整合関係にある一連の地層中に挟在する礫岩のこと．これに対して，不整合面の直上にのる礫岩を基底礫岩*，一連の地層の最上位にある礫岩を頂上礫岩（海退礫岩）という．　〈松倉公憲〉

そうねんき　壮年期【侵食輪廻の】　maturity, stage of maturity, mature stage (in cycle of erosion)　侵食輪廻において，開析が進み，起伏の大きな鋸歯状山稜が出現する時期（時階）を指す．造山運動による山地の生成・発展・消滅における地形変化系列を示した正規輪廻（河食輪廻）においては，急激な隆起によって高所に達した平坦な原地形は河食により開析され，侵食基準面に向かって高度が低下するとともに起伏が変化し，幼年期，壮年期，老年期という次地形（時階）を経て，やがて終地形の準平原に至る．壮年期は山地を刻む主要河川の多くが平衡に達し，下刻が衰え，側刻が卓越する時期を指す．壮年期はさらに，①主要河川が平衡に達し，河間山稜の一部は鋸歯状山稜になるが，いまだ河間地に平頂峰が多数みられる早壮年期*，②多くの河川が平衡に達し，下刻が衰え，側刻が盛んで，ほとんどの山稜から原面が消失し，起伏の大きな鋸歯状山稜が卓越する満壮年期*，③側刻による広い谷底とマスムーブメントによる尾根の低下，丸みを帯びた山稜によって特徴づけられる晩壮年期*に分けられる．正規輪廻以外の輪廻では，上記のような河川との関係や平衡状態との関係が認定できないので，原面の残り具合や山稜（尾根）の形態などから，上記に準じて判断することが多い．壮年期の状態にある山地を壮年山地とよぶ．　⇨侵食輪廻，正規輪廻，幼年期　〈大森博雄〉

[文献] 井上修次ほか（1940）「自然地理学」，下巻，地人書館．/Davis, W. M.（1912）*Die erklärende Beschreibung der Landformen*, B. G. Teubner（水山高幸・守田 優訳（1969）「地形の説明的記載」，大明堂）．

そうねんさんち　壮年山地　mature mountain　⇨壮年期

ぞうばくそう　造瀑層　fall maker, cap-rock layer　滝面*の上部，または滝面そのものを構成する層．造瀑層が下部の層よりも相対的に侵食や風化に対する抵抗性が高いと，垂直またはオーバーハング*する滝面となることがある．ただし，すべての滝に造瀑層があるわけではなく，また存在しても必ずしも硬い岩であるとは限らない．例えば北米のナイアガラフォールズは，大局的には滝面の上部が石灰岩，下部が頁岩で構成されているが，新鮮な岩盤の強度に大差はなく，露出した面では密な節理をもち，荷重を受ける下位の頁岩層がより速く風化するためノッチとなり，上位の石灰岩層が突き出るという縦断形となっている．また，石灰岩層があるから滝ができたのではなく，ローレンタイド氷床の侵食によるケスタ崖を横切って河川が流れたことがこの滝の形成要因であり，石灰岩層は見かけ上の造瀑層である．このように造瀑層の存在は滝の成因としては本質的ではない場合もあり，一時的な形の構成要素とみなすのが適当なこともある．　⇨滝，岩石遷移点　〈早川裕弌〉

ぞうはていこう　造波抵抗　wave drag　流体中を運動する物体が波をつくることによって失うエネルギー．水面を走る船は水面波をつくるためエネルギーの消耗が生じる．　〈宇多高明〉

ぞうぼんちうんどう　造盆地運動　basining　盆地地形を形成する地殻運動の総称．その実態は多様で，大規模な地殻の曲降運動や褶曲，撓曲，断層運動などであったり，あるいはそれらの組み合わさっ

た変動であったりする．関東平野は曲降盆地の性格をもつことで知られ，その形成に関与した変動は関東造盆地運動とよばれている．⇨関東造盆地運動
〈東郷正美〉

そうまそうぐん　相馬層群　Soma group 阿武隈山地東縁に分布する中部ジュラ系～下部白亜系．アルコース砂岩・砂岩頁岩互層・頁岩を主とし，石灰質砂岩・石灰岩（鳥巣式石灰岩）・礫岩・凝灰岩をともなう．層厚1,500 m．南北にのびる向斜構造を形成し，西側は双葉断層で古生界または中生界に接し，東側は鮮新統におおわれる．
〈松倉公憲〉

そうまひょうじゅんさ　相馬標準砂　Soma standard sand ⇨標準砂

そうめんすべり　層面すべり　bedding slip 層理面に沿う地層のすべり．地すべりに関連して用いることが多い．褶曲時に層理面に沿って発生するずれを層面すべりまたは流れ盤すべりとよぶこともある．
〈千木良雅弘〉

そうめんだんそう　層面断層　bedding-plane fault 層理面に沿った剪断によって形成された断層．地層が褶曲する時に地層が相互にずれ動いて形成されることが多い．
〈千木良雅弘〉

そうり　層理　stratification, bedding 地層の層状構造．岩相*や硬さや物性の違いによって層状に発達する．地層の上下の境界を層理面あるいは地層面（bedding plane）という．内部の堆積構造によって，層理面と平行なものを平行層理，斜交するものを斜交層理（斜層理あるいは斜交層理），上方に向かって粒径が次第に減少しているようなものを級化層理*，逆に上方に粗粒化しているものを逆級化層理とよんでいる．
〈増田富士雄〉

ぞうりくうんどう　造陸運動　epeirogenesis, epeirogenic movement 大陸的な規模の広大な地域が，長い地質時代にわたって一様かつ緩やかに隆起するような地殻変動をいう．大陸では，しばしば広域にわたって先カンブリア界の岩盤を，古生代を通して堆積した厚い地層が特に著しい変位・変形を被った様子もなく覆っていることから，このような地域では，古生代以降長期にわたって造陸運動が進行してきたとみられてきた．変動帯とは対照的な安定地域の地殻変動を代表するものとして扱われる．
〈東郷正美〉

そうりめん　層理面　bedding plane, plane of stratification 堆積物や堆積岩にみられる層状構造（層理*）がつくる面．地層の最小単位である単層*と単層の境界面．地層面ともいう．
〈田近　淳・増田富士雄〉

そうりめんせつり　層理面節理　bedding joint 地層における層理に平行な節理*をいう．
〈増田富士雄〉

そうりゅう　層流　laminar flow 水粒子がそれぞれの位置関係を乱すことなく整然とした流れ．粘性の効果が大きいとき，すなわちレイノルズ数*が小さいときの流れ．
〈宇多高明〉

そうりゅう　掃流　traction 河川，海岸，砂丘などを構成する非固結物質の，流体による移動形態の一つ．物質粒子が河床面，海底面や砂丘表面の上を流れの方向に転動*や滑動*あるいは躍動*しながら移動する形態をいう．掃流に対して，乱れによる拡散の影響を強く受けて流体中を浮遊・懸濁状態で移動する形態を浮流*（suspension）という．⇨運搬作用［河川の］
〈渡邊康玄〉

そうりゅううんぱん　掃流運搬　bed-load transport 比較的粒径の大きな粒子が滑動，転動，躍動という底面（河床）と接しながら移動する掃流形式によって運搬されること．粒子それぞれが個別に運動するため，土石流などの集合運搬に対して，各個運搬とよぶ．また，掃流運搬される粒径の土砂を掃流土砂（bedload）という．その地点における流体の掃流力が堆積物を移動させるだけの限界掃流力を超えたときに掃流運搬が開始される．時間によって変化する掃流力に応じて，移動する土砂の粒径は変化するとともに，同一の粒子の運動形式も変化し，掃流力の増大にともなって，より細粒な粒子の運搬は浮流運搬に変化することもある．また，さらに掃流力の増大が起こると，集合的に土砂が運搬される．これを掃流状集合流動または土砂流とよぶ．勾配が急な河川における巨礫の移動はこれによって運搬される．⇨運搬作用［河川の］
〈島津　弘〉

そうりゅうきょうかいそう　層流境界層　laminar boundary layer ⇨境界層

そうりゅうさ（しゃ）　掃流砂　bed load ⇨掃流土砂

そうりゅうさ（しゃ）りょう　掃流砂量　traction load, bed load 単位時間あたりに輸送される掃流土砂*の量．掃流砂量の算定には，個々の砂礫の運動を問題にせず平均的な運動を対象とする決定論的モデルと，個々の砂礫の運動を確率的に表現する確率過程モデルがある．後者のモデルはアインシュタインによって初めて提案された．⇨アインシュタインの掃流理論
〈中津川　誠〉

［文献］高橋　裕（2009）『川の百科事典』，丸善．

そうりゅうていそう　層流底層 laminar sublayer　乱流境界層の最下部に発達する極薄い層流状態の層. ⇨境界層　〈宇多高明〉

そうりゅうどしゃ　掃流土砂 bed load　河床面や海底面の上を掃流*の形態で移動するシルト・砂・礫などの非固結物質の総称. ベッドロード, 掃流砂ともよばれる.　〈渡邊康玄〉

そうりゅうぶっしつ　掃流物質 bed-load material, tractional material　河床面や海底面上を流体の作用により掃流*の状態で運搬される物質.　〈中津川　誠〉

そうりゅうりょく　掃流力 tractive force　河川や海岸の底面に働く流体の剪断応力をいう. 単位面積あたりの底面に作用する剪断力をもって表す. 底面が砂粒などの非固結物質で構成されている場合には, これらの物質の移動を支配する重要な物理量の一つである. 物質移動が底面に沿って全面的に開始されるときの掃流力を 限界掃流力* とよぶ.　〈中山恵介〉

そうるい　藻類 algae　コケ植物, シダ植物, 種子植物を除いた, 光合成を行う生物の総称. 多くは水中を生育場所とする. 数十〜数百μmの大きさの単細胞性の藻類である珪藻は, その殻が水成堆積物中から化石として産出し, 古環境の推定に用いられる.　〈高岡貞夫〉

そうわてきかりゅう　挿話的河流 episodic stream　⇨間欠河川

そうわてきりんね　挿話的輪廻 episode of cycle　一つの輪廻の途中に生じた部分的輪廻（次輪廻）のうち, 一時的あるいは局部的な小さな輪廻を指す. エピソード, 小輪廻ともいう. 侵食基準面の変化によって生じた輪廻の中絶後に, 新たに生じた輪廻（部分的輪廻）が一時的あるいは局部的で, 準平原が形成されるに至らない程度の輪廻を指す. W. M. Davis（1905）が, 部分的輪廻や中絶などとともに, 輪廻の途中で様々な障害が生ずることを示すために導入した概念. ⇨輪廻の中絶　〈大森博雄〉

[文献] Davis, W. M.（1912）*Die erklärende Beschreibung der Landformen*, B. G. Teubner（水山高幸・守田　優訳（1969）「地形の説明的記載」, 大明堂）.

ソーティング sorting　⇨分級作用

ソールマーク sole mark　⇨底痕

ソーロチ soloti, solod soil　ソロネッツ* に存在するナトリウムイオンが除去される過程（脱アルカリ化作用, ソーロチ化作用）を通して生成される土壌. 脱アルカリ化作用を可能にする降水量の増加や融雪水や土壌浸透水などが集中する低地で生じやすく, 土層が十分に洗脱される条件下で生成が可能となる. 世界各地で様々に呼称されるが, ソロディ（solodi）として総称されることもある. 表層は, 溶脱された有機物や粘土が相対的に少なく, 石英粒子などが富化されて白色から灰白色を示し, 砕けやすい板状構造を示す. 一方, ソーロチが生成されるもとの土壌であるソロネッツに特徴的であった円柱・角柱状構造のB層は, 上層から次第に破壊されていく. ⇨アルカリ土壌, 塩類土壌　〈東　照雄〉

ソーンスウェイトほう　ソーンスウェイト法 Thornthwaite method　アメリカの気候学者ソーンスウェイト（C. M. Thornthwaite）が1948年に発表した蒸発散量推定の経験式. 12カ月分の月平均気温から各月の「可能」蒸発散量を計算することができる. 月の日数, 日中時間などは考慮されている. このように値が得やすい気候値だけを用いているという特徴がある.「可能」と定義しているのは土壌が十分に湿っているときの最大値という意味で, そうでない場合は実蒸発散量と可能蒸発散量は異なる. この方法は蒸発の物理的原理とはほぼ関係のない経験式にすぎないということで, 普及につれて批判も高まった. しかし, 原理に忠実であっても必要な既存の観測値がなく, 一方では広域の値がほしい局面も多く, この方法は現在でも使われている. この方法の特徴を単純化していうと, まず一種の気温較差（夏季気温への集中度）を求め, ついで当月の気温を用いて計算が行われている. コンピュータがない時代にしては相当複雑な手順の計算が必要であるため, 労力を必要としたが, 多くの関連分野にわたり世界中に普及した.　〈野上道男〉

そがそうぐん　曽我層群 Soga group　静岡県掛川市周辺に分布する鮮新統〜更新統. 基底礫岩・シルト質砂岩・シルト岩よりなる. 層厚は最大600m.　〈松倉公憲〉

そくかこう　側火口 lateral crater　複成火山の主山体* の山腹にある火口. 古くは寄生火口ともいわれたが, 現在では使われない. 側火口での噴火は側噴火または山腹噴火という.「そっかこう」と読む人もいる. ⇨側噴火, 側火山　〈横山勝三〉

そくかざん　側火山 lateral volcano, flank volcano　複成火山の主山体の山腹や山麓にある小火山体. 古くは寄生火山とも. 側火口, 火山砕屑丘, 溶岩円頂丘などの単成火山が多い. 富士山では70個以上もの側火山（スコリア丘, 側火口など）がある. 側火山は主山体の山頂部を含む帯状に分布している

場合が多い（例：富士山，伊豆大島）． 〈横山勝三〉

そくしすいろ　側枝水路　side branch, side tributary　ホートン・ストレーラー法で次数区分された水路網をみると，j 次の水路には，上端からは互いに合流してそれをつくる2本の $(j-1)$ 次の水路が，側方からは $(j-1)$ 次以下の水路が流入する．これらのうち側方から流入する低次の水路を側枝水路とよぶ．これらの側枝水路の数に対して徳永により新たなパラメータが定義された．すなわち，j 次の水路1本に流入する i 次の側枝水路の数 T_{ij} という量である．このパラメータの導入により自己相似な水路網の概念と，有限な自己相似水路網はホートンの水路数の法則から一定の偏差を示すこと等が明らかとなった．⇒ホートンの法則，徳永の法則，自己相似な水路網　〈徳永英二・山本 博〉
［文献］Turcotte, D. L.（1997）*Fractals and Chaos in Geology and Geophysics*（2nd ed.），Cambridge Univ. Press.

ぞくせいさよう　続成作用　diagenesis　堆積物が化学的・物理的・生物的などの作用によって固結し，固い地層（堆積岩*）に変化していく過程をいう．ダイアジェネシスあるいは石化作用ともよばれる．風化作用や変成作用とは区別する．一般的には，1 kb 以上の圧力と 100～300℃ 以下の温度の条件で発生する粒子間における鉱物の溶解・沈着・成長によるセメント作用，加重による粒子間隙の減少である圧密作用，再結晶化，沸石化，バクテリアによる作用，コンクリーション（結核*）の形成，などで続成作用が進行する．狭義の diagenesis と区別して，進行したものを epigenesis とよぶこともある． 〈増田富士雄〉

そくせん　側扇　flank fan　⇒扇状地

そくたいせき　側堆石　lateral moraine　⇒モレーン

そくちがく　測地学　geodesy　固体地球の全体の形状，重力場および自転とそれらの時間的変化や計測技術，地球上の点の位置を決定する方法を研究する学問であり，地球科学で最も古い分野の一つである．正確な地図を作るための実学として発達し，測地測量や重力測定などの学問的な基盤でもある．地球潮汐，地磁気，地殻変動などの分野も研究対象となっている．現在では宇宙測地技術の進歩や計測精度の向上に伴い，地球の形状や位置，重力場の時間変化を追究する地球動力学* が大きなテーマとなりつつあり，地震学，気象学，陸水学，惑星科学等の諸分野と関連が強まっている．測地学の起源は，紀元前3世紀のエラトステネス* による合理的な方法での地球の円周の計測にさかのぼる．近代的な学問体系となったのは，フランス学士院により地球が回転楕円体であることが実証され，子午線弧長の1象限長を1万kmとするメートル法が制定（1799年）され，ヨーロッパ諸国が自国および広大な植民地の地図作成を開始した18世紀以降である．⇒宇宙測地，地図　〈宇根 寛・日置幸介〉

そくちそくりょう　測地測量　geodetic surveying　国の基本図を作成するために基準点の座標を求める場合や，地殻変動の監視，測地学の研究などのため，広域を対象とし，高精度（10^{-6}～10^{-7} 程度）に行われる測量．地球が回転楕円体であることによる地表面の湾曲が考慮される．三角測量，三辺測量，水準測量，GPS 測量，VLBI 測量や，これらに付随する天文，潮位等の観測が含まれる．重力測量や地磁気測量などを含める場合もある． 〈宇根 寛〉

そくていせき　測定堰　measuring weir　流量の変化に伴い水流の断面積も変化する開水路* の流量を測定するために設置される堰．種々の形状のものがあるが，越流の水頭および接近流速を測定して流量を知る． 〈宇多高明〉

そくどすいとう　速度水頭　velocity head　水流がもつ単位重量あたりの運動エネルギーを長さの次元で表したもの．流速を v，重力の加速度を g とすると，$v^2/2g$． 〈宇多高明〉

そくどポテンシャル　速度ポテンシャル　velocity potential　勾配が流体の速度に等しいようなスカラー関数をいう．3次元の直交座標系 (x, y, z) において，それぞれの方向の流速成分を u, v, w とすると速度ポテンシャル Φ は

$$u = -\frac{\partial \Phi}{\partial x},\ v = -\frac{\partial \Phi}{\partial y},\ w = -\frac{\partial \Phi}{\partial z}$$

マイナスの記号は流れの方向に速度ポテンシャルが減少することを意味する．流速場が速度ポテンシャルで表される流れを渦なし流れ，またはポテンシャル流という． 〈宇多高明〉

そくぶおうち　側部凹地　flank depression　地すべり，土石流，溶岩流，火山岩屑流などの定着によってその側方の河谷が閉塞されて生じた凹地．外部凹地とも．湖沼・湿地を伴うことがある．⇒地すべり地形，溶岩流原，火山岩屑流原　〈鈴木隆介〉

そくふんか　側噴火　flank eruption, lateral eruption　火山体の山頂以外の場所（山腹や山麓）で起こる噴火で，山頂噴火の対語．山腹噴火ともいう．富士山の宝永噴火（1707年）は典型例．山体に生長すると側火山．⇒山頂噴火，側火口

〈横山勝三〉

そくほうがい　側方崖　flank scarp　⇨地すべり地形（図）

そくほうしんしょく　側方侵食　lateral erosion　河流が河床の幅を拡大するように側方に侵食すること．側刻，側方侵食作用とも．谷口より上流では，晩壮年期から老年期の侵食階梯にある生育蛇行の攻撃部で顕著であり，蛇行振幅の拡大や蛇行切断に寄与し，谷底侵食低地を形成する．弱抵抗性岩で構成される丘陵の谷口付近では，側刻によって侵食扇状地が形成される．低地の自由蛇行では，攻撃部で顕著に進行し，蛇行振幅の増大や蛇行切断に寄与する．　⇨下方侵食，生育蛇行，蛇行切断，河川側刻速度
〈鈴木隆介〉

そくほうしんしょくさよう　側方侵食作用　lateral erosion　⇨側方侵食

そくほうしんとうりゅう　側方浸透流　through flow　⇨浸透

そくほうそうだつ　側方争奪　lateral capture　側方侵食*による河川争奪*や河流の併合*．並走する河川が側方侵食により接することがある．このとき一方の河川が他方の河川の上流部を奪うことを側方争奪という．本流が並走する支流に側方侵食で接すると，合流点を上流側に移動させることになる．このとき，旧合流点と新合流点との間に貫通丘陵*が形成されることがある．
〈斉藤享治〉

そくほうへいたんかさよう　側方平坦化作用　lateral planation　河川が側方侵食することによって河間地*を平坦化する作用．⇨側方侵食，河川側刻速度
〈松倉公憲〉

そくほうモレーン　側方モレーン　lateral moraine　⇨モレーン

そくほうリッジ　側方リッジ【地すべりの】　side ridge（of landslide）　⇨地すべり地形（図）

そくほうりゅうどう　側方流動【砂地盤の】　lateral spreading, lateral flow　水で飽和された非固結の砂層の上に難透水性の泥層が重なっているような地盤において，地震時に砂層が液状化すると，砂層から分離した地下水が泥層の下に水の皮膜を生じるため，地層が水平に近い緩傾斜の場合でも，その皮膜より上位の地盤が地形的低所に向かって側方に急速に流動する現象をいう．兵庫県南部地震（1995）などでは埋立地や人工島の地盤が数mも側方流動し，顕著な災害となった．　⇨液状化
〈鈴木隆介〉

［文献］国生剛治（2000）砂層の成層構造による液状化時の水膜生成と地盤安定性への影響：応用地質，41，76-86．

そくりょう　測量　surveying　地表の点およびその集合である線・面・立体等や物の空間的位置や形状，相互関係を正確に計測する技術の総称．地上測量や写真測量のみならず，空中写真撮影，地図作成，地図印刷，地形図の図上計測などを含む幅広い概念である．測量という用語は中国の「測天量地」に由来し，細井広沢の著「秘伝地域図法大全集」（1717年）が初出とされる．その歴史は古く，すでに古代エジプトにおいて高度な測量技術が発達していたと考えられている．日本では江戸期の伊能忠敬の業績がよく知られているが，ヨーロッパから近代的な測量技術が導入されたのは主に明治以降である．法的には，土地の測量は測量法，水域の測量は水路業務法に定められている．測量の主体により基本測量，公共測量など，対象により陸地測量，水路測量など，目的により地形測量，路線測量，河川測量，地籍測量など，手法により三角測量，三辺測量，多角測量，GPS測量，水準測量，写真測量，平板測量など，様々に分類される．また，土地所有界や行政界等の無形物の位置測定や地磁気，重力等の物理量の空間分布の計測，土地利用の調査や地形分類調査，さらにはGISを用いた地理空間情報の処理・分析も測量に含める場合がある．近年，情報通信技術や宇宙技術を応用した技術開発がめざましく，測量技術は単なる計測から結果の処理と解釈までを含む地理空間情報に関する総合科学技術に変化してきている．
〈宇根　寛〉

そくりょうせん　測量船　surveying vessel　海図，海底地形図の作製や海上工事のための測量を目的とする船舶．海上保安庁海洋情報部は，昭洋，拓洋などの5隻の大型・中型測量船，7隻の小型測量船を所有し，水路測量，海象観測等を行う．測量船には，マルチビーム測深機，深海用音波探査装置（サイズミックプロファイラー），海上磁力計，海上重力計，ADCP（超音波流速計），CTD（水温塩分計），XBT（投下式鉛直水温連続測定装置）などの測量・観測機器が搭載される．これらの測量船は日本周辺の海底調査に従事し，日本周辺の海底地形を明らかにすることに多大の貢献をした．その地形を初めて発見した測量船を記念して昭洋海山など測量船名が付与された海底地形は少なくない．さらに拓洋は1984年に世界の最深部であるマリアナ海溝チャレンジャー海淵（ディープ）の測量を行い，世界最深水深（10,920 m）を測定した．
〈八島邦夫〉

[文献] 八島邦夫 (1994) 世界の海の最深水深—マリアナ海溝チャレンジャー海淵—: 水路, 22 (4), 16-18.

そごだんそうがい　鋸歯断層崖 splintered fault scarp　いくつかの断層が雁行状に配列して, 急傾斜面を形成している断層崖. 各断層線沿いに段差が伴われることが多く, 階段状に高度を増すので, 一般に断層階をなす. 六甲山地や和泉山脈などの東部南側斜面が日本での代表例.　⇨断層階　〈岡田篤正〉

[文献] 辻村太郎 (1933)「新考地形学, 2」, 古今書院.

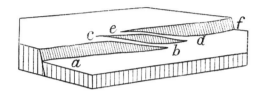

図　鋸歯断層（崖）の鳥瞰図（辻村, 1933）
a-b 断層の変位がしだいに小さくなり, c-d 断層に移行する. さらに同様に e-f 断層が生じて, 雁行状に配列する断層崖が形成される.

そこなだれ　底雪崩 full-scale avalanche　⇨雪崩

そこびきながれ　底引き流れ undertow　⇨底層流

そさ　粗砂 coarse sand　粗粒砂に同じ. ⇨粒径区分（表）　〈遠藤徳孝〉

そしき　組織【岩石の】 texture　顕微鏡的スケールでの岩石中の鉱物の形態や鉱物同士の相互関係. 石理とも. 肉眼的スケールを表す構造 (structure) と厳密には区分されていない. 岩石の組織はその成因に応じた特徴を有しており, 岩石の識別の重要な観察事項である. 非顕晶質, 等粒状, 完晶質, 間粒状, 填間状, 斑状など.　〈太田岳洋〉

そしきだんきゅう　組織段丘 structural terrace, esplanade　ほぼ水平な硬軟互層が広がる場合に出現する階段状の侵食地形. 地層階段ともいう. 削剥作用によって抵抗性の強い硬岩層（強抵抗性岩）の頂面が残り, 平坦面をつくっている侵食地形であるから, 組織段丘上に整形物質としての堆積物はない. ゆえに, 河成・海成段丘のような普通の段丘とは形成過程が著しく異なるのに混同しやすいので, 組織段丘よりも「地層階段」が適切な用語である. 平坦面の前面にある崖の下部は軟岩層（弱抵抗性岩）のつくる傾斜30°前後の斜面で, 上部は硬岩層の節理に規制されたほぼ垂直の急崖である場合が多い. コロラド川のグランドキャニオンや中国山西省娘子関などに好例がある.　⇨地層階段, 地形物質の整形物質, 段丘の内部構造　〈柳田　誠〉

そしきちけい　組織地形 rock-controlled landform, structurally controlled landform, structural landform　貝塚ほか (1963) が, 従来, 構造地形* (structural landform) と一括してよばれてきた地形を, ①地殻変動で直接に生じた 変動地形* (例: 活断層崖, 活褶曲地形) と ②地殻変動とは直接的な関係なしに, 地質構造や岩石物性の差異による 岩石制約* で生じた 差別侵食地形* (例: ケスタ, メサ, 断層線谷) を区別するために, ②を一括して組織地形と命名し, ①の変動地形の対語として提唱した用語. 構造地形を①と②に区別したことは評価される. しかし, 人体の組織と同様に, 組織 (= 地形物質) をもたない地形は存在しないので, 堆積地形を含むすべての地形種は組織地形であり, '組織'地形という命名は包括的にすぎて不適切であるから, 差別侵食地形とか差別削剥地形というべきである, という批判もある (例: 鈴木, 1985). 外国語では'組織地形'に相当する用語は使用されていないようであるが, rock control という用語は周知されている.

〈鈴木隆介〉

[文献] 貝塚爽平ほか (1963)「日本地形論 (上)」, 地学団体研究会. /吉川虎雄ほか (1973)「新編 日本地形論」, 東京大学出版会. /鈴木隆介 (1985) 組織地形: 平凡社編「大百科事典」, 8, 平凡社.

そじょうは　遡上波 swash, uprush　波打ち際でみられる波で, ビーチフェイス* にはい上がる波をいう. 打ち上げ波, 押し波ともよばれる. 最大遡上高さは入射波高, 周期, ビーチフェイスの勾配と海浜堆積物の粒径による. 遡上後に戻る波は引き波 (backrush, backwash) とよばれ, その挙動は堆積物の粒径に大きく影響され, 粗粒径の海浜ほど浸透流となる割合が大きくなる.　〈砂村継夫〉

そじょうはたい　遡上波帯 swash zone　たえず遡上波が作用している海岸の領域. いわゆる波打ち際. 通常, 砂浜海岸で用いられる語. 厳密には波の遡上開始点から遡上限界地点までをいう. ビーチフェイスと同じ.　⇨遡上波　〈砂村継夫〉

そせい　塑性 plasticity　降伏点（降伏応力）を超えて荷重を加え続けると, 変形が急激に増大し, かつ荷重を取り去っても変形が残留するようになる材料の性質のこと. 可塑性とも. 除荷後に残る変形を残留変形という. 地盤材料のような粒状材料の場合, 変形は粒子および粒子骨格の弾性変形と, 土粒

子接点で生じるすべりによる粒子再配列が組み合わさって生じている．塑性変形は，粒子の再配列により生じる．応力を増加させなくても塑性変形が継続する現象を塑性流動といい，地盤の塑性流動は構造物基礎の変形性状に大きな影響を与える．
〈加藤正司〉

そせいげんかい　塑性限界　plastic limit　細粒土のコンシステンシー限界*の一つ．練り返した試料の塑性体と半固体の状態との境界を示す含水比をいう．PL（文中）あるいはw_P（式中）と表記する．この値は土の液性限界・塑性限界試験方法（JIS A1205）により求められる．粘土分含有率の増加とともに増すが，粘土鉱物の違いによる塑性限界の変化の幅は，液性限界*のそれに比べはるかに小さい．また，有機物含有土の増加に伴って増大するのが一般的である．　⇨コンシステンシー　〈加藤正司〉

そせいしすう　塑性指数　plasticity index　液性限界*（w_L）と塑性限界*（w_P）の差として与えられる指数（$I_p=w_L-w_P$）で，細粒土が半固体のような硬さをもち，塑性的な挙動を示す水分状態の範囲を表す．文章中ではPIと書く．細粒土の種類が同じであれば，粘土分含有量にほぼ比例するので，いわゆる「粘土」に近い試料ほどこの値は大きくなる．塑性指数が大きくなるほど剪断抵抗角は小さくなる．細粒土の工学的分類上重要な指標として利用されている．
〈加藤正司〉

そせいじゅんへいげん　蘇生準平原　exhumed peneplain　⇨剥離準平原

そせいちけい　蘇生地形　exhumed landscape　⇨発掘地形

そせいへんけい　塑性変形　plastic deformation　塑性体が示す変形で，外力が取り去られたあとも永久歪みとして残留するものをいう．可塑的変形あるいは塑性流動ともいう．岩石は一般的に脆性的であるが，高い封圧，高い温度および遅い歪み速度のもとでは塑性変形する．また，粘性土で発生する地すべりは塑性変形とみなせる．
〈松倉公憲〉

そち　遡知【地形学における】　retrodiction　地形発達史の研究のように，過去に起きた諸現象の時空的特徴を遡って探求する作業のこと．　⇨後知
〈鈴木隆介〉

［文献］鈴木隆介（1997）「建設技術者のための地形図読図入門」．第1巻．古今書院．

そっかこう　側火口　lateral crater　そくかこう（側火口）の別読み．
〈横山勝三〉

そっかざん　側火山　lateral volcano　そくかざん（側火山）の別読み．
〈横山勝三〉

そっこく　側刻　lateral erosion　⇨側方侵食

そど　粗度　roughness　河川や水路の壁面・底面の粗さを高さで表現した数値で，相当粗度ともいう．
〈宇多高明〉

そとがわしょうげん　外側礁原　outer reef flat　⇨礁原

そとがわリンク　外側リンク　exterior link　⇨シュリーブのリンクマグニチュード，シュリーブ法

そどけいすう　粗度係数　roughness coefficient　河川や水路の壁面や底面の粗さを示す数値．一般にはマニングの粗度係数*を指す．粗度係数が小さいほど壁や底面は滑らかである．
〈宇多高明〉

［文献］土木学会（1999）「水理公式集」．土木学会．

そどすう　粗度数【地表の】　roughness index (of earth's surface)　地表の面的な粗度（凹凸の程度）を表す指標．複数の計算法が提案されており，①一定の区画内における標高の標準偏差，②一次傾向面からの標高の偏差の標準偏差，③一定の距離における標高の差の標準偏差，もしくはその値を設定した距離で割ったものなどが用いられる．　⇨流域の基本地形量（表）
〈小口　高〉

そどすう　粗度数【流域の】　ruggedness number (of drainage basin)　流域内の起伏状態を示す地形量の一つで，流域の最大起伏*を水流密度で除した値である．　⇨流域の基本地形量（表）
〈鈴木隆介〉

そとはま　外浜　inshore, nearshore　砂浜海岸の汀線近傍から砕波域の海側端までの浅海領域．⇨砂浜海岸域の区分
〈砂村継夫〉

そめんあんざんがん　粗面安山岩　trachyandesite　粗面岩と安山岩の中間の性質を有するアルカリ火山岩．
〈松倉公憲〉

そめんがん　粗面岩　trachyte　非顕晶質な火山岩で，斑状でアルカリ長石と数種の有色鉱物を含む．アルカリ長石の微結晶が平行に流れるような配列（粗面組織）を示すことから命名．
〈松倉公憲〉

そめんげんぶがん　粗面玄武岩　trachybasalt　粗面岩と玄武岩の中間の性質を有する苦鉄質アルカリ火山岩．
〈松倉公憲〉

そらちそうぐん　空知層群　Sorachi group　北海道日高山脈を構成する空知-エゾ帯の中軸あるいは東縁に沿って細長く分布する最上部ジュラ～下部白亜系．緑色岩，チャートからなる下部，砂岩，珪質泥岩などからなる上部に区分される．　⇨蝦夷

（累）層群　　　　　　　　　〈三田村宗樹〉

ソリダス　solidus　固相線（面）ともいう．多成分固溶体系が液相または気相と平衡状態にあるとき，温度，圧力，固相の成分の関係を示す相平衡図に基づき，温度が上昇してその固溶体を構成する鉱物が融解を始める温度，圧力，成分の条件をいう．これは温度低下に伴い，結晶化が完結する温度でもある．高温高圧実験により，岩石の融け出す温度（ソリダス温度）はその化学組成，圧力，H_2O や CO_2 の量などで異なり，上部地殻構成物質である花崗岩質岩石では，深度 10 km 以深で 600～700℃ 程度であるとされている．また下部地殻構成物質である角閃岩や水に不飽和な斑れい岩では約 900℃ と推定されている．　　　　　　　　　　　　　〈西田泰典〉
[文献] 久城育夫・荒巻重雄編（1978）岩波講座「地球科学」，3巻，岩波書店．

ソリフラクション　solifluction　凍結融解に伴う土質斜面での緩速度の物質移動の総称．周氷河ソリフラクションとも．土は斜面に対し垂直に凍上するが，融解沈下方向によって，変位は三成分に区分される．すなわち，土粒子が鉛直下方に沈下するフロストクリープ（F），土の粘着性のために斜面上方側に沈下する後退移動（R），融解土のクリープにより斜面下方側に沈下するジェリフラクション（G）である．狭義にはジェリフラクションの意味で使われる．地表での移動速度は一般に年数 cm 程度であるが，凍結融解サイクルの頻度，斜面傾斜，融解時の含水率により変化する．日周期性の凍結融解では表層約 10 cm，年周期性の凍結融解では表層約 50 cm の厚さの土が移動する．ソリフラクションにより，舌状のロウブ（ソリフラクションロウブ），幅広いシート（ソリフラクションシート），階状土（テラス，ソリフラクションテラス），条線土などの周氷河地形が発達する．　　　　　　　〈松岡憲知〉
[文献] Matsuoka, N. (2001) Solifluction rate, processes and landforms: a global review: Earth Science Reviews, 55, 107-134.

ソリフラクションシート　solifluction sheet　⇨ソリフラクション

ソリフラクションテラス　solifluction terrace　⇨ソリフラクション

ソリフラクションロウブ　solifluction lobe　⇨ソリフラクション

ソルトドーム　salt dome　⇨岩塩ドーム

ソルトパン　salt pan　塩湖* が乾燥によって完全に干上がると，過去の 湖底平原* が主として塩分の凝集した 岩塩* の層で構成された平坦地になる．その低地を salt pan とよぶが，和訳語はまだない．米国カリフォルニア州の'死の谷（Death Valley）'の谷底をはじめ，砂漠に多い．表面は全く平坦というわけでなく，比高数十 cm の凹凸に富み（例：死の谷の Devil's Golf Course），全体としてはほぼ固結している．そのため，その凹凸を人工的に均して平坦にすると，広大な滑走路を造成できる．米国のスペースシャトルの着陸場などがその例である．ただし，表面の岩塩層が薄くて，その下に過去に堆積した泥質で軟弱な湖成堆積物が存在すると，表面の歩行さえ危険な場合もある．　〈鈴木隆介・小口　高〉

ソレアイト　tholeiite　玄武岩の一種で，比較的アルカリに乏しく SiO_2 に富む．汎世界的に分布し，ソレアイト質玄武岩とも．　　　　　　〈松倉公憲〉

ソロネッツ　solonetz　ソロンチャク* に随伴して分布し，自然環境変化による降水量の増加，排水不良低地の地下水位の低下，人為的灌漑による土壌水の下方浸透量の増加などにより，ソロンチャクに多量に含まれていた可溶性塩類の溶脱（脱塩類化作用）が生じて生成される土壌．この脱塩類化作用の結果，特に土壌表層では，カルシウムやマグネシウムイオンよりナトリウムイオンが交換性イオンとして多くなる．このため，土壌 pH は 8.5 以上の強アルカリ性となり，一部の土壌有機物が溶解して，土色が暗色になる（この一連の過程をソロネッツ化作用あるいはアルカリ化作用とよぶ）．そして，さらに土壌表層の塩類が溶脱されると（遊離の塩類が消失すると），ナトリウムイオンで飽和された粘土は，分散して下方に移動集積し，独特の円柱・角柱状構造を示す B 層を形成する（ナトリック層）．⇨アルカリ土壌，塩類土壌　　　　　　　　　〈東　照雄〉

そろばんたまいし　そろばん玉石　cobble stone　⇨玉石

ソロンチャク　solonchak　乾燥気候地域に広く

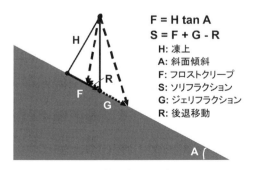

図　ソリフラクションの成分（松岡原図）

$F = H \tan A$
$S = F + G - R$
H: 凍上
A: 斜面傾斜
F: フロストクリープ
S: ソリフラクション
G: ジェリフラクション
R: 後退移動

分布する土壌で，可溶性塩類に富む母材あるいは地下水が地表面近くに存在する場所に生成する．特に，土壌生成に地下水が深く関与している場合，低位河岸段丘，塩湖周辺の湖岸段丘，氾濫源，湖岸の凹地，海岸低地，過去の湖底堆積物などに分布し，水の動きによって塩類の集積が大きく影響されることから水成ソロンチャクともよばれる．土壌全体に多量の塩類を含む典型的なものは，比較的深い地下水面（2〜4 m）があるような地形で，卓越する蒸発散に伴う地表面への地下水の上昇とともに，地下水中の塩類が多量に土壌に供給され，最終的に，水分が地表面から蒸発した後には，土壌表面に白い塩類皮殻が形成される．このような過程を塩類化作用あるいはソロンチャク化作用とよぶ．ソロンチャクが分布する地域では，その地域に特有の塩性植物がまばらにあるだけで，土壌中の有機物量は極めて低く，土地利用としても生産性が極めて低い放牧地であることが多い．土壌のpHは，一般に，8.5以下で，多量に含まれる可溶性塩類として，硫酸カルシウムや炭酸カルシウムなどが多い．この他，河川などにより地下水位がもっと浅い場所では，B層に鉄の斑鉄やグライ層をもち，脈状，小斑点状，塊状の塩類集積が表層からBあるいはG層に認められる湿草地性ソロンチャクや沼沢性ソロンチャクもある．⇨塩類土壌 〈東 照雄〉

そんもう 損耗【陸地の】 consumption (of land mass) 陸塊が外作用によって削剥されることを指す．陸塊の削磨，陸塊の破壊ともいう．現実には，山地が風化・侵食されて低下・平坦化することを指し，この過程を損耗過程という．Davis (1912) は陸塊の損耗（破壊）過程を"「侵食過程（この場合，風化などをも含む削剥過程と同義）」で総括的に表現できる"としている．削剥による山地の低下・平坦化過程における斜面の変化に関する議論で用いられることが多い．損耗による斜面変化の様式としては，斜面が減傾斜・従順化する低下損耗（downwearing, downwasting；declining of slope；Davis, 1899, 1912など）と，斜面の平行後退を主な様式とする後退損耗（backwearing, backwasting；pallarel retreat of slope；W. Penck, 1924）があげられる．なおconsumptionは文学的表現で，英語ではwearing, worn-down, wasting, ドイツ語でZerstörungと表現されることが多い． 〈大森博雄〉

［文献］Davis, W. M. (1912) *Die erklärende Beschreibung der Landformen*, B. G. Teubner（水山高幸・守田 優訳 (1969)『地形の説明的記載』，大明堂）．

そんもうかてい 損耗過程 wasting process ⇨損耗

た

た　田　rice field, paddy field　普通には，米の耕作地を指す．過去の地形図では乾田，水田（湿田*）および沼田（しょうでん）に区別されていたが，現在の地形図ではその区別がなく，すべて田である．ほかに，蓮田，わさび田などもある．⇨水田　〈鈴木隆介〉

ダートコーン　dirt cone　土砂に覆われた氷・積雪のつくる円錐状の高まり．氷河や雪渓上に堆積した土砂が数cm以上の厚さになると融解を抑制するため，その部分の雪氷が融け残ってできる．
〈松元高峰〉

タービダイト　turbidite　水中重力流の一種である混濁流・乱泥流*から堆積（沈積）した堆積物あるいは岩石（地層）．先駆的な研究者の名前にちなんでBouma sequenceとよばれる級化層理*を特徴とする構造がみられる．〈増田富士雄〉

ターミナルモレーン　terminal moraine, end moraine　⇨モレーン

タールベグ　talweg, thalweg　水路の横断面の最も深いところを縦断方向に連続的に連ねた線をいう．谷線（たにせん）ともいう．起源はドイツ語のTalweg（意味：谷の道，航海可能な水路）である．地形学では，上流のガリー網から大河の河口域といった様々な規模の空間内の谷形の地形に対して，恒常的な流水の有無にかかわらずこの用語が用いられる．中州がある場合や網状流などでは，分流ごとにタールベグが認定される．小縮尺の地形図では比較的狭い谷は線で表現されるが，その場合，線そのものがタールベグとみなされる．表現上あるいは実際的に幅員が無視できない水路に対してそれを認定するためには，横断面形，河床の形態などに関するデータが必要である．ただし，三角州などではこの概念を精確に適用することが困難な場合がある．タールベグは，流域において高度の極大点を連続的に連ねた線，すなわち分水線（divide）に対比して定義される用語であり，地形学，水理学の研究では，流水の速度分布の記述などと関係する重要な概念である．河川による国境画定や河川航路の決定などでも，重要な役割を果たす．　〈德永英二〉
［文献］Chorely, R. J. et al. (1985) *Geomorphology*, Methuem.

たい　岱　mountain　⇨山

たい　堆　bank　海底にある高まりのうち，比較的浅いもので船舶の航行には支障のない程度の水深をもつ高まり．バンクともいう．大和堆（日本海）が有名．　〈岩淵　洋〉

たい　平　tai　⇨平（たいら）

たい　帯【地学の】　zone　特有な性質や内容によって周囲の地域・部分と区別され，帯状・層状をなして広がる地域・部分を指す．帯という用語は次のように多様に用いられる．①生層序*の基本単位として，産出化石の組み合わせによって設定された"化石帯"で，地層区分に用いられる．②堆積岩の岩相*やその他の性質によって地層を区分するときに用いられる．③同一の地質現象で特徴づけられる地域，例えば，地震帯・火山帯・構造帯・変動帯・破砕帯などに対して用いられる．④地理学上の区分，例えば，沿岸帯・磯波帯・砕波帯などに用いられる．⑤結晶の晶帯や変成岩の変成帯などとしても用いられる．　〈牧野泰彦〉

だい　代　era　⇨地質年代単元

ダイアジェネシス　diagenesis　⇨続成作用

ダイアステム　diastem　堆積作用の短い中断によって生じた地層の不連続．時間間隙や広がりは不整合*（unconformity）より小さく，しばしば化石帯などの古生物学的な証拠によって認められる．また，整合に重なる単層の間，つまり地層面にも時間間隙は存在しているが，ダイアステムはそれよりは時間間隙が長い，海底での短期間の無堆積や弱い侵食などによって生じると推定される．　〈牧野泰彦〉

ダイアピル　diapir　周囲の岩石よりも比重が小さく，塑性流動しやすい物質が周囲の岩石の割れ目に沿って浮力によって上昇したために生じたドーム状の地質構造．好例は岩塩層からの貫入で生じる岩塩ドーム*．泥岩ダイアピルをはじめ，花崗岩質マグマの貫入による岩株やバソリスもダイアピルとい

う．⇨マッドダイアピル　　　　　〈鈴木隆介〉

ダイアミクトン diamicton ⇨ティル

だいいちかしまかいざん　第一鹿島海山 Daiichi-Kashima Seamount　千葉県犬吠埼の東約150 kmにあって，日本海溝と伊豆・小笠原海溝を分かつような位置にある海山*．西側山体は頂部水深5,300 m，東側山体は頂部水深3,550 mで，両者の間は比高1,750 mの直線的な急崖となっている．白亜紀の火山島が太平洋プレートの運動に伴って日本海溝に達し，陸側斜面の下に沈み込みつつあるものと解釈されている．　　　　　〈岩淵　洋〉

[文献] Mogi, A. and Nishizawa, K. (1980) Breakdown of seamount on the slope of the Japan Trench : Proc. Japan Acad., 56, Ser. B, 257-259.

たいえんせいしょくぶつ　耐塩性植物 salt-tolerant plant　塩分濃度の高い場所で生育できる陸上植物を指す．多くの植物では，土壌中に塩類（ナトリウムやカルシウムなど）が過剰に存在すると，土壌水の浸透圧が高まるために根が吸水できなくなる．そのような塩類土壌は，海岸付近や，乾燥地で蒸発作用によって地表面付近で塩類が濃縮される場所に多い．このような環境で生育する植物を耐塩性植物あるいは塩生植物という．イソマツ科植物やアカザ科のアッケシソウなどは海岸や乾燥地の塩類土壌に群落を形成する．また，亜熱帯から熱帯地域に生育するマングローブ樹種は，海岸の河口域に密生した森林を形成する．耐塩性植物は，根の塩分吸収を抑制する機構や，葉や茎に吸収した塩分を排出する塩腺や塩毛をもつものが多い．⇨撹乱
〈福田健二〉

[文献] Larcher, W. (2001) *Oekophysiologie der Pflanzen 6, Auflage*（佐伯敏郎・舘野正樹監訳（2004）「植物生態生理学（第2版）」，シュプリンガーフェアラーク東京）．

タイガ tiga ⇨北方針葉樹林

たいかせき　体化石 body fossil　生物の本体の全部またはその一部が保存されている化石．歯（エナメル質）や貝殻（炭酸カルシウム）などの硬い組織からなる場合が多いが，シベリア北部の永久凍土層に保存されたマンモスは内臓，筋肉，表皮などの軟組織も保存された体化石である．植物の葉も埋没続成環境によっては落ち葉のような状態の体化石として保存され，植物遺体とよばれる．また，生物の本体が他の鉱物成分で置換された場合も体化石に含まれる（珪酸に置換された珪化木）．貝殻や葉の本体は消失し，堆積物に貝殻の鋳型や葉脈の凹凸のみが残された場合は，印象化石とよばれる．
〈塚腰　実〉

だいかせん　大河川 large (-sized) river ⇨河川の規模（表）

たいがん　頽岩 cliff ⇨変形地

たいがんきょり　対岸距離 fetch ⇨吹送距離

たいき　大気 atmosphere　地球を含む惑星の重力により，惑星を包み込むように分布する気体の総称．通常，地球大気のこと．地球大気は，窒素，酸素，アルゴンなどからなる混合気体であり，水蒸気，二酸化炭素，オゾンなどを除き，高度80 km程度までの組成は一様である．9割近くが対流圏（⇨気圏）に存在する．　　　　　〈森島　済〉

たいきけん　大気圏 atmosphere ⇨地球の三圏

だいきこう　大気候 macroclimate ⇨気候のスケール

たいきだいじゅんかん　大気大循環 general circulation of the atmosphere　惑星地球を包む大気全体の流れをいう．極地域では太陽放射（日射エネルギー）を受ける量よりも地球放射で失うエネルギーが大きいので低温となり，地表付近に寒気が蓄積する．赤道付近で加熱され上昇した大気は上空を高緯度側に向かい，中緯度で下降風となり，そこに高圧帯 ─中緯度高圧帯（亜熱帯高圧帯ともいう）─が形成される．季節的な変化はあるが，大陸によって（特に夏季に）高圧帯が分断され，北太平洋高気圧（小笠原高気圧はその西端部）・北大西洋高気圧（バミューダ高気圧，アゾレス高気圧）・南太平洋高気圧・南大西洋高気圧が顕著となる．これらの高気圧から赤道低圧帯（赤道無風帯）に吹き出す風はコリオリの力*によって，両半球とも偏東風*となる．また洋上の高気圧から極方向に吹き出す風は偏西風*となる．赤道付近で上昇した大気は上空で高緯度側に運ばれ，中緯度で下降し，高圧帯（亜熱帯高圧帯）を形成する．この中緯度高圧帯付近では乾燥した気候が分布する．大気大循環によって地球上の気候の大まかな配置が決定され，海陸の分布，大陸（海洋）の西岸か東岸か，大きな高い山脈の有無，季節の推移の特徴などによって，具体的な気候の大規模な分布が決まっている．　〈野上道男〉

たいきていかざん　大気底火山 subaerial volcano ⇨陸上火山

たいきていちけい　大気底地形 subaerial landform　海底地形以外の地形の総称．陸上地形と同義　⇨地表面の絶対的分類（表）　〈鈴木隆介〉

だいきふくさんち　大起伏山地 high-relief

mountain ⇨小起伏山地

だいきぼちかくうかん　大規模地下空間　large-scale underground space　地下に建設された大規模な空間をいう．利用目的は道路や鉄道などにとどまらず地下発電所，地下石油備蓄基地，トンネル式の下水道処理場，地下式洪水調整池，LPG地下備蓄基地，放射性廃棄物処理場など多岐にわたる．大都市では貴重な地下空間を活用するため，2001年度に「大深度地下の公共的使用に関する特別措置法」が定められた．これにより三大都市圏では，地下40m以深，または支持基盤から10m以深に，公共施設を建設する場合には，土地所有者に補償すべき損失が発生しないものとされ，積極的な地下空間の利用促進が図られてきている．しかし，大深度地下空間は閉鎖空間であるため，防災上の観点からは特に配慮が必要とされる． 〈沖村 孝〉

たいきょく　対曲　syntaxis　二つの島弧の会合部がカスプ状に尖ったプレート境界の形状．例えば，東北日本弧の北部が千島弧と石狩平野（苫小牧低地）で，南部が伊豆・小笠原弧と関東平野で，それぞれ対曲．ヒマラヤ山脈の両端は最も顕著な対曲である．対曲に挟まれた部分では，一般に沈降するので，平野や海域となり，堆積層が厚い．対曲の弧の部分は隆起して高い山脈が形成されやすく，この部分は応力場が複雑で，褶曲や断層が発達する． 〈今泉俊文〉

たいきんさよう　退均作用　retrogradation　⇨リトログラデーション

たいこう　退行　vegetation degradation　⇨植生の退行

だいざがん　台座岩　pedestal rock　石灰岩などの溶解性の岩石がつくる台座状になった基盤岩．一般に岩塊が上に載っている．ペデスタル・ロックとも．イングランド・ペナインを構成する石炭紀の石灰岩地域において，降雨のあたる周辺が溶解するのに対し，スコットランド起源の迷子石*（砂岩）が存在する場所の下部だけが溶け残ることにより台座が形成されたものが好例．その高さはおよそ50cmほどであり，その高さと形成時間（最終氷期解氷後の12,000年）から，石灰岩のおよその溶解速度が見積もられる．沖縄では，津波石*や海食崖の崩落によって供給された巨礫の下部に形成された台座岩が多数存在する． 〈松倉公憲〉

だいさきゅう　大砂丘　mega-dune　⇨ドラ

だいさんき　第三紀　Tertiary（Period）　地質時代区分の最新の時代である新生代（Cenozoic Era）は第三紀と第四紀とからなり，第三紀はその大部分の時間，6,550万年前から258.8万年前まで．第三紀（Tertiary）という地質時代区分をやめて，Paleogene, Neogene, Quaternary Period とすることに，国際地質科学連合で認められた．公式には第三紀という語は使わなくなったため，先第三系，第三系，第三紀層という用語も使えなくなった．しかし，日本地質学会（2013）は，古第三紀・新第三紀とよぶことを決めている．また，先第三紀，第三紀，古第三紀，新第三紀にそれぞれ形成された堆積岩と火成岩を総称して，それぞれ先第三系，第三系，古第三系，新第三系とよぶ．　⇨古第三紀，新第三紀，第四紀 〈石田志朗〉

［文献］日本地質学会（2013）「地層命名指針：地質系統・年代の日本語記述ガイドライン」（2013年1月改訂版）．

だいさんきそう　第三紀層　Tertiary formation　⇨第三紀

だいさんけい　第三系　Tertiary（system）　⇨第三紀

だいしき　第四紀　Quaternary（Period）　だいよんき（第四紀）の別読み． 〈鈴木隆介〉

だいしきがく　第四紀学　Quaternary research　だいよんきがく（第四紀学）の別読み．　⇨日本第四紀学会 〈鈴木隆介〉

だいじまそう　台島層　Daijima formation　秋田県男鹿(おが)半島南西部に分布する下部中新統．中・下部は主に火山礫凝灰岩からなり，玄武岩溶岩をともなう．上部は礫岩・凝灰質砂岩・泥岩よりなる．大規模な地すべり地形が多い．層厚は250m． 〈松倉公憲〉

たいしゃ　堆砂　sediment　ダム*やため池*などの貯水施設の底に沈殿した堆積物をいう．砂防ダム*における土石流堆積物も含まれる．一般に貯水施設では堆砂の進行によって貯水能力が低下するばかりでなく，付属施設の機能障害を誘発する可能性があり，状況に応じた排砂法を講じなければならない． 〈河端俊典〉

だいしゅくしゃくず　大縮尺図　large-scale map　⇨縮尺

だいしょう　台礁　platform reef　礁湖*の中に発達する，主に礁原*だけからなるサンゴ礁．外洋にあるものは卓礁*とよばれる．パッチ礁*よりも規模が大きい． 〈茅根 創〉

たいしょうかんとうじしん　大正関東地震　1923 Taisho Kanto earthquake　1923（大正12）年9月1日11時58分，関東南部の相模湾奥（139.3°E，35.2°

N）を震央として発生した大地震（M 7.9）．震源断層はフィリピン海プレートと東北日本側のプレートの間に位置し，低角逆断層型で右ずれが卓越した（金森・安藤，1973）．右ずれ断層の末端効果で丹沢山地が沈降し，相模湾岸から三浦半島，房総半島の先端部に向かって大きな隆起量が記録された．低地では特に強い地震動が生じたことに加え，東京で観測された強震動の特徴は，最大振幅が 14～20 cm で，周期約 1.2 秒のいわゆるキラーパルスが卓越した．発生時が昼食時も相まって，倒壊した家屋から各地で火災が発生して，被害が増大し，いわゆる関東大震災となった．〈前杢英明〉

[文献] 金森博雄・安藤雅孝（1973）関東大地震の断層モデル：「関東大地震 50 周年論文集」，東京大学地震研究所，89-101．

だいじょうさんりょう　台状山稜　flat-top ridge　断面形が台形で，尾根線（分水界）が不明瞭な尾根．頂部に強抵抗性岩のある尾根，前輪廻地形（小起伏面）や火山原面の残る尾根，石灰岩尾根などにみられる．⇒尾根の横断形（図）〈鈴木隆介〉

たいじょうしすう　帯状指数　zonal index　緯度線に沿った空気の流れを帯状流とよび，この流れの強さを表す指数のこと．東西指数ともよばれる．地衡風*が吹走する高度においては，同経度もしくは経度帯における異なる緯度の等圧面高度差が，この緯度間における帯状流の強さを表す．偏西風*の蛇行の振幅を示す尺度としても用いられ，帯状指数が大きい場合（高指数循環）には蛇行の振幅が小さく，小さい場合（低指数循環）には蛇行の振幅が大きいことを示す．〈森島済〉

たいじりつ　帯磁率　magnetic susceptibility　磁化率ともいう．磁性をもつ物質を磁場の中においた場合の磁化の強さと磁場の強さの比．磁性鉱物の含有量や風化程度により変わるため，岩石の識別や風化程度の指標として利用できる．〈飯田智之〉

たいすいそう　帯水層　aquifer　経済的に意義のある地下水の量を産出する能力のある透水性をもつ岩盤，砂，礫により構成され地下水を貯留するポーラスな地層．この層にある地下水は重力によってのみ移動し，図に示すように，帯水層の中に地下水面をもつ不圧帯水層，地下水面をもたず，その上位・下位層が帯水層より相対的に透水性の低い地層（これを加圧層という）になっている被圧帯水層に分類される．被圧帯水層はアーテジアン（あるいはアルテシアン）帯水層ともよばれ，その圧力水頭は被圧水頭（artesian head）とよばれ，これらをつないだものを水頭面という．⇒不圧地下水，被圧地

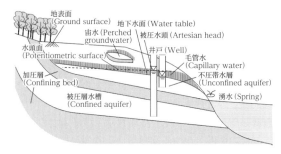

図　帯水層（三宅原図）

下水〈三宅紀治〉

たいすいそうしけん　帯水層試験　aquifer test　帯水層に設置した井戸から揚水するか，逆に井戸に注水して，揚水時または注水時，あるいは揚水後または注水後に，揚水量ないし注水量，帯水層の水頭変化を測定して対象帯水層の透水量係数*や貯留係数*といった帯水層パラメーターを調査する試験である．揚水して行う試験を揚水試験ともいい，通常，揚水井戸および水頭変化を計測する観測井などのピエゾメーターを用いて行う．例えば，揚水量を一定にしたときの水頭変化を測定し，揚水経過時間と水頭変化の関係，あるいはある揚水時間における揚水井から各観測井までの距離と各観測井水頭変化との関係などから帯水層パラメーターを求める．⇒揚水試験〈三宅紀治〉

ダイスリーひょうしょうコア　Dye 3 氷床コア　Dye 3 ice core　⇒グリーンランド氷床

たいせいだんきゅう　対性段丘　paired terrace, matching terrace, matched terrace　河川の両岸に分布する高度が同程度で対をなす河成段丘のこと．河床高度が安定し，側刻が卓越して幅広い谷底低地*が形成された後，ないしは河谷の埋積により幅広い谷底低地が形成された後に，河川による急激な下刻が起こったときに形成される．流域を通じて対性段丘の分布ならびに連続性は良好なことが多い（例：埼玉県荒川流域）．これに対して，河川の片岸に偏在する段丘を非対性段丘または非対称的段丘という．規模の小さなものは生育蛇行の進行に伴って側刻と下刻が並行するようなときに形成され，生育蛇行段丘*とよばれる（例：長野県犀川流域）．一方，大規模なものは両岸の山地における隆起量の違いや土砂生産量の違いにより，河道が偏在するような河谷で形成される（例：神奈川県道志川流域）．
〈吉永秀一郎〉

たいせいようしきかいがん　大西洋式海岸

Atlantic-type coastline　海岸線の一般的方向が陸地の地質構造の一般的方向と一致しない海岸線の様式．太平洋式海岸線と対比される．アイルランド南西海岸，フランスやスペインの北西海岸がその例．⇨リアス（式）海岸　〈福本紘〉

たいせき　堆積　sedimentation, deposition, accumulation　堆積物が生じる過程（プロセス）の総称．普通には，流体で運搬された砕屑物，浮遊物および溶解物質がほぼ常温・常圧下で重力に従って沈降し（一部は化学的・生物学的機構によって沈殿・定着し），既存の地表（水底を含む）に下から上に順に静止する現象をいう．運搬媒体の種類によって風成・河成・海成・湖成・氷河成堆積に細分され，それぞれ地層*を形成する．広義にはサンゴ礁の形成や火山砕屑物*の定着も堆積という．

一方，マスムーブメントによる岩屑・岩体の静止は，本質的には重力のみに起因するから，堆積といわず定着*とよぶのがふさわしい．火山からの流下物質（溶岩流，火砕流）も一団となって静止するので，その静止を堆積といわず定着というのが望ましい．⇨堆積作用　〈鈴木隆介〉

たいせき　堆石　moraine　⇨モレーン

たいせきかいがん　堆積海岸　depositional coast　岩石質あるいは貝殻片などの生物質の非固結の堆積物によって構成される海岸．温暖海域沿岸では柔固結のビーチロックを含む場合がある．侵食海岸の対語．岩石海岸に対応させて堆積物海岸ともよばれる．砂浜海岸と同義であるが，堆積物の大きさは様々（砂泥～巨礫やそれらの混合）であるので，堆積物の大きさを表す語を用いると誤解を生じる．一般には浜や浦とよばれることが多い．水域によって海浜・湖浜とよばれることがある．代表的地形としては，陸上部に海岸砂丘*や浜堤*が，海底には沿岸砂州*がよく発達している．水面上に頂部をもつものに砂嘴*，トンボロ*，尖角州*などがある．⇨砂浜海岸（図）　〈福本紘〉

たいせきがく　堆積学　sedimentology　地質学の一分野．研究対象は，堆積物ないし堆積岩の起源やそれらの形成過程，堆積岩の記載・分類・組成，堆積相の地理的・層序的変化などである．層序学*と研究領域がかなり重複している．　〈松倉公憲〉

たいせきがん　堆積岩　sedimentary rock　地球上の岩石の一分類．岩石は成因によって火成岩，堆積岩，変成岩に分類される．堆積岩は地球表層のさまざまな自然環境で形成された砕屑物*から構成される．水成岩とも．構成物質や形成過程によって，砕屑岩，生物起源の岩石，化学的沈澱岩に分けられる．礫（2 mm 以上），砂（2 mm～1/16 mm），泥（1/16 mm 以下）が別々に固化した砕屑岩はそれぞれ，礫岩，砂岩，泥岩とよばれる．泥岩は固化が進むと剥離性が出てきて，頁岩，粘板岩に区別される．生物起源の岩石は，生物遺骸が濃集したもので構成され，フズリナやサンゴからなる石灰岩や放散虫や珪質物質からなるチャート，植物遺骸による石炭などがある．化学的堆積岩は，海水中から無機物質が沈澱したもので岩塩や石膏などがある．　〈牧野泰彦〉

たいせきがんがんせきがく　堆積岩岩石学　sedimentary petrology　堆積岩の生成と成因，産状，諸性質（構造・組織・鉱物組成・化学組成・岩石物性など）を研究する，岩石学*の一分野．　〈松倉公憲〉

たいせきかんきょう　堆積環境　sedimentary environment, depositional environment　堆積物*から推定した堆積した場所の環境．広くは，山地，扇状地，盆地，湖沼，平野，浅海，深海など，狭くは，河川の洪水氾濫ローブ，海浜の前浜上部，海底扇状地の流路といった地形環境をいう．これらの地形環境に，気候や植生が関係して，堆積環境は多様化する．各堆積環境には，特有の堆積システムが存在し，そこで行われる堆積物の移動に伴う堆積や侵食などの作用によって，特徴的な堆積相ができる．そうした特徴を地層から解析することで，堆積した当時の堆積環境を復元する方法が堆積相解析*である．　〈増田富士雄〉

たいせきがんすいりつ　体積含水率【岩石の】　volumetric water content　一定体積（V_t）の岩石の中で水が占める体積（V_w）の割合（V_w/V_t）．体積含水率 θ と含水比 w との関係は，$\theta = w \times (\rho_d/\rho_w)$ である．ここで，ρ_d は岩石の乾燥密度*，ρ_w は水の密度．⇨含水比［岩石の］　〈松四雄騎〉

たいせきがんすいりつ　体積含水率【土の】　volumetric water content　土に含まれる水分の割合を示した指標の1つ．体積を基準として表され，土全体の体積に対する水分の占める体積を百分率で表したもの．土壌学の分野で主として用いられている．　〈鳥居宣之〉

たいせきがんみゃく　堆積岩脈　sedimentary dike, sedimentary dyke（英）砕屑岩類で構成され地層や岩体に斜交または直交する板状の貫入岩体．砕屑岩脈（clastic dike/clastic dyke）ともいう．地層に平行に貫入したものは岩床とよぶことがある．

砂岩からなる砂岩岩脈が最も多いが，泥岩や凝灰岩，礫岩からなる岩脈も知られている．成因は地層や岩体の亀裂，割れ目を上から崩落・充填するかたちで形成されるものと，地下に溜まったガスの圧力や堆積物の加重圧や地震などの振動により粒子間の結合性が失われ堆積物中の間隙水圧が高まり破壊されて形成されるものなどがある．地震動による液状化現象では，沖積層上面に砂火山*を伴う噴砂現象をみることがあるが，本質的には堆積岩脈を形成する現象と同じである．また，三角州底置面（⇨三角州）などの堆積速度の速い場所では，地層中の間隙水圧により液状化現象が起き砂岩や泥岩の岩脈が形成されることが知られている．〈田中里志〉

たいせきく　堆積区 sedimentary province　ある期間に堆積作用が継続的に行われ，岩石学的特性やそれらの分布がひとまとまりで，ある程度の層厚の地層が累重する場所や地域．堆積区の識別には砕屑物の鉱物組成，層序，岩相，古流系，形成年代などを総合して行われるため，砕屑物の供給地と運搬過程，そして最終的な堆積場における堆積環境やその他の環境特性を反映している．ある期間にわたって侵食作用を受ける場所や地域の対義語として用いられ，また堆積盆地とほぼ同義語に使われる場合がある．〈田中里志〉

たいせきこうぞう　堆積構造 sedimentary structure　堆積物内にみられる構造で，非固結の段階で形成されたもの．狭義には物理的作用による構造を指す．特に，堆積時につくられる堆積構造を初生的堆積構造（primary sedimentary structure）とよぶ．初生的堆積構造にはリップルマークや流痕*といった表面構造と，葉理*や級化構造など地層内部に発達する内部堆積構造がある．一方，堆積後につくられる構造を二次的（後生的）堆積構造（secondary sedimentary structure）とよぶ．これには変形構造（スランプ構造*，荷重痕*，脱水構造*など），化学的作用による構造（団塊（ノジュール）など），生物活動による構造（生痕化石）が含まれる．〈関口智寛〉

たいせきござんりゅうじか　堆積後残留磁化 post-depositional remanent magnetization　深海底堆積物の残留磁化には伏角誤差がないことがわかり，堆積物の磁化は磁性粒子の沈降・着底の際に獲得されるのではなく，磁性粒子の着底以後に起こる圧密と脱水の際に獲得されると考案された残留磁化のこと．堆積物を沈降させずに，スラリーの状態から脱水するだけで，堆積物は伏角誤差のない地球磁場を獲得することも知られている．堆積物の磁化は，瞬間の地球磁場を記録しているのではなく，堆積後，圧密・脱水している時間のあいだに変化する地球磁場の積分値であると理解されている．⇨堆積残留磁化　〈乙藤洋一郎〉

[文献] Dunlop, D. J. and Özdemir, Ö. (1997) *Rock Magnetism: Fundamentals and Frontiers* (vol. 3), Cambridge Univ. Press.

たいせきさよう　堆積作用 sedimentation　堆積物粒子（砕屑物），火山砕屑物，生物遺骸などが集積して層を成す作用・過程．広義には堆積物粒子の生成から，粒子の運搬や沈積，および堆積物の続成に至る作用・過程を含む．狭義には堆積物の沈積作用・過程を指す．堆積物粒子は，水流，波浪，風といった流体運動，氷河の流動や，土石流*，火砕流*，乱泥流*など堆積物重力流により運搬される．特に，水流や波浪，風による運搬の際には，選択的運搬作用（selective entrainment）による分級（⇨分級作用）が起こりやすく，一般に細粒な粒子ほど供給源から遠くまで運搬される．堆積（粒子の沈積による平均的地形面の上昇）が起こるのは，流速の急減などにより土砂の流入量が流出量を上回る（土砂収支が正となる）場所である．運搬土砂の一部が沈積しても底質から同量の土砂が回収される（土砂収支が0となる）場合，平均的地形面の動的平衡が保たれる．沈積過程では，粒子の運搬・沈積様式，砂床形*を反映した堆積構造やファブリック*（粒子配列）が残される．堆積作用には，上述の物理的作用のほか，化学的作用（溶液からの塩類の沈殿や化学的風化など），生物的作用（生物遺骸の生産や生物擾乱など）が寄与する．〈関口智寛〉

たいせきさよう　堆積作用【風の】 deposition (by wind)　風によって運搬された未固結物質が堆積すること．堆積したものを風成堆積物*とよぶ．地表面近くを跳躍・匍行様式で運ばれる飛砂はそれほど遠方には運ばれず，供給地に近い風下側に堆積し，様々な地形をつくる．一時的に風が弱まると砂は運動を止め，その場所に堆積するが，風の力が増すと再び移動し，刻一刻とその姿を変えていく．移動する砂の粒度は風の強さに規制されるため，砂丘砂は分級がよい．日本の海岸砂丘を構成する砂の大部分は粒径0.2～1.0 mmである．風成砂が堆積してできる地形をBagnold (1941)はサンドドリフト*，砂丘*，鯨背砂丘*，波状砂堆*，砂床*の5つに識別し，さらに微細な地形として砂漣*を加えている．V. Gardiner and R. V. Dackombe (1983)は砂丘の規模（波長・高さ）を階級区分し，大きな方か

らドゥラ*，砂丘（自由砂丘，障壁砂丘），砂漣（風成漣痕および衝撃漣痕）に3分類した．R. Cooke et al.（1993）は原初的砂丘として横列砂丘*，縦列砂丘*，星状砂丘*を，派生的なものとして雁行砂丘*，砂床*，ジバール*をあげている．一方，細砂やシルト・粘土など微細なものは風成塵となって上空に舞い上がり，はるか遠方まで運ばれて落下する．こうした微細な風成堆積物はレスとよばれ，テフラと同様，過去の年代や環境復元の重要な指標となっている．　⇨運搬作用［風の］，風成砂床形　　　　　　　　　　　　　　　　　　〈林　正久〉

［文献］Bagnold, R. A.（1941）*The Physics of Blown Sand and Desert Dunes*, Mesthuen.

たいせきざんりゅうじか　堆積残留磁化　detrital remanent magnetization　堆積物の残留磁化の発生を説明するために提案されている磁化獲得機構モデルの一つ．磁性粒子が水中を沈降しながら，地球磁場の方向にその磁化を向けるように回転しつつ，海底や湖底に着底したときに磁性粒子を含む堆積層が獲得する残留磁化をいう．堆積物の磁化獲得に際して，磁性粒子の沈降と着底に注目するモデルである．沈降実験を行うと，残留磁化方向のうち偏角は地球磁場の偏角方向を指すが，伏角は浅くなる．これを伏角誤差とよぶ．伏角誤差の原因に，磁性粒子の形状，着底後の磁性粒子の転がりかた，着底面の傾き，水の流れなどが提案されている．　⇨堆積後残留磁化　　　　　　　　　　　　〈乙藤洋一郎〉

［文献］Dunlop, D. J. and Özdemir, Ö.（1997）*Rock Magnetism: Fundamentals and Frontiers*（vol. 3）, Cambridge Univ. Press.

たいせきじこうぞう　堆積時構造　synsedimentary structure　堆積過程の間にできた堆積構造（例：級化成層，粒子の大きさ・円形度，ファブリック）．初生的堆積構造（primary sedimentary structure）とも．これに対し，堆積後の続成過程などでできた構造（例：荷重痕，砕屑岩脈，団塊）は二次的（後生的）堆積構造（secondary sedimentary structure）とよばれる．　　〈松倉公憲〉

たいせきせいかいめんへんか　堆積性海面変化　sediment-eustasy　堆積物の累重は海盆の容積変化をもたらす．この変化によって生じる世界的な海面変動をいう．氷河性海面変動*や構造性海面変化*などともに，ユースタティックな海面変動（⇨ユースタシー）をもたらす要因の一つである．
　　　　　　　　　　　　　　〈堀　和明・斎藤文紀〉

たいせきせいこく　堆積成谷　initial valley formed by depositional process　隣接する二つの堆積地形（例：二つの扇状地，土石流堆，砂丘，浜堤，モレーンなど）の間に初生的に生じた広義の谷の総称．⇨谷，裾合谷　　　　　　　〈鈴木隆介〉

たいせきそう　堆積層　stratum　⇨地層

たいせきそうかいせき　堆積相解析　facies analysis　地層の堆積相の特徴から堆積した環境（堆積環境）や営力を推定する方法．ある堆積環境の堆積物は，その堆積システム特有の層相や重なりを示す．このことを利用して，地層断面から，岩相，粒度，厚さ，堆積構造，古流向，基底面形状，含有化石，分布形態などを解析することで，堆積環境や堆積させた営力を推定するのがこの解析法である．この解析法の原理は，地層で，上下に連続的に重なる堆積物は，水平的にも近い環境に存在していた，あるいは，明瞭な侵食面をもって重なる上下の堆積物どうしは，空間的にも離れた場所で堆積したものである，という考えに基づいている．1970年代から発達してきたこの解析法は，現世のいろいろな環境での調査と地層研究の発展によって，堆積物の層相や分布，さらにそこでの堆積過程に関する情報が増え，現在でも新しい堆積モデルが次々に提唱されている．こうした高精度化した一般的なモデルと特異な環境に対するモデルは，次の研究をさらに推進させる原動力になっている．　〈増田富士雄〉

［文献］Reading, H. G. ed.（1996）*Sedimentary Environments: Processes, Facies and Stratigraphy*, Blackwell. / James, N.P. and Dalrymple, R. W.（2010）*Facies Models 4*, GEOtext 6, Geological Association of Canada.

たいせきだい　堆積台　wave-built terrace　⇨海底堆積台

たいせきたんい　堆積単位　sedimentation unit　単層*あるいは一連の堆積作用で形成された堆積物の部分．　　　　　　　　　　　　　〈増田富士雄〉

たいせきだんきゅう　堆積段丘　fill terrace, aggradation terrace　段丘面が主に堆積作用によって形成された段丘．堆積物の厚さには厳密な定義はないが，一般的には谷埋堆積物起源の厚い堆積物で構成される段丘を指す．河川の中・上流部では，火山活動による多量の火山砕屑物や，氷河や周氷河作用で供給された多量の砂礫が河谷を埋積し，その後に河川が下刻することにより形成される．海成堆積段丘は，間氷期に形成された三角州や浜堤平野などの海成堆積低地が離水したもので，厚い堆積物で構成される．　⇨段丘の内部構造（図）　〈小岩直人〉

たいせきだんせいりつ　体積弾性率　bulk modulus, modulus of compressibility　体積弾性係数と

たいせきち

もいう．物質の圧縮しにくさの指標．水圧など等方の応力により体積が膨張または圧縮する場合の体積変化量に対する応力の比. 〈飯田智之〉

たいせきちけい　堆積地形 depositional landform　種々の堆積過程で形成された地形の総称．堆積を生じた地形営力によって，風成・河成・海成・湖成・氷河成・火山成の堆積地形に細分される． 〈鈴木隆介〉

たいせきちょうめん　堆積頂面 filltop surface　基本的には堆積面*と同義であるが，普通には河成・海成・湖成・氷河成の厚い堆積物で構成される堆積段丘面を特に指す．⇨フィルトップ段丘 〈鈴木隆介〉

たいせきてい　堆石堤 moraine ridge　⇨モレーン

たいせきていち　堆積低地 depositional plain (lowland)　低所に岩屑などの地形物質が積み重なって平坦化した低地で，侵食によって形成された侵食低地*に対する地形．河川の作用によって形成された河成堆積低地，海の作用によって形成された海成堆積低地*，湖岸などに広がる以前の湖沼跡に形成された湖成低地*，風成堆積物からなる砂丘帯などの風成堆積低地，氷河や氷河性河流によって運搬された堆積物によって形成されたアウトウォッシュプレーン*などを含む．わが国では沖積層の堆積によって形成された沖積平野*や海岸平野*などが主なものである．⇨低地 〈海津正倫〉

[文献]鈴木隆介（1998）「建設技術者のための地形図読図入門」，第2巻．古今書院．

たいせきてん　対蹠点 antipodal point　地球上の1地点から地球の中心を通って正反対側に位置する地点．東京の対蹠点はブラジル南方の南緯35°41′，西経40°14′の大西洋上である．「たいしょてん」とも読む． 〈鈴木隆介〉

たいせきファブリック　堆積ファブリック sedimentary fabric　⇨ファブリック

たいせきぶつ　堆積物 sediment, deposit　岩石の風化などでつくられた岩片や粒子からなる物質．空気（風）や水や氷（氷河など）あるいはその他の自然の作用，例えば，化学的に沈積したり，生物の作用によって運搬され堆積したものをいう．一般には未固結で，粒径によって，礫，砂，泥などに区別される．また，レス*や氷成粘土（ティル*）などにも含まれる．英語のdepositは比較的広い意味に，例えば固結したものなどにも使われ，sedimentは流水から沈積したものに限定して使われることもあ

る． 〈増田富士雄〉

たいせきぼんかいせき　堆積盆解析 basin analysis　堆積盆地の形成・発展・消滅を明らかにする解析法．盆地解析ともいう．堆積盆地の地層形成や変形過程を扱う．層序学，堆積学，構造地質学，地球化学などの分野の手法を使った総合的な解析法．音響層序学（震探層序学）を用いた堆積盆解析は，シークェンス層序学*（sequence stratigraphy）の進展に伴って発達し，石油探査などに用いられている． 〈増田富士雄〉

たいせきぼんち　堆積盆地 sedimentary basin　ある一定の期間に沈降運動が継続し，その間に堆積物が累積している盆地．堆積の期間・範囲の規模は多様である．曲降*の継続する地域（例：関東平野中央部，東京湾北部）は堆積盆地である．〈鈴木隆介〉

たいせきめん　堆積面 depositional surface　堆積過程で形成された地形面の総称．侵食面*の対語．河成・海成・湖成・氷河成・火山成の堆積面に細分される．⇨地形面 〈鈴木隆介〉

たいせきゆうきぶつそう　堆積有機物層 organic horizon, organic layer　森林林床の落葉や落枝やそれらが分解してできた有機物層で，A0層，リター層粗腐植層またはO層*ともよばれる．有機物の分解程度によってOi（L），Oe（F），Oa（H）層に区分される．土壌分類（WRB）の基準では落葉や落枝の原型を2/3以上留めているものをOi層，2/3～1/6をOe層，1/6以下をOa層と区分する．貧栄養な酸性の土壌では厚い堆積有機物層が発達しA層への有機物の浸透が少ないのに対し，塩基に富む弱酸～中性の土壌では有機物の分解が進み堆積有機物層は薄いがA層は有機物に富み厚くなる．前者のような有機物の集積形態をモル（mor），後者をムル（mull），その中間型をモダー（moder）とよぶ．⇨土壌分類，腐植 〈金子真司〉

[文献]松井光瑤（1967）堆積腐植：ペドロジスト，11，181-185．

たいせきりんね　堆積輪廻 cycle of sedimentation　地層でいくつかの岩相*がほぼ決まった順序で繰り返し現れること．堆積輪廻は普通，累層や部層規模で，有名なものとして，石炭紀のサイクロセム*が挙げられる．これよりも小規模な砂岩泥岩互層や氷縞粘土（⇨氷縞）の繰り返しは堆積リズムとよんで区別することがある．堆積輪廻には，堆積に要した時間の長さや形成された地層の厚さが関係して，さまざまな規模のものが存在する．例えば，tidal beddingとよばれる潮汐堆積物のように1日2

回の潮流で形成されるものから，海進・海退によって生じた堆積シークェンスが累重した大規模なものまである. 〈牧野泰彦〉

[文献] Goldhammer, R. K. (2003) Cyclic sedimentation : *In* Middleton, G. V. ed. *Encyclopedia of Sediments and Sedimentary Rocks*, Springer, 271-293.

たいせっぽうめんいじょう 対接峰面異常【河系の】 river-orientation anomaly (against summit level) 河系異常*のうち，接峰面*の主要な傾斜方向に対して，主要流路の大局的な流下方向が異なるような，無従谷的な河谷の状態をいう（図）. 成因的には，①河谷の初生的位置が決定した後の地殻変動によって接峰面の形状・傾斜方向が異なっても河川が下刻し続けた場合（例：斜流河川*，並流河川*，逆流河川*，先行性河川，天秤谷*，縦流河川），②地表付近の侵食に対する抵抗性の異なる岩石間の差別侵食（例：表成河川），③河川争奪*，などがある. ⇨河系異常 〈吉山 昭〉

[文献] 鈴木隆介（2000）「建設技術者のための地形図読図入門」，第3巻，古今書院.

タイダルボアー tidal bore, eager 大潮時の上げ潮*に起因する，河や湾を遡上する段状の波（段波*）. かつて潮津波*，海嘯，暴張端などとよばれたことがあるが，これらの用語は現在では使用されない. 川（湾）幅がしだいに狭くなるとともに，水深が減少するような大河口や湾で顕著に発達する. 速度は10 m/s以上に達し，高さは数mにもなる. 中国杭州の銭塘江，カナダのファンディ湾やアマゾン河口が有名. 特にアマゾンではポロロッカ（pororoca）とよばれている. 〈砂村継夫〉

[文献] Bascom, W. (1980) *Waves and Beaches*, Anchor Press.

だいち 台地 upland, tableland, plateau 周囲のほとんどを急崖または急斜面に囲まれた広い平坦面をもつ高台（図）. 周囲の崖を台地崖*，平坦面を台地面*という. 基本的には段丘*と同義であり，混用されることもあるが（例：武蔵野台地，武蔵野段丘），段丘が階段状に数段も隣接しているのに対し，台地は階段状ではなく，卓状である. 台地面は開析谷で分断されている. 日本のほとんどの台地面は海水準変動に起因して陸化・段丘化した海成の堆積面（例：関東平野の下総・常総・大宮台地）であるが，広大な火砕流台地*（例：シラス台地）はカルデラの周囲に分布する. 世界的には，安定大陸の卓状地の表面をなす広大な侵食面（例：アフリカ面）

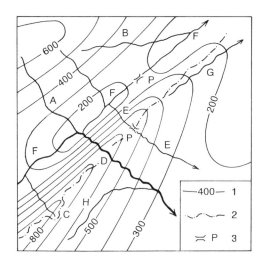

図　河川の対接峰面異常（鈴木，2000）
1：接峰面の等高線（m），2：主要流域界，3：谷中分水界.
A：必従河川（必従谷），B：斜流河川（斜流谷），C：逆従河川（逆従谷），D：横断河川（横谷），E：天秤谷，F：縦流河川（縦谷），G：頂流河川（頂流谷），H：並流河川（並流谷），P：谷中分水界の峠.

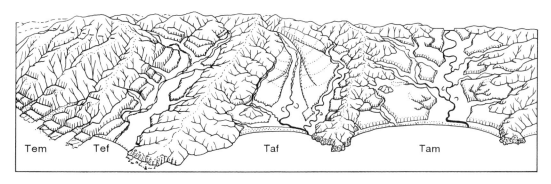

図　段丘と台地（鈴木，2000）
段丘と台地はほぼ同義であるが，慣習的には図の左方から中央部に描かれた階段状の高台が段丘とよばれ，図の右方のような卓状の高台が台地とよばれる. 図の左方から右方へと，Tem：海成侵食段丘群，Tef：河成侵食段丘群，Taf：河成堆積段丘群および Tam：海成堆積段丘群，のそれぞれ発達する流域または地域を示す.

や広大な玄武岩台地（例：デカン高原，コロンビア川台地）がある． 〈鈴木隆介〉

[文献] 鈴木隆介（2000）「建設技術者のための地形図読図入門」，第3巻，古今書院．

だいちがい　台地崖　fore scarp of upland　台地を縁取る崖．前面段丘崖とほぼ同義．⇨前面段丘崖 〈鈴木隆介〉

たいちかいがんせん　対置海岸線　contraposed shoreline　海岸において固い基盤岩の上に相対的に軟らかな堆積岩がある場合，海食によって上位の堆積岩が失われ，基盤岩で構成される埋積地形が露出し，形成された多少出入りのある海岸線．地質の違いによる差別侵食に基づくものであるから，海岸線の平滑化という海食の一般論とは異なり，発達段階が進むにつれ，形状が複雑になる．英国ウェールズ北西海岸，カナダのヴィクトリア周辺，千葉県犬吠埼周辺，伊良湖岬周辺がその例． 〈福本 紘〉

[文献] Zenkovich, V. P. (1967) *Processes of Coastal Development*, Oliver & Boyd.

だいちけい　大地形　macrolandform　⇨地形種の分類（図）

だいちげんぶがん　台地玄武岩　plateau basalt　台地をなして広大な地域をおおう玄武岩溶岩．高原性玄武岩とも．インド南西部のデカン高原，米国北西部のコロンビア川台地，南米パタゴニア台地などが有名．⇨台地 〈松倉公憲〉

だいちひょうが　台地氷河　plateau glacier　⇨山岳氷河

だいちめん　台地面　upland surface　過去の海面や河床に対応して形成され，段丘化した平坦面．日本では台地は平野を構成する主要な地形である．段丘面と同義であるが，通常は段丘より広く発達し，周囲から孤立した卓状の地形を台地とよぶ（例：埼玉県大宮台地，大阪府上町台地）．一方，安定塊では卓状地などの平坦な削剥地形を台地とよぶ．また，火砕流台地*（例：シラス台地）やデカン高原などの玄武岩台地（例：デカン高原）などの火山地形も台地とよぶこともある．⇨台地，段丘面 〈柳田 誠〉

だいちょう　大潮　spring tide　⇨大潮（おおしお）

たいちょうこく　対頂谷　contrapositive linear valley　谷中分水界で谷頭が接する2本の直線的な谷をいうが，河谷における'頂'の意味がわかりにくい．接頭直線谷*と同義． 〈鈴木隆介〉

だいちょうさ　大潮差　spring tidal range　新月や満月の頃の高潮と低潮の潮位*をそれぞれ長期間にわたって平均した海面の高さの差．場所により大きく異なる．わが国では日本海沿岸で約0.2 m，太平洋沿岸で1〜1.5 m，瀬戸内海沿岸で2〜3 m，有明海沿岸で2.5〜4.5 m，世界的に大きい場所としてカナダ東海岸のファンディー湾奥の約15 mが有名． 〈砂村継夫〉

だいちょうしょう　大潮升　spring rise　大潮時に海面が上昇する高さ． 〈砂村継夫〉

だいとうかいれいぐん　大東海嶺群　Daito Ridge Group　南西諸島海溝の東に位置する，ほぼ西北西〜東南東に併走する3つの海嶺*の総称．北から奄美海台，大東海嶺，沖大東海嶺．大東海嶺の頂部は北大東島，南大東島として，沖大東海嶺の頂部は沖大東島として海面上に現れている． 〈岩淵 洋〉

ダイナモりろん　ダイナモ理論　dynamo theory　ダイナモ理論は，電気伝導性をもった物質が磁場中を運動することによって電流を発生させる電磁誘導作用，すなわちダイナモ作用を用いて地磁気や惑星，太陽等の恒星の磁場の成因を説明する理論である．地球では，外核を構成する溶融鉄の運動と磁場によるダイナモ作用の連鎖により地磁気が生成されている．ダイナモ理論は，太陽黒点磁場の原因を説明するために提唱され，地磁気の原因の説明もできると当時から考えられた．地磁気は主に軸双極子磁場（自転軸方向を向く双極子で表される磁場）で説明できるため，問題を単純化し，ダイナモ理論を用いて軸対称磁場が生成・維持できることの証明が試みられた．しかし，軸対称磁場はダイナモ作用では維持できないことが証明され，一時危機を迎えた．その後，磁場が3次元的であればダイナモ作用により地磁気が維持できることが示された．これは双極子磁場*のみではなく，非双極子磁場が存在することがダイナモによる磁場生成には本質的であることを示している．また渦・ねじれをもった流れが効率的に磁場を生成することも明らかにされており，渦・ねじれの原因となる地球の自転も地球ダイナモ維持の重要な要因となっている． 〈清水久芳〉

[文献] 鳥海光弘ほか編（1997）岩波講座「地球惑星科学」，10巻，岩波書店．

たいひ　対比【地層の】　correlation (of strata)　離れた地域に分布する地層について，岩相*や化石の特徴を比較して地層の同時性や上下関係（新旧の順序）を決めること．近距離間の場合には，鍵層*（例えば，火山灰層）や岩相および地層の重なり方の類似性を利用して共通の地層を確認することができ

る．地質構造や変成作用の程度においても，同時性の確認や比較が行われて対比がなされることもある．大陸間などの遠距離の場合には，ある時代にのみ産出する化石（示準化石*）から化石帯を設定して対比したり，他の方法で地層の年代決定をして対比を行う．　⇨地形面の対比　〈牧野泰彦〉

たいひしょくせい　退避植生　refuge plant　それまである植物種にとって生育可能であった適地（ニッチ）が，気候変動によって急速に失われた場合，それらの植物種はその地域で生育可能な狭い場所に取り残されるような形で生育する．日本の高山植物の中には隔離分布を示すものが多く，その多くは氷期の退避植物ではないかといわれている．白馬岳でのタカネキンポウゲ，北岳でのキタダケソウなどその山岳のみでみられる固有種がそれではないかといわれている．これは周囲とは異なる石灰岩や蛇紋岩などの地質が，物理的，化学的に作用して他の植物種の生育が阻害され，これらの植物の生育を可能にしているとされる．　⇨蛇紋岩植物，石灰岩植物　〈若松伸彦〉

たいひょうき　退氷期　paraglacial period　⇨パラグレイシャル

だいひょうりゅういき　代表流域　representative basin　ある地域の水文学的特性を明らかにする場合，平均的にその地域の特性を最もよく表す流域として選択して調査する流域のことをいう．代表流域で調査した降水量，流出量，流域貯留量，蒸発散量などの水文の諸量が，その地域の平均的水文特性となる．　〈浦野愼一〉

だいひょうりゅうけい　代表粒径　representative grain-diameter　⇨粒度分布

たいふう　台風　typhoon　北太平洋や南シナ海で発生する熱帯低気圧のうち，中心付近の最大風速が大きいものを指す．日本の気象庁と世界気象機関（WMO）によってこの風速の大きさが異なり，国内では17.2 m/s 以上で台風とよび，海外では33.1 m/s 以上を typhoon とよぶ．国内では typhoon を「台風」と訳すため，国内と海外のどちらの基準でよばれているのかに注意する必要がある．構造上台風と同じものでも，大西洋で発生するものはハリケーン（hurricane），インド洋でのものはサイクロン（cyclone）とよばれる．　〈森島　済〉

たいへいようがたぞうざんうんどう　太平洋型造山運動　Pacific-type orogeny　太平洋の周囲（環太平洋）地域でみられる造山運動．日本列島，フィリピン，ニュージーランド，南アメリカ西海岸地域，アリューシャン列島など太平洋の周囲では，太平洋プレートなどの海洋プレートが大陸プレート下に沈み込むことにより，海溝・非火山性島弧・火山弧などが配列し，火山活動や地震活動が活発である．これに対してアルプス・ヒマラヤ型造山帯は，大陸プレートどうしの衝突によるとされ，特にアルプス山地では激しい褶曲構造を伴う造山運動である．　⇨活動的縁辺部　〈今泉俊文〉

たいへいようしきかいがん　太平洋式海岸　Pacific-type coastline　海岸線の一般的方向が陸地の地質構造の方向と一致する海岸線の様式．海岸に平行な細長い入江や湾が特徴．環太平洋褶曲造山帯による地形地質構造と一致して太平洋沿岸でよくみられる．カナダのブリティッシュコロンビア州付近の海岸がその例．また，ダルマチア式海岸線も同様の構造を示し，アドリア海のダルマチア地方の海岸にみられる．　〈福本 紘〉

たいへいようプレート　太平洋プレート　Pacific plate　南東部を除く太平洋のほぼ全域の海底を構成する海洋プレート*．東太平洋海嶺（海膨）はバハカリフォルニア湾から南下し，イースター島を経てさらに南へ延び，やがて太平洋南極海嶺に連なるが，これは広がるプレート境界で，このプレートの東縁に当たる．地熱流の高い火山地帯で，浅発の正断層型地震が頻発している．ハワイ諸島−天皇海山列へ伸びる火山列はホットスポット*とされ，このプレートの移動方向は西北西で，速度は約10 cm/年とみなされるが，この他にも数多くの同じような事例がある．アリューシャン海溝から千島海溝を経て，日本海溝*，マリアナ海溝*へと連なる潜り込み型のプレート境界が北西縁であり，巨大地震の発生域となっている．千島海溝から日本海溝付近では，西北西方向への潜り込み速度は1年に約10 cmとされる．北日本では日本海溝を介して北アメリカプレート*と，南関東以南では日本海溝やマリアナ海溝を介して，西側のフィリピン海プレート*と接する．南太平洋西部では，トンガ−ケルマティック海溝，ニュージーランドのアルパイン断層*（右横ずれ断層）などを介して，オーストラリアプレートと接し，太平洋の西側では概して潜り込み型プレート境界が卓越する．　⇨プレート境界，海洋プレート　〈岡田篤正〉

たいよう　大洋　ocean　地球を取り巻く海洋を区分する場合，地球上の最も大きく区分した水面をいい，塩分がほとんど一定で，独自の潮汐と海流をもつ広大な水域．太平洋，大西洋，インド洋があり，

3大洋で全海洋の89%の面積を占める．太平洋は世界最大の大洋で面積は1億6,525万km²あり，大西洋の約2倍． 〈八島邦夫〉

たいよう　太陽　Sun　太陽系の中心に存在する太陽は，主に水素とヘリウムからなる恒星である．質量は$1.989×10^{30}$ kgで太陽系の全質量の99.86%を占めており，その巨大な重力は太陽系の天体の軌道運動や潮汐に大きな影響を及ぼしている．太陽は誕生してから約46億年たっていると考えられており，その莫大な光熱エネルギーは，惑星やその衛星の表面環境の変遷に大きな影響を与えてきた．特に大気のある惑星や衛星の気候システムにおける風の動きや水の循環などは，太陽の光熱エネルギーが主動力源となって維持されている．そのため気候に左右されることの多い表面地形の進化は太陽の外的営力の影響下にあるといえる．　⇨太陽定（常）数，天文単位 〈小松吾郎〉

たいようけいがいえんてんたい　太陽系外縁天体　trans-Neptunian object　以前はエッジワース・カイパーベルト天体とよばれていたものの新しいよび名．⇨エッジワース・カイパーベルト天体，冥王星，氷衛星，彗星 〈吉川　真〉

たいようけいがいわくせい　太陽系外惑星　extrasolar planet　太陽系外に存在する惑星．一般に太陽以外の恒星を公転しているが，パルサーを公転している惑星もみつかっている．最初の太陽系外惑星の探知は1990年代初期であったが，21世紀に入り現在までに探知された数は数千にも及ぶ．その大半は木星のような巨大惑星であるらしいが地球のサイズに近い大きさの惑星も次々にみつかり出している．ただし現時点ではこれらの惑星の距離が太陽系から遠すぎて，表面地形があったとしても観察を行うことが難しい．　⇨惑星 〈小松吾郎〉

たいようこうきゅうせつ　大洋恒久説　permanency of oceans　19世紀後半から20世紀初頭にかけて提唱された説．大陸はその形成後，種々の大規模造山運動があったのに対し，大洋には海山の点在を除きその形跡がみえないことから，大陸と比べて古くから安定して存在していたという説．現在では，海嶺で生成された海洋底は年間数cm程度の速度で水平方向に移動し，海溝でマントルに沈み込んでいって消滅するため地球の年代と比べてはるかに若く，古い場所でも2億年程度と考えられている（海洋底拡大説）．そのため今日では大洋恒久説のような枠組みでテクトニクスを語られることはない．　⇨海洋底拡大説 〈西田泰典〉

たいようすいしんそうず　大洋水深総図　General Bathymetric Chart of the Oceans　⇨GEBCO

たいようてい　大洋底　ocean floor　⇨海底

たいようていかくだいせつ　大洋底拡大説　theory of seafloor spreading　海洋底拡大説ともいう．Wegenerの大陸移動説について，1944年にHolmesはその力学的原動力としてマントル対流仮説を提唱した．さらに1960年代初頭になるとHessやDietzらはそれを拡張して海洋底拡大という，より具体的なダイナミクス像を提示した．マントル対流上昇部では力学的張力場が形成されプレートが互いに引き裂かれる．それを埋めるように新たにマントル物質が上昇してくるが，圧力低下などの効果によりマントル物質は部分溶融し，海底火山活動が発生して海嶺を形成すると同時に玄武岩質海底地殻を形成する．その海底地殻は以後の火山活動に伴う新たな海底地殻形成につれて順次水平方向に移動して海嶺から離れ，ついには海溝で沈み込んで海洋底をたえず更新するという説である．その後この説は，海嶺の両側で対称的な地磁気縞模様異常が分布すること，深海掘削計画による海底基盤の年代が海嶺から遠ざかるにしたがって古くなること，約2億年より古い年代を示す海洋底が見つからないこと，などの観測・測定により実証的に確立されていった．これらのことから海洋底の移動方向や移動速度（数cm～10 cm/年程度）が見積もられ，海洋底拡大は現在のプレートテクトニクス理論の枠組みの重要な要素となっている．　⇨マントル対流，地殻，ホットスポット，地磁気縞模様 〈西田泰典〉

たいようてい（じょう）すう　太陽定（常）数　solar constant　地球の大気表面に垂直に入射する太陽エネルギー量．約$1,366$ W/m²とされているが，わずかに変動することが知られている．その変動が地球の気候に影響すると考えられている．　⇨太陽 〈小松吾郎〉

たいようどうききしょうえいせい　太陽同期気象衛星　Sun-synchronous meteorological satellite　衛星の直下において毎日同時刻の観測が可能になるように調整された軌道（太陽同期軌道）を回る気象衛星*．両極点を通過するので高緯度地方でも利用できる．NOAA（アメリカ），METEOR（ロシア）などがある． 〈野上道男〉

たいようねつけいれつえいりょく　太陽熱系列営力　solar heat series of geomorphic agent　太陽熱の影響で連鎖的に発源する従属営力（大気循環，風，降水，降雪，河流，波と流れなど）の総称．　⇨地形

営力の連鎖系 〈鈴木隆介〉

だいよんき　第四紀　Quaternary（Period）慣用的に「だいよんき」とよばれるが，「だいしき」ともよぶ．この時代は地質年代新生代の最後の紀で，現在までを含む．J. Desnoyers（1829）が命名．ライエル*（C.Lyell）が人類出現以来の時期を指示した．また，アルプスの氷河研究から E. Forbes が氷河で特徴づけられる時期とした．これらから，第四紀の別名として人類紀とか氷河時代という用語が用いられてもいる．2008年現在，この下底（更新統下底）の模式地はブリカセクションのe腐泥層上面とされる．国際第四紀学連合の層序委員会が以下の定義によって古地磁気層序のガウス・松山境界付近となるシシリー島（イタリア）の Gelasian 境界模式を提案．一方，国際層序委員会の Neogene（新第三紀）作業部会は第四紀を Neogene の中に取り込み，必要ならこの名称を「代」と「紀」の間の区分である「亜代」としてはどうかと反論．国際第四紀学連合が示す第四紀の定義とは，①北半球高緯度地域の深海底コアに氷山起源の堆積物が検出される層準，②南北高緯度地帯での成層構造の始まり，③中国レスの堆積開始，④浮遊性有孔虫の *Neogloboquadrina atlantica* の出現，⑤北半球での氷床の形成などである．従来の第四紀は更新世と完新世に区分される．その境界はグリーンランドの氷床 NGRIP2 コアの深度 1,492.45 m にあり，この層準以降に塵の混入率が高くなるなどの変化が認められている．年代はカレンダー年代（暦年）で西暦2000年から1万1,700年前とされている． 〈熊井久雄〉

［文献］Pillans, B. and Naish, T.（2004）Defining the Quaternary : Quaternary Science Reviews, 23, 2271-2282．

だいよんきがく　第四紀学　Quaternary research, Quaternary science　第四紀（約260万年前から現在まで）に関する総合的研究を行う学際的学術分野．慣用的に「だいよんきがく」とよばれるが，「だいしきがく」ともよぶ．第四紀には，氷期と間氷期の繰り返しのなかで自然が変化し，人類が進化し，その人類は地球環境を大きく改変してきた．このような，過去と現在における自然と人類の関係を理解し，地球環境と人類の未来を予測するのが中心課題である．第四紀学の系譜は1840年頃の氷河時代の発見にまで遡るが，20世紀初頭の北ヨーロッパでの氷河編年や花粉分析による環境変動研究の進展が第四紀学を地質学から独立させた．1928年には国際第四紀学連合（INQUA）が設立された．第四紀層序の理解には地形学的方法が不可欠であること，人類が関わっていることが成立の主要因である．研究内容は広範で，日本第四紀学会（1956年設立）会員の専門分野は，地質学，地理学，考古学，古生物学，植物学，土壌学，地球物理学，地球化学，工学，人類学，動物学と多岐にわたる．第四紀は，情報が最も多く得られる地質時代なので，この時代の詳細な環境変遷をたどることから，将来の環境変動を推論する多くの手がかりが得られる．生物絶滅，地球温暖化，災害などの人類生活に直接関わる様々な問題の解決に大きく貢献している． 〈岩田修二〉

だいよんきかざん　第四紀火山　Quaternary volcano　第四紀に生じた火山．日本では，火山に特有の形態から地形学的に噴出中心を推定できる火山のほとんどは第四紀火山で，総数は約460個である．ただし，近年，第四紀という用語が国際的に'過去約260万年間'と再定義されたので，従来，普通に使用されていた'第四紀火山'も便宜的な用語になる可能性がある． ⇒活火山，第四紀 〈鈴木隆介〉

［文献］守屋以智雄（1983）『日本の火山地形』，東京大学出版会．

だいよんきそう　第四紀層　Quaternary formation　第四紀に堆積した地層の総称． 〈鈴木隆介〉

だいよんけい　第四系　Quaternary（system）第四紀に形成された堆積岩と火成岩の総称．
〈鈴木隆介〉

たいら　平　taira　平坦地を示す日常語で，接尾語的な地名用語（例：北アルプスの「雲の平」）．たい（平）とも（例：八幡平）．段丘面，丘陵・山地・火山の局所的な平坦地・小起伏面・地すべり堆の平坦地などを指す．低地にはほとんど使用されない．
〈鈴木隆介〉

タイラーのひょうじゅんふるい　タイラーの標準篩　Tyler's standard sieve　岩屑の粒径を測定するための篩（またはそのセット）で米国のタイラー社から発売されているものをいう．篩の目の大きさは1インチ当りの目の数で定義されるが，JIS（日本規格協会）や ASTM（米国材料試験協会）が定めるものとは別規格（Tyler mesh size）である．タイラー，JIS，ASTM それぞれの対応は一義的である．
⇒標準篩 〈遠藤徳孝〉

ダイラタンシー　dilatancy　剪断変形によって体積が増加（すなわち膨張）する現象．ダイレイタンシーとも． 〈松倉公憲〉

たいりく　大陸　continent　地形的にはグリーンランド島より大きな面積で，ほぼ四周を海に囲まれた陸地を大陸とよび，それより小面積の陸地を島

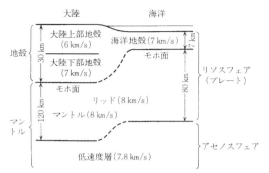

図　大陸と大洋の地殻構造（杉村ほか，1988）
カッコ内の数値は縦波速度を示す.

とよぶ．ユーラシア大陸，アフリカ大陸，北アメリカ大陸，南アメリカ大陸，オーストラリア大陸および南極大陸の6大陸がある．一方，固体地球科学的には，厚さ30～40 kmで，かつ花崗岩質層を含む地殻をもつ地域を大陸とよぶので，海面下の大陸棚も大陸に含められる（図）．現在の知識（プレートテクトニクス*）では，すべての大陸は中生代初期にはパンゲア*とよばれる一つの巨大大陸であったが，その後，しだいに分裂し，異なった方向に移動・分離，あるいは衝突したりして，現在のような配置になった，と考えられている．その移動過程で，大陸の前進方向の前面や衝突部に造山帯が生じ，大規模な山脈が形成された．前者の例は南北アメリカ大陸西岸のロッキー山脈・アンデス山脈やオーストラリア東岸のグレートディバイディング（大分水嶺）山脈であり，後者の例はアルプス・ヒマラヤ造山帯である．　⇨大陸移動説　　　　　　〈鈴木隆介〉

[文献] 杉村　新ほか編（1988）「図説地球科学」，岩波書店.

たいりくいどうせつ　大陸移動説 continental drift hypothesis　大陸が移動したとする説．大陸漂移説とも．昔から様々な人によって唱えられたが，学問的に最も完成された形で唱えたのはウェゲナー*（A. Wegener, 1880-1930）であった．彼は，地球物理学的特徴，二つの隣り合う大陸の縁の平面形や大陸間の地質，古生物学，古気候などの類似性と異質性の時代的変化に基づいて，パンゲア*と命名した一つの巨大大陸が分裂し，個々の大陸が別々に少しずつ移動して，現在の大陸分布に至ったと主張した（図）．この説は，大陸が固いマントルをかき分けながら移動することは難しいとして数十年間もしりぞけられていたが，プレートテクトニクスの出現により，軟かいアセノスフェアの上を大陸プレー

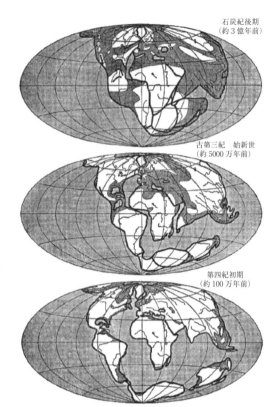

図　大陸移動説による三つの地質時代に対する再構成図（Wegener, 1929）
薄い灰色が海洋を，濃い灰色が浅い海を示す．現在の海岸線と川をそえたのは，現在の地図との対応を明らかにするためである．地図に描かれた緯度経度の線は，任意的なもので，現在のアフリカを基準とした地域としている.

トが漂移する可能性が開けて復活した．　⇨プレートテクトニクス，海洋底拡大説　　〈瀬野徹三〉

[文献] Wegener, A. (1929) Die Entstehung der Kontinente und Ozeane (4th ed.), Friedrich Vieweg & Sohn（都城秋穂・紫藤文子 訳（1981）「大陸と海洋の起源」，岩波書店).

たいりくえんぺんりゅうきたい　大陸縁辺隆起帯 continental-margin upward　大陸の分裂の際には，まずプレートが下から温められてドーム状の隆起が起き，続いてドームの中軸部で地殻が裂ける．その隆起帯がいまでも大陸を縁どる高まりとして残されているもの．北米大陸東岸のアパラチア山脈が典型例．　　　　　　　　　　　　　　　〈堤　浩之〉

たいりくしゃめん　大陸斜面 continental slope　大陸棚外縁*（陸棚外縁）からコンチネンタルライズ*に至る斜面．傾斜は数度程度であるところが多い．プレート収束境界では，前弧海盆*や深海海段などがあって複雑な地形となっているが，これらを

あわせて海溝軸までを大陸斜面とよぶ．なお，国連海洋法条約では，大陸斜面は大陸縁辺部の構成要素の一つになっている．⇨大陸棚　〈岩淵　洋〉

たいりくだな　大陸棚　continental shelf　大陸の周辺に広がる海岸から水深百数十〜数百mまで続く，緩く傾斜する平坦な海底．陸棚ともよばれる．世界の海洋の約7.5％を占める．島嶼の周辺では陸棚（shelf）または島棚（island shelf）とよばれる．平坦な地形は，氷河時代の海水準低下期における海岸平野や波食面として形成されたものと考えられている．海底地形図の解像度が低かった時代には，水深100ファゾム（183m）または200m等深線が大陸棚外縁をほぼ近似していたことから，大陸棚は水深200mまでとしている例もある（例：大陸棚に関する条約）．実際の大陸棚は水深130m程度までである地域が多いものの，地域によって大きく異なり，南極では水深400〜500m程度まで続いている．大陸棚の傾斜も，その幅と大陸棚外縁の水深によって異なるが，概ね1：1,000以下である場合が多い．なお，国連海洋法条約では，大陸棚とは「沿岸国が海底及び海底下の資源に関する主権的権利を有する海域」を意味していて，大陸棚は「大陸縁辺部の外縁まで，又は大陸縁辺部の外縁が海岸から200海里（約370km）に達しない場合は200海里までの海底及びその下」と定義されており，海溝*や深海底盆*であっても大陸棚とされる場合もある．　〈岩淵　洋〉

たいりくだながいえん　大陸棚外縁　shelf edge, shelf break　海岸から緩やかに傾き下がってきた大陸棚*が終わるところ．大陸棚外縁から傾斜が急になり大陸斜面となる．　〈岩淵　洋〉

たいりくだなちょうさ　大陸棚調査　continental shelf survey　1994年に発効した国連海洋法条約では，地形学的に大陸棚でなくても，海岸から200海里までの海底は沿岸国の大陸棚となる．さらに海底地形や地質条件が「国連の大陸棚限界委員会」により基準を満たすと認められれば，200海里を超えて最大350海里の区域まで条約上の大陸棚を延伸でき，沿岸国の一定の権利が認められる．このため，沿岸国が委員会に延伸の根拠となる地形，地質，地球物理データを提出する場合，必要となる調査が大陸棚調査である．具体的には，大陸斜面脚部の位置，水深2,500mの等深線の位置，堆積岩の厚さなどのデータが必要である．このため，日本では精密海底調査，海底地殻構造調査，基盤岩の採取（ボーリング）の3種類の調査が行われており，海上保安庁，文部科学省，経済産業相が分担して実施している．　〈八島邦夫〉

たいりくちかく　大陸地殻　continental crust　⇨地殻

たいりくとう　大陸島　continental island　⇨陸島

たいりくひょういせつ　大陸漂移説　Theorie der Kontinental Versiebung（独）　⇨大陸移動説

たいりくひょうしょう　大陸氷床　continental ice sheet　5万km²以上の面積をもつ氷河．単に氷床とよばれることも一般的．現在の地球上では，南極とグリーンランドにのみ存在し，氷期には，スカンジナビア半島からヨーロッパ北部および北米大陸北部に発達した．現在の南極氷床の直径を約4,000km，平均氷厚を約2,000mとすると，横縦比は1,700対1となり，氷床はまさに薄いシート状であることがわかる．これほどの規模になると，その形状は氷の塑性変形における力学的な釣り合いによって規定され，全体的には基盤地形に関係なく中央部が盛り上がって周縁部が低くなる鏡餅形を呈する．一般に，氷床表面の最大傾斜方向に沿って中央部から周縁にむけて氷が流れ出しているが，鏡餅形の周縁部の一部には谷氷河状の高速の流れをなす「氷流」が存在し，氷床からの氷の流出の大半を担っている．陸上に発達した氷床が海洋へ張り出す場合もあり，「棚氷」あるいは「浮氷舌」とよぶ．海水に浮いている氷が大地と接する箇所を横方向に連ねたものを「接地線」といい，棚氷の接地線の大半は海面下にある．西南極氷床は，平均すると海面下200mの高度で基盤に接しており，大陸氷床に対して「海洋氷床」ともよばれている．なお，同様の鏡餅形状をなす氷河で面積が5万km²以下のものは「氷帽」とよばれる．　〈澤柿教伸〉

たいりくプレート　大陸プレート　continental plate　プレート（＝リソスフェア＝地殻＋リッド）のうち，その表面の大部分が大陸で占められているもの（例：ユーラシアプレート，北米プレート）．その対語の海洋プレート*は逆に大洋で占められているもの（例：太平洋プレート，フィリピン海プレート）．大陸プレート（C）は，海洋プレート（O）に比べて，厚く（C：O＝約150km：約80km），花崗岩質地殻が存在するため比重も小さいので，海洋プレートの下に潜ることはない．大陸プレートと海洋プレートの収束帯は海洋プレートの「沈み込み帯」であり，海溝や弧状列島などが形成されている．一方，大陸プレートどうしの「衝突帯」で

は大山脈（例：ヒマラヤ山脈）が形成されている．⇨プレート，収束境界，陸側プレート，弧-海溝系，大陸移動説 〈鈴木隆介〉
[文献] 杉村 新 (1987)「グローバルテクトニクス」，東京大学出版会．

だいりせき　大理石　marble　粒状結晶質石灰岩で，主に方解石よりなる．熱変成作用を受けて再結晶して生じた広域変成岩の一種．中国雲南省大理府に産するのでこの名がある．彫刻や建築用石材として利用される．石灰岩と同様，化学的溶解が速い． 〈松倉公憲〉

たいりゅうけん　対流圏　troposphere　⇨気圏

たいりゅうじかん　滞留時間　residence time　水やある特定の物質が，一つの系，例えば，湖，海域や湾内，地下水域などの中を通過するのに要する平均時間をいう．貯留している水（物質）の総量を V，流入・流出して交換する量を Q とすると，滞留時間は，$T_r=V/Q$ で表される．地下水の場合，平均滞留時間は深い地下水の数万年から数十万年というオーダーから，浅い地下水の数年から数百年と幅広く変化する．類似の術語として，turnover time（回転時間），renewal time（更新時間），transit time（通過時間）などがある． 〈池田隆司〉

たいりゅうせいこうう　対流性降雨　convective precipitation　大気の不安定に起因する対流性の上昇気流によって発生した積乱雲からの降水をいう．降水セル（直径 5～10 km，高さ 10 km，個々の積乱雲に対応）によってもたらされる．群をなすことも集合して巨大なものとなることもある．竜巻や強い下降気流（ダウンバースト*）が発生することもある．降水の強度は非常に強いが降雨域は 10 km 以内，降水の持続時間は 1 時間以内．したがって，この降水が大きな河川の洪水をもたらすことはない．降水セルは低気圧中や前線上でも発生しやすい．明瞭な低気圧や前線が存在しない赤道～亜熱帯域の降水はすべてこのタイプのものである． 〈野上道男〉

だいれき　大礫　cobble　⇨粒径区分（表）

ダイレクトブラスト　directed blast　⇨ブラスト

たうきこ　多雨期湖　pluvial lake　過去の多雨期において湖水位が上昇し，湖域も拡大していたが，その後の少雨期において水位が低下し湖域も縮小した湖沼．米国ユタ州のグレートソルト湖においては，氷期において湖水が 300 m 以上上昇していたことが知られている．また，より短周期の気候変動による湖沼変動もみられ，中央アジアのアラル海では完新世に 5 回の水位変動が生じていた．さらに，オーストラリア南部のエーア（Eyre）湖においては季節および数年から十数年の気候変化によって湖水位が変動している． 〈鹿島 薫〉

ダウンバースト　downburst　発達した積雲や積乱雲からほぼ垂直に降下する強力な下降気流．しばしば雷*を伴う．地表面に達したのち，突風となって（風速 10 m/s から 75 m/s に達するものもある）水平方向に噴き出す．水平的ひろがりが 4 km 未満のものをマイクロバースト，それ以上の大きさのものをマクロバーストとよぶ．寿命は通常 10 分程度である．竜巻が積乱雲に吸い込まれる強い渦状の上昇気流によって特徴づけられるのに対して，ダウンバーストは積乱雲から吹き出される強烈な下降気流が特徴的である． 〈山下脩二〉

だえんたいこう　楕円体高　ellipsoidal height　地球楕円体面を基準面としたある地点の高さ．GPSで計測される高さは WGS84 を準拠楕円体とした楕円体高であり，標高を求めるためにはジオイド高を差し引かなければならない． 〈宇根 寛〉

たお，たおり　saddle　鞍部の古語で撓と書く． 〈鈴木隆介〉

たかおかそう　高岡層　Takaoka formation　秋田県秋田市南東方の高岡地域の，中谷密度の丘陵頂部に点在する下部更新統の陸水成層． 〈松倉公憲〉

たかくけいど（たかっけいど）　多角形土　polygon　構造土の一種で，四角形から六角形の網目状に割れた地表の模様．ポリゴンあるいは亀甲土とも．熱収縮破壊*や乾燥亀裂に起因する．割れ目の間隔は前者で 1～50 m，後者で数十 cm 以下．比較的大規模なものは永久凍土帯に卓越し，ツンドラポリゴンともよばれ，割れ目の下に氷楔*が発達することが多い．このような場合は氷楔多角形土あるいはアイスウェッジポリゴンとよばれる．火星の表面にも存在する．⇨構造土 〈松岡憲知〉

たかくそくりょう　多角測量　traversing polygonal surveying　基準点測量*の一つでトラバース測量のこと．連続した辺の距離とそれを挟む角を測距儀と経緯儀またはトータルステーション*で次々と測定し，新点の水平位置を求める．形成する多角形の形により，単路線方式・結合多角方式・閉合多角方式などがある．また，精度確認のできない簡易な方式として，既知点から出発し，新点で終わる路線の開放方式（開放トラバース）がある．新点の座標精度は，使用する機器と測量方式に依存するが，一般的に cm オーダーである．

〈正岡佳典・河村和夫〉

たかさ　高さ height　土地の高さであり，学術的には海面からの高さを 標高*，海抜，海抜高度，高度* などとよび，また2地点間の高度差を比較高度（略して，比高*）とよぶ．日常語では，例えば「山の高さ」は標高であり，「滝の高さ」は滝頭と滝壺の間の比高を指す．　〈鈴木隆介〉

たかしお　高潮 storm surge　強風や気圧低下などの気象上の原因で海面が異常に高まる現象．湾入した海岸の湾奥部で顕著に発達する．高潮は，台風や低気圧が上陸するときに，沖からの強風によって海岸近くの海水が吹き寄せられたり（吹き寄せ効果），気圧の低下によって海面が吸い上げられたり（吸い上げ効果）して発生する．吹き寄せによる海面の上昇量は，湾の長さや平均水深，最大風速，このときの風向と湾の長軸方向とがなす角度によって決まる．吸い上げによる上昇量は，1 hPaの気圧低下で約1 cmの海面上昇が生じるので，考える地点における気圧低下量（周辺の平均的な気圧との差）で決定される．二つの効果による海面の上昇現象は，気象要素が支配的であるので気象潮（meteorological tide）とよばれており，天体運動による規則的な海面変化である 潮汐*（天体潮）にズレを生じさせている．この潮汐からのズレのうちで最大のものを最大偏差とよぶ．東京湾，伊勢湾，大阪湾など南向きで遠浅の湾の西側を台風が湾の長軸に沿って進行するときに，強い南風のため大きな高潮がしばしば湾奥部で発生している．既往の最大偏差のうち最大のものは1959年9月26日の伊勢湾台風による3.4 m（名古屋港で観測）である．なお，高潮は海岸だけで生起する現象ではなく，大規模な湖の沿岸においても発生する．北米エリー湖岸では最大偏差4 m（月平均の湖面基準）の高潮が1972年に発生している．高潮は，風津波や暴風津波とよばれることもあるが，津波* とは無関係．いずれも学術用語ではない．　〈砂村継夫〉

たかしおさいがい　高潮災害 storm-surge disaster　台風や，強風を伴う低気圧が上陸するときに発生する異常な海面の高まりに起因する災害．この海面上昇（平常時の 潮位* からの偏差，これが最大のものを最大偏差とよぶ）は 高潮* とよばれ，沖からの強風による海水の"吹き寄せ"と気圧低下による海面の"吸い上げ"によってもたらされ，湾入した海岸で顕著にみられる．特に湾奥部に三角州や海成海岸低地が発達している地域では，陸上部への海水流入が容易となり，流入水の大きな運動量と強風，さらに強風がもたらす高波浪との相乗効果で多くの人的・物的被害が生ずる．冠水域での停水が長期化すると塩分による農作物被害も拡大する．満潮時と最大偏差の発生時刻とが一致するようなときに高潮災害の危険度が増大する．わが国においては，東京湾，伊勢湾，大阪湾，有明海，鹿児島湾など南に湾口を開いた遠浅海岸（平均水深が小さい）の湾奥部にしばしば甚大な被害が生じている．未曾有とされている高潮災害は，名古屋港で最大偏差3.4 mを記録した1959年の 伊勢湾台風* によるもので5,098名の生命を奪い，多数の建物・施設・船舶被害を引き起こした．これに次ぐ高潮災害としては，大阪湾で最大偏差2.9 mの海面上昇を引き起こした1934年の室戸台風によるものがある（死者：3,036名）．なお，これらの死者数は高潮のみによってもたらされたものではない．伊勢湾における大災害を契機に高潮常襲地域で 防潮堤* の建設が促進された．　〈砂村継夫〉

たかしこぞう　高師小僧 takashi-kozou　愛知県豊川市，高師ヶ原台地に産する直径数cm前後の褐色パイプ状の褐鉄鉱で，その形状が人形に似ていることから名づけられた．明治14年の「高師村史」に"高師童"（たかしこぞ）として初出し，明治28年に小藤文次郎ら地質学者によって"高師小僧"として紹介された．その後，同種の褐鉄鉱に対して例えば北海道名寄町では"名寄高師小僧"，滋賀県日野町では"別所高師小僧"とよんでいる．高師ヶ原は更新世後期以降に堆積した地層で，隆起して標高20～30 mの中位段丘となる．高師小僧の包含層形成期には当時の豊川の乱流する低湿地であったとされ，沼沢地が散在しそこではヨシ（葦）などの植物が優勢であった．ヨシの遺体は毎年沼沢地に供給され，その分解のために酸素が消費されて水や土層中の鉄は還元化し移動しやすい亜酸化鉄（FeO, $Fe(OH)_2$ など）となる．一方，ヨシの根系部は地上部から空気（酸素）が供給され鉄バクテリア（細菌）を仲立ちとして根系部に水酸化第二鉄として沈積する．繰り返し根の周りに沈積すると層状を有するパイプ形の鉄塊，高師小僧ができる．走査型電子顕微鏡で観察すると高師小僧は微細な針状の結晶の集合である 針鉄鉱*（ゲーサイト）の鉄鉱物集合体である．⇨結核［土壌の］　〈細野 衛〉

［文献］木村一朗（1988）豊川平野地域，地学団体研究会編「日本の地質・中部地方Ⅱ」．

たがそうぐん　多賀層群 Taga group　福島県常磐炭田付近の広域に分布する下部中新統～鮮新統

たかだい　高台　takadai　平地に対する台地（地形学的には段丘）のほか，平地に隣接し，緩傾斜な頂部をもつ丘や尾根の先端部を指す日常語．なお，宅地造成で丘陵の谷を埋めた平坦地も高台とか○○台と命名されることもあるが，地盤の安定性は切土部と盛土部では全く異なり，後者が不安定である．〈鈴木隆介〉

たかだてそう　高舘層　Takadate formation　宮城県名取市から岩沼市にかけての丘陵に分布する下部中新統．主に安山岩質溶岩や同質の火砕岩からなり，玄武岩・流紋岩をともなう．層厚は200m．〈松倉公憲〉

たき　滝　waterfall, fall　河床を横断する崖または急斜面．瀑布とも．岩盤もしくは固結した堆積物を下刻して流れる河川で，流水が部分的に自由落下もしくは急流となる地点または区間をいう．水が落ち始める地点を**滝頭**＊（滝口，滝肩とも），落下中の区間を**滝面**＊，水の落下点にできる窪みを**滝壺**＊とよぶ．ただし滝壺をもたない滝も多い．滝はその初生的な成因によって，①侵食復活型，②差別侵食型，③堰止起源型および④その他，に分類される（図）．多くの滝は侵食により後退し，その後退速度は一般に下刻速度よりも数オーダー大きい．例えば日本で最大の高さをもつ称名滝（富山県立山）は年間約10cm（10万年間の平均値），北アメリカのナイアガラフォールズは年間約1m（1万年間の平均値）である．滝の主要な侵食メカニズムには，運搬砂礫による滝面の磨耗や流速の大きい水流によるプラッキング＊，キャビテーション＊などがある．⇨遷急点，滝の後退速度　〈早川裕弌〉

[文献] 鈴木隆介（2000）「建設技術者のための地形図読図入門」，第3巻，古今書院．／松倉公憲（2008）「地形変化の科学―風化と侵食―」，朝倉書店．

タキール　takyr　⇨プラヤ

たきがしら　滝頭　crest of waterfall　滝の上端の遷急点．滝口，滝肩とも．流水が自由落下を開始する，あるいは急激に流速を増す地点．流速が大きく，跳水＊やキャビテーション＊が生じることもある．⇨滝，遷急点　〈早川裕弌〉

たきかわそう　滝川層　Takikawa formation　北海道の雨竜・空知地方の深川・滝川付近に分布する鮮新統の海成・淡水成層．主に青灰色の細粒砂岩よりなる．層厚は約500m．〈松倉公憲〉

たきせん　滝線　fall line, fall zone　米国のアパラチア山脈の南東麓で，硬岩からなる山地から軟岩で構成される海岸平野に並行して流下する河川群には，山麓部に多数の滝や急勾配区間（早瀬）が発達しており，下流から物資を運ぶ船がそこで足止めされるとともに，滝を利用した水車群を動力源として成立した水力工業の盛んな都市列（ニューヨークから，ワシントン，コロンビアをへてモントゴメリーに至る）が発達した．それらが滝線都市（fall line）とよばれたことに由来する用語．瀑布線あるいはフォールラインとも．日本にも小規模な滝線が，同斜構造の差別侵食地形（例：新潟県東頸城丘陵八石山

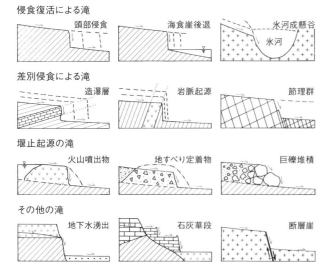

図　滝の初生的形成過程による類型（鈴木，2000を一部改変）

付近）や断層崖（例：阿武隈山地双葉断層崖）を横切る河川群にもみられるが，都市列はない．人文地理学の用語で，地形学では使用されない．⇨滝

〈早川裕弌・鈴木隆介〉

たきつぼ　滝壺　basin of waterfall, plunge pool　滝の下流端の遷緩点であり，河流の流速が急激に減少する地点（滝の基部）において，落下した流水と岩屑の渦巻運動による洗掘*作用によって形成される窪み．滝壺の侵食による拡大が滝の後退を生じる第一の要因と考えられたこともあったが，多くの滝において，滝の後退メカニズムのなかでの滝壺侵食の寄与はあまり解明されていない．⇨滝，遷緩点，滝の後退速度

〈早川裕弌〉

たきのうえそう　滝の上層　Takinoue formation　北海道夕張地方に分布する上部中新統の海成層．下部は緑灰色の砂岩，上部は暗灰色で無層理の泥岩からなる．層厚は150～450 m.

〈松倉公憲〉

たきのこうたいそくど　滝の後退速度　recession rate of waterfall　河川侵食によって滝の位置が後退する速度のこと．滝の後退速度を知るためには，滝の生成位置（から現在の滝の位置までの距離）と後退に要した時間とが特定されなければならず，両者が既知の滝は極めて少ない．たとえば，ナイアガラ滝は，12,500年前にローレンタイド氷床の消失に伴い形成されたナイアガラ・エスカープメント（ケスタ崖）に懸かったもので，その位置は現在より約11 km下流にあることから，滝の平均後退速度は約1 m/yと見積もられている．Hayakawa and Matsukura (2003) は，房総半島に存在する幾つかの滝（海岸段丘崖に懸かる自然の滝や川廻し*による人工滝など）を対象に，まずその平均後退速度を見積もり，その後退速度は河川の侵食力（流量など）とそれに抵抗する力（造瀑層の強度や滝の大きさなど）との関係で決定されると考え，それらに関係するパラメータを組み合わせ，以下のような地形学公式*を導いた．

$$\frac{D}{T}=99.7\left[\frac{AP}{WH}\times\sqrt{\frac{\rho}{S_c}}\right]^{0.73}$$

ここで，Dは滝の後退距離，Tは後退に要した時間，Aは流域面積，Pは降水量，Wは滝の幅，Hは滝の高さ，ρは水の密度，S_cは滝を構成する岩石の一軸圧縮強度である．この式を用いると，後退速度が不明な滝についても，その他のパラメータから近似的に後退速度を求めることができる．ただし，この式には侵食力に影響を及ぼす運搬砂礫などのパラメータは含まれておらず完全ではない．⇨滝，造瀑層

〈松倉公憲〉

[文献] Hayakawa, Y. and Matsukura, Y. (2003) Recession rates of waterfalls in Boso Peninsula, Japan and a predictive equation: Earth Surface Processes and Landforms, 28, 675-684.

たきめん　滝面　waterfall face　滝において水が落下あるいは流下する急勾配な斜面．垂直またはオーバーハングすることもあり，その表面形状は硬岩層や弱線など局地的な地質構造に支配されやすい．滝面の風化，侵食により滝が後退する．⇨滝，滝の後退速度

〈早川裕弌〉

たくえつふう　卓越風　prevailing wind　1年，1カ月，季節などの期間を定め，期間中に吹く風の方向（風向*）の頻度が卓越している風をいう．方向ごとの頻度を示す風配図（wind direction chart）をつくって判断する．ただし目的に応じて風速*を指定して，卓越方向を算定する必要がある．

〈野上道男〉

たくしょう　卓礁　table reef　礁原*のみで礁湖*をもたない楕円形のサンゴ礁．礁原上にサンゴ州島*が分布することもあるが，高い島はない．礁原上に水深数mの凹地がみられることもあるが，この凹地が水深数十mと深い場合は環礁*に区分される．沖ノ鳥島が卓礁の例である．

〈茅根　創〉

たくじょうかざん　卓状火山　volcanic table mountain　玄武岩溶岩が割れ目噴火で氷床（氷河）の下に噴出し，氷床を融かしながら，氷床の表面以上まで生長して生じた火山体で，山頂が平坦で，急な側壁斜面をもつ火山体．アイスランドでみられ，山体は枕状溶岩とそれを覆う火砕岩（パラゴナイト凝灰角礫岩），およびこれらを覆う玄武岩の溶岩流とこれに伴うフローフット角礫岩（flow foot breccia）などで構成され，この溶岩流が山体の最上部を構成して平坦な山頂面をつくっている．山体の高さは，山体生成時に存在した氷河の厚さにほぼ相当する．ヘルドブレイド（Herdubreid, 標高1,682 m, 比高1,100 m）が好例．なお，広義には水中で形成された類似の火山（平頂海山など）も卓状火山に含めることがある．⇨氷底噴火，海底火山

〈横山勝三〉

たくじょうち　卓状地　tableland, plateau　差別侵食によって生じた卓状の広い台地または高原であり，周囲は急崖に囲まれている．頂部はほぼ水平層の古い堆積岩（強抵抗性岩*）で構成された侵食面である．南アフリカのケープタウンのTable Mountainが好例であるが，ロシア卓状地，シベリ

たけ，だけ　岳，嶽　mountain　⇨山

たけい　他形　xenomorphic　鉱物の外形をあらわす語で，その鉱物固有の結晶面の発達が隣接する他の鉱物によって妨げられた形．自形の対語．⇨自形　〈松倉公憲〉

たげんどじょう　多元土壌　polygenic soil　⇨古土壌

だこう　蛇行　meander　移動中の蛇のように，河川がS字状に屈曲しながら流下している状態またはその地形（図）．メアンダー，曲流とも．蛇行は，①低地河川の蛇行，つまりその流路の位置や振幅・波長を河川そのものが自由に変える自由蛇行（河流蛇行*とも）と②山地・丘陵・段丘を穿っている河谷そのものが蛇行している状態の穿入蛇行（河谷蛇行*とも）に二大別される．それら波長（∝振幅）は河岸満水流量（∝流域面積）に広範囲で比例する．英語のmeanderはトルコ西部のBuyuk menderes川に由来する．⇨自由蛇行，穿入蛇行，蛇行切断，蛇行流路の移動，複蛇行　〈小松陽介〉

［文献］鈴木隆介（1998）「建設技術者のための地形図読図入門」，第2巻，古今書院．

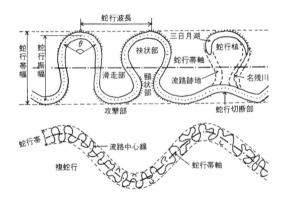

図　蛇行流路の各部の名称と諸元の定義図（鈴木，1998）

だこうがい　蛇行崖　meander scarp　自由蛇行の攻撃部に側方侵食で生じた円弧状の低い崖．自然堤防の河川側に発達する．⇨攻撃斜面　〈鈴木隆介〉

だこうかく　蛇行核　meander core　生育蛇行が成長して蛇行の頸状部が上流側と下流側の両方から側方侵食されて上下流の河川がつながり，短絡する．この蛇行切断によって形成された旧河谷と新河谷に囲まれた島状の山のこと．環流丘陵*とも．⇨蛇行切断　〈島津　弘〉

だこうかせん　蛇行河川　meandering river　蛇行の形態が典型的な河川（区間）を指す．曲流河川とも．蛇行を意味するメアンダー（meander）の語はトルコ南西部の大メンデレス川（Buyuk menderes川：ギリシャ時代の都市ミレトス付近）と小メンデレス川（特に，エフェソス付近）の形態から名づけられた．⇨蛇行流路，流路形態　〈久保純子〉

だこうけいじょうぶ　蛇行頸状部　meander neck　蛇行河川が穿入蛇行河川の場合には山地斜面の両側が侵食され，急斜面をもつやせ尾根となる．その首のように狭まった部分をいう．蛇行頸部あるいは頸状部とも．側方侵食が進行し蛇行頸状部の幅が狭まると最終的には，蛇行切断が生じる．自由蛇行でも同様である．⇨蛇行，蛇行切断，環流丘陵（図）　〈小松陽介〉

だこうけいすう　蛇行係数　coefficient of meander　蛇行河川の蛇行波長の程度を河川の規模に応じて求めた示数．蛇行波長 L，流域面積 A の間には，$L=F\sqrt{A}$ という関係が成り立つ．ここで F を蛇行係数とよび，大河川ほど値が大きくなることが知られている．⇨蛇行　〈小松陽介〉

［文献］藤芳義男（1949）「河川の蛇行と災害—河川蛇行論—」，佐々木図書出版．

だこうけいぶ　蛇行頸部　meander neck　⇨蛇行頸状部

だこうげん　蛇行原　meander plain　扇状地の扇端から三角州までの間に広がる低平地であり，自由蛇行流路をもつ砂床河川の形成した河成堆積低地であって，それに対して鈴木（1998）が新称した地形種名である．氾濫原*，自然堤防帯*などとよばれてきた地区を蛇行原と新称した理由は，①河川の氾濫は河成低地ではどこでも起こるし，②自然堤防は三角州にも多くみられ，③扇状地は自然堤防の集合という見方もあり，④旧来の自然堤防帯という用語は適切ではないので，その地区を最も特徴づける単一の（分流のない）自由蛇行に注目して命名したものである．すなわち，蛇行原を流れる河川は出水時の越流*に伴って河岸に砂質堆積物を堆積して自然堤防*を形成し，さらに自然堤防を越流した泥水がシルトや粘土を堆積して後背湿地*・後背沼沢地*などを含む後背低地*を形成する．自由蛇行流路は下流方向や側方にしばしば移動するため，蛇行原には過去の流路に沿って形成された自然堤防やその背後の後背低地も分布し，蛇行流路跡には三日月湖（牛角湖）などとよばれる河跡湖も分布する．なお，J.R.L. Allen（1979）は自然堤防やポイントバ

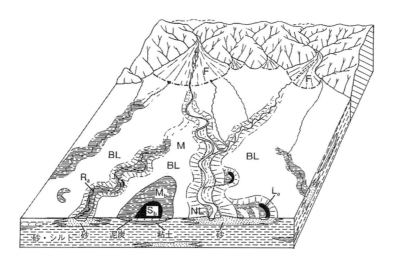

図 蛇行原の模式図（鈴木，1998）
F：扇状地，M：蛇行原，BL：後背低地，M_b：後背湿地，S_b：後背沼沢地，NL：自然堤防，R_a：名残川，L_o：三日月湖

—などがみられる連続的な高まりの部分を全体として alluvial ridge，後背低地の部分を floodbasin とよんでいる． ⇨河成低地（図） 〈海津正倫〉

[文献] 鈴木隆介（1998）「建設技術者のための地形図読図入門」，第2巻，古今書院．

だこうげんがたふくせいていち　蛇行原型複成低地　compound plain (lowland) of meander-plain (floodplain) type　低地を構成する地形種が主として扇状地と蛇行原であり，三角州の欠ける河成堆積低地によって構成される複成低地．ただし，海岸域に潟湖跡地や堤列低地，砂丘などを伴うことがある（例：神奈川県相模川低地，富山県庄川低地）． ⇨河成低地，複成低地 〈海津正倫〉

[文献] 鈴木隆介（1998）「建設技術者のための地形図読図入門」，第2巻，古今書院．

だこうこ　蛇行湖　serpentine lake　自由蛇行流路の移動で放棄された蛇行流路跡地に生じた湖沼で，三日月湖がいくつも連なった状態（例：ロンドンのハイドパークの"The sepentine"）． 〈鈴木隆介〉

[文献] Tanner, W. F. (1968) Oxbow lake : *In* Fairbridge, R. W. ed. *The Encyclopedia of Geomorphology*, Reinhold, 789-799.

だこうこく　蛇行谷　incised-meandering valley ⇨穿入蛇行

だこうこんせき　蛇行痕跡　meander scar　氾濫原における，自由蛇行の移動によって取り残された，過去の蛇行に起因する微地形種の総称（図）．三日月湖，旧蛇行崖，蛇行状湖，名残川，分離した自然堤防，旧蛇行袂状部（蛇行核），各種の蛇行州など

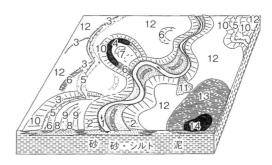

図 種々の蛇行痕跡（自由蛇行の場合）（鈴木，1998）
1：現在の蛇行流路，2：現在の自然堤防，3：旧蛇行崖，4：三日月湖（牛角湖），5：名残川，6：蛇行流路跡地の低湿地，7：蛇行核（旧蛇行袂状部），8：旧スクロールバー，9：旧スウェイル，10：古い自然堤防，11：サンドスプレー（破堤堆積），12：後背低地，13：後背湿地，14：後背沼沢地．

が含まれ，過去の蛇行流路の位置の推定に役立つ．過去の蛇行の痕跡から振幅や波長，曲率等などの蛇行の規模を検討することにより，その河川が流れていたときの流量やそれとかかわる降水量などの状態を推定することができる．蛇行波長（λ_m）と流域面積（A）との関係式 $\lambda_m = F\sqrt{A}$ の比例係数（F）を蛇行係数とよび，F は河川の規模によって著しく異なる．一般に，大河川ほど蛇行波長が長く，蛇行振幅，曲率半径，屈曲度も大きい． 〈海津正倫・鈴木隆介〉

[文献] 鈴木隆介（1998）「建設技術者のための地形図読図入門」，第2巻，古今書院．

だこうさんきゃく　蛇行山脚　meander spur

振幅よりも波長の短い顕著な穿入蛇行の，一つの蛇行弧に囲まれた半島状の尾根をいう．蛇行袂状部*と同義．その基部のくびれている部分（蛇行頸状部*）が幅広い場合には，蛇行山脚は背後の斜面から一様に低下する尾根であるが，その幅が狭い場合には蛇行頸状部が鞍部であり，蛇行山脚は閉曲線に囲まれた独立丘になっており，蛇行切断が起こると蛇行核*になる． ⇨蛇行切断 〈鈴木隆介〉

たこうしつばいたい　多孔質媒体　porous medium　内部に，互いに連通した間隙が存在し，それによって気体や液体を伝送しうる構造をもった物質．多孔体ともいう．土壌・岩石・地層など． 〈松四雄騎〉

だこうしんぷく　蛇行振幅　meander amplitude　蛇行幅とほぼ同義．蛇行河川を波形と認識したときの振幅に相当する値． ⇨蛇行（図）〈小松陽介〉

だこうす　蛇行州　meander bar　蛇行の湾曲部の凸岸（滑走斜面側）に蛇行の発達による流路の移動にともなって形成された堆積地形．ポイントバー，寄州，突州ともよばれる．蛇行州は小河川では河岸から流路へ向かって緩やかに傾いているが，大河川では凹凸がみられる．屈曲に沿った円弧状の堤防状の高まりをスクロールバーまたは蛇行スクロール，メアンダースクロールとよび，スクロールに挟まれた氾濫原スクロール，細長い凹地をスウェイル*とよぶ．蛇行州は攻撃斜面で侵食された物質が滑走斜面側の蛇行内側に堆積して形成される．屈曲部では蛇行の外側の攻撃斜面側に流速が最も速い流心と谷線が位置する．河流は水面では蛇行外側（攻撃部側）へ向かい，そこから沈降して底面を蛇行内側（滑走部側）へ向かい，内側の岸で上昇するという横断方向の二次流が生じている．この流れにより攻撃斜面側の侵食と蛇行州側における堆積が生じる．このとき下方から上方へ向かって堆積するため上方へ向かって堆積物が細粒化する．この堆積によってスクロールバーが形成される．また，スウェイルでは，スクロールバーを越流した洪水流に含まれる細粒堆積物が湿地または池沼となっていたスウェイルに生育していた湿性植物を埋めて，泥炭と細粒物質からなる堆積層が形成される． ⇨流路州，蛇行帯堆積物 〈島津　弘〉

だこうスクロール　蛇行スクロール　meander scroll　⇨蛇行州

だこうせつだん　蛇行切断　meander cutoff　蛇行河川の頸状部が上流側および/または下流側の攻撃部の側方侵食によって幅が狭くなり，最終的には切断されて蛇行流路が短絡すること．頸部切断，袂部切断とも．切断部では，河川勾配が大きくなるので，蛇行切断後は安定した河川縦断形になるまで下方侵食が活発になる．自由蛇行の蛇行切断によって放棄された旧流路に溜水した湖沼を三日月湖*とよび，三日月湖に囲まれた島状の部分を蛇行核とよぶ．穿入蛇行の蛇行切断で放棄された旧流路の部分は段丘化するが（図），新しい河床からの比高はすぐに大きくならないから，旧流路の上流・下流端に自然堤防が発達し，それに囲まれた凹地に湖沼が生じ，軟弱地盤が生じることもある．軟岩で構成される穿入蛇行谷では，人為的に蛇行切断を起こして三日月湖を含む流路跡地を水田としていることもあり，川廻し*とよばれている（例：房総半島南部）． ⇨蛇行痕跡，自由蛇行，穿入蛇行，蛇行核 〈小松陽介〉

［文献］鈴木隆介（1998）「建設技術者のための地形図読図入門」，第2巻，古今書院．

だこうせつだんだんきゅう　蛇行切断段丘　meander cutoff terrace　穿入蛇行において蛇行の発達に伴い蛇行頸状部の河道が短絡（蛇行切断*）することにより形成された段丘．中央部の高まり（環流丘陵*）とそれを取り巻く環状の流路跡地がセットになった特徴的な形態を有する段丘が形成される．段丘化した流路跡地には，新しい本流の形成した自然堤防に区切られて生じた凹地に，泥質物質が堆積していることがある．一つの河谷沿いでも，段丘面が不連続なので，広域的対比は困難である．静岡県大井川沿岸に多くの事例がある． ⇨生育蛇行，蛇行切断，段丘面の不連続性 〈鹿島　薫〉

たこうたい　多孔体　porous medium　⇨多孔質媒体

だこうたい　蛇行帯　meander belt　蛇行のカーブの両外側の接線の間の部分．蛇行をS字形のくり返しにたとえると，その文字の幅にあたる．自由蛇行の場合，蛇行帯の中での河道の移動や蛇行帯の移動は経時的に起こるが，蛇行帯の幅は大きくは変わらない．曲流帯は古語で，現在では使われない． ⇨蛇行（図），複蛇行 〈久保純子〉

［文献］鈴木隆介（1998）「建設技術者のための地形図読図入門」，第2巻，古今書院．

だこうたいじく　蛇行帯軸　axis of meander belt, meander belt axis　蛇行帯の幅の中心を連ねて想定した谷線*（talweg）をいう． ⇨蛇行（図） 〈鈴木隆介〉

だこうたいじくちょう　蛇行帯軸長　axis length

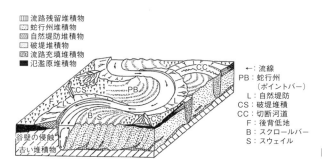

図　蛇行帯の堆積物（Allen, 1978 に一部加筆）

of meander belt　蛇行河川の平均形状としての蛇行帯中央に沿った線である蛇行帯軸の長さ．異なる蛇行波長が重ね合わさっている複蛇行*では，蛇行帯の認定法に注意を要する．　⇨蛇行（図）　〈小松陽介〉

だこうたいたいせきぶつ　蛇行帯堆積物　alluvial deposit of meander belt　蛇行帯*にみられる河成堆積物を指す（図）．堆積物は，河道の中にみられる河道堆積物と氾濫時に河道の外側に堆積する氾濫堆積物*に大別される．河道堆積物は，礫や砂を主体とし，河床にみられる流路残留堆積物*および凸岸側に発達する蛇行州*の堆積物に細分される．氾濫堆積物には，河道堆積物よりも細粒な砂〜泥を主体とする自然堤防堆積物，破堤堆積物*，後背湿地堆積物，湖沼堆積物*がある．氾濫堆積物の粒度は，一般に河道から離れるにしたがって小さくなる．　〈堀　和明〉

［文献］Allen, J. R. L.（1978）Fluvial sedimentation：In Fairbridge, R. W. and Bourgeois, J. eds. The Encyclopedia of Sedimentology, Dowden Hutchinson & Ross.

だこうたいはば　蛇行帯幅　meander belt width　蛇行河川の多くは長波長と短波長の曲流が複雑に組み合わさっており，そのうち短波長蛇行の左右端を結ぶ範囲を蛇行帯，その幅を蛇行帯幅とよぶ．蛇行振幅は流路中心線で計測するのに対し，蛇行帯幅は蛇行弧の外側斜面までを計測する．　⇨蛇行（図）　〈小松陽介〉

だこうてんこうぶ　蛇行転向部　crossing of meander, cross over, inflection point　蛇行流路の中に存在する谷線の方向や主流の方向が対岸に向きを変える地点．単に転向部とも．　⇨蛇行（図）　〈小松陽介〉

だこうのしゅくしょう　蛇行の縮小　reduction in meander　一つの河川の蛇行の振幅・波長が経時的に縮小すること．河川争奪*などによる上流の流路変更や気候変化に起因する河川流量の減少によって生じる．過大河川の過小河川への変化はその例である．　⇨河道の短絡，過小河川　〈鈴木隆介〉

だこうのしんぷくぞうだい　蛇行の振幅増大　extension of meander wave amplitude　⇨蛇行流路の移動（図）

だこうのたんらく　蛇行の短絡　neck cutoff, chute cutoff　蛇行する河道の曲率が大きくなると，河道の頸部（neck）や袂状部（spur）がそれぞれ近接し，蛇行切断がひき起こされて河道が短絡する．氾濫原では取り残された河道跡に河跡湖である三日月湖（牛角湖）が形成されることがある．また，洪水時の強い流れによって蛇行を串刺しにするような方向で河道が短絡化することもあり，このようにして形成されて河道はchuteとよばれる．なお，蛇行河川では石狩川のように人工的に捷水路が建設され，河道が短絡化された例も多い．　⇨河川長の短縮　〈海津正倫〉

［文献］Tanner, W. F.（1968）Rivers-meandering and braiding：In Fairbridge, R. W. ed.（1968）The Encypeadia of Geomorphology, Dowden Hutchinson & Ross, 957-963.

だこうのへいこういどう　蛇行の並行移動　translation of meander bend　⇨蛇行流路の移動（図）

だこうのわんきょくかいてん　蛇行の湾曲回転　rotation of meander bend　⇨蛇行流路の移動（図）

だこうはちょう　蛇行波長　meander wavelength　規則的に曲流を繰り返す蛇行河川の1波長分に相当する蛇行軸に沿った長さ．かつては蛇行河川をサインカーブに近似させたため，一般的な波形と同様の要素が用いられた．　⇨蛇行（図）〈小松陽介〉

だこうへいきんきょくりつはんけい　蛇行平均曲率半径　mean meander radius of curvature　蛇行河川の流路中心線の描く曲線を，円弧に近似させたときの半径．流域面積の大きい，すなわち洪水流量の多い河川ほど，蛇行波長や蛇行振幅とともに蛇行平均曲率半径も増大する．　⇨蛇行（図）　〈小松陽介〉

だこうべいじょうぶ　蛇行袂状部　meander

spur　蛇行流路が大きく転向する地点において，周囲の3分の2くらいを蛇行流路に囲まれた半島状の地区をいう．単に袂状部とも．自由蛇行の場合，集落や田畑として利用される．⇨蛇行（図），蛇行切断　　　　　　　　　　　　　　　〈小松陽介〉

だこうりゅうろ　蛇行流路 meandering channel　河道が多少規則正しく屈曲し，S字を連ねたような平面形態を示す流路をいう．メアンダーともいい，その語源は，トルコのBuyuk menderes川が屈曲していたことにある．低地を自由に蛇行する場合を 自由蛇行*，山地や丘陵などで岩盤を刻みながら蛇行する場合を 穿入蛇行* という．低地にみられる自由蛇行の流路は，直線流路，網状流路と並んで，基本的な流路形態の一つである．網状流路に比べて，河床勾配や水面幅/水深，流速，荷重（土砂流送量），土砂の粒径などは小さいものの，河道としては安定している．蛇行流路の湾曲部において，洪水時に攻撃部（工学的には水衝部という）が生じて，淵となる凹岸を攻撃斜面，逆に流れの剥離域になる凸岸を滑走斜面とよぶ．湾曲部での二次流は，表面では凹岸側へ高速で流れ，底面付近では低速で凸岸側へ流れる．その結果，凹岸で侵食された土砂は，凸岸側に運ばれて堆積し，河道側へ緩く傾斜する寄州を生じ，河道の横断面形は非対称となる．大きな河川では，河道の湾曲が進むと，寄州が成長し，細長い高まりとその間に広がる凹地がみられるようになる．これらの微地形は過去の凸岸の位置を把握する際に有用である．また，蛇行の発達過程で，蛇行切断* を生じることもある．⇨蛇行（図），流路形態（図）　　　　　　　　　　　　　　　〈堀　和明〉

だこうりゅうろあとち　蛇行流路跡地 abandoned meandering channel　蛇行原において，河川の蛇行跡に形成された帯状の地形．三日月湖・牛角湖などとよばれる河跡湖や名残川などをなし，泥層や泥炭層などからなる泥質堆積物によって埋積される．⇨旧河道　　　　　　　　　　　〈海津正倫〉
［文献］鈴木隆介（1998）「建設技術者のための地形図読図入門」，第2巻．古今書院．

だこうりゅうろのいどう　蛇行流路の移動 meander migration　蛇行流路が，蛇行帯のなかで攻撃斜面の基部の侵食と滑走斜面の基部への堆積により流路の中心線の位置を変えること．蛇行流路の移動様式には，流下方向への並行移動，振幅増大，湾曲回転，それらの複合など様々なものがある（図）．⇨流路形態の変換（図）　〈久保純子〉
［文献］Knighton, D. (1984) *Fluvial Forms and Processes*, Edward Arnold.

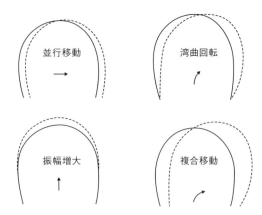

図　蛇行湾曲部の移動様式の4類型（Knighton, 1984）

だこうわんきょくぶ　蛇行湾曲部 meander bend　蛇行河川とその周辺の地形のことを指し，蛇行流路の変遷に伴う微地形や，出水時の氾濫に伴って形成された微地形から構成される．滑走斜面側の流路内には寄州（point bar）が形成されて川幅が狭くなり，一方で攻撃斜面側は河川の側方侵食により蛇行崖を形成しつつ川幅を広める．そのため，蛇行の曲率半径は少しずつ増加しながら流路が側方に移動する．洪水時には，増水した河川に運搬される土砂（主にシルトや砂）があふれたときに自然堤防がつくられるが，その一方で自然堤防が破堤すると，一気に流れ込んだ流水によって落堀が形成されるなどして周囲に破堤堆積物が堆積する．蛇行切断が生じると三日月湖のような河跡湖が形成され，旧流路は湿地や泥炭地に変化していく．これらの微地形の特徴は，大縮尺の空中写真判読もしくは詳細な現地観察に基づいて判読されるため，人工改変などが進んだ地域では正確な判読は困難となる．　〈小松陽介〉
［文献］Allen, J. R. L. (1978) Fluvial sedimentation: *In* Fairbridge, R. W. and Bourgeois, J. eds. *The Encyclopedia of Sedimentology*, Dowden Hutchinson & Ross.

たじゅうさんりょう　多重山稜 multiple ridge　⇨二重山稜

ダストストーム dust storm　⇨塵嵐

たせいこうぶつ　他生鉱物 allogenic mineral　堆積物が堆積する際に，他所から運搬されてきてその堆積物に取り込まれた鉱物．自生鉱物* に対する語．　　　　　　　　　　　　　　　　　〈松倉公憲〉

たせいでいたん　他生泥炭 allochtonous peat　植物遺体や侵食によって分離した泥炭が流水で運ばれて生育地から離れた場所に堆積したもの．⇨自

生泥炭　　　　　　　　　　　　　〈小泉武栄〉

たせいてきかいせいだんきゅう　多生的海成段丘
polygenic coastal plain　多生的地形の一種であり，海成段丘群のうち，規模（幅・比高）の小さな複数段の段丘が隣接して，全体として一連の海成段丘にみえる場合に，それを多生的海成段丘とよぶ．1回の隆起量が数 m と小さい地震性地殻変動が間欠的に繰り返すと，比高の小さい段丘が多段化して並ぶことが多い．海溝型巨大地震に伴う海岸部の隆起が累積した室戸半島や紀伊半島の先端部や房総半島南端部の完新世海成段丘面群はこの種の地形と解される．房総半島南部の完新世海成段丘群は，全体としては 4 段の段丘面に区分されるが，実際には各段丘面は相対的に幅の広い 1 段の段丘面と幅の狭い 2〜3 段の小段丘面群から構成されている．幅の広い段丘面は元禄型関東地震時の隆起（1 回あたり最大 6 m の隆起）に，また幅の狭い段丘面は大正型関東地震時の隆起（1 回あたり最大 2 m 隆起）によって離水した浅海底に由来する．つまり，これらの段丘面の集合体は繰り返された地震性地殻変動*に起因する多生の地形を示す．⇨多生的地形
〈宮内崇裕〉

[文献] 宍倉正展・宮内崇裕 (2001) 房総半島沿岸における完新世低地の形成とサイスモテクトニクス：第四紀研究, 40, 235-242.

たせいてきちけい　多生的地形　polygenetic landscape　異なった時期の営力の作用が積み重なった結果として形成された一つの地形を指す．侵食輪廻の分野では，輪廻の境界（侵食基準面の変化）が小さいためにほぼ連続した一連の準平原とみなされる準平原地形を，多輪廻地形と区別して，多生的地形とよぶ．段丘地形の分野では，海水準や河床高度の小さな変化によって形成された低段丘崖からなる一連の段丘群を多生的段丘とよぶことが多い．また，気候地形の分野では，異なった時代の異なった営力によって形成された地形が共存している地形群（現成地形と残存地形の共存した地形）を指すことが多い．現在では，尾根や谷，山腹斜面などの一定の広がりをもった区域の地形を対象として，異なった時期の異なった営力の作用が積み重なった結果として形成された地形を指す言葉として使われることが多い．なお，辻村 (1932, 1933) は，'polygenetic (polygenetische, polygénique)'を'複成'と訳している．また大森 (1983) は，対象とする地形が異なった時代の異なった営力によって形成された地形が積み重なった結果の地形である場合を'地形の重合'とよんでいる．⇨多輪廻地形
〈大森博雄〉

[文献] 辻村太郎 (1932, 1933)『新考地形学』, 第 1 巻, 第 2 巻, 古今書院.

たせつさんち　多雪山地　snowy mountain　積雪や残雪の影響を強く受けた地形（残雪凹地など）や景観（偽高山帯など）がみられる山地．日本では飛騨山脈北部や越後山地，飯豊・朝日山地，奥羽山地北部などが，海外ではパタゴニアやアラスカ南部，ニュージーランド南西部が該当．
〈苅谷愛彦〉

ただ　ふみお　多田文男　Tada, Fumio (1900-1978)　東京帝国大学地理学科卒業．辻村太郎*の後をつぐ，東京大学地理学教室の指導者．地震研究所（学内・戦前）・資源科学研究所（学外）などでの研究，中国（戦前）・アマゾンなど（戦後）への調査旅行を通じて，他分野の研究者と広い交流があり，戦後の発達史地形学の基礎を築くとともに，地域の自然環境を総合的に捉える，という視点をもって研究と教育に当たり，門下生も多い．安藝皎一*（河川工学）を大学院講義に招くなど，狭い技術論を超えた河川学と自然地理学の架け橋（流域自然論：水資源・水害研究）を目指したことも特筆できる．また『自然地理学，地形篇』(1961) の地形計測法の章を執筆した．その内容はその後の地形計測の指針となった．
〈野上道男〉

ただんたき　多段滝　stepped waterfall　滝面*に複数の小段がある滝．相対的にそれぞれの段が離れていれば別個の滝とみなされることもある．造瀑層*が堆積岩で，緩傾斜の受け盤*の硬軟互層が滝面となる場合に生じやすい（例：栃木県塩原竜化の滝）．⇨小滝群
〈早川裕弌〉

ただんバーかいがん　多段バー海岸　multi-bar coast　海岸線に平行に複数列の恒常的な沿岸砂州（アウターバー）が発達する海岸．海底勾配の小さな砂質の外洋性海岸に多い．汀線から離れるものほど規模と頂部水深が大きくなり，またバーの間隔も広がる．バーは砕波点付近に形成されやすいので波の砕波とリフォームの繰り返しに対応して発達するという説，あるいは侵入波と反射波の重複・干渉現象に成因を求める説がある．わが国では日本海沿岸に多く，太平洋沿岸では九十九里浜や遠州灘海岸などに分布する．石川県の千里浜北部には 4 列の恒常的バーが発達するが，この段数は日本では最多である．⇨沿岸砂州
〈武田一郎〉

[文献] Sunamura, T. and Takeda, I. (2007) Regional difference in the number of submarine longshore bars in Japan: an analysis based on breaking wave hypothesis: Trans. Japan.

Geomorph. Union, **28**, 381-398.

たちかわめん　立川面　Tachikawa surface　東京都西部の多摩川沿いに分布する河成段丘面である．その段丘礫層は立川礫層とよばれ，厚さ2〜7m，立川ローム以新の関東ローム*に被覆されている．この段丘面の形成期は立川期とよばれ，最終氷期の海面低下期（約1.9万年前）である．そのため，段丘面の縦断勾配は現在の多摩川のそれより大きく，段丘面と多摩川との比高は上流の青梅付近では約40mもあるが，下流に至るほど減少している．そして，立川面は現在の多摩川河口から約20km上流で沖積低地の下に埋没し，多摩川河口付近では埋没段丘*となっている．〈鈴木隆介〉

[文献] 貝塚爽平ほか編（2000）「日本の地形 4. 関東・伊豆小笠原」，東京大学出版会.

だっしゅこく　奪取谷　predatory valley　隣の河川の上流部を奪った河川の谷．河流の生存競争*や河川争奪*により，隣の河川の水流を奪った奪取河川の流量は急激に増える．このため，下方侵食が進み，奪取谷は一般に深い河谷になる．〈斉藤享治〉

だっすいこうぞう　脱水構造　fluid-escaping structure　緩い粒子配列の堆積物が，間隙水の排出をともなってより密な粒子配列へと移行する圧密*の過程において，間隙水の流動や重力の作用などにより初成的堆積構造が変形された二次的堆積構造．急激に厚く堆積した堆積物は，衝撃により惹起される液状化*や，下位からの間隙水の上昇による流動化*を起こしやすく，脱水構造をつくりやすい．脱水構造の具体例としては，皿状構造，コンボリューション葉理，柱状構造，脱水パイプなどがあげられる．〈関口智寛〉

だっちつさよう　脱窒作用　denitrification　微生物の嫌気条件での呼吸形態の一種で，土壌溶液中の硝酸イオン（NO_3^-）を最終的には窒素ガス（N_2）にまで還元して大気中に放出する過程を指す．具体的には，NO_2^-生成に関わる細菌・糸状菌，N_2生成細菌およびNH_4^+生成細菌が，4つの段階（$NO_3^- \to NO_2^- \to NO \to N_2O \to N_2$）の酵素の反応を通して行われる．一般に，土壌中で脱窒作用が働くためには，関与する微生物の生息環境として，その温度・pH条件に加えて，酸素の欠乏，窒素酸化物の存在，電子供与体としての有機物の存在が必要である．土壌中では，粒団の内外部でこれらの条件が異なり不均一であるため，通気性が比較的よい土壌でも起こる．この作用は，硝化作用とともに，地球規模の窒素循環に重要な生物学的な過程である．水田や湿地など，地下水位が比較的高い場所で，この作用は大きい．〈東　照雄〉

[文献] 木村眞人ほか（1994）「土壌生化学」，朝倉書店.

たつまき　竜巻　tornado, waterspout　積乱雲に伴って発生する上昇流で，鉛直軸をもつ激しい空気の渦．海外では陸上で発生する竜巻をトルネード，水上で発生するものをウォータースパウト（waterspout）とよぶ．英語のlandspoutは学術用語ではない．〈森島　済〉

たてがたさきゅう　縦型砂丘　longitudinal dune ⇨縦列砂丘

たてじょうかざん　盾（楯）状火山　shield volcano　流動性の大きい玄武岩質の溶岩（流）でほとんどが構成され，やや上に凸の緩やかな山体斜面（傾斜10°以下）をもつ円錐形の火山体．外形が昔の盾に似ていることによる名称．古くはアスピーテとも．単成火山で小型のアイスランド型と複成火山で大型のハワイ型とに区分される．⇨ハワイ型盾状火山，アイスランド型盾状火山　〈横山勝三〉

たてじょうち　楯状地　shield　西洋の楯を伏せたような，緩傾斜で広大な平原または高原であり，先カンブリア時代*に生じた硬岩（片麻岩，結晶片岩など）が削剥されて生じた地形である．日本にはないが，カナダ楯状地，バルト楯状地，南アメリカのギアナ楯状地，ブラジル楯状地など安定地塊*に発達している．〈鈴木隆介〉

たてなみそくど　縦波速度　longitudinal wave velocity, primary wave velocity　P波速度ともいう．媒質の各点の振動方向が波の進行方向と同じ方向の波（物質の各部が伸縮を繰り返しながら伝わる疎密波）の位相速度．横波速度*（S波速度）より速い．⇨弾性波速度　〈飯田智之〉

たてやまひょうき　立山氷期　Tateyama glaciation　⇨日本の氷期

たてよこひ　縦横比【火山噴出物の】　aspect ratio (of volcanic product)　一般に航空機の翼幅と翼弦との比やテレビ画面の高さと幅の比などに使われている指標を，地学分野に適用したもので，溶岩流や火砕流堆積物などの厚さ（T）と流下（到達）距離（D）との比（T/D）をいう．その値が大きいと全体として厚く短い堆積物であり，小さいと薄く長い堆積物であることを示し，溶岩流や火砕流などの流動性の大小を知る一指標である．〈鈴木隆介〉

[文献] Walker, G. P. L. et al. (1980) Low-aspect ratio ignimbrites: Nature, **283**, 286-287.

たとうじょうさんかくす　多島状三角州　multi-island delta　網状分岐流路で，多数の中州をもつ三角州（例：三重県宮川三角州）．⇨三角州の分類（図）　　〈海津正倫〉

［文献］鈴木隆介（1998）「建設技術者のための地形図読図入門」，第2巻，古今書院．

たな　棚　waterfall, rock step, ledge　岩床河川において，比較的低く，平坦な滝面*をもつ滝．普通の滝を棚という地域（例：神奈川県丹沢山地）もある．ただし，登山用語で岩棚*（いわだな）という場合には，崖の中間にある水平部ないし緩傾斜部を指すことが多い．　　〈早川裕弌〉

ダナイト　dunite　⇨かんらん岩

たなくらこうぞうせん　棚倉構造線　Tanakura tectonic belt　北関東から東北にかけて走る大きな横ずれ断層で，東北日本と西南日本の境界をなすという説もある．　　〈松倉公憲〉

たなごおり　棚氷　ice shelf　⇨氷棚

たなじょうかいがん　棚状海岸　step slope beach　⇨茂木の海浜型

たなだ　棚田　terraced paddy(rice)-field　斜面を階段状に切り盛りして造成した水田地帯．日本では地すべり地帯に多く（例：新潟県頸城山地），一筆が小さく，不定形で，千枚田ともいわれ，長野県姨捨山の「田毎の月」という言葉もある．ジャワ島，バリ島，ルソン島，華南，台湾などに多く，山地・丘陵斜面や火山麓にある．　⇨地すべり由来の地名　　〈鈴木隆介〉

たなだがたきゅうりょう　棚田型丘陵　deep landslide-dominated hill　概して泥質の半固結堆積岩・未固結堆積物や，風化の進んだ火山岩などからなる丘陵では，地すべり地形が多く，その移動体などの緩斜面が日本列島の多くの地域でしばしば棚田（ところによっては段畑）に利用されていた．そこで，地すべりと土地利用との関係に注目した小出（1973）は，この型の丘陵を棚田型丘陵とよんだ．谷地田型丘陵に比べると，傾斜方向が多様な地すべり性緩斜面が塊状に分布するので，水系が不規則で，平面形も断面形も丸みを帯びた地貌を呈する（例：長野県犀川丘陵）．　⇨谷地田型丘陵　　〈田村俊和〉

［文献］小出　博（1973）「日本の国土―自然と開発」，（上），東京大学出版会．

たなべそうぐん　田辺層群　Tanabe group　紀伊半島南西部の浅海成中新統．礫岩・砂岩・泥岩からなる．層厚1,500 m．田辺の北方の南部（みなべ）を北限とし，南は日置まで，白浜付近を中心として東側に円弧を描いた形をとる．　　〈石田志朗〉

たに　谷　valley　広義では細長い溝状の低所という意味で，必ずしも谷底が一方向に低下するという条件はない．その広義での谷は初生谷と侵食谷に大別される．しかし，最も多い谷は河川の侵食で生じた河川侵食谷であるから，それを河谷と略称し，単に谷とよぶことが多い．それ以外の谷は断層谷，断層線谷，氷食谷，海底谷，埋没谷のように形成過程または地形場の形容詞を付した地形種名でよばれる．初生谷は，侵食以外の原因で生じた谷であり，変動成谷（リフト谷，断層谷，活向斜谷など），火山成谷（火山体間谷，噴出物の側方の裾合谷*（すそあいだに），溶岩流原や火砕流原のシワ，など），集動成谷（河谷に土石流・崩落・地すべりで定着した物質と谷壁との間の裾合谷や地すべり堆の内部の谷など），堆積成谷（堤間低地谷，砂丘間谷など）などに分類される．侵食谷は流体の運動（流水，氷河，波，風）で侵食された谷であり，河川侵食谷（河谷），氷食谷，溶食谷，風食谷（砂谷など），海食谷（波食溝など）に分類される．　⇨河谷　　〈鈴木隆介〉

［文献］鈴木隆介（2000）「建設技術者のための地形図読図入門」，第3巻，古今書院．

たにいけ　谷池　taniike　⇨ため池

たにうめず　谷埋図　valley-fill contour map　印刷地形図から広域の地形の大勢を示すために作成される図の一種．接峰面図よりは容易に手作業でつくることができる．等高線地図で指定した幅以下の谷をなめらかな曲線で埋めることでつくられる．新しい地形（火山や台地丘陵など）では開析谷の方がさらに新しい地形なので，開析前の地形を等高線で復元するのに有効である．最近はDLG*から数値処理で容易につくられる．　⇨接峰面図，復旧図，原面の復元図　　〈野上道男〉

たにうめせっぽうめんず　谷埋接峰面図　valley-fill summit-level map　⇨接峰面図

たにうめたいせきぶつ　谷埋堆積物　valley-filled deposit　谷が形成された後，谷底を埋積した堆積物．陸上においては河川の水流が荷重（運搬物質）を運搬しきれなくなり谷が砕屑物で埋積されて形成される．現在の陸棚域や沖積平野の下にある谷は，海水準の低下期に形成され，それが後氷期の海水準の上昇に伴って水没し，その後に供給された堆積物によって埋積されて形成されたものである．海水準の低下によってつくられた谷を穿入谷（incised valley）あるいは開析谷（dissected valley），海水準の上昇によって埋め立てられた谷地形を埋積谷

(buried valley) という. 〈田中里志〉

たにがしら　谷頭　valley head　侵食谷の最上流端であり,登山用語で使用されるが,地形学では谷頭*という. 〈小松陽介〉

たにかぜ　谷風　valley wind　山地で,一般風が弱く晴天の日中に平地から谷や斜面を登る風. 対語の山風*とは逆に,熱せられた地表近くの空気が地形に沿って上昇する風. 〈野上道男〉

たにがたしゃめん　谷型斜面　convergent slope　谷状の単位斜面で,集水斜面ともいう. ⇨斜面型（図),集水地形 〈鈴木隆介〉

たにぎり　谷霧　valley fog　谷の中に出現する霧をいう. 川沿いの谷では盆地底と同様に周囲の斜面から冷気流が集まり,冷気湖*を形成するために放射霧*の出現頻度が高くなる. 〈山下脩二〉

たにぐち　谷口　valley mouth　河川が河谷から平坦地（低地・段丘面）に流下する地点または地区をいう. 谷口の位置の厳密な特定は,山麓線が直線的であれば比較的容易であるが,河谷に谷底低地が広く発達している場合は困難であり,便宜的には谷底低地の下流端を谷口と定める. 渓口ともいう. ⇨谷口の位置 〈鈴木隆介〉

たにぐちかんかく　谷口間隔　spacing of valley mouths　隣り合う谷の谷口間の距離. 単純な地形場に発達する必従的な主谷群の谷口間隔はほぼ一定で,流域長よりも小さい. ⇨谷の等間隔性,河流の生存競争（図) 〈鈴木隆介〉

たにぐちこうど　谷口高度　valley-mouth altitude, outlet elevation　谷口（山地河川の低地や段丘面への出口）の海抜高度（標高). 扇状地の扇頂のように明瞭な場合もあるが,幅広い谷底低地が発達する場合には谷口位置の特定は困難である. そのような場合には,谷底低地の上流端または谷底低地の幅の不連続的に急増する地点を仮の谷口とする. ⇨流域の基本地形量,谷口の位置 〈田中　靖〉

たにぐちしゅうらく　谷口集落　valley-mouth settlement　谷口に発達した集落. 渓口集落とも. 山地と平地との物資交易の要となって各地で発達した. 扇状地であっても扇頂（谷口）付近では伏流前なので水が得やすい. 関東平野の青梅（多摩川),飯能（入間川),寄居（荒川）は,そのような扇頂に発達した谷口集落である. 〈斉藤享治〉

たにぐちのいち　谷口の位置　location of valley mouth　河川が山地・丘陵から平地に出るところ. 谷口*の位置を正確に求めなければならないのは,谷口高度*,流域最大径*,最高点距離*など,流域や河谷の地形量を計測するときである. 谷口がラッパ状に広がっている場合や扇頂が河谷に深く湾入している場合には,谷口の位置を決定するのは特に難しい. そのようなときには,谷底低地の幅が下流方向に急増する地点を谷口としたり,おおまかな山麓線（山地と平地の境界線）と河川との交差点を谷口としたりしている. 〈斉藤享治〉

たにじすう　谷次数　valley order　より一般的には水路次数（stream order）という用語が用いられる. この場合,水路とはリル,ガリーから河川に至るまでの様々な規模の水の流路を指す. 対象を山地・丘陵地をつくる水路に限定し,それらを次数付けして,谷次数または谷の次数という ⇨水路次数,次数区分 〈徳永英二〉

たにすじ　谷筋　valley line　⇨沢筋

たにせん　谷線　valley line, talweg　地形線*のうち,谷底を追跡した線. 地表面が両側に高くなる地形線（凹線で,落水線の収斂線）である. 普通の河谷の谷線では上流から下流に低くなるが,特殊な谷線（例：舟底状凹地の谷線）では必ずしも一方に低下するとは限らない. 「こくせん」は誤読. ⇨谷,地形線 〈鈴木隆介〉

たにそこ　谷底　valley bottom　谷地形の最低所に位置する底の部位の日常語. 谷底*および谷床*とほぼ同義. 地形学では「こくてい」と読む. 〈日代邦康〉

たにちょう　谷長　valley length　谷の大局的な長さのこと. 特に山地における侵食谷に用いる. 山地河川の多くは交互合流の形態を示したり,谷底幅が広い場合には流路が複雑に蛇行したりするため,谷長は流路長より短くなる. 〈小松陽介〉

たにでいたんち　谷泥炭地　valley bog　河川流水の動きが緩慢な谷地や,水の集まりやすい浅い凹地に形成される泥炭地. 〈松倉公憲〉

たにどめこう　谷止め工　check dam, check dam works　渓流部などに設置する高さの低いダムあるいはその工法. 上流側に土砂を堆積させることによって渓床勾配を緩和させて流水の侵食力を低下させ,渓床の安定化をはかる. ダムはコンクリートや鋼,木材などを用いて築造される. 〈吉田信之〉

たにのおうだんけい　谷の横断形　cross profile of valley　谷底を流れる河川と直交する方向の谷の地形断面. 谷の一般的な形態を示す情報として広く用いられており,谷の横断形を表すV字谷*,U字谷*,峡谷*といった用語は地形学関係者以外にも広く知られている. V字谷が河川の作用,U字谷が

氷河の作用と対応づけられるように，谷の横断形は地形プロセスを強く反映する．比高が小さな台地を開析する谷（段丘開析谷*）などでみられる箱形の横断形をもつ谷（箱状谷）の形成には，谷壁の基部における地下水の流出によるサッピングが寄与している．また，寒冷地域の谷頭付近でみられる盆状の横断面をもつ浅い谷（盆状谷または盆谷）はデレ*とよばれ，周氷河作用で形成される．V字谷のうち，谷壁の傾斜が急で深さが大きなものは峡谷とよばれる．峡谷の形成には，急速な基準面の低下といった要因とともに，谷壁の構成物資の物性が寄与している．例えば，透水性が高いために崩れにくいが，強度が弱いために下刻されやすい凝灰岩の地域では，峡谷がしばしばみられる（例：高千穂峡）．また，谷底が側方侵食や土砂の堆積によって平坦になっている場合と，典型的なV字谷のような平坦部がほとんどない場合を対照させ，床谷*と欠床谷*という名称を用いることもある．谷の横断形には，谷壁斜面が上に凸，下に凸，あるいは直線的であるかも反映される．ペンク*（W. Penck）は，このような違いを隆起速度の変化と関連づけた．一方で斜面上で働いている地形プロセスの種類も重要であり，クリープが卓越すれば上に凸，地表流による侵食が卓越すれば下に凸，浅層崩壊が多発する斜面であれば直線といった対応も認められる．谷壁斜面の途中に顕著な傾斜の変換点が存在するために，谷の横断形が複雑な形状を示すこともある（地層階段*）．グランドキャニオンでは，谷壁に砂岩と頁岩の互層が露出しており，その物性の違いのために斜面が階段状になっている．また，後氷期開析前線*のように，下方から新規の侵食が及んでいるために生じた傾斜の変換点がみられる場合もある．谷の横断形において，右岸と左岸の谷壁の傾斜が明瞭に異なることがある．この一部は河川の蛇行に伴う攻撃斜面と滑走斜面の形成のように，局所的な原因による．一方，谷壁の傾斜が連続的かつ系統的に異なる谷は，非対称谷*とよばれる．非対称谷の成因として，①日射量に対応した土層の水分量の差異に起因する周氷河作用の強度の差，②地質構造，③偏った支流の流入などが指摘されている． ⇨河谷横断形の類型（図） 〈小口 高〉

たにのじすう　谷の次数　valley order　⇨谷次数，水路次数，次数区分［水路の］

たにのせいぞんきょうそう　谷の生存競争　struggle for existence of valley　並列する複数の谷の発達過程において，何らかの原因で一つの谷が早く深くなって，その流域が隣接する谷の谷底に達すると，隣の谷を争奪，併合するため，隣の谷が消滅する．この現象をコットン*（Cotton, 1952）は the struggle for existence（生存競争）とよんだ．単純な山腹斜面に発達する必従谷の生存競争によって，主谷の谷口間隔*はほぼ一定になる． ⇨谷の等間隔性，河流の生存競争（図） 〈鈴木隆介〉
［文献］Cotton, C. A.（1952）*Geomorphology*, Whitcombe & Tombs.

たにのとうかんかくせい　谷の等間隔性　equi-spacing of master valley　単純な地形場に発達する必従谷群はほぼ同規模で等間隔に存在するという概念．ここにいう単純な地形場とは，主分水界*とそれに発源する必従谷（主谷*）の谷口の並ぶ山麓線がともにほぼ直線的で，両者の間の距離と比高がほぼ一定な山腹斜面である．断層崖，断層線崖，ケスタ崖，ケスタ背面，直線谷*の谷壁斜面，比高の大きい古い段丘崖などがその例である．それらの谷口間隔は谷の生存競争によって，主谷の発達とともに増大し，流域長に近づくが，流域長より長くなることはない． ⇨必従谷，河流の生存競争（図），谷口間隔 〈鈴木隆介〉
［文献］Suzuki, T.（2008）Critical spacing between mouths of adjacent master valleys due to struggle for existence: Trans. Japan. Geomorph. Union, **29**, 51-68.

たにひょうが　谷氷河　valley glacier　形態的分類による氷河の一類型．下流部が谷の中を舌状に流下する形態の氷河を指す．上流部は氷原やカール*になっていることが多い．氷床*や氷帽を起源とする氷河は溢流氷河として区別される．隣接するカール氷河どうしが接続したり（複合涵養域型），複数の氷舌部が合流して一つの谷氷河を形成したり（複合流域型）することが多く，一つの涵養域だけで成り立つ谷氷河（単純涵養域型）は少ない．谷氷河の融解後には，U字谷，懸谷*，モレーン*など，代表的な氷河地形が多くみられる． 〈朝日克彦〉

たにぼんち　谷盆地　Talbecken（独）　河谷の中流部が局地的に相対的に沈降して生じた盆地状の細長い埋積谷（＝谷底堆積低地）または弱抵抗性岩の差別侵食で生じた侵食盆地*をいう．その性状（例：平面形，堆積物の種類・層厚，段丘の有無）は上流域および沈降域の元の地形（地形場*）ならびに下流の相対的隆起の様式に制約されて多様であるから，近年では谷盆地という用語はほとんど使用されていない． 〈鈴木隆介〉

たにま　谷間　ravine, gorge, valley　谷の中を指

すが，谷底と谷壁斜面およびそれらの間の空間を含み，漠然とした日常語である．谷間の村とか，谷間の家などという．　　　　　　　　　　〈鈴木隆介〉

たにみつど　谷密度　valley density, drainage density　山地・丘陵地における谷地形をつくる水路に対して適用した排水密度を指す．谷密度は水流密度，排水密度および河川密度とほぼ同義である．谷密度は谷の発達程度を示す地形量で，地表面の透水性と強く関連し，さらに降水強度などの気候，地形を構成する岩石・土壌の強度，起伏量*・斜面形*などの各種要因が影響している．流域を対象とする場合と特定の区域を対象とする場合がある．一定の方形メッシュを単位面積として，排水密度とは異なる指標も谷密度として用いられている．図には，高度と起伏量に大差がない地区の地形を例に，方形メッシュの4辺を横切る谷線数の密度 D_1，メッシュ内の外側リンクと内側リンクの総数の密度 D_2，メッシュ内の谷線全長の密度 D_3 を，基岩の地質および透水係数 K とともに示してある．これらの指標を用いて，それぞれの区域の谷の発達状況は，超高谷密度（超高排水密度），高谷密度（高排水密度），中谷密度（中排水密度），および低谷密度（低排水密度）と段階別に区分されている（図）．古くは，排水密度（D_3）のみ用い，上記の谷密度を排水密度として同様の段階区分が行われていた．谷密度の指標値が高いほど基岩の透水係数が小さくなっている．
⇨排水密度，排水網，シュリーブのリンクマグニチュード，差別削剥（図）　　〈山本　博・徳永英二〉
［文献］鈴木隆介（2000）「建設技術者のための地形図読図入門」，第3巻，古今書院．

たねんせいせっけい　多年性雪渓　perennial snow patch　⇨万年雪

タフ　tuff　⇨凝灰岩

タフォニ　tafoni　風化作用によって岩盤（岩石）表面に生じた小規模な穴状の地形．コルシカの現地語．単数形は tafone．穴の最大径は数m程度であり，形は楕円体や球形が多い．タフォニは花崗岩，砂岩，凝灰岩などからなる岩壁や岩塊によく発達する．岩塊の側面に形成されているものはサイドタフォニ（side tafoni），岩塊の下部（底部）に形成されているものはベイサルタフォニ（basal tafoni）とよばれることもある．タフォニのような穴をつくる風化を穿孔風化（cavernous weathering）という．一般には熱帯，亜熱帯の乾燥地域にみられる地形であるが，南極の乾燥地域にも発達する．また湿潤な地域の岩石海岸にも普遍的にみられる．タフォニの成

低谷密度（硬質頁岩）
$D_1=4$ 本 /0.25 km²
$D_2=4$ 本 /0.25 km²
$D_3=0.7$ km/0.25 km²
$K=10^{-3}$ cm/s

中谷密度（砂岩）
$D_1=7$ 本 /0.25 km²
$D_2=17$ 本 /0.25 km²
$D_3=1.9$ km/0.25 km²
$K=10^{-3}$ cm/s

高谷密度（礫岩）
$D_1=15$ 本 /0.25 km²
$D_2=41$ 本 /0.25 km²
$D_3=3.2$ km/0.25 km²
$K=10^{-4}$ cm/s

超高谷密度（泥岩）
$D_1=19$ 本 /0.25 km²
$D_2=88$ 本 /0.25 km²
$D_3=4.8$ km/0.25 km²
$K=10^{-6}$ cm/s

図　谷密度の異なる地区の例（鈴木，2000）
いずれも2万5,000分の1地形図の1km方眼で，使用した地形図は，低・高谷密度地区（2.5万「安牛」＜天塩3-1＞昭54修正），中・超高谷密度地区（2.5万「鬼泪山」＜横須賀1-2＞平3修正）である．
谷密度は，左の地形図を4等分した4個の0.5km方眼の平均値である．記号の定義は本文参照．水路網図は，左の地形図と同じ大きさのものを50％に縮小したものである．透水係数（K）は各地区で定水位法により測定されたものである．

因は，塩の結晶作用に基づく塩類風化によるという説が一般的である．たとえば，岩石海岸におけるタフォニは，海水飛沫を取り込んだ岩石が乾燥することにより塩類（主に NaCl）を析出し，そのとき発生する結晶圧が岩石を破壊させることによって形成さ

れる．したがってタフォニの成長速度は，塩類風化しやすい岩石で大きくなる（Matsukura and Matsuoka, 1996）．タフォニと類似の形状で，大きさが数 cm のものは「蜂の巣（状）構造*」とよばれる．タフォニと蜂の巣（状）構造は，大きさが異なるだけで，その形成プロセスは同じと考えられるので，一括してタフォニとよばれることもある．

〈松倉公憲・田中幸哉〉

[文献] 松倉公憲（2008）『地形変化の科学—風化と侵食—』，朝倉書店．

タフコーン tuff cone ⇨凝灰岩丘

たふしょくしつくろボクそう　多腐植質黒ボク層 melanic horizon ⇨黒ボク土，黒ボク土層

ダブリューエムオー　WMO World Meteorological Organization ⇨世界気象機関

タフリング tuff ring 火砕物（主に火山灰）が火口周辺に飛散・堆積して生じた低い円形土塁状の小火山体．環状丘ともいう．噴火が短期間で終わり（噴出物量が少なく），山体が成長して火砕丘（凝灰岩丘：タフコーン）になる前の段階で止まったもの．三宅島の 1983 年噴火で南西海岸に生じたもの（波食で消失）や阿蘇火山の夜峰山付近の池の窪などが例．マグマ水蒸気爆発によるものがほとんどで，火口径が大きく，構成物にはベースサージ堆積物が多く含まれる．タフ（tuff）は，本来は火山灰などの固結した堆積物を意味するが，実際には堆積物が固結していない場合でもタフリングとよんでいる．⇨凝灰岩丘

〈横山勝三〉

タブレット tablet 風化速度を知るための実験に供される直径 1.5～5 cm，厚さ 0.5～2 cm ほどの薄い円筒状（タブレット状）の岩石試料．ディスク（disc）とも．重量計測したタブレットを数年野外（地上や地中）に放置し，その欠損重量を計測することにより風化速度を知ることができる．室内での溶出実験*においても使われる．

〈松倉公憲〉

[文献] 松倉公憲・八反地　剛（2006）タブレット野外風化実験にまつわるいくつかの問題点：筑波大学陸域環境研究センター報告, 7, 41-51.

たぼんじょうかけい　多盆状河系 multi-basinal drainage pattern ⇨河系模様（図）

たまいし　玉石 cobble stone 風化や侵食を受けて球状になった岩石．京都の鞍馬石は，風化によって丸い形をしている花崗閃緑岩で，その丸さから玉石とよばれる．炭層中に大塊をなして産する卵形で珪化した石炭を玉石とよぶ場合がある．また珠算に使うそろばんの玉のような形状をしていることから，そろばん玉石とよばれる玉髄（chalcedony）がある．数～十数 cm の大きさで，流紋岩や安山岩の団塊（ノジュール）中で形成され，それらの風化に伴い産出する．

〈田中里志〉

たまがわそうぐん　田万川層群 Tamagawa group 山口県北部の田万川町に発達する田万川コールドロン（径 8×16 km）内の火山岩類で，漸新統．コールドロン内側に 10～30°で傾斜する盆状構造を示す．⇨コールドロン陥没

〈松倉公憲〉

たまじゃり　玉砂利 rounded pebble 粒径が比較的そろった円礫～亜円礫の丸みをおびた細～中礫で，日本建築に多くみられる庭園や外溝に敷く丸い石．もともと「玉」は「美しい」，「大切なもの」という意味があると考えられ，砂利は細かい石の意味の「さざれ（細石）」からきている．したがって玉砂利は，美しい小石あるいは大切な小石という意味をもつ．

〈田中里志〉

たまねぎ（じょう）こうぞう　玉葱（状）構造 onion structure ある程度風化した花崗岩・泥岩などの露頭で観察できる形態であり，中心部に球状のコアストーンがあり，その周りを同心球状のクラック（玉葱状節理）が取り巻いており，玉葱の皮のように容易に剥離しやすくなっている．同心球状のクラックの分布は節理面に規制されていることが多い．⇨球状風化

〈西山賢一〉

たまねぎじょうせつり　玉葱状節理 onion structure ⇨玉葱状構造，節理系（図）

たまめん　多摩面 Tama surface 東京都の多摩丘陵の北西部に分布する古い河成段丘面で，多摩ローム以新の関東ローム*に被覆されている．高位・中位・下位の 3 面に大別されるが，さらに細分されるという意見もある．高位面は御殿峠から東北東に伸び，低下する尾根の背面*（御殿峠礫層の堆積面）であるが，開析が進み，面の連続性は低い．高位面の形成年代は正確にはわかっていないが，約 65 万年以前と解され，関東地方では最も古い段丘面である．この尾根の東北東に断片的に分布する中位面は，形成時代が 55 万～60 万年前で，全体としては東に低下している．下位面は，大栗川をおよその境として，高位面分布地の南方に分布し，高位面より 20～30 m 低い尾根の背面で，東北東に低下し，その形成時代は 45 万～50 万年前である．多摩面を構成する御殿峠礫層などの段丘堆積物は，その礫の岩質構成および段丘面の傾斜方向などからみて西方の相模川の堆積物である．

〈鈴木隆介〉

[文献] 貝塚爽平ほか編（2000）『日本の地形 4，関東・伊豆小笠

ダム dam　治水，利水，治山，砂防等の目的で，水や砂を貯めるために川や谷を横断して構築される構造物を一般にダムという．地震等によりもたらされた崩壊堆積物が川や谷をせき止めたようなものは，天然ダムと称される．わが国では，ダムの高さが 15 m 以上を「ハイダム」，15 m 未満は一般に「堰」として扱われる．水の制御を目的とする場合は，洪水調節を行う治水ダムと，灌漑用水・上水道用水・工業用水等の取水や水力発電を行ったりレクリエーション場所を提供したりする利水ダムとがある．治水と利水を兼ねるダムを多目的ダムとよんでいる．一方，土砂の制御を対象とするダムでは，上流域で建設されることが多い治山ダムや，下流で多い砂防ダムがある．構築されるダムの材料は，コンクリート，岩塊，土砂などがある．構造形式としては，コンクリート式とフィル式があり，後者のタイプには岩塊や土砂が使われている．コンクリート式には，重力式，中空重力式とアーチ式などがある．重力式はダムの自重で水圧に耐え，中空重力式はダム本体が空洞になっている重力式で，イタリアや日本に多く使われている．アーチ式は，黒四ダムのように，アーチ形状で水圧に耐えられるようにしたもので，両岸の岩盤が堅固な場合に建設される．
〈沖村　孝〉

ダムこ　ダム湖 reservoir　⇨人造湖

ためいけ　ため池 irrigation pond　主に農業（灌漑）用水を確保するために貯水が可能で，必要に応じて取水設備を備えた人工の池のこと．灌漑のために新設したもののみならず，天然の河川や池沼を改築した池も指す．築造形態により，谷池（たにいけ）（山間部に多く，谷に堤体を築いて川の水をせき止めるようにしてつくられた池，山池とも）と皿池（主に平野部で，周囲に堤体を設けて中を掘削してつくられた池）に分けられる．日本では古くは西暦 700 年頃から建造され，現在のところ全国に約 30 万個存在するといわれているが，その多くは貯水量 1,000〜10,000 m^3 程度の小さな池である．近年では，漏水や堤体変形などに起因する機能低下が大きいため池（老朽化ため池）が増大してきている．
〈河端俊典〉

たやま　りさぶろう　田山利三郎 Tayama, Risaburo（1897-1952）海洋地質学者．東北帝国大学地質学科を卒業後，現・海上保安庁に勤務し，東北大学教授を兼務．南洋諸島のサンゴ礁*の地形・地質を精査し，海面変動も研究した．その成果は第二次世界大戦中に米軍に活用されたが，日本軍には利用されなかったといわれている．1952 年 9 月に明神礁の噴火を調査中に，調査船第五海洋丸が海底噴火に直撃されて沈没し，55 歳で殉職した．
〈鈴木隆介〉

［文献］鈴木尉元（2007）田山利三郎の南洋群島の研究（地学者列伝）：地球科学，61，217-221．

タリク talik　永久凍土の内部またはその上下の未凍結土壌層．永久凍土の再発達過程や，地下水流により凍結が妨げられている場合などに形成される．
〈石川　守〉

たりんねかざん　多輪廻火山 polycyclic volcano, multicyclic volcano　複数回の噴火輪廻（多輪廻の噴火）で形成された火山（例：成層火山，ハワイ型盾状火山）．複成火山と同義．⇨噴火輪廻，複成火山
〈鈴木隆介〉

たりんねちけい　多輪廻地形 multicycle landscape, polycyclic landscape　2 回以上の侵食輪廻の地形が共存している地形を指す．重輪廻地形ともいう．階段準平原や山麓階の総称として使われる．準平原の隆起した原地形から出発した侵食輪廻や中絶時の地形が原地形となって開始した部分的輪廻では，新しい侵食基準面に対応する縁辺準平原や遷急点をもつ河谷地形が形成されるので，新旧の輪廻の地形が共存する多輪廻地形となる．ヨーロッパのアルプスを取り巻く中山などの隆起準平原山地を指すことが多いが，多輪廻地形としては，三輪廻地形のアメリカのペンシルベニア～バージニア州のアレゲニー山地（Allegheny Mts.）が有名．また，新旧の輪廻の地形が共存していなくても，ある山地が何回もの侵食輪廻を経験していれば，その山地の地形を多輪廻地形とよぶこともある．なお，間欠的隆起（侵食基準面の変化）に起因すると考えられる段丘群などを多輪廻性地形（multicycle landform），複成火山（polygenetic volcano）を多輪廻火山*とよび，乾燥地域の島山やボルンハルトなどの形成に関して，二輪廻性（second cycle）などの言葉が用いられることもある．⇨単輪廻地形
〈大森博雄〉

［文献］Davis, W. M.（1912）*Die erklärende Beschreibung der Landformen*, B. G. Teubner（水山高幸・守田　優訳（1969）『地形の説明的記載』，大明堂）．

たりんねのふんか　多輪廻の噴火 polycyclic eruption　⇨多輪廻火山

タルク talc　⇨滑石

ダルシーのほうそく　ダルシーの法則 Darcy's law　フランスの水道技師であったダルシー（H.

Darcy）が，1856年に見いだした地下水流動に関する最も基本的な法則．飽和した多孔質媒体中を層流状態で流れる水量は，動水勾配に比例するというもので，$v=-K(dh/ds)$で表される．ここで，vは比流束（specific flux）で媒体中を単位面積あたりに通過する水量，dh/dsは動水勾配（hydraulic gradient）で，hは水頭，sは流れの方向にとった距離，Kは水理伝導率（hydraulic conductivity）である．ダルシーの法則には適用範囲がある．極めて透水性の悪い地層では，水頭勾配が小さいときにはダルシーの法則が成立せず，また，透水性のよい地層でも流速が大きくなると成立しなくなることが知られている．地下水の場合，レイノルズ数が約10以上になると成り立たなくなるとされている．流速vは多孔質媒体中を平均的に流れるいわば見かけの流速でダルシー流速ともよばれ，これを 有効間隙率*（effective porosity）n_eで除した値v/n_eが実流速になる．⇨透水係数 〈池田隆司・三宅紀治〉

ダルシーりゅうそく　ダルシー流速 Darcy velocity ⇨ダルシーの法則

タルビュウム taluvium 崖錐堆積物（talus）と崩積物質（colluvium）の混合物質を示す古い用語で，alluviumなどと同様に曖昧な定義であるから，現在ではまったく使用されない． 〈石井孝行〉

ダルマチアしきかいがんせん　ダルマチア式海岸線 Dalmatian coastline ⇨太平洋式海岸

たわ tawa, mountain pass ⇨峠

タワーカルスト tower karst ⇨塔カルスト

たんいしゃめん　単位斜面 unit slope 地表面は多様な曲面の斜面（水平面は特別の場合とする）の集合とみなせるが，それらの斜面を 傾斜変換線*によって細密に区分すると，個々の斜面は比較的に単純な起伏形態（斜面型*や傾斜角の漸移的変化）をもつ部分になる．その部分を単位斜面とよぶ．単位地表面，単位地形，地形単位あるいは単位地形体ともいわれるが，どの用語も定着していないので，ここでは最も単純明解な'単位斜面'を本項目とする．単位斜面の平面形は多様であるが，その内部では地形過程がほぼ一様で，地形営力，地形物質，形成時間がほぼ一定，一様あるいは漸移的に変化していると仮定されるので，単位斜面は地形分類の最小単位となる．⇨地形分類，斜面型（図） 〈鈴木隆介〉

たんいしゃめんのぶんるいきじゅん　単位斜面の分類基準 criteria for classifying unit slope 単位斜面は，その属性を分類基準にして多種多様に分類され，記述目的によって種々の分類名称が使用され

表 単位斜面の分類基準 （鈴木，1997）

分類基準		分類された単位斜面の例
斜面形態	傾斜角	平坦面，緩斜面，急斜面，崖
	垂直断面形	凸形斜面，等斉斜面，凹形斜面
	水平断面形	尾根型斜面，直線斜面，谷型斜面
地形過程		侵食面，堆積面，付着面，定着面，爆裂面，変位面
形成営力		河成面，海成面，氷成面，集動成面，火山原面
地形物質		岩盤面，砂礫質面，砂質面，泥質面，火山噴出物面，流れ盤斜面，受け盤斜面
時間	形成時代	更新世面，完新世面，下末吉期面，立川期面
	形成順序	現成面，前輪廻面，新期面，古期面
地形場：相対位置の形容詞		山頂，山腹，山麓，谷壁，崖頂，崖麓，谷口，河岸，湖岸，海岸，海底，地底，氷底，頂部・基部，上部・中部・下部，最上位・上位・中位・下位・最下位

る．⇨単位斜面 〈鈴木隆介〉

[文献] 鈴木隆介（1997）「建設技術者のための地形図読図入門」，第1巻，古今書院．

たんいたいせきじゅうりょう　単位体積重量 unit weight 物質の単位体積あたりの重量をいい，単位重量ともいう．一般にγの記号で表わす．土の場合は，単位体積に含まれる土粒子と水分の重量の和は湿潤単位体積重量（γ_t），単位体積に含まれる土粒子だけの重量は乾燥単位体積重量（γ_d），飽和した土の湿潤単位体積重量を飽和単位体積重量（γ_{sat}）という．斜面安定解析*の計算において，土の自重の算定に使用される．⇨砂置換法，乾燥重量 〈松倉公憲〉

たんいちけい　単位地形 unit landform ⇨単位斜面

たんいちけいたい　単位地形体 unit landform ⇨単位斜面

たんいちひょうめん　単位地表面 unit surface of the earth ⇨単位斜面

たんいつさきゅう　単一砂丘 single dune 一つないし複数の風向によって形成された 横列砂丘*，縦列砂丘*，バルハン*砂丘などをいう．風に対して凸型あるいは凹型斜面をもつ砂丘である．海岸砂丘では一連の形成過程で生じた一列の単式砂丘を指す場合があり，複合砂丘と対比される． 〈成瀬敏郎〉

たんいつしきかざん　単一式火山 simple volcano ⇨単式火山

たんいりゅうりょうず　単位流量図 unit hydrograph ある流域のなかで雨量から流量を算定する

方法で，シャーマン（L. K. Sherman, 1932）の開発による．流域にある一定の時間，一定の波形で有効降雨があったとき，それによって生ずる流出の時間流量曲線のこと．ユニットハイドログラフともよばれる． 〈池田隆司〉

だんおんたいりん　暖温帯林　warm-temperate forest ⇨照葉樹林

だんか　段化　formation of terrace, emergence of terrace surface　低地が離水して段丘面に変化する現象を段化という．段丘化とも．段化の原因は，広域的には地殻変動や海水準変動による侵食基準面*の低下による河川の下方侵食の復活（回春*）や海岸侵食の開始などであり，局所的には地殻変動や天然ダム破壊などによる局地的侵食基準面*の低下に伴う河川の回春である．なお，複数段の段丘面を区分することを段化とはいわない． 〈鈴木隆介〉

だんかい　団塊【地質の】　nodule, concretion　堆積岩中に産する硬くて緻密な塊や自生鉱物の集合体を指し，径数 mm から数 m に達する．ノジュールとも．球〜偏球状，楕円体状，円盤状，あるいは不規則な外形を呈す．一般に続成作用の過程で周囲の岩石から特定の成分（珪酸，炭酸塩，鉄）が溶出・濃集して形成される． 〈酒井治孝〉

だんきゅう　段丘　terrace　低地が離水*し，河川侵食または海岸侵食によって開析*されたために，一方ないし四方を崖または急斜面（段丘崖*とよぶ）で縁取られ，周囲より不連続的に高い平坦地（段丘面*とよぶ）をもつ階段状ないし卓状になった高台である（図）．低地が離水することを段丘化とよぶ．台地*も段丘とほぼ同義であるが，普通には階段状のものを段丘，そうでないものを台地というが，両者が混用されていることも多い．段丘は，その地形場（例：海岸・河岸・湖岸段丘*），段丘面の形成過程（例：海成・河成・湖成段丘*），段丘の構成物質（例：岩石段丘*・砂礫段丘*），段丘化の原因（変動段丘*，氷河性海面変動段丘*，気候段丘*），段丘面の形成時代（例：更新世段丘，完新世段丘），段丘面の連続性（例：交差段丘*，対性段丘*）など多種多様な基準によって様々に分類される．広義では，火砕流台地面や土石流段丘面なども含まれる．なお，段丘には段丘形成後に侵食やマスムーブメントなどによって種々の地形が随伴していることがある． ⇨段丘の分類, 台地面, 段丘の随伴地形 〈鈴木隆介〉

［文献］鈴木隆介（2000）「建設技術者のための地形図読図入門」，第3巻，古今書院．

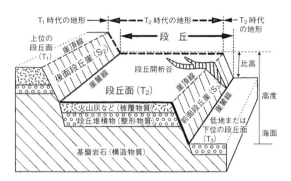

図　段丘各部の名称（鈴木，2000）

だんきゅうか　段丘化　formation of terrace ⇨段化

だんきゅうがい　段丘崖　terrace scarp, terrace cliff　段丘面を囲む急崖または急斜面．一つの段丘面の低所側にあるものを前面段丘崖*，高所側に接するものを後面段丘崖*という．後面段丘崖は段丘面の形成期における河川の側方侵食崖または海食崖であり，段丘面と同時に形成されたものである．一方，前面段丘崖は段丘面の段丘化の後に段丘面の下方の低地または段丘開析谷を流れる河川の侵食や海岸侵食で形成されたもので，いろいろな形成時代のものがある． ⇨段丘 〈鈴木隆介〉

だんきゅうかいせきこく　段丘開析谷　terrace-dissecting valley　段丘面を掘り込み侵食している谷．段丘面が段丘化することによって，前面段丘崖が形成され，そこから新しく谷が発生し，その谷頭侵食により段丘面を侵食（開析*）していく．段丘開析谷は時間とともに幅広く，深くなり，上流側へ伸長する．また，段丘化の前から延長川や名残川として存在していた水路に由来する段丘開析谷もある． ⇨段丘, 開析, 前面段丘崖 〈柳田　誠〉

だんきゅうがいのげんけいしゃそくど　段丘崖の減傾斜速度　rate of decline of terrace scarp　段丘崖は，それが河川の側方侵食や海岸侵食で後退している期間には，段丘崖の構成物質の物性に対応した傾斜で自立している．しかし，段丘崖の基部が完全に離水すると，つまり段丘崖の基部に接していた過去の低地や海底が離水すると，段丘崖の傾斜は表面流による侵食や段丘構成物質の風化による強度低下に伴う集動（匍行，落石，崩落など）などに起因して，しだいに小さくなり，離水後の経過年数の増加とともに緩傾斜になる．その減傾斜速度は，一つの地域において離水年代の異なる河成岩石段丘崖群に関する実測値によると，次の地形学公式*で表され

る．

$$\frac{d\theta}{dT} = -\alpha\beta\left(\frac{P\rho w}{HI_rS_cI_d}\right)^{-\beta}T^{-(\beta+1)}$$

ここに，θ：段丘崖の傾斜，T：段丘崖の離水年代，H：段丘崖の比高，P：平均年降水量，ρ：減傾斜に関わる物質の単位体積重量，w：段丘崖の単位幅，I_r：基盤岩石の有効相対傾斜示数，S_c：基盤岩石の湿潤圧縮強度，I_d：基盤岩石の不連続示数であり，αとβは無次元定数であるが，その値は段丘崖の上部凸形部，中部直線部，基部凹形部の各部および斜面全体で異なる．⇨斜面発達，複式斜面，斜面比高構成比　　〈鈴木隆介〉

[文献] Suzuki, T. and Nakanishi, A. (1990) Rates of decline of fluvial terrace scarps in the Chichibu basin, Japan : Trans. Japan. Geomorph. Union, 11, 117-149.

だんきゅうけいせいき　段丘形成期 formative age of terrace　低地が離水して段丘面になった相対的時代をその段丘の形成期とよび，段丘に「期」という接尾語をつけて示す．例えば，東京都の武蔵野段丘面の形成期を略して武蔵野期とよぶ．相対年代（relative age）の一つの表現法である．⇨段丘　　〈鈴木隆介〉

だんきゅうこうせいぶっしつ　段丘構成物質 terrace-forming material　段丘の全体を構成している地形物質の総称であり，下位から上位へ基盤岩石，段丘堆積物および被覆物質の3種に区分される．基盤岩石は，段丘堆積物の基盤をなす岩石で，一般に固結した岩盤であるが，非固結の古い堆積物の場合もある．段丘堆積物は段丘面の基本的形態をつくっている地形物質（整形物質）であり，その堆積物の性状から旧低地の形成過程を知ることができる．被覆物質は，段丘面の離水後に段丘面を被覆した火山灰層，崖錐堆積物，砂丘砂などであるが，段丘面の初生的形態の形成には直接関与していない．⇨段丘の内部構造，地形物質の整形物質　　〈小岩直人〉

[文献] 鈴木隆介（2000）「建設技術者のための地形図読図入門」．第3巻．古今書院．

だんきゅうたいせきぶつ　段丘堆積物 terrace deposit, terrace sediment　段丘面の基本的な形態である平坦面を形成している非固結の堆積物．段丘堆積物の性質（粒径・厚さ・層相など）は，段丘面の起源となった低地の形成過程によって異なる．河川の中・上流部に位置する河成の低地が起源である場合，段丘堆積物は礫層であることが多く，段丘礫層ともよばれる．下流部の河成の低地，海成の低地起源の段丘堆積物は，砂層，泥層，またはそれらの

互層などからなっている．⇨段丘の内部構造，地形物質の整形物質　　〈小岩直人〉

だんきゅうのかいせきど　段丘の開析度 dissection degree of terrace　段丘の原面が侵食によって失われている度合．段丘の原面は段丘化直後から開析谷の発達や前面段丘崖における崩壊などによって，時間とともに侵食されていく．基盤岩石や段丘堆積物の物性，基底地形，河床との比高，降水量などによっても異なるが，段丘の開析度は段丘形成後（≒離水後）の時間に比例するので，段丘対比の指標とされることが多い．段丘の開析度には何種類かの計測法がある．例えば，①段丘開析谷を谷埋めした等高線（復旧図の等高線）の長さと現地形の等高線の長さの比，②250mメッシュごとの開析谷の本数と原面残存面積比，③250mメッシュの谷の本数を計測し，統計処理を行うなどである．段丘の開析度は時間とともに大きくなるが，地域差があり，隆起量が大きいと段丘の開析度が大きくなる．段丘の原面の残存率から開析度を論ずる際には，原面をどのように復旧するかが計測結果を左右する．⇨開析，開析度，復旧図　　〈柳田　誠〉

[文献] Tokunaga, E. et. al. (1980) A morphometric study on dissection of the dated coastal terraces in South Kanto, central Japan : 24th International Geographical Congress Abstracts, 1, 128-129.

だんきゅうのずいはんちけい　段丘の随伴地形 landform accompanying terrace　段丘面には段丘化する前の低地に存在した微地形種（例：流路跡地，砂丘，岩礁）や名残川，浅い凹地がみられ，また段丘化の後に生じた後面段丘崖での斜面崩壊による崖

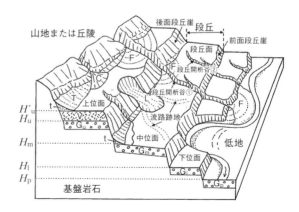

図　河成段丘の随伴地形（鈴木，2000）
L：地すべり地形，T：崖錐，F：扇状地，C：沖積錐．段丘開析谷の①は背後の山地や丘陵からの外来河川，②は段丘内部に発源する域内河川で，それぞれ形成された谷．G_u, G_m, G_lとG_p：上位・中位・下位の段丘堆積物と現成の河川堆積物．t：崖錐堆積物，v：火山灰，H：高度．

錐，崩落堆，地すべり堆や山腹斜面の侵食谷からの土石流による沖積錐や小型の扇状地が段丘面に重なっており，段丘面の本来の平坦さを乱していることがある（図）．⇨段丘面上の浅い凹地　〈鈴木隆介〉
[文献] 鈴木隆介（2000）「建設技術者のための地形図読図入門」，第3巻，古今書院．

だんきゅうのないぶこうぞう　段丘の内部構造　inner structure of terrace　河成段丘や海成段丘などの普通の段丘の内部構造（図，表），つまり段丘の構成物質は，段丘面から下方に向かって，段丘堆積物と基盤岩石である．段丘堆積物は，段丘面の平坦さ（基本的形態）を決定した整形物質であるから，その役割・意義によって，段丘は堆積段丘と侵食段丘に大別される．前者では，段丘面が段丘堆積物の堆積面であり，段丘堆積物は一般に数mないし数十mと厚い．後者では，段丘面が基盤岩石の侵食面であり，段丘堆積物はその侵食の際の研磨剤の役割をはたし，一般に約3m以下と薄い．よって，段丘はその内部構造における段丘堆積物の意義によって，フィルトップ段丘，谷側積載段丘，フィルストラス段丘およびストラス段丘（侵食段丘）に分類される（表）．なお，段丘の構成物質として，段丘化後に段丘面を被覆した火山灰や砂丘砂あるいは土石流堆積物など（被覆堆積物＊と総称）が存在することもある．特にローム段丘とよばれるものは段丘崖が風成火山灰（例：関東ローム）のみで構成され，段丘堆積物は段丘開析谷の谷底部にのみ露出する．

表　段丘面の形成過程と内部構造による段丘分類の関係（鈴木，2000）

段丘堆積物の意義による分類	低地の形成過程による分類	段丘構成物質による分類
フィルトップ段丘	堆積段丘	砂礫段丘
	堆積段丘	谷側積載段丘
フィルストラス段丘	侵食段丘	砂礫段丘
ストラス段丘	侵食段丘	岩石段丘
サンゴ礁段丘	付着段丘	岩石段丘

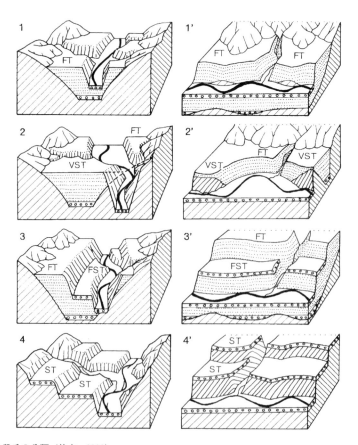

図　段丘堆積物による段丘の分類（鈴木，2000）
1：フィルトップ段丘（砂礫段丘），FT．2：谷側積載段丘（フィルトップ段丘の亜種），VST．谷側積載段丘の部分（峡谷）と砂礫段丘の部分との谷底低地幅の差異に注意．3：フィルストラス段丘（砂礫段丘），FST．4：ストラス段丘（岩石段丘），ST．1′〜4′は段丘崖を正面からみた模式図：段丘堆積物と基盤岩石の存在状態に注意．

⇨侵食段丘，堆積段丘，ストラス段丘，フィルトップ段丘，フィルストラス段丘，谷側積載段丘

〈鈴木隆介〉

[文献] 鈴木隆介（2000）「建設技術者のための地形図読図入門」，第3巻，古今書院．

だんきゅうのぶんるい 段丘の分類 classification of terrace　段丘は，平坦面（段丘面）と急斜面（段丘崖）が組み合わされた階段状または卓状の高台をなす地形である．段丘は，その属性を基準にして，多様に分類される（上表）．現在，最も一般的に用いられている分類は，段丘面となっている旧低地の初成的形態の形成過程に基づいた分類（下表）である．すなわち，①河川の侵食・堆積作用による河成段丘，②海の侵食・堆積作用による海成段丘，③湖成低地や湖底の平坦面が離水した湖成段丘，④サンゴ礁が離水したサンゴ礁段丘，という分類である．段丘の発達する相対的位置によって，河岸段丘，海岸段丘，湖岸段丘などに分類されるが，段丘の発達位置と段丘面の形成過程が異なる場合もあるから，この分類には注意が必要である．ほかに，段丘堆積物，段丘化の原因，形成時代などによる分類もある（上表）．つまり，一つの段丘は複数種の分類名称で記述される．　⇨段丘の内部構造（図，表）　〈小岩直人〉

[文献] 鈴木隆介（2000）「建設技術者のための地形図読図入門」，第3巻，古今書院．

だんきゅうめん 段丘面 terrace surface　段丘*の上面のほぼ平坦な平滑面をいう．段丘面は，過去の低地であり，その低地の形成過程によって段丘面は堆積段丘面，侵食段丘面などに分類される．段丘面上には，過去の低地の特徴（例：流路跡地，スタック）が残存し，また段丘形成後に生じた背後の斜面に由来する崖錐・沖積錐などが存在していることがある．　⇨段丘の随伴地形（図）　〈鈴木隆介〉

だんきゅうめんくぶん 段丘面区分 division of

表　異なった分類基準による段丘の分類例（鈴木，2000）

分類基準		分類名称の例
発達位置の地形場		河岸段丘，海岸段丘，湖岸段丘，沈水段丘，埋没段丘，洞内段丘
段丘面	形成営力	河成段丘，海成段丘，湖成段丘，サンゴ礁段丘
	形成過程	堆積段丘，侵食段丘，サンゴ礁段丘
段丘堆積物	意義	フィルトップ段丘，フィルストラス段丘，ストラス段丘
	厚さ	砂礫段丘，谷側積載段丘，岩石段丘，サンゴ礁段丘
段丘化の原因	広域的	変動段丘，氷河性海面変動段丘，気候段丘，重合段丘
	局所的	局地的変動段丘，河川争奪段丘，生育蛇行段丘，早瀬切断段丘など
河床・海面からの比高		最上位段丘，上位段丘，中位段丘，下位段丘，最下位段丘など
形成時代		更新世段丘（洪積台地），完新世段丘（沖積段丘）
相対年代		高位段丘，中位段丘，低位段丘
新旧段丘群の相互配置		対性段丘群，非対性段丘群，斜交段丘群

表　段丘面（過去の低地）の初生的な形成過程による段丘の分類（鈴木，2000）

低 地			段 丘		
大分類	中分類	小分類	小分類	中分類	大分類
堆積低地	河成堆積低地	谷底堆積低地	谷底堆積段丘	河成堆積段丘	堆積段丘
		支谷閉塞低地	谷側積載段丘		
		扇状地	扇状地段丘		
		蛇行原	蛇行原段丘		
		三角州	三角州段丘		
	海成堆積低地 浅海底堆積面	堤列低地	離水堤列平野	海成堆積段丘	
		海岸平野	離水海岸平野		
	湖成堆積面	湖成堆積低地	湖成低地段丘	湖成堆積段丘	
		堆積湖棚	堆積湖棚段丘		
		湖底平原	湖底平原段丘		
侵食低地	河成侵食低地	谷底侵食低地	谷底侵食段丘	河成侵食段丘	侵食段丘
		侵食扇状地	侵食扇状地段丘		
	海成侵食低地 浅海底侵食面	傾斜波食面	離水波食面	海成侵食段丘	
		波食棚	離水波食棚		
	湖底侵食面	侵食湖棚	侵食湖棚段丘	湖成侵食段丘	
サンゴ礁			離水サンゴ礁およびサンゴ礁段丘		

terrace surface　一つの地域に分布する段丘面を認定し，それらの形成期，段丘堆積物の特徴などに基づいて段丘面を分けること．段丘面区分は段丘研究の基本的な作業であり，異なる地域間において段丘面の対比*に必要不可欠である．段丘面区分は，地形図判読，空中写真判読をもとに，段丘面の連続性，開析度，上下の段丘面相互の切り合い関係，段丘面の縦断形を予察し，さらに現地調査で段丘堆積物や被覆層（例：火山灰，砂丘砂）を調査し，個々の段丘面を同定する．段丘面区分の基本には，一連の段丘面は同時代に形成されたものであるという前提があるが，近年，一続きの河成段丘面であっても，段丘面の離水には，その発達する位置（地形場*）によって10^3年～10^4年オーダーで時間差があることも指摘されており，段丘面区分をする際には注意が必要である．　⇒段丘面の連続性　〈小岩直人〉

だんきゅうめんじょうのあさいおうち　段丘面上の浅い凹地　shallow depression on terrace surface　厚い火山灰（例：関東ローム層）に覆われる段丘面や台地面にみられる凹地．一般的な大きさは深さ5 m以下，長さ数百m程度で，円形や細長い窪地であるが，枝分かれした凹地もある．武蔵野台地や相模原台地，常総台地などでは「ダイダラ坊の足跡」，「ダイダラボッチ」，「マッパ」，「シマッポ」などとよばれる．宙水に関連した地下水侵食あるいはローム層に埋もれた流路跡地に由来するといわれる．サンゴ礁段丘の上にも礁池起源の凹地やカルスト地形の一種としてしばしば凹地がみられる．　⇒宙水，地下水谷（図），段丘の随伴地形　〈柳田　誠〉
［文献］貝塚爽平（1964）「東京の自然史」，紀伊國屋書店．

だんきゅうめんのかんぜんれんぞく　段丘面の完全連続　completely continuous terrace　開析谷などに分断されておらず，現在でも一続きの平坦面である段丘面の状態（段丘面の連続性と不連続性の図のB_1とB_2の関係　⇒段丘面の連続性（図））．隣接する2つの低地の形成が同時期で，現在も切れ目なく連続していれば，形成営力・形成過程を問わず，両者は完全連続である．　〈田力正好〉

だんきゅうめんのしゅうれんこうさがたふれんぞく　段丘面の収斂交叉型不連続　convergent discontinuity of terrace　交叉不連続のうち，二つの段丘面が下流側に至るほど接近し収斂する関係（段丘面の連続性と不連続性の図のCとDの関係　⇒段丘面の連続性（図））．下流側で，高位の段丘面が低位の段丘面に覆われることがある．地殻変動や気候・海水準変化，河川争奪などの様々な要因によって，高位の段丘面が低位の段丘面よりも急な勾配をもつ場合に生じる．　〈田力正好〉

だんきゅうめんのたいひ　段丘面の対比　correlation of terrace surface　異なる地域に分布する数段の段丘面を，①段丘面の広がりと連続性，②開析状態，③火山灰などの被覆層，④段丘物構成層中に挟まれている年代試料などをもとに，段丘面相互の形成順序・時代関係（編年）を明らかにすること．日本では，^{14}C年代測定，テフラを用いた段丘の編年や対比が盛んに行われてきた．そのなかでも，広域テフラの発見は，日本各地の段丘面の対比の精度を高めるのに極めて有効であった．また，1990年代以降，日本近海における海底堆積物コアの中からもテフラがみいだされ，テフラの降下時期と海洋酸素同位体ステージとの関係が解明された．これらの知見をもとに，世界的な気候変化・海面変化と日本各地の海成段丘・河成段丘の発達との関わりについての議論が活発に行われてきた．　⇒テフロクロノロジー，地形面の対比，段丘の開析度　〈小岩直人〉
［文献］小池一之・町田　洋編（2001）「日本の海成段丘アトラス」，東京大学出版会．

だんきゅうめんのはっさんこうさがたふれんぞく　段丘面の発散交叉型不連続　divergent discontinuity of terrace　交叉不連続のうち，二つの段丘面が下流側に至るほど離れて発散する関係（段丘面の連続性と不連続性の図のEとFの関係　⇒段丘面の連続性（図））．上流側で，高位の段丘面が低位の段丘面に覆われることもある．地殻変動や気候・海水準変化，河川争奪などの様々な要因によって，高位の段丘面が低位の段丘面よりも緩い勾配をもつ場合に生じる．　〈田力正好〉

だんきゅうめんのひれんぞく　段丘面の非連続　interrupted terrace　かつては連続であった段丘面が，断層運動や地すべりによって切断され，異なる高度をもつ段丘面になった状態（段丘面の連続性と不連続性の図のG_1とG_2，H_1とH_2の関係　⇒段丘面の連続性（図））．非連続な二つの段丘面の比高から，それを生じさせた作用（断層または地すべり）の変位量（同図のf_H，f_G+f_H）を推定することができる．　〈田力正好〉

だんきゅうめんのふれんぞくせい　段丘面の不連続性　discontinuity of terrace　形成時期の異なる二つの段丘面の関係（段丘面の連続性と不連続性の図のAとB，CとD，EとF，GとHの関係　⇒段丘面の連続性（図））．一般に，相対的に高位にある段

丘面の形成時期は古く，低位にある段丘面は新しい．二つの段丘面の縦断曲線がほぼ平行である場合は，平行不連続とよび（AとBの関係），二つの段丘面の縦断曲線が交叉する場合は交叉不連続と呼ぶ（CとDの関係およびEとFの関係）． 〈田力正好〉

だんきゅうめんのぶんだんれんぞく　段丘面の分断連続 intermittently continuous terrace　完全連続であった段丘面が，開析谷により分断された状態（段丘面の連続性と不連続性の図のA_1とA_2の関係 ⇨段丘面の連続性（図））．段丘面の開析の程度が小さい場合には，分断連続の判断は容易であるが，開析が進むと，分断連続であるか不連続あるいは非連続であるかの判断が困難になる． 〈田力正好〉

だんきゅうめんのれんぞくせい　段丘面の連続性 continuity of terrace　形成時に一続きの平坦面であった段丘面の関係（段丘面の連続性と不連続性の図の1において，A_1とA_2，B_1とB_2，CとC'，EとE'の関係 ⇨段丘面の不連続性（図））．段丘面が連続であるか否かは，平坦面の形成営力・形成過程を問わない．例えば，同時期に形成された蛇行原と三角州が段丘化したものは連続な段丘面である．段丘面の連続性は，その形態によって，完全連続と分断連続に分類される．連続性のちがいはその地域の地形発達史を解明する鍵になる． 〈田力正好〉
［文献］鈴木隆介（2000）『建設技術者のための地形図読図入門』，第3巻，古今書院．

タンクモデル【菅原の】 tank model　菅原（1972）が開発した，降水により地表面に到達した水の流出*に関するモデル．貯留タンクモデルともいう．モデルでは，タンクの底の出口が基底流出に対比され，貯留量（深さ）に比例する流出があるとされる．中間にある開口出口では，その高さ以上の貯留がある場合に流出が発生し，中間流に擬せられる．タンクの縁まで貯留されている場合はそれ以上の入力はすべて流出し，これは直接流出分に相当するとされる．タンクの深さ，中間流出口の深さ，各出口の大きさなどは観測値と合うように調整する．この方法は，DEMや空間解像度の高い降雨データが得られるようになったため，分散配置型流出モデルの単位モデルとして再評価されている． 〈野上道男〉
［文献］菅原正巳（1972）『流出解析法』，共立出版．

たんげんどじょう　単元土壌 monogenic soil ⇨古土壌

だんさい　段彩【地図の】 layer tint (of map)　等高線などの等値線図において，値をいくつかに段階区分し，等値線間の区域を段階ごとに異なった色または同じ色の濃淡をつけて彩色する手法．等高線の場合，色の配列は低所から高所へ緑・黄・橙・茶・赤褐などとし，単色の場合は淡色から濃色に彩色するのが普通． 〈宇根　寛〉

だんさいず　段彩図 contour-colored map　高度帯ごとに色を変えて表現した図．色彩を適当に選び陰影図と合成すると立体感のある図が得られる．DEMの可視化に用いられる． ⇨段彩 〈野上道男〉

たんざわそうぐん　丹沢層群 Tanzawa group　丹沢山地東部に分布する新第三系．主に塩基性〜中性の水中火山岩類および水中火山砕屑岩類，酸性の水中火山砕屑岩類．最上部はトラフ充填堆積物である泥岩と礫岩．層厚約10,000 m．天野ほか（2008）は，丹沢層群中に古海洋性島弧の背弧リフト内に発達する水中単成火山群と成層火山を復元した． 〈天野一男〉

たんさんえんかさよう　炭酸塩化作用 carbonitization　珪酸塩鉱物などが，熱水溶液の作用で方解石・ドロマイトなどの炭酸塩鉱物に交代されるこ

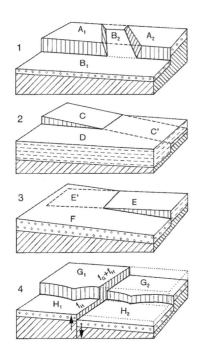

図　段丘面の連続性と不連続性（鈴木，2000）
　連続（＝），不連続（古い面＞新しい面），非連続（同時面の高い面⊆低い面）をカッコ内の記号で示す．
1. 連続（完全連続型：$B_1 = B_2$，分断連続型：$A_1 = A_2$），平行不連続（$A_1, A_2 > B_1$），
2. 収斂交叉型不連続（C＞D，ただし，C＝C'），
3. 発散交叉型不連続（E＞F，ただし，E＝E'），
4. 非連続（$G_1 \subseteq G_2$，$H_1 \subseteq H_2$，ただし，G＞H），
f. 断層（f_Gとf_HはそれぞれG面とH面の形成後の断層崖を示す．→は地盤の変位方向を示す）．

と. 〈松倉公憲〉

たんさんえんがんるい　炭酸塩岩類 carbonate rock　石灰岩*や苦灰岩（ドロマイト*）など，主に炭酸塩鉱物*からなる堆積岩．分類的にいえば，炭酸塩鉱物が50％以上含まれるものを指す．
〈増田富士雄〉

たんさんえんこうぶつ　炭酸塩鉱物 carbonate mineral　化学組成による鉱物分類の一つで，炭酸塩からなる鉱物．方解石，霰石，苦灰石（ドロマイト）など． 〈松倉公憲〉

たんさんきこう　炭酸気孔 mofette　⇨炭酸孔

たんさんこう　炭酸孔 mofette　噴気孔の一種で，炭酸気孔とも．二酸化炭素（CO_2）を主成分とし，少量の水蒸気，窒素（N_2），メタン（CH_4），硫化水素（H_2S）などを含む火山ガス（一般に60℃以下の低温）が噴出するもの．有毒ガスのため，無風時に凹地に滞留すると危険であり，鳥地獄，殺生窪，殺生石などとよばれる．日本では島根県三瓶山や北海道有珠山のものが有名．　⇨噴気孔 〈鈴木隆介〉

たんしきかざん　単式火山 simple volcano　比較的単純な地形（外部形態）とそれに調和した内部構造をもつ火山体で，一つの火道からの噴出物で構成されている（例：マール，火山砕屑丘，溶岩円頂丘，成層火山）．単一式火山とも．複式火山の対語であるが，噴火輪廻で区分した単成火山か複成火山かを問わずに，形態・内部構造を重視して分類した用語．普通に火山体の基本型とよばれる分類は単式火山の分類である． ⇨複式火山，火山体の基本型
〈鈴木隆介〉

たんしきしゃめん　単式斜面 homogenetic hillslope　斜面の垂直断面形（凸型，等斉，凹型の3種）と水平断面形（尾根型，直線，谷型の3種）の組合せによる9種の斜面型のいずれかの一つだけで構成される斜面．一般に同種の地形営力により，同質または類質の地形物質が同じ様式の移動過程（例：クリープ）で移動し，縦断形の全体が連続的に形成されたと解される． ⇨斜面の階層的分類，斜面型
〈鶴飼貴昭・若月　強〉

たんしきちけい　単式地形 simple landform ⇨地形種の階層区分（表）

たんしゃ　単斜 monocline, monoclinal flexure　広域的に水平または一様に緩傾斜する地層が局所的に急傾斜に曲がっている地質構造であり，撓曲*（flexure）とほぼ同義である．単斜構造とも．なお，明治時代に有力な地質学者が，同斜（homocline）を英語でmonoclineと混同・誤記したために，その後進の地質家たちが，現在でも稀に，同斜を単斜とよび，それをmonoclineと英語で書いたから，その論文は外国人には理解されなかった．⇨褶曲，同斜
〈鈴木隆介〉

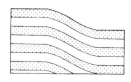

図　同斜構造（左）と単斜構造（右）の断面（鈴木，2000）

[文献] 鈴木隆介（2000）「建設技術者のための地形図読図入門」，第3巻，古今書院．

たんしゃおね　単斜尾根 monoclinal ridge　不適切用語で使用不可． ⇨単斜山稜 〈鈴木隆介〉

たんしゃこく　単斜谷 monoclinal valley　不適切用語で使用不可． ⇨単斜山稜 〈鈴木隆介〉

たんしゃさんりょう　単斜山稜 monoclinal ridge　不適切用語．地質構造の単斜*（monocline）は，広範囲でほぼ水平または緩傾斜する地層が局部的に同じ方向に急傾斜している構造であり，撓曲（flexure）と同義である．ところが，日本ではかつて，同斜*（homocline）と単斜を混同して，同斜を英語でmonoclineと書いたり，同斜褶曲と単斜褶曲を同義としたりしたので（例：加藤武夫監修（1935）「地学辞典」，古今書院），それに従った後進の学者が英語で書いた論文（地質断面図と本文の違い）を外国人は理解できなかったという．同斜構造の差別侵食による走向山稜*（例：ケスタ）は多いが，単斜構造つまり撓曲の部分は撓曲崖になっている場合もあるが，特別の形態をもつ山稜を構成する例は知られていない．したがって，同斜と単斜の混同に由来して造語されたと思われる単斜山稜，単斜尾根，単斜地塊および単斜谷という日本語は，不適切な用語として使用すべきではない． ⇨単斜，撓曲，ケスタ，同斜山稜 〈鈴木隆介〉

たんしゃちかい　単斜地塊 monoclinal block, tilted block　単斜*の誤認・誤訳による造語で，同斜山稜*と混同される不適切用語であり，単斜山稜とともに使用不可． ⇨単斜山稜 〈鈴木隆介〉

たんじゅんさし　単純砂嘴 simple spit　主陸地の海岸線が延長する方向に発達し，比較的直線状の形態をもつ砂嘴．湾口に発達した場合には，湾の閉塞の程度が低い場合にこの語が用いられる． ⇨砂浜海岸（図） 〈武田一郎〉

たんじゅんちけい　単純地形 simple landscape

1種類の地形営力によって形成された地形を指す．Horberg（1952）が地形を単純，複合，単輪廻，多輪廻，発掘の5種に分類したうちの一つで，2種類以上の営力により形成された地形が重合あるいは共存する複合地形（多生的地形：例えば，氷河地形とそれを刻む河川地形が共存する場合など）に対して，1種類の営力によって形成されたとみなせる地形を指す．⇨多生的地形　　　　　　〈大森博雄〉

[文献] Horberg, L. (1952) Interrelations of geomorphology, glacial geology and Pleistocene geology: Jour. Geol., 60, 187-190.

たんすい　湛水　ponding　ダム，池や水田などに水を溜めること．⇨冠水　　〈砂村継夫〉

たんすい　淡水　fresh water　塩分濃度が0.05％以下の水．鹹水（汽水*と海水*）の対語．主に雨や雪で供給される．地球上にある淡水の大部分は，氷河および流氷として存在し，それ以外の状態のものは全体の3％程度でしかない．〈松倉公憲〉

たんすいこ　淡水湖　freshwater lake　ブリタニカ百科事典によると，「湖とは海と直接に接しない陸の窪地にある静水の塊」と定義されている．そして，面積が500 km^{2}以上のものを大湖沼とよんでいる．湖沼の分類として，多くの書籍では，含まれる溶存塩類濃度が，0.5 g/L以下を淡水湖（freshwater lake），0.5〜30 g/Lを汽水湖（brackish water lake），30〜50 g/Lを塩湖（saline water lake），50 g/L以上を高塩湖（brine lake）と定義している．一方，中国では，1.0 g/Lを淡水湖，1〜35 g/Lを鹹水湖（salt lake），35 g/L以上を塩湖と区別している．地球上には海洋も含めて，約$1.39×10^{10}$億トンの水があり，そのうち3％弱の約$3.8×10^8$億トンが淡水である．世界全体の淡水湖の容積は約$1.25×10^6$億トンで，全地球上の水量の0.01％以下にすぎない．このうちの約20％がバイカル湖（$2.36×10^5$億トン）と北米の五大湖（$2.26×10^5$億トン）に存在している．一方，日本における淡水湖の全容積は約800億トンであり，その34％の275億トンが琵琶湖に貯えられている．⇨湖沼の分類[塩類濃度による]　　　　　　〈熊谷道夫〉

ダンスガード・オシュガー・サイクル　Dansgaard-Oeschger cycle (event)　グリーンランド氷床コアの最終氷期中の酸素同位体比変動に見出された数百年から数千年周期の顕著な気候変動サイクル．D-Oサイクルともよばれ，25回のサイクルが認められている．数十年間での年平均気温数℃の急激な温暖化と，その後の500〜2,000年の緩やかな寒冷化で特徴づけられる．ローレンタイド氷床から北大西洋への急激な融氷水の流入による北大西洋深層水の沈み込み・メキシコ湾流の北上の停止（寒冷化）と再開（温暖化）という海洋熱塩循環の盛衰に関連した気候変動と解釈されている．他の氷床コアや海底堆積物にも同様の変動が認められることが明らかになっている．　　　　　　〈三浦英樹〉

だんせい　弾性　elasticity　ある物質に荷重を作用させて変形させた後，物質から荷重を取り去ると，変形が復元し変形前の状態に完全に戻る性質をいう．荷重レベルの小さい範囲では，応力*と歪み*の関係である応力-歪み曲線（σ-ε曲線）は比例関係（$σ=Eε$：フックの法則）が成り立つことが多く，線形弾性（linear elasticity）とよばれる．一方，歪みの増加とともに弾性係数E（modulus of elasticity）が変化し，応力-歪み曲線に比例関係が成立しない場合を非線形弾性（nonlinear elasticity）とよぶ．　　　　　　〈鳥居宣之〉

たんせいかざん　単成火山　monogenetic volcano　1回（一連）の噴火活動（一輪廻の噴火）で生じた火山で，同一火道（火口）では再び噴火をしないと思われるもの．一輪廻火山とも．複成火山の対語．単成火山はさらに，1個の単式火山だけの単成単式火山と，複数の単式火山で構成される単成複式火山（例：阿蘇米塚＝溶岩流原＋火砕丘）に大別され，後者には一連1回の噴火期間に噴火様式が顕著に変化したもの（例：伊豆新島向山火山＝ベースサージ丘＋火砕丘＋溶岩流原）や噴出地点が多少移動した場合もある．⇨火山体の基本型，単式火山，複式火山，単成単式火山，単成複式火山
〈横山勝三〉

たんせいかざんぐん　単成火山群　monogenetic volcano group, monogenetic volcanic cluster　ある地域にまとまって分布する単成火山の群．火山はマール，スコリア丘（溶岩流を伴う場合が多い）および玄武岩質の溶岩平頂丘などが多い．複成火山の側火山として多数の単成火山が帯状に分布する場合（例：富士山，伊豆大島）も多いので，それらの単成火山群（または列）と区別する意味で独立単成火山群とよぶこともある．男鹿半島目潟（マール）火山群，東伊豆単成火山群，山口県北部の阿武火山群と青野山火山群など，海外ではドイツのアイフェル地方，フランス中央高地，メキシコ火山帯中央部，オーストラリアのビクトリア州南部，北アメリカのオレゴン州，マダガスカル北端などに好例がある．単成火山群は伸長する変動区に多くみ

られ，また，単成火山の種類（火山型）や数，火山群の広がりなどは場所ごとに多様で，例えばメキシコでは多数のスコリア丘が，青野山火山群やフランスでは溶岩円頂丘が，ドイツや男鹿半島ではマールが多くみられる．単成火山群では，火山群全体をひとまとまりとみた噴出物の総量（規模）や火山活動の期間（寿命）などが一つの複成火山の規模や寿命に対応すると考えられる．⇨単成火山，側火山 〈横山勝三〉

たんせいたてじょうかざん　単成盾状火山 monogenetic shield volcano　一輪廻の噴火で生じた単純な内部構造と形態をもつ盾状火山（例：アイスランド型盾状火山）．⇨アイスランド型盾状火山 〈鈴木隆介〉

たんせいたんしきかざん　単成単式火山 monogenetic simple volcano　1個の単式火山だけの単成火山（例：箱根二子山の溶岩ドーム，三宅島のマール）．しかし，完全な単成単式火山は稀であり，例えば，伊豆の大室山や阿蘇火山の米塚は砕屑丘の好例で単成火山であるが，溶岩流原を伴っており，それを含めると単成複式火山とよぶべきである．⇨単成火山，単成複式火山 〈鈴木隆介〉

たんせいちけい　単成地形 monogenetic landform　⇨地形種の階層区分（表）

だんせいはそくど　弾性波速度 elastic wave velocity　弾性体内を伝わる波の速度の総称．縦波速度と横波速度があり，それぞれ密度や弾性率の関数である．弾性波探査は，人工的に弾性波を発生させてその到達時間を測り，それぞれの深度の弾性波速度から地下構造を推定する手法． 〈飯田智之〉

だんせいはたんさ　弾性波探査 seismic prospecting　⇨地震探査，弾性波速度

だんせいはんぱつせつ　弾性反発説 elastic rebound theory　アメリカの地震学者 H. F. Reid によって，サンアンドレアス断層上で発生した1906年のサンフランシスコ地震直後に唱えられた地震発生のメカニズムに関する学説．地球の表層を弾性体と考え，プレート運動などにより岩盤内に歪みが蓄積される過程で，断層を挟む岩盤の耐えうる限界歪みを超えると，岩盤が断層を境にずれ動いて地震が発生し，そのエネルギーが地震波として伝わるというモデル．地震発生とその繰り返しのメカニズムの一次近似モデルとして広く受け入れられている．⇨断層地震説 〈隈元 崇〉

たんせいふくしきかざん　単成複式火山 monogenetic composite volcano　複数の単式火山で構成される単成火山．①火山砕屑丘と溶岩流原または溶岩円頂丘（例：兵庫県神鍋火山），②溶岩円頂丘と火砕流原（例：長崎県平成新山），③卓状火山とその山頂のアイスランド型盾状火山，などの組み合わせがある．⇨単成火山，複式火山 〈鈴木隆介〉

だんせいりつ　弾性率 elastic modulus　弾性変化内での応力と歪み間の比例定数の総称．弾性係数ともいう．ヤング率*，剛性率*，体積弾性率*がある． 〈飯田智之〉

たんそう　単層 bed　一連の作用で堆積した1枚の地層*．岩相層序学における地層の最小の単位．一般には厚さ1cm以上の層をいう．単層の上下の境界は層理面（地層面）とよばれる．特別な場合を除き，ふつう，単層には固有名詞をつけない．⇨葉理，岩相層序区分 〈増田富士雄〉

だんそう　断層 fault　地殻を構成する岩盤が岩盤内部の圧縮・引張り応力によって剪断破壊して，剪断面の両側の岩盤が三次元的に'ずれ動く現象'を断層運動*または断層変位*とよぶ．その運動で生じた岩盤の不連続な状態を断層とよび，その剪断面（不連続的地質面）を断層面*とよぶ．見掛け上，断層面の上側にある岩盤を上盤*，下側を下

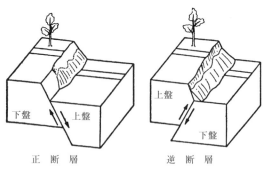

(a) 垂直ずれ断層

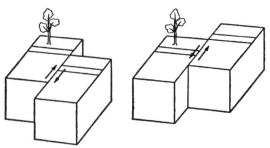

(b) 水平ずれ断層

図　基本的な4種の断層の模式図（高橋健一原図）
地表に現れた活断層の場合を示す．

盤*という（前頁の図：高くなった岩盤を上盤というのではない）．引張り破壊や曲げ破壊による岩盤の破壊で生じたが，ズレのない割れ目は，断層とはいわず，単に割れ目，地割，裂け目などとよばれる．

地形学的観点では，活断層は現成の変動変位地形を形成し，古い断層でも過去の変位に起因する変動変位地形（例：地塁，地溝）と断層沿いの差別削剥に起因する断層削剥地形（例：断層線谷，断層鞍部列，尾根遷緩点列，先行谷）などの形成に関与する．⇨活断層，断層変位地形，断層削剥地形，断層岩類，断層破砕帯の地形学的特質　　〈鈴木隆介〉

[文献] 鈴木隆介（2004）「建設技術者のための地形図読図入門」，第4巻，古今書院．

だんそうあんぶ　断層鞍部 fault notch, fault saddle　断層線沿いにみられる凹みあるいは鞍部地形．断層運動により直接的に形成される場合と，断層破砕帯に沿う差別侵食で形成される場合がある．山地・丘陵において直線的に配列する鞍部の存在から，断層の存在が推定されることも多い．⇨ケルンコル，断層破砕帯　　〈岡田篤正〉

だんそういけ　断層池 sag pond　活断層沿いの局所的な沈降域や閉塞域に形成された池．横ずれ活断層沿いに形成されたものを指す場合が多い．⇨横ずれ断層　　〈金田平太郎〉

だんそううんどう　断層運動 faulting　地質体内部に生じた剪断面（断層面）上のずれを伴う地殻運動．断層活動と同義．通常，構造的な運動に対してのみ用い，非地震性の動き（クリープ）には用いるが，地すべり運動など重力移動による剪断などに対しては用いることは少ない．一般に活断層は，再来間隔と変位の向きおよび大きさがある程度一定の断層運動を繰り返すと考えられている．⇨断層，活断層，地震活動　　〈小松原 琢〉

だんそうかい　断層階 fault terrace, fault bench　同方向に複数の断層が走り，上下変位している階段状の断層崖で，両側の断層で限られた部分を断層階あるいは断層段とよぶ．典型例は六甲山地南東斜面．⇨断層崖，醴齬断層崖（図）　　〈岡田篤正〉

だんそうがい　断層崖 fault scarp, fault cliff　断層運動に起因する急傾斜の斜面（図）．一般に断層沿いに長く連続する．1回の断層運動による上下変位量は10 m以下であり，一般に複数回の運動が累積して形成される．逆断層や横ずれ断層では運動時から，この斜面は崩壊し，侵食されるので，斜面の傾斜は，断層面の傾斜ではなく，斜面を構成する地質の安定角を示唆する．乾燥地域の正断層崖の一部では，断層面に一致することも報告されているが，日本では崖斜面は一般に断層面とは異なる．断層崖は断層地形（変位地形）の最も基本的な地形で，高さ（比高）・延長・配列，断層面の角度，断層運動の時期などにより，形態的な分類やより細かな地形に区分される．大規模な断層崖はいくつかの三角末端面から構成され，下部ほど急傾斜であり，こうした急崖が数十km以上も連続する．東北日本の脊梁山地および西南日本の南北に伸びる山地山麓の逆断層運動によって形成されたものや，九州中部の雲仙-別府地溝帯にみられる東西性の正断層によるものが断層崖の地形の好例である．また，西南日本の中央構造線活断層帯の石鎚断層崖のように，横ずれ断層運動の影響を受けたものもある．断層崖基部には，

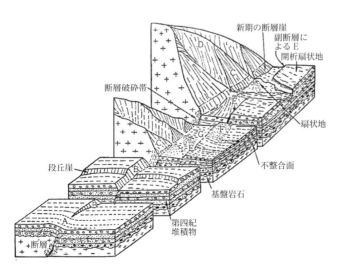

図　種々の**断層崖**（岡田原図）
（A：撓曲崖，B：低断層崖，C：三角末端面，D：断層崖，E：逆向き低断層崖，F：ふくらみ，G：小地溝）

新しい断層運動によって形成された低い崖（低断層崖，活断層崖），逆向き低断層崖，撓曲崖がしばしばみられ，侵食によって形成された急斜面と容易に区別できることが多い．断層運動が衰微してくると，徐々に侵食作用を受けて開析され，断層崖の斜面は全体として低角度化し，やがて消滅する．⇨低断層崖，眉状断層崖，逆向き低断層崖，撓曲崖，三角末端面，復活断層崖　〈岡田篤正・中田 高〉

だんそうかいがんせん　断層海岸線　fault coastline　断層運動によって海岸線の原形が形成された直線状に伸びる海岸地形．急斜面が海岸線沿いに連続するが，海食による小さな出入りを伴うことが多い．甲楽城断層沿いの若狭湾東岸，四国北西部の中央構造線沿いの伊予灘南岸などが典型例．　〈岡田篤正・福本 紘〉

だんそうガウジ　断層ガウジ　fault gouge　断層活動に伴って形成された断層岩類のうち，固結性がなく，破砕岩片の量比が30％以下のもの．細粒基質部には熱水変質等による粘土鉱物を生じていることが多い．⇨断層岩類，断層粘土，断層破砕帯（図）　〈宮下由香里〉

だんそうかくぼんち　断層角盆地　fault angle basin, tilt-block basin　断層崖によって限られた盆地のうち，一方の縁が直線的な断層崖によって限られ，他方が出入りに富む山麓線で特徴づけられた非対称の形態をもつ盆地（図）．盆地底の堆積物は断層崖に近づくほど厚くなり，非対称な横断形をもつ．アメリカ西部のベイズン・アンド・レンジ（Basin and Range）では並行して発達する多数の正断層によって形成された傾動地塊*の間に多数の断層角盆地が発達．東北日本にみられる南北方向の細長い盆地（例：秋田県横手盆地）の多くは一方を逆断層で限られた断層角盆地．また，濃尾平野，紀ノ川下流平野，吉野川下流平野，長野盆地，琵琶湖を含む近江盆地，亀岡盆地などが典型例．⇨地溝，半地溝　〈中田 高・岡田篤正〉

[文献] 岡田篤正（1990）断層地形：佐藤 久・町田 洋編「総観地理学講座 6 地形学」，朝倉書店．

だんそうかくれき　断層角礫　fault breccia　断層活動に伴って形成された断層岩類のうち，固結性がなく，破砕岩片の量比が30％以上のもの．⇨断層岩類，断層破砕帯の地形学的特質　〈宮下由香里〉

だんそうかんぼうち　断層陥没地　fault depression　断層運動によって落ち込んだ細長い凹地．縦ずれ型の活断層では主断層に平行する副次的な逆向き断層に挟まれた陥没地が多い．横ずれ断層型の活断層の走向がわずかに変化したり，断層線がステップしたりすることによって局地的に陥没地が形成されることが多い．凹地に水が溜まったものを断層陥没池（fault sag pond または sag pond）とよぶ．　〈中田 高〉

だんそうかんぼうち　断層陥没池　fault sag pond　⇨断層陥没地

だんそうがんるい　断層岩類　fault rock　断層活動に伴って形成された変形岩の総称．脆性および延性剪断帯を構成する．固結性のない断層内物質に対しても用いられる．通常の断層岩は周囲の岩石が破砕されてできた角礫状の岩片と細粒の基質から構成される．日本では断層岩ということも多いが，複数種の総称名であるので，断層岩類の方が適切．断層岩の分類は，Sibson（1977）の，①固結した（cohesive）岩石か，②固結していない（incohesive）岩石か，③無構造な（random fabric）岩石か，④面構造をもつ（foliated）岩石か，に基づいた記載的な分類案を一部変更・追加して用いることが多い．⇨断層，断層破砕帯　〈宮下由香里〉

[文献] Sibson, R. H. (1977) Fault rocks and fault mechanisms : Jour. Geol. Soc. London, **133**, 191-213.

だんそうかんれんしゅうきょく　断層関連褶曲　fault-related fold　断層の活動によって地層中に形成される褶曲のこと．断層折れ曲がり褶曲（fault-bend fold）など様々なタイプの断層関連褶曲が提唱されている．　〈石山達也〉

[文献] Suppe, J. (1983) Geometry and kinematics of fault-

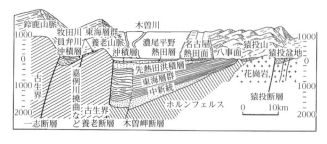

図　断層角盆地の例（濃尾平野）（岡田，1990）

bend folding : Amer. Jour. Sci., 283, 684-721.

だんそうけい　断層系　fault system　長く伸びる断層は複数の断層が並走したり，分岐したりするので，こうした一連の断層群を日本では断層系とよぶこともあるが，断層帯とよぶ方が適切である．サンアンドレアス断層系は，右ずれの同断層だけでなく，左ずれのガーロック断層やビックパイン断層をも含めた広域の断層系統を指し，同じ応力場で活動している共役断層全体を対象とする．北丹後地震時に活動した左ずれの郷村断層（帯）と右ずれの山田断層を北丹後断層系，北伊豆地震時に動いた左ずれの丹那断層（帯）と右ずれの姫之湯断層を北伊豆断層系，陸羽地震時に変動した奥羽脊梁山脈両側の断層（千屋断層と川舟断層）を陸羽断層系などとよぶのが適切である．⇨共役断層，断層帯　〈岡田篤正〉

だんそうけいどうさんち　断層傾動山地　fault-tilted mountain　⇨断層山地

だんそうこ　断層湖　fault lake　⇨構造湖

だんそうこく　断層谷　fault valley　断層変位の直接的な結果として生じた直線状あるいは緩やかな弧状の谷．一般に，断層変位による初生谷に2次的な侵食と堆積の影響が加わる．古い断層破砕帯に沿って下刻が選択的に進んで生じた断層線谷とは区別される．⇨断層線谷　〈堤　浩之〉

だんそうさくはくちけい　断層削剥地形　denuded fault landform　古い断層の存在に起因する差別削剥によって生じた線状の削剥地形．断層線崖・断層線谷・断層鞍部などがある．⇨断層線崖，断層線谷，断層鞍部，尾根遷緩点列　〈堤　浩之〉

［文献］鈴木隆介（2004）「建設技術者のための地形図読図入門」，第4巻，古今書院．

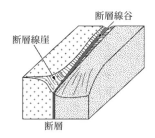

図　各種の断層削剥地形（堤原図）

だんそうさんち　断層山地　fault mountain　片側あるいは両側を限る断層の運動に伴う隆起により生じた山地．地塁と傾動山地に大別される．地塁は山地の両側を断層崖で限られ，周囲よりも高く隆起した尾根状の山地．傾動山地は山地の片側が急崖な断層崖をなし，山地高度が反対側へ徐々に低下する非対称的断面をもつ山地であり，断層傾動山地とも．　〈堤　浩之〉

だんそうじしんせつ　断層地震説　faulting theory of earthquake origin　断層運動そのものが地震であるという説．1891年濃尾地震や1906年サンフランシスコ地震によって地表に地震断層が出現したが，かつては，地震の原因は陥没，割れ目，マグマ貫入などの地殻の変形であり，その結果として地すべりなどと同様に地震断層が生じるという考えが卓越していた．地震波初動の押し引き分布が4象限型を示すこと，断層と等価な点震源モデルがダブルカップルであること，などの地震学的観測・理論に基づき，1960年代になって確立した．⇨弾性反発説　〈佐竹健治〉

［文献］安芸敬一（1978）「地震学序説」，岩波講座地球科学，8巻，岩波書店．

だんそうしゅうきょくさんち　断層褶曲山地　fault-fold mountain　古典的造山論において，褶曲を伴う断層地塊によって特徴づけられる地質構造をもつ山地．Stille（1924）の提唱による原義では，ヨーロッパアルプスはこれに含めない．また原義では褶曲と断層が同時期に形成されたものに限定していた．　〈小松原 琢〉

だんそうセグメント　断層セグメント　fault segment　断層線の幾何学的不連続，変位センスの相違，活動時期や活動間隔の相違などによって区分した活断層の一区間．また，このように区分することをセグメンテーションという．様々な区分が可能なため，その用法にはやや混乱もみられる．活断層が活動する最小の単元を想定して用いる場合，特に活動セグメント（behavioral segment）とよぶことがあり，一つの活動セグメントが単独で活動したり，複数の活動セグメントが同時に破壊したりして，一つの活断層から多様な地震が発生するという考え方もある．⇨セグメンテーション　〈金田平太郎〉

だんそうせん　断層泉　fault spring　⇨湧泉

だんそうせん　断層線　fault trace, fault line　断層面が地表面と交差した線．地表における活断層の位置は，この断層線として地図上に示される．断層面が鉛直であれば断層線の形状は直線になるが，断層面が低角な場合には地表の起伏の影響を受け，地層の露頭線と同様に，必ずしも直線にはならない．⇨断層，露頭線，断層線の地表での平面形（図）　〈鈴木康弘〉

だんそうせんがい　断層線崖　fault-line scarp　断層運動の直接的な結果ではなく，差別侵食によっ

だんそうせ

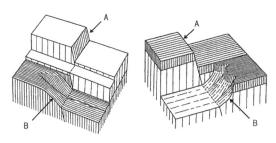

図　断層崖（A）と断層線崖（B）（Cotton, 1952を簡略化）

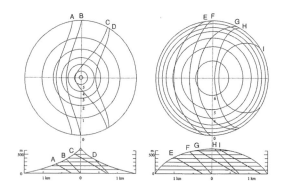

図　断層面の傾斜と地形との組み合わせによる断層線の平面形の違い（鈴木，2004）
上図の等高線の数値は，例えば100 m単位．記号は下図（断面図）と同じ．地形および断層面の傾斜状態によって，地層界線と同様に，断層線の平面形が異なる．正断層でも逆断層でも断層線を境に相対的な隆起側が高くなる．

て形成される組織地形．断層を境に，抵抗性に差のある地層が接している場合，差別侵食の影響によって，相対的な弱抵抗性岩の部分が削られ，強抵抗性岩が高い位置に残るため，両者間に崖が形成される．断層運動により生じた断層崖との区別は断層の活動時期を検討する上で重要である．⇨断層線，断層削剥地形　　　　　　　　　　〈鈴木康弘〉

[文献] Davis, W. M. (1912) *Die erklärende Beschreibung der Landformen*, B. G. Teubner（水山高幸・守田　優　訳（1969）「地形の説明的記載」，大明堂）./Cotton, C. A. (1952) *Geomorphology*, Whiitcombe & Tombs.

だんそうせんこく　断層線谷　fault-line valley　差別侵食により，断層面および断層破砕帯に沿って生じた直線的な侵食谷．断層運動が原因となって形成された断層谷との区別が容易でないこともある．⇨断層谷，断層削剥地形，谷中分水界　〈鈴木康弘〉

[文献] Davis, W. M. (1912) *Die erklärende Beschreibung der Landformen*, B. G. Teubner（水山高幸・守田　優　訳（1969）「地形の説明的記載」，大明堂）./鈴木隆介（2004）「建設技術者のための地形図読図入門」，第4巻，古今書院．

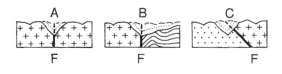

図　断層線谷の3種の横断形（F：断層）（鈴木，2004）
A：対称谷（両岸の地質が同じで，高角断層の場合）
B：非対称谷（両岸の地質が異なる場合：断層線崖を伴う）
C：断層線谷の谷底と断層線が著しく離れており，低角断層の場合（特別の地形種名はない）

だんそうせんのちひょうでのへいめんけい　断層線の地表での平面形　plan of fault-line in relation to topography　断層と地表との交線すなわち断層線の地表での平面形は，断層面が平面であると仮定すれば，平面と仮定した地層面と地表との交線すなわち地質界線の場合と同じであって，断層面の走向・傾斜と地形との組み合わせで様々になる．図には，垂直断面形が凹形斜面と凸形斜面をもつ二つの簡単な場合を例示する．どちらの場合も断層面が高角度になるほど，地形と無関係に断層線は直線に近づく．これは正断層でも逆断層でも同じである．⇨断層，断層変位，地層界線の平面形　〈鈴木隆介〉

[文献] 鈴木隆介（2004）「建設技術者のための地形図読図入門」，第4巻，古今書院．

だんそうたい　断層帯　fault zone　地質学的には断層運動によって生じた無数の亀裂や破砕された礫や粘土などからなる断層破砕帯とよばれる地帯．大断層帯では長期間の断層運動の繰り返しによって幅数百mに達するものもある．一方，長大な断層が地表と交わる場合，複数の平行する断層線や断層線の分岐が認められ，これらの断層線をまとめて断層帯とよぶ．西南日本の中央構造線のような長大な活断層では，断層帯を構成する活断層うち，どの断層がまとまって活動するのかを見極めることが将来発生する地震規模の予測には重要であり，そのために活断層の過去の活動の様子や断層の幾何学形状などの検討が進んでいる．　　〈中田　高〉

だんそうちかい　断層地塊　fault block　断層によって限られた地殻の一部で，断層活動によって1単元として活動する地塊．断層に完全に囲まれる場合や一方にだけ断層がある場合がある．逆断層によって限られた東北・中部・近畿日本各地の山地や，正断層によって限られたアメリカ西部のベイズン・アンド・レンジ（Basin and Range）の山塊がこれにあたる．　　〈中田　高〉

表　断層地形の分類（鈴木，2004）

	縦ずれ断層変位地形	横ずれ断層変位地形	断層削剝地形[*3]
急崖と急斜面	撓曲崖，低断層崖，断層崖（縦ずれ断層崖），三角末端面，逆向き低断層崖	断層崖（横ずれ断層崖），三角末端面	断層線崖，再従断層線崖，逆従断層線崖
谷，凹地と鞍部	断層谷，断層鞍部，地溝，小地溝，断層凹地，断層陥没，断層湖，断層池，断層角盆地，先行谷，截頭谷，風隙（谷中分水界）	横ずれ谷（オフセット），断層鞍部，横ずれ断層谷，断層楔状凹地，閉塞凹地，断層湖，断層角盆地，先行谷，截頭谷，風隙（谷中分水界）	断層線谷，断層線鞍部列[*1]，接頭直線谷[*1]，十字直線谷[*1]，谷中分水界，リニアメント
尾根，小突起，分離丘陵と地塊	地塁，小地塁，ふくらみ，圧縮尾根，断層突起，尾根遷緩点，断層地塊山地，傾動地塊山地	横ずれ尾根（オフセット），段丘崖・山麓線の食い違い，閉塞丘，断層分離丘[*1]，楔状断層地塊	尾根遷緩点列[*1]
堆積地形[*2]	崖錐，沖積錐，合流扇状地	崖錐，沖積錐，合流扇状地	

[*1]：著者新称．[*2]：断層崖下にしばしば随伴する堆積地形を示す．[*3]：各種のリニアメント．

だんそうちけい　断層地形　fault topography
断層が何らかの地表形態として現れている地形．これには断層削剝地形（断層組織地形）と断層変位地形（活断層地形），さらに両者の中間にあたる地形（複雑断層崖，複雑断層谷）がある（表）．ある程度大きな規模の断層沿いには一般に断層破砕帯が伴われ，両側で地質が大きく異なるので，削剝に対する抵抗性が相違する．選択的な侵食作用で形成された谷地形を断層線谷，崖地形を断層線崖とよび，新しい地質時代（第四紀，特に後期）の断層運動は伴われていない．これに対して，上下あるいは水平（横ずれ）方向の断層運動によって地表面が食い違い，こうした運動が地形に残され，繰り返されると断層変位地形が形成される．こうした地形は活断層沿いに発達しているので，その性質や過去の運動の解明に重要であり，将来の動きを予測する上でも手懸かりとなる．古い地質時代に形成された断層削剝地形が新しい地質時代に再活動して，崖や谷の地形が付加された場合に，複（雑）断層崖や複（雑）断層谷とよばれるが，実際には検出が困難で，典型的な日本での事例を指摘し難い．⇒断層削剝地形，断層変位地形，断層線谷，断層線崖，正断層地形，逆断層地形
〈岡田篤正〉

［文献］岡田篤正（1990）断層地形：佐藤　久・町田　洋編「地形学」，朝倉書店，216-229．／鈴木隆介（2004）「建設技術者のための地形図読図入門」第4巻，古今書院．

だんそうねんど　断層粘土　fault clay　断層ガウジのうち，細粒基質部が粘土鉱物を主体とするもの（図）．⇒断層岩類，断層ガウジ，断層破砕帯の地形学的特質（図）　〈宮下由香里〉

［文献］陶山国男・羽田　忍（1978）「現場技術者のためのやさしい地質学」，築地書館．

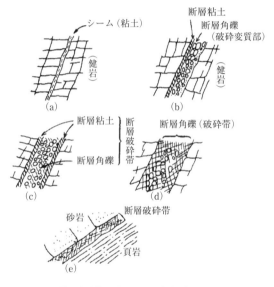

図　種々の断層破砕帯と断層粘土の産状（陶山・羽田，1978）

だんそうのかつどうりれき　断層の活動履歴
paleo-seismological data of fault　断層活動の時期，断層変位の様式，変位量など，過去の断層活動の繰り返しに関する情報．最近の活動は，歴史資料によって明確に記録されているが，有史以前の断層活動については，トレンチ調査などの掘削調査や自然露頭調査により，地層の累積的な変形を確認し，その変形から断層活動の回数や変位様式を推定し，地層の年代測定結果により活動履歴が解明される．活断層ごとに，ある程度の，固有の地震活動があると仮定し，過去の地震活動の繰り返しパターンから次の

活動が近い将来か否かを判断できるという論理が，活断層による地震発生の長期予測の基礎となっている．トレンチ調査により活動履歴を判断する場合には，確実に断定できる活動と，可能性の指摘にとどまる活動とを峻別することが重要である．また，把握できる活動年代はその時代の堆積物の存否に左右される．さらに一般的に用いられる ^{14}C 年代測定法では数十年の誤差は回避できないので，複数地点で把握された堆積物の変形が同一の活動に起因するか否かを確定できないことにも留意する必要がある．⇨トレンチ（掘削）調査　　　　　　　　〈鈴木康弘〉

だんそうのぶんるいほう　断層の分類法　classification of fault　断層は種々の分類基準によって様々に分類されている（図，表）．したがって，1本の断層でも記述目的によって多様な分類名が与えられる．⇨断層，断層変位　　　　　　　　〈鈴木隆介〉
［文献］鈴木隆介（2004）「建設技術者のための地形図読図入門」．第4巻．古今書院．

だんそうはさいたい　断層破砕帯　fault-shatter zone　断層運動に伴って，両側の岩石が砕かれて，

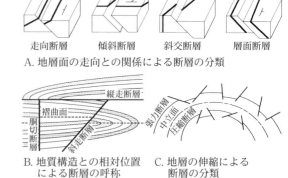

A. 地層面の走向との関係による断層の分類

B. 地質構造との相対位置による断層の呼称　C. 地層の伸縮による断層の分類

D. 断層群の分布状態による分類

図　相対位置による断層の分類（鈴木，2004）

表　断層の主要な分類（鈴木，2004）

分類基準	分類名		定義
断層の主な変位方向に基づく幾何学的分類	縦ずれ断層 (dip-slip fault)	正断層（normal fault）	見掛け上，上盤が下がり，下盤が上がった断層
		逆断層（reverse fault）	見掛け上，上盤が上がり，下盤が下がった断層
	横ずれ断層 (strike-slip fault ; lateral fault)	左横ずれ断層（left-lateral fault）	断層線の手前に対して向こう側が左方に動いた断層
		右横ずれ断層（right-lateral fault）	断層線の手前に対して向こう側が右方に動いた断層
断層面の傾斜	垂直断層（vertical fault）		傾斜90°の断層（一般に横ずれ断層）
	高角断層（high-angle fault）		傾斜45°以上の断層
	低角断層（low-angle fault）		傾斜45°未満の断層（一般に縦ずれ断層）
	衝上断層（thrust）		傾斜45°未満の逆断層
	押しかぶせ断層（overthrust）		断層面が水平に近い緩傾斜な逆断層
震源との関係	震源断層（seismogenic fault）		地震を起こした断層
	地表地震断層（surface earthquake fault）		断層面が地表にまで達し，断層崖として露出した震源断層
	地震断層（earthquake fault）		地震に関連して地表に出現したすべての断層（地表地震断層を含む）
断層運動の活動時代・再発性	活断層（active fault）		第四紀に運動した断層で，将来も再運動する可能性のあるもの
	非活断層（古断層）（inactive fault）		第四紀に運動したことのない古い断層
変位量と長さ	主断層（main fault）		変位量の大きな，延長の長い断層
	副断層（subsidary fault）		主断層に並走し，変位量の小さな，短い断層
断層面と地層面の幾何学的関係	走向断層（strike fault）		断層面の走向が地層面や岩脈の走向に平行する断層
	傾斜断層（dip fault）		断層面の走向が地層面や岩脈の傾斜方向に一致する断層
	斜交断層（oblique fault）		断層面の走向が地層面や岩脈の走向に斜交する断層
	層面断層（bedding plane fault）		地層面に平行な断層（見掛けでは変位はみられない）
断層群の配置による分類	平行断層（群）（parallel fault）		ほぼ平行に配列する断層群
	共役断層系（conjugate system of fault）		ずれの向きが逆で，互いに交差する断層の組
	雁行断層（群）（echelon fault）		斜めにミの字のように配列する，ほぼ同規模の断層
	同心円状断層（群）（concentric fault）		同心円的に環状の断層が配列する断層群
	放射状断層（群）（radial fault）		ほぼ一地点から放射状に伸びる断層群
地域的な地質構造に対する方向	縦走断層（longitudinal fault）		褶曲軸にほぼ平行な方向の走向をもつ断層
	斜走断層（diagonal fault）		褶曲軸に斜交する走向をもつ断層
	横断断層（transverse fault）		褶曲軸を横断する方向の走向をもつ断層（胴切断層ともいう）

断層破砕帯（または剪断帯）とよばれる軟弱な地質帯が形成される（図）．この中心部は特に強く破砕され，両側にはしだいに弱くなり，やがて原岩に移行する．中心部の断層面沿いには軟弱な粘土状物質が伴われることが多く，この部分は断層粘土（fault clay），断層ガウジ（fault gouge）とよばれる．活断層沿いでは，粘土細工ができるほど柔らかい粘土帯が一般に伴われる．この両側には，小断層や割れ目，細粒物質の含有量が異なる部分が認められ，破砕の程度が異なることから，破砕度に分類・区分する試みも行われている．また，破砕帯の幅は概して変位量に規定され，数 km に及ぶ大規模なものから，数 cm 程度以下と幅が少ないものまである．断層破砕帯の性質は両側の岩石に由来するだけでなく，深部からの揉上げや岩脈の貫入，上部からの落込み，熱水変質，風化，水和作用などが加わり，複雑な性質をもつ異質の地質帯となることも多い．また，地下水や温泉水を多量に含むことも多い．したがって，トンネル工事では，落盤・湧水がしばしば起こるので，工学的に厄介な地質帯として重要視されてきた．⇨断層谷，断層粘土，断層ガウジ，断層角礫 〈岡田篤正〉

だんそうはさいたいのちけいがくてきとくしつ　断層破砕帯の地形学的特質 geomorphological characteristics of fault shatter zone　断層破砕帯*はその両側の原岩（工学的には健岩*とも）に比べて，大小の岩塊に破砕され，一般に非固結*なので，透水性が高い．破砕帯に詰まっている岩塊は角張っているので断層角礫*とよばれるが，幅数十 m の断層破砕帯では，径数 m 以上の原岩の大岩塊（トンネル掘削現場では馬石*という）を含むこともある（図）．一方では，断層面に張り付くように断層粘土*があり，それが原岩との間の地下水の遮断壁になっていて，破砕帯の深部が高圧の地下水で充満されていることもあるが（逆に水抜けもある），断層粘土の存在様式は多種多様である（⇨曲層粘土（図））．幅が数 cm 以下の薄い破砕帯を満たす粘土はシーム（seam）とよばれる．このような特質のために，断層破砕帯は，破砕帯の外側の健岩に比べて，風化が進行しており，侵食に対して弱抵抗性であるから，その選択侵食によって断層線谷，断層鞍部列などの線状の断層削剥地形*を形成し，リニアメントを示す場合もある． 〈鈴木隆介〉

［文献］鈴木隆介（2004）「建設技術者のための地形図読図入門」，第 4 巻，古今書院．

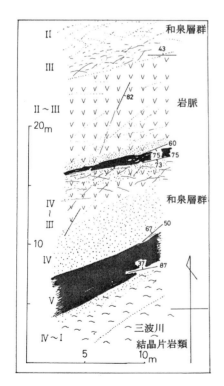

図　中央構造線活断層帯・石鎚断層の断層露頭（平面図）（岡田原図）
愛媛県・四国中央市・土居町・浦山川左岸の露頭．Vは断層粘土帯で断層の主要部を占め，Ⅳ・Ⅲ・Ⅱへと破砕度が減少する．

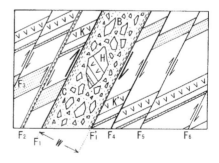

図　断層破砕帯の概念図（逆断層の場合）（鈴木，2004）
F_1–F_1'：主断層とその断層破砕帯，C：断層粘土，B：断層角礫，H：馬石，F_2～F_6：副断層，W：破砕帯幅，K と K' の距離：見掛けの変位量，矢印：変位方向．

だんそうパラメータ　断層パラメータ fault parameter　活断層や震源断層を記述する各種物理量や諸元．活断層の場合は，走向，傾斜，長さ，変位センス等のほか，平均変位速度，最新活動時期，平均活動間隔等を指す場合が多い．地震の震源断層の場合は，主に地震・測地学的観測から断層パラメータが推定され，走向，傾斜，長さ，深さ方向の幅，

すべり角，すべり量の静的パラメータのほか，立ち上がり時間，破壊伝播速度等の動的パラメータも含まれる．活断層から発生する将来の地震の震源断層パラメータを推定し，強震動予測や被害予測に活用する試みも行われている．　⇨強震動予測

〈金田平太郎〉

だんそうぶんりきゅう　断層分離丘　fault-separated hill　断層運動により山地側（ないし断層崖）から隔てられた小丘・丘陵．特に横ずれの活断層沿いでは，尾根や山地から分離されて生じた小丘や丘陵が数多く認められる．主に横ずれの卓越した断層運動によって食い違った尾根部を横ずれ尾根（offset spur, offset ridge），河谷出口を塞ぐような場所にある小丘をシャッターリッジ（shutter ridge：閉塞丘）とよび，中央構造線活断層帯や山崎断層帯などに多くの事例がある．なお，断層に沿う小丘であっても，断層破砕帯の侵食により，断層部分が低下して形成される場合もあり，断層沿いの小丘のすべてが断層運動の直接的な産物とは限らない．　⇨断層崖，シャッターリッジ

〈岡田篤正〉

だんそうへんい　断層変位　fault displacement　断層運動による地層・岩石や地表のずれ．断層で元は，多くの場合，互いにつながっていた A と A' が図の A-A' のように断層面を斜めにずれ動くので，これが断層の真のずれ量（ネットスリップ：net slip）になる．A から A' あるいは A' から A のどちらが変位ベクトルの向きであるのかは，地震直後に地殻変動量が計測されるような場合を除いて認定が困難である．ネットスリップは，断層面上で縦ずれ変位成分（A-B）と横ずれ変位成分（A-C）に分けられ，それらのどちらが大きいかによって縦ずれ断層（dip-slip fault）と横ずれ断層（strike-slip fault）に分けられる．縦ずれ断層の場合，断層を挟んで上盤が下盤に対して相対的にずり下がるものを正断層，相対的にせり上がるものを逆断層とよぶ．断層面が垂直あるいは極めて高角な断層は横ずれ断層である場合が多い．横ずれは断層を挟んで反対側の地殻（地盤）が左右のどちらにずれたかによって右横ずれ断層と左横ずれ断層に分けられる．図では A から断層を挟んで A' をみた場合，あるいは A' から A をみた場合，いずれも左にずれているので左横ずれ変位が生じたことになる．さらにネットスリップ A-A' は，上下成分と二つの水平成分（横ずれ変位成分と水平短縮成分と水平伸長成分）に分けられる．上の図では A-B が横ずれ成分，A-D が上下成分，B-D が水平伸長成分．下の図では A-B が横ず

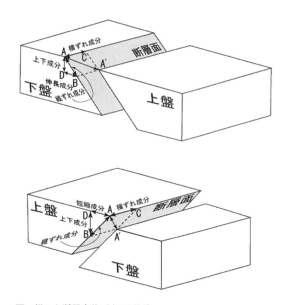

図　様々な断層変位（中田原図）
　上：引張り応力場のもとでみられる断層変位
　下：圧縮応力場のもとでみられる断層変位

れ成分，D-B が上下成分，A-D が水平短縮成分となる．このような断層変位は，断層変位地形の特徴から比較的簡単に認識することができる．野外の地形測量では，上下成分や横ずれ成分を計測している場合が多い．一方，地震直後に地表に生じた地震断層では，A-A' にあたる変位基準を明確に認識できるとともに，断層面に断層のずれを示す条痕（ストリエーション：striation）が観察できることもあり，断層変位の様子を正確に知ることができる．日本列島は第四紀後半では，一部の地域を除きほぼ東西圧縮の応力場にあるため，南北走向の活断層は逆断層変位，北東-南西走向は右横ずれ変位，北西-南東走向は左横ずれ変位，東西走向は正断層変位が卓越する．　⇨断層変位の諸元（図）　〈中田　高〉

だんそうへんいちけい　断層変位地形　fault displacement topography　断層変位地形は断層運動によって直接に形成された変動地形であり，単に変位地形や活断層地形ともいわれる．正断層・逆断層・横ずれ断層のような運動様式の違いや新旧・累積性などにより，様々な種類の地形が形成される．また，急傾斜の山地斜面を形成する大規模な断層崖の地形から，比高数 m 程度の小さな崖地形（低断層崖）まで含まれる．次頁の表に示したように形態的な特徴により，断層変位地形は崖地形（変動崖），凹地形（変動凹地），凸地形（変動凸地），横ずれ地形に分けられる．これらの形態の地形は個々の項目を

表 断層変位地形の主な用語と分類 (岡田作成)

崖地形 (変動崖)	断層崖,撓曲崖,低断層崖,三角末端面,逆向き低断層崖
凹地形 (変動凹地)	断層谷,地溝,小地溝,断層凹地,断層陥没地,断層池,断層鞍部,断層角盆地
凸地形 (変動凸地)	地塁,半地塁,小地塁,ふくらみ(バルジ),断層地塊(山地),傾動地塊(山地),圧縮尾根,断層分離丘
横ずれ地形	横ずれ尾根,横ずれ谷,閉塞丘,山麓線および段丘崖の食い違い(横ずれ)地形

参照されたい. ⇨断層地形,断層削剥地形,活断層
〈岡田篤正〉

[文献] 松田時彦・岡田篤正 (1968) 活断層:第四紀研究,7,188-199. /吉川虎雄ほか (1973) 「新編 日本地形論」,東京大学出版会.

だんそうへんいのしょげん 断層変位の諸元 dimension of fault displacement 断層変位*は3次元的な変位であるから,その状態を厳密に表現するために変位の諸成分が,水平面のずれを仮定して,定義されている.その成分の大小によって,横ずれ成分が縦ずれ成分より大きければ横ずれ断層*とよび,逆ならば縦ずれ断層とよぶ.しかし,これらの諸元の測定は,地表変位を伴う活断層*の場合を除き,一般に困難である. ⇨断層の分類法
〈鈴木隆介〉

[文献] 鈴木隆介 (2004)「建設技術者のための地形図読図入門」,第4巻,古今書院.

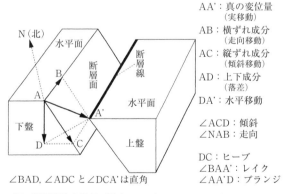

図 断層変位の諸元 (鈴木,2004)
AとA'は元は同一点にあり,上盤が下盤に対して,A→A'のように移動(変位)した場合を想定して矢印が描かれている.矢印の向きは相対的であって,逆方向に考えてもよい.同一点であったAとA'の特定は,活断層(地表地震断層)では容易であるが,古い断層では特別の場合(例:岩脈の切断)を除き不可能である.

だんそうへんいのるいせきせい 断層変位の累積性 cumulative fault slip 断層のずれが積み重なる性質.大きな地震に伴って地表に現れる地震断層は,ほとんどの場合,既存の活断層に沿って地表をずらす.日本列島の活断層は,第四紀後半では安定的な東西性圧縮場のもとで活動していると考えられ,同じ向きに同じ速度でずれる(定向性と定速性)特徴がある.このため,地震のたびに地表のずれが累積し,断層変位特有の形(断層変位地形)が形成される.古い変位地形ほどずれが大きくなり,顕著な崖地形や谷や尾根の系統的な屈曲が認められるようになり,活断層の認定や活動性を知る手がかりとなる.
〈中田 高〉

だんそうめん 断層面 fault surface, fault plane 地質体にずれ(剪断)変位を与えている破断面.規模や成因によらず,微視的スケールから小縮尺図スケールのものまである.また,構造性のものだけでなく,非構造性(重力性など)のものまで含ませることもある.実在の断層は,通常単一の幾何学的な面ではなく,多数の平行な剪断面の集合からなる板状の形をもつ. ⇨断層
〈小松原 琢〉

だんぞくかせん 断続河川 interrupted stream 上流から下流にかけての一部区間あるいは数区間において,流水がみられたり,みられなかったりする河川を指す.間断河川ともいう.河川を連続河川 (continuous stream:水源から末端まで連続して流水がみられる川) と断続河川に大別したときの一つである.水源を湿潤地域やオアシスにもち,砂漠地帯に流れ込む末無川*(末端部で流水が断続的になることが多い)などのように,一年を通して断続河川もあれば,乾季と雨季が繰り返される地域の河川で,乾季に断続河川の状態になる河川もある.オーストラリア大陸においては,内陸部の乾燥地域のオアシスを水源とする河川の多くは一年を通して断続河川になり,半乾燥地域を流れる河川の多くは,乾季に河川水位が低下し,ところどころに河床が現れ,それらの間に断続的に湖が連なる断続河川になる.砂漠において降雨時に流水がみられるワジ*なども,水位が低下する過程で,断続河川になることが多い. ⇨水無川
〈大森博雄〉

[文献] 井上修次ほか (1940)「自然地理学」,下巻,地人書館. /Meinzer, O. E. (1923) *Outline of Ground-Water Hydrology, with Definitions*: U. S. Geol. Surv. Water Supply Paper, 494.

たんたいせき 端堆石 terminal moraine ⇨モレーン

だんどうこうかたいせきぶつ 弾道降下堆積物 ballistically ejected and fallen pyroclastics 爆発的な噴火で火口から射出された火砕物(火山礫から火

山岩塊の大きさの砕屑物）が弾道軌道に沿って（基本的に風に影響されずに）飛行した後，地上に落下したもの．ストロンボリ式噴火やブルカノ式噴火による噴石や火山弾はほぼこれに相当．噴出口から数kmまで到達することがある．　⇨降下火砕堆積物

〈横山勝三〉

だんねつぼうちょう　断熱膨張 adiabatic expansion　物体が外部との熱のやりとりなしにその体積を増すこと．空気塊が上昇する際には，周囲の圧力と釣り合いながら膨張し，周囲の大気に仕事をすることになる．断熱膨張である場合，この仕事分の内部エネルギーが減少し，空気塊の温度は下がる（断熱冷却）．

〈森島　済〉

だんぱ　段波 bore　前面が切り立った段状の波．ボアーとも．潮差の大きい河口や湾では大潮の上げ潮時に大規模な（段差の大きい）段波が形成される（⇨タイダルボアー）．小規模ではあるが遠浅の海岸でみられる砕波後の波もこれに似る．水門の開閉により河川や開水路でも引き起こされることがある．津波*が河川を遡上するときにもみられる．

〈砂村継夫〉

たんばたい　丹波帯 Tanba belt　近畿地方北部の舞鶴帯*，領家帯*，花折断層に囲まれた地域で，チャート〜泥岩相からなる中生代ジュラ紀の付加体．東の美濃帯も同じ性質をもつので，あわせて美濃・丹波帯とも．

〈松倉公憲〉

たんぱほうしゃ　短波放射 shortwave radiation　気象学では太陽放射（太陽が出す放射エネルギー）と同義で，0.3〜4 μmの波長をもつ電磁波．

〈森島　済〉

ダンプモレーン dump moraine　⇨モレーン

たんめいかりゅう　短命河流 ephemeral stream　⇨間欠河川

だんめんず　断面図 section, profile　地形，地質，地下または物体の断面を描いた図の総称．地形，地質に関するものは一般に垂直断面図であり，地形断面図*，地質断面図*とよぶ．鉱山・路線建設など特別の目的の場合には水平断面図や斜め断面図も作成される．

〈鈴木隆介〉

[文献] 鈴木隆介（1997）「建設技術者のための地形図読図入門」．第1巻．古今書院．

だんめんせん　断面線【断面図の】 line (for drawing topographic profile)　地形断面図*や地質断面図*を描くときに地形図上に引く線をいう．断面線の位置・方向は普通にはその地区の最大傾斜方向（≒接峰面*の最大傾斜方向）の1直線とするが，表現したい目的によって折れ直線（例：地すべり地形の断面）や曲線（例：河川縦断面）にすることもある．断面線の位置は必ず地形図や平面図に示し，両端にA—B，W—Eのように記号を付す．

〈鈴木隆介〉

[文献] 鈴木隆介（1997）「建設技術者のための地形図読図入門」．第1巻．古今書院．

だんりゅう　暖流 warm current　低緯度にある相対的に高温の暖水域から高緯度の低温域に流れる海流．黒潮や湾流は暖流である．日本海沿岸を流れる対馬暖流も暖流として知られている．　⇨海流

〈小田巻　実〉

だんりゅうこうぞう　団粒構造 aggregate structure, crumb structure　土壌には鉱物，岩片，粘土や腐植などが混在しており，それらが直径5mm前後の団粒状に結合し，基本単位となって立体的に発達した集合体（ped）となっている構造をいう．屑粒構造とも．団粒内には微細な毛管孔隙が，団粒間には粗孔隙が発達し，多様な孔隙の存在が保水・排水・通気・植物の根の伸長などに大きな役割をもつ．団粒構造の形成には，粘土・腐植および遊離のアルミニウムや鉄，さらにカルシウムなどが，鉱物，岩片やシルトとを結びつける役割を果たす．特に腐植は軟質で海綿状の膨潤な団粒構造の形成を促進する．腐植の付加量の多い黒ボク土A層には典型的な団粒構造が認められる．また，団粒構造の形成には生物の活動が大きな役割を果たし，例えばミミズの排泄物はすぐれた団粒であることはダーウィンの研究以来知られている．

〈宇津川　徹〉

たんりんねかざん　単輪廻火山 monocyclic volcano　⇨一輪廻火山，単成火山

たんりんねちけい　単輪廻地形 monocycle landscape　侵食輪廻の開始以降に中絶を受けていない地形を指す．一輪廻地形ともいう．W. M. Davis（1899）の侵食輪廻において，一つの輪廻は，高い位置に隆起した原地形が一つの侵食基準面のもとで，次地形を経て終地形である準平原で終わる．しかしこの間に，地殻変動により侵食基準面が変化し，輪廻の中絶が起こると，部分的輪廻が開始される．中絶を経験しない単一の輪廻の地形を単輪廻地形といい，中絶と部分的輪廻を経験した地形を多輪廻地形という．山地を単輪廻地形と多輪廻地形に分類するときに用いられるが，通常，第一輪廻（海底堆積物が海面から隆起して原地形となった輪廻）の山地を単輪廻地形（単輪廻山地）とよび，階段準平原などによって輪廻の中絶があったことがわかる山

地や隆起準平原を原地形とした山地は多輪廻地形（多輪廻山地）とよぶことが多い．単輪廻山地は原地形が削剥作用を受けていないため地質構造を反映した原面を示し，次地形も地質構造を反映した地形が現れるとされる．なお，火山地形では単成火山（monogenetic volcano）を一輪廻火山*とよぶことがある．また，乾燥地域の"ボルンハルトは'一輪廻'地形であるか，'二輪廻'地形であるか"の検討のように，河食輪廻以外の地形において，単輪廻や多輪廻の言葉が用いられることもある．　⇨多輪廻地形

〈大森博雄〉

［文献］井上修次ほか（1940）「自然地理学」，下巻，地人書館．/Davis, W. M.(1912) *Die erklärende Beschreibung der Landformen*, B. G. Teubner（水山高幸・守田　優訳（1969）「地形の説明的記載」，大明堂）．

だんれつたい　断裂帯 fracture zone　大洋底に刻まれた崖や溝のような地形．発散境界（中央海嶺）と発散境界（中央海嶺）をつなぐトランスフォーム断層に沿って，さらにそれを超える部分にまで伸びるものが典型例．このような地形の段差は，断裂帯を挟んで海洋底の年代が異なり，そのために海底深度差が生じることによる．沈み込み帯と沈み込み帯を結ぶトランスフォーム断層に沿っても地形の溝ができることがある．　⇨トランスフォーム断層

〈瀬野徹三〉

ち

ちいきちけいがく　地域地形学　regional geomorphology　⇨地形誌論

ちいきりゅうどうけい　地域流動系　regional (groundwater) flow system　地下水盆*の最上流部である主分水界部を 涵養域* とし，最下流部である主谷部を 流出域* とする地下水流動系．地下水流動系の概念において，規模に基づく区分のうち，地下水盆で最大規模の流動系である．広域流動系と同義．⇨地下水流動系　〈佐倉保夫・宮越昭暢〉

ちいるいねんだいほう　地衣類年代法　lichenometry　地衣類は藻類と菌類が共生して形成される生物である．裸岩や礫を覆う特定の地衣類は年代と比例して大きく成長することを利用した相対年代決定法．地衣類編年とかライケノメトリーとも．一般にチズゴケ（Rhizocarpon geographicum）を使う．前提としては，地衣類の生長過程が既知であることと，氷河後退などで裸地になって時間をおかずに地衣類が定着・成長し始めることである．^{14}C 年代値や歴史記録で特定の地衣類の大きさ–年代関係が明らかになっている場合，地衣類の大きさから得た相対年代を数値年代に換算できることがある．好条件下では 4.5 ka，普通 0.5 ka 以下の時間範囲で，氷河後退などの編年に利用されてきた．ただし，環境により地衣類の成長速度が異なるので注意が必要である．　〈苅谷愛彦・町田　洋〉

[文献] 渡辺悌二 (1990) 氷河・周氷河堆積物を主対象とした相対年代法：第四紀研究，29, 49–77．

チェニア　chenier　米国ルイジアナ海岸の南西部に発達する，長さ数十 km にも長細く伸びた，比高の小さい，化石化した浜堤をいう．浜堤上には樫などの広葉樹が繁茂する．前進性の海岸線にほぼ平行に走る．シェニアともよばれる．"樫の木" を意味するフランス語の chêne に由来する．　〈砂村継夫〉

チェルノーゼム　chernozem　冷温帯で半乾燥のステップ植生を極相とする地域に生成，分布する成帯性土壌．ステップ草本は多量の 腐植* 物質を供給し，一方無機質母材はカルシウムに富んだレス堆積物（C層）で，降雨が少ないため溶脱されにくく，土層はカルシウムなどの塩基類で飽和され中性を示す．腐植に富み団粒構造が発達し化学的性質も良好なので，肥沃性が高い．ウクライナのチェルノーゼム分布域は黒土地帯とよばれ昔から世界の穀倉地帯として有名である．名称の由来はロシア語の「黒い土」による．標準土層層位は A/AC/Cca/C で，B層は生成しない．なお，分布域南側は湿潤域で塩基類や粘土の溶脱が進行し褐色の B 層が形成し，退化（位）チェルノーゼム（プレーリー土*）とよぶ土壌へ移行する．　〈細野　衛〉

[文献] 松井　健 (1988)「土壌地理学序説」，築地書館．

ちおん　地温　soil temperature　一般的に地表や地中の温度を地温という．深さは特定されないものの，比較的浅部の地中温度に用いる場合が多い．地表面での大気との熱収支，地中の熱源からの伝導や地下水流動などにより決定される．　〈西田泰典〉

ちおんこうばい　地温勾配　geothermal gradient　地下の温度と深度の関係から得られる距離当りの温度変化（℃/m や ℃/100 m）を表す．地表付近では，気温の日変化や年変化が地中に浸透するが，熱伝導方程式からその振幅は深さとともに指数関数的に減衰する解が得られる．一般的な岩石の熱拡散率（0.01 cm^2/s）を採用すると，日変化や年変化はそれぞれ深さ 50 cm や 10 m 程度で無視できるほどになる．この年変化がほとんど無視できる深度を恒温層とよばれる（昔は不易層とも）．特殊な地熱地帯*などを除き，それ以深では地温は単調に深さとともに上昇する（2～3℃/100 m）のが一般的である．このことは，地球内部から地表面に向かって熱の流れがあることを示している．⇨地殻熱流量，恒温層深度　〈西田泰典〉

[文献] 上田誠也・水谷　仁編 (1978) 岩波講座「地球科学」，第 1 巻，岩波書店．

ちかい　地塊　block, land block　断層で周囲を境された地殻の一部であり，一つの剛体として振る

舞うとみなせる地域を指す．断層地塊*とほぼ同義．〈鈴木隆介〉

ちかいさんち　地塊山地　block mountain, fault-block mountain　複数の断層地塊*が隣接して集まっている山地である．断層山地*とほぼ同義．〈鈴木隆介〉

ちかおんど　地下温度　underground temperature　地下は地熱*により深部ほど温度が高くなる．付近に地熱異常の原因となる火山などがなければ，一般に日本の地殻浅部の地温勾配（geothermal gradient）は100 mあたり3℃程度であることが知られている．地下温度の分布は，大きくはこの地温勾配によって決定されるが，詳細には地下水の循環や地表付近の気温変化の影響を受けて高温側・低温側にシフトすることが確認されている．地下水の流動に伴った熱移流の影響により地下温度は，涵養域*では低温側に，また流出域*では高温側にシフトする．このことは，地下温度分布の測定により，地下水の涵養域，流動方向，流出域の把握や流速の見積りが可能であることを示している．地下温度にはまた，人間活動に伴う土地被覆の改変や地下水揚水，気候変動に伴う地表面温度変化や地下水涵養量の変化が記録されており，温度プロファイルを測定することで，これらの情報を抽出することができる．このように地下温度は，地下水環境を理解する上で優れた指標の一つであり，地下水流動だけでなく，人間活動の影響や気候変動も記録している．これらの情報を適切に抽出することで，地下水環境を様々な角度からとらえることができる．〈斎藤　庸〉

[文献] 宮越昭暢（2005）地下温度分布からみた地下水流動と環境変化：地下水技術，47(9), 1-10.

ちかかいど　地下開度　underground openness　横山ほか（1999）によって考案された地形量を示す地形パラメータ．着目点を中心とする，ある半径内で天底（観測点から鉛直線を下方に延ばして天球と交わる直下の点；天頂の反対）と地平線のなす角度（地下の広さを示す角度）の最大値．尾根部ほど小さく谷部ほど大きい値を示し，尾根線と谷線の抽出に優れる．〈相原　修・河村和夫〉

[文献] 横山隆三ほか（1999）開度による地形特徴の表示：写真測量とリモートセンシング，38, 26-34.

ちかがくじゅんかん　地化学循環　geochemical cycle　⇨地球化学循環

ちかく　地殻　Earth's crust　地球を覆う最表層の成層構造であり，大陸部で30～40 km，ヒマラヤ，アンデスなどの造山帯で60 km程度，海洋部では10 km未満の層厚をもつ．地球の大きさと比べればごく薄い層であるが，人類を含む生物にとって生活に密着した最も大切な場所である．底部はモホ面（⇨モホロビチッチ不連続面）で下のマントルと境される．大陸地殻と海洋地殻の平均密度はそれぞれ2.7×10^3 kg/m^3，3.0×10^3 kg/m^{3}であり，マントルの3.3×10^3 kg/m^{3}より小さいため，地殻はマントルの上に浮かんだ状態になっている．

大陸地殻の厚さは30～40 km程度であるが，アルプスやヒマラヤなどの造山帯では70 kmに及ぶ．大略，コンラッド面（コンラッド不連続面*）を境界に上部は花崗岩質，下部は玄武岩質の2層で構成されていると考えられてきた．しかし近年の自然地震観測や制御震源地震学の進歩により，上部地殻と比べて下部地殻には多数の反射面が分布していることが判明した．また地質・岩石学の研究により，物質構成も単純な2層構造ではなく，安定大陸，造山帯，大陸弧など長期にわたるそれぞれの形成過程を反映して複雑，多様であることが明らかになってきた．現在では，大陸地殻上部は表層の堆積岩類に続き花崗閃緑岩質などの化学組成をもち^{40}K, U, Tなどの放射性元素に富んでいると考えられている．それらによる放射性発熱は地殻熱流量の大部分を担っている．深部は玄武岩質な変成岩とガブロが卓越していると考えられている．

一方，海洋地殻は，海嶺で形成される海洋プレートの最上部を構成し，海洋底の拡大とともに水平に移動，海溝付近でマントルへと沈み込んでいく．そのため海洋地殻の年齢は古くても2億年程度である．平均層厚は平均7 km程度．構造は大陸地殻よりは単純で，表層の深海性堆積物から深くなるにつれて玄武岩，輝緑岩，ガブロで構成されていると考えられている．⇨地球の内部構造〈西田泰典〉

[文献] 平　朝彦ほか編（1997）岩波講座「地球惑星科学」，8巻．岩波書店．

ちがく　地学　earth science, physical geography　自然科学の大分類分野の一つであり，物理学，化学，生物学と並列する．古くは自然地理学*とよばれた研究対象，すなわち天体，大気圏，水圏および地圏で生起する諸現象のすべてを扱う．日本で「地学」という用語が流布したのは，第二次世界大戦後の高等教育改革で，理科の科目名として上記の他の3分野と並列されてからである．⇨地球科学〈鈴木隆介〉

ちかくうんどう　地殻運動　crustal movement, crustal deformation　地殻内部やマントルの運動に

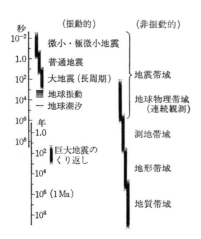

図　地殻運動のスペクトルと帯域（笠原ほか, 1978）

由来する．地殻物質の変位・変形を総称する用語であり，地殻変動，地盤運動と同義．地殻に作用する応力・火山活動・アイソスタシー*は，様々な変形様式の地殻運動を起こす．これにより生じた地殻の相対的な垂直変動・水平変動は，いろいろな時間スケールの基準や手法によって検出される．例えば，最近100年間の地殻運動は，地球物理学的手法を用いた測地測量（潮位観測・水準測量・三角測量・GNSS測量など）によって，過去1,000年～100万年間のそれは地形面の変形・曲動などを用いた地形学的手法によって，それより過去は褶曲や断層の解析を用いた地質学的手法によって認識される．現在の地殻運動が，非振動的で累積性がある場合には，地形や地層に顕著な変形が記録されることになり，地殻運動の起源や法則性を解明するヒントになる．時間スケールごとの振動的あるいは非振動的地殻運動を一連のスペクトルとみて，それぞれ固有値をもつ帯域ごとに分類すると，地殻運動の種類（スペクトル）がいかに複雑であるかがわかる．　⇨地震性地殻変動　　〈宮内崇裕〉

[文献] 笠原慶一・杉村 新（1978）「変動する地球」，岩波講座地球科学，10巻，岩波書店．

ちかくかいこううんどう　地殻開口運動 crustal rifting, opening of the Earth's crust　地殻深部に及ぶ開口性の割れ目をつくる地殻変動．広がるプレート境界部は，このような変動が定常的に進行する場であり，ここでは，地表には顕著で長大な陥没帯が形成されており，その中に割れ目噴火が伴われて開口部から溶岩が流出する．中央海嶺頂部に発達する中軸谷や東アフリカ地溝帯などはそのような成因をもつ裂谷（rift valley）として知られる．ずれるプレート境界（トランスフォーム断層）沿いでも，断裂面の走向変化により局部的な地殻開口運動が生じ，地殻の陥没が起こることがある．死海盆地は，そのような陥没凹地地形（pull-apart basin）とされる．　⇨中軸谷　　〈東郷正美〉

ちかくきんこう　地殻均衡 isostasy　⇨アイソスタシー

ちがくだんたいけんきゅうかい　地学団体研究会 The Association for the Geological Collaboration in Japan　第二次世界大戦後，民主主義運動が盛んだった1947年に，地質学界の民主化と団体研究による新しい学問の創造，地学知識の普及を掲げて40歳以下の若手研究者・学生によって結成された団体．「地団研」と略称されることが多い．運動体であると同時に学会でもあるという特異な性格をもつ．1950年代の規約改正により，40歳以下という会員の年齢制限はなくなり，「創造（研究）・普及・条件づくり」を中心とした「三位一体の科学運動」が看板となった．1970年代には3,000人以上の会員を擁し，関東ローム層の研究や長野県・野尻湖の発掘調査などに大きな成果をあげた．地質学界の民主化や，『地学事典』など各種の出版活動などを通じての地学知識の普及にも大きな役割を果たした．他方，地団研がつくりだした歴史法則主義的ともよべる独自の学風や「地向斜造山論」は，「プレートテクトニクス」受容の過程で摩擦を生む一因となった．現在の会員数は，大学の教員，大学院生，小・中・高校の教員などを中心に約2,000人．　⇨プレートテクトニクス　　〈泊 次郎〉

[文献] 地学団体研究会（2006）「地球のなぞを追って」，大月書店．/泊 次郎（2008）「プレートテクトニクスの拒絶と受容」，東京大学出版会．

ちかくねつりゅうりょう　地殻熱流量 terrestrial heat flow　地球内部に閉じ込められた地球創成期の始源熱，マントル対流で運ばれる熱，放射性物質の崩壊熱などが徐々に地表へ運ばれ大気へ放出される単位面積および単位時間当りの熱量のことを云う．cgs単位系で10^{-6} cal/cm^2 s（地球熱学の分野でこの単位はHFUと表す：Heat Flow Unitの略記），SI単位系でmW/m^{2}で表す．地表付近の熱はほとんどが伝導で運ばれると考えられ，その熱流量Qは媒質の熱伝導率Kと地温勾配dT/dz（T：温度；z：深さ）の積で与えられる．陸域では深いボーリング孔で，また海域では海底の堆積層に温度センサーを組み込んだ銛を打ち込んでdT/dzを測定す

ると同時に，その場所での岩石試料を採集して K を実験室で測定して求める．岩石の放射性発熱量は，花崗岩が最も多く約 234×10^{-7} Jg^{-1} $year^{-1}$，玄武岩で 72×10^{-7} Jg^{-1} $year^{-1}$，かんらん岩で $1\sim3\times10^{-7}$ Jg^{-1} $year^{-1}$ 程度であるので，花崗岩層を欠く海域の Q は陸域のそれより低いと予想されていた．しかし1960〜70年代に精力的に行われた測定からは，予想に反し両者に大きな差はなく，どちらも 69 mW/m^2 $(1.65\times10^{-6}$ cal/cm^2 $s)$ 程度という結果が示された．現在では，陸域の Q は主に地殻内の放射性熱源で，また海域のそれは主にマントル対流で運ばれてきた熱によると説明されており，両者の一致に必然性はない．さらに詳しい測定が進んで，火山地帯やプレート生成域の海嶺沿いでは高く，沈み込み帯である海溝沿いやシールド地域で低いなど，テクトニックな場の違いを反映して値が様々であることがわかってきた．なお，単位面積当りの Q は上述のとおり極めてわずかな量であるが，地球全表面を足し合わせると約 1.8×10^{18} J/s と莫大な量になる． 〈西田泰典〉

[文献] 巽 好幸（1995）「沈み込み帯のマグマ学—全マントルダイナミクスに向けて」，東京大学出版会．

ちかくへんどう　地殻変動 crustal movement ⇨地殻運動

ちかごおり　地下氷 ground ice 地中に形成される氷の総称で，主に季節凍土帯あるいは永久凍土帯にみられる．「ちかひょう」とも読み，地中氷とも．土粒子間隙に均等に存在する場合と，レンズ状，くさび状，シート状，網状，塊状などの形状をもつ場合がある．その形状は，種々の凍結プロセス（例：アイスレンズ*析出，地下水貫入など）を示唆し，凍結丘*や構造土*などの形成に密接に関係する．岩盤の亀裂内の氷も地下氷に含まれる一方，地表で形成されたのちに土砂に被覆された氷は狭義の地下氷には含まれない．巨大な地下氷は集塊氷*とよばれる． 〈松倉公憲・池田 敦〉

ちかじょうけん　地下条件 underground condition ⇨土地条件

ちかすい　地下水 groundwater 地中水*のうち，厳密には飽和帯*に存在する水をいう．一方，地表面の上で流れる表流水と区別して便宜的に地表面から下の不飽和帯の水を含む，いわゆる地中水すべてを指すこともある． 〈三宅紀治〉

ちかすいおせん　地下水汚染 groundwater contamination, groundwater pollution 揮発性有機化合物（VOC），重金属，硝酸・亜硝酸，農薬などの各種の物質が，自然環境や人の健康・生活へ影響を与える程度に地下水中に含まれている状態をいう．狭義には，環境基本法（1993年制定）に基づいて定められた地下水環境基準（1997年告示）の基準値を超えている地下水の水質の状態を指す．VOCの汚染原因としては工場・事業場が，また重金属等は自然由来が多いとされている．硝酸・亜硝酸の汚染原因は，施肥，家畜排せつ物，生活排水など多岐・広範囲にわたる．このように地下水汚染の原因には人為的なものと自然由来のものがある．地下水汚染は地盤中の汚染問題であることから，その進行を体感しにくく，また，地下水の移動速度が一般に極めて遅いためいったん汚染されると長期にわたり汚染が滞留するといった特徴がある．このため，地下水汚染を地下水障害の一つとする考え方もある．地盤中の汚染問題という点では土壌汚染と重複するところが多いが，土壌については別途，土壌の汚染に係わる環境基準（1991年告示）あるいは土壌汚染対策法（2002年制定）が定められており，地下水と土壌で分離する施策が採られている． ⇨地下水障害

〈斎藤 庸〉

ちかすいかんよう　地下水涵養 groundwater recharge 降水・河川水などの地表水が，地下水に付加される補給過程または現象．降水は地表面から浸透して重力水となり不飽和帯を通過し，地下水面を構成する飽和帯に到達して地下水涵養となる．また，飽和帯の内部を下方へ向かう地下水の流れも地下水涵養という．地下水流出の対義語． ⇨地下水流出 〈佐倉保夫・宮越昭暢〉

ちかすいかんり　地下水管理 groundwater management 地下水資源*の保全と持続的利用を実現する手段．地下水を保全しつつ適正かつ有効に利用するためには，数値シミュレーションモデルの活用により，地下水収支を定量化し，地下水流動実態の把握を行った後，計画策定，観測・モニタリング，評価・見直しというプロセスを反復しながら継続的に取り組む必要がある．これら一連のプロセスが地下水管理に相当する．地下水資源の評価基準としてはこれまで，安全揚水量（safe yield）をはじめとする複数の概念が提示されてきたが，その多くは個々の井戸における可採揚水量に相当するものであり，地下水の保全と利用を両立させるためには，地下水盆全体の許容揚水量（permissible yield）の把握が必要になる． 〈斎藤 庸〉

[文献] 畑 裕一（1998）取水可能な地下水揚水量の検討に関する従来の概念および方法に関する評論：地球科学，52，

251-261.

ちかすいこく　地下水谷 groundwater trench　自由地下水面が谷状に細長い低所になっている部分．砂礫段丘内部の埋没谷に存在することが多く，そこから多くの地下水を得ることができる．しかし，地下水谷を横断方向に横切る開削路やトンネルが地下ダムの役割を果たすと，豪雨時に地下水圧が上昇するため，その上流での湧水事故（例：1974年7月のJR武蔵野線短絡線トンネルの地下ダム効果よる国分寺市恋ヶ窪の湧水事故）や構造物の破壊（例：1991年10月11日のJR武蔵野線新小平駅の破壊）を招くことがある．⇨地下水面　〈鈴木隆介〉

[文献] 鈴木隆介（2000）「建設技術者のための地形図読図入門」，第3巻，古今書院．

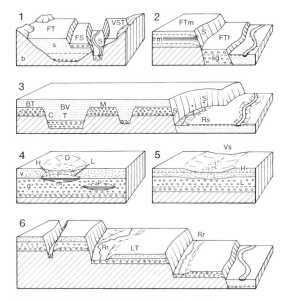

図　段丘と地下水の関係の概念図（鈴木，2000）
　破線は自由（不圧）地下水の地下水面を示す．
　H・L：高水位期・低水位期の地下水面，S：湧水，C：地下水瀑布，T：地下水谷，M：地下水堆，P：宙水，g：礫層，s：砂層，sg：砂礫層，m：泥層，v：被覆火山灰層（ローム層），b：基盤岩石．
　1：河成のフィルトップ段丘（FT），谷側積載段丘（VST）およびフィルストラス段丘（FS）．
　2：海成フィルトップ段丘（FTm）と河成砂礫段丘（FTf）．
　3：埋没段丘（BT）と埋没谷（BV）をもつフィルトップ段丘．Rs：湧泉川．
　4：厚いローム層に被覆された段丘上の浅い凹地（D）と宙水（P）．
　5：厚いローム層に被覆された段丘上の浅い谷（Vs）と地下水面．
　6：岩石段丘と地下水面．LT：ローム段丘，Rr：名残川．

ちかすいしげん　地下水資源 groundwater resource　地下水はわが国の都市用水の約25％（2008年，国土交通省調べ）を占める貴重な水資源である．過去には，涵養量を上回る過剰な揚水によって地盤沈下や塩水化などの地下水障害が全国各地で発生した経緯があり，このような地下水障害を未然に防止し持続的な開発が可能となるような，地下水資源の適正利用が求められている．地盤沈下対策を目的に地下水の採取規制を定めた法律としては工業用水法（1956年制定）と建築物用地下水の採取量規制に関する法律（ビル用水法，1962年制定）があるが，具体的な目標揚水量を国が定めているのは，筑後・佐賀平野，濃尾平野および関東平野北部地域を対象にした地盤沈下防止等対策要綱のみであり，他の地域は自治体ごとに条例を制定するなどして対応している．地下水を保全しつつ有効利用するための地下水管理が不可欠であるが，民法207条を根拠に地下水は私有財産であるとする主張があり，河川水のように公水として，地下水を公的に管理することが困難な状況にある．⇨地下水管理，地下水障害

〈斎藤　庸〉

[文献] 国土交通省（2009）「日本の水資源」（平成20年版）．

ちかすいしょうがい　地下水障害 groundwater issue　地下水の過剰な揚水により地下水位が異常に低下することで生じる障害をいう．井戸枯れ，地盤沈下*，沿岸域における塩水侵入*による地下水の塩水化などがある．地盤沈下は，環境基本法（1993年制定）に定める典型七公害（public hazard）の一つでもある．近年では，人為由来あるいは自然由来の地下水汚染や地下構造物による地下水流動阻害が顕在化しており，これらも広い意味での地下水障害としてとらえることも多い．⇨地下水汚染

〈斎藤　庸〉

ちかすいたい　地下水堆 groundwater mound　不圧地下水面の形態の一つであり，地表面から水が局所的に涵養して形成された地下水面がドーム状に高まっている形態．地下水堆が形成される場所は，帯水層基底面の高まりが存在する場所や，水路や灌漑などからの浸透によって地下水が豊富に供給される場所など，地質や地下水涵養*の条件と関係している．例えば，台地上の凹地では，周囲に比べて地表面から地下水面までの距離が短いために，地下水涵養が早くなり地下水堆が形成される場合がある．⇨地下水谷（図の4）　〈佐倉保夫・宮越昭暢〉

ちかすいどじょうけいるい　地下水土壌型類

groundwater soil type　地下水の高低を土壌生成に関与する主要な因子としてとらえ，低地の土壌を地下水土壌型として分類する．地下水位の高い方から土壌型は，泥炭土，黒泥土，グライ土，灰色低地土，褐色低地土となる．これら土壌型の総称を地下水土壌型類とよぶ．〈田中治夫〉

ちかすいのたいりゅうじかん　地下水の滞留時間　residence time of groundwater　⇨トリチウム

ちかすいのモニタリング　地下水のモニタリング　groundwater monitoring　⇨地下水管理

ちかすいばくふ　地下水瀑布　groundwater cascade　地下水面の高度が急変する場所．地下水面図では，地下水面の高さの急変により，等水理水頭線が密に分布する．地下水瀑布の平面分布を地下水瀑布線（groundwater fall line）とよぶ．地下水瀑布の存在を確認するためには，地下水面の高度の急変を伴う地下水流動の恒常的な存在を確認することが必要であり，安易な判定は不適切である．形成要因は，断層等や埋没段丘などに起因する帯水層の透水性の著しい相違等が考えられる．⇨地下水谷（図）〈佐倉保夫・宮越昭暢〉

ちかすいぼん　地下水盆　groundwater basin　一つ以上の帯水層を有する水文地質単元．地下水盆の構造を把握することは，地下水環境を評価するうえで極めて重要である．地下水流動との関係では，複数の局地流動系*と中間流動系*を含み，地下水盆の主分水界部と主谷部が地域流動系*の涵養域*と流出域*である．地質学的な堆積盆と関係しており，表流水の集水域とは必ずしも一致しない．⇨地下水流動系　〈佐倉保夫・宮越昭暢〉

ちかすいめん　地下水面　water table, groundwater table, phreatic surface　大気圧を受けた状態での不圧地下水の最上面をいう．英語では通常は water table を用い，groundwater table はあまり使われない．地下水位はある地点，ある時間の地下水面の高さを示すものであり，通常は標高で表される．地下水面図は地下水位を等高線で表したもので，これによって地下水の流動方向などがわかる．〈三宅紀治〉

ちかすいめんず　地下水面図　water table map　⇨地下水面

ちかすいめんせつ　地下水面説　water table theory　鍾乳洞は地下水面付近で形成されるという学説．雨水が石灰岩の割れ目に沿って流下し地下水面に達し，そこで水平方向に移動し，その過程で石灰岩を溶解し洞窟が形成されると考える説．広島県帝釈台（たいしゃくだい）などで段丘面と洞窟（鍾乳洞の横穴）のレベルが対応することから，段丘面が形成された河床安定期に横穴を拡大させる溶食が進行し，河川の下刻作用が盛んな時期は地下水面が急速に低下し，段丘崖や竪穴が形成されると考えられた．このように考えると段丘面の形成期がわかれば各洞窟の形成期がわかることになる．⇨飽和水帯説　〈松倉公憲〉

ちかすいりゅうしゅつ　地下水流出　groundwater discharge　地下水が地表や河川，湖沼，海に流れ出ることで，飽和帯から除去される過程または現象をいう．地下水流出の多くは，基底流出として河川に流出する．また，飽和帯の内部から地下水面に向かう地下水の流れも地下水流出という．地下水涵養の対義語．⇨基底流出，地下水涵養
〈佐倉保夫・宮越昭暢〉

ちかすいりゅうそうだつ　地下水流争奪　subterranean stream piracy　主に石灰岩地域において，地下水の流路の上流先端が別の地下水の流路に至って流路が変わる現象．同地域の洞穴形成に影響を与える．〈佐倉保夫・宮越昭暢〉

ちかすいりゅうどうけい　地下水流動系　groundwater flow system　地下水盆*における地下水の流動を理論的に解析することから導かれた概念．Tóth（1963）は，等方・均質な地質条件の下で，地形と気候条件により形成される地下水面を上部境界，不透水基盤を下部境界，最上流部の主分水界部ならびに最下流部の主谷部の地下に水平方向の地下水の流れがない不透水境界を仮定して，これらの境界に囲まれた鉛直2次元領域の地下水盆における定常状態の地下水流動を検討した．地下水面の形状を単純な曲線と仮定し，ダルシーの法則*と連続方程式から導かれる地下水流動の支配方程式に，上述の境界条件を適用して解析解を得ることにより，領域内の水理水頭*の分布が求められる．また，等水理水頭線に直交する流線を描くことにより，流域規模での地下水流動の実態を把握できる．Tóth（1963）の解析条件では，地下水流動系は地形の起伏を反映した地下水面の形状に支配され，局地流動系，中間流動系，地域流動系という流動の規模に基づいて区分された階層構造を有しており，それぞれの流線は交差しない．そして，大規模な流動系ほど流動深度が深く，緩慢な流れとなる．地下水流動は3次元の現象であり，涵養域*では下向き，流出域*では上向きの流動成分をもち，涵養域から流出域へ定常的に流動している．地下水流動系を解明するためには，ピエゾメーター*や井戸で水理水頭の分布を把

握するとともに水質や環境同位体，地下水温等の流動指標を合わせて把握することが必要である．⇨局地流動系，中間流動系，地域流動系

〈佐倉保夫・宮越昭暢〉

[文献] Tóth, J. (1963) A theoretical analysis of groundwater flow in small drainage basins : Journal of Geophysical Research, 68, 4795-4812.

ちかすいれい　地下水嶺　groundwater ridge　不圧地下水面の形態の一つであり，地下水面が周囲よりも線状に高まっている形態．失水河川の河床や地表からの局所的な涵養により生じると考えられ，乾燥地域では，雨季の豪雨後にワジ*に沿って地下水嶺が形成されることがある．　⇨失水河川

〈佐倉保夫・宮越昭暢〉

ちかダム　地下ダム　underground dam　地下水の流路に遮水壁（ダム堤体）を構築して，地下水を貯留するシステム．主に浅層地下水を対象とする．貯水を地上で利用するために，何らかの揚水施設が必要となる．沖縄県宮古島などの琉球列島の石灰岩質の離島地域に10カ所以上造られている．

〈松倉公憲〉

ちかたんさ　地下探査　prospecting　⇨物理探査

ちかはいすい　地下排水　underground drainage　盛土*の内部や切土面（切土法面*）内に排水施設を設けて地下水や浸透水を排水することをいう．設けられる施設は，切土面内では比較的浅い位置に設けられることが多いが，盛土箇所では自然もしくは切土地盤との境界付近や盛土地盤内に設けられることが多い．

〈南部光広〉

ちかひょう　地下氷　ground ice　ちかごおり（地下氷）の別読み．

〈池田敦〉

チキソトロピー　thixotropy　⇨シキソトロピー

ちきゅう　地球【天体としての】　Earth　8個の太陽系惑星のうち，内側から数えて3番目，金星と火星の間に位置する惑星．公転軌道の離心率0.0167，太陽からの平均距離 $1.496×10^8$ km，公転周期365.2564日，自転周期23時間56分4.1秒，軌道平均速度29.78 km/s，自転軸の公転軌道面に対する傾斜角23°27′，その形状は赤道半径が極半径より少しだけ大きな回転楕円体でよく近似され，世界測地系で用いられるGRS80楕円体では赤道半径（長半径）6,378.137 km，扁平率1/298.257である．地球は窒素や酸素を主成分とする厚さ数百kmの気体層で覆われ，高度10～20 kmまでを対流圏，その上は成層圏，中間圏と続き，最も外側の層が熱圏（電離圏）である．地球大気は希ガス同位体比の研究から，地球形成後数億年以内という比較的短期間内に，地球内部からの脱ガスによって形成されたと考えられている．

地球内部には二つの顕著な物質境界面がある．地下数kmから数十kmに存在するモホロビチッチ不連続面*（普通，モホ面と略称する）より上の部分は地殻と総称され，比較的軽い岩石からなる．モホ面の下は，より密度の大きな岩石からなるマントルとなり，深さ約2,900 km付近にある核マントル境界まで続く．鉄をはじめとする金属でできた核（中心核）はさらに深さ約5,200 km付近を境にして，流体からなる外核と，固体である内核に分けられる．地球磁場は，外核内の電磁流体運動によるダイナモ作用によって維持されていると考えられている．

地球の誕生は隕石の生成と同じ頃と考えられ，いまから約45億年前に宇宙空間の塵が集まって原始地球が形成されたとされている．そのとき解放された重力エネルギーによる温度上昇で，生まれたての地球の表層は融けてマグマの海となっていた．中心核も地球の歴史の初期に形成されたと考えられる．地球の比較的浅い部分を物性で区分すると，深さ数十から100 kmまでの冷たく硬い岩石圏（リソスフェア*）と，その下にある熱く粘性の低い岩流圏（アセノスフェア*）に分けられる．地球が誕生時にもっていた熱と放射性元素の壊変によって絶えず生じる熱は，マントル対流*によって地球表面に運ばれる．リソスフェアが何枚かに分かれてアセノスフェアの上を剛体的に運動するプレート運動*も，地球内部の熱を宇宙空間に逃がす過程の一環なのである．　⇨惑星，地球の大きさ，地球の内部構造，ダイナモ理論

〈日置幸介〉

[文献] Turcotte, D. L. and Schubert, G. (2008) *Geodynamics* (2nd ed.), Cambridge Univ. Press.

ちきゅうかがく　地球科学　earth science, geoscience　地学*のうち，惑星地球の諸現象を扱う自然科学の総称．地質学（地層学，古生物学，岩石学，鉱物学など），地形学，水文学，海洋学，火山学，地球物理学（地震学，地球電磁気学，気象学など），地球化学などに細分される．その対象は，空間性と歴史性をもち，個々の現象は物理学的，化学的および生物学的機構によって生起する．そのため，個々の分野の研究方法は多様であるが，研究成果の解釈においては互いに相補的関係にある．ただし，日本の高校・大学で，地形学が地学でなく地理で教育されるようになったことは，地形学ばかりでな

く，地球科学にとっても不幸であった．⇨地学，地形学 〈鈴木隆介〉

ちきゅうかがくじゅんかん　地球化学循環　geochemical cycle　地殻を構成する化学物質の地殻内部および地殻表層での循環を指す．地化学循環，地圏化学循環ともいう．地殻物質の動き（地質循環*）とともに，地殻を構成する SiO_2, Na, Ca, C, O_2, S などの無機化学物質（原子や分子）が循環することを指し，Rankama and Sahama (1950) は地球化学循環を，マグマから火成岩，堆積岩，変成岩などを経て，再びマグマに戻る'大循環：major cycle' と堆積物が堆積岩になり，風化・侵食・運搬により再び堆積物に戻る'小循環：minor cycle, exogenic cycle'に分けている．この循環過程で，無機化学物質は化学反応などによって岩石や鉱物になり，また，岩石の分解・溶解によって原子や分子に戻る．大気中の循環をも含めた無機化学循環*とは概念としては区別される． 〈大森博雄〉

［文献］大森博雄ほか編 (2005)「自然環境の評価と育成」，東京大学出版会．/Rankama, K. and Sahama, Th. G. (1950) *Geochemistry*, Univ. Chicago Press.

ちきゅうかがくたんさ　地球化学探査　geochemical prospecting　金属・石油・地熱などの地下資源，および，活断層などの活構造の存在とその活動度等に関連する元素・化合物の濃度・組成異常を，岩石・土壌・水・ガスなどあらゆる物質の化学・同位体組成分析から検出する地下探査手法である．地化学探査とも．以前はもっぱら有用地下資源元素の探査に用いられていたが，近年では，地圏環境評価を目的とする調査手法としての重要度が増してきている．用いる試料は，土壌・植物・木・岩石・空気/ガスの5種類で，目的とする地下資源と分散ハローをつくる元素の化学的性質や地形・気象・汚染性などを考慮して選択する．分析結果から得た分散ハローの異常を，付近の地質・地質構造ならびに目的とする地下資源のデータないし一般的な知見から解析し，地下資源分布域の探査，資源物質の成因解明，根源岩のポテンシャル評価といった量的評価を行う．通常は，試錐により地下資源の存在・鉱量・品位などを確認する．マグマ源・堆積源・変成源のすべての地下資源に対し，適当な指示元素が存在する．例えば，金銀石英脈に対する土壌・岩石中のAg・Hg・タングステン鉱床に対する土壌・岩石・植物中のMoなど． 〈野崎京三〉

ちきゅうがたわくせい　地球型惑星　terrestrial planet　太陽に近い領域を公転する惑星のグループで，通常，水星，金星，地球，火星の4惑星を指す．大きさ（赤道半径）は，水星の 2,440 km から地球の 6,378 km まで．木星型惑星よりもひと桁小さい．平均密度は火星の 3.93 g/cm^3 から地球の 5.52 g/cm^3 の範囲で，岩石質の固体惑星．ただし，水星以外は大気をもち，地球には液体の水（海洋）がある．なお，地球の衛星である月は，半径が地球の4分の1で，衛星としては異常に大きく，かつ平均密度などの性質も地球型惑星に近いので，地球型惑星の仲間として扱うことがある．地球型惑星の衛星数は少なく，水星と金星は0，地球1，火星2，のみである．⇨惑星，水星，金星，地球，月，火星 〈小森長生〉

ちきゅうぎ　地球儀　globe, terrestrial globe　地球を球状のまま縮小した模型．表面に描かれる世界地図は，各国の領土を中心に示すもの，地形の状況や植生など自然現象を中心に示すもの，人工衛星画像による一種の写真地図となっているもの，レリーフマップとなっているものなどがある．通常の世界地図とは異なり，球面を平面に展開することによって生じる歪みがなく，形状，方位，距離，面積がいずれも正しく表される．また，地軸の傾きに合わせた角度で置くことができ，かつ地球の自転を再現するように回転できるものが一般的で，昼夜や季節の変化の原因を理解するのに役立つ． 〈熊木洋太〉

ちきゅうきこうモデル　地球気候モデル　global climate model　地球の気候は大気，海洋，陸地面や生物などの複雑な相互作用によって決まっている．この複雑な地球の気候をコンピュータの中に仮想的なモデルをつくって，シミュレーションを行い，観測データと比較しながら検証する．このモデルをいう．全球気候モデルとも．仮想的な地球気候モデルを水平，垂直方向に細かく格子に分割して計算を行うのでスーパーコンピュータが必要になる．世界には数十の気候モデルがあり，日本が開発した「地球シミュレータ」は大気を 100 km，海洋を 20 km，総数1億以上の格子に分割して計算することが可能になり，2006年当時は世界最高の解像度を誇った．主として地球の温暖化予測に威力を発揮した． 〈山下脩二〉

ちきゅうきどうようそ　地球軌道要素　orbital element of the earth　地球は太陽を焦点の一つとしてそのまわりを公転（ケプラー運動）している．一般的にケプラー運動は6つの数値（ケプラー要素）で一意に決められるが，それらを総称して軌道要素という．地球の軌道要素は長期間にわたって極めて

安定であるが，他惑星からの摂動を受けて軌道の離心率が約10万年周期でわずかに変動し，気候変動の原因の一つとなっている．　　　　　〈日置幸介〉

ちきゅうきどうようそへんねん　地球軌道要素編年 orbitally tuned chronology　海洋酸素同位体 $\delta^{18}O$ 変動カーブは，およそ 0.95 Ma 以前は比較的振幅が小さく周期も短い（約 40 ky）のに対して，0.95 Ma 以降は振幅が大きく周期も長く（平均約 100 ky），しかもノコギリの刃のように非対称で，ゆっくりとした氷床の発達と急激な温暖化・融氷が特色的である（「海洋酸素同位体ステージ」の図参照）．$\delta^{18}O$ カーブに内在する周期をパワースペクトル解析によって求めると，2.3 万年，4.3 万年，10 万年の周期が得られる．これらの3つの周期は，ミランコビッチが主張してきたように，地球が太陽から受け取る放射量変動の天文力学的周期（歳差運動に伴う 2.3 万年，地軸傾斜角変動に伴う 4.3 万年，離心率変動に伴う 10 万年）と一致していたことから，第四紀の気候変化はこれらの地球軌道要素の変化によって引き起こされたと考えられた．そこで，これら3つの地球軌道要素の周期を過去 2 Ma まで計算し，地球が受ける太陽放射量のカーブに合わせるように $\delta^{18}O$ カーブの各ピークを少しずつ動かすことによって年代が決められた．このような天文力学的周期から求められた年代を，地球軌道要素編年，天文学的年代，SPECMAP 年代尺度あるいはミランコビッチ時計という．現在では，この年代尺度に基づいて古地磁気や生層序年代の見直しが行われている．
⇒海洋酸素同位体ステージ　　　　〈町田　洋〉

ちきゅうきゅうたいせつ　地球球体説 doctrine of spherical earth　地球が球体であることは，およそ 2,500 年前の古代ギリシャでピタゴラスが唱えたのが最初とされているが，その背景には古代ギリシャ人による海での様々な観察（陸に近づく船が上部からみえ始めることなど）があったと考えられる．その後同じくギリシャの哲学者アリストテレスは，月食のときに月に現れる地球の丸い影や，南北に移動したときに星の高さが変わることを，地球が球体であることの根拠とした．しかし欧州で一般に地球が丸いことが認識されたのは 15～16 世紀の大航海時代以降だと考えられる．日本では戦国時代末期にポルトガルの宣教師によって地球球体説が伝えられた．　　　　　　　　　　　〈日置幸介〉

ちきゅうくっさくかがく　地球掘削科学 drilling earth science　海洋底や陸上において長尺ボーリングを用いて地球の構造や環境変動等を解明するために組織的に進められている総合的な研究分野の名称である．単に掘削科学とも．海洋掘削では調査船グローマー・チャレンジャー号（Glomar Challenger）が地球科学の進展に大きな役割を果たしてきたが，ジョイデス・リゾリューション号（JOIDES Resolution）がそれを引き継ぎ，2005年よりわが国の調査船「ちきゅう」が主導的な役割を果たしている．陸上掘削では資源の開発や地質構造の解明を目的としたロシアのコラ半島のボーリング，環境変動の解明を目的とした琵琶湖湖底ボーリングやバイカル湖湖底ドリリングなどが代表的である．また，氷床ボーリングや積雪ボーリングも環境変動（主として大気）の解明に利用されている．氷床ボーリングでは南極やグリーンランドで得られたものが代表的である．南極の代表的な氷床コアとして，旧ソ連チームが採取したボストーク（Vostok）コア，ヨーロッパ合同チームが採取した EPICA コア，日本チームが採取したドームふじコアがある．また，グリーンランドではヨーロッパ合同チームが採取した GRIP コアとアメリカチームが採取した GISP コアが代表的である．　　　　　　　〈柏谷健二〉

ちきゅうし　地球史 geohistory　地球は創成以来 46 億年に及ぶ長大な時間を経過してきた．この地球史は「代，紀，世，期」の単位で序列を付けて時代区分されてきた．最も大きい単位は冥王代，太古代，原生代，顕生代である．このうち顕生代約 5.42 億年間は，多くの生物が出現し，進化した時代で古生代，中生代，新生代と大区分され，主に生物進化史によりさらに細分される．地球上の地形の起源は大規模なものほど古い．ユーラシア大陸やゴンドワナ大陸の楯状地の形成は古生代かそれより古い．しかし地形の規模が小さくなるとその形成開始時代は新しくなる．特に大陸分裂後の新しいテクトニクスによってできた中～小地形は中生代以降に原形が形成されたものである．日本海開裂に伴う日本列島の形成はほとんど新第三紀*以降である．
　　　　　　　　　　　　　　　　〈町田　洋〉

ちきゅうじば　地球磁場 geomagnetic field　17 世紀初頭に，イギリスの W. Gilbert（1600）が地球に見立てた大きな球形磁石に小磁石を近づけると，その小磁石が赤道から極に近づくにつれ地表面との傾き（伏角）が大きくなることを見い出した．この現象は，実際に測定された地磁気の性質によく一致しており，地球は大きな磁石になっているという結論を導いた．その後 19 世紀になって数学者ガウスは，地球上の各地で測定された地磁気データを球面調和

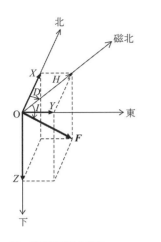

図　地球磁場の3成分

解析し，①地磁気の原因の90%以上は地球内部に原因をもち，②南極域にわき出し，北極域に吸い込みのある双極子磁場*が主磁場であるという，極めて重要な性質を定量的に証明した．主磁場は地球自転軸と約11°傾いた地芯双極子磁場（centered dipole）で近似される．地球の表面では高緯度地方で約7万ナノテスラ（nT），赤道域で約3万nTの磁場が分布し，北磁極は2005年には北緯79.7°，西経71.8°のグリーンランド北西端付近，南磁極は南緯79.7°，東経108.2°の南極大陸の太平洋寄りにある．地磁気の原因*については諸説あったが，今日では，地球流体核（中心核*）における電磁流体力学的作用に基づく一種の発電作用による電流のつくる磁場が地磁気の原因になっているというダイナモ理論*で説明されている．地球磁場はベクトル量なので，ある場所での地磁気はそのベクトルの独立な三つの成分を指定すれば決まる．図にあるような，全磁力（F），伏角（I），偏角（D）の組み合わせや，北向き（X），東向き（Y），下向き（Z）の直交3成分，あるいは偏角，伏角，水平分力（H）などの組み合わせがよく用いられる．地磁気はその強度も方向もたえず変動している．その変動は，地球内部に原因をもつ数十万年周期の地磁気の極性の逆転や数年〜数千年程度の永年変化，電離層*内に誘導された電流が作る日変化，太陽活動の変化に伴う磁気嵐（周期：数日）や脈動（周期：秒〜分）など様々な周期をもっている．なお，太陽は極めて強くかつ複雑な磁場をもつが，太陽系で顕著な磁場をもつ惑星は地球のほかに，水星，木星，土星，天王星，海王星がある．　⇨地磁気永年変化，古地磁気学

〈西田泰典〉

[文献] 力武常次（1972）「地球電磁気学」，岩波書店．

ちきゅうじばのぎゃくてん　地球磁場の逆転
geomagnetic reversal　現在の地球磁場の第一次近似は，地球の中心に，磁気モーメントを南極に向けておいたときつくられる磁場，すなわち地心双極子磁場で説明されている．1929年に松山基範は，現在の地球磁場と逆方向に帯磁した火山岩を発見し，その成因を地球磁場逆転現象に帰した．すなわち，磁気モーメントが北極に向いた地心双極子の磁場の時代があったとする説である．1950年代に，デイサイト質の火山岩には外部磁場とは逆向きに帯磁する自己反転現象を示すものが発見され，この説に疑問が投げかけられた．しかし堆積岩にも逆帯磁をもつ岩石がみつかり，さらに同時代の岩石が汎地球的に正帯磁あるいは逆帯磁の磁化方向をもつことが示されて，地磁気逆転現象が確立された．計算機による地磁気ダイナモの数値シミュレーションの研究によっても，地磁気逆転が起こることが明らかにされた．

地磁気逆転時の地球磁場の振る舞いは，古地磁気学の研究から明らかにされてきている．地球磁場逆転磁場方向の変化は〜7±1 kaで終了するものの，磁場強度の変動は，それより長く約11 ka程度かかると見積もられている．逆転過程は，①通常の地磁気変動期，②地磁気強度の減少，③磁場方向の反転，④地磁気強度の回復，⑤通常の地磁気変動期への復帰，と進行する．地磁気強度は逆転時には通常の25%程度まで減少するのが観察されている．

地磁気逆転時の仮想的古地磁気極（VGP）は，東経120°±28°と東経300°±28°の二つの経度を選択的にとることがTric et al.（1991）らによって主張されている．二つの経度は，太平洋プレートの沈み込む領域と重なり，マントルトモグラフィーから，二つの経度領域のマントル下部は，地震波速度が速く，冷たいマントルの存在が示唆されている．この温度分布を組み込んで地磁気ダイナモの数値シミュレーションを行うと，地磁気逆転時の地磁気極はこの二つの経度を選択しやすいことがわかり，地球磁場反転の原因である外核内部のダイナモとマントルの間にカップリングがある可能性が示された．

〈乙藤洋一郎〉

[文献] Butler, R. F.（1992）*Paleomagnetism*, Blackwell Scientific Publications.

ちきゅうしゅうしゅくせつ　地球収縮説　contraction hypothesis　創成期の地球は極めて高温であったが，時間とともに冷却，収縮し，その過程で

褶曲山地が形成されたという学説．19世紀から20世紀初頭にかけてかなり受け入れられたが，今日では顧みられなくなった． 〈西田泰典〉

ちきゅうせいたいけい　地球生態系　global ecosystem, biogeocoenosis　地球規模の物質およびエネルギーの循環系を指す．物質循環*を単なる原子や分子の移動とみるのではなく，地物や生物の生成・発展・消滅の過程の一環としてみるときには，物質循環系は生態系*（ecosystem）とよばれる．生態系は局地，広域，半球，全球，あるいは都市，近郊，郊外，田園など，ミクロスケールからマクロスケールにかけての様々な空間スケールの地域生態系を示す．それぞれの地域生態系は生態系内での物質・エネルギーの循環を行うとともに，当該生態系外と物質やエネルギーのやり取りを行っている．地球生態系は，エネルギーは外部（太陽）からも供給されるが，地球上では最も大きなスケールの地域生態系で，物質循環としてはほぼ閉じた系とみなされる．なお，一般には，自然界における無機化学物質および生化学物質の地球規模の循環系を指すが，人為による物質の移動（貿易などによる物資の移動など）をも含めて'地球生態系'とすることもある．
〈大森博雄〉

［文献］大森博雄ほか編（2005）「自然環境の評価と育成」，東京大学出版会．

ちきゅうダイナミクス　地球ダイナミクス　geodynamics　⇒地球動力学

ちきゅうだえんたい　地球楕円体　earth ellipsoid　地球の形状（ジオイド）を最もよく近似する回転楕円体．赤道半径（長半径）と扁平率で示される．19世紀前半から様々な値が算出され，各国の準拠楕円体として採用されてきた．日本では長い間，ベッセル楕円体（赤道半径 6,377,397.155 m，扁平率 1/299.152813）が準拠楕円体として用いられてきたが，2001年に測量法および水路業法が改正され，人工衛星軌道の解析により国際測地学地球物理学連合が定めた地球楕円体である測地基準系1980（GRS80）（赤道半径 6,378,137 m，扁平率 1/298.257222101）が準拠楕円体として採用された．GPS*で用いられるWGS84もこれとほぼ同等である．世界的にもGRS80もしくはWGS84を準拠楕円体として採用する傾向にある．　⇒準拠楕円体
〈宇根　寛・日置幸介〉

［文献］国土地理院・海上保安庁海洋情報部（2007）世界測地系への円滑な移行：測地学会誌，58，1-12．

ちきゅうちず　地球地図　Global Map　地球環境問題に取り組むための地球規模の地理情報を各国の国家地図作成機関の協力により整備する地球地図プロジェクト（Global Mapping）により整備された地図データ．1992年に日本の建設省（当時）が提唱し，世界のほぼすべての国・地域が参加．国土地理院が事務局を務める地球地図国際運営委員会が主体となって整備を推進している． 〈宇根　寛〉

ちきゅうちょうせき　地球潮汐　earth tide　万有引力は距離の逆2乗に比例する．地球は太陽や月の引力を受けて公転等の運動をしているが，地球は質点ではなく有限の大きさをもつため，これらの引力の場所による違いが潮汐力として地球を変形させる．潮汐力は引力の空間的な勾配によるものなので，太陽や月と地球の間の距離の3乗に逆比例する．また力はそれらの天体と地球を結ぶ線の方向に地球を引き延ばす方向に働く．潮の干満で知られる海洋潮汐が身近だが，固体地球も剛体ではなく弾性体の性質をもっているため周期的に変形する．これが地球潮汐である．海洋潮汐と同じく，半日周潮，日周潮，長周期潮などの分潮に分けられ，月の潮汐力による半日周潮である M_2 分潮の振幅が最も大きい．潮汐力の強さと固体地球に実際に起こる潮汐変形の大きさの比を表すラブ数（k, h）や志田数（l）は，地球を全体としてみたときの硬さの指標となる．地球潮汐は，伸縮計，傾斜計，歪み計，重力計などで計測されるが，それらを個別に歪み潮汐や重力潮汐とよぶこともある．　⇒万有引力　〈日置幸介〉

［文献］日本測地学会編（2004）「CD-ROMテキスト：測地学」．

ちきゅうどうりきがく　地球動力学　geodynamics　地球科学の一分野．一般には地表付近で地質構造や地形が形成される物理的機構を解明する分野であるが，より広く地球深部や地球表層物質の運動学的または力学的側面を物理学的に研究する学問全体を意味することもある．具体的な研究対象は，プレート運動，マントル対流，造山運動，地球回転変動など多岐にわたる．地球力学，ジオダイナミクスあるいは地球ダイナミクスとよばれることも多い．　⇒プレート運動，マントル対流　〈日置幸介〉

［文献］Turcotte, D. L. and Schubert, G. (2008) *Geodynamics* (2nd ed.), Cambridge Univ. Press.

ちきゅうないぶねつけいれつえいりょく　地球内部熱系列営力　terrestrial heat series of geomorphic agent　地球内部熱に起因するマントル対流から連鎖的に発源する従属営力*（プレート運動，地殻変動，火山活動など）の総称．　⇒地形営力の連鎖

系　　　　　　　　　　　　　　　　〈鈴木隆介〉

ちきゅうのおおきさ　地球の大きさ size of the earth　地球の大きさを初めて測ったのは紀元前3世紀にエジプトに住んでいたエラトステネス*だといわれる．ナイル川河口のアレクサンドリアと上流のシエネの緯度差を夏至の太陽の南中高度から測り，さらに両地点間の距離を求めて地球一周の長さを推定したのである．その値は実際（約4万km）より15％ほど大きかったが，当時としては高精度であった．18世紀になると，フランスで長さの単位として極から赤道までの距離の1万分の1であるm（メートル）が考案され，19世紀には世界共通の単位として認められてメートル原器が製作保存された．現在ではメートルは真空中の光の速度から間接的に定義されており，その定義によると地球の極と赤道の距離は 10,000 km ぴったりではなく 10,001.96 km となる．世界測地系で用いられる GRS80 楕円体では赤道半径（長半径）が 6,378.137 km であり，極半径（短半径）はそれより 20 km ほど短い．　⇨地球楕円体，宇宙測地〈日置幸介〉

ちきゅうのかたち　地球の形 figure of the earth　地球がほぼ球体であることは，既に古代ギリシャで知られており，紀元前3世紀にはエラトステネス*が地球の円周を合理的な方法でほぼ正確に計測している．その後，ヨーロッパでは地球を円板と考える世界観が広まったが，1474年にイタリアのトスカネッリが地球球体説*を唱え，コロンブスらに影響を与えたとされる．17世紀にはニュートンやホイヘンスが力学的考察から地球が扁平な回転楕円体であると主張し，18世紀にフランス学士院によって実証された．詳細にみると，地球の表面には地形の起伏があるため地球の形は複雑で，測地学的にはジオイドをもって地球の形と考えるが，地球内部の物質分布が不均一なので，ジオイドの形も回転楕円体とは異なり不規則な凹凸をもっている．　⇨地球楕円体，ジオイド〈宇根　寛〉

ちきゅうのさんけん　地球の三圏 spheres of the earth　惑星としての地球は，中心部の固体地球（岩石圏とも），その上の水圏（海水圏とも）およびその両者を包む大気圏の三圏に大別される．それぞれはさらに細分された圏構造をもつ．　⇨地球〈鈴木隆介〉

ちきゅうのないぶこうぞう　地球の内部構造 internal structure of the earth　①地震波速度構造：地球の内部構造を探る手段として地震波を用いるのが最も分解能が高く，地震波速度分布をもとに地球

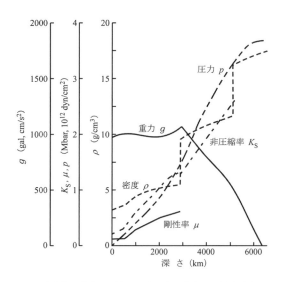

図　地球内部の密度，重力，圧力，非圧縮率，剛性率分布

は地殻，マントル，中心核に大別される．大陸域で地表から平均約 40 km，海洋域で海底面から約 7 km のモホ面までを地殻．その下のマントルは，410 km までを上部マントル，410〜670 km をマントル遷移層，670 km からマントル/中心核境界 2,900 km までを下部マントルに細分される．下部マントルはさらに 2,700 km までを D′ 層，2,900 km までを D″ 層に分けられている．中心核は 5,100 km を境に，上部を外核，下部を内核に区分される．②密度構造など：地球の構造が中心からの距離（r）のみの関数で与えられる球対称と近似して，静水圧的平衡の式（$dP/dr = -\rho g$），重力の式（$dg/dr = -2g/r + 4\pi G\rho$），非圧縮率を媒介にした密度と P 波，S 波の速度（V_p, V_s）の関係式（$d\rho/dr = -\rho g/\phi$；$K_s/\rho = V_p^2 - 4V_s^2/3 = \phi$：Adams-Williamson の式）を連立させ，適当な境界条件のもとで解くと密度（ρ），質量（m），重力（g），圧力（P），断熱非圧縮率（K_s），剛性率（μ）などが r の関数として一挙に求められる．1936年に Jeffreys が以前より精度の高い地震波速度分布を求めたのを機に，Bullen が計算を実行し密度構造を求めたのがこの方法の始めである．その後，さらに地震波速度構造が精密に求められるようになったので，上記の諸量がさらに詳しく推定されるようになった．　⇨地殻，マントル，中心核〈西田泰典〉

ちきゅうぶつりがく　地球物理学 geophysics　地球内部，大気・海洋，太陽とその惑星・衛星，その間に広がる空間などを対象とし，主に物理学的手法で研究する学問分野．地質学，地球化学などと連

携した総合的学問分野としての地球科学，地球惑星科学を構成すると同時に，天文学とも問題を共有する．

古代エジプトでは測量技術が発達し，紀元前3世紀にエラトステネス*が地球の円周長を20%以下の精度で推定したことをもって，地球物理学の一分野である測地学の事始めとされる．16～17世紀には，ギルバートの地磁気の研究，トリチェリの大気圧の測定，ニュートン力学の基礎となった天体の運行観測など，後に地球物理学の基礎となる研究が自然哲学の一環としてなされている．18～19世紀には電磁気学，流体力学，熱力学などの古典物理学が発達し，そのなかには今日的にみて地球物理学の範疇に属するものも多い．その後，物理学の主流はよりミクロな量子物理学へと発展したが，その系譜とは離れて地球物理学という分野が確立していった．この地球物理学は海洋観測，人工衛星などによる上空観測や宇宙探査，コンピュータによる計算機科学の発展とともに20世紀半ばから急速に進歩してきた．

対象の分け方として地球内部圏（測地学，地震学，火山学，地球電磁気学，地球熱学，高温高圧物性科学など），地球流体圏（気象学，海洋学，陸水学など），大気圏より上の超高層圏（プラズマ物理学などを基礎とした宇宙空間物理学，太陽地球物理学ともいう）といった区分が一般的であるが，近年それらの相互作用の研究が重視されるようになり，自然現象の理解が一層進むようになった．さらに今日では純粋理学的研究のみならず，資源探査などの応用地球物理学，地球環境科学，自然災害科学などへの一層の寄与が社会的に求められている． 〈西田泰典〉

[文献] Stacey, F. D. and Davis, P. M. (2008) *Physics of the Earth* (4th ed), Cambridge Univ. Press.（本田　了ほか訳 (2013)「地球の物理学事典」，朝倉書店）．

ちきゅうぶつりたんさ　地球物理探査 geophysical prospecting ⇨物理探査

ちきゅうぼうちょうせつ　地球膨張説 expansion hypothesis　地球は膨張し続けてきたとする学説．それに基づいて，かつて地球表面全体は大陸で覆われていたが，膨張により大陸は引き裂かれ，隙間に海洋が形成されたと考える説もあった．しかし地球を構成する岩石の熱膨張率などを考慮すると，現在の大陸分布を説明するほどの膨張はとても考えられないので，1960年代までにはその主張は急速に支持を失った． 〈西田泰典〉

ちきゅうりきがく　地球力学 geodynamics ⇨地球動力学

ちきょう　地峡 isthmus　二つの広い陸地（例：大陸）を結ぶ幅の狭い陸地．海峡の対語．パナマ地峡，スエズ地峡，テワンテペク地峡（メキシコ南部），クラ地峡（マレー半島），コリント地峡（ギリシャ）などが有名で，運河が開削または模索されている．日本でも小規模な地峡に運河が開削されている所もある（例：対馬の大船越と万関瀬戸，英虞湾東方の深谷水道）． 〈鈴木隆介〉

ちくせきいき　蓄積域 accumulation area, alimentation area ⇨涵養域［氷河の］

ちくせきしゃめん　蓄積斜面 accumulation slope　段丘崖*や断層崖*のような単純な斜面の場合，その基部では上方から輸送されてきた岩屑が堆積（蓄積）して，凹形の縦断形を示す．その部分を蓄積斜面ということがあるが，実際には崖錐*とその下方の麓屑面*（ろくせつめん）の二つの地形種に区分される場合が多いので，蓄積斜面という用語はほとんど使用されない．⇨複式斜面，削剥斜面，輸送斜面，段丘崖の減傾斜速度 〈鈴木隆介〉

ちくりん　竹林 bamboo brake　タケからなる叢林のこと．日本では北海道を除いた各地でみられる．タケはイネ科の多年生常緑だが年輪を形成せず，一生のうちで繁殖を一回行う一回繁殖型の植物であり，木と草の中間的性格をもつ．マダケやハチクなどは古くから日本に生育していたと思われるが，モウソウチクは江戸の中期頃に中国から導入されたと考えられている．マダケは，安土桃山期に河川の堤防植栽に奨励されたといわれ，モウソウチクは食用，タケ細工用，庭園用に広く植栽された．現在では使途が途絶えてしまったモウソウチクの繁殖が特に著しく，管理がなされなくなった雑木林などへの侵入が目立っている．タケは地下茎を通じてはびこり，常緑であることもあって他の植物の進出を排除し，単純な林相をつくるという点でも危惧されている． 〈岡　秀一〉

[文献] 宮脇　昭 (1967)「原色現代科学大辞典3植物」，学研，156-157．

ちけい　地形 landform, topography, relief feature　地表面*（固体地球の表面）の起伏*（凹凸）の形態（例：山，谷，平地，半島）である．中国語では地貌という．地形は，ゴルフボールのような幾何学的規則性を示さず，地理的に著しく異なり，また歴史的にも変化し，今後も変化する．それは，地形がそれを構成する物質（地形物質*）の移動の結果として生じた自然であるから，地形物質の移動様式（＝地形の成因）が場所的に違い，また同じ場所

でも時間的に変化するためである．地形は次のような分類基準によってさまざまに分類される．①地表に接する流体の種類（例：陸上地形〈大気底地形〉，海底地形，氷底地形，地底地形），②起伏形態（例：山地*，丘陵*，台地*〈段丘*〉，低地*），③形成営力（例：河川地形*，海成地形*，氷河地形*，変動地形*，火山地形*），④地形物質の移動様式（例：侵食地形*，堆積地形*，集動地形*，火山地形，変動地形），⑤起伏の規模（例：大起伏，小起伏），⑥形成時代（例：現成地形，下位段丘面，上位段丘面，前輪廻地形*），など．⇨地形学，地形の特質，地形の本質，地形の大分類　　　　　　　　〈鈴木隆介〉

[文献] 鈴木隆介（1997）「建設技術者のための地形図読図入門」，第1巻，古今書院．

ちけい　地形【世界の】 landform (of the world) 世界の地形は，陸上地形と海底地形に2大別されるが，面積比では前者（陸）が約29%（うち約2.8%は氷床底地形），後者（海）が約71%である．陸の平均高度は約840 mで，海の平均深度は約3,800 mであり，地球表面全体の平均レベルは海面下の深度約2,440 mである．陸上地形は6大陸（ユーラシア，アフリカ，北アメリカ，南アメリカ，オーストラリアおよび南極：ユーラシアからインド亜大陸を区別することもある）と面積最大のグリーンランド島より小さな大小の島々で構成されている．大陸はかつて（石炭紀後期）一つの巨大大陸（パンゲア*という）であったが，それがマントル対流*によって次第に分裂し，個々の大陸塊がその移動速度と方向の差異を反映してしだいに離れて，現在の形状や配置を示すようになった．ユーラシア大陸やオーストラリア大陸の東岸などに，弓のように連なる弧状列島*（例：千島列島，日本列島，伊豆-マリアナ列島）ならびに南北アメリカ大陸の西岸に沿う弧状山脈*（例：ロッキー山脈，アンデス山脈）は海のプレートが陸のプレートの下に沈みこむ地帯に生じ，それらに並走する海溝*を伴い，弧-海溝系*を構成している．一方，大陸内部の弧状山脈（例：ヒマラヤ山脈）はインド亜大陸とユーラシア大陸という二つの大陸塊の衝突で生じた．大陸内部の巨大な溝（例：アフリカ地溝帯）や大洋底の長大な溝とその両側の高まり（海嶺*：例：大西洋中央海嶺，東太平洋海嶺）はマントル対流の沸きあがる地帯で，プレートが裂けて左右に広がるために生じた．このような大地形はプレート運動，特にその境界帯で活発な地殻変動や火山活動などの内的営力*に起因するが，それらが気候帯や地形場によって異なる諸種の外的営力*（侵食・堆積・マスムーブメントなど）や海水準変化*によって修飾されたため，世界各地で様々な地形種*が発達しているのである．⇨プレートテクトニクス，プレート境界，海底地形，気候地形　　　　　　　　　　　　　〈鈴木隆介〉

[文献] 貝塚爽平編（1997）「世界の地形」，東京大学出版会．

ちけい　地形【日本の】 landform (of Japan) 日本の国土は，気候的には湿潤温帯に位置し，地体構造*的には弧-海溝系*の変動帯に位置している．そのため，現在の日本の地形は，強い外的営力*（特に風雨，雪，河流，マスムーブメント，波浪，沿岸流）ならびに激しい内的営力*（特に活断層運動，活褶曲運動，火山活動）の影響を強く受けている．それらに，第四紀における数回の海水準変化*および複雑な地質構造の影響も重なっている．それらの影響の複合した結果として，日本の地形はモザイクのように細切れで複雑である．国土面積の約76%は山地（狭義の山地：約55%，火山：約10%，丘陵：約11%）で，約24%が平地（段丘：約11%，低地：約13%）である．そのため，狭い平地（盆地を含む）が山地に遮られて散在しており，それぞれの地域で異なった地形発達を示すが，共通した側面もある．個々の地域の地形の詳細な特徴に関する地形誌*および地形発達史*は，近年，貝塚爽平らによって地方別に総括されている．⇨地形の5大区分（図）　　　　　　　　　〈鈴木隆介〉

[文献] 貝塚爽平ほか編著（2001～2006）「日本の地形」，全7巻，東京大学出版会．

ちけい　「地形」 Transactions, Japanese Geomorphological Union　⇨日本地形学連合

ちけい　地景 chikei, landscape　地形とほぼ同義であるが「土地の景色」という意味が強い．学術用語としては使用されていない．　　〈鈴木隆介〉

ちけいいぶつ　地形遺物 relict landform　⇨残存地形

ちけいいんし　地形因子 geomorphic factor 地形の形成を制約する変数の総称．かつては，デービス*（W. M. Davis, 1899）の提唱した structure, process および stage の3因子が主要な地形因子と考えられていた．それらの日本語の訳語ないし解釈語として，structure には構造，組織，地質構造・岩質，process には作用，営力，stage には時期，階梯，時間などが用いられてきた．しかし，これらの3因子は，デービスが自身で提唱した侵食輪廻を制約する因子とした考えたものであり，他の地形種，例え

ば堆積地形，集動地形，火山地形，変動地形などの形成過程に関しては適切な表現ではない．ただし，デービスは，processをagentとworkを一括した用語としており，workについてもagentとそれを受ける物質（inert mass）とを分けて考えるべきである，と明記している．あらゆる地形変化と地形種*の形成は地形物質の移動の結果であるから，その移動を制約する変数（variables，例：地形場，地形営力，地形物質および時間）を明確に定義して地形因子というべきであろう．なお，地形因子という用語は，地形要素と同様に，曖昧な抽象的用語であるから，少なくとも現代の日本地形学ではほとんど使用されていない．⇨地形学公式，地形要素 〈鈴木隆介〉

[文献] 鈴木隆介（1984）「地形営力」および"Geomorphic Processes"の多様な用語法：地形，5，29-45.

ちけいえいりょく　地形営力 geomorphic agent, geomorphic agency　地形変化すなわち地形物質の移動・変位をもたらす能力のある自然現象の総称．単に営力とも．地形営力は位置・運動・弾性歪み・熱および化学エネルギーのいずれか一種または複数種をもつ．そのエネルギーの発生源が固体地球の内部にある内的営力*（例：地殻変動，火山活動）と外側にある外的営力*（例：風，雨，流水，氷河，波）に二大別される．重力のみによる落石，崩落，地すべり，土石流などは外的営力に含まれる．諸種の地形営力は他の地形営力に全く影響されない独立営力*（重力，地球内部熱，太陽熱，月引力，隕石衝突およびコリオリ効果の6種）と，独立営力によって惑星地球の構成物質（大気，水，岩石および生物）が動かされて発生する従属営力*（例：風，流水，波）に二大別される．従属営力は，例えば，大気循環→降雨→表面流→地下水→河流→流砂のように，連鎖的に発生する．最初の営力を低次営力*とよび，それから連鎖的に発生するものを高次営力*とよぶ．高次の営力（例：土石流）ほど，複数の低次営力（例：降雨，地震，崩落）から連鎖的に発生する．一方，自然現象でも，それだけでは地形変化を引き起こす能力がないものは地形営力とはよばない（例：日食，月食，オーロラ，雷鳴，地磁気，岩石風化，変成作用）．人間活動（土地の人為的改変など）も普通には地形営力に含めない．なお，日本語の'地形営力'または'営力'という用語を，侵食・堆積・変位などの地形過程（geomorphic process）ないし地形営力の作用（work）の意味で使用した人々もいるが，地形物質を動かす能力のある現象（＝地形営力＝force）と，それのなす仕事（work）による地形物質の移動様式（＝地形過程＝地形営力の作用）とを混同してはならない．なお，地質営力は地形営力とほぼ同義であるが，あまり使用されない用語である．⇨地形営力の連鎖系，地形過程，外因的作用，内因的作用 〈鈴木隆介〉

[文献] 鈴木隆介（1984）「地形営力」および"Geomorphic Processes"の多様な用語法：地形，5，29-45.

ちけいえいりょくけいぞくじかん　地形営力継続時間 duration of geomorphic agent　地形過程を起こす一つの地形営力*の作用の継続時間であり，地形過程の重要な変数である．例えば，任意地点の風食では，一定期間における風速階級ごとの継続時間であり，その積分が風食速度を制約する．過去の地形過程では，そのような継続時間の推定が困難であるから，普通にはその場所（地形場*）における長期間の平均的な地形営力継続時間（t）を，$t = f(T)$，と仮定して地質学的な絶対時間（T）の関数として代替する．⇨地形学公式 〈鈴木隆介〉

[文献] Suzuki, T. and Takahashi, K. (1981) An experimental study of wind abrasion : Jour. Geol. 89, 509-522.

ちけいえいりょくだんわかい　地形営力談話会 Forum of process geomorphology　東京教育大学（現筑波大学）理学部地理学教室で三野與吉*教授の主導により1954年に発足．参加資格はなく，月例会と随時の日曜巡検を開催．ガリ版刷の「地形営力談話会報告」（1954-1960：Nos.1-17）は報文，外国論文紹介などを掲載し，'地形営力論'（実際はプロセス地形学〈process geomorphology〉）を標榜し，地形の成因論を主題とした．そのため，当時の日本の地形学界では'地形発達史論'と'地形営力論'は車の両輪といわれた．しかし，'地形営力論'の定義をその談話会報告ばかりでなく，誰も明示しなかったため，後に多くの人が地形営力（geomorphic agent）と地形過程（geomorphic process）の2語を混同・混用し，学会等での討論を混乱させる原因の一つになった．⇨地形営力，地形過程，プロセス地形学，基礎地形談話会 〈鈴木隆介〉

[文献] 鈴木隆介（1984）「地形営力」および"Geomorphic Processes"の多様な用語法：地形，5，29-45.

ちけいえいりょくのれんさけい　地形営力の連鎖系 chain generation system of geomorphic agent　地形営力は，多種多様であるが，その発生機構には連鎖性がある．他の営力に影響されずに地球の内外で独立に発源する独立営力*（太陽熱，月引力，隕石衝突，重力，地球内部熱およびコリオリの力）と

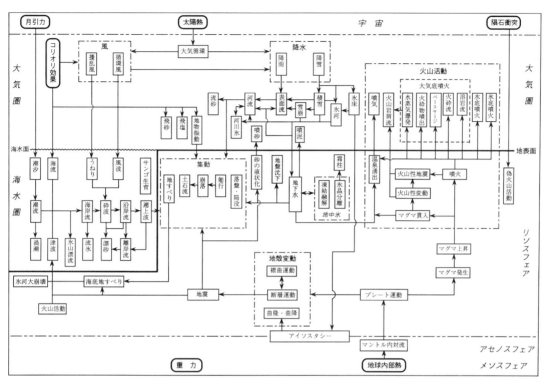

図 地形営力の連鎖系（鈴木, 1997）
地形営力はさらに細分される．楕円囲みの営力は独立営力で，他は従属営力である．

それらの1個または複数（重力はすべてに関与）によって惑星地球の4圏を構成する物質（大気，水，岩石，生物）が移動することによって連鎖的に発生する従属営力*がある．それらの物質が存在しない場所と時には連鎖が続かない．連鎖性には次の特徴がある．①一つの独立営力および従属営力から複数の従属営力が発生する．②任意地点には複数の地形営力が加わる（例：活火山の海食崖には，波，津波，風，降水，集動，地震，火山活動などが加わりうる）．③低次の営力が小さいか，あるいはそれによって動かされる物質が存在しない場所では，その系列の高次の営力は発生しない（例：風速が小さいか，砂がなければ，飛砂は発生しない）．④高次の営力ほど種々の低次の営力から発生するから，高次の営力ほど多様性を生じる（例：地すべりの多様性）．⑤独立営力は汎地球的に作用するが，高次の営力ほど作用範囲は局所的である．⑥独立営力は隕石衝突を除き，経時的には連続的に発生しているが，従属営力は高次の営力ほど断続的に発生する．自然災害に対する防災対策事業（例：ダム，防波堤）は，以上の特徴を踏まえて地形営力の連鎖を断ち切る作業である．⇒地形営力　〈鈴木隆介〉

[文献] 鈴木隆介 (1997)「建設技術者のための地形図読図入門」, 第1巻, 古今書院.

ちけいえいりょくろん　地形営力論　process geomorphology　1953年に「地形営力談話会報告」で初めて記述された造語である．1960年代まで地形発達史（論）と地形営力論（単に営力論とも）が日本の地形学の二大潮流などといわれた．本質的には地形過程論またはプロセス地形学（process geomorphology）と同義．しかし，談話会の最中には頻用されたが，「地形営力談話会報告」のどこにも'地形営力論'が明確に定義されていなかった．そのため，当時の（そして現在でもしばしば）日本では，地形営力の'営力'が①地形を変える能力（force）をもつ自然現象（agent）と②地形を変える自然現象（agent）の働き（work）つまり作用（process）の両方の意味で，十分な議論もせずに，（学派別に？）混用されていたため，上記の地形営力論の意味は曖昧であった．その混乱の根源はデービス*（W. M. Davis, 1909）の「地形の三大要素」のうちのprocess（agentとそのworkを一括した意味）の解釈と訳語法の違いにある（鈴木, 1984）．そこで，定義の

曖昧な地形営力論の代わりに，近年では地形過程論，プロセス地形学，地形プロセス学という用語が使用されるようになった．よって，地形営力論は混乱を避けるために廃語とすべきである．もし今後もその用語を使用するのであれば，純粋地形学のうちの地形の属性別の分野として，地形形態論，地形物質論，地形形成時代論などと並列的な用語として限定的に使用すべきであろう．⇨地形営力，プロセス地形学，地形過程論，地形営力談話会，地形の認識レベル　　　　　　　　　　　　　〈鈴木隆介〉

［文献］地形営力談話会（1954-60）「地形営力談話会報告」，1～17号．／鈴木隆介（1984）「地形営力」および"Geomorphic Processes"の多様な用法法：地形，5，29-45．

ちけいかいせきがく　地形解析学　topographic analysis　地形学の一分野で，成因を問わずに地形の形態的特徴を定性的・定量的に記述・解析することを主眼とする．その基礎資料は地形図，空中写真，航空レーザ等高線図，DEM，GISなどであり，今後も多種多様化するであろう．地理学，気象学，水文学，津波学，海洋学，地球物理学，生態学，農学，砂防工学，土木工学，鉱山学，火災学，考古学，防衛学，風土論などの諸分野において，この意味で地形が解析されている．⇨地形学の諸分野
〈鈴木隆介〉

ちけいかいせきソフトウェア　地形解析ソフトウェア　software for topographic analysis　⇨GIS

ちけいかいせん　地形界線　topographic boundary, geomorphic boundary　地形が急変する境界線で，地質境界（geologic boundary）に対応させた新造語（表）．①地表面の絶対的分類の境界線（例：海岸線，氷河末端線），②地表面の傾斜変換線（＝地形線，例：尾根線，谷線，遷急線，遷緩線），③地形種の境界線（①と②を含む）および④地形点（②の特別の場合）の総称で，地形分類の基本的境界および地点である．⇨地表面の絶対的分類，地形線，地形種，地形点，地形分類　　　　〈鈴木隆介〉

［文献］鈴木隆介（1997）「建設技術者のための地形図読図入門」，第1巻，古今書院．

表　地形界線の分類（鈴木，1997）

大分類	中分類	小分類	定義[1]	例または別称
地形線（地性線）	傾斜方向急変線	尾根線（凸線）	両側に低くなる線（落水線の発散線）	山稜，稜線，尾根筋，流域界
		谷線（凹線）	両側に高くなる線（落水線の収斂線）	谷筋，沢筋
	傾斜角急変線[2]（傾斜変換線）	遷急線	下方が不連続的に急傾斜になる線	侵食前線，滝頭（遷急点）
		遷緩線	下方が不連続的に緩傾斜になる線	山麓線，段丘崖麓線，滝壺（遷緩点）
	地形点（傾斜方向と傾斜角の両者が一点の周囲で急変する地点）	山頂（凸点）	四周に低くなる点（落水線の発散点）	普通の山頂，尾根上の突起
		山脚	一方に高く，三方に低くなる点	切断山脚（断層三角末端面の頂など）
		鞍部	二方に低く，二方に高くなる点	峠，乗越
		合流点	一方に低く，三方に高くなる点	谷線の分岐点，落合
		凹点	四周に高くなる点（落水線の収斂点）	凹地と湖盆の最低点
水涯線（水際線）	河岸線	高水位線	豊水量（この流量を越える日数が年間95日以上）のときの水涯線	高水敷の境界（堤防の河川側）
		平水位線	平水量（年間185日以上）時の水涯線	地形図に描かれた流路
		低水位線	低水量（年間275日以上）時の水涯線	地形図には描かれていない
		渇水位線	渇水量（年間355日以上）時の水涯線	地形図には描かれていない
	湖岸線	同上	小分類は河岸線の場合と同じ	
	湿地界線	同上	小分類は河岸線の場合と同じ	
	海岸線（汀線）	高潮位汀線	満潮時の汀線	前浜の上端線
		中等潮位汀線	干潮と満潮の中間の汀線	陸地高度の基準面（地形図の海岸線）
		低潮位汀線	干潮時の汀線	海底水深の基準面（海図の海岸線）
雪氷線		万年雪線	9月に地形図上で3mm×3mmまたは2mm×5mm以上の大きさの残雪の縁線	日本では極めて散点的に存在するにすぎない
		氷端線	氷河・氷床の側端・末端の境界線	日本にはない

[1] 地形線では「その線から」，地形点では「その点から」，水涯線と雪氷線では「その線が」をそれぞれ加えて読む．
[2] 傾斜角急変線上の1地点を指す場合は傾斜変換点または遷移点と総称する．また，遷急線および遷緩線の上の1地点はそれぞれ遷急点（例：滝頭）および遷緩点（例：滝壺）とよぶ．傾斜角急変線（傾斜変換線）は同時に傾斜方向の急変線である場合が多い．

ちけいがく　地形学　geomorphology, Geomorphologie（独），géomorphologie（仏）　地形*とそれに関連する諸現象を研究対象とする科学で，地球科学の一分野．geomorphology という英語の geo は earth（土地），morpho は form（形態），logy は logos（論述）を意味するギリシャ語に由来．地形学の主な研究対象は，地形の物理的属性（形態的特徴の成因），空間的属性（地理的差異）および時間的属性（歴史的変化）であり，それぞれの研究分野は地形過程論*（プロセス地形学*），地形誌論*および地形発達史論*（発達史地形学*）とよばれる．また，地形学は研究目的によって純粋地形学*（単に地形学とも），応用地形学*，地形工学*および地形解析学*に大別されるが，それらは相補的関係にある．地形学の萌芽はエジプト時代に遡るが，近代科学としての地形学は19世紀末に地質学とともに誕生した．日本の地形学は，明治時代の洋学輸入時代に欧米から輸入され，辻村太郎*（1923）「地形学」の出版によって流布した．日本における地形学の研究成果は主として日本地理学会，日本第四紀学会などで発表されてきたが，1980年以降は日本地形学連合*での発表が多くなった．国際的組織として国際地形学会*がある．⇨地形学史［世界の］，地形学史［各国の］，地形学史［日本の］，地形学の諸分野　〈鈴木隆介〉

［文献］鈴木隆介（1990）実体論的地形学の課題：地形，11，217-232.

ちけいがくこうしき　地形学公式　geomorphological equation　地形量*とそれを制約する変数との関係を表した経験式，実験式および理論式の総称として鈴木（1990）が提唱した概念用語．一般に，$Q=f(S, A, R, t)$の形である．ここに，$Q=$問題とする地形量，$S=$地形場の地形量，$A=$地形営力，$R=$地形物質，$t=$地形営力の継続時間であり，Q以外は単数または複数の物理量で示される．長期間の地形変化を扱う場合には，地質学的絶対時間をTとすれば，$t=f(T)$とみなせるから，$Q=f(S, A, R, T)$と書き換えられる．地形学の最終目標*に接近するためには，地形学公式の確立が不可欠である．これらの変数のうち，どれかが欠けている地形学公式ないし地形の理解は，その変数が一定とみなせる場合にのみ成り立つ．⇨地形の認識レベル　〈鈴木隆介〉

［文献］鈴木隆介（1990）実体論的地形学の課題：地形，11，217-232.

ちけいがくし　地形学史【各国の】　history of geomorphology（in each nation）　各国の近代的な地形学は，19世紀の欧米における地形学を嚆矢としている．それ以降の各国・地域（計53）における地形学史は国際地形学会*の企画で編集された下記の引用文献に詳述されている．新興国では旧宗主国の地形学の影響が強いが，国際地形学会の主催する国際地形学会議などを通じた人的交流を背景に，近年では独自の発展を遂げている国も多くなっている．⇨地形学史［世界の］，地形学史［日本の］　〈鈴木隆介〉

［文献］Walker, H. J. and Grabau, W. E.（1993）*The Evolution of Geomorphology: A Nation-by-Nation Summary of Development*, John Wiley & Sons.

ちけいがくし　地形学史【世界の】　history of geomorphology（in the world）　地形の科学的認識の萌芽はエジプト時代に遡れる．ヘロドトス（Herodotus, 485?-425? B. C.）は，'Egypt is the gift of the river'と記し，河川，地震，海面変動の地形への影響を認識していた．また，アリストテレス（Aristoteles, 384-322 B. C.）やストラボン（Strabo），セネカ（Seneca, ?B. C.-A. D. 65）などが河川，地殻変動などの地形学的意義を現代的感覚で認識した．ローマ時代になると，河川の侵食・堆積作用や岩石の硬軟を反映した差別侵食の概念も生まれた（レオナルド・ダ・ヴィンチ，Leonardo da Vinchi, 1452-1519）．しかし，15～17世紀の時代は，天変地異説*（catastrophism）が謳歌したため，地形・地質の科学的理解は停滞していた．

18世紀になると，ハットン*（J. Hutton, 1726-1797）が天変地異説を覆し，斉一説*（uniformitarianism）を唱え，'The present is the key to the past'の至言を残した．プレイフェアー*（J. Playfair, 1748-1819）は斉一説を流布するとともに，後にプレイフェアーの法則*とよばれる河川地形に関する新見解を述べた．そして，ライエル*（C. Lyell, 1797-1875）の名著'Principle of Geology'によって，地質学や地形学は近代科学の仲間入りをした．19世紀における特筆すべき進歩は氷期の認識であり，山岳氷河や大陸氷床の地形学的意義が認識された．また，'地理的発見時代'と称される植民地拡張時代に，西欧人が世界各地を広く旅行し，地質・地形学的知識が急増し，それらを基礎に，ペンク*（A. Penck, 1858-1945）が種々の地形を成因的に説明した．

その後，地形学はアメリカで著しく進歩し，特にパウエル*（J. W. Powell, 1834-1902），ギルバート*（G. K. Gilbert, 1843-1918），ダットン（C. E. Dutton, 1841-1912)などが南北戦争後に西部開拓のために北米各地を調査し，多くの地形学的認識を得た．このような北米での地形学的知識は，デービス*（W. M. Davis, 1850-1934）によって侵食輪廻説*という形で総括された．ただし，地形発達の輪廻という考え方はフランスのデマル（N. Desmarest, 1725-1815）が漠然とながら述べていた．侵食輪廻説は'空間-時間置換の仮定*'を駆使して，湿潤温帯地域における山地の河川侵食による経時的変化を，土地の急激な隆起による山地の形成期から，河谷発達による幼年期，壮年期，老年期といった時期に至るという変化を繰り返す輪廻（cycle）という形で整理し，また地形変化は作用（process），構造（structure），時期（stage）の3変数に制約されるとした．彼の説はデービス地形学*とよばれて世界的に流布し，近代地形学の嚆矢ともよばれるが，その思考・記述は演繹的，説明的かつ定性的であったから，後に多くの批判があった．ジョンソン*（D. W. Johnson, 1874-1944）の海岸地形研究やコットン*（C. A. Cotton, 1885-1970）の実在の地形一般の精細な記述などで修正された．しかし，デービスの考察は，地形図さえ少なかった100年以上も昔のことであって，現代的感覚で彼を批判するのは不当であり，むしろ彼の考え方を金科玉条と信じることこそ批判されるべきである．

　第二次世界大戦の前中後に，実用的必要性から地形学者ばかりでなく，多方面の研究者・技術者によって地形の定量的研究が行われた．バグノルド*（R. A. Bagnold, 1896-1990）の飛砂と風成地形の研究はその好例である．第二次世界大戦後は，冷戦に関連して空中写真測量*や原子力潜水艦運用のための海底地形測量が進み，世界的に陸上・海底地形が高精度の地形図で表現されるようになった．アメリカではホートン*（R. E. Horton）を始祖とする流域地形の定量的研究がストレーラー*（A. N. Strahler）やシャム*（S. A. Schumm）らによって進展し，多くの法則が確立された．他方，イギリスやスウェーデンでは地形プロセス学*が，また他の西欧・東欧諸国では空中写真判読による地形分類図*の作成がそれぞれ隆盛となった．

　1947年にアメリカのリビー（W. F. Libby）によって^{14}Cを用いた（放射性炭素年代法*（^{14}C法）による年代測定法が開発され，炭化物質を含む地層や火砕流堆積物の堆積年代が測定され始めた．その後，各種の年代測定法*が開発され，時間尺度が定性的な相対年代から定量的な放射年代で記述されはじめ，地形発達史研究の精度向上に寄与した．

　一方，侵食地形の研究は地形量相関論の域から脱皮できず，低迷していた．そのため，谷津栄寿（1920-）は侵食地形研究では岩石物性*の定量的把握が不可欠とした岩石制約論*を1966年に提唱した．その実証的研究が日本で精力的に進められ，地形学公式*の形で，各種の実在の地形の形成過程が定量的・実体的に論じられるようになった．

　1960年代から古地磁気の時間的・空間的変化や海底地形などの地球物理学的調査・研究から，海洋底拡大説*さらにはプレートテクトニクス*が提唱され，大陸・大洋などの巨地形をはじめ，活構造*や火山活動*の原因が説明されるようになり，広義の変動地形学*が著しく進歩した．

　1957年に最初の人工衛星打ち上げ以来，人工衛星の活用技術が飛躍的に進歩し，衛星画像の解析，人工衛星電波を利用したGPS*測量などによって地球全体の地形が正確に把握できるようになった．また，航空レーザ測量*による等高線図が作成され，地形の形態的特徴が精密に把握されるようになった．また，GPS技術の進歩により，広域的な地殻変動や地すべり移動などが，連続的に観測されるようになり，いわば'動態地形学'が生まれつつある．

　地形学はその草創期から主として地理学と地質学で研究・教育されてきた．第四紀学的な地形発達史研究は古くから世界中で行われ，1928年に国際第四紀学連合（INQUA）が創設された．地形学の専門学会としては，ドイツの地形学研究会，イギリスのBGRGなどの国内学会があった．日本では災害科学や国土利用計画に関連して，地形学と地質学のみならず，地球物理学，工学，農学などの多分野の科学者・技術者が地形を研究してきたので，それらの学際的な学会として日本地形学連合*が1979年に創設された．1981年に国際地形学会*が創設され，その第5回国際地形学会議が2001年に日本地形学連合の組織によって東京で開催された．1970年代以降のプロセス地形学の研究は英国，米国そして日本の3カ国が中心的であるといわれている．

　以上のように，地形学は，関連する科学・技術の進歩とともに定性的から定量的となり，地形の発達史と形成プロセスが実体的に解明されるようになりつつある．　⇨地形思想，地形学史［各国の］，地形学史［日本の］　〈鈴木隆介〉

［文献］Thornbury, W. D. (1958) *Principles of Geomorphology*. John Wiley & Sons. ／Chorley, R. J. et al. (1964) *The History of the Study of Landforms or the Development of Geomorpholo-*

gy, Vol. 1, Geomorphology before Davis, Methuen and Co.

ちけいがくし　地形学史【日本の】 history of geomorphology (in Japan)　近代科学としての地形学の日本での芽生えは，他の科学分野と同様に，明治維新以降における欧米科学の輸入に伴う地学関係の欧米用語の和訳に始まった（東京地学協会，1916）．地形学の教育は1902年東京大学地質学科で開講された山崎直方*による「地理学」を嚆矢とし，1907年の京都大学地理学講座，さらに1919年に東京大学地理学科の創設によって本格的に始まった．デービス*（W. M. Davis）の「地形の説明的記載（1912年刊）」が導入されて，日本での地形の記載的研究が始まったが，その主な担い手は東京大学地質学科や東京高等師範学校（筑波大学の初身）の卒業生であった．1924年に辻村太郎*の「地形学」が日本で最初の地形学専門書として出版され，地形学という科学が日本で衆知された．1923年の大正関東地震*に触発されて，地殻変動の地形学的研究が進展し，ここに輸入学からの脱皮が始まった．1925年に日本地理学会*が創設され，その学会誌「地理学評論」が地形研究の主要な発表の場となり，地形学の地理学や地理教育への普及に役立った．1929年東京文理科大学（後の東京教育大学，現在の筑波大学）に国立大学としては3番目の地理学教室が開設され，しだいに地質学科でなく地理学科を卒業した地形学徒が増加した．一方では，地質学科で地形学が教育されなくなったため，以後の地質学徒の地形学に関する知見が限定的ないし古典的になり，地形学の正常な発展にはむしろマイナスとなり，その傾向は現在も続いている．5万分の1地形図の全国的整備により野外調査や地形計測が進展し，また東アジアや南洋地域での海外地形調査も行われたが，第二次世界大戦のために地形研究は中断した．

　1949年に新制大学として多くの国公私立大学が発足し，それらに地理学科や地理学専攻が開設されて，地形学の教育・研究が急速に発展し始めた．特にカスリン台風などによる地形災害*に地形学者が関心をもち，米軍撮影の空中写真が利用できるようになり，写真判読*により地形分類図*が作成され始めた．その成果の一つとして伊勢湾台風における浸水範囲が三角州にほぼ一致し，予測どおりになったので，それが評価されて建設省地理調査所が国土地理院*に昇格する契機の一つになった．国土地理院撮影による空中写真ならびにそれを図化した高精度の2万5,000分の一地形図*が全国的に整備

され，地形研究に活用された．低地，段丘，火山地形，活断層地形，高山地形，地すべり地形などの発達史的研究も空中写真判読を基礎に，テフロクロノロジー*や絶対年代測定法の進歩と相まって高精度で進められ，1956年創設の日本第四紀学会*などで活発に発表された．しかし，地形発達史論的研究の論拠は地形面とそれを構成する堆積物の認定，いわば'地形面学'，であったから，地形面を伴わない侵食地形の研究は遅れていた．そこで，1950年代に東京教育大学の地形営力談話会*を中心に，侵食地形を扱うプロセス地形学*が活発に始められた．そのため，1960年代までは，地形発達史*と地形営力論*が日本地形学の両輪とよばれた．あえていえば，前者は東京大学系，後者は東京教育大学系の研究者によって進展した．しかし，両者の概念・定義をはじめ，地形学の体系化に関する本質的議論はほとんどされなかった．

　それらの学界事情を反映して，谷津栄寿（1920-）は地形物質*の岩石物性*を重視すべきとした岩石制約論*を1966年に提唱した．それを契機に，1960年代後半から，若手研究者によって，海岸，河谷，斜面，丘陵，山地，などの侵食地形に関連して岩石物性を野外・室内で測定した削剥過程や風化の定量的研究が進展し，日本の岩石制約*研究は世界の最先端を進むようになった．

　1970年代から，世界の潮流に捉われない若手地形学徒による独創的研究が精力的に展開しはじめ，現在の地形プロセスについても砂浜海岸，海岸砂丘，土石流などで現地観測が進められた．地形発達史の分野では変動地形，海水準変動，低地，周氷河地形，火山地形，海岸砂丘などが精査されはじめた．

　一方，自然災害や社会基盤整備に関連して，地理学科以外の理学，工学，農学などの学科を卒業した科学者・技術者も地形に深い関心を寄せ始めた．それら関連分野間の交流によって，1979年に地形とそれに関係する諸現象を共通の課題とする日本地形学連合*（JGU）が創設された．JGUは世界でもユニークな地形学会として注目され，その機関誌「地形」掲載論文も海外で多く引用されている．1981年創設の国際地形学会*の主催した第5回国際地形学会議（2001年，東京）は日本地形学連合の組織によって成功し，日本の地形学は高い評価を受けた．以後，世界的に活躍する日本人地形学者が増加し，21世紀になってからの日本地形学は地形学の諸分野のほとんどをカバーし，世界でも先進的な地位を得つつある．また，国内でも自然災害や社会基盤整

ちけいがく

備に関連して，地形学の社会的普及や応用地形学*・地形工学*的観点での社会的貢献（例：応用地形判読士*資格検定制度の発足）が進展しつつある．　⇨地形学史［世界の］，地形学史［各国の］，地形学の諸分野　　　　　　　　　　　〈鈴木隆介〉

［文献］Kaizuka, S. and Suzuki, T.（1993）Geomorphology in Japan: In Walker, H. J. and Grabau, W. E, eds. *The Evolution of Geomorphology: A Nation-by-Nation Summary of Development*, John Wiley & Sons. ／米倉伸之（2001）日本の地形研究史：米倉伸之ほか編「日本の地形」，1，東京大学出版会．／東京地学協会（1916）「英和和英地学字彙」．

ちけいがくず　地形学図　geomorphological map　任意地域の地形の全部を，地形種に同定・区分して，それぞれの分布を示し，その地域の地形の成り立ちと生い立ちがわかるように表現した地図．凡例は，区分された地形種の形態的特徴・形成営力・形成順序（形成年代）・変位方向などを，記号・色・数値などで区別する．その地域の地形と地形発達史を理解するのに最も適切な方向の地形断面図（geomorphic section）を付す．地形学図は作成目的と基図の縮尺によって表現内容が変わるので，作成者の主観を含んでおり，地質図と同様の思想図であって，地形図とは異なる．地質図（geologic map）とは違って，地形学図と学を付けるのは地形図（topographic map）と混同しないためである．なお，特定の地形種（例：段丘面，断層地形）だけを示した図は主題地形学図（thematic geomorphological map）とよばれる．　⇨地形分類図，地形断面図，主題地形学図，地質図，主題図　〈鈴木隆介〉

ちけいがくてきかいそうくぶん　地形学的階層区分　geomorphological hierarchy of landform material　⇨地形物質の地形学的階層区分

ちけいがくてきほうほう　地形学的方法　geomorphological method　地形学*は，研究方法ではなく研究対象によって独立している科学の一分野である．しかし，地形学の研究成果（地形種の認定，地形発達史など）を論拠に（つまり地形を使って），地形以外の地学現象（例：地質，地殻変動，海水準変動，火山現象，斜面崩壊，土石流，地盤沈下，気象，気候，水文現象，洪水，津波，海象など）のみならず自然環境（土壌，動植物分布など）や人文・社会現象（農牧業，風土論など）の空間的・時間的変化およびそれらの特質を説明・推論・遡知*・後知*・予知することを地形学的方法という．地形学の全分野の成果を活用する応用地形学*と地形工学*の基本的方法論である．　〈鈴木隆介〉

［文献］鈴木隆介（1997）「建設技術者のための地形図読図入門」，第1巻，古今書院．

ちけいがくのさいしゅうもくひょう　地形学の最終目標　goal of geomorphology　地形研究の動機・意欲を高めるために，鈴木（1981）は「地形学の最終目標は地球上の任意地点における将来の地形変化（極論すれば高度変化）の定量的予知である」と主張した．その目標に照らせば，個々の地形研究の学史的な位置づけがしやすくなるから，どのような事実の探求が必要か，という当面の研究の道標が具体的に見出されると期待される．　⇨地形思想，地形学公式，地形の認識レベル　〈鈴木隆介〉

［文献］鈴木隆介（1981）地形学の最終目標：三野与吉先生喜寿記念会 編「地理学と地理教育―その背景と展望―」，古今書院．

ちけいがくのしょぶんや　地形学の諸分野　branch of geomorphology　地形学は，研究方法でなく研究対象によって独立した科学であるが，その研究目的によっていくつかの分野に細分される（表）．諸分野の体系的分類については議論が少なく，世界的に合意ないし通用している分類は，分類名称を含め，まだ確立されていない．しかし，研究目的によって純粋地形学，応用地形学，地形工学および地形解析学という4分野に大別し，それらを細分しようという提唱もある．　⇨純粋地形学，応用地形学，地形工学，地形解析学　〈鈴木隆介〉

［文献］鈴木隆介（1990）実体論的地形学の課題：地形，11，217-232.

ちけいかてい　地形過程　geomorphic process, geomorphological process　地形変化の仕組みとなりゆき．地形形成過程の略語．地形形成作用，地形プロセスあるいは地形の成因とも．①どこで，②どのような地形営力*が加わって，③どのような地形物質*が，④どれくらいの時間で，⑤どのような移動様式で動かされ，⑥その結果としてどのような地形変化*が起こり，⑦元の場所の地形種*が変わったか，あるいは地形種は変わらず，単に元の地形種の地形量*・地形相*が変化しただけなのか，という一連の地形変化の過程である．特定の地形種を形成する地形過程はその地形種の形成過程という（例：扇状地の形成過程）．　⇨地形過程の分類，地形プロセス，形成過程［地形の］　〈鈴木隆介〉

［文献］Ritter, D. F. et al.（2011）*Process Geomorphology*（5th ed.）, Waveland Press. ／鈴木隆介（1984）「地形営力」および"Geomorphic Processes"の多様な用語法：地形，5，29-45.

ちけいかていのぶんるい　地形過程の分類　classification of geomorphic process　普通には外因的

表 地形学の諸分野（鈴木，1990を改変）

A. 純粋地形学（pure geomorphology）
　主題：地形の地理的・歴史的・物理的側面のすべてを解明する．
　　これら三側面を分類基準にすると，次の三分野に細分されるが，三者は相補的関係にある．
　1) 地形誌論（geographical geomorphology）：地形の形態的特徴の地理的差異を地形相，地形量および地形種で記述し，各地域の地形の特徴（成り立ち）を把握する．
　　　成果の例：地形図，地形断面図，水系図，地形量分布図，地形種分布図（地形分類図），形態要素相関図
　2) 地形発達史論（historical geomorphology）：地形の地理的差異の歴史的変化の経過（地形の生い立ち）を探求する．
　　　成果の例：地形学図，古地理図，地形発達編年表
　3) 地形過程論（process geomorphology）：地形変化をもたらす地形物質の移動過程すなわち地形過程の機構を解明する．
　　　成果の例：各種の認識段階の地形学公式（地形量を従属変数とし，地形場，地形営力，地形物質および時間を独立変数とする関係式）もしくはこれに準じる概念の構築．
　　純粋地形学は上記の観点とは別の分類基準によって次のように細分される．①地形の属性別（地形形態論，地形場論，地形営力論，地形物質論，地形時間論），②地形種と地形過程別（変動地形学，火山地形学，マスムーブメント地形学，斜面地形学，河川地形学，海岸地形学，海底地形学，寒冷地形学，侵食地形学，カルスト地形学，堆積地形学，生物地形学，など），③認識手段別（野外地形学，野外・室内実験地形学，理論地形学，空中写真地形学，DEM地形学，など）．

B. 応用地形学（applied geomorphology）
　主題：形成過程の明らかな地形種（単数または複数）の空間的配置・時間的変化を論拠に（要するに地形を使って），地形以外の事象の空間的・時間的変化およびその特性を説明，遡知，後知して，過去および将来の地形変化を推論する．その方法を「地形学的方法（geomorphological method）」とよぶ．
　成果の例：地殻変動論，海水準変動論，古環境論，地盤判別論，水文環境論，自然災害予測論，空中写真地質学

C. 地形工学（engineering geomorphology）
　主題：地形の保全・改造法の理論と技術を研究・開発する．現状では応用地質学，土木工学，砂防工学などがその主体を担っているが，地形学的視点での新展開が期待される．
　成果の例：地形に調和した建設計画および防災計画の立案と提言

D. 地形解析学（topographic analysis）
　主題：地形以外の事象の制約要因として，成因を問わずに地形の特徴（高度分布，形態など）を記述・解析する．地形図読図，地形計測，各種の写真判読，GISやDEMなどの技術が活用される．
　成果の例：地理学，気象学，水文学，海洋学，地球物理学，砂防工学，土木工学，農学，生態学，鉱山学，火災学，航法工学，防衛学，哲学，風土論，などの諸分野において，地形が解析されている．

作用と内因的作用に二大別されている．しかし，それだけでは大まかにすぎるので，地形過程に関連する①既存の地表に対する地形物質の加除の有無，②地表の高度変化の有無，③地形営力の種類，④地形物質の種類，⑤地形物質の移動様式（バラバラか，集団か，移動媒体など）の5要件をこの順序に優先順位をつけて組み合わせると系統的に分類される（次頁の表）．ただし，表示の大分類名は学界で定着したものばかりではない．⇨地形過程，除去過程，付加過程　　　　　　　　　　　　　　　〈鈴木隆介〉
［文献］Ritter, D. F. et al. (2011) *Process Geomorphology* (5th ed.), Waveland Press. ／鈴木隆介 (1997)「建設技術者のための地形図読図入門」，第1巻，古今書院．

ちけいかていろん　地形過程論　process geomorphology　純粋地形学の一分野で，地形変化をもたらす地形物質の移動過程すなわち地形変化過程（略して地形過程）を定量的・実証的に解明することを主眼とする．プロセス地形学*または地形プロセス学と同義．種々の地形過程に関する地形学公式*の確立を目指しているが，個別的研究では導入した地形の変数の種類によって認識レベルは多様である．⇨純粋地形学，地形学の諸分野，地形過程，地形の認識レベル　　　　　　　　〈鈴木隆介〉
［文献］鈴木隆介 (1990) 実体論的地形学の課題：地形, 11, 217-232.

ちけいけいかん　地形景観　geomorphic landscape　地形要素が作り出す地表の3次元構造を指す．単に'景観*'と表現することが多く，英語でも，単に'landscape'と表現し，'geomorphic landscape'と表現するのは，'植生景観：vegetation landscape'などの他の景観と区別することを意図したときなどに使われることが多い．地域の地表形態は山地・河谷・台地・低地，あるいは，尾根・谷壁斜面・扇状地・自然堤防などの様々な地形が集合して作られている．このようなある地域における様々な地形の構成とそれによって作られる起伏状態とを含めた地表の3次元構造を地形景観とよび，狭義の'地勢'に相当する．かつては，'一地点から見える地表の3次元構造'を指し，視点が移動すると，"（地形は変わらなくても）景観は変わる"と表現されたが，現在では，'ある地点からの見え方'は重視されなくなった．地形景観は地域を特徴づける地形群とその分布によっ

表 地形過程の分類（鈴木, 1997）（⇨地形過程の分類）

分類名称		地形過程の主な様式			形成される地形種の例
大分類	中分類	高度	主要な地形営力	移動する地形物質	
除去過程	侵食	−	河流，波，氷河，風	岩屑	河谷，波食棚，U字谷，リル，ガリー
	溶食	−	表面流，地下水	溶解物質	鍾乳洞，ドリーネ
付加過程	堆積	+	河流，波，氷河，風	岩屑	自然堤防，扇状地，砂州，堆石堤，砂丘
	噴砂・噴泥	+	地盤振動，地下水	砂・泥	噴砂堆，泥火山
	沈殿	+	湖水，河川水，地下水	溶解物質	石灰華段丘
	蒸発	+	地下水，湖水，河川水	溶解物質	プラヤ（塩原），鍾乳石
集動	匍行	±	重力	岩屑，岩塊	麓屑面
	崩落	±	落石，崖崩	岩屑，岩塊	崩壊地，崖錐
	滑動	±	地すべり	岩屑，岩塊，岩体	地すべり地形
	流動	±	土石流，岩屑流	岩屑，岩塊	沖積錐，土石流堆
周氷河過程	凍結融解過程	±	地中氷の凍結融解	岩屑，岩塊，岩体	凍結割れ目，ピンゴ，岩塊流，構造土
	サーモカルスト過程	−	重力	岩屑，岩塊	沈下・陥没地形
	雪食	−	積雪，雪崩	岩屑	雪食皿状凹地，雪崩礫舌
有機的過程	付着	+	動物活動・植物生育	生物遺骸・分泌物	サンゴ礁，蟻塚，泥炭地
	掘削	−	動物活動	岩屑	踏溝，巣孔，食侵
隕石衝突		±	隕石衝突	隕石，岩屑	隕石孔
表層変位	地盤沈下	−	荷重，地下水流動	岩屑，岩体	地盤沈下地形（ゼロメートル地帯など）
	荷重沈下	−	荷重	岩屑，岩体	火山体の荷重沈下地形
	陥没・落盤	−	重力	岩屑，岩体	シンクホール，陥没孔，地下空洞
	流動注入	+	岩塩流動	岩塩	岩塩ドーム
火山過程	噴火	±	噴火	火山噴出物	火山地形一般
	定着（堆積）	+	噴火	火山噴出物	溶岩流原，火砕流原，砕屑丘，成層火山
	爆裂	±	マグマ圧上昇	岩屑，岩塊	火口，爆発カルデラ
	貫入	+	マグマ貫入	岩体，岩塊	潜在火山，火山岩尖
	火山性陥没	−	マグマ圧低下	岩体，岩塊	陥没カルデラ
	火山性変位	±	マグマ圧上昇・低下	岩体	噴火前の隆起・噴火直後の沈降
	後火山過程	+	噴気，温泉湧出	昇華物，沈殿物	噴気孔，噴気塔，温泉階段
変動変位	断層変位	±	断層運動	地殻，地塊	縦ずれ・横ずれ断層地形（断層崖など）
	褶曲変位	±	褶曲運動	地殻，地塊	活褶曲地形，傾動地形（背斜丘陵など）
	曲動	±	アイソスタシー	地殻，プレート	離水・沈水海岸地形（段丘，三角江など）
	裂動	−	断層・褶曲運動	地塊	地震割れ目
氷河性海面変動	海水準低下	+	氷床・氷河の増量	地形物質の移動は起こらない	離水海岸地形（海岸段丘など）
	海水準上昇	−	氷床・氷河の減量		沈水海岸地形（リアス海岸など）

注1 高度は同一地区での地形過程前後の高度変化を示す．＋：高度上昇，−：高度下降，±：高度上昇・下降がほぼ同時に起こる．
注2 地形過程はすべて重力場で生起するので，重力は，それのみが重要な場合を除き，地形営力欄から省略されている．

て，例えば，'basin-and-range landscape：幾列もの地溝と地塁が並列した山列と盆地列からなる連脈景観'，'uplifted peneplain landscape：平頂峰とそれを刻む深い谷によって特徴づけられる隆起準平原景観'などと表現されることがある．これらを含め，'地形構成，地質構造，形成過程などにおいて同一の性格をもった地形（地形景観）がみられる地域（区域・領域）'は，'地形地域・地形区：physiographic division, morphologic region, geomorphic province'という． ⇨地勢 〈大森博雄〉

［文献］Davis, W. M. (1912) *Die erklärende Beschreibung der Landformen*, B. G. Teubner（水山高幸・守田 優訳 (1969)「地形の説明的記載」，大明堂）．

ちけいけいせいかてい 地形形成過程 geomorphological process ⇨地形過程

ちけいけいせいさよう 地形形成作用 geomorphological process ⇨地形過程

ちけいけいそく 地形計測【地形図による】 geomorphometry (using contour map) 地形を等高線で表現した紙の地図すなわち地形図の図上で，地形の形態的特徴のうち数量的に表現できる地形量を計測する作業の総称である．実際の地形について野外で計測・測量することは 地形測量* とよばれるが，それも広義の地形計測である．したがって地形計測は地形学関係者だけが行うものではない．標高は等高線値または等高線間の距離を比例配分して読み取る．距離は図上の距離を定規やコンパスなどで読み取り縮尺の逆数を乗じて得る．曲線距離は回転する歯車でなぞってその回転数から距離を得る機械（キルビメータ：曲線計）で計測された．2点間の勾配は2本の隣接する等高線間の距離と標高差から計測した．この代替法として，一定範囲内の等高線の

本数が使われた例もある．面積の測定には，格子をかけて，該当範囲内の格子点数を数える方法が一般的であった．また図形の周囲をなぞると機械的に面積が得られるプラニメータ（求積器）も使われた．この原理はデジタイザに置かれた地図で，図形の周囲をなぞると，コンピュータの計算によって面積が得られる方法に進歩した．代替法として図形を切り取り，面積を重量に換算して計量するとか，塗りつぶして反射照度に置き換えるなどの方法も考案された．いずれにせよ，勾配と面積の測定は非常に労力を要する作業であった．しかし，近年，地形が等高線ばかりでなくDEM*やDLG*によって高度の数値群として表現されるようになってから，地形計測の方法・器具だけでなく計測項目も増加した．⇨地形解析学，地形計測 [DEMによる]　〈野上道男〉

[文献] 井上修次ほか（1961）「自然地理学地形篇」，地人書館．

ちけいけいそく　地形計測【DEMによる】 geomorphometry（using DEM）数値標高データ（DEM*）を用いて，地形の諸特性（各種の地形量*）を計測すること．特定地区または広域にわたって地形特性を数値標高データのコンピュータを用いた計算処理で数量的に表現することによって，地形研究の定量化・理論化，地形分類の自動化，将来の地形変化・災害の予測，気象学・水文学・工学など隣接諸科学・技術への応用，景観シミュレーション（コンピュータグラフィックス）などを行うことがDEMによる地形計測の目的である．DEMの登場によって，それまで地形図上で手作業で行われていたさまざまな地形計測は，コンピュータを用いたデータ処理で代替され，地形計測の方法や技術は大きく変化した．距離・面積・体積・勾配・起伏・水系網など基本的な地形特性の概念は引き継がれているが，コンピュータ処理によって容易に計測できるようになった地形特性も多い．DEMはラスタ型のデータであるが，等高線そのものを数値化したベクタ型のDLG*を用いて計測が行われたこともあったが，DEMの高精度化によって，DLGそのものも過渡期のものとなり，それを用いた地形計測もあまり行われなくなった．DEMによる地形計測は初期の頃には画像解析（濃度を標高に類比）やCAD（computer-aided design：コンピュータ援用設計）の手法が導入され，地形を単なる物体として扱った．しかし，例えば単なる画像のきめ（ラプラシアン*・標準偏差などで表される）と地形のきめ（具体的には山襞・水系網密度など）は明らかに異なる．⇨地形量，地形計測 [地形図による]，DEM　〈野上道男〉

[文献] 野上道男（1995）細密DEMの紹介と流域地形計測：地理学評論，68A，465-474．

ちけいこうがく　地形工学 engineering geomorphology　地形学の一分野で，地形学的方法*を駆使して，地形の保全・改造法の理論と技術を研究開発することを主眼とする．現状では，応用地形学，応用地質学および土木工学に近いが，任意の地点・地域における地形災害防止策の立案，地形の自然的・人工的変化に伴う環境変化の予測，建設計画（例：構造物の種類・規模・位置・工法の選定計画）への積極的助言などが期待されている．1979年に神戸大学と中央大学の土木関係学科で「地形工学」という科目がおそらく世界で初めて開講されたが，工学分野への地形学の普及に加えて，その発展が切望される．⇨地形学の諸分野，応用地形学，応用地形判読士　〈鈴木隆介〉

[文献] 鈴木隆介（1997）「建設技術者のための地形図読図入門」，第1巻，古今書院．

ちけいこうせいぶっしつ　地形構成物質 landform material　⇨地形物質

ちけいさいがい　地形災害 geomorphic hazard　突発的で顕著な地形変化*（＝地形過程）に起因する自然災害をいう．河川災害，海岸災害，土砂災害，噴火災害，地震災害など，ほとんどの自然災害は急速かつ顕著な地形変化の結果である．地形変化は地形営力（≒災害営力*）の作用で生じるから，地形災害の軽減・防止のためには，地形営力の連鎖系*の切断が必要であり，それが防災対策（例：河川・海岸護岸，ダム，砂防工）である．⇨自然災害，地形営力の連鎖系　〈鈴木隆介〉

ちけいざいりょう　地形材料 landform material　地形を構成する岩石物質（岩と土）．地形物質*（地形構成物質の略語）と同義．Yatsu（1971）の提唱したlandform material science（地形材料論または地形材料学）という概念に由来する直訳語である．しかし，自然のままの樹木（倒木を含む）に対して，それを人為的に切断・整形・加工したものを材木とか木材，すなわち材料というのであるから，その語法に従えば，自然のままの物質である地形物質を地形'材料'と訳すのは不適切であり，地形物質というべきであろう．　〈鈴木隆介〉

[文献] Yatsu, E. (1971) Landform material science: Rock control in geomorphology: *In* Yatsu, E. et. al. eds. *Research Method in Geomorphology* (1st Guelph Symposium on Geomorphology, 1969), Science Research Associates, 49-56./松倉

公憲（2008）「地形変化の科学—風化と侵食—」，朝倉書店.

ちけいし　地形誌　regional geomorphology ⇨ 地形誌論

ちけいしそう　地形思想　geomorphic thought
地形とはどういうものか，についての考え方．古代のギリシャやローマの哲学者達（ヘロドトス〈Herodotus, 485?-425? B. C.〉，アリストテレス〈Aristotles, 384-322 B. C〉，ストラボン〈Strabo, 54 B. C. -A. D. 25〉，セネカ〈Seneca, ? B. C. -A. D. 25〉）は堆積・侵食，地震，海面変動，水循環，隆起・沈降，火山活動などによって地形が変化することを認識していた．しかし，17世紀までは天変地異説*（catastrophism）の影響下で地形に関する科学的認識は進歩しなかった．近代科学としての地形学的認識は，ハットン*（J. Hutton, 1726-1797）の斉一観（せいいつかん）（uniformitalianism）の提唱後，パウエル*（J. W. Powell, 1834-1902），ギルバート*（G. K. Gilbert, 1843-1918）らの野外観察に基づく地形種の形成過程に関する科学的認識が始まり，デービス*（W. M. Davis, 1850-1934）の侵食輪廻説*に至って一つの体系化された地形認識が生まれた．侵食輪廻説では，地形は，作用（processes），構造（structure）および時期（stage）の3要素によって説明的に記載される，とされた．この説には多くの批判があったが，提唱当時の科学技術状況を考えれば，その批判は必ずしも妥当ではなく，仕方のないことであった．現代では，任意地区（斜面，流域，地域など）に実在する個別的な地形の成因を地理的・歴史的観点（地形発達史論*）および物理的観点（地形過程論：プロセス地形学*）の両面から説明し，さらには気候変動論やプレートテクトニクス*の観点から広域的な地形発達史が論述されるようになった．今後は，任意地区に加わる地形営力*とそれによって移動させられる地形物質*の関係から地形変化の仕組み（プロセス）を解明し，将来の地形変化を平衡論・速度論の観点から予測する方向に進むと期待される．　⇨ 地形の特質，地形の本質，地形学の最終目標，地形学史［世界の］　〈鈴木隆介〉

［文献］Thornbury, W. M. (1958) *Principles of Geomorphology*, John Wiley & Sons. /Chorley, R. J. et al. (1984) *Geomorphology*, Methuen & Co.（大内俊二訳（1995）「現代地形学」，古今書院）．

ちけいしゃしん　地形写真　geomorphic photo
地形調査・研究のために撮影された写真．普通には地上で撮影した写真を指すが，広義には衛星写真や空中斜め撮影写真，空中写真（垂直写真）なども含む．地上写真では，撮影方向と撮影範囲が重要で，①地形の立体形（例：沖積錐，地すべり地形）や横断形（例：傾斜変換線）が判明する方向，②近接写真のみならずその地形場がわかる広範囲を含む範囲，③地形と地形物質（整形物質）との関係がわかる範囲，④地形物質の岩相や風化状態のわかる範囲，⑤現場測定器の地形的位置のわかる範囲，などに注意して撮影することが望ましい．写真だけを後からみても，何を目標にしたかがわからなくなるので，写真撮影とともにスケッチが大切である．　⇨ 地形スケッチ　〈鈴木隆介〉

ちけいしゅ　地形種　geomorphic species
地球表面の起伏つまり地形はどこまでも続いているが，その一連の地形のうち，特定の成因（地形過程）で形成された特定の形態的特徴をもつと地形学的に認定された部分（地区）を地形種とよぶ（鈴木，1990）．個々の地形種には　特定の成因用語（地形種名）が与えられている（例：扇状地，三角州，自然堤防，浜堤，砂嘴，段丘崖，地すべり滑落崖，火山砕屑丘，断層線崖）．地形種の境界線は地形界線，特に傾斜変換線である．地形種には成因的にも規模の点でも階層性があり，規模の大きい地形種はそれより小規模の複数の地形種で構成されている．例えば，蛇行原 ＝ 河川敷 ＋ 流路跡地 ＋ 自然堤防 ＋ 後背低地 ＋…，であり，後背低地 ＝ 狭義の後背低地 ＋ 後背湿地 ＋ 後背沼地 ＋ 後背湖沼，である．ただし，低次の地形種がすべて揃っているとは限らない．地形種に類似した概念として，地形型（ちけいけい）（landform type）という概念が提唱されたが（中野，1956），ゴロがよくなかったせいか流布しなかった．なお，地形面*は一定の特徴をもつ地形種（例：段丘面）の総称である．低次の地形種ほどその形成過程が単純であるから，その形態の形成に関与した地形営力，地形物質，形成時間も単純かつ一様である．そのことが地盤の性質や地形災害の予測に役立つので，低次の地形種を認識するほど応用地形学や地形工学の観点で有意義である．

一方，普通にいう'地形（landform）'は地球表面の起伏形態という意味であり，その成因とは無関係に山，谷，平地，半島，高台，急崖などのように形態と相対位置を表す日常用語（形態用語）で記述され，必ずしも傾斜変換線などの地形界線で区切られているわけではない．従来の地形学では国の内外を問わず，地形種を単に地形とよび，成因用語と単なる形態用語を混用してきたので，ある地域の地形の記載が明解でない場合が多い．例えば「房総半島の'地

形'は丘陵・段丘・低地（という'地形'）で構成されている」というよりも，「房総半島の'地形'は丘陵・段丘・低地という（3種の）'地形種'で構成されている」または「房総半島を構成する地形種は丘陵・段丘・低地であり，それぞれ複数の低次の地形種に細分される」という記述が論理的に明解であろう．ちなみに地質学では，「房総半島の'地質'はA，BおよびCという（3種の）'岩石（岩体または地層）'で構成されている」と記述するが，それを「'地質'はA，B，Cという'地質'で構成されている」と書くのは，'地質＝岩石'ではないから，不合理である．また，地質＞岩石＞鉱物＞分子という階層性もある．つまり，この比喩でいえば，地形は地質に，地形種は岩石に対応する用語である．なお，生物界では一種の個体が別の種で構成されることはない．この点で地形種は生物の種とは異なっており，自然界の仕組みの違いを反映している．⇨地形種の同定，地形種の階層性，地形種の分類 〈鈴木隆介〉

［文献］鈴木隆介（1990）実体論的地形学の課題：地形，11, 217-237.

ちけいしゅのかいそうくぶん　地形種の階層区分
hierarchic classification of geomorphic species
個々の地形種を，その形成営力，地形物質，形成過程および形成過程の重複回数で区分し，それらの組み合わせ（複合性）によって分類すると，6種程度の階層に区分される（表）．この階層区分と規模による地形種の分類はおおむね対応する．⇨地形種，地形種の階層性，地形種の分類 〈鈴木隆介〉

［文献］鈴木隆介（1997）『建設技術者のための地形図読図入門』，第1巻，古今書院．

表　地形種の階層区分（形成過程の複合性による）（鈴木, 1997）

階層区分	形成営力	地形物質	形成過程	形成過程の重複回数	地形種の例	
					河成堆積地形の例	火山地形の例
単成地形 monogenetic landform	単一	同質	同式	単回	河道，磯堆，砂堆，泥堆	砕屑丘，火砕流原，溶岩流原，溶岩円頂丘，マール
単式地形 homogenetic landform	単一	同質または類質	同式	少数回	河川敷，自然堤防，後背低地	溶岩流原を伴う砕屑丘，溶岩流を伴う溶岩円頂丘
複式地形 polygenetic landform	単一	類質	類式	不連続複数回	扇状地，蛇行原，三角州，谷底堆積低地	成層火山，ハワイ型盾状火山
複合地形 multigenetic landform	類系	類質	類式	不連続複数回	河成堆積低地	側火山をもつ成層火山
複成地形 compound landform	類系	異質	異式	不連続複数回	河成堆積段丘	カルデラと中央丘をもつ成層火山，再生カルデラ
重合地形 complex landform	異系	異質	異式	不連続多数回	平野	火山群

注：階層区分の基準と表中の用語の意味はつぎのようである．
1）形成営力
　単一：1種の地形営力のみが関与（例：河流，水河，地すべり，噴火，変動変位など1種のみ）
　類系：同系列の複数種の地形営力（例：太陽熱系列の降雨，河流，風などが類系）
　異系：異系列の複数種の地形営力（例：外的営力と内的営力は異系）
2）地形物質
　同質：地質学的性質と岩石物性の両者がほぼ同質（例：円礫，亜角礫と角礫は同質）
　類質：地質学的性質は類似しているが，岩石物性が異なる物質（礫，砂，泥は類質）
　異質：地質学的性質と岩石物性の両者が著しく異なる物質（例：礫層と礫岩は異質）
3）形成過程
　同式：地形過程の中分類様式の一つだけが関与している（例：堆積，侵食，地すべり，定着，断層運動などの個々の様式）．
　類式：地形過程の大分類様式の一つだけが関与している．
　異式：地形過程の大分類様式の複数が関与している．
4）形成過程の重複回数
　単回：一連1回（例：1回の出水による堆積，1回の噴火による定着・爆裂など）
　連続少数回：十数回程度の同式または類式の地形過程（例：複数回の堆積）
　連続複数回：複数回（数十回～数百回）の同式または類式の地形過程（例：複数回の堆積）
　不連続複数回：複数回（数十回～数百回）の異式の地形過程が関与（例：複数回の堆積と複数回の侵食の両者が関与）
　不連続多数回：不連続複数回の何回もの繰り返しが関与（例：堆積，侵食，定着，変動変位などが繰り返して関与）

ちけいしゅのかいそうせい　地形種の階層性　hierarchic nature of geomorphic species　一つの地形種は，それより小規模な複数の地形種で構成されている場合が多い．例えば，日本の平野（例：関東平野）は①低地と段丘（台地）で構成され，②その低地は扇状地，蛇行原，三角州などで構成され，③それらは河川敷，自然堤防，後背低地などで構成され，④河川敷は河道，低水敷（中州を含む），高水敷などで構成されている．このような性質を地形種の階層性とよぶ．したがって，任意地点（例：JR武蔵野線・新三郷駅付近）の地形は，階層の異なる複数の地形種の名称を用いれば，①弧状列島，②平野，③低地，④河成低地，⑤蛇行原，⑥後背低地，のどの地形種名で答えても誤りではない．階層の低い地形種ほど，形態的特徴・形成営力・地形物質・形成時代の諸点で単純である．ゆえに地形分類図や土地条件図では，地形種の階層性を区別・考慮した凡例を付すのが望ましい．　⇨地形種，地形種の階層区分，地形種の分類　　〈鈴木隆介〉

[文献] 鈴木隆介（1997）「建設技術者のための地形図読図入門」，第1巻，古今書院．

ちけいしゅのどうてい　地形種の同定　geomorphic identification, identification of geomorphic species　任意地区の地形がいかなる地形種であるかを認識する作業．地形誌論・地形発達史論・地形過程論の調査・研究の第一歩であり，地形種の性質の理解がその同定に不可欠である．　⇨地形種，地形種の階層性　　〈鈴木隆介〉

ちけいしゅのぶんるい　地形種の分類【規模による】　dimensional classification of geomorphic spe-

表　規模による地形種の分類とその例（中地形以下は日本に多い例を示す）（鈴木, 1997）

地形種の分類		超微地形	極微地形	微地形	小地形	中地形	大地形	巨地形
規模		10 m	100 m	1 km	10 km	100 km	1000 km	
主要な形成営力別の地形種	変動地形	噴砂堆	地割れ	撓曲崖	断層崖，断層角盆地，地塁，地溝	山地，丘陵	弧状列島，海溝，大陸棚，縁海，海嶺，大山脈，盾状地	大陸，大洋底
	火山地形	溶岩ジワ，溶岩トンネル	溶岩堤防	砕屑丘，火口，マール，溶岩円頂丘	成層火山，カルデラ，溶岩流原	火山（総称）	玄武岩台地	
	河成地形	甌穴，侵食溝（ガター），砂漣，砂堆，反砂堆，平坦河床	河道（流路），淵，瀬，滝，横列州，交互州，複列州，うろこ州，落堀	河川敷，自然堤防，後背低地，流路跡地	扇状地，蛇行原，三角州，谷底堆積低地，谷底侵食低地，河成段丘	段丘，低地	大規模な平野	
	海成地形	浜崖，砂漣，カスプ，波食痕	巨大カスプ，浜，磯	浜堤，砂嘴，沿岸州，沿岸溝，波食棚	堤列低地，潟湖跡地，海成侵食低地，海成段丘			
	集動地形	落石穴	滑落崖，土石流堆，崩壊地	地すべり堆，冲積錐，崖錐，麓屑面				
	風成地形	風漣	砂丘	砂丘帯		砂・岩石砂漠	砂漠	
	その他	泥火山，風穴	堆石堤	カール	サンゴ礁	氷河地形		
地形物質の厚さ		数cm〜数m	数m〜数十m	0.01〜1 km	0.01〜5 km	0.1〜10 km	1〜40 km	70〜140 km
形成時間		10^{-3}〜10^0 年	10^{-2}〜10^0 年	10^0〜10^3 年	10^0〜10^4 年	10^5〜10^7 年	10^7〜10^8 年	10^8〜10^9 年
形成過程の複合性による階層区分		←――――――― 単成地形 ―――――――――――→					←―― 重合地形 ――→	
			←―――― 単式地形 ――――→					
				←―― 複式地形 ――→				
					←―― 複合地形 ――→			
						←―― 複成地形 ――→		
読図用地図の縮尺		1/100	1/2,500	1/10,000	1/25,000	1/100,000	100万分の1	1,000万分の1

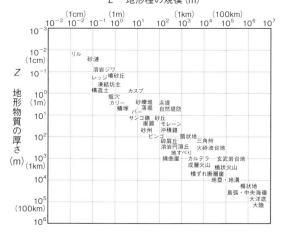

図 地形種の規模とその地形種を構成する地形物質（整形物質）の厚さの関係（鈴木，1997）
注：この図は例示であり，すべての地形種が示されているわけではないが，図の右上部と左下部の空白領域に入る地形種が存在しないことに注意．

cies　個々の地形種をその規模で大区分した分類．普通には大地形，中地形，小地形，微地形などに分類され，多くの提案があるが，分類名称を含めて，国際的に標準化された分類はない．しかし，地形種をその規模（形成営力の作用方向における長さ）によって，巨地形（mega-landform），大地形（macro-landform），中地形（meso-landform），小地形（mini-landform），微地形（micro-landform），極微地形（minimal-landform）および超微地形（ultra-micro-landform）の7ランク（英語名は仮訳）に大区分し，主要な形成営力別の地形種をそれぞれのランク別に例示することは，おおむね受け入れられている（前頁の表）．この程度に細区分すると，各ランクの地形種の地形物質の厚さ（図），形成時間，形成過程の複雑性による階層区分および認識に適する地図の縮尺の，それぞれの区分とおおむね対応する．⇨地形種の階層区分　〈鈴木隆介〉

[文献] 鈴木隆介（1997）『建設技術者のための地形図読図入門』，第1巻，古今書院．／貝塚爽平（1998）『発達史地形学』，東京大学出版会．

ちけいしろん　地形誌論　regional geomorphology, geographical geomorphology　純粋地形学の一分野で，その主眼は地形の形態的特徴の地理的差異を地形相・地形量・地形種で記述し，地域ごとの地形の特徴（成り立ち）を把握することである．地形誌，地域地形学もほぼ同義．地形発達史論と相補的関係にある．地形図，地形断面図，水系図，地形量分布図，地形種分布図，地形分類図，形態要素相関図などが成果物の例である．⇨地形学の諸分野，地形分類図　〈鈴木隆介〉

[文献] 鈴木隆介（1990）実体論的地形学の課題：地形，11，217-232．

ちけいず　地形図　topographical map, topographic map, topo map　地表面の形状や地物，行政界，地名などを縮尺に応じてできるだけ正確に表示する地図．地形については等高線で表現されるのが普通．通常は縮尺が数十万分の1程度以上のものを指し，国や公的機関が表示内容に関する規定（地形図図式）を定め，それに基づき一連の切り図として作成することが多い．日本の場合は，国土地理院がさまざまな縮尺の地形図を刊行しているが，同院はそのうち10,000分の1，25,000分の1，50,000分の1のみを地形図とよび，200,000分の1を地勢図とよぶなど，縮尺によって名称を区別している．海上保安庁は海の基本図の一つとして海底地形図*を作成している．また，全国の市町村は都市計画区域を対象に2,500分の1の地形図を作成している．これらの中には，最近では電子地図としても作成・刊行されているものがあり，電子国土基本図*はウェブで閲覧できる地形図である．地形図は，読図によって地形の特徴を把握したり，断面図作成に用いたり，地形学図の基図としたりするなど，地形学研究にとって欠かせないものであるが，精度には一定の限界があり，かつ記号が重ならないようずらしたり細かな形状を単純化したりして示す場合があることに注意が必要である．⇨海の基本図，図式，等高線，小縮尺図　〈熊木洋太〉

ちけいスケッチ　地形スケッチ　geomorphic sketch　地形写真*と同様の対象についての描画で，普通には野帳*（フィールドノート）に描く．現地での地上写真では，植生被覆のために，植生の下の地形が明瞭に撮影できないことがあるので，地形の立体形，横断形，縦断形，整形物質などを現地でスケッチし，それに必要な地形量（比高，傾斜など）や地形物質の性質（岩相，地質構造，堆積物の粒径，風化状態，被覆火山灰などの柱状図，サンプル地点とその番号など），現地測定地点，測定値，目標となる道路や河川，難読の集落名や沢などの地名（読み方）などを詳細に記入する．必要に応じて，アルファベットや数字などの記号も使用する．報告書や論文の執筆では，地上写真よりも現地のスケッチが極めて重要な情報を与える．野外では必ず鉛筆や色鉛筆で描き，雨水に濡れると滲む水性ペンやボー

ルペンなどは使用しない．　　　　　　〈鈴木隆介〉

ちけいずずしき　地形図図式 cartographic specification of topographic map　⇨地形図，図式

ちけいずのしゅくしゃく　地形図の縮尺 scale of topographic map　⇨縮尺，地形図

ちけいずのデジタルか　地形図のデジタル化 digitization of topographic map　過去の印刷地形図をデジタル化すること．手法は二つに大別できる．①スキャンニング：印刷物や印刷用原図をスキャンし画像データとして保存する．座標情報を付与することにより GIS 上でラスターデータとしても活用できる．②ベクトル化：上記①の画像データをデジタイザやラスター・ベクター変換を用いてベクトルデータ化し属性を付与する．特に等高線ベクトルはグリッド DEM 作成などの各種地形解析に利用される．　　　　　　　　　　　　　　　〈勝部圭一〉

ちけいせいこうう　地形性降雨 orographic precipitation, orographic rainfall　風が山脈などにあたり，強制的に上昇させられて生じる降雨（水）．雨域が近づくときはまず山岳地帯で降雨が始まることが多い．不安定な成層状態のときはそれをきっかけに局地的に上昇気流が生じ山地だけに降水がみられることが多い．一般に山地前面で降水がみられ，背後は雨陰となる．日本の南岸に低気圧があるときは，山地の南～南東斜面で，日本海に低気圧があるときは，北西斜面でそれぞれ強い雨が降る．〈野上道男〉

ちけいせいせつり　地形性節理 topographic joint　上載加重の除去に伴う応力解放により，岩盤が膨張して地表面にほぼ平行に形成された節理．シーティング節理とも．　⇨シーティング，除荷作用
　　　　　　　　　　　　　　　　　〈八戸昭一〉

ちけいせいていきあつ　地形性低気圧 orographic low　地形の影響によって生じる低気圧．山岳の風下側での減圧効果や風速の増大などによって生じる低気圧や，地形の違いに起因する地表面加熱の違いによって生じる低気圧（熱的低気圧*）を含む．　　　　　　　　　　　　　　　〈森島　済〉

ちけいせん　地形線 topographic line　地表面の傾斜方向と傾斜角（勾配）の両者または一方の著しい不連続線つまり傾斜変換線．地形線は，地形面*に対応させた造語であり，ともに変位基準になるが，地形面が同時性をもつのに対し，1本の地形線の全区間が同時に形成されたものとは限らない（貝塚，1981）．類似語の地性線（昔は地勢線）は測量学で用いられ，尾根線と谷線を指しており，登山界でも使用されるが，地形線とは異なる．地形界線は地形線より広い意味を含む．地形線は重力およびそれに支配される地形営力*（例：河流，氷河，マスムーブメントなど）のベクトルの急変線である．顕著な地形線は，①延長が長く，②その両側で傾斜方向か傾斜角の差が大きく，③両側の斜面幅（面積）が大きいものである．地形線が顕著なものほど，その両側では地形過程およびその主要な変数（地形場，地形営力，地形物質，形成時間）が著しく異なり，地形種も異なる場合が多い（例：山麓線で接する山地斜面と低地）．ゆえに，地形線の認定は地形の科学的理解の第一歩である．　⇨傾斜変換線，地形界線，地形点　　　　　　　　　　〈鈴木隆介〉

[文献] 貝塚爽平 (1981) 地形線：町田　貞ほか編「地形学辞典」，二宮書店．

ちけいそう　地形相 geomorphic feature　地形の形態要素のうち，現状では定量的に表現されていない特徴をいう．例：斜面型，河系模様，雁行配列．地形相の地量への変換は地形学の重要課題である．　⇨地形の形態要素，地量　　　　〈鈴木隆介〉

[文献] 鈴木隆介 (1997)「建設技術者のための地形図読図入門」，第1巻，古今書院．

ちけいそうじょ　地形層序 morphostratigraphy　大陸，海洋底，弧状列島，大山脈などの大地形は，長期にわたるプレートテクトニクスに起源する地殻変動の所産である．山地・盆地・段丘・氷河地形・サンゴ礁段丘などの規模が小さい地形の大部分は第四紀・鮮新世における地殻変動，火山活動，海面変化などに侵食・堆積作用が加わって形成されてきた．例えば河成段丘とその堆積物は，過去のある時期の流域斜面からの土砂の供給量（気候・植生，火山活動と深く関係），洪水流量（気候変化と関係），海面変化，地殻変動などを反映して形成されたものである．普通地形層序の指標になるのは，最終間氷期や最終氷期の段丘地形面である．また地形層序の研究は，地形面の形成順序のほか，それに関係する地層などの層序を加えて地形形成環境の変化過程を明らかにすることを含む．これを通じて気候変化，海面変化，地殻変動，火山活動などの諸記録を理解することができる．

地形層序の研究での単位は特定の時代・環境に形成された地形面とそれに関与した地層である．これらの対比には地形自体の性質（地形面の高度，配置，開析度など）に加えて地層や被覆層中に鍵層を見出す必要がある．形成後時間がたったものほど，一般に侵食や風化作用のために原地形の保存程度が悪くなる．台地や丘陵などの小地形の場合，当該地域の

気候や海からの距離によっても異なるが，前期更新世*以前に遡って層序・対比・編年研究ができる地形面はきわめて少ない．　　　　　　〈町田　洋〉

ちけいそくりょう　地形測量　topographic surveying　地形や地物の位置と形状を測定し，地形図・平面図等を作成することを目的とした測量．地形測量は空中写真測量*と地上測量*に大別される．空中写真測量は，作成対象が広範囲で，おおむね縮尺1/50,000以上，1/500以下の場合に適用される．また立入困難な場所も作成可能で，多くの作業過程を内業化できるため単位面積当りの経費が安価になる．短所は写真に写っていない部分は測量できないことで，地上測量などで補備する必要がある．地上測量は，おおむね縮尺1/1,000以上，1/50以下に適用される．作成対象は狭い範囲のことが多く，高精度を要求する場合に採用される．事前に図根点*の設置が必要で，一般に工期が長くなり，単位面積当りの経費は安価にならない．近年では，測量技術の進歩により数値地図*の作成が増加している．この場合，使用する測定機器は，空中写真測量ではデジタル航空カメラ，デジタルステレオ図化機などがあり，地上測量ではTS（トータルステーション*），GPS測量機，デジタルレベルなどがある．測定したデータは，CADソフト等で編集され，標準的なフォーマットである数値地図データ形式に記録される．　　⇨ディジタルマッピング
〈正岡佳典・河村和夫〉

ちけいたんい　地形単位　landform unit　⇨単位斜面

ちけいだんそう　地形断層　topographic fault　地形学的に認定された断層．地表で認定される活断層のほとんどはこれにあたる．多くの先学が地形図判読によって認定した断層地形が，露頭などから地質学的に認められる断層に比較して信頼性が低いとされ，それを揶揄する際に使用された例もある．過去に急崖地形などを根拠に断層地形とされたものには組織地形なども含まれていたが，その後の調査によって活断層であることが確かめられたものも少なくない．空中写真判読技術が高度化した今日では，地形の成因や発達史に基づいて活断層を認定することが主流となっているが，断層地形以外のすべての地形種に関する地形学的知識の程度によって判読力に差が生じるため，地形的特徴に基づく活断層認定を名人芸と誤解する人もある．　〈中田　高〉

ちけいだんめんず　地形断面図　topographic profile, geomorphic section　1本の線（断面線*という）に沿う地形の垂直断面図であり，①地表の高低・起伏・傾斜・斜距離などの直感的把握，②地形面の連続性や変位状態，あるいは崩落や地すべりの変動状態などの地形発達史的な検討，③野外での地質調査成果やボーリング柱状図*の比較による対比などに不可欠である．地形図を使用して地形断面図を描くには，まず断面線の位置を決め，グラフ用紙の横軸に水平距離，縦軸に高度をとって，断面線の基点から断面線に沿って，等高線までの距離を定規で測り，その距離の縦軸に等高線の高さをプロットする．プロットして点を順に結べば地形断面図が描ける．その場合にグラフ上の点を直線で結ぶだけでは，等高線の間に傾斜変換線*（遷急線と遷緩線）が存在する場合にそれらを表現できない．よって，断面線の周囲を読図して傾斜変換線の位置を推定する．起伏の小さい地域では，距離と高度を同じ縮尺で描くと，地形が不明瞭になるから，距離に対して高度を数倍に誇張して描く．その誇張率を垂直誇張率*とよぶ．河川や成層火山などの縦断形の不連続性を検討する場合には，水平距離を普通目盛，高度を対数目盛にした片対数グラフ断面図を作成することもある．また，断面線は1直線とする必要はなく，最も表現したい地形の方向に折れ直線にしたり，河川や尾根線に沿って屈折する曲線にしたりすることもある．地形断面図には目標となる地名や記号で位置を示すのが望ましい．　⇨断面線，地質断面図　　　　　　　　　　　　　〈鈴木隆介〉

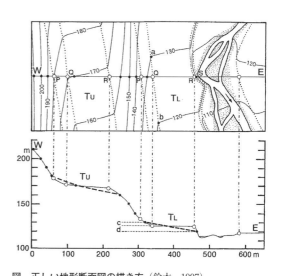

図　**正しい地形断面図の描き方**（鈴木，1997）
破線は断面線（W-E）と等高線の交点を直線で結んだだけで，実際とは異なり，不正確な地形断面図である．実線は上図の傾斜変換線（点線）と等高線の交点（○）を結んだ正しい地形断面図である．

[文献] 鈴木隆介（1997）『建設技術者のための地形図読図入門』，第1巻，古今書院．

ちけいだんめんのちゅうしゅつ　地形断面の抽出　extraction of topographic profile　地形断面は，地形の特徴をわかりやすく表現するのに適しているため，古くから活用されてきた．以前は地形図上での手作業により断面を抽出したが，時間と手間を要するという問題があった．GIS*上で，数値標高モデル（DEM*）と断面の位置を示す線のベクター・データを利用すると，任意の地形断面を高速に抽出することができるため，現在はこの方法が広く用いられている．断面の形状は曲線であっても問題がないので，例えばDEMから抽出した落水線に沿って断面を求めることにより，河川や谷の縦断面形を得ることもできる．また，GISの機能を活用することにより，一つの断面のみではなく，多数の断面を連続的に自動抽出することもできる．この方法は，谷の横断面の特徴を統計的に解析するような場合に適している． 〈林　舟〉

ちけいてききょくそう　地形的極相　physiographic climax　気候的要因での極相に達する前に雪崩，土石流，地すべりや崩壊などの地形的要因によって，周囲の気候的極相の植生とは異なる植生が成立する．これら植生の成立には地形の形成要因である地表の変動，攪乱*が関わっていることが多い．多雪地の雪崩頻発斜面では，ヒメヤシャブシ，ミヤマナラやヤハズハンノキなどが地形的極相として低木林を作る．これらの種は，萌芽特性があるとともに表層堆積物が薄い場所にも生育が可能であるため，他の植物が生育できない場所に安定的に群落を形成する．⇨極相 〈若松伸彦〉
[文献] 菊池多賀夫（2001）『地形植生誌』，東京大学出版会．

ちけいてきせっせん　地形的雪線　orographic snowline　⇨雪線

ちけいてん　地形点　topographic point　地表面の傾斜方向と傾斜角の両者が一点の周囲で急変する地点．①山頂（凸点とも：四周に低くなる地点で，落水線の四周への発散点），②山脚（一方に高く，三方に低くなる地点），③鞍部（二方に低く，二方に高くなる地点），④合流点（一方に低く，三方に高くなる地点）および⑤凹点（四周に高くなる地点で，四周からのすべての落水線の収斂点）の4種がある． ⇨地形界線，落水線 〈鈴木隆介〉
[文献] 鈴木隆介（1997）『建設技術者のための地形図読図入門』，第1巻，古今書院．

ちけいのきさいようご　地形の記載用語　de-scriptive term of landform　⇨地形用語

ちけいのぎゃくてん　地形の逆転　inversion of relief　隣接していた過去の高所と低所が差別侵食を受け，高所が低所より低くなり，高度が逆転した現象をいう．その原因は，過去の高所が弱抵抗性岩，低所が強抵抗性岩でそれぞれ構成されていた場合であり，両者の組み合わせは次の4つに類型化される．①低所への積極的抵抗性岩の堆積・定着（例：溶岩流，溶結凝灰岩を伴う火砕流の河谷への定着．岐阜県濁河川沿いの溶岩流尾根が好例），②低所への消極的抵抗性岩の堆積（例：弱抵抗性岩からなる丘陵の谷に高透水性の厚い砂礫層が堆積して，侵食復活した場合．静岡県牧の原台地が好例），③強抵抗性岩または弱抵抗性の暴露（例：弱抵抗性岩で構成されていた山地・丘陵の地下にあった岩脈，チャート，石灰岩などが削剥で露出すると，その部分が高くなり，それを横断する河川は表成谷を形成する．逆に強抵抗性岩の下にあった弱抵抗性岩が露出すると，そこが早く削剥されて低所になり，侵食盆地〈例：秩父盆地〉が生じる），④積極的抵抗性*と消極的抵抗性*の両者が大きい強抵抗性岩（例：石灰岩，蛇紋岩，ホルンフェルス）の周囲の弱抵抗性岩で構成される地域の相対的に早い低下．向斜山稜と背斜谷の形成は③または④に起因する．これらの地形を逆転地形と総称する． ⇨差別侵食，侵食盆地，向斜山稜，背斜谷，表成谷 〈鈴木隆介〉

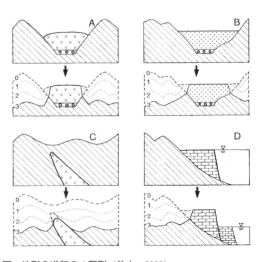

図　地形の逆転の4類型（鈴木，2000）
　A：積極的抵抗性の大きい物質の定着による逆転，B：消極的抵抗性の大きい物質による逆転，C：暴露地形，D：石灰岩の差別侵食．上の断面形が下の断面形に逆転する．0は最初の地形断面であり，1, 2, 3は経時的な断面の変化を示す．

[文献] 鈴木隆介 (2000)「建設技術者のための地形図読図入門」，第3巻，古今書院．

ちけいのくぶん　地形の区分　division of landform　地形を地形界線によって区分する作業．目的によって区分法は異なる．⇨地形界線，地形分類，地形学図，地形種の同定　〈鈴木隆介〉

ちけいのけいせい　地形の形成　formation of specific landform　これまでに存在しなかった新しい地形（地形種）が生じること（例：溶岩円頂丘の形成）．⇨地形変化　〈鈴木隆介〉

ちけいのけいたいようご　地形の形態用語　morphologic term of landform　⇨地形用語

ちけいのけいたいようそ　地形の形態要素　morphologic element of landform　地形の空間的差異と時間的変化を認識する際の基準となる形態的特徴，つまり地表の1地点の高度・深度，2点間の距離（長さ）・傾斜・曲率，一定範囲の面積・体積・平面形・断面形・立体形，その中での何らかの地形現象の分布密度（例：谷密度）・配置様式（例：河系模様），などの幾何学的要素をいう（表）．定量的な地形量と定性的な地形相で表現される．⇨地形量，地形相　〈鈴木隆介〉

[文献] 鈴木隆介 (1997)「建設技術者のための地形図読図入門」，第1巻，古今書院．

ちけいのごだいくぶん　地形の5大区分【日本の】　five major classification of landform (of Japan)　日本の地形は中地形類の単位で区分すると，火山，山地（狭義），丘陵，段丘および低地の5種の地形種に分類される（次頁の表）．任意地点の地形はこれら5種のいずれかに含まれる．前3種を一括して広義の山地とよび，後2種を一括して平野とよぶ．5種の中地形類は，次頁の表中の図のように，それらを構成する小地形類の種類・形成時代，地質構造，地下水のあり方，土地利用，自然災害などの諸点で明白に異なるので，土地条件の大要の理解に役立つ．〈鈴木隆介〉

[文献] 鈴木隆介 (1997)「建設技術者のための地形図読図入門」，第1巻，古今書院．

ちけいのしんきゅう　地形の新旧　stratigraphic interpretation of landform　一般に原面*の開析が進んだものほど原面の時代（台地や丘陵の形成時代という）は古い．しかし段丘開析谷*の形成は段丘面の縁から始まる（崖端侵食谷）ので，開析度は場所による差が大きい．また開析の進み具合は段丘堆積物や基盤岩の性質によっても異なるので，開析度だけから地形の新旧を推定することは危険である．例えば，透水性*の低い粘土質の堆積物をもつ原面の方が礫層をもつ原面よりも速く開析が進み，開析度が大きくなる．⇨地形面の対比，地形面の対比法　〈野上道男〉

ちけいのせいいんようご　地形の成因用語　genetic term of landform　⇨地形用語

ちけいのぜったいてきぶんるい　地形の絶対的分類　absolute classification of topography　地表に接する流体の種類による地形の分類．流体（大気，流水，静水，雪氷）の運動は主要な外的営力であり，その種類によって地形過程が全く異なるので，それに基づく分類は地形の絶対的な大分類と考えられる．⇨地表面の絶対的分類　〈鈴木隆介〉

ちけいのせつめいてききさい　『地形の説明的記載』　Die erklärende Beschreibung der Landformen (独)　W. M. Davis (1912)『地形の説明的記載：Die

表　地形の形態要素の種類とそれらの地形量および地形相の例（鈴木，1997）

形態要素		地形量		地形相の一般例
基本要素	種類	一般例	具体例	
点	1地点	絶対位置（経緯線と海面を基準とする位置）	経度，緯度，高度または深度	相対位置，分布模様
	複数地点	距離，比高，方位，分布密度	離岸距離，断層変位量，斜面高	
線	単線，断面線	長さ，方位・方向，傾斜・勾配，屈曲状態，波長，振幅	斜面方位・傾斜，河川の流路長・蛇行波長・振幅・屈曲度など	地形界線の平面形・断面形・分布模様・離合集散（分岐）規模・相対的配置
	分岐線	分岐率，分岐角，分岐次数	河川分岐率，河川次数，網状度	
	線群	間隔，交角，分布密度	支流交角，谷密度	
面	平面	面積，幅，形状係数	流域面積，流域形状係数	輪郭形，斜面型，縦断形，横断形，分布模様
	曲面	曲率	斜面の曲率	
	面群	接触角，分布密度	単位斜面の接触角	
立体	単位立体	体積，容積，高度面積比	山体体積，火山開析量	接峰面の形状，相対的配置
	立体群	起伏量，粗度，分布密度	起伏量，流域粗度係数	

注：下位の形態要素は，その上位の形態要素の属性をすべて含んでいるので，下位には上位の一般例を再掲していない．

表 **日本の地形の5大区分とそれらの特徴**（鈴木，1997）（⇨地形の5大区分）
V：火山噴出物，P・M：古生界，G：深成岩類，T：古・新第三系，Pl：更新統（洪積層），Ho：完新統（沖積層），f：断層，a：火山灰層

中地形類の五大区分	地形と地質の概略的断面図（日本の場合）				
	名 称	火 山	山地（狭義）	丘 陵	段丘（台地）	低 地
形態的特徴	火口（山頂部）を中心に対称的形態をもつ高まりまたは円形の凹地．原形は山地より滑らかである．	主要な尾根と谷底の比高が約300 m以上の大起伏地であり，30°以上の急傾斜地が多く，平坦地はほとんどない．	付近の山地より低く，主要な尾根の高さがほぼ揃っており，主要な尾根と谷底の比高が約300 m以下である．	低地より一段と高い台地で，周囲または一方を急崖で囲まれた平坦地である．その平坦地は100年に一度起こる程度の出水・高潮でも冠水しない．	河川や海ぞいの低い平坦地で，人工堤防がなければ100年に一度起こる程度の大規模な出水や高潮のときに冠水する．砂丘とサンゴ礁も低地に含められる．
構成する地形種	各種の火山体，火山原面，溶岩流原，火砕流原，火山岩屑流丘陵，火山麓扇状地，火口，カルデラなど．	尾根，谷，前輪廻地形（山頂平坦面，小起伏面），地すべり・崩落地形，崖錐，沖積錐，断層地形など．谷底は幅狭く，谷底低地は断片的に発達する．	山地とほぼ同じ，ただし，谷底に段丘や谷底低地が連続的に発達する．急傾斜地より緩傾斜地が多い．	段丘面と段丘崖，階段状に数段の段丘面が発達する場合が多い．段丘面は大小の谷に刻まれて分離している．	扇状地，蛇行原，三角州，干潟，河川敷，自然堤防，後背低地，浜堤，砂丘，堤間低地，潟湖跡地，波食棚，流路跡地，支谷閉塞低地など．
主要な形成営力と形成過程	火山活動による火山噴出物の定着，爆裂など．削剥過程一般．	地殻変動で隆起し，地すべり・崩壊，河川・氷河などで削剥される．	山地と同じ．	地盤の隆起または海水準の低下によって，低地が離水して生じる．	河川や海，風の堆積・侵蝕作用で平坦になった土地である．サンゴ成育や泥炭の堆積でも生じる．
主要な地形物質（地表直下の岩石）	第四紀の溶岩，火山砕屑岩類．	硬岩（先第四系と火山岩，深成岩，半深成岩，変成岩）が多い．	軟岩（新第三系，第四系の堆積岩）が多い．	非固結の段丘堆積物，降下火山砕屑物．	非固結堆積物（完新統），サンゴ礁石灰岩．
地形災害・土工事で問題となる地形物質	非固結の火山砕屑物，温泉余土．他は山地と同じ．	断層破砕帯，風化岩，崖錐堆積物，蛇紋岩，頁岩など．	山地と同じ．	厚い段丘堆積物，段丘崖では山地と同じ．	軟弱地盤（厚い粘土，泥炭層），高含水比の中粒砂層．
基本的な形態の形成時代	第四紀．活火山は約1万年以新のものが多い．	新第三紀末〜第四紀更新世（数百万年以古）	新第三紀末〜第四紀更新世（数百万年以新）	第四紀更新世・完新世（数十万年以新）	第四紀完新世（約1万年以新）
起こりやすい自然災害	活火山では噴火，降灰．古い火山では山地と同じ．	地すべり，崩落，落石，土石流，鉄砲水，雪崩．	山地と同じ．炭坑地域では落盤・沈下．	段丘面では比較的に少ない．段丘崖では山地と同じ．	洪水，氾濫，高潮，津波，漂砂，地盤沈下，地震時の砂の液状化．
地下水のあり方	山地に同じ．ただし山麓に豊富で良質な湧水．火口・噴気孔付近では毒水．	裂か水，洞穴水などのみで，地下水は深く，少ない．山地の内部では高圧の地下水がある．	山地と同じ．ただし被圧地下水があるが，量は少ない．	丘陵と同じ．まれに宙水．	主に自由地下水で，まれに被圧地下水がある．扇状地や微高地以外では浅くて豊富．海岸では塩水がある．
主要な農業的土地利用	山地と同じ．	自然林，人工林，草地，荒地（裸岩地）	人工林，草地，果樹園，茶畑，桑畑，普通畑．	丘陵に同じ．他に段丘面では灌漑による水田	微高地では丘陵と同じ．それ以外の平坦地では水田，養魚場など．

erklärende Beschreibung der Landformen』は，デービスが1908〜09年の冬学期にベルリンのフリートリヒ・ヴィルヘルム大学（ベルリン大学）の交換教授として行った講義と実習内容を骨子としてまとめ，1912年に出版したドイツ語（マールブルグ大学のA. Rühlがドイツ語に翻訳）の地形学の教科書である．日本語では，水山高幸・守田 優（訳）『地形の説明的記載』（1969）として出版されている．デー

ビスは，"個々の地形を理解するには事実をそのまま記載するよりも，'法則や仮説から演繹して特殊な事実が発生したり存在したりする理由や原因を明らかにするための記載（説明的記載：explanatory description）'をすることが肝要で，そうすることによって個々の地形の本質や変異，類似や相違を理解し，伝えることができる"と考え，また，説明的な記載方法を習得した上での記載が正確で誰にでも理解できる実用的な記載であると考えた．こうした考えのもとに，"対象としている地形の原地形* はどのようなものであったか，どのような種類の侵食作用によって形成されたか，またどのような発達段階にあるか"を記載すること，すなわち，"個々の地形を侵食輪廻モデルに当てはめて説明的に記載する"方法の普及に努めていた．上記の著書はデービスのこうした考えを体系的にまとめたもので，正規輪廻の基準形の変化，各時階の地形の特徴，営力や岩質との関係を中心に，他の輪廻地形（火山，氷食，乾燥，海食）の形成過程について，記載する視点やその理由・根拠，および用語の意味が多くの実例をもとに詳述されている．

なお，'Elementary Physical Geography（W. M. Davis, 1902, 1926：小川英夫（1926年版訳），1930，「自然地理学」）'は侵食輪廻の概念の確立する前の'Physical Geography（1898）'の改訂版で，1926年版でも侵食輪廻については，山地の開析や河谷の発達に関連してあっさりと説明しているだけである．そうした意味で，『地形の説明的記載』はデービス自身による本格的な侵食輪廻の解説書といえる．章ごとに一般的講義と実習の作業内容および'付録'と題してデービスの研究についての考えが，多くの図版（ダイアグラム）とともに述べられている．今日，デービスの図として引用される図版の多くは本書から引用されている．なお，W. M. Davis（1922, 1923, 1926, 1932）などにおいて，ペンク*（W. Penck）の考えに対する反論をも含めて，侵食輪廻や準平原，山麓階などについて，重要な補足説明が行われている．　⇨デービス地形学，侵食輪廻　　〈大森博雄〉

[文献] Davis, W. M.（1912）Die erklärende Beschreibung der Landformen, B. G. Teubner（水山高幸・守田　優 訳（1969）「地形の説明的記載」，大明堂）

ちけいのだいぶんるい　地形の大分類　major classification of landform　地形（地形種）は種々の分類基準によって様々に分類される（次頁の表）．主な大分類を以下に例示するが，重複する分類名称もある．①地表面に接する流体の種類による地形の大分類：大気底地形，水底地形，海底地形，河底地形または河床地形，湖底地形，氷河底地形，地底地形（空洞地形）に大別される．海底地形以外は一括して陸上地形と総称される．②地形場による大分類：山地地形，丘陵地形，火山地形，段丘地形，河谷地形，低地地形，海岸地形，海底地形など．③主要な形成営力による大分類：変動地形，火山地形，河成地形，海成地形，風成地形，湖成地形，氷河地形，周氷河地形，有機物地形（サンゴ礁など）．④主要な形成過程（地形物質の移動過程）による大分類：変位地形，火山地形，侵食地形，堆積地形，マスムーブメント地形（集動地形），溶食地形，差別侵食地形など．⑤気候に対応した大分類：熱帯湿潤地形，温帯湿潤地形，寒帯地形，乾燥地形など．⑥地形種の規模による大分類：巨地形，大地形，中地形，小地形，微地形，極微地形，超極微地形．⑦形成過程の複合性による地形種の階層区分：単成地形，単式地形，複式地形，複合地形，複成地形，重合地形．⑧形成時代による大分類：現成地形，古地形，埋没地形，化石地形など．それぞれの分類は細分される．　⇨地表面，地形種の分類，地形種の階層区分　　〈鈴木隆介〉

[文献] 鈴木隆介（1997）「建設技術者のための地形図読図入門」，第1巻，古今書院．

ちけいのとくしつ　地形の特質　specific characteristics of landform　自然界の一つとしての地形*の，他の自然界（例：岩石，植物，動物）と異なる特質は，①地表面という切れ目（断絶）のない一つの閉じた面の起伏形態であり，②物体とは異なって裏面がないから単体として認識することが困難で（手にもてない），③しかも個々の部分はその起伏形態，形成営力，構成物質，形成時代の諸点において不均等であり，④それらの属性のすべてにおいて全く同じ地形は地球上に二つとない，ことである．このような切れ目のない自然界としては大気と海水があるが，それらは時間的に常に流動しており，形もない．それらに対して，生物や岩石，鉱物などは周囲から断絶した固有の個体としての形態（立体形）をもっている．太陽熱・月の引力・重力・地熱流・地磁気なども空間的に切れ目のない自然界であるが，固有の形をもたない．このような意味で，地形は特異な自然であり，それゆえに地形学は地形の記述法・分類法および研究法において他の自然科学と同じではない．　⇨地形思想，地形の本質，地形学　　〈鈴木隆介〉

[文献] 鈴木隆介（1997）「建設技術者のための地形図読図入

表 主要な地形種の形成過程による分類（地形の成因的分類）の例（鈴木，1997）（⇨地形の大分類）

主要な地形営力と発生場		形成営力による分類	形成過程による分類	形成過程の複合性によって分類された地形種の例			
				単成地形	単式地形	複式地形	複合・複成地形
大気圏	風	風成地形	風成侵食地形	風食窪	ヤルダン	風食凹地	パンキャン
			風成堆積地形	砂漣	砂丘	砂丘帯	ドゥラ
	雨	雨成地形	雨食地形	雨滴孔	土柱		悪地
陸水圏	河流（表面流）	河成地形	河成侵食地形	リル	ガリー，甌穴，侵食溝	谷底侵食低地	河谷地形一般，河成侵食段丘
			河成堆積地形	流路（河道），礫・砂，泥堆，流路州	河川敷，自然堤防，後背低地	谷底堆積低地，扇状地，蛇行原，三角州	河成堆積低地，河成堆積段丘
	地下水	地下水成地形	地下水成侵食地形	パイプ	ドリーネ，鍾乳洞	ウバーレ，ポリエ	カルスト台地
			地下水成堆積地形		鍾乳洞，石灰華階段		
	積雪	雪成地形	雪食・堆積地形		雪窪，雪崩礫舌	雪崩路	
	地中氷	周氷河地形	凍結融解地形など	構造土	岩塊流，ピンゴ	周氷河斜面	
	氷河	氷河地形	氷河成侵食地形	擦痕	氷食溝	カール	U字谷，アレート
			氷河成堆積地形		堆石堤，ドラムリン，エスカー		アウトウォッシュプレーン
生物	動物，植物	有機成地形	有機成掘削地形	足跡	踏溝，巣孔，舐穴		踏溝ガリー，禿山
			有機成付着地形		蟻塚，鳥糞付着面	サンゴ礁，泥炭地	
海湖	波，流れ	海成地形（湖成地形）	海成侵食地形	ノッチ	波食棚		
			海成堆積地形	カスプ	浜堤，沿岸州，海底州	砂嘴，堤間低地	堤列低地，海成段丘
地殻表層	重力	集動地形	匍行地形		麓屑面		
			崩落地形	崩落窪，落石孔	崖錐		
			土石流地形	土石流堆	沖積錐		
			地すべり地形	滑落崖，凸凹地	地すべり地形一般	複合地すべり地形	
リソスフェア	火山活動	火山地形	降下火砕物地形	火山砕屑丘	溶岩流を伴う砕屑丘	火山原面，火砕流台地，溶岩流台地，成層火山，ハワイ型楯状火山，玄武岩台地	複合火山（側火山，火砕流台地，カルデラ，後カルデラ丘などをもつ火山，再生カルデラ），複成火山，火山群，ギョー，火山荷重沈下地形
			火砕流地形	火砕流微地形	火砕流原		
			溶岩地形	溶岩ジワ，溶岩堤防，溶岩トンネル	溶岩流原，溶岩円頂丘，単成盾状火山		
			火山岩屑流地形	泥流丘，凹地	火山岩屑流丘陵		
			爆発地形	火口，マール	爆発カルデラ		
			火山陥没地形	カルデラ壁	陥没カルデラ		
	地殻変動	変動地形	断層変位地形	低断層崖など	断層崖，断層凹凸地形	断層地形一般	地塁，地溝
			褶曲変位地形	褶曲割れ目など	撓曲崖など	褶曲地形一般	褶曲山地
			曲動地形				曲動地形一般
			裂動地形	地震割れ目	ギャオ		大地溝帯

注：1）形成過程の複合性は漸移的な場合も多いので，それらの境界は点線で示してある．
2）この表は，すべての地形種を表示しておらず，例示的である．

門」，第1巻，古今書院．

ちけいのにちじょうようご　地形の日常用語
usual term of landform　⇨地形用語

ちけいのにんしきレベル　地形の認識レベル
hierarchic level of geomorphological understanding
地形の理解のためには，地形変化に関与するすべての変数（属性）の影響（因果関係・相関関係）を認識する必要があるが，そのすべてが定量的に認識されるとは限らない．その観点から，鈴木（1990）は，地形学公式で表現される地形量(Q)，地形場(S)，地形営力(A)，地形物質(R)および時間(T)の5属性のうちのいくつが，個々の地形研究において，認識されているかによって地形の認識レベルを大別した

表　地形の認識レベル（鈴木，1990）

認識レベル	地形学的認識の系 (geomorphological system)					論文
	地形量 Q	地形場 S	地形営力 A	地形物質 R	時間 $T(t)$	
個別的属性論	Q	S	A	R	$T(t)$	22%
2属性相関論	Q-Q系 Q-S系 Q-A系 Q-R系 Q-T系	S-S系 S-A系 S-R系 S-T系	A-A系 A-R系 A-T系	R-R系 R-T系	T-t系	37%
3属性相関論	Q-S-A系 Q-S-R系 Q-S-T系 Q-A-R系 Q-A-T系 Q-R-T系	S-A-R系 S-A-T系 S-R-T系	A-R-T系			21%
4属性相関論	Q-S-A-R系 Q-S-A-T系 Q-S-R-T系 Q-A-R-T系	S-A-R-T系				11%
5属性相関論	Q-S-A-R-T系					9%
	狭義の地形学		地形学の基礎学			

注1）個々の系の中で同種の属性について複数が認識されている場合でも，この表では単数形で示されている．
2）2属性相関論以上の系は，どの列にも再掲しうるが，重複を避けて左方の列にのみ示されている．
3）各属性の略号は，その認識が定量的であればイタリックで，定性的であればローマンで示すとすれば，ほとんどの地形学的認識はこれらの系のどれかに分類される．
4）論文については，1979～88年の10年間に日本の主要な学会誌に掲載された論文（計438編）を5つの認識レベルに分類したものの構成百分率を示す．

（表）．すなわち，個別的属性論（例：Qのみの認識），2属性相関論（例：Q-S系），3属性相関論（例：Q-S-A系），4属性相関論（例：Q-S-A-R系），5属性相関論（Q-S-A-R-T系）の5レベルである．認識されていない属性を含む場合には，その属性が一定である場合にのみ成り立つ認識であるから，属性の多いほど認識が進んだとみなせる．認識が定量的であれば記号をイタリックで，定性的であればローマンで記すと，個々の研究における認識の過不足がわかり，研究の進展に役立つ．地形量を含む系の研究が狭義の地形学であり，地形量を含まない系の研究は地形学の基礎学であるが，高次の認識レベルに進むためには不可欠である．〈鈴木隆介〉

［文献］鈴木隆介（1990）実体論的地形学の課題：地形，11，217-232．

ちけいのぶんるいようご　地形の分類用語　terminology for landform classification　地形および地形種は種々の分類基準によって様々に分類・類型化されるが，従来の地形学書では類型の名称と個々の地形種の名称が混用されており，紛らわしかった．例えば，河川地形，河成地形，侵食地形，火山地形，小地形，旧地形，気候地形などの，'地形' は互いに分類基準の異なるものである．よって，地形の大分類または単位斜面の分類基準を示す指示用語を用いるのが望ましい．ただし，慣習用語として定着しているものはその限りではない．⇨地形の大分類，単位斜面の分類基準　〈鈴木隆介〉

［文献］鈴木隆介（1997）『建設技術者のための地形図読図入門』，第1巻，古今書院．

ちけいのほんしつ　地形の本質　nature of landform　地形*は，地形物質*（＝地表を構成する物質：土と岩）が空間的・時間的に変化する外的営力*および内的営力*によって移動した結果として形成された地表面の起伏形態であり，今後も変化する．それが地形の本質（基本的な性質）である．つまり，地形物質の移動がない限り，地形は変化しないから，その物質移動とその結果としての地形変化との因果関係が地形学の中心課題となる．この本質の重要性は，現在の月では重力，太陽熱と隕石衝突以外に，外的営力も内的営力も存在しないので，月の地形はほとんど変化しないことを考えれば，容易に認識される．⇨地形思想，地形変化，地形の特質　〈鈴木隆介〉

［文献］鈴木隆介（1990）実体論的地形学の課題：地形，11，217-232．

ちけいば　地形場　geomorphic setting　問題とする任意の場所（地点，地区，地域）の地形過程を制約する，その場所およびその周囲の既存地形の形

態的特徴ならびにその既存地形に対するその場所の相対位置の総称，と定義された（鈴木，1990）．要するに，地形場とはその場所で発生する地形過程を制約する初期条件（元の地形）の一つであり，地形量と地形相で記述され，地形学公式*で示される地形過程の重要な変数である．地形場の効果は，①寸法効果，②三次元的形態効果，③絶対位置効果，④相対位置効果などに大別され，それらが複合して地形過程を制約する．具体例を以下に示す．例1：任意地点の段丘崖における斜面発達の過程・減傾斜速度を考えるとき，その段丘崖の初期の比高と傾斜が地形場の地形量（①の効果）であり，その斜面型が地形場の地形相（②の効果）であって，それらの地形量および地形相によって地形過程と減傾斜速度が異なる．例2：段丘面上の1地点での地形災害*の有無・特徴は，その地点の後面段丘崖*および前面段丘崖*の比高と傾斜（①の効果）ならびに前者の段丘崖麓線および後者の段丘崖頂線からの距離（①と④の効果）が重要な変数であるから，それらがその地点の地形災害に関与する地形場の地形量である．例3：河成堆積低地の平面形の多様性は堆積が進む地区の元の地形（例：河谷や湾の平面形や縦断勾配）の②に制約される．例4：土石流の定着による沖積錐の形成は，土石流の流下する支流の谷口が平地（例：低地，段丘面）に接している場合に限られ，穿入蛇行する本流の攻撃部に谷口が位置する地形場では顕著な沖積錐は発達しない（④の効果）．例5：断層変位による変位地形の特徴は変位前の元の地形の③によって多種多様になる．例6：溶岩ドームの形態は噴出地点が広い平坦地であれば対称的ドームになるが，雲仙平成新山のように急傾斜地であれば非対称的で旧斜面の下方に崩落物質の堆積による崖錐やそれが転化して生じた火砕流原を伴う（②の効果）．例7：寒冷地形の発達は緯度と高度（③の効果）に制約され，①，②および④にも制約される．このように，任意地点での将来の地形変化は地形場に強く制約されるので，例えば防災対策では地形場の観点が不可欠である． 〈鈴木隆介〉

[文献] 鈴木隆介（1990）実体論的地形学の課題：地形，11, 217-232./鈴木隆介（1997）「建設技術者のための地形図読図入門」，第1巻，古今書院．

ちけいはったつ　地形発達 landform development　地形のある種の変化を特に発達とよぶことが習慣化している．ふつう長い時間をかけて一定の方向へ向かう変化について用いられる．近代地形学成立期のデービス*（W. M. Davis）の思想に生物進化論の影響があり，英語圏ではevolutionとかevolutional development of landformなどの用語が使われることもある．ポテンシャルが高いところから低いところに移動する現象（エネルギー：熱・運動量・濃度など自然界に普遍），すなわち拡散現象を記述する方程式（diffusion equation）を evolutional equationとよぶことと軌を一にしている．これに対して，人為による地形変化，洪水による地形変化などの用例にみるように，比較的短期間で起き，かつ変化の方向に必然性のない場合には，発達という用語を用いることはない．

地球の陸地は岩石からできており，物理的風化・化学的風化・生物的風化作用によって運ばれやすい物質（風化層・土壌層）が用意される．これらは重力あるいは重力に支配された水（河川）などの作用で低い方へと運ばれる．ただし，重力の支配下にあっても氷河（固体）や風の運動では物質は必ずしも低いところへのみ運ばれるとは限らない．運搬されている物質は途中で堆積することもあり，それによってつくられる地形を堆積地形という．それに対して岩石やその風化物が取り去られてできる地形を侵食地形という．浅い海（波浪作用限界深まで）では波の作用で，海底が削られたり，物質が運搬・堆積したりする．

地形を変化させる外因的作用*の種類（風化物の移動，氷の流動，岩石や土壌中の水の凍結融解，流水，波浪）や地形を変える強さ・速さは気候の影響を強く受ける．一方，火山活動や地殻運動（一括して内因的作用*という）はその後に侵食によって変化を受けることになる地形を用意する．陸地の地形は最終的には侵食基準面である海面まで低くなる方向に向かう変化をしているが，それより先に地球共通の海面が変化したり，地殻が隆起したりする．一般に，地形がどのように発達してきたかについての抽象的な理論を地形発達論という．近代地形学成立期のデービスの侵食輪廻説が有名である．さらに地形の時間的変化を数式で表すと時間と空間を含む偏微分方程式となり，これを地形発達モデル*という．地形発達モデルをコンピュータで計算すること（微分方程式の積分）を地形発達シミュレーションとよぶ．⇨地形発達史，地形発達史論　〈野上道男〉

[文献] 貝塚爽平（1998）「発達史地形学」，東京大学出版会．/野上道男（2006）地理学におけるシミュレーション：地理学評論，78, 133-146.

ちけいはったつし　地形発達史 history of landform development　日本の地形研究は，「個々の地

形形成作用ないし地形形成過程（プロセス）の原理・原則の解明に重点をおくプロセス地形学と，地形の史的変遷過程に重点をおく発達史地形学が区別される」（貝塚，1998）．後者は，現在の地形が地質時代を通じてどのように形成されてきたか，その歴史に関心をもち，主として丘陵・台地・低地など堆積物をもつ地形を研究対象としてきた．第二次大戦後，地質学者大塚弥之助*の影響を受けた東京大学地理学科出身の若い地形学者などによって最初に研究が進められ，地質学の層序学・編年学の原理を地形学に取り入れることによって発展した分野である．また地形をつくる地層はその形成過程が目にみえるように理解できるので多くの地質学者もこの分野の研究に参入した．

　地層は次々に上に重なって堆積するので上の地層ほど新しいが（地層累重の法則*），時間的に連続しない場合もある（不整合*）．川や海によってつくられる平坦な地形（平坦面）の場合は，高い標高にある地形面（段丘面）ほど古い地形であり，それぞれの地形の地層に不整合が観察できなくとも，地形面の形成には「不整合」がある．このように地形図や空中写真から段丘面の分布を明らかにし，それに対応する地層を調べることが地形発達史研究の第一歩である．なお「地形発達史」という用語は1932年に刊行された岩波講座の表題（大塚弥之助・望月勝海著，69p.）となっている．

　日本では更新世以降の火山が多く，降下火砕物（火山灰など）や流出物（火砕流・溶岩・噴火に伴う岩屑流と山体崩壊に関わる2次的泥流）が地形をつくる地層とどのような層序関係にあるのか明らかにすることも重要である．特に町田洋による広域指標テフラ*の発見とその後の展開によって，また年代測定法*の技術的進歩に支えられ，日本の更新世に形成された地形や地層に，絶対時間の目盛りを入れることができた．また岩石中心であった火山学が降下火砕物や流出物を取り込んだ火山形成史を扱うようになり，平野の地形形成と火山体の形成が関連づけられた．

　これらの地形および地形を作る地層は，その形成時代に対応した気候変化，海面変化，地殻運動，火山活動，古生物，人類遺物などを記録しているので，地形発達史的研究は，それらの事象を復元する研究へと進展した．化石周氷河現象*や氷河地形*はMIS4～2期（最終氷期最寒冷期から海面最低下期）の気候復元に貢献した．また海成段丘の旧汀線や堆積物から縄文海進やMIS5（a,c,e），それ以前のサイクルのMIS5（7,9,13など）などの海面高度を復元した．また沖積層の下の基盤地形などからMIS2期の海面低下量を推定した．ただし酸素同位体曲線によって氷河-海洋水の量的変化が連続量として得られるようになったので，地形による海面変化研究はそれを補完する役目となっている．旧汀線高度分布の変位や段丘面の断層変位（活断層）を基礎とする地殻運動の研究は，地震に関連する科学（地震学，測地学など）との関係が生じた．また地震予知あるいは地域の地震発生特性の把握についても，社会から大きな期待を寄せられている．

　地形は「土壌」「植生」「人類の生活」の基盤であるので，これらの専門分野との関連も生じることになり，地形学は伝統的な「地質学」「土壌学」「植生学」「人類・考古学」などの総合科学としての「第四紀学」および日本第四紀学会*の主要な分野となった．以上のように地形発達史研究は地形学の学術的社会的地位を向上させるのに貢献したが，気候変化，海面変化，地殻運動，火山活動などのイベント的変化が与えられなかった場合の地形変化（地形学の本質的課題）にはほとんど無関心であった．このことからデービス*（W. M. Davis）の「侵食輪廻説」やペンク*（W. Penck）の「地形分析」すなわち近代地形学の出発時に提起された'形態形成学'とは別の方向性を地形発達史はもっているといえる．
⇨地形発達史論　　　　　　　　　　　　〈野上道男〉

[文献] 貝塚爽平（1998）「発達史地形学」，東京大学出版会．

ちけいはったつしろん　地形発達史論 historical geomorphology　純粋地形学の一分野で，地形の歴史的側面（属性）つまり地形の地理的差異の歴史的変化の経過（地形の生い立ち：地形発達*）を解明することを主眼とする．発達史地形学*とも．地形学図，古地理図，地形編年表などが成果物の例である．　⇨地形学の諸分野，地形発達史　〈鈴木隆介〉

[文献] 鈴木隆介（1990）実体論的地形学の課題：地形，11，217-232．／貝塚爽平（1998）「発達史地形学」，東京大学出版会．

ちけいはったつモデル　地形発達モデル landform development model　現在みられる地形変化は斜面・河川・海岸線近傍の三つの領域で起きている．その変化の原理を数式あるいは論理式で表現したものを地形発達モデルという．地形は2次元の位置における高さで表される2次元モデルが当てはまる存在である．ただし地表は，合流のある1次元の構造（グラフ理論でいう有向な木構造）をもつ落水線網・水系網で覆われている．したがって局所的に

は合流のある1次元モデルが適用される．斜面についてのモデルはカーリング（W. E. Culling）によって拡散方程式として定式化され，平野昌繁によって発展された．河川については，拡散係数が距離の指数関数となるというモデルが提出されている．海食台については砂村継夫のモデル（1次元）があるが，拡散係数が深さの指数関数になるという2次元の拡散モデルも適用できる．その他のイベント的地形変化，例えば，海食崖の後退，洪水流，土石流，山崩れなどのモデル化はさらに困難であり，個々の現象がどこで，いつ，どのように，起こるかのモデル化は極めて困難である．現状では確率的なモデルしか有効でない．すなわちその地形変化現象の発生条件・臨界条件を定量化し，発生の可能性ある点を客観的に判定し，大雨・暴風などの再来期間と生起確率によって，確率的にとらえるというモデル化が有効なだけである．いずれにせよ，地形の時間的変化のモデル化は地形学の目的そのものである．〈野上道男〉

ちけいぶっしつ　地形物質 landform material　地形を構成する物質（地形構成物質）の略称．地形物質は地質学的には岩石であるが，地形の違いは地質（岩石と地質構造）の違いばかりではなく，地形営力ごとの地形過程，地形場そして時間との関係において岩石の性質や振る舞いの影響を受けているため区別が必要である．⇨地形物質の地形学的階層区分　〈八戸昭一〉

[文献] 鈴木隆介（1997）「建設技術者のための地形図読図入門」，第1巻，古今書院．

ちけいぶっしつのいどう　地形物質の移動 movement of landform material　地形物質*の物理的・化学的・生物的な移動（風化，侵食，運搬，流動，堆積，定着，変位）の総称．その移動過程を地形過程という．⇨地形過程　〈鈴木隆介〉

ちけいぶっしつのいんぺいぶっしつ　地形物質の隠蔽物質 covering material　氷河，氷床，積雪，海水，河川水，植生など，地形物質を地表から覆い隠す物質．隠蔽物質があると地形物質が見えないことが多い．⇨地形物質の地形学的階層区分　〈八戸昭一〉

ちけいぶっしつのきそぶっしつ　地形物質の基礎物質 basal material　地形の整形物質を載せる基盤となる物質．例えば砂丘などの風成砂に被覆された浜堤を構成する海成砂礫層などがあげられる．⇨地形物質の地形学的階層区分　〈八戸昭一〉

ちけいぶっしつのこうぞうぶっしつ　地形物質の構造物質 structural material　地形学的階層区分の中の地形物質を構成する一種．例えば，山地斜面では基盤岩石が構造物質となる．木造家屋の建築材料に例えると柱や屋根材などがこれにあたる．⇨地形物質の地形学的階層区分　〈八戸昭一〉

ちけいぶっしつのしんぶぶっしつ　地形物質の深部物質 deep zone material　地形学的階層区分の地形物質を載せる物質であり，地球科学的階層区分ではマントル中のアセノスフェア*以深の物質がこれにあたる．⇨地形物質の地形学的階層区分　〈八戸昭一〉

ちけいぶっしつのせいけいぶっしつ　地形物質の整形物質 landform-shaping material　地形学的階層区分では地形物質を構成する一種であり，地形種の形態的特徴を決定している物質である．例えば，段丘面の整形物質は段丘堆積物である．建築材料に例えると壁板や屋根葺材などがこれにあたる．⇨地形物質の地形学的階層区分　〈八戸昭一〉

ちけいぶっしつのちけいがくてきかいそうくぶん　地形物質の地形学的階層区分 geomorphological hierarchy of landform material　地形物質*は，それのもつ地形学的意義によって，深部物質（アセノスフェア*），基礎物質（リッド），構造物質（基盤地質），整形物質（表層地質），被覆物質（降下堆積物），変質物質（風化物質）に細分される．この区分を地形学的階層区分とよぶ（括弧内は地球科学的階層区分名を示す）．したがって，個々の地形種の形態的特徴を決定づけているのは厳密には整形物質である．木造家屋の建築材料に例えると，土台（基礎）から柱（構造），壁板（整形）ペンキ（被覆）そして材料の変色変質部分（変質）までの建築材料一般がそれぞれに相当する．　〈八戸昭一〉

[文献] 鈴木隆介（1997）「建設技術者のための地形図読図入門」，第1巻，古今書院．

ちけいぶっしつのていこうりょく　地形物質の抵抗力 resistance of landform material　地形物質の移動は地形営力が地形物質の抵抗力を超えたときに生じるため，地形物質の抵抗力は地形営力との相対的な組み合わせで決まり，その組み合わせは地形場で変化することがある．すなわち，各々の地形過程（海食，崩落など）によって地形物質の性質（破壊強度，走向・傾斜など）のうち，どれが抵抗力として重要になるかは場合によって異なる．　〈八戸昭一〉

ちけいぶっしつのひふくぶっしつ　地形物質の被覆物質 covering material　地形学的階層区分では地形物質を構成する一種であり，地形の整形物質を被覆するが，地形種の本質的な形態的特徴の形成に

寄与していない物質である．段丘面を被覆する降下火山灰がその好例である．建築材料に例えると壁板や屋根葺材を被覆する布紙やペンキなどがこれにあたる．　⇨地形物質の地形学的階層区分　〈八戸昭一〉

ちけいぶっしつのへんしつぶっしつ　地形物質の変質物質 altered material　地形学的階層区分において地形物質を構成する一種であり，山地斜面では風化物質が変質物質である．木造家屋の建築材料に例えると材料の変色変質部分などがこれにあたる．　⇨地形物質の地形学的階層区分　〈八戸昭一〉

ちけいプロセス　地形プロセス geomorphic process　⇨地形過程

ちけいプロセスがく　地形プロセス学 process geomorphology　⇨プロセス地形学

ちけいぶんせき　地形分析 morphological analysis　ドイツのペンク*（W. Penck）が提唱した概念ないし研究方法であり，地形は地殻運動などの内的営力と削剝などの外的営力の作用の結果の代数和であるとして，地形と外的営力の作用がわかれば，地殻運動の履歴が解けると主張した．この考え方は，デービスの侵食輪廻説*とは全く異なる発想で，現実の地形を説明しようとしたが，当時の知識・資料では具体例を数値的に表現できなかったため，一つの理論として捉えられた．しかし，上記の代数和的な考え方は現代でも理論的な斜面発達論で適用されている．　⇨斜面発達モデル，ペンクモデル　〈鈴木隆介〉

［文献］Penck, W.（1924）*Die morphologische Analyse*, J. Engelhorns（町田　貞訳（1972）「地形分析」，古今書院）．

ちけいぶんるい　地形分類 landform classification　地形は階層的構造をもっており，その形態，広がり，構成物質，形成時期などに基づいて区分される．地形を区分することは地形の特徴や特性を把握する上で重要であり，地形の成因や形成過程を考える上でも地形を区分し，分類することは必要不可欠である．地形分類にあたっては空中写真の判読が特に有効であり，わが国の平野部においては，オランダの土壌分類の考えを取り入れて微起伏を判読した詳細な地形分類が進められた．写真判読に基づく地形分類は自然災害と地形との関係を把握する上でも有効であり，低地の水害のほか，土砂災害や地すべり，活断層に関する調査・研究においても積極的に行われている．　⇨地形種の階層性　〈海津正倫〉

［文献］大矢雅彦ほか（1998）「地形分類図の読み方・作り方」，古今書院．

ちけいぶんるいず　地形分類図 landform classification map, geomorphological map　地形分類の結果を地図に示したものが地形分類図であり，地形の特徴や空間的な理解をする上で極めて有効である．地形分類図は地形学図*ともよばれ，欧米では地形学的観点からの地形分類がすでに20世紀初めころから進められてきた．わが国でも山地・丘陵や周氷河地形などの研究や土砂災害や地すべりなどの研究に地形分類図がつくられてきたほか，段丘・台地の研究においても地形面区分を行った地形分類図が示され，様々な地形研究が行われてきた．平野部に関しては戦後の自然災害が多発した時期に，科学技術庁資源局によって中川低地，濃尾平野，筑後川下流低地，吉野川下流低地，鹿野川低地などの水害地形分類図の試作・検討が進められてきた．1959年の伊勢湾台風の襲来時に高潮の分布域がすでにつくられていた濃尾平野の水害地形分類図に示されていたことから，このような図を行政に活かすべきであるとの声が高まった．その結果，国土地理院は2万5,000分の1スケールの地形図に平野の微地形分類と様々な防災施設，詳細な等高線などを記入した土地条件図*やさらに沿岸海域土地条件図を作成し，大都市圏域などから順次刊行を始めた．また一方で，国土調査の土地分類図*も各県において5万分の1スケールで順次刊行され，治水地形分類図*など平野の地形分類を基礎とした各種の地形分類図も刊行されている．　⇨主題図　〈海津正倫〉

［文献］大矢雅彦ほか（1998）「地形分類図の読み方・作り方」，古今書院．

ちけいへんか　地形変化 landform change　地形が経時的に変化すること．例えば，山，斜面，谷，海岸線などの形態的特徴（地形量*または地形相*）が変化することをいう．地形の場所的な違いは，地形変化といわず，地形の'差異'（variation）という（例：谷密度の差異）．なお，新しい地形種が生じることも地形変化であるが，普通にはその地形種の'形成'（formation）という（例：段丘の形成）．　⇨地形の形成　〈鈴木隆介〉

ちけいへんかのちゅうしゅつ　地形変化の抽出 extraction of topographic change　格子点の位置と数が等しい二時期のDEM（digital elevation model）を用いて，同一の格子点に対応する標高の差を求めることにより地形変化量の空間分布を抽出することができ，その変化量を二時期の経過時間で除すことにより地形変化速度を算出することが可能である．また，内挿補間の反復適用によって接峰面を作成して初期地形モデルを復元・作成し，モデルと現

実の地形の高度差から長期の地形変化量や地形変化速度を算出する研究も行われている．近年では，人工衛星や航空機に搭載したLiDAR（light detection and ranging technology）とGPS*を組み合わせることによって短期間に反復取得した高解像度DEMを用いることで，地震による断層変位や地すべりによる地形変化を詳細に抽出して防災や復興に活用したり，氷河の表面高度変化と融解量を定量的に評価して海面上昇への影響を見積もることに活用されている．　　　　　　　　　　　　　　〈青木賢人〉

［文献］S.ロエスナー（2004）GISを用いた中央ケニア地溝帯における侵食速度の推定—高解像度の定量化に向けて—：R.ディカウ・H.ザオラー編，小口 高ほか訳「GISと地球表層環境」，古今書院．

ちけいほせい　地形補正【重力の】 topographic correction (of gravity) ⇨重力異常

ちけいめん　地形面 geomorphic surface　地形種のうち，地形量・地形場・形成営力・地形物質・形成時代においてほぼ均等な性質をもち，かつ平坦ないし緩傾斜な地表面で，一定の面積をもち，しかもかなり広い範囲に発達するものの総称である．すなわち，地形面は①ほぼ同時代（例：1万年前～9,000年前）に，②同一の地形営力（例：河流）による，③同一の地形過程（例：堆積）でその場に存在する，④同種の地形物質（例：砂礫）で構成された，⑤形態的には一連の平坦面（例：河成堆積面）で，⑥ある程度の広がり（面積）と連続性がある，という性質をもつ地形種（例：河成堆積段丘面）である．地形面は地形学的な時間面（同時性の指示者で時面とも）であるから，その対比によって地形発達史を編む重要な鍵となる．主な地形面は，現成の河成・海成の堆積面・侵食面，新旧の段丘面，火山噴出物の堆積・定着面（火砕流原・溶岩流原など），前輪廻地形（小起伏面）などである．これに対して，尾根線，谷線，山地斜面，谷壁斜面，海食崖，地すべり堆，段丘崖，砂丘などは，上記の①～④の点で均等性をもつ部分もあるが，それは一般に小面積であり，地形変化速度が平坦面や緩傾斜面にくらべて大きく，場所的差異もあるため，広い範囲にわたって形成時代の同時性を確認しがたいので，地形面とはよばれない．広域に分布する同時代の地形面には，地層名と同様に，その分布地を代表する地名を付した固有名が与えられている（例：武蔵野面*）．⇨地形種，地形面区分，地形面の対比，地形面の命名法，地層命名規約　　　　　　　　　　〈鈴木隆介〉

［文献］貝塚爽平（1998）「発達史地形学」，東京大学出版会．

ちけいめんくぶん　地形面区分 classification of geomorphic surface　任意地域に発達する複数の地形面*を同定し，形成過程や形成年代の違いによって複数の地形面に分類・区分する作業（例：段丘面の区分）．⇨地形種の同定，地形面の対比
〈鈴木隆介〉

ちけいめんのたいひ　地形面の対比 correlation of geomorphic surface　広い地域に離れて分布する複数の地形面が同時期に形成されたものと認定する作業．例えば，AとBの地形面の形成期が同時期であれば，「AとBは対比される」といい，同時期でなければ，「AとBは対比されない」という．地形面の対比は地形発達史論の基本的作業である．地形面の同時性は，①高度の連続性，②被覆する火山灰の同時性，③地形面の整形物質の同時性（特に絶対年代），④地形面の開析度，などによって認定される．⇨形成期，地形面の対比法，段丘面の連続性，地形発達史，開析度　　　　　〈鈴木隆介・野上道男〉

［文献］貝塚爽平（1998）「発達史地形学」，東京大学出版会．

ちけいめんのたいひほう　地形面の対比法 method for correlating geomorphic surface　地形面の対比に不可欠な複数の地形面の新旧の判別はつぎのような方法・基準を組み合わせて行う．①形態的

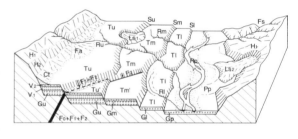

地形面の形成時代	河川過程（本流）	地殻変動と火山活動	その他の地形の形成
Pp：現成の谷底侵食低地面	Gp：側刻と下刻		Ls₂：地すべり Sl：下位段丘崖
Tl：下位段丘面	Gl：側刻		Sm：中位段丘崖
	下刻	F₂：断層運動 V₂：火山灰降下	Ls₁：地すべり？
Tm：中位段丘面	Gm：側刻		Su：上位段丘崖
	下刻	F₁：断層運動 V₁：火山灰降下	Fa：扇状地？ Ct：崖錐
Tu：上位段丘面	Gu：側刻		H₂：丘陵斜面
	下刻	F₀：断層運動	Fs：断層鞍部 H₁：丘陵斜面

図　各種の地形の対比と相対年代による地形編年（鈴木，1997）
表の下から上へ新しい時代の事件や地形が並べられている．G：礫層．Tu・Tm・TlおよびPp：上位・中位・下位の段丘面および現在の谷底侵食低地．F：断層（0, 1, 2は断層運動の順序）．

特徴（例：地形面の連続性，高度，河床からの比高，開析状態），②被覆物質（例：火山灰層序，砂丘砂層序，考古学的遺跡），③段丘構成物質（例：段丘堆積物の層序・風化状態，土壌発達状態），④植生（例：植生発達状態，樹木の年輪），⑤変動変位（例：変位の有無・累積状態），⑥歴史記録（例：古文書，古絵図，石碑），⑦その他（諸種の地形過程の残痕）．なお，火山地形の場合には，①が役立たないことがある．⇨地形面の対比，段丘面の連続性，年代決定 〈鈴木隆介〉

[文献] 貝塚爽平（1998）「発達史地形学」，東京大学出版会．/ 鈴木隆介（1997）「建設技術者のための地形図読図入門」第1巻，古今書院．

ちけいめんのめいめいほう　地形面の命名法 naming convention of geomorphic surface　国内であるいは国際的な命名法の規則は制定されていない．段丘面ではその上に位置する集落などの名前が用いられることが多い．地層の命名法に準じて，広い地形面には大きな地名の方が望ましいとされる（例：多摩川の段丘の 武蔵野面*）．段丘面は高いものほど古いので，上位面（H），中位面（M），下位面（L）などと命名する．それらを細分する場合は，M_1，M_2，H_I，H_{II} などと命名する　⇨高位段丘 〈野上道男〉

ちけいもけい　地形模型 relief model　地形を立体的なまま縮小した模型．起伏の状況をわかりやすくするため，水平方向に対し高さ方向を誇張したものが多い．⇨レリーフマップ 〈熊木洋太〉

ちけいようご　地形用語 topographic term　地形を表現する用語の総称．①形成過程（成因）を問わずに形態的特徴のみを表現する日常用語（usual term，例：山，谷，高台，丘，崖，斜面，平地，高原，浜，磯），②成因は多様であるが，地形学的観点からの形態的特徴の形態用語（morphologic term）ないし記載用語（descriptive term，例：地形界線，地形点，遷急線，鞍部列，平坦面，小起伏面），および③成因に基づいて分類・命名された成因用語（genetic term，例：弧状列島，成層火山，断層崖，ケスタ，段丘，段丘崖，穿入蛇行，崖錐，扇状地，三角州，自然堤防，浜堤，砂丘）の3種に大別される．成因用語のすべては地形種の名称である．しかし，②と③の用語の従来の命名法は事例的・羅列的なものが多く，生物学・地質学用語のような系統的・体系的なものではなかったが，近年，成因を重視して論理的・階層的に体系化した命名法も提唱されている（鈴木，1997〜2004）．⇨地形種，地形の大分類，地形種の階層区分 〈鈴木隆介〉

[文献] 鈴木隆介（1997〜2004）「建設技術者のための地形図読図入門」，全4巻，古今書院．

ちけいようそ　地形要素 element of morphology　地形を形成する要素の略称であるが，①地形の特性を決定する‘3要素’（デービス*流の process, structure, stage）と②地形の実体を構成する作用としての‘3要素’（ペンク*流の外作用，内作用，地形），の二つの意味があり（町田，1981），地形因子*と同様に極めて曖昧な抽象的用語であるから，現代の地形学ではほとんど使用されていない．⇨地形の形態要素，地形思想 〈鈴木隆介〉

[文献] 町田 貞（1981）地形要素，町田 貞ほか編（1981）「地形学辞典」，二宮書店．

ちけいりょう　地形量 geomorphic quantity　地形の形態要素のうち，定量的に表現される特徴をいう．長さの次元または無次元の物理量．例：高度，距離，比高，傾斜，曲率，面積，体積，分布密度　⇨地形の形態要素，地形相 〈鈴木隆介〉

[文献] 鈴木隆介（1997）「建設技術者のための地形図読図入門」，第1巻，古今書院．

ちけいりんね　地形輪廻 geomorphic cycle　⇨侵食輪廻

ちげき　地隙 gully　⇨ガリー

ちげきしんしょく　地隙侵食 gully erosion　⇨ガリー侵食

ちこう　地溝 graben, fault trough, rift valley　両側を断層崖で限られた溝状の凹地地形．グラーベンとも．多くは顕著な曲隆運動や地殻の開口で生ずる正断層運動に起因する．両側を断層で断たれた高まり（地塁）とともに，地殻の伸張場に形成される地形を代表する．広がるプレート境界上に生じた長大な地溝帯などのような大規模地溝帯は裂谷（rift valley）とよんで区別されることが多い．これまで地溝として扱われてきた中には，諏訪盆地や死海地溝などのように，断層の横ずれ運動に起因した陥没地形（pull-apart basin）とみなされるものも知られるようになった．横ずれ断層の屈曲部や雁行部に地溝が発達する事例は少なくない．対置する逆断層運動で生じた溝状の凹地地形があり，これは逆断層地溝（ramp valley）とよばれる．⇨地溝帯 〈東郷正美〉

ちこうしゃ　地向斜 geosyncline　幅広い（数十km）帯状の地殻の下降部．J. Hall（1859）によるアパラチア山脈の研究の中で，山脈を形成する厚さ数千mに及ぶ浅海相の堆積物を説明するために導入

された概念である．浅い海で堆積した地層が厚くなるにしたがって地殻は沈降し，そのために浅い海であり続けたと考えた．このような現象は大陸縁辺で生じ，やがて厚くなった地層は，地下深部で生じるマグマの浮力や水平方向の圧縮によって隆起に転じ，山脈を形成するのが一つの類型であると考えた．J.Dana（1873）によって体系化されたこのような考え方は，地向斜造山論とよばれる．地向斜造山論の中で，大陸と大洋の間に発達する正地向斜は，火成岩の貫入と激しい変形を受けた厚い深海相の地層からなる優地向斜（ユウ地向斜）と，火成活動を伴わず大陸縁辺部の浅い海で堆積したやや薄い地層からなる劣地向斜（ミオ地向斜）が対となったものと考えられた．安定した大陸内にあって造山帯に転化しない盆地は，準地向斜（パラ地向斜）とよばれた．また，地向斜に隣り合った線状の幅広い隆起地域は，地背斜とよばれた．重力の作用を重視した地向斜造山論が，プレートテクトニクスにとってかわられた現在では，これらの用語はほとんど用いられない．〈安間 了〉

ちこうたい 地溝帯 graben, rift system 断層の走向方向に長く続く地溝列．両側をほぼ平行した複数の断層崖で区切られた細長い低所を地溝（グラーベン）とよび，これらが連続，もしくは雁行しながら続く場合に地溝帯とよぶ．わが国では，邑知潟地溝帯，宍道地溝帯などが知られている．地溝と地溝帯の厳密な区別はされていない．プレート境界（海嶺）延長部に地球規模で発達する大規模な地溝は，大地溝帯（リフトバレー）とよばれ区別される．人類誕生の地として有名なアフリカ東部から紅海に続く東アフリカリフトバレーは世界で最も長い陸上の地溝帯である．⇨地溝，半地溝 〈前杢英明〉

ちこうたいこ 地溝帯湖 lift lake ⇨構造湖

ちこうふう 地衡風 geostrophic wind 気圧傾度力（⇨気圧傾度）によって運動する大気はそれによって生じるコリオリの力*を受けて，気圧傾度方向と直角に近い風向を取るようになる．このように気圧傾度力とコリオリの力が釣り合った状態で吹く理論的な風を地衡風とよぶ．地衡風の風向の右側が高気圧（北半球の場合，南半球では逆）である．〈野上道男〉

ちさきさぼう 地先砂防 erosion control on local scale ⇨砂防事業

ちさんじぎょう 治山事業 forest conservation works 「森林法」に準拠して，山地災害の防止，水資源の涵養などを図るために，山腹工事や谷止工などの施設を配置して森林を整備・保全する事業．〈中村太士〉

ちしがく 地史学 historical geology 地球の誕生から現在までの発達過程を解明する学問分野．世界各地に分布する岩石の産状，組成などからそれらの形成年代や形成環境・条件を解明するだけでなく，数値シミュレーション，太陽系の形成などの関連する研究成果も含めて，地球内部の変化，プレートの消長，生物進化，環境変動などを研究対象とし，地表での地質現象が地球深部や宇宙での現象と深く関わることが解明されつつある．〈岡村行信〉

ちじき 地磁気 geomagnetic field ⇨地球磁場

ちじきいじょう 地磁気異常 magnetic anomaly ⇨磁気異常

ちじきえいねんへんか 地磁気永年変化 geomagnetic secular variation 地球磁場は様々な時間スケールで変化している．このうち，地球外核に起源をもつ磁場（地球主磁場）の，1年より長い時間スケールの変化が地磁気永年変化（または，地磁気永年変動）である．地球主磁場を生成している外核には，1年以内の時間スケールの磁場変動が存在するはずであるが，マントルの電気伝導性によるスクリーニング効果のため，短い時間スケールの核起源の変動を地表で観測することは不可能である．地磁気が時間変化することは，16～17世紀にかけてロンドンにおいて観測された偏角の変化から明らかになった．また，17世紀当時に航海に用いられていた大西洋域の磁気図*の時間変化から，等偏角線が西向きに移動することが見い出された．地磁気のパターンの西向きの移動は非双極子磁場にみられ，地磁気西方移動とよばれる．西方移動の速さは0.2°～0.3°/年と見積もられているが，この速さは緯度に依存する．また太平洋域以外の領域で西方移動が顕著である．西方移動の速さは，2,000年程度の時間スケールで磁場が変化していることを示している．地磁気は数十年の時間スケールでも変動しており，この変動は地球回転速度の変動（1日の長さの変動）とよい対応をもつ．数十年変動は外核流体のねじれ振動により生成されると考えられており，核-マントルの系で角運動量が保存されているとすれば，地磁気変動と地球回転変動の対応が説明できる．このほかに，地磁気ジャーク*とよばれる，地磁気の時間1階微分の急激な変化が10年に1度程度観測されている．⇨古地磁気永年変化 〈清水久芳〉

ちじきエクスカーション 地磁気エクスカーション geomagnetic excursion 仮想的古地磁気極が

短期間に変動する現象のうち，北極や南極から45°をこえて移動する変動現象をいう．ブリュンヌ正磁極期（0～780 ka）には23個のエクスカーションが存在することが明らかになった．そのうちの16個は，Sint-800相対地磁気強度標準曲線の最小値と，20個は北大西洋北部のODP site 983から予想された地球磁場強度曲線の最小値との対応がみられ，地磁気エクスカーション発生時に地球磁場強度が小さくなっているらしいことがわかってきた．エクスカーション発生時の仮想的古地磁気極（VGP）は，地球磁場逆転時と同じように，東経120°と西経60°の二つの経度を選択的にとることが観察されている．
〈乙藤洋一郎〉

[文献] 小田啓邦（2005）頻繁におこる地磁気エクスカーション－ブルネ正磁極期のレビュー：地学雑誌，114，174-193．

ちじきぎゃくてんのイベント　地磁気逆転のイベント　geomagnetic polarity event　地球磁場逆転史は，研究の初期においてはCox（1973）とMcDogall（1979）らにより，火山岩の^{40}K-^{40}Ar年代と残留磁化の測定からつくられた．データが少なかった当時，同じ極性が維持される時間は約1 Ma程度と見積もられた．この時間程度の極性の期間はepochとよばれた．データが集積されるとエポック（epoch）のなかにより短い期間の逆の極性をもつ期間が出現したので，それはイベント（event）とよばれた．イベントには，最初にそのイベントが見つかった場所の名前がつけられた．その後，地球磁場逆転史が海洋底の地磁気縞状異常から組み立て始められると，同じ極性が続く期間が10^5～10^6年のイベントに相当する極性期間をサブクロン（subchron）とよぶようになった．
〈乙藤洋一郎〉

[文献] Butler, R. F.（1992）*Paleomagnetism*, Blackwell Scientific Publications.

ちじきぎゃくてんのエポック　地磁気逆転のエポック　geomagnetic polarity epoch　同じ極性が維持される期間を，地球磁場逆転史研究の初期に，エポック（epoch）とよんだ．エポックには地球磁場研究に顕著な研究者の名がつけられた．現在から新しい順に，ブリュンヌ・エポック，松山エポック，ガウス・エポック，ギルバート・エポックの4つのエポックが名づけられた．その後，これらのエポックは，それぞれエポック1，エポック2，エポック3，エポック4ともよばれるようになった．

地球磁場逆転史が海洋底の地磁気縞状異常から組み立て始められると，地磁気逆転の配列のうち，一組の正磁極期と逆磁極期に，磁気異常番号が与えられるようになり，それ以降それぞれ正・逆の磁極期をchronとよぶようになった．地磁気逆転の"エポック"の呼び名は，地質時代の呼び名である"エポック"と混同するので，同じ極性が維持される期間を現在ではクロンとよぶようになった．　⇨地磁気逆転のイベント
〈乙藤洋一郎〉

[文献] Butler, R. F.（1992）*Paleomagnetism*, Blackwell Scientific Publications.

ちじききょくせいねんだい　地磁気極性年代　geomagnetic polarity time scale　地球磁場の磁極変化時期の年代を決定すること．過去5 Maの磁気極性年代は，深海底堆積物に記録された残留磁化と，^{40}Ar-^{39}Arなどの放射年代測定値と酸素同位体比に残された天文学的年代較正を組み合わせ，精度の高い年代値が決定されている．ブリュンヌ・松山地磁気逆転境界には78万年前があてられている．これより古い極性年代の決定法は，地磁気縞状異常の総合モデルによっている．海洋底拡大で作られた磁気異常に，新しい順に磁気異常番号が与えられ，推定した拡大速度を用いて（GTS 2004），それぞれの磁気異常番号に年代が与えられた．ジュラ紀の167 Maまで，地磁気の極性変化に対して，年代が求められている．

地磁気極性年代では，磁気極性の一連の組を，時間の長さで分け，短いほうから，cryptozone（$<3×10^4$yr），subchron（10^5～10^6yr），chron（10^6～10^7yr），superchron（10^7～10^8yr），megachron（10^8～10^9yr）とよぶ．
〈乙藤洋一郎〉

[文献] Gradstein, F.（2004）*A Geologic Time Scale*, Cambridge Univ. Press.

ちじきしまもよう　地磁気縞模様　magnetic lineation　1950年代末頃から海上磁気測定が精力的に行われ，大洋海盆に特異な磁気異常が見い出された．その特徴は，(1) 正・負の磁気異常が交互に縞状に現われ，(2) 海嶺付近では縞の走行が海嶺軸に平行かつ軸を境に両側でほぼ対称に分布していることがあげられる．Vine and Matthews（1963）はこれらの結果を，①マントルから上昇してきた高温物質が海嶺で冷却され，そのときの磁化方向に熱残留磁気を獲得する，②磁化した海洋性地殻は順次に海嶺から両側に離れていく，③地球磁場は反転を繰り返しているので，交互に磁化した海洋底が拡大していく，と解釈して海洋底拡大仮説（いわゆるテープレコーダー・モデル）を提唱した．その後確立していった地磁気逆転史（地磁気編年＊）や磁気異常を説明する地殻の磁化モデル計算，海洋底岩石試料

の年代測定などを組み合わせて，より定量的な海洋底拡大の様子が明らかになってきた．なお，特徴的な縞に番号を付し，世界中の縞模様と対比できるようになっている．　　　　　　　　　　〈西田泰典〉

[文献] Vine, F. J. and Matthews, D. H. (1963) Magnetic anomalies over oceanic ridges : Nature, **199**, 947-949.

ちじきジャーク　地磁気ジャーク　geomagnetic jerk　偏角，伏角あるいは地球磁場強度変化についての，時間1階微分値が正から負，あるいは負から正に変化する現象をいう．3階の時間微分がデルタ関数のようにみえ，突然大きくなることから，地磁気ジャークあるいは地磁気インパルスと名づけられた．過去の観測から，西暦1901, 1913, 1925, 1969, 1978, 1992年の6度起きたことがわかった．地磁気ジャークと地球自転周期の変動の間に強い相関がみられ，地磁気ジャークの発生源が地球の核にあると推測されている．　　　　　　　　　〈乙藤洋一郎〉

[文献] Mandea, M. et al. (2000) A geomagnetic jerk for the end of the 20th century? : Earth Planet. Sci. Lett., **183**, 369-373.

ちじきそうじょ　地磁気層序　magnetostratigraphy　火山岩層や堆積物・堆積岩層は地球磁場を残留磁化として記録しているので，地球磁場の極性が変化すると，順序よく形成されたそれらの層には正帯磁と逆帯磁の層序ができる．この正・逆帯磁の層序を，地磁気層序とよぶ．火山岩の古地磁気とK-Ar年代を組み合わせて，過去5 Maまでの年代値がつくられている．それより古い層序は，海洋底の地磁気縞状異常から推定される一連の正帯磁と逆帯磁の配列から見積もられ，C-sequence of marine magnetic anomalies, M-sequence of marine magnetic anomaliesの磁気異常番号で層序が区分されており，ジュラ紀の167 Maまでつくられている．167 Maより古い地磁気層序は，アンモナイトによる生層序区分がなされるヨーロッパの地層からつくられている．アメリカ東部に分布する三畳紀後期の湖成堆積物からE-sequenceで磁気異常番号が与えられ，層序が区分されている．

地磁気層序で，磁気極性の一連の組を，時間の長さで分け，短いほうから，Polarity cryptozone ($<3\times10^4$ yr), Polarity subzone ($10^5\sim10^6$ yr), Polarity zone ($10^6\sim10^7$ yr), Polarity superzone ($10^7\sim10^8$ yr), Polarity megazone ($10^8\sim10^9$ yr)とよぶ．地磁気古生代では極性の変わらないsuperzoneが認識され，石炭紀後期-ペルム紀後期に逆磁極期のキアマンsuperzoneが，オルドビス紀後期-シルル紀後期の正磁極期のネパンsuperzone，カンブリア紀中期-オルドビス紀中期に逆磁極期のバースカンsuperzoneが提唱されている．

1990年前半からは，深海底堆積物の地球磁場強度データが増加し，これらの多くのデータが編集され，800 kaまでの地球磁場強度記録であるSINT 800がY. Guyodo and J. P. Valet (1999)によって発表された．地球磁場強度記録も層序の指標に使われている．化石の乏しく年代決定が難しい地層では，正・逆帯磁の層序から年代を求めることが行われている．堆積物古地磁気強度をタイムスケールとして，堆積物の年代決定に利用することも考えられるようになった．　　　　　　　　　〈乙藤洋一郎〉

[文献] Gradstein, F. M. et al. (2004) *A Geologic Time Scale*, Cambridge Univ. Press.

ちじきのげんいん　地磁気の原因　origin of geomagnetic field　地磁気の原因が地球内部にあることはF. Gauss (1838)によって明らかにされたが，それ以前から地磁気の原因について考えられてきた．W. Gilbert (1600)は，球状磁石周辺での磁針の振る舞いと地表で観測される伏角から，地球はそれ自体が一つの永久磁石であると考えた．しかし，物質はキュリー温度*以上の高温においては磁性を失うため，地球で磁性をもてるのは深さ数十kmまでである．この程度の厚さの磁性をもった層で現在観測されている地磁気を再現するには非現実的な強さの磁化を必要とし，地球主磁場の原因としては不適切である．また永久磁石が地球磁場の原因でないことは，地磁気永年変化のような数年～数千年程度の磁場変化が説明できないことからもわかる．ノーベル賞物理学者のP. M. S. Blackett (1947)は惑星がもつ磁場の磁気モーメントと回転モーメントの関係から，惑星のような巨大な物質が回転することが磁場の原因であると考えた．この説の実験的な検証を試みたが，否定的な結果を得ることとなり，彼自身がそれを公表した．しかし実験に際して彼が開発した非常に微弱な磁場を測定できる磁力計（無定位磁力計*）は，その後の古地磁気学*の発展に大きく寄与した．ほかにも，地球自転に伴う回転電荷説，核内での熱起電力説，Hall効果説など諸説が提唱されたが，現実的な物性量では磁場他の観測事実を説明できず，磁場の原因は長く謎として残った．現在では，地磁気は核におけるダイナモ作用（高電気伝導度物質の運動と磁場による電磁誘導作用）の連鎖によって生成・維持されていると考えられている．この理論では，核内対流を起こすエネルギーが磁場

のエネルギー源であり，最近のモデル計算では，地球磁場の強さ，空間分布，永年変動，地磁気逆転のすべてを無理なく説明できることが示されている．
⇨地磁気永年変化，ダイナモ理論　　　〈清水久芳〉

ちじきのへんどう　地磁気の変動　variation of geomagnetism　地磁気（強度，偏角と俯角）は地球の内外からの影響で時間とともに変動している．その変動の観測記録はヨーロッパでは過去400年間も蓄積してきたし，それ以前については，キュリー温度以上に加熱してつくった土器，焼土，陶磁器などから知ることができる．さらに過去の火山噴出物や水底の細粒堆積物も自然残留磁気を獲得している．これらから地磁気変動史が明らかになる．地磁気は長期にわたる大きな変動と短期間の細かい変動が複合している．その中でグローバルに明瞭に認められる変動は広い地域の岩石・地層の対比に役立つ．
⇨古地磁気層序，自然残留磁化　　　〈町田　洋〉

ちじきへんねん　地磁気編年　magnetochronology　地球磁場の磁極変化史を組み上げること．過去5 Maまでの地球磁場逆転史は，火山岩の古地磁気と ^{40}K-^{40}Ar年代を組み合わせて，1960年代末ごろつくられた．1970年代に入ると，深海底堆積物がピストンコアラーで採取され，連続した地磁気逆転の様子が観察された．深海底堆積物は，必ずしも連続に堆積したのでなく，古生物学より堆積物中に時間間隙があることが認識されるようになった．地磁気の逆転の様子は，海洋底拡大によって時間的に連続形成された海洋底の地磁気異常に残されていたので，海洋底拡大でつくられた磁気異常から組み上げられた．磁気異常には，新しい順に磁気異常番号が与えられた．磁気異常のなかの正磁極あるいは逆磁極が卓越する磁極期を，クロン（chron）とよぶ（Nomal polarity Chron; Reversed polarity Chron）．短い時間範囲を占める磁極期をサブクロン（subchron）という．

磁気異常番号を与えるとき，次の規則に従う．①現在から白亜紀まではC-sequence of marine magnetic anomaliesとよび，磁気異常番号にCをつける．②一つの番号をもつ磁気異常は，NormalとReversedの組でできている．例：1番目の磁気異常（C1）は，C1nとC1rからできている．（C1n: Burunhes chron, C1r: Matuyama chron あるいはC1r.1r），③磁気異常番号をもつ磁気異常内部にsubchron1があると，1n, 1rを下位に追加する．例：Matuyama chron中にsubchronがあると，C1r.1n（Jaramillo suchron），C1r.2n（Cobb Mountain subchron），④白亜紀にみられる長期間の正磁極期をCretaceous long normal–polarity Chronあるいはpolarity superchronとよびC34nを当てる．⑤白亜紀のsuperchron以前の磁気異常はM-Sequence of marine magnetic anomaliesとよばれ，番号にMをつける．⑥M-Sequenceの1番目の磁気異常はM0，それ以前はM1, M2, M3,…，⑦磁気異常番号をもつ磁気異常内部にsubchron1があると，1n, 1rを下位に追加する．

現在からジュラ紀の167 Maまでにわたって，地球磁場極性変化すべてに，C1nからM41rまで磁気異常番号が与えられている．　　　〈乙藤洋一郎〉

［文献］Gradstein, F. M. et al. (2004) *A Geologic Time Scale*, Cambridge Univ. Press.

ちしつ　地質　geology　ある調査研究対象地域について地質学的方法・観点によって把握される地質学的諸事象の総体的特徴をその地域の地質といい，欧語では地質学と同じ表現（geology）を用いる．当該地域の地層・岩石の三次元的分布（層序区分を含む）やそれらの肉眼的・顕微鏡的記載，産出鉱物・化石等の記載，各種分析値およびそれらの地質時代，地質構造の形成過程や形成機構の解析および地史・古地理の復元などを総合的に記述して，通常は地質図*（地質断面図を含む）を付して表現する．　　　〈加藤碵一〉

ちしつえいりょく　地質営力　geological agent
⇨地形営力

ちしつおんどけい　地質温度計　geothermometer　相平衡，化学平衡・同位体交換平衡，および化学反応速度の温度依存性を用いて，地質現象の温度を推定する方法．実際に広く利用される地質温度計は，原理の違いで分類すると，①鉱物の構造・化学組成，②岩石中の鉱物共生，③鉱物中の安定同位体組成，④流体包有物均質化温度，⑤有機物の熟成度，⑥鉱物中の放射性同位体組成（熱年代学），などがある．これらのうち，①〜④は平衡を前提とする一方，⑤と⑥は反応時間に依存する．また，対象となる地質条件や温度範囲に加えて，古地温決定の精度・確度は各手法間で大きく異なる．
〈田上高広〉

ちしつがく　地質学　geology　ギリシャ語のgeo（大地）とlogia（論理）から合成された術語で，ヨーロッパで明確に科学的学問分野の一つとして地質学（geology）が使用されるようになったのは，17世紀以降である．日本でgeologyの訳語を地質学としたのは，蘭学者箕作阮甫（1799-1863）といわれ

る．しかしその後，学問分野の未分化も反映し，その名称に関して地理学との関係も含めていささか混乱があった．最終的に明治26年(1893)の東京地質学会の設立および地質学雑誌の発行により終止符が打たれた．19世紀半ばまで，地層の分布・産状や形成順序・相互関係などの基本的研究をなしてきた地質学の主分野である層序学*や地史学*から，鉱物学*・岩石学*・古生物学*などが様々に分化・発展してきており，さらに地球物理学や地球化学など関連分野の発展とともに地球科学の一分野としても見直されてきつつある．したがって，用法によって一義的ではないが，地殻を中心に地球表層の組成・構造や地質形成機構・過程(火成作用・堆積続成作用・変成変質作用・鉱化作用その他)ならびに古生物を含む地球の歴史を研究対象とする自然科学の1分野と位置づけられる． 〈加藤碵一〉

[文献] 歌代 勤ほか(1978)「地学の語源をさぐる」，東京書籍．

ちしつく **地質区** geologic province 地質作用の性質がその区域内では同一あるいは類似していることで特徴づけられる，ひとまとまりの地域．岩石区，構造区，堆積区，古地理区などに区分される．例えば，北米のベイズン・アンド・レンジ・プロビンスや環日本海アルカリ岩石区などがある． 〈酒井治孝〉

ちしつくぶん **地質区分** geologic division 地表あるいは地下に分布する地層や岩石を，岩相，堆積相，地質時代，地質構造，地体構造などに従って区分すること．地質区分に従って地層や岩石の分布を地図上に描いたものを 地質図*という．
〈酒井治孝〉

ちしつけいとう **地質系統** geological system 国際的あるいは地域的な年代層序区分．標準国際年代層序が確立する以前は，年代層序学の基本単位である系とその下の単位である統が，非公式に地域ごとに設定され，地質系統とよばれていた．例えば日本の白亜系は6つの統からなり，それぞれ世界各地の地質系統と対比されていたが，現在の国際年代層序では，白亜紀は12の階(ステージ)に分けられている． ⇨年代層序単元 〈酒井治孝〉

ちしつげんしょう **地質現象** geologic phenomenon 固体地球の表層部を構成している岩石や堆積物・地層などの形成過程に関する現象の総称で，特に直接観察・観測できるもの．氷河や河川による侵食・運搬作用や浅海での堆積作用，火山活動に伴う火砕流の噴出や活断層による地盤のずれなど様々な現象を含む．地形過程*は現在の地質現象である． ⇨地質作用 〈酒井治孝〉

ちしつこうがく **地質工学** engineering geology, geotechnics 地質学の知識や考え方をもとに様々な工学的課題・社会的課題に応えようとする分野である．目的は土木構造物の計画・設計・施工のほか，地下資源の開発や自然災害の実態把握に関わる事項など多岐にわたる．対象地域にて岩石や岩盤，土を力学的視点で調査・測定し，かつ地表近くで進行する侵食，堆積，構造運動，火成作用，風化作用等の地質過程を的確に把握して，目的に必要な工学的情報を得る．調査や測定，探査に関わる新しい手法の開発，表現手法の開発を含むこともあり，一般には応用地質学や土木地質学と同義で用いられる． ⇨地形工学 〈横田修一郎〉

ちしつこうぞう **地質構造** geological structure ある範囲における地質現象の構造的な特徴，すなわち，地質現象の個々の要素が全体を形成している様子．構造運動などによって生じた岩石・岩体の変位・変形によって地質構造は形成される．地図に表される程度の規模をもつ地質構造を大構造，露頭規模のものを中構造，標本規模以下のものを小構造とよぶ．地質構造の基本的な要素は，形状によって面構造と線構造に分類される．堆積構造やマグマの流動構造のように岩石が形成されるときに造られる一次的構造と，その後の変形・変成作用によって形成される褶曲や断層，片理のような二次的構造に分けられる．ある範囲における構造的な特徴はそれらの総和である． 〈安間 了〉

ちしつこうぞうず **地質構造図** structural map, tectonic map 地殻上部に発達する褶曲・断層・節理などの地質構造の形態を構造要素の分布や走向・傾斜などによって表した地図． 〈安間 了〉

ちしつこうぞうせん **地質構造線** tectonic line ⇨構造線

ちしつコンパス **地質コンパス** geological compass ⇨クリノメーター

ちしつさよう **地質作用** geological process 地質時代を通して，地球表層と地球内部で起こったすべての地質学的諸作用を指す．固体地球と大気・海洋・生物の相互作用による風化・侵食・運搬・堆積作用，固体地球内部での火成・変成作用，火山・地震活動，地殻・マントルの変形・破壊・流動作用などの総称． ⇨地質現象 〈酒井治孝〉

ちしつじかんくぶんたんい **地質時間区分単位** geochronologic unit ⇨地質年代単元

ちしつじだい **地質時代** geological age 地質

学の対象となる過去を漠然と指す語として用いられる．地球の歴史を主として古生物の進化を基準にして区分した相対年代は地質年代とよぶ．⇨地質年代，地質年代単元　　　　　　　　　　〈趙　哲済〉

[文献] 日本地質学会訳編（2001）「国際層序ガイド―層序区分・用語法・手順へのガイド」，共立出版．

ちしつじゅんかん　地質循環　geologic cycle　山地（陸地）をつくる地殻物質が風化・侵食・溶食され，河川によって海洋に運搬され，海底に堆積した後，造山運動などによって再び隆起して山地になる，という様式で行われる地殻物質の循環を指す．地球化学循環*と一体のものではあるが，鉱物や岩石，土砂や岩体規模での循環を意味することが多く，造山輪廻*（地体構造輪廻）や侵食輪廻に伴う物質循環という意味で使われる．地質循環における地殻物質の循環量は陸地の侵食量（河川の土砂運搬量）から計算され，現在の地球において，河川が陸地から海洋に運搬する水の量は年間約24兆トン，地殻物質量（土砂量）は年間約200億トンと推算されている．なお，造山輪廻（orogenic cycle），地体構造輪廻（geotectonic cycle），侵食輪廻（cycle of erosion）は'cycle'の言葉が使われるが，造山運動や造構運動などの運動様式やそれに伴う地質構造や地盤（地形）の'一連の変化様式の繰り返し（輪廻）'を指し，環境学的な物質の'循環；circulation'を意味しない．⇨生物地球化学循環　　　　　〈大森博雄〉

[文献] 大森博雄ほか編（2005）「自然環境の評価と育成」，東京大学出版会．／Rankama, K. and Sahama, Th. G. (1950) *Geochemistry*, Univ. Chicago Press.

ちしつず　地質図　geological map　地質図は，地表から地下数mを覆っている土壌や植生，人工物を剥いだ状態での地層や岩石，堆積物などの分布や構造を，二次元の広がりをもつ紙の上に色や記号で示した地図である．地質図は，地層や岩石が露出する箇所の地質調査やボーリング調査によって得られた地質情報をもとに，地層の重なりあう法則や堆積様式，褶曲や断層による変形の様式など自然の摂理に基づいて，地表に現れていない地質情報を類推して作成される．その意味で，地質図は事実が示されている図ではなく，地質学的解釈に基づいたモデルを示した図つまり思想図でもある．地質図は，地質平面図と断面図および凡例から構成される．凡例では，地質平面図や断面図に描かれた地質区分について地層・岩体名や地質年代，構成岩石，地質構造などが記述されている．産業技術総合研究所地質調査総合センター（旧：地質調査所*）では，5万分の1や20万分の1の地質図幅や100万分の1日本地質図を国土の基本図として全国規模で整備している．しかし，地形学に有用な5万分の1地質図は北海道開発局発行分（124図幅）を合わせても全国で約748図幅であり，日本全国の5万分の1地形図（1,272面）の約59％をカバーしているにすぎない（2013年現在）．よって，地質学，地形学ばかりでなく，防災事業などの社会基盤整備の基礎資料としても，5万分の1地質図の全国的整備・完成が切望されている．一方，土木工事等においては工学的判断も表現したより詳細な土木地質図等が作成される．⇨地質断面図，ルートマップ　　　〈脇田浩二〉

ちしつずがく　地質図学　geologic mapping　地質調査の結果（岩石分布や地質構造）を地形図に描いて地質図*を作成し，地質断面図*を描く作業および既往の地質図を読図する方法をいう．露頭のない地区の地質や地質構造は，周囲の露頭で計測した地層面の走向・傾斜から，地形図の等高線と露頭線の関係に基づき推定して描く．⇨地層界線，露頭線，地層界線の平面形（図）　　　　〈鈴木隆介〉

[文献] 坂　幸恭（1993）「地質調査と地質図」，朝倉書店．

ちしつだんめんず　地質断面図　geological cross section　地下の岩石や地層の分布，地質構造などを，垂直方向の地下断面として示した図．地質図（地質平面図）と同様に，地表の土壌や植生は剥いだ状態を表現しており，一般に地表から地下数百mないし数kmにおける地質体の分布や構造が示される．地質図（地質平面図）に示した地質構造を三次元的に理解しやすくするために，地表のいくつかの側線に沿って作成される場合が多い．また，ボーリング調査による地質柱状図が複数得られている地域では，それらの情報に基づいて，詳細かつ深い地質断面図を作成することが可能になる．逆に，ある地域の地質構造の大要を理解しやすくするために，簡略化した模式断面図を作成することもある．

〈脇田浩二〉

ちしつちゅうじょうず　地質柱状図　geologic column, columnar section　ある地域や地点における地層の厚さ，重なり（層序）や岩石の種類，地質時代などを示した長柱状の図．単に柱状図とも．ボーリング柱状図*とは異なり，地層の傾きや褶曲などの地質構造を考慮して，真の層厚を算出した上で，柱状図の各地層の単位の高さを表現し，各地層の層厚に比例して表現する場合が多い．また，地層の堅さや岩質を表すため，柱状図の片端に凹凸をつ

けて表現する場合もある．化石の産出層準や同位体年代の測定箇所なども表現に加えることがある．複数の地域の地質柱状図を並べて比較することによって，地層の対比＊を検討することが可能になる．柱状図を作成する最小限の観察資料は，岩相・地層の厚さ・地層の上下関係である．とくに，鍵層＊となりうる礫，砂，泥，あるいは石灰岩などといった岩相は柱状図作成の最も基本的な項目であり，調査者は観察力を磨くことが重要である．

〈牧野泰彦・脇田浩二〉

ちしつちょうさ 地質調査 geological survey, geologic investigation 純粋地質学の目的のほか，地下資源の開発や土木構造物の計画に関連した調査，地すべりや斜面崩壊に関わる調査など，特定地域における地質状態を知るための調査をいう．一般には地表地質踏査（狭義の地質調査）のほか，ボーリング調査＊，トレンチ調査，横坑調査，物理探査＊（弾性波探査，電気探査等），地化学探査などがあり，肉眼観察を主体とするものから調査・測定機器を使用するものまで多岐にわたる．地表地質踏査では地形の調査も重要な項目となる．得られる地質情報の内容，精度，要する期間や経費は方法によって異なるため，目的に応じた最適方法を選択することが重要である．また，複数の方法が併用されることもある．

〈横田修一郎〉

ちしつちょうさじょ 地質調査所 Geological Survey of Japan 日本の国土の地質・資源・防災等の調査研究を行う国家機関．1882年（明治15年）2月13日に農商務省に設置された．その後の変遷を経て，2001年1月6日に通商産業省工業技術院地質調査所から独立行政法人産業技術総合研究所地質調査総合センターとなった．全国で地質調査，物理探査，地球化学調査，資源探査，地震防災調査，火山災害調査を実施し，5万分の1や20万分の1縮尺の地質図幅をはじめとする地球科学図等の知的基盤整備を通じて，国民の安心安全な生活と持続的開発に貢献するとともに，地質学や地球科学の発展に寄与している．⇨地質図

〈脇田浩二〉

ちしつてきふれんぞくめん 地質的不連続面 geological discontinuity 自然斜面や人工的な切土斜面，トンネル等の構成岩盤において力学的不連続をもたらす面をいう．通常，岩盤中の節理面や断層面＊を指すが，場合によっては不整合面＊や地層面などの地層や地質体の不連続面に対して使用されることもある．前者の場合，斜面では地すべりや斜面崩壊のすべり面になりやすく，トンネルや地下空洞では崩落や落盤の原因となりやすい．それぞれの不安定性評価にとって重要な要素となることから，面の方向だけでなく，その空間的広がり，面の平滑度，開口幅や充填物，他の不連続面との交錯関係などに着目した詳細な調査が行われる．⇨開口節理

〈横田修一郎〉

ちしつねんだい 地質年代 geologic time 地質年代は，地層や岩体に記録されている地史上の出来事を基準にして区分された年代をいう．それを時代区分した区分単元は地質年代単元＊という．地球史や地質学的現象の年代，その時間的順序を決定する研究分野として地質年代学（geochronology）がある．年代決定には，生層序や古地磁気層序など地質年代単元との対比を行う相対年代と，放射性同位体を用いてその古さを数字で表す絶対年代がある．地質年代単元の境界を絶対年代で決定する研究も行われている．そのため，相対年代で検討されたものが，絶対年代ではいつ頃かを示したり，絶対年代によって検討された年代から，地質年代単元のどの時期にあたるかを示したりすることも行われている．

〈里口保文〉

ちしつねんだいたんげん 地質年代単元 geochronologic unit 地質時代を分ける単位で，化石の出現，消滅，その他の基準によって区分された地質体を基本に区分されたある年代期間をいう．地質時間区分単位ともいう．その年代は，地質体にみられる地質現象によって区分された年代，すなわち年代層序単元＊によって設定される年代が基本となっている．小さい区分から順に，期（age），世（epoch），紀（period），代（era），累代（eon）である．世界的に共通の地質年代としては，例えば現在は，新生代第四紀完新世である．なお，地質年代単元の区分は，年代層序単元に対応しており，それぞれの年代単元に相当する年代層序単元は順に，階（stage），統（series），系（system），界（erathem），累界（eonothem）である．例えば現在堆積している地層の年代層序単元は，新生界第四系完新統である．

〈天野一男・里口保文〉

表 地質年代の区分単元と層序区分単元

相対年代の区分単元		各年代に堆積した地層の層序区分単元	
単元名	"現在"の呼称	単元名	"現成層"の呼称
代 era	新生代	界 erathem	新生界
紀 period	第四紀	系 system	第四系
世 epoch	完新世	統 series	完新統
期 age	後氷期	階 stage	
時 time	歴史時代	帯 zone	

ちしまかいぼん　千島海盆　Kuril Basin　オホーツク海の南部，千島列島の北に位置する長軸2,900 km，短軸660 kmの東北東〜西南西に延びる海盆*．最深部は3,383 m．千島海盆の南縁，千島弧との間は急斜面となっているが，北縁は平均2°程度の緩やかな斜面となっている． 〈岩淵　洋〉

ちしま・カムチャツカかいこう　千島・カムチャツカ海溝　Kuril-Kamchatka Trench　カムチャツカ半島南部（コマンドル諸島南西沖）から千島列島の南側に沿って北海道襟裳岬南東170 kmの襟裳海山北麓まで，延長2,200 kmにおよぶ海溝*．最深部はウルップ島の南220 kmにあって9,550 mで，大部分が7,000 mを越す．ウルップ島とシムシル島間の沖合い付近を頂点として，太平洋側に凸型を向けやや折れ曲がったような平面形を示す．千島海溝ともよばれ，千島列島と対をなして千島弧*を形成する．南西端は襟裳岬沖で，さらに日本海溝*に続き，北東端はアリューシャン海溝に接する．北アメリカプレートの下に太平洋プレートが沈み込む場所とされ，北西側へ傾斜する逆断層型の大地震が多発し，その発生域はいくつかの区域に分かれ，数珠状に配列している． 〈岩淵　洋・岡田篤正〉

ちしまこ　千島弧　Kuril arc　カムチャツカ半島から千島列島，北海道まで延びる長さ約2,000 kmの長大な島弧．北アメリカプレートの下に太平洋プレートが沈み込んで形成された千島海溝に沿って延びる．千島弧の主要部分は100個以上の活発な活火山からなる内弧である．外弧は，千島弧の南西部では根室半島から歯舞・色丹両諸島を経て，千島列島に並行な海底の山脈へ続く明瞭な高まりであるが，その高まりはウルップ島とシムシル島の間で途切れ，千島列島北部で海底の高まりとして再び明瞭になり，カムチャツカ半島につながる．　⇨島弧 〈前杢英明〉

ちじょうかいど　地上開度　overground openness　横山ほかによって考案された地形量を示す地形パラメータ．着目点を中心とする，ある半径内で天頂と地平線のなす角度（空を見ることができる角度）の最大値．尾根部ほど大きく谷部ほど小さい値を示し，尾根線と谷線の抽出に優れる． 〈相原　修・河村和夫〉

［文献］横山隆三ほか（1999）開度による地形特徴の表示：写真測量とリモートセンシング，38，26-34．

ちじょうじょうけん　地上条件　overground condition　⇨土地条件

ちじょうそくりょう　地上測量　ground surveying　測量学・測地学・地形学・地球物理学を基本に，地上で測量機器を使用し，直接的に基準点・水準点・地形・地物などの座標（平面位置，高さ）を求める測量．単に「測量」といえば地上測量を指すことが多い．空中写真を用いた写真測量*の対義として使われることもある．近年のIT技術の発達・高度化，特にGPS衛星を利用した測量技術の導入により，即時に測量結果を得ることも可能になっている． 〈正岡佳典・河村和夫〉

ちじょうレーザそくりょう　地上レーザ測量　ground laser scanner surveying　地上に設置したレーザ測距装置により地形・地物までの距離を計測し，リアルタイムに位置・色情報を点群データとして取得する測量方法．地形測量，構造物の出来高，変位量測定や直接触れることのできない文化財計測などで利用されている． 〈相原　修・河村和夫〉

ちず　地図　map, chart, plan　地表面などの空間の姿や性質に関する情報を一定の決まり（図式*）に従って人間が容易に見たり扱ったりできるように表現したもので，図形や記号を用いて位置関係を示すことを中心としたもの．もともとは紙などの面に描かれたものを指すが，今日では同様な画像を出力できるデジタル形式の地理情報（電子地図）も地図の一種とみなすことが多い．様々な地図のうち，測量によって直接作成される地図を実測図，他の地図などの資料から作成される地図を編集図という．また，汎用性を特徴とする地図を一般図，特定の主題を表現する地図を主題図*という．地形図は一般図の一種であり，地形学図*は主題図の一種である．地図の表現法や正確さはその作成目的や作成方法によって多種多様であり，利用に当たってはそれぞれの地図の特性をよく理解していることが重要である．　⇨地形図 〈熊木洋太〉

ちすい　治水　flood control　狭義には河川の氾濫や高潮から住民の生命・財産，耕地や住居，社会資本基盤などを守るために洪水の制御を図ること．広義には河川流路の利用，水資源としての利水目的のための水の制御，河川環境の維持増進も含まれる． 〈中津川　誠〉

［文献］高橋　裕（2008）「新版河川工学」，東京大学出版会．

ちすいちけいぶんるいず　治水地形分類図　Land Classification Map for Flood Control　治水事業に役立てることを目的として国土地理院が作成している地形分類図*．国が直接管理する河川の流域のうち平野部を対象とし，25,000分の1地形図を基

図として，旧河道など治水上重要な低地の地形を詳しく示すほか，河川工作物などを表示．1976～1978年度に作成された初期整備図と，2007年度以降に作成作業が進められている更新図とがあり，いずれもウェブ上で閲覧できる． 〈熊木洋太〉

ちずいちらんず　地図一覧図 sheet index, map index, index map　地図の作成範囲，図名などを示す小縮尺の索引用の地図． 〈熊木洋太〉

ちずがく　地図学 cartography　地図すなわち空間表現に関することを研究対象とする学問．地図（デジタル形式の地理情報を含む）の表現の原理・理論，地図の設計・デザイン，地図作成技術，地図の利用，社会における地図の役割，地理空間のモデル化，空間認識，地理空間に関する情報の伝達技術，地図の教育，地図の歴史など，科学，工学技術，人文社会，芸術などに関係する多様な内容をもつ．地図学の教育は日本では地理学のコースのなかで行われるか，測量学の一部として行われることが多い．日本の地図学の代表的な学会は日本地図学会．　⇨地図 〈熊木洋太〉

ちずきごう　地図記号 map symbol　地図において空間の姿や性質を視覚的（または触覚的）に表現する記号．等高線や河川の図形なども含め，画像としての地図に描かれる文字以外のものはすべて地図記号であり，図式の定めに従って表示されている．　⇨図式，地図 〈熊木洋太〉

ちずとうえいほう　地図投影法 map projection　球または回転楕円体とみなされる地球の表面を平面の地図として表現するため，経緯度などの地球の座標値を平面地図の座標値に変換する方法で，多数のものが考案されている．地図の図法とほぼ同義であるが，図法という用語は適用範囲など座標変換以外の要素を合わせた概念として用いられる場合がある．球面・回転楕円体面を伸縮なく平面に展開することは不可能であるため，平面の地図は特定の点や線以外では必ず何らかの歪みがあるが，面積が歪まないようにするものを正積図法，角度が歪まないようにするもの（地球表面の微小図形が相似形で表現されるもの）を正角図法，ある方向について距離に歪みのないものを正距図法という．これらのいずれでもないが，全体として歪みを小さくするよう考案されたものもある．個々にはメルカトル図法*のように考案者の名前を冠したり，正距円筒図法のように性質上の分類名で示したり，あるいはこれらの組み合わせによってよぶことが多い．それぞれ特徴があり，目的に応じて適切なものを選ばなければならない．なお，地図投影法の説明方法として，地球表面に光を透過させてその図形を平面あるいは平面に展開できる曲面に"投影"する例が使われることが多いが，これに当てはまるものはごく一部のものだけである． 〈熊木洋太〉

［文献］政春尋志（2011）「地図投影法」，朝倉書店．

ちずのしゅくしゃく　地図の縮尺 scale of map　⇨縮尺

ちずのはんれい　地図の凡例 legend of map　地図において，地図記号の説明のため，記号とそれが表す事象の名称などをまとめて表示したもの．⇨地図記号 〈熊木洋太〉

ちせい　地勢 geographical feature　対象地域の自然事象や人文・社会事象の状態（ありさま）を指す．英語で topography, geomorphy ともいう．地勢は，狭義には地貌（地形）の大勢（landscape：山地・高原・盆地・丘陵・平原・湧水・河川・湖沼などの位置や分布，あるいは，起伏の大小などの地形状態）を指し，広義には地域の地形・水系・植生などの自然事物のほかに，森林・田畑などの土地利用，集落や交通路，社会施設や文化施設などを含めた地域の自然・人文・社会事物の位置や分布状態（topography, geographical feature）を指す．現在は広義の意味で用いられることが多い．なお，国土地理院発行の地図では，大縮尺（1/50,000以上）の地勢図は地形図とよび，小縮尺（1/200,000）の地勢図を地勢図とよんでいる．　⇨地形景観，地勢図

〈大森博雄〉

［文献］地理学辞典編纂委員会（1983）「地理学辞典」，上海辞書出版社．/Strahler, A. N. (1969) *Physical Geography* (3rd ed.), John Wiley & Sons.

ちせいず　地勢図 topographical map, regional map　国土地理院が刊行している地形図のうち，縮尺200,000分の1のもの．地形表現法として，等高線に加えて陰影（ぼかし）が用いられていることが特徴．　⇨地形図，地勢，陰影図 〈熊木洋太〉

ちせいせん　地性線 topographic line　⇨地形線

ちせいたいがく　地生態学 geoecology　地形，地質，土壌，気候などの物理的環境と生物群集とのつながりを研究する学問分野．景観生態学と同様な学問分野を意味するが，わが国では特に高山帯の植生景観を対象として，植物の分布を地質や地形と結びつけて統合的に考察する手法として発展してきた．1968年にCarl TrollがLandshaftsökologie（景観生態学）を改め，Geoökologie（地生態学）とした

ことを受けた用語だが，日本では主に地理学の分野で用いられる．研究者のバックグランドや地域などによって研究対象に違いがある．
〈小泉武栄・中村太士・渡辺悌二〉

ちそう　地層　stratum, bed　堆積物*からなる1枚の平らな層（堆積層），あるいはその集合（strata）．地層は地層命名規約*によって名付けられ，固有名詞を付けて定義される．地層を区分する学問を層序学*あるいは層位学（stratigraphy）という．地層は岩相*，年代，化石，地磁気，同位体，堆積シーケンスなど，さまざまな方法で区分される．岩相層序区分では，地層は小さい単位から，葉層（lamina），単層（bed），部層（member），累層（formation），層群（group）などに分けられる．年代層序区分では，地層は上位から界（erathem），系（system），統（series），階（stage）に区分される．
〈増田富士雄〉

ちそう　地相　landscape, topographic feature　地形や地勢とほぼ同義であるが，人相や家相と同様な感覚で，地形の特徴や用地としての吉凶を主観的におおまかに表現する日常語．地形学用語ではない．地形相*とは概念として異なる．⇨風水
〈鈴木隆介〉

ちそうかいせん　地層界線　lithographic boundary　地層の分布を地質図に示すときに，表土を剥いだ地表面と累層などの境界面が交わる曲線または直線をいう．地質平面図は表土を剥いだ地層の分布を図示しており，野外調査で得た岩相や走向・傾斜の資料が地層界線を描く基礎となる．通常は地質図学の基礎として学ぶ．大部分の地層は地殻変動を受けているため，堆積環境を考察するときにはその変形を取り去って堆積時の状況を復元して考える必要がある．⇨地質図学
〈牧野泰彦〉

ちそうかいせんのへいめんけい　地層界線の平面形【地形と地層の傾斜の組み合わせによる】　plan of geologic boundary (in relation to topography)　地層面を平面と仮定すると，地層面の地表との交線すなわち地層界線*の平面形は，地形と地層の走向・傾斜の組み合わせによって多様になる（図）．⇨断層線の地表での平面形（図）
〈鈴木隆介〉
［文献］Lahee, F. H. (1952) *Field Geology* (6th ed.), McGraw-Hill.

ちそうかいだん　地層階段　esplanade, structural terrace　緩傾斜な成層岩の互層で構成される山地を刻む河谷の谷壁斜面の削剝過程において，弱抵抗性岩の部分が緩傾斜面となり，強抵抗性岩が造

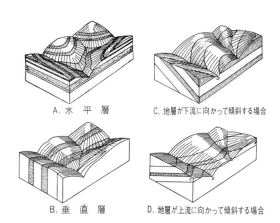

図　地形と地層の傾斜および地層界線の関係（Lahee, 1952）

崖層をなして急崖または岩棚を生じた数段の階段状の地形をいう．エスプラネードとも．削剝高原やメサの周囲の斜面にみられる．米国のグランドキャニオンの谷壁斜面が好例．日本では複数枚の溶結凝灰岩を挟む火砕流台地の谷壁（例：大分県万年山の周囲）のほか，小規模なものは緩傾斜の堆積岩互層の分布地にしばしばみられる．⇨ケスタ，削剝高原
〈鈴木隆介〉

ちそうがく　地層学　stratigraphy　地層*を研究対象とし，層序学*とほぼ同義．層序学が，地層の累重関係にもとづく地層の区分と時間的層序ならびに対比に重点を置くのに対し，地層学は，地層そのものの形成過程に関与する諸条件を考察するというニュアンスがある．
〈松倉公憲〉

ちそうすいへいたいせきのほうそく　地層水平堆積の法則　law of original horizontality　水底で堆積する地層は水平またはほぼ水平，かつ水底面に平行に堆積するという法則．実際には傾斜した水底でできた地層も多い．
〈酒井哲弥〉

ちそうのみかけのはば　地層の見掛けの幅【地質図での】　apparent width of strata (on geological map)　層厚が一定の1枚の地層の地質図上での見掛けの幅は，その地層の傾斜と地形との組み合わせによって多様である（次頁の図）．
〈鈴木隆介〉
［文献］鈴木隆介（2004）「建設技術者のための地形図読図入門」，第4巻．古今書院．

ちそうめいのめいめいほう　地層名の命名法　stratigraphic nomenclature　⇨地層命名規約

ちそうめいめいきやく　地層命名規約　code of stratigraphic nomenclature　ある地域の地層*や岩体*に公式名称を付けたり改定したりする際の規約（地層名の命名法）．地層の区分や命名は，国際的

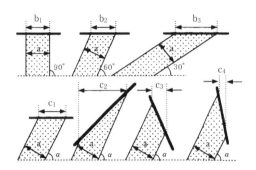

図 地質図での地層（層厚 a は一定）の見掛けの幅（b または c）の変化（鈴木，2004）⇨地層の見掛けの幅
上段：地表面（太線）の傾斜が一定で，地層の傾斜（α）が変化する場合（$b_1<b_2<b_3$）．
下段：地層の傾斜（α）が一定で，地表の傾斜が変化する場合であり，流れ盤（c_2）より受け盤（c_3 と c_4）で c が小さいことに注意．

な規約，例えば，地質科学国際連合（IUGS）の国際層序学指針（International Stratigraphic Guide）に従って行われる．規約では，地層区分の基準，区分単位名とその序列，命名法，先取権，提唱・改定の方法などを定めている．例えば，地層の名称は，層群では地名，累層では地名あるいは地名と岩相名，部層では地名と岩相名を付けること，また，地層の命名や使用では，大きな問題がない限り先取権が優先されること，などが示されている．わが国では「日本地質学会地層命名の指針」（2000）が出されている． 〈増田富士雄〉

ちそうめん　地層面 bedding plane　⇨層理面

ちそうるいじゅうのほうそく　地層累重の法則 law of superposition　一連の地層では，下位の地層が上位の地層よりも古いという法則．ただし，地層形成後に大きな洞穴が形成され，そこを新たな地層が埋めた場合や構造運動を受けて地層が変形した場合（例：過度傾斜褶曲）など，その適用に注意を払わなければならない場合もある． 〈酒井哲弥〉

ちそうれんぞくのほうそく　地層連続の法則 law of original continuity　地層は，同一の堆積区内で堆積したものであれば，側方のあらゆる方向に連続するという法則．同一の地層が広がる範囲内でも，局所的に流れからの堆積が起こらないこともあるため，地層が連続しないこともある． 〈酒井哲弥〉

ちたいこうぞう　地体構造 large-scale geological structure　地殻上部の地質単元，すなわち地質体の時間的・空間的な相互関係と配置．大地形に反映している場合が多い． 〈安間　了〉

ちたいたいせきぶつ　遅滞堆積物【風成の】（eolian) lag deposit，(aeolian) lag deposit（英）　細粒砂が風で吹き払われた後に残った粗粒物質をいう．しばしばデザートペイブメント＊をつくる 〈成瀬敏郎〉

ちだんけん　地団研 The Association for the Geological Collaboration in Japan　⇨地学団体研究会

ちちぶこせいそう　秩父古生層 Chichibu palaeozoic formations　⇨秩父帯

ちちぶたい　秩父帯 Chichibu terrain, Chichibu belt　埼玉県秩父地域から西南日本の外帯に九州まで続き，ジュラ系〜白亜系の堆積岩（砂岩，石灰岩，チャートなど）からなる地帯．かつて秩父古生層とよびならされていた．秩父帯の北側では御荷鉾構造線で三波川帯＊に，南側では仏像構造線＊で四万十帯に境される．四国山地西部の四国カルストや高知県の竜河洞などは，秩父帯の石灰岩が溶食されてつくられたものである．秩父帯中には，寺野変成岩類，かんらん岩，蛇紋岩，三滝火成岩類からなる黒瀬川構造帯が断続的に西南西〜東北東に分布し，地すべりの多発地帯になっている．高知県仁淀村の長者地すべりは，黒瀬川構造帯に由来する蛇紋岩を多量に含む厚い崩積土層と風化した基盤岩（泥質片岩）の境界をすべり面として発生している． 〈松倉公憲〉

ちちゅうかい　地中海 mediterranean sea, Mediterranean Sea　地理学，海洋学の用語で普通名詞として使われる場合と固有名詞として使われる場合がある．前者の場合は，陸地に深く入り込み，周囲はほとんど陸地に囲まれている海で付属海（adjacent sea）の一つ．海洋は大洋（ocean）と付属海に二分され，付属海はさらに地中海と沿海に分かれる．この場合の例は，ヨーロッパの地中海，メキシコ湾，バルト海，沿海は，ベーリング海，北海がある．固有名詞として使われる場合は，ヨーロッパ大陸とアフリカ大陸の間の地中海を指す．この場合の面積は，$2,510×10^6$ km^2，平均水深 1,502 m で，大西洋とジブラルタル海峡，黒海とはボスポラス海峡，紅海とはスエズ運河で通じている． 〈八島邦夫〉

ちちゅうすい　地中水 subsurface water　地表面から下にあるすべての水で，液体状，固体状，ガス状の状態を問わない． 〈三宅紀治〉

ちちゅうどうぶつ　地中動物 soil animal, subterranean animal　ミミズやモグラ，ネズミのような地中動物は土壌攪乱や穴掘などの作用を通して土壌の通気や透水性を変化させる．それが地下水のパイピングの一因となって斜面崩壊や堤防決壊の誘因

ちちゅうひずみけい　地中歪み計　strain gauge type inclinometer　⇨地中変位計

ちちゅうひょう　地中氷　ground ice　⇨地下氷

ちちゅうへんいけい　地中変位計　in-situ strain meter　地盤内の任意の点の移動（たとえば地すべりの移動や土壌匍行による土層の移動など）を測る装置の総称．傾斜計と地中歪み計の2種類ある．傾斜計（inclinometer）は，ボーリング孔にフレキシブルなパイプを挿入し，深度ごとにガイドパイプの傾斜を測定するもので，坑内傾斜計（borehole inclinometer）ともよばれる．一方，地中歪み計（strain gauge type inclinometer）は，塩化ビニールのパイプの両側面あるいは直角方向の2側面に歪みゲージを適当な間隔ごとに張ったものをボーリング孔に設置し，ゲージの歪み量を地上で測定するもの．地中変位量を曲げ歪みから算出することはできるが，ゲージやリード線の防水防熱処理が難しく長期測定に耐えられないという欠点をもつ．　〈松倉公憲〉

ちっそむきか　窒素無機化　nitrogen mineralization　地球上の全生物は，死後，生物遺体として再び土壌に還元される．このとき，生体・生命を維持していた有機物は，多様な土壌動物・土壌微生物による分解作用により，その構成単位，そして最終的には，二酸化炭素（CO_2）・水（H_2O）・無機態窒素（NH_4^+）およびリンや硫黄などの無機イオンとなる．窒素の無機化過程では，まず，生物遺体と排泄物中の蛋白質や核酸が，微生物が生産する蛋白質分解酵素（プロテアーゼ）により加水分解されて，アミノ酸や有機窒素塩基となる．さらに，アミノ酸は水の存在下で，微生物の酵素的な脱アミノ反応を受けて，NH_4^+へと無機化される（アンモニア化成という）．このすべての反応過程を窒素無機化といい，従属栄養微生物および通性独立栄養微生物が関与している．　〈東　照雄〉

ちていちけい　地底地形　subterrestrial landform　自然に生じた地下空洞の3次元的な起伏形態（地形）をいう．地下（海底を含む）には大小様々な空隙ないし空洞があるが，普通には人間が通過できる断面積以上の大きさのもの（例：石灰洞，溶岩トンネル，断層に沿う裂け目の地形）を指す．　⇨石灰洞，溶岩トンネル　〈鈴木隆介〉

ちとう　池塘　pond　泥炭地の中にある湖沼を指す．高位泥炭地には池塘がよく発達し，美しい景観をつくり出すことが多い．スコットランドではロッホ（loch），ドイツではブレンケ（Blanke）とよぶ．池塘の大きさは直径2mほどの小さなものから，幅数十m，長さ200mに達するものまである．形はほぼ円形のものが多いが，まがたま状，細長く伸びたものなどさまざまである．岸辺は直立した崖になっており，深さは通常1～2m，時に3mを超える．池塘の成因として，湖沼が泥炭によって埋積されていく過程で最後にとり残された部分，泥炭地を流れる川の旧流路が一部泥炭に埋積されて残ったもの，ケルミの成長によってシュレンケの部分が相対的に深くなったもの，などいくつかのタイプが考えられている．

特異な形として，北海道や東北地方で「谷地まなこ（眼）」とよぶものがある．これは小さな池にもかかわらず，内部はとっくり状に広がるもので，人や放牧した牛が落ち込むと這い上がれなくなることがあり，恐れられてきた．これは埋積を免れた湖沼の最後の部分と考えられている．　〈小泉武栄〉

［文献］阪口　豊（1974）「泥炭地の地学」，東京大学出版会．

ちねつ　地熱　geothermy　地球内部に含まれる熱の総称．地球創成期の始源熱の残滓，マントル対流により地殻に流れ込む熱，岩石のもつ放射性物質の壊変による熱などの広範な熱と，火山活動などに伴う局所的な熱がある．　⇨地殻熱流量，地熱地帯　〈西田泰典〉

［文献］早川正巳（1988）「地球熱学」，東海大学出版会．

ちねつかつどう　地熱活動　geothermal activity　マグマのエネルギーが，マグマそのものの噴出ではなく，熱伝導（例：黒部仙人谷の高温岩体）のほか噴気孔や噴気地からの水蒸気や火山ガスの形で長時間に少しずつ放出される現象の総称．　⇨噴気孔，噴気地，地熱地帯，地熱発電　〈鈴木隆介〉

［文献］下鶴大輔ほか編（2008）「火山の事典（第2版）」，朝倉書店．

ちねつたんさ　地熱探査　geothermal exploration　地下の自然の熱源を発電等に利用する目的で，熱源や地下流体の分布や状態を調べる調査．広義には地熱資源に関する調査すべてを指すが，狭義にはそのうち物理探査によるものを指す．利用される物理探査法として，例えば地震探査，重力探査，磁気探査などは，地下構造を解明するもので，地熱貯留層を形成する地質構造を推定する目的で適用される．熱源の温度や流体の存在を知るためには，温度や流体の有無を反映しやすい，電気探査や電磁探

査などが用いられることが多い．⇨地熱地帯，地熱発電　　　　　　　　　　　　　　　〈斎藤秀樹〉

ちねつちたい　地熱地帯　geothermal field　活動的火山の高温マグマや，もはや活動を停止している古い火山の残存マグマや高温岩体を熱源として，伝導，熱水対流，高温ガス上昇などにより，地表に地温異常，噴気，温泉，湯沼などがみられる場所をいう．この地熱系を熱水系と高温（乾燥）岩体系（水を含まない岩体の熱）に区分する考え方がある．地熱地帯は地熱発電*，温泉観光資源，温室，道路融雪などの経済活動にも資する．地形との関連では，地熱地帯はしばしば大規模な地すべり地帯と一致する（例：八幡平周辺の松川・大沼・澄川地熱発電所付近）．⇨熱水対流系　　　　　〈西田泰典〉
［文献］横山　泉ほか編（1979）岩波講座「地球科学」，7巻．岩波書店．

ちねつはつでん　地熱発電　geothermal power generation　地熱を利用した発電で，高温（150～400℃）の蒸気と熱水を地熱井（深度1,500～3,000 m）から噴出させ，高温高圧の蒸気を分離し，タービンを回して発電する．熱源は第四紀火山のマグマ（例：北海道濁川，宮城県鬼首，福島県柳津西山，大分県八丁原）のほか，第三紀の深成岩体（例：岩手県葛根田）もある．イタリアやニュージーランドではカルデラ内の地熱を利用しているが，日本では地熱地帯に特有の大規模な地すべり地形の地区に主な地熱発電所がある（例：岩手県の松川・葛根田，秋田県の大沼・澄川）．⇨地熱地帯　　〈鈴木隆介〉
［文献］下鶴大輔ほか編（2008）「火山の事典（第2版）」．朝倉書店．

ちはいしゃ　地背斜　geoanticline　⇨地向斜

ちひょう　地表　earth surface　地球*を構成する固体部分（岩石圏*）と流体部分（大気圏と水圏）の境界面つまり固体地球の表面をいう．人造物体（建造物）の表面でなく，その下の自然地盤の表面を地表という．⇨地表面（図）　　　〈鈴木隆介〉

ちひょうかカルスト　地表下カルスト　subcutaneous karst　地表では炭酸塩岩の露岩は雨水によって溶かされる．また，植生，土壌によって被覆されている場合は，水分を長期に保存し，二酸化炭素濃度が高いために溶食作用は促進される．地表の水は，有機物の落葉落枝（リター）や土壌層を浸透して，石灰岩などの炭酸岩塩の割れ目に沿って溶食作用を行う．岩石中では圧力が高まるのでいっそう溶食は進行し，地表下で卓越したカルスト化が行われ，洞窟（洞穴）が形成される．特に浸透した水によって地表下で行われた溶食，削剥作用による地形とそのシステムを地表下カルストという．森林破壊や土壌侵食などによって地表下カルストが地表に露出した形態をみることができる．イギリスのヨークシャーにみられる ペイブメント・カルスト*がその一つの例である．　　　　　　　〈漆原和子〉

ちひょうじしんだんそう　地表地震断層　surface earthquake fault　⇨地震断層

ちひょうじょうけん　地表条件　ground-surface condition　⇨土地条件

ちひょうすい　地表水　surface water　⇨表流水

ちひょうはいすい　地表排水　surface drainage　盛土法面*，切土法面*や自然斜面に排水施設を設けて，地表を流れる雨水や浸出水を排水することをいう．施設としては各地盤の表面に設けられ，U字型やV字型の開渠となっている場合が多いが，施設を連結する部分などでは，管渠となっているところもある．　　　　　　　　　　　　　　〈南部光広〉

ちひょうめん　地表面　earth surface　固体地球の表面を地表*とよぶが，それを面として認識・記述する場合に地表面とよぶ．なお，固体地球（岩石圏）の内部には多数の割れ目や空隙，空洞があり，そこに空気や水が入っている．また，大気圏と水圏にも岩屑が浮遊している．ゆえに，地形学*で主対象とする地表面とは，厳密にいうと，地球の固体部分を構成して長期的に静止状態にある岩石や土を構成する鉱物粒子のうちの，最上位にある粒子の上面を連ねて想定した面，例えば河原の砂礫の上に風呂敷をフワッと敷いたときにできる一連の，切れ目のない面（平面と曲面）である（図）．河原や海浜の砂礫の個々の表面を地表または地表面とはいわない．⇨地表面の絶対的分類（表）　　　　　〈鈴木隆介〉

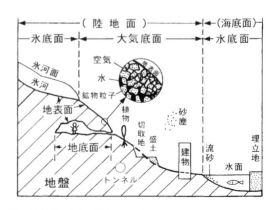

図　地表面の定義（鈴木，1997）

[文献] 鈴木隆介 (1997)「建設技術者のための地形図読図入門」, 第1巻, 古今書院.

ちひょうめんのぜったいてきぶんるい　地表面の絶対的分類　absolute classification of earth surface　地表面*はそれに接する流体によって大気底面, 海底面, 河底面, 湖底面, 雪底面, 氷河底面, 氷床底面, 地底面などに区分されるが（表）, 海底面以外を一括して陸上面とよぶ. それに対応して, 地形も大気底地形, 海底地形, 河底地形, 湖底地形, 雪底地形, 氷河底地形, 氷床底地形, 地底地形などに区分され, 海底地形以外を一括して陸上地形（または単に地形*）とよぶ. 地表に接する流体の種類によって地形過程が全く異なるので, それに基づく分類は地表の絶対的分類と考えられる. これらに火山地形と地表面に接する流体と無関係な変動地形を加えると地形の絶対的な大分類になる. ⇨地形の絶対的分類, 地形の大分類　〈鈴木隆介〉

[文献] 鈴木隆介 (1997)「建設技術者のための地形図読図入門」, 第1巻, 古今書院.

表　地表面と地形の絶対的分類[*1]（鈴木, 1997）

流体の種類	地表面	面積比[*2]	地形[*3]
大気	大気底面	約26%	大気底地形
水	水底面	約71%	水底地形
河川水	河底面（河床）		河底地形（河床地形）
湖水	湖底面		湖底地形
海水	海底面		海底地形
雪	雪底面		雪底地形
氷	氷底面	約2.8%	氷底地形[*4]
氷河	氷河底面		氷河底地形
氷床	氷床底面		氷床底地形
閉塞大気・水[*5]	地底面		地底地形

*1: 分類基準は地表に接する流体の種類.
*2: 面積比は全地球表面積に占める百分率.
*3: 海底地形以外の地形を一括して陸上地形とよぶ（単に地形とよぶことも多い）.
*4: 普通に氷河地形というのは, 氷河が融解して大気底に露出した過去の氷底地形をいう.
*5: 地下の自然空洞（人間が立って歩ける程度の大きさの空洞, 例：石灰洞, 溶岩トンネル）を占める大気と地下水.

ちひょうりゅう　地表流　overland flow　⇨ホートン型地表流

ちへん　地変　diastrophism　地震, 火山噴火, 土地の陥没, 崩落, 岩屑なだれ, 地すべり, 津波, 高潮などによる大規模で急激に起こる地上の異変を指す. 狭義には, 地殻変動や地盤変動と同じ意味で使われ, 内的営力*が地殻や地表を変形・変位させる運動を指し, 広義には, 地勢を劇的に変化させる天変地異を指す. 英語のdiastrophismは大陸, 海盆, 台地, 山脈, 地溝帯などを形成する造山運動*や造陸運動*, プレート運動*などの大規模な地殻変動や地盤変動を指す言葉として用いることが多いが, 日本語の広義の地変に相当する英語としては, catastrophe, catastrophismが使われることも多い. ⇨地勢　〈吉田英嗣・大森博雄〉

[文献] 辻村太郎 (1932)「新考地形学」, 第2巻, 古今書院./ Summerfield, M. A. (ed.) (2000) *Geomorphology and Global Tectonics*, John Wiley & Sons.

ちぼう　地貌　landform　⇨地形

ちほうず　地方図　district map　⇨小縮尺図

ちほうてきしんしょくきじゅんめん　地方的侵食基準面　local base level of erosion　⇨局地的侵食基準面

ちまど　地窓　window, fenster　衝上断層の下盤に分布する地層が, その後の侵食作用による上盤の部分的な消失によって地表に窓状に露出した場所. 最近ほとんど使われていない.　〈小松原 琢〉

チムニー　chimney　岩壁に鉛直に走っている割れ目, 岩溝で, 煙突を縦割りにしたような大きさと形をしたもの. 典型的なものは, 中に人が入って, 膝または足と背中を押しつけて登降できる. 小断層や節理に沿って形成される. ドイツ語のカミーン (Kamin) も使われる.　〈岩田修二〉

ちめい　地名　place name　地点, 地表の線状形態, あるいは地域につけられた固有の名称. 山地, 平野, 河川など自然地形を対象としたものは特に自然地名という. 地域に関しては, その地名が表す範囲が明確なもの（例：佐渡島）と必ずしも明確でないもの（例：紀伊半島）がある. 狭い範囲の地名, 特に小字名や谷・沢・池沼・山の名称は土地の自然的性質を反映していることがあり, 地形の読図に参考になることがある.　〈熊木洋太〉

ちもんがく　地文学　physiography　自然地理学*と同義の古い用語. かつて天地水人の思想で天文学, 水文学, 人文学と並列的に使用された. 現在の地形学だけを意味したこともある. 地球と他の天体との関係や気圏・水圏および地表面で生起する自然現象を研究対象とする科学の総称であったが, 諸科学が分科・独立したため, 現在では使用されない.　〈鈴木隆介〉

チャート　chert　SiO_2の含有量の高い（純粋なものでは95%以上）, 均質で硬い（硬度は7よりやや小さい）微粒の石英からなる堆積岩.　〈松倉公憲〉

チャートおね　チャート尾根　chert ridge　チャート*特に中・古生代のものは, 一般に硬岩でそれ

に互層する泥岩，粘板岩，砂岩などに比べて強抵抗性岩*である．そのため，山地での差別侵食*によってチャートの岩層の部分がしばしば周囲より顕著に突出した尾根を構成している（例：岐阜県金華山から日本ラインに続く急峻な尾根群）．そのような尾根をいう． 〈鈴木隆介〉

チャターマーク chatter mark ⇨衝撃痕

チャネル channel サンゴ礁の礁縁*，礁原*上を深く切る，幅が狭い水路で，surge channel ともよばれる．氷期の低海水準時の河川による下刻や，断層などに由来する．その存在は，礁湖*，礁池*内の海水の交換，流動パターンに影響を与える．
〈中井達郎〉

ちゅういだんきゅう 中位段丘 middle terrace ⇨高位段丘

ちゅういでいたんち 中位泥炭地 intermediate moor ⇨中間泥炭地

ちゅういどこうあつたい 中緯度高圧帯 middle latitude high pressure belt ⇨大気大循環

ちゅうえいようこ 中栄養湖 mesotrophic lake 貧栄養湖と富栄養湖の中間に属する湖（例：榛名湖，琵琶湖，山中湖）．OECD の基準では年平均値が，全リン濃度 $10\sim35\ \mathrm{mg/m^3}$，クロロフィル a 濃度 $2.5\sim8\ \mathrm{mg/m^3}$（最大値 $8\sim25\ \mathrm{mg/m^3}$），透明度 $3\sim6$ m（最小値 $1.5\sim3$ m）が用いられている．⇨湖沼の分類［栄養状態による］ 〈井上源喜〉

［文献］OECD（1982）*Eutrophication of Waters: Monitoring, Assessment and Control*, OECD Pub. Inform. Center, Paris.

ちゅうおうかいれい 中央海嶺 mid-ocean ridge, mid-ocean rise, spreading center マントル物質が地表にわき上がることによって新しい海洋プレートが形成される場所．海底下の大山脈として，北極海から大西洋の中央を南北に縦断し，アフリカの南側からインド洋に入り，さらにオーストラリアの南側から太平洋東部まで連続する．この一連の海嶺で生み出されたプレートによって，世界の主要な大洋が形成された．海嶺付近では地下温度が高く，密度が低いために地形的な盛り上がりとなっているが，海嶺から離れるに従って冷却して比重を増すため水深も大きくなる．海嶺では玄武岩質マグマの活動やそれに起因する熱水活動が活発で，金属鉱床が形成されている． ⇨縁辺海（縁海） 〈岡村行信〉

ちゅうおうかこうきゅう 中央火口丘 central cone カルデラや火口の内部に存在する火山体で，中央丘・後カルデラ火山とも．樽前火山の溶岩ドーム（樽前山）は火口内の例．カルデラ内のものはカルデラに比べて相対的に小型の成層火山・溶岩ドーム・火山砕屑丘などで，火山群をなすこともある．箱根・阿蘇のカルデラ内の火山群が例．古くから使われ定着している用語ではあるが，'中央'，'火口'，'丘'などは適切な語ではないので，カルデラ内火山（群）や後カルデラ火山（群）など適切な用語に改めた方がよい．なお，central cone という英用語も，英語文献ではほとんど使われていない．⇨後カルデラ火山 〈横山勝三〉

ちゅうおうきゅう 中央丘 central cone ⇨中央火口丘

ちゅうおうこうぞうせん 中央構造線 Median Tectonic Line 本州弧で最も主要な地質構造線で，西南日本のほぼ中央部を長さ 1,000 km 以上にわたって縦走する．Naumann（1885）が最初に提唱し，多くの研究が後に行われてきた．北西（内帯）側には，高温低圧型の領家変成岩類や花崗岩類が，南東（外帯）側には，低温高圧型の三波川結晶片岩類が分布し，全く異質の岩石が接する．最初の活動は中生代に遡るが，その後も何回かの運動様式が異なる活動を繰り返してきた．紀伊半島西部から四国にかけては，右横ずれの卓越した活動が第四紀以降，現在も繰り返しており，中央構造線活断層帯と認定されている．数多くのトレンチ掘削調査により，四国では約 400 年前頃に活動したが，紀伊水道以東では歴史時代の活動は知られていない．活断層の詳細位置は，産業技術総合研究所の「ストリップマップ」や，国土地理院の「都市圏活断層図」（どちらも縮尺 2 万 5,000 分 1）に図示されている． 〈岡田篤正〉

［文献］Naumann, H. E.（1885）*Über den Bau und die Entschthung Japanishen Inseln*, R. Friedländer & Sohn.

ちゅうおうたいせき 中央堆石 medial moraine ⇨モレーン

ちゅうおうちみつぶ 中央緻密部【溶岩の】 central massive part（of lava）, central pasty layer（of lava） 高温の連続粘性流体のマグマが火口から噴出・流下すると，その表面部と基底部は大気および地表に接触して急冷・固化するため，気孔に富み，かつ多数の不規則な形態の冷却割れ目が生じる．しかし，中央部は長時間にわたり高温と流動性を保ち，緩慢に冷却するため，固化の際に表面および基底面に対して垂直方向の柱状節理が生じるが，全体としては連続した，気孔の少ない緻密な岩体になる．これを中央緻密部とよぶ．円頂丘溶岩もほぼ同様である． ⇨溶岩流 〈鈴木隆介〉

ちゅうおうていちたい 中央低地帯 longitudi-

nal valley between inner arc and outer arc　二重弧の間を長く伸びる低地で，東北日本弧では北上川-阿武隈川に沿った低地列，西南日本弧では瀬戸内低地帯がこれに相当．チリの海岸山脈とアンデス山脈の中間の低地帯，北米西縁の海岸山脈とカスケード山脈やシェラネヴァダ山脈の間にある低地帯が典型的な事例．これに沿って，島弧中央断層が並走することもある．　⇨島弧，外弧，島弧中央断層
〈岡田篤正〉

ちゅうおうモレーン　中央モレーン　medial moraine　⇨モレーン

ちゅうおうりゅうけい　中央粒径　median diameter　⇨粒度分布

ちゅうかせん　中河川　medium (-sized) river　⇨河川の規模（表）

ちゅうかんおんたいりん　中間温帯林　intermediate-temperate forest　ブナなどの冷温帯落葉広葉樹林とシイやカシなどの常緑広葉樹が優占する暖温帯林の移行域に成立する森林．冷温帯広葉樹林の下限は温量指数*（暖かさの指数）85で規定されるのに対し，暖温帯林の上限は寒さの指数10で規定される．そのため，暖かさの指数が85以上であるにもかかわらず，寒さの指数が10以下である場合には，暖温帯性の常緑広葉樹林が成立しない．これらの地域には，モミやツガにコナラ，クリやシデ類が混じる植生がみられ，モミ-ツガ帯とよばれる．しかし，モミやツガが生育しない地方もあり，植生帯としての一様性，連続性，独自性を認めにくい部分も多い．　⇨冷温帯林，丘陵帯　〈若松伸彦〉

ちゅうかんがたしゅうきょくこうぞう　中間型褶曲構造　intermediate folding　変動帯の構造形態は，個々の構造の連続性に基づき連続型構造（極めて連続性のよい褶曲構造からなる）と不連続型構造（ドーム状構造のような孤立した構造からなる）を端成分として分類される．両者の中間に相当する，比較的短軸の褶曲構造の組み合わせからなる褶曲帯を中間型（褶曲）構造，それを形成する作用を中間型褶曲作用とよぶ．中間型褶曲構造には，グリーンタフ*地域などに多く発達する箱型褶曲や櫛形褶曲がある．　⇨連続型構造，不連続型構造　〈小松原 琢〉
［文献］垣見俊弘・加藤碵一（1994）「地質構造の解析―理論と実際―」，愛智出版．

ちゅうかんさんち　中間山地　intermediate massif　幅広い造山帯の内部において中央部に位置する地質構造の乱されていない地塊を指す．中間陸塊ともいわれる．Kober（1921）が，世界の地殻をKratogen（craton：クラトン，安定陸塊）とOrogenetische Zone（orogen：オロゲン，造山帯）に分け，さらにオロゲンをRandketten（marginal chains：縁辺山脈）とそれらに挟まれたZwischengebirge（intermediate massif, median massif：中間山地）に分けたときの構造単位の一つ．中間山地はクラトンからの圧縮によって形成されるオロゲンの内部において，地質構造が乱されていない中央部の地質帯を指し，形態上は中間盆地（inland basin）となっていることが多い．アルプス-ヒマラヤ造山帯における北側のカルパチア（カルパート）山脈と南側のディナルアルプス山脈に挟まれたハンガリー平原（ハンガリー盆地）や，北側のエルブールズ山脈と南側のザグロス山脈に挟まれたイラン高原などが有名．ロッキー山脈本体とシェラネヴァダ山脈に挟まれたグレートベーズンやコロラド高原も中間山地に相当する．辻村（1933）は，Orogenを起山体，Orogenetische Zoneを造山帯，Kratogenを起力体と訳している．なお日本語の中間山地は，平野と奥山の中間に位置する丘陵や山地を指し，里山*とほぼ同じ意味で使われることも多い．　⇨変動帯　〈大森博雄〉
［文献］辻村太郎（1933）「新考地形学」，第2巻，古今書院．/Kober, L.（1921）*Der Bau der Erde*, Gebrüder Borntraeger.

ちゅうかんしつげん　中間湿原　medotrophic moor　⇨湿原

ちゅうかんすいしんは　中間水深波　intermediate-depth-water wave　波長Lに対する水深hの比が1/2より小さく1/20より大きい波（$1/20 \leq h/L \leq 1/2$）をいう．波長，波速ともに周期と水深に関係する．水粒子は楕円軌道を描く．楕円の長径と短径は水深とともに小さくなり，水底では往復運動をする．
〈砂村継夫〉

ちゅうかんでいたんち　中間泥炭地　intermediate moor, transitional moor　泥炭地を，その地表面と地下水面との高低関係によって分類した場合の呼称の一つ．高位泥炭地*と低位泥炭地*の中間的なものをいい，地下水の変化によって高位泥炭地または低位泥炭地に移行する．中位泥炭地とも．スゲ泥炭と樹木泥炭で特徴づけられる．低位泥炭の厚さが増して水面を越えるほどになると，泥炭層の表面の水分が減少するので，ヌマガヤやワタスゲなどが優先する．　〈松倉公憲〉

ちゅうかんてきおうたんいち　中間適応単位地　adjustable unit area in middle stage of degradation of mountain　隆起準平原山地が主要河川および主要な支流によって数多くの小さな河間山地に分割さ

れたときのそれぞれの河間山地を指す．三野與吉（1942）は，山体は'適応単位'とよばれる時階ごとに固有の大きさの河間山地に解体されていくとし，初期適応単位地，中間適応単位地，限界適応単位地という河間山地の大きさの変化によって，山地地形の変化を説明した．中間適応単位地は，主要河川や構造線で区画された初期適応単位地（直径約20～30 kmの河間山地）が，主な支谷の発達によってさらに解体され，直径約2～5 kmの小山塊に細分されたときの河間山地を指す．広い谷底が発達し，裾野が緩傾斜で山頂に向かって急傾斜になる孤立山地が卓越するようになる．この緩傾斜山麓をもつ孤立山地は小奴可地形*ともよばれ，輪廻的には晩壮年期の地貌を示す．　⇨初期適応単位地　〈大森博雄〉

ちゅうかんりゅうしゅつ　中間流出 interflow　降水の一部は土壌中に浸透し地下水面に達する前に，透水性の高い腐植土や地盤の空隙中を斜面の傾斜に従って流れ，山腹や河岸から浸出して比較的短時間で川に流出する．この流れの現象，あるいはハイドログラフの主成分を中間流出という．　⇨ハイドログラフ，直接流出，表面流出　〈池田隆司〉

ちゅうかんりゅうどうけい　中間流動系 intermediate (groundwater) flow system　地下水流動系の規模に基づいた区分のうち，最も規模の大きい地域流動系と最も規模の小さい局地流動系の中間の規模を有する流動系．中間流動系の涵養域*と流出域*は，地域流動系の涵養域と流出域の間に位置する．また，これらは一つ以上の局地流動系により隔てられ，隣接しない．　⇨地下水流動系
〈佐倉保夫・宮越昭暢〉

ちゅうききゅうせっきじだい　中期旧石器時代 middle paleolithic period　旧石器時代における中間の段階で，ネアンデルタール人などが活躍した時代とされる．年代的には，30万年前頃から3万年前頃までの期間である．　〈朽津信明・有村　誠〉

ちゅうきこう　中気候 meso-climate　⇨気候のスケール

ちゅうきこうしんせい　中期更新世 Middle Pleistocene　慣用的に使用される用語であるが，正しくは更新世中期または中期更新期．この年代の地層である中部更新階の下底境界模式は2008年現在未設定．1969年国際第四紀学連合パリ大会でこの下底境界は古地磁気層序のブリュンヌ・松山境界付近とすると勧告されている．候補地はイタリア南部と日本の房総半島養老川セクションがあげられ，国際第四紀学連合層序委員会の作業部会で検討中．イタリアの候補地は2カ所あり，一つはValle di Mancheで，ここではカラブリア層中の砂質シルト中に挟在する火山灰Pitagora ash上面を候補にしている．もう一つの候補地はMontalbano Jonicoで，ここではカラブリア層中の暗色泥岩中に挟在する火山灰V1とV2の間．日本からの提案は千葉セクションとよばれ，養老川中流域の国本層中にある白尾火山灰層の下面で，候補の中では圧倒的に堆積速度が速い海成層中にある．　〈熊井久雄〉

［文献］Ogg, J. G. et al. (2008) *The Concise Geologic Time Scale*, Cambridge Univ. Press.

ちゅうきふくさんち　中起伏山地 moderate-relief mountain　⇨小起伏山地

ちゅうきぼかしょうけいたい　中規模河床形態 medium-scale bedform　⇨河床形態

ちゅうさ　中砂 medium sand　中粒砂に同じ．⇨粒径区分（表）　〈遠藤徳孝〉

ちゅうざん　中山 middle mountain　山頂の海抜高度が欧米・日本などでは500～2,000 m，中国では1,000～3,500 mで，起伏が1,000 m内外の山地を指す．中山性山地，中山山地ともいう．辻村（1923）は1,000 m内外の起伏をもつ山地を中連山地（中山）とし，谷密度が高く，急勾配の谷壁斜面と鋸歯状山稜の卓越する地形で，日本において最も多くみられる山地としている．ヨーロッパではPenck (1894)が，アルプス周辺地域に分布する海抜高度500～2,000 mの山地を中山とし，ヘルシニア造山運動によって形成された山地が長期間削剥された後，アルプス造山運動によって再び隆起した山地とされる．谷によって深く刻まれているが，河間山地には晩壮年期的な従順地形（準平原）が広がっており，海抜高度や起伏の大きさは日本の中山と類似しているが，地貌は大きく異なるとされる．Davis (1912)は侵食輪廻の晩壮年期の山地を中山とし，ヨーロッパの中山（河間山地の尾根部）の地貌を"中山の地形的特徴"としている．したがって，欧米人の中山の地貌のイメージは日本のような湿潤変動帯の中山の地貌と大きく異なるといわれる．なお英語のhighlandは，例えば松本盆地とその周辺地域一帯を中央高地（central highland）と表現するように，'山地，盆地，河谷のいかんにかかわらず，周辺地域（関東・中部の平野や海岸など）より高い地域'という意味で使われることが多い．　⇨中山形
〈大森博雄〉

［文献］辻村太郎 (1923)「地形学」，古今書院．／ Penck, A. (1894) *Morphologie der Erdoberfläche*, I, Ver. J. Engelhorn. ／

Davis, W. M.（1912）*Die erklärende Beschreibung der Landformen*, B. G. Teubner（水山高幸・守田 優 訳（1969）「地形の説明的記載」，大明堂）．

ちゅうざんけい　中山形　middle mountain landform　中山に特徴的な地形で，欧米では，谷は深いが河間山稜は比較的広く，山頂が従順地形になっている地形を指し，日本では，谷密度が高く，急勾配の谷壁斜面と鋸歯状山稜の卓越する地形を指す．中山地形，中山型ともいう．A. Penck（1894）は，ヨーロッパのアルプス周辺地域に分布する海抜高度500〜2,000 m の山地を中山とし，また，W. M. Davis（1912）は晩壮年期の山地を中山としている．したがって，欧米では，中山の多くは山頂が従順地形を示す．日本でも中国山地や阿武隈山地，北上山地などの隆起準平原山地で類似の地形をみるが，海抜高度500〜2,000 m で，1,000 m 前後の起伏をもつ山地に卓越する地形は，谷密度が高く，急勾配の谷壁斜面と鋸歯状山稜であるとされる．⇨中山
〈大森博雄〉

ちゅうざんさんち　中山山地　middle mountain ⇨中山

ちゅうざんちけい　中山地形　middle mountain landform　⇨中山形

ちゅうじくこく　中軸谷　rift valley　中央海嶺の中軸に沿って，海洋プレートが両側に移動するために形成される大規模な変動谷．大西洋中央海嶺では顕著であるが，東太平洋海膨では不明瞭である．海洋プレートの拡大速度に対してマグマ供給量が少ない場合に谷地形が顕著になり，マグマ供給量が大きい場合には谷地形が不明瞭になると考えられている．⇨中央海嶺
〈岡村行信〉

ちゅうじょうず　柱状図　geologic column　⇨地質柱状図，ボーリング柱状図

ちゅうじょうせつり　柱状節理　columnar joint　火成岩の冷却の仕方により体積が収縮し，鉛直の割れ目（節理）が発達する柱状の岩塊．六角柱状のものが一般的で多いが，五角柱状や四角柱状のものもみられる．兵庫県の玄武洞（玄武岩）や福井県の東尋坊（輝石安山岩）などが有名である．⇨節理
〈田中里志〉

ちゅうしんかく　中心核　core　P 波の速度が下部マントルより急に遅くなる不連続面が2,900 km 深（地球中心から3,400 km）にあり，地球中心からその面までの球状部分を中心核または核という．さらに中心核内で，地表から5,100 km 深付近にも弱い不連続面がみられ，そこを境に外側を外核，内側を内核とよぶ．外核は S 波が伝わらないことから液体，内核は S 波が伝わることから固体状態と考えられる．核の密度がマントルよりはるかに大きいことや，隕鉄との対比から，外核の成分は Fe を主体とした Fe-Ni 合金と考えられてきた．しかし，地球物理学的な観測をもとに推定された密度は，高温高圧実験から得られた Fe または Fe-Ni 合金より10％程度軽いので，何か他の軽元素が含まれていなければならない．現在まで，Si, S, O, C, H などが候補になっているが，結論は得られていない．軽元素の種類，含有量により融解温度がかなり異なるので，外核の温度推定は難しいが，核/マントル境界付近では純鉄の融点約3,000℃より低いと推測されている．外核の粘性は約1×10^{-3} Pa·s で，標準の水と同じ程度サラサラしていると推定される．電気伝導度は極めて高く，$10^5\sim10^6$ S/m と見積もられ，地磁気の生成域となっている．内核は，高温の液体状にあった核が徐々に熱をマントルに放出して冷却する過程で金属鉄が析出し，地球の中心に集まって形成されてきたと考えられる．つまり現在も内核は成長過程にあるといえる．外核/内核境界の温度の推定は難しく，方法により約4,500〜7,500℃と大きな幅がある．⇨地球の内部構造，外核内対流，ダイナモ理論
〈西田泰典〉

ちゅうしんかこう　中心火口　central crater　火山体の中央付近（通常は山頂部）にある火口．火山体のなかで最も主要な火口という意味で，側火口と区別するための用語．主火口ということもある．富士山の山頂火口が典型例．⇨山頂火口，側火口
〈横山勝三〉

ちゅうしんせい　中新世　Miocene（Epoch）　新第三紀（Neogene）を二分した古い方の長い Epoch（世）．2,303万年前から533万年前まで．中期以降グローバルな冷温化が知られる．日本の中新統は各地に海成，淡水成層や火山岩類が堆積した．太平洋側の海成層は中新世前期に付加して陸地になったが，間もなく新たな海進による地層に覆われた．日本海側（グリーンタフ*地域）は陸地で，デイサイト質火山活動が顕著だったが，約2,000万年前に短期間の海進があり，前期末（1,650万年前頃）の海進は大規模で，日本海が開き日本列島ができた．瀬戸内の海進もこの頃で，日本は多島海になったといわれる．中新世に形成された堆積岩と火成岩を総称して中新統という．
〈石田志朗〉

ちゅうしんとう　中新統　Miocene（series）　⇨中新世

ちゅうしんふんか　中心噴火　central eruption
火山体中央部の火口で起こる噴火．富士山で代表されるような外形が対称的な山体の場合は，山頂噴火とほぼ同意．線に沿って起こる割れ目噴火に対して，一地点（火口）で起こる噴火で，通常，噴火地点を中心に外形が点対称の山体を生じる．割れ目噴火の場合でも，噴火末期には中心噴火に移行することがある．⇨中心火口，山頂噴火，割れ目噴火
〈横山勝三〉

ちゅうすい　宙水　perched groundwater
宙水（ちゅうみず）の誤読　〈三宅紀治〉

ちゅうせいおんだんき　中世温暖期　Medieval warm　⇨後氷期

ちゅうせいかい　中生界　Mesozoic (erathem)　⇨中生代

ちゅうせいかいがんせん　中性海岸線　neutral shoreline　ジョンソン*（Johnson）による海岸線の分類の一つ．離水海岸線*・沈水海岸線*と並列する海岸線の分類で，一般的な離水・沈水の影響を直接受けないで形成された海岸線．この海岸線には，断層・火山・三角州・扇状地・氷河性海岸線など多種多様である．現実には世界の海岸線は海水準変動の影響を受けているので，海水準変動に無関係という意味で中性と表現することは現実的ではないといえる．この影響が相対的に少ない海岸に適用されることになるが，Glossary of Geology (5th ed.) では廃語と記されている．⇨海岸の分類　〈福本紘〉

［文献］Johnson, D. W. (1919) Shore Processes and Shoreline Development, Columbia Univ. Press (Facsimile ed., Hafner, 1965)./Neuendorf, K. K. E. et al. (2005): Glossary of Geology (5th ed.), American Geol. Inst.

ちゅうせいがん　中性岩　intermediate rock　⇨火成岩

ちゅうせいしすいぶんけい　中性子水分計　neutron moisture meter　土壌中の含水量を測定するのに用いられる計器で，高速中性子を放射する中性子源と，低速の熱中性子を捕らえる検出器とからなる．放射された高速中性子が，地層中の原子核と衝突，散乱を繰り返して運動エネルギーを失い低速の熱中性子に変わる．この散乱が著しく大きいのが水素原子との衝突で，土壌中の水素原子は大部分が水分子を構成しているため，熱中性子密度を測定することにより地層中の含水量を知ることができる．線源としてはアメリシウム-ベリリウム（^{241}Am-Be）やカリフォルニウム（^{252}Cf）を用い，検出器には通常，三フッ化ホウ素（BF_3）が詰められた比例計数管を用いる．計数率と含水量の較正曲線を求めておく必要がある．同様の原理で，孔井内の孔壁周辺地層の含水量を測定するのが中性子検層（neutron logging）で，中性子-中性子検層ともよばれる．
〈池田隆司〉

ちゅうせいだい　中生代　Mesozoic (Era)　顕生累代*を三分した第2番目で，古生代と新生代の間の地質年代であり，252.2 Ma から 66.0 Ma までの1億8,620万年間である．中生代は古いほうから三畳紀（トリアス紀）・ジュラ紀・白亜紀に三分される．古生代後期から存在したパンゲア超大陸は三畳紀末頃から分裂を開始し，白亜紀には現在の大陸配置の原型ができた．環太平洋域では，大陸プレート下への古太平洋プレートの沈み込み運動によって広域的に変動帯（火成・変成帯，褶曲山脈など）が形成された．地球環境的には中生代を通して全般的に温暖であり，海域で何度か無（低）酸素事件が起こった．中生代に形成された岩石を総称して中生界という．
〈八尾昭〉

ちゅうせきかせん　沖積河川　alluvial river　一般には，沖積平野や盆地底*を流れる河川で，洪水・氾濫などによって現在の氾濫原に土砂を堆積することのある河川を指す．鈴木（1998）は低地河川*のうち，河成堆積低地を流れる河川を沖積河川と定義しているが，「沖積」の語には河川の堆積作用の意味のほかに完新世にほぼ相当する「沖積世」の語と同様の時代的な意味があり，その意味がやや不明確になるおそれがあるため，沖積河川という語の使用を避けるとしている．　〈海津正倫〉

［文献］鈴木隆介（1998）「建設技術者のための地形図読図入門」，第2巻，古今書院．／山本晃一（1994）「沖積河川学」，山海堂．

ちゅうせきさよう　沖積作用　alluviation　沖積を意味する alluvial の語は，本来，ラテン語の alluo（流す）に語源をもつ alluviu（洪水）に由来し，流れによる堆積作用，特に河川の堆積作用を意味する．わが国では沖積の語に更新世末期から完新世にかけての時代に相当する「沖積世」の時代に形成されたという意味が加わって現在に至っており，沖積平野や海岸平野を構成する沖積層の語は，河川の堆積作用によって堆積したという意味ではなく，時代的な意味をもつ．なお，地形に対して河川の作用によってつくられたという意味をもたせる場合には河成の語を用いる．　〈海津正倫〉

［文献］海津正倫（1994）「沖積低地の古環境学」，古今書院．

ちゅうせきすい　沖積錐　alluvial cone　急勾配

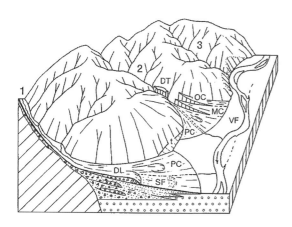

図 沖積錐の諸相（鈴木，2000）
PC・MC・OC：現成・中期・古期の沖積錐，DT：土石流段丘，DL：土石流堆，SF：土砂流原，VF：河成堆積低地，t：崖錐．1：沖積錐を伴う谷，2：沖積錐と土石流段丘を伴う谷，3：土石流は発生するが，本流の側刻のために谷口に沖積錐の発達しない谷．

の河谷の出口で，主として土石流の堆積がくり返されて形成された扇形の堆積地形（図）．土石流扇状地とも．普通の河成の扇状地より小規模で地表面の勾配が急である．Bull（1977）は，小さい錐で，勾配が20°以上としているが，末端の勾配が土石流の停止勾配の下限である4°程度以上となるような，より緩いものも沖積錐に含まれる．沖積錐の表面には土石流が堆積するときに形成される土石流堆*が広く分布する．実際には沖積錐上にも河流の掃流で運搬された砂礫の堆積，扇状地上の，特に扇頂付近には土石流堆がみられることもあるので，扇状地と沖積錐は漸移的である．また，崖錐のうちより緩傾斜のものと区別しにくい場合もある．山地の河谷底における，支流からの土石流による本流の谷底低地における沖積錐の発達の有無はその合流点の位置が穿入蛇行する本流の攻撃部か滑走部かによって異なり，前者ではほとんど発達しない．⇨扇状地，崖錐，土石流 〈島津 弘〉

[文献] Bull, W. B.（1977）The alluvial-fan environment : Progress Phys. Geogr., 1, 222-270. ／斉藤享治（1983）「日本の扇状地」，古今書院．／鈴木隆介（2000）「建設技術者のための地形図読図入門」，第3巻，古今書院．

ちゅうせきせい　沖積世 Alluvium ⇨完新世

ちゅうせきせん　沖積扇 alluvial fan ⇨扇状地

ちゅうせきせんじょうち　沖積扇状地 alluvial fan ⇨扇状地

ちゅうせきそう　沖積層 alluvium 河川の堆積作用で形成された地層を意味し，河床，氾濫原，低湿地，扇状地，三角州などをつくる未固結堆積物の総称．泥，砂，礫で構成される．沖積堆積物はほぼ同じ意味．従来，日本では完新世*の地層としての完新統と同義で用いられてきたが，現在では最終氷期最寒冷期（約18,000年前）以降の海進に伴って堆積した地層を指す．一般的な沖積層は，下位より基底礫層，下部砂層，中部泥層，上部砂層に分けられる．基底礫層は，最終氷期最寒冷期における海水準低下（現海面下80〜140 m）時につくられた河谷を充填するかたちで堆積した礫または砂礫層である．厳密には更新世末期の地層を含んでいる．下部砂層は，海水準の上昇に伴い河谷が沈水して溺れ谷*となった場所に堆積したものである．その下部は，河川の勾配が緩やかになることに伴って堆積し始めた陸成堆積物，上部は海進に伴う海成堆積物で特徴づけられる．中部泥層は，海成堆積物のシルトや泥で構成されており，貝殻片などを含むほか炭質物の濃集層を伴う．河谷が沈水して形成された内湾の堆積物である．軟弱な地層で，標準貫入試験によるN値*は0〜5が一般的である．上部砂層は，内湾環境が河川の堆積作用によって埋積されていく際に形成された地層である．その下部は，海成堆積物に由来する砂層であることが多いが，上部は河川由来の陸成堆積物で，砂のほかシルトや泥が混在する．海底・湖底下の堆積物については沖積層として扱わないことが多いが，最近では沿岸域の海底下に連続して分布する地層を沖積層とする例もある．

〈田中里志・三田村宗樹〉

ちゅうせきそうきていれきそう　沖積層基底礫層 basal gravel of alluvium 沖積層の最下部を構成する河床礫層．最終氷期最寒冷期（約18,000年前）に向かう海面の低下期に形成された河谷を充填するかたちで堆積した礫または砂礫層をいう．厳密には更新世末期に形成された地層である．晩氷期*の小規模な海面低下に伴って，沖積層中に形成された不整合面に堆積した砂礫層は完新世基底礫層とよばれる．⇨沖積層 〈田中里志〉

ちゅうせきたいせきぶつ　沖積堆積物 alluvial deposit ⇨沖積層

ちゅうせきだんきゅう　沖積段丘 alluvial terrace 狭義には現在の河川の堆積物が離水してできた平坦な地形面をもつ段丘．広義には，海岸低地やそれに連続する河谷を埋める最終氷期末以降の堆積物が，完新世における隆起による侵食基準面の低下や河川の掃流力増加に起因する河川の下刻などによって離水した段丘である．現在では，沖積世の語が

使用されず，完新世とよばれるので，完新世段丘とよぶのが正しい．その高度は現河床や氾濫原，汀線に比べ，一般に数 m 高い． 〈八木浩司〉

ちゅうせきていち 沖積低地 alluvial lowland ⇨沖積平野

ちゅうせきど 沖積土 alluvial soil 完新世（沖積世）に堆積した未固結水成母材から生成している土壌．低地土壌ともいう．主に河川によって運ばれた土砂（氾濫原土，フラッドローム）から生成し，層位分化の弱いものが多い．一般に肥沃土は高い．地下水位の低い方から褐色低地土，灰色低地土，グライ土が生成する．世界土壌照合基準（WRB, 2007）では Fluvisols に，米国の土壌分類（Soil Taxonomy, 1999）では Ochrepts や Fluvents などに相当する． ⇨土壌分類，水積土，地下水土壌型類 〈田中治夫〉

ちゅうせきはくそう 沖積薄層 veneer of alluvium, gravel veneer 侵食段丘面の基盤岩石の上に重なる，厚さ数 m 以内の薄い礫質の河川堆積物を指す．ベニアまたはベニア礫層とも．沖積（alluvial）は本来ラテン語の「洪水」に由来することから，この用語は完新世（かつて沖積世とよばれた）ばかりでなく，更新世（洪積世）の堆積物にも用いられた．そのため，堆積様式か堆積時代を示すのか混同しやすいので，「沖積薄層」は不適切な用語である．時代的な意味はなく，河川による運搬・堆積作用を示すものである．よって，単にベニア（veneer：薄板）とか礫薄層（gravel veneer）とよぶ方が明解である．海成侵食段丘の段丘礫層にも適用される．⇨段丘の内部構造（図） 〈小岩直人〉

ちゅうせきへいや 沖積平野 alluvial plain 河川の堆積作用によって形成された平野．河川が山間部から低地部に出ると河床勾配が緩やかになり，また，氾濫域が拡大して洪水時の水深が相対的に浅くなるため，掃流力が低下し，河川は運搬してきた土砂を堆積し沖積平野を形成する．沖積平野の地形は上流側から下流側に向けて扇状地，自然堤防や後背湿地に特徴づけられる氾濫原（蛇行原*），三角州に大きく分けることができるが，三角州は河川と海または湖の相互作用によって形成されるため，主として河川の作用によって形成された沖積平野の地形と区別する場合もある．沖積平野を構成する堆積物は河川の氾濫によって運搬され，堆積した非固結の砂礫，砂，シルト，粘土などよりなり，排水不良地などでは泥炭もみられる．臨海部における沖積平野の堆積物は最終氷期の海水準低下によって形成され

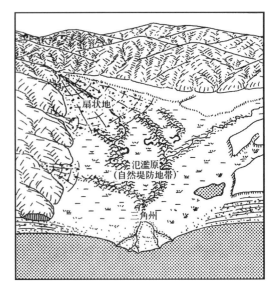

図 沖積平野の地形模式図（海津, 1994）

た谷を埋めて堆積しており，沖積平野の地形は完新世中期に海水準がほぼ現在の水準に達して以降，拡大していた入江や内湾を埋める形で完新世後期に顕著に拡大した．なお，英語圏やフランス語圏などでは，沖積平野という語が時代的な意味をもたない使われ方をしているが，明治初期にドイツ流の地質学を導入したわが国では，本来の河川の堆積作用によってつくられた平野の意味に第四紀を沖積世と洪積世に分けたときの沖積世につくられた平野の意味が加わり，台地と対で使用されることが多い．ただし，厳密には沖積平野のうち沖積段丘（完新世段丘）を除いた部分（低地）を沖積低地という．また，第四紀末期の最大海面低下期以降の堆積物を総称する場合には最上部更新統および完新統とせず，沖積層という用語が広く使われている． 〈海津正倫〉

[文献] 海津正倫（1994）「沖積低地の古環境学」，古今書院．

ちゅうぜつ（ちゅうだん）中絶（中断）【輪廻の】 interruption (of cycle) ⇨輪廻の中絶

ちゅうせっきじだい 中石器時代 mesolithic period 旧石器時代と新石器時代との間の時代として，いくつかの地域や研究者に採用されている考古学的時代区分の一つ．農耕が始まった紀元前1万年頃以降に，旧石器時代以来の狩猟採集生活を続けた定住民の文化を指すことが多い．〈朽津信明・有村　誠〉

ちゅうたにみつど 中谷密度 medium drainage density ⇨谷密度

ちゅうちけい 中地形 meso-landform ⇨地形

種の分類（表）

ちゅうとうちょう（い）ていせん　中等潮（位）汀線　mean-water shoreline　⇨汀線

ちゅうにゅうへんまがん　注入片麻岩　injection gneiss　源岩の片理や割れ目などに花崗岩質マグマが注入されて縞状構造が形成された片麻岩．
〈松倉公憲〉

ちゅうはいすいみつど　中排水密度　medium drainage density　⇨谷密度

ちゅうぶスウェーデンモレーン　中部スウェーデンモレーン　middle Swedish moraine　⇨スカンジナビア氷床

ちゅうぶちょくせんぶ　中部直線部【斜面の】　middle rectilinear segment　1単元の自然斜面の縦断形を斜面型で3区間に区分した場合の，縦断形の中部に位置する直線状の区間．⇨斜面要素の分類，斜面の寸法（図）
〈鶴飼貴昭〉

[文献] Suzuki, T. and Nakanishi, A. (1990) Rates of decline of fluvial terrace scarps in the Chichibu basin, Japan : Trans. Japan, Geomorph. Union, 11, 117-149.

ちゅうぶでいそう　中部泥層　middle mud bed　⇨沖積層

ちゅうみず　宙水　perched groundwater, perched water　主要な不圧帯水層（つまり地下水体）とは別にその上部の地表面との間に形成される局部的な地下水体（不圧地下水）をいう．不飽和帯＊の中に粘土層やシルト層などの透水性の低い層が局部的に存在すれば，この層の上部に宙水が形成されやすい．局部的な存在で主要な地下水体（本水）とは不連続であるため，無降水状態が続けば存在しなくなることもある．「ちゅうすい」は誤読．⇨本水
〈三宅紀治〉

ちゅうれき　中礫　pebble　⇨粒径区分（表）

ちょうい　潮位　tide level　風波やうねりなどの短周期海面変動を除去して得られた，おおよそ1時間以上の長周期の海面昇降の高さ．潮高（tidal height）ともいう．潮位を1日で平均したものを日平均海面（daily mean sea level）もしくは日平均水面，1カ月平均したものを月平均海面（monthly mean sea level），さらに1年間平均したものを年平均海面（annual mean sea level）といい，おおよそ5年以上の平均を行って基準面などに採用したものを永年平均海面（permanent mean sea level）という．標高に使われる東京湾平均海面（T.P.：Tokyo Peil）は，東京湾霊岸島における験潮を基に設定された永年平均海面である．海水準とは，地形学・地質学で使われる海面水位で，おおよそ10年から100年以上の平均海面の高さを指す．⇨潮汐観測
〈小田巻実〉

ちょういひょう　潮位表　tide table　⇨潮汐表

ちょうえんきせいがん　超塩基性岩　ultramafic rock　化学組成の上ではSiO_2含有量が45 wt%以下の火成岩．かんらん岩や斜長岩など．多くの場合は，かんらん岩，輝石，角閃石など苦鉄質鉱物のみを主成分とする．しかし，輝石を主成分とする輝岩（SiO_2量：45～58 wt%）は超苦鉄質岩ではあるが，超塩基性岩ではない．また，斜長岩は超塩基性岩だが，超苦鉄質岩には分類されない．
〈太田岳洋〉

ちょうかい　潮解　deliquescence　物質が大気中の水蒸気を取り込んで水溶液となる現象．物質表面にある飽和水溶液の蒸気圧が，大気中の水蒸気圧より小さいときに生じる．水酸化ナトリウム，塩化マグネシウム，塩化カルシウムなどでこの性質が著しい．⇨風解
〈藁谷哲也〉

ちょうかいどうきょり　超過移動距離　excessive travel distance　⇨等価摩擦係数

ちょうかたい　潮下帯　subtidal zone　潮差＊のある海岸において潮位を基に垂直方向に3つに区分した帯域の一つ．平均低潮位＊より下にある水面下の領域を指すが，その下限は定義されていない．平均高潮位＊より上の領域を潮上帯＊，この潮位と平均低潮位の間の領域を潮間帯＊という．〈砂村継夫〉

ちょうかんず　鳥瞰図　bird's-eye view map　あたかも飛行中の鳥が地表を眺めるときのように，地表の姿を斜め上の視点から描いた図．地形を直感的にわかりやすく示すことができる．最近ではDEM＊から任意の方向から見た地形の鳥瞰図を作成できるソフトウェアが普及している．〈熊木洋太〉

ちょうかんたい　潮間帯　intertidal zone　平均低潮位＊と平均高潮位＊の間に位置する領域．周期的に水面上と水面下の環境が繰り返される．⇨潮上帯，潮下帯
〈砂村継夫〉

ちょうかんたいはしょくだな（ほう）　潮間帯波食棚　intertidal shore platform　⇨海食台

ちょうかんたいベンチ　潮間帯ベンチ　intertidal shore platform　⇨海食台

ちょうこう　潮高　tidal height　⇨潮位

ちょうこう　潮口　tidal inlet　⇨潮流口

ちょうこうたにみつど　超高谷密度　extremely high drainage density　⇨谷密度（図）

ちょうこうはいすいみつど　超高排水密度　extremely high drainage density　⇨谷密度

ちょうこく　跳谷　ramp valley　⇨ランプバレー

ちょうさ　潮差　tide range　1日の高潮と低潮の潮位の差．1日のうちで潮汐によって海面が上下する高低差の目安となる．大潮時の潮差を大潮差，小潮時の潮差を小潮差といい，平均的にはそれぞれ潮汐の主要分潮のM_2潮とS_2潮の振幅の和の2倍，M_2潮とS_2潮の振幅の差の2倍となる．　⇨潮汐
〈小田巻　実〉

ちょうしじょうさんかくす　鳥趾状三角州　birdfoot（type）delta, digitate delta, lobate delta　水域の沿岸漂砂が弱く，河川から相対的に多量の堆積物が供給されることによって形成され，鶏の足指のように枝分かれして伸びる多数の半島が集まった平面形をもつ三角州．鳥足状三角州・分岐三角州とも．ミシシッピ川デルタが典型的なものとして知られている．わが国では北海道の網走湖と湧洞沼の湖岸の三角州が好例．　⇨三角州の分類（図）
〈海津正倫〉

ちょうじひょう　潮時表　tide table　⇨潮汐表

ちょうしゅうきは　長周期波　long-period wave　周期約30 sec以上の水面変動の総称で，サーフビート*，港や湾あるいは湖の振動（⇨静振），高潮*，津波*，潮汐*を含む．
〈砂村継夫〉

ちょうじょう　頂上【山の】　summit　⇨山頂

ちょうじょうたい　潮上帯　supratidal zone　潮差*のある海岸において潮位を基に垂直方向に三つに区分した帯域の一つ．平均高潮位*より上の領域をいう．その上限は，砂浜海岸においては荒天時の波浪の遡上最高高度，岩石海岸においては暴浪の飛沫到達高度が目安となる．平均低潮位*より下の領域を潮下帯*，この潮位と平均高潮位の間の領域を潮間帯*という．
〈砂村継夫〉

ちょうすい　跳水　hydraulic jump　開水路の流れが射流*から常流*に変化する場所で生じる急激な水位上昇．上流側が射流のため下流側の常流の水面変動は伝わらず，エネルギー差を調節するため激しい渦を伴った不連続な水面上昇が生じる．
〈宇多高明〉

ちょうせき　潮汐　tide　天体（月ならびに太陽）の運行に起因する海面の規則的な昇降．潮汐を引き起こす力（潮汐力あるいは起潮力）は，共通重心を回る公転運動の遠心力（軌跡が同じなのでどこでも同じ大きさ）と万有引力（相手の天体に近いところは大きく，遠いところは小さい）の差で，天体に面したところでは天体の方向に引き，その反対側では遠ざかる方向に引き出すような力である．潮汐力にバランスした海面は，天体に面した所とその反対側が膨らみラグビーボールのような回転楕円体となり，この海面もしくはこの海面によって生ずる潮汐のことを平衡潮汐（equilibrium tide）という．月もしくは太陽の平衡潮汐が，各天体に対する相対的な地球の自転により太陰日もしくは太陽日で地球を一巡するので，1日に2回の高潮（満潮：潮位の高い状態）と低潮（干潮：潮位の低い状態）が生じ，さらに各天体の公転面に対し地球の自転軸は傾いているため，1日1回の潮汐周期成分が生じる．各天体の潮汐を周期成分に分けたものを分潮という．振幅の大きい主要分潮は，M_2（主太陰半日周潮：12時間25分周期），S_2（主太陽半日周潮：12時間），K_1（日月合成日周潮：23時間56分），O_1（主太陰日周潮：25時間49分）の4つである．海洋潮汐は潮汐力に応答して海水が動く流体現象なので，実際に起こる潮汐周期は，もとの分潮と同じか，その組み合わせである．潮汐を観測して周期分解を行い，各分潮の振幅と遅れ角（調和定数という）を求めることを調和分析といい，その地点の調和定数がわかれば，天体の運行から潮汐を予報することができる．例えば，月が朔や望の頃は月と太陽が地球に対して同方向に並ぶため，それぞれの平衡潮汐が重なり，分潮ではM_2とS_2の位相が重なるため，潮汐が大きくなって大潮（spring tide）となる．上弦や下弦の頃は，月と太陽は地球に対して直角方向に並ぶため，それぞれの平衡潮汐が打ち消し合い，分潮ではM_2とS_2の位相が180°ずれて打ち消しあうため，潮汐が小さくなって小潮（neap tide）となる．さらに公転によって月や太陽の位置が南北に変化するため，回帰潮（tropical tide）・分点潮（equinoctial tide）とよばれる変化が生じる．回帰潮の頃は，天体が南北の回帰線付近にあり，平衡潮汐が地球の自転軸に対する傾斜が大きくなるため，1日のうちの2回の高潮もしくは低潮どうしの差，日潮不等（diurnal inequality），が大きくなり，甚だしいときには1日に1回の高潮・低潮（1日1回潮）となる．分点潮の頃は，天体が赤道上にあり，平衡潮汐が自転軸に対し対称になるため，日潮不等は小さくなって1日2回の高潮・低潮はそれぞれほぼ等しくなる．
〈小田巻　実〉

ちょうせき　長石　feldspar　鉱物の科名の一つで，テクト珪酸塩に属する．一般式は$M Al(Al, Si)_3 O_8$；（M＝Na, Ca, K, Ba, Rb, Sr）．地殻に最も多い鉱物であり，全体の60％を占める．火成岩，変成岩，

堆積岩すべてに分布する．多くは無色〜白色，透明〜半透明，モース硬度6．灰長石と曹長石の系にあるものを斜長石，カリ長石と曹長石の系にあるものをアルカリ長石という．カリ長石にはサニディンや正長石，微斜長石がある．　　　　　　〈長瀬敏郎〉

ちょうせきかんそく　潮汐観測　tidal observation　潮汐を観測すること．験潮・検潮ともいう．常設の験潮所（場）では，風波*やうねり*の影響を避けるため岸壁から導水管で験潮井戸に引きこんだ海水にフロートを浮かべ，その上下を験潮器（⇨験潮儀）で記録する．験潮曲線（tidal curve）から毎正時の潮位ならびに高・低潮の時刻と高さを読み，ひと月ごとに整理したものを験潮記録（tidal record）といい，これが潮汐観測の基本データとなる．正確な験潮記録を得るためには，時刻と高さの基準が維持されていることが肝要で，そのため験潮場には必ず基準点および標識が設置され，験潮記録との関係が定期的にチェックされている．さらに標識は定期的に最寄りの水準路線と関係づけられており，験潮器や験潮場が壊れたりした場合でも，記録の連続性を保つことができるようになっている．⇨潮位　　　　　　　　　　　　　〈小田巻　実〉

ちょうせききじゅんめん　潮汐基準面　tidal datum　潮汐による海面昇降の基準となる面．平均水面や低潮面，高潮面などがある．海図の水深の基準面（datum level）は，通常の状態で常に船底が底触しないことが必要条件になるので，潮汐を考慮した最低水面を採用している．実際の最低水面は，潮汐観測を行って平均水面や各分潮の調和定数（⇨潮汐）を算出，季節変化などを考慮の上，計算して求める．日本では，現在のところ，平均水面（MSL, Mean Sea Level）に主要4分潮の振幅和分だけ下に取った略最低低潮面（Nearly Lowest Low Water, MSL－(M_2＋S_2＋K_1＋O_1)）に採ることが多いが，近年では，月の運行を考慮して19年間の潮汐推算を行い，その最低潮位（天文最低潮位 LAT, Lowest Astronomical Tide）を採用することが国際的に勧告されている．海図の陸上物標の高さは平均水面が，架空線や橋げたの高さは最高水面が基準となっている．最高水面は，最低水面と同じく，現在のところ略最高高潮面（Nearly Highest High Water）に採ることが多いが，近年では天文最高潮位（HAT, Highest Astronomical Tide）が勧告されている．平均水面は，海流や潮汐などの違いを考慮して海域ごとに基準験潮所での長期間の観測をもとに5年以上の永年平均水面（⇨潮位）として決定されている．標高の基準面である東京湾平均海面 T.P.（以前は東京湾中等潮位とよばれていた）とは異なる．最低水面から平均水面までの高さは，水深0mから高さ0mまでの距離という意味で，慣用的に Z_0（ゼットゼロ）と表される．海図には，潮汐の大きさを表すため，基準面上の平均水面の高さ（MSL（Z_0））のほか，平均高高潮（1日に2回ある高潮のうち高い高潮の平均）や平均低低潮（低い低潮の平均）などが掲載されている．　　　　　　〈小田巻　実〉

ちょうせきさんかくす　潮汐三角州　tidal delta　⇨潮流三角州

ちょうせきしっち　潮汐湿地　tidal marsh　海面の高さにほぼ等しい潟湖内の湿地．潟湖の全部または一部が埋め立てられて生ずる．海水の影響の強弱によって塩性沼沢と汽水沼沢に分けられる．汽水沼沢には湿地性植物が生育し，かつ地下水面が浅いために植物の遺骸が十分に分解されないので泥炭地が分布する．⇨潟湖　　　　　〈武田一郎〉

ちょうせきていち　潮汐低地　tidal flat　⇨干潟

ちょうせきは　潮汐波　tidal wave　潮汐力（⇨潮汐）に応じて海洋中に生じた同じ周期をもつ波動．潮汐波は分潮ごとに解析される．半日周潮や1日周潮の潮汐波は，幅の広い大洋中では，地球自転の効果により北半球では岸を右に，南半球では左にみて進行する回転性の進行波となる．同時潮図（cotidal chart）は，同時刻に高潮になる場所を示しており，同時潮線（cotidal line，等潮時線）をたどることにより潮汐波の進行をみることができる．　　　　　　　　　　　　　　〈小田巻　実〉

[文献] 国立天文台（編）(2014)「理科年表」, 丸善.

ちょうせきひょう　潮汐表　tide table　各港の潮汐推算値（高潮・低潮の時刻と潮位）を一覧表に並べたもの．潮汐表の潮位の基準面は海図の水深の基準面（⇨潮汐基準面）と同じになっており，水深の値に潮位を加えることで，そのときの海面から海底までの深さがわかるようになっている．公式の潮汐表は，海図と同じく，海上保安庁から毎年刊行・公表されている．潮位表・潮時表等は，潮汐表と区別するために付けられた潮汐情報の名称で，海図水深との関係は保証されていない．　〈小田巻　実〉

ちょうせきへいや　潮汐平野　tidal flat　⇨干潟

ちょうそくじょうさんかくす　鳥足状三角州　digitate（birdfoot）delta　⇨三角州の分類，鳥趾状三角州

ちょうちそう　頂置層　topset bed　⇨三角州堆

積物

ちょうちめん　頂置面　topset surface　⇨三角州

ちょうつがいだんそう　蝶番断層　hinge fault　断層の縦ずれ変位量が断層の両端の一方から他方に増加または減小している断層．回転断層（rotational fault），挟型断層（scissor fault）とも．〈鈴木隆介〉

ちょうどう　跳動　saltation　⇨躍動

ちょうにゅうかせん　潮入河川　tidal river　感潮河川のうち，特に潮汐の影響で塩分濃度の変化を生じるような区間をいう．淡水と海水が存在することにより，高い生物多様性を示す領域である．潮入川（しおいりがわ）ともよばれる．この区間の上流限界は潮入限界（しおいりげんかい）とよばれ，感潮限界（潮汐によって水位や流速が変化する上流の限界）よりもかなり下流に位置し，潮汐振幅や河道の勾配や形状で決まる．⇨感潮限界（図）〈中山恵介〉

ちょうは　長波　long wave　波長 L が水深 h の20倍よりも大きい波（$h/L \leq 1/20$）をいう．極浅海波ともよばれる．波長は周期と水深，波速 v は水深 h のみで決まる（$v=\sqrt{gh}$, g：重力の加速度）．水面の水粒子は楕円軌道を描く．水深とともに楕円の短径は減少するが，楕円の長径は一定であるため，水底での水粒子は長径と等しい距離を往復運動する．高潮・津波・潮汐などは長波の領域に入る．〈砂村継夫〉

ちょうはほうしゃ　長波放射　longwave radiation　気象学では地球放射と同義で，ほぼ3〜100 μm の波長をもつ電磁波をいう．⇨赤外放射〈森島　済〉

ちょうびちけい　超微地形　ultra-micro-landform　⇨地形種の分類（表）

ちょうびるいかせき　長鼻類化石　Proboscidean fossil　長鼻類は古第三紀にアフリカに起源し，新第三紀〜第四紀には，南極大陸とオーストラリア大陸を除く，広い地域に分布した．ゾウ化石とも．現生種はアジアゾウ（*Elephas maximus*）とアフリカゾウ（*Loxodonta africana*）の2種のみであるが，化石種は世界各地から100種以上が知られている．日本の新生代の地層からも，十数種の長鼻類の歯，牙，骨格の化石が産出し，種の変遷が明らかにされている．特に鮮新-更新統では，詳細な火山灰層序と組み合わせて，生層序区分がなされ，地層対比に重要な役割をはたしている．中でもナウマンゾウ（*Palaeoloxodon naumanni*）は，日本で見つかる長鼻類化石のなかでは，産地数・産出個体数ともに最も多い．約30〜2万年前の地層から化石が発見されており，約43万年前の氷期最寒冷期の低海水準期に形成された陸橋を経て，中国北部から移入したと推定されている．化石産地は北海道から九州におよび，瀬戸内海の海底からは数千個の化石が底引き網により引き上げられている．マンモス（*Mammuthus primigenius*）は，北海道とその近海で4.5〜2万年前の臼歯化石が発見されており，サハリン経由で移入したと考えられる．近年，各地の鮮新〜更新統から長鼻類の足跡化石群が発見され，古生態学的な研究がなされている．〈塚腰　実〉

[文献] 樽野博幸（1999）日本列島の鮮新統および中・下部更新統産長鼻類化石の産出層準：地球科学，53, 258-264.

ちょうぶおうち　頂部凹地　depression on the top of monogenetic landform　地すべり堆（例：青森県十二湖）や溶岩ドーム（例：東京都神津島天上山）などの単成の定着地形の頂部に生じた凹地．湖沼・湿地を伴うことがある．〈鈴木隆介〉

ちょうぶおうとつがたじすべり　頂部凹凸型地すべり　landslide of head-rugged mound type　地すべり堆の頂部と頭部に凹凸の多い地すべり地形　⇨地すべり地形の形態的分類（図）〈鈴木隆介〉

[文献] 鈴木隆介（2000）「建設技術者のための地形図読図入門」，第3巻，古今書院．

ちょうふくは　重複波　clapotis　定常波*と同じ．海岸工学用語．〈砂村継夫〉

ちょうぶとつけいぶ　頂部凸形部【斜面の】　crestal convex segment　1単元の自然斜面の縦断形を斜面型で3区間に区分した場合の，縦断形の頂部に位置する凸形の区間．⇨斜面要素の分類，斜面の寸法（図）〈鶴飼貴昭〉

[文献] Suzuki, T. and Nakanishi, A. (1990) Rates of decline of fluvial terrace scarps in the Chichibu basin, Japan: Trans. Japan. Geomorph. Union, 11, 117-149.

ちょうやく　跳躍【河床物質の】　saltation　河川における掃流土砂*の輸送形態の一つ．河床面を構成する砂粒が流水の作用により河床から跳び上がり，ある距離水中を流下して河床に落下し，ある時間そこに留まり，再び跳び上がるという運動を繰り返して下流に移動するような現象をいう．〈中津川　誠〉

ちょうやく　跳躍【落石の】　jumping, bouncing　⇨落石，崖錐（図）

ちょうりゅう　潮流　tidal current　潮汐に起因する水平方向の流れ．潮汐波の進行や定常振動に伴うもののほか，二つの海をつなぐ水道などでは，両

側の潮汐の違いによって強い潮流が発生することがある．紀伊水道と播磨灘の潮時がほぼ逆の鳴門海峡や，響灘に比べて周防灘の振幅が著しく大きい関門海峡は，この例である．東シナ海など幅広の海では，流速は変化せず，流向が北半球では時計方向に，南半球では反時計方向に回転する回転潮流（rotary tidal current）がみられる．内海・内湾では，流れる方向は地形によって決まるため流速だけが周期的に変化する往復潮流（rectilinear tidal current）となる傾向が強い． 〈小田巻 実〉

ちょうりゅうかせん　頂流河川　crest stream　接峰面*の最大傾斜方向ではなく，大局的には接峰面の示す尾根に沿って流れている河川（例：浜松市の草木川最上流部）．その谷を頂流谷とよぶ．大規模な例はないが，山頂小起伏面を河川が下刻した地区にある．⇨対接峰面異常（図） 〈鈴木隆介〉

ちょうりゅうこう　潮流口　tidal inlet　ラグーン*と外海とが連絡する狭い水路．潮口ともよばれる．まだ完全にラグーンを閉じていない沿岸州や砂嘴の先端部と対岸の間の開口部にあたる．一つのラグーンに1カ所ないしは数カ所あり，そこには潮の干満にともなって満潮時には外海から流入，干潮時には流出するような潮流が発生する．⇨砂浜海岸（図） 〈武田一郎〉

ちょうりゅうさんかくす　潮流三角州　tidal delta　ラグーン*と外海を結ぶ潮流口*付近に形成される水面下の堆積地形．潮汐三角州ともよばれる．潮の干満にともなう潮流は潮流口から離れると拡散して急激に衰えるので，その流れによって運ばれてきた土砂がすみやかに堆積して潮流口を頂点とする扇型の三角州をつくる．ラグーン側と外海側の両側に形成されるが，ラグーン側がより顕著なものとなる． 〈武田一郎〉

ちょうろう　潮浪　tidal wave　潮汐波*と同じ．なお，強い潮流によってできる海面の波は潮波（しおなみ：current wave）という． 〈小田巻 実〉

ちょうわがたこしょう　調和型湖沼　harmonic type lake　⇨湖沼の分類［栄養状態による］

ちょうわこ　調和湖　harmonic type lake　⇨湖沼の分類［栄養状態による］

ちょうわぶんせき　調和分析　harmonic analysis　⇨潮汐

チョーク　chalk　多孔質，細粒で強度の小さい白色石灰岩．コッコリス（円石藻類）などの石灰質プランクトン遺骸でつくられている．イングランド南部のチョーク層は白亜紀のものであり，アルプス造山運動で緩く褶曲をしたためケスタ*をなしている．イギリス海峡沿いの海岸では海食崖をつくり，その後退速度は約50 cm/yと大きく，海食崖の前面には海食台が形成されている． 〈松倉公憲〉

チョーレイ　Chorley, Richard J. (1927-2002)　イングランド生まれ．コロンビア大学に大学院生として留学・ブラウン大学などを経て帰国．その後ケンブリッジ大学教授．コロンビア大学では，シャム*（S. A. Schumm）やメルトン（M. Melton）とともに，地質学教室のストレーラー*（A. N. Strahler）の指導を受けた．そして地形変化に対する数量的研究をケンブリッジ大学に導入した．すなわち，それまで支配的であったデービスの侵食輪廻説を否定して，一般システム論と数量的モデル化を基礎に置く，数量的手法によって地形研究を行うべきことを主張した．同大学の同僚ルイ（W. V. Lewis）とストダート（D. R. Stoddart）とともに英語圏の地形学・自然地理学に多大な影響を与えた．シャム（S. A. Schumm）とサグテン（D. E. Sugden）との3名の共著 *Geomorphology*（1984）は地形学の教科書として世界中で広く読まれた． 〈野上道男〉

[文献] Chorley, R. J. (1962) Geomorphology and general systems theory, USGS Prof. Paper 500-B.

ちょくせつせんだんしけん　直接剪断試験　direct shear test　⇨一面剪断試験

ちょくせつりゅうしゅつ　直接流出　direct runoff　地表に達した降水が，地表面や地表付近を斜面にしたがって流れ直接河川や水路に流出すること．直接流出は表面流出*と中間流出*とからなる．表面流出は，薄層の表面流である地表流と，降水後に一時的にみられる水みち流があり，降雨強度が地表面の浸潤能を超えたときに生じる．中間流出は，透水性のよい表層の土壌中へ浸透した水が，土壌中を側方へ不飽和流または水みち流として流れ，河道付近で地表面に流出するものである．流量ハイドログラフにおいて，降水の流出は直接流出と地下水流出（基底流出*）の成分に分けられるが，源流域における水文観測からパイプ流や地表面下の浅層部を通過する地中洪水流（subsurface storm flow）が知られており，地下水流出の早期の流出成分も直接流出に区分されるようになった．⇨ハイドログラフ 〈池田隆司・宮越昭暢〉

[文献] Kirkby, M. J. ed. (1978) *Hillslope Hydrology*, John Wiley & Sons.

ちょくせんこく　直線谷　rectilinear valley　長さ数百m以上にわたって直線的に伸びる河谷．断

層谷*や断層線谷*の場合が多いが，穿入蛇行している河谷の一部が岩石制約による差別侵食*によって直線状になっている場合もある．⇨直走部
〈鈴木隆介〉

ちょくせんしゃめん　直線斜面　straight slope, straight segment　縦断形が直線の斜面．高所から低所まで傾斜角が一定の斜面のうち，平面時は平行な等高線で示されるものを平行斜面という．等斉斜面（rectilinear slope）ともいう．谷壁斜面の中〜下部に形成されていることが多く，表層崩壊や落石，岩盤（岩石）すべりなど速度の大きいマスムーブメントが主要な斜面プロセスとされる．段丘面や段丘崖，ケスタ背面，ケスタ崖にも長い直線斜面が存在する．⇨斜面型（図）
〈若月　強〉

ちょくせんじょうさんかす　直線状三角州　rectilinear delta　分岐流路などの三角州の特徴をもつが，著しい沿岸漂砂のために海岸線が直線状のもの（例：十勝川三角州）．⇨三角州の分類（図）
〈海津正倫〉

[文献] 鈴木隆介（1998）「建設技術者のための地形図読図入門」．第2巻，古今書院．

ちょくせんじょうさんりょう　直線状山稜　rectilinear ridge line　尾根線の傾斜がほぼ一定で直線をなす山稜．壮年期的な侵食階梯の山地・丘陵に普通にある．⇨尾根の縦断形（図）
〈鈴木隆介〉

ちょくせんじょうりゅうろ　直線状流路　straight channel　直線的な自然河川*の流路．短い区間でみれば直線状の流路は多くあるものの，河道幅の7〜10倍以上の距離にわたって直線的にのびる河川は稀である．日本では北海道天塩川の最下流部の約6.7 kmが水面幅（200〜300 m）の20〜30倍で，好例とされる．直線状流路は，河川の屈曲度*が1.1未満の流路で，河床勾配が1/10,000より緩く，浮遊・溶流物質が卓越する．河道が直線であっても，流れの澪筋は右岸側・左岸側と流路内で蛇行し，瀬と淵が生じて泥からなる寄州を形成することがある．これらの交互州は下流に移動する．また流れに平行する列状の州が河道内に堆積し，それらが植生に覆われ安定した平行分岐流路を示すこともある．
〈小玉芳敬〉

ちょくそうしゃめん　直走斜面【蛇行河川の】　slope facing rectilinear section（of meander）　穿入蛇行の直走部の両岸の谷壁斜面で，その地質が均質ならば両岸が対称的な断面を示す．⇨直走部［蛇行の］（図）
〈鈴木隆介〉

ちょくそうぶ　直走部【蛇行の】　rectilinear section（of meander）　穿入蛇行をしている地域の蛇行流路の一部が数百 m〜数 kmにわたってほぼ直線になっている区間をいう（例：広島県三次市，江の川の式敷大橋から上流約4 km）．断層線や顕著な節理に沿う場合（直線谷）が多いが，非対称谷にも直線部が生じることもある．⇨直線谷
〈鈴木隆介〉

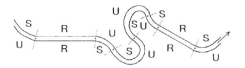

図　穿入蛇行の攻撃部（U），滑走部（S）および直走部（R）
（鈴木，2000）
流路内の黒点は流向の転向点で，そこを通る点線が各部の境界である．

[文献] 鈴木隆介（2000）「建設技術者のための地形図読図入門」．第3巻，古今書院．

ちょくりつしゅうきょく　直立褶曲　vertical fold　⇨褶曲構造の分類（図）

ちょすいち　貯水池　reservoir　水を貯留する目的で建造されたため池*や人工湖*などのほかに，古くからの皿池（⇨ため池）や近年計画的に築造される調整池なども含まれる．灌漑用，工業用，都市用，発電用，洪水調整用などのほかに，近年では環境やリクレーション施設などとして活用される場合が多くみられる．
〈河端俊典〉

ちょっかがたじしん　直下型地震　intraplate earthquake, near-field earthquake　直下の意味が用法により異なり，また，地震のメカニズムも定義されていないので，地震学の学術用語ではない．都市の被害や防災を議論するときなどに，啓蒙的な意味で都市直下型地震などといった用語がマスコミなどで広く使用される便宜的な用語．1891年濃尾地震や1995年兵庫県南部地震のように，都市に近接して地表から約20 kmまでの深さに分布する活断層の活動による甚大な被害を伴う地震．内陸地殻内地震の意味で用いることもある．また，宮城県沖地震や'想定'東海地震のようなプレート境界型地震でも，震源域の一部が陸域にまで入り込んでいることから使用されるが，この用語の利用法については議論がある．
〈隈元　崇〉

[文献] 日本地震学会（2002）「広報誌：なゐふる」．第31号，8．

ちょっかくごうりゅう　直角合流　right-angled confluence　⇨合流形態（図）

ちょっかくじょうかけい　直角状河系　rectangular drainage pattern ⇨河系模様（図）

ちょっかくじょうはいすいけい　直角状排水系 rectangular drainage pattern ⇨河系模様（図）

ちょっこうさきゅう　直交砂丘 cross dune 海岸線にほぼ直交する砂丘で，放物線型砂丘*や縦列砂丘*がこれにあたる．砂漠では縦列砂丘どうし，あるいは別の形態の砂丘と交差してできた砂丘を指し，それぞれの交差点には高い砂丘が形成されることが多い． 〈成瀬敏郎〉

ちょりゅうけいすう　貯留係数 storativity, coefficient of storage, storage coefficient　ある帯水層において，帯水層の単位面積あたりの単位の水頭変化によって排水されるか，あるいは取り込まれる水の容積であり，次元は無次元である．また，帯水層の単位体積を考えて，単位の水頭低下させたとき排出される水量を比貯留率（比貯留係数とも）という（次元は $[L^{-1}]$）．比貯留率に帯水層の厚さを乗じると貯留係数となる．被圧帯水層では，水位（間隙水圧）変化は帯水層の弾性的な変形によって起こるので，貯留係数 S は帯水層を構成する弾性体のパラメータで表され，$S=b\gamma_w(\alpha+n\beta)$ によって示される．ここで，b は帯水層の厚さ，γ_w は水の単位体積重量，α は土層（バルク）の圧縮率，β は水の圧縮率，n は有効間隙率である．不圧地下水の場合，地下水位が低下しても土粒子あるいは土粒子間の吸着水や毛管水は排出されず，その残りの水が排出される．これを比産出率とよび，有効間隙率にほぼ等しい．⇨有効間隙率 〈池田隆司・三宅紀治〉

ちりあらし　塵嵐 dust storm　強い風によって地上の砂が巻き上げられ，視程が悪化している天気のこと．砂嵐，ダストストームとも．日本の気象庁では，視程が1 km 以下になると砂塵嵐と定義される． 〈森島　済〉

ちりがく　地理学 geography　地球上の自然の状態および現象と人間活動との因果関係を包括的に把握しようとする学問で，過去にはすべての科学の母ともいわれた．16〜18 世紀の植民地獲得時代に西欧で著しく発展し，世界各地の実情の理解に有用であった．しかし，科学全般の進歩と，個別的な科学分野の発展・細分化に伴い，当初の目的を達成することが困難となり，現在では低迷している．地域ごとの地理的事象を扱う地誌学と個別事象を扱う系統地理学に大別される．後者は，自然地理学*と人文地理学*に2大別されるが，近年では教育分野を除き，自然地理学と人文地理学の両語もあまり使用されず，それらの細分化された個別科学（例：地形学，気候学，水文学，経済地理学，地政学）が独立の科学として認知されるようになった． 〈鈴木隆介〉
［文献］日本地誌研究所編（1973）「地理学辞典」，二宮書店．

ちりがくてきりんね　地理学的輪廻 geographical cycle　デービス*（Davis, 1899）が学術誌 Geographical Journal に発表した最初の‘造山運動による山地の生成・発展・消滅に関する地形の変化系列'の名称．侵食輪廻（cycle of erosion：W. M. Davis, 1923），地形輪廻（geomorphic cycle：D. W. Johnson, 1932）とよばれることが多い．氷食輪廻や乾燥輪廻などの様々な営力別輪廻の中では，正規輪廻（normal cycle of erosion）に相当する．地理学的輪廻における山地地形の変化は，急激な隆起によって高所に達した平坦な原地形*（initial form）が，河食により侵食基準面*に向かって高度が低下するとともに起伏が変化し，幼年期（youth），壮年期（maturity），老年期（old age）の次地形を経て，終地形（end form）の準平原（peneplain）に至る．地理学的輪廻は山地地形の標準的変化系列を示し，それまで無秩序で羅列的にしか記載できなかった様々な形態を示す山地地形を系統的に理解・説明するための拠りどころを与えた．デービスは地理学における地形学の構築・発展を目指していた．geographical（地理学的）は主として geological（地質学的）に対して使われた言葉で，提示した地形系列（侵食輪廻）は，"造構運動や地形形成史などの地質過程の時間系列"を理解・研究する地質学的視点で扱っているのではなく，"それぞれの土地・地域に現在みられる地形の性格や分布，およびそれらの地域文化や産業上での意義や機能"を理解・研究する地理学的視点で扱っていることを表徴した言葉と理解される．⇨侵食輪廻説，デービス地形学 〈大森博雄〉

［文献］Davis, W. M.（1899）The geographical cycle: Geogr. Jour., **14**, 481-504. / Davis, W. M.（1912）*Die erklärende Beschreibung der Landformen*, B. G. Teubner（水山高幸・守田優 訳（1969）「地形の説明的記載」，大明堂）．

ちりかんきょう　地理環境 geographical environment　地球上の位置によって異なることを念頭に置いた環境を指す．自然要素は，緯度，経度，高度や隔海度などの地理的位置によって性状が異なり，それに応じて，人類の生存や生活に与える影響も異なる．また，人文・社会環境も，それらが存在している地域（土地）の地理的位置や，生活や産業，慣習や文化の違いに応じて，'人類（人間）の生存や生活に与える影響'も異なる．地理環境（地理的環

境）はこうした地理的位置によって規定される環境*を指す．一方，'地理'は'自然・人文・社会の複合体'を表す言葉として用いられることも多く，現在では，'地理環境'は，'地理的位置によって異なることを念頭において，個々の地域の自然・人文・社会環境を総合した環境'を指す言葉として用いられることが多い．なお，環境の概念には，'主体に対する影響・作用'が内包されるので，地理環境の検討においては，自然，人文，社会を構成する諸要素の実態把握だけでなく，人類の生存や生活に対する'善し・悪し'の影響の評価，あるいは，これらの要素が生活・産業・文化の中で果たしている機能や役割の吟味が含まれることが多い．　　　　　　　　〈大森博雄〉

［文献］大森博雄ほか編（2005）「自然環境の評価と育成」，東京大学出版会．

ちりくうかんじょうほう　地理空間情報　geospatial information　ある地点や地域に関する位置と属性を含む情報．地理情報もしくは空間情報ともよばれる．広義には文字で記述した定性的なものも含まれるが，狭義には位置を座標値で記録し，属性も可能な範囲で数値化されており，GIS*による地図作成や地理学的現象の定量的な分析に活用できるデータを指す．地形学に関連した地理空間情報にはDEM*やデジタル地質図がある．日本では2007年に施行された「地理空間情報活用推進基本法」以降に急速に普及した語で，国土地理院の英語名称が2009年にGeospatial Information Authority of Japanに変更されたことからも，現代の重要な概念であることがわかる．　　　　　　　〈小口　高〉

チリじしんつなみ　チリ地震津波　Chilean earthquake tsunami　1960年（昭和35）5月23日午前4時11分（日本時間）南米チリの南部沖を震源とする地震（M 9.5）により発生した津波をいう．津波マグニチュード* M_t は9.4．太平洋を横断した津波は地震発生から約23時間後の24日の未明に北海道や三陸沿岸に襲来し，その後次々と日本の太平洋沿岸各地に到達した．約1時間の周期をもち数波が襲来した．津波の高さは北海道・東北沿岸で高く，南西に行くにつれて低減した．気象庁の検潮記録による最大の波高は釧路と八戸で約6mであった．被害状況は死亡・行方不明者120余名，家屋の流出・全壊約2,800戸．過去に日本に襲来した遠地津波*のうちで最大の被害をもたらした津波である．　　　　　　　　　　　　　　　〈砂村継夫〉

ちりじょうほうシステム　地理情報システム　geographic information system　⇨GIS

ちるい　地類　physiographical symbol　⇨植生

ちるい　地塁　horst　両側を断層崖に限られ隆起した細長い山地（地塊）．ホルストともいう．両側の断層は逆断層である場合（例：生駒山地）と正断層である場合（例：アメリカ大陸西部のベイズン・アンド・レンジ地形区の山地）がある．地溝と並走する場合が多い．古くは地塁山地ともよばれた．　　　　　　　　　　　　　　　〈堤　浩之〉

［文献］鈴木隆介（2004）「建設技術者のための地形図読図入門」，第4巻，古今書院．

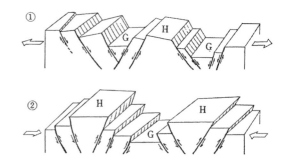

図　地塁の模式図（鈴木，2004）
①正断層群による地塁（H）と地溝（G），②逆断層群による地塁（H）と地溝（G）

ちるいさんち　地塁山地　horst mountain　⇨地塁

ちんかばし　沈下橋　*chinka-bashi*　年間の水位変化が顕著な河川の，主に低水路の部分だけに架橋される簡易な橋で，橋の床板（木製またはコンクリート製）が低水敷とほぼ同じ高さで，高水時には水面下となり，通行不能となる．欄干がないのが特徴で（あっても約10cm以下と低い），欄干への水圧や流木の付着を避けて，橋の流失を防いでいる．出水時に木製の床板を外す仕掛けのものもある．交通量の少ない道路（例：対岸の小集落や中州の農地への道）に架橋され，日本の各地に数百個もあり，潜水橋(せんすいばし)，潜流橋，沈み橋など，地方によって種々の別称がある（例：四国吉野川では潜水橋，四万十川では沈下橋）．しかし，欄干がないため，人や車が橋から落ちることもある．　　　　　　〈鈴木隆介〉

ちんこう　沈降　subsidence, submergence　ジオイド面などの基準面に対して地表の高度が，削剥によらずに低下する現象．地殻変動やアイソスタシーなどによる地盤運動の一種．広義には地殻表層部の物質（地下水や細粒物質）の出入りによる地盤沈下も沈降の一種．対義語は隆起．　⇨沈降運動
　　　　　　　　　　　　　　　〈前杢英明〉

ちんこううんどう 沈降運動 subsidence ある範囲の地表が，削剥以外の原因で，周辺に対して高度を減じる現象．絶対的な沈降を生む原因には，テクトニクスやアイソスタシー*に起因するものがあり，海岸線の沈水，累積的な埋積物からなる盆地や地殻薄化に伴うリフトバレーの形成などはその結果である．相対的な沈降はユースタティックな海水準変動によっても見かけ上現れ，何に対する沈降をみているのかを注意する必要がある．⇒隆起運動，海水準変化 〈宮内崇裕〉

ちんこうかいがん 沈降海岸 coast of depression, coast of subsidence 主に地殻変動によって，陸地が沈降した結果形成された海岸で，沈水海岸の一種．地殻変動の活発な日本では，以前には溺れ谷やリアス（式）海岸は，地殻変動に基づく沈降海岸とされていた．しかし，現実の海岸地形は海面変化の効果が大きいことから，相対的に水没する現象を意味する沈水（submergence）を用い，沈水海岸（coast of submergence）と考えられている．なお，明らかに沈降運動の効果が大きい場合には説明的用語として沈降海岸や沈降海岸線（shoreline of depression）が用いられることがある．⇒沈水海岸線，リアス（式）海岸 〈福本 紘〉

[文献] Strahler, A. H. and Strahler, A. N. (2006) *Introducing Physical Geography*. John Wiley & Sons.

ちんこうかいがんせん 沈降海岸線 shoreline of depression ⇒沈降海岸

ちんこうさんち 沈降山地 submerged mountain 山地の沈降により侵食輪廻が中絶した山地を指す．山地の隆起による侵食輪廻の中絶に対して逆に，沈降によって侵食輪廻の中絶が生じた山地を意味し，出入りに富んだ山麓線によって特徴づけられる地形となる．侵食基準面の上昇が生ずるので，河谷は埋積谷（河谷が広い場合は盆地）となり，山地と平地とは明瞭な傾斜変換線で接することが多い．また，海岸部には海岸平野に孤立丘が島状に分布する沈水型山麓線（submerged piedmont line）やリアス海岸（沈水海岸）が形成されることが多い．新たな侵食基準面と山頂との高度差が小さくなるので，現象上は侵食輪廻が促進された（準平原に近づいた）とされ，また，形成される準平原は堆積砂礫層と基盤岩とがモザイク状になった波状面になるとされる．なお，岡山俊雄（1940）は，submerged mountain を'沈降山地'と訳し，盆地などに対して相対的に沈降した山地などをも含めて用いている．しかし英語の submerged，ドイツ語の untergetauchte は通常，"水中に沈む"ことを意味し，また海面や海岸地形との関係で論ずることが多いので，submerged mountain や untergetauchte Gebirge の訳語としては沈水山地の方が誤解を招きにくい． 〈大森博雄〉

[文献] 井上修次ほか（1940）「自然地理学」，下巻，地人書館．

ちんこうせつ 沈降説【サンゴ礁の】 subsidence theory ⇒サンゴ礁地形の成因

ちんこうそくど 沈降速度 settling velocity, fall velocity 砕屑物粒子が流体中を重力によって沈降する速度．通常，静水中を粒子単体が沈降する場合の終端速度（重力と抵抗力が釣り合ったときの一定速度）を指す．一般則として粒径が大きいものほど沈降速度は大きい．ただし，沈降速度は，厳密にはサイズだけでなく粒子の形状や密度にも依存する．粒子のサイズを表現するのに，形状や密度のばらつきの要素を沈降速度に帰着させ，同じ沈降速度をもつ球形粒子の直径で表現したものを等価直径または沈降粒径という．沈降速度は流体の密度や粘性にも依存するが，砂サイズ程度（約2 mm）以下の粒子では径の2乗に比例し（ストークスの抵抗則*），それ以上では径の平方根に比例する（ニュートンの抵抗則*）． 〈遠藤徳孝〉

[文献] 土木学会編（1999）水理公式集．

ちんこうほう 沈降法【粒度分析の】 settling method 粒度分析法の一つで，粒径による沈降速度の違いを用いる．通常，砂サイズ程度（粒径約2 mm）以下の試料に対して用いられる．古典的には，エメリー管法（Emery settling tube method）がこれにあたる．エメリー管とよばれる長さ約160 cm のガラス管に水を入れ，試料である粒子集団を中に投下し，測定時の水温（粘性に影響）から求まる沈降速度から各サイズの粒子が底部に到達するまでの時間がわかるので（ストークスの式や実験経験式を用いる），所定の時刻での底部に堆積した試料の体積増分から粒度分布を求める（体積法）．同様の原理で，天秤を用いて重量を測る天秤法や光（X線）透過法などがあり，コンピューターなどと連動させて自動化が図られている．⇒粒度分析，沈降速度 〈遠藤徳孝〉

ちんこうりゅうけい 沈降粒径 fall diameter ⇒沈降速度

ちんすい 沈水 submergence 陸地に対する水面（water level）の相対的な上昇によって陸地が水没する現象．離水（emergence）の対語．水面の

相対的な上昇は，水面自体の上昇，陸地の沈降（subsidence），およびそれぞれの相対的な変位量や変位速度の差などによって生じる．陸地の相対的な沈下であるから，海岸線や湖岸線は陸方に移動し，汀線の後退となる．最近における最大の沈水現象は，後氷期における海進によって生じた．⇨沈水海岸線，フィヨルド 〈福本 紘・堀 和明・斎藤文紀〉

ちんすいかいがん　沈水海岸　coast of submergence　沈水*により生じた海岸．⇨沈降海岸，離水海岸 〈福本 紘〉

ちんすいかいがんせん　沈水海岸線　shoreline of submergence, submerged shoreline　ジョンソン*（D. W. Johnson）による海岸の分類（離水海岸線・中性海岸線と並列する海岸線）の一つ．地盤の沈降や海面の上昇などの，海岸地域における海面の相対的な上昇によって陸地が沈水して生じた海岸線の形態．一般的に沈水以前の地形の起伏を反映し，海岸線はかつての尾根が岬に，谷が溺れ谷となって入江となり，屈曲に富む．リアス（式）海岸，フィヨルド（fiord, fjord），フィヤード（fiard, fjard）などの海岸線がその例である．なお，*Glossary of Geology*（5th ed.）では，submerged shoreline を同義語としているが，同時にこの語を，すでに沈水し海底にある氷期の「過去の海岸線」と説明している．また，Johnson の分類基準は変化したのが海か陸かがはっきりしないので，shoreline of submergence は今では廃語と見なされていると記している．しかし，日本では海岸線の発達の経過が複雑であるため，包括的な表現として現在も用いられている．⇨沈降海岸，リアス（式）海岸，フィヨルド 〈福本 紘〉

[文献] Johnson, D. W. (1919) *Shore Processes and Shoreline Development*, Columbia Univ. Press (Facsimile ed., Hafner, 1965). / Neuendorf, K. K. E. et al. (2005) *Glossary of Geology* (5th ed.), American Geol. Inst.

ちんすいカルスト　沈水カルスト　submergence karst　溶食基準面より上位において形成されたカルスト地形が，海水または淡水の水位の上昇によって，部分的に，または全域にわたって水面下に没してしまった地形をいう．日本では南大東島に沈水ドリーネが湖として，ハグ下の低地に多数分布する．現在も干潮と満潮にしたがって海水準が変動すると，沈水ドリーネの水面が上下する．したがってドリーネ底の地下水系は海水に連なっていることがわかる．最終氷期の海水準が低下したときに形成されたドリーネ群に，その後の気候回復に伴った海水準が上昇すると，海水の上に淡水が溜まった状態で淡水レンズが形成され，現在の湖を形成していると考えられている．氷期の海水準の低下とともに当時形成された洞窟（洞穴）中の鍾乳石は，現在の水中に存在する．古気候の変化に伴った海水準の変動の他に，洞窟（洞穴）内で，炭酸カルシウムの結晶化が速く，結果的に洞窟（洞穴）内で局地的に地下水中に鍾乳石*（例：石柱，フローストーン，石筍など）が沈水していることもある．スロベニアのクリジュナ洞窟（洞穴）では，美しい鍾乳石群が地下水中に沈水している． 〈漆原和子〉

ちんすいサンゴしょう　沈水サンゴ礁　drowned coral reef　現在の海面下にあり活動を停止したサンゴ礁*の総称．成因として，サンゴ礁域が沈降することによって生じる場合（平頂海山上のサンゴ礁）や急速な海水準上昇に礁形成が追いつかない場合（give-up reef）などが挙げられる． 〈井龍康文〉

ちんすいさんち　沈水山地　submerged mountain　⇨沈降山地

ちんすいじゅんへいげん　沈水準平原　submerged peneplain　地盤の沈降（沈下）や海面上昇により沈水した準平原を指す．沈水山地（沈降山地）の一種でリアス海岸を形成するが，一般の沈水山地よりも岬（旧山稜）の地形はなだらかで，遠浅の海や残丘が島として多数散在する多島海を形成する．また，大陸棚の起源の一つとも考えられており，マレー半島，ジャワ，スマトラ，ボルネオに囲まれた南シナ海の海底の沈水河川のみられるスンダ陸棚やアラフラ海のサウル陸棚などがその例とされる．⇨準平原，沈水山地 〈大森博雄〉

[文献] 渡辺 光 (1975) 新版地形学，古今書院．/ Davis, W. M. (1912) *Die erklärende Beschreibung der Landformen*, B. G. Teubner（水山高幸・守田 優訳 (1969)「地形の説明的記載」，大明堂）．

ちんすいだんきゅう　沈水段丘　submergence terrace　河成・海成・湖成段丘がその後の海水準変動や地殻変動によって，海面下や湖面下に沈水したもの．海面下に沈水したものを海底段丘，湖面下に沈水したものを湖底段丘とよぶ．⇨埋没段丘 〈鹿島 薫〉

ちんすいひょうしょくこく　沈水氷食谷　drowned glacial trough　⇨フィヨルド

ちんせきさよう　沈積作用　deposition　地形発達，地層形成の根源的要素である侵食，運搬（移動），堆積のうちの堆積における物理過程．砕屑物を運搬する流体（水や空気の流れ）や重力による運搬力が減衰もしくは消失することで粒子が沈降する

場合と，化学的反応により浮遊物が沈殿する場合とがある．微粒子が流体中の塩などの作用により電気的に（ファンデルワールス力）凝集して粒子サイズが大きくなり沈降速度が増すことで沈積作用が促進される場合も含まれる．　　　　　　　〈遠藤徳孝〉

ちんでい　沈泥　silt　⇨シルト

ちんでん　沈殿　precipitation, deposition, sedimentation, settlement　①水溶液中の可溶成分が物理化学的条件の変化により新しい鉱物ができること（precipitation）．たとえば炭酸カルシウムの過飽和溶液から鍾乳石や石筍が形成されることなど．②溶液中の微粒子が集積することにより，大きくなった集積体が重力に引かれて液の底に沈む現象．たとえば，河川中で浮遊（分散）して運搬されてきた粘土粒子が海水中に入ったとたんに凝集し海底に沈むが，そのような現象を指す．ただし，地形学や堆積学ではこのような沈む作用は「沈降（settlement）」といい，海底に沈着することを「堆積（sedimentation, deposition）」という．ただし，沈降には地殻変動の 沈降*（subsidence）という別の意味もある．
〈松倉公憲〉

チンネ　Zinne（独）　本来の意味は城などの銃眼のある壁，転じて岩の尖塔．1960年代までの日本の岩登りの世界では，ジャンダルムより規模が大きく風格ある岩峰という理解があった．劍岳三ノ窓にチンネと命名された岩峰がある．　　〈岩田修二〉

つ

つうかひゃくぶんりつ　通過百分率　percent finer by weight　⇨粒度分析

つうきたい　通気帯　vadose zone　⇨飽和帯

つうすいだんめん　通水断面　cross-sectional area of flow　河川や水路などにおいて流れの方向に直角な横断面の中で流水が占める部分.
〈中津川　誠〉

つがるかいきょう　津軽海峡　Tsugaru Strait　北海道と本州を隔てる海.東側の恵山岬〜大間埼間は35 km,西側の白神岬〜龍飛埼間は約20 km.白神岬〜龍飛埼の間の最浅部は130 mで,生物の分布から氷河時代のある時期には北海道と本州が地続き（陸橋）となっていたと考えられる.現在では,日本海から太平洋へと流れる津軽暖流のために東向きの流れが卓越している.潮流は西流1ノット程度であるのに対して東流は7ノット程度であるが,海水準低下期には西向きの強い潮流が卓越し,3つの海釜*（最深部450 m）が形成されたと考えられている.
〈岩淵　洋〉

つがわそう　津川層　Tsugawa formation　新潟県津川地域に分布する下部〜中部中新統.下部は礫岩・砂岩および泥岩からなり,上部は凝灰岩および凝灰角礫岩からなる.層厚は1,000 m.　〈松倉公憲〉

つき　月　Moon　地球の唯一の衛星.平均半径は1,738 kmで地球の約4分の1,質量は7.347×10^{25} gで地球の約80分の1,平均密度は3.35 g/cm^{3}である.月は17世紀初頭の望遠鏡の発明以来,観測の対象となり,各種の月面図が作られてきた.1960年代半ば〜1970年初前半の米国・旧ソ連の月探査競争によって,月の科学は飛躍的に進歩した.特にアポロ計画によるところが大きい.2007年以降には日本,中国,インド,米国の無人月周回探査機が続々と打ち上げられ,今後の科学成果が期待される.月の地形は大きくみて,明るい高地（陸）と暗い海に分けられる.高地は斜長岩質の原始地殻で多数のクレーターがあって起伏に富み,海は玄武岩質溶岩で覆われて平らでクレーターは少ない.海は,月の全表面積の17%を占め,表側に偏在する.月のクレーターは,大部分が小天体の衝突によってできたもので,直径数百km以上のものから直径1 mm以下のものまである.特に直径300 km以上の巨大クレーターはベイズン（basin）とよばれる.月には約40のベイズンがあり,最大のベイズンは南極エイトケンベイズン（直径2,500 km）である.海には輪郭が円形のものが多いが,これはベイズン内部に玄武岩質溶岩が噴出・堆積したためである.ベイズンの縁に相当する部分は,アペニン山脈,アルプス山脈などのように山脈とよばれることが多い.衝突クレーターの中には,形成後しばらくしてからマグマの貫入によってクレーター底がもち上げられ,放射状や環状割れ目が発達するクレーター（floor-fractured crater）もある.月の火山地形には,地球にみられるような大型の盾状火山や成層火山のような大きな起伏をもつ地形はない.あるのは小型の盾状火山や砕屑丘で,いずれも基底の直径は数km以下,比高は数百m以下である.アポロの宇宙飛行士がもち帰った岩石の年代測定によって,月の歴史が明らかになった.約45億年前の月集積後,月に衝突する小天体の数はしだいに減少したが40億〜38億年前に再び衝突のピークがあり,後期重爆撃期とよばれる.現在も残っているベイズンの大部分はこの時期にできたものである.海をつくる玄武岩質火山活動が活発になったのは後期重爆撃期末の38億数千万年前からで,火山活動は36億年前頃をピークとしてしだいに不活発になり,15億年前頃には終了した.　⇨惑星,地球型惑星　〈白尾元理〉

つきいんりょくけいれつえいりょく　月引力系列営力　lunar gravitation series of geomorphic agent　月の引力に起因する潮汐から連鎖的に発源する従属営力*（潮流,渦潮,海岸流など）の総称.　⇨地形営力の連鎖系,潮汐　〈鈴木隆介〉

つきす　突州　point bar　⇨蛇行州

つきのいんりょく　月の引力　attraction of the Moon　任意の二つの質点間には,万有引力が働き,

その大きさは距離の2乗に反比例する．月は地球半径の約60倍の距離にあり，地球からみると質点と考えてもよい．一方，有限の大きさをもった地球上の各点からの月までの距離は場所ごとに異なるので，月の引力は月に近い側では大きく，遠い側では小さい．すると月の引力による潮汐（干潮と満潮）は1日に1回しか起きないように思われるが，実際の地球には公転に伴う遠心力も働いており，これらの力の釣り合いの結果として1日に2回の潮汐が説明できる．実際，地球の重心では月太陽からの万有引力と地球の公転による遠心力が釣り合っているからこそ，月や太陽に向かって一方的に地球が動いていくことがないのである．　〈古屋正人〉

[文献] 日本測地学会監修，大久保修平編著（2004）「地球が丸いってほんとうですか？　測地学者に50の質問」，朝日新聞社．

つしまかいきょう　対馬海峡　Tsushima Strait　九州と朝鮮半島を隔てる海．対馬と九州の間は対馬海峡東水道，対馬と朝鮮半島の間は対馬海峡西水道とよぶ．東水道は最狭部50 kmで水深110 m程度，西水道の最狭部は50 kmで水深140 m程度である．西水道には幅約10 km，水深230 mの溝地形があり対馬トラフとよばれる．1ノット程度の対馬暖流が日本海に向かって流れている．対馬海峡西水道を朝鮮海峡，東水道を対馬海峡とよぶ研究者もいる．韓国においては大韓海峡（Korea Strait）とよんでいる．　〈岩淵 洋〉

つしまだんりゅう　対馬暖流　Tsushima current　九州西方の東シナ海で黒潮から分岐し，対馬海峡を通過して日本海沿岸を北上，津軽海峡・宗谷海峡に至る，流速1ノット程度の暖流．一部は，対馬海峡から朝鮮半島沿いに北上し，沖合を蛇行しながら東に流れる．津軽海峡を太平洋に抜ける津軽暖流，宗谷海峡を抜けて北海道オホーツク沿岸を流れる宗谷暖流は，この対馬暖流の支流である．⇨海流　〈小田巻 実〉

つしまりくきょう　対馬陸橋　Tsushima land bridge　陸橋とは生物分布の連続性・不連続性から生物地理学的に考えられた概念．氷河時代の海水準低下期に対馬海峡は陸地となっていて，大陸から生物が日本列島に渡ってきたと考えられている．ユーラシア大陸と対馬との鞍部は対馬海峡西水道の最狭部ではなく，対馬南端から西南西方向の韓国所安群島巨文島ないし済州島との間にあって水深約120 mである．かつては最終氷期にも対馬陸橋が存在していたとされていたが，海底谷の方向や堆積物の分布から，最終氷期における対馬陸橋の存在は否定的な見方がある．⇨対馬海峡　〈岩淵 洋〉

つじむら　たろう　辻村太郎　Tsujimura, Taro（1890-1983）東京帝国大学地質学科卒業．山崎直方の後をついで，同大学地理学教室の二代目の指導者となる．近代日本地形学の揺籃期に欧米の最新の地形学の知識をわが国へ移植した．門下生も多く，また多くの著作を通じて，日本の地理学界に大きな影響を残した．アメリカの地理学者・デービス*の侵食輪廻説*はドイツ・イギリスでも支配的な影響力をもっていたが，それを全面的に取り入れて，日本最初の地形学教科書「地形学」（1923）を執筆した．日本で使われている地形学用語の多くはこの本に由来する．「日本地形誌」（1929），「新考地形学」第一巻・第二巻（1932-33），「断層地形論考」（1942），「断層地形図説」（1943），「地形の話」（1952）など多くの地形学の著作がある．　〈野上道男〉

つち　土　soil　風化生成物に有機物がまじった地表物質の総称である「土壌」を指す日常（一般）用語．⇨土壌　〈松倉公憲〉

つちがけ　土崖　earth cliff　非固結*の土，非固結の堆積物および軟岩が露出している崖．日本の地形図では，「がけ（土）」とか「土がけ」という記号で描かれている．それを土崖と通称する．⇨岩崖（いわがけ）　〈鈴木隆介〉

つつうらうら　津々浦々　tsutsu-uraura　全国各地の意．日本では出入りの多い海岸線が多いので，小さな湾奥の集落を指す言葉に由来すると考えられる．「津々浦々から愛好者が参集した」などと用いる．「つづうらうら」とも読む．　〈鈴木隆介〉

つなきそう　綱木層　Tsunaki formation　仙台市西部の広瀬川沿いに分布する上部中新統．主に中粒砂岩からなり，凝灰岩や礫岩を挟む．層厚は350 m．　〈松倉公憲〉

つなみ　津波　tsunami　海水の擾乱により引き起こされる周期の長い波（長波*）．周期は数分から1時間程度である．以前は海嘯（かいしょう）ともよばれたが，現在この語は使用されない．一方，tsunami（複数形：tsunamis）は学術用語としてだけではなく，広く各国の一般語として使用されている．大半の津波は地震による海底の地形変化で引き起こされる．これ以外のケースでは，海底火山や火山島の爆発（例：1883年インドネシアのクラカトア島大爆発）や海岸付近の山体崩壊（例：1792年雲仙岳噴火に伴う前山の崩壊）などに起因する津波がある．わが国の沿岸より600 km以内の海域で発生した津波を近

地津波，それより遠方で発生したものを遠地津波とよんでいる．近地津波の場合，地震が原因の津波（地震津波）では波源域の位置にもよるが，早ければ地震発生から数分程度で海岸に到達する．遠地津波である1960年のチリ地震津波の場合では，17,000km離れた南米チリから22時間半かけて三陸海岸に到達している（太平洋上の平均時速は760 km/h）．津波の伝播速度は理論的に$\sqrt{gh}$で与えられる（$g=$重力の加速度，$h=$水深）．この式は，深い海ほど津波は早く伝播することを示している．太平洋の平均水深を4,000 mとして計算すると津波の平均速度は約720 km/hとなり，実際の値に近い．波源域での津波の特性はほとんどわかっていないが，津波の周期が長いことから非常に小さい波形勾配*をもち，その上，波高も小さい（1～2 m程度）と考えられている．このような津波が深海から浅い沿岸域に到達すると浅水変形*により波高が大きくなり，波高と水深とがほぼ同じような場所にくると砕波する．緩勾配の沿岸では，津波の砕波は前面が切り立った段状の形態（段波*）を保ちながら進行する．このような現象は1983年の日本海中部地震や2011年の東北地方太平洋沖地震津波*で観察されている．また津波に伴う段波は，津波が河川を遡上するときにもしばしばみられる．急勾配の沿岸域に進行してきた津波は，浅水変形に海底勾配の効果が重なった結果，波高を増大させ海岸に近いところで砕波する．特に，沖に凸の等深線をもつような沿岸地形の場合には顕著な屈折現象（⇨波の屈折）が起こり，津波のエネルギーが集中するので波高がさらに増す．急峻な海底勾配をもつ火山島*のハワイ諸島に大きな津波が襲来するのはこの理由による．海岸に到達した津波は海底地形特性のみならず海岸線形状に大きく左右される．三陸や志摩のリアス式海岸*でよくみられるV字形やU字形湾の場合では，湾口での津波の高さに対する湾奥での高さの比はV字湾でほぼ3～4，U字湾で2程度，東京湾や大阪湾のように遠浅で袋状の湾の場合は約1/2といわれている．典型的はV字形を呈する三陸海岸の綾里湾に襲来した1933年の昭和三陸地震津波*の場合では，湾口で約6 mあった津波の高さ（津波の痕跡などから調べられた水位）は湾奥部の汀線近傍で約20 m（3.3倍）となり，津波はそこから1/10を超える急斜面を遡上し標高28.7 mの地点に達している．三陸地方における過去の最大の津波高さ（遡上高）は，同じ綾里湾での1896年の明治三陸地震津波*による38.2 mであったが，2011年東北地方太平洋沖地震津波によって宮古市重茂姉吉で40.5 mの最高値がもたらされている（「東北地方太平洋沖地震津波合同調査グループ」）．従来，日本列島に襲来する津波の沖合での実測は困難であったが，この2011年津波を東京大学地震研究所の2台の津波計と国土交通省の6台のGPS波浪計がとらえている．そのうちの1台，釜石港の沖合18 kmの地点（水深204 m）に設置されていたGPS波浪計によると，津波の波高は6.7 mであった．この波が釜石湾の入口近くでは13.3 mに増大するという計算結果が得られている（⇨津波の高さ）．海岸に到達した津波の第1波が「引き」（あるいは「押し」）で始まる場合は，波源域の海底地盤が陥没（あるいは隆起）したことを暗示している．同一波源域内であっても陥没領域と隆起領域とがある場合が多く，このような場合は到達海岸により第1波の挙動は異なると考えられる．津波は変形を伴いながら伝播するので，第1波が「押し」の場合，これが必ずしも最大波高をもつとは限らない． 〈砂村継夫〉

つなみいし　津波石　tsunami boulder　津波で運搬されたと考えられている巨礫・巨大岩塊．津波によって，礁縁部が破壊して生じたブロックがそのまま運搬され打ち上げられたと考えられているが，礁原にあった海食崖の崩落物質が津波によって打ち上げられた場合もあると思われる．琉球列島には明和地震（1771）の大津波などで内陸に打ち上げられた巨礫（長径，高さが数mを超えるものもある）が分布する．巨礫の下部には台座岩*が形成されていることがある．津波石のサンゴの^{14}C年代を調べることから，津波の発生年代を知ることができる．

〈松倉公憲〉

つなみさいがい　津波災害　tsunami disaster　津波*がもたらす災害で，大津波の場合には広範囲の沿岸地域に壊滅的被害が生じる．津波は海水の擾乱を直接の原因とする周期の長い波（数分～1時間程度）であり，海水の擾乱は主に地震による海底地盤の垂直変動で引き起こされるが，時として火山島の爆発や山体崩壊などによることもある．地震に起因する津波（地震津波）の場合は，波源域から陸に向かって伝播する途中の深い海域では波高は小さいが，浅い沿岸域に入ると一挙に増大する．波高の増幅率は沿岸域での海底地形や海岸の平面形状によって決まる．三陸や志摩のリアス式海岸*でみられるV字形やU字形湾の奥部での波高は，V字湾の場合，湾口部での波高の3～4倍，U字湾では約2倍になる．多くの湾奥部に形成されている三角州や

海成堆積低地の上には，現在，港湾施設や工場を含む市街地が発達しているところが多い（例：釜石，大船渡，気仙沼）．このような地域への津波の侵入は，甚大な人的・物的被害をもたらす．陸上への侵入速度 U は，そこでの津波の波高を H とすると $U=\sqrt{gH}$（g：重力の加速度）で概算できる．この速度は避難の容易さと密接に関係する．一方，建物に作用する力は U^2 に比例するので，波高そのものが関与する．いずれにせよ波高が重要となるが，従来，波高の把握が困難であったため，津波の遡上高さをもって津波災害が論じられてきている．津波常襲地域といわれる三陸海岸において，1896 年の明治三陸地震津波*（死者：22,066 名）と 1933 年の昭和三陸地震津波*（4,192 名）による被害状況を見てみると，どちらの場合も沿岸各地における津波の波高（遡上高）の増大とともに死亡率も家屋流失・全壊率も上昇しているが，1896 年津波の方が両率とも全体的に高い．避難率は，波高が 10 m を超えると両津波とも大きく低下する．1933 年津波における年齢別被害状況をみると幼児と老人の死者・行方不明者が多い（砂村，1969）．2011 年の東北地方太平洋沖地震津波* では青森県から千葉県に至る延長 600 km にも及ぶ海岸域が甚大な人的被害（死亡・行方不明者：約 2 万人）とともに物的被害（家屋，施設，船舶など）を被った．三陸海岸においては，湾口周辺で波高（計算値）10 m を超す津波が多くのリアス式海岸を襲っている（高橋ほか，2011）．大船渡や釜石では湾口防波堤が，田老では防潮堤* がそれぞれ被災し，津波防止工としての機能が十分発揮できなかったため，津波は内陸深く侵入し多大な被害をもたらした．湾奥の海岸線から測った侵入距離は大船渡で 2.5 km，釜石で約 1 km，田老で 0.8 km であった．仙台湾南部は緩やかな弧を描く砂浜海岸（延長約 50 km）で，低い砂丘（標高 2～3 m 程度）が汀線沿いに発達し，その背後は低湿地や沼沢地となっている．その陸側には非常に緩勾配（≈1/1,000）の浜堤列平野* が広がり，農地の中に集落が点在している．津波は海岸で数 m の波高をもち，砂丘を乗り越え海岸林をなぎ倒し，最大 6 km 内陸まで侵入して，広範囲に壊滅的な災害を惹起した．従来，リアス式海岸の場合と比較して，平滑な海岸線をもつ砂浜海岸での津波の破壊力は過小に評価される嫌いがあったが，ここでの被災状況はこれを一変させた． 〈砂村継夫〉

[文献] 砂村継夫（1969）津波による人的被害についての一考察：地学雑誌，78，44-55．/高橋重雄ほか（2011）東日本大震災における津波と港湾施設等の被害：土木学会誌，96（7），2-8．

つなみじしん　津波地震 tsunami earthquake　地震波から予測されるよりもずっと大きな津波を発生する地震．定量的には，地震の表面波マグニチュード（M_s）に対して津波マグニチュード（M_t）が 0.5 以上大きなもの．1946 年アリューシャン地震（M_t 9.3，M_s 7.3），1896 年明治三陸地震（M_t 8.6，M_s 7.2）などが典型例．最近では 1992 年ニカラグア地震，2006 年ジャワ島沖地震など．沿岸での地震動による被害はほとんどなかったにもかかわらず，津波によって大きな被害が発生した．海溝軸付近の付加体下で，比較的ゆっくりとした断層運動が発生すると，地震波の励起は小さいが，海底地殻変動や津波が相対的に大きくなると考えられる． ⇨スローアースクェイク，津波マグニチュード 〈佐竹健治〉

つなみたいせきぶつ　津波堆積物 tsunami deposit　津波によって海岸地域に堆積した堆積物の総称．一般に，砂浜海岸では津波の遡上波によって，海岸線付近の海浜砂や砂丘砂が侵食されて陸側に運搬され堆積する．堆積した砂層表面には津波の流れた方向を示すリップルマーク* などのベッドフォーム（⇨砂床形）が残されることがあり，級化* などの堆積構造もみられる．多くの地点で泥線や木くずゴミなどが明瞭なウォーターマークとして残され，津波の遡上限界を示す指標となっている．津波堆積物は，平坦な海岸では津波の高さにもよるが，内陸数 km まで広がって分布することもある．2011 年 3 月 11 日の東北地方太平洋沖地震*（M 9.0）による巨大津波*（最大波高 6.7 m：GPS 波浪計による観測値）の堆積物は北海道〜東北〜関東の太平洋沿岸各地で観察されており，仙台平野では内陸約 4 km の地点にまで到達している．一般に，津波堆積物の性状は海岸付近の地形や構成物などの違いによって異なり，サンゴ礫を含む礫質な場合や，砂層中に海生生物遺骸が含まれることもある．河口域や河川の周辺では河道の堆積物を再移動して堆積させるために局地的に厚くローブ状に堆積したものもみられる．津波堆積物は地層からも報告されている．津波によって陸上に打ち上げられたと考えられている巨礫は津波石* とよばれる． 〈村越直美〉

つなみによるちけいへんか　津波による地形変化 tsunami-caused morphological change　襲来した津波が引き起こす地形の変化．津波は浅海域に到達すると波高が大きくなり底面流速が増し，掃流力や乱れの応力が大きくなる．また通常の波浪（風波や

うねり）よりはるかに長い周期をもつため，これらの力の作用時間も長くなる．これらの結果が海底での大規模な砂移動をもたらす．これに起因する地形変化は特に奥深い湾内の海底や湾岸で顕著にみられる．宮城県気仙沼湾ではチリ地震津波*により海底砂が侵食され，局地的に10 mにも及ぶ海底面の低下が生じた（Kawamura and Mogi, 1961）．大波高の津波はしばしば砂浜海岸の陸上部にも大きな地形変化を引き起こす．スマトラ島沖地震*の津波に襲われたタイやインドネシア各地の砂浜では劇的な変化が生じ，東北地方太平洋沖地震津波*のケースでは青森県から千葉県沿岸にかけての広い範囲で浜堤や砂丘の背後に溝状の凹地が沿岸方向に形成された．わが国でよく知られている津波による顕著な地形変化の事例が，遠州灘沖に震源をもつ1498年の明応地震（M 8.2～8.4）による津波が浜名湖と遠州灘を隔てていた砂州を切断し，現在の地点（今切）に潮流口*を形成した，というものである．

〈砂村継夫〉

［文献］Kawamura, B. and Mogi, A. (1961) On the deformation of the sea bottom in some harbours in the Sanriku coast due to the Chili Tsunami: *In* Committee for Field Investigation of Chilean Tsunami of 1960. ed. *The Chilean Tsunami of May 24, 1960*. Maruzen.

つなみのたかさ　津波の高さ　tsunami height　平常時（津波なしとしたとき）の海面（あるいは平均海面*）から測った，津波の浸水高あるいは遡上高．ともに調査地点における津波の痕跡などから調べる．浸水高は津波が遡上する途中の地点での高さをいい，遡上高は這い上がった地点での高さのうち最高の水位をもって，その地点の代表値とすることが多い．わが国における最大の津波の高さ（遡上高）として，1896年の明治三陸地震津波*による岩手県綾里湾での38.2 m（水合での値）が知られていたが，2011年の東北地方太平洋沖地震津波*が三陸海岸の宮古市重茂姉吉で40.5 mという最高値を記録した（「東北地方太平洋沖地震津波合同調査グループ」）．本来，「津波の高さ」は襲来する津波の，海上での波高を表す用語として使用されるべきものと思われるが，従来この波高の実測データの取得が困難であったため，津波災害などの議論ではもっぱら浸水高や遡上高が用いられてきた．2011年東北地方太平洋沖地震津波において初めて沖合での波高が実測された．釜石沖に設置されていた東京大学地震研究所の2台の津波計のうち水深約1,600 m（沖合約70 km）にある津波計が地震後12分に3.5 mの高さの津波を観測している（佐竹，2011）．三陸沿岸6地点にあった国土交通省のGPS波浪計のうち釜石の沖合18 kmの地点（水深204 m）にあった計器は波高6.7 mを示した．これに基づき浅水変形*を考慮して釜石湾口近傍での波高を計算すると，13.3 mとなる（高橋ほか，2011）．

〈砂村継夫〉

［文献］佐竹健治（2011）巨大津波のメカニズム：平田 直ほか著「巨大地震・巨大津波―東日本大震災の検証―」，朝倉書店．/高橋重雄ほか（2011）東日本大震災における津波と港湾施設等の被害：土木学会誌，96 (7), 2-8．

つなみマグニチュード　津波マグニチュード　tsunami magnitude　津波の規模を定量的に表現するために，いくつかの津波規模階級（マグニチュード）が導入されてきた．今村-飯田による津波規模 m は津波の高さ h の対数 $m=\log_2 h$ によって規模を定義した．一方，阿部は検潮記録上での津波振幅 H（単位 m）と，波源から検潮所までの海上距離 D (km)を用いて，日本付近の地震についての津波マグニチュードを $M_t=\log H+\log D+5.80$ と定義した．この式は，津波マグニチュード M_t が地震のモーメントマグニチュード M_w と等しくなるように定められており，M_t は津波から推定する地震の規模という性格をもつ．

〈佐竹健治〉

つのづそう　都野津層　Tsunozu formation　島根県中部の大江高山付近から江の川両岸地域に広く分布する丘陵を構成する鮮新統．非固結の礫層・砂層・泥層からなる．海成粘土・亜炭・石英砂層を挟む．層厚70 m以上．

〈松倉公憲〉

つぼた　坪田　tsubota　⇨地すべり由来の地名

つゆ　露　dew　大気中の水蒸気が地面および地面付近の植物やほかの対象物の表面で凝結してできる水滴のこと．

〈森島 済〉

ツンドラ　tundra　ユーラシア大陸や北アメリカ大陸の北部の北方針葉樹林の北側に広がる，低木がまばらで単調な荒原．地下には厚い永久凍土*が存在し，2～3カ月の短い夏の間だけ，凍土の表層が解け，植物の生育が可能になる．植生は土地条件の違いによって，ミズゴケが生育する泥炭地，イネ科やカヤツリグサ科の草本が優勢な草原，キョクチヤナギ，チョウノスケソウ，イワヒゲなど矮低木からなる群落，カンバ類からなる小低木群落など，さまざまである．無植生の場所もある．ツンドラを代表する動物はトナカイで，ほかにホッキョクギツネ，シロクマ，ジャコウウシなどが生息している．永久凍土の表面には大型のアイスウェッジポリゴンやアースハンモック*などの周氷河地形*が形成

され，独特の景観を作り出している． ⇨氷雪帯，北方針葉樹林，インボリューション　〈小泉武栄〉

[文献] 石塚和雄編（1977）「群落の分布と環境」，朝倉書店．

ツンドラこ　ツンドラ湖　tundra lake（pond）
⇨サーモカルスト湖

ツンドラど　ツンドラ土　tundra soil　北米・アラスカ州北部，カナダ北部，グリーンランドの東西海岸部，ロシア北部シベリアなどのツンドラ地域に分布する成帯性土壌．ツンドラボグとも．ツンドラ地帯は永久凍土層の影響を受けており，夏季には永久凍土層の表層が融解し，下層の永久凍土層が不透水層となり湿地化しグライ化が起こる．過湿を好む蘚苔類がわずかに生えるがA層の発達は弱い．再び冬には凍結し乾燥状態となる．このような環境の繰り返しの下で，永久凍土層の上に，表層は暗褐色の薄層と鉄錆色の斑紋をもつ下層が発達し，ツンドラ・グライ層が生成される．　〈宇津川　徹〉

[文献] Linell, K. A. and Tedrow, J. C.F.（1981）*Soil and Permafrost Surveys in the Arctic*: Clarendon Press.

ツンドラポリゴン　tundra polygon　⇨多角形土

であい　出合 confluence, junction　⇨落合

ティーアイエヌ　TIN triangulated irregular network　地形起伏を三角形の集合体で表現した不規則三角形状網を指す．ティンともよばれる．グリッドDEMと比較してデータ容量が少ない，傾斜変換線を正確に再現できるなどのメリットをもつ．

〈勝部圭一〉

ディーイーエム　DEM digital elevation model　規則正しく位置する点（緯度経度など，緯線・経線などによる）の標高を2次元配列に格納したものをDEM（数値標高モデル）という．「デム」と通称される．データの点は格子（グリッド）状（これはグリッドDEMとよばれる）か，たとえば三角形状などの不定形の場合（これはTIN*とよばれる）がある．等高線で地形を紙面に表現する方法に代わって，最初からコンピュータ処理用に作られた地形表現手段である．国土庁や国土地理院で公表されてからすでに40年以上の歴史があり，他分野からの需要が圧倒的に多い地形データである．標高だけでなく地質区分，地形区分，気候要素値，土地利用，植生なども地表を平面とする2次元配列に格納され，一般にラスター型地理情報とよばれている．広義にDTM（digital terrain model）とよばれることもある．DTMは，地物を含まない地形標高データの集まりである．これに対し，地表面とその上にある地物（建物・橋等の構造物や樹木）表面の標高データの集まりはディーエスエム（DSM：digital surface model）とよばれる．また等高線を折れ線で近似するモデルであるDLG*（これはベクター型）があるが，現在ではあまり使われなくなった．DEMの処理技術は衛星画像，数値化空中写真，ラスター型各種地理情報，その他一般の映像と共通であり，優れた商業ソフトが流通している．しかし研究に直結するようなきめの細かい処理には，プログラミングが必要なことが多い．空中写真や衛星画像の視差から地表の標高を取得する技術（写真測量法）が熟成し，さらには衛星や航空機から発射した電波の反射波の位相差から標高を直接に取得することが行われるようになった．この技術革新に対応して，地形の表現（モデルという）は等高線による地図からDEMに完全に移行した．ただし等高線データとして国土地理院の地形図（2.5万分の1地形図や国土基本図）に蓄積されてきた地形情報は膨大であるので，これら地形図（ただし等高線だけの原図データ）からDLGやDEMを作成することも依然として行われている．地形の数値的表現にはいろいろな方法が用いられてきたが，航空機や衛星によって，空間解像度50 cm，標高精度数cm程度のDEMが取得可能になったので，規則正しく並ぶ格子点の標高で地形を表現することが一般的となった．現在（2012年），地球規模で入手可能なのはUSGS（NASA）のSRTM（格子間隔約90 m）と日本と米国の共同作成によるGDEM（格子間隔約30 m）である．地形表現力は5万分の1あるいは10万分の1地形図程度である．日本では国土地理院の通称10 m-DEM（格子間隔0.4秒），米国本土では1/3秒のDEMが公開されている．この2つは等高線図起源のデータを用いている．日本では航空機やヘリコプターによるデータ取得の高精度（0.5〜5 m解像度）DEMが，地域は限定されるが入手可能である．

〈野上道男〉

ディーエスエム　DSM digital surface model　数値表層モデル．地表面とその上にある地物（建物・橋などの構造物や樹木）表面の標高データの集まり．一般的には格子状にメッシュ化された標高データをいう．写真測量やレーザ測量により作成され，三次元地表面モデル作成データとして利用されている．

〈相原　修・河村和夫〉

ティーエスダイヤグラム　TSダイヤグラム temperature salinity diagram　海洋における各層観測結果について海水温Tを縦軸に，塩分Sを横軸にとって作成したグラフ．海水の密度や音速などの物理特性は，水温・塩分・圧力，特に水温と塩分によって決まる．海洋中では，密度の異なる海水

は，密度の大小によって成層をつくり，なかなか混合しにくい．密度が同じ海水は，水温・塩分が異なっていても混合しやすい．TSダイヤグラム上では，水温・塩分が同じ海水は厚い層で分布していても一点で表現され，成層や混合・拡散の状態が強調されるので，水塊特性やその起源を調べる際に使われる． 〈小田巻 実〉

ティーエスちけいそくりょう　TS地形測量　TS topographic surveying　TS（トータルステーション*），電子平板*（データ記録・編集・表示用のペンコンピュータ），無線機などで構成されるシステムを利用して行う地形測量．TSで測定したデータを，無線機等で電子平板に送り，ディスプレイ上に測定点をプロットする．実際に現地を確認しながら地形編集作業ができるので，現地の状況と整合性の高い地形データが作成できる．また，CADデータが容易に作成できるので，構造物などの設計段階へのデータ受け渡しが円滑に行えるという特徴もある．⇨地形測量 〈正岡佳典・河村和夫〉

ディーエルジー　DLG　digital line graph　USGS（米国地質調査所）が規格を策定したデータフォーマットで，点の座標と連結・分岐・位相情報からなる数値地理情報（ベクター型という）．線で表される地理情報（河川網，海岸線・湖岸線や交通網・行政区画など）や面で表される地理情報（線で囲まれる範囲の面積やその他の属性，例えば地質区分，地形区分など）に用いられるが，等高線にも適用される．河川の水系網や蛇行度解析・等高線の屈曲度解析（地形の開析度分析など）にはDEMより扱いやすい．⇨DEM 〈野上道男〉

ティーエルほう　TL法　thermoluminescence method　⇨熱ルミネッセンス法

ていいだんきゅう　低位段丘　lower terrace　⇨高位段丘

ていいちじゅんへいげん　低位置準平原　low-lying peneplain　地殻変動が長期間安定した状態で，侵食基準面（海面）に近い位置にまで削剥された準平原が，そのまま低位置に存在している準平原を指す．準平原の形成過程から考えると，準平原は海面に近い低地に分布することが期待される．しかし，Davis（1912）自身，低位置に存在している準平原はあまり知られていないとし，唯一の例として，西シベリアのセミパラチンスクの平原をあげた．そして，"低位置準平原であること"を指摘・記載する意義に関して，"この平原を普通に'低地'と記載すると，著しく褶曲した地質を削剥した侵食平坦面であることや平原の中の高まりが残丘であること，また，本地域が将来，隆起して山地になる可能性をもつことなどが含蓄されず，地形の理解が著しく損なわれる"と指摘している．なお，辻村太郎*（1923）は，デービスが指摘しなかったものとして中国の山東，遼東，朝鮮半島，マレー半島，海南島，スマトラ島，ボルネオ島周辺の低位置準平原の存在を指摘し，また，"これらの一部については，山麓面説や多降水による侵食作用によって形成されたなどの輪廻説とは異なった見解も出されているが，侵食基準面が比較的長期にわたって安定していたことを示す"と指摘している． 〈大森博雄〉

［文献］Davis, W. M.（1912）*Die erklärende Beschreibung der Landformen*, B. G. Teubner（水山高幸・守田 優訳（1969）「地形の説明的記載」，大明堂）．

ていいちひょうがせつ　低位置氷河説　low-altitude glaciation hypothesis　更新世氷河の存在が山岳地帯内部に限られた中緯度・低緯度の地域において，山地の外側の平野や平原部分にまで氷河・氷床が存在したとする説．更新世には北西ヨーロッパや北アメリカでは中緯度の平野まで広く氷河（氷床）に覆われたので，それ以外の地域でも低高度の平野まで氷河が拡大したという説が提唱された．日本では，1913年にドイツの地理学者ヘットナー（A. Hettner）が梓川の標高800mの河原で擦痕のある花崗岩礫（ヘットナー石）をみつけ氷河が流下していたとした．ヘットナー石は松本市安曇資料館に保存されている．小川琢治は1930年代に，更新世には松本盆地や大町周辺まで氷河に覆われていたと主張した．中国でも1930年代にリスーカン（李四光）が北京郊外や長江中流部にまで氷河があったと主張した．1970年代には岡本慶文が中国山地に氷床が存在したと主張した．これらは，崩壊・断層による擦痕や土石流堆積物などを氷河擦痕やティルと間違えたものである． 〈岩田修二〉

ディーティーエイきょくせん　DTA曲線　DTA curve　⇨示差熱分析

ディーティーエム　DTM　digital terrain model　⇨DEM

ディーディーエム　DDM　drainage direction matrix　⇨落水線マトリックス

ていいでいたんち　低位泥炭地　low moor, fen　泥炭地を，その地表面と地下水面との高低関係によって分類した場合の呼称の一つ．周囲の地下水面より低い泥炭地．湖沼や河川湛水部あるいは地下水位の高い凹地に発達し，表面は平坦で，主としてヨシ，

ガマ，大型のスゲ類，イネ科植物が生育する．これらの植物は，土層から直接に栄養をとっているので，鉱物質栄養性泥炭地ともいう． ⇨高位泥炭地，泥炭地 〈松倉公憲〉

ティーピー　T.P.　Tokyo Peil　⇨東京湾平均海面，基準面

ていおんかさいりゅう　低温火砕流　low-temperature pyroclastic flow　マグマ水蒸気噴火の際に生じる低温の火砕サージ．植物を炭化させるほど高温ではなく，また，堆積物の中に湿った火山灰が含まれ，100℃以下と判断されるものもある．タール火山（フィリピン）の1965年噴火や阿蘇火山の1958，1979年噴火などで例が知られている． 〈横山勝三〉

ていおんこうあつがたへんせいたい　低温高圧型変成帯　low-temperature and high-pressure type metamorphic belt　⇨広域変成帯

でいかい　泥塊　mud lump　ミシシッピ川の鳥趾状デルタ先端部にみられる泥質堆積物からなる小丘．マッドランプともいう．河口から排出される砂泥質の河川運搬物質が河口付近に堆積すると，その荷重によって河口前面に堆積した泥質堆積物がもち上げられて小丘をなす． 〈海津正倫〉

[文献] Morgan, J. P. et al. (1963) Mudlumps at the mouth of South Pass, Mississippi River : Louisiana State Univ. Press, Coastal Studies Series, No.10.

でいかいせき　泥灰石　marl　炭酸塩の泥質粒子と粘土鉱物の混合堆積物．固化したものをマール岩（marlite）ということがある． 〈松倉公憲〉

ていがいち　堤外地　riverside land　河川と農耕・居住地域を隔てる人工の堤防より河川側の土地つまり河川敷をいう．平水時に水が流れている低水路（河道），わずかな増水で水につかる低水敷と大きな出水（高水）時のみ水につかる高水敷＊からなる．幅広い高水敷は一時的な農耕地のほか，日本の都市域では公園や運動施設（ゴルフ場など）として利用されている場合も多いが，居住地にはならない．ただし，埼玉県の荒川の熊谷〜川越や宮城県の名取川の下流などでは旧来の土地利用慣行が残り，農耕地となっている． ⇨堤内地 〈島津　弘〉

ていかいめんき　低海面期　low sea-level period　海水準が現在よりも大幅に低い時期のこと．第四紀においては氷河の拡大する寒冷な氷期に海水準が繰り返し下降した． 〈堀　和明・斎藤文紀〉

ていかくだんそう　低角断層　low-angle fault　⇨断層の分類法（表）

でいかざん　泥火山　mud volcano　粘土やシルトが地下水や温泉水と混合して噴泥流として地表に静かに噴出・堆積して生じた地形の総称．「どろかざん」は誤読．正の火山地形（溶岩流原，成層火山，盾状火山，溶岩円頂丘など）や負の火山地形（火口，マール，カルデラなど）に似た形態をもつ．その形態（微地形・傾斜）は噴泥流の粘性に支配され，固形物含有量（∝ 粘性）は1〜70％で，それが多いほど急傾斜となり，比高数m〜数十mに及ぶ．油田地域（例：北海道日高新冠，台湾南部，カスピ海沿岸）に多く，それらは低温度で油田の指示地形の一つである．火山の噴気地域にもみられ（例：秋田県後生掛），噴泥流の温度は100℃内外であり，成層火山やスパターコーンに似た地形や陥没カルデラに似た陥没地形を示す．偽火山地形＊の一つ． 〈鈴木隆介〉

[文献] Shih, T. T. (1967) A survey of the active mud volcanoes in Taiwan and a study of their types and the character of the mud : Petroleum Geology of Taiwan, 5, 259-311.

ていかそんもう　低下損耗　downwasting　削剥によって斜面の勾配がしだいに緩くなる形式で，山地が低下・平坦化することを指す．斜面の減傾斜，従順化ともいう．W. M. Davis (1899)が侵食輪廻における山地の削剥過程において考えていた山地斜面の変化様式であり，尾根部の高度が低下・従順化するとともに，斜面の勾配が減衰する様式の斜面変化を指す．なお英語では，downwearingを使うことも多く，英語のdownwastingはmass wasting (mass movement)の同義語として使われることが多い． ⇨損耗 〈大森博雄〉

ていかはいすい　低下背水　drawdown　河川や開水路の常流（緩やかな流れ）の途中に落差工などの段落ち部や急降下部，流路幅の急な拡大があるとそこで水面が低下し，その影響が上流に伝播し上流の水面も低下する現象をいう． 〈中津川　誠〉

[文献] 日野幹雄 (1983)「明解水理学」，丸善．

でいがん　泥岩　mudstone　粘土からなる堆積岩．無層理のものが多い．石灰質のものを泥灰岩という．シルト岩も含めて泥質岩とよぶこともある．乾湿風化の特性をもち，露頭表面では細片化しやすい．モンモリロナイトの含有量が多い泥岩は特に乾湿風化の速度が大きい．泥岩からなる斜面では地すべりがおこりやすい． 〈松倉公憲〉

ていかんおうち　堤間凹地　inter-ridge depression, furrow, swale　2列以上ある浜堤や砂丘などの高まり（ridge）の間にある相対的に低い部分．この

部分には腐植層や泥炭層があることがあり，浜堤列や砂丘列の発達史や古環境を明らかにするのに役立つ．地下水位の状況によってしばしば堤間湿地 (inter-ridge marsh)，堤間湖沼 (inter-ridge lake) となる．ここを流れる水路は堤間水路 (inter-ridge channel) とよばれる．⇨浜堤(列)平野，砂浜海岸(図)　〈福本 紘〉

ていかんこしょう　堤間湖沼 inter-ridge lake ⇨堤間凹地

ていかんしっち　堤間湿地 inter-ridge marsh ⇨堤間凹地

ていかんすいろ　堤間水路 inter-ridge channel ⇨堤間凹地

ていかんていち　堤間低地 inter-ridge lowland　2列の浜堤*の間の低地で，堤間湿地，堤間凹地，堤間湖沼，堤間水路などを含む細長い低地の総称．複数の堤間低地と浜堤で構成される低地が浜堤列平野*である．　〈鈴木隆介〉

ていきあつ　低気圧 low pressure　周囲に比べて気圧が低いところを指す．水蒸気を含んだ大気が上昇するとき，凝結熱が発生すると温度がその分下がらないので，低気圧となる．低気圧は下層の水蒸気の多い大気を周囲から吸い込み，気流上昇の過程で低気圧の原因をさらに強化させることがある（低気圧の発達）という意味で，大気を動かす熱エンジンの働きをしているといえる．低気圧では水蒸気の凝結によって雲が形成され，広範にわたる降水となることがある．熱帯の，特に海域では対流活動が盛んで，低気圧が発達しやすい（熱帯低気圧）．このうち特に大規模に発達したものが台風である．また前線*では上昇気流が活発となり低気圧が発生し発達する（前線低気圧または温帯低気圧）．〈野上道男〉

ていきあつせいこうう　低気圧性降雨 cyclonic precipitation　低気圧による降雨（水）．低気圧の中心から前方に降雨の分布域が広がる．ただし低気圧に伴う前線の降雨と区別できないことも多い．低気圧がその地域の北側を通るか南側を通るかによって天候や降水量の時間的推移は異なる．〈野上道男〉

ていこうけいすう　抵抗係数 friction coefficient　水流が河床や海底から受ける抵抗の大きさを表す係数．抵抗係数 f と底面から受ける抵抗力（剪断応力）τ との関係は $\tau=(1/2)f\rho v^2$，ここに v は流速，ρ は水の密度．　〈宇多高明〉

ていこうせい　定高性【山地の】 summit-level accordance, accordance of summit level　山地の主要な尾根の高さがほぼ揃っている状態をいう．近くでみると起伏の変化の著しい山脈（例：赤石山脈）も遠方からみると，スカイライン*がほぼ水平にみえる．そのような状態を'定高性がある'と表現する．特に北上・阿武隈山地のように山頂部に小起伏面*が広く発達する山地では，定高性が顕著にみられ，その接峰面*では山頂部が平坦になっている．〈鈴木隆介〉

ていこう（ほう）そく　抵抗（法）則 law of resistance　一様な流れの中にある物体，あるいは静止している流体中を一定速度で移動する物体に働く力に関する法則．一般的に，物体に働く力は，物体の形状や大きさ，速度，流体の密度などによって決まる．速度に応じて，ストークスの抵抗法則*，ニュートンの抵抗法則*などがある．〈倉茂好匡〉

ていこうりょく　抵抗力 resistance (of landform material) ⇨地形物質の抵抗力

ていこん　底痕 sole mark　単層の底面にみられる構造の総称．ソールマークともよばれる．一般に，泥層表面にできた初生的堆積構造を砂，シルトが充填することで保存され，砂層，シルト層底面に鋳型 (cast) として見いだされる．初生的堆積構造は水流（流痕，current mark），不等荷重（荷重痕，load mark），収縮（収縮割れ目，shrinkage crack），生物（生痕，trace fossil）により形成される．〈関口智寛〉

デイサイト dacite　シリカ鉱物に富む珪長質な火山岩のうちカリ長石よりも斜長石に卓越する岩石．化学組成の上では，SiO_2 含有量が 60～75 wt% の範囲にある．斑状を呈し，斑晶として石英，斜長石，輝石，角閃石，黒雲母などを含み，石基はガラス質のものから完晶質のものまである．大部分はカルクアルカリ系列に属する．日本では「石英安山岩」と称されていたが，斑晶として石英を含まないことも多いため，この名称は適切ではない．〈太田岳洋〉

デイサイトしつマグマ　デイサイト質マグマ dacitic magma　地表に噴出して固結すればデイサイトをつくる組成をもつマグマ．日本列島のような島弧系では上部マントルで生成した玄武岩質マグマが上昇してモホ面付近に大量に留まり，それを熱源として地殻下部の岩石が部分融解してデイサイト質マグマができる．噴出温度はおおよそ 800～1,100℃ である．⇨デイサイト　〈宇井忠英〉

ていざん　低山 low mountain　山頂の海抜高度が欧米・日本などでは 500 m 以下，中国では 1,000 m 以下の，低高度で小起伏の山地を指す．低

山性山地ともいうが，丘陵（丘陵地）ということが多い．Penck（1894）はアルプス，それを取り巻いて分布する中高度の山地，さらにその外側の低高度の山地を念頭に，ヨーロッパの山地をHochgebirge（高山），Mittelgebirge（中山），Hügelland（丘陵地・低山）に分けた．高度区界が厳密に決められているわけではないが，欧米では海抜高度が500 m以下の山地を低山（丘陵），500～2,000 mを中山，2,000 m以上を高山とすることが多い．日本では辻村（1923）が，山頂と山麓との高度差で表される起伏（日本では，ほぼ海抜高度とみなせる）に基づいて，欧米のそれぞれに対応させて，山頂高度が500 m以下で，起伏が300 m以下の山地を岡阜地（丘陵地），起伏が1,000 m内外の山地を中連山地（中山），起伏が2,000 m内外の山地を高連山地（高山）としている．また中国では，海抜高度500 m以下を丘陵（hill），500～1,000 mを低山（low mountain），1,000～3,500 mを中山（middle mountain），3,500 m以上を高山（high mountain）としている．一般に，個々の山地は周辺の平地から突出した高まりを指し，平地と山頂との高度差で起伏の大きさを表示することが多い．山地の地形の特徴を海抜高度と起伏の大きさとで表現する場合，両者は連動していることが多いので，通常は高度で区分した類型と起伏で区分した類型はほぼ一致する．しかし厳密には，海抜高度と起伏とは相対的に独立しているので，Davis（1912）は高度だけの分類で山地地形の特徴を包括的に表現するのは困難であるとし，高度と起伏の両方の表記を薦めている．低山（丘陵）は高度が低いため，起伏の大きさも限られる（低高度で小起伏）ので，こうした問題が生じにくいが，例えば，高原から突出した丘陵状山地は"海抜高度の大きい低山性山地"とか，高緯度地域では"低山でも高山地形がみられる"と表現されることがある．⇨丘陵

〈大森博雄〉

［文献］辻村太郎（1923）「地形学」，古今書院．/ Penck, A. (1894) *Morphologie der Erdoberfläche*, I, Ver. J. Engelhorn. / Davis, W. M. (1912) *Die erklärende Beschreibung der Landformen*, B. G. Teubner（水山高幸・守田　優訳（1969）「地形の説明的記載」，大明堂）．

ていざんけい　低山形　low mountain landform　低山の特徴である小起伏で従順な地形を指す．低山地形，低山型，丘陵地形，hill-like topographyともいう．隆起準平原山地の準平原上の残丘などのように，海抜高度が高い山地で，山頂付近の小起伏で丸みを帯びた従順地形の特徴を簡便に表現するときなどにも使われる．⇨低山

〈大森博雄〉

ていしあんそくかく　停止安息角　repose angle after avalanche　⇨安息角

ていじえいりょく　低次営力　geomorphic agent of lower level　独立営力から直接に発源する営力やそれから連鎖的に発生する営力のうちの初期のものを概略的に総称する．⇨地形営力，地形営力の連鎖系

〈鈴木隆介〉

ディジタルマッピング　digital mapping　写真測量*によって地形，地物などの形状・座標などの情報をディジタル形式で取得し，地形図の内容をディジタルデータとして作成する測量で，1995年に国土交通省公共測量作業規程に組み込まれたもの．数値地形測量やDMともいう．また，定められたフォーマットのデータをDMデータとよんでいたが，2008年の公共測量作業規定の準則改正に伴い，現在は数値地形図データとよばれるようになった．GISの背景などに利用される．

〈森　文明・河村和夫〉

［文献］津留宏介ほか（2005）「ディジタルマッピング—公共測量への手引き」，鹿島出版会．

ていしつ　底質【海底の】　bottom quality　海底の地質または堆積物など海底を構成する物質．具体的には泥，砂，礫，岩などがあり，特に船が錨を降ろす際に必要な情報となる．投鉛または採泥器によりこれを採取して判別を行う．底質の分布は過去の堆積環境や現在の流況を反映し，航海目的だけでなく地形発達史や海洋環境の把握にとり重要な情報となる．瀬戸内海では底質分布と潮流の流速分布は極めてよい対応を示し，流速の大きい海峡部では岩が露出したり，大きな礫が分布し，流れがやや減速する海峡の周辺では細かい礫や砂が分布し，流れの遅い灘や湾の海域では泥が分布する．

〈八島邦夫〉

［文献］八島邦夫（2004）瀬戸内海の島および灘と瀬戸の海底地形：太田陽子ほか編「日本の地形」, 6, 東京大学出版会, 210-220.

ていしつ　底質【河川・海岸などの】　bottom material　河川，湖沼，海岸などの水底を構成する物質．堆積物や岩盤やサンゴなどのすべての水底物質を意味する場合と，堆積物のみを意味する場合の二通りの定義がある．後者は主に水質汚染やヘドロなどの環境問題の分野で用いられる．海岸工学の分野では，水面下に限らず海岸を構成する非固結物質を指す．

〈武田一郎〉

でいしつかいがん　泥質海岸　muddy beach　シルトや粘土のような微細な堆積物（粒径0.0625 mm以下）が主要な構成物質の海岸．⇨泥浜

〈砂村継夫〉

でいしつがん　泥質岩 argillaceous rock　ほとんど泥質物からなる堆積岩．アージライト（argillite）とも．〈松倉公憲〉

でいしつそう　泥質層 mud bed　⇨泥層

ていしっち　低湿地 marsh　⇨湿地

でいしつていち　泥質低地 muddy plain (lowland)　主としてシルト・粘土よりなる泥質層によって構成された低地．堆積物中には少量の細礫や植物片あるいは泥炭などを含むことが多い．後背湿地や旧河道等やそれらの複合した低地や谷底平野，特に支谷閉塞低地*などの泥質の河成堆積低地のほか，泥質干潟などの広がる海成の泥質低地や浜堤列間の低地などの泥質堆積物からなる低地も含む．⇨低地，河床堆積物　〈海津正倫〉

［文献］鈴木隆介（1998）『建設技術者のための地形図読図入門』，第2巻，古今書院．

ていじゅうりょくいじょうがたカルデラ　低重力異常型カルデラ caldera of low gravity anomaly type　負の重力異常（質量欠損）を伴うカルデラ．カルデラの地下に，周囲よりも密度の低い物質が存在するためと考えられる．Crater Lake（北アメリカ）・屈斜路・支笏・洞爺・阿蘇・姶良・阿多カルデラなど，クラカトア型カルデラに特徴的．一般に，カルデラの中心部ほどより大きな負の重力異常を示すことから，この型のカルデラの地下には密度の低い多量の物質（砕屑物）が逆円錐体状に存在していると考えられている．⇨高重力異常型カルデラ

〈横山勝三〉

［文献］Yokoyama, I. (1963) Structure of caldera and gravity anomaly : Bull. Volcanol., 26, 67-72.

でいしょうかせん　泥床河川 mud bed river (channel)　河床堆積物の多くがシルトや粘土で構成される河川．河床勾配は極めて緩やかで，一般的に0.0001以下である．日本では多くが三角州でみられるが，大陸の特に大河川では山地河川区間を含む河川であっても，かなり長い区間が泥床河川である場合もある．泥床河川の流路形態は，その位置する地形場によって異なり，蛇行流路，分岐流路，網状分岐流路といったさまざまな形態をとる．可航河川である場合が多い．⇨流路形態，河床，河床堆積物　〈島津　弘〉

［文献］鈴木隆介（1998）『建設技術者のための地形図読図入門』，第2巻，古今書院．

ていじょうクリープ　定常クリープ steady-state creep　⇨クリープ

ていじょうは　定常波 standing wave, standing oscillation, stationary wave　進行波*と反射波*が重なり合って形成された波．水面が上下に運動するだけで，波形は進行しない．〈砂村継夫〉

ていじょうりゅう　定常流 steady flow　流体内の各点において速度が時間的に変化しない流れ．定流ともよばれる．〈宇多高明〉

ていす　堤州 barrier　⇨沿岸州

でいす　泥州 mud bar　⇨州

ていすいい　低水位 low water level　1年を通して275日はこれを下回らない流量を低水流量と称し，それに対応する水位のこと．9カ月水位（275-day water level）ともいう．もしくは，ある河川において平均水位*より低い水位をいい，それらを平均した水位を平均低水位という．〈中津川　誠〉

ていすいこうじ　低水工事 low water works　平常時の河川の流路を整備するための工事．おもに灌漑用水を包む各種用水や舟運などのために行うが，洪水の疎通を図るためにも行われる．河岸工事，浚渫工事，取水・排水に関する水利施設の設置などが含まれる．〈中津川　誠〉

ていすいろはば　低水路幅 width of low water channel　河川において平常時に流水のある部分を低水路といい，その幅をいう．〈中津川　誠〉

ディスロケーションモデル dislocation model　食い違いの弾性論（elasticity theory of dislocation）に基づき，半無限の広がりをもつ弾性体内部の剪断変位によって生じる変位場を求める理論．媒質の弾性定数，断層面の位置と形状，断層面上の変位の向きと食い違い量を変数とする関数の形で与えられる．断層運動の静的パラメータを地表変位から推定する上で重要．⇨断層パラメータ　〈小松原　琢〉

［文献］Okada, Y. (1992) Internal deformation due to shear and tensile faults in a half-space : Bull. Seismol. Soc. Amer., 82, 1018-1040.

ていせん　汀線 shoreline　陸と海との境界線．厳密には，一波ごとに異なるので，境界線を引くことは困難である．一般には波浪の影響を無視し，対象とする海岸の潮位を基準とした高潮（位）汀線（high water shoreline），中等潮（位）あるいは平均汀線（mean water shoreline），低潮（位）汀線（low water shoreline）などが用いられる．⇨海岸線

〈砂村継夫〉

でいせん　泥線 mud line　沿岸域*の泥質堆積物の分布範囲のなかで，最も水深が浅いところを連ねた線．一般に汀線付近の海底では波や沿岸流など

の営力によって常に底質が移動・運搬されているため，底質は砂質あるいは砂礫質な堆積物からなり，泥は堆積できない．このような営力は水深が深くなるとともに減衰するため，沖側に向かって泥が堆積するようになる．したがって泥線は波や流れの作用の限界を知るための指標の一つとなる．一般に内湾では浅く，外洋では深い． 〈村越直美〉

ていせんさいは　汀線砕波　shore break 汀線付近で生ずる砕波．海底勾配の小さな海岸やバー海岸では波が汀線に到達するまでに砕波とリフォームを繰り返し，最終的に汀線付近で砕けて海浜を遡上する．したがって汀線砕波は最終砕波となる．ただし，襲来波浪が非常に小さいとき，あるいは礫浜のように汀線の直前が急に深くなっている海岸では砕波は汀線付近で起こる1回のみの場合も少なくない． 〈武田一郎〉

ていせんひょうさ　汀線漂砂　beach drifting ⇨漂砂

でいそう　泥層　mud bed, mud layer 泥*からなる単層，あるいは泥が卓越する地層（泥質層）．このうち，シルト*粒子を主体とするものがシルト層，粘土*からなるものが粘土層である．固結したものは，それぞれシルト岩層，粘土岩層とよばれる． 〈増田富士雄〉

ていそうぎゃくりゅう　底層逆流　undertow ⇨底層流

ていそうしつげん　低層湿原　low moor ⇨湿原

ていそうりゅう　底層流　undertow, bottom current ①砕波帯内で生じる底面に沿う沖向きの強い流れ．英語では undertow が用いられる．砕波により運び込まれた水が沖に戻ることによって生じる．以前は底層逆流や波引き流れとよばれていた．②砕波帯より深い海域における底面に沿う流れ．英語では bottom current という．波浪によって堆積物が動かされる最大の水深（⇨移動限界水深）よりもはるかに深い海洋底で平均数十cm/sにも及ぶような流れの存在が知られている． 〈砂村継夫〉

ていそくどそう　低速度層　low velocity layer 一般に地球内部では深さが増すと圧力が上がるため，岩石は圧縮されて地震波速度が増大する．しかし地震波の速度が上下に比べて遅い層が存在する場合もある．そのなかでも，グーテンベルグ（B. Gutenberg）の地震波速度構造モデルで認識されるようになった上部マントル内の低速度層は，近似的に剛体とみなされるプレートが水平に移動しやすく

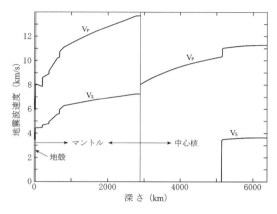

図　地震波の速度構造（Dziewonski and Anderson, 1981に一部加筆）

なるので，プレートテクトニクスにとって極めて重要な役割を果たす．地震学の進歩により，この層は海洋部では約70〜250 kmの深さに明瞭に識別されるようになり，S波速度が0.3 km/s程度遅いことが明らかになった（図）．ふつうの大陸部でも約100〜120 kmの深さに，上下のS波速度と比べて約0.3 km/s遅い層として識別されるが，シールド地帯（楯状地）など古い地質構造域ではその存在は顕著でない．低速度の原因として部分溶融説が有力であるが，温度の効果，水を含む相や格子欠陥の存在などにより説明されると主張する研究者もあり，決着がついているわけではない． ⇨アセノスフェア 〈西田泰典〉

ていたいせき　底堆石　ground moraine ⇨モレーン

ていたいひょうが　停滞氷河　stagnant ice, dead ice 流動を停止した氷河．デッドアイスともよばれる．ネパール・ヒマラヤのクンブ氷河が代表的で，厚いティル*に覆われている． 〈紺屋恵子〉

ていたにみつど　低谷密度　low drainage density ⇨谷密度（図）

ていだん　汀段　berm ⇨バーム

でいたん　泥炭　peat 沼沢地や湖沼などの水分過剰な嫌気性環境下では，微生物や地中動物の活動が抑えられるため，枯死した植物遺体の分解が進まず，植物の組織が識別できる黄褐色ないし暗褐色の堆積物ができる．これを泥炭とよび，泥炭を堆積させる作用を泥炭集積作用という．日本ではサロベツ湿原や釧路湿原，尾瀬ヶ原，霧ヶ峰の八島湿原，北海道・東北の高山など，湿潤で寒冷な地域で泥炭の堆積が広くみられる．

泥炭を形成する植物は，湿原植物のうち，ミズゴケ，ワタスゲ，ヌマガヤ，ホロムイスゲ，ヤチヤナギ，ツルコケモモ，ヤマドリゼンマイ，ヨシなどだが，時にハンノキやダケカンバ，マツなどの樹木の遺体が堆積して泥炭をつくる場合があり，それをとくに森林泥炭とよんでいる．泥炭には，湿原植物がその場で枯死してできる場合と，植物遺体や侵食によって分離した泥炭が流水で運ばれて別の場所に堆積する場合があり，それぞれを自生泥炭*，他生泥炭*とよぶ．

泥炭は大部分が完新世の産物で，成因としては，湖沼が堆積物によって浅くなり，湖底にヨシなどの抽水植物が繁茂してできる場合と，乾いた土地や森林が沼沢化してできる場合があり，それぞれ陸化型泥炭（泥炭地としての名称は陸化型泥炭地），沼沢泥炭（同じく沼沢化型泥炭地）とよばれている．前者には後氷期の海面上昇によって生じたラグーンや入江が陸化して泥炭地になったものも含まれ，後者には河川の氾濫や排水不良，多雪化，湧水，雲霧などが原因となって生じたものが入る．

泥炭は環境の変化を示す堆積物として環境解析にきわめて有効である．たとえば泥炭を構成する植物の変化や，泥炭そのものの分解度の変化から，堆積時の気候や水文条件の変化を読み解くことができる．また泥炭は層中に花粉や胞子，珪藻などを含んでおり，これらの分析によって，過去の植生や水文環境などを復元することも可能である．

泥炭の堆積速度は日本では年に $0.5\sim1.5\,\mathrm{mm}$ ほどであるが，低位泥炭地は高位泥炭地よりも堆積速度が大きく，気候の温暖な時期の方が寒いときより大きくなる傾向がある．またツンドラ地帯よりも熱帯地域の方が速い．熱帯では一般に生物による分解が活発なために泥炭の発達はよくないが，分解量を上回る植物遺体の堆積があれば，泥炭は形成されるから，コンゴ盆地やインドネシア，マレー諸島などで厚い泥炭の堆積が生じているところがある．

〈小泉武栄〉

[文献] 阪口 豊 (1974)「泥炭地の地学」，東京大学出版会．

でいたんしつそう　泥炭質層 peaty layer　泥炭を多く含む層．泥炭とは植物遺骸などが十分に分解されず堆積した物質であり，有機物の堆積速度が分解速度を上回る環境下で形成される．泥炭の90％以上は，有機物の分解速度が小さい北半球寒冷域の湿原に分布する．　〈関口智寛〉

でいたんしゅうせきさよう　泥炭集積作用 peat accumulation process ⇨泥炭

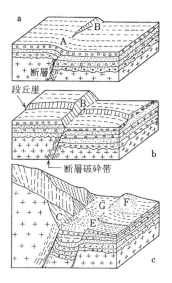

図　種々の撓曲崖・断層崖（岡田原図）
a：撓曲崖と低断層崖，b：段丘面・段丘崖を切断する低断層崖，c：断層崖を構成する三角末端面と崖麓の逆向き低断層崖・ふくらみ・小地溝．
（A：撓曲崖，B：低断層崖，C：三角末端面，E：逆向き低断層崖，F：ふくらみ，G：小地溝）．

ていだんそうがい　低断層崖 fault scarplet　扇状地や段丘面を切断して形成された低い断層崖（図）．活断層崖（active fault scarp）ともよばれる．活断層の認定にとって重要な存在．1回の地震時に生じた崖は地震断層崖（earthquake scarplet）とよばれ，通常数m程度の崖高であるが，こうした活動が繰り返されて，低断層崖が形成される．通常，数十m程度までの崖高のものをいい，100mを越すような高い崖は断層崖とよばれる．詳しい空中写真や地形図の判読によって，顕著な活断層沿いには低断層が多く検出されてきた．　⇨断層崖　〈岡田篤正〉

でいたんち　泥炭地 peatland, fen, mire．泥炭の堆積している場所．北イングランドでは moss，アイルランドでは bog という．泥炭は湿潤な場所にできやすいため，そこには湿原植物が生えているのが普通である．湿原植物の生育している場所は湿原あるいは湿地とよばれるが，そこに常に泥炭があるわけではないので，湿原と泥炭地は同義ではない．

泥炭地の形成や性格を支配する最大の要因は水である．泥炭地を涵養する水は，降水，地表水，地下水に分けられる．低位泥炭地*ではこの3つがすべて涵養水となるが，高位泥炭地*の場合は，涵養する水はほとんど降水に限られる．スウェーデンの第

四紀地質学者 L. von Post はこのことに基づき，降水を主たる涵養源とする泥炭地を降水涵養性（ombrogen）泥炭地，地表水を主たる涵養源とする泥炭地を地表涵養性（soligen）泥炭地，その存在と発達が地形に支配されている泥炭地を地形性（topogen）泥炭地とよんだ．

地表水，地下水は泥炭地に栄養塩類を運び込むため，湿原植物は富栄養性となる．これに対し，涵養水が降水に限られる場合，泥炭地の植物は貧栄養性となる．このように泥炭地を涵養する水は，同時に泥炭地の植生も規定する．そのため，前述の高位，中間，低位の泥炭地はそれぞれ，貧栄養性，中栄養性，富栄養性泥炭地とみなすことも可能である．

泥炭地は日本では石狩平野や手塩平野，仙台平野，新潟平野，九十九里平野といった海岸沿いの低地と，中部以北の新期火山や日本海側多雪山地を中心とした一帯に広く分布する．しかし小規模なものは浮島ヶ原（静岡県），肝属平野（鹿児島県）など各地にある．世界的にみると，分布の中心は北半球の湿潤寒冷な高緯度地域，とくにイギリス，北ドイツ，スカンジナビア半島，フィンランド，西シベリア，カナダ南部にある．大部分が最終氷期に氷河に覆われた地域もしくは亜寒帯針葉樹林帯に含まれる．氷河に覆われた地域には氷食によって生じた湖や凹地が無数にあり，泥炭の生成に好適である．これに加え，亜寒帯の寒冷湿潤な気候が泥炭の形成を促進したといえる．なお泥炭多産地域の南限が7月の平均気温20℃の線に一致することが知られており，北海道もこの限界線の内側に位置している．〈小泉武栄〉

でいたんど　泥炭土　peat soil　泥炭*を母材とする有機質土．含水比（80〜1,290％），強熱減量（20〜28％），間隙比（2〜21），および圧縮指数（3〜11）が極めて大きく，乾燥密度（0.86〜1.49 g/cm^3），比重（1.13〜2.60），剪断強度（0.08〜0.20 kgf/cm^2），一軸圧縮強度（0.1〜0.5 kgf/cm^2）およびN値（4以下）が著しく小さい．すなわち，泥炭土は極めて支持力の小さい軟弱地盤を構成する．したがってそれが厚く堆積する地区では，盛土の沈下やすべり破壊，掘削面の崩壊などが発生しやすく，建設技術的には施工困難な場合が多い．〈松倉公憲〉

ていち　低地　plain, lowland　河川，海，湖沼沿いの平滑でほぼ平坦な土地であり，もし人工堤防などの防災工で保護されていなければ，100年に一度程度の頻度で起こる大規模な出水や暴浪のときに冠水するような相対的に低い土地である．その低さは周囲の山地・丘陵・段丘・火山などに対しての低さであって，海抜高度（標高）ではない．よって，高所に位置する盆地底の平坦地（例：長野盆地善光寺平や群馬県尾瀬沼湿原）も低地である．低地と段丘で構成される広い平坦地は一括して平野*とよばれる．低地は，その平坦さの形成過程によって，堆積低地*と侵食低地*に二大別される．前者は，過去の谷や入江に河流や沿岸流で運ばれた岩屑（砂礫や泥）が堆積（埋積とも）して生じた平坦地であり，周囲の山麓線は出入りに富む．後者は山地・丘陵・段丘を刻む河谷の谷底が河川の側方侵食で拡幅されたり，岩石海岸（磯）が波浪の侵食で後退したりして生じ，その周囲の山麓線は比較的に滑らかな弧状である．一方，低地は，それを生じた地形営力によって，河成低地*，海成低地，風成低地，有機質低地*（サンゴ礁など）などに分類され，さらに細分される．⇨地形の5大区分　〈鈴木隆介〉

[文献] 鈴木隆介（1998）「建設技術者のための地形図読図入門」．第2巻．古今書院．

ていちかこくきょくりゅう　定置下刻曲流　intrenched meander　⇨掘削蛇行

ていちかせん　低地河川　river in lowland (plain)　河川のうち，山地や段丘を刻む山地河川*に対し，低地を流れる河川．低地河川のうち，河成堆積低地を流れる河川を沖積河川*とよぶことがある．低地河川は，流路幅や流路形態*などの平面的特性，河床縦断曲線，河床勾配などの縦断の特性などをもつ．流路形態からは網状流路，蛇行流路，分岐流路，網状分岐流路，直線上流路に区分され，また，河床堆積物*により，岩床河川，角礫床河川，礫床河川，砂床河川，泥床河川，人工固定床河川に区分することができる．このうち，砂礫床河川や砂床河川の河床には砂連，砂堆など小規模な河床形態*や，交互砂州，複列砂州等の中規模の流路州とよばれる河床形態がみられる．さらに，河水の時空間的特徴から，末無川や水無川などを含む間欠河川，湧泉に起源をもつ湧泉川，旧流路跡を流れる名残川，延長川，伸長川，湖尻川，盆地尻川，天井川や人工河川などが分類・定義される．〈海津正倫〉

[文献] 鈴木隆介（1998）「建設技術者のための地形図読図入門」．第2巻．古今書院．

ていちしゃめん　底置斜面　bottomset slope　⇨三角州

ていちそう　底置層　bottomset bed　⇨三角州堆積物

ていちのしぜんさいがい　低地の自然災害　natural disaster in plain (lowland)　低地は低く起

伏が小さいという特徴をもつ．そのため，古くから水害による被害が特に顕著であり，わが国では河川堤防，輪中*，海岸堤防などの防災対策が活発に行われてきた．一方，低地を構成する地層が軟弱な沖積層よりなることが多いため，地震時の被害も大きく，特に液状化災害が注目されている．また，臨海低地では津波や高潮による災害も重要な問題となっている． ⇨水害，液状化［砂地盤の］，内水災害
〈海津正倫〉

ていちめん　底置面　bottomset flat　⇨三角州

ていちゃく　定着【地形物質の】　emplacement (of landform material)　定置ともいう．堆積とほぼ同意であるが，一般には，河川流送物質のようにバラバラの粒子が順に静止（堆積）するのではなくて，集団になって移動（滑動，流下，地下からの上昇など）していた物質が静止すること．地すべり移動体の静止，陥没などや，火山噴出物のうち火砕流，溶岩流，火山岩屑流などが陸上や空中，水中などを移動して最終的にある場所に静止すること．一方，空中に放出された降下火山砕屑物が地表に落下して静止するのは堆積という．定着で生じた新たな地形は原地形*である． ⇨堆積　〈鈴木隆介〉

［文献］鈴木隆介（2000）『建設技術者のための地形図読図入門』，第3巻，古今書院．

ていちゃくいき　定着域【地すべりの】　settled area (of landslide)　⇨地すべり地形（図）

ていちゃくひょう　定着氷　fast ice　⇨海氷

ていちょう　停潮　stand of tide　高潮*あるいは低潮*の前後で海面の昇降がほとんどない状態．
〈砂村継夫〉

ていちょう　低潮　low tide, low water　潮位の低い状態．干潮とも． ⇨潮汐　〈砂村継夫〉

ていちょうい　低潮位　low tide level　⇨大潮平均低潮位，小潮平均低潮位，平均低潮位

ていちょういベンチ　低潮位ベンチ　low tide platform　⇨波食棚

ていちょうかいがんせん　低潮海岸線　low water shoreline　⇨海岸線

ていちょうせん　低潮線　low tide line　最低水面（⇨潮汐基準面）が海底と交差してできる線．領海や排他的経済水域を設定する際の基本的な基線．
〈小田巻　実〉

ていちょう（い）ていせん　低潮（位）汀線　low water shoreline　低潮時における陸と海との境界線．地形学用語． ⇨汀線　〈砂村継夫〉

ディップスロープ　dip slope　⇨傾斜斜面

でいど　泥土　mud　⇨泥

ていとう　堤島　barrier island　⇨バリア島

ティトヒル　tithill　フィリピンでは，炭酸塩岩地域における溶食によって形成された凸地形をティトヒルとよぶ．プエルトリコのペピノ*やヘイスタック*と，キューバのモゴーテ*と同意語とされているが，フィリピンのティトヒルは円錐カルストに近い形態を示し，流水の作用は弱く，溶食作用がまさっていると思われる．
〈漆原和子〉

ていないち　堤内地　protected land　河岸に設けられた堤防に対して河川と反対側にあたる，人間が生活や生産を営む土地のこと．一方，堤防に対して河川側の土地（堤防によって守られていない土地）を堤外地*（riverside land）とよぶ．かつて輪中堤によって低平地の住居が守られていたことからこのような呼び名が生まれたと考えられている．
〈木村一郎〉

ていはいすいみつど　低排水密度　low drainage density　⇨谷密度

ていばん　底盤　batholith　造山帯に分布する花崗岩質の大規模な貫入岩体．バソリスとも．底盤を，露出面積が100 km^2以上のものを底盤，それ以下のものを岩株（ストック）と分けることがある．岩株の中で形態の丸いものを岩瘤（ボス）という．
〈松倉公憲〉

ていひょう　底氷　bottom ice　⇨海氷

でいひん　泥浜　mud beach　「どろはま」ともよばれ，シルトや粘土といった非固結細粒物質（粒径0.0625 mm以下）からなる海岸．波浪作用の弱い湾頭部や半島などで遮蔽された水域で，潮差の大きい場所に多く分布する．緩い海底勾配のため遠浅．汀線の陸側には特徴的な地形は発達していない．大潮差の泥浜では潮間帯に複数列の凹凸の地形（intertidal bar）が発達していることが多い．
〈砂村継夫〉

ていへいか　低平化　flattening, planation　⇨平坦化作用

ディベンジアンひょうき　ディベンジアン氷期　Devensian glaciation　⇨ブリティッシュ氷床

ていぼう　堤防　dike, dyke（英），levee　河川の氾濫や海岸への波浪や高潮の侵入を防止するために築かれる構造物．　〈砂村継夫〉

ていぼうけっかいたいせきぶつ　堤防決壊堆積物　crevasse splay deposit　⇨破堤堆積物

ていぼくりん　低木林　scrub　低温や乾燥が際立ってくると，樹林は次第に樹高を低下させ，低木

からなる群落を形成する．例えば熱帯・亜熱帯で温暖湿潤な立地から次第に乾燥が増してくるとアカシア属などのトゲ植物からなるトゲ低木林が成立する．一方，山岳地域の樹木限界のように低温・強風に晒されるような立地では，森林を構成する高木種が低木化して低木林を形成する．日本の山岳地域における森林から高山荒原への移行帯には普通ハイマツ低木林が出現する．ハイマツは遺伝的に匍匐型の形質をもっており，森林が成立しえない立地に群落を形成するが，その群落高は一般に積雪深に依存する． 〈岡 秀一〉

[文献] Okitsu, S. and Ito, K. (1984) Vegetation dynamics of the Siberian dwarf pine (*Pinus pumila* Regal) in the Taisetsu mountain range, Hokkaido, Japan : Vegetatio, 58, 105-113.

ていめんすべり 底面すべり basal sliding ⇨氷河流動

ていめんとうけつがたひょうが 底面凍結型氷河 cold-based glacier 氷河の底面が圧力融解温度未満にある氷河．底面が凍結している場合には氷の底面流動が起きないと考えられるため，氷河の動力学を考える上で有用な氷河分類． ⇨底面融解型氷河 〈杉山 慎〉

ていめんゆうかいがたひょうが 底面融解型氷河 warm-based glacier 氷河の底面が圧力融解温度にある氷河．底面に融解水が存在する場合，底面すべりや堆積物の変形などによる氷の流動が起きるため，氷河の動力学を考える上で有用な氷河分類． ⇨底面凍結型氷河 〈杉山 慎〉

でいようがん 泥溶岩 mud lava ⇨溶結凝灰岩

ティライト tillite 固結したティル*．ティライトの分布および層序から，古生代・先カンブリア代における複数回の氷河時代の存在が明らかにされた．ゴンドワナランドの古生界ティライトは，ウェゲナー*（A. Wegener）が大陸移動説を実証するために利用したことで有名である． 〈長谷川裕彦〉

ていりゅう 定流 steady flow ⇨定常流

でいりゅう 泥流 mudflow 火山泥流（多量の水を含む火山岩屑流）を指すことが多いが，広義には，火山とは無関係に，水と細粒の砕屑物（細礫，砂，シルト，粘土）の混合した密度流で，重力に従って低所に流下する．豪雨で崩落した新第三系や第四系の細粒堆積岩の崩落物質に由来する広義の土石流（土砂流），また雪泥流も水の多い泥流となる．それらでは，顕著な流れ山（泥流丘）が生じず，滑らかな堆積面が生じる． ⇨火山岩屑流，土石流，火山泥流，ラハール，流れ山，雪泥流 〈鈴木隆介〉

でいりゅうきゅう 泥流丘 mudflow mound ⇨泥流，流れ山

でいりゅうたいせきぶつ 泥流堆積物 mudflow deposit 泥流や火山岩屑流などの堆積物．泥流は，本来，流動中の泥の流れを意味するが，その堆積物も"泥流"と表現する場合が少なくない．また，流動時に多量の水を含む火山岩屑流や火山岩屑流堆積物が，しばしば単に泥流または火山泥流などとよばれてきた． ⇨火山岩屑流，ラハール 〈横山勝三〉

でいりゅうてい 泥流堤 mudflow levee ⇨火山岩屑流原

ていりゅうりょういき 低流領域 lower flow regime ⇨ロアーレジーム

ティル till, glacial drift, boulder clay 氷河により運搬され，氷河から直接放出されて堆積した未固結の氷成堆積物・氷河堆積物．氷河の流動と関連して生成される一次ティルと，氷河からの放出後に様々なプロセスを経て生成される二次ティルとに区分される（表）．二次ティルはティルに含めないとする意見もある．近世ヨーロッパでは，迷子石（erratics, erratic boulder）とともにノアの洪水起源とみなされ，ドリフト（drift：漂礫土・漂礫粘土）ともよばれた．その後，19世紀前半の氷河起源説・氷山起源説の論争を経て，19世紀後半には広く氷成堆積物であることが認定された．巨礫から粘土までを含む淘汰の悪い堆積物（ボウルダークレイ）であることが多く，無淘汰陸源性堆積物（ダイアミクトン）を代表する堆積物である．

ティルの起源となる岩屑の氷河への取り込みは，氷河底での侵食作用（氷河底起源）のほか，氷食谷壁からの落石・崩壊・雪崩・土石流，およびレス・テフラなどの風成物質の降下により生じる（氷河上起源）．前者は，剥ぎ取り作用（plucking）による基盤岩からの岩片取り込みに加え，氷河下の岩屑が含岩屑底面氷（debris-rich basal ice）として氷河底面に付加されることによって生じる．取り込まれる岩屑も，氷河による生成物質のほか，氷河前進以前にその場に存在した河成層や湖成層など様々である．

氷河に取り込まれた岩屑は，氷河上・氷河内・氷河底を運搬される．さらに氷河下に一時的に堆積したティルや元々存在した堆積物，軟弱な岩盤が氷河による引きずり（basal drag）を受けて運搬されることも知られていたが，近年これも氷河流動の一部として認識されるようになった．このような氷河基底を氷河底変形層（subglacial deforming layer）と

表 堆積環境・堆積場・堆積プロセスに基づくティルの成因分類（Dreimanis, 1989）

堆積環境	堆積場	堆積プロセス	
陸上堆積ティル (terrestrial nonaquatic till)	氷河縁辺ティル (ice-marginal till)	A. 一次ティル（primary till） 融出ティル（melt-out till） 昇華蒸発ティル（sublimation till） ロジメントティル（lodgement till） 変形ティル（deformation till） 氷河テクトナイト（glacio-tectonite） 圧搾ティル（squeeze flow till）	B. 二次ティル（secondary till） フローティル（gravity flowtill） その他の二次的堆積プロセス 地すべり（slumping） 滑動と転動（sliding and rolling） 自由落下（free fall）
水中堆積ティル (subaquatic or waterlain till)	氷河表面ティル (supraglacial till) 氷河底ティル (subglacial till)		

よぶ．氷河上・氷河内のみを運搬される岩屑は，氷河に取り込まれたときの性質を残したまま運搬されるが，氷河基底部・氷河下を運搬される岩屑は削磨作用や破砕作用を受け，特徴的な構造をもつ堆積物へと変化する．前者は砂がちな基質と角礫からなるルーズな堆積物となり，後者は粘土分に富んだ細粒な基質と，ファセットや擦痕を伴う氷食礫を含む亜円・亜角礫とからなり，氷河の引きずりによる多数の剪断面を伴うよく締まった堆積物となる．20世紀中頃には，前者をアブレーションティル（ablation till），後者をロジメントティル（lodgement till）とよぶことが多かったが，その後，複雑なティルの生成プロセスが理解されるようになり，生成場を重視した氷河上ティル（supraglacial till；氷河表面ティル），氷河下ティル（サブグレイシャルティル，subglacial till；氷河底ティル，ベイサルティル，basal till）が使用されるようになった．

ティルの生成プロセスに着目すると，流動中の氷河における氷河底への岩屑の放出とその後の引きずりによるロジメントティル，氷河下での非氷成堆積物引きずりによる変形ティル（deformation till），氷河の融解に伴う氷河上・氷河下への岩屑の融出による氷河上・氷河下メルトアウトティル（supraglacial / subglacial melt-out till），氷河上岩屑の二次的な移動に伴うフローティル（flowtill, flow till）などが区分されている．また，氷河による引きずりを受けて変形したものの，元々の構造を残している岩石・堆積物を，変形ティルと区別し氷河テクトナイト（glacio-tectonite）とよぶ．しかし，実際のティルは，その生成の過程で様々なプロセスを経た多起源性の堆積物であることが多く，明確な成因分類が困難であることが多い．

1990年代以降，現成氷河の含岩屑底面氷と氷河底変形層の観察事例が増加した結果，それらが基本的に同様の変形プロセスを受けていること，相互の間で物質の循環があること（氷河底変形層内に含岩屑底面氷の取り込みがあること：含底面氷岩屑）などが明らかにされ，両者を連続体（basal ice, deforming bed continuum）として捉える考え方が生まれた．ティルの生成プロセスに関する研究は発展途上段階にあり，定義と分類に関しても研究者の合意は得られていない．　〈長谷川裕彦〉

[文献] Dreimanis, A.（1989）Tills: Their genetic terminology and classification : In Goldthwait, R. F. and Matsch, C. L. eds. *Genetic Classification of Glacigenic Deposits*, Balkema, 17-83.／岩田修二（2011）「氷河地形学」，東京大学出版会．

ティルファブリック till fabric　ティル中における砕屑物粒子の空間的な配置をいう．礫サイズの砕屑物粒子，特に中礫の長軸の配列だけを指すことが多く，その場合，クラストマクロファブリックまたは長軸ファブリックともいう．一般に，1地点で50個以上の扁長な礫（長短軸比が1.5以上）について長軸の方位と傾斜を測定し，シュミットネット下半球投影および固有値解析により統計処理する．このようなティルファブリック解析は，堆積プロセス・堆積後プロセス・堆積環境を解明する手段の一つであり，堆積構造や変形構造の解析と合わせて用いられることが多い．　〈岩崎正吾〉

ていれつがたふくせいていち　堤列型複成低地 compound plain (lowland) of strand-plain type　低地を構成する地形種が砂丘のみられる複式地形種や，砂堤列低地を主とし，潟湖跡地や海岸平野などのみられる海成堆積低地の複式地形種によって構成される複成低地（例：九十九里平野や鳥取県米子平野）．⇨低地　〈海津正倫〉

[文献] 鈴木隆介（1998）「建設技術者のための地形図読図入門」，第2巻，古今書院．

ていれつていち　堤列低地 beach ridge plain　⇨浜堤（列）平野

データかいぞうど　データ解像度 data resolution　衛星画像やグリッドDEMなどの空間データがどこまで細かく対象を識別可能かを表す指標．衛星画像では空間分解能（識別可能な近接する2点間の距離），グリッドDEMではグリッド間隔として表現される．ただしグリッドDEMに補間処理，平滑化処理などが加えられている場合は単純にグリッ

ド間隔＝データ解像度とはいえない．グリッドDEMのデータ解像度の評価にあたっては元データの測量方法，DEMの生成手法などに留意する必要がある． 〈勝部圭一〉

デービス Davis, William M. (1850-1934) 米国の地形学者．侵食輪廻説*の提唱者．日本を含む世界各地を広く旅行し，その知見から種々の地形を説明し，近代地形学の祖とよばれる．特に種々の侵食状態を示す各地の山地の地形を，空間-時間置換の仮定*で，幼年期*，壮年期*，老年期*という名称を用いて系統的・経時的に整理し，地殻の急速な隆起で生じた山地は河川によってしだいに侵食されて低くなり，最終的には準平原*と名づけた小起伏で滑らかな緩傾斜面のみの平原になると考えた．また，侵食輪廻を支配する三大要素として，process（和訳：営力，作用など），structure（組織，構造など），stage（時期）の３つを示したが，和訳語は多種多様である． ⇨デービス地形学 〈鈴木隆介〉

［文献］Chorley, R. J. et al.（1973）*The History of the Study of Landforms or the Development of Geomorphology*, Vol.2（the life and work of *William Morris Davis*），Methuen & Co./鈴木隆介（1984）「地形営力」および"Geomorphic Processes"の多様な用語法：地形，5, 29-45.

デービスちけいがく　デービス地形学 Davisian geomorphology　デービスが構築した侵食輪廻を基軸とした地理学的・発生論的地形学を指す．デービス*（Davis, W. M., 1850〜1934：米国の地理学者・地形学者）は，世界各地の地形を研究するとともに，地形の地理学的理解を深めるために，地形学の近代科学化を推進した．特に侵食輪廻説*は現代地形学の発展の基礎をなし，世界の地形学・地理学に大きな影響を与えたとされる．デービス地形学は地理学的地形学と発生論的地形学の二つの性格によって特徴づけられる．

第一に，デービスは場所と住人の関係，あるいは環境とその環境の中の人間の関係を明らかにし，理解するのが地理学の命題であるとし，景観の記載は環境（土地の性状：気候風土）と人間（生活・産業・文化・宗教など）およびそれらの間の関係を理解するのに役立ってこそ意義があると考えていた．したがって地理学における地形学では，現実にそこにある地形の性状そのものを理解することが重要であり，地質構造の記載や地形の形態変化および地質過程を時間系列に並べるという地質的記載は，現在の地形の理解にとって必要な場合に言及される事項であるとされている．逆に，現在の地形を理解するのに必要であれば，地質的事象も地理学で扱うとし，また地理学における地形学は，地質学とは異なるという意味で，"「現在」という一時的な時代を対象とした地質学"であるとも述べている．すなわちデービスは，地形の形成過程の解明を主題とする地質学的地形学とは異なり，"過去から未来へ連続的に連なり変化する地形場の一断面"としての'現在'の地形の性状そのものの理解を主題とする地理学的地形学の構築を目指していた．これが，デービス地形学は地理学的地形学といわれる由縁である．

第二に，デービスはさらに，現在の地形の本質や変異，類似や相違を把握するには，個々の地形についての羅列的な記載ではなく，法則や仮説から演繹して特殊な事実が発生したり，存在したりする理由や原因を明らかにすること，すなわち，説明的な記載が必要であると考えた．そのためには，"検討対象としている地形を，生成・発展・消滅の過程の中に位置づけて系統的に記載し，理解すること"が肝要であると主張し，位置づけの基軸となる'原地形*→次地形*→終地形*（準平原*）'という地形変化の標準的系列（侵食輪廻）を提示するとともに，科学的記載のための多くの用語を創出した．

これがデービス地形学は発生論的地形学，あるいは，'説明的記載を行う地形学'といわれる由縁である．すなわち，それまでの地形の感覚的観察，羅列的記載に対して，デービスは地形の性格や特徴は三つの地形因子，すなわち，structure（地質構造や原地形の形態をも含めた組織），process（作用）およびtime（経過時間・時期）によって決まるとし，これらの明確な視点に基づいて，地形を観察・記載・説明（解釈）すべきであると主張した．したがって，デービス地形学は記載科学（descriptive science）ではなく，説明科学（explicative science）だといわれ，また地形の生成・発展・消滅の中で現在の地形を考察することから，デービス地形学は発生論的科学（genetic science）であるともいわれる．

地形学を記載科学から発生論的説明科学（近代科学）へと発展させたことから，デービスは'近代地形学の祖'とされる．なお，デービス地形学は"演繹的である"とか，逆に"帰納的であり，演繹的ではない"と判断が分かれることがある．この違いは，'侵食輪廻説'を対象にするか，'デービスが狙った地形学'を対象にするかの違いに起因していると思われる．デービスは丁寧な野外観察（特に観察・理解を助け，確実なものとするためのスケッチを推奨した）と帰納的思考（多くの事実の一致点や多数の事例から一

般性を導き出すこと)の重要性を強く指摘し，造山運動，侵食基準面，平衡などに関する当時の地学的知見と，極めて多くの野外観察と事例をもとに，'侵食輪廻'という地形変化の一般系列(地形形式・モデル)を帰納的(inductive)に導き出した．この侵食輪廻モデルは，現在の地形を理解する上での基軸的な視点・考え方，すなわち演繹を行う上での一般原理そのものである．デービスは彼の多くの著作で強調しているように，侵食輪廻の詳細を完成させること自体を目的にしてはおらず，侵食輪廻モデル(地形の変化系列)を思考の基本視点とさせることによって個々の地形の性格や特徴の理解を深化させようとしていた．'現在の地形を変化系列の中で考える'という思考の背景には，「空間−時間置換の仮定」が含まれている．そうした意味で，デービス地形学は演繹的(一般原理から個別事象や特殊性を理解すること：deductive)かつ説明的(explanatory)であるといえる．　⇨地形の説明的記載，侵食輪廻説，空間−時間置換の仮定　　　　　　　〈大森博雄〉

[文献] 井上修次ほか(1940)「自然地理学」，下巻，地人書館．/Davis, W. M. (1912) *Die erklärende Beschreibung der Landformen*, B. G. Teubner (水山高幸・守田　優訳(1969)「地形の説明的記載」，大明堂．/Summerfield, M. A. ed. (2000) *Geomorphology and Global Tectonics*, John Wiley & Sons.

デービスモデル【斜面発達の】 Davis' model (of slope development)　デービス*(W. M. Davis)は，時間の経過とともに斜面は，一時的には急峻になることはあっても，後退しつつしだいに傾斜を減じてなだらかな従順地形*に向かう，と考えた．このような斜面の減傾斜・従順化は，標高 h に対する2階の放物型偏微分方程式である拡散(熱伝導)方程式，

$$\frac{\partial h}{\partial t} = a\frac{\partial^2 h}{\partial x^2}$$

で近似できる．定式化は Culling によって行われたが，これの右辺は標高 h のラプラシアン*である．これは物質の移動量が斜面勾配に比例する場合に，移動物質に対して質量保存則を適用することで導かれる(プロセス・レスポンスモデル*)．この式において $x=0$ にある単位質量の移動拡散過程を示す基本解は，

$$h(x, t) = \frac{1}{2\sqrt{a\pi t}}\exp\left(-\frac{x^2}{4at}\right)$$

で，これは平均値 μ が0，標準偏差 σ が $\sqrt{2at}$ である正規分布である．斜面の減傾斜速度は係数 a に関係するが，係数 a の次元は L^2T^{-1} で時間当たりの拡散面積を与える．このモデルは，凸部で高度低下が，凹部で高度増加が起こることを意味し，土壌で被われた斜面における運搬限定*条件に対して一般に当てはまる．　　　　　　　　　　　〈平野昌繁〉

[文献] Davis, W. M. (1912) *Die erklärende Beschreibung der Landformen*, B. G. Teubner (水山高幸・守田　優訳(1969)「地形の説明的記載」，大明堂．/Culling, W. E. H. (1960) Analytical theory of erosion: Jour. Geol., 68, 336-344.

テーラス talus　急崖や急斜面から落石や乾燥岩屑流などで斜面下方に急速に移動した岩屑が斜面基部に堆積した斜面堆積物．崖錐堆積物*と同義．英国で使用されるスクリー(scree)は同義語．テイラスともよむ．テーラスがつくる斜面はテーラス斜面(talus slope)または崖錐*(talus cone)とよばれ，堆積斜面のなかでは最も急傾斜で，平均傾斜角は30°から40°近くに達する場合もある．テーラスと崖錐はしばしば混同・誤用されるが，前者は堆積物であり，後者はその堆積で生じた地形である．ゆえに，崖錐堆積物は talus の和訳語であり，それを talus deposit と英訳しない．1回の落石によるテーラスでは，細粒岩屑が斜面上方に，粗粒岩屑が斜面下方に堆積し，給源から離れるほど粗粒になる逆級化成層を示す．長いテーラス斜面では，細粒岩屑が後続の落石，乾燥岩屑流，強風あるいは動物歩行などの衝撃力を受けて乾燥岩屑流として再移動し，また豪雨時に土石流(湿潤岩屑流)が発生することがある．テーラスは，①主に落石による落石テーラス(rockfall talus)と②乾燥岩屑流，土石流あるいは雪解け水などに伴うスラッシュなだれ(slush avalanche)などで堆積し，その堆積地形の傾斜は①が②より急である．なお，外見上テーラスに類似しているが，斜面に散在または斜面を薄く覆っている岩屑堆積物はクリッター(clitter)とよばれ，テーラスとは区別される．　⇨タルビュウム　　〈石井孝行〉

[文献] Rapp, A. (1960) Recent development of mountain slopes in Kärkevagge and surroundings, northern Scandinavia: Geografiska Annaler, 42A, 71-200.

テーラスクリープ talus creep　⇨匍行

テーラスしゃめん　テーラス斜面 talus slope　⇨テーラス，崖錐

てきじゅうかせん　適従河川 subsequent river　流路の位置が局所的な地質構造に従う河川．侵食に対する弱抵抗性岩*(例：軟岩，破砕帯)の部分を河川が選択的に侵食して流れる場合をいう．⇨選択侵食　　　　　　　　　　　　　　　〈久保純子〉

てきじゅうかりゅう　適従河流 subsequent stream　地質構造に対する河川の相対位置で分類した河流の一種(次頁の図)．侵食に対する抵抗性

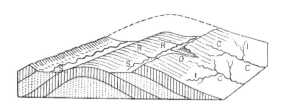

図　地質構造に対する相対位置による河川の分類
（Lobeck, 1939）
C：必従河流，I：無従河流，O：逆従河流，R：再従河流，S：適従河流．

の異なる地層で構成される丘陵・山地において，弱抵抗性の地層が相対的に早く侵食されるので，その部分を流れている河流をいう．〈鈴木隆介〉
[文献] Lobeck, A. K. (1939) *Geomorphology*, McGraw-Hill. ／井上修次ほか (1940)「自然地理学」，地形篇，地人書館．

てきじゅうこく　適従谷 subsequent valley　適従河流が形成した河谷で，弱抵抗性岩に沿って発達している．⇨適従河流　〈鈴木隆介〉

てきせき　滴石 dripstone　水滴石あるいはドリップストーンともいう．炭酸塩岩中の高い圧力のもとで溶解した炭酸カルシウムが，鐘乳洞内の空隙の圧力が低下した環境下で天井から滴下するとき，炭酸カルシウムが過飽和に達し，二次的な炭酸カルシウムの生成物が形成される．これを滴石という．つらら石，石筍，石柱，鐘乳管（ストロー）などを指す総称である．〈漆原和子〉

テクトトープ tectotope　地層が堆積するときの構造地質学的環境を指す用語．安定陸棚，大陸内盆地，地向斜（ユー地向斜，ミオ地向斜）などがある．海洋地質学とプレートテクトニクスの発展に伴い，現在では使われることが少ない．〈酒井治孝〉

テクトニクス tectonics　地殻の構造と活動，特にある地域の地形や地質構造を形成した営力*と運動にかかわる学説を指す．地殻構造や地形，地質構造が形成される構造運動の過程・事象やその産物（変動地形や地質構造）を指すことも多い．構造運動の様式は伸長型・短縮型・横ずれ型の3タイプが基本．その素過程は，反復性や累積性があり，構造発達にかかわるテクトニック（造構性）と一過性のノンテクトニック（非造構性）に区別することがある．活構造や現在の地殻変動，地震，火山活動*などを扱う分野もあり，地形発達の研究や鉱床探査，防災などに役立つ．〈竹内　章〉
[文献] Naumann, C. F. (1849) *Lehrbuch der Geognosie*, W. Engelmann. ／Keller, E. A. and Pinter, N. (2001) *Active Tectonics: Earthquakes, Uplift, and Landscape* (2nd ed.), Prentice Hall.

テクトニックだんきゅう　テクトニック段丘 tectonic terrace　⇨変動段丘

テクトニックバルジ tectonic bulge　活断層により形成された局所的な膨らみ地形．逆断層の上盤側に列をなして形成される場合が多いが，横ずれ活断層沿いにもある．⇨断層変位地形　〈金田平太郎〉

テクトニックマップ tectonic map, geotectonic map　ある地域・地質時代のテクトニクス*にかかわる構造要素の分布を調査し，地殻活動の状況や構造運動の仕組みを表現する地形地質構造図．構造図とも．プレート境界と相対運動ベクトル，変形帯，変動地形や地質構造，火山・震央分布，地殻応力場・歪速度分布などを図示する．必要に応じて，地層・変成作用・火成作用の年代，古生物・古環境データ，旧汀線・段丘分布，地球物理データなどを重ね合わせる．主題図に，活断層ストリップマップや地震地体構造図，構造復元図などがある．〈竹内　章〉

デグラシエーション deglaciation　氷河が消失すること（解氷），およびその過程．氷床や大規模な氷帽氷河の発達した地域では，解氷に伴う荷重の除去により土地の隆起（縁辺地域では沈降：glacial isostacy）が生じる．また，融氷流水が大量に供給されるため，氷河湖の形成やその決壊が生じ，大きな地形変化をもたらす．山岳氷河の発達した地域では，解氷にともなう荷重の除去や水文環境の変化により大小様々なスケールの崩壊が発生する．同時に，グラウンドモレーンやケイム*などの多くの堆積地形が形成される．〈長谷川裕彦〉

デグラデーション degradation　⇨減均作用

デコルマめん　デコルマ面【氷河底の】 décollement surface　氷底堆積物中の，氷河底面にほぼ平行な連続性のよいすべり面．氷河底部の氷が圧力融解点より低い底面凍結型氷河では，氷河底面直下の凍結層（不透水層または難透水層）とその下の非凍結層（透水層）の境界面がデコルマ面となる場合がある．〈岩崎正吾〉
[文献] Benn, D. I. and Evans, D. J. A. (1998) *Glaciers and Glaciations*, Arnold.

デザーティフィケーション desertification　⇨砂漠化

デザートバーニッシュ desert varnish　⇨砂漠ワニス

デザートペイブメント desert pavement　砂漠の表面で細粒物質がほとんどみられず，礫を敷き詰

めたような地面．砂漠舗石，ストーンペイブメント（stone pavement）あるいは砂漠甲冑とも．風によるデフレーション*によって細粒物が除去されることが主成因であるが，シートウォッシュ（布状流出）による細粒物質の除去によって，あるいは凍結や乾湿作用による礫の上方移動・集積によって形成される場合もある．サハラではレグ*，ハマダ*とよばれ，オーストラリアではギバープレーンとよばれる．　　　　　　　　　　　　　〈松倉公憲〉

[文献] Goudie, A. S. (1991) Stone pavements in deserts : Annals of Association of American Geographers, 60, 560-577.

テチスかい　テチス海　Tethys Sea　古生代から新第三紀にかけて，アルプスからヒマラヤを経て東アジアまで繋がっていた海．温暖な環境を示す生物相で特徴づけられる．ヨーロッパアルプスやヒマラヤで発生した大陸間の衝突によって消滅した．⇨大陸移動説　　　　　　　　　　　〈岡村行信〉

てつアルミナしつどじょう　鉄アルミナ質土壌　iron alumina soil　⇨鉄アルミナ富化作用

てつアルミナふかさよう　鉄アルミナ富化作用　ferrallitization　高温・多湿な亜熱帯・熱帯気候条件下において，長時間の風化および土壌生成作用を受けて土壌中の塩基類や珪酸の溶脱が進行し，結果として鉄やアルミニウムの酸化物，主にヘマタイト，ゲータイトおよびギブサイト等が残留して相対的に富化する過程をいう．熱帯のオキシソル*やフェラルソルのB層は同作用の結果生成した鉄アルミナ質層（ferralic horizon）である．湿潤亜熱帯～熱帯にかけて広く分布する鉄アルミナ質土壌は，表層におけるポドゾル化作用と深部に達する鉄アルミナ富化作用の2つの基礎的土壌生成作用の結果生成すると考えられている．アリット化作用*とほぼ同義であるが，アリット化作用は珪酸の溶脱（脱珪酸）が進み，鉄やアルミニウムの酸化物とカオリン鉱物が生成される過程を指す．また，ラテライト化作用という用語はプリンサイト*が硬化してラテライト*が形成される過程に限定して用いられ，土壌生成作用を表す用語としては，鉄アルミナ富化作用を使用する．　　　　　　　　　　　〈前島勇治〉

てつえいようこ　鉄栄養湖　siderotrophic lake　非調和型湖沼の一種で鉄分の含有量が高く，pHは3～4程度を示すことが多い（例：磐梯山・五色沼の赤沼や深泥沼，銅沼）．これらの沼では大量の鉄細菌が繁殖し，水酸化鉄により湖内の水生植物の表面，湖岸や湖底が朱色になる．　〈井上源喜〉

てっきじだい　鉄器時代　iron age　鉄器が主な利器（鋭い刃物）として用いられた時代．利器による三時代法における最も新しい時代である．最も早い地域では，西アジアで紀元前12世紀頃から始まり，日本では弥生時代に鉄器が確認される．
　　　　　　　　　　　〈朽津信明・有村　誠〉

デッケ　Decke（独）　⇨ナップ
デッドアイス　dead ice　⇨停滞氷河
てつばん　鉄盤　iron pan　土壌粒子の表面を酸化鉄が覆い固化したもの．土壌にみられる硬盤層*の一つ．土壌中の鉄は酸化還元の繰り返しによって斑紋や結核を形成するが，これらの斑紋*や結核*が発達して層全体に広がると鉄盤になる．土壌が乾燥している状態では鉄盤であるかどうかの判断は困難なので，1時間水につけても軟化しないかどうかで判断する．わが国では湿性ポドゾルの集積層の上部に薄い鉄盤が形成することがある．熱帯や亜熱帯地域ではプリンサイト*が不可逆的に固化して鉄盤となることが知られている．　〈金子真司〉

てっぺいせき　鉄平石　*teppeiseki*　顕著な板状節理が発達した安山岩の板状岩を通常は指す．建物の壁の張石（内装・外装用）・床の敷石など，建築・建設用石材として広く利用される．長野県諏訪市や佐久市などで産するものが特に著名．ただし，緑色片岩の板状岩を"鉄平石"とよぶこともある．
　　　　　　　　　　　　　〈横山勝三〉

てっぽうぜき　鉄砲堰　temporal wood-dam for wood transportation　日本の山地林業で，木材を流送するために，急勾配の沢に木材でダムをつくり，そのダム湖に木材を貯め，急激にダムを人為的に破壊し，それによって生じた急流で木材を下流に流送するために一時的に建設される堰である．埼玉県秩父地方のほか全国各地で利用されたが，現在ではこの方法は実用されていない．　〈鈴木隆介〉

てっぽうみず　鉄砲水　debris flow, flash flood　土石流*のことを指す場合と，豪雨や，氷雪の急激な融解などのため，山地河川で水流が堰を切ったように，突如，激流として現れることや，都市河川で突如，増水することを指す場合がある．昭和40年代までは，土石流による災害の報道や調査報告において，土石流を指す言葉として用いられることがあった．また，昭和30年代まで，丸太でつくった鉄砲堰*とよばれるダムに貯めた水を一気に流して，切り出した材木を押し流して下流へ輸送するという方法が用いられていた．これを'鉄砲流し'という．この用語の'鉄砲'と同様の用い方である．〈諏訪　浩〉

[文献] 西本晴男（2006）土石流に関する表現方法の変遷につ

いての一考察：砂防学会誌，59 (1)，39-48.／栗原淳一ほか (2007) 2006 年等に発生した鉄砲水に関する流出特性について：自然災害科学，26，149-161.

てとりそうぐん　手取層群　Tetori group　福井県九頭竜川上流域から石川県手取川上流域，富山県常願寺川上流域などに分布する中部ジュラ系〜白亜系．砂岩・礫岩・泥岩からなり，砂岩はしばしばアルコース質．大規模な地すべりが発生する．恐竜化石を含むことで有名．〈松倉公憲〉

テフラ　tephra　降下火山灰・降下軽石・降下スコリアなどの降下火砕（堆積）物や火砕流堆積物を含む火砕堆積物または火砕物の総称．tephra は灰を意味するギリシャ語．アイスランドの Thorarinsson, S. (1944) が降下火砕堆積物に対して"tephra"の語を導入したことに始まるが，近年では，降下火砕堆積物に限定しない用語に変容．テフラを使った編年学（テフロクロノロジー）が進み，国内の主要なテフラの噴出源・年代・分布域等はほぼ把握されている．⇨テフロクロノロジー〈横山勝三〉

[文献] 町田　洋・新井房夫 (2003)「新編 火山灰アトラス」，東京大学出版会．

テフラだいち　テフラ台地　tephra plateau ⇨火山砕屑岩台地

テフラのどうてい　テフラの同定　tephra identification　野外の露頭や堆積物の試錐コアで，テフラ*がどこの火山の，いつの噴出物かを同定することは，テフラ研究の基礎である．それには当該テフラの諸特徴を記載し，既に記載されたどのテフラに対比できるかどうかを判断する．もし未登録なら詳しく特徴，分布，層位を記載する．

テフラは火山岩としての性質と堆積岩としての性質とを兼ね備えている．したがってこの両面から特性を記載する必要がある．前者はテフラ試料の鉱物組成や特定鉱物の化学的性質など，主に実験室で記載する特性で，後者はテフラの岩相，層位，およその年代など，主に野外で特徴記載する特性である．なお一般に珪長質テフラに比べて玄武岩質スコリアは，噴出量が少ないことが多く，かつ似た特性のものが頻繁に噴出・堆積し，風化・土壌化しやすいために，一般に野外観察でも岩石記載的特性でも，対比・同定するのは困難なことが多い．

完新世と後期更新世のデイサイト・流紋岩質テフラの場合，同一堆積型（陸上降下物など）で体積 1 km^3 以上ならば，野外での詳しい岩相と層位の観察から，給源近傍地域（火山から数十 km 以内の距離）で確度の高い対比・同定が可能である．しかし堆積環境が異なる遠隔地間のテフラを対比・同定し，さらにマグマの性格を知ろうとするような場合には，実験室でのテフラ粒子の岩石記載的特性の測定・記載は欠かせない．鉱物組成などの岩石レベルの特性よりも，鉱物種ごと，場合によっては鉱物一粒ごとの化学組成や屈折率特性記載が必要となる．

一枚のテフラは普通複数の単層（一つの噴煙柱の堆積物）からなり，それらの岩石記載的性質は下から上まである範囲で同一である場合も，また変化する場合もある．単層ごとに試料を採取してそれぞれの鉱物組成や特定鉱物の諸性質を詳しく測定する必要もある．それは，テフラそのものの特徴づけに役立つとともに噴火過程やマグマの構造，あるいは他のテフラの混入程度などを知るのに役立つ．

岩石記載によるテフラの特徴づけは多様な方法で進んできたが，テフラの同定はそれらの資料と層位・層相による特徴とを総合して行う必要がある（町田・新井，1992；2003）．〈町田　洋〉

[文献] 町田　洋・新井房夫 (2003)「新編火山灰アトラス」，東京大学出版会．

テフラのふんしゅつねんだい　テフラの噴出年代　dating of tephra　テフラ*の噴出年代には相対年代（層位）と数値年代とがある．前者は第四紀の種々のできごとの層位と層位的に近いテフラとの前後関係から決められる．テフラは広い分布範囲の各地でさまざまな地層，地形，人類遺物・遺跡などと層位関係をもつため，層序・編年を編む場合の基準層となる．一般に第四紀テフラの層序は広域指標テフラを鍵層として組み立てる．その枠組みに第四紀の諸情報を組み入れる．この場合，有孔虫殻の酸素同位体変動を明らかにした海底コアやあるいは離水した海成層についての，主要テフラの層位情報は，テフラに海洋酸素同位体ステージ*（地球軌道要素）年代を提供する．気候・植生変化を示す花粉化石の層序や氷河性海面変化の結果生じた海成段丘とテフラとの関係もこれに準じた，信頼できるテフラの年代を与える．

年縞をもつ湖成層中に挟まれるテフラからは，高分解能の数値年代が得られる．一方，テフラにはそれ自身，放射年代測定が可能な鉱物が含まれることが多い．ジルコンや火山ガラスにはフィッション・トラック法*が適用できる．溶結凝灰岩や特定鉱物には K-Ar 法などが有用であるが，全岩を試料として扱う場合，風化や汚染が年代の信頼性を低める．これについては最近の技術の進歩により，単一の結晶粒で精密測定する方法（SCLF Ar/Ar 法）が可能

になったことは特筆される．放射年代の測定値からテフラの対比が議論される場合があるが，テフラの対比・同定と年代決定とは基本的に別である．特定テフラによって種々の年代測定がクロスチェックされ，信頼性の高い年代値を得るのに役立つ．
〈町田 洋〉

デブリ debris ⇨岩屑

テフリックレスさきゅう　テフリックレス砂丘 tephric-loess dune　海浜砂とともに飛来した二次テフラ物質（テフリックレス）が混在した砂丘をいう．野外での土色は淡黄褐色で，その土性は砂壌土様で通常の砂丘砂と性状を異にする．主に砂画分は海浜起源，シルト画分はテフラ起源からなる bi-modal の粒径組成を有し，また風化テフラ砕屑物層の属性である活性アルミニウムに富み（NaF≧9.5），andic 層の条件を満たす．砂丘中に挟在するクロスナ層は黒ボク土層*と同様の化学，腐植の属性を有する黒ボク砂層からなる．テフリックレス砂丘は江差砂丘（北海道），尻屋崎砂丘（青森県）などにみとめられる．風化テフラ物質の起源は，砂丘の下位に陣屋ローム，尻屋崎ローム各層が存在し，砂丘の前面は海食崖となっており，露出したローム層*は風食をうけて海浜砂とともに搬送されたものである．
〈細野 衛〉

[文献] 谷野喜久子ほか（2003）渡島半島，江差砂丘の構成粒子からみた理化学的性質：第四紀研究，42, 231-245．

デフレーション deflation　細粒物質が風によって吹き飛ばされることによる侵食作用．この作用により岩塊や礫だけが残されるとデザートペイブメント*となる．
〈松倉公憲〉

デフレーションホロー deflation hollow　⇨風食凹地

テフロクロノロジー tephrochronology　火山噴出物は，マグマが火口を通過し地表に噴出するときの状態で，火山ガス（気体），溶岩（液体），テフラ（破砕した固体，広義の火山灰，火砕物）に三分される．これらのうちテフラは高い噴煙柱や火砕流から風で運ばれたり海流で送られたりして，ごく短期間に広域に広がり堆積する．個々の噴火によるテフラは一般にそれぞれ個性をもち，他の地層と見分けることができる．テフラは①ごく短期間の噴出物であること，②水域・陸域を問わず広域に分布すること，③同定でき，④年代資料が得られやすいことなどの性質をもつため，第四紀堆積物の指標層として，火山活動史を復元することはもとより，広域で古環境や種々の環境変化を議論するのに役立ってきた．テフロクロノロジーはテフラのこのような性質を利用した編年法である．火山灰編年学，火山灰層序学と同義．
〈町田 洋〉

デボンき　デボン紀 Devonian（Period）　古生代中期の約 4 億 2,000 万年前から 3 億 6,000 万年前までに相当する地質時代．カレドニア造山運動で代表される地質構造の大変革が生じ，旧赤色砂岩とよばれる陸成砂岩（扇状地堆積物や氾濫原堆積物など）が広域的に形成された．デボン紀は魚類の時代とよばれるほど，魚類が大繁栄した．最古の両生類化石が発見されている．浅海域では，層孔虫，床板サンゴ，四射サンゴが大繁栄し，生物礁を形成した．その他，腕足類，アンモナイト（ゴニアタイト類），コノドントが繁栄した．陸上では，シダ植物が繁栄した．デボン紀後期のフラニアン/ファメニアン（Frasnian/Famennian）境界で，5 大生物絶滅事変の一つである生物の大量絶滅が生じたことが知られている．時代名は，英国デボン州に由来する．
〈江﨑洋一〉

テム TEM　transmission electron microscope ⇨電子顕微鏡

デム DEM　digital elevation model　⇨DEM

デムカ demkha　アルジェリア砂漠の強風が吹く地域に形成されるドーム状砂丘*．
〈成瀬敏郎〉

デュープレックス duplex　褶曲衝上断層帯*や付加体*に特徴的にみられる，上下を変位量の大きいスラスト（⇨衝上断層）で限られ，より変位量の小さいスラストによって分断されたほぼ同一層準の地層からなるレンズ状体が覆瓦状に積み重なった地質構造．上位のスラストをルーフスラスト（roof thrust），下位のスラストをフロアースラスト（floor thrust），レンズ状体をホース（horse）とよぶ．
〈狩野謙一〉

デューン【河流による】 dune　砂礫で構成されている河床に発達する波状の表面形態で，上流側が緩勾配，下流側が急勾配の非対称な三角形状の縦断面を呈する．同様な形状を示す砂床形に砂漣*があるが，これよりも規模が大きく，通常波高約 4 cm 以上，波長 60 cm 以上のものをいう．デューンは流れが常流*の条件下で形成され，下流方向に移動する．形成もしくは下流移動に必要な流速は砂漣のそれより大きい．構成物質が砂だけではなく礫が混合している場合や，礫だけの場合も形成され，日本語では砂堆とよばれる．紛らわしい術語に砂礫堆*がある．これは，砂堆よりも規模の大きい河床形態*である砂州を示す．なお射流*により形成さ

れるデューンに類似した地形を アンティデューン*という. 〈遠藤徳孝〉

デューン【気流による】 dune ⇨砂丘

デューン【潮流による】 dune 潮流により海底に形成される大規模で（10^0～10^1 km のオーダーの広がりをもつ）なだらかな凸面を呈する砂礫の堆積体. 砂堆あるいは海底砂州ともよばれる. その多くは頂部水深が数 m 以内の浅い海域にある. 瀬戸内海では, 海峡の出口付近に歪んだ円形や楕円形を呈して発達しているタイプと, 岬の先端付近や島の周辺から細長く帯状に発達するタイプとがみられる. いずれも, 海峡部や岬・島周辺での凹地（海釜*）の形成に伴って生産された砂礫が強い潮流によって運搬され, 流速が減衰したところに堆積して形成されたものであるが, 海峡部付近にみられるデューンの形成には 恒流* が重要な役割を果たしている. 〈砂村継夫〉

［文献］八島邦夫（1998）海底砂堆地形の形成機構に関する一考察：海上保安大学校研究報告, 理工学系, 43 (2), 15-34.

テュムラス tumulus, pressure ridge, Schollendom（独） 流動性に富む玄武岩溶岩流の表層の殻がドーム状に盛り上がった地形. 高さは一般に数 m 以下, 稀に数十 m. ショーレンドームとも. 溶岩流内部の溶融溶岩の動き（圧力）で表層の（固結した）殻が押し上げられて生ずる. 表層殻が押し割られて, 割れ目から溶岩が流出することも多い. 溶岩流の流れの方向に沿うやや細長い輪郭のものが多く, これが特に長いものはプレッシャーリッジとよぶ. なお tumulus は tumuli の複数形であり, 一般に複数形でよばれる. 〈横山勝三〉

デュリクラスト duricrust 半乾燥地域などにみられる硬質の風化殻で, 土壌の表層部に形成されることが多い. 鉄分の多いフェリクレート, シリカの多いシルクリート, カルシウムの多いカルクレートなどがある. これらの形成には, 雨季と乾季とが交互に繰り返される半乾燥気候条件下で, 鉱物の溶解によってもたらされた鉄・シリカ・カルシウムを含む地中水が, 土壌表層の乾燥に伴う毛細管現象によって土壌表層部に移動・濃集することが関わっていると考えられている. 〈西山賢一〉

［文献］Goudie, A. S.（1973）*Duricrusts in Tropical and Subtropical Landscapes*, Clarendon Press.

テラセット terracette 非固結物質からなる斜面で等高線に沿って細長く, 平行に発達する棚状・階段状の微地形. 規模は, 踏面（tread）の幅と急斜部分（riser）の比高が数 cm から数 m 程度, 長さが数 m から数十 m である. 成因はいくつかあり, 例えば小規模で浅い地すべりを含むマスムーブメント, 家畜などの動物の踏み跡, 断層運動などが考えられている. 丘陵の牧草地では羊・牛など踏み跡や通路に顕著なテラセットが形成され, シープトラック（sheep track）, キャットルトラック（cattle track）ほか様々な名称が与えられている. テラセットは匍行* の証拠とも考えられているが, 上述のように, そうとは限らない. 〈石井孝行〉

［文献］Rahn, D. A.（1962）The terracette problem：Northwest Science, 36, 65-80. ／Carson, M. A. and Kirkby, M. J.（1972）*Hillslope Form and Process*, Cambridge Univ. Press.

てらどまりそう　寺泊層 Teradomari formation 新潟県中部の海成中上部中新統. 新潟・柏崎間の寺泊が模式地. 下部は暗黒褐色泥岩と細粒砂岩の互層, 上部は黒色泥岩と細粒砂岩の互層. 凝灰岩を挟む. 層厚 200～2,000 m. 南の西山丘陵, 東山丘陵背斜部に露出するが, 新潟平野地下深くに広がる. 約 1,400 万年前から 700 万年前まで, 中新世中期の中頃から後期の途中までの時期の半深海堆積物. 下の七谷層, 上の椎谷層などと, 新潟中部の新第三紀の標準層序をつくる. 地すべり地形やケスタが多く発達する. 〈石田志朗〉

テラロッサ terra rossa 地中海沿岸に分布する赤色の重埴土. 赤いバラの色をした土壌を意味するラテン語である. 母材や生成要因を限定せずに用いている俗称であるため, 専門用語としては用いられなくなってきた. 今日では炭酸塩岩の上に発達する赤色の土壌は地中海性赤色土とよばれている. 地中海沿岸には古生代から中生代の石灰岩が広く分布し, この石灰岩は長期間にわたり溶食が進行することによって残渣が土壌化し, 粘土含量の高い土壌を生成する. 夏高温で乾燥する地中海性気候のために, 土壌中に含まれる鉄は, 効果的に赤色化作用を受け, 鮮やかな赤色の土壌を生成する. 地中海性気候であることが, 鉄の結晶化を促進させているため, 土壌中でヘマタイト（赤鉄鉱）の結晶を形成している場合が多い. 石灰岩地域では, ドリーネ底に限定的に分布する地中海性赤色土はブドウ栽培に用いられ, タンニンの多い赤ブドウ酒の生産に適しているといわれている. モンスーン気候下の日本では, 湿潤なために, たとえ石灰岩地域において赤色の土壌を生成しても, 鉄の含量は少なく, 鉄はゲータイト（針鉄鉱）の結晶形を示し, 土壌特性は赤色土, 黄色土に近い. 〈漆原和子〉

テラロッシャ terra roxa ブラジルの玄武岩・

輝緑岩質の塩基性岩に由来する成帯内性土壌*. これにはテラ・ロッシャ・レジティーマ（Terra Roxa legitima）とテラ・ロッシャ・エストルトウラーダ（Terra Roxa estruturada）とがある. 両者とも表層には大きい粒状構造があり, 下層は赤紫色を呈する. 前者はラテライト化作用による産物（ラトソル*）であり, 造岩鉱物・粘土鉱物などは風化が進行して少なく, アルミニウムや鉄酸化物が大半を占める. 表層のA層には有機物を5〜6%含み, その土層は深く, 下層は細粒構造で, ブラジル特産物のコーヒーやサトウキビの栽培に適する. 後者は下層に柱状構造が発達し, 粘土皮膜も認められ, 赤黄色ポドゾル性土である. 〈宇津川 徹〉

[文献] 松井 健（1988）「土壌地理学序説」, 築地書館.

デルタ delta ⇨三角州

デルタフロントたいせきぶつ デルタフロント堆積物 delta-front deposit ⇨三角州堆積物

デレ dell 傾斜数度以下の緩傾斜で凹形斜面の谷壁斜面をもつ浅い谷または浅い凹地をいう. 種々の形成過程のものがあるが, 主として周氷河作用*で生じ, 融雪期や豪雨時を除けば流水がないので, 乾谷（かんこく）ともよばれる. 日本では北海道東部の火山灰台地に同様のデレが多く分布している. なお, ケスタ崖基部の弱抵抗性岩の地区に発達する浅い谷もデレとよばれ, 扁谷（へんこく）という和訳語が与えられたが, 現在では全く使用されていない. 〈鈴木隆介〉

テレイン terrain オリエンテーリング競技を行うために地主などの許可を受け, オリエンテーリング用地図*が作成されている場所. オリエンテーリング用語. 〈島津 弘〉

てんき 天気 weather ある場所の任意時刻における大気*の総合的状態（晴れや曇り, 雨や雪, 風向・風速, 気温や湿度など）をいう. その場所での短期間の天気の状態を天候という. ⇨気象, 天気図 〈野上道男〉

でんきしきせいてきコーンかんにゅうしけん 電気式静的コーン貫入試験 electric cone penetration test 種々の計測器を搭載したコーンを地盤に一定の速度で貫入させることにより, 先端抵抗・間隙水圧などを測定する試験. JGS 1435-2003の基準では, 先端角$60\pm2°$, 底面積$1,000\pm200$ mm^{2}のコーンを速度20 ± 5 mm/sで貫入させて先端抵抗と間隙水圧を測定する. 先端抵抗・間隙水圧・周面摩擦抵抗を測定する三成分コーン, 三成分だけでなく電気伝導度・弾性波・密度・含水比なども測定できる多成分コーンも一般的に使用されている. 〈若月 強〉

[文献] 地盤工学会（2003）地盤工学会基準 JGS 1435-2003「電気式静的コーン貫入試験方法」.

てんきず 天気図 weather map ある地域における特定時刻の大気の状態図. 学術用語としてはmeteorological chart, synoptic weather chartとよばれる. 数字, 等値線, 特殊な記号（天気図記号）を用いて表現した地図. 地上の大気の状態を示す地上天気図と上層のそれを表す高層天気図とがある. 天気図がカバーする範囲は, 目的によりさまざまな大きさのものがある. 〈野上道男〉

でんきたんさ 電気探査 electric survey 地下の岩石や鉱物などがもつ電磁気学的特性の差異に着目し, 人工的または自然に発生した電場の諸量を測定することにより, 地下の構造や状態を推定する物理探査法. 電気探査には, 利用する電磁気学的特性や電場の発生方法などの違いにより多くのバリエーションがあるが, 最もよく利用されているのは, 比抵抗法電気探査である. これは, 地表に電極を打設し, 直流電流を大地に流すことによって生ずる電場（電位差）を他の電極間で観測し, 地下の比抵抗分布を解析するものである. 地下の比抵抗分布によって表現される地下構造は, 比抵抗構造とよばれる. 比抵抗法は, 古くから, 垂直探査, 水平探査としてよく利用されてきたが, 近年は測線下の比抵抗分布断面を可視化する2次元比抵抗探査が主流である. 電気探査によって求められる比抵抗は, 地質や土質の種類によって異なるほか, 間隙の多少や含水状態, 金属鉱物の存在, 間隙流体の比抵抗, 温度などを反映する. 比抵抗構造からこのような地下の状態を解釈するのが電気探査である. 〈斎藤秀樹〉

でんきでんどうど 電気伝導度【岩石・鉱物の】 electrical conductivity 岩石・鉱物は金属のような導体と異なり半導体としての性質をもつため, その電気伝導度σ（単位：S/m；比抵抗の逆数：$1/\Omega$ m）は温度上昇につれ, $\sigma=\sigma_0 \exp(-E/kT)$で上昇する. σ_0, E, k, Tはそれぞれ, 伝導機構によって決まる定数, 活性化エネルギー, ボルツマン定数, 絶対温度である. また, カンラン石-スピネル転移（⇨カンラン石-スピネル相転移）にみるような, 圧力に関連した相変化でも電気伝導度の急増がみられる. さらに, 溶融体やイオンを溶存する水など伝導度の高い物質を含む媒質は, マントルの部分溶融層では結晶粒界を, 地殻の水の場合では空隙, 割れ目などを用いて液体が有効に連結したネットワークを形成している場合に極めて良導的になる. 〈西田泰典〉

でんきでんどうど　電気伝導度【水の】 electrical conductivity　水が電気を通しやすいかどうかを表す指標であり，単位は $\mu S/cm$（マイクロジーメンス・パー・センチメートルと読む）が使われる．ECと略称されることも．水中に含まれる電解質濃度（イオンになって溶けている塩類濃度）の総量が多いほど値は高くなる（ただし，電荷をもたない珪酸は伝導度の値には影響しない）．河川水の電気伝導度の計測をすることにより大まかな流域の水文地質特性が把握できる．　　〈松倉公憲〉

でんきでんどうどいじょう　電気伝導度異常 conductivity anomaly　太陽活動など地球外部に起因する地磁気短周期変化は，空間的波長が長い．それにもかかわらず場所によっては数十kmしか離れていないのに，上下（Z）成分の振幅が異なっていたり，はなはだしくはその符号が逆転したりする現象がみられる．これは外部磁場変化により地球内部に誘導される電流がつくる磁場が，地殻や上部マントルの電気伝導度の不均質性を反映して非一様であるために起こり，電気伝導度異常という（CAと略称）．電気伝導度の不均質性は，一般の岩石と比べて極めて良導的な海水，含水性堆積層，マグネタイトやグラファイトなどの伝導鉱物を含む岩石，溶融マグマの分布や温度構造の不均質などに起因する．そのため，電気伝導度異常の観測・研究は，弾性波速度や密度とは独立な物性値に基づいて，水理学，テクトニクス研究，火山学などに貢献する．現在では，磁場の観測だけではなく，磁場と電場を同時に観測して地下電気伝導度構造を推定するマグネトテルリック法と併せて議論されることが多い．
〈西田泰典〉

でんきでんどうりつ　電気伝導率 electrical conductivity　溶液の比抵抗の逆数で，電気伝導度またはECともいう．土壌では一般に，乾土に対して5倍量の水を加えた懸濁液を測定する．単位はS（ジーメンス）を用い，$dS\,m^{-1}$で表す．土壌中の全可溶塩類の大まかな尺度となる．この値が高い土壌ほど，陰イオンや陽イオン含量が多く，目安として，全可溶性塩$(mg\,L^{-1})=640\times EC(dS\,m^{-1})$である．畑土壌では，硝酸態窒素が多く存在することが多く，過去に電気伝導率を目安に元肥窒素の施用量を加減していた．0.5以下では標準施肥，0.5～2で適宜減肥，2以上では生育障害が起こるので除塩が必要．　　〈田中治夫〉

てんきよほう　天気予報 weather forecast　1週間くらい先までの天気*を予想すること．静止気象衛星*（ひまわりなど）の画像によってそれまでの雲の変化や移動を把握できるようになったことに加えて，地域気象シミュレーション（動気候学*）の精度が高まり，予報が当たる率が実用レベルに達している．地域気象シミュレーションの対象外である長期予報（3カ月，6カ月）は平年値に基づいて季節推移に関する経験則から行われるので，全く異質のものである．
〈野上道男〉

てんこういじょう　転向異常【河川の】 turning anomaly　河川の，一般的流向に対する急激な方向転換．河川は大局的に直線状，弧状に流れるが，ある地点で直角・鋭角に急に方向転換することがある．この転向異常には，流域変更を伴う場合と伴わない場合がある．流域変更を伴う転向異常には，生存競争（併合），河川争奪*，火山体の形成，断層変位などによるものがある（図）．流域変更を伴わない転向異常には，差別侵食*，地すべり，火山活動などによるものがある．⇒河系異常　　〈斉藤享治〉

[文献] 鈴木隆介（2000）『建設技術者のための地形図読図入門』，第3巻，古今書院．

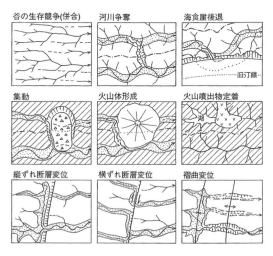

図　流域変更を伴った転向異常の主な類型（鈴木，2000）
　　破線は過去の流路を示す．

てんさい　天災 natural disaster　自然災害と同義であるが，特に甚大で，広域的（半径でいえば数百kmの範囲）に発生した場合を指す日常語である（例：大規模な地震，津波，噴火，台風などによる災害）⇒人災　　〈鈴木隆介〉

てんさいかあつれつひっぱりしけん　点載荷圧裂引張り試験 point load test　二つの半球状突起の間に供試体を挟んで荷重を加え，その引張り強度を求める試験．整形することができない岩石や礫など

の供試体の引張り強度を測定する際に利用される．
⇨圧裂引張り試験，非整形強度試験　〈八反地 剛〉

てんざいてきえいきゅうとうど（たい）　点在的永久凍土（帯）　sporadic permafrost　⇨永久凍土

テンシオメータ　tensiometer　地下水の不飽和帯において，負の圧力水頭を測定する装置．素焼きのポーラスカップを水管の先に付けて土中に埋め込み，ポーラスカップ中の水と土壌水がなじんで水圧が平衡になったときの圧力を測定する．圧力を土中で測る場合は水管中の水位を，地上で測定する場合は水銀マノメータや圧力ゲージなどを用いる．測定限界があり，圧力水頭 $-800\,\mathrm{cmH_2O}$ 以下になるとポーラスカップに空気が侵入するため測定できなくなるが，水の移動がない範囲となるのであまり重要ではない．　〈池田隆司〉

でんしきじゅんてん　電子基準点　GNSS-based control station　国土地理院が設置・管理する国の基準点の一種で，GPS*をはじめとする GNSS により常時その位置を測定しているもの．20～30 km 程度の間隔で全国に 1,200 点あまり設置されている．ステンレス製の高さ 5 m の塔の頂部に GNSS 衛星の電波を受信するアンテナがあり，塔の内部に他の受信装置や通信装置が納められているものが一般的．測地測量の座標系の管理と地殻変動の監視を主な目的としている．測定データは公開されているので，GNSS 測量での既知の基準点として使用することもできる．　⇨基準点，GNSS 測量，ジオネット
〈熊木洋太〉

でんしけんびきょう　電子顕微鏡　electron microscope　通常の光学顕微鏡が観察対象に光（可視光線）をあてて拡大するのに対し，光のかわりに電子線をあてて拡大する顕微鏡．粘土鉱物などの微小な粒子を観察するのに適している．電子線をあて，対象物から反射してきた電子から得られる像を観察する走査型電子顕微鏡（scanning electron microscope: SEM）と，対象物を透過してきた電子を拡大して観察する透過型電子顕微鏡（transmission electron microscope: TEM）の 2 タイプがあり，それぞれセム（SEM），テム（TEM）と略称される．
〈松倉公憲〉

でんしこくど　電子国土　Digital Japan　国土地理院が地理情報整備の目指すべき姿として提唱している概念．様々な国土に関する地理情報を基盤データのもとに統合し，コンピュータ上に仮想的な国土を構築しようというもので，国土地理院はその実現のためのツールとして，電子国土基本図*やさまざまな主題図をインターネットで利用できる地理院地図（2013 年に電子国土 web システムから名称変更）を無料で提供している．　〈宇根 寛〉

でんしこくどきほんず　電子国土基本図　Digital Japan basic map　国土の現況を表す最も基本的な電子地図．国土地理院が従来の 2 万 5,000 分の 1 地形図に替わる国の基本図として 2009 年から新たに整備を開始した．位置の基準となる骨格的な地理空間情報である基盤地図情報と地形や植生，構造物等の一般的な地理情報を統合した「地図情報」，空中写真を正射変換したデジタル画像である「正射画像（オルソ画像）情報」，居住地名や自然地名などから位置を検索するための「地名情報」からなる．国土地理院の地理院地図により閲覧できるほか，他の 2 万 5,000 分の 1 地形図等の基礎となるデータとして用いられる．　⇨基盤地図情報．　〈宇根 寛〉

でんしスピンきょうめいほう　電子スピン共鳴法　electron spin resonance dating　熱ルミネッセンス（TL）法とよく似た方法である．岩石中の放射性物質の壊変の際に発せられる放射線や宇宙線によって，通常は対電子として存在している試料中の電子の一方がはじき出されて不対電子が形成され，結晶中の格子欠陥や不純物に捕獲され，蓄積される．その量は放射線総被爆量と比例するので，静磁場の下でマイクロ波吸収により不対電子の量を検出し，1 年あたり生成される不対電子の量から年代を算出する．ESR 法ともよばれる．

TL 法では測定できない化石骨，貝，サンゴ，有孔虫なども対象にでき，その他，石英，長石，火山ガラス，チャート，フリント，石膏，リン酸塩，洞窟堆積物など多くの試料を非破壊で年代を測定できる．その年代測定範囲は炭酸塩では 20 ka～2 Ma，フリントではさらに古い時代まで可能とされる．TL 法と同じ 4 つの仮定が成り立つことが前提で，同様の問題を抱える．しかし最近，総被爆線量や外部放射線量を推定する方法が改良され，標準化も試みられつつある．　〈町田 洋〉

でんしせんマイクロアナライザー　電子線マイクロアナライザー　electron probe micro analyzer　試料の表面に針のように細い電子線（電子プローブ）を照射し，そこから発生する特殊 X 線（蛍光 X 線）を捉えることで，微小部分に含まれる化学元素の含有量を知ることができる装置．面的な元素分布を可視化できる機能も有しているので，風化殻や風化皮膜などの分析に有効である．EPMA と略称される．　〈松倉公憲〉

[文献] Matsukura, Y. et al. (1994) Formation of weathering rinds on andesite blocks under the influence of volcanic gasses around the active crater of Aso volcano, Japan: *In* Robinson, D. A. and Williams, R. B. G. eds. *Rock Weathering and Landform Evolution*, John Wiley & Sons, 175-192.

でんしへいばん　電子平板　field computer　タブレット型コンピュータに地形測量用のソフトウエアを組み込み，トータルステーション*やGPS測量機で地形を計測しながら地形の編集を行う測量機器．測量現地でそのままCADデータを生成できる利点がある．⇨TS地形測量，平板測量
〈正岡佳典・河村和夫〉

てんじょうがわ　天井川　raised bed river　人工堤防を何度も高く築造したことにより河床の高さが周囲の低地（堤内地*）より高くなった河川．二階川とも．人工堤防が築かれると，堤防内に土砂が堆積する．土砂が砂礫の場合，流水が浸透するために，運搬力が弱まり，洪水時に運搬されてきた土砂がより堆積しやすくなる．堤防内が土砂によって埋められると，河床が高くなる．堤防からの越流を防ぐために堤防のかさ上げをすると，ますます河床が高まってしまう．その結果，河床が周囲の低地よりも高くなる．天井川となりやすい河川は，古くから開発された地域の扇状地河川（扇状地をつくる礫床河川*），流送土砂の多い河川などである（例：神戸市住吉川や滋賀県草津川・百瀬川）．
〈斉藤享治〉

てんせき　転石　① float：地山から切り離されて，斜面の表面（例：崖錐，崩落堆）に残っている大小様々な岩塊．② boulder, block：一見，地山の岩盤のようにみえるが，実は運搬されてきたり，転がり落ちてきたり，巨大地すべりで移動した大きな岩塊もあるので，例えば地層の走向・傾斜などの測定では注意を要する．
〈横山俊治〉

てんたいしょうとつプロセス　天体衝突プロセス　impact cratering　天体衝突プロセスは，衝撃蒸発・溶融過程など高エネルギー現象から，惑星物質の掘削・堆積過程など低エネルギー現象まで様々なものを含む．惑星の地形進化の観点からは，衝突掘削・堆積過程によって衝突クレーターが形成する効果と，その後に引き続いて起きる変形過程が重要である．現在の地球上での地形形成において天体衝突プロセスがもつ寄与は極めて小さいが，月，火星，水星など比較的小型の岩石質の惑星・衛星やガニメデ，カリストなど一部の氷惑星などに残る非常に古い（30億～35億年以上前の）時代に形成された地形には，天体衝突プロセスの寄与は非常に大きい．惑星地形に対する天体衝突プロセスの寄与度は，また，各惑星の内的活動（火成活動，地殻変動など）の高さと相反関係にある．例えば，金星，火星，月とサイズが小さい星（したがって内的活動度が低い星）を順番にみていくと，クレーター地形の卓越度は高くなっている．天体衝突が及ぼす地形への影響には，クレーターの掘削孔やイジェクタ（ejecta）堆積層をつくることによって地形の凹凸を増す効果のみならず，地形の凹凸を平滑化する効果もある．この効果は，実効的に地形を侵食する過程であるので，地形の衝突侵食（impact degradation）とよばれる．衝突侵食は，小さな天体が多数衝突して，無数のクレーターが形成される場合に特に顕著である．したがって，月や水星など大気をもたないために小天体衝突頻度が高い星の地形進化に特に重要である．天体衝突が引き起こす地形変動の最終プロセスは，変形過程とよばれ，主に2段階に分かれる．第1段階は，天体衝突の衝撃力によって直接作られる過渡クレーター（transient crater）の壁面の崩落および底面の隆起である．これらの過程によって，おわん状の形をした過渡クレーターから平底や中央丘，環状構造などをもつ複雑クレーター（complex crater）へと遷移すると考えられている．また，巨大クレーターでは，クレーター底面の隆起に伴ってモホ面の隆起が起き，その結果，アイソスタシーの回復（多くの場合には部分的回復）が起きることがある．変形の第2段階では，アイソスタシーを保ったまま，地殻物質が水平方向に流動し，地形の平準化を促進する．この過程は，地殻物質の粘性流動に起因するため，粘性緩和（viscous relaxation）ないし地殻内水平流動（crustal lateral flow）とよばれる．また，粘性緩和運動は，第1段階に比べて非常に長い時間がかかるという特徴ももつ．⇨衝突クレーター，隕石孔
〈杉田精司〉

テントいわ　テント岩　tent rock　主に非溶結の火砕流堆積物で構成される一種の土柱．大きいもので高さ10 m以上，基底直径は数m以上に及ぶものがある．カッパドキア（トルコ）やバイアスカルデラ周辺地域（ニューメキシコ州）などでは，各地にテント岩が密集した場所がある．テント岩の密集地は一種の悪地（バッドランド）であり，顕著な侵食地形であるが，その形成要因や形成過程などの詳細はわかっていない．⇨悪地，土柱
〈横山勝三〉
[文献] 横山勝三（2003）「シラス学」．古今書院．

てんとう　転倒　topple　⇨トップリング

てんどう　転動　rolling　流体（水や空気）による地表面（水底を含む）上の物質移動様式の一つで，物質が回転運動をしながら運ばれることをいう．球形に近い物質が平滑面で始動するときに観察されやすく，滑動*と同様に，移動量が極めて少ない段階，つまり，移動限界掃流力をわずかに超えた流体条件下で生じやすい．転動する粒子の多くは，底面や粒子の凹凸形状をきっかけにして，躍動*へと遷移する．厳密な意味では，物質の一点が常に底面と接した回転状態といえるが，その認定は容易ではない．
⇨掃流運搬　　　　　　　　　　　　　　〈小玉芳敬〉

デンドロクロノロジー　dendrochronology　⇨年輪年代学

てんねんきねんぶつ　天然記念物　natural monument　保護・保全を法律や条例で定められた動物，植物，地質鉱物とそれらを含む地域．国指定の天然記念物は，文化庁（文部科学省の外局）所管の文化財（国宝・重要文化財，重要無形文化財，民俗文化財，史跡，名勝，天然記念物，選定保存技術など）の一つで，「文化財保護法」（1950年に制定）によって保護されている．文化財保護法の前身は1919年に公布された「史蹟名勝天然紀念物保存法」である．指定対象は，動物，植物，地質鉱物および天然保護区域で，2008年5月現在982件指定されている．このうち75件が，特別重要とされる特別天然記念物に指定されている．地質鉱物では，秋芳洞（山口県），根尾谷断層（岐阜県），大根島の溶岩隧道（島根県）など17件が特別天然記念物に指定されている．地形そのものが指定されているといえる天然保護区域では，次の7件が特別天然記念物に指定されている．上高地（長野県），尾瀬（福島県・群馬県・新潟県），黒部峡谷の猿飛ならびに奥鐘山（富山県），大雪山（北海道），薬師岳の圏谷群（富山県），昭和新山（北海道），岩間の噴泉塔群（石川県）である．国が指定するほかに，都道府県や市町村，特別区においても天然記念物を指定することができる．これらは各地方自治体の文化財保護条例に基づいており，各教育委員会が編集している文化財目録などで確認することができる．　　　　　　〈岩田修二〉

てんねんきょう　天然橋【河海や乾燥地の】　natural bridge, natural arch　河流や波，あるいは風などの侵食営力によって形成された，岩盤からなるアーチ状の地形．自然橋ともよばれる．河谷の場合は穿入蛇行*の頸状部が侵食された結果，両岸をまたぐように形成される．海岸の場合では岬の付根と先端部とをつなぐように発達したり，非常に小規模な入江の湾口部に形成されたりする．いずれの場合も岩盤中の脆弱部分の存在が初期形成要因となっていることが多い．特に，波食でつくられたものを海食アーチ*，海食橋とよぶ．　　　〈砂村継夫〉

てんねんきょう　天然橋【カルストの】　natural bridge, natural arch　炭酸塩岩の地下に地下川が形成された後に，地表部の落下によって地表の原形が失われたあと，あたかも石橋のようにかつての地下川の天井部分の一部がとり残された姿をいう．石橋の下に相当する位置にかつての地下川が流れている場合と，すでに川を失っている場合とがある．米国ユタ州のレインボーブリッジ（長さ85 m，高さ94 m）やバージニア州のナチュラルブリッジ（長さ27 m，高さ59 m），スロベニアのラフコ・シュコツヤン（長さ32 m，高さ41 m，トンネル部分のアーチの最高高度36 m）などがある．帝釈峡（たいしゃくきょう）の雄橋（おんばし）や秋吉の白魚洞（はくぎょどう）付近にも天然橋が存在する．　　　〈漆原和子〉

てんねんこうしん　天然更新　natural regeneration　林学における植栽および播種の対語．植栽によらず，自然状態で供給される種子から発生した稚樹により更新を行うこと．薪炭林などにおいては種子供給源となる大木を伐り残し天然更新を促すこともあった．　⇨天然林　　　〈若松伸彦〉
［文献］大住克博ほか（2005）「森の生態史」，古今書院．

てんねんじしゃく　天然磁石　lodestone　⇨ロードストーン

てんねんダム　天然ダム　landslide dam, natural dam　自然現象（地震・降雨・火山噴火など）によって，谷壁斜面や支流の土砂・岩体が急激に移動し，河谷を閉塞して背後に湛水する現象．人工的に構築されたダムと比べると，堤体が不安定であるため，満水になると決壊し，洪水段波となって下流に流下し，激甚な災害が天然ダムで発生することが多い．天然ダム，自然ダム，地すべりダム，土砂ダム，土砂崩れダム，震災ダムなど様々によばれている．Schuster（1986）は世界の事例を集計し，landslide dam, constructed dam, glacial dam と分類した．その分類では landslide が日本語の地すべりより広い意味で使われている．長野県西部地震（1984）による御嶽崩れによって形成された天然ダムの安定性の問題から，Schuster だけでなく，日本でも多くの調査・検討が始まり，田畑ほか（2002），水山ほか（2011）で，今までの調査・研究成果が集大成された．2004年の新潟県中越地震や2008年の中国四川省大地震，岩手・宮城内陸地震，2011年の紀伊半島

水害で多くの調査・研究が進み，対応策が注目された．⇨河道閉塞　　　　　　　　　　〈井上公夫〉

[文献] Schuster, R. L. (1986) *Landslide Dams : Processes, Risk, and Mitigation*, American Society of Civil Engineers. ／田畑茂清ほか（2002）「天然ダムと災害」，古今書院．／水山高久ほか（2011）「日本の天然ダムと対応策」，古今書院．

てんねんダムさいがい　天然ダム災害 disaster caused by outburst flood of natural dam　⇨天然ダム

てんねんりん　天然林 natural forest　人工林の対語で，人工林以外のすべての森林を指す．人為を受けても極相林の種類構成を保っている二次林も天然林に含まれる．なお，過去に一度も人間による大きな破壊行為を受けていない森林は天然林の一つとして原生林である．アマゾン川流域やシベリアには原生林が残されている．一方，日本では原生林に相当する森林は皆無である．天然林は人工林と比べ，生物相が多様で，林床には後継樹となりうる前生稚樹が多く存在する．木曽の天然ヒノキ林は伐採活動を受けており，原生林ではないが，植林や播種などの活動がないことから天然林に分類される．⇨天然更新　　　　　　　　　　〈若松伸彦〉

てんのうかいざんれつ　天皇海山列 Emperor seamount chain　⇨海山列

てんのうせいけい　天王星系 Uranian system　天王星は27個の衛星をもつ．いずれの衛星も表面は氷で覆われており，ミランダ，アリエル，ウンブリエル，タイタニア，オベロンの5衛星は半径数百kmの大きさをもつ．ミランダやアリエル，タイタニアの表面には巨大な地溝帯や流動地形がみられ，かつての大規模な地質活動の痕跡と考えられている．一方でウンブリエルやオベロンには目立った地質学的特徴がなく，衝突性のクレーターが表面を埋め尽くしている．表層を構成する氷は主にH_2Oであるが，窒素/炭素化合物（アンモニアやメタンなど）の氷も存在する．⇨氷衛星　　〈木村　淳〉

てんば　天端 crest　擁壁*，護岸*や堤防*などの構造物や法面*に対して使われる言葉であり，構造物の上面ならびに法面の最上部の平坦面などを指す．天端高さとは，一般に構造物や法面全体の高さを指すことが多いが，まれに擁壁などの上面や法面最上部の平坦面の標高を指す場合もある．
〈南部光広〉

てんびんだに　天秤谷 pole valley　活背斜軸を横断する河川は，その下刻速度が活背斜の隆起速度より大きい場合には先行谷を形成するが，小さい場合には隆起軸より上流側が逆流し，先行谷の中に谷中分水界*を生じ，それに対応した凸形の谷底縦断形をもつ谷が生じる．そのような谷は，両側に水桶を下げた天秤（例：金魚売の天秤）を中央で担ぎ上げたような縦断形を示すから，鈴木（2000）は天秤谷と命名した．長野県飯縄火山の東麓に数個の好例がある．⇨先行谷（図），活背斜尾根　〈鈴木隆介〉

[文献] 鈴木隆介（2000）「建設技術者のための地形図読図入門」，第3巻，古今書院．

てんぺんちい　天変地異 convulsion of nature, catastrophe　自然界に稀にしか起こらない異変・異常現象をいう総称語である．⇨天変地異説
〈鈴木隆介〉

てんぺんちいせつ　天変地異説 catastrophism　過去の地質現象は天変地異により急激に変化し，生物の変化もそれにより起こったとする考え方．キュビエにより提唱され，斉一説が出現するまでは大きな影響力をもっていた．激変説，カタストロフィズムともいう．⇨斉一説　　　　　〈天野一男〉

てんもんがくてきねんだい　天文学的年代 orbitally tuned age　⇨地球軌道要素編年

てんもんたんい　天文単位 astronomical unit　太陽と地球の距離を単位とした天文学や惑星科学で使用される基本距離．正確には $1.49597870700 \times 10^{11}$ m と定義されている．⇨太陽　〈小松吾郎〉

てんらく　転落 rolling　⇨落石（図），崖錐

てんらくがたらくせき　転落型落石 rockfall of rolling type　⇨落石（図）

でんりそう　電離層 ionosphere　電離層は大気上層部の高度約60 km以上の領域であり，太陽紫外線，X線の影響で，大気を構成する分子・原子の一部が光電離し，電子とイオンに電離している．電離層内の電子数は太陽活動に依存するため，日変化，季節変化のような時間変化をする．また電離層における電波の反射は，電波を用いた長距離通信を可能とする．電離層内の電子の運動は磁場として観測される．例えば，太陽風に起源をもつ電離層電流の擾乱は，磁気嵐として観測される．また電離層電流系の下を地球が自転することで，地表では地磁気日変化が観測される．　　　　　　〈清水久芳〉

てんりゅう　転流 channel avulsion　⇨流路の転移

トア tor 厚層風化とマスムーブメントの複合作用で形成された搭状・塊状のコアストーンからなる数mから10m程度の高まり．イングランド南西部Dartmoorの花崗岩地域での呼び名が一般化したもの．搭状岩体あるいは岩塔とも．成因は以下の2説ある．①厚層風化説：2つのステージでトアが形成されたという考えなので，2サイクル成因説とも呼ばれる（Linton, 1955）．新第三紀末や第四紀の間氷期の温暖な時期に，花崗岩は深くまで風化してマサ*化する．ただし，節理の発達がよくないところでは，よく発達しているところよりは風化は進まない．その結果，風化前線*が大きな起伏をもつ．その後の土壌匍行*やソリフラクション*によって侵食に弱い風化層のみが除去されると，風化が進まなかった場所のコアストーン*が搭状に残存し，トアとなる．②周氷河説：単に同時期の風化と風化物質の除去によって形成されたという考え．すなわち，凍結風化作用により節理がより発達している部分が砕片化し，それがソリフラクションによって運搬除去されるが，除去された残りの部分がトアとなったというもの（J. Palmaer and R. A. Neilson, 1962）．⇨島山，ボルンハルト　〈松倉公憲〉

［文献］Linton, D. L. (1955) The problem of tors: Geographical Journal, 121, 470-487.

どあつ　土圧　earth pressure　土と接する擁壁*などの構造物や土中の任意の面に作用する土の圧力．〈砂村継夫〉

ド・イェールモレーン　De Geer moraine　⇨モレーン

とう　統　series　⇨地質年代単元（表）

とう　塔　peak　⇨山

とうあつせん　等圧線　isobar　同じ気圧の地点を結んだ線をいう．ある地点におけるこの線の接線に直交し，低圧側に向かう方向が気圧傾度力の方向となる．地上天気図（天気図*）は等圧線を利用して地上付近の気象状況を表示した代表的なものである．⇨気圧傾度　〈森島済〉

どういつかていせつ　同一過程説　uniformitarianism　⇨斉一説

とうえいこくしょうじゅうだんめんせき　投影谷床縦断面積　cross-section area of longitudinal projected valley-floor　流域の縦断面形の面積を表す地形計測項目の一つ．流域の谷口と分水界上にある最遠点とを結ぶ直線に，本流の谷床を垂直に投影した投影谷床縦断曲線と，最遠点から垂直に下ろした線および谷口からその垂直線までの水平線に囲まれた疑似三角形の面積をいう．この面積と投影接峰面縦断面積との差分は火山や段丘のように原地形を復旧できる地形種のおおまかな侵食段階を示唆する．⇨投影接峰面縦断面積，掘込指数　〈小松陽介〉

とうえいじゅうだんめんず　投影縦断面図　longitudinal projected profile　一つの断面図に複数の地形の断面を描いた図である（次頁の図）．最も一般的なものは河川の大局的な屈曲部で曲げた折れ直線を断面線*とし，水平距離を横軸にとり，そこに断面線に垂直な方向の地点における河床高度や段丘面*や火山原面*などの高度をとった断面図を重ねたもので，地形面の対比同定・対比異定，火山の侵食量，地すべり面の位置などを検討するための資料とする．⇨地形断面図　〈鈴木隆介〉

［文献］鈴木隆介（1997）「建設技術者のための地形図読図入門」．第1巻，古今書院．

とうえいせっぽうめんじゅうだんめんせき　投影接峰面縦断面積　cross-section area of longitudinal projected summit-level　流域の縦断面積を表す地形計測項目の一つ．流域の谷口と分水界上にある最遠点とを結ぶ線に沿う接峰面の断面線と，最遠点から垂直に下ろした線および谷口からその垂直線までの水平線に囲まれた疑似三角形の面積をいう．流域の全体的な外形的断面を概観するのに役立つ．この面積と投影谷底縦断面積との差分は，流域，特に火山や段丘のように原地形を復旧できる地形種のおおまかな侵食段階を示唆する．⇨投影谷床縦断面積，掘込指数　〈小松陽介〉

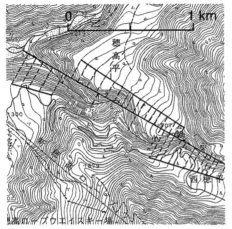

A：投影断面線（太線）と投影線（細破線）を記入した地形図（2.5万「笠ヶ岳」＜高山7-3＞平4修測）

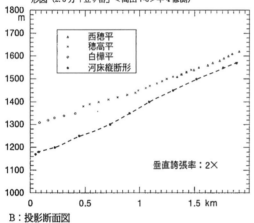

B：投影断面図

図 投影縦断面図の作成例（鈴木，1997）
A図の小鍋谷の河床と三つの地形面（西穂平，穂高平，白樺平）を1本の断面線に投影した投影河床縦断面（B図の破線）と地形面の投影断面点（それぞれの地形面の点を線で結べば投影断面線になる）．

とうえいちけいだんめんせん　投影地形断面線
projected profile of landform　2点間を結ぶ直線断面ではなく，幅をもった範囲の最高点を値とする断面線．DEMでは中心線からある幅の長方形を設定する．もとのデータからそのような長方形（GISではバッファリング）DEMを切り出す．中心線方向に（横とする）1つずつ，縦方向の最大値を探索して，その値を書き出す．低い値は隠されるので，ちょうどスカイラインのような断面図が得られる．
〈野上道男〉

とうおんざんりゅうじか　等温残留磁化　isothermal remanent magnetization　磁化をもたない岩石に直流磁場を印加すると，岩石に磁化が発生する．この状態から磁場強度を小さくしていくと，磁化も減少するものの，磁場強度が0となっても磁化は0とならず残留磁化を保持している．この磁化を等温残留磁化という．特に磁場強度を強くし，磁化の大きさが飽和した状態から，磁場を0にして残っている残留磁化を飽和等温残留磁化という．自然界では，落雷に伴って等温残留磁化を岩石が獲得する．落雷に伴い電流が地表に直交して流れ，アンペールの法則に従って電流の周りに強い磁場が発生してすぐに磁場が0となるので，電流の周りの岩石に右ねじの法則に従って発生した磁場に対応する等温残留磁化が発生する．
〈乙藤洋一郎〉

[文献] Dunlop, D. J. and Özdemir, Ö. (1997) *Rock Magnetism: Fundamentals and Frontiers*, Cambridge Univ. Press.

とうか　透過　percolation　⇨降下浸透

とうかいそうぐん　東海層群　Tokai group　岐阜・愛知・三重の3県にまたがる，中新世末から更新世前期の淡水成層．礫・砂・泥層で火山灰層を挟み，丘陵をつくり，平野・海底の下にも広がる．奄芸層群・常滑層群・瀬戸層群を総称．積算層厚2,000 m．中新統は瀬戸陶土層，土岐口陶土層に始まり，知多半島南部の地層が続く．知多半島主部の地層は，伊勢南部・名古屋東部の丘陵にも広がる鮮新統．伊勢北部，鈴鹿山脈と養老山地に挟まれた丘陵の北西が最上部で更新統下部．
〈石田志朗〉

とうかがたでんしけんびきょう　透過型電子顕微鏡　transmission electron microscope, TEM　⇨電子顕微鏡

とうかちょっけい　等価直径　equivalent diameter　⇨沈降速度

とうかまさつけいすう　等価摩擦係数　equivalent coefficient of friction　崩壊などで移動する岩屑が到達する総延長の，比高 H と水平距離 L の比の値 H/L のこと．「見かけ摩擦係数」ともいう．岩屑移動を質点運動とみなし，動摩擦係数一定ですべり運動するものと考えると，この動摩擦係数は等価摩擦係数に等しい．等価摩擦係数は，地質条件，表土の条件，含水状態，移動経路の地形などに依存する．岩屑移動は，規模が小さいと普通の摩擦すべりで期待される移動距離をあまり超過しないが，規模が大きくなると，それを大幅に超えて遠くまで到達する．この超過分を超過移動距離（excessive travel distance）という．超過移動距離は移動岩屑の規模が大きいほど大きくなり，したがって等価摩擦係数は小さくなる．崩壊の体積が 10^6 m^3 の桁では等価摩擦係数は0.4〜0.8，10^8 m^3 の桁では0.1〜0.4の

範囲の事例が多いが，土石流では，体積が 10^5 m^3 の桁であっても 0.1 に満たない例も珍しくない．⇨岩なだれ，岩屑なだれ 〈諏訪 浩〉

[文献] 町田 洋（1984）巨大崩壊，岩屑流と河床変動：地形，5，155-178．

とうカルスト 塔カルスト tower karst 低地から塔上にそそりたつ石灰岩の残丘．タワーカルストあるいは搭状カルストともいう．Sweeting（1972）は熱帯のカルスト地形の一つと分類した．塔に相当する凸部は一般的に比高 10 m から 80 m に及ぶ場合もある．塔部分には数段の洞窟のあとがあり，現在は塔の根元にポノールがあり，吸い込まれた地表水は地下水系に排出されている．典型例は桂林，ベトナム北部，カンボジア南部，キューバのビニャレスなどにみることができる．キューバでは塔状の凸地形を モゴーテ＊とよんでいる．熱帯では，速い速度で溶食される凹地と，降水が短時間で排水されるために溶食時間の短い凸部が生じ，突出した塔が目立つ地形をつくるとされている．しかし，地盤の隆起または地下水系の急激な低下などがこの地形形成に関与している場合が多い． 〈漆原和子〉

[文献] Sweeting, M. M.（1972）*Karst Landforms*, Macmillan.

とうき りゅうしち 東木龍七 Touki, Ryushichi（1892-1943） 東京帝国大学地理学教室の助手を 51 歳で死去するまで務めた地形学者．1926 年地理学評論に掲載された「地形と貝塚分布より見たる関東低地の旧海岸線」は当時としては独創的な研究であった．縄文海進＊とその後の地形変化を分布図として示し，考古学と地形学の有効な関係を見事に示したものとして，考古学側からの評価も高い．

〈野上道男〉

どうきこうがく 動気候学 dynamic climatology 大気の平均的な状態（平均場）に対して，力学的・熱力学的関係が成り立つとして研究を進める気候学の一分野．地球気候モデルの研究がその好例である．地表の状態（雪氷：アルベド＊，植生：アルベドや地表の熱特性），海洋の特性（蒸発および熱交換）を顧慮に入れたモデル（方程式群）によって，100 年後程度の気候（大気の平均的状態）を予想することを，地球気候シミュレーションとよぶ．数日後程度のタイムスケールで，大気の（期間が短いので気象）状態をシミュレーションすることは地域気象シミュレーションとよばれ，天気予報の有力な根拠として用いられている．最近ではこの中間程度の期間（季節変化）のシミュレーションも可能になりつつある． 〈野上道男〉

とうきゅうか 等級化【水路の】 ordering（of stream） ⇨次数区分，ホートンの法則

とうきょうそう 東京層 Tokyo formation 東京の山の手台地や荏原台地を構成し，成増，王子，田端などの台地崖や開析谷の谷底に露出する海成の上部更新統で，非固結の砂層，泥層および礫層からなる．その堆積面（淀橋面，荏原面など）は武蔵野面などの河成段丘面に比べて著しく平坦である．

〈鈴木隆介〉

とうきょうちがくきょうかい 東京地学協会 Tokyo Geographical Society 地学の総合的発展と普及を目的とする学術団体．日本が文明開化を急ぐ 1879（明治 12）年に創立された．初期は政治家，外交官，軍人，貴族などの会員で構成されていたが，やがて地学関係の専門家が育つにつれて，研究者が運営に当たるようになった．現在，会員は，約 840 名で，その研究および興味の対象は，地質学，鉱物学，地理学，地球物理学，地球化学，地形学などの分野を広く網羅している．1889 年に創刊された「地学雑誌」（Journal of Geography）を現在も機関誌（隔月刊）とし，様々な書籍も出版しているほか，随時に，学術講演会，交流会，国内外の見学旅行などを行っている．また，研究・調査，国内での国際研究集会，教材開発等に対する助成を行っている．

〈德永英二〉

とうきょうわんちゅうとうちょうい 東京湾中等潮位 mean sea level of Tokyo Bay ⇨東京湾平均海面

とうきょうわんへいきんかいめん 東京湾平均海面 mean sea level of Tokyo Bay 東京の霊岸島で 1873～79 年に観測して得られた平均潮位の海面で，日本の標高の基準面．東京湾中等潮位とも．T. P.（Tokyo Peil）と略記される場合がある．現在の測量法の定義からは，日本水準原点の 24.3900 m 下にあるジオイドを東京湾平均海面とみなしている，としたほうが正確である．⇨基準面，標高 〈宇根 寛〉

とうきょく 撓曲 flexure, monoclinal fold 地層・岩石が断裂することなく，折れ曲がるように塑性変形して生じた地質構造（次頁の図）．そのような地質構造を形成する地殻変動（撓曲運動）や時にはそれで生じた変位地形（撓曲崖）を指す用語として使われることもあり，その用法には混乱がある．撓曲は隆起と沈降が入れ替わる地帯に形成されるが，関与する隆起・沈降は，断層運動に起因することも多い．例えば，深部の断層変位により被覆層が変形してつくられた撓曲，低角の逆断層運動で圧縮

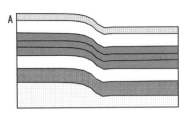
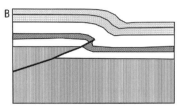
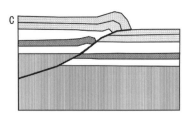

図　撓曲の諸相（東郷原図）
Aは撓曲の一般形状を表す．Bは深部の断層変位が，上部の被覆層を変形して撓曲をつくった事例．Cは低角の逆断層運動で圧縮される上盤先端部に撓曲が生じた事例．

される上盤先端部に撓曲が生じた例などは少なくない．⇨撓曲崖，単斜　　　　　　　　　　〈東郷正美〉

とうきょくがい　撓曲崖 flexure scarp, monoclinal (fold) scarp　撓曲運動による地表の変位で生じた変動崖．活断層や活褶曲の近傍でしばしばみられるが，その形状や規模，発達形態は，形成に関与した変位の様式や速度，累積性などと関係して多様である．一般に崖線は緩やかな弧状をなし，雁行配列することが少なくない．崖面は，凸面形をなしたり，凹面形であったり，直線的であったりする．近畿〜北海道地域に分布する南北性の逆断層型活断層沿いでその好例をみることができる．⇨撓曲，変動崖　　　　　　　　　　　　　　　　〈東郷正美〉

どうくつ　洞窟 cave, cavern　⇨洞穴

どうくつがく　洞窟学 speleology　⇨洞穴学

とうげ　峠 mountain pass, col　大小の道が越えている鞍部，言い換えると，山稜の低くなっている場所（鞍部）と山道が交差している地点．越路，越，乗越，のっこし，たわ，たるみ，などの言い方もある．⇨鞍部　　　　　　　　　　　〈岩田修二〉

どうけいはったつ　同形発達【斜面の】 uniform development, gleichformige Entwicklung（独）ペンク*が彼の斜面発達モデル（ペンクモデル*）において基本的としたもので，一定の勾配をもつ直線的斜面はその形状を同一に保ったまま後退するとした．これは平行後退あるいは平行的後退と同じ意味に用いられることが多い．ペンクはこれを，侵食作用と一定速度で進行する地殻変動が釣り合った場合の特徴とした．その意味では平衡的発達といえるが，英訳に基づいて平調的発達とよぶ場合もある．斜面のこのような発達様式は，現在では乾燥地域における一般的特徴であると考えられている．
〈平野昌繁〉

[文献] Penck, W. (1924) *Die morphologische Analyse*, J. Engelhorns, Nachf（町田　貞訳（1972）「地形分析」，古今書院）．

どうけつ　洞穴 cave, cavern　自然に生じた地下空間（地底地形）で，おおむね人間が入れる程度の断面積以上の大きさをもつ空洞をいう．空洞の特徴は，立体形態では鉛直・水平・斜め方向あるいはそれらの組み合わせ方向に直線的あるいは屈曲して複雑に伸びるもの，長さでは数m〜数十km，空洞底に流水や池のあるもの，三次元的に枝分かれするものなど，極めて多様である．成因では，石灰岩の溶食による石灰洞*（鍾乳洞），溶岩トンネル*，差別侵食による海食洞*，などに分類される．洞窟，風穴*とも．暗黒の世界で生きる洞穴生物もいる．
〈鈴木隆介〉

どうけつがく　洞穴学 speleology　洞穴*（洞窟）にかかわる諸分野を研究の対象とする学問．洞窟学とも．諸分野とは，地形・地質・鉱物・物理・化学・水文・気象・生物・古生物・考古・測量技術・製図・写真・環境保全・観光・スポーツ（ケービング）などであり，自然・社会・人文の広い分野にまたがっている．　　　　　　　　　　〈松倉公憲〉

とうけつきかん　凍結期間 freezing period　⇨季節凍土

とうけつきゅう　凍結丘 frost mound, ground ice mound　地中で氷層が成長することで形成される高まりの総称．一般に，永久凍土に関連する地形について指す．氷の析出（ice segregation）が周囲より卓越することで形成されるパルサ*，リサルサと，被圧地下水が地表面を押し上げつつ塊状の氷体（intrusive ice）を形成することで成長するピンゴ*，フロストブリスターがある．リサルサとは，泥炭を欠くパルサ状の凍結丘で，パルサよりその分布が限られている．フロストブリスターは，ピンゴよりはるかに小規模（高さ数m）の凍結丘で，季節

的な凍結に伴って，活動層内に被圧状態が生じることが形成条件である．⇨活動層，凍上　〈池田　敦〉

とうけつさくはくさよう　凍結削剥作用　cryoplanation　⇨クリオプラネーション

とうけつさよう　凍結作用　frost action　⇨凍結融解作用

とうけつしすう　凍結指数　freezing index　0℃以下の日平均地表面温度（または気温）の年間積算値．積算寒度とも．季節凍土帯での最大凍結深の指標となる．⇨凍結深　〈松岡憲知〉

とうけつじょうしょう　凍結上昇　upfreezing　⇨凍上

とうけつしん　凍結深　frost depth　地中に凍結が及ぶ深さ．地表面における寒さ（凍結指数），地盤の熱伝導率と含水率に依存する．季節凍土帯における冬季の最大凍結深は土壌で1〜2m，岩盤で約5mに達する．⇨季節凍土　〈松岡憲知〉

どうけつせん　洞穴泉　spring in cave　⇨湧泉の地形場による類型（図）

とうけつはさい　凍結破砕　frost shattering　⇨凍結風化

とうけつはさいかいだん　凍結破砕階段　cryoplanation terrace　⇨クリオプラネーション

とうけつはさいさよう　凍結破砕作用　frost shattering　⇨凍結風化

とうけつはさいれき　凍結破砕礫　frost-shattered gravel　⇨凍結風化

とうけつふうか　凍結風化　frost weathering, frost shattering　岩石中の水分の凍結に伴って発生する岩石の破砕と細粒化．凍結破砕（作用）ともいう．巨礫からシルトまでの粒子を生産し（それらは凍結破砕礫とよばれる），礫サイズの破砕をマクロジェリベーション，砂サイズ以下の破砕をマイクロジェリベーションとよぶ．かつては，水が氷に相変化する際に岩石の割れ目や空隙で起こる9％の体積膨張（単純氷結）が原因とされていたが，90％を超える水分飽和度が必要なために，疑問視されていた．空隙率の高い軟岩では，土の凍上と同様な凍結時の水分移動とアイスレンズの形成（析出氷結）が認められるようになり，凍結前の水分飽和度は低くても起こることが示された．現在は，岩石の節理が水が満たされている場合や，水中で飽和状態にある岩石では，単純氷結による破砕が認められているが，不飽和状態にある岩石の破砕は析出氷結に帰せられることが多い．寒冷地域の岩壁では凍結破砕による落石が多発し，岩壁の後退の主因となる．

〈松岡憲知〉

[文献] Matsuoka, N. and Murton, J. (2008) Frost weathering: Recent advances and future directions: Permafrost and Periglacial Processes, 19, 195-210.

とうけつぼうず　凍結坊主　earth hummock　⇨アースハンモック

とうけつめん　凍結面　freezing front　⇨季節凍土

とうけつゆうかい　凍結融解　freezing and thawing　⇨凍結融解作用

とうけつゆうかいサイクル　凍結融解サイクル　freeze-thaw cycle　⇨凍結融解作用

とうけつゆうかいさよう　凍結融解作用　freeze-thaw action, frost action　凍結と融解の繰り返し（凍結融解サイクル）によって起こる岩石や土の破砕・変形・移動現象で，短縮して凍結作用ともいう．日周期型と年周期型があり，両者では凍結融解が及ぶ深度や，形成される周氷河地形の規模が異なる．この作用の強さの指標として，日周期型が1年間に発生する頻度（凍結融解日数）が使われることがある．⇨周氷河作用　〈松岡憲知〉

とうけつゆうかいにっすう　凍結融解日数　number of freeze-thaw cycle　⇨凍結融解作用

とうけつわれめ　凍結割れ目　frost fissure　⇨氷楔（ひょうせつ）

とうこ　島弧　island arc　弧状列島ともよばれる．島弧は弧-海溝系の一種であり，両側が海洋である弧状の島列を指す．島弧は一般に二重弧を形成し，内弧側に湾曲しているので，海溝から遠い方を内弧，海溝側を外弧とよぶ．内弧は地形単元が小さく，活断層や褶曲に富み，火山が多く分布する．一方，外弧は一般に堆積岩からなり，火山を伴わないので，非火山性外弧とよばれ，島列か海岸山脈になる．この中間は低地をなし，中央低地帯や島弧中央断層が縦走することがある．地形や地質の帯状配列がみられるだけでなく，地震・火山・重力・熱流量なども島弧に共通した分布があり，プレートテクトニクス説などで合理的に説明される．典型的な島弧として，西太平洋のアリューシャン，千島，東北日本，伊豆・小笠原，マリアナ，琉球（南西諸島），トンガ-ケルマディック，西大西洋のカリブ（アンチル），スコチア（南アンチル），北東インド洋のインドネシア（スンダ）がある．幅は200〜500km，長さは1,000〜2,000kmであり，地球上で第一級の構造が形成されている．⇨弧状列島，外弧，中央低地帯　〈岡田篤正〉

[文献] 上田誠也・杉村 新（1970）「弧状列島」，岩波書店．

とうこうせん　等高線　contour, contour line　基準面からの高さが一定の水平面と地表との交線．コンターともいう（注意：contor という英語はない）．厳密には等重力ポテンシャル面と地表とが交わる線と定義されるが，実用的には平均海面からの垂直距離の等しい点を結んだ線として差し支えない．地図ではこれを地図面上に投影した曲線として描かれる．一定の等高線間隔で等高線を描くことにより3次元の地形を2次元の地図に表現することができるため，地図の地形表現法として広く用いられている．基本の間隔の等高線を主曲線，一定本数ごとに太く描いた等高線を計曲線，主曲線の間に補助的に描いた等高線を 補助曲線* という．日本の2万5,000分の1地形図では，平均海面を基準として主曲線は10 m間隔，計曲線は50 m間隔，補助曲線は5 m間隔（間曲線*）または2.5 m間隔（助曲線）である．また，狭い範囲で閉じている等高線を閉曲線* という．地形図の海岸線は満潮時の海陸境界を示すため，0 mの等高線とは一致しない．等高線は一般には空中写真から図化機を用いた写真測量を行ってデータを得るが，航空レーザ測量等では取得した点群の標高データから数値地形モデルを生成して等高線を発生させることも行われる．等高線の精度（誤差）は2万5,000分の1地形図では水平位置が図上0.7 mm以内，高さが等高線間隔の1/2以内とされており，一般に緩傾斜では位置の誤差が，急傾斜では高さの誤差が大きくなる．また植生が密な山地などでは図化の際に地表が見えないことから誤差がより大きくなる傾向がある．　〈宇根　寛〉

とうこうせんかんかく　等高線間隔　contour interval, vertical contour interval　隣り合う等高線（主曲線）の高さの差．地図の縮尺や作成目的等により異なり，2万5,000分の1地形図では10 mと定められている．これを等高線距離と誤称することがある．　⇨等高線距離　〈宇根　寛〉

とうこうせんきょり　等高線距離　horizontal spacing of contours　隣り合う等高線（主曲線）間の図上の距離．等高線距離が短いほど地形の傾斜が急であることを示す．これを等高線間隔と誤称することがある．　⇨等高線間隔　〈宇根　寛〉

とうこうせんのごさ　等高線の誤差　tolerance of contour　⇨等高線

とうこうせんばつびょうず　等高線抜描図　map of extracted contour　地形図から等高線だけを抜き出した図．市街地などの地図記号や地名の注記などが重なって等高線が読みにくい場合に地形を的確に把握したり，山地などで等高線の密度が高い場合に計曲線だけを抜き出して地形の大局を把握したりするために有効．　⇨等高線　〈宇根　寛〉
[文献] 鈴木隆介（1997）「建設技術者のための地形図読図入門」，第1巻，古今書院．

とうこくきゅうりょう　繞谷丘陵　detached meander core　⇨環流丘陵

とうこちゅうおうだんそう　島弧中央断層　mid-arc fault　島弧（弧状列島）のほぼ中央部沿いを縦走する長大な断層で，西南日本弧の中央構造線，フィリピン群島のフィリピン断層，インドネシア北西部のスマトラ断層などが典型例．これらは長大な横ずれ活断層であり，島弧の形成過程にも大きく関与．　⇨島弧，横ずれ断層，中央低地帯
〈岡田篤正〉

とうざいしすう　東西指数　zonal index　⇨帯状指数

とうざん　島山　inselberg　しまやま（島山）の誤読．　〈鈴木隆介〉

どうじいそう　同時異相　heterotopic facies　同時に堆積した二つの地層または側方に連続する一連の地層の中で二つ以上の部分を比較したとき，相互の岩相が異なることを同時異相という．
〈酒井哲弥〉

どうじしんしょく　同時侵食　contemporaneous erosion　堆積作用が続いている場で堆積現象とほぼ同時に，まだ固結していない堆積物が侵食される現象をいう．河川堆積物などでみられるチャネル侵食（channel erosion）が代表的な例．　〈田近　淳〉

どうじだいめん　同時代面　synchronous surface　ある地質体のなかで，同時間に形成された面をいう．同時間面，同時面ともいう．地層が形成されるとき，常に一定間隔で堆積し続けている場合であっても，ある瞬間，またはある時点においては堆積している面があり，それを時面（または時間面，time-plane）という．堆積層の岩相による区分は，当時の堆積環境を大きく反映しているため，厳密には岩相境界は同時代面を示さない場合があり，岩相境界面と時面は斜交することも多い．そのため，地形発達史や，地層形成史，古環境変遷史を考える場合には，岩相による区分以外に，地質体の同時代面をとらえることが重要となる．同時代面を示すものとして，古地磁気極性の変化や，生物種の出現・消滅，火山灰層，大規模な侵食面などがあげられる．

ただし，生物種によってはその出現・消滅の時期に地域差があるなど，同時間を示さない場合もある．また，火山灰層も降灰後に再移動して堆積したものや，侵食面についても1回の短い時間では形成されなかったものもあり，厳密にいえば同時代面を示さないことがある．　　　　　　　　〈里口保文〉

どうじちょうせん　同時潮線 cotidal line　潮汐の進行をみるため，同時に高潮もしくは低潮になる地点を結んだ線のこと．等潮時線ともいう．⇨潮汐波　　　　　　　　　　　　　　〈小田巻　実〉

どうしゃ　同斜 homocline　地層が一方向にほぼ一様な角度で傾斜している地質構造であり，長波長（波長数km以上）の褶曲の翼の一部であるが，局地的にみて同斜または同斜構造とよぶ．なお，日本人だけが同斜と混同する用語に単斜*（monocline）があるが，単斜は撓曲*（flexure）とほぼ同義である．　　　　　　　　　　　〈鈴木隆介〉

とうしゃくとうえいほう　等尺投影法 isometric diagram　⇨ブロックダイアグラム

どうしゃこく　同斜谷 homoclinal valley　褶曲山地で，同斜をもつ互層の弱抵抗性岩*に沿う差別侵食*で生じた走向谷で，両側にケスタや同斜山稜の並走する非対称谷の場合が多い．⇨褶曲山地，非対称谷　　　　　　　　　　　　〈鈴木隆介〉

とうしゃさんりょう　等斜山稜 homoclinal ridge　⇨同斜山稜

どうしゃさんりょう　同斜山稜 homoclinal ridge　同斜の差別侵食で形成される走向山稜のうち，地層傾斜が約20°〜約45°の強抵抗性岩で構成される急峻な非対称山稜．ホモクリナル山稜という訳語はほとんど使用されない．等斜山稜ともよばれたが，褶曲構造の一つの等斜褶曲（isoclinal fold）と混同しがちなので，'等斜山稜'は使用しない．⇨走向山稜，単斜山稜，ケスタ　　　　　　〈鈴木隆介〉

とうしゃしゅうきょく　等斜褶曲 isoclinal fold　⇨褶曲構造の分類（図）

とうしゅこう　頭首工 head works　河川などから用水路に農業用水を引き入れるために設置される施設（取水口や取水堰など）の総称．〈砂村継夫〉

とうじょう　凍上 frost heave (frost heaving)　地盤の凍結に伴う地表面の上昇．凍結時の土中では，細かい空隙の表面に強く吸着された水膜は0℃以下でも凍結せず，未凍結部から水分の移動を引き起こす．その結果，集積した氷（析出氷）が空隙を押し広げたり，氷層（アイスレンズ）を形成し，土の体積を増加させ（氷晶分離），凍上が起こる（この

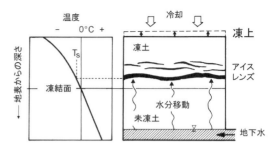

図　土の凍上過程と温度分布（松岡原図）
Tsは凍結温度を示す．

ような性質を凍上性という）．融解時には土中の氷が水に変化するために，地表は沈下する．凍上量は，日周期性の凍結では2〜3cm程度まで，季節凍結では最大30cmに達する．一般に，地表から下方へ凍結が進む（一方向凍結）ために，アイスレンズは表層部に集中するが，永久凍土地域では永久凍土面から上方にも凍結が進むことがあり（二方向凍結），その場合は活動層最下部にアイスレンズが集積する．細粒土（シルト・粘土質）は凍上性が高く，砂や礫はほとんど凍上しない．細粒土中の礫は周囲の土の凍上によって引き上げられて，凍結上昇を起こし，その際に長軸を縦方向に向ける（礫の立ち上がり）ことが多い．植被の有無や土の粒度分布の不均一性によって，差別凍上（不整凍上）が起こることがある．地下水面が浅い場所では，岩盤の節理に氷が集積し，岩塊が凍上する例（岩盤凍上）も知られている．凍上と沈下の繰り返しによって，様々な周氷河地形*が発達し，寒冷地域の山地斜面の侵食が進む．　　　　　　　　　　　〈松岡憲知〉

［文献］土質工学会編（1994）「土の凍結—その理論と実際—」．

とうじょうかざん　塔状火山 volcanic tower　岩塔状の火山で，シュナイダーの火山分類名のベロニーテ（Belonite）の訳語であるが，成因的には火山岩尖と火山岩栓の両者を含み，曖昧であるから，最近では全く使用されない．⇨シュナイダーの火山分類　　　　　　　　　　〈鈴木隆介〉

とうじょうカルスト　塔状カルスト tower karst　⇨塔カルスト

とうじょうがんたい　塔状岩体 tor　⇨トア

とうじょうきゅう　島状丘 isolated hill　しまじょうきゅう（島状丘）の別読み．〈鈴木隆介〉

とうじょうせい　凍上性 frost susceptibility　⇨凍上

どうしんえんじょうだんそう　同心円状断層 concentric fault　⇨断層の分類法（図）

とうしんせん　等深線　isobath　海底や湖沼の地形を表すため，水深の基準面からの深さの等しい点を結んで描いた等値線．陸の等高線に相当する．水深は通常音響測深機により測定され，水深の基準面からの深さで海図や海底地形図等に記載される．⇨水深の基準面　〈八島邦夫〉

とうすいけいすう　透水係数　hydraulic conductivity, permeability　地層や岩石，土といった多孔質媒体中での水の流れやすさを示す値．日本語で透水係数という場合，水理伝導率と透水度の二つを意味するが，しばしば混同されて用いられている．一般に，地層や岩石，土の内部における地下水の流動はダルシーの法則*に従う．すなわち，多孔質媒体中を単位面積あたりに通過する水量は，動水勾配に比例する．このときの比例常数Kを水理伝導率（hydraulic conductivity）といい，次元は$[LT^{-1}]$で速度の次元をもつ．第四系の帯水層でのおおよその透水係数は，礫層で10^{-1} cm/s以上，砂層で10^{-3}〜10^{-1} cm/s，シルト層で10^{-5}〜10^{-3} cm/s程度である．水理伝導率は物質の構造，有効間隙率*，流体の密度，粘性係数などによって変化し，$K=k\rho g/\eta$で表される．ここで，ρは流体の密度，ηは粘性係数，gは重力加速度である．kは透水度（permeability），または固有透過度（intrinsic permeability）とよばれ，次元は$[L^2]$である．透水度と，土粒子の大きさや表面積，間隙率などとの関係が，経験的に導かれている．
〈池田隆司・三宅紀治・松四雄騎〉

どうすいこうばい　動水勾配【開水路などの】　hydraulic gradient　開水路*や管路の流れにおいて位置水頭*と圧力水頭*の和をピエゾ水頭（piezometric head）というが，各断面においてピエゾ水頭を結んだ線の勾配．　〈宇多高明〉

どうすいこうばい　動水勾配【地下水の】　hydraulic gradient　地下水の流れる方向の単位距離あたりの水頭の変化をいう．地下水は水頭の高い方から低い方へ移動するが，等水頭面に垂直な方向が動水勾配の方向となる．水頭勾配，水理ポテンシャル勾配ともいう．⇨ダルシーの法則　〈池田隆司〉

とうすいしけん　透水試験　permeability test　岩石や土の透水性を評価するための試験．透水係数*を求める室内透水試験には，水位の与え方によって定水位法（透水性の高い砂質土に適している）と変水位法（透水性の低い粘性土に適している）がある．岩石を対象としたものとしてはトランジェント・パルス法がある．現場の試験としては浅い井戸から揚水したときの地下水位の低下から透水係数を求める方法（揚水試験）やボーリング孔内の試験区間に一定圧力で注水し，圧力と注水流量から透水係数に相当するルジオン値を求めるルジオン試験がある．⇨ルジオンテスト　〈松倉公憲〉

どうすいしん　動水深　hydraulic mean depth　開水路*の横断面上で水が接する縁辺長（潤辺）Sで流水断面積（流積）Aを割った値，A/S．径深または水理学的平均水深ともいう．管路では動水半径（hydraulic mean radius）とよばれる．　〈宇多高明〉

とうすいせい　透水性　permeability　土壌や岩石，地層の内部における相対的な水の移動しやすさをいう．一般に，間隙径が大きく，間隙の連結性が高く，有効間隙率が大きいものほど透水性がよい．地形構成物質の透水性が大きい場所は，そこが常に飽和しているような場合を除き，流水による侵食を受けにくくなる．　〈松四雄騎〉

とうすいそう　透水層　permeable layer, pervious formation　地下水をよく通す地層をいう．特に砂や砂礫からなる地層は有効間隙率が高く，透水係数が10^{-3} cm/s以上のよい透水層となる．未固結の堆積岩だけでなく，空隙の多い火成岩や石灰岩，亀裂や割れ目に富む固結岩も透水層となる．透水層のうち，地下水で飽和していて持続的に水を供給できる地層を帯水層という．⇨透水係数，帯水層，不透水層　〈池田隆司〉

とうすいど　透水度　permeability　⇨透水係数

とうすいりょうけいすう　透水量係数　transmissivity, transmissibility coefficient　単位の動水勾配のもとで単位幅あたりの帯水層を通過する水量で，被圧帯水層全体の流れの特性を表す水理定数であり，地下水流に鉛直な帯水層の厚さに透水係数を乗じたものに等しい．すなわち，透水量係数Tは，透水係数Kと帯水層の厚さbとの積：$T=Kb$で定義される．帯水層全体の厚みにわたる平均的な特性を表す．その特性として重要な水頭の伝播は水頭拡散率Dで表され，透水量係数Tと貯留係数Sの比：$D=T/S$で定義される．⇨透水係数，水頭拡散率　〈池田隆司・三宅紀治〉

とうせいおねがたしゃめん　等斉尾根型斜面　rectilinear divergent slope　⇨斜面型（図）

とうせいしゃめん　等斉斜面　rectilinear slope　⇨斜面型（図），直線斜面

とうせいたにがたしゃめん　等斉谷型斜面　rectilinear convergent slope　⇨斜面型（図）

とうせいちょくせんしゃめん　等斉直線斜面

rectilinear straight slope ⇨斜面型（図）

とうそうこうせんず　等層厚線図　isopach map　地層や堆積物の厚さが等しい箇所を結んだ線で表現した2次元の地図．地層や堆積物の厚さの変化や分布（例：1回の噴火による降下火砕物質の層厚分布）を示すのに適している．石油堆積盆などの所在を示す表現にも用いられる．⇨アイソパックマップ
〈脇田浩二〉

どうたいかい　胴体階　piedmont benchland　山地において階段状に分布する侵食小起伏面群を指す．当初，ドイツにおいて中央ヨーロッパの山地にみられる何段もの侵食小起伏面群をよぶのに用いられ，Rumpftreppe，Rumpfstufe と表現された．Rumpf は山ひだや山脚を取り除いた山地の胴体・躯体を意味し，地形学的には侵食小起伏面を指し，Rumpftreppe はそれらが階段状に分布する地形を指す．A. Philippson（1903）などによって間欠的な隆起運動によって形成されたと考えられていたが，W. M. Davis（1912）が peneplain に相当するドイツ語の一つとして Rumpf を使い，上記の山地を隆起準平原山地としてからは，胴体階は多輪廻山地や階段準平原と同じ意味で使われることが多い．また W. Penck（1924）が Piedmonttreppe（山麓階）を論じて以降は，山麓階と同じ意味で使われることも多い．⇨山麓階
〈大森博雄〉

[文献] 辻村太郎（1933）「新考地形学」，第1巻，古今書院．/ Davis, W. M.（1932）Piedmont benchlands and Primärrumpfe：Bull. Geol. Soc. Amer., 43, 399-440.

どうたいさんち　胴体山地　Rumpfgebirge（独）　隆起準平原山地を指す．Rumpf は山ひだや山脚が取り除かれた山地の胴体・躯体を意味し，地形学的には侵食小起伏面（準平原）を指す．胴体山地は侵食小起伏面（準平原）が隆起して山地になったもので，尾根上には小起伏面（準平原遺物）が広がり，新しく切り込んだ河川の谷壁斜面は急斜面を示す．ドイツの地形学者が，河川によって深く刻まれてはいるが，河間山稜には広い侵食小起伏面が残存する中央ヨーロッパの山地をよぶのに用いていた．W. M. Davis（1912）が peneplain（準平原）のドイツ語訳として Rumpf を使い，上記の山地を隆起準平原山地として以降，胴体山地は隆起準平原山地を指す言葉として用いられることが多くなった．なお，Gebirgsrumpf（山地準平原）と表現されることもある．⇨胴体面
〈大森博雄〉

どうたいめん　胴体面　Rumpffläche（独）　侵食小起伏面あるいは準平原面を指す．Rumpfebene と表記されることもあり，ドイツ語圏では Abtragungsfläche（削剥面）と同じ意味で使われることが多い．山ひだや山脚が消失した山地の胴体（Rumpf）部分の面（Fläche）という意味をもち，英語の torso plain（胴体面）が当てられることもある．侵食基準面の概念が普及した1880年代以降には，ドイツにおいても，胴体面は長期の陸上侵食による形成（Einrumpfung：胴体面化）と考えられるようになった．Davis（1912）が peneplain のドイツ語訳の一つとして Rumpf を使って以降，準平原面と同じ意味で使われることが多い．すなわち Rumpffläche は，英語で peneplain（準平原）と訳されることが多いが，同時に，planation surface, erosional plain（広義の侵食平坦面）と訳されることもある．なお Davis（1912）は，S. Passarge（1904）の仕事を引用しながら，乾燥地の Rumpfflächen（準平原）は"正規（河食）の侵食基準面とは無関係に形成される"ことを指摘している．一方，J. Büdel（1977）が熱帯モンスーン・サバナ地域で用いた Rumpffläche は，河食輪廻の準平原は意味しないとされ，英語では etchplain（エッチプレーン）と訳されている．⇨準平原
〈大森博雄〉

[文献] 辻村太郎（1933）「新考地形学」，第1巻，古今書院．/ Davis, W. M.（1912）*Die erklärende Beschreibung der Landformen*, B. G. Teubner（水山高幸・守田　優訳（1969）「地形の説明的記載」，大明堂．

とうたけいすう　淘汰係数　sorting coefficient　⇨分級度

とうたこうぞうど　淘汰構造土　sorted patterned ground　⇨構造土

とうたさよう　淘汰作用　selection, sorting　不均等な粒子の集団が何らかの営力（主に流体による輸送過程）により粒子のサイズや密度，形状などに応じた分別がなされること．ソーティングともよばれる．粉体工学や物理学などでは，偏析（segregation）とよばれる．分級作用*とほぼ同義だが，淘汰という言葉は，ある部分のみが残り，他の部分が失われる（均一化）ということを暗に意味する場合にも使われる．一般に，一定の営力が繰り返し作用する場合に，均一化が強くなって淘汰がよくなる．
〈遠藤徳孝〉

とうたど　淘汰度　degree of sorting　⇨分級度

どうてい　同定【地形種の】　geomorphic identification　⇨地形種の同定

どうてきだんせいけいすう　動的弾性係数　dynamic elastic modulus　動的試験や岩石の縦波速

度（P波速度）と横波速度（S波速度）から求められる弾性係数．静的弾性係数に比較して，大きい値をとる場合が多い． ⇨静的弾性係数 〈飯田智之〉

どうてきへいこうじょうたい　動的平衡状態 dynamic equilibrium state　短時間に入ってくる物質の量（流入量）と出ていく物質の量（流出量）が同量で均衡が保たれている状態，および，均衡を保つように'場所'が自らを変化させて自己調節（self-regulation）している状態を指す．定常状態（steady state）と同じ意味で使われることが多い．外部からの物質の出入りがある系（開いた系：河川や斜面のある区間など）において，物質の流入量に変動があるにもかかわらず，流出量を流入量と同量にするように系が自ら変化・調整（自己調節）して，平衡を保つ状態を指し，系（場所）の形（地形）が一定不変であることは意味しない．地形分野（河川や斜面）においては，ギルバート*（G. K. Gilbert, 1876）が導入し，デービス*（W. M. Davis, 1894）によって定義された grade（平衡）が相当し，流量，水深，流速，物質の供給量，運搬量，粒径などの多要素が変動するなかで，河床勾配とその連続である河床縦断面形が変化することによって流入量と流出量の平衡が生成・維持されている状態を指す．"デービスの侵食輪廻説*は，最初に原地形が与えられ，その後は，河川は侵食基準面に対応した平衡河川になる"と考えたとして，"デービスは閉鎖系の静的平衡論に立っていた"と指摘されることがあるが，彼の山地の形成観は隆起・沈降（山域の拡大・縮小）や中絶，事変を含むことから，'閉鎖系で静的平衡論'にはなりえない．特に河川作用に関しては，現代風にいえば，熱力学的動的平衡（thermodynamic equilibrium：エントロピーが最大になる位置に近づくように，準静的に状態が変化すること）に類似した概念で説明されている．また侵食輪廻では，河川の下流から上流に向かって平衡状態が進行し，さらに岩屑の供給量や粒径が小さくなる侵食輪廻の末期に向かって河川勾配は緩やかになるとされている．これらはいずれも広義の動的平衡の概念であり，"デービスは静的平衡論に立っていた"とするのは適切とは思われない．なお，河川を含めて山地全体（山体）が動的平衡状態になるのは，隆起速度と侵食速度が釣り合ったときである．このような動的平衡状態は，最初に隆起があり，その後は侵食だけが行われるというデービスの侵食輪廻モデルでは現れず，隆起と侵食の競合関係によって地形が形成されるとするペンク*（W. Penck）の概念の中で現れる．Ohmori（1978）は，高度と起伏と侵食速度との間の量的関数関係の検討から，湿潤変動帯において隆起する山地は，高度が大きくなるにしたがって起伏・傾斜も大きくなるため，侵食速度も大きくなり，山地がどのような隆起速度で隆起していても，いずれは隆起速度と侵食速度が等しくなり，隆起運動が続くなかで，高度が一定で起伏状態も変化しない動的平衡（定常状態：steady state）が出現することを指摘している． ⇨増均作用，正規輪廻 〈大森博雄〉
［文献］井上修次ほか（1940）「自然地理学」，下巻，地人書館．/Ohmori, H.（1978）Relief structure of the Japanese mountains and their stages in geomorphic development: Bull. Dept. Geogr., Univ. Tokyo, 10, 31-85.

とうでらそう　塔寺層 Todera formation　福島県会津盆地の西縁の緩傾斜な丘陵に分布する下部〜中部更新統．淘汰不良の砂・礫・泥の互層からなる．層厚は 150 m． 〈松倉公憲〉

とうど　陶土 porcelain clay　陶磁器製造用の原料となる粘土の総称．花崗岩の風化によって形成されたカオリン鉱物からなる．代表的なものに蛙目粘土*や木節粘土*などがある． 〈松倉公憲〉

とうど　凍土 frozen ground, frozen soil　氷を含む土壌や岩石を指す．多年にわたって氷を保持し続ける場合，多年凍土または永久凍結土（perennially frozen ground）とよばれ，地温によって定義される永久凍土*とは明瞭に区別される．季節凍土*は冬季に凍結し夏季に融解する土壌であり，地球上全陸地の約 60% に分布する． 〈石川守〉
［文献］木下誠一（1982）「凍土の物理学」，森北出版．/石川守・斉藤和之（2006）気候・水循環に関わる凍土研究-現状と展望-：雪氷，68，639-656．

とうどがく　凍土学 geocryology　土壌の凍結融解を研究対象とする自然科学．寒冷圏での建造物の安定性評価や資源開発などの工学分野に加え，近年では凍土に関わる地形・気象・水文・生態学的諸現象も研究対象となっている． ⇨永久凍土
〈石川守〉
［文献］Washburn, A. L.（1979）*Geocryology*, Edward Arnold.

とうどそうじょがく　凍土層序学 cryostratigraphy　凍土層の構造を研究する分野．土の凍結融解や熱収縮破壊に伴って生じる特徴的な構造は，過去における周氷河環境の存在，地温や活動層厚の推定に使われる．インボリューションや化石氷楔など巨視的な構造のほか，粒子配列など微視的な構造も注目される． ⇨化石周氷河現象 〈松岡憲知〉

どうねんせいけいすう　動粘性係数 kinematic

viscosity　流体の粘性係数*μを密度ρで割ったもの．通常νで表す．ν＝μ/ρ．単位は SI 単位系で m^2/s，CGS 単位系では cm^2/s．動粘性係数は温度によって異なる．　〈宇多高明〉

トゥファ　tufa, calcareous tufa　トゥファは，太陽光の到達する地域に形成された軟らかい炭酸カルシウムの集積したものをいう．炭酸塩岩の地域を流下し，流速が大になる急流や，鍾乳洞の出口などで，太陽光が到達する範囲に炭酸カルシウムが集積するとき，水草やシアノバクテリア，藻類，蘚苔類などが共存すると，光合成により二酸化炭素を消費するため，効果的に飽和に達したカルシウムが集積する．また炭酸カルシウムが生物体に付着することで，炭酸カルシウムの結晶中に微細な孔隙が生じ，沈殿物が生成される．トゥファと混同されやすいものにトラバーチン*があるが，トラバーチンの炭酸カルシウムはシアノバクテリアの影響はなく，結晶物は密で硬質である．　〈漆原和子〉

とうぶしんしょく　頭部侵食　headward erosion　⇨谷頭侵食

とうふっかくず　等伏角図　isoclinic chart　伏角が等しい値をとる線を地図に示したものをいう．⇨磁気図，伏角　〈西田泰典〉

どうぶつけいさんたい　動物珪酸体　animal opal　地質学の分野で海綿動物起源の部分微化石である骨針・骨片はチャートの生成や海成層の環境復元に利用されてきた．イギリスの土壌から海綿動物起源のオパール質鉱物（海綿骨針）の検出（F. Smithson, 1949）以降，日本でも土壌や第四紀層などから検出されはじめた．骨針は非結晶の含水珪酸 $SiO_2 \cdot nH_2O$ で，その形状は針状の一軸，二軸，三軸，多軸型や格子型およびデスマ型，球星状型，微小骨片など多様である．これらの骨針は起源，化学性，鉱物学的特性から動物珪酸体とよぶ．なお，土壌中には植物珪酸体*も包含し，一部に類似した形のものもあり同定には注意を要する．土壌中の動物珪酸体の起源は現地性由来のものと，遠近来から移動・混在した異地性由来のものとがある．前者は水（海）成堆積層などを母材とする土壌などに認められる．たとえば最終間氷期の後半の海退時に堆積した（水成）下末吉ローム層に多数の海綿起源の動物珪酸体が認められ，これは土壌層の生成環境を推定する証拠の一つに利用できる．後者には海域から離れた段丘上の陸成土壌層から動物珪酸体が見出されるときがある．これは氷期の海面低下時，干陸化した場所から動物珪酸体を含む物質が冬季の季節風により搬送され土壌中に付加された可能性を示す．これらの土壌の動物珪酸体含量の垂直変化は海陸分布，気候変動そして無機質母材の上方への成長を推定する指標となる．　〈宇津川　徹〉

[文献] 宇津川　徹ほか（1979）テフラ中の動物珪酸体"Opal Sponge Spicules"について：ペドロジスト，23, 134-144．

とうへんかくず　等偏角図　isogonic chart　偏角が等しい値をとる線を地図に示したものをいう．身近な例では，磁気コンパスで方位を測定するとき，その場での偏角を補正して，地理学上の北を推定するのに用いる．⇨磁気図，偏角　〈西田泰典〉

とうほうしんしょく　頭方侵食　headward erosion　⇨谷頭侵食

とうほうせい　等方性　isotropy　地形構成物質の力学的性質や物理的性質が方向によって異ならないことで，異方性*に対する語．　〈松倉公憲〉

とうほうせいがん　等方性岩　isotropic rock　等方性*をもつ岩石．　〈松倉公憲〉

とうほうそうだつ　頭方争奪　headward capture　谷頭侵食*による河川争奪*や河流の併合*．谷頭や滝では，上流側を深く切り刻んでいく頭方侵食が進行する．このとき谷頭の位置も上流側に移動し，尾根を越えて隣の河川に到達することがある．このような頭方争奪により隣の河川の上流部を奪うことを頭方争奪という．　〈斉藤享治〉

とうほくちほうたいへいようおきじしん　東北地方太平洋沖地震　2011 off the Pacific coast of Tohoku earthquake　2011（平成23）年3月11日14時46分頃に，三陸沖から宮城・福島・茨城県沖の太平洋底で発生した巨大地震であり，各種の複合的な大災害が生じた．気象庁の正式名称は平成23年（2011年）東北地方太平洋沖地震である．地震波の解析によると，断層のずれは三陸沖南部の深さ約24 km で始まり，その周辺でずれを加速し，約60〜100秒後に日本海溝へ広がる浅部領域で最大数十 m に及ぶずれを生じた．このずれはその後に断層全体に広がり，約150秒後に終わったとみられる．震源域は長さ約500 km，幅約200 km に及ぶ広大な領域であり，低角度の逆断層型のずれが生じた．この地震規模は M 9.0 とされ，日本の観測史上で最大の地震であり，世界的にみても最高値に近い．宮城県栗原市で震度7，最大加速度2,933ガルを観測し，激しい振動は約2分続いた．仙台市でも震度6強の強振動を受け，さらに周辺の広範囲で強い揺れに襲われた．GPS*観測により，仙台平野の一部の沈降や牡鹿半島などの太平洋側への水平な移動（最大5.3

m）が判明している．3月9日11時45分頃に，三陸南部沖（牡鹿半島沖）約160km付近でM7.3を震央とする地震が発生したが，これは11日の前震と本震発生後に指摘されている．一方，三陸沖から茨城沖にかけての地域で数多くの余震が発生した．とくに，12日4時頃に長野県北東部でM6.7の地震が，15日22時頃に静岡県富士宮市付近でM6.0の地震などが起こり，こうした離れた場所での地震も余震とみなす研究者もいる．4月11日には福島県浜通りの地震（M7.0）が発生して，井戸沢断層や湯ノ岳断層などの高角度の正断層が出現し，日本列島の内陸部では数少ない正断層の事例が確認された．この巨大地震によって，三陸海岸から茨城県の海岸に高い波高（最大40m＋）の津波が襲い，壊滅的な被害がこれら海岸平野部で起こった．また，広域に及ぶ地殻変動や液状化現象も発生し，死者総数は約2万人とされる．東京電力福島第1原子力発電所で水蒸気爆発や放射能の漏出事故が発生し，20km圏内では避難，30km圏内では屋内待避が勧告されたが，さらに広い範囲でも集団避難が起こり，社会経済的な大きな混乱と長期に及ぶ困難な避難生活がひき起こされた．電力供給不足から計画停電が東京電力配給内で発生し，節電や買いだめ物品購入自粛の要望が出され，混乱に拍車をかけたが，国の内外からの大規模な支援が復興に役立った．東北関東大震災や東日本大震災など，様々な震災名がマスコミでは使われている．⇨日本海溝，東北日本弧，巨大地震　〈岡田篤正〉

とうほくちほうたいへいようおきじしんつなみ　東北地方太平洋沖地震津波　2011 Tohoku earthquake tsunami　2011年（平成23）3月11日14時46分頃に牡鹿半島の東南東沖約130kmに震央をもつM9.0の東北地方太平洋沖地震*が発生，これが引き起こした津波をいう．三陸沖中部から茨城県沖にかけての広範囲にわたる断層面上のすべりが津波の原因とされ，最大のすべり量は震源東側の日本海溝付近で45mに達すると推定されている（佐竹，2011）．津波マグニチュード* M_t は9.1．津波は第2波が最大で，地震発生後約30分で三陸沿岸に到達し，鮪ヶ崎南の宮古市重茂姉吉で40.5mという最高の遡上高を示した（⇨津波の高さ）．その後この波は次々にわが国の太平洋沿岸の広い範囲を襲い，青森県から千葉県に至る延長600kmに及ぶ海岸域に甚大な被害をもたらした．死亡・行方不明者約2万人，家屋の流出・全壊約11万棟に加え，河川・海岸の構造物や施設の損壊，船舶の破損，農地やライフラインの被害など多岐にわたった（目黒，2011）．

〈砂村継夫〉

［文献］佐竹健二（2011）巨大津波のメカニズム：平田直ほか「巨大地震・巨大津波―東日本大震災の検証―」，朝倉書店，55-91．／目黒公郎（2011）東日本大震災の人的被害の特徴と津波による犠牲者について：平田直ほか「巨大地震・巨大津波―東日本大震災の検証―」，朝倉書店，93-145．

とうほくにほんこ　東北日本弧　Northeast Japan arc　フォッサマグナ以北から北海道に至る地帯で，ほぼ北北東-南南西方向に長さ約900kmを有し，太平洋側に凸型にやや湾曲している．北東側は千島弧，南西側は西南日本弧，南側は伊豆・小笠原弧に接している．この弧に属する陸上部の地形は西側から，①渡島半島・奥羽山脈・出羽山地・越後山脈・三国山脈，②北上盆地・阿武隈川低地，③北上高地・阿武隈高地，が帯状に配列し，それぞれ内弧隆起帯，中央低地帯，外弧隆起帯にあたる．①は褶曲や断層で変形した新第三紀の地層が広く発達し，火山も分布する．この東縁を火山前線とよび，以東では火山はない．②の西側には，南北方向に伸びる逆断層が発達し，西側の山地から供給された土砂が扇状地群を形成しているが，西側へ低下する断層角盆地とみなされる．③は中・古生代の古期基盤岩類より構成される北上高地や阿武隈高地がみられ，盾を伏せたような山地が分布する．これらは全体として，中央部を中心とするドーム状の穏やかな隆起の地殻運度が進行していると考えられる．この沖合の太平洋底には日本海溝がほぼ並行に発達し，陸上の地形・地質，さらに火山前線とともに対をなして，東北日本弧の島弧-海溝系を形成している．日本海溝沿いに太平洋プレートが潜り込み，活発な地学諸現象がひき起こされている若い島弧とされる．日本海溝沿いでは巨大地震が，内弧隆起帯と周辺では火山噴火や直下型の大地震が時折発生し，顕著な地殻運動も観察されている．⇨千島弧，伊豆・小笠原弧，西南日本弧，太平洋プレート，本州弧

〈岡田篤正〉

［文献］佐藤比呂志（2001）島弧としての東北日本：小池一之ほか編（2001）「日本の地形」，3，東京大学出版会．

とうめいど　透明度【湖沼・海洋の】　transparency　透明度板またはセッキーディスク（secchi disk）とよばれる直径25〜30cmの白色円板を水中に降ろしていき，それが見えなくなる深さを透明度とする．観測方法が簡単なうえ結果が一目でわかるので，おおまかな水の濁りの状態を知るのに便利な指標である．湖の表層に土壌粒子やプランクトンが増えると透明度は低下する．透明度を測定する

ときの留意点としては，透明度板をなるべく真下に降ろすこと，船影の部分で測定すること，水面に物が浮かんでいる所は避けることなどがあげられる．
〈遠藤修一〉

ドゥラ draa　サハラ砂漠やアラビア半島の砂漠にみられる巨大砂丘をいう．大砂丘とも．砂丘の規模は波長300〜500 m，幅20〜450 mの複合砂丘である．過去の気候変化にともなって形成されたものであり，砂粒子も他の砂丘に比べて若干細粒である．バルハンや縦列砂丘などのうち巨大な砂丘もドゥラの範疇に含められ，draa sized barchanのように使用される．
〈成瀬敏郎〉

とうりゅう　等流 uniform flow　開水路*における定常流*で，水路内のいずれの断面においても水深も平均流速も変化しないような流れをいう．
〈宇多高明〉

どうりゅうてい　導流堤 training levee, guide levee, jetty　河川の合流点や分流点，霞堤の先端，あるいは河口部において，流水を導くとともに流勢を調節するための構造物．流向や流速の安定化を図るとともに，河道内での土砂の堆積や河床の洗掘を防止する目的で設置される．
〈中津川　誠〉
[文献] 高橋裕 (2009)「川の百科事典」，丸善．

どうりょくへんせいがん　動力変成岩 dynamic metamorphic rock　低い温度で偏圧がかかった結果，鉱物が再結晶化した変成岩．マイロナイトやカタクラサイトが含まれる．
〈松倉公憲〉

どうりょくへんせいさよう　動力変成作用 dynamic metamorphism　広域変成作用は造山運動のときに広い地域に水平方向の力が作用するという以前の考えに基づき，その作用の別称として用いられてきた語．しかし，広域変成作用は単なる力のみの作用に起因するものではないことが明白となったため，現在この語は不適当とみなされている．断層運動に伴う岩石の組織上の変化をもたらす作用を指す場合もあるが，これは運動変成作用とでもよぶべきという提案もある．
〈松倉公憲〉

トータルステーション total station　1台で光波測距儀，経緯儀，データの記録，座標計算などの機能を併せもつ測量機器．多角測量*やTS地形測量*などに用いられる．
〈正岡佳典・河村和夫〉

トーナライト tonalite　石英閃緑岩とほぼ同義であるが，やや花崗岩質のものをいう．
〈松倉公憲〉

ドームこうぞう　ドーム構造 dome structure　地層が円形または楕円形に持ち上がるような曲隆*（隆起運動）で生じた地質構造．岩塩の流動注入による岩塩ドーム*やマグマの貫入で生じる潜在火山*の周囲にみられる．⇒ドーム山地，花崗岩ドーム
〈鈴木隆介〉

ドームさんち　ドーム山地 dome mountain　広義には緩傾斜な円頂をもつ山地（例：溶岩円頂丘*，岩塩ドーム*，花崗岩ドーム*）の総称である．しかし，普通には狭義で，曲隆*によって同心円的に中央が高く隆起して生じた山地を指す．堆積岩で構成されるドーム山地では，同心円的なケスタ列やホッグバック列が発達し，山地の全体が環状河系に囲まれている．多くの場合，中央に貫入岩体（例：ラコリス，岩塩栓）があり，その上昇に伴って形成されたドーム状構造の差別削剥で形成される．日本では，津軽山地北部の増川岳がドーム山地とみえる例である．
〈鈴木隆介〉

ドームじょうさきゅう　ドーム状砂丘 dome dune　砂漠のような広がりをもち，単一方向から強く風が吹く地域にみられる巨大砂丘．楕円形や円形をなす砂丘の直径は1.1〜1.5 kmもあり，すべり面がないのが特徴．単独あるいは群をなして発達し，砂丘上には無数のバルハン砂丘が乗っていることがある．
〈成瀬敏郎〉

ドームラバ dome lava　⇒円頂丘溶岩

とかちぼうず　十勝坊主 tokachi bouzu　北海道東部の十勝平野，根釧原野に見られ，腐植質火山灰土起源からなり直径1〜2 m，高さ0.5〜0.7 mの半円球のこぶ状の盛り上がりが多数散在する構造土の一種．凍結坊主，芝塚，アースハンモックとよばれるものと同じ微地形．現在は草本植生やカシワなどの木本植生に覆われることが多い．十勝平野の湿潤な火山灰地で初めて発見されたので「十勝坊主」と命名され，同地方の低位泥炭地に認められるスゲなどの植物を起源とする泥炭質の谷地坊主と区別される．帯広畜産大学構内における，この微地形の形成時代は，内部や表面に含まれる火山灰層の年代から1,000年〜3,000年前と考えられる．根釧原野で同様なものが現在でも形成されており，その観察によると，水分供給が十分可能な地下水位の高い場所で，冬季に凍上性の高い細粒堆積物が凍結して表面の凍結割れ目と凍上が発生し，融解期には密に発達した根茎が凍上を維持し不等沈下が生じることで，徐々にこぶ状に盛り上がり形成されると考えられる．過去に形成された十勝坊主とよぶ構造土も，現在の根釧原野と同様な気候・水分環境下で同様の生成メカニズムを経て形成したと想定される．⇒構

造土，湿原　　　　　　　　　　　〈三浦英樹〉
[文献] 山田　忍 (1959) 谷地坊主と十勝坊主について：日本土壌肥料学雑誌, 30, 49-52.／天井澤暁裕 (2004) 根室半島におけるアースハンモック分布地域の気温・地温観測からみた凍結・融解サイクル：駿台史学, 123, 99-112.

どかぶり　土被り　earth covering, overburden　トンネルの天端や埋設管路の管頂からその上方の地表までの地盤を指し，その厚さを「土被り厚」または「かぶり厚」，その重量がもたらす鉛直応力を「土被り圧（overburden pressure）」という．坑口や河川攻撃部のトンネルで，かぶり厚が薄いと，トンネル掘削に伴う緩みアーチが形成されず，トンネル断面が変形することがある．埋設管路では地表からの荷重の影響を受けることがある．ただし，その影響は地盤の性状によって異なり，その判定は困難な場合が多い．　　　　　　　　　　　　　〈鈴木隆介〉

とからおうち　吐噶喇凹地　Tokara Depression　奄美大島の北東約 80 km 付近から北西方の吐噶喇群島に向かって大きく湾入した凹み．開口部の幅は約 50 km，奥行きは約 80 km．　　　〈岩淵　洋〉

とがわそう　斗川層　Togawa formation　青森県三戸町周辺に分布する下部鮮新統．主に砂岩と泥岩の互層よりなる．層厚は 500 m．　〈松倉公憲〉

どき　土器　pottery　土を捏ねて整形し，焼成することで得られた器（例：碗，土瓶）．人類史上最古のパイロテクノロジー（火工品技術）の一つ．
　　　　　　　　　　　　　　〈朽津信明・上村　誠〉

どきへんねん　土器編年　pottery chronology　⇨考古編年

とくしゅど　特殊土　problem soil　主に地盤工学分野で使用される用語で，風化残積土（例えばマサ土），ローム（火山灰層），シラス，柔らかい泥岩（土丹*）など，従来の地盤工学分野で扱われる理想的な砂と粘土の振る舞いから大きくはずれるような"特殊"な地盤材料をさす．　　　　〈松倉公憲〉

どくず　読図　map reading　広義には地形図*，地質図*，土地条件図*，土地分類図など各種の地図や主題図*を読んで，その土地の性状を理解することをいう．狭義には一般に地形図の読図を指す．地形図読図は，地形図に図式*（記号）で描かれている諸々の事象の配置をみるだけでなく，等高線距離*や等高線の屈曲状態およびすべての記号の配置状態に基づき，地形学や地理学などの基礎知識を論拠に，地形図に直接には描かれていない事象を推論し，その土地の過去・現在・将来の状態を予察的に読み取る思考作業である．例えば，地質，地盤，地下水の状態をはじめ，そこで発生しうる地形災害の種類やその土地の人文的・自然的歴史までも定性的ながら予察する．つまり，地形図読図は，土地条件調査の第一歩であり，その成果に基づいて，精査範囲（例：空中写真の撮影範囲，野外調査範囲）やボーリング地点，物理探査測線の選定の論拠とする．必要な場合には地形図上で各種の地形計測*を行ったり，地形断面図*や主題図の予察図を作成したりする．読図の精度は地図の縮尺と広範な分野の基礎知識および洞察力に制約される．〈鈴木隆介〉
[文献] 鈴木隆介 (1997〜2004)「建設技術者のための地形図読図入門」，全4巻，古今書院．

どくすい　毒水　poisoned water　言葉の意味は毒を含んだ水のことであるが，地球科学では，鉱山から排出された有毒な物質が流入した河川水のことをいう．そのような毒水を含む河川を毒水河川（poisoned water river）という．毒水は有害重金属が多量に含まれたり，強酸性を示したりするのが特徴である．過去の例になるが，秋田県玉川温泉の pH 1.2 の強酸性水が流入していた玉川毒水が有名である．玉川毒水を中和するため，一時期河川水を田沢湖へ導入したため，田沢湖の湖水が強酸性になりクニマスが絶滅した．同様な例が北海道の長流川流域に属する洞爺湖でもあった．洞爺湖は発電用水として長流川の水を洞爺湖に導入しているが，かつて長流川上流に褐鉄鉱を採掘する鉱山があり，一時期その鉱山からの鉱毒水が長流川に流出し，その毒水が洞爺湖へ流入して湖が酸性化した．〈浦野愼一〉

とくすいかせん　得水河川　gaining stream　河床や側面から河川への地下水流入量が，流路から周辺への流出量よりも大きいために，流下するにつれて流量が増大する河川またはその区間．地下水からみて，得水河流，流出河川（effluent stream）ともいう．河川水面が周辺の地下水面よりも低い場合にみられる．一般に，湿潤地域の山地部の河川は得水河川である．　　　　　　　〈佐倉保夫・宮越昭暢〉

とくすいかせん　毒水河川　poisoned water river　⇨毒水

とくすいかりゅう　得水河流　gaining stream, effluent stream　流下とともに流量を増加する河流区間．流量涵養河流*ともいう．地下水面が河川の水面より高いと，地下水の流入により流量が増加する．湿潤地域の平野部では，扇状地を除いて一般に得水河流となる．　　　　　　　　　　　　〈斉藤享治〉

とくながのほうそく　徳永の法則　Tokunaga's law　ホートン・ストレーラー法によってすべての

水路が次数区分された水路網で, j 次の水路1本に側方より流入する i 次の水路の数を T_{ij} とする.「側方より流入する」水路とは, j 次水路の先端で流入する $(j-1)$ 次の水路2本を除く水路である. この水路を側枝水路とよぶ. $j-i=k$ と置くと, k は側枝水路の次数とそれを受け取る水路の次数の差を指すことになる. 合流する2本の水路の次数差のみに注目して $T_k=T_{ij}$ なるパラメータを定義し, k と T_k との間に $T_k=ac^{k-1}$ なる関係を設定した場合, a および c の値がそれぞれ一定であるという条件を満たす水路網は自己相似である. この式は徳永の法則の最も簡単な記述である. 自然流域では, T_{ij} の値は一つの流域内の平均値で与えられる. N_{ij} を j 次の流域内の i 次の水路の数とすると, N_{ij} は, $N_{ij}=[(2+a-P)/(Q-P)]Q^{j-i}+[(2+a-Q)/(P-Q)]P^{j-i}$ で与えられる. ただし,

$$P=\left(2+a+c-\sqrt{(2+a+c)^2-8c}\right)/2,$$
$$Q=\left(2+a+c+\sqrt{(2+a+c)^2-8c}\right)/2$$

他にこの法則の記述方法としては, T_{ij} と0とを要素とするテープリッツ行列を用いるなど, いくつかの方法が考案されている. この法則は, DLA, 葉脈, サンゴ, 血管等の分岐系の解析にも応用されている. また, その考え方は, 地震発生の統計やパーコレーション理論などで検討されている. ⇨水路次数, ホートンの法則, 自己相似な水路網, ペアノ流域, 側枝水路　　　　　　　　〈徳永英二・山本 博〉

[文献] Tokunaga, E.（2003）Tiling properties of drainage basins and their physical bases : *In* Evans et al. eds. *Concepts and Modelling in Geomorphology.* TERRAPUB, 147-166. / Turcotte, D. L.（1997）*Fractals and Chaos in Geology and Geophysics*（2nd ed.）, Cambridge Univ. Press.

どくりつえいりょく　独立営力 independent agent　地形営力のうち, 他の営力に影響されずに地球の内外で独立に発源するものの総称. 太陽熱, 月引力, 隕石衝突, 重力, 地球内部熱およびコリオリの力（効果）の6種がある. ⇨地形営力, 従属営力, 地形営力の連鎖系　　　　　　　〈鈴木隆介〉

どくりつひょうこうてん　独立標高点 spot height　⇨標高点

どけんしきかんにゅうしけんき　土研式貫入試験機 Doken-type cone penetrometer　動的貫入試験機の一種で, 土研式動的円すい貫入試験機・土研式簡易貫入試験機ともよぶ. 5 kgの重錘を50 cmの高さから自由落下させるときの衝撃で直径3 cmの円錐コーンを貫入させることによって, 土層の硬度（強度）の深度分布を計測する. 試験による結果は, 円錐コーンが10 cm貫入するのに要する打撃回数で表すことが多い. ⇨貫入試験　　〈若月 強〉

とこ　床【河川の】 riverbed, bed　河床のこと. 土木, 砂防用語として使う. 洗掘の防止や河床勾配を安定させるために設置される. 河川を横断する施設が河川工事では床止め, 砂防工事では床固めという. ⇨河床　　　　　　　　　　〈島津 弘〉

としがたちけいさいがい　都市型地形災害 urban geomorphic hazard　都市化に伴って発生頻度の高くなる, 地形と密接に関連して発生する災害をいう. 洪水による家屋の浸水被害, 地盤の液状化や斜面崩壊による建築物や構造物の倒壊被害など. 日本では平地が少ないため, 人口は必然的に沖積低地に密集するようになり, 都市化がもたらされてきた. そこでは豪雨による洪水の被害が生じやすく, 都市の安全を確保するため, 堤防により洪水の発生を防除してきた. この防災対策は, 低平地の安全を向上させるため, 更に人口が集中することになり, 結果的には都市が高度化すればするほど大災害が発生しやすく, 災害効率が高い空間になってきている. また沖積低地は地震による液状化*も発生しやすく, 大地震に見舞われると大きな地盤災害を引起こす危険性をはらんでいる. 都市域の拡大は, 居住地が低平地から丘陵地に拡大し, 本来は崩壊という地形変化の一自然現象が, 災害の原因となり, 斜面災害を惹起している. 　　　　〈沖村 孝〉

としけいかく　都市計画 urban planning　都市生活に必要な機能の向上・発展のため, 都市の空間的・計画的制御ならびに創造に必要な公的・社会的システムを構築する総合的計画を策定し, その実現を図ることをいう. これには, ①幹線道路, 鉄道, 上下水道, 大規模公園などの基幹的都市施設, ②街区における街路や小公園などの地区基盤施設, ③学校や病院等の公共施設などが主な対象となる. 　　〈沖村 孝〉

としけんかつだんそうず　都市圏活断層図 active fault map in urban area　国土地理院が作成・刊行している, 活断層の位置やずれの方向などを2万5,000分の1地形図上に示した主題図. 兵庫県南部地震を契機に1995年に作成が開始された. 印刷図が販売されているほか, 国土地理院の地理院地図で閲覧することができる. 活断層の位置などの認定は, 活断層研究者が主に空中写真判読と既存調査結果に基づいて行っている. 当初は大都市域を対象に作成され, 活断層が全く表示されていない図も含め

て刊行されたが，その後は山間部も含めた主要な活断層が分布する地域を対象として作成されている．〈宇根　寛〉

どしつこうがく　土質工学　soil engineering, geotechnical engineering　土や岩石・岩盤の物理化学的性質や力学的性質を基に，力学や水理学などの諸原理を土や岩盤に関する諸問題に応用する学問体系を土質力学というが，その土質力学の知見を構造物や基礎の設計・施工に適用するのが土質工学である．特に対象を岩盤に限った場合の学問体系を岩盤工学（その基礎は岩盤力学*という）という．土に関する知識は，古くから経験的なものは存在していたが，1925年のテルツァーギによる Erdbaumechanik の出版を契機に土質力学として体系化された．1948 年には国際土質基礎工学会（International Society of Soil Mechnics and Foundation Engineering：ISSMFE）が設立され，日本では 1953 年，土質工学会（Japanese Society of Soil Mechanics and Foundation Engineering）が設立された．土質工学会はその後の 1995 年に，地盤工学会（The Japanese Geotechnical Society）と名称変更した．〈松倉公憲〉

どしつしけん　土質試験　soil test　採取した土の分類やその工学的性質を調べるために行われる各種試験の総称．土質試験は，物理的性質を求めるための試験，力学的性質を求めるための試験，化学的性質を求めるための試験に分類され，標準的な試験法は日本工業規格（JIS）や地盤工学会基準（JGS）等で規定されている．〈鳥居宣之〉

どしつりきがく　土質力学　soil mechanics　⇒土質工学

どしゃいどう　土砂移動　movement of debris　河谷や，扇状地，デルタなどの斜面における，水流による土砂移動現象の総称．また，その結果すなわち河床や河岸の侵食，土砂の輸送，堆積をすべて含めて指すこともある．土砂の輸送形態は，掃流や浮流だけでなく，土砂流や土石流による移動，さらに崩壊や地すべり起源の土砂移動を含めて用いられていることもある．“土砂”は“岩屑”のことで，土木工学や砂防学などの分野および関連する行政の分野にわたり広く用いられる．しかし，「土砂移動」という概念は包括的に過ぎるので，厳密な議論ではあまり使用しない．〈諏訪　浩〉

どしゃくずれ　土砂崩れ　dosha-kuzure　崩落*（大規模な落石*を含む）あるいは崩壊*（主なものは山崩れや崖崩れ）とほぼ同義．学術的には使用されていない用語であるが，「土砂災害*」という用語の近年の社会的認知度の高まりとともに，マスメディアからの情報発信の用語として汎用されている．その場合には，自然斜面に限らず，切取り斜面や盛土斜面を含めて，斜面表層物質が，豪雨や地震に起因して重力に従って，斜面下方に急速に崩れ落ちる現象の総称の意味で使われているようである．また，崩壊から転化した土石流*をも含んだ意味に使われることもある．ただし，斜面物質が緩慢に斜面下方に移動する地すべり*は土砂崩れとはよばれていないようである．〈松倉公憲〉

どしゃさいがい　土砂災害　sediment disaster, landside disaster　集中豪雨などで起こる地すべりや崩壊，土石流などに伴う土砂の移動や氾濫・堆積によって被害が生じること．個々の被害規模は大きくなくても，近隣の各地で同時多発的かつ突発的に起こるため，人的被害が大きくなりやすい．わが国では，土砂災害が発生するおそれがある土地の区域を明らかにして，警戒避難体制の整備を図るとともに，著しい土砂災害のおそれがある区域においては，一定の開発行為を制限するほか，建築物の構造規制に関する所要の措置を定めて，土砂災害防止対策の推進を図ることを目的として，2000 年に“土砂災害警戒区域等における土砂災害防止対策の推進に関する法律”，略して土砂災害防止法が施行されている．⇒災害，自然災害　〈諏訪　浩〉
[文献] 京都大学防災研究所 編 (2001)「防災学ハンドブック」，朝倉書店．

どしゃしゅうし　土砂収支　sediment budget　河川や海岸のある地点における流入土砂と流出土砂の収支のこと．砂防分野では，流域内で発生する土砂の生産量，堆積量，流出量のバランスを算定した結果のことを指す．生産量が流出量より多ければその分の堆積が起こることになる．⇒土砂生産，土砂流出　〈松倉公憲〉

どしゃせいさん　土砂生産　sediment yield　流域内に存在している土砂が風化やマスムーブメントなどにより移動しやすい状態になること，および種々の侵食・運搬作用によって移動した土砂を指す．たとえば，風化による剥落や河岸崩壊，河床侵食によって土砂が生産され，渓床に供給されるような現象．土砂流出*とほぼ同義で使われることもあり，それらの量は土砂生産量という．⇒土砂収支　〈松倉公憲〉

どしゃダム　土砂ダム　debris dam　⇒天然ダム

どしゃほうらく　土砂崩落　debris slip　⇒崩落

どしゃりゅう　土砂流 hyperconcentrated streamflow　土石流*と掃流*の中間的な流れ．掃流状集合流動ということもある．土石流が谷口から出て緩斜面に至ると，流速が低下するので，乱流状態の程度が低下する．このため，流れの上層で岩屑の濃度が小さく，下層で大きい状態となる．すなわち，岩屑は流れの下層では集合的に流動する．このような流れを土砂流という．一方，降雨表面流の流量は大きいが，土石流を引き起こすほどではない場合にも，土砂流は起きていることがある．例えば，谷筋や沖積錐で堆積物が再移動することがあるが，そのような場合には，掃流だけでなく土砂流の寄与が大きいこともある．土石流と比べると，土砂流による堆積は穏やかであるので，住宅などの構造物が埋積されても，無傷であることも稀ではない．また，土石流に比べると，土砂流の継続時間は長く，したがって土砂流形式で移動する土砂の量は，土石流より多いこともある．　　　　　　　　〈諏訪　浩〉

［文献］Pierson, T. C. et al. (1985) Downstream dilution of a lahar: Transition from debris flow to hyperconcentrated streamflow : Water Resour. Res., 21, 1511-1524. ／芦田和男編 (1985)「扇状地の土砂災害」，古今書院．

どしゃりゅうしゅつ　土砂流出 sediment outflow　流域のある点を通して運搬・輸送される土砂のこと．輸送物質には掃流砂（掃流土砂*），浮流物質，ウォッシュロード*などがあり，土石流や崩壊土砂が直接に流出する場合もある．⇨土砂生産
〈松倉公憲〉

どじょう　土壌 soil　地殻の表層において，岩石・気候・生物・地形ならびに土地の年代といった土壌生成因子の総合的な相互作用によって生成する岩石圏の変化生成物であり，多少とも腐植・水・空気・生物を含み，かつ，肥沃度をもった，独立の有機-無機自然体である．これは，地表に存在する独自の体制をもった歴史的自然体，つまり土壌体として定義される．独自の体制として，土壌特有の構造（土壌構造*）および土壌生成作用によって分化した土壌層位が含まれる．一般的には，この土壌体から一部分を取り出した土壌物質として認識されている．⇨土壌生成因子，土壌層位，土壌分類
〈田村憲司〉

どじょうインベントリー　土壌インベントリー soil inventory　明治以降，土壌科学の進展にともない膨大かつ貴重な土壌試・資料が集積した，それらを有効（共用）活用するために目録（soil inventory）の作成が農業環境技術研究所などではじまった．目録には各土壌断面の土壌名，断面写真，景観写真，植生・位置（地理）・地形・地質・気候各情報，断面図，層位別理化学性・粘土組成データ，土壌図などの基本情報を掲載．さらに土壌薄層モノリス，分析に利用した層位別供試土などの原試料の保存・展示も含む．同研究所インベントリーセンターでは基本情報をデータファイル化しており閲覧可能（http://agrimesh.dc.affrc.go.jp/soil）．このデータファイルは植生などの他分野データファイルと共用システムとして開発されており，総合的学際的な研究へと発展が期待される．⇨土壌薄層モノリス
〈細野　衛〉

［文献］中井　信ほか（2007）土壌モノリスの収集目録及びデーター集：農業環境技術研究所資料，No.29, 1-27, CD版付．

どじょううりょうしすう　土壌雨量指数 soil water index　降水が土壌中に水分量としてどれだけ貯留しているかを指数化したもので，気象庁によって開発された崩壊危険度予測手法の一つ．5 km×5 km格子ごとに区切って30分間隔で雨量が正確に算出できるレーダー・アメダス解析雨量と，3つのタンクモデルの貯留高合計値に，履歴順位の概念を導入したもの（岡田，2002）．格子ごとに過去の雨や土砂災害の履歴情報を比較することで，現在の雨による土砂災害発生の危険度をリアルタイムで推定できるという特長をもつ．　　　　〈松倉公憲〉

［文献］岡田憲治（2002）土壌雨量指数：測候時報，69-5, 67-100.

どじょうおせん　土壌汚染 soil pollution　その地域に分布する土壌の平均的な自然の存在量（自然賦存量：natural abundance）より明らかに多量の元素や有機物（人工あるいは自然物）が土壌中に蓄積されている状態．典型的には，重金属（カドミウム，ヒ素，鉛など）や人工化学物質（農薬，工業に使用される有機溶剤や洗浄剤など）による土壌汚染が知られている．多くの国では，土壌汚染基準値を設けて，環境行政が行われている．土壌汚染の最大の防止方法は排出源を絶つことであるが，一度，汚染されると，その修復に長い年月と費用がかかり，不動産取引への制約などが社会的問題となる．重金属汚染では，表層土壌を他の土壌と入れ替える"客土"を行うことも多いが，最近では，特に低濃度汚染の場合，植物による吸収力を利用した修復方法（ファイトレメディエーション）も提案されている．例えば，カドミウム低濃度汚染の水田土壌（土壌あたり数ppm程度）におけるイネ栽培やハクサンハタザオ，ヘビノネコザなどのカドミウム高濃度蓄積植物

を利用した修復方法は注目されている．　〈東　照雄〉

どじょうかいりょう　土壌改良　soil improvement　土壌の肥沃性を高め，農業の生産性を向上させることを目的として，無機質あるいは有機質の資材を用いて主に作土の物理性，生物性あるいは化学性を改良すること．物理性の改善としては土壌の膨軟化，保水性，保肥性および透水性の改善，団粒形成促進などがある．生物性の改善としては窒素固定などの機能を有する有用微生物の増殖や有機物の腐熟促進などがある．化学性の改善としては土壌pHの矯正，リン酸固定の緩和あるいは保肥性の増加がある．なお，肥培管理としての施肥は土壌改良の範疇には含まれない．⇨土層改良　〈駒村正治〉

どじょうがく　土壌学　soil science　地球の表層部の陸域に土壌圏が構成し（一部の水域，沼沢地や沿岸なども含む），様々な土壌が分布しており，土壌の研究としてその性状，生成，分類および分布を研究対象とする分野を土壌生成分類学（ペドロジー），一方土壌を材料として，土壌のもつ多面的機能の有効活用をはかる目的に特化した応用土壌学（エダフォロジー）とに大別できる．前者は土壌学の一分野であると同時に，土壌学全分野の基礎的部門を担い（基礎土壌学ともいわれる由縁），さらに他分野に基礎的情報を与え研究対象の試・資料価値を保証する．後者は生物生産の立場から，作物生産の向上をめざす培地土壌学，森林資源のための森林土壌学，農地改善・新規造成の農地土壌学，環境保全のための環境土壌学，土壌微生物（バクテリア，酵母菌など）の活用をはかる土壌微生物学などがある．従来は食糧生産，森林資源確保のために培地・森林土壌学が重要視されてきたが，近年土壌を第四紀学的視点や環境保全からとらえる土壌学研究も進展．⇨土壌地理学　〈細野　衛〉

どじょうがた（けい）　土壌型　genetic soil type　成因的に土壌を分類するときに用いる基本単位．土壌型の定義は分類によって異なることがある．ロシアの土壌分類体系（1960）では，土壌群―土壌綱―土壌亜綱―土壌型―土壌亜型―土壌属―土壌種―土壌変種―土壌品種という階層的カテゴリー体系で，土壌型は「土壌の諸性質ならびにそれを生じる生成過程および生成過程を決定している生成因子を結合させた研究法」に基づいて区分される基本単位で，以下の5つ土壌型が同型であるという原則に基づいている．①有機物集積・変質・分解過程の型，②無機成分の分解・合成と有機―無機化合物の合成の型，③物質移動と集積の型，④土壌断面の構成の型，⑤土壌肥沃度増進・維持の型．日本の林野土壌の分類（1976）では，土壌群―土壌亜群―土壌型―土壌亜型というカテゴリー体系で，土壌型は「構成単位で特徴層位の発達の程度ないし土壌構造などの相違によって区分する」とされている．⇨土壌分類

〈田中治夫〉

どじょうかんきょうしひょう　土壌環境指標　soil environmental indicator　生物学・生態学の分野で動植物の生息種と生息数，生物多様性などを用いて，ある地域の自然環境を評価する際に用いる指標と類似したもので，特に，土壌環境の評価に用いられる．例えば，湿性を好む植物群落の存在が土壌の水分環境と関連付けて評価されることは，そのよい例である．また，土壌動物相の変化を土壌環境指標として用いた研究例もあり，「青木の自然度」とよばれる土壌中の100種類のササラダニを用いた土壌を含む環境の自然度を評価する手法（生息するササラダニの種類ごとに5点から1点までの評点を行い，各点数にその種類数を乗じた総和をダニの合計種数で除した値で，5に近い値ほど自然度が高い）は，環境の自然度を評価するのに有効であることが示され，学校教育などでも盛んに行われている．さらに，最近では，半乾燥地域の砂漠化に関連して，草本植生の種構成と種数および現存量の変化などを土壌環境指標とする研究も試みられている．

〈東　照雄〉

［文献］青木淳一（1995）土壌動物を用いた環境診断：沼田　真編「自然環境への影響予測―結果と調査法マニュアル」，千葉県環境部環境調整課．

どじょうかんしょうのう　土壌緩衝能　soil buffering capacity　狭義には，土壌に酸やアルカリが添加された場合に，土壌pH（土壌溶液のpH）が元々の状況から急激に変化しない現象．土壌には酸（水素イオン：H^+）やアルカリ（水酸化物イオン：OH^-）を吸収する吸収部位・物質が存在している．例えば，H^+は土壌の有機物表面の官能基である解離型のカルボキシル基（$R-COO^-$）に取り込まれて非解離型（$R-COOH$）となり，また，無機粒子表面のアルミニウムや鉄と結合したOH基（アロフェン・イモゴライト・ヒドロキシアルミニウム重合体，水酸化アルミニウムなどのアルミニウムに結合したOH基とフェリハイドライトなどの鉄に配位したOH基）に取り込まれる（$Me-OH+H^+=Me-OH_2^+$）．一方，OH^-イオンは，非解離型のカルボキシル基やフェノール性水酸基と中和反応を起こし，水分子となる．最近，この用語は，種々の環境イン

パクトに対する抵抗力・回復力とほぼ同意語として広義的に用いられる場合もある. 〈東 照雄〉

どじょうきんかく　土壌菌核　sclerotium grain　土壌中から検出される直径 1 mm ほどの黒色球状の粒子を指す. 作物などの病害（菌核病）を引き起こす不完全菌・子嚢菌・担子菌などの高等菌類が形成する菌核とは異なる. 菌学者の Trappe (1969) は, この粒子を自然界に最も普遍的に存在する外生菌根菌の一つである *Cenococcum geophilum* (Cg) が形成した構造体が, 発芽機能を失ったまま土壌中に残留したものであるとした. Cg は, 北極圏, 冷温帯, 亜熱帯の環境の森林において世界的に分布し, 森林限界線の樹木の重要な共生生物としての側面をもち, また砂丘, モレーン, 火山灰地, 開拓地の未熟土に定着する外生菌根宿主としていち早く進出する先駆者としての側面ももつと考えられている.

土壌菌核は内部が中空のものが多く, 壁部分は直径およそ 5 μm のハニカム構造をなして, 黒色光沢のメラニン質である. 土壌菌核の平均化学組成は C：48%, O：30%, H：3.3%, N：0.8%, Al：1.4, Fe：0.6% のほか Ti, Cr, Mn, Cu, Zn, Br, Pb などの重金属が 10〜100 ppm レベルで検出される. 土壌菌核の炭素は腐植酸と比べて極めて生物性の高い糖鎖に富み, Al は非晶質として存在する. 森林土壌 A 層中の菌核粒子の平均存在量は 2〜3 g/kg と見積もられ, 土壌有機物の寄与量として決して無視できない. 分布は, 土壌の活性 Al の存在形態に規定される傾向があり, 1 粒子の質量は酸性条件下で生物毒性をもつ交換性 Al 含量と正の相関がある. 生成年代の古いものとしてスウェーデン北部の氷河性堆積物中の埋没土壌から検出した土壌菌核の ^{14}C 年代は約 5,000 年前であることから, 分解抵抗性があると考えられる. 〈渡邊眞紀子〉

［文献］Watanabe, M. et al. (2002) Distribution and development of sclerotium grain as influenced by aluminum status in volcanic ash soils：Soil Sci. and Plant Nutr., 48, 569-575.

どじょうくうき　土壌空気　soil air　土壌中では植物根, 土壌動物や微生物の呼吸作用と微生物による有機物の分解により酸素は消費されて二酸化炭素が生成する. このため土壌空気は大気と比べると酸素濃度が低く, 二酸化炭素濃度が高い. また, 土壌空気は湿度が高く, 濃度の均一性が低い点も大気と異なる. 土壌空気は, 土層の深さ 30 cm までは大気と差はないが, 150 cm を超えると二酸化炭素が 10% 程度, 酸素が 10% 以下となり, 大気中の二酸化炭素の 0.03%, 酸素の 20% と比べると差が大きい. しかし, 土壌中の空気内ガスの濃度差により拡散して, 大気のガス成分に近づく傾向があるが, 土壌の孔隙が乏しい場合, すなわち通気性が低い場合には二酸化炭素濃度が高くなる. 台地にある畑地土は孔隙が多く地下水位が低いため, 酸素の循環が良好で褐色の水酸化鉄ができやすく, また硝化作用*も進行し硝酸態窒素が多い. ⇒土壌の三相　〈駒村正治〉

［文献］久馬一剛 (1985)「新土壌学」, 朝倉書店.

どじょうクラスト　土壌クラスト　crust　土壌の表面に形成される不（難）透水性の薄いフィルム状の層. 単にクラストあるいはクラスト層, 表面クラスト層（雨撃層）とも. 雨滴の衝撃によって土壌表層の大孔隙網が破壊され, 透水機能に乏しい細孔隙ないしは小孔隙しか保有しない薄層が出現することにより形成されると考えられている. 〈松倉公憲〉

どじょうけん　土壌圏　pedosphere　地球の表層部と, その周辺域の自然環境は岩石圏, 水圏, 大気圏, 生物圏から構成され, その境界圏において風化作用, 母材の生成, 植物遺体の分解そして土壌生成が進行して土壌圏が成立する. 地域の気候, 植生, 岩石, 地形などの影響を受けて特有な土壌が形成される. 気候と植生との影響が強く反映されると成帯性土壌*となり, 岩石・母材の影響が強く発現すると成帯内性土壌*となる. さらに土壌生成期間が短く層位分化の弱いときは非成帯性土壌となる. また, 人為の影響を受けた農耕地土壌, 干拓地土壌そして埋立地や造成地おける人工改変土壌なども分布する. 〈細野 衛〉

どじょうこうぞう　土壌構造　soil structure　土壌断面の各層位から土の塊を取り, 両手で割り, 指で軽く押し潰すと, 小片に砕ける. この小片が土壌粒子の集合体 (aggregate, ped) である. これは砂・シルト・粘土や腐植などの集合体（一次集合体）で, さらにそれらが立体的に集まり二次集合体をつくるが, これらの集合状態を土壌構造という. 土壌の種類, 層位ごとに生成環境を反映し, 水分, 腐植, 粘土, 二次生成物, 遊離酸化物や風乾履歴さらに土壌動物などの影響によって特徴を有する構造が形成される. また, 土壌構造の種類や発達状況は, 土壌の物理的性質にも関係し, 植物の生育に影響を与える. 土壌構造は, 発達の程度・大きさ・形状によって分類される. ①発達の程度は集合体の発達が明瞭で, その形態を保持されているときを強度 (strong), 集合体の識別が辛うじてでき, かつ壊れやすいときを弱度 (weak), その中間を中度

(moderate) と区分される．さらに，集合体が認められないものは無構造 (structureless) とよび，粒子が均質に凝集する壁状構造 (massive) と砂丘土の粒子がバラバラのように個々の粒子が容易に識別できる単粒構造 (single grain) とに分ける．②大きさは，集合体の最小径により，極大・大・中・小・細に5区分される．③形状は，粒状構造（直径10 mm以下，小さい立方体・粒状，やや緻密で硬い．乾燥しやすいA層に多い），団粒（屑粒状）構造（直径5 mm以下，孔隙に富み軟質・海綿状で腐植質のA層に多い），角塊状構造（直径5〜50 mm，立方形に近い形状で，稜角も面も明瞭で，表面はなめらかで，緻密．B層に多い），亜塊状構造（直径5〜50 mm，立方形で角は丸味がある．B層に多い），柱状構造（垂直方向に伸びた柱状を示す構造．ローム化した火山灰層のクラック帯の構造など），板状構造（水平方向に広く，垂直方向に薄く，板が重なったような構造．火山灰土の表層などに霜柱作用でできやすい）とに区分する．⇨土壌断面，土壌層位，団粒構造　　　　　　　　　　　　　　　〈宇津川　徹〉

[文献] 宇津川　徹 (1982) 土の粒の大きさと構造のしらべかた，地学団体研究会編「土と岩石」，東海大学出版会，127-132.

どじょうこうどけい　土壌硬度計　soil hardness meter　土壌の硬度（緻密度）を測定する機器で，開発者の名前から山中式硬度計あるいは山中式貫入硬度計*ともよばれる．測定は平坦に削った壁面に対して，直角に円錐型金属の先端をゆっくり本体のツバのところまで差し込んで行い，その侵入の深さをmmの単位で読む．同一層位で3回程度測定して，それらの平均値を求める．土壌硬度は土性，構造，緻密，腐植，風化や水分状態などを反映する．
〈宇津川　徹〉

どじょうこうはい　土壌荒廃　soil deterioration　土壌が，種々の外的・内的要因により，元来の状態より劣化すること．土壌劣化とも．典型的には，砂漠化・塩類化・森林衰退の進行や土壌侵食*の進行などにより生じる．例えば，砂漠化とともに，土壌のもつ潜在的な植物生産能力（一次生産量）が，養分・水分・酸素供給量の低減などを通して極端に減少し，同時に，そこに生息する微生物バイオマス量や土壌有機物量が低下した"荒廃した土壌"になる．また，土壌侵食量は，一般に，植生の破壊・減退により顕著に増加し，土壌表層の肥沃な土壌を損失させることから，植物の一次生産量を低下させる．水による土壌侵食の場合，土壌粒子が雨滴で分散しやすいことが大きな要因であるが，侵食された粘土鉱物を主体とする土壌粒子は，サンゴに代表される海洋生態系にも甚大な影響を及ぼしている．土壌侵食の抑制方法には，種々の方法が知られていて実際に施工されているものの，土壌侵食による土壌荒廃は，世界の多くの土地で進行している．〈東　照雄〉

どじょうこうぶつ　土壌鉱物　soil mineral　土壌鉱物は固相部分の一部を占め，原位置由来の鉱物，水や風によって搬送され付加した母材としての鉱物，土壌生成中に二次的に形成した鉱物などに分類される．母材起源鉱物は周辺域の表層地質，火山の分布，河川流域の様相，植生と，その植被密度や大気循環などに支配される．例えば，花崗岩やマサ*地帯の土壌には石英・黒雲母・長石などが優勢となり，玄武岩質火山テフラ分布域ではかんらん石に富む火山灰土壌を，河川流域の台地上では冬季に干陸化した河床から上流域の岩体起源の鉱物粒子が飛来し供給される．沖積土壌でも上流域の地質環境に支配され，微細なシルトや粘土が多量に供給される．また，遠方からの鉱物として中国大陸起源のイライトなどの結晶性粘土を含む風成塵*の付加も認められる．風成塵は，日本海側で春先にたびたび飛来して土壌の諸性質に影響をあたえており，特に最終氷期最盛期頃の日本各地の砂丘*やローム層*中に多く挟在する．植物起源の鉱物としてオパール質の植物珪酸体*も土壌中に多数包含され，その種類や含有量は植生や農耕の履歴に支配される．他方，土壌生成中にできる鉱物は，土壌の立地する無機成分の種類・付加量と水分移動，水質，地下水位，有機物含量，土壌温度，pH，Ehなどに支配される．例えば，イディグサイト（赤色かんらん石）はかんらん石が湿潤で酸化的な土壌環境で変質してできる．炭酸鉄（シデライト）は低湿地で有機質に富み還元状態で，かつ水移動がある環境下で生成する．粘土皮膜は粘土の溶脱・集積の結果，孔隙壁面に結晶性粘土が再配列し層状に沈積したもので偏光顕微鏡下において複屈折現象がみとめられる．鉄斑紋（水酸化鉄，遊離酸化鉄）は周期的に還元・酸化作用を繰り返す湿地土壌や水田土に形成される．菌核（炭素を主にアルミナ，鉄などからなる結核）は糸状菌などの代謝産物で土壌中に生産されるが，その生産量は気候条件などに支配される．このように土壌鉱物は土壌の母材起源，化学的性質，土壌生成過程の情報を提供し，また土壌分類，養分の潜在力の推定そして生成自然環境の復元に寄与する．⇨土壌粘土，粘土皮膜，土壌菌核　　　　〈細野　衛〉

どじょうさんど　土壌酸度　soil acidity　土壌溶

液中に解離して水素イオンを生成する酸と土壌粒子に吸着している水素イオンおよびアルミウムイオンの総量．一方，塩化カリウム溶液で浸出される交換性アルミニウムイオンに基づく酸度を交換酸度という． 〔田村憲司〕

どじょうしんしょく　土壌侵食　soil erosion　水や風の作用によって表土層が流亡（土壌流亡とも）や飛散して侵食される現象．土壌侵食量には侵食営力の強弱と同時に，地形の傾斜，土壌層の発達程度，土壌の構造，孔隙や団粒構造の発達程度そして植生の種類やその被覆密度なども影響する．自然環境下では風化による母材の生成と風や水による侵食はほぼ均衡を保っているので，人為が関与しない侵食は正常（自然）侵食とよぶ．関東ロームは粘土分が多く含まれる割に，透水性（地下浸透）が良好で地表での水の停滞は少ない．それは垂直方向の根成孔隙が顕著に発達し，さらに下位には段丘礫層があるために，ローム層中を流下した水はいち早く地下水になり排水が良好である．また，ローム層は霜柱の発達が良好で融解すると細塵化し飛散しやすくなるため，冬季の季節風によってローム層の砂塵が舞い上がり風による侵食（風食）が進行する．

土壌侵食量は人為による植生改変，火入れ，土地利用や，栽培・農耕形態の変化，農地造成，過放牧，森林伐採などによる植被密度の希薄化，裸地化，土壌構造の変化，傾斜変化など地表環境の改変によって増大する．侵食量の増大によって，さらに地表環境が劣化し侵食が加速する．特に人為によって地表環境のバランスが崩れて侵食が加速する現象を加速侵食とよぶ．熱帯・亜熱帯の赤色土地帯で森林を伐採して農地造成すると，裸地化され水食が促進されやすい．森林から土壌への有機物の供給が途絶え，さらに温暖・多雨のため土壌有機物の分解が速い．そして赤色土は無構造で粘土質のために，雨季の多量な降水は地表水として流れ土壌侵食を加速させる．土壌侵食は土壌層の薄層化を促進するために，一般的には土壌劣化の原因の一つとされる．しかし，地理的に広く，かつ時間的に長くみると，水食は下流域に肥沃な母材を供給し，風食は風下側に風成塵として母材を供給する現象でもある． 〔宇津川　徹〕

どじょうしんしょくぶんぷモデル　土壌侵食分布モデル　soil erosion model　土壌侵食速度の空間分布を予測するために用いられるモデル．通常，DEM*を基本データの一つとして用い，GIS*をデータ分析に使用する．簡便で広く利用されているモデルは，勾配，斜面長，降水，土地被覆，土質，侵食対策に関する指標を掛け合わせて年間の土壌侵食量を推定する USLE（universal soil loss equation）や，その改良型である RUSLE である．これらの経験式をラスター GIS と組み合わせると，侵食量の予測値の分布を地図として表現でき，土壌流出の防止策を立案する際の有用な資料になる．また，地表流や浸透流に関する水文学的な数式を取り入れ，侵食をより物理学的に分析する ANSWERS（areal non point source watershed environment response simulation）のようなモデルもある．モデルの適用の際には，対象地域の現実に適合するようにキャリブレーションをすることが極めて重要である．この際には，河川沿いで得られた浮遊土砂量のデータや，^{137}Cs による斜面の侵食速度の推定値などが利用される． 〔小口　高〕

どじょうず　土壌図　soil map　土壌図は土壌の種類ごとに分布を地形図に描き，その地理的広がりを周知する地図をいう．必要に応じて代表的な土壌断面図，また任意方向の連続土壌断面が掲載される．土壌図は 2 分類される．一つは，ある目的のために特化した応用土壌図で，地力保全基本調査土壌図，適地適木調査土壌図，酸性雨対策土壌図などである．もう一つは，土壌の性状や生成履歴を基本にした土壌生成学・土壌地理学の研究成果に基づき作成した基礎（科学）的土壌図で，日本ペドロジスト学会編纂による土壌図や国土交通省土地・水資源局による土地分類図事業の一環とした土壌図などである．一方，行政分野ごとに，特に農耕地や林野土壌では独自の土壌分類に基づき農耕地土壌図，国有林土壌図が作成されてきた．土壌図は研究者の"土壌の地域研究"の縮図でもあると同時に，土壌図を通じて，地域の自然や歴史を探る資料として，さらに合理的な食糧・林産資源計画・立案，自然と共生した町村計画，環境問題を考える有効な資料となりうる．土壌図は関係機関のホームページ（農業技術環境研究所：http://www.niaes.affic.go.jp/index.html）などでも閲覧できる．　⇨巻末付図　〔宇津川　徹〕
［文献］山根一郎ほか（1978）「図説日本の土壌」，朝倉書店．／松井　健・永塚鎮男（1985）「世界土壌生態図鑑」，古今書院．

どじょうすい　土壌水　soil water　⇨不飽和帯

どじょうすいぶん　土壌水分　soil water　土壌と水との関係は，土壌水分の量と質の両面がある．土壌水分の量については，含水比と容積含水率で表現される．含水比は土壌水分質量を土粒子質量で除した 100 分率（質量％）で表示する．容積含水率は

水分の容積をその土壌の全容積で除した容積割合（％）であり，概念的にわかりやすい．自然含水比とは，自然状態における土壌水分の多少を示し，土壌の乾湿状態や土壌の水分保持特性を表している．粘質土ほど高含水比で，砂質土ほど低含水比の傾向であり，腐植が多い土壌（有機質土）では，高含水比を呈する例が多い．含水比は，土壌水を量的に取り扱う場合に用いられる基本的な量である．⇨pF値，土壌水分吸着作用 〈駒村正治〉

［文献］駒村正治（2004）「土と水と植物の環境」，理工図書．

どじょうすいぶんきゅうちゃくさよう　土壌水分吸着作用 soil water adsorption　土壌水分*のうち結合水（吸着水）は，土壌粒子の表面に吸着作用により強く結合して，薄膜（吸着層）を形成している水であり，毛管力あるいは重力の作用によっても移動しない．土壌水分の吸着作用は，土粒子の比表面積*と表面の性質による．とくに，土粒子の比表面積の影響が大きく，その値は，土粒子の質量1gあたりの表面積（m^2）で示される．すなわち吸着作用により土壌の保水性および保肥性など，土粒子表面での吸湿，イオン吸着などの界面現象に影響し，土壌の活性につながる．なお，比表面積は，粒径が小さいほど，形状が扁平で複雑なほど大きくなる．一般に粒径の大きい砂土で数百 cm^2/g 程度，粒径の小さい粘土で $10\,m^2/g$ あるいはそれ以上にもおよぶ． 〈駒村正治〉

［文献］駒村正治（2004）「土と水と植物の環境」，理工図書．

どじょうすいぶんけい　土壌水分計 soil moisture meter　土壌水分量は，含水比と容積含水率で表示する．土壌水分の測定には湿潤土壌と乾燥土壌の質量を測定する直接法とキャリブレーションカーブを介して土壌水分量を測定する間接法に分類される．とくに圃場などで連続的に水分量を測定するためには土壌水分計が必要となる．土壌水分計には，①土壌水分張力と含水率の関係から求めるテンシオメータ法，②土壌の熱伝導率と含水率の関係から求める熱伝導法，③土壌の比誘電率と含水率の関係から求める誘電率法（TDR）などがある．これらは，センサーを土壌の測定すべき深さに埋設し，所定の観測間隔（時間）を設定して自記で計測可能である． 〈駒村正治〉

どじょうすいぶんほじとくせい　土壌水分保持特性 soil moisture hold characteristic　土壌が水を保持する形態，すなわち土粒子の比表面積，間隙の大きさや性質などにより土壌と水の結合の強さが決まる．土壌が水を保持する特性pF（縦軸）とそれに対応する含水比（横軸）から作成されたpF水分曲線図により表現できる．すなわち，pF水分曲線の含水比の大きさと形状から，さまざまな土壌の特徴が示される．pF水分曲線から，粘質土や有機質土などは砂質土に比べて同一のpFに対して高含水比を示している．一方，pF水分曲線の形状としては土壌構造や毛管間隙の発達している土壌は曲線が緩やかでS字カーブを描いており，pF間に相当する間隙の存在が認められる．反対に曲線の傾きが急で変化の少ない土壌は土壌構造や毛管間隙の発達程度が低い土壌であり保水性に乏しいといえる．⇨pF値，土壌構造 〈駒村正治〉

［文献］駒村正治（2004）「土と水と植物の環境」，理工図書．

どじょうせいせいいんし　土壌生成因子 soil-forming factor　ドクチャーエフ（V. V. Dokuchaev）が提起した土壌生成に関わる，母材（母岩）・生物・気候・地形・時間・人為の6つの因子のこと．これらの因子は一つでも欠くことができず（同意義性），また，どの因子も他の因子に置き換えることができない（非代替性）．土壌母材は，土壌の物理性や化学性，鉱物性に影響を及ぼす．土壌母材が同じでも他の因子が異なれば，全く異なる土壌が生成されることがある．生物因子，特に植生は腐植集積作用などの土壌生成作用*において，重要な役割を演じている．気候因子はグローバルスケールにおいては，気候-植生-土壌帯として対応しており，成帯性土壌を形成している．地形因子は土壌母材の堆積様式や水分状況に影響を及ぼす．時間因子は土壌生成を統合的に支配しており，土壌の年代や土壌生成速度として，土壌の生成および性質に大きく影響を及ぼしている．人為因子は，人類の活動（植生・土地改変，農耕など）が土壌生成に多大に影響を与えるとして，最近では，「人為的因子」として，他の生物因子と区別して扱われるようになった．⇨土壌の成帯性 〈田村憲司〉

どじょうせいせいさよう　土壌生成作用 soil-forming process　生物のはたらきによって土壌母材から土壌体が生成される過程．土壌生成はこの土壌生成作用と風化*作用とが同時にはたらいて進行する．土壌生成を一定の方向に向かわせる物理的・化学的および生物学的諸反応の組み合わせを基礎的土壌生成作用という．基礎的土壌生成作用には，初成土壌生成作用，土壌熟成作用，粘土化作用，褐色化作用，鉄アルミナ富化作用，腐植集積作用，

泥炭集積作用，塩類化作用，脱塩類化作用，塩基溶脱作用，レシベ化作用，ポドゾル化作用，水成漂白化作用，グライ化作用，疑似グライ化作用，均質化作用がある．これらの作用は，無機成分の変化を主とするもの，有機成分の変化を主とするもの，これら成分の移動を主とするものに分けられる．

〈田村憲司〉

どじょうそうい　土壌層位　soil horizon 土壌断面を観察すると，色，腐植，根の密度，粒度（土性），粗密度（しまり具合）や構造などの違う土層に区分される．これらの土層は風化と土壌生成作用が優勢なとき，その場にある母材（残積母材）に対し下位へ進行して次第に特徴的ないくつかの土層に分化する．これらの土層は，土壌層位とよび，地質学的な堆積作用でできた単層，地層と区別する．土壌断面を土色などの特徴からいくつかの土壌層位に区分後，土壌層位名，土壌層位記号（O，A，B，C，R など）をつける．通常，最上位の有機質（落葉）層を O（organic）層，次の A 層は母材に腐植の集積した腐植土層，B 層は集積層に，C 層は風化母材層に，最下位の R（rock）層は新鮮な母岩に区分する．陸成のモデル的残積性土壌の層位名・記号の詳細は以下のように区分される（命名方法は土壌分類法，研究分野や国などによって違うが，ここでは日本ペドロジスト学会法に準拠する）．

O 層：森林土壌でみられる木の葉や小枝や，その分解物などが堆積して，最上部にのる層位（堆積腐植層）で，Ao 層（添字の O は organic 由来）ともいう．O 層は落葉などの植物遺体の原形が認められる O（L）層（L は litter による），落葉枝の分解途中で多少原形をとどめている O（F）層（F は fermentation による），分解が進み原形をとどめていない O（H）層（H は humus による）とに細分される．

A 層：O 層を除くと最上部に位置し，腐植物質と鉱物や粘土などの無機物が混在し，粒状や団粒構造を構成する層位（腐植層）で，いわゆる表層土あるいは表土に相当する．腐植が多いとき Ah 層（h は humus に由来），少ないときは（A）層と表示して，また性状の違いにより A_1，A_3 層と分け，さらに A_{11}，A_{12} 層とに細分する．A_{11} 層は上位からの腐植物質の混入があり"土壌の若返り"化が認められ，A_{12} 層が腐植層の本体になる．A_3 層は A 層と下位の B 層との漸移帯になる．なお，A 層は水の浸透に伴い，土壌構成物質が溶解し下方へ溶脱する層位でもある．従来，その溶脱層に対して A_2 層と記載さ れたが，現在は Ae 層もしくは E 層（eluvial に由来）に変更され，A_2 層はあまり使用されない．

B 層：次にあげる集積作用の性状のうちどれか一つ以上をもつもの．(a) A 層から溶脱により移動した珪酸塩粘土，鉄やアルミニウム遊離三二酸化物や腐植のいずれかが集積し富化した層位．(b) 珪酸塩粘土，鉄やアルミニウムなどの残留富化した層位．(c) 遊離三二酸化物により粒子が被覆されたため，上部の層や下部の層より暗色味や赤色味が強く目立つ層位．(d) 上述の (a)，(b)，(c) 以外の条件下で，母岩から変化したもので，組織をとどめず，珪酸塩粘土や遊離三二酸化物を形成しているもの．(a) は集積 B 層ともいわれポドゾルに典型的にみられる．(b) は赤黄色土にみられるオキシック B 層という．(c)，(d) はそれぞれカラー B 層，構造 B 層という．B_1 層は，A 層から B_2 層への移行帯で，構造は B 層と同様．B_2 層は最も B 層的性格の集積作用が反映されており，角塊構造や柱状構造をなす．B_3 層は，B 層から C 層または R 層への移行帯を示す．

C 層：基岩や母岩が機械的，化学的，生物的などの風化作用をうけてできた粘土，シルト，鉱物，岩片，礫などの無機質の混合物層で通常，母材という．

R 層：最下層の基岩で未風化の固結岩．

この他に，土壌層位に補助記号を添字して土層の特徴を呈示する．以下，代表的なものを示す．a：よく分解した有機質層，b：埋没生成層位，c：結核／ノジュールの集積，e：分解が中程度の有機質物質，g：グライ化／斑紋の存在，h：有機物の集積，i：分解の遅い有機質物質，m：固結または固化，p：耕作された層，r：強還元，s：遊離三二酸化物の移動集積，t：珪酸塩粘土の集積，w：構造の発達，ir：酸化鉄の集積，mn：酸化マンガンの集積

〈宇津川徹〉

どじょうそういがくてきくぶん　土壌層位学的区分　soil-stratigraphic unit レスやテフラなどが気候変動，火山活動の盛衰に対応して乾陸上に堆積する場合，「母材の堆積→土壌化」がくり返されて複数の土壌単元が積み重なる累積土壌となる．これらの土壌単元は上位から I，II，…の番号を付けて土壌層位学的区分として識別される．累積する区分の間には地層累重の法則が成り立ち上位ほど新しい．各区分の生成環境をその土壌型や含有される花粉，陸生貝類，植物珪酸体などの化石から推定，また炭素 14 年代値，指標テフラなどを活用して地表環境の変遷史が明らかにされうる．なお，各区分は基底層のレス，テフラを母材として生成した残積性土壌として一般的に認識されるが，土壌生成過程における

緩慢な母材の付加により表土層の上方成長は避けられない．したがって，各区分内においても累積多元土壌的性格を帯びており，環境変化を読み取ることも可能である．⇨土壌（母材）の堆積様式

〈佐瀬 隆〉

[文献] 松井 健（1989）「土壌地理学特論」，築地書館．

どじょうそうじょ　土壌層序　soil stratigraphy　過去の特定環境条件下で形成された古土壌*は，多くの第四紀地形地質に普遍的に見出され，かつ広域に追跡できることが多いので，気候・植生変化の指標となり，層序を組み立てる上で重要である．土壌から環境変遷史を分析するには，ある土壌層の前後につくられた地層・地形との層序関係を参考にしつつ，土壌の化学的性質，磁気的性質，微細構造などを明らかにする．土壌の成因は一般に複雑で，またその形成時間には長短がある．特定の気候環境（間氷期）のもとで生じた古土壌は対比の指標として有用である．また海岸砂丘地域では海退に伴う砂丘砂の植生による安定化や，火山地域では噴火休止期のかなり短い期間に土壌（クロスナ層など）が生じ，埋没保存されることが多い．より広域の環境変化の指標となるのは，世界各地に分布する風成塵レスの間の古土壌である．レスは広く寒冷・乾燥化した氷期に無植生地から供給され，その間の古土壌は植生に密に覆われるようになった間氷期における土壌生成作用で形成されてきた．レス-古土壌は寒冷地を除く世界各地で共通してみられ，海洋底堆積物層序に並ぶような情報源として利用されている．

〈町田 洋〉

どじょうたいくぶんず　土壌帯区分図　division map of soil zone　気候・植生帯に対応する成帯性土壌分布域の概要土壌図をいい，地域の成帯性土壌を簡潔に提示したもの．日本列島付近はアジア・モンスーンの影響下にあり，土壌帯は北から南へ温度勾配に従って配置する．北からポドゾル帯，ポドゾル性褐色森林土帯，褐色森林土帯，漸移帯，黄褐色森林土帯，赤黄色土帯，ラトソルへと配置する．

〈宇津川 徹〉

どじょうたんげん　土壌単元　soil unit　⇨土壌層位学的区分

どじょうだんめん　土壌断面　soil profile　土壌を観察するために掘削によってつくられる断面．土壌断面観察は，土壌の性状や成因を探る第一歩である．自然土壌調査時は人為の影響しない地域を代表する地点，農耕地の場合でも調査目的に合致した場所を選択し，数地点を試掘して最適な地点を決定し，調査用の試抗（pit）を掘る．掘りながら土壌の硬さ，粘り具合，石礫や根の分布状態などを概ね理解しておくとよい．土壌を観察するために，斜面地形では，斜面の上方で斜面に直角な面を土壌断面とし，平坦地では，土壌観察や写真撮影に光がムラなく当たる方向を選定する．また，崖や露頭なども重要な土壌断面として活用可能で，その際には移植ゴテで表面を削り，新鮮な断面をつくる．一般的には幅1m，深さ1〜1.5m，断面と反対側に数段の階段を設ける．掘り上げた土は断面の両側に積み上げておくと，植生や断面最上部も含めた詳細な写真撮影が可能になる．土色，土性，手ざわり，粗密度などの違いから土層の細分を行い，土壌層位*の組み合わせを明らかにする．さらに，層位ごとに試料を採取し，化学分析などに供する．なお，土壌層位記号の認定は野外観察と，その後の分析結果と合わせてからするとよい．以上のように，一般に土壌断面調査は1m余りの深さが多いが，大規模な農地造成のとき数mにもおよぶ切土が発生して，その切土面が表土になる可能性もある．また埋没土壌研究の場合などのときも，その土層が数mにおよびいくつもの重なる土壌単元の土層（累積土壌）が認められる場合があり，断面調査対象は広がっている．⇨土壌層序

〈宇津川 徹〉

[文献] 日本ペドロジー学会編（1997）「土壌調査ハンドブック（改訂版）」，博友社．

どじょうちいきくぶん　土壌地域区分　soil regionalization　土壌図に示される土壌の分布状況と自然環境（気候，地形，地質，植生など）の類似性をもつ地域を考慮して，いくつかの土壌分布の組合せからなる地域単位に区分すること．区分された単位を土壌地域とよぶ．土壌地域区分は土壌地理学的研究上重要な意義をもつと同時に，合理的土地利用計画，土地改良計画，肥培管理，適地適木森林施行などの策定の基礎資料として有効である．⇨土壌地理学

〈宇津川 徹〉

どじょうちりがく　土壌地理学　soil geography　地理学*と土壌学*の境界領域にある学際的な科学であり，「地表環境（土壌圏）に存在する土壌の生成と分布の地理学的規則性を明らかにすること」を主眼とする．地理学における土壌地理学は，他の分野，例えば植生地理学，農業地理学などと同様に系統地理学としての自然地理学の一分野である．自然地理学の他分野の地形学，気候学，陸水学，植生地理学，水文学などとも共通の領域をもち，相互に関

連し，補充しながら，地球上の自然環境の解明の一翼を担っている．かたや，土壌学における土壌地理学は「土壌の生成・分類・分布の解読」という自然体としての土壌研究の最も基礎的な分野でペドロジーとよび，農作物や森林の生育媒体としての土壌の諸機能を対象とする培地土壌学（土壌化学や土壌物理を主とするエダフォロジー）と区別する．

土壌地理学の認識の原点は，「土壌断面」の観察から始まる．自然状態の土壌断面をみるために，野外で穴を掘り，あるいは崖を削り，断面形態を色・粒の大きさ・割れ方（構造）・しまり具合などの異なるいくつかの土層に区分する．自分の眼と指さきの感触で違いを見極めることから，土層の重なり具合が場所により違うことがわかる．これが土壌地理学の研究対象の単位である土壌個体（ペドン，pedon）の認識の原点である．

土壌個体から，十分な広がりをもつ典型的土壌断面の土壌分類体系への同定づけを行う．同定は形態的特徴と理化学的分析データとで行う．これは植物分類学における種の同定と同様である．既存の分類体系や土壌分類の資料により，土壌単位を同定する．土壌地理学では，土壌の分布を地図上に表現した土壌図作製も重要な作業である．

土壌を地理的環境の産物である自然体としてとらえ，自然史的生成過程に基づく土壌の成帯性*を明らかにして，近代土壌地理学を確立したロシアのドクチャーエフ（V. V. Dokuchaev, 1900）らの土壌地理学方法論は次の三つに要約される．①土壌生成因子*に基づく方法：環境諸要素（母岩，生物，気候，地表の起伏，時間，人為）の解明と，それらの相互作用から考察する方法．②共役的方法：土壌とその生成過程，生成環境（土壌生成因子—母岩，生物，気候，地形，時間の組合せ）を三位一体として切り離さず共役的に研究する方法．③比較地理学的方法：土壌地理学の基本的方法である．ドクチャーエフの「土壌の分布と土壌生成因子の不可分性の原理」から導かれ，異なる地域間における自然景観と土壌型の類似性や対応関係を考察する方法．

〈宇津川　徹〉

［文献］浅海重夫編（1990）「土壌地理学，その基本概念と応用」，古今書院．

どじょうどうぶつ　土壌動物　soil animal, soil fauna　土壌中に生息している動物の総称．原生生物や線虫などの小型土壌動物（0.2 mm 以下），ダニ，トビムシ，ヒメミミズなどの中型土壌動物（0.2～2 mm），ミミズや甲虫などの大型土壌動物（2～20 mm），ミミズやヒルなどの巨型土壌動物（20 mm 以上）に分けられる．動植物遺体の粉砕，団粒の形成，土壌の均質化などの役割を果たしている．
⇒団粒構造，土壌生成作用，土壌環境指標

〈田村憲司〉

どじょうねんど　土壌粘土　soil clay　土壌を構成する無機成分を粒子の大きさで区分する場合に，粒径が 2 μm 以下（国際法，USDA 法）の部分を粘土という．0.2 μm 以上の粗粘土（coarse clay）では石英や長石などの一次鉱物が含まれることも多いが，0.2 μm 以下の細粘土（fine clay）は粘土鉱物のみからなり，コロイドの性質を示す．このため細粘土はコロイド粘土ともいわれる．粘土は高い比表面積*をもつため，水保持，透水性，イオン交換，吸着，固定，緩衝作用など土壌の理化学性に深く関係する．粘土の少ない土壌は透水性が高く柔らかく耕作しやすいが，その反面乾燥しやすい．一方，粘土が多い土壌は水もちがよいが，乾くと固化し湿ると粘着性が高まるので耕作に不向きである上，排水不良になりやすい．土壌粘土の主体である層状珪酸塩鉱物は同形置換などで生じた負荷電によって，陽イオンを保持する能力をもつため粘土含量の高い土壌ほど陽イオン交換容量が高い傾向にある．わが国に広く分布する火山灰土壌はアロフェン*やイモゴライト*といった非晶質・準非晶質の粘土鉱物を含む．これらの粘土鉱物は，変異荷電特性があり，リン酸イオンを不可逆吸着する特性をもつとともに，中空構造で内部に多量の水を含むことによって火山灰土壌特有の性質を生み出している．

〈金子真司〉

どじょうのかんきょうようりょう　土壌の環境容量　environmental capacity　環境容量とは，土壌の環境問題を扱う場合に有効な概念である．例えば，有機農業の推奨により，田畑に堆肥などの有機質肥料を施用することが増加している．しかし，有機質肥料は，施用後，土壌中で微生物により分解されて多量の硝酸イオンを供給するため，作物に吸収される窒素量（施肥効率）を考えないで，多量施用すると，河川水や地下水への流入が生じ，窒素の富栄養化が進行して，流域の水質や水環境の悪化，健康被害の原因となる．これを防止するには，対象となる田畑への堆肥施用の許容量を予め圃場試験などにより把握しておくことが肝要である．これは一例に過ぎないが，ある地域の土壌・農林地には，元来，外部からの種々のインパクトに対して，その許容範囲が備わっていて，環境容量という概念は，特に，環境影響評価を行う場合に有効となる．〈東　照雄〉

どじょうのぎょうしゅう　土壌の凝集　soil flocculation　水中で分散した土壌粒子が，物理化学的な相互作用により，粒径が増加し，最終的に沈降する現象．マイナスあるいはプラスに荷電した土壌粒子は，電気的な反発力で分散しやすいが，土壌溶液中の電解質（塩類）の濃度とpHがある条件になると，粒子外縁の電気二重層の厚さが薄くなり，粒子がお互いに接近し凝集する．一般に，マイナス電荷を主体とする粒子の場合には，電解質の濃度が高いほど，またpHが低いほど，逆に，プラス電荷を主体とする場合には，pHが高いほど土壌粒子は凝集しやすくなる．分散した土壌有機物が凝集する現象も，基本的には同様な条件で生じるが，特に，アルミニウムイオンや鉄イオンや重合ヒドロキシイオンをはじめとした金属イオンと不溶性の錯塩を形成し凝集する場合が多い．このような粒子の凝集は，土壌粒団の形成にとって必須であり，無機粒子と有機物の相互作用の基本的なプロセスである．⇒団粒構造　〈東　照雄〉

［文献］足立泰久・岩田進午（2003）「土のコロイド現象」，学会出版センター．

どじょうのさんそう　土壌の三相　three phase distribution of soil　土壌は固体，液体，気体の三相からなっていることを指す．土粒子ないし有機物の占める固相，土壌水分の占める液相，土壌空気の占める気相であり，土壌は三相が偏らず，適切な割合であることが望ましい．固相割合は仮比重（乾燥密度）と関連し，密につまった重粘土や粒径の大きい砂質土ほど固相が多い．反対に，黒ボク土や泥炭土のように仮比重の小さい土壌では固相が少ない．液相割合は土壌の含水量を反映し，低含水比である砂質土で少なく，高含水比の水田土壌で多い．気相割合は黒ボク土や砂質土で多く，透水性，通気性の良否を判定する指標となる．また，土粒子の充填によって，下層になるにしたがって，固相割合が増大し，気相割合が減少する傾向があるが，火山灰土では下層でも固相割合が低い．　〈駒村正治〉

［文献］駒村正治（2008）「農地環境工学」，文永堂．

どじょうのせいたいせい　土壌の成帯性　soil zonality　土壌の成帯性とは，気候や植生によって土壌の特性や地理的分布が規定されるとする考え方．19世紀後半，ロシアの土壌学者ドクチャーエフ（V. V. Dokuchaev）が土壌を土壌生成因子*（母材，地形，生物，気候，時間）の相互作用により生成する自然体としてとらえたことに始まり，この概念を彼の弟子たちが発展，整理して，土壌を成帯性土壌*，成帯内性土壌*（間帯性土壌），非成帯性土壌*の大きく3つに分類した．この概念は，ロシアを始め，ドイツ，フランス，米国などの土壌分類体系に大きな影響を与えた．しかしながら，この概念を基にした土壌分類体系は，設定基準が観念的で曖昧であり，現場の複雑性に対応できないことや，国際的にもそれぞれの国との整合性がとれないなどの問題を抱え，1975年には米国で新たな土壌分類体系 Soil Taxonomy が開発されるなど，土壌の分類単位としては用いられなくなってきた．一方で"土壌の成帯性"についての概念は，今でも地球上の土壌と自然環境を結びつけて考える上では極めて有効な概念である．⇒土壌分類　〈井上　弦〉

［文献］久馬一剛ほか（1993）「土壌の事典」，朝倉書店．

どじょうのなんエックスせんしゃしん　土壌の軟X線写真　soft X-ray radiograph　土壌供試体の孔隙に水溶性造影剤（ギ酸第一タリウム飽和水溶液など）を注入し，軟X線（波長，0.2Å）で照射撮影したレントゲン写真．土壌の孔隙や，その中に流れる溶液の様子を視覚化でき，角度を変えて撮影すると立体的な孔隙の構造が解析可能である．この方法により関東ローム層中の粗孔隙や微細孔隙は植物根起源の根成孔隙とされ，それはローム層を古土壌として裏づける証拠の一つにもなった．⇒土壌微細形態学，土壌水分，古土壌，ローム層　〈細野　衛〉

［文献］成岡　市（1989）土壌の粗孔隙の計測法とその物理的機能に関する研究：東京農業大学総合研究所紀要, No.1, 1-58.

どじょうはくそうモノリス　土壌薄層モノリス　soil film monolith　土壌柱状標本（土壌モノリス，monolithは単体の石柱で，転じて柱状塊の意味）のうち，土壌断面*にウレタン樹脂剤（トマックNS10など）を上端から流し露出面に浸透させて，硬化してから薄く剥ぎ取り（厚さ3cm前後），マウント板に貼り付けたもので"剥取薄層モノリス"ともいう．　〈細野　衛〉

［文献］浜崎忠雄・三土正則（1983）土壌モノリスの作成法：農業環境技術研究所資料，B18, 1-27.

どじょうびさいけいたいがく　土壌微細形態学　soil micromorphology　土壌体をカナダバルサムや合成樹脂（ポリライトJ8157など）で浸漬し固化して岩石薄片と同様な方法で土壌薄片（厚さ60μm）を作製し，その土壌薄片を偏光顕微鏡で観察して，視覚情報から土壌構造や土壌生成過程の溶脱や集積作用による粘土，鉄やマンガン斑紋などの様相をさ

ぐる分野である．近年，連続した薄片をつくり立体的な構造を明らかにした研究，蛍光 X 線分析を用いた面的な元素，粘土鉱物分布の解析，薄片によらない土壌体に造影剤を浸透させて軟 X 線写真から根成孔隙を明らかにした研究もある．〈細野 衛〉

どじょうぶつりがく　土壌物理学　soil physics
土壌物理学は土壌化学とならぶ土壌学の重要な一分野である．大学の教育では土壌化学が農学ないし農芸化学に属しているのに対し，土壌物理学は農業土木学，農業工学に属している．また，その扱う対象は，土壌一般，土壌調査，土壌生成の概念から，土粒子，土壌構造，土壌水，土壌空気，さらには土壌生物から力学性まで多岐にわたる．また，応用分野として灌漑・排水，農地の整備・保全，および農業機械作業のための基礎分野でもある．さらに近年では，環境保全に関して重要な位置を占め，とくに土壌中の物質移動をはじめ，計測法・解析を含めた土壌科学としてさらに発展している．⇒土壌学
〈駒村正治〉

どじょうぶんせき　土壌分析　soil analysis
土壌の一般理化学性の分析のこと．一般理化学性には，仮比重，三相組成，粒径組成，pH，交換酸度，陽イオン交換容量，交換性陽イオン量，有機炭素量，全窒素量，リン酸吸収係数などが含まれる．土壌の分析には，土壌生成的解析のための土壌層位ごとの土壌試料の分析と，肥沃度および土壌診断のための，主に，作土層土壌試料の分析がある．採取した土壌試料は，一般的には風乾後，孔径 2 mm の円孔篩を用いて篩別し（風乾細土），さらに，炭素，窒素の分析には孔径 0.5 mm ないし 0.2 mm の篩に全通した試料（風乾細微土）を供試する．実容積などの土壌物理性測定には，100 mL 容の円筒コアを用いて採取した不撹乱土壌試料を供試する．〈田村憲司〉

どじょうぶんぷ・ちけいモデル　土壌分布・地形モデル　soil-landscape model
土壌の形成プロセスには，その場の地形が大きく関係することを踏まえて，地形変数の空間分布から土壌の類型・物理的構造・化学的組成等の分布を推定するモデル．数値標高モデル（DEM）の解析から求められる曲率・斜面方位・勾配・集水面積等の地形変数，実際の地形変数と土壌特性との関係，および空間統計手法を組み合わせてモデルを構築する．以前は概念的なモデルが主であったが，近年では GIS による空間データの解析技術の発達に伴い，単斜面のみならず広域における土壌分布の量的な推定が可能となった．
〈笠井美青〉

どじょうぶんるい　土壌分類　soil classification
日本全国をカバーする土壌分類体系には，地目ごとに，農耕地に対応した農業環境技術研究所の「農耕地土壌分類」と，林野に対応した林業試験場の「林野土壌の分類」がある．また，両者を統一的に分類する体系として日本ペドロジー学会の「統一的土壌分類体系」（次頁の表）や，農業環境技術研究所が作成した「包括的土壌分類」がある．世界的な分類体系としては，国際土壌科学連合の世界土壌照合基準（WRB）と，米国農務省の土壌分類（Soil Taxonomy）がある．

農耕地土壌分類は，施肥改善土壌調査，地力保全基本調査などの土壌調査事業のとりまとめに用いられた土壌分類体系で，1972 年の第 1 次案から発展し，1995 年に第 3 次改訂版としてとりまとめられた．この分類のカテゴリーは，土壌群（24）―土壌亜群（77）―土壌統群（204）―土壌統（303）の 4 つになっている．定義の定量化が図られ，亜群までの定義には，識別層位や識別特徴の概念を採用し，キーアウト（切り取り）方式が用いられている．

林野土壌の分類は，大政のブナ林土壌の研究によって，その基礎が確立され，生成論的にみた土壌形態に基づき，初期は，褐色森林土壌群，ポドゾル土壌群，地下水土壌群の 3 群にまとめられた．その後，国有林野土壌調査，民有林適地適木調査などの知見をもとに，1975 年に林野土壌の分類としてとりまとめられた．この分類のカテゴリーは土壌群（8）―土壌亜群（22）―土壌型（74）―土壌亜型（12）の 4 つになっている．日本の森林土壌では，尾根から谷までの地形系列による土壌水分の差が，断面形態や土壌構造，養分状態の差となって現れるが，この違いが林木の生産性と密接な関係をもっている．褐色森林土では，土壌型のレベルで，この違いを B_A 乾性褐色森林土（細粒状構造型）―B_B 乾性褐色森林土（粒状・堅果状構造型）―B_C 弱乾性褐色森林土―B_D 適潤性褐色森林土―B_E 弱湿性褐色森林土―B_F 湿性褐色森林土の土壌型と B_D (d) 適潤性褐色森林土（偏乾亜型）の土壌亜型に分類している．

統一的土壌分類体系は，前述の農耕地土壌分類や林野土壌の分類，国土調査の土壌分類などでは整合性がない部分もあるので，これらを対比できる分類体系として，日本ペドロジー学会によって，1986 年に第一次案が，1990 年には第一次案に基づく「1/100 万日本土壌図」がとりまとめられ，2002 年には国際的土壌分類体系との整合性も考慮された第二次案がとりまとめられた．この分類のカテゴリーは，土壌

表　日本の統一的土壌分類体系（日本ペドロジー学会第四次土壌分類・命名委員会（2003）日本の統一的土壌分類体系―第二次案（2002）―，博友社から作成）

土壌大群，土壌群，土壌亜群の接頭語（表中の語を土壌群名の接頭に付けて土壌亜群名とする）

造成土大群	暗赤色土大群	赤黄色土大群
人工母材土	表層暗色石灰質土	粘土集積質赤黄色土
盛土造成土	粘土集積質，典型	水田化，塩基性，灰白化，
泥炭土大群	赤褐色石灰質土	表層疑似グライ化，
高位泥炭土	粘土集積質，典型	疑似グライ化，帯暗赤色，
下層無機質，繊維質，	黄褐色石灰質土	典型
腐朽質，典型	粘土集積質，典型	風化変質赤黄色土
中間泥炭土	暗赤色マグネシウム質土	水田化，塩基性，灰白化，
下層無機質，繊維質，	粘土集積質，典型	表層疑似グライ化，
腐朽質，典型	沖積土大群	疑似グライ化，帯暗赤色，
低位泥炭土	集積水田土	典型
下層無機質，繊維質，	湿性，漂白化，典型	褐色森林土大群
腐朽質，典型	灰色化水田土	黄褐色森林土
ポドゾル性土大群	湿性，下層褐色，漂白化，	塩基性，
ポドゾル性土	典型	表層疑似グライ化，
泥炭質，グライ化，	グライ沖積土	疑似グライ化，典型
表層疑似グライ化，	潜硫酸酸性質，泥炭質，	普通褐色森林土
疑似グライ化，典型	黒ボク質，未熟成，	多腐植質，塩基性，
黒ボク土大群	表層酸化，典型	ポドゾル化，
未熟黒ボク土	灰色沖積土	表層疑似グライ化，
湿性，埋没腐植質，典型	硫酸酸性質，泥炭質，	疑似グライ化，典型
グライ黒ボク土	黒ボク質，グライ化，	未熟土大群
泥炭質，厚層多腐植質，	表層グライ化，典型	火山放出物未熟土
非アロフェン質，典型	褐色沖積土	湿性，典型
多湿黒ボク土	黒ボク質，湿性，典型	砂質土
泥炭質，厚層多腐植質，	停滞水成土大群	レンジナ様土型，石灰質，
非アロフェン質，典型	停滞水グライ土	湿性，典型
褐色黒ボク土	泥炭質，典型	固結岩屑土
厚層，非アロフェン質，	疑似グライ土	レンジナ様土型，石灰質，
埋没腐植質，典型	下層グライ化，褐色，典型	湿性，典型
非アロフェン黒ボク土		非固結岩屑土
水田化，厚層多腐植質，		グルムソル様土型，
淡色，埋没腐植質，典型		レンジナ様土型，石灰質，
アロフェン黒ボク土		湿性，典型
水田化，厚層多腐植質，		
淡色，埋没腐植質，典型		

大群（10）―土壌群（31）―土壌亜群（116）の3つになっていて，特徴土層や識別特徴によるキーアウト方式が用いられている．

世界土壌照合基準は，FAO-Unescoが1974年に世界土壌図を作成した凡例の改訂が契機となっている．同じく進められていた土壌分類国際参照基準をつくる動きと統合され，土壌が資源であることに着目し，1998年に世界の土壌資源―照合基準―が，その後2006年に改訂版が，2007年に更新版が公表された．この分類は2層の構造からなっている．上位のレベルに30の照合土壌群があり，これは特徴層位，識別特徴および識別物質によってキーアウト方式で分類される．下位のレベルでは固有の限定的な修飾語を付けて，個々の土壌断面の正確な特徴付けと分類を行うことにある．

米国の土壌分類は，米国の農務省が世界の土壌研究者の協力を得て，1975年にSoil Taxonomyとして公表され，1999年には二版が公表されている．この分類のカテゴリーは，目 Order（12）―亜目 Suborder（64）―大群 Great Group（315）―亜群 Subgroup（2,446）―ファミリー Family（4,500）―統 Series（10,500）の6つになっている．特徴表層や特徴次表層，識別特徴を用いて，亜群までキーアウト方式で分類する．数年ごとにKeys to Soil Taxonomyで見直されて，変更されている．　⇨土壌型

〈田中治夫〉

どじょうほこう　土壌匍行　soil creep　斜面上の土壌が温度や含水量の変化により，重力に従って，緩慢に斜面下方に移動する現象．土壌クリープ（soil creep）とも．温暖湿潤気候下の山地斜面上部の凸型形状の原因であると古くからいわれる．土層の上部ほど大きな移動速度は，温度や含水量変化に伴う土粒子のランダムな運動の結果であると考えられている．一方，実測では土層下部にすべり的な動

きが検出されており，土壌水のサクション変化や豪雨時の地下水流力による土層変形との関係が追求されている． ⇨匍行 〈園田美恵子〉

[文献] Sonoda, M. (1998) A numerical simulation of displacement of weathered granite on a forest slope: Trans., Japan. Geomorph. Union, 19, 135-154.

どじょうぼざい　土壌母材　soil parent material　土壌の材料となる未固結の無機，有機物質のことで，通常無機物質を指す場合が多く，土壌層位のC層に相当する．単に母材ともいう．母材は残積成，運積成に大別される．残積成母材はその場所に元々存在する現地性の岩石（基岩）が風化され生産される場合をいう．花崗岩起源の細粒，未固結のマサはその典型である．一方，他の場所から移動した異地性の母材を運積成母材という．運積成母材は水，氷，風，および重力などの営力により運搬された母材をいい，多くの場合すでに風化履歴を受けているという特徴をもつ．併せて堆積後の風化も進行するので時代の異なる風化履歴が重複することになる．水の作用によるものは沖積堆積物，氷の作用によるものは氷河性堆積物，風の作用による風成堆積物（砂丘砂，火山灰，風成塵など），重力の堆積作用によるものは斜面上での匍行・崩壊性堆積物である．いずれも運搬される量や堆積速度によって母材の存在意義が異なってくる．たとえば，大洪水や大規模火山噴火に伴う火山灰などは，短時間のうちに現土壌を厚い堆積物で覆い，現土壌の生成を停止させ，新たな運積成母材のもとに土壌生成を開始する．他方，運搬される量が少ないときや堆積速度が緩慢なときなど，植被は破壊されず母材は上方に堆積しながら土壌生成が並行して進行する．この場合は運積成母材としての役割を直接果たす．黒ボク土などはその典型といえる． 〈宇津川　徹〉

[文献] 浅海重夫編（1990）「土壌地理学：その基本概念と応用」，古今書院．

どじょう（ぼざい）のたいせきようしき　土壌（母材）の堆積様式　depositional type of soil (parent material)　火山灰土などの累積成の土壌では母材が土壌生成と並行して供給され下方への成長と同時に上方への成長を伴う．そこでは堆積による層位と土壌生成による土層分化の重複が生じる．その実態は土壌（母材）の堆積様式として大きく次の3つに区分される．①急速型：母材の急速な堆積が短い間隔を挟んでくり返し，母材層の累積，あるいは母材層と未熟土の累積となる．②間欠型：母材の急速な堆積と比較的長い堆積休止期がくり返され，母材層と成熟土の累積となる．③並行型：母材の堆積が極めて緩慢で，表土層（A層）の上方へ成長し厚層なA層（As層，sはsumの略：加藤（1978））が生じる．実際にはこれらを土壌単元とするさまざまな累積が生じ各単元は土壌層位学的に区分される．なお，①，②においても③の過程が包含されている可能性は否定できず，残積土的見方から下層土（B層，C層）として記載された土層が表土層（A層）の履歴を有している場合も稀ではない． 〈佐瀬　隆〉

[文献] 加藤芳朗（1978）土壌生成因子，母材：土壌調査法編集委員会編「野外調査と土壌図作成のための土壌調査法」，79-91，博友社．

どじょうほぜん　土壌保全　soil conservation　土壌保全とは，従来，土壌侵食の抑制を意味したが，現在では，より広義に用いられることも少なくない．すなわち，土壌・土地の利用目的により異なるが，適切な土壌管理を通して，将来にわたり持続的に利用できる状態に保つという意味で使用される場合も多い．従来，等高線栽培，土壌表面被覆栽培（マルチ），不耕起栽培，最小耕起技術などにより，とくに斜面での侵食を抑制してきた． ⇨土壌荒廃，土壌の環境容量 〈東　照雄〉

どじょうゆうきぶつ　土壌有機物　soil organic matter　土壌中に存在する有機物は，大きく分類して①バイオマス（生物現存量）を構成する生きた微生物および動物集団および植物根，②新鮮な植物遺体および易分解性の有機物，③生物の攻撃や風化に対してかなり安定な腐植物質，の3種類からなっており，どこからどこまでを土壌有機物と定義するかは，各研究者の主観的な判断に依存するところが大きい．一般には，未分解の植物および動物の組織とそれらの部分的な分解産物および土壌バイオマスを除外した土壌中の有機成分の総体であると定義されるが，実際的な土壌分析を踏まえた場合，土壌有機物とは，大型動物や大型植物遺体を除いた，バイオマスを含む土壌中の全有機成分と捉えた方がよい．腐植*（humus）は，これとほぼ同義であり，狭義の土壌有機物である．地球上における土壌有機物の総量は炭素換算で$1,500 \times 10^{12}$ kgにも及び，陸上生態系における炭素の最も大きな貯蔵庫となっている．その量は植物のバイオマスが含む炭素の約3倍，大気中の二酸化炭素が含む炭素の約2倍と見積もられている． 〈渡邊眞紀子〉

[文献] 筒木　潔（1989）土壌有機物（土の化学）：季刊化学総説，(4)，81-95．

どじょうりゅうぼう　土壌流亡　soil loss　⇨土

壌侵食

どじょうりゅうぼうこうしき　土壌流亡公式
universal soil loss equation　米国農務省が土壌侵食対策のために提唱した次式をいう．
$$A = RK(LS)CP$$
ここに，A は単位面積あたりの年間土壌流亡量，R は降雨係数とよばれ，平均年降水量の潜在的侵食能力，K は土壌侵食のされやすさ，(LS) は斜面長–勾配要素，C は作物・管理要素，P は土壌保全に関与する人間の影響，である．しかし，この式は，土壌流亡というより土壌移動の全量を予測するものであるから，疑わしいという意見もある．また，土壌流亡をもたらす外的営力とそれに対する抵抗力が十分に考慮されていない点に難点がある．　〈鈴木隆介〉
[文献] Smith, D. D. and Wischmeier, W. H. (1962) Rainfall erosion : Advances in Agronomy, 14, 109-148.

どしょく　土色　soil color　土の色のこと．土色は，種々の土壌生成の結果，土壌層に反映され記録される．そのために土壌の名称によく利用され，黒ボク土*，ポドゾル*（ロシア語の"下の灰"に由来），褐色森林土* や赤色土* などがある．腐植集積作用では A 層の黒褐・黒色化，特に火山灰を母材とする草原植生下で黒ボク土を生成し，ポドゾルの溶脱・集積作用では灰白色の漂白（E）層を，下位の赤褐色の遊離鉄・アルミニウムの集積（Bir）層を生成し，水田土における鉄は還元作用のためにグライ化が生じ灰色から青灰色を呈し，下層では孔隙に沿い鉄が再び酸化されオレンジ〜赤褐色の斑紋を形成する．マンガンも同様な還元・酸化を生じるが鉄より還元されやすく，酸化しにくいため鉄より下位に黒紫色の斑紋（二酸化マンガン）をつくる．褐色森林土は温暖・湿潤気候下で B 層に褐色の水酸化鉄（ゲータイトなど）が生成する．赤色土は暖温かつ乾期を伴う多雨気候のもとで激しい風化・脱水作用を受け，珪酸の溶脱，鉄・アルミニウムの富化・酸化作用が生じて赤色化（ヘマタイトなど）が促進される．したがって土色を調べると，土壌の生い立ちをさぐることができる．　⇨土色帳　〈宇津川 徹〉

どしょくけい　土色計　soil color meter　土色計（例えば SPAD-503 ミノルタ製など）は土色* を CIE 表色系の3属性の L, a, b に分けて表示する．L は明度に対応し 0（黒）〜100（白）の値をとり，$+a$ 値は赤色成分，$-a$ 値は緑色成分を，$+b$ 値は黄色成分，$-b$ 値は青色成分をそれぞれ示す．L 値は炭素（腐植）含量の相対変化，a と b とからは鉄化合物の存在形態などを推定するプロキシデータとして活用できる．$+a$ 値が高いほど赤色系ヘマタイト，一方 $+b$ 値が高いほど黄褐色系水和鉄（Ⅲ）の鉄が優勢と判断される．より正確には有機物分解（H_2O_2）や脱鉄（ジチオナイト）処理後と，未処理試料との各色特性値の差から推定するのが望ましい．
⇨色彩計　〈細野 衛〉
[文献] 谷野喜久子ほか (2003) 渡島半島，江差砂丘の構成粒子からみた理化学的性状：第四紀研究，42, 231-245.

どしょくちょう　土色帳　soil color chart　土壌の色を判別するための簡易な色片．土壌の色は微妙な場合が多く，また赤色・黄色・青色など単純な色名でも判定が難しく，さらに個人によって色認識はそれぞれ差があるので，客観的・定量的に相互比較できる表現方法が必要である．このため，土色* の判別にはマンセル表記法の標準土色帳を使用する．マンセル表記法は心理的基礎による表示方法で，色の識別域（二つの色が違うか等しいかを感じる限界）を単位としたものである．土色帳は，色を三つの属性，つまり色相（Hue），明度（Value），彩度（Chroma）で表し，これを組み合わせて表示する．色相は，赤・青・黄色など色味の属性のこと．マンセルの色相環には 10R, 10YR のように 10 が各色相の代表である．明度（色の明暗）は完全な黒から白までの無彩色の 10 段階に区分される．彩度（色の強さ，鮮やかさ）は無彩色を 0 とし，純色の場合が最も高い値を示す．土色帳は，各色相ごとに，垂直方向に明度，水平方向に彩度の段階に相当する色片（color chips）が貼ってある．色片を貼ったページの左側のページに，その色片に相当する土色名が示されている．土色の表示は，土色名，色相，明度/彩度の順に並べ，たとえば赤色土の B 層のとき「赤 10R 4/6」と表記する．土色は水分条件によって変わるので，普通湿土の色を記載する．なお，土色帳でも色決定が難しい場合があり，最近は光学方式による土色計* が利用されている．　〈宇津川 徹〉
[文献] 農林水産省農林技術会議事務局監修 (1967)「新版標準土色帳」，富士平工業KK.

どすう　度数　frequency　観察・実験・測定等で得られたデータがあるとき，ある変数を示すデータの個数，あるいはある変数と変数の間に入るデータの個数のこと．頻度ともいう．　〈倉茂好匡〉

どせい　土性　soil texture　土性は有機物分解した試料を粒度分析* して，粒径 2 mm 未満の砂，シルト，粘土との各粒径画分割合（重量 %）を求めて区分され，土性三角図（粒径組成区分図）として示す．例えば砂画分 60%，シルト画分 25%，粘土画

分15％のときの土性は埴壌土（clay loam）と示される．砂丘未熟土は砂土（sand）に，黒ボク土はシルト質壌土（silt loam）に，赤色土はシルト質埴土（silty clay）などに区分される．土性は透水性，可塑性，粘性，塩基置換容量，水分保持などの特性を推定する基本データとして活用できる．　⇨野外土性

〈宇津川　徹〉

どせいけい　土星系　Saturnian system　土星には60個を超える衛星がみつかっており，このうち7衛星（内側から順にミマス，エンセラダス，テティス，ディオーネ，レア，タイタン，イアペタス）は，軌道面と公転方向が土星の赤道面と自転方向にそれぞれほぼ一致しており，規則衛星ともよばれる．土星の衛星はいずれもH_2Oの氷を主な構成成分としているが，岩石成分との存在比は衛星によって様々である．最も巨大な衛星タイタン（半径2,576 km）は，表面圧力が1.5気圧に達する厚い窒素主体の大気をもつ唯一の衛星である．着陸探査などを経て，タイタンの表面には山脈状の起伏や河川地形とおぼしき蛇行谷，液体のメタンをたたえた湖らしい地形などがみつかった．このことからタイタンの表層では，大気中のメタンが雲をつくり，雨を降らせて表面を流れ，再び蒸発するという循環が存在すると考えられている．

他の規則衛星の多くにも，大規模な断層や幾重にも重なった亀裂などがみられ，過去に大きな地殻変動があったことを示唆する．中でもエンセラダスでは，南極付近の地溝帯からH_2O氷の固体粒子や水蒸気が激しく噴き出しているのがみつかった．何らかの原因で地下に熱源があるためと考えられるが，詳細はわかっていない．　⇨氷衛星（こおりえいせい）

〈木村　淳〉

どせきりゅう　土石流　debris flow　土石すなわち岩屑と水がよく混じり合って一体となり，これに作用する重力により，谷筋や沖積錐を流れ下る現象．陸上のものを subaerial debris flow，湖底や海底を流下するものを subaqueous debris flow ということもある．泥主体の場合に泥流*ともいう．火山で起こる土石流，泥流，土砂流*を総称して ラハール*ともいう．中国では泥石流という．構成材料と流走径路の地形条件などが流動特性を規制する．流動特性の違いにより，石礫型，泥流型および粘性型の三つに分類されることもある．長雨や集中豪雨，急速な融雪，あるいは地震などによる斜面崩壊，急出水による谷底土層の侵食，噴火に伴う火口湖の決壊，氷河の急な融解や氷河湖の決壊などで起きる．崩壊が土石流に転化する条件は，崩壊土砂の量に対して，飽和を上回る量の水が存在することと，崩壊土砂着地点の傾斜が大きいことである．崩壊土砂が一旦は停止して 地すべりダム*を形成し，これが決壊して土石流になることもある．渓床物質を巻き込み，流量を増大しながら谷筋を流れ下る．巨礫のほか，樹木を巻き込むので，それらが流れの先頭部へ集積する．先頭部へのこのような質量集中のため，流れは 段波*をなす．段波の材料構成は，先頭部から尾部にかけて漸移していることもある．すなわち，岩屑の体積濃度は先頭部で大きく，60％を超えることもある．尾部では30％未満となることもあり，そのような濃度では，流れは土砂流である．谷の出口で先端流速は1～10 m/s，ピーク流量は数十～数百 m^3/s 程度である．土石流は1波で終わることもあるが，何回も繰り返すこともある．流路湾曲部では，攻撃斜面，すなわち湾曲の外側斜面への"せり上がり"がみられる．これを 土石流の super-elevation という．扇状地などの緩斜面に至り，氾濫・堆積する．すなわち，谷口で沖積錐あるいは土石流扇状地の形成に寄与する．土石流が起こる流域では，土石流がその侵食と堆積作用で，谷筋や谷底平地の地形を強く規制する．そして，谷口付近で災害（土石流災害）を引き起こすこともある．わが国では2000年以降，土砂災害警戒区域が指定されるようになった．指定された区域では，豪雨下で警戒避難情報に従って避難することにより，土石流が起きても人的被害を回避することができる場合もある．これに対し，地震による崩壊で土石流が起こる場合には，避難情報は期待できない．土石流は大音響と強い地盤振動を発しながら流れ下るので，それに気付いて難を逃れた例もある．しかし，土石流が豪雨の最中に起こる場合には，豪雨の音にかき消されて気付くことが難しいこともある．　⇨山津波，沖積錐（図）

〈諏訪　浩〉

[文献] Suwa, H. et al.（2009）Behavior of debris flows monitored at the test slopes in the Kamikamihorizawa Creek, Mount Yakedake, Japan : International Journal of Erosion Control Engineering, 2（2）, 33-45. ／高橋　保（2004）「土石流の機構と対策」，近未来社．

どせきりゅうこく　土石流谷　debris-flow valley　土石流*の流下した谷底は，氷食谷に類似した横断形（開いたU字形ないしV字形）で，土石流による侵食および堆積によって生じた滑らかな谷壁と谷底をもつ欠床谷または床谷（谷底堆積物は亜角礫を主体とする土石流堆積物）であり，平水時の水量は少なく，間欠河川の場合もある．　⇨沖積錐

〈鈴木隆介〉

[文献] 鈴木隆介 (2000)「建設技術者のための地形図読図入門」，第3巻，古今書院．

どせきりゅうさいがい　土石流災害 damage caused by debris flow　⇨土石流

どせきりゅうせんじょうち　土石流扇状地 alluvial cone　⇨沖積錐，土石流

どせきりゅうたい　土石流堆 debris-flow lobe　1回の土石流*の定着で生じる自然堤防状，舌状または扇状地状の地形．土石流ローブとも．谷幅が広く緩傾斜な場合には，谷底にも生じるが，谷口より下流において土石流堆が放射状に何回も形成されると沖積錐*が形成される．土石流は流走経路の両側に自然堤防状に側方堆積物 (lateral deposit) を残置しつつ流れ下ることもある．石礫主体の場合には，側方堆積物は巨礫だけからなることもある．沖積錐には側方堆積物のほか，ローブ状（舌状とも称される）の終端堆積物 (terminal deposit) が形成される．石礫の比率が大きくて石礫が噛み合うような状態，すなわち堆積物が clast supported の場合，堆積物の下流端や側方端は急傾斜をなし，土石流堆の盛り上がりの程度が大きい．この場合，下流端の部分を snout ということもある．そして堆積物は逆級化*成層を呈すこともある．細粒物質が主体の場合には，土石流堆の盛り上がりの程度は小さい．土石流堆は，一連の現象の中で起こる二次的な土砂移動，すなわち後続の土砂流や流水による侵食と堆積の作用で変形することもある．土石流に起因する災害を土石流災害という．　⇨土石流堆積物，沖積錐（図）　〈諏訪 浩〉

[文献] Suwa, H. and Okuda, S. (1983) Deposition of debris flows on a fan surface, Mt. Yakedake, Japan : Zeitschrift für Geomorphologie N. F. Suppl.-Bd. 46, 79-101.

どせきりゅうたいせきぶつ　土石流堆積物 debris-flow deposit　土石流によってもたらされる堆積物のこと．岩屑流堆積物とも．土石流堆積物の構造はおおむね無層理である．石礫の比率が大きくて石礫が噛み合うような状態，すなわち堆積構造が clast-supported の状態であったり，石礫がない，あるいは石礫があってもごく少量の場合（その堆積構造を matrix-supported とよぶ）であったりと，様々である．堆積構造が逆級化成層を呈することもある．土石流堆積物や土砂流，あるいは掃流による堆積物が折り重なって成層することも稀ではない．これらの堆積面を一括して土石流堆積面という．このような堆積構造と堆積物を分析することにより土石流の堆積過程を推定することが可能なこともある．　⇨土石流堆　〈諏訪 浩〉

[文献] Suwa, H. and Okuda, S. (1983) Deposition of debris flows on a fan surface, Mt. Yakedake, Japan : Zeitschrift für Geomorphologie N. F., Suppl.-Bd. 46, 79-101.

どせきりゅうたいせきめん　土石流堆積面 depositional surface of debris flow　⇨土石流堆積物

どせきりゅうだんきゅう　土石流段丘 debris-flow terrace　岩屑と水とが一体となって流下する土石流（集合運搬）によって大量の土石が谷を埋積した後，流水による下方侵食で段丘となったもの．土石流の流動特性を反映して，段丘面の横断面は中央部が盛り上がる形状を示し，側方に裾合谷（すそあいだに）をもつこともある．　⇨土石流，裾合谷，沖積錐（図）　〈豊島正幸〉

[文献] 町田 洋 (1959) 安倍川上流部の堆積段丘―荒廃山地にみられる急速な地形の変化の一例―：地理学評論，32，520-531．

どせきりゅうちけい　土石流地形 debris-flow landform　土石流*で形成される土石流谷，土石流堆，土砂流原，土石流段丘，沖積錐の総称である．　⇨沖積錐（図）　〈鈴木隆介〉

[文献] 鈴木隆介 (2000)「建設技術者のための地形図読図入門」，第3巻，古今書院．

どせきりゅうローブ　土石流ローブ debris-flow lobe　⇨土石流堆

どそう　土層 soil layer　地形学や土質工学分野で使用される用語で，斜面表層の土壌層とその下部の風化層を併せたものを指す．土層の厚さを土層厚（どそうあつ）とか土層深（どそうしん）とよぶ．土層の構造や土層の厚さは，表層崩壊の発生の重要な要因となる．したがって，このような場合は，土層は「崩壊予備物質」あるいは「潜在崩土層（崩壊が起こるとしたら，この層で起こる可能性が高いと推定される土層）」と同義となる．　〈松倉公憲〉

[文献] 飯田智之 (2012)「技術者に必要な斜面崩壊の知識」，鹿島出版会．

どそうかいりょう　土層改良 subsoil improvement　作土以深の土層の通気，透水，膨軟性など物理性の改良および破砕，混合，転圧などの農業土木的手段を用いて土層の質的改善をはかるものである．水田の土層改良には，床締めと客土などがある．床締めには，表土の上から締固める「表土締め」と表土をはぎ取って心土を直接締固める「心土締め」があり，「心土締め」の方が効果の高い施工が可能である．客土は，浸透抑制，作土深の確保，秋落

ちおよび土性の改善などを目的とし，他の土地の土壌を運搬し，水田に散布する．畑地における土層改良は，心土破砕，不良土層排除，混層耕，除礫などがある．〈駒村正治〉

どたん　土丹　hardpan　粘土層が圧密*によって硬化した新第三紀のシルト岩や泥岩，あるいは更新世の半固結シルト・粘土をいう．地質学的名称ではなく，土木・建築用語である．一般的には淡～暗青灰色を呈し，N値*は50～120，一軸圧縮強度*は0.5 MPa（5 kgf/cm^2）から5～6 MPa（50～60 kgf/cm^2）である．典型的な土丹は関東地方南部に分布する上総層群の泥岩やシルト岩で，多摩地域では厚さ1,000 mを超える．〈沖村 孝・田中里志〉

とち　土地　land, ground　地形学的には陸地と同義．日常語としては①大地，②地方・地元（locality, region, district. 例：その地方や土地の人・産物・土地柄），③用地としての土地（例：宅地，土地利用地，開発用地），④不動産用の地所（land, real estate）など多様な意味で使用される．〈鈴木隆介〉

とちかいりょう　土地改良　land improvement　主として農業土木分野で使われる用語で，①農地に排水施設などを設けて土地を改良すること，②集落排水施設の整備，③狭い区画の農地を広い区画に整備する圃場整備，④農業用水を供給するためのため池整備や給水施設設置，⑤農道の整備などをいう．農地に発生している地すべり対策や防災ダム*など設ける防災事業なども土地改良事業に含まれており，農作物収穫を上げるための農地の土壌改良なども含まれる．〈南部光広〉

とちじょうけん　土地条件　land condition　土地利用や防災・開発などに関連が深い，地形を中心とする地表付近の環境条件．地上条件（植生・土地利用，交通路，建造物など），地表条件（地形，土壌，地表水など），地下条件（表層地盤，浅層地下水など）に分けることもできる．国土地理院が1963年以来刊行している土地条件図は，水害地形分類図（資源調査会1956～59），洪水地形分類図（国土地理院1960～62）を拡充して，斜面災害や地震災害も視野に入れたもので，土地の形態や性状を示す地形分類，（低地・台地の）地盤高，（低地の）沖積層基底等高線，防災・開発関連の施設・機関の配置などを，原則として2万5,000分の1地形図に重ねて図示している．〈田村俊和〉

［文献］国土地理院地理調査部（1982）土地条件図の見方・使い方．

とちじょうけんず　土地条件図　land condition map　国土地理院が作成・刊行している土地の諸条件を示した主題図．防災計画や開発計画の策定に資することを目的に，地形分類*・地盤高・防災関係施設等を，一部を除いて縮尺2万5,000分の1の地形図上に表示．情報の中心は地形分類であり，土地の成り立ちや性質を面的に把握することができ，洪水の予測や地震時の揺れやすさの判定に有効．主に平野部を対象に整備されている一般の土地条件図のほか，火山の地形発達に重点を置いた火山土地条件図，海域も含めた沿岸域の地形条件を示した沿岸海域土地条件図なども作成されている．また，国土地理院の地理院地図で閲覧することもできる．⇨地形分類図　〈宇根 寛〉

とちぞうせい　土地造成　land reclamation　住宅地，工業団地，空港や港湾の交通施設，リゾート地やゴルフ場など様々な目的のために必要とされる土地空間を創造すること．土地造成が行われる場所は，目的により臨海部や傾斜地が対象となり，近年その規模が大きくなってきている．土地造成の課題は安全性と環境保全であり，内陸部では斜面の安定，盛土の沈下，施工中の濁水，臨海部では地盤沈下*，高潮*や津波*による災害，環境保全等が課題となり，これらを満足させる工事が要求されている．地盤の液状化*や沈下によってその安定性が低下するのを防ぐために，地盤改良，盛土の締め固めや地下排水に注意が払われている．〈沖村 孝〉

とちのりようけい　土地の利用景　land use view　⇨植生［地形図の］

とちひふく　土地被覆　land cover　⇨土地利用

とちぶんるい　土地分類　land classification　対象地域の土地の性質を何らかの規準により分類するとともに，対象地域をその分類に対応する小地域に分割すること．その結果は通常，地図（土地分類図）として表現される．取り上げられる土地の性質としては，地形，表層地質，土壌，植生，土地利用などがあり，それぞれ地形分類図*，表層地質図，土壌図*，植生図，土地利用図などが作成される．このほか，環境地質や災害危険度の評価が一種の土地分類として行われる場合もある．行政上の目的のため国や地方公共団体によって行われることが多い．⇨土地分類基本調査，土地分類調査　〈熊木洋太〉

とちぶんるいきほんちょうさ　土地分類基本調査　fundamental land classification survey　国土調査法に基づく土地分類調査*のうち，20万分の1および5万分の1などの縮尺で地形分類図などを作成する調査．1978年度までに都道府県別の20万分の1

の調査が終了し，地形分類図*，起伏量・谷密度図，表層地質図（平面的分類図），傾斜区分図，土壌図，表層地質図（垂直的分類図），土地利用現況図，土壌生産力可能性等級区分図，土地利用可能性分級図とそれらに関する説明書が公表された．5万分の1の調査は地形分類図，土地利用現況図，表層地質図，土壌図などと説明書を作成するもので，北海道の大部分と本州の山岳地域の一部を除き，成果が公表されている．また，2010年以降，地形改変を含む土地履歴が調査され，その成果がウェブで公開されるようになった．⇒土地分類調査　　　　　〈熊木洋太〉

とちぶんるいず　土地分類図　land classification map　⇒土地分類，土地分類基本調査，土地分類調査

とちぶんるいちょうさ　土地分類調査　land classification survey　国土調査法に基づいて国土の土地分類を行う調査．同法では「土地をその利用の可能性により分類する目的をもって，土地の利用現況，土性その他の土じょうの物理的及び化学的性質，浸蝕の状況その他の主要な自然的要素並びにその生産力に関する調査を行い，その結果を地図及び簿冊に作成すること」と定義されている．1952年度から実施されており，現在は国土交通省国土政策局が所管している．具体的には国または都道府県が行う土地分類基本調査，土地分類細部調査，土地分類調査（垂直調査），土地保全調査などからなり，地形分類図*を含む様々な土地分類図が作成されている．⇒土地分類基本調査　　　　〈熊木洋太〉

どちゅう　土柱　earth pillar　半固結の砕屑岩が雨食を受けて，多数のガリー*が発達すると，柱のように尖った多数の岩塔が生じ，その頂部に固結した岩塊や礫が帽子状に載っている塔状の地形である．高さは数cm～数mであるが，高さ数十mにおよぶ顕著なものはテント岩ともよばれる．氷河性の砂礫層（例：アルプスのチロル地方），更新統の砂礫層（例：徳島県阿波の土柱），火砕流堆積物（例：トルコのカッパドキア，熊本県人吉），中国の黄土高原などに多くみられる．土柱の発達する地区は悪地で植生に乏しい．⇒テント岩，悪地　〈鈴木隆介〉

とちりよう　土地利用　land use, land utilization　①土地を様々な目的に用いること．②用途によって区分された土地（農地，林地，市街地；あるいは田，畑，牧草地，広葉樹林，針葉樹林，商業地区，住宅地区など）．②の分布を地図に表したものが土地利用図*．特に意図的な利用がされていない土地も含む地表状態を土地被覆とよび，土地利用・被覆（land use/cover）と併記することも多い．これらの場合，土地とは，単に面積・平面形状や不動産的評価ではなく，場所により異なる自然的・社会的性質をもつ地球表面の一部を指し，人間生活にとって最も基本的な環境資源であって，その様子をとらえる便利な指標が地形と土地利用・被覆である．

〈田村俊和〉

[文献] Stamp, D. (1948) *Land of Britain: Its Use and Misuse*, Longmans, Green & Co. ／地理調査所地図部編（1955）「日本の土地利用」，古今書院．

とちりようず　土地利用図　land use map　土地の利用現況をその種類ごとに彩色した地図．土地利用の地理的現状把握と将来に向けての国土計画・地域計画の基礎的情報を得るために活用される．広義には土地利用計画図・土地利用可能性分級図・土地利用規制図などの地図も含む．国土交通省（旧国土庁）の1：20万土地利用現況図（土地分類図の一部），国土地理院の1：2.5万，1：5万，1：20万土地利用図，都道府県・市町村単位で作成した土地利用計画図・建物用途別現況図などがある．大縮尺の地形図の地類記号を基本に空中写真判読を参考にして，現地調査を修正して独自の土地利用図作成も可能である．土地利用図の農耕地，果樹園や森林分布は，多様な土壌分布状況を推定する基礎資料になる．例えば，水田土壌，畑地土壌や森林土壌などの土壌断面形態や性状が推定可能となる．また，地形改変を伴う大規模造成地（多摩ニュータウンなど）では切土・盛土により人工改変土が想定される．

〈宇津川　徹〉

とつおうしゃめん　凸凹斜面　convex-concave slope　⇒複式斜面

とつがたしゃめん　凸形斜面　convex slope, convex element　とつけいしゃめん（凸形斜面）の誤読．　　　　　　　　　　　　〈若月　強〉

とつけいおねがたしゃめん　凸形尾根型斜面　convex divergent slope　⇒斜面型（図）

とつけいさんりょう　凸形山稜　convex ridge line　尾根線が低所になるほど急傾斜になる尾根で，下刻の著しい河川に面する支尾根や高透水性岩で構成される尾根にみられる．⇒尾根の縦断形（図）　　　　　　　　　　　〈鈴木隆介〉

とつけいしゃめん　凸形斜面　convex slope, convex element　縦断形が上に凸形であり，高所から低所に向かうほど傾斜角が増加する斜面．土層に覆われた山地斜面においては，尾根付近に形成されていることが多く，この斜面上では土壌匍行やソリフ

ラクション，雨滴侵食・雨洗などによる緩慢な土砂移動が主要な斜面プロセスとされる．火山噴火により形成された溶岩円頂丘や溶食の影響を強く受けた円錐カルストなどにも凸形斜面が形成されている．⇨斜面型（図）〈若月　強〉

とつけいたにがたしゃめん　凸形谷型斜面 convex convergent slope　⇨斜面型（図）

とつけいちょくせんしゃめん　凸形直線斜面 convex straight slope　⇨斜面型（図）

とっす　突州 point bar　⇨蛇行州

トッタベツひょうき　トッタベツ氷期 Tottabetsu glaciation　⇨日本の氷期

とつ-ちょく-おうしゃめん　凸-直-凹斜面 convex-straight-concave slope　⇨複式斜面

とってい　突堤 groin　海岸から突出した細長い構造物の総称．通常は，沿岸漂砂を防止し海浜の保全を目的として構築されたものを指す．この場合，単体ではなく複数を適当な間隔で設置した突堤群が多く用いられている．〈砂村継夫〉

とつてん　凸点【地形の】 peak, top　四周より高い地区（山や小突起の頂上）の最高点．山頂．⇨地形界線，地形点，山頂〈鈴木隆介〉

とっぷう　突風 gust　風は常に強弱を繰り返しているが，その中で一時的に吹く強い風のこと．台風*や寒冷前線*，積乱雲などが接近しているときに生じやすい．〈森島　済〉

トップリング toppling　急崖斜面がほぼ垂直な節理をもつ岩石・岩盤からなる場合，その最上部が斜面前方に向かって次第に傾き，最終的に前倒しに回転しながら崩落する現象．転倒あるいは転倒崩壊とも．⇨崩落〈松倉公憲〉

どて　土手 embankment　土砂を細長く盛って築造した堤で，河川堤防，海岸堤防，道路・鉄道の盛土区間などにみられる．土手の両側斜面の侵食や崩壊を防止するために，植生工や石積工，コンクリート張工で保護されている．高さは一般に数mであるが，20m程度に及ぶ区間もある．〈鈴木隆介〉

ドナウひょうき　ドナウ氷期 Donau glaciation　⇨アルプスの氷河作用

どぶ　溝 ditch　下水や生活排水などの停滞水で嫌気性の硫酸還元菌が繁殖し，硫化水素を発生させている水路（溝川）．〈久保純子〉

どぼくがっかい　土木学会 Japan Society of Civil Engineers　土木工学の進歩および土木事業の発達ならびに土木技術者の資質向上を図り，学術文化の進展と社会の発展に寄与することを目的として，1914年に設立された．公益社団法人．東京本部の他に8つの地方支部がある．会員は約37,000名（2012年現在）で，建設業とコンサルタント関係者が半数を占め，教育・研究機関従事者や公務員がこれに続く．地形学との関係の深い工学系学会の一つであるが，地形学者の会員は少ない．調査・研究成果を公開するために，従前より土木工学の7つの専門分野（構造，水理，コンクリート，土質，土木計画，設計・施工，環境）別に論文集を発刊してきたが，2011年よりこれが細分化され19分野別の論文集が発行されている．これ以外に情報誌の役割をもつ「土木学会誌」（月刊）がある．研究・技術の発表の場として開催される全国大会（年1回）以外に，専門分野別の講演会やシンポジウム，本部や支部を通じての研究発表会，講演会，講習会，見学会などが開催されている．主要国の土木学会との間で活発な国際交流が行われている．〈砂村継夫〉

どぼくちしつがく　土木地質学 engineering geology　⇨地質工学

とみた　よしろう　富田芳郎 Tomita, Yoshiro (1895-1973)　東京高等師範学校にて山崎直方・辻村太郎から地形学を学ぶ．東北帝国大学卒業後，同助手・奈良女子高等師範学校を経て，台北帝国大学・東北大学教授．「台湾地形発達史の研究」（1972）は同地域の古典的研究として知られている．〈野上道男〉

とめさきそう　留崎層 Tomesaki formation　青森県三戸町周辺に分布する中部中新統．主に砂岩・シルト岩よりなる．層厚は170〜250m．〈松倉公憲〉

とやましんかいちょうこく　富山深海長谷 Toyama Deepsea Channel　富山湾中軸から大和海盆に至る深海長谷*（延長750km，比高2,900m）．佐渡島と能登半島を結ぶ海底の高まり部分で穿入蛇行を呈する．佐渡島北西方約120km付近では，扇長100kmほどの富山深海扇状地をなし，水深2,400mの大和海盆では著しく蛇行するとともにその両側には比高100mほどの海底自然堤防*が認められる．⇨富山トラフ〈岩淵　洋〉

[文献] 岡村行信ほか（2002）富山深海海底谷最下流部の海底地形：歴史地震，18，221-225．

とやまトラフ　富山トラフ Toyama Trough　富山湾の中央部から佐渡島〜能登半島の隆起帯までの延長約200km，幅30〜40kmの海盆*．中軸部を富山深海長谷が下刻している．〈岩淵　洋〉

どようなみ　土用波 swell　⇨うねり

とようら（ひょうじゅん）さ　豊浦（標準）砂

Toyoura (standard) sand ⇨標準砂

とよのそう　豊野層　Toyono formation　長野県北部の豊野丘陵を中心に分布する下部更新統．シルトや砂礫からなり，主に汽水成．〈松倉公憲〉

とよらそうぐん　豊浦層群　Toyora group　山口県西端部に分布するジュラ系．砂岩と砂質泥岩を主体とし，安定した環境下での一連の堆積物と考えられ，海進・氾濫・海退という堆積サイクルがみられる．サイクルを基準として下位から東長野層・西中山層・歌野層に区分される．なお，本層に由来する海浜堆積物の豊浦砂は粒径が均等なため，コンクリート強度試験などに用いられる標準砂*として利用された．〈松倉公憲〉

ドライカンター　dreikanter　⇨三稜石

ドライバレー【河川地形の】　dry valley (of fluvial landform)　豪雨時や融雪期を除いて流水のない谷をいう．乾谷*とも．普通には，デレ*とよばれる浅い谷を指す．〈鈴木隆介〉

ドライバレー【カルストの】　dry valley　炭酸塩岩地域における乾谷をドライバレーともよぶ．かつて，湿潤であるか，または氷河の融解した水が大量に供給されたことにより，フルビオカルストとして大きな谷を形成した．その後，地下水系が十分に発達し，溶食によるカルスト地形がみられるようになった．このような場合，ドライバレーと溶食が卓越したカルスト地形とが共存することがある．⇨乾谷　〈漆原和子〉

ドライバレー【寒冷地形の】　dry valley　南極のマクマード地域に存在する3つの大きな谷（ビクトリア谷，ライト谷，テイラー谷）を含む無雪地帯を指す．1901〜1904年に越冬したスコット隊によって発見された．谷は過去の氷河によるU字谷で，広いところでは幅10 km以上ある．この地域に限らず，過去の氷床拡大期に氷食され，その後の氷床後退によって露出した谷をドライバレーとよぶこともある．〈三浦英樹〉

トラバースそくりょう　トラバース測量　traversing polygonal surveying　⇨多角測量

トラバーチン　travertine　炭酸塩岩の地域において，水に溶解した炭酸カルシウムが，過飽和に達して再結晶し，その場に堆積したものを指し，特異な地形をつくる．再結晶する条件は，温度や圧力の変化，溶存する二酸化炭素の濃度（分圧）の変化などがある場合である．したがって，トラバーチンは流速が急変するような場や，水温が急変する場に形成されやすい．方解石と温泉などに含まれる無機物質のみの結晶の場合は，緻密で固いトラバーチンが形成される．しかし，太陽光がある環境下で，シアノバクテリアの活動がある場合は，再結晶した炭酸カルシウムは多孔質で柔らかい．これはトゥファ*として区別する．〈漆原和子〉

トラフ　trough　海底の盆地*のうち，周囲からの深さが比較的浅く細長いもの．トロフあるいは舟状海盆（しゅうじょうかいぼん）ともよばれる．成因は様々であり，沖縄トラフは背弧海盆*，南海トラフや駿河トラフは水深6,000 mに満たないプレート沈み込み境界，熊野トラフや室戸トラフは前弧海盆*，最上トラフや奥尻トラフは併走する逆断層で界された海盆である．〈岩淵　洋〉

ドラムリン　drumlin　氷河の流動方向に細長く伸びた流線形の氷河地形．砂礫などの堆積物で構成されるもの，基盤岩だけのもの（岩石ドラムリン），それらが複合したものなど様々な種類があり，構成物やスケールにかかわらず，氷河底の地形営力に関わる流線形地形であるということのみで判定される．類似の氷河地形に羊背岩（roche moutonnée）があるが，羊背岩が，上流側に緩斜面，下流側に急斜面をもつのに対し，ドラムリンはその逆で，平面形態は氷河流動方向の下流側に細長く伸びている．多くのドラムリンが集合してドラムリンフィールドとよばれる一帯を形成している場合が多い．語源は「丘の頂稜」という意味のガリア語driumに由来し，アイルランドでdroimninという術語として用いられたことに始まる．地表物質が氷体と接しながら引きずられてできるとする氷底変形説と，氷底を流れる水によって侵食（あるいは堆積）されてできるとする氷底水流説とがあり，30年以上にわたって論争が続いている．この問題は氷河底の地形形成プロセスと深く関係しているため，氷河地形学の当該研究分野ではドラムリン論争として象徴的に用いられることもある．なお，火星に水があったとされる地形的根拠の一つに涙目状の流線形地形があり，ドラムリンの氷底水流説のアナロジーとして用いられている．〈澤柿教伸〉

[文献] Menzies, J. and Rose, J. eds. (1987): *Drumlin Symposium*, A. A. Balkema. ／ 澤柿教伸・平川一臣 (1998) ドラムリンの成因と氷河底環境：氷底堆積物の変形か氷底水流か：地学雑誌，**107**，469-492．

トランスカレントバックリング　transcurrent buckling　横ずれ（transcurrent, strike-slip）断層の両側あるいは片側に沿う土地が，波状に盛り上がったり，凹んだりするような隆起・沈降の変位地形．

横ずれ断層では，上下変位の向きは一定の側ではなく，場所ごとに変化する．断層線の湾曲や屈曲，断層面の変化がこうした変動を起こすと考えられる．カリフォルニア州のサンアンドレアス断層やニュージーランドのアルパイン断層などの長大な横ずれ断層（transcurrent fault）で最初に指摘され，認定が容易であるが，通常の横ずれ断層（strike-slip fault）でも認められる．⇨横ずれ断層 〈岡田篤正〉

トランスフォームだんそう　トランスフォーム断層 transform fault　プレートの横ずれ境界に生じる横ずれ断層*をいう．⇨横ずれ境界［プレートの］ 〈鈴木隆介〉

トランペットだに　トランペット谷 trumpet-shaped valley　過去に氷床に覆われた地域（例：ヨーロッパ北部）において，河谷の横断幅が，堆石堤を横断する部分では狭く，その下流のアウトウォシュプレーン*で広がっている状態を一括していう．差別侵食谷の一種である． 〈鈴木隆介〉

ドリアスしょくぶつぐん　ドリアス植物群 Dryas flora　代表種であるセイヨウチョウノスケソウ Dryas octopetela にちなんで名付けられた，氷期・晩氷期の融氷河堆積物中から出てくる植物化石群の総称で，現在でも北半球中緯度地域で高山植物群として存続している． 〈渡辺悌二〉

ドリーネ dolina, doline　語源はスロベニア語で，dolina は単数，doline は複数形である．スロベニア語では谷を意味する．19 世紀にはこのスロベニア語由来の言葉を，ドイツ語で擂鉢状の溶食凹地を指す用語として用いるようになった．溶食によってできた凹地形を表す用語そのものは，セルボ・クロアート語（セルビア・クロアチア語）ではブルタッチャ（vrtača）である．ブルタッチャは凹地の底で耕作のためウマを入れることができ，農具の鋤をウマにつけて回転させることができるほどの平地が凹地の底にあるものをいう．ドリーネは溶食作用の卓越する箇所がしだいに深くなり，排水するための吸込み穴が形成されたものを指す．イギリスでは，擂鉢状の溶食凹地形をドリーネ，吸込み穴をシンクホール*として区別して用いる．しかし，米国では擂鉢状の溶食凹地形も，吸込み穴も，陥没して落ちた凹地もシンクホールとよぶ．なお溶食が進んで底部が落下して吸込み穴が生じた地形を，イギリスでは陥没ドリーネ（collapse dokine）として，溶食作用のみによってできたドリーネと区別してよぶ． 〈漆原和子〉

ドリーネこ　ドリーネ湖 doline lake　溶食作用によってできた擂鉢状の凹地であるドリーネの底部には吸込み穴が形成され，地下水系への排水が行われる．しかし，吸込み穴が植生や土壌によって覆われ，目詰まりして排水が行えなくなったとき，長期にわたってドリーネの底に水がたまる．この例はインドネシアのジャワ島にみられ，干ばつの際の用水として用いられる．地元ではこれをテラガ（Teraga）とよぶ．また，かつてのドリーネが地下水位の上昇，海水準の変化に伴って排水する基準面が上昇したとき，排水不能になった水がドリーネ底にたまるものもドリーネ湖である．南大東島のハグ下にある多くの湖はドリーネ湖である．淡水層が塩水層の上にのっているが，淡水を揚水しすぎると，容易に塩水化してしまうので，利用にあたっては注意を要する． 〈漆原和子〉

トリウム 230/ウラン 234 ほう ^{230}Th/^{234}U 法 ^{230}Th/^{234}U dating method　この測定法はイオニウム法，U-Th 法ともよばれるウラン系列法の一つで第四紀後期の研究にはよく用いられる．これには，従来から用いられてきた α スペクトル法と，最近開発された TIMS 法（thermal ionization mass spectrometry）の二つがある．前者は放出される α 粒子が ^{234}U, ^{230}Th それぞれ固有のエネルギーを出す α 線スペクトル分析によるもので，測定時間中に壊変する同位体を計数する．これに対して後者は異なる質量をもつ同位体数比を，壊変せずに残る同位体原子の数を直接測って求める．したがって後者は手早く測定できるため，測定時間内に壊変する同位体に関係しないので精度を高められる．また加速器質量分析器 AMS を用いてより高精度で若い年代も求められ，少量の試料で済む．このため後期更新世から完新世までの試料も対象にできるので，同じ試料をウラン系列法と ^{14}C 法との間でクロスチェックして年代の信頼性を調べることができ，^{14}C 年の暦年への較正や海面変化などの問題に成果を上げてきた．

この方法が成り立つための要件は次の諸点である．①壊変率が正しく求められており，さらに娘核種と親核種の存在比が正確に求められること，②堆積後核種の出入りがないこと（閉鎖系がなりたつこと），③最初に ^{230}Th の量が 0 であること．②については，変質や再結晶のチェックが必要である．このため再結晶などを起こす試料（軟体動物殻など）は不適で，イシサンゴ類に限定される．ただしサンゴ化石でも，霰石（アラゴナイト）や高マグネシウム方解石は変質しやすいために X 線回折などによ

る結晶形の確認が必要である．③については最初の結晶化のときに^{230}Thなどの混入した試料は避けねばならない．その検定には，長命の核種である^{232}Thが検出されれば，混入^{230}Thがあることがわかるし，^{232}Th/^{230}Th比によって補正もできる．

このような諸点から信頼性の高い年代値を得ることのできる試料は，霰石からなるイシサンゴ（海面変化，地殻変動史），清澄な石灰洞沈殿物（気候変化，海面変化，洞窟考古学など），火山岩（火山活動史）などである．〈町田 洋〉

とりじごく　鳥地獄【火山の】　solfatara ⇨硫気孔

トリチウム　tritium 水素の放射性同位体で半減期は約12.3年．そのほとんどはHTOの水分子形となって自然界の水循環系に取り込まれている．1950年代初期からの水爆実験などによって増え，1963〜1964年にトリチウム濃度（TU）は1,000を超えたが，その後，大気中における実験の停止に伴い減少し21世紀に入って日本全国のTU値は5以下を示している．降水のTU値が大きく変動したため，地表や地下には現在様々なTU値の水が存在し，これを追跡することで水循環の実態を明らかにできる．また，ある決まった地点・深度の地下水のトリチウム濃度を経時的に調べれば，半減期を利用して50年程度までの地下水の滞留時間（detention period）を求めることができる．滞留時間からはさらに，地下水の貯留量や涵養量が推定できる．⇨環境同位体，トレーサー　〈斎藤 庸〉

[文献] 水収支研究グループ（1993）「地下水資源・環境論—その理論と実践—」，共立出版．

ドリップストーン　dripstone ⇨滴石
ドリフト　drift, glacial drift ⇨ティル
どりゅう　土流　earthflow ⇨アースフロー

どりょうへんかりつ　土量変化率　bulking factor of soil 自然状態で存在した岩石（岩と土）の①地山の土量が②破砕された場合および③それが人為的に締め固められたとき，それぞれの状態における見掛け体積の変化率をいう．普通には，$L=$②/①および$C=$③/①の式で求められる．現地試験での測定によると，それらの土量変化率は下の表のように知られているが，マスムーブメントなどの地形変化における砕屑物の再堆積時における見掛け体積の推算に有用である（表）．〈鈴木隆介〉

[文献] 田中 威編著（1984）「現場技術者のための地質工学—その調査への指針—」，理工図書．

ドリリング　drilling ⇨ボーリング
トルネード　tornado ⇨竜巻
トレーサー　tracer 水をはじめとする種々の物質が，ある系の中を移動する経路や速度を知るために，指標として特定された物質のこと．追跡子とも．調査の目的や，系の時空間的スケールに応じて種々の物質がトレーサーとして用いられる．人工的にその系に添加するものと，自然に存在する物質そのものを用いる場合とがある．①色素：人工的トレーサーの代表的なものとして，蛍光色素のフルオレセイン（fluorescein），ローダミン（rhodamine）などが用いられる．②電解質：食塩，塩化アンモニウムなどを系に加え，電気伝導度などの変化を追跡する．③同位体：1950〜1960年代の水爆実験で生成されたトリチウム（^{3}H）は，半減期が12.3年でその濃度の変化から地下水の年代や速度を追跡するのに理想的な環境トレーサーであったが，2010年現在ではほとんど天然レベルに戻っている．検出限界に問題があるが，環境水中のトリチウム濃度は連続的にモニターされている．その他に，半減期5,730年±40年の炭素同位体（^{14}C）や，ヨウ素131（^{131}I）やコバ

表　土量変化率（田中編著，1984）

名称		L（ほぐした土/地山）	C（締め固めた土/切土）
岩または石	硬岩	1.65〜2.00	1.30〜1.50
	中硬岩	1.50〜1.70	1.20〜1.40
	軟岩	1.30〜1.70	1.00〜1.30
	岩塊・玉石	1.10〜1.20	0.95〜1.05
礫まじり土	礫	1.10〜1.20	0.85〜1.05
	礫質土	1.10〜1.30	0.85〜1.00
	固結した礫質土	1.25〜1.45	1.10〜1.30
砂	砂	1.10〜1.20	0.85〜0.95
	岩塊・玉石まじり砂	1.15〜1.20	0.90〜1.00
普通土	砂質土	1.20〜1.30	0.85〜0.95
	岩塊・玉石まじり砂質土	1.40〜1.45	0.90〜1.00
粘性土など	粘性土	1.20〜1.45	0.85〜0.95
	礫まじり粘性土	1.30〜1.40	0.90〜1.00
	岩塊・玉石まじり粘性土	1.40〜1.45	0.90〜1.00

ルト60（^{60}Co）等も用いられる．④重金属：地下水の汚染に関連しては，水銀，鉛，カドミウム，六価クロムなどの重金属がトレーサーとして用いられる．しかし，現在では，環境面の問題もあり，地下水の調査においてトレーサーを意図的に添加させることはほとんどなくなってきている．その代わりに，自然界に存在する環境物質をトレーサーとして利用するようになってきた．この環境トレーサー（environmental tracer）には，水爆実験によるトリチウムや水の分子を構成する酸素・水素安定同位体，また，地下水中に含まれる^{14}Cなどがある．⑤岩塊・レンガなど：地形学では，河床堆積物，海浜堆積物，斜面被覆物質などの移動方向・速度や移動中の粒径・円形度の変化を調査するために，見分けやすい岩塊やレンガを1地点で多量に投入し，経時的にそれらを追跡（発見）する．⇨環境同位体
〈池田隆司・斎藤 庸・鈴木隆介〉

ドレライト dolerite 主にCaに富む斜長石，輝石からなる中粒の完晶質な火成岩．粗粒玄武岩ともいう．化学組成の上では，玄武岩とほぼ同様である．多くの場合，小規模な貫入岩体（岩脈やシル）として産する．玄武岩と異なり，結晶が粗粒で，石基と斑晶の区別ができない．オフィティック組織が特徴である．米国ではダイアベイス（diabase）とよばれる．日本ではダイアベイスを輝緑岩*と訳しているが，この用語は英国では変質したドレライト，ドイツでは古第三紀より古い地質時代の岩石を指す．
〈太田岳洋〉
[文献] 青木謙一郎・辛島由美子（1973）山形県大滝粗粒玄武岩々床の分化：岩石鉱物鉱床学会誌，68, 183-188．

トレンチスウェル trench swell ⇨海溝周縁隆起帯

トレンチスロープブレイク trench slope break 海溝*に面した大陸斜面*のなかで，海溝側に向かって傾斜を始める点．日本海溝に面した三陸海底崖がその一例．
〈岩淵 洋〉

トレンチちょうさ トレンチ調査 trench excavation survey 地面を幅数m，深さ数m程度，トレンチ（細長い溝）を掘り，その壁面や底面を観察して，地質・断層・鉱物などを観察する調査法．特に活断層では，数多くの年代決定試料を採取できる地層が薄く連続的に堆積した場所を選定し，断層線を横切る方向へ溝を掘り，壁面に現れた地層や断層を観察し，断層の活動時期や変位量を推定する．活断層の長期的な評価に必須の方法として，特に兵庫県南部地震以後に多く実施され，主要活断層帯の長期的な評価をするための基礎資料が得られてきた．鳥取県の鹿野断層の調査が1978年に日本では最初に行われ，1943年鳥取地震とこれに先行する地震の活動時期と上下変位量が求められた．続いて兵庫県西部を走る山崎断層の調査が実施され，868年播磨地震を引き起こしたことが判明．サンアンドレアス断層の先史時代の活動が解明された事例は有名．近年ではこの種の調査は諸外国でも盛んである．一般には活動時期の究明に主眼がおかれるが，櫛形の掘削やボーリングとの併用などの調査方法の工夫もされ，断層の三次元的な構造や横ずれ量の解明も試みられている．なお，地表付近で撓曲崖となっている場合には，この手法による活動時期の解明は難しい．
〈岡田篤正〉

とろ，どろ 瀞 pool 川の水深が大きく流れが静かなところで，淵よりも規模が大きい流路区間をいう（例：和歌山県瀞八丁，埼玉県長瀞）．⇨淵
〈久保純子〉

どろ 泥 mud 粒径62.5μm以下の粒子で構成される堆積物の総称．一般には粘土*やシルト*，一部に砂*を含む混合物をいう．泥土ともよばれる．後背湿地*や湖沼底，波や流れの作用が弱い海底などに分布する．⇨軟泥，腐泥
〈遠藤徳孝〉

トロイデ Tholoide ⇨シュナイダーの火山分類

トローエのしゃめんようそのぶんるい トローエの斜面要素の分類 classification of slope element by F. R. Troeh ⇨斜面要素の分類

どろかざん 泥火山 mud volcano でいかざん（泥火山）の誤読．
〈鈴木隆介〉

トロコイドはりろん トロコイド波理論 trochoidal wave theory ⇨ゲルストナーの波

どろダイアピル 泥ダイアピル mud diapir ⇨マッドダイアピル

ドロップストーン drop stone ⇨氷河・海成作用

トロば トロ場 toroba 渓流河川において岩盤が深くえぐられて河床が平らなプール状になっているため水面が穏やかで緩やかな流れが続いている場所．トロともよばれる．プール底には細粒物質が堆積していることが多い．淵よりも平面的な広がりが大きい．釣り用語．
〈徳永英二〉

どろはま 泥浜 mud beach ⇨泥浜（でいひん）

トロフ trough ⇨トラフ

ドロマイト dolomite ①鉱物（苦灰石）：Ca(Mg, Fe, Mn)(CO$_3$)$_2$の組成をもつ鉱物．とくにMg＞Feのものを指す．②岩石（苦灰岩）：主とし

て苦灰石よりなるかまたは苦灰石に近い組成の岩石．ほとんどの苦灰岩は石灰岩の Mg 交代作用による．石灰岩よりは溶解速度が小さい．ドロマイトの名は，苦灰岩を主とするイタリア北東部ドロミテ（ドロマイト）山地から． 〈松倉公憲〉

どんかくごうりゅう　鈍角合流　obtuse-angled confluence　⇨合流形態（図）

トンネルバリー　tunnel valley　氷期に氷床が発達したヨーロッパ，北米などに発達する基盤岩石，固結堆積物を深く掘り込んだ大規模な谷地形．幅 4 km，長さ 100 km 以上に達することもある．N チャネルの地形と類似する点が多く，氷河底の高い水圧条件にある融氷水流の侵食による形成を示す．
〈平川一臣〉

[文献] Benn, D. I. and Evans, D. J.A. (1998) *Glaciers and Glaciation*, Arnold.

トンボロ　tombolo　島と主陸地の間で砂礫の堆積が進み両者が陸続きになった場合，この砂礫で構成される部分をトンボロ（陸繋砂州）という．陸続きになった過去の島を陸繋島，干潮時にのみ海面上に現れるトンボロを準トンボロという．島と主陸地の間の領域は波の屈折や回折のため相対的に波の小さな水域（静穏域）となり，砂礫が堆積しやすい環境が形成される．その結果，主陸地側から島に向かって尖角州や砂嘴が成長し，それらが島に到達するとトンボロとなる．島を構成する岩石の強度が低い場合には，島の侵食によって生産された砂礫が島の背後に運ばれて，島側からトンボロが成長することもある．人工構造物である離岸堤の背後にもトンボロ状の堆積地形が形成される．　⇨砂浜海岸（図）
〈武田一郎〉

[文献] Zenkovich, V. P. (1967) *Processes of Coastal Development*, Oliver & Boyd.

ないいんてきえいりょく　内因的営力　endogenetic agent　⇨内的営力

ないいんてきさよう　内因的作用　endogenetic process　内的営力の働きによる地形過程の総称で，プレート運動による大地形，地殻運動による変動地形，火山活動による火山地形，アイソスタシーによる地表の広域的な隆起・沈降地形などの形成過程をいう．内因的作用，内作用とも　⇨地形過程，内因的地質作用　　　　　　　　　　　　　　　〈鈴木隆介〉

［文献］鈴木隆介（1984）「地形営力」および"Geomorphic Processes"の多様な用語法：地形，5，29-45．

ないいんてきちしつさよう　内因的地質作用　endogenetic geological process　内的営力の働きによる地質現象（岩石や地質構造）の生成過程の総称で，地形を変化させる内因的作用を含む．⇨内因的作用　　　　　　　　　　　　　　　　〈鈴木隆介〉

ないえいりょく　内営力　endogenetic agent　⇨内的営力

ないかい　内海　inland sea　周りを陸地に囲まれ，狭い海峡により外洋と連絡している海．本州，四国，九州に囲まれた瀬戸内海は，2万年前の最終氷期最寒冷期には陸上であり，当時日本最長の河川が流れていた．その後の海面上昇に伴って紀伊水道および豊後水道から海水が進入し，現在の海となった．灘は沈水した盆地や沈降の激しかった地域であり，島が多く分布する多島海は，比較的沈降が少なかった地域にあたり，かつての山が沈水したものである．瀬戸内海は，領海法施行令では，和歌山県紀伊日ノ御碕〜徳島県蒲生田岬，愛媛県佐田岬〜大分県関埼，関門海峡西口竹ノ子島台場鼻〜若松洞海湾入り口を結ぶ線に限られ，この場合，東西約450 km，南北15〜55 km，面積約1万9,700 km^{2}の海域である．　　　　　　　　　　　　　　　　〈八島邦夫〉

［文献］八島邦夫（2004）瀬戸内海の島および灘と瀬戸の海底地形：太田陽子ほか編「日本の地形」，第6巻，東京大学出版会．

ないこ　内弧　inner arc　⇨外弧

ないこりゅうきたい　内弧隆起帯　inner arc uplift zone　二重弧のうち海溝から遠い列（大陸側の列）を内弧とよぶ．奥羽山地や出羽山地がその例．これら山地では山麓の活断層により外弧に比べて小さい単元で隆起し，これら山地間に多くの盆地を伴う．火山活動が顕著で多くの活火山を伴う．⇨外弧隆起帯　　　　　　　　　　　　　　　〈今泉俊文〉

ないざそう　内座層　inlier　地質図を描いたとき，周囲を新しい岩体に囲まれて分布している古い岩体をいう．背斜構造の頂部が侵食されて古い岩体が露出した場合が多い．外座層*の対語．〈鈴木隆介〉

ないさよう　内作用　endogenetic process　⇨内因的作用

ないしん　内進　ingression　海進が内陸盆地にまで及ぶこと．河谷が溺れることにより，ある地点に海水が広がることを内進とよぶ場合もある．
　　　　　　　　　　　　　　〈堀　和明・斎藤文紀〉

ないすい　内水　landside water　河川や海岸，あるいは湖岸沿いに築造された堤防によって洪水や高潮から防護されている土地を堤内地とよび，堤内地の水を内水という．これに対して堤防よりも河川，海，湖沼側の土地を堤外地とよび，そこの水を外水（river water）とよぶ．　　〈中津川　誠〉

［文献］高橋裕（2009）「川の百科事典」，丸善．

ないすいい　内水位　inside water level, landside water level　堤内地*の河川の水位をいう．豪雨時などに，外水位*より内水位が低くなると，本流から支流に逆流して内水氾濫*が起こることがある．
　　　　　　　　　　　　　　　　　〈鈴木隆介〉

ないすいさいがい　内水災害　inundation disaster　⇨内水氾濫，河川災害

ないすいはんらん　内水氾濫　inundation inside levee　自然堤防*または人工堤防と山地・段丘との間の低地すなわち堤内地*（後背低地*または支谷閉塞低地*）が排水不良のために，豪雨や外水氾濫で冠水・滞水すること．外水氾濫や本流からの逆

流で生じる．内水氾濫による災害を内水災害と総称する．内水災害を防止するため，合流点に水門を建設したり，合流点を本流の下流に移動するための導流堤や放水路を建設したりする．なお，高潮や津波による低地の冠水・滞水や集中豪雨の際に都市部（台地を含む）における下水管の水圧上昇によってマンホールから高圧水が噴出する現象などを内水氾濫とはいわない．⇨氾濫，外水氾濫　〈鈴木隆介〉
[文献] 土木学会 (1989)「土木工学ハンドブック（第4版）」，土木学会．

ないせつ　内節 interior link　シュリーブ（R.L. Shreve）の定義による「内側リンク」の別訳．⇨シュリーブのリンクマグニチュード　〈德永英二〉

ないたい　内帯 Japan inner belt, Inner zone　西南日本弧*を中央構造線*で分けたうち，それより北の大陸側をいう．飛驒帯・中国帯・舞鶴帯・領家帯からなるが，帯状構造はやや複雑である．⇨日本の地質構造，外帯　〈松倉公憲〉

ナイチャネル Nye channel　⇨Nチャネル

ないてきえいりょく　内的営力 endogenetic (endogenic) agent, internal agency　地形営力のうち，そのエネルギー源が固体地球の内部にあるものをいう．内因的営力，内営力または内力とも．内的営力は，地球内部熱と重力の2種の独立営力と，それらによって固体地球の構成物質が移動して生じる従属営力である．従属営力としては，プレート運動，地殻変動，火山活動，アイソスタシー，さらにそれらから連鎖的に派生する諸種の営力がある．⇨地形営力，地形営力の連鎖系　〈鈴木隆介〉
[文献] 鈴木隆介 (1984)「地形営力」および"Geomorphic Processes"の多様な用語法：地形，5，29-45．

ないてきさよう　内的作用 endogenetic process　⇨内因的作用

ナイフエッジ knife edge　特に細く険しく危険な山稜．鎌尾根，痩せ尾根，ナイフリッジと同じ．〈岩田修二〉

ないぶおうち　内部凹地 depression inside of monogenetic landform　地すべり堆，溶岩流原，火山岩屑流原などの単成の定着地形の内部に初生的に生じた凹地．湖沼・湿地を伴うことがある．⇨地すべり地形，溶岩流原，火山岩屑流原　〈鈴木隆介〉

ないぶこうぞう　内部構造【火山の】 internal structure (of volcano)　⇨火山の内部構造

ないぶこうぞう　内部構造【段丘の】 inner structure (of terrace)　⇨段丘の内部構造

ないぶは　内部波 internal wave　上・下層の密度に大きな差がないような流体が接しているとき，その境界に存在する波．　〈砂村継夫〉

ないぶへんけい　内部変形【氷河の】 internal deformation　⇨氷河流動

ないぶまさつかく　内部摩擦角 internal friction angle　物体内部の剪断面（すべり面）上の摩擦（内部摩擦とよばれる）による摩擦抵抗力（⇨剪断応力）は，一般に剪断面に働く垂直応力に比例する．その比例定数を$\tan\phi$としたときの角度ϕを内部摩擦角という．剪断抵抗角ともいう．砂質土のϕ値は粘土質のものより大きい．同じ土であっても試験条件（圧密・排水条件）が異なると大きく変わるため，非圧密非排水（UU），圧密非排水（CU），圧密排水（CD）を示すサフィックスを用いて，それぞれをϕ_u，ϕ_{cu}，ϕ_dのように区別する．〈鳥居宣之〉

ナイフリッジ knife ridge　両側の急斜面が切り立ってナイフの歯のように鋭い，幅の狭い尾根を指す．両側からの谷の侵食と，それにともなう斜面崩壊の繰り返し，さらに周氷河作用による岩壁の後退で形成される．基盤岩石の差別侵食などで形成される場合もある．日本では鎌尾根（槍ヶ岳の北鎌尾根，西鎌尾根，東鎌尾根）や蟻の戸渡り・剣の刃渡し（戸隠山）などの名称がある．〈奈良間千之〉

ないぶりゅういき　内部流域 internal drainage　⇨内陸流域

ないりくかせん　内陸河川 internal drainage system　海洋に到達せず，内陸の盆地や湖を最下流とする河川．ユーラシア大陸の内部，北アフリカ，アラビア半島，オーストラリアに大規模なものが分布し，全陸地の2割弱が内陸河川の流域である．大半は乾燥地域に位置し，多量の水の蒸発と地下への浸透によって生じる．内陸河川の最下流部は海面下になることがあり，死海地溝やアメリカのデス・バレーはその例である．最下流部では蒸発により水の塩分濃度が上がるため，死海やカスピ海のような塩湖や，塩分が濃集した土層からなる低地（ソルトパン）が形成される．⇨末無川，ソルトパン
〈小口　高・鈴木隆介〉

ないりくさきゅう　内陸砂丘 inland dune　一般に大陸の内陸部に分布する砂漠砂丘を指すが，面積の大きい海岸砂丘地でも内陸側に発達する砂丘をよぶこともある．〈成瀬敏郎〉

ないりくさばく　内陸砂漠 interior desert　亜熱帯砂漠より高緯度（35〜50°）で，主に大陸内陸部の奥に位置するため海洋からの影響を受けない砂漠．中緯度にあるため，温帯砂漠に含まれる．わず

かな降水と高い気温が特徴であり，中国のゴビ砂漠がこの一例である． 〈松倉公憲〉

ないりくぼんち　内陸盆地　interior basin, inland basin　大陸内部の広大な盆地（例：中国のタリム盆地）を指し，大規模な曲降盆地や断層角盆地*であり，大洋への排水河川のない場合もある．日本列島に発達する盆地のように，広義の山地*の内部にある小盆地を内陸盆地とはよばない． 〈鈴木隆介〉

ないりくりゅういき　内陸流域　internal drainage, endorheic drainage　外海へ流出せずに，閉塞湖や湿地，砂漠等に流入して終わる河川（内陸河川）の流域，あるいは河川のほとんど発達しない（地表流などが稀に発生する）地域．内部流域とも．外来河川によってのみ排水される範囲を指すこともある．ほとんどが大陸内部の乾燥地域に位置するが，湿潤地域にも，地殻変動や地すべり，人工的地形改変などで生じたごく小規模なものがある． 〈田村俊和〉

ないりょく　内力　endogenetic agent　⇨内的営力

ナウマン　Naumann, Heinrich E.（1854-1927）ドイツの地質学者．1875年に来日し，東京大学で日本最初の地質学教授となり，旧地質調査所の創設に尽力した．伊能図*しかなかった時代に，測量しながら日本各地で1万km以上もの調査ルートに及ぶ地質調査を行い，日本で最初の大地形・地質構造論を総括した著書（1885）*Über den Bau und die Entstehung der japanischen Inseln* の中で述べ，翌年 Fossa Magna と改称したフォッサマグナ*をはじめ，日本の基本的な地質構造を把握し，日本地質学の基礎を築いた． 〈鈴木隆介〉

［文献］山下　昇（1990～1993）ナウマンの日本地質学への貢献（1～8）：地質学雑誌，96～99巻．

なかいし　中石　horse stone　⇨馬石

なかす　中州　braid bar, mid channel bar　河岸から離れて形成されている砂礫堆で，周囲を流路に囲まれているもの．網状流路に多くみられるが，高水時には水没する（例：大井川蓬莱橋付近）．多年生の植生があり，高水時にも水面上に露出していることもあるものを島または川中島とよび，大きなものには農耕地や集落もある（例：紀ノ川下流の中州，木曽川の川島町，吉野川川島付近）． 〈島津　弘〉

なかの　たかまさ　中野尊正　Nakano, Takamasa（1920-2010）地形学者．東京大学地理学科卒業．国土地理院地図部長を経て，1962年東京都立大学理学部教授．オランダ留学の経験を生かし，国土地理院における国土地理調査の方向性を定めた．まだそれまで地形学ではほとんど無視されてきた沖積平野の地形的特性と成立史について研究の端緒を開いた．狩野川台風（1958），伊勢湾台風（1959），チリ地震津波（1960）などによる大災害の調査・研究を主導し，また0メートル地帯など大都市の地形的災害素因を指摘して，災害研究における地形学の有効性を示した．主要著書：「地形調査法」（1951，吉川虎雄と共著），「日本の自然」（1952，小林国夫と共著），「日本の平野―沖積平野の研究」（1956），「日本の0メートル地帯」（1963）． 〈野上道男〉

なかむら　かずあき　中村一明　Nakamura, Kazuaki（1932-1987）地球科学者．東京大学理学部地質学科を卒業し，久野　久*，杉村　新らの指導を受け，後に東京大学地震研究所教授．大島火山の精細な火山灰層序学的研究により，テフロクロノロジー*の先駆者となり，火山噴出物の三大区分（溶岩，火砕流堆積物，降下噴出物）や噴火輪廻の概念を提唱した．火山体を横断する岩脈群や側火山分布から広域応力場の意義や活褶曲の地形学的認識法などを，独創的な着想によって論究し，晩年にはプレートテクトニクスの観点から多くの地球科学的諸問題に研究成果をあげたが，現職中に病気のため夭折した．国際的に著名で，没後，伊豆・小笠原海溝にある海山が国際的な海底地名委員会により「一明海山」と命名された．　⇨噴火輪廻　〈鈴木隆介〉

［文献］中村一明（1978）「火山の話」，岩波書店．

ながれいし　流れ石　flowstone　⇨鍾乳石

ながればん　流れ盤　cataclinal, daylighting　地層面などの地質的不連続面が自然斜面や人為的掘削面（切羽を含む）の傾斜方向と同じ方向に傾斜している状態をいう．受け盤の対語で，相対的に不安定である．流れ目*とも． 〈鈴木隆介〉

ながればんしゃめん　流れ盤斜面　cataclinal slope, daylighting slope　地層が斜面と同じ方向に傾斜している状態の岩盤を流れ盤（cataclinal）とよび，その斜面を流れ盤斜面という．受け盤斜面*の対語．地層面のほかに断層面，節理面，不整合面，流理構造などについても適用される．流れ盤斜面では一般に斜面崩壊（崩落，地すべりなど）が発生しやすいが，斜面傾斜と地層傾斜との組み合わせによって細分された柾目盤斜面*，平行盤斜面*および逆目盤斜面*の順に斜面の安定性は高くなる．切り取り法面や鉱山・トンネル掘削現場の切羽が流れ盤であると，地下水が湧出し，岩盤が崩壊しやすいので，特に注意される．土木・鉱山の現場用語では，

柾目盤と平行盤を'流れ目'という． ⇨斜面分類［斜面傾斜と地層傾斜の組み合わせによる］（図），受け盤，差し目 〈中西 晃〉

［文献］鈴木隆介（2000）「建設技術者のための地形図読図入門」，第3巻，古今書院．

ながればんすべり　流れ盤すべり dip-slope slip 流れ盤斜面*で，流れ盤の地層面に沿うすべり面をもつ地すべり．日本の古・新第三系の分布地域で発生する地すべりのほとんどは流れ盤すべりである（例：2004年中越地震による地すべり）． ⇨層面すべり 〈鈴木隆介〉

ながれめ　流れ目 cataclinal 斜面傾斜と地層傾斜の組み合わせの区分における柾目盤と平行盤を一括して表す土木・鉱山の現場用語．すべり目とも． ⇨流れ盤斜面，斜面分類［斜面傾斜と地層傾斜の組み合わせによる］（図），差し目 〈中西 晃〉

ながれやま　流れ山 mudflow hill, flow mound, hummock 崩壊や地すべりで移動した崩土の堆積面から突出してみられる小丘．泥流丘とも．移動体の体積が大きい場合，すなわち，おおむね $10^7 m^3$ を超えるような規模の大きな岩なだれ*や岩屑なだれ*，特に大規模な火山体爆裂型の火山岩屑流*の堆積地にみられる．移動岩体は破砕して，最終的に様々な大きさの岩屑の集合体として堆積物を形成する．その中に大きさが数mから，大きいものでは数百mもの岩塊が含まれる．それらの岩塊はメガブロックあるいはavalanche blockとよばれることもある．それらは，成層構造など元の地山の内部構造を保持している（例：山梨県韮崎火山岩屑流丘陵の流れ山）．堆積物表面に突き出ていると，起伏のある地形をつくる．凸部はおおむね円形の小丘をなし，流れ山とよばれる．流れ山に隣接する凹部が水を湛えると湖沼をなす．例えば，裏磐梯の湖沼群と小丘群は，1888年の噴火に伴う小磐梯の山体崩壊による．長崎県島原市の沖合に浮かぶ九十九島は，1792年の雲仙火山の噴火活動に関連した眉山崩壊による． 〈諏訪 浩〉

［文献］町田 洋・渡部 真（1988）磐梯山大崩壊後の地形変化：地学雑誌，97（4），326-332．

なぎ　凪 calm 風が止み，波のおだやかな状態をいう．海岸地域で天気がよく，気圧傾度*が小さい日には，日中は海から陸へ吹く海風*，夜間は陸から海へ吹く陸風*が吹く．海風と陸風が交替するときには無風状態となり，海風から陸風へ交替するときを夕凪，反対に陸風から海風に交替するときを朝凪という．周囲を山で囲まれているような内海では無風状態の継続時間が長くなる．特に瀬戸内海では夏の夕凪は蒸し暑く，「瀬戸の夕凪」として知られている． 〈山下脩二〉

なぎ　薙 gully 崩壊地を谷頭にもつ急勾配で，直線状のガリー*または1次谷（1次の水路*）．薙刀（長刀）で切り裂いたような形状をもち，水無川である．日光の男体山の谷の名称に多い． 〈鈴木隆介〉

なごりがわ　名残川 remnant stream 本流の流路が転流によって放棄され，その流路跡に湧水などが集まって流れる河川であり，河谷の規模（特に河谷幅）に比べて流量の非常に小さな河川．河成段丘面の後面段丘崖*の崖下に多い（例：東京都国分寺市の野川）．なお，三角州での分岐流路が河川転流で放棄された場合に生じる湧泉川*や河川争奪による被奪河川*を普通は名残川とはよばない． ⇨過小河川 〈久保純子〉

なごりせん　名残泉 spring along remnant river ⇨湧泉の地形場による類型（図）

なしだなじょうかけい　ナシ棚状河系 trellis drainage pattern ⇨河系模様（図）

ナショナルアトラス national atlas 一国の実態を示すため，その国の自然，社会，経済などに関する多数の主題図を収録した地図帳．国勢地図帳ともいう．日本では国土地理院が1977年と1997年に作成したものがある． 〈熊木洋太〉

なだ　灘 nada, open sea 比較的沿岸に近い，島の少ない広い海面で，日本固有の呼称法．瀬戸内海では湾とほぼ同様の波静かな海域に用いられるが，その他の海域では波の荒い外洋に面した海域で用いられ，地形形成に影響を与える海況は，かなり異なっている．鹿島灘，遠州灘，周防灘が例． 〈八島邦夫〉

［文献］八島邦夫（2004）瀬戸内海の島および灘と瀬戸の海底地形：太田陽子ほか編「日本の地形」，第6巻，東京大学出版会，210-220．

なだれ　雪崩 avalanche, snow avalanche 斜面に積もった雪の内部において，力学的に弱い層の破壊強度を，上に積もった雪の重さが上回るとき，突発的に上部の雪が斜面下方に流れ下る現象．破壊される層の位置が積雪内部である場合は表層雪崩とよび，積雪とその下位にある地表面との境界である場合は全層雪崩あるいは底雪崩とよぶ． 〈白岩孝行〉

なだれちけい　雪崩地形 avalanche landform 雪崩（特に全層雪崩）による侵食や堆積で形成される地形．雪崩が反復的に発生すると岩盤が剥離や削

磨を受け，横断面がU字状で平面型が直線状の無植被地形（アバランチシュートや雪崩道，筋状地形）が生じる．ただし，筋状地形は融雪水の侵食によるとの意見もある．飛騨山脈北部や越後山地に多い．雪崩が運搬した岩屑がアバランチ・シュートの下方に堆積すると扇状地状の地形（雪崩礫舌，アバランチ・ボールダータン）が生じる．その斜面縦断面形は凹型で，表層は淘汰不良の角礫層に覆われる．流水侵食の激しい日本ではまれだが，スピッツベルゲンに好例がある． 〈苅谷愛彦〉

［文献］下川和夫（1980）積雪の作用に関する諸研究：駿台史学，50，296-318．

なだれとうたつきょり 雪崩到達距離 traveling distance of avalanche 雪崩到達距離（L）は，雪崩発生地点と到達点との斜高比高（h）に対して，表層雪崩では$L≦3h$（見通し角度 ≧18°），全層雪崩では$L≦2.25h$（見通し角度 ≧24°），という経験則がある．この経験則の提唱者の名前を冠して'高橋喜平の18度法則'とよばれ，日本では鉄道などにおける雪崩防災に活用されている．⇨落石到達距離 〈鈴木隆介〉

［文献］日本建設機械化協会（1987）「新編防雪工学ハンドブック」，森北出版．

なだれみち 雪崩道 avalanche chute ⇨雪崩地形

なだれれきぜつ 雪崩礫舌 avalanche boulder tongue ⇨雪崩地形

なつがたかいひん 夏型海浜 summer beach ⇨砂浜の縦断形

ナップ nappe 衝上断層や横臥褶曲によって側方に運ばれ，元の位置から切り離され，周囲とは異なる性質をもつ板状の大きな岩体（異地性岩体という）をいう．押しかぶせ構造ともいう．ドイツ語のデッケ（Decke）もナップと同義で，日本では両語が使われてきた．四国の三波川帯では数カ所にナップが知られている． 〈鈴木隆介〉

［文献］日本の地質「四国地方」編集委員会編（1991）「四国地方」，共立出版．

ななおれざかそう 七折坂層 Nanaorezaka formation 福島県会津盆地の西縁の緩傾斜な丘陵に分布する下部更新統．下部は礫層で砂層・泥層を挟む．上部は主に礫層からなる．層厚は約300 m． 〈松倉公憲〉

ななたにそう 七谷層 Nanatani formation 新潟地域に分布する下部中新統上部〜中部中新統中部．暗灰色の層理の認められる硬質泥岩および塊状泥岩．場所によりデイサイト質・流紋岩質火砕屑岩が挟在．層厚300〜1,600 m．平野下の泥岩中に挟在する割れ目や孔隙の発達した流紋岩溶岩，ハイアロクラスタイトは，石油・ガスの優良な貯留岩． 〈天野一男〉

ナビエ・ストークスのほうていしき ナビエ・ストークスの方程式 Navier-Stokes' equation 粘性流体*の運動を記載する方程式．流れの状態は，空間の任意点（x, y, z）の各瞬間のx, y, z軸方向の流速成分u, v, wと圧力pで表される．空気などの気体に対して圧縮性を考慮する場合は，密度ρも未知数となるが，水理学では一般に密度一定の非圧縮性流体として取り扱われ，流速成分u, v, wとpが未知数となる．これらの未知数を解くためには，連続方程式と，x, y, z方向の運動量方程式の合わせて4方程式が必要となる．粘性のない完全流体*に対しては，オイラーが3つの運動量方程式を誘導しているが，水のような粘性流体を扱う場合には，これらの運動量方程式に剪断応力*の項が必要となる．この運動量方程式をナビエ・ストークスの方程式とよんでいる． 〈宇多高明〉

［文献］日野幹雄（1992）「流体力学」，朝倉書店．

なべじょうかんぼつ 鍋状陥没 cauldron subsidence ⇨コールドロン陥没

ナマ gnamma 花崗岩質岩や粗粒砂岩などの結晶質岩体が風雨にさらされて，化学的風化によって岩山の上面に形成される直径数十cm〜数m，深さ数cm〜数mの円〜楕円形の凹地（窪み，穴）を指す．gnamma hole, namma hole, pan hole, rock basinともいう．節理などの割れ目に水が溜まり，差別風化・差別侵食が生じて形成されたと考えられている．gnammaはオーストラリア先住民の言葉で'水溜まりとなる岩石の穴（rockhole of water）'を意味し，乾燥地の貴重な水源（水溜まり）の一つとして利用されてきた．タフォニ（tafone, 複数形：tafoni）と同じ意味で使われることもあるが，タフォニが主として岩山の壁面に形成される窪み群を指すのに対して，ナマは岩山の上面に形成される水溜まりができるような窪みを指す．なお日本では，グナマとよぶこともあるが，gneiss（ナイス：片麻岩）と同様にgは発音されないので，誤読に由来したものであろう．⇨差別侵食，タフォニ 〈大森博雄〉

［文献］Twidale, C. D. and Campbell, E. M.（1993）*Australian Landforms: Structure, Process and Time*, Gleneagles Pub.

なみ 波 wave 水面の上下運動をいう．運動

の周期により，短い方から表面張力波*，波浪（風波*とうねり*），長周期波*（サーフビート*，高潮*，津波*など），潮汐*，海面の季節変動などに分類される．通常，波浪を指す．最も基本的な波の諸元は波高，波長と周期である．波高Hは波の峰と谷までの垂直距離，波長Lは波の峰から隣の峰までの水平距離，周期Tはある一点を波の峰が通過してから次の峰が通過するまでの時間間隔をいう．波形が伝播する速さを波速Cといい，$C=L/T$で与えられる．波形の尖りぐあいの指標である波形勾配*はH/Lで表される．波動の性質は相対水深h/L（h：水深）により大きく異なり，深海波*，浅海波*，中間水深波*，長波*などに分けられる．

〈砂村継夫〉

なみのエネルギー　波のエネルギー　wave energy 波のもつ運動エネルギーと位置のエネルギーの和をいう．前者により水粒子が運動し，後者により水面が波形を保つ．微小振幅波理論*によると，単位幅，1波長あたりの運動エネルギーE_kと位置のエネルギーE_pは等しく$E_k=E_p=(1/16)\rho gH^2L$．ここにHは波高，Lは波長，ρは水の密度，gは重力加速度．単位幅，1波長あたりの波のエネルギーEは$E=E_k+E_p=(1/8)\rho gH^2L$．

〈砂村継夫〉

なみのかいせつ　波の回折　wave diffraction 波が防波堤・岬・島などの背後に回り込む現象．入射波の波高（防波堤などの影響を受けない場所での波高）をH_i，回折後の波高をH_dとするとき，回折係数（diffraction coefficient）K_dは$K_d=H_d/H_i$で与えられる．各種の一般回折図を利用することによりK_dの概略値を求めることができる．

〈砂村継夫〉

[文献] Coastal Engineering Research Center (1984) *Shore Protection Manual*, US Army Corps of Engineers.

なみのくっせつ　波の屈折　wave refraction 等深線に対して斜めに入射する波の向きが等深線の方向に直角になろうとする現象．波長の半分よりも浅い水域で生じる．波は水深の大きいところでは早く進み，小さいところでは遅れることに起因する．屈折図（⇨波の屈折図）を描くことによって屈折の模様を知ることができる．深海での波向線の間隔が岸近くで狭くなれば沖よりも波高が大きく，逆の場合は小さい．屈折による波高変化は$H/H_0=\sqrt{b_0/b}=K_r$で与えられる．ここにH_0およびHはそれぞれ深海および岸近くでの波高，b_0およびbはそれぞれ深海および岸近くでの波向線間隔，K_rは屈折係数（refraction coefficient）とよばれる．

〈砂村継夫〉

なみのくっせつず　波の屈折図　wave refraction diagram 特定の周期と入射方向をもつ波が浅海域を進行する経路を示した図．海岸の地形やその変化プロセスを理解するのに有用である．作成法には波峰線法と波向線法がある．前者は波の峰を，後者は波の方向線を順次描いていく方法であるが，後者の方が作図上の誤差が小さいため，一般には波向線法が用いられており，これには特殊な定規や計算図表が用意されている．最近ではコンピュータによる数値計算の結果を作図する方法も利用されている．

〈砂村継夫〉

[文献] 磯部雅彦（1999）数値計算法．平面波浪場：椹木亨編「環境圏の新しい海岸工学」，フジテクノシステム，387-402．／土木学会（1999）「水理公式集」，土木学会．

なみのしゅうき　波の周期　wave period　⇨波

なみのはっせいいき　波の発生域　wave generating area　⇨風域

なみのはんしゃりつ　波の反射率　wave reflection coefficient 入射波の波高に対する反射波の波高の比．常に1より小さい．一様勾配の海岸においては，斜面の勾配が大きいほど，また波形勾配*の小さい波ほど反射率は大きくなる．

〈砂村継夫〉

ナメ　name 岩盤で構成されている河床（岩床河川*）の上を水が流れているような場所．釣り用語．⇨滑床

〈徳永英二〉

なめだき　滑滝　degraded waterfall 滝面*が緩傾斜で，水が自由落下せずに滝面上をすべるように流れる滝．堆積岩の場合，傾斜した層理面に沿って滝面が形成される場合にこのような形態になりやすい（例：千葉県大多喜町高滝）．⇨滝，滝面，滑床

〈早川裕弌〉

なめとこ　滑床　slippery valley floor 岩床河川*の欠床谷*の谷底で，すべり台のような緩急の傾斜をもつ滑らかな部分をいう（例：愛媛県宇和島市東方の目黒川の滑床渓谷）．遷急点（滝頭）と遷緩点（滝壺）の離れた緩傾斜で多段の滝をなすこともあり，滑滝*ともよばれる．

〈鈴木隆介〉

なわじょうようがん　縄状溶岩　ropy lava 流動性に富む玄武岩質溶岩流の表面にみられる縄をよじったような形態を示す部分．パホイホイ溶岩によくみられる．冷却固結しかけた溶岩流表面の皮殻が内部の溶融溶岩の流れで引きずられて変形し，縄状の形態が生じる．⇨パホイホイ溶岩

〈横山勝三〉

なんかいトラフ　南海トラフ　Nankai Trough 静岡県石廊埼の南西約50 kmから高知県足摺岬南西方約180 km付近まで，本州・四国南岸沖に沿って延長700 kmほど続く浅い舟底型の凹地．南海舟

状海盆ともよばれる．フィリピン海プレート北縁のプレート収束境界であるが，最深部でも水深6,000 mに満たないためトラフとよばれている．中軸部の水深は石廊埼沖では約1,800 mであるが，西に向かうにつれて深くなり西端付近では4,000 mに達する．南海トラフの北側はトラフと併走する小さな高まりやこれらを横断する海底谷などによって傾斜が急で複雑な地形となっているが，南側の四国海盆底との間はなだらかで比高は約200 mしかない．南海トラフ中軸には，駿河トラフ*から続く中軸谷があり，御前埼南方では中軸谷は一部で穿入蛇行しているところもある． 〈岩淵 洋・前杢英明〉

なんがん 軟岩 soft rock 地質学上の岩石名だけでは適確に表現できないような岩盤の工学的性質を簡潔に言い表すための用語で，一軸圧縮強度*で10〜20 MPa（100〜200 kgf/cm^2）以下の軟質な岩石．地盤工学会基準では25 MPa（250 kgf/cm^2）以下を軟岩系岩盤と定義．十分に固結していない堆積軟岩（非固結岩），風化・変質作用を受けた硬岩，火砕流が堆積した溶結度の低い火山性軟岩などがある．岩盤挙動は，主に岩盤自体の工学的性質に支配される場合が多い． ⇨硬岩 〈吉田信之〉

なんきょくひょうしょう 南極氷床 Antarctic ice sheet 南極大陸を構成する最大の現存する氷床（図）．面積は1,420万km^2，体積は2,500万km^{3}と見積もられ，全世界の氷の90％以上にあたる．南極横断山地以東の東南極氷床とその西側の西南極氷床に区分される．東南極氷床は大部分が陸上に位置するのに対して，西南極氷床は氷床底面が海水準より低い海洋性氷床である．南極氷床は，気温，降水量，エアロゾルフラックス，温室効果ガス濃度などの過去の気候変動の記録を氷の中に保存することから，バード氷床コア，ドームC氷床コア，ボストーク氷床コア，ドームふじ氷床コアなどが掘削されて気候変動の歴史が復元されてきた．最近では，基盤付近まで達する深層掘削が行われ，日本による第二期ドームふじ氷床コア，ヨーロッパ連合（EPICA: European Project for Ice Coring in Antarctica）によ

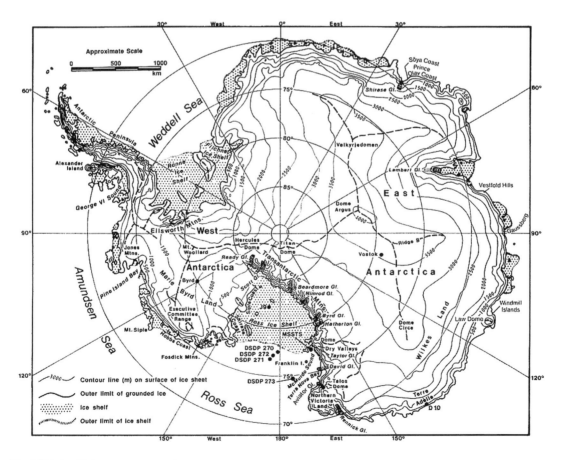

図 南極氷床の図（Denton et al., 1991）

るドーム C 氷床コアとドロンニングモードランド氷床コアが採取され，ドーム C ではこれまでで最も古い約 80 万年前の氷に達した．南極の氷河が最初に氷床規模まで発達した時期は，約 3,360 万年前の古第三紀漸新世初期と考えられている．この時期に大陸分裂によって環南極海流が形成されて南極大陸が熱的に孤立したことが氷床形成開始の原因と考えられてきたが，最近は大気中の二酸化炭素濃度が氷床形成条件の閾値を下回ったこともその要因に挙げられている．中新世中期の寒冷化によって形成された東南極氷床は中新世末期に最大規模に達した．これ以降の東南極氷床変動に対する見解は，南極横断山地などの山地高所の氷河堆積物（模式地にちなんでシリウス層とよばれる）に鮮新世後期の海棲微化石とナンキョクブナが含まれている事実に対する解釈の相違によって，中新世以降氷床が安定していたとする説と鮮新世に大規模な氷床の変動（後退と前進）が生じたとする説が対立している． 〈三浦英樹〉

［文献］Anderson, J. B.（1999）*Antarctic Marine Geology*, Cambridge University Press. /Denton, G. H. et al.,（1991）Cenozoic history of the Antarctic ice sheet : *In* Tingey, R. J. ed. *The Geology of Antarctica*. Clarendon Press, 365-433.

なんきょくひょうしょうコア　南極氷床コア Antarctic ice core ⇨南極氷床，氷床コア

なんじゃくじばん　軟弱地盤 soft ground, poor ground　建築構造物や土木構造物の基礎として十分な地耐力を有していない地盤．一般に，軟らかいシルト，粘土，有機質土といった粘性土では N 値* が 4 未満，緩い砂質土では N 値が 10 未満の地盤をさすが，軟弱地盤か否かの判断は建造物の種類，規模，重要度などによって異なる．軟弱地盤は，主として沖積平野，沼沢地，谷地やおぼれ谷などの地盤や，埋立地などの人工地盤に多くみられる．
〈鳥居宣之〉

なんすい　軟水 soft water ⇨硬水

なんせいしょとうかいこう　南西諸島海溝 Nansei Shoto Trench　宮崎県都井岬沖から沖縄県与那国島南方約 160 km 付近まで延長約 1,350 km におよぶ海溝*．最深部は沖縄島南端喜屋武岬の南東 110 km にあって水深 7,460 m．琉球海溝* (Ryukyu Trench) ともよばれる． 〈岩淵 洋〉

なんでい　軟泥 ooze　30% 以上の浮遊性生物遺骸を含む柔らかい海成の泥．成分により石灰質軟泥* と珪質軟泥に分けられる．石灰質軟泥は炭酸カルシウム補償深度（CCD：石灰質堆積物の堆積速度を溶解速度が上回る深度）以浅に堆積し，有孔虫，翼足類，コッコリスなどの化石殻の集合物，珪質軟泥は珪藻や放散虫などの化石殻の集合物である．
〈横川美和〉

なんとうすいそう　難透水層 aquiclude　粘土層のように間隙があり水を貯留できるが井戸や湧水に十分な水の供給ができない地層で，透水性が低いために取水などの実用には供しない．⇨不透水性，不透水層 〈三宅紀治〉

なんめんしゃめん　南面斜面 south-facing slope ⇨斜面の向き

にいがたけんちゅうえつおきじしん　新潟県中越沖地震　2007 Niigataken Chuetsu-oki earthquake　2007（平成19）年7月16日に新潟県柏崎沖の海域を震源として発生したM6.8の地震．気象庁による震源の深さは17 km．新潟県柏崎市・長岡市・刈羽村などで最大震度6強を観測．震源断層の性状に関して地震発生直後には不明な点が多く混乱したが，主に佐渡海盆南部に位置し東に傾斜する逆断層の活動によって生じた陸域浅部の地震であった．柏崎市，刈羽村などにおいて建物被害などにより死者15名（2008年9月24日現在）．海岸砂丘上に位置する東京電力柏崎刈羽原発が被災し，緊急停止．設計時の想定地震動をはるかに超える地震動が生じた．原発耐震設計時の調査により活断層の存在が十分把握されていなかった．活褶曲地帯における海底活断層の認定法や，原発耐震設計の際の活断層評価のあり方についても重大な問題が提起されるきっかけとなった．　〈鈴木康弘〉

にいがたけんちゅうえつじしん　新潟県中越地震　2004 Mid Niigata Prefecture earthquake　2004（平成16）年10月23日，新潟県中越地方で発生した陸域浅部の地震．M6.8，気象庁による震源の深さは13 km．旧北魚沼郡川口町で最大震度7を観測した．「都市圏活断層図」に記載された六日町盆地西縁断層の北部および小平尾(おびろお)断層沿いに，上下変位20～30 cmの地震断層が現れ，また水準点の改測から，六日町盆地西縁断層より西方約8 km付近にも波長数 kmの撓曲変形が確認された．当初，地震と活断層の関係が不明確であったが，こうした変動は国土地理院が推定した上端深度1.8 kmの逆断層に加え，地表付近まで到達する変位量の比較的小さな断層により説明される．地震に伴い，旧川口町・小千谷町などで多くの建物被害が生じ，旧山古志村などの中山間地において地すべりが多発し，甚大な地盤災害が発生した．地震による死者は68名（2007年12月28日現在）．　〈鈴木康弘〉
［文献］渡辺満久ほか（2005）変動地形に基づく2004年中越地震の断層モデル：地震, 2輯, 58, 297-307.

ニードル　needle　針のように細くとがった岩峰．エギーユ，針峰ともいう．剱岳三ノ窓にクレオパトラニードルと名づけられた岩峰(がんぽう)*がある．　〈岩田修二〉

ニービ　niibi　⇨ウジマ

ニオスこ　ニオス湖　Lake Nyos　アフリカ・カメルーン西部にある長径1,930 m, 短径1,180 m, 最大水深200 mの火口湖で，1986年8月夜に，噴出した二酸化炭素によって1,700名以上が死亡し，3,000頭以上の家畜が死んだ．　〈柏谷健二〉
［文献］荒牧重雄（1987）カメルーン・ニオス湖1986年8月ガス噴出災害の地学的背景：火山, 32, 57-72.

にかてつはんのうテスト　二価鉄反応テスト　active ferrous test　現地調査テストの一つで，水で飽和した還元状態のグライ（G）層に存在する活性な二価鉄（Fe^{2+}）の検出に用い，ジピリジル反応テストともよぶ．ペドロジスト統一的土壌分類体系，世界土壌資源照合基準のグライ（質）層の識別特徴の一項目になっている．グライ層は普通，青～青灰色を呈しているが腐植質だと黒さを増して，土色からは二価鉄の存在（還元環境）はわからない．またグライ層といえば低湿地域特有の土層と思いがちであるが，台地でも植物遺体の供給が多く次表層が粘土質のとき停滞水が生じて表層部が還元となりグライ層を形成しやすくなる．例えば沖縄のフェイチシャなど．他方，考古遺跡や第四紀層にも青～灰色をした土層が散見され，生成環境の復元・埋積以降の変遷の解読をする際，二価鉄反応テストは有効な手法である．　〈細野 衛〉

にじかいがん　二次海岸　secondary coast　一次海岸*が変形を受けた海岸や，現在の海岸過程*によって主に形成された海岸をいう．例えば，波食を受けてできた岩石海岸，海成堆積物が堆積した海岸，海棲生物による海岸（サンゴ礁海岸など）などがある．　〈福本 紘〉
［文献］Shepard, F. P.（1963）*Submarine Geology*, Harper &

Row.

にしかつらそうぐん　西桂層群　Nishikatsura group　山梨県南西部に分布する中部〜上部中新統．下部は砂岩・泥岩が卓越，上部は礫岩が主．上方粗粒化を示す．下部には角閃石安山岩が貫入．層厚は340 m．丹沢地塊の衝突前に存在したトラフを充填した堆積物．〈天野一男〉

にじクリープ　2次クリープ　secondary creep　⇨クリープ，斜面崩壊発生時期の予知

にしくろさわかいしん　西黒沢海進　Nishikurosawa transgression　中新世初期から中期（17〜15 Ma）にかけて起こった大規模な海進*をいう．この海進の証拠は，秋田県男鹿半島の海成中部中新統下部である西黒沢層をはじめとして，主に東北日本に分布する地層から得られている．汎世界的な海水準上昇によって海進が生じたと考えられている．しかし，海水準上昇をもたらした原因については確証が得られておらず，プレート運動の変化による構造性海面変化*や氷河の消長に伴う氷河性海面変動*などが，その原因として挙げられている．〈堀　和明・斎藤文紀〉

にしくろさわそう　西黒沢層　Nishikurosawa formation　秋田県男鹿半島に分布する海成中新統．男鹿半島の南岸と北岸で岩相を異にする．北岸では主として礫岩と砂岩．南岸では砂質シルト岩で基底礫岩を伴う．下位の門前層および台島層を不整合で覆う．層厚20〜150 m．〈天野一男〉

にじこうぶつ　二次鉱物　secondary mineral　初生鉱物が物理・化学的な作用を受けて，分解・変質により生成された鉱物の総称である．この変化は普通，地表水の浸透や地下からの熱水の上昇等による酸化・分解・溶脱・濃集などの作用による．二次鉱物としては，カオリナイト・スメクタイトなどの粘土鉱物，褐鉄鉱，赤鉄鉱などの酸化物，カルサイトなどの炭酸塩鉱物などが一般に多く認められる．〈石田良二〉

にじこく　2次谷　second order valley　⇨2次の水路

にししちとうかいれい　西七島海嶺　Nishi Shichito Ridge　伊豆・小笠原弧のうち火山フロント*である七島・硫黄島海嶺の西に併走する海嶺*．頂部は最北端である銭洲（静岡県石廊崎南方約80 km）だけが海面上に現れている．かつては一連の高まりであるとされていたが，海底地形調査が進むにつれて，40〜50 km程度の間隔で，北東〜南西に雁行する海嶺群であることが明らかとなった．西七島海嶺の南端は明瞭ではないが，おおむね北緯27°付近まで続いている．〈岩淵　洋〉

にじシラス　二次シラス　secondary Shirasu　⇨水成シラス

にしそのぎそうぐん　西彼杵層群　Nishisonogi group　長崎県西彼杵半島の崎戸・松島炭田の全域に分布する漸新統の海成層．おもに砂岩・泥岩からなり海緑石・骨石を挟む．層厚600 m．なお，挾炭層は本層群の下位の，海底に分布する松島層群*に含まれている．〈松倉公憲〉

にしなんきょくひょうしょう　西南極氷床　West Antarctic ice sheet　⇨南極氷床

にしにほんかざんたい　西日本火山帯　West Japan volcanic belt　山陰地方から九州をへて南西諸島に連なる火山帯をいう．⇨火山帯，火山フロント〈鈴木隆介〉

[文献] 杉村　新（1978）島弧の大地形・火山・地震：笠原慶一・杉村　新編「変動する地球 I」．岩波地球科学講座，10巻，岩波書店．159-181．

にじのすいろ　2次の水路　second order stream　1次と1次の水路が合流した水路であり，途中で別の何本かの1次の水路が合流しても，2次の水路という．それの流れる谷を2次谷という．⇨1次の水路，次数区分〈山本　博〉

にしやつしろそうぐん　西八代層群　Nishi-yatsushiro group　南部フォッサマグナ地域に分布する海成下部〜中部中新統．玄武岩〜安山岩質火砕岩および海成泥質岩層からなり，全層厚2,500 m以上．中〜上部中新統の富士川層群とは整合，一部は不整合．分布地域は葛篭沢地すべりなどの地すべりが多発している．〈三田村宗樹〉

にしやまそう　西山層　Nishiyama formation　新潟地方に分布する鮮新統．灰緑〜暗灰色の塊状の泥岩からなる．上位の灰爪層と整合または不整合，下位の椎谷層と整合．含ガス層．層厚は500 m．背斜軸部に働く張力によって割れ目〜断裂系の発達を促し，全体としての地層の強度低下をもたらし，地下水を誘導しやすく，地すべり多発の場を形成している．ケスタが多い．〈松倉公憲〉

にじゅうこ　二重弧　double arc　⇨弧状列島

にじゅうさし　二重砂嘴　double spit　湾口の両端からそれぞれの先端が互いに近づきあうように延びる二本1セットの砂嘴*．⇨砂浜海岸（図）〈武田一郎〉

にじゅうさんりょう　二重山稜　double ridge

二つの平行する山稜で，間に線状の凹地（線状凹地*）を伴う．かつては周氷河作用によって形成されたと考えられたこともあったが，近年，重力による山体変形によって形成されることが明らかになった．山体が側方に広がって山頂部が陥没，あるいは，急傾斜する地層が斜面下方に倒れかかって相互にずれ動いた結果として形成される場合などがある．三つ以上の山稜が平行する場合は，多重山稜（multiple ridges）とよばれる．⇨尾根の横断形
〈千木良雅弘〉

にじゅうしきかざん 二重式火山 double volcano 複式火山のうち，①山頂火口または小カルデラの内部に火砕丘や溶岩円頂丘などの小型火山を伴うもの（例：開聞岳，樽前山），②1個のカルデラの内部に後カルデラ火山が存在する火山（例：屈斜路カルデラとアトサヌプリ，摩周カルデラとカムイヌプリ，姶良カルデラと桜島火山）などがある．⇨複式火山
〈鈴木隆介〉

にじゅうトンボロ 二重トンボロ double tombolo 陸繋島*が2本の陸繋砂州（トンボロ*）で陸続きになっている場合，2本の砂州を1セットで二重トンボロとよぶ．二つの陸繋砂州に囲まれる部分は潟湖あるいは潟湖跡地となる．⇨砂浜海岸（図）
〈武田一郎〉

にじゅうまんぶんのいちちせいず 20万分の1地勢図 1:200,000 regional map ⇨地勢図

にじょうき 二畳紀 Permian (Period) ⇨ペルム紀

にじりゅう 二次流 secondary flow 主流（main flow）に対して垂直な横断面内で生じている副次的な流れ．副流とも．蛇行河川の湾曲部において，水面付近では凹岸の方向に，水底付近では凸岸に向かう流れはよく知られている．
〈砂村継夫〉

にじりん 二次林 secondary forest 従来存在していた森林が人為的影響，山火事や斜面崩壊などの自然災害によって破壊を受けた後に，自然の力により回復した森林．二次遷移途上にある陽樹中心の森林を二次林とよぶのに対し，遷移が進み極相樹種が優占する林を天然生林と区別することもある．コナラやクヌギなどに代表される里山*は二次林の代表的な存在である．
〈若松伸彦〉

にちかくさ 日較差 diurnal range 1日の間で観測された気象要素の最大値と最小値の差．気温に対して使われる場合が多く，気温の日較差とは，日最高気温と日最低気温の差となる．
〈森島 済〉

にちなんそうぐん 日南層群 Nichinan group 宮崎県南部の鰐塚山地西部に分布する褶曲した第三系海成層．下半部は堆積大輪廻が明瞭で頁岩優勢（層厚1,400 m），上半部は中・粗粒砂岩が卓越（層厚1,570 m）．上位の宮崎層群*と不整合．高千穂変動により複雑な日南型褶曲を示し，多くのケスタが形成され，大規模な地すべりが多発する．
〈松倉公憲〉

ニックポイント knickpoint ⇨遷急点

にっしゃ 日射 solar radiation, insolation 地球表面で受け取る単位面積あたりの太陽放射量（太陽が出す放射エネルギーの量）．
〈森島 済〉

にっしゃふうか 日射風化 insolation weathering ⇨熱風化

にっしょうじかん 日照時間 sunshine duration 事物の影が認められる$120 W/m^2$以上の直達日射量が得られる時間．
〈森島 済〉

ニッチひょうが ニッチ氷河 niche glacier ⇨山岳氷河

にっちょうふとう 日潮不等 diurnal inequality 1日2回潮*において相次ぐ二つの満潮または二つの干潮の高さが異なること．⇨潮汐
〈砂村継夫〉

ニップ nip 波食棚の海側外縁部の急崖．波食棚前面崖ともよばれる．上端部を除き大部分は海面下にあり，崖の基部で緩傾斜の海底面と接する．しばしば小崖と訳されるが，比高10 mに達する場所もある．なおこの語は，亜熱帯～熱帯の石灰質岩石からなる海岸でみられる奥行の小さいノッチを指すこともある．⇨波食棚前面崖，ノッチ
〈青木 久〉

にっぽんたいせきがっかい 日本堆積学会 The Sedimentological Society of Japan 堆積学*およびこれに関連のある学問分野の進歩と普及を計ることを目的とした学会．1957年に堆積学研究会として発足，2002年に日本堆積学会と改称．年2回の研究会の開催と会誌「堆積学研究」（年2回）を発刊．地形学と関連の深い周辺学会の一つ．
〈砂村継夫〉

にっぽんちりがっかい 日本地理学会 The Association of Japanese Geographers 1925年に創立された日本の地理学会を代表する学会で，現在は公益社団法人．会員数は約3000人で，大学・研究所・企業の研究者や小・中・高の教員を主とする．会員の研究分野は地形・気候・水文・植生・環境などの自然地理学*，経済・社会・政治・人口・都市などの人文地理学*のほか，世界各地の自然・歴史・産業・文化などの総合的な地域研究，地図・リモートセンシング・GIS（地理情報システム）など，広い分野にわたる．機関誌「地理学評論（Geographical Review of Japan）」の年7号（うち，英文号1回：ただし，2007年以前は和文号は月刊，英文号は年2回）の刊行や，年2回の学術大会，研究会，講演会，現地見学の開催などの活動をしている．日本地形学連合*の発足以前は，日本人研究者の地形関係の論文の大多数が「地理学評論」に掲載されていたが，それ以降は日本地形学連合の機関誌「地形」*や諸外国の雑誌に分散されて掲載されるようになり，「地理学評論」における地形学の比重が低下しつつある．　　　　　　　　　　〈松倉公憲〉

ニフェ　nife　地球の中心にある核は，鉄（Fe）を主成分とし，少量のニッケル（Ni）などを含む組成で成り立っていると考えられてきたので，核を構成する物質をニフェとよんできた．シアル，シマ同様，今日ではあまり用いられることがない．⇨中心核　　　　　　　　　　　　　　　〈西田泰典〉

ニベーション　nivation　残雪の下や周辺で起こる削剥や運搬の総称．特定の地形プロセスを示さない．雪食作用やスノーパッチ侵食ともよばれるが，雪食は雪崩の侵食作用も含むためニベーションの訳語として不適との意見もある．一般に，残雪地では凍結融解作用が不活発な反面，融雪水による侵食や運搬が重要である．水分に富むため風化も促進される．ニベーションにより斜面が低下し，残雪凹地や雪窪，雪食凹地，雪食カールとよばれる浅い凹地が生じるとされる．これらの地形を雪食地形と称することもある．とくに，残雪凹地は多雪山地特有の気候地形で，日本では主に最終氷期に形成されたとする意見が多いが，年代の根拠が示された例は少ない．　　　　　　　　　　　　　　　〈苅谷愛彦〉

［文献］Thorn, C. E.（1988）Nivation, a geomorphic chimera: In Clark, M. J. ed. Advances in Periglacial Geomorphology, John Wiley & Sons, 3-31.

にほうこうとうけつ　**二方向凍結**　two-sided freezing, bidirectional freezing　⇨凍上

にほんおうようちしつがっかい　**日本応用地質学会**　Japan Society of Engineering Geology　社会基盤整備や自然災害，環境問題などに関連する地質および現在の地質現象（≒地形プロセス）の調査，研究，調査技術開発などを主目的に1958年に発足した．会員は地質学のほか土木工学，地盤工学，地形学，地球物理学，地球化学，水文学，岩盤力学，物理探査学，情報地質学など多分野の研究者と技術者で構成される．従来，土木地質，地質工学と呼ばれていた分野ばかりでなく，地形工学*などを包含する学際的学会で，研究発表会，現地討論会，会誌「応用地質」（隔月刊）発行，普及講演会などの活動をしている．また，数名の地形学者を含む応用地形学研究部会が1995年に発足し，地形工学の成書の出版や現地討論会，空中写真判読講習会などの活発な活動を続けていることは地形学的観点からも特筆すべきである．　　　　　　　　　　〈鈴木隆介〉

［文献］日本応用地質学会編（2011）「原典からみる応用地質学—その論理と実用」，古今書院．

にほんかいこう　**日本海溝**　Japan Trench　東日本沖の太平洋底をほぼ海岸線に並行に走る海溝*．北海道襟裳岬南東170 kmの襟裳海山南麓から千葉県犬吠埼東方150 kmの第一鹿島海山北麓まで約800 kmにおよぶ．最深部は第一鹿島海山*の北方約20 kmにあって水深8,058 m．かつては，千島・カムチャツカ海溝*，伊豆・小笠原海溝*とあわせ北西太平洋海盆の西縁をなす海溝の総称として用いられていたこともある．太平洋プレートが東北日本の下に低角度で潜り込む場所とされ，顕著な深発地震面が認められる．また，何本かの大規模な逆断層が海溝軸から陸側斜面に発達する．三陸沖から房総沖にかけて，歴史時代から数多くの大地震が発生してきた．とりわけ，1896年・1933年の三陸地震や2011年の東北地方太平洋沖地震*などの巨大地震と，それらが誘発した巨大な津波によって海岸平野部に夥しい被害が発生してきた．　〈岩淵　洋・岡田篤正〉

にほんかいちゅうぶじしん　**日本海中部地震**　1983 Nihonkai Chubu earthquake　1983（昭和58）年5月26日11時59分，秋田県沖（139°04.6′E, 40°21.4′N）を震央として発生した大地震（M 7.7）．震源の深さは14 kmで，ユーラシアプレートと北アメリカプレートの境界で発生した．本地震に伴う津波は朝鮮半島・シベリアを含む日本海沿岸各地に到達した．日本海北部沿岸では津波の最大遡上高が14 m以上に達し，著しい被害をもたらした．地震による死者104人のうち100人は津波による．日本海沿岸地域は海岸砂丘が広域に発達し，砂質の地盤をもつ地域が多く，著しい液状化現象が発生した．
　　　　　　　　　　　　　　　〈前杢英明〉

にほんかいとうえんへんどうたい　**日本海東縁変動帯**　mobile belt along the eastern margin of Japan Sea　日本海の東部（富山湾から北海道）に沿った海域から陸域までを含む範囲で，多くの逆断層が発達し，地震も多い地帯．1983年に中村一明*らによって初生的なプレート収束境界であるとの説が発表され一躍注目され，1983年日本海中部地震や1993年北海道南西沖地震を説明するメカニズムと

して広く受け入れられた．典型的な沈み込み帯ではなく，多くの逆断層が幅100 km以上の範囲にわたって分布することが詳細な地質調査によってわかってきた．変動帯の中でも，測地や地質構造データに基づいて数列の歪み集中帯が定義され，最近の地震もその中で発生している． ⇨収束境界　〈岡村行信〉

[文献] 中村一明（1983）日本海東縁新生海溝の可能性：東大地震研究所彙報，58, 711-722.

にほんかいぼん　日本海盆　Japan Basin　日本海のうち大和堆の北方，北海道西方沖からロシア沿海州南岸沖，朝鮮半島東岸沖にかけて広がる平坦な深海底盆*．東西450 km，南北約400 km．最深部は北海道奥尻島の西方80 kmにあって水深3,796 m．新第三紀中新世に海洋底が形成されたと考えられている． 　〈岩淵 洋〉

[文献] 玉木賢策（1985）日本海の年代：地学雑誌，94, 222-237.

にほんかざんがっかい　日本火山学会　The Volcanological Society of Japan　火山とそれに関連する諸現象の研究とその進歩・普及を目的とする．その活動は第二次世界大戦前の第1期（1931年創立）と後の第2期（1956年再発足）に分かれる．第1期の活動は主に地質学者によったが，第2期では地質学，地球物理学，地球化学などの諸分野の研究者が参加し，研究発表会，現地討論会，会誌「火山」（隔月刊）発行などを通じて学際的に活動し，国際的にも有力な学会の一つである．しかし，この学会で積極的に活動した火山地形学者は数名にすぎない．大型の火山の内部構造は複雑なため，その発達史の考察を通じて火山現象を理解するには地形学的研究も不可欠であるから，多くの地形学徒の活躍が期待される．　〈鈴木隆介〉

[文献] 日本火山学会編（2005）「火山学50年間の発展と将来」，日本火山学会．

にほんかつだんそうがっかい　日本活断層学会　Japanese Society for Active Fault Studies　活断層に関する基礎研究の推進や他分野間との連携，社会貢献，普及教育活動，人材育成などを目的として2007年に設立された．活断層研究会が1984年より発行してきた『活断層研究』を学会誌として28号以降から受け継ぎ，年2冊を刊行している．年2回の学術大会を開催し，現在の正会員は約270名，法人会員約25件，購読会員約65件．　〈岡田篤正〉

にほんそくちけい　日本測地系　Tokyo datum　2001年の測量法および水路業務法の改正以前に日本で採用されていた測地測量の基準．準拠楕円体をベッセル楕円体とし，天文観測により決定された旧東京天文台の経緯度を原点数値としていた．日本測地系で表示された経緯度の地点を世界測地系で表すと東京付近では北西に約450 mずれる．　⇨世界測地系　〈宇根 寛〉

にほんだいしきがっかい　日本第四紀学会　Japan Association for Quaternary Research　⇨日本第四紀学会

にほんだいよんきがっかい　日本第四紀学会　Japan Association for Quaternary Research　国際第四紀学連合（INQUA）の日本支部を母体にして1956年に設立された，第四紀学の研究を目的とする学会．過去260万年と現在・近未来の自然，環境，人類の研究を行う．機関誌「第四紀研究」（年6回）の刊行，年2回の大会・シンポジウムの開催，講演会・講習会の開催，学術書・普及書の出版が行われる．2010年度の正会員数は1,379名，会員の研究分野は，地質学・地理学・考古学・人類学・古生物学・植物学・動物学・土壌学・地球物理学・地球化学・工学と多岐にわたる．これら諸分野の学際的研究を重視し，大会では，1会場ですべての研究発表を行う．多くの地形研究者が会員となっており，火山灰編年とそれを用いた地形発達史研究は学会活動の一つの中心であった．「にほんだいしきがっかい」ともいう．　⇨第四紀　〈岩田修二〉

にほんちけいがくれんごう　日本地形学連合　The Japanese Geomorphological Union　地形およびそれに関連する諸現象を共通課題として，1979年に創設された学際的な学会で，日本で唯一の地形学を主題とする学会である．JGUと略称．会員は地形学，地質学，地球物理学，地球化学，水文学，土木工学，砂防工学，林学，土壌学，情報処理学など多分野にわたる科学者・技術者・教育者などで，所属も大学・教育関係，官公庁，博物館，企業など広範囲に及ぶ．その多様性ゆえに，地形「学会」ではなく地形学「連合」と称し，国際的にも極めてユニークな学会として知られている．国際地形学会*に加盟し，その第5回国際地形学会議を2001年に東京で開催し，IAGの理事や名誉会員に複数のJGU会員が選出されるなど，国際的に有力な学会の一つである．会員数（2011年）は約700名（のうち約10％は外地会員）．学会誌「地形（Transactions, Japanese Geomorphological Union, 略称：TJGU）」は季刊で，和英混交の論説，総説，研究ノート，書評，関連学界ニュースなどを掲載し，国際地形学会公認の地形学専門誌であり，外国人の投稿もある．

他に地形学関連の書籍なども出版．年に1〜2回の総会・学術大会および巡検を国内の各地で開催するほか，東アジア諸国との合同学術大会をほぼ2年ごとに開催し，国際的に活動．⇨地形学史［世界の］，地形学史［日本の］　〈鈴木隆介〉

［文献］鈴木隆介（1997）日本地形学連合の飛躍的発展の基礎：地形，26, 371-394.

にほんちしつがっかい　日本地質学会　The Geological Society of Japan　東京地質学会として1893（明治26）年に創立，「地質学雑誌」を刊行．1934年に日本地質学会と改称．2008年に一般社団法人となり，2010年に業務の大半を引継ぎ現在に至る．Geologyすなわち広義には地学であるが，それを地質学と訳して雑誌名として受け継いできた．創刊号の巻頭言では地学の社会的意義を説いているが，むしろ地形学的観点の重要性を指摘している感がある．内容は当初から火山，地震，鉱物，古生物など多岐にわたるが，層位学とその手法を用いた研究が主流で，それは後にプレートテクトニクスと付加体の問題に及んでいる．一方，1930年代までは久野　久*による活断層地形の論文など，地形学に深く関わる論文も少なくなかったが，1925年の日本地理学会*の創設以来，地形学関係の論文は減少した．ただし，特定のテーマを扱う「地質学論集」（1968年より不定期刊行）には地形学に関するものがあるし，欧文誌も出版されている．2013年現在の会員数は約4,300名．　〈平野昌繁〉

にほんとういつどしつぶんるい　日本統一土質分類　Japanese unified geomaterials classification system　⇨日本統一分類

にほんとういつぶんるい　日本統一分類　Japanese unified geomaterials classification system　地盤材料の工学的分類方法．日本における土の工学的分類方法として，米国の統一土質分類法を基本に土質工学会（現，地盤工学会）により日本統一土質分類法が1973年に最初に制定され，その後1996年に土質材料から地盤材料へ拡張するための改正が行われ，日本統一分類となった．　〈鳥居宣之〉

にほんのちしつこうぞう　日本の地質構造　geological structure of Japan　日本列島の基盤岩*は，大陸プレートを構成するものと，そこに加わった付加体*が複雑に入り混じって形成されている．すなわち，島弧の伸びにほぼ平行に並んだ帯状構造を示し，大局的にはより古い岩石が大陸側に，より新しい岩石が太平洋側に分布する．日本列島はフォッサマグナ*を境として，西南日本と東北日本に大区分されている．西南日本：日本海側の能登半島〜飛驒山地（飛驒帯）や山陰〜隠岐地域（隠岐帯）には，先カンブリア時代の中国大陸地塊（約20億年前）に起源をもつ片麻岩やそれに貫入した花崗岩が分布する．そしてそれを取り巻くように，複数の狭い地帯に新旧の岩石が太平洋にほぼ平行に帯状に配列する．それらは，過去のプレートの沈み込みによって，古い大陸地殻の周囲に新たにつくられた古生代〜新生代の付加体の岩石や地層と，それらに貫入した中生代〜新生代の花崗岩からなる．付加体は陸源の砕屑岩である砂岩や泥岩を主とし，遠洋深海チャート，サンゴ礁石灰岩，ホットスポット起源の海山の玄武岩，中央海嶺の玄武岩などの海洋プレート起源の岩石を含む．付加体は，形成年代が異なる7つに大区分される．古生代ペルム紀末（約2.6億年前）の秋吉帯，中生代ジュラ紀前〜後期（1.9億〜1.5億年前）の美濃・丹波帯（および秩父帯），新第三紀（0.9億〜0.2億年前）の四万十帯のほかに，古生代石炭紀（約3億年前）の蓮華帯，中生代三畳紀（約2億年前）の周防（変成）帯，白亜紀（約1億年前）の高圧型変成岩の三波川（変成）帯などであり，最も古いオルドビス紀後期〜デボン紀前期（4.5億〜4.0億年前）の黒瀬川・大江山高圧型変成岩が小規模に分布する．東北日本：東北日本の基盤岩も，西南日本と同様に古生代〜新生代の付加体と花崗岩からなる．東北地方では，盛岡-白河線の東西両側で地質構造が異なる．その西側の奥羽山脈と出羽山地付近では，新生代の地層や火山噴出物（いわゆるグリーンタフ*など）が厚くおおっているため，基盤岩の種類や構造は西南日本ほど詳細にはわかっていない．一方，東側の北上山地南部（南部北上帯）や日立地域には中国大陸起源の古生代前半の岩石や地層が分布し，それ以外の地帯は古生代以後の付加体および花崗岩から構成される．北海道の西部には北上山地北部から連続するジュラ紀〜白亜紀の付加体が分布し，空知地方には白亜紀の神居古潭変成岩（高圧型）が分布する．いずれも西南日本の延長部とみなせる．日高山地には，日高造山運動*に伴って，もともと地殻下部で形成された中生代の日高変成岩（低圧型）が分布する．　⇨巻末付図

〈松倉公憲〉

にほんのひょうき　日本の氷期　glaciation in Japan　日本の氷期区分は，日本アルプスにおける小林（1958）による飛驒氷期Ⅰ・Ⅱの提唱，日高山脈における湊・橋本（1954）によるポロシリ氷期・トッタベツ氷期の提唱から始まった．当初，ポロシ

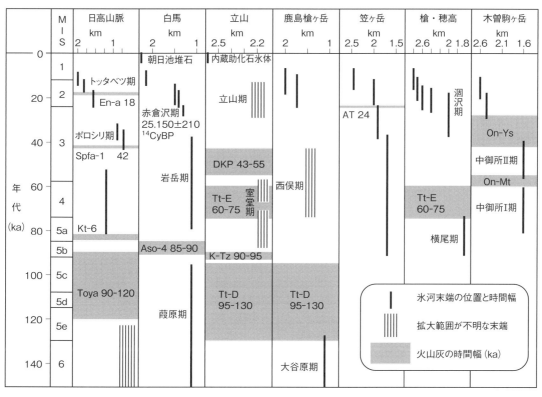

図　日本列島の第四紀後期の山岳ごとの氷河拡大の時期と拡大の程度（米倉ほか，2001）
縦軸は時間，横軸は氷河末端高度（km）．年代（ka：千年前），MIS：海洋酸素同位体ステージ．

リ氷期はヨーロッパアルプスのリス氷期に，飛騨氷期・トッタベツ氷期はヴュルム氷期（最終氷期）に対比されていたが，その後の研究で，槍・穂高連峰では五百沢（1962）によって横尾氷期・涸沢氷期が，立山山域では深井（1976）によって立山氷期・室堂氷期が認定されたこと，日高山脈では小野・平川（1975）によって火山灰編年に基づくモレーン*の年代決定が行われたことにより，いずれも最終氷期中の氷河変動であることが明らかとなった（図）．
現在，日本における氷河前進期の区分については，最終氷期前半の亜氷期（MIS4～3）と後半の亜氷期（MIS2）に大別され，さらに後半の亜氷期については3回程度に細分化されることがほぼ合意されている．また，一部の山域については完新世と最終間氷期以前（MIS6）の氷河前進が報告されている．これらの区分と年代決定には主に火山灰編年法（テフロクロノジー*）が用いられ，放射性炭素年代法*や原位置宇宙線生成放射性核種年代測定法*の数値年代法のほか，風化皮膜法などの相対年代法も併用されている．しかし年代決定の解像度は必ずしも高くなく，ダンスガード・オシュガー・サイクルで示される寒冷化イベントとの対応など，全球的な気候変動との関連では不明な点も多い．日本の氷期の特徴は，大陸氷床の最拡大期である最終氷期後半の亜氷期（MIS2）に比べて，前半の亜氷期（MIS4～3）の氷河分布範囲が広いことである．前半の亜氷期には日本アルプス・日高山脈では谷氷河*が発達していたのに対し，後半の亜氷期には多くの氷河がカール内に留まっていた．この原因については氷河性海面変動に伴う日本海の海況の変化による降雪量の減少によるとする説が提案されているが（Ono, 1984），それだけでは説明できないとする指摘もある（米倉ほか，2001）．また，晩氷期には各地のカール内に岩石氷河が発達したという指摘もある．

〈青木賢人〉

［文献］米倉伸之ほか編（2001）「日本の地形Ⅰ総説」，東京大学出版会．

にまんごせんぶんのいちちけいず　2万5,000分の1地形図　1:25,000 topographic map　⇨地形図
ニュートンのていこう（ほう）そく　ニュートンの抵抗（法）則　Newton's law of resistance　流速がある程度大きい流体中の物体，あるいは静止して

いる流体中をある程度大きい速度で移動する物体に加わる力に関する抵抗則．速度を V，流体の密度を ρ，物体の投影面積を A，物体の抵抗係数（形状によって決まる係数）を C_D としたとき，物体に加わる力 D は $D=(1/2)C_D\rho A V^2$ で表される． 〈倉茂好匡〉

にれはらそう　楡原層　Nirehara formation　富山県婦負郡楡原付近の狭い範囲に分布する非海成の下部中新統．礫岩を主とする．層厚は400 m．
〈松倉公憲〉

ぬ

ヌナタク nunatak　氷河に覆われずに氷河上に突き出した岩峰や岩稜．ヌナタクは過去の氷床高度を復元する際の証拠となることがある．〈三浦英樹〉

ぬのじょうこうずい　**布状洪水**　sheet flood　ふじょうこうずい（布状洪水）の誤読．〈山本　博〉

ぬのじょうしんしょく　**布状侵食**　sheet erosion　ふじょうしんしょく（布状侵食）の誤読．〈山本　博〉

ぬま　**沼**　pond, lake　一般には，湖より水深が浅く池よりも表面積や水深が大きな内陸水域を指すが，湖や池との区別は明確ではない．地形の進化としては，湖において外部からの土砂供給や内生的な有機物の沈殿で埋積作用が進むと浅水化して，沼から沼沢地または湿原へと変遷する．⇨湖，湖沼，池　〈知北和久〉

［文献］Forel, F. A. (1901) *Handbuch der Seenkunde: allgemeine Limnologie*, Bibiiothek Geographische Handbbücher.

ぬまた　**沼田【地形図の】**　muddy paddy field　⇨植生［地形図の］，沼田，水田

ぬまち　**沼地**　bog　⇨沼地

ぬれ　wetting　⇨ぬれ前線

ぬれぜんせん　**ぬれ前線**　wetting front　降雨や灌漑水が地表面から土壌中へ浸潤（ぬれ，浸透ともいう）する過程で，最初に浸潤した水が形成する浸潤水の最前線をぬれ前線，あるいは浸潤前線という．ぬれ前線の上部では水が供給されるため土壌水分が多く，下部は少ない．したがって浸潤が生じている土壌の水分量は，ぬれ前線を境に大きく異なる．⇨浸透　〈浦野愼一〉

ね

ね　根　*ne*　岩礁*のこと．海図・釣り用語．
〈砂村継夫〉

ネオグラシエーション　neoglaciation　ヒプシサーマル*以降の氷河の再生や前進．ヒマラヤやアンデス，欧州アルプスなどでは複数回の氷河前進を示すモレーン*が確認されている．それらの年代は地域差があるが，小氷期*を別にすれば暦年で5,500年前頃や2,900年前頃に集中する．日本でもこれらの時期に気温が低下し，氷河の再生や周氷河斜面の拡大，植生変化，小海退があったされる．
〈苅谷愛彦〉

[文献] Porter, S. C. and Denton, G. H. (1967) Chronology of neoglaciation in the North American Cordillera: American Journal of Science, 265, 177-210.

ねおだにだんそう　根尾谷断層　Neodani fault　岐阜県西部の本巣市域を中心に北西-南東方向へほぼ直線状に伸びる断層．基盤の中古生界（美濃帯）や花崗岩類を切断するとともに，沖積面や段丘面とそれらの堆積物も変位させている．1891（明治24）年濃尾地震時に明瞭な地震断層が出現した．その主なものは，温見（ぬくみ）断層，根尾谷断層，梅原断層の3断層である．狭義の根尾谷断層は中央部に位置する部分を指すが，広義には濃尾地震を起こした断層すべてを根尾谷断層（帯）とよぶ．水平変位は一様に左ずれで，本巣市根尾中（なか）では最大7.4mに達した．上下変位は概して断層の南西側が隆起したが，根尾水鳥（みどり）では例外的に北東側が6mもち上がった．この水鳥地区では約3mの左ずれも伴われ，断層線の屈曲により形成された局所的隆起とみなされる．水鳥の地震断層崖は国の特別天然記念物に指定され保護されてきたが，根尾中での畑の境界線（茶の木の列）や小道の左ずれも，2007年に追加指定された．また，水鳥には，地下観察館・地震体験館も建設され，濃尾地震の資料とともに地下地質も展示されている．⇒濃尾地震，地震断層
〈岡田篤正〉

[文献] 村松郁栄ほか (2002)「濃尾地震と根尾谷断層帯」，古今書院．

ネオテクトニクス　neotectonics　現在進行中の地殻変動およびそれと関連する最近の地質時代（日本では主に第四紀から現在まで）のテクトニックな事象を扱う学問分野．活構造論とも．旧ソ連の地質学者V. A. Obruchev (1863-1956) が，現在の地形を形成する構造運動と定義．現在進行中の地殻運動による地形・地質の発達過程を主な研究対象とする点で活構造論（active tectonics）とほぼ同義であるが，現在とは様式の異なる過去の地殻運動（paleotectonics）から現在の地殻運動への変遷過程や原因の探求も大きな研究目的とする点で異なる．⇒活構造，変動地形学，テクトニクス
〈竹内　章〉

ネオパレイデン　Neo-Paläiden（独）　古生代～中生代前期の造山運動（カレドニア造山運動やバリスカン（ヘルシニア）造山運動など）によって形成された山地（古生山地・パレイデン：Paläiden）が長期間削剥され，低平化（準平原化）した後，中生代後期以降の造山運動（アルプス造山運動など）が発生した際に，その周辺において再び隆起して形成された山地を指す．すなわち，'（本来は低平になっているはずの）古期造山帯にみられる現在の山地'を指し，新古生山地，古山系，古期山地ともいう．隆起準平原から出発した多輪廻山地で，山頂に準平原遺物のみられることが多い．Kober (1921) が世界の地殻・山地を時代ごとに分類した山地の一つ．H. Stille (1924, 1929) が分類した新ヨーロッパ（Neo-Europa：アルプス造山帯）を取り巻く"中ヨーロッパ（Meso-Europa：フランスからドイツにかけてのヘルシニア造山帯）に分布する中山（例：ジュラ山脈）"を典型とし，北アメリカのアパラチア山脈やオーストラリアのグレートディバイディング山脈などが相当する．山頂高度は海抜1,000～2,000m以下の場合が多いが，中国の西安南方の秦嶺山脈のように海抜3,000mを越す山地もある．
〈大森博雄〉

[文献] 辻村太郎 (1933)「新考地形学」，第2巻，古今書院．/ Kober, L. (1921) *Der Bau der Erde*, Gebrüder Borntraeger.

ねがえり　根返り　tree uprooting　風圧や雪圧

を受けて樹木が倒伏すること．圧力を受けて幹折れが起こるか根返りが起こるかは，樹木種によって異なるし，同じ種でもその場の土壌条件などによっても異なる．根返りによって，林床にはピットやマウンドとよばれる微地形がつくられる．根返り跡は，林冠ギャップ下で光条件が良好なうえに，ササなどの林床植物による被陰がなくなり，また鉱質土壌の露出によって菌害が回避されるため，トウヒ属などの樹木にとって重要な更新場所となる．　〈高岡貞夫〉

[文献] Schaetzl, R. J. et al. (1989) Tree uprooting: review of terminology, process, and environmental implications: Canadian Journal of Forest Research, 19, 1-11.

ねつうん　熱雲 glowing cloud, glowing avalanche, nuée ardente（仏）　高温で，発泡程度が比較的低い火砕物で構成される小規模の火砕流．1902年に Pelée 火山（西インド諸島マルチニーク島）で生じた新たな様式の噴火に対し，フランス人研究者 Lacroix, A. が nuée ardente（この訳語が熱雲）と命名したことに由来．主にデイサイト～安山岩質マグマの活動の際に生じ，発生機構として，溶岩ドームや溶岩流の一部が崩壊して生じるもの，火口上空へ噴き上げられた火砕物質が斜面上に落下して火砕流に転化するもの，directed blast によるものなど，いくつかの型が知られている．近年は熱雲の用語はあまり使われず，一般に火砕流と表現される．1990～95年の雲仙普賢岳の噴火で生じた多数の火砕流は，溶岩ドームの成長に伴いその末端（下端）部が崩壊して生じたもの．⇨火砕流　〈横山勝三〉

ねつうんげん　熱雲原 primary glowing-avalanche landform　熱雲の堆積で生じた火山原面（例：雲仙火山 1991～95年噴火で普賢岳の南東方の山腹から山麓に形成）．⇨熱雲　〈鈴木隆介〉

ねつうんたいせきぶつ　熱雲堆積物 nuée ardente deposit　熱雲に伴う堆積物．様々な大きさや発泡程度の火山岩塊およびその細粒物質で構成される，一般に非固結の堆積物．その堆積地形は熱雲原．堆積直後の熱雲堆積物は，土石流などの発生源になりやすい．⇨熱雲，熱雲原，火砕流堆積物　〈横山勝三〉

ねつかくさんりつ　熱拡散率 thermal diffusivity　熱の伝わりやすさの指標．温度拡散率ともいう．熱伝導率 k，密度 ρ，比熱 c とすると熱拡散率 α は $\alpha = k/\rho c$．⇨熱伝導率　〈飯田智之〉

ネック【火山の】 volcanic neck　⇨火山岩頸

ねつざんりゅうじか　熱残留磁化 thermoremanent magnetization　磁場中で，岩石がキュリー温度* より高温から室温まで冷却するときに獲得する自然残留磁化．火山岩のほとんどすべての残留磁化は，地球磁場中で冷却過程に獲得された熱残留磁化である．岩石の磁化は無磁場中に放置すると減少する．磁化強度が $1/e$ に減少するのに要する時間を緩和時間という．キュリー点以上の高温では緩和時間はきわめて短い（〜0秒）が，キュリー点よりやや低い温度では100秒程度に増え，それ以下では急激に増加し，室温では〜10^{19}年の長さにまで到達する．岩石が磁場と平行な熱残留磁化を獲得した後，その磁化は減衰を始める．しかしながら，室温では磁化が減衰に要する時間は〜10^{19}年となるので，岩石はほとんど減衰しない残留磁化を獲得することになる．　〈乙藤洋一郎〉

[文献] Dunlop, D. J. and Özdemir, Ö. (1997) *Rock Magnetism: Fundamentals and Frontiers*, Cambridge Univ. Press.

ねつしゅうし　熱収支 heat balance　想定したシステムや領域に入ったり，そこから出たりする熱エネルギーの内訳．〈森島　済〉

ねつしゅうしゅくはかい　熱収縮破壊 thermal-contraction cracking　冬季の急激な冷却に伴って地盤が収縮し，地表付近で縦方向の割れ目を発生させる現象．氷楔* やソイルウェッジなどの楔状構造の原因となる．〈松岡憲知〉

ねっすいたいりゅうけい　熱水対流系 hydrothermal convection (circulation) system　地下のマグマや高温岩体により熱せられた地下水が亀裂や孔隙に富む媒質を利用して上昇，下降，水平移動を行い，最終的には大気へそのエネルギーを放出するシステムをいう．熱水系（hydrothermal system）ともいう．温度，圧力条件によっては，水は気液混合や過熱蒸気の状態になっている．熱水系は日本，ニュージーランド，アイスランドなどで多くみられる湿った熱水卓越型とイタリアなどにみられる乾いた蒸気卓越型に分類されている．粘土，シルトや緻密な岩盤などの透水性の極めて低い不透水層がある場合は，その下部に熱水貯留層が発達し，地熱発電などの開発対象になる．熱水対流系により大気へ放出される熱エネルギーは，地球全体では大雑把に 6.3×10^{10} J/s 程度と見積もられているが，海底にある温泉や地熱域を含んでいないので実際はもっと多いはずである．　〈西田泰典〉

[文献] 早川正巳（1988）「地球熱学」，東海大学出版会．

ねっすいへんしつさよう　熱水変質作用 hydrothermal alteration　地下の高温熱水が岩石（また

は地層）の割れ目や断層を通過上昇する過程で岩石と反応し，粘土鉱物や沸石鉱物に代表される種々の変質鉱物を生成させる現象．熱水としては地表付近に湧き出る温泉水や地熱発電に利用される地熱水など，一般的には地下増温率（3℃/100 m）に相当する地温よりも高温の水をいい，鉱床の構成物質のほか種々の塩類を含む．生成する変質鉱物により，緑泥石化作用，プロピライト化作用，絹雲母化作用，珪化作用，炭酸塩化作用，パイロフィライト化作用，粘土化作用，硫酸塩化作用，曹長石化作用，氷長石化作用，沸石化作用などに細分化される．⇨変質作用　　　　　　　　　　　　　　　〈小口千明〉

ねったい（た）うりん　熱帯（多）雨林　tropical rain forest　湿潤な，最寒月平均気温が18℃以上で気温の年較差が小さい赤道周辺の低緯度地域に成立する森林．熱帯降雨林や熱帯雨林とよぶこともある．一般に熱帯多雨林は熱帯低地林のことを指し，標高の高い山地域の森林は熱帯山地林とよぶ．熱帯多雨林は樹木種を含めた生物の多様性が高く，世界の維管束植物の約6割が存在するとされる．複数の林冠をもち，樹高が50 mを超すような林冠層をもつ森林でも林冠部は不均質で，同所に様々なサイズの樹種が存在する．森林では一般的に，同所に多くの種が存在する場合，競争的排除則によって，時間の経過とともに競争力の高い種のみが生き残るとされるが，熱帯ではこの法則が当てはまらず，その原因は今後の研究課題である．

マレーシアのボルネオ島の熱帯多雨林は，オランウータンやゾウなど数多くの動物にとっての貴重な生息場所となっているが，近年，森林伐採やアブラヤシのプランテーション建設の影響により，森林面積が急減ないしは激しく荒廃しており，危機的状況にある．⇨樹冠，赤色土，熱帯土壌　　〈若松伸彦〉

ねったいカルスト　熱帯カルスト　tropical karst　高温・多湿の熱帯で形成された凹地と凸地の比高の大きい溶食地形をいう．円錐カルスト*，コックピット・カルスト*，塔カルスト*などがこれに相当する．熱帯の降雨は温度が高く，炭酸塩岩を溶解する速度は温帯や冷帯よりもはるかに速い．このため，熱帯では年降水量が多く，かつ短時間に集中して降雨があると，わずかな凹地でも排水しきれない水がたまる．このことが凹地の溶食作用をより一層促進する．しかし凸地の傾斜地では早く排水してしまうので，溶食はあまり進まない．こうして，次第に凸地と凹地の比高が拡大する．植被や土壌被覆があると，溶食の速度が一層速くなる．高温多湿なため，有機物の分解が極めて速く進行し，植物の根の呼吸も活発なので土壌中のCO_2の分圧が極めて高くなる．土壌中の水はpHが低く，高いCO_2分圧と相まって，土壌に覆われた石灰岩の接触部では速い速度で溶食が進行する．また土壌層の厚い凹地では，一層効果的に溶食が進む．この結果，深いコックピットが形成され，そのまわりには円錐形の凸地であるコーン（円錐丘）がそそり立ち，円錐カルストとなる．地質構造，岩質などが影響すると凸地は塔のようにそそり立ち，比高は次第に大きくなり，反対に排水は凸地の塔の脚部で地下水系へ流入するようになる．塔が20～30 mから，巨大なものは80 mにも達する．森林の伐採があまり行われていないパプアニューギニアの奥地や，ジャマイカ北西部のコックピット・カントリーでは，凸地も密な植生に覆われている．しかし，インドネシアなどの過密な人口集中がある円錐カルスト地域では，原植生は全く残っていない．凹地ばかりでなく円錐丘の頂上に至るまで耕作をし，凹地では水田をつくり，粘土で目づまりをしたドリーネの底は用水池（ドラガ）として利用している．また手ごろな大きさの円錐の丘は人力で採石し，石灰岩を窯で焼いて生石灰をつくっている．現在の熱帯より高緯度地域にも，タワーカルストや円錐カルストが分布する地域がある．たとえば中国桂林のタワーカルストは，古気候として高温多雨な熱帯気候の時代があったからであるとする意見と，地質構造やその後の地殻変動がタワーカルストの形成を決定づけているのだとする意見とがある．　　　　　　　　　　　　〈漆原和子〉

ねったいこ　熱帯湖　tropical lake　⇨湖沼の分類［気候帯による］，水温

ねったいこくしょくど　熱帯黒色土　tropical black soil　熱帯ないし亜熱帯の暗色土壌の総称で，世界的に広く分布しインドのレグール*，オーストラリアのブラックアース，インドネシアのマーガライト土壌などが有名で，バーティソル*に分類される．表層から下層まで全体的に黒色味の強い土壌で，主に塩基性の玄武岩などを母材として，2：1型の膨潤性粘土鉱物（スメクタイト，モンモリロナイト）を多量に含む粘土質土壌（粘土含量が30％以上）である．明瞭な乾季と雨季の存在下で，膨潤性粘土質土壌は乾季に乾燥し収縮して土層に亀裂が生じ（深さ50 cm以上，幅1 cm以上），表層では細かく硬い粒子がつくられ，その一部は亀裂の中に落ち込む．雨季には膨潤して亀裂をふさぎ，下層から圧力が働き下部の土壌物質を上方へ持ち上げる．この

際に土壌構造間がすべりあうために鏡肌（スリッケンサイド）という光沢面が生じる．このような収縮，膨潤が繰り返されると土壌物質が上下に反転・混合されることから，ラテン語の回転を意味するvertoからVertisolsとよばれる．黒色味は，膨潤性粘土鉱物と腐植との層間複合体の生成や有色鉱物の色に基づくとされるが，有機物含量は低い（最大でも，5%程度）．　　　　　　〈東 照雄，前島勇治〉

[文献] 大羽 裕・永塚鎮男（1988）「土壌生成分類学」，養賢堂．

ねったいさばく　熱帯砂漠　tropical desert　⇨海岸砂漠

ねったいていきあつ　熱帯低気圧　tropical cyclone　熱帯あるいは亜熱帯で発生する前線を伴わない低気圧を指し，台風*やハリケーンなどの強いものも含まれる．世界気象機関*は10分間平均の最大風速に基づき熱帯低気圧の強さを分類している．英語のtropical depressionは，日本において気象情報で使用される熱帯低気圧に対応し，最大風速が約17 m/s未満のものである．　　　　〈森島 済〉

ねったいどじょう　熱帯土壌　tropical soil　熱帯とは，ケッペンの気候区分によると，最寒月の平均気温が18℃以上，かつ，年平均降水量が乾燥限界以上を指し，一方，吉良竜夫（1945）の生態気候区分によると，温量指数が240℃・月以上と定義されている．地理学的には赤道を中心に北回帰線と南回帰線に挟まれた帯状の地域を意味する．これらの地域に分布する土壌を一般に熱帯土壌とよぶが，温度・降水量・母材・地形などの相違によって極めて変異に富んだ土壌が分布している．P. A. Sanchez and J. G. Salinas（1981）は米国の土壌分類体系に従い，世界の熱帯における土壌別分布面積を計算し，オキシソル*，ウルティソル*，エンティソル，アルフィソル，インセプティソルの順に分布面積が多いことを報告し，この5種類の土壌の総分布面積は熱帯地域全体の約90%を占めることを明らかにした．その他の地域には，バーティソル，アリディソル，モリソル，アンディソル，ヒストソル，スポドソルが分布するが，いずれも分布面積としては狭い．　　　　　　　　　　　　　　　〈前島勇治〉

ねつたいりゅう　熱対流【マントル内部の】　thermal convection (of mantle)　地球内部のマントルに存在する放射性同位元素による発熱は大きく，熱伝導だけでは地表から逃がせられない．効率よく熱を逃がすために対流が発生する．このような対流を熱対流とよぶ．　⇨マントル対流，プレートテクトニクス　　　　　　　　　　　　〈瀬野徹三〉

ねつてきアイソスタシー　熱的アイソスタシー　thermal isostasy　海洋リソスフェアは海嶺で形成され，時間を経て海嶺から離れるほど水深が増加することが知られている．この沈降運動は，海洋リソスフェアが時間とともに冷却されて厚くなり，かつ密度を増すので，アセノスフェア内の静水圧平衡（アイソスタシー）を保つために発生すると考えることができる．これを熱的アイソスタシーとよぶ．厚さの不均質はAiry，密度の水平不均質はPrattが提唱したアイソスタシーの本質的原因であり，熱的アイソスタシーは両者が寄与するケースである．大陸性リソスフェアについても，リフトゾーンや大規模な堆積盆地では地下深部から熱せられたリソスフェアが薄化することでアイソスタシーを回復する運動が起こると考えられるが，一般に海洋底よりも複雑な現象となる．　⇨アイソスタシー　〈高田陽一郎〉

ねつてきていきあつ　熱的低気圧　thermal low　日射による地表面の加熱で発生した低気圧であり，heat lowともよばれる．海洋などの水域より陸地の比熱が小さいため，日中は陸地で相対的に気温が高くなり，上昇気流が発生し，低圧部を形成する．海陸風循環の原動力でもあり，日中に熱的低気圧に向かって海風が吹走することになる．日本における熱的低気圧は，中部山岳地域を中心として発現するものが知られているが，空間的な規模は小さく，天気図に現れることはほとんどない．一方，北半球夏季にチベット高原に現れる熱的低気圧は，大規模で安定しており，アジアモンスーンの発達過程においても重要な役割を担っている．　⇨海風，陸風　　　　　　　　　　　　　　　　　　〈森島 済〉

ねつでんどうりつ　熱伝導率　thermal conductivity　熱の伝わりやすさの指標．物体中を熱が移動する際には，温度勾配に比例した熱量が移動するが，等温面の単位断面積を通って垂直方向に流れる熱量と温度勾配の比．　⇨熱拡散率　〈飯田智之〉

ネットスリップ【断層変位の】　net slip (of faulting)　⇨断層変位

ネットワークがたアールティーケー・ジーエヌエスエスほう　ネットワーク型RTK-GNSS法　network RTK-GNSS surveying　⇨GNSS測量

ねつふうか　熱風化　thermal weathering, thermoclasty　加熱-冷却に伴う岩石・鉱物の熱膨張-熱収縮の繰り返しによる風化*．温度変化が日射によって与えられる場合，日射風化という．岩石は熱伝導率が低く，加熱表面と内部とで大きい温度勾配が

生じやすい．また，造岩鉱物の熱膨張量は鉱物種ごとに異なり，同一鉱物でも結晶軸によって差異がある．これらのため，岩石表面や粒界に沿ってクラックが形成され風化する．破壊機構として，熱疲労破壊（thermal fatigue fracture）と熱衝撃破壊（thermal shock fracture）の2つがある．前者は気温差の大きい高温乾燥地域における主要な物理的風化*とされるが，疑義がもたれている．後者は，しばしば林野火災などによって生じる． 〈藁谷哲也〉

[文献] Yatsu, E. (1988) *The Nature of Weathering: An Introduction*, Sozosha.

ねつぼうちょう　熱膨張 thermal expansion ⇨熱風化

ねつらいせいこうう　熱雷性降雨 thunderstorm precipitation　強い日射で地表面が熱せられた結果生じる積乱雲のような激しい上昇気流がもたらす雷雨． 〈野上道男〉

ねつルミネッセンスほう　熱ルミネッセンス法 thermoluminescence method　結晶内の電子は，放射線（α, β, γ線や宇宙線）の照射を受けて励起され，親原子から引き離されて結晶格子中に捕獲され，蓄積される．この電子は加熱されると，蓄積されたエネルギーを放出して発光する．これが熱ルミネッセンスである．発光は捕獲された電子の数（受けた放射線量）に比例するので，加熱して発光量を測定し，既知線量の人工照射の発光量と対応させて，試料が受けた総被爆線量（Paleodose, PD）を求める．一方試料が岩石中からの放射線や宇宙線から受ける1年当たりの放射線量（Annualdose, AD）がわかれば，次式から年代 t が測定できる．AD は計算または実測で求める．なお，試料がつよく加熱されると捕獲電子の存在しない状態，すなわち年代がリセットされる．

$$t = (PD)/(AD)$$

なお最近，慣用的な測定と異なり，赤外線や可視光による光励起発光年代測定法が提唱され，火山ガラスなど試料の適用範囲を広げつつある．

多くの鉱物を試料とすることができるが，発光が強く安定し放射線量との対応がよく，しかも内部に放射性元素を含まないなどの条件がある鉱物では誤差が少なくなるので，石英を対象とすることが多い．若い年代の測定は発光の検出感度に，古い方は試料の飽和に限定されるため，最適な測定年代範囲は20〜500 ka といわれているが，好条件の場合は数百年から3 Ma まで可能とされる．したがってこれまで火山噴出物，土器，隕石，断層破砕物など第四紀試料の年代測定に用いられてきた．

この方法は次の4つの仮定の上に成り立つので，それらの妥当性によって得られる年代の信頼度が異なる．①時計のスタート時点で以前の蓄積放射線量が消去されていること，②熱発光量が試料に当たった放射線量に比例すること，③鉱物中の捕獲電子が安定に保存されてきたこと，④試料が受けてきた放射線の強さが現在まで一定であること．これらに加えて PD や AD の正しい算定が必要であり，それによっては算出年代に20%以上の誤差が生じる．例えば，再堆積や地下水の影響を受けやすい場所の試料は避ける．また，以前の蓄積放射線量が消える現象に，熱以外に太陽光や摩擦などがあり，それらの現象でそれまでの蓄積放射線量が完全に消えたかどうかの評価も難しい場合がある．TL 法と略称されることもある． 〈町田　洋〉

ねなしかどう　根無し火道 rootless vent　噴火を起こすマグマの供給源とつながっている普通の火道ではなくて，流動中の溶岩流の表面に内部の溶けた溶岩が噴き出す際の二次的な通路．玄武岩質溶岩流に多く，ホーニトなどを生じる． ⇨テュムラス，ホーニト，リトラルコーン 〈鈴木隆介〉

ねなしちかい　根なし地塊 klippe　⇨クリッペ

ネブカ nebkha　灌木や低木などのやや背の高い植生によって飛砂が捕捉されてできた砂丘をいう．米国で使われる coppice dune と同義．⇨茂み砂丘 〈成瀬敏郎〉

ネブラスカひょうき　ネブラスカ氷期 Nebraskan glaciation　⇨ローレンタイド氷床

ネベ névé（仏）　万年雪のフランス語．⇨万年雪，フィルン 〈松倉公憲〉

ねまがり　根曲がり curved tree trunk　⇨匍行（図）

ねむろそうぐん　根室層群 Nemuro group　北海道白糠丘陵と釧路〜根室地域に分かれて分布する上部白亜系から始新統．おもに安山岩質溶岩・凝灰角礫岩・砂岩・泥岩からなる． 〈松倉公憲〉

ねゆき　根雪 continuous snow cover　⇨積雪

ねりいしづみ　練石積み mortar masonry　⇨石積工

ねんかくさ　年較差 annual range　1年の間に観測された気象要素の最大値と最小値の差．一般には気温に対して使われることが多く，気温の年較差とは，最暖月の月平均気温と最寒月の月平均気温との差をいう． 〈森島　済〉

ねんこう　年縞 annual layer, yearly layer,

varve 年層，バーブ(varve)ともいう．年間の季節変化に対応して供給される物質が変化することで生じる，1年を単位とした縞状堆積物．氷床や積雪にも用いられる．一般に，水塊の化学的性質，河川流量，生物生産の季節変化により質（色，粒径，無機質・有機質）や量が変化した物質が堆積し，その後擾乱を受けにくい環境下で保存される．年縞堆積物は湖沼や内湾，火口湖，深海などの静穏水域で形成される．氷河からの融水が流入する湖で形成された氷縞粘土（glacial varve）は有名． 〈村越直美〉

ねんこうへんねん　年縞編年 varve chronology 湖成堆積物には，粒度が単層ごとにリズムをもって季節変化し，縞模様をなすものがある．これをvarve（スウェーデン語のvarvが語源）という．1セットが年層（年縞*）と判断される場合は，樹木年輪と同様年代決定に用いられる．これには①氷河湖の年縞と②温帯の湖で生じる年縞とがある．これらは主に過去13 ka以降の期間に起こった種々のできごとに暦年代を導入できる．①は最終氷期以降の氷河の後退の歴史を知る上できわめて有用であったことはよく知られている．また②も日本の水月湖などで種々のイベント（植生変化，火山噴火，地震，洪水など）の年代検出に成功している． 〈町田　洋〉

ねんじモレーン　年次モレーン annual moraine ⇨モレーン

ねんせい　粘性 viscosity 流体のねばりの度合いのこと．粘度ともいう．流体を変形させると内部に剪断応力を生じて抵抗する性質をいう．水の粘性は温度が高くなるにつれて小さくなる． 〈宇多高明〉

ねんせいけいすう　粘性係数 coefficient of viscosity 流体の変形に対する抵抗を表す指標の一つで，粘性率ともよばれる．粘性係数 μ は $\mu=\tau/(du/dz)$ で表される．τ は剪断応力，du/dz は変形速度の勾配．単位はSI単位系では $N \cdot sec/m^2$，CGS単位系ではポアズ（$g/cm \cdot sec$）．流体の密度を ρ とすると，μ/ρ を動粘性係数という．粘性係数は温度の関数で，水の場合は温度が上昇すると減少する． 〈宇多高明〉

ねんせいざんりゅうじか　粘性残留磁化 viscous remanent magnetization 弱い磁場中に岩石を置くと，磁場がかかっている時間の対数に比例して岩石の磁化が増大して獲得される残留磁化のこと．広い緩和時間の分布をもつ磁性粒子集団が，少しずつエネルギー障壁を越えて，磁場方向へ粒子の磁化方向を向けていくことで，増加する磁化である．無磁場中では，放置した時間の対数に比例して減少するが，増加のときに比べて，比例定数は小さい． 〈乙藤洋一郎〉

[文献] Dunlop, D. J. and Ozdemir, O. (1997) *Rock Magnetism: Fundamentals and Frontiers*, Cambridge Univ. Press.

ねんせいていこう　粘性抵抗 viscous drag 粘性*のある流体の中を運動する物体に働く抵抗のうち，物体表面に平行に働く粘性力の合力．摩擦抵抗（frictional resistance, skin-friction drag）や表面抵抗（surface resistance）ともよばれる． ⇨抗力 〈宇多高明〉

ねんせいど　粘性土 cohesive soil シルト・粘土の細粒分が多い土を指し，砂質土*に対する語．剪断強度としては粘着力成分が大きく，塑性変形しやすい．このため，粘性土からなる斜面で生起するマスムーブメント*は緩慢な動きの地すべり*となる． ⇨日本統一分類 〈松倉公憲〉

ねんせいりゅうたい　粘性流体 viscous fluid 粘性*のある流体．実在の流体．粘性があるために，流れに摩擦などのエネルギー損失が生じる．粘性流体の挙動はレイノルズ数*の大小によって大きく異なる．層流状態の運動はナビエ・ストークスの方程式*によって記載される． 〈宇多高明〉

ねんそう　年層 annual layer ⇨年縞

ねんだいけってい　年代決定【考古学および歴史文書による】 chronology（from archeology and historical documents） 先史時代の自然・文化イベントの年代推定の一方法として，層序がわかった人類遺物（考古学遺物）を指標にする方法がある．求められるのは相対年代だから，研究の進歩にともない数値年代の信頼性も高まってきた．

一方，歴史時代の火山噴火，地震，津波，洪水，気候変化などのイベントの発生年（年代）は歴史文書に書かれていることがあるが，その場合文書記録の信ぴょう性を確かめることはもとより，地学的また考古学的記録との対応関係を詳しく検討する必要がある．両者が総合されてはじめてイベントを信頼できる復元・評価が行われる．時代が古くなるほどまた文化の中心地から離れた地域ほど自然現象の文書記録は断片的になる傾向があるので，後者の重要性は増す． 〈町田　洋〉

ねんだいけってい　年代決定【地形学の】 dating 過去の出来事の数値年代*や相対年代*の決定（推定）方法と年代測定に役立つ試料は多種多様である．方法ごとに年代を決定できる試料と時間範囲は限られている．層序記録の年代目盛は，研究が進展すると層序自体が改められることもあるし，改

訂されない場合でも，年代値は方法の進歩によって改良される．　　　　　　　　　　　　〈町田　洋〉

[文献] 町田　洋ほか編著（2003）「第四紀学」，朝倉書店．

ねんだいそうじょ　年代層序 chronostratigraphy　年代（時間）層序とは年代に則して層序記録を区分することである．各種の層序は年代順に区分・記載されるが，各指標に基づく層序区分の境界は同一時間面であるとは限らない．それは層序区分に際して採用される指標が様々なこと，地域によって現象にずれが起こりうることや，連続的に変化する自然現象の場合，区分に任意性が入るのが避けられないことなどのためである．そこで示準面などに基づいて正規化した層序が必要である．その年代範囲は年代単位という．伝統的な地質学の用語法では，地層区分と年代区分の術語は区別された．すなわち system と period（例：第四系と第四紀），series と epoch（例：更新統と更新世），さらにそれより短い単位（第四紀ではふつう数万～数十万年間）では stage と age（例：最終氷期），さらに chronozone と chron（例：新ドリアス）といった区別である．しかし編年研究が進んだ最近では年代区分を優先させて○○期層などとよばれることも多くなった．　　　　　　　　　　　　〈町田　洋〉

ねんだいそうじょたんげん　年代層序単元 chronostratigraphic unit, timestratigraphic unit, time-rock unit　ある地層や岩体を，化石の出現，消滅，その他の基準に基づいて区切った地質層序単位．年代層序区分ともいう．境界面は時間面（時面）である．ある時間と時間の間に挟まれた期間の間にできた地層や岩体であることから，岩相層序単元とは区分の基準が異なっている．主として汎世界的な区分として用いられるが，ある地域の地質形成過程についての年代的特質を述べるときにも使用されることがある．小さな区分から，階（stage），統（series），系（system），界（erathem），累界（eonothem）がある．⇒地質年代単元，同時代面　〈里口保文〉

ねんだいそくていほう　年代測定法 dating method　第四紀の年代を数値年代*や相対年代*の値として求めるには種々の方法がある．下の図と次頁の表には第四紀に用いられる各種年代測定法とそれらが適用される時間範囲（第四紀中心）および試料を示す．各種年代測定法は，それぞれの原理，前提条件，用いる試料，測定方法と精度，問題点，有効な時代範囲などが異なるので，得られた年代値には方法も付記して用いる．　　〈町田　洋〉

[文献] 町田　洋ほか編著（2003）「第四紀学」，朝倉書店．／福岡孝昭（1995）第四紀試料放射線年代測定の高精度化の現状と年代値の解釈：第四紀研究，34，265-270.

ねんだいたんい　年代単位 geochronologic unit

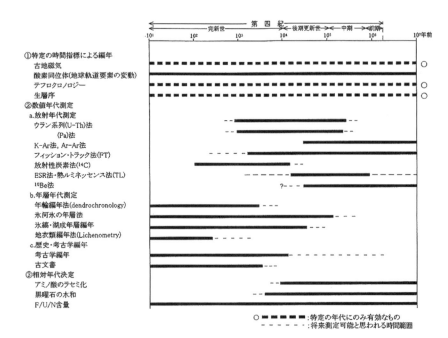

図　各種年代測定法の適用される年代範囲（町田ほか，2003）

表　第四紀試料の放射年代測定の特性　(福岡, 1995)

測定法	測定可能年代	試料	時計のスタート	測定原理に基づく誤差の原因	機器の導入
放射性炭素 ^{14}C	数百〜6万年	生物遺骸	生物の死	時計のスタート 閉鎖系の維持 同位体効果	加速器質量分析計 低バックグラウンドシンチレーション計数器
カリウムアルゴン (K-Ar) (^{40}Ar/^{39}Ar)	1万年以上	火成岩	岩石の冷却	時計のスタート 閉鎖系の維持 同位体効果	高性能の質量分析計 レーザー発生装置
ウラン系列 ^{230}Th/^{234}U ^{231}Pa/^{235}U	数百〜50万年	炭酸塩・リン酸塩 海底堆積物	生物の死 沈殿堆積	閉鎖系の維持	高性能の質量分析計 (TIMS)
^{230}Th/^{238}U ^{226}Ra/^{230}Th	数百〜50万年	火山岩	マグマ中での鉱物の晶出	時計のスタート 閉鎖系の維持	
フィッション・トラック (FT)	数千年以上	火成岩	鉱物の冷却	閉鎖系の維持	
熱ルミネッセンス (TL)	数千〜数十万年	火成岩 砂漠の砂 土器	鉱物の冷却	時計のスタート 閉鎖系の維持 年間線量の見積もり 含水率の見積もり	
電子スピン共鳴 (ESR)	数千〜100万年	火成岩 炭酸塩 リン酸塩	鉱物の冷却	時計のスタート 閉鎖系の維持 年間線量の見積もり 含水率の見積もり	

⇨年代層序，数値年代

ねんだんせい　粘弾性　viscoelasticity　粘性と弾性の両方を同時に示す性質のことで，そのような性質をもった物質を粘弾性体（viscoelastic body）という．岩石のクリープ*や氷河の流動，地すべりなど，粘弾性で説明される地学現象は多数ある．レオロジー分野では粘性の模型としてダッシュポットが，弾性の模型としてスプリングが使われる．ダッシュポットとスプリングを直列に連結した力学的模型をマックスウェル（Maxwell）模型といい，並列に連結したものをフォークト（Voigt）模型またはケルビン（Kelvin）模型という．岩石のクリープを表すためにもっともよく用いられ力学模型は，マックスウェル模型とフォークト模型とを直列に連結したバーガーズ模型（Burgers model）である．　⇨レオロジー，レオロジーモデル　　〈松倉公憲〉

ねんちゃくりょく　粘着力　cohesion　地盤材料の剪断強さ τ を，剪断破壊面（すべり面）に働く垂直応力 σ と無関係に発揮される成分定数 c とで $\tau = c + \sigma \tan\phi$（クーロンの式）と表すとき，この c を粘着力という．この値は，内部摩擦角*ϕと同様に，同じ土であっても試験条件（圧密・排水条件）が異なると大きく変わるため，非圧密非排水（UU），圧密非排水（CU），圧密排水（CD）を示すサフィックスを用いて，それぞれを c_u, c_{cu}, c_d のように区別する．　〈鳥居宣之〉

ねんど　粘度　viscosity　⇨粘性

ねんど　粘土　clay　粒径 3.91 μm 以下の微細な岩屑粒子およびそれらで構成される堆積物で可塑性を示す．粘土を構成する鉱物（粘土鉱物）は一般に岩石の風化や変質により生じ，層状珪酸塩鉱物を主体とする．粘土が固結した岩石は粘土岩（claystone）とよばれる．　〈遠藤徳孝〉

ねんどかさよう　粘土化作用　argillization　既存の岩石が風化作用や熱水作用などの変質作用により，粘土化すること．この作用でできた粘土の主粘土鉱物によって以下のように分けられる．①カオリン化作用（陶土化作用）（kaolinization）：鉱床周辺の岩石，特に火成岩が熱水溶液の作用で，また絹雲母化作用を受けた岩石が酸性水の作用でカオリン属鉱物に富む岩石に変化する現象．②絹雲母化作用（sericitization）：長石等の珪酸塩鉱物がアルカリ性熱水溶液と反応して，微細な鱗片上絹雲母を生ずる作用．この作用を強く受けた岩石は白色で滑感があり，特有の絹糸光沢を呈する．③緑泥石化作用（chloritization）：熱水溶液によって岩石中に緑泥石が生成して緑色の変質岩となる作用で，若干の黄鉄鉱等の硫化鉱物が共生することが普通である．緑泥石化しやすい鉱物は雲母，角閃石，輝石など，Fe や Mg などに富む有色鉱物であるが，変質が著しいと

長石の絹雲母化やカオリン化を伴う．④パイロフィライト化作用（pyrophyllization）：熱水鉱脈中で長石などが変質する作用．⑤モンモリロナイト化作用（montmorillonitization）：流紋岩や流紋岩質凝灰岩が各種の変質作用を受けて，モンモリロナイトに富んだ岩石に変わる作用．〈小口千明〉

ねんどこうぶつ　粘土鉱物　clay mineral　粘土を構成する主成分鉱物であり，層状珪酸塩鉱物を主とする結晶質粘土鉱物と非晶質あるいは低結晶質鉱物よりなる．粘土鉱物の大部分を占める層状珪酸塩鉱物は，SiO_4四面体が2次元網状に配列した四面体シートとAl^{3+}，Mg^{2+}，Fe^{2+}などの陽イオンを6個のOH^-またはO^{2-}が囲んだ八面体が2次元的に広がった八面体シートが積み重なった層状ないし板状の結晶である．これらの層状珪酸塩鉱物のうち，カオリン鉱物*（カオリナイト，ハロイサイト），雲母粘土鉱物（イライト），スメクタイト*などは微粒の鉱物として粘土中に広く産し，粘土特有の性状を有する典型的な粘土鉱物である．一方，蛇紋石，タルク，緑泥石，バーミキュライトなども粘土鉱物に分類されるが，結晶の大きな雲母とともに，むしろ粘土以外の岩石の構成鉱物として産することが多い．粘土鉱物には層状珪酸塩以外に，リボン型の構造をもつ繊維状の鉱物として，セピオライト，パリゴルスカイトがあり（わが国では産出は稀である），非晶質から低結晶質の鉱物として，アロフェン，イモゴライトが火山灰土壌に含まれる．さらに，土壌などに含まれる鉄やアルミニウムの酸化物・含水酸化物（赤鉄鉱，ゲータイト，ギブサイト，ベーマイト）や沸石も粘土鉱物として分類される．なお，土木の分野では膨潤性粘土鉱物をモンモリロナイトとよぶことが多いが，モンモリロナイトはスメクタイトという族の種名（粘土鉱物の分類は，族・亜族・種の順に細分化）であり，これを特定する詳細な試験がなされていない場合には，スメクタイトとよぶのが適切である．層状珪酸塩鉱物の四面体および八面体シートは，イオン置換により負の電荷を有するものが多く，これを補うため結晶層間に陽イオンが入り，多くの場合，水中で他の陽イオンと交換できるイオン交換性をもち，水和水などの形で水を共存する．粘土鉱物のこのような特異な構造的および化学的性質と微細な粒子であり比表面積*が大きいことなどから，粘土鉱物を主成分とする粘土は，可塑性，膨張・膨潤性，吸着，分離・凝集性，焼結などの特殊な性質を示す．粘土鉱物は，種々の土壌中に元の地盤（岩盤）とそれが受けた風化や変質の様式に対応した種類のものが生成され，地形と何らかの関連性を有する場合がある．例えば，マサ土・ラテライトのような風化土壌中には，それぞれカオリナイト・ギブサイトが，ロームのような火山灰土壌では，アロフェン・イモゴライトが含まれる．また，スメクタイトは，地すべりや法面崩壊，トンネルの盤膨れなど自然災害や土木工事におけるトラブルの主要因となることが多い．〈石田良二〉

ねんどさきゅう　粘土砂丘　clay dune　オーストラリア南東部のリベリナ Riverina 平原に分布する石灰質粘土（パルナ palna）からなる砂丘 dune palna が典型例．パルナは平坦な粘土床 sheet palna を形成することが多く，粘土がそのままでは砂丘を形成することはないが，塩類によって粒状化した粘土が植生に捕捉されて砂丘を形成する．palna とは埃っぽい土地という意味をもつ．〈成瀬敏郎〉

ねんどしゅうせきさよう　粘土集積作用　clay migration, illimerization, clay accumulation, lessivage　粘土粒子が，あまり変質を受けないで，そのまま，土壌表層から下層へ機械的に移動する過程を粘土集積作用という（レシベ化作用ともよぶ）．この過程は，粘土粒子の分散，移動・運搬，そして沈積・集積の3つのプロセスからなる．粘土の分散には，一般に，土壌溶液中の電解質濃度が低下し，比較的高い pH が必要となる．この他にも低分子の有機酸との反応でマイナスに粘土粒子が帯電して分散することも考えられるが，粘土粒子の分散を抑制するカルシウムイオンやアルミニウムイオンが相対的に低下する脱塩基作用が進む条件下で起きると考えられているが，詳細については未解明の部分がある．また，下層への移動・運搬には，一般に，土壌浸透水の移動に十分な中孔隙や粗孔隙の存在が必要であり，より乾季と雨季の存在が明瞭な地域でより促進されると考えられる．さらに，沈積・集積には，孔隙の減少と塩類濃度の増加が主に影響していると考えられる．このような粘土集積作用で生成した粘土集積層（粘土盤）では，移動した粘土粒子が，孔隙，亀裂，植物根の壁面に沿って，あるいは土壌粒団子の表面に粘土皮膜*として存在するのがしばしば観察される．〈東　照雄〉

ねんどせん　粘土栓　clay plug　河川の蛇行原*（氾濫原）に存在する河跡湖（三日月湖*など）に堆積した粘土やシルトで構成される細粒物質．クレイプラグともよばれる．氾濫時に本流から越流で運ばれ放棄河川を埋積した粘土質堆積物は，砂質堆積物と比べて，侵食に対して大きな抵抗性を示し，下部

の砂質堆積物に"栓"をして保護し，その後の流路変動を制約するので，複雑な蛇行パターンの発達する原因となることがある． 〈遠藤徳孝〉

ねんどそう　粘土層　clay bed　⇨泥層

ねんどばん　粘土盤　clay pan　⇨粘土集積作用

ねんどひまく　粘土皮膜　clay skin, cutan　表層部で水による粘土の分散が生じ，破壊されずそのまま下方へ移動し孔隙に沈積した粘土の皮膜をいう．粘土皮膜は層状の結晶性粘土が定方位に孔隙壁面に沈積したもので，土壌薄片を偏光顕微鏡直交ニコル下で回転して見ると，粘土皮膜部分は鮮やかな干渉色がみとめられる．粘土皮膜を有する粘土集積層はアルジック層（argic horizon，層位名 Bt 層，t（ton）は粘土の意），その生成は粘土機械的移動集積作用とよび，レシベ化（粘土洗脱）作用（lessivage）と同意義とされる． 〈細野衛〉

[文献] 山根一郎ほか (1978)「図説 日本の土壌」，朝倉書店．

ねんばんがん　粘板岩　slate　⇨頁岩(けつがん)

ねんりんねんだいがく　年輪年代学　dendrochronology　樹木の年輪幅が年によって異なることを利用した年代測定学．デンドロクロノロジーとも．複数の樹木の年輪情報を平均化したりつなぎ合わせたりして作成した標準年輪曲線と対比（crossdating）することにより，堆積物中から得た木材や建造物に使われた木材の年代を推定する．広義には，年輪幅の経年変化の特徴や，異常年輪（あて材）・傷害輪（おそ霜や山火事による傷害組織を含む年輪）の形成から過去の環境変化を推定する年輪気候学，年輪地形学，年輪生態学などが含まれる．
〈高岡貞夫〉

[文献] Cook, E. R. and Kairiukstis, L. A. eds. (1990) *Methods of Dendrochronology: Applications in the Environmental Sciences,* Springer.

のうがたそうぐん　直方層群　Nogata group　筑豊炭田の全域に分布する始新統の陸成層（一部海成層）．礫岩・砂岩・泥岩・炭層を挟む．層厚600 m．筑豊炭田の主要な炭層．〈松倉公憲〉

のうびじしん　濃尾地震　1891 Nobi earthquake　1891（明治24）年10月28日午前6時38分50秒に発生し，震央は岐阜県本巣市北西部付近とされる．地震の規模は被害記録の分布域からM 8.0と後に推定されるが，8.4とする説もある．典型的な直下型地震であり，日本の陸域で発生した史上最大規模の地震．主な地震断層として，温見・根尾谷・梅原の3断層が主に活動し，これらは根尾谷（あるいは濃尾）断層帯とよばれる．総延長は北西−南東方向へ約70（〜80）kmに及ぶ．根尾水鳥(みどり)地区には，上下に6 m，左横ずれ3 mの地震断層崖が現れ，国の特別天然記念物に指定され，断層地下観察館も建設されている．また，根尾中(なか)では，約7.4 mの左横ずれが現れ，畑の境界線に植えられた茶の木の列が明瞭に残されており，ここも天然記念物に追加指定された．この地震による死者は7,273名に達し，根尾谷断層帯と濃尾平野一帯で高い割合を示した．⇨根尾谷断層　〈岡田篤正〉

［文献］Koto, B. (1893) On the cause of the great earthquake in central Japan, 1891 : Jour. Coll. Science, Imp. Univ. Japan, 5, 295-353.

のうひりゅうもんがんるい　濃飛流紋岩類　Nohi rhyolites　岐阜県飛騨・東濃地方から長野県木曽地方にかけて，北西〜南東方向に伸張し広範囲に分布する白亜系の火山岩類である．石英・カリ長石・斜長石・黒雲母・角閃石・輝石などの斑晶に富む塊状無層理の流紋岩〜デイサイト質の溶結凝灰岩を主体とする．層厚2,000 m．主として美濃帯（古生層）を基盤とする．大規模な地すべりは発生しないが，深部岩盤中には潜在的節理が存在し，それが地表近くで顕在化しトップリング*（転倒崩壊）をおこすことがある．〈松倉公憲〉

のうむ　濃霧　dense fog　水滴が地面に接して大気中に浮遊し，水平視程が1 km未満の場合が霧で，特に200 m未満の濃い霧を濃霧という．霧の発生による障害は気象庁では「陸上視程不良害」として統計がとられているが，その大半は濃霧によるものと考えられている．視程不良による死傷事故は瀬戸内海で多発，三陸沖・北海道東方沖での海難事故や関越自動車道の通行止めなどが濃霧による害である．〈山下脩二〉

のこぎりじょうさんりょう　のこぎり状山稜　jagged crest　⇨鋸歯(きょしじょう)状山稜

のこびきだに　鋸挽谷　saw-cut valley　⇨河谷横断形の類型（図）

ノジュール　nodule　⇨団塊

のぞきそう　及位層　Nozoki formation　秋田・山形県境地域に分布する下部中新統．下部は熱水変質を被った暗緑色の安山岩溶岩および同質火山砕屑岩類．玄武岩溶岩が挟在．上部はデイサイト質火山砕屑岩類，流紋岩質溶結凝灰岩からなる．層厚600 m以上．〈天野一男〉

のっこえ（こし）　乗越　mountain pass　⇨峠

ノッチ　notch　波の侵食・削剥作用により海食崖の基部に形成された窪み状の地形で，奥行や高さに比べて幅が大きいものをいう．海食窪や波食窪ともよばれる．非溶解性の岩石からなる海岸でのノッチ形成には砂礫を取り込んだ波の機械的侵食が大きく関与する．石灰岩のような溶解性の岩種からなる亜熱帯〜熱帯の海岸では海水の化学的侵食が支配的であり，そこで形成されるノッチのうち，特に奥行が小さく浅いものをnipとよぶことがある．ノッチの最大後退点（最も窪んだ点：retreat point）の高さは海面の高さにほぼ一致すると考えて，過去の海水準の推定に離水ノッチの高さが利用されている．海岸部だけでなく，内陸部にある河岸段丘崖や谷壁の基部，高山帯のパッチ状裸地の風下側の縁などにもみられ，流水による側方侵食，風化作用，風食作用が関係するとされている．⇨岩石海岸（図）

〈青木　久〉

のっぽろそう　野幌層　Nopporo formation　北海道札幌東方の野幌丘陵に分布する下部更新統．粗粒堆積物に富み，海成層と泥炭を挟む陸成層が互層し岩相変化が大きい．南北方向に軸をもつ活褶曲で著しく変位している．〈松倉公憲〉

のみち　野道　trail　里山の草地や雑木林などの中で，薪・山菜取りや散策のために通る歩道で，一般に自然発生的に生じ，未舗装で，行き止まりの道も多い．ただし，社寺への参道を野道とはいわない．⇨踏み跡　〈鈴木隆介〉

のみつ　たかはる　野満隆治　Nomitsu, Takaharu（1884～1946）地球物理学者．京都帝国大学理学部物理学科卒業．1920年に京都帝大に開設された，わが国初の地球物理学教室の教授．海洋学を専門とし日本の海洋学研究と発展に貢献するとともに広く他の地球物理学分野の研究に従事．戦時中（1943年）に発刊された「河川学」（地人書館）は初めて河川全般を理学的視点からとらえた著書で，河川工学者はもとより戦後の河川地形研究者に多大の影響を与えた名著である．没後13年経た1959年には門下生により改訂された「新河川学」（地人書館）が出版され広く読まれた．〈砂村継夫〉

のりち　法地　norichi, slope　傾斜地の俗語．土木用語の法面のほか，自然斜面，畑や水田を縁取る斜面の日常語．〈鈴木隆介〉

のりめん　法面　artificial slope　人工的に自然地形を斜面状に切り取った面（切土法面）および盛土したところの斜面（盛土法面）をいう．斜面の勾配（法面勾配）は，盛土法面より切土法面の方が通常急である．これらの勾配は構造物の種類（道路，堤防，宅地など）により，標準的な値が決まっている．切土法面では斜面内を構成する岩質，土質と法面高さにより，また盛土法面では用いられる盛土材の性質ならびに法面高さによって決められている．斜面部分の安定を保つための法面防護の工法は切土法面と盛土法面とで異なり，前者には法枠工，モルタル吹付工，鉄筋挿入工，植生工など，後者にはブロック張，法枠工，柵工，植生工などがある．〈南部光広〉

のりめんこうばい　法面勾配　slope gradient　⇨法率

のりりつ　法率　slope gradient　日本の土木現場で常用される法面勾配の表現法の一つで，傾斜分数*（$1/x$）の分母（x）を次例のように表現する．例：$x=2.55$の場合，「2割5分5厘勾配」という．法面勾配ともいう．⇨斜面傾斜（表），傾斜分数　〈鶴飼貴昭〉

ノル　knoll　⇨ピナクル［サンゴ礁の］

ノルム　norm　ある岩石の化学組成を，期待される鉱物組成に近づけるため，定められた計算法（ノルム計算）に従って計算したもの．これに対して，その岩石の実際の鉱物組成をモードとよぶ．⇨CIPW分類法　〈松倉公憲〉

のろ　野呂　noro　丘陵頂部の緩傾斜な平坦地や波状の小起伏面を指す．西日本に多く，「○○野呂」と地形を示す地名に用いられる．林地，草原，牧草地などに利用されている．〈鈴木隆介〉

ノンコンフォーミティ　nonconformity　⇨傾斜不整合

は

バー bar ⇨沿岸砂州

バーかいがん　バー海岸 barred beach, barred coast 沿岸砂州*（バー）には恒常的に存在するアウターバー*と非恒常的なインナーバー*とがあるが，常にアウターバーが存在するか，アウターバーが存在しなくても一時的にインナーバーが形成される海岸を指す．アウターバーの段（列）数で一段バー海岸*，二段バー海岸などに分類されるが，二段以上のアウターバーが存在する海岸を多段バー海岸*という．外洋に面する砂質海岸の多くはバー海岸である．普段はアウターバーが観察されない海岸においても，季節的あるいは大規模な暴浪が襲来したときに極浅海部にインナーバーが形成されることがあり，このような海岸もバー海岸として分類されるので注意が必要である． 〈武田一郎〉

バーがたかいひん　バー型海浜 bar beach ⇨砂浜の縦断形

ハーゲン・ポアズイユのほうそく　ハーゲン・ポアズイユの法則 Hagen-Poiseuille's law 円管における層流*の流速分布が2次放物線形を呈することをいう．G. Hagen（1839）とJ. Poiseuille（1840）がそれぞれ独立に見出した． 〈宇多高明〉

[文献] 日野幹雄（1992）「流体力学」，朝倉書店．

ハーストげんしょう　ハースト現象【地形における】 Hurst phenomena (in landscape) H. E. Hurst（イギリス人）は，ナイル川の水文学的研究を通して河川流量や貯水池の水位の時間的変動を考察するための指数関数を提案した．現在では，その関数で表される自然現象や経済現象などがハースト現象とよばれ，それらの指数がハースト指数とよばれている．ハースト現象を表現する式には多少，形の違うものや，また，指数の求め方にはいくつかの方法がある．その一つは，Nを'入れ子構造'をした時間単位を表す数とする．例えば，$N=1$は1920〜1925年，$N=2$は1920〜1930年，$N=3$は1920〜1935年とする．さらに，それぞれの時間単位内で離散化した流量変化の標準偏差をσ，時間単位内での範囲（最大値と最小値の差）をRとした場合，$R/\sigma \sim N^H$（〜は比例を意味する）な関係が成立する現象がハースト現象で，Hがハースト指数である．この関係は経験的に導かれたものであるが，ブラウン運動や白色雑音などとも結びつけられるので，現在では，フラクタル幾何学に取り入れられて一般化され，様々な自然・経済現象などの解析に応用されるようになった．地形学にはF. Ahnert（1984）によって取り入れられた．その際，直線距離が時間軸に，高度変化が流量変化に相当するものとして，ドイツの山地で起伏量の解析を行い，$H>0.73$なる値を得ている．また，地形に関するこの現象の理論的な研究がCulling（1986）によってなされている． ⇨フラクタル，自己アフィンフラクタル 〈徳永英二〉

[文献] Turcotte, D. L. (1997) *Fractals and Chaos in Geology and Geophysics* (2nd ed.), Cambridge Univ. Press. / Culling, W. E. H. (1986) On Hurst phenomena in the landscape : Trans. Japan. Geomorph. Union, 7, 221-243.

バーティソル Vertisols 米国の土壌分類体系，世界土壌照合基準（WRB）で，乾燥時に亀裂（深さ50 cm以上で幅1 cm以上）が入る，粘土含量30%以上の土壌．雨季と乾季が明瞭に交替する熱帯〜亜熱帯の低地に広く分布する．モンモリロナイトなど2:1型膨張性粘土鉱物を主体とし，乾季には収縮して大きな亀裂を生じ，表層では細かい硬い粒子がつくられ，その一部は亀裂の中に落ち込む．雨季には膨張して亀裂をふさぐが，下層で強い圧力が生じ，下層の土壌物質は上方にもち上げられる．このような収縮と膨潤の繰り返しによって土壌物質が上下に回転することから，ラテン語の回転を意味する*verto*からVertisolsとよばれるようになった．下層では構造単位が相互に押し合い，すべり合うため，スリッケンサイド（slickenside）とよばれる光沢をもった構造面が形成される．また，地表面では，ギルガイ*（gilgai）とよばれる凹凸の微地形を形成する． ⇨土壌分類 〈前島勇治〉

バーなしかいがん　バーなし海岸　non-bar beach, non-bar coast　恒常的なアウターバーが存在せず，また非恒常的なインナーバーも形成されない砂礫質海岸．閉塞度の高い内湾や内海での海浜の多くはバーなし海岸である．外洋に面していても礫浜の多くはバーなし海岸である．　〈武田一郎〉

バーなしがたかいひん　バーなし型海浜　non-bar beach　⇨砂浜の縦断形

バーブ　varve　⇨氷縞

バーミキュライト　vermiculite　粘土鉱物中でイオン交換能力がもっとも大きい．急熱すると膨張・剥離し，そのときの状態がミミズに似ているところからラテン語の vermiculare（ミミズ）から命名された．日本ではこのような熱的性質を示すものをヒル石とよんでいる．　〈松倉公憲〉

バーム　berm　砂礫質海岸の前浜上部から後浜にかけてみられる，汀線に平行に伸びる高まりで，日本語では汀段あるいは径浜とよばれる堆積地形．バーム頂部は平坦な場合もあれば（砂浜に多い），バームクレスト（berm crest）が明瞭な尾根状を呈する場合もある（礫浜に多い）．二段以上のバームが発達することも多く，礫浜では三段以上のバームが観察されることもある．このような場合，最も海側のものを前径浜，他を後径浜とよんで区別することがある．バーが陸上に乗り上げて形成するバームは大規模で典型的なものになる．これらのバームは暴浪によって侵食されて消失する．バームの高さは堆積性波浪の砕波波高と周期によって決まり，波高が大きく周期が長いほど高いバームが形成される．径浜は'けいひん'ともよばれる．　〈武田一郎〉

［文献］武田一郎・砂村継夫（1982）バームの形成条件と高さ：地形, 3, 145-157.

バームがたかいひん　バーム型海浜　berm beach　⇨砂浜の縦断形

バームクレスト　berm crest　バームの頂部．透水性が大きい礫浜の方が砂浜よりも明瞭な尾根状を呈する．⇨バーム　〈武田一郎〉

はいあがりさきゅう　這い上がり砂丘　climbing dune　⇨上昇砂丘

はいあがりなみ　這い上がり波　overwash　⇨オーバーウォッシュ

バイアス（バイエス）がたカルデラ　バイアス（バイエス）型カルデラ　caldera of Valles type　⇨再生カルデラ

ハイアタス（ハイエイタス）　hiatus　⇨シークェンス層序学

ハイアロクラスタイト　hyaloclastite　おもに玄武岩質の溶岩流が水中（海底・湖底など）を流れるとき，水と接触して表面が急冷・破砕され生じた多量のガラス質小片からなる岩石．水冷破砕岩とも．　〈松倉公憲〉

はいいし　灰石　welded tuff　⇨溶結凝灰岩

はいいろど　灰色土　sierozem, serozem　⇨水成土壌

ばいう　梅雨　baiu　日本において春から盛夏季にかけて曇雨天日が多く，降水量が多い雨季のこと．この雨季は停滞前線の一種である梅雨前線によってもたらされる．この梅雨前線は，季節進行とともに北上する．そのため，南の沖縄では梅雨の開始が早く，東北では開始が遅い．ただし，例外的に北海道には梅雨は存在しない．　〈森島　済〉

ばいうぜんせん　梅雨前線　baiu front　5～7月に日本付近に停滞し，広範囲に持続的な雨をもたらす前線＊．オホーツク海高気圧・北太平洋高気圧の季節的盛衰に伴って位置を南北に変える．その統計的な位置は日本付近の寒帯前線帯をなす．梅雨季の末期には接近してくる台風の影響を受けることもあり，強度の強い降水がみられることが多い．　〈野上道男〉

バイオハーム　bioherm　原地性生物起源の，マウンド状あるいはレンズ状形態を示す岩体の一種．生物岩丘ともよばれる．複数のバイオハームが集積し，複合岩体を形成することもある．　〈江﨑洋一〉

バイオマス　biomass　⇨現存量

バイクセルひょうき　バイクセル氷期　Weichsel glaciation　⇨スカンジナビア氷床

はいこ　背弧　back arc　沈み込み帯の火山フロントを境として，沈み込み帯に近い側を前弧，その反対側を背弧とよぶ．内弧とも．前弧より地殻熱流量が大きく，火山を伴うことがあるほか，堆積盆地となっていることが多い．強い伸張応力場になると背弧拡大が起こって背弧海盆が形成される．日本列島では漸新世から前期中新世に日本海の拡大が起こった．一方，現在の日本海東縁も背弧に位置するが，圧縮応力場にあり，多くの逆断層が発達し，一部では沈み込みが始まっているといわれている．古第三紀より古い背弧海盆が世界に存在しないことから，背弧では海盆の拡大と，沈み込みによる消滅を繰り返していると考えられている．　⇨弧状列島　〈岡村行信〉

はいこかいぼん　背弧海盆　back-arc basin　島弧-海溝系において，島弧を挟んで海溝＊と反対側

にある海盆*．島弧の陸側（背弧側）に生じることから背弧海盆とよばれる．典型例は，日本海盆*，四国海盆*，沖縄トラフ*で，それぞれ東北日本弧，伊豆・小笠原弧，琉球弧に付随して形成されている．背弧海盆の生成メカニズムとしては，沈み込むスラブの海側への後退，陸側プレートの陸側への後退，マントルの上昇流などが提案されているが，決定的な原因はわかっていない． 〈岩渕 洋・瀬野徹三〉

はいこかくだい　背弧拡大　back-arc spreading　沈み込み帯に付随して火山弧より陸側（背弧側）に背弧海盆が生じることがあるが，そのような海盆をつくる海洋底拡大を背弧拡大とよぶ．背弧拡大では海洋底が発散境界と同様に生産されている．背弧拡大のメカニズムとしては，沈み込むスラブの海側への後退，陸側プレートの陸側への後退，マントルの上昇流などが提案されているが，決定的な原因はわかっていない． ⇨背弧海盆，沈み込み帯，弧状列島 〈瀬野徹三〉

バイザー　visor　ほぼ水平に庇のように張り出している，ノッチの上部をいう．世界では熱帯の石灰質岩石からなる海岸でよくみられる． ⇨ノッチ 〈青木 久〉

はいさがりさきゅう　這い下がり砂丘　climb down dune　⇨下降砂丘

はいしゃ　背斜　anticline　⇨褶曲（図）

はいしゃおね　背斜尾根　anticlinal ridge　⇨背斜山稜

はいしゃこうぞう　背斜構造　anticlinal structure　⇨褶曲（図）

はいしゃこく　背斜谷　anticlinal valley　背斜軸に沿って形成された谷．褶曲削剥地形の一つ．侵食されやすい地層や断層・節理などの弱面が発達する地層が背斜軸部に露出していると，そこが選択的に侵食されて背斜谷が形成される． ⇨褶曲構造の削剥地形（図），褶曲地形 〈小松原 琢・鈴木隆介〉

はいしゃさんりょう　背斜山稜　anticlinal ridge　褶曲の背斜軸に沿って伸長する走向山稜*．背斜尾根とも．その背斜軸を形成した褶曲運動によって高くなった尾根とは限らず，褶曲削剥地形の場合が多い．ただし，活褶曲運動によって形成された小規模な尾根（活背斜丘陵）は各地（特に段丘面や火山麓の変位地形）にみられ，それを横断する先行谷や天秤谷*で開析されている（例：新潟県長岡市三島町七日市付近）．⇨褶曲構造の削剥地形（図），活背斜尾根，先行谷 〈小松原 琢・鈴木隆介〉

はいしゃじく　背斜軸　axis of anticline　⇨褶曲（図）

はいすい　排水　drainage　ある範囲の地域，施設から水を排除すること．河川の流域（drainage basin）のように広い地域から表面流出や地下水流出によって自然に排水される場合と，ダム湖，貯水池など比較的狭い範囲から適正な水量を管理するために人為的に排水する場合とがある． 〈池田隆司〉

はいすいくいき　排水区域　drainage area　⇨流域

はいすいみつど　排水密度　drainage density　水系密度，水路密度ともいう．谷密度*とほぼ同義である．流域内の排水網を対象に，単位面積当たりの水路長としてホートン（R. E. Horton）によって定義された．この場合，Ω次の流域内のω次の水路の数をN_ω，ω次の水路の平均長を$\bar{L}_\omega$，その流域の面積をA_Ωとすると，排水密度D_dは，$D_d = \sum_{\omega=1}^{\Omega} N_\omega \bar{L}_\omega / A_\Omega$で与えられる．分水界の存在に拘泥しないで，対象をある区域とする場合はその区域の面積をA，区域内の水路の全長L_tとすると，D_dは$D_d = L_t / A$で与えられる．排水密度は，河川網のほか，リル網を構成する水路などに対しても適用される．いずれの場合も，排水密度は地表面の透水性を示す指標となる．また，排水密度の逆数は，流域内で単位長の水路を維持するのに相当する部分の面積の平均値を意味し，Schumm（1956）により水路維持定数（constant of channel maintenance）とよばれている．またこの1/2倍は尾根から水路までの落水線に沿う水平距離の平均長にほぼ等しい． ⇨谷密度，リル侵食，排水網 〈徳永英二・山本 博〉

［文献］Schumm, S. A. (1956) Evolution of drainage systems and slopes in badlands at Perth Amboy, New Jersey: Bull. Geol. Soc. Am., **67**, 597-646.

はいすいもう　排水網　drainage network　一つの流域に属し，地表を流れる水の流路をつなげたシステムをいう．ある区域から水を排水するという意味が込められている．水路網（channel network）という用語もある．この二つの用語がどの程度重なっているか必ずしも明確ではない．植生の有無や，降水の状況によって，安定な流路の認定が異なる．リルやガリーをつくるシステムも排水網である．他に河川網（river network），流路網（stream channel network），排水システム（drainage system），水系網など様々な用語が用いられている．これらの用語の用い方は，水路，河川などの定義と関係する．排水という用語が最も一般的であり，平田徳太郎によるホートン*（Horton, 1945）の訳ではdrainage network の訳語を排水網としている． ⇨リル侵食，ガリー侵食 〈徳永英二〉

[文献] 平田徳太郎訳（1955）河川および流域の発達と侵蝕（I）：日本林学会誌，**37**, 35-40. ／Horton, R. E. (1945) Erosional development of streams and their drainage basins; hydrophysical approach to quantitative morphology: Bull. Geol. Soc. Am., **56**, 275-370.

はいせん　廃川　disused river　蛇行した河道をショートカットしたときのように，新川の開削や河川の改修などにより河道の機能が不要となり人工的に廃止された旧河川または旧河川区間． 〈砂田憲吾〉

はいづめそう　灰爪層　Haizume formation　新潟県の西山地域に分布する鮮新統～更新統．細～中粒砂・砂質シルト・砂泥互層からなり，夏川石とよばれる石灰質の砂岩層を挟む．層厚は300 m. 上位の魚沼層群と不整合，下位の西山層と整合．ケスタが多く，その背面で地すべりが多発する．1969（昭和44）年4月26日，広神村水沢新田において発生した地すべりは，この灰爪層と魚沼層群がすべったものである． 〈松倉公憲〉

パイていり　パイ定理　Π-theorem　次元解析*を行う際に用いられる定理．E. Buckingham (1914) が明らかにしたので，バッキンガムのパイ定理ともよばれる．現象が n 個の物理量 $A_1, A_2, \cdots, A_n$ で支配されている場合，これらの物理量を構成する基本量が m 個（力学では，質量・長さ・時間の3個）ならば，その現象は $(n-m)$ 個の無次元量 $\Pi_1, \Pi_2, \cdots, \Pi_{n-m}$ で表される．すなわち $\Phi(\Pi_1, \Pi_2, \cdots, \Pi_{n-m})=0$, ただし $n>m$. 〈宇多高明〉

ハイドロアイソスタシー　hydro-isostasy　地球的規模の気候変動を原因として海水の量および分布範囲が変化すると，海底にかかる海水による荷重の大きさや範囲も変化する．このような荷重の再分配に対して，プレートは弾性的に変形し，マントルは粘性的に変形することによって，新たな均衡状態に遷移していく現象．マントルの変形の程度は粘性率に依拠するが，粘性率の分布は正確にはわかっていない．また，マントル粘性率の垂直的な構造により，変形の地域的スケールには数千kmのものと，数十～数百kmのものがある．ある地域の後氷期海進に伴うハイドロアイソスタシーによる地盤の昇降はその地域の海岸や海底の地形を考慮して求める必要がある． ⇨アイソスタシー 〈前杢英明〉

ハイドログラフ　hydrograph　河川の流量や水位の時間的変化を表すグラフで，それぞれ流量ハイドログラフ，水位ハイドログラフとよばれる．横軸に時間をとり，縦軸に流量または水位をプロットする．1回の降雨によって，ハイドログラフの形は上昇部が急な曲線（集中曲線）となって現れ，ピークに達した後，緩やかな曲線（減衰曲線）となって下降する．ハイドログラフから表面流出や基底流出を分離することができる．ハイドログラフの形は，降雨強度，降雨前の土壌の水分量，地形の特徴，地質や植生など，その流域の特性を反映して変化する．河川管理には，上流から下流まで各地点における降水と流量，あるいは水位の関係を予測することが必要となる．特に洪水時のピーク水位やピーク流量の予測は洪水調節上，不可欠である．ハイドログラフは，直接河川の流量を測定して描くのが理想だが，流量測定は困難な場合が多く，経験的な水位-流量曲線から換算する方法がとられる．さらに，降水量から流出特性を詳細に解析し，それに基づいて流量を推定する場合もある．しかし，これらの間接的方法では，流出特性の時間的変化や解析の誤差など精度的な問題が生じるので注意が必要である． ⇨直接流出，表面流出，中間流出 〈池田隆司〉

パイピング　piping　地下水の流れによって，地盤内で土塊もしくは土粒子が移動して管路状の地下侵食が進行する現象をいう．トンネル侵食（tunnel erosion）ともよばれる．不均一な地盤内においては，土壌や未固結堆積物の地下水による溶脱，あるいは生物活動（地中小動物や植物根系）によって形成されるパイプや粗大孔隙（macro-pore）などの相対的に透水性のよい部分を地下水は選択的に流れる．豪雨などにより動水勾配が大きくなると，地下水の流れは更にこれらの部分に集中して，地下水が周囲の土砂を含んで地表面に噴出する． 〈佐倉保夫・宮越昭暢〉

パイプ　pipe　⇨パイピング

はいめん　背面　summit plane　定高性*のある山地や丘陵のほぼ水平なスカイライン*を想定した仮想面であり，実在の地形面ではない．①古い

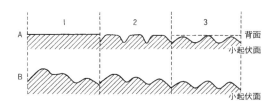

図　背面と小起伏面（吉川ほか，1973）
1, 2, 3は発達順序．Aの1は段丘面などの地形面（小起伏面を含めることもある）で，3の背面は有意義である．Bでは元の地形が不明であるから，3は小起伏面として扱われ，地形発達史的には無意義である．

段丘が開析されて，少量の段丘堆積物が主要な尾根の頂部に存在しても，段丘面が残存していない場合（例：東京多摩丘陵の御殿峠付近）と②等間隔性をもつ河谷の発達によって，見掛け上，スカイラインがほぼ水平にみえる場合，の両方がある（前頁の図）．その形成年代は①では推定できるから，①は地形面として扱われることもあるが，②ではわからない．なお，メサ*や削剥高原*の頂面の平坦性を背面とはいわない． ⇒地形面，谷の等間隔性 〈鈴木隆介〉

[文献] 吉川虎雄ほか（1973）『新編 日本地形論』，東京大学出版会．

パイラシー piracy ⇒河川争奪

パイロフィライト pyrophyllite 構造が雲母に似た層状珪酸塩鉱物．葉蠟石（ようろうせき）ともいう．熱水鉱脈中に長石などの変質物として産出． 〈松倉公憲〉

ハインリッヒ・イベント Heinrich event 深海底堆積物に含まれる陸源物質の濃集層が示す，最終氷期中の約1万年周期の大規模な氷山の流出事件．大陸氷床が大規模に海洋に流れ出し，氷山中の陸源性砂礫が深海底に堆積することで記録される．北大西洋の深海底堆積物コア中の微化石やその酸素同位体比の解析に基づいて，規則的なハインリッヒ・イベントの発生に先立つ海洋の寒冷化と，ハインリッヒ・イベント後の急激な気温の温暖化（ダンスガード・オシュガー・サイクル*）から，最終氷期中の急激な気候変動に大陸氷床の変動が関与していると考えられるようになった．大陸氷床が間欠的に崩壊するメカニズムはまだ解明されていない． 〈三浦英樹〉

パウエル Powell, John W.（1834-1902）米国の地質学者・探検家．若いときから大河川をボートで下るなど探検心が旺盛で，南北戦争従軍時に銃撃で右腕の大部分を失ったが，戦後，米国西部開拓のための探検隊長として，ギルバート*などの地質学者や地図製作者，写真家を同伴して，ロッキー山脈やコロラド川のグランドキャニオンなどを二次にわたり探検した．彼の日記には地形，地質や先住民の精細な観察記録があり，それが1895年に *The Exploration of the Colorado River and its Canyons* で総括されて，ギルバートの報告書とともに，デービス地形学*の確立に寄与した． 〈鈴木隆介〉

[文献] Darrah, W. C. et al.（2009）*The Exploration of the Colorado River in 1869 and 1871-1872: Biographical Sketches and Original Documents of the First Powell Expedition of 1869 and the Second Powell Expedition of 1871-1872*, Univ. Utah Press.

はかい　破壊 rupture, fracture, failure 物体が応力により二つ以上に分離する現象．破壊には脆性破壊，延性破壊，剪断破壊，引張り破壊，クリープ破壊，疲労破壊など，物質により種々の破壊様式があるが，同一物質でも，応力状態・温度・変形速度などの条件により，異なった破壊の様式をとる．山崩れ，地すべりなどは剪断破壊現象であり，崖のトップリングは一種の引張り破壊とみなすことができる．また，野外における凍結破砕や乾湿風化などの風化作用は，それらのプロセスの繰り返しによって徐々に岩石を劣化・細片化させることから一種の疲労破壊*と考えられる． 〈松倉公憲〉

はかいきじゅん　破壊基準 failure criteria 岩石・岩盤などの脆性材料が外力によって破壊する基準で，破壊時の応力や歪みなどによって規定する．代表的な基準には以下の3つがある．①内部摩擦説（internal friction theory）：破壊は材料の粘着力と内部摩擦によるとする基準である．②モールの破壊基準（Mohr's criterion）：破壊面における剪断応力が，その面に働く垂直応力に関係するある値に達したとき，または最大引張り応力が一定値に達したときに破壊するとする基準で，破壊時のモールの応力円の包絡線がモールの破壊基準となる．その包絡線は直線または放物線で表現される．直線の場合はクーロンの摩擦則（クーロンの式）と一致するのでモール・クーロンの破壊基準という．③グリフィスの基準（Griffith's criterion）：材料の内部にミクロなクラックが存在し，そのクラックの先端に応力集中がおこり，それによって破壊が始まるとする基準である． ⇒モール・クーロンの破壊基準，剪断強度 〈松倉公憲〉

はかいちけい　破壊地形 destructional landform 原地形*の侵食によって形成される次地形を指す．地形変化は"古い地形が破壊され，新しい地形が建設されること"といわれるように，"すべての地形が破壊地形であり，同時に建設地形でもある"ともされるが，Davis（1894）は，隆起（uplift）を建設作用（constructional force），それによってつくられる新しい地塊（new mass）を建設地形（constructional form）とし，地塊を損耗する作用（wasting）を破壊作用（destructional force），それによってつくられる地形を破壊地形（destructional form）とした．辻村太郎（1932）は，constructional form を構成形態と訳し，構造地形に対応させ，destructional form を育成形態と訳し，侵食地形を対応させている．すなわち侵食輪廻や内作用・外作用の対比でみた場合は，破壊地形は，地殻変動や火山活動などの内作用によって直接つくられた建設地

形である原地形が破壊作用（侵食作用）によってつくられる次地形を指す．なお，侵食作用・堆積作用によってつくられる地形を対象にする場合には，破壊地形は崩壊地，峡谷，海食崖，波食棚などの侵食地形を指す．　⇨建設地形　　〈大森博雄〉

［文献］渡辺　光（1975）「新版地形学」，古今書院．/Davis, W. M.（1894）Physical geography in the university : Jour. Geol., 2, 66-100.

はきょく　波曲　warping　⇨曲動

はくあき　白亜紀　Cretaceous（Period）　中生代*を三分した最後の地質年代で，145.0 Maから66.0 Maまでの7,900万年間である．年代名はこの年代に卓越する白色炭酸塩堆積物であるチョーク*（chalk：ラテン語でcreta，日本語で白亜）に由来する．南大西洋の開口，インド大陸の分離・北上などゴンドワナ大陸の分裂が進み，現在の大陸配置の原型ができあがった．白亜紀を通して全球的に温暖気候下にあり，世界的に海進が起こって地球史上，最多の化石燃料が形成された．　〈八尾　昭〉

はくしゃせいしょう　白砂青松　hakusha-seishou　天然の白い砂で構成されている幅広い砂浜と背後の青々として松林．わが国の，かつての美しい砂浜海岸の景色をいう．　〈砂村継夫〉

はくだつさよう　剥脱作用　exfoliation　岩石・岩体の露出表面を薄く剥がれ落とす風化・削剥作用．剥離作用・鱗脱作用ともいう．エクスフォリエーションとも．おもに物理的風化や水和作用などに起因する．剥脱する岩片の厚さが数cm以上の場合に剥脱作用，これより薄い場合にフレーキング（flaking）を用いる．　〈藁谷哲也〉

［文献］Migon, P.（2006）*Granite Landscapes of the World*, Oxford Univ. Press.

はくだつどーむ　剥脱ドーム　exfoliation dome　剥脱作用を受けて生じた裸岩からなる岩峰や岩山．花崗岩や片麻岩の岩石に多い．丸く滑らかなドーム状の岩体には，ドームの形状に沿ったシーティング節理が発達している．山腹から，ときどき最表層のシート（板状の岩片）が剥がれ落ちる．韓国ソウル郊外の北漢山では，数十cm薄いシートは数千年で，1 mをこえる厚いシートは数万年かけて剥離している（Wakasa et al., 2006）．　〈松倉公憲・田中幸哉〉

［文献］Wakasa, S. et al.（2006）Estimation of episodic exfoliation rates of rock sheets on a granite dome in Korea from cosmogenic nuclide analysis : Earth Surface Processes and Landforms, 31, 1246-1256.

バグノルド　Bagnold, Ralph A.（1896～1990）英国の応用物理学者．陸軍士官学校卒業．職業軍人．英国学士院フェロー．数々の砂漠探検をアフリカ（特にリビア）で遂行する（1929～1938）とともに飛砂と砂丘の調査・研究に従事．その後，空気，流水や波浪による固体粒子の運動に関する研究を実施．その成果は地形学をはじめ関連諸分野（粉体工学・河川工学・海岸工学・粉体流物理学・堆積学など）の進展に先駆的役割を果たしている．名著 The Physics of Blown Sand and Desert Dunes（1941）は現在も刊行（Dover版）されている．　〈砂村継夫〉

［文献］Kenn, M. J.（1991）Ralph Alger Bagnold. 3 April 1896-28 May 1990: Biographical Memoirs of Fellows of the Royal Society, 57-68.

ばくはじしんがく　爆破地震学　explosion seismology, active source seismology　爆薬などの人工的な震源を用いて地球内部の速度構造を求める研究手段の総称．震源位置と発生時刻が既知であり，精度よく地殻や最上部マントルの地震波速度構造を求めることができる．海域ではエアガンなどを震源として用いる．　〈加藤　護〉

ばくはつかくれきがん　爆発角礫岩　explosion breccia　水蒸気爆発やマグマ水蒸気爆発などの爆発的噴火で空中に放出され，火口付近に降下堆積した角張った火山岩塊や火山礫などで主に構成される火山砕屑岩．　〈横山勝三〉

ばくはつかこう　爆発火口　explosion crater　⇨爆裂火口

ばくはつカルデラ　爆発カルデラ　explosion caldera　爆発的な火山活動で，既存火山体の一部が飛散または崩壊して生じたカルデラ．一般に小規模で例も少ない．崩壊物は，岩屑流となって山麓へ流下堆積し，起伏に富む特有の地形を形成する．Williams（1941）は，有史時代に生成した爆発カルデラの例として，Rotomahanaカルデラ（ニュージーランド Tarawera火山，1886年），Chaos Crag付近（北アメリカ Lassen Peak北側，二百数十年前）などをあげた．日本での実例は，磐梯山1888年噴火で山体北側に生じた馬蹄形の凹地．　〈横山勝三〉

［文献］Williams, H.（1941）: Calderas and their origin : Bull. Dept. Geol. Sci. Univ. Calif. Publ., 25, 239-346.

ばくはつしすう　爆発指数　explosion index　ある火山のある期間内における全噴出物のうち，火山砕屑物の占める割合（百分率）．爆発的噴火は火山砕屑物を多く生じるので，一つの火山の総噴出物量に火山砕屑物の占める割合が大きいほど，その火山の噴火史の中では爆発的噴火の頻度が大きいことを示す．すなわちこの指数の大小は，爆発的な噴火頻

度の大小の指標となる．盾状火山では5%以下，成層火山では一般に80～95%程度．⇨火山の地域的爆発指数，火山爆発指数，火山型　〈鈴木隆介〉

[文献] Rittmann, A. (1962) *Volcanoes and Their Activity*, John Wiley & Sons.

ばくはつてきふんか　爆発的噴火　explosive eruption　火山の噴火の中で特に爆発を伴う激しいもの．非爆発的噴火（nonexplosive, effusive eruption）の対語．粘性の高いマグマに関係した噴火や，マグマ水蒸気噴火などは爆発的噴火となる．爆発的噴火によって噴石・火山弾・火山灰などの火山砕屑物が放出され，これらは火口周辺や火山から離れた風下側の地域に落下して堆積する．また，爆発的噴火で火山体の一部が破壊され，破壊物質は火山岩屑流となって火山麓へ流下することもある．⇨非爆発的噴火，噴火様式　〈横山勝三〉

ばくふ　瀑布　waterfall　⇨滝

ばくふせん　瀑布線　fall line　⇨滝線

はくへん　薄片　thin section　偏光顕微鏡*の透過光で観察することができるほど薄く（0.03 mm程度）まで研磨され，スライドグラスに貼り付けられた岩石・鉱物の試料．　〈松倉公憲〉

はくらくがたらくせき　剝落型落石　rockfall of separation type　⇨落石（図）

はくらくせつり　剝落節理　exfoliation joint　⇨剝離節理

はくりさよう　剝離作用　exfoliation　⇨剝脱作用

はくりじゅんへいげん　剝離準平原　stripped peneplain, resurrected peneplain　堆積物に覆われていた埋没準平原が隆起後，削剝により再び露出した準平原を指す．発掘準平原，蘇生準平原，裸出準平原，復活準平原，再生準平原ともいう．準平原化した土地が沈水し，堆積物で覆われると埋没準平原となる．この準平原面は層序的には不整合面となるが，この土地が隆起し，不整合面の上位の被覆層が削剝され，古い準平原が露出すると剝離準平原となる．剝離不整合面および剝離化石地形の一種でもある．コットン*（C. A. Cotton, 1917）は埋没準平原が削剝・露出した地形を化石平原（fossil plain）とよび，マルトンヌ*（E. de Martonne, 1922）はモーバン（morvan：交差準平原の交差部で古い準平原が剝離・露出した地形）を化石準平原（pénéplain fossile）とよんでいる．英語の stripped peneplain は fossil peneplain（化石準平原）の同義語として使われることが多い．また，resurrected peneplain は ジョンソン*（Johnson, 1925）が用いて以降，使われることが多い．多くは隆起準平原となっていて，剝離過程で変形されることも多く，剝離準平原上の凹地には被覆層の一部が残存したり，また硬岩部は残丘や急斜面として維持されることも多いとされる．なお，被覆が行われるのは沈水したときとは限らず，陸上でも大規模火山噴出物（火砕流や溶岩）などに被覆されることがある．当初の準平原が形成された年代や剝離された年代は，世界的にみると古生代以前から第四紀まで，様々である．日本においても，北上山地，阿武隈山地の隆起準平原の中に剝離準平原とされるものが指摘されている．⇨モーバン　〈大森博雄〉

[文献] 吉川虎雄ほか（1973）新編日本地形論，東京大学出版会．/Johnson, D. W. (1925) *The New England―Acadian Shoreline*, John Wiley & Sons.

はくりせつり　剝離節理　exfoliation joint　岩石・岩体の表面形にほぼ平行する割れ目．割れ目の両側の相対的変位が全くないか，あってもごくわずかなもの．群をなしていることが多い．多くは風化に起因するが，火成岩では鉱物粒の形態定向性を反映した冷却時の初生的節理*による場合もある．　〈藁谷哲也〉

はくりめん　剝離面　stripped surface, resurrected surface　堆積物に覆われていた地表面が，隆起後，削剝により再び表面に露出した地表面を指す．化石地形の一つで，剝離化石面（stripped fossil plain），あるいは単に化石面（fossil plain）ともいう．剝離面は特定の層序（不整合面や硬岩層の地層面）に関係する地形で，剝離準平原のように堆積物下に埋没していたかつての陸上の地形が削剝によって露出した場合と，エスプラネードやケスタの背面のように，上位の柔らかい地層が削剝されて下位の硬い地層の上面（地層面）が露出して地表面をつくっている場合とがある．前者は一般に発掘地形面（exhumed land surface）といい，不整合面が露出したので剝離不整合面（re-exposed unconformity）ともいう．後者は剝離組織面（stripped structural surface）とよぶことが多く，地層面を堆積地形面とみなし，剝離堆積面（stripped stratum plain）ともよぶ．発掘地形（侵食地形が露出したもの）と剝離組織面の両者を合わせて，剝離地形（stripped landscape）という．⇨発掘地形，化石地形　〈大森博雄〉

[文献] 渡辺　光（1975）「新版地形学」，古今書院．/Twidale, C. D. and Campbell, E. M. (1993) *Australian Landforms:*

Structure, Process and Time, Gleneagles Pub.

ばくれつかこう　爆裂火口　explosion crater　爆発によって火山体の一部が吹き飛ばされて生じた凹地．爆発火口とも．直径1km以下の小規模なロート状のほか，種々の形状をなす．大規模な爆発の場合，火山体が大きく破壊されて巨大な馬蹄形の凹地（爆発カルデラ）を生じることがあり（例：1888年磐梯山の大爆発），破壊物質は火山岩屑流として山麓の低地に流下・堆積し，起伏に富む火山岩屑流地形をつくる．⇨爆発カルデラ，火山岩屑流地形
〈横山勝三〉

ばくろじっけん　暴露実験　weathering test　実験材料を長期間にわたり建物の屋上などで大気にさらし，その風化・侵食に対する耐久性を調べるための実験．暴露環境によって，大気暴露実験とか海水・海岸暴露実験などとよばれる．主に材料科学分野の用語で，野外暴露試験ともいう．実験材料が岩石の場合の実験結果は地形学にも有用である．
〈松倉公憲〉

ばくろちけい　暴露地形　exposed landform　弱抵抗性岩の下位にあり，地下に隠れていた強抵抗性岩の岩体が周囲の弱抵抗性岩の削剥によって地表に露出し，周囲より高くなっている地形．堆積岩内部にあった岩脈，火山岩頸，岩株，ホルンフェルス，チャート，石灰岩などの部分だけが高い尾根や岩塔（例：仙台市南西部の太白山の火山岩頸*）を生じ，そこを横断する河川が表成谷*を生じる場合がある．逆に，強抵抗性岩の削剥によってその下位にあった弱抵抗性岩が露出すると，後者が急速に削剥されて侵食盆地を生じる．このように削剥によって下位の岩体が露出し，地形の逆転*で生じた特異な地形を暴露地形と鈴木（2000）は総称した．⇨岩脈山稜
〈鈴木隆介〉
［文献］鈴木隆介（2000）「建設技術者のための地形図読図入門」，第3巻，古今書院．

ハケ　hake, cliff　段丘崖のように，ほぼ一定の比高をもつ急崖で，横に長く伸びている崖を表す地方語で，関東から東北地方で多く使用される．ママ，畔畔（けいはん）ともいう．東京都の国分寺崖線（立川段丘の後面段丘崖*で，JR中央線国立駅付近から野川左岸に沿って世田谷区田園調布付近まで続く）が小説「武蔵野夫人」で「ハケ」と紹介されたので有名．崖上・崖下の平坦地はハケ上・ハケ下とそれぞれよばれることもある．⇨崖，ママ，崖線
〈鈴木隆介〉

はけいこうばい　波形勾配　wave steepness　波の断面形状の指標で，波長Lに対する波高Hの比，H/L．この値が大きいほど波の峰が尖っていることを示す．尖りすぎると波形が維持できずに波が崩れる．これを限界波形勾配といい，$(H/L)_{crit.} = 0.142 \approx 1/7$（理論値）である．深海における波高$H_0$，波長$L_0$で表したものを沖波波形勾配，$H_0/L_0$，という．
〈砂村継夫〉

はげやま　はげ（禿）山　bald mountain, bare slope　地形学では地形的位置や気候条件を問わず，裸地の多いところを指すが，通念としては，気候的に本来，高木の植生に覆われるべきところが表土流亡によって土壌層を欠き，土壌母材が露出する裸地となっている部分などを特に「はげ山」と認識し，高山の山頂現象による裸地などを想定していない．林学や地形図表現では禿赭地（とくしゃち）という．はげ山の形成は，植生が生育しない，あるいは破壊されることによって土壌断面の生成回復が困難なためである．その原因は，①植生の生育が極めて困難な乾燥・半乾燥地，②高山の山頂付近における低温と風雪の作用（例：風衝地，雪田など），③新しい火山噴出物に頻繁に覆われる活火山の特に山頂部，④雪崩や斜面崩壊による斜面侵食の繰り返し，⑤山火事跡（例：瀬戸内海沿岸），⑥精錬所の排出ガスによる植生の枯死（例：足尾鉱山），⑦森林の過度の伐採（例：琵琶湖岸南方の田上山地），⑧家畜の過放牧（例：ギリシャの丘陵），⑨土壌断面が形成されにくい地質（例：蛇紋岩，風化花崗岩）など様々である．〈阿子島 功〉
［文献］千葉徳爾（1973）「はげ山の文化」，学生社

はこ　函　hako, gorge, deep depression　険しい峡谷のこと．特に両岸が垂直に近い岩壁で囲まれた瀞や滝壺などをいう．北海道でよく使われる（例：石狩川層雲峡の大函・小函）．ほかに急傾斜の高い斜面に囲まれた凹地（例：カルデラ）を函ということもある．箱根火山カルデラの南方の函南（かんなみ）はその名残の地名．
〈岩田修二・戸田真夏〉

はこう　波候　wave climate　ある地点における長期間の波浪の出現特性．
〈砂村継夫〉

はこう　波高　wave height　⇨波

はこうけい　波高計　wave gauge, wave meter　波浪の高さと周期を測る機器．水面の上下運動を捉えるセンサーをどこに設置するかにより4種類に大別される．①海中あるいは海底に設置するタイプのものとして水圧式波高計や超音波式波高計，②海面に設置するタイプには容量式波高計や抵抗式波高計，③船体に取り付ける船舶用波高計，④海面の上

方に設置するものとして空中発射型超音波式波高計，などがある． 〈砂村継夫〉

[文献] 磯崎一郎・鈴木　靖 (1999)「波浪の解析と予報」, 東海大学出版会．

はこじょうこく　箱状谷 Kastental (独) ⇒河谷横断形の類型（図）

はごろもてい　羽衣堤 wing levee　横堤*を下流に向かって傾いた角度で出した堤防． 〈砂田憲吾〉

はこん　波痕 swash mark　寄せ波が前浜や後浜に押し寄せる際，押し寄せた上限に運搬されたゴミや泡，堆積物粒子が取り残され，線状の模様を残すことがある．この模様のことを波痕（またはスウォッシュマーク）とよぶ． 〈酒井哲弥〉

ハザード hazard　広義には自然災害*のみならず，完全な人災*（例：薬害，放射性物質の放出・拡散，テロ行為）や未必災*よる災害の総称であるが，普通は狭義で自然災害 (natural hazard) を指す．人災の予知は不可能に近いが，自然災害の予知はその誘因や素因（例：土地条件）によって定性的には可能な場合もあるので，局所的なハザードマップが作成され，防災に役立てられている．　⇒自然災害の予知，ハザードマップ，誘因，素因

〈鈴木隆介〉

ハザードマップ hazard map　洪水，高潮，津波，土石流，火山噴火等の災害に対して人的被害を最小限にとどめることを目的として作成される地図であり，災害予測，避難情報などを住民にわかりやすく提供することをめざす．自然災害予測図，災害予測図とも．防災マップ，災害マップなどとして，各市町村等によって住民に配布されるほか，各自治体や国土交通省のホームページなどでも公開されている．洪水ハザードマップでは，浸水想定区域，想定浸水深や，洪水予報等の避難情報の伝達方法，迅速かつ円滑な避難行動のための避難場所，避難時危険箇所や避難情報の伝達方法等の基本的情報が記載されるほか，避難時の心得や災害学習情報なども盛り込まれる．近年，わが国では水防法の改正により，浸水被害が発生するおそれのある市町村に洪水ハザードマップの作成・提供が義務づけられた．また，土砂災害ハザードマップは，急傾斜地の崩壊，土石流，地すべりなど土砂災害の発生原因となる自然現象を表示した図面に，土砂災害に関する情報の伝達方法，避難地に関する事項，その他警戒区域における円滑な警戒避難を確保する上で必要な事項等が記載されている．なお，2000年3月の北海道有珠山の噴火の際には，有珠山火山防災マップに従って

住民の迅速・円滑な避難が行われ，ハザードマップの有効性が示された． 〈海津正倫〉

はさい　破砕【岩石の】 disintegration　岩石が，おもに物理的風化を受けて細片化されること．細片化された物質は，粗粒で可動性が高いため風，水，重力などの侵食営力によって移動しやすい．また，比表面積が増加するため化学的分解を受けやすくなる． 〈藁谷哲也〉

はさいたい　破砕帯 crush zone, shatter zone, shatter belt　普通には断層破砕帯*と同義で，特に幅の広い場合に使用される．圧砕帯とも．その幅は数mm～数mであるが，定義によっては数百mとみなされることもある．平行断層の場合，破砕帯の幅は，主断層で厚く，それから離れる副断層ほど薄い．破砕帯の幅 (W) は断層の見掛けの変位量 (D) に比例し（図），その比例係数 ($α=W/D$) は岩盤強度（例えばシュミットロックハンマー反発度）に比例して大きくなる．　⇒断層粘土 〈鈴木隆介〉

[文献] 鈴木隆介 (2004)「建設技術者のための地形図読図入門」，第4巻，古今書院．

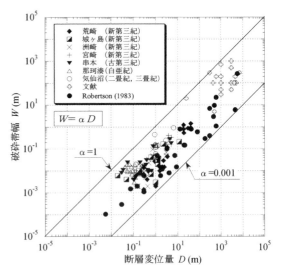

図　断層の破砕帯幅 (W) と見掛け変位量 (D) との関係
（鈴木, 2004）

バザンこうしき　バザン公式 Bazin formula　シェジーの係数 C を粗度係数と径深で表した開水路の平均流速を求める公式．　⇒シェジー公式

〈宇多高明〉

はじょうがん　波状岩 wavy rock-relief　⇒洗濯板状起伏［岩石海岸の］

はじょうさたい　波状砂堆 undulate sand bank

風によって運ばれた砂がつくる堆積地形の一種．縦列砂丘の列の間の低い部分などに分布する．明瞭な稜は存在せず，頂部はなだらかな高まりをなす．バルハン*や縦列砂丘*が短時間で変化していくのに比べると移動速度は小さい．波状砂堆と似た砂の堆積地形に鯨背砂丘*がある．これは縦列砂丘と同じく風の流れと並行に伸びる長さ100 km以上，幅数 kmの砂丘であるが，縦列砂丘のように明瞭な崩落崖面をもたないことが特徴である．波状砂堆は鯨背砂丘より短く連続性がよくない．⇨堆積作用〔風の〕　　　　　　　　　　　　　〈林　正久〉

はしょく　波食 wave erosion ⇨波食作用

はしょくがい　波食崖 wave-cut cliff ⇨海食崖

はしょくきじゅんめん　波食基準面 surf base ⇨サーフベース

はしょくくぼ　波食窪 notch ⇨ノッチ

はしょくこう　波食溝 wave furrow　海食台や波食棚上にみられる溝状の微地形．海食溝ともよばれる．構成岩石に断層や節理などの弱線がある場合や，相対的に抵抗力の小さい急傾斜した地層が存在する場合には，これらの部分が波の侵食作用によって，より深く侵食されて形成される．サンゴ礁の礁嶺に発達する溝（groove）とは区別される．⇨岩石海岸（図）　　　　　　　　　　　　〈青木　久〉

はしょくさよう　波食作用 wave erosion　固結した物質からなる海岸における波の侵食作用．波食ともいう．波は水面の上下運動であるが，砕波による水塊が直接海岸に作用する場では大きな侵食力を及ぼす．砂や礫が波にとりこまれると，これらが研磨材として働くため侵食力が激増する．空気を巻き込んだ砕波が高角度の海食崖に作用すると，大きな水圧を及ぼす．崖に節理や断層などの割れ目があると，波の作用により割れ目の中の空気がくさびのように働き割れ目を押し広げる（くさび作用*）．水中においては水が緩衝材（buffer）として働くため，波食作用は水面付近から上方の狭い範囲に限定される．乾湿や凍結融解などによって細片化された風化生成物を波が除去する作用も広義の波食作用に含まれる．　　　　　　　　　　　　　　〈辻本英和〉

はしょくざんきゅう（てい）　波食残丘（堤） rampart ⇨ランパート

はしょくしゃめん　波食斜面 ramp ⇨ランプ

はしょくだい　波食台 wave-cut platform ⇨波食棚

はしょくだな（ほう）　波食棚 shore platform, wave-cut platform　海食崖*の基部の潮間帯あるいはその付近に形成されるほぼ平坦な地形で，海側末端に明瞭な傾斜の変換点（急崖）をもつのが特徴．平坦波食面（horizontal shore platform）ともよばれる．海食崖が侵食され後退した結果，その前面に形成される．英語のwave-cut platformは，この地形が波食のみによって形成されている場合に使用できる語．海食棚，波食台，ベンチ，ショアプラットホーム，ロックベンチなどとよばれたが，これらの用語は現在ではあまり使用されない．海食台*と混同される場合もあるが，海側末端に急崖があることで区別される．石灰岩の波食棚は低潮位付近に形成されることが多く（低潮位ベンチ），他の岩石の場合ではそれより少し高い部分に形成されるため，高潮位ベンチあるいは高水位プラットホームなどとよばれることもある．潮間帯*より高い位置に平坦面が形成されている場合には，ストームベンチなどとよばれているが，現在の海水準における暴浪（ストームウェイブ）で形成された地形であるかどうかの判断は難しい．平坦面の形成高度にもよるが，隆起波食棚*との区別も難しい場合が多い．波食棚の平坦面の幅は数mから数百mに及ぶ．ノルウェー西岸などの高緯度地域に発達している幅数十 kmに及ぶ平坦面はストランドフラット*とよばれ，通常，波食棚と区別される．波食棚の成因は波食作用のほかに，海面付近の岩石に働く風化作用を重視する考えもあるが，波食棚の初期形成は波の作用と風化を無視した岩石の抵抗力とで説明することができる．波食棚の形成条件は，波食作用の強さと構成岩石の波食に対する抵抗力の相対的強さによって決まる．⇨岩石海岸（図）　　　　　　　　〈辻本英和〉

[文献] Tsujimoto, H.（1987）Dynamic conditions for shore platform initiation : Science Report, Institute of Geoscience, University of Tsukuba, A8, 45-93. / Sunamura, T.（1992）*Geomorphology of Rocky Coasts*, John Wiley & Sons.

はしょくだながたふくせいていち　波食棚型複成低地 compound plain（lowland）of abrasion-platform type　主として離水した波食棚からなる複成低地であるが，海岸域に潟湖跡地や堤列低地，砂丘などを伴うことがある（例：宗谷平野や納沙布低地）．⇨低地，波食棚　　　　　　　〈海津正倫〉

[文献] 鈴木隆介（1998）「建設技術者のための地形図読図入門」，第2巻．古今書院．

はしょくだな（ほう）ぜんめんがい　波食棚前面崖 seaward scarp（drop）of shore platform　波食棚*の海側末端に存在する急崖．ニップ（nip）とも

よばれる．上端部を除き大部分は海面下にある．海食台＊と波食棚を区別する特徴的な地形．急崖の比高は場所により異なるが，1 m から 10 m の範囲に収まる場合が多い．山地の沈水後，初期の急崖が侵食されずに残ったものとする説と，陸側の崖（海食崖）と同様に現在の波食により形成されたとする説がある． ⇨岩石海岸（図） 〈辻本英和〉

[文献] Sunamura, T. (1992) *Geomorphology of Rocky Coasts*, John Wiley & Sons.

はしょくだんきゅう　波食段丘 wave-cut terrace　主に波の侵食作用で形成された階段状の地形（波食棚＊）が隆起し，現在では波の作用が及ばないような高さにあるもの．段の表面は基盤岩が露出していることもあるが，薄い砂礫堆積物で覆われていることが多い． 〈砂村継夫〉

はしょくちけい　波食地形 wave-cut topography ⇨岩石海岸

はせいれんこん　波成漣痕 wave-formed ripple mark　波による振動流れによって砂質の海底や湖底に形成される砂漣＊．波成砂漣ともいう．底面の砂が振動流れで動かされるために生ずるものなので，波の作用が及ばない大水深の底面には形成されない．振動流れの強度が大きすぎる場合には消失する．峰と谷が規則的に配列する波状の断面形態を持ち，その岸沖方向の対称性は高い．極浅海域において振動流の岸沖方向の強さが大きく異なる場合や海浜流が卓越する場合には非対称の断面となる．波長が数 cm から 50 cm 程度，波高が数 mm から数 cm の波高のものが一般的であるが，極浅海域には波高が 10 cm 以上，波長が 1 m を超えるものも形成される．平面形態には平行型，斜行（交）型，半月型などがある．これらの断面形状や平面形態は波の性質・水深・砂の粒径の組み合わせを反映する．砂移動と関連付けた研究例や，地層中に残された化石漣痕を用いて古環境の推定を目的とした研究例が多い． 〈武田一郎〉

[文献] Allen, J. R. L. (1982) *Sedimentary Structures: Their Character and Physical Basis*, Elsevier.

はせん　派川 branched river　本川から分岐して流れる流路．三角州などをもつ河口付近などでは派川がみられる．本川と派川の区別には明確な基準はないが，一般に流量の最も多い流路を本川とし，その他を派川としている．派川からさらに分かれるものは小派川，小々派川とよばれる． 〈砂田憲吾〉

はそく　波速 wave speed ⇨波

バソリス batholith ⇨底盤

パタゴニアひょうげん　パタゴニア氷原 Patagonian Icefields　南緯 40°以南のチリ・アルゼンチンにまたがる南米大陸先端部のパタゴニア地方のなかで，アンデス山脈から連なる山域に発達する氷原を指す（図）．北氷原（4,200 km^2）と南氷原（1万 3,000 km^2）の二つの氷体からなり，南半球では南極に次ぐ面積をもつ．標高 4,000 m を超える氷原からは多くの溢流氷河が流出し，一部は海や氷河前縁湖に達し，カービングを起こしている．年間を通じて偏西風が卓越し，世界有数の多雪地帯に位置する多涵養・多消耗の氷体で，広い範囲が温暖氷河＊であることが知られている．地域全体としては開発が進んでおらず自然度が高い状態で維持されているが，一部の溢流氷河末端周辺では観光開発も行われ，パイネ地域は世界自然遺産に登録されている．最終氷期には南緯 28〜56°まで連続する大規模な氷床になっていたと考えられている．近年は全体として縮小・衰退傾向にある．海面上昇に対するパタゴニア氷原からの融解水の直接的寄与は 3.4％ と見積もられている（E. Rignot et al, 2003）． 〈青木賢人〉

[文献] 安仁屋政武 (1998)「パタゴニア」，古今書院．／Heusser, C. J. (2003) *Ice Age Southern Andes-A Chronicle of Paleoecological Events*, Elsevier．／Hollin, J. T. and Schilling, D. H. (1981) Late Wisconsin-Weichselian mountain glaciers and small ice caps : *In* Denton, G. H. and Hughes, T. J. eds. *The Last Great Ice Sheets*, John Wiley & Sons, 179-206.

はたそう　波多層 Hata formation　島根県中央部の大田から鳥取県西端の米子まで分布する．安山岩・デイサイト・流紋岩質火砕岩類を主とする下部中新統．山陰のグリーンタフの主体で波多亜層群とも．湾入部を形成する陥没盆地に基盤にアバットしている．層厚は大田と出雲の湾入部では約 2,000 m，松江や米子の湾入部では 800 m 以下．1,600 万年前の海進堆積物，川合層に覆われる． 〈石田志朗〉

はたたてそう　旗立層 Hatatate formation　仙台市南西方の茂庭付近の名取川沿いに分布する中部中新統の海成層．細粒砂岩・シルト岩からなる．層厚は 200 m．下位の茂庭層と整合． 〈松倉公憲〉

はたの　せいいち　羽田野誠一 Hatano, Seiichi (1933-1991)　地形学者．東京教育大学（現筑波大学）理学部地学科地理学専攻卒業．国土地理院技官．野外調査と空中写真判読により，地形分類や斜面崩壊について独創的な着想を提唱し，後氷期開析前線＊（侵食前線＊）の概念を定着させた．また，地形学の関連分野を含む多くの後進に地形研究の重要性を説き，関連分野の会員を多く含む日本地形学連

合*の創立に貢献した. 〈鈴木隆介〉

[文献] 羽田野誠一地形学論集刊行会 (1998)「羽田野誠一地形学論集」, 古今書院.

はたむらそう　畑村層 Hatamura formation　出羽丘陵に分布する下部中新統. デイサイト質凝灰岩が主体. 砂岩, 泥岩, 玄武岩溶岩・同質火山砕屑岩類が挟在. 最下部に溶結凝灰岩が発達. 層厚 100～300 m. 〈天野一男〉

はだん　破断 fracture　物体の破壊様式の一つで, 外力のもとにある物体が, 内部に発生する引張応力によって分離する現象. 〈松倉公憲〉

はだんれき　破断礫 broken gravel　扁平な礫が割れて生じ, 円形の平面形の一部が直線的な非対称礫. 砂礫海岸では, 礫の相互衝突により扁平になった円礫が二つに割れているものがあり, それが海岸漂砂で移動中の磨滅で再び円礫さらに扁平な円礫になって, 粒径が不連続的に小さくなる. ⇨円形度階級の視察図 (図) 〈鈴木隆介〉

はちのす(じょう)こうぞう　蜂の巣(状)構造 honeycomb structure　岩石に多数の小孔が蜂の巣のような形状にあいたもの. ハニカム構造*とも. かつては風食によるとか, 節理が風化に対して抵抗性をもつためそこが突出して形成されると説明されていたが, 最近は, タフォニ*と同様に塩類風化*によるという説が有力. 〈松倉公憲・田中幸哉〉

はちょう　波長 wavelength　⇨波

バッキンガムのパイていり　バッキンガムのパイ定理 Buckingham's Π-theorem　⇨パイ定理

ハックきょくせん　ハック曲線 Haq curve　Exxon グループの B. U. Haq らによって示された中生代 (三畳紀) 以降の海水準変動曲線. 現在は古生代まで復元されている. 音波探査や坑井などの地下地質データのみでなく, 世界各地の陸上に分布する海成層を, シークェンス層序の考え方に基づいて解析している. 地層中に, 海進面や最大海氾濫面, シークェンス境界を認定することにより, 海水準変動を復元している. また, 古地磁気層序や年代層序, 生層序も加味されている. 〈堀　和明・斎藤文紀〉

はっくつじゅんへいげん　発掘準平原 ex-humed peneplain　⇨剥離準平原

はっくつちけい　発掘地形 exhumed landform, resurrected landform　かつて陸上で形成され, その後, 堆積物に覆われた地形 (埋没地形) が, 隆起後, 削剥により再び表面に露出した地形を指す. 蘇生地形, 裸出地形, 復活地形, 再生地形ともいう. 発掘地形は, 化石地形の一つで, 発掘化石地形

図　**最終氷期におけるパタゴニア氷原の分布範囲** (Hollin and Schilling, 1981 による)
網掛け部は現在のパタゴニア氷原の範囲 (Heusser, 2003 を改変).

(exhumed fossil landform)．また不整合面が露出したので，発掘（剥離）不整合面ともいう．剥離準平原，モーバン，メンディップなどの総称として使われる．エスプラネードやケスタの背面のように，一連の堆積層の上位の柔らかい地層が削剥されて下位の硬い地層の地層面が地表に露出してつくる地形に対してはあまり用いられない．⇒剥離面，埋没地形，化石地形，暴露地形　　　　　　　〈大森博雄〉

[文献] 渡辺 光（1975）『新版地形学』，古今書院．/Twidale, C. D. and Campbell, E. M. (1993) *Australian Landforms: Structure, Process and Time*, Gleneagles Pub.

ハックのほうそく　ハックの法則　Hack's law　ハックの関係（Hack's relation）ともよばれる．ハック（J. T. Hack）によって1957年に発表された経験則．流域の面積Aとその中を流れる主（本）流の長さLの間には$A=\alpha L^\beta$なる関係が存在し，βに関する実測値の範囲は0.56〜0.60である．βはハックの指数とよばれる．この法則は数多くの自然の流域で確認されているものの，自然流域のサイズはすべて有限であることに留意することが必要である．自然流域でのβの値が1/2より大であることは，その値が1/2に漸近する過程にあるとの考えもある．⇒水路次数　　　　　　　　　　　　　〈徳永英二〉

[文献] Tokunaga, E. (1998) Revaluation of Hack's relation by self-similar model for drainage basins: Trans. Japan. Geomorph. Union, **19**, 77-90.

バックマーシュ　back marsh　⇒後背湿地

はっさんきょうかい　発散境界【プレートの】　divergent boundary (of plate)　プレートとプレートが互いに離れていくような境界．拡大境界，広がる境界とも．離れていく隙間をアセノスフェアが上昇して埋めて，冷やされて固くなり，新しいプレートが生産される．ここでは（大洋）中央海嶺という大洋を縦断する地形の高まりを生じる．これは，発散境界ではプレートが非常に薄くアセノスフェア中で浮き上がるが，発散境界から離れてプレートが厚くなるに従ってアイソスタシーによって沈降していくためである．発散境界ではアセノスフェアが深部から断熱的に上昇するためにマントルが部分溶融し，火成活動が起こる．プレートが離れることを反映して，発散境界で起こる地震は正断層型となる．⇒プレート境界，中央海嶺　　　　　　　〈瀬野徹三〉

はっさんしゃめん　発散斜面　divergent slope　⇒屋根型斜面

はっしんきこう　発震機構　earthquake mechanism, focal mechanism, source mechanism　地下の断層面での運動を表すためのパラメータのなかで，断層面の走向と傾斜角，断層面上でのずれの向きを指す．観測された地震動のP波の初動データ（押し引き分布）などから推定され，震源球の押し引き分布の色分けを投影した図で表される．その際，震源を取り囲む仮想的な球面内で共役な断層として直交する二つの平面（節面）が求められるので，地震を起こした断層面の決定には，余震分布や地震波形の詳細な解析を必要とする．　　　　　〈隈元 崇〉

はっせいいき　発生域【地すべりの】　root area (of landslide)　⇒地すべり（図）

はったつしちけいがく　発達史地形学　historical geomorphology　純粋地形学*の一分野で，特定の地域（例：一つの流域，島，地方，大陸）ごとの地形の歴史的変遷史の解明に重点をおく．地形発達史論*と同義．⇒地形発達史　　　〈鈴木隆介〉

[文献] 貝塚爽平（1998）『発達史地形学』，東京大学出版会．

パッちしょう　パッチ礁　patch reef　陸棚や礁湖底を基盤に海面近くまで発達する小規模なサンゴ礁*．離礁ともよばれる．平面形は円形あるいは卵形の形状を示し，径は通常1km程度で，台礁*よりも小規模．個々は孤立して発達するが，この地形が多数分布するサンゴ礁の総称としても用いられる．⇒礁湖，卓礁　　　　　　　　　　〈中井達郎〉

バッドランド　badland　⇒悪地

バットレス　buttress　日本の登山界では，大きな，幅のある急な岩壁に対して使われる．胸壁という訳語があてられる．バットレスは建築用語の控え壁（壁を支えるために直角につくられた補助の壁）である．したがって，本来の意味は，大きな岩壁に直角に派生する岩稜のことである．白根山北岳バットレス，前穂高東面バットレスなどが固有名詞となっている．　　　　　　　　　　〈岩田修二〉

ハットン　Hutton, James (1726-1797)　英国の地質学者．彼の時代までの天変地異説*をくつがえす斉一説*を提唱し，近代地質学の基礎を与えた．その著（1795）「地球の理論（*Theory of the Earth*）」は難解であったが，それを明解に解説したプレイフェアー*（J. Playfair）の「ハットンの地球理論の解説」によって広く理解され，さらにライエル*（C. Lyell）の「地質学原理」によって周知されるようになった．　　　　　　　　　〈鈴木隆介〉

[文献] Werritty, A. (1993) Geomorphology in the UK: *In* Walker, H. J. and Grabau, W. E. eds. *The Evolution of Geomorphology: A Nation-by-Nation Summary of Development*, John Wiley & Sons.

ばていけいカルデラ　馬蹄形カルデラ horseshoe-shaped caldera　カルデラ縁の輪郭が馬蹄形のカルデラ．成因としては，噴火や地震などによる火山体の大崩壊，地すべり，侵食による放射谷の拡大・変形などがある．磐梯山1888年噴火やセントヘレンズ火山（北アメリカ，1980年）の噴火で山腹に生じた大崩壊地が典型例で，両者は同時に爆発カルデラでもある．⇨カルデラ，爆発カルデラ
〈横山勝三〉

[文献] 守屋以智雄（1983）「日本の火山地形」．東京大学出版会．

はていたいせきぶつ　破堤堆積物 crevasse splay deposit　洪水時に河道の外側に堆積する氾濫堆積物の一つで，自然堤防の一部が決壊（破堤）した際，その地点から扇状あるいは舌状に広がる堆積物をいう．堤防決壊堆積物，クレバススプレーともいう．堆積物は主として砂やシルトからなり，自然堤防堆積物や氾濫原堆積物よりも粗い．また，平行葉理やトラフ状斜交層理，リップル葉理，生物擾乱がみられる．層厚や粒度は河道から離れるにしたがって小さくなる．堆積物が上方粗粒化を示す場合はクレバススプレーの前進を，上方細粒化を示す場合は洪水が衰退していくことを反映する．破堤堆積物は，河道の転流との関係で，注目されている．なお，破堤箇所では洗掘によって落堀が生じることもある．⇨押堀（おっぽり）
〈堀　和明〉

パティナ patina　砂漠土壌の表層に発達する土壌を膠結している皮殻で，塩類，炭酸カルシウム，珪酸などからなる．砂漠殻とも．下層を侵食から保護する．厚いものはデュリクラスト*とよばれる．
〈松倉公憲〉

はな　鼻 point, head　海岸から海域に突き出た陸地の突端．海図用語．
〈砂村継夫〉

はなづな　花綵土 stone garland　⇨構造土

はなやまそう　花山層 Hanayama formation　秋田・岩手の県境付近の花山付近や川舟付近に分布する上部中新統〜鮮新統の湖成層．主に粗粒砂岩・泥岩・デイサイト質凝灰岩などからなる．層厚200〜400 m．
〈松倉公憲〉

はなれいわ　離れ岩 stack　選択的な波食作用によって，岩石の抵抗性の強い部分が陸地と離されて残された島状の高まりや孤立した岩塔．スタックともよばれる．硬質の貫入岩体が波食から取り残されたものや海食アーチ*が崩落してできたものなどがある．和歌山県串本の橋杭岩は前者の例として有名．⇨岩石海岸（図）
〈青木　久〉

はなれじま　離れ島 detached island　陸地の沈降あるいは海面の上昇により凹凸のある山地が沈水した結果，凸部が陸地と切り離されて島となったもの．離れ岩*よりも規模は大きい．瀬戸内海の島々が好例．
〈砂村継夫〉

ハニカムこうぞう　ハニカム構造 honeycomb structure　蜂の巣のような多数の小孔のある岩石表面の形態を指す用語．海食崖上部や離水波食棚など満潮位以高の海水飛沫帯の岩盤や乾燥地域の岩盤に，しばしば発達する窪みを総称してタフォニ*というが，その中で蜂の巣状にみえる窪みを特にハニカム構造という．蜂の巣（状）構造*とも．この地形は岩盤表面の塩類風化に対する抵抗性の微妙な差異に基づいて形成されると考えられている．
〈青木　久〉

はにゅうるいそう　埴生累層 Hanyu formation　富山県砺波山丘陵や富山・石川県境の丘陵の山麓部に分布する陸水成の中部更新統で，下位から桜町礫層（層厚：3〜15 m），松永砂泥層（砂・粘土・シルト互層で，層厚：120〜170 m），石動砂泥互層（礫層や亜炭層を挟み，層厚：10〜150 m）．段丘の構成層になっている地区もある．
〈鈴木隆介〉

パネルダイヤグラム panel diagram　複数の地質断面図*を配列し，鳥瞰図のように俯瞰した状態で表現した図である．地質構造を3次元的に示すことを目的として作成される．それぞれの断面図は，ボーリングなどから得られた地質柱状図*を並べて作成されることが多いが，地質構造が明瞭な地域では，平面地質図から任意の断面を複数作成し，並べて表現することも可能である．3次元地質情報が数値情報として得られている場合，作成が容易である．
〈脇田浩二〉

はばかんすう　幅関数 width function　流域への降水の状況と流域からの流出水の水文学的応答の間には，流域の形やその中の排水網の発達状況が介在する．介在の状況を解析するための流域記述子（basin descriptor）の一つが幅関数である（次頁の図）．幅関数 $W(x)$ は流出口からの距離 x のところにある排水網のリンクの数で与えられる．距離には，流程に沿って測った長さ，流出口と源点および分岐点との直線距離，対象とする源点および分岐点と流出口の間のリンクの数（位相幾何学的な長さ）の三つがある．x に標準化した値（対象とする地点までの距離を最長距離で除した値）を用いる場合もある．図では測定距離は位相幾何学的な長さで与えられている．図が示すように幅関数によって2次元

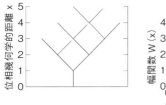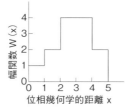

図　位相幾何学的距離で表された幅関数
（徳永・山本原図）

面に展開する排水網は1本の線に変換される．DEMでデータを処理する場合は，$W(x)$を単位となるピクセルの数で与える．幅関数の形とモデル化された水路網との関係や，自然流域を対象として，幅関数がハイドログラフに与える影響などが検討されている．水文学と密接に関係するもう一つの流域記述子は面積関数である．⇨面積関数，排水網，シュリーブのリンクマグニチュード　〈徳永英二・山本　博〉

[文献] Bras, R. L.（1990）*Hydrology: An Introduction to Hydrologic Science*, Addison-Wesley.

バハダ　bajada, bahada　砂礫の供給が多い乾燥地域の山地の前面に形成された扇状地の隣り合う同士が合体し山麓をエプロン状にとりまくようにつくられる堆積地形．ペディメントの前面に位置する堆積面を指すこともあり，この場合はペリペディメントと同義．〈松倉公憲〉

ハビタット　habitat　動物や植物が生活している場やその生態学的環境特性を総体として表現する総称語である．しかし普通は，植物は「生育地環境」を，動物は「生息地環境」を用いる．⇨環境
〈大澤雅彦〉

パホイホイようがん　パホイホイ溶岩　pahoehoe lava　玄武岩質溶岩流の表面形態の特徴に基づく名称で，表面が土嚢を重ね合わせたようになめらかで上に凸の波状小起伏をもつ溶岩（流）．パホイホイ（pahoehoe）はハワイの現地語．特に粘性の低い溶岩流に特徴的で，厚さは一般に数十cm〜数m以下で薄い．表面の波状小起伏は溶岩流の前進過程で生じ，溶岩流の内部にはしばしば溶岩チューブが形成される．パホイホイ溶岩（流）には縄状溶岩が形成され，また，パホイホイ溶岩（流）の下流延長部がアア溶岩に移化することも少なくない．⇨アア溶岩，縄状溶岩　〈横山勝三〉

はま　浜　beach　陸域と水域とが接する地帯（shore）である海岸や湖岸において，非固結の堆積物から構成されている．波浪によってよく変動する部分．その上限高度は，水域の波高や堆積物の粒径などによって大きく異なる．水域に応じて海浜・湖浜という．堆積物は，供給源の状況や波浪の強さによるが，一般によく円磨され，扁平な円形礫や球状の小礫が多い．堆積物は主に岩石質の物質であるが，海岸ではサンゴ破片・有孔虫殻・貝殻などの生物遺骸で構成される場合もある．物質の大きさによって，巨礫浜，礫浜，砂礫浜，砂浜などとよばれる．この場合，砂浜は通例「すなはま」と読むが，学術用語としては「さひん」と読むことが多い．俗語として，岩石海岸を意味する「磯」に対して，堆積物海岸を「浜」とよんでいる．⇨堆積海岸，砂浜海岸
〈福本　紘〉

[文献] Bird, E. C. F.（1968）*Coasts*, Australian National Univ. Press.

はまがけ　浜崖　scarp, beach scarp　砂浜海岸において遡上波がその到達最高点付近を侵食して形成した一時的な崖．スカープともよばれる．通常，高さは数cmから数十cmであるが，1mを超える場合もある．侵食過程で形成されるとは限らず，堆積過程においてもメガカスプのベイ（汀線が湾入した部分）付近に形成されることもある．⇨砂浜の地形変化モデル，メガカスプ　〈武田一郎〉

ハマダ　hamada　地表面が露岩または礫・岩屑で覆われている岩石砂漠を表すアラビア語．
〈松倉公憲〉

はまぬま　浜沼　runnel　⇨ランネル
パミス　pumice　⇨軽石

はやせ　早瀬　rapid　流路単位の一つ．急勾配で，流れの速い区間を指す．水流の表面が白く泡立ち，乱流となる．また水深は浅く，射流が卓越する．⇨瀬淵河床，流路単位　〈中村太士〉

はやせせつだん　早瀬切断　chute cutoff　網状流路の各枝路のうち，湾曲した主流路と直線的な支流路が分岐・隣接していると，一般に後者が前者より急勾配であるから，後者の下刻が先行し，前者の流水を奪ってしまい，その結果としてその区間の流路長が短縮すること．短縮した流路は寄州を縦断するように流れ，その下方侵食によって寄州が段丘化する．一方，元の主流路は一度放棄されると上流側の分岐部分から堆積物によって埋められていく．山地内の大河川の穿入蛇行で，広い河床を流れる網状流路で早瀬切断が起こりやすく，また穿入蛇行の攻撃部側に多数段の早瀬切断段丘*が生じることもある（例：静岡県大井川）．⇨流路形態の変換
〈島津　弘〉

[文献] 鈴木隆介（1998）「建設技術者のための地形図読図入門」，第 2 巻，古今書院．/Bridge, J. S.（2003）*Rivers and Floodplains*, Blackwell.

はやせせつだんだんきゅう　早瀬切断段丘
chute cutoff terrace　大河川の穿入蛇行谷の，網状流路をもつ幅広い床谷*においては，網状流路の分岐流路のうち，しばしば攻撃部側のものより滑走部側のものが急勾配の早瀬（chute）となっている．その早瀬での下刻が進行すると，攻撃部側の流路が放棄されるという早瀬切断*により攻撃部側の幅広い河床が段丘化する．その段丘を早瀬切断段丘とよぶ．これは生育蛇行段丘*とは逆に穿入蛇行の攻撃部側に発達する．また，蛇行頸状部の蛇行切断による蛇行切断段丘*とも異なる．信濃川の小千谷南方の塩殿付近や大井川の千頭下流などに早瀬切断段丘の事例がある．⇨早瀬　〈鹿島　薫〉

[文献] 鈴木隆介（2000）「建設技術者のための地形図読図入門」，第 3 巻，古今書院．

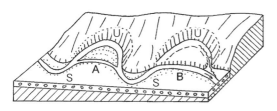

図　早瀬切断段丘（鈴木，2000）
A：早瀬切断前，B：早瀬切断後
U：攻撃部，S：滑走部

はやちねこうぞうせん　早池峰構造線　Hayachine tectonic belt　東北地方の盛岡〜早池峰山〜釜石西方〜大船渡東方を通り，北上山地を斜めに横切る幅 10 km 前後の構造線．早池峰-五葉山線とも．〈松倉公憲〉

はやまそうぐん　葉山層群　Hayama group　南関東三浦半島に分布する下部〜中部中新統の海成層．泥岩・凝灰質砂岩およびその互層よりなる．層厚は 4,400 m 以上．複褶曲が発達し，垂直に近い急傾斜で，一部は逆転．背斜部が 2 列の地塁を形成し，三浦半島の中央部を横断する．上半部は房総半島の保田層群*に対比される．〈松倉公憲〉

はら，ばい，ばる　原　field, plain, flat land　平坦ないし緩傾斜な段丘面，火砕流台地（特に南九州）ないし波状の小起伏地で，ある程度の広がり（例：サッカー場より広い）があり，草地，畑，牧草地または小灌木のある土地の日常語．地方によっては，ばい，ばる，ともいう．〈鈴木隆介〉

はらいだし　払い出し　haraidashi　離岸流*が存在する場所．釣り用語．〈砂村継夫〉

パラかっしょくど　パラ褐色土　parabraunerden　氷河性，風成，沖積性，および崩積性などの細粒質の未固結堆積物を母材とし，主に中央ヨーロッパの落葉広葉樹林下に広くみられるレシベ化作用による粘土集積層で特徴づけられる土壌．パラ褐色土（Parabraunerden）とはドイツの土壌分類による土壌名で，フランスのレシベ土（sols Lessivés），米国 Soil Taxonomy のアルフィソル（Alfisol），世界土壌資源照合基準（IUSS Working Group WRB, 2006）のルビソル（Luvisol）に対比できる．米国の旧土壌分類では灰褐色ポドゾル性土（Gray-Brown Podzolic soils）がパラ褐色土に該当する．〈井上　弦〉

パラグレイシャル　paraglacial　氷河後退後に生ずる作用や環境を指す語．解氷によって地表面が露出すると，斜面崩壊・土石流・融氷水河川による堆積物の再移動などの地形変化が卓越するようになる．これらのプロセスをパラグレイシャル・プロセス（paraglacial process）と総称し，またそのような環境にある期間を退氷期とよぶ．〈松元高峰〉

パラゴナイト　palagonite　玄武岩質ガラスが加水変質した褐色，橙〜黄色などのゲル状物質．枕状溶岩およびその周辺にある同質の角礫の表面や間隙などにみられる．〈横山勝三〉

パラゴナイトリッジ　palagonite ridge　パラゴナイト凝灰（角礫）岩で構成される細長くのびた丘陵．アイスランドでみられ，氷期の氷床下における割れ目噴火で形成されたと考えられる．幅は数 km 以下，高さは数百 m，長さは数十 km に及ぶものもある．厚さが最大 1,500 m 以上にも及ぶ氷床下で玄武岩質マグマが噴出する割れ目噴火が起こり，当初は枕状溶岩で構成される山体が形成される．山体が成長して噴火地点が氷床の表面に近づくと，水圧が減少するため噴火は爆発的なマグマ水蒸気噴火に移行する．噴火がこの段階で終わると，枕状溶岩の上に玄武岩質火砕物が重なった構造をもつ山体になる．この火砕物が風化して固結したものがパラゴナイト凝灰（角礫）岩である．⇨パラゴナイト，氷底噴火，卓状火山　〈横山勝三〉

パラコンフォーミティ　paraconformity　⇨平行不整合

パラボラさきゅう　パラボラ砂丘　parabolic dune　⇨放物線型砂丘

はらみだしがたじすべり　膨出型地すべり　landslide of bulge type　高さ数 m の滑落崖の下方

の斜面が滑らかに膨らんでおり，不安定な地すべり堆をもつ地すべり地形　⇨地すべり地形の形態的分類（図）　　　　　　　　　　　　　〈鈴木隆介〉

［文献］鈴木隆介（2000）「建設技術者のための地形図読図入門」，第3巻，古今書院．

ハラミヨ・イベント　Jaramillo event　松山逆磁極期のなかで，107万～99万年前の正磁極期をハラミヨ・イベント（ハラミヨ・クロン）という．C1r.1n chron に相当する．Doell and Dalrymple（1966）がニューメキシコの北部の Vallece カルデラの Cerro del Abrigo, Cerro Santa Rosa I and Cerro Santa Rosa II とよばれた流紋岩ドームに，逆帯磁，正帯磁，中間帯磁の岩石をみつけて，この逆磁極期をハラミヨ・イベントと名づけた．　〈乙藤洋一郎〉

［文献］Doell, R. R. and Dalrymple, G. B.（1966）Geomagnetic polarity epochs : a new polarity event and the age of the Brunhes-Matuyama boundary : Science, **152**, 1060–1061.

バリア　barrier　⇨沿岸州

バリアさし　バリア砂嘴　barrier spit　一方が陸地とつながっている沿岸州*やバリアビーチ*．　〈砂村継夫〉

バリアとう　バリア島　barrier island　海岸の沖合にあり海岸線とほぼ平行の，主に砂からなる細長い微高地をバリアといい，これが水路（潮流口*とよばれる）によって分断されてできた島状の地形．沿岸州島や堤島（ていとう）ともよばれる．陸側に入江やラグーン*を伴う．バリア島の上には複数列の浜堤*や砂丘，陸側にはウォッシュオーバーファン*や湿地などが発達していることが多い．北米の大西洋岸やメキシコ湾岸などによく発達しており，形成には波浪エネルギー，堆積物の供給量，潮差や後氷期の海面上昇などが関係する．　⇨砂浜（さひん）海岸（図）
〈砂村継夫〉

［文献］Hayes, M. O.（2005）Barrier islands : *In* Schwartz, M. L. ed. *Encyclopedia of Coastal Science*, Springer. 117–119.

バリアバー　barrier bar　かつては沿岸砂州*を指したが，現在は廃語．　〈砂村継夫〉

バリアビーチ　barrier beach　海岸の沖合に発達し，海岸線とほぼ平行で常に高潮位上にある，主に砂からなる細長い微高地．沿岸漂砂*により伸長する．沿岸州*のうち幅が狭いものをいう．砂州浜ともよばれる．　〈砂村継夫〉

バリアリーフ　barrier reef　⇨堡礁

バリートレイン　valley train　融氷河流堆積物（fluvioglacial deposit, outwash deposit）によって埋積されて生じた堆積性の谷底平野およびその構成層．広い平野に発達するアウトウォッシュとは別称される．谷氷河前面の谷中に形成され，構成礫の礫径は氷河末端から下流に向かって急速に小さくなる．氷河の縮小に伴い融氷河流堆積物の供給量が減少すると段丘化し，アウトウォッシュ段丘となる．アウトウォッシュ段丘は，同時期のモレーン*と併せて1回の氷河前進期を示す指標地形となる．⇨フルビオグレイシャル堆積物　〈長谷川裕彦〉

はりかんにゅうしけん　針貫入試験　needle-type penetrometer test　軟岩の力学的性質を簡便かつ迅速に調べる試験の一つ．供試体に針を貫入させたときの貫入荷重と貫入量の関係から針貫入勾配が計測される．この針貫入勾配は一軸圧縮強度に換算することができる．　〈青木　久〉

バルカノイドさきゅう　バルカノイド砂丘　barchanoid ridge　バルハン砂丘が横列状に連鎖したもの．砂供給が減少すると横列砂丘は風食を受けてバルハン砂丘に移行するか，あるいはその逆の場合もある．バルカノイド砂丘はその途中の形態と考えられている．　〈成瀬敏郎〉

パルサ　palsa　泥炭質の凍結丘*の一種．析出氷と土壌または泥炭との互層からなる凍結核をもつ．高さ1～10mで，多くは不連続的永久凍土帯に分布し，永久凍土の成長に伴う凍上により形成される．泥炭をもたない同様の凍結丘はリサルサ lithalsa とよばれる．　〈曽根敏雄〉

パルサでいたんち　パルサ泥炭地　palsa peatland, palsa bog　永久凍土が断続する地帯にみられるパルサ*の発達によって特徴づけられる鉱物質栄養性泥炭地の一つ．パルサボグとも．　〈松倉公憲〉

ハルツバージャイト　harzburgite　⇨かんらん岩

バルトひょうがこき　バルト氷河湖期　Baltic Ice Lake stage　⇨スカンジナビア氷床

バルハン　barchan　三日月状の砂丘で，風上側と風下側の斜面が非対称である．風上斜面は10°前後の緩やかな凸型をなし，風下側は20～33°の凹型すべり面を形成し，恒常的に風下側に移動する．砂漠のように広く，砂の供給が豊富で，風向がほぼ一定の場所に形成される．日本でも天塩（てしお）海岸や遠州灘砂丘地に小規模なバルハンがみられる．　〈成瀬敏郎〉

バレーバルジング　valley bulging　キャップロック構造をなす山体が侵食されて河谷をなしている場所で，河谷部の下位層をなす主に泥岩層が応力解放により背斜状に膨張する現象．膨出型地すべりとほぼ同義，ないしその前兆現象である．キャンバリ

ング（cambering）とも．欧米，ロシアなどでの報告が先行しているが，本邦においても新潟県の魚沼層群にこの現象がみられることが報告（Nozaki, 1998）されている． 〈松倉公憲〉

[文献] Nozaki, T. (1998) Valley bulging found in Japan: Proc. 8th Inter. Cong. IAEG, 1375-1381.

バレンツかいひょうしょう　バレンツ海氷床　Barents shelf ice sheet　バレンツ海およびカラ海に中心があって，第四紀氷期にユーラシア大陸（ロシア）内にまで拡大したことがある氷床で，海底に接地していた範囲が広い．北極海へ流れるエニセイ川，オビ川など大河を遮断して巨大な氷河前縁湖が生じた．北西部はスバルバード諸島の，北部はフランツ・ヨシフ諸島の，南東部はノバヤゼムリヤの氷冠で，南西側はスカンジナビア氷床とつながった．最終氷期の拡大範囲については論争があったが，大陸にまでは達しなかったとされる． 〈平川一臣〉

[文献] Ehlers, J. and Gibbard, P. L. (2004) *Quaternary Glaciations-Extent and Chronology, Part 1: Europe*, Elsevier.

ハロイサイト　halloysite　$Al_2Si_2O_5(OH)_4\cdot 2H_2O$　カオリナイトと同類の粘土鉱物．層間に一層の水分子をもつが（加水ハロイサイトともよばれる），50℃付近以上で脱水しメタハロイサイトに変わる．火山灰や軽石の風化生成物として産する．地震によって軽石層がすべり面となる地すべりが発生することがあり，その原因として，地震動によるハロイサイト中の水分の搾り出しが考えられる． 〈松倉公憲〉

はろう　波浪　wave　風波*とうねり*を合わせた名称．実際，外洋では両者が重なり合っていることが多い．⇨波 〈砂村継夫〉

はろうきじゅんめん　波浪基準面　wave base　⇨ウェイブベース

はろうさようげんかいすいしん　波浪作用限界水深　wave base　⇨ウェイブベース

はろうしんしょくきじゅんめん　波浪侵食基準面　wave base　⇨ウェイブベース

はろうすいさん　波浪推算　wave prediction　風速，風向，吹送距離*，吹送時間*などから波の高さ・周期を推算すること．推算方法には大別して①有義波法（実際の波を有義波*で代表させ，これと風速，吹送距離・時間とを関連づけたもの）と②スペクトル法（波のエネルギースペクトルの発達過程に基づくもの）の2種類があり，前者にはSMB法（風域*の移動が小さい場合），Wilson法（風域の移動が大きい場合），Bretschneider法（浅海域での波が対象）などが含まれ，後者にはPNJ法がある．

〈砂村継夫〉

[文献] 堀川清司（1991）「新編海岸工学」，東京大学出版会．

はろうりゅう　波浪流　wave current, wave-induced (driven) current　波の運動が原因で引き起こされる流れ．通常，波の質量輸送*，沿岸流*，離岸流*などの海浜流*を指すことが多いが，波自身の振動流をいうこともある． 〈砂村継夫〉

バロメーター　barometer　気圧計*のこと．気圧を計測することにより，山地や段丘の絶対高度（標高）が得られる．この場合，気圧の日変化，場所による変化の誤差を除去するため，頻繁に最寄りの三角点によって補正しながら使用する． 〈松倉公憲〉

ハワイがたたてじょうかざん　ハワイ型盾状火山　shield volcano of Hawaii type　ハワイ島のマウナロア，マウナケアなどで代表される巨大な盾状火山．アイスランド型盾状火山の対語．玄武岩溶岩の噴出を長期にわたり何度も繰り返して生じた巨大な複成盾状火山で，ハワイの火山は太平洋の海底から高さ1万m，基底の直径は数百kmにも及ぶ．⇨盾状火山，アイスランド型盾状火山 〈横山勝三〉

ハワイしきふんか　ハワイ式噴火　Hawaiian (-type) eruption　粘性の低い玄武岩質溶岩が，多くの場合，山腹斜面上に生じた割れ目から溶岩噴泉として噴出する噴火の型で，ハワイのマウナロア，キラウエア火山の噴火で代表される．噴火の主体は爆発的ではないが，割れ目沿いにスパターコーン，スパターランパートなどをしばしば生じる．

〈横山勝三〉

パン　pan　乾燥，半乾燥地域においてごく一般的にみられる円形や楕円形の閉じた窪地．岩盤の化学的溶解や動物の活動（バッファローやヒツジのころげまわった窪地）が成因となることもあるが，主な成因は侵食されやすい頁岩，砂岩，砂層や湖成層からなる地盤表面がデフレーションによって除去されることによる．風下側には粘土砂丘*がしばしば形成される． 〈松倉公憲〉

[文献] Goudie, A. S. (1991) Pans: Progress in Physical Geography, 15, 221-237.

はんうけばん　反受け盤　anti-anaclinal　⇨斜面分類［斜面傾斜と地層傾斜の組み合わせによる］（図）

はんうけばんしゃめん　反受け盤斜面　anti-anaclinal overhang　⇨反斜面，斜面分類［斜面傾斜と地層傾斜の組み合わせによる］（図）

はんえんようせいたいせきぶつ　半遠洋性堆積物

hemipelagic deposit 遠洋性の生物遺骸などとともに陸源性砕屑粒子を含んだ深海の堆積物．陸源性堆積物と遠洋性堆積物の中間的なもので，大陸斜面や陸地に近い大洋底に分布する．⇨深海堆積物 〈横川美和〉

はんがん 斑岩 porphyry 細粒微晶質または隠微晶質石基中に斑晶を有する斑状の火成岩．一般的には花崗岩質組成を有する花崗斑岩や石英斑岩などの半深成岩を指す．文象（ぶんしょう）組織の石基をもつ花崗斑岩または石英斑岩を特に文象斑岩（グラノファイア：granophyre）という． 〈太田岳洋〉

はんかんそうちどじょう 半乾燥地土壌 semi-arid soil 半乾燥地土壌とは，湿潤地域と乾燥地域の中間にある半乾燥地域に分布する土壌．ステップ土壌とも．半乾燥地土壌は，ケッペンの気候区分ではステップ気候地帯に属し，森林の発達には降水量が不十分であるが砂漠になるほどでもない草本植生が卓越した地域にある．それに対応して現行の世界土壌資源照合基準（IUSS Working Group WRB, 2006）では，主にチェルノーゼム（Chernozems），フェオーゼム（Phaeozems），カスタノーゼム（Kastanozems）などの土壌が半乾燥地土壌に該当する．しかし，この用語は，近年，世界各国の土壌分類体系において，"土壌の成帯性"の概念が用いられなくなるのに伴いあまり用いられない．⇨成帯性土壌 〈井上 弦〉

パンキャン Pang Kiang, hollows 岩石砂漠において，デザートペイブメントが部分的に欠如している部分で，その下の湖成層などが風食をうけて生じた凹地を指す．モンゴルのゴビ砂漠で命名されたもので，深さ100 m，直径は10 kmにもおよぶ． 〈松倉公憲〉

ハンギングバレー hanging valley ⇨懸谷

バンク bank ⇨堆

パンゲア Pangea ウェゲナー*（A. Wegener）が1912年に大陸移動説*を提唱した際に命名した一つの巨大大陸の名称で，それが石炭紀からしだいに分裂・移動し，現在の7大陸になったと考えられた．その分裂・移動の原因は彼の時代にはわからなかったが，現在のプレートテクトニクス*では，マントル対流*によってパンゲアが分裂し，大陸塊が別々の速度・方向で移動し，現在の大陸分布になったと説明されるようになった．⇨大陸移動説，プレートテクトニクス 〈鈴木隆介〉

［文献］Wegener, A.（1929）*Die Entstehung der Kontinente und Ozeane*（4th ed.）, Friedrich Vieweg & Sohn（都城秋穂・紫藤文子訳（1981）「大陸と海洋の起源」，岩波書店）．

はんごうりゅう 反合流 anti-confluence 本流の蛇行に対して，左右からの支流が本流の滑走部に合流する状態．支流の形成した沖積錐や扇状地あるいは谷壁斜面からの大規模な崩落や地すべりの堆積物が本流を反対側に偏流させた場合に局所的に生じる．⇨合流形態（図），流路の偏流 〈鈴木隆介〉

はんこけつがん 半固結岩 soft rock 固結岩*と比べて固結度が低い岩石．主に新第三紀あるいは前期更新世の堆積物を指し，土木用語の軟岩*や土丹*に相当する． 〈八戸昭一〉

はんさかめばん 反逆目盤 anti-underdip cataclinal ⇨斜面分類［斜面傾斜と地層傾斜の組み合わせによる］（図）

はんさかめばんしゃめん 反逆目盤斜面 anti-underdip overhang ⇨反斜面，斜面分類［斜面傾斜と地層傾斜の組み合わせによる］（図）

はんさたい 反砂堆 antidune ⇨アンティデューン

はんさばく 半砂漠 semi-desert 砂漠とステップの中間地帯にひろがる乾燥地． 〈松倉公憲〉

はんしゃがたかいひん 反射型海浜 reflective beach 前浜*が急勾配のため入射波浪のエネルギーが反射しやすい砂浜．しばしば前浜にはバーム*が形成されている． 〈砂村継夫〉

［文献］Wright, L. D. et al.（1979）Morphodynamics of reflective and dissipative beach and inshore systems, Southeastern Australia：Marine Geology, 32, 105-140.

はんしゃしきじったいきょう 反射式実体鏡 mirror stereoscope ⇨実体鏡

はんしゃは 反射波 reflected wave 入射してきた波のエネルギーの一部または全部が沖方向に戻るときに生ずる波．急勾配の海岸や防波堤などの障害物の前面で顕著にみられる．反射波は入射波と重なり合って定常波*あるいは重複波を形成する． 〈砂村継夫〉

はんしゃめん 反斜面 overhang, anti-slope 普通斜面と反対に，地表面が下方に向いている斜面（傾斜が90°以上）．オーバーハングと同義．大規模なものはないが，海食崖や河川侵食崖のノッチの天井部，地層階段の造崖層（溶岩，溶結凝灰岩など）の岩棚（レッジ）の下面，剥落型落石の抜け跡，各種の空洞の天井部などに小規模な反斜面（奥行き数m）がある．硬岩で構成される急崖に片切された道路（例：台湾の太魯閣（タロコ）峡谷の通路に多い）の天井部にも生じ，崩落しやすい．⇨オーバーハング，岩

棚，斜面分類［斜面傾斜と地層傾斜の組み合わせによる］（図）　　　　　　　　　　　　〈中西　晃〉
［文献］鈴木隆介（2000）「建設技術者のための地形図読図入門」，第3巻，古今書院．

はんしょう　斑晶　phenocryst　⇨火成岩

ばんじょうかんにゅうがんたい　板状貫入岩体　sill　⇨シル

ばんじょうせつり　板状節理　platy joint　⇨節理系（図）

はんじょうそしき　斑状組織　porphyritic texture　⇨火成岩

はんしんかい　半深海　bathyal　水深200～1,000 m程度の海域．漸深海ともよぶ．海洋物理学における「中層」にほぼ相当する．　〈岩淵　洋〉

はんしんかいたいせきかんきょう　半深海堆積環境　bathyal sedimentary environment　半深海域（bathyal zone）の堆積環境．水深約200～3,000 m（または2,000 m）あるいは外側（下部）陸棚から大陸斜面*～コンチネンタルライズ*に相当する範囲．陸棚から深海へ堆積物を運搬する堆積物重力流（⇨乱泥流）や等深流・底層流などの流れから堆積した陸源砕屑物を含む相対的に粗粒な堆積物と，生物源の石灰質軟泥や還元的な青色泥，緑泥石などの自生鉱物*を含む緑泥など基本的には細粒な物質が堆積する場である．　〈村越直美〉

はんしんせいがん　半深成岩　hypabyssal rock　深成岩と火山岩の中間の組織をもつ火成岩．小規模に迸入したもので，シート，シル，岩脈などを形成して産出する．主なものに，花崗斑岩，石英斑岩，アプライト，ペグマタイト，ひん岩，輝緑岩，ドレライトなどがある．　〈松倉公憲〉

はんすいちょくばん　反垂直盤　anti-vertical dip　⇨斜面分類［斜面傾斜と地層傾斜の組み合わせによる］（図）

はんすいちょくばんしゃめん　反垂直盤斜面　anti-vertical dip overhang　⇨反斜面，斜面分類［斜面傾斜と地層傾斜の組み合わせによる］（図）

はんすいへいばん　反水平盤　anti-horizontal dip　⇨斜面分類［斜面傾斜と地層傾斜の組み合わせによる］（図）

はんすいへいばんしゃめん　反水平盤斜面　anti-horizontal dip overhang　⇨反斜面，斜面分類［斜面傾斜と地層傾斜の組み合わせによる］（図）

ばんそう　盤層　pan　⇨硬盤層，石灰盤，耕盤層

ばんそうねんき　晩壮年期【侵食輪廻の】　late maturity（in cycle of erosion）　侵食輪廻における壮年期を早，満，晩の三期に分けたときの晩期で，平衡状態になった谷底の低下速度より尾根の低下速度の方が大きくなるので，起伏は小さくなり，河川の側刻による広い谷底とマスムーブメントによる尾根の低下，丸みを帯びた山稜によって特徴づけられる地形が卓越する時期を指す．この状態の山地を晩壮年山地という．正規輪廻以外の輪廻においては，河川との関係や平衡状態との関係が認定できないので，原面の残り具合や山稜の形態などから，上記に準じて判断することが多い．なお老年期の地形も"厚い風化層とマスムーブメントによる従順化された丘陵地が卓越する地形"とされ，晩壮年期と老年期との境界は漸移的で明確に区切れるわけではない．　⇨侵食輪廻，壮年期，老年期　〈大森博雄〉
［文献］辻村太郎（1923）「地形学」，古今書院．／Davis, W. M. (1912) Die erklärende Beschreibung der Landformen, B. G. Teubner（水山高幸・守田　優訳（1969）「地形の説明的記載」，大明堂．

ばんそうねんさんち　晩壮年山地　late mature mountain　⇨晩壮年期

ばんだいしきふんか　磐梯式噴火　Bandai-type eruption　磐梯火山1888年噴火で起きたような，山体の大崩壊を伴う噴火活動（水蒸気爆発）．崩壊物質は岩屑流として山麓へ流下堆積し，多くの流れ山で特徴づけられる起伏に富む火山岩屑流堆積地形を生じる．　⇨火山岩屑流　〈横山勝三〉

はんちきゅうそくいシステム　汎地球測位システム　global positioning system　⇨GPS

はんちこう　半地溝　half graben　地溝状地形のうち，片方だけが断層崖で限られ，非対称な横断形を示すもの（次頁の図）．正断層では，多くの場合，断層面は凹面の縦断形をなし，下部は低角となるので，それに沿って滑落する上盤地塊は回転し，断層崖基部が最も凹んで半地溝が形成される．断層角盆地の一種であるが，比較的規模が小さく，断層崖前面の低地が幅狭く，谷状をなすものに限り用いられる傾向がある．　⇨地溝，断層角盆地　〈東郷正美〉

はんてんさきゅう　反転砂丘　reversing dune　砂を動かす強さの風が両方向から吹く地域では，同じ横列砂丘上に風上斜面とすべり面の両方が形成されるような砂丘をいう．　〈成瀬敏郎〉

はんとう　半島　peninsula　はっきりした地峡（くびれた狭地）の有無にかかわらず，水域に突き出している比較的規模の大きい陸地．　〈砂村継夫〉

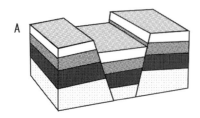
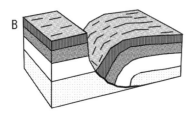

図　地溝(A)と半地溝(B)　(東郷原図)

はんとうすいそう　半透水層　aquitard, semi-pervious layer　半透水層は半帯水層ともいい，難透水層より透水性が大きい．しかし，明確な区分基準があるわけではなく多少恣意的に用いられる．漏水加圧層 (leaky confining bed) として，接する帯水層への水供給を可能にするだけの透水性をもっている．帯水層が十分な地下水量を算出可能であるのに対し，シルト，砂質粘土などのように地下水の産出が不十分な地層を指す．⇨不透水性，不透水層　　　　　　　　　　　　　　　　　〈三宅紀治〉
[文献] 山本荘毅編 (1986)「地下水学用語辞典」，古今書院．

ハンドオーガー　hand auger　表層土壌の調査に用いる携帯運搬が可能な簡易ボーリング機器であり，先端の刃先の種類を変えることによって各種の土壌に用いられ，試料の採取や土層構造の調査に利用される．刃先の種類には砂質土を対象とするグラベル型，粘性土を対象とするスパイラル型，硬質粘性土を対象とするスクリュー型などがある．
〈柏谷健二〉

はんのうけいれつ　反応系列　reaction series　マグマが冷却する過程で次々と新しい鉱物種が形成される順序のこと．二つの系列からなる．一つは完全な固溶体系列の斜長石からなり，温度低下とともに曹長石成分の多い粒を形成する連続反応系列 (continuous reaction series) であり，もう一つは時間的に不連続な反応でかんらん石が輝石，角閃石に置き換わっていく有色鉱物からなる不連続反応系列 (discontinuous reaction series) である．〈松倉公憲〉

パンパ　pampas　⇨ステップ

ばんひょうき　晩氷期　Lateglacial　急激な温暖化と寒冷化が短期間に相次いで起きた約15,000年 (暦年) 前以降の最終氷期の終末期．北欧の花粉分析などでは古い順に最古ドリアス期，ベーリング期，古ドリアス期，アレレード期，インターアレレード期および新ドリアス期に区分される．〈苅谷愛彦〉
[文献] Lotter, A. F. et al. (2000) Younger Dryas and Allerød summer temperatures at Gerzensee (Switzerland) inferred from fossil pollen and cladocrean assemblages : Palaeogeography, Palaeoclimatology, Palaeoecology, 159, 349-361.

パンファン　pan fan　A. C. Lawson (1915) がペディプレーン*を指してよんだ用語．「汎扇状地」と訳されることもある．〈松倉公憲〉

ばんぶくれ　盤膨れ　ground heaving　狭義では，柔らかい粘性土を地下構造物 (地下室，輸送管など) の建設のために掘削すると，その外側の高所の土圧によって，掘削面 (底面と側面) が膨れ上がり，外側の高所が沈下すること．トンネル掘削では「はらみだし」という．〈鈴木隆介〉

パンプラネイション　panplanation　パンプレインを形成する作用．⇨パンプレイン　〈松倉公憲〉

パンプレイン　panplain　蛇行河川による長期にわたる側刻によって形成された広大な平坦面を指し，侵食輪廻*の最終形でもある．Crickmay (1933) によって提唱された語．〈松倉公憲〉
[文献] Crickmay, C. H. (1933) The later stages of the cycle of erosion : Geol. Mag., 70, 337-347.

はんへいこうばん　反平行盤　anti-parallel dip　⇨斜面分類 [斜面傾斜と地層傾斜の組み合わせによる] (図)

はんへいこうばんしゃめん　反平行盤斜面　anti-parallel dip overhang　⇨反斜面，斜面分類 [斜面傾斜と地層傾斜の組み合わせによる] (図)

はんボルソン　半ボルソン　semi-bolson　⇨ボルソン

はんまさめばん　反柾目盤　anti-overdip cataclinal　⇨斜面分類 [斜面傾斜と地層傾斜の組み合わせによる] (図)

はんまさめばんしゃめん　反柾目盤斜面　anti-overdip cataclinal overhang　⇨反斜面，斜面分類 [斜面傾斜と地層傾斜の組み合わせによる] (図)

ハンモッキーモレーン　hammocky moraine　⇨モレーン

ハンモックじょうしゃこうそうり　ハンモック状斜交層理　hummocky cross-stratification, HCS　浅海性の砂層にみられる斜交層理 (⇨層理) の一種．

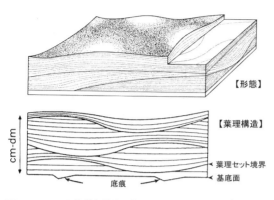

図 ハンモック状斜交層理 (Cheel and Leckie, 1993)

ハンモック状斜交層理（略称 HCS）は，一般に淘汰のよい細粒の砂層や砂岩層にみられ，波長数十 cm から数 m，波高 5 cm から 50 cm で，10°以下（最大でも 15°）の低角の緩くうねった波状の葉理セットからなる．内部の葉理は，下位の侵食性の葉理セット境界面にほぼ平行となり，側方で厚さが徐々に変化し，上方に向かって傾斜角が規則的に減少する．葉理セットは上に凸のハンモック型と下に凸のスウェール型が繰り返す．立体的には緩やかな円丘状の高まりとその間の窪みが 1 m から数 m おきに配列した形になる．ハンモック状斜交層理の一種のスウェール状斜交層理（swaley cross-startification: SCS）は，ハンモック葉理部が削られスウェール型の葉理が多くみられるものである．HCS は下部外浜におけるストーム時の波浪による堆積物に，SCS は HCS より少し浅い（波が強い）場での堆積物にみられる．ストーム時に発生するようなやや長い周期の振動流あるいはそれと沖向きの流れとの複合流から，これらの堆積構造がつくられたと考えられる．地層の下部外浜（lower shoreface）から内側陸棚（inner shelf）には，HCS を含む HCS が癒着した砂層やハンモッキー・シーケンスやテンペスタイト・シーケンスとよばれる特徴的な砂層（砂岩層）がみられることから，HCS はこれらの環境の示相堆積構造になっている．また，海成堆積物だけでなく，波浪が発生するような大きな湖の湖岸堆積物からも HCS は見いだすことができる． 〈増田富士雄〉

［文献］Harms, J. C. et al. (1975) Depositional environments as interpreted from primary sedimentary structures and stratification sequences: SEPM Short Course Note, No. 2. /Cheel, R. J. and Leckie, D. A. (1993) Hummocky cross-stratification: In Wright, V. P. ed. *Sedimentology Review*, 1, Blackwell.

ハンモックたいせき　ハンモック堆石 hammocky moraine ⇨モレーン

はんもん　斑紋 mottle 土壌断面にみられる鉄やマンガン化合物などの集積あるいは溶脱により，まわりと異なった土色を示す部分の総称．集積した場合は，まわりより彩度が高く，集積斑という．溶脱作用*で生成した斑紋を還元斑あるいは溶脱斑という．斑紋は，土壌が水で飽和し，酸化還元電位が低くなり，部分的に還元状態になったときに鉄などが溶脱し根や亀裂部分で酸化され沈積し生じる．斑紋はその形態により，点状，糸状，膜状，管状，糸根状，雲状，量状などに区別される． 〈田村憲司〉

ばんゆういんりょく　万有引力 universal gravitation 質点の間には，距離の 2 乗に反比例し，両者の質量の積に比例する引力が，物質の種類に関わりなく働く．この力を万有引力とよぶ．例えば，地球が太陽の周りを公転しているのは，両天体の間に働く万有引力によるものである．地球が有限の大きさをもつため，地球上でも太陽に近い部分と遠い部分で太陽の引力がわずかに異なる．この違いは地球潮汐の原因の一つとなり，地球を変形させる．⇨地球潮汐 〈日置幸介〉

はんらん　氾濫 flood, inundation 河川水が河川敷（堤外地）の外側（堤内地）に溢れたり，排水不良の堤内地が冠水・滞水したりすること．外水氾濫*と内水氾濫*がある．氾濫の原因は，流域内での多量の豪雨，多量の融雪，地震などによる天然ダムまたは人工ダムの決壊，堤内地への高潮や津波の流入などがある．氾濫によって河成堆積低地が形成される． 〈鈴木隆介〉

はんらんげん　氾濫原 floodplain, high water bed, river plain, river flat 広義には河川の氾濫が及ぶ低地の部分全体を指すが，狭義には河川の堆積作用によって形成された沖積平野のうち扇状地と三角州との間にあたる部分を指す．自然堤防帯，蛇行原*とも．狭義の氾濫原の多くは下流側に向けて 1/1,000～1/5,000 程度の緩い勾配をもち，地表には砂泥質の堆積物が堆積する．一般に，氾濫原を流れる河川は平衡状態に近づくと蛇行するようになり，側方侵食の卓越によって低地の幅を広げる．また，気候変化などによって上流域からの土砂供給量が増加したり，海水準が上昇したりして侵食基準面が上昇すると堆積作用が卓越するようになり，氾濫原が拡大する．地表には自然堤防・後背湿地・ポイントバー・氾濫原濠・氾濫原スクロール・氾濫原堤・氾濫原湖などの微地形のほか，蛇行の発達に伴って

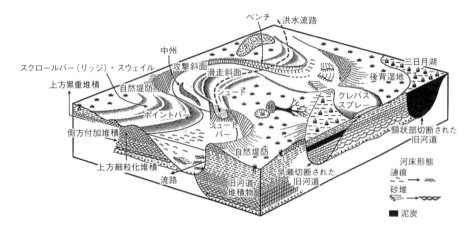

図 氾濫原の微地形模式図（小野，2012）

様々な形の旧河道や河道跡に形成された三日月湖（牛角湖）などとよばれる河跡湖もみられる．谷底平野や洪涵平野・氾濫平野・蛇行原などとよばれることもある．⇨自然堤防帯 〈海津正倫〉
[文献] 小野映介（2012）「沖積低地の地形環境学」，古今書院．

はんらんげんこ 氾濫原湖 floodplain lake ⇨河成湖

はんらんげんごう 氾濫原濠 floodplain swale ⇨氾濫原，蛇行州

はんらんげんスクロール 氾濫原スクロール floodplain scroll ⇨氾濫原

はんらんげんてい 氾濫原堤 floodplain bar ⇨氾濫原，スウェイル

はんらんげんど 氾濫原土 flood loam ⇨沖積土

はんらんすい 氾濫水 inundation water 堤防の破堤や越水に伴う河川の氾濫によって堤内地*に侵入する河川水のこと． 〈木村一郎〉

はんらんたいせきぶつ 氾濫堆積物 flood deposit, overflow deposit 河川の洪水時に河道から溢流した氾濫水に含まれる浮流物質が氾濫水の流速の減速や減水にともなって氾濫原上に堆積したもの．越流堆積物とも．細粒物質からなり，通常上方に細粒な級化成層を示し，また，河道から離れるにしたがって細粒化する．しかし，河道脇にある自然堤防を突き破るような氾濫によって堆積した破堤堆積物*は，扇状，舌状の平面形をもつ堆積地形（サンドスプレー）を生じ，礫を含む場合もある．⇨越流堆積物，破堤堆積物 〈島津 弘〉

はんらんへいや 氾濫平野 floodplain ⇨氾濫原

はんれい 凡例【地図の】 legend (of map) ⇨地図の凡例

はんれいがん 斑れい（糲）岩 gabbro 苦鉄質粗粒で完晶質の火成岩．ガブロとも．玄武岩と同じSiO_2含有量$45〜52$ wt%の範囲にある．狭義の斑れい岩は単斜輝石と斜長石を主成分とするが，広義にはノーライト（norite），トロクトライト（troctolite）などを含める．ノーライトは斜方輝石と斜長石を主とし，トロクトライトはかんらん石と斜長石を主とする．貫入岩として産する．日本では花崗岩質岩体の先駆的な小岩体として閃緑岩を伴って産することがある．日本にはないが巨大な層状貫入岩体として産することがあり，古くからマグマの分化作用が研究され，ボーエン（N.L.Bowen）の反応原理もこのような岩体での各種造岩鉱物の消長関係から導き出されている．グリーンランドのスケアガード（Skaergaard）貫入岩体が有名． 〈太田岳洋〉

ひあつたいすいそう　被圧帯水層　confined aquifer　⇨帯水層

ひあつちかすい　被圧地下水　confined groundwater　上位および下位が相対的に透水性の低い地層（これらを加圧層（confining bed）という）で，これらに挟まれた帯水層に存在し，その地下水が上位にある加圧層の下端より高い圧力を有する地下水．被圧帯水層は被圧地下水を胚胎する帯水層である．したがって被圧帯水層に井戸を掘ると井戸内水位は加圧層の下端より上に達する．この井戸をアーテジアン（あるいはアルテシアン）井戸ともいう．⇨不圧地下水　〈三宅紀治〉

ピーエイチ　pH　potential hydrogen, power of hydrogen　水素イオン濃度［H^+］を表す指標で，$-\log_{10}[H^+]$ で定義される．ドイツ語読みでペーハーとも．純水の pH は 7（中性）であり，pH が 7 より小さい溶液は酸性，7 より大きい溶液はアルカリ性である．天然の雨水の pH は大気中の CO_2 との溶解平衡で決まり，その値は 5.6 と弱酸性である．5.6 以下の pH 値を示す雨が酸性雨となる．
〈松倉公憲〉

ピーエフち　pF 値　pF value　土壌水分の量と質の関係を統一的に表現可能な概念として pF がある（現在はマトリックポテンシャル*とよんでいる）．pF は土壌水分状態を示し，土壌水と標準状態にある純水との間の化学ポテンシャルの差を水頭表示し，その対数をとった指標であり，次式による．

$$pF = \log_{10}(\sigma - \sigma_w)$$

σ：基準状態にある純水の化学ポテンシャル
σ_w：土壌水の化学ポテンシャル

土壌水の化学ポテンシャルの値は，①水と土との相互作用，②溶質濃度，③表面張力および④相圧（力学的には静圧）で決まる．

pF 値は土壌（間隙，土粒子表面）から水を吸引するのに必要な力（水を保持するエネルギー）を表すパラメータであり，土壌の乾燥の程度を表す指標．土壌の水分吸引力はテンシオメータ*等で測定され，負の圧力として求められるが，pF 値は，この負の圧力（cm）の絶対値を常用対数で表したもの．pF 値が大きいほど土壌は乾燥しており，例えば，水分が多い圃場容水量の土壌水分の pF 値は約 2.0，土壌が乾燥して植物が枯死してしまう点，すなわちシオレ点（wilting point）の pF はおおむね 4.2，乾燥がさらに進んだ風乾土の pF は 5.5 程度である．⇨土壌水分，土壌水分保持特性，毛管水
〈浦野慎一・駒村正治〉

ビーエムエスエル　bmsl, BMSL　below mean sea level　「平均海面下」を意味する英語の頭字語（略語）で平均海面下の深度を表す．通常，深さを示す数字の後に付けて用いられる．例：10 m bmsl（平均海面下 10 m の深さ）⇨平均海（水）面　〈砂村継夫〉

ビーカーほう　ビーカー法　grain size analysis using beaker　堆積物等の粒度組成を調べる粒度分析*の一つ．シルト以下の細粒分を分析する簡便な方法であるが，粒度分析機器の発達した最近ではあまり使われない．この方法は，粒径の違いによる沈降速度の違いを利用する沈降法*の一種であるが，深さ 10 cm 程度のビーカーを使うため，長さ 160 cm のガラス管を用いるエミリー管法より精度は落ちる．20℃の水温のもとで，50 μm，20 μm，5 μm，2 μm の粒子が 10 cm 沈降する時間は，それぞれ 44 秒，4 分 40 秒，1 時間 14 分，8 時間となるので，撹拌後所定の時間経過後の上澄み液に含まれる物質が，その粒径以下の物質の含有量となり，ビーカー底に残留したものの重量を測定すれば，その粒径以上の物質の含有量が得られることになる．上記の方法を援用し，粘土鉱物の X 線回折分析に供する粘土が水簸*によって集められる．すなわち，分析対象を含む物質をビーカーで撹拌後，8 時間経過した上澄み液をサイホンでとり遠心分離したものが粘土分（＜ 2 μm）となる．
〈松倉公憲〉

ピーク　peak　山頂，峰を意味するが，日本の登山家は尖峰・岩峰などの尖ったり，険しかったりする頂上に対して好んで使う．
〈岩田修二〉

ピークきょうど　ピーク強度　peak strength　過圧密粘土*を排水条件で剪断試験をすると，その応力-歪み曲線は，試験開始後に急激に剪断応力が上昇し最大値に達するが，その値をピーク強度という．ピーク強度に達した後も剪断を継続する（歪みを増大させる）と強度が低下する，いわゆる歪み軟化特性がみられ，このときの強度を歪み軟化強度という．この強度低下がある程度進むと，完全軟化強度（正規圧密粘土の剪断強度に相当する強度）に達する．これは，破壊が進行すると剪断面付近での含水比が増加するためと考えられている．完全軟化強度に達した後にさらに剪断変位が生じると，強度はさらに低下し，ある一定の値に限りなく近づく．この一定値は残留強度とよばれる．脆性破壊である山崩れの斜面安定解析*にはピーク強度が，塑性変形で慢性的な動きを繰り返す地すべりの解析には残留強度が使われる．　　　　　　　　〈松倉公憲〉

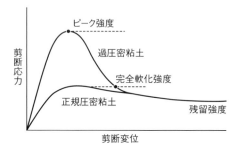

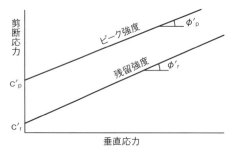

図　ピーク強度

ピークりゅうりょう　ピーク流量　peak discharge, peak flow　ある流域において降雨が与えられた場合に，河道のある点において計測した流量のうち最大のもの．単一洪水である場合には，水面勾配，流速，流量，水深の順番でピークが現れるのが一般的である．　　　　　　　　　　〈中山恵介〉

ピージーきゅうしゅう　Pg吸収　Pg absorption　土壌の腐植酸の可視・紫外線スペクトル曲線（350〜700 nm）には，615, 570, 450 nm付近に特徴的な吸収帯が認められるものがある．これらの吸収帯はいずれも腐植酸の緑色画分に由来するものであり，K. Kumada and O. Sato（1962）によりこの腐植酸緑色画分はPgと名付けられた．PgはP type humic acid green fractionに由来し，一般にポドゾル性土に多いP型腐植酸でその特徴が顕著に認められるが，Pg吸収を示す腐植酸は，P型腐植酸以外にも存在する．Pgの可視・紫外線吸光曲線はDHPQ（4,9ジヒドロキシペリレン-3,10-キノン）によく似ていることから，Pgの発色団はDHPQなどのキノン系化合物の誘導体であると考えられている．この緑色画分は，糸状菌の休眠組織である菌核や黒色菌糸部分や子実体にも含まれており，Pgは糸状菌のさまざまな代謝産物を起源とするペリレンキノン系色素からなる物質群であるといえる．⇨腐植，土壌菌核　　　　　　　　〈渡邊眞紀子〉

ビーそう　B層　B horizon　⇨土壌層位

ビーチ　beach　⇨海浜

ビーチカスプ　beach cusps　砂礫浜海岸の汀線付近に形成される微地形．単にカスプとよぶこともある．海に向かって突出した高まりと湾入した低い部分とが，交互に連続して配列する規則的な地形．一般に，その波長（間隔）は海浜では数m〜数十m，湖浜では数十cm〜数mに及ぶ．成因として，前浜や浅海域の地形の不規則性，前浜堆積物の不均一性，沿岸方向の波高分布の非一様性（エッジ波による）などが考えられており，最近では自己組織化モデルが提案されている．未だ定説をみない謎の地形の一つである．⇨砂浜海岸（図）　　〈青木　久〉

[文献] Sunamura, T.（2004）A predictive relationship for the spacing of beach cusps in nature : Coastal Engineering, 51, 679-711.

ビーチサイクル　beach cycle　波浪特性の時間的変化に対応して海浜地形が示す可逆的かつ周期的な変化をいう．このサイクルには三つの種類がある．暴浪時に浅海域にインナーバー*が形成され，そのバーは暴浪後の静穏な波浪状況下で岸方向に移動し，ついには陸上に乗り上げてバームを形成する．このような暴浪時と静穏時に対応する変化をstorm cycleという．夏季には静穏な堆積性の波が，冬季には激しい侵食性の波が卓越するような海浜においては，夏季に陸上部に形成されていたバームが冬季に侵食され，それを構成していた砂礫は浅海域に運ばれてインナーバーをつくる場合が多い．このような卓越波浪特性の季節的な違いに対応する変化をseasonal cycleとよぶ．潮汐サイクルによっても

小規模な地形変化が生じる．これは tidal cycle とよばれる．⇨砂浜の縦断形，砂浜の地形変化モデル

ビーチステップ step, beach step　砂礫質海浜の汀線のすぐ沖側にみられる水面下の急崖．ステップとも．静穏時の遡上波の戻り流れが前浜の海側末端部につくる渦（backwash vortex）によって形成・維持される．暴浪が襲来すると侵食され消失する．崖の比高は波の規模と海浜堆積物の粒径によって決まる．　〈武田一郎〉

［文献］Larson, M. and Sunamura, T. (1993) Laboratory experiment on flow characteristics at a beach step : Jour. Sedimentary Petrology, **63**, 495-500. ／武田一郎（1997）ビーチ・ステップの基部水深：地形, **18**, 53-60.

ビーチフェイス beach face　遡上波が這い上がり，流下する砂浜海岸の波打ち際を指す．一波ごとに水面上に現れたり水面下になったりするような領域で，遡上の開始点から最高遡上点までをいう．遡上波帯に同じ．ビーチフェイスの勾配は波浪特性（波高と周期）および堆積物の粒径で決まる．一般に，暴浪作用直後の勾配は緩やかであるが，静穏波浪が継続して作用した後では急になる．堆積学用語のショアフェイス* とは異なる．　〈砂村継夫〉

［文献］Sunamura, T. (1984) Quantitative predictions of beach-face slopes : Geol. Soc. America Bull., **95**, 242-245.

ビーチリッジ beach ridge　⇨浜堤

ビーチロック beachrock　熱帯〜亜熱帯の砂礫からなる海浜の潮間帯で，主に炭酸カルシウム（$CaCO_3$）でセメントされた現成石灰質砂礫岩．海に向かい緩斜する層理をもち，しばしばケスタ状を示す．板干瀬ともよばれる．　〈小西健二〉

ピードモントアングル piedmont angle　ペディメント* 背後の山地斜面あるいは急崖とペディメントとの境界線（断面形では点）をピードモントジャンクションといい，そこは傾斜急変部（遷緩線）をなす．ジャンクションを挟む両斜面のなす内角をピードモントアングルという．　〈松倉公憲〉

ピードモントジャンクション piedmont junction　⇨ピードモントアングル

ビーバーダム beaver dam　ビーバーが河畔の木の幹や枝を集めて川のなかにつくる天然のダム．ビーバーは北米とヨーロッパに生息するが，日本には生息していない．生態系を改変する代表的な生態系エンジニア（ecosystem engineer）として知られている．ビーバーが齧って水辺の樹木を倒すことにより，河畔植生の多様性が維持されるだけでなく，ダムによってつくられた大きな湖は物質の貯留と循環，生息場所の複雑性を生み，生物多様性に大きく貢献することが知られている．　〈中村太士〉

［文献］Wright, J. P. et al. (2002) An ecosystem engineer, the beaver, increases species richness at the landscape scale : Oecologia, **132**, 96-101.

ビーバーひょうき　ビーバー氷期 Biber glaciation　⇨アルプスの氷河作用

ピーピーピー「PPP」 Permafrost and Periglacial Processes　寒冷・非氷河地域における凍土や地中氷，周氷河プロセスと地形，過去の周氷河環境，凍土に関連する災害や工学などを対象とする国際誌名．1990年より毎年4回刊行．　〈松岡憲知〉

ヒービング heaving　浸出水侵食（シーページ・エロージョン*）の一つで，地下水圧によって土塊全体が斜面の側方へ持ち上がる現象．多くの場合，パイピングが関与していると考えられている．　〈松倉公憲〉

ヒーブ heave　⇨断層変位の諸元（図）

ピーフォーム　Pフォーム P-form（plastically moulded form）　流れの場に抗したり順応したりして形成される特徴的な流線形をなす1m内外の小規模な氷河成侵食痕．語源の「plastically moulded」は，氷による荷重や引きずりなど氷体の直接的な作用を示唆しているが，近年では氷体の直接的侵食ではなく，氷河底の融解水流が主な成因であるという見解もある．このため，呼称としては成因を排除し，形態的特徴のみを指す「S-form（streamlined bed form）」が推奨されている．この地形は，氷河（あるいは氷河底水流）の流動方向に沿った形態，流動方向を横切る形態，方向性のない形態に分類される．ドラムリンや羊背岩など，より大きな地形上にスーパーインポーズしているケースも多く，そのような場合は，大地形上の位置と氷河（水流）の流動方向との関係で形態が規定される傾向がみられる．侵食痕であるため，溝状のくぼみとして残る場合が多いが，丸みを帯びた突起物の下流側にしっぽ状にリッジが伸びる「ラットテイル」とよばれる地形のように，流路中の障害物として存在していた突起物を起源とすることを示唆する形態もある．　〈澤柿教伸〉

［文献］Kor, P. S. G. et al. (1991) Erosion of bedrock by subglacial meltwater, Geogian Bay, Ontario : a regional view : Canadian Journal of Earth Science, **28**, 623-642. ／澤柿教伸・平川一臣（1998）：ドラムリンの成因と氷河底環境：氷底堆積物の変形か氷底水流か：地学雑誌, **107**, 469-492.

ピエゾざんりゅうじか　ピエゾ残留磁化 piezo remanent magnetization　磁化をもたない岩石試料

に直流磁場を印加すると，試料に磁化が発生する．この状態で応力を試料にかけて，そして0にする．その状態から磁場強度を0とすると，等温残留磁化より大きな残留磁化が発生する．増加分の残留磁化をピエゾ残留磁化という．磁場を印加した状態で，応力を加え，そして解放することが肝要である．

〈乙藤洋一郎〉

[文献] Dunlop, D. J. and Özdemir, Ö. (1997) *Rock Magnetism: Fundamentals and Frontiers*, Cambridge Univ. Press.

ピエゾメーター piezometer 帯水層内のある一点の水頭を測定するときに用いる装置．上方端が大気中に開放された中空の管で，管の下端も地下水が自由に出入りできるようになっている．そして，水頭を調べたい点に管の下端が位置するように設置する．そして，管の下端から管内に形成される水面までの比高が圧力水頭*を表し，基準面から管の下端までの比高が位置水頭*になるので，この両者の和（すなわち，基準面から管内の水面までの比高）が水理水頭（一般的に水頭と略すことが多い）を表す．

〈倉茂好匡〉

ひエネルギー　比エネルギー specific energy 開水路*の流れにおいて水路底を高さの基準面にとって，単位重量あたりの水塊がもつエネルギーを水頭の形で表したもの．水深と速度水頭*の和をいう．

〈宇多高明〉

ひえん　飛塩 salt drift (by wind) しぶきで海面から水滴が飛び散るときに，一緒に海塩粒子も飛び散る，このことをいう．台風のような暴風によって吹き上げられた飛塩が樹木や農作物に付着すると甚大な被害（塩害）が生ずる．地形学的には，海岸における塩類風化*の原因となる．　〈山下脩二〉

ひえんぺんちょう　比縁辺長【流域の】 compact index, relative perimeter crenulation 流域縁辺長（P_b）と流域と同じ面積（A_b）をもつ円の周長との比（C_p）．$C_p = P_b^2 / A_b$．常に1以上であり，流域形状が円とは異なるほど大きくなる．円形度と似た指標．Gravelius (1914) が定義．⇨流域の基本地形量

〈小口　高〉

[文献] Gravelius, H. (1914) *Grundriß der gesamten Gewässerkunde*. Band I, Flußkunde.

ビオトープ biotope 景観生態学・地生態学では，エコトープを形成する様々な地因子のうち，動植物などの生物因子によって特徴づけられる，形態的・機能的に同質な空間単位を指す．一般には，都市内に動植物の生息・生育環境を復元するために造成された空間を指す．　〈高岡貞夫〉

ひかえてい　控堤 secondary levee ⇨副堤

ひかくこうど　比較高度 relative height ⇨比高

ひかざんせいがいこ　非火山性外弧 non-volcanic outer arc 島弧は一般に二重弧であるが，海溝側の外弧は，火山を伴わないので，非火山性外弧とよばれる．東日本弧の北上・阿武隈山地，西日本弧の紀伊・四国・九州山地などが典型例．⇨外弧，島弧　〈岡田篤正〉

ひがしシナかいたいりくだな　東シナ海大陸棚 East China Sea Shelf 中国沿岸から福江海盆，男女海盆および沖縄トラフの各北西縁まで，幅最大500 km程度で広がる大陸棚*．東海陸棚ともよばれる．陸棚外縁の水深は約130 m．　〈岩淵　洋〉

ひがしたいへいようかいぼう　東太平洋海膨 East Pacific Rise メキシコ西岸沖から南米大陸南端のホーン岬西方沖まで約7,000 kmにおよぶ海底の幅広い高まり．太平洋プレートとココス，ナスカ，南極プレートとの拡大境界となっている．プレート拡大速度が速い（太平洋プレート-ナスカプレート間では年間約16 cm）ために全体になだらかな高まりとなっているが，大洋中央海嶺である．

〈岩淵　洋〉

[文献] Rea, D. K. and Scheidegger, K. F. (1979) Eeastern Pacific spreading rate fluctuation and its relation to Pacific area volcanic episodes: Jour. Volcano. Geotherm. Res., 5, 135-148.

ひがしなんきょくひょうしょう　東南極氷床 East Antarctic ice sheet ⇨南極氷床

ひがしにほんかざんたい　東日本火山帯 East Japan volcanic belt 千島列島から北海道，東北日本，中部日本，富士・箱根，伊豆七島，硫黄諸島に帯状に連なる火山帯をいう．⇨火山帯，火山フロント　〈鈴木隆介〉

[文献] 杉村　新 (1978) 島弧の大地形・火山・地震：笠原慶一・杉村　新編「変動する地球 I」，岩波地球科学講座，10巻，岩波書店．

びかせき　微化石 microfossil 化石を大きさにより分けたときの便宜的な呼び名であり，顕微鏡サイズの小さな化石を指す．数μmから数百μmの大きさのものが多いが，10 cmを超える種類もある．微古生物ともいう．浮遊性，固着性，底生などいくつかの生活型があり，石灰質，珪質，有機質など骨格や殻の材質にも違いがある．微化石となる生物や生物の部分には，有孔虫，円石藻（石灰質ナンノ化石），放散虫，珪藻，貝形虫，珪質鞭毛藻，渦鞭毛藻，コノドント，花粉，プラントオパールなどがある．

少量の試料でも多量に産出することから，地層の年代や古環境の優れた指標となる．⇨浮遊性微化石
〈本山　功〉

びかせきそうじょ　微化石層序　microbiostratigraphy　地層中に含まれる顕微鏡サイズの化石の進化系列を利用して，地層を体系的に区分する学問分野．放散虫，有孔虫，石灰質ナンノプランクトン，珪藻などがよく使われる．
〈天野一男〉

ひがた　干潟　tidal flat, tide flat　潮汐によって海水に覆われたり露出したりする，ほとんど水平な部分で不毛の土地．非固結の砂泥や粘土質堆積物で構成される．また，著しく広い場合には日本では潮汐平野（tidal flat）とよぶことがある．潮汐低地（tidal flat）も同義で用いられているが，浅い潟湖や静水の湾などで泥や腐植の層などからなる．高潮時に水没する低地を潮汐低湿地（tidal marsh）という．
〈福本 紘〉

ひかつどうてきえんぺんぶ　非活動的縁辺部　passive margin　大陸が分裂・拡大して形成された大洋の両側の大陸縁辺部．海洋プレートと大陸プレートの境界部が接合し一体となって運動するため，火成活動や地殻変動は不活発．大西洋の東西両岸の大陸縁辺域が典型例．⇨活動的縁辺部
〈堤　浩之〉

びきこう　微気候　microclimate　⇨気候のスケール

ひきしお　引き潮　ebb tide　⇨下げ潮

びきしょうがく　微気象学　micrometeorology　地表面状態によって著しく影響を受ける接地境界層＊内に生じる小規模な現象を対象とする気象学の一分野．主に地表面から数mまでの高さの大気中の，1日よりも短い時間スケールの現象を対象とする．
〈森島　済〉

ひきなみ　引き波　backwash　⇨遡上波

ひきんせいがたふくせいていち　非均整型複成低地　compound plain (lowland) of asymmetrical type　複式地形種の複合性において扇状地を欠き，蛇行原と三角州からなる河成堆積低地の複成低地で，潟湖跡地，堤列平野や砂丘などを伴うことがある．礫の生産の少ない流域をもつ河川（例：房総半島北部の丘陵や台地に発源する河川）あるいは谷口から上流に堆積盆地が存在する河川沿いに発達する（例：網走川低地，広島平野）⇨低地，複成低地
〈海津正倫〉

［文献］鈴木隆介（1998）「建設技術者のための地形図読図入門」，第2巻，古今書院．

ピクノメーター　pychnometer　岩石や土の真比重＊を計測するための，一定の容積をもったガラスびん．比重びんとも．この中に粉砕した試料を入れて，定められた量の蒸留水を加え，十分振って内部の気泡を除去し，一定温度に加熱し，再び一定温度に冷却して秤量し，真比重の計算をする．
〈松倉公憲〉

ひこう　比高　relative height, relative elevation　地表の2地点間の高度差（例：段丘崖の崖頂線と崖麓線の高度差）であり，比較高度の略称．滝頭と滝壺の高度差も比高であるが，日常語では滝の高さという．⇨高さ
〈鈴木隆介〉

びこうち　微高地　slightly high land　低地や段丘面のような平坦地の中で，わずかに高い土地をいう記載用語．国土地理院が作成した土地条件図の地形分類で使用した用語で，扇状地，自然堤防，砂州（浜堤など），砂堆，砂丘，天井川などを一括して微高地と表現した．洪水や地震災害に関してはある程度まで有用であるが，形成過程も構成物質も異なる地形種＊を一括しているので，地形学的には地形相＊の単な記載用語である．⇨土地条件図
〈鈴木隆介〉

ひこけつ　非固結　unconsolidated　日本の地質学では，堆積岩の固結状態を表現するとき，固結（consolidated）と未固結（unconsolidated）という形容詞（英語も）で記述してきた．未固結は英語の訳語（誤訳？）であろうが，本当は'非固結'と訳すべきである．なぜなら，英語の'un'には，未（まだ，将来）という時間的意味はなく，'non-（非，不，逆）'よりも強く積極的に'反対，否定'の意味をもつ．古典的な地層学では，主に海底堆積物の地層を扱ってきたので，続成作用＊が未完成のうちに（未だ固結せずに）地殻の隆起に伴って陸上に露出した，という発想で未固結と訳したのかもしれない．しかし，地層の固結程度は続成作用の進行程度に依存し，堆積年代とは直接的には無関係である．また，陸上に露出した'未固結'の地層やその風化物質，そして陸成層（段丘堆積物，崖錐堆積物，降下火山砕屑物など）が，沈降して海底で続成作用を受ける前に，固結する可能性はほとんどない．地形学的観点では，非固結堆積物の物性と風化や変質による固結岩の'非固結化（強度低下）'が重要である．よって，固結していない岩石（unconsolidated rock）については'未固結岩'ではなく'非固結岩'というべきである．⇨未固結
〈鈴木隆介〉

［文献］鈴木隆介（1997）「建設技術者のための地形図読図入門」，第1巻，古今書院．

ひこけつがん　非固結岩　unconsolidated rock

⇨軟岩, 非固結

ひさ 飛砂 sand drift (by wind), blown sand　砂丘地や植生のない砂浜などで砂が風で吹き飛ばされる現象. また, 吹き飛ばされた砂をいう. 未固結堆積物の風による運搬作用（浮遊・跳躍・匍行の3つ）のうち, 飛砂は跳躍と匍行様式で運搬される. 地面を掃きなでるようにして砂が移動するが, 飛砂の8割は跳躍, 2割が匍行の様式で生ずる. 砂丘やその上に描かれる砂漣は飛砂によって形成される. また, 飛砂は道路や耕地を埋積したり, 家屋に吹き込んだりして大きな損害を与える. ⇨飛砂粒, 運搬作用［風の］, 風食速度　　　　　〈林　正久〉
［文献］鈴木隆介 (1998)「建設技術者のための地形図読図入門(2) 低地」, 古今書院.

ひさいいき 被災域 disaster-stricken area　自然災害, 特に土砂災害（崩落, 地すべり, 土石流）, 水害（洪水, 津波）, 火山活動などで荒廃・被災した地区. 例えば, 地すべり災害では地すべりの発生域, 移動域および定着域の全域が被災域である.
〈鈴木隆介〉

びさいさ 微細砂 very fine sand　極細粒砂に同じ. ⇨粒径区分（表）.　　　　　　〈遠藤徳孝〉

ひささいしゅき 飛砂採取器 sand trap　飛砂*を捕捉・採取するための装置で, 水平型と垂直型がある. 水平型は地表面に網や捕捉箱, 雨量計に似た桝・バケツなどを設置して, 一定時間に堆積した砂の量を測定して飛砂量を求める. 垂直型は地表に鉄柱を建て, 円筒型や吹き流し型, 首振り型などの捕捉装置を一定の高さに装着して飛砂を捕獲し, 飛砂量（乾燥重量／秒）を求める. 地表からの高さによって飛砂量が異なるため複数の装置を同時に装着することが多い. 垂直型では装置自体が風の流れを乱すため, 風の影響を排除するため様々な工夫がなされる. 飛砂量の測定は防砂柵や堆砂垣の設置など防砂計画のために欠かせない.　　　　　〈林　正久〉

ひさりゅう 飛砂粒 blown sand grain　風によって吹き飛ばされた砂粒. 風による物質の移動は粒径によって異なり, 径0.1 mm以下の粒は浮遊, 径0.5〜0.1 mmでは跳躍, 径2.0〜0.5 mmでは匍行の様式をとる. 浮遊によって移動する物質は空中に舞い上げられて遠方へ運ばれてしまうため, 飛砂*として観察されるのは地表面近くを跳躍・匍行で運搬されるものである. 砂粒どうしがぶつかりあって粒の表面が磨かれるため, 砂粒は円〜亜円形となる. 飛砂の大部分は透明な石英粒から構成されるが, 表面に付着した酸化鉄などの風化物や石英に含まれる微量成分によって黄色や褐色を呈する砂粒もみられる. ⇨運搬作用［風の］　　　　〈林　正久〉

ひさんしゅつりつ 比産出率 specific storage　⇨貯留係数

ひざんりゅうりつ 比残留率 specific retention　飽和している帯水層から, 水が重力排水された後も保持されている水分の占めている間隙の割合. 比保留量ともいう. 土粒子表面の結合水や不飽和帯に形成される毛管水が含まれる.　　　　〈池田隆司〉

ひしつ 比湿 specific humidity　水蒸気を含む空気塊（湿潤空気塊）の質量に対する水蒸気の質量の比. 無次元量として定義されるが, 利用上, 1 kgの湿潤空気塊中に含まれる水蒸気の質量（g）として表される.　　　　　　　　　　〈森島　済〉

ひしゅうきせいだんきゅう 非周期性段丘 non-cyclic terrace　⇨輪廻性段丘

ひじゅうけい 比重計 hydrometer　粒径75 μm 未満の細粒土の粒度を調べるために行われる沈降分析に用いられる浮ひょう.　　〈鳥居宣之〉

びしょうじしん 微小地震 microearthquake　規模が非常に小さな地震. 明確な定義はないが, 日本ではマグニチュード（M）が1以上3未満の地震を指す. マグニチュードが1未満の地震は極微小地震とよばれる. 人間が微小地震や極微小地震の地震動を感じることは稀で, 高感度・高密度の地震観測網で初めて検知できる. 発生個数は非常に多く, 空間分布は不均等である.　　　　　〈久家慶子〉
［文献］宇津徳治 (2001)「地震学（第3版）」, 共立出版.

ひしょうしつ 非晶質 amorphous　結晶質とは異なり, 原子や分子が規則正しい空間格子をつくらない物質（例：火山ガラス*やアロフェン*など）. アモルファスとも.　　　　　〈松倉公憲〉

びしょうしんぷくはりろん 微小振幅波理論 small amplitude wave theory　理論式を導く際に波高が非常に小さいと仮定し, 波長に比べて波高の影響を無視して求められた波動理論で, G. B. Airy (1845) が理論を発展させたところからエアリーの波ともいわれる. 基本式が線型であることから線型波理論ともよばれる. 種々の波動理論の基本であり, 数学的取扱いも比較的簡単なため広く用いられている. この理論から得られた結果は, ある程度の誤差を許すならば相当大きな波高をもつ波にまで適用できる.　　　　　　　　　　　〈砂村継夫〉
［文献］堀川清司 (1991)「新編海岸工学」, 東京大学出版会.

ひしょくど 被植度 vegetation cover ratio　⇨

植被率

ひしょくほう　比色法　colorimetric method　水質分析の最も基本的な方法で，水溶液の色調や濃さを標準液のそれと比較して濃度を決定する．比色計器の進歩と有機試薬の開発によって多くの分析法がある．分光高度計で精密に測定する吸光光度法と，パックテストのように現場において肉眼で比較する簡易測定法とがある．〈池田隆司〉

ヒステリシス　hysteresis　ある物質に荷重を載荷したり除荷したりするとき，応力-歪み曲線が載荷時，除荷時で一致しない現象のことをいい，描かれるループをヒステリシスループ（hysteresis loop）という．〈鳥居宣之〉

ひずみ　歪み　strain　物体に外力を与えると物体は変形する．その変形量をもとの量で割った値を歪みという．応力が弾性限度内であれば弾性歪みであって，外力を除けばもとにもどるが，応力が弾性限界を超えると塑性変形が起こって永久歪みが残る．〈松倉公憲〉

ひずみけい　歪み計　strain gauge, strain meter　土壌匍行やソリフラクションの移動速度プロファイルや地すべりのすべり面の位置を把握するための計器．代表的なものに電気抵抗線式歪み計（ワイヤストレインゲージ）がある．〈松倉公憲〉

ひずみど　歪度　skewness　⇨歪度

ひずみなんかきょうど　歪み軟化強度　strain-softening strength　⇨ピーク強度

ひせいけいきょうどしけん　非整形強度試験　strength test using irregular-shaped specimen　整形しない不規則な形状の岩石に荷重を加え，その強度を求める試験．強度の不足や乾湿風化作用により，供試体を円柱や角柱など一定の形に整形できない場合に実施する．⇨点載荷圧裂引張り試験〈八反地　剛〉

ひせいごう　非整合　disconformity　①平行不整合と同義．②不整合の中で地層間の不連続の比較的小さいものをいう．たとえば他地域と比較して上下2層間にある量の欠落がみられるが，不連続の間隙期間中に海底侵食あるいは無堆積の状況下にあって陸上の削剥作用を受けていないと判断されるような場合に用いられる．〈松倉公憲〉

ひせいたいえいきゅうとうど　非成帯永久凍土　extrazonal permafrost　⇨域外永久凍土

ひせいたいせいどじょう　非成帯性土壌　azonal soil　成帯性土壌*のように気候に対応してもおらず，成帯内性土壌*のように母材などの卓越した土壌生成因子によって形成されているのでもなく，新しく未発達な土壌をいう．非成帯性土壌には，急傾斜のため絶えず表土が流亡して層位分化ができない岩屑土や，火山放出物・砂丘などの未熟土，生成年代が若い沖積土などがある．⇨土壌の成帯性．〈田中治夫〉

ひぞうこうせつり　非造構節理　non-tectonic joint　造構節理*ではない節理の総称であり，節理系の大分類では非系統節理に属する節理（例：地形性節理，風化節理）である．⇨節理系　〈鈴木隆介〉

ピソライト　pisolite　⇨火山豆石

ひたいしょうおね　非対称尾根　asymmetrical ridge　⇨非対称山稜

ひたいしょうごうりゅう　非対称合流　asymmetric confluence　本流の両岸で，支流の本数・流域長が顕著に非対称的に異なる状態．非対称谷*で普通にみられる．⇨合流形態（図）　〈鈴木隆介〉

ひたいしょうこく　非対称谷　asymmetrical valley　谷の横断形が非対称な谷で，その成因は①生育蛇行谷（谷壁斜面の傾斜：攻撃斜面＞滑走斜面），②同斜構造をもつ堆積岩層の差別侵食（受け盤斜面＞流れ盤斜面），③両岸の構成岩石の差異（硬岩＞軟岩），④活断層運動や傾動運動（相対的な隆起側＞沈降側），などである．⇨谷の横断形，河谷横断形の類型（図），ケスタ　〈鈴木隆介〉

［文献］鈴木隆介（2000）「建設技術者のための地形図読図入門」，第3巻，古今書院．

ひたいしょうさんりょう　非対称山稜　asymmetrical ridge　尾根の両側の斜面傾斜が著しく非対称な山稜．非対称尾根とも．尾根線は一般に明瞭で，①地質構造を反映したケスタ*，②侵食階梯の異なる流域界，③氷河・周氷河作用の非対称性による非対称山稜，④尾根移動型地すべり*地形の滑落崖の頂部，⑤火口縁，⑥カルデラ縁，⑦尾根の高所側が沈降した断層崖の頂部，などにみられる．①と②では，しばしば非対称谷と並走し，緩傾斜側より急傾斜側での削剥速度が大きいので，尾根線が緩傾斜側に移動することがある．⇨尾根の横断形（図），不等斜面の法則　〈鈴木隆介〉

ひたいしょうてきだんきゅう　非対称的段丘　unpaired terrace　⇨対性段丘

ひたいせいだんきゅう　非対性段丘　unpaired terrace　⇨対性段丘

ひだかそうぐん　日高層群　Hidaka group　北海道の中軸をなす日高山脈とその周辺に分布する白亜系〜始新統．黒色の粘板岩・細粒砂岩を主体とす

る無化石の単調な堆積相を示す． 〈松倉公憲〉

ひだかぞうざんうんどう　日高造山運動　Hidaka orogenic movement　北海道で白亜紀から古第三紀におこった造山運動をいう．完全褶曲と深成・変成作用をもつ典型的なアルプス造山運動として知られる． 〈松倉公憲〉

ひだたい　飛騨帯　Hida belt　中央日本北西部から隠岐にかけての地域に分布し，日本列島最古の変成岩である飛騨変成岩類（主に片麻岩）で構成されている． 〈松倉公憲〉

ひだつかせん　被奪河川　beheaded stream　⇨截頭（せっとう）河川

ひだつこく　被奪谷　captured valley　河流の生存競争*や河川争奪*により，河流が隣の河川に流れ込むようになり，隣の流域となった河谷．河流を奪った隣の河川の流量は急激に増え，下方侵食が進む．この下方侵食がこの被奪谷の上流側へも進行し，被奪谷にもしだいに深い谷が入り込む． 〈斉藤享治〉

ひだひょうき　飛騨氷期　Hida glaciation　⇨日本の氷期

ひだりがんこう　左雁行　left-hand echelon　⇨雁行配列（図）

ひだりよこずれだんそう　左横ずれ断層　left-lateral fault, sinistral fault　横ずれ断層のうち，断層両側の地塊が互いに左方向にずれ動くもの．⇨右横ずれ断層，横ずれ断層 〈金田平太郎〉

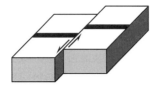

図　左横ずれ断層

びちけい　微地形　microlandform　⇨地形種の分類（表）

ひちょりゅうけいすう　比貯留係数　specific storage　⇨貯留係数

ひちょりゅうりつ　比貯留率　specific storage　⇨貯留係数

ビッカースこうどしけん　ビッカース硬度試験　Vickers hardness test　ダイアモンドからなる正四角錐の圧子を押し込み，その圧痕の大きさから，金属，岩石，鉱物などの硬度を評価する試験．圧痕はμm単位の微小なものであるので微小部分の硬さの計測に適している．たとえば，風化皮膜をもつ岩石の風化皮膜から新鮮部にかけての硬度プロファイルの計測等に利用される． 〈松倉公憲〉

［文献］Matsukura, Y. et al. (1994) Preliminary study on Vickers microhardness of weathering rinds: Annual Report of Institute of Geoscience, University of Tsukuba, 20, 15-17.

ひっかきこうどしけん　ひっかき硬度試験　scratch hardness test, scratching test　鉱物や金属などの表面を，標準鉱物や金属針などでひっかいたときの傷の有無や大きさなどで硬度を決める試験．モースの硬度計（Mohs hardness scale）は，鉱物の硬さを調べるときによく用いられる． 〈若月強〉

ひつじゅうかせん　必従河川　consequent stream　周囲の大局的な地形（例：接峰面*で表現される地形）の最大傾斜方向に流れている河川．必従河流とも．多くの河川は必従河川であるが，そうではない無従河川（むじゅうかせん）*もある．⇨対接峰面異常（図），適従河流（図） 〈鈴木隆介〉

ひつじゅうかりゅう　必従河流　consequent stream　⇨必従河川，適従河流（図）

ひつじゅうこく　必従谷　consequent valley　必従河川の形成した河谷をいう．多くの河谷は必従谷である．⇨必従河川 〈鈴木隆介〉

ひつじゅうだに　必従谷　consequent valley　ひつじゅうこく（必従谷）の誤読． 〈鈴木隆介〉

ピッチストーン　pitchstone　松脂（まつやに）のような光沢を有する流紋岩質のガラス質火山岩．松脂岩（しょうしがん）とも．水分に富み，この点において黒曜石と区別される． 〈松倉公憲〉

ピットクレーター　pit crater　⇨陥没火口

ひっぱりきょうど　引張り強度　tensile strength　岩石・土のもつ強度の一つで，引張り力に抵抗する強さ．金属などの材料では，一軸引張り試験により求められるが，岩石・土の場合にはこの試験を行うのが難しい（試料をつかむチャックの部分から破壊し信頼性に欠ける結果となることが多い）ので，圧裂引張り試験（ブラジリアンテスト）や点載荷圧裂引張り試験などによって求められる．⇨圧裂引張り試験，点載荷圧裂引張り試験 〈松倉公憲〉

ひっぱりきれつ　引張り亀裂　tension crack　海食崖などにみられるような垂直な崖には，たえず前方（海側）に倒れるような力が働いているため，崖の上部では引張り応力が作用し，そのためしばしば崖の上部には崖と平行に走る亀裂が発生する．この亀裂を引張り亀裂といい，崖の崩壊・崩落を助長する一つの要因となる． 〈松倉公憲〉

ひていこう　比抵抗　resistivity　単位断面積, 単位長さあたりの物質の電気抵抗. 断面積 S, 長さ l, 比抵抗 ρ の物質の電気抵抗 $R=\rho l/S$. 電気探査法による地盤の比抵抗分布から, 砂礫や粘土といった土性・風化度・含水比の分布などがわかる.
〈飯田智之〉

ひていじょうりゅう　非定常流　unsteady flow　時間の経過とともに流量が変化する流れ. 定常流*の対語. 不定流とも.
〈宇多高明〉

ひとうすいそう　非透水層　aquifuge　相互につながる間隙がなく水の貯留や移動のない地層で, 固結した花崗岩などはその例. ⇨不透水性, 不透水層
〈三宅紀治〉

ピナクル【カルストの】　pinnacle　ピナクルは突出した小規模な岩体の形態を指す用語であるが, カルスト地域では, 地表面上に露出した石灰岩の凸地形を示す. ピナクルの高さは, 通常1〜3 m程度であり, 原型は土壌中で形成される場合もある. 石灰岩は, 岩石のもつ層理や節理に沿って浸透する二酸化炭素を含んだ水により, 溶食が進行する. その結果, 溶食が進行した部分である凹地と, その周囲の凸部が地表下で形成され, 石灰岩は起伏をもつ. また, 溶食作用の進行とともに, 石灰岩を母材とする土壌が石灰岩上に生成し堆積する. 土壌は凹地に特に厚く集積し, 二酸化炭素の生産が盛んな土壌の下においては石灰岩の溶食はさらに進行する. 効果的に溶食が進行する場所と, それ以外の場所の起伏に富んだ形状を地表下に形成する. つまり, 土壌中におけるこの凸地形がピナクルの原型となる. 何らかの原因で石灰岩表面を覆う土壌が流出した場合, ピナクルの原型が地表面上へと露出する. 地表に石灰岩が露出すると, 溶食作用により, カレンがその表面に形成される. ピナクル表面に多数のカレンが形成され, 一面にカレンがみられるピナクル群が生ずる. この様子をカレンフェルト*という.
〈羽田麻美〉

ピナクル【寒冷地形の】　pinnacle　⇨尖峰

ピナクル【サンゴ礁の】　pinnacle　礁湖*または礁斜面*に発達する小規模なサンゴ礁. 海面まで達しないものも含む. 尖礁（せんしょう）ともいう. 断面形は幅に比べて高さが大きい尖った形になり, 側壁は垂直に近い. ノルは, 同様の地形であるが, ピナクルに比べて斜面が緩やかな形状を呈し塔礁とよばれる.
〈中井達郎〉

ひにっしょうこく　非日照谷　sunless valley　⇨河谷横断形の類型（図）

ひねつ　比熱　specific heat　比熱容量ともいう. 物質の暖めにくさの指標. 単位質量の物質を1℃上昇させるために必要となる熱量. 質量 m, 熱量 Q, 温度上昇量を ΔT とすると, 比熱 $c=Q/m\Delta T$.
〈飯田智之〉

ひのカーテン　火のカーテン　curtain of fire　割れ目噴火で, 割れ目に沿って溶岩が幕状の噴水のように一斉に数十mの高さまで噴きあがる現象（連続的な溶岩噴泉）をいう. 三宅島（1983年）や伊豆大島（1986年）の噴火でみられた. ⇨割れ目噴火, 溶岩噴泉
〈鈴木隆介〉

ひはかいしけん　非破壊試験　non-destructive test　測定対象の岩石を採取（破壊）せずに物性を計測する試験. たとえばシュミットハンマー*はハンマーの打撃の跳ね返り（反発）硬さを利用して強度を推定しようとするものであり, 非破壊試験の代表的なものである. このほかに, エコーチップ*（硬さの計測）, 赤外線水分計*（含水比の計測）, 弾性波探査（弾性波伝播速度の計測）などがある.
〈松倉公憲〉

ひばくはつてきふんか　非爆発的噴火　non-explosive eruption　流動性に富む玄武岩溶岩が"静かに"流れ出る, 爆発を伴わない噴火. 爆発的噴火の対語. 英語では effusive eruption とも表現し, 流出的噴火, 溢出的噴火, 溢出性噴火とよぶこともあるが, ともに十分に定着した用語ではない. ⇨爆発的噴火, 噴火様式
〈横山勝三〉

ひひょうめんせき　比表面積　specific surface area　単位質量あたりの物体がもつ全表面積. 一般に m^2/g の単位で表す. 粘土粒子は微細な粒子であるため, それがもつ比表面積は莫大なものになる. たとえば, カオリナイトでは $15\,m^2/g$, ハロイサイトで $50\,m^2/g$, イライトやクロライトで $80\,m^2/g$, アロフェンで $300〜500\,m^2/g$, モンモリロナイト*では $800\,m^2/g$ にも達する. このような粘土の表面に吸着水が付くので, 細粒の粘土ほど吸着水重量が増え, その分だけ全体の水分量が大きくなり液性限界*や塑性限界*の値が大きくなる. 比表面積の測定には多分子吸着理論（1938年に S. Brunauer, P. H. Emmett and E. Teller によって発表されたもので, 著者3名の姓の頭文字をとって BET 理論ともよばれる）に基づく窒素ガス吸着法などが用いられる.
〈松倉公憲〉

［文献］松倉公憲（2008）「山崩れ・地すべりの力学」, 筑波大学出版会.

ひふくカルスト　被覆カルスト　soil covered karst　裸出カルスト*に対する用語. 植生や土壌

によって覆われた石灰岩の表面が植物の根の活動,落葉落枝（リター）の腐敗,高濃度の二酸化炭素の混入,土壌水分の保持によって長期的に,地表より効果的に溶食作用を受けることによって生ずるカルスト.一般に被覆カルストでは炭酸塩岩の表面は稜線のない丸味を帯びたものとなる.被覆カルストが植生破壊後の土壌侵食や,氷河の融解した大量の水などにより被覆している物質が短期間に失われたとき,地表で被覆カルストの地形をみることができる. 〈漆原和子〉

ひふくさきゅう　被覆砂丘 fixed dune, stabilized dune 自然や人工的植林による植生,あるいは火山灰などに被覆されて飛砂も移動も起こらない砂丘. 〈成瀬敏郎〉

ひふくしゃめん　被覆斜面 slope covered with vegetation 植生に被覆された斜面. ⇨裸岩斜面
〈鈴木隆介〉

ひふくそう　被覆層 covered layer 元の地形を大きく変えることなく単に覆っているだけの薄い地層.陸地の降下火山灰層や深海堆積物などが典型例. 〈野上道男〉

ひふくたいせきぶつ　被覆堆積物 covering deposit 個々の地形種の初生的形態を構成する物質（整形物質）を覆って堆積した物質.段丘面の場合,段丘堆積物が整形物質であり,それを覆う火山灰層や砂丘砂が被覆堆積物である. 〈斉藤享治〉

ひふくぶっしつ　被覆物質 covering material ⇨地形物質の被覆物質

ヒプシサーマル Hypsithermal 約9,000〜5,000年前（暦年）の相対的温暖期.欧州や北米は温暖湿潤な気候で,年平均気温は現在より2℃ほど高かった.欧州のアトランティック期にほぼ相当.欧州ではクライマティック・オプティマム,北米ではアルティサーマル（altithermal）とよばれたこともある.日本では縄文時代早期末から前期にかけての時代に相当し,縄文温暖期ともいう.この温暖化に伴い,日本では照葉樹林の北進や山岳での消雪の速まり,黒潮の北上などがあったとされる.欧州では,特に冬季に前線の北上が顕著で,イギリスやスカンジナビア半島ではブナ・ナラの混交林が優勢だった.アフリカでも熱帯収束帯（Inertropical Convergence Zone）が北上し,サハラは草原になっていたらしい.ヒマラヤやアンデスでは氷河が後退した.汀線が内陸に侵入していた場所が多く,日本では縄文海進といわれる.ただし,海水の絶対量が多かったのではなくハイドロ・アイソスタシーの影響が強いとされる.ヒプシサーマル後に生じた氷河前進をネオグラシエーションとよぶ.
〈岡　秀一・苅谷愛彦〉

［文献］Deevey, E. S. and Flint, R. F.（1957）Postglacial hypsithermal interval: Science, **125**, 182-184. ／山川修二（2002）気候変動の実態：気候影響・利用研究会編「日本の気候1」,二宮書店, 149-175.

ヒプソメトリックきょくせん　ヒプソメトリック曲線 hypsometric curve ⇨面積高度比曲線

ヒプソメトリックぶんせき　ヒプソメトリック分析 hypsometric analysis 第二次世界大戦後の新しい地形学を主導したストレーラー*（A. N. Strahler）が考案した地形分析の方法をいう.比較的小区域あるいは流域に対して,高度頻度分布と累積高度頻度分布を計測する.ストレーラーはこの指標を用いて地形発達の程度を表現しようとした.累積高度頻度分布において,高度を比高で除し（値域：0.0〜1.0）,面積を対象域の全面積で除して（値域：1.0〜0.0）,無次元化してグラフ化する.このグラフは右下がりの曲線となるが,台地状の地形に深い谷が入り込み始めたような地形では,上に凸形,残丘と広い谷をもつような地形では凹形となる.
〈野上道男〉

［文献］Strahler, A. N.（1952）Hypsometric（area-altitude）analysis of erosional topography: Bull. Geol. Soc. America, **63**, 1117-1142.

ひまつ　飛沫 spray 細かく飛び散る水滴または泡のことをいう.特に海岸域においては強風時に海塩粒子も一緒に飛び散り（⇨飛塩）,樹木や建築物などに付着して被害をもたらす. 〈山下脩二〉

ひみそう　氷見層 Himi formation 能登半島南部から金沢付近の丘陵に分布する鮮新統.泥岩を主とする.層厚は200〜300 m. 〈松倉公憲〉

ひゃくぶんりつほう　百分率法【古生物学の】 percentage method（in paleontology） 地層の年代の新旧を推定するために,地層中に含まれる古生物群のなかに含まれる現生種の百分率を使用する方法.ライエル*（C. Lyell）はヨーロッパの貝化石群において,現生種の百分率を完新統（99〜100%）,更新統（85〜90%）,鮮新統（60〜70%）,中新統（20〜30%）とした.地域によって古い種の残存する度合いが異なるため,国際的な基準として用いることができず,現在では使用されていない.
〈塚腰　実〉

ひゃくまんぶんのいちにっぽん　100万分の1日本 1:1,000,000 map of Japan ⇨小縮尺図

ひゃくようそう（ばこ）　百葉箱 instrument

shelter 地上気温を正確に測定するために，通風を確保し，降水，結露，直達日射の影響を防ぐように設計された保護箱．自然通風による気温観測に広く使用され，日本では明治以降，スティーブンソン式百葉箱が用いられている． 〈森島 済〉

ピュイ puy フランス中部のオーベルニュ（Auvergne）地域で，突出丘や山頂に対する用語．ピュイは火山である場合が多く，特に Chaine des Puys とよばれる火山地域には，Puy de Dome をはじめ Puy が冠せられる多くの溶岩円頂丘や火山砕屑丘が存在し，その多くは，基底直径 2 km 以内，山体の高さは 200 m 以下と小型で，原形をとどめたものが多い． 〈横山勝三〉

ひゅうがそうぐん 日向層群 Hyuga group 宮崎県延岡市周辺に分布する始新統～漸新統．四万十累層群*の一員．おもに砂岩・頁岩からなる．層厚最大 4,100 m．地質構造は極めて複雑であるが，全体として北東～南西の走向をもち，北側に中角度で傾く同斜構造をなす． 〈松倉公憲〉

ひゆうしゅつりょう 比湧出量 specific capacity 井戸から揚水するときに，揚水によって生じた単位水位低下あたりの揚水量のこと．単位は，$m^3 day^{-1} m^{-1}$ を用いる．一般に，揚水量が増加するほど比湧水量は減少する． 〈池田隆司〉

ビュート butte メサ（メーサ）が縮小して，頂部に平坦地のない円錐形の独立した山となったもので，しばしば○○富士（例：香川県讃岐富士）とよばれる．山頂部にほぼ水平の強抵抗性岩層（例：溶岩）があり，中腹以下は弱抵抗性岩とそれを被覆する崖錐堆積物で構成される． ⇨ケスタ，メサ 〈鈴木隆介〉

ヒューバート・ポテンシャル Hubbert's potential ⇨水頭

ビューフォートふうりょくかいきゅう ビューフォート風力階級 Beaufort wind scale ⇨風力

ヒュルシュトロムず ヒュルシュトロム図 Hjulström's diagram ⇨ユルストローム図

ビュルムひょうき ビュルム氷期 Würm glaciation ⇨アルプスの氷河作用

ひょういさ 漂移砂 drifting sand ⇨サンドドリフト

ひょうが 氷河 glacier 降雪の圧密や再凍結によって陸上に形成され，自重によって流動している氷体．ただし，海や湖に張り出した棚氷も通常は氷河に含める．大陸規模で氷体が広がっている氷床（地球に現存するのは南極氷床とグリーンランド氷床）と，それ以外の山岳氷河に分類される．山岳氷河には，谷氷河*，氷帽，懸垂氷河*，横断氷河（複数の谷氷河が結合したもの），小氷河（山腹に形成された小さな氷塊）などさまざまな形態が存在する．また氷体の温度によって，温暖氷河，複合温度氷河，寒冷氷河とも分類される．一般的には，年間の涵養が消耗を上回る涵養域と，消耗が涵養を上回る消耗域が存在し，涵養域に蓄積された雪氷が流動によって消耗域に輸送されることでその形を保っている．氷河における涵養と消耗のバランスを質量収支とよび，氷河の拡大縮小は質量収支*によって決定される．降雪と雪氷の融解が涵養と消耗の主要なメカニズムであるため，氷河の変動は気候変動の良い指標となる．また過去に堆積した雪から生成した氷河氷は，気温や大気成分などの古環境を復元する上で有用である．氷河は水を固体として陸上に固定する働きがあるため，その消長は海水準の変動に大きな影響を与える．地球上に存在する淡水の約 75% が氷河であり，そのうち約 90% が南極氷床である． 〈杉山 慎〉

[文献] Cuffey, K. M. and Paterson, W. S. B. (2010) *The Physics of Glaciers*, Academic Press. / 藤井理行・小野有五編（1997）『基礎雪氷学講座Ⅳ 氷河』，古今書院．

ひょうが・かいせいさよう 氷河・海成作用 glacio-marine process 氷河あるいは融氷河流によって海へ流入した物質が，海水や氷山・海氷によって運搬されて，海底に堆積するまでの諸過程の総称．海へ達した物質の多くは海水の流動でフィヨルドや大陸棚に運ばれて堆積するが，氷山や海氷に取り込まれた堆積物は遠洋にまで運搬されることがあり，砂礫（ドロップストーン）を含む粗粒堆積物（漂流岩屑）層として細粒の海底堆積物中に見出される． 〈松元高峰〉

ひょうがかいだん 氷河階段 valley step ⇨氷食谷階段

ひょうががく 氷河学 glaciology, glacier science 氷河の分布，形状，構造，質量収支，流動，侵食，変動などの諸要素を研究する自然科学の一分野．起源は 18 世紀のアルプス山脈の氷河研究に遡る．H. B. de Saussure や C. J. de Charpentier の先駆的な観察を受け，L. Agassiz による氷期仮説と氷河の流動観測が後年の世界的な氷河研究の祖となった．初期の頃から J. Forbes や J. Tyndall らの高名な物理学者が氷河の流動研究に取り組む流れがある一方，氷期・間氷期研究のパイオニア的研究となった A. Penck と E. Brückner のアルプスの氷河地質

学研究に代表される地形・地質学的な方法によって氷河を研究する流れもある．前者の研究成果は主として国際雪氷学雑誌 Journal of Glaciology に，そして後者は Z. Gletscherkunde und Glazialgeologie に発表されてきたが，近年の発表媒体の多様化に伴い，その区分は曖昧になっている．glaciology という用語は，その成り立ちからわが国においても氷河学という訳語が与えられていたが，近年では必ずしも氷河に特定した研究だけでなく，雪と氷を研究対象とする自然科学としての雪氷学という訳語が充てられるようになった．これに伴い，特に氷河を研究する自然科学という点を強調する場合，glacier science という用語が使われることもある．〈白岩孝行〉

ひょうがかくだいき　氷河拡大期 glacial period ⇨氷期

ひょうがかてい　氷河過程 glacial process ⇨氷河プロセス

ひょうがきこ　氷河期湖 pluvial lake　気温ないしは降水量，あるいは両者の変動に起因して拡大・縮小した湖．中央アジアの現塩湖がはるかに巨大であったことを認めた 19 世紀後半の研究以降，世界各地で研究されてきた．旧湖岸付近の地形，堆積物によって復元される．北米西部のグレートベイズンでは更新世に 80 もの湖が 11 回以上も拡大した．ボンヌビル湖*はその代表例で，最終氷期には 2.5 万～1 万年前に最拡大した．サハラ砂漠には，無数といえるほど湖の地形，堆積物があり，大半が 9,500～4,000 年前の年代を示す．世界の地域ごとに異なる変遷史を示すが，熱帯の砂漠では最終氷期最寒冷期直後の乾燥（湖縮小）と完新世初期～中期の湿潤（拡大）が一般的で，氷河期湖は適当な訳語ではない．多雨（期）湖も正確ではない．プルービアルが妥当． 〈平川一臣〉

［文献］Anderson, D. E. et. al. (2007) *Global Environments through the Quaternary*, Oxford Univ. Press.

ひょうかく　氷殻 ice crust ⇨湖氷

ひょうかくモレーン　氷核モレーン ice-cored moraine　内部に化石化した氷を含むモレーン．氷河の縁辺部に多く供給される岩屑の被覆によって氷の融解が抑制され，後退する氷河本体から分離した氷がモレーン内部に残存することによる．〈朝日克彦〉

ひょうがけんこく　氷河懸谷 glacial hanging valley ⇨懸谷

ひょうがこ　氷河湖 glacial lake, ice-dammed lake　氷河の周縁・氷河氷の上，または氷河の底に形成される水溜まり．氷成湖とも．氷河の前進によって河川が堰き止められたり，侵食凹地に水が溜まったり，モレーンで氷河融解水が堰き止められたりしたのが氷河周縁湖である．最終氷期終焉期には，ローレンタイド氷床*の周縁に巨大な氷河周縁湖が多数形成され，その真水が海洋に排出されたことによって地球規模の気候変動が引き起こされたと考えられている．また，ヒマラヤなどでは山岳氷河の融解にともなって氷河末端にモレーン堰止め湖が形成され，モレーンの決壊によって下流域に洪水災害を引き起こしており，氷河湖決壊として注目されている．南極氷床の下には 100 個を超える湖の存在が確認されており，これらは氷底湖や氷床下湖ともよばれている．⇨欠壊洪水 〈澤柿教伸〉

ひょうがごおり　氷河氷 glacier ice　氷河の一部をなす，またはかつて氷河の一部であった氷．雪の圧密や融解再凍結などによって生成したもの．雪の圧密の場合は，密度が増加して通気性がなくなったときに氷に変態したと見なす．過去に堆積した雪を起源とするため，気温や大気成分などの古環境情報を含んでいる．また氷河内で長い年月を経て，特殊な結晶粒構造（例えば大きな単結晶）や，結晶方位の異方性をもつことも多い．海に浮かぶ氷山も氷河から切り離されたものであり，氷河氷といえる． 〈杉山 慎〉

ひょうがこけっかいこうずい　氷河湖決壊洪水 glacial lake outburst flood　氷河湖のダム部（多くはモレーン）の決壊が引き起こす洪水．主として氷河の融解水が氷河の表面，前面，底部などにたまってできる湖を氷河湖と呼ぶ．GLOF（グロフ）と略されることが多く，温暖化に伴い発生件数が増加している．⇨ヨックルラウプ 〈渡辺悌二〉

ひょうがこせいたいせきぶつ　氷河湖成堆積物 glacio-lacustrine sediment　氷河湖に接する氷河または融氷河流によって運ばれた物質が，氷河湖の静水中で堆積したもの．氷縞粘土がみられることがある． 〈松元高峰〉

ひょうがこせいちけい　氷河湖成地形 glacio-lacustrine landform　氷河湖成堆積物によって作られた地形の総称．氷河末端が直接湖に接してカービングしている場合には，氷河流動方向に直交する長軸をもつド・イェールモレーン（De Geer moraine）など，また末端がカービングしていない場合にはデルタ状のモレーンなどの特徴的な地形が形成される． 〈松元高峰〉

ひょうがサージ　氷河サージ glacier surge　氷河の流動速度が短期間に著しく上昇する現象．単に

サージとも．流動速度は通常の数～数十倍となり，氷河末端が数 km も前進する場合がある．一般に数十年の周期で発生を繰り返すことが知られている．サージを起こす氷河は限られているが，世界中のほとんどの氷河地域に存在する．〈松元高峰〉

ひょうがさっこん　氷河擦痕　glacial striae, striation　氷河の底面すべりによって底部氷に含まれる岩屑と基盤岩表面が相互に研磨して生じる直線状の長さ数 cm ～数 m の擦り傷．氷食擦痕あるいは単に擦痕や条痕とも．基盤岩上の研磨面の氷河擦痕は，氷河の流動方向に平行で直線状のものが多く，過去の氷床の流動方向の復元に用いられる．擦痕のついた礫は氷食礫という．〈奈良間千之〉

ひょうがさよう　氷河作用　glaciation　氷河によってもたらされるすべての作用の総称．広義には氷河が地表を覆うこと自体を指すが，一般的には氷河による侵食・運搬・堆積の地形プロセスを指している．これらの地形プロセスは氷河の形態・規模によって異なるほか，底面が凍結しているか否かなどの氷河の温度条件によって異なる．氷河による侵食は氷食作用といい，基盤岩のはぎ取り（プラッキング），氷河にとり込まれた岩屑による研磨作用のほか，氷底の流水による侵食も起こる．氷食作用によって U 字谷，カール*などの氷食地形が形成される．氷食作用によって生産された岩屑や氷河周辺の岩壁から供給された岩屑は，氷河の上，底面，あるいは氷河中に取り込まれて運搬され，氷河の融解に伴って堆積する．氷河が直接堆積させた堆積物はティル*，その堆積地形は モレーン* とよばれる．氷底水流による堆積地形には エスカー* などがある．さらに，融氷河流が氷河前面に形成する堆積物（融氷河流堆積物）や アウトウォッシュプレーン* などの地形を形成する作用も，広義には氷河作用に含まれる．〈青木賢人〉

［文献］藤井理行・小野有五編（1997）「基礎雪氷学講座Ⅳ　氷河」，古今書院．

ひょうがさよう　氷河作用【アルプスの】　Alpine glaciation　⇨アルプスの氷河作用

ひょうがじだい　氷河時代　ice age　地球に大陸規模の氷床が存在し，陸地面積の 1/3～1/10 程度が氷河に覆われた時代．南極大陸とグリーンランドに氷床がある現在は新生代氷河時代である．氷河時

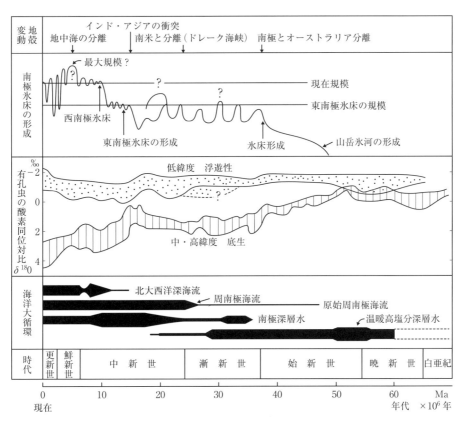

図　新生代の地殻変動・氷床形成・酸素同位対比・海洋大循環の変化の模式図（岩田原図）

代のことを氷室地球（ice house earth）ともいう．地球には，先カンブリア時代以来，氷河時代がしばしば訪れた．古い氷河時代の証拠は，ティライトや，基盤岩の擦痕として残っている．これまでに発見された先カンブリア時代以来の氷河時代の証拠は，現在を含めると7回になり，氷河時代は約1億5,000万年周期で繰り返されていることになる．先カンブリア時代には23億年前，9億年前，7.5億年前，6億年前の氷河時代の証拠が南極以外のすべての大陸から知られている．古生代には4.5億年前と3億年前の氷河時代があり，後者にはゴンドワナ氷床とよばれる，現在の南極氷床の2倍の大きさの氷床があった．最後の氷河時代は最近数千万年の新生代氷河時代である（前頁の図）．周期的に発生する氷河時代の成因はまだよくわかっていないが，①大陸や極が移動したりして極地に氷床が成長できる陸地が存在するようになること，②海洋と大陸の分布の変化，③山脈形成によって海洋および大気の大循環が氷河拡大にはたらくこと，などが考えられている．さらに，これらと関係したポジティブフィードバックがはたらくことが重要である．〈岩田修二〉

ひょうがじょうティル　氷河上ティル supra-glacial till　⇨ティル

ひょうがせいアイソスタシー　氷河性アイソスタシー glacial isostasy　⇨アイソスタティック運動，グレイシオハイドロアイソスタシー

ひょうがせいかいがんせん　氷河性海岸線 glacial shoreline　氷河や氷成地形が海岸に接している海岸線．アラスカは山岳氷河が，南極大陸は大陸氷が直接海に接している．かつて氷河作用を受けた地域では，氷食谷の沈水によるフィヨルドやフィヤードの海岸，そして氷成堆積物が海岸に堆積している海岸（モレーンの海岸など）などがある．⇨フィヨルド　〈福本紘〉

ひょうがせいかいすいじゅんへんどう　氷河性海水準変動 glacial eustasy　⇨氷河性海面変動

ひょうがせいかいめんへんか　氷河性海面変化 glacial eustasy　⇨氷河性海面変動

ひょうがせいかいめんへんどう　氷河性海面変動 glacial eustasy, glacio-eustasy　氷床の形成や融解にともなう海水量の増減によって発生する世界的な海面変動．氷河性海水準変動あるいは氷河性海面変化ともいう．構造性海面変化*や堆積性海面変化*と並んでユースタティックな海面変動の一因となる．特に氷期・間氷期が短い期間で繰り返し生じている第四紀においては，この氷河性海面変化が100m規模の汎世界的な海面昇降を引き起こしている．したがって，第四紀のユースタシーに関しては，氷河性海面変化が構造性海面変化や堆積性海面変化に比べて卓越している．また，氷河性海面変化は，比較的急激な侵食基準面の低下や上昇を招くので，沿岸域の地形や地層の形成に与える影響が大きい．〈堀和明・斎藤文紀〉

ひょうがせいかいめんへんどうだんきゅう　氷河性海面変動段丘 glacio-eustatic terrace　更新世の氷河性海面変動に関連して形成された河成・海成段丘である．地殻の安定地域では，現在より高海水準の間氷期に形成された海岸平野や沖積平野が離水し，海岸段丘*やサラッソスタティック段丘*が形成される．隆起地域では，間氷期や亜間氷期の相対的高海水準期に形成された氷河性海面変動段丘が隆起し，多段の海成段丘群が発達する．これらは古い海成段丘ほど内陸側の高所に分布し，形成年代と旧汀線高度を指標に平均隆起速度が推定できる．一方，氷期の低海水準期に形成された海成段丘は，著しい隆起地域を除くと，現在は沈水して沈水段丘*または埋没段丘*となっている．⇨重合段丘　〈加藤茂弘〉

[文献] 吉川虎雄ほか（1973）『新編 日本地形論』，東京大学出版会．

ひょうがせいこうきあつ　氷河性高気圧 glacial anticyclone, glacial high　グリーンランドや南極大陸の氷床上を覆う，半永久的に存在する寒冷な高気圧．W. H. Hobbs（1945）により提案された氷河性高気圧理論による．〈森島済〉

ひょうがせいちかくきんこう　氷河性地殻均衡 glacial isostasy　⇨アイソスタティック運動

ひょうがせいやくせつ　氷河制約説【サンゴ礁の】 glacial control theory　⇨サンゴ礁地形の成因

ひょうがぜんえんこ　氷河前縁湖 proglacial lake　⇨氷河湖

ひょうがぜんめんちけい　氷河前面地形 proglacial feature (landform), ice-marginal landform　氷河消耗域の周辺に形成される地形．氷河そのものが堆積させた地形（モレーンなど）と，氷河の融解水が堆積させた地形（アウトウォッシュプレーンなど）とがある．〈朝日克彦〉

ひょうがたいせきぶつ　氷河堆積物 till　⇨ティル

ひょうがちけい　氷河地形 glacial landform (topography)　氷河の流動や融解にともなう侵食・堆積作用によって形成された地形．氷成地形とも．

氷河氷によって侵食された氷食地形，氷河が運搬・堆積させた氷成堆積物がなす地形，および融氷水流や氷接水流による侵食・堆積作用によってできた地形に大別され，これらが複合している場合もある．氷河氷の侵食作用（⇨氷食）では，基盤岩が削磨されたり溝が掘られたりしてできる氷河擦痕や条溝などの微地形から，ロッシュムトネ*，ドラムリン*などの流線形地形，氷食谷*，カール*などの大スケールの地形まで，多様な地形が形成される．これらの侵食地形は，いずれも氷河の流動方向に対して一定方向に配列するため，氷河の流動方向を知る指標となる．氷成堆積物からなる地形には，堤防状の高まりをなすモレーン*や紡錘形状の丘をなすドラムリンなどがある．これらの堆積地形は，形成直後から融氷水流や氷体によって侵食・破壊され修飾されていることが多い．融解直後の水は氷接水流となって氷河の周縁部で地形営力として働きはじめ，それらの水流が集まって氷河前面に扇状地状に広がるアウトウォッシュプレーン*を形成するなど，より広範囲に影響を及ぼすようになる．また，氷体と基盤地形との境界（あるいは遷移帯）では凍結破砕作用などの周氷河作用も働き，トリムラインのような地形が形成される．ケイム段丘やリセッショナルモレーンなど，氷体が存在している間に堆積した砂礫が，氷体の消滅に伴って徐々に地形として認識されるようになるものもある．また，氷食地形やモレーン上の凹地に水が溜まったり，氷体がダムとなって水を堰止めたりしてできる氷河湖，氷食谷が沈水したフィヨルドなどもある．解氷後に認識される地形のみを氷河地形とし，氷河地形は基本的にレリック地形であるとする見解もあるが，現在アクティブな氷河の周辺で形成されつつある地形も氷河地形に含めるべきであろう．その場合，氷河底地形のように，直接地表面に現れていない地形があることも，海底地形と同様に認識しておく必要がある．氷河地形の広域的マッピングには，地形図・航空写真・衛星画像を用いたリモートセンシングが有効であるが，過去の気候条件のもとで形成された氷河地形は，現在に至るまでに少なからず変形・撹乱・開析されて本来の形態を残しておらず，氷河作用以外の地形営力によって形成された類似地形もあり，航空写真や衛星画像上で常に氷河地形であると識別できるとは限らない．とはいえ，解氷後に残された氷河地形は，過去に繰り返された複数の氷河作用の結果を累積したものであり，消滅した氷体の復元や氷期の地形形成環境を復元するうえで重要な指標となる． 〈澤柿教伸〉

ひょうがちゅうがんせつ　氷河中岩屑 englacial debris　氷河内に存在する岩屑の総称．特に氷河の底部付近に集中して存在する． 〈白岩孝行〉

ひょうがていちけい　氷河底地形 subglacial landform　⇨地表面の絶対的分類（表）

ひょうがてい（そう）へんけい　氷河底（層）変形 subglacial (bed) deformation　⇨サブグレイシャル

ひょうがテクトナイト　氷河テクトナイト glacitectonite　⇨氷河テクトニクス

ひょうがテクトニクス　氷河テクトニクス glacitectonics, glaciotechtonics　氷河プロセスによって，氷河および氷河に接する地質が変形させられる現象（glaciotectonic deformation），およびそれを扱う学問領域．地質構造学からのアナロジーにより命名．変形は，氷河底での単純剪断と伸張によって引き起こされる「氷底変形（subglacial glaciotectonic deformation）」，および，氷河の周縁部での単純剪断と圧縮によって引き起こされる「氷縁変形（proglacial glaciotectonic deformation）」に大別される．さらに，氷体の融解・消滅に伴って，氷河上の堆積物が崩落したり泥流状に流れ出したりする現象によって形成される構造や，氷体に開いたクレバスの間隙を充填した岩屑が，氷体の変形とともに変形させられたり表面に押し出されたりすることによる構造もみられる．堆積物や地層の内部構造にとどまらず，氷河底でしばしばみられるフルートやドラムリンなどの流線形の地形や，氷河周縁に形成されるプッシュモレーンなど，氷底/氷縁変形によって形成される地形も氷河テクトニクスの研究対象に含まれる．変形構造の記載には構造地質学の用語をそのまま適用できるが，なかには，非氷河性の母岩の構造がさらに氷河性の変形を受けているものを指す「glacitectonite（氷河テクトナイト）」のような特有の用語も用いられる． 〈澤柿教伸〉

ひょうがど　氷河土 glacial soil　氷河によって運搬された礫，砂，粘土を含む不均質な氷河堆積物を母材とする土壌の総称で，生成学的分類名ではない．氷期に大陸氷床に覆われた地域に広く分布し，その場所の気候，植生，水分環境等に応じて様々な土壌断面形態をもつ．氷河堆積物に由来する未熟な土壌を，特に氷積土とよぶこともあるが，両者を区分する明確な定義はない． 〈三浦英樹〉

ひょうがにゅう　氷河乳 glacier milk　⇨グレイシャーミルク

ひょうがプロセス　氷河プロセス　glacial process　氷河の存在，流動，盛衰が地表面に及ぼす諸過程で，氷河過程ともよばれる．地史的な「氷期」の概念や気候へのフィードバックを含んだ「氷河作用」と混同されることもあるが，地表面での諸過程に限定して用いるのが適切である．一義的には，氷河が直接地表面に及ぼす，削剥や侵食，岩屑の生産・運搬・堆積，氷河堆積物の再移動・変形などの諸過程を指し，氷体と基盤岩との界面で起きるプラッキングや磨耗，氷体が堆積物を引きずって変形させるデフォーメーション，氷河による堆積物の押し出しや絞り出しなどが特徴的である．しかし実際には，氷体のみならず，氷河の融解水や重力など，氷河周辺に働くあらゆる営力が複合している．これらによって，カールやU字谷などの侵食地形，モレーン，ケイム，アウトウォッシュプレーンなどの堆積地形が形成されるが，それらを記載する際には，プッシュモレーン，デフォーメーションティル，P-formなどのように，プロセスを示す用語での修飾が多用される．さらに，氷河融解水が溜まって，氷河の表面や底面あるいは氷河末端に湖沼が形成される過程，あるいは落石などによって氷河表面に供給された岩屑や氷河表面に棲息する生物が氷体の融解を促進したり抑制したりすることによって氷河そのものの表面形態に影響を及ぼす過程もある．このように，氷河プロセスの真の理解には，「地表面」の概念を，氷体そのものや融解水面にも拡張して適用することが必要である．　〈澤柿教伸〉

ひょうがほうかい　氷河崩壊　ice avalanche　急峻な岩壁に懸かる山岳氷河（懸垂氷河）で生じる氷河の崩落現象．氷体と岩壁とが凍結により接着している場合，融解期に氷が岩壁から剥がれ落ちる．爆風を伴うこともある．　〈朝日克彦〉

ひょうがポットホール　氷河ポットホール　glacial pothole　氷河底で作られるポットホール．氷河で研磨された基盤岩上に，速い融氷水の流れとこれに含まれる豊富な岩屑によって形成される．数m規模のものもある．　〈朝日克彦〉

ひょうがりゅうどう　氷河流動　glacier flow　氷河の氷が重力の作用によって流れる現象．主に氷河の内部変形と，底面付近で起きる底面流動（底面すべりとも）に分けられる．内部変形は氷の粘性流動に起因するもので，流動則によって表される氷の機械的特性に加えて，氷河の厚さと表面傾斜が流動速度を決定する重要な要素となる（⇨氷の流動則）．底面流動は底面に融解水が存在する場合に生じ，岩盤上のすべりや底面堆積物の変形など様々なメカニズムが提唱されている．流動速度の季節変化や氷流*の非常に速い流れは底面流動によって起きる．氷河の流動は，上流に蓄積された雪氷を下流へと輸送する役割を果たすため，氷河の形成と維持において重要である．　〈杉山 慎〉

ひょうがりんね　氷河輪廻　glacial erosion cycle　⇨氷食輪廻

ひょうかん　氷冠　ice cap　氷河のうち，中央部より周囲に流動するドーム状の形をもち，かつ面積が5万km²以下のものをいう．氷帽または氷帽氷河と同義．高山の山頂部や極地の島々に発達する．なお，面積が5万km²を超えるものは氷床*という．　〈金森晶作〉

ひょうき　氷期　Glacial, glacial period, glacial stage, glaciation　中緯度を含む地球上の広い範囲が氷河に覆われた時期．第四紀（過去260万年間）には4万年周期と10万年周期の多数回の氷期があった．氷河期ともよばれるが俗称である．氷河時代中の氷河拡大期，寒冷期である．氷期−間氷期のサイクルのタイミングを決めているものは地球軌道要素の変化による太陽放射エネルギーの増減（ミランコビッチサイクル），そこから地球規模の気候変化をもたらしているものは，北アメリカ氷床の成長−崩壊機構，地球規模の深層水海洋大循環，それに伴う大気組成の変化（CO_2濃度変動）などが考えられているが詳細はまだ明らかではない．最後（最近）の氷期を最終氷期（115〜11.7 ka）という．氷期−間氷期の気温差は地球平均で6〜8℃である．　⇨氷河時代　〈岩田修二〉

ひょうき-かんぴょうきサイクル　氷期−間氷期サイクル　glacial-interglacial cycle　氷期とは高緯度地域や山岳で氷床・氷河が拡大した寒冷期を指し，一般に低海面期にあたる．間氷期とは全球の温暖化が進み氷床・氷河が縮小した温暖期で，一般に高海面期にあたる．氷期と間氷期の交代は750 Maにも起きていたが，周期性が明瞭になるのは新生代以降．とくに2.6 Ma以降は全球寒冷化に加え高緯度地域での氷床の発達も顕著となったため，この時代が第四紀（更新世）の始期とされた．700〜800 ka以降は気温の振幅が増し，氷期−間氷期サイクルは明瞭化した（図）．これ以降，約10万年間で寒冷化が徐々に進行し，その後急に温暖化して間氷期に入るという律動がみられる．深海底堆積物の酸素同位体比曲線では，この変化は非対称の矩形を示す．

〈苅谷愛彦〉

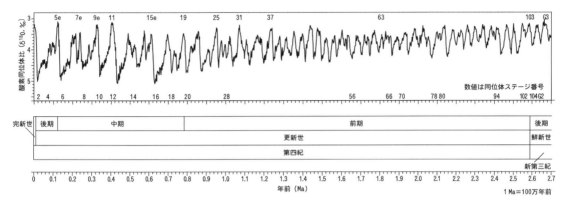

図 深海底堆積物の酸素同位体比変動からみた過去300万年間の氷期-間氷期サイクル
（Cohen and Gibbard, 2011 などから苅谷が編集）

[文献] Cohen K. M. and Gibbard, P.（2011）Global chronostratigraphical correlation table for the last 2.7 million years: Subcommission on Quaternary Stratigraphy（International Commission on Stratigraphy）, Cambridge Univ. Press./Pillans, B. and Naish, T.（2004）Defining the Quaternary: Quaternary Science Reviews, 23, 2271-2282.

ひょうきのせっせん　氷期の雪線　glacial stage snowline　⇨雪線

ひょうけつ　氷穴　ice cave　夏季でも氷が残存する鍾乳洞や溶岩トンネル*などの洞穴．中欧や北米では氷穴の呼称が広く用いられるが，日本ではそのほとんどが風穴とよばれる．富士山北麓の鳴沢氷穴は数少ない例外である．　⇨風穴　〈澤田結基〉

ひようけつ　非溶結　nonwelded　⇨溶結

ひようけつぶ　非溶結部　nonwelded zone, unwelded zone　火砕流堆積物や降下火砕堆積物で溶結作用が認められない（非溶結の）部分．火砕流堆積物では，通常，堆積物の上部と基部に非溶結部が認められ，両者の中間に溶結部が発達する．上部・基部の非溶結部の厚さは，各堆積物ごとに，また，一つの堆積物でも場所ごとに多様に変化する．　⇨溶結，上部非溶結部，基部非溶結部　〈横山勝三〉
[文献] 横山勝三（2003）「シラス学」．古今書院．

ひょうこう　標高　altitude, elevation　基準面からの垂直距離で表した地点の高さ．海抜高度とも．標高の基準面はジオイドであり，日本では東京湾平均海面であるが，実際には日本水準原点を標高24.3900 mとして計測した高さを標高とする．離島など水準測量が直接結合できない場合は局所的な標高の基準が設定される．GPSで直接計測される高さは楕円体高であり，標高を求めるにはジオイド高の補正をしなければならない．地形を定量的に解析するためには標高を面的に把握することが不可欠であるが，地形図から標高数値を取得する場合には等高線の性質と精度に留意する必要がある．　⇨基準面，東京湾平均海面，高度，高さ　〈宇根 寛〉

ひょうこう　氷縞　varve, rhythmite　氷河の前面に発達する湖の湖底に堆積した年層をもつ堆積物．一般的に砂とシルト・粘土の互層からなり，氷縞粘土ともよばれる．氷河からの流出河川は消耗期に流量が多く堆積物が粗粒になるのに対し，涵養期には流量が減少して堆積物が細粒化する．この年周期の変動が堆積物に記録され縞模様を示す．粗粒・細粒のセットを数えることにより，堆積に要した年数を知ることができる．なお，バーブやリズマイトは広義には海底堆積物なども含む年層をもつ堆積物一般を指し，生物学的・化学的な年変動を記録している場合もある．　　〈青木賢人〉

ひょうこうてん　標高点　spot height, spot elevation　地形図上に地表の標高の値が表示された点．地図記号としては個別の地図記号のある三角点，水準点，電子基準点以外の，標識施設のない地点を指し，現地測量によって値が得られたもののほか，山頂，峠，道路の交差点などで写真測量によって値を得たものが含まれる．独立標高点は古い用語．　〈宇根 寛・熊木洋太〉

ひょうこうねんど　氷縞粘土　varve　⇨氷縞

ひょうごけんなんぶじしん　兵庫県南部地震　1995 Hyogoken-Nanbu earthquake　1995（平成7）年1月17日午前5時48分に発生．震央は明石海峡付近であり，震源は深さ約16 kmとされ，ここから双方向に断層破壊が伝播し，右横ずれで山側が隆起する断層運動が生じた．地震の規模は後にM 7.3

と訂正．六甲山地と海岸線との間から宝塚市域にかけて，「震災の帯」とよばれた震度7の激震地帯が出現．神戸市をはじめとする大都市の真下で発生した直下型大地震で，死者数は6,434名に達し，甚大な被害が生じた．地震被害の名称としては，「阪神・淡路大震災」や「阪神大震災」などとよばれる．この地震を引き起こした断層は六甲－淡路島断層帯であり，神戸側では主に地下深部が動き，地表では明瞭な地震断層は確認されなかった．一方，淡路島北西部の山麓線沿いでは，既知の野島断層が活動し，北東－南西方向へ約10 km伸びる．右横ずれと南東側隆起が認められた．この地震断層は天然記念物に指定され，震災記念公園・野島断層保存館が淡路市北淡町小倉に建設されている．⇒震災の帯　〈岡田篤正〉

ひょうさ　漂砂　littoral transport, littoral drift　海岸において波や流れの作用で海浜堆積物が移動する現象（littoral transport）をいうが，移動する堆積物を指す場合（littoral drift）もある．漂砂現象には海岸線沿いに生起する沿岸漂砂（longshore transport）と海岸線と直交する方向に生じる岸沖漂砂（on-offshore transport, cross-shore transport）がある．前者は，海岸に波が斜めに入射するときに発生する沿岸流によって砕波帯内で顕著に起こる．遡上波帯*では多くの堆積物がジグザグ（zigzag）運動をしながら汀線沿いに運搬される．この場合を特に汀線漂砂あるいは海浜漂砂（beach drifting）という．後者の岸沖漂砂は波のもつ流れの構造に強く支配される．波形勾配の大きい暴浪*が作用すると沖向きの漂砂が卓越し，砕波帯内では掃流・浮遊状態で堆積物が運搬されるが，浮遊状態のものは砕波点を越えてさらに沖方向に運搬される．波形勾配の小さいうねり*の場合では岸向きに主に掃流状態で運搬される．　〈砂村継夫〉

ひょうさのたくえつほうこう　漂砂の卓越方向　dominant direction of littoral transport　長期間でみたとき沿岸漂砂*が卓越している方向．短期間では波の入射方向により沿岸漂砂の方向は変化するが，長期間では一定の方向を示す海岸が多い．河口偏倚*や防波堤*・突堤*周辺の砂の堆積状況などから知られる．　〈砂村継夫〉
[文献] 鈴木隆介（1998）「建設技術者のための地形図読図入門」，第2巻，古今書院．

ひょうざん　氷山（たなごおり）　iceberg　氷河の末端や棚氷（ice shelf）が分離して海に流出した大きな氷塊．海に浮いている場合も，着底している場合もある．浮いている場合，氷の密度は海水よりもわずかに小さいので，氷塊の90％以上が水面下にある．極域の棚氷が大きく割れてできた氷山は上面が平坦な卓状を呈するが，山岳氷河末端の分離に起因するものは不規則な形になることが多い．海面上の高さが5m未満の小さな氷山は氷山片・氷岩ともよばれる．
〈小田巻　実・松元高峰〉

ひょうざんぶんり　氷山分離　calving　氷床・氷河・棚氷の末端・縁辺が氷山となって海や湖に流出する現象．「カービング」の訳語として用いられてきたが，山岳氷河の末端から氷塊が崩落する場合については，一般に「氷河末端崩壊」とよばれる．南極氷床では，全消耗量のうちカービング量が約97％を占めると見積もられている．　〈松元高峰〉

ひょうしゃく　標尺　leveling staff　水準測量で水準儀を挟んだ2地点に鉛直に立てるものさし．精密な水準測量に用いられる標尺は伸縮の非常に少ない材質で作られた目盛り板が木枠に張力をかけてはめ込まれている．最近普及してきた電子レベルによる水準測量では目盛り板のかわりにバーコードが取り付けられた標尺が用いられる．　〈宇根　寛〉

ひょうじゅんかせき　標準化石　index fossil　⇒示準化石

ひょうじゅんかんにゅうしけん　標準貫入試験　standard penetration test　地盤*の硬軟・締まりの程度を調べるために，あらかじめ所定の深さまで掘進したボーリング孔を利用して行う試験．質量63.5 kg（140ポンド）のドライブハンマーを76 cm（30インチ）の高さから自由落下させて，ボーリングロッド頭部に取り付けたノッキングブロックを打撃する．この先端に取り付けた標準貫入試験用サンプラー（直径約5 cm，長さ約81 cm）を30 cm打ち込むのに要する打撃回数を求める．この打撃回数はN値*とよばれ，原位置地盤の硬度の指標として用いられている．　〈加藤正司〉

ひょうじゅんさ　標準砂　standard sand　材料試験のために使用される，粒度特性が規定されている砂．豊浦標準砂（山口県豊浦産，粒度分布*の幅：0.1～0.3 mm，中央粒径：約0.2 mm）や相馬標準砂（福島県相馬産，0.5～0.85 mm，約0.7 mm）がある．いずれも粒径を揃えた天然の石英砂である．豊浦砂は長年にわたりセメントの固結力試験用の規格品として用いられてきたが，1997年より国際規格（ISO）に準拠した砂（JIS R 5201に規定）がこの試験に使用されることになった（（社）セメント協会）．この砂の粒度分布幅は豊浦砂に比べてかなり広い（0.08～2 mm）．相馬砂は，主に磨耗試験に用

いられるもので（社）日本粉体工業技術協会の規格品である．地形学では豊浦砂や相馬砂は，粒径が揃っているため粒径のバラツキの影響を排除したいような室内実験において，その材料（例：安息角実験の砕屑物，岩石風食実験の研磨剤，海浜変形実験の底質）として使用されている．　〈砂村継夫〉

ひょうじゅんじゅうりょく　標準重力　normal gravity　正規重力ともいう．地球の形を回転楕円体とみなして，現実の地球を最も忠実に表現する赤道半径と扁平率を与えたものを地球楕円体とよぶ．赤道半径や扁平率などの具体的数値として，現在は宇宙測地学的に測定された測地基準系1980（Geodetic Reference System 1980, GRS80）の数値が採用されている．回転楕円体表面での重力値も理論的に厳密に表現することができ，測地基準系の数値を与えれば地球楕円体表面での重力値が得られ，これを正規重力（標準重力）とよぶ．正規重力は緯度の関数であり，実際の地表の重力値と正規重力値の差をとれば緯度変化による重力変化が補正される．　〈古屋正人〉

[文献] Hofmann-Wellenhof, B. and Moritz, H. (2006) *Physical Geodesy*, Springer（西 修二郎 訳（2006）「物理測地学」，シュプリンガージャパン）．

ひょうじゅんふるい　標準篩　standard sieve　JIS Z 28801に規定されている金属製の篩．土や砂などの粒度試験に用いられる．篩の目開きの大きさは，75 mm，53 mm，37.5 mm，26.5 mm，19 mm，9.5 mm，4.75 mm，2 mm（2,000 μm），850 μm，425 μm，250 μm，106 μm および75 μm である．直径75 μm 以下の粒子には比重浮ひょうを用いた沈降分析による粒度試験が行われる．　〈加藤正司〉

ひょうじゅんへんさ　標準偏差　standard deviation　⇒分散

ひょうしょう　氷床　ice sheet, inland ice sheet　形態にもとづく一次オーダーの氷河区分の名称で，中心部では氷の流動が基盤地形の起伏に制限されないほど顕著な厚さと広がりをもつ氷と雪の集合体．面積が5万 km^2 以上のものを氷床，それ以下のものを氷帽とよぶ．内陸部はいくつかのアイスドームからなる．氷は氷床や氷帽の内陸部ではシート状に流動するが，縁辺では流速の速い氷流や溢流氷河となって排出される．氷床のうち，特に氷床の底の大部分が海水準以下で着底し，一部が棚氷になっているものを海洋氷床とよぶ．西南極氷床はその代表的な例で，海面上昇を伴う気候変化に対して不安定であり，容易に崩壊する可能性が指摘されている．現存する氷床はグリーンランド氷床と南極氷床だけであるが，第四紀の氷期には，北アメリカ大陸には北米氷床（ローレンタイド氷床*，コルディエラ氷床，イニューシアン氷床），ユーラシア大陸にはユーラシア氷床（フェノスカンジア氷床，ブリティッシュ（イギリス）氷床*，バレンツ海氷床，カラ海氷床），その他の地域にもアイスランド氷帽，パタゴニア氷帽，アンデス氷帽，チベット氷帽が存在したと考えられている．ただし，存在が疑問視されているものもある．氷期−間氷期変動における氷床の盛衰は，侵食や堆積によって氷床が存在した地域周辺の地形や地質に大きな痕跡を残すばかりでなく，地球規模の海水準変動，グレイシオハイドロアイソスタシーによる固体地球の変形，海洋や大気循環に大きな影響を与えてきた．　〈三浦英樹〉

[文献] Benn, D. I. and Evans, D. J. A. (1998) *Glaciers and Glaciation*, Arnold.

ひょうしょうくっさく　氷床掘削　ice drilling, ice sheet drilling　専用に開発された機械式あるいは熱式ドリルを用いて氷床を鉛直に掘削する行為およびその技術．コアを採取する氷床コア掘削と，コア採取をせずに掘削孔をあける熱水式掘削があるが，一般的には前者を指す．南極氷床やグリーンランド氷床は，毎年降り積もる雪と大気から降下する種々の物質が長い年月にわたって積み重なっている天然のタイムカプセルである．この氷床を表面から深部に向けて掘削し，氷試料を得ることで，現在から100万年前に至る氷を採取できる．この試料を分析することにより，詳細な古気候・古環境復元が行われてきた．3,000 mもの厚さに達する氷床の掘削では，圧力による掘削孔の収縮を防ぐため，氷と同一の密度をもつ液体を注入して行う．　〈白岩孝行〉

ひょうしょうコア　氷床コア　ice core　氷床掘削によって南極氷床とグリーンランド氷床（次頁の図）から採取された円柱状の雪氷試料．直径は10 cm前後，長さは1本あたり0.5～数mであり，すべてを並べると最長3,000 mに達する場合もある．この試料は，分析内容に応じて分割され，種々の物理・化学・生物学的分析に使用される．他の古気候代替記録と異なる特徴は，過去の大気情報を氷中の気泡やハイドレート水和物として閉じこめていることであり，ロシアのヴォストーク基地で掘削された氷床コアは，世界ではじめて過去42万年間にわたる二酸化炭素濃度の変動記録を提供した．　〈白岩孝行〉

[文献] North Greenland Ice Core Project, Department of Geophysics, University of Copenhagen. http://www. glaciolo-

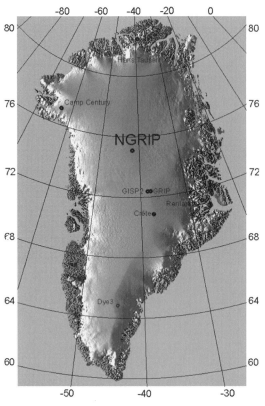

図 グリーンランド氷床と氷床コア掘削地点（North Greenland Icecore Project, Department of Geophysics, University of Copenhagen. http://www.glaciology.gfy.ku.dk/ngrip/）

gy.gfy.ku.dk/ngrip/

ひょうしょうていちけい　氷床底地形 sub-ice-sheet landform　氷床の底面の地形．⇨地表面の絶対的分類（表）　〈鈴木隆介〉

ひょうしょうぶんり　氷晶分離 ice segregation ⇨凍上

ひょうしょく　氷食 glacial erosion　氷河による侵食作用．氷食作用ともいう．氷河底にある砂礫や岩片が引き起こす基盤の「磨耗（abrasion）」，基盤の突起の上流側で圧力融解した水が下流側で再凍結する際に基盤を砕破する「プラッキング（plucking）」，氷河底の融解水流による「侵食（狭義のerosion）」を主要素とし，これらが個別あるいは複合的に作用して様々な地形を形成する．氷体の温度条件，岩屑含有率，流動速度，水分条件などによって形成される地形や侵食の強度が規定される．例えば，氷河底面と底面地質とが凍結している寒冷氷河での氷食作用は微弱であるとされているが，氷河が急激に前進した場合，凍結面ごと底面地質がはぎ取られてしまう場合もある．また，以前から存在していた谷地形をなぞるように氷河が流動することで，さらに谷地形が直線的に修飾され（線的差別氷食），フィンガーレイクのような地形が形成される．流動速度が低下する氷河末端では氷が圧縮され，岩屑密度が高まったり氷体そのものが変形することによって，過剰な深掘れが起きる場合もある（過下刻）．氷食の概念には，氷河の流動や融氷水流によって生産された岩屑が除去される運搬作用も含まれることもあるが，一義的には，氷河の荷重，氷河の流動，氷河の凍結融解の要素によって基盤岩に働く初生的な侵食作用を指す．　〈澤柿教伸〉

ひょうしょくあんぶ　氷食鞍部 glaciated col, corridor　氷河が乗り越えることで生じた山稜上の低所．氷河による侵食地形（氷食地形）の一種．　〈岩崎正吾〉

ひょうしょくえんちょうきゅう　氷食円頂丘 glaciated rock hill, knock　⇨氷食地形

ひょうしょくけんこく　氷食懸谷 hanging valley, perched valley　⇨懸谷

ひょうしょくこ　氷食湖 glacial lake　⇨氷食地形

ひょうしょくこう　氷食溝 groove, flute　⇨条溝

ひょうしょくこく　氷食谷 glacial trough, glaciated valley　氷河の侵食作用によって形成された谷．典型は，ローマ字のU字形の横断面形を呈する谷（U字谷）となるが，そうならない場合も多い．谷氷河や溢流氷河によって形成されるほか，氷床下でも氷流によって形成される．谷中にはしばしば氷食谷階段*が発達し，谷頭（氷食谷頭，trough head）あるいは源頭の圏谷直下に氷食谷源頭壁（trough headwall）が形成される．温暖氷河（基底融解氷河）では，氷底流路として氷食谷底に深さ数十m以上の峡谷（ゴルジュ）が同時に形成される場合もある．　〈長谷川裕彦〉

ひょうしょくこくかいだん　氷食谷階段 step, valley step　氷食谷内に発達する階段状のステップ．氷河階段とも．典型的には谷柵（上流側に逆傾斜面を有する凸部）と氷河性ロックベイズン*の組み合わせからなる．氷食作用に対する基盤岩の抵抗性の相違や，支流の合流に伴う氷食力の増加によって生じる．　〈長谷川裕彦〉

ひょうしょくこくげんとうへき　氷食谷源頭壁 trough headwall　⇨氷食谷

ひょうしょくこくとう　氷食谷頭　trough head
⇨氷食谷

ひょうしょくさっこん　氷食擦痕　glacial striae
⇨氷河擦痕

ひょうしょくさよう　氷食作用　glacial erosion
⇨氷食

ひょうしょくさんち　氷食山地　glaciated mountain　氷河*によって侵食を受けた山地*で，山岳氷河*による氷食地形*の集合体である．現在，あるいは過去の氷河平衡線・雪線*より高い山地で，南極などの氷床中にそびえる山地も含まれる．氷河最大拡大期（図a）には，山地は広く氷河に覆われる．この図の範囲の氷河は，大部分が涵養域*である．谷間を①谷氷河*（囲み数字は図中の数字，以下同じ）が流下し，その上端は稜線近くまで達している．緩やかな台地は②台地氷河に，平らな山頂は③氷冠*に覆われる．山腹斜面や斜面の窪みには④ニッチ氷河がみられる．氷河表面の，傾斜が急な部分や屈曲部には⑤クレバス*が形成され，氷河源頭の山地斜面との境界部には⑥ベルクシュルント*ができる．氷河に覆われない部分には周氷河作用*やニベーション*が働き，緩斜面では⑦周氷河斜面になっている部分もあり，それ以外の部分は⑧基盤（風化物も含む）斜面である．氷河が縮小すると（図b），谷頭部の氷河が谷氷河から分離し，⑨カール氷河*となる．カール氷河の背後には急な⑩カール壁がある．カール壁や氷河背後の岩壁は周氷河・重力作用によって後退し，⑪ホルン*や⑫アレート*を形成する．主谷の谷氷河の表面が低下したために支氷河は⑬アイスフォール*（氷瀑）や⑭懸垂氷河*にかわる．懸垂氷河の下部には小規模な再生氷河*（円錐氷体）が形成されている．薄くなった氷河には，基盤地形の影響を受けてクレバス帯が形成され，⑮氷舌*（消耗域*）の表面には⑯氷河表面モレーンが形成される．氷河前面のトンネルからは⑰融氷水水流路*が下流へと続く．氷河前面に㉗氷河湖*が形成されることもある．背後に急で高い岩壁をもつ氷河は⑱岩屑被覆氷河*となる．台地氷河があった部分は小規模な面的削剥を受けてゴツゴツした凸型の⑲岩丘群となり，その下方には氷食谷の⑳肩*（遷急線*）ができる．岩丘群の左側には，最大拡張期に氷河が乗り越えて㉑氷食鞍部*ができる．氷河が完全に消失した後（図c）には，なめらかな地形が，丸まった傾斜変換線で急崖と接する氷食特有の地形が現われる．谷氷河のあった場所は㉒氷食谷*，カール氷河のあった場所は㉓カール*となる．氷食谷の急な谷壁は㉔切断山脚*の連続であり，急な㉕氷食谷階段*（谷柵）が谷を横断して形成され，支谷は㉖懸谷*になる．氷食谷階段の上流側やカール底はロックベイズン*になることが多く，㉗氷河湖もできる．氷河の縁には㉘縁辺モレーンが形成される．モレーン*の内側は㉙アウトウォッシュ堆積物に埋め立てられ，㉚エスカー*がみられることもある．側方モレーンと谷壁斜面の間には㉛側方モレーン凹地（登山者はアブレーションバレーとよぶ）ができる．岩屑被覆氷河が融解した跡には㉜ハンモッキーモレーンが形成される．解氷後の崩壊などに伴って㉝岩石氷河*や小規模な㉞岩海*が形成されることもある．　⇨氷河地

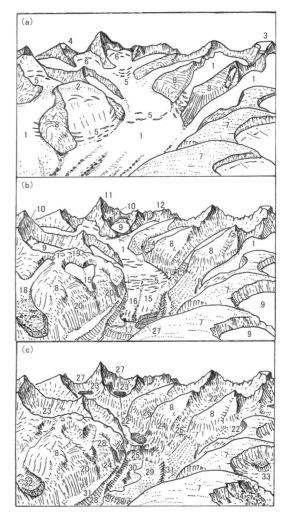

図　模式的に示した氷食山地の氷河と地形（岩田原図，Goudie, 1984の図3.4を参考にした）
(a) 氷河最大拡大期，(b) 氷河後退期，(c) 解氷後．ただし万年雪や雪田，積雪などは省略した．

形　　　　　　　　　　　　　〈岩田修二〉

［文献］Goudie A. S.（1984）*The Nature of the Environment*, Basil Blackwell. ／岩田修二（2011）「氷河地形学」，東京大学出版会.

ひょうしょくさんりょう　氷食山稜　glaciated ridge ⇨アレート

ひょうしょくじゅんへいげん　氷食準平原　glaciated peneplain ⇨氷食輪廻

ひょうしょくせんぽう　氷食尖峰　horn ⇨ホルン

ひょうしょくちけい　氷食地形　glaciated landform　氷河の侵食作用によって形成された地形（表）．氷河の面的な流動によって形成される全体的・部分的に流線形をなす地形群を主とするが，10^2 m 以上のスケールで見た場合には基盤岩の谷地形に規定された線的な侵食作用も重要となる．氷河底で生じる削磨作用（abrasion）により流線形の地形（鯨背岩・ホエールバック，氷食円頂丘，氷食鈍頂山稜など）が，剥ぎ取り作用（plucking）により部分的にゴツゴツした地形（羊背岩など）がつくられるほか，氷河から突出した峰や山稜で生じる周氷河作用も圏谷，氷食谷，ホルンなどの形成にとって重要である．氷河の侵食力が増す（圧縮流の生じる）場所や，侵食抵抗性の低い岩石が分布する場所では岩石盆地が生じ，その下流端に谷柵（リーゲル：上流側に逆傾斜面をもつ突出部）が形成される．レマン湖・ボーデン湖などのスイス周辺の湖沼群などは，岩石盆地を起源とした氷河湖（氷食湖）である．ティルに覆われた氷礫土平野に対し，氷床下で面的削剥を受け基盤の露出した平野は氷食平原とよばれる．　　　　　　　　　　　　　　　〈長谷川裕彦〉

［文献］Sugden, D. E. and John, B. S.（1976）*Glaciers and Landscape*, Arnold.

ひょうしょくへいげん　氷食平原　glaciated plain ⇨氷食地形

ひょうしょくりんね　氷食輪廻　glacial erosion cycle　デービスの山地の侵食輪廻説を山岳氷河*地形にあてはめた説．氷河輪廻ともいう．流水侵食された浅い谷のある台地状の山地（原地形）の谷頭に小氷河が形成され，カール氷河*になる．カール氷河の侵食によって台地面に食い込んだビスケットボード地形となる（幼年期）．カールは発達し背後のカールと切り合いを生じ，尖峰と痩せ尾根からなる山地となる（壮年期）．さらに氷食が進むと痩せ尾根は消失し氷河がつながり，尖峰は氷河のなかに取り残されたヌナタク*となる（老年期）．最終的にはヌナタクも消滅し氷食準平原になる．氷期が始まって氷床が拡大する過程と類似しているので，しばしば氷食地域の地形発達の説明に用いられている．　　　　　　　　　　　　　　　〈岩田修二〉

ひょうしょくれき　氷食礫　glaciated clast　氷河による磨耗作用を被った礫．礫表面に擦痕やファセットをもつ．氷食礫のうち，表面に擦痕をもつ礫を特に擦痕礫といい，ファセットをもつ礫をファセッティドクラストという．⇨ファセット

〈岩崎正吾〉

表　氷食地形の分類（長谷川作成）

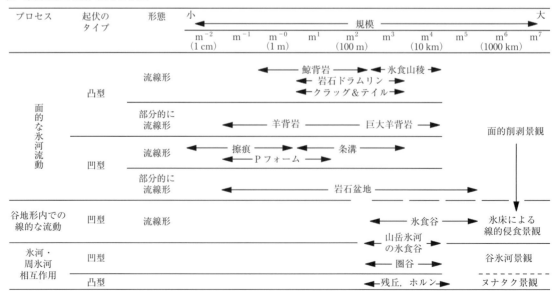

ひょうすいそう　表水層　epilimnion　⇨水温躍層

ひょうせいかせん　表成河川　epigenetic river　⇨積載谷，表成谷

ひょうせいきょうこく　表成峡谷　epigenetic gorge　⇨表成谷

ひょうせいこ　氷成湖　glacial lake　⇨氷河湖

ひょうせいこく　表成谷　epigenetic valley　接峰面*の示す尾根を横断している横谷*の一種で，積載谷*と同義であるが，近年では古い用語のepigenetic valleyの和訳語の表成谷より積載谷とよばれる場合が多い．その谷を流れる河川を表成河川または積載河川とよぶ．表成谷（積載谷）は，隆起運動に起因する先行谷*と形態的には類似しているが，差別侵食によって形成された横谷であるから，峡谷（表成峡谷という）をなす場合が多い．⇨積載谷（図）　〈鈴木隆介〉

ひょうせいたいせきぶつ　氷成堆積物　till　⇨ティル

ひょうせいちけい　氷成地形　glacial landform　⇨氷河地形

ひょうせきど　氷積土　glacial soil　⇨氷河土

ひょうせつ　氷楔　ice wedge　永久凍土地域において，多角形土*を縁取る溝の地下に発達する楔状の氷．アイスウェッジとも．冬季の急速な冷却による熱収縮破壊*で凍土に縦割れ（凍結割れ目）が生じ，春先にその割れ目に浸入した融解水が凍結し氷脈がつくられる．永久凍土層に達した氷脈は夏季に融解しないために保存される．一度割れた部分は周囲よりも割れやすいので，毎年のように破壊と氷脈の形成を繰り返し，幅・高さともに数mの氷楔が成長する．氷楔には，縦の層構造が見られる．気候の温暖化に伴って永久凍土が融解すると，活動層の土が空洞化した楔に落ち込んで化石氷楔（アイスウェッジカスト）となり，過去の永久凍土の存在を示す指標として使われる．　〈松岡憲知〉

[文献] Mackay, J. R. (2000) Thermally induced movements in ice-wedge polygons, western Arctic coast: a long-term study: Géographie Physique et Quaternaire, 51, 41-68.

ひょうぜつ　氷舌　glacier tongue　舌状に伸びた氷河の末端部分を指す．特に，氷流や氷河が海や湖に流れ込み，細長く形成された浮氷に限って使われることも多い．氷舌の最先端部は氷舌端とよばれる．また氷食谷の下流部に形成された盆地地形を氷舌盆地とよぶ．　〈杉山　慎〉

ひょうせつすいりゅう　氷接水流　glacial-margin stream　谷氷河や溢流氷河とその両岸の谷壁斜面との間に形成される水流のこと．融氷水と谷壁斜面から涵養される水の双方を起源とする．緩やかな谷壁斜面に，等高線とやや斜交する直線的な流路がつくられることが多い．　〈松元高峰〉

ひょうせつたい　氷雪帯　nival zone　垂直分布上，あるいは水平分布上で，もっとも寒冷な地域に現れる気候・植生帯．雪と氷の世界である．ケッペンの気候区分では樹木の生育できない，最暖月平均気温が10℃以下の気候を寒帯とするが，それはさらに最暖月平均気温が0℃を超えるツンドラ気候と，0℃を超えることのない氷雪気候（永久凍結気候）に分けられる．氷雪気候下では，気温が0℃を超えることがないため，植物の生育は困難である．降水は常に雪の形で降り，融解等による積雪の減少はわずかなので，厚く堆積した積雪は氷河に変わり，地表を覆う．南極やグリーンランドのほか，ヒマラヤやアンデスなどの高い山脈の高地に現れる．⇨氷河，氷河地形　〈小泉武栄〉

ひょうせつたいせきぶつ　氷接堆積物　ice contact sediment　氷河表面，氷河内部，氷河底部，氷河縁辺などで，融解などによって氷体に接して堆積した氷成堆積物を指す．氷接ティル（ice contact till）と氷接水流堆積物（ice contact fluvial sediment）とに大別される．氷河氷から流水や重力移動によって排出され氷河から離れて堆積した扇状地堆積物や土石流堆積物とは区別される．氷河縁辺の氷接堆積物は氷河融解後，縁辺モレーンをつくる．氷河表面や氷河内部の水路や水たまり，空洞などに堆積した砂礫は氷河融解後に地面に堆積し，氷接水流堆積物となり，エスカー*やケイム*などの地形を形成する．これらは氷河河流堆積物（glaciofluvial sediment）ともよばれる．　〈奈良間千之〉

ひょうせつたかくけいど　氷楔多角形土　ice-wedge polygon　⇨多角形土

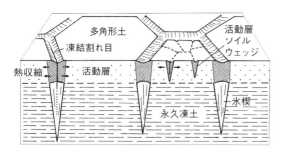

図　多角形土と氷楔（松岡原図）

ひょうぜつたん　氷舌端　glacier snout　⇨氷舌

ひょうぜつぼんち　氷舌盆地　terminal basin　⇨氷舌

ひょうそうすい　表層水　surface water　海や湖，河川などの表層にある水．⇨水温　〈浦野愼一〉

ひょうそうちしつ　表層地質　surface geology, surficial geology　基盤岩*（基岩 bedrock）を覆う，土壌や風化物，第四紀の未固結堆積物など地表のごく表層の構成物，あるいはそれらを対象とする地質学のこと．日本では基岩も対象に含める場合が多い．国土調査における土地分類基本調査では，表層地質調査は基岩を含む岩石の分布・性状のほか，岩体・岩片の強度，風化状態，地耐力なども把握して表層地質図を作成するように定めており，表層地質図は応用地質図（engineering geological map）の意味で使われている．なお，地下地質（subsurface geology）の反意語として，地表の地質という意味で使われることもある．　〈田近　淳〉

ひょうそうど　表層土　surface soil　⇨土壌層位

ひょうそうなだれ　表層雪崩　superficial avalanche　⇨雪崩

ひょうそうふうか　表層風化　surface weathering　地表面ないし地表近傍，すなわち，空気に接し，常温常圧下における風化*．種々の風化作用が共同して働く．　〈小口千明〉

ひょうそうへんい　表層変位　superficial displacement　力学的には重力および浮力のみの作用で，地表下数百 m 以浅の地殻表層部が変位する地形過程であり，地盤沈下，荷重沈下，陥没，落盤，液状化（砂地盤の）* などがある．マスムーブメント* に一括されることもある．断層運動などの地殻変動*（地殻や上部マントルから地表に及ぶ変位：tectonic displacement）と区別するために鈴木（1997）が提唱した用語である．　〈鈴木隆介〉

[文献] 鈴木隆介（1997）『建設技術者のための地形図読図入門』，第1巻，古今書院．

ひょうそうほうかい　表層崩壊　shallow landslide　斜面表層の風化物や崩積土など，地表の浅い部分の土壌や緩んだ岩盤の崩壊．崩壊の深さは一般に1〜2 m と浅い．降雨で生じるものは，浸透水の集まる浅い谷で発生し，土中水の飽和によるサクションの消失，自重増加，間隙水圧上昇，パイピングなどに起因する．地震で生じるものは地震波が増幅される山頂付近で発生するのが一般的である．　〈千木良雅弘〉

ひょうたいせき　氷堆石　glacial moraine　⇨モレーン

ひょうていかざん　氷底火山　subglacial volcano　氷床下に存在する火山，および現在は氷床下になくとも，その山体の大半が氷床下またはその氷河の融氷水中で形成された火山体．アイスランドでみられる卓状火山やパラゴナイトリッジなどはその例．⇨氷底噴火，卓状火山，パラゴナイトリッジ　〈横山勝三〉

ひょうていこ　氷底湖　subglacial lake　⇨サブグレイシャル

ひょうていしんしょく　氷底侵食　subglacial erosion　⇨サブグレイシャル

ひょうていたいせき　氷底堆積　subglacial deposition　⇨サブグレイシャル

ひょうていちけい　氷底地形　subglacial landform　氷河または氷床に被覆される地表面の地形の総称．⇨地表面の絶対的分類（表），サブグレイシャル　〈鈴木隆介〉

ひょうていふんか　氷底噴火　subglacial eruption　氷河の下で起こる噴火．マグマは大量の氷を融かすため，実質的には水中（水底）噴火とほぼ同じで，噴出物も水中噴火の噴出物と同様の特徴を示す．アイスランドでは，氷底噴火に伴う融氷水の突発的な大洪水（氷河湖決壊洪水*．アイスランド語ではヨックルラウプ*）が生じることがあり，また，玄武岩質マグマの氷底噴火（割れ目噴火）による特有の火山噴出物（枕状溶岩，パラゴナイト凝灰（角礫）岩）や火山地形（パラゴナイトリッジや卓状火山）が広く認められる．⇨氷底火山，枕状溶岩，パラゴナイトリッジ，卓状火山　〈横山勝三〉

[文献] 中村一明・宝来帰一（1971）アイスランド―裂けて拡がる変動帯―：科学，41, 185-198．

ひょうていりゅうろ　氷底流路　subglacial channel　⇨サブグレイシャル

ひょうど　表土　surface soil, top soil　一般に土層の最上部に位置し，その場所で岩石が風化・土壌化したものや，他の場所で崩壊した物質や侵食された物質が運ばれてきて堆積したもの．　〈鳥居宣之〉

ひょうとう　氷塔　glacial tower　セラックともよばれる．クレバスなどで，氷河が断ち切られることによって残される氷の柱状の形態を示す．　〈紺屋恵子〉

ひょうばく　氷瀑　icefall　⇨アイスフォール

びょうひょう　錨氷　anchor ice　⇨海氷

ひょうほう　氷棚　ice shelf　氷河末端部分が水深の深い海洋に流れ込んで着底せずに浮いている氷

河，または海氷の表面に涵養される降雪や海氷下の海水の凍結付加によって次第に氷が厚く成長して形成される氷河．棚氷とも．この起源の違いに対応して，前者を氷河型の棚氷，後者を海氷型の棚氷，両方が複合した複合型の棚氷に区分される．棚氷の末端では，本体から氷が切り離されて氷山がつくられるカービングが生じる． 〈三浦英樹〉

[文献] Benn, D. I. and Evans, D. J. A.（1998）*Glaciers and Glaciation*, Arnold.

ひょうぼう　氷帽　ice cap　⇨氷冠

ひょうぼうひょうが　氷帽氷河　ice cap　⇨氷冠

ひょうほん　標本　sample　⇨試料

ひょうめんたいせき　表面堆石　supraglacial moraine　⇨モレーン

ひょうめんちょうりょく　表面張力　surface tension　液体の分子間引力によって液体表面に働く収縮力． 〈宇多高明〉

ひょうめんちょうりょくは　表面張力波　capillary wave　最も短周期の水の波．周期0.07秒以下，波長1.7cm以下，波高は最大で1〜2mm．水の表面張力が復元力となって波の運動が継続する． 〈砂村継夫〉

ひょうめんていこう　表面抵抗　surface resistance　⇨粘性抵抗

ひょうめんは　表面波　surface wave　水の表面に存在する波*． 〈砂村継夫〉

ひょうめんりゅうしゅつ　表面流出　surface runoff　降雨が土壌中に浸透することなく，地表面を流下する現象．ハイドログラフ上では河川への流入成分の一つで直接流出として解析される．実際の山腹斜面では，表面流出で河川に流入する分は少なく，側方浸透流などの中間流出として地中を流れる量が多いことが実測されている．しかし，樹木の伐採などで土壌の浸透能が減少し表面流出が増加することがあり，大きな環境問題の一つとなっている．⇨ハイドログラフ，直接流出，中間流出 〈池田隆司〉

ひょうりゅう　氷流　ice stream　氷床において，周辺よりも顕著に大きな速度で流動している部分．例えば南極氷床のRutford Ice Stream，グリーンランド氷床のJakobshavns Isbræなど．大量の氷を海に流し出すため，氷床の質量収支において重要な役割を果たす． 〈杉山 慎〉

ひょうりゅうがんせつ　漂流岩屑　ice-rafted debris, IRD　棚氷や氷山に含まれる岩屑が氷の融解によって海洋や湖沼中に解放され堆積したもの．粘土，シルト，砂，礫などの様々な粒径から構成される．氷山から解放される岩屑は，氷床末端から数千km以上離れた場所で堆積することもある．オホーツク海の浅海で形成された海氷の底面にも岩屑が含まれ，深海で堆積することがあり，これも漂流岩屑とよばれている． 〈三浦英樹〉

ひょうりゅうすい　表流水　surface water　広義には，陸水のうち，河川・湖沼・ため池などの水のように地表に存在するものを指す．降雨から蒸発，浸透等を引いた残り．地表水と同義で地下水*の対語．狭義には，河川の流水を指し，単に流水とも．この場合は伏流水が対語． 〈松倉公憲〉

ひょうりゅうばん　漂流板　current cross, cross-board drogue　水の流れを測定するために用いる道具で，抵抗板ともよばれる．十字に組み合わせた板や短冊形の布などがよく使用される．湖流観測では漂流板を表面ブイとロープで連結し，表面ブイの動きを追跡するが，風による表面ブイの移動を最小限に食い止めるために，十分な水の抵抗を受けるように漂流板のサイズを考慮する必要がある．ブイの追跡方法は様々であり，船，トランシット，レーダー，気球，人工衛星などが用いられてきたが，最近ではGPSの利用が普及している．表面ブイの流跡に風や流れのシア（鉛直変化）の補正を行って真の流速を求める必要がある． 〈遠藤修一〉

ひょうれきど　漂礫土　glacial drift　⇨ティル

ひょうれきどへいや　氷礫土平野　till plain　氷河期に氷床（氷河）に覆われた地域に分布する表層にティルおよびその他の氷成堆積物の堆積した平野．ドラムリン・エスカーなどが分布し比較的起伏に富む場所を含むほか，大小様々な湖沼が分布することも多い． 〈長谷川裕彦〉

ひょうれきねんど　漂礫粘土　boulder clay　⇨ティル

ひらせ　平瀬　run　流路単位の一つ．白波が立たず，層流状の流れの速い区間を指す．早瀬に比べて水深は深く，流速は遅い．常流*が卓越する．⇨瀬淵河床，流路単位 〈中村太士〉

ひらぞこだに　平底谷　flat-floored valley　⇨河谷横断形の類型（図）

ひらち　平地　flat land　⇨更地，平地

ピラミッドさきゅう　ピラミッド砂丘　pyramidal dune　すべり面が少なくとも3方向あって角錐状をなし，比高50〜150mの大砂丘である．⇨星状砂丘 〈成瀬敏郎〉

ひらモール　平モール　plainbog, flat bog　表面

ひりゅう　皮流　skin current, skin flow　水面を吹く風によって生ずる，極く薄い表層の流れ．水面には通常，風波や乱れがあるため，皮流がみられるのは吹き始めなどの条件が整ったときに限られる．
〈小田巻　実〉

ひりゅうそく　比流束　specific flux　地下水の流れる方向と直交する断面において，単位断面積を単位時間に通過する地下水の流量．速度の次元 [L/T] をもつので，ダルシー流速（Darcy velocity）あるいは見かけの流速（apparent velocity）ともよばれている．⇨ダルシーの法則
〈池田隆司〉

びりゅうたん　微粒炭　charcoal particle　山火事や火入れなどによる植物体の燃焼残渣である炭化物．化学的に安定しており土壌や第四紀層中に長く保存される．大きさから小微粒炭（<100 μm）と大微粒炭（>100 μm）とに区分し，前者は広域に分散し，後者は植物被熱域に分布する傾向にある．顕微鏡下（反射光）で黒金様光沢がみられ，また植物組織がみとめられる．①微粒炭含量の土層垂直変化から過去の山火事，火入れなどの燃焼史の解読が可能．②被熱，炭化のため組織の変質が生じ，それから燃焼（炭化）温度の推定が可能．③微粒炭組織から植生履歴の把握，花粉分析データの補強・検証が可能．例えば有縁壁孔組織のある微粒炭は針葉樹の存在を裏づける．④大微粒炭は現位置の可能性が高く，かつ安定した炭化物のため加速器（AMS）炭素14年代測定試料に相応しい．⑤微粒炭はA型の腐植形状を示し黒ボク土*層の属性を高める重要な役割を果たす．⑥土壌や第四紀層に長く保存されるために大気中の CO_2 の炭素固定に寄与している．
〈細野　衛〉

［文献］細野　衛ほか（1995）八戸浮石層直下の炭化片粒子を含む埋没土壌の植生履歴と腐植：ペドロジスト, **39**, 42-49.

ひりゅうりょう　比流量　specific discharge, specific runoff　河川の流量観測で，ある観測点における流量を，それより上流の流域面積で除した値．単位は，$m^3 sec^{-1} km^{-2}$ で，単位面積あたりから発生する流量を表す．流域の地形，地質，植生などをよく反映していると考えられており，流域面積の異なる河川の流量を比較したり，流出の状態を推定するときに用いられる．渇水時の比流量の大きな河川は地下水賦存能力が大きいことを示し，洪水時の比流量が大きい河川では治水上注意が必要である．
〈池田隆司〉

ひりれきざんりゅうじか　非履歴残留磁化　anhysteretic remanent magnetization　岩石試料に直流磁場を加え，同時に交流磁場を印加し，その後，交流磁場の振幅を徐々に減少させたとき獲得される残留磁化（ARMと略称）．ARMを担う磁性粒子の保磁力の上限は，交流磁場の最大値と直流磁場の値の和である．ARMは，多磁区（MD）の磁性粒子よりも，単磁区（SD）や擬単磁区（PSD）の磁性粒子が担う．直流磁場が小さいとき，獲得されるARMは磁場の大きさに比例する．
〈乙藤洋一郎〉

［文献］Dunlop, D. J. and Özdemir, Ö. (1997) *Rock Magnetism: Fundamentals and Frontiers*, Cambridge Univ. Press.

ひりんねせいだんきゅう　非輪廻性段丘　non-cyclic terrace　⇨輪廻性段丘

ヒルサイドリッジ　hillside ridge　断層運動によって山地斜面や丘陵斜面に形成された細長い高まり．斜面下部が相対的に隆起して逆向き断層崖を伴う地形，斜面を横切る横ずれ断層に沿って斜面が切断・移動した地形，破砕された岩石がしぼり出されたプレッシャーリッジがこれにあたる．
〈中田　高〉

ひろうはかい　疲労破壊　fatigue failure　繰り返しのストレスが与えられることによる物質の劣化・破壊のこと．物理的な風化作用（例えば，乾湿風化，熱風化，凍結・融解風化など）は，野外においては毎日のように繰り返されている．その繰り返しが岩石を徐々に脆弱化（風化）させることから物理的風化作用は疲労破壊現象とみることもできる．
〈松倉公憲〉

［文献］Yatsu, E. (1988) *The Nature of Weathering: An Introduction*, Sozosha.

びわイベント　琵琶イベント　Biwa event　Kawai et al. (1972) は琵琶湖の湖底から採取した200 m コアの残留磁化から，ブリュンヌ磁極期のなかに5つの地磁気エクスカーションあるいは逆磁極期（イベントA, B, C, D, E）が存在することをみつけた．そのうち，イベントCとDを，それぞれBiwa Iイベント，Biwa IIイベントと名づけた．ブリュンヌ正磁極期中に短いが複数回の逆磁極期の存在を示唆した琵琶湖の200 m コアの研究結果は，初期のエクスカーション研究に大きな影響を与えた．その後火山灰の年代との対比から，Biwa I，Biwa II はそれぞれ 116 ka, 194 ka と推定され，それぞれ Blake event と Iceland Basin event に相当することがわかった．
〈乙藤洋一郎〉

［文献］小田啓邦（2005）頻繁におこる地磁気エクスカーション—ブルネ正磁極期のレビュー：地学雑誌, **114**, 174-193.

ひんえいようこ　貧栄養湖　oligotrophic lake　湖水中の窒素やリンなどの栄養塩が乏しく，生物群集が比較的単純で現存量が少なく生産性も低い．湖は藍色から緑色で透明度が高く，湖底付近でも溶存酸素が十分にある．湖底堆積物の有機物濃度は低く珪藻が多い．OECDの基準では年平均値が，全リン濃度 $10.0\,mg/m^3$ 以下，クロロフィルa濃度 $2.5\,mg/m^3$ 以下（最大値 $8.0\,mg/m^3$ 以下），透明度 $6.0\,m$ 以上（最小値 $3.0\,m$ 以上）が用いられている．山地で水深が大きな湖に多い（例：十和田湖，富士五湖の西湖）．　〈井上源喜〉

[文献] OECD (1982) *Eutrophication of Waters: Monitoring, Assessment and Control*, OECD Pub. Inform. Center, Paris.

ひんかい　瀕海　intertidal　潮間帯*をいう語．現在は使われない．　〈砂村継夫〉

ひんがん　ひん（玢）岩　porphyrite　閃緑岩質の組成をもつ斑状の半深成岩．　〈松倉公憲〉

ピンゴ　pingo　永久凍土帯に発達する，径 100～300 m，高さ数十 m のドーム状の凍結丘*．被圧地下水が，地表面を押し上げつつ，塊状の地下氷に成長することで形成される．地下水の被圧状態によって，閉鎖系ピンゴと開放系ピンゴに分類される．前者では，連続的永久凍土帯の湖水の排水に伴い，それまで水面下で局所的な未凍結層となっていた土層が，凍結していく過程で被圧状態が生じる．後者では，起伏地の谷底に発達する永久凍土層の下に，周囲の永久凍土を欠く斜面において涵養された地下水が流入したために被圧状態が生じる．ピンゴの隆起に伴い，地表付近に割れ目が生じ，地下氷が融解に転じると，頂部に陥没クレーターが発達する．さらに融解が進むと，最終的にピンゴ外縁部に高まりを残した円形の沼地（陥没ピンゴ）になる．非永久凍土帯において陥没ピンゴに酷似した地形が発見されると化石ピンゴとよばれる．⇨永久凍土　〈池田　敦〉

[文献] Mackay, J. R. (1998) Pingo growth and collapse, Tuktoyaktuk Peninsula area, western Arctic coast, Canada: a long-term field study: Géographie Physique et Quaternaire, 52, 271-323.

ヒンジ　hinge　⇨褶曲（図）

ヒンジせん　ヒンジ線　hinge line　⇨褶曲（図）

ビンジパージサイクル（モデル）　binge-purge cycle (model)　氷床が，比較的長期にわたって緩やかに成長した後，短期間のうちに急激に消耗する現象，および，それが一定の周期で発現するという盛衰過程を示すモデル．氷床が十分に成長すると，その底部に未固結堆積物が蓄積されて底面すべりを起こし，ある閾値を超えたところで氷体を支えきれなくなって一気に海洋へとすべり出すと説明され，「鹿威し」の動きに例えられる．ハインリッヒ・イベント*の周期性を，ローレンタイド氷床自体が内包する成長・流動メカニズムによって内因的に説明しようとするモデルとして，MacAyeal (1993) が提唱した．　〈澤柿教伸〉

[文献] MacAyeal, D. R. (1993) Binge/purge oscillations of the Laurentide ice sheet as a cause of the North Atlantic's Heinrich events: Paleoceanography, 8, 775-784.

ヒンジライン【広域地殻変動の】　hinge line (of regional crustal movement)　繰り返し発生すると考えられるプレート境界型地震*の震源域に近い陸地で，プレート境界型地震の発生時に内陸側へ傾動し，その後，次のプレート境界型地震が発生するまでの間はプレート境界側へ傾動（逆戻り）する現象がみられる場合，この傾動現象のみられる地域と内陸側のそうでない地域との境界をヒンジラインとよぶ．例えば，四国南部における南海地震の場合に関連した地殻変動（約120年間）でいえば，室戸岬から高知市付近にかけて北方への傾動が生じ，沈降軸が高知市付近にみられる．この沈降軸がヒンジラインとなる．地震時の隆起域と沈降域の境界をヒンジラインとするのは誤り．なお，ヒンジライン（ヒンジ線）は，本来，褶曲構造の背斜軸と向斜軸も指し，その傾斜と平面形は多様である．⇨地震性地殻変動，褶曲　〈熊木洋太〉

[文献] 吉川虎雄 (1968) 西南日本外帯の地形と地震性地殻変動：第四紀研究，7, 157-170.

ひんてい　浜堤　beach ridge, full（英）　波浪の作用で海岸線の陸側に海浜堆積物（砂・砂礫・礫）が積み上げられてできた高まり（ridge）．ビーチリ

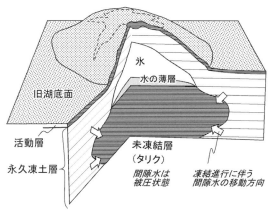

図　閉鎖系ピンゴの模式図（池田原図）

ッジともいう．現在の浜（beach）で形成される高まりを含めることもあるが，通常，現在の暴浪の遡上波の最高到達点（浜の陸側限界，後浜上限高度*）よりも背後にある高まりをいう．しばしば風成砂も混じるので，風成の浜砂丘（shore dune）や海岸砂丘*と形態も似ているため注意が必要である．現在の前浜付近に形成される平坦な高まりはバーム*（berm）とよばれ，日常的な波浪によって形成・消失する．後浜での高まりの形成・消失には暴浪時の遡上波が関与し，小規模な高まりを storm berm，大規模なものを storm beach（storm terrace）とよぶ．現在の波浪作用で形成される，このような地形は海岸線にほぼ平行に走る．浜の陸側限界より背後にある浜堤は，過去の海岸であったところで形成されたもので，必ずしも現在の海岸線と平行ではない．当時の形成環境（波高，周期，入射方向といった波浪特性や海浜堆積物の量や粒径など）や，その後の海水準の低下や地震による隆起といった要因を反映して様々な規模や形態を呈している．さらに複数の浜堤列を構成している地域もあり，現在に至るまでの地形発達史を示す指標となる．⇨浜堤（列）平野，砂浜海岸（図）　　　　　　　　〈福本　紘〉

［文献］松本秀明（1977）仙台付近の海岸平野における微地形分類と地形発達—粒度分析法を用いて：東北地理，29，229-237．

ひんてい（れつ）へいや　浜堤（列）平野　beach ridge plain　複数の浜堤列によって構成される広い低平地で海岸平野の一類型．堤列低地ともよばれる．浜堤の高まりとその間の低地である堤間低地との起伏が海岸線に平行または斜行する．浜堤が順次形成されて平野となったので，前進性海岸であることを示す．それぞれの浜堤の方向・規模・長さ・高度はそれぞれの浜堤形成時の環境を反映している．例えば，波の荒い外洋に面した海岸では大規模で，内湾に面した海岸では低く小規模である．また，浜堤列の方向は形成時に海岸に入射した卓越波向を反映している．さらに，各浜堤列の位置は形成期の海水準における汀線位置と密接な関係がある．浜堤自体は，海浜堆積物で構成されるが，しばしば表面に風成砂を多く含む砂堤（sand ridge）となっていることがある．多くの砂堤列によって構成される低地は砂堤列平野（sand ridge plain）とよばれる．浜堤列の中には津波堆積物*の層が含まれることがある．⇨浜堤，前進性海岸，海岸平野　〈福本　紘〉

［文献］森脇　広（1979）九十九里海岸平野の地形発達史：第四紀研究，18，1-16．／松本秀明（1984）海岸平野にみられる浜堤列と完新世後期の海水準変動：地理学評論，57A，720-738．

ひんど　頻度　frequency　⇨度数

ファイしゃくど ファイ尺度 phi scale ⇨ファイスケール

ファイすう ファイ数 phi scale ⇨ファイスケール

ファイスケール phi scale Krumbein（1936）が提唱した砕屑物粒子の粒径表示用の尺度．ファイ尺度，ファイ数ともよばれる．直径を D（mm）としたとき，$\phi = -\log_2 D$ で与えられる．これにより C. K. Wentworth（1922）による粒径区分の境界値が整数値で示され（⇨粒径区分），礫から粘土に至るまでの広範囲粒径からなる砕屑物を調査・研究対象とする地球科学分野で広く用いられている． 〈遠藤徳孝〉

［文献］Krumbein, W. C. (1936) Application of logarithmic moments to size-frequency distribution of sediments: Journal of Sedimentary Petrology, 6, 35-47.

ファコリス phacolith ⇨火成岩の産状

ファセット facet 氷河の底面に凍り付き，基盤岩に押しつけられながら運搬されることにより生じた礫表面の平滑な面． 〈岩崎正吾〉

ふあつたいすいそう 不圧帯水層 unconfined aquifer ⇨帯水層

ふあつちかすい 不圧地下水 unconfined groundwater, phreatic water 上面が大気に解放され，地下水面*をもつ地下水*である．この水面を自由地下水面ともいい，この地下水を自由地下水ともいう．不圧帯水層は地下水面をもち不圧地下水を胚胎する地層である． ⇨被圧地下水 〈三宅紀治〉

ファブリック fabric 堆積物粒子の空間配列の性質．堆積ファブリックともいう．断面での粒子配列をインブリケーション*（覆瓦構造），平面での粒子配列をオリエンテーションとよぶ． 〈関口智寛〉

ファルグのほうそく ファルグの法則 Fargue's law 河川舟運からみた定性的経験則であるが，瀬淵河川の流路の特徴を M. Fargue（1884）は次のように明示している．①谷線中の最深点（＝淵での最深点）はそれぞれの流路湾曲の最大曲率点および最小曲率点（＝転向点）ではなく，それらよりも水面幅の2倍ほど下流に存在する．ゆえに，徒歩による渡河では，水面幅の広い瀬の下流部がよい．一方，大河川の渡船場としては淵の下流部が最適である．②1本の河川では谷線の最大深度は曲率の大きな所ほど大きい．③1本の河川では，谷線の平均水深はその平均曲率に従って増加する．④曲率が連続的に変化すれば，谷線の深さも連続的に徐々に変化する．⑤低水位時の水面勾配は曲率に反比例する．⑥低水位時の流路横断面積は流量が一定ならば曲率の大きな所ほど大きい．⑦流速は曲率の大きな所（淵）ほど小さい．100年以上も前にこれだけの規則性を発見したのは敬服に堪えない． ⇨プレイフェアーの法則 〈鈴木隆介〉

［文献］野満隆治・瀬野錦蔵（1959）「新河川学」，地人書館．

ファロ faro 直径数十から数百 m の小環礁．モルディブ諸島中北部で特に発達．ディベヒ語でサンゴ礁を示す faru が語源． ⇨環礁 〈菅 浩伸〉

ファングロメレート fanglomerate 沖積扇状地で形成された砂礫を主とする，淘汰のよくない堆積物や堆積岩．扇状地礫岩とも．沖積扇状地は，河川が山地から山麓の平地に出る場所に，多量の土砂が供給されて形成される．一般的な厚さは数～数百 m で，堆積物運搬の下流方向へ急激に薄くなる特徴がある． 〈牧野泰彦〉

ファンデルタ fan delta 海岸線あるいは湖岸線まで続く扇状地．粗粒堆積物（砂礫）で構成され，地表面の傾斜は普通の三角州より急であり，普通の扇状地と形態・構成物質・形成過程もほぼ同じである．扇状地状三角州として三角州の特別なものであると位置づけられることもあるが，地形・堆積物の両面からは扇状地としてとらえる方が自然である．山地が海にまで迫るような変動帯の海岸地域で，かつ前面に深い海があり，沿岸漂砂の顕著な地域に良好に発達する（例：黒部川，大井川，天竜川の扇状地）．蛇行原や三角州となるべき堆積場が深く，顕著な海岸侵食によるため，扇状地の下流に蛇行原と

三角州が発達しないからである．また，湖岸などでも相対的に細粒物質の供給の少ない小河川の場合にはファンデルタが生じている（例：琵琶湖西岸）．隆起三角州とか三角州扇状地（delta fan）とよばれたこともあるが，斉藤（1988）は本質的には扇状地であるとしている．　⇨扇状地型複成低地

〈海津正倫・斉藤享治〉

[文献] Nemec, W., and Steel, R. J., eds. (1988) *Fan Delta*, Blackie. ／斉藤享治（1988）「日本の扇状地」，古今書院．

フィールドノート　field note　⇨野帳

ブイエルビーアイ　VLBI　very long baseline interferometry　超長基線電波干渉法のこと．数十億光年離れた電波星（準星）の電波を地球上のいくつかのパラボラアンテナで同時に受信し，電波の到達時刻の差を計測することによりアンテナと電波星との距離の差を求め，これを多数の電波星について行うことによりアンテナ間の基線の長さを求める測量方法．誤差が基線の長さに関係なく決まることから，地球上の遠く離れた地点間の距離を正確に計測することができ，プレート運動の実測や地球回転の観測に威力を発揮している．日本では国土地理院が1998年からつくばの観測局で国際観測を行ってきたが，2016年に茨城県石岡市の新たな観測局に移行した．

〈宇根　寛〉

ブイじこく　V字谷　V-shaped valley　河谷のうち，その全体的な横断形がV字形をしている谷．幼年期から早壮年期の侵食階梯にある侵食谷のほとんどはV字谷であり，穿入蛇行を示す場合が多いが，側方侵食より下方侵食が顕著である．　⇨河谷，河谷横断形の類型（図）

〈鈴木隆介〉

ブイじだに　V字谷　V-shaped valley　ブイじこく（V字谷）の誤読．

〈鈴木隆介〉

フィッション・トラックほう　フィッション・トラック法　fission-track dating method　^{238}Uを多く含む鉱物や火山ガラスの形成時代を知る一方法である．FT法とも．^{238}Uが自発核分裂を起こすと，結晶格子中に幅0.01 μm，長さ10 μm程度の損傷である核分裂飛跡（フィッション・トラック）をつくる．そのフィッション・トラックは長期間残存し，その密度（ρ_s）は年代（t）と^{238}U濃度に比例する．

$$\rho_s = f \frac{\lambda_f}{\lambda_{238}} {}^{238}\text{U}\{\exp(\lambda_{238}t) - 1\}$$

ここで，fはエッチングにより拡大したフィッション・トラック数の表面面積あたりの密度，λ_fとλ_{238}はそれぞれ自発核分裂壊変定数と全壊変定数である．試料の^{238}U濃度は，原子炉で熱中性子を照射して^{235}Uの誘発核分裂を起こし，そのトラック密度を測定し，熱中性子線束密度，^{238}U/^{235}Uの同位体比から求める．

フィッション・トラックの測定では，原子炉で照射する必要があるが，数百倍の光学顕微鏡と試料処理のための実験設備があれば可能である．ただし判別には忍耐と経験を要す．また鉱物粒子ごとの年代測定が可能で，フィッション・トラックの長さの分布から二次的な影響の識別も可能である．また，フィッション・トラックの消滅は温度に対して敏感なので，岩石や鉱物の熱史を調べるのにも適している．

この方法では，ウランが試料中に均一に分布し，計数に適したフィッション・トラックが安定に残されていることが前提条件である．問題は①加熱やイオンの自発的散逸などによりトラックが消失すること，②計数に適した量の^{238}U自発核分裂によるフィッション・トラックがあることは当然だが，若い試料ほどトラック密度が小さいため誤差が大きくなること，③自発核分裂壊変定数と熱中性子照射量が不確実なことなどがある．

これに対処するために，まず測定試料としてジルコン，火山ガラス，アパタイト，スフェーンなどが用いられている．またλ_fの^{238}U自発核分裂壊変定数の不確実さのために，K-Ar法や^{40}Ar-^{39}Ar法で求められた標準試料（ジルコンに対しては27.8±0.2 MaのFish Canyon tuffなど；火山ガラスには0.60±0.08 MaのMoldaviteなど）のフィッション・トラック数を基にして年代が算出されており（ゼータ較正），フィッション・トラック法そのもので年代が求められている訳ではない．

最近火山ガラスのフィッション・トラック法で妥当な年代値を求めるために，水和などでトラックが消失するため若返った値を補正する方法として，ITP-FT（isothermal plateau fission track）法が提唱され，実用化されるようになった．これは，試料を自発トラック測定用と自発＋誘導トラック測定用に二分し，同時に30日間，150℃で熱処理を加えることで測定・補正する．火山ガラスについてのこの方法は，^{40}Ar-^{39}Ar法で年代測定した標準試料を同時に測定し，確度を高めており，テフロクロノロジーに貢献してきた．

〈町田　洋〉

ふいっちようかい　不一致溶解　incongruent dissolution　鉱物が溶解する際に，一部の成分が溶け，その残りから新たな固相（鉱物）が生成する溶解をいう．一致溶解の対語でインコングリュエント

溶解とも．非石灰岩地域における化学的風化反応の多くはアルミノ珪酸塩の不一致溶解であり，この溶解によって造岩鉱物は粘土鉱物に変化する．⇨一致溶解 〈松倉公憲〉

フィヨルド fjord 氷食谷*が沈水して形成された入江または湾．沈水氷食谷ともいう．ノルウェー語のfjordが語源で，日本語では峡江とか峡湾とよばれている．氷河期に大規模な氷床・氷帽氷河の発達した地域に分布し，ノルウェー・グリーンランド・カナダ西岸・アラスカ南岸・チリ（パタゴニア西岸）・ニュージーランド南島（南西岸）などに典型例がみられる．氷河は，その厚さに応じて海面下でも侵食（過下刻侵食）を行う（海面下1,300m以上に達するところもある）ため，氷河性海面変動の有無にかかわらず解氷後にはフィヨルドを生じる．フィヨルドの湾口付近には，氷食谷階段の谷柵にあたる浅瀬（threshold：しきい，あるいはsill：シル）が存在することも多い．これは，下流で浮氷舌化する氷河の接地線付近で侵食力が急速に減じるために形成された，あるいは地質構造に応じて形成されたと解釈されている．〈長谷川裕彦・福本紘〉

［文献］Embleton, C. and King, C. A. M.（1975）*Glacial and Periglacial Geomorphology*, Arnold.

フィリピンかいプレート　フィリピン海プレート Philippine sea plate フィリピン海のほぼ全域（四国・フィリピン・パレセベラの各海盆）を構成する海洋プレート*．東縁は伊豆・小笠原海溝，南縁はマリアナ海溝*とヤップ海溝であり，太平洋プレート*からの潜り込みを受けている．北縁は伊豆半島を挟む相模トラフ*と駿河トラフ*から南海トラフ*を経て，琉球（南西諸島，西南日本）海溝*に至る．西縁は台湾からフィリピン・ルソン島以北では衝突型，南海トラフから琉球海溝とフィリピン海溝では潜り込み型，のプレート境界*をなす．南海トラフ付近では移動速度は1年に4～6cm程度で，北西方向に低角度で潜り込み，約90年から約150年の間隔で東海・東南海・南海地震などの巨大地震が繰り返し発生してきた．1923年関東地震も北縁をなす相模トラフでの潜り込み運動でもたらされた．フィリピン東方沖での潜り込み速度は約10cm/年程度である．⇨琉球弧 〈岡田篤正〉

フィリピンかいぼん　フィリピン海盆 Philippine Basin 九州・パラオ海嶺と沖大東海嶺，南西諸島海溝，台湾島，ルソン島，フィリピン海溝などで囲まれた海盆*．古第三紀の背弧海盆*であるとする考えと，かつての太平洋の一部であるとする考えがある．水深は5,200～6,000m程度．フィリピン海プレートの西半をなす海盆であるとして西フィリピン海盆（West Philippine Basin）とよぶ研究者もいる． 〈岩淵洋〉

フィルストラスだんきゅう　フィルストラス段丘 fillstrath terrace 谷を埋める厚い堆積物（谷中埋積物*）の侵食過程で生じる段丘で，フィルストラステラス，埋設物侵食段丘，砂礫侵食段丘ともいう．流水，波浪，土石流などの堆積作用による谷中埋積物の堆積面が形成された後，下方侵食の過程で流水などによる側方侵食作用が働くと，谷中埋積物を侵食して新たな薄い礫層（ベニア）を伴う段丘面が形成される（フィルストラス段丘）．その際，側方侵食が同水準（高度）で長期間継続すると，側方侵食作用が谷中埋積物のみならず旧谷壁の基盤岩石にも及び，フィルストラス段丘が側方でストラス段丘（岩石段丘）に移行する例もみられる．⇨段丘の内部構造（図），ストラス段丘，岩石段丘 〈豊島正幸〉

［文献］豊島正幸（1989）過去2万年間の下刻過程にみられる10^3年オーダーの侵食丘形成：地形, 10, 309-321.

フィルストラステラス fillstrath terrace ⇨フィルストラス段丘

フィルタリング filtering ⇨航空レーザ測量

フィルター・いどうまどえんざん　フィルター・移動窓演算 filter/moving window operation GISのラスターデータを加工したり，二次的なデータを生成するために用いられる手法で，近隣範囲のデータを場所を変えながら処理する．対象となる点と，その周囲の一定の範囲にある点の値を用いて演算を行い，その結果の値を対象となる点に再度割り振るという作業をすべての点について順次行う．通常は，3×3グリッドの範囲を演算の対象（＝移動窓）とし，その範囲の中央の点に結果の値を割り振るが，より広い範囲を対象とすることもできる．画像処理にも同じ手法が用いられており，画像の先鋭化やぼかしなどに利用されている．地形学では，DEMから傾斜，曲率，斜面方位（方向）といった地形計測値のラスターデータを得る際に頻繁に用いられており，DEMによる地形計測の基本的な手法として多くのGISソフトウェアにも搭載されている機能である．傾斜や斜面方向は，離散的なデータの上で行う微分である差分を用いて計算されることが多い．具体的には，移動窓の範囲における縦方向（Y）と横方向（X）の標高差を求め，それらの二乗平方和および比率を用いて傾斜と斜面方位を求める．さらに傾斜差を二階差分として求めると，曲率

（傾斜・曲率解析）が得られる．他に，移動窓の範囲の地表に傾向面を適合し，その傾きの大きさと方向を求める場合もある． 〈小口　高〉

フィルテラス　fill terrace　谷を埋める厚い堆積物（谷中埋積物*）を構成層とする段丘を指し，砂礫段丘ともいう．形成過程の点から，フィルトップ段丘およびフィルストラス段丘に細分される．両者の違いは，段丘面を直接に形づくるものが前者では谷中埋積物そのものであるのに対して，後者では谷中埋積物の侵食過程で生じた薄い礫層（ベニア）である点である．　⇨段丘の内部構造，砂礫段丘，フィルトップ段丘，フィルストラス段丘　〈豊島正幸〉

フィルトップだんきゅう　フィルトップ段丘　filltop terrace　一連の堆積作用により谷を埋積した厚い堆積物（谷中埋積物*）の堆積面が直接に段丘面を形づくっている段丘を指す．砂礫段丘の一つで，砂礫堆積面段丘，埋積物頂面段丘あるいはフィルトップテラスともいう．流水，波浪，土石流などの堆積作用による谷中埋積物の堆積面が形成された後，下方侵食の過程で流水の侵食作用が及ばなかった部分には，当初の堆積面がそのまま段丘面として残存し，フィルトップ段丘が形成される．　⇨段丘の内部構造（図），砂礫段丘　〈豊島正幸〉

フィルトップテラス　filltop terrace　⇨フィルトップ段丘

フィルン　firn　降雪後1年以上を経た積雪．ファーンともいう．　〈金森晶作〉

フィルンせん　フィルン線　firn line　⇨雪線

フィンガーレイク　finger lake　⇨氷食

ふういき　風域　wave generating area　風が吹いて波が発生・発達しつつある水域．波の発生域ともいう．　〈砂村継夫〉

ふうか　風化　weathering　①材料科学的には，新鮮であった物質が時間経過とともに変質する現象．②地球科学的には，岩石や鉱物が地表ないし地表近傍で，その位置を変えることなく（イン・サイチュー*），地表外（降雨，地表水，大気など）からの影響で変質・分解する過程（Yatsu, 1988）．風化に伴い，岩石はその化学的，鉱物学的，物理的，力学的特性を変化させる．風化の主な原因によって，風化は便宜的に，物理的風化，化学的風化，生物学的風化に分類される．固結した岩石が風化作用により弛緩して力学的強度を失い（劣化ともいう），侵食されやすくなり地形変化や斜面災害を誘発する可能性が高まるので，風化は地形学的・工学的には重要な自然現象である．風化生成物と未風化基盤との境界は，風化前線*とよばれている．なお，花崗岩地域ではしばしば100 m以上もの厚さの風化層を形成しdeep weatheringとよばれる．しかし，これを深層風化*や深部風化と訳すのは，風化現象が地表から深部に向かって進行するという概念がぼかされ，熱水変質作用などとも混同する恐れがあるため避けるべきであり，深部に及ぶ風化，あるいは厚層風化と訳すほうが適切である．なお，岩屑が河川などで運搬される間に細粒化する現象は風化とはいわず（磨滅現象*という），また断層破砕帯*や地すべり移動体*のような岩盤の変形による強度劣化も風化とはいわない．　⇨風化分帯　〈小口千明〉

[文献] Yatsu, E. (1988) *The Nature of Weathering: An Introduction*, Sozosha. ／松倉公憲（2008）「地形変化の科学—風化と侵食—」，朝倉書店．

ふうかあたい　風化亜帯　weathered sub-zone　⇨風化帯

ふうかい　風解　efflorescence　ある種の水和物から水が失われる現象．潮解*と反対の現象．物質表面の水蒸気圧が大気中の水蒸気圧より大きいときに生じる．例えば硫酸ナトリウム10水和物（ミラビライト，$Na_2SO_4 \cdot 10H_2O$）は，空気中に放置すると風解する．　〈藁谷哲也〉

ふうかがい　風化崖　weathering escarpment　風化を受けやすく，その作用によって後退する急崖．たとえば，ケスタ*のように緩く傾いた堆積岩からなるケスタ崖では風化を受けやすい．しかし，実際にはこのような崖の後退には，風化のほかにもマスムーブメントや布状流による侵食などの作用が寄与するため，この語は適切とはいえない． 〈松倉公憲〉

[文献] Thornbery, W. D. (1952) *Principles of Geomorphology*, John Wiley & Sons.

ふうかかく　風化殻　weathering crust　岩石が風化した部分の総称であり，最表層の土壌から風化した岩盤までを含む．一般に，未風化の岩盤よりも軟質であるが，半乾燥地域などでは，表層部に硬質なデュリクラスト*が形成されることもある．風化殻の厚さは，岩石の種類・地形・気候条件によって異なるが，日本では数m～10 m程度であり，花崗岩が風化したマサからなる丘陵では，しばしば数十mにも達する．外国では厚さ100 mにも達することがある．風化生成物が赤色を呈する場合，赤色風化殻とよばれることがある．また，風化殻の厚さが10 mを越えるような場合，深層風化*とよばれることがある．厚い風化殻の存在は，侵食作用を受け

にくい地形場において，長期間にわたって継続した風化作用の産物であると考えられている．ただし，形成年代の推定が可能な段丘堆積物や溶岩などを除くと，風化殻の形成に要した時間（風化継続時間）の特定は一般に難しい．なお，以前は，段丘堆積物中の礫などの表面に発達する**風化皮膜**＊と同義で使われていたが，最近ではあまり用いられない．
〈西山賢一〉

ふうかけいれつ　風化系列【鉱物の】 weathering sequence　風化による鉱物種の変化経路のこと．一次鉱物が化学的風化作用により段階的に Al に富む鉱物（粘土鉱物）に変化していくことをいう．例えば，長石→スメクタイト→カオリナイト→ギブサイトなど．また，火山灰土壌では，火山ガラス→アロフェン→（2：1型層状粘土鉱物）→ハロイサイト→メタハロイサイト，雲母→イライト→バーミキュライト→などの系列も知られている．〈小口千明〉

ふうかげんてい　風化限定 weathering-limited　岩盤の風化速度（R_w）よりも風化物質の除去可能速度（potential rates of removal, R_r）の方が大きい場合には，風化物質がすぐに除去されるから，斜面は裸岩斜面（**岩盤斜面**＊）になる．このことを削剥における風化限定または風化制約という．この概念はGilbert（1877）が最初に提唱したとされているが，彼以前にポーランド人が記述しているともいわれるけれども，その文献は不明である．⇨**運搬限定**
〈鈴木隆介〉

［文献］Gilbert, G. K. (1877) *Geology of the Henry Mountains*, U. S. Geogr. Geol. Survey of the Rocky Mts. Region, U. S. Gov. Printing Office. ／鈴木隆介（2000）「建設技術者のための地形図読図入門」，第3巻，古今書院．

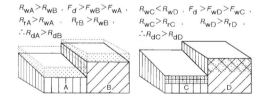

図　削剥における風化限定（左）と運搬限定（右）（鈴木, 2000）
R_w：風化速度（風化帯の増厚速度），F_w：風化物質の抵抗力，F_d：削剥力，R_r：風化物質の除去可能速度，R_d：削剥速度．添字（A～D）は岩石の種類（A～D）を示す．正面断面（A～D面）の線の間隔は例えば節理の間隔を示す．打点部は風化帯を示す（左図では除去される前の風化帯）．

ふうかさよう　風化作用 weathering　⇨**風化**

ふうかざんりゅうぶつ　風化残留物 residual soil　岩石が風化した物質が，元の場所から移動せずにそのまま残存しているものをいい，風化残積土ともいう．花崗岩が風化したマサが代表的である．
〈西山賢一〉

ふうかしすう　風化指数 weathering index　岩石・鉱物の風化程度を表す指数．風化物と未風化物について，物性値（鉱物学的，化学的，物理的，力学的性質の測定値）や風化生成物量の比をとれば，風化指数として示すことができる．化学的風化においては様々なものが提案されているが，大局的には①変質鉱物と未変質鉱物との比，②易動度の高い化学種（の和）と低い化学種（の和）との比，③上記①および②について風化物と未風化物との比をとるもの，に分類される．〈小口千明〉

［文献］小口千明・松倉公憲（1994）化学的風化の指標について：筑波大学水理実験センター報告, **19**, 11-18.

ふうかじゅんい　風化順位【鉱物の】 weathering series　鉱物の風化しやすさの比較．しばしば風化安定系列ともよばれ，風化系列と混同して用いられることも多く，使用法には注意を要する．鉱物に対する風化順位の概念はボーエンの反応原理をもとに，Goldich（1938）により導入され，その後も多くの系列が提案された（例えば，Jackson and Sherman, 1953）．これらは，細部では一致しないものの，共通点として，有色鉱物の場合はかんらん石＜普通輝石＜角閃石＜黒雲母，無色鉱物の場合はアノーサイト（Ca質斜長石）＜アルバイト（Na質斜長石）＜正長石（K長石）＜白雲母＜石英の順に安定度が高くなり風化しにくくなる，とされている．なお，岩石の風化順位に関する例は少ないが，異なる条件で行った実験や現地での詳細な調査により，石灰岩＞花崗岩，斑れい岩＞花崗岩，礫岩＞砂岩＞泥岩などの傾向は得られている．ただし，これらの順位は物理的（粒径・空隙など），化学的（溶解など），鉱物学的（鉱物の変質），力学的（強度），およびそれらの複合的性質の変化のいずれを基準とするかにより異なるものである．また与えられた外力や環境条件によっても風化順位は異なる．
〈小口千明〉

［文献］Goldich, S. S. (1938) A study of rock weathering：J. Geol., **46**, 17-58. ／Jackson, M. L. and Sherman, G. D (1953) Chemical weathering of minerals in soils：Advances in Agronomy, **5**, 219-318.

ふうかせいせいぶつ　風化生成物 weathering product　風化作用により分解した岩石物質の総称であり，土壌，デュリクラスト＊，**風化皮膜**＊などを

含む．この中の土壌は風化生成物の最終形である．風化物質ともいう．花崗岩が風化してできるマサは風化生成物の代表例である．母岩由来の鉱物だけでなく，風化過程で新たに生じた粘土鉱物や非晶質鉱物，土壌の場合には土壌有機物などを含むことが多い．一般に軟質で細粒分に富み，間隙が多い非固結の物質からなるが，半乾燥地域などでは，デュリクラストのような硬質な物質が形成されることもある． 〈西山賢一〉

[文献] 松倉公憲 (2008)「地形変化の科学―風化と侵食―」，朝倉書店．

ふうかせいやく　風化制約 weathering-limited ⇨風化限定

ふうかせつり　風化節理 weathering joint　物理的風化*などの風化作用により岩石が破砕された結果，岩石内部に生じた節理． 〈八戸昭一〉

ふうかぜんせん　風化前線 weathering front　岩石や岩盤の表面から内部に向かって風化作用が及ぶ最前線．緻密で均質な岩石の場合には明瞭な境界として認識されるが，割れ目の多い岩石などの場合には未風化部との境界が必ずしも明瞭ではない．また，変色部の下位に非変色の風化帯が存在することも多く，その場合には肉眼による風化前線の認定は困難である．風化フロントともいう． 〈八戸昭一〉

ふうかそくど　風化速度 weathering rate　単位風化継続時間あたりの風化程度の変位のこと．風化程度の算定方法により，①鉱物・岩石の溶解速度，②岩石物性の変化速度，③風化生成物の生成速度などに分類される（松倉，2008）．①の場合は，鉱物に対して実験的に溶解速度を求め，速度定数として求める場合が多い．このため，鉱物の溶解速度が岩石の溶解速度と一致するのは，石灰岩の場合を除き稀である．②の場合は，岩石物性の種類（物理的：粒径・空隙など，化学的：溶解など，鉱物学的：鉱物の変質，力学的：強度）のいずれに注目して風化度を算出するかにより，風化速度は異なってくる．③の場合は，鉱物オーダーでは二次粘土鉱物，岩石オーダーでは風化皮膜*，岩盤オーダーでは風化殻や風化生成土層などが相当する．一般に，風化は進行が極めて遅い現象であるため，いずれの風化速度についてもその算出は容易ではない 〈小口千明〉

[文献] 松倉公憲 (2008)「地形変化の科学―風化と侵食―」，朝倉書店．

ふうかたい　風化帯 weathering zone　岩石や岩盤が表面から風化作用を受ける部分は，その性質によっていくつかのゾーンに分けられることがある．これらを風化帯とよび，酸化により変色したゾーンなどがその代表としてあげられる．風化帯には色調や節理の状態など肉眼で判別できるものと，強度は低下しているが必ずしも肉眼では検出できないものもある．風化帯は，風化程度により地表から下位へと強風化帯，中風化帯，弱風化帯，微風化帯などの風化亜帯に分帯されることが多い． 〈八戸昭一〉

[文献] Hachinohe, S. et al. (2002) Changes in rock properties in soft sedimentary rocks due to weathering : Trans. Japan. Geomorph. Union, 23, 287-307.

ふうかだんめん　風化断面 weathering profile　侵食崖などで風化帯が断面状に現れた状態のもの．テストピットやボーリングコアで確認することもできる． ⇨風化帯 〈八戸昭一〉

ふうかど　風化度 degree of weathering　風化作用の進行程度のこと．定量的に風化度が求められた場合には指数化して示すこともある（風化指数*とも）．風化作用の種類や岩石・鉱物の物性の種類（鉱物学的，化学的，物理的，力学的性質），および風化生成物が母岩の物性とどの程度まで異なるかなど，風化の着眼点により様々な風化度を示す．工学的な目的のためには，岩盤オーダーで風化度を求める必要があるため，現場観察ないし簡単な実験により風化度を求めることが多い．田中 (1964) は，鉱物の変色・変質，岩塊の硬さ（ハンマー打撃音と破壊の程度），節理の性状（開口性，節理間粘着力，剥離面沿いの粘土物質の有無など）の三要素から，6つに区分する風化度を提案した． 〈小口千明〉

[文献] 田中治雄 (1964)「土木技術者のための地質学入門」，山海堂．

ふうかひまく　風化皮膜 weathering rind　段丘堆積物中の礫などの表面に風化によって生じた，褐色〜赤色に変色した部分をいう．皮膜部分には三価の鉄が濃集していることが多く，これが変色の原因物質となっている．風化皮膜の形成には，①地表付近の酸化的な環境条件下では，岩石に含まれる二価の鉄が三価となりやすいこと，②水に対する溶解度が高いアルカリ金属・アルカリ土類金属等は岩石外に溶脱しやすいが，水に対する溶解度が低い三価の鉄は岩石外に溶脱しにくく，岩石表面に残存・濃集しやすいこと，が関与していると考えられている． 〈西山賢一〉

ふうかぶっしつ　風化物質 weathering product ⇨風化生成物

ふうかふろんと　風化フロント weathering front ⇨風化前線

ふうかぶんたい　風化分帯　weathering classification　岩石や岩盤の風化度を色調や強度，割れ目など一定の基準に基づいて分類したもの．風化の進行度や風化生成物の性質を判別する目的で使用されることが多く，種々の分帯基準が提案されている．　〈八戸昭一〉

[文献] Geological Society Engineering Group Working Party (1995) The description and classification of weathered rocks for engineering purposes: Quarterly Journal of Engineering Geology, 28, 207-242.／松倉公憲 (2008)「地形変化の科学─風化と侵食─」，朝倉書店．

ブーゲーいじょう　ブーゲー異常　Bouguer anomaly　フリーエア重力異常から，さらに観測点とジオイド面の間の地殻物質に伴う万有引力の寄与を差し引いた値（ブーゲー補正値）をブーゲー異常とよぶ．ブーゲー異常はジオイド面以深の密度異常を表す．したがって，地下構造の推定や資源探査に頻繁に用いられる．一般に，堆積盆地では低密度の堆積物の存在によりブーゲー異常は負になり，高密度の岩石が地表付近に露出する場所では正になる．それぞれの異常を負のブーゲー異常および正のブーゲー異常とよぶ．ブーゲー異常を求めるためには観測点からジオイド面までの地殻物質の密度構造を仮定する必要があるため，その結果は一意ではない．地形の起伏の効果を補正することを地形補正とよび，ブーゲー補正の過程で地形補正も行った値を完全ブーゲー異常とよぶことがある．

地下の地質構造の変化を反映している場合もあり，この性質を使って構造探査に利用されることがある．例えば，地層が厚く堆積すると一般に深い地層ほど密度が大きくなるが，このような地層が褶曲すると，背斜部ではもともと高密度だった深部の構造が地表に近づくため，正のブーゲー異常が観測される．向斜部はその逆で，負のブーゲー異常になる．また，地下に縦ずれ型の断層構造が存在する場合には，断層を横切るところで，ブーゲー異常の急な変化が観測される．火山地帯でのカルデラの分類に，ブーゲー異常が用いられることもある．カルデラでのブーゲー異常が周囲に比べて大きい高重力異常カルデラとその逆の低重力異常カルデラがある．⇨地形補正，フリーエア異常，低重力異常型カルデラ，高重力異常型カルデラ　〈高田陽一郎〉

ふうげき　風隙　wind gap, air gap, dry gap　谷中分水界*とほぼ同義であるが，本来は河川争奪*により上流を争奪された截頭谷の最上流端にみられる分水界上の窪みを指した．この種の風隙には旧河床堆積物がみられ，現在の争奪河川の河床との間に大きな高度差がある．また，横ずれ断層変位*を受けた部分では，争奪などによって河谷や河流の変更が起こりやすく，その結果できる風隙もある．縦ずれ断層変位で上流側の相対的な沈降により切断された河川の谷頭にも風隙が生じ，また活背斜尾根を横断する谷の変位で生じた天秤谷*の分水界も風隙である．海岸侵食によって上流を切断された河川の上流端（海食崖の崖頂）にも多数の風隙が生じる（例：房総半島「おせんころがし」付近）．ウィンドギャップ*ともいう．⇨水隙，無能河川，谷中分水界（図）　〈田中眞吾〉

ふうけつ　風穴　blowing, blow hole, wind hole　気温と地中温度との差により，地下から通常の気温とは異なる温度の空気が吹き出す洞穴（例：溶岩トンネル*，海食洞，石灰洞）またはそこから続く割れ目や空隙の地表への出口．日本の恒温層温度は10～18℃であるから，夏季には冷気，冬季には暖気が吹き出す．富士山の溶岩トンネルは風穴（胎内とも）とよばれる．洞内気温がほぼ一定であるから，野菜，氷，繭などの保存庫として利用される．風穴近傍には，冷気のため，特殊な植物群落がみられる．風穴は従来の辞典では，溶岩トンネルだけが例示されることが多いが，それ以外に崖錐（例：秋田県大館市長走風穴）や崩落堆（例：福島県下郷町中山風穴）にもしばしばみられる．　〈鈴木隆介〉

[文献] 江川良武ほか (1980) 風穴の成因について─過去における低温起源説に対する反論─：地学雑誌，89，85-96.／清水長正・澤田結基編 (2015)「日本の風穴」，古今書院．

ふうこう　風向　wind direction　風の吹いてくる方向（方位）．ちなみに海流の場合は流れ去る方向．大気の渦流で時々刻々変化するので，前10分間などの平均値が用いられる．国際的には東を90，南を180とする数値方式で方位を表す．観測所の風向記録は地形・建物などの影響を受けているので，広域の一般風を指すとは限らない．　〈野上道男〉

ふうこうふうそくけい　風向風速計　wind vane and anemometer　風を測る器械．風速のみを測定する器械を風速計（anemometer），風向のみを測定する器械を風向計（wind vane），両方を測定するものを風向風速計とよぶ．　〈森島　済〉

ふうしょうされきち　風衝砂礫地　wind-beaten bare ground　⇨周氷河斜面

ふうしょく　風食　wind erosion　⇨風食作用

ふうしょくおう（かん）ち　風食凹（陥）地　wind-formed depression　砂丘地で形成されやすい

地形．風の通り道になる部分では砂地が侵食を受けやすいために周囲よりも低い地形を作る．このような地形は風食窪あるいはデフレーションホロー（deflation hollow）という．このほか露岩地では飛砂が硬い岩に衝突して風磨作用が進み，卓越風の方向に細長い凹地が形成される．⇨廊下［砂丘の］．
〈成瀬敏郎〉

ふうしょくおうちさきゅう　風食凹地砂丘　blowout dune　ブロウアウト砂丘あるいは吹き抜け砂丘ともよばれる．既存の砂丘がなんらかの原因で風食を受けると風上側に凹地が形成され，風下側には吹き払われた砂が堆積して緩やかな斜面をつくる．小規模な放物線型砂丘である．海岸砂丘地では人為的な植生破壊が原因になる場合が多い．
〈成瀬敏郎〉

ふうしょくくぼ　風食窪　deflation hollow　風食や塩類風化などによって岩盤上に形成された皿状の細長いくぼ地．吹き窪とも．南アフリカではパン*とよばれる．岩盤上の植生が破壊されると露出した岩に風磨作用と塩類風化が起こりやすくなり，くぼ地が形成される．半乾燥地域に多く観察される．
〈成瀬敏郎〉

ふうしょくけつ　風食穴　tafoni　岩盤が塩類風化や飛砂粒の衝突によって削られた小規模な穴．場合によっては蜂の巣状になることがある．穴の断面形は滑らかな曲線を描く．岩質は多種．⇨タフォニ，蜂の巣（状）構造
〈成瀬敏郎〉

ふうしょくこ　風食湖　deflation lake　⇨風成湖

ふうしょくこく　風食谷　wind erosion valley　風による侵食（デフレーション*とアブレージョン）で形成された溝状の地形（広義の谷）の総称．⇨風食地形，砂谷，風食凹地
〈鈴木隆介〉

ふうしょくさよう　風食作用　wind erosion process　風による侵食作用をいい，細粒物質が風により吹き飛ばされることによる侵食作用（デフレーション* deflation：風剥作用と同義）と飛砂による風磨* corrasion（ウインドアブレージョン（wind abrasion）と同義）がある．単に風食とも．デフレーションで細粒物質が除去されたあとにはデザートペイブメント*が形成される．砂漠や海岸砂丘では飛砂粒の衝突による露岩の風磨に加えて塩類風化による剥離作用が重なることが多い．特に砂漠では露岩が風食を受けやすく，タフォニ*やヤルダン*が風食作用によってできる典型的な地形である．極地では強風下での雪粒による研磨作用も働く．砂丘地では植生の破壊により，砂丘の風上側斜面が風食を受けて風食凹地砂丘が形成され，砂丘の移動が起こる．植生が破壊された土地や畑地では旋風や竜巻によって表層土壌が侵食を受けやすく，上空に高く舞い上げられた風成塵のうち粗いものは雨の凝結核となって速やかに地表に落下するが，細粒なものは遠距離に運ばれる．1930年代に米国の大平原で発生したダストボウルはその典型例である．⇨風食地形，磨耗と磨滅
〈成瀬敏郎〉

ふうしょくそくど　風食速度　deflation velocity, abrasion velocity　風による侵食速度は未固結物質のデフレーション*と飛砂粒による岩盤表面の風磨*とでは異なる．デフレーションによる侵食は風の強さ，未固結物質の含水量，地表面の凹凸，砂粒の大きさに影響される．アルジェリアでは2,000年間に砂の消失は0.5～2 mm/年，ペルーのバルハン砂丘の観測では0.15～0.22 mm/年，北ペルーの窪地で1.6～5.4 mm/年という報告がある（Cooke, R. et al., 1993）．吹き飛ばし作用によって風食凹地やデザートペイブメント*ができる．風磨による侵食は砂粒の衝突によって岩盤表面が削られるもので，サンドブラスティング（sand blasting）とよばれる．削磨による侵食量は飛砂粒の運動エネルギーに比例し，岩盤の圧縮強度に反比例する．Suzuki and Takahashi（1981）は次の式で風食速度を求めている．

$$\psi_z = \frac{2 \times 10^{-4}}{S_c} \sum_{i=1}^{n} \{q_{z(i)} \cdot U_{z(i)}^2 \cdot T_{(i)}\}$$

ψ_z＝岩盤の風食速度（cm/年），$q_{z(i)}$＝各風級の風（i；ビューフォートの風力階級）による高さzにおける飛砂量（g/cm²/s），$U_{z(i)}^2$＝各風級の風（i）による高さzにおける平均風速，$T_{(i)}$＝各風級の風（i）の1年間における総出現時間（s/年），S_c＝岩盤の一軸圧縮強度（kgf/cm²）

風磨作用は地表からの高さ10～40 cmで最大となり，2 mを超えるとほとんどみられない．また0.002 mm以下の粒子は風磨に寄与していない．風洞実験ではレンガの場合は1年に6.6 mm，片麻岩は0.07 mm風磨されたという．飛砂粒による風磨によって，三稜石にみられる平滑面やヤルダン，岩盤表面にできる小溝状のロックサーフェスエッチング（rock surface etching）が形成される．ヤルダンの風磨速度はロプノールで4世紀以降0.2 cm/年，カリフォルニアでは43年間で1 mという事例が報告されている（Cooke, R. et al., 1993）．⇨運搬作用［風の］
〈林　正久〉

[文献] Suzuki, T. and Takahashi, K.（1981）An experimental

study of wind abrasion : Jour. Geol., 89, 509-522.

ふうしょくちけい　風食地形　wind erosion landform　飛砂の侵食によってできた地形で，ヤルダン，風食穴，風食洞，風食窪，デザートペイブメント，風食凹地などがある．砂丘地では風食作用によって風食凹地砂丘や放物線型砂丘が形成される．⇨風食作用　〈成瀬敏郎〉

ふうしょくどう　風食洞　wind cave, wind-blasting cave　露岩が風によって侵食されてできるさまざまな洞穴をいう．特に砂漠では大規模な風食洞が発達する．海岸ではこれに塩類風化が加わって小規模な洞穴が形成されることがある．〈成瀬敏郎〉

ふうしょくれき　風食礫　ventifact　風磨*によって生じた平滑面や孔状・溝状の表面形態をもつ礫．ベンチファクトとも．⇨三稜石　〈松倉公憲〉

ふうじん　風塵　blowing dust　強い風によって地上のちりやほこりが巻き上がり，視程が悪化する現象のこと．巻き上げられるものの大部分が砂の場合は砂嵐*とよばれる．風塵が空中を漂い続け，遠くまで運ばれることがある．これを風成塵*という．〈森島　済〉

ふうすい　風水　fuusui, feng shui　地勢*（山，川，平地などの形態・配置）や方位，さらには陰陽の気などをみて，都市，集落，家屋（部屋），墓地などの位置・配置を決める，という古来の，特に中国に由来する考え方．風水説とも．例えば，北方と東方に山，西方に川，南方に海や湖沼があり，南方に緩傾斜する平地が適地とされ，それを考慮して建設されたといわれる都市（例：平安京）もある．北半球で大陸東岸の温帯湿潤地域に関しては，地形学的にもある程度の合理性をもつが，宗教的な意味も含むといわれている．⇨地相　〈鈴木隆介〉

ふうすいがい　風水害　storm and flood damage　台風や低気圧などによる自然災害は水害*のみならず風害を伴うことが多いため，風水害として一括されることが多い．特に，台風の襲来時には多量の雨とともに極めて強い風が吹くため，洪水・氾濫による被害に加えて建物の破損・倒壊や倒木，電柱や電線の被害なども発生する．また，高潮の発生時に強風による高波がひき起こされて被害を大きくすることもある．なお，局地的な風害としては竜巻*やダウンバースト*などがあり，海水のしぶきが飛散することによる塩害も風の作用によってひき起こされる．〈海津正倫〉

ふうせいこ　風成湖　eolian lake, aeolian lake（英）風成作用により形成されたもので，砂・砕屑物の移動や侵食そしてその再配置・再堆積は，砂丘堰止湖（sand barrier lake），丘間湖（interdune lake），風食湖（deflation lake, wind erosion lake）などを生じる．〈柏谷健二〉

[文献] Hutchinson, G. E. (1957) *Treatise on Limnology*, John Wiley & Sons. /Horne, A. J. and Goldman, C. R. (1994) *Limnology*, McGraw-Hill.

ふうせいこうかかさいたいせきぶつ　風成降下火砕堆積物　air-fall pyroclastics　⇨降下火砕堆積物

ふうせいさ　風成砂　eolian sand, aeolian sand（英）主に風による跳躍・匍行運動で運ばれる砂（2〜0.02 mm）をいう．飛砂は運ばれる過程で粒子どうしの衝突によって衝撃痕ができ，角がとれ，丸みを帯びる．砂の表面には独特の模様がみられ，海岸砂丘砂の場合には鋭角の剥離痕や三日月痕が多数できる．砂漠砂の場合には衝撃痕が化学的溶解とシリカの付着によって滑らかになり，表面には円みを帯びたクレーターが無数にみられる．風成砂の粒度組成は淘汰がよく，粒径の平均値は0.1〜1.51 mmで，0.25 mm前後が多い．風成砂と水成砂の区別には，粒径平均値と歪度の相関が有効とされる．〈成瀬敏郎〉

ふうせいさしょうけい　風成砂床形　eolian bedform, aeolian bedform（英）砂浜や砂堆のように植生に被覆されていない砂の平原を砂床*といい，砂丘のように飛砂が堆積した地形を風成砂床形とよぶ．砂床の表面にはバルハン型，ドーム型，星型，縦列型など様々な型の砂丘が形成され，砂丘の表面にも砂漣*など微細な地形がみられる．砂床が広範に続く平坦地は砂平原（sand field），砂海，あるいはエルグとよばれる．Cooke et al. (1993) は，面積3万 km^2 以上のものを砂海（sand sea），3万 km^2 以下で砂丘が10個以上存在するものを砂丘原（dune field）に区分している．またエジプトからスーダンに広がるセリマのように砂丘がまったくみられない砂床があり，そこでは平均粒径が約2 mmの粗粒砂が卓越する．⇨堆積作用［風の］　〈林　正久〉

[文献] Cooke, R. et al. (1993) *Desert Geomorphology*, Univ. College London Press.

ふうせいじん　風成塵　eolian dust, aeolian dust（英）風で運ばれる微細物質の総称．風成塵は氷河が岩盤を擦って生産される岩粉，砂漠の沖積地・湖岸・山麓地・砂丘地などに堆積する微粒子，海岸の砂浜などから舞い上げられる微粒子などが主なものである．風成塵は，中国殷墟で発掘された甲骨文字

に暗いという意味をもつ霾(ばい)が使われたのをはじめ，雨土，雨沙，雨黄沙などとよばれ，日本や韓国では黄砂，南西諸島では泥雨，粉雨，赤霧，台湾では黄風とよばれる．風成塵は黄色〜黄褐色を呈するが，地中海沿岸やオーストラリアでは酸化鉄で皮膜された赤色風成塵が砂漠から運ばれ，雨や雪に混じって赤雨や赤雪が降ることがある．砂漠から運ばれる風成塵は砂丘地帯から供給されるというイメージがあるが，細粒物質を多く含む沖積地が主な給源地であり，風成塵には植物の生育に有用なミネラルが含まれるので，風成塵は土壌母材として重要な役割を果たしている．地中海沿岸の石灰岩地域に分布するテラロッサ*はサハラ風成塵が主母材である．粒子の大きさは70μm以下の細粒物質からなり，シルトサイズが主体である．風成塵のなかには数千kmの距離を運ばれるものがあり，その大きさは運搬距離に比例して小さくなり，アジア大陸起源の風成塵はハワイ諸島で3μm以下になる．風成塵は氷河や砂漠が拡大した氷期に，当時の強いジェット気流や中・低層を吹く貿易風や偏西風によって運ばれたものが増加し，間氷期に減少する．風成塵は陸上だけでなく海底にも広域に堆積し，最終的には極域に運ばれて氷床中に保存される．南極EPICAドーム氷床コアは約74万年前から風成塵堆積量が氷期に増加し，間氷期に減少し，新ドリアス期やハインリッヒ・イベントなどの短期間の寒冷期にも増加したことが明らかにされている．黄土高原でも黄土の粒度組成変動が高精度気候変動の指標となると考えられ，風成塵を指標とした古気候復元が進められている．〈成瀬敏郎〉

[文献] 成瀬敏郎 (2006)「風成塵とレス」, 朝倉書店.

ふうせいそう　風成層 eolian layer, aeolian layer（英） 風で運ばれた細粒物質からなる風成堆積物*が重力によって，あるいは雨雪の核となって降下・堆積した層．砂丘は砂からなり，レス*・黄土*は主にシルトからなる．火山灰の場合は比重の軽い小礫が混入することがある．砂丘は斜交層理が発達することが多く，層理方向から当時の卓越風向を復元することが可能である．レスは多孔質，無層理で，レス層の間に古土壌を挟むので時代編年が可能である．〈成瀬敏郎〉

ふうせいたいせきぶつ　風成堆積物 eolian deposit, aeolian deposit（英） 風による浮遊，跳躍，匍行作用で運ばれる物質で，砂丘砂，レス・黄土，火山灰などがある．砂丘砂の表面形状は，海岸砂丘砂では飛砂どうしの衝撃痕が鋭角に残るクレーターが多数残っているが，砂漠砂では衝撃痕が後に化学的風化を受けて滑らかな窪みに変化しているのが特徴である．レス粒の形状は円形のほか，砂漠の塩類風化を受けた貝殻状破断面をもつものなど多種である．風成堆積物の大きさは，砂丘砂の場合，平均粒径0.1〜1.51 mmで，0.25 mmの大きさのものが多く，レスは0.06 mm以下でシルトが主体である．火山灰は噴出源からの距離や噴出の強さ，噴出物の性質によって大きく異なる．風成堆積物は堆積当時の風の強さや方向を記録するので，古気候復元の指標として重要である．〈成瀬敏郎〉

ふうせいちけい　風成地形 eolian landform, aeolian landform（英） 風で運ばれた堆積物や風食によってできた地形をいう．前者は砂，レス，火山灰などからなり，後者には風食洞，ヤルダンなどがある．砂は風の強さ，方向，供給量の増減，障害物などの関係でさまざまな形態の砂丘を形成する．Bagnold (1941) は砂がつくる地形をサンドドリフト*（sand drift），砂丘*（dune），鯨背(げいはい)砂丘*（whaleback），波状砂堆*（undulate sand bank），砂床*（sand sheet）の5つに分類している．レス・黄土は砂漠や氷河末端から偏西風や貿易風によって運ばれ，風下地域になだらかで広大な地形面をつくり，黄土高原はその典型例である．レスは主にシルトからなるので粒子間の間隙が大きく，地表水が浸透しやすいので河流は発達せず，地下水となって流れるためにパイピング現象などが起こりやすい．火山灰の場合は火山体の風下にレスに似た地形をつくる．〈成瀬敏郎〉

[文献] Bagnold, R. A. (1941) *The Physics of Blown Sand and Desert Dune*, William Morrow and Co.

ふうせきど　風積土 eolian soil 運積土の一つで，風の営力で運搬堆積した物質を母材とする土壌．レス*（黄土*），火山灰，砂丘砂など種々の起源がある．たとえば九州・沖縄の土壌にはレスがかなりの割合で混在しているといわれている．
〈松倉公憲〉

ふうそうさよう　風送作用 wind transportation 風による未固結物質の運搬作用をいう．空気は水に比べ密度が小さいため，粗粒な物質を運ぶことはできないが，砂やシルト・粘土を広範に運ぶことができる．乾燥・半乾燥地域ではシルトや粘土など細粒な物質は強風によって巻き上げられる．径20〜70μmの粒子は短い距離しか運ばれないが，20μm以下の微細粒子は風成塵*として高層圏を運ばれ，全

球を巡る．粗粒分は地表近くを飛砂となって移動し，砂丘や砂床などを生成・発達・消滅させながら，最終的には固定されたり，海に流失したりする．1年間に移動する砂の量（$m^3/1\,m$ 幅）は北東サハラで5～100，モーリタニアで62～162，ナミビアで235，ニジェールで80，リビアで55，クウェートで20，オレゴンで34，カリフォルニア半島で23と推定されており，サハラ砂漠における1年間の風成塵量は南北方向の値は不明であるが，サハラから東方へ 70×10^6 トン，サハラから西方へは 260×10^6 トン，そのうち 70×10^6 トンが大西洋へ，さらにその中で 35×10^6 トンが大西洋を越えていく．⇨運搬作用［風の］　　　　　　　　　　　　〈林　正久〉

[文献] Cooke, R. et al. (1993) *Desert Geomorphology*, Univ. College London Press.

ふうそく　風速　wind speed, wind velocity　風の速さ．単位としては m/sec のほかに nt（ノット），km/hr などが使用されている．前10分間などの平均値が用いられる．風災害などを扱う場合は，瞬間的に記録される風速値（瞬間風速）も用いられる．風速を測る計器には原理的に，回転式，風圧式，熱線式，超音波式などがある．またセンサーを3次元に配置し，風向*を同時に測れるものもある．回転式を除いて時間応答性はよすぎるぐらいで，熱線式が最も簡便である．　　　　　　〈野上道男〉

ふうそくけい　風速計　anemometer ⇨風向風速計

ブーダン　boudin　一定の地層または柱状・板状の鉱物，化石などがほぼ等間隔にちぎれて，横断面上でソーセージを縦に並べたような岩石組織（ブーディナージ，またはブーダン構造）を形成する個々の要素．ブーディンともよばれる．　〈狩野謙一〉

ふうとうぼく　風倒木　tree fallen over by wind　風で倒れた大きな木をいう．森林中に風倒木が発生すると，その場所は生態的には空地となり，稚樹や幼樹が太陽光を得て活性化する．森林の更新にとって重要である．風倒木によって山地斜面の地盤が緩み，それがその後の豪雨による表層崩壊を発生させる原因となることが指摘されている．〈山下脩二〉

フードー　hoodoo　⇨きのこ石（岩）

ふうは　風波　wind wave　⇨風波（かざなみ）

ふうはいず　風配図　windrose　ある一つの観測点の風の観測データを方位別に集計して，その出現頻度（割合）をレーダーチャート（一点から放射状に伸びた軸の上に大きさや量をプロットしたもの，あるいは隣接するプロットを直線で結んだグラフ）に表した図のこと．　　　　　　　〈森島　済〉

ふうはくさよう　風剥作用　wind deflation ⇨風食作用

ふうま　風磨　wind corrasion　風が引き起こす砂の跳躍運動によって砂粒どうしがぶつかり，あるいは砂が露岩にぶつかる衝撃で，砂粒表面や岩盤が剥離され，磨かれる作用．サンドブラスティング，あるいは単にブラスティングとも．ウインドアブレージョン（wind abrasion）と同義．風磨作用によって砂粒は丸みを帯びるとともに表面に無数の衝撃痕ができ，つや消し状になる．岩盤は滑らかに削剥され，丸みを帯びた洞穴やくぼみが形成されることが多く，風磨を受けた礫や岩片は三稜石*とよばれる．⇨磨耗と磨滅　　　　　　　　〈成瀬敏郎〉

ふうもん　風紋　wind ripple　⇨砂漣［風による］

ふうりょく　風力　wind force　風の強さをいう．風力は，風速との関連で0～12まで13階級に分けられて表現されている．これは，ビューフォート風力階級（1805年 F. Beaufort が提唱）とよばれるもので，1964年に世界気象機関*が採択し，気象庁も取り入れている．　　　　　　　〈森島　済〉

ふうれん　風漣　wind ripple　⇨砂漣［風による］

フェイス　face　岩登りの用語．かなり広くて急傾斜の岩壁を指す．岩壁，壁（wall）ともいう．
　　　　　　　　　　　　　　　　　　〈岩田修二〉

フェイチシャ　*feichisha*　粗粒質な灰白色表層と細粒質で粘土含量が高い赤・黄褐色の下層をもつ特異な断面形態を呈する土壌．沖縄本島中北部や奄美大島の台地，丘陵頂部の平坦地や谷頭の微凹地形などの地表水が停滞しやすい地点に分布する．林野土壌の分類では，亜群として表層グライ系赤・黄色土に区分される．近年，沖縄県名護市の南明治山における研究からフェイチシャは，山地の幅広い頂部平坦面では停滞水グライ化により，頂部斜面および上部谷壁斜面では疑似グライ化作用により，痩せ尾根上の平坦面から肩斜面にかけてはポドゾル化作用および還元溶脱作用により，それぞれ異なった土壌生成作用が主な成因となって生成していることが報告された．フェイチシャとは沖縄の方言で灰土の意．日本の統一的土壌分類体系―第二次案（2002）―では，主に赤黄色土に該当する．　　　〈井上　弦〉

[文献] 宇田川弘勝ほか (1998) 表層グライ系赤・黄色土の成因について：ペドロジスト，42, 2-13.

ふえいようか　富栄養化【湖水の】　eutrophication (of lake water) 調和型湖沼は植物の栄養塩である窒素やリンなどが蓄積することにより，貧栄養湖から中栄養湖，そして富栄養湖へ遷移するとされている．この遷移過程は湖の栄養レベルが高くなっていくことから富栄養化とよばれる．湖沼は閉鎖性の強い水域で，栄養塩の増加は生物の生産力を高め生物量が増加し，これらの死骸が湖底に蓄積することによりしだいに浅くなる．また，流域から流れ込んだ懸濁物質や溶存物質の一部が湖底に堆積する．特に湖岸では水生植物が進入し，それらが枯死することにより更に水深が浅くなり，水生植物が沖合に向かって生育域を広げる．湖は栄養レベルの増加に伴い，外来性物質の堆積と生物遺骸や有機物の堆積によりしだいに浅くなり，富栄養湖から沼沢となり，湿原を経て草原に遷移するとされている．自然的富栄養化では湖の遷移が緩慢で，環境条件の変化と生物群集の変化が安定して進行し，富栄養化が数千年から数万年かかる．人為的富栄養化では人間活動により急激な環境変動により水質汚濁が進行することにより，生物群集の安定した遷移が伴わず数十年程度で起こる．また，淡水赤潮やアオコの発生を伴うことが多い．これらの現象は流域における人間活動（例：農耕地からの肥料や生活排水など）により，窒素やリンが連続的に大量に供給されることによるもので，自然的富栄養化では起こりにくい．⇨湖沼の分類［栄養状態による］　　　　〈井上源喜〉

ふえいようこ　富栄養湖　eutrophic lake　平地で水深の浅い湖に多くみられ，緑色や黄色を呈し濁っており透明度は低い（例：諏訪湖，島根県の中海）．窒素やリンなどの栄養塩が豊富で生物生産量が大きく生物量も多く，淡水赤潮やアオコが生じることがある．夏期には湖底付近で無酸素状態になり，硫化水素やメタンが発生することがある．湖底は腐泥状で有機物含量が高い．OECDの基準では年間平均値が，全リン濃度 35〜100 mg/m^3，クロロフィル a 濃度 8〜25 mg/m^3（最大値 25〜75 mg/m^3），透明度 1.5〜3 m（最小値 0.7〜1.5 m）が用いられている．　　　　〈井上源喜〉

［文献］OECD (1982) *Eutrophication of Waters: Monitoring, Assessment and Control*, OECD Pub. Inform. Center.

フェールゼンメール　block field, Felsenmeer（独）　⇨岩海

フェーン　foehn　一般に山を越えて山腹から吹き下りてくる乾燥した比較的高温な風をいう．元来はヨーロッパアルプスの北面を吹き下ろす，乾いた暖かい局地風*の呼称が一般用語になったもの．風上側の斜面を水蒸気を凝結させながら上昇すると湿潤断熱減率*（0.5℃/100 m）で降温し，降水で水分を失うと反対の風下斜面を下降するときは乾燥断熱減率*（1.0℃/100 m）で昇温するので，乾燥し高温となる．しかし，風上側で水蒸気の凝結がなく，大気が安定している場合（平均的な気温減率は0.6℃/100 m），山頂付近の空気が風下側を吹き下りると乾燥断熱減率で昇温するので，風下側に比べて乾燥高温となる．前者をウエットフェーン（wet foehn）といい，日本海に低気圧が侵入したときに北陸地方でしばしば発生する．後者をドライフェーン（dry foehn）といい，群馬の「空っ風」やアドリア海に吹き下りる「ボラ」などがある．　　〈山下脩二〉

ふえきそう　不易層　isothermal layer　⇨地温勾配

フェッチ　fetch　⇨吹送距離

フェノスカンジアンひょうしょう　フェノスカンジアン氷床　Fennoscandian ice sheet　⇨スカンジナビア氷床

フェノロジー　phenology　生物季節または，生物季節学．季節ごとに動植物が示す諸現象の時間的変化と気候や気象との関連を研究する学問．植物では，発芽，開花，開葉，紅葉，落葉などの時期を調査し，それを指標として，それぞれの地方の気候の比較ができる．日本では，サクラの開花前線や紅葉前線などで気温の変化を推測することが知られている．動物では，鳥の渡りや様々な動物の休眠，孵化，変態などの時期が指標として取り上げられる．
　　　　〈宮原育子〉

フェリクレート　ferricrete　⇨デュリクラスト

フェルシックこうぶつ　フェルシック鉱物　felsic mineral　⇨珪長質鉱物

フェルンリンク　Fernling（独）　⇨源地残丘

フォアランド　foreland　⇨前地（まえち）

フォールユニット　fall unit　降下火砕堆積物を野外で識別認定する際の最小の単位層．ある地点における1フォールユニットの堆積物は，一般に無層理で全体として淘汰がよいが，上部や下部に粒径が減少または増加すること（級化*）もある．同じフォールユニットの堆積物でも場所ごとに厚さや粒度（組成）は多様に変化する．　⇨降下火砕堆積物
　　　　〈横山勝三〉

フォールライン　fall line　⇨滝線

フォーレルのひょうじゅんすいしょく　フォーレルの標準水色　Forel's standard color　水面より垂直上方からみたときの海や湖水の色を水色とよび，

その測定にはフォーレル（F. A. Forel）が考案した水色標準液を用いる．藍色液から黄色液までを順に異なる混合率でガラスアンプル管に密封したもので，水面と比較して水色番号を決める．〈早川和秀〉

フォガラ foggara ⇨横井戸

フォッサマグナ Fossa Magna 日本の主要な地溝帯の一つで，東北日本と西南日本の境目とされる地帯．ナウマン*が命名し，語源はラテン語で「大きな窪み」を意味する．西縁は糸魚川-静岡構造線*（糸静線），東縁は新発田-小出構造線および柏崎-千葉構造線とされる．東縁については異説もある．プレートテクトニクス*においては，フォッサマグナは北アメリカプレートとユーラシアプレートの境界に位置するとされる．1983年の日本海中部地震前後までは，北海道中部の日高山脈付近が両プレートの境界と考えられていたが，地震を契機に日本海東縁部〜フォッサマグナを境界とする説が広く支持されるようになった．フォッサマグナ北部では，新第三紀層の褶曲によって生じた丘陵地形が目立つ（東頸城丘陵や魚沼丘陵など）．また褶曲に伴って形成されたと考えられる天然ガスや石油の埋蔵も多い．一方，南部ではフィリピン海プレートの移動によって日本列島に衝突した地塊が含まれる（丹沢山地や伊豆半島など）．また，フォッサマグナの中央部には，南北に火山の列が並んでいる．北から新潟焼山，妙高火山列，草津白根山，浅間山，八ヶ岳，富士山，箱根山，天城山などである．〈松倉公憲〉

ふかいど 深井戸 deep well ⇨井戸

ふかかてい 付加過程【地形物質の】 additional process (of landform material) 地形過程のうち，既存の地表に，バラバラの状態の地形物質（岩屑など）が積み重なって付け加わり，地表が高くなる過程の総称で，①諸種の外的営力による堆積，②噴砂，③噴泥，④沈殿，⑤蒸発が含まれる．ただし，サンゴなどの有機物の付着，マスムーブメント，周氷河過程，火山噴出物の定着を含めない．⇨地形過程の大分類（表）〈鈴木隆介〉

［文献］鈴木隆介（1997）「建設技術者のための地形図読図入門」，第1巻，古今書院．

ふかくらんしりょう 不撹乱試料 undisturbed sample 物理・力学試験のために，土の組織・構造などを壊さずに採取した試料．撹乱すると強度低下が著しい鋭敏比の高い粘土（クイッククレイ*）などでは，まず不撹乱試料での強度把握が必要となる．〈松倉公憲〉

ふかたい 付加体 accretionary prism (wedge), accretionary complex 海洋プレート*の沈み込みに伴う付加作用，すなわち海洋プレート上の堆積物や海洋地殻構成物質が陸側に付加することによって形成された地質体．付加プリズムともよばれる．付加体は，おもに海溝で堆積した砂質・泥質の陸源砕屑岩類からなり，遠洋性のチャートや海山で形成された玄武岩やサンゴ礁性石灰岩，稀に海洋地殻を構成する玄武岩や斑れい岩などを含む．沈み込みに伴い，これらが破砕・変形を受けて混在するメランジュ*や，デュープレックス*とよばれる上下が衝上断層で境された覆瓦状構造などを発達させる．断層運動による岩石の摩擦溶融の証拠と考えられるシュードタキライト（pseudotachylite）も付加体から報告されている．日本列島の基盤の多くは，このような付加体からなると考えられている．付加体を構成する岩石の異方性は大きく，剪断変形により面構造が発達していることが多いので，これらの弱面は陸化した付加体における深層すべり面となることが多い．〈安間　了〉

ふかたい 付加帯 accretionary zone 付加体によってできた地帯．海溝の大陸側で，大陸斜面の中・下部で多くの付加体が複合して一つの地質帯をなしている地帯である．〈松倉公憲〉

ふかぷりずむ 付加プリズム accretional prism ⇨付加体

ふきくぼ 吹き窪 wind erosion hollow ⇨風食窪

ふきそくじょうかけい 不規則状河系 irregular drainage pattern 何らかの物体や図形に類似できる河系模様とは異なり，類似名を見出せないような不規則の不定形の河系をいう．⇨河系模様（図）〈鈴木隆介〉

ふきそくは 不規則波 irregular wave 波高と周期が時間的に変動する不規則な波．波向も変化する．実際の海や湖の波は不規則波である．⇨風波〈砂村継夫〉

ふきぬけさきゅう 吹き抜け砂丘 blowout dune ⇨風食凹地砂丘

ふきもどりたいせきぶつ 噴き戻り堆積物 fall-back deposit 噴出口の直上に放出された火山砕屑物が重力によって火口またはカルデラの内部に落下した堆積物（fall-back deposit）の訳語として鈴木（2000）が提案した．〈鈴木隆介〉

［文献］鈴木隆介（2000）「建設技術者のための地形図読図入門」，第3巻，古今書院．

ふきょうわごうりゅう 不協和合流 discordant

junction ⇨不協和的合流

ふきょうわてきごうりゅう　不協和的合流　discordant junction　2本の河川の合流点付近の河床勾配が顕著に異なる場合である．不協和合流とも．山地河川では一般に水流次数が低次の河川ほど急勾配であるから，次数の大きな本流への合流は不協和的で，顕著な場合には支流が滝になって本流に合流する．⇨合流形態（図），プレイフェアーの法則，懸谷　〈鈴木隆介〉

ふきんしつ　不均質　heterogeneous　地形構成物質の物性が物質の部分によって異なる場合，その物質は不均質であるという．均質*に対する語．
〈松倉公憲〉

ふきんとうしゃめんのほうそく　不均等斜面の法則　law of unequal slope　⇨不等斜面の法則

ふくいじしん　福井地震　1948 Fukui earthquake　1948（昭和23）年6月28日16時13分頃，福井平野北部の坂井市坂井町付近（北緯36°10.0′東経136°17.8′）を震央とし，その地下約6 kmを震源とするM 7.1の地震．死者は3,769名，負傷者22,203名，家屋全壊36,184棟と，福井平野に甚大な被害をもたらした．地震観測と三角点の改測から，平野東部に伏在する北北西-南南東走向の断層が活動し，左横ずれ変位約2 m，上下変位約0.7 mの動きが生じたとされる．家屋全壊率は福井平野の大部分で70％以上に及ぶ．一方，山間地では数％未満と小さく，地盤による震動被害の違いが顕著であった．近代日本の地震の中でも特に震動被害が大きかった．この地震を契機として気象庁震度階に震度7が付け加えられた．　〈石山達也・小松原 琢〉

ふくがこうぞう　覆瓦構造 imbrication　⇨インブリケーション

ふくごうおんどひょうが　複合温度氷河　polythermal glacier　融解温度にある氷体と，融解温度未満にある氷体との組み合わせによって形成されている氷河．氷河内における温度の分布は，気温，地殻熱流量，表面融解，氷河流動などの条件によって決まり，氷河によって異なる．⇨温暖氷河，寒冷氷河　〈杉山 慎〉

ふくごうかいがんせん　複合海岸線　compound shoreline　⇨合成海岸線

ふくごうかざん　複合火山　compound volcano　⇨複式火山

ふくごうさきゅう　複合砂丘　complex dune　複数の異なった形態の砂丘が単一砂丘上に形成された砂丘をいう．縦列砂丘*の上に星状砂丘*が形成されたものや，縦列砂丘が風食を受けて風食凹地砂丘*に変化したものなどがある．〈成瀬敏郎〉

ふくごうさし　複合砂嘴　complex spit, compound spit　複数の鉤状砂嘴が重なり合ったもの．分岐砂嘴とも．北海道の野付崎が好例．⇨砂嘴，砂浜海岸（図）　〈武田一郎〉

ふくごうさんかくす　複合三角州　multi delta, compound delta　複数の河川が連続あるいは共通する堆積域で堆積物を堆積し，連続あるいは重なり合って形成された三角州群（例：インドのガンジス川三角州）．　〈海津正倫〉

［文献］Wright, L. D. (1982) Deltas: In Schwatz, M. L. ed. *Encyclopedia of Beaches and Coastal Environments*, Hutchinson and Ross.

ふくごうしゃめん　複合斜面　multigenetic hillslope, composite hillslope　斜面縦断形の途中に顕著な遷急線（例：侵食前線や断層崖・崩落崖の崖頂線）または遷緩線が一つまたは複数あって，その上下に全く別の単式斜面または複式斜面が発達している複雑な斜面の全体をいう（例：地層階段）．多輪廻の削剥で形成された山腹斜面であり，一般に上方の斜面よりも下方の斜面が新しく，急傾斜である．侵食復活した谷の谷壁斜面に普通にみられる．また，差別削剥によるメサ，ビュートや地層階段の側壁斜面も傾斜角の異なる直線斜面が組み合わさった複合斜面の例である．⇨単式斜面，複式斜面，斜面の階層的分類，地層階段　〈鶴飼貴昭・若月 強〉

［文献］鈴木隆介（2000）「建設技術者のための地形図読図入門」，第3巻，古今書院．

ふくごうすべり　複合すべり　complex slide　マスムーブメントを fall, topple, slide, spread, flow に分類したときの slide の中の一つのタイプ．地すべりの頭部または末端が回転すべり*で中腹部が並進すべり*となっているもの．〈松倉公憲〉

ふくごうせんじょうち　複合扇状地　compound fan　隣接する河川により形成された扇状地群が山麓で側方に連なった合流扇状地*．複合扇状地が合成扇状地*の意味で用いられたり，compound fan が合成扇状地と訳されたりしてきたので，混乱をさけるため複合扇状地を用いず，合流扇状地を用いた方がよい．また，compound fan そのものの使用例も現在ではほとんどない．　〈斉藤享治〉

ふくごうちけい　複合地形　composite landform　⇨地形種の階層区分（表）

ふくごうモデル　複合モデル【斜面発達の】　composite model (of slope development)　斜面は

後退しつつ従順化を受けるので，ペンクモデル*とデービスモデル*の二つを複合し，地殻変動の効果を取り入れたものが，実際の斜面発達過程をより忠実に再現する．それが，斜面勾配 $\partial h/\partial x$ に比例する移流（輸送）項と自由項 $f(x, t)$ をもつ拡散方程式

$$\frac{\partial h}{\partial t}=a\frac{\partial^2 h}{\partial x^2}-b\frac{\partial h}{\partial x}+f(x,t) \quad \left(\frac{\partial h}{\partial x}>0\right)$$

で，その特性は Hirano（1968）において包括的に議論されている．上式の右辺の自由項 $f(x, t)$ は地殻変動による物質供給に対応するが，それは隆起量の空間的分布 $X(x)$ と隆起速度の時間的特性 $T(t)$ に分離できるので，$f(x, t)=X(x)\cdot T(t)$ とすることができる．特に $T(t)$ が瞬間的に作用する場合はデービスのいう瞬間的隆起，それが有限な一定値をとるときペンクのいう継続的隆起，となる．上式は変数変換により拡散方程式（デービスモデル）となる．$x=0$ にある高さ1の垂直な崖から出発した場合の基本解は，

$$h(x, t)=1+\mathrm{erf}\frac{x-bt}{2\sqrt{at}}$$

で，斜面は従順化しつつ，速度 b で後退することを示す．ただし，$\mathrm{erf}\,x$ は誤差関数である．係数 a と b は異なる次元をもち，斜面長 l に依存した無次元変数 a/bl が斜面の形状を決め，これが大きいと従順化した丸い斜面が，小さいと尖った平行後退する斜面が，それぞれ生じる． 〈平野昌繁〉

[文献] Hirano, M.（1968）A mathematical model of slope development—an approach to the analytical theory of erosional topography—: Jour. Geosci., Osaka City Univ., 11, 13-52.

ふくごうようがんりゅう　複合溶岩流　composite lava flow 成分を異にする複数の溶岩で構成される一つの溶岩流．玄武岩質の溶岩流で例が知られており（静岡県丹那盆地付近や熱海市網代付近など），溶岩の下部が斑晶を欠くのに対して上部は斑晶に富み，両者は成分の異なる溶岩が相次いで連続的に噴出して生じたと考えられている． 〈横山勝三〉

[文献] 久野 久（1954）「火山及び火山岩」．岩波書店．

ふくざいだんそう　伏在断層　concealed fault, blind fault 地表に先端が露出しないが地下には実在する断層．最新活動後の堆積作用によって断層面が埋没して地表に露出していない断層に対して用いる場合と，ごく新しい時代に断層運動が行われたにもかかわらず断層面が地表にまで到達せず，地表を撓曲・褶曲などの様式で変形させているものを含める場合がある． ⇨撓曲，断層，褶曲 〈小松原 琢〉

ふくじかつらくがい　副次滑落崖　sub-scarp of landslide ⇨地すべり地形（図）

ふくしきかざん　複式火山　compound volcano 一つの火山体が複数の単式火山で構成されているもの．複合火山とも．単式火山の対語．単成火山の場合も複成火山の場合もある．例えば，①火砕丘の火口内に溶岩流や溶岩円頂丘があるもの（例：新島向山火山），②溶岩流を伴う火砕丘（例：神鍋火山），③成層火山の山頂や山腹に火砕丘や溶岩円頂丘があるもの（例：富士山），④カルデラ内に後カルデラ火山があるもの（例：支笏，十和田，箱根，阿蘇火山），⑤二重のカルデラと後カルデラ丘で構成され三重式火山とよばれるもの（例：十和田火山，箱根火山），などがある．⑤のようにカルデラの個数によって，さらに四重式・五重式火山なども考えられるが，このような分類は，後に生じた火山が古い火山よりも小型である場合に適用できるものであって，逆に後の火山が大型である場合には，古い火山がその内部に隠されてしまうので，分類不能となることがありうるので，厳密な類型化は困難である． ⇨単式火山，単成火山，複成火山 〈鈴木隆介〉

[文献] 守屋以智雄（1983）「日本の火山地形」．東京大学出版会．／守屋以智雄（2012）「世界の火山地形」．東京大学出版会．

ふくしきしゃめん　複式斜面　polygenetic hillslope 複数種の単式斜面（凸形斜面，凹形斜面，直線斜面）が上下方向に連なった斜面．その組み合わせで，凸凹斜面，凸-直-凹斜面などという．各単式斜面の接合点で傾斜角および傾斜方向は変化する．時間の経過とともに斜面全体で占める個々の単式斜面の割合は変化する．湿潤地域では，斜面上方から凸形・直線・凹形斜面の順に配列している場合が多い．複合斜面（composite slope）といわれることもある． ⇨単式斜面，複合斜面，斜面の階層的分類 〈鵜飼貴昭・若月 強〉

[文献] 鈴木隆介（2000）「建設技術者のための地形図読図入門」．第3巻，古今書院．

ふくしきちけい　複式地形　composite landform ⇨地形種の階層区分（表）

ふくすべりめん　副すべり面　sub-sliding surface ⇨地すべり地形（図）

ふくせいかざん　複成火山　polygenetic volcano 複数回の噴火輪廻で形成された火山（例：成層火山，ハワイ型盾状火山）．多輪廻火山と同義．単成火山の対語．複成単式火山と複成複式火山に二大別される．普通には，一つの主要な火口から，ほぼ類似した様式の噴火輪廻が多数回起こって形成された単純

な形態をもつ複成単式火山(例：成層火山，ハワイ型盾状火山)をいう．一般に形成期間は長期($10^3 \sim 10^5$ 年)で，火山体は大型(体積：数 km^3〜数百 km^3)である．⇨複成単式火山，多輪廻火山，火山体の基本型，複式火山　〈鈴木隆介〉

[文献] 守屋以智雄 (2012)「世界の火山地形」，東京大学出版会．

ふくせいせんじょうち　複成扇状地　composite fan　⇨合成扇状地

ふくせいたいせきていち　複成堆積低地　compound plain (lowland) of depositional type　低所に砂礫，泥，有機物などの地形物質が堆積して形成された，扇状地，蛇行原，三角州などよりなる河成堆積低地，潟湖跡地，砂堤列低地，海岸平野よりなる海成堆積低地，各種の湖沼跡地などよりなる湖成堆積低地，砂丘などよりなる風成堆積低地，アウトウォッシュプレインなどよりなる氷河成堆積低地などの複合堆積低地が共存している低地．⇨低地，複成低地　〈海津正倫〉

[文献] 鈴木隆介 (1998)「建設技術者のための地形図読図入門」，第2巻，古今書院．

ふくせいたてじょうかざん　複成盾状火山　polygenetic shield volcano　⇨ハワイ型盾状火山

ふくせいたんしきかざん　複成単式火山　polygenetic simple volcano　一つの主要な火口から，ほぼ類似した様式の噴火輪廻が多数回起こって形成された単純な形態をもつ単式火山(例：成層火山，ハワイ型盾状火山，溶岩原)をいう．⇨複成火山，単式火山　〈鈴木隆介〉

ふくせいちけい　複成地形　polygenetic landform　⇨地形種の階層区分(表)

ふくせいていち　複成低地　compound plain (lowland)　形成過程の異なる複数の複式低地によって構成される複合低地がいくつか共存している低地．複合低地としては複式地形種である扇状地，蛇行原，三角州などよりなる河成堆積低地，潟湖跡地，砂堤列低地，海岸平野よりなる海成堆積低地，砂丘，離水，波食棚，サンゴ礁などよりなるその他の低地などがあげられ，これらが共存したものを複成低地とよぶ．日本のすべての現成の複成低地はその整形物質の年代に基づくと，地質時代的には第四紀の最終氷期以降に形成されたと考えられ，臨海域では氷河性海面変動の影響を強く受けてきた．また，地殻変動や火山活動などの影響も受けていることも多い．これらの地形形成への影響は個々の地域における既存地形の特徴すなわち地形場によって異なる．

すなわち，複成低地は，それを構成する複式地形種の組み合わせによって，11個(均整型，三角州型，蛇行原型，扇状地型，非均整型，海岸平野型，潟湖型，堤列低地型，砂丘型，波食棚型，サンゴ礁型)程度に類型化される．⇨低地　〈海津正倫〉

[文献] 鈴木隆介 (1998)「建設技術者のための地形図読図入門」，第2巻，古今書院．

ふくせいふくしきかざん　複成複式火山　polygenetic composite volcano　⇨複成火山

ふくせん　副扇　flank fan　⇨扇状地(図)

ふくだこう　複蛇行　meander of meander belt　蛇行帯が長距離にわたって，さらに大きな波長と振幅で蛇行している状態．⇨蛇行，蛇行帯　〈鈴木隆介〉

ふく(ざつ)だんそうがい　複(雑)断層崖　composite fault scarp　古い地質時代に形成された断層が侵食作用によって，形成された崖地形を断層線崖とよぶが，この基部に沿って，新たな断層崖が形成されたものを複(雑)断層崖という．上半部は組織地形，下半部は変動崖の性格をもつ．地殻運動や侵食作用の激しい日本では，この好例を指摘しにくい．　〈岡田篤正〉

ふく(じ)だんそう　副(次)断層　secondary fault, subsidiary fault　他の構造運動に伴って副次的に生じる応力・歪み場を反映した断層で，副断層とも副次断層ともよばれる．二次的な剪断面からなる断層は横ずれ断層で多くみられる．また，逆断層に伴って地表付近に出現する派生断層，ベンディングモーメント断層*(bending-moment fault)，フレクシュラルスリップ断層*(flexural-slip fault)など

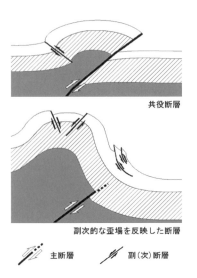

図　主断層と副(次)断層　(小松原原図)

ふくてい　副堤　secondary levee, setback levee　堤内地*にあって本堤に平行につくられた低い堤防．控堤や二線堤ともよばれる．本堤の決壊による氾濫拡大に備える目的をもつ．また，中小洪水による河道内の被害の軽減を目的として本堤の堤外側（川側）に低く設けられることもあり，その場合は前堤または畑囲堤とよばれる．　〈砂田憲吾〉

[文献] 吉川秀夫（1966）「河川工学」, 朝倉書店．

ふくひょう　復氷　regelation　氷の圧力融解によって生成した水が，圧力が取り除かれる，または圧力の低い場所に移動することによって再凍結する現象．氷河の底面で流動が起きる原因の一つとして考えられている．　〈杉山 慎〉

ふくぶんすいかい　副分水界　subdivide　⇨主分水界

ふくぼつかんようかりゅう　伏没涵養河流　influent stream　⇨失水河流

ふくやまそう　福山層　Fukuyama formation　北海道南西部地域に分布する下部中新統陸成層．火山活動で形成された火山岩・火砕岩からなり，局地的に淡水成の堆積岩をともなう．層厚は 600 m．　〈松倉公憲〉

ふくりゅう　副流　secondary flow　⇨二次流

ふくりゅうすい　伏流水　underflow water, river-bed water　不圧地下水の存在形態の一種であり，透水性の高い河川や湖沼の底部また側部から，地下に涵養された水．河川敷や旧河道，湖沼の底部や側部には砂や礫が多く堆積しており，透水性に富む不圧帯水層を形成している場合がある．そこに，現在の河道や湖沼から地下水が涵養されて伏流水となる．一般に，この過程は降雨浸透よりも多量の地下水涵養を生じさせる．伏流水は涵養源である河川や湖沼の水位や水質の影響を強く受ける．　〈佐倉保夫・宮越昭暢〉

ふくれつさす　複列砂州　multiple bar　河川の横断方向に2組あるいはそれ以上の砂州（砂礫の堆積体がつくる地形の高まり）が形成されている河床形態*．うろこ状砂州ともよばれる．交互砂州*などとともに中規模河床形態に分類され，そのスケールは川幅によって規定される．一般に，川幅/水深が比較的大きい場合に形成されるといわれている．　〈木村一郎〉

ふじ　富士　Fuji, mountain similar to Mt. Fuji in shape　⇨山

ふじかわそうぐん　富士川層群　Fujikawa group　南部フォッサマグナの富士川流域に広く分布する海成新第三系．主として砂岩・泥岩互層，礫岩．安山岩溶岩・同質火山砕屑岩類を挟有．フィリピン海プレートの北上に伴う古伊豆・マリアナ弧の衝突付加に関連して，礫岩は3層準に発達（Amano, 1991）．南北走向の逆断層に切られて複雑な構造を呈す．層厚 6,000 m 以上．　〈天野一男〉

ふじづか　富士塚　fujizuka, man-made small mound similar to Mt. Fuji in shape　江戸時代に富士講（富士山信仰）の信者が，居住地域の遥拝所として，富士山の形を模して構築した人造の小丘（高さ：10 m 内外）であり，富士山の溶岩などを積み上げ，ジグザグの'登山道'と山頂に神社を伴うものが多い．現在でも東京都内に数十個（例：練馬区小竹町の「江古田の富士塚」），関東地方全体では 500 個以上もあるといわれている．⇨山　〈鈴木隆介〉

ふじとうげそう　藤峠層　Fujitoge formation　福島県山都町〜柳津町〜西会津町に分布する上部中新統〜上部鮮新統．砂岩・礫岩・泥岩からなる互層で凝灰岩・亜炭を挟む．層厚は 300 m．　〈松倉公憲〉

ふじなそう　布志名層　Fujina formation　島根県北部の宍道湖や中海周辺の低い丘陵に分布する中・上部中新統．細粒砂岩・シルト岩が主．層厚 400 m 以上．北にゆるく傾斜した同斜構造を示すが，局所的に複褶曲構造をもつ．　〈松倉公憲〉

ふじょうこうずい　布状洪水　sheet flood, sheet wash　降雨により地表面を覆って布状に広がる地表流．シートフラッド，シートウォッシュとも．表土の浸透能*が降雨強度*に比べて小さいときに，浸透能を超える大きな強度の降雨によりホートン型地表流が発生する．降雨強度が比較的大きいと，布状洪水は浅いリル（細溝，雨溝）をあふれて地表を広く覆う状態になり，下刻作用は弱いが広い地域を面的に削剥する布状侵食をひき起こす．表土中の粘土・シルト分が移動して土層中の孔隙の目詰まり（sealing）が生じたり，地表に皮殻（crust）が形成されると，表土の浸透能が低下し，地表流が発生しやすくなる．斜面物質が泥質であると，布状洪水によって泥流が発生することもある．布状洪水は，植生に乏しく表土中に腐植と孔隙が少ない半乾燥地域，周氷河地域，および人工的な裸地域では，浸透能が比較的小さいので，発生しやすい．半乾燥地域では局地的な豪雨が生じること，また周氷河地域では土

壌凍結のために雨水の浸透が妨げられたり，降雨により雪田の急激な融解が生じることにより，布状洪水が発生しやすいので，それぞれの地域でペディメンテーションやクリオプラネーションをもたらす主要営力になると考えられている．布状洪水はガリー（雨裂）や河谷のような固定した流路中を流れる洪水（stream flood）とは区別される．「ぬのじょうこうずい」とは読まない．　⇒ホートン型地表流，リル，ガリー，洪水　　　　　　　　　　〈山本　博〉

[文献] Schumm, S. A. (1956) The role of creep and rainwash on the retreat of badland slopes: Amer. Jour. Sci., 254, 693-706.

ふじょうしんしょく　布状侵食　sheet erosion, sheet-flood erosion　降雨により地表面に広がった布状洪水や，リル水路をあふれた地表流により土壌や岩屑粒子が面的に削剥される侵食作用．シートエロージョンともいう．雨食の一種であり，ガリー侵食や河川侵食とは区別される．「ぬのじょうしんしょく」と読むこともあるが，'湯桶読み'なので避ける．　⇒雨食，布状洪水　　　　〈山本　博〉

ふしょく　腐植　humus　土壌有機物とほぼ同義であり，大型動物や大型植物遺体を除いた，土壌中の有機成分を指す．土壌中の腐植含量は，腐植中に含まれる炭素量は58％であるというS. Oden (1919)の知見に基づいて，土壌の有機態炭素量に逆数 $100/58(=1.724)$ を乗じて求められる．炭酸塩をほとんど含まない酸性土壌（pH＜6）の場合には全炭素量がほぼ有機態炭素量に等しいと考えても差し支えない．腐植は，無機成分との相互作用による区分によって粗大有機物，腐植複合体，水溶性有機物に，また化学的構造区分によって，既に化学的構造が明らかにされている炭水化物（多糖類），蛋白質，脂質，リグニンなどの非腐植物質と化学的構造が未知の腐植物質とに区分される．腐植物質は暗色，不定形，高分子化合物とされており，官能基組成としてカルボキシル基，カルボニル基，フェノール性水酸基などをもつ．腐植物質は，溶解性によって，ヒューミン（humin：アルカリ性，酸性ともに不溶），腐植酸（フミン酸）（humic acid：アルカリ性に可溶，酸性に不溶），フルボ酸（fulvic acid：アルカリ性，酸性ともに可溶）の各画分に区分がされている．フルボ酸はさらに特定の樹脂への吸着性によって，吸着フルボ酸と非吸着フルボ酸に細分される．腐植物質は便宜的に，実験操作上の区分がなされているが，中性から酸性の実際の土壌中では厳密な区分が難しい雑多な物質群として存在すると考えた方がよい．なお，腐植酸の呼称は土壌に対して使われることが多く，フミン酸は河川・湖沼水に対して用いられる場合が多いが，フミン酸に統一される方向にある．　⇒Pg吸収，土壌有機物，腐植集積作用，腐植層　　　　　　　　　　　　　〈渡邊眞紀子〉

[文献] 日本腐植物質学会監修（2007）「腐植物質分析ハンドブック」，三恵社．

ふしょくえいようこ　腐植栄養湖　dystrophic lake　非調和型湖沼の一種で，褐色の腐植を含む水をたたえた湖で，泥炭地，湿原や山岳地帯にみられるが熱帯地域にも分布する．フミン酸のため酸性を呈しpHが4程度になることがある．水中の腐植質コロイドが栄養塩（硝酸塩，アンモニウム塩，リン酸塩）を吸着するため，通常の植物プランクトンの生育は妨げられ生物生産は低い（例：北八ヶ岳の白駒池）．　　　　　　　　　　〈井上源喜〉

ふしょくさん　腐植酸　humic acid　⇒腐植

ふしょくしゅうせきさよう　腐植集積作用　humus accumulation　植物遺体などから供給される土壌有機物（腐植）が土壌の無機成分と混ざり合って腐植層*（A層）を発達させていく基本的かつ普遍的な土壌生成作用．腐植集積作用はつぎのような条件下で促進されて黒色味が強い厚い腐植層を発達させると考えられている．①腐植*の集積に適した温度水分条件，②根系密度が高く，地上部・地中部ともにバイオマスが高い植生条件（草本植生など），③腐植複合体を形成するためのアルミニウム（ヒドロキシアルミニウム），鉄やカルシウムなどの金属イオンを放出しやすい母材条件．わが国の黒ボク土，ロシアのジョールン土壌（sod soil），中央ヨーロッパのチェルノーゼム，北米のプレーリー土などは，腐植集積作用が卓越する土壌の代表例である．
　　　　　　　　　　〈渡邊眞紀子〉

ふしょくそう　腐植層　humus horizon, A horizon　落葉落枝や植物根が土壌動物や微生物の分解を受けて生成される腐植*が，土壌の無機成分と混じり合って表層に形成される層．落葉，枝などやその分解物からなる堆積腐植層（O層）と区別される．土壌の無機成分との混合には，有機物の分解過程で生じる有機酸の下層への浸潤，植物根の伸長，ミミズや昆虫の幼虫などの土壌動物による撹拌などが関わる．層位記号としてA層と記載される．腐植層の厚さと色は，土壌が生成される環境によって異なり，腐植集積作用が卓越する土壌（腐植土）では厚くて黒味の強い腐植層が形成される．耕作・牧草地で，耕起・耕転に関連する性質をもつ層も腐植

層として扱われ，耕作層を示す添付記号 p（plow）を用いて Ap 層と記載される．埋没した腐植層については添付記号 b を用いて Ab と記載される．野外における腐植層の色は，腐植含量を判定する目安となる．ただし，土壌の水分状態で変化が大きく，乾燥すると急激に明るく淡くなるので，乾いた断面や露頭では，調査する部分をよく削り，生土の色を出してから判定する．〈渡邊眞紀子〉

ふしょくど　腐植土　humic soil　⇨腐植層

ふしょくふくごうたい　腐植複合体　metal humus complex　腐植物質とアルミニウム，鉄，カルシウムなどの金属陽イオンが結合して土壌中に比較的安定的に存在する生成物．かつては，アロフェンなどの粘土鉱物と腐植とが物理的・化学的に結合している物質と考えられていたが，今日では，腐植複合体の構造として，ヒドロキシアルミニウム（アルミニウム水和イオン）などが腐植物質と結合していることが実験的に示されている．わが国だけでなく，世界の火山灰土壌の腐植層（A 層）における腐植物質の集積には，アルミニウム（鉄）腐植複合体の生成が本質的に重要であることが明らかとなっており，米国の土壌分類（Soil Taxonomy）におけるアンディソル Andisol の中心概念に取り入れられている．一般に，わが国のような温暖湿潤な気候下に生成する植物遺体供給量が高い火山灰土壌の A 層では，アルミニウム（鉄）複合体の生成が促進される．降水量が蒸発散量を大きく上回る寒冷地などでは，A 層で生成されるアルミニウム（鉄）腐植複合体が可動性を増して下方へ移動し，ポドゾルの特徴であるアルミニウムと鉄に富む集積層（B 層）を形成する．一方，降水量と蒸発散量がほぼ等しい，チェルノーゼム＊のような非洗浄型の土壌では，カルシウム複合体の生成が促進され，厚い腐植層が形成される．腐植複合体は，リン酸イオンに対する反応性が極めて高いために，腐植複合体の含量が高い土壌ではリン酸固定が大きくなる．〈渡邊眞紀子〉

[文献] Higashi, T. (1983) Characterization of Al/Fe-humus complexes in dystrandepts through comparison with synthetic forms: Geoderma, 31, 277-288.

ふしょくぶっしつ　腐植物質　humic substance　⇨腐植

ふせいごう　不整合　unconformity　二つの地層の境界に非常に長い堆積の中断（すなわち堆積間隙）があり侵食により一部の地層が欠落している関係をいう（図）．整合＊の対語．不整合の規模（大きさ）は，単に時間間隙の長短よりも，その間に働いた地殻変動の内容や大きさ，下位層の削剥の程度，不整合現象の空間的広がりなどに基づいて論じられる．〈松倉公憲〉

ふせいごうせん　不整合泉　spring at unconformity　⇨湧泉の地形場による類型（図）

ふせいごうめん　不整合面　surface of unconformity　一群の地層と他の地層との間に，著しい侵食作用あるいは著しく長い非堆積の期間があるとき，この二つの地層は不整合であるという（図）．この境界面が不整合面である．不整合面の上下で地層の性質がかなり異なる場合がある．不整合面の上下の地層群の傾斜が異なる場合を傾斜不整合，平行の場合を平行不整合という．不整合面の上には，礫層（基底礫層または基底礫岩という）があり，その基底から地下水が流れやすくなっていることもある．〈千木良雅弘〉

[文献] 科学の実験編集部編（1964）「先生と生徒のための地図・天気図・地質図」，共立出版．

ふせいとうじょう　不整凍上　differential frost heave　⇨凍上

ふせき　浮石　pumice　軽石の古い呼称で，現在ではほとんど使われない．なお，トンネル掘削時に切羽や天端で分離した岩塊は浮石（うきいし）とよばれる．⇨軽石　〈横山勝三〉

ふせび　伏樋　underground drainage pipe　表面水や地下水を排水するために地中部に設けられた排水管のこと．鉄道などで使われることが多い用語であり，道路などでは横断排水管，地下排水管，地中排水管などとよばれることが多い．〈南部光広〉

ぶそう　部層　member　累層の下位に位置する岩相層序単位．複数の単層の集まりで，均質な岩

図　整合と不整合（科学の実験編集部編，1964）

質・岩相から構成される．広がりや厚さに規定はなく，地名と岩質名の組み合わせで表現される．⇨単層，岩質層序区分 〈脇田浩二〉

ふぞくかい　付属海 adjacent sea　面積が比較的小さく独自の潮汐や海流をもたず，多くは所属する大洋（ocean）からの影響を受け，生成も大洋より新しい海．地球上の海洋を分類する際，大洋と付属海に分けられ，大洋に対置する海として付属海があり，付属海はさらに地中海と沿海に分けられる．地中海は陸地に深く入り込み，周囲はほとんど陸地で囲まれている海で，沿海は外洋から半島や島で不完全に分離されている海である．地中海にはヨーロッパの地中海，紅海，沿海にはベーリング海，北海などがある． 〈八島邦夫〉

ぶたせ　豚背 hogback　⇨ホッグバック

ふたばそうぐん　双葉層群 Futaba group　阿武隈山地南東縁，夏井川左岸地域の狭い範囲に分布する白亜系．おもに海成層で，基底礫岩にはじまり下部は砂岩・泥岩，中部は石英質砂岩，上部は粗粒砂岩よりなる．層厚 500 m．花崗岩類を不整合に覆い，古第三系と不整合関係． 〈松倉公憲〉

ふち　淵 fuchi　渓流や川において水深が急激に深くなり，流れは淀み，水面は波だっていない場所をいう．釣り用語．瀬と瀬の間にある深みで，流れの湾曲部の凹岸より多少下流部に形成される．河床堆積物の粒径は瀬に比べて小さい．⇨瀬，淀 〈徳永英二〉

ふち，ぶち　淵（せぶち）pool, deep pool　⇨瀬淵河床

ふちゃくさす　付着砂州 welded bar　⇨砂浜の地形変化モデル

ふっかく　伏角 inclination　地磁気3成分のうちの，全磁力（磁力線）の方向と水平分力のなす角度．磁極で 90°，磁気赤道で 0°であり，地球磁場の北半球ではプラス（＋），南半球ではマイナス（－）にとる．磁極が経年的に変化するので，同一地点でも年によって少し変化する．東京付近の伏角は約＋49°である．⇨地球磁場 〈鈴木隆介〉

ふっかつ　復活【侵食の】 rejuvenation　⇨回春

ふっかつじゅんへいげん　復活準平原 rejuvenated paneplain　⇨剝離準平原

ふっかつだんそうがい　復活断層崖 resurrected fault scarp　低下側が堆積物で被覆され，埋積されていた断層（崖）が侵食作用によって地表に掘り出されたもの．断層線崖の一種であり，再現断層（線）崖ともよばれる．米国などでは指摘されているが，地殻運動や侵食作用の激しい日本列島では

好例を見出しにくい． 〈岡田篤正〉

フッカナトリウムピーエイチ　フッ化ナトリウム pH pH（NaF）　活性アルミニウムはテフラの風化生成物で，腐植を集積保持しリン酸を吸着する性質をもつ．その性質を andic 質（世界土壌資源照合基準，WRB）とよび，火山ガラスの風化物が多いほどその性質が大きくなる．この andic 質の判定には pH（NaF）法が有効で，風乾土 1 g に対し NaF 飽和水溶液 50 cc を加えガラス電極 pH 計で測定する． 〈細野 衛〉

ふっきゅうず　復旧図 restored map　ある程度まで開析されているが，原面の残存している成層火山や段丘面について，火山放射谷や段丘開析谷の存在を無視して，その両側の原面*（げんめん）の高度分布から開析される前の元に地形を復元した図である．接峰面図の一種ともいえるが，その作成には深い知識と洞察力が必要で，ある程度，主観の入る余地がある．⇨接峰面図 〈鈴木隆介〉

［文献］鈴木隆介（1997）「建設技術者のための地形図読図入門」，第1巻，古今書院．

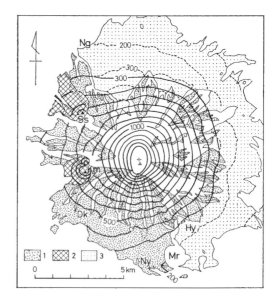

図　復旧図の例（鈴木，1997）
1：岩木火山の火山原面（その周囲の白部は侵食斜面），2：溶岩円頂丘，3：火山麓扇状地，太実線：火山原面の復旧等高線，破線：火山麓扇状地の復旧等高線．

ふっきりゅう　復帰流 return flow　⇨リターンフロー

ぶっしつじゅんかん　物質循環 material cycle　陸塊や海洋を構成する無機物（無機化学物質）や生物体を構成する有機物（生化学物質）が分解や結

合・化合を繰り返しながら，地球をめぐって移動することを指す．これらの循環過程では，物質の循環とともにエネルギーの生成・移動・貯留・消費も行われ，地形の生成・発展・消滅などの地学現象や動植物の生命現象が営まれる．物質循環を単なる原子や分子の移動とみるのではなく，地物や生物の生成・発展・消滅の過程の一環としてみるときには，物質循環系は生態系（ecosystem）とよばれる．物質循環は，生物学的循環，生物化学循環*，生物地球化学循環*，地球化学循環*，無機化学循環*，地質循環*などに区分されるが，これらは概念上の区分であり，個々の物質にとってはどの循環に属するかは，明確に区分できるものではない．なお，単に'物質循環'という場合は，生物地球化学循環や生物化学循環を指すことが多いが，最近では，広く，産業・生活廃棄物などのリサイクルなどをも含めて，'物質循環'ということも少なくない． 〈大森博雄〉

[文献] 大森博雄ほか編 (2005)「自然環境の評価と育成」，東京大学出版会．

プッシュモレーン push moraine 末端付近の底面が凍結した氷河では，氷体の圧縮流に引きずられて氷河底堆積物が衝上運動することで氷河前面に形成されるモレーン．この作用が毎年繰り返されると年次モレーン（annual moraine）になる． 〈朝日克彦〉

ふっせき　沸石 zeolite 沸石は多孔質な形態をなす含水アルミノ珪酸塩（珪酸塩中の珪素原子の一部をアルミニウム原子が置換したもの）であり，化学組成や結晶構造の類似した一群の鉱物の総称である．ゼオライトとも．結晶中に多く発達した空洞には，水分子や陽イオンを含み，この水分子は加熱や減圧により容易に離脱し，大気中の水蒸気を吸着し復水する．また，陽イオンは交換性陽イオンとよばれ，結晶外の陽イオンと交換し合う性質を有す．沸石はこのような吸着・イオン交換性を利用した多くの用途があり，身近な用途として，調湿剤・脱臭剤・肥料などに用いられている．

天然の沸石は，40種類以上あり，火山岩の空隙，低変成度の変成岩，堆積岩，熱水変質を受けた岩石などに産し，特にわが国のグリーンタフ地域に分布する第三紀層の酸性凝灰岩中に火山ガラスの続成変質により多量に産出し，資源利用されている．また，沸石は，低温で容易に合成できるため，合成ゼオライトとよばれる純度のよい沸石が150種以上存在し，触媒や分子篩のようなより高度な利用がなされている．さらに近年の環境への意識の高まりから，フライアッシュ等の廃棄物を原料とした「人工ゼオライト」とよばれる沸石が作製され有効利用が図られている． 〈石田良二〉

ふっせきそう　沸石相 zeolite facies ⇒変成相

ぶつぞうこうぞうせん　仏像構造線 Butsuzou tectonic belt 仏像-糸川構造線の略称で，西南日本外帯における第一級の構造線．延岡-紫尾山構造線，法華津断層，立川渡-大迫衝上線，五日市-川崎線などはこの一部．四万十累帯中生層の衝上断層で高角度な北落ちが多い． 〈松倉公憲〉

ぶったいこん　物体痕 tool mark 流れによって運搬される礫や貝殻といった粗粒物質が，泥質な底面に衝撃を加えることで形成される痕跡（流痕）．通常，上位の砂層・シルト層の底面に鋳型（cast）として見いだされる．粗粒物質が底面上を引きずられてできた groove mark，底面上を転動してできた roll mark，底面上を跳びはねてできた skip mark などがある． 〈関口智寛〉

ぶつりたんさ　物理探査 geophysical exploration, geophysical prospecting 地上，水上，空中などから各種物理現象を利用した計測を行い，そのデータを解析することによって，地下の構造や状態あるいはその変化を解明する地下探査の技術．地球物理探査ともよばれる．調査対象を遠隔から非破壊で調べる点が特徴であり，ボーリング掘削のように地下の物質を直接みることはできないものの，より広範囲の地下構造を間接的に可視化するものである．物理探査法には，利用する物理現象に基づき，地震探査*，電気探査*，電磁探査，磁気探査*，重力探査*，放射能探査*などの種類があり，それぞれの探査法にはさらに多くのバリエーションがある．また，探査を行う場所により，地表探査，坑内探査，水上探査，空中探査などに分類される．人工的または自然に発生した信号による地下の物理的な反応を観測し，地下の物理量の分布を求めるものである．利用する物理現象によって地下の物質のもつ異なった物理的性質の反応をとらえるので，単一の手法のみではなく複数の探査手法を用いたほうが，地下の状態をより的確に解明することができる．物理探査は，物理現象を用いた間接的な調査法であるから，探査の結果として得られる物理量分布と実際の地下構造や状態との関連は，探査範囲の一部にボーリング孔を掘削し探査結果とボーリング結果を対比するキャリブレーションによって導くのが効果的である．調査範囲の1点の情報であるボーリングデータを面的に外挿するのが物理探査の特徴といえる．物

理探査の適用にあたって留意すべき点は，探査可能深度と分解能である．探査に利用する信号が到達し，解析に供するデータが取得できる深度を探査深度（可探深度）とよぶ．探査深度が大きいほど一度に広範囲の探査が可能となるが，検知可能な構造や異常の規模は大きくなる（すなわち分解能が低下する）．地下浅部であれば小規模な構造や異常まで検出できるが，深部においては大規模な構造や異常しか検出できない．深部の物理量を正確に得ようとする場合，ボーリング孔内にセンサーを降下させて計測を行う物理検層という方法がある．物理検層では物理探査と同様な物理量を計測することができるため，ボーリングと物理探査結果の対比に有用な情報を提供することができる．　　　　　　〈斎藤秀樹〉

ぶつりちしつがく　物理地質学 physics-based geology, physical geology, general geology　物理学の方法を積極的に用いて地質現象を解明・解釈しようとする分野である．1951年に京都大学理学部地質学鉱物学教室の1講座が「物理地質学講座」と改称されたことから，この語が使用されるようになった．古地磁気測定や年代測定法等が中心であったが，その多くは今日では地質学のなかに深く溶け込んでいる．なお，英語の physical geology は一般地質学とも訳され，内因的地質作用*や外因的地質作用*のプロセスを研究する純粋地質学の意味でも使用される．　　　　　　〈横田修一郎〉

［文献］笹島貞雄編（1991）「物理地質学その進展」，法政出版．

ぶつりてきふうか　物理的風化 physical weathering, mechanical weathering　岩石が化学的変化を伴わず機械的に破砕し，細片化する風化過程．物理的風化作用と同義．機械的風化ともよぶ．岩石・鉱物の膨張-収縮の繰り返しや岩石の間隙を満たす物質の成長によって生じる．前者では，加熱-冷却の繰り返しによる熱風化*，乾湿交替による乾湿風化*，上載荷重の除去による除荷作用*などがある．また後者では，岩石に含まれる水分の凍結による凍結風化*，乾燥に伴う塩類析出による塩類風化*などがある．さらに植物の根の成長による岩石の割れ目の拡大は，生物による物理的風化の一つ．⇒風化作用　　　　　　〈藁谷哲也〉

［文献］松倉公憲（2008）「地形変化の科学―風化と侵食―」，朝倉書店．

ぶつりてきふうかさよう　物理的風化作用 physical weathering　⇒物理的風化

ぶつりてきぶんかいさよう　物理的分解作用 disintegration　⇒分解作用

ふでい　腐泥 floating mud　海底，河口，内湾，潟湖，沼沢池などのよどんだ底に浮遊・懸濁している黒褐色の泥．粒径は約 0.01 mm 以下のシルトおよび粘土サイズである．主に藻類その他の水生動植物の遺骸が多量に沈水し，酸素の少ない嫌気的な条件下で分解して形成される．多量の有機物を含むため比重が約1.2と軽く，堆積底面に沈着せず浮遊している．サプロペル*（sapropel）を日本語で「腐泥」として扱うことがある．　　　　　　〈田中里志〉

ふていりゅう　不定流 unsteady flow　⇒非定常流

ふてきごうかせん　不適合河川 misfit river　水流の大きさと流路形態からみて，谷が侵食で形成されたと思われない大きさの谷の中を流れている河川をいう．流域面積または谷底低地幅に対して相対的に，1本の河川の流路幅や蛇行の波長・振幅が，全流路または広域にわたって不釣り合いに，小さすぎる河川を過小河川*，逆に大きすぎる河川を過大河川*とよび，両者合わせて不適合河川（ミスフィットリバー）とよぶ．それらの谷を不適合谷とよぶ．不適合状態は通常，河川争奪をはじめ，氷河作用や風成堆積物による流路変更がもたらす排水系の変化から起こる．　⇒河川争奪，分水界移動　〈田中眞吾〉

ふてきごうこく　不適合谷 misfit valley　⇒不適合河川

ふどういき　不動域【地すべりの】 unmoving area（outside of landslide）　⇒地すべり地形（図）

ふとうしゃめんのほうそく　不等斜面の法則 law of unequal slope　斜面の傾斜が多様であるのは，地質や斜面過程（とくに侵食）が多様なために，侵食量も多様であることを反映したものである，とする考え．この考えは，Gilbert（1877）によって示されたもので，もし，斜面の侵食量が斜面の傾斜のみに比例するのであれば，急斜面は速やかに侵食されて緩斜面になるのに対して，緩斜面は侵食が進まないため，どこでも同じような傾斜の斜面が出現するはずであるが，実際にはそのようになっていない，という観察結果に由来する．不均等斜面の法則とも．⇒分水界移動，段丘崖の減傾斜速度

〈山田周二〉

［文献］Gilbert, G. K. (1877) *Report on the Geology of the Henry Mountains*, U. S. Geographical and Geological Survey of the Rocky Mountains Region.

ふとうすいせい　不透水性 impermeable, impervious　透水性（permeable）の対語で，帯水層が十分な地下水量を産出可能であるのに対し，水頭差

があっても地下水の産出能力に限りのある低い透水性をいう．概念的な意味として使われることが多い．⇨不透水層　〈三宅紀治〉

ふとうすいそう　不透水層　impermeable layer, impervious layer　地下水の通しにくい，あるいは通さない地層であり，難透水層*，半透水層*および非透水層*に区別することがある．難透水層は，極めて透水係数が小さいが，多量の地下水が含まれている粘土層などが該当する．これより若干透水性のよい砂質粘土層やシルト層を半透水層という．非透水層は，透水性がなく，地下水もほとんど含まれていない空隙の少ない堆積岩や火成岩などがこれに該当する．⇨透水層　〈池田隆司・三宅紀治〉

ふとうたこうぞうど　不淘汰構造土　non-sorted patterned ground　⇨構造土

ふとうちんか　不等沈下　differential settlement　⇨不同沈下

ふどうちんか　不同沈下　differential settlement　基礎地盤や構造物が一様に沈下せずに場所によって沈下量が異なるような現象．不等沈下ともいう．構造物が不同沈下すると，ひび割れや段差などが生じて構造物の機能低下につながる．　〈吉田信之〉

ふとうりゅう　不等流　non-uniform flow　河川や開水路*における定常流*で水路内の各断面において水深や流速が異なる流れ．等流*の対語．　〈宇多高明〉

ふとみやまそうぐん　太美山層群　Futomiyama group　富山県南西部および東部に分布する古第三系の火山岩類で，親不知火山岩類および笹川溶結凝灰岩に区分され，層厚は約2,000 m．　〈鈴木隆介〉

ふなかわそう　船川層　Funakawa formation　秋田県全域に分布する海成中新統．主として暗灰色泥岩．黒色泥岩（black shale）のニックネームでよばれる．無層理塊状，風化するとサイコロ状に割れる．大型化石には乏しいが，有孔虫，放散虫などの微化石を含む．層厚 300～1,500 m で，地域により異なる．厚い酸性凝灰岩層を挟む．下位の女川層から漸移．　〈天野一男〉

ふなぞこじょうおうち　舟底状凹地　ship's bottom-like depression　しゅうていじょうおうち（舟底状凹地）の誤読．　〈鈴木隆介〉

ふのかざんちけい　負の火山地形　negative volcanic landform　⇨火山地形

ふのじゅうりょくいじょう　負の重力異常　negative gravity anomaly　⇨ブーゲー異常

ふひょう　浮氷　floating ice　⇨海氷

ふぶき　吹雪　snow storm　強風で降雪や地表に積もった雪が激しく舞い上がり，視程が悪くなる状況をいう．猛烈な風で降雪があるかないか判断できない場合も含める．雪が舞い上がっているかどうかは風の強さだけでなく，積雪の状態にも関係する．雪の舞い上がりが低く，水平視程が影響を受けない場合は低い地吹雪（drifting snow），影響する高さ以上に舞い上がった場合は高い地吹雪（blowing snow）という．　〈山下脩二〉

ぶぶんじゅんかんこ　部分循環湖　meromictic lake　多くの湖では表層に軽い水，深層に重い水が存在し，これを安定な成層という．成層が強くなると，上下の水はほとんど対流や混合をしない．逆に，湖面冷却などにより水温が上下に一様になったときには，湖水は対流によって鉛直方向によく混合するので「湖水が循環する」という表現を用いる．汽水湖や塩湖では，湖底付近に高塩分濃度の水が存在し，表層の塩分濃度の薄い水との間に塩分躍層が形成される．このような湖では，表層から塩分躍層までの水だけが循環するため部分循環湖とよばれる．熱帯地方の淡水湖の中には，表層からある深さまでの水しか循環しない湖があり，これを貧循環湖とよぶ．　〈遠藤修一〉

ぶぶんてきじゅんへいげん　部分的準平原　partial peneplain　部分的輪廻（次輪廻）によって形成された準平原を指す．W. M. Davis（1905）は，輪廻の途中で侵食基準面の変化によって生じた輪廻の中絶後に，新たに始まる侵食輪廻を部分的輪廻（subcycle）とよんだ．この部分的輪廻によって形成される山麓部や山体内に湾入する準平原を部分的準平原といい，実質的には縁辺準平原（marginal peneplain）と同じものを指す．縁辺準平原に相当する山麓部の侵食小起伏面は，後にペンク*（W. Penck, 1924）によって山麓面（Piedmontfläche）とよばれたが，ペンクは隆起運動が継続的に行われるなかで，隆起に見合う侵食によって形成される原初準平原とした．なお部分的準平原は，準平原と谷中階段（berm）や岩石段丘（strath terrace）との中間的な広さの侵食平坦面を指すこともあり，また，概念的には異なるが，局地的準平原と同じ意味で用いられる場合もある．⇨部分的輪廻，縁辺準平原

〈大森博雄〉

［文献］井上修次ほか（1940）「自然地理学」，下巻，地人書館．/Davis, W. M.（1912）*Die erklärende Beschreibung der Landformen*, B. G. Teubner（水山高幸・守田　優訳（1969）「地形の説明的記載」，大明堂）．

ぶぶんてきりんね　部分的輪廻　subcycle, epicycle, minor cycle　一つの侵食輪廻の途中で侵食基準面の変化によって生じた輪廻の中絶後に，新たに始まる地形変化系列（輪廻）を指す．W. M. Davis (1905) は，内作用（地殻変動）は地形変化とは独立した運動なので，一つの輪廻のなかで様々な間隔で，様々な広さで，またどの時階にでも輪廻の中絶が生じうることを指摘し，その時点の地形が新たな原地形（げんちけい）となり，新たな輪廻が始まるとした．この新たに生じた地形変化系列を部分的輪廻という．新たな輪廻の期間が短ければ，挿話的輪廻＊（エピソード）とよばれ，エック（Eck：河間山稜上に残された旧河床の平坦面）や谷壁段床（Leistenflur：谷壁に残った旧河床：比高の大きい侵食段丘面），あるいは，輪廻性段丘（cyclic terraces：側刻だけが行われる時期と下刻だけが行われる時期が繰り返されて形成された段丘群で，一般に河川の両岸に同高度の段丘面が広がる）などの形成にとどまる．期間が長ければ前輪廻地形の縁辺部に準平原（部分的準平原・縁辺準平原）が形成され，独立した部分的輪廻とみなされる．部分的輪廻が何回も生ずると階段準平原が形成され，多輪廻地形とされる．後に W. Penck (1924) は，この種の階段状地形を山麓階（Piedmonttreppe）として説明した．前輪廻の地形がすべて削剥されるほど期間が長ければ，独立した輪廻になる．なお，辻村（1932）は，subcycle を次輪廻とよび，フランスの地形学者が使っていた epicycle を部分輪廻と訳している．⇨輪廻の中絶，階段準平原　　　　　　　　　　　　　〈大森博雄〉

［文献］辻村太郎（1932）「新考地形学」第1巻，古今書院．/Davis, W. M. (1912) *Die erklärende Beschreibung der Landformen*, B. G. Teubner（水山高幸・守田優訳（1969）「地形の説明的記載」，大明堂）．

ぶぶんゆうかい　部分融解　partial melting　地下で高温の岩石が溶融を始めた時点では珪酸塩のメルト（液体）と珪酸塩の結晶が共存する状態となり，これを部分融解という．メルトの組成は元々の岩石の組成とは異なるが，部分融解が進むにつれてメルトの温度は上昇し，元々の岩石の組成に近づく．⇨マグマ　　　　　　　　　　　　　　　〈宇井忠英〉

ふへんぶんさん　不偏分散　unbiased variance　母集団からランダムに n 個の試料を得，個々のデータを x_i，それらのデータの平均値を $\bar{x}$ で表したとき，次式で得られた値 s_u^2 のこと．

$$s_u^2 = \frac{1}{n-1}\sum_{i=1}^{n}(x_i-\bar{x})^2$$

この値は，試料から母集団の分散を推定するときに用いられる．　　　　　　　　　　　　　〈倉茂好匡〉

ふほうわしんとう　不飽和浸透　unsaturated percolation　⇨浸透

ふほうわたい　不飽和帯　unsaturated zone　地表面と地下水面＊との間の範囲をいう．この範囲を厳密な意味で通気帯ということがある．ここに存在する水は，地下水面の上にあって毛管力で保持される毛管水＊を含み土壌水とよぶ．この範囲の水は大気圧以下であるが，洪水時や宙水があるときは，飽和帯が形成され，大気圧以上になることもある．⇨飽和帯　　　　　　　　　　　　　　〈三宅紀治〉

ふほうわど　不飽和土　partially saturated soil　⇨飽和土

ふみあと　踏み跡　trail　登山，山菜取り，釣りなどの目的で人が山野を歩き，踏み固めてしだいに固定した小道．途中で枝分かれや途切れる場合が多いので，不慣れなハイカーが道を間違え，遭難する原因にもなる．⇨獣道（けものみち）　　　〈鈴木隆介〉

ふみあとしんしょく　踏み跡侵食　trail erosion　動物の通り道から発生する侵食を指す．踏跡侵食とも書く．放牧地における羊や牛は，草地と畜舎，水飲み場との往復において，同じ道を辿ることが多く，また，斜面での採食においても，同じ踏み跡を利用することが多い．こうした踏み跡は裸地化し，侵食をひき起こすことが多い．砂漠化＊現象の一つである土壌侵食の重要な発生要因の一つになっている．小規模ながら登山道でも同様の侵食が発生する．　　　　　　　　　　　　　　　　　〈大森博雄〉

［文献］大森博雄（1990）人間がひきおこす砂漠化：斎藤功ほか編「環境と生態」，古今書院．

フム　hum　温帯の石灰岩地域に分布する円錐丘．ポリエや河口の低地，湖などに孤立して分布する複数の円錐丘をフムとよぶ．旧ユーゴスラビアの ham, holm, homec, hum を語源とする．Cvijič (1918) が学術用語としたことから，国際的に用いられるようになった．カルスト輪廻の老年期に形成されるとする考えと，より高温多湿な古気候下で形成された円錐形の凸地が残るものであるとする意見がある．ダルマチア地方南部やモンテネグロに分布するフムは，一般的に比高約50〜80 m で，大きいものは150 m に達する．熱帯の円錐カルストの円錐丘によく似るが，フムと熱帯の円錐丘の斜面形は異なり，フムの傾斜はゆるやかである．　〈漆原和子〉

［文献］Cvijič, J. (1918) Hydrographie souterraine et évolution morphologique du fearst : Rech. Trav. Inst. Géogr., Alpine,

Grenoble, 6, 375-426.

ふゆう　浮遊　suspension　河川や海岸などでみられる物質運搬形態の一つで，水流中の微細な固形物（砂粒子，微生物，有機物など）が水中に浮かび漂いながら懸濁状態で輸送される現象をいう．浮流ともよばれる．　　　　〈木村一郎〉

ふゆうさ（しゃ）　浮遊砂　suspended sediment　流砂の輸送形態の一つで，砂粒子がある程度流れに追従して運動し，河床の凹凸の影響を直接受けず，水の乱れの影響を顕著に受け，底面付近から水面付近まで幅広く分布しながら移動する現象．砂粒子の動きはランダムで，いったん移動を開始すると一般に掃流砂よりも長い距離にわたって流送される．
〈木村一郎〉

ふゆうせいびかせき　浮遊性微化石　planktonic microfossil　水の流れに逆らって移動することのできない，もっぱら浮遊生活を送るプランクトンのうち顕微鏡サイズの小さなものの化石．数 μm から数百 μm 程度の大きさのものが多い．一般に，海水の流動によって広範な分布をもつため，底生の微化石に比べて生層序学的価値が高く，広域対比に有効である．浮遊性有孔虫，石灰質ナンノ化石，放散虫，珪藻，珪質鞭毛藻，渦鞭毛藻，翼足類などが知られる．⇨微化石　　　　〈本山　功〉

ふゆがたかいひん　冬型海浜　winter beach　⇨砂浜の縦断形

ブラインドバレー　blind valley　炭酸塩岩の地域では，地表水はポノールで地下水系へ流下する．ポノールの前面には炭酸塩岩の壁が立ちふさがるようにそそり立つ．ポノールからの流入が長期にわたって行われるほど，前面の壁は垂直に立ちふさがるようになる．ブラインドバレーは，このことを表す目の前に立ちふさがるような谷の意味である．ブラインドバレーは閉谷と訳す．かつて日本語で盲谷という訳語を用いていたことがあるが，盲谷は誤訳である．日本では阿武隈山地の入水洞の入口がブラインドバレーの形態をなしている．ただし流入する河川は，大理石以外の地域からの河川であり，完全な大理石の溶食によるブラインドバレーとはいいがたい．秋吉台には吸込み穴は多数あるが，ブラインドバレーの例はない．　　　　〈漆原和子〉

プラウイングブロック　ploughing block　周囲の土よりも速く斜面下方へ移動する巨礫．季節凍土帯に多い．冬季，積雪に覆われた斜面に突出する巨礫は冷却されやすいため，礫の下面で凍上*が起こりやすく，春の融解沈下の際に，礫の重みで土が変形し，礫が下方に移動すると考えられている．年間移動量は数 cm 程度．　　　　〈松岡憲知〉

フラクタル【地形学における】　fractal (in geomorphology)　フラクタルという用語をつくり，自然界に存在する様々な形との関係でその概念とフラクタル幾何学という学問体系を確立したのは B. B. Mandelbrot (1977) である．フラクタルとは，厳密には「ハウスドルフ次元が位相次元を上回る集合」と定義されるが，モデルとして描かれた図形を観察することによっても，その特性を感覚的に把握することができる．フラクタル幾何学は，空間の次元を非整数域にまで拡張した幾何学ともいえる．フラクタルは，凝集，破壊，異なる相の境界，ランダム性を伴う形にしばしば現れる．したがって，地形のいたるところに存在する．離水海岸の屈曲する海岸線，水路（河川）網のパターン，山地の垂直断面などはフラクタルとみなされている．フラクタルには，①自己相似フラクタル，②自己アフィンフラクタル，③マルチフラクタルがある．フラクタルを特徴づける数として，①フラクタル次元，②スケーリング指数，③自己アフィン指数，④ハースト指数といったものがある．モデル化された図形にみられるように，フラクタルとしての条件を完全満足するものを決定論的フラクタル，地形のようにそれらの条件を統計的に満足するものを統計的フラクタルという．⇨フラクタル次元，自己相似フラクタル，自己アフィンフラクタル，マルチフラクタル地形，スケーリング則　　　　〈徳永英二〉

[文献] Mandelbrot, B. B. (1977) *Fractals: Form, Chance, and Dimension*, Freeman. / Turcotte, D. L. (1997) *Fratals and Chaos in Geology and Geophysics* (2nd ed.), Cambridge Univ. Press.

フラクタルじげん　フラクタル次元【地形の】　fractal dimension (of landscape)　ユークリッド幾何学では，点は 0，長さは 1，面積は 2，体積は 3 と，次元は整数で与えられている．一方，その大きさが整数次元では決められない形も存在する．次頁の図はそのような形であるコッホ曲線を描く過程を示したものである．直線をその長さの 1/3 の長さの 4 本の直線よりなる屈曲線で置き換える．このような作業を無限回繰り返してできる曲線は，1 次元とみなすと，無限の長さを有することになる．また，ある段階での曲線は前の段階の曲線を 1/3 に縮小した四つの曲線で構成されている．すなわち，コッホ曲線は自己相似である．この場合，単位となる直線セグメ

プラグドー

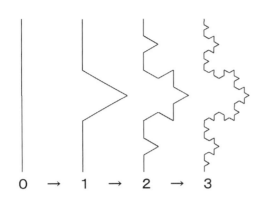

図　フラクタル次元（地形の）の概念図

ントの長さを1/3にすればその頻度は4倍になる．この曲線の次元 $D=\log 4/\log 3=1.26\cdots$ となる．曲線の次元が決まると，その大きさを得ることができる．このようにして非整数の範囲にまで拡張された次元をフラクタル次元という．海岸線の長さや河川長，等高線の長さといった地形を表すための基本的な量は，その次元が1であるとした場合，同一対象でもそれを測定する際に用いた地図の縮尺やデバイダーの口径によって（現地での測定では尺取り棒の長さに）よって異なる．また，このような曲線も，ある範囲において口径の縮小率とステップ数の間にコッホ曲線と同様の関係を見出すことができる．また，1本の長い曲線が，フラクタル次元が異なるいくつもの曲線で構成されている場合もある．ある地表面に対しても，それを測定する面積単位を小さくすればするほど，より細かな凹凸が測定に組み込まれ，面積単位の縮小率と頻度の間には同様の関係が考えられる．自己相似な水路網の次元は2であることが証明されている．一つの地域の地形の中には複数のあるいは無限の次元が異なるフラクタルが含まれている．⇨フラクタル，自己相似フラクタル，マルチフラクタル地形，リチャードソンの法則

〈徳永英二・山本　博〉

［文献］Turcotte, D. L. (1997) *Fratals and Chaos in Geology and Geophysics*（2nd ed.）, Cambridge Univ. Press.

プラグドーム　plug dome　火道を塞いでいた固結岩体や高粘性の半固結岩体などの上部が，ピストンのように一塊となって地表へ押し上げられて生じたドーム状の山体．形成機構は，火山岩尖の場合とほぼ同じ．高さ，基底径ともに数百m程度以内．⇨火山岩尖(がんせん)　〈横山勝三〉

［文献］Macdonald, G. A. (1972) *Volcanoes*. Prentice-Hall.

ブラジリアンテスト　Brazilian test　⇨圧裂引張り試験

ブラスティング　blasting　⇨風磨

ブラスト　blast　もともとは火山に限った用語ではないが，火山の場合には，爆発的な噴火や火砕流，火山岩屑流などの高速の流れに伴う強力な横（水平）方向の力を伴う爆風をいう．気体成分が主体で，固体成分が少ないものを指す．高速で，巨木をもなぎ倒す風圧をもつ．ある特定方向に強い指向性をもつものをダイレクトブラスト（directed blast）という．　〈横山勝三〉

プラッキング【河川・海岸の】　plucking, quarrying　岩床河川や岩石海岸における侵食様式の一つで，河流や波浪が岩盤表面に作用して層理，節理，断層などで分離された岩片や岩塊を剥ぎ取り除去すること．洪水時の岩盤河床や河岸，暴浪時の海食崖*の基部や波食棚*の表面で生じる．　〈砂村継夫〉

プラッキング【氷河の】　plucking　⇨氷食

フラッドローム　flood loam　⇨沖積土

プラニメータ　planimeter　⇨地形計測［地形図による］

プラネーズ　planèze（仏）　開析の進んだ火山体に残存する火山原面の残片をいう．フランス中央高地の古い Cantal 火山での呼称に由来．　〈鈴木隆介〉

［文献］Cotton, C. A. (1952) *Volcanoes as Landscape Forms*, Whitcombe and Tombs.

プラノソル　Planosol　世界土壌照合基準（WRB, 2007）に設定されている土壌群の一つ．漂白された淡色の溶脱層*をもち，その下層は土性が急激に変化し粘土含量の高い下層土をもつ土壌．下層の粘土含量が高いため，水分の下方への浸透は遅く，表層は一時還元状態となり漂白された溶脱層が生成する．アルゼンチンからブラジル南部，アフリカ東部と南部，オーストラリアに広く分布する．名前は"平坦"を意味するラテン語の planus に由来する．日本ペドロジー学会（2003）の疑似グライ土*の一部が相当する．⇨土壌分類　〈田中治夫〉

プラヤ　playa　砂漠の内陸盆地の閉鎖流域に生じやすい浅い湖沼または乾固した湖盆で，塩分に富む．多雨期の湖の名残であることが多い．したがってプラヤの表面は過去のあるいは一時的な湖の沈殿物である塩に覆われている．このような塩に覆われた平坦面はアルカリ平坦面（alkali flat）とよばれる．プラヤは欧米やオーストラリアでの呼称であるが，本来スペイン語で［beach］を意味しているので，英語を使用する地形学者が誤用したものであろ

う．塩分に乏しいプラヤをガラ（garaa），塩分に富むプラヤをサブカ*あるいはセブカ（sabkha or sebkha）と区別する場合もある．プラヤは南米ではサラール（salar）またはサリーナ（salina），イランではケウィール（kewir），中央アジアではタキール（takyr），南アフリカではパン*などとよばれる．
〈松倉公憲〉

プラヤこ　プラヤ湖 playa　乾燥域，半乾燥域の内陸盆地に形成された水深の小さい塩性湖沼．プラヤとも．雨季や豪雨時にはわずかに溜水するが，乾季には完全に干上がり，表面に塩が固結した塩性地となる．ただし乾季においても，地下水位は浅く，1m以内であることが多い．そのため，簡単な掘り抜き井戸を用いて灌漑や牧畜に用いている（例：ヨルダンのアルジャフル湖）．　⇨プラヤ
〈鹿島　薫〉

フラルク flark　ストリングボグ*（シュトラング泥炭地）において，規則的に配列した細長い泥状の凹地のこと．フラルクはスウェーデンでのよび名で，同じものをフィンランドではリンピとよぶ．幅は数mしかないが，長さは数百mに及ぶ．長軸は斜面方向と直交する．
〈松倉公憲〉

ブランケット（がた）でいたんち　ブランケット（型）泥炭地 blanket bog, upland moor　スコットランドやアイルランドにみられる泥炭地の型．冷涼で空中湿度の高い地域で，泥炭層が窪地だけでなく，斜面や突出部も覆って，地形の凹凸を毛布のように覆ってできる泥炭地のことで，地形被覆高位泥炭地ともいう．日本でも飯豊山や平ヶ岳，会津駒ヶ岳など，なだらかな尾根が展開する東北日本の高山には，平坦な稜線沿いの部分にミズゴケやモウセンゴケ，キンコウカなどの生育する高層湿原が広がり，それを取り囲む斜面にはヌマガヤやショウジョウスゲなどからなる湿性草原が広がる．これもブランケット型泥炭地に近いものである．
〈小泉武栄〉

プランジ plunge　⇨断層変位の諸元（図）

プランジングがい　プランジング崖 plunging cliff　岩石海岸の急崖（広義の海食崖）が傾斜の変換点をもたずに，そのままの角度で海中深く突っ込んでいる地形．プランジングクリフともよばれる．崖直下の水深は場所により数〜数十mに達する．硬岩で構成されている海岸に多くみられる．崖面は侵食を受けにくいので，ほとんど変化しない．　⇨岩石海岸（図）
〈砂村継夫〉

［文献］Sunamura, T. (1992) *Geomorphology of Rocky Coasts*, John Wiley & Sons.

プランジングクリフ plunging cliff　⇨プランジング崖

プランジング（がた）さいは　プランジング（型）砕波 plunging breaker　巻き波のこと．⇨砕波型式
〈砂村継夫〉

プラントオパール plant opal　⇨植物珪酸体

フランドルかいしん　フランドル海進 Flandrian transgression　ベルギー西部からフランス北東部のフランドル地方にはフランドル層とよばれる地層が分布する．この堆積物は，最終氷期最寒冷期（約21,000年前）以降に起こった氷床融解に伴う汎世界的な海水準上昇によって堆積した．この世界的な海水準上昇をフランドル海進という．日本の有楽町海進に相当する．
〈堀　和明・斎藤文紀〉

フリーエアいじょう　フリーエア異常 free-air anomaly　測定点の標高が高いほど地球の重心から遠くなるので，測定された重力値は小さくなる．そこで，測定値に標高の補正（free-air補正）を行った値と正規重力の差をフリーエア重力異常とよび，単にフリーエア異常ともいう．この操作によって，異なる標高で測定された複数の測定値を，ジオイド面（標高0m）上で測定した場合の値として比較することができる．この標高補正値は地球を回転楕円体とみなして理論的に導くことができる．フリーエア重力異常は測定点下の質量の過不足を表す．よくある間違いとして，「観測点からジオイド面まで穴を掘って重力測定したものがフリーエア異常」というものがある．これはブーゲー異常に近い．⇨ブーゲー異常
〈高田陽一郎〉

フリーフェイス free face　急崖と同義語で用いられ，風化物質が残留できないほど急傾斜の崖で，一般に岩盤が露出する．自由面と訳されることがあるが，露岩面という訳語の方が適切であろう．落石や崩落の発生源であり，その崖の傾斜角は岩質，地質構造，植生の有無，気候などによって異なる．⇨落下，落石
〈石井孝行〉

［文献］Young, A. (1972) *Slopes*, Oliver & Boyd.

プリズムじょうさんりょう　プリズム状山稜 prism ridge　尾根の両側斜面が傾斜20〜60°の直線斜面で，尾根線は明瞭．壮年期的な山地・丘陵に普通にみられる．⇨尾根の横断形（図）
〈鈴木隆介〉

フリッシュ flysch　砂岩と泥岩が交互に繰り返す岩相を示す名称．混濁流によって形成される堆積物で，級化成層やブーマシーケンスで特徴づけられる．混濁流による堆積物はしばしばタービダイト*

とよばれるが，スイスのSimmenthal地方の地層の名称を転用して，フリッシュとよぶことも多い．〈脇田浩二〉

ブリティッシュひょうしょう　ブリティッシュ氷床　British ice sheet　イギリスとアイルランドに発達した氷床で，最拡大時にはテムズ川を南へ押しやった．最終氷期最寒冷期（LGM）には厚さ最大1,500 mに達したとされる．氷床の分布，流動の復元は詳しく高精度であるが，最終氷期最寒冷期にスコットランド北縁・北海でスカンジナビア氷床と接続したか否かについては未解決である．ディベンジアン氷期（最終氷期），ウォルトニアン氷期（ザーレ氷期に対比），アングリアン氷期の3氷期が認識されてきたが，近年ウォルトニアン氷期は否定された．新ドリアス期*に対比されるロッホローモンド亜氷期には，高地の氷河が前進した．〈平川一臣〉

[文献] Benn, D. I. and Evans, D. J.A. (1998) *Glaciers and Glaciation*, Arnold.

プリニーしきふんか　プリニー式噴火　Plinian (-type) eruption　爆発的な噴火で，大量の軽石や火山灰などの火砕物をまじえた噴煙（柱）が，高速で上空高くまで到達するような噴火．イタリアのベスビオ火山の79年噴火記録を残したPlinius (Pliny)にちなむ用語でプリニアン式噴火とも．ベスビアス式噴火ともよばれたが，現在ではほとんど使われない．〈横山勝三〉

ふりゅう　浮流　suspension　流体中を固体が浮遊・懸濁した状態で運搬されること．浮遊あるいは懸濁ともよばれる．特に岩屑粒子が河川中を運搬される場合，河床表面を転動・滑動・跳躍して運搬される掃流と区別される．浮遊状態で運搬される岩屑粒子（土砂）のことは，浮流土砂，浮遊土砂あるいは懸濁土砂とよばれる．岩屑粒子の場合，その密度が水よりも大きいため，この粒子に加わる重力の大きさは粒子に加わる浮力よりも大きい．このため，静水中あるいは層流状態で流れる水中では岩屑粒子は下方へ沈降していく．しかし河川水が流れる場合，一般的には乱流状態にあるため，岩屑粒子には水の乱流運動が引き起こす上向きの力が加わる．そして，乱流運動による力と浮力の和が粒子に働く重力以上になったとき，その粒子は浮流する．一般的に，河川水中を浮流で運搬される土砂の粒径は0.2 mm以下である．ただし，乱流運動に伴う上向きの力が大きい場合には，これ以上の粒径の粒子も浮流状態で運搬されることもある．〈倉茂好匡〉

ふりゅうぶっしつ　浮流物質　suspended matter　水流中のシルトや空気中の埃のように流体中を浮かんで漂っている物質．流体中の乱れがもつ上向きの力が物質の重さよりも大きいときにみられる．〈中山恵介〉

プリュームテクトニクス　plume tectonics　⇨プルームテクトニクス

ふりゅうりょう　浮流量　suspended load　河川水中を浮流状態で運搬される固体の荷重．浮流状態で運ばれている岩屑粒子（土砂）の荷重を表す場合には浮流土砂量と称すことが多い．〈倉茂好匡〉

ブリュンヌせいじきょくき　ブリュンヌ正磁極期　Brunhes normal chron　現在と同じ地磁気の極性は正磁極期とよばれ，過去78万年間続いている．この現在の正磁極期をブリュンヌ正磁極期（Brunhes Normal Chron）という．C1n polarity chronともよばれる．地磁気逆転史の研究の初期には，磁極期に人名をつけることが提案され，1906年に逆帯磁した岩石を発見し，地磁気逆転の存在を推測したフランスの物理学者であるBernard Brunhes (1867-1910)にちなんで，名づけられた．〈乙藤洋一郎〉

[文献] Gradstein, F. (2004) *A Geologic Time Scale*, Cambridge Univ. Press.

プリンサイト　plinthite　レンガを意味するギリシャ語 *plinthos* に由来し，鉄・アルミニウムの酸化物に富み，有機物に乏しい粘土，石英等の混合物．一般に赤色斑紋，通常は板状・多角形状または網状パターンをなし，湿潤な土壌ではコテで切れる程度に軟らかい．一般にプリンサイトはある時期に水で飽和される層，例えば水田の下層土に形成される．粘土質または土粒子の充填状態が極めて緻密な母材において，土層中に停滞する浸透水の影響で酸化と還元が繰り返され，部分的に基質から鉄が還元溶解し，霜降ロース状または縞状に混じり合った模様となる．露出して乾湿を繰り返しても不可逆的に硬化しない程度の鉄の分離した斑紋は，プリンサイトとよばない．不可逆的に硬化した後はラテライト*または鉄石（iron stone）とよばれる．〈前島勇治〉

フリント　flint　英国南部のチョーク*層に産出するチャート団塊のものが有名．緻密で硬い．燧石（ひうちいし）とも．鋭利な破断面をもつので先史時代に石器として用いられた．チョークからなる海食崖の前面基部はフリントの礫浜になっているが（崖の崩落後，強度の小さいチョークはすべて磨滅してしまうため），これが研磨材として働き崖の後退を速めている．〈松倉公憲〉

プルアパートたいせきぼん　プルアパート堆積盆

pull-apart basin 横ずれ断層に付随して発生する盆地．走向移動断層盆地の一種．横ずれ断層の浅部断層面に解放性の屈曲や不連続がある場合，局部的に伸張場（トランステンション）が生じ，主要な横ずれ断層と斜交する二次的正断層群の発達によって伸張変形（プルアパート）が進行する．その結果，断層沿いに狭長で異常に深い地溝状陥没盆地が形成され，横ずれ断層運動が継続している間，堆積中心が一方向に移動する．サンアンドレアス断層に沿ったソルトン海，中央構造線に沿った和泉層群の堆積盆などがその例である． 〈竹内 章〉

ふるい　篩　sieve 円形や方形の浅い枠の底に金網などを張った，礫や砂の粒径を調べるための道具．網目の粗いものを上にして順に細かいものを下にして重ね，試料を上から流し込んだあとに振動を加えながら篩い分けすること（篩い分けという）により，各々の篩に残留した試料の重量を計測し，試料全体の粒度組成を知ることができる．⇨タイラーの標準篩，粒度分析 〈松倉公憲〉

ふるいりゅうけい　篩粒径　sieve diameter 粒度分析のための篩い分けに使われる篩*の目の大きさのこと．地形学や堆積学ではファイスケール*（ファイ尺度）が一般的に使われるが，土壌学，土質工学などの分野では別の粒径尺度が使われている． 〈松倉公憲〉

ふるいわけ　篩い分け　sieving　⇨篩

ふるいわけけいすう　篩い分け係数　sorting coefficient　⇨分級度

フルーテッドモレーン　fluted moraine 氷河の流動方向に直線的に伸びる侵食溝および堤防状堆積地形の列からなる集合地形．フルートとも．十分な伸張の末端が不明瞭に終わる場合が多い．直線的な溝と稜の発端は，氷河底に塗り込められた礫が氷河底面に突出することに始まると考えられている．すなわち，突起物の周囲を氷河が巻き込むように流動することによってその下流側に直線的な空洞が形成され，そこに砂礫が充填されて稜が形成されるとともに，そのすぐ脇には氷体の着底があって侵食溝が形成される．このような氷河底の不均一状態によって列が形成されるというものである．なお，個々の溝や稜は，一義的には，氷食溝・擦痕・ドラムリン・グランドモレーンなどに分類されるべき地形である． 〈澤柿教伸〉

フルート【非氷河の】　flute 垂直に近い岩石斜面の表面に形成される浅い小溝が縦列をなす微地形．カルスト地形のカレン*またはsolution grooveとよばれるものに相当する．フルートは熱帯・亜熱帯地域の花崗岩塊やトアの側面に形成されており，擬似カレン（pseudo karren）ともよばれる．その成因については単にスコールなどによる流水侵食のほかに，地衣類・蘚苔類の生物風化が関与しているという考えもあるが，詳細は不明． 〈松倉公憲〉
[文献] 池田 碩（1998）「花崗岩地形の世界」，古今書院

フルート【氷河の】　flute　⇨フルーテッドモレーン

フルードすう　フルード数　Froude number 河川や開水路において水深hでの流速Uと長波（水位変化や水面変動）の伝播速度$\sqrt{gh}$の比をいい，通常FrまたはFで表す．$Fr=U/\sqrt{gh}$，ここにgは重力の加速度．流れの状態の指標．$Fr<1$の流れを常流*（緩やかな流れ），$Fr>1$の流れを射流*（急な流れ）という． 〈宇多高明〉

フルードのそうじそく　フルードの相似則　Froude's similarity law 重力の影響が支配的と考えられるような水の運動に関する模型実験において満足すべき力学的相似法則．流体運動には重力，粘性力，表面張力，圧力の4つの力が関係するが，これらの力を同時に相似にすることは不可能であるため，粘性力を無視して模型と実物のフルード数*を一致させて実験を行う． 〈宇多高明〉

プルームテクトニクス　plume tectonics 全地球地震波トモグラフィーの精度向上により，670 km不連続面の上部に分布する地震波高速度異常に加え，その下の核/マントル境界面の上部にも広範囲に高速度異常を示す場所（例えば日本付近）がある．一方，南太平洋のタヒチやアフリカなどには核/マントル境界から下部マントル全域に低速度異常が存在することが明らかになってきた．一般に温度が高くなると物質は柔らかくなり，地震波速度が遅くなるが，温度が低いと地震波速度が速くなるので，670 km面の上部に停滞したプレート（周辺と比べて冷たいメガリス）がコールドプルーム（巨大下降流）として間欠的（数億年に一度）に核/マントル境界に落下する．その反流として比較的高温の巨大な上昇流がきのこ雲状に下部マントルから立ち昇る，という大規模なプルームテクトニクス仮説が近年提唱されている．インドのデカントラップのような洪水玄武岩活動はその結果であると解釈されているが，今後，地球物理学的観測，岩石学的検討，室内モデル実験，計算機シミュレーションなどをもとに，さらに実証されていかなければならない発展途上の研究

課題である．プリュームテクトニクスともいう．
⇨メガリス 〈西田泰典〉

ブルカノしきふんか　ブルカノ式噴火　Vulcanian (-type) eruption　火口内でほとんど固結した溶岩がガスの圧力で爆発的に破砕され噴出する噴火．イタリアのリパリ諸島にあるブルカノ火山の噴火に由来．浅間山や桜島などをはじめ，日本に多い安山岩質マグマの火山噴火で普通．（パン皮状）火山弾，火山灰から火山岩塊などの様々な大きさの火砕物が放出され，火山灰などの細粒物質は，噴煙柱で火口上空へ運ばれ，広く風下側に降下堆積する．
〈横山勝三〉

フルグライト　fulgurite　地表の砂や土が，落雷による高温で融解して生じたガラス質の管状岩石．閃電岩，雷管石とも．一種の落雷の化石で，外形は樹根状．通常は管の直径が5～6 cm 以下，長さは数十 cm 以下．なお，山頂などの露岩の一部に落雷によってガラス質部が形成されることがあり，これも一種のフルグライト（rock fulgurite）である．⇨落雷［地形営力としての］　〈横山勝三〉
［文献］Viemeister, P. E.（1983）*Petrified Lightning*. The Lightning Book, The MIT Press. ／Rakov, V. A.（1999）Lightning makes glass, The Dominick Labino Lecture, 29th Annual Conference of the Glass Art Society, Tampa, Florida, 1999.

ブルテ　hummock　高位泥炭地にできる塚状の高まりを指すドイツ語（Bulte）．高位泥炭地に特有な微地形の一つで，通常は高さ数十 cm，直径数十 cm～1 m 程度で，平面形は円形ないし楕円形のものが多い．ほぼ平坦な高位泥炭地の表面に数 m 間隔で無数にできる．北海道では，ブルテの高まりの上にイソツツジやヒメシャクナゲ，ガンコウランが生育し，側面をモウセンゴケやツルコケモモ，ミツバオウレンが覆う．ブルテの間の凹みにはヨシやワタスゲ，あるいはミツガシワなどが生育している．フィンランドやスコットランド，北海道などで規模の大きいものがみられるが，尾瀬ヶ原では高さ 20～30 cm 程度の小さいものが局地的にあるだけである．ブルテは谷地坊主や十勝坊主と混同して用いられることが多く，北海道ではミズゴケが生育しているブルテが谷地坊主とよばれている．　〈小泉武栄〉
［文献］阪口　豊（1974）『泥炭地の地学』，東京大学出版会

プルトン　pluton　地下深所に貫入した火成岩体を総括的に表す言葉で，一般に中〜粗粒の組織をもつ岩体である．貫入岩体の形や構造がよくわからないときに便宜上使う．広義には，交代作用によって形成された花崗岩質の岩石も含む．　〈酒井治孝〉

フルビオカルスト　fluviokarst　河川の侵食作用が卓越するカルスト地形をいう．溶解作用も発生しているが，炭酸カルシウムが飽和に達していない流水が多量に流下し，軟らかい炭酸塩岩を効果的に侵食した場合，同一の地域に溶食地形と侵食地形が共存する．キューバのビニャレスはフルビオカルストの好例とされている．また非石灰岩地域から流入する厚東川によって分断された東の台と西の台をもつ秋吉台のカルスト地形は，部分的にフルビオカルストでもある．　〈漆原和子〉

フルビオグレイシャルたいせきぶつ　フルビオグレイシャル堆積物　fluvioglacial deposit, glacio-fluvial deposit　融氷河流によって運搬された堆積物．融氷河流堆積物とも．流水による淘汰作用による分級がよく成層していること，擦痕礫を含む場合があることから，ティルや河川堆積物と識別される．氷河の周縁のみならず，氷河表面上や氷河内部，氷河下の融氷河流による堆積物も含まれる．アウトウォッシュプレーンやバレートレイン，エスカー，ケイム段丘などの特徴的な堆積地形を生み出す．
〈岩崎正吾〉

フルビオグレイシャルだんきゅう　フルビオグレイシャル段丘　fluvioglacial terrace　⇨融氷河成段丘

プルプルさきゅう　プルプル砂丘　pur-pur dune　ペルーの海岸砂漠に発達する巨大バルハン砂丘（幅 750～850 m，長さ 2.1 km）上に無数の小規模バルハンが乗る複合砂丘を指す．　〈成瀬敏郎〉

フルボさん　フルボ酸　fulvic acid　⇨腐植

フレアード・スロープ　flared slope　乾燥・半乾燥地域にみられる特有の地形で，花崗岩からなるインゼルベルグやボルンハルトの基部など（稀にインゼルベルグ中腹や上部に形成されることもある）に形成されているオーバーハング地形（その下部がスカートを広げた，すなわちフレア化した形態になっているのでこの名が付いた）．大波の形状にも似ているので，ウェイブロックとも．オーバーハングの規模は，高さが 50 cm 程度のものから，最大のものでは，オーストラリアの南西部の Hyden にある Wave Rock において高さ 14 m，長さ 100 m にもなる．成因については，塩類風化，乾湿風化，凍結融解等の風化作用などが主なものとして考えられているが，詳細は不明である．　〈松倉公憲〉
［文献］Twidale, C. R.（1982）*Granite Landforms*, Elsevier.

ブレイク・イベント　Blake event　ブリュンヌ

正磁極期のなかで105～138 kaの年代付近で観察される逆磁極期を，ブレイク・イベントとよぶ．カリブ海，北西大西洋，インド洋から採取された7つのコアのデータから，Smith and Foster (1969)によって発見された．海底堆積物，湖底堆積物，中国のレス，火山岩からも報告されている．ポルトガル沖の堆積物の古地磁気データと，^{14}C，ハインリッヒ・イベント (Heinrich event) 3, 4の対比，d^{18}Oデータの対比による年代データを組み合わせ，ブレイク・イベントの逆磁極期は115～122 kaと推定されている． 〈乙藤洋一郎〉

[文献] 小田啓邦 (2005) 頻繁におこる地磁気エクスカーション―ブルネ正磁極期のレビュー：地学雑誌，**114**, 174-193.

プレイフェアー Playfair, John (1748-1819) 英国の物理学者．友人のハットン* (J. Hutton) の死後，1807年に，彼の難解な「地球の理論 (Theory of the Earth)」を解説した Illustrations of the Huttonian Theory of the Earth を出版して，ハットンの斉一説*を流布するとともに，地形とくに河谷の発達についても考察し，後にプレイフェアーの法則*とよばれた説明によって近代地形学の基礎を与えた．
〈鈴木隆介〉

[文献] Playfair, J. (1802) Illustrations of the Huttonian Theory of the Earth, William Greech. (Facsimile ed., Univ. of Illinois Press, 1956)．/Werritty, A. (1993) Geomorphology in the UK: In Walker, H. J. and Grabau, W. E. eds. The Evolution of Geomorphology: A Nation-by-Nation Summary of Development, John Wiley & Sons.

プレイフェアーのほうそく　プレイフェアーの法則 Playfair's law　イギリスのエジンバラ大学の数学と物理学の教授であったプレイフェアー* (J. Playfair, 1748-1819) が，友人のハットン* (J. Hutton) の難解な著作 (Theory of the Earth, 1795年出版) を彼の死後，平易な文章で解説し，かつ自身の考えを加えた著作 (1802年出版) の中 (pp.102-103) で述べた河川の合流に関する説である．地形学の実証的発展に根本的な影響を与えたので，河川の「協和的合流に関するプレイフェアーの法則」とよばれるようになった．その要点は，①すべての河川は1本の主流（本流）で成り立ち，②その主流は様々な支流から涵養され，③個々の支流はその流域規模に比例する一つの谷を流れており，そして④すべての支流は互いに関係しながら，どの支流も高過ぎも低過ぎもしない高さで主谷（主流）に合流するように見事に調整された勾配をもって，一つの谷群（河系）を形成している，という．⇒協和的合流，合流形態
〈鈴木隆介〉

[文献] Playfair, J. (1802) Illustrations of the Huttonian Theory of the Earth, William Greech (Facsimile ed., Univ. of Illinois Press, 1956).

プレーがたかさいりゅう　プレー型火砕流 Pelée-type pyroclastic flow　成長中の溶岩ドームの一部（基部など）で爆発が起こり，放出物が側方へ（低角度で）射出されて生じる火砕流．側方への射出はブラスト*とよばれる．プレー火山（西インド諸島，マルチニーク島）の1902年の噴火などで生じた火砕流の発生機構が名称の由来．一般に小型で，熱雲*とよばれることもある．長崎県雲仙岳平成新山の1991～1993年噴火で発生した．⇒火砕流
〈横山勝三〉

プレーしきふんか　プレー式噴火 Peléean (-type) eruption　プレー火山（西インド諸島，マルチニーク島）の1902年，29～32年などの活動でみられたような溶岩ドーム（火山岩尖）の形成と熱雲の発生を特徴とする噴火．粘性の高い安山岩～デイサイト質のマグマによる爆発的噴火に特徴的．古くは，より広義に火砕流を伴う噴火に対しても使われたこともあるが，現在ではほとんど使われない．
〈横山勝三〉

プレート plate　プレートテクトニクス*では，地球の表層部で，アセノスフェア*（低速度層*）より上の，上部マントル*と地殻*で構成されるリソスフェア*をプレートとよぶ．地球の表層部は，大小数十個に分断された不定形のプレートが隙間なく敷き詰められた状態で構成されている．プレートの厚さは，海洋プレート*では約80 km，大陸プレート*では約150 kmである．これらのプレートの相対運動によってプレート境界*では，地震や火山活動が多発し，地殻変動の顕著な変動帯*を形成している場合が多い．地球全体の大地形はプレートの運動史を反映していると考えられている．しかし，プレートの区分法や個々のプレートの呼称については諸説があって，まだ定説はない．⇒プレート運動，地形［世界の］　〈鈴木隆介〉

[文献] 瀬野徹三 (1995)「プレートテクトニクスの基礎」，朝倉書店．/貝塚爽平 (1997) 世界の変動地形と地質構造：貝塚爽平編「世界の地形」，東京大学出版会，3-15.

プレートうんどう　プレート運動 plate motion ある基準系に対して記述された剛体としてのプレートの運動．基準系として，下部マントル（メソスフェア）をとるとき，プレートの絶対運動という．下部マントルを基準系にとることは実際には不便なので，具体的に絶対運動を求めるには，ホットスポッ

ト，地磁気極，リソスフェア平均回転系などが，下部マントルに対して不動であると仮定して，これらに対してプレートの運動を求めることが行われる．一方，ある特定のプレートを基準系としてとるとき，プレートの相対運動という．いずれの場合も，プレートの運動は球面上の運動なので，オイラーの定理に基づいて，回転極（オイラー極）と回転角で記述される．大陸を復元する場合には，有限回転を地質時代に遡って逐次適用するが，第四紀以降の運動は，有限回転の時間微分である瞬間回転ベクトル（方向が回転極を向き，角速度の大きさをもつベクトル．オイラー・ベクトルともいう）ω で記述する．この場合，地表面上の任意の地点 x における速度ベクトル v は $v=\omega \times x$（x はベクトル積）と表される．⇨プレートテクトニクス，プレート境界，ホットスポット　　　　　　　　　　　　　〈瀬野徹三〉

[文献] 瀬野徹三（1995）「プレートテクトニクスの基礎」，朝倉書店．

プレートかんじしん　プレート間地震 interplate earthquake　⇨プレート境界型地震

プレートきょうかい　プレート境界 plate boundary　プレートとプレートが接し，互いに相互作用を行う境界．プレートテクトニクスの基本的考えに従うと，諸種の地学的変動が起こる場所となる．プレートとプレートの相対運動の方向性から，①プレートどうしが互いに近づく収束境界（狭まる境界），②プレートどうしが互いに離れる発散境界（拡大境界，広がる境界），および③プレートどうしがすれちがう横ずれ境界（トランスフォーム断層）の三つの境界に分けられる．それらの運動のセンスによって特徴ある変動が起こっている．⇨収束境界，発散境界，横ずれ境界，トランスフォーム断層　　　　　　　　　　　　　〈瀬野徹三〉

[文献] 瀬野徹三（1995）「プレートテクトニクスの基礎」，朝倉書店．

プレートきょうかいがたじしん　プレート境界型地震 interplate earthquake　地球の表層を覆って，水平に移動する十数枚のプレートの境界部で起こる地震．プレート間地震ともよばれる．日本列島の周辺では，東北日本をのせる北アメリカプレートと，千島海溝および日本海溝から沈み込む太平洋プレートとの境界面や，西南日本をのせるユーラシアプレートと，南海トラフから沈み込むフィリピン海プレートとの境界面で，マグニチュード8程度以上の逆断層型地震が発生する．十勝沖地震，東北地方太平洋沖地震，関東地震，東海地震，南海地震などがその例であり，これら地震は数十年から数百年の間隔で繰り返し発生している．
〈隈元　崇〉

プレートテクトニクス plate tectonics　テクトニクスとは，地球の表面で観察される地震，地殻変動，火山活動などの地学的変動がなぜ起きるのかを説明する学問の分野．プレートテクトニクスは，地球の表面が厚さ数十kmの固い岩板（プレート*とよぶ）十数枚で覆われ，それらが互いに動いており，プレートとプレートの接する境界（プレート境界）で，両者の相互作用により諸種の地学的変動が生じるという考え方である．あるいはそのような様式で起こる変動そのものをプレートテクトニクスとよぶこともある．地球の内部のマントルには，ウラン，トリウム，カリウムなどの放射性同位元素が存在し，それらが安定な元素に崩壊することにより熱を発生している．この熱を効率よく逃がすために熱対流が発生する．対流が発生すると，熱境界層とよばれる厚さ100 kmほどの層が地表付近にできる．熱境界層ではその上面から下面にかけて，温度が地表面の0℃からマントル内部の温度1,300℃にまで急激に上がる．マントル物質は，温度が低いほど粘性が大きくなり流動しにくくなるため，熱境界層上部の粘性は極めて大きくなり，力を受けても容易に変形しにくくなる．この粘性の大きい地表付近の層をリソスフェア（岩石圏）とよび，それより下の粘性が小さく流動しやすい層をアセノスフェア（岩流圏）とよんでいる．リソスフェアの厚さは熱境界層の上半分くらいに相当する．このリソスフェアは，ある広がりをもつ一つの単位として数百万年間ほとんど変形せずに振る舞うため，それをプレートテクトニクスでいう固い岩板（プレート）とよぶことができる．リソスフェアが運動すると，互いに接し合う境界（プレート境界*）で変動が起き，帯状に分布する地震活動や火成活動を引き起こす．学説としてのプレートテクトニクスは，大陸移動説，マントル対流説，海洋底拡大説，大洋底の地震の分布とメカニズムの解釈，などを経て，1960年代後半に現在の形に築き上げられ，それ以降，テクトニクスの分野で最も広く受け入れられる説となっている．⇨熱対流，マントル対流，大陸移動説，海洋底拡大説，プレート境界　　　　　　　　　　　　〈瀬野徹三〉

[文献] Cox, A.（1973）*Plate Tectonics and Geomagnetic Reversals*, W. H. Freeman and Company. ／上田誠也（1989）「プレートテクトニクス」，岩波書店．／瀬野徹三（1995）「プレートテクトニクスの基礎」，朝倉書店．

プレーリー prairie ⇨ステップ

プレーリーど　プレーリー土 prairie soil　米国中西部からカナダ中南部に続く広大なプレーリーイネ科草原下に分布する成帯性土壌．冷温気候でステップ草原より湿潤な環境下にある．草本類が卓越するため腐植集積作用が良好で，暗褐色で団粒構造が発達し厚層の腐植質A層が発達する．下位に酸化鉄で褐色になった（ときに粘土の集積）B層が形成され，炭酸カルシウムなどの炭酸塩は下層へ溶脱し，全層とも弱酸性を示す．なお，溶脱の進行したチェルノーゼム*相当土壌とも考えられ，退化チェルノーゼムと別称される．米国の土壌分類では以前ブルニゼム（褐色の土の意味）と分類されたが，現在はモリソルの仲間に分類される．アルゼンチンやウルグアイのパンパ草原地帯にも同様な草原土壌が分布し，ステップ草原下のチェルノーゼムと同様に肥沃であることから世界の穀倉地帯になっている．

〈細野　衛〉

[文献] 松井　健（1988）「土壌地理学序説」，築地書館．

プレーンベッド plane bed　アッパーレジーム*（高流領域）の砂床形の一つ．底面流速がある限界値を超えると出現する平らな砂面で，平坦床あるいは平滑床とよばれる．砂床河川ではアンティデューン*が出現するより少し小さな流速のときにみられる．砂質海岸では，流速が大きい砕波点付近の海底や遡上波帯でしばしば生じており，そこでの流れの状態はシートフロー*となっている．

〈砂村継夫〉

プレカンブリアン Precambrian（Eon）⇨先カンブリア時代

フレクシュラルスリップだんそう　フレクシュラルスリップ断層 flexural-slip fault　地表付近で座屈褶曲が成長する際には，隣り合う層の間に剪断応力が働き，層面すべりが起こることが一般的である．この層面すべり断層をフレクシュラルスリップ断層とよぶ．上位の地層は下位の地層に対して背斜軸方向（向斜軸から離れる方向）へすべる．褶曲軸面を境にして，すべりのセンスは反対方向になるが，いずれも逆断層成分を伴う．新潟県長岡市西方の片貝断層群が典型例．フレクシュラルスリップ断層自体は地震を起こすわけではなく，褶曲構造の成長に伴って活動すると思われる．⇨座屈褶曲

〈堤　浩之〉

[文献] Yeats, R. S. (1986) Active faults related to folding : *In* National Research Council ed. *Active Tectonics*, National Academy Press.

プレッシャーリッジ pressure ridge ⇨テュムラス

ブレッチァーダイク breccia dike　砕屑岩脈の一つで，主に角礫で充填されているもの．また，岩脈を構成する初生岩石が二次的な破砕作用を受けて角礫化したものを含む場合がある．より後期の鉱化作用による鉱石鉱物で角礫間が充填されたものを角礫状鉱脈（breccia vein）という．

〈加藤碵一〉

プレボレアルき　プレボレアル期 Preboreal time ⇨後氷期

ブレンケ pond ⇨池塘

ふれんぞくがたこうぞう　不連続型構造 discontinuous structure　孤立したドーム，盆地やその集合体など連続性を欠く構造によって構成される変動帯の構造形態．古い基盤が浅所にある大陸に典型的に発達する．ドイツ（ゲルマン）型構造ともよばれる．⇨連続型構造，中間型褶曲構造

〈小松原　琢〉

[文献] 垣見俊弘・加藤碵一（1994）「地質構造の解析―理論と実際―」，愛智出版．

ふれんぞくさす　不連続砂州 discontinuous bar ⇨砂浜の地形変化モデル

ふれんぞくせん　不連続線 line of discontinuity　気象要素が急激に変化する場所をつないだ線．一般的には，密度の不連続線である前線*の意味で使われることが多い．同一の気団内でも，地形の影響などで気流に変化が起きると不連続線が形成されることがある．

〈森島　済〉

ふれんぞくてきえいきゅうとうど（たい）　不連続的永久凍土（帯） discontinuous permafrost ⇨永久凍土

ブロウアウトさきゅう　ブロウアウト砂丘 blowout dune ⇨風食凹地砂丘

フローストン flowstone ⇨鍾乳石

フローティル flowtill ⇨ティル

フローフトかくれきがん　フローフト角礫岩

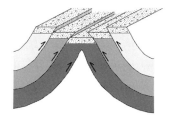

図　フレクシュラルスリップ断層の発達様式を示す模式図
（堤原図）

flow-foot breccia 流動性に富む玄武岩などの溶岩流が海や湖などの水中に流入した際，その先端部が水冷破砕して生じる角礫片で構成される堆積物．陸上の溶岩流の延長部にあたるフローフット角礫岩層は，海底や湖底へ向かって急傾斜し，その形成過程は三角州の前置層の場合と類似する．アイスランドでみられる卓状火山では，山体の最上部を構成する玄武岩溶岩流の下位にフローフット角礫岩層が認められる．⇨水中溶岩流，卓状火山，溶岩三角州
〈横山勝三〉

フローユニット flow unit 溶岩流や火砕流堆積物などの流下堆積物における一つの流れに相当すると判断される認定単位．特に野外（露頭）において複数の流れの堆積物が累重している際に，最小の堆積単位を認定区分するときに使う．多くの場合，複数の流れはその流れの数に応じて累重し，成層構造を示すので，上下の層理面間の堆積層が一つのフローユニットに相当すると考えてよい．ある場所における一つの流れでも，例えば別の場所で障害物に妨げられて複数の流れに分岐し，それらが障害物の背後で累重して堆積すればフローユニットは複数になり，逆に，もともと複数の流れが別の場所で合流合体して一つの流れとして流れて堆積すれば一つのフローユニットになる．一つのフローユニットの堆積物の厚さや層相の特徴は，溶岩流・火砕流・土石流など，それぞれの堆積物で多様である．例えば一つのフローユニットの火砕流堆積物の場合でも，全体がほぼ均質にみえることもあれば，上部と下部とで構成物質や粒度組成の顕著な差異が認められることもある．⇨フォールユニット，クーリングユニット
〈横山勝三〉

プログラデーション progradation 陸域からの海岸への堆積物の供給速度が海水準の相対的な上昇速度を凌駕した場合に，三角州*，海浜*，扇状地海岸*やマングローブ海岸*などの堆積地形（システム）が海側へ前進するとともに，海岸線（shoreline）も前進して平衡を保とうとする作用．進均作用・前進平衡作用ともいう．リトログラデーション*（後退平衡作用）の対語．⇨前進性海岸
〈福本 紘・堀 和明・斎藤文紀〉

［文献］渡辺 光（1962）「地形学」，古今書院．

フロストクリープ frost creep 凍結融解の繰り返しに伴う土層の斜面下方への移動（ソリフラクション*）の一成分で，流動や変形を伴わない移動．凍結時に土層は斜面に垂直方向に凍上するが，融解時には鉛直に近い方向に沈下するために生じる．凍上量を H, 斜面傾斜を q とすると，$H\tan q$ をポテンシャル・フロストクリープとよぶ．地表で発生する霜柱の形成に伴う場合を霜柱クリープ（古い用語では霜食）とよぶことがある．
〈松岡憲知〉

フロストブリスター frost blister ⇨凍結丘

プロセスちけいがく　プロセス地形学 process geomorphology 英語の process geomorphology の直訳語で，地形過程論*と同義．地形プロセス学とも．カタカナ混じり用語を好まない人は地形過程論という．⇨地形学の諸分野
〈鈴木隆介〉

［文献］松倉公憲（2008）「山崩れ・地すべりの力学―地形プロセス学入門」，筑波大学出版会．

プロセス・レスポンスモデル process-response model 斜面上の物質は，斜面勾配に起因する重力と表面流に関係した摩擦による掃流力*によって移動する．斜面下方へ向かう重力の分力は勾配に関係し，掃流力は流量を介して斜面長に関係するので，移動する物質の重量マスフラックスを与える式は主にこれら二つの関数となるが，それを一般に運搬則（transport law）とよぶ．物質を移動させる地形プロセスによってこれら二つに対する関係が異なるので，斜面勾配を I（I_c は限界勾配），斜面長を l（l_c は限界斜面長），比例定数を k_{mn} とすれば，マスフラックス M は一般に，

$$M = k_{mn}(l-l_c)^m(I-I_c)^n$$

と表現される．実際の地形においてはさらに，等高線の曲率に対応した物質の集中度を考慮する必要がある．

雨滴侵食*や土壌匍行*ではそれが斜面勾配にほぼ比例するので $m \fallingdotseq 0$, $n \fallingdotseq 1$，流水による場合は一般に勾配と流量の2乗程度に比例するので m も n も2程度となる．特に I_c と l_c をほぼゼロと見なせる場合，あるいは有効勾配 $I-I_c$ と有効斜面長 $l-l_c$ に対しては，移動物質の集積あるいは逸出による斜面の高度変化は，斜面長を x，勾配を $\partial h/\partial x$，移動物質の密度を ρ_{mn} として，質量保存則の適用により，

$$\frac{\partial h}{\partial t} = \frac{\partial}{\partial x}\left\{\frac{k_{mn}}{\rho_{mn}}x^m\left(\frac{\partial h}{\partial x}\right)^n\right\}$$

で与えられ，一般に拡散式モデルとなる．特に $m=0$, $n=1$ のとき，デービスモデル*である拡散方程式となる．

水流の場合，マスフラックスは流速の2乗程度に比例するといわれているので，流速が勾配に比例するとき，集水面積したがって流量がほぼ一定である河道の特定区間に対して

$$\frac{\partial h}{\partial t} \propto \frac{\partial}{\partial x}\left\{\left(\frac{\partial h}{\partial x}\right)^2\right\}$$

の形となる．これに対して，シャイデッガーが行ったように，$\xi=-\partial h/\partial x$として対象区間内で上式を線形化すると，最終的には拡散方程式に帰着させることができて，河川縦断面形*に固有の凹型曲線が得られる．

斜面上において$m=0, n=1$と$m=1, n=1$の二つのプロセスが作用するという複合的な場合には，プロセス・レスポンスモデルは

$$\frac{\partial h}{\partial t}=\frac{\partial}{\partial x}\left\{(a+bx)\frac{\partial h}{\partial x}\right\} \quad \left(\frac{\partial h}{\partial x}<0\right)$$

となって，解はベッセル関数を用いて示されるが，複合モデル*によるのと類似の斜面発達過程が得られる． 〈平野昌繁〉

[文献] Kirkby, M. J. (1971) Hillslope process-response models based on continuity equation: Inst. Brit. Geogr., Spec. Publ., **31** (Slopes, form and process), 15-30. /Scheidegger, A. E. (1970) *Theoretical Geomorphology* (2nd ed.), Springer.

ブロッキング blocking 中高緯度の偏西風帯*のジェット気流*が大きく南北に蛇行，分流し，偏西風の帯状流が中断されている状態が数日間以上続く状態のこと． 〈森島 済〉

ブロックアンドアッシュフロー block and ash flow 高温のドーム溶岩や溶岩流の一部が崩壊して生じる小規模な火砕流．一般に緻密な（発泡していない）溶岩片（火山岩塊や火山礫）およびその細粒物質（火山灰）で構成される．雲仙普賢岳の1990〜95年の噴火で多数発生した火砕流はこれにあたる． 〈横山勝三〉

ブロックダイアグラム block diagram 地形の立体的描画法で，ある地域の地表の起伏を斜め上空から見下ろしたときのように描いた立体地図．ブロック側面に地質断面を描くことによって地形と地質構造との関係をわかりやすく示すことなどに利用される．作図法には，通常の地形図の等高線を変形座標系とした平行透視図法（一点透視図法）・有角透視図法（二点透視図法）・等尺投影法などがある．近年ではコンピュータを用いて，視点・俯角・高さを任意に変えて簡単に作図できるようになった．

〈河村和夫〉

プロテーラスランパート protalus rampart 多年性雪渓や崖錐斜面の直下にみられる堤防状の岩屑地形．崖錐前縁堤*ともよばれることがある．雪渓や崖錐の末端に落石や土石流によって岩屑が集積して形成されると考えられているが，一部のプロテーラスランパートは岩石氷河*の初期形態であると

の意見もある． 〈福井幸太郎〉

プロテーラスロウブ protalus lobe ⇨岩石氷河

プロデルタたいせきぶつ プロデルタ堆積物 prodelta deposit ⇨三角州堆積物

プロピライト propylite 安山岩・石英安山岩およびその火砕岩が熱水変質した岩石．変朽安山岩・粒状安山岩とも． 〈松倉公憲〉

フロラ flora ある地域に生育する植物の種構成のことで植物相とも．動物のファウナに対応し，地域に分布する全植物種をリストアップしたもの．植生*は群落単位などの個体群で認識されるものであるのに対し，フロラは群落単位にとらわれることなく，日本列島のフロラ（植物相），東京のフロラ，高尾山のフロラなどというように，その地域に分布している全植物種を種レベルで認識して表示する．

〈若松伸彦，小泉武栄〉

[文献] Good, R. (1974) *The Geography of the Flowering Plants*, Longman.

ふんえん 噴煙 eruption cloud, ash cloud 火山の噴火，一般には爆発的噴火で火口上空に煙状に立ち昇る火山ガスや火砕物の混合体．類語の噴煙柱とは，特に区別せず，ほぼ同じ意味で使われることも少なくない．火砕物は，火口周辺や風下側に堆積して，降下火砕堆積物となる． ⇨噴煙柱 〈横山勝三〉

ふんえんちゅう 噴煙柱 eruption column 火山の爆発的な噴火に伴い，火口上空に立ち昇るキノコ雲状の噴煙．噴煙は火山ガスや火砕物（火山灰・火山岩塊など）の混合物で構成され，一般に暗灰色で，火口から上方へ高速で立ち昇り，急激に膨張しつつ上空へ成長する．上空に到達した噴煙柱上部は横方向に広がり，噴煙柱全体はキノコ雲状になることが多い．噴煙柱頂部の到達高度は，通常の噴火では上空数千m以内の対流圏内のものが多いが，稀には上空数十kmの成層圏上部にまで到達する大規模な激しい噴火もある．噴煙柱下部を構成する粗粒の火砕物は火口周辺に噴石として落下したり，火砕流を生じたりする．一方，上空（特に地上約1,500m以上）へ到達した火砕物（一般に細粒）は，上空の風の影響で風下側（日本では偏西風の影響で東方）に流され，噴出源の風下側の広域に降下堆積し，降下火山灰・軽石などの降下火砕堆積物となる．

〈横山勝三〉

ふんか 噴火 eruption マグマが地表に噴出するか，またはマグマが直接噴出しない場合でも，それに関連して気体（火山ガス）や固体（火山岩や非火山岩の岩片）などが地表へ激しく噴出する現象

（火山噴火）．最も重要な火山現象の一つで，種々の基準に基づき様々に分類されている．例えば，①噴火環境（起こる場所）の差異により陸上噴火・水底噴火・氷底噴火に，②噴火が爆発的か否かで爆発的噴火・非爆発的噴火に，③既存の火山体上における噴火場所の差異で山頂噴火・側噴火に，④噴火地点の形状の差異により中心噴火・割れ目噴火に，⑤噴火様式の特徴からストロンボリ式噴火・ブルカノ式噴火・プレー式噴火・プリニー式噴火・その他，などに分類される．これらの差異は，噴出物の性状の差異ひいては火山地形の差異をもたらすので，その理解は火山地形を理解する上で極めて重要である．⇨火山，火山活動，噴火様式　〈横山勝三〉

ぶんかいさよう　分解作用　reduction　風化によって岩石が細片化，あるいは粒状化（disaggregation）すること．物理的風化による現象を物理的（機械的）分解または破砕（disintegration），化学的風化によるそれを化学的分解または変質（decomposition）とよぶ．　〈藁谷哲也〉

ふんかこう　噴火口　crater　⇨火口

ふんかさいがい　噴火災害　volcanic eruption disaster　⇨火山災害

ふんかさいがいのぼうさいたいさく　噴火災害の防災対策　volcanic disaster mitigation　噴火災害を軽減するための対策．主に施設整備をするハード対策と情報を提供して普及啓発を図るソフト対策がある．ハード対策としては火口監視カメラの設置，泥流災害の軽減のための砂防堰堤の設置，火口付近での噴石対策のための避難壕の設置，緊急避難道路の整備などが行われる．また，ソフト対策としては防災マップの作製配布，避難訓練や図上訓練の実施，学校における防災学習の実施などがある．
〈宇井忠英〉

ふんかようしき　噴火様式　style of eruption, eruption type, mode of eruption　マグマそのものおよびマグマ関連物質（火砕物質や火山ガスなど）の地表への噴出のしかた（図）．噴火タイプとも．噴火様式は，マグマの組成や温度，噴出地点の状況

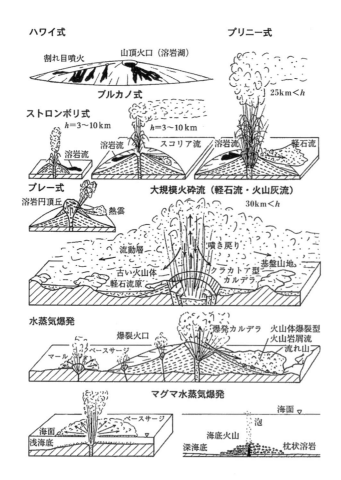

図　主要な噴火様式のイメージ（鈴木, 2004）
h は噴煙のおよその高さを示す．

（陸上，水中，氷底）の差異など種々の要因で多様に変化する．噴火様式の差異は，溶岩か火砕物かなどの噴出物およびそれらの移動・堆積様式の差異，さらにそれらの結果としての火山地形の差異をひき起こす．噴火様式の最も基本的な区分は，噴火が爆発的であるか否かによるものであり，この点に注目すれば爆発的噴火（explosive eruption）と非爆発的噴火（nonexplosive または effusive eruption）に分けられる．後者は，爆発が極めて微弱かほとんど認められず，溶岩が"静かに"流出する噴火様式である．また，爆発的噴火と溶岩の流出が同時に起こる混合噴火もある．さらに，溶岩を伴う噴火や火砕物を伴う噴火などの区分のように，噴出物に基づいて噴火様式を区分することもできる．古くから最もよく使われているアイスランド式・ストロンボリ式・ハワイ式・磐梯式・プリニー式・ブルカノ式・プレー式・ベスビアス式噴火などの区分は，特有の噴火（活動）をした代表的な火山名などを付して噴火様式を区分したものである．噴火様式は，一つの火山の成長発達段階（初期・中期・末期など）や複数の活動期の期間によっても変化し，また，一つの火山における一連1回の噴火期間中でも変化することがある．一方，同一火山で同じ様式の噴火活動が繰り返されることも珍しくない（例：浅間山や桜島などにおけるブルカノ式噴火や阿蘇中岳におけるストロンボリ式噴火など）．⇨噴火，アイスランド式噴火，ストロンボリ式噴火，ハワイ式噴火，磐梯式噴火，プリニー式噴火，ブルカノ式噴火，プレー式噴火

〈横山勝三〉

[文献] Macdonald, G. A.（1972）*Volcanoes*, Prentice-Hall. ／鈴木隆介（2004）「建設技術者のための地形図読図入門」，第4巻，古今書院.

ふんかよち　噴火予知　prediction of volcanic eruption　活火山で噴火発生を事前に予測すること．噴火の直前予知のためには観測計器による観測を常時行い，噴火に至る異常を捉える必要があるが，現状では基礎研究が進められている段階で普遍的に確立した予知手法はない．一方，防災対策を効果的に進めるためには噴火の様式・規模や発生から終息までの期間の長さ，噴火現象の推移，そして将来噴火を起こす火口の位置についての情報が有用である．これらの情報は，長期的な視点で過去の噴火実績に関する定量的な地質調査により明らかにすることができる．〈宇井忠英〉

[文献] 下鶴大輔ほか編（2008）「火山の事典（第2版）」，朝倉書店.

ふんかりんね　噴火輪廻　eruption cycle, cycle of volcanic eruption　長い噴火の休止期（数十年〜数千年）を挟んで，比較的短期間に起こった一連の噴火活動を一輪廻の噴火という．安山岩質マグマの典型的な一輪廻の噴火（図）は，①降下火砕物質の爆発的噴出，②火砕流の噴出，③溶岩の噴出，という順序で経過し，③で噴火が終息する（例：浅間火山1783年噴火）．ただし，②または/および③が起きないこともある．噴火輪廻の特徴はマグマの性質で異なり，一つの火山でも時代によって異なる．大型の成層火山は多くの噴火輪廻が繰り返されて形成される．⇨一輪廻火山，多輪廻火山　〈鈴木隆介〉

[文献] 中村一明（1978）「火山の話」，岩波書店.／鈴木隆介（2004）「建設技術者のための地形図読図入門」，第4巻，古今書院.

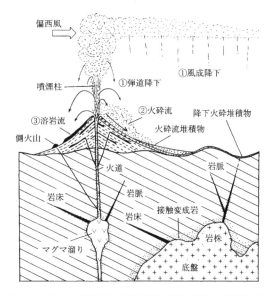

図　火山岩（火山噴出物），半深成岩（岩脈，岩床），深成岩（底盤，岩株）の産出状態およびマグマの噴出状態と一般的な噴出順序（①→②→③）を示す模式図（鈴木，2004）

ふんき　噴気　fumarolic gas　⇨火山ガス

ふんきかつどう　噴気活動　fumarolic activity　火山ガスが噴気孔や噴気地から噴出する現象の総称．⇨火山ガス，噴気孔，噴気地　〈鈴木隆介〉

ふんきこう　噴気孔　fumarole　火山ガスが地下から噴出している場所の総称．噴出する火山ガスの主成分によって硫気孔（solfatara），塩化物噴気孔（dry fumarole evolving anhydrous chrolide），水蒸気孔・水蒸気噴気孔（steam fumarole），炭酸孔（mofette），アンモニア噴気孔（alkaline fumarole），などに細分される．噴気ガスの温度は800〜500℃

の高温（例：塩化物噴気孔）から100℃以下の低温（例：炭酸孔，水蒸気孔）まで多様である．マグマに直接に由来するガスが出る火口内などの一次的噴気孔（primary fumarole）に対して，高温状態の溶岩や火山砕屑物の表面に生じる噴気孔を二次的噴気孔（secondary fumarole）とよぶ．⇨火山ガス

〈鈴木隆介〉

[文献] 岩崎岩次（1970）「火山化学」，講談社．

ぶんきさし　分岐砂嘴　recurved spit　⇨複合砂嘴

ぶんきさんかくす　分岐三角州　lobate delta　⇨鳥趾状三角州

ふんきち　噴気地　steaming ground　噴気（火山ガスや水蒸気）が特定の噴気孔からではなく，噴気地点を特定しがたい地表面からどこともなく噴出している地区をいう．活火山の火口底や火口壁あるいは噴出直後の溶岩や火砕流堆積物の表面にみられる．噴気地の岩盤は熱水変質作用*を受けて変色し，粘土化している場合が多く，温泉地すべり*が発生しやすい． 〈鈴木隆介〉

[文献] 下鶴大輔ほか編（2008）「火山の事典（第2版）」，朝倉書店．

ぶんきひ　分岐比　bifurcation ratio　分岐率ともいう．一つの流域を構成する水路網内の水路をホートン・ストレーラー法で次数区分し，水路網内のω次の水路の数をN_ω，$(\omega-1)$次の水路の数を$N_{\omega-1}$とする．$R_b = N_{\omega-1}/N_\omega$が，$\omega$の値によらず一定であるとみなして，$R_b$を分岐比という．その一定性を分岐比一定の法則という．ホートン（R. E. Horton）はホートン方式で次数区分された水路網でこの比を定義したが，現在では上記の方法での次数区分が一般的である．この関係よりホートンの水路数の法則が導かれる．自然流域の多くはこの法則を近似的に満足するが，次数が有限な場合は，自己相似な流域を表現することができない．⇨水路次数，水路数の法則，徳永の法則 〈徳永英二・山本　博〉

[文献] Tokunaga, E. (1978) Consideration on the composition of drainage networks and their evolution : Geogr. Rept. Tokyo Metropolitan Univ., 13, 1-27.

ぶんきゅうけいすう　分級係数　sorting coefficient　⇨分級度

ぶんきゅうさよう　分級作用　sorting　不均等な固体粒子の集団が，粒子の大きさや形状，密度などに応じてほぼ均等な特性をもつ集団に分別されること．分級，ソーティングともいう．淘汰作用*とほぼ同義だが，堆積学においては特に粒径に関する分別に対して使われる．水流や波浪または風による運搬などの際，サイズ（または密度や形状）により運ばれやすさが異なるため分級が進む．ただし，河床堆積物の下流細粒化に関しては，流れの輸送能力に応じた粒径選別の結果と見る説と，運搬中に起きる砂礫の破砕・磨耗が原因とする説とがあり，すべての場合に分級作用によると断定されてはいない．粉体工学などで人工的に粒子分別を行うことも分級というが，この場合に対応する英語は classification, segregation. 〈遠藤徳孝〉

ぶんきゅうど　分級度　degree of sorting, sorting degree　砕屑物*の構成物質の粒径の揃い方の程度．淘汰度と同じ．粒径が同じ粒子が多く含まれると分級度は高く，分級はよい．さまざまな粒径の粒子が混ざって不揃いだと分級度は低く，分級が悪い．例えば，河川の砂は海浜の砂より分級度は低い．分級度は粒度分布の分布幅である分散度で，2次の積率の平方根で表される．淘汰係数，分級係数，篩い分け係数は，分級度を示す指標．粒度分布の累積曲線での5，16，84，95%値（ϕ_5, ϕ_{16}, ϕ_{84}, ϕ_{95}）を使ったFolk and Ward (1957) の次式が分級度（σ_1）の指標に使われることも多い：$\sigma_1 = (\phi_{84} - \phi_{16})/4 + (\phi_{95} - \phi_5)/6.6$. 簡単な指標としてTrask (1930) の式$S_0 = \sqrt{d_{75}/d_{25}}$も用いられる．$d_{25}$と$d_{75}$はそれぞれ粒径の小さい方から積算して描かれた頻度曲線上で25%と75%に相当する粒径（mm）である．いずれの指標も小さい値ほど分級がよいことを示す．⇨粒度分布 〈増田富士雄〉

[文献] Folk, R. L and Ward, W. (1957) Brazos river bar; a study in the significance of grain size parameters : Journal of Sedimentary Petrology, 27, 3-26.

ぶんきりつ　分岐率　bifurcation ratio　⇨分岐比

ぶんきりゅうろ　分岐流路　anabranching channel　広義には1本の河道と区別して，2本以上に分岐した河道のことで，それらが合流するか否かを問わない．様々な河床勾配・掃流土砂量・河道構成物質の条件下でみられ，河岸満水位であっても安定した川中島などにより分岐状態が維持される．分岐流路の各区間は直線状流路*・蛇行流路*・網状流路*のいずれの場合もありうる．網状分岐流路*は，分岐流路のうち細粒物質で構成される河床勾配の緩い流路形態と理解される．狭義には三角州地帯などでみられる下流に向けて分岐した2本以上の河道で再び合流しないものを指す．この場合，掃流土砂量は少なく，浮流・溶流様式が卓越する．⇨流路形態

ぶんこうそくしょくけい　分光測色計 spectrophotometer ⇨色彩計

ふんさ　噴砂 sand boil ⇨液状化

ぶんさん　分散 variance　個々のデータを数値で示すことのできる試料（サンプル）や集団があるとき，それらのデータが平均値からどれだけばらついて分布しているかを示す統計学的指標．母集団の分散を示す母分散，試料の分散を示す試料分散，試料から母分散を推定するときに用いられる不偏分散などがある．また分散の平方根をとったものを標準偏差*という．　　　　　　　　〈倉茂好匡〉

ふんしゅつがん　噴出岩 effusive rock ⇨火山岩

ふんしゅつぶつ　噴出物 volcanic product ⇨火山噴出物

ぶんすいかい　分水界 divide, drainage divide, watershed　相接する河川流域間の境界線である．分水嶺あるいは分水線ともいう．流域界*と同義にも用いられるが，流域界が一つの閉じた曲線全体を指すのに対して，分水界は，二つの流域界の共有部分の線セグメントまたは一地点の場合に特に限定して用いる場合がある．例えば谷中分水界*は，対向する二つの谷線を延長して結んだ線と，その谷の流域界の共有部分の交点を指す．⇨流域　〈吉山　昭〉

ぶんすいかいいどう　分水界移動 migration of divide, migration of watershed　分水界*の水平位置と高度の移動であるが，普通には前者のことをいう．その原因は，広域的には分水界の両側の流域の諸特性の相対的差異（以下，「→」は分水界の移動方向を示す），すなわち①局所的侵食基準面の高度（低所側の流域→高所側），②流域傾斜（急→緩：不等斜面の法則*），③降水量（大→小），④谷頭侵食速度（大→小：①～③を反映），⑤非対称地質構造（受け盤の流域→流れ盤），⑥地殻変動（断層運動，活背斜などでは多様）などのほか，局所的には⑦河川争奪*，⑧溶岩流，火山岩屑流，大規模な崩落・地すべりなどの谷底への定着やまれに砂丘の発達に伴う天然ダム*の形成などによる流域変更*に起因する分水界移動がある．⇨流域変更，不均等斜面の法則，谷の等間隔性，対接峰面異常，谷中分水界　　　　　　　　　　　　　　〈吉山　昭〉

［文献］高山茂美（1974）「河川地形」，共立出版．

ぶんすいせんセグメント・システムのこうせいほうそく　分水線セグメント・システムの構成法則　laws of composition of divide-segment system　自己相似な流域およびその中に含まれる部分流域の分水界を次数付けされたセグメントに区分することによって導かれる法則．T_{ij}をj次の水路1本に合流するi次の側枝水路の数とする．「分水線セグメントの次数」の項目に図として描かれている水路網は，$T_{12}=T_{23}=1$，$T_{13}=2$，すなわち$a=1$，$c=2$で$T_{ij}=ac^{j-i-1}$を満足する．この式を一般的に満足する水路網は自己相似であると定義されている．すなわち，図中の水路網は自己相似な水路網の特殊例である．分水線セグメントを図に示すように次数区分した上で，j次の流域内のi次の分水線セグメントの数を示すパラメータD_{ij}を定義することにより，分水線セグメント数の法則を導くことができる．ただし，$i=j$なる場合，D_{jj}はj次の流域を取り囲む分水線セグメントのうちの下端にあるものの数である．したがってD_{ii}は常に2である．分水線セグメント数の法則を漸化式で表すと，$j>i+2$に対して，$D_{ij}=(2+a+c)D_{ij-1}-2cD_{ij-2}$となる．ただし，$D_{ii+2}=(2+a)D_{ii+1}+acD_{ii}$，$D_{ii+1}=(2+a)D_{ii}-1$，$D_{ii}=2$である．この式より$D_{ij}/D_{ij-1}$を連分数で表す式や，$D_{ij}$を$a$および$c$で構成される級数和の式を導くことができる．この法則に加えて，次数付けされた分水線セグメントの長さ，勾配，落差の間に，水路長，水路勾配，水路落差に対比される法則が存在することが，実測データに基づいて確かめられている．上記の4法則をまとめて，分水線セグメント・システムの構成法則とよんでいる．⇨分水線セグメントの次数，自己相似な水路網　　〈徳永英二〉

［文献］恩田裕一・徳永英二（1987）分水線セグメント・システムの構成法則と流域の地形：地理学評論，60, 593-612.

ぶんすいせんセグメントのじすう　分水線セグメントの次数 order of divide segment　ある次数の流域のなかには，より低次な流域が複数含まれる．それらの流域の境界および流域と流域間地（inter-basin area）の境界を分水界という．これらの分水界を連ねた線が示す模様は，肢節（texture）とよばれ山地の開析状態や起伏の複雑さを表す．また，分水界を線とみなして，それらを流域の次数に対応させて，次頁の図のように次数付けされたセグメントに区分することができる．これら1本ずつを分水線セグメントという．図が示すように，上流側から下流に向けて分水線が分岐する場合，分岐点を含む線は，2本のセグメントより構成されているとみなす．図には3次の流域が描かれている．この流域を含むさらに高次流域の分水線セグメント（図中一点鎖

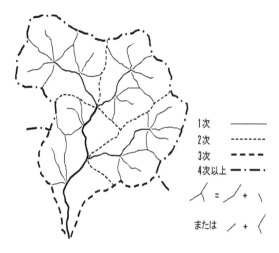

図　分水線セグメントの次数区分（徳永原図）

線で示された）の次数は4以上となる．分水線セグメントの次数とその数に関する法則を，水路数の法則との関係で導くことができる．　⇨流域，流域間地，水路次数，分水線セグメント・システムの構成法則
〈徳永英二・山本 博〉

[文献] Tokunaga, E. (1984) Ordering of divide segments and law of divide segment numbers : Trans. Japan. Geomorph. Union, 5, 71-77.

ぶんすいれい　分水嶺　main divide　山脈・山地の主尾根の日常語．その両側の流域を流れる河川が全く異なる方向の海に流下する主要な尾根であり，分水界*と同義であるが，特にその上の，主要な道路などが通る鞍部をいう場合が多い．大分水嶺ということもある．
〈鈴木隆介〉

ぶんすいろ　分水路　diversion channel　⇨放水路

ふんせき　噴石　*funseki*, ballistically ejected and fallen block　爆発的な噴火で火口周辺に，弾道軌道を描いて飛散落下する火山礫，火山岩塊，火山弾などの岩石片の総称．弾道降下堆積物ともいう．外国では噴石に相当する用語はない．直径数m以上に及ぶ巨大なものもある．通常は火口を中心に数kmの範囲内に落下する．高温の噴石が山火事をひき起こすこともある．　⇨弾道降下堆積物，噴石丘
〈横山勝三〉

ふんせききゅう　噴石丘　cinder cone　スコリア（岩滓）丘に同じ．ただし，噴石は，一般には爆発的な噴火で放出される火山礫や火山岩塊などを意味し，特にスコリア（岩滓）を指す用語ではない．したがって，噴石丘という場合，スコリア（岩滓）丘とは異なる感じを与え，誤解を生じる恐れがあるので，噴石丘は適切な用語ではない．　⇨噴石，スコリア丘
〈横山勝三〉

ふんせんとう　噴泉塔　sinter cone　温泉の湧出地点に生じる温泉沈殿物（温泉華）が噴出口の周囲に堆積して生じた円筒状の小丘．活動中の噴泉塔の頂部に温泉や火山ガスの噴出する孔がある．炭酸カルシウム（石灰華）や珪酸（珪華）で構成される場合が多い．北海道十勝のトムラウシ温泉，白山山麓の岩間温泉，奥鬼怒温泉などのものが有名．　⇨温泉沈殿物
〈鈴木隆介〉

ぶんたい　分帯【地質の】　zoning　次の二つの意味で使用される．①地質構造の特徴，あるいは変成・変質鉱物の組み合わせに基づき，地質体を区分すること．②化石の生存期間に従って区分された化石帯に基づき，生層序学的に地層を区分すること．
〈酒井治孝〉

ぶんだんか　分断化【生態系の】　fragmentation　広範囲に広がる生態系が，人為的行為によって細切れにされ，生態系が孤立していく過程を指す．平地や山麓の森林や湿地では土地開発に伴う分断化が進み，河川ではダム等による上下流域の分断化が進む．
〈中村太士〉

ぶんちょう　分潮　tidal constituent　⇨潮汐

ふんでい　噴泥　jetted mud, boiling mud　何らかの原因（地震動もその一つ）による間隙水圧の上昇によって，地層中の泥（シルト，粘土）・地下水・ガス（メタンガスなど）が混合して液状化し，地表に急速にまたは緩慢ながら連続的または間欠的に噴き出す現象．噴泥が積み重なると泥火山*が生じる．泥質物質と地下水の多い泥炭地，蛇行原・三角州の後背湿地・流路跡地，支谷閉塞低地，堤間湿地などで地震時に発生するほか，火山の噴気地帯や油田・ガス田地帯でしばしば発生する．　⇨液状化
〈鈴木隆介〉

ふんでいりゅう　噴泥流　mudflow from mud volcano　⇨泥火山

ぶんぷがたりゅうしゅつモデル　分布型流出モデル　distributed runoff model　流域の個々の部分における水の挙動を再現し，それを合成することにより流域全体からの流出を再現するモデル．より古典的な流域全体をまとめて扱う集中型流出モデルに比べて，精度のよい予測が可能．コンピュータによる高速計算とDEMの普及にともない利用が一般的になった．DEMとそれに基づく水系網の構築等に依存している点で地形学と関連を持つ．さらに土地利

用などのパラメータも考慮する．ANSWERSのように，流量を推定すると同時に侵食量も推定する分布型のモデルの場合には，流域の地形変化をモデル化するツールとなる． 〈小口　高〉

ぶんりきゅうりょう　分離丘陵 separated hillock　山地の本体から，断層で生じた低まり（断層鞍部*）によって隔てられた高まり．かつてはケルンバット*ともいわれたが，現在では使用しない．断層の地形的指標の一つとなりうるが，差別侵食や大規模地すべりによる地形とまぎらわしいこともある．なお，山地の本体から離れて平地に島のように孤立している島状丘を分離丘陵とよぶ場合もある． ⇨島状丘（しまじょうきゅう） 〈田村俊和〉

ぶんりゅう　分流 anabranching channel　1本の河川が下流へ向かって枝分かれして流れることまたはその流れ．分岐流路*，派川（はせん）*ともいう．分流は河川沿いの自然堤防が破堤し，河川が分岐するために形成される．ただし，扇状地や自然堤防帯（蛇行原*）の河川の場合は，分流の勾配がもとの河川に比べて急なため，分流が新たな本流となり，もとの本流が放棄されることが一般的で，分流の状態が長く続くことはない．一方，三角州では，本流と分流の河床勾配が共に小さく，ほぼ同じであるため，分流が維持され，分岐流路または網状分岐流路*が発達する．　⇨河川の変成 〈島津　弘〉

へ

ペアノりゅういき　ペアノ流域　Peano basin　フラクタル幾何学が確立するはるか以前にペアノ (G. Peano, 1890) は2次元面を充填する曲線を考えていた．B. B. Mandelbrot (1997) は図 (左) のような決定論的に自己相似な流域で構成された島を考案し，それをペアノの考えに留意してペアノ島と命名した．現在はこの図形そのものをペアノ流域と呼んでいる．水路は，自然流域では2本に分岐するが，ペアノ流域では常に3叉に分かれる．この点において両者は本質的には互いに異なるグラフであるが，図 (右) にある近接する分岐点の間の距離を無限小としたものが左図のペアノ流域であると考えれば，その中の水路をホートン・ストレーラー法で次数区分することができる．ペアノ流域は自然流域と本質的な相違点を有するものの，自己相似な流域の幾何学的構造を理解するためには有効なモデルである．また，この流域は，徳永の法則を満足する流域の特殊例であると考えられている．⇨水路次数，自己相似な水路網，徳永の法則　〈徳永英二・山本　博〉

[文献] Dodds, P. S. and Rothman, D. H. (2000) Scaling, universality, and geomorphology : Ann. Rev. Earth Planet. Sci., 28, 571-610.

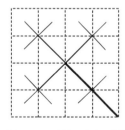

図　ペアノ流域と水路の次数区分の考え方　(徳永・山本原図)

ヘアピンさきゅう　ヘアピン砂丘　hairpin dune　⇨放物線型砂丘

へいあんかいしん　平安海進　Heian transgression　平安時代の9〜12世紀にかけて起こったと考えられている 海進*．　〈堀　和明・斎藤文紀〉

へいかつかいがん　平滑海岸　smooth profile beach　⇨茂木の海浜型

へいかつかいがんせん　平滑海岸線　smooth shoreline, graded shoreline　①リアス海岸状を呈する急傾斜の屈曲した海岸から海食輪廻が進行して，侵食による岬の後退と湾の入口を横切る 沿岸州* の形成により次第に単調な海岸線が形成され，全体的な海岸線の後退を伴いつつ，最終的にはほとんど直線状の海岸線となる．このときの海岸の縦断面形は，入射する波浪のエネルギーを吸収するような平衡断面となる (graded shoreline)．海食輪廻が進行し平衡状態にある 平衡海岸線* と同義で仮想的海岸線をいう．②一般的用法として，直線状や屈曲の非常に少ない弧状の海岸線の形状を意味する．⇨海食輪廻　〈福本　紘〉

[文献] Johnson, D. W. (1919) *Shore Processes and Shoreline Development*, Columbia Univ. Press (Facsimile ed., Hafner, 1965).

へいかつかせん　平滑河川　graded river　⇨平衡河川

へいかつしゃめん　平滑斜面　graded slope　単位斜面において，傾斜の急変する部分がみられないなめらかな斜面．土壌や岩屑に覆われており，露岩のないことが特徴で，これは風化と風化物質の移動とが釣り合っているため，と考えられている．平衡斜面とも．⇨風化限定　〈山田周二〉

[文献] Young, A (1972) *Slopes*, Oliver & Boyd.

へいきょくせん　閉曲線【地形図の】　closed contour (of map)　狭い範囲を周回して閉じている等高線．山頂部や島状丘* などの突出地や 凹地* などを示している．⇨等高線，おう地　〈宇根　寛〉

へいきんかい(すい)めん　平均海(水)面　Mean Sea Level, MSL　長期にわたり一定の時間間隔で測られた海面の高さを平均したもの．永年平均海面．⇨潮位，潮汐基準面　〈砂村継夫〉

へいきんこうちょうい　平均高潮位　Mean High Water Level, MHWL　すべての高潮面を長期間に

わたって平均して求めた潮位*.　　　〈砂村継夫〉

へいきんすいい　平均水位　mean water level　河川水位の観測資料に基づいて得られた，ある期間（通常は年単位）の平均の水位をいう．　〈砂田憲吾〉

へいきんちきこうがく　平均値気候学　classic climatology　個々の気候要素*，あるいはその組み合わせの平均値で気候を表現し，その地域の気候特性を表現する学問．平均値以外にも極値（最高値・最低値），値域などが使われることもある．静的気候学ともよばれることがある．　〈野上道男〉

へいきんちょうい　平均潮位　Mean Tide Level, MTL　すべての高潮面と低潮面をそれぞれ長期間にわたって平均して求めた潮位の中間の水位．平均海面*とは必ずしも一致しない．　〈砂村継夫〉

へいきんちょうさ　平均潮差　mean tidal range　すべての高潮面と低潮面の高さを，それぞれ長期間にわたって平均して求めた海面の高さの差．　〈砂村継夫〉

へいきんていせん　平均汀線　mean-water shoreline　⇨汀線

へいきんていちょうい　平均低潮位　Mean Low Water Level, MLWL　すべての低潮面を長期間にわたって平均して求めた潮位*．　〈砂村継夫〉

へいきんは　平均波　mean wave　10分ないし20分間の連続した波浪記録の中のすべての波の波高と周期を平均した値に等しい波高（H_{mean}）と周期（T_{mean}）をもつ波をいう．　⇨有義波　〈砂村継夫〉

へいきんりゅうけい　平均粒径　mean diameter　⇨粒度分布

へいきんりゅうそく　平均流速　mean velocity　水流に垂直な断面内の各点で測定した流速を平均したもの．　〈宇多高明〉

へいきんりゅうろちょう　平均流路長【DEMによる】　mean flow length（using DEM）　ある注目点の上流域（流域内）のすべての格子点からその点までの流路長データは格子点数だけある．この流路長データの頻度分布から得られる平均値を平均流路長とよぶ．つまり流域内の流路長総和を格子点数で除した値である．この計算はDEM上のすべての点について計算できるので2次元マトリックスに収納される．合流がなければ流路長と平均流路長は等しい．流域面積の自動計算と同じで，ある注目点について，上流域がすべて閉じている（DEM範囲外からの流入のない）流域である場合にだけ計測できる．　〈野上道男〉

へいこう　平衡　equilibrium, grade　地形とそれに働く営力との間でバランスがとれ，地形変化が起こらない安定な状態．グレードとも．静的平衡と動的平衡とがある．例えば，「河川が静的平衡にある」とは，侵食も堆積も起こらない状態である．一方「動的平衡にある」とは，侵食が生じるがその分が堆積によって補填され地形変化が起こらない状態である．⇨平衡河川　〈島津弘〉

へいこうかいがんせん　平衡海岸線　equilibrium shoreline　侵食・運搬・堆積の均衡がとれ，長期間にわたって断面や平面形の変化がないと仮想される形態の海岸線．平滑海岸線*の①と同義．　〈福本紘〉

へいこうかせん　平衡河川　graded river　平衡状態にある河川．平滑河川とも．河川の平衡状態の概念には，流水のエネルギーと河床の抵抗との力学的つり合いによる侵食も堆積も起こらない静的な平衡状態や，運搬物質の量と運搬能力とのつり合いによる侵食と堆積がつり合った動的な平衡状態がある．しかし，実際の河川では全区間にわたって地形変化のない状態が出現することは難しいし，少なくとも長い時間を取れば，河川は徐々に侵食していくものであるから，厳密な意味で平衡状態が継続する河川は存在しないといえる．デービス*（W. M. Davis）は侵食輪廻説*において，壮年期に達し，侵食と堆積がある程度つり合いを保って，平滑で下に凸の縦断面形をもつに至った河川のことをgraded river（平滑河川）とした．またMackin（1948）は，長期間にわたって流域から供給された土砂を運搬するのに適切な勾配に調節された河川を平衡河川とし，このような河川は何らかの条件の変化が生じるとそれを吸収するように平衡の関係を変化させるという特徴をもつとした．このように，平衡河川は流量や運搬土砂の変化に対しての河道の調節作用（adjustability）と，ある程度の河道形状の安定性（stability）をもつ河川あるいは河川区間であるという概念や，川は定常状態を目ざして流水の位置エネルギー消費速度を最小にすべく調整した結果であるという概念も提唱されている．⇨平衡河川縦断形　〈島津弘〉

［文献］Mackin, J. H. (1948) Concept of the graded river : Bull. Geol. Soc. Amer., **59**, 463-512.

へいこうかせんじゅうだんけい　平衡河川縦断形　longitudinal profile of graded river　河川が平衡状態となったときにどのような縦断形を取るかという問題は古くから存在した．四分円，サイクロイドの弧，双曲線，放物線などさまざまな形が提示されて

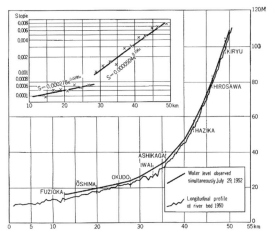

図　平衡河川の縦断面形の例（渡良瀬川）（Yatsu, 1955）

きた．礫の摩耗が指数曲線の河床縦断形をつくるというH. Sternberg（1875）が提示した理論や堆積物のさまざまな性質の変化が指数関数的であることを示したW. C. Krumbein（1937）の研究などをふまえて，実際の河川の縦断形が指数曲線となることが河床堆積物の粒径の指数関数的減小との関係から示されてきた．その結果，平衡河川の縦断形（平衡断面）は指数曲線であるという考え方ができた．しかし，Yatsu（1955）の一連の研究により，平衡河川と考えられる沖積河川においても堆積物の粒径変化の不連続性のため一つの指数曲線では表せないことが示された．特に顕著な扇状地末端における不連続性は，河床堆積物が礫から砂になるときに，その粒度分布が不連続的に急変することで説明された．同様に，蛇行原の蛇行流路から三角州の分岐流路に変化する地区でも縦断形が不連続になる（山本, 1991）．その後，指数曲線のほか直線，対数曲線，べき関数曲線と実際の河川の縦断面形との適合性を調べるなどの研究が行われている．　　　　　〈島津　弘〉

［文献］Yatsu, E.（1955）On the longitudinal profile of the graded river : Transactions American Geophysical Union, 36, 655-663. ／山本晃一（1991）「沖積河川学」，山海堂．

へいこうがんみゃくぐん　平行岩脈群　parallel dike swarm　⇨岩脈

へいこうこうたい　平行後退【斜面の】　parallel retreat　⇨斜面発達，ペンクモデル

へいこうさきゅう　並行砂丘　parallel dune　海岸線にほぼ並行に伸びる砂丘で，横列砂丘をなすことが多い．砂漠ではその地域で卓越する砂丘方向に並列する砂丘をいう．　　　　　　　〈成瀬敏郎〉

へいこうさす　平行砂州　parallel bar　浅海域において海岸線とほぼ平行に走る細長い，砂礫の高まり（沿岸砂州*）で，通常水面下にあるものをいう．　　　　　　　　　　　　　〈砂村継夫〉

へいこうしゃめん　平行斜面　parallel slope　⇨直線斜面

へいこうしゃめん　平衡斜面　graded slope　⇨平滑斜面

へいこうしゅうきょく　平行褶曲　parallel fold　⇨褶曲構造の分類（図）

へいこうじょうかけい　平行状河系　parallel drainage pattern　⇨河系模様（図）

へいこうすいおん　平衡水温　equilibrium water temperature　⇨水温

へいこうせん　平衡線　equilibrium line　氷河上で年間の涵養量と消耗量が等しく，質量収支が0になる点を結んだ線．涵養域と消耗域の境界で均衡線ともいう．雪氷学的には年々の質量収支から決定されるが，地形学的には平衡状態にある氷河を想定して決定されることが多い．　　〈青木賢人〉

へいこうせんこうど　平衡線高度　equilibrium line altitude（ELA）　雪氷学的には年々の平衡線の高度，地形学的には平衡状態にある氷河を想定した平衡線の高度を指すことが多い．気象の変化や長期的な気候変動によって上下することから氷河変動の指標として用いられる．地形学では氷河地形に基づいて復元した氷河から平衡線高度が算出される．その方法には氷河の比高の比を用いるTHAR法，MEG法，表面積の比を用いる涵養域比（AAR）法などがあり，算出した平衡線高度をsteady-state-ELAあるいは地形的雪線高度と記すこともある．
〈青木賢人〉

へいこうそうり　平行層理　parallel bedding　⇨層理

へいこうだんそう　平行断層　parallel fault　⇨断層の分類法（図）

へいこうだんめん　平衡断面【河道の】　graded profile（of river）　⇨平衡河川縦断形

へいこうてきはったつ　平衡的発達【斜面の】　uniform development（of slope）　⇨同形発達

へいこうとうしずほう　平行透視図法　parallel perspective　⇨ブロックダイアグラム

へいこうばん　平行盤　parallel dip　⇨斜面分類（図）

へいこうばんしゃめん　平行盤斜面　dip slope, parallel dip slope　斜面の傾斜方向における地層の相対傾斜と斜面傾斜が一致している斜面　⇨斜面分

類（図），相対傾斜（図） 〈中西 晃〉

へいこうふせいごう 平行不整合 parallel unconformity, disconformity 不整合面をはさむ上下の地層面が互いに平行な場合の不整合*．広義の平行不整合は，不整合面を境にその上下で地層の構造が変化しない場合をいい，狭義の平行不整合はその境界部に侵食面が認められるものをいう．侵食面は確認できないが，上下で堆積間隙がある場合を準整合またはパラコンフォーミティとよぶ． 〈松倉公憲〉

へいこうようり 平行葉理 parallel lamination ⇨葉理

へいさおんど 閉鎖温度 closure temperature 放射年代測定において，開放系から閉鎖系になる閾温度のこと．冷却する岩石における厳密解をDodson（1973）が導入．測定法と鉱物種により大きく異なるため，複数の見掛け年代と閉鎖温度の組から，岩石の冷却史を定量的に復元できる．⇨放射年代測定 〈田上高広〉

［文献］Dodson, M. H. (1973) Closure temperature in cooling geochronological and petrological systems : Contributions to Mineralogy and Petrology, 40, 259–274.

へいさけいピンゴ 閉鎖系ピンゴ closed-system pingo ⇨ピンゴ

へいさりゅういき 閉鎖流域 endorheic basin, closed drainage system 流域内で集水される降水や融解水がほかの水体（河川や海洋）に流出しないような流域を閉鎖流域という．その凹部には閉塞湖（endorheic lake, closed lake）が形成される． 〈柏谷健二〉

ベイサルタフォニ basal tafoni ⇨タフォニ

ベイサルティル basal till ⇨ティル

べいじょうぶ 袂状部 meander spur ⇨蛇行袂状部

へいしんすべり 並進すべり translational slide マスムーブメントをfall, topple, slide, spread, flowに分類したときのslideの中の一つのタイプ．すべり面の断面形状がほぼ直線状のもの．⇨地すべり 〈松倉公憲〉

へいすいい 平水位 ordinary water level 河川水位の観測資料に基づいて得られた，1年のうち185日はこれより下がらない水位．6カ月水位ともいう．これに対応する流量を平水量という．平水位は年平均水位と必ずしも一致せず，一般にはそれより少し低い． 〈砂田憲吾〉

ヘイスタック haystack hill カルスト化作用で形成される凸地形で，斜面下部が急斜面で垂直に近い残丘であり，平地に孤立してそそり立つ地形を示す用語である．語源はスペイン語由来である．キューバのビニャレス（Viñales）では，カルスト地域の残丘をモゴーテとよぶ．ビニャレスは単純な溶食による残丘ではなく，河川の影響も受けているフルビオカルストであるとされている．モゴーテには数段の洞窟（洞穴）の痕跡があり，地下水の基準面の低下が間欠的に起った結果であることを物語っている．このような凸地形は地方によって呼び名が違い，プエルトリコではペピノまたはヘイスタック，フィリピンではティトヒル*とよぶ． 〈漆原和子〉

へいそくきゅう 閉塞丘 shutter ridge 河流や谷を塞ぐように位置する丘陵状ないし尾根状の地形．活断層の横ずれ変位によって形成されたものを指す場合が多い．⇨横ずれ断層 〈金田平太郎〉

へいそくこ 閉塞湖 closed lake, endorheic lake ⇨閉鎖流域，開放湖

へいそくぜんせん 閉塞前線 occluded front 温帯低気圧に伴う前線*の一つ．一般に寒冷前線の方が温暖前線よりも進行速度が速いため，寒冷前線が温暖前線に追いつき，暖気が地表付近から上空へもち上げられて生じる． 〈森島 済〉

へいそくだこう 閉塞蛇行 inclosed meander, enclosed meander 穿入蛇行*と同義．河川全体の区間ごとに掘削蛇行*と生育蛇行*の両者が存在する河川の穿入蛇行を一括してよぶときに用いられたが，この用語の必要性が低いため，現在では使用されない． 〈鈴木隆介〉

へいたんかさよう 平坦化作用 planation 起伏をもつ陸地が削剥されて平坦面ないしほぼ平坦な緩傾斜面になる地形過程．低平化，面状（面的）削剥とも．河流の側方侵食（側刻），乾燥地域における斜面の平行後退によるペディメンテーション，寒冷地域における周氷河作用によるクリオプラネーションが主な平坦化作用である．日本では河川側刻による谷底侵食低地や侵食扇状地が平坦化作用に起因する地形種の例である．⇨削剥，ペディメンテーション，クリオプラネーション 〈鈴木隆介〉

［文献］Suzuki, T. (1982) Rate of lateral planation by Iwaki river : Trans. Japan. Geomorph. Union, 3, 1–24.

へいたんち 平坦地 flat land ほぼ水平の平らな土地．成因や規模を問わない記載用語であり，日常語でもある． 〈鈴木隆介〉

へいたんはしょくめん 平坦波食面 horizontal shore platform ⇨波食棚

へいたんめん 平坦面 erosion（planation）

surface ほぼ平坦な地表面であるが，堆積面でなく侵食平坦面を指す場合が多い．ただし，成因用語でなく，地表形態の記載用語である．⇨侵食平坦面，斜面分類 〈鈴木隆介〉

へいち　平地　flat land　形成過程や面積を問わず平坦な土地．「ひらち」ともいう． 〈鈴木隆介〉

へいちょうかいざん　平頂海山　guyot, table-mount　海山*のうち頂部が平坦となったもの．ギョーともよばれる．西太平洋に分布する海山のうち，頂部の水深が約2,000 m程度より浅いものは，ほとんどが平頂海山．現在は沈水しているかつての海洋島が，波食を受け切頭されるとともに，頂部を造礁サンゴが覆うことで頂部の平坦面が形成された． 〈岩淵 洋〉

へいちょうてきはったつ　平調的発達【斜面の】　uniform development（of slope）⇨同形発達

へいちょうほう　平頂峰　flat-topped crest　頂部がほぼ平坦ないし小起伏な山頂や尾根をいう．台状山稜*とほぼ同義．メサはその大規模なもの． 〈鈴木隆介〉

へいにゅうがんたい　迸入岩体　intrusive body ⇨貫入岩体

へいねんち　平年値　normal　気候要素の累年平均値をいい，その要素の正常な状態を示すとされる．統計年数は30年間と世界気象機関*（WMO）が定めている．西暦年号の一の位の数が，1の年から連続する30年間の平均値を，この期間に続く10年間の平年値とする．つまり，2011年からの10年間は1981～2010年の平均値を用いて，10年ごとに更新する．30年間に欠測がある場合は，資料年数が8年以上23年以下の場合は準平年値とよんでいる． 〈山下脩二〉

へいばん　餅盤　laccolith　⇨火成岩の産状

へいばん　平板【測量の】　plane table　⇨平板測量

へいばんそくりょう　平板測量　plane table surveying　平板（三脚に固定する木製の板），三脚，アリダード，求心器，巻尺，ポール，スタッフなどの器具を使用して地形図を作成する測量．既設の図根点*上に平板を設置し，アリダードを用い複数の隣接図根点で方向を固定する．この状態で，アリダードで測定する地物の方向を定め，巻尺などで距離を測定する．この手順で地形・地物を平板上にプロットし，地形図を作成する．比較的簡単な器具で測量できるが，練度が必要なため，地形図の品質は測量者の能力に大きく依存する．また最近では，IT技術の発達，地形図の電子化により，TS地形測量*にとって代わられている．⇨アリダード 〈正岡佳典・河村和夫〉

べいぶせつだん　袂部切断　meander cutoff ⇨蛇行切断

ペイブメント・カルスト　pavement karst　水平に近い層理をもつ炭酸塩岩が土壌や植生に覆われ，溶食を受けたのち急な植生破壊や土壌流失を受けると，地表下の溶食地形が露出し，地表にあらわれる．その際，節理に沿って深く溶食された部分（グライク*）と，平坦な層理に沿って比較的平坦な道路の舗石（クリント*）が続いているようにみえる部分が生じる．イギリス北西部，ヨークシャーのイングルバラやマランターンでは，台地上にこのような溶食地形が広く分布する．これをペイブメント・カルストとよぶ．ライムストーン・ペイブメントともよばれる．この地域は，最終氷期に氷食作用を受けた地域であるが，後氷期には泥炭や疎林に覆われていた．しかし製鉄のため森林伐採が進んだことと，その後放牧地となったため，土壌流失が進行し，ペイブメント・カルストになったとされている．小規模なペイブメント・カルストは，スロベニアにも存在する．水平な層理をもつ石灰岩からなる地域の土壌流失が起こった地域に分布する． 〈漆原和子〉

へいめんちょっかくざひょうけい　平面直角座標系　plane rectangular coordinate system　準拠楕円体を一定の地図投影に基づいて平面上に表示し，決められた原点からの直交座標(x, y)で位置を扱う測量体系．都府県程度までの比較的狭い範囲の測量を行う場合に用いられる．日本では投影にガウス・クリューゲルの等角投影法が用いられており，国土交通省告示により全国が19の座標系に分割され，座標系ごとに座標原点の経緯度とその適用範囲が定められている．x軸は座標原点の子午線に一致し北が正，y軸は座標原点においてx軸に直交し東が正である．xとyの方向や符号は国によって異なるため注意が必要． 〈宇根 寛〉

へいや　平野　plain　起伏が小さくある程度の空間的な広がりをもった低い土地．河川下流部や臨海域に発達する低平な土地を指す．成因的には，堆積物の堆積によって形成された堆積平野と，侵食作用によって平坦化された侵食平野とに区分される．日本では台地（段丘）と低地を一括して平野とよぶ．一方，世界的には様々な地形の組み合わせからなる低平な土地もしばしば平野とよばれ，山地や高地と区別されるが，それらの地形に対しては平原の語を

あてることが多い．侵食平野には長期にわたる侵食作用によって平坦化された準平原のような広大なものや，ほぼ水平に堆積した堆積岩の軟岩が侵食作用によって削剥され，露出した硬岩が広く平坦な面をつくる構造平野などがあり，乾燥地域にはペディメントが広く連続するペディプレーン*などもみられる．堆積平野には主として河川の作用によって堆積した堆積物からなる河成平野，海や海岸域の作用によって堆積した堆積物からなる海成平野，風の作用によって堆積したレスなどの堆積物からなる風成平野，融氷河成河流堆積物によって構成されるアウトウォッシュプレーン*などがある．河川の作用は沖積作用とよばれるため，わが国では現成の河川堆積物によって構成される平野は一般に沖積平野とよばれている．また，海成平野の多くは海岸域に立地しているため，海岸平野*とよばれることが多いが，このような浅海底が離水し，浜堤列や砂丘などが分布する堆積性の平野を指す場合のほか，海岸平野には米国東部のアパラチア山脈の東に広がる海岸平野のような海岸域に分布する構造性の平野を指す場合もある．堆積平野の形成される場所は沈降域にあたっているところが多く，特に臨海域では第四紀後期の海水準変化の影響をうけた軟弱な海成堆積物が堆積している．わが国では関東平野，濃尾平野，新潟平野，石狩平野などの多くの平野が第四紀の地殻変動に伴う顕著な沈降域に分布している．日本の平野では更新世の地形面からなる台地と，現在の河川の作用によって形成されている沖積低地とが区分されることが多いが，十勝平野，関東平野，三河平野（岡崎平野）などでは台地の占める比率が高い．一方，特に著しい沈降のみられる新潟平野や濃尾平野の西部などでは沖積低地の占める比率が高く，台地はほとんどみられない． 〈海津正倫〉

へいやのちけいぶんるい　平野の地形分類【日本における】 classification of plain（in Japan）　わが国の平野の地形は更新世に形成された台地・段丘と更新世末期から完新世の最終氷期最寒冷期以降に形成された沖積低地とからなり，台地・段丘については段丘面，段丘崖などが区分され，構成物質，形成時期などに基づいた地形面区分が行われるとともに，地形形成過程が地形形成環境の変化との関係のもとに検討されている．沖積低地でも沖積面の区分が行われるほか，扇状地，氾濫原（蛇行原*とも），三角州という平野の基本的な地形についてさらに詳しく分類し，自然堤防，後背湿地，ポイントバー，旧河道，砂丘，浜堤，堤間低地などの微地形を区分した地形分類図が作成され，地形形成の解明や防災などに役立てられている． 〈海津正倫〉

へいやのぶんぷ　平野の分布 distribution of plain　平野の分布は規模，分布域の自然環境など様々な観点から述べることができる．大規模な平野としては構造平野，氷礫土平野などをあげることができ，その広がりは数百kmにも達して大陸の一部をなす．また，氷礫土平野やペディプレーンなどの分布は過去および現在の周氷河地域や乾燥地域など特定の気候条件と関係をもっている．河川の中・下流部には氾濫原（蛇行原）や三角州が形成されているが，特にナイル川，ガンジス川，メコン川，ミシシッピ川などの世界の大河川の下流部には広大な三角州が発達している．わが国の平野は更新世に形成された台地・段丘と完新世に形成された沖積低地によって特徴づけられるが，その分布は主として第四紀における地殻変動と関係しており，関東平野，濃尾平野，新潟平野，石狩平野などの大平野の多くは沈降域に形成されている．また，台地・段丘と沖積低地との面積比も地殻変動と関係しており，根釧原野，三本木原台地，関東平野，岡崎平野などでは台地の占める比率が高く，石狩平野，新潟平野，濃尾平野などでは沖積低地の占める比率が高い．⇨平野 〈海津正倫〉

へいりゅうかせん　並流河川 parallel stream　接峰面*の最大傾斜方向ではなく，大局的には接峰面の等高線に並行するように流れる河川（例：養老山地南端部の多度川の一部）．その谷を並流谷（へいりゅうこく）とよぶ．地殻変動や基盤岩石に対する選択侵食*で生じる．⇨対接峰面異常（図） 〈鈴木隆介〉

ベイルきょくせん　ベイル曲線 Vail curve　エクソングループのP. R. Vailを中心にして提案された顕生代の海水準変動曲線．Vailらは，石油開発などで得られた震探断面の反射面を同時間面とみなし，不連続面を追跡して層序区分を行った．反射面の終端が下面に対して広がっていく沿岸オンラップを海水準の上昇と解釈して，長期間の海水準変動を復元した．沿岸オンラップ曲線ともよばれる．沿岸オンラップと海水準変動の関係が明らかでないことから，地層の層相を加味して修正された海水準変動曲線がハック曲線*にあたる． 〈堀　和明・斎藤文紀〉

へいれつこ　並列湖 oriented lake　形状や面積が類似し，しかもその長軸方向が一定方向に揃った形で密集して分布する湖沼群．永久凍土帯における融解湖，砂丘地域における砂丘間湖*にみられる．世界的に著名な米国カロライナベイとよばれる並列

湖沼群（約50万個）は氷期の海岸砂丘間凹地に生じたものといわれている． 〈鹿島　薫〉

へいれつらせんりゅう　並列らせん流　double helical (helix) flow　⇨らせん流

ページがん　頁岩　shale　けつがん（頁岩）の誤読． 〈鈴木隆介〉

ページしょうげきしけん　ページ衝撃試験　Page impact test　岩石や金属などの衝撃に対する抵抗性を計測して，靭性や脆性を評価する衝撃試験の一種．直径と高さがともに2.5 cmの円柱供試体に対して，2 kgの重錘を高さを1 cmずつ増やしながら自由落下させたとき，供試体が破壊した落下高さを衝撃強度と見なす． 〈若月　強〉

ベースサージ　base surge　上昇する噴煙の基部から地表や水面に沿って周辺横方向へ高速（10〜数十 m/s）で広がる輪状の噴煙．マグマ水蒸気噴火で生ずる一種の低温の火砕流（火砕サージ）．元来は核実験の際に生じるキノコ雲の基部からほぼ水平方向に発生する輪状の雲に対する用語であるが，類似の現象がタール火山（フィリピン）の1965年の噴火で認められて以降，火山学の用語としても使われるようになった．⇨火砕サージ，ベースサージ堆積物 〈横山勝三〉

ベースサージたいせきぶつ　ベースサージ堆積物　base surge deposit　ベースサージの堆積物．一般に火砕物で構成される多数の薄層（フローユニット）の累重したもので，堆積物の表面には波状の小起伏（砂紋）が認められることがある．断面で認められる堆積構造は，水平な層（plane beds），波状の層（wavy beds），斜層理やアンティデューン構造など多様．⇨ベースサージ 〈横山勝三〉

ペーハー　pH　ピーエイチ（pH）のドイツ語読み．⇨ピーエイチ 〈松倉公憲〉

ベーリングき　ベーリング期　Bölling (Bølling) interstadial　⇨晩氷期

ベーンせんだんしけん　ベーン剪断試験　vane shear test　十字状の羽（ベーン）を土の中に押し込んで回転させて，その最大回転モーメントから試料の剪断強度を求める剪断試験．主として原位置で粘性土の剪断強度を測定するために用いられる．⇨剪断試験 〈八反地 剛〉

へきかい　劈開　cleavage　特定の結晶面に平行に結晶が割れる現象で，その結晶構造に由来する．すべての同一種結晶に認められることが必要で，特定固体にのみ観察される場合は裂開とよぶ．特定の割れ口の平坦さの程度により，完全，良好，明瞭，不明瞭などと表す． 〈長瀬敏郎〉

へきがん　壁岩　cliff　⇨変形地

へきそうぐん　日置層群　Heki group　山口県北西部油谷湾周辺に分布する漸新統〜下部中新統．下位から十楽（主に礫岩・砂岩・頁岩で，層厚約250 m）・黄波戸（主に礫岩・泥岩・凝灰岩で，層厚約200 m）・峠山（主に砂岩と頁岩で，層厚約500 m）・人丸（主に頁岩と砂岩で，層厚約500 m）の各累層に区分される．黄波戸・峠山累層の構成する丘陵（油谷湾の北東）はほとんど全域が地すべり地形である． 〈松倉公憲〉

ペグマタイト　pegmatite　非常に粗い鉱物粒子から構成される火成岩．通常，バソリスの周辺部に，レンズ状，不規則な岩脈，あるいは脈状に胚胎する．様々な組成の火成岩に認められるが，花崗岩質のものが多く，巨晶花崗岩ともいう．組成は単純なものから，リチウムやホウ素，フッ素，タンタル，ニオブ，ウランや希土類元素を含む鉱物を産するような複雑なものまで，多種多様．ペグマタイトは水に富んだマグマから形成されたと考えられている． 〈長瀬敏郎〉

ベスビアスしきふんか　ベスビアス式噴火　Vesuvius (-type) eruption　⇨プリニー式噴火

へち　hechi　河岸や湖岸をいう．釣り用語． 〈徳永英二〉

べっしょそう　別所層　Bessho formation　長野県中部の上田市別所温泉付近から松本市北部などの山地に広く分布する中新統の海成層．黒色泥岩を主とし下部に層状の火山砕屑物がある．層厚は東部で300 m，西に増加し2,300 m以上となる．地すべりが多発する． 〈松倉公憲〉

ヘッド　head　西・中央ヨーロッパの低地に分布する氷期に堆積した周氷河性斜面堆積物．基盤岩の凍結風化やティルを起源とし，淘汰の悪い細粒堆積物中に礫を含む．砂・シルト質のヘッドはソリフラクション*，粘土質のヘッドは地すべりによって運搬されたとされる．名称はイギリス南西部の海食崖頂部に広く分布することに由来． 〈平川一臣・松岡憲知〉

ヘットナーいし　ヘットナー石　Hettner stone　⇨低位置氷河説

ベッドフォーム　bedform　⇨砂床形

ヘッドランドこうほう　ヘッドランド工法　headland control　岬（ヘッドランド）に両端を挟まれたポケットビーチ*の地形が安定していることにヒントを得て，海浜に人工的に複数の突堤*（岬）をつくり，突堤間の海浜の保全を図ることを目的と

した工法. 〈砂村継夫〉

ベッドロード bed load ⇨掃流土砂

べっぷ-しまばらちこうたい 別府-島原地溝帯 Beppu-Shimabara graben zone 中部九州の別府湾から橘湾にかけての，東西方向の正断層と地溝が密に発達する地帯．松本(1979)により命名．九重-別府地溝，阿蘇北地溝，雲仙地溝に分けられる．別府-島原地溝帯では基盤岩が深く陥没し，その上に火山岩が厚く堆積しているため，負のブーゲー重力異常地域となっている．測地学的にも，地溝帯の南北方向への伸張と沈降が検出されている．全体的に圧縮応力場にある日本列島の中では，極めて特異な地帯である．また日本列島で最も活動的な火山地帯の一つであり，由布岳・鶴見岳・九重火山・阿蘇火山・雲仙火山などが分布する．正断層による火山斜面の変位が各所でみられる． 〈堤 浩之〉
[文献] 松本徰夫(1979)九州における火山活動と陥没構造に関する諸問題：地質学論集, 16, 127-139.

ペディオニーテ Pedionite ⇨シュナイダーの火山分類

ペディプラネーション pediplanation ペディメント*とペリペディメントの集合体である平坦なペディプレーン*を形成する作用． 〈斉藤享治〉

ペディプレーン pediplain, pediplane ペディメント*とペリペディメントが集合，拡大してできた平坦な平原．乾燥気候下で山地前面に形成される平滑な侵食緩斜面であるペディメントの下流側には，ペリペディメントとよばれる砂礫の堆積緩斜面ができる．侵食が進み山地の後退とともにペディメントとペディメントは拡大し合体するようになる．このようにしてできた平坦で広い平原ができる．アフリカのサバンナ地帯やブラジルでよく発達する．日本にはない． 〈斉藤享治〉
[文献] 佐藤 久・町田 洋 (1990)「地形学」, 朝倉書店.

ペディメンテーション pedimentation ペディメント*を形成する作用．側方侵食説では側方侵食，平行後退説では風化作用と流水作用，被覆物支配説では風化作用が卓越すると考えられている． 〈斉藤享治〉

ペディメント pediment 乾燥気候下で山地前面に形成される平滑な侵食緩斜面．基盤岩が露出する，あるいは厚さ数m以下の薄い砂礫層に覆われる0.5〜10°の緩斜面である．形成営力に関する見解として，側方侵食説，平行後退説，被覆物支配説がある．側方侵食説とは，下方侵食が卓越する山地の下方侵食帯と堆積過程が卓越する平地域の堆積帯との間に側方侵食帯があり，平衡に達した流れによる側方侵食*によりペディメントが形成されるというものである．平行後退説とは，山地前面の勾配を変えずに風化作用や流水の作用等で山地前面が後退した結果，砂礫の運搬斜面としてのペディメントが形成されたというものである．被覆物支配説とは，湿気を含みやすい風下層や砂礫堆積物に接する基盤岩は化学的風化を受けやすいので，山地前面とペディメントが後退，低下しながらペディメントが拡大するというものである．日本には確認された例がない． ⇨山麓緩斜面 〈斉藤享治〉
[文献] 佐藤 久・町田 洋 (1990)「地形学」, 朝倉書店.

ペディメントパス pediment path 山地にペディメント*が谷沿いに入り込んでいるところはエンベイメントとよばれるが，山地の分水界の両側からエンベイメントが延びてペディメントがつながった場合，その部分をペディメントパスという． 〈松倉公憲〉

ヘドロ muddy soil 河川や内湾，潟湖に堆積した軟弱な有機質シルト，泥，粘土などの俗称．工場や農業・生活排水由来のものも含まれる．還元状態にあり，青灰色をしているが，海水の影響で黒色を帯びることもある．一般に窒素，リン酸，カリウム，珪酸，鉄，マンガンなどの養分に富む．また，海水ではナトリウムを多く含む．中性から微アルカリ性であるが，パイライトを含む場合は，干拓などで空気に触れて酸化すると強酸性の硫酸塩土壌になる． 〈田中治夫〉

ペドロジー pedology ⇨土壌地理学

ベニア veneer ⇨沖積薄層

ベニアれきそう ベニア礫層 gravel veneer ⇨沖積薄層

ペネプラネーション peneplanation ⇨準平原化

ペネプレーン peneplain ⇨準平原

ペピノ pepino プエルトリコでは石灰岩地域に形成されている残丘状の凸地形をペピノまたはヘイスタック*とよぶ． ⇨モゴーテ, ティトヒル 〈漆原和子〉

ペブル pebble 中礫のこと．4 mm (−2φ) から64 mm (−6φ) の粒径をもつ． ⇨粒径区分(表) 〈遠藤徳孝〉

ヘマタイト hematite ⇨赤鉄鉱

ヘリクタイト helictite ⇨鍾乳石

ペリペディメント peripediment ⇨バハダ

ベリリウム 10 ほう ^{10}Be 法 beryllium-10 dating method 大気中や岩石表面で宇宙線照射により生成した^{10}Beが，堆積物に取り込まれて，壊変（1.5 Maで半減）していくことを利用した年代測定法．現在の堆積物と元の^{10}Beないし^{10}Be/^{9}BeをAMSで測定する．試料は石英や氷など．適用される分野は地表（地形）の侵食速度やその形成史，氷床コアの対比，太陽放射と地磁気変動との関係，レス編年，隕石落下年代など．⇨原位置宇宙線生成放射性核種年代測定法 〈町田 洋〉

ベルクシュルント bergschrund 流動に伴い氷河と山体谷壁の間にできる隙間．表面より氷河底近くまで達する場合がある．雪渓と山体の間にできる隙間もベルクシュルントとよばれるが狭義ではラントクラフト（randkluft）とされ，ベルクシュルントとは区別される． 〈金森晶作〉

ヘルトリンク Härtling（独）⇨硬岩残丘

ベルヌーイのていり ベルヌーイの定理 Bernoulli's theorem 運動している流れの中の圧力と速度との関係を与える定理．非粘性・非圧縮性の定常流*に対しては，一つの流線*に沿って

$$p+\rho gz+\frac{1}{2}\rho q^2=\text{const.}$$

が成立する．ここにpは圧力，qは速度，zは任意の基準面からの高さ，ρは流体の密度，gは重力の加速度．式中のconst.の値は流線が異なれば一般に異なった値をとるが，流速・圧力がそれぞれ同じ条件で流れ出した水平の2次元流では，すべての流線に対して同一の値をとる．この場合，上式は

$$p+\frac{1}{2}\rho q^2=\text{const.}=p_0$$

となる．左辺第1項を静圧とよぶのに対して第2項を動圧とよぶ．この式は静圧と動圧の和が一定であることを示しており，一定値p_0を総圧という．非粘性・非圧縮性の非定常流*に対するベルヌーイの式は

$$\frac{\partial \Phi}{\partial t}+\frac{p}{\rho}+gz+\frac{1}{2}q^2=f(t)$$

ここにΦは速度ポテンシャル，$f(t)$は時間tの任意関数． 〈宇多高明〉

ペルムき ペルム紀 Permian (Period) 古生代最後期の地質時代で，約2億9,900万年から2億5,500万年前に相当する．バリスカン（ヘルシニア）造山運動で代表される地質構造の大変革が生じ，前期には，新赤色砂岩とよばれる陸成砂岩（砂漠や扇状地での堆積物など）が，後期には，内湾的な環境下で蒸発岩類がそれぞれ広域的に形成された．パンゲア*超大陸が形成され，テチス海や古太平洋（パンサラッサ海）が広がっていた．海域では，紡錘虫（フズリナ），コケムシ，四射サンゴ，腕足類などが繁栄し，陸上では，シダ植物や裸子植物，両生類が繁栄した．原始的な爬虫類も生息していた．後期には，世界的な海退現象や大規模な火成活動（シベリア洪水玄武岩）が特徴的に生じた．最末期には，海域や陸域を問わず，古生代を特徴づける動植物群の大量絶滅（ペルム紀末の生物絶滅事変）が生じ，その後，中生代を特徴づける動植物群が繁栄する大きな契機になった．ペルム系と三畳系の接触様式は，多くの地域で不整合関係である．時代名は，ペルム系の地層が連続的に露出するペルム（ウラル山脈の西麓に位置する）に由来する．西ヨーロッパで，赤色砂岩主体の地層（赤底統）の上位に，蒸発岩主体の地層（苦灰統）が典型的に累重することから，二畳紀という名称が用いられることもある． 〈江﨑洋一〉

ペレーのけ ペレーの毛 Pele's hair 粘性の低いマグマが噴火で放出される際に，細長く引き伸ばされ急冷して生じた繊維状の火山ガラス片．火山毛（かざんもう）とも．ペレー（Pele）は，ハワイの火の女神名．キラウエア火山をはじめハワイの火山が代表的な産地． 〈横山勝三〉

ペレーのなみだ ペレーの涙 Pele's tear 粘性の低いマグマの小片が噴火で放出され急冷して生じた，丸みを帯び長さ数mm程度の火山ガラスの粒子．火山涙（かざんるい）とも．ペレー（Pele）は，ハワイの火の女神名．キラウエア火山をはじめハワイの火山が代表的な産地． 〈横山勝三〉

ベロニーテ Belonite ⇨シュナイダーの火山分類

へんあつちけい 偏圧地形 asymmetrical landform for tunnel トンネル工学用語で，地形学用語ではない．トンネルが谷壁斜面や海食崖に接近して並走していると，トンネルに加わる土圧が斜面の高所側で高く，低所側で低いので，その偏圧によってトンネルが変状することがあり，そのようなトンネルからみた地形の非対称性をいう用語．普通の斜面でも，その基部において，斜面崩壊，侵食や大規模な掘削が起こると偏圧地形に変化することがある． 〈鈴木隆介〉

へんいかりゅう 変位河流 offset stream ⇨オフセットストリーム

へんいきじゅん　変位基準　fault reference　活断層や活褶曲などの地殻変動の変位の認定や変位量の計測の際に基準となる地形（基準地形ともよばれる）や地層．同じ時代に形成されたひと続きの平坦な地形面や連続性のある地形線，ほぼ水平に堆積した地層などがこれにあたる．基準となる地形面には，段丘面，扇状地面や，火山斜面などがあり，地形線には河谷や尾根，段丘崖など直線的な連続性のある線的な地形要素をもつものがある．これら地形の多くは過去数十万年の間に形成されたもので，これらが断層に沿って食い違っていれば活断層と認定することが可能である．活断層の活動期間を第四紀とする場合には，山地高度や小起伏面なども変位基準として利用されたこともある．しかし，これらの地形の高さが断層を挟んで急変することだけで活断層であると認定することはできない．変位基準の上下方向や横方向の食い違いの状態から，活断層の運動様式や変位量を推定する．また，変位基準の形成年代とその変位量から断層の変位速度を求めることができる．変位基準の変位や変形から活断層や地殻変動を認定するには，変位基準となる地形の成因・初生的形態や地層の堆積構造についての十分な知識が不可欠である．　　　　　　　　　〈中田　高〉

へんいそくど　変位速度　slip rate　活断層の平均的なずれの速度（平均変位速度）．活断層の多くは間欠的に変位を繰り返し，断層のずれが累積されているため，変位速度（S）は断層変位基準となる第四紀（更新世）後期形成された地形面などが，断層運動の繰り返しずれた量（累積変位量）（D）を，断層変位基準の形成年代（T）で除して求めるのが一般的．変位速度が大きい活断層は，1回のずれが大きいか活動間隔が短い（あるいはその両方）ため活動度が高い．松田（1975）は，日本の活断層を平均変位速度の大きさによってAA級（$S > 10$ m/千年），A級（10 m $> S > 1$ m/千年），B級（1 m $> S > 0.1$ m/千年），C級（0.1 m $> S > 0.01$ m/千年）に分けている．　⇨活断層の活動度　〈中田　高〉

[文献] 松田時彦（1975）活断層から発生する地震の規模と周期について：地震Ⅱ，28, 269-283.

へんおんそう　変温層　metalimnion　⇨水温躍層

へんかく　偏角　declination　磁針の指す方位と地理学上の北極の方向（真北）のなす角度．地磁気3成分のうちの，水平分力と真北とのなす角度で，北から東方向を東偏，西方向を西偏という．磁極の位置が経年的に変化するので，同一地点でも年によって変化する．国土地理院の25,000分の1地形図には，その発行年のその地区における偏角と測定年が記されている．2014年での東京付近の偏角は西偏約6.64°である．　⇨地球磁場，等偏角図，地磁気永年変化　　　　　　　　　　　〈鈴木隆介〉

へんがん　片岩　schist　雲母・緑泥石・滑石・角閃石などの板状の鉱物が並んで配列した片状の構造をもつ変成岩の総称．結晶片岩と同義．再結晶が進まないと千枚岩へ，再結晶が十分進むと縞状構造*が発達して片麻岩へ漸移する．また源岩によって，泥質岩～砂質岩起源の泥質片岩，砂質片岩，雲母片岩や，塩基性～中性火山噴出物起源の緑色片岩，角閃岩などに分類される．　　　　　〈松倉公憲〉

へんきゅうあんざんがん　変朽安山岩　propylite　⇨プロピライト

ペンク, A.　Penck, Albrecht（1858-1945）ドイツの地理学者・地質学者．陸半球*と水半球*の命名者であり，ペンク*（W. Penck）の父である．デービス*（W. M. Davis）の侵食輪廻説*に懐疑的であったが，彼をベルリン大学に招聘して講義させた．日本人では山崎直方*と寺田寅彦がベルリン大学でペンクから講義・巡検で地形学を学んだ．1909（明治42）年に来日し，東京地学協会で山崎直方の通訳で公開講演をした．　　　〈鈴木隆介〉

[文献] 町田　貞（1964）アルブレヒト・ペンクとその生涯：地理，9 (4), 70-76.

ペンク, W.　Penck, Walther（1888-1923）ドイツの地形学者．ペンク*（A. Penck）の息子で，父とともに米国，日本，中国，シベリアなどを旅行して地形学に興味をもつ．後に南米のアタカマで野外地形研究をし，斜面分析*に数理的発想を導入した．デービス*（W. M. Davis）の侵食輪廻説*の激しい反対論者であった．その著書は彼の死後1924年に出版された．　　　　　　　　　　〈鈴木隆介〉

[文献] Penck, W. (1924) *Die Morphologishe Analyse*, J. Engelhorns Nachf（町田　貞訳(1972)「W. ペンク 地形分析」, 古今書院）.

ペンクのダイアグラム　Penckian diagram　ペンク*（W. Penck, 1924）が，山地の高度は隆起速度と侵食速度の差で決まるとの考えのもとに，隆起と侵食が同時に起こる山地の高度変化を表したグラフを指す．ペンク（W. Penck, 1924）は斜面形に関する数理的な研究を発展させたことで知られるが，山地地形に関しては，"山地の地形は隆起と侵食が同時に行われて形成され，山地の高度は隆起速度と侵食速度との差で決まる"と考えた．すなわち"高度の

変化＝隆起速度－侵食速度"という考えを最初に定式化した．ペンクはこのダイアグラムにおいて，"最初に隆起運動だけで原地形が形成され，その後，侵食作用だけで高度が低下して準平原に至る場合には，山地の高度変化はデービスの地形変化系列（侵食輪廻）で表され，最初から隆起と侵食とが釣り合っている場合には，自ら提示した原初準平原*の地形変化系列（始めから終わりまで高度は0）で表される．隆起と侵食とが同時に行われる場合には，隆起速度と侵食速度の差によって高度変化の軌跡は決まり，いずれの軌跡も侵食輪廻の系列と原初準平原の系列との間を通る"ことを示した．すなわち，造山運動時（山地形成時）の隆起と侵食によって変化する山地の高度変化のすべての軌跡がペンクのダイアグラムによって表現されることを証明し，このダイアグラムは現在までほとんどすべての地形学者によって受け入れられてきた．ペンクのダイアグラムは横軸に隆起量，縦軸に侵食量をとった直交座標であるが，隆起軸と侵食軸とが同じ長さで描かれていないため，隆起と侵食の量的関係がダイアグラム上で読みにくい．山地形成においては，準平原に至った時点で，地殻変動によって隆起した地殻の総量と侵食によって削られた地殻の総量は等しくなる．そこで吉川（1985）は，ペンクのダイアグラムを隆起の総量と侵食の総量とが等しくなる図（縦軸と横軸が同じ長さの図）に書き換えている．なお，ペンク・吉川のダイアグラムでは，「'時間'に関する適切な概念が欠如し，時間と高度の関係が適切に表現されていないこと」，および「"すべての山地の高度変化はペンクのダイアグラムに納まる"としたペンクの指摘は誤りであり，ペンクのダイアグラムではデービスの侵食輪廻の系列も適切に表現されないこと」が指摘されている．現在では，隆起と侵食が同時に行われる造山運動時の地形変化については，Ohmori（1978, 2003）や T. Sugai and H. Ohmori（1999）によって，新しい地形変化系列が提示されている．⇒侵食輪廻 〈大森博雄〉

［文献］吉川虎雄（1985）「湿潤変動帯の地形学」，東京大学出版会．/ Penck, W.（1924）*Die morphologesche Analyse*, Ver. J. Engelhorns Nachf（町田　貞訳（1972）「地形分析」，古今書院）．/Ohmori, H.（2003）The paradox of equivalence of the Davisian end-peneplain and Penckian primary peneplain : *In* Evans, I. S., et. al., eds. *Concepts and Modelling in Geomorphology*, TERAPUB.

ペンクモデル【斜面発達の】 Penck's model（of slope development）　ペンク*（W. Penck）は，微小時間 Δt 当たりの高度低下量 Δh が斜面勾配 $\Delta h/\Delta x$ と Δt に比例すると考えた．これは数学的には標高 h に対する1階の偏微分方程式

$$\frac{\partial h}{\partial t} = -b\frac{\partial h}{\partial x} \quad \left(\frac{\partial h}{\partial x} > 0\right)$$

によって表現される．ペンクはこれの差分近似式に対してグラフ解法で結果を図示したが，上式は特性曲線法で解くことができて，一般解は

$$h = f(x - bt)$$

となり，$t=0$ のとき $f(x)$ で与えられる斜面が，一定速度 b で平行後退することを示す．したがって，傾斜が一定である斜面はそれ自身に平行に後退する．さらにペンクは，斜面基部における種々の境界条件のもとで，斜面の発達様式（上昇的発達*，下降的発達*，同形発達*）と生じる斜面の形状について考察し，それを地殻変動の性質と対応させて論じて，その手法を地形分析*とよんだ．ただし，地殻変動と発達様式の対応性については問題のあることが，その後において指摘されている（斜面発達モデル*）．
〈平野昌繁〉

［文献］Penck, W.（1924）*Die morphologische Analyse*, Ver. J. Engelhorns. Nachf（町田　貞訳（1972）「地形分析」，古今書院）．

へんけい　変形【岩石の】 deformation（of rock）　岩石が圧縮されたり引張られたりすることによって断層がおこったり褶曲したりして変形することに対する包括的な用語．
〈松倉公憲〉

へんけいけいろ　変形経路 deformation path　岩石にみられる変形構造は，様々な変形を経て順次累積した全歪みである．このような未変形の状態から歪みが蓄積していく道筋を指す．"変形の道筋"ともいう．
〈松倉公憲〉

へんけいち　変形地 rock features　地形図上で，地形の形態が複雑で等高線の形状で表現することができないところ．現在の国土地理院の地形図では，岩・土がけ・岩がけ・雨裂*などの記号を用いて表示される．これらの名称は時代により変化しており，岩がけはかつては頽岩あるいは壁岩という用語が使われた．土地条件図ではこれらに加えて崩壊地，地すべりなども変形地とされている．〈宇根　寛〉

へんけいティル　変形ティル deformation till ⇒ティル

へんけいようしき　変形様式 type of deformation　物体の変形のしかたは，物性，外界の物理的条件，変形のさせ方などにより変化するが，その変形の仕方を変形様式という．変形様式には，弾性変形（elastic deformation），塑性変形（plastic deformation）などがある． 〈松倉公憲〉

へんこうけんびきょう　偏光顕微鏡　polarization microscope, polarizing microscope　ポーラライザ（下方ニコル）とアナライザ（上方ニコル）を有し，さらにコンデンサやベルトランレンズを用いてコノコープにできる岩石の記載用の顕微鏡．岩石顕微鏡ともいう．上下のニコルを透過する光の振動方向は直角になっている． 〈太田岳洋〉

へんこく　扁谷　dell　⇨デレ

へんしつさよう　変質作用【岩石の】　alteration　地殻内で起こる局部的な熱水作用や地表の風化作用により，鉱物や岩石が二次的に化学組成，鉱物組成の変化を起こし，特有の鉱物や岩石に変わること．熱水変質作用*，続成作用*，海底風化*作用，陸上風化作用などがある．変質鉱物は，溶液の温度，pH，成分などによって異なり，黒鉱鉱床では絹雲母，緑泥石，石膏などが，硫黄鉱床ではオパール，みょうばん石，カオリン，モンモリロナイト，葉ろう石，方解石，緑泥石，石膏，重晶石，石英，氷長石，緑れん石などが主なものである．変質作用が割れ目などに沿って地層や岩石に帯状に及んだ範囲を変質帯といい，特徴ある鉱物が累帯分布することがある．鉱物組み合わせにより変質分帯することができるが，広域変成作用とは区別しなければならない． 〈小口千明〉

へんしつたい　変質帯　alteration zone　変質作用が及んだ地層*や岩体*の範囲．風化や続成や熱水作用によって発生する．鉱脈や鉱体から累帯分布して変質帯がみられる．⇨変質作用 〈増田富士雄〉

へんしつぶっしつ　変質物質　altered material　⇨地形物質の変質物質

へんすいそう　変水層　metalimnion　⇨水温躍層

へんせいがん　変成岩　metamorphic rock　既存の岩石が生成した元の条件とは異なった条件下におかれ，組織や鉱物組成が変化し，再結晶して新しい組織や鉱物組成を有するようになった岩石．受けた変成作用により広域変成岩*（結晶片岩，片麻岩など），接触変成岩*（ホルンフェルス，大理石など），動力変成岩*（カタクラサイト，マイロナイトなど）に分類される． 〈太田岳洋〉

へんせいさよう　変成作用　metamorphism　地下にある既存の岩石（火成岩，堆積岩，変成岩問わず）が，それが生成されたときとは異なった条件下で，大部分が固体の状態で鉱物組成や組織の変化を受けること．変成作用のときに，固体岩石内で生じる鉱物の変化，鉱物間の反応，新たな鉱物の生成などを再結晶作用（recrystallization）とよぶ．変成作用の種類は，主な原因からは熱変成作用（thermal metamorphism），動力変成作用（dynamometamorphism），交代変成作用（metasomatic metamorphism）などに分けられ，地質学的な関係からは接触変成作用（contact metamorphism），広域変成作用（regional metamorphism），変形変成作用（dislocation metamorphism）に区分される．また，時間とともに温度が上昇し，再結晶作用が進み，脱水反応が進むような変化を累進変成作用（progressive metamorphism）という．変成作用は続成作用（diagenesis）や変質作用（alteration）と区別されるべきであるが，その境界はあいまいな場合がある． 〈太田岳洋〉

［文献］都城秋穂（1965）「変成岩と変成帯」，岩波書店．

へんせいそう　変成相　metamorphic facies　変成岩に含まれる鉱物の組合せと岩石の化学組成との関係から決められる変成作用の一定範囲の温度・圧力条件．変成作用の要因は熱（温度），動力（圧力），交代作用（化学ポテンシャル）であり，化学組成が一定であれば，ある温度-圧力範囲で形成された岩石は同じ鉱物組合せになる．この一定の温度-圧力範囲が一つの相（facies）にあたる．変成相には，沸石相，ぶどう石-パンペリー石相，緑色片岩相，緑れん石角閃岩相，角閃岩相，グラニュライト相などがある． 〈太田岳洋〉

へんせいたい　変成帯　metamorphic belt　広域変成岩の帯状分布地域．広域変成帯ともいう．日本には神居古潭（かむいこたん），飛驒（ひだ），三郡（さんぐん），領家（りょうけ），三波川（さんばがわ）などの変成帯が分布する．これらの変成帯には緑色片岩や粘板岩から角閃岩，片麻岩にいたる様々な変成岩が分布し，これらが一定の順序で帯状に配列している．広域変成帯はプレートの沈み込み帯や大陸の衝突帯で形成されるため，プレート境界の位置，熱的・力学的な状態を反映している． 〈太田岳洋〉

へんせいふう（たい）　偏西風（帯）　westerlies (zone)　中緯度の高気圧から高緯度側に吹き出す地上および上層の風の総称．この風の卓越する地域を偏西風帯という．上空では風速が大きく，その中心をジェット気流という．地上では偏西風が吹く幅は緯度30°にもおよび，冬に広く夏に狭くなる．偏西風中で生じるシェアによって（力学的な理由で），（北半球では左巻きの）低気圧・（右巻きの）高気圧の渦が生じ，低気圧は熱的な理由で（特に洋上で水

蒸気の供給を受け）発達し，東進する．この温帯低気圧およびそれが引き連れている前線*の通過によって偏西風帯の天候は数日ないし1週間程度の不明瞭な周期で大きく変わる．この低気圧やそれに伴う前線が通過する頻度が高いところが寒帯前線帯である．　　　　　　　　　　　　　　　　〈野上道男〉

ベンチ【海岸の】 wave-cut bench　海食崖*の基部から沖に向かって，潮間帯あるいはその付近に形成されるほぼ平坦な地形で，海側末端には急崖をもつ．形状が長椅子に似ていることから，この用語が用いられてきたが，現在では波食棚*という術語が使われている．　　　　　　　　　〈砂村継夫〉

ベンチ【海底の】 submarine bench　海溝*の陸側斜面でみられる階段状の地形．斜面中部から下部にかけて海溝軸とほぼ平行に発達する．ベンチは場所により数〜十数kmの幅をもち，数列みられるところもある．ベンチの成因については不明．
〈砂村継夫〉

ベンチファクト ventifact　⇨風食礫

ベンチュリフルーム Venturi flume　ベルヌーイの定理を応用した開水路型の流速計で，開水路*の一部を縮小し，縮小前の断面と縮小部の断面の間の水位差と断面積によって流量を求める装置．縮小の形によって決まる流量係数を求めておけば，縮小部前後の水位差，小部の断面積，断面縮小率を用いて流量が求まる．　　　　　　　　〈宇多高明〉

ベンチュリメータ Venturi meter　ベルヌーイの定理*を応用した管路型の流速計で，管路の一部を縮小し，縮小前の断面と縮小部の断面の間の圧力水頭差と断面積によって流量を求める装置．縮小の形によって決まる流量係数を求めておけば，縮小部前後の圧力水頭差，縮小部の断面積，断面縮小率を用いて流量が求まる．　　　　　　　　〈宇多高明〉

ベンディングモーメントだんそう　ベンディングモーメント断層 bending-moment fault　褶曲の成長に伴って，褶曲軸付近に生じる局所的な応力場を反映してできる副次的な断層．背斜軸付近では最大主応力が鉛直方向，最小主応力がヒンジ線と直交する水平方向となり正断層が生じる．向斜軸付近では，最大主応力がヒンジ線と直交する水平方向，最小主応力が鉛直方向となり逆断層が生じる．1980年のアルジェリア・エルアスナム地震の際に，逆断層の上盤側の背斜構造が成長し，背斜軸付近に多数のベンディングモーメント断層（正断層）と地溝が形成された．　　　　　　　　　　　　　〈堤　浩之〉

［文献］Yeats, R. S. (1986) Active faults related to folding : In

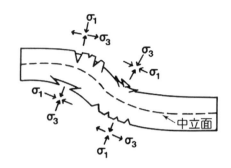

図　ベンディングモーメント断層の発達様式を示す模式図
（Yeats, 1986を改変）

National Research Council ed. *Active Tectonics*, National Academy Press, 63-79.

へんどうがい　変動崖 tectonic scarp　地殻変動によって形成された断層崖や撓曲崖のような崖地形の総称．かつて多用された構造崖は，差別侵食で生じた断層線崖と変動変位で生じた崖地形の両者を包含する用語であったので，後者を明示するために変動崖の語が用いられる．　⇨断層崖，撓曲崖
〈東郷正美〉

へんどうせいこく　変動成谷 tectonic valley　変動変位で初生的に形成された溝状の地形で広義の谷（例：断層谷，活向斜谷）の総称．　⇨谷，変動地形
〈鈴木隆介〉

へんどうたい　変動帯 mobile belt　安定大陸や安定地域の対語．現在または過去に地震活動や地殻変動が活発に起こっている，または起こった地帯で，楯状地や太洋底のような安定地域の境界に分布する．現在の変動帯はプレート境界に沿ってみられ，アフリカ地溝帯（広がる境界），アメリカ西海岸・サンアンドレアス断層帯（ずれる境界），弧-海溝系・造山帯（狭まる境界）などは代表的な変動帯である．境界のタイプよって，変動帯の幅は数十kmから数百kmと異なる．　⇨安定地塊　〈今泉俊文〉
［文献］上田誠也・杉村　新（1973）「世界の変動帯」，岩波書店．

へんどうだんきゅう　変動段丘 tectonic terrace　地殻変動が原因となって段丘化した河成・海成段丘で，テクトニック段丘ともいう．地盤の隆起や増傾斜運動により河川の侵食力が復活すると，谷底面が下刻されて新たな谷が刻まれ，河成段丘が形成される．河川を横切る活断層の運動では，①隆起側で下刻が生じて変動段丘が形成される場合と，②下流側の河床が相対的に低下することで生じた下刻作用が上流へと波及し，変動段丘が形成される場合とがある．海岸部では地震性地殻変動などの間欠的隆起に

より，波食棚*や海岸平野*が離水して侵食段丘面や堆積段丘面が形成される．変動段丘では，地殻変動の様式や速度の場所による違いを反映し，段丘面の比高や横断，縦断勾配，段丘堆積物の厚さなどの地域的差異を示すことが多い． ⇨変動地形

〈加藤茂弘〉

[文献] 吉川虎雄ほか（1973）「新編 日本地形論」，東京大学出版会.

へんどうちけい　変動地形 tectonic landform　断層運動や褶曲運動などの地殻変動をそのままに近い形，またはその概形を反映している地形の総称．地震断層によって生じた低断層崖や河川の屈曲（オフセット），活褶曲に伴う段丘面の波状変形をはじめとして，向斜谷・背斜山稜，曲動による曲隆山地・曲降盆地なども含まれ，その形成時代や規模は様々である．かつては構造地形（structural landform）として扱われていたが，侵食作用を反映した組織地形と区別するために，地殻変動による地形を変動地形とよぶようになった． ⇨構造地形，組織地形，変動地形学

〈今泉俊文〉

[文献] 貝塚爽平ほか編（1985）「写真と図でみる地形学」，東京大学出版会.

へんどうちけいがく　変動地形学 tectonic geomorphology　地形発達過程や地形の形成要因を，地殻変動に主眼をおいて解明する地形学の一分野．地殻変動のほか，気候変化や河道変遷など，様々な複合的な要因によって生じた地形の発達史を解明し，形成要因を議論することにより，活断層や活褶曲に代表される地殻変動やテクトニクス，海水準変動やこれと関連するアイソスタシーを解明することもできる．方法論としては，解明する目的に応じて地形全体を地形面*に区分し，地形面ごとに形状・分布および構成物質，形成年代を詳細に調査し，特にその変位に注目することが重要である．プレート運動による大陸や大山脈，あるいは島弧・海溝といった大地形の形成に関する研究のほか，山地・盆地あるいは段丘面に注目した中地形スケールの研究，個別の低断層崖の形成過程に関する小地形に注目した研究など，検討する地形の規模は様々であり，調査手法や注目する物理現象も，地形の規模や地域性に応じて多様である．活断層と地震の関係を明確にすることで地震現象の解明や防災に寄与したり，変動地形の研究を通じてアクティブテクトニクスやグローバルテクトニクスを解明することに主眼がおかれたりする場合もあり，地質学・第四紀学・地球物理学など，関連研究分野との接点は多い． ⇨変動地形

〈鈴木康弘〉

[文献] 貝塚爽平（1998）「発達史地形学」，東京大学出版会. / 米倉伸之ほか（1990）「変動地形とテクトニクス」，古今書院.

へんとうふう　偏東風 easterlies　大気大循環*で，東寄りの風の総称．中緯度高圧帯から赤道無風帯までの間で地上（あるいは高度10 km程度まで）の風を指すことが多い（北半球では北東風，南半球では南東風）．ほかに極の周辺で低温の極高気圧から吹き出す東寄りの地上風（極風，極偏東風）を指すこともある．

〈野上道男〉

へんどうへんい　変動変位【火山体の】 tectonic deformation（of volcano） ⇨火山体の変動変位

ベントナイト bentonite　①スメクタイト*を主成分とする粘土または泥岩の総称．多量の水を吸収し膨張する．②スメクタイトを主成分とする粘土の商品名．大きな比表面積をもち膨潤性の性質をもつことから，ボーリング用泥水調整剤，鋳物用砂型

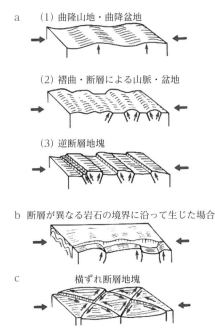

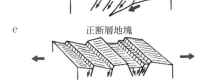

図　変動地形の諸類型（貝塚ほか，1985）

結合剤，土壌改良剤，強度増加のための岩盤の割れ目に注入するグラウト剤などに利用される．
〈松倉公憲〉

へんねん　編年 chronology　各地で得られた過去の諸記録の形成順序（層序）と年代を明らかにし，地史を編むこと．
〈町田　洋〉

へんぺいど　扁平度【砂礫の】 flatness　砂礫が扁平であるか球形であるかを数値表示する方法の一つ．Wentworth（1922）の方法が最も広く用いられる．礫の長さを l，幅を w，厚さを t とすると，$(l+w)/2t$ で与えられる．扁平度は河川礫と海浜礫を区別するのにも有効．⇨球形度
〈横川美和〉

［文献］Wentworth, C. K. (1922) A method of measuring and plotting shapes of pebbles: Bulletin of US Geological Survey, **730**, 91-96.

へんまがん　片麻岩 gneiss　泥質岩を起源とし，比較的高温の広域変成作用で生成された高変成度の粗粒で縞状構造の発達した変成岩．構成鉱物の結晶粒が大きくなるため，片理や劈開などの片状構造が弱くなり，岩石は薄板状には割れにくくなる．このように片麻岩にみられる片理は弱いが縞状組織が顕著である組織を片麻状組織という．
〈太田岳洋〉

へんまじょうそしき　片麻状組織 gneissosity, gneissose texture　⇨片麻岩

ペンマンほう　ペンマン法 Penman method　イギリスの農業気候学者ペンマン（H. L. Penman）が考案し 1948 年に発表した蒸発散量の推定式．ソーンスウェイト法*と同じく，湿った表面からの可能量を求める経験式であり，熱収支法および空気力学法を組み合わせたような方法となっている．計算には気温・湿度・風速（高さ指定）・日照率などが必要とされる．ソーンスウェイト法と比べて，蒸発の物理的原理に関わる項目を取り入れているという理由で広く使われている．
〈野上道男〉

へんり　片理 schistosity, foliation　結晶片岩や千枚岩などのように，薄い片に割れやすくなった構造をいい，割れた面を片理面という．
〈松倉公憲〉

へんりゅう　偏流【河川の】 channel shift　⇨流路の偏流

ほ

ボアー bore ⇨段波

ポアソンすう　ポアソン数 Poisson's number ポアソン比*の逆数. 〈飯田智之〉

ポアソンひ　ポアソン比 Poisson's ratio　物質を圧縮または伸張すると,力の加わる方向に変形するだけでなく,それと直角方向にも伸縮変形をするが,力の加わる方向の歪み量とそれと直角な方向の歪み量の比.岩石のポアソン比は0.1～0.3とされる. 〈飯田智之〉

ほあんりん　保安林 conservation forest　水土保全に代表される森林の公益的機能を発揮するために,農林水産大臣または都道府県知事が森林法に基づき指定した森林.17種類の目的(例:水源涵養,土砂流出防備,飛砂防備,魚つき,保健など)に分けられ,2011年現在で約1,276万haに及ぶ.鉄道の防風林・防雪林なども含まれる. 〈中村太士〉

ボイリング boiling ⇨クイックサンド

ボイル boil　砂床河川*において洪水時などの非常に乱れた流れの表面でみられるリング状の渦.沸騰している水の表面形態に似ていることから命名された.河床付近で形成された渦が河床の堆積物を水面まで巻き上げているため,水面に色調の異なるリング状のパターンが観察されることがある.ボイルの強さ・規模・発生頻度は,河流の流速や水深のみならずデューン*などの河床形態の波長や波高と密接に関係する. 〈砂村継夫〉

ポイントバー point bar ⇨蛇行州,蛇行帯堆積物(図)

ほうい　方位 azimuth　ある地点における水平面上の方向を示す名称.通常,東・西・南・北の4方位を基準とし,これを細分して北東・北西・南東・南西を加えて8方位としたもの,さらに細分し北北東・東北東・北北西・西北西・東南東・南南東・西南西・南南西を加えて16方位としたものが用いられる.また,北を基準とした角度の数値で示す場合もあり,この場合はN45°E(すなわち北東),N90°W(すなわち西)などと表記される.さらに,北を基準として右回り(時計回り)の角度の数値のみで示す場合もある.厳密には基準とする北をどのようにとるかによって方位は異なり,北の方向をその地点の磁北(磁針のN極が示す方向)としたものを磁針方位(磁方位),その地点の子午線方向(真北)としたものを真方位という.真北を基準とした磁北の方位が 偏角*であり,国土地理院の地形図には1面ごとに測量年におけるその地域の偏角が記載されている.斜面では傾斜方向の方位の違いにより日照や地表面温度等の条件が異なるため,地形変化にも違いが生じることがある. ⇨子午線,地球磁場 〈宇根　寛〉

ぼうえきふう　貿易風 trade wind　熱帯・亜熱帯の 偏東風*とおなじ.帆船航海時代に大洋上で恒常的に吹くこの風を利用して貿易船が西へ向かったことが語源とされる.海洋の東岸付近では下降気流が顕著で,また赤道方向に向かう海流(つまり寒流)による低海水温のため,ここに著しい逆転が生じ(高さ2km程度,貿易風逆転という),海岸に近いにもかかわらず降水の極端に少ない海岸砂漠気候がみられる. 〈野上道男〉

ほうかい　崩壊 slope failure, landslip　マスムーブメント*の一様式で,山崩れ,崖崩れ,転倒崩壊,トップリングなど,比較的移動速度の大きい脆性破壊的な斜面変動の総称.斜面崩壊とも.これに対し,緩速度の塑性変形的なマスムーブメントを地すべりとよぶ.崩壊のなかで,とくに表層風化層(土壌層)が崩れるものは 表層崩壊*とよばれる.花崗岩質岩石の斜面で表層のマサの層が崩れるものが,その典型である.崩壊深は1m以下で規模も小さいが,一回の豪雨や地震などの誘因で,発生箇所が著しく多いという特徴をもつ.規模の大きいもの(体積が10^6 m^3以上)は大規模崩壊とよばれる.崩壊で発生した土砂が渓流に流れ込むと土石流に転化しやすい. ⇨崩落 〈松倉公憲〉

ほうかいあとち　崩壊跡地 scar of slope failure ⇨崩壊地,崩落斜面

ほうかいざんど　崩壊残土　rockslide tongue ⇨崩落堆

ほうかいせいじすべり　崩壊性地すべり　failure-type landslide　斜面における変動現象は，地すべりと崩壊が基本となる．一般に，地すべりは低速で，崩壊は高速で斜面下方に移動する現象をいう．実際には，両者を明確に区分しがたい場合があり，比較的高速で運動する地すべりを「崩壊性地すべり」とよび，比較的低速で運動する崩壊を「地すべり性崩壊」とよぶことがある．地すべり学会(2004)によれば，これは「大規模崩壊」に分類される．　　　　　　　　　　　〈藤田　崇〉
[文献]地すべり学会(2004)「地すべり―地形地質的認識と用語」．

ほうかいせき　方解石　calcite　$CaCO_3$の組成，三方晶系（菱面体）の構造をもつ炭酸塩鉱物．石灰石とも．霰石やファーテライト(バテライト)と同質異像(多形)の関係にある．通常，無色透明であるが，ときに灰・黄・青など．三方向に完全な劈開，ガラス光沢，モース硬度3．希塩酸に容易に溶けCO_2を発生．石灰岩，大理石，チョークなどの岩石や，洞窟での鍾乳石，石灰華などの構成鉱物．堆積岩のセメント物質や，金属鉱床の脈石鉱物としても産出．　　　　　　　　　　　　　〈長瀬敏郎〉

ほうかいち　崩壊地　slope-failure site　崩落(山崩れ)，径数mの大きな落石，地すべりが発生して露岩となっている急斜面．崩落地，崩壊跡地とも．崩落崖や地すべり滑落崖が好例で，日常語ではガレ，ナギ(薙)などとも．一般に30°以上の急傾斜地で，落石や土石流が発生しやすい．地形図では「がけ(岩)」または「がけ(土)」の記号で示されている．　　　　　　　　　　　〈鈴木隆介〉

ほうかいちけい　崩壊地形　slope-failure landform ⇨崩落地形

ぼうがん　帽岩　cap rock ⇨キャップロック型地すべり

ほうさ　飽差　saturation deficit, vapor pressure deficit　ある温度における飽和水蒸気圧と実際の水蒸気圧との差をいう．飽差が大きいほど，空気が含みうる水蒸気量に余剰があることを示すため，蒸発のしやすさとしての指標としても用いられる．
　　　　　　　　　　　　　　　　　　〈森島　済〉

ぼうさいダム　防災ダム　disaster prevention dam　農村地域における洪水被害の防止を目的とした洪水調節機能をもつ貯水池．　　〈砂村継夫〉

ぼうし　帽子　mountain ⇨山

ほうしゃおね　放射尾根　radial ridge　一つの山頂部から四方に放射状に伸び，低下する尾根群．放射状尾根とも．放射谷とセットの地形である．開析された円錐状の火山（例：静岡県愛鷹火山）に普通にみられるほか，貫入岩体で構成される孤立した山地（例：阿武隈山地の鞍掛山）にもみられる．
　　　　　　　　　　　　　　　　　　〈鈴木隆介〉

ほうしゃぎり　放射霧　radiation fog　放射冷却*により気温が露点温度を下回ることにより生じる霧*をいう．陸地で生じる主要な霧の一つ．地表に接する気塊が十分な水蒸気をもち，晴天で風が弱い夜間に発生する．秋から初冬にかけて，移動性高気圧に覆われる場合に発生しやすい．盆地霧*，谷霧*としてよばれる霧は，放射霧に属する．
　　　　　　　　　　　　　　　　　　〈森島　済〉

ほうしゃこく　放射谷　radial valley　一つの山頂部から四方に放射状に伸びる河谷群で，放射状の河系模様を示す．放射尾根とセットの地形である．開析された円錐形の火山（特に成層火山）に普通にみられるほか，孤立した普通の山地にもみられる（例：茨城県長福山とその山麓）．⇨放射尾根，河系模様（図），火山体の開析　〈鈴木隆介〉

ほうしゃじょういど　放射状井戸　radial well ⇨井戸

ほうしゃじょうおね　放射状尾根　radial ridge ⇨放射尾根

ほうしゃじょうかけい　放射状河系　radial drainage pattern ⇨河系模様（図）

ほうしゃじょうがんみゃくぐん　放射状岩脈群　radial dike ⇨岩脈

ほうしゃじょうせつり　放射状節理　radial joint ⇨節理系（図）

ほうしゃじょうだんそう　放射状断層　radial fault ⇨断層の分類法（図）

ほうしゃせいたんそねんだいのほせい　放射性炭素年代の補正　radiocarbon age calibration　放射性炭素年代法*は直接暦年を求めるのではなく，複数の仮定を前提として有機物中に残った^{14}Cの量を測って，年代値を計算する．
　^{14}C濃度測定にも大きく分けると次の方法がある．β線計測法（ガス計測法/液体シンチレーション法：^{14}Cの放射壊変で放出されるβ線を検出．必要な試料は一般に多めであり，炭素として5～10g）．加速器質量分析 AMS（accelerator mass spectrometry）法：直接^{14}C原子の数を測定．試料は炭素として0.2～2mgと微量で可能．方法によ

って誤差，測定可能な年代範囲などに相違がある．さらに^{14}C 年の誤差と暦年との相違を生む重要な要因には，試料の汚染程度のほか，^{14}C 生産率が一定ではなく変動があることである．暦年較正の基礎には，年代による生産率の変動がある．それを明らかにするにはまず得られた^{14}C 年代値について下記の同位体分別，海洋リザーバー効果の補正を施す必要がある．また較正には Libby の半減期を用いた値を使うことが合意されている．同位体分別：自然界で炭素同位体^{12}C : ^{13}C : ^{14}C の存在比は 0.989 : 0.011 : 1.2×10^{-12} である．しかし大気中を下降し陸上植物，石灰岩，海の種々の生物，海水などに取り入れられると，^{13}C/^{12}C はかなり異なるようになる．この同位体組成分別は，光合成などの物質合成で起こる反応過程と大気や海水での CO_2 循環過程によって起こると考えられている．この影響は高分解能年代には大きいので，年代測定試料の^{13}C/^{12}C を質量分析器で測り，標準試料（PDB 石灰岩）との濃度差 δ^{13}C‰ を求め補正する．海洋リザーバー効果：海水中の^{14}C は，大気と表面水から深層水への緩慢な拡散・循環のために，表面水は大気より約 400〜580 年，さらに深層水では 2,000 年も古い．このため例えば浮遊性・底生有孔虫などの^{14}C 年はそれぞれ異なった補正をする．この効果の補正値には種々の提案がある． 〈町田 洋〉

ほうしゃせいたんそねんだいのれきねんこうせい 放射性炭素年代の暦年較正 calendrical calibration of radiocarbon timescale ^{14}C 年代測定は，地球大気上層で宇宙線の衝突により^{14}C の生産率が一定という前提で成り立つ．しかしこの生産率は地磁気，太陽活動の変動のため一定ではない．このため^{14}C の濃度測定値から求めた年代値は暦年と同じではない．

暦年を示すと考えられる樹木年輪や湖成層年縞（年層）の値と，まったく同一試料の^{14}C 測定値（補正値）を比較すると，年代により特定のずれが認められる．これに関して多数の資料が集積し，^{14}C 年代と暦年代との関係が明らかになって暦年較正標準データのカーブが得られるようになった．最近いくつかのプログラムが開示され，高分解能の暦年較正が可能になった．

樹木の**年輪年代学**＊は欧米では古くから発展し，過去 11 ky 余の年輪幅変動が明らかになってきた．高分解能の年輪年代は暦年を示すので，^{14}C 年代を暦年に換算する基準となる．この違いは上記の大気上層で生み出される^{14}C 濃度が変化することによると考えられている．この種の研究はその後より詳しく吟味され，サンゴ化石の高分解能ウラン系列年代とクロスチェックし，きわめて複雑・高精度の換算曲線が描かれ更新されている．CALIB 04：0〜26 ka，(P. J. Reimer et al., 2004)，CALIB 09：海成試料，0〜50 ka，(P. J. Reimer et al., 2009)，さらに P. J. Reimer et al. (2013)の Intcal 13 は最新の較正モデルである．このほかに湖沼堆積物の年縞を数えた年数から 50 ka まで暦年を換算するモデルもある（水月湖の研究）．

^{14}C 濃度変化には 100 年以内の短周期変動（ウイグル）もある．その場合年代未知の樹木試料からある年代間隔で採取した多数の年輪試料について高精度で^{14}C 年代を測り，それらを較正曲線上の変動とパターン合わせを行い，最も一致する点を捜して試料の暦年を推定する高精度の方法（ウイグルマッチング法）がある．こうした検討の結果の一例を示す．晩氷期と後氷期の境（完新世/更新世境界：新ドリアス期終末）は従来の 10 kaBP ではなく 11.7 ka cal. BP（暦年）と認められるようになった． 〈町田 洋〉

ほうしゃせいたんそねんだいほう 放射性炭素年代法 radiocarbon dating, carbon-14 dating 生物は生存時には，大気中の CO_2 とで炭素を交換しているが，死亡するなど炭酸同化作用を止めると外界の炭素との交換がなくなるので，体内の^{14}C は 5,730 年という一定の半減期で壊変する．そこで，遺体に残された^{14}C 濃度を測定することによって年代測定ができる．^{14}C 法ともいう．炭素は生物体の主要な元素なのでこの方法の適用可能な試料はきわめて多い．このため 1955 年 Libby による提唱以来，世界の後期更新世から完新世にかけての環境変遷史研究，考古学・歴史学などに多大な貢献を果たし，多くの話題を提供してきた．最近発達した加速器質量分析計 AMS を使えば，微量な炭素 1〜2 mg でも測定可能で，過去約 50〜60 ka までの年代を，他の方法に比べて高い精度（±0.5% 程度の誤差）で求めることができる．また年輪や古文書，あるいはウラン系列法との比較からその年代値の確度や暦年を検証できる．高分解能・高精度の^{14}C 年代および暦年を求めるためにはいくつかの重要な問題がある．⇨放射性炭素年代の補正，放射性炭素年代の暦年較正 〈町田 洋〉

ほうしゃねんだいそくてい 放射年代測定 radiometric dating 放射年代測定は次の基本的条件が満たされている場合に可能である．①元素の放

射壊変は，試料が保存中に受ける温度・圧力の変化などに影響されず，壊変の割合が常に一定であること．②宇宙線照射により生じた生成核種や放射線損傷量などの生成率が一定であること．③試料は閉鎖系が保たれていて外部との出入りがないこと．④試料は，年代の起点となる現象が明確なものであること．

放射壊変を利用した方法は原理に基づくと次のように大別される．

[A] 放射性核種の親核種と娘核種の比を利用する方法（例えば ^{40}K-^{40}Ar法，^{40}Ar-^{39}Ar法）

親核種（P）から一定の壊変定数（λ）で娘核種（D）が生成していく場合，両者の存在比から年代（t）を求める．元々の試料に娘核種が生成されていなければ，測定される親核種（P）と娘核種（D）の値を次式の D/P に代入し，既知の壊変定数（λ）から年代を求める．

$$t = \frac{1}{\lambda} \ln\left(1 + \frac{D}{P}\right)$$

しかし，最初から娘核種がある程度含まれている場合，その初生値（D_0）を知るために，横軸に P を，縦軸に D をとって，2種類以上の試料（例えば同一岩石中の異なる鉱物）について等時線（アイソクロン）を求め，その勾配から年代（t）を，縦軸の切片から D_0 を求める．その際，親核種（P）や娘核種（D）の絶対量の測定よりも同位体比の測定の方が精度が良いので，放射壊変に関与しない娘核種の同位体（D_s）を使って，次式のように同位体比の測定を質量分析計で行う．

$$\frac{D}{D_s} = \frac{D_0}{D_s} + \frac{P}{D_s}[\exp(\lambda t) - 1]$$

[B] 宇宙線により生成した核種を利用する方法（^{14}C法）

地球圏外からくる宇宙線が大気中の元素と衝突して各種の放射性核種を生成するが，その生成量と壊変量が釣り合った状態で，大気中の放射性核種は一定量（N_0）となる．その後，その放射性核種をもつ物質が宇宙線の影響を受けない状態におかれると，それ以降はその物質の放射性核種は時間とともに一定の割合（壊変定数 λ）で壊変するので，親核種の残存量（N）から，次式によって年代測定ができる．

$$t = \frac{1}{\lambda} \ln \frac{N_0}{N}$$

[C] 放射壊変系列の放射平衡からのずれを利用する方法（U系列法）

[D] 放射線損傷を利用する方法（FT法，TL法，ESR法）

^{238}U の自発核分裂やウラン系列，トリウム系列，^{40}K などによる自然界で生じる放射線損傷が時間とともに蓄積されていくことを用いて，それらの量を測定することによって年代を算出する方法がある．これにはフィッション・トラック（FT）法，熱ルミネッセンス（TL）法，電子スピン共鳴（ESR）法などに分けられる． 〈町田 洋〉

ほうしゃのうたんさ　放射能探査 radiometric survey　地表付近で天然および人工の放射線をシンチレーションスペクトロメータなどで計測することにより，その分布や経時変化の特徴から地下構造を推定する物理探査手法の一つである．放射能探査は，受動的探査と能動的探査の二つに大別される．前者は，地下の天然放射性元素（U, Th, K など）が放出する放射線を測定することにより，表層地質の区分を主体とし，ウラン・石油などの地下資源探査，山地の積雪分布，放射性汚染の検出を行うほか，活断層/破砕帯調査・温泉調査・地震防災分野で地下に伏在する断層のうち間隙が開いた部分である伏在裂罅（buried fissure）の検出を主体とし，その開口・破砕・目詰りなどの状態把握や経時変化の把握を行う．後者は，人工の γ 線や中性子線などをターゲットに照射することによって生じる放射線を計測し，地層の見掛け密度または空隙率，含水率，C・H・O・N の各元素含有率などを定量する（放射線照射法）．広義の放射能探査として，特定の核種の濃度などを指標とし，地層の形成年代や水の地下貯留時間などを求める同位体地質・水文学的方法も含まれる． 〈野崎京三〉

ほうしゃれいきゃく　放射冷却 radiational cooling　地表面や大気層が赤外放射*することによって冷却する現象．冬季や春秋季に，よく晴れた日の風の弱い夜間に地表面が著しく冷えるのは放射冷却のためで，特に5月上旬頃に発生する季節外れの遅い霜は農業に被害を与える．また，冷却した地面に接した空気が冷やされ，水蒸気が凝結して発生する霧を放射霧* という． 〈山下脩二〉

ぼうじゅん　膨潤【岩石の】 swelling　特定の粘土鉱物が，その内部に水を取り込んでこれを拘束し，浸透・拡散・イオン交換などの作用を伴って岩石の体積増加をもたらすこと．特に，スメクタイトのような膨潤性粘土鉱物の層間距離が伸びることで生じる．泥質岩，風化した凝灰岩や蛇紋岩に顕著で，乾湿風化*や地すべり*の発生と密接に関わる． 〈藁谷哲也〉

[文献] Matsukura, Y. and Yatsu, E. (1982) Wet-dry slaking of

Tertiary shale and tuff: Trans. Japan. Geomorph. Union, 3, 25-39.

ぼうじゅんせいりょくでいせき　膨潤性緑泥石 swelling chlorite　⇨緑泥石

ほうじょうせつり　方状節理 cubic joint　節理に境をされた岩塊（joint rock）が直方体をなす節理系*．方状節理という呼称の背景には3方向の節理の組（joint set）がほぼ同時に生じたという考えがある．花崗岩に特徴的な節理であることから，花崗岩マグマの冷却節理とする考えが根強い．しかし，2組の高角度節理はそれぞれが異なる造構応力場で生じたテクトニックな節理であり，低角度節理は除荷による応力開放で生じたシーティングであるとする考えもある．⇨シーティング，節理系（図）
〈横山俊治〉

ほうすいい　豊水位 95-day water level　1年を通じ95日はこれより下らない水位のことで，3カ月水位ともいう．これに対応する流量を豊水量という．1年を通じ185日はこれより下らない水位は平水位，275日はこれより下らない水位を低水位，355日はこれより下らない水位を渇水位という．
〈中山恵介〉

ほうすいろ　放水路 diversion channel, floodway　本川から分岐した人工水路．分水路とも．本川の横断面を基本高水流量に対応する大きさに拡張できないなどの場合に，新たに水路を開削して高水流量の一部または全部を放流し，本川下流の流量を低減させる目的でつくられる．ほとんどの放水路は派川*になっていて，洪水を海または湖沼に直接放流する形をとっている．
〈砂田憲吾〉

ほうせきたいせきぶつ　崩積堆積物 colluvium　主に崩落（崩壊）などのマスムーブメントによって運搬された角礫を含む不均一で淘汰の悪い堆積物．コルビウムとも．ただし，コルビウムには崩積堆積物を母材として形成された土壌を含むことがある．⇨崩積地
〈松倉公憲〉

ほうせきち　崩積地 colluvial slope　斜面下部あるいは基部に位置し，種々のマスムーブメントによって運搬された角礫を含む不均一で淘汰の悪い物質である崩積物からなる比較的緩傾斜な堆積斜面を指す．コルビアル斜面や麓屑面とも．崖錐（talus slope）とコルビアル斜面との中間の勾配をもつ斜面（たとえば，崖錐斜面物質が風化して細粒化した物質であるタルビュウム*（taluvium）がつくる斜面）をタルビアル斜面（taluvial slope）ということがある．⇨麓屑面
〈松倉公憲〉

[文献] 松倉公憲（2008）「地形変化の科学—風化と侵食—」，朝倉書店．

ほうせきど　崩積土 colluvial soil　斜面下部や斜面末端部に集積・堆積した風化物質（母材）や土壌などの未固結砕屑物の総称．崩積土の性状はマスムーブメント*の挙動に支配される．匍行*のようなときは，ゆっくりとした下方移動のために大きな撹乱がなく物質移動が起こる．山崩れ*のように短時間に一気に移動するときは激しい土層撹乱が生じ分級度の悪い崩積土が堆積する．地すべり*の場合は地質条件や降雨量によって，移動や撹乱の程度が異なってくる．
〈宇津川徹〉

ぼうそうおきかいこうさんじゅうてん　房総沖海溝三重点 Boso Triple Junction　プレートテクトニクス*の理解が進むにつれて，3つのプレートが収束する境界が存在することが指摘され，房総沖は太平洋プレート，フィリピン海プレート，ユーラシアプレートの3つのプレートの収束境界が会合しているところとして考えられている．千葉県野島埼南島約200 kmにあり，水深は9,200〜9,300 m．ここでは厚い堆積層が発達しているが，厚い堆積層下の太平洋プレートの上面は海面下約14,000 mと著しく深い．海溝三重点の名前から，ここで相模トラフ*，伊豆・小笠原海溝*，日本海溝*が会合しているとする研究者もいるが，地形名称としては，房総沖海溝三重点の北側も伊豆・小笠原海溝である．
〈岩淵洋〉

ぼうそうかいていこく　房総海底谷 Boso Canyon　野島埼の南方約20 km付近から野島埼東南東方約150 kmの勝浦海盆まで約100 kmにわたる溝．比高は約4,000 m．東経140°30′〜140°50′の区間では著しく穿入蛇行する峡谷となっており，谷の深さは1,200 mに達する．房総海底谷の末端には房総海底扇状地が広がる．
〈岩淵洋〉

ぼうちょうせいがん　膨張性岩 swelling rock　吸水により体積が膨張する岩石．水が粘土鉱物の結晶の層間に取り込まれて膨潤することが原因である．モンモリロナイト*などを含む泥岩，凝灰岩，変質火山岩，温泉余土*，蛇紋岩などがある．膨張性岩を掘削したトンネル工事などにおいて地山強度が周辺地山より小さい場合に坑壁が押してくることがあり，地山強度比「地山の一軸圧縮強度/（地山の単位体積重量×土被り高さ）」が2以下の場合には膨張性地山という．膨張性地山での難工事例としては東海道本線泉越トンネルや新潟県十日町市蒲生地区の北越急行線鍋立山トンネルが知られている．

〈田中和広〉

ぼうちょうたん　暴張端　tidal bore　⇨タイダルボアー

ぼうちょうてい　防潮堤　seawall　高潮や津波などの大波の侵入を防止する目的で海岸沿いに設置された天端（頂部）の高い構造物．海岸堤防（護岸）の一種．2011年の東北地方太平洋沖地震津波*で，宮古市田老町の防潮堤（高さ：10 m）は一部倒壊したため津波の侵入を阻止できなかったが，岩手県普代村の防潮堤（15.5 m）は被災せず機能を発揮した．高潮や津波の減災目的で海岸（あるいは港）からある程度離れて沖に建設された構造物をそれぞれ高潮防波堤（storm surge breakwater），津波防波堤（tsunami breakwater）とよぶ．大船渡と釜石の津波防波堤（湾口防波堤とよばれている）は2011年の津波で被災した．　〈砂村継夫〉

ぼうはてい　防波堤　breakwater　港内を静穏に保つために港を囲むように建設された，港湾機能維持のための構造物．　〈砂村継夫〉

ぼうふうがたかいひん　暴風型海浜　storm beach　⇨砂浜の縦断形

ほうぶつせんがたさきゅう　放物線型砂丘　parabolic dune　砂丘の風上側が風食を受けて凹地が形成され，内陸側に吹き払われた砂が放物線型になった砂丘．パラボラ砂丘あるいはU字砂丘とも．砂丘の前進が速いと両翼が引き延ばされてヘアピン砂丘を生じる．海岸砂丘では，人為的な植生破壊が原因によって形成される例が多い．青森県屏風山砂丘地では近世における2度の飢饉の際に砂丘上の樹木が伐採されたために侵食がはじまり，2列の放物線型砂丘が形成された．世界でも海岸砂丘地帯への入植によって横列砂丘地の植生が破壊され，砂丘の再移動が起こって放物線型砂丘が形成された例が多い．　〈成瀬敏郎〉

ほうらく　崩落　landslip, rock slip, slump　斜面構成物質が，豪雨・地震などによって突発的に脆性破壊して地山から剥離し，乱された状態の土塊や岩塊が一団となって，重力によって斜面下方に急速に崩れ落ちる現象の総称（図）．斜面崩壊，山崩れ，崖崩れ，渓岸崩壊，岩盤崩落，山腹破壊，法面崩壊などとも．崩落物質，初動様式および崩壊総量などによって，土砂崩落（earth slip, earth slump），岩盤崩落*（rock-mass slip）および基盤崩落（bedrock slide）に大別される．崩落の発生した斜面には裸岩の崩落崖，斜面下方から基部には崩落物質の定着した崩落堆が形成される．多量の崩落物質が急勾配の谷底に達すると，河道閉塞*を生じたり，土石流*に転化する場合が多い．なお，崩落に類似した現象の落石は1回の落下で生じた転石がその個数を数えられる程度の大きさと個数の現象である（崩落では個数を数えられない）．また地すべりは地山から'すべり面'を境に離脱した土や岩体が，顕著に乱れることなく緩慢にすべり落ちる現象である，という点で崩落と区別される．　〈鈴木隆介〉

[文献] 武居有恒監修・小橋澄治ほか（1980）『地すべり・崩壊・土石流，予測と対策』，鹿島出版．／松倉公憲（2008）『山崩れ・地すべりの力学―地形プロセス学入門』，筑波大学出版会．／鈴木隆介（2000）『建設技術者のための地形図読図入門』，第3巻，古今書院．

ほうらくがい　崩落崖　landslip scarp　崩落*で生じた崖．崩落地とほぼ同義．新しい崩落崖では地山の基盤岩石（岩や土）が露出しているが，経年的に植生が回復している．その形態や規模は，崩落した物質の総量や崩落地の地形場*（元の地形の形態や比高，傾斜など）によって多様である．

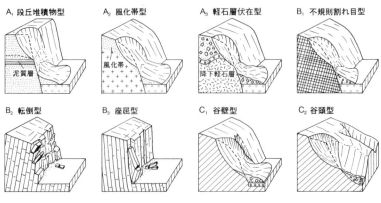

図　崩落の主な類型（鈴木，2000）

〈鈴木隆介〉

[文献] 鈴木隆介（2000）「建設技術者のための地形図読図入門」．第3巻．古今書院．

ほうらくさいがい　崩落災害　damage caused by slump　⇨斜面災害

ほうらくしゃめん　崩落斜面　landslip scarp　崩落（崩壊）で生じた崩落の跡地斜面．崩壊斜面，崩壊跡地とも．崩落直後には基盤岩石が露出することが多いが，時間の経過とともに風化物や斜面上方から匍行などによる斜面物質の供給により，徐々に土層が回復する．
〈松倉公憲〉

ほうらくたい　崩落堆　landslip lobe　崩落*した岩屑（土や岩塊）が崩落地の下方の斜面，谷底あるいは平坦地に定着して生じた地形．その形態は，崩落した岩屑の総量，個々の岩屑の大きさや崩落地および定着地の地形場*（元の地形の形態や傾斜など）によって多様である．崩落堆が再移動しても斜面基部に残存している岩屑を崩壊残土ということがある．
〈鈴木隆介〉

[文献] 鈴木隆介（2000）「建設技術者のための地形図読図入門」．第3巻．古今書院．

ほうらくち　崩落地　slope-failure site　⇨崩壊地

ほうらくちけい　崩落地形　landslip landform　崩落で生じた崩落崖*，崩落堆*および崩落堆から転化した土石流堆*を一括した地形種の総称．崩壊地形ともいう．⇨崩落，集団移動地形　〈鈴木隆介〉

[文献] 鈴木隆介（2000）「建設技術者のための地形図読図入門」．第3巻．古今書院．

ボウルダー　boulder　巨礫のこと．256 mm（-8ϕ）以上の粒径をもつ砕屑物．⇨粒径区分（表）
〈遠藤徳孝〉

ボウルダークレイ　boulder clay　⇨ティル

ボウルダーペイブメント　boulder pavement　⇨岩塊地形

ぼうろう　暴浪　storm wave, rough sea　暴風時の波浪を漠然と指す語．
〈砂村継夫〉

ほうわしんとう　飽和浸透　saturated percolation　⇨浸透

ほうわすいじょうきあつ　飽和水蒸気圧　saturation vapor pressure　空気中に含みうる水蒸気の圧力は，温度によって定まる最大値があり，この値以上の圧力では，水蒸気の状態で存在できない．このような水蒸気圧をいう．飽和蒸気圧とも．温度変化に伴う飽和水蒸気圧の変化率は，クラウジウス・クラペイロン（Clausius-Clapeyron）の式により表されるが，実用的にはティーテンス（V. O. Tetens, 1930）による近似式などが利用されている．空気の接する表面が，氷面・水面，平面・曲面，純粋な水か否かによって，飽和水蒸気圧に差が生じることは，雲粒の発達過程において重要となる．
〈森島　済〉

ほうわすいたいせつ　飽和水帯説　phreatic zone theory　洞窟は最初，地下水面下の飽和水帯で形成され，その後地下水面が下がって，地下水面上の循環水帯に出ると鍾乳石などの洞窟生成物ができるとする説．一つの洞窟の形成に2段階を考えるので，2段階説（two cycle theory）とも．⇨地下水面説
〈松倉公憲〉

ほうわそくほうりゅう　飽和側方流　saturated (saturation) throughflow　飽和状態下における土壌中の側方流をいう．地中流には不飽和流と飽和流とがある．不飽和流は土粒子表面を空気と接しながら流れ，その速度は極めて小さく，降雨，蒸発などの影響により多様な方向への移動をする．これに対し飽和流は，地中の不透水層や難透水層に不飽和流が到達したときに多く生じ，斜面下方に流れるものを飽和側方流とよぶ．飽和側方流は森林土壌のような表層の透水性の大きな土層で多量の降雨時に発生しやすく，土層中でパイプ流を形成し，洪水流出の主な部分となることが多い．また地形的にこの飽和側方流は斜面凹所（0次谷）で発生しやすく，表層崩壊の発生への寄与が論じられている（塚本良則ほか，1973）．この語と同様の意味で浅い地中流（subsurface stormflow）の語も用いられている．飽和側方流が地上に現れると，地表を流れる飽和地表流となる．⇨飽和地表流，表層崩壊
〈山本　博・徳永英二〉

[文献] 塚本良則編（1992）「森林水文学―現代の林学（6）―」．文永堂出版．

ほうわたい　飽和帯　saturated zone, zone of saturation　地層のうち，すべての間隙が大気圧以上の圧力をもつ液体で満たされた部分をいう．つまり，自由地下水面より下の水で飽和している地層である．地表面と自由地下水面との間の地層は，水や水蒸気，空気が混在しており不飽和帯（unsaturated zone）といわれる．しかし，厳密には自由地下水面の上の毛管水体も飽和帯に含まれ，また降水などが原因で地表面付近が湛水した際に浸透過程でそこに飽和帯が薄く形成されることもあるので，地下水面を境とした飽和帯，不飽和帯の区分は正確ではない．そのため，地下水面と地表面の間を通気帯

(vadose zone) と定義して土壌学などで詳しく研究されている．通気帯は土壌水帯（懸垂水帯），中間帯，毛管水帯からなる． 〈池田隆司・三宅紀治〉

ほうわちひょうりゅう　飽和地表流　saturated (saturation) overland flow　浸透能を超過した状態でなくても，土壌が飽和したところで発生する表面流出をいう．地表の浸透能の大きな樹林地の影響を残した草地斜面での測定から明らかになった地表流出の様式である（T. Dunne and R. D. Black, 1970）．森林のような土壌の浸透能が降雨強度よりも大きいところでは，雨水はすべて浸透し地中流となる．この地中流が斜面土層中で飽和した飽和側方流が地上に現れたとき，その地表での流れを飽和地表流という．特にその地表に出た流れは，土壌上層を短距離だけ流れて地表に復帰した流れであることから，復帰流（return flow）とよばれる．飽和地表流の発生場は地形的には斜面下端および谷底緩斜面上が中心となる．この様式の地表流は，表土層が地中水で飽和することにより発生するもので，湿潤地域の森林で斜面下部に発生しやすい．このほかに斜面において発生する地表流には，降雨強度が土壌の浸透能を超えると発生するホートン型地表流がある．⇨飽和側方流，ホートン型地表流 〈山本　博・徳永英二〉
[文献] 塚本良則編（1992）「森林水文学—現代の林学（6）—」，文永堂出版．

ほうわど　飽和土　fully saturated soil　土は土粒子と間隙（空気や水蒸気のような気体が存在）からなるが，この土に降雨の水が浸透していくと，間隙中に占める水分の割合がしだいに増加し，ついには間隙が完全に水で満たされた状態の土になるが，このような土を飽和土という．これに対し，間隙中に気体が残っている土を不飽和土という．一般に地下水位以下の土は飽和土であるが，地下水位以上であっても毛管作用によって間隙が飽和している場合があり，このような部分を毛管飽和帯という．
〈松倉公憲〉

ほうわど　飽和度【土の】　degree of saturation　土の間隙の体積に対する液体の部分が占める体積の比をいい，百分率で表される．土粒子の比重，間隙比ならびに含水比より算出することができる．
〈鳥居宣之〉

ホエールバック【寒冷地形の】　whaleback　⇨氷食地形

ホエールバック【砂丘の】　whaleback　⇨鯨背砂丘

ボーエンひ　ボーエン比　Bowen ratio　地表面や水面，植物の葉面などにおける鉛直上方への潜熱輸送量に対する顕熱輸送量の比．対象とする表面における熱エネルギーの分配を表す重要な指標となる．下方への鉛直輸送も考えられるため，負値をとる場合もある． 〈森島　済〉

ボーキサイト　bauxite　熱帯の風化作用で岩石中のアルカリ・アルカリ土類金属が溶脱し，珪酸塩が分解して，アルミニウムや鉄の水和酸化物が残留したもの．アルミニウムの鉱床となる． 〈松倉公憲〉

ホートン　Horton, Robert E.（1875-1945）　米国の水文学者，地形学者，土壌学者，エコロジスト．アルビオンカレッジ卒業後，土木技術者である叔父の下で働き，後に米国地質調査所ニューヨーク地方技師となる．この間，降水の特性と土壌の性質の関係を研究し，水の循環を浸透，蒸発，遮断，蒸散，地表流などの過程に分けて考察した．特筆すべきは「浸透能」（infiltration capacity）という用語を用いたことである．彼の地表流の考えは土壌の侵食と保全の仕組みの理解を深めるために大きく貢献した．さらに彼はこれらの成果を河川と流域の発達に結びつけ，下記の文献に紹介する大著にまとめて死の直前に発表した．土木技師としての経験と科学的好奇心が結合したものである．その中では現在，地形学・水文学研究者の間で知られているホートンの諸法則が総合的に紹介されている．米国地球物理学連合が水文物理学分野の顕著な業績に贈るホートンメダルはこのホートンの栄誉を称えての賞である．
⇨ホートンの法則 〈徳永英二・山本　博〉
[文献] Horton, R. E. (1945) Erosional development of streams and their drainage basins: hydrophysical approach to quantitative morphology: Bull. Geol. Soc. Am., 56, 275-370.

ホートンがたちひょうりゅう　ホートン型地表流　Hortonian overland flow　降雨量が浸透と窪地貯留の合計量を超過することにより生ずる直接的な表面流出を指す．この地表流出形態は，R. E. Horton により1930年代に提案された．地表に達した雨水の流下様式は二つに分かれる．①降雨強度が浸透能に比べて大きい場合に，雨水が地表面を流れて表面流出する．②降雨強度*が浸透能*より小さい場合に，雨水は土壌中に浸透して地下水となり，下流で地表に湧出して水流となる．①の様式をとる流れをホートン型地表流という．単に地表流とも．この考えによれば，流域内では斜面における地表流の平均長は排水密度の逆数の1/2になる．地表流が定義されると，その侵食力と抵抗との関係から非侵食帯の長さを求めるという考えに発展した．斜面流には，

ほかに②の様式による飽和地表流と飽和側方流がある．ホートン型地表流は，土壌被覆の薄い乾燥地域や下層土の露出した裸地の斜面上部で発生しやすいものの，これら複数の流れはしばしば合して斜面上の流れとなる．　⇨排水密度，浸透能，飽和地表流，飽和側方流　　　　　　　　　　〈山本　博・徳永英二〉

[文献] Horton, R. E. (1945) Erosional development of streams and their drainage basins; hydrophysical approach to quantitative morphology: Bull. Geol. Soc. Am., 56, 275-370.

ホートン・ストレーラーほう　ホートン・ストレーラー法　Horton-Strahler's method　⇨次数区分，水路次数

ホートンのほうそく　ホートンの法則　Horton's laws　水文学者，地形学者のホートン（R. E. Horton）は，1945 年に流域を構成する水路網に対してその水路を合流状態によって等級化して次数区分することにより，流域地形に関する有名な三つの数量的法則を発表した．①水路数の法則：ある流域内で水路の次数が減少するに従って，水路数が等比数列的に増大する．②水路長の法則：水路の次数が増大するに従って，その流長が等比数列的に増大する．③水路勾配の法則：水路の次数が増大するに従って，その勾配が等比数列的に減少する．これらの法則はそれぞれ順に，ホートンの第 1 法則，第 2 法則，第 3 法則とよばれている．これらの法則に加え，ホートンの示唆に基づき S. A. Schumm が定式化した流域面積の法則がある．Horton の示唆を評価してこの法則をホートンの第 4 法則とよんでいる．このほかに，M. E. Morisawa が追加した流域起伏量の法則を加える場合もある．これらの法則はいずれも，当初経験法則として提案されたが，その後，種々のランダムグラフモデル，生物学の相対成長の法則，水路網の自己相似などの概念を用いて，その統計熱力学的意味を説明しようとする試みがなされている．それらからホートンの法則の修正についての研究が進められている．　⇨水路次数，水路数の法則，水路長の法則，流域面積の法則，流域起伏量の法則，自己相似な水路網，徳永の法則　　〈徳永英二〉

[文献] Tokunaga, E. (1978) Consideration on the composition of drainage networks and their evolution: Geogr. Rept. Tokyo Metropolitan Univ., 13, 1-27.

ホーニト　hornito　溶岩トンネル，溶岩チューブ内でガス爆発が生じ，破れたトンネル天井殻から溶融岩片（スパター・溶岩餅）が溶岩上面に噴出・堆積して生じた小丘．火口上に位置しない一種のスパター丘．特に形状が尖塔状の場合は driblet spire と

よぶ．流動性に富む玄武岩質のパホイホイ溶岩流でみられる．　⇨スパター，スパターコーン
〈横山勝三〉

ボーリング　boring, drilling　土層構造や地球の内部構造の解明，環境変動の解明，資源調査などを目的として試料採取や探査のために行われる地中や氷雪中の掘削の総称であるが，近年はドリリングという言葉もよく使われる．　⇨ボーリング調査
〈柏谷健二〉

ボーリングちゅうじょうず　ボーリング柱状図　boring log　ボーリング*のコア（柱状試料）の岩相*の観察および掘削時の記録（掘進速度，N 値*など）に基づき，地層の構成，層厚，特徴，掘進の難易などを深度にしたがって記録したもの．地形学的には，同一地域の複数の柱状図を対比・集成することにより，その地域の地形発達史を編むことに利用される．　　　　　　　　　　〈松倉公憲〉

[文献] 平井利一・尾崎　修 (2005)「新・ボーリング図を読む」，理工図書．

ボーリングちょうさ　ボーリング調査　boring survey　試錐機を用いて，地下に分布する岩石や土砂を直径 5～7 cm の円柱状の連続的な試料（ボーリングコア）として採取し，地質の種類や地下水分布を明らかにしようとする調査手法である．軟弱地盤など，非固結の地層では一般に深度 1 m ごとに標準貫入試験を実施して N 値* を求めることが多い．地表から数 m までの浅い地盤の調査では人力によるオーガーボーリングが適用できる場合がある．ボーリング調査の成果はボーリングコアの連続カラー写真，ボーリング柱状図と調査報告書にまとめられる．　⇨試錐，ボーリング柱状図　　〈上野将司〉

[文献] 斉藤孝夫 (1985)「わかりやすい土木技術—地盤土と土層断面図」，鹿島出版会．

ほかくがん　捕獲岩　xenolith　火成岩中に含まれているその岩石（母岩）とは異なった岩石片．ゼノリスとも．母岩のマグマと一連のマグマに由来する同源捕獲岩と母岩のマグマとは成因的に全く関係のない外来捕獲岩がある．狭義には後者を指す．
〈太田岳洋〉

ほかん　補間【地形図作成上の】　interpolation (in geostatistics)　離散的なデータから，数学的な仮定に基づいて連続的なデータを得ること．地形学では標高データにしばしば用いられ，例えば等高線や標高点のデータから，グリッド DEM を生成する際に補間が行われる．また，リモートセンシングの画像から作成した DEM では，雲に覆われた領域な

どのデータが欠落している場合があり，それを周囲の標高値に基づいて補う際にも補間が用いられる．さらに，DEM の投影法を変換する場合にも補間が行われる．例えば，地形計測を正確に行うために，国土地理院が発行している緯度経度座標に基づく DEM を，補間により UTM（ユニバーサル横メルカトル図法）などのメートル法に基づく座標系の DEM に変換する．補間の方法は多数提案されており，代表的なものにはクリギング（kriging），スプライン，逆距離加重法，三角形分割法，傾向面法，最近隣法がある．さらに同一の方法に多数のオプションがある場合もある．例えばクリギングは，バリオグラム（計測距離とデータの分散との数学的な関係）に基づいて補間を行い，バリオグラムとして利用できる関数は多様である．また，ナゲット効果とよばれる測定の誤差に比例する変数も設定できる．補間の適用時には，対象となるデータに適切な手法とオプションを選ぶことが重要である．〈小口　高〉

ぼがん　母岩 country rock, host rock, parent rock　①貫入岩あるいは鉱床を胚胎する岩石に対する被貫入岩．または，捕獲岩を取り込んだ火成岩．これを country（host）rock という．②土壌に素材を供給した風化を受けていない新鮮な岩石．これを parent rock という．母岩の種類は土壌に大きく影響する．〈太田岳洋〉

ボグ bog　降水栄養性泥炭地のこと．地下水位は常時高く，水分が多く，強酸性かつ貧栄養性の 高位泥炭地*．ミズゴケ類が非常に大きな役割をもち，樹木の被覆は 25% 以下である．⇨泥炭地，丘モール　〈松倉公憲〉

ほくしょうがたじすべり　北松型地すべり landslide of Hokusho-type　九州北部の北松浦半島周辺に多発する キャップロック型地すべり* の総称．単に 北松地すべり とも．キャップロックとして載る 松浦玄武岩* の下にある 佐世保層群* 中の挟炭層や凝灰岩層がすべり面となっていることが多い．「鷲尾岳地すべり」が代表例．〈松倉公憲〉

ほくせいたいへいようかいぼん　北西太平洋海盆 Nothwest Pacific Basin　ハワイ諸島からミッドウェー島に至るハワイ海嶺，ミッドウェー島から北西に続く天皇海山列，千島・カムチャツカ海溝，日本海溝，伊豆・小笠原海溝の海溝周縁隆起帯および中央太平洋海山群に囲まれた東西 5,500 km，南北 3,500 km の深海底盆*．水深は約 5,600〜6,000 m．〈岩淵　洋〉

ホグバック hogback　⇨ホッグバック

ほくめんしゃめん　北面斜面 north-facing slope　⇨斜面の向き

ポケットビーチ pocket beach　出入りに富む岩石海岸の湾奥などにみられる両端を岬で限られる小規模な海浜．ほとんどは弧状の汀線をもつ 三日月浜* である．⇨砂浜海岸（図）　〈武田一郎〉

ほこう　匍行 creep　(1) 地形学では，斜面物質が，基本的には重力によって，斜面下方へ緩慢に移動する現象をいう．匍行の起こる深さは地表から数 cm〜数十 m に及ぶ．移動速度は数 mm/年から数 cm/年であるが，地表付近で大きく内部に向かって減少する．匍行は，①斜面の表層物質（土層・岩屑）のみの浅層匍行（shallow-seated creep, seasonal creep：季節的匍行とも）と，②岩盤の斜面下方への屈曲を伴う深層匍行（deep-seated creep, continuous creep, gravitational creep, mass rock creep, rockmass creep）に大別される．浅層匍行は，土層や岩屑の温度・水分変化による膨張・収縮および凍結・融解の繰り返し，土中動物による撹乱，樹根の肥大などに起因し，特に寒冷地では霜柱の成長・融解に伴う岩屑の上下運動（heave and settlement）による匍行（frost creep）が顕著である．深層匍行の原因は重力による変形．匍行は移動物質の種類によって，①土壌匍行，②岩屑匍行，③テーラス匍行（talus creep, talus shift：テーラスクリープ，崖錐匍行とも），④寒冷地域で岩塊堆積物中の氷が関与する岩石氷河匍行（rock glacier creep：岩塊流匍行とも）および⑤深層匍行に属する岩体匍行（rock creep）に細分される．深層匍行の証拠として，斜面に斜交する脈岩や頁岩・炭層などの薄層が特定の深さにおける斜面下方への屈曲がある．一方，根曲り，石垣の歪み，石塔・電柱などの傾き，階段状の微地形のテラセット（terracette）などは，しばしば

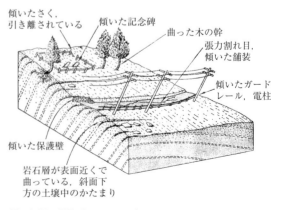

図　匍行の効果（Bloom, 1969）

匍行に起因するとされるが，積雪の移動や地すべりなど別の原因でも生じる．

(2) 砂防・災害科学では，斜面崩壊に関連して，斜面の変形（移動）が①初期の減速段階を示す一次クリープ，②定常に近い状態を示す二次クリープ，③加速して破壊に至る三次クリープの3段階が認識されている．

(3) 材料力学では，一定の応力のもとで材料の変形が時間の経過とともに変化する現象がクリープ（creep）とよばれる．クリープには，時間の経過とともに歪みが一定の値に近づく挙動を示すフォークト（Voigt）またはケルビン（Kelvin）物体ならびに時間に比例して歪みが直線的に増加する挙動を示すマックスウエル（Maxwell）物体がある．⇨マスムーブメント，テラセット　　　　　〈石井孝行〉

[文献] Varnes, D. J. (1978) Slope movement types and processes : Transportation Research Board Special Report, 176, 11-33. ／山口梅太郎・西松裕一（1991）「岩石力学入門（第3版）」，東京大学出版会．／Bloom, A. L.（1969）The Surface of the Earth, Prentice-Hall（樋根　勇訳（1970）「地形学入門」，共立出版）．

ほこうしゃめん　匍行斜面　creep slope　匍行が顕著に進行している自然斜面．一般に風化帯の厚い急傾斜な斜面であるが，非固結の岩屑で構成される崖錐や寒冷地での凍結融解作用の起こる斜面でも匍行によって斜面物質が斜面下方に緩慢に移動する．⇨匍行，斜面要素の分類　　　　　〈鈴木隆介〉

ほこうせいぼざい　匍行性母材　parent material of soil creep　斜面に存在する未固結層や土壌層は土壌匍行*に伴い，徐々に下方へと移動する．下方へ移動したこれらの物質は移動先で新母材としての役割を果たす．通常，母材は単一起源，同一風化履歴を有するが，匍行性母材は斜面上部域の様々な未固結層や土壌層を起源としているため，種々雑多な混在化したものとなる．さらに土壌匍行は継続して徐々に起こるために，斜面下方域の母材は常に土層上に累積する性状をもつ．　　　　　〈宇津川 徹〉

ほごだんきゅう　保護段丘　rock-defended terrace　基盤岩石によって河川の側方侵食を免れ保護された砂礫段丘を指し，岩石保護段丘あるいは谷側積載段丘ともいう．砂礫段丘を構成する厚い堆積物（谷中埋積物*）は，一般に非固結であるため，侵食されやすい．しかし，段丘面形成後の下方侵食が，谷底低地の側方で起こった地区では，河道が基盤岩石に切り込むため，その後の河川の側方侵食が谷中埋積物に及ばなくなり，砂礫段丘が保護されて生じる．図のように，段丘が突出した形で分布するケー

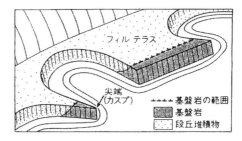

図　保護段丘（小野，1981）

スでは，その尖端に基盤岩石が伏在することが多い．⇨砂礫段丘，フィルテラス，岩石段丘，谷側積載段丘，段丘の内部構造（図）　　　　　〈豊島正幸〉

[文献] 小野有五（1981）保護段丘：町田　貞ほか編「地形学辞典」，二宮書店．

ぼざい　母材　parent material　⇨土壌母材

ほしがたさきゅう　星型砂丘　star dune　⇨星状砂丘

ほしずな　星砂　star sand　有孔虫 Baculogypsina sphaerulata の遺骸（殻）からなる砂．星砂ともよばれる．礁原*や海岸に堆積して星砂の浜を形成する．特に八重山諸島の竹富島や西表島の砂浜が有名．この砂の現在の分布は，西太平洋の熱帯海域に限られる．　　　　　〈横川美和〉

[文献] 藤田和彦（2001）星砂の生物学：みどりいし，12, 26-29.

ぼしゅうだん　母集団　population　調査や実験等によってある性質について知ろうとしているとき，その対象となるもの全体の集まりのこと．例えば，河川の一定区間に存在する礫の粒径を知りたいとき，その一定区間内に存在する礫の全量のことを母集団とよぶ．　　　　　〈倉茂好匡〉

ほしょう　堡礁　barrier reef　サンゴ礁*の大地形区分の一つ（⇨サンゴ礁地形の成因）．陸地とサンゴ礁礁原の間に水深数十mの礁湖*（ラグーン）をもつサンゴ礁．バリアリーフともよばれる．礁原*の幅は，数百mから数kmに達するものもある．オーストラリア北東岸には，長さ2,000km近い大堡礁（グレートバリアリーフ）がつらなる．日本では，石垣島と西表島の間（石西礁湖），久米島などにみられる．　　　　　〈茅根　創〉

ほしょうしんど　補償深度【アイソスタシーの】　compensation depth（of isostasy）　補償面の深度のこと．アイソスタシーが成立している場合，補償深度以深で静水圧平衡が成立する．⇨アイソスタシー　　　　　〈高田陽一郎〉

ほしょうしんど　補償深度【湖沼の】　compensation depth（of lake）　緑色植物の光合成による有機物生産量が呼吸量と等しくなるときの光の強さを補償点（compensation point）といい，単位としては，放射量として考えた場合はW/m^2，照度として考えた場合はルクス（lx）などを用いる．湖沼・海洋では，植物プランクトンなどが光合成を行う場合，短波放射が水中を通って補償点となる深度は太陽高度の日周変動などで変化する．このため，1日間の光合成量と呼吸量とが等しくなる補償点を考え，この補償点を示す深度を補償深度という．
〈知北和久〉

[文献] 西條八束・三田村緒佐武（1995）「新編 湖沼調査法」，講談社サイエンティフィク．

ほしょうめん　補償面【アイソスタシーの】　surface of compensation（of isostasy）　アイソスタシーの成立している等深度面をいう．⇨アイソスタシー
〈高田陽一郎〉

ほじょうようすいりょう　圃場容水量　field capacity　⇨pF値

ほじょきょくせん　補助曲線【地形図の】　auxiliary contour（of topographic map），supplementary contour　地形を等高線で表現するとき，一部分に限って主曲線と主曲線の間に描かれる等高線．隣り合う主曲線間の中間の高さを示すものを第一次補助曲線または間曲線*，さらにその中間の高さを示すものを第二次補助曲線または助曲線といい，国土地理院の地形図ではそれぞれ長破線，短破線で示される．⇨等高線
〈熊木洋太〉

ボス　boss　⇨底盤

ポス　POS　position and orientation system　GPS・IMU装置として代表的なもの．カナダのApplanix社が開発，販売している．⇨GPS・IMU装置
〈相原 修・河村和夫〉

ボストークひょうしょうコア　ボストーク氷床コア　Vostok ice core　⇨南極氷床，氷床コア

ほそく　歩測　pacing　2地点間の距離を歩数で求める測量手段．歩幅は人によって異なるので，自分の平均的な歩幅をあらかじめ計測しておく必要がある．訓練すればほぼ一定の歩幅で歩くことができるようになる．最も簡便な測量法として有効．
〈宇根 寛〉

ほそく　捕捉　capture　地下水学で使われる用語で，帯水層*から新たに地下水を揚水した場合，それまでの帯水層への涵養量が増加し，帯水層からの流出量が減少する．捕捉はこの増加量と減少量を合わせた量をいう．帯水層からの揚水により水頭低下が生じるが，この水頭低下は揚水量と捕捉量が等しくなるまで，つまり両者が平衡に達するまで続く．
〈浦野愼一〉

ぼた　bota　石炭採掘の際に，石炭層以外として分別された頁岩，泥岩などの岩石片に対する九州地方での俗称．北海道の炭鉱や金属鉱山では「ずり」という．ぼたが積み上げられて生じた小山をぼた山*という．なお，金属鉱山は山地に多いので，ずりを谷間に土砂ダムを築いて埋めている場合が多いが，それはぼた山をつくれる平坦地がないためである．「ボタ」とも書く．
〈松倉公憲〉

ほたそうぐん　保田層群　Hota group　房総半島南部に分布する上部漸新統〜下部中新統の海成層．塊状の凝灰質砂岩および泥岩からなる．層厚1,200m．嶺岡層群*とは断層で接し，三浦層群に不整合に覆われる．嶺岡山地の南斜面や平久里（へぐり）付近は地すべりの発生頻度が高い．
〈松倉公憲〉

ぼたやま　ぼた山　botayama, huge heap of mining waste　鉱山，特に炭鉱で選鉱の際に除去された岩屑（炭質頁岩などで，現場では'ぼた'という）の廃棄・積み上げで生じた円錐状の丘．炭田地帯に多く，比高数十mのものもある．九州筑豊地域に多く残存していた．「ボタ山」とも書く．
〈鈴木隆介〉

ほっかいどうなんせいおきじしん　北海道南西沖地震　1993 Hokkaido Nanseioki earthquake　1993（平成5）年7月12日22時17分北海道南西沖（139°11.0′E，42°46.8′N）を震央として発生した大地震（M 7.8）．震源の深さは35kmで，ユーラシアプレートと北アメリカプレートの境界で発生．地震に伴う津波は日本海沿岸の各地に達し，死者201名，行方不明者29名を出した．特に奥尻島南端の青苗地区には地震直後に津波が来襲し，津波の波高は10m以上で集落が壊滅的な被害を受け，その直後に発生した火災による被害も深刻であった．
〈前杢英明〉

ほっきょくかっしょくど　北極褐色土　arctic brown soil　アラスカなどのツンドラ*地帯にはツンドラ土やツンドラグライ土などの土壌が広く分布するが，永久凍土層の深く排水良好な砂礫地には北極褐色土が生成する．A層は有機物が比較的富み褐色で団粒構造を示す．しかしB層の発達が弱い土壌である．
〈細野 衛〉

[文献] 大羽 裕・永塚鎮男（19887）「土壌生成分類学」，養賢堂．

ほっきょくなんきょくこうざんけんきゅう　「北

極南極高山研究」 Arctic, Antarctic, and Alpine Research　コロラド大学・極地高山研究所（INSTAAR）が発行している極域・高山地域の環境・古環境を主対象とする季刊学術雑誌の和訳語．第1巻は1969年に Arctic and Alpine Research の名称で刊行され，1999年の第13巻から現在の名称になった． 〈渡辺悌二〉

ホッグバック hogback, hog's back　同斜構造の差別侵食で形成される走向山稜*のうち，地層傾斜が約45°以上の強抵抗性岩で構成される急峻な山稜で，山稜頂部は非対称山稜*である（例：長野県犀川中流の山清路付近の丘陵）．豚背（ぶたせ）という訳語は現在では使用されない．ホグバックと書かれることもあるが，アクセントは hógbàck である．⇨ケスタ，同斜山稜，走向山稜 〈鈴木隆介〉

ほったんてきじゅんへいげん　発端的準平原 incipient peneplain　河川の側刻によってつくられた広大な谷底平坦面を指す．局地的準平原（局部準平原）や割谷（かつこく）*（strath）と同じ意味で使われることが多い．Bucher（1932）が提示した割谷のように，侵食基準面が比較的長く安定していたために，河川の側刻により広い谷底平坦面が形成され，このまま続けば準平原になるという意味合いで使われる．⇨局地的準平原，河川側刻速度 〈大森博雄〉
［文献］井上修次ほか（1940）「自然地理学」，下巻，地人書館．/Bucher, W. H.（1932）"Strath" as a geomorphic term : Science, **75**, 130-131.

ホットスポット hot spot　地球上のほとんどの火山はプレート境界に分布するが，それとは違った場所のハワイ島などにも大規模な火山活動がみられる．後者は，プレート境界に関係なく，マントルに固定した火成活動として Wilson（1965）が最初に認識し，ホットスポットとよばれている．Morgan（1971）は，これらの火成活動は，マントル深部から上昇するプリュームが地表近くで溶融したマグマに由来するという仮説を提唱した．しかし，上昇流の源が，上部マントルと下部マントルの間に形成された温度境界層にあるという説や，核/マントル境界付近の温度境界層にあるという説などが提出されており，確定していない．いずれにしても，深部から上昇したマントル物質は，プレートの下で溶融し，生成されたマグマは次々にプレート上で噴出して火山を形成し，その火山はプレートに乗った状態で移動するので，ハワイ－天皇海山列のようにプレートの移動方向に火山列が形成される．ホットスポットの源となる上昇流の，深部マントルに対する移動速度は1cm/年以下と推定されており，ほぼ不動といってよい．そのため，個々の火山の年齢とホットスポットからの距離の関係を求めれば，プレートのマントルに対する移動方向と速度という重要な情報が得られ，ハワイ－天皇海山列の場合，太平洋プレートの移動速度は約8cm/年と見積もられている．現在，太平洋，アフリカ大陸，ユーラシア大陸，大西洋などに50個以上のホットスポットの候補があげられている． 〈瀬野徹三・西田泰典〉
［文献］Wilson, J. T.（1965）Evidence from ocean islands suggesting movement in the earth : Phil. Trans. Roy. Soc. London., Ser. A., **258**, 145-167./Morgan, W. J.（1971）Convection plumes in the lower mantle : Nature, **230**, 42-43.

ポットホール【海岸の】 pothole（on coast）, marine pothole　海食台*や波食棚*の上にみられる，平面形が円形あるいは楕円形の穴．海食甌穴（おうけつ）あるいは海食かめ穴ともよばれる．深さが長径を超えることはほとんどない．岩盤表面の節理・断層やそれらの交点の部分で形成されやすく，砂礫を取り込んだ渦流による磨耗作用によって岩盤に穴が形成されて発達する．側壁は上方の開口部に向かってオーバーハングしていることが多い．⇨岩石海岸（図）〈青木　久〉
［文献］Sunamura, T.（1992）*Geomorphology of Rocky Coasts*, John Wiley & Sons.

ポットホール【河川の】 pothole（in river）, stream pothole　河床や河岸の岩盤表面にできる円形の穴．甌穴（おうけつ）または，かめ穴ともいう．氷河の融氷水流下に伴う強い回転運動による穴はムーランとよばれる．岩盤上のくぼみに入り込んだ礫が流水の力で回転することによって，くぼみが丸みを帯びた円形の穴に拡大したと考えられている．円くなった礫が穴の中に入っていることも多い．大きさは直径，深さとも十数cmから数mで様々である．⇨ムーラン，岩床河川 〈戸田真夏〉
［文献］伊藤隆吉（1979）「日本のポットホール」，古今書院．

ほっぽうしんようじゅりん　北方針葉樹林 boreal (northern) coniferous forest　ユーラシア大陸と北アメリカ大陸の北緯50〜70°付近に広く分布する，トウヒ属，モミ属，マツ属，カラマツ属などの針葉樹が優占する森林．亜寒帯林，北方林，タイガ（シベリア地方の針葉樹林を意味するロシア語に由来）ともよばれる．山火事跡地や風倒跡地ではハンノキ属，カバノキ属，ヤマナラシ属などの広葉樹が二次林を構成することがある．高緯度になるほど構成種の数は減少し，相観的にも閉鎖林となる．北方針葉樹林北側の亜寒帯地域には，疎林やツンドラ

植生が広がる．ユーラシア大陸のうち，西部や東部沿海州にはモミ属やトウヒ属を中心とする「暗いタイガ」が成立し，中央部にはカラマツ属の落葉針葉樹がつくる「明るいタイガ」が成立する．温帯域には山地上部に同様の相観をもつ森林が分布し，亜高山帯*針葉樹林とよばれる． 〈髙岡貞夫・若松伸彦〉

[文献] Breckle, S.-W. (2002) *Walter's Vegetation of the Earth: The Ecological Systems of the Geo-Biosphere*, Springer.

ほっぽうりん　北方林　subarctic forest　⇨北方針葉樹林

ポドゾル　podzol　湿潤冷温帯気候下の針葉樹林およびヒースなどの植生に分布する成帯性土壌．モル型の厚い堆積腐植層（Oi, Oe, Oa層）をもち，鉄やアルミニウムが溶脱した灰白色の漂白層（E層，アルビック Albic 層，WRB）と，鉄やアルミニウムが集積した黒あるいは橙褐色の集積層（Bs層，スポディック Spodic 層，WRB）をもつ土壌．典型的なポドゾルは石英分の多い砂質母材に発達する．漂白層には膨潤型の粘土鉱物が，集積層には非晶質の粘土鉱物が生成する．ヨーロッパや北米の平原部の冷涼湿潤地域，なかでも更新世の融氷河流による砂質堆積物上に広く分布する．一方，湿潤熱帯にも厚い堆積腐植層をつくる植生環境で，粘土分の非常に少ない砂質堆積物上に，非常に深くまで発達した熱帯ポドゾル（ジャイアントポドゾル）が存在する．亜高山地帯には乾性ポドゾルと湿性ポドゾルが分布する．乾性ポドゾルは典型的なポドゾルであるが，湿性ポドゾルは乾性ポドゾルに比べて粘土含量が高く表層での還元作用がその生成に関係していると考えられている．米国の Soil Taxonomy の大土壌群ではポドゾルに相当する土壌はスポドソル（Spodosols）とよばれている． 〈金子真司〉

[文献] Kitagawa, Y. et al. (2001) Clay mineralogy of a mountain podzol in Jumonji Pass, Okuchichibu Mountains：ペドロジスト，**45**, 112-117.

ポノール　ponor, swallet　ポノールは炭酸塩岩の地域において，ポリエ底を常時地表流として流下してきた川がポリエの末端で地下水系に流入する流入口をいう．ポノールの流入口の前面は壁状の急崖をもつ．「吸込み穴*」は必ずしも地表水が流入する入口が壁面地形をつくる必要がなく，凹地の一時的に溜まった水を地下水系へ排水する入口をいう．したがってポノールとは異なる．⇨シンクホール，尻無川 〈漆原和子〉

ぼぶんさん　母分散　population variance　母集団*が N 個のデータで構成されており，個々のデータを x_i，それらのデータの平均値を μ としたとき，次式で得られた値 σ^2 のこと．

$$\sigma^2 = \frac{1}{N}\sum_{i=1}^{N}(x_i - \mu)^2$$

一般には，母集団のデータの個数 N は非常に大きく，これらすべてを測定することは不可能なことが多い．すなわち，母分散そのものを計算できることはあまりない． 〈倉茂好匡〉

ほぼさいこうこうちょうめん　略最高高潮面　Nearly Highest High Water　⇨潮汐基準面

ほぼさいていていちょうめん　略最低低潮面　Nearly Lowest Low Water　⇨潮汐基準面

ホマーテ　Homate　⇨シュナイダーの火山分類

ボムサグ　bomb sag　火口から放出された火山弾や火山岩塊などが成層した火山灰層などの上に落下し，落下部分の成層構造が下方へわんだり，乱されたりしているもの．英語では bedding-plane sag とも．たわみや乱れの構造が非対称な場合，火山弾や火山岩塊の飛来方向を推定することが可能である． 〈横山勝三〉

ホモクリナルさんりょう　ホモクリナル山稜　homoclinal ridge　⇨同斜山稜

ほり　堀，濠　moat　城郭の周囲（例：東京都皇居を囲む日比谷濠など）や堀上田の周囲（例：筑後平野の三角州や干拓地に多い）の細長い池または水路．掘割*ともいう． 〈鈴木隆介〉

ポリエ　polje, polye　広大な炭酸塩岩の地域で溶食作用によってできた，長軸が10 km以上に及ぶ平野状の凹地をいう．語源はセルボ・クロアート語（セルビア・クロアチア語）で平野を意味し，必ずしも石灰岩地域に限らず使用されている用語である．しかし，その後ポリエはカルスト地形の溶食によって生じた平野を表す用語として用いられるようになった．ポリエは，平地部は平坦であり，周辺の凸地形との境界は明瞭で，扇状地や崖錐は伴わない．ポリエの縁では地下水を通ってカルスト湧泉から湧き出た水がポリエの中を地表流として流れ，ポリエの末端でポノール（吸込み穴）を通して再び地下水系へ流入する．これは完全なカルスト（ホロカルスト）の場合の closed polje とよばれ，本来のポリエはこれをいう．大型のポリエの場合，その長軸方向は岩質や地質構造などに支配されている場合がある．しかし，石灰岩地域がそれほど広くない場合や，他の岩石と接している地域では完全なポリエは形成されにくい．地表流として流下している川が一見ポリエのような形をした凹地の縁の一部を切って

流入したり，または流出している．これは closed polje の水のシステムを満たしていないので，真のポリエではない．したがって，このようなフルビオカルストの場合にこれを open polje または half polje として区別する．秋吉台のいくつかのポリエは，この open polje に相当する．また秋吉台の場合，非石灰岩との境界に発達しているものは，half polje と見なすことができる．旧ユーゴスラビアの完全なカルスト（ホロカルスト）における水のシステムが満たされているポリエでは，雨の季節や雪融けの季節に複数のカルスト湧泉から流入する水量が増加し，ポノール（吸込み穴）からの流出能力を越える場合がある．このときはポリエの底は洪水になり，長く（1週間〜1カ月）冠水する．人々は軒下につるした舟を交通手段として用い，洪水の期間の生活に対応する．洪水でたとえ長く冠水してもよいように，土地利用上低い場所は牧草地などにし，穀物畑や集落はポリエ内の微高地に立地している．また教会はポリエ内の最も高い丘の上か，ポリエの縁の最も高い位置に立地する．ポリエの中は肥沃な厚い堆積物で覆われているので，カルスト地域にあっては，豊かな広い耕地を確保できる唯一の場である．⇨ポリエ盆地　〈漆原和子〉

ポリエぼんち　ポリエ盆地　polje basin　ポリエ*は，セルボ・クロアート語，スロベニア語で一般的な平野を意味する．しかしカルスト用語としてのポリエは，炭酸塩岩の地域に形成された，溶食によってできた，数km〜数十kmに及ぶ長軸をもつ凹地で，かつ凹地の底は平坦な地形をなす．すなわち，盆地状のポリエの縁は底の平地と明瞭な境界を有し，ポリエの底の平地のみ地表流が流れる．地表水の上流はカルスト湧泉から地下水流が流出し，ポリエ底を地表水として流れ，ポリエの末端ではポノールとして流入する．ポリエの底は一般に堆積物は極めて薄い．雨や雪解けによる流水が季節的に増大するとき，この流水のシステムが十分働かなくなり，ポリエの底が冠水し，湖をつくることがある．この際，水にふれて溶食が進行する底部と，溶食がほとんど起こらないポリエの壁に相当する縁の部分との傾斜が明瞭に変わる．これがポリエ盆地の形態上の特色を生み出す．大型のポリエの場合は，部分的に構造線の存在などがその形態をきめることに関与していることがある．しかし，ポリエの用語を用いるには，単なる規模が大きな平地であることばかりでなく，カルストの水系が完全に成り立っていることが必要である．日本では，しばしばポリエの名を付した盆地状の凹地があるが，非石灰岩の地域と接していたり，水系の定義が当てはまらない例がある．日本で最大の石灰岩台地である秋吉台ほどの規模であっても，完全なポリエの盆地が形成されるためには狭小である．　〈漆原和子〉

ほりこみこう（わん）　掘込港（湾）　artificially excavated port　海岸線を陸側に掘り込んで築造された人工の港．これに対して沿岸を埋め立ててつくられた港を埋立港（湾）という．従来，港湾には河口や湾や入江など波浪の影響を受けにくい天然の場所が選ばれてきたが，人間活動の拡大，特に鉄工業や石油化学工業の発展に伴い広大な用地を必要とするようになり，自然の海岸にはこの条件を満たす場所がほとんどなかったため，掘込港が建設されるようになった．例：茨城県鹿島港，北海道苫小牧港など．　〈沖村　孝〉

ほりこみしすう　掘込指数【谷の】　dissection index　対象地域の相対起伏（最高点と最低点の比高）を絶対起伏（最高点と侵食基準面との比高）で除した値．地表の開析の程度を表す一つの指標で，値が大きいほど谷の掘込が進んでいることを示す．例えば，原地形の復旧が容易な成層火山において火山放射谷の深さを表現するのに，元の火山斜面の縦断曲線と投影谷床縦断曲線に囲まれた面積（S_v：放射谷の縦断面積）と元の火山斜面の断面積（S_i）との比で表す．同様に，段丘開析谷の開析度の指標にもなる．ただし，原地形が復旧できない地形種では，この方法を適用できない．⇨開析度，流域の基本地形量，投影接峰面縦断面積，投影谷床縦断面積　〈小口　高・鈴木隆介〉

[文献] 鈴木隆介 (1969) 日本における成層火山体の侵蝕速度：火山，第2集，14, 133-147．

ポリゴン　polygon　⇨多角形土

ポリゴンでいたんち　ポリゴン泥炭地　polygon peatland　ポリゴン（多角形土*）の発達によって特徴づけられる泥炭地．構造土の中央が盛り上がったものと低くなったものがある．　〈松倉公憲〉

ほりぬきいど　掘抜井戸　artesian well　⇨井戸

ほりゅう　補流　compensating flow　沿岸域において，風によって表層に吹送流などが生じたときに，それに伴う海水の流出を補うように二次的に発生する流れ．例えば，内湾域で沖向きの風が吹いたとき，表層ではほぼ同じように沖へ向く流れが生じるが，下層にはそれを補うため，逆向きの岸に向かう補流が生じる．　〈小田巻　実〉

ほりわり　掘割　canal　水運および用・排水路

のために，陸地を掘削して築造した水路．運河とほぼ同義．単に堀* ともいう（例：宮城県貞山堀）．また，水道とも（例：三重県志摩半島深谷水道）．

〈鈴木隆介〉

ホルスタインかんぴょうき　ホルスタイン間氷期
Holstein interglacial　⇨スカンジナビア氷床

ホルスト　horst　⇨地塁

ボルソン　bolson　米国やメキシコ北部で用いられる砂漠盆地を指す用語．盆地の中心に向かう求心的な水系や水系のあとがみられ，中心部にはプラヤ*が発達する．プラヤは乾燥した湖の遺物であるが，一時的に流れが流入することがある．この場合には，この盆地を半ボルソン（semi-bolson）とよぶことがある．

〈松倉公憲〉

ホルン　horn　氷河の侵食作用によって形成された鋭く尖った岩峰．氷食尖峰，切載峰ともいう．隣り合う圏谷の切り合いによって生じる．スイスアルプスにはホルンを冠する山名が多く，氷河によって四面を切られたマッターホルン，三面を切られたヴァイスホルンが典型例として知られる．

〈長谷川裕彦〉

ボルンハルト　bornhardt　乾燥地の平原上に突出した頂部がドーム状で側部が急傾斜の島山．ドーム状インゼルベルク（domed inselberg），剥脱ドーム（exfoliation dome）ともいう．侵食面が削剥される過程で周辺より侵食が遅れて高まりとなった（残丘の）島山と区別するために，B. Willis（1936）が，乾燥地の残丘を島山（Inselberg）と命名したドイツの地形学者 W. Bornhardt にちなんで提唱した地形名とされる．しかし現在では，島山と同じ意味で使われることも多い．乾燥地（降雨がある）の差別風化が進む土中において，硬岩がシーティング節理（表面に平行な割れ目）に沿ってドーム状に風化し，周辺の深層風化層が取り除かれて露出し，高まりとなった地形．風化が進む時期と風化層が削剥される時期とが異なる二輪廻性（二段階形成）の地形とされる．オーストラリア中央のウルル（エアーズロック）やブラジル・リオデジャネイロのコルコバードの丘やシュガーローフ山が有名．⇨島山，地形性節理

〈大森博雄〉

[文献] King, L. C. (1948) A theory of bornhardts : Geogr. Jour., **112**, 83-87. / Twidale, C. D. and Campbell, E. M. (1993) *Australian Landforms: Structure, Process and Time*, Gleneagles Pub.

ホルンフェルス　hornfels　片状組織や縞状組織をもたない無方向性の接触変成岩．主として泥質岩からの接触変成岩に用いるが，他の岩質のものが変成されたものにも拡張して広く使用される．

〈松倉公憲〉

ホルンフェルスおね　ホルンフェルス尾根
hornfels ridge　ホルンフェルス*で構成される尾根．ホルンフェルスは接触変成作用によって，原岩よりも細粒・緻密な硬岩であるが，節理や貝殻状の破断面を多くもつので，積極的抵抗性*も消極的抵抗性*もともに大きい岩石である．そのため，それに接する火成岩やホルンフェルス化していない地層よりも侵食されがたく，それらの分布地よりも相対的に高く低谷密度の尾根を形成し，火成岩体を囲んでいる場合がしばしばみられる（例：鹿児島県高隈山）．ただし，ホルンフェルスがどこでも尾根を形成しているとは限らない．⇨岩脈

〈鈴木隆介〉

[文献] 鈴木隆介（2000）『建設技術者のための地形図読図入門』，第3巻，古今書院．

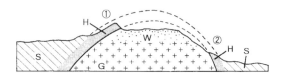

図　深成岩（G）とホルンフェルス（H）の差別削剥（鈴木，2000）
①ではHがGより相対的に高く，②ではHがGより低い．W：深成岩の風化帯，S：非変成の堆積岩．

ボレアルき　ボレアル期　Boreal stage　⇨後氷期

ほれみぞ　掘れ溝　furrow, channel　侵食によって形成された溝状の微地形．岩床河川のなめらかな河床で，断層や節理などに沿った侵食で形成された溝を指す場合と，非固結物質で構成された斜面で，流水の洗掘でできた溝（リル，ガリー）を指す場合がある．⇨岩床河川

〈戸田真夏〉

ポロシリひょうき　ポロシリ氷期　Poroshiri glaciation　⇨日本の氷期

ぽろないそう　幌内層　Poronai formation　北海道夕張地域に分布する上部始新統の海成層．主に無層理のシルト岩からなる．層厚は1,600m．

〈松倉公憲〉

ポロロッカ　pororoca　⇨タイダルボアー

ほんこく　本谷　main valley　山地で河川や氷河の本流の形成した谷をいう．主谷とも．支流の形成した支谷*の対語．登山者は「ほんだに」という．

〈鈴木隆介〉

ぼんこく　盆谷　trough-shaped valley　⇨盆状

谷

ほんしつぶっしつ　本質物質【火山噴出物の】 essential material, juvenile material　火山砕屑物を構成する岩片のうち，その砕屑物を生じた噴火をひき起こしたマグマに由来すると判断される岩片の総称．例えば降下軽石堆積物を構成する軽石塊や降下スコリア堆積物を構成するスコリア片などは本質物質．類語は類質物質と異質物質．⇨類質物質，異質物質　　　　　　　　　　　　〈横山勝三〉

ほんしゅうこ　本州弧 Honshu arc　日本海を弓状に囲むように約1,300 kmにわたって延びる島弧で，日本弧とも．地質構造的には東北日本弧と西南日本弧の二つの島弧を合わせた名称．二つの島弧の境界部がフォッサマグナである．北方では北海道で千島弧に，南方では伊豆半島で伊豆・小笠原弧に，南西方では九州中部で琉球弧にそれぞれ続く．⇨島弧　　　　　　　　　　　　　　　　〈前杢英明〉

ぼんじょうこく　盆状谷 trough-shaped valley, Muldental（独）　浅谷と同義で，盆谷ともいう．⇨河谷横断形の類型（図）　　　　　〈鈴木隆介〉

ほんしん　本震 main shock, mainshock　時間・空間的にある範囲に集中して起こる一群の地震のうち，他の地震より際立って大きな地震．本震の前に起こる地震を前震*，後に起こる地震を余震*という．前震や余震は，本震よりも規模が小さい．
　　　　　　　　　　　　　　　　　　〈久家慶子〉

ほんせん　本川 trunk river　⇨幹川

ほんだに　本谷 main valley　主谷*と同義であるが，登山者などに，主に沢登りの対象となる渓流において，名前のついた支流と本流を区別するため用いられる（例：利根川本谷）．山梨県の尾白川の本谷のように地名として認知されている事例もあるが，国土地理院の地形図に記載のないものも多い．⇨支谷　　　　　　　　　　　　　　　〈戸田真夏〉

ぼんち　盆地 basin　四周のほとんどを広義の山地（狭義の山地，丘陵，火山）に囲まれた相対的な低所である（例：甲府盆地）．盆地は，それが相対的低所になった原因によって，①地殻運動に伴う相対的な沈降による構造盆地（断層角盆地*，地溝*など），②火山噴出物による大河川流域の堰き止めによる盆地（例：宮崎県小林盆地），③カルデラ，④弱抵抗性岩の分布地区の差別侵食による侵食盆地*（例：秩父盆地）などに分類される．その底を盆地底（basin floor）とよぶ．盆地底は，谷底低地*に比べて一般に，そこを流れる最大河川の規模に対して相対的に横断幅の著しく広い平野であり，河成低地や段丘で構成されており，多数の分離丘陵*を伴うこともある（例：兵庫県篠山盆地）．ただし，山地内の相対的低所であっても，その盆地底で平野の占める面積が小さい場合もある（例：飛騨高地の中の高山盆地）．個々の盆地は，善光寺平（＝長野盆地），伊那谷のように，平（だいら）とか谷（たに）とよばれることもある．なお，外部に流出する河川のない凹所を凹地*とよび，そこに水が溜っている部分を湖盆（こぼん）*という．
　　　　　　　　　　　　　　　　　　〈鈴木隆介〉

［文献］鈴木隆介（2000）「建設技術者のための地形図読図入門」，第3巻，古今書院．

ぼんちかいせき　盆地解析 basin analysis　⇨堆積盆解析

ぼんちぎり　盆地霧 basin fog　盆地で発生する霧をいう．周囲が山地で囲まれている盆地底では，よく晴れた風の弱い夜に周囲から放射冷却*で冷やされ，冷気流となって流入し，冷気湖*を形成する．この下層大気中の水蒸気が飽和・凝結し，水滴となって空気中に浮遊している状態が盆地霧である．秋から冬にかけて多く発生する．盆地霧は夜間から早朝に発生し，厚さは一般に薄く，日の出後数時間で消失する．上野，豊岡，三次，大洲などの盆地霧が知られている．　　　　　　　〈山下脩二〉

ぼんちじょうしゅうきょく　盆地状褶曲 centroclinal fold　四周から中心に向かって地層が傾斜する曲降*で生じた地質構造．同心褶曲とも．関東造盆地運動*は盆地状褶曲運動である．〈鈴木隆介〉

ぼんちじりがわ　盆地尻川 basin-tail river　1本の河川のうち，盆地尻から大きな支流または本流との合流点までの河川区間で，狭窄部を流れている河川．河成堆積盆地の盆地尻川では，盆地底に大部分の送流物質が堆積するために，しばしば下流よりも細粒で，砂床河川のこともある．盆地尻には多くの支流が合流し，集中豪雨時には水位が急激に上昇することもある．ただし，盆地尻に先行谷がある場合には，盆地尻川は岩床河川となる（例：埼玉県秩父盆地から流出する荒川の長瀞から寄居に至る区間）．　　　　　　　　　　　　　　〈斉藤享治〉

［文献］鈴木隆介（1998）「建設技術者のための地形図読図入門」，第2巻，古今書院．

ぼんちてい　盆地底 basin floor　周囲を山地などに囲まれた盆地の底部の低平地．その低平さの原因は侵食と堆積の両方がある．前者による盆地底を侵食盆地底（例：岐阜県美濃加茂付近〈段丘化している〉），後者によるものを堆積盆地底（例：長野県善光寺平）とそれぞれよぶ．盆地底は，谷底低地*

に比べ横断幅の広い低地であるが，幅広い谷底低地と盆地底とを明確に区分する基準があるわけではない． 〈斉藤享治〉

ぼんちまいせきぶつ　盆地埋積物　basin fill, basin filling　盆地の底に堆積して低地（盆地底）を形成した河川堆積物をいう．湖成堆積物を挟むことがある．　⇨盆地 〈鈴木隆介〉

ほんてい　本堤　main levee　洪水の氾濫防止を直接の目的とする最も重要な堤防．洪水流況に対応するために，河道状況に応じた護岸や水制等の構造物とともにその目的を達成する． 〈砂田憲吾〉

ボンド・サイクル　Bond cycle　北大西洋の深海底堆積物の分析で明らかにされたアイスランド北部からイギリス付近への冷水塊および氷塊の周期的流入やグリーンランド上空の大気循環の変化．平均発現周期は1,470±500年．用語名は発見者に因む．太陽活動や海洋・大気循環の変化が関係するらしい．比較的安定していたと考えられてきた完新世の気候は必ずしもそうでないことを示唆．最終氷期の周期的気候変動（ダンスガード・オシュガー・サイクル*）も同類． 〈苅谷愛彦〉

[文献] Bond, G. et al. (1997) A pervasive millennial-scale cycle in north Atlantic Holocene and glacial climates：Science, **278**, 1257-1266.

ボンヌビルこ　ボンヌビル湖　Lake Bonneville　アメリカ合衆国ユタ州を中心にネバダ・アイダホ両州にかつて広がっていた湖．湖岸段丘地形から復元された．現在はグレートソルト湖（Great Salt Lake）に縮小しているが，最終氷期には湖面高度が約370 m高く，面積は約5万 km^{2}あった．現在の内陸乾燥地域が最終氷期中は湿潤地域だったことを示唆する．このような湖は一般的には多雨湖やプルビアル湖とも．アフリカのチャド湖も同様． 〈苅谷愛彦〉

[文献] Lowe, J. J. and Walker, M. J. C. (1997) *Reconstructing Quaternary Environments* (2nd ed), Longman.

ほんみず　本水　main groundwater　不圧地下水*の俗称であり，地下水面をもつ地下水．地表からの浸透水が比較的浅い地層中に捕捉され，局所的に分布する不圧地下水を宙水（perched groundwater）とよぶのに対して，その下の帯水層中に連続して分布する不圧地下水本体を本水とよぶ．一般に，宙水と本水の地下水は連続しておらず水温や水質が異なり，本水は比較的多量の取水が可能である． 〈佐倉保夫・宮越昭暢〉

ほんりゅう　本流　main stream, main river　一つの流域*の中で，合流する2本の河川のうち，一般には合流点から上流の長さが最も長いものを本流（主流とも）とよび，短いものを支流とよぶ．一般に本流は支流より流量，流域面積，河床幅，水面幅が大きく，合流点近傍での河床勾配が小さいが，そうでない場合（例：支流が湧泉川*）もある．特に源流に近い合流点では，どちらが本流であるかを区別しがたいこともある．本流が流れる谷を本谷（「ほんだに」と読むこともある）とよぶ．　⇨支流，本谷 〈島津　弘〉

ま

マージナルスウェル marginal swell ⇨海溝周縁隆起帯

マーシュ marsh ⇨湿地

マーランこうど　馬蘭黄土 Malan loess ⇨黄土

マール【火山の】 maar　水蒸気爆発またはマグマ水蒸気爆発で生じた円形の凹地で，周囲に薄い弾道降下堆積物*やベースサージ堆積物が極めて緩傾斜な斜面を形成している．マグマが多量の地下水や海水などと接する内陸部や臨海地域（海岸から約2km以内）にみられる．凹地の直径が1kmを超えるものは稀であり，凹地底に湖沼を伴う例が多い．語源はドイツ・アイフェル地方の湖沼の一般名称（Maar）．男鹿半島の目潟，伊豆大島の波浮港，三宅島の大路池南方の凹地などが好例．⇨マグマ水蒸気噴火，ベースサージ，シュナイダーの火山分類
〈鈴木隆介〉

マール【岩石の】 marl ⇨泥灰石

マイクロアトール microatoll　塊状の造礁サンゴ*が成長して低潮位面に達した後，横方向に成長した平板状のもの．中心部は干出や強い光量のため斃死し，周辺部のみが生存しており，海面上から見た形態が小さい環礁*に似ていることから名付けられた．低潮位面のよい指標となり，海面変動を復元するのに用いられる．
〈山野博哉〉

マイクロシーティング microsheeting　シーティング*による節理間隔は一般に数十cmから数mであるが，風化花崗岩の地表部には，斜面に平行に数mmオーダーの薄い節理群が発達していることがあり，マイクロシーティングとよばれる（千木良，2002）．ラミネーション（橋川，1995）あるいはラミネーションシーティング（藤田，2002）とも．2000年の広島市を中心とした豪雨による斜面災害においては，マイクロシーティングの発達する斜面に崩壊が多発したことが指摘されている．⇨応力解放節理
〈松倉公憲〉

[文献] 千木良雅弘（2002）「群発する崩壊―花崗岩と火砕流」，近未来社．

マイクロジェリベーション microgelivation ⇨凍結風化

マイクロプレート microplate　小さなプレート．大きさについての明確な定義はない．収束型プレート境界は幅広い変形帯をなす場合があるが，その内部の剛体的な部分をマイクロプレートとよぶことがある（例：アナトリア・マイクロプレート，イラン・マイクロプレート）．また，ユーラシア・プレートのように顕著な内部変形をしているプレートでは，主要な断層（帯）によってその内部を複数のブロックに細分し，それらをマイクロプレートとよぶこともある．⇨プレート境界
〈池田安隆〉

まいごいし　迷子石 erratic, erratic block, stray block　氷河によって運搬された礫で，その堆積している場所の基盤岩とは岩質が全く異なるもの．過去の氷河の拡大範囲や流動方向，現存する氷河下の地質の推定に役立つ．アルプスやスカンジナビアの氷期の氷河作用の研究は迷子石の認識から始まった．
〈岩崎正吾〉

まいせきこく　埋積谷 waste-filled valley　厚い堆積物によって埋積された谷．侵食によって形成された谷が，気候変化に伴う岩屑の増加や降水量の増加などによって上流域から多量の岩屑や土砂が供給され，それらが厚く堆積して埋積されたもの．谷の埋積は供給土砂量の増加のほか地盤の沈降や海面上昇などの侵食基準面の相対的な上昇によってもひき起こされる．また，火山活動に伴う火山噴出物によって谷が埋積されて形成されたものもある．谷を埋積した堆積面は細長い平面形をもつ谷底平野をなし，谷壁斜面との境界は一般に明瞭であるが，出入に富む．
〈海津正倫〉

まいせきこくてい　埋積谷底 waste-filled valley bottom　谷底低地*や欠床谷*が河川の流送土砂の堆積によって埋め立てられてできた新たな谷底の低平地．谷底堆積低地*と同義．埋め立てられる前の欠床谷や谷底低地は埋没谷*とよばれる．

〈斉藤享治〉

まいせきさきゅう　埋積砂丘　buried dune　⇨埋没砂丘

まいせきせっぽうめんず　埋積接峰面図　valley-fill summit-level map　⇨接峰面図

まいせきせんこく　埋積浅谷　buried shallow valley　沖積平野の地表面下に存在する浅い谷．多くは先史・歴史時代に形成された浅谷で，愛知県豊川平野の瓜郷遺跡の発掘現場においてはじめて確認され，弥生時代の低海水準に伴って形成されたものとされた．その後，濃尾平野の朝日遺跡や猫島遺跡などでも同様の浅谷が確認されている．また，津軽平野のデルタ性低地や静岡県の太田川低地などにおいても沖積面下に埋没した浅い谷地形が報告されており，同様の埋積浅谷は多くの沖積低地に存在すると考えられる．　〈海津正倫〉

[文献] 井関弘太郎 (1974) 日本における2,000年前頃の海水準．名古屋大学文学部研究論集，LXII, 155-177.

まいせきぶつしんしょくだんきゅう　埋積物侵食段丘　fillstrath terrace　⇨フィルストラス段丘

まいせきぶつちょうめんだんきゅう　埋積物頂面段丘　filltop terrace　⇨フィルトップ段丘

まいせきぼんち　埋積盆地　buried basin, waste-filled basin, aggraded basin　盆地の底（盆地底）が河川堆積物で埋められて低地（一部に段丘）が発達している盆地（例：兵庫県篠山盆地）．侵食盆地*の対語．埋積盆地には，埋め残された島状丘*がしばしばみられる．　〈鈴木隆介〉

まいづるたい　舞鶴帯　Maizuru belt　近畿地方北部から中国地方東部にかけてのびる地質構造帯．花崗岩・変成岩からなる北帯，ペルム系〜三畳系の堆積岩からなる中帯，夜久野オフィオライトとよばれている海洋底の下部地殻から上部マントルの岩石からなる南帯に分けられる．　〈松倉公憲〉

まいぼつこく　埋没谷　buried valley　新しい時代の堆積物によって覆われて埋没した過去の谷．化石谷*ともいう．谷の埋積は海水準変化などの侵食基準面の変化や土砂供給量の変化に伴ってひき起こされる．露頭の堆積物中に不整合をなして谷の断面形がみられるような小規模なものや沖積低地の地下に埋没した最終氷期の低海水準期に形成された大規模なものなど様々な規模・時代のものがある．ヨーロッパなどでは氷期に形成された谷がその後の新しい堆積物に覆われている例が多い．また，関東平野では台地を刻む谷が火山灰によって埋没している例も多い．東京低地の地下には最終氷期に形成された谷が東京湾底へと延びており，沖積層によって埋没している．同様の氷期の低海面期に形成された埋没谷はわが国の臨海部のみならず，ヨーロッパの北海海底にみられるライン川などの延長部や，マレー半島の南東側に広がるスンダ陸棚に発達する現成河川の延長部などにもみられる．　〈海津正倫〉

まいぼつこくてい　埋没谷底　buried-valley floor　新しい時代の堆積物によって覆われて埋没した過去の谷の谷底．埋没谷谷底谷の形成後比較的短い時間で埋積された小規模な埋没谷の谷底はV字形や円弧状の形態をなすものが多いが，最終氷期の低海水準期にある程度の時間的長さをもって安定した形で形成された谷地形は沖積層の基底面をなし，箱形の横断面をもっている．東京低地などでは両側に10m以上の崖をもつ埋没谷が樹枝状の平面形をなして分布しており，谷底には数mから10mほどの厚さの沖積層基底礫層とよばれる砂礫層が堆積していることが多い．この砂礫層は最終氷期の最大海面低下期に埋没谷底を流れていた河川によって堆積した河床堆積物であり，現在の沖積低地末端部付近の谷底の様子は両岸に海水準低下の過程で形成された河岸段丘面が存在する箱形の谷底を流れる網状流路が広がっていたと考えられる．　〈海津正倫〉

[文献] 遠藤邦彦ほか (1974) 関東平野の沖積層とその基底地形：日本大学文理学部自然科学研究所紀要，23, 37-48.

まいぼつさきゅう　埋没砂丘　buried dune　気候変化や人為的な影響により，古い砂丘が新しい砂丘によって被覆されたもの．埋積砂丘とも．海岸砂丘では古砂丘や旧砂丘などがこれにあたる．砂漠でも過去に形成された砂丘が新しい砂丘によって埋もれていることが多く，タール砂漠では氷期に形成された化石砂丘や完新世前半の砂丘が，完新世後半の砂丘下に埋もれている．　⇨古砂丘，旧砂丘　〈成瀬敏郎〉

まいぼつじゅんへいげん　埋没準平原　buried peneplain　堆積物で覆われている地層中の準平原地形を指す．化石準平原ともいう．準平原化した土地が沈水して堆積物で覆われたもので，準平原面は層序的には不整合面となる．この土地が隆起し，侵食によって刻まれた谷壁に不整合面が観察され，不整合面が示す地形が侵食小起伏地形を示すと判断されたとき，'埋没準平原'と認識されることが多いが，交差準平原における交差部より海側の地層中に埋没している準平原を指すことも多い．パウエル* (J. W. Powell, 1875) が侵食基準面の概念を検討し，デービス* (W. M. Davis, 1909, 1912など) が，輪廻が

繰り返されることを示すために採りあげたコロラド川・グランドキャニオンの谷底部にみられる大不整合（the Great Unconformity）が埋没準平原の古典的な典型例．不整合面より上位の被覆層が削剥され，かつての準平原が露出すると剥離準平原（モーバンやメンディップなど）となる．なお，準平原が被覆されるのは沈水したときとは限らず，火砕流や溶岩などの大規模火山噴出物などに被覆されたものの方が詳細な地形が残るとされる．⇒準平原，剥離準平原，モーバン　　　　　　　　　　〈大森博雄〉

[文献] 辻村太郎（1923）「地形学」，古今書院．/Davis, W. M. (1912) *Die erklärende Beschreibung der Landformen*, B. G. Teubner（水山高幸・守田 優訳（1969）「地形の説明的記載」，大明堂）．

まいぼつだんきゅう　埋没段丘 buried terrace　段丘面が，海水準変動や地殻変動によって水面下に沈み，その後の堆積物に被覆され作用して，沖積平野地下などに埋没してしまったもの．日本の沖積平野（例：東京湾沿岸，濃尾平野）では，低海水準期に形成された河岸段丘が，ボーリング試料の解析から，沖積層下に埋没していることが知られている．
　　　　　　　　　　　　　　　　　　　〈鹿島　薫〉

[文献] 山口正秋ほか（2006）高密度ボーリングデータ解析にもとづく濃尾平野沖積層の三次元構造：地学雑誌，115, 41-50．

まいぼつちけい　埋没地形 buried landform　過去に形成された地形が新しい地層（完新統など）に埋められた地形．埋められる時点で，元の地形があまり変形を受けていないときに用いられる．ただし，降下火山灰層に覆われた場合には用いられず，溶岩流や火砕流に覆われた場合には用いられる．埋没段丘*，埋没谷地形なども同じ種類の用語である．⇒溺れ谷　　　　　　　　　　　　　〈野上道男〉

まいぼつどじょう　埋没土壌 buried soil　⇒古土壌

まいぼつりん　埋没林 submerged forest　陸上に成立していた森林が埋積されたもの．埋積の原因には山崩れ，砂丘砂，火山噴火のほか，地盤の沈降や気候変動に伴う海水準変動による沈水などがある．富山県魚津港の海中では約 2,000 年前のスギの埋没林が発見され，さらに沖合いからは 1 万年前の埋没林も発見されている．これらの埋没は海水準の変動によるものと考えられる．埋没林の年輪解析が可能な場合には，埋没年代を年輪年代法によって確かめられる．長野県飯田市の遠山川沿いで発見された埋没ヒノキの年輪解析によれば，埋没年代は古文書の地震記述と整合し，地震による土砂流出が埋没の原因と考えられた．青森県下北半島猿ヶ森砂丘のヒバの埋没は，埋没腐植層の解析から砂丘砂の移動が原因であることが分かり，砂丘形成史を解読する材料ともなった．⇒年輪年代学　　　　〈岡　秀一〉

[文献] 神嶋利夫（2001）魚津埋没林と入善沖海底林：北陸の自然をたずねて編集委員会編「北陸の自然をたずねて」，築地書館．

まいまいいど　まいまい井戸 maimai-ido　⇒井戸

マイロナイト mylonite　変成岩の一つ．ミロナイトとよばれることもある．地下深部における断層運動で，再結晶作用を伴う延性変形によって形成された細粒で緻密な断層岩．「圧砕岩」と訳されたことがあるが，成因的に再結晶作用が重要となることから不適．展砕岩とよばれる．　〈松倉公憲〉

まえさきゅう　前砂丘 foredune　後浜から風で運ばれた砂が草本類を主とする植生のある浜堤上に堆積してできた小規模な砂丘．砂丘上は植生に乏しく，砂の移動が活発であり，砂丘高度は 2〜10 m 程度である．一般に海岸線に平行な横列砂丘をなす．
　　　　　　　　　　　　　　　　　〈成瀬敏郎〉

まえち　前地 foreland　造山帯の前縁と接する安定陸塊からなる低地を指す．フォアランド，前陸ともいい，前地が山地となっている場合は前山ともいう．E. Suess（1883-1909）が，衝上断層などによって形成された山脈の前方に広がる低地を指す言葉として Vorland (foreland) を用いたのが始まりとされる．当初はドイツ語の一般用語（Vorland：前面の地）として用いられ，W. M. Davis（1912）も山地前縁の扇状地などが発達する沖積低地を前地（Vorland）とよんでいる．英語で foothill region とも訳されていた．Kober（1921）などによって，Vorland は造山帯の前縁と接する安定陸塊からなる低地を指す用語として用いられるようになった．現在では，上記のほか，'高まりの前縁に位置する相対的に低い土地'を指す記述用語としても用いられ，山体の主稜（高山）の前縁（あるいは縁辺）の中・低山や低地，山地から海に突き出した半島や岬，砂丘などの海岸の高まりに対して海側の低地，あるいは，土砂の堆積によって海側に前進した海浜を指す言葉として使われる．なお，前山は，奥山（深山）に対しての前山（集落近くの山：里山*）を指す言葉として用いられることも多い．⇒安定地塊，造山帯　　　　　　　　　　　　　　　〈大森博雄〉

[文献] 辻村太郎（1933）「新考地形学」，第 2 巻，古今書院．/Kober, L. (1921) *Der Bau der Erde*, Gebrüder Borntraeger.

まえはま　前浜　foreshore　砂浜海岸において静穏時の遡上波が作用する領域で，低潮時の波の遡上開始地点から高潮時の遡上限界地点までをいう．水面上にはバーム*やビーチカスプ*，水面下にはビーチステップ*など静穏波浪に起因する典型的な地形がしばしば形成される．⇨砂浜海岸域の区分（図）　　　　　　　　　　　　　　〈砂村継夫〉

まえはまこうばい　前浜勾配　foreshore slope　砂浜海岸において静穏時の波浪が這い上がり，流下する波打ち際（遡上波帯）の斜面勾配．波浪の特性や堆積物の粒径に依存する．前浜に限らず遡上波帯の勾配は，同一波高ならば，波の周期が長いほど，また堆積物の粒径が大きいほど大きくなる．⇨ビーチフェイス　　　　　　　　　　　　　　〈砂村継夫〉
[文献] Sunamura, T. (1984) Quantitative predictions of beach-face slopes: Geol. Soc. America, Bull., **95**, 242-245.

まえみちはま　前径浜　foreshore berm　⇨バーム

まえやま　前山　fore mountain　⇨前地

マオ　峁　loess subdued dome　⇨ユアン

まがりいし　曲がり石　helictite　⇨鍾乳石

まきた　真北　due north　地軸の北端と地球表面の交わる地点すなわち地理学上の北極点の方向をいう．北極星の方向と同じである．磁石の針の示す磁北とは地磁気の偏角*のため一致しない．⇨方位　　　　　　　　　　　　　　　　　　〈鈴木隆介〉

まきなみ　巻き波　plunging breaker　⇨砕波型式

マグニチュード【地震の】　magnitude　⇨地震のマグニチュード

マグマ　magma　地下に存在する岩石の溶融体．岩漿ともいう．地球深部からの熱の供給により上部マントルの岩石を構成する鉱物の一部の成分が溶け出して，マグマが発生する．プレートの沈み込み帯では沈み込みに伴って放出される水がマグマ発生に寄与している．マグマには H_2O や CO_2 などの揮発性成分が含まれている．マグマの粘性はマグマの組成により多様であり，マグマの噴出時の温度は700～1,200℃の範囲にある．こうして発生したマグマは珪酸塩の溶融体であるが，地球上では炭酸塩や硫黄の溶融体のマグマも稀に存在する．〈宇井忠英〉
[文献] Sigurdsson, H. ed. (2000) *Encyclopedia of Volcanoes*. Academic Press. ／下鶴大輔ほか編 (2008)「火山の事典（第2版）」，朝倉書店．

マグマオーシャン　magma ocean　白く見える「月の高地」は斜長岩，黒く見え比較的平坦な地形の「月の海」は玄武岩で構成されているとみなされる．月の創成期に微惑星などが次々に衝突し，そのエネルギーで表面から数百 km まで溶融してマグマオーシャン（マグマの海とも）となり，その後の冷却に伴って低比重の斜長岩が浮かび上がって皮膜のように地殻を形成すると同時に，比較的高比重のカンラン石や輝石が沈んでマントルが形成された．その後，巨大隕石が衝突して地殻の底を抜き，マントルの部分溶融で形成された玄武岩が表面に溢れ出て「月の海」といわれる黒く平坦な地形となった，という説が提唱された．地球でも，衝突熱に加え原始大気の温室効果もあって，温度が2,000℃にも上り，マグマオーシャンが形成されたと考えられる．そのため，地殻，マントル，さらに重い鉄を主成分とした地球中心核という層構造が形成されたとする説が広く受け入れられている．〈西田泰典〉

マグマかんにゅう　マグマ貫入　magma intrusion　地下で発生したマグマが地表まで上昇せずに冷却し固結してしまう現象．マグマ貫入の結果，地層を割って板状の形となって固結したのが岩脈，柔らかな低密度の地層を貫くことができずに，ほぼ地層面に平行に入り込んで固結したのがシルである．⇨岩脈，シル　　　　　　　　　　　　　　　〈宇井忠英〉

マグマじょうしょう　マグマ上昇　magma ascent　マグマの発生源やマグマ溜まりからマグマが地表に向かって上昇すること．マグマ溜まりではマグマの発泡に伴って内部圧力が上昇すると，火山性の地震が起こり，マグマの上昇が始まる．⇨マグマ溜まり　　　　　　　　　　　　　　〈宇井忠英〉

マグマすいじょうきばくはつ　マグマ-水蒸気爆発　phreatomagmatic explosion　⇨マグマ水蒸気噴火

マグマすいじょうきふんか　マグマ水蒸気噴火　phreatomagmatic eruption　マグマが海水，湖水，地下水，河川水などの水と接触し，高圧の水蒸気が多量に生じて起こる爆発的な噴火．マグマ水蒸気爆発ともいう（マグマ-水蒸気爆発と書くこともある）．水蒸気-マグマ噴火，岩漿性水蒸気爆発などといわれたこともある．火山弾や噴石などの激しい弾道放出（tephra jet, cock's tail jet）を伴うのが特徴で，放出された本質岩塊には急冷周縁相や冷却節理などが認められる．明神礁（1952～1953年），Surtsey（1963年，アイスランド），Taal（1965年，フィリピン），三宅島（1983）の噴火など，内外の海底火山や火山島などで多くの例が知られている．また，火山島の沿岸部や海岸付近の火山などには，マグマ水蒸気噴

火による火口や噴出物がしばしば認められる（例：三宅島沿岸部や男鹿半島の戸賀湾など）. 〈横山勝三〉

マグマせいせい　マグマ生成 magma generation　地下で岩石が部分融解してマグマができること. 地球上でマグマが生成し, 火山活動がみられる場所は, 中央大西洋海嶺のようにプレートが新たに生産される場所と日本列島や南米大陸西縁で代表されるプレートが地球内部に沈み込む島弧や大陸縁, そしてハワイ島や北米大陸のイエローストーンカルデラで代表されるプレート内部である. 地球上全体でのマグマの年間生成量は $30 \ km^3$ 余りである. その約 2/3 は海嶺系で生じており, 島弧系でのマグマの生成は約 1/4 にすぎない. 生成したマグマの多くは地表に噴出することなく地下で冷却固結してしまい, 噴出するのは生成したマグマの 10% 余りにすぎないと見積もられている.　⇨マグマ 〈宇井忠英〉

まぐませいへんどう　マグマ性変動 magmatic deformation　⇨火山性地殻変動

マグマだまり　マグマ溜まり magma reservoir, magma chamber　部分融解により生じ上昇してきたマグマが上昇を停止して一時的に留まっている状態の場所. 上部マントルでの部分融解により生じた玄武岩質マグマは周りの岩石よりも軽いので, 上昇するが, モホ面付近で一旦とどまってマグマ溜まりを作る. ここで周囲の岩石を加熱して部分融解をひき起こすと, 流紋岩質ないしデイサイト質のマグマができる. マグマは更に上昇して地下数 km から 10 km 余りの深さに達すると, 周囲の岩石の密度が低下するため, マグマは上昇できなくなり, 火山直下のマグマ溜まりをつくる. 〈宇井忠英〉

マグマのうみ　マグマの海 magma ocean ⇨マグマオーシャン

マグマのぶんかさよう　マグマの分化作用 magmatic differentiation　あるマグマから組成の異なる種々の火成岩が形成されること. 分化の最も主要な原因としては, ボウエン (N.L.Bowen) が提唱した分別晶出作用（結晶分化作用とも）がある. 分別晶出作用とは, マグマが冷却固化する際, 晶出する結晶（鉱物）の化学組成はマグマ自体の化学組成とは異なるので, 高温なマグマが低温な周囲の岩石に冷やされ, 晶出した鉱物と残りのマグマが分離した結果, 残されたマグマの化学組成が変化していくことをいう. 具体的には, マントル上部のかんらん岩が部分溶融して玄武岩マグマが発生し, そのマグマが冷える過程で分化し種々の火成岩（かんらん石や斜長石を含む玄武岩や斑れい岩）をつくっていく. 残ったマグマは安山岩質マグマとなり, 晶出する鉱物も輝石と角閃石, Na の割合が増えた斜長石となる. さらに反応が進むとマグマはデイサイト質から流紋岩質に変化し, 晶出する鉱物は黒雲母, Na に富む斜長石, カリ長石, 石英となる.　⇨反応系列 〈松倉公憲〉

まくらざきたいふう　枕崎台風 Typhoon Makurazaki　1945年9月17日に薩摩半島の枕崎に上陸し（中心気圧 916 hPa）, 日本をほぼ縦断する経路をとった台風. 敗戦後まもないときであり, 気象情報の収集・広報が不十分だったことが被害を大きくしたとされている（死者・行方不明者 3,756人）. そのうち約 2,000 人が広島県内とされ, 原爆被災（8月6日）に次ぐ悲劇となっている. また前年には東南海地震（M 7.9）があった.　⇨台風 〈野上道男〉

まくらじょうようがん　枕状溶岩 pillow lava, pillow lobe　やや不規則な楕円体または球体の集合からなる溶岩を pillow lava, 一つ一つの楕円体・球体を pillow lobe とよぶ. 各楕円体には中心から放射状に節理が発達する. 玄武岩質など粘性が低く流動性の高い溶岩が海底などで水と接して急冷され, 半固結状となった岩塊が回転した結果生成されると考えられている. pillow lobe の中心部は比較的粗粒の岩石からなるが, 周辺部はガラス質で, 特に皮殻は緻密になる. この殻を追跡すると, その pillow lobe の流動方向が決められる. 〈太田岳洋〉

［文献］山岸宏光 (1994)「水中火山岩：アトラスと用語解説」, 北海道大学図書刊行会.

マクロジェリベーション macrogelivation ⇨凍結風化

マサ grus, decomposed granite　花崗岩が風化してできた土であり, マサ（真砂）土ともよばれ, 主として石英と長石の粗粒な砂からなる. この作用をマサ化という. もとの花崗岩の岩石組織を残存したものもあるが, 節理面などはほぼ消失しており, ハンマーの打撃で容易に崩れるほど軟質である. 斜長石が多く含まれる花崗閃緑岩では, 斜長石が粘土化しやすいため細粒分に富むことがあるが, カリ長石が多く含まれる花崗岩では, カリ長石は斜長石より風化しにくいため, より砂質になりやすい. 花崗岩からなる緩斜面上に厚いマサが分布することが多く, 場所によっては厚さ数十 m にも達する. 一方, 急斜面における分布は薄いが, 豪雨・地震により斜面崩壊を起こすことが多い. 〈西山賢一〉

マサか　マサ化 decomposition to grus ⇨マサ

まさつこうばい　摩擦勾配　friction slope　開水路*の定常流*において摩擦抵抗に打ち勝って水流が流れるために必要とされるエネルギー勾配をいう．摩擦勾配 $I_f = f'(1/R)(v^2/2g)$，ここに R は径深，v は流速，f' は摩擦抵抗係数，g は重力の加速度．
〈宇多高明〉

まさつそくど　摩擦速度　friction velocity, shear velocity　流体が底面に及ぼす剪断応力 τ_0 を速度の次元で表したものを摩擦速度 u_* という．$u_* = \sqrt{\tau_0/\rho}$，ここに ρ は流体の密度．
〈宇多高明〉

まさつそんしつすいとう　摩擦損失水頭　frictional head loss　水のような粘性流体*の定常流*で発生する摩擦や渦によるエネルギー損失を水頭で表したもの．管路の区間 l における摩擦損失水頭は $h_l = f(l/d)(v^2/2g)$，ここに d は管径，v は流速，f は摩擦抵抗係数，g は重力の加速度．開水路*では，d の代わりに R（径深）を用いて $h_l = f'(l/R)(v^2/2g)$，ここに f' は修正された摩擦抵抗係数で $f' = f/4$．
〈宇多高明〉

まさつていこう　摩擦抵抗　frictional resistance ⇨粘性抵抗

マサド　マサ土　grus　⇨マサ

まさめばん　柾目盤　overdip cataclinal　⇨斜面分類［斜面傾斜と地層傾斜の組み合わせによる］（図）

まさめばんしゃめん　柾目盤斜面　overdip cataclinal slope　斜面の傾斜方向における地層の相対傾斜が斜面傾斜より緩傾斜な場合の斜面．⇨斜面分類［斜面傾斜と地層傾斜の組み合わせによる］（図），相対傾斜
〈中西　晃〉

ましょく　磨食　abrasion　⇨削磨

マスウェイスティング　mass wasting　⇨マスムーブメント

マストランスポート　mass transport　マスムーブメント*の対語で地形物質の移動を表す語．マスムーブメントが，重力のみの作用による（すなわち運搬媒体のない）物質移動であるのに対し，マストランスポートは，水流，波，氷河，風などの運搬媒体によって物質が移動する（すなわち運搬される）ことをいう．mass は地形物質の集団とか集まりの意味であり，意訳すれば「物質運搬（輸送）」あるいは「地形物質の運搬（輸送）」とすべきであり，「質量輸送」と訳すのは誤りであろう．河川の'運搬作用'などという場合の運搬作用と同義である．⇨マスムーブメント，集団移動
〈松倉公憲〉

ますぽろそう　増幌層　Masuporo formation　北海道宗谷岬の南西の，増幌川流域を模式地とする中部中新統．礫岩・砂岩・泥岩の互層よりなる．層厚は 2,000 m．含油層．模式地付近の丘陵斜面は緩傾斜で滑らかであるが，地すべり地形はほとんどない．
〈松倉公憲〉

マスムーブメント　mass movement　斜面を後退，低下，減傾斜させる斜面プロセスないし斜面過程（slope process）の一つで，風，流水，氷河などの移動媒体を伴わず，主として重力により土壌，岩屑，岩盤などが斜面下方へ移動する現象．この用語は A. Penck（1894）によって用いられた．マスウェイスティング（mass wasting）は山地斜面などを構成する物質の減少という意味をもち（Crozier, 1986），マスムーブメントと同義語として用いられる．日本語では集団移動あるいは物質移動として訳されることがある．落石は基本的には集団移動ではないので，個別移動（particle movement）として区別されることがある．マスムーブメントの移動様式の分類は斜面プロセスという観点と災害を引き起こす崩壊現象・斜面変動という観点からの分類などがあり，分類内容は研究者によって異なる．マスムーブメントの移動様式は，基本的には，アバランチ（avalanch）を含む流動（flow）とすべりまたはグライド（slide, slip, glide）であるが，さらに落下（fall），トップリング（toppling），陥没（subsidence），膨張・収縮（heave）を含む匍行（creep）およびそれらの移動様式の複合した移動などがある．これらの移動は移動物質の種類，移動速度，崩れの状況，すべり面の形状，水分量などによって細分される．移動速度は最も遅い匍行の年間数 mm 程度から流動の時速 100 km 以上にまで及び，移動する物質の体積は大規模なもので 10^8 m^3 オーダーに達する．⇨マスムーブメントの和訳語，集団移動
〈石井孝行・諏訪　浩〉
［文献］Sharpe, C. F. S.（1938）*Landslides and Related Phenomena*, Columbia Univ. Press. /Crozier, M. J.（1986）*Landslides — Causes, Consequences and Environment*, Croom Helm. /松倉公憲（2008）「地形変化の科学—風化と侵食—」，朝倉書店．

マスムーブメントのぶんるい　マスムーブメントの分類　classification of mass movement　マスムーブメント*には多種多様な物質（岩石と土の種類も多様）が関係していることから，必然的にその動きの様式も多様となる．そこで，マスムーブメントを分類する場合には，①動きの速度とメカニズム，②物質のタイプ，③動き（変形）の様式，④移動体の形状，⑤物質の含水比，などを基準とすることが多い．このように分類基準の多様さのために，どれ

を重要と考えるかによって分類が異なったものとなる．マスムーブメントの初期の分類としては，C.F.S.Sharpe (1938) および D.J.Varnes (1958, 1978) のものがあるが，それらはいずれも動きの様式と物質の種類を主要な変数としている．Sharpe (1938) では，動きの様式を「すべり (slide)」と「流動 (flow)」に大きく二つに分けているが，Varnes (1958) ではそれらの他に「落下 (fall)」が加わり三つに分類されている．さらに彼は 1958 年の分類をもとに，1978 年には，動きの様式にさらに「転倒崩壊 (topple)」と「側方流動 (lateral spread)」を追加している．その後，J.N.Hutchinson (1968) が 2 つの分類を提案した．一つはマスムーブメントのメカニズムと物質，速度を基にしたものであり，もう一つは地盤工学的な目的で，土の構造や含水比を考慮した剪断現象を基準にしてなされたものである．地形学者による分類としては，Carson and Kirkby (1972) のものがある (図)．この分類は，動きの様式をすべり (slide)，流動 (flow)，持ち上げ (heave) に三分したものであるが，この分類の弱点は物質のタイプに注意を払っていないことと，運動の様式を 3 つだけしか認めていないことにある．わが国では，一般にマスムーブメントは「地すべり」と「山崩れ」(「地崩れ」とよばれることもある) に二分されてきたという経緯がある．塑性変形するように動きがゆっくりで継続性または反復性のあるものを「地すべり」とよび，脆性破壊的に土塊が撹乱されて瞬時に移動するするものを山崩れとよんでいる．また，鈴木 (2000) は，シンプルに運動様式のみを基準に，マスムーブメントを 8 つのタイプに区分している (下図)． 〈松倉公憲〉

[文献] Carson, M. A. and Kirkby, M. J. (1972) *Hillslope Form and Process*, Cambridge Univ. Press. / 鈴木隆介 (2000)「建設技術者のための地形図読図入門」，第 3 巻，古今書院．

マスムーブメントのわやくご　マスムーブメントの和訳語　Japanese translation of mass movement　移動媒体として空気や水が介在しても，本質的 (力学的) には重力のみによる地表構成物質の下方への移動は，マスムーブメント*(mass movement) またはマスウェイスティング (mass wasting) と総称される．その和訳語として，重力移動，集合運搬，物質移動，降坂運動，重力侵食，地くずれ，崩壊，塊状移動，斜面運動など極めて多様な用語が使用されている．このような訳語の多様性は，現象の多様性とどの現象までを一括した用語とするか，という訳語の作成 (使用) 目的の多様性を反映していると解される．日本の地形学界でも標準化された用語はない．最近，'集団移動*'が提案されたが，これを'集動*'と簡略化し，それによって形成された地形を'集動地形'と総称すれば，変動地形や侵食地形と対応する簡明な用語になると思われるので，本書で提案する．⇒マストランスポート 〈鈴木隆介〉

[文献] 鈴木隆介 (2000)「建設技術者のための地形図読図入

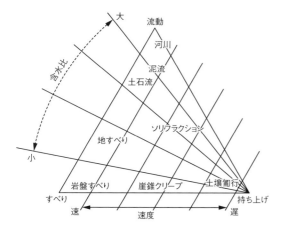

図　マスムーブメントの分類 (Carson and Kirkby, 1972)

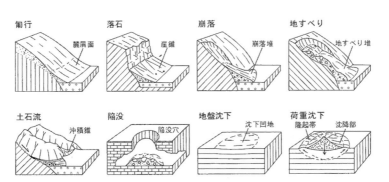

図　日本における主要なマスムーブメントの分類 (鈴木, 2000)

門」, 第3巻, 古今書院.

まぜそうぐん　間瀬層群　Maze group　長崎県西彼杵半島の崎戸炭田に分布する漸新統で, 主に砂岩からなる. 層厚140〜300 m. 〈松倉公憲〉

また　俣, 股　tributary　山地河川において, 鋭角で合流する2本のほぼ同規模の河川（一方が本流であるが, 支流とほぼ同規模）を区別する地方語. 下流からみて右および左から合流する河川をそれぞれ右俣（股）および左俣（股）とよぶ（例：岐阜県蒲田川上流の右俣谷と左俣谷）. 下流から上流に向かって歩く登山家や林業家が用いる. 河川学や地形学でいう上流からみた右岸および左岸と逆であることに注意を要する. なお, 枝分かれする尾根を俣とよぶこともあり, 3本の尾根の集まった山頂を三俣とよぶ場合もある（例：北アルプスの三俣蓮華岳）.
〈鈴木隆介〉

まつうらげんぶがん　松浦玄武岩　Matsuura basalt　九州北部の北松浦半島の呼子〜有田地域, その南の大村湾周辺, 多良岳山麓部など広域に分布する中新統の玄武岩. おもに玄武岩台地を構成する溶岩流で, 4層以上に区分され, 層厚200〜300 m. 北松浦半島の佐世保層群*で多発する「北松型地すべり*」はこの松浦玄武岩をキャップロック（帽岩）として載せている. ⇨キャップロック型地すべり 〈松倉公憲〉

まつえそう　松江層　Matsue formation　島根県松江市周辺の低い丘陵に分布する中新統の海成層. ラミナの発達した砂岩に6枚のアルカリ玄武岩の溶岩・火砕流と薄い1枚の酸性凝灰岩およびそれらの再堆積層を挟む. 層厚は400 m以上. 古江層と布志名層を不整合に覆う. 東西性の軸をもつ複褶曲構造をもつ. 〈松倉公憲〉

まつしまそうぐん　松島層群　Matsushima group　長崎県西彼杵半島の崎戸・松島炭田の全域に分布する漸新統. おもに礫岩・砂岩・泥岩からなり, 下部は海成層. 上部は炭層をともなう. 池島炭鉱が1992年時点で稼行対象としていた. 〈松倉公憲〉

マッシュルームロック　mushroom rock, hoodoo, pedestal rock　地表面に突出した柱状の岩体で, 基部が細く, 上部が太いきのこ状を呈する地形. きのこ石（岩）*ともよばれる. 乾燥地域や海岸域でしばしばみられる. 成因は岩体の基部での風食や波食作用, 上部と下部における岩石強度の差異, 風化作用の差異などが関係するといわれている. 石灰岩地域で, 石灰岩の上部に溶解しにくい岩塊が存在すると, 周囲の石灰岩が雨水や海水飛沫などの溶食作用を受けて全面的に低下して形成される場合もある. ⇨台座岩 〈青木　久〉

[文献] Tanaka, Y. et al. (1996) The influence of slaking susceptibility of rocks on the formation of hoodoos in Drumheller Badlands, Alberta, Canada : Trans. Japan. Geomorph. Union, 17, 107-121.

まったんおうとつがたじすべり　末端凹凸型地すべり　landslide of terminal area rugged mound type　地すべり堆の末端部に顕著な凹凸を伴う地すべり地形　⇨地すべり地形の形態的分類（図）
〈鈴木隆介〉

[文献] 鈴木隆介（2000）「建設技術者のための地形図読図入門」, 第3巻, 古今書院.

まったんひこうぶ　末端肥厚部【地すべりの】　upheaval toe (of landslide)　⇨地すべり地形（図）

まったんりゅうきがたじすべり　末端隆起型地すべり　landslide of terminal-raised type　地すべり面が円弧状の縦断形をもち, 地すべり堆の末端部が顕著に盛り上がっている地すべり地形. 河谷の谷底の反対側が隆起している場合もある（例：大阪府の亀の瀬地すべり）⇨地すべり地形の形態的分類（図） 〈鈴木隆介〉

[文献] 鈴木隆介（2000）「建設技術者のための地形図読図入門」, 第3巻, 古今書院.

マッドダイアピル　mud diapir　地表に到達せずに地下で流動変形する泥や泥岩の貫入岩体で, 泥ダイアピルともいう. 内部は燐片状の泥質基質と岩片からなり diapiric melange とよぶことがある. 海底および陸上の付加体*中に分布し, 大規模なものは直径数十m以上で円筒状をなす. 異常間隙水圧による水圧破砕作用や周囲地山との密度差などを原因として, 上昇・貫入する. 和歌山県白浜町市江崎には新第三紀白浜層群中に大規模なマッドダイアピルの露頭が露出している. マッドダイアピルの一部は地表まで到達し, 噴出したものは泥火山*を形成する. ⇨ダイアピル 〈田中和広〉

[文献] 宮田雄一郎ほか（2009）中新統田辺層群にみられる泥ダイアピル類の貫入構造：地質学雑誌, 115, 470-482.

マッドボイル　mudboil　⇨構造土

マッドランプ　mud lump　⇨泥塊

まつやまぎゃくじきょくき　松山逆磁極期　Matuyama reversed chron　258万〜78万年前までの間の地磁気の極性は現在とは逆の極性であり, この逆磁極期を松山逆磁極期とよぶ. 松山磁極期は, polarity chron では, C2r.2r から C1r.1r の期間に相

当する．地磁気逆転史の研究の初期には，磁極期に人名をつけることが提案され，東アジア各地の岩石の残留磁気*を測定し，1929年に地球磁場*の逆転説を世界で初めて唱えた日本の地球物理学者である松山基範（もとのり）（1884-1958）にちなんで名づけられた．〈乙藤洋一郎〉

[文献] Gradstein, F.（2004）*A Geologic Time Scale*, Cambridge Univ. Press.

マツりん　マツ林　pine forest　マツ属の植物がつくる森林の総称で，日本ではアカマツやクロマツなどの二葉松類がつくる森林を指す．一般に，クロマツ林は海岸部に，アカマツ林は内陸部に分布している．これらのマツは貧栄養な土地にも生育できる陽樹であり，森林が荒廃して土壌が流出したような場所にも二次林を形成する．樹脂を多く含むマツ類は燃料として利用価値が高く，江戸期・明治期には植林も行われていたとされる．〈高岡貞夫〉

[文献] 原田 洋・磯谷達宏（2000）「現代日本生物誌6マツとシイ」，岩波書店．

まど　窓【尾根の】　saddle of ridge, col　両側からの侵食・削剥によって，山地の主要な山稜が大きく低まった部分で，痩せ尾根からなる鞍部．越中（富山県）で使われる語．信州（長野県）では「切戸（きれっと）」という．劒岳北方稜線の大窓（あんぶ）小窓，三ノ窓がある．⇨鞍部，切戸　〈岩田修二〉

マトリックサクション　matric suction　⇨マトリックポテンシャル

マトリックス　matrix　⇨基質

マトリックポテンシャル　matric potential　テンシオメータ*で測定される不飽和層における土壌等の水分吸引圧（負圧）のこと．以前はマトリックサクションともいわれていたが，現在ではマトリックポテンシャルという用語が一般的である．ある高さにおける不飽和層の圧力水頭は，このマトリックポテンシャルと位置ポテンシャルの和で表される．〈浦野愼一〉

マニングこうしき　マニング公式　Manning's formula　管水路，開水路での平均流速を求める公式の一つ．河川の流れが等流で，河道はその前後で不規則に変化しないとする仮定の下で使用することができる．$v=(1/n)R^{2/3}I^{1/2}$（v：断面平均流速，R：径深*，I：エネルギー勾配，n：は河道状況により与えられるマニングの粗度係数（m単位））．取り扱いが容易なため，マニング公式は最も広く使われている．⇨マニングの粗度係数　〈砂田憲吾〉

[文献] 土木学会（1999）「水理公式集」，土木学会．

マニングのそどけいすう　マニングの粗度係数　Manning's roughness coefficient　管路や開水路の流れの平均流速vを算出するマニング公式*［$v=(1/n)R^{2/3}I^{1/2}$, R：径深，I：動水（エネルギー）勾配］の中の係数nのこと．水路底面や壁面の粗さを示す係数で，nが小さいほど滑らかとなる．nとシェジーの係数Cとの関係は$C=(1/n)R^{1/6}$．⇨シェジー公式　〈宇多高明〉

[文献] 土木学会（1999）「水理公式集」，土木学会．

マノメータ　manometer　流体の圧力測定に用いられる機器．管水路に細管を取り付け，細管内を上昇する水の高さにより水圧を求める．〈宇多高明〉

マフィック　mafic　⇨火成岩

マフィックこうぶつ　マフィック鉱物　mafic mineral　⇨苦鉄質鉱物

ママ　mama, scarp　本来は急傾斜地または崖を指す古来の日常語であるが，平坦地に面し，ほぼ一定の比高をもつ急斜面や崖（例：段丘崖，棚田の畔（けいはん））を表す場合が多い．ハケ*とも．関東・東北地方に多く，その上下の平地をママ上，ママ下という（例：崖下の家を「ママ下（の家）」と通称する）．⇨崖，畔畔　〈鈴木隆介〉

まめいし　豆石　pisolite　⇨火山豆石

まめつ　磨滅　attrition　外的営力によって運搬される砕屑物が運搬過程で互いにぶつかったり，すれあったりすることにより細粒化すること．この作用は磨滅作用とよばれる．細粒化の過程で角が取れて，円形化することが一般的である．河川による掃流運搬など運搬過程で回転する場合はなめらかな曲線の外形あるいは球形に近づき，海浜における波によってくり返し地表をすべる場合には扁平な形状となる．氷河による運搬の場合では氷河内部で他の岩屑と擦れ合って表面に擦痕が形成される．外的営力によって移動する砕屑物が岩盤や河岸など面をこすって磨く abrasion やそれによる侵食作用である corrasion とは異なる．⇨河床礫，磨耗と磨滅　〈島津 弘〉

まめつげんしょう　磨滅現象　attrition　砂礫等の岩屑が，流水・波浪・風などの営力によって運搬される間に，相互に衝突・研磨して細粒化する現象．⇨磨耗と磨滅　〈八戸昭一〉

まめつさよう　磨滅作用　attrition　⇨磨滅

マメロン　mammelon　粘性の大きな溶岩が噴出累重して形成された小型の外成的溶岩円頂丘（exogenous dome）．フランス中央部オーベルニュ

(Auvergne)地方のGrand Sarcouni domeやマダガスカル島付近のインド洋にあるBourbon Volcano山頂の小ドームなどが例．前者は鐘状の（ボウルを伏せたような）外形を有し，高さは240 m，基底直径は750 m，後者は小型で高さ約30 m以下．⇨溶岩円頂丘　〈横山勝三〉

[文献] Cotton, C. A. (1952) *Volcanoes as Landscape Forms*. Whitcombe and Tombs. / Macdonald, G. A. (1972) *Volcanoes*. Prentice-Hall.

まもう　磨耗　abrasion　⇨磨耗と磨滅

まもう　磨耗【氷河の】　abrasion　氷河底に凍り付いたまま引きずられる岩片や氷河氷そのものとの摩擦によって，氷河底で氷体と接する基盤岩の表面が物理的に粉砕・削剥され，さらに氷体や融解水の流れによって岩片が除去・運搬されて磨滅する作用．削磨作用の一種．この結果，擦痕や条溝などの直線的な侵食溝が形成される．氷河底の岩片は，距離的にも時間的にも長く継続的にひきずられ粉砕されるため，微細砂からシルト以下の細粒な「岩粉」となる．これが研磨剤となって岩盤の表面が磨かれる場合もある．岩粉が融解水に浮流して運搬されると，グレイシャーミルクとよばれる白濁した水流をなす．⇨磨耗と磨滅　〈澤柿教伸〉

まもうけいすう　磨耗係数　coefficient of attrition　Sternberg (1875)は「礫の磨耗はその水中における重量と運搬された距離に比例して磨耗する」と仮定して，礫の粒径が距離とともにどのように減少するかを示す式 $b = b_0 e^{\lambda(x-x_0)}$（単位：m）を導き出した．ここで，$b_0$は始点における礫径，$b$は終点における礫径，$x_0$は始点の位置，$x$は終点の位置である．式中の係数$\lambda$が磨耗係数である．礫径は下流に向かって減小することからλは負の値を取る．Sternberg (1875)ではライン川のマンハイムからヒュンニンゲンまでの7地点で礫重量，流速を測定し，礫の重量と礫径の関係および流速と礫径の関係を用いて，λの値を$-0.000002762 \sim -0.000008233$と求めている．　〈島津　弘〉

[文献] Sternberg, H. (1875) Untersuchen über Längen- und Querprofil Geschiebeführende Flüsse: Zeitschrift für Bauwesen, **25**, 483-506.

まもうこうどしけん　磨耗硬度試験　abrasive hardness test　岩石や金属の試験片の表面を，研磨剤を散布した回転円盤などを用いて摩擦して，その磨耗の程度から硬度を評価する試験．ASTM C779に定義された試験機，ドリー（Dorry）磨耗試験機，テーバー（Taber）磨耗試験機などを用いる．⇨すりへり試験，磨耗と磨滅　〈若月　強〉

[文献] 山口梅太郎・西松裕一 (1997)「岩石力学入門 第3版」，東京大学出版会．

まもうとまめつ　磨耗と磨滅　abrasion and attrition　流水，波浪，風，氷河などの流体が砕屑物を運搬しながら，流体と接する岩盤を研磨したり削り取る侵食プロセス（abrasionまたはcorrasionに相当）が働いているとき，このプロセスを総称して「削磨*あるいは削磨作用とか磨食」とよぶ．それぞれの流体場で起こる侵食作用は，河食，波食，風食，氷食などの各作用に分けられ，それらもさらに各種の侵食作用に細分化されるが（例：風食の場合は風磨とデフレーションに，河食の場合は溶食や削磨などに），それらの中でも主要な侵食プロセスとなっている．この作用が起こっているとき，運搬砕屑物の方も岩盤との擦れあいや砕屑物どうしの衝突により細粒化・円磨化が起こる（砕屑物である研磨材自身の磨耗：attritionに相当）．このプロセスは磨滅*あるいは磨滅作用とよばれる．一般に日本語の「磨耗（「摩耗」と表記されることもある）」はこの両方のプロセスに対して使われ，その結果，abrasionとattritionの両方に磨（摩）耗という訳語があてられており（例：「abrasive hardness test」が「磨（摩）耗硬度試験*」，「coefficient of attrition」が「磨（摩）耗係数*」など），しばしば混乱を引き起こしている．今後は，岩盤表面の変化（地形変化）のプロセス（abrasion）に対しては「磨耗」を，砕屑物の細粒化のプロセス（attrition）には「磨滅」を，それぞれに限定して，使用すべきであろう．具体例でいえば，飛砂で岩盤が削られることは磨耗abrasionであり，河床礫が流下中に細粒化・円磨化する現象は磨滅attritionである．なお岩石力学分野では「摩耗」と「摩（なでる，さする，こするの意）」が使われてきたが，地形学の分野では「みがく，すりへってなくなる」の意味をもつ「磨」を使用すべきであろう．　〈松倉公憲〉

まや　*maya*, cirque　圏谷（カール*）のこと．主に信州（長野県）で使われ，飛騨山脈針ノ木峠の「まやくぼ」が例．　〈岩田修二〉

まゆじょうだんそうがい　眉状断層崖　eye-blow fault scarp　扇状地を切断して形成された低断層崖であり，扇状地断層崖（fan scarp）や山麓断層崖（piedmont scarp）ともいう．扇央部が地形的に高く，その側方の扇状地間の低地は河流の埋積で低くなるので，立面形（あるいは断面）が眉状をなす．外国の乾燥地における広大な扇状地を横切る低

図　扇状地を切断する眉状（低）断層崖（岡田原図）
右側の扇状地はやや段丘化

断層崖に好例が多い．　　　　　　　　〈岡田篤正〉

マリアナかいこう　マリアナ海溝　Mariana Trench　硫黄島の東方 220 km の小笠原海台南縁から，グアム島の西南西 1,100 km 付近のヤップ海溝との接合部まで，2,550 km にわたる海溝*．北部の走向は北西〜南東であるが中部では南北，南西部では東西と，東に凸の大きな弧状をなす．グアム島の南西方約 300 km にはチャレンジャー海淵があり，水深 10,920 m は世界最深の海．　〈岩淵　洋〉

マリンスノー　marine snow　海中にある降雪に似た懸濁物．海雪ともよばれる．深海調査船などで有光層以下に潜り，ライトを照射したときに海中の懸濁物が粒粒になって雪のように照らし出されたことから，マリンスノーと名付けられた．海洋の上層で形成されたプランクトンの死骸やデトリタス（生物の食べ残しや糞など）などが，沈降もしくは浮遊しているもの．中層や深層にすむ生物の餌になるとともに，海洋深層への物質輸送を担うものとして重要とされている．　　　　　　　　〈小田巻　実〉

まる　丸　mountain　⇨山

マルチビームそくしんき　マルチビーム測深機　multi-beam echo sounder　船から海底へ音波を船の真下のみではなく，左右に多数の音響ビームを発射して一度に一定幅の海底を測深できる音響測深機．現在，最新の測深機では船から幅 150°の範囲の海底を一度に測量でき，水深が深いほど広い範囲の測量が可能となる．従来の音響測深機の測量はいわば線の測量であったが，陸上の航空写真のように面の測量となり，海の測量において革命的な役割を果たしている．わが国では，1984 年に海上保安庁の測量船「拓洋」に初めて装備され，世界最深部のマリアナ海溝チャレンジャーディープの測深等に活躍している．　⇨音響測深機　　　　　　〈八島邦夫〉

マルチフラクタルちけい　マルチフラクタル地形　multifractal topography　自己相似フラクタルは単一の次元で，自己アフィンフラクタルは有限個のハースト指数をもった次元で，特徴づけることができる．いろいろな値のこのような指数をもったパターンが無数に重なり合って一つのパターンをつくる．このような場合，パターンの特徴はこれらの指数の分布によって表現することができる．このようにして特徴づけられるある量の空間分布をマルチフラクタルという．与えられたパターンのマルチフラクタル的特徴を定量的に解析することをマルチフラクタル解析という．地形に関するマルチフラクタル解析の研究例として，水路網および流域の解析がある．その解析は，まず，幅関数および面積関数を得ることから始められ，得られたこれらの関数に対するスペクトル解析などを行い，水路網モデルの評価や現実の水路網および斜面の特性を表すための研究がなされている．　⇨フラクタル，自己相似フラクタル，自己アフィンフラクタル，幅関数，面積関数
〈徳永英二〉

[文献] Lashermes, B. and Foufoula-Georgiou, E.（2007）Area and width functions of river networks: New results on multifractal properties : Wat. Resour. Res. , 43, W09405.

マルトンヌ　Martonne, Emmanuel de（1873-1955）　フランスの自然地理学者で，地形学に関してはデービス*（W. M. Davis）やペンク*（W. Penck）の影響も受けたが，独自の地形学観で気候地形学*の概念を提唱した．その著書（1925）*Traité de géographie physique*（全 3 巻）は世界的な名著といわれ，現在でも引用される明解な解説図を含んでいる．　　　　　　　　〈鈴木隆介〉

[文献] Dufaure, J.-J. and Dumas, B.（1993）Geomorphology in France : *In* Walker, H. J. and Grabau, W. E. ed. *The Evolution of Geomorphology: A Nation-by-Nation Summary of Development*, John Wiley & Sons.

まるび　丸尾　marubi, lava-flow ridge　富士火山麓の，扁平な横断形をもつ，溶岩流尾根*の地元での呼称（例：剣丸尾，鷹丸尾）．　〈鈴木隆介〉

マンガンノジュール　manganese nodule　⇨結核［堆積物の］

マングローブ　mangrove　熱帯から亜熱帯の汽水域に成立する植生およびその構成種の総称．底質が砂や泥からなり，波が静かな河口部などに大規模な群落が形成される．ヒルギ科，クマツヅラ科，ハマザクロ科などの木本植物が森林や低木林をつくるが，冠水頻度や冠水時間の違いによって優占種が変化する．マングローブ成立域では，根系などの有機物の分解が進まずに泥炭が蓄積し，また支持根や気根などの密生する地上根によって土砂が堆積するこ

とによって，地盤高が高められる． 〈高岡貞夫〉
[文献] 宮城豊彦 (1991) マングローブハビタットの地形形成と生物の役割：地形, 12, 273-277.

マングローブかいがん　マングローブ海岸　mangrove coast　熱帯・亜熱帯の静水域の海岸で，潮間帯付近にマングローブ植生が多生している海岸．日本では西表島などにみられる．林下には，有機質に富むマングローブ土があり，酸性土に転化する可能性がある． 〈福本 紘〉

マングローブど　マングローブ土　mangrove soil　マングローブ群落下の土壌の通称．日本では種子島以南に分布するマングローブ群落下の土壌あるいは表層堆積泥とよばれるものを指す．マングローブ群落は陸域と海域との境界にある汽水域で形成される．したがって，マングローブ土では，強い還元的環境にあって黄鉄鉱が生成され，陸化による黄鉄鉱の酸化で酸性硫酸塩土が生成されやすいとされる．また，マングローブ群落の発達は，同時にマングローブ土の発達，すなわちマングローブ群落地帯の陸化を促進することが報告されている．⇒酸性硫酸塩土 〈井上 弦〉
[文献] 渡嘉敷義浩 (2007) マングローブ群落の土壌．日本ペドロジー学会編「土壌を愛し，土壌を守る」，博友社．

まんしゃめん　満斜面　waxing slope　⇒斜面要素の分類

まんしゅういど　満州井戸　*manshu-ido*　⇒井戸

まんせいてきちかくへんどう　慢性的地殻変動　chronic crustal movement　今村 (1929) が記した紀伊半島の測地学的検討から南海トラフで起こる地震に伴う「急性的地殻変動」に対する用語．地震間に継続する緩慢な変動を指す．海溝型巨大地震のサイクルでは，地震間 (interseismic)・地震前 (preseismic)・地震時 (coseismic)・地震後 (postseismic) の段階における異なる地殻変動を繰り返していると考えられており，それに照合すれば慢性的地殻変動は地震間変動に相当する． 〈宮内崇裕〉
[文献] 今村明恒 (1929) 宝永四年の南海道沖大地震に伴える地形変動に就いて：地震, 2, 81-88. /島崎邦彦・松田時彦 (1994)「地震と断層」，東京大学出版会．

まんそうねんき　満壮年期【侵食輪廻の】　full maturity (in cycle of erosion)　侵食輪廻における壮年期を早，満，晩の三期に分けたときの満期で，多くの河川が平衡に達して下刻が衰え，側刻が盛んで，ほとんどの山稜から原面が消失し，谷壁も急勾配の平衡斜面となり，起伏の大きな鋸歯状山稜が卓越し，山麓には沖積地が広がる時期．正規輪廻以外の輪廻では，河川との関係が認定できないので，原面の残り具合や山稜の形態などから，上記に準じて判断することが多い．この時期の状態にある山地を満壮年山地という．⇒壮年期 〈大森博雄〉
[文献] 辻村太郎 (1923)「地形学」，古今書院. /Davis, W. M. (1912) *Die erklärende Beschreibung der Landformen*, B. G. Teubner (水山高幸・守田 優訳 (1969)「地形の説明的記載」，大明堂).

まんそうねんさんち　満壮年山地　full mature mountain　⇒満壮年期

まんちょう　満潮　high tide, high water　潮位の高い状態．高潮とも．⇒潮汐 〈砂村継夫〉

マントル　mantle　地殻の下面（モホ面）から深さ約 2,900 km のマントル/中心核境界までの固体層をいう．ただし，マントル上部には少量の部分溶融層が分布する場所もある．マントルの体積，質量はそれぞれ地球の 82% と 68% を占める．大きく3層に分けられ，① 410 km 深までを上部マントル（アッパーマントル），②そこから 670 km までをマントル遷移層，③それ以深を下部マントルという．上部マントルはカンラン石を主体とし，輝石，ザクロ石を含んでいる．カンラン石が緻密なスピネル構造に相転移した 410 km 以深の遷移層は，密度や地震波速度の増加の勾配が大きいことが特徴である．下部マントルはスピネル構造が，さらに緻密なペロブスカイト構造に転移していると考えられている．最近の地震観測の進歩によって，中心核に接するマントル最下部に，D″層とよぶ厚さ約 200 km の層の存在が明らかになってきた．地震波速度が水平方向に極めて不均質であることが特徴で，原因として中心核からの熱の境界層説，中心核の主成分である Fe のマントルへのしみ出し説，沈み込んだプレートの残骸説などが提唱されているが，まだ結論をみない．なお，論文や著書によっては，670 km 不連続面を境に，それより上を上部マントル，下を下部マントルと記述されている．⇒低速度層，カンラン石-スピネル相転移，スピネル-ペロブスカイト相転移 〈西田泰典〉

マントル・ウエッジ　mantle wedge　沈み込み帯において，沈み込む海洋プレート（スラブ）が陸側に向かって傾き下がっているために，スラブより上の陸側のマントルが楔状をなす．この楔状のマントルをマントル・ウエッジあるいはウエッジ・マントルとよぶ．プレートが沈み込むにつれ温度，圧力が増し，スラブ内の含水鉱物が最終的に分解され，

H₂O がマントル・ウエッジに放出される．このような揮発性成分を取り込んだ岩石の融点は下がるので，マントル・ウエッジの高温部分は部分溶融し，マグマ発生の源となると考えられる．また上盤側プレートに運ばれた水は，内陸地震を引き起こす原因となる．地球規模からみると狭い領域であるが，日本のような島弧の火山活動や地震活動の源として重要な場所である．　⇨弧状列島，沈み込み帯，上盤側プレート，スラブ，マグマ生成　〈瀬野徹三・西田泰典〉

マントルせんいそう　マントル遷移層　mantle transition zone　⇨マントル

マントルたいりゅう　マントル対流　mantle convection　1920年代にHolmesは大陸移動の原動力として，マントル対流を提唱した．地球内部のマントルには，ウラン，トリウム，カリウムなどの放射性同位元素が存在し，それらが安定な元素に崩壊して熱を発生する．これらの熱を効率よく逃がすためにマントル内に熱対流が発生する．これをマントル対流とよび，それが大陸移動，プレート運動の原因と考えられるが，地球内部におけるマントル対流の実態がよくわかっているわけではない．また，地表におけるプレートの運動も，プレートが固いために，マントル対流の運動そのものとは区別される．

しかし，マントル対流に関しては，地震波のような短周期の変動に対しては弾性体として振る舞うマントルも，地質学的時間スケールでは粘性流体として振る舞うかどうかが問題となる．そのため，一様流体層の底を加熱する単純な系を仮定して，無次元量であるレーリー数（R）が対流の起こる臨界レーリー数（約1,000）以上になるかどうかを以下に確かめてみる：$R=\alpha g\beta H^4/\kappa\nu$．$\alpha$は熱膨張率，$g$は重力加速度，$\beta$は温度勾配，$H$は層厚，$\kappa$は熱拡散率，$\nu$は動粘性率である．そこでマントル対流が670 km不連続面以浅に限られるとし，αを$(1\sim3)\times10^{-5}$，gを9.8 m/s²，βを1,500 K/m，Hを670 km，κを10^{-6} m²/s，νを10^{18} Pasと，実際のマントルにありそうな物性値を与えるとRは$(3\sim9)\times10^4$程度となり，十分対流が起こりうることが物理学的に示される．対流が，核/マントル境界面までの全層対流だとすると，層厚Hが約2,900 kmにもなるので，レーリー数はもっと大きくなり，さらに対流が起こりやすくなる．したがって，マントルが現実に対流する条件は十分満たされていると考えてよいので，現在ではマントル対流の存在の枠組みのなかで，種々のテクトニクスが論じられている．ただし，実際のマントル構造は不均質であり，また内部に放射性熱源を有しているので，上記のような下部からの加熱のみを仮定した単純な系とは異なる．そのため，計算機シミュレーション，室内モデル実験，岩石学実験など，多方面からその問題解決に挑戦しているのが現状である．　⇨プレートテクトニクス

〈瀬野徹三・西田泰典〉

[文献] Holmes, A. (1965) *Principles of Physical Geology* (2nd ed.), Nelson（上田誠也ほか訳 (1984)「一般地質学」，東京大学出版会）．

マントルリッド　mantle lid　リソスフェアのうち，地殻を除いたマントル部分を指す．リッドやリソスフェリックマントルと同義．今日ではあまり使われない用語．　⇨リソスフェア　〈西田泰典〉

まんねんゆき　万年雪　perennial snow patch　平年の気象条件下で，融雪期を経ても融けきらずに新たな降雪期を迎える越年生雪渓．越年規模が小さいものは多年生雪渓ともいう．　〈金森晶作〉

まんねんゆきかげんせん　万年雪下限線　firn line　⇨雪線

マンハ　mankha　中国内モンゴルでは砂丘の風上側斜面が風食を受け，馬蹄形の凹地ができた砂丘が発達する．凹地は地下水面に達すると風食が止み，そこに樹木が生育する．　⇨風食凹地砂丘

〈成瀬敏郎〉

マンボ　*manbo*　⇨横井戸

みうらそうぐん　三浦層群　Miura group　三浦半島から房総半島南部に分布する海成中部中新統〜下部鮮新統．三浦半島では下位より凝灰岩・凝灰質砂岩・泥岩互層の三崎層（層厚1,300 m以上），泥岩主体の逗子層（層厚2,000 m以上），凝灰質砂岩主体の池子層（層厚150 m）に区分．房総半島では下部（大崩層，奥山層，中尾原層），中部（木ノ根層，天津層，千畑礫岩層），上部（清澄層-稲子沢層，安野層-萩生層）の三部．下部は礫岩，砂岩，泥岩，砂岩泥岩互層．中部は泥岩優勢砂岩泥岩互層，礫岩，砂岩．上部は砂岩泥岩互層．層厚はそれぞれ，1,000 m，1,000 m以上，1,500 m以上．〈天野一男〉

みお　澪　fairway, crossing　緩勾配の浅海底に刻まれた沖方向に伸びる溝状の凹地．干潟などでよくみられる．〈砂村継夫〉

みおすじ　澪筋　tidal creek, waterway　潮間帯に形成された干潟*にみられる小規模に蛇行した水路．著しく屈曲し，樹枝状に枝分かれした平面形をもつ水系網を示す場合もある．陸域の水路に連続するものもある．漁船などの航路になる．⇨三角州〈海津正倫〉

ミオちこうしゃ　ミオ地向斜　miogeosyncline　⇨地向斜

みかけけいしゃけいさんじゃく　見掛け傾斜計算尺　apparent-dip slide rule　地層面や断層面の任意方向の見掛け傾斜を求めるために考案された計算尺で，真の傾斜角および断面線と地層の走向のなす角度から，その断面線の方向の見掛け傾斜を読めるようにしたもので，斜面の研究に役立つ．地質調査用具専門店で市販されている．〈鈴木隆介〉

みかけのけいしゃ　見掛けの傾斜【地質構造の】　apparent inclination（dip）　層理面*や断層面*などの面構造をその最大傾斜方向で切断したとき，断面上に現れた面構造の傾斜は最大となり，これが面構造の真の傾斜（α）である．それ以外の方向で切断したときには真の傾斜より小さくなる．これを見掛けの傾斜（β）という．地層の最大傾斜方向と任意の角度（η）で交わる方向の断面における見掛けの傾斜（β）は，$\tan\beta=\tan\alpha\cos\eta$，で求められる．⇨傾斜，見掛けの傾斜［地層面の］，相対傾斜〈横山俊治〉

みかけのけいしゃ　見掛けの傾斜【地層面の】　apparent dip（of bedding plane）　地層の傾斜（真の傾斜）の方向（地層の走向に直交する方向）とは異なる方向の断面における地層の見掛けの傾斜．見掛けの傾斜は，①真の傾斜（最大傾斜：α）より必ず緩傾斜で，②地層の走向方向では水平（0度）であるが，③どの方向の断面であっても，地層面が直立していれば常に垂直であり，④地層面が水平であれば常に水平である，という特徴がある．自然露頭や切取法面，トンネル壁でみられる地層の傾斜は見掛けの傾斜である場合が多いので，地層面を探してその走向と傾斜を正しく測定する必要がある．地層の走向と任意の角度（η）で交わる方向の地質断面における地層の見掛けの傾斜（β）は，次式で求められる．$\tan\beta=\tan\alpha\cos\eta$．⇨傾斜，走向，相対傾斜〈藤田 崇〉

みかけひじゅう　見掛け比重　apparent specific gravity　⇨仮比重

ミがたがんこうしゅうきょく　ミ型雁行褶曲　échelon folds of mi-type　⇨褶曲構造の分類（図）

みかづきがたさす　三日月型砂州　crescent bar, lunate bar　三日月状に規則的に屈曲するバー（海底砂州）．沖側に張り出した部分にはしばしば強い離岸流の発生がみられる．バー海岸の堆積過程において，バーが岸方向へ移動する途中で出現することが多い．⇨砂浜の地形変化モデル，砂浜海岸（図）〈武田一郎〉

みかづきがたのへこみ　三日月型のへこみ　crescentic gouge　⇨衝撃痕

みかづきこ　三日月湖　oxbow lake, crescent lake　蛇行河川が著しく屈曲すると，蛇行頸状部*や蛇行袂状部*がそれぞれ近接し，蛇行切断*がひき起こされる．蛇行切断によって取り残された河道

跡には河跡湖である三日月湖が形成される．その平面形は牛の角のようにも見えることから牛角湖*ともよばれる．日本では人工的な捷水路*の建設によって河道の直線化が行われた石狩川の氾濫原において数多くの三日月湖がみられるほか，各地の沖積平野においてみられたが，それらの多くは自然に埋積が進んだり，人工的な埋め立てをしたりして消失してしまった． 〈海津正倫〉

みかづきじょうさきゅう 三日月状砂丘 crescentic dune 三日月形をした砂丘の総称で，バルハン*，バルカノイド砂丘*を指す．風上側が緩い斜面で，風下側が急傾斜のすべり面をなす． 〈成瀬敏郎〉

みかづきはま 三日月浜 crescent beach 出入りに富む岩石海岸の湾奥などにみられる弧状の汀線をもつ海浜．外洋性海浜は直線状の海岸線を有する傾向にあるが，それに対して湾頭浜（湾頭砂州*，ポケットビーチ*）は弧状を呈する場合が多い．礫浜よりは砂浜で美しい弧を描く傾向にある．⇒砂浜海岸（図） 〈武田一郎〉

みかわそう 三川層 Mikawa formation 新潟県新発田市から東蒲原郡鹿瀬町にかけて分布する中新統．流紋岩・安山岩の溶岩・火砕岩からなり，溶結凝灰岩を挟む．最大層厚500 m． 〈松倉公憲〉

みぎがんこう 右雁行 right-hand échelon ⇒雁行配列（図）

みぎよこずれだんそう 右横ずれ断層 right-lateral fault, dextral fault 横ずれ断層のうち，断層両側の地塊が互いに右方向にずれ動くもの．⇒左横ずれ断層，横ずれ断層 〈金田平太郎〉

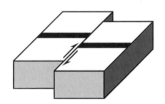

図 右横ずれ断層

ミグマタイト migmatite 変成岩に花崗岩質マグマが迸入してできたと考えられている複合岩石の総称．結晶片岩～片麻岩質の岩石からなる部分と花崗岩質岩石からなる部分とが不均質に混在している． 〈松倉公憲〉

みくらそうぐん 三倉層群 Mikura group 静岡県赤石山地南部の大井川両岸から春野町付近に広く分布する始新統～漸新統．四万十累層群の中部をなす．分布域の北西部では緑～黒色の塊状の泥岩（石灰岩ノジュールを含む）と砂岩泥岩互層に由来する海底地すべりによる堆積物（砂岩）が数百mの厚さで交互に繰り返している．分布域の東部では，北西部でみられるものと同じような泥岩とともに，よく成層した砂岩泥岩の互層が分布する．北東～南西，北北東～南南西の走向をもち，大部分は北西～西北西へ30～70°傾斜する．大規模な地すべりが多発する． 〈松倉公憲〉

みこけつ 未固結 unsolidification 粒子の相互間の結合力が弱く，粒子の分離が比較的容易であるか，または非常にもろく，軟弱で，やわらかい状態にあること．岩石や地層の低い固結度を示す．続成作用*が未完成であることを暗示する用語．⇒非固結 〈田中里志〉

みさき 岬 cape, promontory, headland 岸から水域に突き出た陸地で，半島よりも規模の小さい地形．崎・埼ともよばれる（地形図上ではどちらも使われるが，海図では埼が用いられている）が，岬との間に明確な区別はない．特に高度が大きく急な崖からなるものを岬角（headland, promontory）とよぶことがある． 〈砂村継夫〉

みじゅくど 未熟土 regosol, immature soil 土壌生成の発達が極めて悪く，植物根の存在などによって生物の影響は見られるものの，腐植層がほとんど認められない土壌．日本の統一的土壌分類体系—第二次案（2002）—では，層位の発達がないか，あるいは非常に弱い土壌を中心概念とし，層位配列は（A）／Cであり，特徴土層はもたないとされる．土壌大群の一つに区分される未熟土大群は，火山放出物未熟土，砂質土，固結岩屑土，非固結岩屑土の4種の土壌群に類別される．現行の世界土壌資源照合基準（IUSS Working Group WRB, 2006）では，最上位の分類カテゴリーであり，非固結砕屑物からなる発達の悪い土壌とされる．1938年の米国の土壌分類では土壌大群の一つに採用されたが，現行の米国の土壌分類体系Soil Taxonomyでは"Regosols"の土壌名は採用されていない．しかしながら，亜目レベル（suborder）でPsammentsおよびOrthentsが，"Regosols"にあたる．⇒土壌分類，成熟土 〈井上 弦〉

みずうみ 湖 lake 一般に，沼よりも水深や表面積が大きい内陸水域をいうが，こうした規模に基づく明確な区別はない（次頁の表）．その理由は，古来から個々の湖沼の命名は，その水域とこれを含む

表 湖沼，湖沼起源の湿地等および泥炭地の分類と一般的定義（鈴木，1998）

分類名称（主な英用語）		一般的定義
湖沼	湖 (lake)	深度が大きく，湖心部に沈水植物が生育していない．夏季に水温成層が形成される．
	沼 (lake)	湖より浅く，夏季にも水温成層が生じない．周囲に湿地，湿原，泥炭地が発達する．
	池 (pond)	径約100 m以下の小さな湖沼をいう．
	潟 (lagoon)	海の一部が海岸州やサンゴ礁などによって外海から分離した湖沼であり，海水が狭い水路を経て直接に，あるいは海岸州の地下を浸透して進入し，汽水湖になっている．
沼沢地・湿地	沼沢地または沼沢 (swamp)	排水不良または不透水層の存在のために，常に浅い水面に覆われ，ガマ，マコモ，ヨシ，ショウブや大型のスゲ類などの抽水植物がほぼ一面に繁茂し，ハンノキやヤチダモが周囲に湿地林をつくっている湿地である．湿地や低層湿原とほぼ同義であるが，湿地より水面の占める部分が広い土地である．
	塩性沼沢 (salt marsh)	海岸の河口部，干潟や潟湖などの潮間帯に生じる塩分濃度の高い沼沢で，アッケシソウ，ハママツナなどの耐塩性植物群落がある．熱帯・亜熱帯で泥の堆積した塩性湿地にはマングローブ林が発達し，マングローブ林塩性湿地ともよばれる．淡水沼沢と塩水沼沢の中間的なものを汽水沼沢という．
	湿地 (marsh; swamp)	排水不良地で，常に湛水するか，洪水時に湛水しやすい土地である．水面の占める面積は沼沢地より小さい．平坦ばかりでなく，緩斜面にも発達する．
	湿原 (moor)	植生にほぼ全面的に覆われた湿地であり，湿った草原であり，地形種ではなく，生態学的分類用語である．地下水面から湿原の地表面までの高さによって，高層湿原，中間湿原や低層湿原に大別される．
泥炭地 (peatland; fen; mire; moss; bog)		泥炭の堆積している土地をいう．地下水面から泥炭層の表面（地表面）までの高さによって，高位泥炭地，中間泥炭地および低位泥炭地に大別される．湖成低地起源のものが多いが，斜面にも存在する．

周囲の景観に対する地域住民の印象や地元の伝承に基づく場合が多いからである．接尾語も多様であり，湖のほかに，以下に傍点を付けた名称，例えば霞ヶ浦，久美浜湾，中海，印旛沼，湖山池，一の目潟，湯釜（群馬県），油ヶ淵（愛知県）などがある．塩湖*でも死海やグレートソルト湖がある． ⇨湖沼，沼，池　〈知北和久〉

[文献] 鈴木隆介（1998）「建設技術者のための地形図読図入門」．第2巻．古今書院．

みずか　水塚　mizuka　洪水による冠水防止のために盛土された宅地．蛇行原や三角州の後背低地に造成される．特に食料などの倉庫は数mの高さに盛土される．南関東の低地に多い．「みずつか」ともいう． ⇨水屋　〈鈴木隆介〉

みず-がんせきそうごさよう　水-岩石相互作用　water-rock interaction　たとえば，地下水の水質は岩石・土壌と水との反応によって決まるが，このような岩石・土壌と水の相互作用（地形学でいう化学的風化作用）を指す地球化学分野の用語．Water-Rock Interactionを冠した国際会議もある．
〈松倉公憲〉

みずぎわせん　水際線　shoreline　⇨海岸線，水涯線

みずしげん　水資源　water resource　飲料水はもちろんのこと，人間活動に必要な生活用水，農業用水，工業用水などとして利用できる水をいう．したがって，河川水，湖沼水，地下水などの淡水が主となる．地球上の水の総量は，いろいろな基準で算定されているが，おおよそ13億～14億 km^{3}といわれており，そのうち海水が97～98%を占める．残りの陸水の中では雪氷が70%近くを占め，ついで地下水の量が多いが，水資源としては河川水，ダム湖水などの地表水が多く利用されている．世界の水資源賦存量の分布は地域あるいは季節によって大きな偏りがあるのみならず，人口の増加に伴う農産物や工業生産物の需要量増加と相まって，水不足が大きな社会問題となっている．特に，半乾燥～乾燥地域の水は恒常的に不足しており，水資源をめぐっての国と国の争いが起きるなど深刻な問題である．水資源を利用するためには，それぞれの地域，流域における水の循環過程を知る必要があり，水を貯えている地形や地層を明らかにし，存在している水の総量，循環の速さ（滞留時間），などを水収支（流入と流出のバランス）から計算しなければならない．さらに，社会経済の変化に伴う水汚染，自然の水災害，グローバルな地球の気候変動などに伴い，利用できる水資源の賦損量や分布も変化する．人工的に貯水施設（ダムや河口堰）を構築して持続的に水資源を管理することも必要であり，社会や環境への影響も含めて常時監視することが求められる． 〈池田隆司〉

みずしゅうし　水収支　water balance, water budget　地域，流域，湖沼，地下水，あるいは土壌層などを系とした場合の，その系における水の出入りと貯留量の関係をいう．その出入りを明らかにし，その系の水文量等を把握する手法のことを水収支法という．例えば，流域における水収支式をもと

に降水量や河川流出量など水収支式の各項を観測で把握し，式の残差から流域の蒸発散量を推定する場合，同様に帯水層の水収支式をつくって，地域の地下水揚水量が増えたときの地下水位の変化を予測する場合，湖沼の水収支式に流入河川の物質濃度を組み合わせて湖水の水質変化を検討する場合など，観測手法をはじめ，水文学的現象を把握する基礎的研究から水環境の保全を考える応用的研究まで，水文学における研究において広範囲に使われている，基本的かつ重要な手法である．対象とする系の大きさや考える時間間隔によっては量的に無視できる水の動きがあるため，水収支を考える場合は，考える系と時間を明確に定義し，そのうえで水収支式を作成して検討することが肝要である． 〈浦野愼一〉

みずしゅうしほう 水収支法 water balance method ⇨水収支

みずじゅんかん 水循環 hydrological cycle, water cycle 太陽エネルギーを原動力として，地球上の水は循環している．地球上の水の97〜98%を占める海水から蒸発が起こり，大気中で凝結して雨や雪などの降水として海や陸に降り注ぐ．降水の一部は植物，土壌面，河川や湖の表面，物体の表面から直接蒸発する．地表に達した降水は，降水から地表の傾斜に沿って，あるいは地中を伝わって河川や湖に流出し，再び海へと注ぐ．また，一部は地中に浸透して，土壌水分や地下水として貯えられる．地下水は川へと徐々に流出するほかに，泉や井戸からの揚水によって水資源として利用される．このように，水は，水圏，大気圏，地圏を巡って循環している．循環の速度は，いろいろと見積もられており研究者によって若干異なるが，榧根(1980)による値を下表に示す． ⇨水収支 〈池田隆司〉

[文献] 榧根 勇(1980)「水文学」，大明堂．

みずつか 水塚 mizutsuka ⇨水塚

みずなしがわ 水無川 dried-up river, wadi 平水時には表流水がなく，出水時に流水がみられる河川区間．扇状地のような透水性の高い砂礫層からなる比較的急勾配の低地では，河川水が地下に浸透するため水無川ができる．水無川では豪雨時にしばしば急激に水位を上昇させる（例：琵琶湖西岸の百瀬川扇状地の河川区間）．乾燥地域にあるワジ*，アロヨ*の部分も水無川となっている． 〈斉藤享治〉

ミスフィットリバー misfit river ⇨不適合河川

みずや 水屋 mizuya 大河川沿いの低湿地（蛇行原や三角州の後背低地）の農村で，水害対策のため，物資貯蔵所や避難場所として敷地内に高く盛土した部分の上に立てられた家屋．洪水時の避難のために，古い集落の水屋や納屋の天井に木舟を吊るしている例も多い．⇨水塚 〈鈴木隆介〉

みぞ 溝 ditch, trench, furrow 地表の細長い雨樋状の低所で，自然的には弱抵抗性岩と強抵抗性岩の互層の前者や断層破砕帯，節理沿いの差別侵食で生じる．また，裸岩斜面では雨溝，ガリーなどの溝がみられる．人工的には用・排水路などがある． 〈鈴木隆介〉

みだれけいすう 乱れ係数 turbulence factor 乱流等にみられる乱れが影響する係数一般を示す．代表的なものとして，渦動粘性係数*，渦動拡散係数*などがある．乱流中における，これらの値は一般に物性値としての粘性係数や拡散係数よりも大きな値を示す．乱れによる渦の生成が平均流に及ぼす影響を評価するために用いられる． 〈中山恵介〉

みちしお 満ち潮 flood tide ⇨上げ潮

みちはま 径浜 berm ⇨バーム

みつどりゅう 密度流 density current 湖沼や貯水池，沿岸などの流れは，水体中の密度差によっても引き起こされる．塩分，水温，濁度などの変化によって密度の異なる成層が形成され，圧力勾配が生じる．例えば，海に開いている河口付近や沿岸域の地下帯水層では，淡水と海水からなる二層流が生じ塩水くさびが形成される．河川水や地下水の塩水化現象は，水資源の利用の点からも問題となる． 〈池田隆司〉

みとおししゃめんちょう 見通し斜面長 air-

表 地球の水の量と滞留時間 (榧根, 1980)

	貯留量 (km³)	輸送量 (km³ yr⁻¹)	平均滞留時間
海　　洋	1,349,929,000	418,000	3,200年
氷　　雪	24,230,000	2,500	9,600年
地　下　水	10,100,000	12,000	830年
土　壌　水	25,000	76,000	0.3年
湖　沼　水	219,000	—	数年〜数百年
河　川　水	1,200	35,000	13日
水　蒸　気	13,000	483,000	10日

length of slope　斜面の基部から頂部を見通した直線の長さ．　⇨斜面の寸法（図，表）　〈鶴飼貴昭〉

みとおしへいきんけいしゃ　見通し平均傾斜【斜面の】 air-mean angle (of slope)　複式斜面の基部から頂部を見通した傾斜．　⇨斜面の寸法（図，表）　〈鶴飼貴昭〉

みなみむきしゃめん　南向き斜面 south-facing slope　⇨斜面の向き

みね　峯，峰，嶺 peak, mountaintop, ridge line　山頂，山頂部，山稜などの日常語．　⇨ピーク，山頂　〈鈴木隆介〉

みねおかそうぐん　嶺岡層群 Mineoka group　房総半島南部の嶺岡山地に分布する古第三系の海成層．頁岩・珪質頁岩および砂岩頁岩互層を主とし，砂岩・チャート・石灰岩・凝灰岩をともなう．層厚は1,100 m以上．強く褶曲し断層も多い．頁岩は膨潤性が高くスレーキングしやすく，それが露出している嶺岡山地の南北の両斜面は顕著な地すべり地帯となっている．なお，嶺岡山地の山稜部は，嶺岡層群の走向方向に伸びる蛇紋岩の貫入岩体で構成され，そこでも地すべり地形が多い．　〈松倉公憲〉

みのたい　美濃帯 Mino belt　⇨丹波帯

みの　よきち　三野與吉 Mino, Yokichi (1902-1984)　地形学者．本姓は石川與吉．東京文理科大学理学部地理学科卒業．東京文理科大学・東京教育大学（現筑波大学）・立正大学教授．1950年以前は岩石床*などの準平原論を論じ，演繹的かつ定性的なデービス地形学*の曖昧さを克服するために，野外調査や地形計測に努め，小起伏多短谷*などの概念を提唱した．1954年以降，地形営力談話会*を主宰して，地形営力論*（その内容はprocess geomorphologyで，現在ではプロセス地形学*または地形過程論*という）を標榜し，野外調査と地形量・堆積物の定量的実測データに基づく地形形成過程の変数とその結果としての地形量との因果関係の解明の重要性を強調し，プロセス地形学を主題とする多くの地形学徒を育てた．　〈鈴木隆介〉
[文献] 三野與吉編 (1959)「自然地理学研究法」，朝倉書店．／三野與吉先生記念会編 (1981)「地理学と地理教育」，古今書院．

みひつさい　未必災 unconscious man-made disaster　自然災害*の発生する可能性の極めて高い土地であるのに，それを知らず，そこに建設された構造物などの受けた自然災害である（例：急崖直下の家屋や構造物の落石や崩落による災害，求心状水系の直下流の先行谷における欠床谷の橋梁流出，旧河道の埋立地での液状化）．年中行事のように，日本で多発する小規模な自然災害のほとんどは未必災である．なお，自然現象とは無関係な薬害・放射線災害などの人災もある．　⇨人災，液状化　〈鈴木隆介〉

みやざきそうぐん　宮崎層群 Miyazaki group　宮崎県南部の鰐塚山地東部に分布する中新統〜更新統海成層．北部で泥質岩が，南部で砂岩・泥岩細互層が卓越．層厚3,000 m．大局的には東に緩傾斜する同斜構造をなし，多数のケスタおよび地すべり地形を構成している．宮崎市南部の青島から日南海岸沿いでは，15〜20°の角度で東（沖合い側）に傾斜する砂岩泥岩互層が発達し，通称「鬼の洗濯岩」とよばれる波状岩からなる波食棚*を発達させている．この波食棚上の凹凸の形成には，潮間帯における泥岩の乾湿風化特性（吸水膨潤特性）が大きく寄与している．この傾斜は山側まで続いているので，日南海岸一帯はケスタの背面が海岸に突っ込むような流れ盤構造となっており，そのため豪雨の際に泥岩部において流れ盤すべりがしばしば起こる．〈松倉公憲〉
[文献] 高橋健一 (1975) 日南海岸青島の「波状岩」の形成機構：地理学評論，48，43-62．

ミランコビッチ・サイクル Milankovitch cycle　地球軌道要素のうち，①歳差運動，②地軸の傾斜角，③公転軌道の離心率の変化により地球が受ける日射の量・分布が変動する周期．旧ユーゴスラビアのミランコビッチが1940年代初頭に計算結果を発表し，氷期の原因に関連づけたことに由来．長く注目されなかったが，その後の研究で解明された第四紀気候変化からその正しさが再認識された．各要素の周期は約2.3万年（歳差），約4.1万年（地軸傾斜），約10万年（離心率）で，10万年周期は氷期-間氷期サイクル*に一致する．堆積物から得た酸素同位体比変化曲線をミランコビッチ曲線で同調し，年代を求めることがある．これを地球軌道要素年代やSPECMAP年代，天文学的年代（orbitally tuned age）という．　⇨地球軌道要素編年　〈苅谷愛彦〉
[文献] 安成哲三・柏谷健二編 (1992)「地球環境変動とミランコヴィッチ・サイクル」，古今書院．

ミランコビッチとけい　ミランコビッチ時計 Milankovitch clock　⇨地球軌道要素編年

ミロナイト mylonite　⇨マイロナイト

ミンデルひょうき　ミンデル氷期 Mindel glaciation　⇨アルプスの氷河作用

ミンデル-リスかんぴょうき　ミンデル-リス間氷期 Mindel-Riss interglacial　⇨アルプスの氷河作用

ムア moor 泥炭地のこと．鉱物質栄養性，降水栄養性にかかわらず，厚い泥炭層のある場所を指す．イングランドでは，標高の高いツツジ科の灌木に覆われた土地を意味する．⇨湿地 〈松倉公憲〉

ムーラン moulin 氷河表面で発生した融解水が集まって氷河内部へ流れ込む深い縦穴．直径は2〜3 m，深さは20〜30 mに達することがある．ムーランの底は氷河内部の水脈などにつながっており，融解水は最終的には氷河底面に達する．
〈松元高峰〉

むきかがくじゅんかん　無機化学循環 inorganic chemical cycle　海水中の Na, Ca, C, O_2, SO_4 などの無機化学物質（原子や分子）が海水とともに大気中に飛散・浮遊し，やがて雨となって地表に降り，川を通って海に戻るという様式で行われる地圏・気圏・水圏での無機化学物質の循環を指す．水循環に伴って行われる原子や分子の比較的速い循環を指すことが多い．この循環過程で，化学物質は化学反応などによって岩石や鉱物となり，地殻中に固定されて循環系から外れたり，逆に岩石の分解・溶解によって循環系に戻ったりする．無機化学物質の地殻内部や表層での循環を指す地球化学循環*とは概念上区別される． 〈大森博雄〉

[文献] 大森博雄ほか編（2005）「自然環境の評価と育成」，東京大学出版会．

むきかんきょう　無機環境 abiotic environment, inorganic environment　人類の生存や生活に影響を与える上で発現する地形・気候・水・土壌などの無機的要素の機能や条件を指す．環境*を'生物環境*：biotic environment'と'無機環境：abiotic environment'に大別したときの一つで，地表の傾斜や起伏，日射や降水量，水量や水質，土壌構造や土壌化学成分などの主として無機的要素が'人類（人間）の生存や生活に与える影響や条件'を指す．環境の概念には，'主体の生存や生活に好ましい影響を及ぼすか，好ましくない影響を及ぼすか'という'影響に関する評価'が内包され，無機環境の検討においては，無機的要素の実態把握だけでなく，人類の生存や生活に対する'善し・悪し'の影響の評価や，生活・産業・文化との関係の吟味が含まれる．なお，無機環境は，'生物の生存や生活に対して無機的要素が与える条件'や'岩石や氷河，あるいは降雨などの無機物体が形成されるための地形や気候などの無機的要素の条件'などを指すことも多く，これらの場合にも必然的に，'主体の存在や形成に好ましい影響を及ぼすか，好ましくない影響を及ぼすか'の評価が含まれている．また，人工環境や文化環境などをさらに生物環境と無機環境に分けた場合などには，建物や道路などの人造物が無機環境として扱われる．
〈大森博雄〉

[文献] 大森博雄ほか編（2005）「自然環境の評価と育成」，東京大学出版会．

むげんちょうしゃめん　無限長斜面 infinite slope　斜面にほぼ並行な浅い深度で，長い剪断破壊面が生じているような場合を想定すると，その斜面は破壊の深度に比較して"無限に長い"と考えてよいので，このような斜面を無限長斜面という．無限長斜面の安定解析は，最もシンプルな斜面安定解析の一つである． 〈松倉公憲〉

むさしのめん　武蔵野面 Musashino surface　東京都の武蔵野台地の表面の河成段丘面で，3段（上位からM1, M2およびM3）に細分され，いずれも西から東に低下している．それらの段丘堆積物は，いずれも層厚約5 mで，多摩川起源であり，武蔵野礫層と総称され，武蔵野ローム以新の関東ローム*に被覆されている．段丘面の形成期は武蔵野期と総称され，約6万〜10万年前と考えられている．最も広い上位面（M1）は分布地の西端から東方に緩傾斜し，同心円的等高線で示され，扇状地状の形態をもち，かつ段丘礫層も約5 m以下と薄いので，その起源は堆積性の沖積扇状地というより侵食扇状地*の可能性がある． 〈鈴木隆介〉

[文献] 貝塚爽平ほか編（2000）「日本の地形，4，関東・伊豆小笠原」，東京大学出版会．

むさしのれきそう　武蔵野礫層　Musashino gravel bed　武蔵野台地において最も広く分布し，武蔵野ローム層とともに武蔵野面をつくる．上部更新統の，多摩川起源の河成礫層で，層厚は約5m．ただし，武蔵野面は数段に細分されているので，武蔵野礫層のすべてが同一層準ではない．〈松倉公憲〉

むじゅうかせん　無従河川　insequent river, inconsequent river　地質構造や地表の全般的な傾斜と無関係な方向に流下する河川．無従河流とも．無従河川の形成した河谷を無従谷という．⇨対接峰面異常，必従河川，適従河川，逆従河川〈久保純子〉

むじゅうかりゅう　無従河流　insequent stream　⇨無従河川，適従河流（図）

むじゅうこく　無従谷　insequent valley　⇨無従河川

むしょくこうぶつ　無色鉱物　colorless mineral　有色鉱物に対する用語で，石英，長石，白雲母などの淡色の鉱物を指す．〈松倉公憲〉

むせいごう　無整合　disconformity　⇨傾斜不整合

むていいじりょくけい　無定位磁力計　astatic magnetometer　微小な磁場を測定する磁力計で岩石試料等の磁化を測定する場合に主に用いる．方位磁針のような小磁石は地球磁場方向を向く．これは，磁場中に置かれた磁石には，磁場と磁石の磁気モーメントの向きに応じた回転力が働き，回転力が0になる方向（磁場の方向）を向くまで方位磁針を回転させるからである．一方，無定位磁力計は，二つのほぼ同じ磁気モーメントをもった小磁石を1本の糸にある程度離して水平方向につるしたものである．無定位磁力計は，上下の小磁石の方向を互いに逆向きにすることによって，地球磁場や遠方からくる一様な磁場ノイズ中でも回転力を受けず，任意の方向を向くことができる．ここで，測定試料を片方の小磁石の近傍に置くと，この小磁石には回転力を与えるが，もう一方の小磁石は試料から離れているためほとんど回転力を受けない．このため，二つの小磁石は当初の釣り合いの方向からずれる．このずれの量（一方の小磁石の回転角度）は小磁石がもつ磁気モーメントと試料がつくる磁場によって決まるため，ずれの量を測ることにより試料がつくる磁場を測定することができる．この方法は1940年代にP. M. S. Blackettによって開発された．⇨地磁気の原因〈清水久芳〉

むとうがたせんかくす　無島型尖角州　cuspate spit without island　⇨尖角岬

むのうかせん　無能河川　underfit stream　谷底の広さに比べて流量が少ない河川．過小河川＊と同義．河川争奪により上流側を奪われて流量が少なくなった下流側の截頭河川や，谷床の砂礫堆積物が厚くなり大部分が伏流して表面流量が減少した川などである．それらの河川が流れる谷を無能谷という．過大河川と合わせて不適合河川ともいう．⇨河川争奪，不適合河川〈田中眞吾〉

むのうこく　無能谷　underfit valley　⇨無能河川

むりんねちけい　無輪廻地形　acyclic landscape　侵食基準面が連続的に変化して形成された交差角の小さな交差準平原地形を指す．地殻変動の休止期（侵食基準面の停滞期）に地形変化系列が進む輪廻（monocycleやpolycycle）に対して，地殻変動の進行中に準平原化が連続的に進む状態を指して，Birot (1958) やKlein (1959) が使い始めた用語とされる．例えば，パリ盆地およびその周縁部に広がる交差角が小さな交差準平原を，R. J. Chorley (1957) は，輪廻の境界が規模的に小さいために生じた交差準平原であるとして，多輪廻地形と区別して，多生的地形（surface polygénique）とした．一方，Klein (1959) は，山地の継続的な隆起と盆地の継続的な沈降によって連続的に形成された交差準平原であり，輪廻の交替が識別されないことから，無輪廻地形（surface acyclique）とよんだ．無輪廻地形は，緩やかな曲動が行われる地塊において隆起部の削剥地形と沈降部の堆積地形が連動して形成され，隆起部や交差部の削剥面はリグラデーション面（再均化面：surface de regradation），沈後部の対比層の堆積面はアグラデーション面（増均化面：surface d'aggradation）とよばれる．⇨多輪廻地形〈大森博雄〉

[文献] Birot, P. (1958) *Morphologie structurale*, Presses Univ. Fr. / Klein, C. (1997) *Du polycyclisme à l'acyclisme en géomorphologie*, Ed. Ophrys.

ムルデンタール　Muldental（独）　⇨盆状谷，河谷横断形の類型（図）

むろそうぐん　牟婁層群　Muro group　紀伊半島の南部に分布する古第三系～下部中新統の海成層で，泥岩・砂岩・砂岩泥岩互層などからなる．四万十帯に属するフリッシュ堆積物．層厚1万m．著しく複褶曲し，急峻な山地を構成しているため，崩落や地すべりが多発する．〈松倉公憲〉

むろどうひょうき　室堂氷期　Murodo glaciation　⇨日本の氷期

むろとたいふう　室戸台風　Typhoon Muroto　1934年9月21日室戸岬付近に上陸（中心気圧911 hPa，史上最低），神戸・大阪間に午前8時頃（児童登校後）再上陸し，関西地方を中心に死者・行方不明3,036人の被害を出した台風．大阪湾では満潮はやや過ぎていたが，高波は2～4 mに達した．死者はこの高波に呑み込まれたり，あるいは大型の木造建築物（校舎など）の崩壊によるものが目立った．
⇨台風　〈野上道男〉

むろとはんとうそうぐん　室戸半島層群　Murotohanto group　四国南東部，室戸岬北方地域に分布する始新統．砂岩・頁岩のフリッシュ型互層を主とし，褶曲・断裂がはなはだしい．北から相互に断層で接する大山岬層（3,100 m厚），室戸層（4,100 m厚），奈半利川層（5,300 m厚）に区分される．
〈松倉公憲〉

メアンダー meander ⇨蛇行

メアンダースクロール meander scroll ⇨蛇行州

めいおうせい 冥王星 Pluto 太陽系外縁天体の一つで，準惑星に属する．直径2,390km，平均密度約 2.1 g/cm^3 で，氷と岩石の混じり合った天体と考えられる．太陽からの平均距離は 39.5400 天文単位（5.9151×10^9 km），であるが，近日点距離 29.6945 天文単位（4.4422×10^9 km），遠日点距離 49.3855 天文単位（7.3880×10^9 km）の著しい楕円軌道をもつ．また，軌道傾斜角も，17.145°（対黄道面）と大きい．1930 年，米国の天文学者 C. Tombaugh が発見，太陽系第 9 惑星と認定されてきた．しかし，その性質と軌道の特異性から，他の主要 8 惑星とは異質の天体と考えられるようになった．2007 年国際天文学連合（IAU）の新定義によって，太陽系外縁天体の仲間で準惑星の一つと定められた．　⇨惑星，エッジワース・カイパーベルト天体，太陽系外縁天体　　　　　　　　　〈小森長生〉

めいざん 名山 symbolic mountain, famous mountain 日常語としては，名高い山，立派な姿や風格をそなえた山．文化史的には伝説や信仰などと関係した，様々な象徴性をもった山が名山として認識されてきた．カイラス山（ヒンズー教と仏教の聖山），中国の五岳（泰山，華山，衡山，恒山，嵩山），シナイ山（モーゼの十戒の山），日本の象徴ともみなされる富士山と，それにちなんだ各地の○○富士などである．ある地域を代表する高い山，美しい山，郷土感覚が共有できる象徴的な山など，名山になる基準は様々で，時代につれて基準も変化する．現在は，登山者の立場から作家で登山家の深田久弥が選んだ「日本百名山」に人気がある．　　　　〈岩田修二〉

めいじさんりくじしんつなみ 明治三陸地震津波 Meiji Sanriku earthquake tsunami 1896 年（明治 29）6 月 15 日 19 時 32 分に釜石の東方約 200 km の沖合で発生した地震（M 7.2）による津波．明治三陸津波ともいう．この地震は揺れの割には大規模な津波を引き起こした，いわゆる津波地震*であり，日本海溝周辺で発生したゆっくりとした断層運動に起因すると考えられている．津波マグニチュード M_t は 8.6．津波の第 1 波は地震発生後 30〜40 分で三陸沿岸に到達した．周期は約 6 分で，波高は最初の 2, 3 波が大きく徐々に減少した．岩手，宮城，青森の三県において死亡・行方不明者約 22,000 人，家屋の流出・全壊約 9,000 戸という大災害をもたらした．津波の最大の遡上高さは，岩手県綾里湾奥の白浜（水合）で 38.2 m に達した．　⇨津波災害
〈砂村継夫〉

めいしょう 名勝 place of scenic beauty 日常語では，景色のよい土地のこと．名勝地ともいう．法律や行政では，国と地方公共団体が指定したものをいう．国指定の名勝は，文化庁（文部科学省の外局）所管の文化財（国宝・重要文化財，重要無形文化財，民俗文化財，史跡，名勝，天然記念物，選定保存技術など）の一つで文化財保護法によって保護されている．庭園，橋梁，峡谷，海浜，山岳等の名勝地で，わが国にとって芸術上または鑑賞上価値の高いものとされている．名勝のなかで特に重要なものは特別名勝に指定されている（2014 年 4 月 1 日現在 36 件が特別名勝に指定）．特別名勝には，十和田湖および奥入瀬渓流（青森県・秋田県），上高地（長野県），虹の松原（佐賀県），富士山（山梨県・静岡県），名勝には，気比の松原（福井県），川平湾および於茂登岳（沖縄県）などの地形景観がある．小石川後楽園（東京都），兼六園（石川県）〈いずれも特別名勝〉，姨捨（田毎の月）（長野県）〈名勝〉などの人工物も含まれる．地方公共団体指定の名勝とは，国の指定から漏れたものに対して地方公共団体が指定して，保存および活用のため必要な措置を講ずるものである．　　　　　　　　　〈岩田修二〉

めいもくこうど 名目高度【地形面の】 nominal altitude (of geomorphic surface) 地形面（例：海成段丘面）が被覆物質（例：火山灰，砂丘砂，崖錐堆積物，沖積錐堆積物）に覆われている場合に，そ

れらの上面の高度，つまり現実の高度である．地形面の高度から地殻変動を吟味する場合には，被覆物質の基底が示す地形面の実質高度が重要である．⇒実質高度，地形物質の被覆物質，地形物質の整形物質，段丘の随伴地形（図） 〈柳田 誠〉
[文献] 鈴木隆介（2000）「建設技術者のための地形図読図入門」，第3巻，古今書院．

めいもくちょっけい　名目直径　nominal diameter　⇒粒径

めいもくへいきんけいしゃ　名目平均傾斜【斜面の】　nominal mean angle (of slope)　複式斜面の斜面長を斜面高で除した値で，斜面縦断形の屈曲の度合を考慮した傾斜．⇒斜面の寸法（表）〈鶴飼貴昭〉

メーサ　mesa　⇒メサ

メガカスプ　mega-cusps　海浜が堆積過程にあるときに規則的に屈曲する三日月型バーが発達する場合や，直線状のバーがリップチャネルによって断続的に分断される場合（不連続砂州）があるが，これらのバーの形態に調和的に対応して汀線形状が規則的に屈曲する地形．前者の場合はバーが沖側に突出する部分に，後者の場合はリップチャネルの部分に対応して汀線が湾入する．波長は短いもので100m弱，長いものでは数百mになる．巨大カスプ（giant cusps）や大カスプ（large cusps）と同義．⇒砂浜海岸（図） 〈武田一郎〉
[文献] 武田一郎・砂村継夫（1984）砂浜海岸の堆積過程における汀線形状―メガカスプについて―：第31回海岸工学講演会論文集, 335-339.

メガリス　megalith　岩石の密度の圧力依存性などに基づいて，Ringwood and Irifune（1988）は上部マントル中を沈み込んだ海洋プレートが緻密な下部マントルを突破できず，マントル遷移層/下部マントル境界（670 km深）の遷移層側に冷たくて粘性の高い状態で停滞していると推定した．これをメガリス説とよぶ．一方，日本付近の地震波トモグラフィーからマントル遷移層の底に周辺よりP波速度の早い領域が広く分布するのが見い出された．このことは沈み込んだ海洋プレートがマントル遷移層の底に滞留している証拠と解釈され，メガリスの存在を証拠立てるものと考えられている．これはスタグナント・スラブ（stagnant slab）と名づけられ，国際的に通用する用語となっている．しかし，千島弧，フィリピン島，中米，北アメリカなどの沈み込み帯では，海洋プレートがマントル遷移層/下部マントル境界を突破して緻密な下部マントル底まで届いているトモグラフィー結果も発見されており，状況は場所によって異なっている可能性がある．⇒プルームテクトニクス 〈西田泰典〉
[文献] Ringwood, A. E. and Irifune, T. (1988) Nature of the 650-km seismic discontinuity: implications for mantle dynamics and differentiation: Nature, 331, 131-136. /Fukao Y. et al. (1992) Subducting slabs stagnant in the mantle transition zone: J. Geophys. Res., 97 (B4), 4809-4822. /鳥海光弘ほか編（1997）岩波講座「地球惑星科学」，10巻，岩波書店．

メガリップル　mega-ripple　河流，潮流，海流などによって形成される砂床形*の一つで，波長が通常60 cm（1 mという研究者もいる）を超える規模の波状地形をいう．サンドウェーブ*よりも小規模． 〈砂村継夫〉

メキシコわんりゅう　メキシコ湾流　Gulf Stream　⇒湾流

メサ　mesa, table top mountain　削剥高原および地層階段，稀にケスタ，溶岩流原，火砕流台地の一部が河谷の発達によって分離して，卓状になった台地をいう．メーサとも．頂部はほぼ水平の強抵抗性岩（例：溶岩，溶結凝灰岩，礫岩）で構成された小起伏面で，その周囲の急崖の中腹以下は弱抵抗性岩で構成されている（例：群馬県三峰山，香川県五色台，大分県万年山）．⇒ケスタ，削剥高原
〈鈴木隆介〉

メソイデン　Mesoiden（独）　中生代後期以降の造山運動（アルプス造山運動など）によって形成された新期造山帯の山地を指す．新褶曲山脈，新山系，新期山地ともいう．Kober（1921）が世界の地殻・山地を時代ごとに分類した山地の一つで，アルプス-ヒマラヤ造山帯や環太平洋造山帯の山地を指し，現在みられる世界の大山脈が相当する．
〈大森博雄〉
[文献] 辻村太郎（1933）「新考地形学」，第2巻，古今書院. /Kober, L. (1921) Der Bau der Erde, Gebrüder Borntraeger.

メソスフェア　mesosphere　地球の深部に向かって，リソスフェア，アセノスフェアに続き，それらより下のマントルをいう．⇒地球の内部構造
〈西田泰典〉

メディアルモレーン　medial moraine, median moraine　⇒モレーン

メニスカス　meniscus　⇒毛管上昇

メラニックインデックス　melanic index（MI）　アルカリ（NaOH）溶液で抽出した腐植物質を吸光度計で450 nm/520 nmを求めた数値をいう．MI値とも．MI≦1.7であると腐植化度の高いA型腐植酸に対応し，黒ボク土層*（A層）の判定に利用される．現在，世界土壌資源照合基準（WRB, 2000）の

melanic層の判定基準（MI≦1.7）になっている．腐植酸の形態分析は煩雑で個人誤差がでやすいため，腐植*の性状を判定する簡易法として利用される． 〈細野 衛〉

［文献］本名俊正・山本定博（1992）腐植の簡易分析法．日本土壌肥料学会編「土壌構成成分解析法」，博友社．

メラピがたかさいりゅう　メラピ型火砕流　Merapi-type pyroclastic flow　流動中の溶岩流や生長中の溶岩ドームの縁辺部などが崩壊して生じる火砕流．メラピ火山（インドネシア，ジャワ島）の1930年の噴火などで生じた火砕流の発生機構が名称の由来．一般に小型で，熱雲とよばれることもある．雲仙普賢岳の噴火（1990〜95年）で生じた多数の火砕流はこの型． ⇨火砕流 〈横山勝三〉

メランジュ　mélange　2万4,000分の1縮尺かそれより小縮尺の地図上に描ける大きさで，地層としての連続性がなく，構造的に破断変形した細粒の基質中に大小様々な岩塊を含む構造を有する地質体である（Raymond, 1984）．メランジェともいう．英国ウェールズに分布する構造運動で破砕された地質体に対して最初に記載用語として使用された．北米西岸のフランシスカン層群のメランジュが有名だが，日本の付加体*にも広く分布している．プレートの収束域で形成される岩相の代表として認識され，その成因について，堆積作用（海底地すべり），構造性運動（海洋プレートの沈み込みに伴う），ダイアピル（泥ダイアピル）などが考えられている．海洋プレートの沈み込みによって形成される付加体中の代表的な地質体であり，日本に広く分布している．日本の多くのメランジュは，チャートや石灰岩，玄武岩，砂岩，泥岩からなる雑多な混在相の地質体で，海洋プレート層序と称される地層群の破断変形で形成されたと考えられている．フランシスカン層群などでは，これらの岩石以外に高圧型変成岩が異地性岩体として含まれており，その混合過程については諸説がある． 〈脇田浩二〉

［文献］Raymond, L. A. ed. (1984) *Melanges*, Geo. Soc. Amer. Spec. Paper, 198.

メルカトルずほう　メルカトル図法　Mercator's projection　地図投影法のうち正角図法の一つ．標準的には，経線を等間隔の平行な直線，緯線をそれに直交する直線とする．本来，緯度が高くなるにつれ短くなる緯線間隔を常に赤道と同じ長さに拡大して表現するため，経線の長さも緯度に応じて拡大し，正角図法としている．このため高緯度地方の面積が著しく拡大され，極は無限遠の位置となって表現できない．方位角が正しく表現されるため，航海時の舵取りに好都合で，海図などに使われている． ⇨地図投影法 〈熊木洋太〉

メルトアウト　melt out　氷河内部に取り込まれていた岩屑が氷河の融解によって氷体外に解放される現象．ティルの堆積プロセスの一種． 〈岩崎正吾〉

メルトアウトティル　melt-out till　⇨ティル

メルトンのほうそく　メルトンの法則　Melton's law　谷密度を量的に表す指標の水路頻度F_sと排水密度D_dとの間に認められる関係，すなわち：
$$F_s = 0.694 D_d^2$$
をいう．ここに，
$$F_s は \sum_{\omega=1}^{\Omega} N_\omega / A_\Omega,\ および\ D_d は \sum_{\omega=1}^{\Omega} N_\omega \bar{L}_\omega / A_\Omega$$
であり，N_ωはω次の水路数，$\bar{L}_\omega$はω次の平均水路長，A_ΩはΩ次の流域の面積である．この関係はMelton (1958)が指摘したもので，ホートンの法則では説明不能な，異なる多くの流域間でも成り立つ関係であることから，メルトンの法則またはメルトン則とよばれている．この両者の関係は詳しくみると，流域の谷壁斜面の傾斜角により，また流域の水路次数により変化している． ⇨水路頻度，谷密度，排水密度 〈山本 博・德永英二〉

［文献］Melton, M. A. (1958) Geometric properties of mature drainage systems and their representation in an E^4 phase space : J. Geol., 66, 35-54.

めんえきせい　免疫性【崩壊の】　immunity (against slope failure)　小出（1955）が最初に提唱した概念で，降雨により崩壊が多発した地域は，同じような降雨に見舞われても崩壊しにくいことを，病気に対する人体の免疫性になぞらえてよんだもの．ただし，崩壊の免疫性には有効期間があり，時間の経過とともに風化による土層厚の増加などの素因の変化に伴って斜面が不安定化するために免疫性が切れ，降雨によって崩壊する条件がそろうことになる．また，免疫性には，個々の斜面（すなわち同一の斜面）を対象とした狭義の免疫性と，流域などを対象とする広義の免疫性とがある．これは斜面変化に関する風化限定*の発想であり，着想としては広く賛同されているが，免疫性の有効期間に関する有意義な定量的データは極めて少ない． 〈松倉公憲〉

［文献］小出 博（1955）「山崩れ：応用地質II」，古今書院．

めんじょうさくはく　面状削剥　planation　⇨平坦化作用

めんせきかんすう　面積関数　area function　流域への降水とそこからの出水に関係する流域記述子

(basin descriptor). 流出口から流程に沿って測ったある地点までの距離 x にある単位となる面素の総数で決まる. すなわち, 面積関数 $A(x)$ は流出口からの距離 x から $x+dx$ の間にある区域の面積で与えられる. 面素の面積を $1\,\mathrm{m}^2$ とした場合, $A(x)$ の単位は $\mathrm{m}^2\mathrm{m}^{-1}$ となる. もう一つの流域記述子である幅関数と違って, 水路および斜面上のすべての面素が対象となる. DEM を用いる場合, 面素の数をピクセル数で与えてもよい. x と $A(x)$ の関係はグラフで表すと1本の線で描かれる. 面積関数によって二次元面に投影された流域の形はグラフとして線の形に変換される. この関数を用いて降水のパターンとハイドログラフの関係に流域の形状がどのように介在するかといった研究がなされている. ⇨ 幅関数 〈徳永英二〉

[文献] Lashermes, B. and Foufoula-Georgiou, E. (2007) Area and width functions of river networks: New results on multifractal properties: Water Resour. Res. **43**, W09405.

めんせきこうどきょくせん　面積高度曲線 hypsographic curve, area-altitude curve, absolute hypsometric curve　流域の高度分布を解析するために作成される曲線の一つで, 高度帯ごと(例: 50 m ごと)の面積を計測し, 高所から低所への面積累加値を横軸に, 高度を縦軸にして描いた曲線であり, 流域の平均的な縦断形を示す. 〈鈴木隆介〉

[文献] 高山茂美 (1974)「河川地形」, 共立出版.

めんせきこうどひきょくせん　面積高度比曲線 hypsometric curve　流域の高度分布を解析するために作成される曲線の一つで, 縦軸に流域全体の高度差(H)に対する任意の高度(h)の比(h/H)をとり, 横軸に流域の全面積(A)に対する任意の高度(h)以上(または以下)の面積(a)の比(a/A)をとって描いた曲線である. 両軸が無次元量で, かつ平均的な縦断形を意味するので, 流域間の侵食階梯の比較に用いられる. ヒプソメトリック曲線とよばれることも多い. 〈鈴木隆介〉

[文献] 高山茂美 (1974)「河川地形」, 共立出版.

メンディップ mendip　小起伏(多くは準平原)の古期岩体が沈水し, 新しい堆積物に被覆された後, 隆起し, 被覆層が削剥された結果, 露出・突出した古期岩体からなる丘陵状の地形を指す. Davis (1912) が剥離地形につけたモーバン (morvan), メンディップ, ケスタ (cuesta) などの一連の地形名の一つで, 典型例のイギリス・ブリストル海峡南岸の Mendip Hills にちなんで名づけられた. 再生山地* の一種で, 露出した古期岩体からなる丘陵の周囲には新しい堆積物(被覆層)が広がっているので, 層序的には内座層* (inlier) となるが, 背斜の冠部が侵食されて内座層となったものとは意味合いが異なる. 小起伏の古期岩体は結晶質岩石や褶曲構造をもつ古生山地(パレイデン)が準平原化したもので, 被覆層は中生代後期以降の地層, 隆起した地塊(山地)は新古生山地(ネオパレイデン)であることが多い. なお, 古期岩体の縁辺部のみが沈水し, 被覆された後, 傾動隆起した山地では, 新旧の準平原が交差する交差準平原* が形成されることが多い. 交差部の陸側には二面の準平原が, 海側には隆起後に形成された新しい準平原とその下位に古期岩体の埋没準平原が存在する. この埋没準平原となっていた古期岩体が交差部に沿って帯状に露出するとモーバンが形成される. メンディップとモーバンは"被覆されていた小起伏の古期岩体が露出した地形"という意味で, 同種の地形である. 微妙な違いがあるが, "モーバンの事例は多いがメンディップの事例は多くはなく, 'メンディップ'は最近ではあまり使われない"といわれる. ⇨ モーバン 〈大森博雄〉

[文献] Davis, W. M. (1912) A geographical pilgrimage from Ireland to Italy: Ann. Assoc. Amer. Geogr., **2**, 73-100.

めんてきさくはく　面的削剥 planation　⇨ 平坦化作用

めんてきひょうしょくさよう　面的氷食作用 areal scouring　ドラムリン* や羊背岩などの氷河侵食地形は, しばしば一定の範囲からなる平坦地に集合的に発達する. これらを形成した氷食作用をマクロ的に総称して面的氷食作用とよぶ. 集合体を認識するには, おおむね 1 km 以上のスケールが必要である. ドラムリンや羊背岩には, さらに小スケールの侵食地形がスーパーインポーズしている場合も多く, これらの累重関係も概念的に含む. 個々の地形の形成には磨耗やプラッキングなどの個別の侵食作用が働いていることはいうまでもないが, 面的な集合体の様相は, 基盤岩の組織や氷体底面の温度分布など, 侵食場の空間的な環境条件を反映していると考えることができる. 〈澤柿教伸〉

めんもうこうぞう　綿毛構造 flocculent structure　粘土粒子の凝集形態の一つで, あたかもトランプのカードがランダムに組み合わされた, いわゆるカードハウス構造の状態に相当する構造をいう. 綿毛化構造とも. 粘土粒子は薄片状をなし, その表面は負に, 端面は正に帯電しているが, 粘土粒子が相互に付着する場合, 表面と端面が吸着水を介して付着することに起因する. 河川水に懸濁物質分散

(ブラウン運動)して運搬されてきた微細粘土粒子が,河口で海水中に入ると,海水の塩分がいわば触媒作用として作用することから表面と端面の吸着作用が盛んになり,粘土粒子群の凝集を促進させるが,このようなときに生じやすい.綿毛構造を形成した粘土の凝集体は重くなり堆積しやすくなる.このような作用は,河口のデルタ上や近海の海底に粘土が堆積する要因の一つと考えられている.

〈松倉公憲〉

も

もうかんじょうしょう　毛管上昇　capillary rise　液体中に細い管（毛管）の一端を浸すと，液体は毛管内を上昇し液面より高くなる．これを毛管上昇という．液体の表面張力と，液体と管壁の間に生じる粘着力（接触角）によって生じるもので，毛管内の液面が凹曲面（メニスカス）となり，水の重力とバランスして静止する．地下水面より上の土壌層へも毛管上昇で水が移動し毛管水帯が形成される．
〈池田隆司〉

もうかんすい　毛管水　capillary water　土壌水はその保水形態から，土粒子表面，間隙などによる土壌と水の結合の強さにより，結合水（吸湿水，膨潤水），毛管水（懸垂水）および重力水に分類される．このうち，とくに作物の生育上からみた分類として重要な土壌水分の範囲として，永久しおれ点（pF 4.2）～圃場容水量（pF 1.8）を有効水分といい，土壌の保水性の良否を評価し，この範囲の土壌水分が毛管水である．毛管水は土壌間隙中に毛管力により保持された水で，重力に対し残存し植物に有効な水分である．なお，pF 2.7～3.0で毛管水が途切れやすく，水の移動が止まるので（毛管連絡切断含水量），一般に pF 3.0～1.8の範囲が実用上の有効水分として考えられている．毛管水は飽和毛管水と不飽和毛管水に分けられる．飽和毛管水は，地下水や地表水などの自由水面の水と水理学的連続性があり，毛管力により土壌間隙中に保持される．なお，飽和毛管水には，毛管水帯支持水や毛管水縁などの別名も使用される．不飽和毛管水は，粒子接点近傍における接合部集積水など，間隙中に孤立して保持され，水理学的連続性がない毛管水である．⇨土壌水分，pF値，しおれ含水量
〈駒村正治〉

もうこく　盲谷　blind valley　河流がある地点で消失する河谷であり，カルスト台地に発達する（例：山口県秋芳洞三角田川の下流部）．尻無谷*の一種であるが，差別用語を含むので，ほとんど使用されない．⇨尻無川
〈鈴木隆介〉

もうじょうえるぐ　網状エルグ　reticulate erg　⇨網状砂丘

もうじょうかせん　網状河川　braided river　⇨網状流路．

もうじょうかどう　網状河道　braided channel　⇨網状流路

もうじょうさきゅう　網状砂丘　dune network, reticulate dune　複数の方向からの風を受け，風食と堆積の両作用を受けて形成された魚網状の砂丘．アクレ*とも．数百m幅の砂丘のない空間と比高10～20mの砂丘が網状に広がる．大規模なものは網状エルグとよばれる．
〈成瀬敏郎〉

もうじょうど　網状土　sorted net　⇨構造土

もうじょうど　網状度【河川の】　braiding index　網状河川における網状の程度を表す指標．網状流示数とも．網状度が高い流路は，低水時に水流が分流と合流を数多く繰り返している状態である．網状度の計測法（定義）はいくつかあるが次の3種に大別される．①結節点網状度（B_n）：単位区間内における流路の結節点（node）または枝路（link）の数（N_n），②中州網状度（B_b）：単位区間内の中州の数

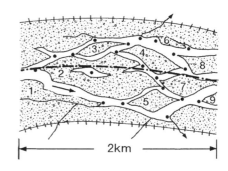

図　河川網状度の定義図（鈴木，1998）
流路内に記入した黒点を結節点とする．河川敷内の池沼は1点と数える．ただし，合流点または分岐点での水面幅より短い支流・派川状の湾入は結節点としない．河川敷外への派川の派出点は結節点とするが，河川敷外からの支流の合流点は含めない．この定義図の例では，N_n = 20，N_b = 9であり，L_m = 2 kmとすると，B_n = 10/km，B_b = 4.5/kmである．

(N_b)，③流路長網状度：単位区間長に対する全枝路長の比．網状度は地形図の縮尺・精度で異なるので，河川間や同じ河川における時間的変化を比較する場合には縮尺を統一する．また，短期間の現地調査や空中写真を用いる場合には河川流量の変化にも注意を要する． 〈小松陽介〉

[文献] 鈴木隆介 (1998)「建設技術者のための地形図読図入門」，第2巻，古今書院．

もうじょうぶんきりゅうろ　網状分岐流路 anastomosing channel　典型的には迂曲した幾筋もの分流路が，分岐と合流を繰り返す流路形態．流路間に挟まれた川中島には植生があり，まれに冠水するものの安定している．有機物を多く含む凝集性の高い物質で河岸が構成されるため，河道の幅は深さの10倍以下であることが多く，深くて幅の狭い断面形をもつ．河床勾配は極めて緩く掃流砂礫量が少ない．流路が徐々に側方へ移動することは稀で，出水時の急激な流路移動 (avulsion) により分岐河道が形成される． 〈小玉芳敬〉

もうじょうりゅう　網状流 braided stream　急勾配で掃流物質*が多い河川で生じる流れが分散，収束をくり返す水流のこと．水流の分散部分に中州が形成される．中州は複数列できることもあり，複列砂礫堆ともよばれる．低水時には流路が分岐，合流をくり返して網目状の平面形をもつ．このような流路を網状流路とよび，網状流路からなる河川を網状河川とよぶ．高水時には州は水没して1本の河道となる．分岐した流路がその後合流することがないものは分岐流路とよばれる．州の多くは移動し，水流の分散部分，収束部分の位置も移動する．砂床河川や比較的に細粒の礫床河川の場合は，河床堆積物が全面的に移動することにともなって，州が下流へ移動する．一方，粒径の大きい礫床河川の場合には，分岐した流路に砂礫が流れ込んで閉塞し，上流側へ向かって州が発達して州が移動するとともに，流路も位置を変える．河床堆積物の粒径は変化に富んでいて，放棄された流路の凹地を埋めるシルト～粘土から，活発に移動している州にみられる礫までさまざまである． ⇨流路形態，網状度，網状流路 〈島津　弘〉

[文献] Richards, K. (1982) *Rivers: Form and Process in Alluvial Channels*, Methuen.

もうじょうりゅうろ　網状流路 braided channel　沖積河道の形態の一つ．低水時にいくつかの中州*によって流路が分岐や合流をくり返したため，網目状の平面形状をもつ流路．網状河道とも．この状態の河川を網状河川という．一般に交互州もともなう．水深は一般的に浅い．流路の形態は流れの状態によって異なり，高水時には大部分の交互州や中州が水没して1本の流路となる．流送土砂のうち掃流土砂の比率が高く，一般に河床堆積物の粒径が大きく，礫である．また河床勾配，流量変動が大きく，蛇行流路*などより不安定な流路である．しかし，砂床河川*においても舌状州 (linguoid bar) が形成されて網目状の流路を呈する場合がある．扇状地上の河川，融氷水流による河川，U字谷底を流れる河川などに多くみられる．したがって，網状流路堆積物はこのような網状流路の形成過程によって多様である． ⇨流路形態 (図)，網状度 〈島津　弘〉

[文献] Schumm, S. A. (1985) Patterns of alluvial rivers : Ann. Rev. Earth and Planetary Sciences, 13, 5-27.

もうじょうりゅうろあとち　網状流路跡地 abandoned braided channel　扇状地などを流れる河川（網状流路）の跡地．砂礫堆にみられる水路の部分が流路の移動などによって本川の流れから放棄されて離水したもの．扇状地面に広く分布する． 〈海津正倫〉

もうじょうりゅうろたいせきぶつ　網状流路堆積物 braided channel sediment　⇨網状流路

モースこうどけい　モース硬度計 Mohs scale of hardness　鉱物の硬さを評定するために，標準となる10種の鉱物で定められた基準．鉱物どうしを引っかき合うことにより評定する．定性的であるが簡便なのでよく用いられている．硬さを柔らかい順に1から10の数字で表す．硬度1から10の鉱物はそれぞれ，滑石，石膏，方解石，蛍石，燐灰石，正長石，石英，黄玉（トパズ），鋼玉（コランダム），ダイヤモンド．Friedrich Mohs (1773-1839) により提唱された． 〈長瀬敏郎〉

モート　moat　⇨周縁凹地

モーバン　morvan　小起伏の古期岩体が沈水し，新しい地層に被覆された後，曲隆あるいは傾動隆起し，被覆層が削剥されて，古期岩体の一部が露出した小起伏の地形を指す．モルバンとも．Davis (1912a, b) が剥離地形に名づけたモーバン，メンディップ (mendip)，ケスタ (cuesta) などの一連の地形の一つで，フランス中央高原北部の Morvan 地域にちなんで名づけられた．実際は，交差準平原の交差部の海側において，新しい地層に被覆されていた埋没準平原が露出し，剥離準平原となっている地形を指すことが多い．すなわち準平原化した古期岩体の縁辺部が沈水して新しい地層に被覆された後，傾

動隆起した山地では，古期岩体の古い準平原（デービスの old land：旧地）と新たな侵食基準面に対応して形成された新しい準平原が交差する交差準平原が形成される．交差部の海側には，被覆層とその下位に古期岩体の埋没準平原が存在する．交差部の海側において，被覆層が削剥されて露出した古期岩体の埋没準平原（小起伏地形）をモーバンという．モーバンは硬岩からできているので，周辺より急傾斜な斜面帯となることが多く，内陸から海に向かって，モーバンを横切って流れる河川の多くは，モーバンの部分で瀑布（滝や急流）となる．古典的で有名なものは，W. M. Davis（1889）が指摘し，後に D. W. Johnson（1931）によって再説明されたアメリカ東岸のアパラチア山脈東麓のモーバンである．これはペルム紀〜ジュラ紀に形成されたフォールゾーン（Fall zone）準平原と白亜紀後期〜古第三紀初期に形成されたスクーリー（Schooley）準平原が交差し，結晶質岩石からなる古期岩体のフォールゾーン準平原の一部がアパラチア山麓に沿って帯状に露出し滝線*（瀑帯）を形成している．滝線に沿って水力を利用した工業都市（滝線都市）が発展した．なお，小起伏の古期岩体は結晶質岩石や褶曲構造をもつ古生山地（パレイデン）が準平原化したもの，被覆層（新しい地層）は中生代後期〜新生代初期の地層，また隆起した地塊（山地）は新古生山地（ネオパレイデン）であることが多い．古期岩体全体が新しい地層に被覆され，その後の隆起，削剥によって露出した古期岩体（モーバン）がドーム状の地形で，周囲を被覆層（新しい地層）に囲まれている場合はデービスがメンディップ（mendip）とよんだ丘陵地形になる．また，モーバンやメンディップの外側（海側）に分布している緩く傾いた新しい地層群は硬軟の地層からなる場合が多く，長期の削剥によって幾列もの非対称山稜の地形（層階地形：Schichtstufen）が形成されることが多い．この傾いた硬軟の地層を反映した非対称山稜の地形をデービスはケスタ（cuesta）とよんだ．　⇒交差準平原，メンディップ
〈大森博雄〉

［文献］辻村太郎（1933）「新考地形学」，第2巻，古今書院．／Davis, W. M.（1912a）A geographical pilgrimage from Ireland to Italy：Ann. Assoc. Amer. Geogr., 2, 73-100.／Davis, W. M.（1912b）Relation of geography to geology：Geol. Soc. Amer. Bull., 23, 93-124.

モール・クーロンのはかいきじゅん　モール・クーロンの破壊基準 Mohr-Coulomb's failure criterion　いくつかの異なる応力のもとで土や岩石の三軸圧縮試験*を行い，得られた破壊時のモールの応力円*群に対して描かれた包絡線の式をモールの破壊基準とよぶ．特に包絡線が直線のときはクーロンの摩擦則（クーロンの式）と一致するので，これをモール・クーロンの破壊基準という．この基準は中間主応力の影響が考慮されてはいないが，その影響は小さく，実用的には大きな問題はないとされている．　⇒剪断強度
〈松倉公憲〉

モールトラック mole track　沖積平野の水田や湿地などの軟弱な地層からなる低地に断層が出現すると，巨大なモグラ（mole）の通り道のような地変がみられることがある．濃尾地震の際に現れた根尾谷断層で最初に 小藤文次郎* Koto, B.（1893）が記載・図示した．また，こうした畝状の凸形態をした地変線を鋤先様の形態（plough-share-like appearance）とも表現している．以降の地震断層でも横ずれが卓越した低地面で多く観察され，亀裂を伴った膨上がりの小地形が連なることが日本でも外国でも多く報告されている．
〈岡田篤正〉

モールのおうりょくえん　モールの応力円 Mohr's stress circle　物体に外力が作用する場合，その物体内の任意の角度をもつ面における垂直応力と剪断応力の関係を図式的に表現したもの．両者の関係が，最大主応力と最小主応力の差を直径とする円上で表されることから，その円を，考案者の名前であるモールにちなんでモール円あるいはモールの応力円とよぶ．　⇒応力
〈松倉公憲〉

［文献］松倉公憲（2008）「山崩れ・地すべりの力学：地形プロセス学入門」，筑波大学出版会．

もぎのかいひんがた　茂木の海浜型 Mogi's beach type　わが国において恒常的に発達している海浜地形を，その縦断形に基づいて茂木（1963）が行ったタイプ分け．顕著な凹凸のない平滑海岸，棚状の平坦部を有する棚状海岸，沿岸砂州の発達しているバー海岸に大別し，平滑海岸を海底勾配の大小により急斜海岸と緩斜海岸，バー海岸を砂州の個数により1段バー海岸と多段バー海岸とに分類した．
〈砂村継夫〉

［文献］茂木昭夫（1963）日本の海浜型について：地理学評論，36, 245-266.

もくせいけい　木星系 Jovian system　木星には全部で63個の衛星がみつかっており，中でもサイズが特に大きい四つの衛星（木星に近い順からイオ，エウロパ，ガニメデ，カリスト）を発見者の名を冠してガリレオ衛星とよぶ．最も内側を回るイオ（半径1,821 km）には表面全体に激しい火山活動があり，珪酸塩岩石を主とする溶岩流や，硫黄やナト

リウム，カリウムなどを含む噴煙を出している．火山の他にも，融けた硫黄の湖や深さ数kmにおよぶカルデラや巨大な溶岩流，火山ではない普通の山などの様々な地形がみられる．逆に衝突クレーターは全くなく，表面が活発に更新されていることを示している．こうした活発な活動の要因は，木星との強い潮汐力によってイオ全体に大きな摩擦熱が生じているためと考えられている．

エウロパはイオの外側，木星から約42万kmの軌道を約3.5日で公転しており，ガリレオ衛星の中で最も小さい（半径1,565km）．主にH_2Oの氷からなる表面は反射率が非常に高く（約64%），また極めて多様な地形に覆われている．亀裂や断層運動によってつくられた「リニア」とよばれる線状構造や，表面が局所的に崩れた外見をもつ「カオス」などの地形ユニットが複雑に入り交じっている．衝突クレーターも存在するが，数は非常に少なく，クレーターのサイズ–個数関係から推定される表面年代は数千万年程度と新しい．またエウロパは，様々な観測結果の解釈から内部に大きな液体水の海をもつ可能性が強く，重要な探査対象の一つである．衛星イオと同様に，木星から受ける潮汐力がエウロパ内部を暖め，液体層を保持する重要な熱源になっているためと考えられている．

ガニメデは木星最大にして太陽系最大の衛星であり，水星をも上回る大きさをもつ（半径約2,630 km）．しかし質量は水星の半分以下で平均密度も$1.94\,g/cm^3$と小さく，H_2Oを多量にもつことを示している．ガニメデ表面で最も大きな特徴は，反射率の高い明るい地域と暗い地域とに二分できる点である．明るい地域には衝突クレーターが比較的少ない代わりに，幾重にも走るしわ状の地溝帯が卓越している．この構造は既存の地形を引き裂いて形成していることから，表面が引張りの力を受けたようである．すなわち引っ張られた表面の氷が連続した正断層を形成することで，隆起した領域（地塁）と相対的に沈下した細い凹地（地溝）とが交互に走る構造を作り出したと考えられている．一方の暗い地域にはこうした構造はみられず，おびただしいクレーターで覆われている．明るい地域の年代は約20億年程度と推定されているのに対し，暗い地域はほぼガニメデ形成当時の年代に相当するほど古い．

ガリレオ衛星の中で最も外側を回るカリストは，ガニメデよりやや小さいが水星とほぼ同じ半径をもつ巨大な衛星である．カリストには他の3衛星にみられるような地形学的特徴がほとんどなく，衝突クレーターが埋め尽くしているだけである．クレーターの中には直径1,800kmを越える巨大なものもあり，中心から同心円状の多重リング構造をもっている．また，カリストの表面の反射率が他の衛星に比べて非常に低いことも大きな特徴である．H_2Oの氷が主成分であることは他衛星と同じだが，氷の中に鉄やマグネシウムなどの不純物が混ざっていたり，不純物のダストが表面を覆っていることなどが表面の暗さを作り出しているようである．局所的にみられる白く明るい斑点は，比較的最近にできた衝突クレーターが不純物の少ないH_2O氷を露出させたためである．⇒氷衛星 〈木村 淳〉

もくそく 目測 eye estimation 計測機器を用いず目分量で距離，高さ，角度などの量を推測すること．目測による推定値をそのまま定量的な計測値として用いることはできないが，経験を積めばかなり正確に推測ができるようになることから，計測の補助的な手段とすることが望ましい． 〈宇根 寛〉

モゴーテ mogote 石灰岩の地域において溶食作用と流水の作用の結果，切り立つ急傾斜で凸地形がそそり立つ．キューバのビニアレスには多くの比高50～80mの残丘状の凸地形がそそり立ち，これをスペイン語由来のモゴーテとよぶ．このモゴーテの壁面では何段かの洞窟（洞穴）が形成されたことがわかり，地下水面の相対的低下のあったことを示す．現在の地表の河川の排水は，モゴーテの底部のポノールから地下水系へ流入している．⇒ヘイスタック，ペピノ，ティトヒル 〈漆原和子〉

もしきだんめんず 模式断面図 schematic profile ⇒地質断面図

もしきち 模式地 type locality 層序単元を認定し命名する場合，その層序単元や境界が定義された場所．塊状火成岩体や変成岩体の場合は，その層序単元が最初に定義・命名された場所． 〈天野一男〉

モゾール mosor ⇒源地残丘

もちあがり 持ち上がり heave 霜柱の成長および土層中での霜柱状氷層・レンズ状氷層・氷層の成長によって岩屑・土層の一部が斜面に垂直な上方に持ち上がる現象．凍上*（frost heaving）とも．霜柱が溶けると岩屑は重力で鉛直下方に定着（settling）するので，斜面表層物質が斜面下方に匍行する．凍土中の氷層が融解するとき，場合によっては定着だけではなく融氷水と土壌・岩屑の混合体がソリフラクション（solifluction）・ジェリフラクション（gelifluction）となって流動する．⇒匍行，凍土，ソリフラクション，ジェリフラクション 〈鈴木隆介〉

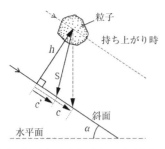

図 岩屑の持ち上がり(h)と定着(S)による匍行(c)
(鈴木，2000)

[文献] 鈴木隆介(2000)「建設技術者のための地形図読図入門」，第3巻，古今書院．

もどりながれ　戻り流れ return flow　波動に起因する浅海域の沖向き流れ．実際の海岸では砕波帯を横切って特定の場所から集中して沖に向かう流れ（離岸流*）や砕波帯の底面に沿う沖向きの流れ（底層流*）をいう．2次元造波水路の中では中層から上層にかけて生じる沖向きの流れなどがある．
〈砂村継夫〉

モナドノック monadnock　準平原上に取り残された高まりである残丘を指す．Davis (1895) が，侵食による低下が周辺より遅れて，準平原上に突出した高まりを指すために，典型例であるアメリカ・ニューイングランド地方南部（ニューハンプシャー州）の Mt. Monadnock にちなんで名づけた地形名．デービスがモナドノックの地形名を提案した時期には，侵食輪廻説は提示されておらず，また周辺よりも侵食が遅れて高まりとなる地形はもっぱら硬岩のためと考えていたので，特に硬岩残丘という認識はなかった．その後，侵食輪廻 (geographical cycle: W. M. Davis, 1899) が提示され，また A. Penck (1900) により分水界に形成される源地残丘 (mosor) が提唱され，残丘，および硬岩残丘が明確に意識されるようになり，モナドノックは硬岩残丘を指す言葉としても使われるようになった．しかし monadnock は，特にアメリカでは現在でも，残丘の総称として使われることが多い．　⇨硬岩残丘，残丘
〈大森博雄〉

[文献] Davis, W. M. (1912) *Die erklärende Beschreibung der Landformen*, B. G. Teubner (水山高幸・守田　優訳 (1969) 地形の説明的記載，大明堂)．/ Strahler, A. N. (1969) *Physical Geography* (3rd ed.), John Wiley and Sons.

もにわそう　茂庭層 Moniwa formation　仙台市南西方の茂庭付近に分布する中部中新統の海成層．礫岩・砂岩よりなる．層厚は20〜80 m．
〈松倉公憲〉

モバイルジーアイエス　モバイルGIS mobile GIS　GIS*の機能をモバイル・コンピューティングで活用し，屋外において地理情報の収集，入力を可能とするシステム．モバイル・コンピュータ，通信用インターフェース，GPS，GISエンジンを構成要素としている．
〈青木賢人〉

モホめん　モホ面 Mohorovičić's discontinuity　⇨モホロビチッチ不連続面

モホロビチッチふれんぞくめん　モホロビチッチ不連続面 Mohorovičić's discontinuity　旧ユーゴスラビアの Mohorovičić が，地震P波の走時曲線に折れ曲がりがあることから地下数十kmの深さに速度が急に速くなる層の存在を推定した．その後，世界各地で同様な観測結果が得られるようになったため，この境界面の存在は確立し，モホロビチッチ不連続面（略してモホ面）とよばれるようになった．この面は地殻とマントルの境界を示している．
〈西田泰典〉

もみじやまそう　紅葉山層 Momijiyama formation　北海道夕張地域に分布する下部漸新統の海成層．下部は緑灰色の砂岩よりなり，上部は砂質頁岩に砂岩・頁岩を挟む．層厚は420 m．
〈松倉公憲〉

もや　靄 mist　⇨霧

モラッセ molasse　造山運動*の後期において，隆起した山地から供給された多量の砕屑物からなる厚い堆積物．アルプス山脈の内部および北部に形成された厚い堆積物がその代表で，浅海から陸成の様々な環境で形成された厚い堆積物で，礫岩や砂岩などの粗粒堆積物に富み，側方への岩相変化が激しい．
〈脇田浩二〉

もり　森 mountain　⇨山

もりおか-しらかわせん　盛岡-白河線 Morioka-Shirakawa line　東北日本の地形・地質構造を東西両側に大区分する構造線*であり，北上川と阿武隈川にほぼ沿う低地帯を走っている．主として第三系で構成される奥羽山脈の東縁に沿って逆断層列が分布し，東側の北上山地と阿武隈山地は古い岩石で構成されている．東日本火山帯の火山フロント*が並走している．　⇨日本の地質構造，中央低地帯
〈鈴木隆介〉

もりど　盛土 embankment　地盤*上に，道路，河川，鉄道，宅地などの各種構造物を造るために，人工的に土もしくは岩砕などを盛りたてる行為，あるいは盛り上げられた土や岩砕をいう．
〈南部光広〉

もりどのりめん　盛土法面 slope of embankment 盛土*して造られた道路（道路盛土），宅地（宅地盛土）や河川堤防の斜面部分をいう．宅地造成地などに存在する宅地内の勾配を有している道路面などは盛土法面とはよばない．個々の宅地を区分けする斜面は法面とよび，そのうち盛土よりなるところは盛土法面とよぶ．〈南部光広〉

もりやそう　守屋層 Moriya formation　長野県諏訪湖南西側の糸魚川-静岡構造線の西側（フォッサマグナの外側）に分布する下部～中部中新統．下半部は礫岩・砂岩・泥岩を主とし，上半部はデイサイト質火砕岩を主とする．全体の厚さは 2,000 m 以上に達する．杖突峠の北方斜面などで地すべりを生じさせている．⇨内村層　〈三田村宗樹〉

モルバン　morvan　⇨モーバン

モレーン　moraine　現成氷河の縁辺部や氷河表面に集積した岩屑，および解氷後にそれらが形成する堆積地形．フランス語圏アルプスで使用されていた用語が，18世紀後半から学術用語として使用されるようになった．訳語は堆石．元々は，非常に広い意味で用いられ，氷河によって運搬されている岩屑層自体（例えば氷河上モレーン，表面堆石，surface moraine, supraglacial moraine；氷河内モレーン，inner moraine, englacial moraine など）やそれを起源とする堆積物，およびそれらがつくる堆積地形全般に使用されてきた．しかし，近年では運搬中の岩屑には氷河上岩屑（supraglacial debris）・氷河内岩屑（englacial debris）・氷河底部岩屑（basal debris）・氷河下岩屑（subglacial debris）が，最終的な堆積物には ティル*（till）がそれぞれ用いられている．氷河上岩屑の集積した状態を示す用語として，アブレーションモレーン（ablation moraine），氷河上モレーン原（supraglacial moraine field），ラテラルモレーン（lateral moraine），メディアルモレーン（medial moraine）は現在も頻繁に使用される．日本では，モレーン（主に地形）とティル（堆積物）の共通の訳語として堆石（氷堆石）が用いられてきたが，混乱を避けるためにも堆石はモレーンの訳語として限定的に使用すべきである．

堆積地形としてのモレーンは，それを形成した氷河との位置関係から，氷河末端に形成されるターミナルモレーン（端堆石，terminal moraine；エンドモレーン，終堆石，end moraine），溢流氷河・山岳氷河の側方に形成されるラテラルモレーン（側方モレーン；側堆石，lateral moraine；サイドモレーン，side moraine），谷氷河（溢流氷河）の合流点でラテラルモレーンが合流して生じるメディアルモレーン（中央モレーン，中央堆石，medial moraine），氷河底であった場所にティルがシート状に堆積して形成されるグラウンドモレーン（底堆石，ground moraine）などに区分される．ターミナルモレーン・ラテラルモレーンは明瞭な稜線をもつ堤防状の地形を呈するため，堆石堤（端堆石堤，終堆石堤，

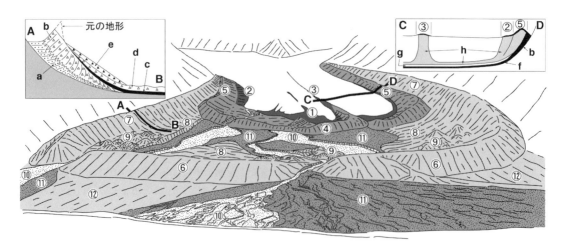

図　モレーン（長谷川原図）
1-3．氷河表面岩屑（1．氷河表面モレーン　2．氷河表面ラテラルモレーン　3．氷河表面メディアルモレーン）　4．氷核ターミナルモレーン　5．氷核ラテラルモレーン　6．ターミナルモレーン（ダンプモレーン）　7．ラテラルモレーン（ダンプモレーン）　8．グラウンドモレーン　9．ハンモッキーモレーン　10．現在のアウトウォッシュ面　11．氷核モレーンと同時期のアウトウォッシュ面　12．モレーンと同時期のアウトウォッシュ面　a．融氷流水堆積物　b．ダンプモレーンを構成する氷河表面ティル　c．氷河底ティル　d．氷河表面ティル　e．崖錐　f．氷河底変形層　g．底部岩屑氷　h．底部・側方・中央岩屑隔壁

側堆石堤）の語もよく用いられる．高緯度地域の氷河縁辺部には，小氷期に形成された顕著なターミナル・ラテラルモレーンが認められるが，それらの多くは内部に溶け残った氷の核をもつ氷核モレーン（ice-cored moraine）である．氷期に大規模な谷氷河の発達した地域では，下流端にターミナルモレーンを伴う盆地（氷舌盆地）が形成されることがある．

モレーンの形成プロセスに着目した区分名称としては，氷河によって運搬された岩屑がその末端や側方に融出して集積したダンプモレーン，氷河の前進に伴って氷河前面の融氷流水堆積物などが押しのけられて（buldorzing）形成されるプッシュモレーン，衰退中の氷河の年周期の小前進に伴って形成される年次モレーン（annual moraine, yearly moraine）などがある．厚い氷河上岩屑の存在する氷河では，氷河融解時に生じる岩屑の再移動に伴い，不規則な表面形態を呈するハンモッキーモレーン（ハンモック堆石：hummocky moraine）が形成される．また，氷河が水域に流入し，末端部が浮氷舌となっている場合には，接地線に沿って高まり（ド・イェールモレーン）が形成される．圧縮流の生じている場所で氷河内に逆断層（剪断面，shear-plane）が形成されると，その基底部にモレーン状の高まりが形成されることがある．これをローゲンモレーン（Rogen moraine）とよぶ．ド・イェールモレーンとローゲンモレーンは，かつての氷舌端の位置を示す地形ではない点に注意が必要である．

モレーンの構成物質は主にティルからなるが，融氷流水堆積物を挟在することも多い．なかには，その大部分が融氷流水堆積物・土石流堆積物からなるターミナルモレーンも存在する．また，ダンプモレーンは，氷河表面から落下・滑動した岩屑からなるため，その堆積構造は，崖錐のそれと同様である．このように，氷河外縁に形成されるモレーンの形成プロセスは多様であり，複雑な層相・堆積構造を呈することが一般的である．〈長谷川裕彦〉

[文献] Benn, D. I. and Evans, D. J. A.（1998）*Glaciers and Glaciation*, Arnold. ／岩田修二（2011）「氷河地形学」，東京大学出版会．

モンスーン monsoon 一般的には季節風のこと．モンスーンという言葉は，アラビア語のマウシム（mausim, 季節を意味）からきており，アラビア海で季節的に交替する卓越風を意味した．また，インドや東南アジアでは，風系というよりも南西モンスーンによってもたらされる雨（雨季）を指していた．気候的には，①季節的に高い出現頻度をもち，②大気大循環場に対応する広い地理的空間を占め，③冬と夏で風向がほぼ正反対になる一対の卓越風と定義されている．モンスーンが卓越する地域をモンスーン気候帯といい，特に南アジア，東南アジア，日本を含む東アジアで著しく発達しており，モンスーンアジアともよばれている．近年，モンスーンに与える影響として，チベット高原の熱的役割や力学的役割，年々変動とENSO（エルニーニョ南方振動）との関連など，大気大循環*の季節変動ないし季節内変動の一環として研究が進んでいる．
〈山下脩二〉

モンスーンりん　モンスーン林 monsoon forest
⇨雨緑帯（うりょくたい）

もんぜんそう　門前層 Monzen formation 秋田県男鹿半島西部に分布する上部漸新統〜下部中新統の陸成層．主に溶岩と火砕岩からなり，礫岩・砂岩・泥岩を挟む．層厚は960 m．地すべり地形が多い．
〈松倉公憲〉

モンゾニがん　モンゾニ岩 monzonite 石英を含まず，カリ長石と斜長石がほぼ等量含まれる完晶質の深成岩．閃長岩と閃緑岩の中間に位置する．モンゾナイトとも．
〈松倉公憲〉

モンモリロナイト montmorillonite 凝灰岩の風化や熱水変質で形成される粘土鉱物*．層間に交換性陽イオンや水を含む．比表面積*が大きく著しい膨潤性をもつ．地すべり粘土の代表的なもの．ベントナイトはモンモリロナイトを主成分とする粘土で，ボーリング掘進用の泥水，鋳物砂型の結合剤，客土，増量剤などに使われる．
〈松倉公憲〉

や　谷　*ya*　丘陵・段丘の内部の谷で，幅の狭い谷底低地（支谷閉塞低地を含む）を伴うもの．谷津，谷戸なども同義．特に，その低地が低湿地の場合をいい，関東地方に多い地名（例：東京都の雑司が谷，四ツ谷，市ヶ谷）．〈鈴木隆介〉

ヤーマスかんぴょうき　ヤーマス間氷期　Yarmouth interglacial　⇨ローレンタイド氷床

やえやまそうぐん　八重山層群　Yaeyama group　琉球列島南部の西表島，与那国島および尖閣諸島に分布する下部・中部中新統の総称であり，砂岩を主体として礫岩・泥岩を伴う．石炭を挟むことから八重山夾炭層とよばれることもある．海底下では宮古島周辺域まで分布する．地層の変形の程度は小さく，西表島と与那国島では断層変位を伴う軽微な傾動により，ゆるく傾斜したケスタが発達する．⇨西表層　〈本山　功〉

やえやまつなみ　八重山津波　Yaeyama tsunami　1771年4月24日（明和8年3月10日）に八重山・宮古列島で犠牲者が1万人にも上る大きな津波被害が発生した．なかでも石垣島では人口の47%である約8,000人が死亡した．古文書に基づき同島では津波が海抜85 mに達したとされてきたが，最近の津波石（サンゴ起源の巨岩）の調査などからは最高30 m程度とされている．地震（M 7.4）の規模の割には津波が大きいことから，海底地すべりが関連しているとされてきたが，海底の地震痕跡は未発見である．最近，石垣島の東側を北西-南東に伸びる断層で発生した地震によるという説が提唱された．〈佐竹健治〉

やがいかんそく　野外観測　field measurement　⇨野外実験

やがいじっけん　野外実験　field experiment　種々の要因が複雑にからみ合っている自然現象（たとえば地形形成）のメカニズムを解明するために，主要な要因を人間が野外でコントロールして，すなわち条件を単純化して，その中で観察や計測を行うもの．地形学分野における野外実験は①営力，②物質，③境界条件をコントロールする実験に大別される．これに対して「野外観測」とは，野外で地形形成プロセスに関与する物理量や化学量をできるかぎり自然の営みを乱さずに計測することであり，これを野外実験とする誤用の例があるので注意を要する．⇨室内実験　〈松倉公憲〉

［文献］砂村継夫（1992）野外実験（field experiment）と野外観測（field measurement）：用語法の混乱：堆積学研究会報, 37, 97-99.

やがいじゅんけん　野外巡検　field excursion　指導者または案内者を中心に，野外に赴き実際に地形や露頭を見回りながら地形・地質について学習したり調べたり議論したりすること．単に巡検とも．大学の講義の一環として行われたり，学会や国際会議に付随して行われる．〈松倉公憲〉

やがいちょうさ　野外調査　field work, field study, field research　野外を踏査して，地形，地質，水文，植生，人文などの諸事象を観察・調査・記録し，種々の測量・観測・測定・試料採取などを現地で行う作業の総称である．室内調査の対語であり，現場調査とも．野外調査では地形図の読図*や空中写真判読*などの資料調査も野外で併用される．⇨室内調査　〈鈴木隆介〉

やがいどせい　野外土性　soil texture of field　土性*は本来，粒度分析に基づき判定する（表）．しかし，その分析は煩雑でしかも時間を要する．一方，野外土性は土壌断面調査時に小土塊を親指と人差し指の間でこねて，手触り（指の感触）によって砂，シルトや粘土の割合（土性）を判定する簡易法で，容易に短時間にできる利点がある．訓練用試料セットもあり，訓練すれば信頼度は高く，緻密度，可塑性，粘質性，風化程度，透水性などの推定試料として有効である．〈宇津川　徹〉

やきはた　焼畑　burning (shifting) cultivation　森林や原野を伐採して焼き払い，作物を一定期間栽培したのち，地力の回復を休閑地の自然植生の回復に依存する耕地．根粒菌をたずさえる二次林などに

表 野外土性の判定基準（目安）（日本ペドロジー学会, 2006）

判定方法	土　性
ほとんど砂（sand）ばかりで，粘り気をまったく感じない	砂土（S）
砂（sand）の感じが強く，粘り気はわずかしかない	砂壌土（SL）
ある程度の砂（sand）を感じ，粘り気もある	壌土（L）
砂と粘土（clay）が同じくらいに感じられる	
砂（sand）はあまり感じないが，サラサラした小麦粉のような感触がある	シルト質壌土（SiL）
わずかに砂（sand）を感じるが，かなり粘る	埴壌土（CL）
ほとんど砂（sand）を感じないで，よく粘る	軽埴土（LiC）
砂（sand）を感じないで，非常によく粘る	重埴土（HC）

よって地力の回復を図りながら，耕作地を移動させる粗放的な農法であり，その畑地をいう．焼畑は近年の熱帯林破壊の一因と指摘されているが，適正規模で十分な休閑期が保障できている限り，湿潤熱帯環境に適した合理的な食料生産システムであり，優れた面が少なくないとされる．焼畑の利点として，木灰生産による有効性カリウム，リンが付加される「灰添加効果」，土を焼くことによって有機態の窒素からアンモニア態窒素が直接生成される「焼土効果」，有機物の脱水，構造破壊によって微生物による分解を受けやすくなり，微生物によるアンモニア態窒素の生成を促進する「乾土効果」のほか「除草効果」などがあげられる． 〈渡邊眞紀子・髙岡貞夫〉

[文献] 荒木　茂（1998）焼畑・移動耕作の秘密—アフリカ・サバンナ帯を例として：佐久間敏雄・梅田安治編著「土の自然史—食料・生命・環境—」, 北海道大学図書刊行会.

やくどう　躍動　saltation　水底が砂や礫で構成されている河川や開水路における砂礫の輸送形態の一つ．跳躍・跳動ともよばれる．河床面から跳び上がった砂礫粒子が放物線状の軌跡をとりながら下流に移動する．躍動の出現条件やスケールは流速や粒子の大きさ，その比重，河床面の形状などに依存する． 〈中山恵介・安田浩保〉

[文献] 芦田和男（1985）流砂量の算定：吉川秀夫 編著「流砂の水理学」, 丸善.

やくもそう　八雲層　Yakumo formation　北海道南西部の中新統の標準層序に位置づけられる地層の一つ．黒松内低地帯に分布し，海成の硬質頁岩や泥岩を主とし，凝灰岩や砂岩を挟む．層厚 1,500 m．黒松内層とともに津軽海峡中軸部海底にその相当層が分布し，青函トンネル区間の 13% を占める．

津軽海峡中軸部の海底下にもその相当層が分布する．⇨黒松内層 〈三田村宗樹〉

やけい　野渓　torrent, wild river　荒廃渓流ともいい，砂防学の分野でよく使われる．流路延長が短く，急勾配な渓流で，流域の植生は乏しく，山地や渓岸崩壊に伴う土砂生産が多い．また，渓床には厚く不安定な土砂・砂礫が堆積し，平常時の河川水は伏流してみえない箇所（一時的な 水無川*）も多い．洪水の際には，渓床の堆積土砂が洗掘され，多量の土砂を下流に運搬する．荒廃した原因は様々で，自然的要因としては集中豪雨や地震，火山活動に伴う斜面崩壊や土石流，人為的要因としては，森林伐採や鉱山開発，戦争などがあげられる．⇨荒れ川 〈中村太士〉

やち　谷地　yachi, wet valley-floor, marsh, wetland　台地や丘陵を刻む谷底に形成された細長い低地に対する地域的な呼称．地形的には谷底堆積低地（特に支谷閉塞低地）である．台地を刻む谷の場合は急傾斜の谷壁をもつ谷底にあり，一般に軟弱な堆積物によって構成されている．臨海部に面した場所では後氷期の海進に伴って溺れ谷*となったところもあり，軟弱な地層が厚く堆積しているため，地震時の被害が大きくなる傾向がある．台地や丘陵が良好に発達する関東地方南部において顕著に発達するほか，東北地方などの山地・丘陵を刻む小谷の谷底でもみられる．谷津・谷戸などともよばれている．⇨谷底平野，谷 〈海津正倫・鈴木隆介〉

やちだがたきゅうりょう　谷地田型丘陵　linearly dissected hill　開析が進んで樹枝状や平行状の水系が発達した丘陵では，日本列島の多くの地域で，その狭い谷底面（関東平野の西半部では谷戸，東半部では谷津，東北地方などでは谷地とよばれる）が水田に利用されることが多かった．そこで，小出（1973）はこの型の丘陵を，棚田型丘陵と対照させて，谷地田型丘陵と呼んだ．谷津田型とも．砂礫質の半固結堆積岩・未固結堆積物や火砕流堆積物からなることが多く，地すべり地形があまり発達しない（例：宮城県富谷丘陵）．⇨棚田型丘陵 〈田村俊和〉

[文献] 小出　博（1973）「日本の国土—自然と開発」,（上），東京大学出版会.

やちぼうず　谷地坊主　yachi-bouzu　⇨アースハンモック，湿原

やちょう　野帳　field note　野外調査*で観察・調査・測定したすべての事項を記録するノート．フィールドノートとも．普通はポケットに入る程度の

大きさで，丈夫な厚手の表紙で，青色の罫線や方眼が印刷されたものが市販されている．野外調査中に紛失することもあるので，氏名・連絡先を明記し，また薄手のものがよい．野外調査の唯一の重要な記録であるから，調査後にコピーするのが望ましい．なお，野帳への記入はすべて非水性の鉛筆を用いる． 〈鈴木隆介〉

やつ　谷津　yatsu　⇨谷

やつおそう　八尾層　Yatsuo formation　富山県～石川県中部の丘陵に分布する中新統．北陸層群の中部層．上部層は泥岩を主とし一部で珪質．層厚は700 m．中・下部は岩相変化が大きく，礫岩・礫岩砂岩泥岩互層・砂岩泥岩互層・泥岩よりなる．酸性火山岩の部分は医王山層*ともよばれる．層厚は約1,000 m．泥岩および砂岩泥岩互層の分布域では地すべりが多発する． 〈松倉公憲〉

やと　谷戸　yato　⇨谷

やな　簗　yana　礫床河川に発達する，水深の小さい瀬と大きい淵という地形を巧く利用した，古くから伝わる漁法．おもに礫で構成される瀬の上に，魚道を狭めるように石や竹などで透水性のある柵を作り，瀬の下流部にその開口部を設ける．そこから淵にかけての領域の上部に，木や竹で作った簀子状の構造物をわずかに上流側に傾けて敷設する．構造物の上流端は水底の瀬の上に，下流側は水上にあるため，上流からきた魚はこの上に打ち上げられ，捕捉される．　⇨瀬［釣り用語］ 〈砂村継夫〉

やま　山　mountain　固体地球表面の突出部が山である．陸上だけではなく，海底にもある．成因からみると火山活動による山（火山は必ずしも山とは限らない）と非火山山地，人工の山とに区別される．山は，山麓線によって多少なりともまわりから区別される突起であることが要件である．山は絶対的な高さで定義されるものではなく，周囲の平坦地から一段と高くなっている立体である．山は尾根と谷の集合体であり，尾根線（稜線）と谷線（水線）をつなぐのが斜面であるので，山は斜面の集合体である．無数にある山の集合体を示す語として，山系・山脈・山地・山塊・高地・高原などの地形的特徴を示す語が用いられている．低くなだらかな（小起伏の）突起地形は丘陵とよばれるが，丘陵には平野に属するもの（丘陵台地または台地性丘陵）と，それより高い，山地に属す丘陵（山地性丘陵）とがある．これらの山の集合体の区別には，明白な定義はない．　地球規模でみると，陸上の山脈・山地の集合体（例：アンデス山脈），高原・山脈と盆地の集合体（例：チベット高原），海底の中央海嶺（例：大西洋中央海嶺など），大洋底から海上にそびえ立つ火山島（例：ハワイ島は海底から約9,000 m）とが最大級の山である．日常用語では，山は，地球表面の突起ばかりではなく，低地からみて少し高い部分（台地の縁など．例：東京の上野の山，愛宕山など）や，森林（例：関東平野の山地林も）を山というのは珍しくない．逆に，山や山頂を森というのは全国に例がある（例：東北地方と四国地方に多く，北上山地の高森 700 m など多数）．日本は山国であるから，「やま」を意味する日常語としての地形名称は無数にあり，その山形に合わせて様々な山のよび方がある．高く険しい山は「岳」「嶽」，尖った山頂をもつ山は「峯」「峰」「嶺」「塔」，山頂の丸い山は「丸」（例：兵庫県北部の高丸 1,089 m），烏帽子に似ているから「烏帽子」（例：九州山地南部の仰烏帽子 1,302 m），それが転じて「帽子」（例：日光の山王帽子 2,085 m），なめらかな山頂部をもつ山は「平」（例：八幡平など）などである．春国岱のように海岸の砂山を意味する「岱」（訓では「やま」と読む）が，八甲田の仙人岱，毛無岱，熊本県の小岱山などに使われている例もある．ある方向からみると富士山に似た形なので○○富士とよばれる山は日本に数千もあり，富士講による人造の富士塚*または○○富士とよばれる小丘もある．なお，平地に対して斜面を山ということもある．　⇨山地，丘陵，山岳，里山 〈岩田修二〉

やまいけ　山池　yamaike　⇨ため池

やまかじ　山火事　forest fire　山で発生する火事をいう．大規模な山火事は数日間から数ヵ月にわたって燃え続けるものもあり，広大な面積を焼失し，多大な被害をもたらす．北米やシベリアのツンドラ地帯，オーストラリアなどで大規模な山火事が多発している．落雷や火山の噴火，強風による樹木どうしの摩擦など自然発火によるものと，たばこやたき火，焼畑，放火など人間によるものとがある．自然発火の場合，森林更新の自然的サイクルの一断面ととらえる考え方があり，むやみに消火しない方がよいとされている．山火事のあとの山地斜面では，表面侵食・土壌流亡が活発化しやすいことが知られている． 〈山下脩二〉

やまかぜ　山風　mountain wind　山地で，夜間から早朝に斜面の上方あるいは谷の上流から吹きおろす弱い風（2 m/sec 程度以下）．重い冷気が重力で流れ出したもの．対語の谷風*よりは弱いが，農業・生活には影響が大きい． 〈野上道男〉

やまくずれ　山崩れ　landslip　⇨崩落

やまさき　なおまさ　山崎直方　Yamasaki, Naomasa（1870-1929）東京帝国大学地質学科卒業．小藤文次郎*の指導を受けた．同門に京都帝国大学地理学教室の創設者小川琢治（ノーベル物理学賞受賞者の湯川秀樹の父）がいる．ドイツ留学中にA.ペンク*の指導を受け，帰国後，東京師範学校教授．その後，東京帝国大学理科大学教授として1916年地質学教室の下に地理学教室を創設した．アメリカの地形学者 デービス*の侵食輪廻説*，ウェゲナーの大陸移動説*を日本に紹介した．また立山連峰にカール地形があることに着目し（山崎カール），気候変化（氷期）と地形の関係について課題を提起した．大正関東地震（1923年）後の1925年には日本地理学会を創設し，新しい学問分野「地理学」を確立させた．その後，地形学が地理学の一分野と位置づけられたのは「近代日本地理学の父」ともいえる山崎直方の選択ということになる．〈野上道男〉

やまじゃり　山砂利　mountain gravel　河岸段丘や海岸段丘の礫層，ならびに更新世以前に堆積した未固結の地層から採取された砂，礫，砂利．コンクリートなどの建築材料として利用されることが多く，河道や河川敷から採取された川砂利や，海岸や海底から採取された海砂利に対してよばれた用語．⇨山砂利層　〈田中里志〉

やまじゃりそう　山砂利層　mountain gravel bed　主に近畿・中国地方の山地の中腹や山頂に点在するかたちで分布する大礫〜中礫サイズの円礫〜亜円礫を主体とする礫層．層厚が100 mを超えるものも多く，その岩相の特徴から河川の作用で形成されたと考えられている．化石などの証拠に乏しく，風化が進み固結度が低いことから，これまで新第三紀鮮新世〜第四紀の地層と考えられてきたが，近年の放射性年代測定などによる研究から，古第三紀始新世〜漸新世の地層であるという見方が一般的になってきた．〈田中里志〉

やまずな　山砂　pit sand　丘陵や台地を構成する更新統の砂層から採取される砂質の土の総称．透水性が良く，締め固めが容易であるため，埋め戻しや盛土*の材料として，あるいはコンクリートの骨材として広く利用される．房総半島の鹿野山を構成する市宿層は山砂の好例．〈松倉公憲〉

やまつなみ　山津波　debris flow　土石流*のこと．昭和40年代に，それまでは学術用語として用いられていた土石流という用語が一般化するまでは，山潮，蛇抜，鉄砲水*などとともに土石流を指す用語として用いられていた（例：1923年大正関東地震の際の箱根火山東麓の根府川における大規模な土石流）．現在この用語が用いられることは少ない．〈諏訪　浩〉

[文献] 西本晴男（2006）土石流に関する表現方法の変遷についての一考察：砂防学会誌，59（1），39-48．

やまとかいぼん　大和海盆　Yamato Basin　隠岐諸島北東沖から秋田県西方沖にかけて北東〜南西方向に広がる海盆*．総延長は約500 km，中軸周辺の水深は2,500〜3,000 m程度．北東部で日本海盆と接する．〈岩淵　洋〉

やまとかいれい　大和海嶺　Yamato Ridge　能登半島の北西方沖約300〜400 kmに位置し，日本海盆*と大和海盆*を隔てる東西約300 km，南北約200 kmの海嶺．北東〜南西走向の大和トラフによって大和堆と北大和堆に分けられる．最浅部は大和堆南西部にあって水深236 m．〈岩淵　洋〉

やまなかしきかんにゅうこうどけい　山中式貫入硬度計　Yamanaka type cone penetrometer　野外において，土（あるいは土層）の強度を簡便に推定するための試験器．山中式土壌硬度計ともよばれる．高さ4 cm，底部の径が1.8 cm，頂部角度が約25°の圧入部（円錐部）とバネから構成されている．円錐（コーン）部を土層（土壌）断面に垂直に一定の深さまで押し込むが，そのとき円錐部の圧入に対する土の抵抗はバネの縮み（0〜40 mm）として計測される．このバネの縮み量を硬度に換算することができる．もとは土壌調査用に開発されたものであるが，火山灰土，マサ土，シラス，レス（黄土）などの軟らかい地形構成物質の硬さを調べるのに適していることから地形学分野においても使われる．また，強度の小さい風化岩石の強度の把握にも有効である．〈青木　久〉

やまなかしきどじょうこうどけい　山中式土壌硬度計　Yamanaka type cone penetrometer　⇨山中式貫入硬度計

やまのけわしさ　山の険しさ　dissection of relief　山地には険しい山地となだらかな山地とがある．険しさとは急峻さ，急傾斜面の多さのことである．日本列島の山地は険しさによって，急な山地，ゆるやかな山地，その中間の険しさの山地の三つに区分される．侵食輪廻説*での満壮年期的山地，幼年期的山地，両者の中間の山地の三つにあたる．山の険しさを定量的に評価する試みは古くから行われてきた．起伏量，平均傾斜，高度分散量などの地形量の計測である．最近では国土数値情報を用いて山地の

険しさの計測が試みられている．これまでの知見では，日本で最も険しい山地は飛騨山脈・木曽山脈・赤石山脈・日高山脈である．これらは，V字形の谷と逆V字形の山稜をもつ，比高1,000 m以上の非常に急な谷奥の斜面をもち，山地には山頂小起伏面も谷底平坦面も少なく，直線的な谷壁斜面だけで構成されている．次に急なのは，夕張山地や天子御坂山地のような最近の隆起量が大きい山地と，多雪山地の朝日・飯豊山地や越後山脈である．後者は，谷が深く，雪崩に磨かれた急峻な岩壁がある．険しい山のできる要因は，①侵食基準面からの高度が大きいこと（重力ポテンシャル＝比高が大きい），②隆起速度が大きいこと，③相対的に速い侵食速度をもつこと（隆起速度と侵食速度がバランスをとっている場合最も起伏が大きくなる），④氷河作用のような急斜面を多くつくる侵食プロセスが作用すること，⑤侵食に対する抵抗性の大きな岩石や，大きく割れるブロックを生じる地質が存在すること，などである．山地の周辺部では，局地的な比高が大きく，河川の侵食が激しいので，斜面は急になる．

〈岩田修二〉

やまはね　山跳ね　rock burst　トンネル工事や深い石切り場などで岩盤掘削時や掘削後に大きな爆発音とともに板状の岩片が壁面から飛び出してくる現象．岩盤中に蓄積された地山*のひずみエネルギーが掘削により急激に解放されたことによる．

〈吉田信之〉

やまひだ　山襞　fold of mountain slope, texture of mountain slope　山腹斜面がひだ（襞）のように波打ってみえることから使われる日常語．地形学的には，山腹斜面の縦断方向と横断方向の一方向または両方向における凹凸であり，斜面のなめらかさに対する粗度（roughness）のことである．例えば，尾根の縦断形が鋸歯状の場合や浅い谷が多くて斜面全体がなめらかでない場合を「山ひだが多い」とか「密である」という．つまり，山腹斜面のきめ（肌理・木目）に例えて，おおまかには「山ひだの粗・密」といわれる．山ひだの場所による違いは，谷密度，尾根と谷の大きさと横断面形，谷壁斜面の平均的傾斜・傾斜変化率，斜面凹凸度などで表現できると考えられる．これらは，山を構成する基盤岩石の地質構造（流れ盤と受け盤を含む）および岩石物性，特に強度・透水性や節理密度の差異を反映した差別侵食，風化物質の厚さなどの斜面構成物質の影響，流水侵食を制御する降雨程度，斜面下部の侵食様式と速度，斜面上の流水侵食とマスムーブメント（例：クリープ，落石，崩落，地すべり）の割合などに制約される．経験的には，強抵抗性岩*と弱抵抗性岩*の急傾斜した互層で構成される急峻な山地（例：千葉県鋸山）や，熱帯湿潤気候下の山地では山ひだは密であるが，透水性の大きい砂岩（例：千葉県鹿野山）・石灰岩（例：埼玉県武甲山）の山地では粗である．⇨谷密度，斜面凹凸度

〈岩田修二・鈴木隆介〉

やまむきしょうがい　山向き小崖　uphill-facing scarp　山腹斜面の中部または上部に発達し，水平方向に伸びる低い崖で，主尾根に向かって低下するものをいう．尾根向き小崖とも．二重山稜*や多重山稜に多くみられるが，逆向き低断層崖*の場合や尾根移動型地すべり*の地すべり堆の上端の斜面の場合もある．空中写真判読で検出可能な大きさのものから，判読が難しい小さいものもある．⇨活断層，サギング

〈松倉公憲〉

やよいじだい　弥生時代　Yayoi Period　日本の考古学時代区分の一つで，弥生式土器とよばれる土器によって特徴づけられる時代．従来の学説では，水田稲作が開始された紀元前5世紀頃から古墳の築造で特徴づけられる紀元後3世紀までの期間にあたる．近年，その開始年代については議論があり，紀元前10世紀まで遡る説もある．⇨歴史時代

〈朽津信明・有村　誠〉

やよいのしょうかいたい　弥生の小海退　small regression during the Yayoi Period　3,000～2,000年前頃に起こったと考えられている2～3 mの小規模な海面低下を指す．沖積平野における埋積浅谷の存在，浜堤平野*や海岸砂丘*の形成・停止期などから，その存在が推定されてきた．

〈堀　和明・斎藤文紀〉

ヤルダン　yardang　プラヤ堆積物のような柔らかい地層や硬い花崗岩など多種の露岩が風食を受けてできた地形．スウェン・ヘディンがトルキスタンに発達する湖成堆積物の風食地形を現地語のヤルダンとして紹介したのに始まる．ヤルダンは風上側に丸く，風下に向かって低くなる形をなすものが多く，その長軸は卓越風向に一致する．しばしば基部がくぼみ，上方が膨らみ，ちょうど人間の上半身や動物に似た形態を呈することがある．中国では竜堆ともよばれる．主に風食によって形成されるが，なかには過去の多雨時期における雨，露，流水，リルによる侵食作用がヤルダンの形成に寄与していることもある．

〈成瀬敏郎〉

ヤンガードリアスき　ヤンガードリアス期

Younger Dryas　⇨新ドリアス期

ヤングりつ　ヤング率　Young's modulus　縦弾性係数ともいう．伸縮しにくさの指標．一方向のみに引張りまたは圧縮の応力 σ を加えた場合の歪みを ε とすると，ヤング率 E は $E=\sigma/\varepsilon$．　〈飯田智之〉

ユアン　塬　loess flat upland　黄土高原にみられる地形で，黄土の平坦な堆積面を残した黄土台地で，四周を侵食谷の谷頭に蚕食されているもので侵食ステージの初期の地形をいう．中国語読みはyuánと表記する．ヤンとよばれることも．塬がさらに侵食されると，梁（リャン：liáng）とよばれる直線状に伸びるやや丸みを帯びた平頂尾根（黄土山稜とも）になる．さらに侵食がすすむと，峁（マオ：máo）とよばれる，饅頭のような楕円形あるいは円形の平面形をもつ丘（黄土円頂丘とも）となる．塬，梁，峁を，上記のように侵食過程の形態と解釈する説と，もともとの基盤地形に影響された地形とみる考えもある．⇨黄土地形　　　　　　　　〈松倉公憲〉

ゆういん　誘因　provoking cause　⇨素因［マスムーブメントの］

ゆういん　誘因【自然災害の】　trigger (of natural disaster)　普通には自然災害の直接的な原因となった個々の自然現象をいう．災害営力とほぼ同じ．⇨自然災害，素因［自然災害の］，災害営力，災害因子　　　　　　　　　　　　　〈鈴木隆介〉

［文献］京都大学防災研究所編（2001）「防災学ハンドブック」．朝倉書店．

ゆうえんおうち　有縁凹地　rimmed pool　潮間帯の波食棚上でみられる，高さ数cm程度までの高まりによって縁取られている凹地．その高まりはリム（raised rim, elevated rim）とよばれる．凹地の平面形は円状のものもあるが，岩盤表面に節理や断層などが存在する場合には，この割れ目に沿ってリムが形成されるため矩形のものが多い．リムの部分に鉄・シリカなどの化学成分が沈殿する結果，そこが硬化して，これがリム部の形成に関与すると従来考えられていたが，リム部と凹部における風化環境の差異がリムの形成に深く関係しているという考えも提唱されている．⇨波食棚，岩石海岸（図）

〈青木　久〉

［文献］青木　久・松倉公憲（2008）波食棚上の節理沿いに発達するリムの形成プロセス：地形，29, 387-397.

ゆうかいこ　融解湖　thaw lake　⇨サーモカルスト湖

ゆうかいしすう　融解指数　thawing index　0℃以上の日平均地表面温度（または気温）の年間積算値．積算暖度とも．永久凍土帯での活動層*の厚さの指標となる．　　　　　　　　〈松岡憲知〉

ゆうかいしんしょく　融解侵食　thermal erosion　永久凍土帯において，氷を多く含む堆積物が，部分的に融解することを起点に，流水による侵食と融解が相補的に進行するプロセス．地下氷分布の不均一性を反映することが多く，氷楔に沿った選択的な侵食などがその例である．⇨サーモカルスト

〈池田　敦〉

ゆうかいそう　融解層　thawed layer　⇨活動層

ゆうかいちんか　融解沈下　thaw consolidation, thaw settlement　凍土の融解と水分の排出に伴う地盤の沈下．凍上性の高い細粒土で大きい．凍上と融解沈下の繰り返しにより，様々な周氷河地形が発達する．最近，森林火災や気候温暖化に伴う永久凍土の融解沈下が問題になっている．⇨サーモカルスト　　　　　　　　　　　　　　〈松岡憲知〉

ゆうかいめん　融解面　thawing front　⇨季節凍土

ゆうかくとうしずほう　有角透視図法　angular perspective　⇨ブロックダイアグラム

ゆうきしつていち　有機質低地　organic plain　主として泥炭*やサンゴ礁*，マングローブ林などが顕著に分布する低地．湿地・湿原のほか，後背湿地，旧河道等における有機質堆積物の顕著な河成堆積低地，海岸域においてはマングローブ林の顕著に分布する泥質干潟やサンゴ礁によって構成されている浅海底離水した部分や低地も含まれる（例：釧路湿原）．⇨低地　　　　　　　　　　〈海津正倫〉

［文献］鈴木隆介（1998）「建設技術者のための地形図読図入門」．第2巻．古今書院．

ゆうぎは　有義波　significant wave　10分ないし20分間の連続した波浪記録を用い，波高の大き

いものから全体の波数の1/3の数までを選び出し，これらの波高およびそれに対応する周期の平均値に等しい波高と周期をもつ波．1/3最大波ともよばれる．有義波高と周期は，目視観測によって得られる波高と周期にほぼ等しいと考えられている．有義波高 $H_{1/3}$ と1/10最大波*の波高 $H_{1/10}$ ならびに平均波*の波高 H_{mean} との関係は，理論的に導かれており，それぞれ $H_{1/10}≈1.27 H_{1/3}$ と $H_{mean}≈0.625 H_{1/3}$ のようになる．最高波*の波高 H_{max} との関係は波数 N により，N が大きいときには $H_{max}/H_{1/3}≈1.07(\log_{10} N)^{1/2}$ となる．有義波周期 $T_{1/3}$ と最高波，1/10最大波ならびに平均波の周期との関係は $T_{1/3}≈T_{max}≈T_{1/10}≈1.2T_{mean}$ である．〈砂村継夫〉
［文献］堀川清司（1991）『新編海岸工学』，東京大学出版会．

ゆうきぶつ　有機物　organic matter　生物体によってつくり出された炭素化合物のことで，無機物の対語．土壌中に存在する有機物は，その発生源により動物質有機物（animal organic matter）と植物質有機物（plant organic matter）とに大別される．土中の有機物は分解が進むと腐植*に変わる．⇨有機物分解，堆積有機物層〈松倉公憲〉

ゆうきぶつぶんかい　有機物分解　decomposition of organic matter　陸上植物によって土壌に供給された有機物（リター）は，溶脱作用*（leaching），細片化（fragmentation），化学的変容（chemical alternation）によって分解していく．草本や葉などのリターは主に土壌動物によって細片化され比表面積を増すので微生物による分解をうけやすくなる．樹木の幹や枝などは粗大有機物（coarse woody debris）とよばれ，リグニン含量が高く窒素含量が少ない上に比表面積が小さいので分解を受けにくい．粗大有機物は褐色不朽菌や白色不朽菌などの糸状菌によって時間をかけて分解される．糸状菌は枝や葉などのリター分解でも主役である．溶脱や細片化で生成した水溶性有機物（DOM）や粒子状有機物（POM）は鉱質土壌に移動して土壌中で分解する．有機物は数カ月から数年をかけて分解してその大半は CO_2，水になるが，一部の有機物は難分解性有機物として土壌に蓄積する．この有機物分解は，陸上生態系において植物や微生物にとって必要な養分を供給する点で重要である．特に，窒素は有機物の分解速度に関係するとともに，アンモニア化成や硝化といった窒素の無機化速度は一次生産力（NPP）に深く関わるために，有機物の分解過程では窒素の動態も同時に研究されることが多い．有機物分解は地球規模の炭素循環の重要な地位を占めており，有機物の分解速度が気温や降水量などに関係することから，地球温暖化防止対策において現在盛んに研究が進められている．⇨腐植〈金子真司〉
［文献］Chapin, E. S. et al.（2002）*Principles of Terrestrial Ecosystem*, Springer.

ゆうげんしんぷくはりろん　有限振幅波理論　finite amplitude wave theory　波長に比べて波高が十分小さく，波高の影響を無視できるとして組立てられた微小振幅波理論*に対して，波高の影響を考慮しながら求めた波動理論をいう．理論の展開のしかたによって，ゲルストナーの波*・ストークスの波*・クノイド波*・孤立波*などの諸理論に分けられる．〈砂村継夫〉

ゆうこうおうりょく　有効応力　effective stress　間隙が水で満たされた地盤や斜面土層になんらかの力が加わったとき，力は土粒子と地中水に分かれて伝わるが，地中水にはもともと静水圧が働いているので，水が分担していた応力分だけ水圧があがる（これを過剰間隙水圧という）．したがって，土粒子が受け持つ伝達応力は，地中の全体の応力から過剰間隙水圧分を除いた応力となる．この応力を有効応力とよぶ．土の摩擦抵抗は，土粒子全体に働く応力で決まるので，水が分担した水圧の増加分は摩擦力に寄与せず，粒子間に働く応力だけが「有効」となるので，このようによばれる．〈松倉公憲〉

ゆうこうかんげきりつ　有効間隙率　effective porosity　岩石や土壌などの多孔質媒体中の間隙と，全容積との比を間隙率という．そのうち，重力による流体の運動が可能な連結した間隙の体積と，多孔質媒体の全容積の比を有効間隙率という．有効空隙率とも．地下水が流動する方向の断面において，単位面積あたりの流量を q，地下水の平均流速（実流速）を v_a とすると，有効間隙率 n_e は，$n_e=q/v_a$ で表される．比産出率は単位体積あたりの帯水層から重力によって産出される水体積の割合であり，有効間隙率と同義で用いられることが多い．⇨貯留係数〈池田隆司・三宅紀治〉

ゆうこうすいぶん　有効水分　available water　作物（あるいは植物）が根から吸収することができる土壌中の水分を意味し，圃場容水量からしおれ点（wilting point）までの範囲の土壌水分をいう．圃場容水量とは降雨後に重力排水が終了した時点の土壌水分量のことで，しおれ点とは植物が根から水分を吸収できずに枯死してしまうときの土壌水分量である．なお，しおれ点より前の生長阻害水分点までの

水分量のことを，特に生長有効水分または易有効水分（readily available water）ということもある．⇨pF値 〈浦野愼一〉

ゆうこうそうたいけいしゃしすう　有効相対傾斜示数【地層の】 effective relative-dip index (of strata)　地層の相対傾斜（γ）と斜面傾斜の二つのパラメータを用いて，岩盤斜面の安定領域を評価するための示数．有効相対傾斜示数（I_γ）は，① $0°\leqq\gamma<45°$ の場合に $I_\gamma=(90°-\gamma)/90°$，② $45°\leqq\gamma<90°$ の場合に $I_\gamma=\gamma/90°$，③ $90°\leqq\gamma<180°$ の場合には $I_\gamma=1$ で表示される．⇨相対傾斜，斜面分類（図） 〈石井孝行〉

[文献] Suzuki, T. and Nakanishi, A. (1990) Rates of decline of fluvial terrace scarps in the Chichibu basin, Japan : Trans. Japan. Geomorph. Union, 11, 117-149.

ゆうこうちゅう　有孔虫 foraminifera　単細胞の原生生物の一グループ．多くは石灰質（炭酸カルシウム）あるいは膠着質（砂質）の殻を有し，それらが化石として残る．カンブリア紀に出現し現在に至るまで，示準化石および示相化石として重要な微化石である．生活型により浮遊性有孔虫と底生有孔虫に分けられ，大きさにより小型有孔虫と大型有孔虫に分けられる．古生代の示準化石であるフズリナや，古第三紀の示準化石である貨幣石（かへいせき）は大型の底生有孔虫の一種である．浮遊性有孔虫は中生代ジュラ紀になって出現したとされる．有孔虫の炭酸カルシウム（$CaCO_3$）の殻は，生息時の海水の化学的性質を示す元素（C, O, Mg, Sr, Cd など）を含んでいることから，放射性炭素年代，酸素同位体比層序，ストロンチウム同位体比層序といった年代分析に利用されるほか，炭素同位体比，古水温，氷床量，栄養塩などの古環境の化学指標として，近年ますますその重要性が高まっている．⇨微化石，浮遊性微化石 〈本山　功〉

ユーじこく　U字谷 U-shaped valley　⇨氷食谷

ユーじさきゅう　U字砂丘 U-shaped dune　⇨放物線型砂丘

ゆうしょう　湧昇 upwelling　海水が下から上に上昇してくること．低緯度域では，東から西に向かう貿易風が吹き，表層では，コリオリの力＊のため北半球では北向き，南半球では南向きの海水輸送となるため，赤道域の表層の海水は北と南の両側に発散して広がることになり，それを補うために下層からの赤道湧昇（equatorial upwelling）が生じる．北半球の沿岸域で岸を左手に見て風が吹いた場合，風の応力とともにコリオリの力が流れに対して右向きに働くので，表層の海水は沖に向かって流れ出す傾向となり，その流出を補うため下層から低温の海水が表層に湧昇する．南半球では岸を右に見て風が吹いた場合に起きる．これを沿岸湧昇（coastal upwelling）といい，北米のカリフォルニア沿岸，ペルー沿岸域が有名． 〈小田巻　実〉

ゆうしょくこうぶつ　有色鉱物 dark mineral, dark-colored mineral　造岩鉱物を光の吸収の差で淡色と濃色のものに分けた場合に，後者のものをいう．黒雲母，角閃石，輝石，かんらん石，ざくろ石，スピネルなどが含まれる． 〈松倉公憲〉

ゆうすいでいたんち　湧水泥炭地 spring fen　湧水の周辺に形成される泥炭地．この泥炭地の泥炭は通常，中程度にあるいはよく有機物の分解が進んでいる． 〈松倉公憲〉

ユースタシー eustasy　全地球的な海水準の変化をいう．ユースタティックな海面変化ともいう．ユースタシーは主として，氷床の消長による海水量の増減（氷河性海面変化）や堆積物の累重による海盆の容積変化（堆積性海面変化），プレート運動にともなう地殻変動や火山活動による海盆の容積変化（構造性海面変化）によって生じる．この他，海水量の増減（体積変化）は，氷床のみでなく，湖水や地下水，土壌水分と海水との交換，さらには海水温変化によっても起こりうる．ユースタシーは，1900年前後にジュース（E. Suess）によって提唱された． 〈堀　和明・斎藤文紀〉

ユースタティックなかいめんへんか　ユースタティックな海面変化 eustasy　⇨ユースタシー

ゆうせつ　融雪 snow melt　積雪＊が融解すること，あるいは融けた雪をいう．積雪表面では気温が0℃以上のとき融雪が起こる．積雪底面では，凍土が形成されず地温が0℃に保たれている場合に起こる．融雪が起こっているとき，雪は固体の水，液体の水，空気からなる三相混合物となる．雪の表面は太陽放射（短波放射）や大気からの熱（長波放射＋顕熱伝達）によって，底面は地熱によって融かされて水や水蒸気となる．表面で融雪に使われる熱の割合は大気の状態（温度・風・湿度）と太陽放射とそれに対する雪面の角度などによって変わる．広域にわたる融雪量の推定には日平均気温が用いられ，デグリーディ法とよばれる．その経験式は，融雪量を Q (gr/cm^2)，積算気温を ΣT (℃×day) とすると，$Q=k\Sigma T$ と表され，融雪係数 k (g/cm^2/day) の値は 0.4〜0.6 程度である．気温は広域にわたる熱収支

の結果であるので，温度だけを用いた推定式でも有効性が高い．〈金森晶作・野上道男〉

ゆうせつき　融雪期　snow melt season　気温が高くなり積雪に融雪*が起きている期間または季節．雪面が広く残っているときは，そのアルベド*が大きいこと，融雪に熱エネルギーが使われることなどのために，太陽高度の割に気温の上昇が遅れる．地球規模でみた場合でも，大洋の海水温上昇遅れの他に，北半球の春の気温の上昇が遅れるのは大陸に積雪が残っているからである．春になって気温が高くても積雪下の地温はほぼ0℃であるので，植物の活動はほとんど停止している．〈野上道男〉

ゆうせん　湧泉　spring　地下水流出*の形態の一つであり，地下水が自然に地表，湖沼，海に流出する現象や場所．泉と同義．古くから集落の貴重な水資源として活用されており，人間生活と深く関わってきた．分布は地質や地形と密接に関係しており，複数の湧泉が連続して分布する湧泉群や湧泉帯を形成している場合もある．湧泉は，湧出状況，温度や水質，湧出形態，成因に基づいて分類される．湧出状況では，常時湧出する不断泉，季節や降水に対応する一時泉，ある時間に間欠的に湧出する間欠泉に分類される．温度では温泉*と冷泉に，水質では溶存成分量の多少により鉱泉と単純泉に分類される．湧出形態では，岩石の割れ目や崖から湧出する迸出泉，盆状の窪地の底部から流出する池状泉，湿地を形成する湿地泉に分類される．さらに地形・地質の視点からは，凹地泉，接触泉，断層泉，溶穴泉，節理泉，裂罅泉などに区分される．凹地泉は地下水面が地表面の窪地底部に接触して形成される．接触泉は砂礫層など透水性のよい層と難透水層の境界で被圧地下水が湧出して形成されるものであり，重力泉ともよばれる．断層泉は断層に沿って地下水が湧出するものであり，溶穴泉は石灰岩地域の洞穴から被圧地下水が湧出するものである．節理泉と裂罅泉は，透水性の悪い地層中の節理や亀裂に沿って地下水が湧出して形成される．⇨湧泉の地形場による類型（図）〈佐倉保夫・宮越昭暢〉

ゆうせんがわ　湧泉川　spring-origin river　湧泉に発源し，そこで直ちに水面幅を急増する河川で，かつ普通の河川に合流または海に流入するまでの区間．地下水面が地表面と一致したところで湧泉となり，それより下流側が湧泉川となる．湧泉のうち，上流側に河谷が必ずしも存在しない湧泉川を形成するのは，①段丘崖下の崖端泉，②段丘礫層と基盤岩石との不整合面からの不整合泉，③扇端で伏流水が湧出する扇端泉（例：愛媛県重信川扇状地末端の柳原泉，玉淵泉），④蛇行流路や分岐流路の流路跡地からの名残泉（例：三重県の笹笛川），⑤火山体に浸透した伏流水が湧出する火山麓泉（例：三島駅南方の泉川），⑥洞穴からの洞穴泉（例：秋吉台の稲川）などである．⇨湧泉の地形場による類型（図）〈斉藤享治〉

	湧出点の地形的位置	断面図
谷頭泉	山地や丘陵を刻む谷の谷頭の急崖下にあり，パイプ湧出が多い	
谷壁泉	谷壁基部から湧出，裂か泉が多い．滝の中段や滝壺周辺にも多い	
崖端泉	段丘崖下（崖下泉ともいう），とくに堆積段丘の開析谷の谷頭に多い	
不整合泉	段丘礫層などと基盤岩石との不整合面	
凹地泉	地下水面が地表の窪地と接する地点（各種の湖沼，堤間湿地など）	
洞穴泉	溶岩洞穴や石灰洞穴から湧出	
火山麓泉	火山体とくに成層火山に浸透した伏流水が火山麓で大量に湧出	
扇端泉	扇端で伏流水が湧出し，しばしば円弧状に湧泉帯をなす．被圧水も多い	
沿河泉	河川堤防とくに天井川の堤防に接する堤内地	
名残泉	蛇行流路や分岐流路の流路跡地，つまり蛇行原や三角州に多い	

図　湧泉の地形場による類型（鈴木，1998）

[文献] 鈴木隆介（1998）『建設技術者のための地形図読図入門』，第2巻，古今書院．

ゆうせんのちけいばによるるいけい　湧泉の地形場による類型　spring types in relation to geomorphic setting　湧泉の位置は，湧泉の寄与域*の地形・地質に強く制約されるが，地形場との関係でみると，いくつかに類型化される（図）．それぞれは湧水位置・湧出量とその経時的変化が異なるので，地形営力としての湧水の意義も異なる．⇨湧泉〈鈴木隆介〉

[文献] 鈴木隆介（1998）『建設技術者のための地形図読図入門』，第2巻，古今書院．

ユータキシティックこうぞう　ユータキシティック構造　eutaxitic texture　⇨溶結凝灰岩

ゆうちそう　勇知層　Yuchi formation　北海道サロベツ原野の東縁の丘陵地帯に分布する鮮新統．暗灰色の塊状，非固結〜半固結の細粒砂岩ないしシルト岩よりなる．層厚は250 m．岩石強度が小さくしかも低透水性のため，これの構成する丘陵は小起伏で低谷密度である．　⇨稚内層
〈松倉公憲〉

ユーティーエムずほう　UTM 図法　UTM projection　⇨ユニバーサル横メルカトル図法

ゆうとうかくはん　融凍撹拌　cryoturbation
⇨クリオタベーション

ゆうはつかんよう　誘発涵養　induced recharge　地下水を人工的に涵養する方法の一つ．湖沼や河川などの近傍に井戸を掘削し，その井戸から揚水することによって井戸周辺の地下水面を低下させることにより，湖沼水や河川水を誘い込む方法である．
〈池田隆司〉

ゆうひょうがせいだんきゅう　融氷河成段丘　fluvioglacial terrace　山岳氷河や大陸氷床からの融氷水によって涵養された河川（融氷河流）は，大量の砂礫を運搬して前面の谷や低地を埋積し，バリートレイン*やアウトウォッシュプレーン*（サンダー）とよばれる堆積地形を形成する．氷河が後退して荷重*が減少すると河川は急激に下刻を行い，この融氷河流堆積物からなる堆積地形を段丘化させる．こうして形成された堆積段丘*が融氷河成段丘，あるいはフルビオグレイシャル段丘とよばれ，気候段丘*の一例とされる．融氷河成段丘は上流側で端堆石丘（ターミナルモレーン）に連続するのが普通であり，それら複数のセットは，氷河の消長過程を復元するよい指標となる．　⇨周氷河地形
〈加藤茂弘〉

［文献］Embleton, C. and King, C. A. M.（1968）*Glacial and Periglacial Geomorphology*, Edward Arnold.

ゆうひょうがりゅうさよう　融氷河流作用　fluvioglacial process, glacio-fluvial process　氷河の融解水による侵食・運搬・堆積で生ずる諸過程の総称．氷河の底面や前縁域などに分布する氷河起源の堆積物は，底面の融氷水流路，あるいは氷接水流や融氷水河川によって侵食をうけ，浮流もしくは掃流の形で運搬される．これらの物質が氷河底の流路に沿って堆積するとエスカー*が形成される．また氷接水流による堆積地形としてケイム*がつくられる．氷床や谷氷河の前縁域より下流側には，網状に流れる融氷水河川の堆積作用によってアウトウォッシュプレーン*（サンダー）やバリートレイン*が発達する．
〈松元高峰〉

ゆうひょうがりゅうたいせきぶつ　融氷河流堆積物　fluvioglacial deposit　⇨フルビオグレイシャル堆積物

ゆうひょうすいりゅうろ　融氷水流路　meltwater channel　氷河の融解水の侵食によって，氷河や地表に形成された溝状の凹地や河道．氷河消耗域の氷河表面には蛇行する溝状の流路がみられ，氷河内部の流路としてはムーラン*，クレバス*のほか，パイプ状・亀裂状の形態をもつ大小さまざまな水脈がある．底面の流路は，氷と基盤との間の空隙などを満たす水がゆっくり流れる分散的な流路と，樹枝状の水系型をもつトンネル状の流路とに大別される．温暖氷河*では，夏季に融解水の供給量が増加して底面での水圧が大きくなると，トンネル状の流路が末端付近から上流側へ発達していくと考えられている．氷河外の流路としては，末端から流出する融氷水河川（proglacial stream）のほかにも氷河と谷壁との間に形成される氷接水流や，氷河湖からの流出水路（spillway）が形成されることがある．
〈松元高峰〉

［文献］Fountain, A. G. and Walder, J. S.（1998）Water flow through temperate glaciers: *Reviews of Geophysics*, 36, 299-328.

ゆうひょうパルス　融氷パルス　meltwater pulse　氷床の急激な融解によって生じた大規模かつ急速な海水準上昇．その速さは1,000年で20 m以上にも達する．このような融氷は最終氷期最盛期以降2度起こったと考えられており，14,500年前のものがMWP-1A，11,500年前のものがMWP-1Bとよばれている．この現象は，カリブ海のバルバドス島沖で掘削された沈水サンゴ礁の年代と深度から初めて推定されたものである．その後，MWP-1Aの存在はタヒチ島やスンダ陸棚でも確認され，14,500年前のベーリング温暖期に対比されている．MWP-1Bについては懐疑的な報告が近年出されている．MWP-1Aには北米のローレンタイド氷床の融解が大きく寄与したと考えられているが，最近では南極氷床の融解も関与していた可能性が指摘されている．
〈堀　和明・斎藤文紀〉

ゆうらくちょうかいしん　有楽町海進　Yurakucho transgression　東京低地を構成する沖積層の上半部は，模式層にちなんで有楽町層とよばれる．有楽町層の中・上部には海水〜汽水生の貝や有孔虫化石を多産する海成層がみられることから，当時の東京下町は海に覆われていたことがわかった．この有楽町層を堆積させた海水準上昇が，有楽町海

進と命名された．有楽町海進は更新世末期の前期有楽町海進と完新世初期から中期にかけての後期有楽町海進に区分されている．後者は，縄文海進*と同義である．
〈堀 和明・斎藤文紀〉

ユーラシアひょうしょう　ユーラシア氷床　Eurasian ice sheet, Eurasian High Arctic ice sheet　ユーラシア大陸北西部から北極海沿岸域にかけて発達したブリティッシュ氷床，スカンジナビア氷床，バレンツ海氷床を併せて，ユーラシア氷床と表記することがある．
〈平川一臣〉
[文献] Benn, D. I. and Evans, D. J. A. (1998) *Glaciers and Glaciation*, Arnold.

ユーラシアプレート　Eurasian plate　ユーラシア大陸のほぼ全域を構成する大陸プレート*．東シベリア，インド亜大陸，アラビア半島を除くユーラシア大陸の地殻およびマントル上方のリソスフェアを形成し，地球上で3番目に広いプレートである．この東縁部は日本列島とその周辺に位置する．西南日本弧から琉球弧を含み，相模トラフ*・駿河トラフ*・琉球（西南日本，南西諸島）海溝*を境にしてフィリピン海プレート*と接する．日本海東縁の歪み集中帯は逆断層性の活断層群が南北方向に連なり，この地帯が北アメリカプレート*（またはオホーツクプレート*）との境界とされる．その南方にあるフォッサマグナ*（西縁は糸魚川-静岡構造線断層帯）を境界とする考えもあるが，これを含めた活断層群と境界帯とみなす見解も有力である．ユーラシアプレートの南縁では，ヒマラヤ山脈の南側においてインドプレートと衝突して高山域が形成され，ザグロス山脈，トルコから地中海を経て，アフリカ大陸北部のアトラス山脈に至る地帯でも同様な衝突がみられる．さらに西縁は大西洋中央海嶺から北極海を経て，シベリア東部・樺太の西側に延びる．⇒プレート境界
〈岡田篤正〉

ゆうりさんかぶつ　遊離酸化物　free oxide　土壌母材となる岩石中の造岩鉱物が，おもに水素イオンとの反応により，土壌溶液中で化学的に溶解し，その構造中に含まれていたアルミニウムや鉄が，土壌溶液のpH, Eh, 有機・無機配位子の濃度，温度などの影響を強く受けながら，様々な化学的形態で土壌中に沈殿し，さらに結晶化した鉱物群をいう．一般に，遊離酸化物には，ギブサイト（α-Al(OH)$_3$），ベーマイト（α-AlOOH）などのアルミニウム酸化・水酸化物およびゲーサイト（α-FeOOH），ヘマタイト（α-Fe$_2$O$_3$）などの鉄の水酸化物・酸化物が含まれる．一般に，土壌母材のほかに，その地域の気候条件を反映した土壌温度，地形や地下水変動の影響を受ける土壌水分などの相違により，生成される遊離酸化物の鉱物種が異なる．例えば，赤色土の要因であるヘマタイトは，黄色土に多いゲーサイトよりも，一般に高温で酸化的条件下の土壌に生成されやすい．生成された遊離酸化物は，結晶化が低いほど（活性なアルミニウム・鉄ほど），有機物やリン酸イオンの保持に寄与し，土壌生成過程を反映した土色の発達や土壌水分環境の指標として有用である．なお，これらの鉱物の分析には，還元剤（ジチオナイト（亜ジチオン酸ナトリウム）が一般的）や酸性シュウ酸溶液を用いた抽出アルミニウム・鉄量による定量とX線回折分析・熱分析を用いた鉱物種の同定を行う．⇒赤色土
〈東　照雄〉
[文献] 第四紀学会編（1995）「第四紀試料分析法（2）研究対象別分析法」，東京大学出版会.

ゆがしまそうぐん　湯ヶ島層群　Yugashima group　伊豆半島中央部に広く分布する下部～中部中新統．下部，中部，上部に三分．下部は強変質の輝石安山岩質火山角礫岩・凝灰角礫岩およびその上位に重なる玄武岩溶岩・同質火山砕屑岩類・砂岩とシルト岩の互層．中部は火山砕屑岩類を挟有する砂岩．上部は強変質の輝石安山岩溶岩および同質火山砕屑岩類．上部の輝石安山岩のフィッショントラック年代は9.1 Ma. 層厚はそれぞれ1,000 m以上．
〈天野一男〉

ゆき　雪　snow　気温が低いときに雲から降ってくる固体の氷晶のこと．雲の中に存在している氷晶が地面付近まで融解せずに到達したものである．
〈森島　済〉

ゆきくぼ　雪窪　nivation hollow　⇒ニベーション

ゆきごおり　雪氷　snow ice　⇒湖氷

ゆきしろ　雪代　slushflow　⇒雪泥流

ゆきしろみず　雪代水　slushflow　⇒雪泥流

ゆそうしゃめん　輸送斜面　transportation slope　段丘崖*や断層崖*のような単純な斜面の場合，その中間部では頂部の削剥斜面*で削剥された物質が風雨や重力によって下方に輸送（運搬）され，それに伴って面的に削剥されるが，削剥斜面にくらべて風化が遅く，また輸送物質によって被覆されているので，直線的な縦断形を示す．そのような斜面をいう．しかし，頂部の削剥斜面の発達と斜面下方の蓄積斜面*の発達によって，輸送斜面の直線区間はしだいに短くなり，最終的には斜面全体の縦断形は緩傾斜で，S字状になる．つまり，輸送だけが進行

して，減傾斜しない斜面はほとんど存在しないので，この用語は現在ではほとんど使用されない．⇨複式斜面，削剝斜面，段丘崖の減傾斜速度

〈鈴木隆介〉

ゆっくりじしん　ゆっくり地震　slow earthquake　⇨スローアースクェイク

ユッチャ　gyttja　⇨ギッチャ

ユニットハイドログラフ　unit hydrograph　⇨単位流量図

ユニバーサルよこメルカトルずほう　ユニバーサル横メルカトル図法　universal transverse Mercator projection　地図の図法の一つ．UTM 図法と略される．現在，地形図の標準的な図法として，日本をはじめ多くの国で採用されている．経度6°ごとに地球を分割した経度帯ごとに，メルカトル図法*から派生した横メルカトル図法を適用し，かつ歪みのないところを経度帯の中央経線ではなくその東西に約 180 km 離れたところにすることによって，全体的に歪みの絶対値が小さくなるようにしている．この図法は正角図法であり，一般に経緯線は互いに直交する曲線になる．2万5,000分の1地形図の数面分程度の範囲であれば経緯線は実用上直線とみなすことができ，距離と面積の歪みも無視できる程度である．経度帯の切れ目（日本では東経126°，132°，138°，144°）では，地図がつながらないことに注意が必要である．　⇨地形図，地図投影法

〈熊木洋太〉

ユニフォーミタリアニズム　uniformitarianism　⇨斉一説

ユルストローム　Hjulström, Filip（1902-1982）スウェーデンの地理学者．ウプサラ大学名誉教授．研究のバックグランドは地理学のほか，数学，物理学などである．下記の文献は博士論文である．その中には当時の最先端の研究課題—プロセス地形学における数量研究—が含まれていた．特筆すべき成果は普遍的なダイアグラムとして定着したユルストローム図である．その後，地形学，水文学に関係するものとしては，河川の蛇行，アイスランドのサンダー，氷河地形学，周氷河地形学などに取り組んでいる．観察と測定を幾度も重ね，実験的手法も取り入れた彼の研究法は，地形学，水文学などにおけるウプサラ学派を生むこととなった．彼の学生からは何人もの優れた研究者が輩出している．　〈徳永英二〉

[文献] Hjulström, F. (1935) Studies of morphological activity of rivers as illustrated by the River Fyris: Bull. Geol. Inst. Univ. Uppsala, 25, 221-346.

ユルストロームず　ユルストローム図　Hjulström's diagram　水流中での岩屑粒子の挙動と平均的地形面の変化（侵食・堆積）を示す古典的な相図．ヒュルシュトロム図ともよばれる．横軸を粒径，縦軸を平均流速とし，侵食（静止粒子が動き地形面が低下する），運搬（移動粒子は動き続けるが静止粒子は動かない），堆積（移動粒子が停止し地形面が上昇する）の条件を示す．粒子の挙動特性を直感的に理解する助けとなるが，現実的には粒子の挙動や地形変化の評価・予測への利用はできない．

〈関口智寛〉

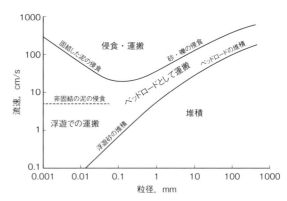

図　ユルストローム図（Hjulström, 1935 に加筆）

よ

ようイオンこうかんようりょう　陽イオン交換容量　cation exchange capacity　粘土鉱物や腐植などの土壌粒子表面の負荷電（陽イオン交換基）の総量をいう．CECと略称する．単位は土壌100gあたりのミリグラム当量（meq/100 g）あるいは cmol（+）kg^{-1}で示す．主な粘土のCECは，カオリナイトで3～15，イライトで10～40，スメクタイトで80～100，バーミキュライトで100～150である．また腐植は100～250にもなる．砂丘未熟土などの砂質土壌で10以下と低く，火山灰土壌では30以上を示す．　　　　　　　　　　　　　　　〈田村憲司〉

ようかい　溶解　dissolution　一般には，溶質が溶媒に溶けて均一混合溶液となる現象を指すが，地学現象として扱うときには，岩石が水と接して起こる反応（水-岩石相互作用）の初期段階をいうことが多い．実際には流水または固体粒子の周りの水の薄層の中で起こる．酸を含む水は溶解能力が高く，炭酸塩鉱物は炭酸ガスを含む水に比較的よく溶解する．溶解の程度には温度依存性もある．〈小口千明〉

ようかいこく　溶解谷　karst valley　⇨溶食谷

ようかいせいがん　溶解性岩　dissoluble rock　地表水や地下水に溶解する岩石．代表的なものとして，石灰岩，岩塩や石膏などの蒸発岩がある．蒸発岩は海水や湖水などの蒸発によって溶解成分が析出・集積したもの．岩石の溶解によって鍾乳洞などの地下空洞が形成され，地表面の陥没や崩壊が発生することがある．世界最大の地すべりであるバガボグド（Baga Bogd）地すべりは，石膏質の粘土にすべり面があると推定されている．　〈千木良雅弘〉

［文献］Philip, H. and Ritz, J.-F. (1999): Gigantic paleolandslide associated with active faulting along the Bogd fault (Gobi-Altay, Mongolia): Geology, **27**, 211-214.

ようかいぶっしつ　溶解物質　dissolved matter, dissolved substance　自然界にある水の中に溶解している物質のこと．有機物，無機物のいずれでもよい．ただし，水中に存在するコロイド状の物質（粒径が0.45 mm未満のもの）のことも慣習的に溶存物質に含めることが多い．　〈倉茂好匡〉

ようがん　溶岩　lava　地表に噴出したマグマ（液体）およびその冷却固結した岩体．ラバとも．この冷却固結して生じた岩石は火山岩．溶融状態の溶岩は重力の作用で斜面上を流下する．この流動中の溶岩およびそれが冷却固結したものは溶岩流とよぶ．溶岩（流）はその流動性，表面形態，内部構造などの違いによって，パホイホイ溶岩，縄状溶岩，アア溶岩，塊状溶岩などに分類される．溶岩だけで構成される火山地形は溶岩流原，溶岩円頂丘，盾状火山，溶岩台地などに分類される．なお，溶岩は当用漢字が適用される前には，「熔」岩と書いた．水に

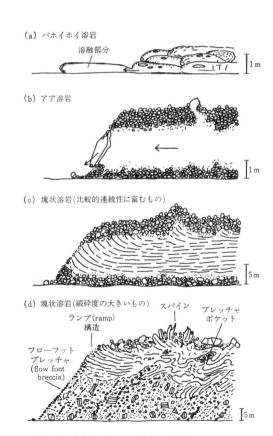

図　溶岩流の内部構造を示す模式図（荒牧，1979を一部省略）

溶けるのではなく，高温で熔けているからであるが，近年の火山学界の風潮に従い，本書でも「溶岩」の文字を用いる．⇨火山岩，溶岩流，パホイホイ溶岩，縄状溶岩，アア溶岩，塊状溶岩　　〈横山勝三〉

[文献] 荒牧重雄 (1979) 溶岩，横山 泉ほか編「火山」．岩波地球科学講座，7巻，岩波書店．

ようがんえんちょうきゅう　溶岩円頂丘　lava dome　粘性の大きな溶岩が火口上に押し出され，火口付近にまとまって盛り上がることで生じた小火山体．かつては熔岩円頂丘と書かれた．近年では「溶岩ドーム」という用語が多用されるようになった．かつて鐘状火山，塊状火山，トロイデなどともよばれたが，今ではほとんど使われない．一般に基底の直径は数 km 以下，高さは数百 m 以下，体積は数 km^3 以下．山体全体の形状は，溶岩の粘性の差異を反映して多様．通常，側面は急傾斜で，頂部は緩傾斜地であることが多いが，小突起や凹地を伴うもの（例：箱根二子山，伊豆新島向山）もある．急斜面の下部には崩落岩片（crumble breccia とよばれることがある）による崖錐が発達することが多い．形成過程（内部構造）から，内成的円頂丘（endogenous dome）と外成的円頂丘（exogenous dome）に分けられる．前者は，先に噴出した溶岩が，火道から出てくる後続の溶岩によって外側へ押し広げられ，全体が膨張するように成長して山体がつくられるのに対し，後者は，火口から相次いで噴出した溶岩が重なり合って山体がつくられる．複成火山の山頂にあるもの（例：開聞岳，雲仙普賢岳），山腹に側火山として存在するもの（例：浅間火山の小浅間山），カルデラ内に後カルデラ火山として群集するもの（例：箱根火山）や，火山群内に多くの溶岩円頂丘が存在する火山（例：九重山，雲仙火山）もある．溶岩円頂丘の中腹〜基部から溶岩が流出している場合（例：箱根火山の駒ケ岳）もある．⇨溶岩平頂丘，火山岩尖，シュナイダーの火山分類，溶岩地形（図）　　〈横山勝三〉

[文献] Macdonald, G. A. (1972) *Volcanoes*, Prentice-Hall.

ようがんかつらくがい　溶岩滑落崖　slip scarp of lava flow　溶岩流の流下経路の急傾斜部において，それより下流部分が重力でちぎれて流下したため，溶岩流原に下流側に開いた弧状の急崖が残った崖（例：雲仙火山北部の焼山溶岩流）．⇨溶岩流原　　〈鈴木隆介〉

ようがんがんせん　溶岩岩尖　lava spine　⇨火山岩尖

ようがんかんぼつこう　溶岩陥没孔　lava sink-hole　⇨溶岩トンネル

ようがんかんぼつこう　溶岩陥没溝　lava sink-crevasse　⇨溶岩トンネル

ようがんげん　溶岩原　primary lava-flow landform　⇨溶岩流原

ようがんこ　溶岩湖　lava lake　火口底などの凹地底に生じた溶融状態の溶岩のプールおよびそれの固結したもの．ハワイをはじめ，流動性に富む玄武岩質溶岩の場合によくみられる．キラウエア火山（ハワイ）のハレマウマウ火口やニーラゴンゴ火山（アフリカ）の山頂火口内等でみられたものが典型例で，これらの溶岩湖では溶岩の活発な対流が認められた．　　〈横山勝三〉

ようがんさけめ　溶岩裂け目　lava crevasse　溶岩流が緩傾斜地から急傾斜地に流下するとき，その遷急点付近で表層の急冷固化した溶岩がちぎれるように裂け，地すべりのように滑動して生じた裂け目．⇨溶岩滑落崖　　〈鈴木隆介〉

ようがんさんかくす　溶岩三角州　lava delta　流動性の高い溶岩流が海または湖に流入して生じ，河成の三角州に似た平面形をもつ溶岩流原．何本かの溶岩流に分岐して，河成の分岐三角州に類似した平面形になったものもある（例：桜島火山の有村崎半島）．⇨溶岩扇状地　　〈鈴木隆介〉

ようがんじゅけい　溶岩樹型　lava tree mold　溶岩流の中に残された，通常は直立した樹幹や枝の外形を残した空洞．玄武岩溶岩など流動性に富む溶岩流が樹木を取り込み，樹皮と接触した溶岩が冷却固結し，樹幹の形状に沿った殻をつくる一方で，樹幹そのものが焼失して残った空洞．空洞壁には，樹幹の外皮部が鋳型となった形状が保存されることがある．富士山麓の溶岩流に例が多い．　　〈横山勝三〉

ようがんじょうこう　溶岩条溝　lava furrow　連続的に噴出している複数本の溶岩流の境界線に沿って初生的に生じる溝で，複数列が溶岩流の流下方向に伸長している．分岐流の生じやすい玄武岩質溶岩流原に多くみられる．⇨溶岩流原　　〈鈴木隆介〉

ようがんしょうにゅうせき　溶岩鍾乳石　lava stalactite　溶岩トンネルの内壁に垂れ下がったつらら状の溶岩．カルスト地形の鍾乳洞内でみられる鍾乳石との形状の類似性に由来．長さは通常 10 cm 〜数十 cm 程度．⇨溶岩トンネル　　〈横山勝三〉

ようがんジワ（じわ）　溶岩ジワ（じわ）　lava corrugation　溶岩流の表面に生じる土手状のシワで，溶岩流の流下方向に直交する方向に伸長し，下流方向に凸の円弧状の平面形をもち，溶岩流の流下

した原地表面が緩傾斜の地区（一般に溶岩流末端部）に多く生じる．粘性の低い玄武岩質（例：富士青木が原溶岩流）から高い安山岩質（例：桜島昭和溶岩流）の溶岩流ほど比高（数 m〜数十 m）や間隔（数 m〜数百 m）が大きくなる．数十列も発達することがある． ⇨溶岩流原 〈鈴木隆介〉

ようがんせきじゅん　溶岩石筍　lava stalagmite 溶岩トンネルの上壁から溶融溶岩滴がしたたり落ちてトンネルの床に積み上がって固結して生じた小突起．カルスト地形の鍾乳洞でみられる石筍との形状の類似性に由来．高さは通常数 cm〜数十 cm． ⇨溶岩トンネル 〈横山勝三〉

ようがんせん　溶岩泉　lava fountain ⇨溶岩噴泉

ようがんせんじょうち　溶岩扇状地　lava fan 流動性が中程度の溶岩流が放射谷の谷口から低地や海または湖に流入して，扇状地に類似した平面形になった溶岩流原（例：伊豆大島長根岬，北海道茂津多岬）であり，溶岩三角州より急傾斜で，谷口を中心に同心的な等高線で表せるもの． ⇨溶岩三角州． 〈鈴木隆介〉

ようがんそくたんがい　溶岩側端崖　side scarp of lava-flow landform 溶岩流原の側方を縁取る急崖で，溶岩末端崖に連なる場合が多い．中程度の粘性の溶岩流が緩傾斜地や平地に定着した場合ほど比高が高く（数十 m），急傾斜で明瞭（例：長野県黒姫山長原溶岩流原，日光男体山北西麓の御沢溶岩流原）． ⇨溶岩流原 〈鈴木隆介〉

ようがんだいち　溶岩台地　lava plateau 溶岩（流）で構成される台地．通常は，流動性に富み水平に累重した多数の玄武岩質溶岩流で構成される広大な台地を指し，玄武岩台地ともよばれる．インドのデカン高原や北アメリカのコロンビア川台地などが代表例で，面積は数十万 km^2，溶岩の厚さは数千 m に及ぶ．長期間にわたって繰り返された広域的割れ目噴火や多数の地点における中心噴火で，大量の玄武岩溶岩が流出したと考えられる．日本における溶岩台地はいずれも小規模で，熊本空港がのる高遊原台地がその例．香川県の屋島は古くから溶岩台地の例とされてきたが，その平坦な頂部には段丘礫層が堆積しており，純粋の溶岩台地とはいえず，メサである． 〈横山勝三〉

ようがんた（だ）き　溶岩滝　lava cascade ⇨溶岩瀑布

ようがんちけい　溶岩地形　lava landform 溶岩流の定着または侵食で生じた地形の総称．溶岩流原，溶岩円頂丘，溶岩表面の微地形（溶岩ジワなど），溶岩トンネル，火山岩栓などを含む（図）． 〈鈴木隆介〉

[文献] Green, J. and Short, N. M. eds.（1971）*Volcanic Landforms and Surface Features – A Photographic Atlas and Glossary*, Springer．／日本火山学会編（1984）「空中写真による日本の火山地形」，東京大学出版会．／鈴木隆介（2004）「建設

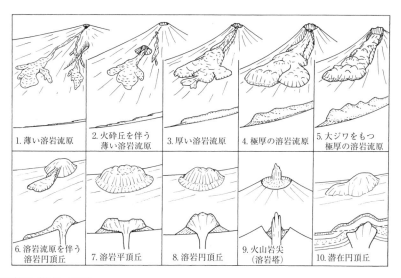

図　溶岩地形の主な類型（鈴木，2004）
1〜10 の上段は斜観図で下段は断面図である．単成盾状火山（アイスランド式）を除く．1→9 へとマグマの粘性が高い．1〜5 の溶岩流については，溶岩堤防，溶岩ジワ，側端崖，末端崖の大きさと溶岩の厚さの関係ならびに主山体が順に急傾斜になっていることに注意．断面図の打点部は溶岩の破砕物質（クリンカーなど）の部分を示す．6〜9 については，溶岩内部の節理，基底の崖錐堆積物，溶岩地形と崖錐の斜面傾斜および溶岩地形頂部の起伏状態に注意．

技術者のための地形図読図入門」，第4巻，古今書院．

ようがんチューブ　溶岩チューブ　lava tube
⇨溶岩トンネル

ようがんていぼう　溶岩堤防　lava levee　溶岩流の両側端に生じた堤防状の高まり．溶岩流堤防とも．溶岩流の両側方は急冷・固化するが，中央部は流下するので，中央部が低くなり，両側が堤防状に高く残る．溶岩堤防は，溶岩流の流れた旧地形の緩傾斜部よりも急傾斜部で発達しやすい．その幅は数m～数百m，中央部との比高は数十cm～数十m，長さは数百m～数km．溶岩堤防は中程度の粘性をもつ安山岩質溶岩で顕著に発達するが，低粘性の玄武岩質あるいは高粘性のデイサイト質の溶岩流では顕著には発達しない．⇨溶岩流原　〈鈴木隆介〉

ようがんてき　溶岩滴　spatter　⇨スパター

ようがんてききゅう　溶岩滴丘　spatter cone
⇨スパターコーン

ようがんとう　溶岩塔　volcanic spine　⇨火山岩尖（かざんがんせん）

ようがんどう　溶岩洞　lava tunnel　⇨溶岩トンネル

ようがんドーム　溶岩ドーム　lava dome　⇨溶岩円頂丘

ようがんトンネル　溶岩トンネル　lava tunnel　溶岩流の岩体中にみられるトンネル状の空洞．流動性に富む玄武岩質溶岩によくみられる．溶岩流の表面（外縁部）が，冷却固結して皮殻が生じた後も，流動性を保った内部の溶岩が下流へ流れ去ると，トンネル状の空洞が生じる．内径10 m以上，長さ数km以上に及ぶものもある．内径の小さいものは溶岩チューブ（lava tube）とよばれる．富士山麓の溶岩中には多くの例があり，風穴，（御）胎内，溶岩洞，人穴などとよばれる．内部が低温の場合は氷穴ともよばれ，食料などの保存庫として利用されてきた．溶岩トンネルの天井が円形に陥没すると溶岩陥没孔が，細長く溝状に陥没すると溶岩陥没溝が生じる．なお，"風穴"は溶岩トンネル以外にも生じる．⇨風穴（ふうけつ）
〈横山勝三〉

ようがんばくふ　溶岩瀑布　lava cascade　崖や急斜面をあたかも滝のように流下する溶岩流およびその溶岩瀑布の部分で固化し残存する薄い溶岩．瀑布の下から低所に向かってさらに流下することもある．溶岩滝とも．ハワイの火山など流動性に富む玄武岩質溶岩流でよくみられる．国内での例は伊豆半島東岸の伊雄山の溶岩流が東方の海食崖を流下した

部分．〈横山勝三〉

ようがんぶたい　溶岩舞台　lava apron　中程度の粘性の厚い溶岩流が緩傾斜な裾野に定着して，その末端部が蛇頭状または舌状の平面形をもち，比高の大きな溶岩末端崖に囲まれてエプロン形の台地状になっている部分（例：日光男体山北西麓の御沢溶岩流尾根，箱根火山駒ヶ岳の南麓）．'溶岩の押し出し'ともいう．〈鈴木隆介〉

ようがんふんせん　溶岩噴泉　lava fountain　流動性に富む溶融溶岩が噴水のように空中へ勢いよく噴き上がる現象．溶岩泉・"火の泉"（fire fountain）ともよばれる．玄武岩質溶岩，ハワイ式噴火でよくみられ，高さは一般には100 m以下，時には300 m以上に及ぶこともある．ハワイなどでは，割れ目噴火の際に線状にのびる割れ目に沿う連続した噴泉がみられることがあり，火のカーテン（curtain of fire）とよばれる．⇨火のカーテン　〈横山勝三〉

ようがんべい　溶岩餅　driblet　粘性の低いマグマの爆発的噴火で生じた柔らかい溶岩片が着地の際に扁平な餅状になって固化した岩片．スパターとほぼ同じ．⇨スパター　〈横山勝三〉

ようがんへいちょうきゅう　溶岩平頂丘　flat lava-dome　溶岩円頂丘のうち，洗面器を伏せたような，ほぼ平坦で広い頂部をもつもの．厚い溶岩流原と溶岩円頂丘の中間的形態であるが，頂部が傾斜していない点で前者と異なる．玄武岩質溶岩（例：山口県萩市付近の鶴江台・中ノ台）では頂部が滑らかであるが，デイサイト質溶岩（例：神津島天上山）では頂部の平坦地に多数の小起伏がある場合が多い．⇨溶岩円頂丘，溶岩地形（図）　〈鈴木隆介〉

［文献］守屋以智雄（1983）「日本の火山地形」，東京大学出版会．

ようがんまったんがい　溶岩末端崖　terminal scarp of lava-flow landform　溶岩流原の末端部を囲む急崖．中程度の粘性の溶岩流が緩傾斜地や平地に定着した場合ほど比高が高く（数十m），急傾斜で明瞭（例：長野県黒姫山長原溶岩流原，日光男体山北西麓の御沢溶岩流原）．⇨溶岩流原　〈鈴木隆介〉

ようがんりゅう　溶岩流　lava flow　地表を流動中の溶岩およびその冷却固結した岩体．冷却固結した岩体は，溶岩ともよぶ．溶岩流の流動中の諸特性（流動機構や速さなど），定着後の溶岩流全体の形状（分布状況，厚さ，表面形態など）や内部構造などは，噴出するマグマの性質（成分・温度・粘性など）や量，マグマが噴出し流動・定着する環境（陸上か水中か，土地の起伏状態の特徴など）の差異などに

よって大きく変わる．一般に，塩基性のマグマは酸性のマグマに比べて粘性が低い（流動性に富む）．このため，陸上における通常の玄武岩の溶岩流は，安山岩・デイサイト・流紋岩などの溶岩流に比べると，流下する速さが大きく，より長距離を流れ，また，薄く広く広がって堆積する傾向が強く，表面の起伏（凹凸）も小さい．一方，粘性の高いデイサイト・流紋岩質の溶岩は，溶岩流の形態を示さず，噴出源付近に押し出されて盛り上がったままの状態の溶岩円頂丘をつくる場合が少なくない．安山岩質溶岩は玄武岩質とデイサイト質溶岩の中間的な性質を示す．溶岩流は，表面形状の特徴から，パホイホイ・アア・塊状溶岩に区別される．また，表面，内部，基底部で構造が異なる．内部には柱状節理が発達する．溶岩だけで構成される火山地形は溶岩流原，溶岩円頂丘，盾状火山，溶岩台地などに分類される．溶岩が水中に堆積する場合，玄武岩質溶岩の場合には，枕状溶岩が形成されることが多いが，玄武岩以外の溶岩の場合には水冷破砕された火砕岩を生じる．⇨溶岩，水中溶岩，溶岩流原，溶岩円頂丘，溶岩地形（図） 〈横山勝三〉

[文献] 鈴木隆介（2004）「建設技術者のための地形図読図入門」，第4巻，古今書院．

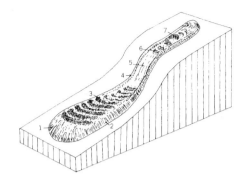

図　安山岩質溶岩流原の模式的スケッチ（守屋，1984）
1. 溶岩末端崖，2. 溶岩側端崖，3. 溶岩ジワ，4. 溶岩堤防，5. 溶岩条溝，6. 溶岩滑落ブロック，7. 溶岩滑落崖．

ようがんりゅうおね　溶岩流尾根 lava-flow ridge, coulee　溶岩流原の一種であるが，かなり粘性の高い溶岩流が固化して生じた尾根であり，その幅に比べて比高の大きな溶岩側端崖と溶岩末端崖が顕著に発達する（例：北海道恵庭岳）．〈鈴木隆介〉

ようがんりゅうげん　溶岩流原 primary lava-flow landform　単一の溶岩流の定着で生じた火山原面（例：富士青木ヶ原）（上図）．溶岩原とも．全体としては平滑で緩傾斜である．表面に溶岩堤防，溶岩ジワなど種々の微地形があり，側方および末端に急崖を伴うことが多い．⇨溶岩地形（図） 〈鈴木隆介〉

[文献] 守屋以智雄（1984）溶岩流，日本火山学会編「空中写真による日本の火山地形」，東京大学出版会．

ようがんりゅうだんきゅう　溶岩流段丘 lava-flow terrace　溶岩流が河谷に流下して生じた溶岩流原が河流によって開析され，河岸段丘状になった地形（例：御嶽山西方の濁河川沿いの溶岩流段丘）．⇨火山成段丘 〈鈴木隆介〉

ようがんりゅうていぼう　溶岩流堤防 lava-flow levee　⇨溶岩堤防

ようぐんがん　羊群岩 roche moutonnée（仏）⇨ロッシュムトネ

ようけつ　溶結 welding　火砕流堆積物や降下火砕堆積物が，定置堆積後も十分に高温（約600℃以上）で溶融状態を保持している場合，隣接する本質物質粒子（スコリア塊・軽石片や火山ガラス等）が接着結合する現象．火山灰質または軽石質の火砕流堆積物や火口近傍のスコリア質または軽石質の降下火砕堆積物などによくみられる（下図）．溶結作用が起こる条件としては，高温であることが最重要であるが，その他に本質物質の化学組成，水分量，揮発性物質の量や組成，圧力，冷却速度なども関与する．溶結作用は，一つの堆積物全体で一様に起こるわけではなく，一般に急速に冷却する堆積物の上部や基底部では起こらず（非溶結），両者の中間部で起こる（溶結する）．溶結した部分を溶結部，溶結していない部分を非溶結部とよぶ．溶結部と非溶結部

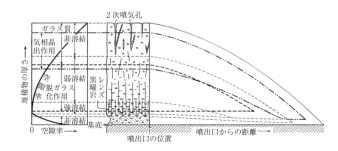

図　一部溶結した火砕流堆積物に見られる累帯構造の模式図（Smith, 1960の原図に，荒牧，1979が噴出口からの距離による変化を付記）

の割合（厚さ）は，堆積物ごとに，また，一つの堆積物でも場所ごとに多様に変化する．非溶結部は非固結か固結度の極めて低い堆積物であるのに対し，溶結部は種々な程度に固結した岩体である．火山灰質または軽石質の火砕流堆積物が溶結したものは溶結凝灰岩とよぶ．溶結凝灰岩は，溶結（固結）の程度に応じて密度や固さが変化する．これは，溶結作用に伴い堆積物中に当初存在した空隙が縮小または消失（堆積物が圧密収縮）することによる．溶結作用が強く起こり，堆積物中の空隙がほとんど消失して緻密で固い岩体になっている状態を強溶結とよび，強溶結にまで至らない低い程度の溶結作用が認められる場合を一括して弱溶結とよぶ．溶結部は非溶結部に比べて暗色を呈し，溶結部には溶結時に圧縮されて扁平に伸びた軽石片（軽石レンズ）や黒曜岩（黒曜岩レンズ）などが認められ，また，冷却に伴って生じた柱状節理が発達することが顕著な特徴である．⇨溶結凝灰岩，溶結部，非溶結部，溶結圧密収縮　〈横山勝三〉

［文献］横山勝三（2003）「シラス学」，古今書院．／荒牧重雄(1979)溶岩：横山　泉ほか編「火山」，岩波講座地球科学7，岩波書店．

ようけつあつみつしゅうしゅく　溶結圧密収縮　welding compaction　火砕流堆積物に溶結作用が起こる際，堆積物中の空隙が堆積物の自重で下向きに押し潰されることで縮小または消失するため，当初の堆積物の厚さが減少すること．すなわち，溶結した火砕流堆積物では，火砕流の定着時の堆積面（原堆積面）は，溶結作用に伴い圧密収縮した分だけ低下する．この低下した堆積面を溶結後堆積面とよぶ．圧密収縮することで堆積物の密度は増大し，より固い溶結凝灰岩になる．非溶結の堆積物の密度は $1.1\,g/cm^3$ 程度であるが，強く溶結し空隙がほぼ消失した強溶結の溶結凝灰岩の密度は $2.4\,g/cm^3$ 程度になる．非溶結の堆積物の密度と溶結部の密度および厚さがわかれば，溶結圧密収縮量（原堆積面の低下量）が求められる．溶結圧密収縮量は，弱溶結部の場合はその厚さのおよそ半分，強溶結部ではその厚さと同程度と考えてよい．⇨溶結，溶結凝灰岩，原堆積面　〈横山勝三〉

［文献］横山勝三（2003）「シラス学」，古今書院．

ようけつぎょうかいがん　溶結凝灰岩　welded tuff　溶結した火砕流堆積物でその大半は火山灰流堆積物．溶結していない（非溶結の）堆積物は，構成物どうしがほとんど接着固結していない単なる粒子の集合体であるが，溶結凝灰岩は粒子どうしが接着固結した様々な固さ（密度）の岩体・岩盤である．灰石，泥溶岩ともよばれた．通常，一つの火砕流堆積物では，溶結凝灰岩（すなわち溶結部）の上下には非溶結部を伴う．溶結の程度（弱・強溶結などとよばれる）は，火砕流ごとに，また，一つの溶結凝灰岩体の中でも上下にも横方向へも多様に変化する．溶結凝灰岩体には，冷却時に生じた柱状節理が特徴的に発達し，また，圧縮されて扁平に伸びた軽石片（軽石レンズ）やそれが黒曜岩に転化したもの（黒曜岩レンズ）が縞状模様を示すユータキシティック（eutaxitic）構造が認められる．石垣，石畳，石碑，石灯籠，墓石などをはじめ，様々な用途の石材として利用されてきた．⇨溶結　〈横山勝三〉

［文献］横山勝三（2003）「シラス学」，古今書院．

ようけつこうかかさいがん　溶結降下火砕岩　welded air-fall pyroclastics　溶結した降下火砕堆積物．火口近傍の降下火砕堆積物によくみられる．アグルチネートは代表例．急斜面上の堆積物の場合，溶結作用の進行とともに斜面下方へ流下し，溶岩流に転化することがある．⇨溶結，降下火砕堆積物，アグルチネート　〈横山勝三〉

ようけつごたいせきめん　溶結後堆積面【火砕流の】　depositional surface of ignimbrite after welding　⇨原堆積面，火砕流堆積面

ようけつさよう　溶結作用　welding　⇨溶結

ようけつせん　溶穴泉　sinkhole spring　⇨湧泉

ようけつぶ　溶結部　welded zone　火砕流堆積物や降下火砕堆積物で溶結作用が認められる（溶結した）部分．火砕流堆積物では，通常，堆積物の上部と基部に非溶結部が認められ，両者の間に溶結部（溶結凝灰岩）が発達する．溶結部の厚さや溶結部内での溶結程度は，堆積物ごとに，また，一つの堆積物でも場所ごとに多様に変化する．⇨溶結，上部非溶結部，基部非溶結部　〈横山勝三〉

［文献］横山勝三（2003）「シラス学」，古今書院．

ようこく　洋谷　submarine canyon　⇨海底谷

ようじゅ　陽樹　intolerant tree, sun tree　耐陰性に乏しく，陽光の下で発芽し早い生育を示し，土地の水分条件や養分などに対する適応力が大きな樹種．先駆樹（pioneer tree）はすべて陽樹であり，二次林*の構成樹種に多い．遷移では，先駆者として陽樹が侵入し初期の森林を形成するが，林内が密になると陽樹の稚樹は育たなくなり，やがて耐陰性の強い陰樹*に取って代わられる．陽樹には，カラマツ，アカマツ，クロマツ，ハンノキ，ダケカンバな

どがある. 〈宮原育子〉

ようしゅつじっけん　溶出実験　dissolution experiment　岩石の化学的風化のメカニズムおよび速度を知るために，定形（タブレット）あるいは粉砕した岩石試料を水温やpHをコントロールした液相（水）に浸し，溶け出す化学成分の量あるいは岩石試料の重量減少や物性変化などを追跡する実験．水の量が一定で外部との物質交換がない実験は閉鎖系実験とよばれ，水を流入・流出させる実験は開放系実験とよばれる．前者では溶解量は時間とともに増加して次第に一定値に近づくが，後者では新しい水の流入によって継続的に溶解が進む．⇨タブレット　〈松倉公憲〉

ようじょうこうぞう　葉状構造　foliation　鉱物種ないし鉱物量比の異なる薄層が互層する変成岩の構造. 〈松倉公憲〉

ようしょく　溶食　corrosion　カルストを形成する岩石の溶解作用と侵食作用をあわせて溶食という．石灰岩，ドロマイト，大理石などの炭酸塩岩は，二酸化炭素が混入した水にふれることによって次のような化学反応を行う．

$$CO_2 + H_2O$$
（二酸化炭素）（雨水または土壌水）
$$\downarrow$$
$$CaCO_3 + H_2CO_3 \rightleftharpoons Ca^{2+} + 2HCO_3^-$$
石灰岩（方解石）（炭酸）（炭酸水素カルシウム溶液）

溶解が進むためには水と二酸化炭素の供給が不可欠である．二酸化炭素は，空中，土壌中や地下水中に混入し，炭酸塩岩の溶解を促進させる．

炭酸カルシウムの溶解は，水中の溶存二酸化炭素あるいは空気中の二酸化炭素濃度の三乗根に比例する．したがって二酸化炭素の濃度が高いほど石灰岩の溶食は進行する．とりわけ土壌中では，微生物，植物根，小動物の活動と有機物の分解により生産される高濃度の二酸化炭素が溶食を速める．高温多湿な湿潤熱帯では土壌中の溶食はきわめて速い速度で進行する. 〈漆原和子〉

ようしょくおうち　溶食凹地【海岸地形の】　solution pool　海水飛沫や雨水などにより，石灰岩や石灰質岩石からなる基盤岩の表面に形成された小凹地．浅いものは溶食皿（solution pan）とよばれる．離水サンゴ礁*や波食棚*の表面でしばしば発達する．溶食凹地の平面形状はほぼ円形または楕円形であり，一般に，その直径は数mm〜数十cmである．岩盤上のわずかな窪みに溜まった水の溶食作用によって形成が始まると考えられている．水溜まりに生息する動植物の呼吸作用による水溶液中の炭酸ガス濃度の増加が凹地の拡大を促進するという考えもある．特に，石灰岩地域にみられるドリーネよりもスケールの小さな溶食凹地や溶食皿は，カメニツァ*と総称される． 〈青木　久〉

ようしょくおうち　溶食凹地【カルストの】　solution basin, solution depression, solution pan　炭酸塩岩は二酸化炭素を含んだ水にふれると，溶解作用を受ける．表面が均質に溶解していくわけではないので，わずかな凹凸があっても溶食を効果的に受ける場所と，あまり受けない場所が生ずる．より低く，水を長く留める場所は，長く溶解作用を受け，小凹地の地形が強調される．海水や雨水がたまり，水が留まっている間，溶食が行われる．したがって小凹地の底が縁をもち，壁部分は垂直に立つ．この小凹地は直径1m前後まで，深さは約50cmまでであり，カメニツァ*とよばれる．しかし，アイルランドのバレン（Burren）地方の海岸やマスク（Mask）湖には，蜂の巣状に直径約3cm, 深さ3〜5cm大の溶食小凹地が形成されていて，特定の藻類と湖水位が溶食作用に関与している．水位の変動に関連したこの小凹地は，底は必ずしも平坦ではない．これらの地形形成には生物活動が関与しているが，coastal karrenまたはlittoral karrenとよばれていて特定の名称はない．日本では，隆起傾向の著しい喜界島の完新世サンゴ礁段丘の上にカメニツァが発達する．また南大東島では，海水飛沫がつくる直径が1mを超えるカメニツァもみられる．凹地の形成が一時的なたまり水による溶食作用によるばかりではなく，直径が一層大規模になり，直径が数mを超え，底が擂鉢状になるとドリーネとよばれ，底には排水するための吸込み穴が形成されるようになる．ただし，アメリカではドリーネの用語は単なる吸込み穴である凹地にも適用するので，注意を要する． 〈漆原和子〉

ようしょくかいろう　溶食回廊　corridor　⇨カルスト回廊

ようしょくきじゅんめん　溶食基準面　corrosion base level　⇨カルスト基準面

ようしょくこく　溶食谷　karst valley　溶食で生じた谷．断層や顕著な節理にそって溶食が周囲より進んで生じることがあり，その場合は直線的なものが多い．カルスト谷*と同義語として溶食谷の用語を用いる．溶解谷ともいう．炭酸塩岩の地域では源流から下流に至るまで，地表水として流下することは少ない．炭酸塩岩の地域では，凹地では一般に

排水は吸込み穴から地下水系へ流下し，ポリエの縁辺部でカルスト湧泉として地下水が地表にあらわれ，地表水となって流下し，ポリエ底を流れるポリエの末端でポノールとして再び地下水系へ流入する．しかし，過去に氷河の融解した水が多量に流れたり，気候変化によってかつて多量の地表水が流れたことがあると，溶食がばかりでなく流水の作用がまさった，幅の広い深い谷のあとが乾谷*（dry valley）として残ることがある． 〈漆原和子〉

ようしょくちけい　溶食地形　karst landform, karst topography, karst scenery, karst terrain　炭酸塩岩の場合，二酸化炭素の混じる水によって溶解を受ける．このため，雨水や二酸化炭素の混じる土壌水や地下水にふれた炭酸塩岩の表面は凹凸に富み，特異な地形をつくる．これをカルスト地形や溶食地形という．炭酸塩岩ばかりでなく，炭酸カルシウムの混じる中国の黄土や，ヨーロッパのレスにおいては，雨水がよりよく浸透した場所が効率よく溶ける場合がある．これをプソイドカルスト（偽カルスト*）とよぶ．炭酸塩岩では最も典型的な各種の溶食地形がみられる．⇨カルスト地形 〈漆原和子〉

ようすいしけん　揚水試験　pumping test　帯水層*の水理的性質を調査するために，帯水層に設置した揚水井戸から揚水し，水頭を測定するために別途設けた観測井などのピエゾメーター*を用いて行う試験である．設置した井戸の産出能力を調べたり，水質を調べるために長期間揚水する試験を指すこともある．⇨帯水層試験 〈三宅紀治〉

ようすいはつでん　揚水発電　pumped-storage power generation　高低差のある二つの貯水池を配置し，電力需要の多い時期には上方の貯水池（上池とよばれる）から下方の貯水池（下池）へ放流することにより発電し，深夜など電力需要の少ない時期には，一定量の発電を行っている原子力発電や火力発電により得られる電力を利用して，下池から上池に揚水して，次の需要に備える発電方式をいう．上池では，揚水により得られる水を貯水する方式と，それに加えて自然に流入してくる水も貯水する方式とがある． 〈沖村 孝〉

ようせきじゅう　容積重　bulk density　容積重は湿潤密度（g/cm³）あるいは乾燥密度（g/cm³）で表現される．湿潤密度は，全土壌容積に対する固相と土壌水分（液相）の質量から求めるのに対して，乾燥密度は固相のみの質量から求める．このため，湿潤密度は乾湿の影響を受けるため，通常は乾燥密度で表現する．すなわち乾燥密度は土粒子のつまり程度，充塡の度合いを示し，水田土のように密につまっているほど，また粒子の粗い砂質土ほど大きい傾向がある．一般にその値は表層で小さく，下層になるにしたがって大きくなる．なお黒ボク土や泥炭土などの有機質土で小さい傾向がある．⇨土壌水分，pF値 〈駒村正治〉

ようそう　葉層　lamina　⇨葉理

ようぞんぶっしつ　溶存物質　dissolved matter, dissolved substance　水中に溶解している物質の総称．水中では物質が種々の状態で存在する．試水を濾過して孔径0.5～1μm程度のフィルターを通過する成分を溶存態（dissolved form），通過しない成分を懸濁態（particulate または suspended form）に大別される．溶存物質には，コロイド粒子，無機物，生物の遺骸，微生物，ウィルス，バクテリアなどが含まれる． 〈池田隆司〉

ようだつ　溶脱　leaching　岩石（鉱物）を構成する化学成分が，水との反応（溶解や加水分解等の化学的風化）によって除去されること．⇨溶脱作用 〈松倉公憲〉

ようだつさよう　溶脱作用　leaching　洗脱作用のうちの土壌中の塩類や可溶性有機物が水に溶解して，下方に移動する，あるいは移動し除去される過程をいう．リーチングとも．溶脱作用を受けた層を溶脱層といい，溶脱層が灰白色を呈する場合は漂白層という．特に，粘土粒子が機械的に下層へ移動し粘土集積層をつくるときレシベ作用という．溶脱作用を受けた土壌は，塩類が除去され，それにかわり水素イオンやアルミニウムイオンが保持されることにより，酸性化する． 〈田村憲司〉

ようだつそう　溶脱層　eluvial horizon　⇨溶脱作用

ようち　用地　site, lot　使用目的の特定された土地（例：学校建設用地）．敷地*とほぼ同義． 〈鈴木隆介〉

ようとう　洋島　oceanic island　大洋底からそびえたつ大洋（ocean）の中に散在する島で，大陸の近くにある陸島（land island）と対比される．洋島は，ほとんどが大洋底からマグマが噴出して形成される玄武岩質の火山島と，その火山島の海面下への沈降に従って発達するサンゴ島がある．火山島にはハワイ諸島，サモア諸島，サンゴ島にはマーシャル諸島，ギルバート諸島があり，陸島にはメラネシアの大部分の島嶼やニュージーランドがある．火山島は，面積は小さいが，高度は高く不規則に弧状や線状に配列し，サンゴ島は高度が低く，環礁では礁湖

を抱く． 〈八島邦夫〉

ようねんき　幼年期【侵食輪廻の】 youth, youthful, young stage（in cycle of erosion）　侵食輪廻において，原面が広く残り，河川による下刻が盛んに行われている時期（時階）を指す．造山運動による山地の生成・発展・消滅における地形変化系列を示した正規（河食）輪廻では，急激な隆起によって高所に達した平坦な原地形は河食により開析され，侵食基準面に向かって高度が低下するとともに起伏が変化し，幼年期，壮年期，老年期の次地形（時階）を経て，終地形の準平原に至る．幼年期は山稜上に原面が広く残り，原面に由来する原河川（必従谷）である主要河川もいまだ平衡に達せず，下刻を盛んに行っている時期を指す．正規輪廻以外の輪廻においては，河川との関係や平衡状態との関係が認定できないので，原面の残り具合や山稜の形態などから，上記に準じて判断することが多い．なお辻村太郎（1923）は，"原面の総面積が谷の総面積より少なくなった時点を幼年期と早壮年期の境界とする"としている．原面の残存状態は河間山地の発達段階の指標の一つとなるが，残存率5割は河川にとっても河間山地にとっても平衡状態との関係がともに不明である．一般に主要河川が平衡に達するのは，互いに谷頭を接して，鋸歯状山稜が形成され始める時期であり，逆に，鋸歯状山稜の出現は河間山地の斜面の平衡状態が出現し始めたことを示す．したがって，幼年期と早壮年期の境界は主要河川が互いに谷頭を接し，主要分水界が鋸歯状山稜を示すようになった時期とする方が本来の定義からみて適切と思われる．幼年期の状態の山地を幼年山地という．⇨原面，侵食輪廻，正規輪廻 〈大森博雄〉
［文献］井上修次ほか（1940）「自然地理学」，下巻，地人書館．／Davis, W. M.（1912）*Die erklärende Beschreibung der Landformen*, B. G. Teubner（水山高幸・守田　優訳（1969）「地形の説明的記載」，大明堂）．

ようねんこく　幼年谷 young valley　河川がいまだ平衡状態に達せず，下刻を盛んに行っている谷を指す．Davis（1912）は谷の発達段階は山地の発達段階にやや先行し，山地とは相対的に独立した河谷なりの系統的発達があるとして，幼年谷（jung Täler, young valley, jung Flüsse），壮年谷（reife Täler, mature valley, reife Flüsse），老年谷（alte Täler, old valley, alte Flüsse）に分けた．幼年谷は，原窪地線などを起源として発生した河川が平衡状態になるまでの間の下刻を盛んに行っている谷を指し，①下刻が盛んで，谷は深くなる，②谷壁では風化・崩壊が盛んで，谷の横断形はV字形を示し，場所によっては垂直の谷壁となる，③谷底や谷壁には基盤岩が露出することが多い，④岩石の硬軟による差別侵食が顕著に現れ，滝（瀑布）や淵が形成され，河川あるいは谷底の縦断面形は多数の遷急点を示す，などの特徴をもつとされる．なお，同一河川でも上流と下流，本流と支流とでは発達段階が異なることがある．⇨侵食輪廻，幼年期 〈大森博雄〉
［文献］井上修次ほか（1940）「自然地理学」，下巻，地人書館．／Davis, W. M.（1912）*Die erklärende Beschreibung der Landformen*, B. G. Teubner（水山高幸・守田　優訳（1969）「地形の説明的記載」，大明堂）．

ようねんさんち　幼年山地 young mountain, youthful mountain　⇨幼年期

ようはいがん　羊背岩 roche moutonnée（仏）⇨ロッシュムトネ

ようひんこう　養浜工 artificial nourishment　海浜に人工的に土砂を供給して，海浜の造成（⇨人工海浜），改良および維持を図る工法． 〈砂村継夫〉

ようへき　擁壁 retaining wall　切土*または盛土*による斜面の崩壊を防止するために設置された壁体． 〈砂村継夫〉

ようり　葉理 lamina, lamination　単層*内にみられる普通厚さ1cm以下の層構造．葉層，ラミナともよばれる．各葉理は挙動特性（主に粒径と密度に依存）が異なる粒子で構成される．単層の形成過程で生じる初生的な葉理は，流体運動や土砂供給の変化や，分級作用*によりつくられる．葉理のうち，層理面と平行なものを平行葉理，斜交するものを斜交葉理とよぶ．各葉理面の形態は形成時の砂床形*（ベッドフォーム）とその移動速度と堆積速度を反映する．⇨層理 〈関口智寛〉

ようりゅう　溶流 solution　河川の運搬作用は溶流，浮流，掃流に三大別される（⇨運搬作用）が，そのうちの一つ．溶流は，化学的風化作用によって岩石や土壌からもたらされた可溶性物質が，イオンの形で水に溶解したまま運搬される現象．溶流状態で運搬される物質を溶流物質（dissolved matter）といい，溶流で運搬される量は溶流荷重（dissolved load ⇨荷重）という．流域の地質条件を反映して，溶流荷重の量は河川によって異なるが，河川水の電気伝導度を計測することによってその量をおおまかに知ることができる．⇨電気伝導度［水の］ 〈松倉公憲〉

ようりゅうかじゅう　溶流荷重 dissolved load ⇨溶流，荷重

ようりゅうぶっしつ　溶流物質　dissolved matter　⇨溶流

ようりょく　揚力　lift　平行な流れの中に物体が置かれているとき，あるいは静止した水中を物体が動くときに，物体に働く鉛直上向きの力．
〈宇多高明〉

よく　翼【褶曲の】　limb　⇨褶曲（図）

よこいど　横井戸　horizontal well　地下水や地表からの浸透水を集めるための井戸．日本ではマンボ（日本語，*manbo*）とよばれ，地下水路（underground conduit）としての横穴と換気・土砂搬出などのための竪穴からなる．江戸時代から昭和の初めにかけてつくられ，三重県の鈴鹿山脈の東麓一帯に特に多く分布することが知られている．同様な横井戸は世界各地にあり，イランではカナート（qanāt），アフガニスタン，パキスタン，ウズベキスタン，新疆などではカレーズ（kārez），中国ではカルジン（Kanerjing），北アフリカではフォガラ（foggara）とよばれている．カナート・カレーズ・フォガラなどの横井戸は，砂漠など乾燥地帯につくられた地下水路トンネルであり，水源から給水先まで地表の灼熱による水の蒸発と温度上昇を防ぎ運搬する機能をもつ．⇨井戸
〈斎藤　庸〉

よこおひょうき　横尾氷期　Yokoo glaciation　⇨日本の氷期

よこずれおね　横ずれ尾根　offset ridge　⇨オフセットストリーム

よこずれきょうかい　横ずれ境界【プレートの】　transform fault　プレートとプレートが互いに横ずれするような境界．トランスフォーム断層とも．発散境界と発散境界，収束境界と収束境界，発散境界と収束境界をつなぐ三つのタイプが主であるが，このいずれにも分類できないサンアンドレアス断層のようなものもある．Wilson（1965）が，発散境界から横ずれ断層に急に移り変わることからトランスフォーム断層と命名．プレートどうしがずれることを反映し，この境界で起こる地震は横ずれ断層型となる．発散境界と発散境界をつなぐ場合，トランスフォーム断層をまたいで海底年代に差が生じるので地形の段差が生じ，断裂帯とよばれる．⇨プレート境界，断裂帯
〈瀬野徹三〉

[文献] Wilson, J. T.（1965）A new class of faults and their bearing on continental drift : Nature, **207**, 343-347.

よこずれだに　横ずれ谷　offset stream　⇨オフセットストリーム

よこずれだんそう　横ずれ断層　strike-slip fault

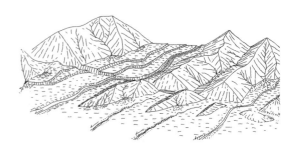

図　右横ずれ活断層に伴う断層変位地形（岡田，1979を，活断層研究会，1992が改訂）

断層の走向と平行な変位成分が卓越する断層（図）．変位方向により右横ずれ断層（right-lateral fault, dextral fault）と左横ずれ断層（left-lateral fault, sinistral fault）に区分される．活断層の場合には，尾根と谷の系統的な屈曲，段丘崖の横ずれ，断層池，閉塞丘などの断層変位地形*が発達する場合が多い．サンアンドレアス断層*，中央構造線活断層帯，阿寺断層などが横ずれ活断層の典型例．⇨オフセット，オフセットストリーム，活断層，左横ずれ断層，右横ずれ断層
〈金田平太郎〉

[文献] 活断層研究会（1992）『新編日本の活断層』，東京大学出版会．

よこずれへんい　横ずれ変位　lateral offset, strike-slip (transcurrent) displacement　断層の走向と並行する変位成分が卓越する断層．横ずれの変位方向により右横ずれ断層（right-lateral fault, dextral fault）と左横ずれ断層（left-lateral fault, sinistral fault）に区分される．活断層の場合には，尾根・谷の系統的な屈曲，段丘崖の横ずれ，断層池，閉塞丘などの断層変位地形が各所に発達する（図）．世界的では，プレート境界のサンアンドレアス断層やアルパイン断層などが，日本では，中央構造線活断層帯，阿寺断層などが横ずれ変位がみられる活断層の典型例．⇨オフセット，活断層，横ずれ断層
〈岡田篤正〉

よこだおししゅうきょく　横倒し褶曲　recumbent fold　⇨褶曲構造の分類

よこてい　横堤　cross dike, wing levee　河川堤防の一種．洪水時における下流域での急激な増水を調節するために，本堤に対しほぼ直角方向に河道内に設けられた堤防．川幅が広く堤外地に農地があるような場合には，この部分が遊水池として働き，さらに流速が減少するので本堤の保護も期待できる．
〈砂田憲吾〉

よこなみそくど　横波速度　transverse wave

velocity, secondary wave velocity　S波速度ともいう．媒質の各点の振動方向が波の進行方向に直角な方向の波（物質の各部がたわみながら伝わる波）の位相速度．縦波速度より遅いが，地震波の場合は建物などに大きな被害をもたらす．　　　〈飯田智之〉

よこぶせしゅうきょく　横ぶせ褶曲 recumbent fold　⇨褶曲構造の分類（図）

よしおかそう　吉岡層 Yoshioka formation　北海道南西部地域に分布する上部中新統の汽水〜浅海成層．均質で暗灰色の泥岩からなり，砂岩層・亜炭層を挟む．層厚は最大で270 m．　〈松倉公憲〉

よしかわ　とらお　吉川虎雄 Yoshikawa, Torao（1922-2008）　東京大学地理学科卒業．お茶の水女子大学を経て，多田文男教授の後継者として東京大学教授．在任期間が長く，指導を受けた地形学研究者が多い．揺籃期の第四紀研究における地形学の地位を高めた．中野尊正*と共著で「地形調査法」（1951）を出版，野外地形調査法の指針として長く用いられた．また「日本地形論（上）」（1963，地団研）の新装版「新編日本地形論」（1973）は戦後の地形発達史研究のまとめのような性格の教科書で，その後の地形研究の動向に大きな影響を与えた．日本の地形学を世界に紹介した *The Landform of Japan*（1981）の筆頭著者であり，IAGやINQUAの名誉会員でもあった．「湿潤変動帯の地形学」（1985）では日本列島の地形の解釈に新しい視点を導入した．また南極地域観測隊隊長を務めるなど吉田栄夫・藤原健三などとともに，同観測研究事業における地形学の地位向上に努めた．　〈野上道男〉

よしむら　しんきち　吉村信吉 Yoshimura, Shinkichi（1906-1947）　陸水学者．東京帝国大学地理学科を卒業，陸軍士官学校教授などをへて，第二次世界大戦後，中央気象台（現気象庁）技師．田中館阿歌麿の開拓した日本の湖沼学*を格段と進歩させ，1932年に名著「湖沼学」を出版した．1947（昭和22）年1月22日，結氷した諏訪湖の調査中に氷が割れて殉職した．水泳が得意ではなかったといわれている．　〈鈴木隆介〉

［文献］三井嘉都夫編（1981）「吉村信吉博士著作目録」，日本陸水学会．

よしん　余震 aftershock　大きな地震（本震）の後に，本震の震源域やその周辺で起こる地震．本震直後の余震の空間分布は，本震の震源域の指標とされる．余震の数は，本震からの経過時間とともにべき関数的に減り，その経験式は改良大森公式として知られている．　〈久家慶子〉

よせなみ　寄せ波 surging breaker　⇨砕波型式

よだ yoda　津波*を指す三陸地方の方言．ヨダとも．　〈砂村継夫〉

ヨックルラウプ jökulhlaup　氷河底面からの突発的な出水によって生ずる洪水．語源はアイスランド語．ヨコロウプとも．ピーク時の流量は平常時の数十倍に達し，その後は急速に減少する．氷河に貯えられる大量の水の起源は，①氷底火山の噴火により生ずる融解水，②地熱地帯の氷河底面に形成される湖，③（火山活動に関係しない）氷河内部・底面に貯留される融解水，④氷河が支流の川を堰き止めた湖．ただし④の場合は，氷河前縁湖の破壊による洪水と合わせて氷河湖決壊洪水*とよばれることが多い．アイスランドでは，ヴァトナ氷河底にある火口湖を起源とするヨックルラウプが約5年周期で発生し，多量のシルト・砂礫を含んだ洪水流が広大なサンダーを形成している．⇨氷底噴火〈松元高峰〉

［文献］Björnsson, H.（1992）Jökulhlaups in Iceland: characteristics prediction, and simulation : Annals of Glaciology, **16**, 95-106.

ヨッホ Joch（独）　鞍部，峠と同義．〈岩田修二〉

よど，よどみ　淀 backwater　流路単位*の一つで，流速の極めて遅くなった箇所を指す．倒流木や岩など流路内に存在する障害物の背後，ワンドのように入江状に深くえぐられている箇所，流入口が閉塞しており流出口が本川とつながっている二次流路，などに形成される．〈中村太士〉

よどみてん　淀み点 stagnation point　流速が0になる点．流れの中に物体を置いたときに，流れが物体表面に垂直に作用する場所で生じる．〈宇多高明〉

よねくら　のぶゆき　米倉伸之 Yonekura, Nobuyuki（1939-2000）　東京大学地学科（地理）卒業．同大学教授．海成段丘の研究から弧状列島の地殻運動・地震性地殻運動の研究に新たな展望を開いた．貝塚爽平が企画した「日本の地形」の編著者として中心的な役割を果たしていたが，「環太平洋の自然史」（2000）を残して逝去した．　〈野上道男〉

ヨブ yobu　複数列の沿岸砂州*がつくる浅海底の凹凸．釣り用語．　〈砂村継夫〉

よりす　寄州 side bar　⇨蛇行州

ヨルディアかいき　ヨルディア海期 Yordia Sea stage　⇨スカンジナビア氷床

ら

ライエル Lyell, Charles（1799-1875） 英国の地質学者．1830～1833年に「地質学原理（*Principles of Geology*），全3巻」を出版し，その数十年前にハットン*（J. Hutton）が提唱した斉一説*を広め，また進化論のダーウィン（C. R. Darwin）と友人で，その自然淘汰説の着想に影響を与えた．〈鈴木隆介〉

［文献］Werritty, A.（1993）Geomorphology in the UK: *In* Walker, H. J. and Grabau, W. E. eds. *The Evolution of Geomorphology: A Nation-by-Nation Summary of Development*, John Wiley & Sons. ／大久保雅弘，編（2005）「地球の歴史を読みとく：ライエル『地質学原理』の抄訳」，古今書院．

らいかんせき 雷管石 fulgurite ⇨フルグライト

ライケノメトリー lichenometry ⇨地衣類年代法

ライシメータ lysimeter 金属またはコンクリートでつくられた容器に周囲と同じ土壌を充填し，またその表面を周囲と同じ植生にして土壌層をつくり，それを地表面の高さを同じにして地中へ埋め込み，その土壌層の水分減少量を測定して地表面からの蒸発散量を測定する観測装置．蒸発散量は土壌層の水収支から計算されるため，別途降水量の観測が必要になる．ライシメータで測定する土壌層は，周囲の土壌と遮断されて測定される．したがってライシメータの土壌層は，その物理的特性や地表面の植生が周囲と同じでないとその地域を代表する値は得られない．ライシメータは，土壌層の水分減少量を検出する方法によって秤量式と非秤量式がある．秤量式は底部に重量計を設置して土壌層の重量変化から求める方法であるが，非秤量式には，自由水面地下水をつくってその水位変化を観測して求めるフローティングライシメータや，地下水位が一定になるように給水してその給水量から求める定水位給水型ライシメータなどがある．形は円形や方形など様々で，また大きさも，フィールドで簡単に観測できる直径数十cmのものから，実験圃場に設置する直径数十mのものまである．〈浦野愼一〉

ライダー LIDAR light detection and ranging ⇨航空レーザ測量

ライムストーン・ウォール limestone wall ⇨石灰岩堤

ライムストーン・ペイブメント limestone pavement ⇨ペイブメント・カルスト

らがんしゃめん 裸岩斜面 bare slope 植生に全くまたはほとんど被覆されていない斜面の総称．露岩斜面とも．乾燥地域や高山，高緯度地域に多い．湿潤地域でも岩塔，急崖，急斜面あるいは新しい火山斜面や断層崖に普通にみられ，布状侵食，リル侵食，ガリー侵食，落石，崩落が発生しやすい．崩落崖・地すべり滑落崖の形成，植生皆伐，山火事，過放牧，過登山客の踏み荒らし，虫害などによって被覆斜面が裸岩斜面に変貌すると，侵食が進み，悪地化することがある．⇨被覆斜面，はげ山，悪地 〈鈴木隆介〉

ラグーン lagoon 浅海域の一部が沿岸州，砂嘴，トンボロ，浜堤などの砂礫堆やサンゴ礁の発達によって外海から切り離されて形成された水体．潟湖または潟ともよばれ，サンゴ礁海岸の場合は礁湖*とよばれる．一般に1カ所ないしは数カ所の潮流口*をもち，そこでは潮の干満にともなって潮流が生ずる．水体の大きさ，潮流口の広さや数，潮差などによって外海の水との交換の程度が異なるので，ラグーンの塩分濃度はさまざまである．外海と完全に遮断された潟湖は海跡湖とよばれ，そこが埋積されると潟湖跡地となる．⇨砂浜海岸（図） 〈武田一郎〉

らくさ 落差【断層の】 throw（of fault） 断層変位の上下成分で，地表地震断層*では断層面の両側の高度差（比高）をいう．⇨断層変位の諸元（図） 〈鈴木隆介〉

らくすい 落水 plunging water ⇨落水型侵食

らくすいがたしんしょく 落水型侵食 plunging water erosion ほぼ垂直な台地崖などで滝のように流下する落水によって生じる侵食．谷頭侵食の一

種.平坦な台地面と急傾斜の台地崖で構成されるシラス台地の台地崖では,この侵食による急速なガリーの形成・成長が起こることが知られている.⇨谷頭侵食,シラス台地,ガリー侵食　〈横山勝三〉

[文献] 横山勝三 (2003)「シラス学」. 古今書院

らくすいせん　落水線　fall line, trace of runoff　水は重力に従って最大傾斜方向に流れるので,地表の1地点から流下した水が,流下中に消失することなしに,低所に向かって流れた流線を追跡した仮想の軌跡線で,半無限数が描ける.降雨時の斜面では,半無限に多数の落水線が想定されるが,それらはしだいに低所に収斂して本数が減少し,谷線に達すると1本になる.落水線という用語は日本語の従来の地形・地学関係の辞典類では解説されていないが,その概念は地形学や水文学の研究者にとっては暗黙の了解事項であり,斜面の観察では常に意識されてきた.　〈鈴木隆介〉

[文献] 鈴木隆介 (1997)「建設技術者のための地形図読図入門」, 第1巻, 古今書院. ／Malott, C. A. (1928) The valley form and its development : Indiana Univ. Studies, **81**, 3-34.

図　落水線の概念図 (Malott. 1928)

らくすいせんこうばい　落水線勾配【DEMによる】　drainage direction gradient, gradient of fall-line (from DEM)　方形DEMではある格子点の周囲4方向,あるいは8方向のうち最も勾配が大きい方向(低い方向)を落水線方向,その勾配を落水線勾配という.正方形4連結DEMでは距離が等しいので,勾配を計算するまでもなく,周囲で標高値が最も低い方向を探索するだけでよい.　〈野上道男〉

らくすいせんマトリックス　落水線マトリックス　drainage direction matrix (DDM)　DEM*上のすべての(格子)点から落水線方向を次々にたどるとき,海または対象範囲の縁に達するような方向コードを埋め込んだ2次元配列数値データをいう.方位(dir)のコードには何を当ててもよいが,Nに10,Sに26,Wに17,Eに19という標準コードを当てると,dir/8-2とdir%8-2(/と%は整数演算の商と剰余)によって,次の格子点の位置変化が表されるので便利である.DEMには4方向あるいは8方向の格子点標高よりも低い凹陥地(格子点,英語では処理ソフトによってpitあるいはdepressionとよばれる)や等しい平坦地が存在する.凹陥している値や平坦を示す値を微小ずつ高めることを繰り返すと,落水線が凹陥地周囲の縁の最も低いところから流れ出す.この最も普通の探査法は洪水法(flood algorithm)といわれている.一般に落水線探査・水路網構成アルゴリズムは各ソフトメーカーによってブラックボックス化されているので,一般ユーザーはマニュアルから知ることはできない.⇨流入線マトリックス　〈野上道男〉

らくせき　落石　rockfall　崖ないし急斜面から一度に1個ないし多数の岩片(岩屑,岩塊)がバラバラの状態で,重力に従って斜面下方に瞬間的に落ちる現象(次頁の図).落下後に静止している岩片を転石(fallen stone, block : 落石とも)という.岩片の粒径は数cmから数十m.岩片の移動様式は自由落下と着地後の跳動(跳躍とも)・転動・滑動(順不同で,繰り返しも)であり,この順に移動速度が減少する.自由落下した後の個々の岩片の挙動,到達距離および移動速度は,衝突した斜面の物性(弾性的か塑性的)・粗度・傾斜角・長さ,地表に衝突直後の速度と方向,岩片の形状,樹木の繁茂状態などの因子に影響される.落石の引き金は,豪雨,強風,地震,凍結融解作用,雪塊・氷塊の落下衝撃力,匍行,温度変化,樹根の楔作用のほか,崖基部の侵食や掘削による下方支持力の低下であると考えられる.しかし,落石は,発生頻度の季節変化や天候による変化が少なく,原因不明で突発的に発生する場合が多いので,発生予測の極めて困難な地形過程の一つであり,それによる落石災害が多発する.落石は,発生起源と離脱様式によって,①転落型落石(段丘礫層,火山砕屑岩などの非固結堆積物からの粗大岩片の抜け落ちで,抜け落ち型とも)と②剥落型落石(節理,層理などの地質的不連続面の多い岩盤からの岩

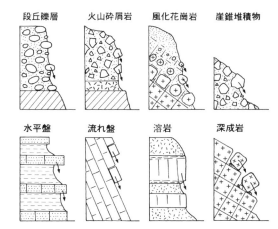

図 落石発生源の主な類型（鈴木，2000）

塊の離脱で，剝離型・浮石型ともに）に大別される．また，地山から新たに岩片が離脱する一次落石（primary rockfall）と岩棚や溝などに落下堆積していた岩屑が再移動する二次落石（secondary rockfall）に区分される．落石に類似した崩落との違いは，岩片の個数を数えられる程度の大きさと量である場合が落石，個数を数えられない程度の多量である場合が崩落* である．落石に起因する地形（落石地形）には，岩片の落ちた跡に生じる落石窪と崖基部での落石の堆積で生じるテラス斜面（崖錐）がある．なお，周氷河地域では圏谷壁からの落石が氷河や雪田の表面を転動し，基部に堆積してプロテーラスランパート*，ウィンターテーラス・リッジなどの堤状の地形が形成される． ⇨落下，崖錐　　　　　〈石井孝行〉

［文献］鈴木隆介（2000）「建設技術者のための地形図読図入門」，第3巻，古今書院．/ Rapp, A. (1960) Recent development of mountain slopes in Kärkevagge and surroundings, northern Scandinavia : Geografiska Annaler, **42A**, 65-200.

らくせきくぼ　落石窪　rockfall impact hole　⇨落石地形

らくせきさいがい　落石災害　damage caused by rockfall　⇨落石

らくせきちけい　落石地形　rockfall landform　落石* の繰り返しで形成された地形の総称．落石発生源には露岩の急崖や抜け跡の窪みが生じ，落石の定着した地区には崖錐* が生じる．また，大きな落石の落下地点には落石の衝突でへこんだ落石窪が生じる．　　　　　　　　　　　　　　〈鈴木隆介〉

［文献］鈴木隆介（2000）「建設技術者のための地形図読図入門」，第3巻，古今書院．

らくせきとうたつきょり　落石到達距離　traveling distance of rockfall　落石の発生地点から落石停止地点までの到達距離（L）は，落石通過斜面の状態に制約されるが，落石による崖錐* が形成される地形場* では，一般的には両地点間の比高（h）との間に，$h \leq 100$ m の範囲では，$L \leq 1.3h$ の関係がある． ⇨落石，雪崩到達距離　　　　　〈鈴木隆介〉

［文献］鈴木隆介（2000）「建設技術者のための地形図読図入門」，第3巻，古今書院．

らくばん　落盤　roof-fall, cave-in　自然空洞（例：石灰洞，溶岩トンネル），鉱山や炭鉱の坑内，掘削中のトンネルで，天井や壁の一部が重力で剝げ落ちる現象のうち上方の地表に地形変化を生じないものをいう．落盤が地表に及び，凹地を生じる現象を陥没* （sink）という． ⇨浮石（うきいし）　　〈沖村 孝〉

らくようらくし　落葉落枝　litter　森林等の植物群落において，土壌表面に落ちてきた枯葉や枯枝，動物の糞などをまとめて落葉落枝（リター）という．落葉落枝は，土壌表層で土壌動物や微生物の働きによって，難分解性の土壌有機物（腐植*），無機物，二酸化炭素へと分解され，窒素，リンなどの無機養分は再び植物に吸収される．リター層の厚さは，1年間に落下する落葉落枝量と分解速度によって決まる．熱帯林では分解速度が速いためにリター層はほとんど発達しないが，北方針葉樹林では，分解速度が遅いためにリターや腐植が厚くたまっており，地球環境変動や伐採による地表温度の上昇が起こると，それらが分解されて大気中の二酸化炭素濃度の上昇につながると考えられている．　　〈福田健二〉

［文献］太田猛彦ほか編（1996）「森林の百科事典」，丸善．/ Whittakker, R. H. (1970) *Communities and Ecosystems*, Macmillan（宝月欣二訳（1974）「生態学概説」，培風館）．

らくらい　落雷【気象の】 thunderbolt　⇨雷

らくらい　落雷【地形営力としての】 lightning strike (as geomorphic agent)　落雷は，高圧電流の放電現象で，瞬間的な高熱と強い衝撃を伴うため破壊力も大きく，人的被害をはじめ停電，火災，建造物の損傷など人間生活の様々な側面で被害を及ぼす．特に落雷による建造物の損傷例のうち，近年の注目すべき事例は，国会議事堂の中央塔（高さ65 m）頂部外壁（花崗岩製）の損傷（飛散破片バケツ1杯分，2003.9.3），熊本城天守閣のシャチホコ（陶器製）および屋根瓦に亀裂発見（2007年），マーライオン像（シンガポール，高さ8.6 m，コンクリート製）の頭部損傷（サッカーボール大の穴の生成，2009.2.28），また，空港滑走路の損傷（穴の生成）では熊本空港（径30 cm，深さ約5 cm，2006.8.24），

宮崎空港（径60～70 cm，深さは12 cmと6 cmの2個，2008.8.8），石垣空港（径30 cmと15 cmのもの二つ，深さはいずれも3～4 cmの3個，2008.9.16）などがあげられる．これらから，落雷によって岩石は破壊され，地表には小穴が形成されるなどの微小な地形変化が起こると思われる．しかし従来，落雷による地形変化の野外における具体的な報告例はほとんどない．これは，野外では落雷の現場に居合わせ，地形変化を目撃する機会がほとんどないことに加えて，たとえ実際に落雷による（本物の）破壊岩石や穴を目前にしたとしても，それだけでは，それを落雷によるものと断定することが人工物に比べて困難なことによると思われる．落雷は，地形形成作用の他，高熱の作用で落雷地点の砂や岩石の一部を融解し，フルグライト*を形成することが古くから知られている．また，落雷は強い磁場を伴うため，磁鉄鉱などの磁性鉱物を含む火山岩などが被雷すると，磁化作用で磁石石（ロードストーン*）が生じる．火山岩の山地などのトア*（岩塔）には磁石石が多いが，これは，地表の突出物は被雷しやすいと一般によくいわれていることとも調和的である．また，このようなトア（磁石石）の上面には，ナマ*（ポットホール状の窪み）を伴うものも見られる（例：阿蘇カルデラ外輪山）．このことから，ナマ形成の出発点となる最初の窪みの生成に落雷が関与している可能性が指摘されている． 〈横山勝三〉

[文献] Yokoyama, S. (2013) Lightning strike as a trigger in the formation of weathering pits: Trans. Japan. Geomor. Union, 34, 303-311.

ラコリス laccolith ⇨火成岩の産状

ラコリスドーム laccolithic dome ラコリス（餅盤）の迸入によって生じたドーム山地の一種．ラコリスを覆う堆積岩類はラコリスによって背斜構造をつくる．また被覆層が硬・軟岩の互層の場合は，侵食によってホッグバック*がつくられる． ⇨火成岩の産状 〈松倉公憲〉

ラシャンプ・イベント Laschamp event ブリュンヌ正磁極期のなかで39～40 kaに起こった地球磁場逆転現象と考えられている逆磁極期を，ラシャンプ・イベントとよぶ．フランスChaine des PuysのLaschampとOlbyの二つの溶岩層の中に，Bonhommet and Babkineによって1967年に逆帯磁層が発見された．LaschampとOlbyの溶岩から求められた6個の^{40}K-^{40}Ar年代と13個の^{40}Ar-^{39}Ar年代データから，40.4±1.1 kaの年代が与えられ，GRIP氷床コアのなかにもラシャンプ・イベントは記録されており，39 kaの年代が与えられている． 〈乙藤洋一郎〉

[文献] 小田啓邦（2005）頻繁におこる地磁気エクスカーション ―ブルネ正磁極期のレビュー：地学雑誌，114, 174-193.

らしゅつカルスト　裸出カルスト bare karst, naked karst 炭酸塩岩を覆っていた植被や土壌被覆が失われ，地表面のほとんどがカレンフェルトの状態になった石灰岩地域を裸出カルストとよぶ．アドリア海沿岸の石灰岩地域では，ギリシャ，ローマ時代以来，樹木を伐採し，建材として採石をした．さらに急傾斜地で耕作を続け，ヤギやヒツジの放牧をした結果，カレンフェルトが広域にわたって長い間分布し続けた．この状態を裸出カルストとよんだ．いったん，植被を失うと，溶食速度の大きい熱帯多雨地域でも土壌流出の速度が大きいために容易には土壌の生成速度が間に合わず，裸出カルストの状態を引き起こす．アドリア海沿岸や，スペイン，ポルトガルでは，生育の早いマツの植林を積極的に進めている．スロベニアのクラス地方でも第二次大戦後，不毛なカルスト台地にマツの植林をした結果，植生の回復をした地域が拡大している．しかし，短期間に生育するマツのみの植林を行ったため，乾燥した夏に，観光客のたばこの火の不始末や，自然発火によって，生育した松林を一度に失う山火事も発生し，人の手によって単一の樹種のみの林をつくる難点も指摘されている． ⇨被覆カルスト 〈漆原和子〉

らしゅつさきゅう　裸出砂丘 naked dune 砂丘上の植生が破壊されて砂面が露出した状態か，あるいははじめから植生被覆のない砂丘を指す．人為的あるいは野火などによって砂丘上の植生が破壊された場合に砂が移動しはじめ，風下地域に飛砂の被害をもたらす． 〈成瀬敏郎〉

らしゅつじゅんへいげん　裸出準平原 stripped peneplain ⇨剥離準平原

ラスタコンタリング raster contouring 一般にDEM*を可視化するには，段彩図*と陰影図*が用いられる．しかしDEMから画像としての等高線図を生成したい場合もあり，その手法がラスタコンタリングである．まず得たい等高線ごとの標高で区切って，交互に値が0と1となるゼブラマップを作る．それに対してラプラシアン*を計算する（値が急変するところを抽出している）．その値が0でないところが等高線位置となる．この等高線画像はベクター型のデータではないが，見掛けは等高線地図となっている． 〈野上道男〉

らせんりゅう　らせん流　helical flow　主流（main flow）に対して垂直な横断面内で生じている副次的な流れが，主流と合成されて，らせん状の回転運動を呈するようになった流れ．蛇行河川*の湾曲部では水面付近で凹岸方向に，水底付近では凸岸に向かうらせん流が発達する．直線的な河道では，主流方向に回転軸をもつ円筒状のらせん流が並列して出現し，互いに逆方向に回転しながら流下する（並列らせん流）．安定した並列らせん流が形成されているような砂床河川においては主流方向に伸長した河床堆積物の高まりが水深のほぼ2倍の間隔で規則的に配列し，縦筋を形成する．　〈砂村継夫〉

らっか　落下　fall　オーバーハング，急崖，急斜面から何らかの原因で離脱した岩屑が，重力のみに従って，自由落下，跳動，回転などの運動形態で地表面とは相対的に接触せずに，斜面下方に急速に移動する現象．移動物質によって，岩石落下（落石：rockfall），岩屑落下（debris fall），土壌物質の落下（earth fall）に細分される．後二者を併せて土壌落下（soil fall）とも．落下した岩屑は斜面基部に堆積してテーラス斜面（崖錐）を形成する．⇨落石，崖錐（図）　〈石井孝行〉

[文献] Selby, M. J. (1982) *Hillslope Materials and Processes*, Oxford Univ. Press.

ラットテイル　rat tail　⇨Pフォーム

ラップ　Rapp, Anders（1927-1998）　スウェーデンの地形学者・地理学者．長年，ウプサラ大学に在籍し，山地斜面の発達およびそれに関係する様々なプロセスについて実証的研究を行う．後年，ルンド大学名誉教授となる．1960年代までは主として北部スウェーデン，スピッツベルゲンなどの永久凍土を伴う地帯で，山壁，崖錐斜面などの発達と，それに関係する岩石落下，岩石すべり，テーラスクリープ，ソリフラクション，雪崩，泥流，雨裂などの動態の研究を行った．このような研究は生涯にわたって続けられたが，1970年代からは，タンザニアにおける土壌の侵食と堆積の研究を進めるため，スウェーデン-タンザニア共同チームのリーダーとして活動した．彼が参加した研究は，繰り返される執拗なフィールドワーク，野外実験，写真を含む時系列的データの解析などによって裏付けされている．1962年に米国地質学会よりブライアン賞（Kirk Bryan Award）を受けた．　〈徳永英二〉

ラテライト　laterite　プリンサイト*が露出して乾湿を繰り返した結果，不可逆的に硬化して鉄石耕盤または不規則な凝集体となったもの．かつてわが国の高等学校の教科書では，ラテライト（紅土とも俗称される）を高温，多雨ないし乾湿のある熱帯地方の赤色土壌の総称として使用している場合もあったが，今日では鉄質硬化物質（鉄石または鉄皮殻）に限定して用いる．したがって，ラテライトそのものは土壌ではなく風化生成物の一種と見なされており，ラトソル*と混同しないように区別する必要がある．　〈前島勇治〉

ラテラル・スプレッド　lateral spread　⇨スプレッド

ラテラルモレーン　lateral moraine　⇨モレーン

ラトソル　Latosols　年間を通じて高温・多湿な熱帯雨林気候帯や熱帯モンスーン気候帯に広く分布している成帯性土壌*の一つ．従来，ラテライト性土壌，カオリソルとともに土壌名として使用されてきたが，混乱を避けるため，一般に鉄アルミナ質土壌とよばれるようになってきている．米国の土壌分類体系でオキシソル目，もしくは世界土壌照合基準（WRB）におけるフェラルソルに相当する．⇨鉄アルミナ富化作用　〈前島勇治〉

ラバ　lava　⇨溶岩

ラハール　lahar　水分の多い火山岩屑流で，火山泥流と同意．元来はジャワ島（インドネシア）の火山地域における火山泥流（豪雨による土石流を含む）に対して使われていた用語であるが，いまでは一般的な火山用語として使われるようになっている．⇨火山岩屑流，火山泥流　〈横山勝三〉

ラビーンメントめん　ラビーンメント面　ravinement surface　地層内に記録された浅海底での波浪による外浜侵食（shoreface erosion）の痕跡．ラビーンメント面は波食面で，海進とともにその侵食場が陸側に移動することで平坦な面が連続して形成される．ラビーンメント面上の堆積物（ラビーンメント堆積物）は，ストーム時に侵食された堆積物の一部が沖側に運ばれ，以前に形成されたラビーンメント面上に堆積したものである．ラビーンメント堆積物は，礫や貝殻片を含んだ粗粒で分級の悪い堆積物で，海進期の地層に典型的にみられる海進残留堆積物（transgressive lag deposit）がこれにあたる．ラビーンメント面を境に上位の堆積相が急に深くなること，明瞭な侵食面であること，特徴的なラビーンメント堆積物がみられることから，地層ではこの面を容易に認定することができる．ラビーンメント面の上下の堆積物は新旧の関係にあり，ラビーンメント堆積物は沖側ほど古いものとなる．

〈増田富士雄〉

ラピエ lapies, lapiaz　カレン*の同義語として用いられる．ラピエはフランス語由来．地表面に露出する石灰岩の表面に，雨水による溶食溝が多数形成され，溝と溝の間が稜線としてそそり立つようになる．ラピエは溝と稜部のつくる溶食溝の地形をいう．ドイツ語由来のカレンは「車の轍（わだち）」を意味し，溶食溝の部分を指す．岩質，岩石表面の傾斜，雨の降り方によって多様な形態のラピエが形成される．植被や土壌被覆がある場合は溝も稜部も丸みを帯びたルンドカレンが形成される．　　　　〈漆原和子〉

ラピリ lapilli　⇨火山礫

ラプラシアン Laplacian　ラプラスの演算子のことで，しばしば演算記号 Δ（デルタ）あるいは ∇^2（ナブラの2乗）で表すが，場の量に対して演算子を作用させた結果に対しても用いる．後者においてそれをゼロと置いたものがラプラス方程式である．地形で問題となる場のスカラー量である標高 h に対して後者は $\mathrm{div}(\mathrm{grad}\, h)$ と表記できて，それは二次元直交座標において $\Delta h = \nabla^2 h = \partial^2 h/\partial x^2 + \partial^2 h/\partial y^2$ で与えられるが，地形の突部でマイナス，凹部でプラスとなる．その差分近似，例えば

$$\partial^2 h/\partial x^2 \fallingdotseq (h_{i+1,j} - 2h_{i,j} + h_{i-1,j})/(\Delta x)^2$$

は DEM* を用いて簡単に計算できるので，地形の特徴を示す量の一つとしてしばしば求められる．ただし次元（L^{-1}）をもつ量であるので，この点に関する配慮が必要である．二次元のラプラス方程式 $\Delta \phi = 0$ を満たす $\phi(x, y)$ は調和関数である．斜面発達のデービスモデル*は，高度変化の早さが標高のラプラシアンに比例する形をとる．　〈平野昌繁〉

ラプラスほうていしき　ラプラス方程式 Laplace equation　⇨ラプラシアン

ラミナ lamina　⇨葉理（ようり）

ランカー ranker　FAO/Unesco 世界土壌図などで使用される土壌名．基岩である R 層，あるいは C 層の上に薄い A 層が乗っているような土層の薄い土壌．山地斜面上に分布する未熟な土壌である．世界土壌照合基準（WRB）では Leptosols に属する．　　　　〈田村憲司〉

ランキンどあつ　ランキン土圧 Rankine's earth pressure　地盤*内のどこでも一様に塑性平衡状態にあると仮定して求められた，鉛直面上に作用する土圧*をいう．すべり面は，無数に現れるような状態を想定している．本来は土中の鉛直面に作用する土圧を与えるものであり，摩擦のある構造物の壁面に作用する土圧や，背後の地盤が傾斜している場合の土圧については，そのままでは適用できない．

〈加藤正司〉

ランダムグラフモデル【水路網の】 random graph model (for stream network)　地形学では現在までのところ，グラフ理論やランダム過程の理論を用いたモデル化は，水路網に関してなされている．この場合，パターンが完全にランダムに決まるという仮定に基づいてつくられる水路網モデルをランダムグラフモデルとよんでいる．これまでに発表されたモデルには，酔歩モデルおよび位相幾何学的水路網モデルの二つのタイプがある．酔歩モデルの一例である L. B. Leopold と W. B. Langbein のモデルは，水路網のランダムな形成を数値実験によりモデル化するもので，方眼紙上で，まず水路の発生点をランダムに選び，そこより上下左右の4方向のいずれかの方眼に同じ確率で流下させ，逆流しないことおよびループをつくらないことを条件に，3方向に同じ確率で出口の方眼に到着するまで，酔歩させる．次にあらたにランダムに発生点を選び，同じ条件で，先に描かれている水路に合流するか出口へ到着するまで酔歩をさせる．これを繰り返して水路網を完成させる．もう一つのタイプは位相的にランダムな水路網モデルである．シュリーブ（R. L. Shreve）は，水路網が位相幾何学的性質をもつことに着目し，1次の水路の数が同数の位相的に異なる水路網ではそれぞれの発生確率は等しいとの仮定に基づいて，ランダムに発生させた水路網の平均的な分岐状態を数式で表した．　⇨水系網のシミュレーション，位相的にランダムな水路網モデル

〈徳永英二〉

[文献] Leopold, L. B. and Langbein, W. B. (1962) The concept of entropy in landscape evolution : U. S. G. S. Prof. Paper, 500-A, 1-20.

らんでいりゅう　乱泥流 turbidity current　混濁流ともいう．浮遊物質を含む流体と，周囲の流体の密度差に起因し，重力により駆動される堆積物重力流（sediment gravity flow）の一種で，水中で生じる．堆積物重力流の分類と乱泥流の定義については，重力流内での粒子の支持機構，流体中の堆積物濃度，流体のレオロジーや密度を基準とする諸説がある．ただし，turbidity current という述語は元来，濁り（turbidity）に起因する流れ（Johnson, 1938）に対する一般名称であり，粒子の支持機構など流れの特性を意味したものではない．乱泥流の起源として，海底地すべり，暴浪，津波，河川などがもたらす高濁度水が挙げられる．高速で流下する乱泥流は，底面の堆積物を侵食して取り込むことでさ

らに加速し，さらなる侵食を起こすと考えられている．このような侵食作用は海底谷の発達に寄与する．乱泥流により運搬される物質は陸棚縁辺の大水深域に堆積し，海底扇状地*を形成する．乱泥流による堆積物（乱泥流堆積物）や堆積岩をタービダイト*とよぶ． 〈関口智寛〉

[文献] Johnson, D. W. (1938) Origin of submarine canyons : Journal of Geomorphology, 1, 111-129, 230-243, 324-340.

らんでいりゅうたいせきぶつ　乱泥流堆積物 turbidite ⇨タービダイト，乱泥流

ランドスライド landslide　多様な意味をもつ語で，広義にはマスムーブメント*地形およびそのプロセス全般を指す．狭義には，マスムーブメントのうち，崩落*と対置される，いわゆる「地すべり*」に相当するものに限定される．それらの中間的な定義として，「崖崩れ，山崩れ（崩壊），崩壊性地すべり（地すべり性崩壊），運動速度の速い地すべりを指す」という定義もある（古谷，1996）．欧米では広義の使用法が多く，日本では狭義の使用法が多い．このような多様な意味をもつので，使用にあたっては定義を明確にする必要がある． 〈松倉公憲〉

[文献] 古谷尊彦（1996）「ランドスライド―地すべり災害の諸相」，古今書院．

ランネル runnel　①浜沼（はまぬま）ともよばれ，砂浜のバーム頂部を乗り越えた遡上波（さしん）によって形成された，バームの陸側で汀線とほぼ平行に走る水溜り．時間が経てば，水が浸透するため消滅する．②低潮時に露出する海岸線にほぼ平行に分布する複数列の微高地（ridge）の間の溝状の凹地．リッジ-ランネル*のようにリッジと対で用いられる． ⇨砂浜（さひん）海岸（図） 〈砂村継夫〉

ランパート rampart　波食棚*の外縁付近に発達する堤防状の高まり．波食残丘（堤）（はしょくだな）ともよばれる．外縁部の構成岩石の強度が他の部分に比べて大きい場合は，相対的に侵食されにくいため高まりとして残る．構成岩石が同一で機械的に計測した強度が同じであっても，波食棚外縁部は内側と比較して絶えず海水を浴びやすく，また潮汐の干満に伴う含水比の経時的変化が小さいため風化が生じにくく強度低下が起こりにくい．その結果，波食に対する抵抗力が相対的に大きくなり，侵食されずに高まりとして残る． ⇨岩石海岸（図） 〈青木　久〉

[文献] Sunamura, T. (1992) Geomorphology of Rocky Coasts, John Wiley & Sons.

ランプ ramp　海食崖*の基部で基盤からなる海側傾斜の地形．波食斜面ともよばれる．幅は数mから十数m．波食棚上でも海食台上でもみられることがある．成因は明確にされていない．海食台を指す語としてrampを用いる研究者もいるが，この用語法は混乱を招くので適切ではない． ⇨波食棚，海食台，岩石海岸（図） 〈辻本英和〉

ランプバレー ramp valley　逆断層に両側を限られた地溝（谷）．逆断層地溝または跳谷（ちょうこく）とも．両側を正断層に限られたリフトバレー（rift valley）と異なり，圧縮応力場で二つの逆断層で挟まれた地域が相対的に沈降して形成．南北性の逆断層に挟まれた会津盆地や邑知潟地溝帯が典型例． ⇨地溝 〈中田　高〉

ランプロファイア lamprophyre　斑状全自形組織をもつ暗色脈岩の総称．煌斑岩（こうはんがん）とも． 〈松倉公憲〉

らんりゅう　乱流 turbulent flow　流れの中の水の粒子が入り乱れて渦をまく流れの状態をいう．粘性*の効果が小さいとき，すなわち流れのレイノルズ数*が大きいときの流れ．層流の対語． 〈宇多高明〉

らんりゅうかくさんけいすう　乱流拡散係数 turbulent-diffusion coefficient ⇨渦動（かどう）拡散係数

らんりゅうきょうかいそう　乱流境界層 turbulent boundary layer ⇨境界層

り

リアス（しき）かいがん　リアス（式）海岸　ria coast　リア（ria）は，狭く長い，時には楔形になっている入江で，狭い河谷や三角江の低位部分が沈水のために溺れ谷となったもの（フィヨルド*は含まない）をいう．この語は，もともと F. von Richthofen（1886）によって定義され，海岸付近の地質構造の走向が海岸線に直角になっているためにできた入江に用いられていたが，海岸線に対して横方向に開析された陸地の沈水地形にも用いられるようになった．南西アイルランドや北西スペイン海岸のように，平行に並んだリッジ状の半島とリアとが交互にあってできた屈曲した海岸をリア海岸（ria coast）という．後にジョンソン*（Johnson）は，多数の河谷によって開析された陸地が沈水*（相対的な海面上昇）した溺れ谷*で構成される海岸をリア海岸線（ria shoreline）とした．日本ではリアをリアス，リア海岸線をリアス（式）海岸線とよんでおり，三陸や伊勢志摩の海岸がよく知られている．これらの地域は海岸段丘の発達がみられるので長期的には隆起傾向にあるが，最終氷期以降における陸地の隆起速度は後氷期の海面上昇速度に比べてはるかに小さかったため，相対的に大きな海面上昇が生じた．その結果，沈水前に尾根と谷が発達していた地域においては，尾根が岬に，谷が入江となって屈曲した海岸線が形成されている．　⇨沈降海岸，沈水海岸線

〈福本 紘〉

［文献］Johnson, D. W.（1919）*Shore Processes and Shoreline Development*, Columbia Univ. Press（Facsimile ed., Hafner, 1965）./ 中山正民（1990）「リアス海岸」再考: 地理，35（6），50-56.

リーゲル　riegel　⇨氷食地形
リーシーこうど　離石黄土　Lishi loess　⇨黄土
リーチング　leaching　⇨溶脱作用
リーデルシア　Riedel shear　単純剪断状態にある物体の内部で脆性破砕帯が形成されるとき，ほぼ一定間隔で発達する明瞭な破断面．例えば，右横ずれセンスの剪断運動の場で，右横ずれ断層*が成長する方向から時計回りに30°以下の低角で斜交し，同じ右横ずれセンスで多少の開口成分をもつ左雁行の破断面が発達する．岩石・鉱物のファブリックや地質構造や変動地形など，大小様々なスケールで認められる．自然地震により基盤の横ずれ断層に伴い被覆層に生じた事例も多い．リーデル剪断実験に因んだ用語で，二次のシアともいう．　〈竹内 章〉

［文献］Tchalenko, J. S.（1970）Similarities between shear zones of different magnitudes: Geol. Soc. Amer. Bull., 81, 1625-1640.

りがんてい　離岸堤　offshore breakwater, detached breakwater　波浪侵食から砂浜を守るため，あるいは港内に侵入する波浪の影響を少なくするために，沖合に独立して建設される防波堤をいう．一般にコンクリートケーソンや消波ブロックで建設される．近年では，前者を用いたような遮水型堤体の代わりに後者による透水型構造物が用いられることが多い．　〈沖村 孝〉

りがんりゅう　離岸流　rip current, rip　海岸の特定の場所から狭い幅で砕波帯を横切って沖に向かう強い海水の流れ（次頁の図）．リップカレントとも．海岸線にほぼ直角に流出する．砕波帯を横切るところは離岸流頭（rip neck）とよばれており，幅が最小になる（数～十数 m）．その付近の流速が最大で，1～5 m/s に達する．流速が大きいため海底の土砂が侵食されて溝状の凹地—離岸流溝（rip channel）—が形成され，水深が大きくなる．このことと大流速のため，しばしば波はそこで砕けず進行し最終的に汀線近傍で砕けて，砂を浮遊させ，この砂を離岸流が沖に運搬するため，汀線の後退が起こる．その結果，離岸流発生場所の汀線は陸側に大きくへこむ．離岸流の沖側は離岸流頭（rip head）とよばれ，そこには泡や砕波帯内から運搬されてきた物質が浮遊しており，カリフラワーのような平面形状を呈する．その外側はしばしば泡立ち線（foam line）で縁取られる．離岸流頭から放出された水は波の質量輸送*によって砕波帯に運び込まれ，海岸に沿

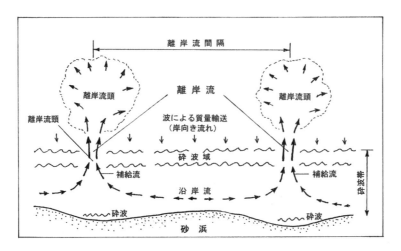

図　離岸流の模式図（砂村原図）

って流れる沿岸流となる．ある場所で方向を変えて補給流（feeder current）となり，反対方向からくる補給流と合流して離岸流を形成し沖に出る．このように波が海岸にほぼ直角に入射する場合には，波の質量輸送→沿岸流→離岸流→波の質量輸送といった流れの循環系が形成される．多くの海浜で複数の離岸流がしばしば発生するが，発生場所の特定や発生間隔の予測に関する問題は未解決である．〈砂村継夫〉
[文献] Brander, R. W. (2005) Rip currents: In Schwartz, M. L. ed. Encyclopedia of Coastal Science, Springer.

りがんりゅうけい　離岸流頸　rip neck　⇨離岸流

りがんりゅうこう　離岸流溝　rip channel　離岸流によって海底の土砂が侵食されてできた溝状の凹地．リップチャンネルとも．比高は1～3 mに達することもある．⇨離岸流　〈砂村継夫〉

りがんりゅうとう　離岸流頭　rip head　⇨離岸流

リキダス　liquidus　液相線（面）ともいう．多成分固溶体系が液相または気相と平衡状態にあるとき，温度，圧力，固相の成分の関係を示す相平衡図に基づき，温度が上昇して，その固溶体を構成するすべての鉱物が完全に融解する温度，圧力，成分の条件をいう．これは温度低下に伴い，液相内で結晶化が始まる温度でもある．〈西田泰典〉
[文献] 久城育夫・荒巻重雄編 (1978) 岩波講座「地球科学」，3巻，岩波書店．

りく　陸　land　地表のうち海水に覆われていない部分（地表の全面積の約40％）．陸地とも．平均海面より低い陸地（窪地*）もある．〈鈴木隆介〉

りくかがたでいたんち　陸化型泥炭地　terrestrisch peatland　湖盆の堆積物埋積によって水深が浅くなり，湖底のいたるところに抽水植物が繁茂して次第に形成された泥炭地．〈松倉公憲〉

りくがわプレート　陸側プレート　landward plate　収束境界において，海洋プレートに沈み込まれたり，大陸プレートに潜り込まれたりする側のプレートのこと．上盤側プレートと同じ．⇨上盤側プレート，収束境界，大陸プレート　〈瀬野徹三〉

りくきょう　陸橋　land bridge　大陸や島などを相互につなぐ橋のような幅の狭い陸地または列島．海面変化や地殻運動などによって，切れたり，つながったりする．陸地しか通れない動物の分布を規制する地形として生物地理学で注目される．孤立した島や大陸では独自の生物進化が進む．ゴンドワナ大陸の分裂も一種の陸橋の切断と考えられ，その後，各大陸で独自の進化が進むようになった．南北アメリカ大陸の陸橋成立によって，生態系が大変化し，南アメリカの大型動物が大量に絶滅したことは有名．東南アジアのマレー半島からインドネシア列島も陸橋であるが，オーストラリア大陸との間には陸橋がなかったので，インドネシア列島とは全く別の動物生態系がみられる．日本付近では間宮海峡や宗谷海峡を通じて，氷期（＝低海水準期）の北海道の大陸との接続，対馬海峡における大陸との接続，南西諸島間の陸橋問題などが注目されている．⇨地峡　〈野上道男〉

りくけいさす　陸繋砂州　tombolo　⇨トンボロ

りくけいとう　陸繋島　land-tied island　トンボロ*により主陸地と接合して陸続きになった過去の

島．島が陸繋島となるか否かは，島と主陸地との間の距離や水深，島の大きさ，海底勾配，堆積物の供給量，卓越する波浪特性などによって決まる．⇨砂浜海岸（図） 〈武田一郎〉

[文献] Sunamura, T. and Mizuno, O.（1987）A study on depositional shoreline forms behind an island : Annual Report, Institute of Geoscience, Univ. of Tsukuba, 13, 71-73.

りくこ　陸弧 continental margin　せばまるプレート境界の大陸側の縁に発達する弧状の平面形をもつ地帯をいう．アンデス山脈がその好例．陸弧は弧状列島＊と同様に，その前面の海洋プレートとの境界部に海溝があり，地震活動，地殻変動，火山活動が活発であるが，背後に縁海がないという点で弧状列島と異なる．⇨活動的縁辺部 〈鈴木隆介〉

りくじょうかざん　陸上火山 terrestrial volcano, subaerial volcano　陸上の火山．①海（洋）の火山と区別する場合や，②海底火山や氷底火山などの水中の火山と区別する場合などに使われる．①は，陸と海（洋）との様々な地学的な差異，すなわち両者にはマグマそのものに差異が認められ（安山岩質と玄武岩質），また，マグマの噴出・堆積環境，噴火様式や噴出物，火山地形なども両者で全体的に大きく異なることなどを踏まえて区別する場合である．②は，特にマグマの噴出地点が陸上であるか水中であるかなどの噴火・堆積環境の差異が，噴火様式や噴出物ひいては火山地形に顕著な差異が生じることなどに注目して両者を区別する場合である．例えば，同じ玄武岩質マグマの場合でも，噴出地点が陸上なら溶岩流となるが，噴出地点が陸上でも豊富な水がある場所や浅海などでは激しいマグマ水蒸気噴火が起こるなど，陸上か水中かで顕著な差異が生じるため，両者を区別する．なお，subaerial volcanoは，大気底火山と表現されることもあり，これには"水中ではない"という意味が強調されている． 〈横山勝三〉

りくじょうさんかくす　陸上三角州 subareal delta　三角州のうち常に満潮位より高く，陸域となっている部分を陸上三角州として区別することがある．これは上位三角州面に相当し，河川の氾濫の影響を受ける部分であり，陸成層が薄く堆積する．⇨三角州平野 〈海津正倫〉

[文献] 鈴木隆介（1998）「建設技術者のための地形図読図入門」，第2巻，古今書院．

りくじょうちけい　陸上地形 terrestrial landform　海底地形以外の地形を一括して陸上地形という．誤解がなければ，単に地形という．⇨地表面の絶対的分類（表） 〈鈴木隆介〉

りくすい　陸水 inland water　陸地に存在する水の総称．海水に対する語であるが，湖沼や河川などの淡水だけではなく，塩分濃度の高い塩湖や沿岸の潟などの水も含まれる．地球上の水のうち，海水が97～98％を占め，残りが陸水である．⇨水資源 〈池田隆司〉

りくすいがく　陸水学 limnology, hydrology　湖沼・河川・雪氷・地下水等の陸域の水に関する総合的な学問であり，物理学，生物学，化学，地球科学，地理学に関わる多様な分野が含まれている．英語のlimnologyは本来，湖沼学の意味であるが，1931年に日本陸水学会が設立されたときに訳語として「陸水学」とすることが決められた．一方，hydrologyは「水文学」と訳されており，地球上の水の循環過程を取り扱う科学である．近年，地球環境や水資源に関する問題も多く発生し，益々研究の重要性が増し，古陸水学（paleolimnology），陸水地質学（limno-geology），陸水地形学（limno-geomorphology）等の分野も発展してきている．陸水学に関する雑誌としてはLimnology and Oceanography, Paleolimnology, Limnology, Journal of Hydrology, 陸水学雑誌等がある．〈池田隆司・柏谷健二・知北和久〉

[文献] 日本陸水学会編（2006）「陸水の事典」，講談社サイエンティフィク．

りくすいたいせきかんきょう　陸水堆積環境 environment of continental sedimentation　陸水域あるいは陸域の堆積環境．海水域や汽水域を除く陸域で，山地，盆地，平野，湖沼，砂漠などの地理的区分や，河川，地下水，温泉，雪氷などに関連して形成された堆積環境．そこで発達した堆積物を陸成層とよぶ． 〈村越直美〉

りくせいそう　陸成層 continental sediment　広義には，陸域で形成された堆積物（地層）をいうが，これは，狭義の陸成層（terrestrial sediment：風成層，氷河成層，崖錐堆積物など）と陸水成層または淡水成層（aqueous sediment, fresh water sediment：河成層や湖成層など）に分けられる． 〈松倉公憲〉

りくだな　陸棚 shelf　⇨大陸棚

りくち　陸地 land　⇨陸

りくちそくりょう　陸地測量 land surveying　陸地を対象とする測量の総称．水域を対象とする水路測量と区別する場合に用いる． 〈宇根　寛〉

りくちそくりょうぶ　陸地測量部 Land Survey Department　⇨国土地理院

りくとう　陸島　continental island, land island　大陸付近にあり，かつては大陸の一部であったと考えられる島（例：ニュージーランド島）．大陸島ともよばれる．洋島の対語．⇨洋島　〈砂村継夫〉

りくはんきゅう　陸半球　land hemisphere　球体としての地球の表面のうち，陸の占める面積が最大になる大円によって区分された地球の半球である．ペンク，W.*が命名した．陸地面積の約84％を含み，その大部分はユーラシア，南北アメリカ，アフリカの各大陸の大部分を含むが，大西洋の大部分と北極海および地中海も含む．陸半球といっても，その中での陸地と海の比率は49％と51％で海の方が広い．その現在の中心は北緯47°13′，西経1°32′（フランスのナント付近）であるが，各大陸はプレート運動によって年間数cmの速度で移動しているので，超長期的にみれば，陸半球の範囲と中心は移動するであろう．陸半球の反対側を水半球*という．⇨水陸分布　〈鈴木隆介〉

りくふう　陸風　land breeze　陸から海に向かって吹く風．海風*の対語．ただし現象は海風より不明瞭．　〈野上道男〉

りくほうこく　陸棚谷　shelf channel　陸棚面に刻まれた浅い谷地形．最終氷期に陸棚上を陸上河川として流下していた谷が沈水したもの．溺れ谷．東京湾の観音崎～富津岬間には陸棚谷があり，陸棚外縁で東京海底谷に連続する．堆積物の供給が多いと谷地形は埋積されて埋没谷（埋積谷）となる．　〈岩淵　洋〉

りしょう　離礁　patch reef　⇨パッチ礁

りすい　離水　emergence　海岸や湖岸地域において，水面下にあった海底または湖底が，水面（water level）の相対的な高度低下によって水面上に現れること．沈水（submergence）の対語．相対的な低下は，水面自体の低下，陸地の隆起（uplift），およびそれぞれの垂直変位量や変化速度の差などによって生じる．陸地の相対的な上昇となるから海岸線や湖岸線は水域の方向へ移動し汀線は前進する．海成段丘*は，海食台*や浅海底堆積面が離水することで生じる．なお，河成低地*が河川から離水して河成段丘*が生じる場合も「離水」とよぶ．⇨離水海岸線　〈福本　紘・堀　和明・斎藤文紀〉

りすいかいがん　離水海岸　coast of emergence　離水*により生じた海岸．⇨隆起海岸　〈福本　紘〉

りすいかいがんせん　離水海岸線　shoreline of emergence, emerged shoreline　ジョンソン*（Johnson, 1919）によって分類された海岸線の一つ．沈水海岸線・中性海岸線と並列するもので，離水*によって陸が拡大したことによる海岸線をいう．離水直後にはかつての海底が陸化した地形（堆積台や海食台など）や海成の微地形・海成堆積物などが陸地にみられる．離水海岸の特徴的な地形としてよく知られる地形には，海岸段丘*や離水サンゴ礁*などがある．一方，*Glossary of Geology*（5th ed.）では，Johnsonの分類基準では変化したのが海か陸かがはっきりしないので，shoreline of emergenceは今では廃語と見なされていると説明している．日本では，地殻変動が複雑なため隆起と海退などを含む用語として使われている．⇨隆起海岸，海岸平野　〈福本　紘〉

[文献] Johnson, D. W. (1919) *Shore Processes and Shoreline Development*, Columbia Univ. Press（Facsimile ed., Hafner, 1965）./Neuendorf, K. K. E. et al. (2005) *Glossary of Geology* (5th ed.), American Geol. Inst.

りすいサンゴしょう　離水サンゴ礁　emerged coral reef, emergent coral reef　サンゴ礁*地形が，相対的海面低下によって現海水準上に現れた地形．このうち離水の原因が地盤の上昇である場合，隆起サンゴ礁（uplifted coral reef, elevated coral reef, raised coral reef）とよぶ．　〈菅　浩伸〉

りすいはしょくだな（ほう）　離水波食棚　emerged shore platform　陸地の上昇，あるいは海面の低下のために，異常な暴浪時にのみ冠水するような高度に位置するようになった波食棚*．　〈砂村継夫〉

リス-ヴュルムかんぴょうき　リス-ヴュルム間氷期　Riss-Würm interglacial　⇨アルプスの氷河作用

リスひょうき　リス氷期　Riss glaciation　⇨アルプスの氷河作用

リズマイト　rhythmite　⇨氷縞（ひょうこう）

リセッショナルモレーン　recessional moraine　氷河縁辺モレーンの中で，氷河の縮小過程における一時的な停滞あるいは再前進時に形成される小規模なモレーン*をいう．後退期モレーンともいう．堆積期間が短いため，氷河拡大時に形成される氷河縁辺モレーンに比べ規模は小さい．数列のリセッショナルモレーンは，縮小過程における数回の停滞・再前進期があったことを示す．　〈奈良間千之〉

リソスフェア　lithosphere　岩石圏ともよばれる．地殻とマントル最上部を含んだ固い層をいい，ほとんどプレートと同義に用いられる．柔らかく地震波速度の遅い層であるアセノスフェアの上を覆っ

ている．その厚さは，地震の表面波の解析から，海洋部では年代の平方根に比例して増すことが明らかにされている．平均の層厚は約 70 km であるが，プレートが沈み込む海溝では 100 km 程度になる．それは，海嶺でマントル深部から上昇してきた溶融物質が，海洋底の拡大で水平移動する過程で冷却固化が進み，プレートが成長したためと解釈される．このプレート成長モデルは，熱伝導方程式を解くことによって定量的に説明される．また年代と水深は明瞭に相関しており，アイソスタシー*が成立していることを示している．大陸部では，150～200 km の層厚をもつと思われるが，シールド地域（楯状地）のように低速度層の存在があまり明瞭でないため厚さが決めにくい場所も多い．大陸リソスフェアの詳細は今後の研究課題となっている． ⇨低速度層，アセノスフェア 〈西田泰典〉

リソスフェリックマントル lithospheric mantle ⇨マントルリッド

リソトープ lithotope 地層の研究に用いられる，ある程度一定した堆積環境の条件をもつ場所または地域をいう．地層から同じ環境が継続して存在していたことが判明したり，一定の岩相の地層が見いだせたとき，その部分の地層は一つのリソトープを表していることになる．現在では同じような意味で，堆積環境や堆積場という用語が広く使われている． 〈田中里志〉

リター litter ⇨落葉落枝
リターそう　リター層 litter ⇨落葉落枝
リターンフロー return flow 斜面の土層中を流下してきた側方浸透流が，河道近傍の飽和面に達すると斜面上の飽和地表流として地表に復帰する流れになるが，この流れを指す．復帰流とも． ⇨飽和地表流 〈松倉公憲〉

リチャードソンのほうそく　リチャードソンの法則【海岸線長に関する】 Richardson's law (for coastline length) 海岸線のような屈曲線は測り方によってその長さが異なる．さお尺（地図上ではデバイダー）で測る場合，さお尺が長くなればなるほどあてる回数が少なくなると同時に，無視される屈曲が多くなる．したがって曲線の測定値は小さくなる．L. F. リチャードソンは地図上でイギリスなどの海岸線やスペインとポルトガルの国境線を対象にこのような計測を行い，デバイダーの口径と曲線の計測値の間に一定の関係があることを見い出した．口径に相当するさお尺の長さを l，測定した際のステップ数を n，曲線の測定値を $L(=nl)$ とした場合，$\log_{10} l$ の値を横軸に，$\log_{10} L$ の値を縦軸にとったプロットが直線で近似されることを発見した．この関係をリチャードソンの法則という．この法則は，経験則として導かれたものであるが，フラクタルの概念が確立するに及んで，自己相似な曲線を表す法則であると認識されるに至った．フラクタル幾何学では上記の直線の傾きを d とした場合，$D=(1-d)$ がフラクタル次元である．この値はイギリス本土西海岸で 1.25，オーストラリアで 1.13 などとなっている．現在では日本も含めて，世界の各地でかなりの数の測定例がある．　⇨フラクタル，自己相似フラクタル，フラクタル次元 〈徳永英二・山本 博〉

[文献] ベンワー・マンデルブロ著，広中平祐監訳 (1985)「フラクタル幾何学」，日経サイエンス社．

リッジ ridge ⇨尾根

リッジ-ランネル ridge and runnel 低潮時に露出する，海岸線にほぼ平行に分布する複数列の微高地（ridge）とその間の溝状の凹地（runnel）がつくる地形．一括してリッジ-ランネル系（ridge and runnel system）という．潮差が大きい緩傾斜の砂浜海岸によく発達する． 〈砂村継夫〉

[文献] Masselink, G. and Hughes, M. G. (2003) *Introduction to Coastal Processes & Geomorphology*, Arnold.

りっちじょうけん　立地条件 location condition 地学現象の発現に影響を与える立地場所の諸性質を指す．場の条件ともいう．環境と同じ意味で使われることも多い．個々の地形や地学現象は，地球上のどこにでもみられるわけではなく，特定の条件をもった場所に形成・発現する．こうしたそれぞれの地形や地学現象を形成・発現させる場所がもつ条件を立地条件という．立地条件は，地盤の安定度，気温や水分量，光や音，通過時間，圧力，栄養素などの作用の質と量（環境因子*：environmental factor）で表現される場合と，地形，地質，気候，植生や動物の存在（アリ塚の形成など）などの立地場を構成する要素（作用を作り出す要素）の種類と量（立地要因*：location factor）で表現される場合がある．なお立地条件は，広義には，ある事象が発現・存在している場所が示す当該事象を存在させている条件とされ，地理分野では，例えば，産業が立地するための条件として，自然条件のほかに，人口や資源，消費地からの距離，交通・運搬の利便性，産業基盤の整備状況など人文・社会条件などがあげられる．また，生物分野では，立地条件は，ハビタット（habitat）といわれることが多い． 〈大森博雄〉

[文献] 大矢雅彦編 (1983)「地形分類の手法と展開」，古今書

院.

りっちよういん　立地要因　location factor　立地条件を作り出す地物や事象を指す．立地因子ともいう．条件は，例えば崩壊発生に関して，重力や摩擦力，樹根緊縛力や土層水分量などの作用の種類と強さ（環境因子*：environmental factor）で表現される場合と，斜面形，斜面勾配，集水域面積，尾根までの距離，基盤の岩質や風化度，植生の種類や植被率などの立地場を構成する要素（作用を作り出す要素）の種類と量で表現される場合がある．立地要因は後者を指すことが多い．すなわち，環境因子を制御している地物や事象を指し，環境要素*と同じ意味で使われることが多い．なお，例えば，ある地点の日射量（環境因子）は，緯度や高度，斜面の方位，樹木の存在などの多数の立地要因に規定されるように，立地要因と環境因子は一対一に対応するわけではない．また，立地条件は，広義には，ある事象が発現・存在している場所が示す当該事象を存在させている条件とされ，地理分野では，例えば，産業の立地要因としては，自然要素のほかに，人口や資源，消費地からの距離，交通・運搬の利便性，産業基盤の整備状況など人文・社会要因などがあげられる．　　　　　　　　　　　　　　　〈大森博雄〉
［文献］大矢雅彦編（1983）「地形分類の手法と展開」，古今書院．

リッド　lid　⇨マントルリッド
リットリナかいき　リットリナ海期　Littorina stage　⇨スカンジナビア氷床
リップカレント　rip current　⇨離岸流
リップチャンネル　rip channel　⇨離岸流溝
リップル　ripple　⇨リップルマーク
リップルマーク　ripple mark　非固結な堆積物の表面に流体が作用して形成される漣（ripple）様の微地形．砂漣，漣痕，リップルともよばれる．安定な流れ場で十分に発達したリップルは，作用する流体，流体運動，堆積物の特性に応じた形・大きさとなる．一般にその波峰線は流れと直交する傾向を示す．水の作用によるリップルは，一方向流によるカレントリップル（一方向流リップル，current ripple），波浪（振動流）によるウェーブリップル（wave ripple，もしくは振動流リップル，oscillatory-flow ripple），両者の共存場で形成される複合流リップル（combined-flow ripple）に大別される．また風の作用によるリップルを風成リップル（wind ripple）とよぶ．　⇨砂漣　　　　〈関口智寛〉

りとう　離島　isolated island　おもな陸地や諸島中の主な島から離れて沖合にある小島．孤島とも．　　　　　　　　　　　　　　　〈八島邦夫〉

リトラルコーン　littoral cone　溶岩流（ほとんどはアア溶岩）が海岸や湖岸などに達して水に接することで水蒸気爆発を起こし，飛散した溶岩破片が堆積して生じた一種の火砕丘．根無し火道（rootless vent）に関係した火砕丘である点で，火道に直接つながる本来の火砕丘とは異なる．外形はスコリア丘に類似するが，海岸のものは，海側部分がもともとできにくいことや海食で消失することが多いことなどのため，陸側部のみの山体（輪郭が半円形）である場合が少なくない．構成物は，通常のスコリア丘のものと比べると発泡度が低い（より緻密な）傾向が認められる．マウナロア（ハワイ）からの1868年の溶岩流で生じた Puu Hou リトラルコーンは，5日間で81 mの高さに成長した．　⇨アア溶岩，根無し火道　　　　　　　　　　　　　〈横山勝三〉
［文献］Macdonald, G. A. (1972) *Volcanoes*. Prentice-Hall.

リトログラデーション　retrogradation　地殻や海面の変動とは関わりなく，波浪による侵食で海岸線（shoreline）が陸方へ後退する現象．陸地を削り生成物を海へ移動させ全体として海岸の傾斜を減じて断面を平衡状態に近づけようとする作用であり，退均作用・後退平衡作用ともいわれる．プログラデーション*（前進平衡作用）の対語．シーケンス層序学*においては，沿岸域における相対的な海水準上昇速度が堆積物供給量を上回るときに，海岸線が陸側へ移動しつつ，より海側の地層が上方に堆積していく地層の累重様式を指す．　⇨後退性海岸　　　　　　　　　　　　〈福本 紘・堀 和明・斎藤文紀〉
［文献］渡辺 光（1962）「地形学」，古今書院．

リニアメント　lineament　崖，高度・傾斜の急変線，直線状の谷，尾根の鞍部，凹地・溝状の地形，地形線の屈曲などの特徴的な地形が直線的に，あるいはゆるやかなカーブを描きながら配列している状態．地形の線状構造．主に空中写真を用いて把握される．リニアメントは断層（必ずしも活断層とは限らない）や地層の境界，岩石中の割れ目などを反映した組織地形*であることが多く，また活断層による断層変位地形である場合もあることから，地質構造（特に活構造）を明らかにしようとするときに注目されるものであるが，特徴的な地形が偶然線状になっただけの場合もある．このため，現地調査などで個々の要素の成因や形成時期をできるだけ明らか

にするとともに，全体の地形の形成過程を合理的に説明できる地形発達史を編むことができるように成因を総合的に解釈する必要がある．空中写真や衛星画像にみられる線状の模様の長さや明瞭さに基づいて活構造の可能性を評価するのは，適切ではない．⇨活構造，組織地形，断層変位地形　　〈熊木洋太〉

リニエーション　lineation　⇨線構造

リフト　rift　引張りテクトニクスによって形成された地球表面の裂け目．地溝はリフトの典型的な地形である．地球規模で形成されている中央海嶺の中心軸付近もリフトとよばれる．⇨アフリカ大地溝帯　　〈前杢英明〉

リマンかいりゅう　**リマン海流**　Liman current　日本海の沿海州沿いに間宮海峡付近から朝鮮半島北部沿岸まで南下する寒流．リマンとは，ロシア語で河口の三角州の意で，アムール川河口付近の地名といわれている．　　〈小田巻 実〉

リムストーン　rimstone　⇨石灰華段丘

リムストーンプール　rimstone pool　⇨石灰華段丘

リモートセンシング　remote sensing　一般に，対象に直接触れることなく，その対象に関する情報を得る手法のこと．物理探査も広義のリモートセンシングの一種であるが，ここではプラットフォームにセンサーを搭載し，地表面近傍を観測する手法をリモートセンシングとする．センサーで計測するものは電磁波であり，可視光，近赤外線・短波長赤外線，熱赤外線およびマイクロ波の波長域がよく用いられる．可視・赤外域のリモートセンシングで計測するものは太陽光の反射，地表面および大気からの放射の強さである．反射のリモートセンシングでは波長による反射率の違いを利用して対象の種類や状態を推定したり，画像として判読に用いる．熱赤外域のリモートセンシングでは地表面および大気の温度を計測することができる．マイクロ波リモートセンシングでは地表および大気からのマイクロ波の放射を計測する方法と，マイクロ波のパルスを地表に発射し，その散乱の強さを計測する方法に分けられる．後者の代表は合成開口レーダーである．地形計測への応用としては，画像判読による地形特徴抽出，ステレオペア画像による標高抽出，合成開口レーダー画像の干渉により標高を抽出する方法，などがある．　　〈近藤昭彦〉

リモナイト　limonite　⇨褐鉄鉱

りゃくだつてん　**略奪点**　wind gap　山稜が切れ落ちて一方の沢が不自然に他の沢に流れ込んでいる，あるいは一方の沢との比高が不自然に小さくなっている地点．地形学的には河川争奪が起こった地点，掠奪点とも書く．争奪の肱や風隙付近を指す．ルートを誤りやすいので，あるいはルートとルートの結節点として登山者は注目する（例：谷川岳一ノ倉沢衝立岩中央稜略奪点，黒部峡谷大タテガビンのガビン沢略奪点）．　　〈岩田修二〉

リャン　**梁**　loess flat-topped ridge　⇨ユアン

りゅういき　**流域**　drainage area, drainage basin, river basin, watershed　地表のある一点（図のP）を通して地表の水が排水されることが可能な範囲（図に一点鎖線で示す分水界に囲まれた範囲）を，その点にとっての流域という．この意味の英語表現は drainage area や drainage basin で，その直訳が排水（区）域である．全く同じ範囲を下流側からみれば，地表のある一点に地表の水が集まってくることができる範囲で，英語では catchment area または catchment basin，すなわち集水（区）域である．図の点Pを，ある程度以上の規模をもつ河川の下流端（河口，合流点など）に設定した場合の流域を，その河川の流域と称する．これに相当する英語表現が river basin で，しばしば単に basin と表す．山間の比較的小さな流域を意味する英語表現に watershed があるが，これは分水界（divide）を表す語からの転用である．流域を考えるときの水の移動様式としては，河流（stream flow）を中心に地表流

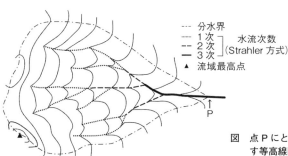

図　点Pにとっての流域（一点鎖線で囲まれた範囲）を示す等高線図（田村原図）

りゅういき

(overland flow) やごく浅い地中流（側方浸透流, throughflow）が想定されている．これらの様式が何であれ，蒸発散しなければ点Pに到達することが不可能ではない降水の着地点の集合が点Pにとっての流域である．したがって，現実に点Pを通過している水がその流域全体から集まっていることはほとんどなく，厳密には寄与域からの流水である．点Pを明瞭な河川のない斜面に設定することも可能である．一方，Pを点ではなく面（湖沼，海湾など）に拡張すれば，その水域にとっての流域が設定できる．いずれにせよ，流域は，陸上における地表水の移動およびそれを介した物質移動・地形変化を考えるときの基本的な空間的枠組みを与えるものである．なお，地下水については，その流動が地質構造に支配されていれば，流域の範囲（地下水嶺*）を地表の分水界で画定できないことがある． ⇨寄与域

〈田村俊和〉

[文献] Gregory, K. J. and Walling, D. E. (1973). *Drainage Basin Form and Process*, Edward Arnold.

りゅういきえんぺんちょう　流域縁辺長 drainage-basin perimeter　流域を取り囲む主分水界の長さ． ⇨流域の基本地形量（表），主分水界

〈田中　靖〉

りゅういきかい　流域界 divide, drainage divide, watershed　流域*の境界線である．分水界*とも．流域界を決定するには，まず流域が定義されていなければならない．幾何的に厳密には，流域界は河川網上の一点から始まりその点に終わる閉曲線をなす．通常，山地では流域界は尾根線*となるが，平野（例：関東平野のような平滑な低地および広い台地面）では地形から流域界を厳密に特定することが困難な場合が多い．二つの流域の間で共有する流域界の線セグメントを，とくに分水界とよぶ．

〈吉山　昭〉

りゅういきかんち　流域間地 interbasin area　流域が互いに接する場合，最上流で合流する2本の水路の間を除いて，流域の間には必ずinterbasin areaとよばれる区域が存在する．図の数値はそのような区域が接する水路の次数を示す．これらの区域を流域間地と和訳する．ある縮尺の地形図で一つの流域間地と認定されたところも，縮尺がより大きな地形図では，一つ以上の流域と二つ以上の流域間地を認定できる場合もある．自己相似な流域では，流域間地も自己相似な構造を形成しながら分布するのである．そのような流域では，ある次数の水路に接する流域間地の数や面積は，それらが接する水路

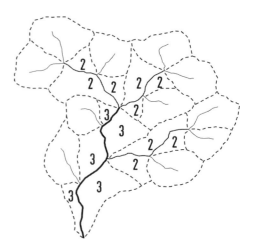

図　流域間地およびそれらが接する水路の次数（徳永原図）

の次数と分岐に関するパラメータの値によって決まる． ⇨流域

〈徳永英二・山本　博〉

[文献] Tokunaga, E. (1978) Consideration on the composition of drainage networks and their evolution: Geogr. Rep. Tokyo Metrop. Univ., **13**, 1-27.

りゅういきかんり　流域管理 watershed management, river basin management　自然条件としての流域の地形，地被状況，水文条件に加え，社会条件としての人口，資産および土地利用等の変化が防災や水利用および環境に及ぼす影響を流域の面的な広がりの中で議論する必要があるという概念．旧来の河川管理では，主に河道内での流水の安全な流下を管理の目標としてきたが，流域の土地利用などの社会的条件の変化は線状の河川のみの管理に限界をもたらしてきたため，このような幅広い分野を包含する概念が生まれた．

〈砂田憲吾〉

りゅういききふく　流域起伏 drainage-basin relief　流域内の最遠点高度と最低点高度（一般に谷口高度）の高度差（比高）のこと．流域全体の地形特徴を示す値の一つ． ⇨流域の基本地形量（表），最大起伏，起伏量，最遠点高度

〈田中　靖〉

りゅういききふくりょうのほうそく　流域起伏量の法則 law of basin relief　Morisawa (1962)が提案した法則で，流域の水路をホートン・ストレーラー法により区間に分けて次数区分をした場合に，$\overline{H}_1$を1次の流域の起伏量（最高点と最低点の差）の平均値，$\overline{H}_\omega$をω次の流域の起伏量の平均値とすると，この法則は$\overline{H}_\omega = \overline{H}_1 R_r^{(\omega-1)}$，$(\omega=1,2,\cdots,\Omega)$で与えられる．ただし$\Omega$は水路網によって構成される流域の次数とする．$R_r$は起伏量比（basin relief ratio）とよばれ，流域の上下流にわたって一定である．この法則を起伏量比一定の法則とよび，ホートンの法則のなかに含めて Morisawa（1962）の追加した第5法則とする向きもある．この起伏量比の測定値は，あまり多くなく，これまでに1.3〜1.8程度の値が得られている．類似した法則に水路落差の法則があるが，これは水路の最上端と最下端の高度差を扱うのに対し，この法則は流域の起伏量を扱うことで異なる．　⇨流域，ホートンの法則，水路落差の法則　〈山本　博・徳永英二〉

［文献］Morisawa, M. E.（1962）Quantitative geomorphology of some watersheds in the Appalachian plateau: Geol. Soc. Am. Bull., **73**, 1025-1046.

りゅういきけいしゃ　流域傾斜　slope of drainage basin, basin slope　流域の面的な傾斜．DEM*のデータに移動窓を用いた差分を適用して各標高点に対応する傾斜を計算し，その値を流域ごとに平均して得る場合が多い．ただしこの値は一般に DEM の格子間隔と負の相関をもつため，十分に解像度が高い DEM を用いないと，流域内の個々の斜面の状況が反映されない．DEM や GIS* が普及する以前には，地形図の等高線などを用いた手動の計測が試みられたが，手間を要するため，計測頻度は低かった．流域傾斜は侵食速度や斜面崩壊の発生しやすさなどを検討する際に重要な指標となる．　⇨流域の基本地形量　〈小口　高〉

りゅういきけいじょうけいすう　流域形状係数　form factor of basin　流域最大辺長に対する流域平均幅の比．流域の平面形の特徴を表す簡便な指標として Horton（1932）が提案．流域平均幅は流域面積（A_b）を流域最大辺長（L_b）で割ったものであるため，流域形状係数（F）は，$F=A_b/L_b^2$，で求められる．流域の平面形が完全な円形であれば F は 0.785 となり，平面形が流路方向に細長くなるほど F が小さくなる．強い地質規制があるような場合を除くと，F が 1 を超えることは稀である．　⇨流域の基本地形量（表），円形度［流域の］　〈小口　高〉

［文献］Horton, R. E.（1932）Drainage basin characteristics: Trans. Am. Geoph. Union, **13**, 350-361.

りゅういきこうすいりょう　流域降水量　watershed mean rainfall　河川の対象流域全体における降水量．雨量観測所の降水量は 1 地点のもの（点雨量）であり，目的によっては対象流域内全体の降水量（面雨量）を求める必要がある．複数地点の観測降水量資料に基づいて，算術平均法，等雨量線法，ティーセン法などによって算定する．　〈砂田憲吾〉

りゅういきこうどぶんぷ　流域高度分布　area-altitude curve of basin　流域の高度帯ごとの高度値の頻度（格子点の数）分布をいう．気温は高度によって変わるので，融雪-流出モデルでは高度帯ごとに融雪量を計算するモデル，すなわち流量観測点における流域高度分布が参照される．　〈野上道男〉

りゅういきさいだいけい　流域最大径　maximum diameter of drainage basin　流域の正射投影形の最大直径．普通には谷口（流路出口）から分水界上の最遠点までの水平距離．流域の規模を示す代表的な値の一つとして用いられる．　⇨流域の基本地形量，流域長　〈田中　靖〉

りゅういきしゃきょり　流域斜距離　air distance　流域の最高点と最低点とを空中の直線で結んだ長さ（L_{air}）をいう．つまり，$L_{air}=L_b/\cos\theta_b$，と定義される．ここに，L_b：流域最大辺長（最高点と最低点の間の水平距離），θ_b：流域傾斜であって，$\tan\theta_b=h_b$（流域起伏：最高点と最低点の比高）/L_bである．直線の縦断面をもつ斜面の斜面長と同じであるが，流域の発達過程を扱う場合などに，流域の初生的な斜面長を変数とするときに重要な値である．　⇨流域の基本地形量（図）　〈小口　高〉

りゅういきたいせき　流域体積【DEM による】　volume of basin（from DEM）　すべての点について計算できる値である．注目点から上流の流域内の格子点の標高から注目点（出口）の標高を減じた値の総和（あるいは単位面積を乗じた値，体積）をいう．この流域体積を格子点数（あるいは流域面積）で除した値は流域平均比高（高さの次元）である．なお流域体積を流域面積の 3/2 で除すると，次元のない値となり，無次元の勾配の大きさが 2 点間の地形の険しさを表すように，流域についての面的な「険しさの指標」が得られる．　⇨流域平均高度，流域の基本地形量（表）　〈野上道男〉

りゅういきちけいとくせいず　流域地形特性図【DEM による】　landform characteristic map of basin（using DEM）　上流域の地形特性（例えば流域面積）を計測し，それをその点の属性とする．これをすべての点について行い，2 次元マトリックスに収納する（頻度分については 3 次元）．このようにして作られた図を総称して流域地形特性図という．この作業量は膨大であるので，DEM* がないと作れない．DEM から誘導される DDM あるいは FDM によって，すべての点について流域を確定し，計測を行う．その種類として，出口標高（これは DEM そのもの），流域面積*，流路長の頻度分布*，

流域平均流路長，流域標高分布，流域平均標高，流域体積*，流域出口勾配* などがある． 〈野上道男〉

[文献] 野上道男（1995）細密 DEM の紹介と流域地形計測：地理学評論，68A，465-474．

りゅういきちょう　流域長 drainage-basin length　任意地点（普通は谷口または合流点）から流域内の最遠点までの直線距離をいう．普通にはこの値が最大になる流域最大径と同じであるが，谷口または合流点からその川の本流の源頭を流域界まで延長した点までの水平距離とすることもある． ⇨ 流域の基本地形量（図，表），流域最大径，河川長
〈田中　靖〉

りゅういきでぐちこうばい　流域出口勾配【DEM による】 drainage gradient（from DEM）　流域計算点（ここでは流域出口とよぶ）から下流に向かう水路の勾配である．勾配は微分値であるので値が分散しやすい．そこで，例えば5格子点，10格子点と下流点との間で勾配を計算し，最小二乗法で勾配を計算すれば精度は高まる．上流域の地形特性と流域出口勾配の関係を明らかにすることは河川地形学の主要な目標の1つである． 〈野上道男〉

りゅういきのきほんちけいりょう　流域の基本地形量 basic geomorphic quantities of drainage basin　河川の流域の地形的特徴を定量的に示す地形量であり（図），これまでに多くの基本地形量が定義・計測され（表），それらからの誘導地形量も定義されている（次頁の表）．それらの相関関係の規則性や他の変数（例：降水量，岩石物性，地形場）との関係が研究されている． 〈鈴木隆介〉

[文献] 鈴木隆介（2000）「建設技術者のための地形図読図入

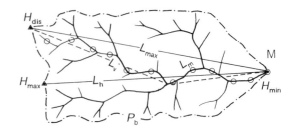

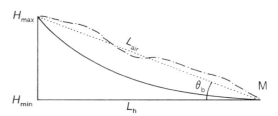

図　流域の誘導地形量の定義図（鈴木，2000）
H_{max}：最高点高度，H_{dis}：最遠点高度，H_{min}：最低点高度，L_h：最高点距離，L_{max}：流域最大径，L_{air}：流域斜距離，P_b：流域縁辺長，L_v：谷長，L_m：本流長，θ_b：流域傾斜．上図で○印を付した流路が本流である．

表　流域の基本地形量（鈴木，2000）

基本地形量		記号	定義または説明	次元
高度 (altitude)		H	任意地点の海抜高度	L
谷口高度 (valley-mouth altitude)		H_{min}	一流域の谷口の高度	L
最遠点高度 (most-distant point altitude)		H_{dis}	谷口から分水界上の最遠点の高度	L
最高点高度 (highest altitude)		H_{max}	流域内の最高点の高度	L
流域平均高度 (basin mean altitude)		H_{mean}	種々の定義がある	L
比高 (relative height), 起伏 (relief)		h	任意地点間の高度差	L
最大起伏 (maximum relief)		h_{max}	$H_{max}-H_{min}$	L
流域起伏 (basin relief)		h_b	$H_{dis}-H_{min}$	L
流域長 (basin length)		L_b	任意地点までの流域長	L
流域最大径 (maximum diameter)		L_{max}	谷口から H_{dis} 地点までの距離	L
最高点距離 (length between H_{min} point and H_{max})		L_h	谷口から H_{max} 地点までの距離	L
流域縁辺長 (basin perimeter)		L_p	主分水界の長さ	L
流域面積 (basin area)		A_b	任意地点での流域面積	L^2
ω 次の谷の流域面積 (A_b of ω-order)		A_ω		L^2
断面積 (cross-section area)		A_c	任意の基底線から上の断面積	L^2
投影接峰面縦断面積		A_s	谷口と H_{dis} 地点を結ぶ投影線での接峰面の断面積	L^2
投影谷床縦断面積		A_v	谷口と H_{dis} 地点を結ぶ投影線での谷床の断面積	L^2
両谷壁角 (dihedral angle between valley sides)		θ_v	両岸の谷壁斜面のなす角度	0
水流（谷）の次数 (stream order)	ω 次の水流の次数	ω	$\omega=1,2,3,\cdots,\Omega-1$	0
	最下流部の水流の次数	Ω		0
水流（谷）の本数	ω 次の水流の次数	N_ω	$N_\omega=N_1, N_2, N_3, \cdots, 1(=N_\Omega)$	0
水流長（流路長）(stream length)	水流の長さ	L_m	任意地点までの本流長	L
	ω 次の水流の長さ	L_ω		L
谷長 (valley length)	本流の谷長	L_v	流路の大局的（大転向点があればそこで折り曲げた）方向での直線長	L
	ω 次の谷の谷長	L_ω		L

表 流域の誘導地形量 (鈴木, 2000)

地形相	誘導地形量	記号	定義	次元	定義者
平面形状	形状係数 (form factor)	F	A_b/L^2	0	Horton (1932)
	円形度 (basin circularity)	R_c	$4\pi A_b/P_b^2$	0	Miller (1953)
	伸長率 (basin elongation)	E_b	$2A_b^{0.5}/\pi/L_{max}$	0	Schumm (1956)
	比縁辺長 (relative perimeter crenulation)	C_p	P_b^2/A_b	0	
	流域斜距離 (air distance)	L_{air}	$L_b/\cos\theta_b$	L	
起伏状態	起伏比 (relief ratio)	R_h	h_{max}/L_h	0	Schumm (1956)
	相対起伏 (relative relief)	R_{hp}	h_{max}/P_b	0	Melton (1957)
	粗度数 (ruggedness number)	N_r	h_{max}/D_d	L	Strahler (1958)
傾斜	流域傾斜 (basin slope)	θ_b	h_b/L_h	0	
谷密度 (drainage density)	1次水流頻度 (first-order stream frequency)	F_1	N_1/A_b	L^{-2}	Schumm (1956)
	水流頻度 (stream frequency)	F_s	$\sum N_\omega/A_b$	L^{-2}	
	水流密度 (stream density)	D_d	$\sum L_\omega/A_b$	L^{-1}	
流路屈曲度 (sinuosity)	谷長に対する屈曲度	P_v	L_m/L_v	0	
	流域長に対する屈曲度	P_b	L_m/L_b	0	
谷の深さ	掘込指数 (火山などの原形の明瞭な谷の)	I_e	A_v/A_s	0	鈴木 (1969)

門」, 第3巻, 古今書院.

りゅういきへいきんこうど　流域平均高度　mean elevation of drainage basin　流域全体の海抜高度分布の平均値. その値 H_m は, 山地流域の, 谷口より高い部分の体積を V, 流域面積を A, その流域内の最低点高度（一般に谷口高度）を H_0 とするとき, $H_m = V/A + H_0$ である. 地形図から流域平均高度を求める方法として比積分法, 等高線面積法, 等高線延長法, 交点法などがある. 格子状 DEM を用いて流域平均高度を求めるには, 流域内の DEM の標高値の平均値を求めればよく, これは上の方法のうちの交点法と同じである.　⇨流域の基本地形量（表）, 格子状 DEM, 谷口高度　〈田中　靖〉
[文献] 山本荘毅編 (1968)「陸水」, 共立出版.

りゅういきへんこう　流域変更　interbasin water transfer, transbasin water diversion　狭義には, 自然の分水界を越えて人工的に河川水の一部あるいは全部を別の流域に流下させることを指す. 河道の付け替え（瀬替*）, 放水路や導水路（地上・地下とも）の建設などがその例である. 普通は利水や治水, ときには流量や水質の維持などの目的で行われるが, 目的外の（例えば変更後の河道沿いの侵食・堆積のような負の）効果を流域環境に与えかねない点が懸念されている. 広義には自然のプロセスによる河川争奪や地殻変動などによる分水界移動も含む.　⇨河川争奪, 分水界移動　〈田村俊和〉

りゅういきみずしゅうししき　流域水収支式　catchment water balance equation　流域内の対象とする期間についての水の質量保存則を記述する式. 降水量を P, 蒸発散量を E, 地表土壌層水分量を S, 流出量を R（地表と地下を含む）とすると, 対象としている領域内での dt 時間における水分量の変化 dS は, $dS/dt = P - R - E$ で表される. 流域内の水の挙動はさまざまな空間・時間スケールが存在するために, 対象を明確にしなければならない. 時間スケールにおいては1つの降雨を対象とする短期水収支と, 1季節や1年などを対象とする長期水収支とがある.　〈砂田憲吾〉

りゅういきめんせき　流域面積　drainage area, basin size, catchment area　地表面の最大傾斜方向に水が流れると仮定したとき, 任意の地点に水が流れ込む範囲（流域）の面積を流域面積という. 河川の流域面積という場合には, 河川が海に到達する地点または本流との合流地点の流域面積のことを意味する. また斜面プロセスなどの研究では, 山地斜面における任意の地点への排水面積を指す. 流域面積は河川の流出形態にも大きく影響を与えているので, 流域内の地形・地質・植生などの諸条件よりも第一義的に重要な流域特性値である. 地下水流動系が地表地形と著しく異なる場合には, 流域面積と河川水量の関係は大きく異なる場合がある. 流域面積は一般的には地形図などの地図上でプラニメータや方眼紙などを用いて測定される. 近年はデジタル化が進み, GIS 上で面積を計測することも多いが, DEM* から作成した疑似水系網から計算する場合には, その特性から生じる誤差や自明の誤りについて正しく理解しておくことが重要である.　⇨流域の基本地形量（図, 表）, 寄与域, 流域面積の計測　〈小松陽介〉

りゅういきめんせきのけいそく　流域面積の計測【DEM による】　calculation of drainage area (using DEM)　DEM 上の格子点から発する落水線が

ある注目格子点に収れんするとき、そのようなすべての格子点の集合をその注目点の流域といい、その面積を計測することができる。これは流域の自動抽出法を意識した定義であり、DEMにおいて上流にあたる格子点の数（あるいはそれに単位格子面積を乗じた値＝面積）となる。対象とするすべての点からDDM（落水線マトリックス*）に従って、海または縁までたどる。格子点を通過するときその点に1を加えていく、という方法で流域面積のデータ（2次元配列）を作成できる。なおすべての格子点は自分自身の面積1をもっているので、あらかじめそのように初期化しておく。ただしこの方法は計算に時間がかかるので、再帰関数による方法が推奨される。すなわちある点について、流入線マトリックス*に従って、3方向について流域面積を求める関数（自分自身）をよび、その和に1を加え、その点の流域面積として2次元配列に書き込むと同時にその値を返す関数を定義する。この関数を海岸あるいは対象区域の縁からよぶことによって、流域面積（2次元配列）が得られる。流域面積図を適切な区切りで段彩表示すると水系網図（ラスタ型）となる。

〈野上道男〉

りゅういきめんせきのほうそく　流域面積の法則　law of basin area　ホートンの第4法則ともよばれる。この法則の存在はホートン（R. E. Horton）によって示唆されていたが、数式として確立したのはS. A. Schummである。その由来に因んで数式確立後もホートンの名が冠せられている。ある流域内の水路をすべてホートン・ストレーラー法で次数区分する。流域の次数はそれぞれの流域の出口の水路の次数で与えられる。1次の流域の面積の平均値を$\overline{A}_1$、ω次の流域の面積の平均値を$\overline{A}_\omega$とすると、流域面積の法則は$\overline{A}_\omega = \overline{A}_1 R_A^{(\omega-1)}$（$\omega = 1, 2, \cdots, \Omega$）なる式で表される。ただし、$\Omega$は対象となる流域の次数とする。式中の$R_A$は流域面積比（basin area ratio）とよばれる。流域面積の法則は水路数の法則と結びついている。自己相似な流域が最終的には、無限小の部分流域（subbasin）と流域間地（interbasin area）に分割できるとの仮定の下に、水路数の法則から演繹的に流域面積の法則を導くことができる。この場合、水路数の法則とは徳永の法則のことである。すなわち、T_kをある次数の水路1本に側方から流入するそれよりk次低次な水路の数とした場合、$T_k = ac^{k-1}$なる関係においてaおよびcがkの値によらずそれぞれ一定であるという法則である。この法則が上記の仮定を満足するとき、R_Aは$(2+a+c+\sqrt{(2+a+c)^2-8c})/2$で与えられる。これまでに実測された地質構造などの影響のない流域において流域面積比は3.0〜5.0のほぼ一定の値をとる場合が多い。このことを流域面積比一定の法則という。流域の無限小分割はあくまでも理論を導くための仮定である。現実の流域はこのような仮定を近似的に満足すると考えればよい。⇒流域，流域間地，徳永の法則

〈徳永英二・山本　博〉

[文献] Tokunaga, E. (1978) Consideration on the composition of drainage networks and their evolution : Geogr. Rep. Tokyo Metrop. Univ., 13, 1-27.

りゅういきめんせきひ　流域面積比　basin area ratio　⇒流域面積の法則

りゅういきめんせきひいっていのほうそく　流域面積比一定の法則　Horton's law of basin area　⇒流域面積の法則

りゅうき　隆起　uplift, emergence, upheaval　ジオイド面などの基準面に対して地表（地盤も）の高度が、既存地表への物質の堆積や定着によらずに増加する現象。地殻変動やアイソスタシーなどによる地盤運動，もしくは地殻表層部へのマグマの貫入などによって生じる。対義語は沈降．⇒隆起運動

〈前杢英明〉

りゅうきうんどう　隆起運動　earth movement of uplift　地表の隆起を起こす地盤運動．対語は沈降運動．隆起量や隆起速度は、長期的には海成段丘の旧汀線高度の分布や海成層の分布高度などを論拠とする地形・地質学的方法により求められ、短期的には水準点の改測やGPS観測など測地学的方法によって解明される．⇒沈降運動

〈前杢英明〉

りゅうきかいがん　隆起海岸　elevated coast, coast of elevation　主に地殻変動により陸地が隆起して形成された海岸をいう．離水海岸の一種．地殻変動の活発な日本では、以前には海岸段丘、離水ノッチ、離水サンゴ礁などは、隆起運動に基づく隆起海岸の地形とされていた。しかし、現実のこれらの海岸地形は、隆起運動のみならず海面変化の効果も大きいことから、相対的に陸地が現れる現象を意味する離水（emergence）を用い、離水海岸（coast of emergence）とされるようになった。なお、明らかに隆起運動の効果が大きい場合には説明的用語として隆起海岸や隆起海岸線（shoreline of elevation）が用いられることがある。また、突然の隆起運動あるいは急速な海水準の低下のため、もはや海の地形形成過程が進行していないような海岸を急速離水海岸線（elevated shoreline）といい、隆起海岸線とは区

別される．⇨離水海岸線 〈福本 紘〉

[文献] Strahler, A. H. and Strahler, A. N. (2006) *Introducing Physical Geography*, John Wiley & Sons.

りゅうきかいがんせん　隆起海岸線　uplifted coastline, uplifted littoral zone　隆起運動によって海岸線が隆起し，浅海底が離水して形成された海岸線一帯を指す．元の海底地形に海底谷などが存在している場合を除き，平滑で直線的な海岸線になる場合が多い．旧汀線とも．海成段丘の段丘崖の基部（崖麓線）がその好例であるが，段丘崖からの崩落物質によって被覆されていることもある．⇨海岸線，旧汀線 〈前杢英明〉

りゅうきかいしょくだい　隆起海食台　uplifted abrasion platform　海食台*が地殻変動によって離水して段丘面になっているもの．氷河性海水準低下によって発達する離水海食台との区別は困難である． 〈八木浩司〉

りゅうきがん　榴輝岩　eclogite　⇨エクロジャイト

りゅうきこう　硫気孔　solfatara　有毒の二酸化硫黄（SO_2）と硫化水素（H_2S）を含む火山ガスを噴出する噴気孔．噴気温度は200℃内外で，空気に接して酸化すると，硫酸や遊離硫黄を生じ，硫気孔の周囲に沈殿する．凹地や谷底には有毒ガスが滞留しやすく，植物や動物が生育できないので荒地（例：那須火山の茶臼山，箱根火山の大涌谷，九重火山の硫黄山）となり，地獄，地獄谷，鳥地獄，殺生石などとよばれる．イタリア・ナポリ西方の La Solfatara 火山地方の硫気孔にちなむ名称．⇨噴気孔 〈鈴木隆介〉

りゅうきさんかくす　隆起三角州　elevated delta　地盤の隆起や海水準の低下などに伴う侵食基準面の低下によって相対的に隆起した三角州．現在の侵食基準面より高い位置にあるため，侵食の復活により開析されており，開析三角州*となっている． 〈海津正倫〉

りゅうきサンゴしょう　隆起サンゴ礁　uplifted coral reef　⇨離水サンゴ礁

りゅうきじゅんへいげん　隆起準平原　uplifted (elevated) peneplain　準平原化した土地が隆起して，高所に位置するようになった準平原を指す．新たな侵食輪廻の原地形となる．隆起準平原は当初，古削剥面（paläische Fläche；H. Reusch, 1903 など）や平頂峰（平頂山嶺：flat-topped range；W. M. Davis, 1904）とよばれていた．1910 年代頃から，隆起準平原，あるいは，残存地形の意味をもたせた準平原遺物（pénéplaine réliquat, peneplain remnant；J. G. Granö, 1917-1919 など）とよばれるようになった．隆起準平原は，河間山地の残丘などが広く残っている平頂峰や侵食小起伏面を指すが，準平原遺物から想起される'開析される前の準平原地形'を意味することも多い．隆起準平原とよばれるための隆起量は数量的に決められているわけではなく，隆起した準平原と新たに始まった輪廻とが識別される程度に河谷が切り込んだ場合を指す．Davis (1912) が事例としてあげている隆起準平原は山頂高度が数百 m 程度以上で，高いものとしては海抜 4,000 m 以上のボリビア・アンデスのアルティプラノや中国・チベット高原が含まれる．準平原の形成年代，および隆起した時代は，世界的にみると古生代以前から第四紀まで様々であり，階段準平原になっていることが多い．また世界的にみると，隆起準平原の中には，剥離準平原とされるものも少なくない．日本の準平原はすべてが隆起準平原で，小藤文次郎*(1908) によって日本で初めて指摘された中国山地の吉備高原をはじめとして，阿武隈山地や北上山地などの隆起準平原があげられる．また日本の隆起準平原も階段準平原になっているものが多く，新第三紀〜第四紀初期にかけて，間欠的隆起によって形成されたとされるものが多い．⇨準平原，準平原遺物 〈大森博雄〉

[文献] 辻村太郎 (1923)「地形学」，古今書院．/Davis, W. M. (1912) *Die erklärende Beschreibung der Landformen*, B. G. Teubner (水山高幸・守田 優訳 (1969)「地形の説明的記載」，大明堂).

りゅうきせんじょうち　隆起扇状地　elevated fan　隆起により段丘化した扇状地．扇状地の段丘化は，河川の流量増加，流送土砂量の減少，海面などの侵食基準面低下などでも生じるから，その原因を特定せずに，段丘化した扇状地を隆起扇状地とよぶのは誤りで，段丘化の原因を特定できない扇状地については，開析扇状地*の名称が適当である． 〈斉藤享治〉

りゅうきちかい　隆起地塊　uplifted landmass　両側か片側かを正断層や逆断層などの縦ずれ断層で限られ，これらの運動で隆起している地塊． 〈前杢英明〉

りゅうきていせん　隆起汀線　uplifted shoreline, uplifted strandline　隆起運動により離水した前浜・後浜やベンチ・ノッチなど，汀線付近で形成された地形が示す過去の汀線．海面付近に棲息する穿孔貝，石灰藻，環形動物，サンゴ類などの生物指標，

堆積物中に含まれる硫黄などの化学成分により隆起汀線が示されることがある．隆起汀線は海岸付近の広域的地殻変動を解明するのに優れた指標となる．隆起海岸線，旧汀線はほぼ同義語．⇨隆起海岸線，旧汀線　〈前杢英明〉

りゅうきねんど　硫気粘土　solfataric clay　硫黄・硫化水素・亜硫酸ガスなどを多量に噴出する硫気孔周辺の岩石が，それらのガスや熱水で変質して生じた粘土の総称．温泉余土*ともよばれ，地すべりを引き起こすことがある．　〈松倉公憲〉

りゅうきはしょくだな（ほう）　隆起波食棚　elevated shore platform, uplifted shore platform　波食棚が地盤の隆起によって離水した地形．隆起ベンチともよばれる．隆起量が小さいと，現在の海面下で形成された波食棚との区別は難しい．地震によって隆起した波食棚の海側末端の崖が潮間帯*に位置するような場合には，しばしばそこに平坦面が形成され，二段の地形が発達していることが多い．房総半島南端や青森県大戸瀬崎，島根県畳ヶ浦などが好例．⇨波食棚　〈辻本英和〉

りゅうきベンチ　隆起ベンチ　elevated bench　⇨隆起波食棚

りゅうきゅうかいこう　琉球海溝　Ryukyu Trench　琉球諸島（南西諸島）の東方に沿って伸びる海溝で，南西諸島海溝*ともよばれる．琉球諸島（南西諸島）と対をなして，琉球弧を形成する．最深部は宮古島東方（沖縄島南東）沖の7,790 mである．フィリピン海プレートが北西斜め下方に潜り込む場所とされ，奄美大島および宮古島南東方にある海底の高まりを境にして，やや性格の異なる三つの海溝部に分けられる．中央部の海溝が地形的に最も明瞭であり，北東-南西方向へ延びる．北東部は海溝底に凹凸があり，その軸も東西に振れる．九州日向灘沖で北西-南東方向に伸びる九州-パラオ海嶺を境にして，北東側から急に浅くなり，その軸方向も東北東に変わり，南海トラフ（舟状海盆）に移行する．南西部は宮古島南東沖から台湾沖まで伸び，大きく湾曲し東西方向に近くなる．こうした海溝の区分は周辺での火山や地震の発生様式に密接に関係している．琉球海溝ぞいには歴史時代に大きな地震が何回も発生し，津波を誘発してきた．⇨琉球弧，フィリピン海プレート，南海トラフ　〈岡田篤正〉

りゅうきゅうこ　琉球弧　Ryukyu arc　九州から台湾に至る弧状をなす島列で，南西諸島弧ともよばれる．概して北東-南西方向に伸びるが，宮古島南東沖から大きく湾曲して以西では東西方向になる．延長距離は約1,300 kmで，太平洋側に凸型を向ける．トカラ海峡とケラマ海裂を境にして，北九州・中九州・南九州の3島弧グループに分けられ，島弧の縦断方向でも横断方向でも地形・地質・火山・地震・地殻運動などの性質が異なる．北琉球は火山性内弧と非火山性外弧をもつ二重弧が明瞭であり，背後の沖縄（琉球）トラフは浅い．中琉球は火山性内弧が不明瞭となり，外弧が古第三紀以前の基盤岩や第四紀の琉球石灰岩からなる島列として明瞭で，サンゴ礁を伴うようになる．南琉球は非火山性外弧のみとなり，沖縄トラフが最も深くなる．南東側に琉球海溝が並行する．これに沿ってフィリピン海プレートが低角度で潜り込み，活発な地震活動が深さ270 km付近まで認められ，歴史時代に大地震や津波を起こしてきた．⇨琉球海溝　〈岡田篤正〉

[文献] 太田陽平・岡田篤正 (1984) フィリピン海島弧系1, 藤田和夫編「アジアの変動帯」，海文堂．／町田洋ほか編 (2001) 南西諸島の地形発達史，「日本の地形」, 7, 東京大学出版会．

りゅうきゅうそうぐん　琉球層群　Ryukyu group　薩南諸島を除く琉球列島にひろく分布する更新統．高度200 m以下の段丘群を構成する．有孔虫・サンゴなどよりなる石灰岩を主とし，礫・粘土・亜炭などの非石灰質堆積物をともなう．石灰岩は白～灰～黄褐色などで多孔質．琉球層群のうちの石灰質堆積物は琉球石灰岩とよばれ，非石灰質堆積物は国頭(くにがみ)礫岩とよばれる．島尻層群*を不整合に覆う．　〈松倉公憲〉

りゅうきょう　流況　flow regime, river regime　河川の一地点における流量あるいは水位の変動状況．その時々の流れの状況をいう場合もあるが，流況曲線の特性から河川の流量もしくは対応する水位の持続状況や年間の流出状況を集約して表現する場合が多い．⇨流況曲線　〈砂田憲吾〉

りゅうきょうきょくせん　流況曲線　flow-duration curve, discharge-duration curve　流量を，1年間の日流量の観測値（範囲）を大きい順に並べ，縦軸に日流量，横軸に累加日数をとって図示される曲線．流況図ともいう．平らな曲線は洪水が少なく流量がより安定していること，尖った曲線は変動が激しく洪水が大きく流量が不安定なことを示している．　〈砂田憲吾〉

りゅうけい　粒形　grain shape　礫や砂の粒子形状．円磨度，円形度*や球形度*などがその指標．粒径に次いで大きな変域をもつ性質．運搬時の挙動や剪断抵抗などに重要な影響を与えると思われ

るが，数量的な扱いの研究が進んでいなこともあり，それらへの影響力についても不明なことが多い． 〈松倉公憲〉

りゅうけい　粒径　grain diameter, grain (particle) size　砕屑物粒子の大きさの指標で，一般的には球に近似したときの直径．粒度ともよばれる．ただし粒径は集団に対するサイズ分布（⇨粒度分布）のニュアンスももつ．マイクロメートル（μm），ミリメートル（mm），センチメートル（cm）などの通常の長さの単位で表す以外に，ファイスケール*を用いることもある．粒径は粒子が静水中を沈降するときの速度（沈降速度*）の主要パラメーターであり，堆積物記載の際の重要項目の一つである．慣習として，ファイスケールを用いたサイズ区分に基づき，礫，砂，シルト，粘土などに区別される．サイズを求める際の粒子を球に近似する方法にはいくつかあり，等体積の球径を代用する幾何学的なもの（等体積球相当径，名目直径）と，沈降速度が等価である仮想球の径を代用する力学的なもの（沈降粒径）とがある．沈降粒径は，形状の相違および密度の違いも同時に考慮され，等価粒径といえば通常これを指す．また，球ではなく楕円体近似して，長，中，短軸長のいずれかを粒径として代用することもある．⇨粒径区分 〈遠藤徳孝〉

りゅうけいくぶん　粒径区分　grain size classification, grade scale　砕屑物粒子の大きさによる区分および名称．粒度階区分ともいう．Wentworth (1922)による区分が地球科学分野では一般的に用いられている（表）．ファイスケール*を用いて区分すると，礫と砂の境界は-1ϕ，砂とシルトの境は4ϕ，シルトと粘土の境界は8ϕとなり，さらに砂とシルトでは，それぞれϕ値で1毎に細分されている． 〈遠藤徳孝〉

[文献] Wentworth, C. K. (1922) A scale of grade and class terms for clastic sediments: Journal of Geology, 30, 377-392.

りゅうけいぶんせき　粒径分析　grain size analysis　⇨粒度分析

りゅうけいぶんぷ　粒径分布　grain size distribution　粒子径分布ともよばれ，粒子集団の直径の統計分布を意味する一般語である．堆積学では粒度分布という言葉がよく使われる．⇨粒度分布 〈遠藤徳孝〉

りゅうこん　流痕　current mark　水流が底質表面を直接的・間接的に侵食して形成される底痕*の総称．通常，泥層表面に形成された流痕を砂やシルトが埋積することで保存され，砂層・シルト層底面に鋳型（cast）として見いだされる．水流が底面を侵食してできる削痕（scour mark），水流により移動する粗粒粒子が底面を削って形成される物体痕*に区分される．削痕はさらに，障害物の存在による障害物削痕（obstacle scour mark），障害物なしに形成される狭義の削痕（current scour mark）に分けられる． 〈関口智寛〉

りゅうさ　流砂　sediment transport　狭義には，河川で運搬される土砂のこと，あるいは河川を土砂が運搬される現象のこと．河川中を運搬される土砂には掃流状態で運搬される掃流土砂と浮流状態で運搬される浮流土砂とがあるので，掃流土砂と浮流土砂の総称と見なすことができる．なお，河川中を掃流状態で集合流動するものも流砂の中に含む場合もある．広義には，河川源流から海まで運搬されるすべての形態の土砂のこと． 〈倉茂好匡〉

りゅうさけい　流砂系　natural sediment transport system　土砂生産・砂防域，河川，海岸域を含む水系全体において，土砂が移動する場をシステムとしてとらえる概念．これにより，流域土砂動態の把握と課題解決のために連携した対策や管理を進めることをめざす． 〈砂田憲吾〉

りゅうさんえんこうぶつ　硫酸塩鉱物　sulfate mineral　化学組成による鉱物分類の一つで，硫酸の水素を金属で置換した塩鉱物．結晶水をもつものが多く，一般に無色．この塩が析出することにより塩類風化*がおこる．代表的なものに，ジプサム（gypsum：石膏）$CaSO_4 \cdot 2H_2O$，ヘキサハイドライト（hexahydrite：六水石）$MgSO_4 \cdot 6H_2O$，ミラビル石（mirabilite：硫曹鉱）$Na_2SO_4 \cdot 10H_2O$ などがあ

表　粒径区分

区分境界の粒径		各区分の名称	
10進数	phi(ϕ)		
256 mm	-8	巨礫	boulder
64 mm	-6	大礫	cobble
4 mm	-2	中礫	pebble
2 mm	-1	細礫	granule
1 mm	0	極粗粒砂	very coarse sand
0.5 mm	1	粗粒砂	coarse sand
0.25 mm	2	中粒砂	medium sand
0.125 mm	3	細粒砂	fine sand
62.5 μm	4	極細粒砂	very fine sand
31.25 μm	5	粗粒シルト	coarse silt
15.63 μm	6	中粒シルト	medium silt
7.813 μm	7	細粒シルト	fine silt
3.906 μm	8	極細粒シルト	very fine silt
		粘土	clay

※ siltとclayの区分は9ϕとする場合もある

る. 〈松倉公憲〉

りゅうしゅつ　流出　runoff　降水によってもたらされた水の移動過程. 降水は, 地表に到達したのち, 一部は蒸発散*して再び大気中に戻り, 一部は浸透して地下へと流れていく. それ以外の多くは地表面を低い方へと流れていく. これを 表面流出* という. いったん地下へ浸透して再び地表面に出る流れを 中間流出* とよぶ. 表面流出と中間流出とをあわせて 直接流出* という. さらに地下水流の一部が徐々に河道に滲み出したものを 基底流出* とよんでいる. 河道で集められた水は河道への降水も合わせて下流へと流れていく. ⇨流出量
〈砂田憲吾〉

りゅうしゅついき　流出域　discharge area　地下水が流出する地域. 涵養域の対義語. 流出域では, 地下水の流れは上向きの成分を有する. 地下水流動系*は必ず涵養域と流出域を有しており, 流出域は流動系の規模に応じて主谷部や低地に分布する. 一般に, 流出域における地下水面は, 涵養域と比較して地表面に近い比較的浅い深度に位置する. ⇨涵養域［地下水の］　〈佐倉保夫・宮越昭暢〉

りゅうしゅつかいせき　流出解析　runoff analysis　降水による河川への流出について, 関係する様々な過程を明らかにし, 河川流量としてその時間変化を算出する技術. 流出過程に関わる現象や特性は合理的にモデル化され, 河川の高水・低水計画, 洪水予測, 渇水予測に用いられる. 流出のモデル化では, 従来から貯留関数法などの概念的な集中型 (空間的に集約された) モデルが実用上多用されてきたが, 近年のコンピュータ関連技術, 衛星リモートセンシング技術等の進展により, 降水や地形・土地利用の空間分布を考慮した分布型物理モデルの適用が進んでいる. 〈砂田憲吾〉

りゅうしゅつかせん　流出河川　outflow river　湖沼または湿地から流れ出す河川をいう (例：尾瀬ヶ原から流出する只見川). 普通は1本であるが, 例外としてベネズエラのオリノコ川とアマゾン川の源流地域の湿原では, 前者の分流のカシキアレ川が後者の支流のネグロ川支流に流れており, その湿原に2本の流出河川がある. ⇨流入河川　〈鈴木隆介〉

りゅうしゅつけいすう　流出係数　runoff coefficient　一雨降雨量のうち, その雨による流出ハイドログラフ中の直接流量に寄与する降雨 (有効降雨) を示すパラメータ. 特に,「洪水流出係数」という場合もある. 経験的に, 流出ハイドログラフを用いて流出成分分離法により直接流出成分を推定し, 流出係数を逆算して求める. ⇨流出率　〈砂田憲吾〉

りゅうしゅつだか　流出高　height of runoff, depth of runoff　年間の総流量または長期間の平均流量. 流量観測所の観測断面を通った流量をその地点より上流の流域面積で割ったものであって, 全通過流量を流域に蓄えた場合の水深を表している. 降水量と比較するために mm で表す.　〈砂田憲吾〉

りゅうしゅつてきふんか　流出的噴火　effusive eruption　⇨非爆発的噴火

りゅうしゅつどしゃりょう　流出土砂量　sediment discharge　流域のある地点を, ある期間に通過する土砂の量. 砂防ダムや貯水池に, ある期間に堆積する土砂の量を指すこともある.　〈松倉公憲〉

りゅうしゅつりつ　流出率　runoff ratio, runoff coefficient　降水量のうちどれだけが流出量 (Q) となるかを示すパラメータ. 降雨と流出量の関係を, ある流域面積 A において, ある時間 (短期間, 長期間) 内の総雨量 R の中の f が流出したものと考え $Q = fRA$ と表すことができる. このときの f の値を流出率とよび経験的に推定する. ⇨流出係数
〈砂田憲吾〉

りゅうしゅつりょう　流出量　runoff discharge　地上に降った雨水が地表あるいは地中を通って河川 (あるいは直接海岸) に流出する水の流量をいう. 単位時間あたりの水の体積で表す.　〈木村一郎〉

りゅうじょうそしき　流状組織　flow texture　顕微鏡下でみられる岩石の組織で, まだ岩石が流動状態であったときに, 柱状や板状の結晶が流れの方向に配列したために生じたもの. 火山岩の溶岩の石基によくみられる.　〈松倉公憲〉

りゅうじょうはくだつ　粒状剥脱　granular exfoliation　⇨剥脱作用

りゅうしんせん　流心線　center of stream, line of maximum depth　縦断方向に最大流速の点を連ねた線. 河川横断面で最大流速の点を流心といい, 河川縦断方向にこの流心を連ねた線を流心線という.　〈砂田憲吾〉

りゅうすいきゃくど　流水客土　soil dressing by warping　流水を利用した客土による土壌改善. 上流部で客土に水を加えたものを, 灌漑用水路などで下流側の土地へ導き, 高透水性の土地や土壌の悪い土地の改善を図るものである. 黒部川扇状地では, この流水客土により水田化に成功した.　〈斉藤享治〉

りゅうすいしんしょくこく　流水侵食谷　fluvial erosion valley　⇨河谷

りゅうせん　流線　stream line　流体内部の流れ

を示す線で，その接線方向が速度ベクトルの方向と一致する曲線．定常流*においては水粒子の運動経路と一致する．非定常流*では速度ベクトルが時間的に変化するため流線は描けない． 〈宇多高明〉

りゅうせんもう　流線網　flow net　流線*と等ポテンシャル線とが直交しているような曲線群．定常な2次元流の場合なら流れの状態が一目でわかる．浸透流の研究などに利用される． 〈宇多高明〉

りゅうそうりょう　流送量　total sediment load　河川における土砂の運搬量．通常，土砂流送量という．その量は，河川流域の地形・地質・林相・気象をはじめ，河床の構成材料，洪水の流出頻度，ダム・砂防施設・河川構造物などに支配される．流砂の型式によって，掃流砂，浮遊砂，ウォッシュロードの3つに分類され，掃流砂と浮遊砂の合計をbed-material load という． 〈宇多高明〉

りゅうそく　流速　flow velocity, stream velocity　水を小さな水粒子の集まりと考えたとき，水流に垂直な断面内のある点を通過する水粒子の速度．⇒平均流速 〈宇多高明〉

りゅうそくけい　流速計　current meter　流れの速度を測定する装置の総称．一点における流速測定装置には，ベルヌーイの定理を応用したピトー管，プロペラの回転数で流速を知るプロペラ流速計，磁界の変化量から流速を測定する電磁式流速計などがある．これに対して，流れの深さ方向や横断方向の流速プロファイルを測定する装置として，浮子による流下時間から流速を知る浮子流速計をはじめ，音波のドップラー効果を用いたドップラー式流速計（ADCP，H-ADCP），電波や超音波を水面に照射してそのドップラー効果により水面の流速を知る電波流速計や超音波式流速計，水面のごみ・泡・乱れを標的として映像で流速を知るPIV式流速計，オプティカルフロー式流速計など，新たに開発された流速計もある． 〈宇多高明〉

りゅうそくぶんぷ　流速分布【河川の】　velocity distribution　河川の横断面における流速*の空間分布．実際の河川や水路の流れは乱流*であるため，流速は水路底面や壁面に近づくにつれて粗度の効果により小さくなり，底面や壁面では急減するという対数曲線分布を示す．横断面内で流速の等しい点を結んで等流速分布図を描くと，流心（最大流速の位置）は水面からやや下方にくる． 〈宇多高明〉

りゅうたい　流体　fluid　水などの液体と空気などの気体を合わせて流体という．水は油などに比べて粘性が小さいので，便宜上，粘性がない液体，す

なわち完全流体*として考える場合が多い． 〈宇多高明〉

りゅうたい　竜堆　yardang　⇒ヤルダン

りゅうたいポテンシャル　流体ポテンシャル　fluid potential　地中水の流れの存在状態を表す量 Φ で，$\Phi = gz + p/\rho$．ここに z は基準面からの高さ，p は圧力，ρ は水の密度，g は重力の加速度．単位は SI 単位系では m^2/sec^2．両辺を g で割ると，右辺は位置水頭*と圧力水頭*の和になる． 〈宇多高明〉

[文献] Freeze, R. A. and Cherry, J. A. (1979) *Groundwater*, Prentice-Hall.

りゅうたいりょく　流体力　fluid dynamic force　流れによって引き起こされる力の総称．気体，液体，固体の流れがある物質に力を加えて，抗力，揚力などを与える． 〈砂田憲吾〉

りゅうだつさよう　流奪作用　fluviraption　水流による地表構成物質の剥離と輸送の作用のうち，輸送による剥離物質を洗い流す作用を指す．ホースから流れ出る水が歩道の汚れをさらい清めるときの作用に対応する．C. A. Malott（1928）により提唱された用語であるが，現在ではほとんど用いられない． 〈山本　博〉

りゅうど　粒度　grain size　⇒粒径

りゅうどうか　流動化　fluidization　固体粒子の集合体が，ガスや水などの流体と混合したり，あるいは外部から与えられた振動により，液体のように流動し始めること．水で飽和している砂の集合体（砂地盤）に地震動が作用して地盤が流動する現象は液状化*とよばれる． 〈砂村継夫〉

りゅうどきょくせん　粒度曲線　grain size distribution curve　⇒粒度累積曲線

りゅうどそせい　粒度組成【土の】　grain size distribution, gradation　土粒子を粒径によって区分けしたときの粒径ごとの構成比．土の粒度試験（JIS A1204：2000）によって得られる粒径加積曲線によってその分布状態が表される．⇒粒径 〈鳥居宣之〉

りゅうどぶんせき　粒度分析　grain size analysis, granulometric analysis　砕屑物粒子群のサイズ分布（粒度分布*）を分析すること．粒径分析ともよばれる．主な方法として，①篩による分析，②沈降分析，③顕微鏡による観察，④レーザ回折法などがある．それぞれの方法には固有の特性（例えば，粒子の形が結果に影響を及ぼすなど）があり，同じサンプルであっても結果は同じではなく，異なる方法での分析結果を比較する際には多少の留意が必要

である．①の方法は粒子を楕円体に近似したときの中軸を反映する．ある篩を通過した粒子（注目する篩より下の篩にある粒子）の試料全体に対する重量パーセントを通過百分率とよぶ（⇨粒度累積曲線）．この方法は一般に極細粒砂より大きい粒度の試料に適している．より細かい粒子に対応するために篩を使った湿式や超音波法などもある．②の方法は，粒子が球で，密度が一定であると仮定してストークスの式などに基づき沈降速度から沈降粒径を求め，粒度分布を求める．沈降法*とよばれる．同原理を用いた方法には，バリエーションがあり，砂から粗粒シルトサイズに適し比較的安価でよく普及している電子天秤を使ったものや，少量の微細粒子に対応し短時間で測定できる光（X線）透過式のものなどがある．③は直接人手によるか画像処理等によって顕微鏡画像から測定される．多量の粒子に対して測定するのには不向きである．④はサンプルにレーザビームを当てその回折パターンから粒子のサイズを求める方法で，極少量のサンプルで行え，微細なものに適しており，測定に要する時間も極めて短い．純粋に（比重等に左右されないという意味で）幾何学的なサイズを反映する． 〈遠藤徳孝〉

りゅうどぶんぷ 粒度分布 grain size distribution ある粒子集団における粒径の統計分布．粒径分布ともいう．通常，分布の度数は，各粒径階級に対する重量％を用いる．統計分布の特徴を他の集団と比較するのはそのままの形では扱いづらいので，一つの分布を一つの値で表す代表値（代表粒径）を用いる．よく使われる代表粒径として，平均粒径とよばれる算術平均値（相加平均），モード粒径とよばれるモード値（最大頻度をもつ粒径），中央粒径とよばれるメジアン値（粒度累積曲線*で50％の値），あるいは，個々の問題に対応して粒度累積曲線の50％以外の百分率値をもつ粒径（通過百分率で特定される粒径）などがある．しかし，これら代表粒径は分布曲線の形の特徴を反映しない．そこで，分布の幅（広がり）を表す分散度（diversity）（分級度，淘汰度）や，分布曲線の偏りを表す歪度（skewness），分布曲線の山の鋭さ（粒度の集中度）を表す尖度あるいは尖り度（kurtosis）などが併用される．分布曲線でのある粒度値を使って，これらの粒度特性を示すいくつかの式が提示されている．分級度については，分級係数，淘汰係数，篩い分け係数などの指標を使って表現される．また，粒度分布のこれらの特性値は，積率（モーメント）から求められる．1次の積率は算術平均値であり，n 次の積率は，個々の値（粒径）から算術平均値を引いたものの n 乗の平均で定義される．歪度は3次積率を2次積率

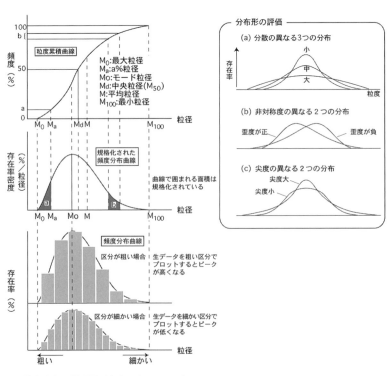

図 粒度分布の説明図（公文・立石，1998）

の3/2乗で除したもの，尖度は4次積率を2次積率の2乗で除したもので定義される．⇨粒径
〈遠藤徳孝〉

[文献] 公文富士夫・立石雅昭 (1998)「砕屑物の研究法」，地学団体研究会．

りゅうどるいせききょくせん　粒度累積曲線　cumulative grain size distribution curve　堆積物サンプルの粒度分布をグラフ表示する際，横軸に粒径，縦軸に粗い方，もしくは，細かい方からの各粒径階級の存在比を積算した値をプロットしたときの曲線．粒径累積曲線，粒径積算曲線，単に粒度曲線，積算曲線，加積曲線ともよばれる．各粒径階級の存在比をそのまま（積算せずに）ヒストグラム表示し，各階級の中央値を結んだ曲線を頻度分布曲線とよぶことがあるが，その形は階級の幅に依存する．粒径階級の幅を細かくするほど平べったいグラフとなり，一見違ったものに見えてしまう．ヒストグラム表示や頻度分布曲線で表したいときは，グラフ上で曲線と横軸で囲まれた面積が一定値になるよう規格化してからでないと視覚的に比較し難い．一方，粒度累積曲線は，粒径階級の幅によらず，概形は大きく変わらない利点がある．積算曲線のグラフの横軸は粒径だが，10進数の値で表示する場合もあれば，ファイスケール*を用いる場合もある．いずれの場合も通常は対数目盛が使われる．縦軸の積算百分率は，線形表示の場合と，正規分布が直線になるように工夫されたもの（正規確率紙）を用いる場合とがある．古典的に，正規確率紙上の曲線を有限個の線分に分割してそれぞれを個別の正規分布に対応させ，それらが異なる運動様式に対応しているという考え方があるが，限られた特定の条件でのみ妥当であると考えるべきである．⇨粒度分布　〈遠藤徳孝〉

りゅうにゅうかせん　流入河川　inflow river　海や湖沼，湿地，砂漠に直接に流れ込む河川をいう．海岸や湖岸のうちの特定区間に流入する河川だけを指す場合もある．支流を本流への流入河川とはいわない．⇨流出河川　〈鈴木隆介〉

りゅうにゅうせんマトリックス　流入線マトリックス　flow direction matrix (FDM)　正方形4連結DEMの場合，流入してくる落水線*は最大3方向が存在する．その逆の方向（落水線方向dirに標準コードを当てた場合36-dir）の三つを3次元マトリックスに収納したものをいう．FDMと略称されることも．再帰関数によって流域を走査し，流域面積や流出物質などを求める際に用いられる．⇨流域面積　〈野上道男〉

りゅうひょう　流氷　pack ice　海氷（海水でできた氷）が生成された場所から漂流してきたもの．氷の形状，大きさ，配列や生成時期とは無関係．日本近海ではオホーツク海（世界で最も低緯度で氷が張る海）で1月末から3月末頃まで見られる．
〈砂村継夫〉

りゅうぼく　流木　driftwood　河流，海や湖の波・流れ，津波，雪崩，土石流などによって流送されている状態の植物（特に樹木）およびそれらの堆積したものをいう．河川の顕著な増水時には，流木が橋梁の欄干に付着してダムと同様の効果をもつので，橋梁流失の原因となる．その防止のために欄干のない橋（沈下橋*，潜水橋）や河床からの高さの高い吊橋などがつくられる．ダム湖への流木は取水を，港湾内への流木は船舶の航行や漁業の妨げになる．小規模河川では土石流の流木が一時的に流木ダムを生じ，河床上昇が起こることがある．〈鈴木隆介〉

りゅうもんがん　流紋岩　rhyolite　シリカ鉱物に富む珪長質な火山岩のうちカリ長石が斜長石より多い岩石．この定義では，化学組成上はSiO_2含有量が60〜77 wt%となる．また，SiO_2：52〜62 wt%を安山岩，SiO_2：62〜70 wt%をデイサイト，それ以上のSiO_2含有量を示す岩石を流紋岩とすることもある．一般に斑状を呈し，斑晶として石英，カリ長石，斜長石，黒雲母，角閃石などを含む．石基は完晶質に近いものからガラス質のものまである．また，流理構造がみられることがある．〈太田岳洋〉

りゅうもんがんしつマグマ　流紋岩質マグマ　rhyolitic magma　地表に噴出して固結すれば流紋岩をつくる組成をもつマグマ．デイサイト質マグマと同様に地殻下部の岩石の部分融解が起こると流紋岩質マグマができる．噴出温度はおおよそ700〜900℃である．⇨流紋岩　〈宇井忠英〉

りゅうりこうぞう　流理構造　flow structure　火成岩の露頭あるいは標本でみられる，冷却時におけるマグマの流線がわかる構造．柱状または板状の結晶が流れの方向に平行配列するために生じる．
〈松倉公憲〉

りゅうりょう　流量　discharge, rate of discharge, rate of flow　河川，運河，水路，管などの固定した横断面を単位時間に通過する流体の体積．一般的な単位としてm^3/sが用いられる．〈砂田憲吾〉

りゅうりょうかんようかりゅう　流量涵養河流　gaining stream, effluent stream　河道水面が周辺地盤の地下水位より低い場合にみられる．河川は地下水の供給を受けて，得水河川となる．この河川形態

は，河岸段丘が発達した地形や洗掘された河道にみられる．このような場所では地下水が河川を顕著に涵養している． 〈砂田憲吾〉

[文献] 室田　明 (1986)「河川工学」，技報堂出版．

りゅうりょうきょくせん　流量曲線 discharge hydrograph ⇨流量時間曲線

りゅうりょうじかんきょくせん　流量時間曲線 hydrograph, discharge hydrograph 河川流量の時間的変化を連続的にグラフに示したもの．洪水現象の時間経過が得られる基本的情報となる．流量曲線，ハイドログラフ*ともいう． 〈砂田憲吾〉

りゅうりょうそくていほう　流量測定法 hydrometry, stream gauging, discharge measurement 河川流量の観測は，流速計測法，浮子測法，超音波測法，堰測法(せきそくほう)のいずれかによるのが原則とされている．前3者は，測定された流速に横断測量等から得られる断面積を乗じて流量を求める方法であり，後者は，堰の水位を求め越流公式から流量を求める方法である． 〈砂田憲吾〉

りゅうりょうとうけい　流量統計 statistics of discharge 河川の流量に関する統計量をいう．河川流量は時々刻々，日々，月々，年々変化している．特に問題となるのは最小値に近い値と最大値に近い値である．小さな値は資源としての河川水の利用をはかるときに重要であり，大きな値は河川災害・防災に関係する．そこで極値統計の考え方が導入されている．年ごとの最小値はあまり変動がなく，これは主として地下水流出に起因する成分だと考えられている．一方，例えば年最大値は変動が大きく，台風や梅雨時の降水量の多寡に大きく依存する．一般に大きな流量ほど出現回数（確率）が小さい．そこで，過去の観測で得られた，流量-超過確率（回数/年）の図で，それを大きい方に延長して，例えば100年に1回出現というような洪水流量を推定し，堤防構築の指針とする．このようにして定めた流量を計画洪水流量とよぶ．日本海側の積雪流域の河川は融雪時に最大値となることが多く，この値は年々それほど変わらない．しかしこの地域にも台風や梅雨の強雨があり，そのときの流量は融雪流量を大きく上回っている．一般に河川地形は大きな流量のときほど大きく変化する．河床の個々の礫が転動するだけという程度，瀬や淵の位置が変わる程度，洪水が発生し通常の河道を大きく変化させる程度など，地形変化と確率流量の関係を明らかにすることは，河川地形研究の大きな目標の一つとなっている．
〈野上道男〉

りゅうりょうねんぴょう　流量年表 chronological table of discharge 旧内務省，旧建設省，国土交通省は雨量（雨量年表）とともに流量の観測資料を印刷公表してきた．全国一級河川水系の基準点における年間の日々の水位と流量を図表に示したもの．最近ではインターネット上でも公開されている．
〈砂田憲吾〉

りゅうりょうようらん　流量要覧 report of river flow regime 旧通商産業省が1910年から1986年まで断続的に5回の全国的な電力調査を行い，このうち，第4回までの流量観測資料の重要項目について印刷公表されたのが流量要覧である．測定者の多くが私企業でもあるため，全面的には公開されていない．
〈砂田憲吾〉

りゅうろ　流路 stream, channel 河川水の流れている細長い低所（溝）．河流*（stream）と河川*（river）はほぼ同義に用いられる場合が多い．河道（channel），水路，排水路とも．⇨排水網，自己相似な水路網
〈鈴木隆介〉

りゅうろあとち　流路跡地 abandoned channel, former channel 河川の蛇行流路の移動，蛇行切断*，蛇行の短絡*，流路の転移*などに起因して放棄された過去の流路の跡地である．旧河道*ともいう．山地・丘陵・段丘では環流丘陵*や貫通丘陵*の周囲に発達する．低地のうち扇状地，特に大規模な扇状地（例：黒部川扇状地）では谷口からみて放射方向に伸びる数本の流路跡地が扇面より低く発達する．蛇行原*では自由蛇行流路の転移や蛇行切断によって生じ，河跡湖（三日月湖など）を伴うことがある．三角州では分岐流路の転移に伴うものや名残川*・湧泉川*沿いにその流路より幅の広い低所として存在する．流路跡地は，扇状地の場合を除き，その周囲の土地に比べて，地下水位が浅く，軟弱地盤が存在することもあり，洪水時の冠水や地震に伴う地盤の液状化*などの自然災害が起こりやすい．⇨旧河道　〈鈴木隆介〉

りゅうろくっきょくりつ（ど）　流路屈曲率（度） river sinuosity ⇨屈曲度［河川の］

りゅうろけいたい　流路形態 channel morphology, channel pattern 自然河川の流路の平面形状をいう．ある長さをもつ区間の河道の平面的なパターンで分類されるものとして分岐流路*，直線状流路*，蛇行流路*がある．分岐流路は，1本の河道からなる単一流路と違い2本以上に枝分かれしている流路をいう．単一流路・分岐流路にかかわらず河道の形状が直線的なものを直線状流路，迂曲している

表 流路形態の分類と一般的特徴（日本の場合）（鈴木，1998）

		網状流路 braided channel	蛇行流路 meandering c.	分岐流路 anabranching c.	網状分岐流路 anastomosing c.	直線状流路 straight c.
流路の平面形状の模式図						
流路の状態	低水時	2本以上の流路で，多数の寄州と中州（礫堆）を伴う	1本の流路で，寄州と小さな中州（砂堆）を伴う	下流に分派した2本以上の流路で再合流しない	分岐した2本以上の流路が下流で再合流する	瀬と淵をもつ1本の流路で寄州（砂堆）を伴う
	高水時	礫堆を含む河川敷全体が冠水し一つの流れになる	中州も冠水し河川敷全体が一つの流れになる	派川が結合せず分派したままである．川中島も稀に冠水	派川は結合せず分派したままである．川中島も稀に冠水	一つの流れで寄州も冠水する
屈曲度		<1.05	>1.3	>1.5	>2.0	<1.05
水面幅／水深		>40	<40	<20	<10	<40
河床勾配		$10^{-1}〜10^{-3}$	$10^{-3}〜10^{-4}$	$<10^{-4}$	$0〜10^{-4}$	$<10^{-4}$
流速と流体力		高	中	中〜低	最低	低
河床変化	侵食的変化	流路の拡幅	流路の穿入と蛇行振幅の拡大	蛇行振幅の緩慢な拡大	蛇行振幅の極めて緩慢な拡大	細流の拡幅と穿入
	堆積的変化	河床上昇，礫堆と中州の形成	蛇行州の形成	河岸への緩慢な付加堆積	河岸への緩慢な付加堆積	非対称寄州の形成
	流路の安定性	河床変動が大きく，極めて不安定：河道の転流，瀬の短縮	蛇行の下流・側方への移動，頸状部切断	比較的に安定だが，蛇行流路に近い	安定であるが，まれに蛇行流路と同じ	安定なるも，交互州の下流への移動
土砂流送	主な流送様式	掃流＞浮流，溶流	浮流＞掃流，溶流	浮流，溶流	浮流，溶流	浮流，溶流
	荷重（流送量）	多い	少ない	極めて少ない	極めて少ない	極めて少ない
	主な河床堆積物	礫	砂	細砂〜泥	細砂〜泥	細砂〜泥
周囲の地形	自然堤防	礫質自然堤防	砂質自然堤防	泥質自然堤防	泥質自然堤防	稀に泥質自然堤防
	後背低地	礫質〜砂質後背低地	泥質後背低地	泥質後背低地	泥質後背低地	泥質後背低地
	複式堆積低地	扇状地，礫質谷底堆積低地	蛇行原，砂質谷底堆積低地	三角州，支谷閉塞低地，泥質谷底堆積低地	三角州，支谷閉塞低地，潟湖跡地などの低湿地	堤間湿地

ものを蛇行流路とよんでいる．これらとは異なり，河道内の形態に着目したものに網状流路*と網状分岐流路*がある．網状流路は，川中島や中州のような流路州*があるために流路が分岐・合流を繰り返し，その結果が作り出す網目模様を呈するものである．これに対して網状分岐流路は，幅広い河道内を複数の主要な分流が蛇行しながら，分岐と合流を繰り返すことによって網状のパターンを形成している流路である．網状流路が基本的に堆積性の地形であるのに対して，網状分岐流路は複数の主要分流による本質的には侵食地形であり，分流間の高まりはシルトや粘土のような運搬されにくい堆積物で構成されていることが多い．流路形状は網状流路より安定している（表）． ⇨自然河川，流路形態の変換

〈砂村継夫〉

[文献] 鈴木隆介（1998）「建設技術者のための地形図読図入門」，第2巻，古今書院．

りゅうろけいたいのへんかん 流路形態の変換 transformation of channel pattern さまざまな要因によって低地河川の，ほぼ全域または特定区間の流路の諸特徴が経時的に変化することをいう（次頁の図）．その結果，河床変動，河川の不安定化および周囲の地形変化も生じる．その変換は，①流路州の下流への移動，②蛇行流路の下流への移動，側方への振幅拡大と湾曲部の形態の変化，③流路の切断と短縮，④流路の転移，⑤河川全体または一部区間の流路形態またはその特徴の変化（河川の変成）など，に大別される． ⇨河川の変成 〈島津 弘〉

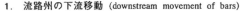
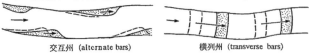
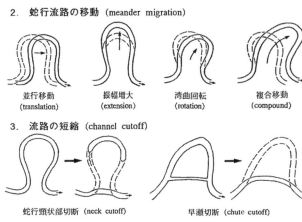
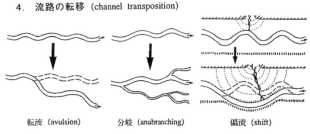
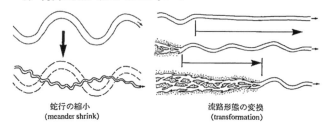

図 流路形態および流路位置の経時的変化の諸類型
（鈴木, 1998）（⇨流路形態の変換）

[文献] 鈴木隆介（1998）「建設技術者のための地形図読図入門」, 第2巻, 古今書院.

りゅうろざんりゅうたいせきぶつ　流路残留堆積物 channel-lag deposit　河流によって運び去られずに河床に残された粗粒堆積物を指す．砂礫からなる河川では細粒な砂が流され，粗大な礫が残留する．層理*は不明瞭だったり，欠如したりするが，インブリケーション*はよくみられる．〈堀　和明〉

りゅうろじゅうてんたいせきぶつ　流路充填堆積物 channel-fill deposit　蛇行流路の短絡化で放棄された流路は河跡湖（三日月湖*）となる．この放棄流路を埋積した堆積物を指す．流路埋積堆積物，ともいう．初期は河床物質により埋積されていくが，本流との断絶が進むにつれ，ウォッシュロード*の堆積が卓越するようになる．⇨蛇行流路跡地
〈堀　和明〉

りゅうろす　流路州 channel bar　河道内にみられる高まり．水路州，単に州とも．平面形態により交互砂州*，複列砂州*，うろこ状砂州*に分類される．また，主たる構成物質により砂州（砂堆），砂礫州（砂礫堆*）・礫州（礫堆），位置により寄州，中州*とよばれる．〈島津　弘〉

りゅうろたんい　流路単位 channel unit　水深，流速，底質，流れの特徴などによって，比較的均質な区間として視覚的に判別できる流路の単位．瀬，淵，平瀬*，早瀬*，淀*，小さな滝状の流れ

（小滝群*）など，上流から下流に向かって，その分布と種類，形状は変化する．魚類や底生動物など，水生動物の生息場所を表現する単位としてよく用いられる．生態学者である可児藤吉の河川形態区分もこれに属する．　⇨瀬淵河床　　　　〈中村太士〉

[文献] Armantrout, N. B. (1998) *Glossary of Aquatic Habitat Inventory Terminology*, American Fisheries Society. ／可児藤吉（1970）「可児藤吉全集」，思索社．

りゅうろちょう　流路長　stream length, channel length　任意地点間の流路*の長さ．普通は流路の始まる地点（源流）から河口または本流との合流点までの流路沿いの実距離をいう．河川長*とほぼ同義．　⇨源流　　　　　　　〈鈴木隆介〉

りゅうろちょう　流路長【DEMによる】　flow length (using DEM)　水路網上のある点から注目点までの（落水線の）長さ．DEMで計測する場合は，DDMに従って下流にたどり，通過する格子点数（あるいは格子間隔を乗じた値）をそこまでの流路長とする（ただし正方形DEMで4方位の場合）．
⇨流路長の頻度分布　　　　　　　〈野上道男〉

りゅうろちょうのひんどぶんぷ　流路長の頻度分布　frequency distribution of flow length　流域内のすべての点から流域出口までの流路の長さ（流路長）について統計処理して得られる頻度分布．これは流域地形の水文地形特性（特に流域の平面形状）の一つを表している．例えばパルス的な降雨があり，直ちに流出するとし，さらに流域出口に到達する時間はそこまでの流路長に比例するとしたとき，流路長の頻度分布はユニットハイドログラフとなる．頻度の最大値は流域幅（basin width）とよばれることもある．このピークが大きいほど流量のピークは鋭くなることが予想される．またこの最大値が出口に近いほど，降雨後流量のピークを迎える時間が短い．空間解像度の大きいレーダアメダス・解析雨量*データが使えるようになっているので，このような流域地形解析は洪水流出量モデルや融雪流出量モデルで重要視される．　　　〈野上道男〉

りゅうろのてんい　流路の転移　channel transposition　主として低地河川において流路の位置が顕著に移動する現象のこと．1本の河川の一地点で自然堤防が破堤して新たな流路が生じ元の流路が放棄される現象を転流（avulsion），元の流路が残存して流路が分かれる現象を分岐（anabranching），1本の河川の流路の全体または一部区間が左岸または右岸の一方に押しやられる現象を偏流（shift）とよぶ．
⇨流路形態の変換　　　　　　　　〈島津　弘〉

[文献] 鈴木隆介（1998）「建設技術者のための地形図読図入門」，第2巻，古今書院．

りゅうろのへんりゅう　流路の偏流　channel shift　1本の河川の流路の全体または一部区間が左岸または右岸の一方に押しやられる現象のこと．その原因としては支流から本流の谷底への土砂供給による扇状地や沖積錐の形成，谷壁斜面で発生した崩落や地すべりの堆積，溶岩流などの火山噴出物の谷底への流入，地殻変動などがある．　⇨流路形態の変換　　　　　　　　〈島津　弘〉

[文献] 鈴木隆介（1998）「建設技術者のための地形図読図入門」，第2巻，古今書院．

りゅうろはばいじょう　流路幅異常　channel-width anomaly　河川の流路幅は，大きな支流の合流や分流以外では，一般に下流ほど大きくなる．それに対して，局所的な流路幅の極端な過大・過小の状態をいう．流路幅の急減は，強抵抗性岩や高透水性岩（例：石灰岩*）の分布地や狭窄部で発生する．流路幅の急増は，弱抵抗性岩の分布地における側刻の増大や大規模な湧泉をもつ河川（湧泉川*）で認められる．河川争奪*によっても流路幅異常が生じる．　⇨河系異常，谷底幅異常　　　〈斉藤享治〉

[文献] 鈴木隆介（2000）「建設技術者のための地形図読図入門」，第3巻，古今書院．

りゅうろまいせきたいせきぶつ　流路埋積堆積物　channel-fill deposit　⇨流路充填堆積物

りゅうろもう　流路網　stream channel network　⇨排水網

りゅうろもうのじこそうじせい　流路網の自己相似性　self-similarity of stream channel network　⇨自己相似な水路網

リュネット　lunette　⇨ルネット

りょうかい　領海　territorial sea　沿岸国の主権が及ぶ範囲で，通常は海岸の低潮線から12海里を超えない範囲で定めることができる．湾の入り口や海岸線が凹凸に富むリアス式海岸では湾の入り口や屈曲した海岸線の外側を直線で結ぶ基線を引くことができるなどの規定がある．沿岸国はその領土に対すると同様にこの領海（その上空ならびに海底およびその下）に対し主権を有するが，外国船は領海内においても無害通行権を有する．　⇨公海

〈八島邦夫〉

りょうぎり　両切　cutting　斜面に鉄道や道路の路盤を切り開いたり，平坦地を建設したりする場合に用地の両側を掘削すること．片側だけの掘削は片切，その反対側を盛土して平坦地を拡大すること

は片切片盛という．⇨切通，片切片盛　〈鈴木隆介〉

りょうぎりのりめん　両切法面 double side cutting slope　道路や鉄道などの線状構造物において，自然地盤を切土＊して設けられた区間のうち，構造物の両側が切土となっているところをいう．まれではあるが，自然地盤ではなく，過去に造られた盛土地盤，盛土造成地などにおいて，線状構造物の両側を切土する場合も両切法面とよぶ．　〈南部光広〉

りょうけたい　領家帯 Ryoke belt　西南日本内帯の最南部で，長野県伊那地域から九州八代地域に広域に分布し，中央構造線の北側に接する変成帯であり，領家変成帯ともよばれる．領家変成岩（雲母片岩，石英片岩，黒雲母片麻岩）と大量の領家花崗岩（古期と新期がある）で構成されている．領家変成岩はジュラ紀に大陸縁の海溝で付加された付加体が，白亜紀に発生した古期領家花崗岩マグマの大規模な上昇による熱で片麻岩に変成した高温低圧型変成帯である．変成度は北から南に低下している．なお，領家の名称は静岡県佐久間ダムの北西の小集落の地名（現在は奥領家）に由来する．　〈松倉公憲〉

りょうこくへきかく　両谷壁角 dihedral angle between valley sides　河谷の横断形において両岸の谷壁斜面がなす角度（開度）．⇨流域の基本地形量（表）　〈鈴木隆介〉

りょうすいひょう　量水標 stuff gauge　⇨水位標

りょうせん　稜線【尾根の】 ridge line　尾根の横断面の最高点を縦断方向に連ねた線．尾根線，山稜，尾根筋とも．　〈鈴木隆介〉

りょくしょくへんがん　緑色片岩 greenschist　角閃石・緑泥石・緑簾石などを多量に含む片岩の一種．塩基性または中性の凝灰岩などが比較的低温で中程度の圧力で変成した岩石．　〈松倉公憲〉

りょくしょくへんがんそう　緑色片岩相 greenschist facies　⇨変成相

りょくでいせき　緑泥石 chlorite　雲母，角閃石，輝石などが風化や熱水変質して形成される粘土鉱物．クロライトとも．膨潤性をもつものは膨潤性緑泥石とよばれ，地すべり粘土＊の一つである．　〈松倉公憲〉

りょくひ　緑肥 green manure　土壌の肥沃度を維持するために栽培される植物．緑肥の作付けは，土壌肥料効果としてだけでなく，土壌侵食や風食防止に役立ち，作付けの後に緑肥を鋤き込めば，有機物の補給，緑肥が吸収した肥料成分の循環利用，さらにセンチュウ（線虫）密度の軽減や土壌病害抑制など様々な効果がある．栽培緑肥の例として，稲作により大量に消費された土壌中の窒素を補給するために，水田裏作として作付される大気窒素を固定する働きがあるマメ科草本のレンゲ，野菜栽培終了後に土壌中に残存する硝酸態窒素の地下水への硝酸イオン流出を防ぐために作付されるライムギなどがある．　〈渡邊眞紀子〉

りょくれんせきかくせんがんそう　緑れん石角閃岩相 epidote-amphibolite facies　⇨変成相

りょっか　緑化 greening　裸地や植生の少ない場所で，人間が植物を植えたり植生回復を促したりすることを緑化という．山地の土砂災害を防止するために崩壊地などに緑化する治山砂防緑化，砂漠に樹木や草本植物を植える砂漠緑化，伐採や農耕，鉱山跡などの人為によって荒廃した土地に植生を回復させる荒廃地緑化，街路樹や都市公園，花壇などによる都市緑化，ビルの屋上に樹木や草花を植栽する屋上緑化など，さまざまな目的と手法で緑化が行われる．緑化には，厳しい立地への適応能力や種子・苗木などの供給，地域住民の好みなどにより，外来種や園芸種が使われることが多いが，緑化に用いられた外来種が地域の生態系へ侵入し問題となっている事例もある．⇨撹乱　〈福田健二〉

[文献] 小橋澄治ほか編（1983）「環境緑化工学」，朝倉書店．/ 亀山　章 監修・小林達明・倉本　宣編（2006）「生物多様性緑化ハンドブック」，地人書館．

リル rill　布状洪水の集中により地表面が溝状に侵食されて形成された小規模な水路地形．細溝，雨溝ともいう．地形的には水路としてのリルと，リルとリルの間に広がる斜面としてのリル間地（interrill）とから構成される．リルとリル間地の比高が大きくなると地中流の流出などが水路の形成に関与するようになり，ガリーへと発達する．⇨布状洪水，ガリー，河間地　〈山本　博〉

リルウォッシュ rill wash　⇨リル侵食

リルしんしょく　リル侵食 rill erosion　雨食の一種で，地表面を流下する布状洪水が集中することにより溝状のリル水路を形成して土壌・岩屑粒子が削剥される侵食作用．リルウォッシュ（rill wash），または細溝（雨溝）侵食ともいう．地表流は表土の浸透能を超える降雨強度のときに発生し，リルはこの地表流と侵食土砂を排出するネットワーク（リル網）を形成する．リル網に対しても流域における排水網と同様の地形解析がされている．リルとリルの間の斜面では面的な侵食が進み，これをリル間地侵食またはインターリル侵食（interrill erosion）とい

う．リル侵食は地表構成物質がシルト・粘土質のときに顕著で，砂礫質の場合には明瞭ではない．⇨雨食，排水網，布状洪水 〈山本　博〉

[文献] Carson, M. A. and Kirkby, M. J. (1972) *Hillslope Form and Process*. Cambridge Univ. Press.

リルマーク　rill mark　⇨細流痕

りろんちけいがく　**理論地形学**　theoretical geomorphology　理論とは個々の事実や現象を統一的に説明することができる普遍性をもった知識の体系をいう．したがって，地形および地形の変化・形成過程に関する理論を構築する学問を理論地形学という．「地形輪廻」にみられるように地形学の分野でも古くから普遍性が追求されてきた．A. E. Scheidegger による成書 *Theoretical Geomorphology* の初版が 1961 年に出版されてすでに半世紀を超える．第二版は 1970 年に（奥田節夫監訳，1980 年，「理論地形学」），また第三版は 1991 年に出版された．一連の改版をたどることにより，理論地形学の対象の拡大と方法の発展の経過をある程度知ることができる．個々の現象とそれらの発展過程を統一的に説明するためには，普遍性のある論理，数学理論，物理法則などを必要とする．1970 年ぐらいまで理論地形学の対象は，河川の作用，水中の諸作用，斜面形成のメカニズム，流域の発達などであった．そこでは流体力学・熱力学の法則，初歩的なシステム理論などが用いられた．近年，物理学などの分野でのフラクタル幾何学の導入，非線形現象の研究の進歩，数値モデリング方法の著しい発展がなされるに及んで，それと歩調を合わせるかたちで，理論地形学の対象と研究方法が多様化し，現在では他の学問分野と共通する問題を取り上げる場面も生じてきている．ただし，地形研究者の間で理論地形学の範囲とか内容に関する見解は必ずしも一致してはいない．また，理論地形学という用語を積極的には使わないで，地形とその形成に関する理論研究およびそれらの紹介を目的とする文献も多く出版されている．どのような分野であれ，学問が成立するためには普遍性をもった理論が不可欠である．また，理論は既知の事実や現象の説明だけではなく，未知の現象も予測する能力をもたなければならない．そのような能力をもった理論の体系，すなわち理論地形学を作り上げることは地形学の重要な目標の一つである．⇨地形学の諸分野（表），地形学の最終目標，セルオートマトンモデル 〈德永英二〉

[文献] Pelletier, J. D. (2008) *Quantitative Modeling of Earth Surface Processes*, Cambridge Univ. Press.

りんかいせき　**燐灰石**　apatite　鉱物の族名の一つ．多くの火成岩や，変成岩，鉱脈鉱物として含まれる．また，骨や歯もこれに近い結晶構造を示す．燐灰グアノも燐灰石からなるものが多い．⇨グアノ 〈長瀬敏郎〉

りんかいへいや　**臨海平野**　maritime plain　河川下流部の海域に面した場所や海岸線に沿った場所に形成された平野を臨海平野とよぶことがある．臨海平野には沖積平野の最下流部に形成された三角州や，浅海底の離水によって形成され，浜堤や砂丘などの砂堤列が顕著に発達する堤列平野などが含まれ，沿岸部に干拓地や埋立地が広がるところも多い． 〈海津正倫〉

リンク　link　⇨シュリーブのリンクマグニチュード（図），シュリーブ法

リングダイク　ring dike　⇨岩脈

リンクとうきゅう　**リンク等級**　link magnitude　⇨シュリーブ法

リンクマグニチュード　link magnitude　⇨シュリーブのリンクマグニチュード（図）

りんさんえんこうぶつ　**燐酸塩鉱物**　phosphate mineral　化学組成による鉱物分類の一つで，燐酸 H_3PO_4 の水素を金属元素で置換した塩鉱物．アルカリ金属塩を除いては水に不溶もしくは難溶であるが，強酸には溶解するものが多い．代表例として，燐灰石，ゼノタイム，モナズ石などがある． 〈松倉公憲〉

りんだつさよう　**鱗脱作用**　exfoliation　⇨剥脱作用

りんどう　**林道**　forest road　森林法の規定に基づいて建設された，森林の整備・保全を主目的とした道路．道路法および関連法規の枠外にある． 〈河端俊典〉

りんねせいだんきゅう　**輪廻性段丘**　cyclic terrace　河谷両岸において相対する段丘面の高度が一致している河成段丘群であり，周期性段丘ともいう．形態的には対性段丘*と同義である．両岸で対をなさない河成段丘は非輪廻性（非周期性）段丘（non-cyclic terrace）とよばれる．輪廻性段丘は，Chaput（1924）の単成段丘（terrasses monogéniques）に相当し，侵食基準面に対応した広い谷床面が側方侵食（側刻）により形成された後，下刻が急速に行われて段丘化することで形成される．一方，非輪廻性段丘は下刻と側刻が相伴って継続することで形成される．生育蛇行のように蛇行流路が下刻しつつ下流へと移動していく場合には，谷中に残され

る段丘面の高さや数が両岸で異なり，段丘面の横断・縦断勾配も急な生育蛇行段丘*となる．このような段丘面群をChaput (1924)は多成的段丘（複成段丘）とよび，緩慢な地盤の連続的隆起，もしくはそれと同じ効果を河川に与える現象があったことを示すとした．河川下流域において氷河性海水準変動により，河川中・上流域において気候変動により，それぞれ堆積・侵食作用の交替が繰り返されて，輪廻性・非輪廻性段丘が形成されることもある．この場合には，輪廻性段丘は旧河谷を埋積する堆積物からなる堆積段丘面，非輪廻性段丘はそれを下刻した埋積物侵食段丘面となることが一般的である．
〈加藤茂弘〉

[文献] Chaput, E. (1924) Deux types de nappes alluviales: terrasses monogéniques et terrasses polygéniques: Comp. Rend. Ac. Sci., t.178, 2187-2188. /Cotton, C. A. (1948) *Landscape as Developed by the Processes of Normal Erosion*, Whitcombe and Tombs.

りんねのちゅうぜつ　輪廻の中絶　interruption of cycle　侵食基準面の変化により，一つの輪廻が途中で終わることを指す．輪廻の中断，頓挫ともいう．Davis (1905)は，侵食輪廻は常に完結するとは限らず，一つの輪廻の途中で侵食基準面の変化が生じると，輪廻が途中で終わってしまい，準平原に至らないことがあるとし，この現象を'輪廻の中絶'とよんだ．その時点の地形が新たな原地形*となり，新たな輪廻が始まることをも意味する．デービスは，内作用（地殻変動）は地形変化とは独立した運動であるので，侵食基準面の変化，すなわち輪廻の中絶は様々な間隔で，様々な広さで，またどの時階にでも生じうることを指摘し，傾動，断層，褶曲などによる中絶をあげている．新たに生じた地形変化系列は部分的輪廻（subcycle）といい，一時的あるいは局部的な場合は挿話的輪廻（episode：エピソード）とよぶ．これに対して，侵食基準面の変化を伴わない，火山活動や気候変化（デービスは輪廻中の山地の高度変化に伴う地形性降雨の変化は正規的気候変化とし，気候事変における気候変化は第四紀の気候変動などを指す）による侵食輪廻の進行の阻害や変更は，事変（accident），擾乱（Störung）という．また，十数万年ごとに繰り返される氷河性海面変動*（glacial eustasy）は，周期的でかつ周期が短いことから，山地の生成・発展・消滅過程を論ずる侵食輪廻においては，'一般的侵食基準面の新たな出現あるいは変化'とはみなさないことが多い．ただし，氷期・間氷期の海面変動とこの間の地殻変動との組み合わせによって生ずる'実質的な侵食基準面の変化'を'輪廻の中絶'とみなし，その過程で形成された段丘群（1960代までは，間欠的隆起によって形成されたと考えられていたものが多い）を多輪廻地形*とすることがある．なお，事変を含めて侵食輪廻の乱れ現象を総称して，輪廻の中絶（中断）とよぶこともある．　⇨部分的輪廻，事変　〈大森博雄〉

[文献] 井上修次ほか (1940)「自然地理学」，下巻，地人書館. /Davis, W. M. (1905) Complications of the geographical cycle : Rep. 8th Internat. Geogr. Congr. Washington, 1904, 150-163.

りんねのとんざ　輪廻の頓挫　interruption of cycle　⇨輪廻の中絶

リンピ　rimpi　⇨フラルク，ストリングボグ

りんぺんこうぞう　鱗片構造　imbricate structure　構造地質用語．衝上断層*や高角度の逆断層*がほぼ平行に重なったもので，岩片あるいは岩盤が等間隔・同程度のずれを示し急角度で同じ方向に傾いている様子をいう．　〈横川美和〉

りんぺんじょうへきかい　鱗片状劈開　scaly cleavage　魚の鱗状に剥がれやすい面をもつ劈開*で，面は光沢を有し，一定方向に発達した線構造を伴うことが多い．風化が進むと，指先で壊せるほど剥離性に富むようになる．剪断帯中の剪断面として，雲母粘土鉱物を豊富に含む地下浅部の断層岩類*に形成される特徴的な組織で，泥質岩を主体とする付加体の構造性メランジュ中では広範囲に発達することが多い．　〈狩野謙一〉

る

るいかい　累界 eon ⇨地質年代単元

るいけいいしつのちけい　類形異質の地形 landforms similar in shape but different in formative process　形態的には，一見，類似しているが，形成過程の異なる地形種の相互をいう．例えば，富士山に類似した形の山でも，すべて火山とは限らず，差別侵食による山地（例：ビュート）や偽火山地形*（例：泥火山，ぼた山）がある．半島でも山地が沈水した半島，陸繋島，砂嘴，溶岩流半島，地すべりによる半島などがある．直線的急崖や遷急線なども形成過程は多様である．　⇨地形種〈鈴木隆介〉

るいしつぶっしつ　類質物質【火山噴出物の】 accessory material　火山砕屑物を構成する岩片のうち，その砕屑物を生じた噴火をひき起こしたマグマに由来せず，火山体を構成している古い岩石に由来すると判断される岩片の総称．例えば降下軽石堆積物に含まれている緻密な安山岩の岩片は類質物質．関連語は本質物質と異質物質．　⇨本質物質，異質物質〈横山勝三〉

るいしんへんせいさよう　累進変成作用 progressive metamorphism　⇨変成作用

るいせきさきゅうたい　累積砂丘帯 accumulated dune belt　海岸砂丘地では，更新世の古砂丘，完新世の旧砂丘・新砂丘が累積して砂丘列を形成することがある．山形県酒田砂丘や青森県屏風山砂丘をはじめ日本海側沿岸に広く分布し，砂丘の高さは数十 m に達するものがある．　〈成瀬敏郎〉

るいせきたげんどじょう　累積多元土壌 accumulation polygenic soil　植被の存在のもとで緩慢に母材が堆積する並行型の土壌堆積過程において，環境条件の変化に対応して生じる性質を異にする表土層が累積する土壌をいう．例えば，火山灰土壌の場合，湿潤かつ温暖から冷温の気候のもとでは，森林植生下で褐色腐植が集積した表土層，一方，草原的植生下で黒色腐植が集積した表土層（黒ボク土層）が生成するので，土壌生成の途中において植生環境が森林から草原の植生へ変化すると褐色腐植層と黒色腐植層が累積することになる．したがって，残積土的観点から Bw ないし BC 層として記載される土層は森林植生履歴を有した表土層（As 層）としなければならない．青森県田子町川向における火山灰土壌は累積多元土壌のよい例である．ここの南部テフラと中掫テフラに挟まれる土壌層は，一見，黒色相が表土 A 層，褐色相が下層土 B 層のようにみえる．しかし，植物珪酸体分析によれば褐色相は森林植生，一方，黒色相は草原的植生の履歴を持っていることから，火山灰土の上方成長の過程で植生の交代が生じて形成された累積多元土壌であると判断される．なお，ローム層における暗色帯（古黒ボク土層）と褐色土層のシーケンスについても累積多元土壌生成の視点が必要となる．　⇨土壌（母材）の堆積様式〈佐瀬　隆〉

［文献］佐瀬　隆ほか（1993）示標テフラによる黒ボク土の生成開始時期の推定と火山灰土壌生成に関する一考察—十和田火山テフラ分布域川向，赤坂両地区を例にして—：地球科学, 47, 391-408.

るいせきどじょう　累積土壌 cumulative soil ⇨土壌層位学的区分

るいそう　累層 formation　⇨地層

るいだい　累代 eon　⇨地質年代単元

ルートマップ route map, traverse map　野外踏査で観察した事項を踏査ルートに沿って描いた地図．例えば，地質調査では踏査ルートに沿って，岩相・地質構造の観察事項や各種測定の測定地点・測定値（断層や地層の走向・傾斜，節理間隔など），試料採取地点，地点番号などを記入した地図．1/2,500 より大縮尺の地図を基図とするが，それがない場合には，踏査開始地点から進む方向に，道や沢のほぼ直線的な区間の方向をクリノメータで計測し，スケールプロトラクター*を用いて画板に張った方眼紙または野帳*にその線を描き，巻尺または歩測によって地点間の距離を測量し，ルートの屈曲点から先も同様に尺取虫のように順に現地で地図を描き，後に正確な地形図と照らして補正し，その上に転写す

る．地質図を含む地質調査報告書には，その精度を証明するために，踏査ルートを示す図を付すことが望ましい． 〈鈴木隆介〉

ルールド rhourd ⇨オグルド

ルジオンテスト Lugeon test 原位置における岩盤の透水性を調査するための試験．この試験は，ボーリング孔内をパッカーで区切って試験区間を形成し，この区間に定圧かつ多段階で注水して行う．換算ルジオン値は，単位時間（分）および単位ボーリング長（メートル）あたりに注入できる水圧 $9.81×10^2$ kN/m^2 に換算した水量（リットル）で定義され，1ルジオンは透水係数 10^{-7} m/s に相当する．例えば，ダム現場では複数地点・深さでルジオン試験を行い，その結果はグラウティング計画やグラウト前後のルジオン値の比較による効果の確認等に適用される． 〈三宅紀治〉

［文献］Sato, K. and Iwasa, Y. eds.（2003）*Groundwater Hydraulics*, Springer.

ルネット lunette 風下側に低く幅の広い三日月状の高まり（稀に高さが6～9mにもなる）をもつ風食凹地砂丘の一種．リュネットとも．砂丘を構成する物質が粘土質ロームやシルト質粘土なので粘土砂丘ともよばれる．オーストラリアのビクトリア州北部でみられるルネットは，風食凹地が一時的な塩湖となり，湖が干上がると湖底の泥が乾固・砕屑化し，その泥（シルト・粘土）がデフレーションによって風下側に運搬されて形成されたものである．⇨粘土砂丘 〈松倉公憲〉

［文献］Hills, E. S.（1940）The lunette, a new landform of aeolian origin：Australian Geographer, 3, 15-21.

ルンゼ Runze（独） もとの意味は急な河床．岩壁や岩尾根にくい込んだ急峻な岩溝に対して使われる．フランス語ではクーロワール（couloir）．雪や氷が詰まっているものもある． 〈岩田修二〉

ルントヘッカー Rundhöcker（独） 氷河の侵食によって形成された，上流側が流線型，下流にごつごつした面を向けた岩盤の丘．ロッシュムトネと同じ．もとの意味は丸い丘．第二次世界大戦以前には日本の氷河地形論文でもよく使われた． 〈岩田修二〉

れ

れいおんたいらくようこうようじゅりん　冷温帯落葉広葉樹林 cool temperate broad-leaved deciduous forest　⇨冷温帯林

れいおんたいりん　冷温帯林 cool temperate forest　温帯は冷温帯と暖温帯に大別され，このうちより北方の冷温帯に成立する森林タイプを指す．なお，日本周辺では特に温量指数*（暖かさの指数）（WI）の 55～85 の範囲内に成立するブナが優占する冷温帯落葉広葉樹林を指す場合が多く，ブナ帯とよばれる．北半球の冷温帯林はモミ属，ツガ属やトウヒ属などが優占する針葉樹林（北方針葉樹林*）や，これら針葉樹種にナラ類やカエデ類が混じる針広混交林*，ブナ優占林，ナラ類やシデ類優占林，マツ林などがみられるが，このうち亜寒帯と接する針葉樹林が成立する地域を寒温帯と区別する場合もある．世界の冷温帯落葉広葉樹林の多くは大陸的なやや乾燥した地域の植生であるナラ類優占林であり，日本のようなブナ優占林は海洋性気候下特有の植生である．　　　　　　　　　　〈若松伸彦〉

れいきこ　冷気湖 cold air lake　盆地や谷間のような地形的な凹地に冷気が滞留した状態をいう．夜間の放射冷却*による側方斜面からの冷気流が凹地底から順次堆積するようにして形成される．冷気湖内は接地逆転層となっており，この深さは一般に地形的な凹地の深さに比例することが知られている．冷気湖上部ほど気温が高く，その上端より上では気温が下がっていくため，冷気湖上端付近に相対的に気温が高い温暖帯が形成される．〈森島　済〉

れいきゃくせつり　冷却節理 cooling joint　火成岩の冷却時に，岩体が収縮するために生じる伸張節理の総称．深成岩では方状節理，溶岩・溶結凝灰岩・岩脈・岩床では柱状節理や板状節理が生じている場合が多い．溶岩流が水中に流下・急冷すると，枕状溶岩になるが，その岩塊の内部には放射状節理（その岩塊は車石とよばれる）のほか不規則な節理が生じる．⇨節理系　　　　　　〈鈴木隆介〉

れいきゃくようかい　冷却溶解 cooling corrosion　炭酸カルシウムの溶解特性の一つで，水が同量の CO_2 を含んでいる場合，水温の低い方がより多量の炭酸カルシウムを溶解する現象．低温ほど空気中の CO_2 が溶液に溶けやすいことに起因する．たとえば，石灰岩地域の浅層で炭酸カルシウムに飽和した地下水が，地下の深層に流動するにつれて水温が低下する場合には，さらに周囲の石灰岩を溶食するようになる．⇨混合溶解　　　　〈松倉公憲〉

レイク rake　⇨断層変位の諸元（図）

れいせん　冷泉 cold spring　⇨湧泉

レイノルズすう　レイノルズ数 Reynolds number　流体運動における粘性*の効果を表す目安となる無次元量で，粘性力に対する慣性力の比をいう．通常 Re あるいは R で示す．$Re=UL/\nu$，ここに U は代表流速，L は代表長さ，ν は動粘性係数*．Re が小さい流れは粘性による乱れの減衰効果が大きいため水粒子が整然と流れる層流*となるが，Re が大きいと粘性の効きが悪く水粒子が入り乱れて流れる乱流*となる．⇨限界レイノルズ数　　　　　　　　　　　　　　　　　〈宇多高明〉

レイノルズのそうじそく　レイノルズの相似則 Reynolds' similarity law　粘性力の影響が支配的と考えられるような水の運動に関する模型実験において満足すべき力学的相似法則．流体運動には重力，粘性力，表面張力，圧力の4つの力が関係するが，これらの力を実験において同時に相似にすることは不可能であるため，重力を無視して模型と実物のレイノルズ数*を一致させて実験を行う．〈宇多高明〉

レインウォッシュ rainwash　⇨雨食（うしょく）

レーザそっきょそうち　レーザ測距装置 laser ranging equipment　測点に向けて発振したレーザ光を発射し，測点で反射したレーザ光を測距装置が感知するまでの間における，発振した回数または往復時間から距離を得る装置．利用用途はレジャー・測量・軍事・衛星測位など幅広い．

〈相原　修・河村和夫〉

レーダそくりょう　レーダ測量 radar measurement 地上，または飛行機・人工衛星・スペースシャトルなどの飛翔体に設置したアンテナから，対象物に向けてマイクロ波を発信し，その反射波の時間遅れや振幅・位相などを測定・分析することにより，対象物までの距離や方向を測る測量方法．マイクロ波は雲や雨を通過するため，夜間とともに悪天候下での測量が可能である．使用波長が長いほど植生の透過性はよくなり，植生下の地表の起伏を計測しやすくなるが，分解能は低下する．高分解能の測量を実現するために，アンテナを搭載した飛翔体を移動させ，軌道上で受信した反射波を合成する 合成開口レーダ*（SAR）が活用されている．　〈笠井美青〉

レーマンのほうていしき　レーマンの方程式　Lehmann's equation　斜面発達のペンクモデル*に従い平行後退する台地崖状の岩石斜面の基部に形成される岩屑斜面に覆われた岩盤表面の形状 $y(x)$ は，レーマンによって研究され，質量保存則に基づき，常微分方程式

$$\frac{dy}{dx} = \frac{h\cos\alpha + (\cos\alpha - c\cos\alpha - c\cot\beta)y}{h - cy}$$

の解として求められた．ただしここで，x は水平距離，h は無限に続く台地の高さ，α は岩屑斜面の角度（安息角*），β は岩石斜面の角度である．侵食される岩盤の体積 V_R と堆積する岩屑の体積 V_D に対して $V_R/V_D = 1-c$ で定義される c は，岩屑の形成に伴う体積膨張あるいは岩屑の除去の程度を与えるパラメータである．特に $\beta = 90°$ のとき，$c = 0$（体積膨張なし）に対して $y = \sqrt{2hx\tan\alpha}$ となって上に凸な形状，$V_D = 0$ となる $c = -\infty$ の場合（岩屑の完全除去）に対して $y = x\tan\alpha$ となって岩屑の安息角に一致する直線的斜面（削剝斜面）となる．その後，ルオー，ルーマン，ベッカー，バンダイクらにより，さらに複雑な断面形状をもつ岩石斜面についても，類似の常微分方程式を用いて岩屑下にある岩盤表面の形状が求められている．このような場合に対して現在では，電子計算機による数値解析がむしろ簡便である．　〈平野昌繁〉

［文献］Lehmann, O.（1933）Morphlogische Theorie der Verwitterung von Stainschlägwanden, Vierteljahrescher. Schweiz : Nalf. Geselsch. Zurich, **78**, 83-126.

レオロジー　rheology　"物質の変形と流動に関する科学"を意味し，米国のビンガム（E. C. Bingham）によって定義された．レオロジーでは，外力による物質の変形のしかたによって物質は基本的に弾性体，塑性体，粘性体の三つに分類される．そしてその変形挙動はそれぞれ弾性変形，塑性変形，粘性変形とよばれる．しかし実在する多くの物質は，このような単一の変形挙動を示すものはほとんどない．たとえば，岩石は地球科学的長時間の変形により褶曲するが，このような現象は弾性と粘性を組み合わせた粘弾性として理解される．　〈松倉公憲〉

レオロジーモデル　rheological model　ある物質がさまざまな力を受けて変形あるいは流動する現象を対象として，弾性（elasticity），塑性（plasticity），粘性（viscosity）などの基本的な性質を組み合わせることにより，粘弾性（viscoelasticity），粘塑性（viscoplasticity）などの複雑な力学的性質を研究する科学であるレオロジーに基づく力学モデル．粘弾性体（viscoelastic body）の力学モデルとしては，マクスウェル（Maxwell）モデルやフォークト（Voigt）モデルなどが，粘塑性体（viscoplastic body）の力学モデルとしては，ビンガム（Bingham）モデルなどがある．　〈鳥居宣之〉

れき　礫　gravel　粒径 2 mm 以上の砕屑物の総称．粒径により細礫，中礫，大礫，巨礫に区分される．⇨粒径区分（表）　〈遠藤徳孝〉

れきがん　礫岩　conglomerate　礫が基質によって膠結された岩石．基質には砂質，泥質，石灰質，珪質などがある．礫岩からなる層を礫岩層といい不整合面の直上に載るものは基底礫岩*とよばれる．　〈松倉公憲〉

れきがんそう　礫岩層　conglomerate　⇨礫岩

れきさばく　礫砂漠　gravel desert　地表面が礫に覆われている砂漠．サハラ砂漠ではレグ*とよばれる．　〈松倉公憲〉

れきしじしん　歴史地震　historical earthquake　歴史時代に発生した地震．日本では近代的な地震観測が始められた明治中期以前の，文献史料や石碑といった史資料に記録された地震に限定されることが一般的であるが，その後の地震でも計器観測記録以外の資料を用いた地震研究は歴史地震研究とみなされる．先史時代に起きた地震と合わせて 古地震*という．　〈小松原琢〉

［文献］宇佐美龍夫ほか（2013）「日本被害地震総覧 599-2012」，東京大学出版会．

れきしじだい　歴史時代　historic period　考古遺物の銘文，史書や記録として残る文献など，文字によって記録された豊富な史料によって知ることができる時代をいう．有史時代とも．それ以前が先史時代（prehistoric period）で，その終末期に現れる文字史料が少なく断片的な時代を原史時代（protohistoric period）とよぶことがある．人間の歴史

が記述や伝承によって認識されてきた経緯に基づく慣用的な呼称であり，日本では，記紀などの史書や木簡，墨書土器のほか多くの文字史料がある飛鳥時代（7世紀）以降が歴史時代，刀剣銘や鏡銘などの金石文がある古墳・弥生時代が原史時代，それ以前が先史時代にほぼ当てられるが，厳密な区分はできない．また，記録手段の定着には地域差があるから，中国の『三国志』に魏志倭人伝の記述があるからといって，記録手段が未発達の日本の3世紀末を歴史時代である，とはいわない．歴史時代の文化を研究対象とする考古学の一分野が歴史考古学であり，先史考古学と同じ層序学と型式学に基づく考古学的研究方法と，文献史学の方法との総合化により行われる．平城宮跡や難波宮跡などの古代宮都の調査例が有名．⇨考古学　　　　　　　　　　　〈趙　哲済〉

れきしつかいがん　礫質海岸　shingle beach　⇨礫浜

れきしつがん　礫質岩　psephite, conglomeratic rock　①礫よりなる堆積岩で，礫岩と同義であり，この場合は psephite に相当．②円礫を多量に含む岩石を指す．この場合は conglomeratic rock に相当．　　　　　　　　　　　　　　　　〈松倉公憲〉

れきしつこうぞうど　礫質構造土　sorted patterned ground　⇨構造土

れきしつそう　礫質層　gravelly bed　⇨礫層

れきしつていち　礫質低地　gravelly plain, gravelly lowland　主として砂礫層によって構成された低地．堆積物中にはシルト・粘土等の細粒堆積物を含むこともある．扇状地*や河床の砂堆・砂床等からなる低地，それらの複合したものなどの砂礫質の河成堆積低地のほか，砂礫州や砂礫砂嘴，砂礫質のトンボロなどの海成の砂礫質低地も含む．沖積錐や土石流の埋没した谷底低地など，山間や山麓にみられるものも多い．⇨低地，河床堆積物

〈海津正倫〉

［文献］鈴木隆介（1998）「建設技術者のための地形図読図入門」，第2巻，古今書院．

れきしょうかせん　礫床河川　gravel bed river, gravel bed channel　河床堆積物の多くが亜円礫～円礫の河川．山地河川の上流～中流部，扇状地でみられる．河床勾配は 0.001～0.1 程度である．山地河川では穿入蛇行流路，扇状地では網状流路となる場合が多い．穿入蛇行流路区間では滑走斜面側に広い蛇行州（川原）が発達する．緩やかに屈曲する比較的勾配が緩い山地河川では交互州が発達する．瀬淵河床となっている場合が多い．扇状地では普段は水が流れていない水無川や，途中で伏流する末無川の場合もある．また，天井川*を形成している場合もある．⇨流路形態，河床堆積物，瀬淵河床，水無川

〈島津　弘〉

［文献］鈴木隆介（1998）「建設技術者のための地形図読図入門」，第2巻，古今書院．

れきす　礫州　shingle bar　⇨州［海岸の］，流路州

れきそう　礫層　gravel bed　礫*からなる地層．固結した地層を礫岩という．砂と礫からなる地層は砂礫層とよばれ，特に礫が多いものを礫質層という．　　　　　　　　　　　　　　　　〈増田富士雄〉

れきのたちあがり　礫の立ち上り　stone ejection　⇨凍上

れきはま　礫浜　shingle beach　礫（粒径：2 mm 以上）が堆積している海岸．多少の砂を含む場合を礫質海岸とよぶ．砂浜に比べて，透水性に富む波打ち際は粒径の大きい堆積物は残留しやすく，前浜勾配が大きくなる．堆積物の粒径が大きいほど，前浜の縦断形は上に凹となり，バームクレストが明瞭になる．⇨バーム　　　　　　　〈砂村継夫〉

［文献］Sunamura, T. (1989) Sandy beach geomorphology elucidated by laboratory modeling : *In* Lakhan, V. C. and Trenhaile, A. S. ed. *Applications in Coastal Modeling*, Elsevier, 159-213.

レグ　leg　サハラ西部のデザートペイブメント*を指す．東サハラではセリール（serir）という．同義語にハマダがある．ハマダが大きな礫が散在するのに対し，レグはより小さな礫が敷き詰められているような場所を指す．　　　〈松倉公憲〉

レグール　regur　インドの北西部に位置するデカン高原は，苦鉄質の流動性に富むマグマによって形成された広大な玄武岩質溶岩台地であるが，そこに発達する玄武岩起源の黒色でモンモリロナイト質の粘土からなる土壌のこと．亜熱帯ないし熱帯気候のもとで生成することから熱帯黒色土ともいい，バーティソル*の一種である．地力が高く，綿畑として利用され黒綿土といわれてきた．当地域にはギルガイ*という凹凸に富む微地形が発達し，レグールはその窪地に認められる．　　〈宇津川　徹〉

レゴリス　regolith　岩石の風化物や土壌物質のように，地表部を占める非固結の被覆物の総称．非固結の物質であればその起源は問われない．この語を風化生成物と同義の狭い意味に使用する例が多いが，それは間違いである．レゴリスは曖昧な用語であるから，近年ではあまり使用されない．⇨斜面

物質 　　　　　　　　　　　　　　　〈松倉公憲〉

[文献] Ollier, C. and Pain, C. (1996) *Regolith, Soils and Landforms*, John Wiley & Sons.

レジームりろん　レジーム理論 regime theory
河川工学者たちが非固結堆積物からなる安定した人工水路をつくるための形状に関する理論．インドやエジプトなどで安定した灌漑水路をつくるための経験則に基づいて発達した．侵食と堆積が平衡に達している状態をレジメンという．水面幅は満水時の流量の 0.5 乗に比例する．平衡状態にある自然河川からも経験則が得られるが，人工水路は瀬淵をもたず，一般的に直線的であることが自然河川とは異なっており，相互の経験則をそのまま当てはめることはできない． 〈島津　弘〉

レシベかさよう　レシベ化作用 lessivage ⇨粘土集積作用

レシベどじょう　レシベ土壌 sol lessive（仏） 歴史的には，元々，フランスやドイツの森林土壌で認められた土壌で，レシベ化作用によって粘土粒子が機械的に土壌表層から下層へと移動した褐色森林土に対して用いられた用語で，パラ褐色土ともよばれた．したがって，レシベ土壌は，粘土の移動・集積は認められない普通の褐色森林土とは明確に区別される．しかし，同じ生物・気候帯に生成することが多く，どちらも堆積腐植層（O 層）と屑粒状・粒状構造が発達した A 層をもつ．しかし，レシベ土では，粘土粒子の機械的移動と鉄が溶脱し，典型的には漂白化された明色の AB あるいは BA 層とともに粘土が集積した塊状構造の Bt 層（粘土集積層で粘土皮膜が存在する）が明瞭に観察される．レシベ土における粘土の機械的移動や鉄の溶脱の要因については未解明の部分もあるが，現在の世界的分類体系では，粘土集積層の存在を優先するために，FAO/Unesco の WRB 分類では Luvisols として分類される．⇨粘土皮膜 〈東　照雄〉

[文献] 大羽　裕・永塚鎮男 (1988)「土壌生成分類学」，養賢堂．

レジメン regimen ⇨河川のレジメン，レジーム理論

レス loess おもにシルトからなり，灰色ないし淡黄色，均質で無層理，非固結の堆積物で，しばしば垂直の割れ目が発達した風成の陸上堆積物．アウトウォッシュプレーンの堆積物中の細粒部分や砂漠および氷期に干上がった海底の堆積物中の細粒部分が風で運搬され，大陸氷河周辺，黄土高原に堆積（黄土高原に堆積したものは黄土*とよばれる）したもの．独語の Löss という名称はライン地溝帯に分布する細粒のシルト質土を指し，1824 年に C. C. von Leonhard が学術用語として最初に使用した．日本語で「レス」とよばれる発音は，英語では「ロス」と発音される．氷河レスは，北欧のスカンジナビア氷床や北米のローレンシア氷床，アンデス，ヒマラヤ・チベット，ニュージーランド南島などの山岳地域で拡大した氷河が主な給源である．一方，砂漠レスはサハラ，南アフリカ，西アジア，中央アジア，中国内陸砂漠，オーストラリアなどの砂漠や，氷期に出現したシベリア砂漠などから貿易風や偏西風によって主に東西方向に運ばれて堆積し，氷河レスに比べればやや低緯度側に分布する．レス研究は 19 世紀後半にリヒトホーフェンが風成説を唱えてから本格化し，レスの編年に関する研究は 20 世紀初期から始まった．1970 年代前後から古地磁気分析の導入によって，レス-古土壌層序・編年が海洋酸素同位体ステージに対比されることが明らかになり，急進展するようになった．なかでも 260 万年前にさかのぼる中国黄土高原の黄土-古土壌が気候変動の枠組みの中で把握されるようになり，洛川や宝鶏のレスが編年研究の中心地となっている．レスの堆積開始は北半球の氷期が始まった 300 万年前以降，4.1 万年周期の氷期-間氷期が繰り返すようになったために，約 260 万年前から黄土高原や中央アジアの山岳地域で氷期に堆積するようになった．しかし当時は氷期が短く，気温低下もそれほどではなかったために風成塵の供給量が少なく，レスの分布範囲も広くなかった．この時期，黄土高原では約 260 万前に対比される L_{33} 黄土が堆積を開始し，以後，L_{33} の上に厚い黄土層 L_{32}～L_{10} が堆積するようになった．90 万年前以降になると 10 万年周期で気候が変動するようになり，しかも氷期に気温が著しく低下するようになったために氷河や砂漠の規模が拡大した．このため氷河や砂漠からもたらされる風成塵が増加して，レスの分布範囲が拡大するようになった．このように氷期には氷河が拡大し，砂漠の多くも拡大し，しかも風成塵を運ぶ偏西風や貿易風が強かったので，世界各地にレスが堆積した．このことは東南極の標高 3,233 m（75°06′ S, 123°21′ E）で掘削された EPICA（European Project for Ice Coring in Antarctica）ドーム C のデータが証明し，風成塵が少なくとも過去 74 万年間にわたって寒冷期に多く堆積し，温暖期に減少すること，10^1～10^2 年オーダーの古気候変動を復元できる物質であること，古気候変動の指標物質のなかで，生物学的指標は気候

変動との間に時期的なずれが生じるのに対して、無機物である風成塵は気候変動にすばやく対応する物質であることが示された。　⇨黄土（こうど）地形

〈太田岳洋・成瀬敏郎〉

れっか　劣化【岩石強度の】 deterioration　⇨風化

れっかこく　裂罅谷 fissure valley　岩盤破断面の両面が互いに離れて生じた割れ目や隙間が直接的に谷の成因・位置・形態を決めた谷地形の総称、節理谷*、断層谷*などを含む。　〈戸田真夏〉

れっかすい　裂罅水 fissure water　岩盤内部に発達する割れ目、節理、断層破砕帯中に存在している地下水。これに対して、地層間隙を満たす地下水を地層水（stratum water）とよぶ。溶岩中に発達する風穴のような空洞、石灰岩地域の鍾乳洞などに存在する地下水も裂罅水の一種であるが、特に空洞水または洞窟水（cavern water）とよぶ。固結した難透水層でも、亀裂や空隙が裂罅水で飽和している場合は帯水層となるが、地下水の分布は亀裂や空隙の発達状況に支配されるため、地下水面は存在しない。裂罅水が水資源として利用されている地域もあるが、湧出量が時間経過により減少する事例も報告されている。また、亀裂系岩盤地域のトンネルや地下構造物の建設時には、裂罅水による突発的な多量の地下水湧出が生じる場合がある。

〈佐倉保夫・宮越昭暢〉

れっかせん　裂罅泉 fractured spring　⇨湧泉

レッジ　ledge　岩棚（いわだな）

れっとう　列島 archipelago　細長く列をなすように連なっている島々。群島、諸島、列島の間に、明確な区分はないが、やや列をなしている島を列島、列をなしていない一群の島を諸島、群島という。例として、日本列島、千島列島。　⇨群島、諸島

〈八島邦夫〉

れつどう　裂動 fracturing　地震を伴う断層変位や褶曲によって、地表に大小の裂け目（地割れ）が生じる現象の総称として鈴木（1997）が提唱した用語。最も大規模な裂動は、裂けて広がるプレート運動によるもので、大地溝帯や海嶺の中軸谷で生じ、アイスランドのギャオ*はその地表での表れで生じた地形である。　〈鈴木隆介〉

［文献］鈴木隆介（1997）「建設技術者のための地形図読図入門」、第1巻、古今書院。

レベル【測量の】　level　⇨水準儀

レユニオン・イベント Reunion event　松山逆磁極期のなかで、215万〜213万年前の正磁極期をレユニオン・イベント（レユニオン・サブクロン）という。C2r.1n chron ともよばれる。インド洋のレユニオン島の一連の玄武岩溶岩流のなかに見つかった。レユニオン島の正磁極期は、初期にはオルドバイ正磁極期と同定されていたが、海洋底の磁気異常の解析から、オルドバイ正磁極期の少し前に別の正磁極期があることがわかった。オルドバイ正磁極に先立つ磁極期にはいくつかの異なった名前が付けられていたが、その後、Grommé and Hay（1971）が"Reunion normal-polarity event"の名前を使うように推奨した。　〈乙藤洋一郎〉

［文献］Grommé, C. S. and Hay, R. L. (1971) Geomagnetic polarity epochs: Age and duration of the Olduvai normal polarity event: Earth and Planetary Science Letters, 10, 179-185.

レリーフマップ relief map　地形の起伏に合わせて凹凸をつけた地図。一種の地形模型で、立体地図ともいう。プラスチックなどの特殊な素材で作られる。起伏の状況をわかりやすくするため、水平方向に対し高さ方向を誇張したものが多い。　⇨地形模型

〈熊木洋太〉

レリックちけい　レリック地形 relict landform　⇨残存地形

レリックどじょう　レリック土壌 relic soil　⇨古土壌

れんけつカルデラ　連結カルデラ nested caldera　複数のカルデラが隣接して異なった時期に形成され、全体として一つのカルデラの形状を示すもの。阿蘇・姶良（あいら）カルデラなど複数の大規模な火砕流噴火が起きたカルデラは、連結カルデラであると思われる。　〈横山勝三〉

れんこん　漣痕 ripple mark　⇨リップルマーク

レンジチャート range chart　古生物（種、属、科などの分類単位）の地層における産出範囲を示した図表。この図表をもとに生層序区分が可能になる。　⇨生層序　〈塚腰 実〉

レンジナ rendzina　炭酸塩岩の溶食の結果、石灰岩上に生成されるA層位のみの土壌を指す。有機物を含むため黒色である。レンジナは「耕作をすると岩石や石ころの音がする土壌」の意味で、ポーランドの農民達が用いていた用語が学術用語として用いられるようになった。冷帯から熱帯に至る炭酸塩岩の地域では、初期的土壌生成作用で生成される土壌である。炭酸塩岩は他の母材に比べて土壌生成には時間を要するが、生成初期の土壌には多くのカ

ルシウムイオンが含まれているため有機物が安定し，有機物の無機化が抑制されると考えられている．したがって，長く残存している腐植が土壌の色を黒色ないし黒褐色にする．しかし土壌は中性である．土壌流出が起こる地域ではレンジナは貴重かつ肥沃な土壌として用いられている．中国のやせた土壌の地域では，レンジナを肥料のかわりに採土して客土する例もある． 〈漆原和子〉

レンズ【岩石の】 lens (of rock), lentil 周囲の岩石とは異なる性質の岩石が両凸レンズの形態をもって挟在している岩体をレンズと通称する．その大きさは多様で，地層（例：石灰岩），変成岩体，火成岩体（例：溶結凝灰岩）など，成因的にもいろいろな場合がある．多数のレンズが平行に存在すると，縞状構造を示す． 〈鈴木隆介〉

れんぞくがたこうぞう　連続型構造 continuous structure 変動帯の構造形態のうち，平行する褶曲群を主とする長大な断層褶曲帯，あるいは褶曲衝上断層帯を指す．この型の構造では褶曲軸面は一般に同じ方向に傾斜する．また構造帯の全域が変形し，完全に変形していない地域は存在しない．「アルプス型構造」ともよばれる．　⇨中間型褶曲構造，不連続型構造 〈小松原 琢〉

［文献］垣見俊弘・加藤碵一（1994）『地質構造の解析─理論と実際─』，愛智出版．

れんぞくてい　連続堤 continuous levee 霞堤*のような不連続な堤防に対して，堤防が連続的につくられる場合を連続堤という．近年，土地の高度利用のために堤防の締め切りが行われて，連続堤化が進んでいる． 〈砂田憲吾〉

れんぞくてきえいきゅうとうど（たい）　連続的永久凍土（帯） continuous permafrost ⇨永久凍土

ろ

ロアーレジーム lower regime, lower flow regime 小規模河床形（⇨河床形態）の中の砂連や砂堆が形成されるような流水の出現領域．低流領域ともよばれる．フルード数*が0.8〜1以下の流れ．
〈砂村継夫〉

ろうか 廊下【河谷の】 steep gorge 険しい峡谷*で，特に両岸に垂直に近い岩壁が迫っている区間をいう（例：黒部峡谷の上ノ廊下や下ノ廊下）．
〈戸田真夏〉

ろうか 廊下【砂丘の】 interdune corridor 縦列砂丘を形成する風は90°以内の方向の風が砂丘と砂丘の間を渦状に吹く（vortex flow）ので，砂丘間に堆積する砂は砂丘上に吹き上げられる．その結果，砂丘と砂丘の間には砂があまり堆積せず，廊下のような細長い低地ができる．
〈成瀬敏郎〉

ろうねんき 老年期【侵食輪廻の】 old stage (in cycle of erosion) 侵食輪廻の老年期を指し，マスムーブメントによる従順化*した地形が卓越する時期（時階）を指す．老年期は，谷頭侵食による水系網の発達も終わり，平衡状態になった河川がその後もデグラデーション（degradation：削平衡作用・減均作用）によって侵食基準面へと高度と勾配を減じ，幅広い谷底平坦面と厚い風化層とマスムーブメントによる従順化された丘陵地が卓越するようになった時期を指す．この時期の山地を老年山地とよぶが，そこでは起伏の大小に岩石の硬軟が相対的に強く反映し，組織地形が顕著になるとされる．正規輪廻以外の輪廻においては，上記のような河川との関係や平衡状態との関係が認定できないので，原面の残り具合や山稜の形態などから，上記に準じて判断することが多い．なお，老年期の地形と準平原とは，概念的には区別できても実際上は区別は困難で，従順化された丘陵が分布する侵食小起伏面を準平原とよぶことが多い．⇨侵食輪廻，正規輪廻，壮年期
〈大森博雄〉

[文献] 井上修次ほか (1940)「自然地理学」，下巻，地人書館．/Davis, W. M. (1912) *Die erklärende Beschreibung der Landformen*, B. G. Teubner（水山高幸・守田 優訳 (1969)「地形の説明的記載」，大明堂）．

ろうねんさんち 老年山地 old mounatin ⇨老年期

ローゲンモレーン Rogen moraine ⇨モレーン

ロードカスト load cast 荷重痕*ともよばれる．砂岩の底面に発達する不規則な突起．砂が泥の上に堆積したとき，砂が自らの荷重により泥にめり込むことにより形成される．
〈天野一男〉

ロードストーン lodestone, loadstone ①強い磁性を示す天然の磁鉄鉱（Fe_3O_4）や磁赤鉄鉱（マグヘマイト，Fe_2O_3）．天然（の）磁石．磁性の獲得は落雷によると考えられている．古くはこれを方位磁石として航海などで利用した．②強く磁化している（天然の）岩石．磁石石とも．磁化の原因は，一般に落雷による強力な磁化作用が考えられている．方位磁石等を岩石表面に近づけると，磁針が動く（"磁針の方位が狂う"）ほどの強い磁性を示すため，各地で古くからその存在が知られている．山口県北部・須佐町の高山の磁石石（斑れい岩体）は特に有名で，国の天然記念物．火山岩で構成される山地の山頂や稜線部などによくみられる岩塔（トア）には，しばしば磁石石が認められる．⇨落雷［地形営力としての］
〈横山勝三〉

[文献] 野村 哲 (1992)「古地磁気層位学」．地学双書25, 地学団体研究会．/Wasilewsky, P. and Kletetschka, G. (1999) Lodestone: Natures only permanent magnet-What it is and how it gets charged : Geophysical Res. Let., **26**, 2275-2278.

ローム loam ⇨関東ローム

ロームそう ローム層 loam formation ローム層とは本来土壌や堆積物の粒径組成（土性*）に基づく名称であるが，火山周辺域にみられるテフラ起源の風化物質などからなる無層理ローム質の褐色土壌層に対し慣用的に用いられることが一般的で，関東ローム*層などはそのよい例である．この意味でローム層を褐色火山灰土，褐色風化火山灰土やローム質火山灰土（層）などとよぶこともある．ローム層にはその起源からして一次テフラ層が介在するこ

とは普通であり，火山体に近づくほどその数は増し明瞭なテフラ累層に変化する．ローム層はこれらのテフラ層を基底層として土壌層位学的に区分され，また地形面編年との関係から立川ローム層，武蔵野ローム層などと識別呼称されている．ローム層の堆積生成過程は給源火山の活動様式，噴火間隔の長さに規定される．ブルカノ式噴火を主として苦鉄質のテフラが繰り返し薄く堆積するときは初生噴出物（一次テフラ）の累積を主要因とする．一方，主にプリニー式噴火により珪長質のテフラが長期間の休止期を挟んで堆積するときは二次テフラなどの風塵の寄与が大きい．なお，後者のローム層をテフリックレスとよぶこともある．いずれの場合もローム層の堆積は植被の存在（土壌生成）と並行して進むので，表土層の上方成長の意味合いを有し，したがって，気候，植生などの記録が連続し残される表土層の累積した土壌層（累積多元土壌*）といえる．そのことからローム層は古環境のレコーダーとして有用であり，土壌構造の発達したクラック帯，腐植の集積した暗色帯，大陸起源風成塵（レス）が付加した灰白色層などの特徴的土壌層や含有される植物珪酸体の組成変化から酸素同位体ステージ編年に対応した環境変動が見出されている． 〈佐瀬 隆〉

[文献] 佐瀬 隆ほか (1996) 火山灰土，その層相と堆積環境—黒土とローム層の成因，氷期-間氷期サイクルの記録—：第四紀研究，28, 25-37.

ローレンタイドひょうしょう　ローレンタイド氷床　Laurentide ice sheet　第四紀の氷期に北米大陸北部に発達した氷床．かつて，ネブラスカ氷期，カンザス氷期，イリノイ氷期，ウィスコンシン氷期の4回の氷期拡大期，およびそれらの間のアフトン間氷期，ヤーマス間氷期，サンガモン間氷期が認定されていたが，最近では，イリノイ氷期より前のステージ区分はプレイリノイ期として一括され，再検討が必要とされるようになった．最終氷期であるウィスコンシン氷期には，約24〜23 ^{14}C ka BP頃に最拡大して，面積はおよそ1,300万 km^2，氷厚は2,400〜3,000 mに達し，北東部のイヌイット氷床および西側のコルディレラ氷床とそれぞれ接していた．南はカナダと米国の国境付近まで拡大し，五大湖地方をすっぽりと覆った．南縁が陸上であったため，かつて氷床から伸びた氷舌を縁取っていた何列ものモレーンが残されており，これらによって詳細な氷床の盛衰が復元されている．氷床全体はほぼ10万年周期で消長を繰り返したが，ハドソン湾を覆っていた氷床中央部は，ハインリッヒ・イベントの原因である氷河サージを引き起こし，ボンド・サイクルに呼応して周期的に盛衰していたと考えられている．最後のボンドサイクルの終末期には，ハドソン湾を経由して北大西洋に多量の融解水を供給して海洋の熱塩循環を停止させ，新ドリアス期の寒冷化を引き起こした．融氷期には，氷床の南縁に多くの融氷湖が発達した．その中でも最大のアガシー湖は，12,000年前頃にはミシシッピ川を通って南方へ湖水を排出していたが，11,000年前頃にはセントローレンス川へと流路を変更して東方へ排出するようになった．8,200年前頃，ハドソン湾を覆っていた氷床が崩壊して東西に分裂し，その間をぬって湖水が一気に北大西洋に排出されて，一次的な寒冷化が起こった． 〈澤柿教伸〉

[文献] Hansel, A. K. and McKay E. D. (2010). Quaternary period : In Keith, C. et al. *Geology of Illinois*, Illinois State Geological Survey.

ろがん　露岩　bare rock　現成の砕屑性堆積物や土壌，植物，構造物などに被覆されずに，地表に露出している岩盤をいう．露出面積は不問．⇨露頭，岩場 〈鈴木隆介〉

ろくせつ　麓屑　colluvium　山地や丘陵の斜面上部からの匍行や落石で運搬された岩屑が斜面の基部（低地や段丘面に接する山麓）に堆積しているものの俗称．麓屑斜面*と崖錐*を構成する堆積物と同じであるが，それらの地形種が明瞭でない場合に，基盤岩石と区別して，漠然と使用される． 〈鈴木隆介〉

ろくせつしゃめん　麓屑斜面　colluvial slope　斜面の下部あるいは基部に位置し，岩屑の堆積で生じた緩斜面をいう．麓屑面，コルビアル斜面とも．様々な種類のマスムーブメントによって運搬されてきた，淘汰の悪い堆積物から構成されている．⇨麓屑面 〈山田周二〉

[文献] 田中真吾ほか (1986) 兵庫県・多紀連山地域の麓屑面：地理学評論，59A, 261-275.

ろくせつめん　麓屑面　colluvial slope　山麓に発達する緩傾斜で平滑な堆積斜面で，主に斜面表層物質のマスムーブメントによって形成される．マスムーブメントの中には小規模な崩落，土石流なども含める．表面の傾斜は崖錐より小さく，岩屑物質を供給する上部斜面の傾斜よりさらに小さい．水流の作用を受けないので，角礫を含むやや粗粒の物質で構成される．老年山地の山麓の緩傾斜面は，風化物質からなる堆積地形の麓屑面である．岩石的には，物理的風化により岩屑をつくりやすい流紋岩・チャ

ートなどよりなる山麓に広く，中国山地では寒冷期の形成が知られている．麓屑面の定義は土地分類基本調査「地形調査作業規定準則」総理府令50号（1954）により規定された．⇨崖錐　〈田中眞吾〉

[文献] 中野尊正ほか (1963) 地形調査法：「土地利用調査研究報告」，農林省農林水産技術会議事務局．/田中真吾ほか (1982) 杉原川流域の山麓緩斜面の形成機構並びに形成年代について—兵庫県南半部の麓屑面の研究，第1報—：地理学評論，55, 525-548.

ロサンゼルスしけんき　ロサンゼルス試験機　Los Angeles (abrasion) machine　砕石，砂利など粒状試料に対して，すりへり試験を行う試験機．内部に高さ8.9 cmの棚を付けた内径71 cm, 長さ51 cmの鋼製円筒を本体とする．JIS A 1121の試験では，まず径2.5 mm以上の試料を規定の粒径・質量に篩い分けて，鋼球とともに円筒に入れて回転させることで試料を破砕する．破砕により生じた径1.7 mm以下の細粒分の質量÷試験前の試料の質量×100をすりへり減量（L. A. abrasion loss）という．⇨すりへり試験　〈若月　強〉

[文献] 日本規格協会 (2002) 日本工業規格 JIS A 1121「ロサンゼルス試験機による粗骨材のすりへり試験方法」．

ロジメントティル　lodgement till　⇨ティル

ろっかげつすいい　6カ月水位　ordinary water level　⇨平水位

ロックグレーシャー　rock glacier　⇨岩石氷河

ロックコントロール　rock control　⇨岩石制約

ロックファン　rock fan　⇨岩石扇状地

ロックフロア　rock floor　⇨岩石床

ロックベイズン【氷河性】　rock basin, glacial basin　規模の大きな氷河による面的削剥地形．氷底での差別侵食の結果，柔らかい基盤岩の場所では侵食が進んで数kmから数十kmスケールの凹地が形成される．内側に細長い湖（ribbon lake）を伴うことが多い．　〈朝日克彦〉

ロックベンチ　rock bench　⇨波食棚

ろっこうへんどう　六甲変動　Rokko movement　鮮新世以降の西南日本，特に瀬戸内地域における地殻変動に対して池辺（1956）が六甲山地に由来して最初に提唱した．この変動は，琵琶湖北部を頂点に大阪湾と伊勢湾を含み，中央構造線を底辺とする「近畿三角（帯）地域」（藤田, 1962, 1968）に典型的に現れている．この地域の沈降部は大阪層群やこれに関連した地層が堆積し，隆起部は現在の山地となる．また，この地域内には南北方向の逆断層系が発達し，その周辺に横ずれ断層系が分布することが1960年代後半から指摘されてきた．これらはほぼ東西方向の水平圧縮応力場において形成されたと考えられる．これに対して，鮮新世の地殻変動は南北方向からの圧縮応力場とみなされたが，池辺・藤田（1966）は，第四紀になり東西圧縮応力場で発生した地殻変動を六甲変動と再定義した．一方，大阪層群は堆積後に断層や褶曲変形，さらに急速に侵食を受けており，市原（1966）はこの時期の地殻運動を六甲変動最盛期とした．　〈岡田篤正〉

[文献] 藤田和夫 (1968) 六甲変動，その発生前後：第四紀研究，7, 248-260. /市原　実 (1966) 大阪層群と六甲変動：地球科学，85-86, 12-18.

ロッシュムトネ　roche moutonnée（仏）　氷河の侵食作用を受けて形成された岩盤の突起で，上流側が緩傾斜，下流側が急傾斜な非対称形を呈する．ロッシュムトネは仏語で，独語ではルントヘッカー，和訳は羊群岩，羊背岩．突起の上流側では圧力融解が生じ，含岩屑底面氷中の岩屑の融出に伴い削磨作用（abrasion）が効果的に生じて滑らかに研磨された氷食岩盤が形成される．一方，突起の下流側では，復氷によって，あるいは空隙を満たす高圧水のもとで剥ぎ取り作用（プラッキング，plucking, quarrying）が生じ，ゴツゴツした急斜面が形成される．　〈長谷川裕彦〉

[文献] Benn, D. I. and Evans, D. J. A. (1998) *Glaciers and Glaciation*, Arnold.

ロッホローモンドあひょうき　ロッホローモンド亜氷期　Loch Lomond stadial　⇨ブリティッシュ氷床

ろてんぼり　露天掘り　opencut mining　表土を剥いで岩体・鉱体を地表から直接採掘する方法．露天採鉱法ともいい，坑内掘りの対語．露天掘りでできた露頭では風化土から風化層，基岩*までの一連の風化断面が観察されるので，そこは風化に関わる研究を行う場所として適している．　〈松倉公憲〉

ろとう　露頭　outcrop, exposure　植生や表土に覆われることなく，直接地表に現れている堆積物・地層・岩石からなる地表・地山の一部．地山とまぎらわしい巨大な転石を露頭と見誤らない注意が必要である．⇨転石　〈横山俊治〉

ろとうせん　露頭線　line of outcrop　地質図学で用いられる用語．地層界線とも．鍵層・地層・地層間の境界面・岩脈などが地表にあらわれるところを地図上に連ねて描いた線．その平面形状は，地層の傾斜と地表の傾斜の組み合わせで多様になる．⇨地層界線の平面形（図）　〈松倉公憲〉

ロポリス　lopolith　⇨火成岩の産状

わいど　歪度　skewness　粒径分布曲線のピークの値（モード値とよばれる）が平均粒径（算術平均値）からどの程度ずれているかを示す値．「ひずみど」ともよばれる．最も簡便な求め方として D. Inman (1952) の式がある：$Sk\phi = (\Phi_{84} + \Phi_{16} - 2\Phi_{50})/(\Phi_{84} - \Phi_{16})$，ここに Φ_{84}，Φ_{50}，Φ_{16} は粒度累積曲線*上のそれぞれ 84%，50%，16% に相当するファイ値（⇨ファイスケール）である．$Sk\phi$ が正ならば粒径の大きい方へ，負ならば小さい方へピーク値がずれていることを表す．これ以外にも種々の求め方がある（Blott and Pye, 2001）．　　〈砂村継夫〉

［文献］Blott, S. J. and Pye, K. (2001) GRADISTAT: A grain size distribution and statistics package for the analysis of unconsolidated sediments: Earth Surface Processes and Landforms, 26, 1237-1248.

ワイピー　Y. P.　Yedogawa Peil　⇨基準面

ワイビーピー　yBP　years before present　現在から溯った年数を表す "years before present" の略語．例えば，ある現象の生起年が今から 924 年前であれば，924 yBP と書く．また，^{14}C 年代における年代値（暦年換算した場合）は cal. yBP と表記され，AD1950 年を基点とした年数を表す．　〈鈴木隆介〉

ワイヤーセンサー　wire sensor　土石流*の発生を検知するための一装置．土石流発生源に近い渓流を横断するように導線を張り，微弱な電流を流しておく．土石流がこれを切断すると，電流が切られるのでその信号を観測室に送電して土石流の通過を知らせることができる．　〈松倉公憲〉

わかがえり　若返り【河川の】　rejuvenation　河川縦断面形は，静的な平衡状態では，一般に下に凸のなめらかな形となる．これを成熟した状態とみなしたとき，侵食基準面の低下などにより平衡状態が崩れ，河床での下方侵食が始まり，関連して生じた滝や遷急点が上流に後退して，初期の状態に戻ることを，河川の'若返り'や'回春'という．デービス地形学*の用語である．　⇨河谷の発達過程，回春

〈早川裕弌・鈴木隆介〉

わきもとそう　脇本層　Wakimoto formation　秋田県男鹿半島東部の低い丘陵に分布する中部更新統．砂岩とシルト岩の互層からなる．層厚は 130～230 m．　〈松倉公憲〉

わくせい　惑星　planet　太陽系を構成する天体のうち，太陽のまわりを公転する 8 個の主要な天体を「惑星」とよぶ．すなわち，太陽に近いものから順に，水星，金星，地球，火星，木星，土星，天王星，海王星が惑星である．これらはすべて，太陽光を反射して輝く．従来，冥王星も惑星の一つとされていたが，2007 年，国際天文学連合（IAU）の審議によって，惑星の座から外されることになった．惑星は，地球から天球上での見かけの動きを観察すると，あたかも"惑う"かのように順行と逆行をくりかえす．このことから，古代ギリシャ語で"惑う"を意味する planetes が英語名の語源となった．日本語名には"惑星"と"遊星"の二つがあるが，今日では一般に"惑星"が使われている．太陽系の惑星は，その性質の違いにもとづいて，二つのグループに大別される．太陽に近い領域をまわる水星，金星，地球，火星を「地球型惑星」，太陽から遠い領域をまわる木星，土星，天王星，海王星を「木星型惑星」とよぶ．地球型惑星は半径が数千 km と比較的小型であるが，平均密度は 5 g/cm^3 内外あり，岩石質の固体惑星である．一方，木星型惑星は半径が数万 km とひと桁大きいが，平均密度は 1 g/cm^3 内外と低く，ガスや氷などの軽い物質が主体である．また，木星型惑星は多くの衛星や環をもつことも大きな特徴である．以上の 8 個の惑星が，小惑星や太陽系外縁天体など，他の太陽系天体と区別されて，独立のカテゴリーを構成しているのは，①他の天体にくらべてサイズがきわ立って大きく，軌道近辺に目立った他の大きな天体（衛星は除く）がないこと．②軌道の形が真円に近い楕円で，太陽のまわりを整然と運行していること．③軌道の傾斜が小さく，8 惑星の軌道面すべてが黄道面に近いこと．などの理由による．惑星は，約 46 億年前，原始太陽系星雲の中で，塵と

ガスが集積して形成されたと考えられている．このとき，太陽に近い高温領域で岩石質の地球型惑星が，太陽から遠い低温領域で木星型惑星が，それぞれ生まれた，とする考え方が一般的である．これまで"惑星"といえば，われわれの太陽系に属するものと限定して論ずるのが通例であった．ところが近年，太陽系外の他の恒星をまわる惑星（系外惑星）の発見が相次ぎ，惑星の概念は大きく拡大することになった．また，がか（画架）座ベータ星で代表されるような，塵のディスクでとりまかれた恒星もいくつか発見され，原始太陽系星雲に相当する惑星形成の場とみられるようになっている．これらの発見によって，惑星の誕生と進化の解明が大きく前進しつつある．⇨地球型惑星，小惑星，冥王星，エッジワース・カイパーベルト天体，太陽系外縁天体，太陽系外惑星　　　　　　　　　　　〈小森長生〉

わくせいたんさき　惑星探査機　planetary explorer, planetary probe　太陽系内の惑星を探査するために開発された，無人の宇宙探査機．月は惑星ではないが，月を探査するための探査機も加えて，月・惑星探査機（lunar and planetary explorer）とよぶことも多い．また，惑星の衛星，冥王星やケレスなどの準惑星や，小惑星や彗星などの太陽系小天体へ探査を行うものも惑星探査機とよぶ．惑星探査機には科学的な測定を行うための各種装置が通常複数個搭載され，地上からの制御ないしは自律的な制御，もしくはあらかじめ入力されたプログラム動作によってデータを取得し，それらを地球へと送信するのが基本動作である．主な惑星探査機の種類としては，目的の天体のそばを通り過ぎるフライバイ，天体を周回して継続探査を行う周回機（オービター），着陸して探査を行う着陸機（ランダー），着陸し，さらに移動して探査を行う移動探査機（ローバー），軟着陸ではなくかなりの速度で天体表面に衝突し，潜り込んで探査を行う探査機（ペネトレーター）などがある．惑星探査は宇宙開発が本格的に始まった1950年代末より，アメリカ，旧ソ連で始まった．最初は火星，および金星という近距離の惑星を主な目的としており，フライバイなどの初歩的な探査が行われた．1960年代には火星の初めての近接写真を得るなどの成果があった．1970年代になると惑星探査は複雑化し，周回機による詳細な調査が，火星，金星などに対して行われた．また1970年代半ばには火星や金星へ探査機が着陸することにも成功し，地表についての詳細なデータを送信してきた．また，アメリカは外惑星探査機として，1970年代初頭にパイオニア，1970年代末にボイジャーという惑星探査機シリーズを打ち上げ，木星から外側の外惑星についての詳細探査を行った．1980年代には惑星探査は一時下火になるものの，1990年代に入って火星探査を中心に再び盛んとなってきた．2000年代に入ると，これまでのアメリカ，旧ソ連（ロシア）に加え，ヨーロッパ，日本，中国，インドなども惑星探査に加わるようになった．日本は惑星探査機として，火星探査機の「のぞみ」（1998年打ち上げ．2003年火星に接近したが周回軌道への投入失敗），「はやぶさ」（2003年打ち上げ，2005年小惑星イトカワへ接近．2010年サンプル帰還）を実施している．2010年以降も，火星および小惑星探査を中心に各国が精力的に惑星探査機を送り出す予定となっている．惑星探査機は，人類が行くことができない遠方の惑星を科学的に調査する重要な手段として用いられている．⇨惑星地質学，惑星地形学，惑星地質解析，リモートセンシング　　　　〈寺薗淳也〉

わくせいちけいがく　惑星地形学　planetary geomorphology　惑星地形学は惑星や衛星の表面の地形を研究する学問である．惑星地質学の一部門という位置づけをされている．地形データは主に画像と地表の高度からなり，これらの組み合わせで研究が進められることが多い．月惑星探査の初期の頃は画像や高度情報が得られる地表のデータの大部分を占めており，地質学研究で標準的な表面組成，地下構造などの情報はほとんど手に入らなかった．この状況下では地形学的手法が地表環境の研究を行う上で唯一の手段であったことも多く，惑星地質学の始まりは惑星地形学であったといっても過言ではない．この状況は21世紀に入ってから各種多様なデータが手に入るようになって変わってきているが，地形学的手法の価値が下がったわけではない．最近の惑星地形学でのもう一つの大きな変化はデータの量が膨大になったことである．この多様化し，膨大になったデータの解析を助けるためにGIS（geographic information systems）の利用が惑星や衛星の地形研究で増加している．⇨惑星地質学，惑星地質解析，リモートセンシング，GIS　〈小松吾郎〉

[文献] 小松吾郎（2008）GISの火星地形研究への応用：地学雑誌．117, 401-411.

わくせいちしつかいせき　惑星地質解析　planetary geology analysis　主に惑星探査機により得られた惑星などの天体の地表データをもとに，惑星表面の地表を解析すること．データはカメラのほか，スペクトロメータとよばれる波長単位でデータ

を取得できる装置が主に使われる．解析する項目は，地形の特徴，地表の元素・鉱物組成などが基本となる．これらのデータをもとに地図や地質図などを作成し，その地域の地質的な進化，他地域との類似性，地質構造などの推定を行う．解析手法は地球のリモートセンシングに類似しているが，多くの場合，各惑星の環境を考慮した手法を用いる．また，月や火星のように，地球並みに詳細なデータが得られていたり，サンプルや地表の物質のデータが得られたりしているところでは，地球の類似した地質解析や，サンプルなどとの比較を行う場合がある．さらに，惑星の地表解析として独自なものとして，惑星の地表に特徴的な地形（クレーターなど）の解析がある．例えば，古い地表ほどクレーターが多数存在するという原理を応用し，クレーターの数を数えることによってその地域の年代を推定するというクレーター・カウンティングという手法が，地域の年代推定に使用される．⇨惑星地質学，惑星地形学，惑星探査機，リモートセンシング，GIS，クレーター年代 〈寺薗淳也〉

わくせいちしつがく　惑星地質学　planetary geology, planetary geoscience　惑星地質学は惑星や衛星の表面の様々な作用や進化を研究する学問である．太陽系を研究する学問の総称である惑星科学の一部門という位置づけをされている．歴史的には，ガリレオ・ガリレイ（1564-1642）が天体望遠鏡で月の表面の観測を行い，山岳地帯やクレーターについて論じたのが始まりといえる．しかし，20世紀の中頃に始まった月探査時代までは惑星科学自体が天文学の一部としてみなされていた．1950年代から始まった月探査は惑星科学の天文学からの独立を促し，惑星地質学の本格的な発展に寄与した．その後の探査は太陽系全域に及び，惑星，衛星以外に小惑星や彗星の表面も調べられている．探査では軌道上のリモートセンシングで画像や地表の高度，表面組成，地下構造，さらには重力，磁場など地球物理学的なデータが取得される．また場所は限られるが，着陸機（ランダー）や探査車（ローバー）からの地表の詳細なデータも得られることがある．惑星地質学ではこれらのデータを使って火成作用，構造作用，衝突クレーター，侵食堆積作用などについて研究する．研究の実際においては地球の地質作用に似た例を求め，類似から惑星や衛星の地質作用の理解を求めることが多い．しかし惑星や衛星は地球の環境では得られない重力，温度，気圧などの条件下にあることも多く，そのような場所での地質作用の研究はその作用の本質を理解する上でも役に立っている．⇨惑星地形学，惑星地質解析，惑星探査機，リモートセンシング 〈小松吾郎〉

[文献] 小松吾郎 (2012) 火星探査の動向：地球の類似地質・地形の重要性と地質学者の役割：地質学雑誌, 118, 597-605.

ワジ　wadi　雨期や稀な降雨時以外には水が流れない河谷や河床であり，乾燥地域に分布する．谷を意味するアラビア語の単語（河谷）に由来．日本では「涸れ谷」ともよばれる．間欠河川の一種．基本的には降雨がない時期の継続に起因する．過去に湿潤な時期があった場所では，当時の河川が形成した広い河床に，乾燥化によって水が流れにくくなったことも原因となる．乾燥地域でも稀に起こる豪雨時にはワジに沿って多量の水と土砂が流れるため，災害を生じやすい．また，地表水がない時期にも，地下水面が浅く，地下水面の高まりである地下水嶺が形成されているため，比較的浅い深度で地下水が採取できるので，ワジに沿って集落が発達することがある．従来は簡単な手掘りの井戸であったが，近年は揚水井戸群による地下水開発が盛んであるが，水位低下などの問題も生じている．⇨涸れ川，間欠河川，失水河川 〈小口　高・宮越　昭暢〉

わじゅう　輪中　polder　水害常習地において，自然堤防などの微地形を利用して堤防を築き，集落や耕地を取り囲んだ土地．堤防に囲まれるため水防共同体の単位となる．洪水対策の盛土（水塚*）の上に洪水時の備蓄倉庫（水屋*）を備えたり，水害時に使用する舟をもつなどの特色がみられる．濃尾平野や関東平野をはじめ日本各地にみられる．ベトナムのホン川下流やバングラデシュなどでも類似のものがある．オランダのポルダーは干拓地の排水のための風車を伴っていた．⇨中州 〈久保純子〉

わじゅうてい　輪中堤　ring levee, circle levee, polder　ある特定の地域を洪水や洪水氾濫から防御するために，周囲を取り囲むように設ける堤防．直接的な効果が期待できるので古くから各地で採用されてきた． 〈砂田憲吾〉

わだち-ベニオフ・ゾーン　和達-ベニオフ・ゾーン　Wadati-Benioff zone　沈み込み帯下の上部マントルで発生する深発地震は，傾斜した面状（板状）に分布する．この面（板）を深発地震面（深発地震帯），または，和達-ベニオフ面（和達-ベニオフ・ゾーン）とよぶ．Wadati (1935) はこの面状構造を最初に発見した地震学者．Benioff (1949) はこれと独立にこの面状構造を発見したとされる米国の地震学者．この深発地震面が海溝からマントル中に沈み込

んだ海洋プレート内部での地震活動であることは後に確認された．深発地震面の傾き，つまり沈み込むプレートの傾斜角は地域によって異なる．⇨深発地震　〈加藤　護〉

[文献] Wadati, K. (1935) On the activity of deep-focus earthquakes in the Japan Islands and Neighbourhoods: Geophysical Magazine, 8, 305-325./Benioff, H. (1949) Seismic evidence for the fault origin of oceanic deeps: Bull. Geol. Soc. Am. 60, 1837-1856.

わっかないそう　稚内層　Wakkanai formation　北海道稚内付近から南に音威子府付近まで帯状に分布する上部中新統．硬質頁岩・珪質泥岩と砂質泥岩の互層からなり，層理が明瞭．層厚は500 m．硬質頁岩は，岩石強度は大きいが，節理が多くて高透水性のため，これの構成する丘陵は，著しく低谷密度で，円頂状の尾根断面形を示す．　〈松倉公憲〉

[文献] Suzuki, T. et al. (1985) Effect of rock strength and permeability on hill morphology: Trans. Japan. Geomorph. Union, 6, 101-130.

ワッケ　wacke　⇨砂岩

ワレ　ware　波食棚上の溝（波食溝＊）の海側端が侵食されてできた，深くて幅広い開口部．釣り用語．　〈砂村継夫〉

われめカレン　割れ目カレン　grike, solution crevice　炭酸塩岩の露出した表面に形成される溶食溝で，岩石の構造に従ってより深く溶食が進行した溝を伴ったものをいう．イギリスのヨークシャーに分布するペイブメント・カルストに形成されるグライクは規則的に生じた割れ目カレンである．

構造的な割れ目に沿って溶食が進行するばかりでなく，氷河による堆積物や，溶食の結果もたらされた石灰岩の残渣，風成物質などが割れ目に沿って堆積するために，植生がつきやすく，割れ目に灌木が生育していることもある．古土壌が割れ目に沿って形成され，残存していることもある．ヨークシャーのペイブメント・カルストの地域では鉄器時代に割れ目カレンに分布する土壌中の高濃度の鉄を利用した．

米国では，石灰岩の割れ目に沿って溶食が進み，深く土壌がはまっていることがあり，これをカッター（cutter）ともよぶ．また，ポルトガルの大理石採石場では，割れ目カレンが深さ約50 mにもおよんでおり，割れ目カレンの下部には地中海性赤色土がポケット状に深く入り込んでいる．　〈漆原和子〉

われめたい　割れ目帯　fracture zone, fissure zone　地殻変動や火成活動により岩石中に生じた割れ目が特定の方向性をもって集中的に分布する場所．地震断層では幅数十cm～数m，ギャオ＊のような地割れでは幅数m～数百mなど，この帯の幅や長さは規模の大小がある．　〈前杢英明〉

われめふんか　割れ目噴火　fissure eruption　割れ目（線状の火口）で起こる噴火．対語は中心噴火．ハワイやアイスランドなど流動性に富む玄武岩質マグマの噴火でよくみられる．ハワイなどの盾状火山では，山体斜面上に山頂から放射状にのびる割れ目（長さは数百m～数km以上）で噴火が起こるのが特徴．アイスランドでは広域の張力場で生じる割れ目で噴火が起こるため（広域割れ目噴火），割れ目の長さは数十kmにも及ぶ．割れ目噴火では，大量の玄武岩溶岩が流出する．割れ目沿いには，噴火末期に生じたスパターコーンやスパターランパートなどが並ぶ．日本における近年の割れ目噴火の例としては，三宅島（1983年，4.5 km）や伊豆大島（1986年，1.1 km）などがある．地球上の広大な溶岩台地（例：インドのデカン高原や北アメリカのコロンビア川台地など）を構成する玄武岩の噴火様式は，割れ目噴火であると考えられている．⇨ハワイ式噴火，アイスランド式噴火　〈横山勝三〉

わん　湾　gulf, bay, cove　海が陸地に入り込んだ部分．規模の大きい方から海湾（gulf），湾（bay），入江あるいは浦（cove）と区分されるが，大きさに明確な定義はない．入江は大きな湾入部の一部であることが多い．英国では奥行きの浅い湾はbight，細長い入江はcreekとよばれる．　〈砂村継夫〉

わんおう　湾央　midbay　湾口と湾頭との間の場所を漠然と指す語．　〈砂村継夫〉

わんおうさす　湾央砂州　midbay bar, midbay spit　湾口と湾頭との間にあって湾を横切るように発達している砂州．⇨砂浜海岸（図）　〈砂村継夫〉

わんがけ　椀がけ　panning　粒状試料をお椀に入れて水洗し，比重差を利用して，試料中の軽い粒子（例：粘土・シルト分）を取り除き，重い粒子（例：砂金や砂粒子）をとり出す作業．簡単な選鉱法として河川堆積物を利用した初期探鉱作業で汎用されている．　〈松倉公憲〉

わんきょくじょうかけい　腕曲状河系　arched river system　尾根の先端部や尾根型斜面をその両側から両腕で抱えるように発達している河系をいう．地すべり堆，特に頂部凹凸型地すべりや階段型地すべりの地すべり堆に発達し，地すべり地形の認定指標となる．また，尾根先端部の腕曲状河系はそれに囲まれた部分の崩壊の予兆とみなせる場合がある．⇨地すべり地形の河系模様（図）　〈鈴木隆介〉

わんこう　湾口　baymouth　湾の出入り口.
〈砂村継夫〉

わんこうさす　湾口砂州　baymouth bar, baymouth spit　湾の出入り口を遮るように発達している砂州.　⇨砂浜海岸（図）
〈砂村継夫〉

ワンド　*wando*　砂浜や岩石海岸の汀線沿いや渓流の河岸にみられる小規模な湾入部.漢字では「湾処」と書く.砂浜海岸でのワンドは離岸流*による侵食で形成されていることが多い.釣り用語.
〈砂村継夫〉

わんとう　湾頭　bayhead　湾の最も奥まったところ.
〈砂村継夫〉

わんとうさす　湾頭砂州　bayhead bar, bayhead spit　出入りに富む岩石海岸の湾の最も奥まったところに発達している砂州.　⇨砂浜海岸（図）
〈砂村継夫〉

わんとうはま　湾頭浜　bayhead beach　出入りに富む岩石海岸の湾頭*にある小規模な海浜.しばしば汀線が三日月状を呈するので,三日月浜（crescent beach）ともよばれる.　⇨砂浜海岸（図）
〈砂村継夫〉

わんにゅうじょうさんかくす　湾入状三角州　estuary delta, embayed delta　湾奥のみに発達し,分岐流路などの三角州の特徴をもつが,海岸線は湾入している（例：アルゼンチンのパラナ川）.　⇨三角州の分類（図）
〈海津正倫〉

わんりゅう　湾流　Gulf Stream　カリブ海で発生し,ユカタン海峡からメキシコ湾に入り,フロリダ海峡を経て北米東岸を大陸斜面に沿って北上,ニューファンドランド沖で東進し,北大西洋海流に連なる世界有数の海流.ガルフストリームあるいはメキシコ湾流ともよばれる.最大流速4～5ノット,幅約90kmの暖流.　⇨海流
〈小田巻実〉

付　　録

1. 世界のプレート分布
2. 日本列島の地体構造区分
3. 日本付近の大地形
4. 日本の地形の大区分
5. 日本の主な活断層と活褶曲の分布図
6. 日本の活火山分布図
7. 日本付近の主な広域テフラの分布図
8. 日本付近の主な広域テフラの特徴
9. 世界土壌図
10. 日本土壌図
11. 完新世相対的海面変動曲線
12. 日本の海岸線分類図
13. 日本の主要河川の分布図
14. 地形プロセスに関係のある地形物質の主な性質
15. 岩石の物性算出式
16. 地質年代区分表
17. 地質年代と地形形成編年
18. SI単位の接頭語とその語源
19. 主な単位の換算表
20. ギリシャ文字の読み方

付　録　　942

1. 世界のプレート分布

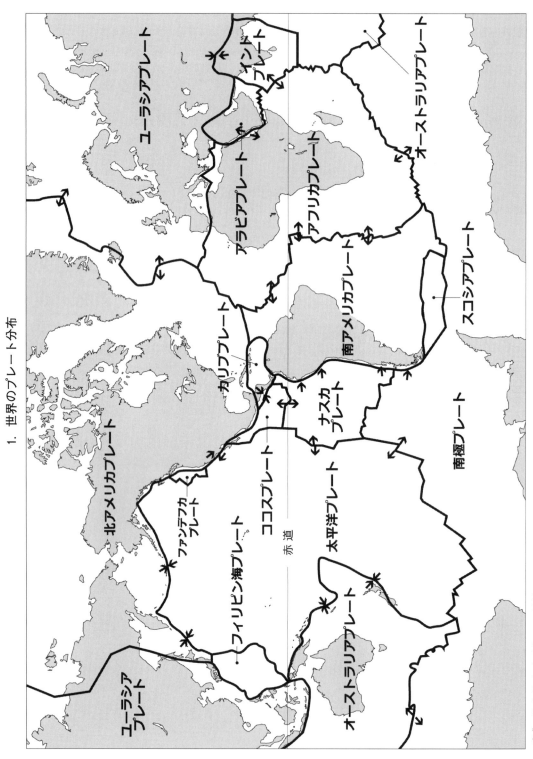

出典：U. S. Geological Survey, 1996.

2. 日本列島の地体構造区分

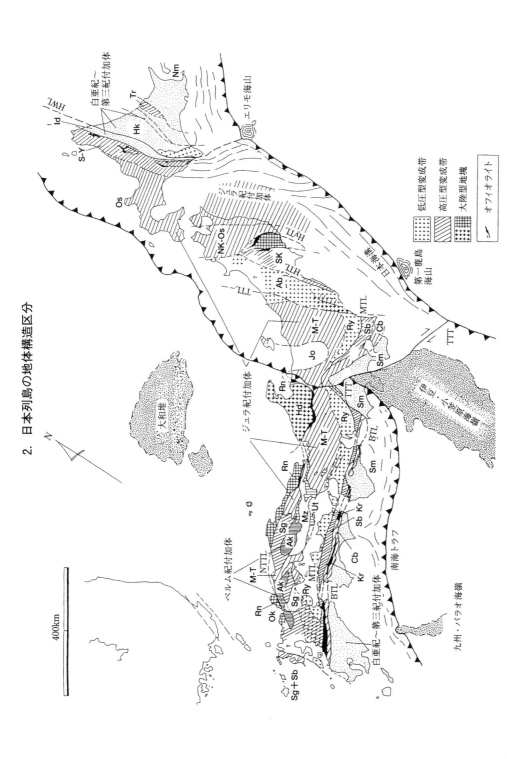

[地帯名] Ab：阿武隈帯，Ak：秋吉帯，Cb：秩父帯，Hd：飛驒帯，Hk：日高帯，Id：イドンナップ帯，Kr：黒瀬川帯，Mz：舞鶴帯，NK：北部北上帯，Nm：根室帯，Ok：隠岐帯，Os：渡島帯，Rn：蓮華帯，Ry：領家帯，Sb：三波川帯，Sg：三郡帯，SK：南部北上帯，Sm：四万十帯，Tr：常呂帯，Ut：超丹波帯，M-T：美濃・丹波帯，Jo：上越帯，S-Y：空知・エゾ帯．
[構造線] BTL：仏像構造線，HTL：畑川構造線，HyTL：早池峰構造線，HWL：日高西縁衝上断層，MTL：中央構造線，NTTL：長門－飛驒構造線，TTL：棚倉構造線．
[その他] TTT：プレート境界の三重点．

出典：磯崎行雄（2000）日本列島の起源，進化，そして未来―大陸成長の基本パターンを解読する―．科学，70（2），133-145．一部改変．

3. 日本付近の大地形

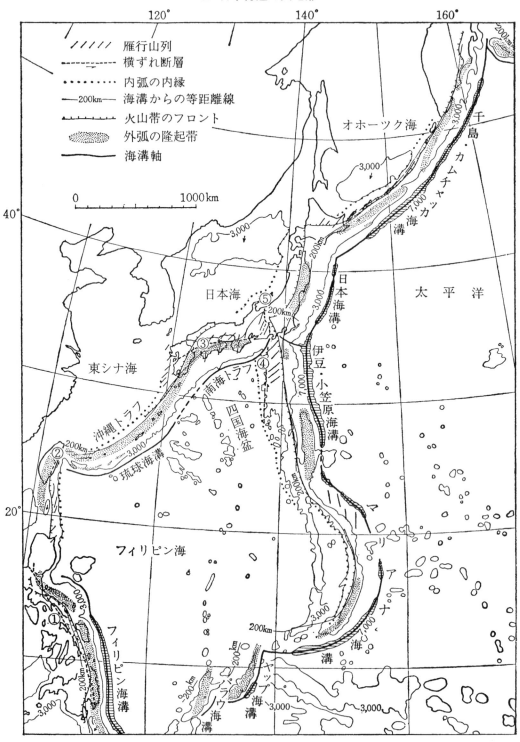

①フィリピン断裂帯，②縦谷断層，③中央構造線，④西七島海嶺，⑤糸魚川-静岡構造線．
出典：太田陽子ほか（2010）『日本列島の地形学』，東京大学出版会．

4. 日本の地形の大区分

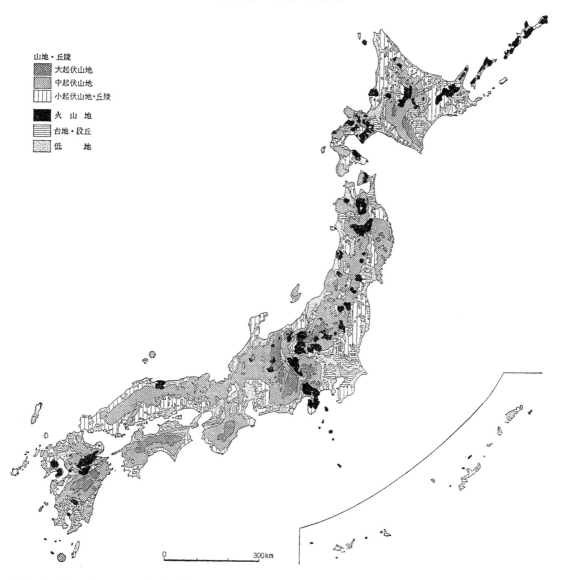

出典：青野壽郎・尾留川正平編（1980）『日本地誌1　日本総論』，二宮書店．

付　録

5. 日本の主な活断層と活褶曲の分布図

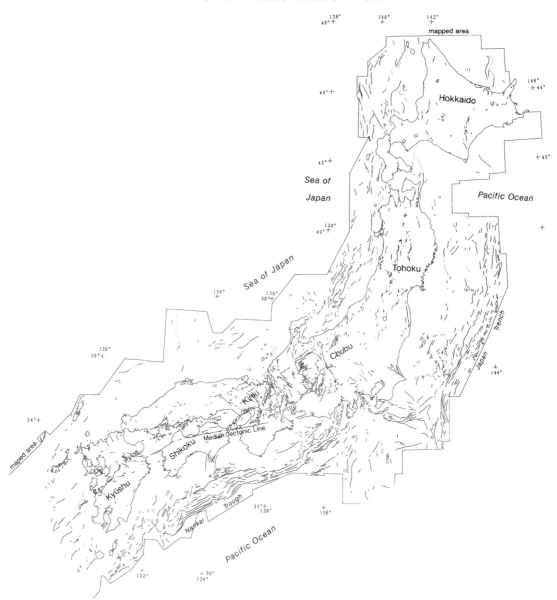

海域の直線は海底活断層を認定した範囲を示す.
出典：Okada, A. and Ikeda, Y. (1991) Active faults and neotectonics in Japan. 第四紀研究, **30**, 161-174.

6. 日本の活火山分布図

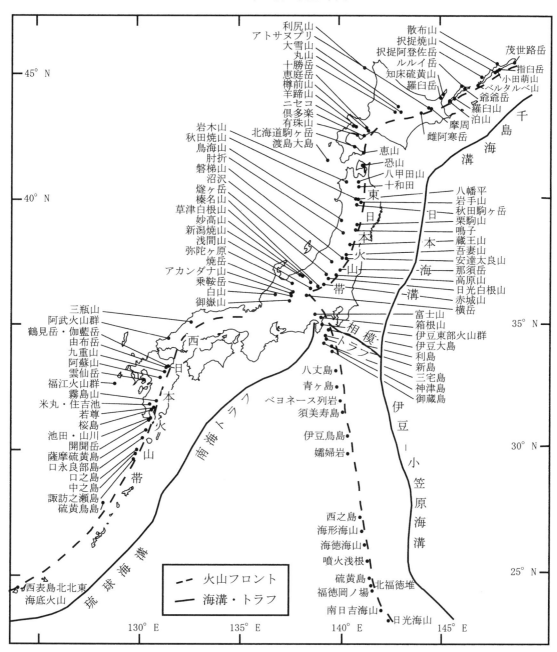

出典：西村祐二郎ほか (2010)『基礎地球科学 第2版』，朝倉書店．

7. 日本付近の主な広域テフラの分布図

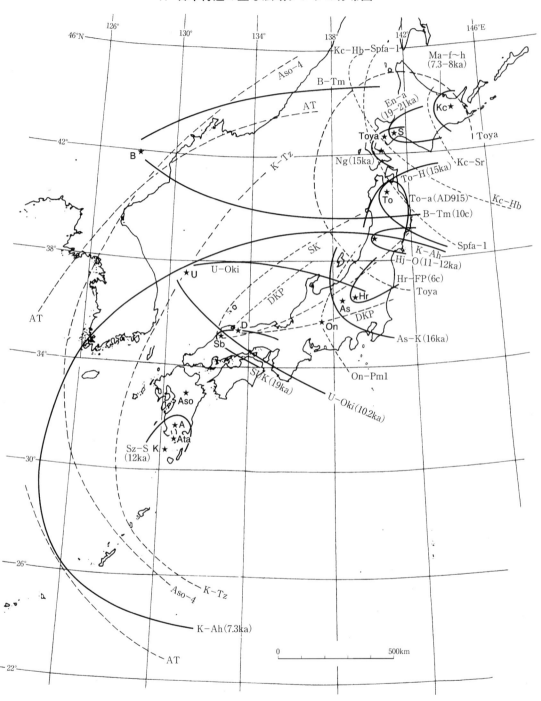

肉眼で認定できるおよその外縁を示す（実線は20 ka以降，破線は20-125 kaの主なテフラ）．テフラの記号およびその詳細は右ページの表を参照．

［給源火山・カルデラ］　Kc：クッチャロ，S：支笏，Toya：洞爺，To：十和田，Hr：榛名，As：浅間，On：御岳，D：大山，Sb：三瓶，Aso：阿蘇，A：姶良，Ata：阿多，K：鬼界，B：白頭山，U：鬱陵島．

出典：太田陽子ほか（2010）『日本列島の地形学』，東京大学出版会．

8. 日本付近の主な広域テフラの特徴

テフラ名 (記号)	年代(ka) (測定方法)	火口周縁域での 噴火・堆積様式と順序	全テフラ量 (みかけ, km³)	本質テフラ粒の特性	
				火山ガラス, n	主な鉱物
白頭山苫小牧 (B-Tm)	1 (A, C)	pfa, pfl	>50	pm, bw 1.511–1.522	af, (am, cpx) af 1.521–1.525
鬼界アカホヤ (K-Ah)	7.3 (C, V)	pfa, pfl, afa	>170	bw, pm 1.508–1.516	opx, cpx opx 1708–1.713
鬱陵隠岐 (U-Oki)	10.7 (C, V)	pfa, pfl	>10	pm 1.518–1.524	bi, am, cpx af 1.522–1.524 am 1.726–1.740
十和田八戸 (To-H)	15 (OI, C)	pfa, pfl	50	pm 1.502–1.509	opx, cpx, ho, (qt) opx 1.705–1.708 ho 1.669–1.673
姶良Tn (AT)	26〜29 (OI, C)	pfa, pfl(pp), pfl, afa	>450	bw, pm 1.498–1.501	opx, cpx, (ho;qt) opx 1.728–1.734
十和田大不動 (To-Of)	≧32 (C, OI)	pfa, pfl	50	pm, bw 1.505–1.511	opx, cpx opx 1.707–1.711
クッチャロ庶路 (Kc-Sr)	35〜40 (C)	afa, pfl, afa	100	pm, bw 1.502–1.505	opx, cpx opx 1.707–1.710
支笏第1 (Spfa-1, Spfl)	42〜44 (OI, C)	pfa, pfl	200	pm, bw 1.500–1.505	opx, ho, (cpx);qt opx 1.729–1.735 ho 1.688–1.691
大山倉吉 (DKP)	≧55 (OI, C, ST)	pfa, pfa	>20	pm 1.508–1.514	ho, opx, (bi) opx 1.702–1.708 ho 1.673–1.680
阿蘇4 (Aso-4)	85〜90 (OI, ST, KA)	pfa, afa	>600	bw, pm 1.506–1.510	ho, opx, cpx opx 1.699–1.701 ho 1.685–1.691
鬼界葛原 (K-Tz)	ca. 95 (ST, TL)	afa(pp), pfl, afa	150?	bw, pm 1.496–1.500	opx, cpx;qt opx 1.705–1.709
御岳第1 (On-Pm1)	ca. 100 (FT, KA, ST)	pfa	50	pm, (bw) 1.500–1.503	ho, bi, (opx) opx 1.706–1.711 ho 1.681–1.690
阿多 (Ata)	105〜110 (KA, ST)	afa(pp), pfa, pfl, afa	>300	bw, pm 1.508–1.512	opx, cpx, (ho) opx 1.704–1.708
三瓶木次 (SK)	110〜115(ST)	pfa	20	pm 1.494–1.498	bi;qt
洞爺 (Toya)	112〜115 (OI, ST)	afa(pp), pfl, afa	>150	pm, bw 1.494–1.498	(opx, cpx, ho;qt) opx 1.711–1.761 ho 1.674–1.684
クッチャロ羽幌 (Kc-Hb)	115〜120 (FT, ST)	afa・pfa, pfl	>150	bw, pm 1.502–1.506	opx, cpx opx 1.705–1.710
阿蘇3 (Aso-3)	120? 135? (KA, FT, ST)	pfa, pfl, sfl	>150	pm, bw 1.512–1.540	opx, cpx opx 1.702–1.705

［年代測定法］ A：考古学遺物法，C：放射性炭素法（暦年較正値），U：ウラン系列法，ST：放射年代値に基づく層位からの推定，FT：フィッショントラック法，TL：熱ルミネッセンス法，KA：カリウムアルゴン法，V：年縞法，OI：酸素同位体法，MIS：海洋酸素同位体ステージ．

［噴火・堆積様式］ 噴火順（下位から上位に）示した．pfa：降下軽石，pfl：火砕流堆積物，afa：降下火山灰，sfl：スコリア流堆積物，pp：水蒸気プリニアン火山灰，afa・pfa：交互に噴出したことを示す．

［火山ガラス］ pm：軽石型ガラス，bw：バブル型ガラス，数値 n は屈折率，括弧内は少量含まれるもの．

［主な鉱物］ af：アルカリ長石，am：角閃石類，ho：普通角閃石，cpx：単斜輝石，opx：斜方輝石，bi：黒雲母，qt：石英，括弧内は少量含まれるもの．数値は屈折率（af は n_1, opx は γ, ho は n_2 の値を示す）．

出典：町田 洋・新井房夫（2004）『新編火山灰アトラス―日本列島とその周辺―』，東京大学出版会．

付　録

9. 世界土壌図

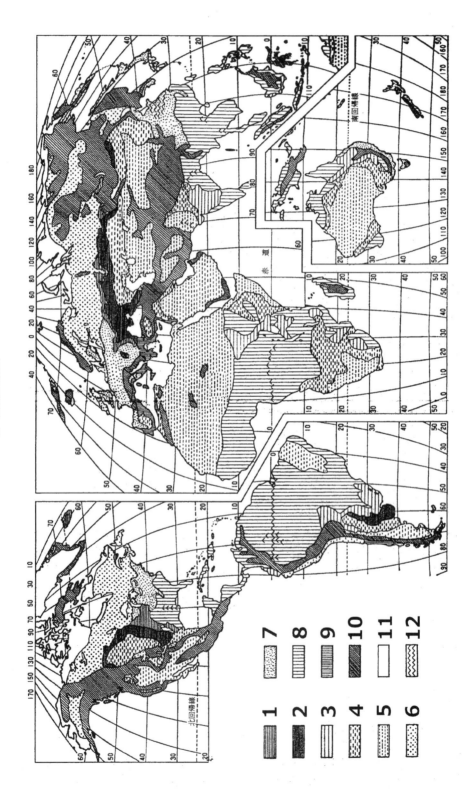

1：プレーリー土，灰色森林土　2：チェルノーゼム　3：亜熱帯・熱帯の黒色土　4：栗色土，褐色土　5：砂漠土，半砂漠土　6：ポドゾル土　7：褐色森林土　8：赤黄色土，ラトソル　9：地中海性赤色土（テラロッサを含む）　10：山地土壌　11：ツンドラ土　12：沖積土
出典：山根一郎ほか (1978)『図説　日本の土壌』，朝倉書店．

10. 日本土壌図

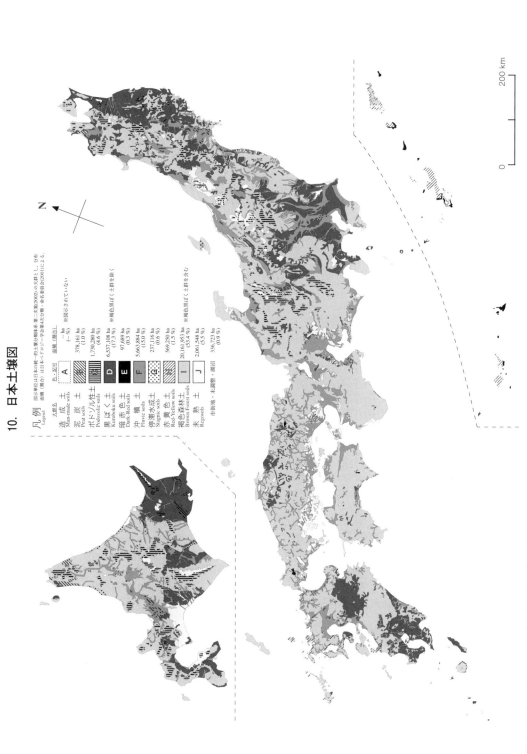

出典：菅野均志ほか（2008）1/100万日本土壌図（1990）の読替えによる日本の統一的土壌分類体系―第二次案（2002）―の土壌大群名を図示単位とした日本土壌図．ペドロジスト，52，129-133．
(http://www.agri.tohoku.ac.jp/soil/jpn/images/new-soil-map-j.pdf)

11. 完新世相対的海面変動曲線

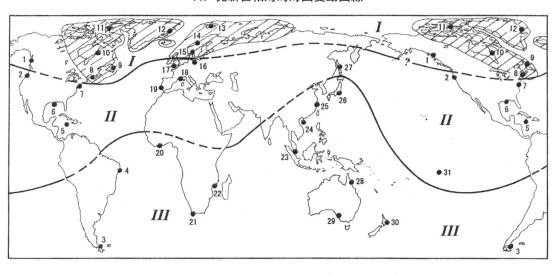

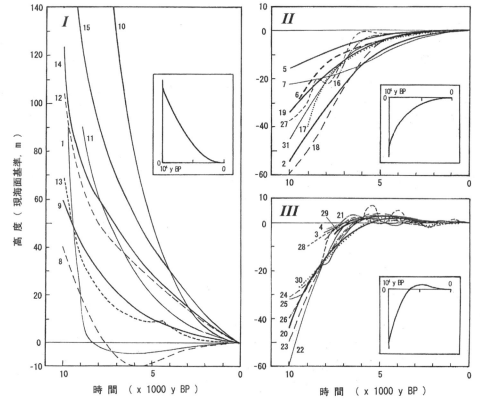

地図中の3つの地域（I, II, III）は，多くの地点（1〜30）で得られている海面変動曲線（下図）のパターンをもとに区分されたものである．斜線は，完新世初頭に氷床で覆われていた地域を示す．変動曲線のデータは主に Pirazzoli, P. A. (1991) *World Atlas of Holocene Sea-Level Changes*. Elsevier による．挿図中のグラフは，その地域の曲線群が示す全般的な傾向を模式的に描いたものである．

（砂村継夫原図）

12. 日本の海岸線分類図

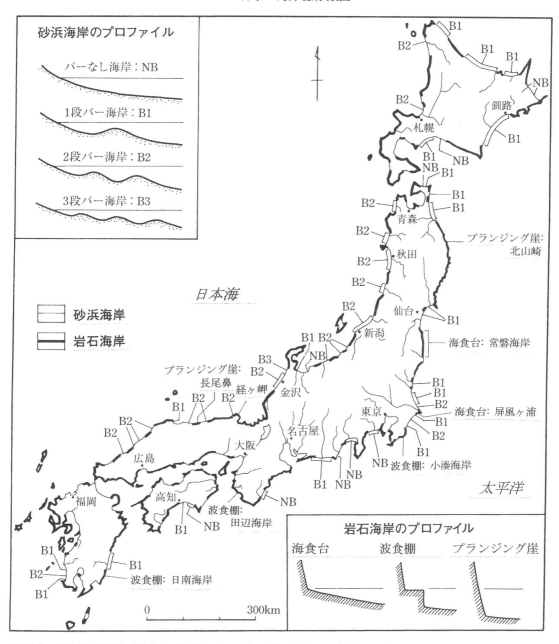

岩石海岸の地形（右下挿図）は海食台，波食棚，プランジング崖に分類され，典型的に発達している場所が図に示されている．砂浜海岸の地形（左上挿図）は沿岸砂州（バー）の数により分類され，その分類が示されている．

出典：砂村継夫（2001）海岸地形：米倉伸之ほか（編）『日本の地形1　総説』，東京大学出版会，251-253，一部加筆．

付録

13. 日本の主要河川の分布図

出典：高橋　裕・坂口　豊 (1980) 日本の川：坂口　豊 (編)『日本の自然』. 岩波書店, 219-230.

14. 地形プロセスに関係のある地形物質の主な性質

大分類	中分類			小分類の例
地質学的性質	成因的性質	岩種	火成岩	火山岩：流紋岩，デイサイト，安山岩，玄武岩，(蛇紋岩)など
				半深成岩：花崗斑岩，石英斑岩，ひん岩，輝緑岩，かんらん岩など
				深成岩：花崗岩，花崗閃緑岩，石英閃緑岩，閃緑岩，斑れい岩，など
			堆積岩	砕屑性堆積岩：礫岩，砂岩，泥岩(シルト岩，粘土岩)，頁岩，粘板岩など
				有機的堆積岩：サンゴ石灰岩，泥炭，亜炭，石炭など
				化学的堆積岩：石灰岩，ドロマイト，チャート，岩塩など
			変成岩	広域変成岩：千枚岩，結晶片岩，角閃岩，片麻岩など
				接触変成岩：ホルンフェルス，大理石など
				圧砕岩：圧砕岩(ミロナイト)
		鉱物組成		造岩鉱物，粘土鉱物の種類と構成比
		粒径分布		鉱物の大きさ，構成粒子の大きさ・形状，分級
		組織，岩相		火成岩：等粒・斑状・流状組織，堆積岩：ファブリック，変成岩：剝離・片理・縞状組織
		化学組成		溶解，酸化，水和，炭酸化などのしやすさ，pHなど
		固結度		非固結・固結，非溶結・溶結などの程度
		異方性		組織，固結度，変成度などの異方性
		岩体の産状		火成岩：底盤，岩株，岩脈，岩床，降下火砕堆積物，火砕流堆積物，溶岩，火山岩栓
				堆積岩・変成岩：地層，砂岩脈，泥岩脈，接触変成岩，圧砕変成帯，広域変成帯
	地質構造	成層状態		成層構造とその走向・傾斜ならびに地表に対する相対傾斜
		地質的分離面		層理面(地層面)，節理面，片理面，溶結面，不整合面，断層面，地すべり面などの分布，間隔・密度，不連続係数(亀裂係数)，充填物，開口性，地表に対する相対傾斜など
		変動構造		断層(延長，破砕帯の性質，変位の量・方向・速度，活動度)，褶曲(褶曲度，走向・傾斜)
		地球構造		コンラッド不連続面，モホ不連続面
	生成年代			絶対年代，相対年代
	風化・変質			風化・変質程度(強・中・弱・微弱)，風化特性(風化に対する抵抗性)，風化様式，風化速度
材料科学的性質(岩石物性)	物理的性質	比重		真比重，見掛け比重，乾燥・湿潤単位体積重量
		粒子		粒径，粒径分布，分級，粒子形状，粒子重量
		間隙		間隙率，間隙比，間隙径分布(細孔径分布)，比表面積
	力学的性質	破壊強度		圧縮・引張・剪断・曲げ強度，衝撃破壊強度など，粘着力，剪断抵抗角(内部摩擦角)など
		硬度		貫入，針入，押し込み，引っかき，磨耗，反発硬度など
		変形性		弾性率，剛性率，体積弾性率，圧縮率，ポアソン比，粘性率，レオロジー的性質など
	動的性質			縦波速度，横波速度，動弾性係数
	熱的性質			岩盤温度，熱膨張係数，比熱，熱伝導率，熱拡散率，溶融点など
	地下水に関連する性質			含水比，透水係数，吸水率，吸水膨張歪・圧，乾燥収縮歪・圧
	実用試験による性質	土質試験		N値，液性限界，塑性限界，塑性指数，コンシステンシー指数，CBRなど
		岩石試験		硬度(ドーリー，ドバル，ショア，モース，ヴィッカース)，シュミットハンマー反発硬度，エコーチップ(硬度)，破砕性(落下・回転破砕など)，引き抜き抵抗，RQDなど
	地形過程との関係の不明な性質			磁気的性質，電気的性質，光・放射能に対する性質

出典：鈴木隆介（1997）『建設技術者のための地形図読図入門』，第1巻．古今書院．

15. 岩石の物性算出式

項目		算出式	説明
比重	真比重	$G_s = \dfrac{W_s}{V_s \rho_w} = \dfrac{\rho_s}{\rho_w}$	G_s: 真比重 W_s: 実質部分の質量 (g) V_s: 実質部分の容積 (cm^3) ρ_s: 実質部分の密度 (g/cm^3) ρ_w: 水の密度 (g/cm^3)
	見かけ比重	$G = \dfrac{W}{V \rho_w} = \dfrac{\rho}{\rho_w}$ $G_{dry} = \dfrac{W_s}{V \rho_w} = \dfrac{\rho_{dry}}{\rho_w}$ $G_{sat} = \dfrac{W_s + W_{w(sat)}}{V \rho_w} = \dfrac{\rho_{sat}}{\rho_w}$	G: 見かけ比重 G_{dry}: 乾燥見かけ比重 G_{sat}: 飽和見かけ比重 W: 岩石の質量 (g) $W_{w(sat)}$: 岩石中に含まれる水の飽和質量 (g) W_w: 岩石中に含まれる水の質量 (g) V: 岩石の容積 (cm^3) ρ: 単位（容積）質量 (g/cm^3) ρ_{dry}: 乾燥密度 (g/cm^3) ρ_{sat}: 飽和密度 (g/cm^3)
間隙率（空隙率・孔隙率）		$n = \dfrac{V_v}{V} \times 100$	n: 間隙率 (%) V_v: 間隙の容積 (cm^3)
間隙比		$e = \dfrac{V_v}{V_s} = \dfrac{V_v}{V - V_v} = \dfrac{n}{100 - n}$	e: 間隙比
含水率（比）		$w_1 = \dfrac{W_w}{W_s + W_w} \times 100, \ w_2 = \dfrac{W_w}{W_s}$	w_1: 含水率 (%), w_2: 含水比
吸水率		$w_{sat} = \dfrac{W_{w(sat)}}{W_s} \times 100$	w_{sat}: 吸水率 (%)
透水係数（透水度・浸透率）		$K = \dfrac{2QL\mu P_0}{A(P_1^2 - P_2^2)}$	K: 透水係数（ダルシー） Q: 標準の圧力 P_0 のときの体積通過速度 (cm^3/s) L: 供試体の長さ (cm) μ: 流体の静粘性係数 (cp, centipoise) P_0: 標準の圧力 (atm) A: 供試体の断面積 (cm^2) P_1, P_2: 通過前後の圧力 (atm)
圧縮強度		$\sigma_c = \dfrac{P_c}{A}$	σ_c: 一軸圧縮強度 (kgf/cm^2) P_c: 破壊時の最大圧縮荷重 (kgf) A: 供試体の断面積 (cm^2)
引張強度		$\sigma_t = \dfrac{P_t}{A} = \dfrac{4P_t}{\pi d^2}$	σ_t: 一軸引張強度 (kgf/cm^2) P_t: 破壊時の最大引張荷重 (kgf) A: 供試体の平行部断面積 (cm^2) d: 供試体の直径 (cm)
圧裂引張強度		$\sigma_t' = \dfrac{2P_t'}{\pi DL}$	σ_t': 圧裂引張強度 (kgf/cm^2) P_t': 圧裂時の最大圧縮荷重 (kgf) D: 供試体の直径 (cm) L: 供試体の厚さ（長さ）(cm)
曲げ引張強度		$\sigma_t'' = \dfrac{8P_t''L}{\pi D^3}$ （円形断面） $\sigma_t'' = \dfrac{3P_t''L}{2ba^2}$ （長方形断面）	σ_t'': 曲げ引張強度 (kgf/cm^2) P_t'': ひび割れ発生時の最大圧縮荷重 (kgf) b, a: 長方形断面の幅，高さ (cm)
せん断強度		$\left.\begin{array}{l}\sigma_1 = \dfrac{P_n}{A} \\ \tau_1 = \dfrac{P_s}{A}\end{array}\right\}$ （一面せん断試験） $\left.\begin{array}{l}\sigma_2 = \dfrac{P_n}{A} = \dfrac{4P_n}{\pi d^2} \\ \tau_2 = \dfrac{P_s}{2A} = \dfrac{2P_s}{\pi d^2}\end{array}\right\}$ （二面せん断試験）	σ_1, τ_1: せん断強度（一面せん断試験破壊時の垂直応力およびせん断応力）(kgf/cm^2) P_n: 一定垂直荷重 (kgf) P_s: 破壊時せん断荷重 (kgf) A: せん断面積 (cm^2) σ_2, τ_2: せん断強度（二面せん断試験破壊時の垂直応力およびせん断応力）(kgf/cm^2) d: 円柱供試体の直径 (cm)

項目	算出式	説明
ヤング率 (弾性率・静(的)弾性係数)	$E = \dfrac{\sigma}{\varepsilon} = \dfrac{L \cdot P}{\Delta L \cdot A}$	E: ヤング率 (kgf/cm^2) σ: 応力 (kgf/cm^2) ε: ひずみ L: 供試体の長さ (cm) ΔL: 供試体の伸び (cm) P: 供試体に加えた荷重 (kgf/cm^2) A: 供試体の断面積 (cm^2)
剛性率 (ずり弾性率)	$G = \dfrac{\tau}{\gamma} = \dfrac{H P_s}{\Delta H A}$	G: 剛性率 (kgf/cm^2) τ: 単位面積当りに働く接線応力 ($= P_s/A$) (kgf/cm^2), せん断応力 (kgf/cm^2) γ: 単位高さ当りのせん断ひずみ ($= \Delta H/H$)
体積弾性率	$K = -V\left(\dfrac{\Delta P}{\Delta V}\right)$	K: 体積弾性率 (kgf/cm^2) V: 供試体の体積 (cm^3) ΔV: 体積の変化 (cm^3) ΔP: 圧力の変化 (kgf/cm^2)
圧縮率	$\beta = \dfrac{1}{K} = -\dfrac{1}{V}\left(\dfrac{\Delta V}{\Delta P}\right)$	β: 圧縮率 (cm^2/kgf)
ポアソン比	$\nu = -\dfrac{\varepsilon_B}{\varepsilon_L}$	ν: ポアソン比 ε_L: 供試体の軸方向の伸びあるいは縮み (軸方向のひずみ $\varepsilon_L = \Delta L/L$) ε_B: 供試体のそれと直角方向の縮みあるいは伸び (直角方向のひずみ $\varepsilon_B = \Delta B/B$)
ポアソン数	$m = \dfrac{1}{\nu}$	m: ポアソン数
弾性波速度 (超音波速度)	$v = \dfrac{L}{T}$	v: 弾性波速度 (km/s) L: 供試体の長さ (cm) T: 透過時間 ($\times 10^{-4}$ s)
動(的)弾性係数	$E_d = \rho v_p^2 \dfrac{(1+\nu)(1-2\nu)}{(1-\nu)}$	E_d: 動(的)弾性係数 (g/cm·s^2) ρ: 供試体の密度 (g/cm^3) v_p: 縦波弾性波速度 (cm/s) ν: ポアソン比
比抵抗	$\rho = R \cdot \dfrac{A}{L} = \dfrac{V}{I} \cdot \dfrac{A}{L}$	ρ: 供試体の比抵抗 (Ω·cm) R: 測定端子間の抵抗 (Ω) V: 測定端子間の電位差 (V) I: 電流 (A) L: 測定端子間の距離 (cm) A: 供試体の断面積 (cm^2)
帯磁率	$K = R \cdot X \left(\dfrac{d}{d'}\right)^2 \cdot \left(\dfrac{\sigma}{\sigma'}\right) \cdot f \times 10^{-6}$	K: 容積帯磁率 (emu/cc) R: 測定値 X: 倍率 $\dfrac{d}{d'}$: 直径比 $\dfrac{\sigma}{\sigma'}$: 空隙率 f: コイル定数 ($= 1$)
比熱	$c = c_s \cdot \dfrac{m}{m_s}$	c: 試料の比熱 (cal/g·°C) c_s: 標準物質の比熱 (cal/g·°C) m: 試料の熱容量直線の勾配 m_s: 標準物質の熱容量直線の勾配
熱伝導率 (温度伝導率)	Box Probe 法 (熱線法) $\kappa = A \dfrac{I^2 \ln(t_2/t_1)}{V_2 - V_1} - B$	κ: 熱伝導率 (cal/cm·s·°C, Kcal/m·hr·°C) A, B: 定数 (ヒーター線の抵抗, 熱電対の熱伝能, アスベスト紙の熱伝導率などによって定まる) I: 定電流値 (A) V_1, V_2: 熱電対の出力 (mV) t_1, t_2: 測定開始後の経過時間 (s, hr)
熱拡散率 (温度拡散率)	$D = \dfrac{\kappa}{\rho c}$	D: 熱拡散率 (cm^2/s) ρ: 密度 (g/cm^3) c: 比熱 (cal/g·°C)

出典：田中　威 (編著) (1984)『現場技術者のための地質工学』, 理工図書, 一部修正.

16. 地質年代区分表

INTERNATIONAL CHRONOSTRATIGRAPHIC CHART (国際年代層序表)
International Commission on Stratigraphy (国際層序委員会)
2015年1月
www.stratigraphy.org

出典：日本地質学会．(http://www.geosociety.jp/uploads/fckeditor//name/ChronostratChart2015.pdf)

17. 地質年代と地形成編年

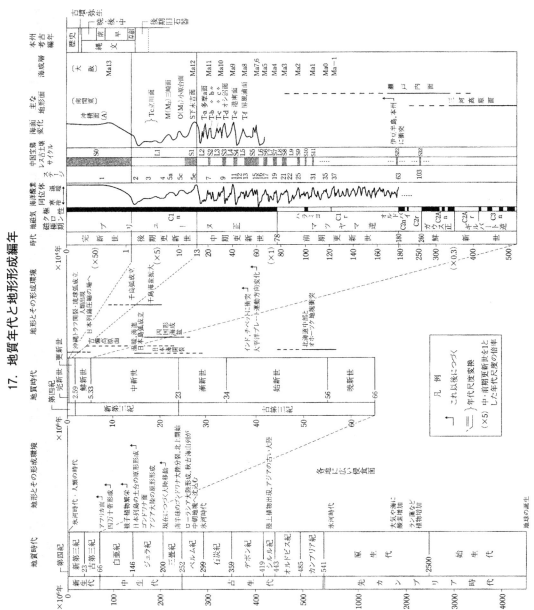

出典：町田 洋ほか（編）(2006)『日本の地形5 中部』，東京大学出版会．一部改訂．

付　録

18. SI単位の接頭語とその語源

乗数	接頭語	記号	例
10^{24}	ヨタ (yotta)	Y	
10^{21}	ゼタ (zetta)	Z	
10^{18}	エクサ (exa)	E	
10^{15}	ペタ (peta)	P	
10^{12}	テラ (tera)	T	
10^{9}	ギガ (giga)	G	GPa (gigapascal), GHz (gigahertz),
10^{6}	メガ (mega)	M	MPa (megapascal), MHz (megahertz), Ma* (mega-annum), My* (megayear)
10^{3}	キロ (kilo)	k	km (kilometer), kg (kilogram), kPa (kilopascal), kHz (kilohertz), ka* (kilo-annum), ky* (kiloyear)
10^{2}	ヘクト (hecto)	h	hPa (hectopascal)
10^{1}	デカ (deca, deka)	da	dam (decameter, dekameter)
10^{0}	—	—	m (meter), g (gram), a (annum), y (year), s (second), l (liter), Pa (pascal), Hz (hertz),
10^{-1}	デシ(deci)	d	dm (decimeter), dl (deciliter)
10^{-2}	センチ(centi)	c	cm (centimeter)
10^{-3}	ミリ(milli)	m	mm (millimeter), mg (milligram), ms (millisecond), ml (milliliter)
10^{-6}	マイクロ(micro)	μ	μm (micrometer), μg (microgram), μs (microsecond)
10^{-9}	ナノ(nano)	n	nm (nanometer), ns (nanosecond)
10^{-12}	ピコ(pico)	p	pm (picometer), ps (picosecond)
10^{-15}	フェムト(femto)	f	
10^{-18}	アト(atto)	a	
10^{-21}	ゼプト(zepto)	z	
10^{-24}	ヨクト(yocto)	y	

SI単位の10の整数乗数（SI接頭語）およびそれらの使用例．
*印のついたものはそれぞれ，エムエイ（Ma），エムワイ（My），ケイエイ（ka），ケイワイ（ky）という本項目としての説明があるので，それらも参照されたい．これらの単位は時間（年）を表すものであり，本来のSI単位ではない（時間を表すSI単位の基本はs（秒））が，地形学を含む地球科学分野でSI接頭語と組み合わせて汎用されているので，この表に含めた．

19. 主な単位の換算表

力

N	dyn	kgf	lbf	pdl
1	1×10^5	1.01972×10^{-1}	2.248×10^{-1}	7.233
1×10^{-5}	1	1.01972×10^{-6}	2.248×10^{-6}	7.233×10^{-5}
9.80665	9.80665×10^5	1	2.205	7.093×10
4.44822	4.44822×10^5	4.536×10^{-1}	1	3.217×10
1.38255×10^{-1}	1.38255×10^4	1.410×10^{-2}	3.108×10^{-2}	1

注 $1\ \text{dyn} = 10^{-5}\text{N}$, 1 pdl(パウンダル) $= 1\ \text{ft} \cdot \text{lb}/\text{s}^2$

圧力

Pa	bar	kgf/cm²	atm	mH₂O	mHg	lbf/in²
1	1×10^{-5}	1.0197×10^{-5}	9.869×10^{-6}	1.0197×10^{-4}	7.501×10^{-6}	1.450×10^{-4}
1×10^5	1	1.0197	9.869×10^{-1}	1.0197×10	7.501×10^{-1}	1.450×10
9.80665×10^4	9.80665×10^{-1}	1	9.678×10^{-1}	1.0000×10	7.356×10^{-1}	1.422×10
1.01325×10^5	1.01325	1.0332	1	1.033×10	7.60×10^{-1}	1.470×10
9.80665×10^3	9.806×10^{-2}	1.0000×10^{-1}	9.678×10^{-2}	1	7.355×10^{-2}	1.4222×10
1.3332×10^5	1.3332	1.3595	1.3158	1.360×10	1	1.934×10
6.895×10^3	6.895×10^{-2}	7.031×10^{-2}	6.805×10^{-2}	7.031×10^{-1}	5.171×10^{-2}	1

注 $1\ \text{Pa} = 1\ \text{N}/\text{m}^2$, $1\ \text{bar} = 10^5\ \text{Pa}$, $1\ \text{lbf}/\text{in}^2 = 1\ \text{psi}$

応力

Pa	N/mm²	kgf/mm²	kgf/cm²	lbf/ft²
1	1×10^{-6}	1.0197×10^{-7}	1.0197×10^{-5}	2.089×10^{-2}
1×10^6	1	1.01972×10^{-1}	1.01972×10	2.089×10^4
9.80665×10^6	9.80665	1	1×10^2	2.048×10^5
9.80665×10^4	9.80665×10^{-2}	1×10^{-2}	1	2.048×10^3
4.786×10	4.786×10^{-5}	4.882×10^{-6}	4.882×10^{-4}	1

注 $1\ \text{N}/\text{mm}^2 = 1\ \text{MPa}$

角速度

rad/s	°/s	rpm
1	5.730×10	9.549
1.745×10^{-2}	1	1.667×10^{-1}
1.047×10^{-1}	6	1

注 $1\ \text{rad} = 57.296°$, rpm は r/min とも書く

熱伝導率

W/(m·K)	kcal/m·h·°C	BTU/ft·h·°F
1	8.600×10^{-1}	5.779×10^{-1}
1.163	1	6.720×10^{-1}
1.731	1.488	1

仕事，エネルギーおよび熱量

J	kW·h	kgf·m	kcal	ft·lbf	BTU
1	2.778×10^{-7}	1.0197×10^{-1}	2.389×10^{-4}	7.376×10^{-1}	9.480×10^{-4}
3.6×10^6	1	3.671×10^5	8.600×10^2	2.655×10^6	3.413×10^3
4.186×10^3	1.163×10^{-3}	4.269×10^2	1	3.087×10^3	3.968
1.356	3.766×10^{-7}	1.383×10^{-1}	3.239×10^{-4}	1	1.285×10^{-3}
1.055×10^3	2.930×10^{-4}	1.076×10^2	2.520×10^{-1}	7.780×10^2	1

注 $1\ \text{J} = 1\ \text{W} \cdot \text{s}$, $1\ \text{kgf} \cdot \text{m} = 9.80665\ \text{J}$, $1\ \text{W} \cdot \text{h} = 3600\ \text{W} \cdot \text{s}$, $1\ \text{cal} = 4.18605\ \text{J}$

20. ギリシャ文字の読み方

大文字	小文字	英字綴り [発音記号]	該当する英字	日本での 一般的な読み方	米国での 一般的な読み方
Α	α	alpha [ˈælfə]	a	アルファ	アルファ
Β	β	beta [ˈbeɪtə, ˈbitə]	b	ベータ	ベイター
Γ	γ	gamma [ˈgæmə]	g	ガンマ	ガマ
Δ	δ	delta [ˈdɛltə]	d	デルタ	デルタ
Ε	ε	epsilon [ˈɛpsəˌlɑn, ˈɛpsələn]	e	イプシロン	エプシロン
Ζ	ζ	zeta [ˈzeɪtə, ˈzitə]	z	ゼータ	ゼイター, ジイター
Η	η	eta [ˈeɪtə, ˈitə]	e, ē	エータ	エイター, イータ
Θ	θ	theta [ˈθeɪtə, ˈθitə]	th	シータ	セイター, シィター
Ι	ι	iota [aɪˈoʊtə]	i	イオタ	アイオタ
Κ	κ	kappa [ˈkæpə]	k	カッパ	カッパ
Λ	λ	lambda [ˈlæmdə]	l	ラムダ	ラムダ
Μ	μ	mu [mu, mju]	m	ミュー	ムー, ミュー
Ν	ν	nu [nu, nju]	n	ニュー	ヌー, ニュー
Ξ	ξ	xi [zaɪ, saɪ]	x	クシー	ザイ, サイ
Ο	ο	omicron [ˈɑmɪˌkrɑn]	o	オミクロン	オミクロン
Π	π	pi [paɪ]	p	パイ	パイ
Ρ	ρ	rho [roʊ]	r, rh	ロー	ロー
Σ	σ	sigma [ˈsɪgmə]	s	シグマ	シグマ
Τ	τ	tau [taʊ, tɔ]	t	タウ	タォ, トウ
Υ	υ	upsilon [ˈupsəˌlɑn, ˈʌpsəˌlɑn]	y, u	ウプシロン	ウプサロン, アプサロン
Φ	φ	phi [faɪ, fi]	ph, f	ファイ	ファイ, フィ
Χ	χ	chi [kaɪ, ki]	ch, kh	カイ	カイ, キィ
Ψ	ψ	psi [saɪ, psi]	ps	プサイ	サイ, プシィ
Ω	ω	omega [oʊˈmeɪgə, oʊˈmigə]	o, ō	オメガ	オメガ, オミガ

発音記号はWebster's New World College Dictionaryによる．

略語索引

略語，略語のフルスペル，項目名，ページの順に示した．
略語に対する訳語もしくは略語の読みと項目名が異なる場合にはフルスペルのあとに括弧書きで訳語もしくは略語の読みを入れた．

AAR   accumulation area ratio   涵養域比   177
AE   acoustic emission   アコースティックエミッション   7
AMeDAS   automated meteorological data acquisition system   アメダス   11
asl, ASL   above sea level（エイエスエル）   エイエムエスエル   37
amsl, AMSL   above mean sea level   エイエムエスエル   37
A. P.   Arakawa Peil（エイピー）   基準面   184

bmsl, BMSL   below mean sea level   ビーエムエスエル   733
BTS   basal temperature of snow   積雪底温度   443

CEC   cation exchange capacity   陽イオン交換容量   881
C/N ratio   carbon-nitrogen ratio   シーエヌ比   318

DDM   drainage direction matrix   落水線マトリックス   893
DEM   digital elevation model（数値標高モデル）   ディーイーエム   616
DLG   digital line graph   ディーエルジー   617
DRM   detrital remanent magnetization   堆積残留磁化   489
DSM   digital surface model（数値表層モデル）   ディーエスエム   616
DTM   digital terrain model（数値地形モデル）   ディーティーエム   616
DTA   differential thermal analysis   示差熱分析   327

EC   electric conductivity   電気伝導度   636
EC   exchangeable cation   交換性陽イオン   239
ELSAMAP   elevation and slope angle map   エルザマップ   43
ELA   equilibrium line altitude   平衡線高度   804
EPMA   electron probe micro analyzer   電子線マイクロアナライザー   637
ESR dating   electron spin resonance dating   電子スピン共鳴法   637

FDM   flow direction matrix   流入線マトリックス   917
FS   safety factor   安全率   15
FT dating method   fission-track dating method   フィッション・トラック法   762

GEBCO   General Bathynetric Chart of the Oceans（大洋水深総図）   ジーイービーシーオー   317
GEONET   GNSS earth observation network system   ジオネット   321
GIS   geographic information system（地理情報システム）   ジーアイエス   317
GISP   Greenland ice sheet project（グリーンランド氷床研究計画）   グリーンランド氷床   213
GLOF   glacial lake outburst flood   氷河湖決壊洪水   744
GNSS   global navigation satellite system（汎地球航法衛星システム）   ジーヌエスエス   317
GPS   global positioning system（汎地球測位システム）   ジーピーエス   319
GPS・IMU   global positioning system and inertial measurement unit   ジーピーエス・アイエムユー装置   319
GRIP   Greenland ice core project（グリーンランド氷床コア研究計画）   グリーンランド氷床   213

HCS   hummocky cross-stratification   ハンモック状斜交層理   730
HWL   mean monthly-highest water level   朔望平均満潮位（面）   290

IL   ignition loss   強熱減量   198
IRD   ice rafted debris   漂流岩屑   757

ka   kilo annum   ケイエイ   219
ky   kilo year   ケイワイ   219

LGM   last glacial maximum   最終氷期極相期   282   最終氷期最寒冷期   282
LIDAR   light detection and ranging（ライダー）   航空レーザ測量   240
LIA   Little Ice Age   小氷期   383
LWL   mean monthly-lowest water level   朔望平均干潮位（面）   290

Ma   mega-annum   エムエイ   43
Mdφ   phi mean diameter   エムディファイ   43
MHWL   mean high water level   平均高潮位（面）   802
MHWN   mean high water neaps   小潮平均高潮位（面）   266
MHWS   mean high water springs   大潮平均高潮位（面）   53
MI   melanic index   メラニックインデックス   857

MIS marine isotope stage 海洋酸素同位体ステージ **86**
MLWL mean low water level 平均低潮位（面） **803**
MLWN mean low water neaps 小潮平均低潮位（面） **266**
MLWS mean low water springs 大潮平均低潮位（面） **53**
MSL mean sea level 平均海（水）面 **802**
MTL mean tide level 平均潮位 **803**
My mega-year エムワイ **43**

NHHW nearly highest high water（略最高高潮位） 潮汐基準面 **601**
NLLW nearly lowest low water（略最低低潮位） 潮汐基準面 **601**
NRM natural remanent magnetization 自然残留磁化 **339**

O. P. Osaka Peil（オーピー） 基準面 **184**

pH potential of hydrogen, power of the hydrogen ion concentration ピーエイチ **733**
PI plasticity index 塑性指数 **480**
POS position and orientation system ポス **828**

RMS rock mass strength アールエムエス **2**
RQD rock quality designation アールキューディー **2**
RTK-GNSS surveying real time kinematic GNNS surveying ジーピーエス測量 **319**

SAR synthetic aperture radar 合成開口レーダ **247**
SEM scanning electron microscope（走査型電子顕微鏡） 電子顕微鏡 **637**
SI International System Units 国際単位系 **259**
SPECMAP time scale mapping spectral variability in global climate project（スペックマップ年代尺度） 地球軌道要素編年 **543**
SSA specific surface area 比表面積 **741**

SST sea surface temperature 海水表面温度 **76**
TCN dating terrestrial in situ cosmogenic nuclide dating 原位置宇宙線生成放射性核種年代測定法 **229**
TEM transmission electron microscope（透過型電子顕微鏡） 電子顕微鏡 **637**
TIN triangulated irregular network ティーアイエヌ **616**
TL method thermoluminescence method 熱ルミネッセンス法 **702**
T. P. Tokyo Peil（ティーピー） 東京湾平均海面 **643**
TRM thermoremanent magnetization 熱残留磁化 **699**
TS diagram temperature salinity diagram ティーエスダイアグラム **616**
TS topographic surveying total station topographic surveying ティーエス地形測量 **617**
TTOP temperature at the top of permafrost（永久凍土面温度） 永久凍土 **37**

UCS unconfined compressive strength 一軸圧縮強度 **21**
UTM projection universal transverse Mercator projection 横メルカトール図法 **880**

VLBI very long baseline interferometry（超長基線電波干渉計） ブイエルビーアイ **762**

WMO World Meteorological Organization 世界気象機関 **439**
WWW World Weather Watch 世界気象監視計画 **439**

XRD X-ray diffraction analysis X線回折分析 **41**
XRF X-ray fluorescence analysis 蛍光X線分析 **221**

yBP years before present ワイビーピー **936**
YD Younger Dryas（ヤンガードリアス期，新ドリアス期） 新ドリアス期 **403**
Y. P. Yedogawa Peil（ワイピー） 基準面 **184**

英語索引

数字の太字は，本項目の掲載頁，数字の細字は見よ項目の掲載頁を示す．

■A

aa lava　アア溶岩　2
aapa fen　アーパ泥炭地　1
aapa moor　アーパ泥炭地　1
abandoned braided channel　網状流路跡地　862
abandoned channel　流路跡地　918
abandoned lagoon　潟湖跡地　441
abandoned meandering channel　蛇行流路跡地　506
abandoned river channel　旧河道　193
abiotic environment　無機環境　853
ablation　消耗【氷河の】　384
ablation　アブレーション　11
ablation area　消耗域　384
ablation moraine　アブレーションモレーン　11
ablation till　アブレーションティル　11
above mean sea level　amsl, AMSL　37
above sea level　asl, ASL　37
abrasion　削磨　290
abrasion　削磨作用　290
abrasion　磨耗【氷河の】　844
abrasion　磨食　840
abrasion　磨耗　844
abrasion and attrition　磨耗と磨滅　844
abrasion platform　海食台　73
abrasion test　すりへり試験　429
abrasion velocity　風食速度　768
abrasive hardness test　磨耗硬度試験　844
absolute age　絶対年代　448
absolute hypsometric curve　面積高度曲線　859
absolute time　絶対時間　448
absteigende Entwicklung　下降的発達【斜面の】　97
abstraction of stream　河流の併合　148
Abtragung　アブトラーグング　11
abut　アバット　10
abyssal hill　深海海丘　391
abyssal hill　深海丘　391
abyssal hills　深海丘群　391
abyssal plain　深海平原　392
abyssal sediment　深海成層　391
abyssal sedimentary environment　深海堆積環境　391
abyssal zone　深海帯　391
accelerated erosion　加速侵食　137
accessory material　類質物質【火山噴出物の】　925

accident　事変【侵食輪廻の】　347
accident　事件【侵食輪廻の】　324
accidental material　異質物質【火山噴出物の】　19
accordance　定高性【山地の】　619
accordant junction　協和的合流　198
accretional prism　付加プリズム　773
accretionary complex　付加体　773
accretionary lapilli　火山豆石　120
accretionary prism（wedge）　付加体　773
accretionary zone　付加帯　773
accumulated dune belt　累積砂丘帯　925
accumulation　堆積　487
accumulation　涵養【氷河の】　177
accumulation area　涵養域【氷河の】　177
accumulation area　蓄積域　548
accumulation area ratio, AAR　涵養域比　177
accumulation polygenic soil　累積多元土壌　925
accumulation slope　蓄積斜面　548
acid clay　酸性白土　310
acidic rock　酸性岩　309
acid lake　酸性湖　309
acid precipitation　酸性雨　309
acid soil　酸性土壌　309
acid sulfate soil　酸性硫酸塩土　310
acidtrophic lake　酸栄養湖　302
acoustic emission　アコースティック・エミッション　7
acoustic ranging　音響測距　61
acoustic survey　音波探査　63
activated sludge　活性汚泥　140
active anticlinal ridge　活背斜尾根　142
active anticline topography　活背斜地形　142
active dune　現成砂丘　231
active earth pressure　主働土圧　372
active fault　活断層　140
active fault law　活断層法　141
active fault map　活断層図　140
active fault scarp　活断層崖　140
active ferrous test　二価鉄反応テスト　689
active fold　活褶曲　139
active layer　活動層　142
active-layer detachment slide　活動層崩壊　142
active-layer failure　活動層崩壊　142
active-layer soil wedge　活動層ソイル

ウェッジ　142
active-layer thickness　活動層厚　142
active margin　活動的縁辺部　142
active source seismology　爆破地震学　715
active structure　活構造　139
active structure　活動構造　142
active synclinal valley　活向斜谷　138
active syncline topography　活向斜地形　139
active tectonics　活構造　139
active tectonics　アクティブテクトニクス　6
active volcano　活火山　138
activity　活性度　140
acute-angled confluence　鋭角合流　37
acyclic landscape　無輪廻地形　854
additional process　付加過程【地形物質の】　773
adiabatic expansion　断熱膨張　534
adit　試掘坑　323
adjacent sea　付属海　780
administrative boundary　行政界　198
administrative boundary　行政区界　198
adsorbed layer　吸着層　194
advancing coast　前進性海岸　462
advection　移流　25
aeolian bedform　風成砂床形　769
aeolian deposit　風成堆積物　770
aeolian dust　風成塵　769
aeolian lake　風成湖　769
aeolian landform　風成地形　770
aeolian layer　風成層　770
aeolian sand　風成砂　769
aerial camera　航空カメラ　240
aerial photograph　空中写真　207
aerial photograph　航空写真　240
aerial photo interpretation　空中写真判読　207
aerial triangulation　空中三角測量　206
aerophoto　空中写真　207
aerosol　エアロゾル　37
aftershock　余震　891
Aftonian interglacial　アフトン間氷期　11
Agassiz Lake　アガシー湖　5
age　形成期【地形の】　225
age　形成年代【地形の】　225
age　期　179
agglomerate　凝灰集塊岩　197
agglomerate　集塊岩　360
agglutinate　アグルチネート　7

英語索引　966

agglutinate　岩滓集塊岩　162
aggradation　アグラデーション　6
aggradation　増均作用　468
aggradation terrace　堆積段丘　489
aggraded basin　埋積盆地　836
aggregate structure　団粒構造　534
A horizon　腐植層　778
A horizon　A層　38
aiguille　針峰　403
aiguille　エギーユ　39
airborne laser scanner　航空レーザスキャナ　240
air distance　流域斜距離　907
air-fall pyroclastics　降下火砕堆積物　238
air-fall pyroclastics　風成降下火砕堆積物　769
air-fall tephra　降下テフラ　239
air gap　風隙　767
air gun　エアガン　37
air-length of slope　見通し斜面長　851
air mass　気団　187
air-mean angle　見通し平均傾斜【斜面の】　852
air-photo　空中写真　207
air temperature　気温　179
Airy wave　エアリーの波　37
akahoya　アカホヤ　5
akisame front　秋雨前線　6
aklée　アクレ　7
alas　アラス　11
albedo　アルベド　14
Alfisols　アルフィソル　13
algae　藻類　476
algal ridge　石灰藻嶺　446
algal rim　石灰藻嶺　446
alidade　アリダード　12
alimentation　涵養【氷河の】　177
alimentation area　蓄積域　548
alkali flat　アルカリ平坦面　13
alkali magma　アルカリマグマ　13
alkaline lake　アルカリ湖　12
alkaline soil　アルカリ性土壌　12
alkalinetrophic lake　アルカリ栄養湖　12
alkali rock　アルカリ岩　12
alkali soil　アルカリ土壌　12
Alleröd (Allerød) interstadial　アレレード期　14
allitization　アリット化作用　12
allochtonous peat　他生泥炭　506
allogenic mineral　他生鉱物　506
allogenic river　外来河川　88
allophane　アロフェン　14
alluvial apron　山麓沖積平野　316
alluvial cone　沖積錐　596
alluvial cone　土石流扇状地　672
alluvial deposit　沖積堆積物　597
alluvial deposit of meander belt　蛇行帯堆積物　505
alluvial fan　扇状地　459
alluvial fan　沖積扇　597
alluvial fan　沖積扇状地　597
alluvial fan at volcanic foot　火山麓扇状地　121
alluvial fan at volcanic foot　火山山麓扇状地　108

alluvial fan at volcanic foot　裾野扇状地　425
alluvial fan coast　扇状地海岸　459
alluvial fan depositional environment　扇状地堆積環境　460
alluvial fan sediment　扇状地堆積物　460
alluvial lowland　沖積低地　598
alluvial plain　沖積平野　598
alluvial river　沖積河川　596
alluvial slope　山麓沖積平野　316
alluvial soil　沖積土　598
alluvial terrace　沖積段丘　597
alluviation　沖積作用　596
Alluvium　沖積世　597
alluvium　沖積層　597
alpine belt　高山帯　243
alpine desert　高山荒原　243
Alpine fault　アルパイン断層　13
alpine glacier　山岳氷河　306
Alpine landform　高山形　243
alpine meadow　高山草原　243
alpine zone　高山帯　243
altan　アルタン　13
alteration　変質作用【岩石の】　813
alteration zone　変質帯　813
altered material　地形物質の変質物質　575
altered material　変質物質　813
alternate bar　交互砂州　241
alternate bar　交互砂礫堆　241
alternate confluence　交互合流　241
alternating bar　交互砂州　241
alternation　互層　271
altimeter　高度計　252
altiplanation　アルティプラネーション　13
altiplanation terrace　アルティプラネーションテラス　13
altitude　高度　252
altitude　標高　749
altitude-area distribution　高度頻度分布　253
amino-acid geochronology　アミノ酸編年　11
amorphous　非晶質　738
amphibole　角閃石　92
amphibolite　角閃岩　92
amphibolite facies　角閃岩相　92
anabranching channel　分岐流路　798
anabranching channel　分流　801
anaclinal　受け盤　30
anaclinal　差し目　291
analysis of slope and curvature　傾斜・曲率解析【GISによる】　222
anastomosing channel　網状分岐流路　862
anchor ice　錨氷　756
ancient strand line　旧汀線　194
Ancylus stage　アンキルス湖期　14
andesite　安山岩　14
andesite line　安山岩線　15
andesitic magma　安山岩質マグマ　15
Andosols　アンドソル　17
anemometer　風速計　771
aneroid barometer　アネロイド型気圧計　10

angle　傾斜角【斜面の】　222
angle of confluence　合流角度　256
angle of repose　安息角　15
angle of shear resistance　剪断抵抗角　464
angle of slope　斜面傾斜　353
angle ratio　傾斜比【斜面の】　222
angular gravel　角礫　93
angular gravel bed　角礫層　93
angular gravel bed river (channel)　角礫床河川　93
angular perspective　有角透視図法　874
angular unconformity　傾斜不整合　223
angular unconformity　斜交不整合　350
anhysteretic remanent magnetization　非履歴残留磁化　758
animal opal　動物珪酸体　651
animal trail　獣道　228
anisotropic rock　異方性岩　24
anisotropy　異方性　24
annual layer　年縞　702
annual layer　年層　703
annual moraine　年次モレーン　703
annual range　年較差　702
annular drainage pattern　環状河系　163
anomalous drainage　水系異常　407
anomaly in river longitudinal profile　河川縦断形異常　134
anorthosite　斜長岩　351
Antarctic ice core　南極氷床コア　688
Antarctic ice sheet　南極氷床　687
antecedent river　先行河川　457
antecedent river　先行性河川　457
antecedent stream　先行川　457
antecedent valley　先行谷　457
anteposed valley　積載性先行谷　442
Anthropogene　人類紀　404
anthropogenic soil　人工改変土壌　393
anticlinal ridge　背斜山稜　712
anticlinal ridge　背斜尾根　712
anticlinal structure　背斜構造　712
anticlinal valley　背斜谷　712
anticline　背斜　712
anti-confluence　反合流　728
antidune　アンティデューン　16
antidune　反砂堆　728
antipodal point　対蹠点　490
anti-slope　反斜面　728
antithetic fault　アンティセテイック断層　16
apatite　燐灰石　923
aplite　アプライト　11
apparent dip　見掛けの傾斜【地層面の】　848
apparent-dip slide rule　見掛け傾斜計算尺　848
apparent inclination (dip)　見掛けの傾斜【地質構造の】　848
apparent specific gravity　仮比重　147
apparent specific gravity　見掛け比重　848
applied geomorphology　応用地形学

51
apron reef　エプロン礁　42
apron slope　エプロン斜面　42
aqueous rock　水成岩　412
aqueous soil　水積土　412
aquiclude　難透水層　688
aquifer　帯水層　486
aquifer test　帯水層試験　486
aquifuge　非透水層　741
aquitard　半透水層　730
Arakawa Peil　A. P.　38
^{40}Ar-^{39}Ar dating method　^{40}Ar-^{39}Ar法　13
arch　アーチ　1
archaeological site　考古学的遺跡　241
archaeology　考古学　241
archaeopedology　考古土壌学　242
archaeo-seismology　地震考古学　328
arched river system　腕曲状河系　939
archeological chronology　考古編年　242
archeological chronology by typology　考古学的型式編年法　241
archeomagnetism　考古磁気学　241
archipelagic apron　エプロン斜面　42
archipelago　群島　218
archipelago　諸島　389
archipelago　列島　931
arctic brown soil　北極褐色土　828
arctic easterlies　極偏東風　201
arctic front　極前線　199
Arctic tundra　極地ツンドラ　200
arctic wind　極風　201
arc-trench system　弧-海溝系　236
arcuate delta　円弧状三角州　46
arcuate mountain　弧状山脈　267
area-altitude curve　面積高度曲線　859
area-altitude curve of basin　流域高度分布　907
area function　面積関数　858
areal eruption　広域噴火　237
areal scouring　面的氷食作用　859
area of zero-metric elevation　ゼロメートル地帯　453
arenite　アレナイト　14
areometer　浮秤　30
arete　アレート　14
argillaceous rock　泥質岩　621
argillite　アージライト　1
argillization　粘土化作用　705
argon-argon age method　^{40}Ar-^{39}Ar法　13
arid basin　乾燥盆地　171
arid cycle　乾燥輪廻　171
arid fan　乾燥扇状地　170
arid landform　乾燥地形　170
arid landscape　乾燥地形　170
arkose　アルコース　13
armor coat　アーマーコート　2
armoring　アーマー現象　1
arroyo　アロヨ　14
artesian spring　自噴泉　347
artesian well　アーテジアン井戸　1
artesian well　掘抜井戸　831
artifact　遺物　24

artificial beach　人工海浜　393
artificial bed river (channel)　人工固定床河川　393
artificial cutoff channel　捷水路　380
artificial earthquake　人工地震　394
artificial intelligence　人工知能　394
artificial lake　人工湖　393
artificial lake　人造湖　401
artificial levee　人工堤防　394
artificially excavated port　掘込港（湾）　831
artificial nourishment　養浜工　889
artificial recharge　人工涵養　393
artificial river　人工河川　393
artificial rock　擬岩　180
artificial sand dune　人工砂丘　394
artificial slope　法面　709
ash cloud　噴煙　795
ash-cloud surge　アッシュクラウドサージ　9
ash cone　火山灰丘　117
ash flow　火山灰流　118
aspect of slope　斜面の向き　356
aspect ratio　縦横比【火山噴出物の】　508
asperity　アスペリティ　7
asphalt　アスファルト　7
Aspite　アスピーテ　7
association　群集　217
astatic magnetometer　無定位磁力計　854
asteroid　小惑星　385
asthenosphere　アセノスフェア　8
astronomical unit　天文単位　640
asymmetrical landform for tunnel　偏圧地形　810
asymmetrical ridge　非対称山稜　739
asymmetrical ridge　非対称尾根　739
asymmetrical valley　非対称谷　739
asymmetric confluence　非対称合流　739
Atlantic time　アトランティク期　10
Atlantic-type coastline　大西洋式海岸　486
atmoclastic rock　気成砕屑岩　186
atmometer　蒸発計　382
atmosphere　気圏　180
atmosphere　大気　484
atmosphere　大気圏　484
atmospheric pressure　気圧　179
atoll　環礁　162
atrio　火口原　96
atrio lake　火口原湖　96
atrium　火口原　96
Atterberg limits　アッターベルグ限界　9
attraction of the Moon　月の引力　610
attrition　磨減　843
attrition　磨減現象　843
attrition　磨減作用　843
aufeis　アイシング　2
aufsteigende Entwicklung　上昇的発達【斜面の】　380
authigenic mineral　自生鉱物　336
autobreccia　自破砕溶岩　346
autobrecciated lava　自破砕溶岩　346
auto-capture　自動争奪　345

autochtonous peat　自生泥炭　336
autoclastic rock　圧砕砕屑岩　8
auto level　自動レベル【測量の】　345
automated landform classification　自動地形分類　345
auxiliary contour　間曲線【地形図の】　159
auxiliary contour　補助曲線【地形図の】　828
available relief　起伏量　189
available water　有効水分　875
avalanche　雪崩　684
avalanche boulder tongue　アバランチ・ボールダータン　10
avalanche boulder tongue　雪崩礫舌　685
avalanche chute　アバランチ・シュート　10
avalanche chute　筋状地形　424
avalanche chute　雪崩道　685
avalanche landform　雪崩地形　684
axial hinge surface　褶曲軸面　362
axis length of meander belt　蛇行帯長　504
axis of anticline　背斜軸　712
axis of syncline　向斜軸　244
axis of meander belt　蛇行帯軸　504
azimuth　方位　817
azonal soil　非成帯性土壌　739

■B
back arc　背弧　711
back-arc basin　背弧海盆　711
back-arc spreading　背弧拡大　712
backbone range　脊梁山脈　444
back-land　後背湿地　254
back lowland　後背低地　254
back marsh　後背湿地　254
back marsh　バックマーシュ　722
back scarp of terrace　後面段丘崖　256
backshore　後海岸　10
backshore　後浜　10
backshore berm　後径浜　10
backshore cusps　後浜カスプ　10
back-slope　傾斜斜面　222
backswamp　後背湿地　254
backswamp　後背沼沢地　254
backswamp deposit　後背湿地堆積物　254
backwash　引き波　737
back water　堰上げ背水　440
backwater　淀　891
badland　悪地　6
badland　悪地地形　6
badland　バッドランド　722
bahada　バハダ　724
baiu　梅雨　711
baiu front　梅雨前線　711
bajada　バハダ　724
bald mountain　はげ（禿）山　717
ballistically ejected and fallen pyroclastics　弾道降下堆積物　533
Baltic Ice Lake stage　バルト氷河湖期　726
bamboo brake　竹林　548
band　岩棚　25

英語索引

banded structure　縞状構造　**348**
banded structure　縞状組織　**348**
bank　堆　**483**
bank　バンク　**728**
bankfull discharge　河岸満水流量　**92**
bank storage　河岸貯留　**92**
bar　砂嘴　**290**
bar　砂州　**291**
bar　砂礫堆　**300**
bar　州【海岸の】　**405**
bar　バー　**710**
bar beach　バー型海浜　**710**
barchan　バルハン　**726**
barchanoid ridge　バルカノイド砂丘　**726**
bare karst　裸出カルスト　**895**
Barents shelf ice sheet　バレンツ海氷床　**727**
bare rock　露岩　**934**
bare slope　はげ（禿）山　**717**
bare slope　裸岩斜面　**892**
barometer　気圧計　**179**
barometer　バロメーター　**727**
barranco　火口瀬　**97**
barred beach　バー海岸　**710**
barred coast　バー海岸　**710**
barren land　荒地　**14**
barrier　沿岸州　**44**
barrier　海岸州　**67**
barrier　砂州　**291**
barrier　沿岸外州　**44**
barrier　沖州　**55**
barrier　海岸外州　**66**
barrier　堤州　**621**
barrier　バリア　**726**
barrier bar　バリアバー　**726**
barrier beach　バリアビーチ　**726**
barrier beach　砂州浜　**291**
barrier island　バリア島　**726**
barrier island　沿岸州島　**44**
barrier island　堤島　**625**
barrier reef　堡礁　**827**
barrier reef　バリアリーフ　**726**
barrier spit　バリア砂嘴　**726**
basal concave segment　基部凹形部【斜面の】　**189**
basal conglomerate　基底礫岩　**188**
basal debris　含底面氷岩屑　**173**
basal gravel of alluvium　沖積層基底礫層　**597**
basal material　地形物質の基礎物質　**574**
basal material　基礎物質　**187**
basal nonwelded zone　基部非溶結部　**190**
basal sliding　底面すべり　**626**
basalt　玄武岩　**234**
basal tafoni　ベイサルタフォニ　**805**
basal temperature of snow（BTS）　積雪底温度　**443**
basaltic magma　玄武岩質マグマ　**234**
basal till　ベイサルティル　**805**
basal topography　基盤地形【火山の】　**188**
basalt plateau　玄武岩台地　**234**
base flow　基底流量　**188**
base-levelling　基準化作用　**184**

base level（baselevel）of erosion　侵食基準面　**396**
base level of denudation　削剥基準面　**289**
base line　基線【測量の】　**186**
base map　基図　**185**
basement　基盤地形【火山の】　**188**
basement　基盤【地質の】　**188**
basement rock　基盤岩　**188**
basement rock　基盤岩石【段丘堆積物の】　**188**
base runoff　基底流出　**188**
base runoff　基底流量　**188**
base saturation percentage　塩基飽和度　**45**
base surge　ベースサージ　**808**
base-surge deposit　ベースサージ堆積物　**808**
basic map　基本図　**190**
basic rock　塩基性岩　**45**
basin　窪地　**8**
basin　凹地　**51**
basin　盆地　**833**
basin analysis　堆積盆解析　**490**
basin analysis　盆地解析　**833**
basin area ratio　流域面積比　**910**
basin fill　盆地埋積物　**834**
basin filling　盆地埋積物　**834**
basin floor　盆地底　**833**
basin fog　盆地霧　**833**
basin formed by erosion　侵食盆地　**398**
basining　造盆地運動　**474**
basin of waterfall　滝壺　**501**
basin size　流域面積　**909**
basin slope　流域傾斜　**907**
basin-tail river　盆地尻川　**833**
batholith　底盤　**625**
batholith　バソリス　**720**
bathyal　半深海　**729**
bathyal sedimentary environment　半深海堆積環境　**729**
bathymetric chart　海底地形図　**82**
bauxite　ボーキサイト　**824**
bay　湾　**939**
bayhead　湾頭　**940**
bayhead bar　湾頭砂州　**940**
bayhead beach　湾頭浜　**940**
bayhead spit　湾頭砂嘴　**940**
baymouth　湾口　**940**
baymouth bar　湾口砂州　**940**
baymouth spit　湾口砂嘴　**940**
Bazin formula　バザン公式　**718**
beach　砂浜海岸　**294**
beach　ビーチ　**734**
beach change model　砂浜の地形変化モデル　**296**
beach cusps　ビーチカスプ　**734**
beach cycle　ビーチサイクル　**734**
beach deposit　海浜堆積物　**85**
beach drifting　海浜漂砂　**85**
beach drifting　汀線漂砂　**622**
beach erosion　海岸侵食　**68**
beach face　ビーチフェイス　**735**
beach plain　海浜平野　**85**
beach profile　砂浜の縦断形　**296**
beach ridge　浜堤　**759**

beach ridge　ビーチリッジ　**735**
beach ridge plain　浜堤（列）平野　**760**
beach ridge plain　堤列低地　**627**
beachrock　ビーチロック　**735**
beachrock　板干瀬　**21**
beach scarp　浜崖　**724**
beach sedimentary environment　海浜堆積環境　**84**
beach step　ビーチステップ　**735**
beach type　海浜型　**84**
Beaufort wind scale　ビューフォート風力階級　**743**
beaver dam　ビーバーダム　**735**
bed　単層　**524**
bed　地層　**587**
bed　床【河川の】　**655**
bedding　層理　**475**
bedding joint　層理面節理　**475**
bedding plane　層理面　**475**
bedding plane　地層面　**588**
bedding-plane fault　層面断層　**475**
bedding slip　層面すべり　**475**
bedform　砂床形　**291**
bedform　ベッドフォーム　**808**
bed load　掃流砂量　**475**
bed load　掃流土砂　**476**
bed load　掃流砂　**475**
bed load　ベッドロード　**809**
bed-load material　掃流物質　**476**
bed-load sediment　河床移動物質　**122**
bed-load transport　掃流運搬　**475**
bedrock　岩盤　**174**
bedrock　基岩　**180**
bedrock　基盤岩　**188**
bedrock　基盤岩石【段丘堆積物の】　**188**
bedrock　健岩　**230**
bedrock channel　岩盤河川　**174**
bedrock heave　岩盤凍上　**175**
bedrock river（channel）　岩床河川　**163**
bedrock slide　基盤崩落　**189**
bedrock terrace　岩石段丘　**167**
bedrock terrace　岩石侵食段丘　**166**
bedrock terrace　基盤岩段丘　**188**
bed roughness　河床粗度　**124**
beheaded stream　首無川　**210**
beheaded stream　截頭河川　**285**
beheaded stream　斬首河流　**309**
beheaded stream　截頭河川　**449**
beheaded stream　斬首河川　**309**
beheaded stream　截頭川　**449**
beheaded stream　被奪河川　**740**
beheaded valley　截頭谷　**449**
Belonite　ベロニーテ　**810**
below mean sea level　bmsl, BMSL　**733**
belted coastal plain　帯状海岸平野　**58**
bench　海段　**79**
bench mark　水準点　**410**
bending-moment fault　ベンディングモーメント断層　**814**
bentonite　ベントナイト　**815**
bergschrund　ベルクシュルント　**810**
berm　谷中階段　**261**

berm バーム 711
berm 径浜 851
berm beach バーム型海浜 711
berm crest バームクレスト 711
Bernoulli's theorem ベルヌーイの定理 810
beryllium-10 dating method ^{10}Be 法 810
B horizon B 層 734
Biber glaciation ビーバー氷期 735
bidirectional freezing 二方向凍結 692
bifurcation ratio 分岐比 798
bifurcation ratio 分岐率 798
binge-purge cycle (model) ビンジパージサイクル（モデル） 759
biochemical cycle 生物化学循環 437
biochronology 古生物学的編年法 270
bio-environment 生物環境 437
biofacies 化石相 132
biogenetic rock 生物岩 437
biogeochemical cycle 生物地球化学循環 438
biogeochemical cycle 生物地化学循環 438
biogeocoenosis 地球生態系 546
biogeography 生物地理学 438
bioherm バイオハーム 711
biological environment 生物環境 437
biological weathering 生物風化 438
biological weathering 生物学的風化 437
biomass 現存量 232
biomass 生物現存量 438
biomass バイオマス 711
bioproductivity 生物生産性 438
biostratigraphic zone 生層序帯 436
biostratigraphy 生層序 435
biostratigraphy 生層序学 435
biostratigraphy 化石層位学 132
biotic environment 生物環境 437
biotic weathering 生物風化 438
biotite 黒雲母 216
biotope ビオトープ 736
biozone 生層序帯 436
birdfoot (type) delta 鳥趾状三角州 600
bird's-eye view map 鳥瞰図 599
black band 暗色帯 15
black band 黒色帯 261
black earth region 黒土地帯 265
black humus sand クロスナ層 216
black shale formation 黒色頁岩層 261
black soil 黒色土 261
Blake event ブレイクイベント 790
blanket bog ブランケット（型）泥炭地 787
blast ブラスト 786
blasting ブラスティング 786
blind fault 伏在断層 775
blind valley ブラインドバレー 785
blind valley 盲谷 861
block 地塊 536
block and ash flow ブロックアンドアッシュフロー 795
block diagram ブロックダイアグラム 795
block field 岩海 157
block field フェールゼンメール 772
blocking ブロッキング 795
block lava 塊状溶岩 72
block mountain 地塊山地 537
block slope 岩塊斜面 157
block stream 岩塊流 158
blocky landform 岩塊地形 157
blow hole 潮吹き穴 321
blow hole 風穴 767
blowing 風穴 767
blowing dust 風塵 769
blown sand 飛砂 738
blown sand grain 飛砂粒 738
blowout dune 風食凹地砂丘 768
blowout dune 吹き抜け砂丘 773
blowout dune ブロウアウト砂丘 793
bluff 円崖 43
bluff 崖 94
body 岩体 171
body fossil 体化石 484
bog 湿原 341
bog 沼地 381
bog ボグ 826
bog 沼地 697
bogforest 湿地林 344
bogland 沼沢地 381
bog soil 高層湿原土 249
boil ボイル 817
boiling ボイリング 817
boiling mud 噴泥 800
Bölling (Bølling) interstadial ベーリング期 808
bolson 乾燥盆地 171
bolson ボルソン 832
bomb sag ボムサグ 830
Bond cycle ボンドサイクル 834
bore 段波 534
bore ボーア 817
boreal (northern) coniferous forest 北方針葉樹林 829
Boreal stage ボレアル期 832
borehole inclinometer 坑内傾斜計 253
boring 試錐 331
boring ボーリング 825
boring log ボーリング柱状図 825
boring stick 検土杖 234
boring survey ボーリング調査 825
bornhardt ボルンハルト 832
boss 岩瘤 177
boss ボス 828
bottom current 底層流 622
bottom ice 底氷 625
bottom material 底質【河川・海岸などの】 620
bottom quality 底質【海底の】 620
bottom sampler 採泥器 284
bottomset bed 底置層 624
bottomset flat 底置面 625
bottomset slope 底置斜面 624
boudin ブーダン 771
Bouguer anomaly ブーゲー異常 767
boulder ボウルダー 823

boulder 巨礫 203
boulder clay ティル 626
boulder clay 漂礫粘土 757
boulder clay ボウルダークレイ 823
boulder pavement ボウルダーペイブメント 823
bouncing 跳躍【落石の】 602
boundary layer 境界層 197
bound water 結合水 227
Bowen ratio ボーエン比 824
box shear test 一面剪断試験 22
brackish lake 汽水湖 186
brackish water 汽水 185
braid bar 中州 683
braided channel 網状流路 862
braided channel 網状河道 861
braided channel sediment 網状流路堆積物 862
braided river 網状河川 861
braided stream 網状流 862
braiding index 網状度【河川の】 861
braiding index in number of node 結節点網状度 228
branched river 派川 720
Brazilian test 圧裂引張り試験 9
Brazilian test ブラジリアンテスト 786
breaker 砕波 285
breaker depth 砕波水深 285
breaker height 砕波波高 286
breaker point 砕波点 286
breaker type 砕波型式 285
breaker zone 砕波域 285
breaker zone 砕波帯 285
breaking depth 砕波水深 285
breaking point 砕波点 286
breaking wave 砕波 285
breaking wave 砕け波 208
breaking wave height 砕波波高 286
break of slope 傾斜の変換 222
break of slope angle 傾斜角変換線 222
break of slope angle 傾斜角急変線 222
break of slope angle and orientation (direction) 傾斜変換線 224
break of slope orientation 傾斜方向変換線 224
break of slope orientation 傾斜方向急変線 224
breakwater 防波堤 822
breccia 角礫岩 93
breccia dike ブレッチャーダイク 793
British ice sheet ブリティッシュ氷床 788
brittle 脆性 435
brittle-ductile transition 脆性-延性境界 435
brittle mica 脆雲母 432
brittleness index 脆性度 435
broken gravel 破断礫 721
broken wave 砕波後の波 285
bronze age 青銅器時代 437
brook 小川 55
brown clay 褐色粘土 140
brown forest soil 褐色森林土 139

英語索引

brown lowland soil　褐色低地土　**139**
brown soil　褐色土　**139**
Brunhes normal chron　ブリュンヌ正磁極期　**788**
Buckingham's Π-theorem　バッキンガムのパイ定理　**721**
buckle fold　座屈褶曲　**289**
buckling　座屈　**289**
bulk density　容積重　**888**
bulking factor of soil　土量変化率　**678**
bulk modulus　体積弾性率　**489**
buried basin　埋積盆地　**836**
buried dune　埋没砂丘　**836**
buried dune　埋積砂丘　**836**
buried landform　埋没地形　**837**
buried peneplain　埋没準平原　**836**
buried shallow valley　埋積浅谷　**836**
buried soil　埋没土壌　**837**
buried terrace　埋没段丘　**837**
buried valley　埋没谷　**836**
buried-valley floor　埋没谷底　**836**
burning (shifting) cultivation　焼畑　**868**
Butsuzou tectonic belt　仏像構造線　**781**
butte　ビュート　**743**
buttress　バットレス　**722**
buttress　胸壁　**198**

■C

calcareous algae　石灰藻　**446**
calcareous cave　鍾乳洞　**382**
calcareous cave　石灰洞　**446**
calcareous ooze　石灰質軟泥　**445**
calcareous tufa　トゥファ　**651**
calcification　石灰集積作用　**445**
calcimorphic soil　石灰質土壌　**445**
calcite　方解石　**818**
calcite　石灰石　**446**
calcrete　カルクレート　**149**
caldera　カルデラ　**153**
caldera barranco　カルデラ瀬　**155**
caldera floor　カルデラ床　**155**
caldera floor　カルデラ底　**155**
caldera lake　カルデラ湖　**155**
caldera moat　カルデラ床　**155**
caldera of Crater-lake type　クレーターレーク型カルデラ　**215**
caldera of Galapagos type　ガラパゴス型カルデラ　**146**
caldera of Glen Coe type　グレンコー型カルデラ　**216**
caldera of high gravity anomaly type　高重力異常型カルデラ　**244**
caldera of Kilauean type　キラウエア型カルデラ　**203**
caldera of Krakatoa (Krakatau) type　クラカトア（クラカタウ）型カルデラ　**211**
caldera of low gravity anomaly type　低重力異常型カルデラ　**621**
caldera of Valles type　バイアス（バイエス）型カルデラ　**711**
caldera rim　カルデラ縁　**155**
caldera volcano　カルデラ火山　**155**
caldera wall　カルデラ壁　**155**
caldron　海釜　**85**

calendrical calibration of radiocarbon timescale　放射性炭素年代の暦年較正　**819**
caliche　カリーチ　**147**
calm　凪　**684**
calomorphic soil　石灰質土壌　**445**
calving　氷山分離　**750**
calving　カービング　**63**
cambering　キャンバリング　**192**
Cambrian (Period)　カンブリア紀　**175**
canal　運河　**35**
canal　掘割　**831**
candle ice　キャンドルアイス　**192**
cannon hole　潮吹き穴　**321**
canyon　峡谷　**197**
canyon　階層谷　**79**
cape　岬　**849**
cape　崎，埼　**287**
capillary rise　毛管上昇　**861**
capillary water　毛管水　**861**
capillary wave　表面張力波　**757**
cap rock　キャップロック　**192**
cap rock　帽岩　**818**
cap-rock layer　造瀑層　**474**
captor　争奪河川　**474**
capture　捕捉　**828**
captured valley　被奪谷　**740**
carbon-14 dating　放射性炭素年代法　**819**
carbonate mineral　炭酸塩鉱物　**522**
carbonate rock　炭酸塩岩類　**522**
Carboniferous (Period)　石炭紀　**443**
carbonitization　炭酸塩化作用　**521**
Carolina Bay　カロライナベイ　**157**
cartographic specification　図式【地図の】　**424**
cartographic specification of topographic map　地形図図式　**564**
cartography　地図学　**586**
Casagrande's classification　キャサグランデの分類　**192**
cascade　小滝群　**271**
case hardening　ケースハードニング　**227**
casing well　管井戸　**157**
cataclasite　カタクラサイト　**137**
cataclasite　圧砕岩　**8**
cataclinal　流れ盤　**683**
cataclinal　流れ目　**684**
cataclinal　すべり目　**429**
cataclinal slope　流れ盤斜面　**683**
cataclysmic flooding　巨大洪水　**202**
catastrophe　天変地異　**640**
catastrophism　天変地異説　**640**
catastrophism　カタストロフィズム　**137**
catastrophism　激変説　**227**
catchment area　集水（区）域　**365**
catchment area　流域面積　**909**
catchment basin　集水（区）域　**365**
catchment water balance equation　流域水収支式　**909**
catena　カテナ　**143**
cation exchange capacity　陽イオン交換容量　**881**
cauldron subsidence　コールドロン陥

没　**258**
cauldron subsidence　釜状陥没　**146**
cauldron subsidence　鍋状陥没　**685**
cave　海食洞　**74**
cave　鍾乳洞　**382**
cave　洞穴　**644**
cave　洞窟　**644**
cave-in　落盤　**894**
cavern　洞穴　**644**
cavern　洞窟　**644**
cavernous weathering　穿孔風化　**457**
cavitation　キャビテーション　**192**
cavitation　空洞現象　**207**
ceja　セハ　**452**
cellular automata model　セルオートマトンモデル【地形学に関する】　**452**
cementation　セメンテーション【砕屑物の】　**452**
Cenozoic (Era)　新生代　**401**
Cenozoic (erathem)　新生界　**401**
center of stream　流心線　**914**
central cone　中央火口丘　**592**
central cone　中央丘　**592**
central crater　中心火口　**595**
central eruption　中心噴火　**596**
central massive part　中央緻密部【溶岩の】　**592**
central pasty layer　中央緻密部【溶岩の】　**592**
centripetal drainage pattern　求心状河系　**194**
centroclinal fold　盆地状褶曲　**833**
chalk　チョーク　**603**
channel　海峡　**70**
channel　チャネル　**592**
channel　掘れ溝　**832**
channel　流路　**918**
channel avulsion　転流　**640**
channel bar　流路州　**920**
channel bar　州【河川の】　**405**
channel bar　水路州　**419**
channel-fill deposit　流路充填堆積物　**920**
channel-fill deposit　流路埋積堆積物　**921**
channel form　河道形状　**143**
channel-form index　河道形状指数　**143**
channel frequency　水路頻度　**420**
channel-lag deposit　流路残留堆積物　**920**
channel length　流路長　**921**
channel morphology　流路形態　**918**
channel network　水系網　**408**
channel network　水路網　**420**
channel pattern　流路形態　**918**
channel shift　流路の偏流　**921**
channel shift　偏流【河川の】　**816**
channel storage　河道貯留　**144**
channel transposition　流路の転移　**921**
channel unit　流路単位　**920**
channel-width anomaly　流路幅異常　**921**
charcoal particle　微粒炭　**758**
chart　海図　**74**

chart 地図 **585**
chart datum 基本水準面【海図の】 **190**
chart for visual determination of roundness 円形度階級の視察図 **45**
chatter mark 衝撃痕 **379**
chatter mark チャターマーク **592**
check dam 砂防ダム **300**
check dam 砂防堰堤 **299**
check dam 谷止め工 **510**
check dam works 谷止め工 **510**
chemical decomposition 化学的分解 **91**
chemical denudation 化学的削剥 **90**
chemical remanent magnetization 化学残留磁化 **90**
chemical sediment 化学的堆積物 **90**
chemical weathering 化学的風化 **91**
chemical weathering process 化学的風化作用 **91**
chemocline 化学躍層 **91**
chenier チェニア **536**
chenier チェニア **320**
chernozem チェルノーゼム **536**
chert チャート **591**
chert ridge チャート尾根 **591**
chestnut soil 栗色土 **213**
Chezy's formula シェジー公式 **320**
Chilean earthquake tsunami チリ地震津波 **606**
chilled margin 急冷周辺相 **196**
chimney チムニー **591**
chlorite 緑泥石 **922**
chlorite クロライト **217**
chonolith コノリス **275**
chop 三角波 **306**
chopping wave 三角波 **306**
chord 貫通丘陵 **173**
C horizon C層 **319**
chron クロン **217**
chron 磁極期 **323**
chronic crustal movement 慢性的地殻変動 **846**
chronological table of discharge 流量年表 **918**
chronology 年代決定【考古学および歴史文書による】 **703**
chronology 編年 **816**
chronostratigraphic unit 年代層序単元 **704**
chronostratigraphy 年代層序 **704**
chute cutoff 蛇行の短絡 **505**
chute cutoff 早瀬切断 **724**
chute cutoff terrace 早瀬切断段丘 **725**
cinder cone 噴石丘 **800**
CIPW classification CIPW分類法 **317**
circle levee 輪中堤 **938**
circularity ratio 円形度【流域の】 **45**
circularity ratio 円状率【流域の】 **46**
circum-Pacific orogenic zone 環太平洋造山帯 **172**
circum-Pacific seismic belt 環太平洋地震帯 **172**
circum-Pacific volcanic belt 環太平洋火山帯 **172**

cirque カール **64**
cirque 圏谷 **230**
cirque floor カール底 **64**
cirque floor 圏谷底 **230**
cirque glacier カール氷河 **64**
cirque glacier 圏谷氷河 **231**
cirque lake カール湖 **64**
cirque lake 圏谷湖 **230**
cirque wall カール壁 **64**
cirque wall 圏谷壁 **231**
clapotis 重複波 **602**
classic climatology 平均値気候学 **803**
classification of delta 三角州の分類 **304**
classification of fault 断層の分類法 **530**
classification of fold structure 褶曲構造の分類 **361**
classification of geomorphic surface 地形面区分 **576**
classification of lake type 湖沼の分類 **267**
classification of lake type（by climatic zone） 湖沼の分類【気候帯による】 **268**
classification of lake type（by origin） 湖沼の分類【湖沼の起源による】 **268**
classification of lake type（by salinity） 湖沼の分類【塩類濃度による】 **267**
classification of lake type（by trophic state） 湖沼の分類【栄養状態による】 **267**
classification of lake type（by water circulation） 湖沼の分類【湖水の循環様式による】 **269**
classification of mass movement マスムーブメントの分類 **840**
classification of mineral 鉱物の分類 **256**
classification of slope 斜面分類【傾斜角による】 **357**
classification of slope 斜面分類【斜面傾斜と地層傾斜の組み合わせによる】 **357**
classification of slope element 斜面要素の分類 **359**
classification of slope element by F. R. Troeh トローエの斜面要素の分類 **679**
classification of terrace 段丘の分類 **519**
classification of volcano 火山の分類 **116**
clastic beach 海浜 **84**
clastic beach 砕屑物海浜 **284**
clastic dike 砕屑岩脈 **283**
clastic ratio 砕屑比 **284**
clastic rock 砕屑岩 **283**
clastics 砕屑物 **284**
clay 粘土 **705**
clay accumulation 粘土集積作用 **706**
clay bed 粘土層 **707**
clay dune 粘土砂丘 **706**
clay migration 粘土集積作用 **706**

clay mineral 粘土鉱物 **706**
clay pan 粘土盤 **707**
clay plug 粘土栓 **706**
clay plug クレイプラグ **215**
clay skin 粘土皮膜 **707**
cleavage 劈開 **808**
cliff 崖 **94**
cliff 絶壁 **450**
cliff 頬岩 **484**
cliff 壁岩 **808**
cliff maker 造崖層 **468**
climate 気候 **180**
climate-controlled landform 気候地形 **182**
climatic accident 気候事変【輪廻の】 **181**
climatic climax 気候的極相 **183**
climatic data 気候データ **183**
climatic element 気候要素 **183**
climatic factor 気候因子 **180**
climatic geomorohology 気候地形学 **182**
climatic optimum クライマティック・オプティマム **211**
climatic snowline 気候の雪線 **183**
climatic terrace 気候段丘 **181**
climatology 気候学 **180**
climato-stratigraphy 気候層序 **181**
climax 極相【植生の】 **199**
climax forest 極相林 **199**
climb down dune 這い下がり砂丘 **712**
climbing dune 上昇砂丘 **380**
climbing dune 這い上がり砂丘 **711**
clinker クリンカー **214**
clinometer クリノメーター **214**
clino-unconformity 傾斜不整合 **223**
clino-unconformity 斜交不整合 **350**
clint クリント **214**
clitter クリッター **214**
closed contour 閉曲線【地形図の】 **802**
closed drainage system 閉鎖流域 **805**
closed lake 閉塞湖 **805**
closed-system pingo 閉鎖系ピンゴ **805**
closing levee 締切堤 **349**
closure temperature 閉鎖温度 **805**
cloud 雲 **210**
cloud forest 雲霧林 **36**
cnoidal wave クノイド波 **210**
coal 石炭 **443**
coalescing alluvial fan 合流扇状地 **257**
coarse sand 粗砂 **479**
coast 海岸 **65**
coastal cliff 海食崖 **73**
coastal current 海岸流 **70**
coastal deposits 海岸堆積物 **69**
coastal desert 海岸砂漠 **66**
coastal dike 海岸堤防 **69**
coastal disaster 海岸災害 **66**
coastal engineering 海岸工学 **66**
coastal erosion 海岸侵食 **68**
coastal geomorphology 海岸地形学 **69**

英語索引　　　　　　　　　　　　　　　　　　　　972

coastal landform　海成地形　77
coastal lowland　海岸低地　69
coastal lowland　沿岸低地　44
coastal lowland　海成低地　77
coastal morphology　海岸地形　69
coastal plain　海岸平野　70
coastal process　海岸過程　66
coastal profile　海岸縦断形　67
coastal range　海岸山脈　67
coastal sand dune　海岸砂丘　66
coastal structure　海岸構造物　66
coastal terrace　海岸段丘　69
coastal topography　海岸地形　69
coastal upwelling　沿岸湧昇　44
coastal vegetation　海岸植生　67
coastline　海岸線　68
coastline　岸線　169
coast of depression　沈降海岸　607
coast of elevation　隆起海岸　910
coast of emergence　離水海岸　902
coast of submergence　沈水海岸　608
coast of subsidence　沈降海岸　607
cobble　大礫　498
cobble stone　玉石　513
cobble stone　そろばん玉石　481
cockpit　コックピット　273
cockpit karst　コックピット・カルスト　273
code of stratigraphic nomenclature　地層命名規約　587
coefficient of attrition　磨耗係数　844
coefficient of fissure　亀裂係数　204
coefficient of meander　蛇行係数　502
coefficient of river regime　河況係数　92
coefficient of storage　貯留係数　605
coefficient of viscosity　粘性係数　703
cohesion　粘着力　705
cohesive soil　粘性土　703
col　鞍部　17
col　コル　277
col　峠　644
cold air lake　冷気湖　927
cold-based glacier　底面凍結型氷河　626
cold current　寒流　177
cold desert soil　極寒砂漠土　199
cold front　寒冷前線　177
cold glacier　寒冷氷河　178
coldness index　寒さの指数　299
cold region geomorphology　寒冷地形　178
cold spring　冷泉　927
collapse　陥没　176
collapse caldera　陥没カルデラ　176
collapse depression　陥没凹地　176
collapse lake　陥没湖　176
collapse landform　陥没地形　176
collapsing breaker　砕け寄せ波　208
collapsing breaker　コラプシング（型）砕波　276
collector well　集水井　365
collector well　集水井戸　365
collision zone　衝突帯【プレートの】　382
colloid plucking　コロイド剥奪　278
colluvial footslope　丘麓緩斜面　196

colluvial slope　崩積地　821
colluvial slope　麓屑斜面　934
colluvial slope　麓屑面　934
colluvial slope　コルビアル斜面　278
colluvial soil　崩積土　821
colluvium　崩積堆積物　821
colluvium　麓屑　934
colorimeter　色彩計　323
colorimetric method　比色法　739
color index　色指数【岩石の】　25
colorless mineral　無色鉱物　854
column　石柱　443
column　コラム　276
columnar joint　柱状節理　595
columnar section　地質柱状図　583
combined water　結合水　227
comet　彗星　411
common duct　共同溝　198
community　群集　217
community　群落　218
compact index　比縁辺長【流域の】　736
compaction　圧密　9
compensating flow　補流　831
compensation depth　補償深度【アイソスタシーの】　827
compensation depth　補償深度【湖沼の】　828
completely continuous terrace　段丘面の完全連続　520
complex dune　複合砂丘　774
complex slide　複合すべり　774
complex spit　複合砂嘴　774
complex terrace　重合段丘　363
composite fan　合成扇状地　247
composite fan　親子扇状地　60
composite fan　複成扇状地　776
composite fault scarp　複（雑）断層崖　776
composite hillslope　複合斜面　774
composite landform　複合地形　774
composite landform　複式地形　775
composite lava flow　複合溶岩流　775
composite model　複合モデル【斜面発達の】　774
compound delta　複合三角州　774
compound dune　合成砂丘　247
compound fan　合流扇状地　257
compound fan　複合扇状地　774
compound landform　重合地形　364
compound plain（lowland）　複成低地　776
compound plain（lowland）of abrasion-platform type　波食棚型複成低地　719
compound plain（lowland）of alluvial-fan type　扇状地型複成低地　460
compound plain（lowland）of asymmetrical type　非均整型複成低地　737
compound plain（lowland）of balanced type　均整型複成低地　205
compound plain（lowland）of coastal plain type　海岸平野型複成低地　70
compound plain（lowland）of coral-reef type　サンゴ礁型複成低地　307
compound plain（lowland）of delta type

三角州型複成低地　303
compound plain（lowland）of depositional type　複成堆積低地　776
compound plain（lowland）of lagoon-type　潟湖型複成低地　441
compound plain（lowland）of meander-plain（floodplain）type　蛇行原型複成低地　503
compound plain（lowland）of sand-dune type　砂丘型複成低地　287
compound plain（lowland）of strand-plain type　堤列型複成低地　627
compound shoreline　合成海岸線　247
compound shoreline　複合海岸線　774
compound spit　複合砂嘴　774
compound volcano　複式火山　775
compound volcano　複合火山　774
compressibility　圧縮率　9
compression(al) tectonics　圧縮テクトニクス　9
compression test　圧縮試験　9
compression wood　あて材　10
compressive strength　圧縮強度　8
concave bog　凹型モール　50
concave break of slope angle　遷緩線　455
concave convergent slope　凹形谷型斜面　50
concave divergent slope　凹形尾根型斜面　50
concave element　凹形斜面　50
concave knick point　遷緩点　455
concave ridge line　凹形山稜　50
concave slope　凹形斜面　50
concave straight slope　凹形直線斜面　50
concealed fault　伏在断層　775
concentric drainage pattern　環状河系　163
concentric fault　同心円状断層　647
concrete armor block　消波ブロック　383
concretion　結核【堆積物の】　227
concretion　結核【土壌の】　227
concretion　団塊【地質の】　516
condensation　凝結　197
condensation　凝縮　197
condensation level　凝結高度　197
conductivity anomaly　電気伝導度異常　636
cone karst　円錐カルスト　46
cone karst　コーンカルスト　258
cone of depression　水位降下円錐　405
cone penetration test　コーン貫入試験　258
confined aquifer　被圧帯水層　733
confined groundwater　被圧地下水　733
confining bed　加圧層　64
confluence　合流　256
confluent fan　合流扇状地　257
conformity　整合　434
conglomerate　礫岩　928
conglomerate　礫岩層　928
conglomeratic rock　礫質岩　929

congruent dissolution 一致溶解 22
congruent dissolution コングリュエント溶解 278
coniferous forest 針葉樹林 403
conjugate fault 共役断層 198
conjugate joint 共役節理 198
Conrad discontinuity コンラッド不連続面 279
consequent stream 必従河川 740
consequent stream 必従河流 740
consequent valley 必従谷 740
conservation forest 保安林 817
consistency コンシステンシー 278
consistency index コンシステンシー指数 278
consistency limits コンシステンシー限界 278
consolidated rock 固結岩 266
consolidation 圧密 9
constant slope 恒常斜面 245
constructional landform 建設地形 232
construction scheme 建設計画 232
consumption 損耗【陸地の】 482
contact metamorphic rock 接触変成岩 447
contact metamorphism 接触変成作用 447
contact spring 接触泉 447
contemporaneous erosion 同時侵食 646
contemporary 現成の 231
continent 大陸 495
continental crust 大陸地殻 497
continental drift hypothesis 大陸移動説 496
continental ice sheet 大陸氷床 497
continental island 陸島 902
continental island 大陸島 497
continental margin 陸弧 901
continental-margin upward 大陸縁辺隆起帯 496
continental plate 大陸プレート 497
continental rise コンチネンタルライズ 278
continental sediment 陸成層 901
continental shelf 大陸棚 497
continental shelf survey 大陸棚調査 497
continental slope 大陸斜面 496
continuity of terrace 段丘面の連続性 521
continuous levee 連続堤 932
continuous permafrost 連続的永久凍土（帯） 932
continuous snow cover 根雪 702
continuous structure 連続型構造 932
contour 等高線 646
contour コンター【地形図の】 278
contour-colored map 段彩図 521
contour diagram コンターダイアグラム 278
contouring コンタリング 278
contour interval 等高線間隔 646
contour-layered map 高度帯図 252
contour line 等高線 646

contraction by drying 乾燥収縮 170
contraction hypothesis 地球収縮説 545
contraposed shoreline 対置海岸線 492
contrapositive linear valley 接頭直線谷 449
contrapositive linear valley 対頂谷 492
contributing area 寄与域【流出の】 196
control point 基準点【測量の】 184
control point surveying 基準点測量 184
control strategy for wind-blown sand 海岸砂防 66
convection of the outer core 外核内対流 65
convective precipitation 対流性雨雲 498
convergent boundary 収束境界【プレートの】 365
convergent slope 谷型斜面 510
convergent slope 集水斜面 365
convergent slope 収斂斜面 371
convergent terrace 収斂段丘 371
convex break of slope angle 遷急線 456
convex convergent slope 凸形谷型斜面 675
convex divergent slope 凸形尾根型斜面 674
convex element 凸形斜面 674
convex knickpoint 遷急点 456
convex ridge line 凸形山稜 674
convex slope 凸形斜面 674
convex-straight-concave slope 凸-直-凹斜面 675
convex straight slope 凸形直線斜面 675
convulsion of nature 天変地異 640
cooling corrosion 冷却溶解 927
cooling joint 冷却節理 927
cooling unit クーリングユニット 207
cool temperate forest 冷温帯林 927
coppice 雑木林 468
coppice dune 茂み砂丘 324
copse 雑木林 468
coquina コキナ 259
coral サンゴ 307
coral reef サンゴ礁 307
coral reef coast サンゴ礁海岸 307
coral reef terrace サンゴ礁段丘 307
Cordilleran ice sheet コルディレラ氷床 277
core 中心核 595
core 核【地球の】 92
core convection 外核内対流 65
core sampler コアサンプラー 236
core-stone コアストーン 236
core-stone 核岩 92
Coriolis force コリオリの力 276
corrasion 削磨 290
corrasion valley 削磨谷 290
correlation 対比【地層の】 492
correlation of geomorphic surface 地形面の対比 576
correlation of landslide form 地すべり地形の対比 334
correlation of terrace surface 段丘面の対比 520
corridor コリドー 277
corridor 氷食鞍部 752
corridor 溶食回廊 887
corrie カール 64
corrosion 溶食 887
corrosion base level 溶食基準面 887
coseismic crustal movement 地震性地殻変動 329
cotidal line 同時潮線 647
coulee 溶岩流尾根 885
Coulomb's earth pressure クーロン土圧 207
Coulomb's equation クーロンの式 208
counterweight fill 押え盛土 56
country rock 母岩 826
cove 入江 25
cove 湾 939
covered layer 被覆層 742
covering deposit 被覆堆積物 742
covering material 地形物質の隠蔽物質 574
covering material 地形物質の被覆物質 574
covering material 隠蔽物質 27
covering material 被覆物質 742
coversand カバーサンド 144
crack 地割れ 391
crag and tail クラッグアンドテイル地形 211
crater 火口 95
crater 噴火口 796
crater age クレーター年代 215
crater bottom 火口底 97
crater floor 火口原 96
crater floor 火口床 97
crater lake 火口湖 96
crater rim 火口縁 96
crater row 火口列 98
crater wall 火口壁 97
craton 安定地塊 16
craton 安定陸塊 17
creek クリーク 212
creep クリープ 212
creep 匍行 826
creeping fault クリープ性断層 213
creep slope 匍行斜面 827
creep test クリープ試験 212
crescent bar 三日月型砂州 848
crescent beach 三日月浜 849
crescentic dune 三日月状砂丘 849
crescentic gouge 条痕 380
crescentic gouge 三日月型のへこみ 848
crescent lake 三日月湖 848
crest 天端 640
crestal convex segment 頂部凸形部【斜面の】 602
crest of waterfall 滝頭 500
crest stream 頂流河川 603
Cretaceous (Period) 白亜紀 715
crevasse クレバス【火山の】 215

crevasse　クレバス【氷河の】　215
crevasse splay deposit　破堤堆積物　723
crevasse splay deposit　クレバススプレー　216
crevasse splay deposit　堤防決壊堆積物　625
critical angle of repose　限界安息角　229
critical depth　限界水深　229
critical friction velocity　限界摩擦速度　230
critical Froude number　限界フルード数　230
critical height of slope　限界自立高さ　229
critical Reynolds number　限界レイノルズ数　230
critical slope　限界勾配　229
critical tractive force　限界掃流力　229
critical velocity　限界流速　230
critical velocity for erosion　限界侵食流速【土壌の】　229
critical water depth for sediment motion　移動限界水深　23
critical water depth for sediment motion　砂移動限界水深　427
Cromerian interglacial　クローマー期　216
cross bedding　斜交成層　350
cross bedding　斜交層理　350
cross bedding　斜層理　351
cross-board drogue　漂流板　757
cross dike　横堤　890
cross dune　直交砂丘　605
crossing　澪　848
crossing of meander　蛇行転向部　505
crossing terrace　斜交段丘　350
cross over　蛇行転向部　505
cross profile of ridge　尾根の横断形　57
cross profile of valley　谷の横断形　510
cross-sectional area of flow　通水断面　610
cross-shaped confluence　十字合流　364
cross-shaped gorge　十字峡　364
crown　樹冠　371
crown　冠頂　172
crumb structure　団粒構造　534
crush zone　破砕帯　718
crush zone　圧砕帯　8
crust　土壌クラスト　659
crust　クラスト（層）　211
crustal deformation　地殻運動　537
crustal movement　地殻運動　537
crustal movement　地盤運動　346
crustal movement　地殻変動　539
crustal rifting　地殻開口運動　538
cryopediment　寒冷ペディメント　178
cryopediment　クリオペディメント　214
cryopedology　クリオペドロジー　214
cryoplanation　クリオプラネーション　214
cryoplanation　凍結削剥作用　645
cryoplanation terrace　クリオプラネーションテラス　214
cryoplanation terrace　凍結破砕階段　645
cryosphere　雪氷圏　449
cryostratigraphy　凍土層序学　650
cryoturbation　クリオタベーション　214
cryoturbation　融凍撹拌　878
cryptocrystalline　潜晶質　458
cryptodome　潜在円頂丘　457
cryptovolcanic structure　潜在火山性構造　457
cryptovolcano　潜在火山　457
crystal　結晶　227
crystalline schist　結晶片岩　228
crystallinity　結晶度　228
crystallography　結晶学　228
cubic joint　方状節理　821
cuesta　ケスタ　227
cuesta scarp　階崖　65
cumulative curve　加積曲線【粒度の】　132
cumulative curve　積算曲線【粒径の】　442
cumulative fault slip　断層変位の累積性　533
cumulative grain size distribution curve　粒径累積曲線　917
cumulative soil　累積土壌　925
cupola karst　円頂カルスト　47
Curie temperature　キュリー温度　196
Curie temperature depth　キュリー点深度　196
current cross　漂流板　757
current mark　流痕　913
current meter　流速計　915
current rip　潮目　321
current ripple　カレントリップル　156
current soil　現存土壌　232
current wave　潮波　321
curtain　カーテン　63
curtain of fire　火のカーテン　741
curved tree trunk　根曲がり　702
curvimeter　キルビメータ　204
cuspate delta　カスプ状三角州　127
cuspate delta　尖角状三角州　455
cuspate delta　尖沢三角州　458
cuspate foreland　尖角岬　455
cuspate foreland　カスペートフォアランド　127
cuspate spit　尖角州　455
cuspate spit　尖角砂嘴　455
cuspate spit behind island　島影型尖角州　347
cuspate spit without island　無島型尖角州　854
cusps　カスプ　127
cut　切取　203
cut　切土　203
cutan　粘土皮膜　707
cutoff spur　環流丘陵　177
cycle of erosion　侵食輪廻　398

cycle of fluvial erosion　河食輪廻　126
cycle of sedimentation　堆積輪廻　490
cycle of volcanic eruption　噴火輪廻　797
cyclic terrace　輪廻性段丘　923
cyclic terrace　周期性段丘　360
cyclonic precipitation　低気圧性降雨　619
cyclostrophic wind　旋衡風　457
cyclothem　サイクロセム　281

■ D
dacite　デイサイト　619
dacitic magma　デイサイト質マグマ　619
dale　渓谷　221
Dalmatian coastline　ダルマチア式海岸線　515
dam　堰堤　47
dam　ダム　514
damage caused by debris flow　土石流災害　672
damage caused by landslide　地すべり災害　333
damage caused by rockfall　落石災害　894
damage caused by slump　崩落災害　823
dammed lake　堰止湖　443
dammed-up tributary floor　支谷閉塞低地　325
dammed-up tributary lake　支谷閉塞湖　325
Dansgaard-Oeschger cycle (event)　ダンスガード・オシュガー・サイクル　523
Darcy's law　ダルシーの法則　514
Darcy velocity　ダルシー流速　515
dark-colored mineral　有色鉱物　876
dark mineral　有色鉱物　876
dark red soil　暗赤色土　15
data resolution　データ解像度　627
dating　年代決定【地形学の】　703
dating method　年代測定法　704
dating of tephra　テフラの噴出年代　632
datum　基準面【測量の】　184
datum level　水準面　410
datum level for sounding　水深の基準面　411
Davisian geomorphology　デービス地形学　628
Davis' model　デービスモデル【斜面発達の】　629
daylighting　流れ盤　683
daylighting slope　流れ盤斜面　683
daylighting dip slope　柾目盤斜面　840
dead ice　停滞氷河　622
dead ice　デッドアイス　631
dead valley　乾谷【カルストの】　162
dead volcano　死火山　322
debris　岩屑　168
debris　デブリ　633
debris avalanche　岩なだれ【火山の】　26
debris avalanche　岩屑なだれ　168

debris avalanche　岩屑なだれ【火山の】169
debris-covered glacier　岩屑被覆氷河169
debris creep　岩屑匍行　169
debris dam　砂防ダム　299
debris dam　土砂ダム　656
debris fall　岩屑落下　169
debris flow　岩屑流　169
debris flow　土石流　671
debris-flow deposit　土石流堆積物672
debris-flow landform　土石流地形672
debris-flow lobe　土石流堆　672
debris-flow lobe　土石流ローブ　672
debris-flow terrace　土石流段丘　672
debris-flow valley　土石流谷　671
debris-mantled glacier　岩屑被覆氷河169
debris-rich basal ice　含岩屑底面氷158
debris slide　岩屑すべり　168
debris slip　土砂崩落　656
debris slope　恒常斜面　245
decapitated stream　截頭河川　449
Decke　デッケ　631
declination　偏角　811
décollement surface　デコルマ面【氷河底の】630
decomposed granite　マサ　839
decomposition of organic matter　有機物分解　875
decomposition to grus　マサ化　839
deep　海淵　65
deepening　下刻　98
deepest point　最深点【地形の】282
deep(-focus) earthquake　深発地震403
deep pool　淵　780
deep sea　深海　391
deep-sea basin　深海底盆　392
deep-sea channel　深海長谷　392
deep-sea deposit　深海堆積物　391
deep-sea fan　深海扇状地　391
deep-sea floor　深海底　392
deep-sea sediment　深海堆積物　391
deep-seated landslide　深層崩壊　401
deep-sea terrace　海段　372
deep-sea terrace　深海平坦面　392
deep-water wave　深海波　392
deep-water wave　深水波　401
deep-water wave height　沖波波高55
deep-water wavelength　沖波波長55
deep-water wave steepness　沖波波形勾配　55
deep weathering　深層風化　401
deep weathering　厚層風化　251
deep-weathering zone　深層風化帯401
deep well　深井戸　773
deep zone material　地形物質の深部物質　574
deep zone material　深部物質　403
deflation　デフレーション　633

deflation hollow　風食窪　768
deflation hollow　デフレーションホロー　633
deflation lake　風食湖　768
deflation velocity　風食速度　768
deflection of the plumb line　鉛直線偏差　47
deflection of the vertical　垂直線偏差413
deformation　変形【岩石の】812
deformation path　変形経路　812
deformation till　変形ティル　812
De Geer moraine　ド・イェールモレーン　641
deglaciation　解氷　84
deglaciation　デグラシエーション630
degradation　減均作用　230
degradation　デグラデーション　630
degradation of riverbed　河床低下124
degraded waterfall　滑滝　686
degrading glacier　衰退氷河　412
degree of folding　褶曲度　362
degree of saturation　飽和度【土の】824
degree of sorting　分級度　798
degree of sorting　淘汰度　649
degree of weathering　風化度　766
deliquescence　潮解　599
dell　デレ　635
dell　乾谷【河谷の】162
dell　皿状地　300
dell　扇谷　813
delta　三角州　302
delta　デルタ　635
delta (deltaic) plain　三角州平野　304
delta depositional environment　三角州堆積環境　303
delta-front deposit　デルタフロント堆積物　635
deltaic deposit　三角州堆積物　303
deltaic plain deposit　三角州平野堆積物　305
delta-like fan　三角州扇状地　303
delta shoreline　三角州海岸線　303
demkha　デムカ　633
dendritic drainage pattern　樹枝状河系　372
dendrochronology　デンドロクロノロジー　639
dendrochronology　年輪年代学　707
dendroclimatology　樹木気候学　373
denitrification　脱窒作用　508
dense fog　濃霧　708
densely welded　強溶結　198
dense welding　強溶結　198
density current　密度流　851
denudation　アブトラーグング　11
denudation　削剥　289
denudation　削剥作用　289
denudational low-relief surface　削剥小起伏面　289
denudational process　削剥過程　289
denudation plateau　削剥高原　289
denudation slope　削剥斜面　289
denudation surface　削剥面　290

denuded area　削剥域【地すべりの】289
denuded fault landform　断層削剥地形527
denuded low-relief surface　削剥小起伏面　289
dependent agent　従属営力　365
depletion curve　減水曲線　231
deposit　堆積物　490
deposition　堆積　487
deposition　堆積作用【風の】488
deposition　沈積作用　608
deposition　沈殿　609
depositional coast　堆積海岸　487
depositional environment　堆積環境487
depositional landform　堆積地形　490
depositional plain (lowland)　堆積低地490
depositional surface　堆積面　490
depositional surface of debris flow　土石流堆積面　672
depositional valley-bottom plain　谷底堆積低地　262
depression　おう地【地形図用語】51
depression　凹地　51
depression　窪地　210
depression inside of monogenetic landform　内部凹地　682
depression lower than sea level　窪地8
depression on the top of monogenetic landform　頂部凹地　602
depression spring　凹地泉　51
depth of isothermal layer　恒温層深度238
depth of runoff　流出高　914
desert　砂漠　292
desert basin　砂漠盆地　294
desertification　砂(沙)漠化　293
desertification　デザーティフィケーション　630
desert pavement　デザートペイブメント　630
desert pavement　砂漠甲冑　293
desert pavement　砂漠舗石　294
desert soil　砂漠土　293
desert varnish　砂漠ワニス　294
desert varnish　砂漠ウルシ　293
desert varnish　デザートバーニッシュ630
design high water discharge　計画高水流量　219
destructional landform　破壊地形714
destructional process　解体過程【山地の】79
detached breakwater　離岸堤　899
detached island　離れ島　723
detached meander core　環流丘陵177
detached meander core　繞谷丘陵646
deterioration　劣化【岩石強度の】931
detrital mineral grain　砕屑鉱物粒子284
detrital remanent magnetization　堆積

英語索引

残留磁化 489
detritus 岩屑 168
Devensian glaciation ディベンジアン氷期 625
Devonian（Period） デボン紀 633
dew 露 614
dextral fault 右横ずれ断層 849
diabase 輝緑岩 203
diagenesis 続成作用 477
diagenesis ダイアジェネシス 483
diagonal joint 斜交節理 350
diamicton ダイアミクトン 484
diapir ダイアピル 483
diastem ダイアステム 483
diastrophism 地変 591
diatomaceous earth 珪藻土 225
diatomite 珪藻土 225
diatomite 珪藻岩 225
differential denudation 差別削剥 298
differential erosion 差別侵食 298
differential frost heave 差別凍上 298
differential frost heave 不整凍上 779
differentially denudated landform 差別削剥地形 298
differentially eroded landform 差別侵食地形 298
differential settlement 不等沈下 783
differential settlement 不同沈下 783
differential thermal analysis 示差熱分析 327
differential weathering 差別風化 299
diffraction coefficient 回折係数 79
digging 掘削 209
digital elevation model 数値標高モデル 422
digital elevation model DEM 616
Digital Japan 電子国土 637
Digital Japan basic map 電子国土基本図 637
digital line graph DLG 617
digital map 数値地図 421
digital mapping ディジタルマッピング 620
Digital National Land Information 国土数値情報 265
digital surface model DSM 616
digital surface model 数値表層モデル 422
digital terrain model DTM 617
digitate（birdfoot）delta 鳥足状三角州 601
digitate delta 鳥趾状三角州 600
dihedral angle between valley sides 両谷壁角 922
dike 岩脈 176
dike 堤防 625
dike（dyke）gutter 岩脈溝 176
dike（dyke）ridge 岩脈山稜 176
dike（dyke）ridge 岩脈尾根 176
dilatancy ダイラタンシー 495
diluvial upland 洪積台地 248
Diluvium 洪積層 248
Diluvium 洪積世 248
dimensional analysis 次元解析 324
diorite 閃緑岩 465
dip 傾斜【地質構造の】 222

dip fault 傾斜断層 222
dip slope 傾斜斜面 222
dip slope 平行盤斜面 804
dip slope ディップスロープ 625
dip-slope slip 流れ盤すべり 684
direct runoff 直接流出 603
direct shear test 直接剪断試験 603
dirt cone ダートコーン 483
disaster 災害 281
disaster in and around mountainous region 山地災害 311
disaster prevention dam 防災ダム 818
disaster-related landform 災害地形 281
disaster-stricken area 被災域 738
discharge 河川流量 137
discharge 流量 917
discharge area 流出域 914
discharge-duration curve 流況曲線 912
discharge hydrograph 流量時間曲線 918
discharge hydrograph 流量曲線 918
discharge measurement 流量測定法 918
disconformity 非整合 739
disconformity 平行不整合 805
disconformity 無整合 854
discontinuity of terrace 段丘面の不連続性 520
discontinuous bar 不連続砂州 793
discontinuous permafrost 不連続的永久凍土（帯）793
discontinuous structure 不連続型構造 793
discordant junction 不協和合流 773
discordant junction 不協和的合流 774
disintegration 破砕【岩石の】 718
disintegration 物理的分解作用 782
dislocation model ディスロケーションモデル 621
dispersion of altitude 高度分散量 253
dissected coastal plain 開析海岸平野 78
dissected delta 開析三角州 78
dissected fan 開析扇状地 78
dissected plain 開析平野 79
dissected upland 開析台地 78
dissected valley 開析谷 78
dissected volcano 開析火山 78
dissection 開析【地形の】 77
dissection degree 開析度【地形種の】 78
dissection degree of terrace 段丘の開析度 517
dissection front line 開析前線 78
dissection index 掘込指数【谷の】 831
dissection of mountain 山地の開析 312
dissection of relief 山の険しさ 871
dissection of volcano 火山体の開析 111
dissection ratio 開析度【地すべり地形の】 78

dissection ratio of landslide landform 地すべり地形の開析度 334
dissipative beach 逸散型海浜 22
dissoluble rock 溶解性岩 881
dissolution 溶解 881
dissolution experiment 溶出実験 887
dissolved load 溶流荷重 889
dissolved matter 溶解物質 881
dissolved matter 溶存物質 888
dissolved matter 溶流物質 890
dissolved substance 溶解物質 881
dissolved substance 溶存物質 888
distal fan 扇端 463
distance 距離 202
distance meter 距離計 203
distant tsunami 遠地津波 47
distributed runoff model 分布型流出モデル 800
district map 地方図 591
disturbance 撹乱【環境における】 93
disturbance 撹乱【生態系における】 93
disused river 廃川 713
ditch 溝（どぶ）675
ditch 溝（みぞ）851
diurnal inequality 日潮不等 691
diurnal range 日較差 691
diurnal tide 1日1回潮 22
divergent boundary 発散境界【プレートの】 722
divergent deposition 逆行堆積 191
divergent slope 尾根型斜面 57
divergent slope 散水斜面 309
divergent slope 発散斜面 722
diversion channel 放水路 821
diversion channel 分水路 800
divide 分水界 799
divide 流域界 906
divide in valley 谷中分水界 261
division map of soil zone 土壌帯区分図 664
division of landform 地形の区分 567
division of terrace surface 段丘面区分 519
doctrine of spherical earth 地球球体説 544
Doken-type cone penetrometer 土研式貫入試験機 655
dolerite ドレライト 679
dolina ドリーネ 677
doline 吸込み穴 409
doline ドリーネ 677
doline lake ドリーネ湖 677
dolomite ドロマイト 679
dolomite 苦灰岩 208
dolomite 苦灰石 208
dome dune ドーム状砂丘 653
dome lava 円頂丘溶岩 47
dome lava ドームラバ 653
dome mountain ドーム山地 653
domestic river 域内河川 18
dome structure ドーム構造 653
dome volcano 鐘状火山 380
dominant direction of littoral transport 漂砂の卓越方向 750

Donau glaciation　ドナウ氷期　675
dormant volcano　休火山　193
dorsoventrality of plant distribution
　植物分布の背腹性　388
double arc　二重弧　690
double helical (helix) flow　並列らせん流　808
double ridge　二重山稜　690
double side cutting slope　両切法面　922
double spit　二重砂嘴　690
double tombolo　二重トンボロ　691
double volcano　二重式火山　691
downburst　ダウンバースト　498
down cutting　下方侵食　145
down cutting　下刻　227
down cutting　下刻作用　98
downward erosion　下方侵食　145
downward erosion　下刻　98
down-warped basin　曲降盆地　199
down-warping　曲降　199
downwasting　低下損耗　618
draa　ドゥラ　653
drag　抗力　257
drag coefficient　抗力係数　257
drag velocity　始動風速　345
drainage　排水　712
drainage area　流域　905
drainage area　流域面積　909
drainage area　排水区域　712
drainage basin　流域　905
drainage-basin length　流域長　908
drainage-basin perimeter　流域縁辺長　906
drainage-basin relief　流域起伏　906
drainage density　谷密度　512
drainage density　排水密度　712
drainage density　水系密度　408
drainage direction gradient　落水線勾配【DEMによる】　893
drainage direction matrix, DDM　落水線マトリックス　893
drainage divide　分水界　799
drainage divide　流域界　906
drainage gradient　流域出口勾配【DEMによる】　908
drainage net　水系　407
drainage network　水系網　408
drainage network　排水網　712
drainage network map　水路網図【DEMによる】　420
drainage network simulation　水系網のシミュレーション　408
drainage pattern　河系模様　94
drainage pattern　水系型　407
drainage pattern　水系パターン　408
drainage pattern　水系模様　409
drainage pattern of landslide landform　地すべり地形の河系模様　334
drainage system　水系　407
drainage texture　水系組織　408
drainage texture　きめ【流域の】　190
drainage works　集水工　365
drawdown　水位降下　405
drawdown　低下背水　618
dreikanter　三稜石　314
dreikanter　ドライカンター　676

driblet　溶岩餅　884
dried-up river　水無川　851
drift　ドリフト　678
drift current　吹送流　412
drifting bottle　海流びん　89
drifting sand　漂移砂　743
drift plate drogue　海流板　89
driftwood　流木　917
drilling　試錐　331
drilling　ボーリング　825
drilling　ドリリング　678
drilling earth science　地球掘削科学　544
drilling science　掘削科学　209
dripstone　滴石　630
dripstone　水滴石　414
dripstone　ドリップストーン　678
drizzle　霧雨　203
drop stone　ドロップストーン　679
droughty water discharge　渇水量　140
droughty water level　渇水位　140
drowned coral reef　沈水サンゴ礁　608
drowned glacial trough　沈水氷食谷　608
drowned valley　溺れ谷　59
drowned valley plain　溺れ谷低地　60
drumlin　ドラムリン　676
druse　晶洞　381
Dryas flora　ドリアス植物群　677
Dryas octopetela　セイヨウチョウノスケソウ　439
dry bulk density　乾燥密度　171
dry channel　涸れ川　156
dry debris flow　乾燥岩屑流　169
dry fan　乾燥扇状地　170
dry gap　風隙　767
dry masonry　空石積み　146
dry rice field　乾田　173
dry river　涸れ川　156
dry riverbed　河原　157
dry riverbed　川原　157
dry rock fragment flow　乾燥岩屑流　169
dry season　乾季(期)　158
dry valley　空谷　146
dry valley　乾谷【カルストの】　162
dry valley　ドライバレー【カルストの】　676
dry valley　ドライバレー【河川地形の】　676
dry valley　ドライバレー【寒冷地形の】　676
dry weight　乾燥重量　170
ductility　延性　47
due north　真北　838
dump moraine　ダンプモレーン　534
dune　デューン【河流による】　633
dune　デューン【潮流による】　634
dune　デューン【気流による】　634
dune　砂波　292
dune　砂浪　301
dune belt　砂丘帯　287
dune cycle　砂丘輪廻　288

dune network　網状砂丘　861
dune related to obstacle　障害物砂丘　378
dune remobilization　砂丘の再活動　288
dune sand　砂丘砂　287
dune-swale lake　砂丘間湖　287
dune type　砂丘型　287
dune vegetation　砂丘植生　287
dunite　ダナイト　509
duplex　デュープレックス　633
duration　吹送時間　412
duration of geomorphic agent　地形営力継続時間　550
duricrust　デュリクラスト　634
dust storm　塵嵐　605
dust storm　ダストストーム　506
Dye 3 ice core　Dye 3 氷床コア　486
dyke　岩脈　176
dyke　堤防　625
dynamic climatology　動気候学　643
dynamic elastic modulus　動的弾性係数　649
dynamic equilibrium state　動的平衡状態　650
dynamic metamorphic rock　動力変成岩　653
dynamic metamorphism　動力変成作用　653
dynamo theory　ダイナモ理論　492
dystrophic lake　腐植栄養湖　778

■ E
eager　タイダルボアー　491
early mature mountain　早壮年(期)山地　473
early mature stage　早壮年期【侵食輪廻の】　472
early morning fog　朝霧　7
Early Pleistocene　前期更新世　456
Earth　地球【天体としての】　542
earth cliff　土崖　611
earth covering　土被り　654
earth ellipsoid　地球楕円体　546
earthflow　アースフロー　1
earthflow　土流　678
earth hummock　アースハンモック　1
earth hummock　凍結坊主　645
earth movement of uplift　隆起運動　910
earth pillar　土柱　674
earth pressure　土圧　641
earthquake　地震　327
earthquake belt　地震帯　329
earthquake disaster　地震災害　328
earthquake fault　地震断層　329
earthquake forecast　地震予知　331
earthquake-generating stress　起震力　185
earthquake geology　地震地質学　330
earthquake magnitude　地震のマグニチュード　330
earthquake mechanism　発震機構　722
earthquake prediction　地震予知　331
earthquake source　震源　393
earthquake source fault　震源断層

393
earthquake swarm 群発地震 218
earthquake volume 地震体積 329
earthquake zone 地震帯 329
earth resources satellite 資源衛星 324
earth science 地学 537
earth science 地球科学 542
Earth's crust 地殻 537
earth slope 地盤斜面 346
earth surface 地表 590
earth surface 地表面 590
earth tide 地球潮汐 546
East Antarctic ice sheet 東南極氷床 736
East China Sea Shelf 東シナ海大陸棚 736
easterlies 偏東風 815
East Pacific Rise 東太平洋海膨 736
ebb tide 下げ潮 290
ebb tide 引き潮 737
echo dune エコーデューン 40
echo dune エコー砂丘 40
echo sounder 音響測深機 61
echo sounding 音響測深 61
eckfloor エック床 41
eckfloor エック階 41
eclogite エクロジャイト 39
eclogite 榴輝岩 911
ecosystem 生態系 436
ecotone エコトーン 40
ecotope エコトープ 40
edaphology エダホロジー 41
eddy diffusion coefficient 渦動拡散係数 143
eddy diffusion coefficient 渦拡散係数 31
eddy hole 渦動穴 143
eddy kinematic viscosity 渦動粘性係数 144
edge effect エッジ効果 41
edge wave エッジ波 41
Edgeworth-Kuiper belt object エッジワース・カイパーベルト天体 41
Eemian interglacial エーム間氷期 38
effective porosity 有効間隙率 875
effective precipitation 実効雨量 341
effective relative-dip index 有効相対傾斜示数【地層の】 876
effective stress 有効応力 875
efflorescence 風解 764
effluent stream 得水河流 654
effluent stream 流量涵養河流 917
effusive eruption 溢流の噴火 22
effusive eruption 流出の噴火 914
effusive rock 噴出岩 799
Einstein's theory for bed load transportation アインシュタインの掃流理論 4
ejectamenta 火山放出物 120
Ekman-Birge grab sampler エクマン・バージ採泥器 39
Ekman drift current エクマン吹送流 39
Ekman-Mertz current meter エクマン・メルツ流速計 39
Ekman spiral エクマンらせん 39

Ekman water bottle エクマン型採水器 39
elasticity 弾性 523
elastic modulus 弾性率 524
elastic rebound theory 弾性反発説 524
elastic wave velocity 弾性波速度 524
elbow of capture 争奪の肘 474
electrical conductivity 電気伝導度【岩石・鉱物の】 635
electrical conductivity 電気伝導度【水の】 636
electrical conductivity 電気伝導率 636
electric cone penetration test 電気式静的コーン貫入試験 635
electric survey 電気探査 635
electron microscope 電子顕微鏡 637
electron probe micro analyzer 電子線マイクロアナライザー 637
electron spin resonance dating 電子スピン共鳴法 637
electro-optical distance measurement 光波測定 254
electro-optical distance meter 光波測距儀 254
element of morphology 地形要素 577
elephant fossil ゾウ化石 468
elevated bench 隆起ベンチ 912
elevated coast 隆起海岸 910
elevated delta 隆起三角州 911
elevated fan 隆起扇状地 911
elevated shore platform 隆起波食棚 912
elevation 標高 749
elevation and slope angle map ELSAMAP 43
elevation head 位置水頭 22
elevation head 高度水頭 252
ellipsoidal height 楕円体高 498
elongated river 伸長川 402
elongation ratio 細長率【流域の】 284
elongation ratio 伸長率【流域の】 402
Elster stage エルスター氷期 43
eluvial horizon 溶脱層 888
eluviation 洗脱作用 463
embankment 河川堤防 136
embankment 土手 675
embankment 盛土 865
embankment-like hummock ケルミ 228
embayed delta 湾入状三角州 940
emerged coral reef 離水サンゴ礁 902
emerged shoreline 離水海岸線 902
emerged shore platform 離水波食棚 902
emergence 離水 902
emergence 隆起 910
emergence of terrace surface 段化 516
emergent coral reef 離水サンゴ礁 902

Emery settling tube method エメリー管法 43
Emperor seamount chain 天皇海山列 640
emplacement 定着【地形物質の】 625
enclosed depression 凹陥地 50
enclosed meander 閉塞蛇行 805
end form 終地形 366
end moraine エンドモレーン 48
end moraine 終堆石(堤) 365
end moraine ターミナルモレーン 483
endogenetic (endogenic) agent 内的営力 682
endogenetic agent 内因的営力 681
endogenetic agent 内営力 681
endogenetic agent 内力 683
endogenetic geological process 内因的地質作用 681
endogenetic process 内因的作用 681
endogenetic process 内作用 681
endogenetic process 内的作用 682
endorheic basin 閉鎖流域 805
endorheic drainage 内陸流域 683
endorheic lake 閉塞湖 805
end-peneplain 終末準平原 369
en echelon arrangement 雁行配列 161
en echelon cracks 雁行亀裂 161
en echelon faults 雁行断層 161
en echelon fissures 雁行割れ目 162
en echelon folds 雁行褶曲 161
en echelon mountains 雁行山脈 161
energy エネルギー 42
energy gradient エネルギー勾配 42
engineering geology 応用地質学 51
engineering geology 地質工学 582
engineering geology 土木地質学 675
engineering geomorphologist registered 応用地形判読士 51
engineering geomorphology 地形工学 559
englacial debris 氷河中岩屑 747
Entisols エンティソル 47
entropy エントロピー 48
environment 環境 158
environmental capacity 環境容量 159
environmental capacity 土壌の環境容量 665
environmental element 環境要素 159
environmental factor 環境因子 158
environmental geochemistry 環境地球化学 158
environmental gradient 環境傾度 158
environmental isotope 環境同位体 159
environmental magnetism 環境磁気学 158
environmental soil science 環境土壌学 159
environment of continental sedimentation 陸水堆積環境 901
Eocene (Epoch) 始新世 328

eolian bedform 風成砂床形 **769**
eolian deposit 風成堆積物 **770**
eolian dust 風成塵 **769**
eolian lake 風成湖 **769**
eolian landform 風成地形 **770**
eolian layer 風成層 **770**
eolian sand 風成砂 **769**
eolian soil 風積土 **770**
eon 累界 **925**
eon 累代 **925**
epeirogenesis 造陸運動 **475**
epeirogenic movement 造陸運動 **475**
ephemeral stream 短命河流 **534**
epicenter 震央 **391**
epicentral distance 震央距離 **391**
epicontinental sea 縁海 **43**
epicycle 部分的輪廻 **784**
epidote-amphibolite facies 緑れん石角閃岩相 **922**
epigenetic gorge 表成峡谷 **755**
epigenetic river 表成河川 **755**
epigenetic valley 表成谷 **755**
epilimnion 表水層 **755**
episode エピソード【侵食輪廻の】 **42**
episode of cycle 挿話的輪廻 **476**
episodic stream 挿話的河流 **476**
epoch 世 **431**
equatorial doldrums 赤道無風帯 **443**
equatorial trough 赤道低圧帯 **443**
equilibrium 平衡 **803**
equilibrium line 平衡線 **804**
equilibrium line 均衡線 **204**
equilibrium line altitude（ELA）平衡線高度 **804**
equilibrium shoreline 平衡海岸線 **803**
equilibrium water temperature 平衡水温 **804**
equi-spacing of master valleys 谷の等間隔性 **511**
equivalent coefficient of friction 等価摩擦係数 **642**
equivalent diameter 等価直径 **642**
Equotip hardness tester エコーチップ **40**
era 代 **483**
erathem 界 **64**
erg エルグ【砂漠の】 **43**
erg エルグ【物理の】 **43**
ergodic assumption 空間-時間置換の仮定 **206**
ergodic assumption エルゴディック仮定 **43**
erodibility 受食性 **372**
erosion 侵食 **395**
erosion (planation) surface 平坦面 **805**
erosional dune 侵食砂丘 **396**
erosional fan 侵食扇状地 **397**
erosional form 侵食地形 **398**
erosional plain (lowland) 侵食低地 **398**
erosional terrace 侵食段丘 **397**
erosional valley 侵食谷 **396**
erosional valley-bottom plain 谷底侵食低地 **262**

erosional valley-floor 谷底侵食低地 **262**
erosion caldera 侵食カルデラ **395**
erosion control 砂防 **299**
erosion control engineering 砂防工学 **299**
erosion control engineering 砂防学 **299**
erosion control in volcanic area 火山砂防 **108**
erosion control on local scale 地先砂防 **578**
erosion control on watershed scale 水系砂防 **407**
erosion control works 砂防事業 **299**
erosion cycle 侵食輪廻 **398**
erosion front line 侵食前線 **397**
erosion landform 侵食地形 **398**
erosion low-relief surface 侵食小起伏面 **397**
erosion mountain 侵食山地 **396**
erosion rate 侵食速度 **397**
erosion surface 侵食平坦面 **398**
erosion surface 侵食面 **398**
erratic 迷子石 **835**
erratic block 迷子石 **835**
eruption 噴火 **795**
eruption cloud 噴煙 **795**
eruption column 噴煙柱 **795**
eruption cycle 噴火輪廻 **797**
eruption type 噴火様式 **796**
esker エスカー **40**
esplanade 組織段丘 **479**
esplanade 地層階段 **587**
esplanade エスプラネード **40**
essential material 本質物質【火山噴出物の】**833**
estuary エスチュアリー **40**
estuary 河口 **95**
estuary 三角江 **302**
estuary delta 湾入状三角州 **940**
etching 食刻 **388**
etching エッチング **42**
etchplain エッチプレーン **41**
Eurasian High Arctic ice sheet ユーラシア氷床 **879**
Eurasian ice sheet ユーラシア氷床 **879**
Eurasian plate ユーラシアプレート **879**
eustasy ユースタシー **876**
eustasy ユースタティックな海面変化 **876**
eutaxitic texture ユータキシティック構造 **877**
eutrophication 富栄養化【湖水の】**771**
eutrophic lake 富栄養湖 **772**
evaporation 蒸発 **382**
evaporimeter 蒸発計 **382**
evaporite 蒸発岩 **382**
evaporite エバポライト **42**
evapotranspiration 蒸発散 **383**
evergreen broad-leaved forest 常緑広葉樹林 **384**
excavation 開削 **72**
excavation 掘削 **209**

excavation slope 切取法面 **203**
excavation slope 切土法面 **203**
excavation survey 掘削調査 **209**
excessive travel distance 超過移動距離 **599**
excess pore water pressure 過剰間隙水圧 **122**
exchangeable cation 交換性陽イオン **239**
exfoliation エクスフォリエーション **39**
exfoliation 剥脱作用 **715**
exfoliation 剥離作用 **716**
exfoliation 鱗脱作用 **923**
exfoliation dome 剥脱ドーム **715**
exfoliation joint 剥離節理 **716**
exfoliation joint 剥落節理 **716**
exhumed fossil landscape 化石地形 **132**
exhumed landform 発掘地形 **721**
exhumed landscape 再生地形 **283**
exhumed landscape 蘇生地形 **480**
exhumed mountain 再生山地 **283**
exhumed mountain 再生山脈 **283**
exhumed peneplain 蘇生準平原 **480**
exhumed peneplain 発掘準平原 **721**
exogenetic agent 外的営力 **83**
exogenetic agent 外因的営力 **64**
exogenetic agent 外営力 **65**
exogenetic agent 外力 **89**
exogenetic geological process 外因的地質作用 **65**
exogenetic process 外因的作用 **64**
exogenetic process 外作用 **72**
exogenetic process 外的作用 **84**
exogenic agent 外の営力 **83**
exotic boulder 外来礫 **88**
exotic gravel 外来礫 **88**
exotic river 外来河川 **88**
expansion by water absorption 吸水膨張 **194**
expansion hypothesis 地球膨張説 **548**
experimental basin 試験流域 **324**
explosion breccia 爆発角礫岩 **715**
explosion caldera 爆発カルデラ **715**
explosion crater 爆裂火口 **717**
explosion crater 爆発火口 **715**
explosion index 爆発指数 **715**
explosion seismology 爆破地震学 **715**
explosive eruption 爆発的噴火 **716**
exposed landform 暴露地形 **717**
exposure 露頭 **935**
exsudation エキスデーション **39**
extended stream 延長川 **47**
extension joint 伸張節理 **402**
extension of meander wave amplitude 蛇行の振幅増大 **505**
extension stage of drainage network 水系網の拡張期 **408**
extension tectonics 伸張テクトニクス **402**
extensometer 伸縮計 **395**
exterior link 外節 **79**
exterior link 外側リンク **480**
external agency 外的営力 **83**

英 語 索 引

external drainage　外海流域　65
external drainage　外洋流域　88
extinct volcano　死火山　322
extraction of topographic change　地形変化の抽出　575
extraction of topographic profile　地形断面の抽出　566
extrasolar planet　太陽系外惑星　494
extratropical cyclone　温帯低気圧　62
extrazonal permafrost　域外永久凍土　18
extrazonal permafrost　非成帯永久凍土　739
extremely high drainage density　超高谷密度　599
extremely high drainage density　超高排水密度　599
exudation　エキスデーション　39
eye-blow fault scarp　眉状断層崖　844
eye estimation　目測　864

■ F
fabric　ファブリック　761
face　フェイス　771
face　岩壁　175
facet　ファセット　761
facies　相【岩石の】　467
facies　層相　472
facies analysis　堆積相解析　489
facies fossil　示相化石　341
facies map　層相図　472
failure　破壊　714
failure criteria　破壊基準　714
failure-type landslide　崩壊性地すべり　818
fair chart　水深図　411
fairway　澪　848
fake rock　擬岩　180
fall　滝　500
fall　落下　896
fall-back deposit　噴き戻り堆積物　773
fall diameter　沈降粒径　607
falling dune　下降砂丘　97
falling tide　下げ潮　290
fall line　滝線　500
fall line　落水線　893
fall line　瀑布線　716
fall line　フォールライン　772
fall maker　造瀑層　474
fall unit　フォールユニット　772
fall velocity　沈降速度　607
fall zone　滝線　500
false bedding　偽層　187
famous mountain　名山　856
fan apex　扇頂　464
fan delta　ファンデルタ　761
fan deposit　扇状地堆積物　460
fanglomerate　ファングロメレート　761
fanglomerate　扇状地礫岩　460
fan-head trench　扇頂溝　464
fan-head trenching　扇頂下刻　464
fan-like delta　扇状地状三角州　460
fan-made shoreline　扇状地海岸線　459

fan margin　扇側　462
fan surface　扇面　465
fan toe　扇端　463
fan-toe settlement　扇端集落　464
Fargue's law　ファルグの法則　761
faro　ファロ　761
fast ice　定着氷　625
fatigue failure　疲労破壊　758
fault　断層　524
fault angle basin　断層角盆地　526
fault bench　断層階　525
fault block　断層地塊　528
fault-block mountain　地塊山地　537
fault breccia　断層角礫　526
fault clay　断層粘土　529
fault cliff　断層崖　525
fault coastline　断層海岸線　526
fault depression　断層陥没地　526
fault displacement　断層変位　532
fault displacement topography　断層変位地形　532
fault-fold mountain　断層褶曲山地　527
fault gouge　断層ガウジ　526
faulting　断層運動　525
faulting theory of earthquake origin　断層地震説　527
fault lake　断層湖　527
fault line　断層線　527
fault-line scarp　断層線崖　527
fault-line valley　断層線谷　528
fault mountain　断層山地　527
fault notch　断層鞍部　525
fault parameter　断層パラメータ　531
fault plane　断層面　533
fault reference　変位基準　811
fault-related fold　断層関連褶曲　526
fault rock　断層岩類　526
fault saddle　断層鞍部　525
fault sag pond　断層陥没池　526
fault scarp　断層崖　525
fault scarplet　低断層崖　623
fault segment　断層セグメント　527
fault-separated hill　断層分離丘　532
fault-shatter zone　断層破砕帯　530
fault spring　断層泉　527
fault surface　断層面　533
fault system　断層系　527
fault terrace　断層階　525
fault-tilted mountain　断層傾動山地　527
fault topography　断層地形　529
fault trace　断層線　527
fault trough　地溝　577
fault valley　断層谷　527
fault zone　断層帯　528
feichisha　フェイチシャ　771
feldspar　長石　600
Felsenmeer　岩海　157
Felsenmeer　フェールゼンメール　772
felsic　珪長質　225
felsic mineral　珪長質鉱物　225
felsic mineral　フェルシック鉱物　772
felsic pyroclastic flow　珪長質火砕流　225
felsite　珪長岩　225

fen　低位泥炭地　617
fen　泥炭地　623
feng shui　風水　769
fenland　沼沢地　381
Fennoscandian ice sheet　フェノスカンジアン氷床　772
fenster　地窓　591
Fernling　フェルンリンク　772
ferrallitization　鉄アルミナ富化作用　631
ferricrete　フェリクレート　772
fetch　吹送距離　412
fetch　対岸距離　484
fetch　フェッチ　772
field capacity　圃場容水量　828
field computer　電子平板　638
field excursion　野外巡検　868
field experiment　野外実験　868
field measurement　野外観測　868
field note　野帳　869
field note　フィールドノート　762
field research　野外調査　868
field study　野外調査　868
field work　野外調査　868
fillstrath terrace　フィルストラス段丘　763
fillstrath terrace　砂礫侵食段丘　300
fillstrath terrace　フィルストラステラス　763
fillstrath terrace　埋積物侵食段丘　836
fill terrace　砂礫段丘　300
fill terrace　堆積段丘　489
fill terrace　フィルテラス　764
filltop surface　堆積頂面　490
filltop terrace　フィルトップ段丘　764
filltop terrace　フィルトップテラス　764
filltop terrace　埋積物頂面段丘　836
filter/moving window operation　フィルター・移動窓演算　763
filtering　フィルタリング　763
fine sand　細砂　282
finger lake　フィンガーレイク　764
finite amplitude wave theory　有限振幅波理論　875
fiord　峡江　197
fiord　峡湾　199
firn　フィルン　764
firn line　フィルン線　764
firn line　万年雪下限線　847
first arrival　初動　389
first motion　初動　389
first order stream　1次の水路　21
first order stream　1次の水流　21
first order valley　1次谷　21
fission-track dating method　フィッション・トラック法　762
fissure　開口節理　71
fissure eruption　割れ目噴火　939
fissure valley　裂罅谷　931
fissure water　裂罅水　931
fissure zone　割れ目帯　939
fixed bed　固定床　274
fixed dune　固定砂丘　274
fixed dune　被覆砂丘　742
fjord　フィヨルド　763

Flandrian transgression フランドル海進 **787**
flank depression 側部凹地 **477**
flank eruption 側噴火 **477**
flank fan 側扇 **477**
flank fan 副扇 **776**
flank scarp 側方崖 **478**
flank volcano 側火山 **476**
flared slope フレアード・スロープ **790**
flark フラルク **787**
flat bog 平モール **757**
flat-floored valley 平底谷 **757**
flat land 平坦地 **805**
flat land 平地 **806**
flat lava-dome 溶岩平頂丘 **884**
flatness 扁平度【砂礫の】 **816**
flattening 低平化 **625**
flat-topped crest 平頂峰 **806**
flat-topped landslip lobe 押し出し地形 **56**
flat-top ridge 台状山稜 **486**
F layer F層 **42**
flexural-slip fault フレクシュラルスリップ断層 **793**
flexure 撓曲 **643**
flexure scarp 撓曲崖 **644**
flint フリント **788**
floating ice 浮氷 **783**
floating island 浮島 **30**
floating mud 腐泥 **782**
flocculation 凝集 **197**
flocculent structure 綿毛構造 **859**
flood 洪水 **245**
flood 氾濫 **731**
flood basin 後背湿地 **254**
floodbasin lake 後背湖沼 **253**
flood control 洪水制御 **246**
flood control 治水 **585**
flood damage 水害 **407**
flood deposit 氾濫堆積物 **732**
flood discharge 洪水流量 **247**
flood discharge 洪水量 **247**
flood eruption 洪水噴火 **247**
flood flow 洪水流 **247**
flood loam フラッドローム **786**
flood loam 氾濫原土 **732**
floodplain 洪涵平野 **239**
floodplain 自然堤防帯 **340**
floodplain 氾濫原 **731**
floodplain 氾濫平野 **732**
floodplain bar 氾濫原堤 **732**
floodplain lake 氾濫原湖 **732**
floodplain scroll 氾濫原スクロール **732**
floodplain swale 氾濫原濠 **732**
flood protection works 高水工事 **246**
flood routing 洪水追跡 **246**
flood stage 洪水位 **246**
flood tide 上げ潮 **7**
flood tide 満ち潮 **851**
flood water deposit 越流堆積物 **42**
flood water level 洪水位 **246**
flood water surface slope 洪水勾配 **246**
flood wave 洪水波 **246**
floodway 放水路 **821**

flora 植物相 **388**
flora フロラ **795**
floristic region 植物区系 **387**
flow 上げ潮 **7**
flow breccia 自破砕溶岩 **346**
flow direction matrix, FDM 流入線マトリックス **917**
flow discharge 河川流量 **137**
flow-duration curve 流況曲線 **912**
flow-foot breccia フローフット角礫岩 **793**
flowing well 自噴井 **347**
flow law of ice 氷の流動則 **258**
flow length 流路長【DEMによる】 **921**
flow mound 流れ山 **684**
flow net 流線網 **915**
flow regime 流況 **912**
flowstone 流れ石 **683**
flowstone フローストン **793**
flow structure 流理構造 **917**
flow texture 流状組織 **914**
flowtill フローティル **793**
flow unit フローユニット **794**
flow velocity 流速 **915**
fluid 流体 **915**
fluid dynamic force 流体力 **915**
fluid-escaping structure 脱水構造 **508**
fluidization 流動化 **915**
fluid potential 流体ポテンシャル **915**
fluorescent sand 蛍光砂 **221**
flute フルート【非氷河の】 **789**
flute 氷食溝 **752**
flute フルート【氷河の】 **789**
fluted moraine フルーテッドモレーン **789**
fluvial accumulation terrace 河成堆積段丘 **129**
fluvial depositional compound plain 河成複式堆積低地 **131**
fluvial depositional environment 河川堆積環境 **135**
fluvial depositional plain (lowland) 河成堆積低地 **129**
fluvial erosion 河食 **125**
fluvial erosional plain 河成侵食低地 **129**
fluvial erosion plain 河食平野 **126**
fluvial erosion terrace 河成侵食段丘 **129**
fluvial erosion valley 河川侵食谷 **134**
fluvial erosion valley 流水侵食谷 **914**
fluvial geomorphology 河川地形学 **135**
fluvial lake 河成湖 **129**
fluvial landform 河成地形 **130**
fluvial landform 河川地形 **135**
fluvially eroded landform 河食地形 **126**
fluvial plain 河成低地 **130**
fluvial sediment 河成堆積物 **129**
fluvial system 河川システム **134**
fluvial system anomaly 河系異常 **94**
fluvial terrace 河成段丘 **129**
fluvial terrace surface 河成段丘面 **130**

fluvioglacial deposit フルビオグレイシャル堆積物 **790**
fluvioglacial deposit 融氷河流堆積物 **878**
fluvioglacial process 融氷河流作用 **878**
fluvioglacial terrace 融氷河成段丘 **878**
fluvioglacial terrace フルビオグレイシャル段丘 **790**
fluviokarst フルビオカルスト **790**
fluviraption 流奪作用 **915**
flysch フリッシュ **787**
foam line 泡立ち線 **14**
focal mechanism 発震機構 **722**
focus 震源 **393**
foehn フェーン **772**
fog 霧 **203**
foggara フォガラ **773**
fold 褶曲 **360**
fold-and-thrust belt 褶曲衝上断層帯 **362**
fold axial surface 軸面【褶曲の】 **324**
fold axial surface 褶曲軸面 **362**
fold axis 褶曲軸 **362**
folded mountain 褶曲山地 **362**
folding 褶曲運動 **361**
folding 褶曲作用 **362**
fold landform 褶曲地形 **362**
fold landform 褶曲変位地形 **363**
fold mountain 褶曲山地 **362**
fold structure 褶曲構造 **361**
fold topography 褶曲地形 **362**
fold zone 褶曲帯 **362**
foliation 片理 **816**
foliation 葉状構造 **887**
following landform 次地形 **341**
footwall 下盤 **341**
foraminifera 有孔虫 **876**
forearc basin 前弧海盆 **457**
foredeep 前縁盆地 **454**
foredune 前砂丘 **837**
foreland 前地 **837**
foreland フォアランド **772**
Forel's standard color フォーレルの標準水色 **772**
fore scarp of terrace 前面段丘崖 **465**
fore scarp of upland 台地崖 **492**
foreset bed 前置層 **464**
foreset slope 前置斜面 **464**
foreshock 前震 **461**
foreshore 前浜 **838**
foreshore berm 前径浜 **838**
foreshore slope 前浜勾配 **838**
forest conservation works 治山事業 **578**
forest fire 山火事 **870**
forest limit 森林限界 **404**
forest line 森林限界 **404**
forest peat 森林泥炭 **404**
forest road 林道 **923**
forest steppe 森林ステップ **404**
formation 累層 **925**
formation of specific landform 地形の形成 **567**
formation of terrace 段化 **516**

formation of terrace 段丘化 516
formative agent 形成営力【地形の】 224
formative age of terrace 段丘形成期 517
formative process 形成過程【地形の】 225
formative time 形成時間【地形の】 225
form drag 形状抵抗 224
former channel 流路跡地 918
former channel 河道跡 143
former ground surface 原地表面 233
former shoreline 旧汀線 194
form factor 形状係数【流域の】 224
form factor of basin 流域形状係数 907
form of confluence 合流形態 256
form resistance 形の抵抗 138
form resistance 形状抵抗 224
form system 斜面系統 353
Fossa Magna フォッサマグナ 773
fossil assemblage 化石群集 132
fossil bed 化石層 132
fossil involution 化石インボリューション 131
fossilized dune 化石砂丘 132
fossil karst 化石カルスト 131
fossil lake 化石湖 132
fossil men 化石人類 132
fossil patterned ground 化石構造土 132
fossil periglacial phenomenon 化石周氷河現象 132
fossil periglacial slope 化石周氷河斜面 132
fossil soil 化石土壌 132
fossil surface 化石面 133
fossil valley 化石谷 132
foundation 基礎 187
fractal フラクタル【地形学における】 785
fractal dimension フラクタル次元【地形の】 785
fractional expression 傾斜分数【斜面の】 223
fracture 破壊 714
fracture 破断 721
fractured spring 裂罅泉 931
fracture zone 断裂帯 535
fracture zone 割れ目帯 939
fracturing 裂動 931
fragmentation 分断化【生態系の】 800
free-air anomaly フリーエア異常 787
free atmosphere 自由大気 365
free face フリーフェイス 787
free face 自由面【斜面の】 369
free fall 自由落下 369
free groundwater 自由地下水 366
free meander 自由蛇行 365
free meander 自由曲流 363
free oxide 遊離酸化物 879
free water table 自由地下水面 366
free wave 自由波 367
freeze-thaw action 凍結融解作用 645

freeze-thaw cycle 凍結融解サイクル 645
freezing and thawing 凍結融解 645
freezing degree-days 積算寒度 442
freezing front 凍結面 645
freezing index 凍結指数 645
freezing period 凍結期間 644
frequency 度数 670
frequency 頻度 760
fresh water 淡水 523
freshwater lake 淡水湖 523
frictional head loss 摩擦損失水頭 840
frictional resistance 摩擦抵抗 840
friction coefficient 抵抗係数 619
friction crack 圧擦割れ目 8
friction slope 摩擦勾配 840
friction velocity 摩擦速度 840
fringing reef 裾礁 201
front 前線 462
frontal precipitation 前線性降雨 462
frost 霜 349
frost action 凍結融解作用 645
frost action 凍結作用 645
frost blister フロストブリスター 794
frost creep フロストクリープ 794
frost depth 凍結深 645
frost fissure 凍結割れ目 645
frost heave (frost heaving) 凍上 647
frost mound 凍結丘 644
frost-shattered gravel 凍結破砕礫 645
frost shattering 凍結破砕 645
frost shattering 凍結風化 645
frost shattering 凍結破砕作用 645
frost sorting 結氷淘汰作用 228
frost susceptibility 凍上性 647
frost weathering 凍結風化 645
Froude number フルード数 789
Froude's similarity law フルードの相似則 789
frozen ground 凍土 650
frozen soil 凍土 650
fulgurite フルグライト 790
fulgurite 閃電岩 464
fulgurite 雷管石 892
full 浜堤 759
full mature mountain 満壮年山地 846
full maturity 満壮年期【侵食輪廻の】 846
full-scale avalanche 全層雪崩 462
full-scale avalanche 底雪崩 479
fully saturated soil 飽和土 824
fulvic acid フルボ酸 790
fumarole 噴気孔 797
fumarolic activity 噴気活動 797
fumarolic gas 噴気 797
fundamental geospatial data 基盤地図情報 189
funnel-shaped valley アサガオ谷 7
furrow 海渠 70
furrow 堤間凹地 618
furrow 掘れ溝 832
furrow 溝 851

■ G
gabbro 斑れい（糲）岩 732
gabbro ガブロ 145
gabion 蛇籠（篭）350
gaerome clay 蛙目粘土 90
Gaia ガイア 64
gaining stream 得水河川 654
gaining stream 得水河流 654
gaining stream 流量涵養河流 917
Galapagos-type caldera ガラパゴス型カルデラ 146
gap 海裂 89
gap ギャップ【森林の】 192
gap 海隙 71
garaa ガラ 146
garland 花綵土 99
garnet ざくろ（柘榴）石 290
gaseous phase 気相 187
gash 裂目谷 290
gas hydrate ガスハイドレート 127
Gauss normal chron ガウス正磁極期 89
gelifluction ジェリフラクション 320
gendarme ジャンダルム 360
General Bathymetric Chart of the Oceans, GEBCO 317
general circulation of the atmosphere 大気大循環 484
general geology 物理地質学 782
general movement of nearshore sediment 全面移動 465
genetic soil type 土壌型 658
gentle slope 緩斜面 162
gentle slope beach 緩斜海岸 162
geoanticline 地背斜 590
geochemical cycle 地球化学循環 543
geochemical cycle 地化学循環 537
geochemical prospecting 地球化学探査 543
geochronologic age 数値年代 421
geochronologic unit 地質年代単元 584
geochronologic unit 年代単位 704
geochronologic unit 地質時間区分単位 582
geocryology 凍土学 650
geodesy 測地学 477
geodetic datum origin 経緯度原点 219
geodetic surveying 測地測量 477
geodynamics 地球動力学 546
geodynamics ジオダイナミクス 321
geodynamics 地球ダイナミクス 546
geodynamics 地球力学 548
geoecology 地生態学 586
geographical cycle 地理学的輪廻 605
geographical environment 地理環境 605
geographical feature 地勢 586
geographical geomorphology 地形誌論 563
geographic coordinate 経緯度 219
geographic information system GIS 317
geographic information system 地理情報システム 606

geography　地理学　605
geohistory　地球史　544
geoid　ジオイド　320
geoidal height　ジオイド高　320
geological age　形成時代【地形の】225
geological age　地質時代　582
geological agent　地営力　581
geological compass　クリノメーター　214
geological compass　地質コンパス　582
geological cross section　地質断面図　583
geological discontinuity　地質的不連続面　584
geological map　地質図　583
geological oceanography　海底地質学　82
geological process　地質作用　582
geological structure　地質構造　582
geological survey　地質調査　584
geological system　地質系統　582
geologic column　地質柱状図　583
geologic column　柱状図　595
geologic cycle　地質循環　583
geologic division　地質区分　582
geologic horizon　層準　471
geologic investigation　地質調査　584
geologic mapping　地質図学　583
geologic phenomenon　地質現象　582
geologic province　地質区　582
geologic time　絶対時間　448
geologic time　地質年代　584
geology　地質　581
geology　地質学　581
geomagnetic excursion　地磁気エクスカーション　578
geomagnetic field　地球磁場　544
geomagnetic field　地磁気　578
geomagnetic jerk　地磁気ジャーク　580
geomagnetic polarity epoch　地磁気逆転のエポック　579
geomagnetic polarity event　地磁気逆転のイベント　579
geomagnetic polarity time scale　地磁気極性年代　579
geomagnetic reversal　地球磁場の逆転　545
geomagnetic secular variation　地磁気永年変化　578
geomagnetic stratigraphy　古地磁気層序　272
geomorphic agency　地形営力　550
geomorphic agent　地形営力　550
geomorphic agent　営力　38
geomorphic agent of higher level　高次営力　244
geomorphic agent of lower level　低次営力　620
geomorphic boundary　地形界線　552
geomorphic cycle　地形輪廻　577
geomorphic factor　地形因子　549
geomorphic feature　地形相　564
geomorphic hazard　地形災害　559
geomorphic identification　地形種の同定　562
geomorphic identification　同定【地形種の】649
geomorphic landscape　地形景観　557
geomorphic photo　地形写真　560
geomorphic process　地形過程　556
geomorphic process　地形プロセス　575
geomorphic quantity　地形量　577
geomorphic section　地形断面図　565
geomorphic setting　地形場　571
geomorphic sketch　地形スケッチ　563
geomorphic species　地形種　560
geomorphic surface　地形面　576
geomorphic thought　地形思想　560
geomorphological equation　地形学公式　553
geomorphological hierarchy of landform material　地形物質の地形学的階層区分　574
geomorphological map　地形学図　556
geomorphological map　地形分類図　575
geomorphological method　地形学的方法　556
geomorphological process　地形過程　556
geomorphological process　地形形成過程　558
geomorphological process　地形形成作用　558
geomorphology　地形学　553
geomorphometry　地形計測【地形図による】558
geomorphometry　地形計測【DEMによる】559
geopark　ジオパーク　321
geophysical exploration　物理探査　781
geophysical prospecting　物理探査　781
geophysical prospecting　地球物理探査　548
geophysics　地球物理学　547
geopotential　ジオポテンシャル　321
geopressured reservoir　異常高圧貯留層　19
geopressurized reservoir　異常高圧貯留層　19
geoscience　地球科学　542
geoslicer　ジオスライサー　321
geospatial information　地理空間情報　606
geostationary weather satellite　静止気象衛星　434
geostrophic wind　地衡風　578
geosyncline　地向斜　577
geotechnical engineering　土質工学　656
geotechnics　応用地質学　51
geotechnics　地質工学　582
geotectonic line　構造線　249
geotectonic map　テクトニックマップ　630
geothermal activity　地熱活動　589
geothermal exploration　地熱探査　589
geothermal field　地熱地帯　590
geothermal gradient　地温勾配　536
geothermal power generation　地熱発電　590
geothermometer　地質温度計　581
geothermy　地熱　589
geotope　ゲオトープ　227
geotope　ジオトープ　321
Gerstner wave　ゲルストナーの波　228
geyser　間欠泉　161
ghourd　グールド　207
Ghyben-Herzberg principle　ガイベン・ヘルツベルグの法則　85
giant cusps　巨大カスプ　202
giant dune　巨大砂丘　202
giant landslide　巨大崩壊　202
giant (-sized) river　巨大河川　202
giant tsunami　巨大津波　202
gibbsite　ギブサイト　190
gigantic landslide　巨大崩壊　202
Gilbert reversed chron　ギルバート逆磁極期　204
gilgai　ギルガイ　203
gjá　ギャオ　190
Glacial　氷期　748
glacial anticyclone　氷河性高気圧　746
glacial basin　ロックベイズン【氷河性】935
glacial control theory　氷河制約説【サンゴ礁の】746
glacial drift　ティル　626
glacial drift　ドリフト　678
glacial drift　漂礫土　757
glacial erosion　氷食　752
glacial erosion　氷食作用　753
glacial erosion cycle　氷食輪廻　754
glacial erosion cycle　氷河輪廻　748
glacial eustasy　氷河性海面変動　746
glacial eustasy　氷河性海水準変動　746
glacial eustasy　氷河性海面変化　746
glacial hanging valley　氷河懸谷　744
glacial high　氷河性高気圧　746
glacial-interglacial cycle　氷期-間氷期サイクル　748
glacial isostasy　氷河性アイソスタシー　746
glacial isostasy　氷河性地殻均衡　746
glacial lake　氷河湖　744
glacial lake　氷食湖　752
glacial lake　氷成湖　755
glacial lake outburst flood　氷河湖決壊洪水　744
glacial landform　氷成地形　755
glacial landform (topography)　氷河地形　746
glacial-margin stream　氷接水流　755
glacial meal　岩紛　175
glacial moraine　氷堆石　756
glacial period　氷期　748
glacial period　氷河拡大期　744
glacial polish(ing)　研磨面　234
glacial pothole　氷河ポットホール　748

英語索引

glacial process 氷河プロセス 748
glacial process 氷河過程 744
glacial shoreline 氷河性海岸線 746
glacial soil 氷河土 747
glacial soil 氷積土 755
glacial stage 氷期 748
glacial stage snowline 氷期の雪線 749
glacial striae 氷河擦痕 745
glacial striae 擦痕 292
glacial striae 氷食擦痕 753
glacial tower 氷塔 756
glacial trough 氷食谷 752
glaciated clast 氷食礫 754
glaciated col 氷食鞍部 752
glaciated landform 氷食地形 754
glaciated mountain 氷食山地 753
glaciated peneplain 氷食準平原 754
glaciated plain 氷食平原 754
glaciated ridge 氷食山稜 754
glaciated rock hill 氷食円頂丘 752
glaciated valley 氷食谷 752
glaciation 氷河作用 745
glaciation 氷期 748
glacier 氷河 743
glacier science 氷河学 743
glacieret 小氷河 383
glacier flow 氷河流動 748
glacier ice 氷河氷 744
glacier milk グレイシャーミルク 215
glacier milk 氷河乳 747
glacier snout 氷舌端 756
glacier surge 氷河サージ 744
glacier surge サージ 280
glacier tongue 氷舌 755
glacio-eustasy 氷河性海面変動 746
glacio-eustatic terrace 氷河性海面変動段丘 746
glacio-fluvial deposit フルビオグレイシャル堆積物 790
glacio-fluvial process 融氷河流作用 878
glacio-hydro isostasy グレイシオハイドロアイソスタシー 215
glacio-lacustrine landform 氷河湖成地形 744
glacio-lacustrine sediment 氷河湖成堆積物 744
glaciology 雪氷学 449
glaciology 氷河学 743
glacio-marine process 氷河・海成作用 743
glaciotechtonics 氷河テクトニクス 747
glacitectonics 氷河テクトニクス 747
glacitectonite 氷河テクトナイト 747
glanulite グラニュライト 212
glanulite facies グラニュライト相 212
gleichformige Entwicklung 同形発達【斜面の】 644
glen 渓谷 221
Glen-Coe-type caldera グレンコー型カルデラ 216
Glen's flow law グレンの流動則 216
gley soil グライ土 211

gleysol グライ土 211
gleyzation グライ化作用 210
glide グライド 211
gliding 滑動【落石の】 142
gliding tectonics グライディングテクトニクス 211
gliding tectonics 滑動構造論 142
global climate model 地球気候モデル 543
global climate model 全球気候モデル 456
global ecosystem 地球生態系 546
Global Map 地球地図 546
global navigation satellite system GNSS 317
global positioning system GPS 319
global positioning system 汎地球測位システム 729
global positioning system and inertial measurement unit GPS・IMU 装置 319
globe 地球儀 543
glowing avalanche 熱雲 699
glowing cloud 熱雲 699
gnamma ナマ 685
gneiss 片麻岩 816
gneissose texture 片麻状組織 816
gneissosity 片麻状組織 816
GNSS-based control station 電子基準点 637
GNSS earth observation network system GEONET 321
GNSS surveying GNSS 測量 317
goethite ゲータイト 227
goethite ゲーサイト 227
goethite 針鉄鉱 402
gorge 峡谷 197
gorge 狭窄部 197
gorge 渓谷 221
gorge 狭窄 197
gorge ゴルジュ 277
Gotlandian ゴトランド紀 275
GPS surveying GPS 測量 319
graben 地溝 577
graben 地溝帯 578
graben グラーベン 210
gradation グラデーション 212
gradation 粒度組成【土の】 915
grade 平衡 803
grade グレード 215
graded-bedding 級化層理 193
graded river 平衡河川 803
graded river 平滑河川 802
graded shoreline 平滑海岸線 802
graded slope 平滑斜面 802
graded slope 平衡斜面 804
grade scale 粒径区分 913
gradient 勾配【地形の】 253
gradient current 傾斜流 224
gradient of fall-line 落水線勾配【DEMによる】 893
gradient ratio 傾斜比【斜面の】 222
gradient wind 傾度風 226
grading 級化 192
grading グレーディング 215
grain diameter 粒径 913
grain shape 粒形 912

grain size 粒径 913
grain size 粒度 915
grain size analysis 粒度分析 915
grain size analysis 粒径分析 913
grain size analysis using beaker ビーカー法 733
grain size classification 粒径区分 913
grain size distribution 粒径分布 913
grain size distribution 粒度組成【土の】 915
grain size distribution 粒度分布 916
grain size distribution curve 粒度曲線 915
granite 花崗岩 96
granite dome 花崗岩ドーム 96
granite porphyry 花崗斑岩 97
granite porphyry 花崗岩ポーフィリー 96
granitic mountain 花崗岩山地 96
granodiorite 花崗閃緑岩 97
granular exfoliation 粒状剥脱 914
granule グラニュール 212
granule 細礫 286
granule 小礫 385
granule ripple グラニュール・リップル 212
granulometric analysis 粒度分析 915
grassland 草原 469
grassland soil 草原土壌 469
gravel 砂利 360
gravel 礫 928
gravel bed 礫層 929
gravel bed channel 礫床河川 929
gravel bed river 礫床河川 929
gravel desert 礫砂漠 928
gravelly bed 礫質層 929
gravelly lowland 礫質低地 929
gravelly plain 礫質低地 929
gravel veneer 沖積薄層 598
gravel veneer ベニア礫層 809
gravitational drainage 重力排水 371
gravitational gliding 重力滑動 370
gravitational spreading 重力性匍行 370
gravitational water 重力水 370
gravity 重力 369
gravity anomaly 重力異常 369
gravity drainage 自然排水 341
gravity fault 重力断層 370
gravity gliding 重力滑動 370
gravity measurement 重力測定 370
gravity survey 重力探査 370
gravity wave 重力波 370
graywacke グレイワッケ 215
great earthquake 巨大地震 202
Great Rift Valley アフリカ大地溝帯 11
greening 緑化 922
Greenland ice sheet グリーンランド氷床 213
green manure 緑肥 922
greenschist 緑色片岩 922
greenschist facies 緑色片岩相 922
green tuff グリーンタフ 213
grèze litée グレーズリテ 215

grike　グライク　211
grike　割れ目カレン　939
groin　水制　411
groin　突堤　675
groove　条溝【氷河の】　379
groove　氷食溝　752
groove　海食溝　73
ground　地盤　346
ground amplification　地盤増幅　346
ground disaster　地盤災害　346
ground fissure　開口割れ目　71
ground fissure　開口地割れ　71
ground heaving　盤膨れ　730
ground ice　地下氷　539
ground ice　地中氷　589
ground ice mound　凍結丘　644
grounding line　接地線　448
ground inversion　接地逆転　448
ground laser scanner surveying　地上レーザ測量　585
groundmass　石基　446
ground moraine　グラウンドモレーン　211
ground moraine　底堆石　622
ground rumbling　地響き　347
ground subsidence　地盤沈下　346
ground-surface condition　地表条件　590
ground surge　グラウンドサージ　211
ground surveying　地上測量　585
ground truth　グランド・トゥルース　212
groundwater　地下水　539
groundwater basin　地下水盆　541
groundwater cascade　地下水瀑布　541
groundwater contamination　地下水汚染　539
groundwater discharge　地下水流出　541
groundwater flow system　地下水流動系　541
groundwater issue　地下水障害　540
groundwater management　地下水管理　539
groundwater monitoring　地下水のモニタリング　541
groundwater mound　地下水堆　540
groundwater pollution　地下水汚染　539
groundwater recharge　地下水涵養　539
groundwater resource　地下水資源　540
groundwater ridge　地下水嶺　542
groundwater soil type　地下水土壌型類　540
groundwater table　地下水面　541
groundwater trench　地下水谷　540
group　層群　469
group of small waterfalls　小滝群　271
group velocity　群速度　218
growing period　生育期【植物の】　431
grus　マサ　839
grus　マサ土　840
gryke　グライク　211
guano　グアノ　206

guide levee　導流堤　653
gulf　湾　939
gulf　海湾　89
Gulf Stream　湾流　940
Gulf Stream　ガルフストリーム　156
Gulf Stream　メキシコ湾流　857
gull　ガル　148
gully　雨裂　34
gully　ガリー　147
gully　涸れ谷　156
gully　地隙　577
gully erosion　ガリー侵食　147
gully erosion　地隙侵食　577
gumbotil　ガンボティル　176
Günz glaciation　ギュンツ氷期　196
Günz-Mindel interglacial　ギュンツ-ミンデル間氷期　196
gust　突風　675
Gutenberg and Richter formula　グーテンベルグ・リヒター式　207
gutter　侵食溝　396
guyot　平頂海山　806
guyot　ギョー　196
gypsum　石膏　447
gyttia　ギッチャ　188
gyttja　骸泥　80
gyttja　ギッチャ　188
gyttja　ユッチャ　880

■ H
habitat　ハビタット　724
hachures　けば【地図の】　228
Hack's law　ハックの法則　722
haematite　赤鉄鉱　443
Hagen-Poiseuille's law　ハーゲン・ポアズイユの法則　710
hailfall　降雹　254
hairpin dune　ヘアピン砂丘　802
half graben　半地溝　729
halite　岩塩　157
halloysite　ハロイサイト　727
halophilous plant　塩生植物　47
halophyte　塩生植物　47
hamada　ハマダ　724
hammocky moraine　ハンモッキーモレーン　730
hammocky moraine　ハンモック堆石　731
hand auger　ハンドオーガー　730
hanging glacier　懸垂氷河　231
hanging valley　懸谷　230
hanging valley　ハンギングバレー　728
hanging valley　氷食懸谷　752
hanging wall　上盤　34
Haq curve　ハック曲線　721
hardness　硬度　252
hardness test　硬度試験　252
hard pan　硬盤層　254
hard rock　硬岩　239
hard shale formation　硬質頁岩層　244
hard water　硬水　245
harmonic analysis　調和分析　603
harmonic type lake　調和型湖沼　603
harmonic type lake　調和湖　603
Härtling　ヘルトリンク　810

harzburgite　ハルツバージャイト　726
Hawaiian(-type) eruption　ハワイ式噴火　727
haystack hill　ヘイスタック　805
hazard　ハザード　718
hazard factor　災害因子　281
hazard map　ハザードマップ　718
head　鼻　723
head　ヘッド　808
headland　岬　849
headland　岬角　238
headland control　ヘッドランド工法　808
headward capture　頭方争奪　651
headward erosion　谷頭侵食　264
headward erosion　後退侵食　251
headward erosion　頭部侵食　651
headward erosion　頭方侵食　651
head works　頭首工　647
heat balance　熱収支　699
heave　持ち上がり　864
heave　ヒーブ　735
heaving　ヒービング　735
heavy clay soil　重粘土　367
heavy mineral　重鉱物　364
heavy mineral analysis　重鉱物分析　364
heavy rain　豪雨　237
heavy rain warning　大雨警報　53
heavy snow　豪雪　248
heavy snowfall　豪雪　248
height　高度　252
height　高さ　499
height above sea level　海抜高度　84
height of runoff　流出高　914
height-ratio of slope segment　斜面比高構成比　356
Heinrich event　ハインリッヒ・イベント　714
helical flow　らせん流　896
helictite　ヘリクタイト　809
helictite　曲がり石　838
hematite　赤鉄鉱　443
hematite　ヘマタイト　809
hemipelagic deposit　半遠洋性堆積物　727
hermatypic coral　造礁サンゴ　471
heterogeneous　不均質　774
heterotopic facies　同時異相　646
Hettner stone　ヘットナー石　808
hiatus　ハイアタス（ハイエイタス）　711
high-angle fault　高角断層　238
high drainage density　高谷密度　251
high drainage density　高排水密度　254
higher terrace　高位段丘　237
highest point　最高点【地形の】　281
highest wave　最大波　284
highland　高地　251
highly permeable rock　高透水性岩　252
high moor　丘モール　55
high moor　高位泥炭地　237
high moor　高層湿原　249
high moor　高位泥炭　237

high mountain　高山　**243**
high mountain　山岳　**302**
high mountain landform　高山地形　**244**
high mountain　高山型山地　**243**
high pressure　高気圧　**240**
high-relief mountain　大起伏山地　**484**
high-resolution precipitation nowcasting　高解像度降水ナウキャスト　**238**
high sea　公海　**238**
high sea-level period　高海面期　**238**
high-standard levee　高規格堤防　**240**
high tide　高潮　**251**
high tide　満潮　**846**
high tide level　高潮位　**251**
high tide platform　高潮位ベンチ　**251**
high water　高潮　**251**
high water　満潮　**846**
high water bed　氾濫原　**731**
high water channel　高水敷　**246**
high water level　高水位　**246**
high water level　3カ月水位　**306**
high water platform　高水位プラットホーム　**246**
high water shoreline　高潮（位）汀線　**251**
high water shoreline　高潮海岸線　**251**
hill　海丘　**70**
hill　丘陵　**195**
hill　丘陵地　**195**
hillfoot gentle slope　丘麓緩斜面　**196**
hillside　山腹　**314**
hillside（slope）　丘腹斜面　**195**
hillside ridge　ヒルサイドリッジ　**758**
hillside slope　山腹斜面　**314**
hillslope　山腹斜面　**314**
hillslope　斜面　**352**
hillslope material　斜面物質　**356**
hillslope revegetation works　山腹緑化工　**314**
hilltop gentle slope　丘頂緩斜面　**194**
hill zone　丘陵帯　**195**
hinge　ヒンジ　**759**
hinge fault　蝶番断層　**602**
hinge line　ヒンジライン【広域地殻変動の】　**759**
hinge line　ヒンジ線　**759**
historical earthquake　歴史地震　**928**
historical geology　地史学　**578**
historical geomorphology　地形発達史論　**573**
historical geomorphology　発達史地形学　**722**
historic period　歴史時代　**928**
history of landform development　地形発達史　**572**
Hjulström's diagram　ユルストローム図　**880**
Hjulström's diagram　ヒュルシュトローム図　**743**
H layer　H層　**38**
Hochgebirgesform　高山形　**243**
hogback　ホッグバック　**829**
hogback　豚背　**780**

hogback　ホグバック　**826**
hog's back　ホッグバック　**829**
hollow　凹地　**51**
hollow　窪地　**210**
hollow　シュレンケ　**375**
hollows　パンキャン　**728**
Holocene　完新世　**163**
Holocene basal gravel　完新世基底礫層　**164**
Holocene coral reef　完新世サンゴ礁　**164**
Holocene marine terrace　完新世海成段丘　**164**
Holocene relative sea-level curve　完新世相対的海面変動曲線　**164**
Holocene series　完新統　**164**
Holocene terrace　完新世段丘　**164**
Holocene transgression　完新世海進期　**163**
holocrystalline　完晶質　**163**
holomictic lake　全循環湖　**458**
Holstein interglacial　ホルスタイン間氷期　**832**
Homate　ホマーテ　**830**
homoclinal ridge　同斜山稜　**647**
homoclinal ridge　等斜山稜　**647**
homoclinal ridge　ホモクリナル山稜　**830**
homoclinal valley　同斜谷　**647**
homocline　同斜　**647**
homogeneous　均質　**204**
homogenetic hillslope　単式斜面　**522**
honeycomb structure　蜂の巣（状）構造　**721**
honeycomb structure　ハニカム構造　**723**
hoodoo　マッシュルームロック　**842**
hoodoo　フードー　**771**
hooked spit　鉤状砂嘴　**92**
horizon　層準　**471**
horizon　層位　**467**
horizontal dip　水平盤　**416**
horizontal dip slope　水平盤斜面　**416**
horizontal displacement　水平変動量　**416**
horizontal length of slope　斜面の水平長　**355**
horizontal scale　水平縮尺　**416**
horizontal shore platform　平坦波食面　**805**
horizontal shortening　水平短縮歪み　**416**
horizontal spacing of contours　等高線距離　**646**
horizontal strain rate　水平歪み速度　**416**
horizontal well　横井戸　**890**
horn　尖峰　**465**
horn　ホルン　**832**
horn　切載峰　**447**
horn　氷食尖峰　**754**
hornblendite　角閃石岩　**92**
hornfels　ホルンフェルス　**832**
hornfels ridge　ホルンフェルス尾根　**832**
hornito　ホーニト　**825**
horseshoe-shaped caldera　馬蹄形カルデラ　**723**

horst　地塁　**606**
horst　ホルスト　**832**
horst mountain　地塁山地　**606**
Hortonian overland flow　ホートン型地表流　**824**
Horton's law of basin area　流域面積比一定の法則　**910**
Horton's law of stream length　水路長比一定の法則　**420**
Horton's laws　ホートンの法則　**825**
Horton-Strahler's method　ホートン・ストレーラー法　**825**
host rock　母岩　**826**
hot spot　ホットスポット　**829**
hot spring　温泉　**61**
HRT diagram　HRTダイアグラム　**38**
Hubbert's potential　ヒューバート・ポテンシャル　**743**
hum　フム　**784**
human geography　人文地理学　**403**
humic acid　腐植酸　**778**
humic soil　腐植土　**779**
humic substance　腐植物質　**779**
humid cycle　湿潤輪廻　**342**
humid fan　湿潤扇状地　**342**
hummock　流れ山　**684**
hummock　ブルテ　**790**
hummocky cross-stratification　ハンモック状斜交層理　**730**
humus　腐植　**778**
humus accumulation　腐植集積作用　**778**
humus horizon　腐植層　**778**
Hurst phenomena　ハースト現象【地形における】　**710**
hyaloclastite　ハイアロクラスタイト　**711**
hyaloclastite　水冷破砕岩　**418**
hydrarch succession　湿性遷移　**343**
hydrated layer　水和層　**421**
hydration　水和作用　**420**
hydration　水和　**420**
hydration layer　水和層　**421**
hydraulic conductivity　水頭拡散率　**415**
hydraulic conductivity　透水係数　**648**
hydraulic conductivity　水理伝導率　**418**
hydraulic elutriation　水簸　**415**
hydraulic geometry　水理幾何　**417**
hydraulic gradient　動水勾配【開水路などの】　**648**
hydraulic gradient　動水勾配【地下水の】　**648**
hydraulic head　水頭　**415**
hydraulic head　水理水頭　**417**
hydraulic jump　跳水　**600**
hydraulic mean depth　動水深　**648**
hydraulic radius　径深　**224**
hydraulics　水理学　**417**
hydraulics　水力学　**417**
hydrocatena　水分カテナ　**415**
hydrogenic soil　水成土壌　**412**
hydrogeography　水文誌　**417**
hydrogeological map　水理地質図　**418**

hydrogeological map 水文地質図 417
hydrogeology 水文地質学 417
hydrogeology 水理地質学 418
hydrogeomorphology 水文地形学 417
hydrograph ハイドログラフ 713
hydrograph 流量時間曲線 918
hydro-isostasy ハイドロアイソスタシー 713
hydrological cycle 水循環 851
hydrological cycle 水文循環 417
hydrological map 水文地図 417
hydrologic year 水年 415
hydrology 水文学 416
hydrology 陸水学 901
hydrolysate 水解岩 407
hydrolysates 加水分解堆積物 127
hydrolysis 加水分解 127
hydrolyzate 水解岩 407
hydrometeorology 水文気象学 417
hydrometer 浮秤 30
hydrometer 比重計 738
hydrometry 流量測定法 918
hydrometry with weir 堰測法 443
hydromorphic soil 水成土壌 412
hydrooxide mineral 水酸化鉱物 409
hydrosphere 水圏 409
hydrostatic pressure 静水圧 434
hydrothermal alteration 熱水変質作用 699
hydrothermal convection (circulation) system 熱水対流系 699
hydrothermal karst 温水カルスト 60
hygrometer 湿度計 344
hygrophyte 湿生植物 343
hypabyssal rock 半深成岩 729
hyperconcentrated streamflow 土砂流 657
hypertrophic lake 過栄養湖 90
hypocenter 震源 393
hypocentral distance 震源距離 393
hypocentral region 震源域 393
hypolimnion 深水層 401
Hypsithermal ヒプシサーマル 742
hypsographic curve 面積高度曲線 859
hypsometric analysis ヒプソメトリック分析 742
hypsometric curve 面積高度比曲線 859
hypsometric curve ヒプソメトリック曲線 742
hysteresis ヒステリシス 739

■ I
ice age 氷河時代 745
ice-albedo feedback アイス-アルベド・フィードバック 2
ice avalanche 氷河崩壊 748
iceberg 氷山 750
ice cap 氷冠 748
ice cap 氷帽 757
ice cap 氷帽氷河 757
ice cascade アイスフォール 2
ice cave 氷穴 749

ice-complex アイスコンプレックス 2
ice contact sediment 氷接堆積物 755
ice core 氷床コア 751
ice-cored moraine 氷核モレーン 744
ice crust 氷殻 744
ice-dammed lake 氷河湖 744
ice drilling 氷床掘削 751
icefall アイスフォール 2
icefall 氷瀑 756
ice filament 霜柱 349
Iceland-type eruption アイスランド式噴火 3
ice lens アイスレンズ 3
ice-marginal landform 氷河前面地形 746
ice melting 解氷 84
ice pillar 霜柱 349
ice-rafted debris 漂流岩屑 757
ice segregation 氷晶分離 752
ice sheet 氷床 751
ice sheet drilling 氷床掘削 751
ice shelf 氷棚 756
ice shelf 棚氷 509
ice stream 氷流 757
ice wedge 氷楔 755
ice wedge アイスウェッジ 2
ice-wedge cast アイスウェッジカスト 2
ice-wedge cast 化石氷楔 132
ice-wedge polygon アイスウェッジポリゴン 2
ice-wedge polygon 氷楔多角形土 755
icing アイシング 2
icy satellite 氷衛星 258
ideal fluid 完全流体 169
identification of geomorphic species 地形種の同定 562
idiomorphic 自形 324
igneous activity 火成活動 128
igneous activity 火成作用 129
igneous body 火成岩体 129
igneous rock 火成岩 128
ignimbrite イグニンブライト 18
ignimbrite 火砕流堆積物 101
ignimbrite hill 火砕流丘陵 100
ignimbrite plateau 火砕流台地 101
ignition loss 強熱減量 198
ill-drained paddy field 湿田 344
illimerization 粘土集積作用 706
Illinoian glaciation イリノイ氷期 25
illite イライト 24
illuviation 集積作用 365
illuviation horizon 集積層 365
imbricate structure 鱗片構造 924
imbrication インブリケーション 27
imbrication 覆瓦構造 774
immature soil 未熟土 849
immunity 免疫性【崩壊の】 858
imogolite イモゴライト 24
impact crater 衝突クレーター 381
impact cratering 天体衝突プロセス 638
impact crater lake 隕石湖 27
impermeable 不透水性 782

impermeable layer 不透水層 783
impervious 不透水性 782
impervious layer 不透水層 783
inactive volcano 休火山 193
incipient peneplain 発端的準平原 829
incised meander 河谷蛇行 98
incised meander 穿入蛇行 465
incised meander 下刻曲流 98
incised meander 嵌入曲流 174
incised meander 嵌入蛇行 174
incised meander 穿(尖)入曲流 464
incised-meandering valley 穿入蛇行谷 465
incised-meandering valley 蛇行谷 503
incised valley 穿入谷 465
inclinal fold 等斜褶曲 647
inclination 伏角 780
inclined fold 傾斜褶曲 222
inclinometer 傾斜計 222
inclosed meander 閉塞蛇行 805
incongruent dissolution 不一致溶解 762
incongruent dissolution インコングリュエント溶解 26
inconsequent river 無従河川 854
indentation hardness test 押し込み硬度試験 56
independent agent 独立営力 655
independent mountain 座【山の】 280
index contour 計曲線【地形図の】 221
index fossil 示準化石 327
index fossil 標準化石 750
index of rock discontinuity 岩盤不連続示数 175
index of steepness 険しさの指標 229
induced recharge 誘発涵養 878
indurated horizon 硬盤層 254
infiltration 浸透 402
infiltration 浸潤 395
infiltration capacity 浸透能 402
infiltration flow 浸透流 403
infiltration flow rate 浸透流速 403
infiltration force 浸透力 403
infiltration meter 浸透計 402
infinite slope 無限長斜面 853
inflection point 蛇行転向部 505
inflow river 流入河川 917
influent stream 失水河流 343
influent stream 伏流涵養河流 777
infrared optical moisture meter 赤外線水分計 440
infrared radiation 赤外放射 440
ingression 内進 681
ingrown meander 生育蛇行 431
ingrown meander terrace 生育蛇行段丘 431
ingrown meandering valley 生育蛇行谷 431
initial landform 原地形 233
initial landslide 初生地すべり 388
initial motion 初動 389
initial surface 原面 234
initial valley 初生谷 388

initial valley formed by depositional process 堆積成谷 489
initial valley formed by mass movement 集動成谷 367
initial valley formed by mass movement 集団移動成谷 366
initial valley formed by volcanic activity 火山成谷 109
injection gneiss 注入片麻岩 599
inland basin 内陸盆地 683
inland dune 内陸砂丘 682
inland ice sheet 氷床 751
inland sea 内海 681
inland water 陸水 901
inlier 内座層 681
inner arc 内弧 681
inner arc uplift zone 内弧隆起帯 681
inner bar インナーバー 27
inner reef flat 内側礁原 31
inner structure of terrace 段丘の内部構造 518
inner volcanic arc 火山性内弧 110
inorganic chemical cycle 無機化学循環 853
inorganic environment 無機環境 853
inselberg 島山 348
inselberg インゼルベルク 27
insequent river 無従河川 854
insequent stream 無従河流 854
insequent valley 無従谷 854
inshore 外浜 480
inside water level 内水位 681
in situ イン・サイチュー 28
in-situ rock test 岩盤試験 174
in-situ strain meter 地中変位計 589
in-situ test value 岩盤試験値 174
in-situ test value 現場試験値 234
insolation 日射 691
insolation weathering 日射風化 691
instrumented watershed 試験流域 324
instrument shelter 百葉箱 742
insular shelf 島棚 348
intact rock インタクトロック 27
interaction between ecosystems 生態系間相互作用 436
interbasin area 流域間地 906
interbasin water transfer 流域変更 909
interception 遮断 351
interdune corridor 廊下【砂丘の】 933
interdune hollow 丘間凹地 193
interdune hollow 砂丘間凹地 287
interdune swamp 丘間湿地 193
interdune swamp 丘間池沼 193
interferometric SAR 干渉SAR 163
interfingering 指交関係 324
interflow 中間流出 594
interfluve 河間地 92
Interglacial 間氷期 175
interglacial period 間氷期 175
interglacial stage 間氷期 175
interior basin 内陸盆地 683
interior desert 内陸砂漠 682
interior link 内節 682

interior link 内側リンク 31
intermediate (groundwater) flow system 中間流動系 594
intermediate-depth-water wave 中間水深波 593
intermediate folding 中間型褶曲構造 593
intermediate massif 中間山塊 593
intermediate moor 中間泥炭地 593
intermediate moor 中位泥炭地 592
intermediate rock 中性岩 596
intermediate-temperate forest 中間温帯林 593
intermittent river 間欠河川 160
intermittent spring 間欠泉 161
intermittent stream 間欠河川 160
intermittent stream 間欠河流 161
intermontane basin 山間盆地 306
internal agency 内的営力 682
internal deformation 内部変形【氷河の】 682
internal drainage 内陸流域 683
internal drainage 内部流域 682
internal drainage system 内陸河川 682
internal friction angle 内部摩擦角 682
internal wave 内部波 682
International System of Units 国際単位系 259
interplate earthquake プレート境界型地震 792
interplate earthquake プレート間地震 792
interpolation 補間【地形図作成上の】 825
inter-ridge channel 堤間水路 619
inter-ridge depression 堤間凹地 618
inter-ridge lake 堤間湖沼 619
inter-ridge lowland 堤間低地 619
inter-ridge marsh 堤間湿地 619
interrupted stream 断続河川 533
interrupted terrace 段丘面の非連続 520
interruption 中絶（中断）【輪廻の】 598
interruption of cycle 輪廻の中絶 924
interruption of cycle 輪廻の頓挫 924
intersected peneplain 交差（叉）準平原 242
intersected terrace 交差段丘 242
intersecting peneplain 交差（叉）準平原 242
interstade 亜間氷期 6
interstadial 亜間氷期 6
interstratified mineral 混合層鉱物 278
intertidal 瀬海 759
intertidal shore platform 潮間帯ベンチ 599
intertidal shore platform 潮間帯波食棚 599
intertidal zone 潮間帯 599
intolerant tree 陽樹 886
intradeep 山間盆地 306
intraformational conglomerate 層内礫岩 474

intraformational fold 層内褶曲 474
intraformational fold 層間褶曲 468
intraplate earthquake 直下型地震 604
intrazonal soil 成帯内性土壌 436
intrenched meander 掘削蛇行 209
intrenched meander 定置下刻曲流 624
intrinsic permeability 固有透過度 276
intrusion 貫入 174
intrusive body 貫入岩体 174
intrusive body 進入岩体 806
intrusive rock 貫入岩 174
inundation 氾濫 731
inundation disaster 内水災害 681
inundation inside levee 内水氾濫 681
inundation outside levee 外水氾濫 76
inundation water 氾濫水 732
inverse grading 逆級化 190
inversion of relief 地形の逆転 566
inversion tectonics インバージョンテクトニクス 27
inverted landform 逆転地形 191
involution インボリューション 27
ionization イオン化 18
ionosphere 電離層 640
iron age 鉄器時代 631
iron alumina soil 鉄アルミナ質土壌 631
iron pan 鉄盤 631
irregular drainage pattern 不規則状河系 773
irregular wave 不規則波 773
irrigation 灌漑 157
irrigation pond ため池 514
island 島 347
island 川中島 157
island arc 弧状列島 269
island arc 島弧 645
islands 諸島 389
island shelf 島棚 348
isobar 等圧線 641
isobath 等深線 648
isoclinal fold 等斜褶曲 647
isoclinic chart 等伏角図 651
isogonic chart 等偏角図 651
isolated hill 島状丘 348
isolated island 離島 904
isolated island 孤島 274
isomagnetic chart 磁気図 323
isometric diagram 等尺投影法 647
isopach map アイソパックマップ 4
isopach map 等層厚線図 649
isostasy アイソスタシー 3
isostasy 地殻均衡 538
isostatic anomaly アイソスタシー異常 3
isostatic anomaly 均衡異常 204
isostatic movement アイソスタティック運動 3
isothermal layer 恒温層 238
isothermal layer 不易層 772
isothermal remanent magnetization 等温残留磁化 642

isotropic rock　等方性岩　651
isotropy　等方性　651
isthmus　地峡　548

■ J
jagged crest　鋸歯状山稜　201
jagged crest　のこぎり状山稜　708
jahgaru　ジャーガル　350
Japanese geodetic datum 2000　世界測地系　439
Japanese unified geomaterials classification system　日本統一土質分類　694
Japanese unified geomaterials classification system　日本統一分類　694
Jaramillo event　ハラミヨ・イベント　726
jet stream　ジェット気流　320
jetted mud　噴泥　800
jetty　導流堤　653
joch　ヨッホ　891
joint　節理　450
joint block　節理塊　451
joint density　節理密度　452
joint interval　節理間隔　451
joint spacing　節理間隔　451
joint spring　節理泉　452
joint surface　節理面　452
joint system　節理系　451
joint valley　節理谷　452
jökulhlaup　ヨックルラウプ　891
joule　ジュール　371
Jovian system　木星系　863
jumping　跳躍【落石の】　602
junction　会合　71
junction　合流点　257
Jurassic (Period)　ジュラ紀　374
Jurassic landform　ジュラ型地形　374
juvenile material　本質物質【火山噴出物の】　833

■ K
Kaena Event　カエナイベント　90
kame　ケイム（ケーム）　226
kame moraine　ケイムモレーン　226
kame moraine　ケイム堆石　226
kamenitza　カメニツァ　146
kame terrace　ケイム段丘　226
Kanerjing　カルジン　149
kaniku　カニク　144
Kansan glaciation　カンザス氷期　162
Kante　カンテ　173
kaolin　カオリン　90
kaolinite　カオリナイト　90
kaolin mineral　カオリン鉱物　90
Kar　カール　64
^{40}K-^{40}Ar dating method　^{40}K-^{40}Ar 法　147
kārez　カレーズ　156
Karman constant　カルマン常（定）数　156
Karman vortex　カルマン渦　156
karren　カレン　156
karrenfeld　カレンフェルト　156
karst　カルスト　149
karst base level　カルスト基準面　150

karst corridor　カルスト回廊　150
karst cycle　カルスト輪廻　153
karst emergence　カルスト湧泉　153
karst erosion　カルスト侵食　151
karst lake　カルスト湖　150
karst land　カルスト地域　151
karst landform　カルスト地形　152
karst landform　溶食地形　888
karst peneplain　カルスト準平原　151
karst plateau　カルスト台地　151
karst plateau　石灰岩台地　445
karst pond　カルスト湖　150
karst region　カルスト地域　151
karst resurgence　カルスト湧泉　153
karst rise　カルスト湧泉　153
karst scenery　カルスト地形　152
karst scenery　溶食地形　888
karst schlote　カルスト煙突　149
karst spring　カルスト湧泉　153
karst terrain　溶食地形　888
karst terrain　カルスト地形　152
karst topography　カルスト地形　152
karst topography　溶食地形　888
karst valley　カルスト谷　150
karst valley　溶食谷　887
karst valley　溶解谷　881
karst window　カルストの窓　153
Kastental　箱状谷　718
katabatic wind　カタバ風　138
K-cycle concept　Kサイクルの概念　221
Kerbtal　欠床谷　228
kernbut　ケルンバット　229
kerncol　ケルンコル　228
kettle hole　ケトルホール　228
kewir　ケウィール　227
key bed　鍵層　92
kibushi clay　木節粘土　190
Kilauea-type caldera　キラウエア型カルデラ　203
kinematic viscosity　動粘係数　650
kipuka　キプカ　189
klippe　クリッペ　214
klippe　根なし地塊　702
knickpoint　遷移点　454
knick point　遷移点　454
knickpoint　遷急点　456
knickpoint　ニックポイント　691
knife edge　ナイフエッジ　682
knife ridge　尖頂状山稜　464
knife ridge　ナイフリッジ　682
knife ridge　櫛形山稜　208
knock　氷食円頂丘　752
knoll　海丘　70
knoll　ノル　709
knot　瘤【山稜の】　275
Kofun period　古墳時代　276
Konide　コニーデ　275
kora　コラ　276
Krakatoa-type caldera　クラカトア（クラカタウ）型カルデラ　211
kucha　クチャ　208
kunigami mahji　国頭マージ　210
kuroboku sand　黒ボク砂層　216
kurobokudo layer　黒ボク砂層　217
kuroboku soil　黒ボク土　216
Kuroshio　黒潮　216

kurtosis　尖度　464
Kutter's formula　クッター公式　209

■ L
laboratory experiment　室内実験　344
laboratory work　室内調査【地形学の】　344
laccolith　餅盤　806
laccolith　ラコリス　895
laccolithic dome　ラコリスドーム　895
lacustrine deposit　湖沼堆積物　267
lacustrine-longshore current　湖岸流　259
lacustrine lowland　湖岸平野　259
lacustrine lowland　湖成低地　270
lacustrine morphology　湖岸地形　259
lacustrine sediment　湖沼堆積物　267
lacustrine sediment　湖成層　270
lacustrine sediment　湖底堆積物　274
lacustrine sediment　湖成堆積物　270
lacustrine terrace　湖岸段丘　259
lacustrine terrace　湖成段丘　270
lag deposit　遅滞堆積物【風成の】　588
lagoon　礁湖　379
lagoon　ラグーン　892
lagoon　海跡湖　78
lagoon　潟　137
lagoon　潟湖　441
lagoonal depositional environment　潟堆積環境　137
lahar　火山泥流　115
lahar　ラハール　896
lahar deposit　火山岩屑流堆積物　106
lahar deposit　火山泥流堆積物　115
lake　湖沼　266
lake　沼　697
lake　湖　849
lake basin　湖盆　276
lake bathymetric map　湖盆図　276
lake beach　湖浜　275
Lake Bonneville　ボンヌビル湖　834
lake bottom　湖底　274
lake bottom plain　湖底平原　274
lake (bottom) sediment　湖底堆積物　274
lake bottom topography　湖底地形　274
lake chart　湖沼図　267
lake current　湖流　277
lake density　湖沼密度　269
lake deposit　湖沼堆積物　267
lake ice　湖氷　275
lake littoral shelf　湖棚　276
lake margin　湖脚　259
Lake Nyos　ニオス湖　689
lake sediment　湖沼堆積物　267
lake shoreline　湖岸線　259
lake side dune　湖岸砂丘　259
lake side dune　湖畔砂丘　275
lake stepoff cliff　湖棚崖　276
lake-tail river　湖尻川　269
lake water　湖水　269
lamina　葉理　889
lamina　葉層　888
lamina　ラミナ　897
laminar boundary layer　層流境界層　475

laminar flow　層流　475
laminar sublayer　層流底層　476
lamination　葉理　889
lamprophyre　ランプロファイア　898
land　陸　900
land　陸地　901
land block　地塊　536
land breeze　陸風　902
land bridge　陸橋　900
land classification　土地分類　673
land classification map　土地分類図　674
land classification survey　土地分類調査　674
land condition　土地条件　673
land condition map　土地条件図　673
land cover　土地被覆　673
landform　地形　548
landform change　地形変化　575
landform characteristic map of basin　流域地形特性図【DEM による】　907
landform classification　地形分類　575
landform classification map　地形分類図　575
landform development　地形発達　572
landform development model　地形発達モデル　573
landform material　地形材料　559
landform material　地形物質　574
landform material　地形構成物質　559
landform-shaping material　地形物質の整形物質　574
landform-shaping material　整形物質　434
landform unit　地形単位　565
land hemisphere　陸半球　902
land improvement　土地改良　673
land island　陸島　902
land reclamation　土地造成　673
landscape　景観　220
landscape　地相　587
landscape ecology　景観生態学　220
landscape element　景観要素　221
landscape geochemistry　景観地球化学　220
landscaping fake rock　造景岩　469
landside disaster　土砂災害　656
landside water　内水　681
landside water level　内水位　681
landslide　地すべり　332
landslide　ランドスライド　898
landslide area　地すべり地　333
landslide clay　地すべり粘土　335
landslide dam　地すべりダム　333
landslide dam　天然ダム　639
landslide foot　脚部【地すべりの】　191
landslide hazard　斜面災害　354
landslide landform　地すべり地形　333
landslide mass　地すべり移動体　332
landslide mass　地すべり土塊　335
landslide mound　地すべり堆　333
landslide of bulge type　膨出型地すべり　725
landslide of cap-rock type　キャップロック型地すべり　192
landslide of head-rugged mound type　頂部凹凸型地すべり　602
landslide of Hokusho-type　北松型地すべり　826
landslide of less-rugged mound type　少凹凸型地すべり　378
landslide of markedly rugged mound type　全体凹凸型地すべり　462
landslide of ridge-moved type　尾根移動型地すべり　57
landslide of terminal-raised type　末端隆起型地すべり　842
landslide of terraced mound type　階段型地すべり　79
landslide scarp　滑落崖　142
landslide susceptibility model　斜面崩壊発生度モデル　358
landslide tip　尖端【地すべりの】　463
landslide toe　地すべり尖端部　333
landslide topography　地すべり地形　333
landslip　崩壊　817
landslip　崩落　822
landslip　崖崩れ　95
landslip　山崩れ　871
landslip landform　崩落地形　823
landslip lobe　崩落堆　823
landslip scarp　崩落崖　822
landslip scarp　崩落斜面　823
land-subsidence landform　地盤沈下地形　346
land surveying　陸地測量　901
land-tied island　陸繋島　900
land use　土地利用　674
land use map　土地利用図　674
land use view　土地の利用景　673
land utilization　土地利用　674
landward plate　陸側プレート　900
lapiaz　ラピエ　897
lapies　ラピエ　897
lapilli　火山礫　120
lapilli　ラピリ　897
lapilli tuff　火山礫凝灰岩　120
Laplace equation　ラプラス方程式　897
Laplacian　ラプラシアン　897
large boulder　巨大岩塊　202
large-scale geological structure　地体構造　588
large-scale map　大縮尺図　485
large-scale pyroclastic flow　巨大火砕流　201
large-scale underground space　大規模地下空間　485
large(-sized) river　大河川　484
large slab of rock　一枚岩　22
Laschamp event　ラシャンプイベント　895
laser ranging equipment　レーザ測距装置　927
last glacial maximum　最終氷期極相期　282
last glacial maximum　最終氷期最寒冷期　282
last glacial stage　最終氷期　282
last glacial stage　最新氷期　282
last glaciation　最終氷期　282
last interglacial　最終間氷期　282

Lateglacial　晩氷期　730
late-lying snow　残雪　310
late mature mountain　晩壮年山地　729
late maturity　晩壮年期【侵食輪廻の】　729
latent heat　潜熱　465
Late Pleistocene　後期更新世　240
lateral capture　側方争奪　478
lateral crater　側火口　476
lateral erosion　側方侵食　478
lateral erosion　側方侵食作用　478
lateral erosion　側刻　480
lateral eruption　側噴火　477
lateral flow　側方流動【砂地盤の】　478
lateral moraine　側堆石　477
lateral moraine　側方モレーン　478
lateral moraine　ラテラルモレーン　896
lateral offset　横ずれ変位　890
lateral planation　側方平坦化作用　478
lateral spread　ラテラル・スプレッド　896
lateral spreading　側方流動【砂地盤の】　478
lateral volcano　側火山　476
laterite　ラテライト　896
laterite　紅土　252
latitude　緯度　22
Latosols　ラトソル　896
laurel forest　照葉樹林　384
Laurentide ice sheet　ローレンタイド氷床　934
lava　溶岩　881
lava　ラバ　896
lava apron　溶岩舞台　884
lava apron　押し出し【溶岩の】　56
lava cascade　溶岩瀑布　884
lava cascade　溶岩滝　883
lava corrugation　溶岩ジワ（じわ）　882
lava crevasse　溶岩裂け目　882
lava delta　溶岩三角州　882
lava dome　溶岩円頂丘　882
lava dome　溶岩ドーム　884
lava fan　溶岩扇状地　883
lava flow　溶岩流　884
lava-flow levee　溶岩流堤防　885
lava-flow ridge　溶岩流尾根　885
lava-flow terrace　溶岩流段丘　885
lava fountain　溶岩噴泉　884
lava fountain　溶岩泉　883
lava furrow　溶岩条溝　882
lava lake　溶岩湖　882
lava landform　溶岩地形　883
lava levee　溶岩堤防　884
lava plateau　溶岩台地　883
lava sink-crevasse　溶岩陥没溝　882
lava sink-hole　溶岩陥没孔　882
lava spine　溶岩尖　882
lava stalactite　溶岩鍾乳石　882
lava stalagmite　溶岩石筍　883
lava tree mold　溶岩樹型　882
lava tube　溶岩チューブ　884
lava tunnel　溶岩トンネル　884

lava tunnel 溶岩洞 884
law of average stream fall 水路落差の法則 420
law of basin area 流域面積の法則 910
law of basin relief 流域起伏量の法則 906
law of basin relief 起伏量比一定の法則 190
law of original continuity 地層連続の法則 588
law of original horizontality 地層水平堆積の法則 587
law of resistance 抵抗（法）則 619
law of similarity 相似則 471
law of stream length 水路長の法則 419
law of stream number 水路数の法則 419
law of stream number 水流数の法則 418
law of stream slope 水路勾配の法則 418
law of superposition 地層累重の法則 588
law of unequal slope 不均等斜面の法則 774
law of unequal slope 不等斜面の法則 782
layer tint 段彩【地図の】 521
leached horizon 洗脱層 463
leaching 溶脱 888
leaching 溶脱作用 888
leaching リーチング 899
leading fossil 示準化石 327
ledge 岩棚 25
ledge 谷中階段 261
ledge 棚 509
ledge レッジ 931
lee dune 風下砂丘 102
lee slope 風下斜面 102
left bank 左岸 286
left-hand echelon 左雁行 740
left-lateral fault 左横ずれ断層 740
leg レグ 929
legend of map 地図の凡例 586
Lehmann's equation レーマンの方程式 928
lens レンズ【岩石の】 932
lentil レンズ【岩石の】 932
lessivage 粘土集積作用 706
lessivage レシベ化作用 930
less-resistant rock 弱抵抗性岩 350
levee 堤防 625
level 水準儀 410
level レベル【測量の】 931
leveling 水準測量 410
leveling route 水準路線 410
leveling staff 標尺 750
lichenometry 地衣類年代法 536
lichenometry ライケノメトリー 892
lid リッド 904
LIDAR 航空レーザ測量 240
LIDAR contour map 航空レーザ等高線図 240
life form 生活型 432
life history 生活史 432

lift 揚力 890
lift lake 地溝帯湖 578
light detection and ranging 航空レーザ測量 240
light intensity 水中照度 413
light intensity 照度 381
lightning strike 落雷【地形営力として の】 894
Liman current リマン海流 905
limb 翼【褶曲の】 890
limepan 石灰盤 446
lime pan 石灰盤 446
limestone 石灰岩 444
limestone cave（cavern） 石灰洞 446
limestone flora 石灰岩植物 444
limestone pavement ライムストーン・ペイブメント 892
limestone pillar 石灰岩柱 445
limestone pillar 石灰石柱 446
limestone ridge 石灰岩尾根 444
limestone wall 石灰岩堤 445
limestone wall ライムストーン・ウォール 892
limnetic peat 湖成泥炭 270
limnic ratio 湖沼比 269
limnology 湖沼学 266
limnology 陸水学 901
limonite 褐鉄鉱 142
limonite リモナイト 905
lineament リニアメント 904
linear depression 線状凹地 458
linear dune 線状砂丘 888
linear erosion 線状侵食 458
linear settlement 帯状集落 58
linear wave theory 線型波理論 457
lineation 線構造 457
lineation 線状構造 458
lineation リニエーション 905
line of discontinuity 不連続線 793
line of maximum depth 流心線 914
line of outcrop 露頭線 935
link 節【水路網内の】 444
link リンク 923
link magnitude 枝路等級 391
link magnitude リンクマグニチュード 923
link magnitude リンク等級 923
liothothamnion ridge 石灰藻嶺 446
liparite 石英粗面岩 440
liquefaction 液状化【砂地盤の】 38
liquid limit 液性限界 39
liquid phase 液相 39
liquidus リキダス 900
Lishi loess 離石黄土 899
lithic fragment 石質破片 442
lithification 固結 266
lithification 石化 440
lithification 石化作用 441
lithified dune こう（膠）結砂丘 241
lithofacies 岩相 169
lithographic boundary 地層界線 587
lithologic knick point 岩石遷移点 167
lithology 岩質 162
lithosol 固結岩屑土 266
lithosphere 岩石圏 166
lithosphere リソスフェア 902

lithospheric mantle リソスフェリックマントル 903
lithostratigraphic classification 岩相層序区分 170
lithostratigraphy 岩相層序 170
lithotope リソトープ 903
litter 落葉落枝 894
litter リター 903
litter リター層 903
Little Ice Age 小氷期 383
littoral 沿岸 43
littoral 沿海 43
littoral cone リトラルコーン 904
littoral current 海浜流 85
littoral drift 漂砂 750
littoral sedimentary environment 沿岸堆積環境 44
littoral transport 沿岸漂砂 44
littoral transport 漂砂 750
littoral zone 沿岸域 44
Littorina stage リットリナ海期 904
L layer L層 43
load 荷重【河川の】 121
load 荷重【力学の】 121
load cast 荷重痕 121
load cast ロードカスト 933
loadstone ロードストーン 933
loam ローム 933
loam formation ローム層 933
lobate bed 舌状層 447
lobate delta 鳥趾状三角州 600
lobate delta 分岐三角州 798
local base level of erosion 局地的侵食基準面 200
local base level of erosion 局部的侵食基準面 201
local base level of erosion 地方的侵食基準面 591
local climate 小気候 378
local（groundwater）flow system 局地流動系 200
local peneplain 局地的準平原 200
local relief 起伏量 189
local severe rain storm 集中豪雨 366
local tsunami 近地津波 205
local wind 局地風 200
location condition 立地条件 903
location factor 立地要因 903
location of confluence 合流位置 256
Loch Lomond stadial ロッホローモンド亜氷期 935
lodgement till ロジメントティル 935
loess 黄土（こうど） 252
loess 黄土（おうど） 51
loess レス 930
loess doline 黄土陥没 252
loess doline 黄土ドリーネ 253
loess doll 黄土人形 253
loess flat-topped ridge 梁（リャン） 905
loess flat upland 塬（ユアン） 874
loess landform 黄土地形 252
loess subdued dome 峁（マオ） 838
loess topography 黄土地形 252
longitude 経度 225

longitudinal dune　縦列砂丘　**371**
longitudinal dune　縦型砂丘　**508**
longitudinal fault　縦走断層　365
longitudinal incline　縦断傾斜【段丘面の】　366
longitudinal profile　垂直断面形【斜面の】　413
longitudinal profile of clastic beach　海浜縦断形　84
longitudinal profile of graded river　平衡河川縦断形　**803**
longitudinal profile of ridge　尾根の縦断形　58
longitudinal profile of river　河床縦断面形　123
longitudinal profile of river　河床縦断形　123
longitudinal profile of river bed　河床縦断面　123
longitudinal profile of rocky coast　岩石海岸の縦断形　165
longitudinal projected profile　投影縦断面図　**641**
longitudinal river　縦流河川　369
longitudinal river profile　河川縦断面形　134
longitudinal stream　縦走河流　365
longitudinal valley　縦谷　364
longitudinal wave velocity　縦波速度　**508**
long-period wave　長周期波　**600**
longshore bar　沿岸砂州　44
longshore bar　沿岸底州　44
longshore bar　海岸州　67
longshore current　沿岸流　44
longshore current　沿岸漂流　44
longshore current　沿汀流　48
longshore current　海浜漂流　85
longshore trough　沿岸トラフ　44
longshore trough　沿岸溝　44
long wave　長波　**602**
longwave radiation　長波放射　**602**
looped bar　環状砂州　163
loosely bound water　弱結合水　350
loose stone　浮石　30
lopolith　ロポリス　**935**
Los Angeles (abrasion) machine　ロサンゼルス試験機　**935**
losing stream　失水河川　342
losing stream　失水河流　343
lost river　尻無川【カルストの】　390
lost river　末無川　422
low-altitude glaciation hypothesis　低位置氷河説　**617**
low-angle fault　低角断層　**618**
low drainage density　低谷密度　**622**
low drainage density　低排水密度　625
lower flow regime　ロアーレジーム　**933**
lower flow regime　低流領域　626
lowering of lake level　湖面低下　276
lower mantle　下部マントル　145
lower paleolithic period　前期旧石器時代　**456**
lower pond　下池　341
lower regime　ロアーレジーム　**933**

lower sand bed　下部砂層　145
lower terrace　低位段丘　**617**
lowest point　凹点【地形の】　51
lowest point　最低点【地形の】　284
lowest sea level　最低海水準　284
lowland　低地　**624**
low-lying peneplain　低位置準平原　**617**
low moor　低位泥炭地　**617**
low moor　低層湿原　**622**
low mountain　低山　**619**
low mountain landform　低山形　**620**
low pressure　低気圧　**619**
low-relief land　小起伏地　378
low-relief landform　小起伏地形　378
low-relief mountain　小起伏山地　378
low-relief surface　小起伏面　378
low sea-level period　低海面期　**618**
low-temperature pyroclastic flow　低温火砕流　**618**
low tide　干潮　172
low tide　低潮　**625**
low tide level　低潮位　**625**
low tide line　低潮線　**625**
low tide platform　低潮位ベンチ　**625**
low velocity layer　低速度層　**622**
low velocity region　地震波低速度域　331
low water　干潮　172
low water　低潮　**625**
low water level　低水位　**621**
low water level　9 カ月水位　193
low water shoreline　低潮（位）汀線　**625**
low water shoreline　低潮海岸線　625
low water works　低水工事　**621**
Lugeon test　ルジオンテスト　**926**
lunar crack　後背亀裂　253
lunar gravitation series of geomorphic agent　月引力系列営力　**610**
lunate bar　三日月型砂州　**848**
lunette　ルネット　**926**
lunette　リュネット　**921**
lysimeter　ライシメータ　**892**

■ M
maar　マール【火山の】　**835**
macroclimate　大気候　484
macrogelivation　マクロジェリベーション　**839**
macrolandform　大地形　492
mafic　苦鉄質　210
mafic　マフィック　**843**
mafic mineral　苦鉄質鉱物　210
mafic mineral　マフィック鉱物　843
magma　マグマ　**838**
magma　岩漿　163
magma ascent　マグマ上昇　**838**
magma chamber　マグマ溜まり　**839**
magma generation　マグマ生成　**839**
magma intrusion　マグマ貫入　**838**
magma ocean　マグマの海　**839**
magma reservoir　マグマ溜まり　**839**
magmatic deformation　マグマ性変動　839
magmatic differentiation　マグマの分化作用　**839**

magnetic anomaly　磁気異常　322
magnetic anomaly　地磁気異常　**578**
magnetic bearing　磁針方位　331
magnetic bearing　磁方位　347
magnetic chart　磁気図　323
magnetic dipole　双極子磁場　**468**
magnetic lineation　地磁気縞模様　**579**
magnetic mineral　磁性鉱物　336
magnetic needle　磁針　327
magnetic north　磁北　347
magnetic pole　磁極　323
magnetic survey　磁気探査　323
magnetic susceptibility　磁化率　322
magnetic susceptibility　帯磁率　**486**
magnetite　磁鉄鉱　345
magnetochronology　地磁気編年　**581**
magnetostratigraphy　地磁気層序　**580**
magnitude of earthquake　地震のマグニチュード　330
main body　主山体【火山の】　**372**
main divide　主分水界　**373**
main divide　分水嶺　**800**
main fan　主扇　372
main groundwater　本水　**834**
main levee　本堤　**834**
main river　幹川　169
main river　本流　**834**
main scarp　主滑落崖　**371**
main shock　本震　**833**
mainshock　本震　**833**
main sliding surface　主すべり面　372
main stream　本流　**834**
main stream　主流　374
main valley　主谷　**371**
main valley　本谷（ほんこく）　**832**
main valley　本谷（ほんだに）　**833**
major fault　主断層　**372**
Malan loess　馬蘭黄土　**835**
mammelon　マメロン　**843**
manbo　マンボ　**847**
manganese nodule　マンガンノジュール　**845**
mangrove　マングローブ　**845**
mangrove coast　マングローブ海岸　**846**
mangrove soil　マングローブ土　**846**
mankha　マンハ　**847**
man-made disaster　人災　**395**
man-made island　人工島　**394**
man-made lake　人造湖　**401**
man-made landform transformation　人工地形改変　**394**
man-made slope　人工斜面　**394**
man-made soil　人工改変土壌　393
Manning's formula　マニング公式　**843**
Manning's roughness coefficient　マニングの粗度係数　**843**
manometer　マノメータ　**843**
mantle　マントル　**846**
mantle convection　マントル対流　**847**
mantle lid　マントルリッド　**847**
mantle transition zone　マントル遷移層　847

mantle wedge　マントル・ウエッジ　846
map　地図　585
map digitizing　既成図数値化　186
map of channel stream system　水系図　408
map of drainage net　水系図　408
map of drainage net　河系図　94
map of drainage system　水系図　408
map of extracted contour　等高線抜描図　646
mapping spectral variability in global climate project (SPECMAP) timescale　SPECMAP 年代尺度　428
map projection　地図投影法　586
map projection　図法【地図の】　429
map reading　読図　654
map symbol　地図記号　586
marble　大理石　498
marginal basin　縁海盆　43
marginal furrow　縁溝　46
marginal groove　縁溝　46
marginal peneplain　縁辺準平原　48
marginal plateau　縁辺台地　48
marginal sea　縁海　43
marginal sea　縁辺海　48
marginal swell　マージナルスウェル　835
Mariana Trench　マリアナ海溝　845
marine abrasion surface　海食（平坦）面　74
marine accumulation terrace　海成堆積段丘　77
marine cycle of erosion　海食輪廻　74
marine depositional plain (lowland)　海成堆積低地　77
marine erosion　海食作用　73
marine erosion　海食　73
marine erosion landform　海成侵食地形　76
marine erosion surface　海成侵食面　76
marine erosion terrace　海成侵食段丘　76
marine erosive valley　海食谷　73
marine geology　海底地質学　82
marine geology　海洋地質学　87
marine ice sheet　海洋氷床　88
marine isotope stage (MIS)　海洋酸素同位体ステージ　86
marine oxygen isotope stratigraphy　海洋酸素同位体層序　86
marine peneplain　海食準平原　73
marine pothole　ポットホール【海岸の】　829
marine pothole　海食甌穴　73
marine sediment　海成層　77
marine sediment　海底堆積物　82
marine sediment　海成堆積物　77
marine snow　マリンスノー　845
marine snow　海雪　79
marine terrace　海成段丘　77
maritime plain　臨海平野　923
marl　泥灰岩　618
marl　マール【岩石の】　835
Mars　火星　127
marsh　湿地　343
marsh　低湿地　621
marsh　マーシュ　835
marshland　沼沢地　381
Martian permafrost　火星の永久凍土　131
masonry works　石積工　19
mass balance　質量収支【氷河の】　344
mass budget　質量収支【氷河の】　344
massive ice　集塊氷　360
massive rock　塊状岩　72
massive volcano　塊状火山　72
mass movement　集団移動　365
mass movement　集動　366
mass movement　マスムーブメント　840
mass-movement coast　集団移動定着海岸　366
mass-movement landform　集団移動地形　366
mass-movement landform　集動地形　367
mass rock creep　岩盤クリープ　174
mass transport　質量輸送【波の】　345
mass transport　集合運搬【岩屑の】　363
mass transport　マストランスポート　840
mass wasting　マスウェイスティング　840
master fault　主断層　372
matched terrace　対性段丘　486
matching terrace　対性段丘　486
material cycle　物質循環　780
matric potential　マトリックポテンシャル　843
matric suction　マトリックサクション　843
matrix　基質　184
matrix　マトリックス　843
mature mountain　壮年山地　474
mature soil　成熟土　434
mature stage　壮年期【侵食輪廻の】　474
maturity　壮年期【侵食輪廻の】　474
maturity　成熟度【堆積岩の】　434
maturity of clastics　砕屑物の成熟度　284
Matuyama reversed chron　松山逆磁極期　842
maximum angle　最大傾斜【斜面の】　284
maximum diameter of drainage basin　流域最大径　907
maximum elevation　最高点高度【流域の】　281
maximum gradient　最大勾配　284
maximum principal stress　最大主応力　284
maximum relief　最大起伏【流域の】　284
maximum wave　最高波　281
meander　蛇行　502
meander　曲流　201
meander　メアンダー　856
meander amplitude　蛇行振幅　504
meander bar　蛇行州　504
meander belt　蛇行帯　504
meander belt　曲流帯　201
meander belt axis　蛇行帯軸　504
meander belt width　蛇行帯幅　505
meander bend　蛇行湾曲部　506
meander core　蛇行核　502
meander cutoff　切断曲流　448
meander cutoff　蛇行切断　504
meander cutoff　頸部切断　226
meander cutoff　袂部切断　806
meander cutoff terrace　蛇行切断段丘　504
meandering channel　蛇行流路　506
meandering river　蛇行河川　502
meander migration　蛇行流路の移動　506
meander neck　蛇行頸状部　502
meander neck　頸状部【蛇行の】　224
meander neck　蛇行頸部　502
meander of meander belt　複蛇行　776
meander plain　蛇行原　502
meander scar　蛇行痕跡　503
meander scarp　蛇行崖　502
meander scroll　蛇行スクロール　504
meander scroll　メアンダースクロール　856
meander spur　蛇行山脚　503
meander spur　蛇行袂状部　505
meander spur　袂状部　805
meander wavelength　蛇行波長　505
meander zone　曲流地帯　201
mean diameter　平均粒径　803
mean elevation of drainage basin　流域平均高度　909
mean flow length　平均流路長【DEM による】　803
Mean High Water Level　平均高潮位　802
Mean High Water Neaps　小潮平均高潮位（面）　266
Mean High Water Springs　大潮平均高潮位（面）　53
Mean Low Water Level　平均低潮位　803
Mean Low Water Neaps　小潮平均低潮位（面）　266
Mean Low Water Springs　大潮平均低潮位（面）　53
mean meander radius of curvature　蛇行平均曲率半径　505
Mean Monthly-Highest Water Level　朔望平均満潮位（面）　290
Mean Monthly-Lowest Water Level　朔望平均干潮位（面）　290
Mean Sea Level　平均海（水）面　802
mean sea level of Tokyo Bay　東京湾平均海面　643
mean sea level of Tokyo Bay　東京湾中等潮位　643
mean tidal range　平均潮差　803
Mean Tide Level　平均潮位　803
mean velocity　平均流速　803
mean water level　平均水位　803
mean-water shoreline　中等潮（位）汀線　599
mean-water shoreline　平均汀線　803

mean wave　平均波　803
measuring weir　測定堰　477
mechanical weathering　物理的風化　782
mechanical weathering　機械的風化作用　180
medial moraine　中央堆石　592
medial moraine　中央モレーン　593
medial moraine　メディアルモレーン　857
median diameter　中央粒径　593
median moraine　メディアルモレーン　857
Medieval warm　中世温暖期　596
mediterranean sea　地中海　588
Mediterranean Sea　地中海　588
medium drainage density　中谷密度　598
medium drainage density　中排水密度　599
medium sand　中砂　594
medium-scale bedform　中規模河床形態　594
medium(-sized) river　中河川　593
medotrophic moor　中間湿原　593
meeting　会合　71
mega-annum　Ma　43
mega-cusps　メガカスプ　857
mega-dune　大砂丘　485
mega-landform　巨地形　202
megalith　メガリス　857
mega-ripple　メガリップル　857
mega-tsunami　巨大津波　202
mega-year　My　43
mélange　メランジュ　858
melanic horizon　多腐植質黒ボク層　513
melanic index, MI　メラニックインデックス　857
Melton's law　メルトンの法則　858
melt out　メルトアウト　858
melt-out till　メルトアウトティル　858
meltwater channel　融氷水流路　878
meltwater pulse　融氷パルス　878
member　部層　779
mendip　メンディップ　859
meniscus　メニスカス　857
Merapi-type pyroclastic flow　メラピ型火砕流　858
Mercator's projection　メルカトル図法　858
Mercury　水星　411
meridian　経線　225
meridian　子午線　325
meromictic lake　部分循環湖　783
mesa　メサ　857
mesa　メーサ　857
meso-climate　中気候　594
Mesoiden　メソイデン　857
meso-landform　中地形　598
mesolithic period　中石器時代　598
mesosphere　メソスフェア　857
mesotrophic lake　中栄養湖　592
Mesozoic (Era)　中生代　596
Mesozoic (erathem)　中生界　596
metal humus complex　腐植複合体

779
metalimnion　温度躍層　63
metalimnion　変温層　811
metalimnion　変水層　813
metamorphic belt　変成帯　813
metamorphic facies　変成相　813
metamorphic rock　変成岩　813
metamorphism　変成作用　813
meteorite collision　隕石衝突　27
meteorite crater　隕石孔　27
meteorological disaster　気象災害　185
meteorological message　気象通報　185
meteorological phenomena　気象　184
meteorological satellite　気象衛星　184
meteorology　気象学　185
mica　雲母　36
mica schist　雲母片岩　36
microatoll　マイクロアトール　835
microbiostratigraphy　微化石層序　737
microclimate　微気候　737
microearthquake　微小地震　738
microfossil　微化石　736
microgelivation　マイクロジェリベーション　835
microlandform　微地形　740
micrometeorology　微気象学　737
microplate　マイクロプレート　835
microsheeting　マイクロシーティング　835
microtremor　常時微動　380
mid-arc fault　島弧中央断層　646
midbay　湾央　939
midbay bar　湾央砂州　939
midbay spit　湾央砂州　939
mid channel bar　中州　683
middle latitude high pressure belt　中緯度高圧帯　592
middle mountain　中山　594
middle mountain　中山山地　595
middle mountain landform　中山形　595
middle mountain landform　中山地形　595
middle mud bed　中部泥層　599
middle paleolithic period　中期旧石器時代　594
Middle Pleistocene　中期更新世　594
middle rectilinear segment　中部直線部【斜面の】　599
middle Swedish moraine　中部スウェーデンモレーン　599
middle terrace　中位段丘　592
midfan　扇央　454
mid-ocean ridge　中央海嶺　592
mid-ocean rise　中央海嶺　592
migmatite　ミグマタイト　849
migration of divide　分水界移動　799
migration of watershed　分水界移動　799
migratory anticyclone　移動性高気圧　24
migratory cyclone　移動性低気圧　24
Milankovitch clock　ミランコビッチ時

計　852
Milankovitch cycle　ミランコビッチ・サイクル　852
Mindel glaciation　ミンデル氷期　852
Mindel-Riss interglacial　ミンデル-リス間氷期　852
mine　鉱山　243
mineral　鉱物　255
mineral composition　鉱物組成　256
mineral deposit　鉱床　244
mineralogy　鉱物学　255
mineral spring　鉱泉　248
minerotrophic peatland　鉱物質栄養性泥炭地　256
mini-landform　小地形　381
minimal-landform　極微小地形　201
minimum duration　最小吹送時間　282
minimum fetch　最小吹送距離　282
minimum principal stress　最小主応力　282
minor body　小惑星　385
minor cycle　部分的輪廻　784
minor depression　小凹地【地形点】　377
Miocene (Epoch)　中新世　595
Miocene (series)　中新統　595
miogeosyncline　ミオ地向斜　848
mire　泥炭地　623
mirror stereoscope　反射式実体鏡　728
misfit river　不適合河川　782
misfit river　ミスフィットリバー　851
misfit valley　不適合谷　782
mist　靄　865
mixed conifer-broadleaved forest　針広混交林　393
mixed eruption　混合噴火　278
mixed-layer mineral　混合層鉱物　278
mixed sand and shingle beach　砂礫浜　301
mixing corrosion　混合溶解　278
mixing length　混合距離　278
moat　周縁凹地　360
moat　礁池　381
moat　モート　862
mobile belt　変動帯　814
mobile dune　移動砂丘　23
mobile GIS　モバイルGIS　865
model of slope development　斜面発達モデル　356
mode of eruption　噴火様式　796
moderate-relief mountain　中起伏山地　594
modulus of compressibility　体積弾性率　489
modulus of rigidity　剛性率　248
mofette　炭酸孔　522
mofette　炭酸気孔　522
mogote　モゴーテ　864
Mohorovičićs discontinuity　モホロビチッチ不連続面　865
Mohorovičićs discontinuity　モホ面　865
Mohr-Coulomb's failure criterion　モール・クーロンの破壊基準　863

Mohr's stress circle　モールの応力円　863
Mohs scale of hardness　モース硬度計　862
moisture content　含水比【土の】　164
mole track　モールトラック　863
molasse　モラッセ　865
monadnock　硬岩残丘　239
monadnock　残丘　306
monadnock　モナドノック　865
monadnock　堅牢残丘　235
monoclinal block　単斜地塊　522
monoclinal flexure　単斜　522
monoclinal fold　撓曲　643
monoclinal（fold）scarp　撓曲崖　644
monoclinal ridge　単斜山稜　522
monoclinal ridge　単斜尾根　522
monoclinal valley　単斜谷　522
monocline　単斜　522
monocycle landscape　単輪廻地形　534
monocyclic eruption　一輪廻の噴火　22
monocyclic volcano　一輪廻火山　22
monocyclic volcano　単輪廻火山　534
monogenetic composite volcano　単成複式火山　524
monogenetic landform　単成地形　524
monogenetic shield volcano　単成盾状火山　524
monogenetic simple volcano　単成単式火山　524
monogenetic volcanic cluster　単成火山群　523
monogenetic volcano　単成火山　523
monogenetic volcano group　単成火山群　523
monogenic soil　単元土壌　521
monolith　一枚岩　22
monsoon　季節風　186
monsoon　モンスーン　867
monsoon forest　モンスーン林　867
montmorillonite　モンモリロナイト　867
monzonite　モンゾニ岩　867
Moon　月　610
moor　湿原　341
moor　ムア　853
moorland　湿原　341
moraine　堆石　487
moraine　モレーン　866
moraine ridge　堆石堤　490
morphoclimatic zone　気候地形帯　183
morphogenesis　造地形運動　474
morphogenic movement　造地形運動　474
morphological analysis　地形分析　575
morphostratigraphy　地形層序　564
mortar masonry　練石積み　702
mortar volcano　臼状火山　31
morvan　モーバン　862
mosor　源地残丘　233
mosor　モゾール　864
mosor　遠隔残丘　43
most frequent water level　最多水位　284

mottle　斑紋　731
moulin　ムーラン　853
mountain　山　870
mountain building　山地の成長　312
mountain building　造山運動　470
mountain chain　山脈　314
mountain glacier　山岳氷河　306
mountain gravel　山砂利　871
mountain gravel bed　山砂利層　871
mountain ice sheet　横断氷河　51
mountain pass　峠　644
mountain permafrost　山岳永久凍土　302
mountain range　山脈　314
mountain river　山地河川　311
mountainside　山腹　314
mountainside low-relief surface　山腹小起伏面　314
mountainside slope　山腹斜面　314
mountain slope　山体斜面　311
mountain soil　山岳土　305
mountain stream　渓流　226
mountain stream　沢　301
mountain system　山系　307
mountaintop　山頂　312
mountaintop　峯，峰，嶺　852
mountain wind　山風　870
mountain zone　山地帯　311
movable bed　移動床　24
movement of debris　土砂移動　656
moving area　移動域　23
mud　泥　679
mud　泥土　625
mud bar　泥州　621
mud beach　泥浜　625
mud bed　泥層　622
mud bed　泥質層　621
mud bed river（channel）　泥床河川　621
mudboil　マッドボイル　842
mud crack　乾痕　162
mud diapir　マッドダイアピル　842
mud diapir　泥ダイアピル　679
muddy beach　泥質海岸　620
muddy paddy field　沼田【地形図の】　697
muddy plain（lowland）　泥質低地　621
muddy soil　ヘドロ　809
mudflow　泥流　626
mudflow deposit　泥流堆積物　626
mudflow from mud volcano　噴泥流　800
mudflow hill　流れ山　684
mudflow levee　泥流堤　626
mudflow mound　泥流丘　626
mud lava　泥溶岩　626
mud layer　泥層　622
mud line　泥線　621
mud lump　泥塊　618
mud lump　マッドランプ　842
mudstone　泥岩　618
mud volcano　泥火山　618
Muldental　盆状谷　833
Muldental　ムルデンタール　854
multi-bar coast　多段バー海岸　507
multi-basinal drainage pattern　多盆状河系　513

multi-beam echo sounder　音響掃海機　61
multi-beam echo sounder　マルチビーム測深機　845
multicycle landform　重輪廻地形　371
multicycle landscape　多輪廻地形　514
multicyclic volcano　多輪廻火山　514
multi delta　複合三角州　774
multifractal topography　マルチフラクタル地形　845
multigenetic hillslope　複合斜面　774
multi-island delta　多島状三角州　509
multiphase flow　混相流　278
multiple bar　複列砂州　777
multiple bar　うろこ状砂州　34
multiple ridge　多重山稜　506
mushroom rock　きのこ石（岩）　188
mushroom rock　マッシュルームロック　842
mylonite　マイロナイト　837
mylonite　ミロナイト　852

■ N
nadir photograph　鉛直写真　47
naked dune　裸出砂丘　895
naked karst　裸出カルスト　895
nappe　ナップ　685
nappe structure　押しかぶせ構造　56
national atlas　ナショナルアトラス　684
national park　国立公園　265
natural arch　天然橋【カルストの】　639
natural arch　天然橋【河海や乾燥地の】　639
natural bridge　天然橋【カルストの】　639
natural bridge　天然橋【河海や乾燥地の】　639
natural dam　天然ダム　639
natural disaster　自然災害　337
natural drainage　自然排水　341
natural environment　自然環境　337
natural forest　天然林　640
natural ground　地山　351
natural habitat　生育地環境　432
natural habitat　生息地環境　436
natural hazard　自然災害　337
natural landscape　自然景観　337
natural levee　自然堤防　339
natural levee deposit　自然堤防堆積物　340
natural monument　天然記念物　639
natural regeneration　天然更新　639
natural remanent magnetization　自然残留磁化　339
natural river　自然河川　337
natural sediment transport system　流砂系　913
natural slope　自然斜面　339
natural soil　原土壌　234
natural soil　自然土壌　341
natural water state　自然含水状態　337
nautical chart　海図　74

英語索引　996

Navier-Stokes' equation　ナビエ・ストークスの方程式　685
navigable river　可航河川　96
N-channel　Nチャネル　42
neap rise　小潮升　381
neap tidal range　小潮差　381
neap tide　小潮（こしお）　266
neap tide　小潮（しょうちょう）　381
near-field earthquake　直下型地震　604
Nearly Highest High Water　略最高高潮面　830
Nearly Lowest Low Water　略最低低潮面　830
nearshore　外浜　480
nearshore current　海浜流　85
nearshore current system　海浜流系　85
nearshore zone　沿岸域　44
nearshore zone　沿岸帯　44
nebkha　ネブカ　702
Nebraskan glaciation　ネブラスカ氷期　702
neck cutoff　蛇行の短絡　505
needle　針峰　403
needle　ニードル　689
needle ice　霜柱　349
needle-ice creep　霜柱クリープ　349
needle-ice creep　霜食　472
needle-type penetrometer test　針貫入試験　726
negative gravity anomaly　負の重力異常　783
negative volcanic landform　負の火山地形　783
Neogene (Period)　新第三紀　401
Neogene (system)　新第三系　402
neoglaciation　ネオグラシエーション　698
neolithic period　新石器時代　401
Neo-Paläiden　ネオパレイデン　698
Neo-Paläiden　新古生山地　394
neotectonics　ネオテクトニクス　698
Neptunian system　海王星系　64
neptunism　水成説　412
neptunism　水成論　412
neritic sedimentary environment　浅海堆積環境　454
neritic zone　浅海帯　454
nested caldera　連結カルデラ　931
nested crater　巣状火口　471
net radiation　正味放射　383
net slip　ネットスリップ【断層変位の】　701
network RTK-GNSS surveying　ネットワーク型RTK-GNSS法　701
neutral shoreline　中性海岸線　596
neutron moisture meter　中性子水分計　596
névé　ネベ　702
new dune　新砂丘　395
Newton's law of resistance　ニュートンの抵抗（法）則　695
niche glacier　ニッチ氷河　691
nife　ニフェ　692
niibi　ニービ　689
95-day water level　豊水位　821

nip　ニップ　691
nitrification　硝化作用　378
nitrogen mineralization　窒素無機化　589
nival zone　氷雪帯　755
nivation　ニベーション　692
nivation　雪食　447
nivation　雪食作用　447
nivation cirque　雪食カール　447
nivation hollow　残雪凹地　310
nivation hollow　雪食凹地　447
nivation hollow　雪窪　879
nivation landform　雪底地形　448
nivation landform　雪食地形　447
nivation ridge　崖錐前縁堤　75
niveau spheroid　水準スフェロイド　410
node　結節点【流路の】　228
nodule　団塊【地質の】　516
nodule　ノジュール　708
nominal altitude　名目高度【地形面の】　856
nominal diameter　名目直径　857
nominal mean angle　名目平均傾斜【斜面の】　857
non-bar beach　バーなし海岸　711
non-bar beach　バーなし型海浜　711
non-bar coast　バーなし海岸　711
nonconformity　ノンコンフォーミティ　709
non-cyclic terrace　非周期性段丘　738
non-cyclic terrace　非輪廻性段丘　758
non-destructive test　非破壊試験　741
non-explosive eruption　非爆発的噴火　741
non-sorted patterned ground　不淘汰構造土　783
non-tectonic joint　非造構節理　739
non-uniform flow　不等流　783
non-volcanic outer arc　非火山性外弧　736
nonwelded　非溶結　749
nonwelded zone　非溶結部　749
norm　ノルム　709
normal　平年値　806
normal beach　正常型海浜　434
normal cycle of erosion　正規輪廻　433
normal erosion　正規侵食　432
normal fault　正断層　436
normal fault topography　正断層地形　436
normal grading　正級化　433
normal gravity　正規重力　432
normal gravity　標準重力　751
normally consolidated clay　正規圧密粘土　432
North American plate　北アメリカプレート　187
North Anatoria fault　北アナトリア断層　187
notch　ノッチ　708
notch　海食窪　73
notch　波食窪　719

Nothwest Pacific Basin　北西太平洋海盆　826
NS-quotient　NS係数　42
nuée ardente　熱雲　699
nuéeardente deposit　熱雲堆積物　699
number of freeze-thaw cycle　凍結融解日数　645
numerical age　数値年代　421
numerical age determination　数値年代決定　422
nunatak　ヌナタク　697
N-value　N値　42
Nye channel　ナイチャネル　682

■O

oasis　オアシス　50
oblique (diagonal) fault　斜交断層　350
oblique (diagonal) fault　斜走断層　351
oblique dune　雁行砂丘　161
oblique stream　斜流河川　360
obsequent river　逆従河川　191
obsequent stream　逆従河川　192
obsequent stream　逆従河川　191
obsequent valley　逆従谷　191
observation well　観測井　171
obsidian　オブシディアン　57
obsidian　黒曜石　265
obtuse-angled confluence　逆合流　191
obtuse-angled confluence　鈍角合流　680
occluded front　閉塞前線　805
occurrence　産状【岩石の】　309
ocean　海　33
ocean　遠洋　49
ocean　大洋　493
ocean　海洋　86
ocean basin　海盆　86
ocean current　海流　88
ocean floor　海洋底　87
ocean floor　大洋底　494
oceanic crust　海洋地殻　87
oceanic front　潮境　321
oceanic island　洋島　888
oceanic plate　海洋プレート　88
oceanic sediment　外洋堆積物　87
oceanic sediment core　海底（堆積物）コア　82
oceanography　海洋学　86
offlap　オフラップ　59
offloading　除荷作用　385
offset　オフセット　58
offset　正隔離　432
offset ridge　横ずれ尾根　890
offset stream　オフセットストリーム　58
offset stream　変位河流　810
offset stream　横ずれ谷　890
offshore　沖　55
offshore　沖浜　55
offshore breakwater　離岸堤　899
offshore permafrost　海底永久凍土　80
offshore wave　深海波　392
offshore wave　沖波　55

offshore wave height 沖波波高 **55**
offshore wavelength 沖波波長 **55**
oghurd オグルド **55**
ogive オージブ **52**
ogive オージャイブ **53**
O horizon O 層 **52**
old dune 旧砂丘 **194**
Older Dryas time 古ドリアス期 **275**
Oldest Dryas time 最古ドリアス期 **281**
"Old Hat" type bench オールドハット型ベンチ **54**
old mounatin 老年山地 **933**
old orogenic belt 古期造山帯 **259**
old stage 老年期【侵食輪廻の】 **933**
Olduvai event オルドバイ・イベント **60**
Oligocene (Epoch) 漸新世 **462**
Oligocene (series) 漸新統 **462**
oligotrophic lake 貧栄養湖 **759**
olistolith オリストリス **60**
olistostrome オリストストローム **60**
olivin かんらん（橄欖）石 **177**
olivine-spinel phase transition カンラン石-スピネル相転移 **177**
O-map オーマップ **54**
ombrotrophic peatland 降水栄養性泥炭地 **246**
one-bar beach 一段バー海岸 **22**
one-bar coast 一段バー海岸 **22**
oneside cutting 片切 **137**
one-sided freezing 一方向凍結 **22**
one-tenth highest wave 1/10 最大波 **368**
one-third highest wave 1/3 最大波 **314**
onion structure 玉葱（状）構造 **513**
onion structure 玉葱状節理 **513**
onion weathering 球状風化 **194**
onjaku おんじゃく **61**
onji 音地 **61**
on-offshore transport 岸沖漂砂 **184**
ooze 軟泥 **688**
opal phytolith 植物珪酸体 **388**
open channel 開水路 **76**
open cut 開削 **72**
opencut mining 露天掘り **935**
open dike 霞堤 **127**
opening of the Earth's crust 地殻開口運動 **538**
open joint 開口節理 **71**
open lake 開放湖 **86**
open sea 遠洋 **49**
open system 開放系 **85**
open-system pingo 開放系ピンゴ **85**
ophicalcite 蛇灰岩 **350**
ophiolite オフィオライト **57**
orbital element of the earth 地球軌道要素 **543**
orbitally tuned age 天文学的年代 **640**
orbitally tuned chronology 地球軌道要素編年 **544**
order 次数【谷の】 **331**
ordering 次数区分【水路の】 **331**
ordering 等級化【水路の】 **643**
order of divide segment 分水線セグメントの次数 **799**
ordinary flow 常流 **384**
ordinary water level 平水位 **805**
ordinary water level 6 カ月水位 **935**
Ordovician (Period) オルドビス紀 **60**
ore deposit 鉱床 **244**
ore mineral 鉱石 **248**
organic horizon 堆積有機物層 **490**
organic layer 堆積有機物層 **490**
organic matter 有機物 **875**
organic plain 有機質低地 **874**
organic rock 生物岩 **437**
orientation オリエンテーション **60**
orientation of slope 斜面の向き **356**
orientation of slope 斜面方位 **358**
oriented lake 並列湖 **807**
orienteering map オリエンテーリング用地図 **60**
original landform 原地形 **233**
original surface 原面 **234**
orogen(e) 造山帯 **471**
orogenesis 造山運動 **470**
orogenic belt 造山帯 **471**
orogenic cycle 造山輪廻 **471**
orogenic movement 造山運動 **470**
orogenic stage 造山期 **471**
orographic low 地形性低気圧 **564**
orographic precipitation 地形性降雨 **564**
orographic rainfall 地形性降雨 **564**
orographic snowline 地形的雪線 **566**
orthoclase 正長石 **437**
orthophoto 正射写真 **434**
orthophoto オルソフォト **60**
orthophotograph 正射写真 **434**
orthoquartzite オルソコーツァイト **60**
Osaka Peil O. P. **54**
outcrop 露頭 **935**
outer arc 外弧 **71**
outer arch アウターアーチ **4**
outer arc mountain 外帯山地 **79**
outer arc slope 外弧斜面 **71**
outer arc uplift zone 外弧隆起帯 **71**
outer bar アウターバー **4**
outer high アウターハイ **4**
outer reef flat 外側礁原 **480**
outer ridge アウターリッジ **4**
outer ridge 外縁隆起帯 **65**
outer rise 海溝周縁隆起帯 **71**
outer rise アウターライズ **4**
outer slope of somma 外輪山斜面 **89**
outflow river 流出河川 **914**
outlet elevation 谷口高度 **510**
outlet from lake 湖脚 **259**
outlet from lake 湖尻 **269**
outlet glacier 溢流氷河 **22**
outlier 外縁丘陵 **65**
outlier 外座層 **72**
outlier 残存丘陵 **311**
outlier 残存山地 **311**
outlier 外縁丘 **65**
out-of-sequence thrust 順序外スラスト **375**
outside depression 外部凹地 **85**
outside water level 外水位 **75**

outsized clast 巨大岩塊 **202**
outwash アウトウォッシュ **4**
outwash deposit アウトウォッシュ堆積物 **4**
outwash plain アウトウォッシュプレーン **4**
overbank deposit 越流堆積物 **42**
overbank silt オーバーバンクシルト **54**
overburden 土被り **654**
overconsolidated clay 過圧密粘土 **64**
overdeepening 過下刻 **91**
overdeepening 過侵食 **126**
overdip cataclinal 柾目盤 **840**
overdip cataclinal slope 柾目盤斜面 **840**
overfit river 過大河川 **137**
overfit river 過大川 **137**
overflow 越流 **42**
overflow deposit 越流堆積物 **42**
overflow deposit 氾濫堆積物 **732**
overflow dike 溢流堤 **22**
overfold 過度傾斜褶曲 **144**
overgrazing 過放牧 **146**
overground condition 地上条件 **585**
overground openness 地上開度 **585**
overhang オーバーハング **54**
overhang 反斜面 **728**
overhanging cliff 懸崖 **229**
overland flow 地表流 **591**
overlay analysis オーバーレイ解析 **54**
oversliding 過滑動 **91**
overthrust 押しかぶせ断層 **56**
overthrust mass 衝上岩体 **380**
overwash オーバーウォッシュ **54**
overwash 這い上がり波 **711**
oxbow lake 三日月湖 **848**
oxbow lake 牛角湖 **193**
oxidation 酸化 **302**
oxidation and reduction 酸化と還元【岩石の】 **306**
Oxisols オキシソル **54**
oxygen isotope ratio 酸素同位体比 **310**
Oyashio 親潮 **60**
ozone layer オゾン層 **55**

■ P
Pacific plate 太平洋プレート **493**
Pacific-type coastline 太平洋式海岸 **493**
Pacific-type orogeny 太平洋型造山運動 **493**
pacing 歩測 **828**
pack ice 流氷 **917**
paddy field 水田 **414**
paddy soil 水田土壌 **414**
Page impact test ページ衝撃試験 **808**
pahoehoe lava パホイホイ溶岩 **724**
paired terrace 対性段丘 **486**
palagonite パラゴナイト **725**
palagonite ridge パラゴナイトリッジ **725**
paleobios 古生物 **270**
paleobotany 古植物学 **269**

Paleocene（Epoch） 暁新世 **197**
paleodune 古砂丘 **266**
paleoearthquake 古地震 **266**
paleoecology 古生態学 **270**
Paleogene（Period） 古第三紀 **271**
Paleogene（system） 古第三系 **271**
paleogeographic map 古地理図 **273**
paleohydrology 古水文学 **270**
paleokarst 化石カルスト **131**
paleolimnology 古陸水学 **277**
paleolithic period 旧石器時代 **194**
paleomagnetism 古地磁気学 **271**
paleontology 古生物学 **270**
paleophytology 古植物学 **269**
paleo red soil 古赤色土 **271**
paleo sea level 古海面高度 **258**
paleosecular variation 古地磁気永年変化 **271**
paleosol 古土壌 **274**
paleotemperature 古水温 **270**
Paleozoic（Era） 古生代 **270**
Paleozoic（erathem） 古生界 **270**
Paleozoic strata 古生層 **270**
palsa パルサ **726**
palsa bog パルサ泥炭地 **726**
palsa peatland パルサ泥炭地 **726**
paludal environment 湿性堆積環境 **343**
pampas パンパ **730**
pan パン **727**
pan 盤層 **729**
panel diagram パネルダイヤグラム **723**
pan evaporimeter 蒸発皿蒸発計 **382**
pan fan パンファン **730**
Pangea パンゲア **728**
Pang Kiang パンキャン **728**
panning 椀がけ **939**
panplain パンプレイン **730**
panplanation パンプラネイション **730**
parabolic dune 放物線型砂丘 **822**
parabolic dune パラボラ砂丘 **725**
parabraunerden パラ褐色土 **725**
paraconformity 準整合 **375**
paraconformity パラコンフォーミティ **725**
paraglacial パラグレイシャル **725**
paraglacial period 退氷期 **493**
paragneiss 準片麻岩 **377**
parallel 緯線 **20**
parallel bar 平行砂州 **804**
parallel bedding 平行層理 **804**
parallel dike swarm 平行岩脈群 **804**
parallel dip 平行盤 **804**
parallel dip overhanging slope 反平行盤斜面 **730**
parallel dip slope 平行盤斜面 **804**
parallel drainage pattern 平行状河系 **804**
parallel dune 並行砂丘 **804**
parallel fault 平行断層 **804**
parallel fold 平行褶曲 **804**
parallel lamination 平行葉理 **805**
parallel perspective 平行透視図法 **804**
parallel retreat 平行後退 **804**
parallel slope 平行斜面 **804**
parallel stream 並流河川 **807**
parallel unconformity 平行不整合 **805**
parasitic crater 寄生火口 **186**
parasitic volcano 寄生火山 **186**
parent material 母材 **827**
parent material of soil creep 匍行性母材 **827**
parent rock 母岩 **826**
park 公園 **238**
partially saturated soil 不飽和土 **784**
partially welded 弱溶結 **350**
partial melting 部分融解 **784**
partial peneplain 部分的準平原 **783**
partial welding 弱溶結 **350**
particle movement 個別移動 **276**
particle size 粒径 **913**
passageway 砂谷 **290**
passive earth pressure 受働土圧 **372**
passive margin 非活動的縁辺部 **737**
Patagonian Icefields パタゴニア氷原 **720**
patch reef パッチ礁 **722**
patch reef 離礁 **902**
patina パティナ **723**
patina 砂漠殻 **293**
patterned ground 構造土 **250**
pavement karst ペイブメント・カルスト **806**
peak 山頂 **312**
peak 凸点【地形の】 **675**
peak ピーク **733**
peak 峯，峰，嶺 **852**
peak discharge ピーク流量 **734**
peak flow ピーク流量 **734**
peak strength ピーク強度 **734**
Peano basin ペアノ流域 **802**
peat 泥炭 **622**
peat accumulation process 泥炭集積作用 **623**
peat bank ケルミ **228**
peatland 泥炭地 **623**
peat soil 高層湿原土 **249**
peat soil 泥炭土 **624**
peaty layer 泥炭質層 **623**
pebble ペブル **809**
pebble 中礫 **599**
pedestal rock 台座岩 **485**
pedestal rock マッシュルームロック **842**
pediment ペディメント **809**
pedimentation ペディメンテーション **809**
pediment path ペディメントパス **809**
Pedionite ペディオニーテ **809**
pediplain ペディプレーン **809**
pediplanation ペディプラネーション **809**
pediplane ペディプレーン **809**
pedology ペドロジー **809**
pedosphere 土壌圏 **659**
pegmatite ペグマタイト **808**
pelagic clay 遠洋性粘土 **49**
pelagic sediment 遠洋性堆積物 **49**
Peléean(-type) eruption プレー式噴火 **791**
Pelée-type pyroclastic flow プレー型火砕流 **791**
Pele's hair ペレーの毛 **810**
Pele's hair 火山毛 **120**
Pele's tear ペレーの涙 **810**
Pele's tear 火山涙 **120**
Penckian diagram ペンクのダイアグラム **811**
Penck's model ペンクモデル【斜面発達の】 **812**
peneplain 準平原 **375**
peneplain ペネプレーン **809**
peneplain remnant 準平原遺物 **376**
peneplanation 準平原化 **377**
peneplanation ペネプラネーション **809**
peneplane 準平原 **375**
penetration test 貫入試験 **174**
peninsula 半島 **729**
Penman method ペンマン法 **816**
penultimate stage 準終末期 **375**
pepino ペピノ **809**
percentage method 百分率法【古生物学の】 **742**
percent finer by weight 通過百分率 **610**
perched groundwater 宙水 **599**
perched valley 氷食懸谷 **752**
perched water 宙水 **599**
percolation 降下浸透 **239**
percolation 浸透 **402**
percolation 透過 **642**
perennial river 恒常河川 **245**
perennial snow patch 万年雪 **847**
perennial snow patch 越年性雪渓 **42**
perennial snow patch 多年性雪渓 **512**
perennial stream 恒常河川 **245**
perennial stream 永久河川 **37**
perfect fluid 完全流体 **169**
peridotite かんらん（橄欖）岩 **177**
periglacial asymmetrical valley 周氷河非対称谷 **368**
periglacial belt 周氷河帯 **367**
periglacial cycle 周氷河輪廻 **368**
periglacial debris slope 周氷河岩屑斜面 **367**
periglacial dell 周氷河皿状地 **367**
periglacial environment 周氷河環境 **367**
periglacial involution 周氷河インボリューション **367**
periglacial landform 周氷河地形 **367**
periglacial phenomenon 周氷河現象 **367**
periglacial process 周氷河作用 **367**
periglacial process 周氷河過程 **367**
periglacial process 周氷河プロセス **368**
periglacial region 周氷河地域 **367**
periglacial slope 周氷河斜面 **367**
periglacial solifluction 周氷河ソリフラクション **367**
periglacial zone 周氷河帯 **367**
periglaciation 周氷河作用 **367**
period 紀 **179**

periodic spring　間欠泉　**161**
peripediment　ペリペディメント　**810**
permafrost　永久凍土　**37**
permafrost creep　永久凍土クリープ　**38**
permafrost table　永久凍土面　**38**
permanency of oceans　大洋恒久説　**494**
permanent river　恒常河川　**245**
permeability　透水係数　**648**
permeability　透水性　**648**
permeability　透水度　**648**
permeability test　透水試験　**648**
permeable layer　透水層　**648**
Permian（Period）　二畳紀　**691**
Permian（Period）　ペルム紀　**810**
permissible yield　許容揚水量　**202**
pervious formation　透水層　**648**
petrified wood　珪化木　**220**
petrofabrics　構造岩石学　**248**
petroleum　石油　**443**
petrology　岩石学　**166**
P-form（plastically moulded form）　Pフォーム　**735**
pF value　pF値　**733**
Pg absorption　Pg吸収　**734**
pH（NaF）　フッ化ナトリウムpH　**780**
phacolith　ファコリス　**761**
Phanerozoic（Eon）　顕生累代　**232**
phenocryst　斑晶　**729**
phenology　フェノロジー　**772**
Philippine Basin　フィリピン海盆　**763**
Philippine sea plate　フィリピン海プレート　**763**
phi mean diameter　Mdφ　**43**
phi scale　ファイスケール　**761**
phi scale　ファイ尺度　**761**
phi scale　ファイ数　**761**
phosphate mineral　燐酸塩鉱物　**923**
photogeology　写真地質学　**351**
photogrammetry　写真測量　**350**
photographic measurement　写真計測　**350**
photo interpretation　写真判読　**351**
photomap　写真地図　**351**
photomap　写真図　**350**
phreatic eruption　水蒸気噴火　**410**
phreatic explosion　水蒸気爆発　**410**
phreatic surface　地下水面　**541**
phreatic water　不圧地下水　**761**
phreatic zone theory　飽和水帯説　**823**
phreatomagmatic eruption　マグマ水蒸気噴火　**838**
phreatomagmatic explosion　マグマ-水蒸気爆発　**838**
phyllite　千枚岩　**465**
physical environment　自然環境　**337**
physical geography　自然地理学　**339**
physical geography　地学　**537**
physical geology　物理地質学　**782**
physical landscape　自然景観　**337**
physical weathering　物理的風化　**782**
physical weathering　物理的風化作用　**782**
physics-based geology　物理地質学

physiographical symbol　地類　**606**
physiographic climax　地形的極相　**566**
physiography　地文学　**591**
phytosociology　植物社会学　**388**
piedmont　山麓　**315**
piedmont alluvial plain　山麓沖積平野　**316**
piedmont alluvial plain　山麓沖積面　**316**
piedmont angle　ピードモントアングル　**735**
piedmont benchland　山麓階　**315**
piedmont benchland　胴体階　**649**
piedmont depression　山麓凹地　**315**
piedmont fan　山麓扇状地　**316**
piedmont flat　山麓面　**316**
piedmont gentle slope　山麓緩斜面　**315**
piedmont glacier　山麓氷河　**316**
piedmont junction　ピードモントジャンクション　**735**
piedmont line　山麓線　**316**
piedmont lowland　山麓面　**316**
piedmont platform　山麓台　**316**
piedmont stairway　山麓階　**315**
piedmont step　山麓面　**316**
piedmont surface　山麓面　**316**
piezometer　ピエゾメーター　**736**
piezo remanent magnetization　ピエゾ残留磁化　**735**
pillow lava　枕状溶岩　**839**
pillow lobe　枕状溶岩　**839**
pinch out　尖滅　**465**
pine forest　マツ林　**843**
pingo　ピンゴ　**759**
pingo scar　化石ピンゴ　**132**
pinnacle　尖峰　**465**
pinnacle　ピナクル【カルストの】　**741**
pinnacle　ピナクル【サンゴ礁の】　**741**
pinnacle　尖礁　**458**
pinnacle　尖頂峰　**464**
pinnacle　ピナクル【寒冷地形の】　**741**
pioneer species　先駆植物　**456**
pipe　パイプ　**713**
piping　パイピング　**713**
piracy　パイラシー　**714**
pisolite　火山豆石　**120**
pisolite　ピソライト　**739**
pisolite　豆石　**843**
pitchstone　ピッチストーン　**740**
pitchstone　松脂岩　**380**
pit crater　陥没火口　**176**
pit crater　ピットクレーター　**740**
Π-theorem　パイ定理　**713**
pit sand　山砂　**871**
plagioclase　斜長石　**351**
plain　低地　**624**
plain　平野　**806**
plainbog　平モール　**757**
plain of denudation　削剥面　**290**
plan　地図　**585**
planation　平坦化作用　**805**
planation　低平化　**625**
planation　面状削剥　**858**
planation　面的削剥　**859**

planation surface　侵食平坦面　**398**
plane bed　プレーンベッド　**793**
plane of stratification　層理面　**475**
plane rectangular coordinate system　平面直角座標系　**806**
planet　惑星　**936**
plane table　平板【測量の】　**806**
plane table surveying　平板測量　**806**
planetary explorer　惑星探査機　**937**
planetary geology　惑星地質学　**938**
planetary geology analysis　惑星地質解析　**937**
planetary geomorphology　惑星地形学　**937**
planetary geoscience　惑星地質学　**938**
planetary probe　惑星探査機　**937**
planèze　プラネーズ　**786**
plan form　水平断面形【斜面の】　**416**
planimeter　プラニメータ　**786**
plank hammering method　板たたき法　**21**
planktonic microfossil　浮遊性微化石　**785**
Planosol　プラノソル　**786**
plant community　植物群落　**388**
plant opal　プラントオパール　**787**
plastic deformation　塑性変形　**480**
plastic deformation　可塑的変形　**137**
plasticity　塑性　**479**
plasticity　可塑性　**137**
plasticity index　塑性指数　**480**
plastic limit　塑性限界　**480**
plate　プレート　**791**
plateau　海台　**79**
plateau　高原　**241**
plateau　台地　**491**
plateau　卓状地　**501**
plateau basalt　台地玄武岩　**492**
plateau glacier　高原氷河　**241**
plateau glacier　台地氷河　**492**
plate boundary　プレート境界　**792**
plate motion　プレート運動　**791**
plate tectonics　プレートテクトニクス　**792**
platform reef　台礁　**485**
platy joint　板状節理　**729**
playa　プラヤ　**786**
playa　プラヤ湖　**787**
Playfair's law　プレイフェアーの法則　**791**
Pleistocene　更新世　**245**
Pleistocene（Epoch）　最新世　**282**
Pleistocene（series）　更新統　**245**
Pleistocene marine terrace　更新世海成段丘　**245**
Pleistocene terrace　更新世段丘　**245**
Plinian（-type）eruption　プリニー式噴火　**788**
plinthite　プリンサイト　**788**
Pliocene（Epoch）　鮮新世　**461**
Pliocene（series）　鮮新統　**462**
ploughing block　プラウイングブロック　**785**
plough pan　耕盤層　**254**
plucking　プラッキング【河川・海岸の】　**786**

plucking　プラッキング【氷河の】 786
plug dome　プラグドーム 786
plume tectonics　プリュームテクトニクス 788
plume tectonics　プルームテクトニクス 789
plunge　プランジ 787
plunge pool　滝壺 501
plunging breaker　プランジング（型）砕波 787
plunging breaker　巻き波 838
plunging cliff　プランジング崖 787
plunging cliff　プランジングクリフ 787
plunging water　落水 892
plunging water erosion　落水型侵食 892
Pluto　冥王星 856
pluton　プルトン 790
plutonic rock　深成岩 401
plutonism　火成説 129
plutonist　火成論者 131
pluvial lake　多雨期湖 498
pluvial lake　氷河期湖 744
pneumatolysis　気成作用 186
pocket beach　ポケットビーチ 826
pocket stereoscope　簡易実体鏡 157
podzol　ポドゾル 830
point　鼻 723
point bar　突州 610
point bar　突州 675
point bar　ポイントバー 817
point load test　点載荷圧裂引張り試験 636
poisoned water　毒水 654
poisoned water river　毒水河川 654
Poisson's number　ポアソン数 817
Poisson's ratio　ポアソン比 817
polar desert　極砂漠 199
polar desert　極地砂漠 200
polar desert soil　極地砂漠土 200
polarfront (zone)　寒帯前線（帯） 171
polar glacier　極地氷河 200
polarization microscope　偏光顕微鏡 813
polarizing microscope　偏光顕微鏡 813
polar lake　寒帯湖 171
polar region　極地 199
polder　干拓地 172
polder　輪中堤 938
pole valley　天秤谷 640
polished surface　研磨面 234
polje　ポリエ 830
polje basin　ポリエ盆地 831
pollen analysis　花粉分析 145
pollen diagram　花粉ダイアグラム 145
pollen zone　花粉帯 145
polycyclic eruption　多輪廻の噴火 514
polycyclic landform　重輪廻地形 371
polycyclic landscape　多輪廻地形 514
polycyclic volcano　多輪廻火山 514
polye　ポリエ 830
polygenetic composite volcano　複成複式火山 776
polygenetic hillslope　複式斜面 775
polygenetic landform　複成地形 776
polygenetic landscape　多生的地形 507
polygenetic shield volcano　複成盾状火山 776
polygenetic simple volcano　複成単式火山 776
polygenetic volcano　複成火山 775
polygenic coastal plain　多生的海成段丘 507
polygenic soil　多元土壌 502
polygon　多角形土 498
polygon　亀甲土 188
polygon　ポリゴン 831
polygonal karst　コックピット・カルスト 273
polygon peatland　ポリゴン泥炭地 831
polythermal glacier　複合温度氷河 774
pond　池 18
pond　湖沼 266
pond　池塘 589
pond　沼 697
pond　ブレンケ 793
ponding　湛水 523
ponor　ポノール 830
pool　淵 780
poor ground　軟弱地盤 688
population　母集団 827
population variance　母分散 830
porcelain clay　陶土 650
pore diameter　間隙径 160
pore diameter　細孔径 281
pore pressure　間隙水圧 160
pore size　間隙径 160
pore-size distribution　間隙径分布 160
pore water　間隙水 160
pore water　孔隙水 241
pore-water pressure　間隙水圧 160
pororoca　ポロロッカ 832
porosity　間隙率【岩石の】 160
porosity　空隙率 206
porosity　孔隙率 241
porous medium　多孔質媒体 504
porous medium　多孔体 504
porphyrite　ひん（玢）岩 759
porphyritic texture　斑状組織 729
porphyry　斑岩 728
position and orientation system　POS 828
position of confluence　合流点 257
positive gravity anomaly　正の重力異常 437
positive resistance　積極的抵抗性【地形物質の】 446
positive volcanic landform　正の火山地形 437
possible duration of sunshine　可照時間 123
post-caldera cone　後カルデラ火山 239
post-caldera volcano　後カルデラ火山 239
post-depositional remanent magnetization　堆積後残留磁化 488
postdiction　後知【地形学における】 251
postglacial　後氷期 255
postglacial dissection front　後氷期開析前線 255
postglacial transgression　後氷期海進 255
post-storm beach　静穏型海浜 432
post-volcanic process　後火山過程 239
potamology　河川学 133
potassium argon age method　$^{40}K\text{-}^{40}Ar$法 147
potential evapotranspiration　可能蒸発散量 144
potential evapotranspiration　蒸発散位 383
potential failure plane　潜在崩壊面 458
potential head　位置水頭 22
potential head　重力水頭 370
potential natural soil　潜在自然土壌 458
potential natural vegetation　潜在自然植生 458
potential rate of removal　除去可能速度 386
potentiometric surface　静水面 435
potentiometric surface　水頭面 415
pothole　甌穴 50
pothole (in river)　ポットホール【河川の】 829
pothole (on coast)　ポットホール【海岸の】 829
pottery　土器 654
pottery chronology　土器編年 654
prairie　プレーリー 793
prairie soil　プレーリー土 793
Preboreal time　プレボレアル期 793
pre-caldera volcano　先カルデラ火山 455
Precambrian (Eon)　先カンブリア時代 455
Precambrian (Eon)　プレカンブリアン 793
pre-ceramic period　先土器時代 464
precipice　崖 94
precipitable water　可降水量 97
precipitation　降水 245
precipitation　降水量 247
precipitation　沈殿 609
precipitation duration　降水時間 246
precipitation effectiveness　雨量効率 34
precipitation efficiency　降水効率 246
precipitation intensity　降水強度 246
precipitation nowcasting　降水ナウキャスト 246
predatory stream　争奪河川 474
predatory valley　奪取谷 508
preliminary tremor　初期微動 385
pre-Quaternary (system)　先第四系 463

preshock 前震 461
pressed area 押出域【地すべりの】56
pressure drag 圧力抵抗 9
pressure gradient 気圧傾度 179
pressure head 圧力水頭 9
pressure melting 圧力融解 9
pressure ridge 圧縮尾根 8
pressure ridge 気圧の尾根 179
pressure ridge テュムラス 634
pressure ridge 圧縮リッジ【地すべりの】9
pressure ridge プレッシャーリッジ 793
pressure trough 気圧の谷 179
pre-Tertiary (system) 先第三系 462
prevailing wind 卓越風 501
primary ash-flow landform 火山灰流原 118
primary cause 素因【マスムーブメントの】467
primary cause 素因【自然災害の】467
primary coast 一次海岸 21
primary creep 1次クリープ 21
primary glowing-avalanche landform 熱雲原 699
primary joint 初生的節理 388
primary lava-flow landform 溶岩流原 885
primary lava-flow landform 溶岩原 882
primary mineral 初生鉱物 388
primary (original) volcanic surface 火山原面 106
primary peneplain 原初準平原 231
primary pumice-flow landform 軽石流原 148
primary pyroclastic-flow landform 火砕流原 101
primary scoria-flow landform スコリア流原 424
primary volcanic debris-flow landform 火山岩屑流原 105
primary wave velocity 縦波速度 508
principal contour 計曲線【地形図の】221
principal contour 主曲線【地形図の】371
principal stress 主応力 371
prism ridge プリズム状山稜 787
probable maximum precipitation 可能最大降水量 144
problem soil 特殊土 654
Proboscidean fossil 長鼻類化石 602
process 作用【侵食輪廻の】299
process geomorphology 地形営力論 551
process geomorphology 地形過程論 557
process geomorphology プロセス地形学 794
process geomorphology 地形プロセス学 575
process-response model プロセス・レスポンスモデル 794

prodelta deposit プロデルタ堆積物 795
profile 断面図 534
profile form of slope 斜面縦断形 354
proglacial feature (landform) 氷河前面地形 746
proglacial lake 氷河前縁湖 746
progradation プログラデーション 794
progradation 進積作用 392
progradation 前進平衡作用 462
prograding shoreline 前進海岸線 461
progressive metamorphism 累進変成作用 925
progressive wave 進行波 394
promontory 岬 849
propylite プロピライト 795
propylite 変朽安山岩 811
prospecting 地下探査 542
protalus lobe プロテーラスロウブ 795
protalus rampart 崖錐前縁堤 75
protalus rampart プロテーラスランパート 795
protected land 堤内地 625
provenance 供給源地 197
provoking cause 誘因 874
proximal fan 扇頂 464
psephite 礫質岩 929
pseudo-alpine zone 偽高山帯 180
Pseudoaspite 偽アスピーテ 179
pseudogley soil 疑似グライ土 184
pseudokarst 偽カルスト 180
pseudo-monogenetic shield volcano 擬似単成盾状火山 184
pseudo-volcanic feature 偽火山地形 180
psychrometer 乾湿計 162
public park 公園 238
pull-apart basin プルアパート盆地 788
pumice 軽石 148
pumice 浮石 779
pumice パミス 724
pumice cone 軽石丘 148
pumice-fall deposit 降下軽石堆積物 238
pumice flow 軽石流 148
pumice-flow deposit 軽石流堆積物 149
pumice-flow plateau 軽石流台地 149
pumice fragment 軽石破片 148
pumice tuff 軽石凝灰岩 148
pumped-storage power generation 揚水発電 888
pumping test 揚水試験 888
pure geomorphology 純粋地形学 375
pure water 純水 375
pur-pur dune プルプル砂丘 790
push moraine プッシュモレーン 781
puy ピュイ 743
pychnometer ピクノメーター 737
pyramidal dune ピラミッド砂丘 757
pyrite 黄鉄鉱 51

pyroclastic cone 火山砕屑丘 107
pyroclastic cone 砕屑丘 284
pyroclastic cone 火砕丘 99
pyroclastic deposit 火砕堆積物 99
pyroclastic-fall deposit 降下火砕堆積物 238
pyroclastic flow 火砕流 100
pyroclastic-flow deposit 火砕流堆積物 101
pyroclastic-flow furrow 火砕流条溝 101
pyroclastic-flow hill 火砕流丘陵 100
pyroclastic-flow landform 火砕流地形 101
pyroclastic-flow levee 火砕流堤防 102
pyroclastic-flow mound 火砕流塚 101
pyroclastic-flow plateau 火砕流台地 101
pyroclastic material 火山砕屑物 107
pyroclastic material 火砕物 99
pyroclastic material 火砕物質 99
pyroclastic plateau 火山砕屑岩台地 107
pyroclastic plateau 火砕岩台地 99
pyroclastic plateau 火砕物台地 99
pyroclastic plateau 火山灰台地 118
pyroclastic rock 火山砕屑岩 107
pyroclastic rock 火砕岩 99
pyroclastic surge 火砕サージ 99
pyroclastic-surge deposit 火砕サージ堆積物 99
pyrophyllite パイロフィライト 714
pyroxene 輝石 186
pyroxenite 輝岩 180

■ Q
qanat カナート 144
quantity of percolation 降下浸透量 239
quarry 採石場 283
quarry 石切場 19
quarrying プラッキング【河川・海岸の】786
quartz 石英 440
quartz diorite 石英閃緑岩 440
quartz/feldspar ratio 珪長比 225
quartzite 珪岩 220
quartz porphyry 石英斑岩 440
Quaternary formation 第四紀層 495
Quaternary (Period) 第四紀 495
Quaternary research 第四紀学 485
Quaternary (system) 第四系 495
Quaternary volcano 第四紀火山 495
quick clay クイッククレイ 206
quicksand クイックサンド 206

■ R
radar measurement レーダ測量 927
radar precipitation 解析雨量 77
radial compression test 圧裂引張り試験 9
radial dike 放射状岩脈群 818
radial drainage pattern 放射状河系 818
radial fault 放射状断層 818

radial joint　放射状節理　818
radial ridge　放射尾根　818
radial ridge　放射状尾根　818
radial valley　放射谷　818
radial well　放射状井戸　818
radiational cooling　放射冷却　820
radiation fog　放射霧　818
radiocarbon age calibration　放射性炭素年代の補正　818
radiocarbon dating　放射性炭素年代法　819
radiometric dating　放射年代測定　819
radiometric survey　放射能探査　820
rain　雨　11
raindrop　雨滴　32
raindrop erosion　雨滴侵食　32
rain factor　雨量因子　34
rainfall　降雨　237
rainfall amount　雨量　34
rainfall coefficient　雨量係数　34
rainfall duration　降雨時間　238
rainfall-erosion experiment　散水侵食実験　309
rainfall intensity　降雨強度　238
rainfall intensity　雨量強度　34
rain gauge　雨量計　34
rain green zone　雨緑帯　34
rain-shadow desert　降雨遮断砂漠　238
rain-shadow desert　雨陰砂漠　29
rainwash　雨食　31
rainwash　雨洗　31
rainwash　レインウォッシュ　927
rainy season　雨季（期）　30
raised bed river　天井川　638
raised bog　丘モール　55
raised bog　高位泥炭地　237
rake　レイク　927
ramp　ランプ　898
ramp　波食斜面　719
rampart　ランパート　898
rampart　波食残丘（堤）　719
ramp valley　ランプバレー　898
ramp valley　逆断層地溝　191
ramp valley　跳谷　600
random graph model　ランダムグラフモデル【水路網の】　897
range chart　レンジチャート　931
ranker　ランカー　897
Rankine's earth pressure　ランキン土圧　897
rapid　急流　195
rapid　早瀬　724
raster contouring　ラスタコンタリング　895
rate of decline　減傾斜速度【段丘崖の】　230
rate of decline of terrace scarp　段丘崖の減傾斜速度　516
rate of denudation　削剥速度　290
rate of discharge　流量　917
rate of erosion　侵食速度　397
rate of flow　流量　917
rate of lateral erosion (planation) by river　河川側刻速度　135
rating curve　水位流量曲線　405

rat tail　ラットテイル　896
ravine　雨裂　34
ravine　渓谷　221
ravinement surface　ラビーンメント面　896
R-channel　Rチャネル　2
reaction series　反応系列　730
readily available water　生長有効水分　437
real altitude　実質高度【地形面の】　342
Recent　現世【地質時代の】　231
recessional moraine　リセッショナルモレーン　902
recessional moraine　後退期モレーン　251
recession curve　減水曲線　231
recharge area　涵養域【地下水の】　177
reclaimed land　埋立地　33
rectangular drainage pattern　直角状河系　604
rectangular drainage pattern　直角状排水系　605
rectangular notch　四角堰　322
rectangular weir　四角堰　322
rectilinear convergent slope　等斉谷型斜面　648
rectilinear delta　直線状三角州　604
rectilinear divergent slope　等斉尾根型斜面　648
rectilinear section　直走部【蛇行の】　604
rectilinear slope　等斉斜面　648
rectilinear straight slope　等斉直線斜面　648
rectilinear valley　直線谷　603
recumbent fold　横臥褶曲　50
recumbent fold　過褶曲　121
recumbent fold　横倒し褶曲　890
recumbent fold　横ぶせ褶曲　891
recurrence interval　再来間隔　286
recursor phenomenon　地震先行現象　329
recurved spit　鉤状砂嘴　92
recurved spit　分岐砂嘴　798
red clay　赤粘土　5
red clay　赤色粘土　442
red relief image map　赤色立体地図　442
red soil　赤色土　442
red tide　赤潮　5
reduction　分解作用　796
reduction　還元　161
reduction to mean sea level　海面更正　86
red weathering crust　赤色風化殻　442
red-yellow soil　赤黄色土　440
reef　岩礁　162
reef　礁　377
reef-building coral　造礁サンゴ　471
reef crest　礁嶺　384
reef edge　礁縁　377
reef flat　礁原　379
reef island　サンゴ州島　308
reef limestone　礁石灰岩　380

reef slope　礁斜面　380
reference ellipsoid　準拠楕円体　375
reference landform　基準地形　184
reflected wave　反射波　728
reflective beach　反射型海浜　728
refraction　屈折　209
refraction coefficient　屈折係数　209
refraction diagram　屈折図　209
refractive index　屈折率　209
refuge plant　退避植生　493
regelation　復氷　777
regenerated glacier　再生氷河　283
regimen　レジメン　930
regime theory　レジーム理論　930
regional geomorphology　地形誌論　563
regional geomorphology　地域地形学　536
regional geomorphology　地形誌　560
regional map　地勢図　586
regional metamorphic belt　広域変成帯　237
regional metamorphic rock　広域変成岩　237
regional metamorphism　広域変成作用　237
regional snowline　広域的雪線　236
regional stress field　広域応力場　236
regolith　レゴリス　929
regosol　未熟土　849
regression　海退　79
regular wave　規則波　187
regur　レグール　929
rejuvenated paneplain　再生準平原　283
rejuvenated paneplain　復活準平原　780
rejuvenation　回春【河川の】　72
rejuvenation　若返り【河川の】　936
rejuvenation　侵食復活　398
rejuvenation　復活【侵食の】　780
relative age　相対年代　473
relative density　相対密度　473
relative dip　相対傾斜【地層の】　473
relative elevation　比高　737
relative height　高低差　252
relative height　比高　737
relative height　高度差　252
relative height　比較高度　736
relative humidity　相対湿度　473
relative location　相対位置【地形学的】　473
relative perimeter crenulation　比縁辺長【流域の】　736
relative relief　起伏量　189
relative relief　相対起伏【流域の】　473
release　弛緩【岩石の】　322
relic soil　レリック土壌　931
relict karst　化石カルスト　131
relict landform　遺物地形　24
relict landform　残存地形　311
relict landform　残遺地形　301
relict landform　地形遺物　549
relict landform　レリック地形　931
relict permafrost　化石永久凍土　131
relict rock glacier　化石岩石氷河　132

relief 起伏 189
relief diagram 起伏量図 190
relief energy 起伏量 189
relief feature 地形 548
relief map 起伏量図【DEMによる】 190
relief map レリーフマップ 931
relief model 地形模型 577
relief ratio 起伏比 189
relief ratio 起伏量比 190
relief type 起伏型 189
remanent magnetism 残留磁気 314
remnant 遺物地形 24
remnant stream 名残川 684
remobilized dune 再活動砂丘 281
remote sensing リモートセンシング 905
removal process 除去過程【地形物質の】 385
rendzina レンジナ 931
repose angle after avalanche 停止安息角 620
representative basin 代表流域 493
representative grain-diameter 代表粒径 493
resequent river 再従河川 282
resequent stream 再従河流 282
resequent valley 再従谷 282
reservoir 人造湖 401
reservoir 貯水池 604
reservoir ダム湖 514
residence time 滞留時間 498
residence time of groundwater 地下水の滞留時間 541
residual current 恒流 256
residual hill 残丘 306
residual soil 残積土 310
residual soil 風化残留物 765
residual strength 残留強度 314
resistance of landform material 地形物質の抵抗力 574
resistance (of landform material) 抵抗力 619
resistant rock 強抵抗性岩 198
resistivity 比抵抗 741
restform 遺物地形 24
restored map 復旧図 780
restored map of initial landform 原面の復元図 235
resurgent caldera 再生カルデラ 283
resurgent dome 再生ドーム 283
resurrected fault scarp 復活断層崖 780
resurrected fossil relief 化石地形 132
resurrected landform 発掘地形 721
resurrected peneplain 剝離準平原 716
resurrected surface 剝離面 716
retaining wall 擁壁 889
reticulate dune 網状砂丘 861
reticulate erg 網状エルグ 861
retreating coast 後退性海岸 251
retrodiction 遡知【地形学における】 480
retrogradation リトログラデーション 904

retrogradation 後退平衡作用 251
retrogradation 退均作用 485
retrograde movement 後退移動 251
retrograding shoreline 後退海岸線 251
return flow 戻り流れ 865
return flow リターンフロー 903
return flow 復帰流 780
Reunion event レユニオンイベント 931
reverse delta 逆三角州 191
reverse-facing fault scarplet 逆向き低断層崖 191
reverse fan 逆扇状地 191
reverse fault 逆断層 191
reverse fault topography 逆断層地形 191
reverse flow 逆流 192
reverse grading 逆級化 190
reversely inclining 逆傾斜【地形面の】 190
reverse meander plain 逆蛇行原 191
reversing dune 反転砂丘 729
revetment 護岸 258
revival 回春【河川の】 72
reworked Shirasu 水成シラス 412
Reynolds number レイノルズ数 927
Reynolds' similarity law レイノルズの相似則 927
rheological model レオロジーモデル 928
rheology レオロジー 928
R horizon R層 2
rhourd ルールド 926
rhyolite 流紋岩 917
rhyolitic magma 流紋岩質マグマ 917
rhythmite 氷縞 749
rhythmite リズマイト 902
ria coast リアス（式）海岸 899
rice soil 水田土壌 414
Richardson's law リチャードソンの法則【海岸線長に関する】 903
ridge 尾根 56
ridge 気圧の尾根 179
ridge 砂州 291
ridge 山稜 314
ridge リッジ 903
ridge and runnel リッジ-ランネル 903
ridge line 尾根筋 57
ridge line 尾根線 57
ridge line 尾根の縦断形 58
ridge line 峯, 峰, 嶺 852
ridge line 稜線【尾根の】 922
ridge-top depression 山上凹地 309
Riedel shear リーデルシア 899
riegel 谷柵 260
riegel リーゲル 899
riffle and pool 瀬淵河床 452
rift 石目 19
rift リフト 905
rift system 地溝帯 578
rift valley 地溝 577
rift valley 中軸谷 595
right-angled confluence 直角合流 604

right bank 右岸 30
right-hand échelon 右雁行 849
right-lateral fault 右横ずれ断層 849
rill リル 922
rill 雨溝 31
rill erosion リル侵食 922
rill erosion 細溝侵食 281
rill mark 細流痕 286
rill mark リルマーク 923
rill wash リルウォッシュ 922
rimmed pool 有縁凹地 874
rimpi リンピ 924
rimstone 畦石 8
rimstone リムストーン 905
rimstone pool リムストーンプール 905
ring dike 環状岩脈 163
ring dike リングダイク 923
ring levee 輪中堤 938
rip 離岸流 899
riparian forest 河畔林 145
rip channel 離岸流溝 900
rip channel リップチャンネル 904
rip current 離岸流 899
rip current リップカレント 904
rip head 離岸流頭 900
rip neck 離岸流頸 900
ripple リップル 904
ripple mark 砂漣【水流による】 301
ripple mark リップルマーク 904
ripple mark 漣痕 931
rise 海膨 85
rising tide 上げ潮 7
Riss glaciation リス氷期 902
Riss-Würm interglacial リス-ヴュルム間氷期 902
river 河川 133
river 渓 219
river area 河川敷 133
river bank dune 河畔砂丘 145
river basin 流域 905
riverbed 河床 121
riverbed 床【河川の】 655
riverbed form 河床形態 122
riverbed form 河床地形 124
riverbed form 河床形 122
riverbed gravel 河床礫 125
riverbed lake 河跡湖 132
riverbed material 河床物質 124
riverbed sediment 河床堆積物 124
riverbed variation 河床変動 125
river capture 河川争奪 134
river capture 争奪【河川の】 473
river channel 河道 143
river-channel blockage 河道閉塞 144
river continuum concept 河川連続帯説 137
river density 河川密度 137
river dike 河川堤防 136
river disaster 河川災害 133
river engineering 河川工学 133
river flat 氾濫原 731
river-floor form 河底地形 143
river frequency 河川頻度 137
river improvement 河川改修 133
river in lowland (plain) 低地河川

英　語　索　引

624
river landform　河川地形　135
river length　河川長　135
river-length shrink　河川長の短縮　136
river levee　河川堤防　136
river metamorphosis　河川の変成　136
river mouth　河口　95
river-mouth bar　河口（砂）州　97
river-mouth blocking　河口閉塞　97
river-mouth deviation　河口偏倚　97
river-mouth weir　河口堰　97
river orientation anomaly（against summit level）　対接峰面異常【河系の】　491
river plain　氾濫原　731
river regime　流況　912
riverside land　堤外地　618
riverside line　河岸線　92
riverside water level　外水位　75
river sinuosity　河川屈曲率　133
river sinuosity　流路屈曲率（度）　918
river system　水系　407
river system　河系　94
river terrace　河岸段丘　92
river terrace　河成段丘　129
river terrace of volcanic origin　火山成段丘　109
river valley　河谷　98
river-valley landform　河谷地形　98
river water　河川水　134
river water　外水　75
river water control　河水統制　126
roche moutonnée　ロッシュムトネ　935
roche moutonnée　羊群岩　885
roche moutonnée　羊背岩　889
rock　岩　25
rock　岩石　165
rock(s)　暗礁　162
rock above water　水上岩　410
rock avalanche　岩なだれ　26
rock awash　洗岩　455
rock basin　ロックベイズン【氷河性】　935
rock bed　岩盤　174
rock bench　ロックベンチ　935
rock body　岩体　171
rock burst　山跳ね　872
rock classification　岩盤分類　175
rock classification　岩盤区分　174
rock cliff　岩崖　25
rock coast　岩石海岸　165
rock control　岩石制約　167
rock control　岩石規制　166
rock control　ロックコントロール　935
rock-controlled landform　組織地形　479
rock control theory　岩石制約論　167
rock creep　岩盤クリープ　174
rock creep　岩体匍行　172
rock-cut terrace　岩石段丘　167
rock-cut terrace　基盤岩段丘　188
rock-defended terrace　保護段丘　827
rock-defended terrace　岩石保護段丘

168
rock desert　岩石砂漠　166
rock drumlin　岩石ドラムリン　167
rock facies　岩相　169
rockfall　岩盤崩落　175
rockfall　落石　893
rockfall　岩盤落下　168
rockfall impact hole　落石窪　894
rockfall landform　落石地形　894
rockfall of rolling type　転落型落石　640
rockfall of separation type　剥落型落石　716
rock fan　岩石扇状地　167
rock fan　ロックファン　935
rock features　変形地　812
rock floor　岩石床　166
rock floor　ロックフロア　935
rock flour　岩紛　175
rock forming mineral　造岩鉱物　468
rock fragment　岩片　175
rock glacier　岩石氷河　167
rock glacier　ロックグレーシャー　935
rock glacier creep　岩塊流匍行　158
rock island　岩島　173
rock magnetism　岩石磁気学　166
rock mass rating　岩盤等級　175
rock mass strength　RMS　2
rock mechanics　岩石力学　168
rock mechanics　岩盤力学　175
rock peak　岩峰　175
rock peak　岩頂　172
rock property　岩石物性　168
rock quality　岩質　162
rock quality designation　RQD　2
rocks　暗礁　15
rock salt　岩塩　157
rockslide　岩石すべり　167
rockslide　岩屑すべり　168
rockslide　岩すべり　175
rockslide　基岩すべり　180
rockslide tongue　崩壊残土　818
rock slip　崩落　822
rock slope　岩盤斜面　175
rock step　棚　509
rock temperature　岩盤温度　174
rock type　岩型　160
rock type　岩種　162
rock wall　岩壁　175
rock waste　岩屑　168
rock which covers and uncovers　隠顕岩　26
rock which covers and uncovers　干出岩　162
rocky coast　岩石海岸　165
Rogen moraine　ローゲンモレーン　933
rolling　転動　639
rolling　転落　640
roof-fall　落盤　894
root area　発生域【地すべりの】　722
root form pore　根成孔隙　278
rootless vent　根無し火道　702
ropy lava　縄状溶岩　686
rotated and projected profile　回転投影断面図　84

rotational landslide　円弧すべり　46
rotational slide　回転すべり　84
rotation of meander bend　蛇行の湾曲回転　505
roughness　粗度　480
roughness coefficient　粗度係数　480
roughness index　粗度数【地表の】　480
rough sea　時化　324
rough sea　暴浪　823
rounded gravel　円礫　49
roundness　円形度【砂礫の】　45
roundness　円磨度【砂礫の】　49
roundness diagram　円形度ダイアグラム　45
round-top ridge　円頂状山稜　47
route map　ルートマップ　925
ruggedness number　粗度数【流域の】　480
Rumpffläche　胴体面　649
Rumpfgebirge　胴体山地　649
run　平瀬　757
Rundhöcker　ルントヘッカー　926
runnel　ランネル　898
runoff　流出　914
runoff analysis　流出解析　914
runoff coefficient　流出係数　914
runoff coefficient　流出率　914
runoff discharge　流出量　914
runoff ratio　流出率　914
Runze　ルンゼ　926
rupture　破壊　714

■ S
sabkha（sebkha）　サブカ　297
sabo　砂防　299
sackung　サッカング　292
saddle　鞍部　17
safety factor　安全率　15
safe yield　安全揚水量　15
sagging　サギング　289
sag pond　断層池　525
salar　サラール　299
salient　舌状砂州　447
salient　尖角州　455
salina　サリーナ　300
saline lake　塩湖　45
saline lake　鹹湖　161
saline soil　塩類土壌　49
saline swamp　塩性沼沢　47
salinity　塩分　48
salinity　塩分濃度　48
Sallian glaciation　ザーレ氷期　281
Salpausselka moraine　サウパセルカモレーン　286
salt accumulation　塩類集積　49
saltation　跳躍【河床物質の】　602
saltation　躍動　869
saltation　跳動　602
salt dome　岩塩ドーム　157
salt dome　ソルトドーム　481
salt drift　飛塩　736
salt fretting　塩類風化　49
salt fretting　塩類破砕　49
salt lake　塩湖　45
salt lake　塩水湖　46
salt lake　鹹湖　161

salt lake　鹹水湖　164
salt pan　ソルトパン　481
salt plug　岩塩栓　157
salt-tolerant plant　耐塩性植物　484
salt water　塩水　46
salt water　鹹水　164
salt-water intrusion　塩水侵入　46
salt weathering　塩類風化　49
salt wedge　塩水くさび　46
sample　試料　390
sample　標本　757
sample variance　試料分散　390
San Andreas fault　サンアンドレアス断層　301
sand　砂　427
sand and dust storm　砂塵嵐　291
sand and gravel　砂礫　300
sand and gravel bed　砂礫層　300
sandar　サンダー　311
sand avalanche　砂流　300
sand beach　砂浜　428
sand bed　砂層　292
sand bed river (channel)　砂床河川　291
sand boil　噴砂　799
sand bypassing　サンドバイパス工法　313
sand drift　サンドドリフト　312
sand drift　砂漂　294
sand drift (by wind)　飛砂　738
sand dune　砂丘　287
sand dune　砂堆　292
sander　サンダー　311
sand layer　砂層　292
sandpile model　サンドパイルモデル【地形学における】　313
sand replacement method　砂置換法　427
sand ribbon　サンドリボン　313
sand ridge　サンドリッジ　313
sand ridge　砂堤　292
sand ridge plain　砂堤列平野　292
sand ripple　砂漣【水流による】　301
sand run　砂流　300
sand shadow　蔭砂　95
sand shadow　砂影　286
sand shadow　サンドシャドウ　312
sand-shale ratio　砂岩-頁岩比　286
sand sheet　砂床　291
sandstone　砂岩　286
sand storm　砂嵐　427
sand streamer　サンドストリーマー　312
sand trap　飛砂採取器　738
sandur　サンダー　311
sand volcano　砂火山　427
sand wave　サンドウェーブ　312
sand wedge　サンドウェッジ　312
sandy beach　砂質海岸　290
sandy bed　砂質層　290
sandy desert　砂砂漠　427
sandy plain (lowland)　砂質低地　291
sandy soil　砂質土　291
Sangamonian interglacial　サンガモン間氷期　306
sanukite　サヌカイト　292
sanukite　讃岐岩　292

sapping　サッピング　292
saprolite　サプロライト　298
sapropel　サプロペル　297
sarsen　サーセン　280
satellite photograph　衛星写真　38
Sattel　ザッテル　292
saturated (saturation) overland flow　飽和地表流　824
saturated (saturation) throughflow　飽和側方流　823
saturated percolation　飽和浸透　823
saturated state　強制含水状態　198
saturated zone　飽和帯　823
saturation deficit　飽差　818
saturation vapor pressure　飽和水蒸気圧　823
Saturnian system　土星系　671
savanna　サバンナ　294
savanna　サバナ　294
saw-cut valley　鋸挽谷　708
scale　縮尺【地図の】　371
scale-protractor　スケールプロトラクター　424
scaling law　スケーリング則【地形学における】　423
scallop　スカラップ　422
scaly cleavage　鱗片状劈開　924
Scandinavian ice sheet　スカンジナビア氷床　423
scanning electron microscope　走査型電子顕微鏡　470
scarp　崖　94
scarp　浜崖　724
scarp　スカープ　422
scarp (escarpment) of ignimbrite plateau　火砕流台地の台地崖　101
scarp-foot (concave) line　崖麓線　89
scarp line　崖線　79
scarp-top (convex) line　崖頂線　80
Scheidegger's model　シャイデガーモデル【斜面発達の】　350
schematic profile　模式断面図　864
schist　片岩　811
schistosity　片理　816
Schmidt hammer　シュミットハンマー　373
Schmidt hammer rebound number　シュミットハンマー反発度　373
Schmidt rock hammer　シュミットロックハンマー　373
Schneider's classification of volcano　シュナイダーの火山分類　372
Schollendom　ショーレンドーム　385
Schollendom　テュムラス　634
sclerotium grain　土壌菌核　659
scoria　スコリア　424
scoria　岩滓　162
scoria cone　スコリア丘　424
scoria-fall deposit　降下スコリア堆積物　239
scoria flow　スコリア流　424
scoria-flow deposit　スコリア流堆積物　424
scoria tuff　スコリア凝灰岩　424
Scott Russell wave　スコット・ラッセルの波　424
scour(ing)　洗掘　456

scratch hardness test　ひっかき硬度試験　740
scratching test　ひっかき硬度試験　740
scree　スクリー　423
scroll bar　スクロールバー　423
scrub　低木林　625
sea　海　33
sea arch　海食アーチ　73
sea arch　海食橋　73
sea bottom　海底　80
sea breeze　海風　85
sea cave　海食洞　74
sea cave　海食洞門　74
sea cliff　海食崖　73
sea cliff　海崖　64
seafloor　海底　80
seafloor spreading hypothesis　海洋底拡大説　88
sea ice　海氷　84
sea-level change　海水準変化　75
sea-level change　海面変化　86
sea-level change　海面変動　86
sea-level curve　海面変化曲線　86
seamount　海山　72
seamount chain　海山列　72
seamount group　海山群　72
seamounts　海山群　72
sea peak　海峰　85
seaquake　海震　74
sea scarp　海底崖　80
sea shock　海震　74
season　季節　186
seasonal frost　季節凍土　186
seasonal stream　季節河川（河流）　186
sea surface temperature　海水表面温度　76
sea tunnel　海食トンネル　74
sea valley　海谷　71
sea valley　海底谷　81
seawall　海岸護岸　66
seawall　海岸堤防　69
seawall　防潮堤　822
seaward scarp (drop) of shore platform　波食棚前面崖　719
sea water　海水　74
sea water density　海水密度　76
sea water density anomaly　海水密度のアノマリー　76
sea water specific volume　海水の比容　76
sea water temperature　海水温　75
sebkha (sabkha)　セブカ　452
secondary coast　二次海岸　689
secondary creep　2次クリープ　690
secondary fault　副（次）断層　776
secondary flow　二次流　691
secondary flow　副流　777
secondary forest　二次林　691
secondary levee　副堤　777
secondary levee　控堤　736
secondary mineral　二次鉱物　690
secondary Shirasu　二次シラス　690
secondary wave velocity　横波速度　890
second order stream　2次の水路　690

second order valley 2次谷 690
section 断面図 534
sector graben 扇状溝【火山の】 458
sediment 堆砂 485
sediment 堆積物 490
sediment analysis 砂礫分析 301
sedimentary basin 堆積盆地 490
sedimentary dike 堆積岩脈 487
sedimentary dyke 堆積岩脈 487
sedimentary environment 堆積環境 487
sedimentary fabric 堆積ファブリック 490
sedimentary petrology 堆積岩岩石学 487
sedimentary province 堆積区 488
sedimentary rock 堆積岩 487
sedimentary structure 堆積構造 488
sedimentary tectonics セディメンタリーテクトニクス 452
sedimentation 堆積 487
sedimentation 堆積作用 488
sedimentation 沈殿 609
sedimentation unit 堆積単位 489
sediment budget 土砂収支 656
sediment disaster 土砂災害 656
sediment discharge 流出土砂量 914
sediment-eustasy 堆積性海面変化 489
sediment hydrograph セディメントハイドログラフ 452
sedimentology 堆積学 487
sediment outflow 土砂流出 657
sediment storage on riverbed 河道調節土砂量 143
sediment terrace 砂礫段丘 300
sediment transport 流砂 913
sediment yield 土砂生産 656
seepage 浸透 402
seepage 浸漏 404
seepage capacity 浸潤能 395
seepage erosion シーページ・エロージョン 319
seepage erosion 浸出水侵食 395
seepage lake 浸透湖 402
segmentation セグメンテーション 444
segmentation of alluvial fan 扇状地の交叉現象 460
segregated ice 析出氷 442
seiche 静振【海岸の】 434
seiche セイシュ 434
seiche (of lake) 静振【湖沼の】 434
seif セイフ 437
seismic activity 地震活動 328
seismic exploration 地震探査 329
seismic intensity 震度 402
seismicity 地震活動 328
seismic moment 地震モーメント 331
seismic profiler 音波探査機 63
seismic profiler サイス（ズ）ミックプロファイラー 283
seismic prospecting 地震探査 329
seismic prospecting 弾性波探査 524
seismic record 地震記録 328
seismic source 震源 393

seismic tomography 地震波トモグラフィー 331
seismic wave 地震波 330
seismic zoning map サイスミックゾーニングマップ 283
seismite 地震性堆積物 329
seismite 地震岩 328
seismoarchaeology 地震考古学 328
seismo-archaeology 地震考古学 328
seismogenic layer 地震発生層 331
seismogeology 地震地質学 330
seismogram 地震記録 328
seismograph 地震計 328
seismology 地震学 328
seismometer 地震計 328
seismotectonics サイスモテクトニクス 283
seismotectonics 地震地体構造 330
Seitengrade ザイテングラート 285
selection 淘汰作用 649
selective erosion 選択侵食 463
selective linear erosion 線的差別氷食 464
selective transport 選択運搬 463
self-affine fractal 自己アフィンフラクタル【地形学における】 324
self-capture 自動争奪 345
self-organized complexity 自己組織化複雑系【地形学における】 326
self-organized criticality 自己組織化臨界【地形システムにおける】 326
self-potential 自然電位 340
self-similar channel network 自己相似な水路網 325
self-similar fractal 自己相似フラクタル【地形学における】 326
self-similarity of stream channel network 流路網の自己相似性 921
semi-arid soil 半乾燥地土壌 728
semi-bolson 半ボルソン 730
semi-desert 半砂漠 728
semi-diurnal tide 1日2回潮 22
semi-national park 国定公園 262
semi-pervious layer 半透水層 730
semi-tombolo 準トンボロ 375
sense センス【断層変位の】 462
sensible heat 顕熱 234
sensitivity 鋭敏比 38
separated hillock 分離丘陵 801
separation 隔離 93
separation dike 瀬割堤 453
sequence stratigraphy シーケンス層序学 318
sequential form 次地形 341
series 統 641
serozem 灰色土 711
serpentine 蛇紋石 360
serpentine lake 蛇行湖 503
serpentine vegetation 蛇紋岩植物 360
serpentinite 蛇紋岩 359
serpentinite landslide 蛇紋岩地すべり 360
serpentinite mountain 蛇紋岩山地 359
serrated crest 鋸歯状山稜 201
setback levee 副堤 777

settled area 定着域【地すべりの】 625
settlement 荷重沈下 121
settlement 沈殿 609
settlement landform 荷重沈下地形 121
settling method 沈降法【粒度分析の】 607
settling velocity 沈降速度 607
S-form Sフォーム 40
shade (bearing) tree 陰樹 26
shaded relief map 陰影図 26
shale 頁岩 227
shale 頁岩 808
shallow(-focus) earthquake 浅発地震 465
shallow lagoon 浅礁湖 458
shallow landslide 表層崩壊 756
shallow valley 浅谷 7
shallow water 浅海 454
shallow-water wave 浅海波 454
shallow-water wave 浅水波 462
shallow well 浅井戸 7
shatter belt 破砕帯 718
shattering by wetting and drying 乾湿破砕 162
shatter zone 破砕帯 718
shear joint 剪断節理 464
shear resistance 剪断抵抗 464
shear strength 剪断強度 463
shear strength 剪断強さ 464
shear stress 剪断応力 463
shear test 剪断試験 464
shear velocity 摩擦速度 840
shear zone 圧砕帯 8
shear zone 剪断帯 464
sheet シート 319
sheet 岩床 163
sheet erosion 布状侵食 778
sheet erosion シートエロージョン 319
sheet flood 布状洪水 777
sheet flood シートフラッド 319
sheet-flood erosion 布状侵食 778
sheet flow シートフロー 319
sheeting シーティング 319
sheeting joint シーティング節理 319
sheet wash 布状洪水 777
sheet wash シートウォッシュ 319
shelf 陸棚 901
shelf break 大陸棚外縁 497
shelf channel 陸棚谷 902
shelf edge 大陸棚外縁 497
shell midden 貝塚 80
shield 楯状地 508
Shields function シールズ関数 320
shield volcano 盾（楯）状火山 508
shield volcano of Hawaii type ハワイ型盾状火山 727
shield volcano of Iceland type アイスランド型盾状火山 2
shimajiri mahji 島尻マージ 348
shingle 海浜礫 85
shingle bar 礫州 929
shingle beach 礫浜 929
shingle beach 礫質海岸 929
ship's bottom-like depression 舟底状

凹地　366
Shirasu　シラス　389
Shirasu doline　シラスドリーネ　389
Shirasu ignimbrite　シラス　389
Shirasu-ignimbrite plateau　シラス台地　389
shoal　浅瀬　7
shoal　瀬【海岸の】　431
shoal　瀬【河川の】　431
shoaling　浅水変形　462
shock　地震　327
shooting flow　射流　360
shore　海岸　65
shore　岸　183
shore break　汀線砕波　622
shoreface　ショアフェイス　377
Shore hardness test　ショア硬度試験　377
shore height　岸高　161
shoreline　海岸線　68
shoreline　水涯線　407
shoreline　汀線　621
shoreline of depression　沈降海岸線　607
shoreline of emergence　離水海岸線　902
shoreline of submergence　沈水海岸線　608
shore platform　波食棚　719
shore platform　ショアプラットホーム　377
shore process　海岸過程　66
short-cut of river channel　河道の短絡　144
shortwave radiation　短波放射　534
shoulder　肩【氷食谷の】　137
shoulder　山肩　307
Shreve's link magnitude　シュリーブのリンクマグニチュード　374
Shreve's system　シュリーブ法　374
Shreve's system　シュリーブの等級化方式　374
shrinkage crack　乾裂　178
shrinkage limit　収縮限界　364
shutter ridge　シャッターリッジ　351
shutter ridge　閉塞丘　805
sial　シアル　317
siallitization　シアリット化作用　317
Siberian ice sheet　シベリア氷床　347
side bar　寄州　891
side branch　側枝水路　477
side-looking sonar　サイドルッキングソナー　285
side ridge　側方リッジ【地すべりの】　478
sideromelane　シデロメレン　345
siderotrophic lake　鉄栄養湖　631
side scan sonar　サイドスキャンソナー　285
side scarp of lava-flow landform　溶岩側端崖　883
side tafoni　サイドタフォニ　285
side tributary　側枝水路　477
sief　シフ　347
sierozem　灰色土　711
sieve　篩　789
sieve diameter　篩粒径　789

sieving　篩い分け　789
significant wave　有義波　874
silcrete　シルクレート　390
silica-alumina ratio　珪礬比　226
silica sand　珪砂　221
silicate mineral　珪酸塩鉱物　222
siliceous sinter　珪華　219
silicification　珪化　219
silicified wood　珪化木　220
sill　シル　390
sill　板状貫入岩体　729
silt　シルト　390
silt　沈泥　609
silt bed　シルト層　390
silt flow　シルト流　390
silt layer　シルト層　390
siltstone　シルト岩　390
Silurian（Period）　シルル紀　390
sima　シマ　347
similitude　相似則　471
simple landform　単式地形　522
simple landscape　単純地形　522
simple spit　単純砂嘴　522
simple volcano　単式火山　522
simple volcano　単一式火山　515
simplified (dynamic) cone penetrometer　簡易貫入試験機　157
single dune　単一砂丘　515
sinistral fault　左横ずれ断層　740
sink　陥没　176
sinkhole　シンクホール　392
sinkhole　吸込み穴　409
sinkhole plain　シンクホール・プレーン　392
sinkhole spring　溶穴泉　886
sinter　温泉沈殿物　62
sinter cone　噴泉塔　800
sinuosity　屈曲度【河川の】　208
sinuosity anomaly　屈曲度異常【河川の】　209
sinuous bar　屈曲砂州　208
Sirius group　シリウス層　390
site　遺跡　20
size effect　寸法効果　430
skarn　スカルン　423
skewness　歪度（わいど）　936
skewness　歪度（ひずみど）　739
skin current　皮流　758
skin flow　皮流　758
skyline　スカイライン　422
slab　スラブ　429
slaking　乾湿風化　162
slaking　スレーキング　430
slate　スレート　430
slate　粘板岩　707
slickenside　鏡肌　91
slide block　地すべり移動体　332
slide-type slope failure　地すべり性崩壊　333
sliding　滑動【落石の】　142
sliding　滑動【流体による】　142
sliding surface　地すべり面　335
sliding surface　すべり面【地すべりの】　429
slightly high land　微高地　737
slip face　すべり面【砂丘の】　429

slip face　スリップフェイス　429
slipoff slope　滑走斜面【蛇行河川の】　140
slipoff slope　滑走部　140
slippery valley floor　滑床　686
slip rate　変位速度　811
slip scarp of lava flow　溶岩滑落崖　882
slip slope　滑落斜面　142
slip surface　地すべり面　335
slit dam　スリットダム　429
slope　勾配【地形の】　253
slope　斜面　352
slope analysis　斜面分析　356
slope angle　斜面傾斜　353
slope angle map　斜度図　351
slope aspect　斜面方位【GISでの】　358
slope class map　傾斜分級図　223
slope covered with vegetation　被覆斜面　742
slope current　傾斜流　224
slope decline　減傾斜後退【斜面の】　230
slope development　斜面発達　356
slope facing rectilinear section　直走斜面【蛇行河川の】　604
slope failure　崩壊　817
slope failure　斜面崩壊　358
slope-failure landform　崩壊地形　818
slope-failure site　崩壊地　818
slope-failure site　崩落地　823
slope form　斜面形　353
slope gradient　法率　709
slope gradient　法面勾配　709
slope height　斜面高　355
slope length　斜面長　355
slope map　傾斜分級図　223
slope map　傾斜量図　224
slope movement hazard　斜面災害　354
slope of drainage basin　流域傾斜　907
slope of embankment　盛土法面　865
slope process　斜面過程　352
slope profile　斜面縦断曲線　354
slope profiler　斜面測量器　355
slope replacement　斜面交代　354
slope roughness　斜面凹凸度　352
slope sinuosity　屈曲度【斜面縦断形の】　209
slope stability analysis　斜面安定解析　352
slope type　斜面型　352
slope unit　斜面系統　353
sloping fen　斜面泥炭地　355
sloping shore platform　傾斜波食面　222
slow earthquake　スローアースクェイク　430
slow earthquake　ゆっくり地震　880
slow shear test　緩速剪断試験　171
sludge　汚泥　55
slump　スランプ　429
slump　崩落　822
slump structure　スランプ構造　429
slush　雪泥　448
slush avalanche　雪泥流　448

slushflow スラッシュフロー **429**
slushflow 雪泥流 **448**
slushflow 雪代 **879**
slushflow 雪代水 **879**
small amplitude wave theory 微小振幅波理論 **738**
small caldera 小型カルデラ **258**
small depression 小凹地【地形点】 **377**
small mound 小突起 **381**
small mound (hill) 小丘 **379**
small-scale bedform 小規模河床形態 **379**
small-scale map 小縮尺図 **380**
small(-sized) river 小河川 **378**
smectite スメクタイト **429**
smooth profile beach 平滑海岸 **802**
smooth sheet 水深図 **411**
smooth shoreline 平滑海岸線 **802**
snow 雪 **879**
snow and ice boundary 雪氷線 **449**
snow avalanche 雪崩 **684**
snow bed 雪田 **449**
snow cover 残雪 **310**
snow cover 積雪 **442**
snow-drift slope 残雪斜面 **310**
snow fall 降雪 **248**
snow ice 雪氷 **880**
snowline 雪線 **447**
snowline altitude 雪線高度 **448**
snow melt 融雪 **876**
snow melt season 融雪期 **877**
snow patch 雪田 **449**
snow patch スノーパッチ **428**
snow patch 雪渓 **447**
snow-patch bare ground 残雪砂礫地 **310**
snow-patch erosion スノーパッチ侵食 **428**
snow-patch vegetation 雪田植生 **449**
snow pellet 霰 **11**
snow season 積雪期 **443**
snow storm 吹雪 **783**
snow water flow 雪泥流 **448**
snowy mountain 多雪山地 **507**
soft ground 軟弱地盤 **688**
soft rock 軟岩 **687**
soft rock 半固結岩 **728**
soft water 軟水 **688**
Sohlental 床谷 **380**
soil 土 **611**
soil 土壌 **657**
soil acidity 土壌酸度 **660**
soil air 土壌空気 **659**
soil analysis 土壌分析 **667**
soil animal 地中動物 **588**
soil animal 土壌動物 **665**
soil auger 検土杖 **234**
soil buffering capacity 土壌緩衝能 **658**
soil classification 土壌分類 **667**
soil clay 土壌粘土 **665**
soil color 土色 **670**
soil color chart 土色帳 **670**
soil color meter 土色計 **670**
soil conservation 土壌保全 **669**
soil covered karst 被覆カルスト **741**
soil creep 土壌匍行 **668**
soil deterioration 土壌荒廃 **660**
soil dressing by warping 流水客土 **914**
soil engineering 土質工学 **656**
soil environmental indicator 土壌環境指標 **658**
soil erosion 土壌侵食 **661**
soil erosion model 土壌侵食分布モデル **661**
soil fauna 土壌動物 **665**
soil film monolith 土壌薄層モノリス **666**
soil flocculation 土壌の凝集 **666**
soil flow アースフロー **1**
soil-forming factor 土壌生成因子 **662**
soil-forming process 土壌生成作用 **662**
soil geography 土壌地理学 **664**
soil hardness meter 土壌硬度計 **660**
soil horizon 土壌層位 **663**
soil improvement 地盤改良 **346**
soil improvement 土壌改良 **658**
soil inventory 土壌インベントリー **657**
soil layer 土層 **672**
soil loss 土壌流亡 **669**
soil map 土壌図 **661**
soil mechanics 土質力学 **656**
soil micromorphology 土壌微細形態学 **666**
soil mineral 土壌鉱物 **660**
soil moisture hold characteristic 土壌水分保持特性 **662**
soil moisture meter 土壌水分計 **662**
soil of high latitude 高緯度土壌 **237**
soil organic matter 土壌有機物 **669**
soil parent material 土壌母材 **669**
soil physics 土壌物理学 **667**
soil pollution 土壌汚染 **657**
soil profile 土壌断面 **664**
soil regionalization 土壌地域区分 **664**
soil science 土壌学 **658**
soil stratigraphy 土壌層序 **664**
soil-stratigraphic unit 土壌層位学的区分 **663**
soil structure 土壌構造 **659**
soil temperature 地温 **536**
soil test 土質試験 **656**
soil texture 土性 **670**
soil texture of field 野外土性 **868**
soil unit 土壌単元 **664**
soil water 土壌水分 **661**
soil water 土壌水 **661**
soil water adsorption 土壌水分吸着作用 **662**
soil water index 土壌雨量指数 **657**
soil wedge ソイルウェッジ **467**
soil zonality 土壌の成帯性 **666**
solar constant 太陽定(常)数 **494**
solar heat series of geomorphic agent 太陽熱系列営力 **494**
solar radiation 日射 **691**
sole mark 底痕 **619**
sole mark ソールマーク **476**
solfatara 硫気孔 **911**
solfataric clay 硫気粘土 **912**
solfataric landslide 温泉地すべり **62**
solidification 固結 **266**
solid phase 固相 **271**
solid rock 岩盤 **174**
solid solution 固溶体 **276**
solidus ソリダス **481**
solifluction ソリフラクション **481**
solifluction lobe ソリフラクションロウブ **481**
solifluction sheet ソリフラクションシート **481**
solifluction terrace ソリフラクションテラス **481**
solitary wave 孤立波 **277**
sol lessive レシベ土壌 **930**
solod soil ソーロチ **476**
solonchak ソロンチャク **481**
solonetz ソロネッツ **481**
soloti ソーロチ **476**
solution 溶流 **889**
solution basin カメニツァ **146**
solution basin 溶食凹地【カルストの】 **887**
solution crevice 割れ目カレン **939**
solution depression 溶食凹地【カルストの】 **887**
solution lake カルスト湖 **150**
solution pan カメニツァ **146**
solution pan 溶食凹地【カルストの】 **887**
solution pool 溶食凹地【海岸地形の】 **887**
somma 外輪山 **89**
sorted circle 円形土 **45**
sorted circle 環状土 **163**
sorted net 網状土 **861**
sorted patterned ground 淘汰構造土 **649**
sorted patterned ground 礫質構造土 **929**
sorted stripe 条線土 **380**
sorting 淘汰作用 **649**
sorting 分級作用 **798**
sorting ソーティング **476**
sorting coefficient 淘汰係数 **649**
sorting coefficient 篩い分け係数 **789**
sorting coefficient 分級係数 **798**
sorting degree 分級度 **798**
Soufriere-type pyroclastic flow スフリエール型火砕流 **428**
sounding サウンディング **286**
source 源流【河川の】 **235**
source mechanism 発震機構 **722**
source volume 地震体積 **329**
space geodesy 宇宙測地 **31**
space-time substitution 空間-時間置換の仮定 **206**
space-time transformation 空間-時間置換の仮定 **206**
spacing of valley mouths 谷口間隔 **510**
sparker スパーカー **428**
spatial heterogeneity 空間的不均質性【生態系の】 **206**

spatial resolution　空間解像度【地図の】　**206**
spatial scale of climate　気候のスケール　**183**
spatter　スパター　**428**
spatter　溶岩滴　**884**
spatter cone　スパターコーン　**428**
spatter cone　スパター丘　**428**
spatter cone　溶岩滴丘　**884**
spatter rampart　スパターランパート　**428**
specific capacity　比湧出量　**743**
specific discharge　比流量　**758**
specific energy　比エネルギー　**736**
specific flux　比流束　**758**
specific gravity　真比重　**403**
specific heat　比熱　**741**
specific humidity　比湿　**738**
specific retention　比残留率　**738**
specific runoff　比流量　**758**
specific storage　比産出率　**738**
specific storage　比貯留係数　**740**
specific storage　比貯留率　**740**
specific surface area　比表面積　**741**
spectrophotometer　分光測色計　**799**
speleology　洞穴学　**644**
speleology　洞窟学　**644**
speleothem　鍾乳石　**382**
speleothem　スペレオゼム　**429**
sphericity　球形度【砂礫の】　**193**
sphericity　球形率【砂礫の】　**194**
spheroidal weathering　球状風化　**194**
spilling breaker　崩れ波　**208**
spilling breaker　スピリング（型）砕波　**428**
spine　針峰　**403**
spinel-perovskite phase transition　スピネル-ペロブスカイト相転移　**428**
spiracle　スパイラクル　**428**
spit　砂嘴　**290**
spit　スピット　**428**
splintered fault scarp　齟齬断層崖　**479**
sporadic permafrost　点在的永久凍土（帯）　**637**
spot elevation　標高点　**749**
spot height　標高点　**749**
spot height　独立標高点　**655**
spray　飛沫　**742**
spread　スプレッド　**428**
spreading center　中央海嶺　**592**
spring　湧泉　**877**
spring　泉　**20**
spring along remnant river　名残泉　**684**
spring aside of river　沿河泉　**43**
spring at criff-base　崖端泉　**80**
spring at fan toe　扇端泉　**464**
spring at unconformity　不整合泉　**779**
spring at valley head　谷頭泉　**264**
spring at valley-side slope　谷壁泉　**265**
spring at volcanic foot　火山麓泉　**121**
spring fen　湧水泥炭地　**876**
spring in cave　洞穴泉　**645**
spring-origin river　湧泉川　**877**

spring rise　大潮升　**492**
spring tidal range　大潮差　**492**
spring tide　大潮（おおしお）　**53**
spring tide　大潮（だいちょう）　**492**
spur　海脚　**70**
spur　山脚　**306**
spur-and-groove system　縁脚-縁溝系　**45**
spur dike　水制　**411**
square grid DEM　格子状 DEM　**244**
squeeze-up　スクイーズアップ　**423**
stability　安定度【湖水の】　**16**
stability analysis　安定解析　**16**
stabilized dune　固定砂丘　**274**
stabilized dune　被覆砂丘　**742**
stable continental mass　安定大陸　**16**
stable isotope　安定同位体　**16**
stable isotope chronology　安定同位体編年【氷床コアの】　**17**
stable landmass　安定地塊　**16**
stack　離れ岩　**723**
stack　スタック　**425**
stade　亜氷期　**10**
stadia　スタディア　**425**
stadial　亜氷期　**10**
staff gauge　水位標　**405**
stage　階　**64**
stage　時階【侵食輪廻の】　**322**
stage　ステージ　**425**
stage　階梯【侵食輪廻の】　**80**
stage　時期【侵食輪廻の】　**322**
stage　侵食階梯　**395**
stage-discharge curve　水位流量曲線　**405**
stage-duration curve　水位継続曲線　**405**
stage-frequency curve　水位頻度曲線　**405**
stage of maturity　壮年期【侵食輪廻の】　**474**
stage-time curve　水位時間曲線　**405**
stagnant ice　停滞氷河　**622**
stagnant slab　スタグナントスラブ　**425**
stagnation point　淀み点　**891**
stalactostalagmite　石柱　**443**
stalagmite　石筍　**442**
standard deviation　標準偏差　**751**
standard penetration test　標準貫入試験　**750**
standard sieve　標準篩　**751**
standflat　ストランドフラット　**426**
standing oscillation　定常波　**621**
standing wave　定常波　**621**
stand of tide　停潮　**625**
star dune　星状砂丘　**434**
star dune　星型砂丘　**827**
star sand　星砂　**827**
static elastic modulus　静的弾性係数　**437**
static pressure　静圧　**431**
static pressure　静水圧　**434**
stationary wave　定常波　**621**
statistics of discharge　流量統計　**918**
steady flow　定常流　**621**
steady flow　定流　**626**
steady-state creep　定常クリープ　

621
steam eruption　水蒸気噴火　**410**
steam fumarole　水蒸気孔　**410**
steam fumarole　水蒸気噴気孔　**410**
steaming ground　噴気地　**798**
steep cliff　急崖斜面　**193**
steep cliff　急崖　**193**
steep face　すべり面【砂丘の】　**429**
steep mountainside slope　山腹急斜面　**314**
steep slope　急斜面　**194**
steep slope beach　急斜海岸　**194**
step　階状土　**72**
step　ビーチステップ　**735**
step　氷食谷階段　**752**
step　階段状構造土　**80**
step　ステップ【砂質海岸の】　**425**
step beach　ステップ型海浜　**425**
steppe　ステップ　**425**
stepped peneplain　階段準平原　**79**
stepped peneplain　層階準平原　**467**
stepped peneplain　階状準平原　**72**
stepped ridge line　階段状山稜　**80**
stepped waterfall　多段滝　**507**
steppe soil　ステップ土壌　**425**
step slope beach　棚状海岸　**509**
steptoe　ステップトウ　**425**
stereographic projection　ステレオ図法　**425**
stereo plotter　図化機　**422**
stereoscope　実体鏡　**343**
stereoscopy　実体視　**343**
Sternberg's law　ステルンベルグの法則　**425**
still water　静水　**434**
still water level　静水面　**435**
stock　岩株　**162**
stock　ストック　**426**
Stokes' law of resistance　ストークスの抵抗（法）則　**425**
Stokes wave　ストークスの波　**425**
stone　石　**18**
stone　石材　**441**
stone age　石器時代　**446**
stone ejection　礫の立ち上り　**929**
stone garland　花綵土　**723**
stone pavement　石畳　**19**
stone pavement　ストーンペイブメント　**426**
stone ring　円形土　**45**
stone run　岩塊流　**158**
stone runs　ストーンラン　**426**
stone tool　石器　**446**
stone-tool chronology　石器編年　**446**
storage coefficient　貯留係数　**605**
storativity　貯留係数　**605**
storm beach　ストーム海浜　**426**
storm beach　暴風型海浜　**822**
storm bench　ストームベンチ　**426**
storm cusps　ストームカスプ　**426**
storm ridge　ストームリッジ　**426**
storm surge　高潮　**499**
storm surge　風津波　**133**
storm-surge disaster　高潮災害　**499**
storm wave　暴浪　**823**
stoss-and-lee form　ストスアンドリー地形　**426**

straight channel　直線状流路　604
straight segment　直線斜面　604
straight slope　直線斜面　604
strain　歪み　739
strain gauge　歪み計　739
strain gauge type inclinometer　地中歪み計　589
strain meter　歪み計　739
strain-softening strength　歪み軟化強度　739
strait　海峡　70
strath　割谷　139
strath terrace　ストラス段丘　426
strath terrace　ストラステラス　426
stratification　層理　475
stratified rock　成層岩　435
stratified slope deposit　成層斜面堆積物　435
stratigraphic chart　層序図　472
stratigraphic classification　層序区分　472
stratigraphic nomenclature　地層名の命名法　587
stratigraphic profile　層序断面図　472
stratigraphic sequence　層序　471
stratigraphy　層序学　471
stratigraphy　層序研究　472
stratigraphy　地層学　587
stratigraphy　層位学　467
stratosphere　成層圏　435
stratovolcano　成層火山　435
stratum　地層　587
stratum　堆積層　489
stray block　迷子石　835
stream　河流　147
stream　水流　418
stream　流路　918
streambed sill　帯工　58
stream channel network　流路網　921
stream density　水流密度　418
stream density　水路密度　420
stream fall ratio　水路落差比　420
stream flow　河川流量　137
stream frequency　水路頻度　420
stream frequency　水流頻度　418
stream gauging　流量測定法　918
stream length　流路長　921
stream length　水流長　418
stream length　水路長　419
stream-length ratio　水路長比　420
stream line　流線　914
stream meander　河流蛇行　148
stream order　水路次数　418
stream order　水流次数　418
stream order　水路階級　418
stream piracy　河川争奪　134
stream pothole　ポットホール【河川の】　829
stream power　ストリームパワー　426
stream regimen　河川のレジメン　137
stream velocity　流速　915
strength　強度【岩石の】　198
strength-equilibrium slope　強度平衡斜面　198
stress　応力　51
stress analysis　応力解析　52

stress circle　応力円　51
stress corrosion　応力腐食　52
stress field　応力場　52
stress relaxation　応力緩和　52
stress release joint　応力解放節理　52
striae　条溝【断層の】　379
striated debris　擦痕礫　292
striation　条溝【断層の】　379
striation　氷河擦痕　745
strike　走向　469
strike fault　走向断層　470
strike ridge　走向山稜　470
strike ridge　走向尾根　470
strike-slip fault　横ずれ断層　890
strike-slip (transcurrent) displacement　横ずれ変位　890
strike valley　走向谷　470
string　シュトラング　372
string bog　ストリングボグ　426
stripped peneplain　剥離準平原　716
stripped peneplain　裸出準平原　895
stripped plateau　削剥高原　289
stripped surface　剥離面　716
stromatolite　ストロマトライト　427
Strombolian(-type) eruption　ストロンボリ式噴火　427
strong residual　硬residual　239
Strouhal number　ストローハル数　427
structural basin　構造盆地　251
structural geology　構造地質学　250
structural landform　構造地形　250
structural landform　組織地形　479
structural line　構造線　249
structurally controlled landform　組織地形　479
structural map　地質構造図　582
structural material　地形物質の構造物質　574
structural material　構造物質　251
structural petrology　構造岩石学　248
structural plain　構造平野　251
structural plateau　構造台地　250
structural province　構造区　249
structural remain　遺構　18
structural terrace　組織段丘　479
structural terrace　地層階段　587
structural valley　構造谷　249
structural zone　構造帯　250
structure　構造【岩石の】　248
structure　構造【侵食輪廻の】　248
structure of delta　三角州の構造　304
struggle for existence of stream　河流の生存競争　148
struggle for existence of valley　谷の生存競争　511
stuff gauge　量水標　922
style of eruption　噴火様式　796
subaerial landform　大気底地形　484
subaerial volcano　陸上火山　901
subaerial volcano　大気底火山　484
subalpine zone　亜高山帯　7
subangular gravel　亜角礫　5
subaqueous autobrecciated lava　水中自破砕溶岩　413
subaqueous delta　水底三角州　414
subaqueous eruption　水底噴火　414

subaqueous gliding　海底地すべり　81
subaqueous lava (flow)　水中溶岩流　413
subaqueous mudflow　海底土石流　83
subaqueous natural levee　水底自然堤防　414
subaqueous pyroclastic flow　水中火砕流　412
subaqueous topography　水底地形　414
subarctic forest　亜寒帯林　6
subarctic forest　北方林　830
subarctic lake　亜寒帯湖　5
subarctic region　亜極地域　6
subareal delta　陸上三角州　901
Sub-Atlantic time　サブアトランティク期　297
Sub-Boreal time　サブボレアル期　297
subclimax　亜極相　6
subcritical flow　常流　384
subcutaneous karst　地表下カルスト　590
subcycle　部分的輪廻　784
subcycle　次輪廻　390
subdivide　副分水界　777
subduction zone　沈み込み帯　336
subdued landform　従順地形　364
subdued mountain　従順山地　364
subdued mountain-form　従順山形　364
subduing　従順化　364
subglacial　サブグレイシャル　297
subglacial (bed) deformation　氷河底(層)変形　747
subglacial channel　氷底流路　756
subglacial deposition　氷底堆積　756
subglacial erosion　氷底侵食　756
subglacial eruption　氷底噴火　756
subglacial lake　氷底湖　756
subglacial landform　氷底地形　756
subglacial landform　氷河底地形　747
subglacial till　サブグレイシャルティル　297
subglacial volcano　氷底火山　756
subground map　地盤図　346
sub-ice-sheet landform　氷床底地形　752
sublacustrine valley　湖底谷　274
submarine active fault　海底活断層　81
submarine bar　海底砂州　81
submarine bar　海底州　81
submarine basin　海盆　86
submarine basin　海底盆地　83
submarine bench　ベンチ【海底の】　814
submarine caldera　海底カルデラ　81
submarine canyon　海底谷　81
submarine canyon　海底峡谷　81
submarine canyon　洋谷　886
submarine debris flow　海底土石流　83
submarine erosion　海底侵食　81
submarine eruption　海底噴火　83
submarine escarpment　海底崖　80
submarine fan　海底扇状地　82

submarine geology　海底地質学　82
submarine geomorphology　海底地形学　82
submarine humus　海底腐植　83
submarine landslide　海底地すべり　81
submarine levee　海底自然堤防　81
submarine notch　海底波食窪　83
submarine ridge　海嶺　89
submarine sliding　海底すべり　81
submarine spring　海底泉　81
submarine terrace　海底段丘　82
submarine topography　海底地形　82
submarine valley　海底谷　81
submarine valley　海谷　71
submarine volcano　海底火山　81
submarine weathering　海底風化　83
submerged breakwater　潜堤　464
submerged forest　埋没林　837
submerged mountain　沈降山地　607
submerged mountain　沈水山地　608
submerged peneplain　沈水準平原　608
submerged shoreline　沈水海岸線　608
submergence　冠水　164
submergence　沈降　606
submergence　沈水　607
submergence karst　沈水カルスト　608
submergence terrace　沈水段丘　608
subpolar glacier　亜極氷河　6
subpolar region　亜極地域　6
subpolar region cold desert　極寒砂漠　259
subrounded gravel　亜円礫　5
sub-scarp of landslide　副次滑落崖　775
subsequent river　適従河川　629
subsequent stream　適従河流　629
subsequent valley　適従谷　630
subsidence　沈降　606
subsidence　沈降運動　607
subsidence theory　沈降説【サンゴ礁の】　607
subsidiary fault　副（次）断層　776
sub-sliding surface　副すべり面　775
subsoil　心土　402
subsoil improvement　土層改良　672
subsurface erosion　潜食　460
subsurface water　地中水　588
subterranean animal　地中動物　588
subterranean rumbling　地鳴り　345
subterranean stream piracy　地下水流争奪　541
subterrestrial landform　地底地形　589
subtidal zone　潮下帯　599
subtropical desert　亜熱帯砂漠　10
subtropical high pressure belt　亜熱帯高圧帯　10
subtropical lake　亜熱帯湖　10
subtropical soil　亜熱帯性土壌　10
sub-unmoving area　亜不動域【地すべりの】　11
succession　遷移【植生の】　453
succession　層序　471

sugarloaf　シュガーローフ　371
sulfate mineral　硫酸塩鉱物　913
summer beach　夏型海浜　685
summit　座【山の】　280
summit　山頂　312
summit　頂上【山の】　600
summit crater　山頂火口　312
summit eruption　山頂噴火　312
summit flat surface　山頂平坦面　312
summit level　接（切）峰面　450
summit-level accordance　定高性【山地の】　619
summit level map　接峰面図　450
summit low-relief surface　山頂小起伏面　312
summit method　山頂法　312
summit plane　背面　713
Sun　太陽　494
sun crack　乾裂　178
sunken place　窪地　8
sunken rock　暗岩　14
sunless valley　非日照谷　741
sunshine duration　日照時間　691
Sun-synchronous meteorological satellite　太陽同期気象衛星　494
sun tree　陽樹　886
supercritical flow　射流　360
superficial avalanche　表層雪崩　756
superficial displacement　表層変位　756
superimposed valley　積載谷　441
superposed river　積載河川　441
superposed valley　積載谷　441
supplementary contour　間曲線【地形図の】　159
supplementary contour　補助曲線【地形図の】　828
supraglacial moraine　表面堆石　757
supraglacial till　氷河上ティル　746
supratidal zone　潮上帯　600
surf　サーフ　297
surface boundary layer　接地境界層　448
surface drainage　地表排水　590
surface earthquake fault　地表地震断層　590
surface geology　表層地質　756
surface of compensation　補償面【アイソスタシーの】　828
surface of initial landform　原地形面　233
surface of unconformity　不整合面　779
surface resistance　表面抵抗　757
surface runoff　表面流出　757
surface soil　表土　756
surface soil　表層土　756
surface tension　表面張力　757
surface water　表層水　756
surface water　表流水　757
surface water　地表水　590
surface wave　表面波　757
surface weathering　表層風化　756
surf base　サーフベース　280
surf base　波食基準面　719
surf beat　サーフビート　280
surf bench　サーフベンチ　280

surficial geology　表層地質　756
surf zone　サーフゾーン　280
surf zone　砕波帯　285
surging breaker　サージング（型）砕波　280
surging breaker　寄せ波　891
surveying　測量　478
surveying vessel　測量船　478
suspended load　浮流量　788
suspended matter　懸濁物質　233
suspended matter　浮流物質　788
suspended sediment　浮遊砂　785
suspended water　懸垂水　231
suspension　浮遊　785
suspension　浮流　788
suspension　懸濁　233
swale　スウェイル　421
swale　堤間凹地　618
swallet　吸込み穴　409
swallet　ポノール　830
swamp　湿地　343
swamp　沼沢　381
swamp　沼沢地　381
swamp　沼地　381
swamp　スワンプ　430
swamp boundary　湿地界線　344
swamp forest　湿地林　344
swash　遡上波　479
swash　押し波　56
swash mark　波痕　718
swash zone　遡上波帯　479
Swedish weight sounding test　スウェーデン式貫入試験　421
swell　うねり　32
swell　土用波　675
swell beach　うねり型海浜　32
swelling　膨潤【岩石の】　820
swelling chlorite　膨潤性緑泥石　821
swelling rock　膨張性岩　821
syenite　閃長岩　464
symbolic mountain　名山　856
synchronous surface　同時代面　646
synclinal ridge　向斜山稜　244
synclinal ridge　向斜尾根　244
synclinal structure　向斜構造　244
synclinal valley　向斜谷　244
syncline　向斜　244
synoptic climatology　総観気候学　468
synoptic meteorology　総観気象学　468
synsedimentary structure　堆積時構造　489
syntaxis　対曲　485
synthetic aperture radar　合成開口レーダ　247
synthetic aperture rader　干渉合成開口レーダ　163
system　系　219

■T
tableland　高原　241
tableland　台地　491
tableland　卓状地　501
tablemount　平頂海山　806
table reef　卓礁　501
tablet　タブレット　513

英語索引

table top mountain　メサ　857
tafoni　タフォニ　512
tafoni　風食穴　768
tailless valley　尻無谷【乾燥地の】　390
takyr　タキール　500
Talbecken　谷盆地　511
talc　滑石　140
talc　タルク　514
talik　タリク　514
tall herb meadow　高茎草原　240
talus　崖錐堆積物　76
talus　テーラス　629
talus cone　崖錐　74
talus creep　崖錐匍行　76
talus creep　テーラスクリープ　629
talus slope　崖錐　74
talus slope　テーラス斜面　629
taluvium　タルビュウム　515
talweg　タールベグ　483
talweg　谷線　510
tank model　タンクモデル【菅原の】　521
tear fault　裂け断層　290
tectogenesis　造構運動　470
tectonic basin　構造盆地　251
tectonic belt　構造帯　250
tectonic bulge　テクトニックバルジ　630
tectonic geomorphology　変動地形学　815
tectonic history　構造発達史　251
tectonic joint　造構節理　470
tectonic lake　構造湖　249
tectonic landform　構造地形　250
tectonic landform　変動地形　815
tectonic line　構造線　249
tectonic line　地質構造線　582
tectonic map　地質構造図　582
tectonic map　テクトニックマップ　630
tectonic map　構造図　249
tectonic movement　構造運動　248
tectonic movement　造構造運動　470
tectonic movement　造構運動　470
tectonic province　構造区　249
tectonics　テクトニクス　630
tectonic scarp　変動崖　814
tectonic terrace　構造段丘　250
tectonic terrace　変動段丘　814
tectonic terrace　テクトニック段丘　630
tectonic valley　構造谷　249
tectonic valley　変動成谷　814
tectonic zone　構造帯　250
tecto-eustasy　構造性海面変化　249
tectotope　テクトトープ　630
telmatic peat　沼沢泥炭　381
telmisch peatland　沼沢化型泥炭地　381
temperate glacier　温暖氷河　62
temperate lake　温帯湖　62
temperature at the top of permafrost (TTOP)　永久凍土面温度　38
temperature lapse rate　気温減率　179

temperature salinity diagram　TSダイヤグラム　616
temporary and local base level of erosion　一時的局地的侵食基準面　21
temporary stream　一時河川　21
tensile strength　引張り強度　740
tensiometer　テンシオメータ　637
tension crack　引張り亀裂　740
tension joint　伸張節理　402
tension wood　あて材　10
tent rock　テント岩　638
tephra　テフラ　632
tephra identification　テフラの同定　632
tephra plateau　テフラ台地　632
tephric-loess dune　テフリックレス砂丘　633
tephrochronology　テフロクロノロジー　633
tephrochronology　火山灰編年学　118
terminal basin　氷舌盆地　756
terminal fall velocity　終末沈降速度　369
terminal moraine　ターミナルモレーン　483
terminal moraine　終堆石（堤）　365
terminal moraine　端堆石　533
terminal scarp of lava-flow landform　溶岩末端崖　884
terminal velocity　終端速度　366
termite hill　シロアリ塚　391
termite mound　シロアリ塚　391
termite mound　アリ塚　12
terrace　岩棚　25
terrace　階状土　72
terrace　階段状構造土　80
terrace　段丘　516
terrace cliff　段丘崖　517
terrace convergence　河成段丘の収斂　130
terrace deposit　段丘堆積物　517
terrace-dissecting valley　段丘開析谷　516
terrace divergence　河成段丘の発散　130
terraced paddy (rice) field　棚田　509
terrace-forming material　段丘構成物質　517
terrace scarp　段丘崖　516
terrace sediment　段丘堆積物　517
terrace surface　段丘面　519
terracette　テラセット　634
terrain　テレイン　635
terra rossa　テラロッサ　634
terra roxa　テラロッシャ　634
terrestrial globe　地球儀　543
terrestrial heat flow　地殻熱流量　538
terrestrial heat series of geomorphic agent　地球内部熱系列営力　546
terrestrial in situ cosmogenic nuclide (TCN) dating　原位置宇宙線生成放射性核種年代測定法　229
terrestrial landform　陸上地形　901
terrestrial planet　地球型惑星　543
terrestrial volcano　陸上火山　901
terrestrisch peatland　陸化型泥炭地　900

territorial sea　領海　921
Tertiary (Period)　第三紀　485
Tertiary (system)　第三系　485
tertiary creep　3次クリープ　308
Tertiary formation　第三紀層　485
test piece　供試体　197
test pit　試掘坑　323
test specimen　供試体　197
test value using test piece　供試体試験値　197
Tethys Sea　テチス海　631
texture　構造【岩石の】　248
texture　肢節【山地の】　336
texture　組織【岩石の】　479
texture　石理　444
thalassostatic terrace　サラッソスタティック段丘　300
thalweg　タールベグ　483
thaw consolidation　融解沈下　874
thawed layer　融解層　874
thawing degree-days　積算暖度　442
thawing front　融解面　874
thawing index　融解指数　874
thaw lake　融解湖　874
thaw settlement　融解沈下　874
thematic geomorphological map　主題地形学図　372
thematic map　主題図　372
theoretical geomorphology　理論地形学　923
Theorie der Kontinental Versiebung　大陸漂移説　497
theory of cycle of erosion　侵食輪廻説　399
theory of seafloor spreading　大洋底拡大説　494
thermal conductivity　熱伝導率　701
thermal-contraction cracking　熱収縮破壊　699
thermal convection　熱対流【マントル内部の】　701
thermal diffusivity　熱拡散率　699
thermal erosion　融解侵食　874
thermal expansion　熱膨張　702
thermal isostasy　熱的アイソスタシー　701
thermal low　熱の低気圧　701
thermal spring　温泉　61
thermal stratification　水温成層　406
thermal stratification　温度成層　62
thermal weathering　熱風化　701
thermoclasty　熱風化　701
thermocline　サーモクライン　280
thermocline　水温躍層　406
thermokarst　サーモカルスト　280
thermokarst depression　サーモカルスト凹地　280
thermokarst lake　サーモカルスト湖　280
thermoluminescence method　熱ルミネッセンス法　702
thermometer　温度計　62
thermoremanent magnetization　熱残留磁化　699
thickness　層厚　467
thin out　尖滅　465

thin section 薄片 **716**
third order stream 3次の水路 **308**
third order valley 3次谷 **308**
thixotropy シキソトロピー **323**
tholeiite ソレアイト **481**
Tholoide トロイデ **679**
Thornthwaite method ソーンスウェイト法 **476**
three phase distribution of soil 土壌の三相 **666**
three phases (of soil) 三相 **310**
threshold 閾値 **18**
through fall 樹冠通過雨量 **371**
through flow 側方浸透流 **478**
throw 落差【断層の】 **892**
thrust 衝上断層 **380**
thrust fault 衝上断層 **380**
^{230}Th/^{234}U dating method ^{230}Th/^{234}U法 **677**
thunder 雷 **146**
thunderbolt 落雷【気象の】 **894**
thunderstorm precipitation 熱雷性降雨 **702**
Thurber discontinuity サーバー不連続 **280**
tidal bore タイダルボアー **491**
tidal constituent 分潮 **800**
tidal creek 澪筋 **848**
tidal current 潮流 **602**
tidal datum 潮汐基準面 **601**
tidal delta 潮流三角州 **603**
tidal delta 潮汐三角州 **601**
tidal flat 干潟 **737**
tidal flat 潮汐低地 **601**
tidal flat 潮汐平野 **601**
tidal height 潮高 **599**
tidal inlet 潮流口 **603**
tidal inlet 潮口（しおくち） **321**
tidal inlet 潮口（ちょうこう） **599**
tidal marsh 潮汐湿地 **601**
tidal observation 潮汐観測 **601**
tidal observation 験（検）潮 **233**
tidal river 感潮河川 **172**
tidal river 潮入川 **320**
tidal river 潮入河川（ちょうにゅうかせん） **602**
tidal river 潮入河川（しおいりかせん） **320**
tidal wave 潮汐波 **601**
tidal wave 潮浪 **603**
tide 潮汐 **600**
tide flat 干潟 **737**
tide-generating force 起潮力 **187**
tide level 潮位 **599**
tide range 潮差 **600**
tide record 験潮記録 **233**
tide recorder 験潮儀 **233**
tide station 験潮場 **233**
tide table 潮汐表 **601**
tide table 潮位表 **599**
tiga タイガ **484**
till ティル **626**
till 氷河堆積物 **746**
till 氷成堆積物 **755**
till fabric ティルファブリック **627**
tillite ティライト **626**
till plain 氷礫土平野 **757**

tilt-block basin 断層角盆地 **526**
tilted block 傾動地塊 **226**
tilted block 単斜地塊 **522**
tilting 傾動 **225**
timber line 森林限界 **404**
time 時間【侵食輪廻の】 **322**
time-plane 時面 **349**
time-rock unit 年代層序単元 **704**
timestratigraphic unit 年代層序単元 **704**
tithill ティトヒル **625**
Tokunaga's law 徳永の法則 **654**
Tokyo datum 日本測地系 **693**
Tokyo Peil T. P. **618**
tombolo トンボロ **680**
tombolo 陸繋砂州 **900**
tonalite トーナライト **653**
tongue 舌状層 **447**
tool mark 物体痕 **781**
top 凸点【地形の】 **675**
topographical map 地形図 **563**
topographical map 地勢図 **586**
topographic analysis 地形解析学 **552**
topographic boundary 地形界線 **552**
topographic control point 図根点 **424**
topographic correction 地形補正【重力の】 **576**
topographic fault 地形断層 **565**
topographic feature 地相 **587**
topographic joint 地形性節理 **564**
topographic line 地形線 **564**
topographic line 地性線 **586**
topographic map 地形図 **563**
topographic point 地形点 **566**
topographic profile 地形断面図 **565**
topographic surveying 地形測量 **565**
topographic term 地形用語 **577**
topography 地形 **548**
topography of previous cycle 前輪廻地形 **466**
topo map 地形図 **563**
topple 転倒 **638**
toppling トップリング **675**
topset bed 頂置層 **601**
topset surface 頂置面 **602**
topsoil 表土 **756**
tor トア **641**
tor 岩塔 **173**
tor 搭状岩体 **647**
tornado 竜巻 **508**
tornado トルネード **678**
torrent 野渓 **869**
torrent 小渓流 **379**
total head 全水頭 **462**
total sediment load 流送量 **915**
total station トータルステーション **653**
tower karst 塔カルスト **643**
tower karst 搭状カルスト **647**
tower karst タワーカルスト **515**
trace fossil 生痕化石 **434**
trace of runoff 落水線 **893**
tracer トレーサー **676**
trachyandesite 粗面安山岩 **480**
trachybasalt 粗面玄武岩 **480**

trachyte 粗面岩 **480**
traction 掃流 **475**
tractional material 掃流物質 **476**
traction load 掃流砂量 **475**
tractive force 掃流力 **476**
trade wind 貿易風 **817**
trail 踏み跡 **784**
trail erosion 踏み跡侵食 **784**
training levee 導流堤 **653**
trancated spur 切断山脚 **448**
transbasin water diversion 流域変更 **909**
transcurrent buckling トランスカレントバックリング **676**
transection glacier 横断氷河 **51**
transform fault トランスフォーム断層 **677**
transform fault 横ずれ境界【プレートの】 **890**
transgression 海進 **74**
transitional moor 中間泥炭地 **593**
translational slide 並進すべり **805**
translatory flow 押し出し流 **56**
translatory wave 移動波 **24**
transmissibility coefficient 透水量係数 **648**
transmission electron microscope, TEM 透過型電子顕微鏡 **642**
transmissivity 透水量係数 **648**
trans-Neptunian object 太陽系外縁天体 **494**
transparency 透明度【湖沼・海洋の】 **652**
transpiration 蒸散 **380**
transportation 運搬作用 **35**
transportation 運搬作用【河川の】 **35**
transportation 運搬作用【風の】 **35**
transportation slope 輸送斜面 **879**
transported soil 運積土 **35**
transport law 運搬則 **36**
transport-limited 運搬限定 **35**
transport-limited 運搬制約 **36**
transverse dune 横列砂丘 **52**
transverse fault 横断断層 **51**
transverse stream 横断河川 **50**
transverse valley 横谷 **50**
transverse wave velocity 横波速度 **890**
travel-time curve 走時曲線 **471**
traversal incline 横断傾斜【河成段丘面の】 **50**
traverse map ルートマップ **925**
traversing polygonal surveying 多角測量 **498**
traversing polygonal surveying トラバース測量 **676**
travertine 石灰華 **444**
travertine トラバーチン **676**
travertine curtain 石灰幕 **446**
travertine terrace 石灰華段丘 **444**
travertine terrace 石灰華段 **444**
tree limit 樹木限界 **373**
tree line 樹木限界 **373**
tree uprooting 根返り **698**
trellis drainage pattern 格子状河系 **244**

trellis drainage pattern ナシ棚状河系 684
trench 海溝 71
trench 溝 851
trench excavation survey トレンチ調査 679
trench slope break トレンチスロープブレイク 679
trench swell トレンチスウェル 679
trial pit 試坑 324
triangular diagram 三角ダイアグラム 305
triangular terminal facet 三角末端面 306
triangular weir 三角堰 305
triangulated irregular network TIN 616
triangulation 三角測量 305
triangulation net 三角網 306
triangulation station 三角点 305
Triassic (Period) 三畳紀 309
triaxial compression test 三軸圧縮試験 308
tributary 支川 336
tributary 支流 390
tributary joining at obtuse-angle to main river 逆川 286
tributary valley 枝谷 41
tributary valley 支谷 324
trigger 誘因【自然災害の】 874
trilateration 三辺測量
triple junction 三重会合点 308
triple volcano 三重式火山 309
tritium トリチウム 678
trochoidal wave theory トロコイド波理論 679
trophogenic layer 栄養生成層 38
tropholytic layer 栄養分解層 38
tropical black soil 熱帯黒色土 700
tropical cyclone 熱帯低気圧 701
tropical desert 熱帯砂漠 701
tropical karst 熱帯カルスト 700
tropical lake 熱帯湖 700
tropical rain forest 熱帯（多）雨林 700
tropical soil 熱帯土壌 701
tropopause 圏界面 230
troposphere 対流圏 498
trough 気圧の谷 179
trough トラフ 676
trough 舟状海盆 365
trough トロフ 679
trough head 氷食谷頭 753
trough headwall 氷食谷源頭壁 752
trough-shaped valley 盆状谷 833
trough-shaped valley 盆谷 832
trough valley 槽状谷 471
true angle 真傾斜【斜面の】 393
true bearing 真方位 403
true north 真北 403
trumpet-shaped valley トランペット谷 677
trunk river 幹川 169
trunk river 本川 833
tsunami 津波 611
tsunami boulder 津波石 612
tsunami deposit 津波堆積物 613

tsunami disaster 津波災害 612
tsunami earthquake 津波地震 613
tsunami height 津波の高さ 614
tsunami magnitude 津波マグニチュード 614
tufa 石灰華 444
tufa トゥファ 651
tuff 凝灰岩 197
tuff タフ 512
tuff breccia 凝灰角礫岩 196
tuff cone 凝灰岩丘 197
tuff cone タフコーン 513
tuff ring タフリング 513
tuff ring 環状丘 163
tumulus 古墳 275
tumulus テュムラス 634
tundra ツンドラ 614
tundra lake (pond) ツンドラ湖 615
tundra polygon ツンドラポリゴン 615
tundra soil ツンドラ土 615
tunnel valley トンネルバリー 680
turbidite タービダイト 483
turbidite 乱泥流堆積物 898
turbidity current 乱泥流 897
turbidity current 混濁流 278
turbulence factor 乱れ係数 851
turbulent boundary layer 乱流境界層 898
turbulent-diffusion coefficient 渦動拡散係数 143
turbulent-diffusion coefficient 乱流拡散係数 898
turbulent flow 乱流 898
turf-banked terrace 植被階状土 387
turning anomaly 転向異常【河川の】 636
two-sided freezing 二方向凍結 692
Tyler's standard sieve タイラーの標準篩 495
type locality 模式地 864
type of deformation 変形様式 812
typhoon 台風 493

■ U
ultimate form 終地形 366
ultimate stage 終末期【侵食輪廻の】 368
Ultisols ウルティソル 34
ultramafic rock 超塩基性岩 599
ultra-micro-landform 超微地形 602
ultra-oligotrophic lake 極貧栄養湖 265
unaka ウナカ 32
unbiased variance 不偏分散 784
unconfined aquifer 不圧帯水層 761
unconfined compression test 一軸圧縮試験 21
unconfined compressive strength 一軸圧縮強度 21
unconfined groundwater 不圧地下水 761
unconformity 不整合 779
unconscious man-made disaster 未必災 852
unconsolidated 非固結 737
unconsolidated rock 非固結岩 737

undercut slope 攻撃斜面【河川の】 240
undercut slope 攻撃部【蛇行の】 241
underdip cataclinal 逆目盤 286
underdip cataclinal slope 逆目盤斜面 286
under drain 暗渠排水 14
underfit river 過小河川 122
underfit river 過小川 122
underfit stream 無能河川 854
underfit valley 無能谷 854
underflow water 伏流水 777
underground condition 地下条件 539
underground dam 地下ダム 542
underground drainage 地下排水 542
underground drainage pipe 伏樋 779
underground openness 地下開度 537
underground temperature 地下温度 537
undersea tunnel 海底トンネル 83
undertow 底層流 622
undertow 底引き流れ 479
undertow 底層逆流 622
undisturbed sample 不攪乱試料 773
undulate sand bank 波状砂堆 718
undulating ridge line うねり状山稜 32
uniaxial compression test 一軸圧縮試験 21
uniaxial compressive strength 一軸圧縮強度 21
unidirectional freezing 一方向凍結 22
uniform development 同形発達【斜面の】 644
uniform development 平衡的発達【斜面の】 804
uniform development 平調的発達【斜面の】 806
uniform flow 等流 653
uniformitarianism 斉一説 432
uniformitarianism 現行主義 230
uniformitarianism 現在主義 231
uniformitarianism 斉一観 432
uniformitarianism 同一過程説 641
uniformitarianism ユニフォーミタリアニズム 880
uniformity coefficient 均等係数 205
unit hydrograph 単位流量図 515
unit hydrograph ユニットハイドログラフ 880
unit landform 単位地形 515
unit landform 単位地形体 515
unit slope 単位斜面 515
unit surface of the earth 単位地表面 515
unit weight 単位体積重量 515
universal gravitation 万有引力 731
universal soil loss equation 土壌流亡公式 670
universal transverse Mercator projection ユニバーサル横メルカトル図法 880
unloading 除荷作用 385

unmoving area 不動域【地すべりの】 782
unpaired terrace 非対称的段丘 739
unpaired terrace 非対性段丘 739
unsaturated percolation 不飽和浸透 784
unsaturated zone 不飽和帯 784
unsolidification 未固結 849
unsteady flow 非定常流 741
unsteady flow 不定流 782
unwelded zone 非溶結部 749
upfreezing 凍結上昇 645
upheaval 隆起 910
upheaval process 増高過程【山地の】 470
upheaval toe 末端肥厚部【地すべりの】 842
uphill-facing scarp 山向き小崖 872
uphill-facing scarp 尾根向き小崖 58
upland 台地 491
upland bog 高位泥炭地 237
upland moor ブランケット（型）泥炭地 787
upland surface 台地面 492
uplift 隆起 910
uplifted abrasion platform 隆起海食台 911
uplifted coastline 隆起海岸線 911
uplifted coral reef 隆起サンゴ礁 911
uplifted (elevated) peneplain 隆起準平原 911
uplifted landmass 隆起地塊 911
uplifted littoral zone 隆起海岸線 911
uplifted shoreline 隆起汀線 911
uplifted shore platform 隆起波食棚 912
uplifted strandline 隆起汀線 911
upper flow regime アッパーレジーム 9
upper flow regime 高流領域 257
upper mantle アッパーマントル 9
upper mantle 上部マントル 383
upper non-welded zone 上部非溶結部 383
upper paleolithic period 後期旧石器時代 240
upper plate 上盤側プレート 34
upper pond 上池 34
upper regime アッパーレジーム 9
upper sand bed 上部砂層 383
uprush 溯上波 479
uprush 打ち上げ波 31
upstream limit of tidal river 感潮限界 172
upstream limit of tidal river 潮入限界 320
up-warping 曲隆 201
upwelling 湧昇 876
Uranian system 天王星系 640
uranium series dating ウラン系列法 33
urstromtal ウァシュトロームタール 29
U-shaped dune U字砂丘 876
U-shaped valley U字谷 876
uvala ウバーレ 32

■ V
vadose zone 通気帯 610
Vail curve ベイル曲線 807
Valdai glaciation ヴァルダイ氷期 29
valley 渓谷 221
valley 谷 509
valley bog 谷泥炭地 510
valley bottom 谷底（こくてい） 262
valley bottom 谷底（たにそこ） 510
valley-bottom plain 谷底低地 263
valley-bottom plain 谷底平野 263
valley-bottom surface 谷底面 263
valley bulging バレーバルジング 726
valley deepening 深化作用【谷の】 392
valley density 谷密度 512
valley elongation 延長作用【谷の】 47
valley expansion 拡張作用【谷の】 92
valley fill 谷中埋積物 262
valley-fill contour map 谷埋図 509
valley-filled deposit 谷埋堆積物 509
valley-fill plain 谷底堆積低地 262
valley-fill summit-level map 谷埋接峰面図 509
valley-fill summit-level map 埋積接峰面図 836
valley flat 谷床平坦面 260
valley floor 谷床 260
valley-floor deposit 谷底堆積物 263
valley-floor plain 谷底平野 263
valley-floor width anomaly 谷底幅異常 263
valley fog 谷霧 510
valley glacier 谷氷河 511
valley head 源頭【谷の】 234
valley head 谷頭 263
valley head 谷頭【DEMによる】 263
valley head 谷頭部 264
valley head 谷頭 510
valley-head anomaly 谷頭異常 264
valley-in-valley 谷中谷 261
valley length 谷長 510
valley level 接（切）谷面 447
valley-level map 接谷面図 447
valley line 沢筋 301
valley line 谷線 510
valley line 谷筋 510
valley meander 河谷蛇行 98
valley mouth 谷口 510
valley mouth 渓口 221
valley-mouth altitude 谷口高度 510
valley-mouth settlement 谷口集落 510
valley-mouth settlement 渓口集落 221
valley order 谷次数 510
valley order 谷の次数 511
valley-side bench 谷壁階段 265
valley-side slope 谷壁 265
valley-side slope 谷壁斜面 265
valley-side step 谷壁階段 265
valley-side superposition 谷側積載 261
valley-side superposition terrace 谷側積載段丘 261
valley step 氷食谷階段 752
valley step 氷河階段 743
valley train バリートレイン 726
valley wall 谷壁 265
valley wind 谷風 510
vane shear test ベーン剪断試験 808
vapor pressure deficit 飽差 818
variance 分散 799
varve 年縞 702
varve 氷縞 749
varve バーブ 711
varve 氷縞粘土 749
varve chronology 年縞編年 703
vegetation 植生 386
vegetation cover ratio 被植度 738
vegetation cover ratio (percentage) 植被率 387
vegetation degradation 植生の退行 386
vegetation degradation 退行 485
vegetation destruction 植生破壊 387
vegetation landscape 植生景観 386
vegetation retrogression 植生の退行 386
vegetation zone 植生帯 386
velocity すべり速度【地すべりの】 428
velocity distribution 流速分布【河川の】 915
velocity head 速度水頭 477
velocity potential 速度ポテンシャル 477
veneer ベニア 809
veneer of alluvium 沖積薄層 598
vent 火道 143
vent breccia 火道角礫岩 143
ventifact 風食礫 769
ventifact ベンチファクト 814
Venturi flume ベンチュリフルーム 814
Venturi meter ベンチュリメータ 814
Venus 金星 204
vermiculite バーミキュライト 711
vertical contour interval 等高線間隔 646
vertical datum origin 水準原点 410
vertical dip 垂直盤 413
vertical dip slope 垂直盤斜面 413
vertical displacement 垂直変動量 414
vertical distributional zone 垂直分布帯 413
vertical exaggeration 過高感 96
vertical exaggeration 垂直誇張率【地形断面図の】 413
vertical fault 垂直断層 413
vertical fold 直立褶曲 604
vertical scale 垂直縮尺 413
Vertisols バーティソル 710
very coarse sand 極粗粒砂 261
very fine sand 微細砂 738
very fine sand 極細粒砂 260
very gentle slope 極緩斜面 259
very long baseline interferometry VLBI 762

very shallow-water wave　極浅海波　261
Vesuvius(-type) eruption　ベスビアス式噴火　808
Vickers hardness test　ビッカース硬度試験　740
viscoelasticity　粘弾性　705
viscosity　粘性　703
viscosity　粘度　705
viscous drag　粘性抵抗　703
viscous fluid　粘性流体　703
viscous remanent magnetization　粘性残留磁化　703
visor　バイザー　712
void ratio　間隙比【岩石の】　160
void ratio　間隙比【土の】　160
volcanic accident (in erosion cycle)　火山事変　108
volcanic activity　火山活動　103
volcanic activity level　火山の活動度　115
volcanic arc　火山弧　106
volcanic ash　火山灰　117
volcanic ash layer　火山灰層　117
volcanic ash soil　火山灰土壌　118
volcanic belt　火山帯　110
volcanic block　火山岩塊　104
volcanic body　火山体　110
volcanic bomb　火山弾　113
volcanic breccia　火山角礫岩　103
volcanic chain　火山脈　120
volcanic cluster　火山群　106
volcanic coastline　火山海岸線　103
volcanic conduit　火道　143
volcanic cone　円錐火山　46
volcanic cone　火山錐　109
volcanic cone　火山円錐丘　103
volcanic cone　錐状火山　410
volcanic conglomerate　火山円礫岩　103
volcanic debris-flow　火山岩屑流　104
volcanic debris-flow deposit　火山岩屑流堆積物　106
volcanic debris-flow hill　火山岩屑流丘陵　105
volcanic debris-flow landform　火山岩屑流地形　106
volcanic debris-flow of explosion type　火山体爆裂型の火山岩屑流　112
volcanic debris-flow terrace　火山岩屑流段丘　106
volcanic disaster　火山災害　107
volcanic dust　火山塵　109
volcanic earthquake　火山性地震　109
volcanic edifice　火山体　110
volcanic ejecta　火山放出物　120
volcanic eruption　火山噴火　120
volcanic eruption disaster　噴火災害　796
volcanic explosivity index　火山爆発指数　118
volcanic front　火山フロント　119
volcanic front　火山前線　110
volcanic gas　火山ガス　103
volcanic gas　火山性ガス　109
volcanic geomorphology　火山地形学　115

volcanic glass　火山ガラス　104
volcanic graben　火山性地溝　109
volcanic hazard map　火山ハザードマップ　118
volcanic hazard map　火山危険予測図　106
volcanic island　火山島　115
volcanic lake　火山湖　107
volcanic landform　火山地形　113
volcaniclastic material　火山砕屑物　107
volcanic mudflow　火山泥流　115
volcanic mudflow deposit　火山泥流堆積物　115
volcanic neck　火山岩頸　104
volcanic neck　火山岩栓　106
volcanic neck　ネック【火山の】　699
volcanic phenomena　火山現象　106
volcanic plateau　火山性台地　109
volcanic process　火山過程　104
volcanic product　火山噴出物　120
volcanic product　噴出物　799
volcanic profile　火山側線　110
volcanic rock　火山岩　104
volcanic row　火山列　120
volcanic sand　火山砂　107
volcanic shoreline　火山海岸線　103
volcanic skeleton　骸骨火山　71
volcanic skirt　裾野【火山の】　425
volcanic spine　火山岩塔　106
volcanic spine　火山岩尖　106
volcanic spine　溶岩塔　884
volcanic sublimate　火山昇華物　108
volcanic table mountain　卓状火山　501
volcanic tower　塔状火山　647
volcanic vegetation　火山植生　109
volcanic zone　火山帯　110
volcanism　火山活動　103
volcano　火山　102
volcano group　火山群　106
volcanology　火山学　103
volcano-tectonic depression　火山構造性陥没地　107
volcano type　火山型　106
volume of basin　流域体積【DEMによる】　907
volumetric water content　体積含水率【岩石の】　487
volumetric water content　体積含水率【土の】　487
volumetric water content　含水率【岩石の】　164
Vostok ice core　ボストーク氷床コア　828
V-shaped valley　V字谷　762
vug　がま　146
Vulcanian(-type) eruption　ブルカノ式噴火　790

■ W
wacke　ワッケ　939
Wadati-Benioff zone　和達-ベニオフ・ゾーン　938
wadi　水無川　851
wadi　ワジ　938
wake　後流　256

waning development　下降的発達【斜面の】　97
waning slope　弦斜面　231
warm-based glacier　底面融解型氷河　626
warm current　暖流　534
warm front　温暖前線　62
warm-temperate forest　暖温帯林　516
warmth index　温量指数　63
warmth index　暖かさの指数　8
warping　曲動　200
warping　波曲　715
washboard-like relief　洗濯板状起伏【岩床河川の】　463
washboard-like relief　洗濯板状起伏【岩床海岸の】　463
wash load　ウォッシュロード　30
washover fan　ウォッシュオーバーファン　30
wash slope　洗食斜面　461
waste-filled basin　埋積盆地　836
waste-filled valley　埋積谷　835
waste-filled valley bottom　埋積谷底　835
wasteland　荒地　14
wasting process　損耗過程　482
water balance　水収支　850
water balance method　水収支法　851
water bottle　採水器　282
water budget　水収支　850
water colliding front　水衝部　410
water content　含水比【岩石の】　164
water content　含水比【土の】　164
water content　含水量　164
water cycle　水循環　851
water depth　水深　411
water erosion mountain　水食山地　410
waterfall　滝　500
waterfall　棚　509
waterfall　瀑布　716
waterfall face　滝面　501
water gap　水隙　409
water gap　ウォーターギャップ　30
water gauge　水位計　405
water head loss　水頭損失　415
water hemisphere　水半球　415
water law　水法　416
water level　水位　405
water level gauge　水位計　405
water level in river　河川水位　134
water requirement in depth　減水深　231
water resource　水資源　850
water-rock interaction　水-岩石相互作用　850
water sampler　採水器　282
watershed　分水界　799
watershed　流域　905
watershed　流域界　906
watershed mean rainfall　流域降水量　907
watershed monadnock　源地残丘　233
waterspout　竜巻　508
water stage hydrograph　水位時間曲線　405

water stage hydrograph　水位曲線　405
water surface slope　水面勾配　416
water table　地下水面　541
water table map　地下水面図　541
water table theory　地下水面説　541
water temperature　水温　406
waterway　澪筋　848
water year　水年　415
wave　波　685
wave　波浪　727
wave after breaking　砕波後の波　285
wave base　ウェイブ（ウェーブ）ベース　29
wave base　岩盤侵食基準面　175
wave base　波浪基準面　727
wave base　波浪作用限界水深　727
wave base　波浪侵食基準面　727
wave breaking　砕波　285
wave-built terrace　海底堆積台　82
wave-built terrace　堆積台　489
wave climate　波候　717
wave current　波浪流　727
wave-cut bench　ベンチ【海岸の】814
wave-cut cliff　波食崖　719
wave-cut platform　波食棚　719
wave-cut platform　海食棚　74
wave-cut platform　波食台　719
wave-cut terrace　海食台地　74
wave-cut terrace　波食段丘　720
wave-cut topography　海食地形　74
wave-cut topography　波食地形　720
wave diffraction　波の回折　686
wave diffraction　回折　79
wave drag　造波抵抗　474
wave energy　波のエネルギー　686
wave erosion　波食作用　719
wave erosion　波食　719
wave-formed ripple mark　波成漣痕　720
wave furrow　波食溝　719
wave gauge　波高計　717
wave generating area　風域　764
wave generating area　波の発生域　686
wave group　群波　218
wave height　波高　717
wave-induced (driven) current　波浪流　727
wavelength　波長　721
wave meter　波高計　717
wave of translation　移動波　24
wave period　波の周期　686
wave prediction　波浪推算　727
wave reflection coefficient　波の反射率　686
wave refraction　波の屈折　686
wave refraction diagram　波の屈折図　686
wave regeneration　縞枯れ現象　347
wave rock　ウェイブ（ウェーブ）ロック　30
wave speed　波速　720
wave steepness　波形勾配　717
wavy riverbed　河床波　124
wavy rock-relief　波状岩　718

waxing development　上昇的発達【斜面の】380
waxing slope　満斜面　846
wear test　すりへり試験　429
weather　天気　635
weathered gravel　腐り礫　208
weathered-gravel bed　腐り礫層　208
weathered sub-zone　風化亜帯　764
weather forecast　天気予報　636
weathering　風化　764
weathering　風化作用　765
weathering classification　風化分帯　767
weathering crust　風化殻　764
weathering escarpment　風化崖　764
weathering front　風化前線　766
weathering front　風化フロント　766
weathering index　風化指数　765
weathering joint　風化節理　766
weathering-limited　風化限定　765
weathering-limited　風化制約　766
weathering product　風化生成物　765
weathering product　風化物質　766
weathering profile　風化断面　766
weathering rate　風化速度　766
weathering rind　風化皮膜　766
weathering sequence　風化系列【鉱物の】765
weathering series　風化順位【鉱物の】765
weathering test　暴露実験　717
weathering zone　風化帯　766
weather map　天気図　635
wedge action　くさび作用　208
wedge failure　くさび破壊　208
wedge out　尖滅　465
Weichsel glaciation　ヴァイクセル氷期　29
Weichsel glaciation　バイクセル氷期　711
weir　堰堤　47
weir　堰　440
welded air-fall pyroclastics　溶結降下火砕岩　886
welded bar　付着砂州　780
welded tuff　溶結凝灰岩　886
welded zone　溶結部　886
welding　溶結　885
welding　溶結作用　886
welding compaction　溶結圧密収縮　886
well　井戸　22
Wentworth's grade scale　ウェントウォースの粒度（径）区分　30
West Antarctic ice sheet　西南極氷床　690
westerlies (zone)　偏西風（帯）　813
wet adiabatic lapse rate　湿潤断熱減率　342
wet debris flow　湿潤岩屑流　342
wet density　湿潤密度　342
wet fan　湿潤扇状地　342
wetted perimeter　潤辺　377
wetted perimeter　潤周　375
wetting　ぬれ　697
wetting and drying weathering　乾湿風化　162

wetting front　ぬれ前線　697
wetting front　浸潤前線　395
wetting heat　湿潤熱　342
whaleback　鯨背岩　226
whaleback　ホエールバック【寒冷地形の】824
whaleback　ホエールバック【砂丘の】824
whaleback dune　鯨背砂丘　226
whirlpool　渦潮　31
whole-rock analysis　全岩分析　455
widespread marker tephra　広域指標テフラ　236
width function　幅関数　723
width of low water channel　低水路幅　621
Wiechert-Gutenberg discontinuity　ウィーヘルト・グーテンベルグ不連続面　29
wild river　荒れ川　14
wild river　野渓　869
wild river　荒廃河川　253
Wilson cycle　ウィルソンサイクル　29
wilting point　しおれ係数　322
wilting point　しおれ点　322
wilting water content　しおれ含水量　321
wind　風　127
wind abrasion　ウインドアブレージョン　29
wind-beaten bare ground　強風砂礫地　198
wind-beaten bare ground　風衝砂礫地　767
wind-blasting cave　風食洞　769
wind cave　風食洞　769
wind corrasion　風磨　771
wind deflation　風剥作用　771
wind direction　風向　767
wind erosion　風食　767
wind erosion hollow　吹き窪　773
wind erosion landform　風食地形　769
wind erosion process　風食作用　768
wind erosion valley　風食谷　768
wind force　風力　771
wind-formed depression　風食凹（陥）地　767
wind gap　風隙　767
wind gap　ウインドギャップ　29
wind gap　略奪点　905
wind hole　風穴　767
window　地窓　591
windrift dune　ウインドリフト砂丘　29
wind ripple　砂漣【風による】301
wind ripple　風紋　771
wind ripple　風漣　771
windrose　風配図　771
wind speed　風速　771
wind transportation　風送作用　770
wind vane and anemometer　風向風速計　767
wind velocity　風速　771
windward face　風上斜面　102
wind wave　風波　102
wind wave forecasting curve　風波の予報曲線　102

wing levee　横堤　890
winter beach　冬型海浜　785
winter talus ridge　崖錐前縁堤　75
wire cylinder　蛇籠（篭）　350
wire sensor　ワイヤーセンサー　936
Wisconsin glaciation　ウイスコンシン氷期　29
wobbly stone　浮石　30
Wolstonian glaciation　ウォルトニアン氷期　30
work　仕事　327
world geodetic system　世界測地系　439
World Meteorological Organization　世界気象機関　439
World Natural Heritage　世界自然遺産　439
World Weather Watch　世界気象監視計画　439
wrap-around dune　囲み砂丘　99
wrap-around dune　囲繞砂丘　19
Wucheng loess　午城黄土　29
Würm glaciation　ヴルム氷期　33
Würm glaciation　ビュルム氷期　743

■ X

xenolith　ゼノリス　452
xenolith　捕獲岩　825
xenomorphic　他形　502
xerophyte　乾生植物　164

X-ray diffraction analysis　X線回折分析　41
X-ray fluorescence analysis　XRF分析　41
XRF analysis　蛍光X線分析　221

■ Y

Yamanaka type cone penetrometer　山中式貫入硬度計　871
Yamanaka type cone penetrometer　山中式土壌硬度計　871
yardang　ヤルダン　872
yardang　竜堆　915
Yarmouth interglacial　ヤーマス間氷期　868
yearly layer　年縞　702
years before present　yBP　936
Yedogawa Peil　Y. P.　936
yellow-brown forest soil　黄褐色森林土　50
yellow sand　黄砂　242
yield　降伏　255
Yordia Sea stage　ヨルディア海期　891
Younger Dryas stadial　新ドリアス期　403
Younger Dryas　ヤンガードリアス期　872
young mountain　幼年山地　889
young orogenic belt　新期造山帯　392

Young's modulus　ヤング率　873
young stage　幼年期【侵食輪廻の】　889
young valley　幼年谷　889
youth　幼年期【侵食輪廻の】　889
youthful　幼年期【侵食輪廻の】　889
youthful mountain　幼年山地　889

■ Z

zeolite　沸石　781
zeolite　ゼオライト　439
zeolite facies　沸石相　781
zero curtain　ゼロカーテン　453
zero-order drainage basin　0次谷流域　453
zero-order valley　0次谷　453
zibar　ジバール　345
zigzag ridge　ジグザグ山稜　323
Zinne　チンネ　609
zonal index　帯状指数　486
zonal index　東西指数　646
zonal soil　成帯性土壌　436
zonal vegetation zone　成帯的植生帯　436
zone　帯【地学の】　483
zone of abnormal seismic intensity　異常震域　10
zone of saturation　飽和帯　823
zoning　分帯【地質の】　800

| 地形の辞典 | 定価はカバーに表示 |

2017年2月10日　初版第1刷
2019年3月25日　　　第3刷

編　集　日本地形学連合
責任編集　鈴木　隆介
　　　　　砂村　継夫
　　　　　松倉　公憲

発行者　朝倉　誠造
発行所　株式会社　朝倉書店
　　　　東京都新宿区新小川町 6-29
　　　　郵便番号　162-8707
　　　　電　話　03(3260)0141
　　　　FAX　03(3260)0180
　　　　http://www.asakura.co.jp

〈検印省略〉

© 2017〈無断複写・転載を禁ず〉　　　　　　　真興社・牧製本
ISBN 978-4-254-16063-5　C3544　　　　Printed in Japan

JCOPY　〈出版者著作権管理機構 委託出版物〉

本書の無断複写は著作権法上での例外を除き禁じられています．複写される場合は，
そのつど事前に，出版者著作権管理機構（電話 03-5244-5088, FAX 03-5244-5089,
e-mail: info@jcopy.or.jp）の許諾を得てください．

小池一之・山下脩二他編

自然地理学事典

16353-7 C3525　　　B 5 判 488頁 本体18000円

近年目覚ましく発達し，さらなる発展を志向している自然地理学は，自然を構成するすべての要素を総合的・有機的に捉えることに本来的な特徴がある。すべてが複雑化する現代において，今後一層重要になるであろう状況を鑑み，自然地理学・地球科学的観点から最新の知見を幅広く集成，見開き形式の約200項目を収載し，簡潔にまとめた総合的・学際的な事典。〔内容〕自然地理一般／気候／水文／地形／土壌／植生／自然災害／環境汚染・改変と環境地理／地域(大生態系)の環境

前気象庁 新田　尚監修　気象予報士会 酒井重典・
前気象庁 鈴木和史・前気象庁 饒村　曜編

気象災害の事典
—日本の四季と猛威・防災—

16127-4 C3544　　　A 5 判 576頁 本体12000円

日本の気象災害現象について，四季ごとに追ってまとめ，防災まで言及したもの。〔春の現象〕風／雨／気温／湿度／視程〔梅雨の現象〕種類／梅雨災害／雨量／風／地面現象〔夏の現象〕雷／高温／低温／風／台風／大気汚染／突風／都市化〔秋雨の現象〕台風災害／潮位／秋雨(秋の現象)／霧／放射／乾燥〔冬の現象〕気圧配置／大雪／なだれ／雪・着雪／流氷／風／雷〔防災・災害対応〕防災情報の種類と着眼点／法律／これからの防災気象情報〔世界の気象災害〕〔日本・世界の気象災害年表〕

北大 河村公隆他編

低温環境の科学事典

16128-1 C3544　　　A 5 判 432頁 本体11000円

人間生活における低温(雪・氷など)から，南極・北極，宇宙空間の低温域の現象まで，約180項目を環境との関係に配慮しながら解説。物理学，化学，生物学，地理学，地質学など学際的にまとめた低温科学の読む事典。〔内容〕超高層・中層大気／対流圏大気の化学／海洋化学／海氷域の生物／海洋物理・海氷／永久凍土と植生／微生物・動物／雪氷・アイスコア／大気・海洋相互作用／身近な気象／氷の結晶成長，宇宙での氷と物質進化

日本地球化学会編

地球と宇宙の化学事典

16057-4 C3544　　　A 5 判 500頁 本体12000円

地球および宇宙のさまざまな事象を化学的観点から解明しようとする地球惑星化学は，地球環境の未来を予測するために不可欠であり，近年その重要性はますます高まっている。最新の情報を網羅する約300のキーワードを厳選し，基礎からわかりやすく理解できるよう解説した。各項目1～4ページ読み切りの中項目事典。〔内容〕地球史／古環境／海洋／海洋以外の水／地表・大気／地殻／マントル・コア／資源・エネルギー／地球外物質／環境(人間活動)

立正大 吉﨑正憲・前海洋研究開発機構 野田　彰他編

図説 地球環境の事典
〔DVD-ROM付〕

16059-8 C3544　　　B 5 判 392頁 本体14000円

変動する地球環境の理解に必要な基礎知識(144項目)を各項目見開き2頁のオールカラーで解説。巻末には数式を含む教科書的解説の「基礎論」を設け，また付録DVDには本文に含みきれない詳細な内容(写真・図，シミュレーション，動画など)を収録し，自習から教育現場までの幅広い活用に配慮したユニークなレファレンス。第一線で活躍する多数の研究者が参画して実現。〔内容〕古気候／グローバルな大気／ローカルな大気／大気化学／水循環／生態系／海洋／雪氷圏／地球温暖化

前海洋研究開発機構 藤岡換太郎著

深海底の地球科学

16071-0 C3044　　　A 5 判 212頁 本体3400円

世界各地の深海底における地質・生態・地球科学の興味深いトピックを取り上げ，専門家の視点から平易に解説。〔目次〕太平洋中央海嶺／トランスフォーム断層／海洋プレートの化石／海溝／背弧海盆／海山や海台／深海底に生息する生物／他

前筑波大 松倉公憲著

地形変化の科学
—風化と侵食—

16052-9 C3044　　　B 5 判 256頁 本体5800円

日本に頻発する地すべり・崖崩れや陥没・崩壊・土石流等の仕組みを風化と侵食という観点から約260の図写真と豊富なデータを駆使して詳述した理学と工学を結ぶ金字塔。〔内容〕風化プロセスと地形／斜面プロセス／風化速度と地形変化速度

上記価格(税別)は2019年2月現在